TECNOLOGÍA DE LAS MÁQUINAS-HERRAMIENTA

QUINTA EDICIÓN

Steve F. Krar
Albert F. Check

Alfaomega

Traducción al español:
Ing. Gabriel Sánchez García
Ingeniero Mecánico Electricista, Facultad de Ingeniería, UNAM,
Miembro de AIUME

Revisión Técnica:
Ing. Ubaldo Eduardo Márquez Amador
Ingeniero Mecánico Electricista, Facultad de Ingeniería, UNAM,
Jefe del Depto. de Ingeniería Mecánica, UNAM
Miembro de Society of Manufacturing Engineers, SOMIT,
Society of Automotive Engineering y AIUME.

Ing. Francisco Paniagua Bocanegra, I.M.E.
Comunicación Técnica Educativa–Fabricación mecánica y metrología

Diagramación electrónica:
Víctor Hugo Armenta Martínez

Créditos de fotografías para inicio de Sección:
1(c) AMT- The Association for Manufacturing Technology (b) Science and Society Picture Library, (tr) foto de archivo; **2**(t, b) Cincinnati Milacron, (c) Johnny Stockshooter/International Stock; **4** Worthington Industries; **5** The L.S. Starrett Co.; **6**(t, c) The L. S. Starrett Co., (b) Kelmar Associates; **7** Kelmar Associates; **8**(t) DoAll Company, (c) Association Manufacturing Technology, (b) Jacobs Manufacturing; **9** DoAll Company; **10**(t) DoAll Company, (c) Kelmar Associates, (b) Cincinnati Milacron; **11**(t) Colchester Lathe Co., (c) Cincinnati Milacron, (b) South Bend Lathe, Inc.; **12**(t) Clausing Corporation, (c,b) Cincinnati Milacron; **13** Moore Tool Company; **14** Cincinnati Milacron; **15** (tl)Brownie Harris/Tony Stone Images, (tr) Cincinnati Milacron, (b) Tom Tracy/FPG International; **16**(t, b)Carpenter Technology Corporation, (c) Culver Service; **17, 18** Worthington Industries

Versión en español de la obra titulada en inglés:
Technology of Machine Tools, 5a. ed. por Steve F. Krar y Albert F. Check
publicada originalmente por © Glencoe/McGraw-Hill, Inc.

Pitágoras 1139, Col. Del Valle 03100, México, D.F.

Miembro de la Cámara Nacional de la Industria Editorial Mexicana
Registro No. 2317

Internet: **http://www.alfaomega.com.mx**
Correo electrónico: **ventas1@alfaomega.com.mx**

ISBN 970-15-0638-3

ISBN 0-02-803071-0, versión original de Glencoe/McGraw-Hill, Inc.

Impreso en México - Printed in Mexico

CONTENIDO

Sección 7 Herramientas de mano y de trabajo de banco 156

Sección 8 Tecnología del corte de metales 188

Sección 9 Sierras para cortar metales 262

Sección 10 Taladros 286

Sección 11 El torno 334

Sección

18 Procesos especiales 788

Sección

19 Glosario Apéndices Índice 819

PREFACIO

Durante las últimas dos o tres décadas, las computadoras han sido aplicadas a todo tipo de máquinas-herramienta para programar y controlar las diversas operaciones de las máquinas. Las computadoras han ido mejorando, hasta el punto que ahora existen unidades muy complejas capaces de controlar la operación de una sola máquina, de un grupo de máquinas, o incluso de toda una planta de manufactura. La Sección 14, "Maquinado en la era de las computadoras", ha sido ampliada a fin de incluir máquinas-herramienta de control numérico por computadora como por ejemplo centros de torneado, centros de fresado, y máquinas de electroerosión. Para que estas nuevas máquinas-herramienta alcancen su potencial total, se están desarrollando nuevas herramientas de corte para producir piezas exactas con mayor velocidad y a un precio competitivo. Con esto en mente, los autores han ampliado los procesos de maquinado, como los sistemas de manufactura flexible, y han agregado nuevas herramientas de corte, así como materiales como el nitruro de boro cúbico policristalino, el diamante policristalino, y el óxido de aluminio cerámico SG.

Este libro está basado en los muchos años de experiencia práctica de los autores como operarios de experiencia en la rama y especialistas de la enseñanza. A fin de mantenerse al día respecto a los rápidos cambios tecnológicos, los autores han investigado la última información técnica disponible y han visitado las industrias líder en sus campos. Algunas secciones de este libro fueron revisadas por personal clave de varias empresas de manufactura y por educadores de élite, de forma de presentar información precisa y actualizada. Los autores le están agradecidos a Don W. Alexander, Wytheville Community College, Wytheville, VA; James D. Smith, Tennessee Tech Center, Crump, TN; y a William L. White, Director de Engineering Laboratories, GMI Engineering and Management Institute, Flint MI, por sus sugerencias técnicas y prácticas, mismas que fueron incorporadas al texto.

La quinta edición de *Tecnología de las Máquinas-Herramienta* se presenta con un formato de unidades; cada unidad es iniciada con un conjunto de objetivos, seguido por la teoría y la secuencia operacional correspondientes. A través del libro, se utilizan dimensiones duales (pulgada/metro). Puesto que vivimos en una sociedad global, es importante que los técnicos de las máquinas-herramienta se familiaricen con ambos sistemas de medición. Cada operación es explicada siguiendo un procedimiento paso-a-paso que los estudiantes podrán seguir con facilidad. Las operaciones avanzadas se presentan en problemas, seguidos por soluciones paso-a-paso y procedimientos ad hoc. Con el objeto que este texto se comprenda con facilidad, cada unidad contiene muchas nuevas ilustraciones y fotografías para enfatizar los puntos importantes. Las preguntas de repaso del final de la unidad pueden utilizarse para repaso o para trabajos en casa, a fin de preparar a los estudiantes para operaciones subsecuentes.

El propósito de este libro es ayudar a los instructores a dar la capacitación básica para máquinas-herramienta convencionales; incluir la programación básica de máquinas CNC (como centros de torneado, centros de fresado, y máquinas de electroerosión); y presentar nuevas tecnologías y procesos de manufactura. A fin de conseguir que este curso sea interesante y motivador para el estudiante, se pueden utilizar videos para ilustrar nuevas tecnologías. Éstos están disponibles en préstamo o mediante una pequeña cuota en sociedades técnicas, fabricantes y editores del ramo.

Un técnico en el negocio de taller de maquinado debe ser prolijo; desarrollar sólidos hábitos de trabajo; y tener un buen conocimiento de las matemáticas, lectura de planos, y de las computadoras. Con el propósito de mantenerse al día en los cambios tecnológicos, los técnicos deben ampliar sus conocimientos leyendo textos especializados, literatura sobre el tema, y artículos de revistas especializadas en este campo de estudio.

Steve F. Krar
Albert F. Check

ACERCA DE LOS AUTORES

Steve F. Krar

Steve F. Krar se graduó en Prácticas de Taller Mecánico y pasó quince años en el ramo, primero como mecánico y finalmente como herramentista y matricero. Después de este período, entró al Teacher's College y se graduó en la Universidad de Toronto con un Certificado de Especialista en Práctica de Taller Mecánico. Durante sus veinte años de enseñanza, Mr. Krar estuvo activo en educación vocacional y técnica, y participó en comités ejecutivos de muchas organizaciones educativas. Durante diez años, formó parte del personal de las clases de verano del College of Education, University of Toronto, involucrado en programas de capacitación para maestros. Miembro activo en asociaciones de máquinas-herramienta, Steve Krar es Miembro Vitalicio de la Society of Manufacturing Engineers, y anteriormente fue Director Asociado de GE Superabrasives Partnership for Manufacturing Productivity.

La investigación ininterrumpida de Mr. Krar sobre tecnología de la manufactura durante los últimos treinta y cinco años, ha incluido muchos cursos con fabricantes líderes mundiales y la oportunidad de estudiar con el Dr. W. Edwards Deming. Es coautor de más de cuarenta libros técnicos, como *Machine Shop Training, Machine Tool Operations, CNC Technology and Programming, Superabrasives—Grinding and Machining,* algunos de los cuales han sido traducidos a cinco idiomas y son utilizados en todo el mundo.

Albert F. Check

Albert F. Check ha trabajado como mecánico, incluyendo la instalación y operación de máquinas-herramientas NC/CNC. Durante este período continuó su educación, obteniendo el grado de M.S. Ed. en Educación Ocupacional, en la Chicago State University. Durante veinte años Mr. Check ha sido un miembro de facultad de tiempo completo en Triton Community College, y fungió como Coordinador de Tecnología de Máquinas-Herramienta durante 16 años. Su amplia experiencia en el ramo lo faculta para la enseñanza de cursos de capacitación industriales en planta, a través del Employment Development Institute. Mr. Check se mantiene al tanto sobre desarrollos tecnológicos asistiendo a seminarios de capacitación industrial ofrecidos por la Society of Manufacturing Engineers (SME); por los fabricantes industriales de máquinas herramienta, y por GE Superabrasives Grinding and Machining Technology.

Mr. Check es un Miembro Senior de SME; ha sido juez VICA para la Olimpíada de Destreza Mecánica de Precisión del Estado de Illinois, así como participante activo del Vocational Instruction Practicum, patrocinado por el Estado de Illinois. Como parte de un proyecto del World Bank, Mr. Check ha sido mentor de un educador turco visitante. Ha participado en muchos comités de educación de universidades y locales, y actualmente es miembro del Educator's Advisory Council, de Industrial Diamond Association's Partnership for Manufacturing Productivity.

RECONOCIMIENTOS

Los autores desean expresar su sincero agradecimiento y aprecio a Alice H. Krar por su incansable devoción al leer, mecanografiar y revisar el manuscrito de este texto. Sin su supremo esfuerzo, no se podría haber producido este libro.

Se debe un agradecimiento especial a J.W. Oswald por su guía y ayuda con el trabajo gráfico; a Bob Crowl, North Central Technical College, en Mansfield, Ohio; a Don Matthews, anteriormente del San Joaquin Delta College, Stockton, California; a Sam Fugazatto, Reynolds Machine Tool Co., y a todos los maestros que ofrecieron sugerencias que incluimos de buen grado.

Nuestro sincero agradecimiento a las siguientes empresas, que revisaron secciones del manuscrito y ofrecieron sugerencias que fueron incorporadas para hacer que este libro fuera tan preciso y actual, como posible: ABB Robotics, American Iron & Steel Institute, American Superior Electric Co., Cincinnati Milacron, Inc., Dorian Tool International, GE Superabrasives, Moore Tool Co., Norton Co., Nucor Corporation, y Stelco, Inc.

Estamos agradecidos con las siguientes empresas, que han ayudado a la preparación de este libro al proveer ilustraciones e información técnica:

ABB Robotics, Inc.
Allen Bradley Co.
Allen, Chas. G. & Co.
American Chain & Cable Co. Inc., Wilson Instrument Division
American Iron & Steel Institute
American Machinist
Ametek Testing Equipment
AMT—The Association for Manufacturing Technology
Armstrong Bros. Tool Co.
Ash Precision Equipment Inc.
Automatic Electric Co.
Avco-Bay State Abrasive Company
Bausch & Lomb
Bethlehem Steel Corporation
Boston Gear Works
Bridgeport Machines, Inc.
Brown & Sharpe Manufacturing Co.
Buffalo Forge Co.
Canadian Blower & Forge
Carboloy, Inc.
Carborundum Company
Carpenter Technology Corp.
Charmilles Technologies Corp.
Cincinnati Gilbert Co.
Cincinnati Lathe & Tool Co.
Cincinnati Milacron, Inc.
Clausing Industrial, Inc.
Cleveland Tapping Machine Co.
Cleveland Twist Drill Ltd.
CNC Technologies
Colchester Lathe Co.
Concentric Tool Corp.
Covel Manufacturing Co.
Criterion Machine Works
Deckel Maho, Inc.
Delta File Works
Delta International Machinery Corp.
DeVlieg Machine Co.
Dillon, W.C. & Co., Inc.
DoAll Company
Dorian Tool International
Duo-Fast Corp.
Emco Maier Corp.
Enco Manufacturing Co.
Everett Industries, Inc.
Explosive Fabricators Division, Excello Corp. Tyco Corp.
Exxair Corp.
FAG Fisher Bearing Manufacturing Ltd.
Federal Products Corp.
GAR Electroforming Ltd.
General Motors
GE Superabrasives
Giddings & Lewis
Greenfield Industries, Inc.
Grinding Wheel Institute
Haas Automation, Inc.
Hanita Cutting Tools, Inc.
Hardinge Brothers, Inc.
Hertel Carbide Ltd.
Hewlett-Packard Co.
Ingersoll Cutting Tool Co.
Ingersoll Milling Machine Co.
Inland Steel Co.
Jacobs Manufacturing Co.
Jones & Lamson Division of Waterbury Farrel
Kaiser Steel Corp.
Kelmar Associates
Kurt Manufacturing
Laser Mike Div Techmet Corp.
LeBlond-Makino Machine Tool Co.
Light Machines, Corp.
Lodge & Shipley
Mahr Gage Co., Inc.
Magna Lock Corp.
Modern Machine Shop
Monarch Machine Tool Co.

Moore Tool Co.
Morse Twist Drill & Machine Co.
MTI Corporation
National Broach & Machine Division, Lear Siegler, Inc.
National Twist Drill & Tool Co.
Neill, James & Co.
Nicholson File Co. Ltd.
Northwestern Tools, Inc.
Norton Co.
Nucor Corporation
Powder Metallurgy Parts Manufacturers' Association
Pratt & Whitney Co., Inc. Machine Tool Division
Praxair, Inc.
Precision Diamond Tool Co.
Retor Developments Ltd.
Rockford Machine Tool Co.
Rockwell International Machinery
Royal Products
Sheffield Measurement Div. Giddings & Lewis
Shore Instrument & Mfg. Co., Inc.
Slocomb, J.T. Co.
South Bend Lathe Corp.
Stanley Tools Division, Stanley Works
Starrett, L.S. Co.
Sun Oil Co.
Superior Electric Co. Ltd.
Taft-Peirce Manufacturing Co.
Taper Micrometer Corp.
Thompson Grinder Co.
Thomson Industries, Inc.
Thriller, Inc.
Toolex Systems, Inc.
Union Butterfield Corp.
United States Steel Corporation
Valenite, Inc.
Volstro Manufacturing Co., Inc.
Weldon Tool Co.
Wellsaw, Inc.
Whitman & Barnes
Wilkie Brothers Foundation
Williams, J.H. & Co.
Wilson Instrument Division, American Chain & Cable Co.
Woodworth, W.J. & J. D. Woodworth

Departamento Editorial Universitario:
M en I Lourdes Arellano Bolio
Ingeniera Mecánica Electricista, Área Industrial
por la Facultad de Ingeniería, UNAM,
Maestría en Investigación de Operaciones, UNAM

M en C Marcia González Osuna
Matemática por la Facultad de Ingeniería, UNAM,
Maestría en Ingeniería Industrial, University of Arizona, EUA

Colaboraron en la edición de esta obra:

Al cuidado de la edición:
Martha Elena Figueroa Gutiérrez

Producción:
Guillermo González Dorantes
Claudia Martínez Ruiz
Juan Carlos Vargas Mendoza

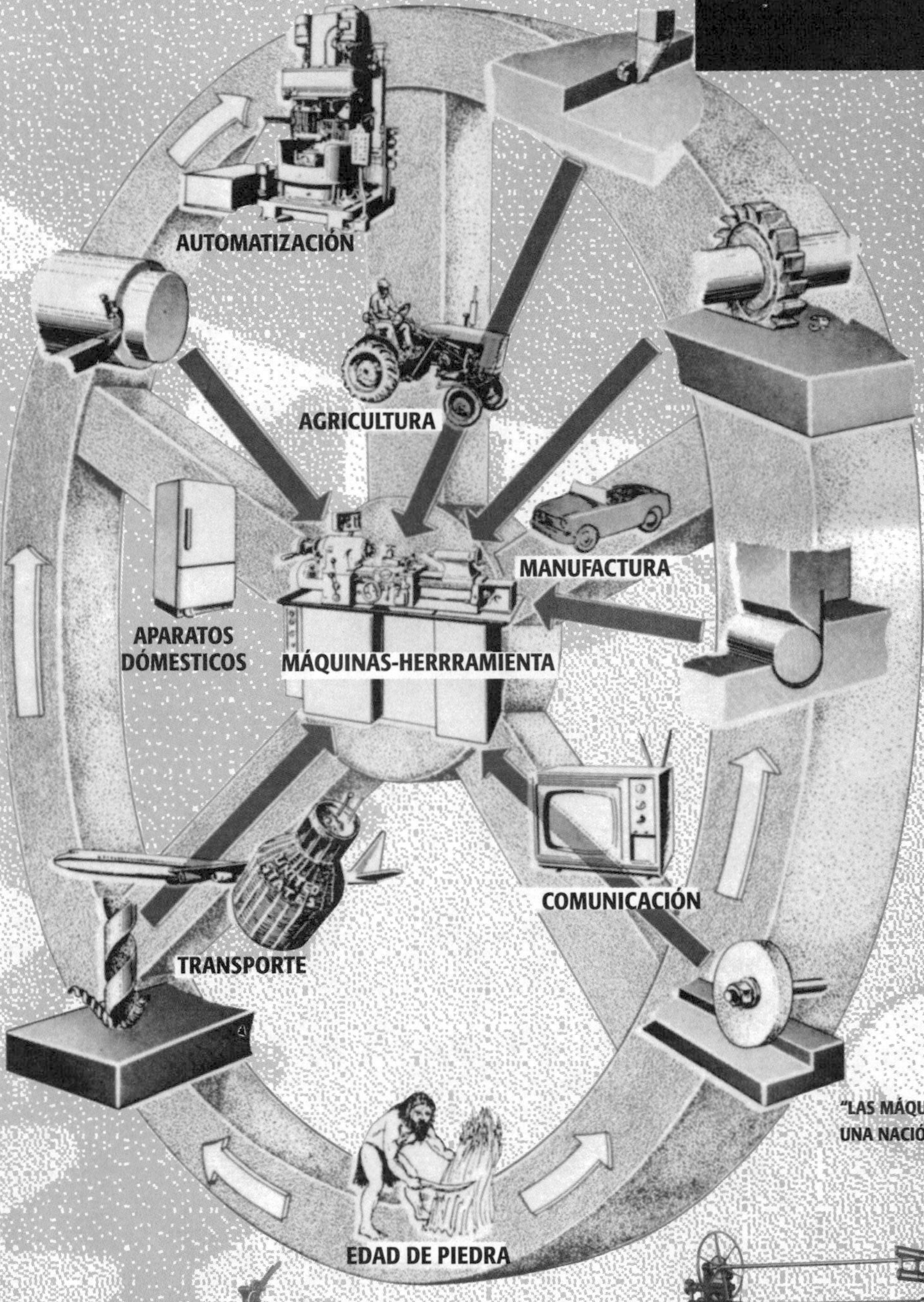

"LAS MÁQUINAS-HERRAMIENTA DETERMINAN CUÁNTO PRODUCE UNA NACIÓN Y QUÉ TAN BIEN VIVE SU GENTE."

TORNO PARA CORTAR TORNILLOS DE CLEMENT (c. 1820) (THE SCIENCE MUSEUM/SCIENCE & SOCIETY PICTURE LIBRARY)

MÁQUINA CEPILLADORA DE CAJA DE HERRAMIENTAS INVERSORA CON LENGÜETAS DE TORNILLO DE AUTO ACTUACIÓN WHITWORTH (1842) (THE SCIENCE MUSEUM/SCIENCE & SOCIETY PICTURE LIBRARY)

SECCIÓN

1

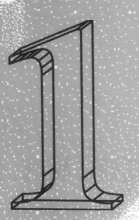

INTRODUCCIÓN A LAS MÁQUINAS-HERRAMIENTA

El progreso de la humanidad a través de los tiempos ha estado regido por el tipo de herramientas disponible. Aun desde que el hombre primitivo utilizaba piedras como martillos o armas para matar animales para comer, las herramientas han gobernado nuestra forma de vivir. El uso del fuego para extraer metales de los minerales condujo al desarrollo de nuevas y mejores herramientas. El encauzamiento del agua llevó al desarrollo de la fuerza hidráulica, que mejoró en gran medida el bienestar de la humanidad.

Con la revolución industrial de mediados del siglo XVIII, se desarrollaron y se mejoraron continuamente las primeras máquinas-herramienta. El desarrollo de las máquinas en cuestión y de tecnologías relacionadas, avanzó rápidamente durante e inmediatamente después de la Primera y la Segunda Guerras Mundiales. Después de la Segunda Guerra Mundial, procesos como el control numérico por computadora, la electroerosión, el diseño asistido por computadora (CAD), la manufactura asistida por computadora (CAM), así como los sistemas de manufactura flexible (FMS) han modificado de manera importante los métodos de fabricación.

Hoy en día vivimos en una sociedad enormemente afectada por el desarrollo de la computadora. Las computadoras afectan el cultivo y la venta de alimentos, los procesos de manufactura, e incluso el entretenimiento. Aun cuando la computadora tiene influencia en nuestra vida diaria, todavía es importante que usted, como estudiante o aprendiz, sea capaz de llevar a cabo operaciones básicas en máquinas-herramienta convencionales. Este conocimiento dará los fundamentos necesarios a la persona que busca una carrera en el campo de las máquinas-herramienta.

UNIDAD

1

Historia de las Máquinas

OBJETIVOS

Al terminar el estudio de esta unidad se podrá:

1. Conocer el desarrollo de las herramientas a través de la historia
2. Distinguir los tipos estándares de máquinas-herramienta utilizadas en los talleres
3. Comprender las recién desarrolladas máquinas y procesos de la era espacial

El alto nivel de vida que disfrutamos hoy no ocurrió así como así. Ha sido el resultado del desarrollo de máquinas-herramienta altamente eficientes a lo largo de las últimas décadas. Alimentos procesados, automóviles, teléfonos, televisores, refrigeradores, ropa, libros, y prácticamente todo lo que utilizamos son producidos por maquinaria.

La historia de las máquinas-herramienta comenzó en la Edad de Piedra (hace más de 50,000 años), cuando las únicas herramientas eran las manuales hechas de madera, huesos de animales, o de piedra (Figura 1-1).

Entre los años 4500 y 4000 a.C., las lanzas y hachas de piedra fueron reemplazadas con implementos de cobre y de bronce, y la fuerza humana fue sustituida en algunos casos por fuerza animal. Fue durante esta Era del Bronce que los seres humanos gozaron por primera vez de herramientas "con potencia motriz".

Alrededor del año 1000 a.C., comenzó la Edad del Hierro, y la mayor parte de las herramientas de bronce fueron reemplazadas por implementos de hierro con mayor durabilidad. Una vez que los herreros aprendieron a endurecer y revenir el hierro, su uso se generalizó. Mejoraron enormemente las herramientas y armas, y se domesticaron animales para que proveyeran la fuerza para algunas de estas herramientas, como el arado. Durante la Edad del Hierro, todos los utensilios que requería el hombre, como los materiales para la construcción de casas y barcas, carretas y mobiliario, eran fabricadas a mano por los hábiles artesanos de esa época.

Hace aproximadamente 300 años, la Edad del Hierro se convirtió en la Edad de las Máquinas. En el siglo XVII, la gente comenzó a explorar nuevas fuentes de energía. La fuerza del agua comenzó a reemplazar la fuerza del hombre y de los animales. Con esta nueva fuerza vinieron mejores máquinas y, conforme aumentó la producción, se tuvieron más productos disponibles. Las máquinas siguieron mejorando, y la máquina barrenadora hizo posible que James Watt produjera la primera máquina de vapor en 1776, iniciando la Revolución Industrial. La máquina de vapor hizo posible disponer de fuerza motriz en cualquier área donde se necesitara. Con una velocidad cada vez mayor, se fueron mejorando las máquinas e inventando nuevas. Bombas de diseño nuevo recuperaron del mar miles de acres en los Países Bajos. Molinos y plantas que habían dependido de fuerza hidráulica fueron convertidas a las de fuerza motriz de vapor para producir harina, telas y madera con mayor eficiencia. Las máquinas de vapor reemplazaron a las velas y el acero sustituyó la madera en la industria de la construcción naval. Surgieron las vías de ferrocarril, uniendo países, y los barcos de vapor conectaron continentes. Los tractores de vapor y la maquinaria agrícola mejorada aligeraron las tareas del granjero. Se fabricaron generadores para producir electricidad, y se desarrollaron motores diésel y de gasolina.

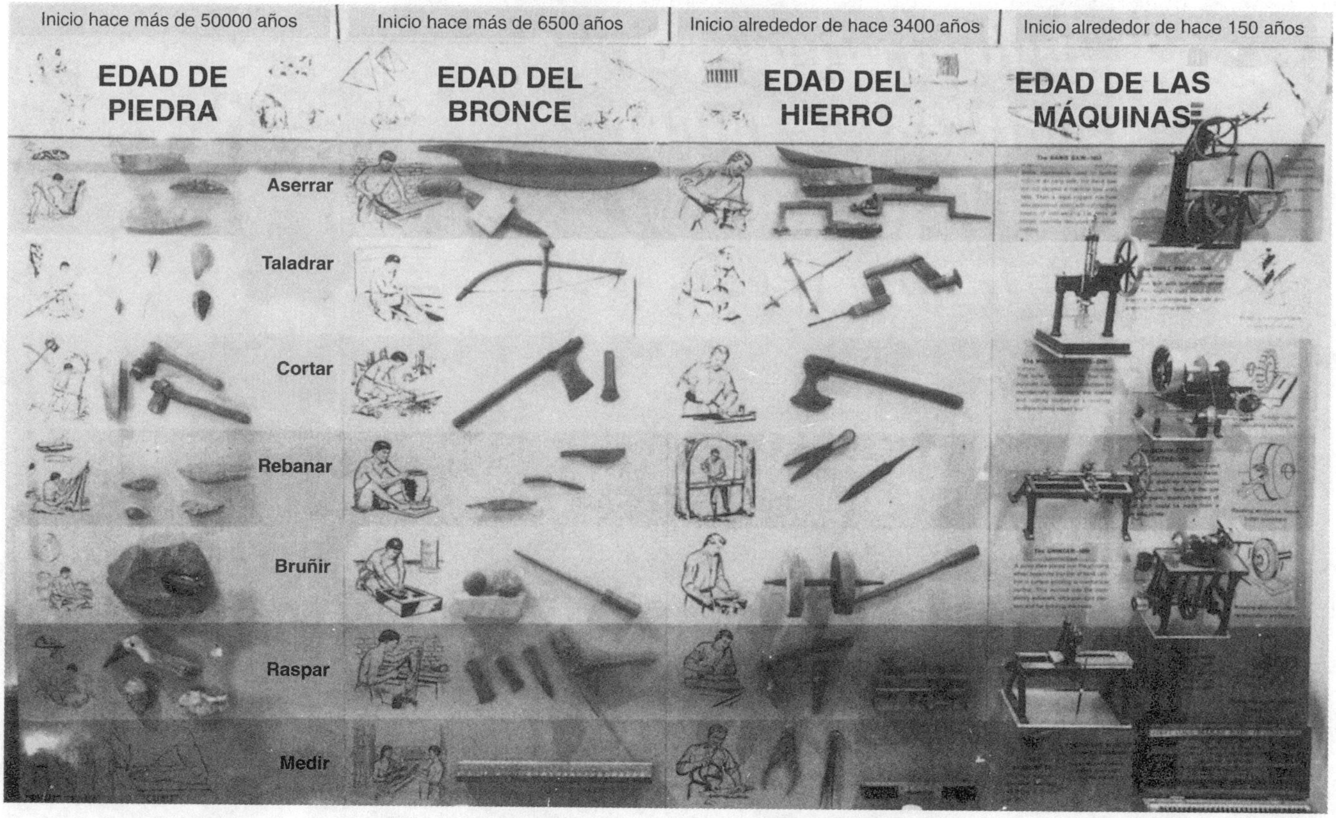

FIGURA 1-1 Desarrollo de las herramientas manuales a través de los años. (Cortesía de DoAll Company.)

Con adicionales fuentes de energía disponibles, la industria creció y se construyeron nuevas y mejores máquinas. El progreso continuó lentamente durante la primera parte del siglo XX, excepto por aumentos repentinos durante las dos guerras mundiales. La Segunda Guerra Mundial incitó la urgente necesidad de nuevas y mejores máquinas, lo que resultó en una producción más eficiente (Figura 1-2).

Desde los años cincuenta, el progreso ha sido rápido y ahora estamos en la era espacial. Las calculadoras, computadoras, robots, y las máquinas y plantas automatizadas son muy comunes. El átomo ha sido domesticado y se utiliza la fuerza nuclear para producir electricidad e impulsar naves. Hemos viajado a la Luna y al espacio exterior, todo debido a fantásticos desarrollos tecnológicos. Las máquinas pueden producir en masa piezas con una precisión de millonésimos de pulgada. Los campos de la medición, el maquinado y la metalurgia se han hecho complejos. Todos estos factores han producido un alto nivel de vida para nosotros. Todos, sin importar nuestra ocupación o condición social, dependemos de las máquinas y/o de sus productos (Figura 1-5, página 6).

A través de una mejoría constante, las máquinas-herramienta modernas se han vuelto más precisas y eficientes. Una mayor producción y precisión ha sido posible mediante la aplicación de la hidráulica, neumática, fluídica, y dispositivos electrónicos como el control numérico por computadora a las máquinas-herramienta básicas.

FIGURA 1-2 A mediados del siglo XX se desarrollaron nuevas máquinas-herramienta. (Cortesía de DoAll Company.)

FIGURA 1-3 Las máquinas-herramienta producen herramientas y máquinas para la manufactura de todo tipo de productos. (Cortesía de DoAll Company.)

MÁQUINAS-HERRAMIENTA COMUNES

Las máquinas-herramienta por lo general son máquinas de potencia para corte o conformación de metales que se utilizan para dar forma a metales mediante:

- La eliminación de virutas
- Prensado, estirado o corte
- Procesos de maquinado eléctrico controlados

Cualquier máquina-herramienta por lo general es capaz de:

- Sujetar y apoyar la pieza de trabajo
- Sujetar y apoyar una herramienta de corte
- Impartir un movimiento adecuado (rotatorio o reciprocante) a la herramienta de corte o a la pieza de trabajo
- Avanzar la herramienta de corte o la pieza de trabajo de forma que se logre la acción de corte y la precisión requeridas

La industria de las máquinas-herramienta se divide en varias categorías diferentes, como la de taller mecánico general, cuarto de herramientas, y taller de producción. Las máquinas-herramienta que se encuentran en la rama metalmecánica se dividen en tres clases principales:

1. Las *máquinas productoras de viruta*, que forman el metal al tamaño y forma deseados retirando las secciones no deseadas. Estas máquinas-herramienta generalmente alteran la forma de productos de acero producidos mediante fundición, forja o laminado en una planta acerera.
2. Las *máquinas no productoras de viruta*, que dan forma al metal a su tamaño y forma prensando, estirando, punzonando o cortando. Estas máquinas-herramienta generalmente alteran la forma de productos de lámina de acero, y también producen piezas que requieren muy poco o ningún maquinado al comprimir materiales metalicos granulados o en polvo.
3. Las *máquinas de nueva generación*, que fueron desarrolladas para llevar a cabo operaciones que serían muy difíciles, si no imposibles de realizar en máquinas productoras o no productoras de viruta. Las máquinas de electroerosión, electroquímicas y láser, por ejemplo, utilizan la energía eléctrica o la energía química para configurar el metal a su tamaño y forma.

El desempeño de toda máquina-herramienta se determina por lo general en función de su velocidad de remoción de metal, su exactitud, y su capacidad de repetición. La *velocidad de remoción de metal* depende de la velocidad de corte, de la rapidez de avance, y de la profundidad de corte. La *exactitud* está determinada por la precisión que tiene la máquina para posicionar una vez la herramienta de corte en una localización dada. La *capacidad de repetición* es la aptitud de la máquina para posicionar la herramienta de corte de manera consistente en cualquier posición dada.

Un taller mecánico general contiene cierta cantidad de máquinas-herramienta convencionales básicas para la producción de una variedad de componentes de metal. Operaciones como torneado, torneado de interiores, fileteado, taladrado, escariado (rimado), aserrado, fresado, limado y esmerilado o rectificado se llevan a cabo comúnmente en un taller mecánico. Máquinas como el taladro vertical, el torno, la sierra mecánica, la fresadora y la rectificadora se consideran usualmente *máquinas-herramienta básicas* en un taller mecánico (Figura 1-4).

FIGURA 1-4 Máquinas-herramienta convencionales que se encuentran comúnmente en un taller mecánico. (Cortesía de DoAll Company.)

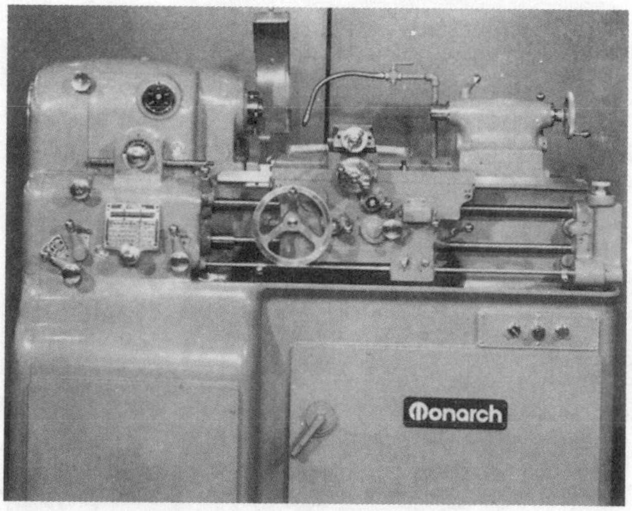

FIGURA 1-6 Un torno se utiliza para producir cuerpos cilíndricos. (Cortesía de Monarch Machine Tool Company.)

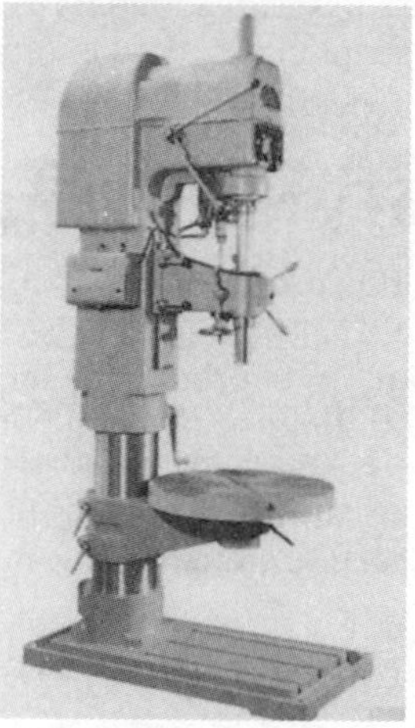

FIGURA 1-5 Taladro vertical estándar.

MÁQUINAS-HERRAMIENTA ESTÁNDAR

Taladro

El taladro vertical (Figura 1-5), probablemente el primer dispositivo mecánico desarrollado en la prehistoria, se utiliza principalmente para producir perforaciones redondas. Los taladros van desde el tipo simple manual, hasta las más complejas máquinas automáticas y de control numérico utilizadas para fines de alta producción. La función de un taladro es sujetar y hacer girar la herramienta de corte (generalmente una broca en espiral) de forma que pueda hacer una perforación en una pieza de metal u otro material. Operaciones como el taladrado, escariado, refrentado, avellanado, escariado y machuelado, comúnmente se llevan a cabo con un taladro.

Torno

El torno (Figura 1-6) se utiliza para producir piezas redondas. La pieza de trabajo, sostenida por un dispositivo de sujeción montado en el eje del torno, se hace girar contra la herramienta de corte, lo que produce una forma cilíndrica. El torneado cilíndrico, el ahusamiento, el careado, el torneado interior, el barrenado, el escariado, y la generación de roscas son algunas de las operaciones comunes llevadas a cabo en un torno.

Sierra

Las sierras para corte de metal se utilizan para cortar metal a la longitud y forma apropiadas. Existen dos clases principales de sierras para corte de metal: la sierra cinta (horizontal y vertical) y la sierra de corte reciprocante. En la sierra cinta vertical (Figura 1-7 de la página 8), la pieza de trabajo se sostiene sobre la mesa y se lleva en contacto con la hoja de la sierra en corte continuo. Se puede utilizar para cortar las piezas de trabajo a la longitud y forma deseadas. La sierra cinta horizontal y la sierra reciprocante se utilizan para cortar piezas sólo a longitud. El material se sujeta en una prensa y se pone la hoja de la sierra en contacto con el trabajo.

Fresadora

La máquina fresadora horizontal (Figura 1-8, página 8) y la fresadora vertical son dos de las herramientas más útiles y versátiles. Ambas máquinas utilizan uno o más fresas o cortadores giratorios que tienen uno o varios filos cortantes. La pieza de trabajo, que debe quedar sujeta en una prensa de tornillo, o con un aditamento o accesorio para fijar a la mesa, es avanzada o alimentada hacia la herramienta de corte giratoria. Equipadas con los accesorios apropiados, las máquinas de fresado son capaces de llevar a cabo una gran variedad de operaciones, como taladrado, escariado, barre-

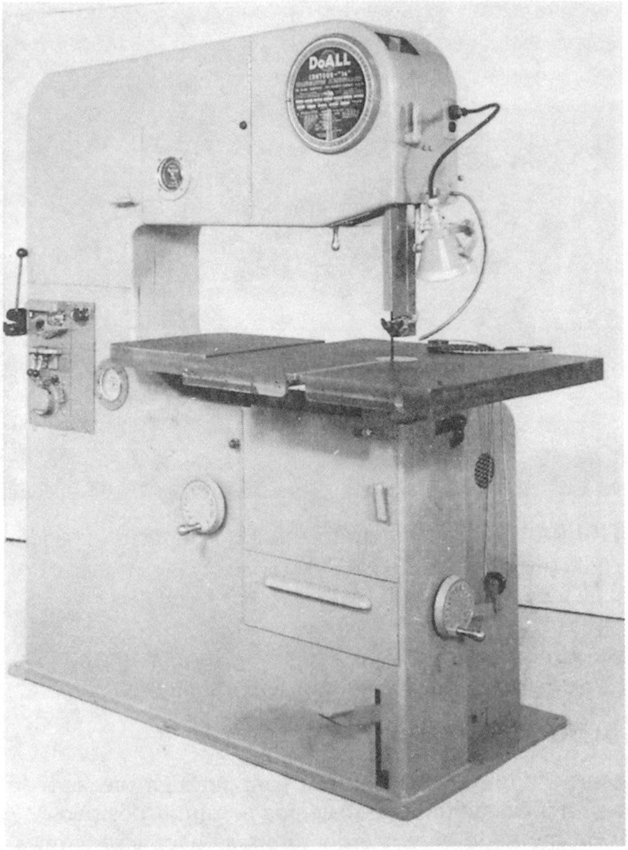

FIGURA 1-7 Sierra de cinta para contorneado. (Cortesía de DoAll Company.)

FIGURA 1-8 Máquina fresadora horizontal. (Cortesía de Cincinnati Milacron, Inc.)

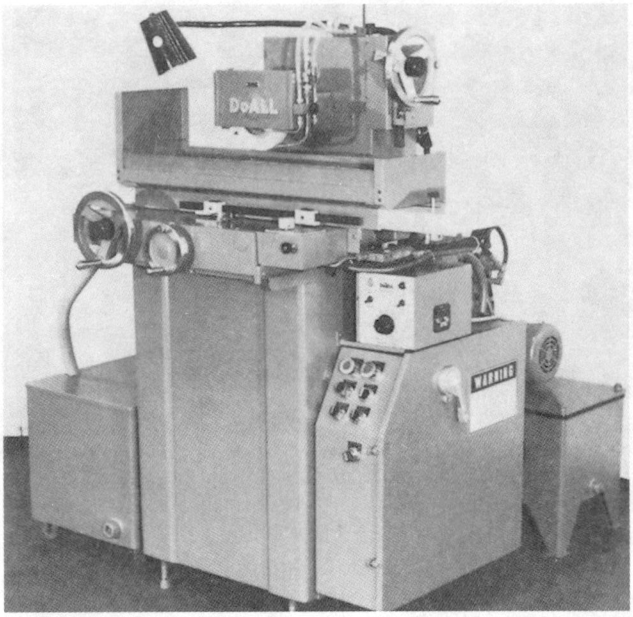

FIGURA 1-9 Se utiliza una rectificadora de superficie para formar superficies planas. (Cortesía de DoAll Company.)

nado, contrataladrado y careado, para tuercas, y sirven para producir superficies planas y de contorno, ranuras, dientes de engranes y formas helicoidales.

Esmeriladoras y rectificadoras

Estas máquinas utilizan una herramienta de corte abrasiva para trabajar la pieza al tamaño preciso y producir un buen acabado superficial. En el proceso de rectificado, la superficie de la pieza de trabajo se pone en contacto con la rueda abrasiva giratoria. Las rectificadoras más comunes son las de superficie, las cilíndricas, las de corte y para afilar herramientas, y los esmeriles de banco o pedestal.

Las *rectificadoras de superficie* (Figura 1-9) se utilizan para producir superficies planas, angulares o de contorno en una pieza.

Las *rectificadoras cilíndricas* se usan para producir diámetros internos y externos, en trabajos que pueden ser rectos, ahusados o cónicos, o con un perfil.

Los *esmeriles de corte y para herramientas* se usan generalmente para afilar herramientas de corte de máquinas fresadoras.

Los *esmeriles de banco o pedestal* se emplean para el esmerilado manual y para afilar herramientas de corte como cinceles, punzones, brocas, y herramientas para torno y cepilladora.

Máquinas-herramienta especiales

Las máquinas-herramienta especiales están diseñadas para llevar a cabo todas las operaciones necesarias para producir un solo componente. Las máquinas especiales incluyen las máquinas generadoras de engranes; las rectificadoras sin centro, de levas y rectificado de roscas; los tornos de torreta multiherramienta; y las máquinas automáticas para roscado o fileteado.

A

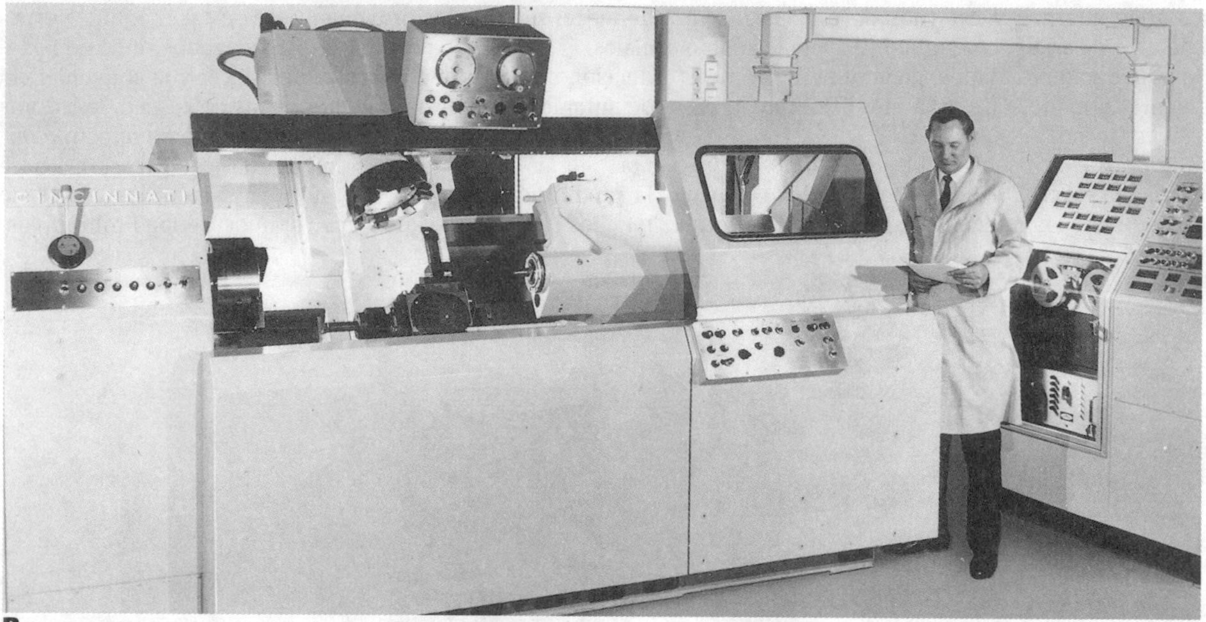

B

FIGURA 1-10 Los centros de torneado con mordazas (A) entre centros (B) son utilizados para producir piezas redondas precisa y rápidamente (Cortesía de Hardinge Brothers, Inc. y de Cincinnati Milacron, Inc.)

MÁQUINAS DE CONTROL NUMÉRICO POR COMPUTADORA

El control numérico por computadora (CNC) ha traído cambios notables a la industria de las máquinas-herramienta. Las nuevas máquinas-herramienta controladas por computadora han permitido que la industria produzca piezas a una velocidad y con una precisión completamente imposibles de lograr hace sólo algunos años. Si el programa de la pieza se ha preparado apropiadamente, se puede reproducir una misma pieza, con la misma exactitud, cualquier cantidad de veces. Los comandos de operación que controlan la máquina-herramienta son ejecutados con una velocidad, exactitud, eficiencia y confiabilidad increíbles. En muchos casos en todo el mundo, las máquinas-herramienta de uso común actual, operadas a mano están siendo reemplazadas por las máquinas de tipo CNC operadas por computadora.

Los centros de mordazas y de tornear (Figura 1-10A y B), el equivalente en CNC del torno, son capaces de maquinar piezas redondas en un minuto o dos, lo que a un mecánico experimentado le tomaría un hora producir. El *centro de mordazas* (chuck) está diseñado para maquinar piezas en un mandril o en algún otro medio de sujeción y manejo. El *centro de torneado*, similar al centro de mordazas, está diseñado principalmente para piezas de trabajo del tipo de barras eje, que deben quedar sujetas mediante algún tipo de contrapunto.

Los centros de maquinado (Figura 1-11A y B), el equivalente en CNC de la máquina fresadora, pueden llevar a cabo una variedad de operaciones sobre la pieza de trabajo cambiando sus propias herramientas de corte. Existen dos clases de centros de maquinado, el vertical y el horizontal. El *centro de maquinado vertical,* cuyo husillo está en posición vertical, es utilizado principalmente para piezas planas donde se requiere un maquinado en tres ejes. El *centro de maquinado horizontal,* cuyo husillo está en posición horizontal, permite que las piezas sean trabajadas en cualquier lado en una disposición, si la máquina está equipada con una mesa orientable. Algunos centros de maquinado tienen husillos tanto verticales como horizontales, pudiendo la máquina pasar de uno a otro con mucha rapidez.

Las *máquinas de electroerosión* (EDM, por sus siglas en inglés) utilizan un proceso de erosión por chispa controlada entre la herramienta de corte y la pieza de trabajo para eliminar metal. Las dos máquinas EDM más comunes son las de *corte por hilo metálico* y la del *tipo de ariete* vertical. La EDM de corte por hilo metálico utiliza un alambre móvil para cortar los bordes internos y externos de una pieza. La EDM vertical del tipo de ariete, comúnmente conocida como la máquina de penetración de dados, generalmente alimenta una herramienta formadora hacia la pieza de trabajo para reproducir su contorno.

El *maquinado por electroerosión,* el *maquinado electroquímico,* el *rectificado electrolítico,* y el *maquinado láser* han hecho posible maquinar los nuevos materiales de la era espacial y producir formas que eran difíciles y a veces imposibles de hacer mediante otros métodos.

El principio del control numérico también se ha aplicado a los *robots,* que hoy en día son capaces de manejar materiales y de cambiar accesorios de máquina-herramienta con tanta facilidad y probablemente con mayor eficiencia que una persona (Figura 1-13, página 12). La *robótica* se ha convertido en una de las áreas de crecimiento más rápido en la industria de la manufactura.

Desde su desarrollo, el *láser* ha sido aplicado a varias áreas de la manufactura. Los láser ahora se utilizan cada vez más para el corte y soldadura de todo tipo de metales — incluso aquellos que han resultado imposibles de cortar y soldar mediante otros métodos. Los rayos láser pueden perforar diamante y cualquier otro material conocido, y también se utilizan en dispositivos de medición y topografía extremadamente precisos, y como dispositivos sensores.

Con la introducción de numerosas máquinas y herramientas de corte especiales, la producción ha aumentado enormemente en comparación con la que se obtenía con máquinas-herramienta convencionales. Muchos productos se producen automáticamente mediante un flujo continuo de piezas terminadas provenientes de estas máquinas especiales. El control de productos y los elevados ritmos de producción nos permiten disfrutar del placer y la conveniencia de automóviles, cortadoras mecánicas de césped, lavadoras automáticas, estufas, y docenas de otros productos modernos. Sin las máquinas-herramienta básicas necesarias para la producción en masa y la automatización, los costos de muchos lujos de que ahora disfrutamos, serían prohibitivos.

A

FIGURA 1-11 (A) El centro de maquinado vertical se utiliza principalmente para piezas planas cuando se requiere maquinado en tres ejes. (Cortesía de Cincinnati Milacron, Inc.)

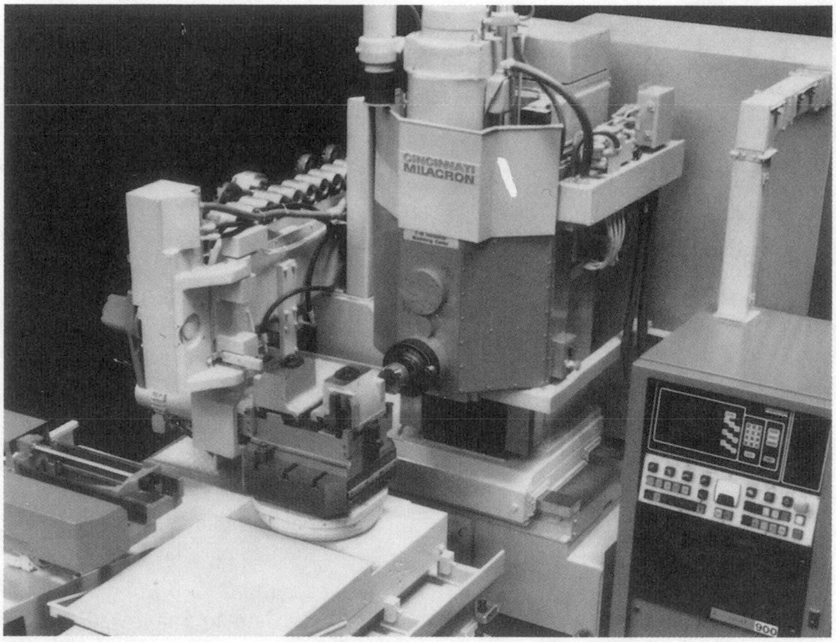

B

FIGURA 1-11 (B) El centro de maquinado horizontal puede actuar sobre cualquier parte o lado de una pieza, si está equipado con mesa (o tabla) orientable. (Cortesía de Cincinnati Milacron, Inc.)

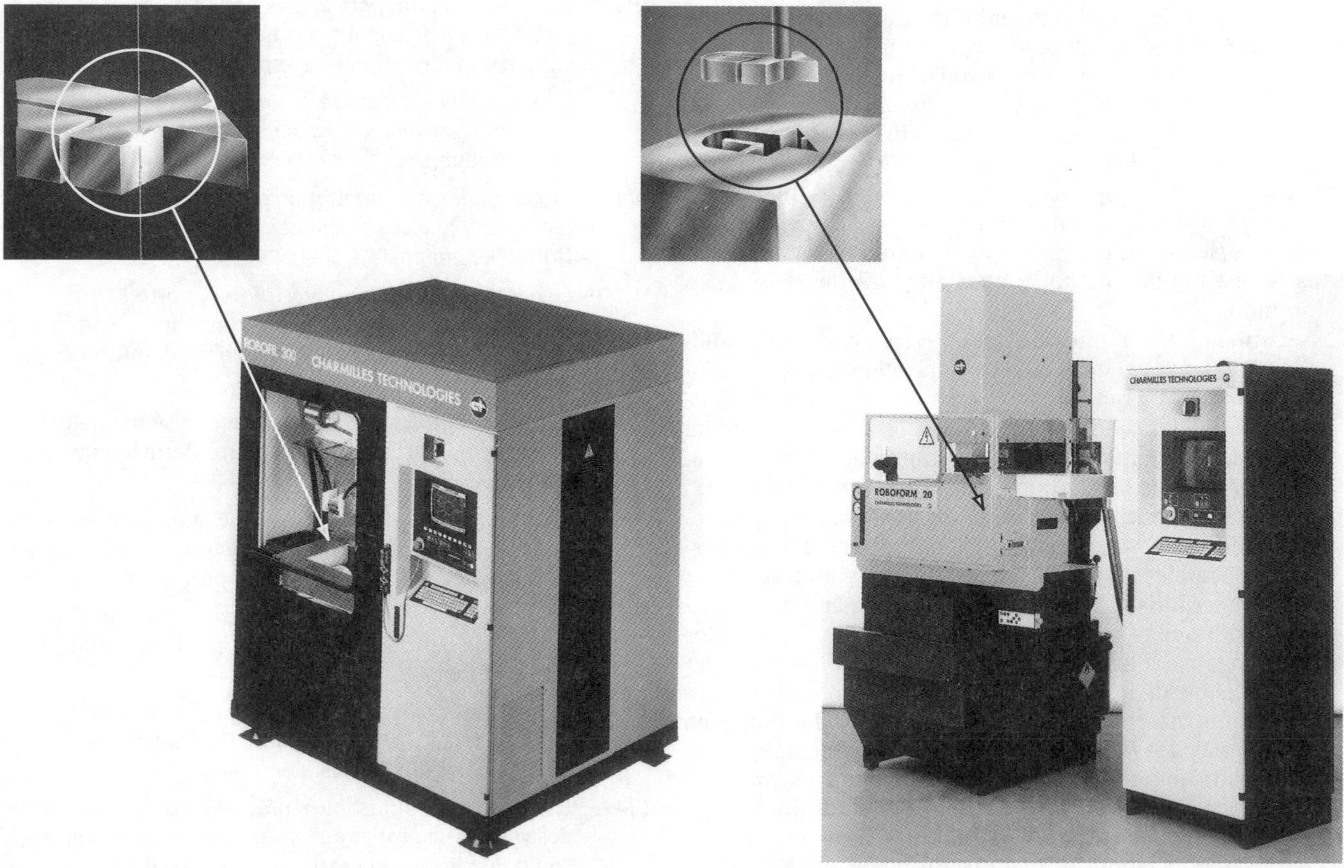

A **B**

FIGURA 1-12 Las máquinas EDM eliminan porciones de metal mediante un proceso eléctrico de erosión por chispa . (Cortesía de Charmilles Technology Corp.)

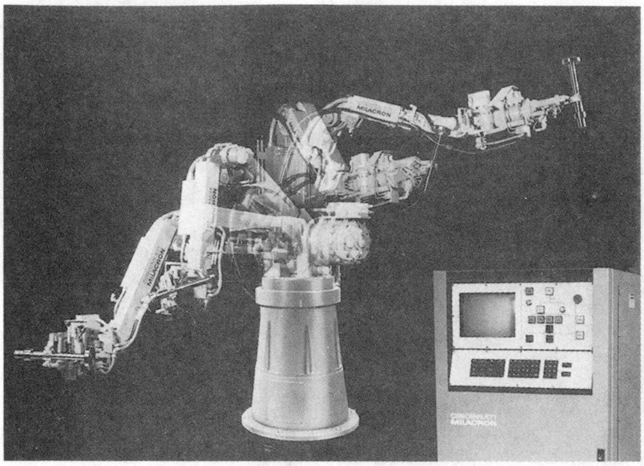

FIGURA 1-13 Los robots encuentran cada vez más aplicaciones en la industria. (Cortesía de Cincinnati Milacron, Inc.)

DESARROLLOS PRINCIPALES DE LA METALMECÁNICA DURANTE LOS ÚLTIMOS CINCUENTA AÑOS

Antes del Siglo Veinte, los métodos de manufactura cambiaban muy lentamente. La producción en masa que ahora conocemos casi no se había desarrollado. No fue sino hasta el principio de los años treinta que los nuevos e impresionantes desarrollos en la manufactura comenzaron a afectar los procesos fabriles. Desde entonces, el progreso ha sido tan rápido que ahora a la mayoría de nosotros algunos de los desarrollos más recientes nos asombran. Es debido a este avance de los últimos sesenta años, que en Estados Unidos se disfruta de uno de los más altos niveles de vida en el mundo.

La manufactura antes del año 1932 se hacía en máquinas-herramienta del tipo convencional, con muy poca o ninguna automatización. Los tornos con torreta, los taladros, con las formadoras, los cepillos, y las fresadoras horizontales eran las máquinas-herramienta comunes en esa época. La mayor parte de las herramientas de corte eran fabricadas de acero al carbono o de los primeros grados de acero de alta velocidad, que no eran muy eficientes de acuerdo a los estándares actuales. La producción era lenta y gran parte del trabajo se terminaba a mano. Esto resultaba en un alto costo de los artículos producidos en relación con los salarios que se pagaban a los trabajadores.

A principio de los años treinta, los fabricantes de máquinas-herramienta aprovecharon la baja en producción y en ventas provocada por la gran depresión, para actualizar sus máquinas mejorando flexibilidad y controles. Así comenzó la tendencia que llevó a las máquinas del presente.

De acuerdo con la Society of Manufacturing Engineers y la AMT —Association for Manufacturing Technology, la siguiente lista cronológica incluye los desarrollos más importantes en el trabajo metalmecánico durante la segunda mitad del siglo.

1932: Se diseñó el *calibrador eléctrico* para tener una mejor precisión y reducir el tiempo de inspección en un 75% con respecto a métodos anteriores.

1933: El *rectificado de cigüeñales* permitió el rectificado de todo el cigüeñal en un solo dispositivo, en comparación con los varios dispositivos y operaciones que se necesitaban antes.

1934: El *proyector de perfiles* era capaz de amplificar las imprecisiones superficiales de millonésimos de pulgada, haciendo los contornos más fáciles de inspeccionar.

1935: La *sierra cinta para contornos* proporcionó un método veloz y económico para cortar el metal al tamaño y forma.

1936: El *tratamiento térmico por inducción* redujo en gran medida la cantidad de tiempo requerida para producir una superficie exterior dura en una pieza de trabajo.

1937: El *rectificado automático de brochas superficiales* dejaba automáticamente el espaciamiento correcto entre dientes para las brochas superficiales.

1938: La *fresadora Bridgeport* proporcionó mayor versatilidad que la máquina fresadora horizontal y aumentó la velocidad de remoción de metal.

1939: La *prensa de componentes para aeronaves* se diseñó para formar piezas de duraluminio para aeroplanos totalmente de metal.

1940: La *esmeriladora vertical* proporcionó el medio para hacer con precisión barrenos en piezas de acero templado.

1941: La *primera planta para la producción de acero aleado en horno eléctrico* proporcionó un control más preciso del calor para producir aceros especiales.

1942: La *soldadura de atmósfera de gas inerte* fue un nuevo proceso desarrollado para soldar magnesio sobre la base de producción.

1943: El *calibrador de aire* proporcionó el medio para medir piezas con mayor velocidad y precisión de lo que anteriormente era posible.

1944: Se desarrolló el *motor de rectificadora de 60000 rpm* para producir ruedas de rectificado pequeñas (de $\frac{1}{8}$ pulg de diámetro o menores) con velocidad suficiente para un esmerilado eficiente.

1945: El *control man-au-trol* fue el primer sistema de control hidráulico-eléctrico para el control de máquinas automáticas.

1946: La *computadora digital ENIAC* fue la primera computadora de uso general completamente electrónica en el campo y llegaría a ayudar en los problemas de diseño.

1947: El *control automático de dimensión* proporcionó una manera de perforar, pulir y calibrar el tamaño de cilindros de bloque de motor.

1948: El *fresado automático por tarjeta perforada* utilizaba tarjetas perforadas para controlar automáticamente el ciclo de una máquina fresadora.

1949: La *inspección ultrasónica* proporcionó un método no destructivo de probar materiales por medio de ondas de sonido de frecuencia extremadamente alta.

1950: La *prueba electrónica de dureza* fue una prueba rápida y precisa basada en la retención magnética de una pieza en comparación con un estándar.

1951: El *maquinado con el método X de electroerosión* fue un medio de eliminar metal de la pieza de trabajo por medio de una chispa de alta densidad y de corta duración.

1952: El *control numérico* presentó un sistema aplicado a una máquina fresadora donde la mesa y los movimientos de la herramienta de corte quedaban controlados por una cinta perforada.

1953: El *proyecto tinkertoy* fue un sistema desarrollado para manufacturar y ensamblar automáticamente elementos de circuitos electrónicos.

1954: El *herramental de insertos orientable* presentó una clase de inserto desechable de carburo para herramienta de corte, que podía voltearse y utilizarse por ambos lados. Esto eliminó la necesidad del costoso mantenimiento de las herramientas de corte.

1955: El *sistema numericord* fue el primer control completamente automático para máquinas, logrado por medio de un control electrónico y cinta magnética.

1956: El *proceso de pulido de engranes* proporcionó un método utilizado después del tratamiento térmico para eliminar mellas y rebabas de un engranaje y darle forma siguiendo las especificaciones correctas.

1957: El *diamante industrial* fue desarrollado por la General Electric Co. para el rectificado y maquinado de materiales duros no ferrosos y no metálicos. Fue producido sometiendo una forma de carbono y un catalizador de metal a alta temperatura y presión.

1958: El *centro de maquinado* introdujo una máquina controlada por computadora con un cambiador de herramientas controlado por cinta capaz de llevar a cabo fresado, taladrado, machuelado y cilindros internos en una pieza tan grande como un cubo de 18 pulgadas.

1959: El lenguaje de programación *APT (herramienta programada automáticamente)* fue un lenguaje de computación de 107 palabras utilizado por los programadores para escribir programas utilizando datos a partir de planos de ingeniería.

1960: El *maquinado de velocidad ultraalta* estaba basado en el principio que a velocidades de corte extremadamente altas (2500 pie/min y mayores), la temperatura de la herramienta y los caballos de fuerza requeridos para maquinar una pieza de trabajo disminuían. Se utilizaron velocidades de 18000 pie/min y se planearon velocidades de 36000 pie/min.

1961: El *robot industrial* aportó un dispositivo de un solo brazo que podía manipular piezas o herramientas siguiendo una secuencia de operaciones o de movimientos, controlada por programas de computadora.

1962: La *producción de acero controlada por computadora* introdujo un sistema en el cual todas las variables de la fabricación del acero, desde el pedido y los requerimientos de las materias primas, hasta el producto terminado, están controladas por computadora.

1963: El *lenguaje de programación ADAPT* proporcionó un programa compatible con el lenguaje APT, utilizando sólo aproximadamente la mitad de las palabras del vocabulario de APT, y fue diseñado para uso en computadoras pequeñas para controlar operaciones de máquina.

1964: El *DAC-1, diseño aumentado por computadoras*, fue un sistema de computadora que permitía que ésta leyera planos sobre papel o película para generar nuevos dibujos usando el teclado o una pluma lumínica.

1965: El *System/360* introdujo una gran computadora mainframe capaz de responder en billonésimos de segundo, y se convirtió en el estándar de la industria para la siguiente década.

1966: La *rueda de esmerilado de diamante de una sola capa depositada sobre metal* era una rueda de esmeril impregnada en diamante, contorneada según el perfil de la pieza, y reducía el tiempo de rectificado requerido para ciertas piezas de 10 horas a 10 minutos.

1967: El *control numérico por computadora* proporcionó un sistema de control por computadora que combinaba en una sola unidad las funciones del equipo separado de preparación de cintas, el control numérico, y la verificación de programas y piezas.

1968: El *control numérico directo* permitía la operación de las máquinas directamente desde la computadora mainframe, sin uso de cintas.

1969: El *controlador programable* era una computadora más pequeña, de un solo propósito, que podía controlar hasta 64 máquinas utilizando programas creados en APT.

1969: General Electric Co. desarrolló el *CBN (nitruro de boro cúbico)*, un abrasivo extremadamente duro, para el rectificado y maquinado de metales ferrosos duros y abrasivos. Se produjo sometiendo a altas temperaturas y presiones al nitruro de boro hexagonal junto con un catalizador.

1970: Los *insertos en blanco de superabrasivo policristalino para herramienta de corte* consisten de una capa de diamante o de CBN (nitruro de boro cúbico) cementado a un sustrato de carburo. Se utilizaban para cortar materiales duros, abrasivos, no ferrosos y no metálicos (diamante), y materiales ferrosos (CBN).

1970: El *sistema GEMINI* proporcionó un sistema en donde una computadora supervisora y una computadora de distribución controlaban varias máquinas en la manufactura completa de una pieza. Este sistema fue el precursor de la fábrica automática.

1971: Las *capacidades detectoras o sensoras en robots* permitieron que un robot "sintiera" objetos por medio de un sensor aplicado a sus dedos de sujeción o a su copa de succión.

1972: La *prensa Hummingbird* fue una prensa de 60 toneladas automática con velocidades de hasta 1600 golpes por minuto y una tasa de alimentación de 400 pie/min.

1973: La *visión robótica* era un sistema para robots que utilizaba una cámara de televisión y equipo de procesamiento de imágenes para permitir que el robot "viera" y evitara que el brazo golpeara otras piezas en su recorrido a la localización deseada.

1974: Los *diagnósticos remotos de máquinas* permitieron el diagnóstico de problemas de máquinas CNC en una planta desde una computadora en la oficina central del fabricante mediante la conexión de ambas computadoras vía la red telefónica.

1974: La *tecnología de grupo (GT)* es un sistema para clasificar piezas sobre la base de sus similitudes y características físicas de forma que puedan agruparse para su manufactura en un mismo proceso. Esto mejora la productividad de manufactura debido a un mejor uso de las máquinas-herramienta y al flujo eficiente de las piezas a través de las máquinas.

1975: La *manufactura integrada por computadora (CIM)* es un sistema de información donde las computadoras integran todas las funciones de manufactura, como CNC, planeación de procesos, planeación de recursos, y CAD/CAM con procesos como finanzas, inventarios, nóminas y comercialización. El sistema CIM controla todo el flujo de datos dentro de una empresa.

1975: La *superrueda de rectificado CIMFORM* era una rueda de esmeril de óxido de aluminio vitrificado de larga duración, desarrollada para alta producción. Reducía los costos de esmerilado en un 25%.

1976: La *planeación automatizada de procesos CAM-I*, cuando se requiere una pieza, permite a la computadora determinar la "familia" a la que la pieza pertenece, recupera el plano, hace las modificaciones necesarias, y luego dirige la producción de la pieza en el taller.

1977: Los *sistemas distribuidos de administración de plantas* permitían que el sistema de computadoras DNC de una planta fuera controlado y programado por una computadora remota que podía incluso no estar localizada en la misma planta.

1978: Los *sistemas automatizados de ensamble programable* se diseñaron para aumentar la producción mediante el uso de varios robots programados para ensamblar las piezas componentes en una unidad.

1979: Los *sistemas de manufactura flexible YMS-50* vincularon módulos de máquinas NC estándar con un dispositivo de manejo de piezas y proporcionaron un control total de computadora del sistema.

1980: El *cambiador automático de herramientas de misión variable* almacena e instala herramientas de corte según su programación, en hasta 18 portahusillos.

1980: El *control adaptativo* utiliza la capacidad de la computadora para monitorear una operación de maquinado y efectuar ajustes a las tasas de velocidad y de alimentación a fin de optimizar la operación de la máquina. Puede ser usado para detectar el desgaste de las herramientas, la geometría del corte, la dureza y rigidez de la pieza y la posición de la herramienta en relación con la pieza.

1981: El *centro de rectificado* proporciona un rectificado controlado por computadora que puede programarse para hasta 48 diferentes rectificados en una pieza de trabajo.

1982: La *manufactura justo a tiempo*, un concepto desarrollado para aumentar la productividad, reducir costos, reducir material de desecho y retrabajos, utilizar las máquinas con eficiencia, reducir el inventario y el trabajo en proceso (WIP), y hacer el mejor uso posible del espacio fabril. Requiere tener disponibles materiales, herramientas y máquinas en el momento que se les necesita para la producción.

1983: La *inteligencia artificial (AI)*, un campo de la ciencia de las computadoras que trata con computadoras que desempeñan funciones de tipo humano, como la interpretación y el razonamiento. Utiliza robots, sistemas de visión, sistemas expertos, y el reconocimiento de lenguaje y de la voz para llevar a cabo operaciones que normalmente requieren de la comprensión humana.

1986: El *protocolo de automatización de manufactura (MAP)*, un protocolo de banda ancha de siete niveles para que en el piso de fábrica se logre un monitoreo de costo en tiempo real, un monitoreo de calidad en tiempo real, y un monitoreo de producción en tiempo real. Está diseñado para aceptar un amplio rango de entornos de manufactura y posibilita la comunicación entre el equipo de piso de fábrica controlado por computadora.

1988: Las *ruedas de rectificado de óxido de aluminio microcristalino*, conocidas comúnmente como ruedas SG, contienen una estructura de cristal submicrométrica con billones de partículas en cada grano. Esta característica permite a los granos volverse a afilar por sí mismos, resultando en menos reacondicionamientos de la rueda y aumentando la productividad, al mismo tiempo que se reduce el costo por pieza.

1989: Los *procesos de producción directa de hierro y de producción directa de acero* están en una etapa de desarrollo para producir hierro y acero en un solo paso. El objetivo es desarrollar procedimientos ambientalmente correctos que reduzcan el tiempo de manufactura, requieran menos energía, y bajen el costo de manufactura.

La *manufactura de forma neta* involucra la producción de componentes mediante la formación del lingote, fundición a presión y de precisión, laminación, moldeo por inyección, y fabricación de dados que queden cerca del tamaño final requerido.

La *manufactura y prototipos rápidos*, también conocido como estereolitografía, combina las tecnologías de CAD, computadoras, y láser para producir modelos de prototipo sólidos a partir de un plano técnico tridimensional.

1990: Se desarrolló el *CVD* (deposición de vapor químico) para obtener una película de diamante delgada y de larga duración en herramientas de corte, piezas de desgaste, sumideros de calor y sustratos electrónicos, dispositivos ópticos, etc.

1991: La *ingeniería concurrente* es la integración del diseño del producto, de los procesos de manufactura, y de las tecnologías relacionadas para incorporar pronto información de manufactura en el proceso de diseño.

1992: La *manufactura ágil*, la más reciente forma de manufactura, combina la fabricación y las tecnologías de entrega de productos más actuales a productos fabricados sobre pedido para adecuarse a las especificaciones del cliente sin aumentar el precio. Este proceso está diseñado especialmente para responder rápidamente a las condiciones del mercado en continuo cambio.

1993: El *hexápodo octaédrico* es el diseño de una máquina-herramienta radical para los centros de maquinado. Consiste de una estructura de seis patas que conecta la bancada al cabezal y el husillo prácticamente flota en el espacio. El hexápodo tiene una capacidad de contorneo en seis ejes, cinco veces la rigidez y es de dos a diez veces más preciso que las máquinas convencionales.

1994: La *manufactura de alta velocidad* utiliza un nuevo sistema de eje motor, los *motores lineales de alta potencia*, para mover los husillos de la máquina. Es diez veces más rápida que los tornillos de bola, aumenta la velocidad de tres a cuatro veces, con una mayor precisión y confiabilidad. Las velocidades de husillo van desde 0 hasta 15000 rpm en los centros de maquinado.

1995: Las *máquinas combinadas convencional/programable*, como las fresadoras verticales, tornos y rectificadoras de superficie, se pueden utilizar como máquinas-herramienta convencionales y también tienen limitadas características de programación para pasos u operaciones repetitivas. Estas máquinas pueden programarse para registrar una trayectoria manual y como resultado aumentan la productividad y la precisión en las piezas cuando llevan a cabo operaciones repetitivas en trabajos de lotes más pequeños.

PREGUNTAS DE REPASO

1. Resuma brevemente el desarrollo de las herramientas desde la Edad de Piedra hasta la Revolución Industrial.
2. ¿Por qué son las máquinas-herramienta tan importantes para nuestra sociedad?
3. ¿Cómo se ha logrado una mejor producción y precisión con las máquinas-herramienta convencionales?
4. Nombre tres categorías de máquinas-herramienta utilizadas en el trabajo metalmecánico.
5. Enuncie cinco operaciones que pueden llevarse a cabo con cada una de las máquinas siguientes:
   a. taladro
   b. torno
   c. fresadora.
6. Mencione cuatro tipos de esmeriladoras o rectificadoras que se encuentran en un taller mecánico.
7. Enuncie cuatro ventajas de las máquinas-herramienta CNC.
8. ¿Cuál es la diferencia entre un centro torneado de mordazas y un centro de tornear entre centros?
9. Mencione dos tipos de centros de maquinado.
10. Explique el propósito de
    a. Una máquina EDM de corte con alambre
    b. Una máquina EDM de tipo de ariete
11. ¿Cuál es la importancia de los procesos de electromaquinado?
12. ¿Qué efecto ha tenido en la manufactura el control numérico por computadora?
13. Explique dos aplicaciones de los robots.
14. ¿Cuál es la importancia de los láser en la industria moderna?

CINCINNATI

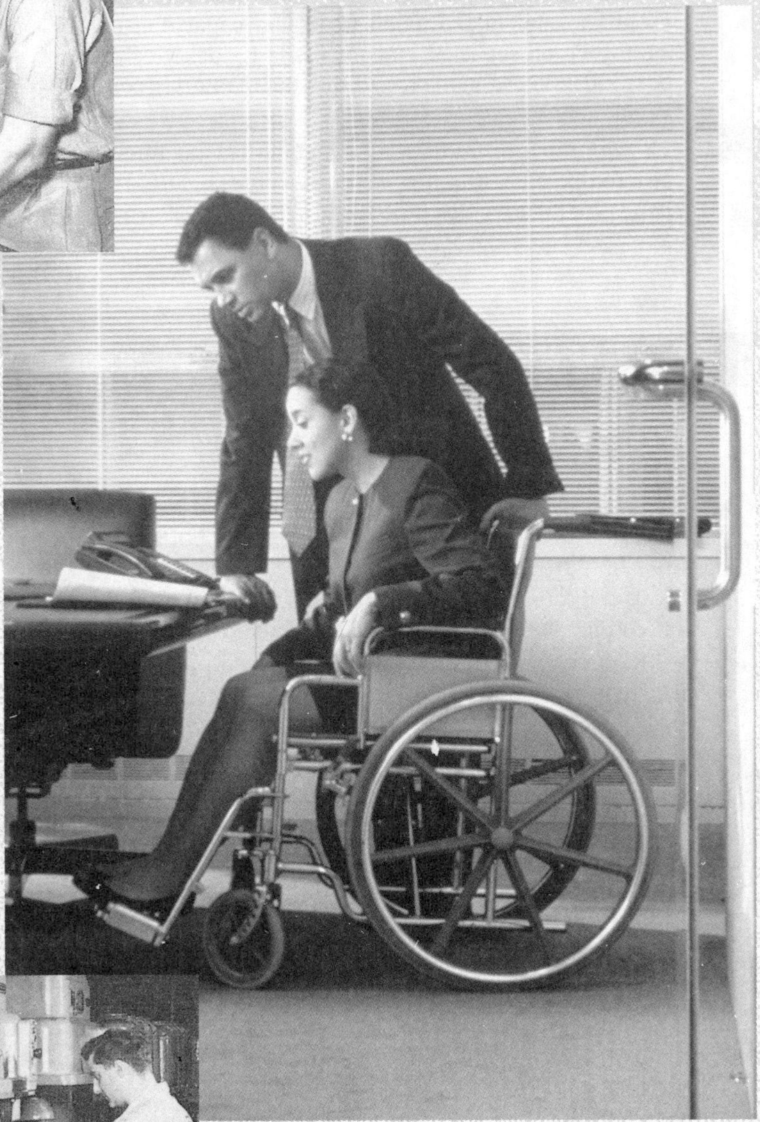

SECCIÓN

2

OPORTUNIDADES EN LA RAMA DEL MAQUINADO

Casi todos los productos que la gente utiliza, ya sea en el campo, la minería, la manufactura, la construcción, el transporte, las comunicaciones, o las profesiones, dependen de las máquinas-herramienta para su fabricación. Las constantes mejoras a las máquinas-herramienta y su uso eficiente afectan el estándar de vida de cualquier país. Sólo gracias a las máquinas en cuestión hemos sido capaces de disfrutar de automóviles, aeroplanos, televisores, artículos para el hogar, aparatos, y muchos otros productos en los cuales basamos nuestra vida diaria. Mediante una mejoría constante, las máquinas-herramienta modernas se han vuelto más precisas y eficientes. Ha sido posible una mejor producción y precisión mediante la aplicación de dispositivos hidráulicos y electrónicos, como el control numérico, el control numérico por computadora, el control numérico directo, y los láser a las máquinas-herramienta básicas.

UNIDAD

2

Carreras profesionales en la industria metalmecánica

OBJETIVOS

Al terminar el estudio de esta unidad, se podrá:

1 Saber los diversos tipos de puestos disponibles en la industria metalmecánica

2 Conocer el tipo de trabajo que implica cada puesto

La tecnología avanzada, las nuevas ideas, los nuevos productos, y los procesos y técnicas especiales de manufactura, están creando nuevos puestos más especializados. Para avanzar en la rama del maquinado, una persona se tiene que mantener actualizada con la tecnología moderna. Una persona joven que acaba de dejar la escuela puede ser empleada en un promedio de cinco puestos a lo largo de su vida, tres de los cuales todavía no existen hoy en día. La industria siempre está en busca de gente joven, brillante y consciente, que no vacile en asumir responsabilidades. Para tener éxito, haga su trabajo a su máxima capacidad y nunca esté satisfecho con una labor de inferior calidad. Siempre intente generar productos de calidad, a un precio razonable, a fin de competir con los productos extranjeros, que representan una preocupación muy grande para la industria norteamericana

NUEVAS TEGNOLOGÍAS

La tecnología es una actividad que hace posible producir bienes de mejor calidad a precios menores. Nuestro nivel de vida siempre ha dependido de la capacidad de producir productos que tengan demanda en todo el mundo. Por lo tanto, se puede decir que la tecnología se puede utilizar para aumentar los recursos de una nación y generar riqueza. Parecería que los países más progresistas y ricos del mundo son aquellos que utilizan la última tecnología de manufactura, haciéndolos más productivos que otros países.

La tecnología está en continuo cambio y mejoramiento, duplicándose el acervo tecnológico cada tres a cinco años. Las máquinas y procesos de manufactura de hace tan sólo diez años pueden tener dos generaciones de atraso con respecto a las naciones manufactureras más progresistas del mundo. No sólo es importante mantenerse al tanto en las mejoras de equipos y procesos, sino que es de igual o mayor importancia preparar a jóvenes estudiantes para incorporarse en los mercados de trabajo tecnológicos. No podemos esperar resultados de alta tecnología de trabajadores con baja tecnología; la capacitación puede hacer la diferencia entre el éxito y el fracaso. La siempre cambiante tecnología significa que trabajadores industriales y estudiantes en

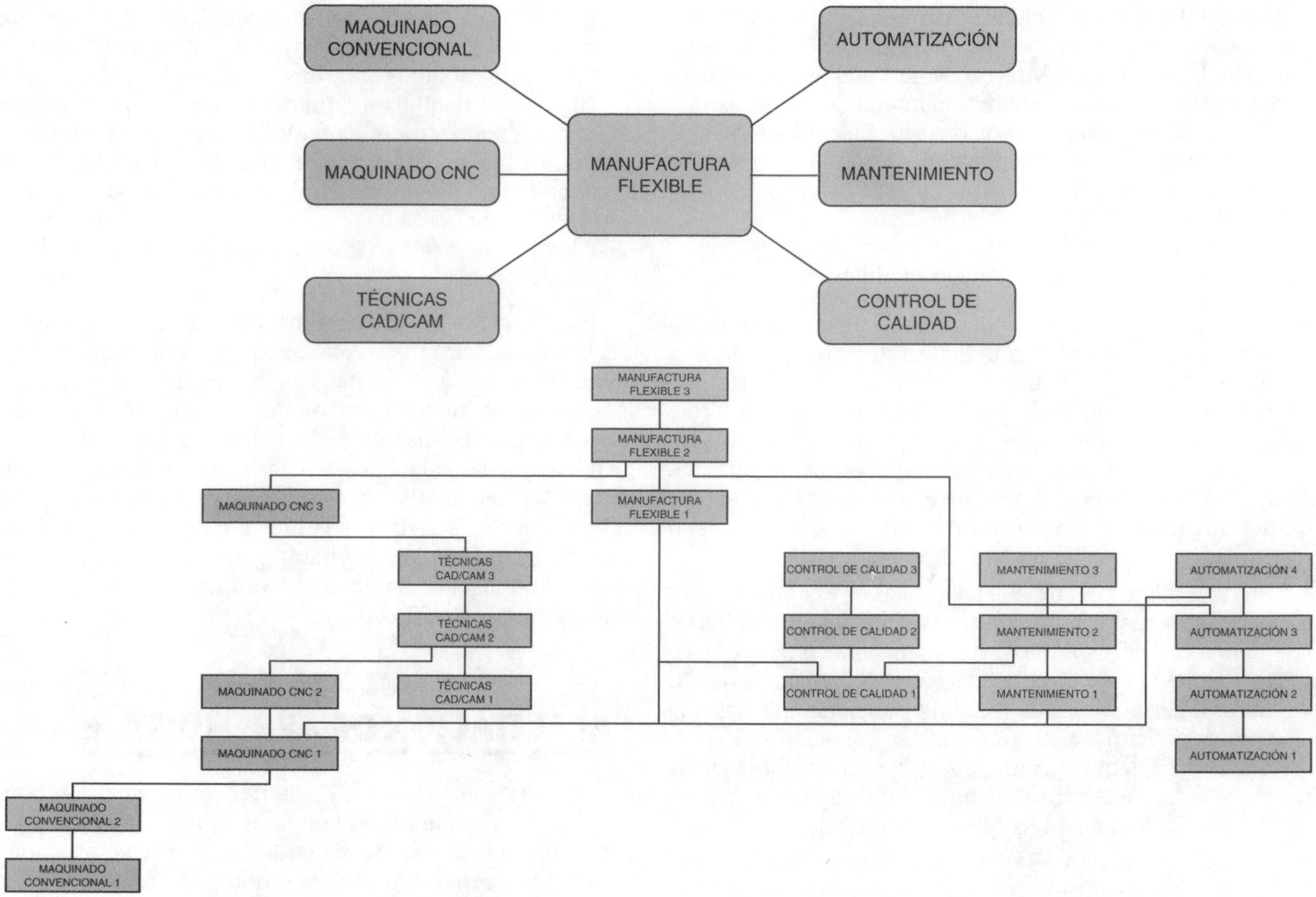

FIGURA 2-1 Sistema de capacitación modular. (Emco Maier Corp.)

las escuelas deben estar preparados para una educación continua (aprendizaje de toda la vida) si es que esperan sobrevivir en el mundo tecnológico en el que vivimos.

Programas de estudios tecnológicos

El rápido cambio en la tecnología de la industria metalmecánica hace imperativo que los educadores se mantengan al tanto de las nuevas mejoras y procesos de manufactura. Para servir mejor a la industria y aumentar la productividad de las naciones, los educadores deben introducir continuamente nuevo material a sus programas de estudios para preparar a los estudiantes a incorporarse al mundo tecnológico de hoy. Los viejos métodos y procesos "probados por el tiempo" han sido desplazados por la nueva tecnología. Las instituciones educativas que reconocen esto y toman las medidas necesarias producirán graduados que darán mérito a su escuela y harán una contribución valiosa al país.

Cursos de tecnología

El taller de maquinado, que aporta el respaldo y el trabajo base de todas las tecnologías de manufactura, es el prerrequisito para todos los estudiantes que planeen entrar al emocionante mundo de la manufactura. Junto con el conocimiento de los procesos de maquinado básicos, es esencial una buena comprensión del control numérico por computadora (CNC). En el mundo de hoy, con aproximadamente el 90% de las máquinas-herramienta fabricadas para ser usadas con CNC, un buen conocimiento de esta área es tan importante como poder leer y escribir. Una robusta preparación abre la puerta para muchas carreras emocionantes para un estudiante progresista, como la inteligencia artificial, el diseño asistido por computadora, la manufactura automatizada por computadora, los sistemas de manufactura flexible, la tecnología de grupo, el justo a tiempo, los láser, la metrología, la robótica, el control estadístico de los procesos, la tecnología de los superabrasivos, etc.

Sistema de capacitación modular

Un sistema de capacitación modular (Figura 2-1) ofrece una capacitación técnica/vocacional que trata las habilidades requeridas para la manufactura moderna en la rama metalmecánica, donde las computadoras están jugando un papel cada vez más importante. El programa de capacitación, desarrollado por un fabricante líder de máquinas-herramienta y utilizado por muchos educadores en todo el mundo, consiste en módulos individuales que pueden incorporarse fácilmente en un programa de estudios de educación técnica.

Los módulos de capacitación comienzan con las máquinas-herramienta y los procesos convencionales; avanzan a través de los módulos CNC; incorporan habilidades relacionadas con el control de calidad, mantenimiento de las máquinas, y automatización de bajo costo. En etapas fáciles de aprender, estos módulos preparan al estudiante para la compleja tarea de aprender a operar, programar y construir un sistema de manufactura flexible moderno.

A continuación se da un breve resumen de las áreas principales del sistema de capacitación modular.

- El *maquinado convencional* cubre los conceptos básicos sobre las máquinas-herramienta y los procesos de maquinado convencionales asociados con cada máquina herramienta. Estas habilidades son necesarias, de forma que los estudiantes aprendan las bases del maquinado de piezas metálicas y desarrollen una intuición para maquinar la pieza con mayor eficiencia. No debe estudiarse ninguna profesión metalmecánica o tecnología relacionada sin estas habilidades básicas
- El *maquinado CNC* trata las habilidades y conocimientos necesarios para programar y operar máquinas-herramienta CNC. Esto debe incluir la manera con mayor costo-efectividad de producir piezas de programas CNC libres de error, desde la pieza de trabajo simple hasta la compleja. La capacitación CNC es esencial para cualquier persona que busque una carrera provechosa en las tecnologías de la manufactura, debido a la gran cantidad de estas máquinas utilizada en la industria
- Las *técnicas CAD/CAM* proporcionan la habilidad para diseñar piezas en una computadora y después utilizar estos datos para maquinar las piezas en máquinas-herramienta CNC. Sin la flexibilidad, facilidad de diseño y el ahorro de tiempo que hacen posibles las técnicas CAD/CAM, un fabricante actual no podría competir exitosamente
- El *control de calidad* trata los métodos y herramientas utilizados para medir la dimensión, formas y texturas superficiales de las piezas terminadas. Los datos recolectados en este proceso pueden utilizarse para mejorar, y eliminar errores de los procesos de manufactura. El control de calidad es una de las partes más importantes en el proceso de manufactura. Juega un papel vital en la mejora de la posición competitiva del fabricante
- El *mantenimiento* trata la revisión rutinaria, la alineación y ajuste de maquinaria, la solución de problemas, y las reparaciones de las máquinas-herramienta convencionales y de CNC. Este mantenimiento, conocido comúnmente como *Mantenimiento preventivo*, asegura que las máquinas-herramienta operen apropiadamente para proporcionar una operación de manufactura continua, con paradas por mantenimiento mínimas
- La *automatización* proporciona la capacitación para automatizar la carga y descarga de piezas en máquinas-herramienta CNC, el manejo de los materiales, y control de calidad en el proceso de manufactura. Esta automatización de bajo costo es utilizada por muchos fabricantes que no pueden instalar una tecnología de manufactura flexible más compleja
- *Manufactura flexible* Este módulo permite a los estudiantes identificar los elementos de un sistema de manufactura flexible, su programación, la planeación de los procesos de manufactura, y el diseño del sistema. (Todos los módulos anteriores de este programa proporcionan las habilidades fundamentales para el programa de manufactura flexible). El sistema de manufactura flexible es capaz de adaptarse a cambios en la cantidad de piezas requeridas, el tipo de pieza maquinada, aceptar productos nuevos o diferentes, efectuar cambios de diseño a las piezas, y permiten expandirlo rápidamente.

Hay muchas carreras diferentes disponibles en la industria metalmecánica. La elección de la correcta depende de la habilidad, iniciativa y calificaciones del individuo. La rama metalmecánica ofrece emocionantes oportunidades a cualquier joven ambicioso que esté dispuesto a aceptar el reto de trabajar con tolerancias estrictas y producir piezas intrincadas. Para tener éxito en este oficio, el individuo también debe poseer características como el cuidado personal, orden, precisión, confianza y hábitos de trabajo seguros.

A continuación se indica lo establecido en Estados Unidos de América (EUA).

CAPACITACIÓN DE APRENDIZAJE

Una de las mejores maneras de aprender un oficio de habilidad es a través de un programa de aprendizaje. El aprendiz es una persona que se le emplea para aprender un oficio bajo la guía de un maestro experimentado (Figura 2-2). El programa de aprendizaje se establece como un acuerdo conjunto entre la empresa que patrocina al aprendiz, el Federal Bureau of Apprenticeship del Department of Labor, y el sindicato del gremio. Usualmente tiene de dos a cuatro años de duración e incluye capacitación en el puesto y teoría relacionada o trabajo en salón de clases. El período de tiempo puede reducirse terminando cursos aprobados o por poseer experiencia previa en el oficio.

Para calificar para un aprendizaje, el individuo deberá haber terminado el programa de preparatoria o su equivalente. Son deseables tener habilidad mecánica, con un buen conocimiento en matemáticas, habilidad para la expresión escrita y dibujo mecánico. Los aprendices ganan dinero mientras aprenden; la escala de salarios aumenta periódicamente durante el programa de capacitación.

Al terminar el programa de aprendizaje, se otorga un certificado que califica a la persona para solicitar un puesto de oficial del gremio. Las oportunidades posteriores en el oficio sólo están limitadas por la iniciativa e interés de la persona. Es bastante posible que un aprendiz termine convirtiéndose en ingeniero, diseñador de herramientas, supervisor, o dueño de taller.

OPERADORES DE MÁQUINAS

Los operadores de máquinas-herramienta están clasificados como oficiales semiadiestrados (Figura 2-3). Por lo general se les tabula y paga según la clasificación de su puesto, habilidades y conocimientos. El operador de clase A tiene más

FIGURA 2-2 El aprendiz aprende el oficio bajo la guía de un operador experimentado. (Cortesía de DoAll Company.)

FIGURA 2-3 Un operador de máquina por lo general opera sólo un tipo de máquina. (Cortesía de Cincinnati Milacron, Inc.)

habilidades y conocimientos que los operadores de clase B y C. Por ejemplo, el operador de clase A debe ser capaz de operar la máquina y de:

- Efectuar los diferentes ajustes de puesta en marcha de la máquina
- Ajustar las herramientas de corte
- Calcular las velocidades de corte y alimentaciones
- Leer y comprender planos
- Leer y utilizar herramientas de medición de precisión.

Con el continuo progreso en las máquinas de control por computadora y en los robots programables, se minimizará gradualmente el trabajo de los operadores. Sin embargo, algunos operadores de máquinas-herramienta pueden calificar mediante cursos de tecnología avanzada y conservar su empleo como operadores en centros de tornos de control numérico por computadora (CNC), centros de maquinado y robots CNC.

MECÁNICO DE MANTENIMIENTO

El mecánico de mantenimiento necesita una combinación de habilidades en mecánica, aparejos y carpintería. El tiempo de aprendizaje varía, pero usualmente dura de dos a cuatro años, incluyendo la teoría relacionada necesaria para el puesto. Durante el aprendizaje, el estudiante trabaja con oficiales calificados. Se puede requerir que un mecánico de mantenimiento:

- Mueva y/o instale maquinaria, incluyendo líneas de producción
- Lea planos y calcule el tamaño, ajustes y tolerancias de las piezas de las máquinas
- Repare máquinas reemplazando y ajustando piezas nuevas
- Desmantele e instale equipo.

Para convertirse en un aprendiz de mecánico de mantenimiento, el estudiante debe tener una buena capacitación técnica y ser graduado de preparatoria. Es útil un conocimiento general de electricidad, carpintería, pailería y el oficio de la máquina herramienta.

Las perspectivas del puesto son buenas. Se espera que en el futuro predecible la mayor parte de las grandes industrias empleen una fuerza de trabajo de mecánicos de mantenimiento para dar conservación e instalar maquinaria y líneas de producción.

MECÁNICO

Los mecánicos (Figura 2-4, página 22) son trabajadores experimentados que pueden operar con eficiencia todas las máquinas-herramienta estándares. Los mecánicos deben ser capaces de leer planos y utilizar instrumentos de medición de precisión y herramientas manuales. Deben haber adquirido el suficiente conocimiento y desarrollado un sólido juicio para llevar a cabo cualquier operación de banco, de trazado, o de máquina herramienta. Además, deben ser capaces de realizar los cálculos matemáticos necesarios para la preparación y el maquinado de cualquier pieza. Los mecánicos deben tener un conocimiento completo de la metalurgia y de los tratamientos térmicos. También deben tener una comprensión básica de la soldadura, hidráulica, electricidad y neumática, y estar familiarizados con la tecnología de las computadoras.

Tipos de talleres de maquinado

Un mecánico puede estar calificado para el trabajo en una variedad de talleres. Los tres más comunes son el de mantenimiento, el de producción y el de taller de maquila.

FIGURA 2-4 Un mecánico está adiestrado en la operación de todo tipo de máquinas-herramienta. (Cortesía de Cincinnati Lathe & Tool Company).

FIGURA 2-5 Este taladro de husillos múltiples de producción produce muchas piezas idénticas.

Un *taller de mantenimiento* por lo general está relacionado con una planta manufacturera, aserradero, o fundición. El mecánico de mantenimiento generalmente fabrica y reemplaza piezas para todo tipo de preparaciones de maquinaria, herramientas de corte y maquinaria de producción. El mecánico debe ser capaz de operar todas las máquinas-herramienta y estar familiarizado con operaciones de banco como son el trazado, el ajuste y el ensamble.

FIGURA 2-6 El herramentista y matricero puede operar todas las máquinas-herramienta y planear procedimientos para la fabricación de herramientas, matrices y dispositivos. (Cortesía de GE Superabrasives.)

Un *taller de producción* puede estar relacionado con una fábrica o una planta grande, que fabrique muchos tipos de piezas maquinadas idénticas, como poleas, ejes, cojinetes, motores y piezas de lámina. La persona que trabaja en un taller de producción opera generalmente un tipo de máquina-herramienta y a menudo produce piezas idénticas (Figura 2-5).

Un *taller de herramientas o matricero* generalmente está equipado con una variedad de máquinas-herramienta estándar y quizás algunas máquinas de producción, como el torno revólver y las prensas troqueladoras. Puede pedirse a un taller de maquila que realice una variedad de tareas, generalmente bajo contrato con otras empresas. Este trabajo puede incluir la producción de dispositivos, aditamentos, troqueles, moldes, herramientas, o lotes pequeños de piezas especiales. La persona que trabaja en un taller de este tipo es por lo general un mecánico, herramentista o matricero calificado y se requiere que opere todo tipo de máquinas-herramienta y equipo de medición.

EL HERRAMENTISTA Y MATRICERO

Un *herramentista y matricero* es un artesano altamente adiestrado que debe ser capaz de fabricar diferentes tipos de matrices, moldes, herramientas de corte, sujeciones y dispositivos (Figura 2-6). Estas herramientas pueden utilizarse en la producción en masa de piezas de metal, plástico u otras. Por ejemplo, para hacer que un troquel produzca una ménsula de 90° en una prensa troqueladora, el herramentista y matricero debe ser capaz de seleccionar, maquinar y tratar termicamente el acero de las piezas del troquel. Él o ella deben también saber qué método de producción se utilizará para producir la pieza, ya que esa información ayudará a producir un mejor troquel. Para el molde utilizado para producir una manija de plástico en una máquina de moldeo por inyección, el herramentista y matricero debe saber el tipo de plástico utilizado, el terminado requerido y el proceso utilizado en la producción.

Para calificar como herramentista y matricero, la persona debe hacer una capacitación, tener una capacidad mecánica superior al promedio, y ser capaz de operar todas las máquinas-herramienta convencionales. Este trabajo también requiere de un amplio conocimiento de matemáticas de taller, lectura de planos, dibujo de máquinas, principios de diseño, operaciones de maquinado, metalurgia, tratamiento térmico, computadoras y procesos de maquinado de la Era Espacial.

OPERADOR/PROGRAMADOR DE MÁQUINAS CNC

El amplio uso de las máquinas-herramienta CNC en la industria metalmecánica crea una gran demanda de personas capacitadas en control numérico por computadora (Figura 2-7). Las tareas de un operador de máquina CNC variarán de un taller a otro. En algunos talleres, la persona será responsable sólo de la preparación y operación de la máquina-herramienta, en tanto que en otros también puede involucrar la preparación del programa de la computadora.

Un *operador de máquina CNC* debe ser capaz de:

- Visualizar un programa CNC
- Comprender los procesos de maquinado y la secuencia de las operaciones
- Hacer preparaciones de máquina
- Calcular velocidades y avances
- Seleccionar herramientas de corte.

FIGURA 2-7 Los operadores y programadores de máquinas-herramienta CNC tienen gran demanda. (Cortesía de Hewlett-Packard.)

Un *programador CNC* debe poseer todos los conocimientos de un operador de máquina CNC y debe también:

- Estar capacitado en la lectura de planos
- Tener buen conocimiento de lenguajes y procedimientos de programación de computadoras
- Ser capaz de visualizar procesos y operaciones de maquinado.

TÉCNICO

El *técnico* es la persona que trabaja en un nivel entre el ingeniero profesional y el mecánico. El técnico puede ayudar al ingeniero a hacer estimaciones de costo de productos, preparar informes técnicos sobre la operación de la planta, o a programar una máquina de control numérico.

TÉCNICO ESPECIALISTA

El *técnico especialista* trabaja en un nivel entre el ingeniero y el técnico. La mayoría de los especialistas son graduados de tres o cuatro años de una universidad o un colegio técnico de la comunidad. Sus estudios por lo general incluyen física, matemáticas avanzadas, química, análisis gráfico, programación de computadora, organización de negocios y administración.

Un *técnico especialista en ingeniería* puede llevar a cabo muchos trabajos normalmente realizados por un ingeniero, como estudios de diseño, planeación de la producción, experimentos de laboratorio, y la supervisión de técnicos. Esto permite que el ingeniero trabaje en otras áreas importantes. A menudo se emplea a los especialistas para desempeñar un puesto de gerencia media dentro de una empresa grande. Se puede emplear a los especialistas en muchas áreas, como el control de calidad y costos, control de producción, relaciones laborales, capacitación y análisis de producto. Un especialista puede alcanzar el grado de ingeniero siguiendo una educación posterior a nivel universidad y pasando un examen de certificación.

INSPECTOR DE CONTROL DE CALIDAD

Un *inspector* (Figura 2-8) verifica y examina las piezas maquinadas para saber si cumplen con las especificaciones del plano. Si las piezas no están dentro los límites que muestra el plano, no ajustarán entre sí, ni funcionarán apropiadamente cuando se les ensamble. Esta tarea es muy importante, ya que piezas fabricadas en un país pudieran ser ensambladas en otro o reemplazar piezas gastadas o rotas.

Un inspector debe tener una educación técnica o vocacional y estar familiarizado con las herramientas de medición y los procesos de inspección. La capacitación en el tra-

FIGURA 2-8 Los inspectores verifican las dimensiones de la pieza y de los productos terminados. (Cortesía de DoAll Company.)

bajo puede tomar de varias semanas a varios años, dependiendo de la labor de los artículos a inspeccionar y del conocimiento técnico requerido. El inspector puede necesitar diferentes grados de habilidad, dependiendo del tamaño, costo, tipo y tolerancias requeridas en la pieza de trabajo terminada. Un buen inspector debe ser capaz de:

- Comprender y leer planos mecánicos
- Realizar cálculos matemáticos básicos
- Utilizar micrómetros, indicadores, comparadores e instrumentos de medición de precisión.

INSTRUMENTISTAS

Los *instrumentistas* son herramentistas y matriceros altamente capacitados que trabajan directamente con científicos e ingenieros. Los instrumentistas deben ser capaces de operar todas las máquinas-herramienta de precisión, a fin de fabricar instrumentos de medida, calibradores y máquinas especiales con fines de pruebas. Generalmente, los instrumentistas tienen más capacitación que un mecánico o un herramentista y matricero. Deben trabajar con tolerancias y límites más estrechos que el mecánico. También, usualmente tienen que realizar todo el trabajo en el instrumento o calibrador que están construyendo.

Los instrumentistas generalmente toman cuatro o cinco años de aprendizaje. Pueden aprender el oficio también partiendo del oficio de herramentista o mecánico y proseguir su preparación durante el trabajo.

Con los nuevos procesos de la manufactura, la demanda de instrumentistas se mantendrá bastante cercana a la demanda de oficiales adiestrados. Los instrumentistas se emplean en centros de investigación, laboratorios científicos, fabricantes de calibradores y útiles de medición, y organizaciones del gobierno y de estándares.

PROFESIONES

Hay muchas áreas abiertas para el graduado de ingeniería. La enseñanza es una de las profesiones más satisfactorias y que presenta más retos. Se requiere ser graduado en una universidad, incluyendo trabajo de cursos de capacitación para maestros. No siempre es prerrequisito tener experiencia industrial en un lugar de trabajo, pero demostrará su utilidad al estar enseñando. Sin embargo, algunos estados y/o escuelas requieren experiencia en el trabajo para calificar en la certificación técnica y vocacional. Con experiencia industrial, la persona puede enseñar artes industriales o en ciertas áreas de una escuela técnica, vocacional, o en una universidad de una comunidad.

Los *ingenieros en la industria* son responsables de diseñar y desarrollar nuevos productos y métodos de producción y de rediseñar y mejorar productos existentes. La mayoría de los ingenieros se especializa en una disciplina específica de la ingeniería, como por ejemplo:

- Civil
- Mecánica
- Metalúrgica
- Eléctrica
- Electrónica
- Aeroespacial

Por lo general se requiere de un grado de licenciatura para incorporarse en la profesión. Sin embargo, en algunas ramas de la ingeniería, como en la fabricación y las herramientas, la persona progresa a través de un programa de experiencia práctica y obtiene un certificado después de pasar un examen de calificación. Debido a la variedad de puestos de ingeniería disponibles, muchas personas, hombres y mujeres, están incorporándose a la profesión.

Un técnico debe haber terminado la preparatoria y tener por lo menos dos años adicionales de educación en una institución de la comunidad, en un instituto técnico o en una

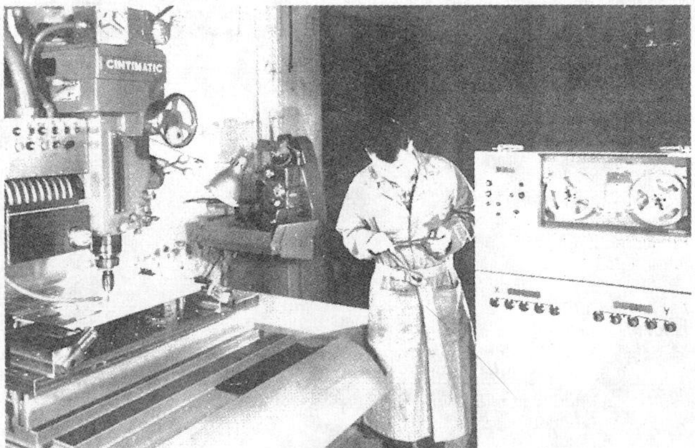

FIGURA 2-9 A menudo se requiere un técnico para que revise la configuración y operación de un programa de máquina. (Cortesía de Cincinnati Milacron, Inc.)

universidad. Al técnico no deben faltarle buenos conocimientos sobre dibujo, matemáticas y redacción técnica.

Las oportunidades para los técnicos se están multiplicando debido al desarrollo de máquinas-herramienta como el control numérico por computadora, los centros de torneado y los procesos de electroerosión. A los técnicos generalmente se les capacita en sólo un área de la tecnología, como la eléctrica, manufactura, máquinas-herramienta, o metalurgia. Algunos técnicos pueden necesitar conocimientos fuera de su campo de especialidad. Por ejemplo, un técnico de máquinas-herramienta (Figura 2-9) debe tener conocimientos sobre maquinaria industrial y procesos de manufactura para identificar el mejor método de fabricar un producto. Sin embargo, no es necesario que el técnico se desempeñe como un mecánico adiestrado. El técnico puede calificar como especialista después de por lo menos un año de capacitación en el trabajo bajo la supervisión de un especialista o ingeniero.

FIGURA 2-10 Conferencia de administración. (Cortesía de AMT-The Association for Manufacturing Technology).

ORGANIZACIONES GREMIALES

La sociedad de hoy en día no podría existir sin la manufactura, y la manufactura no podría existir sin las máquinas-herramienta, que son la base del poder en el mundo industrial moderno. Los dramáticos cambios en la tecnología a lo largo de los últimos veinticinco años han hecho imperativo aprender e implementar nuevas tecnologías de manufactura, a fin de mantenerse competitivos. Dos grandes organizaciones de EUA, relacionadas con las máquinas-herramienta han sido líderes en asegurarse que sus miembros se mantengan al tanto de este mundo en rápido cambio: la Asociación para la Tecnología de Manufactura (AMT) y la Sociedad de Ingenieros de Manufactura (SME). Ambas están involucradas en la actualización continua de programas para estudiantes, educadores, especialistas, y personal de manufactura.

Association for Manufacturing Technology (AMT)

La AMT (anteriormente la National Machine Tool Builders' Association) es una asociación gremial no lucrativa, que representa a empresas norteamericanas constructoras de máquinas-herramienta e industrias de manufactura relacionadas. Patrocinada por los ejecutivos de las empresas miembros, la AMT desarrolla programas para cumplir las necesidades de sus asociados, en comercialización, tecnología, producción, capacitación, comunicaciones y administración financiera (Figura 2-10).

La asociación ha visto la necesidad de desarrollar personal habilitado para todas las fases de la industria de las máquinas-herramienta. La AMT sostiene un extenso programa de becas para la capacitación técnica.

La AMT y sus empresas miembros proporcionan las máquinas, herramientas y el equipo para que jóvenes mecánicos compitan en la VICA National Precision Machining Competition, en los Skills USA Championships. Desde 1990, han sido los anfitriones de los International Machining Trials en la International Manufacturing Technology Show (IMTS) bianual, para seleccionar aquellos participantes que representarán a Estados Unidos en la International Skills Competition. AMT también ha desarrollado efectivos procedimientos de capacitación y libros de texto que son utilizados en escuelas técnicas y en institutos tecnológicos.

Society of Manufacturing Engineers (SME)

La Society of Manufacturing Engineers (SME) es una sociedad internacional, dedicada al progreso de la profesión de la manufactura a través de intercambios de información técnica. Su objetivo es incrementar los conocimientos tecnológicos de manufactura de sus más de 80 000 miembros en todo el mundo.

Para promover la ingeniería como profesión entre los jóvenes de las escuelas vocacionales, instituciones técnicas y universidades de la comunidad, la SME patrocina aproximadamente 300 secciones para estudiantes, con más de 9000 miembros. La sociedad también ayuda a universidades e institutos técnicos en el desarrollo de programas de estudios, recursos para guía de la carrera y préstamos de equipo y software. A lo largo de los años, la SME se ha convertido en un depositario del conocimiento tecnológico más actualizado a través de sus publicaciones de artículos técnicos, libros de texto, revistas, películas y videos. La membresía en una organización como SME es básica para mantenerse al tanto de la tecnología en constante cambio. Está abierta a estudiantes, maestros, mecánicos, técnicos e ingenieros de manufactura que deseen progresar en sus carreras a través de un aprendizaje vitalicio.

PREGUNTAS DE REPASO

1. ¿Cuáles son los cuatro efectos que tiene la tecnología en el país y en su capacidad de fabricar bienes?
2. Mencione cuatro de las carreras de mayor importancia disponibles para aquellos con un buen conocimiento de CNC.
3. Enuncie siete elementos clave de un sistema de capacitación modular.
4. Defina el término aprendiz.
5. Mencione tres cualidades deseables en una persona para un programa de aprendizaje.
6. Explique la diferencia entre un mecánico y un operador de máquina.
7. Explique brevemente la diferencia entre un taller de maquila y uno de producción propia.
8. Defina el término herramentista y matricero.
9. ¿Cómo puede una persona convertirse en herramentista y matricero?
10. ¿Cómo difieren las tareas de un programador de CNC de las de un operador de máquina CNC?
11. Explique la diferencia entre un técnico y un técnico especialista.
12. Defina brevemente las obligaciones de un inspector y de un instrumentista.
13. ¿Que calificación debe tener una persona para convertirse en profesor técnico?
14. Enuncie cuatro áreas de la industria que requieran de la calificación de ingeniero.

UNIDAD

3

Cómo obtener el trabajo

OBJETIVOS

Al terminar el estudio de esta unidad, se podrá:

1 Elaborar un currículo completo

2 Concertar una entrevista de trabajo

3 Prepararse para la entrevista y luego hacer su seguimiento

Después de la graduación o de dejar la escuela, la tarea más importante es que usted encuentre un trabajo de tiempo completo. *Escoger el trabajo correcto es muy importante.*

Luego de consultar con el consejero de orientación de la escuela, con la oficina de servicio de empleos del estado, y con cualquier otra oficina que pueda ser de utilidad, comience a buscar un trabajo que le atraiga. En la mayoría de las áreas, hay pruebas de aptitud y de interés para ayudarle a decidir qué carrera desea explorar.

EVALÚE SUS APTITUDES

Para ayudar a determinar hacia dónde tienden sus intereses, hágase las siguientes preguntas:

- ¿Qué tipo de trabajo me gusta?
- ¿Qué tipo de trabajo me disgusta?
- ¿Qué trabajos he llevado a cabo con cierto éxito?
- ¿Qué habilidades he adquirido en la escuela?
- ¿Qué he hecho en mi trabajo de tiempo parcial que haya sido sobresaliente?
- ¿Disfruto desarmando y reparando aparatos domésticos y equipos que no funcionan?

AVERIGÜE CUÁLES SON SUS INTERESES

Una vez reducido el campo, entonces:

- Lea cualquier libro sobre el tema o temas escogidos (Figura 3-1)
- Hable con personas que están realizando el tipo de trabajo que usted está considerando. Pregúnteles sobre el puesto y acerca de las oportunidades de trabajo
- Vuelva a consultar con el consejero de orientación de su escuela
- Consulte servicios de empleo estatales o federales.

Cuando haya reunido información suficiente para analizar razonablemente el tipo de trabajo en el que está interesado, revise los anuncios clasificados en los periódicos.

FIGURA 3-1 Lea tanto como pueda sobre el trabajo que le atrae. (Cortesía de Kelmar Associates).

Lo que sigue es la práctica usual en Estados Unidos de América.

CÓMO ELABORAR UN CURRÍCULO

Cuando haya decidido cual es el trabajo para el que desea presentar solicitud, prepare un currículo que contenga los siguientes datos, en un orden lógico:

- Su nombre completo
- Su domicilio, incluyendo el código postal y número telefónico, así como el código de área
- Número de seguro social
- Nombre y domicilio de padre y madre
- Educación — Escuelas a las que ha asistido y el grado o nivel terminado
- Otra capacitación especial que pueda resultar útil, por ejemplo, cursos de primeros auxilios
- Intereses especiales y pasatiempos
- Deportes que practique o que le interesen
- Cualquier organización a la que pertenezca o en la que esté activo
- Empleos anteriores. Enuncie, en orden cronológico inverso, los nombres de las empresas y lugares donde haya trabajado. Incluya la siguiente información:

  Fechas de inicio y terminación de los empleos.

  Tipo de trabajo y el equipo operado (si lo hay)

  Nombre del supervisor

  Salario o sueldo

  Razón para renunciar. (Sea sincero, porque esta información usualmente está disponible, si el empleador potencial decide comunicarse con su empleador anterior).

- Una lista de por lo menos tres personas con las que se pueda entrar en contacto para referencias. Incluya dirección y número telefónico. Asegúrese de pedir autorización para utilizar sus nombres antes de incluirlos en una solicitud.

Muchos servicios de empleo estatales y agencias gubernamentales tienen folletos que pueden guiarlo para elaborar su currículo. También hay información disponible sobre cómo obtener y conservar un empleo, lo que puede resultar de especial valor para una persona en busca de su primera colocación.

DATOS SOBRE LAS ENTREVISTAS

Cómo concertar una entrevista

Después de terminar su currículo, entréguelo con una carta de presentación al gerente de personal de la empresa en la que está interesado. Asegúrese de incluir una solicitud de entrevista. En muchas ocasiones, se podrá telefonear a la empresa y concertar una cita para una entrevista. En ese caso, deje el currículo a la persona que lo entreviste.

Preguntas que se hacen comúnmente en una entrevista

Antes de la reunión, piense en las siguientes preguntas, realizadas frecuentemente por los empleadores, y la razón probable por la que se realizan. Se deberá estar preparado con respuestas razonables.

Pregunta: **¿Por qué quiere trabajar aquí?**
Razón: A fin de saber si usted ya ha reunido alguna información sobre la empresa antes de la entrevista.

Pregunta: **¿Cuáles fueron sus mejores materias en la escuela?**
Razón: Esto revelará algunos de sus intereses y capacidades.

Pregunta: **¿En qué deportes o actividades participó usted cuando iba a la escuela?**
Razón: Para averiguar sus intereses y aptitudes fuera de la escuela. También para saber si usted puede trabajar formando parte de un equipo.

Pregunta: **¿En qué tipo de puesto espera estar de aquí a cinco años?**
Razón: A fin de evaluar su ambición e iniciativa.

Pregunta: **¿Con qué salario espera usted empezar?**
Razón: Para saber si está familiarizado con las tarifas actuales y ver cómo evalúa usted sus aptitudes.

Pregunta: **¿Qué aportaría usted al trabajo?**
Razón: Para darle la oportunidad de hacer un resumen de sus capacidades.

FIGURA 3-2 Mantenga la calma mientras lo entrevistan. (Cortesía de Kelmar Associates).

FIGURA 3-3 Siempre agradezca al entrevistador –¡puede convenirle! (Cortesía de Kelmar Associates).

Pregunta: **¿En qué tipo de libros u obras de teatro está usted interesado?**

Razón: Para evaluar sus intereses y a menudo su entorno.

Pregunta: **¿Cómo era su relación con su empleador anterior?**

Razón: Su respuesta puede revelar si es usted un inconforme y una persona con la que es difícil relacionarse.

Pregunta: **¿Por qué solicita usted este trabajo?**

Razón: Para ver si usted ha investigado acerca del trabajo en particular y no está simplemente buscando cualquier empleo.

La entrevista

Al prepararse para la entrevista, se debe tomar en consideración lo siguiente:

- Confirme bien la dirección, la oficina y la hora
- Averigüe el nombre y cargo de la persona que lo entrevistará. Esta información puede obtenerse haciendo una llamada a la empresa antes de la entrevista
- Vístase y arréglese apropiadamente. Recuerde que un solicitante bien presentado atrae más la atención (Figura 3-2)
- Sea puntual
- Demuestre confianza cuando se presente ante el entrevistador
- Durante la entrevista, sea sincero. Enfatice sus cualidades y aptitudes, pero no aparente lo que no es
- Sepa lo suficiente respecto a la empresa para discutir con el entrevistador.

Después de la entrevista

- Dé las gracias a su entrevistador y pregúntele cuándo puede esperar tener noticias de él o de ella (Figura 3-3)
- Si se le ofrece un puesto, acéptelo (o rechácelo) tan pronto como sea posible. Nunca haga que el empleador potencial espere su decisión indefinidamente. Si usted no está interesado, exponga sus razones
- Al día siguiente envíe al entrevistador una breve comunicación expresando su aprecio por el tiempo valioso que él o ella tomó para la entrevista
- Si usted no tiene noticias de la empresa en un tiempo razonable (de siete a diez días), llame y solicite hablar con la persona que lo entrevistó. Pregunte si ya han tomado una decisión y, si no es así, cuándo puede usted esperar una respuesta
- Si no obtiene el primer trabajo, haga una solicitud en otra empresa. No deje de buscar
- Intente aprender algo de cada entrevista, lo que tarde o temprano le ayudará a obtener el trabajo correcto.
- Después de varias entrevistas sin éxito, puede buscar asesoría profesional en el Department of Labor (Secretaría del Trabajo, en EUA), en alguna escuela vocacional, o en una universidad de la comunidad.

PUNTOS A RECORDAR

- El trabajo no lo encontrará a usted. Es uno mismo quien debe encontrar al trabajo
- Conozca el tipo de trabajo que desea hacer y no se ofrezca a aceptar cualquiera
- Busque el tipo de trabajo que usted crea será interesante. Tendrá mucho más éxito si le gusta su trabajo.

PREGUNTAS DE REPASO

1. Haga una lista de cuatro cosas a considerar cuando intente evaluar sus aptitudes.
2. Mencione cuatro maneras de obtener más información sobre un oficio o empleo.
3. Suponga que está solicitando trabajo; prepare el currículo que le entregaría a un empleador.
4. Mencione tres métodos de concertar una entrevista.
5. Enuncie cuatro puntos importantes que debe considerar al prepararse para un entrevista.
6. Mencione cuatro acciones importantes a efectuar para hacer el seguimiento de una entrevista.

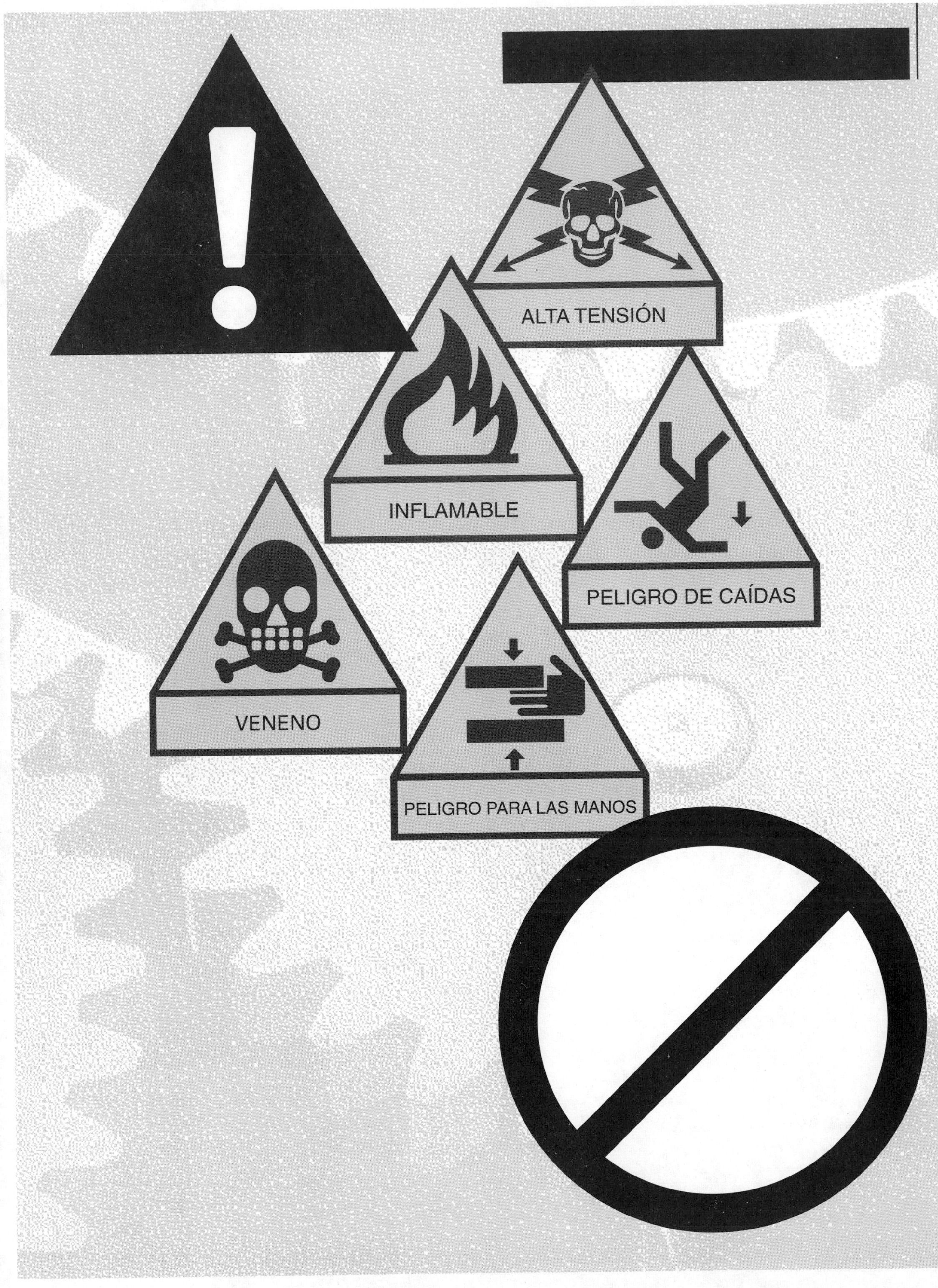
ALTA TENSIÓN
INFLAMABLE
PELIGRO DE CAÍDAS
VENENO
PELIGRO PARA LAS MANOS

SECCIÓN

3

SEGURIDAD

Jamás ha existido un dicho con más significado que "La seguridad es asunto de todos". Para convertirse en un artesano hábil, es muy importante que usted aprenda a trabajar con seguridad, tomando en consideración no sólo su propia seguridad sino también la seguridad de sus compañeros de trabajo. En general, todos a veces tenemos la tendencia a ser descuidados con la seguridad. Asumimos riesgos todos los días no utilizando los cinturones de seguridad, caminando bajo escaleras, obstruyendo el área de trabajo, y haciendo muchas otras cosas descuidadas y poco seguras. La gente tiende a creer que los accidentes siempre le pasan a otras personas. Sin embargo, recuerde bien que un momento de descuido puede resultar en un accidente que puede afectarlo por el resto de su vida. La pérdida de la vista por no utilizar lentes de seguridad o la pérdida de una extremidad por un pedazo de ropa suelto que se atore en una máquina, pueden afectar seriamente o dar fin a su carrera en el oficio de las máquinas-herramienta. *Piense en seguridad, trabaje con seguridad y estará seguro.*

UNIDAD

4

La seguridad en el taller de maquinado

OBJETIVOS

Al terminar el estudio de esta unidad, se podrá:

1 Reconocer prácticas seguras y no seguras de trabajo en un taller
2 Identificar y corregir los riesgos en el área del taller
3 Llevar a cabo su trabajo de manera que sea seguro para usted y para otros trabajadores

Todas las herramientas de mano y las máquinas-herramienta pueden ser peligrosas, si se utilizan inadecuadamente o descuidadamente. Trabajar con seguridad debe ser una de las primeras cosas que un estudiante o aprendiz debe aprender, porque la manera segura es por lo general la manera correcta y la más eficiente. Una persona que esté aprendiendo a operar máquinas-herramienta *debe aprender primero* las reglas y precauciones de seguridad correspondientes a cada herramienta o máquina. Demasiados accidentes son producidos por hábitos de trabajo descuidados. Es más fácil y mucho más sensato desarrollar hábitos de trabajo seguros que sufrir las consecuencias de un accidente. *La seguridad es deber y responsabilidad de todos.*

SEGURIDAD EN EL TRABAJO

Los programas de seguridad desarrollados por asociaciones de prevención de accidentes, consejos de seguridad, agencias gubernamentales y empresas industriales, intentan constantemente reducir la cantidad de accidentes industriales. A pesar de esto, cada año accidentes que podrían haberse evitado resultan no solamente en millones de dólares en tiempo y producción perdidos, sino también en gran cantidad de sufrimiento, muchos impedimentos físicos duraderos, o incluso la muerte de trabajadores. Las máquinas-herramienta modernas están equipadas con características de seguridad, pero aun así es responsabilidad del operador utilizar estas máquinas sensatamente y con seguridad.

Los accidentes no pasan así como así; son provocados. La causa de un accidente por lo general puede encontrarse en el descuido de alguien. Los accidentes pueden evitarse, y una persona que está aprendiendo el oficio de las máquinas-herramienta debe desarrollar hábitos de trabajo seguros.

Un trabajador seguro debe:

- Ser consciente, limpio y estar vestido adecuadamente para el trabajo que desempeña
- Desarrollar una responsabilidad por su seguridad personal y la seguridad de sus compañeros de trabajo
- Pensar en la seguridad y trabajar con seguridad en todo momento.

SEGURIDAD EN EL TALLER

La seguridad en un taller de maquinado puede dividirse en dos clases generales:

- Aquellas prácticas que evitarán daños a los trabajadores.
- Las acciones que han de evitar daños a máquinas y equipo. Con demasiada frecuencia, el equipo dañado da como resultado daños personales.

Cuando se consideran estas categorías, debemos tomar en cuenta el aseo personal, la limpieza adecuada del lugar (incluyendo el mantenimiento de la máquina), prácticas de trabajo seguras y la prevención de incendios.

Cuidado personal

Deben observarse las siguientes reglas al trabajar en un taller de maquinado.

1. En cualquier área del taller de maquinado utilice siempre lentes de seguridad aprobados. La mayoría de las plantas ahora insisten en que todos los empleados y visitantes utilicen lentes de seguridad o cualquier otro dispositivo de protección ocular cuando se entra en el área del taller. Hay varios tipos de dispositivos de protección ocular disponibles para uso en un taller de maquinado.
   a. Los más comunes son los *lentes de seguridad simples* con protección lateral (Figura 4-1A). Estos lentes ofrecen suficiente protección a los ojos cuando un operador está manejando cualquier máquina o llevando a cabo cualquier operación de banco o ensamble. Los anteojos están hechos de vidrio irrompible, y la protección lateral protege los lados de los ojos de partículas voladoras.
   b. *Las gafas protectoras de seguridad de plástico* (Figura 4-1B) generalmente son utilizadas por cualquiera que no utilice lentes graduados. Estas gafas son de plástico suave y flexible y se ajustan con precisión alrededor de los pómulos y la frente. Desafortunadamente, tienen tendencia a empañarse en temperaturas cálidas.
   c. También pueden utilizar *caretas* (Figura 4-1C) aquellas personas que utilizan lentes graduados. El escudo plástico da la protección a toda la cara y permite la circulación de aire entre la cara y careta, evitando así el empañamiento en la mayor parte de las situaciones. Estas caretas, así como ropa y guantes de protección aprobados, *deben* ser utilizados cuando el operador está calentando y enfriando materiales en operaciones de tratamiento térmico o cuando existe riesgo de partículas voladoras. En la industria, algunas empresas proporcionan a sus empleados lentes de seguridad graduados, lo que elimina la necesidad de gafas protectoras o caretas de protección.

No piense nunca que porque usa lentes sus ojos están a salvo. Si sus lentes no están fabricados de vidrio irrompible de seguridad aprobado, todavía pueden ocurrir serias lesiones oculares.

2. Nunca utilice ropa suelta cuando opere una máquina (Figura 4-2).
   a. Siempre enrolle sus mangas o utilice manga corta.
   b. La ropa deberá estar hecha de material duro y liso que no se atore con facilidad en una máquina. Por esta razón no deben utilizarse suéteres holgados.
   c. Quítese o asegure la corbata antes de arrancar una máquina. Si quiere utilizar corbata, que sea de moño.
   d. Cuando utilice un delantal, *átelo siempre por detrás* y nunca por adelante, de forma que las cintas del delantal no se atoren en partes giratorias (Figura 4-3, página 36).
3. Quítese los relojes de pulso, anillos y pulseras; pueden quedar atrapados en las máquinas, provocando lesiones dolorosas y a veces serias (Figura 4-4, página 36).

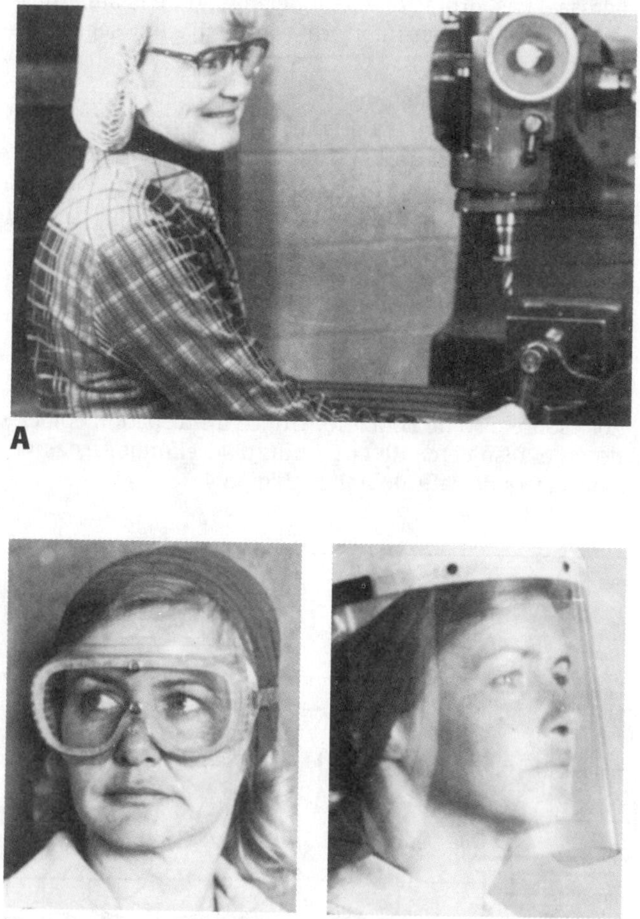

A B C

FIGURA 4-1 Tipos de anteojos de seguridad: (A) simples; (B) gafas protectoras de plástico; (C) careta. (Cortesía de Kelmar Associates).

FIGURA 4-2 La ropa suelta puede atorarse fácilmente en piezas móviles de la maquinaria. (Cortesía de Kelmar Associates).

FIGURA 4-3 Ate los delantales atrás, en su espalda, para evitar que las cintas se atoren en la maquinaria. (Cortesía de Whitman & Barnes).

FIGURA 4-4 El uso de anillos y relojes puede provocar lesiones graves. (Cortesía de Kelmar Associates).

FIGURA 4-5 El cabello largo debe protegerse por una red o con un casco aprobado. (Cortesía de Kelmar Associates).

4. Nunca utilice guantes cuando opere una máquina.
5. El cabello largo debe protegerse por medio de una red o de un casco protector aprobado (Figura 4-5). Uno de los accidentes más comunes en un taladro es provocado por cabello largo y desprotegido que queda atrapado en una broca giratoria.
6. *Nunca* se deben utilizar zapatos de lona o sandalias abiertas en un taller de maquinado, porque no ofrecen ninguna protección a los pies contra virutas afiladas u objetos que caen. En la industria, en la mayoría de las empresas es obligatorio que los empleados utilicen zapatos de seguridad.

Mantenimiento y limpieza del lugar

El operador debe recordar que el *buen mantenimiento y limpieza del lugar nunca interferirá con la seguridad o la eficiencia;* por lo tanto, deberán observarse los siguientes puntos:

1. *Siempre pare la máquina antes de intentar limpiarla.*
2. Siempre mantenga la máquina y las herramientas manuales limpias. Las superficies aceitosas pueden ser peligrosas. Las virutas de metal dejadas sobre la superficie de la mesa pueden interferir con la fijación segura de una pieza de trabajo.
3. Siempre utilice un cepillo y no un trapo para eliminar virutas. Éstas se adhieren a la tela y pueden provocar cortadas al utilizar el trapo posteriormente.
4. Las superficies aceitosas deben limpiarse con un trapo.
5. No ponga herramientas ni materiales sobre la mesa de la máquina — utilice un banco cerca de la máquina.
6. Mantenga el piso limpio de aceite y grasa (Figura 4-6).
7. Barra con frecuencia las virutas metálicas en el piso. Se pueden incrustar en las suelas de los zapatos y provocar peligrosos resbalones, si la persona camina sobre terrazo o sobre piso de concreto. Utilice un raspador, colocado en el piso cerca de la puerta, para eliminar estas virutas antes de salir del taller (Figura 4-7).

FIGURA 4-6 La grasa y el aceite en el suelo pueden provocar peligrosas caídas.

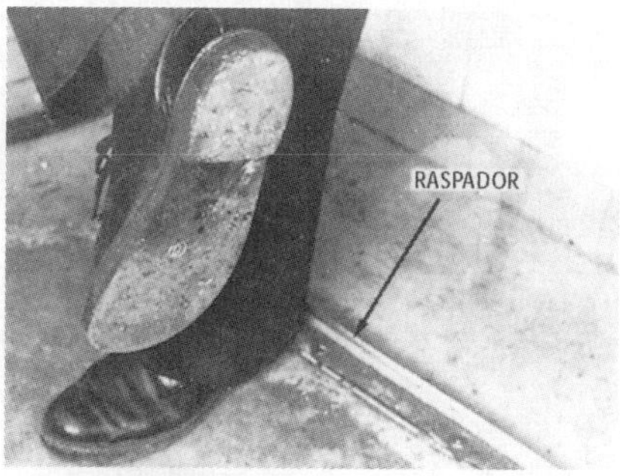

FIGURA 4-7 Retire las partículas de las suelas de sus zapatos antes de abandonar el taller. (Cortesía de Kelmar Associates).

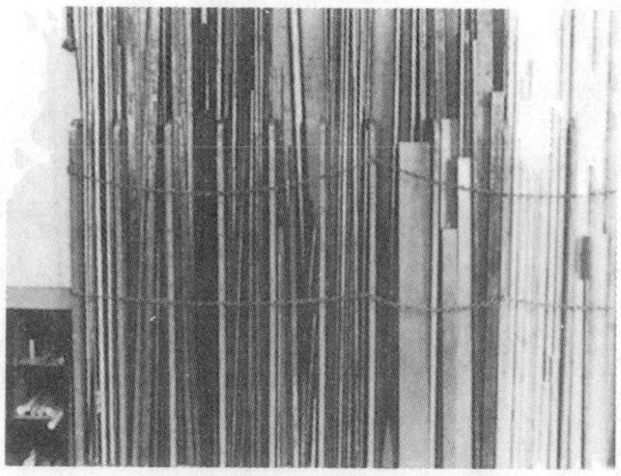

FIGURA 4-9 Almacene el material con seguridad en un estante de materiales. (Cortesía de Kelmar Associates).

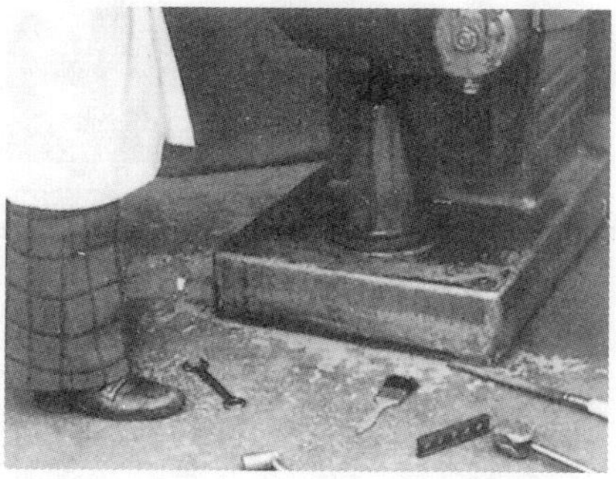

FIGURA 4-8 Una limpieza inadecuada puede provocar accidentes. (Cortesía de Kelmar Associates).

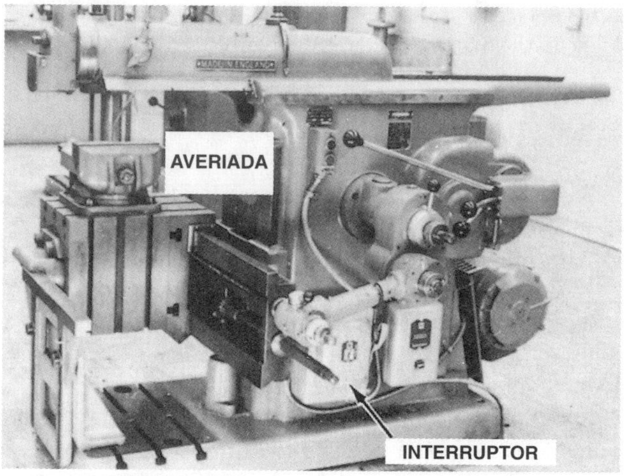

FIGURA 4-10 Debe ponerse cerrojo a los interruptores de energía antes de reparar o ajustar una máquina. (Cortesía de Kelmar Associates).

8. Nunca ponga herramientas o materiales en el piso cerca de la máquina, donde puedan interferir con la capacidad del operador de moverse con seguridad alrededor de la misma (Figura 4-8).
9. Devuelva las barras en bruto al estante de almacenamiento después de cortar a la longitud requerida (Figura 4-9).
10. Nunca utilice aire comprimido para eliminar virutas de una máquina. No sólo es una práctica peligrosa debido a partículas de metal volando, sino que partículas pequeñas y suciedad pueden acuñarse entre componentes de la máquina y provocar un desgaste innecesario.

Prácticas seguras de trabajo

1. No opere ninguna máquina antes de comprender su mecanismo y saber cómo detenerla rápidamente. El saber cómo detener rápidamente una máquina puede evitar una lesión seria.
2. Antes de operar cualquier máquina, asegúrese que los dispositivos de seguridad están en su lugar y en condiciones de trabajo. Recuerde, los dispositivos de seguridad son para la protección del operador y no deben ser retirados.
3. Desconecte siempre la energía y póngale cerrojo a la caja de interruptores cuando haga reparaciones en cualquier máquina. (Figura 4-10). Coloque un letrero en la máquina indicando que está fuera de servicio.
4. Asegúrese siempre que la herramienta de corte y la pieza de trabajo están colocadas correctamente antes de arrancar la máquina.
5. *Mantenga las manos alejadas de las partes móviles*. Es un hábito peligroso "sentir" la superficie de un trabajo en rotación o detener una máquina a mano.
6. *Siempre detenga la máquina antes de medir, limpiar o hacer cualquier ajuste*. Es peligroso hacer cualquier tipo de trabajo cerca de las partes móviles de una máquina (Figura 4-11).
7. *Nunca utilice un trapo cerca de las partes móviles de la máquina*. El trapo puede quedar atrapado en la máquina, junto con la mano que lo sostiene.
8. *Una máquina nunca debe ser operada por más de una persona al mismo tiempo*. El no saber lo que la otra persona hará o dejará de hacer ha provocado muchos accidentes.
9. *Reciba primeros auxilios inmediatamente por cualquier lesión, sin importar lo pequeña que sea*. Informe de la lesión y asegúrese que hasta la cortada más pequeña recibe tratamiento para evitar el riesgo de una infección seria.
10. Antes de manipular cualquier pieza, elimine todos las rebabas y bordes afilados con una lima.

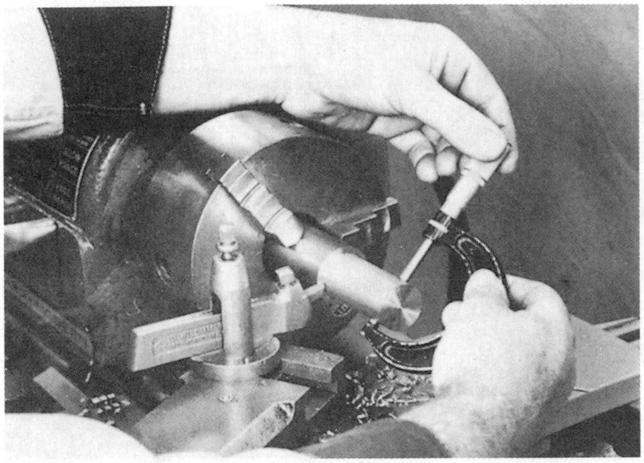

FIGURA 4-11 Debe detenerse la máquina antes de medir una pieza de trabajo. (Cortesía de Kelmar Associates).

FIGURA 4-12 Siga los procedimientos de levantamiento recomendados para prevenir lesiones en la espalda. (Cortesía de Kelmar Associates).

11. No intente levantar objetos pesados o de forma incómoda que resulte difícil manipular solo.
12. Para objetos pesados, siga las siguientes prácticas de levantamiento:
    a. Póngase en cuclillas con las rodillas dobladas y la espalda derecha.
    b. Sujete firmemente la pieza.
    c. Levante el objeto enderezando la piernas y manteniendo la espalda derecha (Figura 4-12). Este procedimiento utiliza los músculos de las piernas y evita lesiones en la espalda.
13. Asegúrese que la pieza de trabajo está firmemente sujeta en la prensa o en la mesa de la máquina.
14. Siempre que la pieza de trabajo esté sujeta, asegúrese que los tornillos queden más cerca de la pieza que de los bloques de las mordazas.
15. Nunca arranque una máquina hasta que esté seguro de que la herramienta de corte y las partes de la máquina librarán la pieza de trabajo (Figura 4-13).
16. Utilice la llave correcta para la pieza de trabajo, y reemplace aquellas tuercas que tengan las esquinas desgastadas.
17. Es más seguro halar (o tirar de) de una llave, que empujarla.

FIGURA 4-13 Asegúrese que la herramienta de corte y las partes de la máquina librarán la pieza de trabajo. (Cortesía de Kelmar Associates).

Prevención de incendios

1. *Siempre* deshágase de los trapos aceitosos usando contenedores de metal apropiados.
2. Compruebe cual es el procedimiento adecuado antes de encender un horno de gas.
3. Conozca la ubicación y operación de todos los extintores de incendios del taller.
4. Conozca la ubicación de la salida de incendios más cercana del edificio.
5. Conozca la localización de la alarma de incendio más cercana y su procedimiento de operación.
6. Cuando utilice un soplete de soldadura o de corte, asegúrese de alejar las chispas de cualquier material combustible.

PREGUNTAS DE REPASO

1. ¿Qué es lo que debe saberse antes de operar una máquina-herramienta por primera vez?
2. Mencione tres cualidades de un trabajador seguro.

Cuidado personal

3. Mencione tres tipos de protección ocular que se pueden encontrar en un taller.
4. Mencione cuatro precauciones que deben observarse en relación con la ropa utilizada en un taller.
5. ¿Por qué no deben utilizarse guantes cuando se opera una máquina?
6. ¿Cómo debe protegerse el cabello largo?

Limpieza y mantenimiento del lugar

7. ¿Por qué no debe utilizarse un trapo para eliminar partículas?
8. ¿Por qué deben rasparse las suelas de los zapatos antes de abandonar el taller?
9. Mencione dos razones por las cuales no debe utilizarse aire comprimido para limpiar máquinas.

Prácticas seguras de trabajo

10. Mencione tres precauciones a observar antes de operar cualquier máquina.
11. Describa el procedimiento a seguir para levantar un objeto pesado.
12. ¿Qué se debe hacer inmediatamente después de recibir una lesión?

Prevención de incendios

13. ¿Cuáles son los tres factores de prevención de incendios con los cuales todos deben estar familiarizados, antes de comenzar a trabajar en un taller de maquinado?

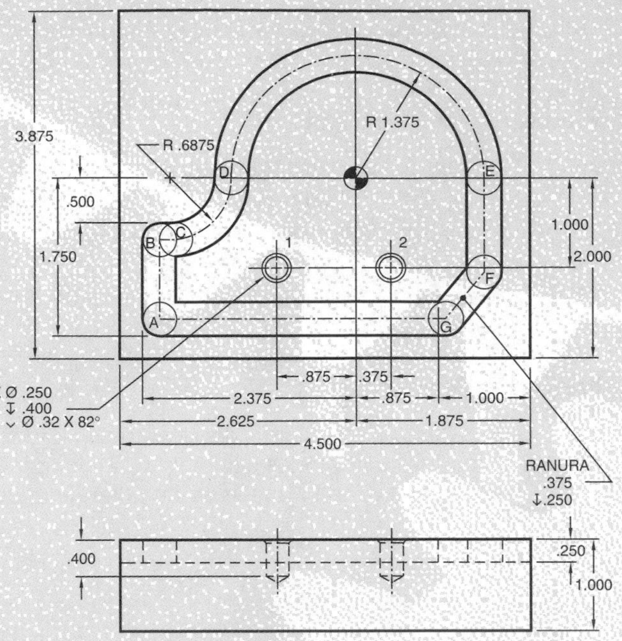
3.875
R .6875
R 1.375
.500
1.750
1.000
2.000
A
B
C
D
E
F
G
1
2
.875
.375
2.375
.875
1.000
2.625
1.875
4.500
2 X Ø .250
↧ .400
⌵ Ø .32 X 82°
RANURA
.375
↧.250
.400
.250
1.000

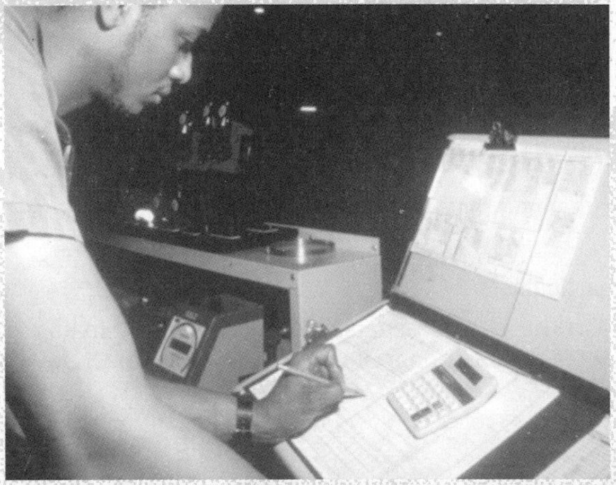

SECCIÓN

4

PLANEACIÓN DEL TRABAJO

El trabajo de maquinado consiste en maquinar una diversidad de piezas (redondas, planas, con un perfil) y ensamblarlas en una unidad o usarlas por separado con el objeto que efectúen determinada operación o función. Es importante planear cuidadosamente la secuencia de las operaciones a fin de producir una pieza o componente con rapidez y exactitud. Una planeación inadecuada o seguir la secuencia equivocada en las operaciones, a menudo da como resultado trabajo echado a perder.

UNIDAD

5

Dibujos técnicos o de ingeniería

OBJETIVOS

Al terminar el estudio de esta unidad, se podrá:

1. Comprender el significado de las diversas líneas utilizadas en los dibujos de ingeniería
2. Reconocer los diferentes símbolos que se utilizan para transmitir información
3. Leer y comprender dibujos o planos de ingeniería

El dibujo de ingeniería es el lenguaje común por medio del cual dibujantes, diseñadores de herramientas e ingenieros indican al mecánico y al herramentista los requerimientos físicos de un componente. Los dibujos están compuestos por una diversidad de líneas, que representan superficies, bordes y contornos de una pieza en elaboración. Mediante la adición de símbolos, líneas dimensionales, tamaños y notas expresas, el dibujante puede dar las especificaciones exactas de cada pieza individual. La representación geométrica de dimensiones y tolerancias (GD&T, por sus siglas en inglés) se ha convertido en lenguaje universal de la ingeniería (dibujos técnicos para especificar la geometría o forma exacta de una pieza y cómo debe inspeccionarse y medirse). Las normas *American ANSI* Y14.5, la *American Standard ASME* Y14.5M-1994 (anteriormente ANSI Y14.5M-1982 R 1988) y las ISO R1 101 son muy similares, con sólo unas pocas variaciones.

Un producto terminado por lo general se presenta en un *dibujo de ensamble* hecho por el dibujante. Cada pieza o componente del producto se muestra después en un *dibujo detallado*, que se reproduce en copias llamadas *planos*. Los planos son utilizados por el mecánico o herramentista para producir las piezas individuales que finalmente formarán parte del producto terminado. Se revisarán brevemente algunas de las líneas y símbolos más comunes.

TIPOS DE DIBUJOS Y DE LÍNEAS

Para describir con precisión en un dibujo o plano la forma de piezas no cilíndricas, el dibujante utiliza una *una vista ortogonal o el método de proyección*. Tal representación muestra la pieza desde tres vistas: desde el frente, desde arriba y desde la derecha (Figura 5-1). Estas tres vistas permiten al dibujante describir una pieza u objeto de manera tan completa que el mecánico sabe exactamente lo que se requiere.

Las piezas cilíndricas por lo general se muestran en los planos con dos vistas: frente y lateral derecha (Figura 5-2).

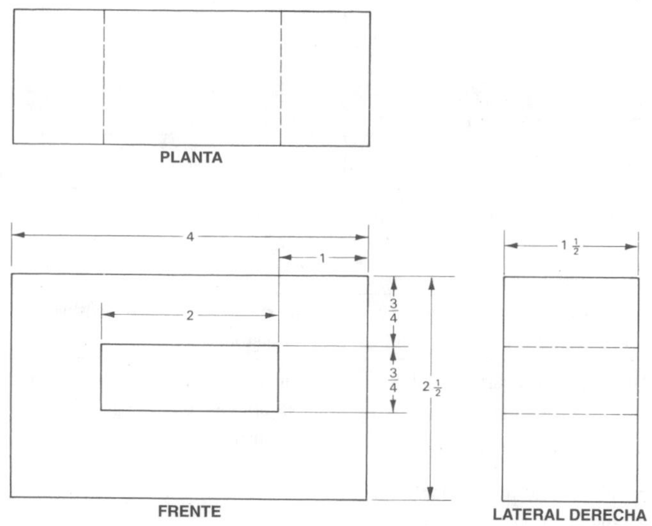

FIGURA 5-1 Las tres vistas de una proyección ortogonal facilitan la descripción de los detalles de una pieza.

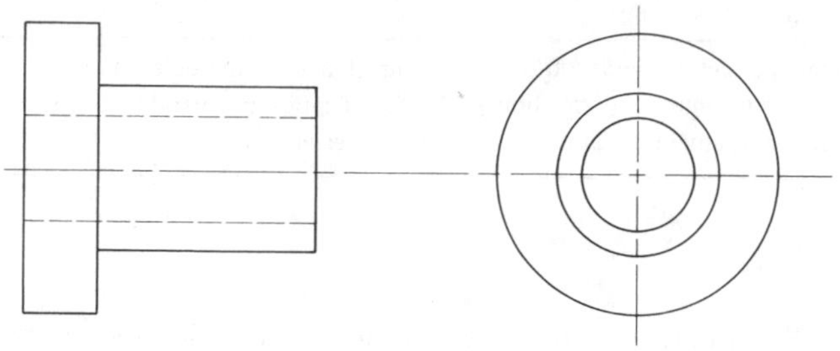

FIGURA 5-2 Las piezas cilíndricas por lo general se muestran con dos vistas.

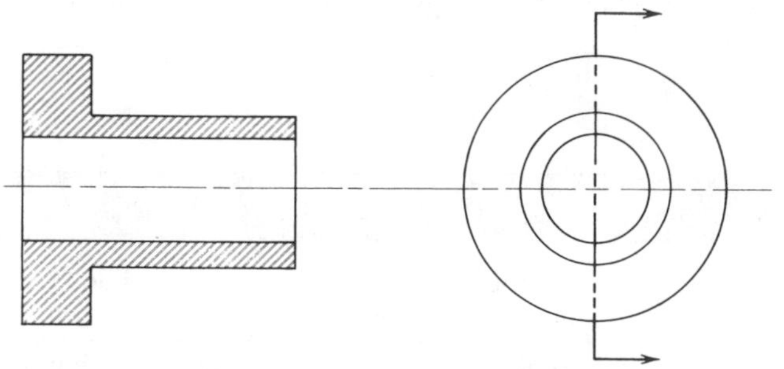

FIGURA 5-3 Las vistas de sección o corte se utilizan para mostrar formas interiores complicadas.

Sin embargo, si la pieza contiene muchos detalles, puede ser necesario, para describirla con precisión al mecánico, utilizar las vistas superior, desde abajo o desde el lado izquierdo.

En muchos casos, para el dibujante resulta difícil describir de la manera tradicional las complicadas formas internas. Siempre que ocurre esto, se presenta una *vista seccionada*, que se obtiene haciendo un corte imaginario a través del objeto. Tal sección o corte puede hacerse en línea recta en cualquier dirección para exponer de la mejor manera el contorno o forma internos de la pieza (Figura 5-3).

En los dibujos de ingeniería se utiliza una amplia variedad de líneas estándar para que el diseñador indique al mecánico con exactitud lo que se requiere. En los dibujos de taller o de ingeniería se utilizan líneas gruesas, delgadas, punteadas, onduladas y de sección. Vea en la Tabla 5-1 de la página 44 algunos ejemplos, incluyendo la descripción y propósito de algunas de las líneas más comunes utilizadas en los dibujos de taller.

TÉRMINOS Y SÍMBOLOS DE DIBUJO

Los términos y símbolos comunes de dibujo se utilizan en los dibujos de taller y de ingeniería para que el diseñador describa cada pieza con exactitud. Si no fuera por el uso universal de los términos, símbolos y abreviaturas, el diseñador tendría que incluir notas extensas describiendo exactamente lo que se necesita. Estas notas no sólo serían engorrosas, sino que podrían malinterpretarse y por lo tanto podrían resultar en errores costosos. Algunos de los términos y símbolos comunes de dibujo se explican en los siguientes párrafos y ejemplos.

Los *límites* (Figura 5-4) son las dimensiones permisibles más grandes y más pequeñas de una pieza (dimensiones máxima y mínima). Ambas dimensiones se darían en un dibujo de taller.

EJEMPLO

dimensión mayor, 0.751

dimensión menor, 0.749

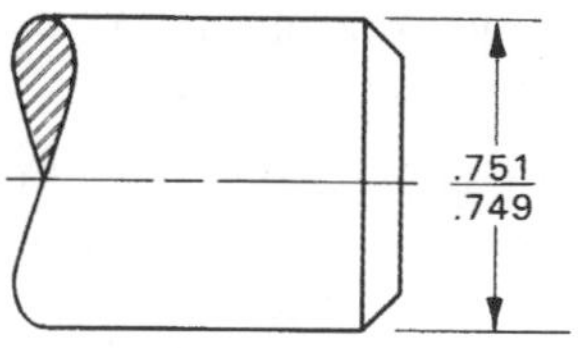

FIGURA 5-4 Los límites muestran el tamaño más grande y el más pequeño de una pieza.

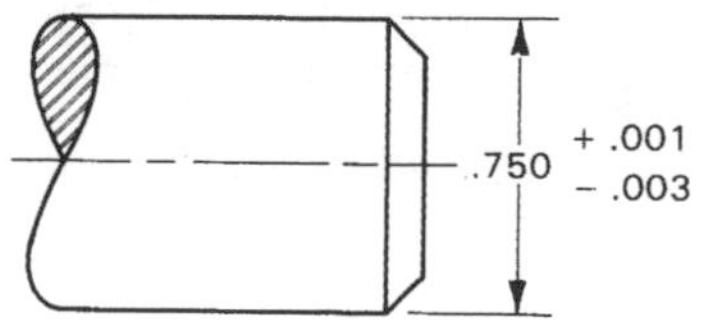

FIGURA 5-5 La tolerancia es la variación permisible en una dimensión especificada.

La *tolerancia* (Figura 5-5) es la variación permisible en el tamaño de una pieza. En un dibujo se da la dimensión básica, más o menos la variación permitida.

EJEMPLO

$$.750 \begin{array}{l} +.001 \\ -.003 \end{array}$$

La tolerancia en este caso sería de 0.004 (la diferencia entre el tamaño superior de +0.001 y el menor de −0.003).

TABLA 5.1 Líneas de uso común en los dibujos de taller

Ejemplo	Nombre	Descripción	Uso
a	Líneas visibles	Líneas negras y gruesas de aproximadamente $1/32$ pulg de grueso (el grosor puede variar para adecuarse al tamaño del dibujo).	Indican la forma o bordes visible, de un objeto.
b	Líneas ocultas	Líneas negras de grosor medio con guiones de $1/8$ pulg y espacios de $1/16$ pulg.	Indican los contornos ocultos de un objeto.
c	Líneas de centro	Líneas delgadas con partes largas alternándose con guiones. —Partes largas de $1/2$ a 3 pulg de largo. —Guiones de $1/16$ a $1/8$ de pulg de largo, espacios de $2/16$ pulg de largo.	Indican el centro de perforaciones, objetos cilíndricos y otras secciones.
1½ *d*	Líneas de acotación	Líneas delgadas con una punta de flecha en cada extremo y un espacio en el centro para la dimensión o cota.	Indican las dimensiones de un objeto.
e	Líneas de plano de corte	Líneas gruesas que se componen de una serie de trazos largos y dos guiones. Las puntas de flecha muestran la línea de vista desde donde se tomó la sección.	Señalan el corte imaginario en la pieza.
f	Líneas de sección transversal (en cortes)	Líneas delgadas paralelas a 45°con poca separación. El espaciamiento entre líneas está en proporción al tamaño de la pieza.	Señalan las superficies que quedan expuestas cuando se corta una sección.

La *holgura* (Figura 5-6) es la diferencia intencional en el tamaño de las piezas en contacto, como el diámetro de un eje y el tamaño de la perforación. En un dibujo de taller, se indicaría el tamaño mínimo y máximo tanto para la barra eje como para la perforación a fin de lograr el ajuste óptimo.

El *ajuste* es el rango de apriete entre dos piezas en contacto. Hay dos clases generales de ajuste:

1. Los *ajustes de holgura*, en donde la pieza puede girar o moverse en relación con la pieza con la que está en contacto.
2. Los *ajustes por interferencia*, en donde se obliga a dos piezas a actuar como una sola.

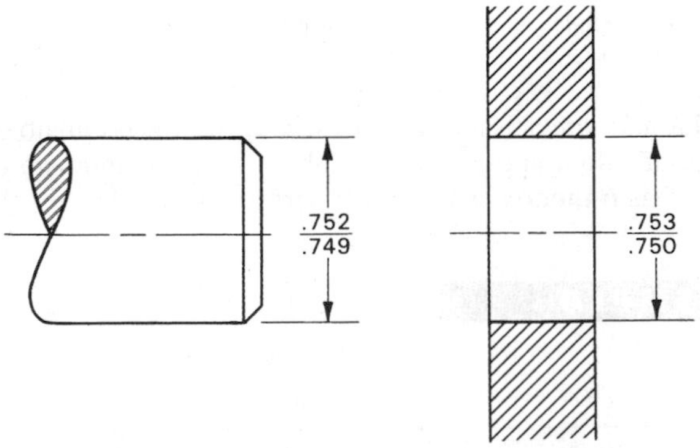

FIGURA 5-6 La holgura es la diferencia intencional en el tamaño de piezas en contacto.

En la mayor parte de los dibujos de ingeniería se utiliza la *escala*, ya que sería imposible dibujar piezas al tamaño real; algunos dibujos serían demasiado grandes, y otros serían demasiado pequeños. La escala del dibujo se encuentra generalmente en el bloque del título e indica la escala a la cual está hecho el dibujo, que es una medida representativa.

Escala	Definición
1:1	El dibujo está hecho al tamaño real de la pieza, o a tamaño natural
1:2	El dibujo está hecho a la mitad del tamaño real de la pieza
2:1	El dibujo está hecho al doble del tamaño real de la pieza

Símbolos

Algunos de los símbolos y abreviaturas utilizados en los dibujos de taller indican el terminado de las superficies, el tipo de material, la rugosidad, y términos y operaciones comunes del taller de maquinado.

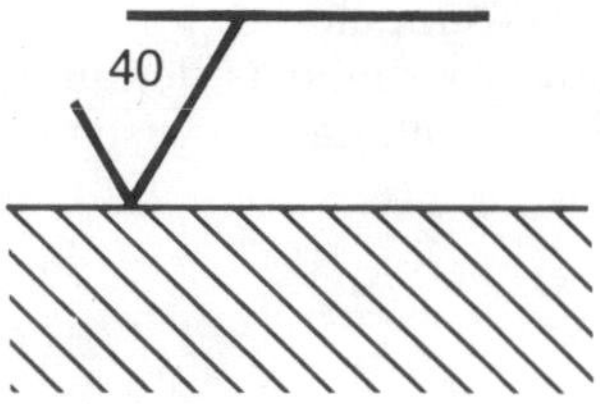

FIGURA 5-7 Los símbolos de terminado superficial indican el tipo y acabado de una superficie.

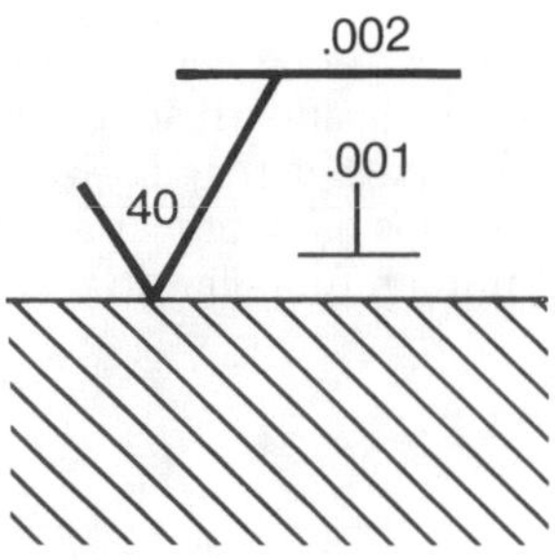

FIGURA 5-8 Especificaciones de acabado superficial.

Símbolos de material

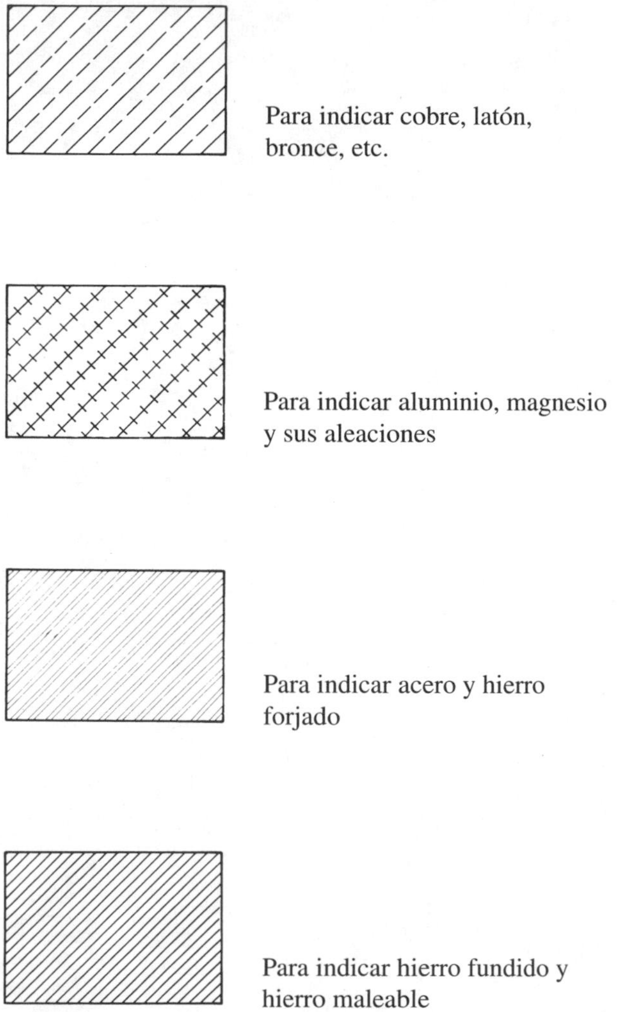

FIGURA 5-9 Símbolos utilizados para indicar el tipo de material.

Abreviaturas comunes para taller de maquinado	
CBORE	Contrataladro
CSK	Abocardado o avellanado
DIA	Diámetro
∅	Diámetro
HDN	Dureza
L	Avance
LH	Lado izquierdo
mm	Milímetro
NC	Rosca basta nacional
NF	Rosca fina nacional
P	Paso
R	Radio
Rc	Grado de dureza Rockwell
RH	Lado derecho
THD	Rosca o fileteado
TIR	Descentramiento indicado total
TPI	Hilos por pulgada
UNC	Rosca nacional unificada basta
UNF	Forma nacional unificada

Símbolos de acabado superficial

El acabado de la superficie es la desviación respecto a la superficie nominal provocada por la operación de maquinado. El acabado de la superficie incluye la rugosidad, las ondulaciones, las marcas de máquina y los defectos, y se mide mediante un indicador de terminado superficial, en micropulgadas (μpulg).

El símbolo del acabado de superficie, utilizado en muchos casos, indica a qué superficie de la pieza debe darse qué acabado. El número dentro de la √ indica la calidad requerida del acabado de la superficie (Figura 5-7). En el ejemplo que se muestra en la Figura 5-7, se indica √ que la *altura de la rugosidad*, o la medida de las finamente espaciadas irregularidades provocadas por la herramienta de corte, no puede exceder de 40 μpulg.

Si a la superficie de una pieza debe dársele un acabado de acuerdo con especificaciones exactas, cada parte de la especificación se indica en el símbolo (Figura 5-8) como sigue:

40 Terminado superficial, en micropulgadas
.002 Altura de las ondulaciones, en milésimos de pulgada
.001 Amplitud de rugosidad en milésimos de pulgada
⊥ Las marcas de maquinado corren de manera perpendicular a los límites de la superficie indicada

Los siguientes símbolos indican la dirección de las marcas de máquina producidas por operaciones de maquinado en superficies de trabajo.

= Paralelo a la línea límite de la superficie indicada por el símbolo
X Angular en ambas direcciones sobre la superficie indicada por el símbolo
M Multidireccional
C Aproximadamente circular con respecto al centro de la superficie indicada por el símbolo
R Aproximadamente radial con respecto al centro de la superficie indicada por el símbolo

La Figura 5-9 (página 45) muestra los símbolos de dibujo utilizados para indicar algunos de los materiales de uso más común en un taller de maquinado..

PREGUNTAS DE REPASO

1. ¿Cómo puede indicar un dibujante las especificaciones exactas que se necesitan en una pieza?
2. Cuál es el propósito de:
   a. Un dibujo de ensamble
   b. Un dibujo de detalle
3. ¿Cuál es el propósito de una ortoproyección?
4. ¿Por qué se muestran vistas de sección o corte?
5. Qué líneas se utilizan para mostrar:
   a. La forma de una pieza
   b. Los centros de perforaciones, piezas o secciones?
   c. Las superficies expuestas por un corte o sección?
6. Defina:
   a. Límites
   b. Tolerancia
   c. Holgura
7. ¿Cómo se indica la escala mitad en un dibujo de ingeniería?
8. Defina cada una de las partes del siguiente símbolo de terminado superficial:

   .003
   60√.002

9. ¿Qué significan las siguientes abreviaturas?
   a. CBORE
   b. HDN
   c. mm
   d. THD
   e. TIR

UNIDAD

6

Procedimientos de maquinado para diversas piezas

OBJETIVOS

Al terminar el estudio de esta unidad, se podrá:

1 Planear la secuencia de operaciones y maquinar piezas redondas montadas entre centros de torno

2 Planear la secuencia de operaciones y maquinar piezas redondas montadas en mandril

3 Planear la secuencia de operaciones y maquinar piezas planas

Es muy importante planear los procedimientos para el maquinado de cualquier pieza de manera que se pueda producir rápidamente y con exactitud. Muchas piezas han sido arruinadas porque se siguió una secuencia incorrecta en su proceso de maquinado. Aunque sería imposible enunciar una secuencia exacta de operaciones que fuera aplicable a todo tipo y forma de piezas, se deben seguir ciertas reglas generales para maquinar una pieza con precisión y en el menor tiempo posible.

PROCEDIMIENTOS DE MAQUINADO PARA TRABAJO EN PIEZAS REDONDAS

La mayor parte del trabajo en las piezas en un taller de maquinado es en piezas redondas mediante un torno. En la industria, gran número de piezas redondas se sostiene en un mandril. En los talleres de las escuelas un mayor porcentaje del trabajo se maquina entre centros, debido a la necesidad de volver a empezar con mayor frecuencia. En cualquier caso, es importante seguir la secuencia correcta de operaciones de maquinado para evitar arruinar el trabajo, lo que sucede a menudo cuando se siguen procedimientos incorrectos.

Reglas generales para el trabajo

1. Desbaste todos los diámetros a un 1/32 de pulgada (pulg) [0.79 milímetros (mm)] del tamaño requerido.
   - Maquine el diámetro mayor primero y avance hacia el diámetro menor
   - Si se desbastan primero los diámetros menores, es muy posible que la pieza se doble al maquinar los diámetros mayores.
2. Desbaste todos los escalones y hombros a un 1/32 pulg (0.79 mm) de la longitud requerida (Figura 6-1, pág. 48).

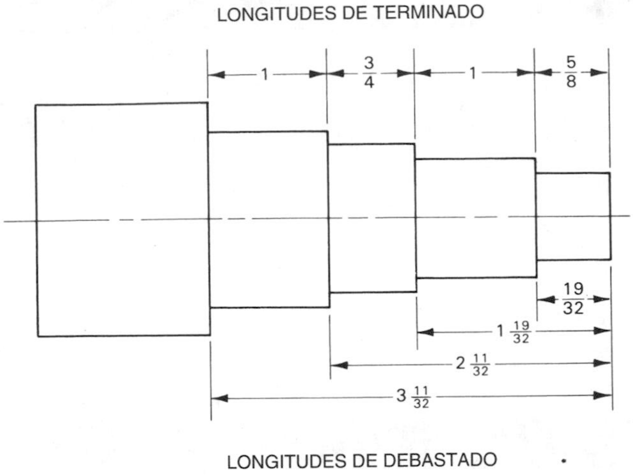

FIGURA 6-1 Pieza de muestra, que indica las longitudes de desbastado y de terminado. (Cortesía de Kelmar Associates.)

- Asegúrese de medir todas las longitudes desde un mismo extremo de la pieza.
- Si no se toman todas las medidas desde un mismo extremo de la pieza, la longitud de cada escalón sería 1/32 pulg (0.79 mm) menor de lo que se requiere. Si se necesitan cuatro escalones, la longitud del cuarto sería de 1/8 pulg (3.17 mm) más corto de lo que se requiere (4 × 1/32 pulg, o 4 × 0.79 mm), dejando demasiado material para la operación de terminado.

3. Si se requiere de alguna operación especial, como moleteado o ranurado, deberán realizarse a continuación.
4. Enfríe la pieza antes de comenzar las operaciones de terminado.
   - El metal se expande debido a la fricción provocada por el proceso de maquinado, y todas las medidas que se tomen estando caliente el trabajo serán incorrectas.
   - Cuando la pieza está muy fría, los diámetros del trabajo redondo serán menores a lo que se requiere.
5. Termine todos los diámetros y longitudes.
   - Dé acabado a los diámetros mayores primero y siga hacia los menores.
   - Termine el hombro de un escalón a su longitud correcta y después corte el diámetro a su tamaño.

Piezas que requieren de centros

A veces es necesario maquinar a todo lo largo de una pieza redonda. Cuando esto es necesario, usualmente en las piezas más cortas, se ejecutan perforaciones en el centro de cada extremo. La pieza que se muestra en la Figura 6-2 es una pieza típica que puede maquinarse entre centros en un torno.

Secuencia de maquinado

1. Corte un trozo de acero con 1/8 pulg (3 mm) más largo y 1/8 pulg (3 mm) de mayor diámetro de lo necesario.
   - En este caso, el diámetro del acero cortado sería de 1 5/8 pulg (41 mm) y su longitud sería de 16 1/8 pulg (409 mm).
2. Sostenga la pieza en un mandril de tres mordazas, refrente un extremo, y luego haga la perforación central.
3. Refrente el extremo opuesto a su longitud y realice la perforación central.
4. Monte la pieza entre centros en un torno.
5. Desbaste el diámetro mayor a un 1/32 pulg (0.79 mm) del tamaño terminado, es decir, a 1 17/32 pulg (39 mm).

Nota: El propósito del desbaste es eliminar el metal excedente con la mayor rapidez posible.

6. Termine al diámetro al que se ha de moletear.

Nota: El objeto del acabado es cortar el trabajo al tamaño requerido y producir un buen terminado superficial.

7. Moletee el diámetro de 1 1/2 pulg (38 mm).
8. Maquine el bisel o chaflán a 45° del extremo.
9. Invierta la pieza en el torno, asegurándose de proteger el moleteado del perro del torno con un pedazo de metal blando.
10. Desbaste el diámetro de 1 1/4 pulg (31 mm) (Figura 6-2) a 1 9/32 pulg (32 mm) (Figura 6-3).
    - Asegúrese de dejar corta la longitud de esta sección 1/8 pulg (3 mm) [12 7/8 pulg (327 mm) desde el extremo] a fin de permitir el terminado del radio de 1/8 pulg.

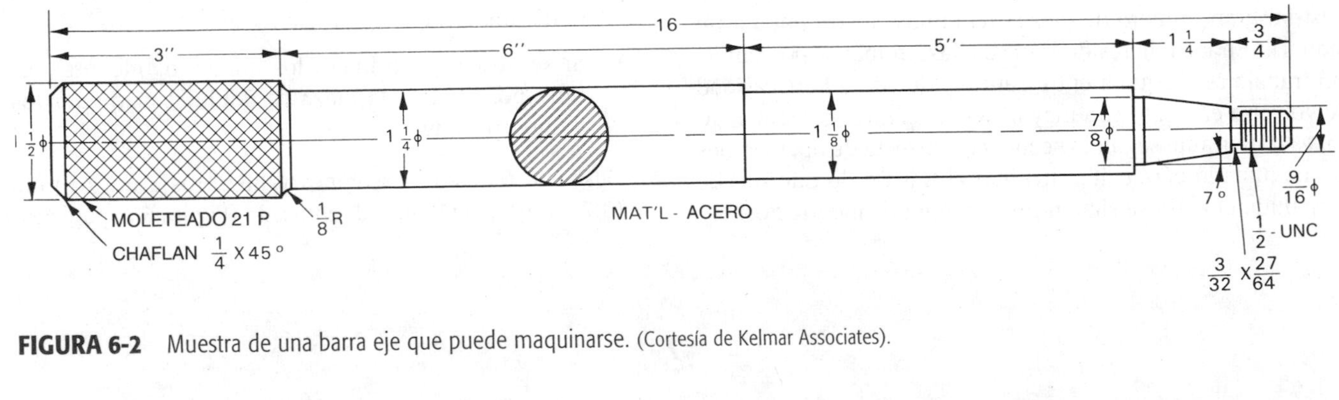

FIGURA 6-2 Muestra de una barra eje que puede maquinarse. (Cortesía de Kelmar Associates).

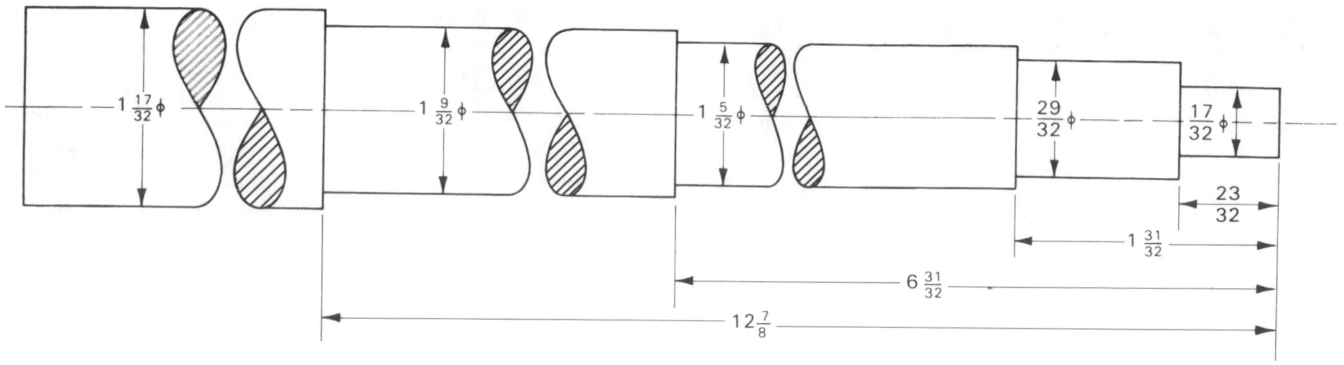

FIGURA 6-3 Diámetros y longitudes desbastadas en una barra eje. (Cortesía de Kelmar Associates).

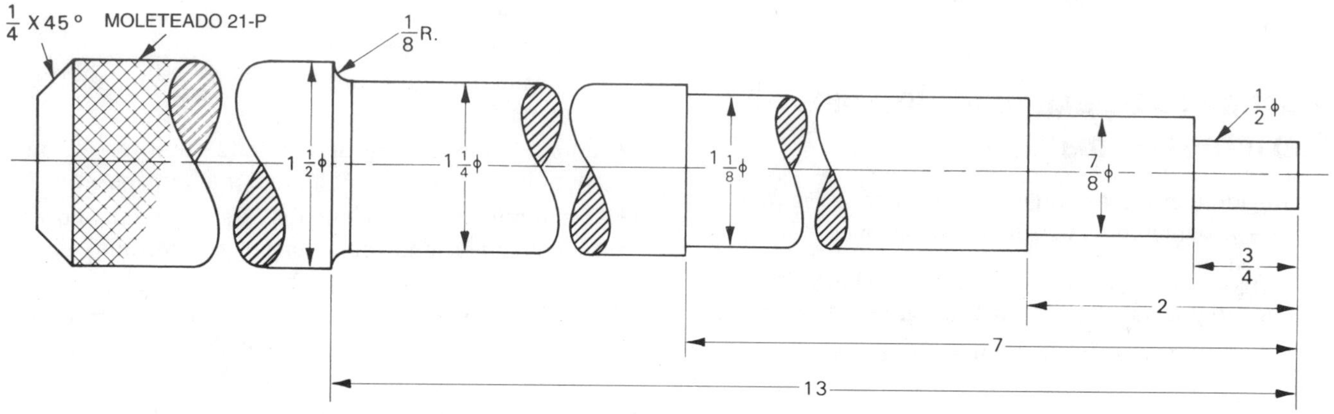

FIGURA 6-4 Barra eje torneada a su diámetro y longitud. (Cortesía de Kelmar Associates).

11. Desbaste el diámetro de $1\frac{1}{8}$ pulg (28 mm) (Figura 6-3) a $1\frac{5}{32}$ pulg (29 mm).
    - Deje más corta la longitud de esta sección $\frac{1}{32}$ pulg (0.79 mm) [$6\frac{31}{32}$ pulg (177 mm) desde el extremo] para permitir el acabado del hombro.
12. Desbaste el diámetro de $\frac{7}{8}$ pulg (22 mm) a $\frac{29}{32}$ pulg (23 mm).
    - Deje más corta la longitud de esta sección $\frac{1}{32}$ pulg (0.79 mm) [$1\frac{31}{32}$ pulg (50 mm) desde el extremo] para permitir el acabado del hombro.
13. Desbaste el diámetro de $\frac{1}{2}$ pulg (13 mm) a $\frac{17}{32}$ pulg (13.48 mm).
    - Maquine la longitud de esta sección a $\frac{23}{32}$ pulg (18 mm).
14. Enfríe la pieza de trabajo a la temperatura ambiente antes de comenzar las operaciones de acabado.
15. Dé acabado al diámetro de $1\frac{1}{4}$ pulg (32 mm) a $12\frac{7}{8}$ pulg (327 mm) del extremo.
16. Monte una herramienta con radio de $\frac{1}{8}$ pulg (3 mm) y termine la esquina a la longitud correcta (Figura 6-4).
17. Dé acabado al diámetro de $1\frac{1}{8}$ pulg (28 mm) a 7 pulg (177 mm) del extremo.
18. Dé acabado al diámetro de $\frac{7}{8}$ pulg (22 mm) a 2 pulg (50 mm) del extremo.
19. Ponga el portaherramienta combinado a 7° y maquine el huso al tamaño adecuado.
20. Dé terminado al diámetro de $\frac{1}{2}$ pulg (13 mm) a $\frac{3}{4}$ pulg (19 mm) desde el extremo.
21. Con una herramienta de corte, haga la ranura en el extremo del diámetro de $\frac{1}{2}$ pulg (13 mm) (Figura 6-5).
22. Haga el chaflán del extremo de la sección a roscar.
23. Prepare el torno para roscar y corte la rosca al tamaño adecuado.

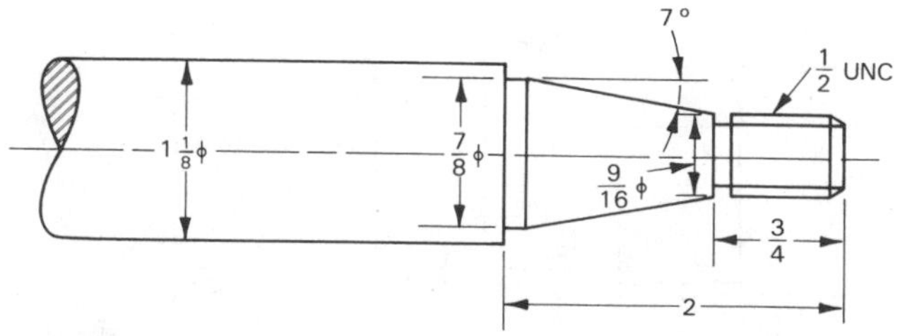

FIGURA 6-5 Operaciones especiales terminadas en la barra eje. (Cortesía de Kelmar Associates.)

PIEZAS SOSTENIDAS EN MANDRIL

El procedimiento para maquinar las superficies externas de piezas redondas sostenidas en mandril de tres quijadas (o mordazas) o de cuatro, boquilla de quijadas convergentes, etc.) es básicamente el mismo que para maquinar trabajos sostenidos entre centros. Sin embargo, si se deben maquinar las superficies tanto externas como internas en una pieza sostenida en un mandril (o "chuck"), la secuencia de algunas operaciones cambia.

Siempre que se sostiene la pieza de trabajo en un mandril para el maquinado, es muy importante que la pieza sea corta por rigidez y para prevenir accidentes. Nunca permita que la pieza de trabajo se sujete a una longitud *mayor que tres veces su diámetro* más allá de las mordazas del mandril, a menos que esté sujeto por algún medio, como una luneta o contrapunto.

Maquinado de diámetros internos y externos en mandril

Para maquinar la pieza que se muestra en la Figura 6-6, se sugiere la siguiente secuencia de operaciones.

1. Corte una pieza de acero con 1/8 pulg (33 mm) más de diámetro y 1/2 pulg (13 mm) más de largo de lo necesario.
   - En este caso, el diámetro en bruto sería 2 1/8 pulg (54 mm).
   - La longitud sería de 3 7/8 pulg (98 mm) a fin de permitir que la pieza se pueda sujetar en el mandril.
2. Monte y centre la pieza en un mandril de cuatro mordazas, sujetando solamente de 5/16 a 3/8 de pulgada (8 a 9.5 mm) del material en las mordazas del mandril.
   - Un mandril de tres mordazas no sostendría una pieza de este tamaño con suficiente seguridad para operaciones de maquinado internas y externas.
3. Refrente el extremo de la pieza.
   - Elimine sólo la cantidad mínima necesaria de material para refrentar el extremo.
4. Desbaste los tres diámetros externos, comenzando con el mayor y avanzando hacia el más pequeño, a 1/32 de pulgada (0.79 mm) del tamaño y longitud.
5. Monte un portabroca en el contrapunto y taladre un centro en la pieza.

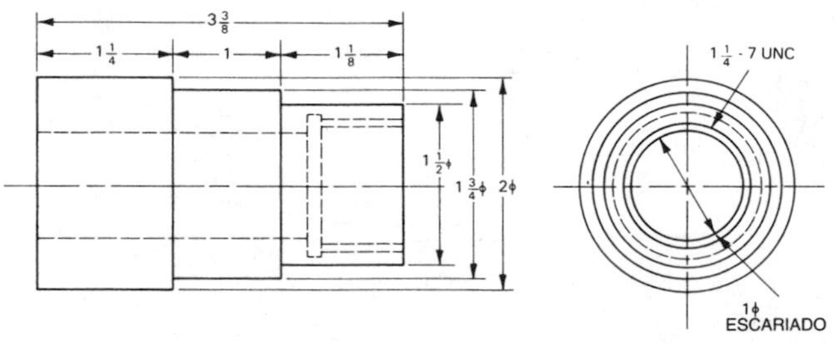

FIGURA 6-6 Pieza redonda que requiere maquinado interno y externo. (Cortesía de Kelmar Associates.)

6. Efectúe una perforación de 1/2 pulg (13 mm) de diámetro a través de la pieza.
7. Monte una broca de 15/16 pulg (24 mm) en el contrapunto y perfore la pieza.
8. Monte un barra de torneado de interiores en el poste portaherramienta y tornee el cilindro de 1 pulg (25 mm) escariándola a 0.948 pulg (24.58 mm) de diámetro.
9. Tornee el interior de la sección roscada -7 UNC de 1 1/4 pulg al tamaño del machuelo, que es de 1.107 pulg (28 mm).

   Tamaño de agujero = TDS = $D - P$

   donde D = diámetro

   P = paso
10. Corte la ranura en el extremo de la sección a roscar a la longitud y un poco más profundo que el diámetro mayor de la rosca.
11. Monte una herramienta de roscar en la barra de torneado interior y corte la rosca de 1 1/4 pulg-7 UNC al tamaño.
12. Monte un escariador de 1 pulg (25 mm) en el contrapunto y corte el diámetro interior al tamaño.
13. Dé terminado a los diámetros externos al tamaño y longitud, comenzando con el mayor y avanzando hacia el más pequeño.
14. Invierta la pieza en el mandril y proteja el diámetro terminado con un pedazo de metal blando entre éste y las quijadas del mandril.
15. Refrente la superficie del extremo a la longitud adecuada.

MAQUINADO DE PIEZAS PLANAS

Debido a que hay tantas variaciones en tamaños y formas de las piezas planas, es difícil dar reglas específicas de maquinado para cada una. Se enuncian algunas reglas generales, pero pueden requerir ciertas modificaciones para adecuarse a cada pieza en particular.

1. Seleccione y corte el material un poco más grande que el tamaño requerido.
2. Maquine todas las superficies a su tamaño en una máquina fresadora utilizando una secuencia de superficies apropiada.
3. Trace los contornos físicos de la pieza, como ángulos, escalones, radios, etc.
4. Marque ligeramente las líneas de trazado que indican las superficies a cortar.
5. Elimine secciones grandes de la pieza con una sierra cinta de contornear.
6. Maquine todas las formas, como los escalones, ángulos, radios y ranuras.
7. Trace la localización de las perforaciones y, con compás de puntas, marque el círculo de referencia.
8. Haga todas las perforaciones y machuelee aquellas que lo requieran.
9. Escarie (o "rime") los agujeros.
10. Rectifique las superficies que lo requieran.

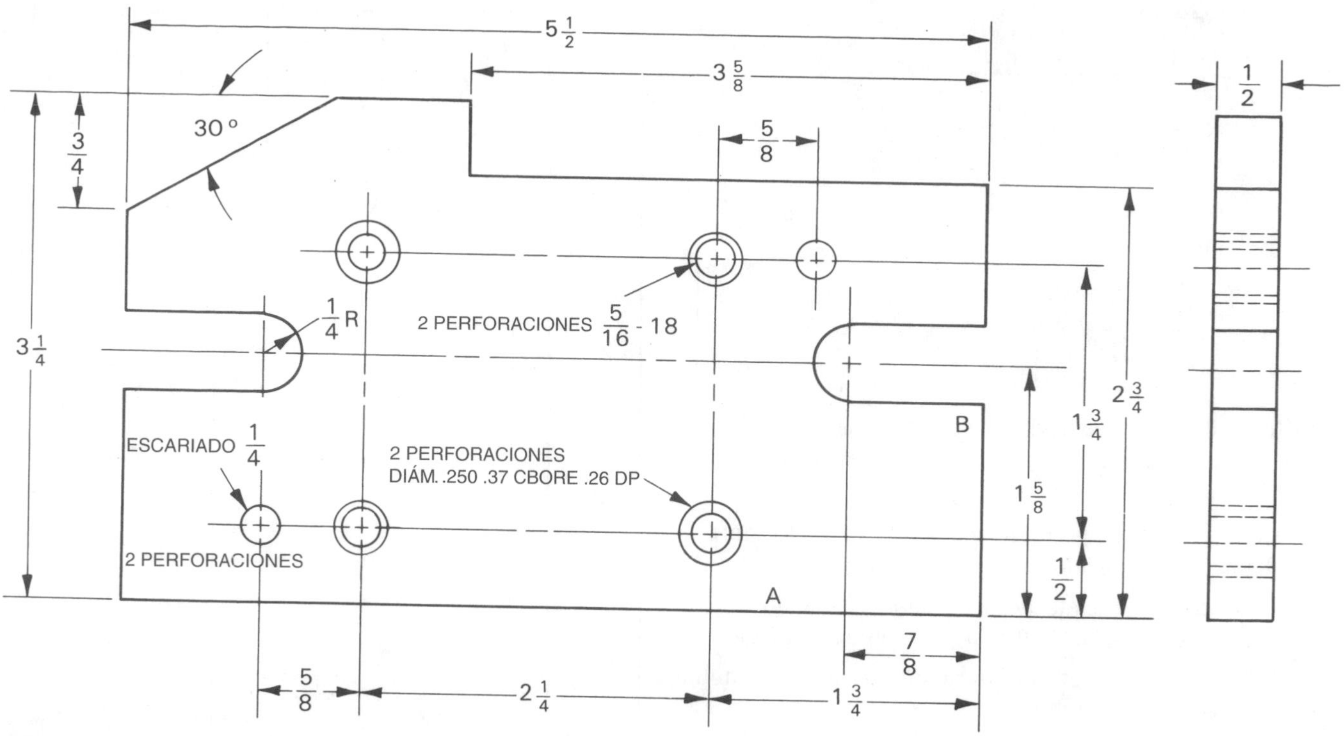

FIGURA 6-7 Pieza plana típica que debe conformarse y maquinarse. (Cortesía de Kelmar Associates).

Secuencia de operaciones para una pieza plana de muestra

La pieza que se muestra en la Figura 6-7 se utiliza solamente como ejemplo para ilustrar la secuencia de operaciones que debe seguirse al maquinar piezas similares. No se pretende que éstas sean reglas "escritas en piedra", sino sólo guías.

La secuencia de operaciones sugerida para la pieza de muestra presentada en la Figura 6-7 es diferente a las sugeridas para el maquinado de un bloque cuadrado y paralelo como el que se describe en la Unidad 69, porque:

1. La pieza es relativamente delgada y tiene una gran superficie.
2. Dado que al menos ⅛ pulg (3 mm) de la pieza debe estar por encima de las quijadas de la prensa, sería difícil utilizar una barra redonda entre la pieza y la quijada móvil para maquinar las grandes superficies planas.
3. Una pequeña imprecisión (fuera de cuadratura) en el borde estrecho crearía un error mayor cuando se maquinara la superficie más grande.

Procedimiento

1. Corte una pieza de acero de ⅝ pulg (16 mm) × 3⅜ pulg (86 mm) × 5⅝ pulg (143 mm) de largo.
2. En una fresadora, termine primero una de las superficies (caras) grandes.

Nota: Deje 0.010 pulg (0.25 mm) en cada superficie que se vaya a rectificar.

3. Voltee la pieza y maquine la otra cara a ½ pulgada (13 mm) de grueso.
4. Maquine un borde en ángulo recto con la cara.
5. Maquine un borde adyacente en ángulo recto (a 90°) del primer borde.
6. Coloque el borde terminado más largo (A) sobre la prensa de la máquina y corte el borde opuesto con 3¼ pulg (83 mm) de ancho.
7. Coloque el borde terminado más angosto (B) sobre la prensa de la máquina y corte el borde opuesto con 5½ pulgadas (140 mm) de largo.
8. Con el borde A como superficie de referencia, trace las dimensiones horizontales con una escuadra ajustable, un calibrador de superficie, o uno de altura (Figura 6-8 página 52).
9. Con el borde B como superficie de referencia, trace las dimensiones verticales con una escuadra ajustable, calibrador de superficie, o de altura (Figura 6-9, página 52).
10. Utilice una escuadra-transportador de bisel para trazar el ángulo de 30° en el borde derecho superior.
11. Con un compás de puntas ajustado a ¼ pulg (6 mm), dibuje los arcos para las dos ranuras centrales.
12. Con un punzón afilado, marque ligeramente todas las superficies a cortar y los centros de todas las perforaciones.

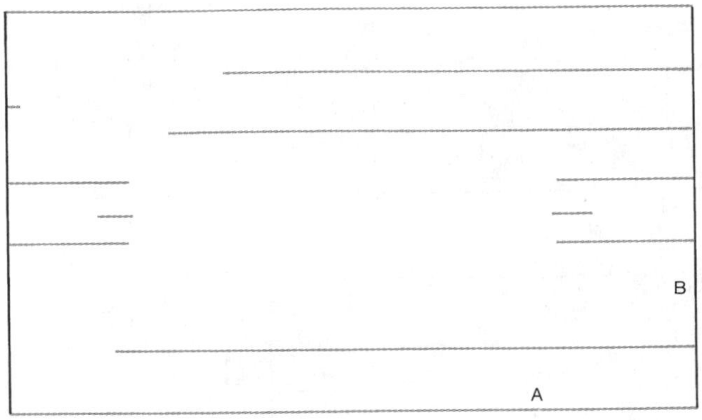

FIGURA 6-8 Trace todas las líneas horizontales utilizando el borde A como superficie de referencia. (Cortesía de Kelmar Associates.)

13. Centre y efectúe perforaciones de ½ pulg (13 mm) de diámetro para las dos ranuras centrales.
14. Con una sierra cinta vertical, corte el ángulo de 30° dentro de 1⁄32 pulg (0.79 mm) de la línea de trazado.
15. Coloque la pieza en una fresadora vertical y maquine las dos ranuras de ½ pulg (13 mm).
16. Maquine el escalón del borde superior de la pieza.
17. Ponga el trabajo a 30° en las mordazas de la máquina y termine el ángulo de 30°.
18. Punzone la ubicación de las perforaciones, marque los círculos de referencia, y después punzone el centro de todos los agujeros.
19. Perfore al centro de todos los orificios.
20. Forme y contrataladre las perforaciones para los tornillos de ¼ pulg -20 NC.
21. Realice los orificios para machuelo de 5⁄16 pulg–18 (broca F o 6.5 mm).
22. Realice las perforaciones de escariado de ¼ pulg (6 mm) a 15⁄64 pulg (5.5 mm).
23. Avellane todas las perforaciones por machuelear a un poco más de su tamaño de terminado.
24. Escarie los orificios de ¼ pulg (6 mm) al tamaño.
25. Machuelee los agujeros de 5⁄16 pulg–18 UNC.

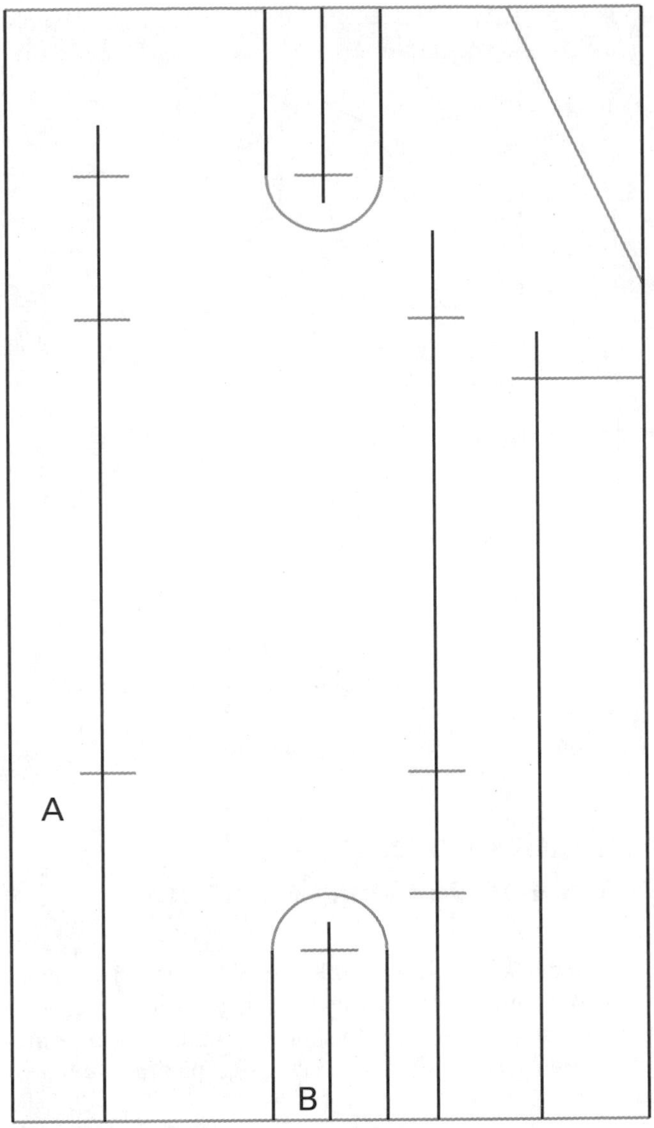

FIGURA 6-9 Trace todas las líneas verticales utilizando el borde B como superficie de referencia. (Cortesía de Kelmar Associates.)

PREGUNTAS DE REPASO

1. ¿Por qué no es recomendable desbastar los diámetros pequeños primero?
2. ¿A qué tamaño debe desbastarse el trabajo?
3. ¿Por qué deben tomarse todas las medidas desde un solo extremo de la pieza?
4. ¿Por qué es importante que se enfríe la pieza antes de aplicar el acabado?
5. ¿Por qué se puede doblar una pieza durante la operación de moleteado?
6. ¿Por qué se corta la pieza más larga de lo requerido cuando se le maquina en mandril?
7. ¿Cuánto debe sobresalir una pieza de 6 pulg de largo y 1 pulg diámetro más allá de las mordazas del mandril?
8. ¿A qué profundidad debe cortarse la ranura en la sección interna a roscar?
9. ¿Cómo se protege un diámetro terminado de las quijadas del mandril?
10. ¿Cuánto material debe dejarse en una superficie plana para el rectificado?
11. Cuando se utiliza una sierra cinta para eliminar material de exceso, ¿qué tan cerca de la línea de trazado debe hacerse el corte?
12. Cuando se maquinan superficies planas, ¿qué superficie debe maquinarse primero?

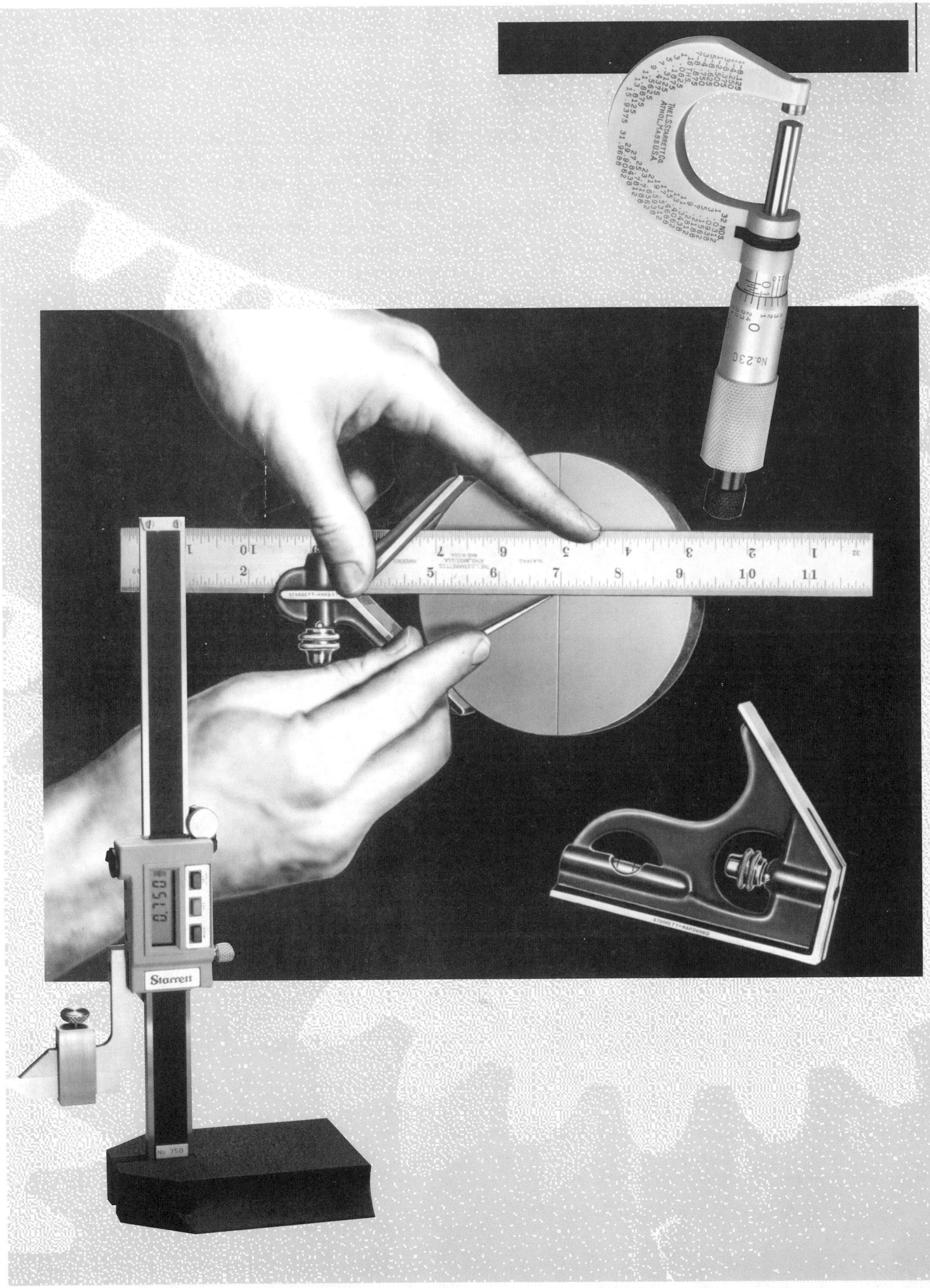
THE L.S.STARRETT CO.
ATHOL, MASS. U.S.A.
No. 230
0.750
Starrett
No 750

SECCIÓN

5

MEDICIONES

Desde el comienzo de la civilización el mundo ha dependido de alguna variante de sistema de medición. Los egipcios, por ejemplo, utilizaban una unidad de longitud llamada *cúbito o codo*, una unidad igual a la longitud del antebrazo desde el dedo medio hasta el codo. James Watt, por otro lado, mejoró su motor de vapor manteniendo sus tolerancias dentro del grosor de un delgado chelín, una moneda inglesa. Los días en que se utilizaban medidas tan burdas, sin embargo, han terminado. Hoy vivimos en un mundo exigente donde los productos deben construirse dentro de tolerancias precisas. Estos mismos productos pueden comenzar siendo componentes construidos por varias subindustrias y después utilizarse por otras industrias en la manufactura de productos de consumo finales. Desde el comienzo hasta el final, un producto puede utilizarse en varias industrias localizadas en lugares separados, a menudo por países, y después venderse en otros sitios. La *manufactura intercambiable*, el comercio mundial, y la necesidad de una alta precisión han contribuido a la necesidad de un sistema de medidas *internacional de alta precisión*. Para satisfacer esta necesidad en 1960 se desarrolló el Sistema Internacional de Unidades (SI), basado en el Sistema Métrico Decimal.

Hoy en día en el mundo existen dos sistemas principales de medidas. El sistema basado en las pulgadas, a menudo llamado Sistema Inglés de Unidades, que todavía tiene amplio uso en Estados Unidos y Canadá. Dado que el 90% de la población del mundo utiliza el sistema métrico de medición, es evidente la necesidad de proceder a la adopción universal del SI.

UNIDADES MÉTRICAS (DECIMALES)

El 8 de diciembre de 1975, el Senado de los Estados Unidos aprobó la Metric Bill S100 "para facilitar y alentar el reemplazo por unidades de medición métrica, de las unidades de medición habituales en la educación, oficios, comercio y en todos los demás sectores de la economía de Estados Unidos...". El 16 de enero de 1970, el gobierno canadiense adoptó el SI para su implantación alrededor de 1980 en todo Canadá.

Aunque tanto Estados Unidos como Canadá están ahora comprometidos a la conversión al sistema métrico con tanta rapidez como sea posible, probablemente pasarán algunos años antes que todas las máquinas-herramienta y dispositivos de medición sean rediseñados o convertidos. El cambio al sistema métrico en el taller de maquinado será gradual, debido la larga vida esperada de las costosas máquinas-herramienta y el equipo de medición implicados. Es probable, por lo tanto, que la gente involucrada en el oficio de las máquinas-herramienta tendrá que familiarizarse con ambos sistemas, el métrico y el de pulgadas, durante el largo período de conversión.

EL PERÍODO DE CONVERSIÓN

Aunque los fabricantes de herramientas de precisión producen la mayoría de las herramientas en unidades métricas, el uso de éstas no se ha generalizado todavía, debido a la reticencia de la industria a llevar a cabo la costosa conversión. En consecuencia, muchos mecánicos actuales probablemente tendrán que estar familiarizados con ambos sistemas de medición, en pulgadas y métrico.

Ya que la conversión será gradual, resulta seguro suponer que los estudiantes que se gradúen de las escuelas durante los próximos años deberán aprender un sistema de medición dual (en pulgadas y métrico) hasta que la mayoría de las industrias hayan cambiado al sistema métrico. Con esto en mente, hemos utilizado medidas duales en todo este libro, de forma que al estudiante se le facilite trabajar con eficacia en ambos sistemas.

Para manejar estos problemas, adoptamos la siguiente política en este libro para que sea posible trabajar con eficiencia en ambos sistemas ahora, permitiendo al mismo tiempo una fácil transición al uso completo del sistema métrico conforme se van haciendo disponibles nuevos materiales y herramientas:

1. Cuando las mediciones generales o referencias a cantidades no están relacionadas específicamente con estándares, herramientas o productos métricos, se dan en unidades de pulgadas, con el equivalente métrico entre paréntesis.
2. Cuando el estudiante pueda estar expuesto a equipo desarrollado para estándares tanto métricos como en pulgadas, se da información por separado para ambos tipos de equipo con dimensiones *exactas*.
3. Cuando sólo existan estándares, herramientas o productos en pulgadas, se dan medidas en pulgadas con la conversión métrica, con dos cifras decimales, entre paréntesis.

ESTÁNDARES PARA DIMENSIONES EN PULGADAS Y MÉTRICAS

Las dimensiones en pulgadas y métricas de este libro siguen las recomendaciones del American National Standards Institute (ANSI) de 1994. Son como sigue:

Dimensiones en pulgadas

- *No se utiliza* (en EUA) un cero antes del punto decimal en valores menores que una pulgada (.125 pulg)
- La dimensión se expresa con el mismo número de cifras decimales que la tolerancia. Cuando se necesite se añadirán ceros a la derecha del punto decimal: 2.350 pulg, tolerancia ±.001.

Dimensiones en metros

- *Se utiliza* un cero antes del punto decimal en valores menores que un milímetro (0.15 mm)
- Cuando la dimensión es un número entero, no se pone ni punto decimal ni ceros (12 mm)
- Para dimensiones mayores que un número entero en una fracción decimal de milímetro, no se pone un cero después del último dígito a la derecha del punto decimal (25.5 mm).

SÍMBOLOS PARA USO EN SI

A continuación se da una lista de cantidades, nombres y símbolos del SI comunes que probablemente se encontrarán en el trabajo en el taller de maquinado:

UNIDADES SI

Cantidad	Nombre	Símbolo
longitud*	metro	m
volumen*	litro	L
masa*	gramo	g
tiempo	minuto	min
	segundo	s
fuerza	newton	N
presión, esfuerzo*	pascal	Pa
temperatura	grado Celsius	°C
área*	metro cuadrado	m^2
velocidad	metro por minuto y metro por segundo	m/min y m/s
ángulo	grado	°
	minuto	′
	segundo	″
potencial eléctrico	volt	V
corriente eléctrica	amper	A
frecuencia	hertz	Hz
capacitancia eléctrica	farad	F

A continuación se da una lista de los prefijos utilizados con frecuencia con las cantidades indicadas con un asterisco (*en la tabla anterior) en el cuadro anterior:

PREFIJOS SI

Prefijo	Significado	Factor	Símbolo
micro	un millonésima	.000 001	μ
mili	un milésimo	.001	m
centi	un centésimo	.01	c
deci	un décimo	.1	d
deca	diez	10	da
hecto	cien	100	h
kilo	mil	1 000	k
mega	un millón	1 000 000	M

Por ser lo apropiado, se indica aquí la escritura de los prefijos, usual en español.†

†Se actualiza y complementa todo lo referente a unidades de medida y metrología internacional. (N. del R.)

UNIDAD

7

Mediciones básicas

OBJETIVOS

Al terminar el estudio de esta unidad, se podrá:

1 Identificar varios tipos de reglas de acero
2 Medir piezas redondas y planas con precisión de hasta 1/4 de pulgada con una regla
3 Hacer mediciones con compás de puntas y una regla

La medición básica puede definirse como el acto de medir mediante el uso de una regla o cualquier otro útil para medir que no es de precisión, ya sea en el sistema de pulgadas o el métrico.

SISTEMA DE PULGADAS

La unidad de longitud en el sistema en cuestión es la *pulgada*, que puede dividirse en fracciones o en divisiones decimales. El sistema fraccionario está basado en un sistema "binario", o de base 2. Las fracciones respectivas de uso común en este sistema son $\frac{1}{2}$, $\frac{1}{4}$, $\frac{1}{8}$, $\frac{1}{16}$, $\frac{1}{32}$ y $\frac{1}{64}$. El sistema de fracciones decimales tiene base 10, así que cualquier número puede escribirse como un producto de diez y/o una fracción de diez.

Valor	Fracción	Decimal
Un décimo	$\frac{1}{10}$	.1
Un centésimo	$\frac{1}{100}$	.01
Un milésimo	$\frac{1}{1000}$	.001
Un diezmilésimo	$\frac{1}{10,000}$	.0001
Un cienmilésimo	$\frac{1}{100,000}$	.00001
Un millonésimo	$\frac{1}{1,000,000}$	.000001

SISTEMA MÉTRICO

Las dimensiones lineales métricas se expresan en múltiplos y submúltiplos del *metro*. En el oficio de las máquinas-herramienta, se utiliza el milímetro para expresar la mayoría de las dimensiones métricas. Las fracciones de milímetro se expresan en decimales.

A continuación se presenta una breve comparación de equivalentes de pulgada y métricos:

1 yd	= 36 pulg
1 m	= 39.37 pulg
1000 m	= 1 km
1 km	= 0.621 mi
1 mi	= 1.609 km

La Tabla 7-1 muestra comparaciones entre pulgadas y sistema métrico para mediciones con los sistemas de uso común.

TABLA 7-1

Sistema inglés	Sistema métrico			
	Milímetros (mm)	Centímetros (cm)	Decímetros (dm)	Metros (m)
1 pulgada	25.4	2.54	0.254	0.0254
1 pie	304.8	30.48	3.048	0.3048
1 yarda	914.4	91.44	9.144	0.9144

Nota: En mediciones métricas en el taller de maquinado, la mayoría de las dimensiones se darán en milímetros (mm). Las dimensiones grandes se darán en metros (m) y centímetros (cm). Para tablas de conversión del sistema métrico a pulgadas y decimales equivalentes, vea el **Apéndice de Tablas** al final de este libro.

MEDICIONES FRACCIONARIAS

Las dimensiones fraccionarias, a menudo llamadas *dimensiones de escala*, pueden medirse con instrumentos como reglas o calibradores. Las reglas de acero utilizadas en el taller de maquinado están graduadas ya sea en divisiones de fracción de pulgada: 1, $\frac{1}{2}$, $\frac{1}{4}$, $\frac{1}{8}$, $\frac{1}{16}$, $\frac{1}{32}$, y $\frac{1}{64}$ (Figura 7-1) o en divisiones de fracción decimal: decímetros, centímetros, milímetros y medios milímetros (Figura 7-2). Las divisiones de $\frac{1}{64}$ de pulgada o de 0.50 mm son las más pequeñas que se pueden ver en una regla sin utilizar una lupa. Los instrumentos de medición de precisión, como los micrómetros y calibradores vernier, son necesarios cuando planos dibujados en sistema métrico muestran dimensiones menores de 0.50 mm o cuando planos dibujados en pulgadas presentan alguna dimensión en decimales.

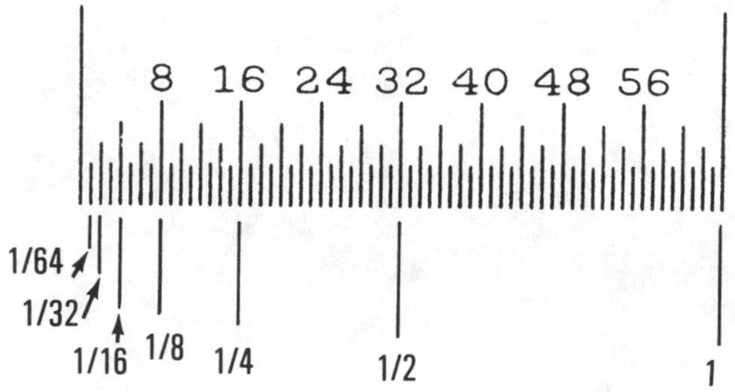

FIGURA 7-1 Graduación en fracciones de pulgada. (Cortesía de Kelmar Associates.)

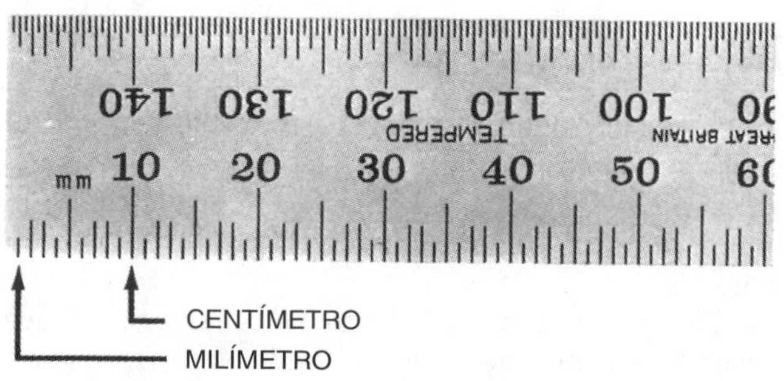

FIGURA 7-2 Las reglas métricas por lo general están graduadas en milímetros y medios milímetros. (Cortesía de Kelmar Associates.)

REGLAS DE ACERO (ESCALAS)

Reglas métricas

Las reglas de acero métricas (Figura 7-3), graduadas por lo general en milímetros y medios milímetros, se utilizan para hacer mediciones lineales métricas que no requieran de gran precisión. Hay una gran variedad disponible de reglas métricas en longitudes que van desde 15 cm a 1 m. La regla de 15 cm que se muestra en la Figura 7-3 es 2.4 mm, o aproximadamente $\frac{3}{32}$ de pulgada, más corta que una regla de 6 pulgadas estándar.

FIGURA 7-3 Regla métrica de 15 cm. (Cortesía The L. S. Starrett Co.)

Reglas en pulgadas y fracciones

Las fracciones "binarias" comúnmente presentes en las reglas de acero de pulgadas son 1/64, 1/32, 1/16 y 1/8 de pulgada. Hay diversas variedades de reglas de acero en pulgadas en el trabajo de taller de maquinado, como las *rígidas de resorte, flexibles, angostas* y de *gancho*. La longitud va desde 1 hasta 72 pulgadas. De nuevo, estas reglas se utilizan para mediciones que no requieren de gran precisión. Las reglas de lectura rápida del tipo de resorte de 6 pulgadas (Figura 7-4, página 60) con graduaciones del No. 4 son las reglas en pulgadas de uso más frecuente en el trabajo de un taller de maquinado. Estas reglas tienen cuatro escalas separadas, dos a cada lado. El frente está graduado en octavos y dieciseisavos, y la parte posterior está graduada en treintaidosavos y sesentaicuatroavos de pulgada. Cada cuarta línea está numerada para hacer las lecturas de treintaidosavos y sesentaicuatroavos más fácil y rápida.

Las *reglas de gancho* (Figura 7-5) se utilizan para realizar medidas precisas desde un hombro, escalón o borde de una pieza de trabajo. También se pueden utilizar para medir bridas y piezas circulares, y para ajustar a una medida compases de calibre para interiores.

Las *reglas cortas* (Figura 7-6) son necesarias para medir pequeñas aberturas y zonas difíciles de alcanzar cuando no se puede utilizar una regla ordinaria. Vienen cinco reglas pequeñas en cada juego; van desde 1/4 hasta 1 pulg en longitud y pueden intercambiarse en el maneral.

FIGURA 7-4 Regla rígida (de lectura rápida) de 6 pulgadas. (Cortesía The L.S. Starrett Co.)

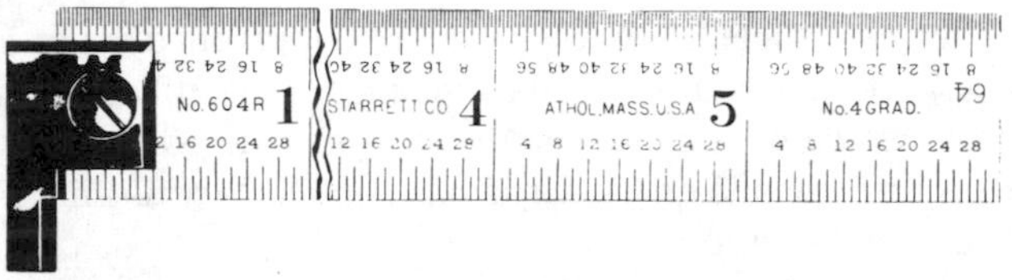

FIGURA 7-5 Se utiliza una regla de gancho para hacer mediciones precisas desde un borde u hombro. (Cortesía The L.S. Starrett Co.)

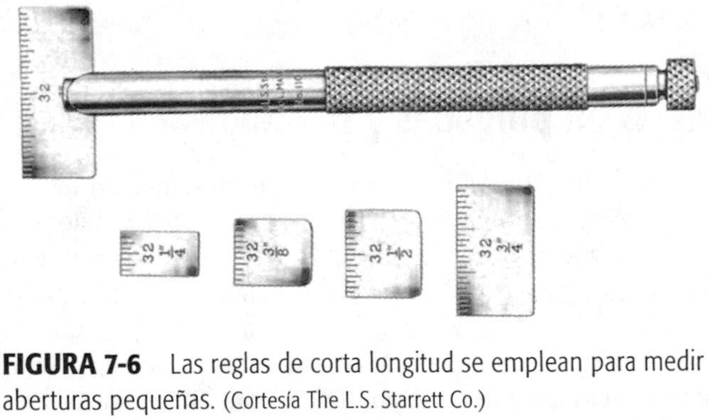

FIGURA 7-6 Las reglas de corta longitud se emplean para medir aberturas pequeñas. (Cortesía The L.S. Starrett Co.)

Las *reglas decimales* (Figura 7-7) se utilizan frecuentemente cuando es necesario tomar medidas lineales inferiores a 1/64 de pulgada. Ya que a menudo las dimensiones lineales se especifican en decimales en los planos, estas reglas son útiles para el mecánico. Las graduaciones más comunes en reglas decimales son .100 (1/10 de pulg), .050 (1/20 de pulg), .020 (1/50 de pulg) y .010 (1/100 de pulgada). En la Figura 7-8 se muestra una regla decimal de 6 pulg.

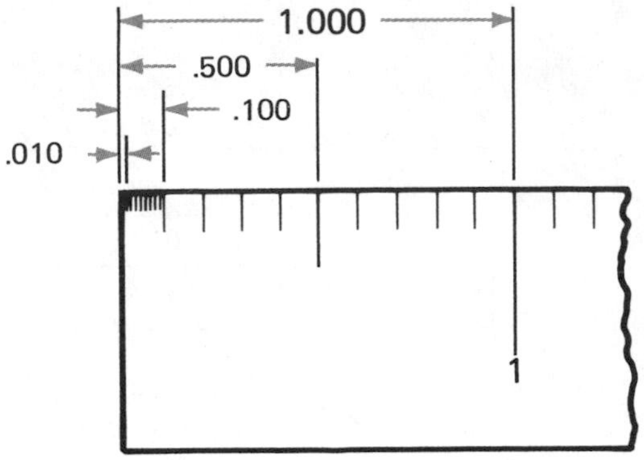

FIGURA 7-7 Las graduaciones decimales de una regla proveen una forma de medición precisa y simple. (Cortesía de Kelmar Associates.)

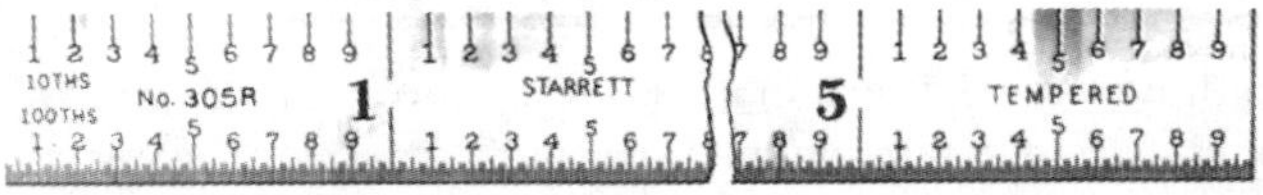

FIGURA 7-8 Graduaciones encontradas comúnmente en una regla decimal de 6 pulgadas. (Cortesía The L.S. Starrett Co.)

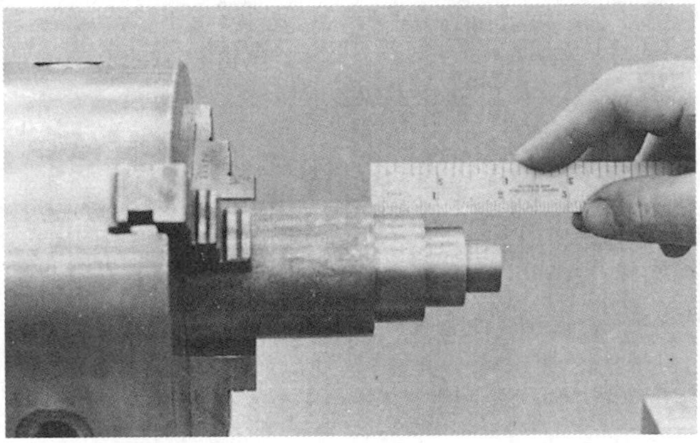

FIGURA 7-9 Cómo posicionar una regla contra un hombro. (Cortesía de Kelmar Associates).

Medición de longitudes

Con un cuidado razonable, puede ser posible tomar medidas bastante precisas utilizando reglas de acero. Siempre que sea posible, coloque el extremo de la regla contra un hombro o escalón (Figura 7-9) para asegurar una medición precisa.

Debido al uso constante, el extremo de las reglas de acero se gasta. Las medidas tomadas desde el extremo, por lo tanto, son a menudo imprecisas. Se pueden tomar medidas bastante precisas de una pieza plana, colocando la línea de graduación de 1 pulg o de 1 cm sobre el borde de la pieza,

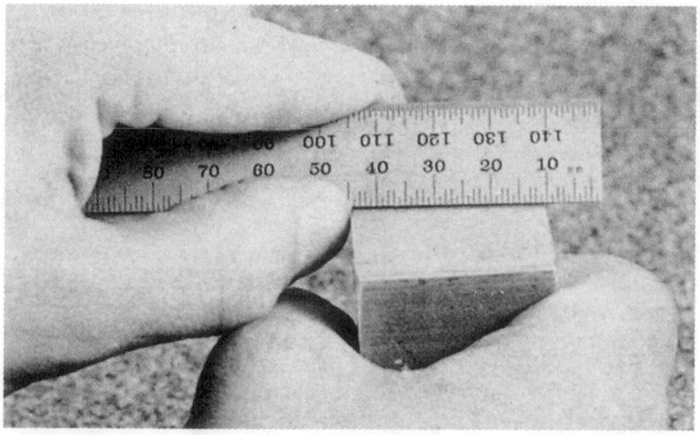

FIGURA 7-10 Cómo tomar medidas con una regla comenzando en la línea de 1 cm. (Cortesía de Kelmar Associates.)

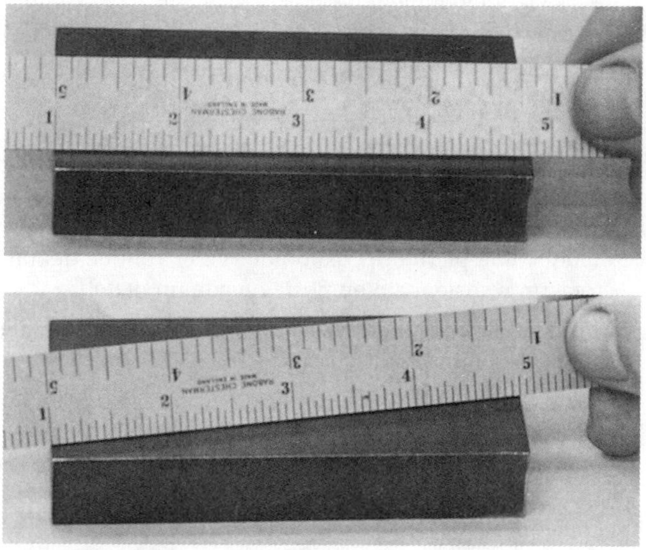

FIGURA 7-11 La regla debe sostenerse paralelamente al borde de la pieza de trabajo; de lo contrario, la medida no será correcta. (Cortesía de Kelmar Associates.)

tomando la medida, y restando 1 pulg o 1 cm a la lectura (Figura 7-10). Cuando se miden piezas planas, asegúrese que el borde de la regla esté paralelo con el borde de la pieza. Si la regla se coloca en ángulo con el borde (Figura 7-11), la medición no será exacta. Cuando se mide el diámetro de material redondo, comience desde la línea de graduación de 1 pulg o de 1 cm.

La regla como escantillón

Los bordes de una regla de acero están rectificados planos. Por lo tanto, la regla puede utilizarse para comprobar la planicidad de las piezas de trabajo. El borde de la regla debe colocarse sobre la superficie de la pieza, misma que a continuación se sostiene a contraluz. Imprecisiones tan pequeñas como de milésimos de pulgada, o de 0.05 mm, pueden detectarse fácilmente mediante este método.

COMPÁS DE EXTERIORES

Los compases de puntas (o calibradores) para exteriores no son de precisión; sin embargo, se pueden utilizar para medir aproximadamente la superficie exterior de piezas de trabajo redondas o planas. Están fabricados siguiendo varios estilos, como los de *junta a resorte* o bien los *de junta firme*. El compás de exteriores de junta de resorte es el de uso más común; sin embargo, no puede leerse directamente y debe usarse en conjunto con una regla de acero o un indicador de tamaño estándar. Los compases no deben utilizarse cuando se requiere una lectura menor que 0.015 pulg (0.39 mm).

Cómo utilizar compases de exteriores

Cuando se usa el compás junto con una regla, es importante que el extremo de la misma esté en buenas condiciones, y no gastado o dañado. Utilice el siguiente procedimiento:

1. Sostenga ambas piernas del compás calibrador paralelas al borde de la regla. Gire la tuerca de ajuste hasta que el extremo de la pierna inferior llegue a la línea de graduación deseada en la regla (Figura 7-12).
2. Coloque el calibrador sobre la pieza de trabajo con ambas piernas del compás en el ángulo correcto en relación con la línea central de la pieza (Figura 7-13, página 62).
3. El diámetro es el correcto cuando el compás se desliza sobre la pieza debido a su propio peso.

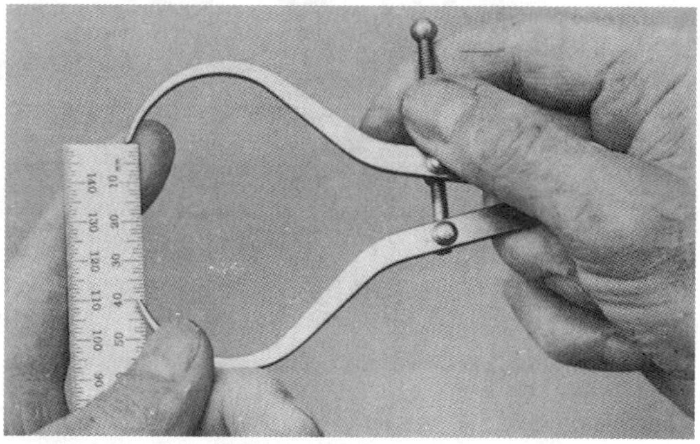

FIGURA 7-12 Cómo ajustar un compás de exteriores al tamaño empleando una regla. (Cortesía de Kelmar Associates.)

COMPASES DE INTERIORES

Los compases calibradores para interiores se utilizan para medir el diámetro de perforaciones o el ancho de cuñeros y ranuras. Se fabrican según varios estilos, como el de *junta de resorte* y el *de junta firme*.

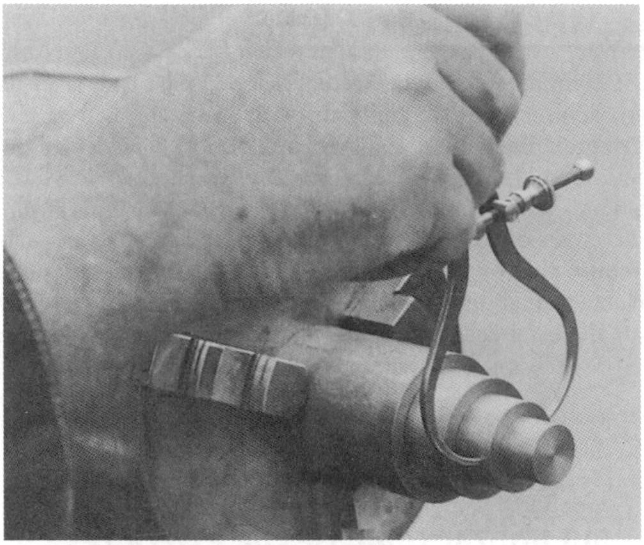

FIGURA 7-13 Cómo verificar un diámetro con un compás de exteriores. (Cortesía de Kelmar Associates.)

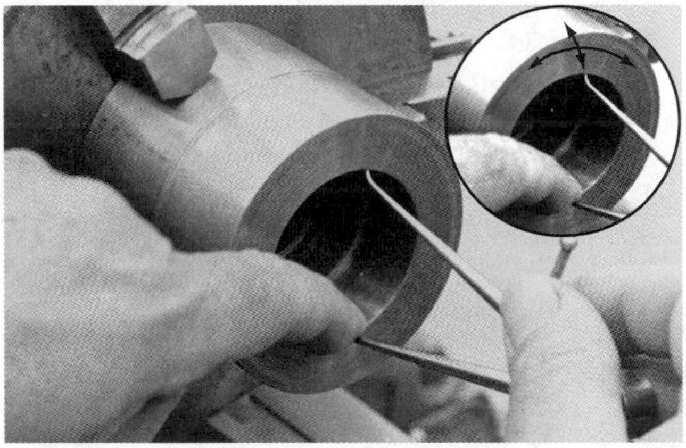

FIGURA 7-14 Cómo ajustar un compás de interiores al tamaño de una perforación. (Cortesía de Kelmar Associates.)

Cómo medir un diámetro interior

Se pueden tomar medidas lo suficientemente precisas de perforaciones y ranuras utilizando un calibrador para interior y una regla. Utilice el siguiente procedimiento:

1. Coloque una pierna del compás cerca del borde interior de la perforación (Figura 7-14).
2. Sostenga la pierna del calibrador en esta posición con un dedo.
3. Mantenga las piernas del compás verticales o paralelas con respecto a la perforación.
4. Mueva la pierna superior en la dirección de las flechas y gire la tuerca de ajuste hasta que se sienta un ligero arrastre en la pierna del calibre.
5. Halle el tamaño de la medida colocando el extremo de una regla y una pierna del calibrador contra una superficie plana.
6. Sostenga las piernas del compás paralelas al borde de la regla y observe la lectura en ésta.

Cómo transferir medidas

Cuando se requieren medidas precisas, el ajuste del compás debe verificarse con un micrómetro de exteriores. Siga el siguiente procedimiento:

1. Verifique la precisión del micrómetro (Unidad 9).
2. Sostenga el micrómetro en la mano derecha, de forma que pueda ajustarlo fácilmente con pulgar e índice (Figura 7-15).
3. Coloque una pierna del calibrador en el yunque del micrómetro y sosténgalo en posición con un dedo.
4. Mueva la pierna superior del compás en la dirección de las flechas.
5. Ajuste el barrilete del micrómetro hasta *sentir sólo un ligero arrastre* conforme la pierna del calibrador pasa sobre la cara de medición.

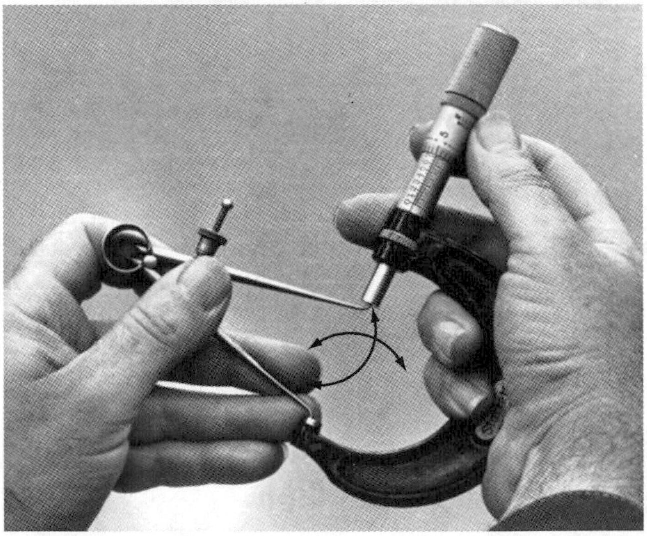

FIGURA 7-15 Verificación de un calibrador para interiores con un micrómetro. (Cortesía de Kelmar Associates.)

PREGUNTAS DE REPASO

1. Mencione dos sistemas de unidades utilizados actualmente en Norteamérica.
2. ¿Cuál es la unidad de longitud común en el sistema SI?
3. ¿Cómo están graduadas por lo común las reglas métricas?
4. Mencione cuatro tipos de reglas de acero utilizadas en el trabajo del taller de maquinado.
5. Describa una regla con graduaciones del No. 4.
6. Mencione el propósito de las:
   a. Reglas de gancho b. Reglas decimales
7. Mencione dos tipos de compases o calibradores de exteriores
8. ¿Cuál es el procedimiento para ajustar un calibrador de exteriores al tamaño?
9. Explique cómo sabría usted cuándo el ajuste del compás es de igual tamaño que la pieza de trabajo.
10. Explique el procedimiento para ajustar un compás para interiores al tamaño de una perforación.
11. En forma de puntos, enuncie el procedimiento para verificar un calibrador de interiores usando un micrómetro.

UNIDAD

8

Escuadras y mármoles

OBJETIVOS

Al terminar el estudio de esta unidad, se podrá:

1 Identificar la escuadra universal de mecánico
2 Tres tipos de escuadras sólidas y ajustables
3 Dos tipos de mármoles

La escuadra es un instrumento muy importante que el mecánico utiliza con fines de trazo, inspección y preparación. Las escuadras se fabrican con diversos grados de precisión, yendo desde escuadras de semiprecisión hasta las de precisión. Las escuadras de precisión son de material templado o endurecido y han sido rectificadas y pulidas con precisión.

LA ESCUADRA UNIVERSAL DE MECÁNICO

La escuadra universal es un instrumento básico que el mecánico utiliza para verificar rápidamente ángulos de 90° y de 45°. Forma parte de un conjunto combinado (Figura 8-1) que incluye el cuerpo de la escuadra, el cabezal centrador, el cabezal transportador y una regla graduada ranurada, a la que se pueden acoplar los diversos elementos. Además de su uso para trazo y para la verificación de ángulos, la escuadra universal puede utilizarse también como medidor de profundidad (Figura 8-2) o para medir la longitud de piezas con una precisión razonable. Otros usos del conjunto de combinación se analizarán en lo referente al trazo (Unidad 19).

ESCUADRAS DE PRECISIÓN

Las *escuadras de precisión* se utilizan principalmente con propósitos de inspección y preparación. Están endurecidas y graduadas precisamente y deben manejarse con cuidado para preservar su precisión. Se fabrica una gran cantidad de escuadras de este tipo con propósitos específicos. Todas las escuadras son variantes, ya sea de la *escuadra sólida* o de la *escuadra ajustable*.

ESCUADRAS DE BORDE BISELADO

Las escuadras estándar de mejor calidad utilizadas en inspección tienen hojas de bordes biselados, los cuales están endurecidos y aplanados. El borde biselado permite a la ho-

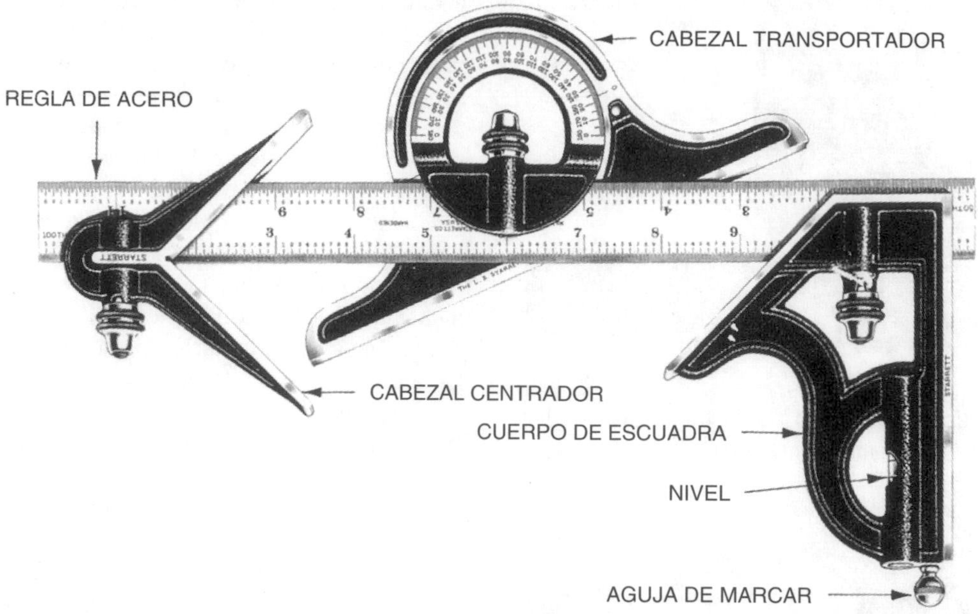

FIGURA 8-1 El conjunto de combinación puede utilizarse para trazos y para verificar trabajos. (Cortesía de The L.S. Starrett Co.)

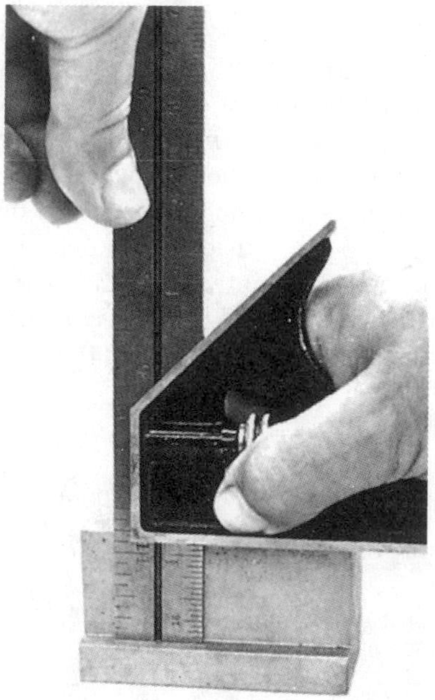

FIGURA 8-2 La escuadra universal (ajustable) utilizada como calibrador de profundidad. (Cortesía de Kelmar Associates.)

FIGURA 8-3 Cómo utilizar papel entre la hoja de la escuadra y la pieza de trabajo para verificar ángulos rectos a escuadra. (Cortesía de Kelmar Associates.)

ja hacer contacto lineal con la pieza, permitiendo por lo tanto una verificación más precisa. En las Figuras 8-3 y 8-4 se ilustran dos métodos para utilizar una escuadra de borde biselado con fines de verificación. En la Figura 8-3, si la pieza está a escuadra (a 90°), ambas piezas de papel estarán tensas entre escuadra y pieza. En la Figura 8-4 de la página 66, la luz no es visible sólo si la hoja hace contacto lineal con la superficie de la pieza. La luz es visible a través de los lugares donde la hoja de la escuadra no hace contacto con la superficie que se está verificando.

ESCUADRA PARA MÁRMOL DE HERRAMENTISTA

La *escuadra para mármol de herramentista* (Figura 8-5, página 66) es un método conveniente para verificar ángulos rectos de piezas sobre un mármol. Dado que se trata de un instrumento hecho de una sola pieza, hay muy poca posibilidad

FIGURA 8-4 La luz es visible de un lado a otro por donde la hoja de la escuadra no hace un contacto lineal directo con la superficie. (Cortesía de Kelmar Associates.)

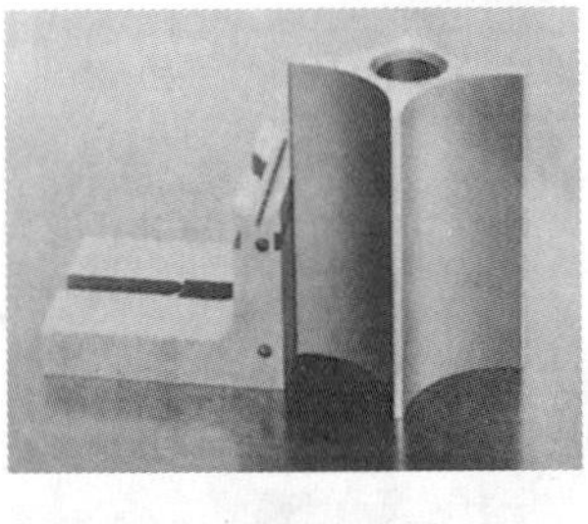

FIGURA 8-5 Escuadra para mármol de herramentista.

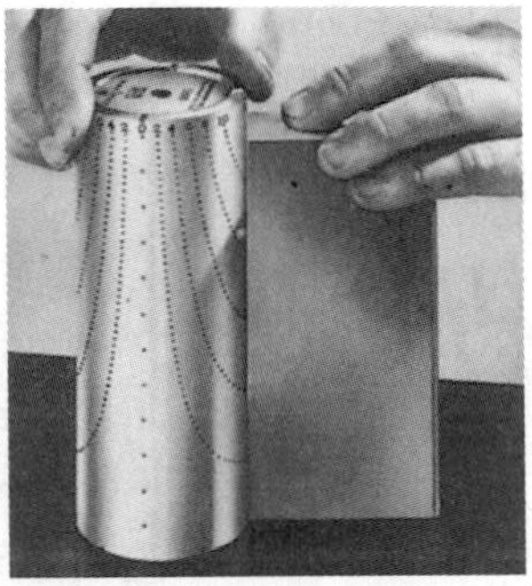

FIGURA 8-6 Escuadra cilíndrica de lectura directa utilizada para verificar la cuadratura de una pieza.

de cometer alguna imprecisión, como es el caso con la escuadra de hoja y cuerpo.

ESCUADRAS CILÍNDRICAS

Las *escuadras cilíndricas* se utilizan comúnmente como patrón para verificar otras escuadras. La escuadra consiste de un cilindro de aleación de acero de pared gruesa, que ha sido endurecido, rectificado y pulido. El diámetro exterior es un cilindro casi perfecto, y los extremos están rectificados y pulidos en ángulo recto con el eje. Los extremos están remetidos y ranurados a fin de disminuir la imprecisión que provocaría el polvo y para reducir la fricción. Cuando se utiliza una escuadra cilíndrica, debe colocarse cuidadosamente sobre un mármol limpio y girarse ligeramente para obligar a las partículas de polvo y la suciedad a introducirse en las ranuras del extremo; entonces la escuadra hará un contacto apropiado con el mármol. Las escuadras cilíndricas dan un contacto de línea perfecto con la pieza que se está verificando.

Otra clase de escuadra cilíndrica es la *escuadra cilíndrica de lectura directa* (Figura 8-6), que indica directamente la parte de la pieza que está fuera de cuadratura. Un extremo del cilindro está pulido en ángulo recto con el eje, en tanto que el otro extremo está rectificado y pulido ligeramente fuera de cuadratura. La circunferencia está grabada con varias series de puntos, formando líneas curvas elípticas. Cada curva está numerada en la parte superior para indicar la dimensión, en diezmilésimos de pulgada (.0001), en que la pieza de trabajo está fuera de cuadratura. La cuadratura absoluta, o *desviación cero*, está indicada mediante una línea punteada vertical sobre la escuadra.

Cuando se utiliza, la escuadra es colocada cuidadosamente en contacto con la pieza y girada hasta que la luz no sea visible entre escuadra y pieza que se está examinando. La línea curva más alta en contacto con el trabajo es anotada y seguida a la parte superior, donde el número muestra la magnitud fuera de cuadratura del trabajo. Esta escuadra puede utilizarse también como escuadra cilíndrica convencional, si se utiliza el extremo opuesto, que está rectificado y pulido en ángulo recto con el eje.

ESCUADRAS AJUSTABLES

La *escuadra ajustable,* aunque no tiene la precisión de una buena escuadra sólida, es utilizada por el herramentista en donde sería imposible utilizar una escuadra fija.

Se utiliza una *escuadra de matricero* (Figura 8-7) para verificar el ángulo de salida de los troqueles. La hoja se ajusta al ángulo de la pieza de trabajo por medio de un tornillo ajustador de la hoja. Este ajuste angular debe a continuación verificarse por medio de un transportador. Otra forma de la escuadra de matricero es la de tipo de *lectura directa*, que indica el ángulo en que se coloca la hoja (Figura 8-8).

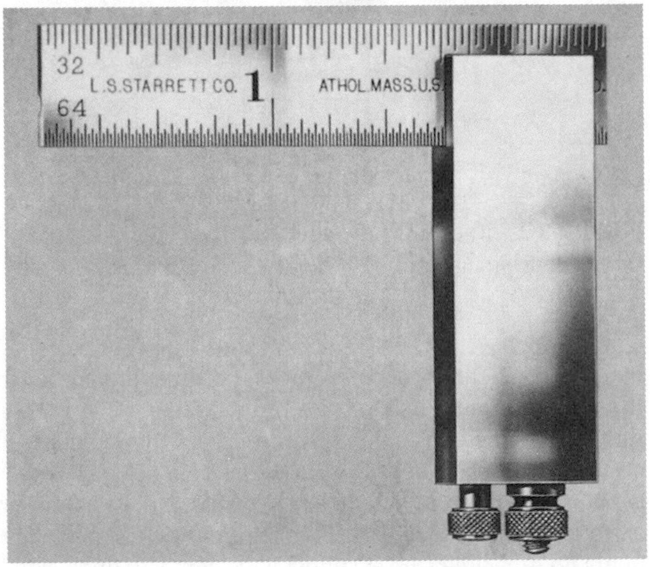

FIGURA 8-7 La escuadra de matricero es útil para verificar los ángulos de salida de troqueles o matrices . (Cortesía The L.S. Starrett Company.)

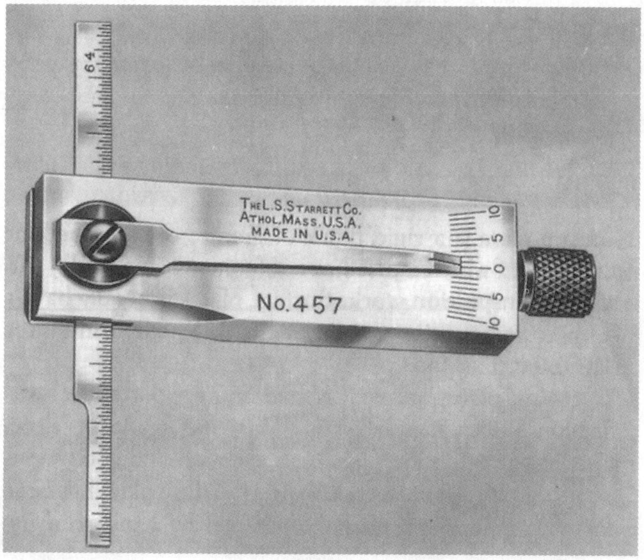

FIGURA 8-8 La escuadra de matricero de lectura directa indica el ángulo en que está colocada la hoja. (Cortesía The L.S. Starrett Company.)

ESCUADRA AJUSTABLE MICROMÉTRICA

La *escuadra ajustable micrométrica* (Figura 8-9) puede utilizarse para verificar la cuadratura de una pieza con precisión. Cuando se está examinando una pieza y la luz es visible entre hoja y pieza, haga girar el barrilete del micrómetro hasta que a todo lo largo de la hoja, que es inclinable, entre en contacto con la pieza. El valor fuera de cuadratura de la pieza puede leerse en el barrilete del micrómetro. Cuando el citado dispositivo está en cero, la hoja está en ángulo perfectamente recto con el cuerpo.

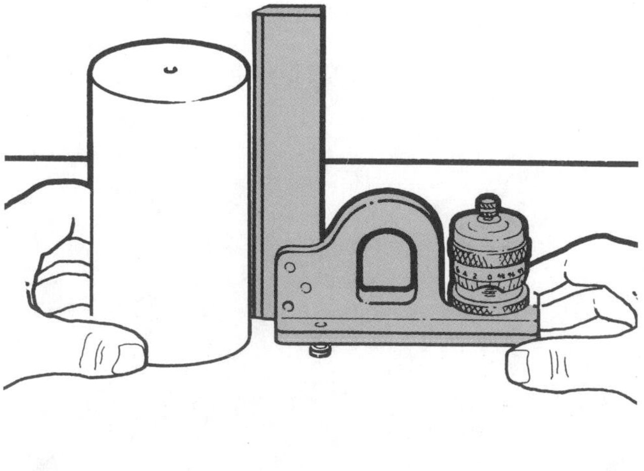

FIGURA 8-9 La magnitud fuera de cuadratura de la pieza puede leerse en una escuadra de micrómetro ajustable. (Cortesía de Ash Precision Equipment Inc.)

ESCANTILLONES

Se utiliza un *escantillón* para verificar la planicie de las superficies y para que sirva como guía para trazar líneas largas y rectas en trabajos de trazo. Los escantillones por lo general son barras rectangulares de acero endurecido y rectificadas con precisión, con ambos bordes planos y paralelos. Vienen tanto con bordes simples como biselados. Los escantillones largos generalmente se fabrican de hierro fundido con una construcción de costillas.

MÁRMOLES (PLACAS DE REFERENCIA)

Un *mármol* es un bloque rígido de granito o de hierro fundido, cuya superficie plana se utiliza como plano de referencia para trabajos de trazo, preparación e inspección. Los mármoles por lo general están montados en una suspensión de tres puntos, para evitar balanceos al colocárseles sobre superficies irregulares.

Las placas de hierro fundido están bien provistas de costillas y están soportadas para impedir deflexiones bajo cargas pesadas. Son fabricadas de hierro fundido de grano fino, que tiene buenas cualidades de resistencia al esfuerzo y al desgaste. Después que un mármol de hierro fundido haya sido maquinado, la superficie debe escariarse a mano hasta obtener un plano perfecto. Esta operación es larga y tediosa; por lo tanto, el costo de estas placas es elevado.

Los *mármoles de granito* (Figura 8-10) tienen muchas ventajas sobre las placas de hierro fundido y las están reemplazando en muchos talleres. Pueden estar fabricadas de granito gris, rosa o negro, y se pueden obtener con varios grados de precisión. Los terminados extremadamente planos se obtienen por medio del pulido. Las ventajas de las placas de granito son:

1. No son afectadas apreciablemente por cambios de temperatura.
2. El granito no se raya, como el hierro fundido; por lo tanto, la precisión no se altera.
3. Son antimagnéticas.
4. Son a prueba de herrumbre (oxidación).
5. Los abrasivos no se incrustarán tan fácilmente en la superficie; por lo tanto, pueden utilizarse cerca de esmeriladoras.

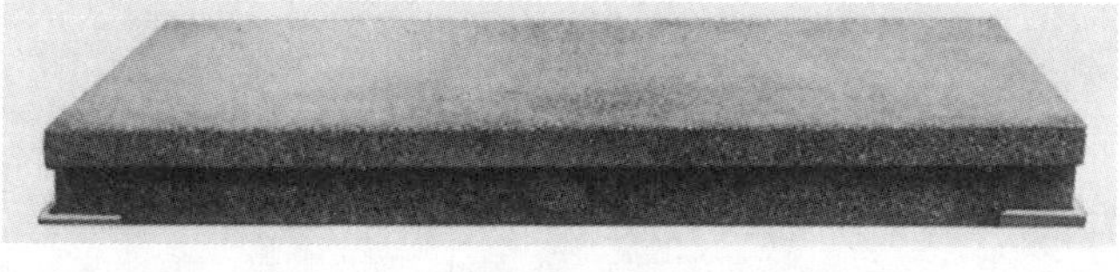

FIGURA 8-10 Los mármoles de granito no son afectados por cambios en humedad y temperatura. (Cortesía de Kelmar Associates.)

Cuidado de los mármoles

1. Mantenga los mármoles limpios en todo momento, y páseles un trapo seco antes de usarlos.
2. Límpielos ocasionalmente con solvente o con limpiador de mármoles para eliminar todo tipo de películas.
3. Protéjalos con una cubierta de madera cuando no estén en uso.
4. Utilice bloques paralelos siempre que sea posible para evitar daño a los mármoles provocados por piezas bastas o de fundición.
5. Elimine las rebabas de la pieza de trabajo antes de colocarla sobre la placa.
6. Deslice las piezas pesadas sobre el mármol en vez de colocarlas directamente sobre éste; una parte puede caer y dañar el mármol.
7. En los mármoles de hierro fundido elimine todos las rebabas utilizando una piedra de pulir.
8. Cuando no estén en uso regular, cubra los mármoles de hierro fundido con una delgada película de aceite con el objeto de evitar oxidación.
9. Sobre un mármol no se deben efectuar líneas de trazo de centros o perforaciones con punzón, ya que estas placas no soportarán el impacto.

PREGUNTAS DE REPASO

Escuadras de precisión

1. Mencione dos clases de escuadras sólidas y exprese la ventaja de cada una.
2. ¿Por qué se utilizan escuadras de borde biselado en trabajos de inspección?
3. ¿Qué procedimiento debe seguirse al utilizar una escuadra cilíndrica?
4. Enuncie el propósito de una escuadra de matricero.
5. ¿Cómo puede determinarse el ángulo de la pieza de trabajo utilizando cada tipo de escuadra de matricero?

Mármoles

6. ¿Cuál es el propósito de un mármol?
7. Mencione tres clases de granito utilizados en la fabricación de mármoles.
8. Mencione cinco ventajas de los mármoles de granito sobre los de hierro fundido.
9. Enuncie ocho formas de cuidar mármoles.

UNIDAD

9

Micrómetros

OBJETIVOS

Al terminar el estudio de esta unidad, se podrá:

1. Identificar los tipos más comunes de micrómetros para exteriores y sus usos
2. Medir el tamaño de una variedad de objetos con .001 pulg de precisión
3. Leer micrómetros con vernier con una precisión de .0001 pulg
4. Medir el tamaño de una variedad de objetos con una precisión de 0.01 mm

Aunque los indicadores fijos son convenientes para verificar los límites superior e inferior de dimensiones externas e internas, no miden el tamaño real de la pieza. El mecánico debe recurrir a alguna clase de instrumento de medición de precisión para obtener este tamaño deseado. Los instrumentos de medida de precisión –Unidades 9-18– pueden dividirse en cinco clases: instrumentos utilizados para medición externa, medición interna, medición de profundidades, medición de roscas y medición de alturas.

El *calibrador micrométrico*, usualmente conocido como ***micrómetro***, es el instrumento de medición utilizado más comúnmente cuando se requiere de notable precisión. El *micrómetro estándar en pulgadas*, cuya vista seccionada se muestra en la Figura 9-1, mide con precisión de 0.001 de pulgada. Dado que muchas fases de la manufactura moderna requieren de una precisión mayor, cada vez más se utiliza el *micrómetro con vernier*, capaz de mediciones aún más finas.

El micrómetro estándar métrico (Figura 9-5) mide en centésimos de milímetro, en tanto que el micrómetro con vernier métrico mide hasta 0.002 mm.

La única diferencia en construcción y lectura entre el micrómetro estándar en pulgadas y el de vernier, es la adición de una escala vernier en el manguito por encima de la línea índice o central.

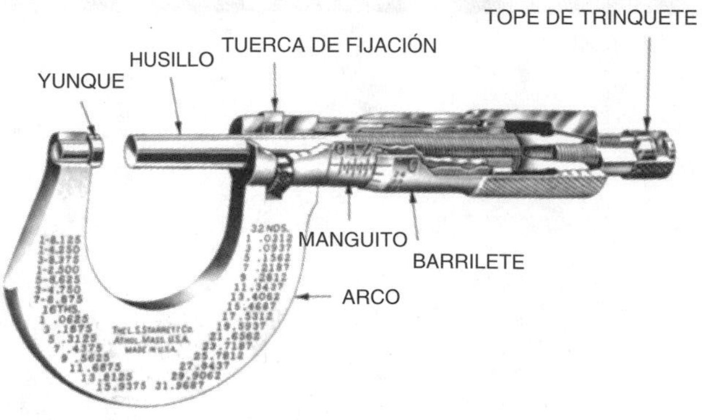

FIGURA 9-1 Vista seccionada de un micrómetro estándar, con tope de trinquete. (Cortesía de L.S. Starrett Co.)

PRINCIPIOS DEL MICRÓMETRO COMÚN EN PULGADAS

Para comprender el principio del micrómetro en pulgadas, el estudiante debe estar familiarizado con dos importantes términos de las cuerdas:

- El *paso*, que es la distancia desde un punto de un filete hasta el punto correspondiente en el siguiente. Para roscas en pulgadas, el paso se expresa como $1/N$ = número de hilos por pulgada. En roscas métricas se expresa en milímetros.
- El *avance*, que es la distancia que avanza axialmente un tornillo al ser girado una revolución o vuelta completa.

Dado que el micrómetro tiene 40 hilos por pulgada, el paso es de $\frac{1}{40}$ (.025) pulg. Por lo tanto, una revolución completa del husillo aumentará o reducirá la distancia entre las caras medidoras en $\frac{1}{40}$ (.025) pulg. La distancia de 1 pulg marcada en el manguito del micrómetro está dividida en 40 divisiones iguales, cada una de las cuales mide $\frac{1}{40}$ (.025) pulg.

Si se cierra el micrómetro hasta que las caras de medición justo se toquen, la marca del cero del barrilete debe alinearse con la línea índice del manguito. Si se gira el barrilete contra las manecillas del reloj una vuelta completa, aparecerá una línea en el manguito. Cada línea del mismo indica 0.025 pulg. Por lo tanto, si aparecen tres líneas en el manguito, el micrómetro se ha abierto en $3 \times 0.025 = 0.075$ pulg.

Cada *cuarta* línea en el manguito es mayor que las demás y está numerada para permitir una fácil lectura. Cada línea numerada indica una distancia de 0.100 pulg. Por ejemplo, si aparece el número 4 en el manguito, indica una distancia de 4×0.1000, o sea 0.400 pulg entre las dos caras de medición.

El barrilete tiene 25 divisiones iguales sobre su circunferencia. Dado que una vuelta lo desplaza 0.025 pulg, una división representaría $\frac{1}{25}$ de 0.025, o sea 0.001. Por lo tanto, cada línea del barrilete representa 0.001 de pulgada.

Cómo leer un micrómetro estándar en pulgadas

1. Observe el último número que aparece en el manguito. Multiplique este número por .100.
2. Observe el número de líneas pequeñas visibles a la derecha del último número que aparece. Multiplique ese número por .025.
3. Observe la cantidad de divisiones en el barrilete desde cero hasta la línea que coincida con la línea de índice en el manguito. Multiplique esa cantidad por .001.
4. Sume los tres resultados para obtener la lectura final.

En la Figura 9-2:

- Aparece el número 2 en el manguito — $2 \times .100 = .200$
- Son visibles tres líneas después del número — $3 \times .025 = .075$
- La línea #13 en el barrilete coincide con la línea índice — $13 \times .001 = \underline{.013}$

Lectura total — .288 pulg

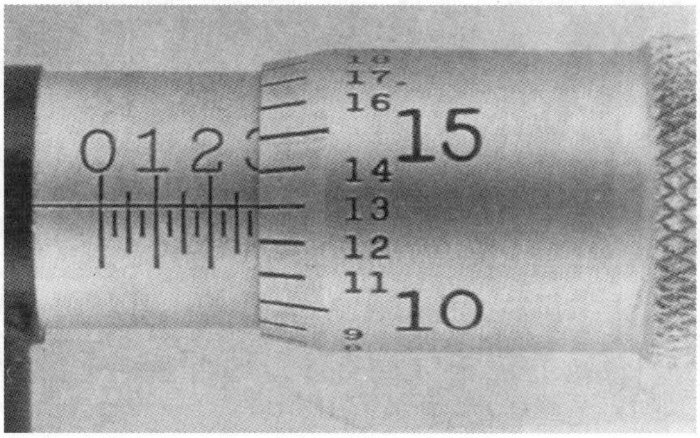

FIGURA 9-2 Micrómetro en pulgadas, con una lectura de .288 pulg (Cortesía de Kelmar Associates.)

MICRÓMETRO CON VERNIER

El especial *micrómetro con vernier* (Figura 9-3) tiene, además de las graduaciones presentes en un micrómetro estándar, una *escala vernier* en el manguito. La escala vernier consiste en 10 divisiones *paralelas* y *por encima* de la línea índice. Estas 10 divisiones del manguito ocupan el mismo espacio que 9 divisiones (.009) en el barrilete. Una división en la escala vernier, por lo tanto, representa $1/10 \times .009$, es decir, .0009 pulg. Dado que una graduación del barrilete representa 0.001, o sea 0.0010 pulg, la diferencia entre una división del barrielete y una división del vernier representa 0.0010 −0.0009, o sea 0.0001. Por lo tanto, cada división de la escala vernier tiene un valor de 0.0001 pulg.

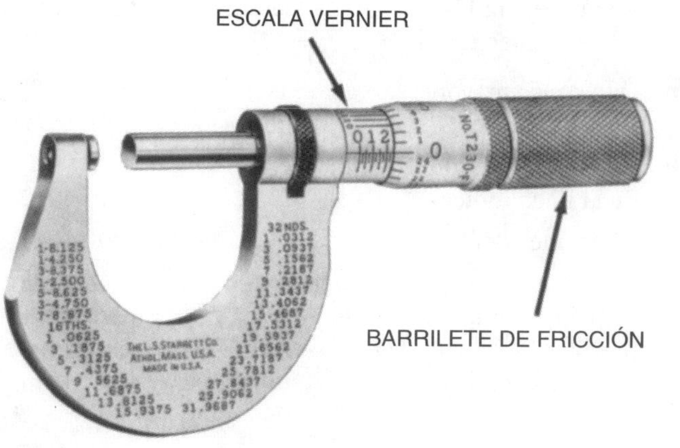

FIGURA 9-3 Micrómetro con vernier en pulgadas, con barrilete de fricción. (Cortesía de The L.S. Starrett Company.)

Cómo leer un micrómetro con vernier

1. Lea el micrómetro con vernier como leería un micrómetro estándar.
2. Localice la línea en la escala vernier que coincide con una línea del barrilete. Esta línea indicará la cantidad de diezmilésimos que deben sumarse a la lectura anterior del paso 1.

Refiérase a la Figura 9-4. La lectura del micrómetro con vernier se lleva a cabo como sigue:

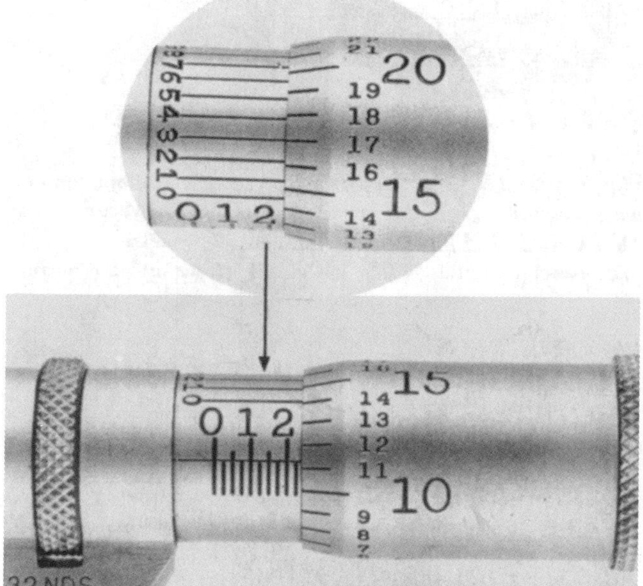

FIGURA 9-4 Micrómetro con vernier en pulgadas, con una lectura de .2363 pulg. (Cortesía de Kelmar Associates.)

■ Aparece el número 2 en el manguito	2 × .100 = .200
■ Hay una línea visible después del número	1 × .025 = .025
■ La línea #11 del barrilete está un poco antes de la línea índice	11 × .001 = .011
■ En la Figura 9-4, la línea #3 del vernier coincide con una línea en el barrilete	3 × .0001 = .0003
Lectura total	.2363 pulg

MICRÓMETRO MÉTRICO

El *micrómetro métrico* (Figura 9-5) es similar al micrómetro en pulgadas con dos excepciones: el paso de la rosca del husillo y las graduaciones en manguito y barrilete. El paso de tornillo es de 0.5 mm; por lo tanto, una vuelta completa del barrilete aumenta o reduce la distancia entre las caras medidoras en 0.5 mm. Por encima de la línea índice del manguito, la graduación está en milímetros (de 0 a 25) con cada quinta línea numerada. Por abajo de la línea índice, cada milímetro está subdividido en dos partes iguales de 0.5 mm, lo que corresponde al paso de la rosca. Es obvio, por tanto, que

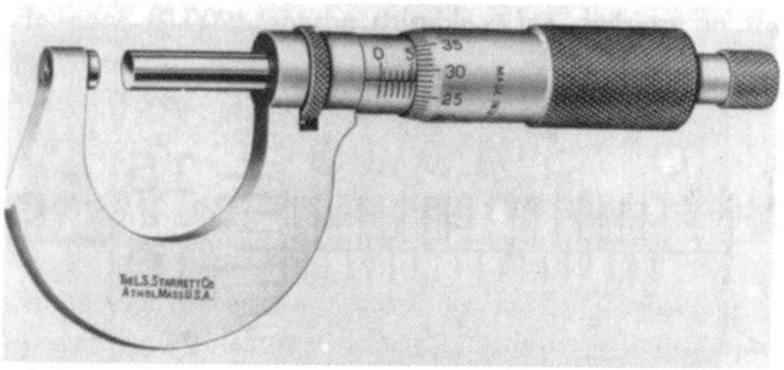

FIGURA 9-5 Un micrómetro métrico mide en centésimos de milímetro. (Cortesía de The L. S. Starrett Company.)

son necesarias dos vueltas del barrilete para desplazar el husillo 1 mm.

La circunferencia del barrilete está dividida en 50 divisiones iguales, con cada quinta línea numerada. Como una vuelta del barrilete adelanta el husillo 0.5 mm, cada graduación del mismo es igual a $\frac{1}{50} \times 0.5$ mm = 0.01 mm.

Cómo leer un micrómetro métrico

1. Observe el número de la última división principal *por encima de la línea* a la izquierda del barrilete. Multiplique ese número por 1 mm.

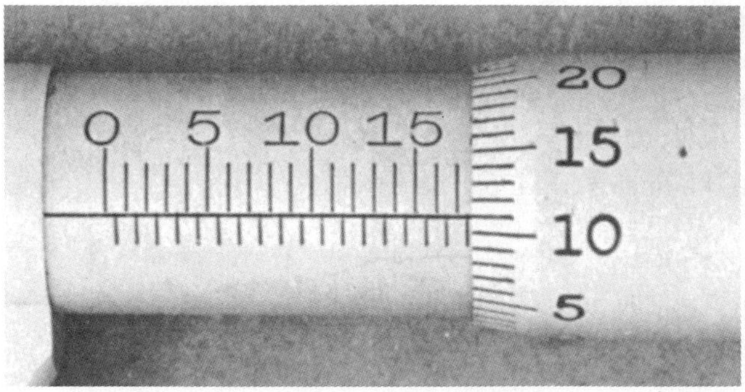

FIGURA 9-6 Micrómetro métrico, con una lectura de 17.61 mm. (Cortesía de Kelmar Associates.)

2. Si aparece una línea de medio milímetro *por abajo de la línea índice*, entre el milímetro entero y el barrilete, agregue 0.5 mm.
3. Multiplique por 0.01 el número de la línea sobre el barrilete que coincide con la línea índice.
4. Sume todos los resultados.

En la Figura 9-6, tenemos:

■ 17 marcas sobre la línea índice	17 × 1	= 17
■ Una marca abajo de la línea índice	1 × .5	= .5
■ 11 líneas en el barrilete	11 × .01	= .11
Lectura total		17.61 mm

MICRÓMETRO MÉTRICO CON VERNIER

El *micrómetro métrico con vernier*, además de las graduaciones existentes en el micrómetro estándar, tiene cinco divisiones de vernier en el manguito, cada una de las cuales representa 0.002 mm. En la lectura de micrómetro con vernier que aparece en la Figura 9-7, cada división mayor (abajo de la línea índice) tiene un valor de 1 mm. Cada división menor (sobre la línea índice) tiene un valor de 0.5 mm. Hay 50 divisiones circunferenciales en el barrilete, cada una con un valor de 0.01 mm.

Cómo leer un micrómetro métrico con vernier

1. Lea el micrómetro como leería un micrómetro métrico estándar.
2. Observe la línea de la escala vernier que coincide con una línea del barrilete. Esta línea indicará la cantidad de dosmilésimos de milímetro que deben sumarse a la lectura del paso 1.

Refiérase a la Figura 9-7. La lectura del micrómetro métrico con vernier sería:

■ Divisiones mayores (abajo de la línea índice)	10 × 1	= 10
■ Divisiones menores (arriba de la línea índice)	0 × 0.5	= 0
■ Divisiones del barrilete	16 × 0.01	= 0.16
■ La segunda división del vernier coincide con una línea del barrilete	4 × 0.002	= 0.008
Lectura total		10.168 mm

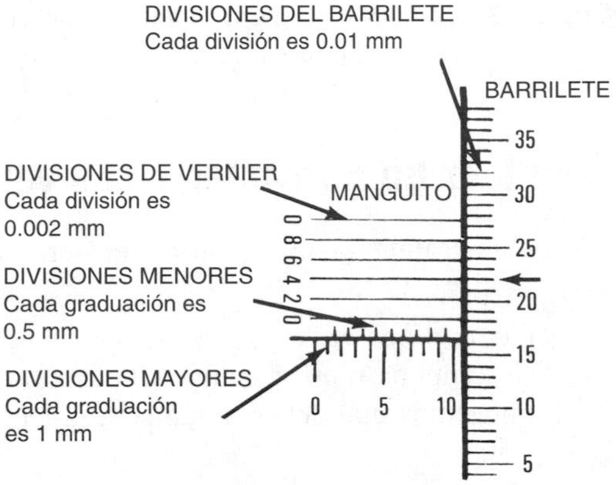

FIGURA 9-7 Micrómetro métrico con vernier con una lectura de 10.168 mm

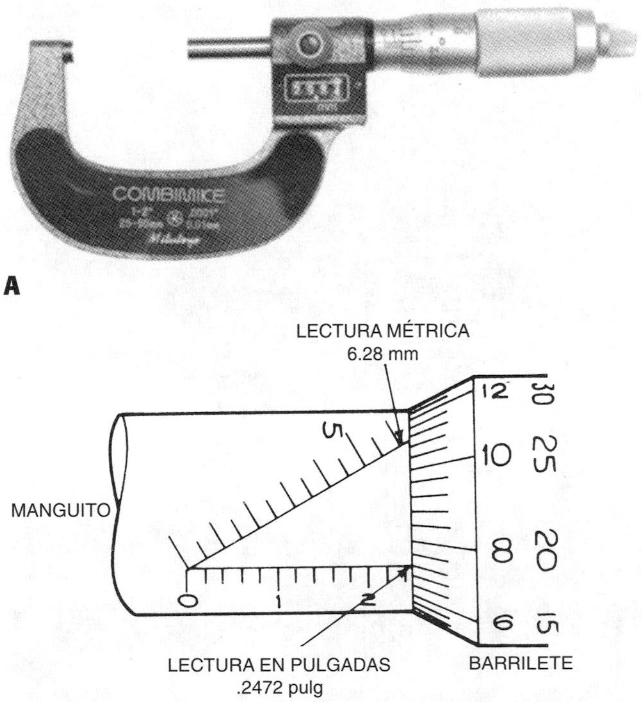

FIGURA 9-8 (A) Combinación de micrómetro en pulgadas-métrico con lectura digital para un sistema (Cortesía de MTI Corp); (B) combinación de micrómetro en pulgadas-métrico con escalas duales en el manguito y en el barrilete.

MICRÓMETRO DE COMBINACIÓN PULGADAS-MÉTRICO

Con el cambio gradual a mediciones métricas, se necesitará un sistema de dimensiones dual por algún tiempo. El micrómetro de combinación pulgadas-métrico (Figura 9-8A) da lecturas tanto en pulgadas como métricas. Tiene lectura digital para un sistema y lectura de manguito y barrilete estándar para el otro.

Otra clase de micrómetro de pulgadas-métrico (Figura 9-8B) tiene escalas duales en manguito y barrilete. La escala horizontal en el manguito (por lo general negra) y la escala de la izquierda en el barrilete representan las lecturas en pulgadas. La escala angular del manguito (por lo general roja) y la escala de la derecha en el barrilete representan las lecturas métricas.

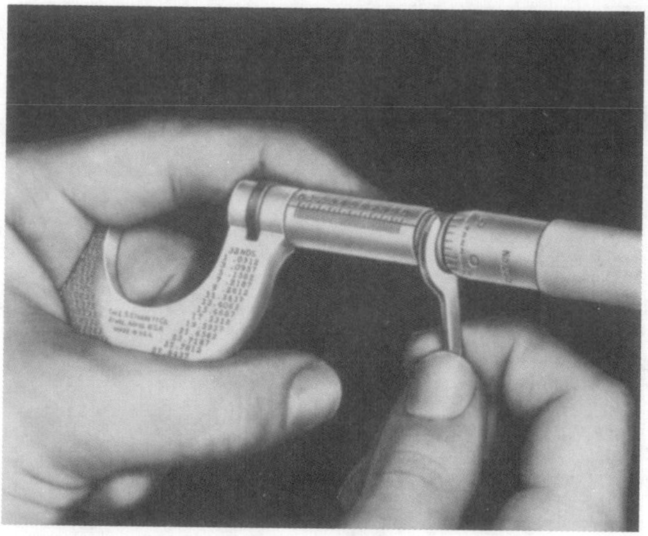

FIGURA 9-9 Cómo eliminar el juego en los hilos de la rosca del tornillo del husillo de un micrómetro. (Cortesía de L.S. Starrett Company.)

AJUSTES DE MICRÓMETROS

Es necesario un uso y cuidado apropiado a un micrómetro para preservar su precisión y mantener los ajustes al mínimo. Los ajustes menores a los micrómetros se pueden realizar con facilidad; sin embargo, es de extrema importancia que todas las piezas del micrómetro se mantengan libres de polvo y de materias extrañas durante cualquier ajuste.

Cómo eliminar el juego en la rosca del micrómetro

Para eliminar el juego (holgura) en la rosca del husillo debida a desgaste:

1. Retroceda el barrilete, como se muestra en la Figura 9-9.
2. Inserte la llave C en la ranura o agujero de la tuerca de ajuste.
3. Gire la tuerca anterior en dirección de las manecillas del reloj hasta que desaparezca el juego entre hilos.

Note: Después de ajustar el micrómetro, el husillo debe poder avanzar libremente mientras gira el tope de trinquete o barrilete de fricción.

CÓMO COMPROBAR LA PRECISIÓN DE LOS MICRÓMETROS

Periódicamente debe comprobarse la precisión de los micrómetros para asegurar que el trabajo producido es del tamaño requerido. Asegúrese siempre que ambas caras de medición están limpias antes de verificar la precisión de un micrómetro.

Para probar un micrómetro de 1 pulg o de 25 mm, limpie primero las caras de medición. Después gire el barrilete utilizando la pieza de fricción o el tope de trinquete hasta que las caras de medición estén en contacto entre sí. Si la línea cero en el barrilete coincide con la línea de centro (índice) sobre el manguito, el micrómetro es preciso. También se puede verificar la precisión del micrómetro midiendo un bloque patrón u otro estándar conocido.

La lectura del micrómetro debe ser igual a la del bloque patrón o estándar. Cualquier micrómetro que no esté preciso deberá ser ajustado por una persona calificada.

Cómo ajustar la precisión de un micrómetro

Si la precisión de un micrómetro requiere ajuste, siga este procedimiento:

1. Limpie las caras de medición y revise que no tengan daño.
2. Cierre las caras de medición con cuidado, girando el tope de trinquete o el barrilete de fricción.
3. Inserte la llave C en el agujero o ranura en el manguito (Figura 9-10, página 74).
4. Gire cuidadosamente el *manguito*, hasta que la línea índice marcada en él coincida con la línea cero en el barrilete.
5. Vuelva a verificar la precisión del micrómetro abriéndolo y después cerrando las caras de medición dando vuelta al tope de trinquete o al barrilete de fricción.

MICRÓMETROS PARA PROPÓSITOS ESPECIALES

Aunque el diseño de la mayoría de los micrómetros es estándar, se pueden agregar varios refinamientos al diseño básico, si se desea. Elementos como anillo fijador, el trinquete,

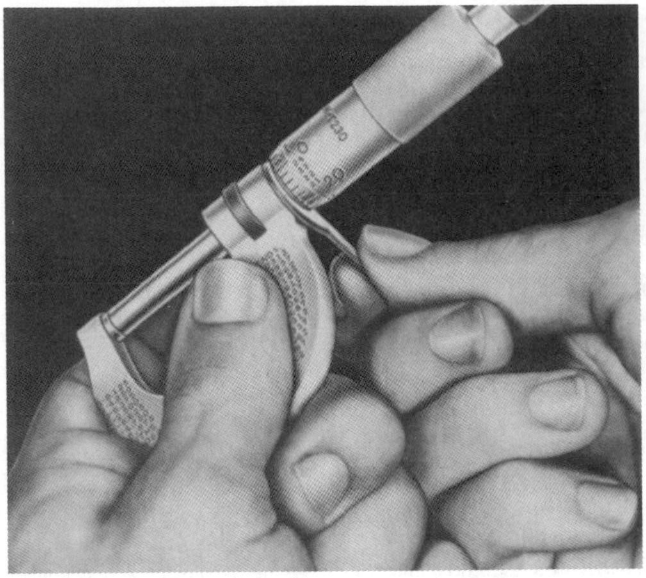

FIGURA 9-10 Restauración de la precisión de un micrómetro. (Cortesía de L. S. Starrett Company.)

el manguito de fricción, las caras de medición de carburo y las extensiones de yunque, aumentan la precisión y capacidad de estos instrumentos. Algunas de las clases de micrómetros de uso más común en la industria del taller de maquinado aparecen en las Figuras 9-11 a 9-17.

El *micrómetro de lectura directa* (Figura 9-11) trae graduaciones en barrilete y manguito, como en los micrómetros estándar, además de una lectura digital incorporada en el marco. En la ventanilla se muestra la lectura exacta del micrómetro en cualquier punto dentro de su alcance. Algunos micrómetros combinan la lectura estándar en barrilete y manguito en pulgadas, con una lectura en milímetros.

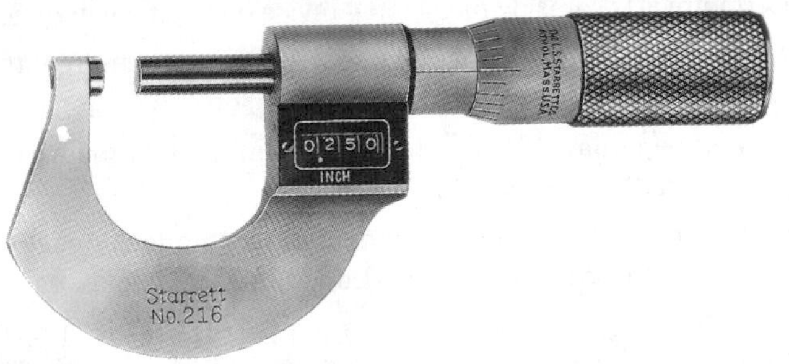

FIGURA 9-11 Un micrómetro de lectura directa tiene graduaciones como las de un micrómetro estándar, y una lectura digital en una ventanilla incorporada al arco. (Cortesía The L.S. Starrett Company).

El *micrómetro de arco grande* (Figura 9-12) está hecho para medir con más facilidad y rapidez diámetros externos grandes (hasta de 60 pulg). El arco está hecho de acero especial para darle una rigidez extrema y el menor peso posible. Los yunques intercambiables le dan a cada micrómetro una capacidad de 6 pulg.

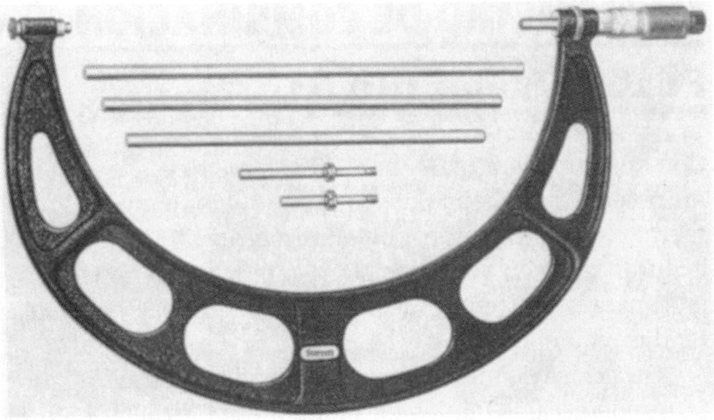

FIGURA 9-12 Un micrómetro de arco grande tiene yunques intercambiables, que aumentan la capacidad del micrómetro. (Cortesía de L.S. Starrett Company.)

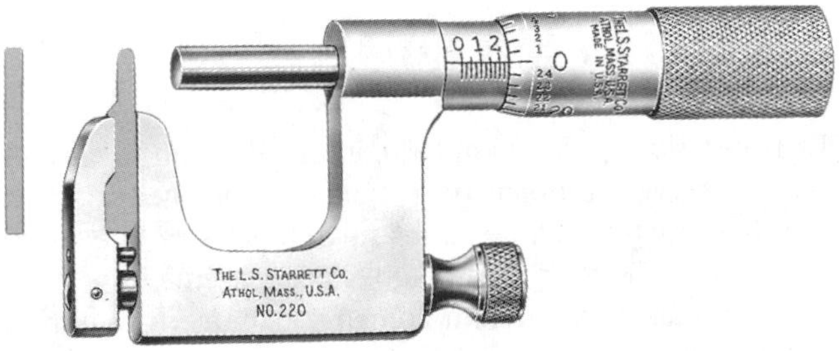

FIGURA 9-13 El micrómetro Multi-yunques T es utilizado para medir tubería y distancias desde una ranura hasta un borde. (Cortesía de The L.S. Starrett Company.)

El *micrómetro Multi-yunques T* (Figura 9-13) viene equipado con yunques redondos y planos, intercambiables. El yunque redondo (de varilla) es utilizado para medir el espesor de las paredes de los tubos y cilindros, y medir desde una perforación hasta un borde. El yunque plano se utiliza para medir la distancia desde el interior de ranuras y estrías, hasta un borde.

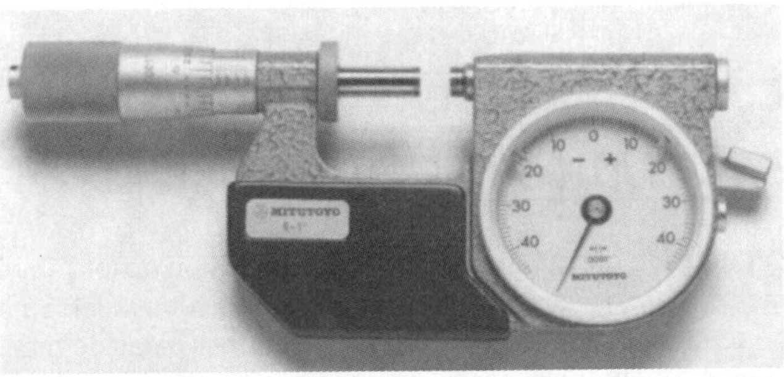

FIGURA 9-14 Un micrómetro indicador puede utilizarse como comparador para verificar componentes hasta por diezmilésimos de pulgada (0.002 mm). (Cortesía de MTI Corp.)

El *micrómetro indicador* (Figura 9-14) utiliza una carátula indicadora y un yunque móvil para permitir mediciones precisas hasta de diezmilésimos de pulgada (0.002 mm). Este micrómetro puede utilizarse como comparador, fijándolo en un tamaño particular mediante bloques patrón o un estándar, y bloqueando el husillo. Los brazos de tolerancia se fijan entonces en los límites requeridos, y cada componente puede compararse contra la configuración en el micrómetro.

El *micrómetro Digi-Matic* (Figura 9-15) se utiliza como escala manual para la inspección de piezas pequeñas. Su precisión es de hasta 50 millonésimos de pulgada (0.00127 mm) y muestra lecturas en pulgadas o métricas.

El *micrómetro Digi-Matic con control estadístico de proceso* (Figura 9-16) proporciona un sistema de inspección autónomo, que puede utilizarse en el piso de producción. Esta unidad puede interconectarse con una computadora personal o anfitriona, proporcionando así valiosas estadísticas sobre la calidad de la producción.

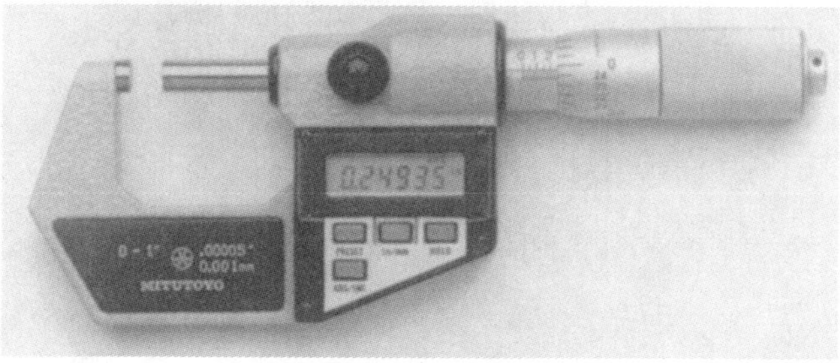

FIGURA 9-15 El micrómetro Digi-Matic tiene una visualización digital de lectura con una precisión de hasta 50 millonésimos de pulgada. (Cortesía de MTI Corp.)

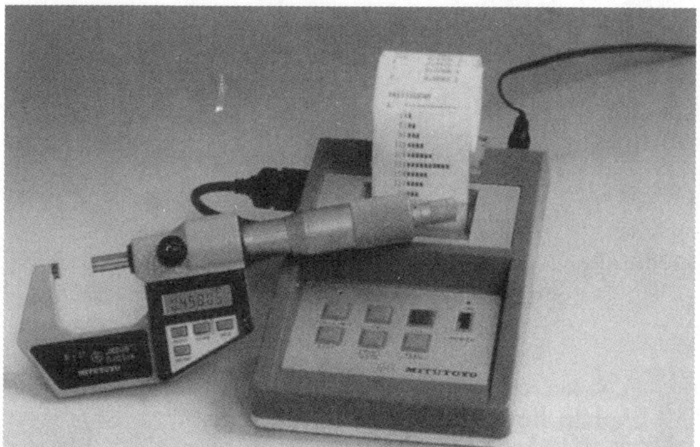

FIGURA 9-16 El micrómetro Digi-Matic con control estadístico de procesos es un procesador de datos en miniatura. (Cortesía de MTI Corp.)

MICRÓMETROS PARA ROSCAS

Las roscas Sharp-V, American National, Unified e International Organization for Standarization (ISO), pueden medirse con una precisión razonable con un micrómetro para roscas. Este micrómetro tiene husillo puntiagudo y yunque movible en doble V; que están formados para hacer contacto con el diámetro de paso de la rosca que se está midiendo (Figura 9-17). La lectura del micrómetro indica el diámetro de paso de la rosca, que es igual al diámetro exterior menos la profundidad de un hilo.

Cada micrómetro de rosca está diseñado para medir sólo cierto intervalo, el cual estará estampado en el arco del micrómetro. Los micrómetros de rosca de una pulgada se fabrican para cuatro intervalos según la siguiente variedad de hilos por pulgada (TPI por sus siglas en inglés):

8 a 13 TPI
14 a 20 TPI
22 a 30 TPI
32 a 40 TPI

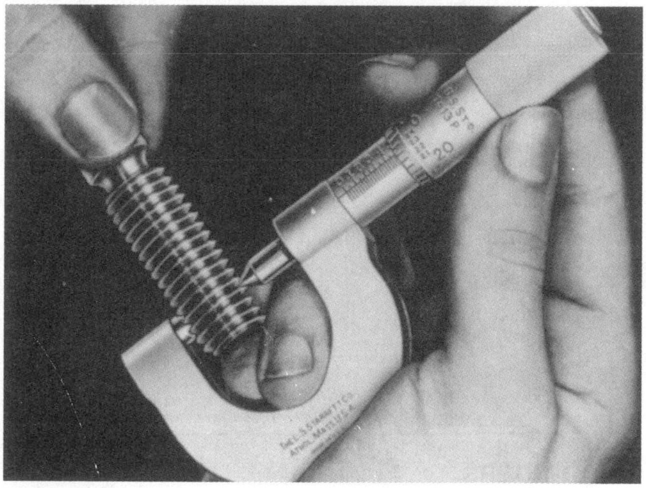

FIGURA 9-17 Un micrómetro de roscas mide el diámetro de paso de un hilo o filete. (Cortesía de The L.S. Starrett.)

Los micrómetros de rosca métricos pueden tener tamaños desde 0 a 25 mm, 25 a 50 mm, 50 a 75 mm, y 75 a 100 mm. Está disponible un conjunto de 12 insertos de yunque y husillo para pasos de rosca desde 0.4 hasta 6 mm.

Para verificar la precisión de un micrómetro de rosca, acerque las caras de medición hasta que estén en contacto ligero; la lectura del micrómetro en este ajuste debe ser cero.

Cuando se miden roscas, el micrómetro da una lectura ligeramente distorsionada, debido al ángulo helicoidal de la rosca. Para compensar esta imprecisión, ajuste el micrómetro de rosca con un calibrador de roscas (o galga de roscas), o con la rosca que debe reproducirse.

Cómo medir con un micrómetro para roscas

1. Seleccione el micrómetro que se ajuste al número de hilos por pulgada de la pieza de trabajo, o el paso en mm en el caso de una rosca ISO.
2. Limpie muy bien las superficies de medición.
3. Verifique la precisión del micrómetro juntando las caras de medición; la lectura deberá ser cero.
4. Limpie la rosca que va a medir.
5. Ajuste el micrómetro según el calibrador de rosca requerido y anote la lectura.
6. Adapte el yunque a la pieza de trabajo roscada.
7. Ajuste el husillo, hasta que su extremo toque apenas el lado opuesto de la rosca.
8. Gire cuidadosamente el micrómetro sobre la rosca, para obtener la "sensación" adecuada.
9. Anote las lecturas y compárelas con la lectura de micrómetro en el calibrador de rosca.

Las roscas también pueden verificarse con el *micrómetro comparador de roscas*, que tiene dos superficies cónicas de medición. Dado que no mide el diámetro de paso, es importante ajustar este instrumento con un calibrador de rosca antes de medir la pieza roscada. El micrómetro de tornillo se utiliza para una rápida comparación de las roscas, así como para verificar pequeñas ranuras y recesos donde no es posible utilizar micrómetros regulares.

Cuando los micrómetros o comparadores de rosca no están disponibles, las roscas pueden verificarse con precisión mediante el *método de tres alambres*, que se analizará en detalle en la Unidad 55.

PREGUNTAS DE REPASO

1. ¿Cuántos hilos por pulgada tiene un micrómetro estándar en pulgadas?
2. Cuál es el valor de:
   a. cada línea del manguito
   b. cada línea numerada del manguito
   c. cada línea del barrilete
3. Lea los siguientes valores en micrómetro estándar:

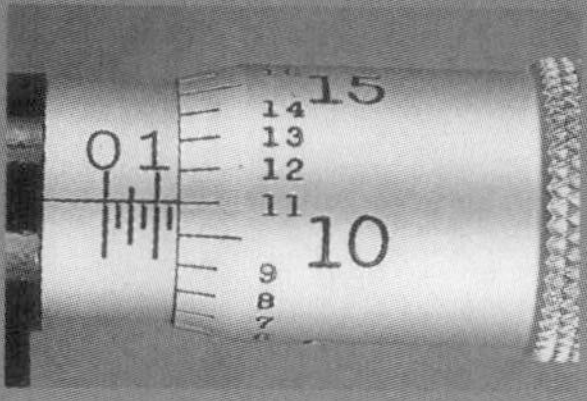
A

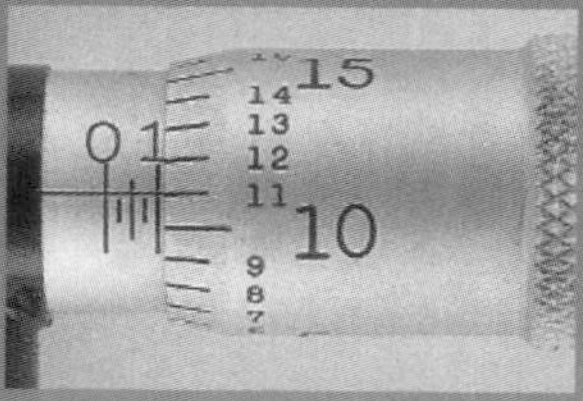
C

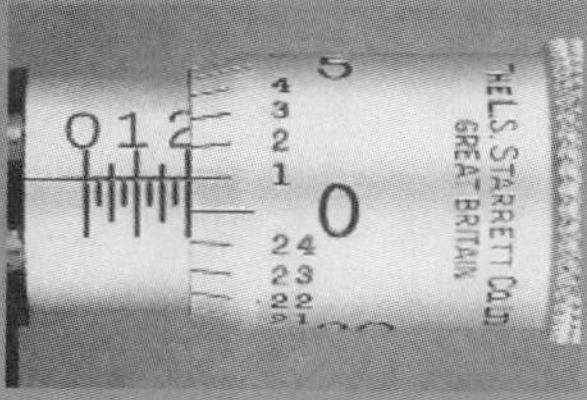
B

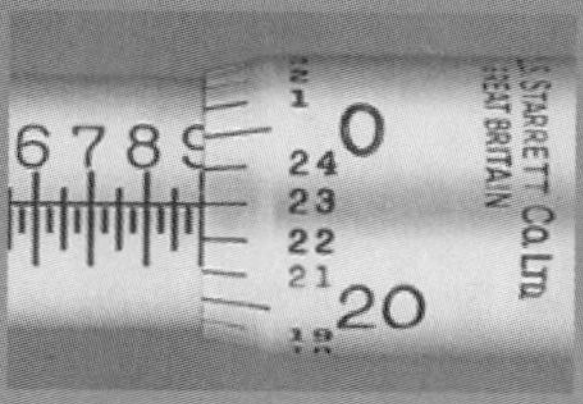
D

4. Describa brevemente el principio del micrómetro con vernier.
5. Describa el procedimiento para leer un micrómetro con vernier.
6. Lea las siguientes mediciones en el micrómetro con vernier.

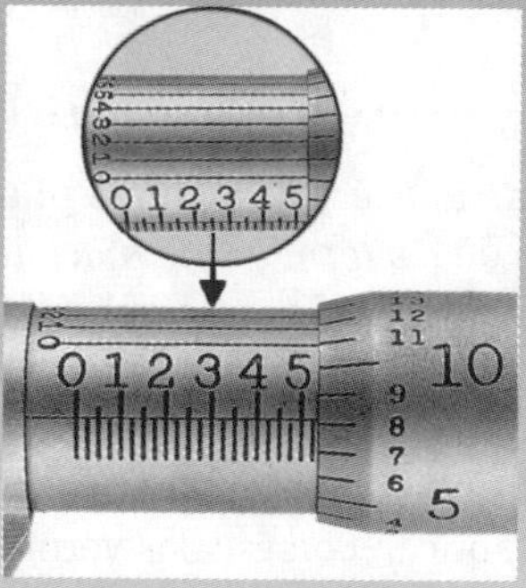
A

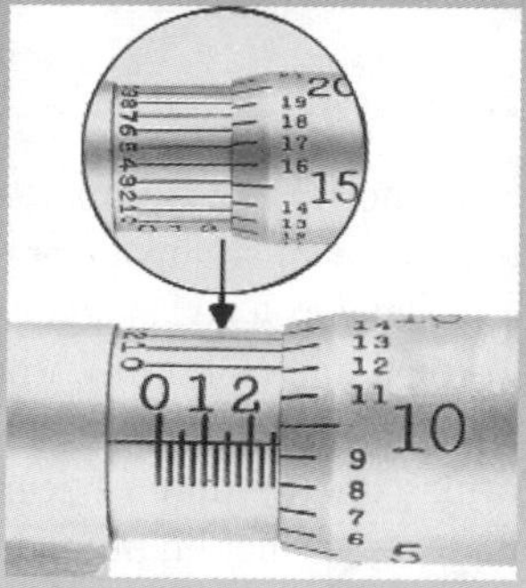
C

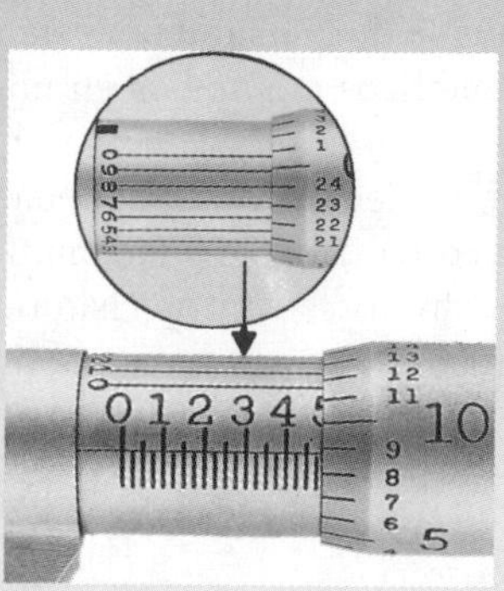
B

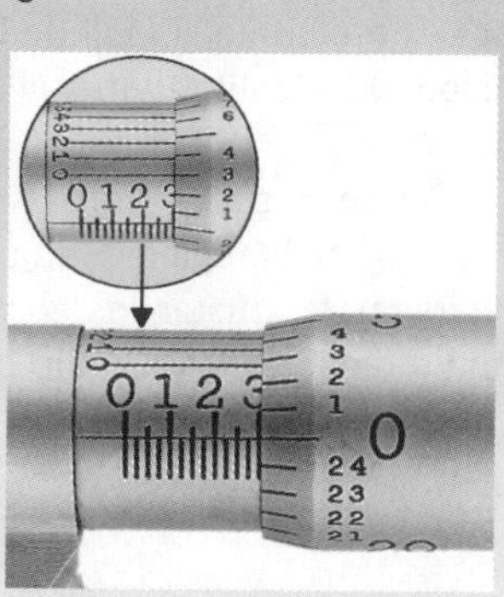
D

7. Explique cómo ajustar un micrómetro:
   a. Para eliminar el juego en la rosca del husillo
   b. Para la precisión

Micrómetros métricos

8. ¿Cuáles son las diferencias básicas entre un micrómetro métrico y uno de pulgadas?
9. Cuál es el valor de una división en:
   a. el manguito sobre la línea índice?
   b. el manguito bajo la línea índice?
   c. el barrilete
10. Lea los siguientes ajustes de micrómetro métrico.

A

C

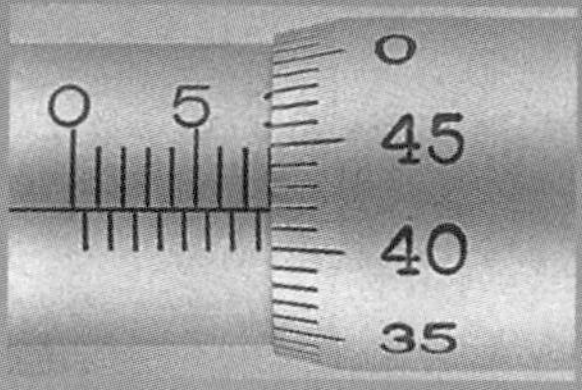
B

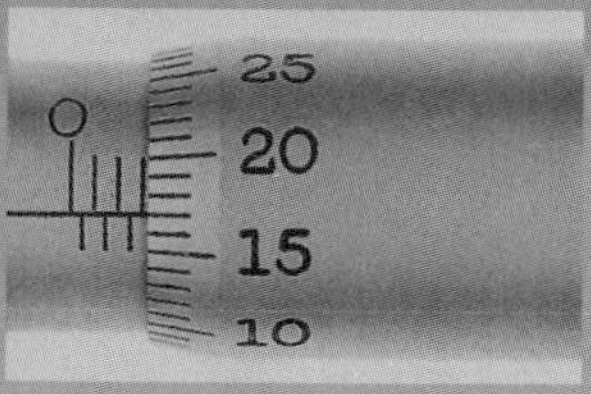
D

Micrómetro indicador

11. Mencione dos usos de un micrómetro indicador.

Micrómetros para roscas

12. Describa la construcción de los puntos de contacto de un micrómetro para roscas.
13. ¿Qué dimensión de la rosca se indica en una lectura de micrómetro para roscas?
14. Liste los cuatro intervalos que cubren los micrómetros para roscas.
15. ¿Cuántas roscas pueden medirse *con precisión* con un micrómetro para roscas?

UNIDAD

10

Calibradores vernier

OBJETIVOS

Al terminar el estudio de esta unidad, se podrá:

1 Medir piezas con una precisión de hasta .001 pulg empleando un calibrador vernier en pulgadas con 25 divisiones

2 Medir piezas con una precisión de .001 pulg mediante un calibrador vernier en pulgadas con 50 divisiones

3 Medir piezas con una precisión de hasta 0.02 mm utilizando un calibrador vernier métrico

Los calibradores vernier son instrumentos de medida de precisión, que se utilizan para tomar medidas precisas de hasta .001 pulg en verniers en pulgadas, o de 0.02 mm en verniers métricos. La regleta y el cursor con el tope móvil pueden estar graduados en ambos lados o en ambos bordes. Un lado se utiliza para tomar medidas exteriores, y el otro para las medidas interiores. Los calibradores vernier están disponibles con graduaciones en pulgadas y métricos; sin embargo, algunos tipos tienen graduaciones tanto en pulgadas como métricas en el mismo calibrador.

CALIBRADORES VERNIER

Los calibradores vernier (Figura 10-1) son instrumentos de precisión utilizados para tomar medidas precisas de hasta .001 pulg o bien 0.02 mm, dependiendo de si son calibradores verniers en pulgadas o métricos.

Partes del calibrador vernier

El medidor vernier, sin importar la graduación que utilice, consiste en un elemento en forma de L y con una pieza móvil.

El elemento en escuadra contiene la *regleta*, que muestra las *graduaciones de la escala principal*, y el *tope fijo*. El *cursor* con el tope *móvil* que se desliza a lo largo de la regleta, contiene la *escala vernier*. Los ajustes para medir se hacen por medio de una *tuerca de ajuste*. Las lecturas pueden fijarse en su lugar por medio de los *tornillos de fijación*.

La mayoría de las regletas están graduadas por ambos lados o en ambos bordes, uno para las mediciones externas y el otro para las internas. Los extremos de los topes tienen formas que permiten hacer mediciones interiores. Los calibradores vernier en pulgadas se fabrican con escalas vernier tanto de 25 como de 50 divisiones. La escala de 50 divisiones es mucho más fácil de leer que la de 25. También están disponibles calibradores vernier métricos graduados en milímetros.

Algunos calibradores vernier presentan dos pequeñas entradas en la regleta y una pieza corrediza, que pueden utilizarse para ajustar los compases divisores con precisión a una dimensión o un radio específicos.

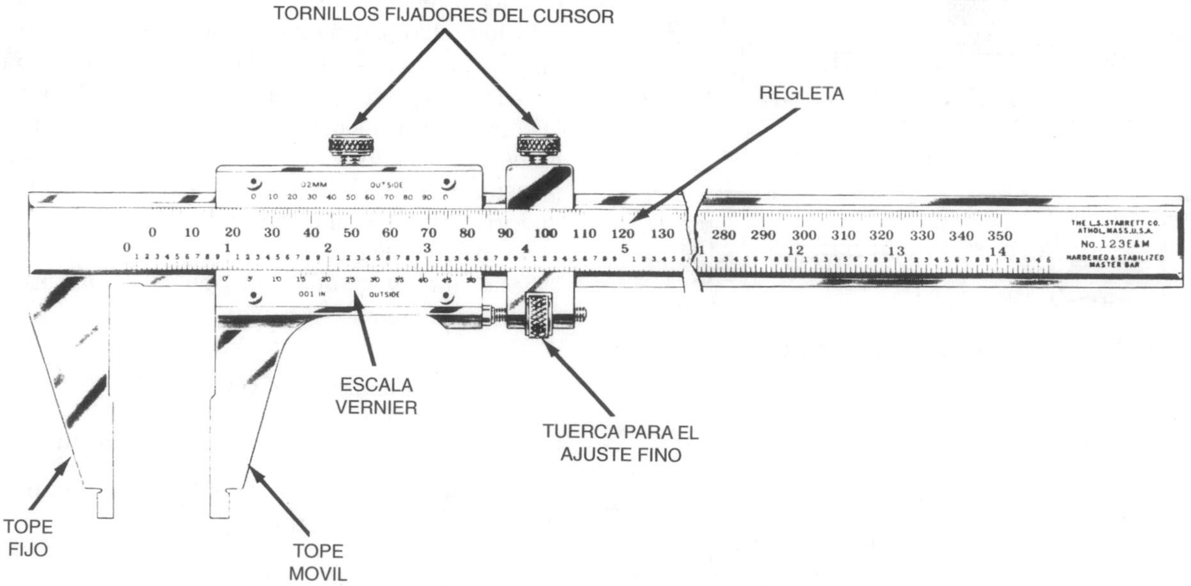

FIGURA 10-1 Partes de un calibrador vernier. (Cortesía de The L.S. Starrett Company.)

La regleta del calibrador con escala vernier de 25 divisiones en la parte móvil, está graduada exactamente de la misma manera que un micrómetro. Cada pulgada está dividida en 40 divisiones iguales, cada una con valor de .025 pulg. Cada cuarta línea, que representa 1/10 o sea .100, está numerada. La escala vernier en el cursor tiene 25 divisiones, representando cada una .001. Las 25 divisiones de la escala vernier, que tienen .600 pulg de longitud, equivalen a 24 divisiones de la regleta. La diferencia entre *una* división de ésta y una división del vernier es igual a .025 - .024, o sea .001 pulg. Por tanto, sólo una línea de la escala de vernier se alineará exactamente con una línea de la regleta en cualquier ajuste.

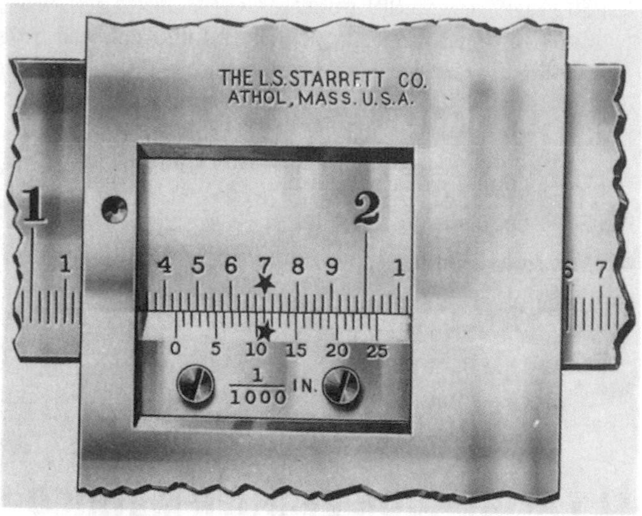

FIGURA 10-2 Calibrador vernier en pulgadas con 25 divisiones, con una lectura de 1.436 plg. (Cortesía de The L.S. Starrett.)

Cómo medir una pieza con un calibrador vernier en pulgadas con 25 divisiones

1. Elimine todas las rebabas de la pieza de trabajo y limpie la superficie a medir.
2. Separe los topes lo suficiente para que libren la pieza.
3. Ciérrelos sobre la pieza y apriete el tornillo de fijación.
4. Gire el tornillo de ajuste hasta que los topes *toquen apenas* la superficie de la pieza. Asegúrese de que los topes están en su lugar. Para ello, intente mover ligeramente la regleta lateral y verticalmente, mientras gira la tuerca de ajuste.
5. Apriete el tornillo de fijación de la parte móvil.
6. Lea la medida que aparece en la Figura 10-2 como sigue:

- El #1 grande sobre la barra da = 1.000
- El #4 pequeño después del #1 4 × .100 = .400
- Una línea visible después del #4 1 × .025 = .025
- La undécima línea del vernier coincide con una línea de la regleta 11 × .001 = .011

Lectura total 1.436 pulg

El calibrador vernier en pulgadas con 50 divisiones

Ya que los calibradores vernier con 25 divisiones suelen ser difíciles de leer, muchos calibradores de éstos se fabrican ahora con 50 divisiones (igual a 49 en la escala principal)

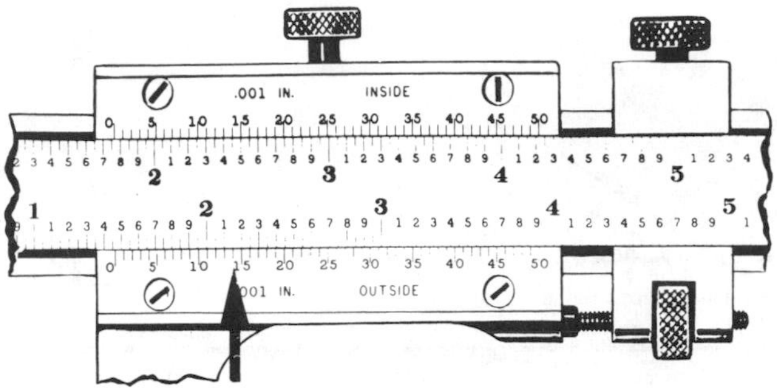

FIGURA 10-3 Calibrador vernier en pulgadas con 50 divisiones con una lectura de 1.464.

en la escala vernier sobre la parte móvil. Cada una de estas escalas sobre la regleta y el cursor es igual a 2.450 pulg de longitud. Cada división de la regleta, por lo tanto, es igual a 2.450 dividido entre 49 divisiones, es decir, .050 pulg de longitud. La *diferencia en longitud* entre una división en la escala principal y una división en vernier es igual a .050 – .049, o sea .001 pulg.

Cada línea en la escala principal de un calibrador vernier de 50 divisiones tiene un valor de .050 pulg. Cada línea de la escala vernier tiene un valor de .001 pulg. En la Figura 10-3:

- El #1 grande en la regleta da = 1.000
- El #4 pequeño después del #1 4 × .100 = .400
- Una línea visible después del #4 1 × .050 = .050
- La catorceava línea de la escala vernier coincide con una línea de la barra 14 × .001 = .014

  Lectura total 1.464 pulg

EL CALIBRADOR VERNIER MÉTRICO

Los calibradores vernier también se fabrican para lecturas en sistema métrico, y muchos tienen graduaciones tanto en este sistema como en pulgadas en un mismo instrumento (Figura 10-4). Las partes de los calibradores vernier en sistema métrico son las mismas que las de un vernier en pulgadas.

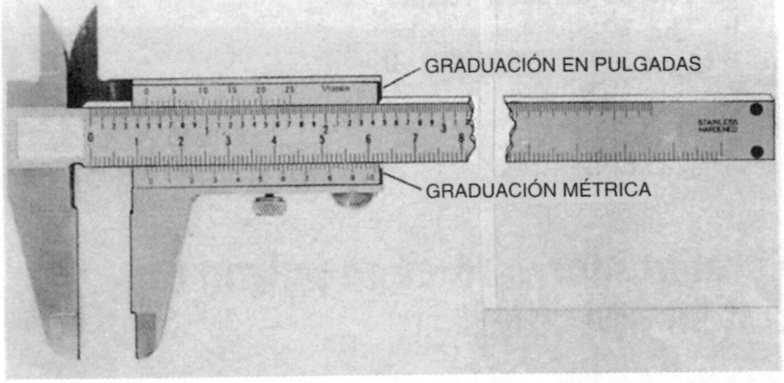

FIGURA 10-4 Calibrador vernier para lecturas tanto en pulgadas como en sistema métrico.

La *escala principal* está graduada en milímetros y todas las divisiones principales están numeradas. Cada división numerada tiene un valor de 10 mm; por ejemplo, el #1 representa 10 mm, el #2 representa 20 mm, etc. Hay 50 graduaciones en la escala deslizante o *vernier*, con cada quinta numerada. Estas 50 graduaciones ocupan el mismo espacio que 49 graduaciones en la escala principal (49 mm). Por lo tanto,

$$\text{1 división del vernier} = \frac{49}{50}$$
$$= 0.98 \text{ mm}$$

La diferencia entre una división de la escala principal y una división de la escala vernier es

$$1 - 0.98 = 0.02 \text{ mm}$$

Cómo leer un calibrador vernier en sistema métrico

1. La última división en la regleta a la izquierda de la escala vernier representa el número de milímetros multiplicado por 10.
2. Observe cuántas graduaciones completas aparecen entre esta división numerada y el cero en la escala vernier. Multiplique esta cifra por 1 mm.
3. Encuentre la línea de la escala vernier que coincida con una línea de la regleta. Multiplique esta cantidad por 0.02 mm.

   En la Figura 10-5:

- La graduación grande #4 en la regleta da 4 × 10 = 40
- Tres líneas completas después de la graduación #4 3 × 1 = 3
- La novena línea de la escala vernier coincide con una línea de la regleta 9 × 0.02 = 0.18

  Lectura total 43.18 mm

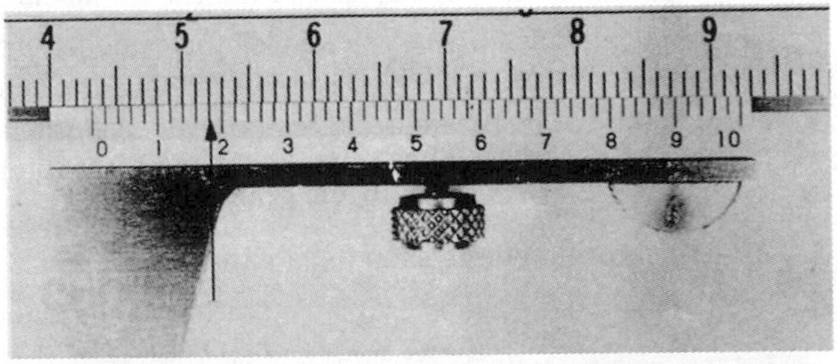

FIGURA 10-5 Calibrador vernier métrico con una lectura de 43.18 mm.

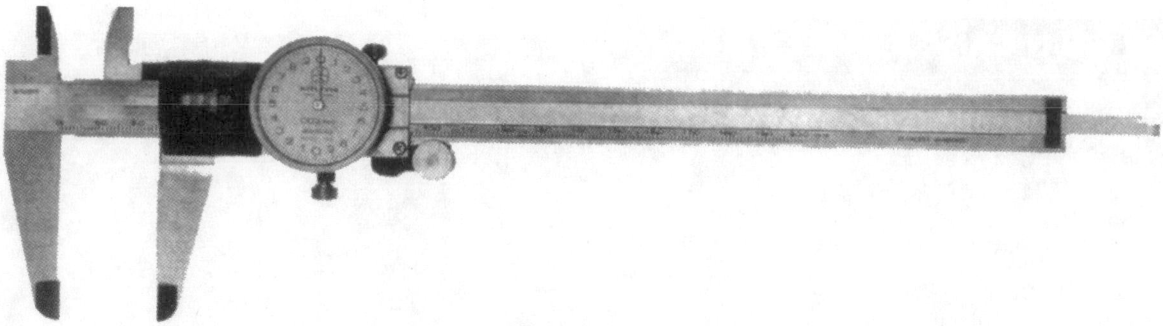

FIGURA 10-6 El calibrador de carátula con lectura digital constituye un recurso rápido y preciso para medir. (Cortesía de MTI Corp.)

FIGURA 10-7 El calibrador electrónico digital puede hacer mediciones precisas de diámetros exteriores, diámetros interiores, escalones y de profundidad. (Cortesía de MTI Corp.)

CALIBRADOR DE CARÁTULA DE LECTURA DIRECTA

Debido a que es más fácil de leer, el *calibrador de carátula de lectura directa* está reemplazando gradualmente al calibrador vernier estándar. Los calibradores de carátula se fabrican para medidas en pulgadas y/o en sistema métrico y los hay disponibles con lectura digital. Un indicador de carátula, cuya manecilla está unida a un piñón, se halla sobre la parte deslizante. Para el calibrador de carátula métrico (Figura 10-6), una vuelta de la manecilla representa 2 mm de recorrido; una vuelta en el calibrador en pulgadas puede representar .100 o bien .200 pulg de recorrido, según el fabricante. La mayoría de los calibradores de lectura directa tienen una tira angosta deslizante unida a la parte corrediza (y a la carátula). Esa tira estrecha permite que se utilice el calibrador de carátula como un medidor preciso y eficiente de profundidad (vea la Unidad 11).

El calibrador electrónico digital (Figura 10-7) puede dar lecturas con resolución de .0005 pulg, o bien 0.01 mm, al oprimir un botón. Es de construcción robusta y no tiene cremallera, ni piñón o escala de vidrio. El calibrador electrónico digital puede hacer mediciones en pulgadas o en sistema métrico de diámetros exteriores, diámetros interiores, escalones y de profundidad, y puede conectarse a equipo de Control Estadístico de Procesos (SPC, de Statistical Process Control) con propósitos de inspección.

PREGUNTAS DE REPASO

Calibrador vernier en pulgadas

1. Describa el principio del:
   a. Vernier con 25 divisiones
   b. Vernier con 50 divisiones
2. Describa el procedimiento para la lectura de un calibrador vernier.
3. ¿Qué valor tienen las siguientes indicaciones en calibradores vernier?

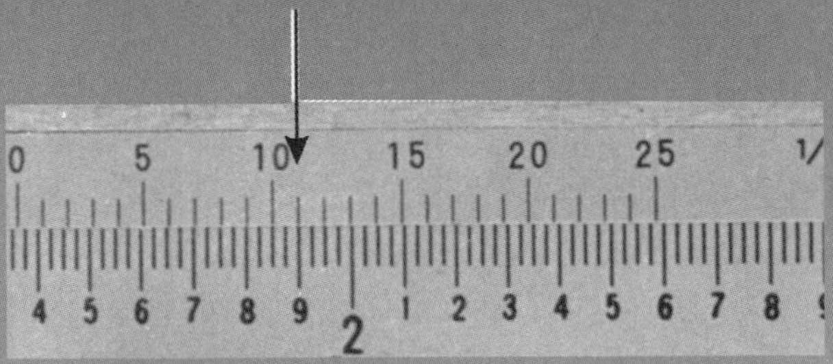

A

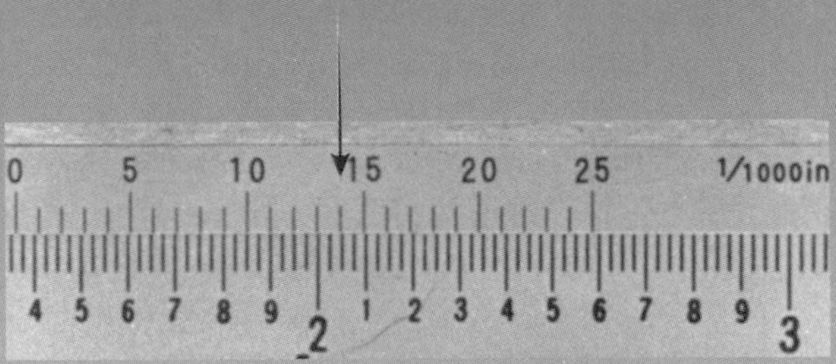

B

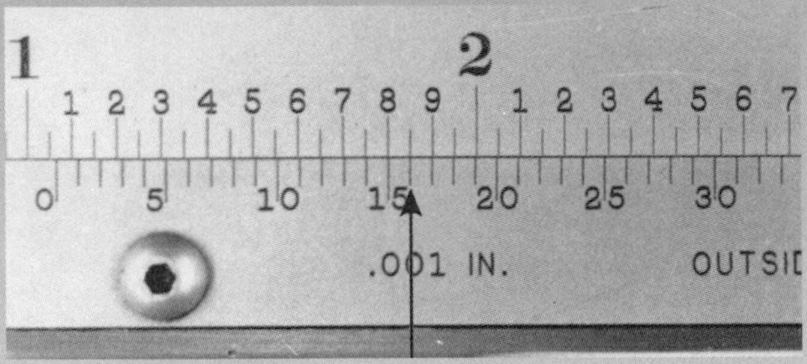

C

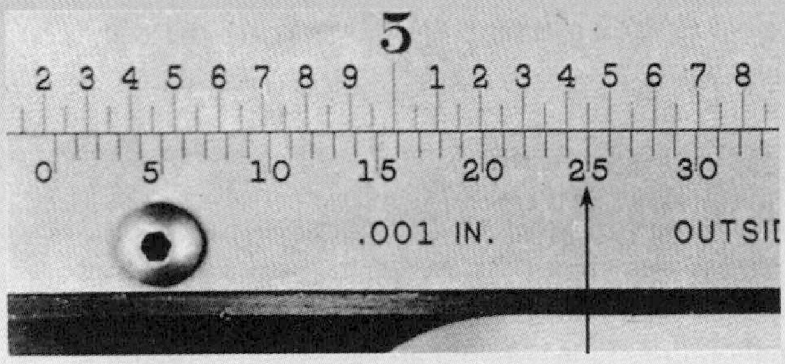

D

Calibrador vernier en sistema métrico

4. Describa el principio del calibrador vernier en sistema métrico.
5. Lea las siguientes indicaciones en un calibrador en sistema métrico.

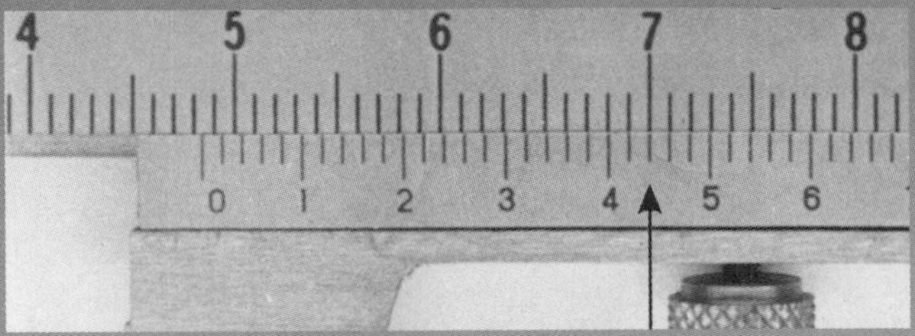

A

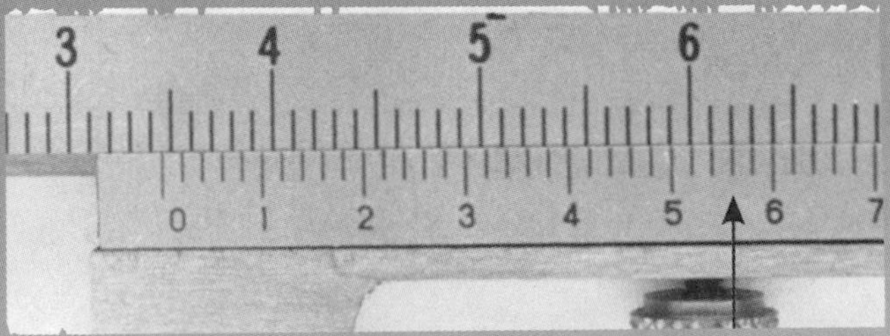

B

UNIDAD

11

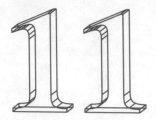

Instrumentos para mediciones interiores, de profundidad y de altura

OBJETIVOS

Al terminar el estudio de esta unidad, se podrá:

1. Medir diámetros de perforaciones con una precisión de hasta .001 pulg (0.02 mm) utilizando micrómetros y calibradores micrométricos para interiores
2. Medir la profundidad de ranuras y estrías con precisión de .001 pulg (0.02 mm)
3. Medir alturas con una precisión de .001 pulg (0.02 mm) utilizando un calibrador de alturas con vernier

Debido a la gran variedad de mediciones requeridas en el trabajo de taller de maquinado, hay muchos instrumentos de medición disponibles, que permiten al mecánico medir no sólo las dimensiones exteriores sino también diámetros interiores, profundidades y alturas. Los instrumentos de lectura directa son los de uso más común y generalmente son los más precisos; sin embargo, debido a la forma o dimensión de la pieza, pueden requerirse instrumentos del tipo de transferencia.

INSTRUMENTOS DE MEDICIÓN INTERIOR

Todos los instrumentos de medición para interiores entran en dos categorías: los de lectura directa y los de tipo de transferencia.

Con los *instrumentos de lectura directa* se puede leer el tamaño de la perforación en el instrumento utilizado para medirlo. Los instrumentos de lectura directa más comunes son el micrómetro para interior, el Intrimik y el calibrador vernier.

Los *instrumentos de tipo de transferencia* se ajustan al diámetro del agujero y a continuación esta dimensión se transfiere a un micrómetro exterior para determinar el tamaño real. Los instrumentos de tipo de transferencia más comunes son los compases para interiores, los calibradores para pequeños orificios y los calibradores telescópicos.

Instrumentos de lectura directa

Calibradores micrométricos para interiores

El calibrador micrométrico para interior (Fig. 11-1) está diseñado para medir perforaciones, ranuras y estrías con un tamaño desde .200 hasta 2.000 pulg en los instrumentos diseñados en pulgadas, o de tamaños de 5 a 50 mm en los instrumentos métricos. Las puntas o extremos de los topes es-

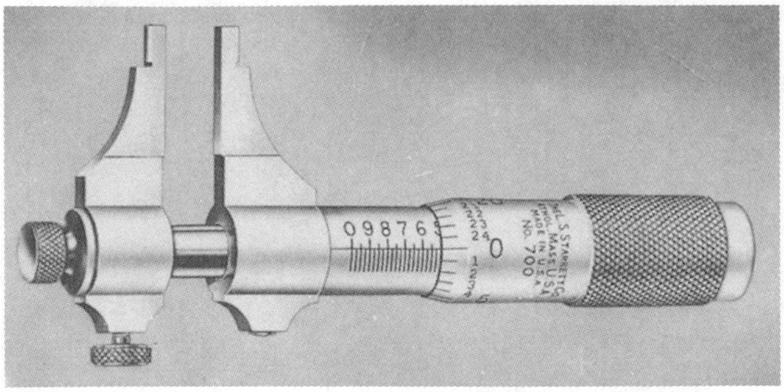

FIGURA 11-1 Micrómetro de interior. (Cortesía de The L.S. Starrett Company.)

tán endurecidos y rectificados a un radio pequeño para permitir mediciones precisas. Una tuerca de fijación que viene con este micrómetro puede utilizarse para establecerlo en cualquier dimensión deseada.

El micrómetro para interior se basa en el mismo principio que el micrómetro estándar, excepto que en algunos micrómetros las lecturas del manguito están invertidas (como se muestra en la Figura 11-1). Se debe tener extremo cuidado al leer este tipo de instrumento. Otros micrómetros de interior tienen las lecturas en el husillo y se leen de la misma manera que un micrómetro de exterior estándar. Los micrómetros de interior son instrumentos de uso especial y no se utilizan en mediciones para producción en masa.

Cómo utilizar un micrómetro de interior

1. Ajuste los topes hasta que estén separados una distancia un poco menor que el diámetro a medir.
2. Sostenga el tope fijo contra un lado de la perforación y ajuste el tope móvil hasta que se obtenga la "sensación" requerida.

Nota: Mueva el tope móvil hacia adelante y hacia atrás para asegurarse de que la medición se toma según el diámetro real.

3. Apriete la tuerca de fijación, retire el instrumento y haga la lectura.

Micrómetros de interior

Para medidas externas mayores que 1 1/2 pulg o 40 mm, se utilizan micrómetros para interiores (Fig. 11-2). El conjunto del micrómetro de interior consiste en un cabezal de micrómetro, con un alcance de 1/2 o 1 pulg; varias varillas de extensión de diferentes longitudes, que pueden insertarse en el cabezal; y un collarín espaciador de 1/2 pulg. Estos equipos cubren un intervalo de 1 1/2 hasta 100 pulg, o de 40 a 1000 mm en instrumentos métricos. Los equipos utilizados para los mayores alcances generalmente tienen tubos huecos, en vez de varillas, para una mayor rigidez.

El micrómetro de interior se lee de la misma manera que un micrómetro estándar. Puesto que en un micrómetro para

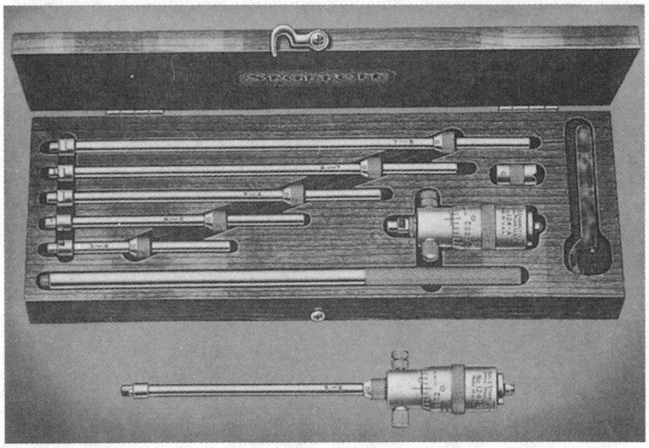

FIGURA 11-2 Un equipo de micrómetro de interior puede medir una gran variedad de tamaños. (Cortesía de L.S. Starrett Company.)

interiores no hay tuerca de fijación, la tuerca del barrilete se ajusta a un mayor apriete sobre la rosca del husillo, para evitar algún cambio en el ajuste mientras se le retira del agujero o perforación.

Cómo medir con un micrómetro para interiores

1. Mida el tamaño de la perforación con una regla.
2. Inserte la varilla de extensión correcta del micrómetro, después de haber limpiado con cuidado los hombros de la varilla y el cabezal del micrómetro.
3. Alinee las marcas de cero en la varilla y en el cabezal del micrómetro.
4. Sostenga la varilla firmemente contra el cabezal del micrómetro y apriete el tornillo de fijación.
5. Ajuste el micrómetro a un poco menos que el diámetro a medir.
6. Sostenga el cabezal en una posición fija y ajuste el micrómetro al tamaño de la perforación mientras mueve el extremo de la varilla en la dirección de las flechas (Figura 11-3).

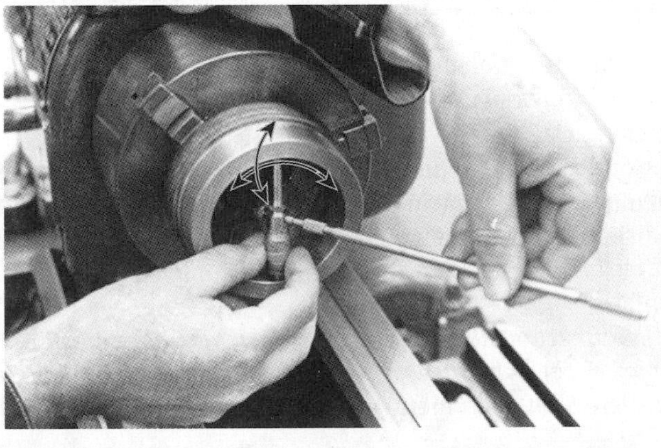

FIGURA 11-3 Cómo utilizar un micrómetro de interior para medir el tamaño de una perforación o agujero. (Cortesía de Kelmar Associates.)

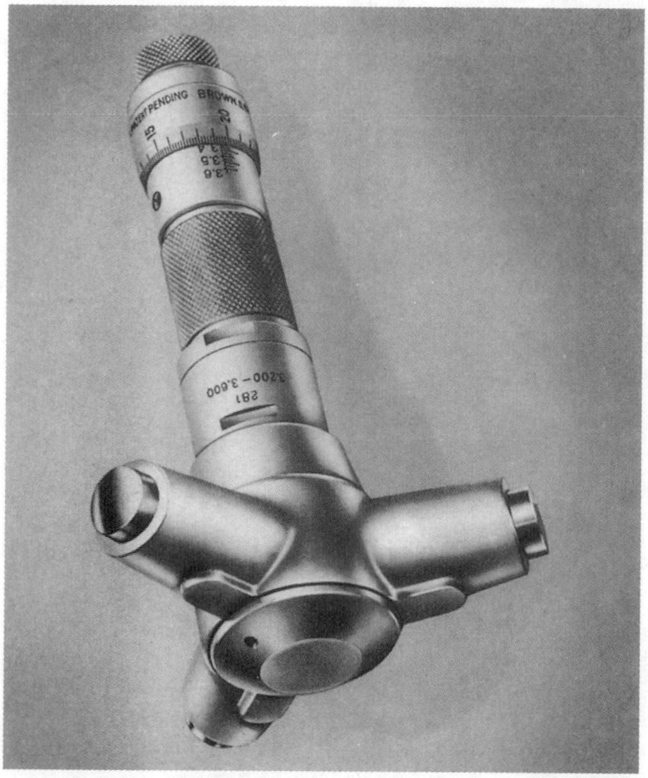

FIGURA 11-4 El Intrimik, que tiene tres puntos de contacto, mide perforaciones con precisión. (Cortesía de Brown & Sharpe Company.)

Nota: Cuando un micrómetro se ha ajustado al tamaño correctamente, debe sentirse un ligero arrastre al mover el extremo de la varilla a lo largo de la línea central o eje geométrico de la perforación.

7. Retire cuidadosamente el micrómetro y anote la lectura.
8. A esta lectura agregue la longitud de la varilla de extensión y del collarín.

Intrimik

Una dificultad que se encuentra al medir tamaños de perforaciones usando instrumentos con sólo dos caras de medición, es medir el diámetro y no una cuerda del círculo. Un instrumento que elimina este problema es el *Intrimik* (Figura 11-4).

El Intrimik consiste de un cabezal con tres puntos de contacto espaciados 120°; el cabezal está sujeto a un cuerpo del tipo de micrómetro. Los puntos de contacto son forzados a entrar en contacto con el interior de la perforación por medio de una clavija ahusada o cónica unida al husillo del micrómetro (Figura 11-5). La construcción del cabezal con tres puntos de contacto permite que el Intrimik se autocentre y autoalinee. Es más preciso que otros métodos, porque proporciona lectura directa, eliminando la necesidad de transferir mediciones para determinar el tamaño de la perforación, como con los medidores telescópicos o para pequeños orificios.

El alcance de estos instrumentos va de .275 a 12.000 pulg, y la precisión varía entre .0001 y .0005 pulg, dependiendo del cabezal que se utilice. Los Intrimik métricos tienen un alcance de 6 a 300 mm, con graduaciones en 0.001 mm. La precisión del Intrimik debe verificarse periódicamente con un anillo de ajuste o con un calibrador de anillo patrón.

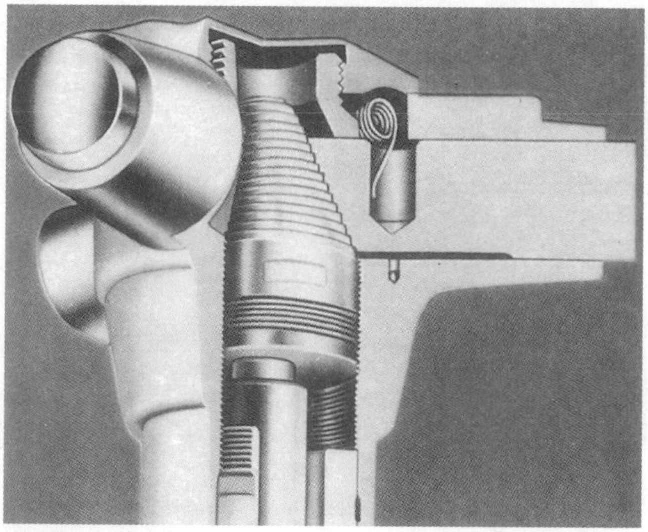

FIGURA 11-5 Construcción del cabezal del Intrimik. (Cortesía de Brown & Sharpe Company.)

Instrumentos del tipo de transferencia

En las *mediciones de transferencia* se toma la dimensión de un objeto con un instrumento que no da una lectura directa. El tamaño se determina entonces midiendo el ajuste del instrumento con uno de lectura directa o con un calibrador de tamaño conocido.

Calibradores para orificios pequeños

Los *calibradores para agujeros pequeños* están disponibles en juegos de cuatro, para un intervalo de ⅛ a ½ pulg (3 a 13 mm). Se fabrican en dos tipos (Figura 11-6A y B, página 86).

Los calibradores de esta clase que aparecen en la Figura 11-6A tienen un extremo pequeño y redondo, o de bola, y se utilizan para medir perforaciones, ranuras, estrías y recesos demasiado pequeños para calibradores de interiores o calibradores telescópicos. Los que aparecen en la Figura 11-6B tienen un fondo plano y se utilizan para propósitos similares. El extremo plano permite la medición de ranuras, recesos, y perforaciones huecas imposibles de medir con el tipo redondo.

Ambos tipos son de construcción similar y se ajustan al tamaño dando vuelta a la perilla estriada de la parte superior. Esto hace mover un émbolo ahusado, provocando que las dos mitades de la bola se abran y hagan contacto con la perforación.

Cómo utilizar un medidor para orificios pequeños

Los medidores de esta clase requieren de extremo cuidado en su ajuste, ya que es muy fácil hacer un ajuste incorrecto cuando se verifica el diámetro de una perforación.

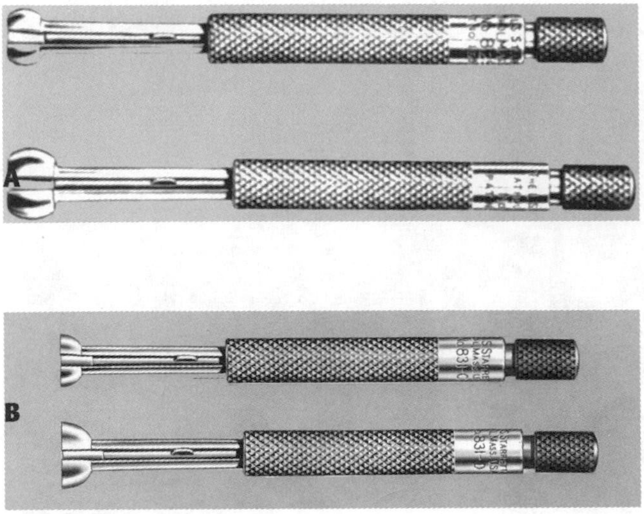

FIGURA 11-6 (A) Calibradores para orificios pequeños con extremo de bola endurecido; (B) calibrador de este tipo con extremo de fondo plano. (Cortesía de The L.S. Starrett Company.)

Siga el siguiente procedimiento:

1. Mida con una regla la perforación a verificar.
2. Seleccione el calibrador adecuado.
3. Limpie la perforación y el calibrador.
4. Ajuste el calibrador hasta que sea ligeramente menor que el hueco, e insértelo en la perforación.
5. Ajuste el calibrador hasta que sienta que apenas toca el interior del orificio o ranura.
6. Mueva el mango hacia delante y hacia atrás, y ajuste el extremo estriado hasta que se obtenga la "sensación" adecuada en la dimensión más amplia de la bola.
7. Retire el medidor y lea el tamaño con un micrómetro de exterior.

Nota: Es importante obtener la misma "sensación" cuando se transfiere la medida y cuando se ajusta el medidor a la ranura o hueco.

Calibradores telescópicos

Los *calibradores telescópicos* (Figura 11-7) se utilizan para obtener el tamaño de perforaciones, ranuras y recesos de 5/16 a 6 pulg (8 a 152 mm). Son instrumentos en forma de T, cada uno consistente en un par de tubos o émbolos telescópicos, conectados a un mango. Estos últimos tienen resortes que los apartan. La perilla estriada en el extremo del mango fija los émbolos en posición cuando se le gira en dirección de las manecillas del reloj.

Nota: En algunos tipos, sólo se mueve un émbolo.

Cómo medir con un calibrador telescópico

1. Mida el tamaño de la perforación y seleccione el calibrador apropiado.
2. Limpie el calibrador y el hueco

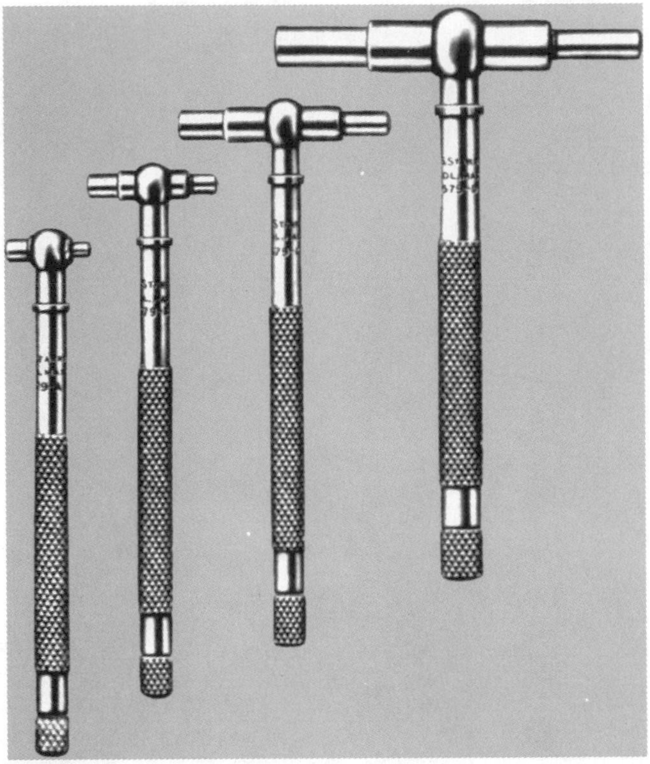

FIGURA 11-7 Juego de calibradores telescópicos. (Cortesía de The L. S. Starrett Company.)

3. Comprima los émbolos hasta que sean un poco más pequeños que el diámetro de la perforación y apriete ligeramente la perilla estriada.
4. Insértelo en la perforación y, con el mango inclinado ligeramente hacia arriba, afloje la perilla estriada para liberar los émbolos.
5. Apriete *ligeramente* la perilla estriada.
6. Sostenga la pierna inferior del calibrador telescópico en posición con una mano.
7. Mueva el mango hacia abajo a través del centro en tanto que mueve ligeramente la pierna superior de lado a lado (Figura 11-8).
8. Apriete la perilla estriada para fijar los émbolos en posición.
9. Vuelva a verificar la "sensación" del medidor probándolo de nuevo en la perforación o hueco.
10. Verifique el tamaño del calibrador con un micrómetro de exterior, manteniendo la misma "sensación" que en la perforación (Figura 11-9).

Calibradores de carátula para interior

Un método rápido y preciso para verificar el tamaño y formas, ahusamiento, conicidad, en reloj de arena o en cavidad en forma de barril y perforaciones, es por medio del *calibrador para interiores de carátula* (Figura 11-10).

La medición se lleva a cabo por medio de tres émbolos centrantes de resorte en el cabezal, uno de los cuales activa el indicador de carátula, graduado en diezmilésimos de pulgada, o en graduaciones de 0.01 mm en los instrumentos métricos.

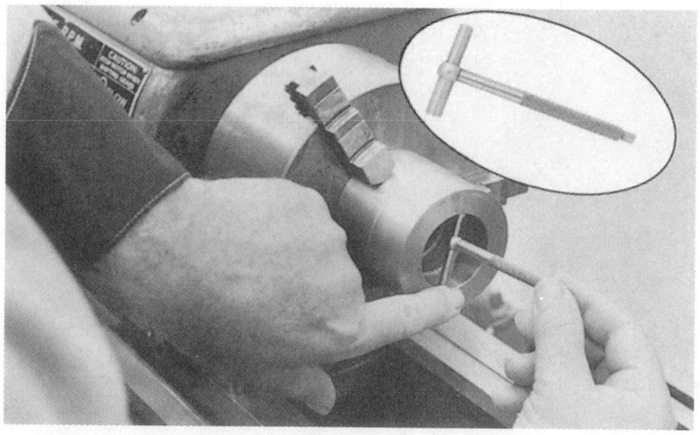

FIGURA 11-8 Cómo ajustar un calibrador telescópico al diámetro de una perforación. (Cortesía de Kelmar Associates.)

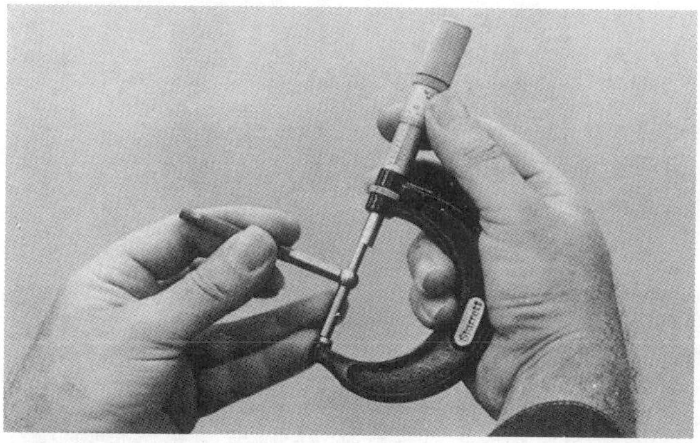

FIGURA 11-9 Cómo medir el calibrador telescópico con un micrómetro. (Cortesía de Kelmar Associates.)

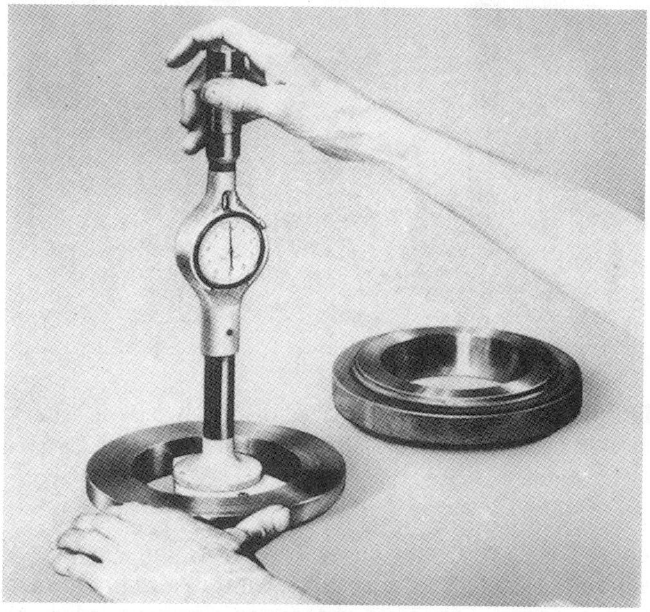

FIGURA 11-10 Los calibradores interiores constituyen un medio rápido y preciso para medir diámetros de interior.

Estos instrumentos están disponibles en seis tamaños, que cubren una variedad de 3 a 12 pulgadas o de 75 a 300 mm. Cada instrumento viene con extensiones para aumentar su alcance. El calibrador de carátula para diámetros internos debe ajustarse al tamaño con un anillo patrón; el tamaño de la perforación se compara luego con el valor del anillo. Si varía el tamaño de la perforación, no es necesario ajustar el calibrador, siempre que el tamaño se mantenga dentro del intervalo de capacidad del calibrador.

MEDICIÓN DE PROFUNDIDAD

Aunque se pueden utilizar reglas y varios aditamentos para medir profundidades, el micrómetro de profundidad y el vernier de tal tipo se utilizan más comúnmente cuando se requiere precisión.

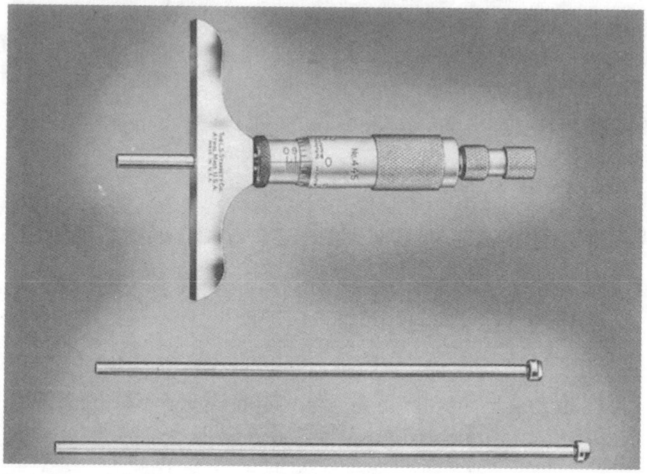

FIGURA 11-11 Micrómetro de profundidad y sus varillas de extensión. (Cortesía de The L.S. Starrett Company.)

Micrómetro de profundidad

Los micrómetros de esta clase se utilizan para medir la profundidad de perforaciones ciegas, ranuras, escalones y proyecciones. Cada medidor consiste de una base plana unida al manguito del micrómetro. Una varilla de extensión de la longitud requerida se ajusta a través del manguito y sobresale de la base (Figura 11-11). Esta varilla es sostenida en posición por medio de una tapa roscada en la parte superior del barrilete.

Las varillas de extensión de micrómetro están disponibles en diversas longitudes, con un alcance de hasta 9 pulg o 225 mm en instrumentos métricos. El husillo del micrómetro tiene un alcance de 1/2 o 1 pulg, o hasta 25 mm en instrumentos métricos. Hay micrómetros de profundidad disponibles con varillas tanto redondas como planas, que *no son intercambiables* con otros micrómetros de profundidad. La precisión de estos micrómetros está controlada por una tuerca en el extremo de cada varilla de extensión, que puede ajustarse si es necesario.

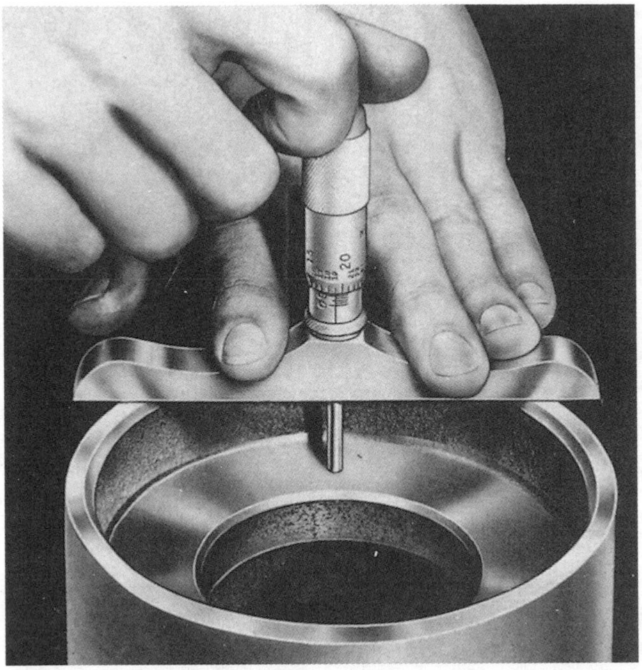

FIGURA 11-12 Cómo medir la profundidad de un hombro. (Cortesía de The L.S. Starrett Company.)

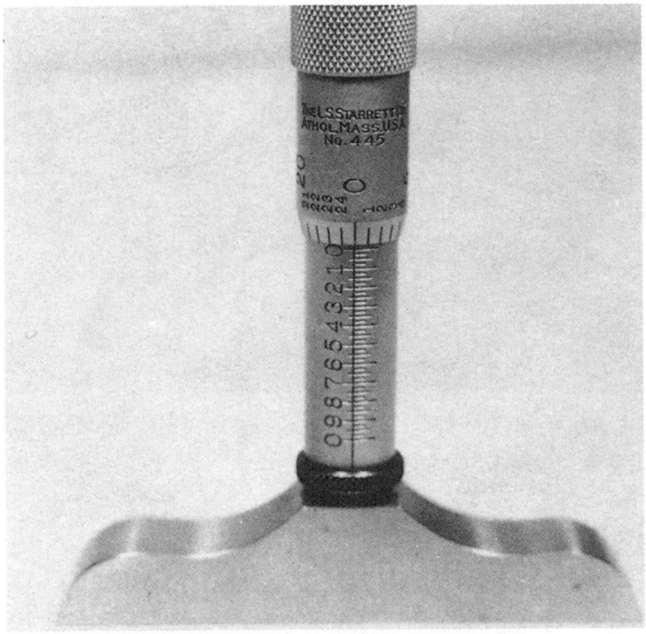

FIGURA 11-13 Las graduaciones en un micrómetro de profundidad están invertidas en relación con las de un micrómetro de exterior. (Cortesía de Kelmar Associates.)

Cómo utilizar un micrómetro de profundidad

1. Elimine todas las rebabas del borde de la perforación y refrente la pieza de trabajo.
2. Limpie la superficie de la pieza y la base del micrómetro.
3. Sostenga firmemente la base del aparato contra la superficie de la pieza (Figura 11-12).
4. Gire el barrilete ligeramente con la punta de un dedo en dirección de las manecillas del reloj, hasta que la parte inferior de la varilla de extensión toque el fondo de la perforación o escalón.
5. Verifique de nuevo el ajuste del micrómetro unas cuantas veces para asegurarse que no ha aplicado demasiada presión en el ajuste.
6. Anote cuidadosamente la lectura.

Nota: Los números en el barrilete y en el manguito están invertidos en relación con los de un micrómetro estándar.

Calibradores Vernier de profundidad

La profundidad de las perforaciones, ranuras y escalón también puede medirse con un calibrador vernier de profundidad. La Figura 11-14 ilustra cómo pueden ajustarse las guías de herramentista, con este instrumento.

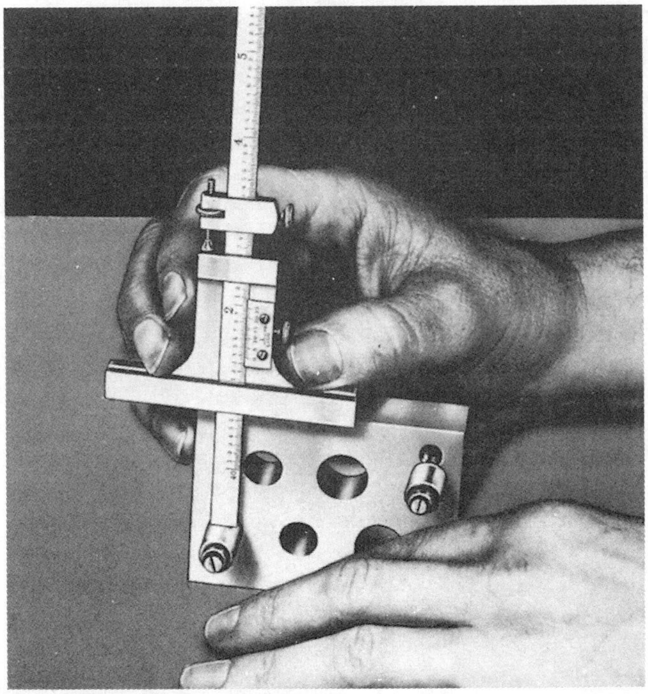

FIGURA 11-14 Cómo verificar la posición de las guías de herramentista utilizando un calibrador vernier de profundidad. (Cortesía de The L.S. Starrett Company.)

Las mediciones de profundidad pueden tomarse también con ciertos tipos de calibradores vernier o de carátula que tienen una tira delgada deslizante o un medidor de profundidad unidos al cursor (Figura 11-15). La tira sobresale del extremo de la regleta opuesto al del tope fijo. El calibrador se coloca verticalmente sobre la depresión a medir, y el extremo de la regleta se sostiene contra el hombro, mientras se inserta la tira en la perforación a medir. Las lecturas de profundidad son idénticas a las lecturas de un vernier estándar.

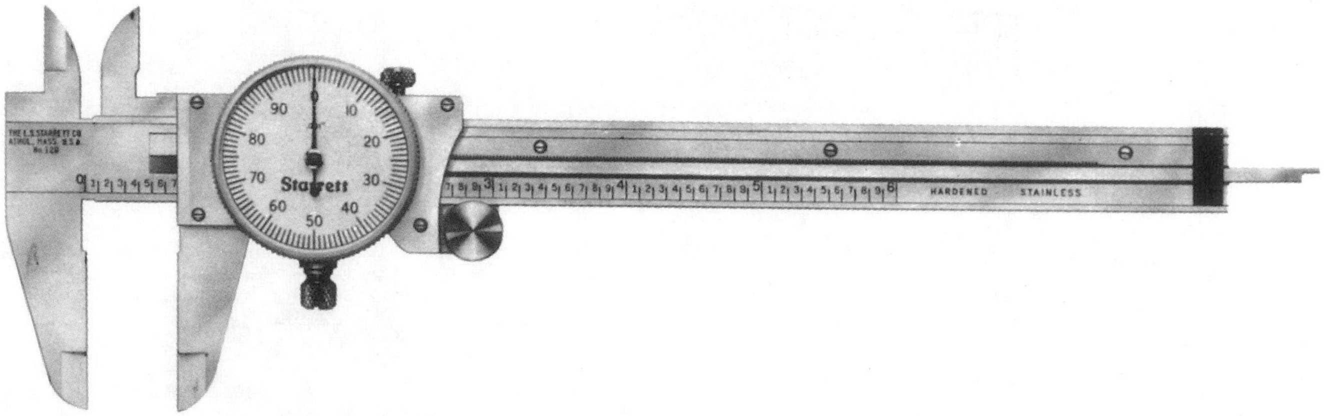

FIGURA 11-15 Calibrador de carátula con tira medidora de profundidad. (Cortesía de The L.S. Starrett Company.)

MEDICIÓN DE ALTURA

La medición precisa de la altura es muy importante en trabajos de trazo e inspección. Con los aditamentos adecuados, el calibrador vernier de alturas es un instrumento muy útil y versátil para estos fines. Donde se requiere extrema precisión, pueden utilizarse bloques patrón o un calibrador de altura de precisión.

Calibrador vernier de alturas

El calibrador vernier de alturas es un instrumento de precisión utilizado en talleres de herramientas y departamentos de inspección en trabajos de trazado y construcción de aditamentos y dispositivos, para medir y marcar distancias con precisión. Estos instrumentos vienen disponibles en una variedad de tamaños —de 12 a 72 pulg, o de 300 a 1000 mm — y pueden ajustarse con precisión a cualquier altura con .001 pulg o 0.02 mm de exactitud, respectivamente. En esencia un calibrador vernier de alturas es un calibrador vernier con una base endurecida, rectificada y pulida, en lugar de un tope fijo y se utiliza siempre con un mármol o una superficie completamente plana. El conjunto de la parte deslizante puede elevarse o bajarse a cualquier posición a lo largo de la regleta. Los ajustes pequeños se hacen por medio de una tuerca de ajuste. El calibrador vernier de alturas se lee de la misma manera que un calibrador vernier.

Dicho calibrador de alturas es muy adecuado para trabajo preciso de trazo, y puede utilizarse para este propósito, si se monta un trazador en la parte móvil (Figura 11-16A, página 90). La altura del trazador puede ajustarse ya sea por medio de la escala vernier o ajustando el trazador a la parte superior de un bloque patrón de la altura deseada.

El *calibrador de alturas digital* (Figura 11-16B) tiene una indicación fácil de leer que puede ajustarse con rapidez a cualquier dimensión. Las indicaciones están en .0001 pulg (0.002 mm), y tienen una función cero, que permiten que el cero se coloque en cualquier posición del trabajo o pieza. Este tipo de medidor de altura se está volviendo muy utilizado, porque elimina o reduce los errores comunes en los medidores de altura que tienen escalas vernier.

El *trazador acodado* (Figura 11-17, página 90) es un aditamento de calibrador vernier de alturas que permite ajustar alturas desde la cara del mármol. Cuando se utiliza este aditamento, no es necesario considerar la altura de la base o el ancho de la aguja y abrazadera.

Puede sujetarse un *aditamento medidor de profundidad* a la parte móvil, lo que permite la medición de diferencias de altura que pueden ser difíciles de medir mediante otros métodos.

Otro uso importante del calibrador vernier de alturas es en el trabajo de inspección. Puede sujetarse un indicador de carátula al cursor móvil del calibrador de alturas (Figura 11-18, página 90), y la distancia entre perforaciones o superficies puede verificarse con una precisión de .001 pulg (0.02 mm) con la escala vernier. Si se requiere de mayor precisión (.0001 pulg, o menos), el indicador puede utilizarse junto con bloques patrón.

En la Figura 11-18, el calibrador de alturas se está empleando para verificar la posición de perforaciones escariadas, en relación con los bordes de la placa y entre sí.

Cómo medir con un calibrador vernier de alturas y un indicador de carátula

1. Limpie a conciencia el mármol, la base del calibrador de alturas y la superficie de la pieza.
2. Coloque un borde terminado de la pieza sobre el mármol y sujétela contra una escuadra si fuera necesario.
3. Inserte una espiga ajustada en la perforación a verificar, que sobresalga de la pieza aproximadamente 1/2 pulg (13 mm).
4. Monte el indicador de carátula en el cursor móvil del calibrador de alturas.
5. Ajuste dicho cursor hasta que el indicador casi toque el mármol.
6. Fije la hoja superior del calibrador de alturas y utilice la tuerca de ajuste para mover el indicador hasta que la carátula registre aproximadamente un cuarto de vuelta.
7. Ajuste en cero el indicador de carátula.
8. Registre la lectura del calibrador vernier de alturas.

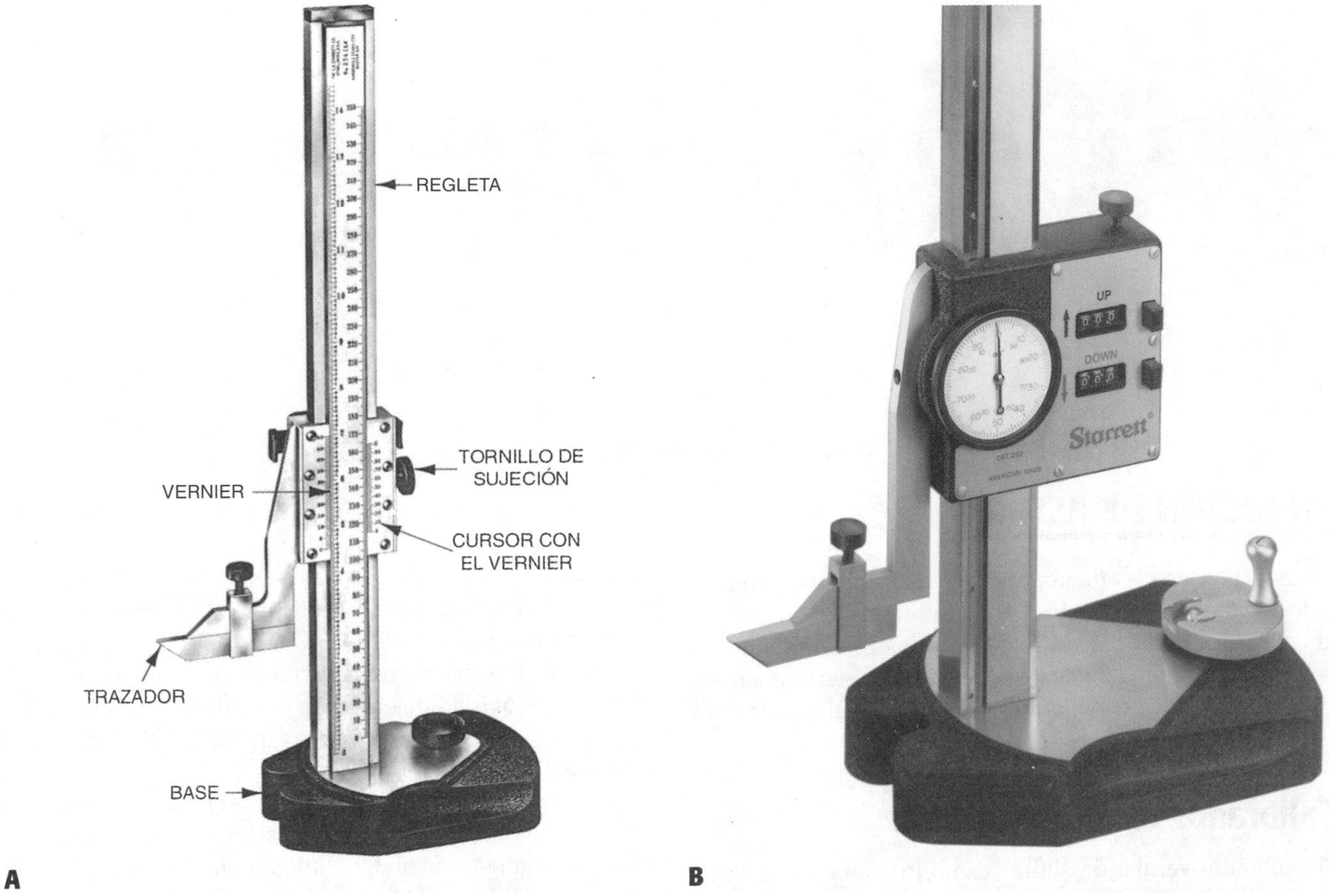

FIGURA 11-16 El calibrador vernier de alturas se utiliza para trabajos de trazo e inspección (Cortesía de The L.S. Starrett Co.); (B) el calibrador de alturas digital es fácil de leer y puede ajustarse con precisión a cualquier dimensión. (Cortesía de The L.S. Starrett Company.)

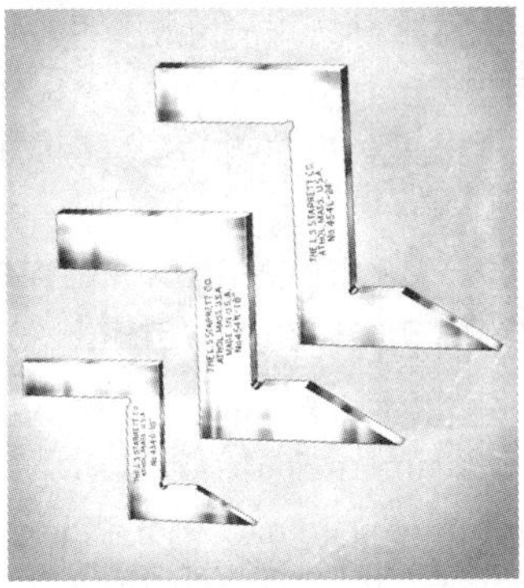

FIGURA 11-17 Los trazadores acodados se utilizan con los calibradores de alturas con vernier para trabajos de trazo precisos. (Cortesía de The L.S. Starrett Company.)

9. Ajuste el calibrador vernier de alturas hasta que el indicador registre cero en la parte superior de la espiga. Anote esta lectura del medidor.
10. A esta lectura, réstele la lectura inicial más la mitad del diámetro de la espiga. Ésta será la distancia desde el mármol hasta el centro de la perforación.
11. Verifique otras alturas de perforaciones utilizando el mismo procedimiento.

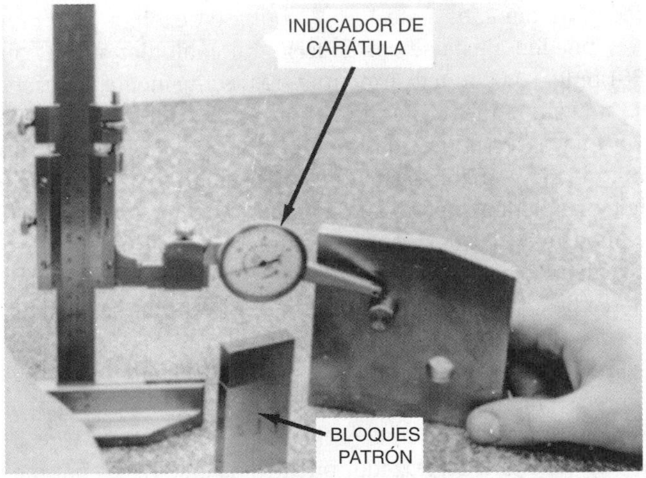

FIGURA 11-18 Cómo utilizar un calibrador de alturas y un indicador de carátula para verificar una altura. (Cortesía de Kelmar Associates.)

Cómo medir alturas utilizando bloques patrón

Cuando la localización de las perforaciones debe tener una precisión de .0005 pulg (0.010 mm) o menos, se construye (o apilan) bloques patrón de la dimensión adecuada desde el mármol hasta la parte superior de la espiga ajustada a la perforación.

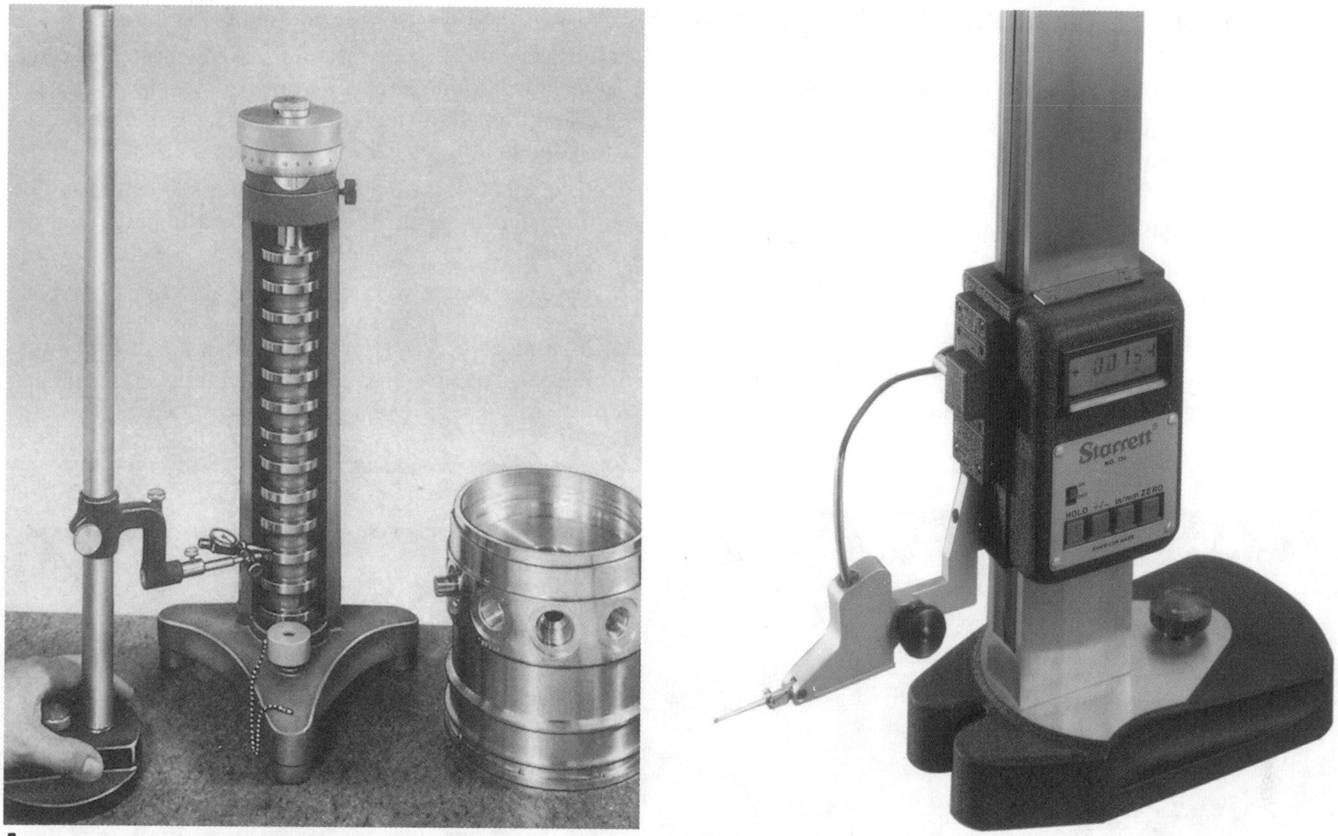

A B

FIGURA 11-19 (A) Cómo verificar posiciones de huecos o perforaciones con un calibrador de alturas de precisión y un calibrador de alturas de transferencia (Cortesía de ExCello Corporation.); (B) calibrador de alturas digital con un aditamento indicador para fines de inspección. (Cortesía de The L.S. Starrett Company.)

Siga el siguiente procedimiento:

1. Prepare el conjunto de bloques patrón requerido (la altura del centro de la perforación más una mitad del diámetro de la misma). (Vea la Unidad 12.)
2. Monte un indicador de carátula adecuado sobre un calibrador de alturas de superficie o uno con vernier.
3. Ajuste el indicador de carátula para que registre cero en la parte superior de los bloques patrón.
4. Mueva el indicador sobre la parte superior de la espiga. La diferencia entre el conjunto del bloque patrón y la parte superior de la espiga quedará registrada en el indicador de carátula (Figura 11-18).

Calibrador de alturas de precisión

El calibrador de alturas de precisión (Figura 11-19A) proporciona un método rápido y preciso para ajustar cualquier altura dentro del intervalo del instrumento, eliminando la necesidad de calcular y ensamblar bloques patrón específicos para mediciones comparativas. Se utiliza un mármol como superficie de referencia.

El calibrador de alturas de precisión se fabrica con una barra redonda de acero endurecida y rectificada, con escalones o discos medidores rectificados y pulidos, espaciados exactamente a intervalos de 1 pulg (25 mm) entre sí. La barra o columna medidora se eleva o baja dando vuelta al barrilete grande de micrómetro, que está graduado en pasos de .0001 pulg o 0.002 mm, si el instrumento es métrico. La columna puede elevarse o bajarse una pulgada completa o 25 mm, permitiendo cualquier lectura desde cero hasta el alcance del instrumento en incrementos de .0001 pulg o 0.002 mm, respectivamente. Algunos modelos tienen una escala vernier debajo del barrilete de micrómetro; son entonces posibles lecturas en incrementos de .000 010 pulg, o 0.000 25 mm. Es importante que la precisión de los calibradores de alturas de precisión se verifique periódicamente con un juego maestro de bloques patrón.

El calibrador de altura digital (Figura 11-19B) puede equiparse con una sonda de contacto para la inspección precisa de piezas terminadas. La indicación de lectura puede dar medidas con una precisión de hasta .0001 pulg, o al toque de un botón de 0.002 mm. También puede conectarse a equipo de control estadístico de procesos (SPC) para análisis, recolección de datos y documentación en copia impresa.

Los calibradores de alturas están disponibles en modelos de 6, 12, 24 y 36 pulgadas, y su alcance puede aumentarse mediante el uso de bloques elevadores bajo la base. Los medidores métricos van desde 300mm hasta 600 mm.

Cómo utilizar un calibrador de alturas de precisión

1. Limpie el mármol y las patas del calibrador de alturas.
2. Limpie la parte inferior de la pieza a verificar y colóquela sobre el mármol, utilizando paralelas y escuadras, si se requiere.
3. Inserte espigas en las perforaciones por verificar.
4. Monte un indicador de carátula en el cursor de un calibrador de alturas con vernier.
5. Ajuste el calibrador de alturas hasta que el indicador de carátula registre aproximadamente .015 pulg (0.4 mm) sobre la parte superior de la espiga.
6. Ponga la carátula del indicador en cero.
7. Mueva el indicador de carátula sobre el disco más cercano del medidor de alturas de precisión, y eleve la columna dando vuelta al micrómetro, hasta que el indicador de carátula indique cero.
8. Verifique la lectura del micrómetro. Esta lectura indicará la distancia desde el mármol hasta la parte superior de la espiga.
9. Reste de esta lectura, la mitad del diámetro de la espiga.

Nota: Si la pieza está sostenida sobre paralelas, esta altura deberá restarse de la lectura del calibrador de alturas de precisión.

PREGUNTAS DE REPASO

Micrómetros para interiores

1. ¿En qué tipo de micrómetros de interiores están invertidas las lecturas en relación con un micrómetro de exterior?
2. ¿Qué precauciones deben tenerse al tomar mediciones con un micrómetros de interior?

Micrómetros de interiores

3. ¿Qué característica de construcción compensa la tuerca de fijación en los micrómetros de interiores?
4. ¿Qué precauciones deben tomarse cuando se ensambla el micrómetro de interior con una varilla de extensión?
5. ¿Cuál es la "sensación" correcta en un micrómetro de interior?

Calibradores para orificios pequeños

6. Mencione dos clases de calibradores para pequeñas perforaciones y establezca el propósito de cada uno.
7. ¿Qué precaución debe tomarse cuando se utiliza un calibrador de esta clase para obtener una dimensión?

Calibradores telescópicos

8. Enuncie los pasos necesarios para medir una perforación con un medidor telescópico.

Calibradores para diámetro interior de carátula

9. ¿Qué defectos de barrenado pueden medirse convenientemente con un calibrador de carátula para diámetro interior?

Micrómetros de profundidad

10. ¿Cómo se ajusta la precisión de un micrómetro de profundidad?
11. ¿Cómo debe prepararse la pieza de trabajo antes de medir la profundidad de una perforación o ranura con el micrómetro de profundidad?
12. Explique el procedimiento para medir la profundidad con un micrómetro de profundidad.
13. ¿Cómo difiere la lectura de un micrómetro de profundidad de la de un micrómetro para exterior estándar?

Calibrador vernier de alturas

14. Mencione dos aplicaciones principales para el calibrador vernier de alturas.
15. ¿Qué accesorios son necesarios en un calibrador de esta clase para verificar *con precisión* la altura de una pieza de trabajo?

Calibrador de alturas de precisión

16. ¿Cuáles son las ventajas de utilizar un calibrador de alturas de precisión, en vez de un conjunto de bloques patrón?
17. ¿Qué dimensión o dimensiones deben restarse de la lectura, a fin de obtener la lectura correcta de la altura de una perforación u orificio que se está verificando?

UNIDAD

12

Bloques patrón

OBJETIVOS

Al terminar el estudio de esta unidad, se podrá:

1. Explicar el uso y aplicaciones de los bloques patrón
2. Calcular construcciones de bloques patrón en pulgadas y métricos
3. Elaborar y conjuntar bloques patrón

Para que funcione con eficiencia la manufactura intercambiable se requiere de estándares de medición precisos. Los bloques patrón, el estándar aceptable de precisión, han provisto a la industria de un medio para mantener las dimensiones dentro de estándares o tolerancias específicas. Esta característica ha permitido altas tasas de producción y ha hecho posible la manufactura intercambiable.

FABRICACIÓN DE BLOQUES PATRÓN

Los bloques patrón son prismas rectangulares de aceros aleados endurecidos y rectificados que han sido estabilizados mediante ciclos alternos de calor y frío extremo, hasta que la estructura cristalina del metal queda sin deformaciones. Las dos superficies de medición se rectifican y pulen hasta lograr una superficie ópticamente plana y a una dimensión específica, dentro de un intervalo de 2 a 8 millonésimos de pulgada (de 50 a 200 millonésimos de milímetro). El tamaño de cada bloque aparece estampado en una de sus superficies. También están disponibles bloques patrón cromados y, cuando se desea una larga duración se usan bloques de carburo. Se tiene gran cuidado en su fabricación; la calibración final se realiza bajo condiciones ideales, donde se mantiene la temperatura a 68°F (20°C). Por lo tanto, todos los bloques patrón son precisos en tamaño *sólo* cuando miden a la temperatura estándar de 68°F (20°C).

Recientemente se han introducido *bloques patrón de cerámica* hechos de zirconia, uno de los materiales más durables conocidos. Tienen diez veces la resistencia a la abrasión de los bloques de acero comunes, no necesitan un mantenimiento especial, y tienen un coeficiente de dilatación térmica cercano al del acero. Algunas de las características principales de los bloques patrón de zirconia son:

- Resistentes a la corrosión
- No sufren efectos por deterioro como resultado de la manipulación
- Superior resistencia a la abrasión
- Coeficiente de dilatación térmica cercano al del acero
- Resistencia al impacto
- Libres de rebabas
- Se acoplan o unen muy estrechamente.

Usos

La industria ha encontrado que los bloques patrón son utensilios muy valiosos. Debido a su extrema precisión, se utilizan para los siguientes fines:

1. Verificar la precisión dimensional de calibradores fijos para determinar la extensión del desgaste, dilatación, o contracción.
2. Para verificar calibradores ajustables, como micrómetros y calibradores vernier, dando precisión a estos instrumentos.

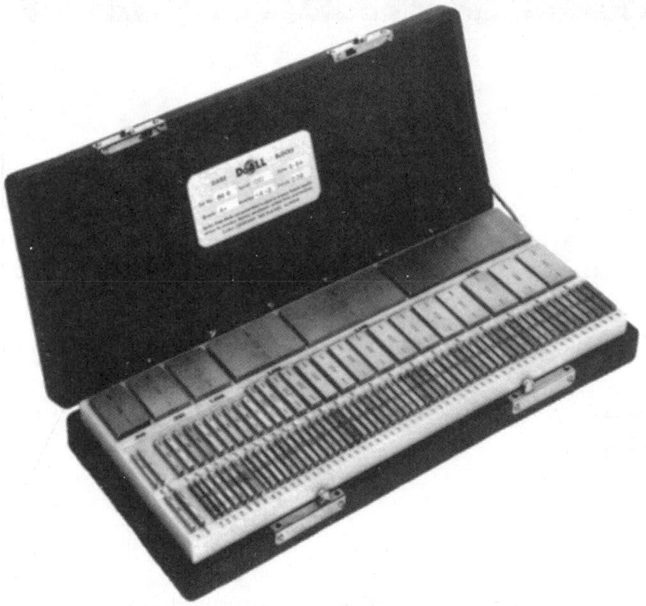

FIGURA 12-1 Juego de 83 piezas de bloques patrón. (Cortesía de DoAll Co.)

3. Para ajustar comparadores, indicadores de carátula y calibradores de altura a la dimensión exacta.
4. Para ajustar barras o reglas, y placas de senos cuando se requiere extrema precisión en configuraciones angulares.
5. Para trazado de precisión con el uso de aditamentos.
6. Para hacer ajustes de máquinas-herramienta.
7. Para medir e inspeccionar la precisión de piezas terminadas.

JUEGOS DE BLOQUES PATRÓN

Bloques patrón estándares en pulgadas

Los bloques patrón se fabrican en juegos que varían desde sólo unos cuantos bloques, hasta 115. El juego de uso más común es el de 83 piezas (Figura 12-1). Con este equipo, es posible hacer más de 120,000 mediciones diferentes, que van desde cienmilésimos de pulgada, hasta más de 25 pulgadas. Los bloques que componen un juego de 83 piezas son mostrados en la Tabla 12-1.

En los juegos de 83 piezas vienen dos bloques de *desgaste*. Unos fabricantes dan bloques de desgaste de .050 pulg; y otros proporcionan bloques de .100 pulg. Deben colocarse en cada extremo de una combinación, especialmente si los bloques quedarán en contacto con superficies duras o abrasivas. Por lo tanto, el desgaste producido por el uso ocurrirá solamente en los dos bloques de desgaste, en vez de en muchos bloques, lo que prolonga la vida útil y precisión del juego. Durante el uso, se considera buena práctica exponer siempre una misma cara del bloque de desgaste a la superficie de trabajo. Un buen hábito a adquirir es tener siempre las palabras "Bloque de desgaste" a la vista en la parte exterior de la combinación. De esta manera, todo el desgaste ocurrirá en una superficie, y se preservará la calidad del acoplamiento de la otra.

Bloques patrón métricos

Los bloques patrón métricos son hechos por la mayoría de los fabricantes en juegos de 47, 88 y 113 bloques. El más común es el juego de 88 piezas (Tabla 12-2). Cada juego contiene un par de bloques de desgaste de 2 mm. Estos se utilizan en cada extremo de una combinación para preservar la precisión de los demás bloques del juego.

Precisión

Los bloques calibradores estándar en pulgadas y métricos se fabrican con tres grados de precisión comunes, dependiendo del propósito para el que se utilizan.

1. El conjunto *Clase AA*, comúnmente conocido como de *laboratorio* o *maestro*, es preciso hasta ±.000 002 pulg en el estándar en pulgadas; en el juego métrico, hasta ±0.000 05 mm. Estos bloques patrón se utilizan en laboratorios de temperatura controlada, como referencia para comparar o verificar la precisión de calibradores de trabajo.
2. El juego *Clase A* se utiliza para propósitos de inspección y es preciso hasta ±.000 004 pulg en el estándar en pulgadas; en el juego métrico, hasta +0.000 15 mm y −0.000 05 mm.
3. El conjunto *Clase B*, comúnmente conocido como de *trabajo*, es preciso hasta ±.000 008 pulg en el estándar en pulgadas; en el juego métrico, hasta +0.000 25 mm y −0.000 15 mm. Estos bloques se utilizan en el taller para ajustar máquinas-herramienta, trabajos de trazado y mediciones.

Efecto de la temperatura

En tanto que el efecto de la temperatura en los instrumentos de medición ordinarios es despreciable, los cambios en la temperatura cuando se manejan bloques patrón de precisión son importantes. Los bloques patrón se han calibrado a 68°F (20°C), pero la temperatura del cuerpo humano es de aproximadamente 98°F (37°C). Una elevación de 1°F (0.5°C) en la temperatura provocará que una pila de 4 pulg (100 mm) de bloques patrón se dilate aproximadamente .000 025 pulg (0.0006 mm); por tanto, estos bloques deben manipularse tan poco como sea posible. Se ofrecen las siguientes sugerencias para eliminar errores posibles por cambios en temperatura.

1. Manipule los bloques patrón sólo cuando deba moverlos.
2. Sosténgalos en la mano tan poco tiempo como sea posible.
3. Sosténgalos entre las puntas de los dedos, de forma que el área de contacto sea pequeña, o utilice pinzas aisladas.
4. Tenga la pieza de trabajo y los bloques patrón a una misma temperatura. Si no se tiene disponible una habi-

TABLA 12-1 Tamaños en un juego de 83 piezas de bloques patrón estándar en pulgadas

Primero: Serie de 0.0001 pulg — 9 bloques									
.1001	.1002	.1003	.1004	.1005	.1006	.1007	.1008	.1009	
Segundo: Serie de 0.001 pulg — 49 bloques									
.101	.102	.103	.104	.105	.106	.107	.108	.109	
.110	.111	.112	.113	.114	.115	.116	.117	.118	
.119	.120	.121	.122	.123	.124	.125	.126	.127	
.128	.129	.130	.131	.132	.133	.134	.135	.136	
.137	.138	.139	.140	.141	.142	.143	.144	.145	
.146	.147	.148	.149						
Tercero: Serie de 0.050 pulg — 19 bloques									
.050	.100	.150	.200	.250	.300	.350	.400	.450	.500
.550	.600	.650	.700	.750	.800	.850	.900	.950	
Cuarto: Serie de 1.000 pulg — 4 bloques									
1.000	2.000	3.000	4.000						
Dos bloques de desgaste de .050 pulg									

TABLA 12-2 Tamaños en un juego de 88 piezas de bloques patrón métricos

Serie de 0.001 mm — 9 bloques								
1.001	1.002	1.003	1.004	1.005	1.006	1.007	1.008	1.009
Serie de 0.01 mm — 49 bloques								
1.01	1.02	1.03	1.04	1.05	1.06	1.07	1.08	1.09
1.10	1.11	1.12	1.13	1.14	1.15	1.16	1.17	1.18
1.19	1.20	1.21	1.22	1.23	1.24	1.25	1.26	1.27
1.28	1.29	1.30	1.31	1.32	1.33	1.34	1.35	1.36
1.37	1.38	1.39	1.40	1.41	1.42	1.43	1.44	1.45
1.46	1.47	1.48	1.49					
Serie de 0.5 mm — 1 bloque								
0.5								
Serie de 0.5 mm — 18 bloques								
1	1.5	2	2.5	3	3.5	4	4.5	5
5.5	6	6.5	7	7.5	8	8.5	9	9.5
Serie de 10 mm — 9 bloques								
10	20	30	40	50	60	70	80	90
Dos bloques de desgaste de 2 mm								

tación de temperatura controlada, se pueden colocar tanto la pieza de trabajo como los bloques patrón en queroseno, hasta que ambos estén a una misma temperatura.

5. Cuando se requiera de precisión extrema, utilice guantes y pinzas aislantes, para evitar cambios en la temperatura durante la manipulación.

Combinaciones de bloques patrón

Los bloques patrón se fabrican con gran precisión; se adhieren entre sí tan fuertemente que cuando se conjuntan apropiadamente pueden soportar una fuerza de tracción elevada*. Se han elaborado muchas teorías para explicar esta adherencia. Los científicos han pensado que tal vez sea la presión atmosférica, atracción molecular, la extrema planicie de la superficie de los bloques, o una delgadísima película de aceite lo que les da esa cualidad. Posiblemente una combinación de cualquiera de estos factores podría ser la responsable.

Cuando se requiere que los bloques tomen una dimensión que se está calculando, se deberá seguir el siguiente procedimiento para ahorrar tiempo, reducir el riesgo de errores, y usar tan pocos bloques como sea posible. Por ejemplo, si se requiere una medida de 1.6428 pulg, siga este procedimiento:

Paso	Procedimiento		
1	Escriba en papel la dimensión requerida		1.6428
2	Deduzca el tamaño de los dos bloques de desgaste (2 × .050 pulg)		.1000
		Residuo	1.5428
3	Utilice un bloque que elimine el dígito de la derecha		.1008
		Residuo	1.4420
4	Emple un bloque que elimine el dígito de la derecha y que al mismo tiempo deje el dígito inmediato a su izquierda, en cero (0) o en cinco (5)		.142
		Residuo	1.300
5	Continúe eliminando dígitos de la derecha hacia la izquierda, hasta que logre la dimensión requerida		.300
		Residuo	1.000
6	Utilice un bloque de 1.000 pulg		1.000
		Residuo	0.000

Para eliminar la posibilidad de un error de resta mientras se hace una combinación, utilice dos columnas para este cálculo. Como se ilustra en el siguiente ejemplo, los bloques calibradores se restan de la dimensión original en la columna de la izquierda, y la columna de la derecha se utiliza como columna de verificación. Por ejemplo, para fijar una dimensión de 3.8716 pulg, proceda como sigue:

	Columna de procedimiento	Columna de verificación
1. Dimensión requerida	3.8716 pulg	
2. Dos bloques de desgaste (2 × .050 pulg)	.100 3.7716	.100
3. Utilice .1006 pulg	.1006 3.6710	.1006
4. Utilice .121 pulg	.121 3.550	.121
5. Emplee .550 pulg	.550 3.000	.550
6. Emplee 3.000 pulg	3.000 .0000 pulg	3.000 3.8716 pulg

Cuando se utilizan bloques métricos para una construcción de 57.15 mm, se procede como sigue:

Paso	Procedimiento		
1	Escriba en papel la dimensión requerida		57.15
2	Deduzca el tamaño de los dos bloques de desgaste (2 × 2 mm)		4.00
		Residuo	53.15
3	Utilice un bloque que elimine el dígito de la derecha		1.050
		Residuo	52.100
4	Utilice un bloque que elimine el dígito de la derecha		1.10
		Residuo	51.00
5	Emplee un bloque de 1 mm		1.00
		Residuo	50.00
6	Aplique un bloque de 50 mm		50.00
		Residuo	0.00

Para una construcción métrica de 27.781 mm, proceda como sigue:

	Columna de procedimiento	Columna de verificación
1. Dimensión requerida	27.781 mm	
2. Dos bloques de desgaste (2 × 2 mm)	4 23.781	4
3. Utilice 1.001 mm	1.001 22.780	1.001
4. Utilice 1.08 mm	1.08 21.7	1.08
5. Aplique 1.7 mm	1.7 20	1.7
6. Emplee 20 mm	20 0.000 mm	20 27.781 mm

Cómo conjuntar bloques

Cuando acople bloques, tenga cuidado de no dañarlos. La secuencia correcta de movimientos para el acoplamiento, ilustrada en la Figura 12-2, es como sigue:

1. Limpie los bloques con un trapo limpio y suave.
2. Frote todas las superficies de contacto sobre la palma de la mano limpia o en la muñeca. Este procedimiento elimina todas las partículas de polvo dejadas por el trapo, y también aplica una ligera película de aceite.
3. Coloque el extremo de un bloque sobre el extremo de otro, como se muestra en la Figura 12-2.
4. Aplicando presión en ambos bloques, deslice uno encima del otro.

Nota: Si los bloques no se adhieren entre sí, generalmente es porque no están totalmente limpios.

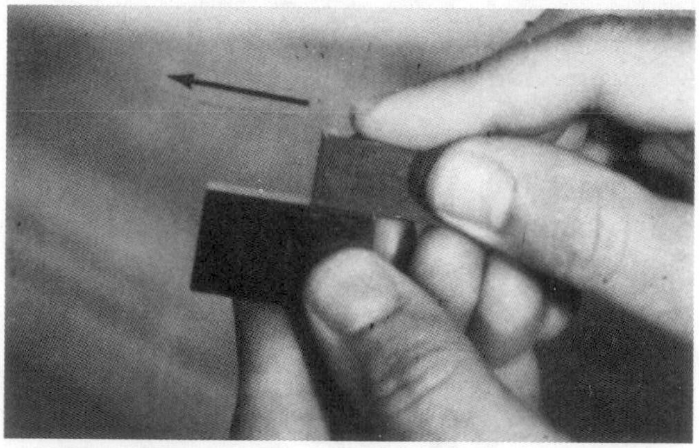

FIGURA 12-2 Procedimiento para acoplar bloques patrón. (Cortesía de Kelmar Associates.)

Cuidados de los bloques patrón

1. Siempre deben protegerse los bloques patrón del polvo y la suciedad, manteniéndolos en una caja cerrada cuando no estén en uso.
2. Los bloques patrón no deben manipularse innecesariamente, ya que absorben calor de la mano. Si esto llega a ocurrir, antes de utilizarlos debe permitirse que los bloques patrón vuelvan a la temperatura ambiente.
3. Debe evitarse tocar con los dedos las superficies pulidas para evitar dañarlas y que se oxiden.
4. Debe tenerse cuidado de no dejar caer los bloques patrón o rayar sus superficies.
5. Inmediatamente después de usarlos, se deben limpiar, aceitar y devolver a su caja todos los bloques.
6. Antes de acoplar bloques patrón, sus superficies deben estar limpias de aceite y polvo.
7. Nunca deben dejarse acoplados los bloques patrón un determinado tiempo. La ligera humedad entre los bloques puede provocar oxidación, lo que los dañará permanentemente.

PREGUNTAS DE REPASO

1. ¿Cómo se estabilizan los bloques patrón, y por qué es necesario esto?
2. Mencione cinco usos generales para los bloques patrón.
3. ¿Con qué finalidad se utilizan los bloques de desgaste?
4. ¿Cómo deben ensamblarse siempre los bloques de desgaste en una combinación?
5. Mencione la diferencia entre un juego maestro y un juego de trabajo de bloques patrón.
6. ¿Qué precauciones son necesarias cuando se manipulan bloques patrón, a fin de minimizar el efecto del calor en los bloques?
7. Enuncie cinco precauciones necesarias para cuidar apropiadamente bloques patrón.
8. Calcule los bloques patrón necesarios para las siguientes combinaciones (utilice la columna de verificación para una mayor precisión):
   a. 2.1743 pulg   c. 7.8923 pulg   e. 74.213 mm
   b. 6.2937 pulg   d. 32.079 mm   f. 89.694 mm

UNIDAD

13

Medición de ángulos

OBJETIVOS

Al terminar el estudio de esta unidad, se podrá:

1. Hacer mediciones de ángulos con una precisión de 5′ (minutos) de grado utilizando un transportador universal con bisel
2. Efectuar mediciones de ángulos con precisión de menos de 5′ utilizando una barra de seno, bloques patrón y un indicador de carátula

La medición y definición precisa de ángulos constituye una fase importante del trabajo de un taller de maquinado. Los instrumentos de uso más común para el trazo y medición precisa de los ángulos son el transportador biselado universal, la barra de senos, y la placa de senos.

EL TRANSPORTADOR UNIVERSAL CON BISEL

El *transportador universal con bisel* (Figura 13-1) es un instrumento de precisión, capaz de medir ángulos con una precisión de 5′ (0.083°). Consiste en una *base*, a la cual está unida una *escala vernier*. Una *carátula de transportador*, graduada en grados, con cada décimo de grado numerado, está montada en la sección circular de la base. Se ajusta una *tira deslizante* a esta carátula, que puede extenderse en cualquier dirección y ajustarse a cualquier ángulo respecto a la base. La base y la carátula giran como una unidad. Los ajustes finos se obtienen con un pequeño piñón moleteado que, cuando se gira, se acopla con un engrane sujeto al montaje de la tira. La carátula del transportador puede fijarse en cualquier posición por medio de una *tuerca fijadora de la carátula*.

El transportador con vernier que se ve en la Figura 13-2 sirve para medir un ángulo obtuso, es decir, un ángulo mayor de 90° pero inferior a 180°. Para medir ángulos menores que 90° se aplica un *aditamento para ángulo agudo* al transportador con vernier (Figura 13-3).

La carátula del transportador con vernier, o escala principal, está dividida en dos arcos de 180°. Cada arco está dividido en dos cuadrantes de 90°, graduados de 0° a 90° a la izquierda y la derecha de la línea cero (0), con indicación de cada décimo de grado.

La escala vernier está dividida en 12 segmentos a cada lado de la línea cero, que ocupan el mismo espacio que 23° de la carátula del transportador. Por medio de un cálculo simple, es fácil captar que un espacio del vernier es de 5′, o menos de dos graduaciones de la escala principal. Si el cero de la escala vernier coincide con una línea de la escala principal, la lectura sólo será en grados. Sin embargo, si cualquier otra línea de la escala vernier coincide con una línea de la escala principal, la cantidad de graduaciones de vernier más allá del cero debe multiplicarse por 5, y agregarse a la cantidad de grados completos que indica la carátula del transportador.

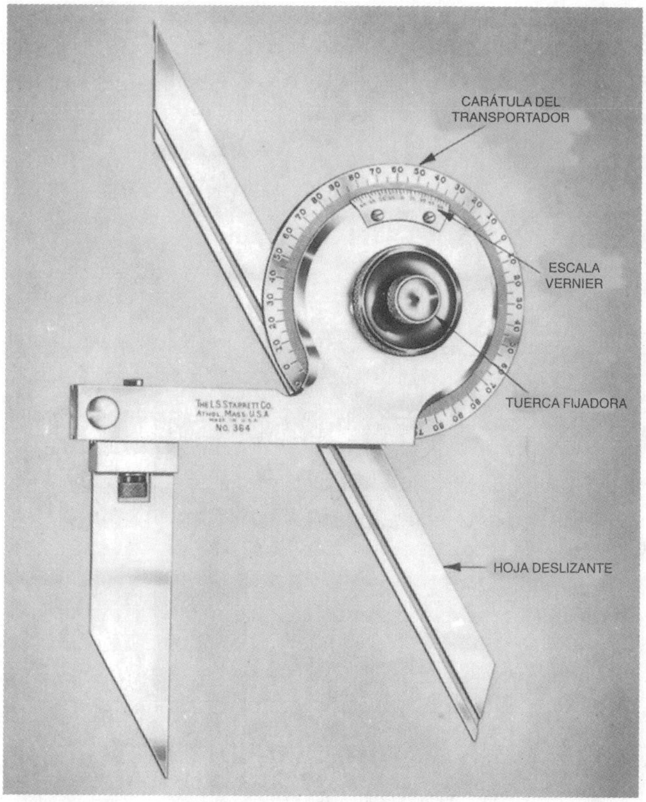

FIGURA 13-1 El transportador universal con bisel puede medir ángulos con precisión. (Cortesía de The L.S. Starrett Company.)

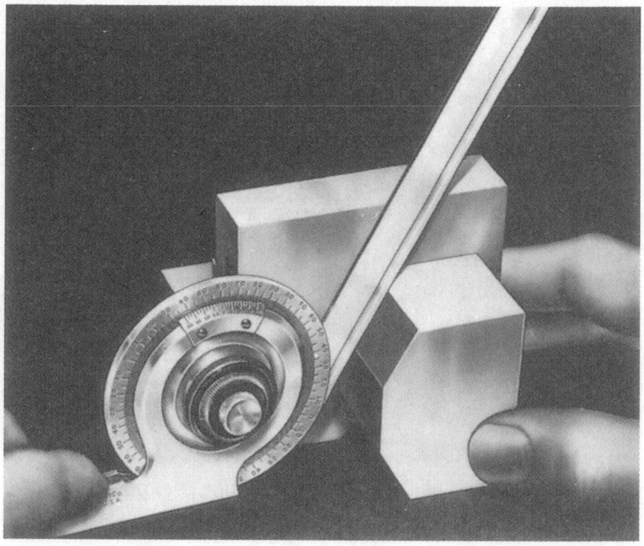

FIGURA 13-2 Cómo medir un ángulo obtuso, utilizando un transportador universal biselado. (Cortesía de The L.S. Starrett Company.)

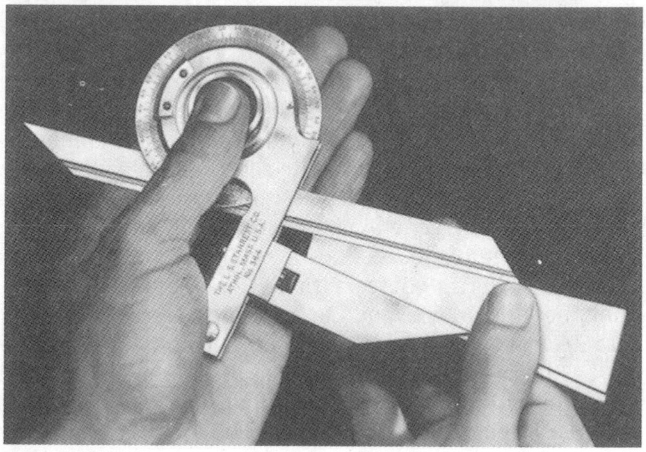

FIGURA 13-3 Cómo medir un ángulo agudo. (Cortesía de The L.S. Starrett Company.)

Cómo leer un transportador con vernier

1. Observe el número de grados completos entre el cero de la escala principal y el cero de la escala vernier.
2. Avanzando *en la misma dirección* a partir del cero en la escala vernier, observe qué línea del vernier coincide con una línea de la escala principal.
3. Multiplique esta cantidad por 5, y súmela al número de grados en la carátula del transportador.

En la Figura 13-4, la lectura angular se calcula como sigue. El número de grados indicados en la escala principal es 50 (positivo). La cuarta línea de la escala vernier *a la izquierda* del cero coincide con una línea de la escala principal; por lo tanto, la lectura es:

Número de grados completos	$= 50°$
Valor de la escala vernier $(4 \times 5')$	$= 20'$
Lectura	$= 50° \ 20'$

Nota: Una segunda verificación de la lectura colocaría la línea de la escala vernier al otro lado del cero, lo que coincide con una línea de la escala del transportador. Esta línea debe siempre ser igual al complemento a 60′. En la Figura 13-4, la línea de 40′ a la derecha del cero coincide con una línea de la escala del transportador. Esta lectura, cuando se suma a los 20′ a la izquierda de la escala, es igual a 60′, es decir 1°.

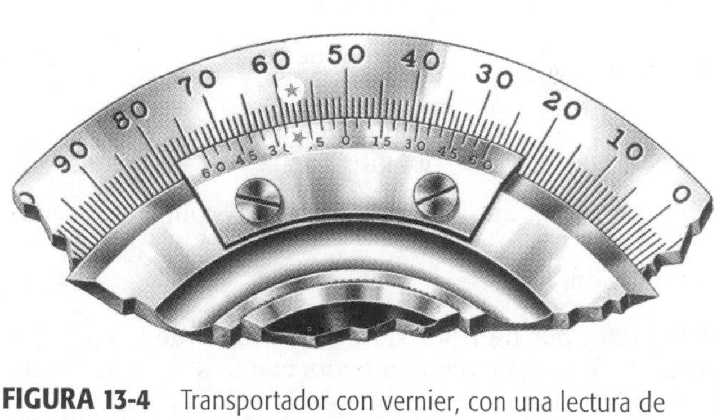

FIGURA 13-4 Transportador con vernier, con una lectura de 50° 20′. (Cortesía de The L.S. Starrett Company.)

FIGURA 13-5 Se utiliza una barra de senos de 5 pulg con un conjunto de bloques calibradores, para ajustar piezas a un ángulo. (Cortesía de Kelmar Associates.)

LA BARRA DE SENOS TRIGONOMÉTRICO

Se utiliza una *barra de senos* (Figura 13-5) cuando la precisión de un ángulo debe estar dentro de menos de 5′ o las piezas de trabajo debe quedar a un ángulo dado dentro de límites estrechos. La barra de senos está formada por una regla de acero con dos cilindros de igual diámetro sujetos cerca de los extremos. Los centros de estos cilindros están en una línea exactamente a 90° con el borde de la regla. La distancia entre centros de estos cilindros pulidos usualmente es de 5 o 10 pulgadas en barras de senos en pulgadas, o bien de 125 o 250 mm en barras de senos métricas. Las barras de senos se fabrican generalmente en acero de herramienta estabilizado, templado, rectificado y pulido con extrema precisión. Se utilizan sobre mármoles, y se pueden ajustar a cualquier ángulo, elevando un extremo de la regla a una altura determinada con bloques calibradores.

Las barras de senos se fabrican generalmente de 5 pulg o en múltiplos de 5 pulg de longitud; esto es, los cilindros se hallan a 5 pulg ±.0002 o 10 pulg ±.000 25 entre centros. La cara de la barra de senos es precisa dentro de .000 05 pulg en 5 pulg. En teoría, la barra de senos es la hipotenusa de un triángulo rectángulo. El conjunto de bloques patrón forma el cateto opuesto, y la superficie del mármol corresponde al cateto adyacente en el triángulo.

Utilizando la trigonometría, es posible calcular el cateto opuesto —el conjunto de bloques patrón— para cualquier ángulo entre 0° y 90°, como sigue:

$$\text{Seno del ángulo} = \frac{\text{cateto opuesto}}{\text{hipotenusa}} = \frac{\text{altura del conjunto de bloques}}{\text{longitud de la barra de senos}}$$

Cuando se utiliza una barra de senos de 5 pulg, esto sería:

$$\text{Seno del ángulo} = \frac{\text{altura}}{5}$$

Por lo tanto, por transposición, el conjunto de bloques patrón en cualquier ángulo requerido, con una regla de 5 pulg, corresponde a:

$$\text{Altura} = 5 \times \text{seno del ángulo requerido}$$

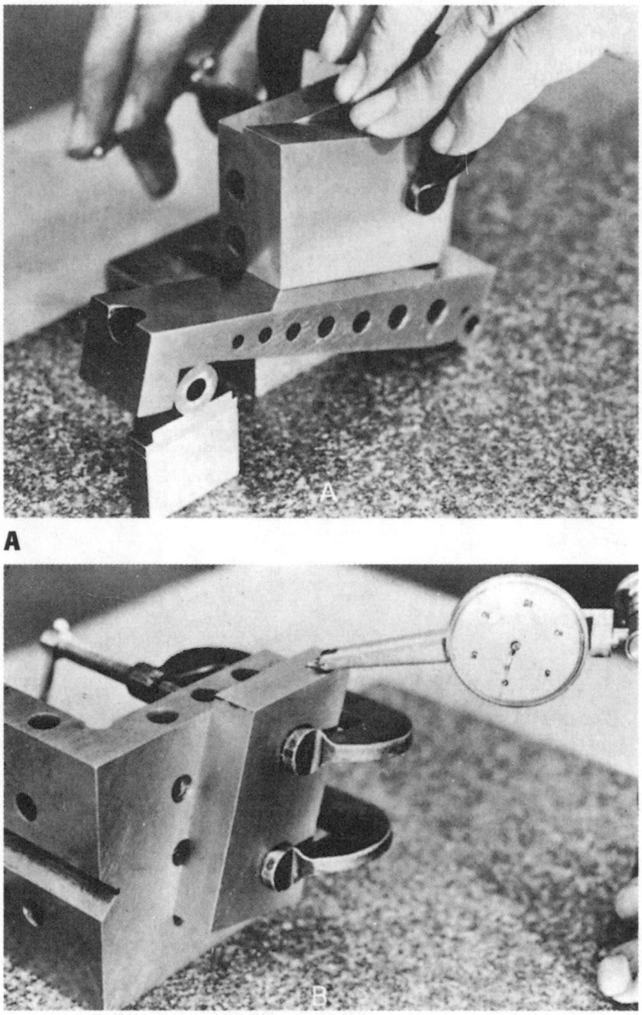

FIGURA 13-6 Ajuste para un ángulo mayor que 60°: (A) fije la barra de senos al complemento del ángulo; (B) gire la placa de ángulo 90° sobre su lado. (Cortesía de Kelmar Associates.)

EJEMPLO

Calcule el conjunto de bloques patrón requerido para poner una barra de senos de 5 pulg a un ángulo de 30°.

$$\begin{aligned}\text{Conjunto} &= 5 \text{ sen } 30^\circ \\ &= 5(.5000) \\ &= 2.5000 \text{ pulg.}\end{aligned}$$

Nota: Esta fórmula se aplica solamente a ángulos de hasta 60°.

Cuando se debe verificar un ángulo de más de 60°, es mejor ajustar la pieza de trabajo utilizando el complemento del ángulo (Figura 13-6A). La placa de ángulo se gira entonces 90° para producir el ángulo correcto (Figura 13-6B). La razón es que cuando la barra de senos está en una posición casi horizontal, un pequeño cambio en la altura del conjunto producirá un cambio menor en el ángulo, que cuando la barra de senos está en una posición casi vertical. Este cambio en la altura de los bloques patrón puede mostrarse calculando el conjunto requerido tanto para un ángulo de 75° como para el complementario de 15°.

Conjunto requerido para:

$$\begin{aligned} 75°1' &= 5 \text{ sen } 75°1' \ (0.9660) \\ &= 4.8300 \text{ pulg} \\ 75° &= 5 \text{ sen } 75° \ (0.96592) \\ &= 4.82960 \text{ pulg} \end{aligned}$$

Diferencia en el conjunto para 1′

$= .00040$ pulg

Conjunto requerido para:

$$\begin{aligned} 15°1' &= 5 \text{ sen } 15°1' \ (0.25910) \\ &= 1.29550 \text{ pulg} \\ 15° &= 5 \text{ sen } 15° \ (.25882) \\ &= 1.29410 \text{ pulg} \end{aligned}$$

Diferencia en el conjunto para 1′

$= .00140$ pulg

Este ejemplo muestra que se necesita exactamente 3.5 veces el conjunto requerido para producir un cambio de 1′ a 15°, de lo que se requiere para 1′ a 75°. Por lo tanto, una pequeña imprecisión en el ajuste resultaría en un error menor a un ángulo más pequeño de lo que resultaría a un ángulo más grande. Si se utilizan los ángulos complementarios de 80° y 10°, esta relación aumenta a más de 5:1.

Cuando se deben verificar ángulos pequeños, a veces es imposible obtener un conjunto lo suficientemente reducido para colocarlo bajo un extremo de la barra de senos. En tales situaciones, será necesario colocar bloques patrón bajo ambos cilindros de la barra de senos, con una diferencia neta en medida igual al conjunto requerido. Por ejemplo, el conjunto necesario para 2° es de .1745 pulg. Ya que es imposible hacer este conjunto, es necesario colocar uno de 1.1745 pulg bajo un cilindro y otro de 1.000 pulg bajo el otro cilindro, lo que da una diferencia neta de .1745 pulg.

Antes de utilizar una barra de senos para verificar una conicidad (o pendiente), es necesario calcular su ángulo de forma que se pueda formar un conjunto de bloques calibradores adecuado. Las Figuras 13-17A y B ilustran cómo se hace.

En el triángulo rectángulo *ABD*:

$$\begin{aligned} \tan\frac{a}{2} &= \frac{½}{12} \\ &= .04166 \\ &= 2°23'\,10'' \\ \therefore a &= 4°46'20'' \end{aligned}$$

A partir de esta solución, se deriva la siguiente fórmula para determinar el ángulo incluido, cuando se conoce la conicidad (o pendiente), es decir, *conicidad por pie* (en inglés: *taper per foot*)que se representará como *tpf*:

$$\tan\frac{a}{2} = \frac{tpf}{24}$$

Nota: Cuando se calcula el ángulo de conicidad *no* se utiliza la fórmula $\tan a = tpf/12$, ya que el triángulo *ABC* no es un triángulo rectángulo.

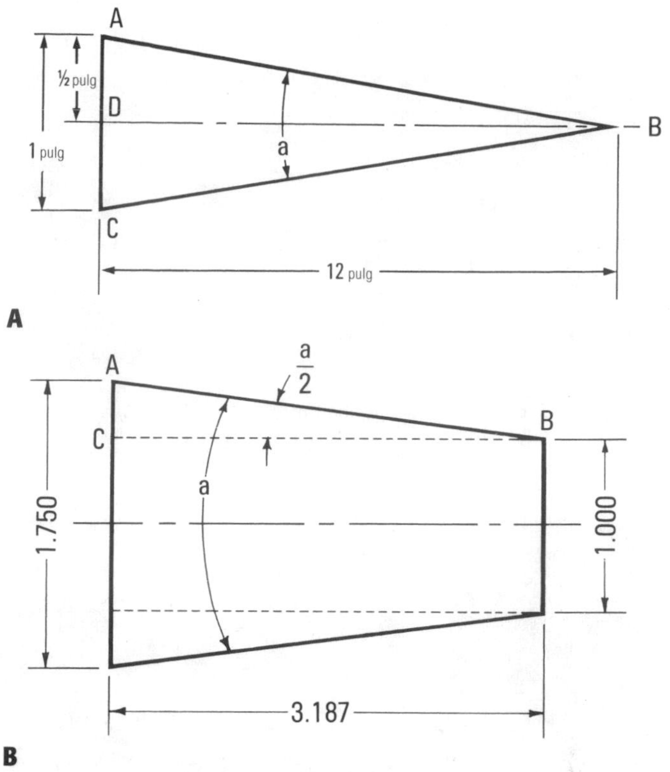

FIGURA 13-7 El ángulo correspondiente a conicidad de 1 pulg/pie.

Por transposición, si se da el ángulo incluido, el *tpf* puede calcularse como sigue:

$$tpf = \tan\frac{1}{2}a \times 24$$

Si el *tpf* no es conocido, el ángulo puede calcularse como se muestra en la Figura 13-7B, esto es:

$$\begin{aligned} AC &= \frac{1.750 - 1.000}{2} \\ &= \frac{.750}{2} \\ &= .375 \\ \tan\frac{a}{2} &= \frac{.375}{3.187} \\ &= .11766 \\ &= 6°42'22'' \\ \therefore a &= 13°24'44'' \end{aligned}$$

Para verificar la precisión de esta conicidad utilizando una barra de senos de 5 pulg, calculamos los calibradores como sigue:

$$\begin{aligned} \text{Conjunto} &= 5 \text{ sen } 13°24'44'' \ (.23196) \\ &= 1.1598 \text{ pulg} \end{aligned}$$

Las conicidades métricas se expresan como una pendiente de 1 mm por unidad de longitud; por ejemplo, una conicidad de 1:20 reduciría 1 mm en diámetro en cada 20 mm de longitud (vea la Unidad 54).

Las conicidades pueden verificarse conveniente y precisamente utilizando un *micrómetro de conicidad*. Este instru-

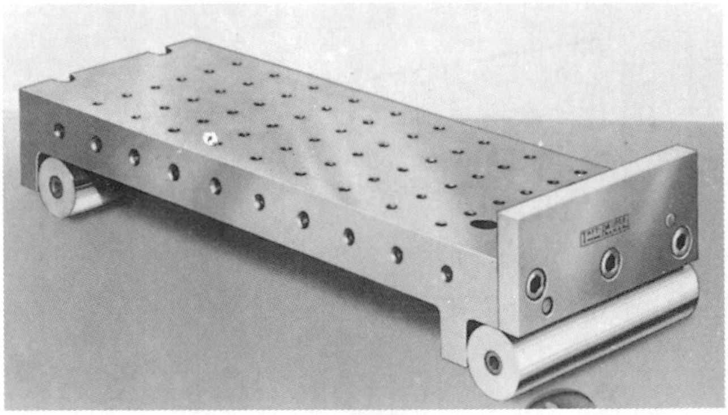

FIGURA 13-8 Puede fijarse una pieza de trabajo a una placa de senos. (Cortesía de The Taft-Peirce Manufacturing Company.)

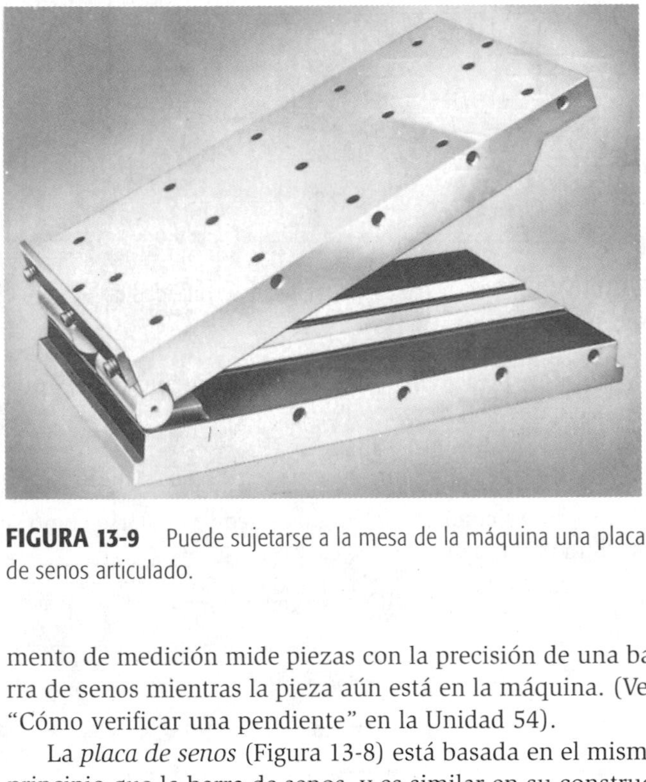

FIGURA 13-9 Puede sujetarse a la mesa de la máquina una placa de senos articulado.

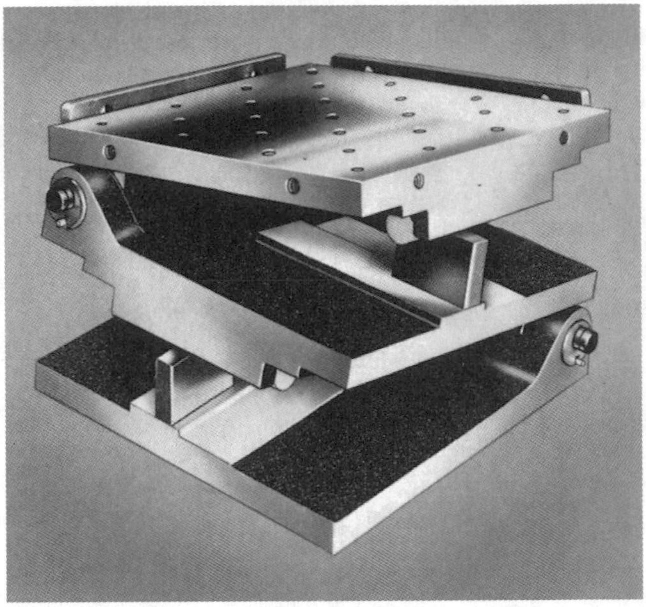

FIGURA 13-10 Una placa de senos combinada permite el ajuste de ángulos en dos direcciones.

mento de medición mide piezas con la precisión de una barra de senos mientras la pieza aún está en la máquina. (Vea "Cómo verificar una pendiente" en la Unidad 54).

La *placa de senos* (Figura 13-8) está basada en el mismo principio que la barra de senos, y es similar en su construcción, excepto que es más ancha. Las barras de senos tienen hasta 1 pulg de anchura, pero las placas de senos tienen generalmente más de 2 pulg de ancho. Tienen varias perforaciones en su superficie que permiten que el trabajo se sujete a la superficie de la placa de senos. Un tope en el extremo de la placa evita que la pieza de trabajo se mueva durante el maquinado.

Las placas de seno pueden articularse sobre una base (Figura 13-9), y con frecuencia se les llama *mesas de senos*. Ambas clases vienen en longitudes de 5 y 10 pulgadas y tienen un escalón o ranura de .100 o .200 pulgadas de profundidad en la base, para permitir que un relleno para pequeños ángulos se coloque debajo del rodillo libre.

LA PLACA DE SENOS COMBINADA

La *placa de senos combinada* (Figura 13-10) consiste en una placa de senos sobrepuesta a otra placa similar. La placa inferior está fija con bisagra a una base y se puede inclinar en cualquier ángulo desde 0° hasta 60°, colocando bloques patrón bajo el rodillo o cilindro libre. La base superior está articulada a la base inferior, de forma que su cilindro y su bisagra están en ángulo recto con respecto a los de la placa inferior. La placa superior también puede inclinarse en cualquier ángulo hasta 60°. Esta característica permite el ajuste de ángulos compuestos (ángulos en dos direcciones).

Las placas de senos combinadas tienen una placa lateral y una de extremo en la mesa superior para facilitar el ajuste de trabajo perpendicular al borde de la mesa y evitar el movimiento de la pieza durante el maquinado. Un peldaño o ranura de .100 o .200 pulg de profundidad en la base y en la mesa inferior permite el ajuste para ángulos pequeños, y el conjunto de bloques patrón puede colocarse en la ranura.

Dado que la mayoría de los ángulos se maquinan con dispositivos de sujeción, no se utilizan placas de senos sino hasta la operación de terminado, que es generalmente el rectificado. Para facilitar la sujeción de las piezas, tanto las placas simples como las combinadas están disponibles con mandriles magnéticos integrados.

PREGUNTAS DE REPASO

Transportador universal biselado

1. Mencione las partes de un transportador universal biselado y enuncie el objeto de cada una.
2. Describa el principio del transportador con vernier.
3. Esquematice la lectura de un transportador con vernier:
   a. 34°20′ b. 17°45′

Barra de senos

4. Describa el conjunto y el principio de la barra de senos.
5. ¿Cuál es la precisión de las barras de senos de 5 y 10 pulg?
6. Determine el conjunto de bloques patrón para los siguientes ángulos, utilizando una barra de senos de 5 pulg:
   a. 7°40′ b. 25°50′ c. 40°10′
7. ¿Qué procedimiento debe seguirse para verificar un ángulo de 72°, utilizando una barra de senos y bloques patrón? ¿Por qué se recomienda este procedimiento?
8. Al calcular el ángulo de una pendiente (o conicidad), por qué se utiliza la siguiente fórmula:

$$\tan \frac{1}{2} a = \frac{tpf}{24}$$

en vez de

$$\tan a = \frac{tpf}{12}$$

Ilustre por medio de un croquis adecuado.

Placa de senos

9. Describa una placa de senos y exprese su propósito.
10. ¿Cuál es la ventaja de una placa de senos con articulación?
11. ¿Cuál es el propósito de una placa de senos combinada?

UNIDAD

14

Galgas

OBJETIVOS

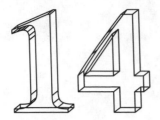

Al terminar el estudio de esta unidad, se podrá:

1 Conocer y describir los usos de tres tipos de galgas de pasador y de anillo

2 Verificar la precisión de una pieza con una galga de pasador o de anillo

3 Verificar la precisión de una pieza utilizando una galga de pinza

Aunque los procesos de producción modernos han alcanzado un alto grado de precisión, la producción de una pieza a un tamaño *exacto* sería por mucho demasiado costosa. En consecuencia, los métodos de producción industrial, incluyendo la manufactura intercambiable, permiten ciertas variaciones en las dimensiones exactas especificadas, asegurándose al mismo tiempo que la pieza componente ajustará debidamente en la unidad en el momento del ensamblaje.

Para determinar los tamaños de diversas piezas, un inspector por lo general utiliza algún tipo de elemento *calibrante* o *galga*. Los utilizados por la industria varían desde la galga fija del tipo más simple, hasta complejos dispositivos electrónicos y láser para medir variaciones muy pequeñas.

Para asegurar que la pieza cumplirá las especificaciones, se utilizan ciertos términos básicos, los que por lo general se incluyen en el plano de la pieza. Estos términos se aplican a todas las formas de medición e inspección y deben ser comprendidos tanto por el mecánico como por el inspector..

TÉRMINOS BÁSICOS

Los siguientes términos básicos se utilizan para expresar el tamaño exacto de una pieza y las variaciones permisibles en dicho tamaño. Se da un ejemplo en la Tabla 14-1.

La *dimensión básica* es el tamaño exacto de una pieza a partir del cual se hacen todas las variaciones limitantes.

Los *límites* son las dimensiones máxima y mínima de una pieza (las medidas mayor y menor).

La *tolerancia* es la variación permisible en el tamaño. La tolerancia a menudo se muestra en el plano como la dimensión básica más o menos la variación permitida. Si una pieza en el plano tiene dimensión de 3 pulg ±.002 (76 mm ±0.05), la tolerancia sería de .004 pulg (0.10 mm).

Si la tolerancia sólo es en una dirección, esto es, más ***o*** menos, se dice que es una *tolerancia unilateral.* Sin embargo, si la tolerancia es a la vez de más ***y*** menos, se le conoce como *tolerancia bilateral.*

TABLA 14-1 Ejemplo de límites y tolerancias

Tamaño nominal	3 pulg	
Dimensión básica	3.000	(equivalente decimal del tamaño nominal)
Dimensión básica y valor de tolerancia bilateral permitida	3.000	±.002
Límites	3.002 2.998	(mayor tamaño permitido) (menor tamaño permitido)
Tolerancia	.004	(diferencia entre los límites mínimo y máximo)

La *holgura* es la diferencia intencional en la dimensión de piezas que embonan. Por ejemplo, es la diferencia entre el diámetro máximo de una barra eje y el diámetro mínimo de la cavidad de soporte correspondiente.

GALGAS FIJAS

Las *galgas fijas* se utilizan con propósitos de inspección porque proporcionan un medio rápido de verificar una dimensión específica. Estas galgas deben ser fáciles de utilizar y tener un terminado preciso a la tolerancia requerida. Generalmente se terminan a un décimo de la tolerancia para la que están diseñados. Por ejemplo, si la tolerancia de una pieza a verificar debe mantenerse en .001 pulg (0.02 mm), el calibrante debe terminarse dentro de .0001 pulg (0.002 mm) del tamaño requerido.

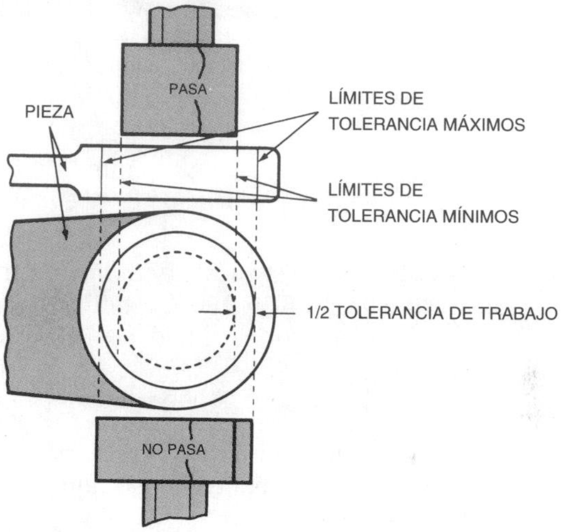

FIGURA 14-2 El extremo "pasa" del calibrante verifica el límite de tolerancia mínimo, en tanto que el extremo de "no pasa" verifica la tolerancia máxima. (Cortesía de Sheffield Measurement Div.)

GALGAS DE PASADOR CILÍNDRICAS

Las *galgas de pasador cilíndricas* simples (Figura 14-1) se utilizan para verificar el diámetro interior de una perforación recta y generalmente son de la variedad "pasa" y "no pasa". Este tipo de galga consiste en un soporte con un émbolo pasante en cada extremo, rectificada y/o pulida a un tamaño específico. El émbolo de diámetro menor, o de "pasa", comprueba el límite inferior de la cavidad. El émbolo de diámetro mayor, o de "no pasa", comprueba el límite superior de la misma (Figura 14-2). Por ejemplo, si el tamaño de una perforación debe mantenerse en 1.000 pulg ±.0005 (25.4 mm ±0.012), el extremo "pasa" de la galga se diseñaría para ajustarse a una perforación de .9995 pulg (25.38 mm) de diámetro. El extremo de "no pasa" no cabría en ninguna cavidad con un diámetro menor que 1.0005 pulg (25.41 mm).

El tamaño de estas galgas se estampa usualmente en el mango en cada extremo de la galga. El de "pasa" es más largo que el de "no pasa," para una fácil identificación. A veces se hace una ranura en el mango cerca del extremo de "no pasa" para distinguirlo del extremo de "pasa".

Debido al desgaste causado por el constante uso de las galgas de pasador, muchas se fabrican con puntas de carburo, lo que incrementa su duración.

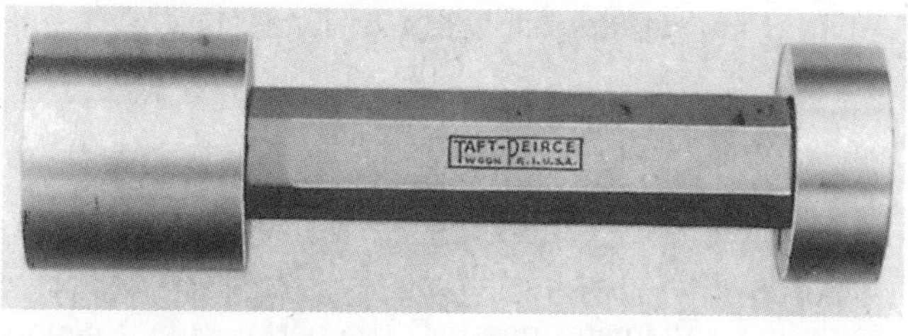

FIGURA 14-1 Se utiliza una galga de pasador cilíndrica para verificar tamaños de agujeros. (Cortesía de Taft-Pierce Manufacturing Company.)

Cómo utilizar una galga de pasador cilíndrica

1. Seleccione una galga de este tipo del tamaño y tolerancia correctos para la perforación o hueco a verificar.
2. Limpie ambos extremos de la galga y la perforación en la pieza de trabajo con un trapo limpio y seco.
3. Revise la galga (por ambos extremos) y la pieza de trabajo para quitar rebabas.

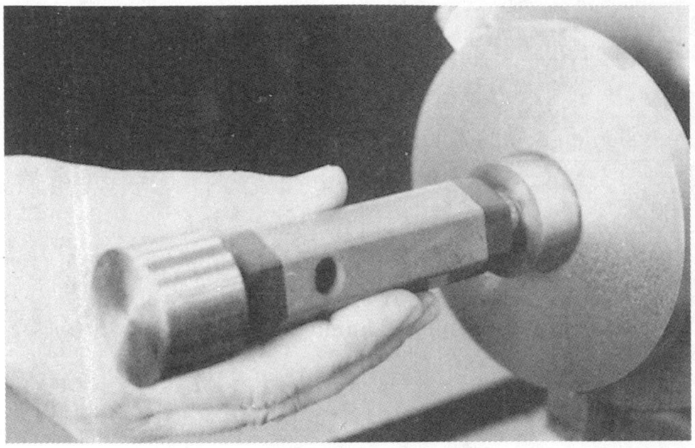

FIGURA 14-3 Verificación de un diámetro interior con una galga de pasador. (Courtesy de Kelmar Associates.)

4. Frote ambos extremos de la galga con un trapo aceitoso para depositar una delgada película de aceite en las superficies.
5. Introduzca el extremo de "pasa" *directamente* en la perforación (Figura 14-3). Si el hueco está dentro de los límites, la galga entrará con facilidad.

> No fuerce la galga ni la haga girar.

La espiga o punta debe entrar en la perforación en toda su longitud, y no debe haber demasiado juego entre galga y pieza.

Nota: Si la galga entra en la abertura sólo parcialmente, la perforación es cónica. Un juego u holgura excesivos en una dirección indica que el hueco es elíptico (y no cilíndrico).

6. Una vez que la perforación ha sido verificada con el extremo "pasa", debe comprobarse con el extremo "no pasa". Éste no debe ni apenas entrar en la perforación. Una entrada de más de 1/16 pulg (1.5 mm) indica una perforación demasiado grande, en boca de campana, o de forma cónica.

GALGAS DE ANILLO SIMPLES

Las *galgas de anillo simples*, utilizadas para verificar el diámetro exterior de piezas, están rectificadas y pulidas en su cara interna al tamaño deseado. El tamaño viene estampado en un lado de la galga. El borde exterior está moleteado, y el extremo "no pasa" se identifica por medio de una ranura anular sobre la superficie moleteada (Figura 14-4). Las precauciones y procedimientos para utilizar esta galga son similares a los que corresponden a una galga de pasador y deben seguirse cuidadosamente.

FIGURA 14-4 Las galgas de anillo simples se utilizan para verificar el diámetro exterior de piezas de trabajo cilíndricas. (Cortesía de Taft-Peirce Manufacturing Company.)

GALGAS DE PASADOR CÓNICAS

Las *galgas de pasador cónicas* (Figura 14-5), fabricadas con conicidades estándar o especiales, se utilizan para verificar el tamaño de la perforación y la precisión del cono. Algunas de estas galgas tienen marcados anillos "pasa" y "no pasa". Si la galga cabe en la perforación entre estos dos anillos, el agujero está dentro de la tolerancia requerida. Otras galgas de pasador cónicas tienen escalones formados en el extremo mayor para indicar los límites. Los anillos o escalones miden solamente los límites de tamaño de la perforación. Una oscilación entre la galga y el hueco indica una conicidad incorrecta.

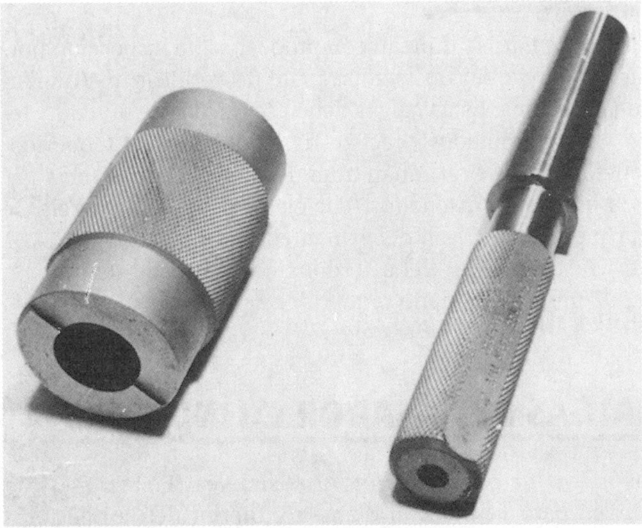

FIGURA 14-5 Galgas de anillo y de pasador cónicas. (Cortesía de Kelmar Associates.)

Cómo verificar una conicidad interna utilizando una galga de pasador cónica

1. Seleccione la galga cónica adecuada para la perforación a verificar.
2. Frote la galga y la perforación con un trapo limpio y seco.
3. Revise tanto la galga como el agujero en busca de virutas y rebabas.
4. Aplique una *delgada* capa de azul de Prusia sobre la superficie de la galga de pasador.
5. Inserte la galga en la perforación tan adentro como se pueda (Figura 14-6).
6. Manteniendo una ligera presión en el extremo de la galga, gírela *en contra de las manecillas del reloj* aproximadamente un cuarto de vuelta.
7. Verifique el diámetro interior de la perforación. Cuando el borde de la pieza queda entre los escalones o líneas límite del calibrante, ello indicará el tamaño apropiado.

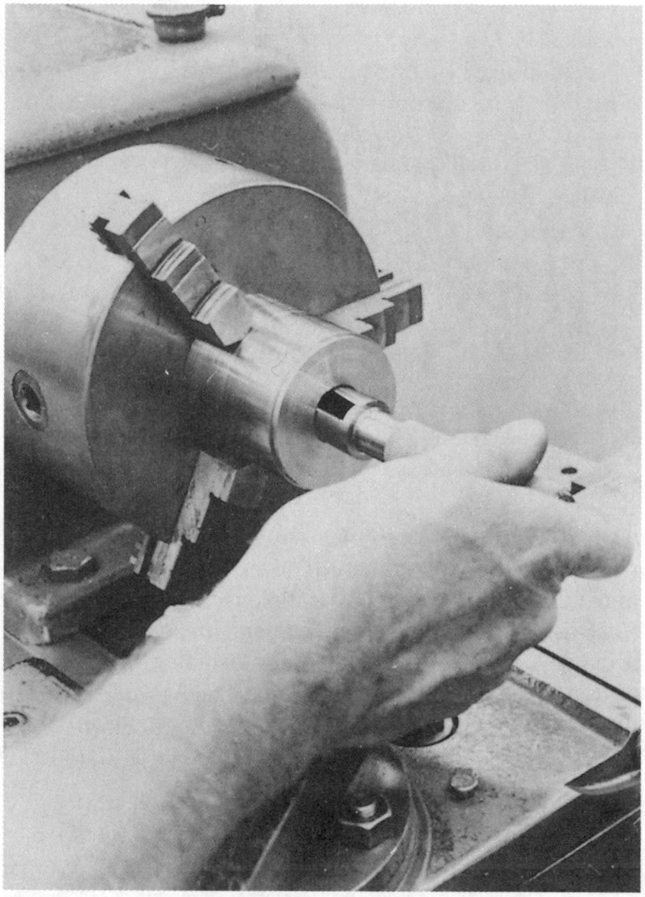

FIGURA 14-6 Cómo verificar una perforación cónica con una galga de pasador cónica. (Cortesía de Kelmar Associates.)

8. Verifique la conicidad (o pendiente) del orificio intentando mover la galga en dirección radial dentro de la perforación. Cualquier error en la conicidad quedará indicado por el juego en cualquier extremo entre perforación y galga. El movimiento o juego en el extremo mayor indica una conicidad excesiva; el movimiento en el extremo menor indicará una conicidad insuficiente.
9. Retire la galga de la perforación para ver si lo azul se ha despintado de manera uniforme a lo largo de la longitud de la galga, resultado que indicaría un ajuste apropiado. Un ajuste pobre queda en evidencia si lo azul se ha despintado más en un extremo que en el otro.

GALGAS DE ANILLO CÓNICAS

Las *galgas de anillo cónicas* (Figura 14-5) se utilizan para verificar tanto la precisión como el diámetro externo del cono. Las galgas anulares a menudo tienen líneas grabadas o un escalón en el extremo menor, para indicar las dimensiones "pasa" y "no pasa".

Para una galga anular cónica, las precauciones y procedimientos son similares a los descritos para una galga de pasador cónica. Sin embargo, cuando se verifican piezas que no han sido rectificadas o pulidas, se pueden utilizar tres líneas de gis igualmente espaciadas alrededor de la circunferencia, que se extiendan a toda la longitud de la sección cónica para determinar la precisión de la conicidad (Figura 14-7). Si la pieza ha sido rectificada o pulida, es recomendable utilizar tres líneas delgadas de azul de Prusia.

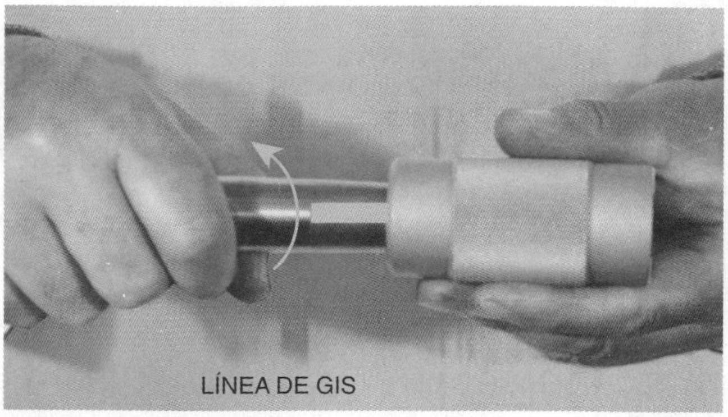

FIGURA 14-7 Cómo verificar la precisión de un ahusamiento utilizando líneas de gis. (Cortesía de Kelmar Associates.)

Cuidado de las galgas de pasador y de anillo

La duración depende de los siguientes factores:

1. Los materiales con los que está fabricada la galga
2. El material de la pieza que se está verificando
3. La clase de ajuste requerida
4. El cuidado apropiado de la galga

Para preservar la exactitud y vida de las galgas:

1. Almacene las galgas en bandejas de madera divididas para protegerlas de golpes y raspones.
2. Verifique con frecuencia su tamaño y precisión.
3. Alinee correctamente las galgas con la pieza de trabajo para evitar doblarlos.
4. No fuerce o tuerza una galga de pasador o de anillo. Estas acciones provocarán un desgaste excesivo.
5. Limpie la galga y la pieza de trabajo a conciencia, antes de verificar la pieza.
6. Utilice una delgada capa de aceite en la galga para ayudar a evitar que se trabe.
7. Tome precauciones para que el aire escape cuando está calibrando perforaciones ciegas con una galga de pasador.
8. Mantenga las galgas y piezas de trabajo a la temperatura ambiente para asegurar la precisión y evitar d- a la galga.
9. Nunca utilice una galga de inspección co trabajo.

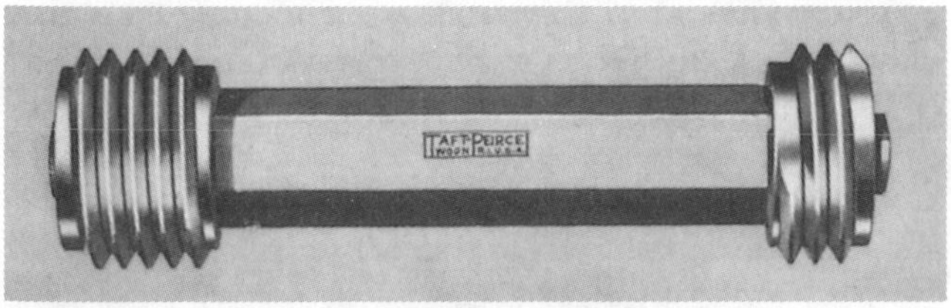

FIGURA 14-8 Las galgas para rosca se utilizan para verificar el tamaño y precisión de un roscado interior. (Cortesía de Taft-Peirce Manufacturing Company.)

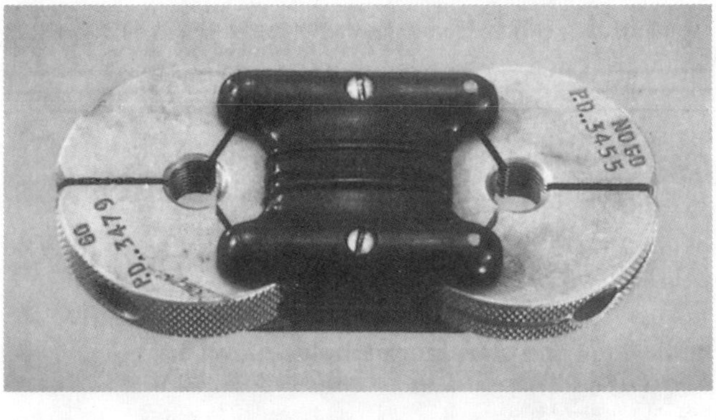

FIGURA 14-9 Galgas de anillo para roscado del tipo "pasa" y "no pasa", fijadas en un soporte. (Cortesía de Sheffield Measurement Div.)

GALGAS DE PASADOR ROSCADO

Las roscas internas se verifican con *galgas de rosca* (Figura 14-8) de la variedad "pasa" y "no pasa", basadas en el mismo principio que las galgas de pasador cilíndricas.

Cuando se utiliza una galga de rosca, el extremo "pasa", que es el más largo, debe ser girado hasta el fondo de la perforación. El extremo "no pasa" debe apenas entrar en el hueco y trabarse antes de que pase el tercer filete.

Ya que las galgas de rosca son muy costosas, se deben observar ciertas precauciones en su uso:

1. Las galgas de roscado tienen una ranura para virutas a lo largo de la rosca, para eliminar virutas sueltas. No dependa de esta característica para eliminar las rebabas o virutas sueltas. A fin de prolongar la vida del aparato, es recomendable eliminar esas rebabas y virutas sueltas (siempre que sea posible) por medio de un machuelo usado.
2. Antes de utilizar una galga para roscas, aplique un poco de aceite sobre su superficie.
3. Nunca fuerce el medidor.

GALGAS DE ANILLO ROSCADO

El utensilio más común de esta clase es la *galga anular de roscado ajustable*. Se utiliza para verificar la precisión de una rosca externa, y tiene una cavidad roscada en el centro, con tres ranuras radiales y un tornillo opresor, para permitir ajustes pequeños. El contorno exterior está moleteado, y la parte de "no pasa" queda identificada por una ranura anular sobre la superficie moleteada. Generalmente tanto la galga "pasa" como la "no pasa" están ensambladas en un soporte, para facilitar la verificación de la pieza (Figura 14-9).

Cuando se utilizan estos útiles, la rosca que se está verificando debe entrar completamente en la parte "pasa", pero no debe entrar en la "no pasa" más de $1^1/_2$ vueltas. Antes de verificar una rosca, elimine toda suciedad, residuos y rebabas. Un poco de aceite ayudará a prolongar la duración de la galga.

GALGAS DE PINZA

Las *galgas de pinza*, uno de los instrumentos de medición comparativa más comunes, son más rápidas de utilizar que los micrómetros, pero su aplicación es limitada. Se utilizan para verificar diámetros dentro de ciertos límites, al comparar el tamaño de la pieza con la dimensión preestablecida en la galga. Estos elementos generalmente tienen un cuerpo en forma de C con yunques o rodillos ajustables, que se fijan a los límites "pasa" y "no pasa" de la pieza. Las galgas de este tipo vienen en varios estilos, algunos de los cuales se muestran en la Figura 14-10.

Cómo utilizar una galga de pinza para verificar una dimensión

Es necesario emplear adecuadamente este dispositivo para evitar que se dispare y dañe la superficie de la pieza. Siga este procedimiento:

1. Limpie adecuadamente los yunques del aparato.
2. Ajústelos ("pasa" y "no pasa") a los límites requeridos, utilizando bloques patrón o algún otro estándar.
3. Fije los yunques en posición y vuelva a verificar la precisión de los ajustes.

Nota: Si se utiliza una galga de pinza con indicador de carátula, ajuste el bisel (anillo exterior) del indicador para que lea 0 y fíjelo en posición.

4. Limpie la superficie de la pieza de trabajo.
5. Sostenga la galga en su mano derecha, manteniéndola a escuadra frente a la pieza de trabajo.
6. Con la mano izquierda, sostenga el yunque inferior en posición sobre la pieza de trabajo.
7. Empuje la galga sobre la superficie de la pieza con un movimiento giratorio. Debe utilizarse sólo una presión ligera de la mano para pasar las espigas de "pasa".

Nota: No fuerce la galga; si la pieza es del tamaño correcto, el calibrante debe pasar fácilmente sobre la pieza.

8. Avance la galga hasta que los yunques o rodillos de "no pasa" toquen la pieza. Si la galga se detiene en este punto, la pieza está dentro de los límites.

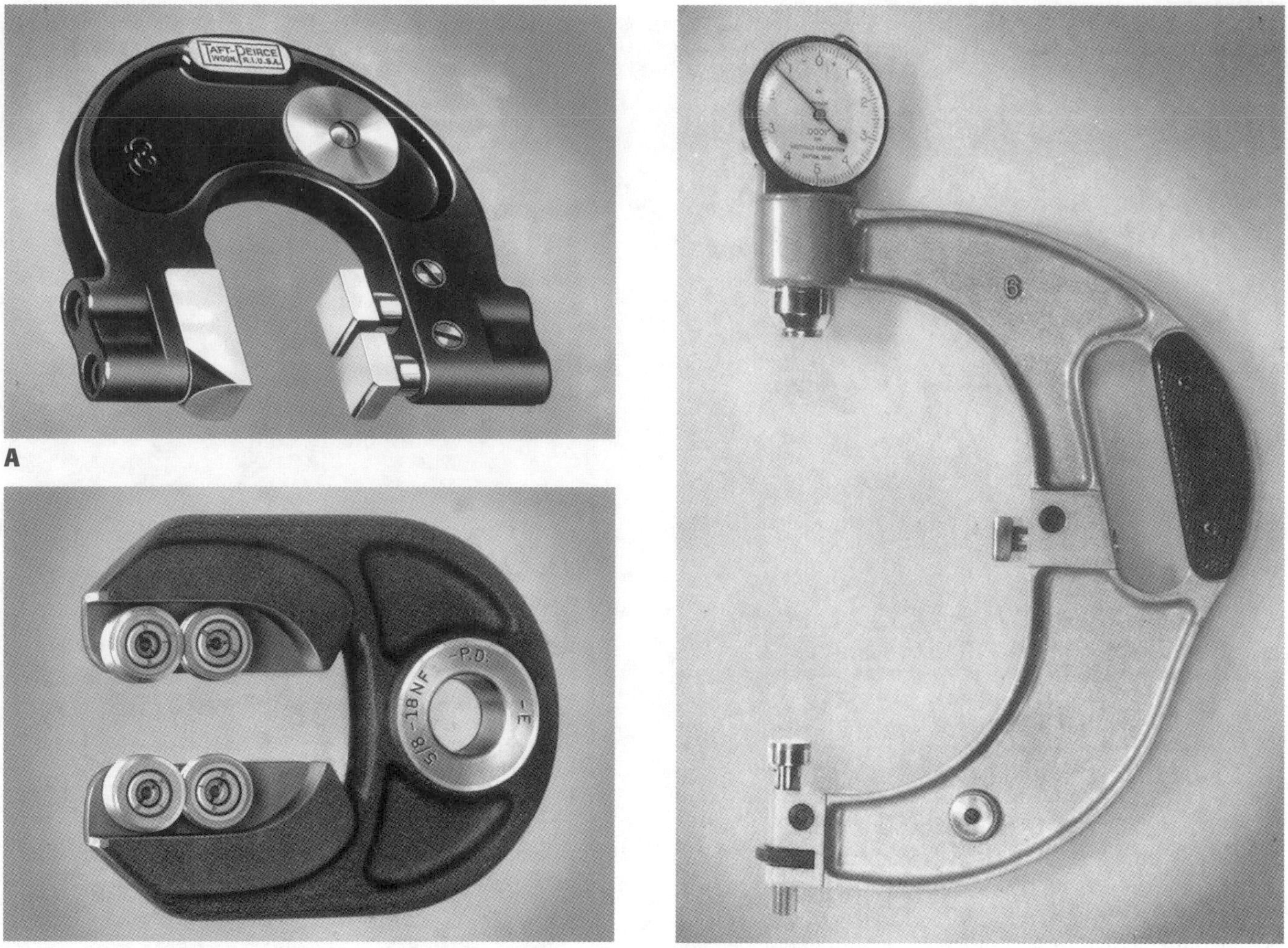

A

B

C

FIGURA 14-10 Diversas clases de galgas de pinza: (A) ajustable (Cortesía de Taft-Peirce Manufacturing Company); (B) de rodillos ajustables (Cortesía de Sheffield Measurement Div.); (C) con indicador de carátula (Cortesía de Taft-Peirce Manufacturing Company.)

PREGUNTAS DE REPASO

1. Para cada una de las siguientes dimensiones, indique el diámetro básico, el límite superior, el límite inferior, y la tolerancia.
   a. 1.750 + .002 pulg
      − .000 pulg
   b. .625 + .0015 pulg
      − .0000 pulg
   c. 12.5 ± .02 mm
   d. 20 + 0.000 mm
      − 0.015 mm
   e. 0.5 ± 0.005 mm
2. Diga si las tolerancias de cada dimensión de la Pregunta no. 1 son unilaterales o bilaterales.

Galgas fijas

3. ¿Qué uso tienen las galgas fijas en la industria?
4. ¿Qué tolerancia se da al terminado de las galgas fijas?
5. Si el tamaño de una perforación debe mantenerse en 1.750 pulg ± .002 (44 mm ± 0.05), ¿cuál sería el tamaño de los calibrantes "pasa" y "no pasa"?

Galgas de pasador cilíndricas

6. ¿Cómo se identifican sus extremos "pasa" y "no pasa"?
7. ¿Qué precauciones deben observarse cuando se utiliza una galga de este tipo?

Galgas anulares simples

8. ¿Cómo se distingue una galga de anillo "no pasa" de una del tipo "pasa"?

Galgas de pasador y de anillo cónicas

9. ¿Cómo se indican los límites de una galga de pasador cónica en el calibrante?
10. Enuncie las precauciones a observar cuando se efectúa una verificación utilizando una galga cónica de pasador o de anillo.
11. ¿Cuándo puede utilizarse gis cuando se verifica un cono externo y cuándo se debe utilizar pintura azul?
12. ¿Por qué no debe girarse una galga cónica de pasador o de anillo más de un cuarto de vuelta cuando se verifica un ahusamiento?

Galgas de pasador y de anillo para roscas

13. ¿Qué tipo de roscas se verifican con un calibrante o galga de pasador? ¿Y con una de anillo?
14. Enuncie tres precauciones a observar cuando se utilice una galga para rosca.
15. ¿Cómo debe ajustarse una rosca externa del tamaño adecuado a una galga de anillo roscada?
16. Describa una galga de pinza.
17. ¿Qué ventaja tiene la galga de pinza con indicador de carátula sobre uno ajustable?
18. Enuncie las precauciones necesarias al verificar una pieza con una galga de pinza.

UNIDAD

15

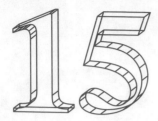

Mediciones por comparación

OBJETIVOS

Al terminar el estudio de esta unidad, se podrá:

1. Explicar el principio de la medición por comparación
2. Identificar cuatro clases de comparadores y describir su uso
3. Medir con una precisión de .0005 pulg (0.01 mm) con un indicador de carátula, un comparador mecánico y óptico, o con galgas neumáticas y electrónicas

Los procesos de manufactura se han vuelto ahora tan precisos que las piezas componentes a menudo se fabrican en varios lugares y después se envían a un sitio central para el ensamble final. A fin de que este proceso de *manufactura intercambiable* sea económico, debe haber cierta seguridad de que esas piezas ajustarán bien en el ensamble. Los componentes, por lo tanto, se fabrican dentro de ciertos límites, y la inspección posterior, o *control de calidad,* asegura que sólo se utilicen piezas del tamaño adecuado.

La mayor parte de esta inspección se realiza rápida, precisa y económicamente mediante un proceso llamado *medición por comparación*. Consiste en comparar las medidas de la pieza con un estándar o patrón conocido de la dimensión exacta requerida. Básicamente, los *comparadores* son galgas que incorporan algún medio de amplificación para comparar el tamaño de la pieza con un estándar establecido, usualmente bloques patrón.

Para la medición por comparación se utilizan comparadores mecánico-ópticos, y galgas neumáticas, eléctricas y electrónicas.

COMPARADORES

Un *comparador* puede clasificarse como un instrumento que sirve para comparar el tamaño de una pieza con un estándar conocido. Su forma más simple es como un indicador de carátula montado en una galga de superficie. Todos los comparadores vienen con algún medio de amplificación mediante el cual se pueden observar fácilmente diferencias en las dimensiones básicas.

INDICADORES DE CARÁTULA

Los *indicadores de carátula* se utilizan para comparar tamaños y medidas con un estándar conocido y verificar la alineación de máquinas-herramienta, dispositivos y piezas antes de maquinado. Muchas clases de indicadores de carátula operan según un principio de piñón y cremallera (Figura 15-1). Una *cremallera* formada en un *émbolo* se conecta con un *piñón*, el que a su vez está conectado a un *engranaje*. Cualquier movimiento del

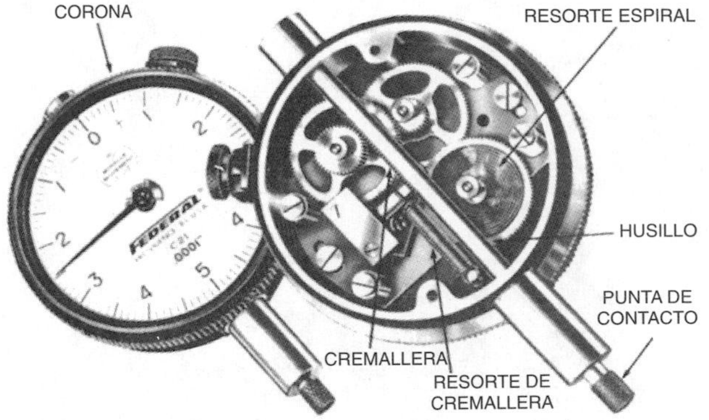

FIGURA 15-1 Indicador de carátula de prueba, de tipo balanceado, que muestra su mecanismo interno. (Cortesía de Federal Products Corporation.)

émbolo o indicador por lo tanto es aumentado y transmitido a una *manecilla* que se mueve sobre una *carátula graduada*. Las carátulas diseñadas para pulgadas pueden estar graduadas en milésimos de pulgada o menores. La carátula, sujeta a una *corona*, puede ajustarse y fijarse en cualquier posición.

Durante el uso, el punto de contacto en el extremo del eje se apoya en la pieza de trabajo y es sostenido en constante acoplamiento con la superficie de la pieza mediante el resorte de la cremallera. Un resorte espiral está sujeto al engrane, que se mueve con el piñón central. Este resorte plano amortigua el juego del engranaje y evita que cualquier movimiento perdido afecte la precisión del calibrante.

Los indicadores de carátula son por lo general de dos tipos: el de lectura continua y el llamado de prueba.

El *indicador de carátula de lectura continua* (Figura 15-2), graduado en el sentido de las manecillas del reloj hasta 360°, está disponible como indicador de intervalo normal o de intervalo amplio. El primero tiene sólo aproximadamente $2^1/_2$ vueltas de recorrido. Se utiliza generalmente para fines de medición por comparación y para ajuste. El segundo (Figura 15-2) a menudo es utilizado para indicar el recorrido de la mesa o el movimiento de la herramienta de corte en máquinas-herramienta. Tiene una segunda manecilla más pequeña que indica el número de revoluciones efectuadas por la manecilla larga.

Los *indicadores de carátula de prueba* (Figura 15-1) puede tener una carátula de tipo balanceado, esto es, con lectura a ambos lados, derecha e izquierda del 0, e indica un valor de más o de menos. Los indicadores de este tipo tienen un recorrido de émbolo total de sólo $2^1/_2$ revoluciones. Estos instrumentos pueden equiparse con indicadores de tolerancia para marcar la variación permisible en la pieza que se está midiendo.

Los *indicadores de carátula de prueba perpendiculares*, o indicadores con émbolo posterior, tienen el émbolo en ángulo recto (90°) con respecto a la carátula. Se usan mucho en el ajuste de trabajos de torno y en la alineación de mesas de máquinas.

El indicador de carátula de prueba *universal* (Figura 15-3) tiene un punto de contacto que puede ajustarse a varias posiciones según un arco de 180°. Esta clase de indicador puede utilizarse convenientemente para verificar superficies internas y externas. Las Figuras 15-4A y B ilustran aplicaciones típicas de este tipo de indicador.

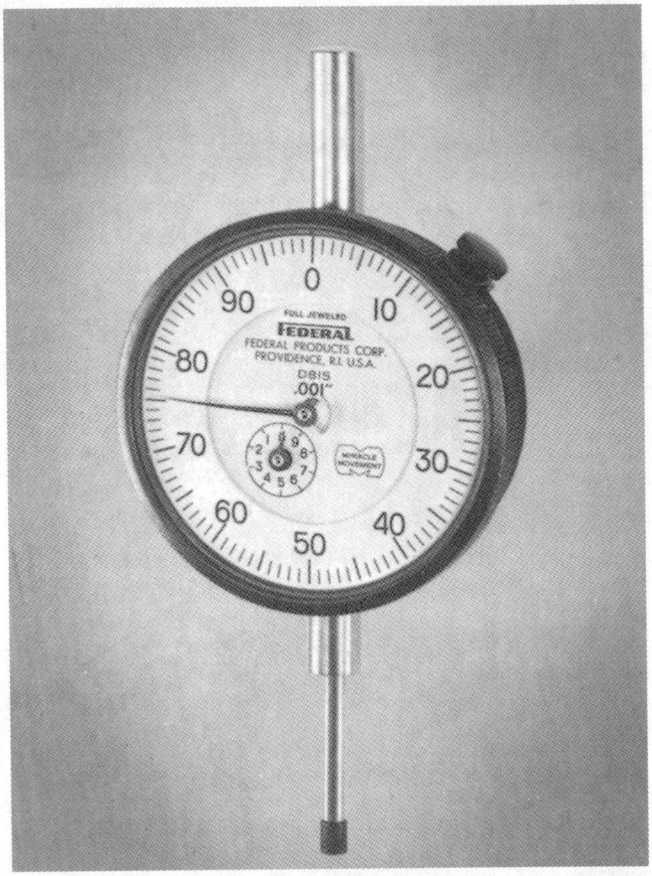

FIGURA 15-2 Indicador de carátula de lectura continua. (Cortesía de Federal Products Corporation.)

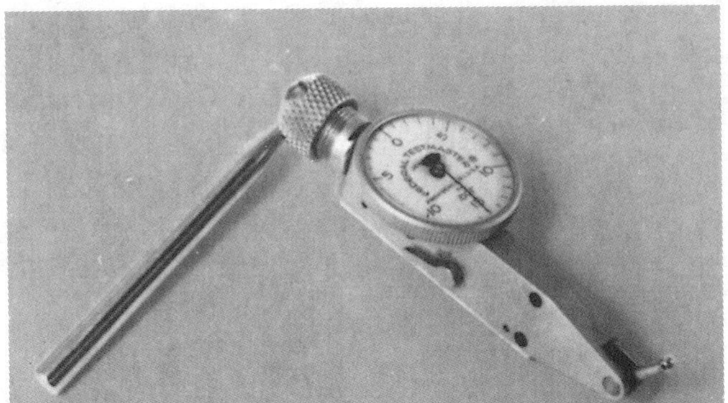

FIGURA 15-3 Indicador de prueba de carátula universal. (Cortesía de Federal Products Corporation.)

Los *indicadores de carátula métricos* (Figura 15-5) están disponibles en ambas clases, balanceados y de lectura continua. La clase utilizada con propósitos de inspección por lo general está graduada en 0.002 mm y tiene un alcance de 0.5 mm. Los indicadores normales generalmente están graduados en 0.01 mm y tienen un intervalo de hasta 25 mm.

A B

FIGURA 15-4 (A) Indicador de prueba de carátula universal utilizado para centrar una pieza con respecto al émbolo de la máquina; (B) cómo verificar mediciones con un calibrador de alturas de carátula. (Cortesía de Federal Products Corporation.)

Cómo medir con un indicador de carátula de prueba y un calibrador de alturas

1. Limpie la cara del mármol y el medidor de altura con vernier.
2. Monte el indicador de prueba de carátula en la parte móvil del calibrador de alturas (Figura 15-4B).
3. Baje dicha parte hasta que el punto indicador toque apenas la parte superior del bloque patrón que descansa sobre el mármol.
4. Apriete el tornillo de fijación superior del vernier y afloje el tornillo de fijación inferior.
5. Gire cuidadosamente la tuerca de ajuste hasta que la aguja del indicador registre aproximadamente un cuarto de vuelta.
6. Gire la corona para poner el indicador en cero.
7. Observe la lectura en el vernier y regístrela en un papel.
8. Eleve el indicador a la altura de la primera perforación a medir.
9. Ajuste el vernier hasta que el indicador marque cero.
10. Observe de nuevo la lectura del vernier y regístrela.
11. Reste la primera lectura de la segunda y agregue la altura del bloque patrón.
12. Proceda de esta manera para registrar la posición de todas las demás perforaciones.

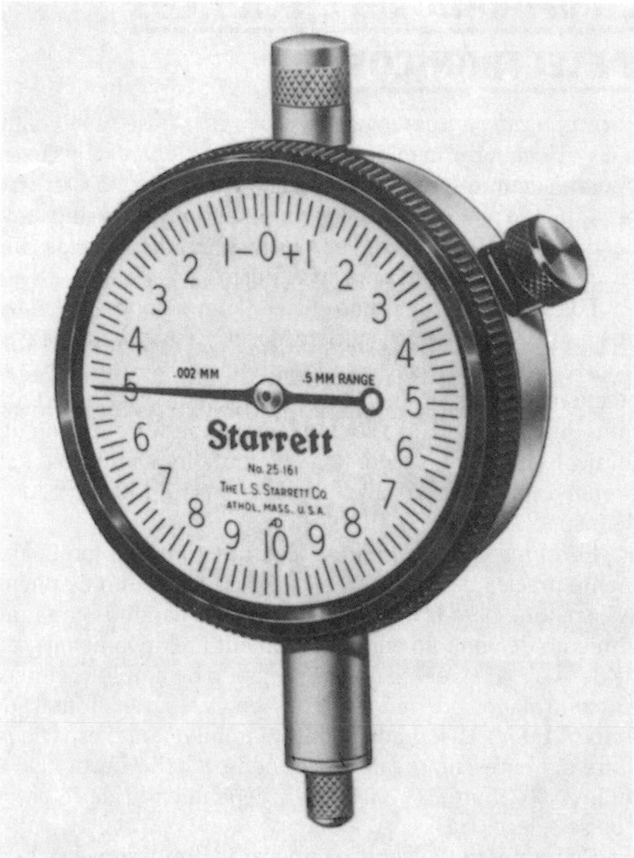

FIGURA 15-5 Indicador métrico con carátula balanceada. (Cortesía de The L.S. Starrett Company.)

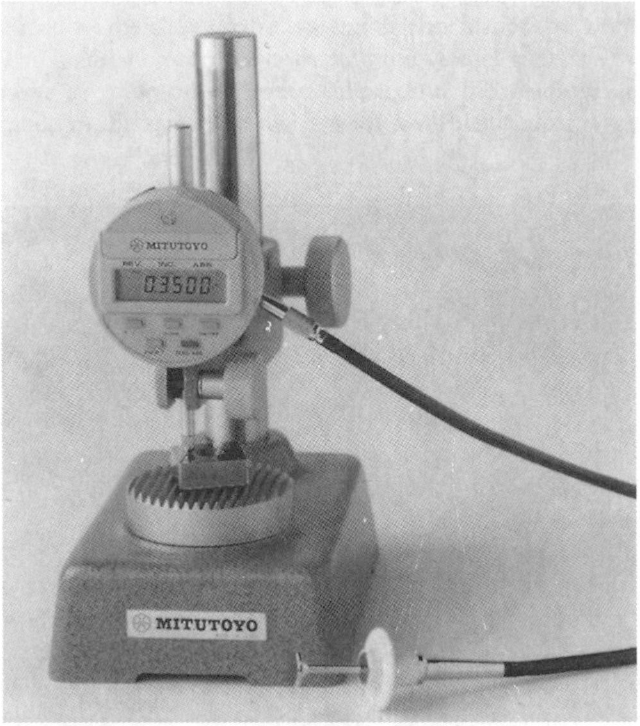

FIGURA 15-6 El indicador Digi-Matic puede efectuar lecturas en incrementos de .0001 pulg o de 0.001 mm. (Cortesía de MTI Corporation.)

COMPARADORES MECÁNICOS Y ELECTRÓNICOS

El *comparador mecánico* consiste en una base, una columna, y un cabezal medidor. Varios comparadores mecánicos operan según diferentes principios. Algunos se basan en el principio de piñón y cremallera utilizando algunos indicadores de carátula; otros emplean un sistema de palancas similar al del indicador de carátula universal.

Los comparadores mecánicos están siendo reemplazados gradualmente por los indicadores y comparadores electrónicos. El *indicador Digi-Matic* (Figura 15-6) es capaz de efectuar lecturas en incrementos de .0001 pulg o de 0.001 mm. Puede combinarse con un registrador de datos, con una minicomputadora o con una computadora anfitrión para proporcionar datos estadísticos con base en los resultados de inspección.

El *comparador electrónico* (Figura 15-7), una forma altamente precisa de comparador, utiliza un circuito de puente Wheatstone para transformar diminutos cambios en el movimiento del émbolo en un movimiento relativamente grande de la aguja en el medidor. Este grado de amplificación está controlado por un selector en la parte frontal del *amplificador*. Las graduaciones, ampliamente espaciadas entre sí, representan valores cero desde .0001 hasta .000 01 pulg (0.002 mm a 0.0002 mm), dependiendo de la escala que se seleccione.

Cuando no es necesario conocer la dimensión exacta de una pieza, sino sólo si queda dentro de los límites requeridos, puede instalarse en el medidor un indicador luminoso. Cuando se prueba una pieza de trabajo, una luz ámbar in-

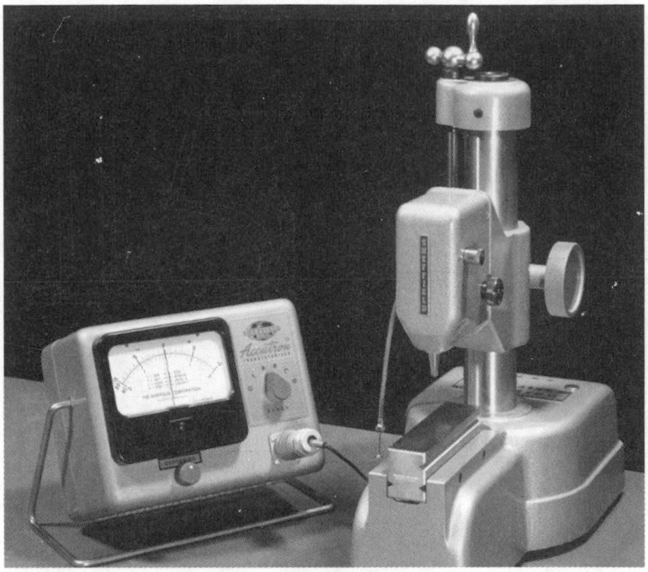

FIGURA 15-7 El valor de las divisiones de escala en un comparador electrónico puede cambiarse fácilmente para adecuarse a la precisión requerida.

dica que está dentro de los límites prescritos, una luz roja indica que la pieza de trabajo es demasiado pequeña, y una luz azul indica que la pieza es demasiado grande.

Las unidades electrónicas pueden utilizarse también como calibradores de alturas, montando un cabezal medidor rectangular en un soporte de calibrador de alturas (Figura 15-8). Este método es particularmente adecuado para la verificación de superficies suaves y muy pulidas, debido a la ligera presión necesaria para la medición.

Todas las clases de comparadores se utilizan en la inspección para verificar el tamaño de una pieza contra un bloque patrón. La variación entre la pieza y el patrón se muestra en la escala como una cantidad de más o de menos.

Cómo medir con un comparador mecánico

1. Limpie el yunque y el bloque patrón del tamaño requerido.
2. Coloque el patrón sobre el yunque.
3. Baje cuidadosamente el cabezal medidor hasta que el estilete toque el bloque e indique movimiento en la aguja.
4. Fije el cabezal medidor a la columna.
5. Ajuste la aguja en cero utilizando la perilla de ajuste fino, y ajuste también los señaladores de límite en la carátula.
6. Vuelva a verificar el ajuste retirando el patrón y volviéndolo a colocar.
7. Ajuste los indicadores de tolerancia en las tolerancias superior e inferior de la pieza que se está verificando.
8. Sustituya al patrón con la pieza de trabajo que se va a medir y observe la lectura. Si la lectura está a la derecha del cero, la pieza es demasiado grande; si está a la iz-

FIGURA 15-8 El medidor electrónico con cabezal rectangular se utiliza para verificar alturas con precisión. (Cortesía de Sheffield Measurement Div.).

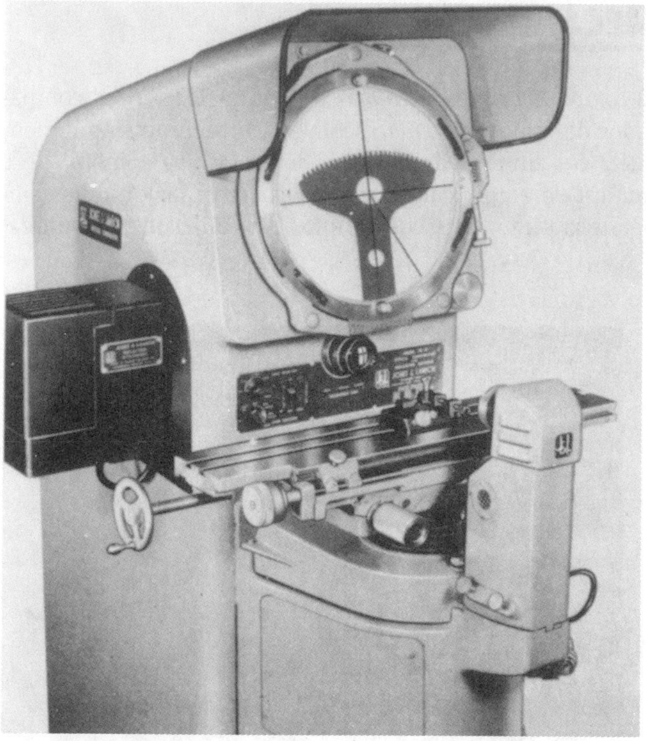

FIGURA 15-9 Las formas complejas pueden verificarse fácilmente con un comparador óptico.

quierda, es demasiado pequeña. Si la aguja se detiene entre los señaladores de tolerancia, la pieza está dentro de los límites permitidos.

COMPARADORES ÓPTICOS

Un *comparador óptico* (Figura 15-9) proyecta una sombra agrandada sobre una pantalla, donde puede compararse con líneas o con una forma patrón, que indica los límites de las dimensiones o el contorno de la pieza que se está verificando. El comparador óptico es un medio rápido y preciso para

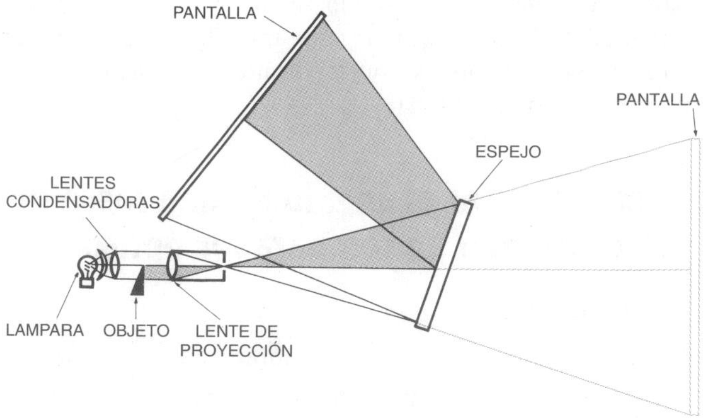

FIGURA 15-10 Principio del comparador óptico.

medir o comparar la pieza de trabajo con un patrón. A menudo se utiliza cuando la pieza es difícil de verificar mediante otros métodos. Los comparadores ópticos son particularmente adecuados para verificar piezas extremadamente pequeñas o de forma extraña, que serían difíciles de revisar sin el uso de costosos medidores.

Los comparadores ópticos están disponibles en modelos de mesa y de piso, que son idénticos en principio y operación (Figura 15-10). La luz de una *lámpara* pasa a través de una *lente condensadora* y se proyecta contra la pieza de trabajo. La sombra proyectada por la pieza de trabajo se transmite a través de un sistema de *lentes de proyección*, que aumentan la imagen y la reflejan en un *espejo*. La imagen se refleja luego a la *pantalla de despliegue* y se aumenta aún más en el proceso.

La magnitud de amplificación de la imagen depende de la lente que se utilice. Hay lentes intercambiables para comparador óptico disponibles en los siguientes aumentos: 5×, 10×, 31.25×, 50×, 62.5×, 90×, 100×, y 125×.

Se utiliza una plantilla para comparar o una forma patrón montada en la pantalla de observación para comparar la precisión de la imagen ampliada de la pieza que se está revisando. Las plantillas se fabrican usualmente de material translúcido, como acetato de celulosa o vidrio esmerilado. Hay muchas plantillas o gráficos disponibles para trabajos especiales, pero las de uso más común son las plantillas de medición lineal, radial y angular. Hay también una pantalla de transportador con vernier, disponible para verificar ángulos. *Debido a que las plantillas están disponibles en diversos aumentos, se debe tener cuidado en utilizar una con el mismo aumento que el lente montado en el comparador.*

Existen muchos accesorios disponibles para el comparador, lo que aumenta la versatilidad del instrumento. Algunos de los más comunes son los *centros de trabajo inclinables*, que permiten inclinar el trabajo al ángulo de hélice necesario para revisar roscas; una *etapa de micrómetro*, que permite una medición rápida y precisa de dimensiones en ambas direcciones; y los *bloques patrón, varillas de medición*, e *indicadores de carátula*, utilizados en los comparadores para verificar medidas. La superficie de la pieza de trabajo puede verificarse usando un *iluminador superficial*, que ilumina la cara de la pieza de trabajo adyacente al sistema de lentes de proyección, y permite que esta imagen sea proyectada en la pantalla.

Cómo verificar el ángulo de una rosca de 60° utilizando un comparador óptico

(Vea la Figura 15-11.)

1. Monte la lente correcta en el comparador
2. Monte los centros inclinables en el soporte transversal deslizante del micrómetro.
3. Ajuste los centros inclinables al ángulo de hélice de la rosca.
4. Ponga la pieza de trabajo entre centros.
5. Monte la plantilla de transportador de vernier y alinéela horizontalmente sobre la pantalla.
6. Accione el interruptor para encender la luz.
7. Enfoque la lente de forma que aparezca una imagen clara en la pantalla.
8. Mueva el soporte deslizante del micrómetro hasta que la imagen de la rosca quede centrada en la pantalla.
9. Gire la plantilla de transportador de vernier para que muestre una lectura de 30°.
10. Ajuste el soporte transversal hasta que la imagen coincida con la línea del transportador.
11. Verifique el otro costado de la rosca de la misma manera.

Nota: Si el ángulo de la rosca no es correcto o no queda alineado con la línea central, ajuste la plantilla de transportador con vernier para medir el ángulo de la imagen de la rosca.

Otras dimensiones de la rosca, como profundidad, diámetros o ancho de las caras, pueden medirse con etapas de medición de micrómetro o dispositivos como varillas, bloques patrón, e indicadores.

COMPARADORES MECÁNICO-ÓPTICOS

El *comparador mecánico-óptico* (Figura 15-12), o el comparador de tipo de *lengüeta*, combina un mecanismo de lengüeta con un rayo de luz para proyectar una sombra sobre una escala amplificada para indicar la variación dimensional de la pieza. Consiste en una base, una columna, un ca-

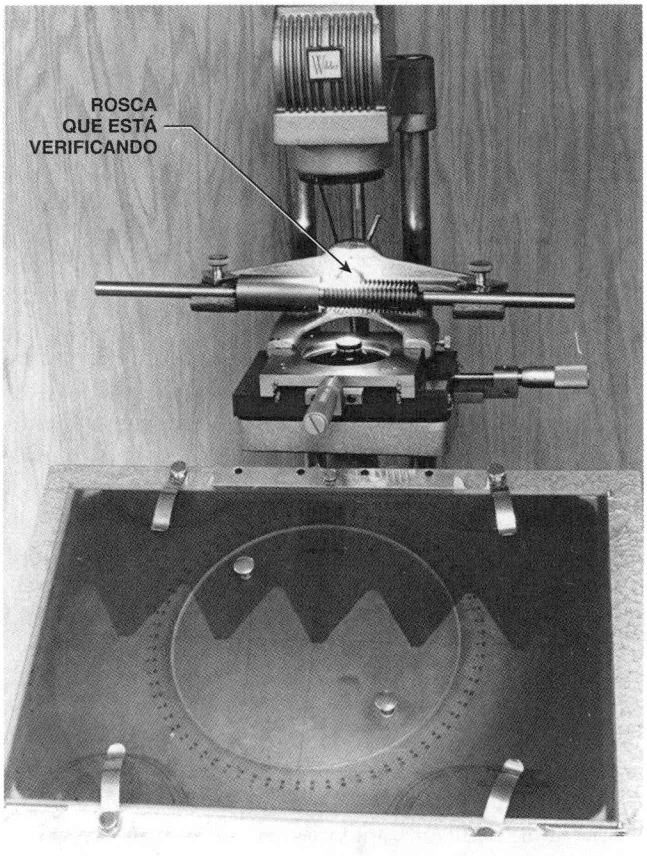

FIGURA 15-11 Verificación de una forma de rosca en un comparador óptico. (Cortesía de Kelmar Associates.)

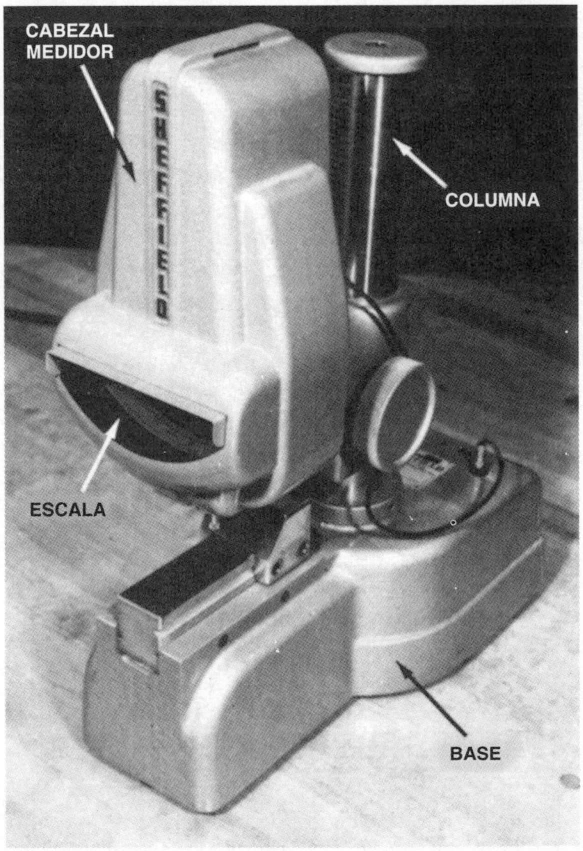

FIGURA 15-12 Un comparador de tipo de lengüeta utiliza principios tanto mecánicos como ópticos para la medición. (Cortesía de Sheffield Measurement Div.)

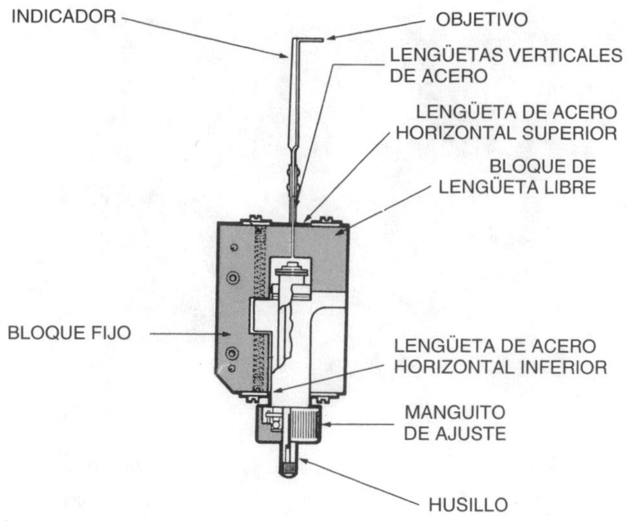

FIGURA 15-13 Construcción y principio del mecanismo de lengüetas (palanca mecánica).

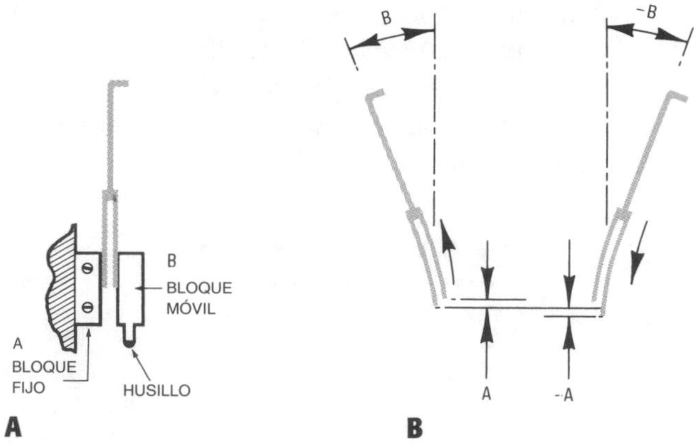

FIGURA 15-14 (A) Vista transversal que muestra el mecanismo de bloques y lengüetas; (B) la parte superior de la lengüeta se mueve una distancia mayor que la parte inferior.

bezal medidor, que contiene los mecanismos de lengüeta, y una fuente de luz.

El mecanismo de lengüetas

La Figura 15-13 ilustra el principio del mecanismo de lengüetas. Un bloque de acero fijo A y un bloque móvil B tienen sujetas dos piezas o lengüetas de acero de resorte (Figura 15-14A). Los extremos superiores de las lengüetas están unidos y acoplados a un indicador. Ya que el bloque A está fijo, cualquier movimiento en el husillo sujeto al bloque B moverá este bloque hacia arriba o hacia abajo, haciendo que el indicador se mueva una distancia mucho mayor hacia la derecha o hacia la izquierda (Figura 15-14B).

Un rayo de luz que pasa a través de una abertura ilumina la escala (Figura 15-15). El indicador, con un *objetivo* adjunto se localiza debajo de la abertura, de modo que un movimiento del bloque B provocará que el objetivo intercepte el rayo de luz, proyectando una sombre muy aumentada sobre la escala. El movimiento del indicador y del objetivo es obviamente mayor que el movimiento del husillo. También, la sombra proyectada sobre la escala será mayor que el movimiento del objetivo. Por lo tanto, la medición sobre la escala será mucho mayor que el movimiento del husillo.

Para ilustrar la amplificación total de este instrumento, supóngase que la relación del movimiento del objetivo con respecto al estilete es de 25:1, y que la relación con la palanca del rayo de luz es de 20:1. Al combinar estos dos movimientos, la sombra proyectada sería 25×20, o 500 veces más grande que el movimiento del estilete. Esta gran amplificación permitirá que se lleve a cabo una medición extremadamente precisa con este tipo de instrumento. Los comparadores de tipo de lengüeta se fabrican con amplificaciones que van de 500:1 a 20 000:1.

Las escalas de estos instrumentos están graduadas en más y menos, siendo cero el centro de la escala. El valor de

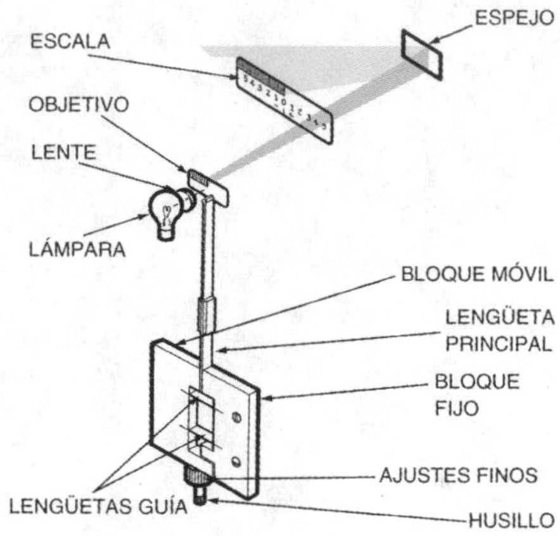

FIGURA 15-15 El rayo de luz o palanca óptica amplifica el movimiento del objetivo.

cada graduación está marcado en la escala de todos los instrumentos.

Cómo medir con un comparador de lengüeta

1. Eleve el cabezal medidor por sobre la altura requerida, y limpie a conciencia el yunque y el patrón.
2. Coloque el bloque patrón o el conjunto de bloques patrón sobre el yunque.
3. Baje cuidadosamente el cabezal medidor hasta que el extremo del husillo *toque apenas al patrón.*

Nota: Empezará a aparecer una sombra al lado izquierdo de la escala.

4. Fije el cabezal medidor a la columna.
5. Gire el manguito de ajuste hasta que la sombra coincida con el cero de la escala.

6. Retire los bloques patrón, y deslice cuidadosamente la pieza de trabajo entre yunque y husillo.
7. Observe la lectura. Si la sombra está a la derecha del cero, la pieza es demasiado grande; si está a la izquierda, es demasiado pequeña.

COMPARADORES DE AIRE O NEUMÁTICOS

La *medición por aire*, una forma de medida por comparación, se utiliza para comparar dimensiones de piezas de trabajo con las de un bloque patrón por medio de presión o flujo de aire. Estos medidores son de dos tipos: el *tipo de flujo* o de *columna* (Figura 15-16), que indica la velocidad del aire, y el *tipo de presión* (Figura 15-17), que indica la presión del aire en el sistema.

FIGURA 15-17 Cómo medir una perforación utilizando un medidor de aire de tipo de presión. (Cortesía de Federal Products Corporation.)

FIGURA 15-16 Medidor neumático del tipo de flujo o columna. (Cortesía de Sheffield Measurement Div.)

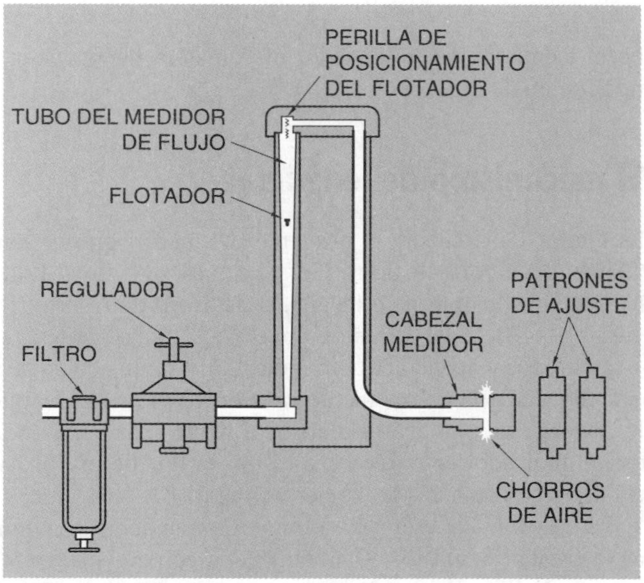

FIGURA 15-18 Principio del medidor neumático del tipo de columna. (Cortesía de Sheffield Measurement Div.)

Medidor del tipo de columna de aire

Después de que el aire ha pasado a través de un filtro y un regulador, entra al medidor a aproximadamente 10 psi (69 kPa) (Figura 15-18). El aire fluye a través de un tubo cónico transparente, en el cual un flotador queda suspendido por este flujo de aire. La parte superior del tubo está conectada al cabezal medidor mediante un tubo de plástico.

El aire que fluye a través del medidor escapa hacia la atmósfera a través de conductos del cabezal, por entre el cabezal y la pieza de trabajo. La intensidad del flujo es proporcional al espacio indicado por la posición del flotador en la columna. El medidor se ajusta con un patrón, y luego se posiciona el flotador por medio de una perilla de ajuste. Enseguida se ajustan los límites superior e inferior de la pieza de trabajo. Si la perforación de la pieza de trabajo es mayor que el tamaño de la del patrón, fluirá más aire a través del cabezal medidor, y el flotador se elevará más en el tubo. Por el contrario, si la perforación es más pequeña que la del elemento patrón, el flotador caerá dentro del tubo. Se puede obtener una amplificación de 1000:1 a 40 000:1 con este tipo de medidor. A este dispositivo de medición se le pueden ajustar cabezales medidores de los tipos de pinza, de anillo y de tapón.

Medidor de aire del tipo de presión

En el medidor de aire del tipo de presión (Figura 15-17), el aire pasa a través de un filtro y un regulador, y después se divide entre dos conductos (Figura 15-19). El aire en el *conducto de referencia* escapa a la atmósfera a través de una válvula para ajuste del cero. El aire del *conducto de medición* escapa a la atmósfera a través de los flujos del cabezal medidor. Los dos canales están conectados mediante un medidor de presión diferencial de extrema precisión.

El patrón es colocado sobre el husillo medidor y la válvula de puesta en cero se ajusta hasta que la aguja del medidor marca cero. Cualquier desviación en el tamaño de la pieza de trabajo con respecto al tamaño del patrón cambiará la lectura. Si la pieza de trabajo es demasiado grande, escapará más aire a través del tapón calibrador; por lo tanto, la presión en el conducto de medición será menor, y el medidor se moverá en contra de las manecillas del reloj, indicando en cuánto el tamaño de la pieza es demasiado grande. Un diámetro menor al del medidor patrón indica una lectura en el lado derecho de la carátula. Con este tipo de medidor se puede obtener una amplificación de 2500:1 a 20 000:1. Los medidores de aire de tipo de presión pueden ajustarse también con cabezales medidores de tapón, de anillo o de pinza para una diversidad de trabajos de medición.

Los medidores de aire tienen un amplio uso, porque poseen varias ventajas sobre otras clases de comparadores:

1. Se puede verificar conicidad, ovalado, concentricidad e irregularidades de perforaciones con más facilidad que con medidores mecánicos. (Figura 15-20, página 120).
2. El medidor no toca la pieza de trabajo; por lo tanto, hay pocas posibilidades de afectar el acabado.
3. Los cabezales medidores duran más que los calibrantes fijos, porque se reduce el desgaste entre cabezal y pieza de trabajo.
4. Se requieren menos conocimientos para utilizar este tipo de equipo de medición que con otras clases.
5. Los medidores se pueden aplicar en una máquina o banco.
6. Puede revisarse más de un diámetro a la vez.

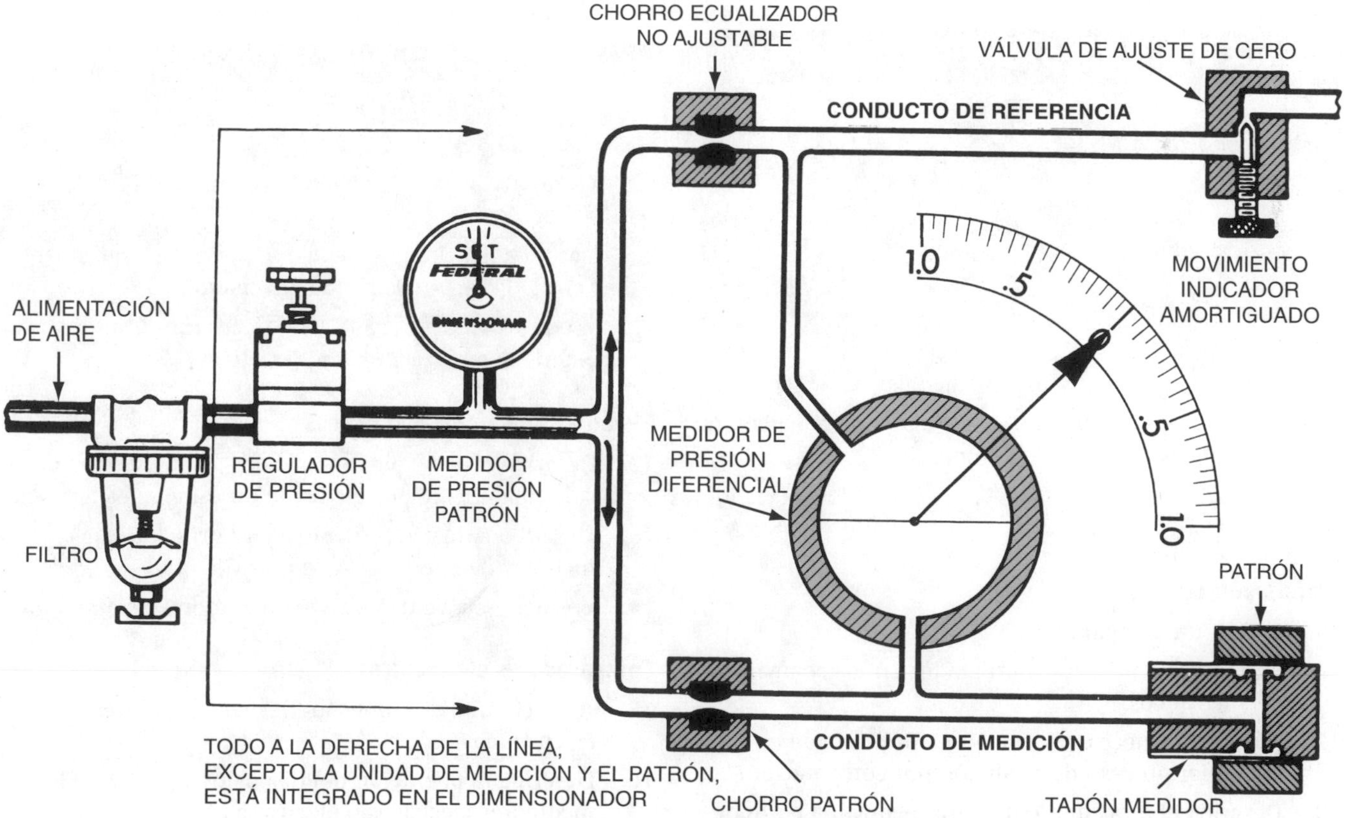

FIGURA 15-19 Operación del sistema de medición de aire o neumático, del tipo de presión. (Cortesía de Sheffield Measurement Div.)

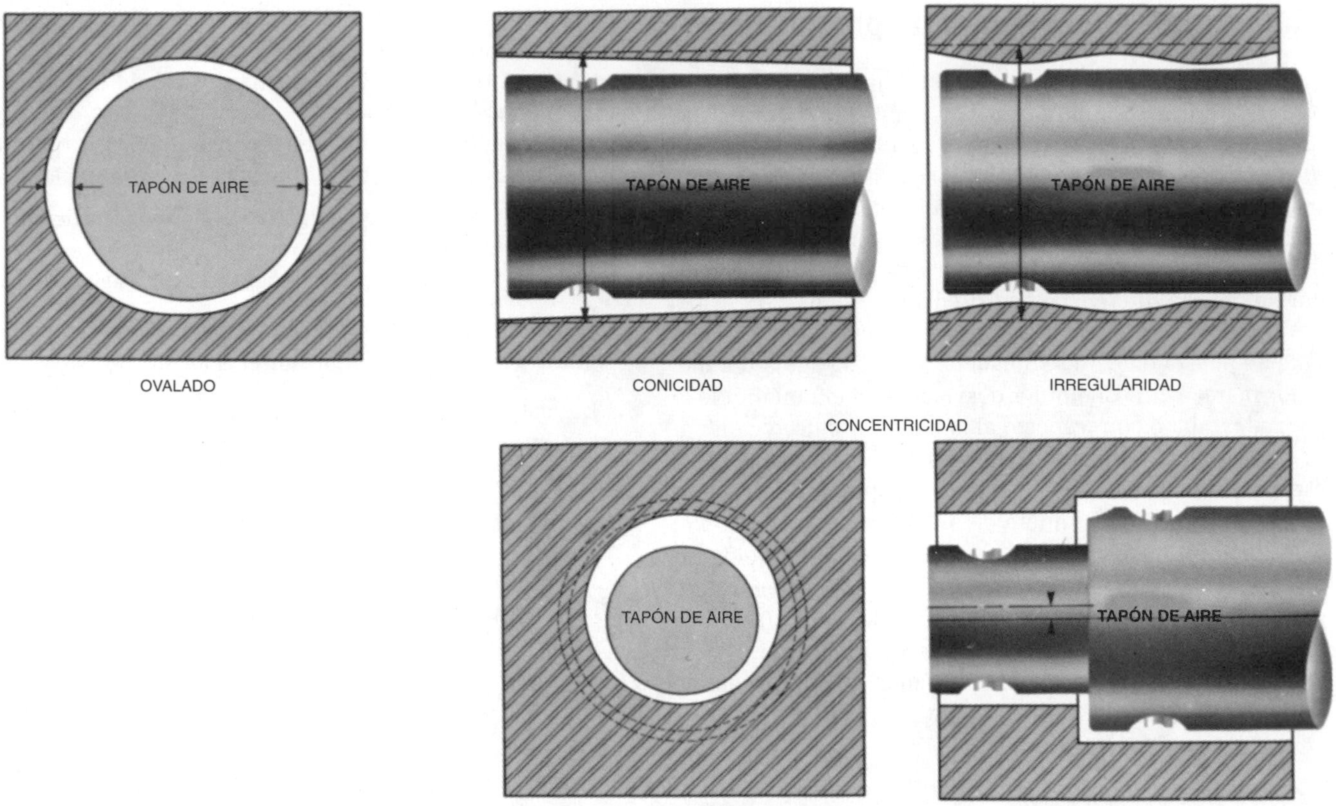

FIGURA 15-20 Las perforaciones de forma irregular pueden verificarse fácilmente con un medidor de aire. (Cortesía de Federal Products Corporation.)

PREGUNTAS DE REPASO

Medición por comparación

1. Describa:
   a. Control de calidad
   b. Medición por comparación

Indicadores de carátula

2. ¿Cuál es la diferencia entre un indicador de carátula de alcance normal y uno de alcance extendido?
3. Compare un indicador de carátula perpendicular con un indicador de carátula de prueba.
4. ¿Cómo están graduados por lo general los indicadores de carátula métricos?

Comparadores

5. Defina un comparador.
6. Enuncie tres principios utilizados en los comparadores mecánicos.
7. ¿Por qué es necesaria una alta amplificación en cualquier proceso de medición por comparación?
8. Describa el procedimiento para medir una pieza de trabajo con un comparador del tipo de lengüeta.

Comparadores ópticos

9. Haga una lista de las ventajas de un comparador óptico.
10. Describa el principio del comparador óptico. Ilustre por medio de un esquema adecuado.
11. ¿Cuáles son las precauciones necesarias al utilizar plantillas en un comparador óptico?

Medidores de aire o neumáticos

12. Describa el principio del medidor de aire de tipo de columna. Ilustre por medio de un esquema adecuado.
13. Describa e ilustre con cuidado el principio del medidor de aire de tipo de presión.
14. Enuncie seis ventajas de los medidores de aire.

Comparadores electrónicos

15. ¿Qué circuito se emplea en los comparadores electrónicos?
16. Describa la operación del dispositivo de luz de los medidores eléctricos o electrónicos.

UNIDAD

16

Sistema de medición por coordenadas

OBJETIVOS

Al terminar el estudio de esta unidad, se podrá:

1. Saber el propósito y método para aplicar el sistema de medición por coordenadas
2. Conocer los componentes principales y la operación de la unidad de medición
3. Comprender las ventajas del sistema de medición por coordenadas

La medición por coordenadas es un método utilizado para acelerar el trazo, maquinado e inspección al tener todas las medidas referidas a partir de tres ejes de coordenadas ortogonales o rectangulares (superficies de la pieza): *X*, *Y*, *Z*. Los sistemas de medición por coordenadas pueden medir hasta .000 050 pulg, o bien 0.001 mm. Este alto grado de precisión se logra mediante el uso de una serie de bandas oscuras y claras conocidas como *patrón de franjas moiré*. Este sistema se ha aplicado extensamente en máquinas-herramienta como tornos, fresadoras y barrenadoras (Figura 16-1A y B, página 122) para acelerar el proceso de medición, reduciendo así el tiempo general de maquinado. Los instrumentos de medición por coordenadas (Figura 16-1C, página 122), ampliamente utilizados en el campo de la medición e inspección, proporcionan un medio rápido y preciso para verificar las piezas maquinadas antes del ensamble.

Se pueden montar diversas unidades en una máquina-herramienta para obtener lecturas referidas a los ejes *X* (longitud), *Y* (anchura) y *Z* (profundidad). Está disponible una unidad que da una lectura directa en grados, minutos y segundos para posicionamiento y medición de ángulos.

PARTES DE LA UNIDAD DE MEDICIÓN

La *unidad de medición* (Figura 16-2) tiene tres componentes básicos: un *larguero maquinado con rejilla calibrada* (A), un *cabezal de lectura* (B), y un *contador con visualización de lectura digital* (C). El elemento principal en este sistema es una rejilla graduada con precisión (Figura 16-2A) de la longitud deseada de recorrido. La cara de esta rejilla en sistemas con una resolución de .0001 pulg (0.002 mm), en toda su longitud tiene líneas grabadas con espaciamiento de .001 pulg (0.02 mm). Para máquinas capaces de mayor precisión, el larguero de la rejilla está grabado con 2500 líneas por pul-

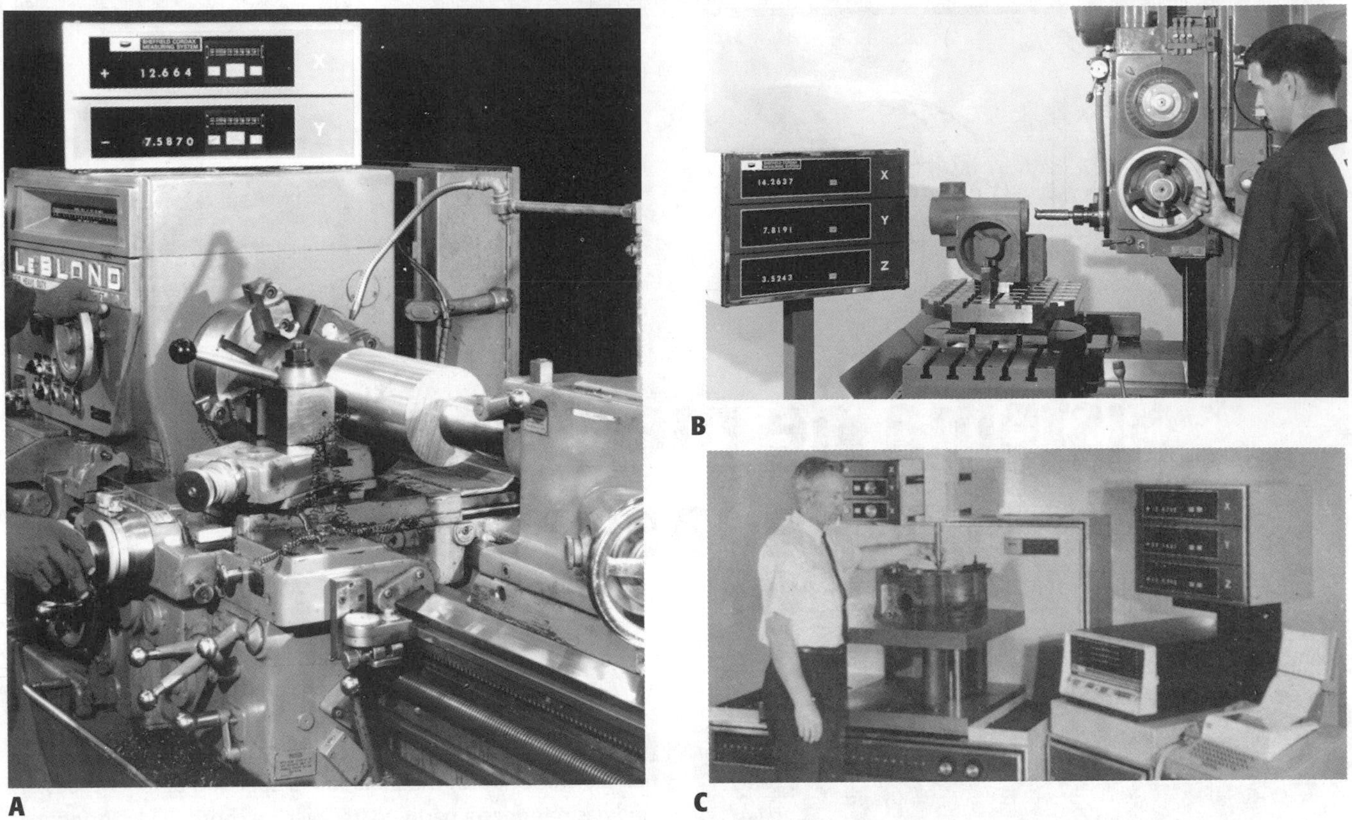

FIGURA 16-1 (A) Torno equipado con un sistema de medición por coordenadas; (B) la visualización digital muestra la posición exacta de la herramienta de corte o de la pieza de trabajo; (C) sistema de medición por coordenadas en uso para fines de inspección. (Cortesía de Sheffield Measurement Div.)

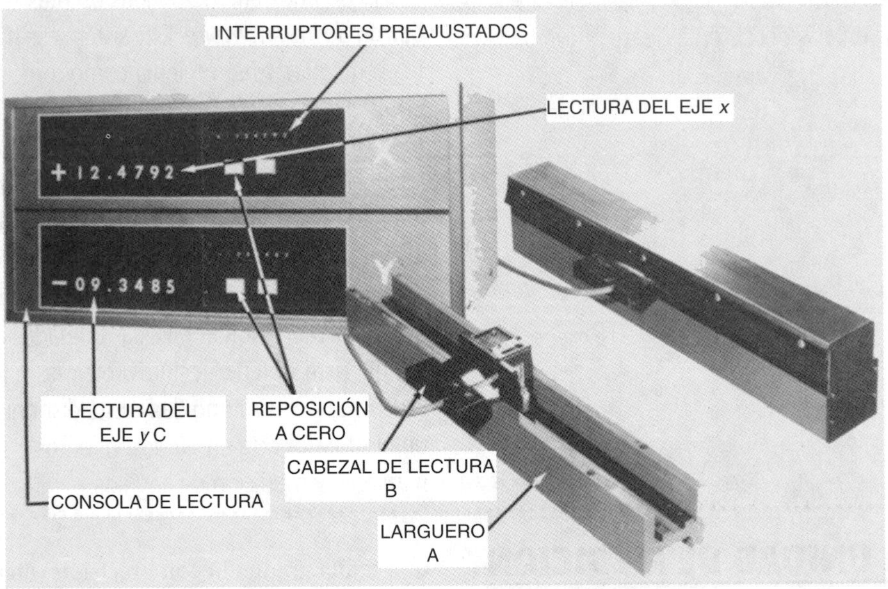

FIGURA 16-2 Componentes de una unidad de medición por coordenadas.

gada, de forma que la resolución de la lectura digital es de .000 050 pulg (0.001 mm). Las lecturas métricas se obtienen oprimiendo un botón que está en un costado de la caja.

Una *rejilla índice transparente*, con la misma graduación que el larguero, está montada en el cabezal de lectura (Figura 16-2B). La rejilla índice se coloca de modo que sus líneas formen un pequeño ángulo con respecto a las líneas del larguero. El cabezal de lectura está montado de manera que la rejilla índice quede colocada a sólo .002 pulg (0.05 mm) por encima de la rejilla principal. Hay una pequeña lámpara

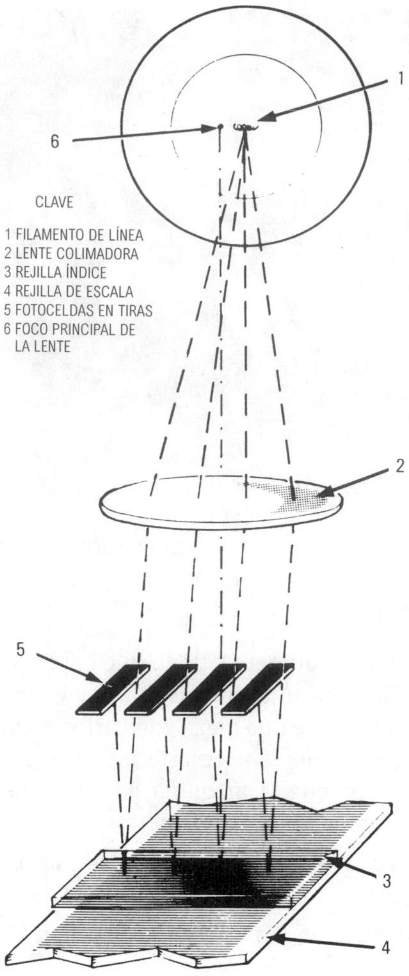

FIGURA 16-3 Principio de funcionamiento de la unidad de medición por coordenadas.

montada en el cabezal de lectura, una lente colimadora, y cuatro celdas fotoeléctricas (Figura 16-3).

Nota: Este sistema electro-óptico "cuenta" las franjas moiré, y produce la precisión de medición de alta resolución del Sheffield Cordax Measuring System.

Principio de las franjas de moiré

Para ilustrar el patrón de franjas moiré, podemos dibujar una serie de líneas igualmente espaciadas sobre dos piezas de hoja de plástico (Figura 16-4). Una hoja se colocaría luego encima de la otra en ángulo, como se aprecia en la Figura 16-4. Donde las líneas se cruzan, aparecen bandas oscuras. Si la hoja superior se mueve hacia la derecha, la posición de estas bandas se moverá hacia abajo, y el patrón aparecerá como una serie de bandas oscuras y claras moviéndose verticalmente sobre la hoja. Por lo tanto, cualquier movimiento longitudinal producirá un movimiento vertical de las bandas claras. Este principio también puede ilustrarse colocando un peine sobre otro en un pequeño ángulo y moviendo uno sobre el otro.

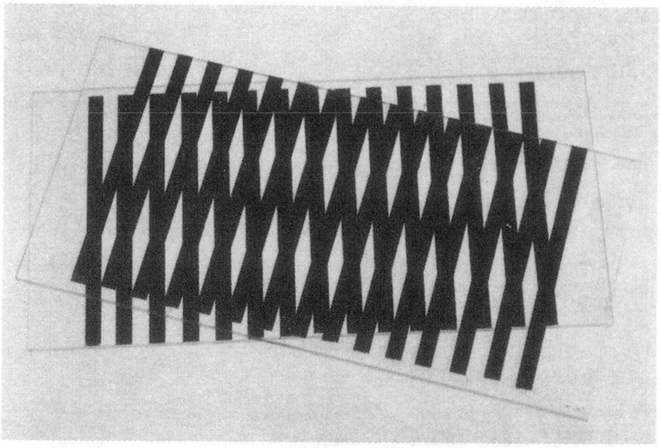

FIGURA 16-4 Principio del patrón de franjas moiré. (Cortesía de Sheffield Measurement Div.)

OPERACIÓN DE LA UNIDAD DE MEDICIÓN

Ya que las líneas grabadas sobre la rejilla del cabezal de lectura forman un ángulo con respecto a las líneas del larguero principal, aparecerá una serie de bandas cuando se observe directamente desde arriba. Consideremos solamente una banda para explicar la operación del sistema.

La luz de la lámpara (Figura 16-3) pasa a través de la lente colimadora y se convierte en un rayo o haz de luz paralelo. Este rayo incide en el patrón de franjas y es reflejado hacia una de las cuatro fotoceldas, que convierten el patrón de franjas en una señal eléctrica. Conforme el cabezal de lectura se mueve longitudinalmente, la banda se mueve verticalmente sobre la cara del larguero y será captada por la siguiente celda fotoeléctrica, lo que producirá otra señal (Figura 16-5). Estas señales de las fotoceldas (señales de salida) se transmiten al visualizador de lectura digital, donde indican con precisión el recorrido del cabezal en cualquier punto. Una señal de la siguiente fotocelda aumentará o reducirá la lectura en la caja de lectura digital en .0001 pulg (0.002 mm), dependiendo de la dirección del movimiento.

Nota: El patrón de franjas (Figura 16-4) se mueve lateral y continuamente a través de la trayectoria de la rejilla.

Ventajas del sistema de medición por coordenadas

1. Sus consolas de lectura tienen números claros y visibles, lo que elimina la posibilidad de leer mal un indicador de carátula.
2. Da una lectura constante de la posición de la herramienta (o de la mesa).

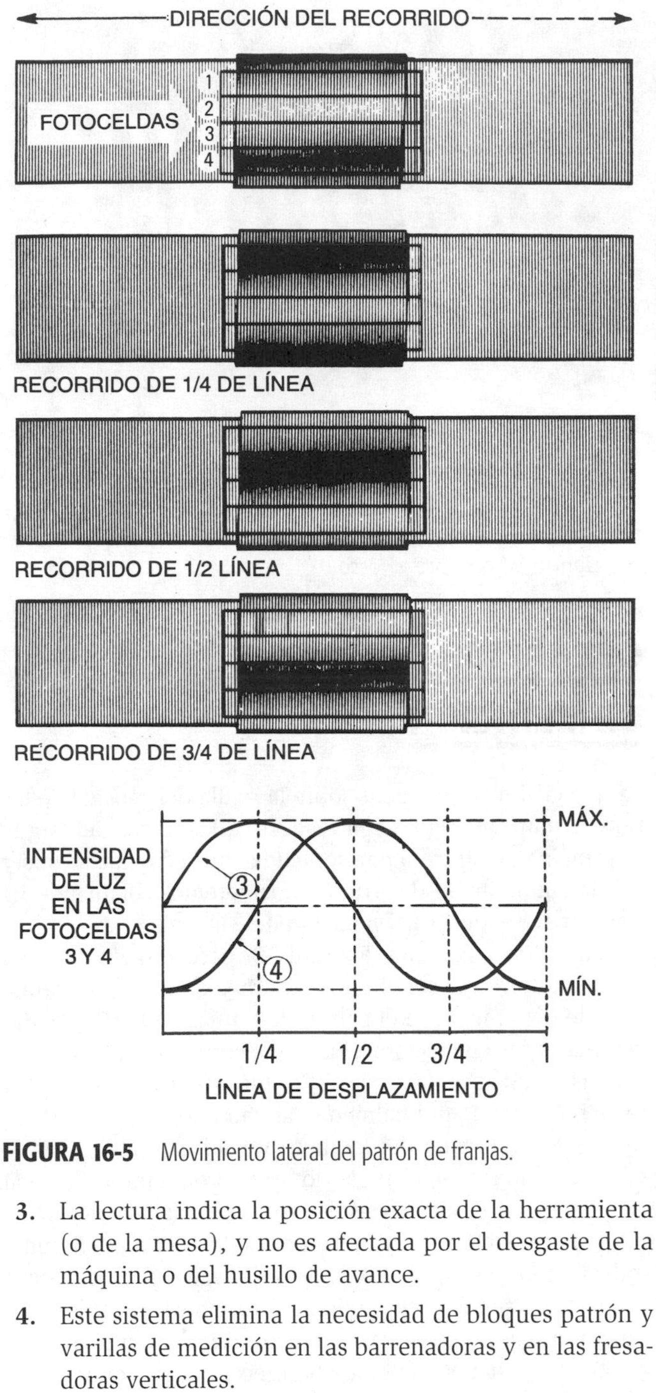

FIGURA 16-5 Movimiento lateral del patrón de franjas.

3. La lectura indica la posición exacta de la herramienta (o de la mesa), y no es afectada por el desgaste de la máquina o del husillo de avance.
4. Este sistema elimina la necesidad de bloques patrón y varillas de medición en las barrenadoras y en las fresadoras verticales.
5. La necesidad de cálculos por parte del operador y la inherente posibilidad de errores quedan eliminadas.
6. El tiempo de puesta a punto de la máquina se reduce en gran medida.

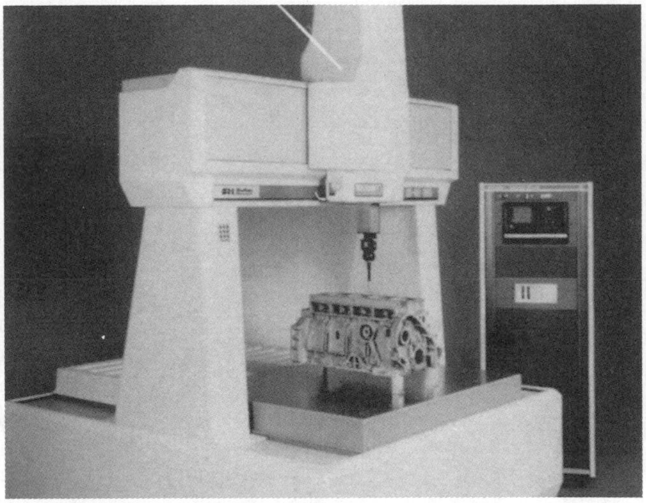

FIGURA 16-6 Las máquinas con medición por coordenadas pueden programarse para inspeccionar automáticamente piezas. (Cortesía de Sheffield Measurement Div.)

7. La producción aumenta, dado que la pieza debe verificarse sólo para una dimensión. Por ejemplo, cuando debe maquinarse una pieza con varios diámetros en un torno, solamente es necesario medir el primer diámetro. Una vez que la máquina ha sido ajustada a esta medida, todos los otros diámetros serán correctos.
8. Se reduce la necesidad de habilidad por parte del operario.
9. El desperdicio y el retrabajo se eliminan casi por completo.
10. A la mayor parte de las máquinas-herramienta se les puede instalar este sistema.

Los *instrumentos de medición por coordenadas* (Figura 16-6) se desarrollaron para acelerar el proceso de medir piezas producidas en máquinas-herramienta de control numérico (NC). Las máquinas con medición por coordenadas (CMM) son a la inspección, lo que las máquinas con NC son a la manufactura. Se puede medir casi cualquier forma con una gran precisión y sin uso de galgas especiales. Las máquinas con medición por coordenadas, controladas por computadora, han eliminado: los problemas por error de operario; la necesidad de sistemas convencionales de medición prolongados, complejos e ineficientes; y la baja productividad común a los métodos de inspección anteriores. Las máquinas con estos instrumentos de medida pueden instalarse en las líneas de producción para automatizar la inspección, minimizar los errores de operadores, y proporcionar una calidad de piezas uniforme.

PREGUNTAS DE REPASO

1. ¿Cuál es el principio de la medición por coordenadas?
2. ¿Por qué han sido tan ampliamente aceptados en la industria, los sistemas de medición por coordenadas?
3. Mencione dos aplicaciones diferentes para los sistemas de medición por coordenadas.
4. Enuncie las tres partes principales de una unidad de medición de ese tipo.
5. Describa la operación de este sistema de medición.
6. Mencione siete importantes ventajas de un sistema de medición por coordenadas.

UNIDAD

17

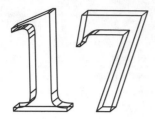

Medición por ondas de luz

OBJETIVOS

Al terminar el estudio de esta unidad, se podrá:

1. Verificar el tamaño, la planicie y el paralelismo de piezas utilizando planos ópticos
2. Describir la operación de un interferómetro láser
3. Explicar la aplicación de los aparatos láser en las mediciones

Dos de los métodos de medición más precisos son los que utilizan planos ópticos y el rayo láser. Aunque se basan en principios diferentes, ambos utilizan una fuente de luz monocromática para obtener medidas de alta precisión.

MEDICIÓN CON PLANOS ÓPTICOS

Uno de los medios más precisos y confiables para tomar medidas es mediante ondas de luz. Los *planos ópticos* (Figura 17-1), utilizados con una luz monocromática, se utilizan para verificar la planicie (o planitud) (Figura 17-4), paralelismo (Figura 17-5), y tamaño (Figura 17-6) de las piezas.

Los planos ópticos son discos de cuarzo fundido transparente, conformados y pulidos a una planicie de algunos millonésimos de pulgada. Generalmente se utilizan con una fuente luminosa de helio, lo que produce una luz verde-amarilla que tiene una longitud de onda de 23.1323 μpulg (0.587 56 μm).

El plano óptico, un disco perfectamente plano y transparente, se coloca sobre la superficie de la pieza a verificar. La superficie operativa del plano óptico es la adyacente a la pieza de trabajo. Es transparente y capaz de reflejar luz; por lo tanto, todas las ondas luminosas que toquen tal superficie se dividen en dos partes (Figura 17-2). Una es reflejada por la superficie inferior del plano. La otra parte pasa a través de esta superficie y es reflejada por la parte superior de la pieza. Siempre que las porciones reflejadas de las dos ondas de luz se entrecruzan, o *interfieren*, se hacen visibles produciendo bandas o franjas oscuras de interferencia. Esto sucede siempre que la distancia entre la superficie inferior del plano y la superficie superior de la pieza de trabajo sea de *sólo media longitud de onda* o de algún múltiplo de la misma (Figura 17-2).

Dado que la longitud de onda de la luz de helio es de 23.1323 μpulg (0.587 56 μm), cada media longitud de onda representa 11.6 μpulg (0.293 μm). Cada banda oscura representa por lo tanto una progresión de 11.6 μpulg (0.293 μm) por encima del punto de contacto entre la pieza de trabajo

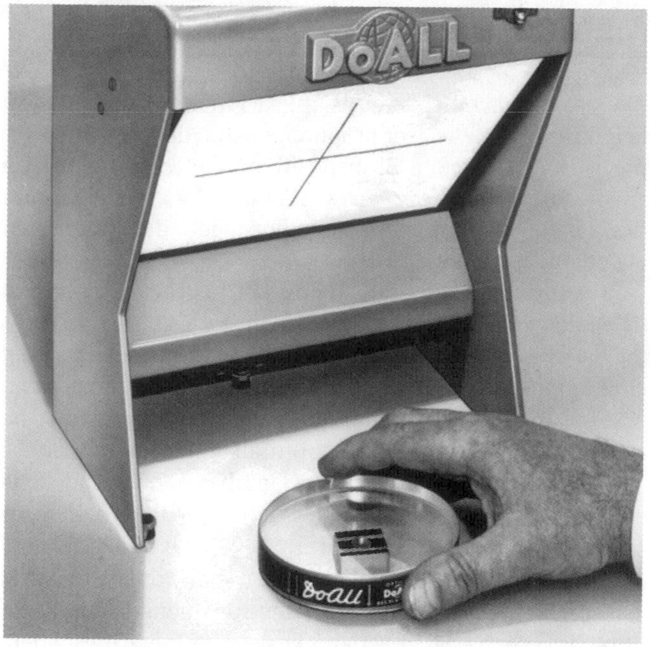

FIGURA 17-1 Cómo verificar un bloque patrón utilizando un plano óptico y una fuente de luz de helio. (Cortesía de DoAll Company.)

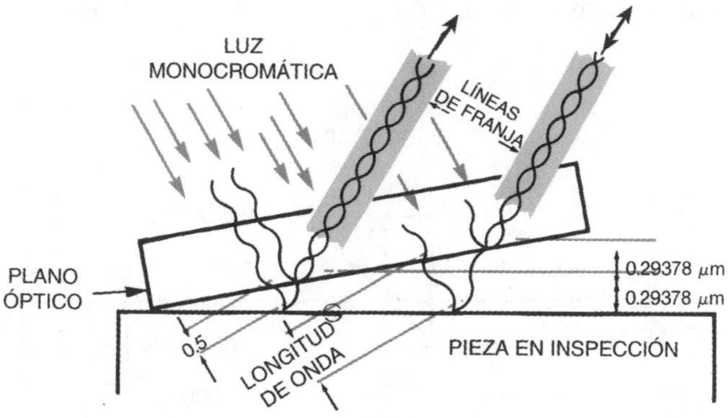

FIGURA 17-2 Principio del plano óptico.

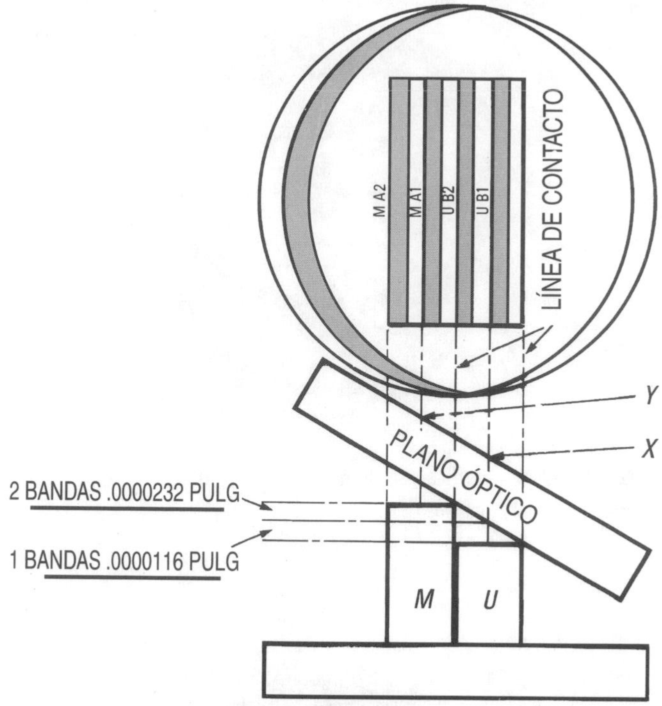

FIGURA 17-3 Comprobación de la altura de un bloque utilizando un bloque patrón.

y el plano óptico. De modo que cuando se verifica una altura, el número de bandas entre dos puntos en una superficie, multiplicado por 0.000 011 6 (0.293 μm), indicará la diferencia de altura entre las dos superficies.

Para mediciones por comparación, la diferencia de altura entre un bloque patrón y la pieza de trabajo puede determinarse como se muestra en la Figura 17-3. Esto ilustra el método utilizado para verificar con precisión la altura de una superficie desconocida, comparándola con un bloque patrón de altura conocida. Antes de poder medir el bloque desconocido es necesario primero saber cuál de los bloques es mayor. Para determinar cuál de ellos lo es, se aplica presión con el dedo en los puntos *X* y *Y*. Si la presión en *X* no modifica el patrón de bandas y la presión en *Y* hace que las bandas se separen, el bloque patrón (*M*) es más grande. Si ocurre lo contrario, el bloque desconocido (*U*) es el mayor. En la Figura 17-3 aparecen dos bandas en el bloque más bajo; por lo tanto, el bloque desconocido es dos bandas –o sea, $2 \times 11.6 = 23.2$ μpulg ($2 \times 0.293 = 0.586$ μm)- menos alto que el patrón.

Cómo interpretar las bandas

Refiérase a la Figura 17-4 (pág. 128). Como las líneas muestran sólo una curva ligera, el bloque sería convexo o ligeramente más alto en el centro. El bloque está 2×11.6 μpulg, es decir, .000 023 2 pulg, fuera de planicie.

En la Figura 17-5 (pág. 128), dado que aparecen dos bandas en el bloque patrón, la pieza es 2×11.6, o bien 23.2 μpulg más pequeña o más grande que el patrón. Si la presión aplicada sobre el bloque patrón provoca que aumente el espaciamiento entre bandas, la pieza es de menor tamaño. Observe la curva en la banda, que muestra que la pieza no es totalmente paralela. Está aproximadamente media banda, es decir, 5.8 μpulg, fuera de paralelismo.

En la Figura 17-6 (pág. 128), el bloque patrón está a la izquierda. Observe las tres bandas en dicho bloque, y las seis bandas en el bloque de tamaño desconocido, a la derecha. Este último tiene, por lo tanto, tres bandas más que el patrón. (El bloque con más bandas siempre es el más pequeño). Observe también que las líneas en el bloque desconocido son rectas y están espaciadas uniformemente, lo que indica que es paralelo en toda su longitud. Como las líneas se inclinan hacia la línea de contacto, el lado izquierdo del bloque desconocido es más pequeño por media banda, o sea 5.8 μpulg ($11.6 \div 2$).

FIGURA 17-4 Verificación de la planicie con un plano óptico. (Cortesía de DoAll Company.)

FIGURA 17-5 Comprobación del paralelismo con un plano óptico. (Cortesía de DoAll Company.)

FIGURA 17-6 Cómo verificar el tamaño con un plano óptico. (Cortesía de DoAll Company.)

MEDICIONES CON EQUIPOS LÁSER

Además de sus muchas otras aplicaciones en medicina y en la industria, el rayo láser proporciona uno de los medios más precisos de medición. El dispositivo de medición por láser, conocido como *interferómetro* (Figura 17-7), mide los cambios en posición (alineamiento) por medio de la interferencia de ondas de luz.

Como se muestra en la Figura 17-7, el rayo láser se divide en dos partes por medio de un *divisor de haz*. Uno de estos haces es transmitido a través del divisor a un *espejo sensible al movimiento,* de regreso al divisor de haz en el punto *X*. A partir de este punto, donde se vuelven a unir ambos haces, los rayos recombinados son transmitidos al *detector*.

Si no hay ningún movimiento, ambas porciones del rayo se conservan en la misma fase y la luz que llega al detector permanecerá constante (Figura 17-8). Si hay algún movimiento en el espejo sensible, el haz (negro) reflejado por tal espejo será alterado y fluctuará dentro y fuera de fase con el otro haz. (Figura 17-9). Cuando este rayo (negro) está defasado, cancela al otro, haciendo que la luz fluctúe. Este patrón de fluctuación lumínica es registrado por el detector de haces, en donde se calcula el número de fluctuaciones en relación con la longitud de onda del láser, y el movimiento preciso aparece visualizado en una consola de lectura.

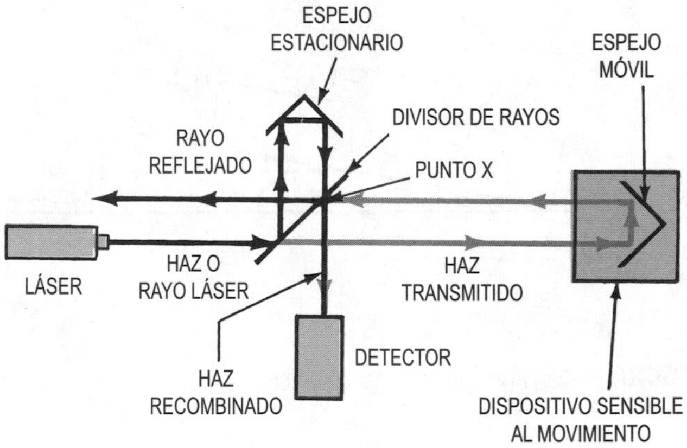

FIGURA 17-7 Principio del interferómetro de láser.

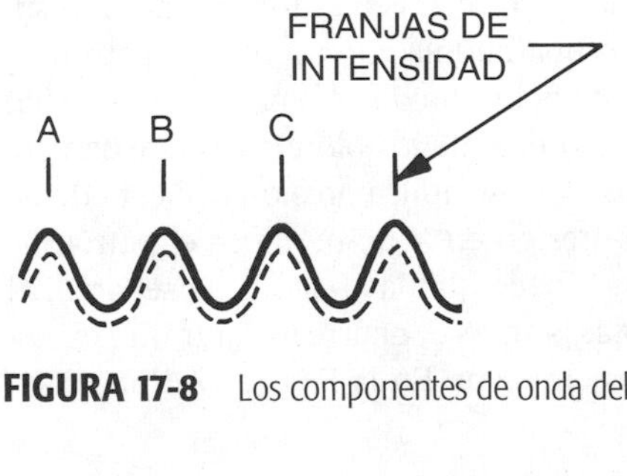

FIGURA 17-8 Los componentes de onda del haz de láser están en fase.

FIGURA 17-9 Los componentes de onda del rayo láser están fuera de fase o defasados.

Debido a la gran delgadez y rectitud del rayo producido por un interferómetro de láser, estos dispositivos se utilizan para mediciones lineales precisas, y para la alineación en la producción de máquinas grandes. También se emplean para calibrar máquinas de precisión y dispositivos de medición. Los dispositivos láser pueden servir también para verificar puestas a punto de máquinas (Figura 17-10). Se proyecta un rayo láser contra el trabajo y se toman mediciones mediante el rayo, las que aparecen en un panel de lectura digital.

Debido a las características del rayo tan delgado y recto, los equipos láser se utilizan ampliamente en trabajos de construcción y topografía. Pueden usarse para indicar el sitio exacto de posicionamiento de vigas maestras (o trabes) en edificios altos o para establecer líneas de dirección para un túnel a construir por debajo de un río. También son muy empleados para establecer pendientes en sistemas de alcantarillado o drenaje.

Los equipos láser se han convertido en sistemas permanentes en el programa astronáutico o espacial. Se utilizan rayos láser para indicar qué tan lejos está una nave espacial a partir de un planeta en particular. Se sirven también para fines militares, como detección de alcance, guía y rastreo de misiles. La operación de los equipos láser y sus otras aplicaciones en la industria, se describen en la Unidad 94.

FIGURA 17-10 Un interferómetro láser utilizado para verificar la alineación de partes de máquina. (Cortesía de Cincinnati Milacron, Inc.)

EL LASERMIKE

El *LaserMike* (Figura 17-11) es un micrómetro óptico que es simple en principio, y sin embargo de alta precisión en su operación. El corazón del instrumento es un rayo láser de helio-neón que es proyectado en línea recta con casi ninguna difusión.

El haz se dirige hacia espejos montados en el eje de un motor eléctrico de precisión. Durante el giro, estos espejos "rastrean" al rayo láser a través de una lente óptica, lo que alinea los rayos en paralelo y los proyecta hacia una lente receptora. Cuando se coloca un objeto en el centro del rayo láser, crea un segmento de sombra en la trayectoria de rastreo, el cual es detectado por la fotocelda, y ello permite a la unidad determinar el contorno del objeto. Un reloj de cristal de alta frecuencia, cronometra el intervalo entre bordes y convierte el tiempo a dimensiones lineales.

Sin siquiera tocar a la pieza u objeto, el LaserMike proporciona lecturas instantáneas con precisiones nunca antes posibles mediante otras técnicas de medición usuales. Aún más, la rapidez de medición permite una medida precisa cuando el objeto está en movimiento, así como cuando está en reposo.

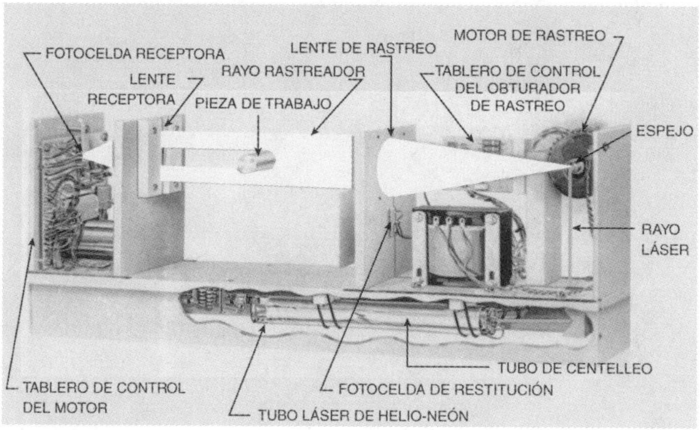

FIGURA 17-11 El LaserMike, un micrómetro óptico, utiliza un rayo láser de helio-neón. (Cortesía de LaserMike Div. Techmet Co.)

PREGUNTAS DE REPASO

Planos ópticos

1. Describa un plano óptico.
2. Qué fuente de luz se utiliza con los planos ópticos, y cuál es su longitud de onda?
3. Describa e ilustre en detalle el principio de un plano óptico.
4. Cuando se mide la altura de un bloque utilizando un bloque patrón y un plano óptico, ¿cómo puede determinarse cuál es más alto?

Láseres

5. Mencione cinco aplicaciones para medición del interferómetro.
6. Enuncie las cuatro partes principales de un interferómetro.
7. Describa brevemente la operación de un interferómetro.

UNIDAD

18

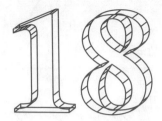

Medición de acabados superficiales

OBJETIVOS

Al terminar el estudio de esta unidad, se podrá:

1 Interpretar los símbolos de acabado superficial que aparecen en un plano

2 Utilizar un indicador de acabado superficial para medir el terminado de superficie en una pieza

La tecnología moderna ha demandado mejores acabados superficiales para asegurar un funcionamiento adecuado y larga vida a las piezas de máquinas. Los pistones, cojinetes y engranes dependen en gran medida de un buen terminado superficial para su funcionamiento adecuado, y por lo tanto requieren muy poco o ningún periodo de estar forzados. Los acabados más finos suelen necesitar de operaciones adicionales, como lapeado o pulido. Estos acabados más finos no son siempre necesarios en una pieza y sólo resultan en costos de producción más altos. Para evitar terminar en exceso una pieza, el acabado que se desea está señalado en el plano de taller. Tal información, que define el grado de acabado, es transmitida al mecánico mediante un sistema de símbolos diseñado por la American Standards Association (ASA). Los símbolos representan un sistema estándar para determinar e indicar el acabado superficial. La unidad para medir el acabado superficial es la *micropulgada* (μpulg). La unidad métrica para el acabado superficial es el micrometro (μm).

El instrumento más comúnmente utilizado en la medición de acabados es el indicador de superficies (Figura 18-1, pág. 132). Este dispositivo consiste en un *cabezal rastreador* y un *amplificador*. El cabezal contiene un estilete de diamante, provisto de una punta con un radio de .0005 pulg (0.013 mm), que se apoya contra la superficie de la pieza. Puede ser movido a mano a lo largo de la superficie de la pieza, o bien ser impulsado por un motor. Todos los movimientos del estilete provocados por irregularidades de la superficie son convertidos a fluctuaciones eléctricas por el rastreador. Estas señales son aumentadas por la unidad amplificadora y registradas en el medidor mediante una manecilla o aguja indicadora. La lectura que muestra el medidor indica la altura *promedio* de la rugosidad superficial o la divergencia de esta superficie a partir de la línea de referencia (centro).

Las lecturas pueden aparecer como de *altura de rugosidad media aritmética (Ra)* o *media cuadrática (Rq)*. Una sección transversal de la pieza de trabajo, altamente ampli-

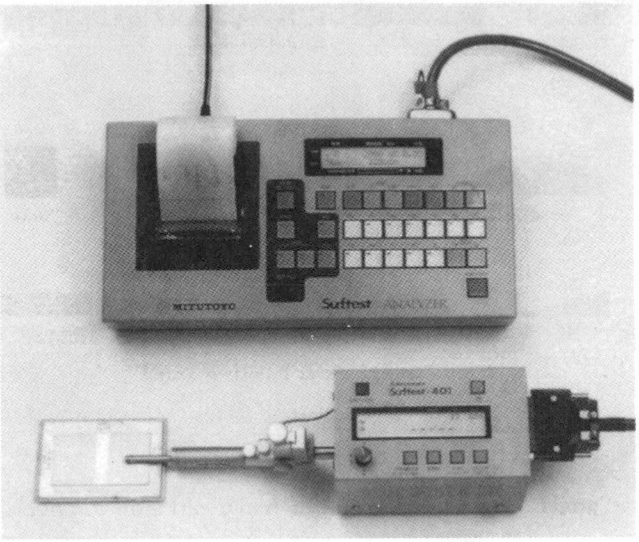

FIGURA 18-1 Un indicador de superficie puede verificar con precisión la rugosidad de una extensión superficial. (Cortesía de MTI Corporation.)

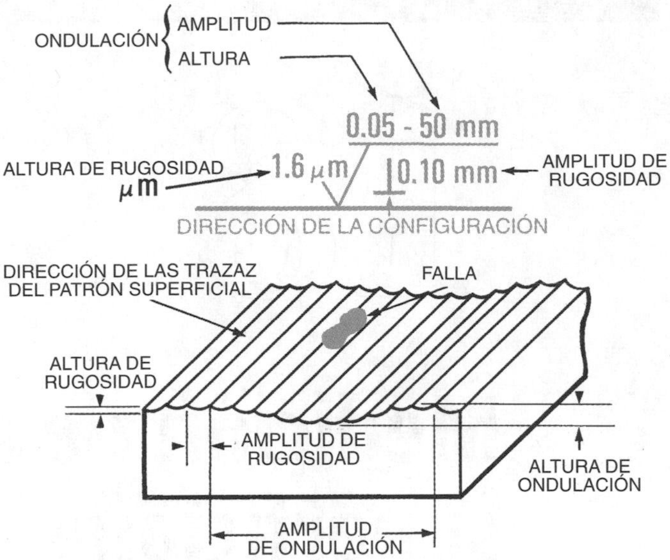

FIGURA 18-3 Características y símbolos de superficie.

ficada, aparecería como se muestra en la Figura 18-2, con "colinas y valles" por encima y por debajo de la línea central. Para calcular el acabado superficial sin un indicador de superficie, debe medirse y registrarse la altura de estas desviaciones como se muestra. El valor Ra o Rq podría calcularse entonces como en la Figura 18-2. El Rq se considera el mejor método para determinar la rugosidad de la superficie, ya que enfatiza las desviaciones extremas.

Para una determinación precisa del acabado superficial, el indicador debe calibrarse primero, ajustándolo con una superficie de referencia de precisión, sobre un bloque patrón calibrado según estándares ASA. Los símbolos en uso para identificar acabados superficiales y sus características, se muestran en la Figura 18-3.

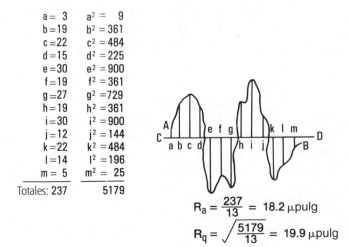

a = 3	a^2 = 9
b = 19	b^2 = 361
c = 22	c^2 = 484
d = 15	d^2 = 225
e = 30	e^2 = 900
f = 19	f^2 = 361
g = 27	g^2 = 729
h = 19	h^2 = 361
i = 30	i^2 = 900
j = 12	j^2 = 144
k = 22	k^2 = 484
l = 14	l^2 = 196
m = 5	m^2 = 25
Totales: 237	5179

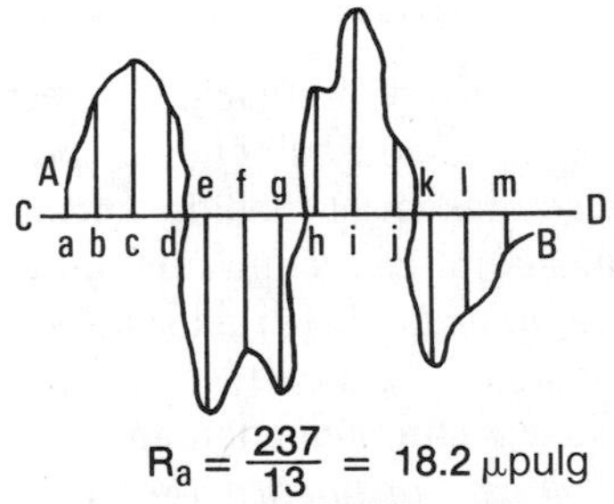

$$R_a = \frac{237}{13} = 18.2\ \mu\text{pulg}$$

$$R_q = \sqrt{\frac{5179}{13}} = 19.9\ \mu\text{pulg}$$

FIGURA 18-2 Cálculo de la altura de la rugosidad en valor Ra (promedio aritmético), y Rq (promedio cuadrático).

DEFINICIONES DE ACABADO SUPERFICIAL

Desviación en la superficie — toda desviación de la superficie nominal bajo la forma de ondulaciones, rugosidad, defectos, trazas y perfil.

Ondulación — irregularidades de la superficie que se desvían de la superficie principal con la forma de ondas; pueden ser provocadas por vibraciones en la máquina o en la pieza, y generalmente están ampliamente espaciadas.

Altura de ondulación — distancia entre pico y valle, en decimales de pulgada o milímetros.

Amplitud de ondulación — distancia entre picos o valles de ondas sucesivas, en pulgadas o milímetros.

Rugosidad — irregularidades relativamente poco espaciadas entre sí, sobrepuestas en el patrón de ondulación y provocadas por la herramienta de corte, o la acción del material abrasivo y el avance de la máquina. Estas irregularidades son mucho más angostas que el patrón de ondulación.

Altura de rugosidad — la desviación Ra medida perpendicularmente a la línea central, en micropulgadas o micrómetros.

Amplitud de rugosidad — la distancia entre picos de rugosidad sucesivos paralelos a la superficie nominal, en pulgadas o milímetros.

Corte de la amplitud de rugosidad — el mayor espaciamiento de irregularidades superficiales repetitivas a incluir en la medición de altura de rugosidad. Siempre debe ser mayor que la amplitud de rugosidad. Los valores estándares son .003, .010, .030, .100, .300 y 1 pulg (0.075, 0.25, 0.76, 2.54, 7.62 y 25.4 mm).

Fallas — irregularidades como rayaduras, oquedades, grietas, escalones o huecos que no siguen un patrón regular, como ocurre en la ondulación y la rugosidad.

Trazas superficiales — dirección del patrón superficial dominante, provocado por el proceso de maquinado.

Perfil — el contorno de una sección específica a través de una superficie.

Micropulgada o *micrometro* — unidades de medición utilizadas para medir el acabado superficial. La micropulgada es igual a .000 001 pulg; el micrómetro, es igual a 0.000 001 m (es decir, un millonésimo de metro).

Los siguientes símbolos indican la dirección de trazas de marcas superficiales (Figura 18-4):

- ‖ paralela a la línea límite de la superficie indicada por el símbolo
- ⊥ perpendicular a la línea límite de la superficie indicada por el símbolo
- X angular en ambas direcciones sobre la superficie señalada por el símbolo
- M multidireccional
- C aproximadamente circular con respecto al centro de la superficie señalada por el símbolo
- R aproximadamente radial en relación con el centro de la superficie marcada por el símbolo

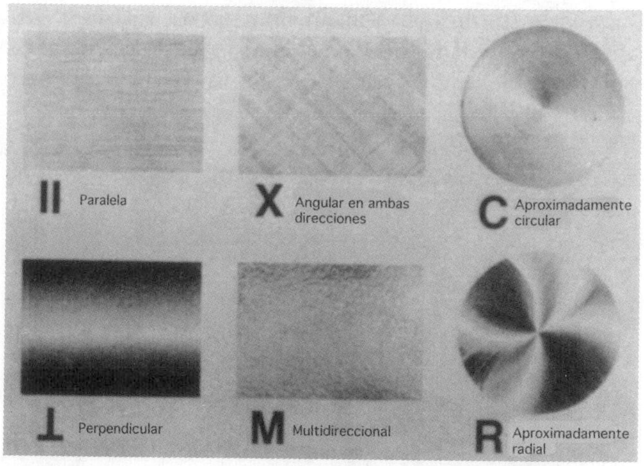

FIGURA 18-4 Símbolos de superficie utilizados para designar la dirección de las trazas superficiales. (Cortesía de GAR Electroforming Limited.)

Rugosidad superficial media producida por procesos de maquinado estándares

	Micropulgadas	Micrómetros
Torneado	100-250	2.5-6.3
Taladrado	100-200	2.5-5.1
Escariado	50-150	1.3-3.8
Rectificado	20-100	0.5-2.5
Pulido	5-20	0.13-0.5
Lapeado	1-10	0.025-0.254

Cómo medir el acabado superficial con un indicador de superficie

1. Cierre el interruptor y permita que el instrumento se caliente durante aproximadamente 3 minutos.
2. Revise la calibración de la máquina moviendo el estilete sobre un bloque patrón de 125 μpulg (3.2 μm) aproximadamente a 1/8 pulg/s (3 mm/s).
3. Si fuera necesario, ajuste el control de calibración de forma que el instrumento registre lo mismo que el bloque patrón.
4. A menos que se especifique otra cosa, utilice el intervalo de corte de .030 pulg (0.76 mm) para una rugosidad de superficie de 30 μpulg (0.76 μm) o mayor. En el caso de superficies con menos de 30 μpulg (0.76 μm), utilice el intervalo de corte de .010 pulg (0.25 mm).

Nota: Cuando se mida una superficie con rugosidad desconocida, ajuste el interruptor al intervalo alto, para evitar dañar el instrumento. Después de una prueba inicial, el interruptor de intervalo puede ajustarse en un punto más fino, para una lectura de superficie precisa.

5. Limpie bien la superficie a medir, para asegurar una lectura precisa y reducir el desgaste en la tapa que protege al estilete.
6. Con un movimiento suave y continuo del estilete, rastree la superficie de la pieza a aproximadamente 1/8 pulg/s (3 mm/s).
7. Observe la lectura en la escala del medidor.

Un dispositivo más elaborado para medir el acabado superficial es el *analizador de superficie*. Utiliza un dispositivo de registro para reproducir las irregularidades de la superficie en una gráfica graduada, proporcionando un registro de línea de tinta.

Aunque el indicador de superficie es el más común, pueden utilizarse otros métodos para medir el acabado superficial con una precisión razonable durante los procesos de maquinado, incluyendo:

1. Los *bloques de comparación*, que se utilizan para comparar el acabado de la pieza de trabajo con el acabado con calibración de un bloque de prueba utilizando la prueba de la uña.

FIGURA 18-5 Escala de comparación visual de rugosidad superficial. (Cortesía de GAR Electroforming Limited.)

2. Los *conjuntos comerciales de muestras de acabado estándar*, que incluyen hasta 25 muestras de terminado superficial diferentes. Consisten en bloques o placas con superficies que varían desde la más lisa hasta la más rugosa que se pueda requerir (Figura 18-5).

Estas muestras se utilizan para verificar el acabado de una pieza maquinada, contra un acabado de muestra, para determinar aproximadamente el terminado producido en la pieza. Con frecuencia es difícil determinar el acabado visualmente. En estos casos la superficie puede compararse pasando el extremo de la uña sobre las dos superficies.

La Tabla 18-1 muestra los resultados obtenidos en piezas de metal redondo y plano mediante diversas operaciones de maquinado. Para obtener las lecturas se utilizó un analizador de superficie B-1 110 Brush. Las velocidades, avances y los radios de herramienta que se muestran, son los recomendados para un útil o herramienta de acero de alta velocidad.

PREGUNTAS DE REPASO

1. Explique por qué los estándares de acabado superficial son tan importantes para la industria actual.
2. Defina los siguientes términos de acabado superficial: micropulgada, trazas superficiales, falla, rugosidad, ondulación, valor medio cuadrático.
3. Explique todos los símbolos y números (con pulgadas), según su aplicación al acabado superficial:

$$^{50}\sqrt{}\;\frac{.002 - 2}{= .020}$$

4. Explique lo que representan los siguientes símbolos: $=$, $\perp$, X, M, C y R
5. Describa brevemente el principio y la operación de un indicador de superficie y de un analizador de superficie en la medición de acabado superficial.

TABLA 18-1 Acabados superficiales obtenidos mediante diversas operaciones de maquinado*

Herramienta	Operación	Material	Velocidad	Avance	Herramienta	Ajuste del analizador		Terminado superficial, Rq
						Corte	Intervalo	
Sierra	Aserrado	Aluminio de 2 1/2 pulg de diám.	320 pie/min (97.5 m/min)	—	Sierra de paso 10	.030 pulg (0.76 mm)	1000	300-400
Fresadora vertical	Corte volado (superficie plana)	Acero para maquinaria	820 rpm	.015 pulg (0.38 mm)	Stellite de 1/16 pulg de rad.	.030 pulg (0.76 mm)	300	125-150
Fresadora horizontal	Fresado de superficie	Aluminio fundido	225 rpm	2 1/2-pulg/min (63.5 mm/min)	Cortador plano, HSS de 4 pulg de diám.	.030 pulg (0.76 mm)	100	40-50
Torno	Torneado	Aluminio de 2 1/2 pulg de diám.	500 rpm	.010 pulg (0.25 mm)	HSS de 3/64 pulg de diám.	.030 pulg (0.76 mm)	300	100-200
	Torneado	Aluminio de 2 1/2 pulg de diám.	500 rpm	.007 pulg (0.18 mm)	HSS de 5/64 pulg de diám.	.030 pulg (0.76 mm)	100	50-60
	Refrentado	Aluminio de 2 pulg de diám.	600 rpm	.010 pulg (0.25 mm)	HSS de 1/32 pulg de diám.	.030 pulg (0.76 mm)	300	200-225
	Refrentado	Aluminio de 2 pulg de diám.	800 rpm	.005 pulg (0.13 mm)	HSS de 1/32 pulg de diám.	.030 pulg (0.76 mm)	100	30-40
	Limado	Acero para maquinaria de 3/4 pulg de diám.	1200 rpm	—	Lima de torno de 10 pulg	.010 pulg (0.25 mm)	100	50-60
	Pulido	Acero para maquinaria de 3/4 pulg de diám.	1200 rpm	—	Tela abrasiva #120	.010 pulg (0.25 mm)	30	13-15
	Escariado a máquina	Aluminio	500 rpm	—	Escariador HSS de máquina, 3/4 pulg de diám.	.030 pulg (0.76 mm)	100	25-32
Rectificadora de superficie	Rectificado de una superficie plana	Acero para maquinaria	—	.030 pulg (0.76 mm)	Rueda de esmeril de grado 60	.003 pulg (0.076 mm)	10	7-9
Esmeriladora para cortadores y herramientas	Esmerilado cilíndrico	Acero para maquinaria de 1 pulg	—	A mano (lenta)	Rueda de esmeril de grado 46	.010 pulg (0.25 mm)	30	12-15
Asentado	Asentado plano	Acero para herramienta de 7/8 pulg x 5 1/2 pulg templado	—	A mano	Abrasivo de grado 600	.010 pulg (0.25 mm)	10	1-2
	Asentado cilíndrico	Acero para herramienta de 1/2 pulg de diám. templado	—	A mano	Abrasivo de grado 600	.010 pulg (0.25 mm)	10	1-2

*Las cifras en unidades métricas dadas representan conversiones no estrictas.

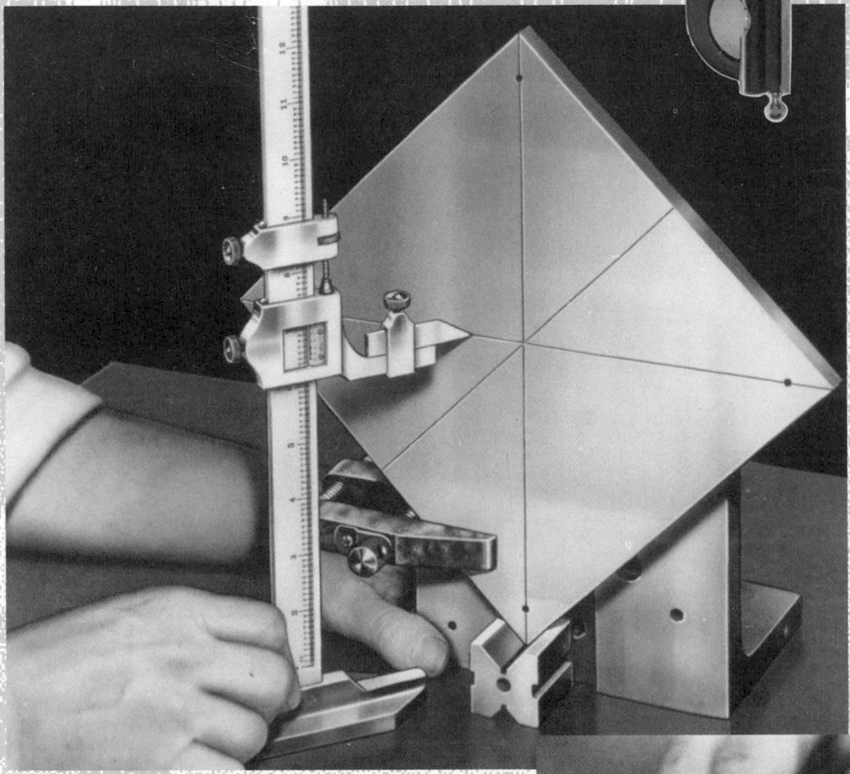

SECCIÓN

6

INSTRUMENTOS Y PROCEDIMIENTOS DE TRAZADO

El trazo (o trazado) es el proceso de inscribir o marcar centros, círculos, arcos o líneas rectas sobre el metal, para definir la forma del objeto, la cantidad de metal a eliminar durante el proceso de maquinado, y la posición de las perforaciones a realizar. El trazo ayuda al mecánico a determinar la cantidad de material por eliminar, aunque el tamaño de los cortes para desbaste y acabado deban verificarse con mediciones reales.

Todos los trazos deben hacerse a partir de una *línea base* o de una superficie terminada, para asegurar un trazado preciso, dimensiones correctas, y una posición adecuada de los orificios o perforaciones. La importancia de un trazo adecuado es esencial. La precisión del producto terminado depende en gran medida de la precisión del trazado. El plano no indica cuánto material debe eliminarse de cada superficie de la pieza fundida o de trabajo; sólo muestra a qué superficies debe darse acabado.

El trazado de perforaciones, ya sea en materiales huecos o macizos, es tan importante como el de otras dimensiones sobre la pieza.

Los trazos pueden ser de dos clases: *básicos* o de *semiprecisión*, y de *precisión*. Un trazado de semiprecisión puede implicar el uso de mediciones básicas e instrumentos de trazo, como la regla y el trusquin en superficie. Generalmente no es tan preciso como el trazo de precisión, que requiere del uso de equipo más refinado, como el calibrador vernier de alturas. Si la pieza no debe estar muy precisa, no hay que perder tiempo haciendo un trazado de precisión. Por lo tanto, hágase el trazo tan simple como lo permitan los requisitos de la pieza.

UNIDAD

19

Materiales, instrumentos y accesorios básicos para el trazado

OBJETIVOS

Al terminar el estudio de esta unidad, se podrá:

1. Preparar una superficie de trabajo para el trazado
2. Utilizar y cuidar diversas clases de mármoles
3. Identificar y utilizar los principales instrumentos y accesorios de trazado básicos

La precisión del trazado es muy importante para la condición precisa del producto terminado. Si el trazado no es correcto, la pieza no podrá ser utilizada. El estudiante debe por lo tanto darse cuenta de que un buen trazo implica el uso adecuado y cuidadoso de todos los útiles para el trazado.

AUXILIARES PARA EL TRAZO

La superficie del metal usualmente es recubierta con un material químico ("solución") para hacer visibles las líneas de trazo. Hay varias clases de soluciones para trazo disponibles. Sin importar la que se utilice, la superficie debe estar limpia y libre de grasa.

La solución para trazado más comúnmente utilizada es el *tinte azul para trazo* (Figura 19-1). Dicho tinte de secado rápido, cuando se aplica en una capa ligera sobre la superficie de cualquier metal, producirá un fondo de contraste para las líneas marcadas con rayado. El tinte para trazo puede aplicarse con un trapo, un cepillo o un pincel, o rociarse sobre la superficie de trabajo.

Puede producirse una superficie de color cobrizo si se aplica a la superficie de una pieza de acero limpia, una solución de sulfato de cobre ($CuSO_4$) a la cual se le han aña-

FIGURA 19-1 La superficie de trabajo debe cubrirse ligeramente con tinte para trazo antes de comenzar el trazado. (Cortesía de Kelmar Associates.)

dido unas gotas de ácido sulfúrico. Cuando se utilice esta solución, la superficie de la pieza debe estar completamente limpia y libre de grasa y marcas digitales.

Nota: El sulfato de cobre debe emplearse solamente en metales ferrosos. Es particularmente útil cuando se producen rebabas calientes, que pueden afectar otros materiales de trazado y borrar las líneas de trazadas.

Con frecuencia se usa una mezcla de polvo de bermellón o cinabrio, y barniz en el caso del aluminio, ya que algunos compuestos para el trazado atacan a ese metal. Se debe utilizar alcohol para rebajar dicha solución o para quitarla de la pieza de trabajo.

Las superficies de las piezas fundidas o de acero laminado en caliente, usualmente se preparan para el trazo aplicando gis a tiza sobre la superficie. Una mezcla de cal y alcohol, que se adhiere fácilmente a la superficie áspera de las piezas fundidas, se utiliza a menudo con este propósito.

MESAS Y MÁRMOLES PARA EL TRAZADO

El trabajo de trazado puede hacerse en una mesa de trazo (Figura 19-2), o sobre un mármol (Figura 19-3), hecho de granito o de hierro fundido. Las mesas y placas de trazo de granito se consideran mejores que las de hierro fundido porque:

- No se forman rebabas
- No se oxidan
- No son afectadas por cambios de temperatura
- No tienen esfuerzos internos, y por lo tanto no se torcerán ni distorsionarán
- Son no magnéticas

FIGURA 19-2 Una mesa con plancha de granito da una superficie de referencia precisa para el trabajo de trazo. (Cortesía de Kelmar Associates.)

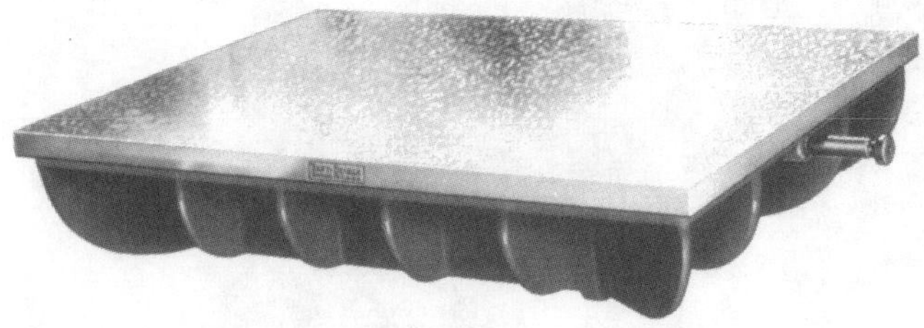

FIGURA 19-3 Mármol o plancha base de hierro fundido para trazado. (Cortesía de Kelmar Associates.)

- Pueden utilizarse para verificación cerca de máquinas rectificadoras, ya que las partículas abrasivas no se incrustan en la superficie
- Son menos caras que una placa o plancha de hierro fundido de tamaño similar

Las placas de granito están disponibles en tres colores: negro, rosa y gris. Las de color negro se consideran mejores porque son más duras, más densas, menos porosas, y por lo tanto, menos propensas a absorber humedad.

Cuidado de las mesas y mármoles para trazo

Aunque los mármoles son resistentes, su precisión puede estropearse fácilmente. Deben tomarse las siguientes precauciones con respecto a los mármoles:

- Mantenga la superficie de trabajo limpia
- Cubra la placa o mesa cuando no esté en uso
- Coloque cuidadosamente la pieza de trabajo sobre el mármol — no lo deje caer sobre él
- Utilice las barras paralelas bajo la pieza siempre que sea posible
- Nunca martille o golpee ningún trazo sobre un mármol
- Elimine las rebabas de las placas de hierro fundido y siempre proteja su superficie con una delgada capa de aceite y una cubierta, cuando no estén en uso.

RAYADORES O PUNZONES DE MARCAR

El rayador (Figura 19-4) tiene una punta, o dos puntas, de acero templado, y puede utilizarse junto con una escuadra, una regla o un borde recto para trazar líneas rectas. En algunos marcadores, un extremo está doblado en ángulo para poder marcar líneas en lugares difíciles de alcanzar. En rigor, todo

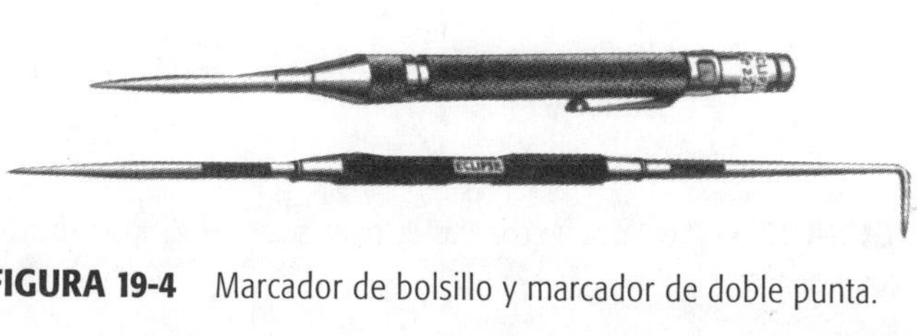

FIGURA 19-4 Marcador de bolsillo y marcador de doble punta.

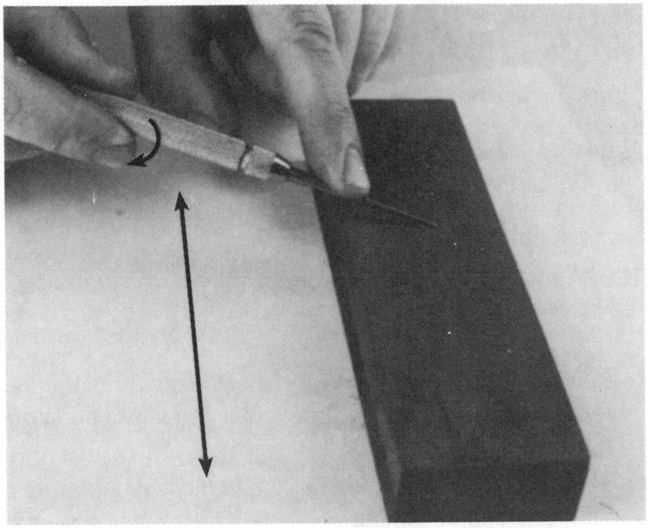

FIGURA 19-5 Cómo afilar un marcador sobre una piedra de asentar. (Cortesía de Kelmar Associates.)

trazo requiere de líneas delgadas; por lo tanto, la punta de un punzón de marcar debe mantenerse bien afilada siempre. Las puntas de rayadores, compases de puntas mixtas (o hermafroditas), compases de puntas y de vara, deben afilarse con frecuencia en una piedra de asentar fina (Figura 19-5) para mantener su filo o agudeza. Cuando se requieren líneas muy finas, deben utilizarse rayadores con afilado de cuchillo.

COMPÁS DE PUNTAS Y COMPÁS DE VARA

Los *compases de puntas* se utilizan para marcar arcos y círculos en un trazo y para transferir medidas. El compás de puntas con muelle elástico (Figura 19-6), el tipo más común, está disponible en tamaños de 3 a 12 pulgadas. Círculos y arcos más grandes pueden trazarse con un compás de vara (Figura 19-7).

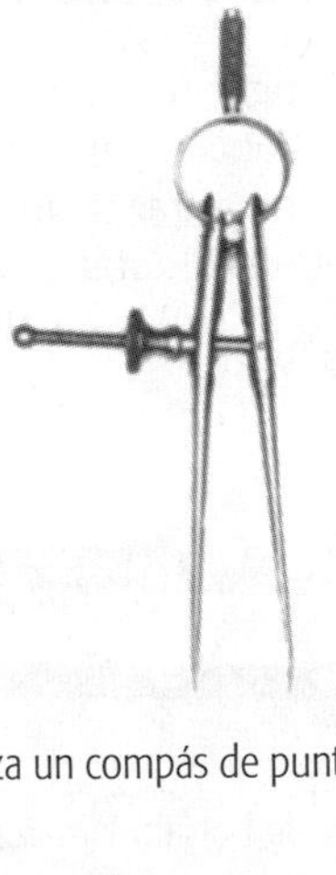

FIGURA 19-6 Se utiliza un compás de puntas con muelle para marcar arcos y círculos.

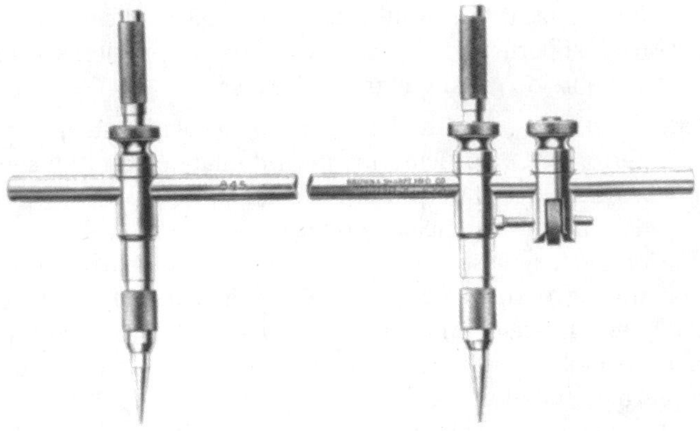

FIGURA 19-7 El compás de vara sirve para marcar arcos y círculos grandes.

Un *compás de vara* consiste en una barra sobre la cual están montados *dos cabezales deslizantes* o *ajustables* con *puntas trazadoras*. Algunos compases de vara pueden tener un *tornillo de ajuste* para ajuste fino. Se utilizan varillas o barras de distinta longitud para aumentar la capacidad del compás. Cuando se ha de trazar un círculo a partir de una perforación, es posible aplicar en vez de una de las puntas marcadoras o trazadoras, un aditamento de bola.

COMPÁS DE PUNTAS MIXTO (COJO)

El *compás de puntas mixto (o "hermafrodita")* (Figura 19-8) tiene una pierna curva y una recta, en la que está una punta de marcar. Se utiliza para trazar líneas paralelas a un borde (Figura 19-8), o para localizar el centro de material redondo o de forma irregular (Figura 19-9).

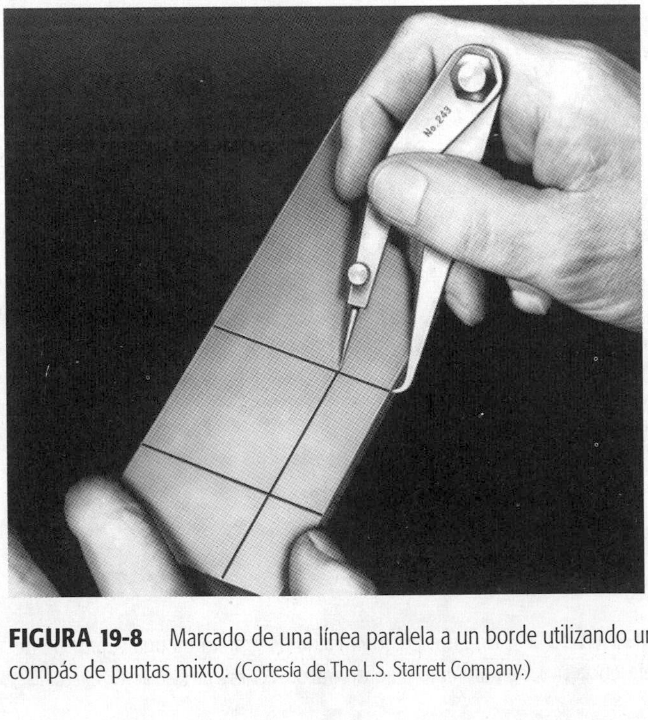

FIGURA 19-8 Marcado de una línea paralela a un borde utilizando un compás de puntas mixto. (Cortesía de The L.S. Starrett Company.)

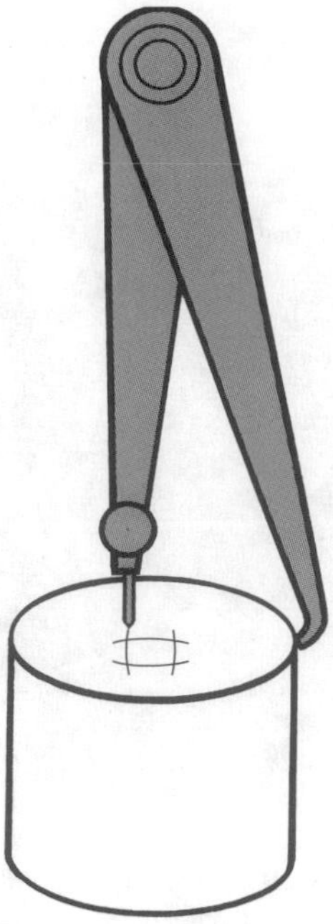

FIGURA 19-9 Cómo localizar el centro de una pieza redonda con un compás de puntas mixto o hermafrodita. (Cortesía de Kelmar Associates.)

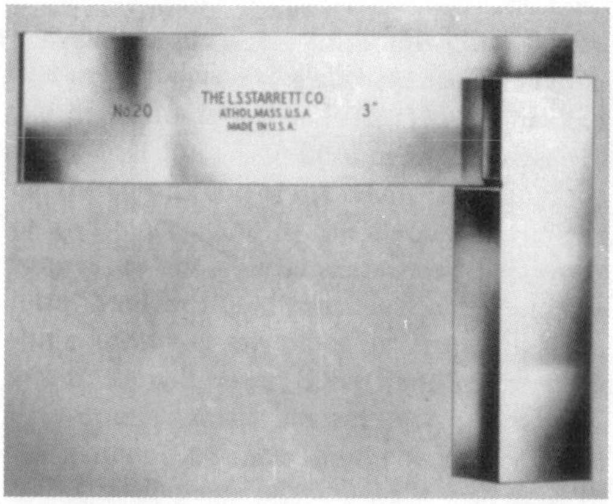

FIGURA 19-10 La escuadra fija se utiliza para inspección. (Cortesía de The L.S. Starrett Company.)

FIGURA 19-11 La escuadra universal se usa para trazar y verificar trabajos. (Cortesía de The L.S. Starrett Company.)

FIGURA 19-12 Cómo marcar una línea paralela a un borde. (Cortesía de Kelmar Associates.)

Al ajustar un compás mixto a un tamaño, coloque la pierna curvada en el extremo de la regla y ajuste la otra hasta que su punta trazadora esté en la graduación deseada. Cuando se trazan líneas paralelas con este instrumento, asegúrese siempre de sostener el trazador a 90° con el borde de la pieza de trabajo.

ESCUADRAS

Las *escuadras* se utilizan para trazar líneas en ángulo recto (90°) con un borde maquinado, a fin de probar la precisión de superficies que deben estar a escuadra (a 90° entre sí), y preparar la pieza de trabajo para el maquinado.

Las *escuadras ajustables* sirven para el trabajo de tipo general. La *escuadra fija* (Figura 19-10), compuesta de dos partes: el mango y la hoja, se emplea donde se requiere mayor precisión. Las escuadras firmes de alta precisión, conocidas como *escuadras patrón,* se utilizan para verificar la precisión de otras escuadras.

LA ESCUADRA UNIVERSAL

La *escuadra universal* (Figura 19-11), utilizada extensamente en trabajos de trazo, consiste en una regla graduada, un cabezal de escuadra, un transportador de bisel y un cabezal centrador.

La *regla graduada* se combina con las otras tres partes de la escuadra universal para diversas operaciones de trazo, preparación o inspección.

El *cabezal de escuadra* y la regla (*que forman la escuadra básica universal*) pueden utilizarse para trazar líneas paralelas a un borde (Figura 19-12). También se usa para trazar ángulos a 45° y 90° con respecto a un borde (Figura 19-13, pág. 142). El cabezal de escuadra puede moverse a lo largo de la regla a cualquier posición. Dicho cabezal también puede emplearse para verificar ángulos de 45° y 90°, y para medir profundidades.

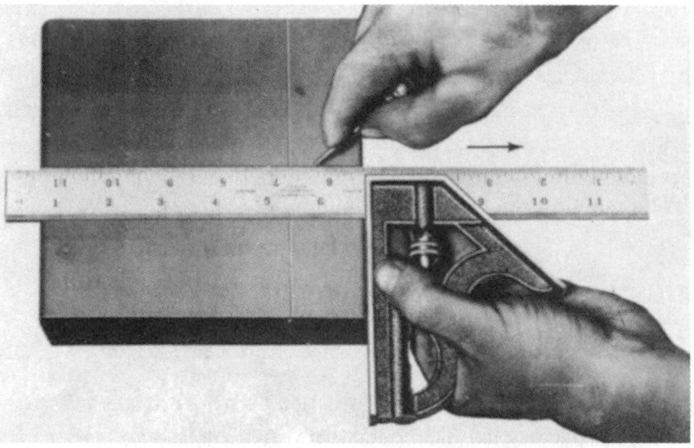

FIGURA 19-13 Cómo marcar una línea a 90° respecto de un borde. (Cortesía de Kelmar Associates.)

Cuando se monta sobre la regla, el *transportador de bisel* sirve para trazar y verificar diversos ángulos. El transportador puede ajustarse a cualquier ángulo desde 0° hasta 180°. La precisión de este transportador es de ±0.5° (30'). Puede utilizarse un transportador de bisel universal si se requiere una precisión de 5'.

El *cabezal centrador* forma una escuadra de centrar cuando se monta sobre una regla. Puede utilizarse para localizar el centro en los extremos de piezas de sección redonda, cuadrada u octogonal.

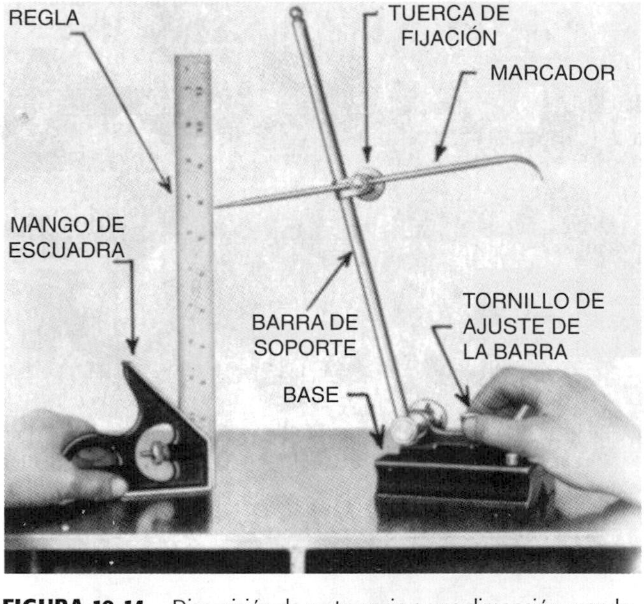

FIGURA 19-14 Disposición de un trusquin a una dimensión usando una escuadra básico de combinación. (Cortesía de Kelmar Associates.)

TRUSQUIN

El *trusquin en mármol* (Figura 19-14) se utiliza con un mármol o una superficie plana base para marcar líneas de trazo sobre una pieza de trabajo a una cierta altura. Consiste en una *base*, una *barra de soporte* y un *rayador*.

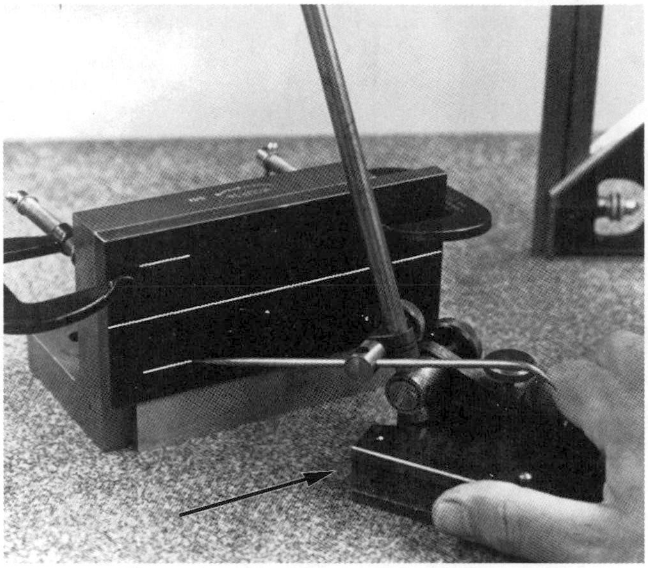

FIGURA 19-15 Utilización de un trusquin para trazar líneas paralelas a la parte superior de un mármol. (Cortesía de Kelmar Associates.)

El trusquin puede ajustarse a la dimensión requerida mediante el uso de una escuadra básica universal (Figura 19-14). Este método por lo general es lo suficientemente preciso para la mayoría de los trabajos de trazo. Se puede utilizar un trusquin sobre un mármol para marcar líneas paralelas en una pieza (Figura 19-15). Cuando ésta se sujeta a una placa de ángulo, pueden trazarse líneas horizontales y verticales en una disposición, tan sólo girando la placa de ángulo en 90° sobre el mármol, y marcando la línea o líneas.

La mayor parte de estos trusquin tienen dos espigas en la base, que cuando se oprimen sirven para guiar el trusquin a lo largo del borde de la pieza de trabajo o del mármol. Algunos de estos instrumentos tienen una ranura en V maquinada en la base, que permite utilizarlos sobre una pieza de trabajo cilíndrica.

PUNZÓN DE TRAZADO O DE MARCAR Y PUNZÓN DE CENTRAR

El *punzón de trazo* o de *marcar* y el *punzón de centrar* (Figura 19-16) difieren solamente en el ángulo de la punta. El punzón de marcar está rectificado a un ángulo de 30° a 60°, y se utiliza para señalar permanentemente la posición de líneas de trazo. El ángulo más pequeño en este punzón hace una marca menor y más precisa en la superficie de metal.

El punzón de centrar está rectificado a un ángulo de 90° y se utiliza para marcar la posición de centros de agujeros u orificios. La marca más amplia permite un inicio más fácil y preciso de la entrada de la punta de una broca.

Después de que las líneas de trazo han sido señaladas sobre la pieza de trabajo, deben indicarse permanentemente por medio de marcas con un punzón de trazar. Este paso

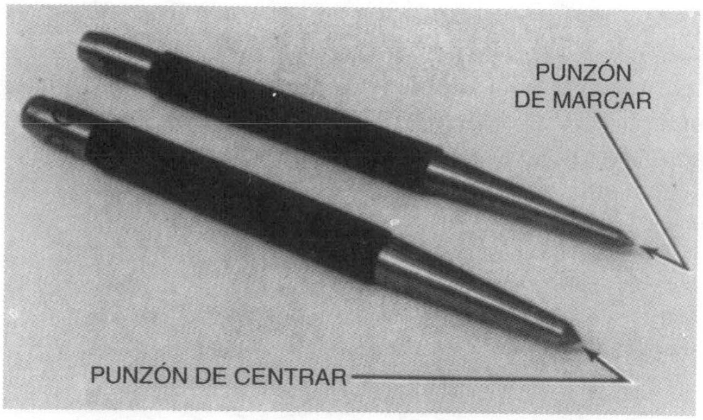

FIGURA 19-16 En el trabajo de trazado se utilizan el punzón de marcar y el punzón de centrar. (Cortesía de Kelmar Associates.)

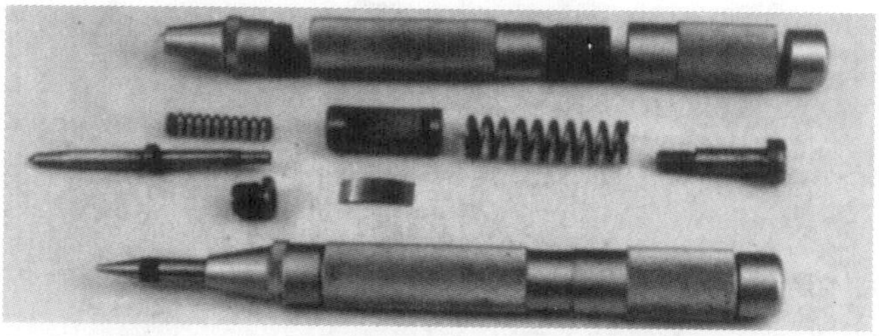

FIGURA 19-17 Un punzón de centrar automático produce marcas uniformes en un trazo. (Cortesía de Kelmar Associates.)

asegura que la posición de la línea de trazo quedará visible, aun si la línea se borrase debido a la manipulación. La intersección de las líneas centrales de un círculo debe marcarse cuidadosamente con un punzón de trazo y después aumentarse con un punzón de centrar.

Nota: Debe tenerse extremo cuidado cuando las intersecciones de líneas de trazo se están señalando con un punzón de marcar. Sin importar cuán preciso sea el trazo, es imposible señalar posiciones con un punzón de marcado a menos de .003 a .004 pulgadas (0.07 a 0.1 milímetros).

Se pueden obtener marcas uniformes con un punzón de centrar automático (Figura 19-17). Este punzón contiene un bloque de golpear que es liberado al hacer presión hacia abajo; el bloque golpea entonces a la punta, haciendo que se marque en el metal. El tamaño de la impresión puede modificarse ajustando la fuerza sobre la cabeza de tornillo, en el extremo superior del instrumento. Este tipo de punzón produce marcas de tamaño uniforme, lo que mejora la apariencia de la pieza de trabajo. Los punzones de centrar automáticos también pueden tener un aditamento espaciador para obtener un espaciamiento uniforme en las marcas de punzón del trazo.

ACCESORIOS DE TRAZO

Además de los útiles de trazo normales, algunos accesorios sirven bien en el trabajo de trazo. Cuando se requieren líneas en la cara de un material plano, es costumbre fijar el

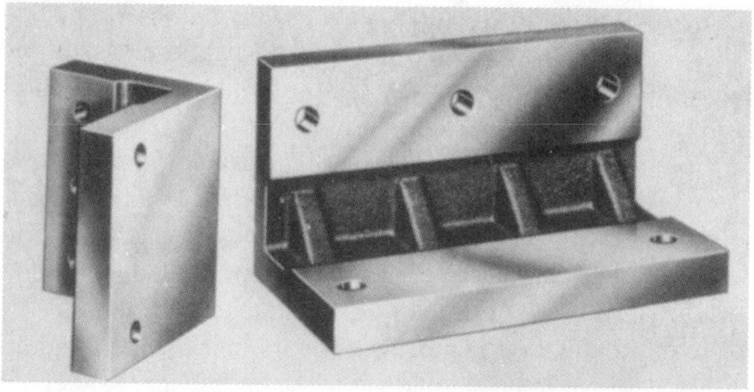

FIGURA 19-18 Las placas de ángulo tienen costados a 90° entre sí. (Cortesía de Kelmar Associates.)

trabajo a una *placa de ángulo* (Figura 19-18) con una *abrazadera o prensa de herramentista*. Esto sostendrá el trabajo en un plano vertical, de forma que se puedan colocar con exactitud las líneas de trazo. Dado que una placa de ángulo precisa tendrá todas las superficies adyacentes a 90° entre sí, es posible marcar con precisión líneas que se intersectan a 90°. Esta exactitud se logra marcando todas las líneas horizontales en la pieza de trabajo, girando después la placa de ángulo sobre un costado, y trazando luego las líneas intersectantes (Figura 19-19A y B).

A

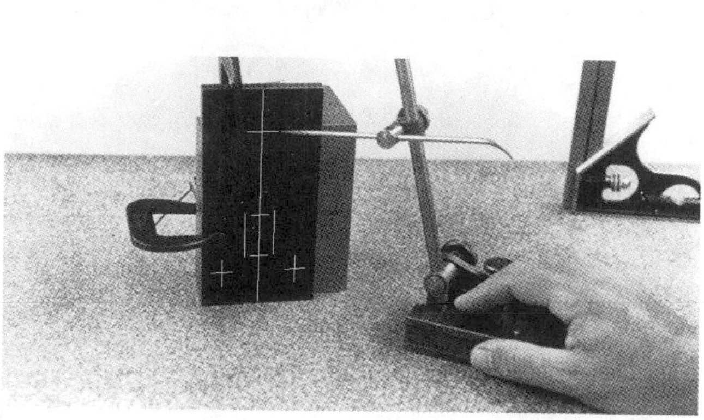

B

FIGURA 19-19 (A) Marcado de líneas horizontales con un trusquin; (B) Placa de ángulo puesta sobre un costado para trazar líneas verticales. (Cortesía de Kelmar Associates.)

Pueden utilizarse las llamadas *paralelas (o barras de paralelismo)* (Figura 19-20) cuando es necesario elevar la pieza de trabajo a cierta altura, y mantener la superficie del trabajo paralela a la superficie de un mármol.

Los *bloques en V* se emplean para sostener piezas redondas al efectuar acciones de trazo e inspección. Pueden utilizarse por separado o en pares. Algunos bloques están construidos de modo que pueden girarse 90° sobre sus lados sin tener que quitar la pieza en trabajo. Esta característica permite trazar líneas a 90° en una barra eje (de un mecanismo o máquina) sin cambiar la posición de la pieza de trabajo sobre el bloque en V (Figura 19-21).

FIGURA 19-20 Las paralelas mantienen a la superficie inferior de la pieza de trabajo, paralela con el mármol.

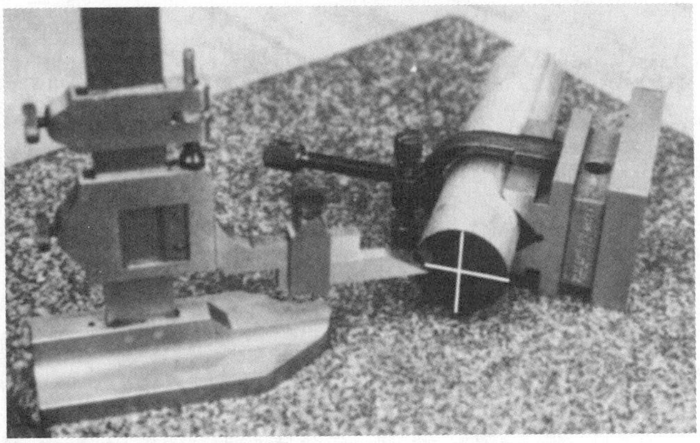

FIGURA 19-21 Se pueden marcar líneas convenientemente a 90° con un bloque en V especial. (Cortesía de Kelmar Associates.)

Las *reglas de cuñero* se aplican para hacer cuñeros en ejes o para trazar líneas paralelas a la línea central de un eje. Una regla de cuñero simple se parece a dos reglas planas maquinadas a 90° entre sí (Figura 19-22A). Los *sujetadores para cuñero*, cuando se fijan a una regla o tira recta plana, la convertirán en una regla de cuñero (Figura 19-22B).

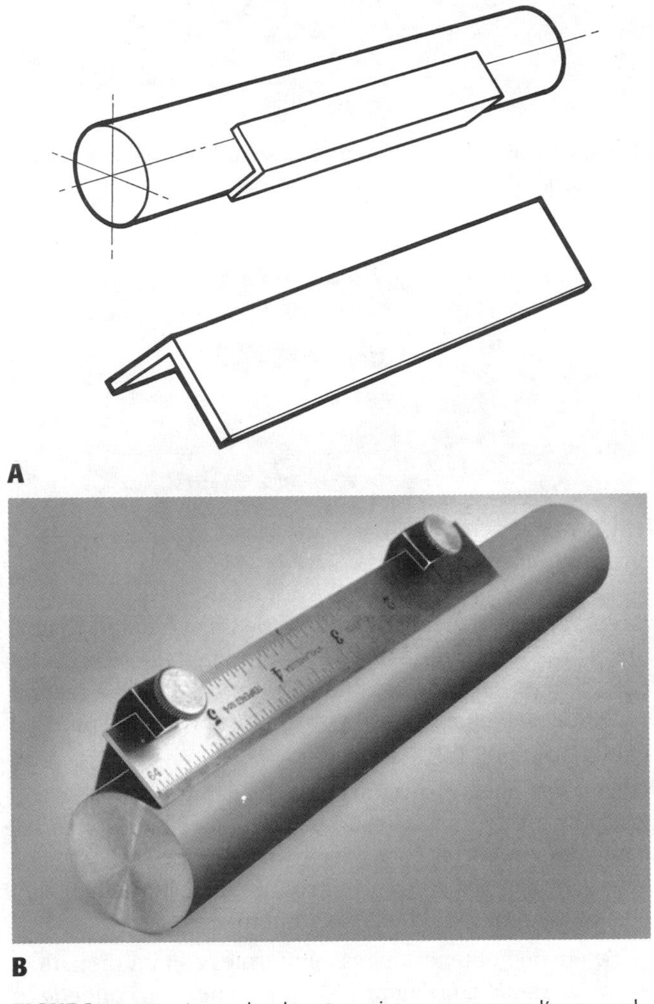

FIGURA 19-22 Las reglas de cuñero sirven para marcar líneas paralelas al eje geométrico de un cilindro: (A) reglas de cuñero simples; (B) regla de cuñero con sujetador.

PREGUNTAS DE REPASO

1. Mencione dos razones por las cuales es necesario el trazado o trazo.
2. ¿Por qué el trazo debe ser tan simple como sea posible?

Materiales para trazado

3. ¿Cuál es el propósito del material de solución química para trazado?
4. Mencione cuatro soluciones para trazado, y cite una aplicación para cada una.
5. Exprese dos métodos para preparar la superficie de una pieza de fundición antes de trazar la pieza a obtener.

Mesas y mármoles para trazado

6. Enuncie cinco razones por las cuales los mármoles de granito se consideran mejores que los de hierro fundido.
7. Mencione cinco precauciones a observar en el cuidado de los mármoles.

Marcadores

8. ¿Por qué la punta de un marcador debe estar siempre bien afilada?

Compases de puntas y compases de vara

9. ¿Para qué fin se utilizan los compases de puntas en el trazo de una pieza de trabajo?
10. ¿Cuál es el objeto de un compás de vara?
11. ¿Cómo puede trazarse un círculo concéntrico respecto de un agujero o perforación?

Compás de puntas mixto (o "hermafrodita o cojo")

12. Enuncie dos usos de los compases "hermafroditas".

Escuadras

13. Mencione dos clases de escuadras utilizadas en trabajo de trazo.
14. Enuncie las cuatro partes principales de una escuadra de combinación.
15. Mencione tres usos de la escuadra de combinación.
16. ¿Cuál es la precisión del transportador de bisel?
17. ¿Con qué fin se utiliza el cabezal centrador?

Trusquin

18. Mencione las tres partes principales del trusquin.
19. ¿Cuál es el propósito de las dos espigas en la base de este trusquin?

Punzones de marcar y punzones de centrar

20. ¿Cómo puede hacerse "permanente" el trazo?
21. Cuál es el objeto de:
    a. Un punzón de marcar
    b. Un punzón de centrar
22. ¿A qué ángulo está rectificada la punta de cada punzón?

Accesorios de trazo

23. Enuncie cuatro accesorios de trazo y mencione el propósito de cada uno.

UNIDAD

20

Trazo básico o de semiprecisión

OBJETIVOS

Al terminar el estudio de esta unidad, se podrá:

1. Trazar una pieza de trabajo con una precisión de ±.007 pulg
2. Trazar líneas rectas utilizando la escuadra de combinación y el trusquin
3. Situar el centro de perforaciones, y trazar arcos y círculos

El trazo básico o de semiprecisión requiere del uso de los instrumentos básicos que se describieron en la Unidad 19. Recuérdese que el trazado debe mantenerse tan simple como sea posible, a fin de ahorrar tiempo y reducir la posibilidad de errores. Puesto que la precisión del trazo afectará la precisión de la pieza terminada, debe tenerse cuidado en el trabajo de trazado.

Aunque el trazo requerido naturalmente no será el mismo para todas las piezas, deben seguirse ciertos procedimientos en el trazado. Los trabajos descritos en esta unidad tienen el fin de familiarizar al lector con los procedimientos de trazo básicos.

CÓMO TRAZAR LA UBICACIÓN DE AGUJEROS, RANURAS Y RADIOS

1. Estudie la Figura 20-1 y seleccione el material adecuado.
2. Corte el material, dejando el suficiente para escuadrar los extremos, si fuera necesario.
3. Elimine todas las rebabas.
4. Limpie la superficie completamente y aplique tinte de trazado.
5. Coloque una placa de ángulo adecuada sobre un mármol.

Nota: Límpiense bien las superficies de contacto (Figura 20-2).

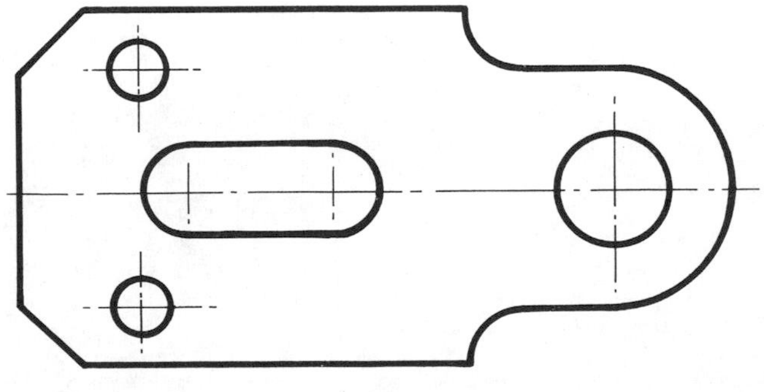

FIGURA 20-1 Ejercicio de trazo.

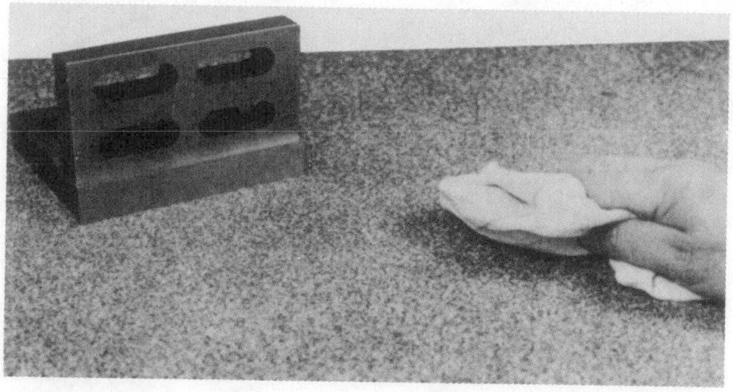

FIGURA 20-2 Coloque una placa de ángulo adecuada sobre la superficie limpia.

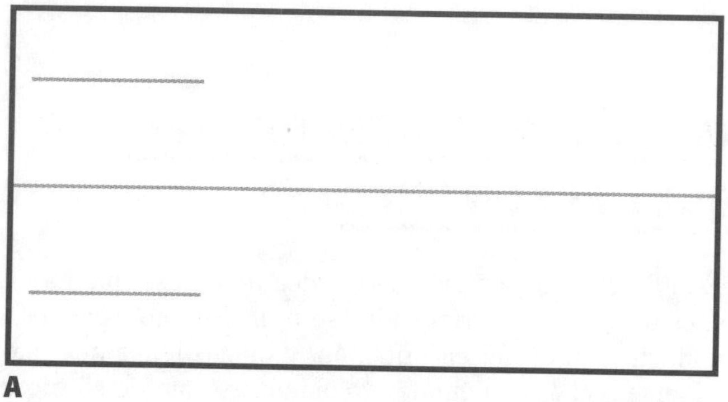

A

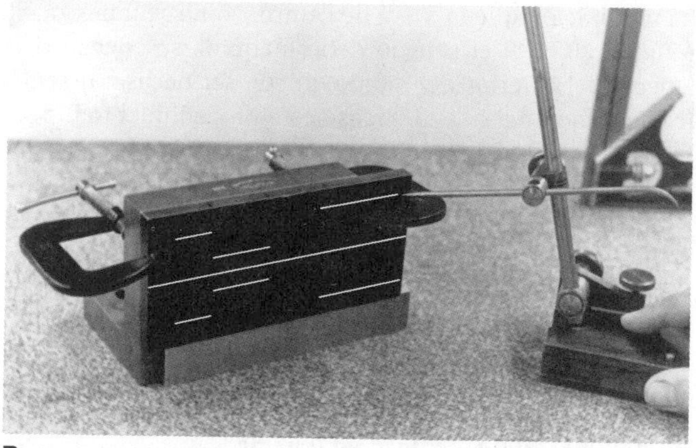

B

FIGURA 20-3 (A) Las líneas centrales se marcan paralelas a la base; (B) uso de un trusquin para marcar líneas paralelas.

6. Sujete la pieza a la placa de ángulo colocando un borde de acabado (A) de la pieza contra el mármol o una paralela. Deje que un extremo de la placa angular sobresalga de la pieza de trabajo.
7. Con el trusquin ajustado a la altura correcta, marque una línea central a todo lo largo de la pieza de trabajo (Figura 20-3A).
8. Utilizando la citada línea como referencia, ajuste el trusquin para cada línea horizontal, y marque las líneas centrales de todas las localizaciones de agujeros y radios (Figura 20-3B).

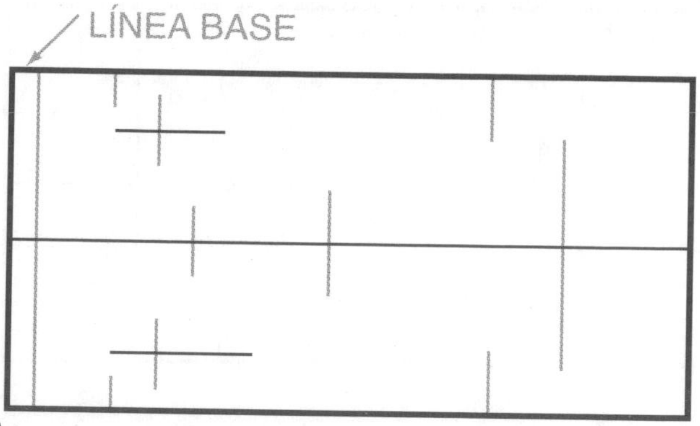

A

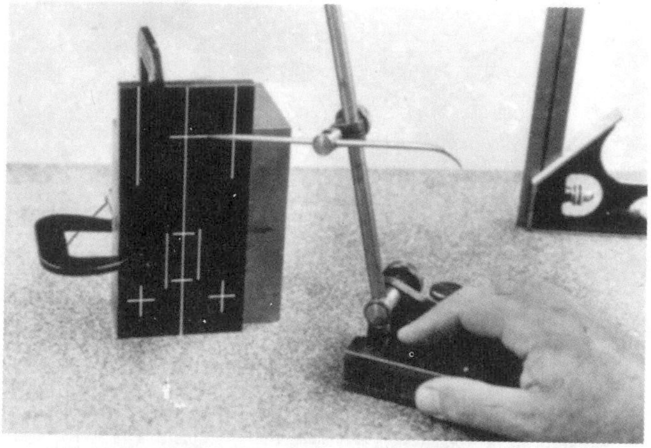

B

FIGURA 20-4 (A) Líneas centrales marcadas; (B) la placa de ángulo se gira 90° para marcar líneas verticales.

9. Con la pieza de trabajo todavía sujeto sobre la placa de ángulo, gire ésta última 90° con el borde B hacia abajo, y marque la línea base en la parte inferior de la pieza de trabajo.
10. Utilizando dicha línea base como referencia, localice y marque las otras líneas centrales de cada perforación o arco (Figura 20-4B).

Nota: Todas las mediciones para cualquier ubicación deben tomarse a partir de la línea base o del borde terminado.

11. Localice los puntos iniciales del trazo angular (Figura 20-4A).
12. Retire la pieza de la placa de ángulo.
13. Con cuidado, señale con el punzón de marcar el centro de todas las localizaciones de agujeros o radios.

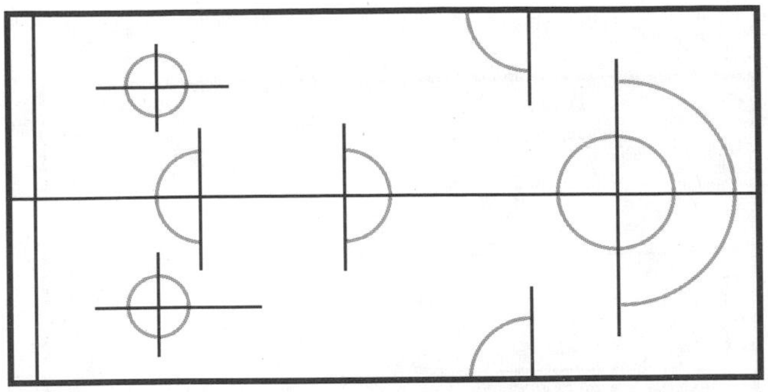

A

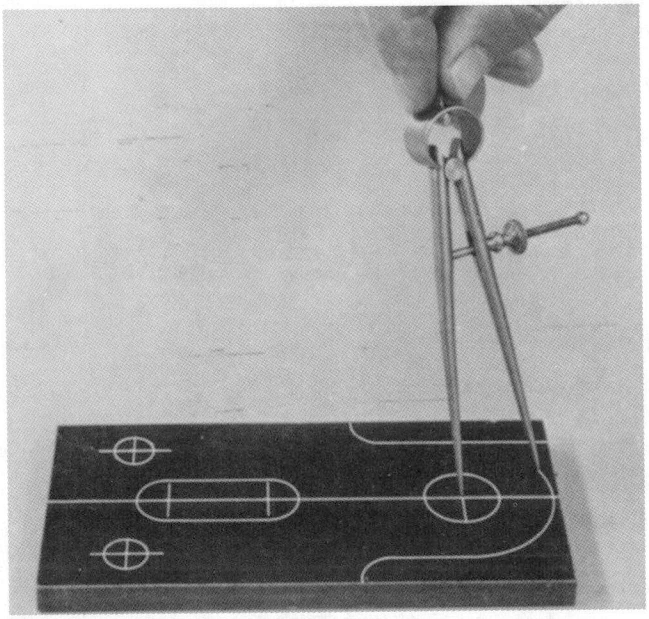

B

FIGURA 20-5 (A) Se marcan los arcos y círculos; (B) se trazan los arcos y círculos con el compás de puntas (secas). (Cortesía de Kelmar Associates.)

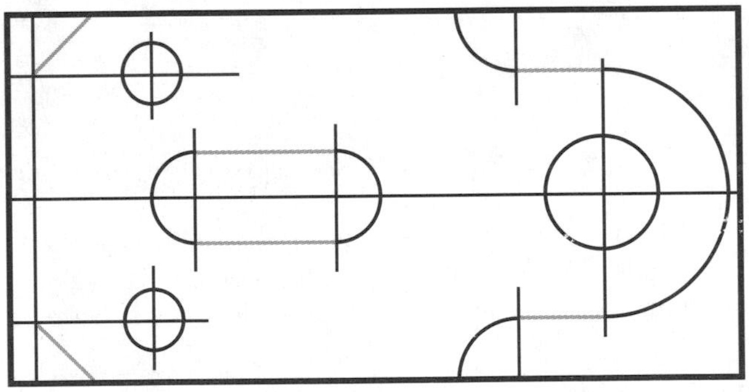

FIGURA 20-6 Se unen los arcos y círculos. (Cortesía de Kelmar Associates.)

14. Utilizando el juego de compás de puntas adecuado, marque todos los círculos y arcos (Figura 20-5A).
15. Marque todas las líneas necesarias para conectar los arcos con los círculos (Figura 20-6).
16. Trace las líneas en ángulo.

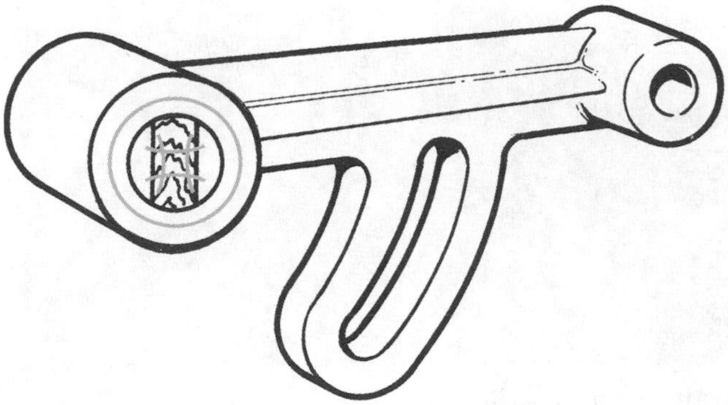

FIGURA 20-7 Método para centrar la ubicación de una perforación o agujero en un molde. (Cortesía de Kelmar Associates.)

TRAZO DE UNA PIEZA FUNDIDA, QUE TIENE UN HUECO

Cuando en una fundición se moldea una pieza que ha de tener un hueco o perforación, se utiliza un corazón para producir la oquedad en principio, y quizás tenga que maquinarse luego. A menudo el corazón se sale de su lugar y la perforación queda fuera de centro, como se muestra en la Figura 20-7. Si el orificio debe maquinarse concéntrico respecto del exterior del molde, puede ser necesario señalar la posición del hueco. Sígase este procedimiento:

1. Esmerile la rugosidad de la superficie que se va a trazar.
2. Introduzca una pieza de madera que ajuste bien en la perforación de la pieza fundida (Figura 20-7).
3. Cubra la superficie a trazar y la pieza de madera con una solución de cal muerta y alcohol, o de tinte de trazado.
4. Con compás de puntas hermafrodita marque cuatro arcos como se muestra, utilizando el diámetro exterior del hombro como superficie de referencia.
5. Con la intersección de estos arcos como centro, marque un círculo del diámetro necesario en la pieza fundida. La oquedad o perforación deberá ser concéntrica con el exterior de la pieza (Figura 20-7).
6. Señale, con un punzón de marcar, la línea de trazo en aproximadamente ocho puntos equidistantes alrededor del círculo trazado.

TRAZO DE UN CUÑERO EN UNA BARRA EJE

Un cuñero es una ranura que se forma por maquinado en una barra axial, en la cual se insertará la cuña que evita que el elemento montado -una polea o un engrane- se desplace sobre el eje móvil. El trazo de un cuñero requiere mucho cui-

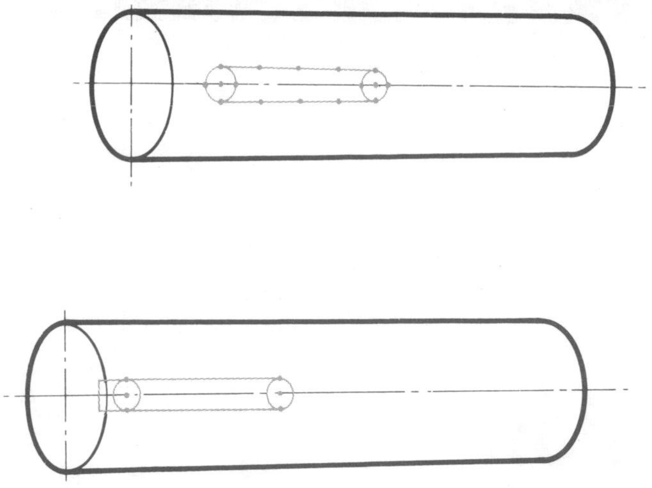

FIGURA 20-8 Trazos de cuñero. (Cortesía de Kelmar Associates.)

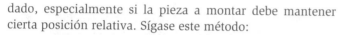

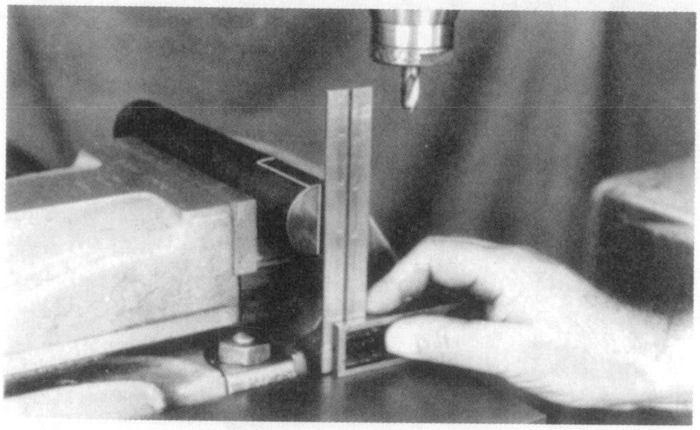

FIGURA 20-9 Alineación del trazo de un cuñero en una prensa de tornillo. (Cortesía de Kelmar Associates.)

dado, especialmente si la pieza a montar debe mantener cierta posición relativa. Sígase este método:

1. Aplique tinte de trazado al extremo de la barra eje y en el área donde debe trazarse el cuñero.
2. Monte la pieza de trabajo sobre un bloque en V.
3. Ajuste el marcador del trusquin en el centro de la barra eje.
4. Marque una línea hasta el borde y continúela a lo largo de la barra eje hasta la localización del cuñero (Figura 20-8).
5. Gire la pieza sobre el bloque en V y marque la longitud y la posición del cuñero en la barra.
6. Ajuste el compás de puntas a la mitad del ancho del cuñero, y marque un círculo en cada extremo del trazo (Figura 20-8).
7. Utilizando una regla de cuñero y un marcador, conecte los círculos con una línea a cada lado de la línea central, y que sea tangente a los círculos.

Nota: Si no hay una regla de cuñero disponible, pueden conectarse los círculos utilizando el trusquin.

8. Señale con el punzón de marcar el trazo del cuñero, y marque con un punzón de centrar los centros de los círculos.
9. Si es necesario taladrar en el extremo del cuñero, coloque la barra eje alineando el extremo de la línea de trazo en posición vertical usando una escuadra (Figura 20-9).

PREGUNTAS DE REPASO

1. Mencione los pasos principales a seguir en la realización del trazo de líneas rectas, ranuras y radios.
2. Mencione tres instrumentos comunes utilizados para hacer trazos básicos o de semiprecisión.
3. Describa cómo trazar una perforación concéntrica con corazón, con el hombro exterior de una pieza fundida.
4. Mencione los pasos principales para trazar un cuñero en una barra eje.

UNIDAD

21

Trazo de precisión

OBJETIVOS

Al terminar el estudio de esta unidad, se podrá:

1. Realizar un trazo de precisión utilizando el calibrador de alturas con vernier
2. Utilizar las tablas de Factores y Ángulos Coordenantes Woodworth para determinar la posición de perforaciones equidistantes
3. Hacer trazos de precisión utilizando la barra de senos y los bloques patrón

La precisión de la pieza terminada generalmente la fija la precisión del trazo; por lo tanto, debe tenerse gran cuidado al trazar. Para hacer trazados de precisión, se debe ser capaz de leer y comprender los planos, seleccionar y utilizar los instrumentos de trazo adecuados para el trabajo, y transferir con exactitud las medidas del plano a la pieza de trabajo. Al finalizar un trazo, verifique todo el trabajo de trazado con los planos para asegurarse de que el trazo es preciso. Cuando las líneas de trazado deben ser precisas hasta .001 pulg (0.02 mm), se puede utilizar un *calibrador de alturas con vernier* (Figura 21-1).

Cuando en un trazo se marca la posición de perforaciones y cotas o líneas de dimensión, generalmente se realizan a partir de dos bordes maquinados, llamados *superficies de referencia*, utilizando las coordenadas *x* y *y*. Un trazo compuesto de cavidades, ángulos y líneas puede efectuarse por medio de trigonometría para determinar las mediciones de coordenadas. Una vez que se han determinado las coordenadas, pueden utilizarse para configurar la pieza de trabajo y ubicar con precisión las perforaciones o huecos para el maquinado. Otro método para calcular la posición de agujeros o perforaciones es utilizando las tablas de Factores y Ángulos Coordenantes Woodworth. Vea el *Apéndice de Tablas* de este libro.

EL CALIBRADOR DE ALTURA CON VERNIER

El *calibrador de altura con vernier* puede utilizarse para medir o marcar distancias verticales con una precisión de hasta ± .001 pulg (0.02 mm). Las partes principales de este medidor (Figura 21-2) son la *base*, la *barra*, el *deslizador o corredera de vernier*, y el *marcador*, que está fijo a la corredera cuando se hacen trazos. Para trabajos de medición e inspección se pueden agregar al deslizador otros accesorios, como un indicador de carátula o un aditamento medidor de profundidades. Las graduaciones en la barra o columna y la corredera de vernier son las mismas que las de un calibrador vernier, y las lecturas se realizan de la misma manera que con tal calibrador.

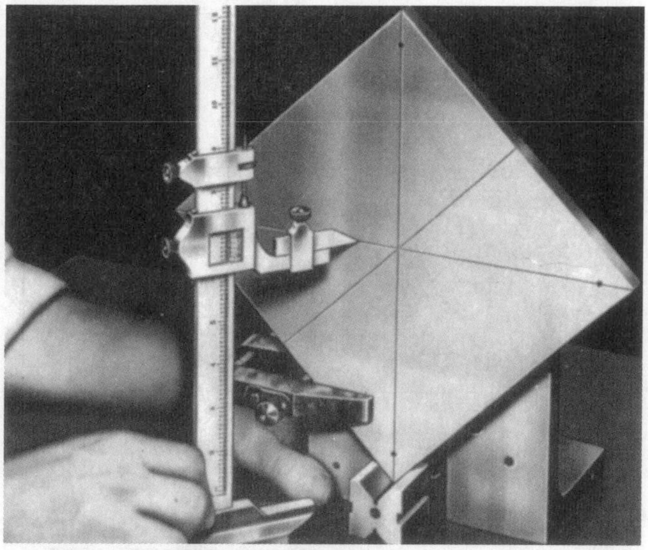

FIGURA 21-1 Se utiliza un calibrador de alturas con vernier cuando se requiere de un trazo preciso. (Cortesía de The L.S. Starrett Company.)

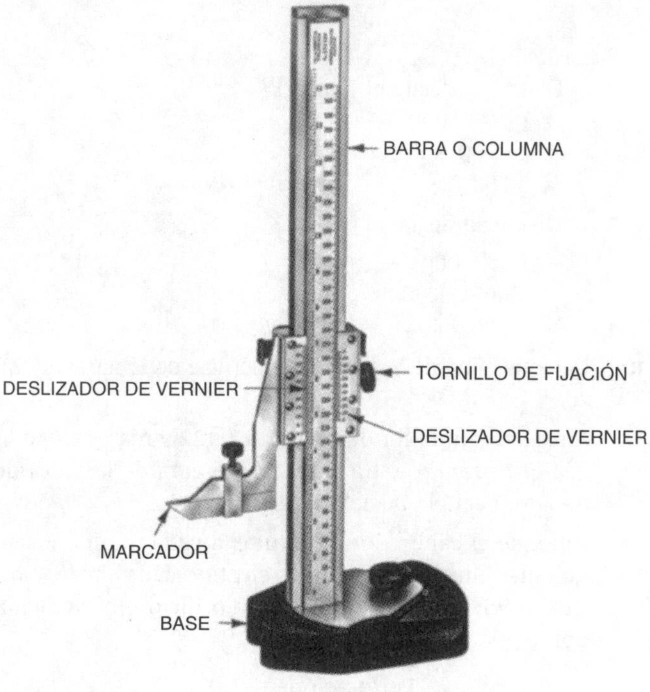

FIGURA 21-2 Partes principales del calibrador de alturas con vernier. (Cortesía de The L.S. Starrett Company.)

Cómo hacer un trazo de precisión utilizando un calidrador de alturas con vernier

Se requiere señalar la ubicación de cinco perforaciones equidistantes en un círculo de 5 pulg de diámetro, localizado en el centro de una placa de acero *cuadrada* con 7 pulg de lado (Figura 21-3). Sígase el siguiente procedimiento:

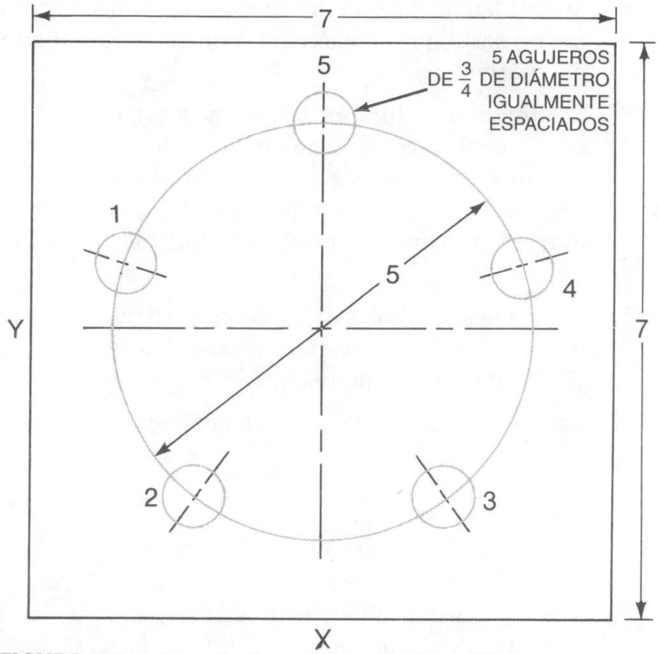

FIGURA 21-3 Trazo de cinco perforaciones equidistantes en un círculo. (Cortesía de Kelmar Associates.)

1. Refiérase al plano de la pieza de trabajo requerida (Figura 21-3).
2. Elimine todas las rebabas de la pieza.
3. Aplique tinte de trazo sobre la superficie y móntela sobre una placa de ángulo.
4. Limpie la superficie de la mesa de trazo, la placa de ángulo, y la base del calibrador de alturas.
5. Monte un marcador acodado (Figura 21-4) sobre el deslizador de vernier y fíjelo en posición.

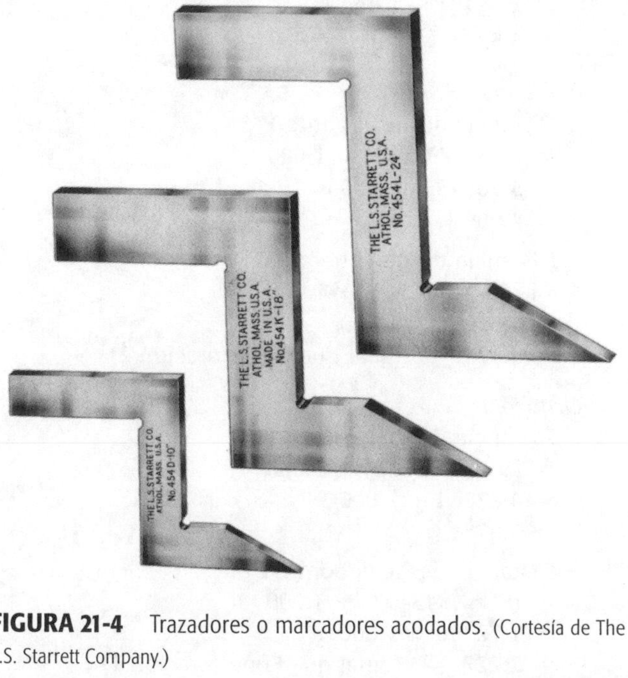

FIGURA 21-4 Trazadores o marcadores acodados. (Cortesía de The L.S. Starrett Company.)

6. Mueva hacia abajo el deslizador de vernier y el trazador, hasta que el marcador toque la parte superior del mármol.
7. Verifique la lectura en la escala vernier. La marca cero en el vernier debe quedar alineada exactamente con el cero de la barra. Si el cero del vernier no coincide con el cero de la barra, vuelva a ajustar la disposición del trazador y el deslizador de vernier.
8. Refiérase a las tablas de Factores y Ángulos Coordenantes en el apéndice, para obtener las coordenadas de cinco puntos equidistantes.
9. Calcule la posición de los cinco agujeros, como sigue:

Orificio 1

Distancia horizontal desde el borde izquierdo *Y*
= (diámetro del círculo × factor para) + 1.000
= (5 × .024472) + 1.000
= .12236 + 1.000
= 1.122

Distancia vertical desde el borde superior *X*
= (diámetro × factor para B) + 1.000
= (5 × .345492) + 1.000
= 1.72746 + 1.000
= 2.727

Orificio 2

Distancia desde el borde *Y*
= (5 × .206107) + 1.000
= 1.030535 + 1.000
= 2.031

Distancia desde el borde *X*
= (5 × .904508) + 1.000
= 4.52254 + 1.000
= 5.523

Orificio 3

Distancia desde el borde *Y*
= (5 × .793893) + 1.000
= 3.969465 + 1.000
= 4.969

Distancia desde el borde *X*
= (5 × .904508) + 1.000
= 4.52254 + 1.000
= 5.523 (igual que la perforación 2)

Orificio 4

Distancia desde el borde *Y*
= (5 × .975528) + 1.000
= 4.87764 + 1.000
= 5.878

Distancia desde el borde *X*
= (5 × .345492) + 1.000
= 1.72746 + 1.000
= 2.727 (igual que la perforación 1)

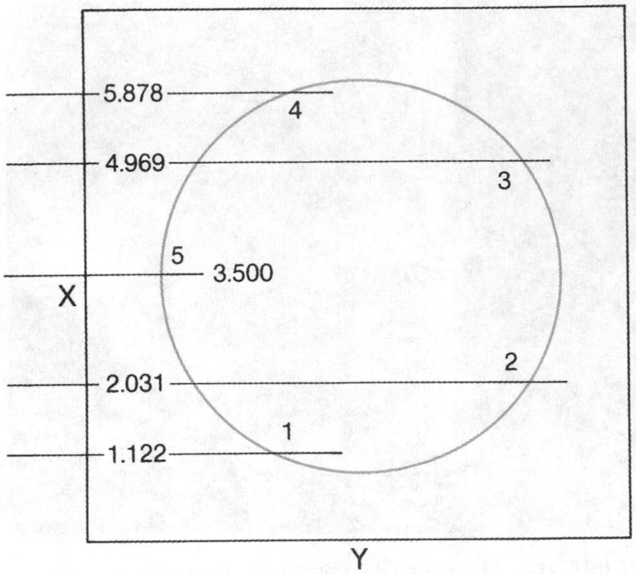

FIGURA 21-5 Posiciones horizontales de las cinco perforaciones.

Orificio 5

Distancia desde el borde *Y*
= (5 × .5000) + 1.000
= 2.5000 + 1.000
= 3.500

Distancia desde el borde *X*
= (5 × .000) + 1.000
= .000 + 1.000
= 1.000

10. Coloque el borde *Y* sobre la superficie de la mesa de trazo.
11. Ajuste el calibrador de alturas a 1.122 y marque una línea *arrastrando* el trazador por la cara de la pieza de trabajo, hacia la posición del orificio 1.
12. Coloque el calibrador de alturas a cada uno de los siguientes ajustes. Después de efectuar cada ajuste, marque la línea para la posición de orificio o perforación apropiada (Figura 21-5).

    Perforación 2—2.031

    Perforación 3—4.969

    Perforación 4—5.878

    Perforación 5—3.500

13. Gire 90° la placa de ángulo y la pieza, y coloque el borde *X* sobre la mesa de trazo.
14. Ajuste el calibrador de alturas con vernier a 2.727.
15. Marque las líneas de intersección en los centros de las perforaciones 1 y 4.
16. Ajuste el calibrador de alturas a 5.523.
17. Marque las líneas de intersección para los centros de las perforaciones 2 y 3.

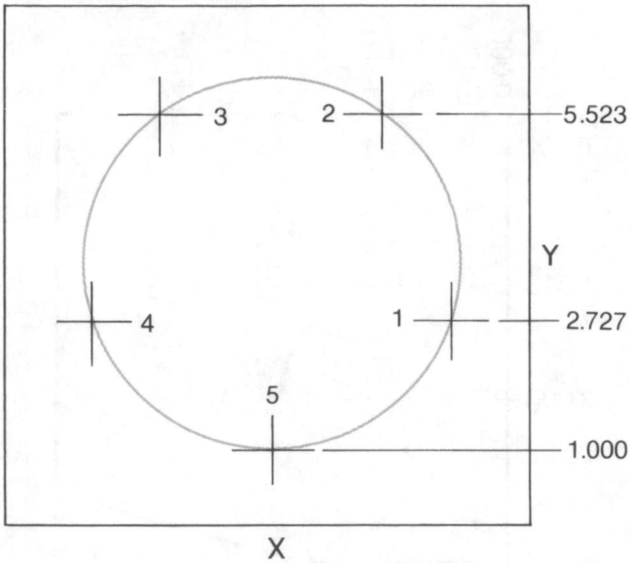

FIGURA 21-6 Distancia vertical de cada perforación.

18. Ajuste el calibrador de alturas en 1.000 y marque la línea de intersección para la perforación 5 (Figura 21-6).
19. Retire la pieza de trabajo de la placa de ángulo y colóquela sobre el banco con la superficie de trazo hacia arriba.
20. Utilizando un punzón de marcar bien afilado y una lupa, marque con cuidado cada centro de las perforaciones en las líneas de intersección.
21. Ajuste el compás de puntas a 3/8 de pulgada, y marque los cinco círculos de 3/4 de pulgada.
22. Marque con cuidado con el punzón la circunferencia de cada círculo en cuatro puntos equidistantes para asegurar la permanencia del trazo (Figura 21-7).

CÓMO HACER UN TRAZO DE PRECISIÓN UTILIZANDO UNA BARRA DE SENOS, BLOQUES PATRÓN Y UN CALIBRADOR DE ALTURAS CON VERNIER

Si se requiere un trazo más preciso de la posición de perforaciones y ángulos (Figura 21-8, pág. 154), puede realizarse utilizando una barra de senos, bloques patrón y un calibrador de alturas, para establecer con precisión la posición de las perforaciones y de sus ejes *X* y *Y*. Se prefiere el uso de coordenadas para la localización del centro de cada perforación, ya que la pieza de trabajo puede colocarse en una perforadora o en una fresadora vertical utilizando estos mismos valores de coordenadas a fin de ubicar las perforaciones para el maquinado. Este tipo de ejemplo de trazo se muestra en la Figura 21-9, pág. 154. Use el siguiente procedimiento:

1. Verifique en el plano las dimensiones requeridas (Figura 21-8).

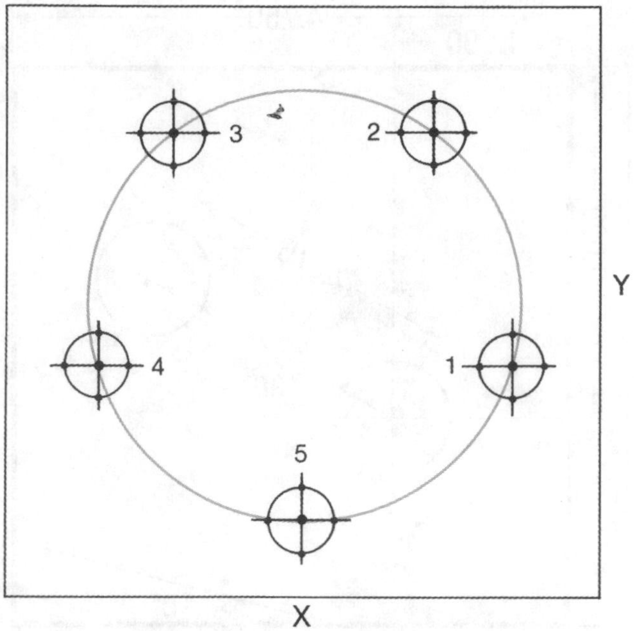

FIGURA 21-7 Las marcas de punzón en los círculos aseguran la permanencia del trazo.

2. Maquine y rectifique una placa cuadrada de 4.750 × 4.750 pulgadas.
3. Limpie la superficie de la pieza y cúbrala con tinte de trazado.
4. Ponga el trabajo sobre el borde en un mármol y sujételo a una placa de ángulo.
5. Utilizando un calibrador de alturas con vernier, marque las líneas centrales de la perforación A (Figura 21-9).
6. Calcule la posición de la perforación B, como sigue:

Longitud del lado X

$$\frac{X}{2.375} = \cos 30°$$
$$X = 2.375 \cos 30°$$
$$= 2.375 \times .86603$$
$$= 2.0568 \text{ pulg}$$

Longitud del lado Y

$$\frac{Y}{2.375} = \text{sen } 30°$$
$$Y = 2.375 \text{ sen } 30°$$
$$= 2.375 \times .5000$$
$$= 1.1875 \text{ pulg}$$

La posición del centro de la perforación B es por lo tanto 2.0568 pulg a la derecha de la línea central de la perforación A, y 1.1875 pulg por encima de la línea central del orificio A. Ahora es posible localizar la perforación utilizando el método de coordenadas:

La línea central vertical de la perforación B estaría entonces localizada a 1.500 + 2.0568 = 3.5568 pulg a lo largo del eje *X*.

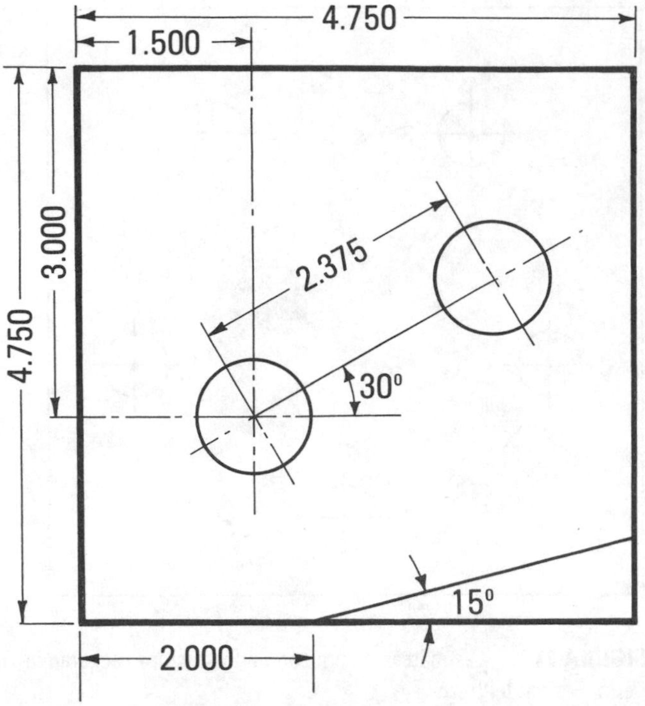

FIGURA 21-8 Trazo preciso para trabajo de precisión.

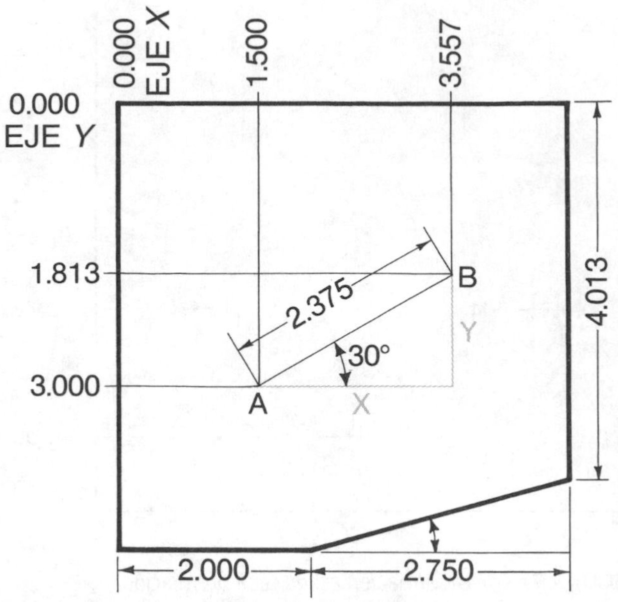

FIGURA 21-9 La posición de la perforación B se calcula utilizando la trigonometría.

La línea central horizontal de la perforación B estaría ubicada a 3.000 - 1.1875 = 1.8125 pulg a lo largo del eje *Y*.

7. Utilizando un calibrador de alturas con vernier, marque la línea central de la perforación B.
8. Retire la pieza de la placa de ángulo.
9. Marque con cuidado con el punzón la intersección de las líneas centrales de estos agujeros, utilizando un punzón afilado y una lente de aumento.
10. Para trazar el ángulo de 15° en la esquina de la placa, calcule la altura para 15° utilizando una barra de senos de 5 pulgadas.

$$\begin{aligned}\text{Altura} &= 5 \text{ sen } 15^\circ \\ &= 5 \times .25882 \\ &= 1.2941 \text{ pulg}\end{aligned}$$

11. Coloque la altura de calibres bajo un extremo de la barra de senos (sobre un mármol).
12. Ponga la pieza de trabajo, con el borde de ángulo hacia arriba, sobre una barra de senos y sujétela a una placa de ángulo.
13. Calcule la longitud *DF* (Figura 21-10) como sigue:

$$\begin{aligned}\frac{DF}{2.750} &= \tan 15^\circ \\ &= .26795 \\ DF &= .26795 \times 2.750 \\ &= .7368 \text{ pulg}\end{aligned}$$

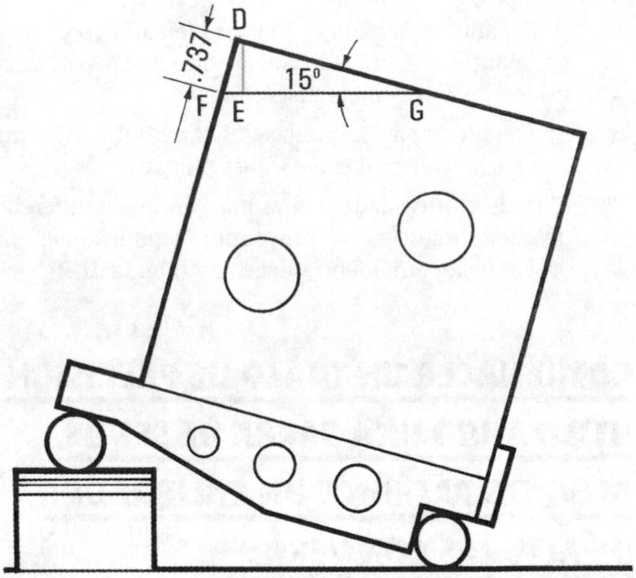

FIGURA 21-10 Para localizar la línea *EG* con precisión, debe conocerse la distancia *DE*. (Cortesía de Kelmar Associates.)

14. Calcule la longitud *DE* (Figura 21-10). Para marcar la línea con precisión a 15° como se requiere en la Figura 21-8, es necesario calcular primero la longitud de la línea *DE*, ya que esta es la distancia vertical abajo de *D* a la que la línea debe marcarse. Por cálculos anteriores, se determinó que *DF* = .737 pulg. En el triángulo *DEF*, el ángulo *FDE* es de 15°.

$$\therefore \frac{DE}{DF} = \cos 15°$$

$$\begin{aligned} DE &= \cos 15° \times DF \\ &= .96592 \times .737 \\ &= .7118 \\ &= .712 \text{ pulg} \end{aligned}$$

15. Ajuste el trazador del calibrador de alturas con vernier a la esquina superior de la placa (punto *D*).

16. Baje el marcador .712 pulg y marque la línea *GF*. Esto localizará el punto *G* en una posición a 2.000 pulg del costado de la placa, como se requiere en la Figura 21-8.

17. Retire la pieza de la placa de ángulo.

18. Marque ligeramente con el punzón de marcar utilizando una lente de aumento y un punzón bien afilado.

PREGUNTAS DE REPASO

1. Mencione tres requisitos que el mecánico debe cumplir para hacer un trazo de precisión.
2. Enuncie las cuatro partes principales del calibrador de alturas con vernier.
3. ¿Cómo pueden calcularse las distancias horizontales y verticales entre perforaciones igualmente espaciadas desde los bordes de una pieza de trabajo?
4. Calcule las distancias verticales y horizontales para tres agujeros o perforaciones igualmente espaciadas sobre un círculo de 4 pulg de diámetro, localizado en el centro de una placa cuadrada de 6 pulgadas.
5. ¿Cómo pueden marcarse con precisión el centro de orificios y las líneas de intersección?
6. ¿Cómo pueden trazarse con precisión líneas en ángulo?
7. Calcule el conjunto de bloques patrón necesario para ajustar una barra de senos a un ángulo de 18°.

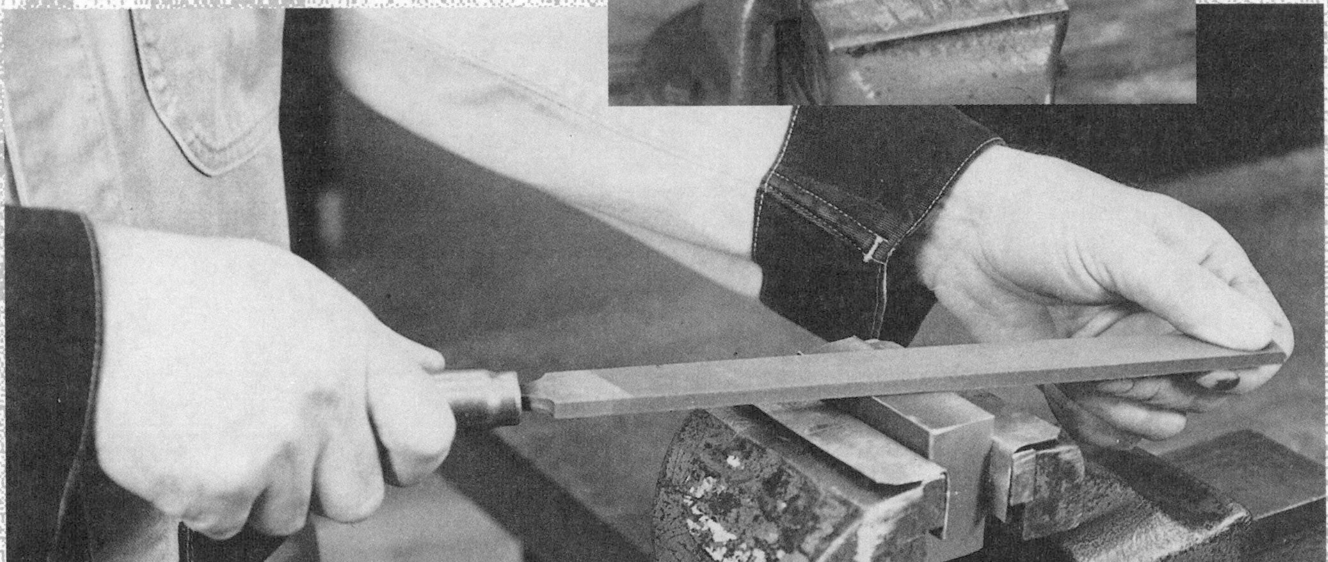

SECCIÓN

7

HERRAMIENTAS DE MANO Y DE TRABAJO DE BANCO

El oficio de mecánico de máquinas-herramienta puede dividirse en dos categorías: operaciones con herramientas de mano y operaciones con las máquinas-herramienta.

Aunque la era actual es considerada como la "Edad de las máquinas", no debe pasarse por alto la importancia que tienen las operaciones con herramientas de mano o el trabajo de banco. Este último consiste en operaciones de trazo, ajuste y ensamble. Estas operaciones pueden incluir aserrar, cincelar, limar, pulir, raspar, escariar y roscar. Un buen mecánico debe ser capaz de utilizar con habilidad todas las herramientas manuales. Sólo mediante una práctica continua es posible la selección y uso efectivos de dichos útiles.

UNIDAD

22

Herramientas de sujeción, golpeo y ensamble

OBJETIVOS

Al terminar el estudio de esta unidad, se podrá:

1 Seleccionar diversas herramientas utilizadas para la sujeción, ensamble y desarmado de piezas

2 Utilizar adecuadamente esas herramientas para la sujeción, ensamble y desarmado de elementos en trabajo

Las herramientas manuales pueden dividirse en dos clases: *no cortantes* y *cortantes*. Las herramientas no cortantes incluyen prensas de banco, martillos, destornilladores, llaves de tuercas y pinzas, que se utilizan básicamente para sostener, ensamblar o desarmar piezas.

LA PRENSA DE BANCO

La *prensa o tornillo de banco* (Figura 22-1), se usa para sostener con seguridad piezas pequeñas para operaciones de aserrado, corte con cincel, limado, pulido, taladrado, escariado o machueleado. Las prensas se montan cerca del borde del banco; y permiten que se sostengan piezas largas en posición vertical. Pueden fabricarse de hierro fundido o de acero fundido. El tamaño de la prensa queda determinado por el ancho de sus quijadas.

Una prensa de banco puede ser del tipo de apoyo fijo o del apoyo giratorio. La prensa giratoria (Figura 22-1) difiere de la de tipo fijo en que tiene una placa movible sujeta a la parte inferior del cuerpo de la prensa. Esa placa permite que la prensa sea girada a cualquier ángulo horizontal. Para sujetar trabajos terminados o de material suave, utilice cubiertas para quijada, hechas de latón, aluminio o cobre, a fin de proteger la superficie de la pieza contra raspones y otros daños.

MARTILLOS

El mecánico utiliza muchas clases de martillos, siendo el más común el *martillo de bola* (Figura 22-2). En su cabeza, la superficie de impacto más grande se llama *cara*, y en el otro extremo, más corto y redondo, está la *bola o peña*. Los martillos de bola se fabrican en una variedad de tamaños, con cabezas que pesan desde aproximadamente 2 onzas (oz) hasta 3 libras (lb) (55 a 1400 gramos). Los tamaños más pequeños sirven para trabajos de trazo, y los mayores para trabajo de tipo general. La bola se utiliza generalmente para operaciones de remachado o martillado.

Los *martillos de cabeza suave* (Figura 22-3A) tienen cabeza hecha de plástico, cuero, cobre o plomo. Tales cabezas están sujetas a un cuerpo de acero y pueden reemplazarse cuando se desgastan. Los martillos con cabeza de extremos suaves se utilizan en el ensamble y desarmado de piezas, para que no se dañe o marque en la superficie acabada del

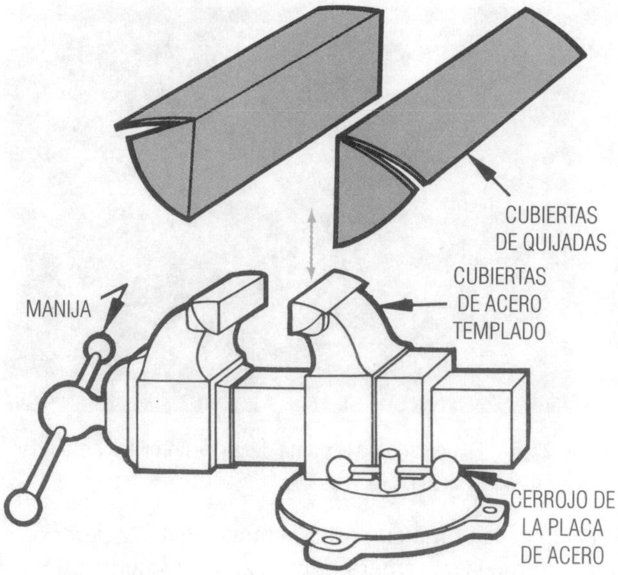

FIGURA 22-1 Una prensa de banco giratoria puede girar horizontalmente a cualquier posición. (Cortesía de Kelmar Associates.)

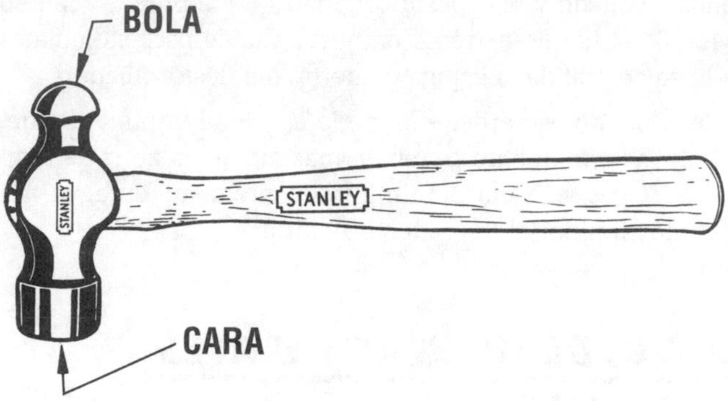

FIGURA 22-2 Martillo de bola. (Cortesía de Kelmar Associates.)

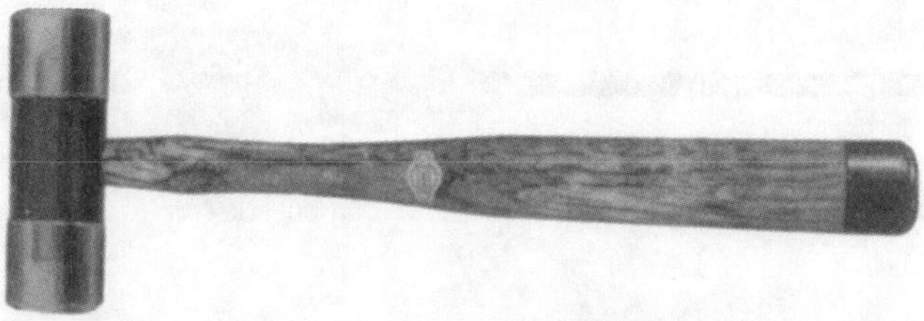
A

B

FIGURA 22-3 (A) Martillo de extremos suaves; (B) es peligroso utilizar martillos con el mango agrietado. (Cortesía de Kelmar Associates.)

objeto. Los martillos de plomo suelen emplearse a fin de asentar apropiadamente una pieza sobre barras paralelas cuando se ajusta la pieza en una prensa para operaciones de maquinado. Las cabezas de plástico, rellenas con balines de plomo o acero, están reemplazando gradualmente al martillo de plomo, ya que no pierden su forma y duran mucho más que las cabezas de tal martillo.

Cuando utilice un martillo, siempre sujételo bien por el extremo libre del mango para tener un mejor equilibrio y una mayor fuerza de golpe. Este agarre tiende también a mantener la cara del martillo plana contra el trabajo, y reduce la posibilidad de dañar la superficie de la pieza.

Siempre deben observarse las siguientes precauciones cuando se utilice un martillo:

1. Asegúrese de que el mango esté bien sólido, y no agrietado (Figura 22-3B).
2. Vea que la cabeza esté fuertemente fija en el mango, y asegurada con una cuña apropiada para mantener el mango expandido con fuerza dentro de la cabeza.
3. Nunca utilice un martillo con el mango grasoso o cuando sus manos estén grasientas.
4. Nunca golpee dos caras de martillo entre sí. Las caras son de acero templado (muy duro) y puede salir disparada una astilla de metal, capaz de provocar lesiones.

DESTORNILLADORES

Los *destornilladores* se fabrican en una amplia variedad de formas, tipos y tamaños. Las dos clases más comunes utilizadas en un taller de maquinado son el estándar o de punta plana (Figura 22-4) y el de punta en cruz o Phillips (Figura 22-5). Ambas clases se fabrican en varios tamaños y estilos, como el de espiga estándar, el de espiga corta y el acodado (Figura 22-6).

Los destornilladores Phillips tienen la punta en forma de cruz para su uso en cabezas cruciformes de tornillos Phillips (Figura 22-7). Estos destornilladores se fabrican en cuatro tamaños: #1, #2, #3 y #4, que corresponden a las entradas de diferente tamaño en la cabeza de los sujetadores. Debe

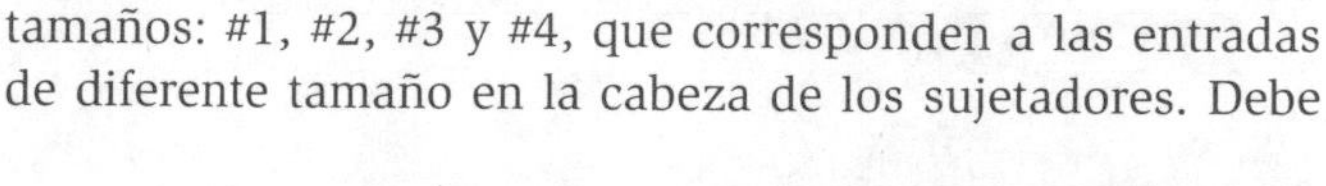

FIGURA 22-4 Destornillador de punta plana estándar.

FIGURA 22-5 Destornillador Phillips, con punta de cruz.

FIGURA 22-6 Se utiliza un destornillador de codo o acodado para su aplicación en espacios de acceso difícil.

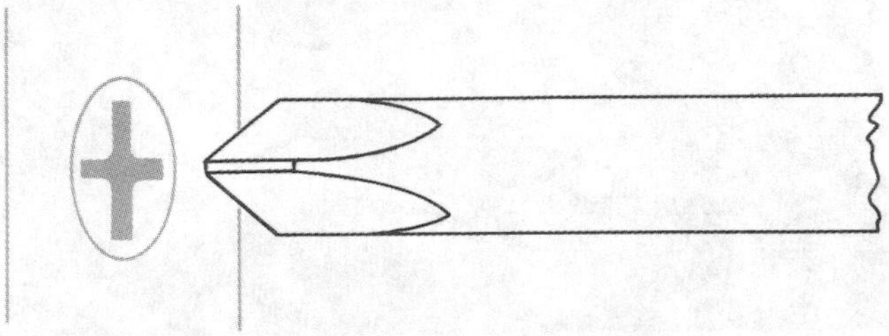

FIGURA 22-7 La punta de un destornillador Phillips se ajusta al hueco de cruz en la cabeza del tornillo. (Cortesía de Kelmar Associates.)

tenerse cuidado de utilizar un destornillador con la punta del tamaño adecuado. Uno demasiado pequeño dañará tanto su punta como la entrada o hueco de cruz en la cabeza del tornillo. El destornillador debe sostenerse firmemente contra el hueco y bien alineado con el tornillo.

Las puntas de los destornilladores estándares pequeños generalmente se fabrican a partir de material redondo, y las puntas de los grandes con frecuencia son de material cuadrado, para que pueda aplicarse una llave de tuercas como palanca.

Cuidado de los destornilladores

1. Elija el destornillador del tamaño correcto para el trabajo. Si utiliza un destornillador demasiado pequeño, tanto la ranura del tornillo como la punta del destornillador pueden averiarse.
2. No utilice un destornillador como palanca, cincel o cuña.
3. Cuando se desgasta o rompe la punta de un destornillador estándar, debe esmerilarse para devolverle su tamaño y forma (Figura 22-8).

Rehechura de la punta de un destornillador estándar

Cuando esmerile la punta de un destornillador averiado, haga ligeramente cóncavos los costados de la hoja, sosteniendo el lado de la punta en posición tangencial a la periferia de la muela o rueda de esmeril (Figura 22-8). Esmerile un tamaño igual a cada lado de la hoja. Esta forma permitirá que la punta tenga un mejor agarre dentro de una ranura de cabeza de tornillo. Asegúrese de mantener los ángulos en los costados, el ancho y el espesor originales de la punta, y talle o esmerile el filo de extremo para que quede perpendicular a la línea central de la espiga o cuerpo del destornillador.

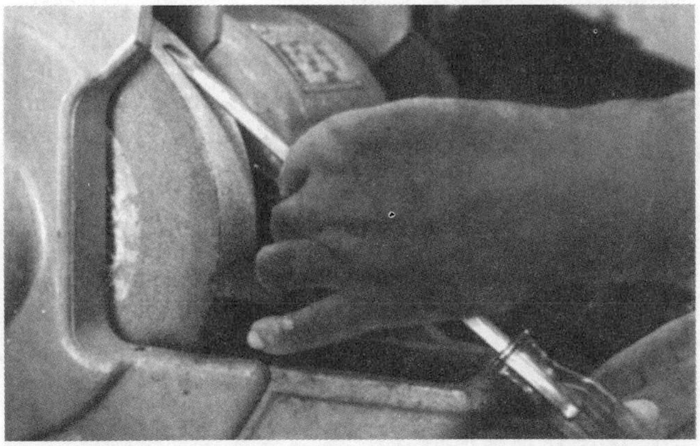

FIGURA 22-8 Esmerilado de la punta de un destornillador estándar para rehacerla. (Cortesía de Kelmar Associates.)

Nota: Cuando esmerile, elimine la cantidad mínima de metal, de manera que no se rebaje más allá de la zona de temple de la punta. Meta la punta frecuentemente en agua fría para no eliminar el templado de la hoja.

LLAVES DE TUERCAS Y LLAVES ESPECIALES

En el trabajo de taller de maquinado se utilizan muchas clases de llaves de tuercas, cada una adecuada a un propósito o empleo específico. El nombre de la llave se deriva de su uso, forma o fabricación. Las siguientes clases de llaves de tuercas son las empleadas comúnmente.

Las *llaves comunes o de boca fija* pueden tener entrada en un solo extremo (Figura 22-9), o en los dos (Figura 22-10). Sus aberturas están usualmente a un ángulo de 15° con respecto al mango para permitir que la tuerca o la cabeza de un perno puede ser girada en espacios reducidos sesgando un poco la llave.

Las llaves comunes (o "españolas") con doble boca tienen usualmente aberturas de diferente tamaño en cada extremo, para mayor utilidad. Estas llaves vienen disponibles en tamaños tanto en pulgadas como en sistema métrico.

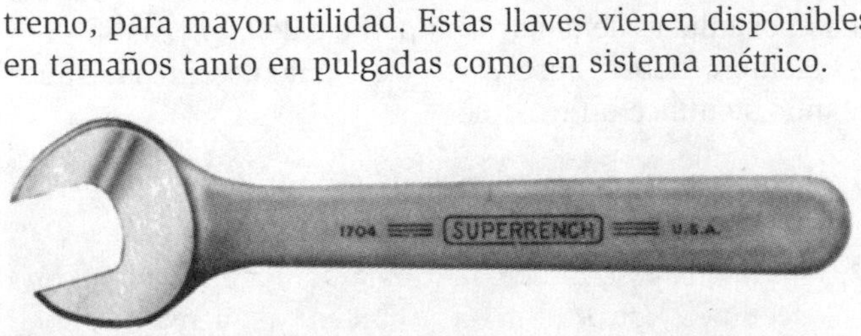

FIGURA 22-9 Llave de tuercas común con boca sencilla.

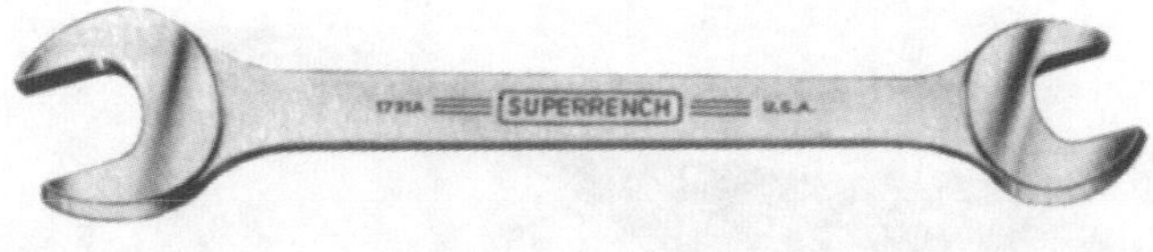

FIGURA 22-10 Llave de tuercas común con doble boca.

FIGURA 22-11 Llave de tuercas con estrías de 12 estrías.

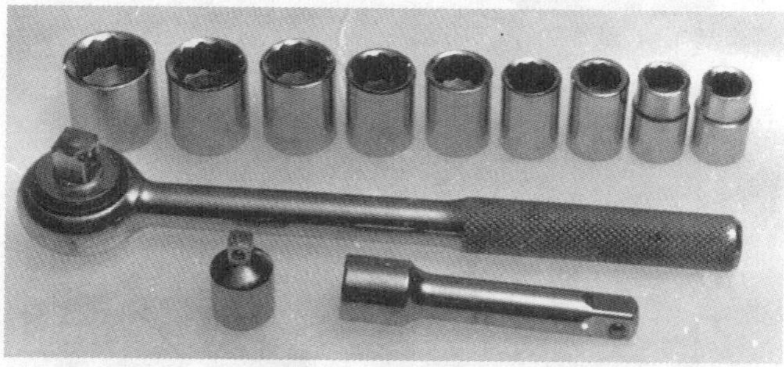

FIGURA 22-12 Juego de llaves de tuercas con casquillo. (Cortesía de Kelmar Associates.)

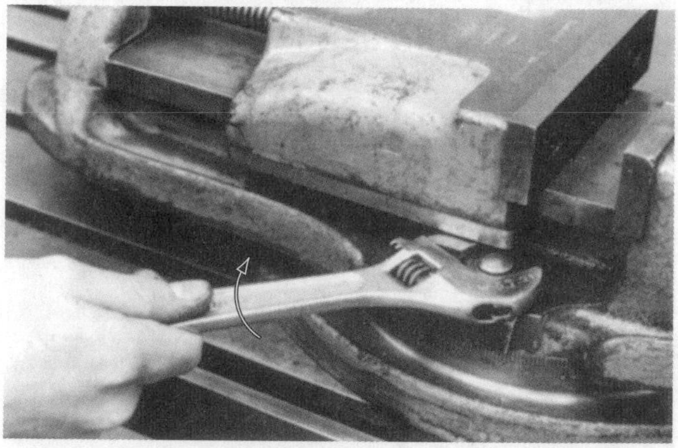

FIGURA 22-13 Método correcto para utilizar una llave de tuercas ajustable. (Cortesía de Kelmar Associates.)

FIGURA 22-14 Llave Allen o de punta hexagonal. (Cortesía de Kelmar Associates)

Las *llaves de tuercas con estrías, de 12 estrías* (Figura 22-11), son de boca cerrada, la que rodea completamente a la tuerca; son útiles para el acceso a lugares estrechos donde sólo se puede girar la tuerca un poco a la vez. El anillo de la boca tiene 12 estrías cortadas con precisión alrededor de la cara interior. Las estrías se ajustan estrictamente a los bordes paralelos en la parte exterior de una tuerca. Puesto que cuando se utiliza el tamaño adecuado esta llave no puede resbalar al accionarla, se prefiere por sobre la mayoría de las otras clases de llaves. Estas llaves generalmente tienen un tamaño de boca diferente en cada extremo y están disponibles en tamaños en pulgadas y en sistema métrico.

Las *llaves de tuercas con casquillo* (Figura 22-12) son similares a las estriadas, ya que se fabrican usualmente con 12 puntas o estrías y rodean por completo a la tuerca. Los casquillos o dados también están disponibles en tamaños en pulgadas y en sistema métrico. Hay varios manerales disponibles para los diversos casquillos, incluyendo los de trinquete y los de ajuste de torsión. Cuando las tuercas o pernos deben apretarse dentro de ciertos límites para evitar deformación, se utilizan llaves de casquillo en combinación con un maneral con ajuste de torsión.

Las *llaves de tuercas ajustables* (Figura 22-13) pueden ser variadas en su entrada dentro de ciertos límites para adaptarse a diversos tamaños de tuercas o cabezas de perno. Esta llave es particularmente útil para tuercas de tipo especial, o cuando no se dispone de otra llave del tamaño adecuado. Desafortunadamente, esta clase de llave llamada también "perico" puede resbalar cuando no es ajustada apropiadamente a las caras planas de la tuerca. Lo anterior podría resultar en lesiones para el operario y en daño a las esquinas o bordes de la tuerca.

Cuando se utiliza una llave ajustable, deben apretarse bien sus quijadas contra las caras planas de la tuerca, y aplicar la fuerza de giro en la dirección indicada en la Figura 22-13.

Las *llaves Allen para tornillo opresor* (Figura 22-14), comúnmente conocidas como *llaves hexagonales*, son de punta hexagonal y ésta entra justamente en el hueco de un tornillo opresor. Se fabrican de acero para herramienta y están disponibles en juegos que se adaptan a una gran variedad de medidas de tornillos. El tamaño indicado de la llave es la distancia entre las caras opuestas de la punta de la llave. Usualmente esta distancia es la mitad del diámetro exterior del tornillo opresor Allen en el cual se utiliza. Estas llaves están disponibles en tamaños tanto en pulgadas como en sistema métrico.

Las *llaves de gancho o de nariz* son llaves especiales, provistas generalmente por un fabricante de máquinas-herramienta para uso en máquinas específicas. Vienen en diversos estilos. Las llaves de gancho de cara fija y las de cara ajustable (Figura 22-15A, pág. 162) se ajustan en dos orificios situados en la cara de una tuerca especial o en un aditamento roscado de una máquina.

La *llave de gancho de punta movible* (Figura 22-15B) se aplica a la periferia de una tuerca redonda. La punta del gancho entra en un agujero formado en la citada periferia de la tuerca.

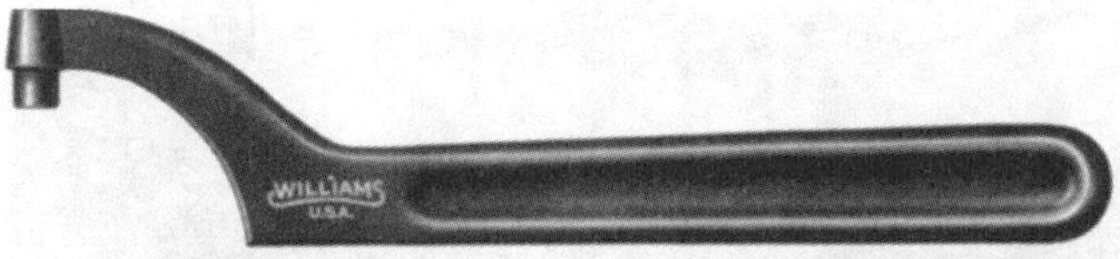

A

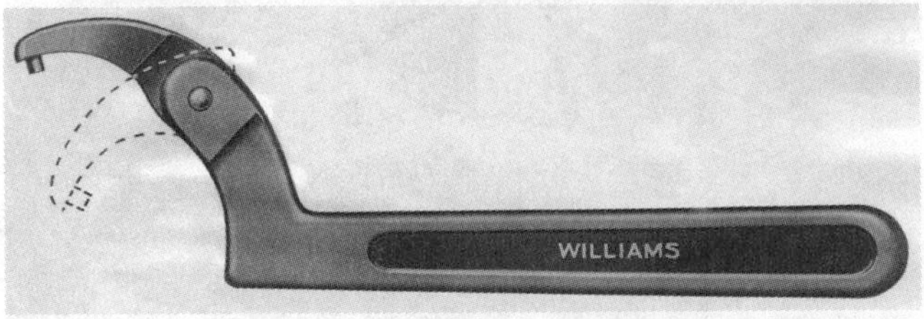

B

FIGURA 22-15 (A) Llave de gancho de punta fija; (B) llave de gancho de punta movible. (Cortesía de J.H. Williams and Co.)

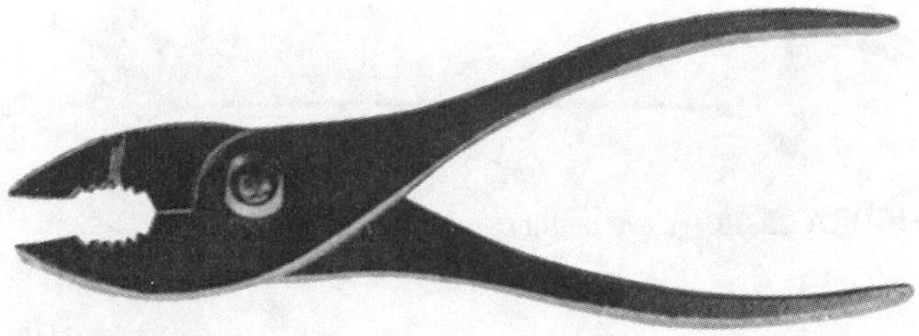

FIGURA 22-16 Pinzas de combinación.

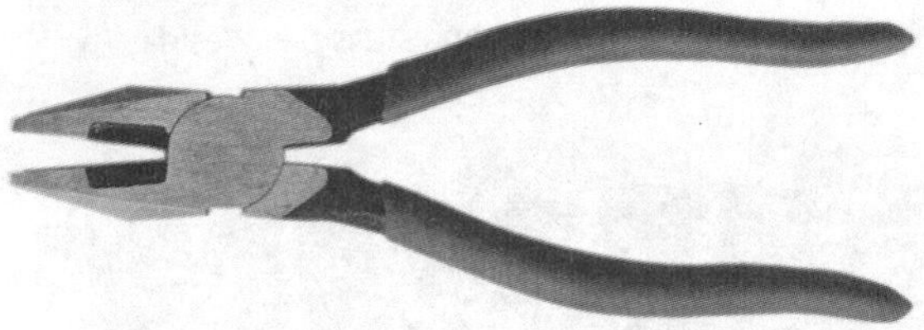

FIGURA 22-17 Pinzas de corte lateral.

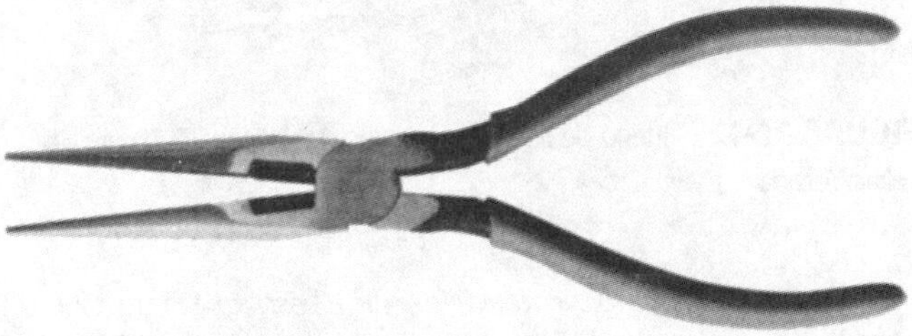

FIGURA 22-18 Pinzas de punta.

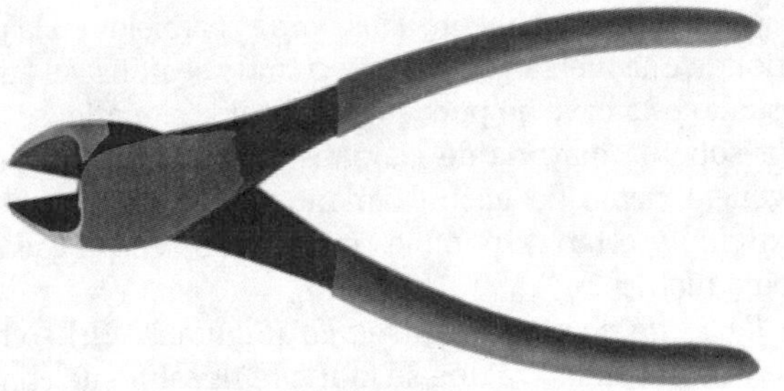

FIGURA 22-19 Pinzas de corte diagonal.

Sugerencias para el uso de las llaves de tuercas y especiales

1. Siempre elija la llave que se ajuste correctamente a la tuerca o perno. Una llave demasiado grande puede resbalar de la tuerca y posiblemente provocar un accidente.
2. Siempre que sea posible, *tire* en vez de empujar sobre la llave para evitar lesiones, si la llave llegara a resbalar.
3. Siempre asegúrese de que la tuerca está bien asentada en la boca o quijadas de la llave.
4. Utilice una llave actuando en el mismo plano de una tuerca o de la cabeza de un perno.
5. Cuando apriete o afloje una tuerca, aplique un tirón seco y rápido, lo que es más efectivo que un forzamiento continuo.
6. Ponga una gota de aceite sobre la rosca cuando ensamble un perno y tuerca, a fin de asegurar un más fácil desarmado posterior.

PINZAS O ALICATES

Las pinzas son útiles para sujetar y sostener apretando piezas pequeñas para ciertas operaciones de maquinado (como el taladrado de agujeros o perforaciones pequeñas), o cuando se ensamblan piezas. Las pinzas llamadas también *alicates* se fabrican en muchos estilos y tamaños, y sus nombres se derivan de su forma, función o construcción. Los siguientes tipos de pinzas son de uso común en un taller de maquinado:

Las *pinzas de combinación o de mecánico* (Figura 22-16) son ajustables para sujetar piezas grandes y pequeñas. Pueden utilizarse para fijar ciertas piezas cuando se deben formar pequeños barrenos, o bien para doblar o torcer materiales ligeros y delgados.

Las *pinzas de corte lateral* (Figura 22-17) sirven principalmente para cortar, sujetar y doblar varillas o alambre de diámetro pequeño (1/8 de pulgada o menor).

Las *pinzas de punta* (Figura 22-18) están disponibles con puntas rectas o curvas. Son útiles para sostener piezas muy pequeñas, a fin de colocarlas en lugares difíciles de alcanzar, o para doblar o dar forma a alambre.

Las *pinzas de corte diagonal* (Figura 22-19) se utilizan únicamente para cortar alambre y piezas pequeñas de metal blando.

Las *pinzas de seguridad* (Figura 22-20) tienen un gran poder de sujeción debido a la acción de palanca ajustable. El tornillo del mango permite su ajuste a diversos tamaños. Este tipo de pinzas viene disponible en diversos estilos, como las de mordazas estándares, mordazas de aguja y mordazas de abrazadera "C".

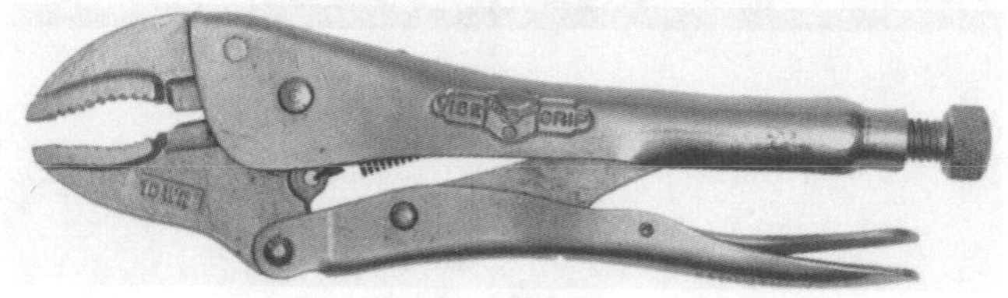

FIGURA 22-20 Pinzas de seguridad.

Sugerencias para el uso de las pinzas o alicates

Los siguientes puntos deben observarse si se desea obtener un servicio apropiado de las pinzas.

1. Nunca utilice pinzas en vez de una llave de tuercas.
2. Nunca intente cortar con pinzas material de diámetro grande o con tratamiento térmico. Esto puede provocar que las quijadas se distorsionen o que el mango se rompa.
3. Mantenga siempre las pinzas limpias y lubricadas.

PREGUNTAS DE REPASO

Prensa de banco

1. ¿Cuál es la ventaja de la prensa de apoyo giratorio sobre la prensa de apoyo fijo?
2. ¿Cómo puede sostenerse una pieza terminada en una prensa o tornillo de banco, sin rayar o dañar su superficie?

Martillos

3. Describa el martillo de uso más común para un mecánico.
4. ¿Con qué propósito se utilizan los martillos de cabeza suave?
5. Mencione tres reglas de seguridad que deban observarse al utilizar un martillo.

Destornilladores

6. Diga tres maneras importantes de cuidar un destornillador.
7. Explique el procedimiento para esmerilar la punta de un destornillador para rehacerla.
8. Enuncie dos precauciones que deban observarse cuando se use un destornillador Phillips o de punta de cruz.

Llaves de tuercas

9. ¿Por qué las llaves de tuercas comunes tienen su boca fija aproximadamente a 15° respecto del mango?
10. ¿Por qué se prefiere una llave de estrías del tamaño adecuado con respecto a otras clases de llaves?
11. ¿Qué ventaja tiene una llave de casquillo sobre una llave de estrías?
12. ¿Qué precaución debe tomarse cuando se utiliza una llave de boca o ajustable?
13. ¿Qué sucederá si se aplica fuerza de presión excesiva a una llave ajustable o se aplica presión sobre la quijada indebida?
14. ¿Cuál es la forma de sección transversal de una llave Allen y con qué propósito se utiliza tal llave?
15. ¿Dónde se utiliza una llave de gancho con punta movible?
16. Mencione cuatro sugerencias útiles para el uso de cualquier llave de tuercas o útil semejante.

Pinzas

17. Mencione cuatro clases de pinzas y un uso para cada una.
18. ¿Qué ventajas tienen las pinzas de seguridad sobre las otras clases de pinzas?

UNIDAD

23

Herramientas de corte manuales

OBJETIVOS

Al terminar el estudio de esta unidad, se podrá:

1. Elegir y utilizar la sierra de mano adecuada para cortar o aserrar una variedad de materiales
2. Seleccionar y usar una variedad de limas para llevar a cabo una diversidad de operaciones de limado
3. Identificar y conocer el propósito de limas rotativas, fresas limadoras y raspadores

Aunque la mayoría de las operaciones de corte de metal pueden realizarse con más facilidad, rapidez y precisión con una máquina, con frecuencia es necesario llevar a cabo ciertas operaciones de corte de metales en un banco o sobre una pieza de trabajo. Tales operaciones incluyen el aserrado, limado, raspado, escariado y machueleado. Por lo tanto, es importante que el aprendiz de mecánico sepa cómo utilizar apropiadamente las herramientas de corte manuales.

ASERRADO, LIMADO Y RASPADO

Las sierras de mano, limas y raspadores son herramientas muy comunes en el taller de maquinado, y suelen ser las que más inadecuadamente se usan y sobreusan. El empleo adecuado de estas herramientas no se aprende de inmediato. Es sólo por la práctica que el estudiante o aprendiz se volverá eficiente en su aplicación.

SIERRA DE ARCO

La *sierra de arco o segueta* (Figura 23-1) está compuesta de tres partes principales: el *arco*, el *mango* y la *hoja*. El arco puede ser fijo o ajustable. El arco fijo es más rígido y sólo se ajustará a hojas de segueta de una longitud específica. El bastidor o arco ajustable es de uso más común y aceptará hojas con un largo de 10 a 12 pulgadas (250 mm a 300 mm). Una tuerca de mariposa en la parte trasera del arco permite el ajuste de la tensión en la hoja dentada.

Las *hojas para segueta* se fabrican de acero de aleación al molibdeno o tungsteno para alta velocidad, templado y revenido. Existen dos tipos: la hoja rígida y la flexible. Las hojas rígidas están totalmente templadas y son muy frágiles. Se rompen con facilidad si no se utilizan adecuadamente. En la hoja flexible de segueta sólo los dientes están con temple, en tanto que el cuerpo de la hoja es suave y flexible. Aunque este tipo de hoja soportará más sobreuso o abuso que la hoja totalmente templada, no durará tanto en el uso general.

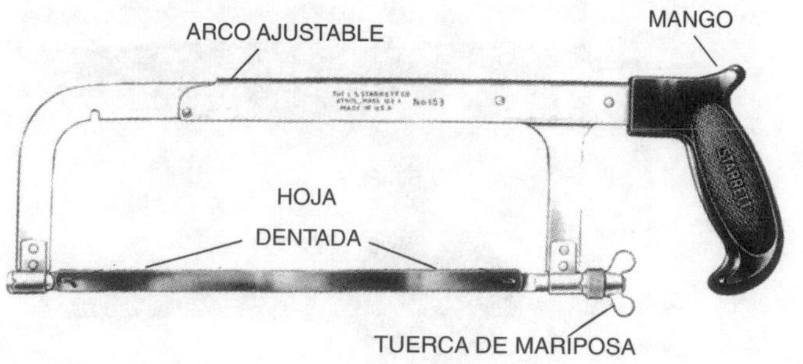

FIGURA 23-1 Partes de una sierra de arco o segueta. (Cortesía The L.S. Starrett Co.)

Las hojas rígidas de segueta se utilizan para latón, acero de herramientas, hierro fundido, y secciones grandes de acero suave, ya que no se salen de línea cuando se les aplica presión. Las hojas de corte flexibles pueden utilizarse en hierro de perfiles, tubo especial, cobre y aluminio, ya que no se rompen con tanta facilidad en materiales con secciones transversales delgadas.

Las hojas se fabrican con diferentes pasos (dientes por pulgada) en el filo dentado como de 14, 18, 24 y 32. El paso es el factor más importante a considerar al seleccionar la hoja adecuada para un trabajo. Se recomienda una hoja de 18 dientes (es decir, 18 dientes por pulgada) para el uso general. Cuando seleccione una hoja, elija una tan basta o gruesa como sea posible, para dar bastante espacio a la viruta y cortar el trabajo con la mayor rapidez. La hoja seleccionada debe tener siempre por lo menos *dos dientes en contacto con la pieza de trabajo*. Esto evitará que el cuerpo de la pieza cortada quede entre dientes y los rompa. La Figura 23-2 da una guía para la selección adecuada de las hojas de segueta.

Cómo utilizar una segueta con arco

1. Revise para asegurarse de que la hoja es del paso adecuado para el trabajo, y que los dientes apunten en dirección *contraria* al mango.
2. Ajuste la tensión de modo que la hoja de segueta no se flexione.
3. Monte el material en la prensa de forma que el corte se realice a aproximadamente 1/4 pulg (6 mm) de las quijadas de la prensa.
4. Sujete la sierra como se muestra en la Figura 23-3, pág. 166. Asuma una posición cómoda, de pie y erguido, con el pie izquierdo un poco adelantado respecto al pie derecho.
5. Comience el corte con la sierra justamente fuera y paralela a la línea previamente marcada, antes de cortar.

Nota: Con una lima haga una muesca en V en el punto de inicio, para ayudar a la segueta a comenzar en el punto correcto.

6. Después de iniciado el corte, aplique presión sólo en el movimiento hacia adelante. Use aproximadamente 50 pasadas por minuto.
7. Cuando corte materiales delgados, sostenga la sierra en ángulo a fin de tener en todo momento por lo menos dos dientes en contacto con el trabajo. Las piezas delgadas a cortar con frecuencia se sujetan entre dos hojas de madera o tablas, y el corte se realiza a través de todas las piezas (Figura 23-3).
8. Cuando esté casi terminando el corte, reduzca la rapidez de pasada para controlar la sierra después de que troce totalmente el material.

Nota: Si la hoja de segueta se rompe o pierde el filo en un corte parcialmente terminado, reemplácela y gire la pieza media vuelta, de forma que el corte original quede en la parte inferior. Una hoja nueva se trabaría en ese corte original y el "ajuste" de los dientes nuevos se arruinaría rápidamente.

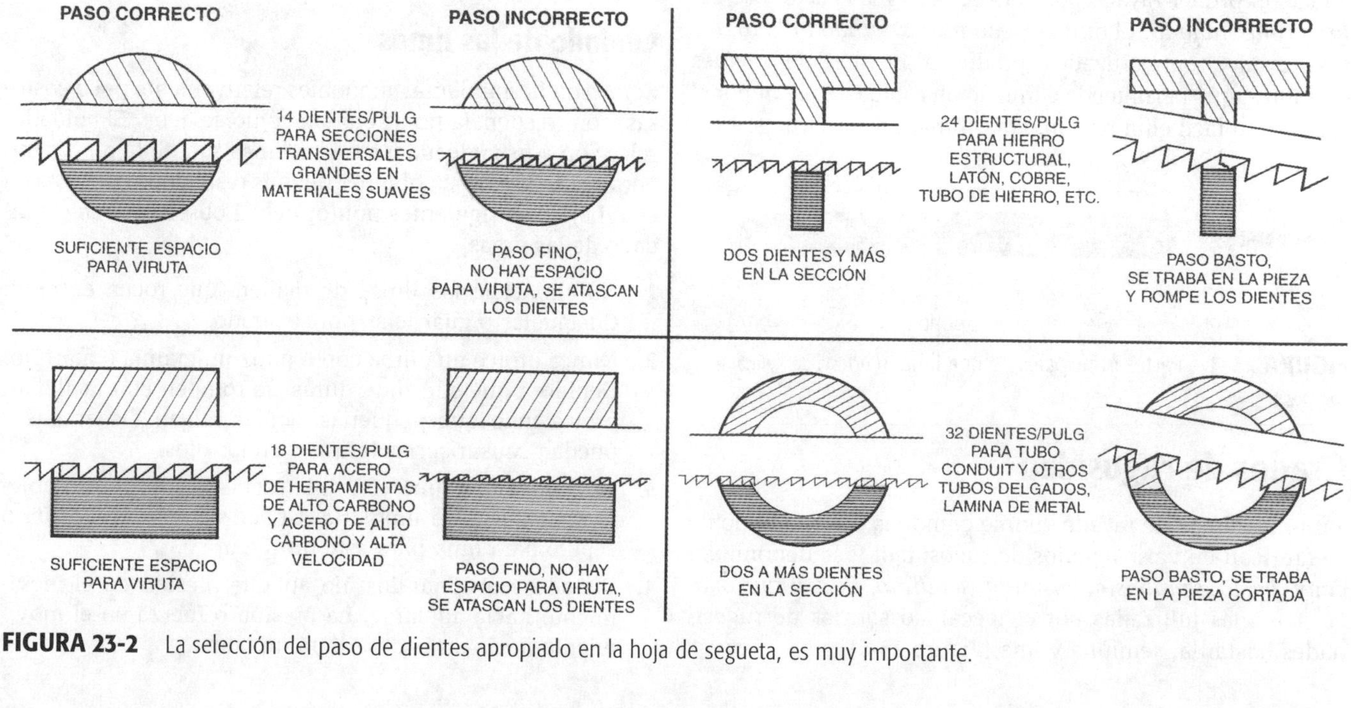

FIGURA 23-2 La selección del paso de dientes apropiado en la hoja de segueta, es muy importante.

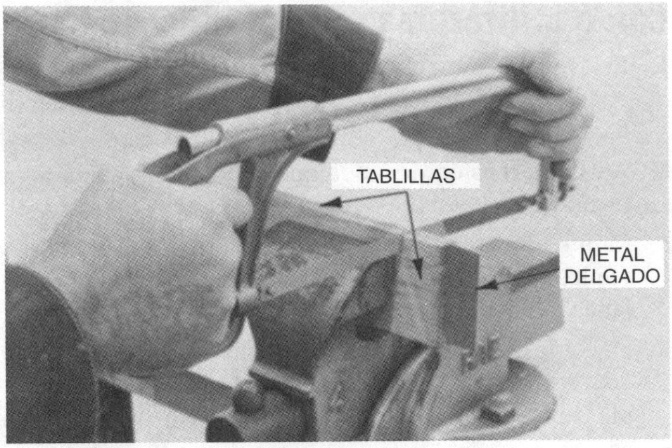

FIGURA 23-3 Método correcto de sostener una sierra de arco para hacer el corte. (Cortesía de Kelmar Associates.)

LIMAS

Una *lima* es una herramienta de corte manual por frotamiento o roce áspero, fabricada de acero al alto carbono, con un conjunto de dientes para corte formados en ella por cortes paralelos de cincel. La partes de una lima se muestran en la Figura 23-4. Las limas se utilizan para eliminar metal sobrante y para producir superficies terminadas. Se fabrican en una diversidad de clases y formas, cada una para un propósito específico. Pueden dividirse en dos clases: de rayado simple o de rayado doble (Figura 23-5).

Las *limas de rayado simple* tienen una sola fila de dientes paralelos, cortados diagonalmente en su superficie. Incluyen las *limas de fresado, de torneado* y *de aserrado*. Las limas de rayado simple se utilizan cuando es necesario un terminado liso, o cuando ha de darse acabado a materiales duros.

Las *limas de rayado doble* tienen dos filas de dientes cruzadas. El primer rayado por lo general es más basto y se llama *primer tallado*. El otro se denomina *segundo tallado*. Estos rayados entrecruzados producen cientos de dientes cortantes, que permiten la eliminación rápida de metal por el roce y una fácil eliminación de las limaduras o virutas.

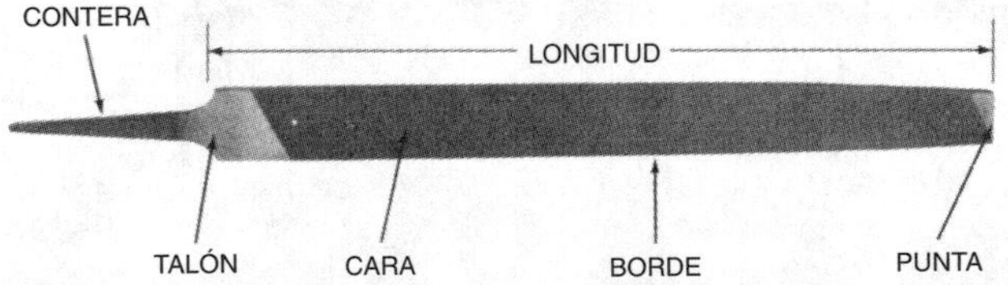

FIGURA 23-4 Partes principales de una lima. (Cortesía de Kelmar Associates.)

Grados de rugosidad

Tanto las limas de rayado simple como las de rayado doble se fabrican en varios grados de rugosidad, y se denominan como *basta, semibasta, bastarda, semifina, fina,* y *fina suave*. Las más utilizadas por el mecánico son las de rugosidades bastarda, semifina y fina (Figura 23-5).

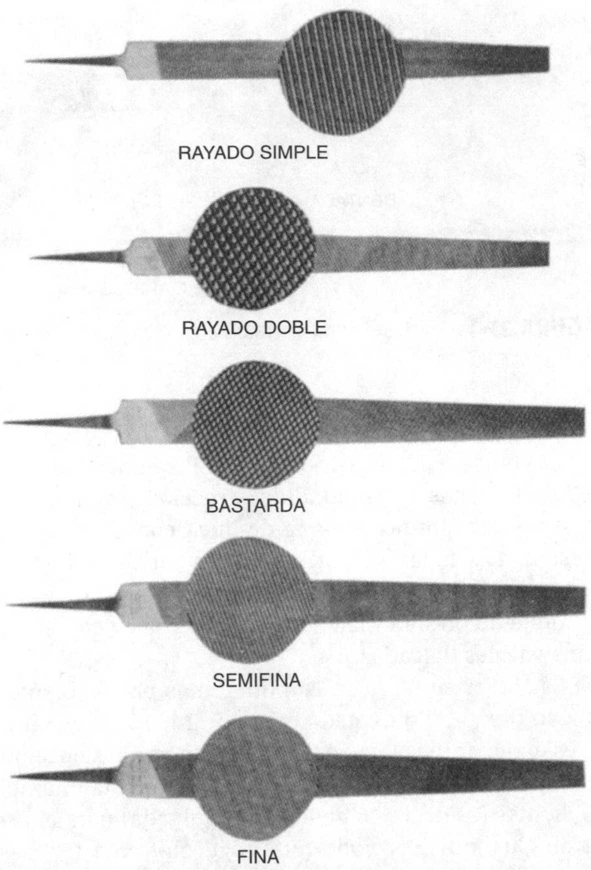

FIGURA 23-5 Clasificación de los rayados de las limas. (Cortesía de Delta File Works.)

Limas de uso en mecánica herramental

Las clases de limas comúnmente utilizadas por los mecánicos herramentistas son las llamadas *planas, redondas, mediacaña, cuadradas, triangulares, redondeadas* y de *cuchillo* (Figura 23-6).

Cuidado de las limas

Como son herramientas manuales relativamente poco costosas, con frecuencia no se cuidan como se debe. El cuidado, selección y uso adecuados de las limas son de la mayor importancia, si se desea obtener buenos resultados con ellas en el trabajo. Los siguientes puntos deben observarse en el cuidado de las limas.

1. No almacene las limas de manera que rocen entre sí. Cuélguelas o guárdelas por separado.
2. Nunca utilice una lima como punzón, manija o martillo. Debido a que son muy duras, se rompen con facilidad, provocando que pequeñas astillas salgan disparadas y puedan causar serias lesiones en los ojos.
3. No golpee una lima contra la prensa o contra otro objeto metálico, para limpiarla. Utilice siempre una carda o cepillo para lima para este fin (Figura 23-7).
4. Cuando esté limando sólo aplique presión en el movimiento hacia adelante. La presión o fuerza en el movimiento hacia atrás desafilará una lima.

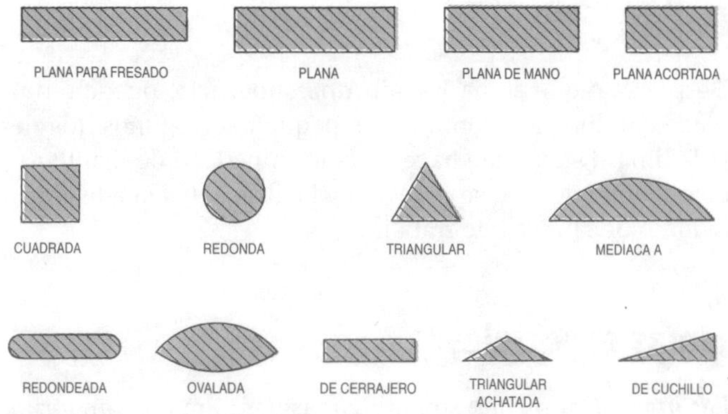

FIGURA 23-6 Formas de sección transversal de las limas para mecánico herramentista. (Cortesía de Kelmar Associates.)

5. No aplique mucha presión en una lima nueva. Demasiada presión tiende a romper los bordes afilados y acorta la vida de la lima.
6. Demasiada presión también resulta en la "tapadura" (*partículas pequeñas que quedan incrustadas entre los dientes*), lo que provoca rayaduras impropias sobre la superficie de la pieza de trabajo. Mantenga limpia una lima. Un trozo de latón, cobre o madera hecho pasar por los dientes eliminará los "tapones". Aplicando gis (o tiza) en la cara de una lima se reducirá la tendencia a la tapadura.

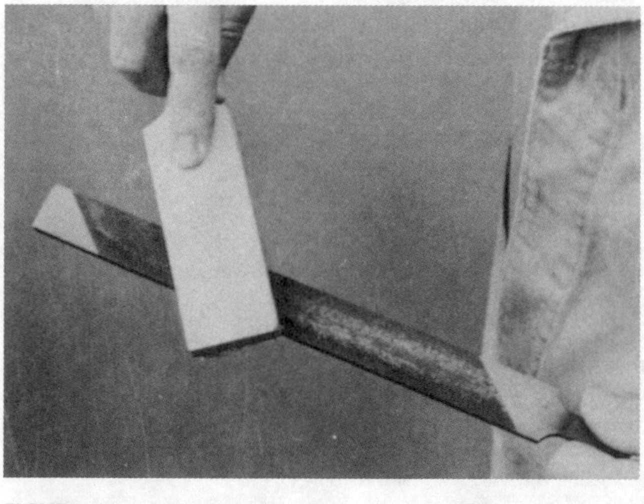

FIGURA 23-7 Limpiado de una lima con cepillo o carda para lima. (Cortesía de Kelmar Associates.)

Práctica del limado

El limado es una operación manual importante, que puede dominarse sólo mediante paciencia y práctica. Deben observarse los siguientes puntos al limar:

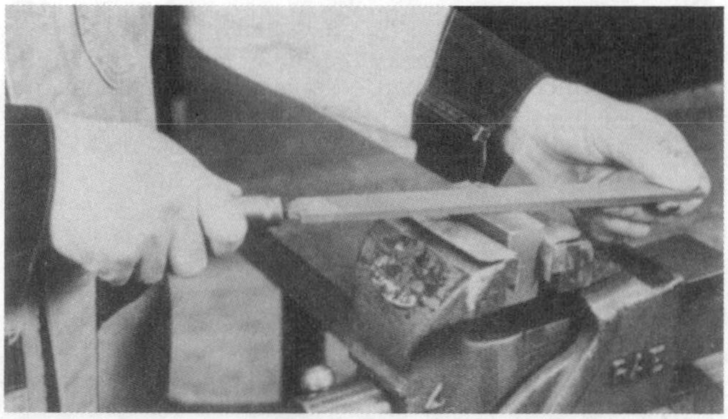

FIGURA 23-8 Sostenga siempre la lima paralela a la superficie de la pieza de trabajo. (Cortesía de Kelmar Associates.)

FIGURA 23-9 El limado transversal pondrá de manifiesto cualquier punto saliente en la superficie de la pieza. (Cortesía de Kelmar Associates.)

1. *Nunca* utilice una lima sin que tenga su mango. Ignorar esta regla es una práctica peligrosa. Pueden resultar serias lesiones en la mano si la lima llega a resbalar.
2. Sujete la pieza de trabajo a limar, aproximadamente a la altura del codo, en una prensa de banco.
3. Para producir una superficie plana, mantenga la mano derecha, el antebrazo derecho y la mano izquierda en un plano horizontal (Figura 23-8). Empuje la lima a través de la cara del trabajo en línea recta, sin mecer la herramienta.
4. Aplique presión sólo en el movimiento o pasada hacia adelante.
5. Nunca frote con los dedos o la palma de la mano la superficie que se está limando. La grasa o aceite de las manos provocaría que la lima deslice sobre la superficie, sin cortarla. Esos materiales también atascarán la lima.
6. Manténgala limpia utilizando con frecuencia una carda o cepillo de limpiar.

Para limado basto, utilice una lima de doble rayado y cruce la pasada o movimiento a intervalos regulares, para ayudar a mantener la superficie plana y sin desviación (Figura 23-9). Cuando esté dando acabado, utilice una lima de rayado simple y aplique pasadas más cortas para mantener plana la lima.

De vez en cuando verifique la planicie de la pieza colocando el borde de una regla de acero puesta de lado contra la misma. Utilice una escuadra de acero para verificar que esté a escuadra o perpendicularidad de una superficie con respecto a otra.

Limado de lado

El limado a lo ancho o de lado se emplea para obtener una superficie más lisa y plana en la pieza de trabajo. Este método de limado elimina marcas y raspaduras de la herramienta que deja el limado transversal.

Nota: Cuando se lime de lado, hay que sostener la herramienta como se muestra en la Figura 23-10, y mover la lima hacia un extremo y otro en la extensión de la pieza de trabajo.

FIGURA 23-10 El limado de lado se emplea para producir una superficie plana y lisa en ciertas piezas. (Cortesía de Kelmar Associates.)

Pulido

Después de que se ha limado una superficie, puede terminarse con lija para eliminar los pequeños rasguños que deja la lima. Esto puede hacerse con un pedazo de lija puesto bajo la lima, la cual se mueve hacia atrás y hacia adelante a lo largo de la pieza de trabajo.

Limas especiales

Las *limas de torneado* son utilizadas para limar en un torno, porque dan una mejor acción de corte que las limas de fresado o planas. El gran ángulo de los dientes tiende a limpiar la lima, ayuda a eliminar la vibración, y reduce la posibilidad de desgarrar el material.

Las *limas para aluminio* están diseñadas para metales suaves y dúctiles, como el aluminio y el metal blanco, pues las limas normales tienden a atascarse rápidamente cuando se usan en este tipo de material. La construcción modificada de los dientes en las limas para aluminio tiende a reducir el atascamiento. Los dientes de un tallado son profundos, y los del otro son finos. Esto produce pequeñas ondulaciones en este último tallado que rompe la viruta, permitiendo eliminarla más fácilmente.

Las *limas para latón* tienen un menor ángulo en un tallado y en otro un tallado fino de gran ángulo, lo que produce partículas pequeñas y de fácil eliminación. El segundo tallado, casi recto, evita ranurar la superficie de la pieza de trabajo.

Las *limas con dientes de cizalla* combinan dientes de gran ángulo y de corte gruesos para limar materiales como latón, aluminio, cobre, plásticos y *caucho (o hule)* duro.

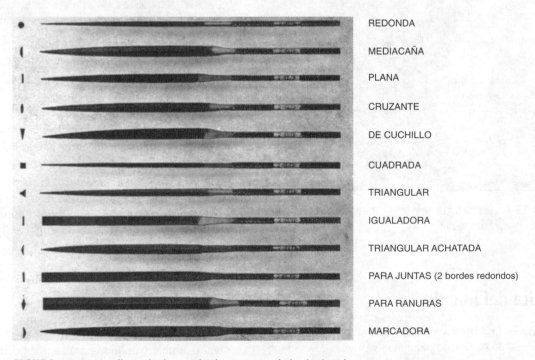

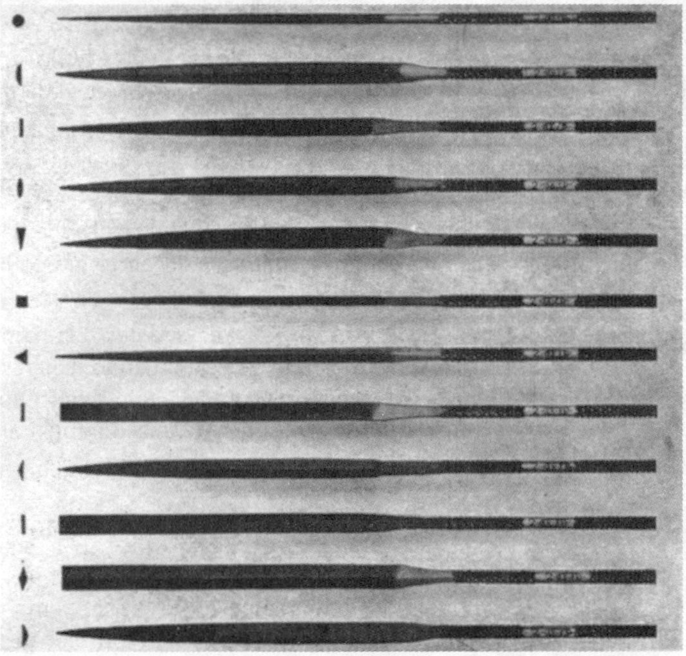

FIGURA 23-11 Las limas de tipo aguja sirven para trabajos intrincados. (Cortesía de Nicholson File Co. Ltd.)

Limas de precisión

Las limas de precisión incluyen las llamadas de modelo suizo, las de aguja y las de punta curva (*riffler*). Las *limas de modelo suizo* y las *de aguja* (Figura 23-11) son limas pequeñas con dientes de corte finos y mangos integrales redondos. Se fabrican en varias formas y generalmente son empleadas en talleres de herramientas y troqueles para terminar piezas delicadas y complejas. Las *limas de punta curva para troquel* están curvadas en sus extremos para permitir limar la superficie inferior de la cavidad de un troquel.

Limas giratorias y fresas limadoras

El cada vez mayor uso de herramientas portátiles eléctricas y neumáticas, ha desarrollado la amplia aplicación de los útiles de limado rotatorios. El amplio surtido de formas y tamaños disponibles hace a estas herramientas particularmente adecuadas para la fabricación de patrones en metal, y para dados de troquelado.

Los dientes de una *lima giratoria* (Figura 23-12) están cortados y forman líneas discontinuas, en contraste con las canaladuras ininterrumpidas de una fresa limadora (Figura 23-13). Los dientes de la lima giratoria tienden a disipar el calor debido a la fricción, haciendo a esta herramienta particularmente útil para trabajo en aceros para moldes o matrices tenaces, piezas forjadas y superficies escamosas.

Las *fresas limadoras* (Figura 23-13) pueden estar fabricadas con acero de alta velocidad o carburos. Las ranuras de una fresa por lo general están rectificadas a máquina siguiendo una fresa patrón para asegurar uniformidad en la forma y tamaño de los dientes. Las fresas de alta velocidad se utilizan con más eficacia en metales no ferrosos, como aluminio, latón, bronce y magnesio, ya que tienen una mejor eliminación de partículas que las limas rotatorias.

Las fresas limadoras hechas de carburo pueden utilizarse con buenos resultados en materiales duros o suaves, y durarán 100 veces más que una fresa de acero de alta velocidad.

Cómo utilizar limas giratorias y fresas limadoras de acero de alta velocidad

Para mejores resultados, las limas o fresas rotativas deben utilizarse de la siguiente manera:

1. Avance la lima o fresa a una velocidad constante para producir una superficie lisa. Una presión no uniforme producirá superficies con salientes y huecos.

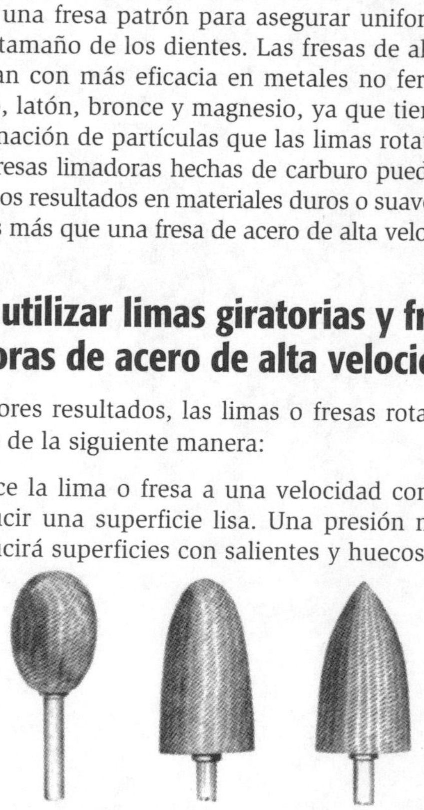

FIGURA 23-12 Los dientes en línea discontinua de las limas giratorias tienden a disipar el calor rápidamente. (Cortesía de Nicholson File Co. Ltd.)

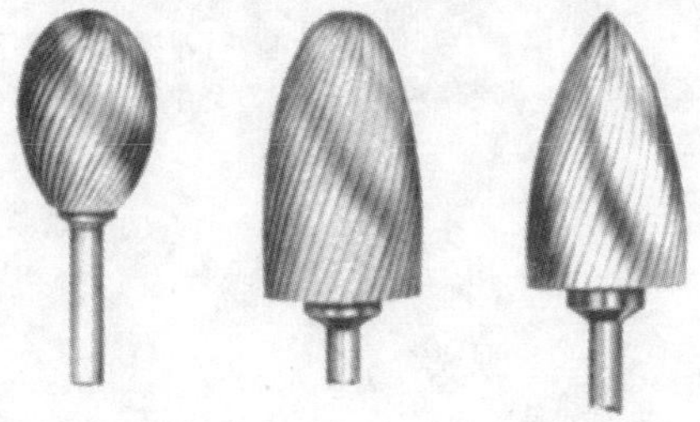

FIGURA 23-13 Las fresas limadoras se utilizan con metales no ferrosos. (Cortesía de Nicholson File Co. Ltd.)

2. Utilice la velocidad apropiada según el diámetro de la fresa o lima, como lo recomienda el fabricante.
3. Emplee sólo fresas o limas bien afiladas.
4. Para un control más preciso de la fresa o lima, sujete la muela de esmeril tan cerca del extremo como sea posible.
5. Las fresas y limas de corte medio generalmente dan una eliminación de metal y acabado satisfactorios para la mayoría de los trabajos. Si se requiere una mayor eliminación de material, utilice una fresa o lima más basta o gruesa. Para un acabado extra-liso, use una fresa o lima fina.

RASPADORES

Cuando se requiere una superficie más lisa de la que puede producirse con el maquinado, la superficie puede ser acabada por raspado. Sin embargo, éste es un proceso largo y tedioso. La mayoría de las superficies de piezas en contacto (planas y curvas) ahora se terminan con esmerilado, pulido o brochado.

El raspado es la acción de eliminar pequeñas cantidades de metal de áreas específicas, para producir una superficie de apoyo precisa. Se emplea para producir superficies planas o para ajustar cojinetes de latón y babbitt a barras ejes.

Los raspadores se hacen en varias formas, dependiendo de la superficie a raspar (Figura 23-14). Generalmente están fabricados con acero para herramientas de alto grado, templado y revenido. Los raspadores de punta de carburo son muy comunes, porque conservan el borde cortante más tiempo que otros tipos.

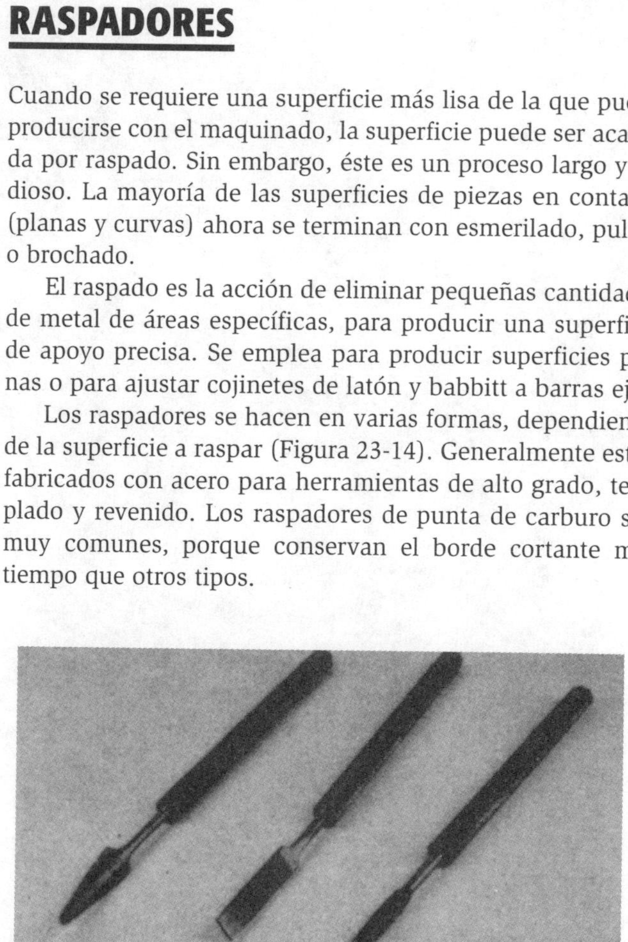

FIGURA 23-14 Juego de raspadores de mano. (Cortesía de Kelmar Associates.)

PREGUNTAS DE REPASO

Sierra de arco o segueta

1. Compare una hoja dentada flexible con una rígida totalmente dura.
2. Cuál es el paso de la hoja de segueta que debe seleccionarse para cortar:
   a. Acero para herramientas
   b. Tubería de pared delgada
   c. Hierro estructural y cobre
3. ¿Qué procedimiento se recomienda, si en un corte parcialmente terminado se rompe o se desafila una hoja de sierra o segueta?

Limas

4. Describa y mencione el propósito de:
   a. Las limas de rayado simple
   b. Las limas de rayado doble
5. Diga cuáles son los grados de aspereza en que se fabrican las limas de uso más común.
6. Cite cuatro aspectos importantes del cuidado de las limas.
7. ¿Cómo puede mantenerse al mínimo el atascamiento o taponadura de una lima?
8. Describa y mencione el propósito de las:
   a. Limas de torneado
   b. Limas para aluminio
   c. Limas con dientes de cizalla
9. Describa y exprese el propósito de las:
   a. Limas de modelo suizo
   b. Limas con puntas curvadas para dados o matrices
10. Compare las limas giratorias con las fresas limadoras.
11. Enuncie tres consideraciones importantes en el uso de limas rotatorias o fresas para limado.

UNIDAD

24

Herramientas y procedimientos para roscar

OBJETIVOS

Al terminar el estudio de esta unidad, se podrá:

1. Calcular el tamaño de broca para machuelo, en pulgadas o unidades métricas
2. Hacer roscados internos utilizando una variedad de machuelos
3. Conocer los métodos para retirar de un barreno un machuelo roto
4. Hacer roscados externos empleando una diversidad de dados

Las roscas pueden cortarse interiormente con un machuelo, y en lo exterior con un dado. La selección y uso adecuados de estas herramientas de roscar es una parte importante del trabajo en el taller de maquinado.

MACHUELOS

Los *machuelos* son herramientas manuales de corte que sirven para formar roscas internas. Están fabricados de acero para herramienta de alta calidad, templados y rectificados. Tienen dos, tres o cuatro ranuras o canales a lo largo de la espiga y a través de su roscado, para formar bordes cortantes, dar espacio para la viruta y permitir que el líquido de corte lubrique la pieza. El extremo del machuelo es cuadrado, lo que permite que pueda utilizarse una manija para machuelo (Figura 24-1A, pág. 172) a fin de hacerlo girar dentro de un barreno o perforación. En los machuelos en pulgadas, el diámetro mayor, el número de hilos por pulgada y el tipo de rosca vienen por lo general estampados en el zanco. Por ejemplo, $^{1}/_{2}$ in.—13 UNC representa:

$\frac{1}{2}$ pulg = diámetro mayor del machuelo

13 = número de hilos por pulgada

UNC = Unified National Coarse (un tipo de rosca)

Los machuelos por lo general se fabrican en juegos de tres: *ahusado, semicónico y biselado* (Figura 24-2A, pág. 172).

Un *machuelo cónico* tiene conicidad desde su punta hasta casi unos seis hilos y se utiliza para iniciar la rosca con facilidad. Puede servir para roscar un agujero pasante en una pieza, así como para comenzar el roscado en un agujero *ciego* (uno que no tiene salida).

Un *machuelo semicónico* es cónico en aproximadamente sólo tres hilos. A veces, el machuelo de este tipo es el único utilizado para roscar una perforación o barreno que atraviese la pieza de trabajo.

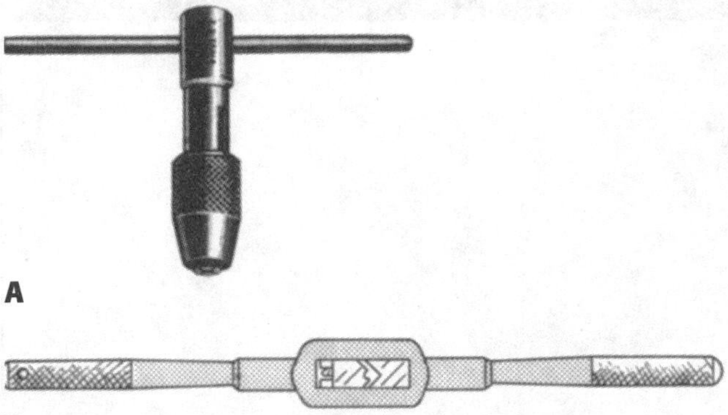

FIGURA 24-1 (A) Manerales para machuelo, con cuerpo en T; (B) maneral para machuelo con dos extremos ajustables. (Cortesía de Kelmar Associates.)

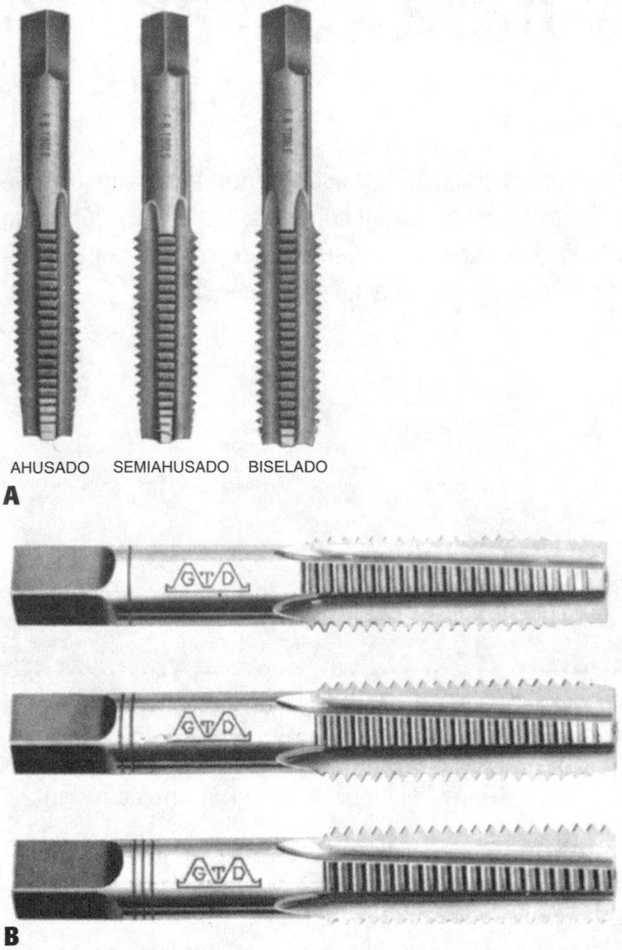

FIGURA 24-2 (A) Juego de machuelos (Cortesía de F.B. Tools, Inc.); (B) los machuelos pueden identificarse mediante una marca anular en el zanco. (Cortesía de Greenfield Industries.)

El *machuelo biselado* no está cónico, sino sólo achaflanado o con bisel en su extremo, en sólo un hilo. Se usa para roscar hasta el fondo un agujero ciego. Cuando se rosca una cavidad de este tipo, primero utilice el machuelo cónico, después el semicónico, y al final el machuelo con bisel.

Los machuelos pueden identificarse también mediante una marca o varias marcas anulares, cortados alrededor del zanco del machuelo. Un anillo indica que es un machuelo ahusado, dos anillos indican un machuelo semicónico, y tres anillos marcan a un machuelo biselado (Figura 24-2B).

Tamaño de broca para machuelo

Antes de utilizar un machuelo, debe hacerse el taladrado al tamaño correcto (Figura 24-3), que deje la cantidad de material adecuada en la perforación para que el machuelo corte la rosca. El tamaño de la broca para machuelo es siempre menor que el del elemento roscante y deja material suficiente en el agujero para que el machuelo produzca el 75% de un roscado completo.

Cuando no se tiene un plano, el tamaño de broca para un machuelo de rosca de las clases American, National o Unified, puede obtenerse fácilmente aplicando la fórmula:

$$\text{TDS} = D - \frac{1}{N}$$

donde TDS = tamaño de la broca (*tap drill size*)

D = diámetro mayor del machuelo

N = número de hilos por pulgada

EJEMPLO

Obtener el tamaño o medida de broca para machuelo que se requiere para un roscado de $\frac{7}{8}$ pulg—9 NC.

$$\begin{aligned}\text{TDS} &= \tfrac{7}{8} - \tfrac{1}{9}\\ &= .875 - .111\\ &= .764 \text{ pulg}\end{aligned}$$

El tamaño de broca más cercano a .764 in. (pulg) es .765 pulg ($\frac{49}{64}$). Por lo tanto, $\frac{49}{64}$ es el tamaño de broca para machuelo que corresponde al roscado de $\frac{7}{9}$ pulg—9 NC.

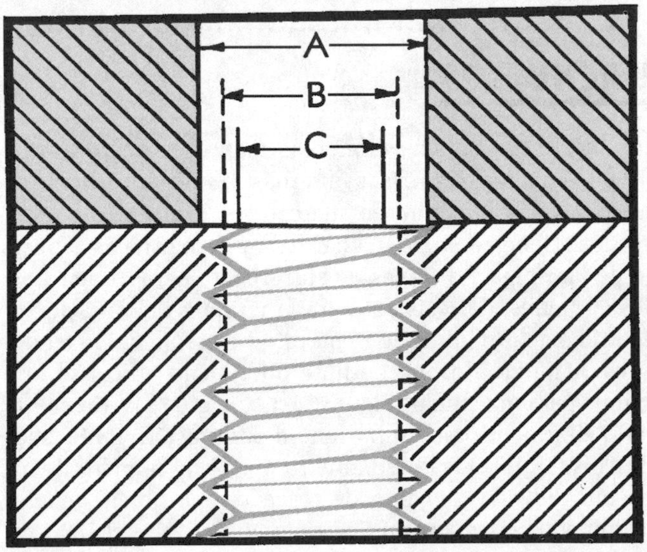

FIGURA 24-3 Corte transversal de un agujero roscado: A = Tamaño del hueco; B = tamaño o medida de la broca; C = diámetro menor. (Cortesía de Kelmar Associates.)

Machuelos métricos

Aunque existen varias formas y estándares para roscas en sistema métrico, la International Standards Organization (ISO) ha adoptado una rosca métrica estándar, que será utilizada en Estados Unidos, Canadá y en muchos otros países en todo el mundo, la cual tendrá sólo 25 tamaños de rosca, que van desde 1.6 mm hasta 100 mm de diámetro. Vea en la Tabla 6 del Apéndice el tamaño y paso de las roscas de esta serie. Vea también en la Unidad 55 la forma y las dimensiones de la rosca métrica ISO.

Igual que los machuelos en pulgadas, los métricos están disponibles en juegos de tres: el machuelo *ahusado, el semiahusado y el biselado*. Se identifican con la letra M, seguida por el diámetro nominal de la rosca en milímetros, y por el paso también en milímetros. Por lo tanto, a un machuelo con designación M 4—0.7 correspondería:

M—rosca métrica
4—diámetro nominal de la rosca en milímetros
0.7—paso de la rosca en milímetros

Tamaños de broca para machuelos métricos

La medida de broca para los machuelos métricos se calcula de la misma manera que en el caso de las roscas U.S. Standard:

TDS = diámetro mayor (mm) - paso (mm)

EJEMPLO

Hallar el tamaño de broca para machuelo correspondiente a una rosca métrica 22-2.5.

$$TDS = 22 - 2.5 = 19.5 \text{ mm}$$

Cómo roscar una perforación

El *machueleado* es la operación de cortar una rosca interna utilizando un machuelo con su manija o maneral. Dado que los machuelos son duros y frágiles, se rompen con facilidad. Debe tenerse *extremo* cuidado al roscar un agujero para evitar la fractura. Un machuelo roto dentro de un barreno es difícil de sacar, y con frecuencia da como resultado el tener que desechar la pieza.

Machueleado a mano

1. Seleccione los machuelos y el maneral adecuados para el trabajo.
2. Aplique al machuelo un líquido de corte adecuado.

Nota: No se requiere de líquido de corte para roscar latón o hierro fundido.

3. Coloque el machuelo a la entrada de la perforación tan verticalmente como sea posible; oprima el maneral hacia abajo, aplicando igual presión a ambos lados del mismo y gírelo en el sentido del reloj (para roscas a la derecha) aproximadamente dos vueltas.

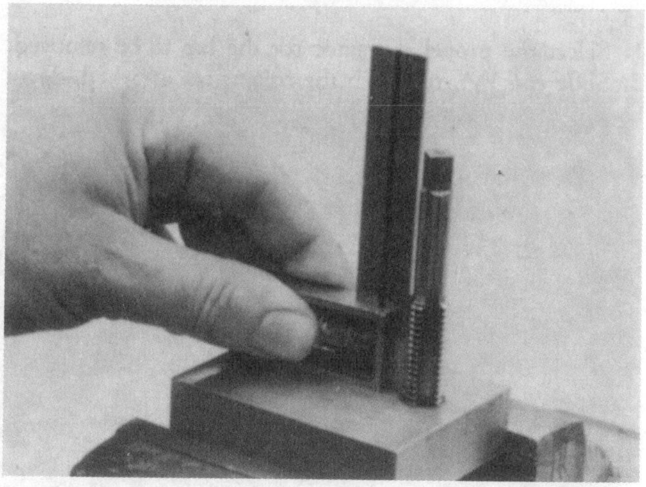

FIGURA 24-4 Cómo verificar la perpendicularidad de un machuelo cuando se fija la pieza de trabajo en una prensa. (Cortesía de Kelmar Associates.)

4. Retire el maneral del machuelo y verifique que éste se halle a escuadra con la pieza de trabajo.

Nota: Verifique en dos posiciones a 90° entre sí (Figura 24-4).

5. Si el machuelo no entró a escuadra, sáquelo de la perforación y vuelva a empezar, aplicando presión hacia la parte a la que se inclinó el machuelo. *Tenga cuidado* de no aplicar demasiada presión en el proceso de enderezado.
6. Una vez colocado el machuelo apropiadamente, hágalo entrar al agujero dando vuelta al maneral del machuelo.
7. Gírelo en el sentido del reloj un cuarto de vuelta, y después al contrario, aproximadamente media vuelta, para romper la viruta. El giro debe hacerse con un movimiento uniforme, para evitar que el machuelo se rompa.

Nota: Cuando se rosquen agujeros sin salida, utilice los tres machuelos en orden: ahusado, semiahusado, y biselado. Antes de utilizar el machuelo con bisel, elimine toda la viruta de la perforación, y tenga cuidado de no tocar el fondo de la misma con el machuelo.

Cómo sacar machuelos rotos

Si no se tiene extremo cuidado al roscar, particularmente un agujero sin salida, el machuelo puede romperse dentro de éste y se necesitará un esfuerzo considerable para retirarlo. En algunos casos puede no ser posible extraerlo, y deberá cambiarse la pieza.

Pueden utilizarse varios métodos para sacar un machuelo roto; algunos pueden ser eficaces, y otros no.

Extractor de machuelos

El extractor de machuelos (Figura 24-5) es una herramienta que tiene cuatro piezas o dedos que entran en las ranuras del machuelo roto. Es ajustable, a fin de apoyar los sujeta-

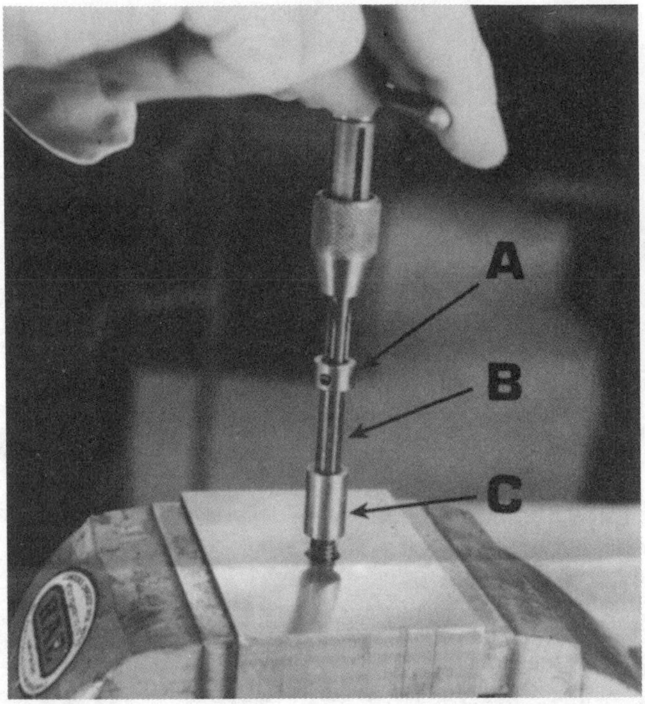

FIGURA 24-5 Extractor de machuelos utilizado para retirar un machuelo roto. (Cortesía de Kelmar Associates.)

dores o dedos cerca de ése, aun cuando la parte rota haya quedado por debajo de la superficie de la pieza. Se ajusta el maneral del extractor y se gira en sentido contrario al del reloj para retirar un machuelo de rosca a la derecha. Se fabrican extractores de machuelos que se ajustan a todos los tamaños de machuelo.

Remoción de un machuelo roto mediante un extractor de machuelos

1. Seleccione el extractor adecuado para el machuelo a retirar.
2. Deslice el *collarín A*, al cual están unidos los sujetadores, por el *cuerpo o cilindro B*, de forma que los dedos sobresalgan del extremo de *B*. (Figura 24-5).
3. Deslice los sujetadores dentro de las ranuras del machuelo roto, asegurándose que desciendan dentro de la perforación tanto como sea posible.
4. Deslice el cilindro hacia abajo hasta que se apoye sobre el machuelo roto. Esto dará un máximo soporte a los sujetadores.
5. Deslice el *collarín C* hasta que descanse sobre la pieza de trabajo. Esto también dará soporte a los sujetadores.
6. Coloque el maneral sobre el extremo cuadrado de la parte superior del cilindro.
7. Gire *suavemente* el maneral en sentido contrario al del reloj.

Nota: No fuerce el extractor, ya que esto dañaría los sujetadores o dedos. Puede ser necesario mover el maneral hacia atrás y hacia adelante con cuidado, para liberar el machuelo lo suficiente para que retroceda.

Taladrado

Si el machuelo roto está hecho de acero al carbono, pudiera ser posible sacarlo taladrándolo. Siga este procedimiento:

1. Caliente al rojo vivo el machuelo roto, y deje que se enfríe *lentamente*.
2. Marque el machuelo tan cerca de su centro como sea posible con un punzón de centrar.
3. Utilizando una broca considerablemente menor que la distancia entre ranuras opuestas, proceda *con cuidado* a hacer una perforación en el machuelo roto.
4. Amplíe esta perforación a fin de eliminar tanto metal entre ranuras o canales, como sea posible.
5. Rompa la parte restante con un punzón y retire los pedazos.

Método del ácido

Si el machuelo roto está hecho de acero de alta velocidad y no es posible retirarlo con un extractor de machuelos, a veces puede hacerse eso mediante el *método del ácido*. Siga este procedimiento:

1. Diluya una parte de ácido nítrico en cinco partes de agua.
2. Inyecte esta mezcla en la perforación. El ácido actuará sobre el acero, y aflojará al machuelo.
3. Retire este último con un extractor o con unas pinzas.
4. Elimine con agua el ácido restante en la rosca, de modo que el ácido no siga actuando sobre los hilos.

Desintegradores de machuelos

Los machuelos a veces pueden retirarse con éxito utilizando un *desintegrador de machuelos*, que puede sujetarse en el husillo de un taladro vertical. El desintegrador utiliza el *principio de la descarga eléctrica* para traspasar el machuelo, empleando un tubo de latón como electrodo. Los machuelos pueden retirarse también utilizando el mismo método en cualquier máquina de electroerosión (vea la Unidad 92).

DADOS

Los *dados* son las herramientas manuales de corte que se utilizan para formar roscas externas en piezas redondas. Los dados o matrices más comunes son el dado macizo, el seccionado ajustable, y el de placa guía con rosca, ajustable y removible.

El *dado macizo* (Figura 24-6) se usa para repasar o rehacer roscas dañadas, y puede accionarse con un maneral adecuado. No es ajustable.

El *dado seccionado ajustable* (Figura 24-7) tiene un tornillo de ajuste que permite el posicionamiento sobre o abajo de la profundidad estándar de la rosca. Este tipo de dado se monta en un maneral llamado *terraja* o *tarraja* (Figura 24-8).

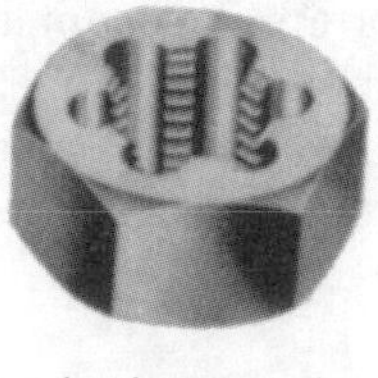

FIGURA 24-6 Dado macizo hexagonal.

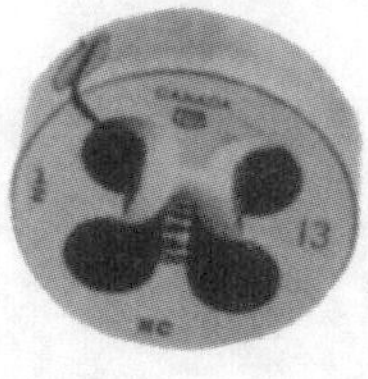

FIGURA 24-7 Dado seccionado circular ajustable.

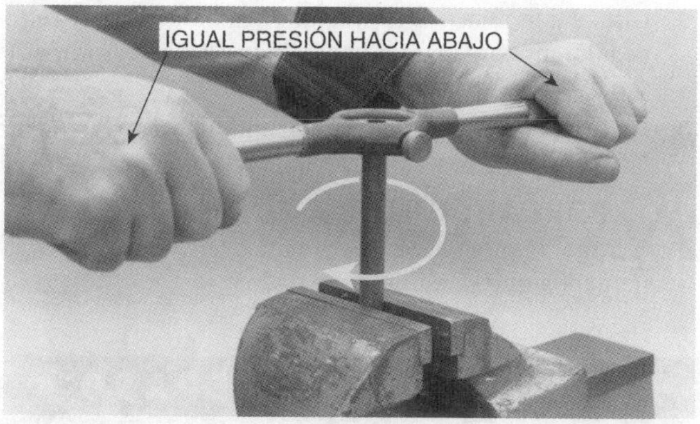

FIGURA 24-10 Aplique el extremo cónico del dado en la pieza para iniciar el roscado. (Cortesía de Kelmar Associates.)

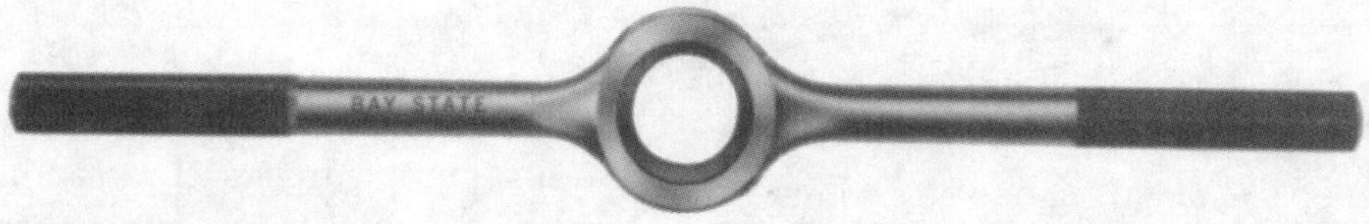

FIGURA 24-8 Se utiliza una terraja para hacer girar un dado sobre la pieza de trabajo.

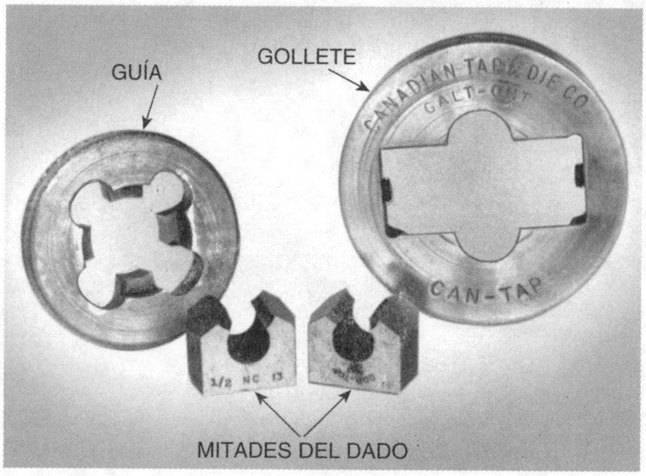

FIGURA 24-9 Dado de placa roscada ajustable.

El *dado de placa roscada ajustable* (Figura 24-9) es probablemente el dado más eficiente, ya que permite un mayor ajuste que el dado redondo seccionado. Las dos mitades del dado se sostienen con seguridad en una pieza llamada gollete, mediante una placa roscada, que también actúa como guía al roscar. La placa, cuando se aprieta dentro del gollete, fuerza las mitades de dado con costados cónicos, contra la ranura cónica de aquél. El ajuste se logra mediante dos tornillos que se apoyan contra cada mitad de dado. La sección roscada en el fondo de cada medio dado es cónica para un fácil inicio del trabajo con el dado. Observe que el lado superior de cada mitad de dado tiene estampado el nombre del fabricante, y en el lado inferior tiene el mismo número de serie. Debe tenerse cuidado al ensamblar el dado, asegurándose de que ambos números de serie miren hacia abajo. *Nunca* utilice dos mitades de dado con números de serie diferentes.

Para roscar con un dado

1. Achaflane el extremo de la pieza con una lima o un esmeril.
2. Sujete la pieza de trabajo con seguridad en una prensa.
3. Seleccione el dado y terraja apropiados.
4. Lubrique el extremo cónico del dado con un lubricante para corte adecuado.
5. Coloque la parte ahusada del dado en escuadra con la pieza (Figura 24-10).
6. Oprima hacia abajo la terraja y hágala girar varias vueltas en el sentido del reloj.
7. Verifique el dado para ver si entró a escuadra con respecto a la pieza.
8. Si no está escuadrado, retírelo de la pieza, y vuelva a comenzar el roscado a escuadra.

9. Gire el dado hacia adelante una vuelta y después retrocédalo aproximadamente media vuelta, para romper la viruta.
10. Durante el proceso de roscado, aplique frecuentemente líquido para corte.

PRECAUCIÓN: Cuando se forme una rosca larga, mantenga brazos y manos lejos de los hilos de rosca afilados que salen desde el dado.

Si la rosca debe cortarse hasta un hombro en la pieza, retire el dado y vuelva a empezar, con el lado cónico del dado hacia el frente. Termine la rosca, teniendo cuidado de no llegar a tocar el citado hombro; de lo contrario la pieza se puede doblar y romperse el dado.

PREGUNTAS DE REPASO

Machuelos

1. Mencione, describa y enuncie el propósito de los tres machuelos de un juego.
2. Defina el tamaño de la broca para utilizar un machuelo.
3. Utilice la fórmula para calcular el tamaño de broca para machuelo en los siguientes casos:
   a. machuelo de ½ pulg—13 UNC
   b. machuelo M 42—4.5 mm
4. ¿Por qué debe tenerse cuidado cuando se está roscando un agujero o perforación?
5. Explique el procedimiento para corregir un roscado que no se ha comenzado a escuadra.
6. Describa brevemente el método para roscar un agujero ciego.
7. Explique brevemente cómo sacar un machuelo roto utilizando un extractor de machuelos.

Dados para roscar

8. ¿Con qué propósito se utilizan los dados para roscado?
9. Mencione el propósito del dado seccionado ajustable y el del dado macizo.
10. Explique el procedimiento para aplicar un dado en una pieza, e iniciar el roscado.
11. ¿Qué procedimiento debe seguirse cuando es necesario formar una rosca exterior hasta un hombro?

UNIDAD

25

Procesos de acabado–rimado, brochado y pulido

OBJETIVOS

Al terminar el estudio de esta unidad, se podrá:

1. Identificar y explicar el propósito de varias clases de rimas
2. Rimar un agujero con precisión utilizando la herramienta respectiva
3. Cortar un cuñero en una pieza usando una brocha y una prensa de husillo
4. Pulir un agujero o perforación, o el diámetro externo de una pieza, al tamaño y terminado requeridos

Las herramientas de corte manuales generalmente se utilizan sólo para eliminar pequeñas cantidades de metal, y están diseñadas para realizar operaciones específicas.

Las *rimas*, disponibles en una gran variedad de clases y tamaños, sirven para terminar una perforación a cierto tamaño y producir un buen acabado.

Las brochas, cuando son utilizadas en un taller de maquinado, generalmente se emplean con prensas de husillo para producir formas especiales en una pieza. La brocha, que es una herramienta de corte de múltiples dientes, con la forma y tamaño exacto deseados, es hecha pasar a través de una perforación en la pieza para reproducir su forma en el metal.

El *pulido* es un proceso en el cual un polvo abrasivo muy fino, incrustado en una herramienta adecuada, se utiliza para eliminar diminutas cantidades de material de una superficie.

RIMAS

Una rima manual es una herramienta empleada para terminar con precisión barrenos o perforaciones y dar un buen acabado. El escariado por lo general se lleva a cabo a máquina, pero a veces debe utilizarse un escariador de mano para dar terminado a una perforación. Estas herramientas, cuando se utilizan adecuadamente, producirán perforaciones precisas en formas y acabados.

Clases de rima de mano

La *rima manual común* (Figura 25-1) puede estar fabricado de acero al carbono o de acero de alta velocidad. Estas rimas rectas se hallan disponibles en tamaños de $^{1}/_{8}$ a 1 $^{1}/_{2}$ pulgadas de diámetro, y en tamaños de 1 a 26 milímetros de diámetro. Para un fácil comienzo, el extremo cortante de la herramienta está rectificado con una ligera conicidad, en una distancia igual al diámetro de aquélla. Los escariadores sim-

FIGURA 25-1 Rima común manual. (Cortesía de Cleveland Twist Drill Company.)

ples o comunes no son ajustables, y pueden tener ranuras rectas o en hélice. Las de ranuras rectas no deben utilizarse en piezas con cuñero o cualquier otra interrupción, pues puede ocurrir rotura y un acabado deficiente. Como las rimas de mano están diseñadas para eliminar sólo pequeñas cantidades de metal, no debe dejarse más de .005 pulg, o bien 0.12 mm, para el escariado, dependiendo del diámetro de la perforación. Una forma cuadrada en el extremo del zanco proporciona el medio para manipular una rima con ayuda de un maneral para machuelo.

La *rima manual de expansión* (Figura 25-2) está diseñada para permitir un ajuste de aproximadamente .006 pulg (0.15 mm) por encima del diámetro nominal. Esta herramienta es hueca y tiene ranuras a todo lo largo de la sección cortante. Un tapón cónico roscado en el extremo de la rima permite una expansión limitada. Si la herramienta se expande demasiado, se romperá con facilidad. En las *rimas manuales de expansión, en pulgadas*, el límite de ajuste es de .006 pulg por encima del límite nominal en herramientas de hasta $^1/_2$ pulg, y de .015 pulg en los de más de $^1/_2$ pulg. Las *rimas manuales de expansión métricas* pueden obtenerse en tamaños de 4 a 25 milímetros. La máxima expansión en estas herramientas es de 1% arriba del tamaño nominal. Por ejemplo, un escariador de 10 mm de diámetro puede expandirse a 10.01 mm (10 + 1%). El extremo cortante está rectificado a una ligera conicidad para un fácil comienzo.

La *rima manual ajustable* (Figura 25-3) tiene ranuras cónicas a lo largo de todo el elemento. Los bordes internos de las hojas cortantes tienen una conicidad correspondiente, de modo que las hojas permanezcan paralelas en cualquier ajuste. Dichas hojas se ajustan al tamaño mediante tuercas de ajuste superior e inferior.

Las hojas de las rimas ajustables en pulgadas tienen un alcance o rango de ajuste de $^1/_{32}$ pulg en los de tamaño pequeño, y de casi $^5/_{16}$ pulg en las más grandes. Se fabrican en tamaños de $^1/_4$ a 3 pulgadas de diámetro. Las rimas de este tipo *métricos* están disponibles desde el tamaño #000 (ajustable de 6.4 mm a 7.2 mm) hasta el #16 (ajustable de 80 mm a 95 mm).

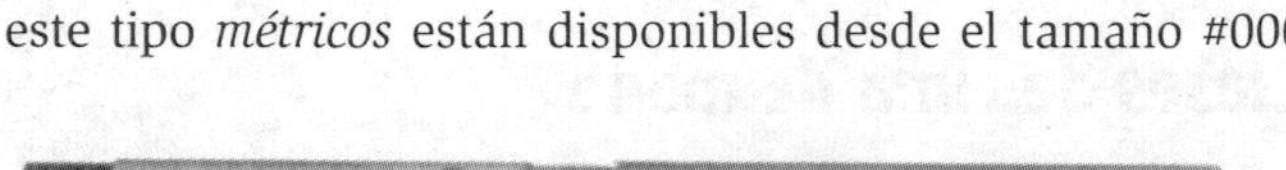

FIGURA 25-2 Rima manual de expansión. (Cortesía de Cleveland Twist Drill Company.)

FIGURA 25-3 Rima manual ajustable. (Cortesía de Cleveland Twist Drill Company.)

Las *rimas con ligera conicidad* se fabrican según conicidades estándares y se emplean para acabar perforaciones cónicas con precisión y muy lisas. Pueden estar fabricadas con dientes en espiral o rectos. Debido a su acción de corte y su tendencia a reducir vibración, la rima de estrías en espiral es superior al de estrías rectas. Una *rima de desbaste* (Figura 25-4), con muescas formadas por esmerilados a intervalos a lo largo de los dientes, se utiliza para una eliminación más rápida de metal excedente. Estas muescas o ranuras rompen la viruta en secciones más pequeñas; evitan que los dientes corten y se sobrecarguen en toda su longitud. Cuando no hay una rima de desbaste disponible, con frecuencia se utiliza una ahusada ya vieja antes de dar acabado a la perforación con la rima de terminado.

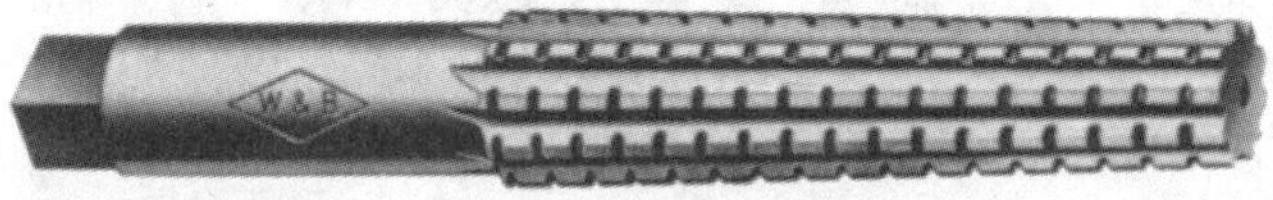

FIGURA 25-4 Rima cónica de desbaste. (Cortesía de Whitman and Barnes.)

FIGURA 25-5 Rima cónica para acabado. (Cortesía de Whitman and Barnes.)

La *rima cónica para acabado* (Figura 25-5) se aplica después del de desbaste, para acabar el hueco o perforación, con alisado y al tamaño. Esta herramienta, que tiene estrías rectas o en espiral a la izquierda, está diseñada para eliminar sólo una pequeña cantidad de metal [aproximadamente .010 pulg (0.25 mm)] de la cavidad. Ya que las rimas cónicas no se limpian solas por lo general, deben retirarse frecuentemente de la pieza para eliminar la viruta de las estrías.

Precauciones al rimar

1. Nunca gire una rima al revés (en sentido contrario al del reloj), ya que esto destruiría el afilado de los dientes cortantes.
2. Utilice un lubricante de corte cuando se requiera.
3. Emplee siempre una rima de estrías en espiral en una perforación que tenga cuñero o ranura para aceite.
4. Nunca intente eliminar demasiado material con una rima de mano; aproximadamente .010 pulg (0.25 mm) es lo máximo.
5. Limpie de viruta con frecuencia una rima cónica (y el agujero o perforación).

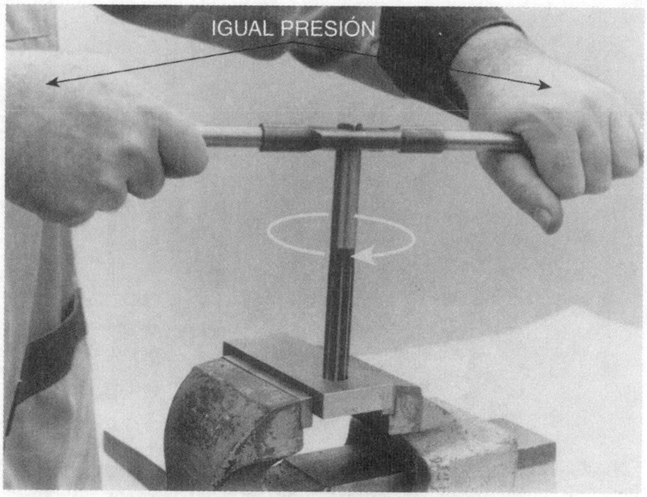

FIGURA 25-6 Gire el escariador en el sentido del reloj cuando lo introduzca en un agujero o perforación. (Cortesía de Kelmar Associates.)

Cómo rimar una perforación con una rima manual recta

1. Verifique el tamaño del barreno. Debe ser entre .004 y .005 pulgadas (0.10 mm y 0.12 mm) menor que el tamaño de la perforación terminada.
2. Coloque el extremo de la rima en la oquedad y sitúe el maneral de machuelo en el extremo de sección cuadrada de la herramienta.
3. Gire la rima en el sentido del reloj para permitir que se alinee en la perforación (Figura 25-6).
4. Verifique que la herramienta esté a escuadra con respecto a la pieza, utilizando una escuadra en varios puntos de la circunferencia.
5. Aplique líquido de corte sobre el extremo de la rima si fuera necesario.
6. Gire la herramienta lentamente en el sentido del reloj y aplique presión hacia abajo. La alimentación debe ser más bien rápida y constante a fin de evitar que vibre el escariador.

Nota: La velocidad de alimentación debe ser de aproximadamente una cuarta parte del diámetro de la herramienta por cada vuelta.

BROCHADO

El *brochado* es el proceso en el cual un cortador cónico especial de muchos dientes, es hecho pasar a través de una abertura o a lo largo del exterior de una pieza, para agrandar o modificar la forma del hueco, o para dar a la superficie exterior la forma deseada.

El brochado se utilizó primero para producir contornos como cuñeros, ranuras y otras formas internas especiales (Figura 25-7). Su aplicación se ha extendido a superficies exteriores, como la cara plana de los monoblocks y cabezas de cilindro de motor de automóvil. La mayor parte del brochado se realiza ahora en máquinas especiales, que tiran de la brocha o la empujan a través o a lo largo de la pieza de trabajo. Las herramientas manuales se utilizan en el taller de maquinado para operaciones como el corte de cuñeros.

La acción cortante de un brochador se efectúa mediante una serie de dientes sucesivos, cada uno con una altura de aproximadamente .003 pulg (0.07 mm) mayor que el diente anterior (Figura 25-8). Los últimos tres dientes son generalmente de la misma altura y dan el corte final de terminado.

El brochado tiene muchas ventajas, y una variedad enorme de aplicaciones:

1. El maquinado de casi cualquier forma irregular es posible, dado que sea paralela al eje geométrico del brochador.
2. Es rápido; todo el proceso de maquinado se realiza usualmente en una pasada.
3. Los cortes de desbaste y de acabado por lo general se combinan en una misma operación.
4. Se puede cortar una variedad de formas, ya sea internas o externas, simultáneamente, y todo el ancho de una superficie puede maquinarse en una pasada, eliminando así la necesidad de una operación de maquinado.

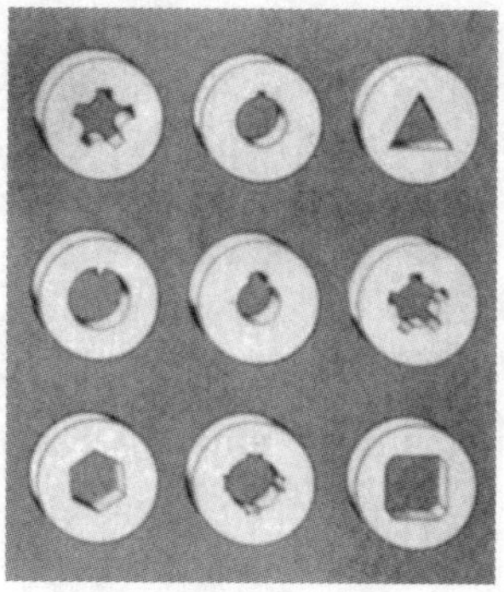

FIGURA 25-7 Ejemplos de brochado interior.

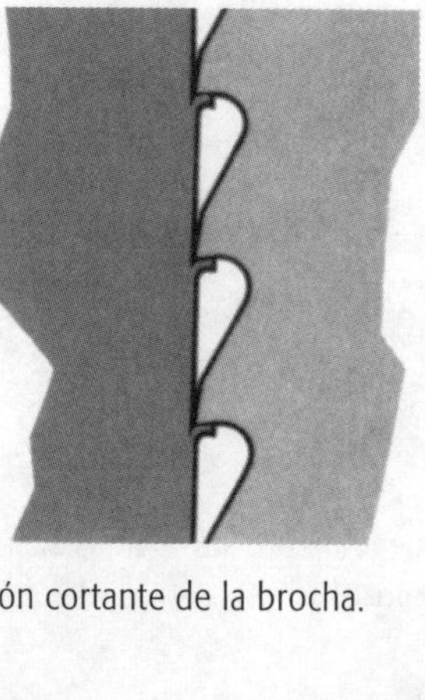

FIGURA 25-8 Acción cortante de la brocha.

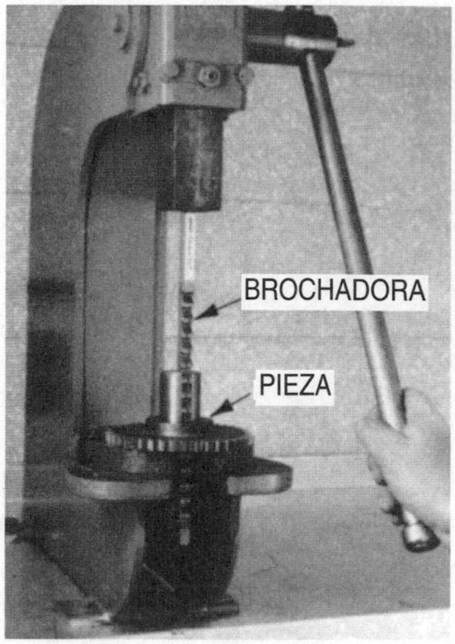

FIGURA 25-9 Uso de una prensa de husillo para cortar un cuñero con una brocha. (Cortesía de Kelmar Associates.)

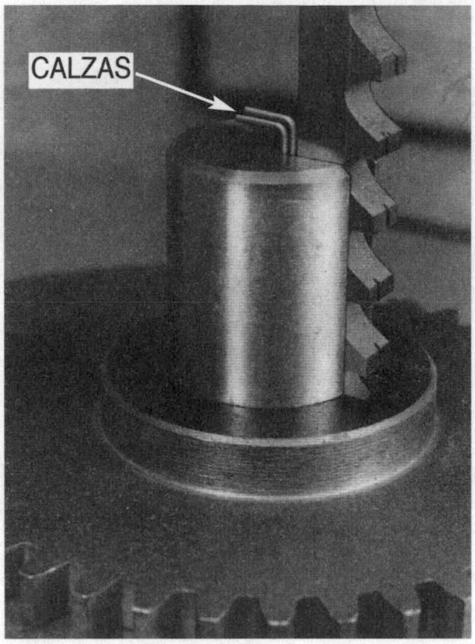

FIGURA 25-11 Se utilizan dos calzas para hacer la pasada final con la brocha. (Cortesía de Kelmar Associates.)

Corte de un cuñero con una brocha

Los cuñeros pueden ser formados manualmente en el taller de maquinado con rapidez y precisión, por medio de un juego de brochas y una prensa de husillo (Figura 25-9). Un conjunto de tales cortadores (Figura 25-10) cubre una amplia variedad de cuñeros, y es un equipo particularmente útil cuando deben cortarse muchos cuñeros. El equipo necesario para formar un cuñero es un buje (A) que quede al tamaño de la perforación en la pieza de trabajo; una brocha (B) del tamaño del cuñero a cortar, y calzas (C) para aumentar la profundidad del corte en el brochado.

Sígase este procedimiento:

1. Determine el tamaño de cuñero necesario para el tamaño de la pieza.
2. Seleccione la brocha, el buje y las calzas adecuados.
3. Coloque la pieza en la prensa de husillo. Use una abertura en la base menor que la abertura de la pieza, de forma que el buje quede adecuadamente apoyado.

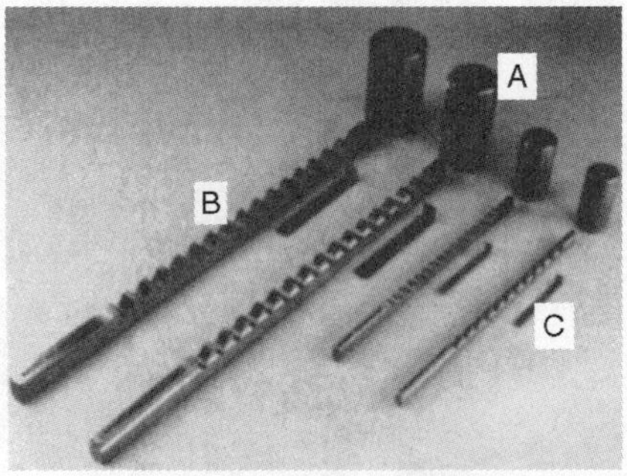

FIGURA 25-10 Juego de brochas para cortar cuñeros internos. (Cortesía de Kelmar Associates.)

4. Inserte el buje y la brocha en la abertura. Aplique líquido de corte si la pieza está hecha de acero.
5. Asegúrese de que la brocha ha entrado a escuadra en la perforación.
6. Haga que la herramienta pase a través de la pieza, manteniendo una presión constante sobre el brazo de la prensa de husillo.
7. Retire la brocha, inserte una calza, y haga pasar de nuevo el cortador por el hueco de la pieza.
8. Inserte la segunda calza, si es necesario, y dé otra pasada con la herramienta de brochado. Esto cortará el cuñero a la profundidad necesaria (Figura 25-11).
9. Retire el buje, la brocha y las calzas.

PULIDO

El *pulido* es un proceso de abrasión, utilizado para eliminar muy pequeñas cantidades de metal de una superficie que debe ser plana, con precisión a un tamaño, y cabalmente lisa. El pulido puede realizarse por cualquiera de las razones siguientes:

1. Aumentar la duración al desgaste de una pieza
2. Mejorar la precisión y el acabado en la superficie
3. Mejorar la planicie en la parte superficial
4. Proporcionar un mejor sellado y eliminar la necesidad de empaquetaduras o sellos.

El pulido puede realizarse a mano o a máquina, dependiendo de la naturaleza del trabajo. El pulido sólo elimina aproximadamente .0005 pulg (0.01 mm) de material. El pulido a mano es un proceso largo y tedioso, y deberá evitarse, a menos que sea absolutamente necesario.

Abrasivos para pulir

Para el pulido se emplean abrasivos tanto naturales como artificiales. El polvo de esmeril y polvos finos de carburo de silicio o de óxido de aluminio, se usan extensamente. Los abrasivos aplicados para el pulido basto no deben ser más gruesos que los de malla 150; los polvos finos utilizados para el acabado son de hasta malla 600. Para trabajo fino, se utiliza polvo de diamante, por lo general en pasta.

Tipos de pulidores

Se utilizan dispositivos de pulido para dar acabado a superficies planas, perforaciones y el exterior de cilindros. En cada caso, el material de pulimento debe ser *más suave* que la pieza de trabajo.

Pulidores planos

Los pulidores para la producción de superficies planas se fabrican de hierro fundido de grano fino. Para la operación de desbaste, la placa pulidora debe tener ranuras estrechas con separación de aproximadamente 1/2 pulg (13 mm), tanto a lo largo como a lo ancho, o en diagonal para formar un patrón cuadrado o en diamante (Figura 25-12A). El pulimiento de terminado se realiza sobre una placa de hierro fundido o colado lisa.

Cómo cargar la placa pulidora plana

Esparza una capa fina de polvo abrasivo sobre la superficie de la placa, y oprima las partículas abrasivas contra la superficie del pulidor con un bloque o rodillo de acero templado. Frote tan poco como sea posible. Cuando toda la superficie aparezca cargada, límpiela con varsol y examínela buscando lugares brillantes. Si aparece alguno, vuelva a cargar el pulidor y continúe, hasta que después de haber sido limpiada toda la superficie tenga un aspecto gris.

Cómo pulir una superficie plana

Si el trabajo es de desbastado, hay que utilizar aceite como lubricante en la placa de desbaste. Conforme la pieza de trabajo es frotada en el pulidor, el polvo abrasivo saldrá de las ranuras y actuará entre la superficie de la pieza y la placa pulidora. Si la superficie de la pieza de trabajo ha sido rectificada, no se requiere el pulido de desbaste.

FIGURA 25-12 (A) Placa pulidora para desbaste; (B) pulidor para acabado. (Cortesía de Kelmar Associates.)

Siga este procedimiento:

1. Coloque un poco de varsol en la placa pulidora de acabado, cargada apropiadamente.
2. Aplique la pieza sobre la placa y empújela suavemente hacia adelante y hacia atrás a todo lo largo del pulidor, usando un movimiento irregular. *No se quede en un solo lugar.*
3. Continúe este movimiento con una ligera presión hasta que se obtenga el acabado superficial deseado.

Precauciones a observar

1. No se limite a una sola área; cubra toda la superficie del pulidor.
2. Nunca agregue una provisión fresca de abrasivo suelto. Si es necesario, vuelva a cargar el pulidor.
3. Nunca haga mucha presión sobre la pieza de trabajo, porque el pulidor se quedará sin abrasivo en algunas partes.
4. Mantenga el pulidor siempre húmedo.

Pulidores internos

Puede darse preciso acabado al tamaño y a la lisura deseada a perforaciones o huecos, utilizando el proceso de pulido. Los pulidores para interior pueden estar fabricados de latón, cobre o plomo, y ser de tres tipos.

El *pulidor de plomo* (Figura 25-13A) se fabrica vertiendo plomo alrededor de un mandril cónico que tiene una ranura a todo lo largo. El pulidor se gira hasta que ajusta en la oquedad, y luego a veces se desliza hacia el exterior para atrapar el abrasivo suelto durante la operación de pulido. Ajuste golpeando ligeramente el extremo grande del mandril sobre un bloque suave. Esto provocará que el cilindro de plomo se mueva a lo largo del mandril y se expanda.

El *pulidor interno* (Figura 25-13B) puede estar fabricado en cobre, latón, o hierro fundido o colado. Un tapón cónico roscado se ajusta al extremo del pulidor, que está ranurado en casi toda su longitud. El diámetro de la herramienta de pulido puede ajustarse con el tapón cónico roscado.

El *pulidor ajustable* (Figura 25-13C) puede estar hecho de cobre o latón. Se halla ranurado en casi toda su longitud,

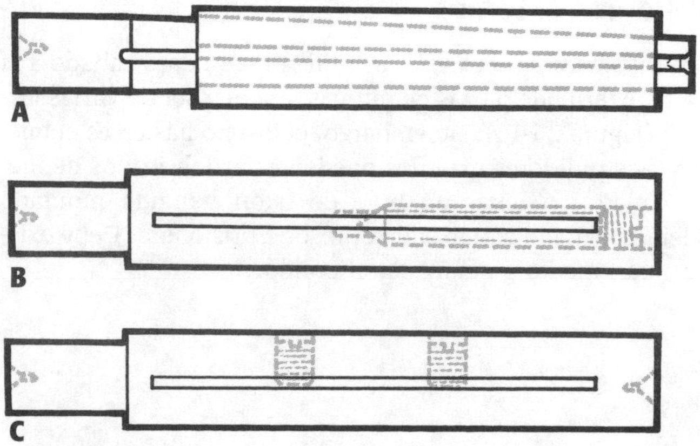

FIGURA 25-13 Diversas clases de pulidores internos: (A) de plomo; (B) de cobre; (C) ajustable. (Cortesía de Kelmar Associates.)

pero ambos extremos son macizos. Puede hacerse un pequeño ajuste por medio de dos tornillos en la sección central del pulidor.

Cómo cargar y utilizar un pulidor interno

Antes de cargarlo, el pulidor debe ajustar libremente en el hueco o agujero. Siga este procedimiento:

1. Rocíe uniformemente un poco de polvo de pulir sobre una placa plana.
2. Ruede el pulidor sobre el polvo, aplicando presión suficiente para que el abrasivo se incruste en la superficie de aquél.
3. Elimine todo el polvo en exceso.
4. Monte un fijador (o perro) de torno en el extremo del pulidor.
5. Ajuste la pieza en el extremo de éste.

Nota: El pulidor debe entrar bien en la perforación o hueco de la pieza y tener aproximadamente 2.5 veces la longitud de ésta.

6. Ponga un poco de aceite o varsol en el pulidor.
7. Monte éste y la pieza de trabajo entre los centros de un torno.
8. Haga girar el torno a baja velocidad, a unas 150 a 200 r/min (o rpm) para un diámetro de 1 pulg (25 mm).
9. Sujete la pieza de trabajo firmemente y ponga en marcha el torno.
10. Mueva la pieza hacia adelante y hacia atrás a lo largo de todo el pulidor.
11. Retire aquélla y enjuáguela en varsol para eliminar el abrasivo, y dejarla a la temperatura ambiente.
12. Mida con una galga el tamaño de la perforación o hueco.

Nota: Mantenga siempre húmedo el pulidor y nunca le añada abrasivo suelto. Tal abrasivo provocaría que la pieza de trabajo tome forma acampanada en los extremos. Si es necesario más abrasivo, vuelva a cargar el pulidor y ajuste según sea necesario.

Pulidores externos

Los *pulidores para exterior* se utilizan para dar acabado a la parte externa de piezas cilíndricas. Pueden ser de varias formas (Figura 25-14); sin embargo, el diseño básico es el mismo. Los pulidores externos pueden estar fabricados de hierro colado, o tener un buje de latón hendido montado adentro y fijado con tornillo opresor o prisionero. Debe existir algún medio para ajustar el pulidor.

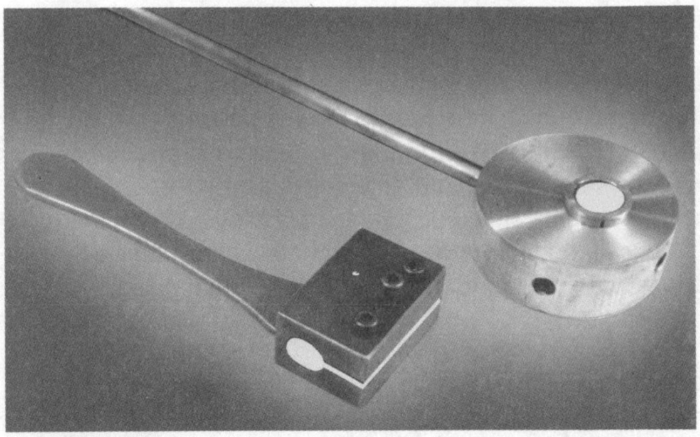

FIGURA 25-14 Pulidores externos. (Cortesía de Kelmar Associates.)

Cómo cargar y utilizar un pulidor externo

1. Monte la pieza en un mandril de tres mordazas, en el torno o en el taladro.
2. Coloque el pulidor hasta que se ajuste libremente a la pieza de trabajo.
3. Sujete el extremo del pulidor en una prensa.
4. Rocíe polvo abrasivo en la perforación o agujero.
5. Con una espiga de acero templado, distribuya el abrasivo uniformemente sobre la superficie interior del pulidor.
6. Elimine todo el polvo de pulido excedente.
7. Coloque el pulidor sobre la pieza. Debe ajustar bien ahora.
8. Ajuste la herramienta a una baja velocidad [150 a 200 rpm para una pieza de 1 pulg (25 mm) de diámetro].
9. Agregue un poco de varsol a la pieza y al pulidor.
10. Sostenga este último con firmeza y ponga en marcha la máquina.
11. Mueva el pulidor hacia adelante y hacia atrás a lo largo de la pieza de trabajo.

Nota: Mantenga siempre húmedo el pulidor.

12. Para medir la pieza, retire el pulidor y limpie la pieza con varsol.

PREGUNTAS DE REPASO

Escariadores de mano

1. ¿Cuál es el propósito de un escariador manual?
2. Describa y enuncie el propósito de:
   a. Una rima maciza
   b. Una rima de expansión
   c. Una rima para acabado con ahuse
3. ¿Cuánto metal debe eliminarse con una rima de mano?
4. Enuncie cuatro precauciones importantes a tener en cuenta al rimar.

Brochado

5. Defina el término *brochado*.
6. Describa la acción cortante de una brocha.
7. Mencione tres ventajas del brochado.
8. Describa brevemente el procedimiento para brochar un cuñero con una prensa de husillo.

Pulido

9. Mencione tres razones para el pulido.
10. ¿Qué abrasivos se utilizan generalmente para el proceso de pulimiento?
11. ¿Por qué el pulidor debe ser más suave que la pieza de trabajo?
12. Explique el procedimiento para cargar una placa pulidora plana.
13. Describa brevemente el proceso para pulir una superficie plana.
14. ¿Cómo se cargan los pulidores internos o para interiores?

UNIDAD

26

Cojinetes o rodamientos

OBJETIVOS

Al terminar el estudio de esta unidad, se podrá:

1 Identificar y explicar el propósito de las diferentes clases de rodamientos

2 Instalar un rodamiento de bolas o de rodillos de manera que opere apropiadamente

Los *cojinetes* contribuyen a la buena operación de partes giratorias en motores y maquinaria diversa. Se utilizan para sostener y fijar en posición ejes mecánicos y reducir la fricción creada por la parte rotatoria, particularmente cuando está bajo carga. Deben ser capaces también de absorber y transmitir cargas a las velocidades y temperaturas requeridas. Los cojinetes pueden dividirse en dos clases generales: *de deslizamiento* y *de rodamiento*.

COJINETES DE DESPLAZAMIENTO

Los *rodamientos deslizantes* también llamados fijos operan con base en el "principio de la película de aceite"; esto es, entre la barra eje y la superficie de apoyo hay una delgada capa de lubricante. Los rodamientos deslizantes se utilizan generalmente en máquinas o componentes que giran a velocidades relativamente bajas. El material del cojinete es por lo común de un tipo diferente al del eje, pero se usan eficazmente con barras ejes de acero templado, sobre cojinetes también de acero templado, a velocidades relativamente altas. Los cojinetes fijos, también llamados *chumaceras*, pueden ser de los tipos *macizo, partido* o *de empuje*.

Los *cojinetes deslizantes macizos* (Figura 26-1) son del tipo de manguito o casquillo, y se encuentran frecuentemente en motores eléctricos. Pueden estar hechos de bronce, de bronce sinterizado, e incluso de hierro colado, en equipo con rotación relativamente lenta. Los cojinetes rectos de casquillo no tienen posibilidad de ajuste, y suelen presentar problemas cuando no se les mantiene apropiadamente lubricados. Los cojinetes de manguito en algunas máquinas tienen una pequeña conicidad en el exterior para proporcionar un ajuste por desgaste. Las chumaceras de bronce sinterizado se fabrican por el proceso de metalurgia de polvos, y casi siempre contienen grafito entre las partículas de bronce, lo que ayuda a la lubricación del cojinete. La porosidad creada por el proceso de metalurgia de polvos también proporciona un depósito para el aceite, lo que permite disponer de un cojinete con duración mucho mayor que el buje de bronce común. Los cojinetes de casquillo o chumaceras se fabrican usualmente en tamaños estándares y son reemplazables con facilidad.

Los *cojinetes deslizantes partidos* se utilizan con frecuencia en máquinas más grandes, que operan a velocidades menores. Pueden estar hechos de bronce, o de bronce con babbitt, o bien tener un recubrimiento con metal babbitt. El ajuste por lo general se logra por medio de calzas laminadas puestas entre las mitades superior e inferior del cojinete. Las ranuras para aceite, que se cortan o maquinan en la chumacera, aportan conductos para la lubricación.

Las *chumaceras de empuje* se utilizan para contrarrestar la fuerza axial que ejerce una barra eje. Pueden tener piezas planas, en forma especial, con caras de babbitt, llamadas *zapatas*. Se apoyan contra un collarín o varios collarines, sobre

FIGURA 26-1 Un cojinete deslizante de manguito o casquillo no tiene ajuste. (Cortesía de Kelmar Associates.)

el eje, que gira en aceite. Estos cojinetes operan con base en el principio de "cuña de aceite", en el que el líquido es succionado hacia arriba por la barra axial en rotación, y forma una cuña entre el cojinete y el collarín del eje. Estos cojinetes pueden utilizarse en equipo grande, en el que hay un empuje axial considerable, como ocurre en el eje de la hélice propulsora de una embarcación. Evitan daños al equipo y mantienen en su posición la parte rotatoria.

RODAMIENTOS O COJINETES ANTIFRICCIÓN

Los *rodamientos* (de bolas y de rodillos) se utilizan con preferencia en vez de los cojinetes de deslizamiento, por varias razones:

1. Tienen un menor coeficiente de fricción, especialmente en el arranque.
2. Son compactos en su diseño.
3. Tienen una alta precisión de operación y dimensional.
4. No se desgastan tanto como los cojinetes de tipo deslizante.
5. Se reemplazan fácilmente debido a sus tamaños estándares.

Los siguientes tipos de rodamientos están comúnmente disponibles:

Rodamientos radiales	
De bolas	**De rodillos**
Una fila, ranura profunda	Cilíndricos
Dos filas, ranura profunda	Dos filas, esféricos
Una fila, contacto angular	Una fila, esféricos
Dos filas, contacto angular	Ahusados
Autoalineantes	De agujas
Rodamientos de empuje	
De bolas	De rodillos, esféricos
De rodillos, cilíndricos	De rodillos, cónicos

FIGURA 26-2 Rodamientos de bolas de una y de dos filas. (Cortesía de Fisher Bearing Manufacturing Limited.)

Tipos de rodamientos radiales

Los *rodamientos de bolas* o *baleros* (Figura 26-2) son ampliamente utilizados debido a su bajo coeficiente de fricción y su adaptabilidad para altas velocidades. Pueden absorber cargas radiales y de empuje, de medianas a altas. Los rodamientos de bolas pueden ser con diseño para una sola fila, para cargas ligeras a medianas, y de dos filas para cargas pesadas. No hay manera de ajustar este tipo de rodamiento.

Los *rodamientos de bolas de contacto angular y de una fila* (Figura 26-3A) están diseñados para altas cargas radiales y de alto empuje en una dirección. Los *rodamientos de bolas de contacto angular y doble fila* (Figura 26-3B) lo están para altas cargas radiales y de empuje en una y otra dirección. Ambas clases son adecuadas para alta velocidad. Cuando monte rodamientos de bolas de contacto angular y una fila, asegúrese de que el empuje se aplique hacia el lado correcto del cojinete.

Tipos de rodamientos de rodillos

Cuando es necesario soportar cargas pesadas a velocidades de medianas a altas, se utilizan los rodamientos de rodillos,

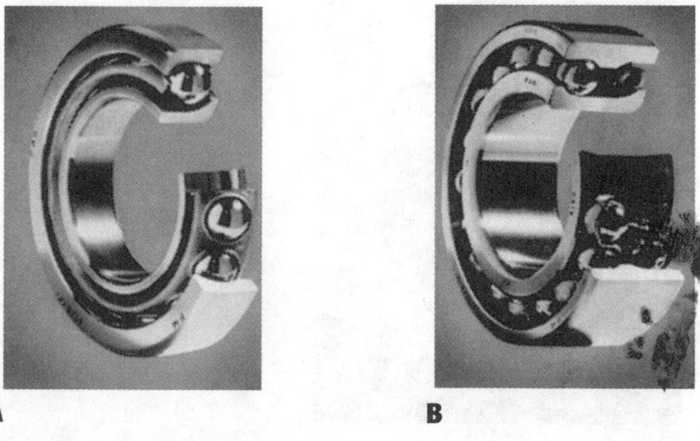

A B

FIGURA 26-3 Los rodamientos de bolas de contacto angular tienen capacidad para un alto empuje radial y axial. (A) rodamiento con una fila de bolas; (B) rodamiento con doble fila. (Cortesía de Fisher Bearing Manufacturing Limited.)

ya que su capacidad de carga dinámica básica es mayor que la de los rodamientos de bolas de la misma dimensión. La más alta capacidad de carga dinámica básica se logra por una mayor área de contacto entre los elementos rodantes y las pistas del rodamiento.

Los *rodamientos de rodillos cilíndricos* (Figura 26-4B) pueden ser de una o de dos filas de elementos rodantes. Están diseñados para altas cargas radiales, a velocidades de medianas a altas.

Los *rodamientos autoalineantes de doble fila* (Figura 26-4B) tienen dos hileras de rodillos, ya sea esféricos o en forma de barril, que giran sobre una pista esférica. Pueden absorber cargas radiales muy altas, y cargas de empuje axial moderadas, en ambas direcciones. La característica de autoalineación de estos rodamientos permite una deflexión en la barra eje de hasta 0.5°, sin que se afecte la carga dinámica nominal básica.

Los *rodamientos de rodillos cónicos* (Figura 26-4C) se fabrican en los tipos de una, de dos, o de cuatro filas. Son capaces de absorber altas cargas radiales y de empuje a velocidades moderadas. La posibilidad de ajuste hace versátiles a estos rodamientos. Se utilizan extensamente en la fabricación de máquinas-herramienta.

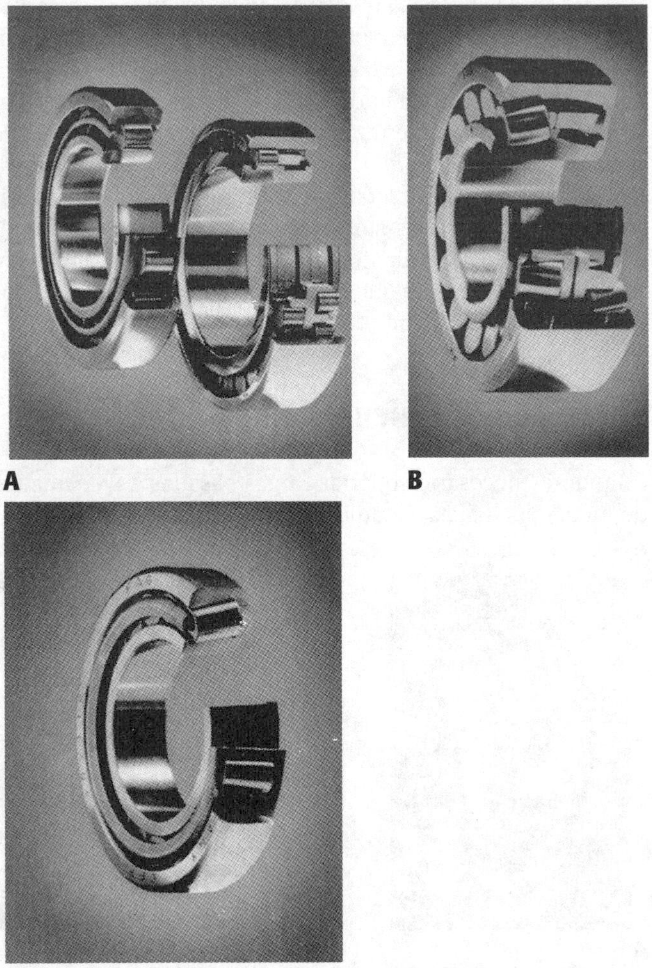

A B C

FIGURA 26-4 Tipos de rodamientos de rodillos: (A) cilíndricos, de una y de dos filas; (B) autoalineante, de fila doble; (C) cónico. (Cortesía de Fisher Bearing Manufacturing Limited.)

En los *rodamientos de agujas* éstas son largos rodillos cilíndricos de pequeño diámetro. Se utilizan cuando se requiere una mayor superficie de apoyo, y donde está limitado el espacio disponible. Los de agujas están diseñados para cargas radiales y velocidades moderadas.

Tipos de rodamientos de empuje

Los rodamientos de empuje consisten en un conjunto de bolas o rodillos alojados en un anillo contenedor entre dos pistas o arandelas. Están diseñados para altas cargas de empuje y, en algunos casos, para cargas combinadas de empuje alto y radiales medianas.

A

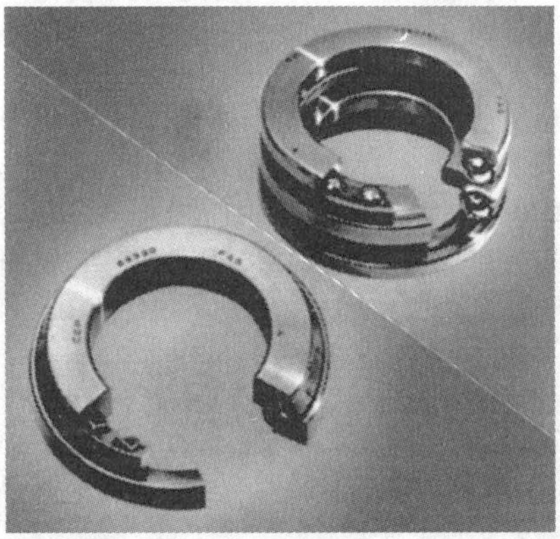

B

FIGURA 26-5 Rodamientos de empuje: (A) de bolas; (B) de rodillos. (Cortesía de Fisher Bearing Manufacturing Limited.)

Los *rodamientos de empuje de bolas* (Figura 26-5A) están diseñados para cargas de empuje medianas a altas, en velocidades moderadas. No se les puede aplicar carga radial.

Existen dos clases de *rodamientos de empuje de rodillos*:

1. Los *cilíndricos* (Figura 26-5B) están diseñados para altas cargas de empuje a baja velocidad. No se les puede aplicar carga radial.
2. Los *esféricos* pueden absorber altas cargas de empuje y cargas radiales moderadas a bajas velocidades. La pista en la arandela de carcasa es esférica, lo que permite un desalineamiento de 3° en el eje.

INSTALACIÓN DE LOS RODAMIENTOS

Cuando debe reemplazarse un rodamiento, es recomendable seleccionar para el reemplazo uno precisamente igual. Si hay que usar uno de otra marca, debe consultarse el catálogo del fabricante, de modo que se utilice un rodamiento con las mismas especificaciones. Una vez obtenido el rodamiento de reemplazo, hay que observar las siguientes precauciones en la instalación de rodamientos.

1. Verifique las tolerancias de la barra eje y la carcasa.
2. Asegúrese que las tolerancias están dentro del intervalo recomendado por el proveedor del cojinete.

3. Limpie el área de instalación y las partes en contacto.
4. No retire la envoltura del rodamiento hasta que se le necesite para la instalación.
5. No exponga el rodamiento al polvo o suciedad.
6. No lave un rodamiento nuevo, porque ello eliminaría la película protectora.
7. En ningún caso se deberá montar el rodamiento ejerciendo fuerza sobre o a través de los elementos rodantes.

Nota: El anillo exterior generalmente se ajusta empujando a mano en la carcasa, en tanto que el anillo interior tiene un ajuste por interferencia de ligero a pesado sobre la barra eje (dependiendo de la aplicación).

LUBRICACIÓN DE LOS RODAMIENTOS DE BOLAS Y DE RODILLOS

Los rodamientos que operan en condiciones de velocidad y temperatura moderadas, generalmente se lubrican con grasa, ya que la misma es retenida fácilmente en rodamientos y carcasas. También tiende a crear un sello para mantener fuera suciedad y materias extrañas. La lubricación por aceite se aplica generalmente en rodamientos que operan a altas velocidades y temperaturas, y también en mecanismos como trenes de engranes cerrados.

Los rodamientos de sello doble o con blindaje son lubricados por el fabricante y, a menos que se establezcan condiciones especiales, no tienen que volver a lubricarse.

Precauciones para el manejo de lubricantes de rodamientos

Debido al riesgo que pequeñas partículas de suciedad o arenilla entren en los rodamientos, la grasa o aceite debe almacenarse en contenedores cerrados. Las graseras y aceiteras deben limpiarse antes de ponerles lubricante. Debe evitarse una lubricación excesiva de los rodamientos de bolas y de rodillos, ya que ello puede resultar en altas temperaturas de operación, un rápido deterioro del material lubricante, y una falla prematura de los rodamientos.

PREGUNTAS DE REPASO

1. Explique la diferencia entre un rodamiento de deslizamiento y uno rodante o antifricción.
2. Mencione dos tipos de rodamientos de bolas, y diga el propósito de cada uno.
3. Describa y exprese el uso técnico de tres clases de rodamientos de rodillos.

SECCIÓN

8

TECNOLOGÍA DEL CORTE DE METALES

La industria reconoce que -para operar económicamente- los metales utilizados en la fabricación o manufactura de productos, deben poder ser maquinados con eficiencia. Para cortar metales de modo eficiente se requiere no sólo el conocimiento del metal en proceso, sino también saber cómo se comportará el material de la herramienta de corte así como su forma, según diversas condiciones de maquinado. Los ángulos, inclinaciones y claros de la herramienta de corte han adquirido una importancia cada vez mayor en el corte de metales. En las últimas décadas se han introducido muchos nuevos materiales para herramientas cortantes. Estos materiales nuevos han conducido a una mejor construcción de las máquinas, mayores velocidades de corte y una más elevada productividad.

Muchos materiales son maquinados con mayor eficiencia utilizando líquidos de corte, pero otros no. Con la aparición de nuevas y diversas aleaciones, continuamente se están desarrollando nuevos líquidos para corte. Todos estos factores hacen de la teoría del corte de metales un campo desafiante y que está en constante investigación en la industria de las máquinas-herramienta.

UNIDAD

27

Física del corte de metales

OBJETIVOS

Al terminar el estudio de esta unidad, se podrá:

1 Definir los diversos términos que se aplican en el corte de metales

2 Explicar los patrones de flujo del metal conforme éste es cortado

3 Reconocer las tres clases de virutas producidas por diversos metales

Los seres humanos han estado utilizando herramientas para cortar metales por cientos de años, sin realmente comprender cómo se cortaba el metal o lo que ocurría cuando la herramienta de corte tocaba el metal. Durante muchos años, se pensó que el metal frente a la herramienta de corte se partía de manera similar a como se parte la madera frente a un hacha (Figura 27-1). De acuerdo con la teoría original, esto explicaba el desgaste que ocurría en la cara de la herramienta de corte a alguna distancia del borde cortante. Uno de los primeros anuncios de líquido de corte ilustraba esta misma teoría, mostrando el metal partiéndose frente a una herramienta de corte, en una operación de torno (Figura 27-2).

NECESIDAD DE INVESTIGACIÓN SOBRE EL CORTE DE LOS METALES

La fabricación de partes precisas en sus dimensiones y de ajuste exacto, es esencial para la manufactura intercambiable. La precisión y capacidad de uso de las superficies en contacto o que embonan es directamente proporcional al acabado superficial producido en la pieza. Todos los años, tan sólo en Estados Unidos de América, más de 15 millones de toneladas (13.6 millones de toneladas métricas) de metal, son cortadas formando viruta, a un costo de más de 10 000 millones de dólares. Para reducir el costo del maquinado, prolongar la vida de las herramientas de corte, y mantener altos acabados superficiales, era

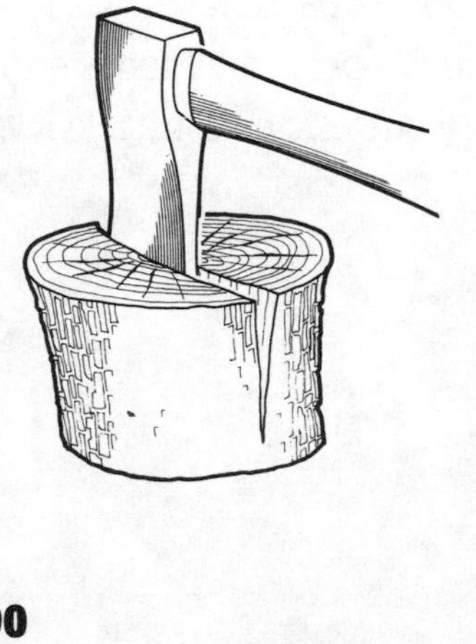

FIGURA 27-1 El símil de un hacha partiendo madera suele utilizarse incorrectamente para ilustrar la acción de una herramienta de corte de metal.

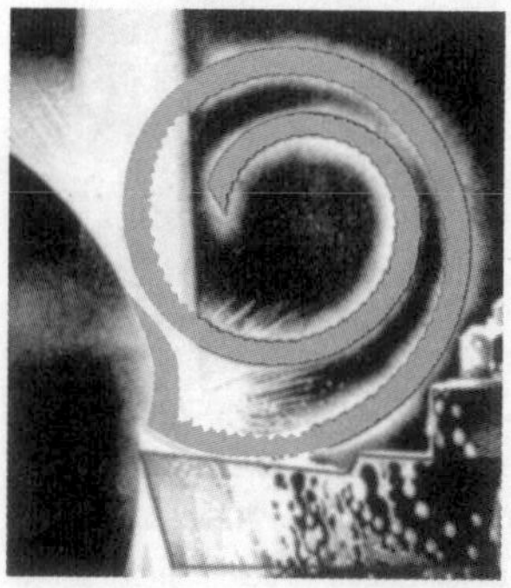

FIGURA 27-2 Concepción falsa del corte de un metal.

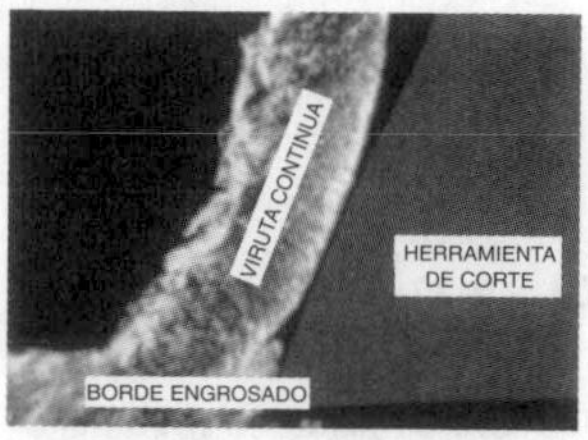

FIGURA 27-3 Intercara viruta-herramienta. (Cortesía de Cincinnati Milacron, Inc.)

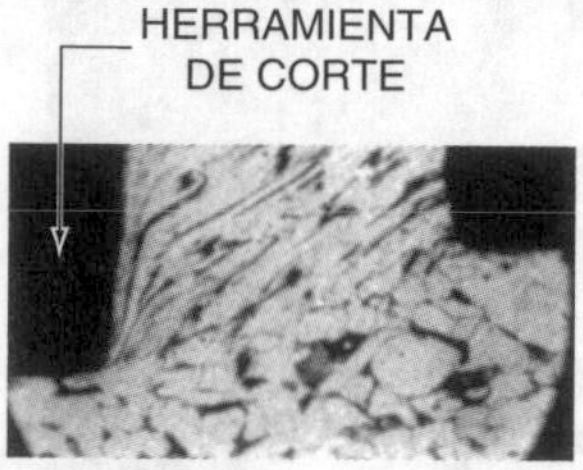

FIGURA 27-4 Fotomicrografía de una viruta, que muestra la elongación del cristal y la deformación plástica. (Cortesía de Cincinnati Milacron Inc.)

esencial que se realizaran investigaciones en el área del corte de los metales. Desde la Segunda Guerra Mundial se ha realizado una gran cantidad de investigación en áreas como la teoría del corte de metales, la medición de fuerzas y temperaturas de corte, la maquinabilidad de los materiales metálicos, la economía del maquinado, y la teoría de la acción del líquido para corte. Esta investigación descubrió que el metal de una pieza, en vez de fracturarse o romperse un poco frente a la herramienta de corte, es comprimido y después fluye hacia arriba por la cara de la herramienta. Como resultado de esta investigación se han desarrollado nuevas herramientas de corte, velocidades y alimentaciones, ángulos y holguras o claros de las herramientas de corte, así como nuevos líquidos para tal operación. Estos desarrollos han ayudado mucho al maquinado económico de los metales; sin embargo, todavía queda mucho trabajo por hacer, antes que puedan ser controlados todos los factores que afectan el acabado superficial, la duración útil de las herramientas, y el volumen de producción de las máquinas.

TERMINOLOGÍA DEL CORTE DE METALES

Como resultado de la investigación realizada sobre el corte de materiales metálicos aparecieron muchos nuevos términos:

Un *borde acumulado* es una capa de metal comprimido del material que se está cortando, la cual se adhiere y apila sobre la cara del borde de la herramienta de corte durante una operación de maquinado (Figura 27-3).

La *interficie viruta-herramienta* es aquella porción de la cara de la herramienta de corte sobre la cual desliza la viruta conforme va siendo desprendida del metal (Figura 27-3).

La *elongación cristálica* es la distorsión de la estructura cristalina del material de trabajo, que ocurre durante una operación de maquinado.

La *zona deformada* es el área en la cual se deforma el material de trabajo durante el corte.

La *deformación plástica* es la deformación del material de trabajo que ocurre en la zona de corte durante una acción de maquinado (Figura 27-4).

El *flujo plástico* es la fluencia del metal que se produce en el plano de corte; se extiende desde el borde de la herramienta cortante hasta la esquina entre la viruta y la superficie de trabajo, como se indica en la Figura 27-4.

Una *fractura* es el desprendimiento que ocurre cuando se cortan materiales frágiles, como el hierro fundido, y la viruta se desprende de la superficie de trabajo. Las rupturas o fracturas ocurren generalmente cuando se producen virutas discontinuas o segmentadas.

El *ángulo* o *plano de corte* es el ángulo del área del material donde ocurre la deformación plástica (Figura 27-3).

La *zona de corte* es el área donde ocurre la citada deformación plástica del metal. Es a lo largo de un plano, desde el borde cortante de la herramienta, hasta la superficie de trabajo original (Figura 27-4).

FLUJO PLÁSTICO DEL METAL

Para comprender más profundamente lo que ocurre con el metal mientras se deforma en la zona de corte, los investigadores realizaron muchas pruebas en diversos tipos de materiales. Hicieron uso de punzones planos en material dúctil para estudiar la configuración de los esfuerzos, la dirección de la fluencia del material, y la distorsión provocada. Para observar lo que ocurre cuando se aplica presión en un punto, utilizaron bloques de materiales fotoelásticos, como celuloide y baquelita. Los investigadores emplearon también luz polarizada para observar las líneas de esfuerzo creadas cuando se ejerce presión con el punzón. Aplicando un analizador adecuado, observaron una serie de bandas de colores conocidas como *isocromáticas*. Mediante tres clases de punzones (plano, de cara estrecha y con borde de navaja) usados en material fotoelástico, pudieron crear los diversos esfuerzos observados.

Punzón plano

Cuando se hace penetrar un punzón plano en un bloque de material fotoelástico, aparecen las líneas de esfuerzo cortante máximo constante, lo que indica la distribución del esfuerzo. En la Figura 27-5, la forma de esas líneas –las isocromáticas- aparecen como una familia de curvas que casi pasan a través de las esquinas del punzón plano. La mayor concentración de líneas ocurre en cada esquina del punzón, y aparecen líneas de esfuerzo circulares más grandes, más allá del punzón. El espaciamiento de estas isocromáticas es relativamente grande.

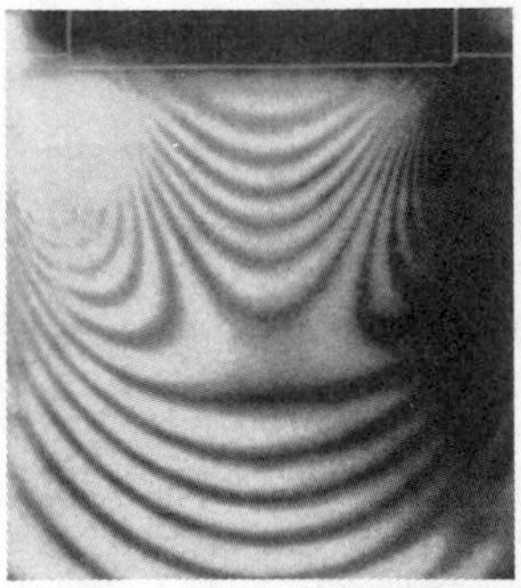

FIGURA 27-5 Distribución del esfuerzo provocada por un punzón plano aplicado en material fotoelástico. (Cortesía de Cincinnati Milacron, Inc.)

Punzón de cara estrecha

Cuando se fuerza un punzón de cara angosta a que entre en un bloque de material fotoelástico, las líneas de esfuerzo se siguen concentrando en las esquinas del punzón, y donde éste entra en contacto con la superficie superior de la pieza de trabajo. Como puede verse en la Figura 27-6, las isocromáticas tienen un espaciamiento menor que en el caso del punzón plano.

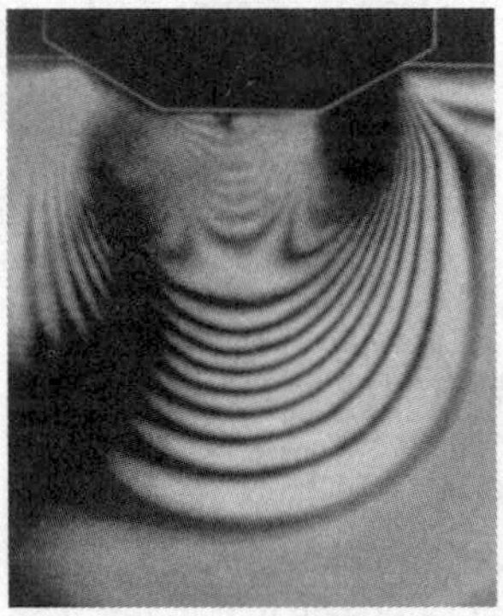

FIGURA 27-6 Distribución del esfuerzo provocada por la acción de un punzón de cara angosta. (Cortesía de Cincinnati Milacron, Inc.)

Punzón con borde de navaja

Cuando se hace que un punzón con borde de navaja penetre en el bloque de material fotoelástico (Figura 27-7), las isocromáticas configuran una serie de círculos tangentes a las dos caras del punzón. En este caso, la fluencia del material ocurre hacia arriba desde la punta hacia el área libre, a lo largo de las caras del punzón.

Si una herramienta de corte se hace penetrar en una pieza, ocurre dicha fluencia, y el material comprimido se desplaza hacia arriba sobre la cara de la herramienta. Conforme ésta avanza, la oposición al flujo ascendente del material provoca esfuerzos en el material delante de la herramienta, debido a la fricción en el desplazamiento de la viruta hacia arriba de la cara de la herramienta. Estos esfuerzos se aminoran un poco por la fluencia plástica o ruptura del material a lo largo de un plano, que va desde el borde cortante de la herramienta hasta la superficie del metal no maquinado. A partir de las Figuras 27-5 a 27-7, se puede concluir que durante las operaciones de corte de metales se producen esfuerzos internos y:

1. Debido a las fuerzas ejercidas por la herramienta de corte, ocurre compresión en el material de la pieza.
2. Conforme la herramienta o la pieza en trabajo se mueve hacia adelante durante un corte, las líneas de esfuerzo se concentran en el borde de la herramienta cortante, y desde ahí irradian hacia el material (Figura 27-7).

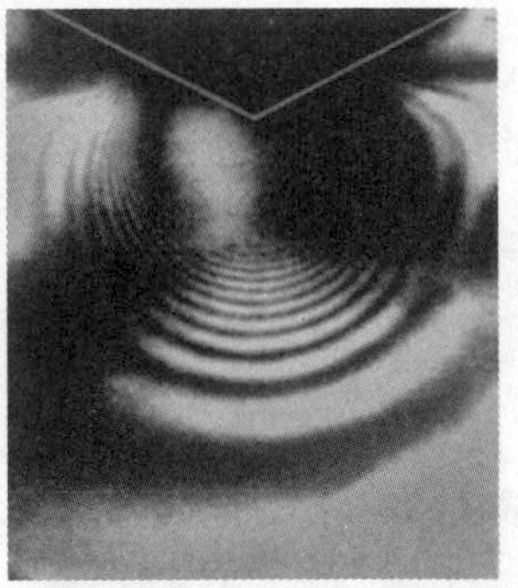

FIGURA 27-7 Líneas de esfuerzo provocadas por un punzón con borde de navaja. (Cortesía de Cincinnati Milacron, Inc.)

3. Esta concentración de esfuerzos provoca que la viruta se desprenda del material, y fluya a lo largo de la superficie intermedia o *intercara* viruta-herramienta.
4. Ya sea por medio de la fluencia plástica o la ruptura, el metal tiende a fluir a lo largo de la intercara viruta-herramienta. Como la mayoría de los metales son dúctiles hasta cierto grado, generalmente ocurre dicho flujo plástico.

El flujo plástico o la ruptura que ocurre conforme el metal fluye a lo largo de la intercara viruta-herramienta, determina el tipo de viruta que se produce. Cuando se cortan materiales frágiles, como el hierro fundido, el metal tiene tendencia a romperse y producir virutas discontinuas o segmentadas. Cuando se están cortando metales relativamente dúctiles, ocurre flujo plástico, y se producen virutas de tipo continuo o por flujo.

TIPOS DE VIRUTA

Las operaciones de maquinado realizadas en tornos, fresadoras o máquinas-herramienta similares, producen virutas de tres tipos básicos: discontinuas (Figura 27-8), continuas (Figura 27-9), y continuas con borde acumulado (Figura 27-10).

Tipo 1–Viruta discontinua (segmentada)

Las virutas discontinuas o segmentadas (Figura 27-8) se originan cuando se cortan metales frágiles, como el hierro colado o fundido y bronce duro, e incluso cuando se cortan metales dúctiles en deficientes condiciones de corte. Conforme la punta de la herramienta cortante hace contacto con el

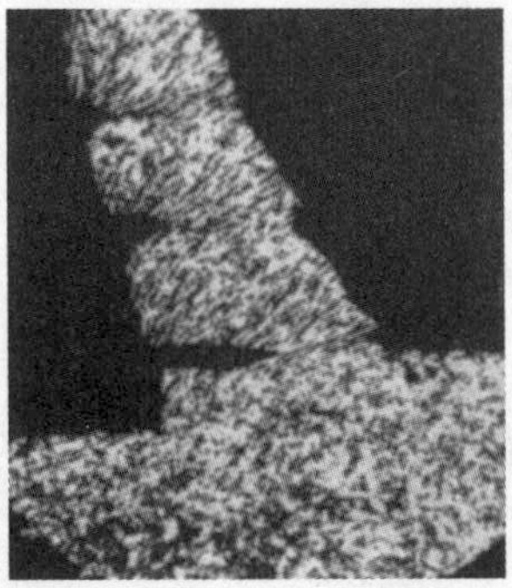

FIGURA 27-8 Viruta discontinua. (Cortesía de Cincinnati Milacron, Inc.)

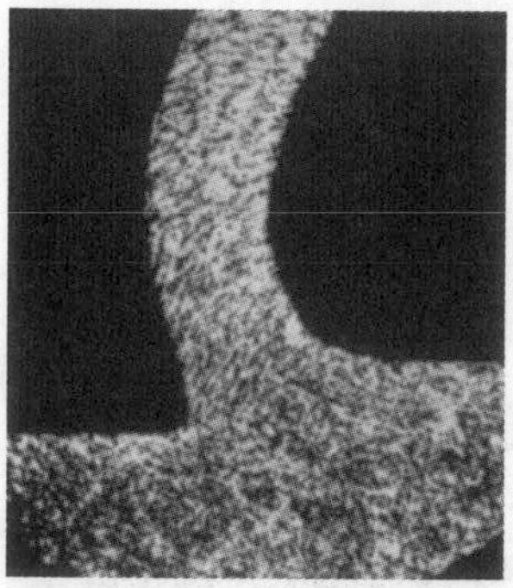

FIGURA 27-9 Viruta continua. (Cortesía de Cincinnati Milacron, Inc.)

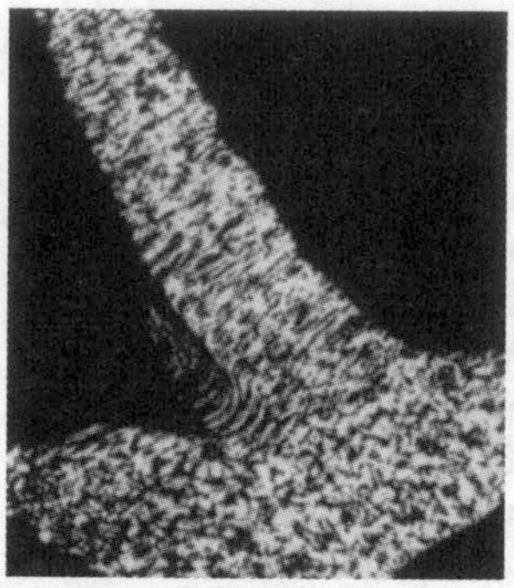

FIGURA 27-10 Viruta continua con borde acumulado. (Cortesía de Cincinnati Milacron, Inc.)

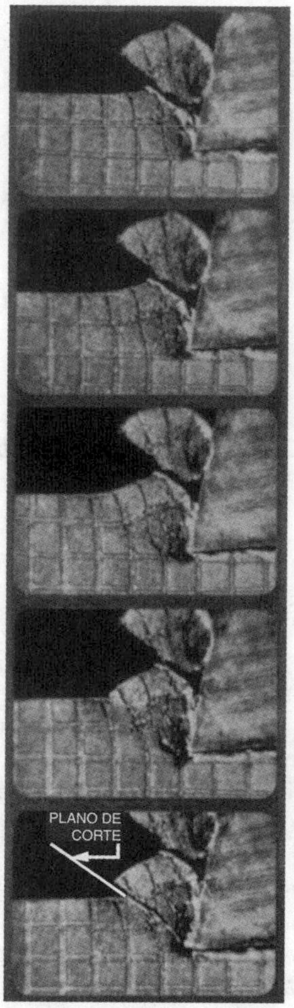

FIGURA 27-11 Formación de una viruta discontinua.

metal (Figura 27-11A), ocurre cierta compresión, como puede observarse en la Figura 27-11B y C, y la viruta comienza a fluir a lo largo de la intercara viruta-herramienta. Conforme se aplica más esfuerzo al metal frágil mediante la acción de corte, el mismo se comprime hasta que alcanza el punto donde ocurre la ruptura (Figura 27-11D), y la viruta se separa de la porción sin maquinar (Figura 27-11E). Este ciclo se repite indefinidamente durante la operación de corte, ocurriendo la ruptura de cada segmento en el ángulo o plano de corte. Generalmente, como resultado de estas rupturas sucesivas, se produce una superficie defectuosa en la pieza.

La vibración de la máquina o de la herramienta hace que a veces se produzcan virutas discontinuas cuando se cortan metales dúctiles.

Las siguientes condiciones favorecen la producción de la viruta discontinua del tipo 1:

1. Material de trabajo frágil
2. Un ángulo de ataque pequeño en la herramienta de corte
3. Grosor grande de viruta (avance burdo o grueso)
4. Baja velocidad de corte
5. Vibración excesiva de la máquina

Tipo 2–Viruta continua

La viruta de tipo 2 es una tira continua de metal producida cuando el flujo del metal adyacente a la cara de la herramienta, no es retardada mucho por un borde acumulado o por fricción en la intercara viruta-herramienta. La viruta continua se considera la ideal para una acción de corte eficiente, ya que resulta en mejores acabados superficiales.

Cuando se cortan materiales dúctiles, el flujo plástico del metal ocurre en el metal deformado que desliza sobre gran cantidad de planos cristalográficos. A diferencia de la viruta del tipo 1, no ocurren fracturas o rupturas debido a la naturaleza dúctil del metal.

En la Figura 27-9, la estructura cristalina del metal dúctil se alarga cuando es comprimida debido a la acción de la herramienta de corte y conforme la viruta se separa del metal. Su proceso de formación ocurre en un solo plano, que se extiende desde la herramienta de corte hasta la superficie de trabajo no maquinada. El área donde ocurre la deformación plástica de la estructura cristalina y el corte se conoce como *zona de corte* (ilustrada en la Figura 27-4). El ángulo según el cual, la viruta se separa del metal, se llama *ángulo de corte.*

La mecánica de la formación de virutas puede comprenderse mejor con ayuda del diagrama esquemático de la Figura 27-12. Conforme progresa la acción de corte, es comprimido el metal inmediatamente delante de la herramienta de corte, con una deformación (alargamiento) resultante de la estructura cristalina. Esta elongación ocurre en la dirección del corte. Conforme prosigue este proceso de compresión y elongación, el material por encima del borde de corte es forzado a lo largo de la intercara viruta-herramienta, con alejamiento desde la pieza de trabajo.

El acero para máquinas generalmente forma una viruta continua (sin quebradura) con muy poco o ningún borde acumulado, cuando se maquina con una herramienta de corte de carburo cementado o con una de acero de alta velocidad y líquido para corte (Figura 27-13). Para reducir la

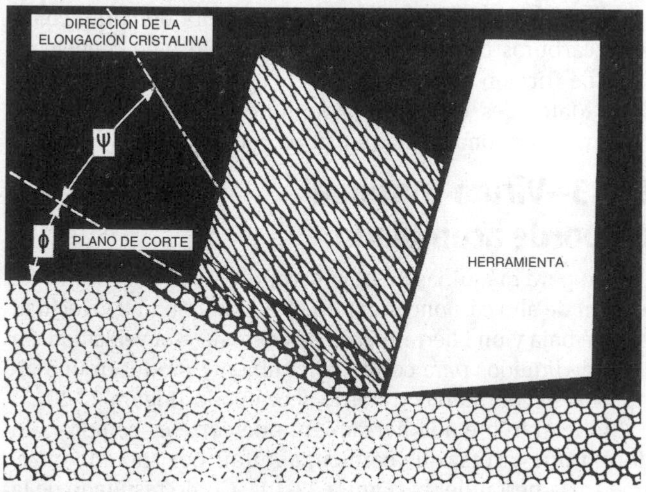

FIGURA 27-12 Diagrama que ilustra la formación de la viruta continua y la deformación de la estructura cristalina. (Cortesía de Cincinnati Milacron, Inc.)

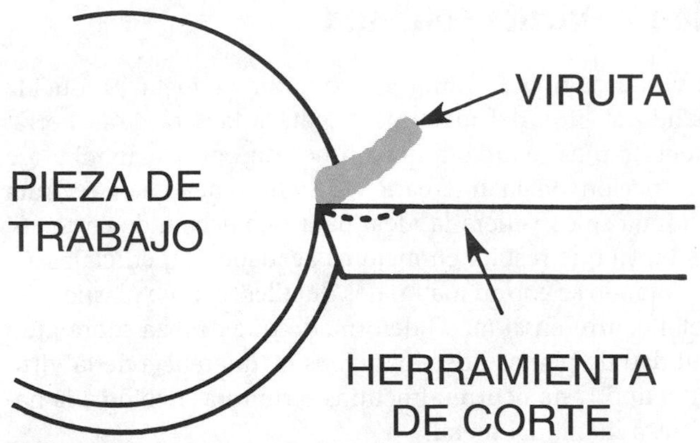

FIGURA 27-13 Generalmente se forma una viruta continua cuando es utilizada una herramienta de carburo o de acero de alta velocidad para maquinar el acero.

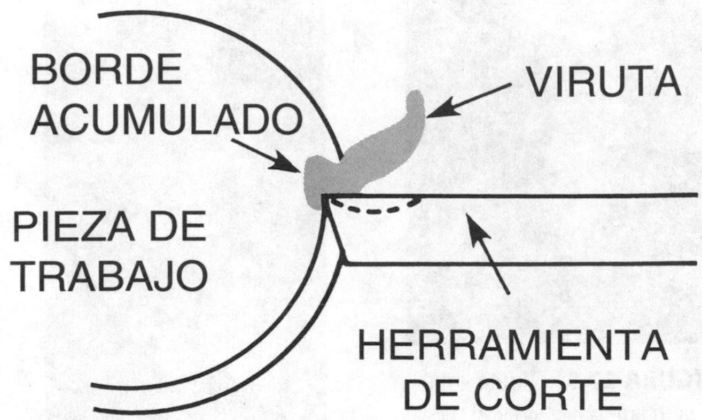

FIGURA 27-14 Se forma un borde acumulado cuando fragmentos de la pieza de trabajo quedan soldados a la cara de la herramienta.

resistencia que ocurre conforme la viruta comprimida se desliza a lo largo de la intercara viruta-herramienta, se rectifica a un ángulo de inclinación adecuado en la herramienta, y se utiliza líquido de corte durante la operación. Estas características permiten a la viruta comprimida fluir con relativa libertad a lo largo de la intercara viruta-herramienta. Una capa brillante en la parte posterior de la viruta de tipo continuo indica condiciones de corte ideales, con poca resistencia al flujo de la viruta.

Las condiciones favorables para producir viruta del tipo 2 son:

1. Material dúctil de trabajo
2. Espesor de viruta pequeño (avances relativamente finos)
3. Borde bien afilado de la herramienta de corte
4. Un gran ángulo de ataque en la herramienta
5. Altas velocidades de corte
6. Enfriamiento de la herramienta cortante y la pieza de trabajo mediante el uso de líquidos para corte
7. Una mínima resistencia al flujo de la viruta mediante:
   a. Un eficaz pulido en la cara de la herramienta de corte
   b. Uso de líquidos de corte para evitar la formación de borde acumulado
   c. Empleo de materiales de herramienta de corte, como carburos cementados, que tengan un bajo coeficiente de fricción
   d. Materiales de maquinado libre (aleaciones con elementos como plomo, fósforo y azufre).

Tipo 3–Viruta continua con borde acumulado

El acero para máquinas de bajo carbono, y muchos aceros de aleación de alto carbono, cuando se cortan con una velocidad de corte baja y una herramienta de acero de alta velocidad sin el uso de líquidos para corte, generalmente producen una viruta de tipo continuo con borde acumulado (Figura 27-10).

El metal frente a la herramienta de corte es comprimido y forma una viruta, que comienza a fluir por sobre la intercara viruta-herramienta (Figura 27-14). Como resultado de la alta temperatura, y de la alta resistencia a la fricción contra el flujo de la viruta, en dicha intercara o entrecara, pequeñas partículas de metal comienzan a adherirse al borde de la herramienta cortante, mientras la viruta se desprende. Conforme continúa el proceso de corte, más partículas se adhieren a la herramienta, y resulta un mayor acumulamiento que afecta a la acción cortante. El borde acumulado aumenta en tamaño y se vuelve más inestable; finalmente se alcanza un punto en el cual se desprenden fragmentos. Porciones de los mismos se adhieren tanto a la viruta como a la pieza de trabajo (Figura 27-15). El crecimiento y la ruptura del borde acumulado ocurren rápidamente durante la acción de corte, y se recubre la superficie maquinada con una multitud de fragmentos acumulados, que se identifican usualmente por una superficie áspera y granular. Estos fragmentos se adhieren y dañan la superficie maquinada, lo que resulta en un acabado superficial impropio.

La viruta continua de este tipo 3, además de ser la causa principal de aspereza superficial, también acorta la duración de la herramienta de corte. Cuando una de estas herramientas comienza a perder el filo, provoca una acción de

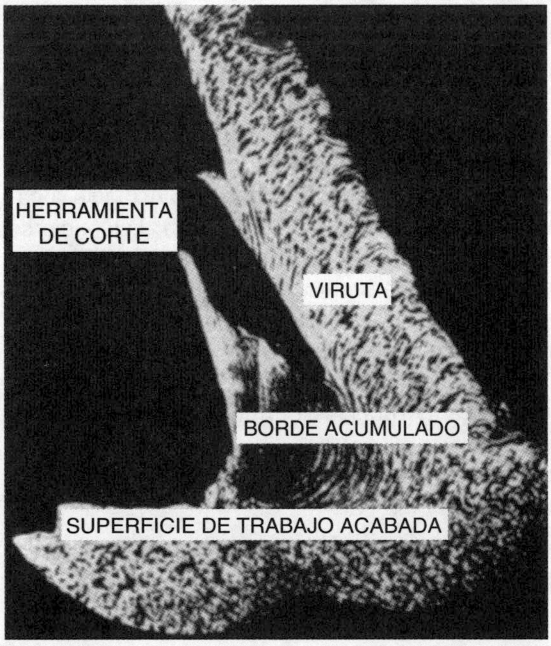

FIGURA 27-15 Viruta continua de tipo 3 con borde acumulado. (Cortesía de Cincinnati Milacron, Inc.)

roce o compresión en la pieza, lo que generalmente produce superficies endurecidas por el trabajo. Este tipo de viruta afecta la vida útil de la herramienta de corte en dos formas:

1. Los fragmentos del borde acumulado erosionan el flanco de la herramienta cuando escapan junto con la pieza de trabajo y la viruta.
2. Se provoca un efecto de craterización a poca distancia del borde cortante, donde la viruta hace contacto con la cara de la herramienta. Conforme tal efecto continúa, eventualmente se extiende más cerca del borde cortante hasta que ocurre una fractura o ruptura.

PREGUNTAS DE REPASO

1. Explique la teoría original acerca de lo que ocurre durante una operación de corte de metal.
2. ¿Por qué se ha llevado a cabo gran cantidad de investigaciones respecto al corte de los metales?
3. Explique la nueva teoría sobre la operación de corte de los materiales metálicos.

Terminología del corte de metales

4. Defina los siguientes términos de esta técnica:
   a. Borde acumulado
   b. Intercara viruta-herramienta
   c. Deformación plástica
   d. Ángulo o plano de corte o cizallamiento

Flujo plástico del metal

5. ¿Por qué se han efectuado investigaciones para determinar el flujo plástico en los metales?
6. Describa brevemente lo que ocurre cuando los siguientes punzones se hacen penetrar en un bloque de material fotoelástico:
   a. Punzón plano
   b. Punzón de cara angosta
   c. Punzón con borde de navaja
7. Describa los dos procesos fundamentales que intervienen en el corte de los metales.

Formación de viruta

8. Describa brevemente cómo se produce cada uno de los siguientes tipos de viruta:
   a. Discontinua
   b. Continua
   c. Continuous con borde acumulado
9. ¿Cuál es la clase de viruta más deseable? Fundamente su respuesta.
10. ¿Qué condiciones deben existir para que se produzca la viruta de tipo 2?
11. Explique cómo se forma un borde acumulado y mencione su efecto sobre la vida útil de una herramienta de corte.

UNIDAD

28

Maquinabilidad de los metales

OBJETIVOS

Al terminar el estudio de esta unidad, se podrá:

1 Explicar los factores que afectan la maquinabilidad de los metales

2 Describir el efecto de los ángulos de ataque positivos y negativos en una herramienta de corte

3 Evaluar los efectos de la temperatura y los líquidos de corte sobre el acabado superficial producido

La *maquinabilidad* se refiere a la facilidad o dificultad con la que puede ser maquinado un metal. Deben considerarse factores como la vida de la herramienta de corte, el acabado superficial producido, y la potencia mecánica necesaria. La maquinabilidad ha sido medida en función de la duración de la herramienta en minutos, o de la velocidad de eliminación de material en relación con la velocidad de corte empleada, esto es, la profundidad de corte. Para cortes de terminado, la maquinabilidad se refiere a la vida útil de la herramienta de corte y la facilidad con la que se produce un buen acabado superficial.

ESTRUCTURA DEL GRANO

La maquinabilidad de un metal se ve afectada por su microestructura, y variará si el metal ha sido recocido. La ductilidad y resistencia al esfuerzo cortante de un metal pueden modificarse en gran medida por operaciones como recocido, normalizado y alivio de esfuerzos. Ciertas modificaciones químicas y físicas del acero, mejorarán su maquinabilidad. Los aceros de maquinado libre generalmente han sido modificados como sigue mediante:

1. Adición de azufre
2. Adición de plomo
3. Adición de sulfito de sodio
4. Trabajo en frío, lo cual modifica la ductilidad

Al hacer estas modificaciones (de maquinado libre) al acero, se hacen evidentes tres características principales del maquinado:

1. Se aumenta la duración de la herramienta.
2. Se produce un mejor acabado superficial.
3. Se requiere de un menor consumo de energía para el maquinado.

Acero al bajo carbono (acero de máquinas)

La microestructura del *acero al bajo carbono* puede contener grandes áreas de ferrita (hierro), entremezcladas con pequeñas áreas de perlita (Figura 28-1A y B). La ferrita es suave, con alta ductilidad y baja resistencia, en tanto que la perlita —que es una combinación de ferrita (hierro) y carburo de hierro— tiene baja ductilidad y alta resistencia. Cuando la cantidad de ferrita en el acero es mayor que la de perlita —o la ferrita está dispuesta en capas alternas con la perlita (Figura 28-1C y D)— aumenta la potencia necesaria para eliminar material y se deteriora la calidad del acabado super-

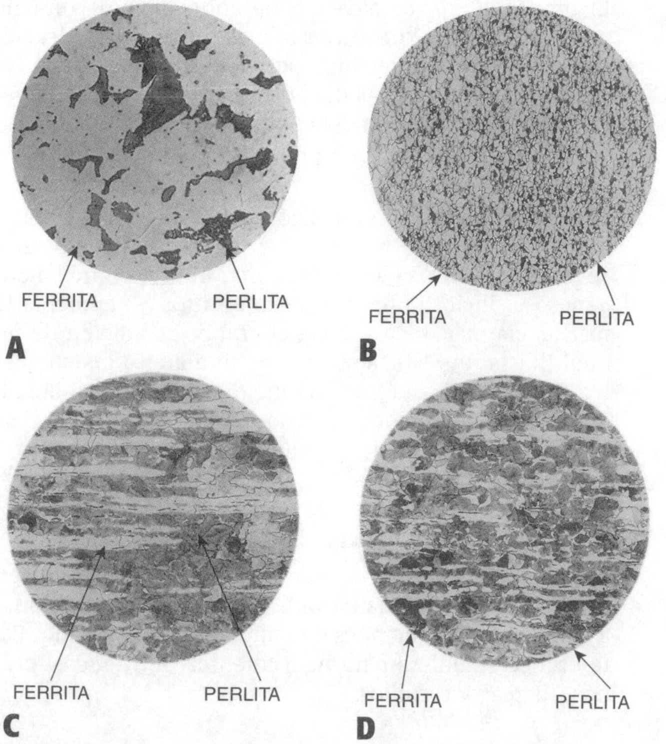

FIGURA 28-1 Fotomicrografías que indican estructuras de acero poco deseables. (Cortesía de Cincinnati Milacron, Inc.)

ficial producido. La Figura 28-2A y B ilustra una microestructura más deseable en el acero, porque la perlita está bien distribuida, y el material, por lo tanto, es mejor para fines de maquinado.

Acero al alto carbono (acero para herramientas)

Hay una mayor cantidad de perlita presente en el *acero al alto carbono (para herramientas)*, debido al mayor contenido de carbono. Cuanta mayor cantidad de perlita (de baja ductilidad y alta resistencia) exista en el acero, tanto más difícil será maquinar dicho metal con eficiencia. Por lo tanto, es deseable recocer estos aceros para alterar su microestructura y, como resultado, mejorar sus cualidades de maquinado.

Aceros aleados

Los *aceros aleados* son combinaciones de dos o más metales. Estos aceros son, por lo general, ligeramente más difíciles de maquinar que los aceros al bajo o alto carbono. Para mejorar sus cualidades de maquinado, a veces se les agregan combinaciones de azufre y plomo, o de azufre y manganeso, en las proporciones correctas. Se utiliza también en algunas clases de aceros aleados una combinación de normalizado y recocido para impartirles características de maquinado deseables. El maquinado del *acero inoxidable*, generalmente difícil debido a sus cualidades de endurecimiento por trabajo, puede facilitarse mucho mediante la adición de selenio.

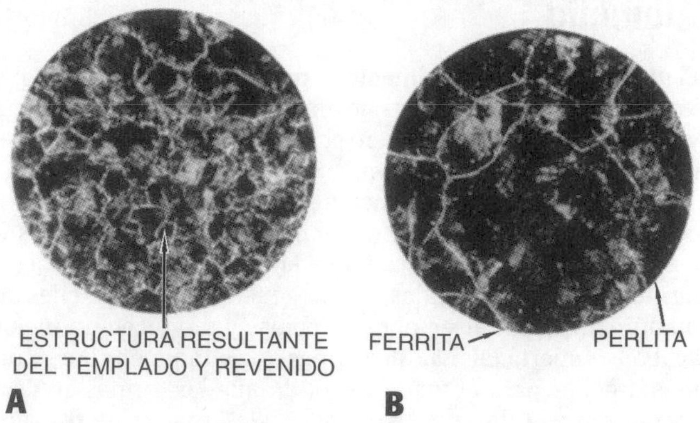

FIGURA 28-2 Fotomicrografías que muestran microestructuras deseables en el acero. (Cortesía de Cincinnati Milacron, Inc.)

Hierro colado o fundido

El *hierro colado o fundido*, que consiste generalmente en ferrita, carburo de hierro y carbono libre, forma un importante grupo de materiales utilizado por la industria. La microestructura de este metal puede controlarse mediante la adición de aleaciones, el método de colado, la tasa de enfriamiento, y el tratamiento térmico. El *hierro fundido blanco* (Figura 28-3A), enfriado rápidamente después del colado, por lo general es duro y frágil debido a la formación del carburo de hierro de gran dureza. El *hierro fundido gris* (Figura 28-3B) es enfriado gradualmente; su estructura está constituida por perlita compuesta, una mezcla de ferrita fina y carburo de hierro, y escamas de grafito. Debido al enfriamiento gradual, es menos duro y por lo tanto más fácil de maquinar.

El carburo de hierro y la presencia de arena en la superficie exterior de la fundición, por lo general hacen al hierro fundido un poco difícil de maquinar. Mediante el recocido se altera la microestructura. El carburo de hierro se disgrega en carbono grafítico y ferrita, por lo que el hierro fundido o colado es más fácil de maquinar. La adición de silicio, azufre y manganeso da a este metal diferentes cualidades y mejora su maquinabilidad.

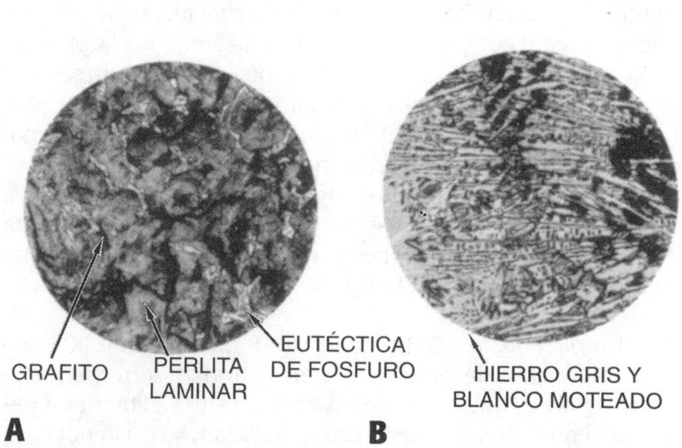

FIGURA 28-3 (A) Microestructura del hierro fundido blanco; (B) microestructura del hierro fundido gris. (Cortesía de Cincinnati Milacron, Inc.)

Aluminio

El *aluminio* puro generalmente es más difícil de maquinar que la mayoría de las aleaciones de aluminio. Produce viruta larga y tenaz y es mucho más severo con la herramienta de corte debido a su naturaleza abrasiva.

La mayoría de las aleaciones de aluminio pueden ser cortadas a alta velocidad, resultando un buen acabado superficial y una larga duración de la herramienta. Las aleaciones templadas y revenidas, por lo general son más fáciles de maquinar que las aleaciones recocidas y producen un mejor acabado superficial. Las aleaciones que contienen silicio son más difíciles para el maquinado, ya que las virutas se desgarran, en vez de quedar cortadas, de la pieza de trabajo, produciendo así un defectuoso acabado superficial. Generalmente se usa líquido de corte cuando se hacen grandes trabajos de corte y avances, para el maquinado de aluminio y sus aleaciones.

Cobre

El *cobre* es un metal pesado, relativamente suave y de color amarillo rojizo, refinado a partir de mineral de cobre (sulfuro de cobre). Tiene una elevada conductividad eléctrica y térmica, buena resistencia a la corrosión y al esfuerzo, y es fácil de soldar directamente o con aporte de latón o estaño. Es muy dúctil y fácilmente puede ser estirado para formar alambre o tubo. Ya que las piezas de cobre se endurecen con facilidad, deben calentarse a aproximadamente 1 200°F (648.8°C) y ser sumergidos en agua para recocerlo.

Debido a su suavidad, el cobre no se maquina bien. La larga viruta producida al taladrar y machuelear en él tienden a atascar las estrías de la herramienta de corte, la que debe limpiarse con frecuencia. Las operaciones de aserrado y fresado requieren cortadores con eficaz eliminación de viruta. Deben de utilizarse refrigerantes para minimizar el calor y facilitar la acción de corte.

Aleaciones con base de cobre

El *latón*, una aleación de cobre y zinc, tiene buena resistencia a la corrosión y se forma, maquina y funde con facilidad. Existen varias clases de latón. Los *latones alfa* contienen hasta 36% de zinc y son adecuados para trabajo en frío. Los *latones alfa + beta*, que contienen de 54% a 62% de cobre se utilizan para trabajos en caliente de esta aleación. Para reducir el efecto corrosivo del agua salada sobre los latones alfa, se agregan pequeñas cantidades de estaño o antimonio a esta aleación. Las aleaciones de latón se utilizan en conexiones, tubos, tanques o depósitos, núcleos de radiador y remaches en sistemas de conducción de agua y gasolina.

El *bronce*, término que originalmente se refería sólo a una aleación de cobre y estaño, se ha extendido ahora para incluir a todas las aleaciones excepto las de cobre-zinc, que contienen hasta 12% del elemento de aleación principal.

El *bronce fosforado* contiene aproximadamente 90% de cobre, 10% de estaño, y una cantidad muy pequeña de fósforo, que actúa como endurecedor. Este metal tiene alta resistencia mecánica, tenacidad, y resistencia a la corrosión. Se utiliza para rondanas de presión, chavetas, resortes y discos de embrague.

El *bronce al silicio* (aleación de cobre-silicio) contiene menos del 5% de silicio y es la más fuerte de las aleaciones de cobre endurecibles por deformación. Tiene las propiedades mecánicas del acero para máquinas y la resistencia a la corrosión del cobre. Se utiliza en tanques o depósitos, recipientes de presión y líneas o tuberías a presión hidráulica.

El *bronce al aluminio* (aleación cobre-aluminio) contiene entre 4% y 11% de aluminio. A esta clase de bronce se le agregan otros elementos como hierro, níquel, manganeso y silicio. El hierro (hasta en un 5%) aumenta la resistencia mecánica y afina el grano. La adición de níquel (hasta un 5%) tiene efectos similares a los del hierro. El silicio (hasta un 2%) mejora la maquinabilidad. El manganeso mejora la sonoridad en el colado. Los bronces al aluminio tienen buenas resistencia a la corrosión y resistencia mecánica, y se utilizan para tubos de condensador, recipientes de presión, tuercas y pernos.

El *bronce al berilio* (cobre y berilio), que contiene hasta aproximadamente 2% de berilio, se forma fácilmente en el recocido. Tiene una elevada resistencia a la tensión y a la fatiga en condiciones de templado o endurecido. Este bronce se utiliza para instrumentos quirúrgicos, pernos, tuercas y tornillos.

EFECTOS DE LA TEMPERATURA Y LA FRICCIÓN

En el proceso de corte de los metales, se genera calor por:

1. La deformación plástica que ocurre en el metal durante el proceso de formación de la viruta
2. La fricción provocada por las virutas al deslizarse por la cara de la herramienta de corte.

La temperatura de corte varía según el tipo de metal y aumenta con la velocidad de corte empleada y la velocidad de eliminación de metal. El *máximo calentamiento* ocurre cuando se cortan metales dúctiles de alta resistencia a la tensión, como el acero. El *calentamiento mínimo* aparece al cortar material suave de baja resistencia a la tensión, como el aluminio. La temperatura máxima alcanzada durante la acción de corte afectará la vida útil de la herramienta de corte, la calidad del acabado superficial, la velocidad de producción y la precisión en la pieza.

A veces la temperatura del metal colocado inmediatamente delante de la herramienta de corte, se acerca al punto de fusión del metal que está cortándose. Este enorme calor afecta la duración de la herramienta de corte. Las herramientas para cortar acero de alta velocidad no pueden soportar las mismas altas temperaturas que las de carburo cementado, sin que los bordes cortantes se rompan.

Las herramientas para corte de acero de alta velocidad pueden cortar metal, aun cuando tales herramientas se pongan al rojo por la acción del corte. Esta propiedad se conoce como *dureza al rojo* y ocurre a temperaturas superiores a los 900°F (482°C). Sin embargo, cuando la temperatura excede los 1 000°F (538°C), el borde de la herramienta de corte comenzará a romperse.

Las *herramientas de carburo cementado* pueden utilizarse eficientemente a temperaturas de hasta 1 600°F (871°C). Las herramientas de carburo son más duras que las de acero de alta velocidad, tienen mayor resistencia al desgaste, y funcionan muy bien en condiciones de operación al rojo. Por lo tanto, se pueden utilizar con ellas velocidades de corte mucho mayores que con las herramientas de acero de alta velocidad.

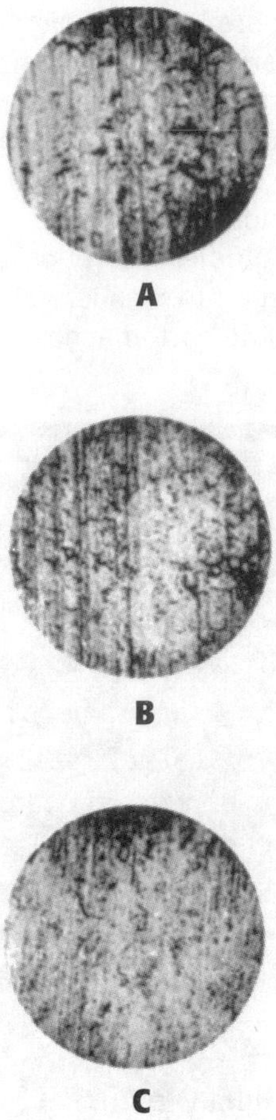

FIGURA 28-4 (A) Aluminio maquinado a 200°F (93°C); (B) aluminio maquinado a 75°F (24°C); (C) aluminio maquinado después de enfriarlo a -60°F (-50°C).

Fricción

Para una acción de corte eficiente, es importante que la fricción entre la viruta y la cara de la herramienta se mantenga tan baja como sea posible. Conforme aumenta el rozamiento o fricción, existe una mayor posibilidad de que se forme un borde acumulado sobre el borde cortante. Cuanto mayor sea el borde acumulado, tanto mayor fricción se crea, lo que resulta en el rompimiento del borde cortante y en un deficiente acabado superficial. Cada vez que la máquina debe detenerse para reafilar o sustituir la herramienta de corte, las velocidades de producción se reducen.

La alza de temperatura provocada por la fricción afecta también a la precisión de la pieza maquinada. Aun cuando la pieza de trabajo no alcance la misma temperatura que la punta de la herramienta de corte, incluso así es lo suficientemente alta para hacer que el metal se dilate o expanda. Si una pieza calentada por efecto de la acción de corte se maquina al tamaño, la pieza será más pequeña que lo requerido cuando se enfríe a la temperatura ambiente. Un buen abasto de líquido de corte ayudará a reducir la fricción en la intercara viruta-herramienta, y también ayudará a mantener temperaturas de corte eficientes.

ACABADO SUPERFICIAL

Muchos factores afectan el acabado superficial producido por la operación de maquinado, siendo los más comunes la velocidad de alimentación, el radio de nariz en la herramienta, la velocidad de corte, la rigidez de la operación de maquinado y la temperatura generada durante el proceso en cuestión.

Si durante la acción de corte se crea una temperatura alta, existe una marcada tendencia a resultar en un acabado superficial áspero. La razón de esto es que a altas temperaturas, tienden a adherirse partículas de metal a la herramienta de corte y formar un borde acumulado. La relación directa entre temperatura de la pieza de trabajo y calidad del acabado superficial se ilustra en la Figura 28-4.

La Figura 28-4A muestra los resultados de maquinar una pieza de aluminio sin líquido de corte a 200°F (93°C). El áspero acabado superficial indica la presencia de un borde acumulado en la herramienta de corte. La misma pieza de aluminio se maquinó en las mismas condiciones, pero a una temperatura ambiente de 75°F (24°C) (Figura 28-4B). Puede observarse una mejoría considerable entre los acabados superficiales de las muestras en la Figura 28-4A y B. Cuando la pieza de aluminio fue enfriada a -60°F (-50°C) y se maquinó, el acabado superficial mejoró aun más. Al enfriar el material de trabajo a -60°F (-50°C), la temperatura del borde de la herramienta de corte se redujo considerablemente y resultó en un acabado superficial mucho mejor (Figura 28-4C) que el producido a 200°F (93°C).

EFECTOS DE LOS LÍQUIDOS DE CORTE

Los líquidos para el corte son importantes en la mayoría de las operaciones de maquinado, porque hacen posible cortar metales a velocidades mayores. Llevan a cabo tres funciones importantes:

1. Reducen la temperatura en la acción de corte.
2. Aminoran la fricción de las virutas que se deslizan por la cara de la herramienta.
3. Disminuyen el desgaste de la herramienta y aumentan su duración.

Existen tres clases de esos líquidos: aceites de corte, aceites emulsificables (solubles) y líquidos para corte químicos (sintéticos). Algunos de tales fluidos forman una película no metálica sobre la superficie del metal, que evita que la viruta se adhiera en el borde cortante. Esto evita que se forme un borde acumulado y resulta en la producción de un mejor acabado superficial. El terminado en la mayoría de los metales puede mejorarse considerablemente mediante el uso de los líquidos de corte adecuados.

Las sustancias líquidas para el corte generalmente se utilizan para maquinar acero, acero aleado, latón y bronce con herramientas de corte hechas de acero de alta velocidad. Como regla general, los líquidos de corte por lo común no se utilizan con herramientas de carburo cementado, a menos que pueda aplicarse gran cantidad de tal líquido de corte para asegurar temperaturas uniformes y evitar que los insertos de carburo se agrieten. El hierro fundido y las aleaciones de aluminio y magnesio se maquinan generalmente en seco; sin embargo, en algunos casos se han utilizado líquidos de corte con buenos resultados.

PREGUNTAS DE REPASO

Maquinabilidad de metales

1. Defina lo que es *maquinabilidad*.
2. ¿Qué factores afectan la maquinabilidad de un metal?
3. Compare la microestructura de los aceros al bajo y al alto carbono con respecto a su maquinabilidad.
4. ¿Cómo pueden mejorarse las cualidades de maquinado de las aleaciones de acero?
5. ¿Por qué el aluminio puro es más difícil de maquinar que la mayoría de las aleaciones de aluminio?
6. ¿Qué puede hacerse para mejorar el maquinado del aluminio y sus aleaciones?

Efectos de la temperatura y la fricción

7. Mencione dos métodos por medio de los cuales se crea calor durante el maquinado.
8. ¿Cómo afecta la alta temperatura a la operación de maquinado?
9. ¿Por qué es importante que la fricción entre la viruta y la herramienta se mantenga al mínimo?

Acabado superficial

10. ¿Qué factores comunes determinan el acabado superficial?
11. ¿Por qué la alta temperatura afecta el acabado producido?

Efectos de los líquidos de corte

12. Enuncie cuatro maneras según las cuales los líquidos de corte ayudan al maquinado de metales.
13. ¿Qué precaución debe tenerse cuando se utilizan líquidos de corte con herramientas de carburo?

UNIDAD

29

Herramientas de corte

OBJETIVOS

Al terminar el estudio de esta unidad, se podrá:

1. Utilizar la nomenclatura para la punta de una herramienta de corte
2. Explicar el propósito de cada clase de ángulo de ataque y de salida o alivio
3. Identificar las aplicaciones de diversos tipos de materiales para herramientas de corte
4. Describir la acción cortante de diferentes clases de máquinas

Uno de los componentes más importantes en el proceso de maquinado es la *herramienta de corte o cortador*, de cuya función dependerá la eficiencia de la operación. En consecuencia, debe pensarse mucho no sólo en la selección del material de la herramienta de corte, sino también en los ángulos de tal herramienta, necesarios para maquinar apropiadamente el material de una pieza de trabajo.

Existen básicamente dos clases de cortadores (excluyendo los de tipo abrasivo): *de punta simple y de puntas múltiples o multipuntas*. Puesto que ambos deben tener ángulos de entrada y de salida específicos, la nomenclatura para las puntas de las herramientas de corte se aplicará a los dos tipos. El cortador para torno, que es la herramienta de punta simple más común, se analizará con mayor detalle. Los principios de este tipo de herramienta de corte se relacionarán luego con herramientas de multipunta para una mayor facilidad en la comprensión.

MATERIALES DE LAS HERRAMIENTAS DE CORTE

Los *cortadores* o *buriles* para torno se fabrican generalmente de cinco materiales: acero de alta velocidad, aleaciones coladas o fundidas (como la llamada estelita), carburos cementados, cerámicos y cermets. Los materiales de herramienta de corte menos usuales, como el nitruro de boro cúbico policristalino (PCBN), conocido comúnmente como Borazon, y el diamante policristalino (PCD), están siendo muy utilizados en la industria del trabajo de metales debido a la mayor productividad que ofrecen. El Borazon se emplea para maquinar aceros aleados endurecidos y superaleaciones tenaces. Las herramientas de corte de diamante policristalino se utilizan para maquinar materiales no férreos y no metálicos, que requieren estrictas tolerancias y un alto acabado superficial. Las propiedades que poseen estos materiales son diferentes, y la aplicación de cada uno depende del material por maquinar y del estado de la máquina.

Los cortadores (o buriles) para torno deben ser como sigue:

1. Duros.
2. Resistentes al desgaste.
3. Capaces de mantener una *dureza al rojo* durante la operación de maquinado.

(La *dureza al rojo* es la capacidad del material de la herramienta para mantener un borde cortante afilado, aun cuando se enrojezca debido al alto calor producido en la intercara pieza-herramienta durante la operación de corte.)

4. Deben ser capaces de soportar impactos durante la operación de corte.
5. Deben tener una forma tal que la arista afilada pueda penetrar debidamente en la pieza. (La forma estará determinada por el material de la herramienta de corte, el material a cortar y el ángulo del filo.)

Cortadores de acero de alta velocidad

Probablemente la herramienta cortante de uso más común en las escuelas técnicas para operarios de torno es el buril de acero de alta velocidad. Los aceros de tal clase pueden contener combinaciones de tungsteno, cromo, vanadio, molibdeno y cobalto. Son capaces de realizar cortes gruesos, soportar impactos y mantener la arista o borde de corte afilado aun a altas temperaturas.

Los cortadores de acero de alta velocidad son generalmente de dos tipos: con base de molibdeno (Grupo M) y con base de tungsteno (Grupo T). El de base de tungsteno más ampliamente utilizado se conoce como T_1, que a veces se designa como 18-4-1, debido a que contiene aproximadamente 18% de tungsteno, 4% de cromo, y 1% de vanadio.

Una herramienta de acero de alta velocidad con base de molibdeno para uso general, se designa como M_1, o bien como 8-4-1. Esta aleación contiene aproximadamente 8% de molibdeno, 4% de cromo, y 1% de vanadio.

Estos dos tipos son herramientas para uso general; si se desea una mayor dureza al rojo, debe seleccionarse una herramienta que contenga más cobalto. Ya que existen muchos grados de cortadores hechos de acero de alta velocidad, hay que recurrir a las recomendaciones del fabricante para la herramienta adecuada a un trabajo específico. La Tabla 29-1 indica las propiedades impartidas a un cortador en acero de alta velocidad mediante los diversos elementos de aleación.

Cortadores de aleación fundidos

Estas herramientas de corte (de *estelita* o *stellite*) contienen usualmente de 25% a 35% de cromo, de 4% a 25% de tungsteno, y de 1% a 3% de carbono; el resto es cobalto. Estos cortadores tienen alta dureza, elevada resistencia al desgaste y excelentes cualidades de dureza al rojo. Debido a que son fundidos, resultan más débiles y frágiles que los de acero de alta velocidad. Los buriles de estelita sirven para altas velocidades y avances para cortes profundos e ininterrumpidos. Pueden ser operados a aproximadamente dos a dos veces y media la velocidad correspondiente a un buril de acero de alta velocidad.

Nota: Cuando afile cortadores de estelita, aplique sólo una ligera presión y no los sumerja en agua.

Cortadores de carburo cementado

Las herramientas de carburo cementado (Figura 29-1) son capaces de velocidades de corte tres o cuatro veces mayores que las correspondientes a cortadores de acero de alta velocidad. Tienen baja tenacidad, pero alta dureza y excelentes cualidades de dureza al rojo.

FIGURA 29-1 Variedad de insertos de herramientas de carburo cementado.

El carburo cementado consiste en carburo de tungsteno sinterizado en una matriz de cobalto. Algunas veces se pueden agregar otros materiales, como titanio o tantalio, antes del sinterizado, para dar al material las propiedades deseadas.

Los cortadores de carburo de tungsteno simples se utilizan para maquinar fundición o hierro colado, y materiales no ferrosos. Ya que se forman cráteres con facilidad y se desgastan rápidamente, no son adecuados para maquinar acero. Los carburos resistentes a la formación de cráteres, que se emplean para maquinar acero, son fabricados agregando carburos de titanio y/o tantalio, al carburo de tungsteno y cobalto.

Se fabrican diferentes grados de carburos para distintas condiciones de trabajo. Los utilizados para cortes bastos pesados contendrán más cobalto que los empleados para cortes de acabado, que son más frágiles y tienen una mayor resistencia al desgaste a más altas velocidades de acabado.

Cortadores de carburo recubiertos

Estas herramientas de corte (o buriles) se fabrican depositando una capa delgada de nitruro de titanio resistente al desgaste, o de carburo de titanio o bien de óxido de aluminio (cerámico) en la arista cortante de la herramienta. Dicha capa aumenta la lubricación, mejora la resistencia al desgaste del borde cortante en 200% a 500%, y reduce la resistencia a la ruptura hasta un 20%, al mismo tiempo que aporta una más larga duración y permite velocidades de corte más altas.

Los insertos recubiertos de titanio ofrecen una mayor resistencia al desgaste en velocidades inferiores a 500 pie/min; las puntas cubiertas de cerámico son más adecuadas para velocidades de corte mayores. Ambas clases de insertos se utilizan para cortar aceros, hierros colados y materiales no ferrosos.

Cortadores de cerámico

Un *cerámico* es un material resistente al calor, producido sin un agente de adhesión metálico, como el cobalto. El óxido de aluminio es el material más común utilizado en la fabricación de herramientas de corte cerámicas. El óxido de titanio o el carburo de titanio pueden utilizarse como aditivos, dependiendo de la aplicación de la herramienta de corte.

Los buriles de cerámico (Figura 29-2, pág. 204) permiten mayores velocidades de corte, aumentan la duración de la herramienta, y dan un mejor acabado superficial que los de carburo. Sin embargo, son mucho más débiles que las herramientas cortantes de carburo o de carburo recubiertas, y deben utilizarse en situaciones de libre o de bajo impacto.

TABLA 29-1 Efectos de los elementos de aleación en el acero

Efecto	Elemento											
	Carbono	Cromo	Cobalto	Plomo	Manganeso	Molibdeno	Níquel	Fósforo	Silicio	Azufre	Tungsteno	Vanadio
Aumenta la resistencia a la tensión	X	X			X	X	X					
Aumenta la dureza	X	X										
Aumenta la resistencia al desgaste	X	X			X		X				X	
Aumenta la templabilidad	X	X			X	X	X					X
Aumenta la ductilidad					X							
Aumenta el límite elástico		X				X						
Incrementa la resistencia a la oxidación		X					X					
Incrementa la resistencia a la abrasión		X			X							
Incrementa la tenacidad		X				X	X					X
Incrementa la resistencia al impacto		X					X					X
Incrementa la resistencia a la fatiga												X
Reduce la ductilidad	X	X										
Reduce la tenacidad			X									
Eleva la temperatura crítica		X	X								X	
Baja la temperatura crítica					X		X					
Provoca fragilidad en caliente										X		
Provoca fragilidad en frío								X				
Imparte dureza al rojo			X			X					X	
Imparte una estructura de grano fina					X							X
Reduce la deformación					X		X					
Actúa como desoxidante					X				X			
Actúa como desulfurizante					X							
Imparte propiedades de templado en aceite		X			X	X	X					
Imparte propiedades de templado en aire					X	X						
Elimina sopladuras o porosidad								X				
Crea sonoridad en el colado									X			
Facilita el laminado y el forjado					X				X			
Mejora la maquinabilidad				X						X		

Cortadores de Cermet

Un *cermet* es un inserto o pastilla para herramienta de corte compuesto de material *cer*ámico y *met*al. La mayoría de los cermets están hechos de óxido de aluminio, carburo de titanio y óxido de zirconio, compactado y comprimido bajo calor intenso. Las ventajas de los cortadores de cermet son:

- Tienen duraciones de herramienta mayores que las equivalentes en carburos recubiertos y sin recubrir.
- Pueden utilizarse para el maquinado a altas temperaturas.
- Producen un acabado superficial mejorado, que elimina la necesidad del rectificado y proporciona un mayor control dimensional.
- Pueden utilizarse para maquinar aceros con grado de dureza de hasta 66 Rc (Rockwell).

FIGURA 29-2 Variedad de insertos de cerámico para herramienta de corte.

Cortadores de diamante

Las herramientas de corte hechas de diamante se utilizan principalmente para maquinar metales no ferrosos y materiales no metálicos abrasivos. Los diamantes naturales monocristalinos tienen propiedades de alta resistencia al desgaste, pero baja resistencia al impacto. La nueva clase de herramental de diamante (hechos con diamantes policristalinos) consiste en diminutos diamantes fabricados por fusión (o fundición) entre sí y unidos a un substrato de carburo adecuado. Las herramientas de corte policristalinas ofrecen una mayor resistencia al desgaste y al impacto, y velocidades de corte mucho mayores. Las herramientas de diamante policristalino permiten un mejor acabado superficial, mejor control del tamaño de pieza, una vida útil de herramienta hasta 100 veces mayor que los buriles hechos de carburo, y una mayor productividad.

Cortadores de nitruro de boro cúbico

El nitruro de boro cúbico (Borazon) sigue después del diamante en la escala de dureza. Las herramientas de corte de este material se fabrican uniendo una capa de nitruro de boro cúbico policristalino, a un substrato de carburo cementado, lo que da una buena resistencia al impacto. Ofrecen excepcional alta resistencia al desgaste y duración del filo, y pueden utilizarse para maquinar aleaciones de alta temperatura y aleaciones ferrosas con templado.

NOMENCLATURA DE LA HERRAMIENTA DE CORTE

Las herramientas de corte utilizadas en un torno son por lo general de punta simple, y aunque la forma del buril se modifica para diversas aplicaciones, se aplica la misma nomenclatura a todas las herramientas de corte (Figura 29-3).

La *base* es la superficie inferior del cuerpo de la herramienta.

El *filo* (o *arista cortante*) es el borde frontal del buril, que realiza el corte.

La *cara* es la superficie superior contra la que empuja la viruta conforme se separa de la pieza de trabajo.

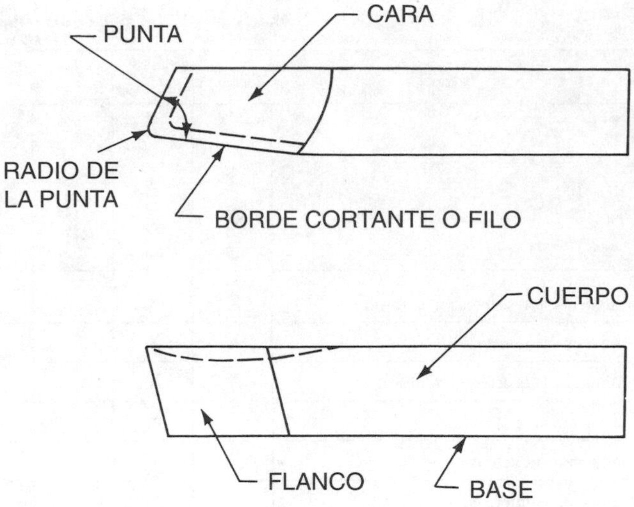

FIGURA 29-3 Nomenclatura de un cortador de torno para uso general.

El *flanco* es la superficie lateral de la herramienta adyacente y situada abajo de la arista afilada.

La *punta* es el extremo filoso de la herramienta de corte, formado en la unión del flanco y la superficie frontal.

El *radio de punta (o nariz)* es el de curvatura de la punta. El tamaño del mismo afectará el acabado. Para desbaste, se utiliza un radio de punta pequeño [de aproximadamente 1/64 pulg (0.38 mm)]. Se usa un radio mayor [de aproximadamente 1/16 a 1/8 de pulgada (1.5 mm a 3 mm)] para los cortes de acabado.

La *cabeza cortante* es el extremo de la herramienta (buril) con afilado para hacer el corte.

El *cuerpo (o vástago)* es el soporte del extremo del cortador, y es la parte sujetada por el portaburil o portaherramienta.

ÁNGULOS Y CLAROS EN BURILES PARA TORNO

El funcionamiento adecuado de un cortador depende de los ángulos de alivio y de ataque, que deben formarse en la herramienta. Aunque estos ángulos varían para diferentes materiales, la nomenclatura es la misma para todas las herramientas de corte (vea la Tabla 29-2).

El *ángulo del filo de corte lateral* es el que forma la arista cortante con el costado del cuerpo de la herramienta (Figura 29-4). Los ángulos de ataque en buriles de torno para uso general varían de 10° a 20°, dependiendo del material a cortar. Si el ángulo es demasiado grande (más de 30°), la herramienta tenderá a vibrar.

El *ángulo del filo de corte frontal* es el que forma la arista cortante y una línea perpendicular al costado de la herramienta (Figura 29-4). Este ángulo puede variar de 5° a 30°, dependiendo del tipo de corte y acabado deseados. Un

TABLA 29-2 Ángulos recomendados (en grados) para herramientas de carburo con punta simple

Material	Ángulo de incidencia lateral	Ángulo de incidencia en el extremo	Ángulo del filo de corte lateral	Ángulo de la cara	Ángulo en la punta
Aluminio	12	8	15	35	63
Latón	10	8	5 a −4	0	75 a 84
Bronce	10	8	5 a −4	0	75 a 84
Hierro colado	10	8	12	5	68
Cobre	12	10	20	16	58
Acero para máquinas	10 a 12	8	12 a 18	8 a 15	60 a 68
Acero para herramientas	10	8	12	8	68
Acero inoxidable	10	8	15 a 20	8	72

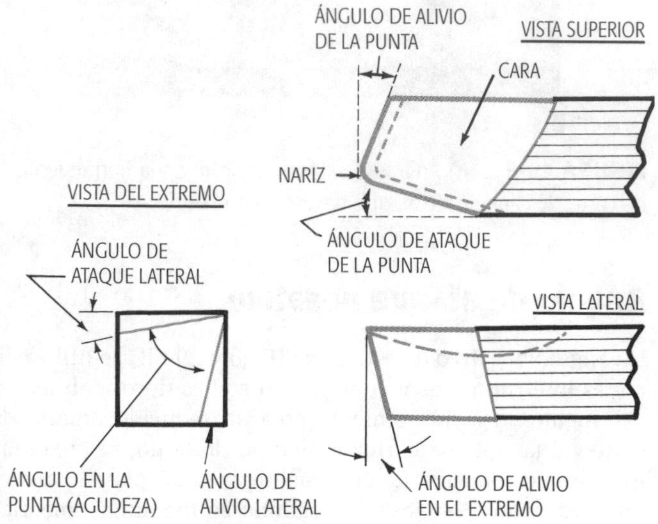

FIGURA 29-4 Ángulos y claros en una herramienta de corte para torno.

ángulo de 5° a 15° es satisfactorio para cortes de desbaste; los ángulos entre 15° y 30° se utilizan en buriles de uso general. El ángulo más amplio permite que la herramienta de corte gire hacia la izquierda para hacer cortes ligeros cerca del chuck o mandril, o cuando se tornea un hombro de pieza de trabajo.

El *ángulo de incidencia lateral* es el formado en el flanco de la herramienta, abajo de la arista cortante (Figuras 29-4 y 29-5). Este ángulo generalmente vale de 6° a 10°. El claro lateral en un buril o cortador permite que la herramienta avance longitudinalmente hacia la pieza de trabajo giratoria, y evita que el flanco roce contra la pieza.

El *ángulo de incidencia frontal* es el que se tiene abajo de la nariz y la parte inferior del buril, lo que permite a la herramienta de corte penetrar en la pieza de trabajo. Es generalmente de 10° a 15° para herramientas de uso general (Figura 29-4 y 29-5). Este ángulo debe medirse estando el buril montado en el portaherramienta. Tal ángulo varía según la dureza, la clase de material y el tipo de corte. Esta medida angular es menor para materiales más duros, a fin de proporcionar apoyo bajo el borde cortante.

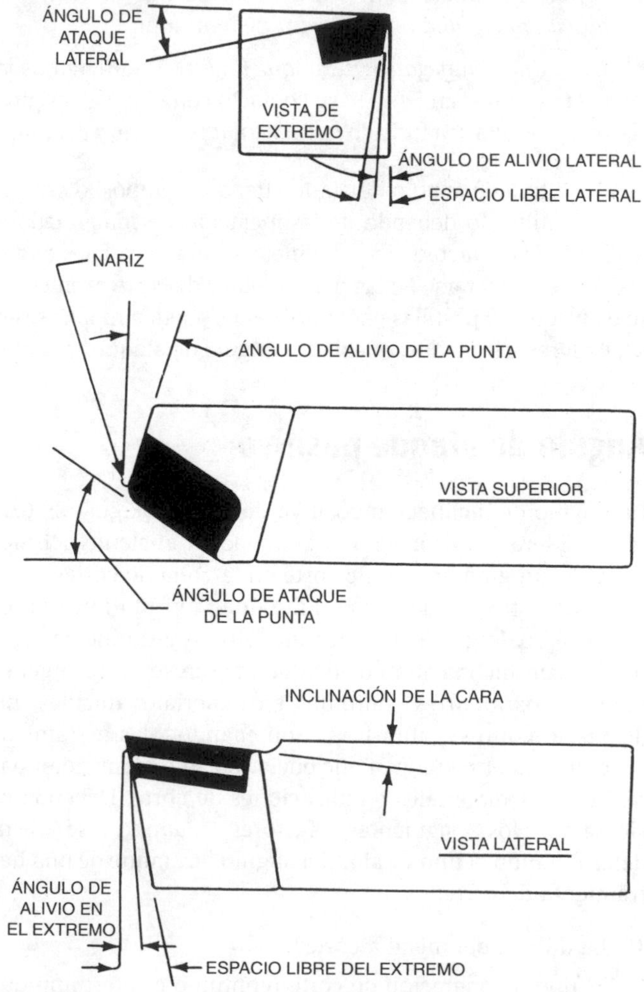

FIGURA 29-5 Ángulos y claros en un buril o cortador para torno (otra perspectiva).

El *ángulo de ataque lateral* es el que se forma en la cara a partir de la arista cortante. En buriles de uso general, dicho ángulo es por lo general de 14° (Figuras 29-4 y 29-5). Esta forma angular crea un borde cortante más agudo y hace que la viruta se desprenda con rapidez. Para materiales más suaves, este ángulo de ataque por lo general aumenta. Puede ser positivo o negativo, dependiendo esto del material a cortar.

El *ángulo en la punta* es el producido al formar los ángulos de ataque y de alivio (espacio libre lateral) en un buril (Figura 29-4). Este ángulo puede alterarse, dependiendo del tipo de material por maquinar, y será mayor (cercano a los 90°) en el caso de materiales duros.

El *ángulo de inclinación de la cara (superior)* es el de la pendiente hacia atrás de la cara de la herramienta a partir de la nariz. Mide por lo general aproximadamente 20° y se proporciona en el portaherramienta (Figura 29-5). Dicha inclinación posterior permite que las virutas vuelen desde la punta de la herramienta de corte. Se tienen dos clases de ángulos de inclinación posterior o superior en las herramientas de corte, y siempre se encuentran en la parte superior del buril:

- La *inclinación positiva de ataque* (Figura 29-6A), donde la punta de la herramienta de corte y el filo entran en contacto primero con el metal, hacen que la viruta se *mueva hacia abajo por la cara* del cortador.
- La *inclinación negativa de ataque* (Figura 29-6B), donde la cara de la herramienta hace contacto con el metal, origina que la viruta sea forzada *hacia arriba por la cara* del buril.

Cada tipo de ángulo de ataque tiene un propósito específico. El utilizado depende de la operación de maquinado a realizar y las características del metal en trabajo. Tales ángulos pueden generarse en las herramientas de corte o, en el caso de insertos o pastillas para buril, éstos pueden montarse en sujetadores adecuados, que dan el ángulo de ataque deseado.

Ángulo de ataque positivo

Un ángulo de inclinación positiva de ataque (Figura 29-6A) se considera el mejor para la eliminación eficiente del metal. Crea un gran ángulo de corte en la zona de corte, reduce la fricción y el calor, y permite que la viruta fluya libremente a lo largo de la intercara viruta-herramienta. Los buriles con inclinación positiva de ataque se utilizan generalmente para cortes continuos en materiales dúctiles, no demasiado duros o abrasivos. Aun cuando tales herramientas eliminan el metal con eficiencia, no se recomiendan para todos los materiales o aplicaciones de corte. Deben considerarse los siguientes factores cuando se está determinando el tipo y valor del ángulo de ataque de una herramienta de corte:

1. La dureza del metal a cortar
2. El tipo de operación de corte (continuo o interrumpido)
3. El material y forma de la herramienta de corte
4. La resistencia del borde de corte

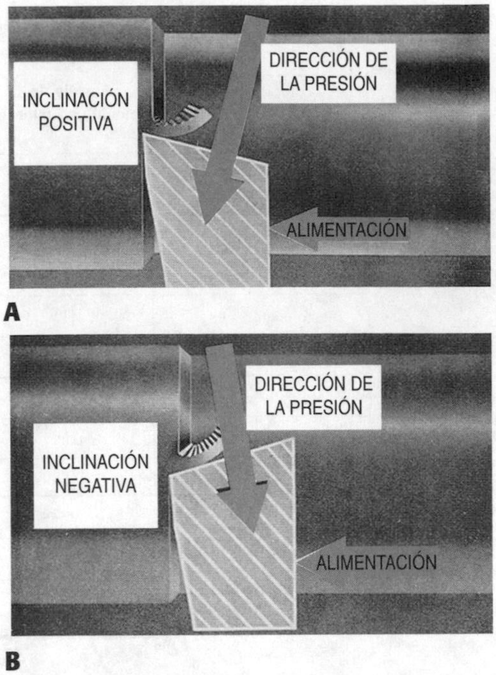

FIGURA 29-6 (A) Ángulo de ataque positivo en la herramienta de corte; (B) ángulo de ataque negativo en el buril.

Ángulo de ataque negativo

Un ángulo negativo de esta clase (Figura 29-6B) se utiliza en cortes interrumpidos y cuando el metal es duro o abrasivo. Tal ángulo en la herramienta crea un reducido ángulo de corte y una zona de corte amplia; por lo tanto, se crea más fricción y calor. Aunque el aumento en calor puede parecer una desventaja, es deseable cuando se maquinan metales duros con buriles de carburo. Los cortadores para fresado frontales con insertos de herramienta de carburo son un buen ejemplo del uso de la inclinación negativa para el corte interrumpido y a alta velocidad.

Las ventajas de la inclinación negativa en las herramientas de corte son:

- El impacto a partir de la pieza de trabajo al hacer contacto con la herramienta de corte es sobre la cara de la herramienta, y no sobre la punta o borde, lo que prolonga la vida del buril.
- La dura capa exterior del metal no hace contacto con la arista cortante.
- Pueden maquinarse fácilmente superficies con cortes interrumpidos.
- Se pueden utilizar mayores velocidades de corte.

La forma de la viruta puede alterarse en varias maneras para mejorar la acción de corte, y reducir la cantidad de energía necesaria. Una viruta continua *recta* en un torno puede convertirse en una cinta continua rizada al:

1. Cambiar el *ángulo en la punta* (el incluido que proviene del formado de la inclinación lateral y el espacio libre lateral) de un buril (Figura 29-4).

2. Esmerilar un rompeviruta por detrás del borde de corte del buril.

Un ángulo de hélice en un cortador de fresadora afecta la acción del cortador al generar una acción de corte cuando se retira la viruta.

FORMA DE LA HERRAMIENTA DE CORTE

La forma de la herramienta de corte es muy importante para la eliminación eficiente del metal. Cada vez que debe detenerse una máquina para reacondicionar o reemplazar una herramienta de corte gastada, las velocidades de producción disminuyen. La vida de una herramienta de corte generalmente se expresa como:

1. El tiempo en minutos durante el cual la herramienta ha estado cortando
2. La longitud del corte en el material
3. La cantidad en pulgadas cúbicas ($pulg^3$), o en centímetros cúbicos (cm^3), de material eliminado.
4. En el caso de barrenos, la cantidad de pulgadas o milímetros de profundidad en las perforaciones realizadas.

Para prolongar la vida de una herramienta de corte, reduzca la fricción entre la viruta y el buril tanto como sea posible. Esta reducción puede lograrse dando a la herramienta de corte el ángulo de inclinación o ataque adecuado, y puliendo muy bien la cara de la herramienta de corte con una piedra de asentar. La cara de corte pulida reduce la fricción en la intercara viruta-herramienta, aminora el tamaño del borde acumulado, y por lo general resulta en un mejor acabado superficial. El ángulo de ataque en las herramientas de corte permite a las virutas fluir libremente, y reduce la fricción y la potencia mecánica necesaria para la operación de maquinado.

El ángulo de inclinación en la herramienta de corte también afecta el ángulo o plano de corte del metal, lo que a su vez determina el área de deformación plástica. Si se forma un *gran ángulo de ataque* en un buril, se crea un gran ángulo de corte en el metal durante la acción de maquinado (Figura 29-6A). Los resultados de un ángulo grande de corte son:

1. Se produce una viruta delgada.
2. La zona de corte es relativamente reducida.
3. Se crea menor calor en dicha zona.
4. Se produce un buen acabado superficial.
5. Se requiere menos potencia en la operación de maquinado.

Un *ángulo de ataque pequeño* o *negativo* en la herramienta de corte (Figura 29-6B) crea un menor ángulo de corte en el metal durante el proceso de maquinado, con los siguientes resultados:

1. Se produce una viruta gruesa.
2. La zona de corte es amplia.
3. Se produce más calor.
4. El acabado superficial no es tan bueno como con herramientas de corte de gran ángulo de inclinación.
5. Se requiere más potencia mecánica para la operación de maquinado.

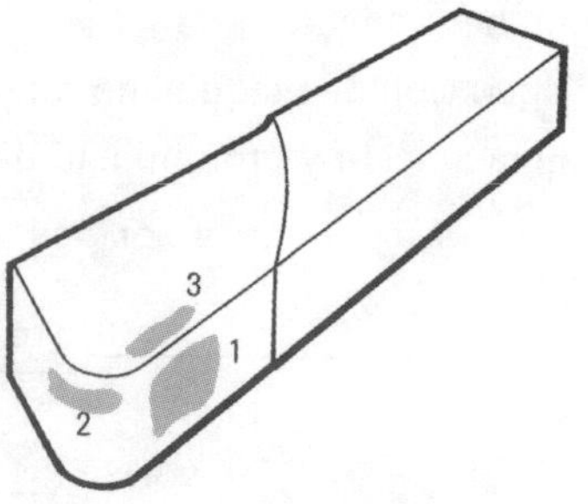

FIGURA 29-7 Áreas de desgaste en una herramienta de corte: (1) en el flanco; (2) en la punta o nariz; (3) en cráter. (Cortesía de Kelmar Associates.)

DURACIÓN DE LA HERRAMIENTA

La vida de un buril, o la cantidad de partes producidas por un filo de herramienta de corte, antes de que se requiera el reafilado, es un factor de costo importante en la fabricación de una pieza o producto. En consecuencia, las herramientas de corte deben volverse a afilar a la primera señal de haber perdido el filo. Si se utiliza una herramienta más allá de este punto, se romperá rápidamente y deberá eliminarse mucho más material de la herramienta al reafilarla, reduciendo así la vida útil de la misma.

Para determinar el momento en que debe cambiarse una herramienta de corte, la mayoría de las máquinas modernas están equipadas con indicadores que señalan los caballos de potencia utilizados durante la operación de maquinado. Cuando una herramienta pierde filo, se necesita más potencia para la operación. Esto aparecerá en el indicador, y la herramienta debe ser reacondicionada de inmediato.

El desgaste o la abrasión de la herramienta de corte determinará su duración. Usualmente tres tipos de desgaste intervienen en las herramientas de corte: el *desgaste de flanco, el de punta o nariz* y *el de cráter* (Figura 29-7).

El *desgaste de flanco* ocurre en el costado de la arista cortante como resultado de la fricción entre dicho lado de la herramienta de corte y el metal que se está maquinando. Demasiado desgaste de flanco aumenta la fricción y es necesaria más potencia para el maquinado. Cuando el desgaste en cuestión tiene una longitud de .015 a .030 pulgadas (0.38 a 0.76 milímetros), la herramienta debe volver a afilarse.

El *desgaste en la punta* ocurre como resultado de la fricción entre la nariz y el metal que se está maquinando. El desgaste sobre la punta o nariz de la herramienta de corte afecta la calidad del acabado superficial de la pieza de trabajo.

El *desgaste en cráter* aparece a una ligera distancia del borde cortante, como resultado de las virutas que se deslizan a lo largo de la interficie viruta-herramienta, lo que resulta del borde engrosado que se forma en la herramienta de corte. Demasiado desgaste terminará por romper la arista cortante.

Los siguientes factores afectan la vida útil de una herramienta de corte:

1. La clase de material que se corta
2. La microestructura del material
3. La dureza del material
4. La clase de superficie del metal (lisa o escamosa)
5. El material de la herramienta de corte

6. El perfil de tal herramienta
7. La clase de operación de maquinado que se realiza
8. Velocidad, alimentación y profundidad del corte

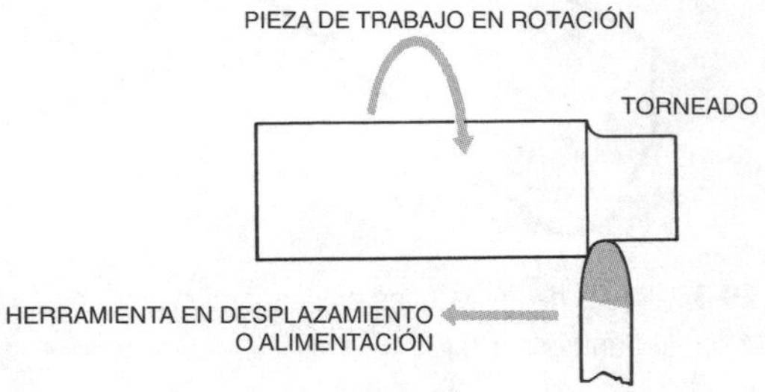

FIGURA 29-8 Acción de corte en un torno o en un centro de torneado. (Cortesía de Kelmar Associates.)

PRINCIPIOS DEL MAQUINADO

Torneado

Una gran proporción del maquinado en un taller se realiza en un torno. La pieza de trabajo se sostiene firmemente en un mandril o chuck o entre los centros del torno. Una herramienta para el torneado, montada en un portaherramienta y ajustada para cierta profundidad de corte, es aplicada y desplazada paralelamente con respecto al eje de la pieza que rota, para reducir su diámetro (Figura 29-8).

Conforme dicha pieza gira y la herramienta de corte o buril se desplaza a lo largo del eje, el filo de corte separa el material. Se forma una viruta que se desliza a lo largo de la superficie superior, creada por la aplicación del ángulo de ataque, de la herramienta de corte. El *ángulo en la punta* (Figura 29-4), que permite al buril eliminar el metal conforme la herramienta es desplazada con fuerza a lo largo de la pieza de trabajo, está formado por el ángulo de incidencia lateral y el de ataque lateral del buril. Supongamos que se está cortando una pieza de acero para máquina; si los ángulos de ataque y de alivio son los correctos y se utilizan la velocidad y avance adecuados, debe formarse una viruta continua. Si el ángulo en la punta es demasiado pequeño, la arista de la herramienta se romperá demasiado rápido. Si dicho ángulo es demasiado grande (esto es, con muy poca o ninguna inclinación lateral), el metal no será eliminado con tanta eficiencia, y se requerirá de más efecto de torsión (torque) para eliminarlo. En cualquier caso, resultará en un borde acumulado y un acabado superficial áspero.

Cepillado

La herramienta de corte utilizada en un cepillo es básicamente de la misma forma que la herramienta del torno para el maquinado de materiales similares. Debe tener los ángulos de ataque y de incidencia adecuados para maquinar la pieza de trabajo eficientemente. La acción de corte en una cepilladora se ilustra en la Figura 29-9. La pieza de trabajo se mueve hacia adelante y hacia atrás, bajo la herramienta de corte, que es desplazada lateralmente una distancia predeterminada al final de cada inversión de movimiento de la mesa.

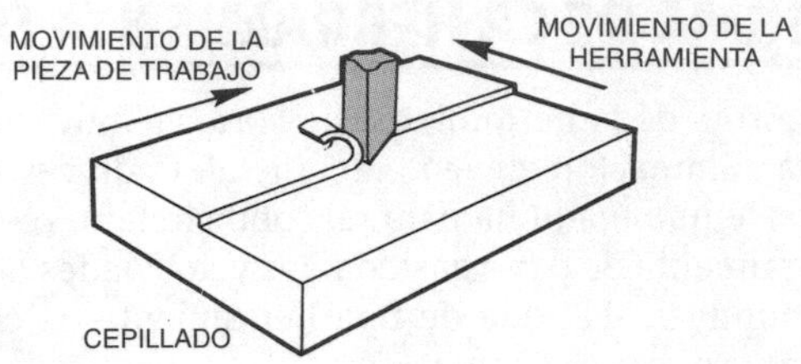

FIGURA 29-9 Acción de corte en una cepilladora. (Cortesía de Kelmar Associates.)

Fresado simple

Una *fresa o cortador para fresado* es una herramienta multifilos con varias aristas cortantes (dientes) igualmente espaciadas entre sí, en su periferia circular. Cada diente puede considerarse como una herramienta de corte de punta simple, y debe tener los ángulos de ataque y de alivio adecuados para cortar con eficacia. La Figura 29-10 muestra la formación de viruta producida por una fresa helicoidal.

La pieza de trabajo, que se sostiene en una prensa o se sujeta a la mesa, es alimentada hacia el cortador horizontal giratorio, a mano o por un avance automático de la mesa. Conforme el trabajo es desplazado hacia el cortador, cada diente hace cortes sucesivos, que producen una superficie lisa, plana o con un cierto contorno o perfil, dependiendo de la forma del cortador utilizado (Figura 29-11). La nomenclatura para una fresa simple se muestra en la Figura 29-12.

FIGURA 29-10 Tipo de viruta producida por un cortador de fresadora helicoidal. (Cortesía de Cincinnati Milacron, Inc.)

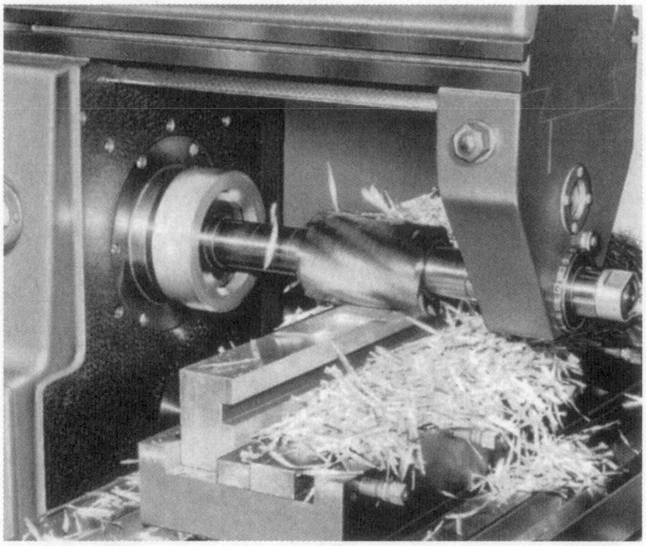

FIGURA 29-11 Conforme la pieza de trabajo es alimentada al cortador giratorio, cada diente elimina material de aquélla. (Cortesía de Cincinnati Milacron, Inc.)

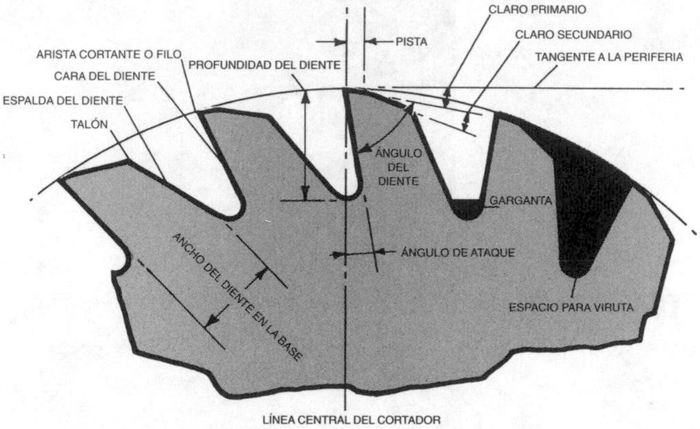

FIGURA 29-12 Nomenclatura de un cortador de fresado simple.

Fresado vertical y frontal (o cara)

Las fresas (Figura 29-13) son cortadores multifilos, se sujetan verticalmente en el husillo o aditamento de una máquina fresadora vertical. Se utilizan principalmente para cortar ranuras o surcos, en tanto que las fresas de casquillo y las frontales se utilizan principalmente para producir superficies planas. La pieza de trabajo se sostiene en una prensa o se fija a la mesa, y se avanza al cortador giratorio manual o automáticamente. Cuando se hace fresado vertical, el corte es realizado por la periferia de los dientes. La nomenclatura de una fresa de extremo se indica en la Figura 29-14.

La fresa frontal con insertos consiste en un cuerpo que sostiene varios insertos igualmente espaciados según el ángulo de ataque necesario. El borde inferior de cada inserto tiene un ángulo de alivio o claro. Debido a que la acción de

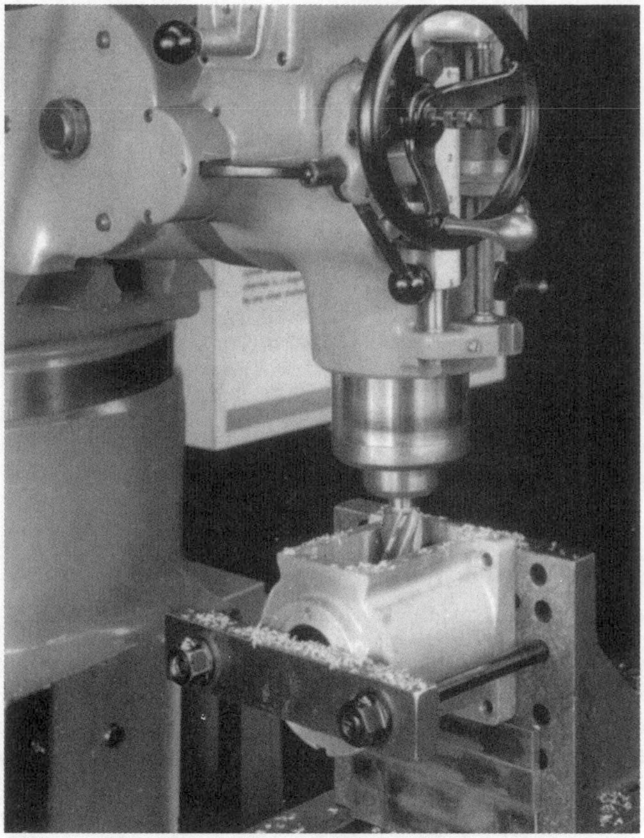

FIGURA 29-13 Las fresas frontales cortan generalmente en la periferia.

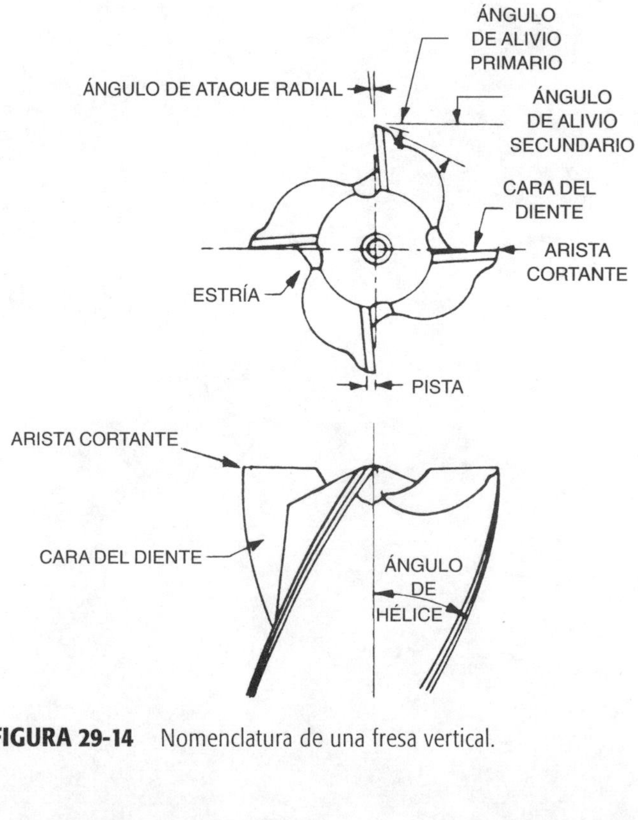

FIGURA 29-14 Nomenclatura de una fresa vertical.

corte ocurre en la esquina inferior del inserto, por lo general cada esquina está biselada para fortalecerla y evitar que las esquinas se rompan (Figura 29-15).

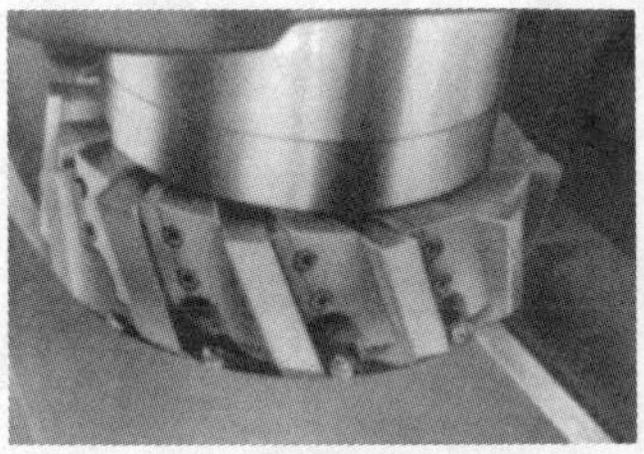

FIGURA 29-15 La esquina de cada diente en los cortadores para fresado de cara por lo general está biselado para darle más resistencia y evitar que los dientes se rompan.

Taladrado

La *broca* de un *taladro* es una herramienta de corte cilíndrica con filos múltiples que corta inicialmente por la punta. Los bordes cortantes de la broca tienen un claro de salida (Figura 29-16), para permitir que la punta penetre en la pieza de trabajo conforme gira ese cortador. Puede ser forzada hacia la pieza de trabajo, manual o automáticamente. El ángulo de ataque lo aportan ranuras de forma helicoidal que van desde las aristas cortantes. Como sucede con otras herramientas de corte, el ángulo incluido entre el ángulo de ataque y el ángulo de alivio se conoce como *ángulo de filo*. Los ángulos de la punta de corte de una broca estándar se muestran en la Figura 29-16; la formación de la viruta aparece en la Figura 29-17.

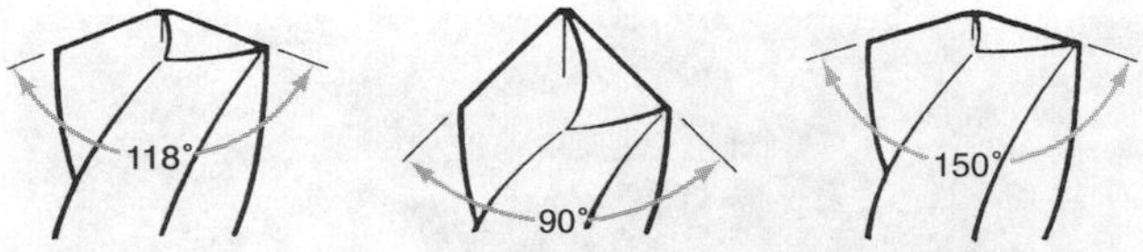

FIGURA 29-16 Características de la punta de una broca. (Cortesía de Kelmar Associates.)

FIGURA 29-17 Formación de la viruta en una broca de taladro.

PREGUNTAS DE REPASO

Materiales de las herramientas de corte

1. ¿Qué propiedades debe poseer una herramienta de corte?
2. ¿Qué elementos se encuentran en un cortador de acero de alta velocidad?
3. Mencione la precaución que debe tomarse cuando se forman cortadores hechos de estelita (o stellite).
4. Enuncie tres cualidades de un cortador de carburo.
5. ¿Por qué se utilizan cortadores de carburo de tungsteno simples?
6. ¿Cuáles son las dos sustancias que pueden agregarse al carburo de tungsteno para hacerlo resistente a craterización?
7. Exprese cuatro ventajas de los cortadores recubiertos de carburo en comparación con los de carburo convencionales.
8. Mencione los usos de los:
   a. Insertos recubiertos de titanio
   b. Insertos recubiertos de cerámico
9. Enuncie tres ventajas de los cortadores cerámicos.
10. ¿Para qué aplicación no deben utilizarse los cortadores cerámicos?
11. Describa un cortador de diamante policristalino.
12. ¿Cuáles son las aplicaciones principales de las herramientas de diamante policristalino?
13. Exprese seis ventajas de los cortadores de diamante policristalino.
14. ¿Cómo se fabrican las herramientas cortantes de nitruro de boro cúbico?
15. Mencione dos ventajas de las de nitruro de boro cúbico policristalino.
16. Enuncie dos aplicaciones de los cortadores de nitruro de boro cúbico policristalino.

Nomenclatura de las herramientas de corte

17. Trace esquemas claros de una herramienta de corte de una sola punta y señale las siguientes partes:
   a. Cara
   b. Arista cortante
   c. Nariz
   d. Punta
   e. Flanco
   f. Cuerpo
   g. Radio

Ángulos y claros en cortantes o buriles para torno

18. Mencione el propósito de los siguientes elementos:
   a. Ángulo del filo de corte lateral
   b. Ángulo de incidencia lateral
   c. Ángulo de incidencia frontal
   d. Ángulo de ataque lateral
   e. Inclinación de la cara
   f. Ángulo en la punta
19. Trace esquemas para ilustrar los ángulos de la pregunta 18.

Forma de la herramienta de corte

20. Mencione dos métodos que pueden utilizarse para mejorar la duración de una herramienta de corte.
21. ¿Qué resultados pueden esperarse de formar un ángulo de ataque grande en una herramienta de corte?
22. ¿Cómo afecta la inclinación negativa en una herramienta cortante al proceso de corte?

Duración de la herramienta

23. Defina el *desgaste de flanco*, el *de nariz* y el *de cráter*.
24. Enuncie seis factores importantes que afectan la vida útil de una herramienta de corte.
25. Mencione dos tipos de herramientas de corte.

Corte en un torno

26. Cuál será el efecto si el ángulo del filo es:
   a. Demasiado pequeño
   b. Demasiado grande
27. Enuncie los dos resultados de la pregunta 26a y b.

Fresado simple

28. Describa un cortador para fresado simple.
29. Describa la acción de corte en una máquina fresadora.
30. ¿Cuál es otro nombre para el ángulo del diente en la Figura 29-12?

Fresado vertical y frontal

31. Cuál es el propósito del:
   a. Fresado vertical
   b. Fresado frontal
32. ¿Cómo se obtiene el ángulo de ataque en los filos de una fresa con dientes insertados?
33. ¿Por qué los cortadores de dientes insertados están biselados o achaflanados en las esquinas?

Taladrado

34. ¿Por qué se forma el claro de salida en una broca?
35. ¿Cuáles son las dos superficies que crean el ángulo de filo en la broca?

UNIDAD

30

Condiciones de operación y duración de las herramientas de corte

OBJETIVOS

Al terminar el estudio de esta unidad, se podrá:

1. Describir el efecto de las condiciones de corte sobre la duración de las herramientas
2. Explicar el efecto de las condiciones de corte sobre la rapidez de eliminación de metal
3. Mencionar las ventajas de los nuevos materiales para herramientas de corte
4. Calcular el rendimiento económico y el análisis de costos de una operación de maquinado

La intensa competencia global (o mundial) y la brecha en productividad entre los trabajadores norteamericanos y los de otros países, están obligando a muchas empresas a renovar su compromiso con la calidad del producto, reduciendo al mismo tiempo los costos de manufactura. Aproximadamente durante la última década, se han conseguido grandes avances en productividad debido a la automatización de alta tecnología, máquinas-herramienta de control numérico, sistemas de manufactura flexible, y otras innovaciones. Estos nuevos sistemas y máquinas-herramienta más rígidos y de mayor potencia, son mucho más productivos que las máquinas que han estado reemplazadas. Sin embargo, el realizar toda su potencialidad depende del uso de *herramientas de corte de alta eficiencia* confiables para producir repetidamente piezas precisas a precios que las hagan competitivas con la producción en otros continentes.

CONDICIONES DE OPERACIÓN

Se ha realizado una búsqueda continua de nuevos materiales para herramientas de corte, a fin de aumentar la productividad. Los aceros de alta velocidad han sido reemplazados gradualmente por aleaciones fundidas, carburos, cerámicos y cermets. Herramientas de corte superabrasivas de alta eficiencia, como las de diamantes policristalinos (PCD) y de nitruro de boro cúbico policristalino (PCBN) encuentran ahora un amplio uso en la industria metalofabril (o metalmecánica). En ciertas aplicaciones, la productividad de estas nuevas herramientas de corte de alta eficiencia supera por mucho a la de otras herramientas cortantes.

Para producir piezas con eficiencia, se deben lograr condiciones de operación óptimas durante la producción. Tres variables operativas — velocidad de corte, velocidad de avance y profundidad del corte — influyen en la rapidez de eliminación de metal y la duración de la herramienta (Figura 30-1). En esta unidad se explicará cómo lograr tales condiciones óptimas, lo que resultará en un máximo de productividad y un costo mínimo por pieza producida.

FIGURA 30-1 Mejores condiciones de operación dan como resultado mejores velocidades de eliminación de metal y un aumento en la productividad. (Cortesía de GE Superabrasives.)

Profundidad de corte, velocidad de avance y velocidad de corte

La *rapidez de eliminación de metal* (MRR, de metal-removal rate) es la velocidad a la cual se elimina el metal de una pieza sin terminar, y se mide en pulgadas cúbicas, o en centímetros cúbicos, por minuto. Siempre que cambie cualquiera de las tres variables (velocidad de corte, alimentación y profundidad de corte), la MRR cambiará de manera correspondiente. Por ejemplo, si la velocidad o la profundidad del corte se incrementa 25%, el MRR aumentará en 25%, pero la duración o vida de la herramienta de corte se reducirá. Sin embargo, los cambios en cada una de las variables afectará de manera diferente la duración de la herramienta de corte. Esta diferencia puede demostrarse colocando una pieza de prueba en un torno.

Efectos al cambiar las condiciones de operación

Supongamos que se está maquinando una pieza de prueba. El torno se ajusta a la velocidad de rotación adecuada para el material que se va a cortar. El avance ha sido seleccionado y se ha ajustado la profundidad de corte a diez veces la velocidad de avance, lo que generalmente es aceptado como profundidad mínima. Después que se ha hecho el corte de prueba y se ha determinado la vida de la herramienta, auméntese cada variable en 50% y obsérvense los efectos sobre la duración de la herramienta (Figura 30-2). Los resultados son aproximadamente como sigue:

- Aumentar la profundidad de corte en 50% reduce la vida de la herramienta en 15%

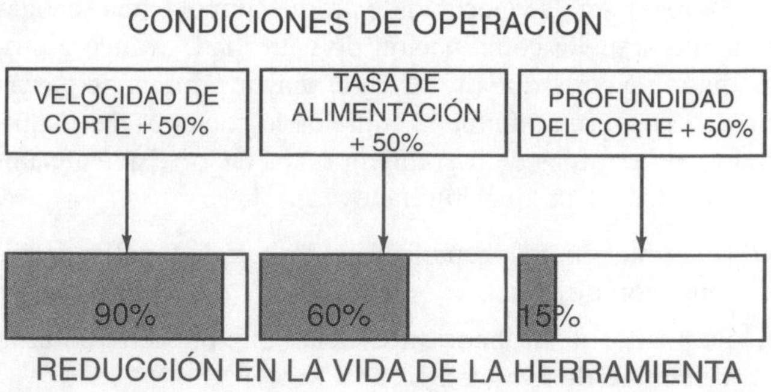

FIGURA 30-2 Condiciones que afectan las operaciones de maquinado con herramientas de un filo. (Cortesía de Kelmar Associates.)

- Incrementar la velocidad de avance en 50% reduce la duración de la herramienta en 60%
- Aumentar la velocidad de corte en 50% reduce la vida de la herramienta en 90%

Con base en la Figura 30-2, puede considerarse que:

- Los cambios en la profundidad de corte son los que tienen menor efecto sobre la vida de la herramienta
- Las variaciones en la velocidad de avance tienen un efecto mayor que los cambios en la profundidad de corte, sobre la duración de la herramienta
- Los cambios en la velocidad de corte sobre cualquier material tienen un mayor efecto sobre la vida de la herramienta, que alterar la profundidad del corte o la velocidad de avance.

Reglas generales de condiciones de operación

A partir de la prueba anterior, es evidente que la selección de la velocidad de corte adecuada es el factor más crítico a considerar al establecer las condiciones de operación óptimas o ideales. Si la velocidad de corte es demasiado baja, se producirán menos piezas. A velocidades muy reducidas, puede ocurrir un borde acumulado sobre la cuchilla, lo que requerirá reemplazo de la herramienta. Si la velocidad de corte es demasiado alta, la herramienta se romperá rápidamente, lo que requerirá cambios de herramienta frecuentes. Por lo tanto:

La velocidad de corte óptima para cualquier trabajo debe buscar un equilibrio entre la velocidad de eliminación de metal y la vida de la herramienta de corte.

Al decidir sobre las mejores velocidades de avance y profundidad de corte, elija siempre las mayores profundidades de corte y avance posibles, porque reducirán la duración de la herramienta mucho menos que una velocidad de corte demasiado alta. De modo que

La velocidad de avance óptima debe buscar un equilibrio entre la velocidad de eliminación de metal y la duración de la herramienta de corte.

En resumen, la velocidad de producción máxima se logra mediante aquella combinación de velocidad, avance y profundidad de corte que produzca el mayor número de piezas y para el cual sea mínima la suma de los tiempos de maquinado y de cambios de herramienta. Los factores que afectan la velocidad de producción incluyen:

1. Una potencia inadecuada, que limitará la rapidez de eliminación de metal.
2. Requisitos de acabado superficial, que pueden limitar la velocidad de avance .
3. Rigidez de la máquina, que puede no ser suficiente para soportar las fuerzas de corte, velocidad de avance y profundidad de corte.
4. Rigidez de la pieza que se está maquinando, lo cual puede limitar la profundidad del corte.

RENDIMIENTO ECONÓMICO

Cuando se analiza el costo de cualquier operación de maquinado, deben considerarse muchos factores para llegar a un costo verdadero. El factor más importante que afecta la velocidad de eliminación de metal es el tipo utilizado de herramienta de corte. El *costo de una herramienta de corte convencional* puede ser muy bajo, pero el *costo de utilizar la herramienta* puede resultar muy alto. Por otro lado, el *costo de una herramienta de corte superabrasiva*, como la de diamante policristalino o nitruro de boro cúbico, puede ser relativamente alto, pero el *costo de utilizar la herramienta* puede ser lo suficientemente bajo para justificar su uso.

A fin de llegar a una apreciación verdadera de si la herramienta de corte resultará económica o no, deben considerarse dos factores en la ecuación del costo de maquinado total: el costo de utilizar la herramienta de corte y el precio de tal herramienta. Examinemos los factores que se deben considerar para llegar a los costos totales de maquinado por pieza producida. (Vea la Figura 30-3.)

Costo de utilizar la herramienta

1. La capacidad de una herramienta de corte para eliminar material determinará la velocidad de producción, y también la cantidad de mano de obra y la inversión necesaria para producir partes.
2. La capacidad de cualquier herramienta para eliminar material está gobernada por el número de veces que deba reacondicionarse o reemplazarse, a fin de producir piezas de trabajo precisas y con un buen acabado superficial.
3. La velocidad a la cual se desgasta una herramienta de corte influirá en la frecuencia con que el utensilio gastado deberá retirarse de una máquina, y ser sustituido.
4. La herramienta de corte debe reacondicionarse y conservarse en inventario, lo que afecta el costo total de maquinado.

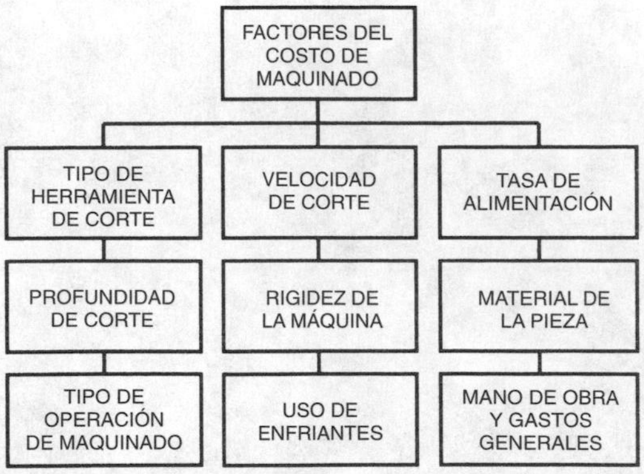

FIGURA 30-3 Factores que afectan el costo de maquinado de una pieza. (Cortesía de Kelmar Associates.)

ANÁLISIS DEL COSTO DE MAQUINADO

Deben considerarse muchos factores para analizar el costo verdadero de cualquier operación de maquinado. Uno de los elementos más importantes que determina la velocidad a la cual se elimina material, es la elección de la herramienta de corte a utilizar. Aun cuando una cierta herramienta cortante puede ser *más costosa* que otra, a la larga podría resultar *más económica* si elimina material con mayor rapidez y a menor costo de herramienta por pieza.

Para obtener los costos más bajos posibles en cualquier operación de maquinado, los ingenieros de herramientas y el personal de métodos, deben observar la operación total y examinar cuidadosamente todos los elementos que afectan el factor costo. Las muchas variables que afectan una operación de maquinado aparecen en la Figura 30-3. Todos estos factores tienen influencia al determinar cómo actúa la herramienta de corte durante una operación de maquinado.

PREGUNTAS DE REPASO

Condiciones de operación

1. ¿Cuáles son los tres factores que afectan la vida de una herramienta de corte?

Profundidad del corte, velocidad de avance y velocidad de corte

2. ¿Cómo se mide la velocidad de eliminación de metal?

Efectos de los cambios en las condiciones de operación

3. ¿Cuál es la profundidad de corte mínima aceptada generalmente?
4. ¿Cuál es el factor que al incrementarse provoca la mayor reducción en la duración de la herramienta de corte?

Reglas generales de condiciones de operación

5. ¿Qué puede ocurrir si se utiliza una velocidad de corte demasiado baja?
6. ¿Cuál es la velocidad de corte óptima o ideal para cualquier trabajo?
7. Mencione cuatro factores que afecten la velocidad de producción.

Rendimiento económico

8. ¿Cuál es el factor más importante que afecta la velocidad de eliminación de metal?
9. ¿Cuáles son los dos factores que deben considerarse al evaluar al costo total de una pieza?

Costo del uso de la herramienta

10. ¿Qué es lo que determina la velocidad de producción de una herramienta?

Análisis del costo de maquinado

11. Mencione seis de los factores de costo más importantes al maquinar una pieza.

UNIDAD

31

Herramientas de corte de carburo

OBJETIVOS

Al terminar el estudio de esta unidad, se podrá:

1 Identificar y mencionar el propósito de las dos clases principales de grados de carburo

2 Seleccionar el grado apropiado de carburo para diversos materiales de trabajo

3 Elegir las velocidades y avances adecuados para las herramientas de carburo

El *carburo* (mejor dicho, material carbúrico) se utilizó por primera vez para herramientas de corte en Alemania, durante la Primera Guerra Mundial, como sustituto de los diamantes. Durante la década de 1930, se descubrieron varios aditivos que mejoraron en general las cualidades y rendimiento de las herramientas de carburo. Desde entonces se han desarrollado varias clases de carburos cementados (sinterizados) apropiados a diferentes materiales y operaciones de maquinado. Los carburos cementados son similares en apariencia al acero, pero son tan duros que el diamante es casi el único material que puede penetrarlos. Han sido aceptados en la industria porque tienen excelente resistencia al desgaste y pueden operar eficientemente a velocidades de corte que van de 150 a 1200 pies por minuto (46 a 366 metros por minuto). Las herramientas de carburo pueden maquinar metales a velocidades que hacen que el borde de corte se ponga al rojo vivo sin perder su dureza o su filo.

FABRICACIÓN DE LOS CARBUROS CEMENTADOS

Los *carburos cementados* son productos del proceso de metalurgia de polvos; consisten principalmente en diminutas partículas de polvo de tungsteno y carbono cementados entre sí en caliente con un metal de temperatura de fusión menor, por lo general el cobalto. Los metales en polvo como tantalio, titanio y niobio, se utilizan también en la manufactura de carburos cementados, para obtener herramientas de corte con diversas características. Toda la operación de la obtención de productos de carburo cementado se ilustra en la Figura 31-1.

Mezclado

Se utilizan cinco clases de polvos en la fabricación de herramientas de carburo cementado: carburo de tungsteno, carburo de titanio, carburo de tantalio, carburo de niobio, y co-

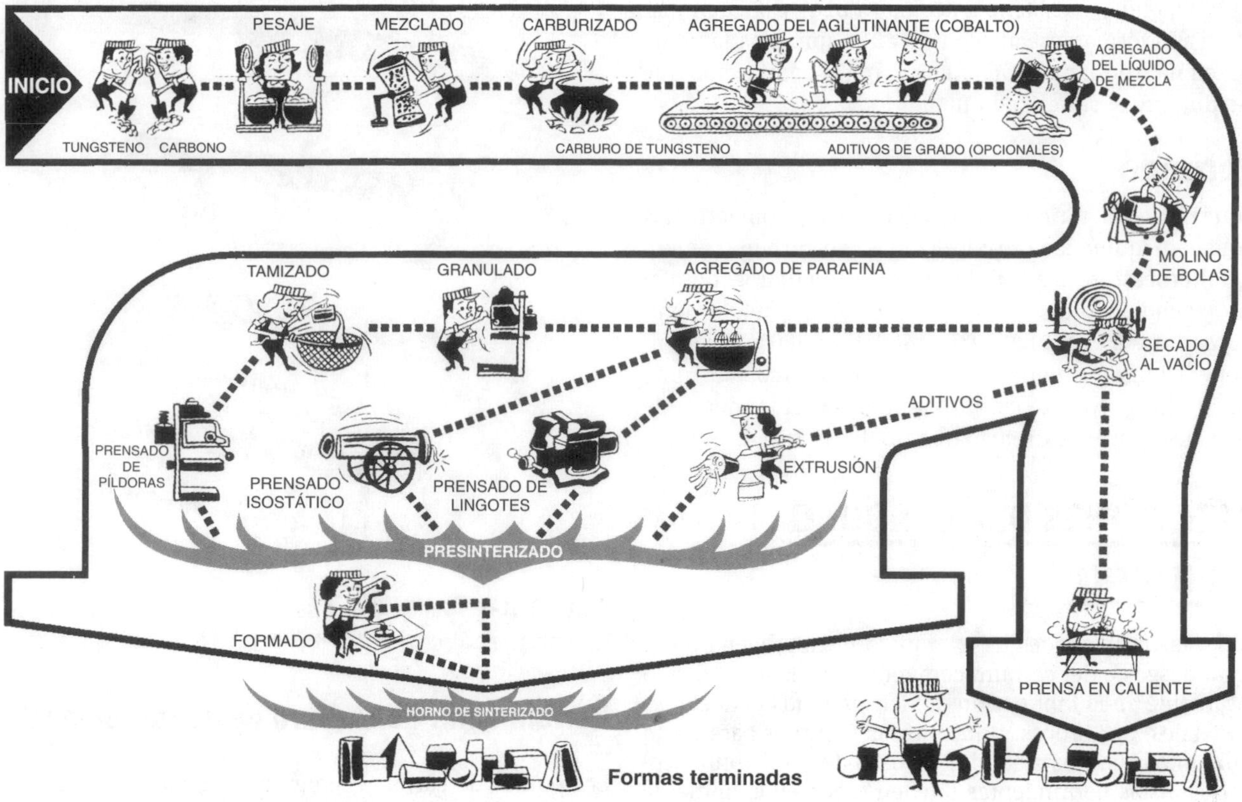

FIGURA 31-1 Proceso de fabricación de productos de carburo cementado. (Cortesía de Carboloy, Inc.)

balto. Se mezcla uno de estos polvos de carburo o una combinación de ellos con cobalto (el aglutinante) en varias proporciones, dependiendo del grado de carburo deseado. El polvo se mezcla en alcohol; el proceso de mezcla lleva de 24 a 190 horas. Una vez que el polvo y el alcohol se han mezclado completamente, se drena el alcohol y se agrega parafina para simplificar la operación de prensado.

Compactación

Después de que los polvos se han mezclado completamente, deben moldearse a la forma y tamaño. Se pueden utilizar cinco métodos para compactar el polvo a la forma (Figura 31-2): proceso de extrusión, prensado en caliente, prensado isostático, prensado de lingotes, o prensado de pastillas. Los compactados en verde (prensados) son suaves y deben presinterizarse para disolver la parafina, y unir ligeramente las partículas de manera que puedan manejarse con facilidad.

Presinterizado

Los compactados en verde se calientan a aproximadamente 1500°F (815°C) en un horno con una atmósfera protectora de hidrógeno. Después de esta operación, las preformas de

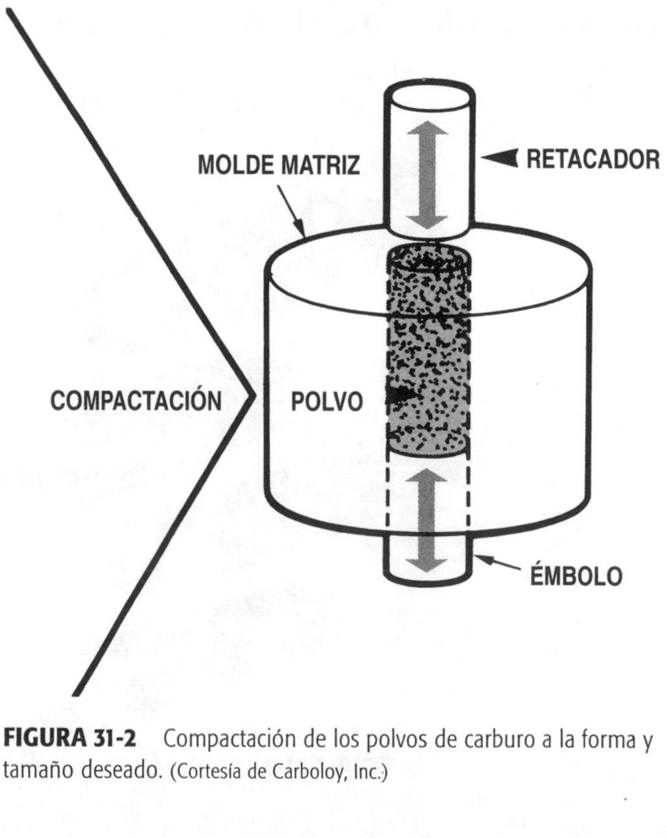

FIGURA 31-2 Compactación de los polvos de carburo a la forma y tamaño deseado. (Cortesía de Carboloy, Inc.)

carburo tienen la consistencia del gis (o tiza) y pueden maquinarse a la forma deseada con un 40% aproximadamente de sobredimensión, para tomar en cuenta la contracción que ocurre durante el sinterizado final.

Sinterizado

El *sinterizado*, el último paso del proceso, convierte las preformas maquinadas presinterizadas, en carburo cementado. Tal proceso se realiza en atmósfera de hidrógeno o al vacío, dependiendo del grado de carburo fabricado, a temperaturas entre 2550°F y 2730°F (1400°C y 1500°C). Durante la operación de sinterizado, el aglutinante (cobalto) une y cementa los polvos de carburo a una estructura densa de cristales de carburo, extremadamente duros.

APLICACIONES DEL CARBURO CEMENTADO

Debido a las propiedades de extrema dureza y buena resistencia al desgaste del carburo cementado, se le ha utilizado extensamente en la fabricación de herramientas para el corte de metales. Las brocas, rimas, fresas y buriles para torno son sólo unos cuantos ejemplos de usos de los carburos cementados. Estas herramientas pueden tener, en el borde de corte, puntas de carburo cementado, ya sea soldadas o sostenidas mecánicamente.

Los carburos cementados se usaron primero con éxito en operaciones de maquinado, como buriles para torno. La mayoría de los cortadores hechos de carburo cementado en uso actual, son herramientas de corte de una sola punta, que se emplean en máquinas como los tornos y las fresadoras.

Tipos de buriles de carburo para torno

Las herramientas de corte de carburo cementado para torno están disponibles en dos clases: de punta soldada y de inserto intercambiables.

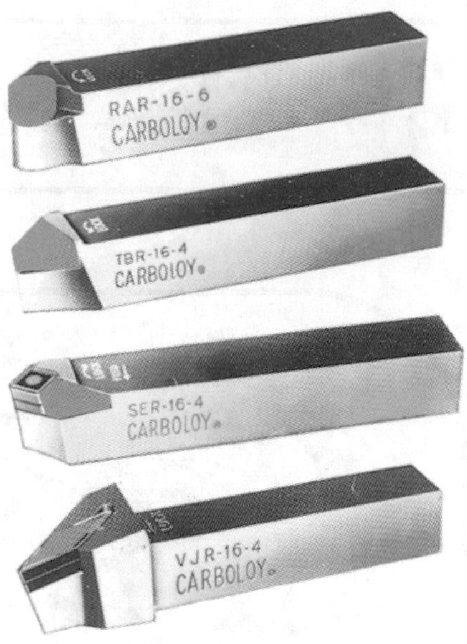

FIGURA 31-4 Variedad de insertos de carburo cementado intercambiables. (Cortesía de Carboloy, Inc.)

Herramientas de carburo de punta soldada

Las puntas de carburo cementado pueden soldarse a cuerpos o vástagos de acero, y están disponibles en una amplia variedad de estilos y tamaños (Figura 31-3). Las herramientas de carburo de punta soldada son rígidas y se utilizan generalmente en el torneado de producción.

Insertos intercambiables

Los insertos intercambiables de carburo cementado del tipo indizable (Figura 31-4) se fabrican en una gran diversidad de formas, como triangular, cuadrada, en diamante y redonda. Estos insertos se sostienen mecánicamente mediante un so-

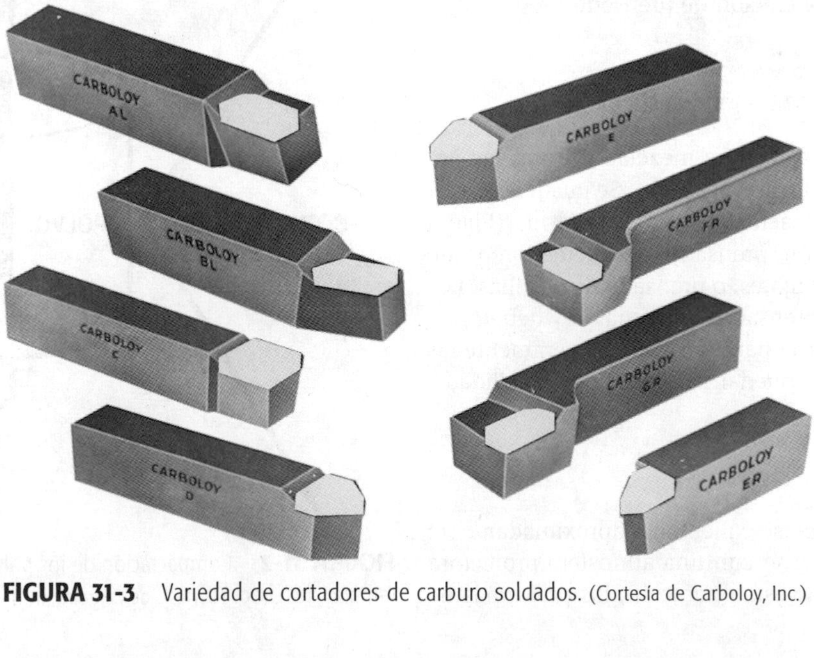

FIGURA 31-3 Variedad de cortadores de carburo soldados. (Cortesía de Carboloy, Inc.)

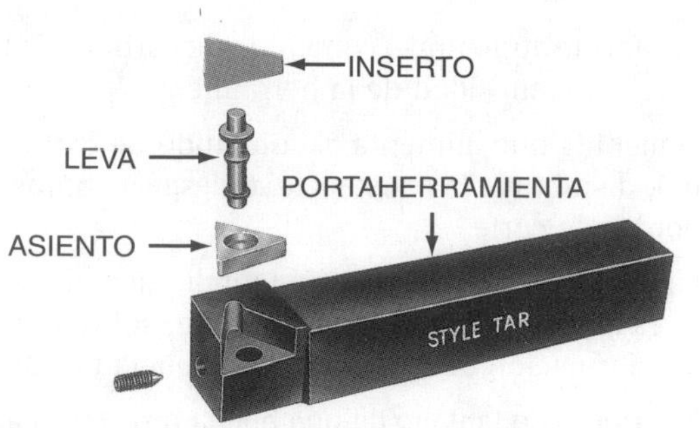

FIGURA 31-5 Portaherramienta para insertos de carburo cementado intercambiables. (Cortesía de Carboloy, Inc.)

porte especial (Figura 31-5). Cuando una arista de corte pierde el filo, puede intercambiarse o girarse rápidamente en el sujetador y presentará un nuevo borde cortante. Un inserto triangular tiene tres filos en la superficie superior y tres en la inferior, con un total de seis bordes cortantes. Cuando las seis aristas han perdido el filo, por lo general se descarta el inserto de carburo y se le reemplaza con uno nuevo.

Los insertos de carburo cementado intercambiables se usan cada vez más que las herramientas de carburo de punta soldada porque:

1. Se requiere menos tiempo para pasar a una nueva arista de corte.
2. El tiempo de paro de la máquina se reduce considerablemente y por lo tanto aumenta la producción.
3. El tiempo que normalmente se necesita para volver a reafilar una herramienta, se elimina.

TABLA 31-1 Sistema de identificación de insertos de carburo cementado (dimensiones en pulgadas)

T	N	G	A	-	4	3	3	A
FORMA	ÁNGULO DE ALIVIO	TOLERANCIAS	TIPO		TAMAÑO	ESPESOR	RADIO EN LA PUNTA, CARAS	ACABADO

FORMA

R —Redondo
S —Cuadrado
T —Triangular
L —Rectangular
D —Diamante 55°
C —Diamante 80°
M—Diamante 86°
P —Pentagonal
B —Paralelogramo 82°
A —Paralelogramo 85°
H —Hexagonal
O —Octagonal

TOLERANCIAS

PUNTA DE CORTE	ESPESOR
A = ±.0002	±.001
B = ±.0002	±.005
C = ±.0005	±.001
D = ±.0005	±.005
E = ±.001	±.001
G = ±.001	±.005
**M = ±.002 ±.004	±.005
**U = ±.005 ±.012	±.005
Forma R con material de esrilar	

TAMAÑO

Número de treintaidosavos en insertos menores a 1/4 I.C.

Número de octavos en insertos de 1/4 I.C. y mayores.

Los insertos rectangulares y paralelogramos requieren dos dígitos:
Primer dígito = Número de octavos de ancho.
Segundo dígito = Número de cuartos de longitud.

RADIO EN LA PUNTA, CARAS

0—Esquina afilada
1—1/64 de radio
2—1/32 de radio
3—3/64 de radio
4—1/16 de radio
6—3/32 de radio
8—1/8 de radio
A—Inserto cuadrado con chaflán de 45°
B—Inserto cuadrado con chaflán de 45° y ángulo de barrido de 4°, derecho o Neg.
C—Inserto cuadrado con chaflán de 45° y ángulo de barrido de 4°, izquierdo
D—Inserto cuadrado con chaflán de 30°, derecho o Neg.
E—Inserto cuadrado con chaflán de 15°, derecho o Neg.
F—Inserto cuadrado con chaflán de 5°, F.H. o Neg.
G—Inserto cuadrado con chaflán de 30°, izquierdo
H—Inserto cuadrado con chaflán de 15°, izquierdo
J—Inserto cuadrado con chaflán de 5°, izquierdo
K—Inserto cuadrado con chaflán doble de 30°
L—Inserto cuadrado con chaflán doble de 15°
M—Inserto cuadrado con chaflán doble de 5°
N—Inserto triangular truncado
P—Triángulo de esquinas aplanadas, derecho o Neg.
R—Triángulo de esquinas aplanadas, izquierdo

ÁNGULO DE ALIVIO

N—0°
A—3°
B—5°
C—7°
P—10°
D—15°
E—20°
F—25°
G—30°

TIPO

A—Con perforación o barreno
B—Con barreno y un avellanado
C—Con barreno y dos avellanados
D—Menor que 1/4 I.C. con barreno
E—Menor que 1/4 I.C. sin barreno
F—Tipo de mordaza con rompeviruta
G—Con agujero y rompeviruta
H—Con agujero, un avellanado y rompeviruta
J—Con agujero, dos avellanados y rompeviruta

ESPESOR

Cantidad de treintadosavos en insertos menores que 1/4 I.C.

Cantidad de dieciseisavos en insertos de 1/4 I.C. y mayores.

Utilice la dimensión de ancho en vez del I.C. en insertos rectangulares y paralelogramos.

ACABADO

A—Todo rectificado; ligeramente pulido
B—Todo rectificado; muy pulido
C—Rectificado superior e inferior; pulido ligeramente
D—Rectificado superior e inferior; muy pulido
E—Inserto no rectificado; pulido
F—Inserto no rectificado; sin pulir

*Debe utilizarse sólo cuando se requiera. **La tolerancia exacta queda determinada por el tamaño del inserto. (Cortesía de Carboloy, Inc.)

4. Se pueden utilizar mayores velocidades y avances.
5. Queda eliminado el costo de las ruedas de diamante, necesarias para esmerilar herramientas de carburo.
6. Los insertos intercambiables son menos costosos que las herramientas de punta soldada.

Identificación de los insertos de carburo cementado

La American Standards Association ha desarrollado un sistema según el cual se pueden identificar rápida y precisamente insertos intercambiables (Tabla 31-1). Este sistema también ha sido adoptado generalmente por los fabricantes de insertos de carburo cementado.

GRADOS DE CARBUROS CEMENTADOS

Existen dos grupos principales de carburos a partir de los cuales se pueden seleccionar diversos grados: los de carburo de tungsteno simples y los resistentes a formar cráter que contienen carburo de titanio y/o de tantalio.

Los *grados de carburo de tungsteno simples*, que contienen sólo carburo de tungsteno y cobalto, son los más fuertes y más resistentes al desgaste. Se utilizan generalmente para el maquinado de hierros fundidos y de no metales. Los grados de carburo de tungsteno no son muy satisfactorios para el acero debido a su tendencia a formar cráter y la falla rápida de la herramienta.

El tamaño de las partículas de carburo de tungsteno y el porcentaje de cobalto utilizado determinan las propiedades de las herramientas de carburo de tungsteno:

1. Cuanto más pequeños sean los granos de las partículas, menor será la tenacidad de la herramienta
2. Cuanto más pequeños sean los granos de las partículas, mayor será la dureza de la herramienta
3. Cuanto mayor sea la dureza, mayor será la resistencia al desgaste
4. Cuanto menor sea el contenido de cobalto, menor será la tenacidad de la herramienta
5. Cuanto menor sea el contenido de cobalto, mayor será la dureza

Para una máxima duración de la herramienta, seleccione siempre un grado de carburo de tungsteno con el menor contenido de cobalto y el menor tamaño de grano posible, que realice un trabajo satisfactorio sin romperse.

Los *grados resistentes a la formación de cráter* contienen carburo de titanio y carburo de tantalio además de los componentes básicos de carburo de tungsteno y cobalto. Tales grados se utilizan para el maquinado de la mayoría de los aceros.

La adición del carburo de tantalio y/o de titanio proporcionan herramientas con diversas características:

1. La adición del carburo de titanio produce resistencia a la formación de cráter en la herramienta. Cuanto mayor sea el contenido de titanio, mayor será la resistencia a la formación de cráter.
2. Conforme aumenta el contenido de carburo de titanio, se reduce la tenacidad de la herramienta.
3. A medida que aumenta el contenido de carburo de titanio, disminuye la resistencia al desgaste abrasivo de los bordes de corte.
4. Las adiciones de carburo de tantalio tienen efectos similares a las de carburo de tungsteno, sobre la resistencia a la formación de cráter y la resistencia mecánica.
5. El carburo de tantalio da una buena resistencia a la formación de cráter, sin afectar la resistencia al desgaste abrasivo.
6. La adición de carburo de tantalio aumenta la resistencia a la deformación de la herramienta.

Los insertos intercambiables se clasifican según los estándares ANSI para facilitar la selección de insertos de carburo provenientes de diversos fabricantes. Cada fabricante puede impartir variaciones ligeras respecto del sistema de codificación ANSI. Siga las recomendaciones del fabricante con respecto al tipo y grado de carburo para cada aplicación específica. Algunas reglas generales ayudarán en la selección del grado de carburo cementado que sea apropiado:

1. Utilice siempre un grado con el menor contenido de cobalto y el tamaño de grano más pequeño (lo suficientemente fuerte para eliminar rupturas).
2. A fin de combatir sólo el desgaste abrasivo, utilice grados de carburo de tungsteno simple.
3. Para combatir la formación de cráter, desgaste, soldadura y desgarre, utilice grados de carburo de titanio.
4. En el caso de resistencia a la formación de cráter y al desgaste abrasivo, emplee grados de carburo de tantalio.
5. Para cortes pesados en acero, cuando el calor y la presión podrían deformar los bordes de corte, utilice grados de carburo de tantalio.

Insertos de carburo recubiertos

Un desarrollo reciente en la búsqueda de un mejor herramental ha sido el recubrir las herramientas de corte de carburo utilizando nitruro de titanio. Los insertos de carburo revestidos dan mayor vida a la herramienta, mayor productividad y flujo de virutas más libre. El recubrimiento actúa como un lubricante permanente, reduciendo en gran medida las fuerzas de corte, la generación de calor y el desgaste. Esto permite que se utilicen velocidades más altas durante el proceso de maquinado, particularmente cuando se necesita un buen acabado superficial. Las características de lubricación y de antisoldadura del recubrimiento, reducen en gran medida la cantidad de calor y esfuerzo generados cuando se realiza un corte.

El uso de recubrimientos duros y resistentes al desgaste a base de carburos, nitruros y óxidos sobre los insertos de carburo, han mejorado mucho el rendimiento de las herramientas de corte de carburo. Los insertos están disponibles en una combinación de dos o tres materiales en el revestimiento, para dar a la herramienta cualidades especiales. El carburo de titanio, fuerte y resistente al desgaste, forma la capa más interna. Esta

TABLA 31-2 Grados de carburo para el corte de metales

Grado Valenite	Clase ISO	Clase industrial	Aplicación	Materiales	Métodos y condiciones de trabajo
Carburos no recubiertos					
VC2	M10-20 K10-20	C2	Torneado, torneado interior y fresado	Hierros fundidos, cobre, latón, aleaciones no férreas, "éxoticos" o especiales para alta temperatura, piedra y plásticos.	Grado de uso general de alta tenacidad y resistencia al desgaste de flanco, a velocidades de corte bajas o medias.
VC3	K10-05	C3,C4	Torneado, torneado interior y fresado, de precisión	Hierro fundido, aluminio, especiales para alta temperatura y materiales no férreos.	Grado resistente al desgaste para cortes de acabado, velocidades de avance de bajas a medias en condiciones rígidas.
VC5	P20-30 M20-40	C5	Torneado, torneado interior y fresado	Acero, acero fundido o colado, hierro fundido maleable, aceros inoxidables de las series 400 y 500.	Grado de uso general que cubre una amplia variedad de aplicaciones, velocidad de corte de baja a media, altos avances y profundidades de corte. Tiene buena resistencia a la deformación.
VC7	P05-15	C7	Torneado, torneado interior, roscado y ranurado	Acero, acero fundido, hierro fundido maleable, aceros inoxidables de las series 400 y 500.	Desbaste ligero a terminado con avances de tipo bajo a moderado. Buena resistencia a la formación de cráter y a la deformación.
VC27	P15-30 M15-30 K20-30	C2	Torneado, fresado	Acero, acero fundido, hierros fundidos aleados, aleaciones fundidas, especiales.	Grado de grano fino para uso general con tenacidad y resistencia al desgaste mejoradas para torneado y fresado.
VC28	M20-30 K15-30	C2	Fresado	Hierros colados y de aleación	Grado de uso general, de desbaste a acabado, en hierros fundidos.
VC29	M10-20 K10-20	C2, C3	Torneado, torneado interior y fresado	Aceros inoxidables, hierros especiales y materiales no ferrosos.	Grado de grano fino para el acabado de hierros especiales y materiales no ferrosos.
VC35	P20-35	C5	Fresado	Aceros al carbono, aceros aleados e inoxidables.	Grado para fresado de acero de uso general, de desbaste a terminado moderados.
VC101	M30-40 K30-40	C1	Torneado, torneado interior y fresado	Hierro, acero inoxidable 200/300 y especiales.	Grado de grano fino para servicio pesado, en desbaste a velocidades de bajas a moderadas.
Carburos recubiertos					
VN5	P10-25 M15-20	C5-C7	Torneado y torneado interior	Acero, acero fundido, hierro fundido maleable, acero inoxidable.	Grado recubierto de TiN para desbaste y acabado. Tiene excelente resistencia a la formación de cráter y a la deformación.
VN8	P10-30 M20-30 K10-30	C5-C7 C2-C3	Torneado, torneado interior, fresado, roscado y ranurado	Aceros y hierros fundidos, aceros inoxidables de las series 300 y 400, acero inoxidable PH.	Grado recubierto de TiN muy bien balanceado; adecuado para una amplia gama de aplicaciones. Tiene una destacada resistencia a la formación de cráter y al impacto a velocidades de bajas a altas.
V01	P01-30 M10-30 K01-30	C8-C5 C4-C2	Torneado, horadado y fresado	Aceros inoxidables y hierros fundidos, aceros aleados, aceros al carbono.	Grado recubierto de compuesto cerámico que da una máxima resistencia a la formación de filo acumulado. Es propio para operaciones que van desde el desbaste hasta el acabado a velocidades de medias a altas.
V1N	P30-45 M30-40 K25-45	C5 C1, C2	Fresado, roscado y ranurado	Hierros fundidos, aceros, aceros especiales para alta temperatura, aceros inoxidables de las series 300 y 400, y aceros inoxidables PH.	Grado recubierto de TiN para servicio pesado que se usa en desbaste severo y cortes interrumpidos a bajas velocidades.
V88	P05-10 M10-30 K05-30	C6-C7 C3-C1	Torneado, torneado interior y fresado	Hierro fundido, acero y acero aleado.	Grado revestido de TiC con una excelente resistencia al desgaste en flanco, para uso en aplicaciones donde el desgaste abrasivo es la principal causa de fallas.
VX8	P15-30 M15-30 K15-30	C6-C7 C2	Torneado, torneado interior, roscado y ranurado	Hierro fundido, acero, especiales ("exóticos") para alta temperatura y aceros inoxidables.	Grado recubierto de TiC y TiN para cortes de moderados a pesados, con avances de medios a pesados. Optimizado para la resistencia al desgaste en flanco.

(Cortesía de Valenite, Inc).

capa va seguida por una capa gruesa de óxido de aluminio, la que proporciona tenacidad, resistencia al impacto y estabilidad química a temperaturas elevadas. Una tercera y muy delgada capa, compuesta de nitruro de titanio, se aplica sobre el óxido de aluminio. Esto aporta un menor coeficiente de fricción y reduce la tendencia a formar un filo acumulado.

Los recubrimientos aumentan la duración de la herramienta y la productividad de manufactura, reduciendo al mismo tiempo los costos de maquinado. Algunos de los recubrimientos utilizados con éxito en las herramientas de carburo cementado son:

- *Carburo de titanio* — alta resistencia al desgaste y a la abrasión a velocidades moderadas; se utiliza para aplicaciones de desbaste y acabado
- *Nitruro de titanio* — revestimiento extremadamente duro (Rockwell-C 80)— con excelentes propiedades lubricantes. Tiene una buena resistencia a la formación de cráter y minimiza la formación de filo acumulado del borde. Los insertos de carburo de titanio por lo general se utilizan en cortes de desbaste pesados a más altas velocidades
- *Óxido de aluminio* — proporciona estabilidad química y mantiene la dureza a altas temperaturas. Generalmente se utiliza para operaciones de desbaste y acabado a altas velocidades.

Vea en la Tabla 31-2 (pág. 221) una lista de insertos de carburo recubiertos y sin recubrir, y sus aplicaciones.

GEOMETRÍA DE LA HERRAMIENTA

La geometría de las herramientas de corte se refiere a los diversos ángulos y espacios libres maquinados o esmerilados en las caras de una herramienta. Aunque varían los términos y definiciones relacionados con las herramientas de corte con una sola punta, en la Figura 31-6 se ilustran los adoptados por la American Society of Mechanical Engineers (ASME) y que actualmente son de uso general.

Términos de las herramientas de corte

Ángulos de incidencia frontal o del extremo claro

El ángulo de incidendia frontal o del extremo claro, (Figura 31-6), permiten que el extremo de la herramienta de corte penetre bien en la pieza de trabajo. El claro debe ser sólo el suficiente para evitar que la herramienta roce. Demasiado espacio libre frontal reducirá el apoyo abajo de la punta y provocará que la herramienta falle rápidamente.

Ángulos de incidencia lateral (o claro)

Los ángulos de incidencia lateral o claro, (Figura 31-6) permiten que el costado de la herramienta avance dentro de la pieza de trabajo. Un claro lateral demasiado pequeño evitará que la herramienta corte, y se generará calor por fricción en exceso. Un espacio libre lateral demasiado grande debilitará el filo y hará que se astille.

Ángulo del filo de corte lateral

El ángulo en el costado del filo de corte que hace contacto con la pieza de trabajo, puede ser positivo o negativo. Se prefiere un ángulo negativo (Figura 31-6) porque protege la punta de la herramienta, tanto al inicio como al final de un corte; esto es especialmente útil en trabajos que tienen una superficie dura y abrasiva.

Radio de nariz

El radio en la nariz fortalece la punta terminada de la herramienta, y mejora el acabado superficial en la pieza de trabajo. Dicho radio en la mayoría de las herramientas cortantes debe ser aproximadamente igual al doble del valor del avance por revolución. Un radio de nariz demasiado grande puede provocar vibración, y uno muy pequeño debilita la punta de la herramienta de corte.

Para obtener la máxima eficiencia con las herramientas de carburo, mantenga el radio de nariz tan pequeño como sea posible. Utilice la Tabla 31-3 para encontrar el radio de nariz adecuado para la profundidad de corte y avance utilizados.

Ángulo de ataque lateral

El ángulo de ataque lateral debe ser tan grande como sea posible, sin debilitar el borde de corte, para permitir que las virutas escapen libremente (Figura 31-7A). El valor de tal ángulo lateral quedará determinado por el tipo y grado de la herramienta de corte, la clase o tipo de material que se está cortando, y el avance por revolución. El ángulo incluido entre el de ataque lateral y el de incidencia lateral, se llama *ángulo en la punta* (o *del filo*). Este ángulo variará dependiendo del material que se corte. En metales difíciles de maquinar, puede ser recomendable utilizar una pequeña inclinación lateral, y a veces incluso una de valor negativo (Figura 31-7B). La Figura 31-8 muestra las inclinaciones o ángulos de ataque laterales sugeridas para una variedad de materiales.

Ángulo de ataque posterior

El ángulo de ataque posterior o de la cara del buril, es el ángulo que se forma entre la parte superior de la cara del filo y la parte superior del cuerpo de la herramienta. Puede ser positivo, negativo o neutro. Cuando una herramienta tiene un ángulo de ataque *posterior negativo*, la cara superior de la herramienta está inclinada hacia arriba desde la punta (Figura 31-9A). La citada inclinación negativa protege a la punta de la herramienta respecto de la presión de corte, y también de la acción abrasiva de materiales duros y escorias. Cuando un buril tiene *inclinación posterior positiva* (Figura 31-9B), la cara superior de la herramienta se inclina hacia abajo desde la punta. Esto permite a las virutas fluir libremente desde el borde de corte.

Nota: Ya que los insertos desechables por lo general son planos, los ángulos de ataque lateral y posterior requeridos son incorporados al portaherramienta por el fabricante.

Ángulos y claros de herramientas de corte de carburo cementado

Los ángulos y claros o espacios libres de herramientas de carburo de una sola punta, varían mucho y dependen generalmente de tres factores:

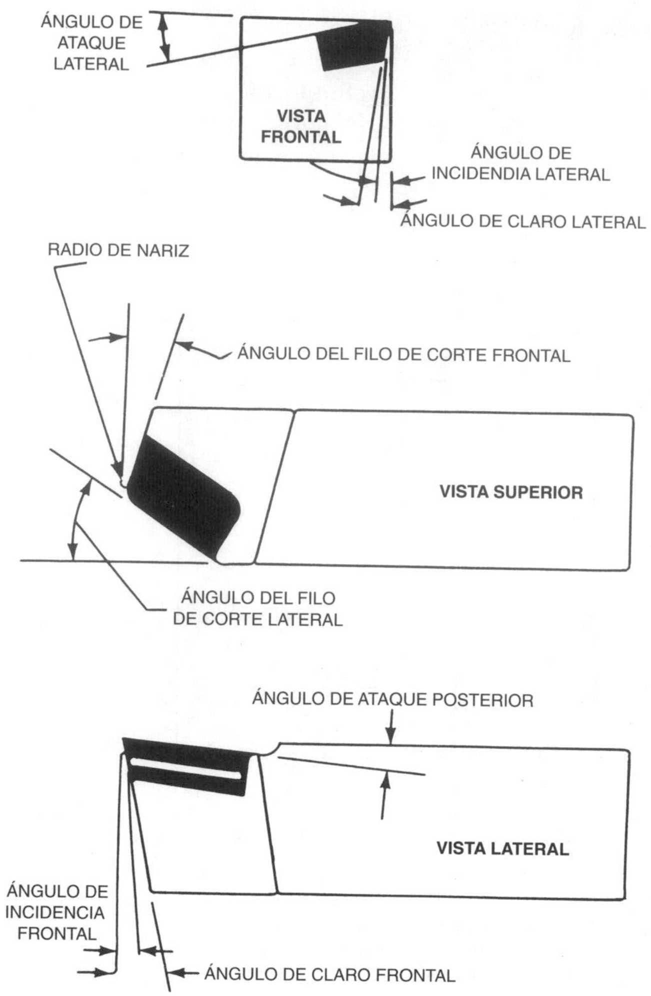

FIGURA 31-6 Nomenclatura para herramienta de una sola punta.

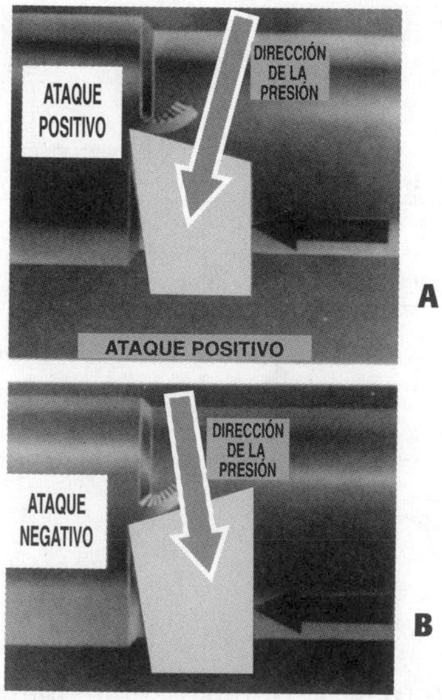

FIGURA 31-7 (A) Ángulo de ataque lateral positivo en la herramienta de corte; (B) ángulo de ataque lateral negativo en el buril o herramienta cortante. (Cortesía de Kelmar Associates.)

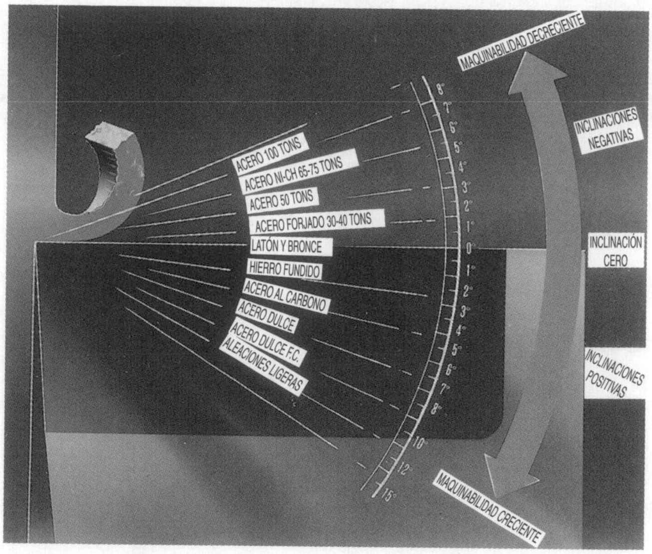

FIGURA 31-8 Ángulos de ataque lateral recomendados para diversos materiales de trabajo. (Cortesía de Kelmar Associates.)

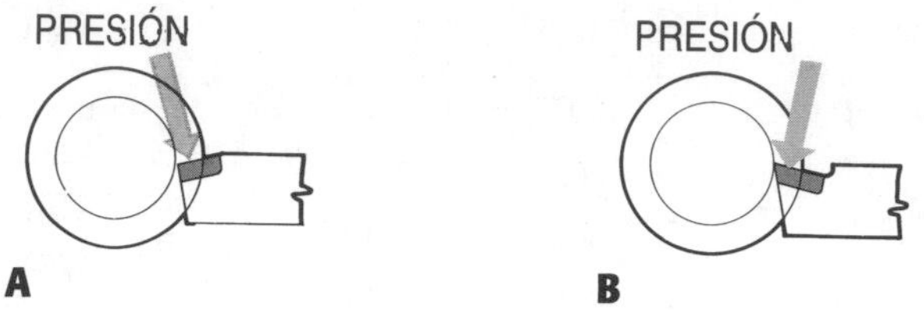

FIGURA 31-9 (A) Ángulo de ataque posterior negativo; (B) ángulo de ataque posterior positivo. (Cortesía de Kelmar Associates.)

1. La dureza de la herramienta cortante
2. El material de trabajo
3. El tipo de operación de corte

La Tabla 31-4 pág. 224, presenta los ángulos y claros de herramientas de corte recomendados para una variedad de materiales. Pueden alterarse ligeramente para adecuarse a las diversas condiciones que se encuentran al maquinar.

VELOCIDADES Y AVANCES DE CORTE

Muchas variables influyen en las velocidades, avances y profundidad de corte que deben utilizarse con herramientas de carburo cementado. Algunos de los factores más importantes son:

1. Tipo y dureza del material de trabajo
2. Grado y forma de la herramienta de corte
3. Rigidez de la herramienta de corte
4. Rigidez de la pieza de trabajo y de la máquina
5. Potencia nominal de la máquina

TABLA 31-3 Nomograma para el radio de nariz en la herramienta

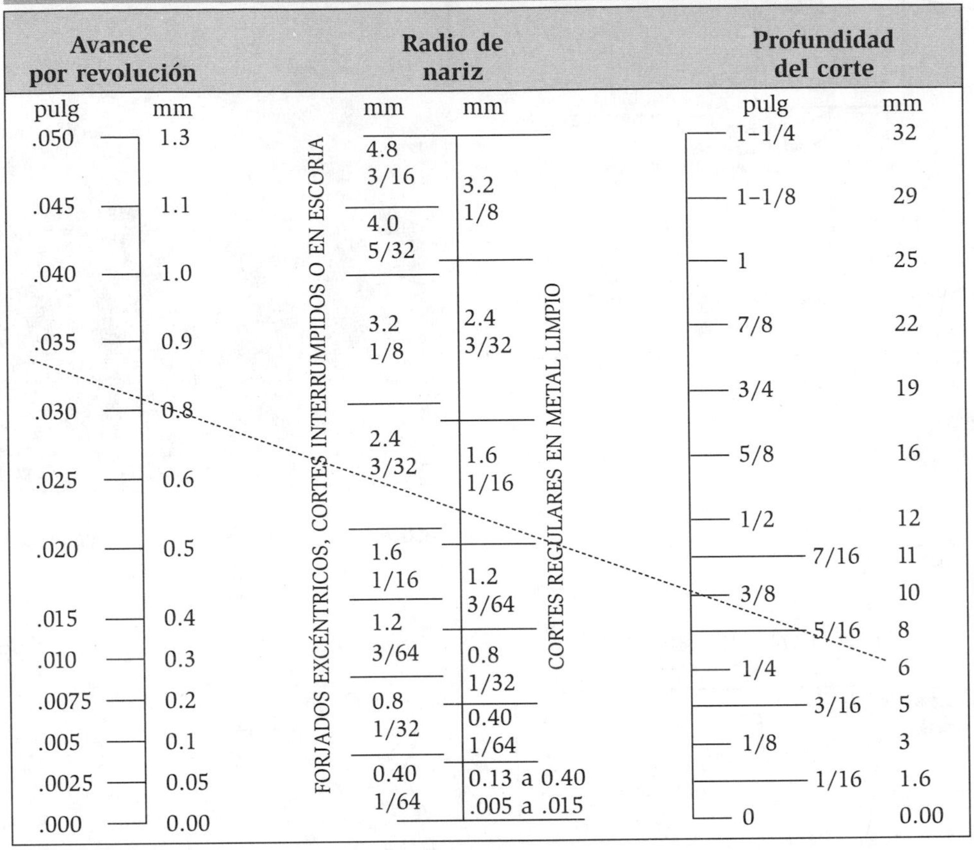

*Para obtener una eficiencia máxima con herramientas de carburo, el radio de nariz debe mantenerse pequeño. Emplee el diagrama como guía. Utilice una regla para unir el avance con la profundidad de corte. El valor del radio de nariz por aplicar lo indica donde cruce la línea. (Cortesía de Carboloy, Inc.)

TABLA 31-4 Ángulos recomendados para herramientas de carburo de una sola punta*

Material	Ángulo de incidencia frontal (claro frontal)	Ángulo de incidencia lateral (claro lateral)	Ángulo de ataque lateral	Ángulo de ataque posterior	Ángulo del filo de corte lateral
Aluminio	6 a 10°	6 a 10°	10 a 20°	0 a 10°	60 a 74°
Latón, bronce	6 a 8°	6 a 8°	+8 a −5°	0 a −5°	76 a 87°
Hierro colado	5 a 8°	5 a 8°	+6 a −7°	0 a −7°	79 a 89°
Acero para maquinaria	5 a 10°	5 a 10°	+6 a −7°	0 a −7°	79 a 87°
Acero para herramientas	5 a 8°	5 a 8°	+6 a −7°	0 a −7°	79 a 89°
Acero inoxidable	5 a 8°	5 a 8°	+6 a −7°	0 a −7°	79 a 89°
Aleaciones de titanio	5 a 8°	5 a 8°	+6 a −5°	0 a −5°	79 a 87°

*Utilice el valor inferior de estas cifras para metales difíciles de maquinar y cortes interrumpidos.

La Tabla 31-5 da las velocidades de corte y avances recomendadas para herramientas de carburo de una sola punta. Estas cifras deben utilizarse como guía y pueden necesitar alterarse ligeramente según la operación de maquinado.

La Tabla 31-6 (pág. 226) ilustra el método de nomograma para determinar la velocidad de corte en pies (o metros) por minuto si se conoce la dureza Brinell del acero.

TABLA 31-5 Velocidades de corte y avances recomendadas para herramientas de carburo de una sola punta*

Material	Profundidad de corte		Avance por revolución		Velocidad de corte	
	pulg	mm	pulg	mm	pie/min	m/min
Aluminio	.005–.015 .020–.090 .100–.200 .300–.700	0.15–0.4 0.5–2.3 2.55–5.1 7.6–17.8	.002–.005 .005–.015 .015–.030 .03–.090	0.05–0.15 0.15–0.4 0.4–0.75 0.75–2.3	700–1000 450–700 300–450 100–200	215–305 135–215 90–135 30–60
Latón, bronce	.005–.015 .020–.090 .100–.200 .300–.700	0.15–0.4 0.5–2.3 2.55–5.1 7.6–17.8	.002–.005 .005–.015 .015–.030 .03–.090	0.05–0.15 0.15–0.4 0.4–0.75 0.75–2.3	700–800 600–700 500–600 200–400	215–245 185–215 150–185 60–120
Hierro colado (medio)	.005–.015 .020–.090 .100–.200 .300–.700	0.15–0.4 0.5–2.3 2.55–5.1 7.6–17.8	.002–.005 .005–.015 .015–.030 .03–.090	0.05–0.15 0.15–0.4 0.4–0.75 0.75–2.3	350–450 250–350 200–250 75–150	105–135 75–105 60–75 25–45
Acero para maquinaria	.005–.015 .020–.090 .100–.200 .300–.700	0.15–0.4 0.5–2.3 2.55–5.1 7.6–17.8	.002–.005 .005–.015 .015–.030 .03–.090	0.05–0.15 0.15–0.4 0.4–0.75 0.75–2.3	700–1000 550–700 400–550 150–300	215–305 170–215 120–170 45–90
Acero para herramientas	.005–.015 .020–.090 .100–.200 .300–.700	0.15–0.4 0.5–2.3 2.55–5.1 7.6–17.8	.002–.005 .005–.015 .015–.030 .03–.090	0.05–0.15 0.15–0.4 0.4–0.75 0.75–2.3	500–750 400–500 300–400 100–300	150–230 120–150 90–120 30–90
Acero inoxidable	.005–.015 .020–.090 .100–.200 .300–.700	0.15–0.4 0.5–2.3 2.55–5.1 7.6–17.8	.002–.005 .005–.015 .015–.030 .03–.090	0.05–0.15 0.15–0.4 0.4–0.75 0.75–2.3	375–500 300–375 250–300 75–175	115–150 90–115 75–90 25–55
Aleaciones de titanio	.005–.015 .020–.090 .100–.200 .300–.700	0.15–0.4 0.5–2.3 2.55–5.1 7.6–17.8	.002–.005 .005–.015 .015–.030 .03–.090	0.05–0.15 0.15–0.4 0.4–0.75 0.75–2.3	300–400 200–300 175–200 50–125	90–120 60–90 55–60 15–40

*Los valores de velocidad en pies y en metros (por minuto) son equivalentes aproximados. (Cortesía de Carboloy, Inc.)

MAQUINADO CON HERRAMIENTAS DE CARBURO

Para obtener la máxima eficiencia con herramientas de corte de carburo cementado, deben observarse ciertas precauciones en la configuración de la máquina y en la operación de corte. La máquina utilizada debe ser rígida y libre de vibraciones, estar equipada con engranajes tratados térmicamente, y tener la suficiente potencia para mantener una velocidad de corte constante. La pieza de trabajo y la herramienta de corte deben sostenerse tan rígidamente como sea posible a fin de evitar vibraciones o mantenerlas al mínimo.

Las herramientas de corte de carburo con una sola punta se utilizan más comúnmente en el torno, y por lo tanto se describen las configuraciones y precauciones para esta máquina. Deben aplicarse las mismas consideraciones cuando se empleen herramientas de carburo en otras máquinas.

SUGERENCIAS PARA EL USO DE HERRAMIENTAS DE CORTE DE CARBURO CEMENTADO

Preparación del trabajo

1. La pieza de trabajo que se monte en un mandril (chuck) o en cualquier otro dispositivo para sostener piezas de trabajo, debe sujetarse con suficiente firmeza para evitar que se resbale o vibre.
2. Debe utilizarse un centro giratorio en el contrapunto para el torneado de piezas de trabajo entre centros.

TABLA 31-6 Nomograma de velocidades de corte para herramientas de carburo (Con ejemplos de uso.)*

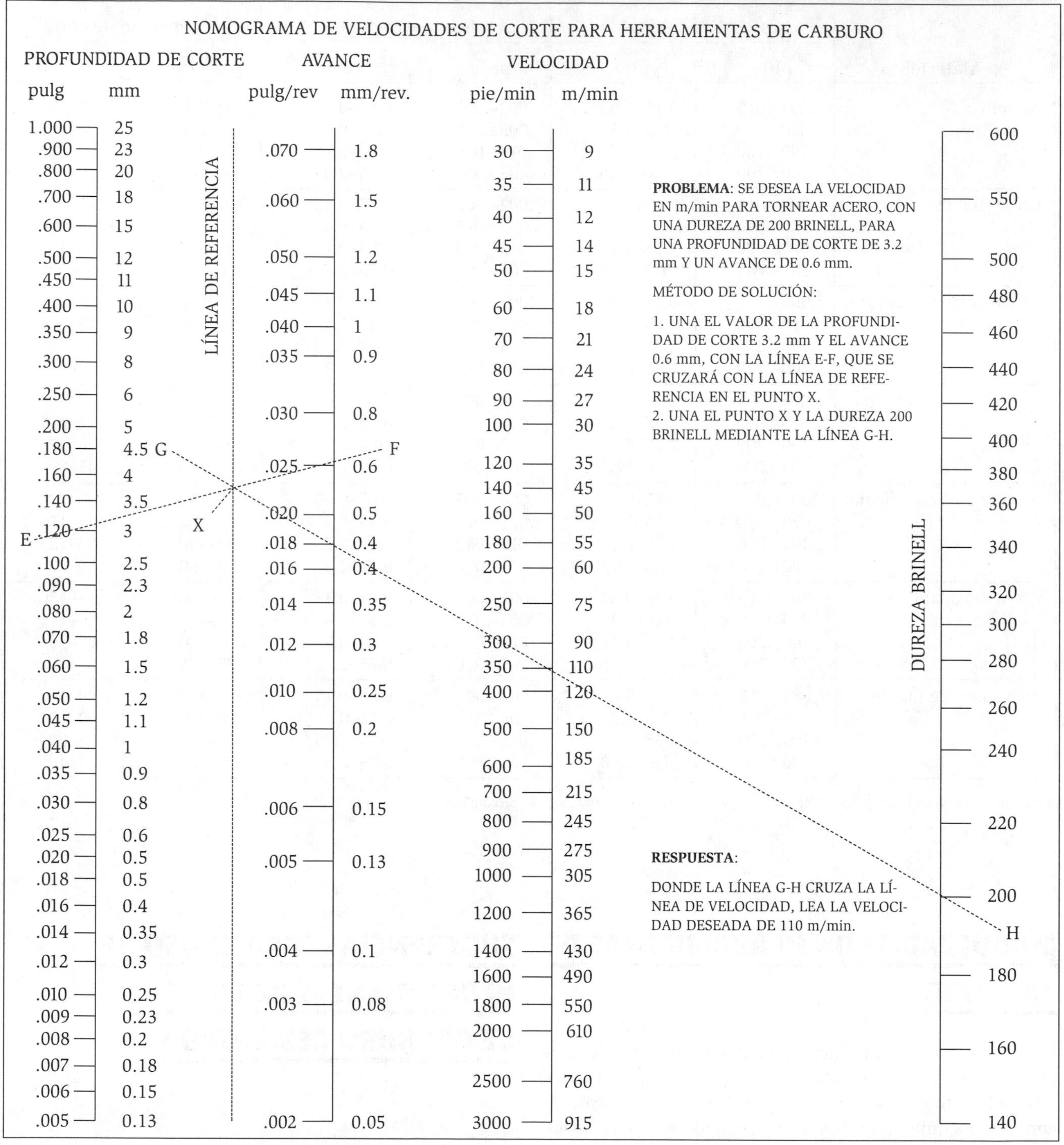

*Las velocidades en pies y en metros (por minuto) son equivalentes aproximados. (Cortesía de Carboloy, Inc.)

3. El husillo del contrapunto debe extenderse sólo lo mínimo y fijarse con firmeza para asegurar la rigidez.
4. El contrapunto tiene que fijarse firmemente a la bancada del torno para evitar que se afloje.

Selección de la herramienta

1. Utilice una herramienta de corte con los ángulos y claros adecuados para el material que se corta.
2. Afile el borde de corte para un mejor rendimiento y una vida de herramienta más larga.
3. Si la pieza de trabajo lo permite, utilice un ángulo de ataque lateral de la punta (Figura 31-10A) lo suficientemente grande para que la herramienta pueda entrar con suavidad a la pieza de trabajo. Esto ayuda a proteger la nariz de la herramienta de corte (la parte más débil) contra impacto y desgaste conforme entra y sale de la pieza de trabajo.
4. Utilice el radio de nariz más grande (Figura 31-10B) que permitan las condiciones de operación. Un radio de nariz demasiado grande provoca vibraciones; y uno muy pequeño hace que la punta se rompa rápidamente. Utilice la Tabla 31-3 para determinar el radio de nariz correcto a utilizar para el avance y profundidad de corte considerados.

Preparación de la herramienta

1. Las herramientas de carburo deben sostenerse preferentemente en un sólido portaherramienta del tipo de torreta (Figura 31-11). La distancia que sobresalga la herramienta debe ser sólo la suficiente para librar la viruta.
2. El buril o herramienta de corte debe ponerse exactamente en el centro; cuando se coloca por encima o por debajo del centro, los ángulos y claros de la herramienta cambian en relación con la pieza de trabajo, y dan como resultado una deficiente acción de corte.
3. Las herramientas de carburo están diseñadas para operar cuando la parte inferior del cuerpo de la herramienta está en *posición horizontal* (Figura 31-12).
4. Si se utiliza un poste de herramienta del tipo basculante (Figura 31-13):
   a. Quite el basculador.
   b. Invierta la base del mismo.
   c. Calce la herramienta a la altura correcta.

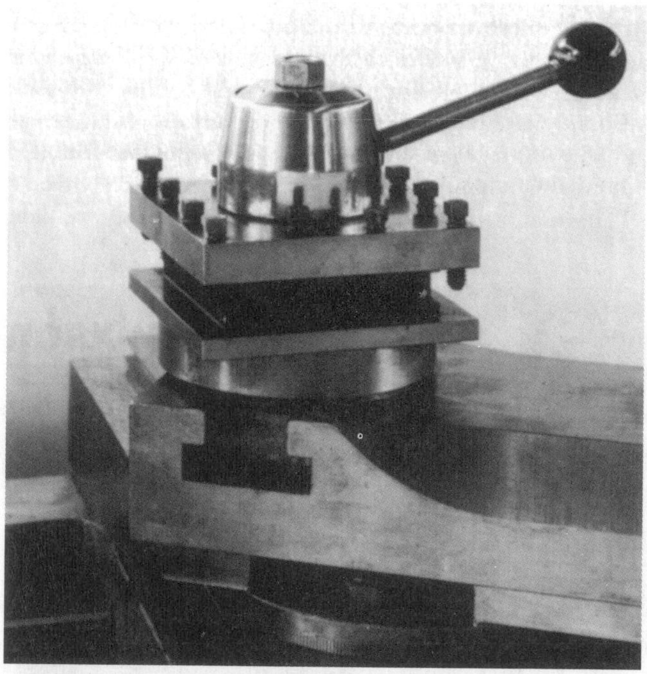

FIGURA 31-11 Los portaherramientas del tipo de torreta sostienen con seguridad las herramientas de carburo.

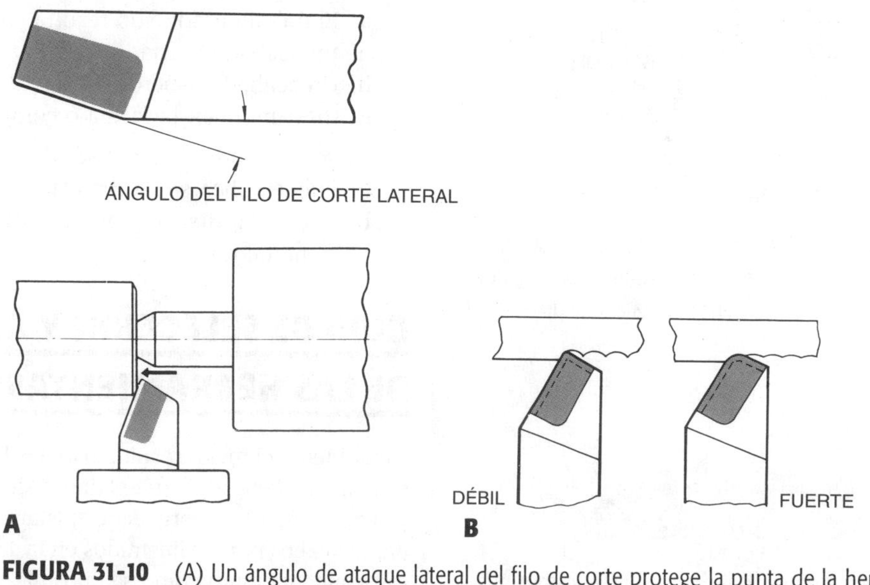

FIGURA 31-10 (A) Un ángulo de ataque lateral del filo de corte protege la punta de la herramienta; (B) un radio grande de nariz fortalece la punta de la herramienta y produce un mejor acabado superficial. (Cortesía de Carboloy, Inc.)

d. Utilice un soporte especial para herramienta de carburo (sin inclinación) cuando maquine con herramientas de tal clase (Figura 31-14).

5. Cuando monte una herramienta de carburo, siempre evite que toque la pieza de trabajo y partes de la máquina, a fin de evitar dañar la punta de la herramienta.

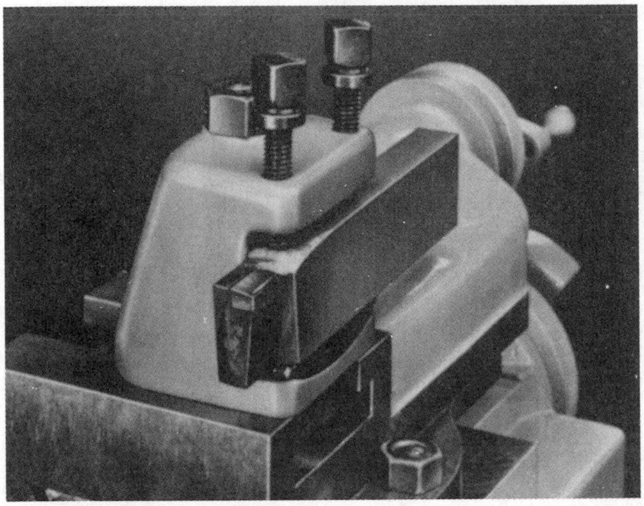

FIGURA 31-12 El poste portaherramienta para uso pesado permite un ajuste rígido de la herramienta para cortes profundos.

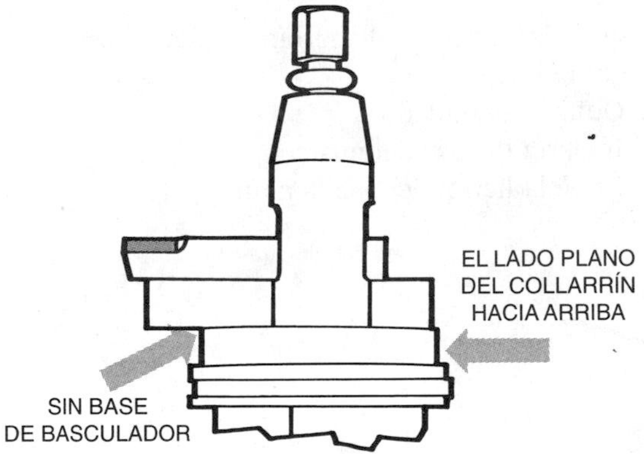

FIGURA 31-13 Para soportar herramientas de corte de carburo en un poste portaherramienta de tipo basculante, quite el basculador, invierta la base del mismo, y calce la herramienta a la altura correcta. (Cortesía de Carboloy, Inc.)

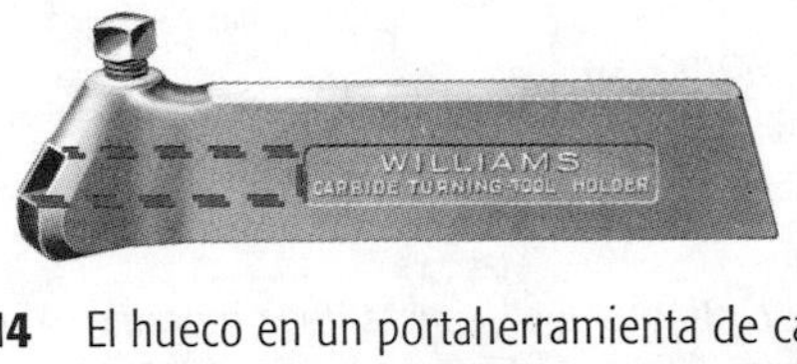

FIGURA 31-14 El hueco en un portaherramienta de carburo es recto y no inclinado, como en los portaherramientas estándares. (Cortesía de J.H. Williams & Co.)

Preparación de la máquina

1. Asegúrese siempre que la máquina tiene la potencia nominal adecuada para la operación de maquinado y que no hay deslizamiento en el embrague y las bandas.
2. Ajuste la velocidad correcta para el material a cortar y la operación a realizar.
   a. Una velocidad demasiado alta provocará una falla rápida de la herramienta; una velocidad muy baja resultará en una acción de corte poco eficiente y reducidas velocidades de producción.
   b. Utilice la Tabla 31-5 o la 31-6 para calcular la velocidad correcta para el tipo de material maquinado.
3. Ajuste la máquina a un avance que origine apropiadas velocidades de eliminación de metal, y al mismo tiempo, realice el acabado superficial deseado.
   a. Un avance reducido puede causar frotamiento, lo que puede resultar en el endurecimiento del material que se ha de cortar.
   b. Un avance demasiado grande bajará la velocidad de la máquina, provocará calor excesivo, y resultará en una falla prematura de la herramienta.

Operación de corte

1. Nunca ponga en contacto la punta de la herramienta contra una pieza de trabajo estacionaria; esto dañará el borde de corte.
2. Utilice siempre la mayor profundidad de corte posible para la máquina y el tamaño de la herramienta cortante.
3. Nunca detenga una máquina mientras el avance esté activada; esto romperá el borde de corte. Siempre detenga el avance y permita que la herramienta se libere por sí misma, antes de parar la máquina.
4. Nunca siga utilizando una herramienta de corte desafilada.
5. Una herramienta de corte sin filo se puede reconocer por:
   a. El trabajo producido resulta en sobredimensión y tiene un acabado vidriado.
   b. Un acabado áspero y desigual.
   c. Un cambio en la forma o color de la viruta.
6. Aplique líquido de corte sólo si:
   a. Puede aplicarse bajo presión
   b. Puede dirigirse al punto de corte y mantenerse ahí en todo momento

GUÍA DE SELECCIÓN Y APLICACIÓN DE LAS HERRAMIENTAS

Para obtener el mejor resultado de las herramientas de carburo cementado, debe utilizarse el tipo y estilo de inserto adecuados, y la herramienta de corte debe ajustarse y ser utilizada apropiadamente. Los puntos ilustrados en la Tabla 31-7 deben seguirse estrictamente tanto como sea posible, para obtener las velocidades más eficientes de eliminación de metal y producir la operación de maquinado más efectiva en costo que sea posible.

TABLA 31-7 Guía de selección y aplicación del herramental

Siga las siguientes técnicas fundamentales para una mejor eficiencia en la eliminación del metal.

1. Elija siempre productos estándares cuando las condiciones de operación lo permitan.
   Ventajas:
   - Menor costo
   - Diseño comprobado
   - Disponibilidad
   - Intercambiabilidad

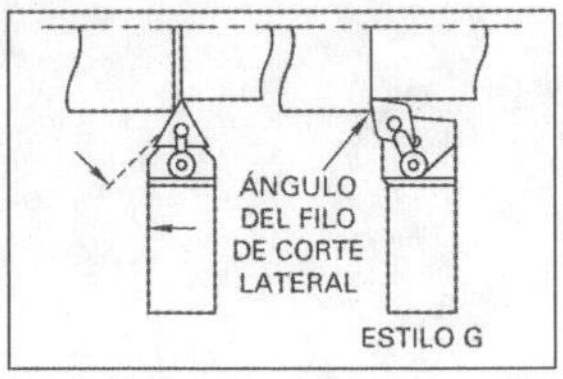

2. Elija siempre el ángulo de ataque lateral (o frontal) más grande que la pieza de trabajo permita.
   Ventajas:
   - Virutas delgadas
   - Disipa el calor
   - Protege el radio de nariz
   - Reduce el muescado del inserto

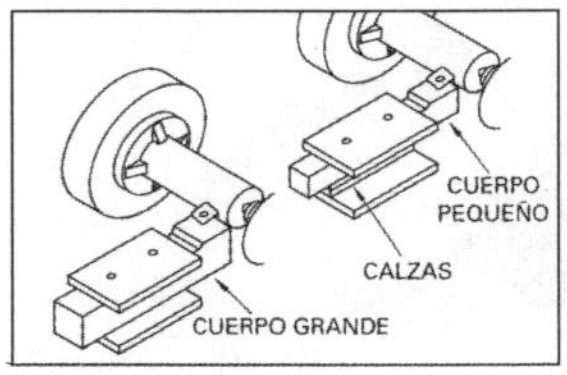

3. Siempre seleccione el cuerpo de portaherramienta más grande que la máquina permita.
   Ventajas:
   - Minimiza la deflexión
   - Reduce la relación de voladizo

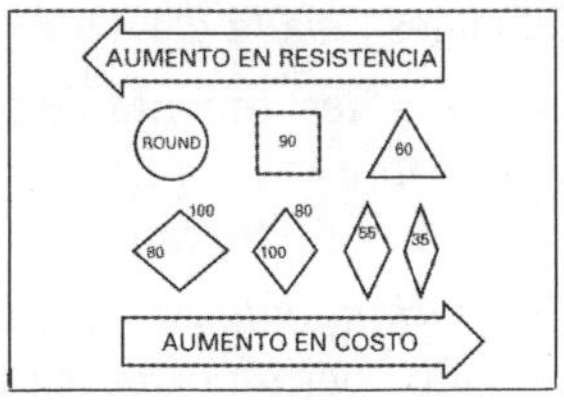

4. Escoja siempre la forma de inserto más resistente que la pieza de trabajo permita.
   Ventajas:
   - Productividad
   - Selección del grado óptimo
   - Menor costo/borde

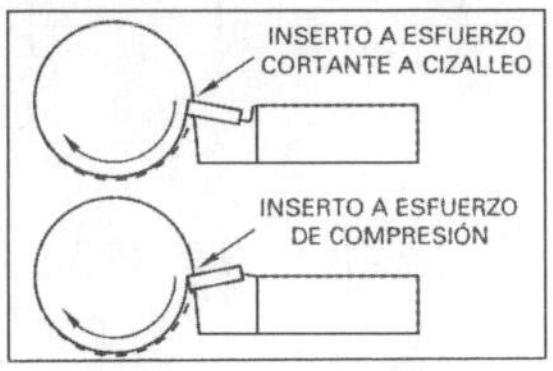

5. Elija siempre una geometría de herramienta con configuración con ángulo de ataque negativo cuando la pieza de trabajo o la máquina herramienta lo permitan.
   Ventajas:
   - Duplica los bordes cortantes
   - Da mayor resistencia
   - Disipa el calor

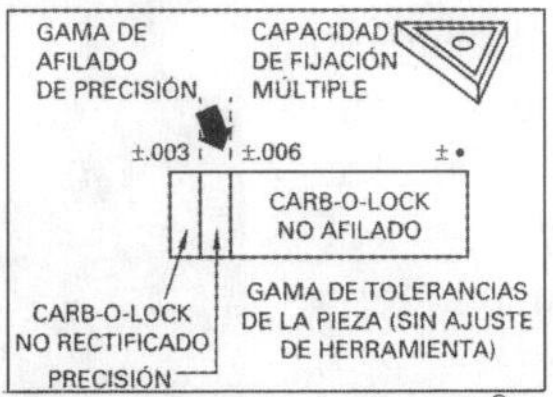

6. Elija un inserto Carb-O-Lock® siempre que sea posible.
   Ventajas:
   - Menos costoso
   - Puede ser de fijación múltiple
   - Borde de corte resistente afilado
   - Ranura de control de virutas
   - Se adapta a la mayoría de las tolerancias de la pieza de trabajo

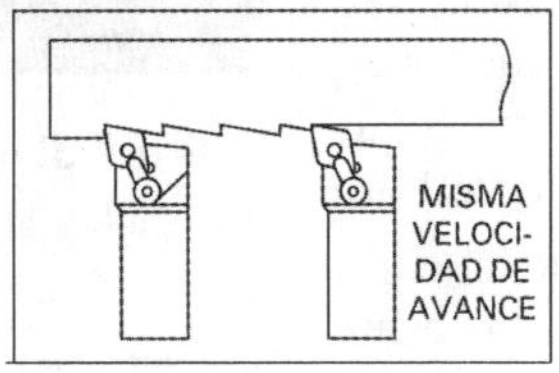

7. Seleccione siempre el radio de nariz más grande que permitan tanto la pieza de trabajo como las condiciones de operación.
   Ventajas:
   - Mejora el acabado
   - Adelgaza las virutas
   - Disipa el calor
   - Da mayor resistencia

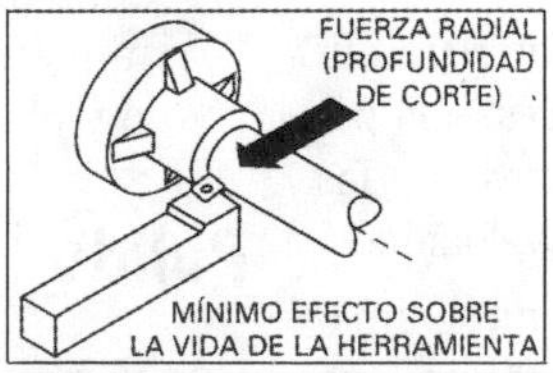

8. Seleccione siempre la mayor profundidad de corte que permitan tanto la pieza como la máquina-herramienta.
   Ventajas:
   - Mayor productividad
   - Efecto despreciable sobre la vida de la herramienta

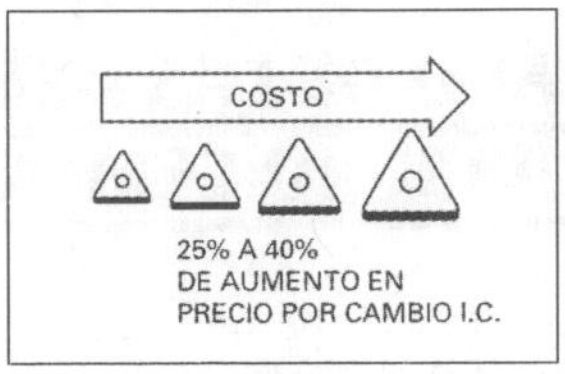

9. Seleccione siempre el tamaño de inserto más pequeño que permitan las condiciones de operación.
   Beneficio:
   - Menos costoso

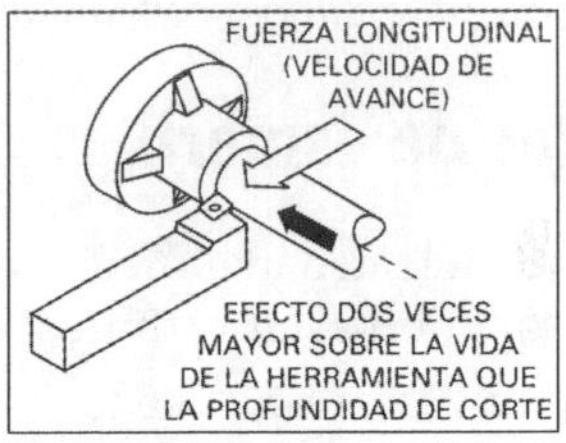

10. Elija siempre la mayor velocidad de avance que permitan la pieza y la máquina herramienta.
    Ventajas:
    - Mayor productividad
    - Efecto mínimo sobre la vida de la herramienta

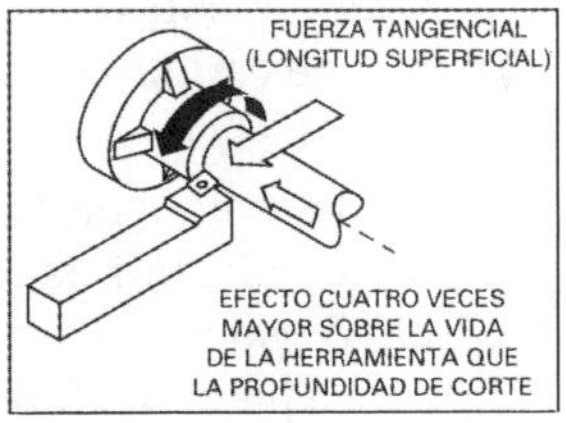

11. Elija siempre la velocidad dentro del intervalo de longitud superficial HI-E.
    Ventajas:
    - Costo mínimo
    - Producción máxima

La selección correcta de herramental y condiciones de operación es el primer paso para bajar los costos de herramientas y aumentar la productividad.

(Cortesía de Carboloy, Inc.)

Otros factores que pueden afectar la duración óptima de las herramientas de carburo son:

1. La potencia disponible en la máquina-herramienta
2. La rigidez de la máquina-herramienta y los portaherramientas
3. La forma de la pieza de trabajo y la preparación
4. La velocidad de corte y la velocidad de avance utilizadas en la operación de maquinado

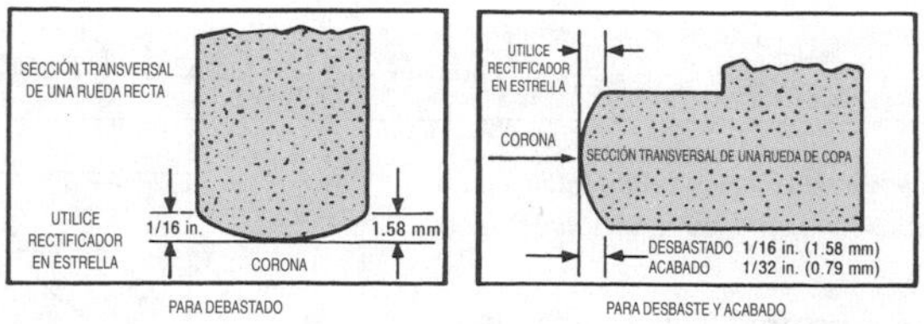

FIGURA 31-15 Una corona de rectificado sobre una rueda de carburo de silicio reduce el calentamiento cuando se afilan las herramientas de carburo.

AFILADO DE LAS HERRAMIENTAS DE CARBURO CEMENTADO

La eficiencia de una herramienta de corte determina en gran medida la eficiencia de la máquina-herramienta en la que se usa. Una herramienta que no se ha afilado adecuadamente no puede funcionar bien, y los bordes de corte se romperá pronto. Para afilar exitosamente herramientas de corte de carburo cementado, el tipo de rueda de esmeril que se utilice y el procedimiento de *esmerilado* o *afilado* que se sigan, son importantes.

Ruedas de esmeril

1. Debe utilizarse una rueda de carburo de silicio de malla 80 para desbastar carburos.
2. Hay que usar una rueda semejante pero de malla 100, para acabar el afilado de carburos.

Nota: Las ruedas de carburo de silicio deben rectificarse con una corona de $^{1}/_{16}$ pulg (1.5 mm) (Figura 31-15) para minimizar el calor generado durante el afilado. Estas ruedas deben emplearse para afilar solamente el carburo, y no el vástago o cuerpo de acero de la herramienta soldada de carburo.

3. Si es necesario rectificar el vástago de acero de un cortador soldado de carburo deben utilizarse ruedas de esmeril de óxido de aluminio.
4. Las ruedas de esmeril de diamante (malla 100) son excelentes para el afilado final de los carburos para uso general. Cuando se desean mejores acabados en la herramienta y en la pieza de trabajo, se recomienda una rueda de diamante de malla 220.

Tipo de esmeriladora

1. Se debe utilizar una esmeriladora de uso pesado para afilar carburos, ya que las presiones de corte necesarias para eliminar carburo, son de 5 a 10 veces mayores que las necesarias para herramientas de acero de alta velocidad.
2. La esmeriladora debe estar equipada con una mesa ajustable y un transportador (Figura 31-16), de forma que puedan afilarse con precisión los ángulos y claros necesarios en el cortador.

Afilado de la herramienta

1. Vuelva a afilar la herramienta de corte a los ángulos y claros recomendados por el fabricante.

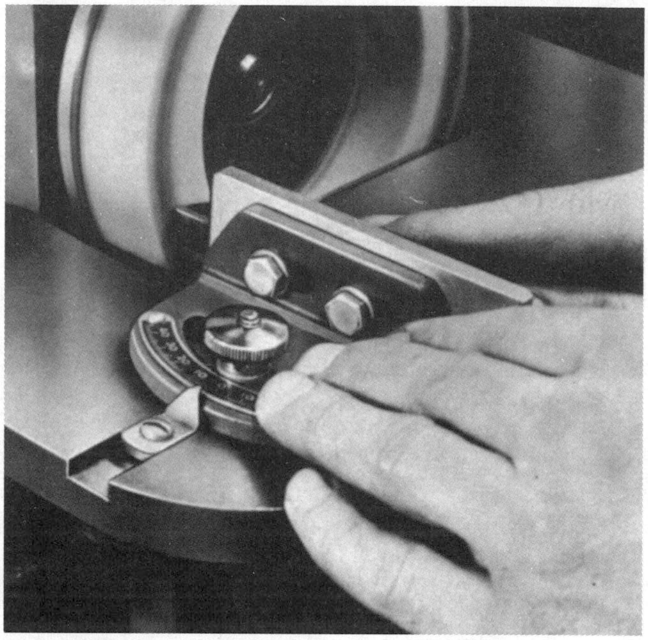

FIGURA 31-16 Equipo de afilado para herramientas de carburo equipada con mesa ajustable y transportador. (Cortesía de Carboloy, Inc.)

2. Utilice ruedas de carburo de silicio para afilado de desbaste. Las ruedas de diamante deben ser aplicadas cuando se requieren acabados superficiales de alta calidad.
3. Cuando esté afilando, mueva la herramienta de carburo hacia atrás y hacia adelante sobre la cara de la rueda, a fin de mantener al mínimo el calor generado.
4. *Nunca sumerja en agua las herramientas de carburo* que se calientan durante el afilado; permita que se enfríen gradualmente. El brusco enfriamiento con agua de las herramientas de carburo provoca grietas por choque térmico y ello provoca una rápida falla de la herramienta.

Pulido

Una vez que las herramientas de carburo han sido afiladas, es importante que se pulan los bordes de corte. El propósito del *pulido* es eliminar del filo las irregularidades finas que deja la rueda de esmeril. Dichas irregularidades son frágiles y se romperán rápidamente en las condiciones de maquinado. El proceso de pulido suele hacer la diferencia entre el éxito o la falla de una herramienta de corte. Siga estas sugerencias para pulir con éxito:

1. Se recomienda un pulidor de carburo de silicio de malla 320, o uno de diamante, para herramientas de carburo.
2. En carburos utilizados para el corte de acero, debe pulirse según un chaflán de 45° (Figura 31-17) con .002 a .004 pulg de ancho (0.05 a 0.1 mm) sobre el borde de corte.
3. Las herramientas de carburo empleadas para aluminio, magnesio y plásticos no deben achaflanarse con un pulidor. El borde fino e irregular debe ser pulido para producir un borde de corte fino y bien afilado.

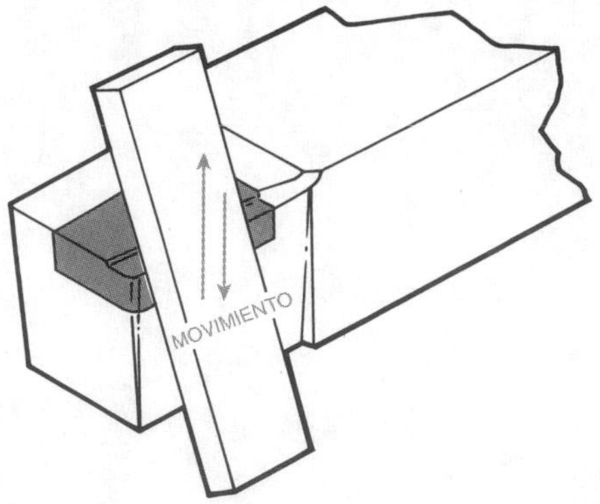

FIGURA 31-17 El formar un ligero chaflán en la arista de una herramienta de carburo, producirá una arista de corte más fuerte.

PROBLEMAS EN HERRAMIENTAS DE CARBURO CEMENTADO

Cuando ocurren problemas durante el maquinado con herramientas de corte de carburo, consulte la Tabla 31-8 para ver sus causas probables, y los remedios. Es conveniente cambiar sólo una cosa a la vez hasta que se corrija el problema. De esta manera puede determinarse su verdadera causa, y tomar medidas para evitar que vuelva a ocurrir.

TABLA 31-8 Problemas, y sus causas y remedios, en el caso de las herramientas de carburo

Problema	Causa	Remedio
Falla de la soldadura y grietas	Material de soldadura inadecuado	Utilice soldadura en sándwich.
	Demasiado calor	Soldadura de plata a 1400°F (760°C).
	Enfriamiento inapropiado	Enfríe lentamente.
	No se limpió la punta	Deslice la punta hacia atrás y hacia adelante, y golpee ligeramente
	Superficies de contacto sucias	Limpie por completo ambas superficies.
Borde acumulado (en la herramienta)	Velocidad de corte demasiado baja	Aumente la velocidad.
	Ángulo de ataque insuficiente	Aumente el ángulo de ataque.
	Grado de carburo equivocado	Cambie a un grado de titanio y/o tantalio.
Borde de corte astillado y roto	Geometría incorrecta de la herramienta	Aumente el ángulo del filo de corte lateral.
		Reduzca el ángulo del filo de corte frontal.
		Utilice ángulo de ataque negativo.
		Aumente el radio de nariz.
		Reduzca los ángulos de alivio.
	Grado de carburo inapropiado	Utilice un grado más fuerte.
	Arista de corte sin pulir	Pula el borde de corte 45°.
	Velocidad, avance o profundidad de corte impropias	Cambie uno o todos los valores, como sea necesario.
	Demasiado voladizo en la herramienta	Reduzca el voladizo o use un vástago más grande.
	Falta de rigidez en el ajuste o en la máquina	Localice y corrija.
	Se detuvo la máquina durante el corte	Desactive el avance antes de detener la máquina.
Formación de cráteres	Grado inapropiado	Seleccione un grado más duro o más resistente a la formación de cráter.
	Velocidad demasiado alta	Reduzca la velocidad.
	Geometría incorrecta de la herramienta	Aumente el ángulo de ataque lateral.
Grietas por rectificado o esmerilado	Rueda incorrecta	Seleccione la rueda adecuada.
	Rueda vitrificada	Rectifique con frecuencia dejando una corona de $^1/_{16}$ pulg.
	Inmersión en agua de la herramienta caliente	*No enfríe con agua;* deje que la herramienta se enfríe lentamente.
	Afilado del carburo y del vástago de acero con una misma rueda	Esmerile primero el vástago de acero con una rueda de óxido de aluminio.
Desgaste de la herramienta (excesivo)	Grado de carburo inapropiado	Seleccione un grado resistente al desgaste.
	Velocidad de corte demasiado alta	Reduzca la velocidad.
	Avance demasiado bajo	Aumente la velocidad de avance.
	Ángulo de alivio insuficiente	Incremente el ángulo de alivio.

PREGUNTAS DE REPASO

Herramientas de corte de carburo

1. Mencione cuatro razones por las cuales las herramientas de carburo cementado han tenido una aceptación tan amplia en la industria.

Fabricación de los carburos cementados

2. Mencione cinco polvos utilizados en la fabricación de carburos cementados.
3. ¿Qué propósito tiene el cobalto?
4. Describa el proceso de compactación.
5. ¿Cuál es el propósito del presinterizado?
6. Describa el proceso de sinterización.

Aplicaciones de carburo cementado

7. ¿Por qué se utiliza ampliamente el carburo cementado en la fabricación de herramientas de corte?
8. Mencione dos clases de herramientas de corte para torno hechas de carburo cementado, y diga cuáles son las ventajas de cada una.
9. Identifique el siguiente inserto intercambiable:

   SNG—321—A

Grados de carburos cementados

10. Describa las herramientas de carburo de tungsteno simple, y diga para qué se utilizan.
11. Explique cómo el tamaño de las partículas de carburo de tungsteno y el porcentaje de cobalto, afectan al grado de carburo.
12. ¿Cómo afecta la adición de carburo de titanio a la herramienta de corte?
13. ¿Qué propiedades aporta la adición del carburo de tantalio?
14. Enuncie cuatro reglas importantes a observar cuando se selecciona el grado de carburo cementado.

Insertos de carburo recubiertos

15. Exprese tres ventajas que tienen los insertos de carburo recubiertos sobre los insertos de carburo estándares.
16. ¿Qué material se deposita en el substrato de carburo cuando se aplica una sola capa?
17. Describa el proceso del recubrimiento triple.

Geometría de la herramienta

18. Defina y mencione el propósito de:
    a. El ángulo de incidencia frontal o de extremo
    b. El ángulo de incidencia lateral
    c. El ángulo del filo de corte lateral
    d. El ángulo en la punta (o agudeza)
19. a. ¿Cuál es el propósito del ángulo de corte lateral en el filo?
    b. ¿Cómo se forma el ángulo en la punta?
20. Mencione el propósito del radio de nariz en una herramienta de corte. ¿Qué tamaño debe tener?
21. Cite dos clases de ángulo de ataque posterior y mencione el propósito de cada una.
22. ¿Cuáles son los tres factores que determinan los ángulos y los claros de las herramientas de carburo de una sola punta?

Velocidades de corte y avances

23. Mencione cuatro factores importantes que influyen en la velocidad, avance y profundidad de corte de las herramientas de carburo.
24. Aplique la Tabla 31-6 para determinar la velocidad de corte que debe utilizarse para:
    a. Efectuar un corte de $^3/_{32}$ pulg de profundidad sobre acero de 260 Brinell, con un avance de .015 pulg.
    b. Un corte de 1.5 mm de profundidad en acero de 300 Brinell utilizando un avance de 0.2 mm.

Maquinado con herramientas de carburo

25. Enuncie dos precauciones importantes que deban observarse cuando se ajusta la pieza de trabajo en un torno.

26. ¿Por qué debe pulirse el borde de corte de una herramienta de carburo?
27. ¿Qué ocurre si el radio de nariz de una herramienta cortante es:
    a. Demasiado grande? b. Demasiado pequeño?
28. Utilizando la Tabla 31-3, determine el radio de nariz para una herramienta de corte que hace:
    a. Un corte de $^{1}/_{14}$ pulg de profundidad con un avance de .020 pulg.
    b. Un corte de 3.2 mm de profundidad utilizando un avance de 0.4 mm.
29. ¿Cómo deben ajustarse para el maquinado las herramientas de carburo?
30. Explique cómo se deben ajustar las herramientas de carburo en un poste portaherramienta de tipo basculante.
31. ¿Qué precauciones deben tomarse cuando se prepara una máquina para el corte con herramientas de carburo?
32. Analice los efectos de:
    a. Un avance demasiado pequeño
    b. Un avance demasiado grande
33. ¿Por qué nunca debe detenerse una máquina mientras la herramienta está en acción para el corte?
34. Explique cómo puede reconocerse una herramienta de corte sin filo.

Afilado de herramientas de carburo cementado

35. ¿Qué tipos de ruedas de esmeril se utilizan para rectificar herramientas de carburo?
36. ¿Cómo deben rectificarse las ruedas de carburo de silicio? Explique por qué.
37. Enuncie tres precauciones importantes que deben observarse en el afilado de herramientas de carburo.
38. ¿Por qué es importante no enfriar en agua las citadas herramientas de carburo?
39. ¿Cuál es el propósito de pulir las herramientas de carburo?
40. ¿Cómo se deben pulir las herramientas de carburo por utilizar en acero?

Problemas de herramientas de carburo cementado

41. Exprese los factores que provocarían los siguientes problemas:
    a. Formación de cráteres
    b. Grietas de afilado
    c. Borde de corte astillado o roto

UNIDAD

32

Herramientas de corte de diamante, de cerámico y de cermet

OBJETIVOS

Al terminar el estudio de esta unidad, se podrá:

1. Explicar el propósito y la aplicación de las herramientas de corte hechas de diamante
2. Mencionar los usos de dos tipos de herramientas hechas de cerámicos
3. Describir las clases y aplicaciones de las herramientas elaboradas con cermet

Desde el desarrollo de las herramientas de corte de carburo, la industria ha continuado la investigación y desarrollo de mejores herramientas de corte, capaces de operar a mayores velocidades, avances y profundidades de corte. Aunque no se ha encontrado ninguna herramienta que realice todos los trabajos a la perfección, se han dado grandes pasos en el desarrollo de herramientas de corte.

HERRAMIENTAS DE CORTE DE DIAMANTE

Ya que el diamante es el material más duro conocido, sería natural suponer que podría utilizarse para cortar otros materiales eficientemente. Se utilizan dos clases de diamantes en la industria: los *naturales* (o de mina) y los *manufacturados*. Los primeros alguna vez se utilizaron ampliamente para maquinar materiales no metálicos y no ferrosos, pero están siendo reemplazados por los segundos que en la mayor parte de los casos son de eficacia superior. Estos diamantes se utilizan para maquinar materiales difíciles de acabar y producen excelentes acabados superficiales.

Diamantes manufacturados

El diamante, la sustancia más dura conocida, se utilizaba principalmente en el trabajo de maquinado para pulir ruedas de esmeril. Debido al alto costo de los diamantes naturales, la industria comenzó a buscar materiales menos costosos y confiables. En 1954, la General Electric Company, después de cuatro años de investigación, produjo diamantes de fabricación en sus laboratorios. En 1957, GE, después de más investigaciones y pruebas, inició la producción comercial de estos diamantes.

Se utilizaron muchas formas de carbono en los experimentos para fabricar diamantes. Después de mucha experimentación con diversos materiales, se obtuvo el primer éxito cuando se sometieron carbono y sulfuro de hierro, dentro de un tubo de granito cerrado con discos de tantalio, a una presión de aproximadamente 1.5 millones de libras por pulgada cuadrada (psi) (10342500 kPa) y temperaturas entre 2550°F y 4260°F (1400°C y 2350°C) en un horno "Belt" (Figura 32-1). Se producen diversas configuraciones de diamante utilizando otros catalizadores metálicos, como cromo, manganeso, tantalio, cobalto, níquel o platino, en vez de hierro. Las temperaturas utilizadas deben ser lo suficien-

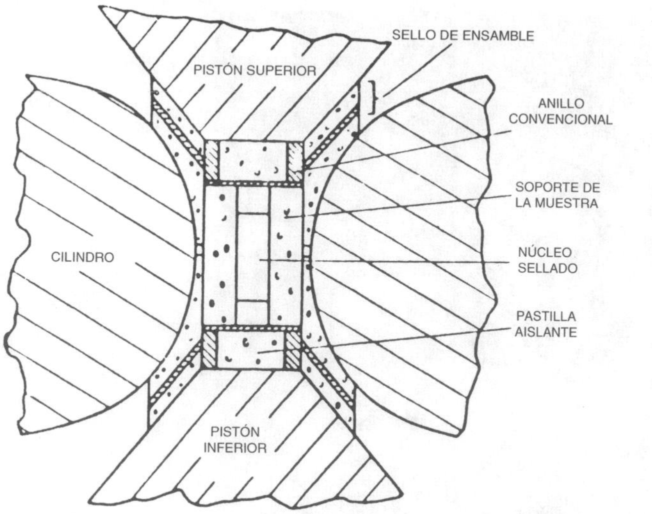

FIGURA 32-1 Los diamantes se fabrican en un aparato de tipo de banda, de alta temperatura y alta presión. (Cortesía de GE Superabrasives.)

temente altas para fundir el metal saturado de carbono e iniciar el crecimiento del diamante.

Tipos de diamantes manufacturados

Debido a que pueden variar la temperatura, la presión y el solvente catalizador, es posible producir diamantes al tamaño, forma y estructura cristalina que se adapten mejor a una necesidad particular.

Diamante tipo RVG

Este diamante fabricado es un cristal friable alargado con aristas ásperas (Figura 32-2A). Las letras RVG (por sus siglas en inglés) indican que este tipo puede utilizarse con una matriz resinoide o vitrificada para esmerilar materiales ultraduros, como el carburo de tungsteno, el carburo de silicio y aleaciones de la era espacial. El diamante RVG puede utilizarse para esmerilado húmedo y en seco.

Diamante tipo MBG-II

Este cristal tenaz, en forma de bloques, no es tan friable como el tipo de RVG y se utiliza en ruedas de esmeril unidas con metal (MBG) (Figura 32-2B). Sirve para esmerilar carburos cementados, zafiros y cerámicos, así como para esmerilado electrolítico.

Diamante tipo MBS

Este diamante es un cristal en bloques extremadamente tenaz y duro, con una superficie lisa y regular que no es muy friable (Figura 32-2C). Se emplea en sierras unidas con metal (MBS) para cortar concreto, mármol, mosaico, granito, piedra y mampostería. Los diamantes pueden recubrirse con níquel o cobre para proporcionar una mejor superficie de soporte en la unión y prolongar la vida útil de la rueda.

Ventajas de las herramientas de corte de diamante

Las *herramientas cortantes con punta de diamante* (Figura 32-3, pág. 236) se utilizan para maquinar materiales no ferrosos y no metálicos que requieren un gran acabado superficial y tolerancias muy justas. Se utilizan principalmente como herramientas de acabado porque son frágiles, y no resisten el impacto o la presión de corte tan bien como las herramientas cortantes hechas de carburo. Las herramientas de una sola punta con extremo de diamante están disponibles en varias formas para tornear, torneado interior, ranurar y formado especiales.

Las ventajas principales de las herramientas de corte de punta de diamante son:

1. Pueden operar a altas velocidades de corte, y la producción puede incrementarse de 10 a 15 veces con respecto a otras herramientas de corte.
2. Pueden obtenerse fácilmente acabados superficiales de 5 μpulg (0.127 mm) o menores. En muchos casos, queda eliminada la necesidad de efectuar operaciones de acabado en la pieza de trabajo.
3. Son muy duras y resisten la abrasión. Por lo tanto, en materiales abrasivos son posibles corridas mucho más largas.

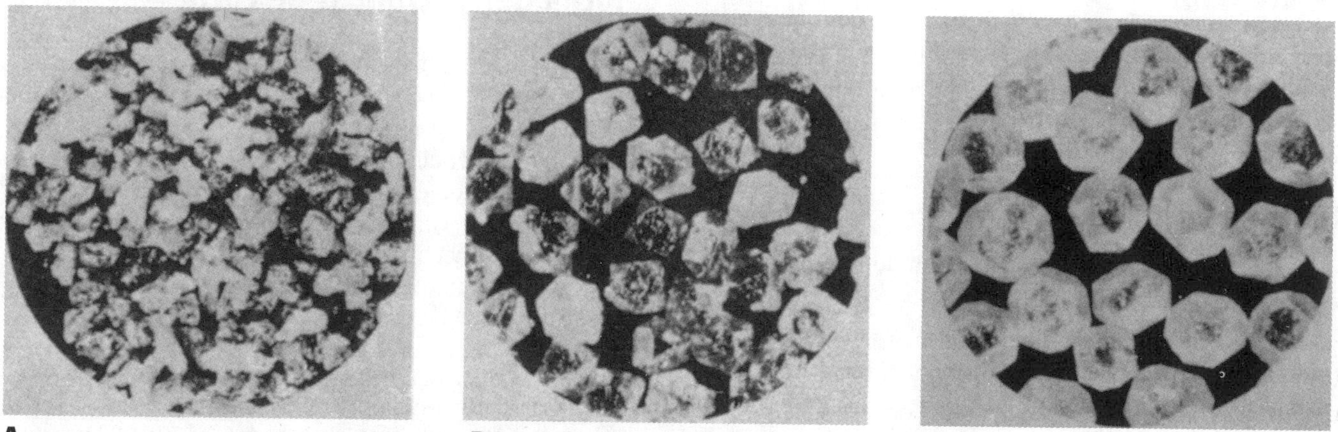

A **B** **C**

FIGURA 32-2 (A) El diamante tipo RVG se usa para esmerilar materiales ultraduros; (B) el tipo MBG-II es un cristal tenaz de diamante utilizado en ruedas de esmeril unidas con metal; (C) el tipo MBS es un cristal muy tenaz y grande, empleado en sierras unidas en metal. (Cortesía de GE Superabrasives.)

FIGURA 32-3 Las herramientas de corte con punta de diamante se utilizan para realizar cortes poco profundos, a velocidades muy altas.

4. Con herramientas de punta de diamante se pueden producir trabajos de corte con tolerancias más estrictas.
5. Son posibles cortes diminutos, como de .0005 pulg (0.012 mm) de profundidad, a partir del diámetro interior o exterior.
6. No se acumulan (sueldan) partículas metálicas en el borde cortante.

Uso de las herramientas de corte de diamante

Algunas de las aplicaciones más exitosas de tales herramientas han sido el torneado de materiales metálicos (no ferrosos) y de materiales no metálicos. Se citan los más comunes de estos materiales.

Materiales metálicos

1. *Metales ligeros*, como aluminio, duraluminio y aleaciones de magnesio
2. *Metales suaves*, como cobre, latón y aleaciones de zinc
3. *Metales para cojinetes*, como latón y babbitt
4. *Metales preciosos*, como la plata, el oro y el platino.

Para cortes de acabado en estos materiales metálicos, se puede esperar que las herramientas de diamante aumenten la producción de 10 a 15 veces más de lo que era posible con cualquier otra herramienta de corte.

Materiales no metálicos

Algunos de los materiales más comúnmente maquinados con herramientas de corte hechas de diamante son el caucho (o hule) duro y blando, toda clase de carburos cementados, plásticos, carbón, grafito y cerámicos. En algunos casos, las herramientas de diamante aumentarán la producción 20 a 50 veces más que las herramientas de carburo.

Velocidades y avances de corte

En general, las herramientas de corte con punta de diamante operan con mayor eficiencia haciendo cortes poco profundos a altas velocidades de corte y avances muy bajos. No se recomiendan para materiales en los que la temperatura de la viruta o el calor generado en la interficie viruta-herramienta supera los 1400°F (760°C). Se utilizan altas velocidades de corte, avances reducidos y cortes poco profundos. El calor generado se disipa completamente en la viruta al salir ésta del borde cortante. Las velocidades de corte bajas y los cortes profundos crean más calor y dañan la punta de diamante.

Existe una velocidad de corte ideal para cada tipo de combinación material-máquina. La velocidad de corte mínima para las herramientas de diamante debe ser de 250 a 300 pie/min (76 a 91 m/min). Las condiciones de la máquina determinarán la velocidad de corte máxima para cada trabajo. Se han utilizado velocidades de corte tan altas como 10000 pie /min (3048 m/min) en algunas aplicaciones. La Tabla 31-2

TABLA 32-1 Datos sobre herramientas de corte hechas de diamante

Material	Velocidad de corte		Avance (por revolución)		Profundidad de corte	
	pie/min	m/min	pulg	mm	pulg	mm
Metálico (no ferroso)	250–10,000	75–3050	.0008–.004	0.002–0.1	.0005–.024	0.001–0.6
No metálico	250–3300	75–1005	.0008–.024	0.002–0.6	.0008–.060	0.002–1.5

presenta los intervalos de velocidad de corte, avance y profundidad en el corte para varios grupos de materiales.

Sugerencias para el uso de las herramientas de diamante

Estas herramientas funcionarán mejor y tendrán mayor duración si se observan las siguientes sugerencias y precauciones:

1. Las puntas con extremo de diamante deben diseñarse con los máximos ángulos de punta y radios, para lograr mayor resistencia (Figura 32-4).
2. Las herramientas de diamante deben manejarse siempre con cuidado, especialmente cuando se está haciendo la preparación. Las aristas cortantes *nunca* deben verificarse con un micrómetro o ser golpeadas con un calibrador de altura.
3. Los cortadores hechos de diamante deben almacenarse siempre en contenedores por separado, con protectores de goma sobre las puntas, de modo que no se rompan al entrar en contacto con otras herramientas.
4. La máquina-herramienta debe estar tan libre de vibraciones como sea posible. Cualquier vibración puede resultar en una falla de la herramienta.
5. Debe utilizarse una instalación muy rígida, con la punta de diamante colocada justo en el centro.
6. Si es posible el trabajo debe ser desbastado con una herramienta de carburo. Este paso establecerá una superficie de trabajo uniforme, y acercará lo que se trabaja más a su tamaño final.

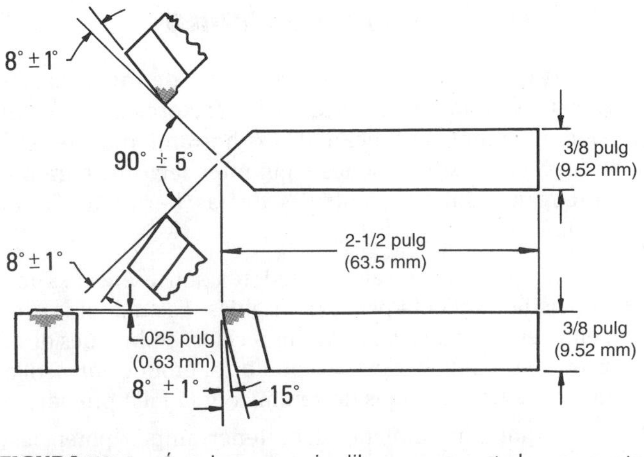

FIGURA 32-4 Ángulos y espacios libres en un cortador con punta de diamante.

7. Las herramientas de diamante deben entrar siempre en el trabajo mientras éste gire. No detenga nunca una máquina durante el corte.
8. Los cortes interrumpidos, especialmente en metales duros, acortarán la duración de la herramienta.

HERRAMIENTAS DE CORTE DE CERÁMICO

Los primeros insertos de material cerámico (óxido cementado) para cortadores salieron al mercado en 1956; fueron el resultado de muchos años de investigación. Al principio estos insertos eran poco consistentes. Se obtenían resultados deficientes e insatisfactorios, debido a la falta de conocimiento y a un uso inadecuado. Desde entonces, casi se ha duplicado la resistencia de las herramientas de corte de cerámico, se ha mejorado en gran medida su uniformidad y calidad, y ahora son ampliamente aceptadas por la industria. Dichas herramientas se utilizan exitosamente en el maquinado de materiales férreos duros y de hierro colado. Como resultado, se están obteniendo costos más bajos, una mayor productividad y mejores resultados. En algunas operaciones, los buriles de cerámico pueden operarse a velocidades tres o cuatro veces mayores que las correspondientes a buriles de carburo.

Fabricación de las herramientas de cerámicos

La mayoría de los cortadores hechos de material cerámico o de óxido cementado, se fabrican principalmente a partir de óxido de aluminio. La bauxita (una forma de alúmina hidratada del óxido de aluminio) se procesa químicamente y se convierte a una forma más densa y cristalina, llamada *alúmina alfa*. Se obtienen granos finos (de tamaño en micras) a partir de la precipitación de la alúmina, o de la precipitación del compuesto de alúmina desintegrado.

Los insertos de material cerámico se producen por *prensado en frío* o *en caliente*. En el prensado en frío, el fino polvo de alúmina se comprime a la forma requerida y después se sinteriza en un horno a 2912°F a 3092°F (1600°C a 1700°C). El prensado en caliente combina el formado y el sinterizado, con calor y presión aplicados simultáneamente. En ciertos tipos de cerámicos se agregan determinadas cantidades de óxido de titanio u óxido de magnesio, para ayudar al proceso de sinterizado y retrasar el crecimiento. Después de que los insertos han sido formados, se les acaba con ruedas de esmeril impregnadas en diamante.

Investigaciones posteriores han llevado al desarrollo de herramientas de cerámico más resistentes. Se mezcla óxido de aluminio (Al_2O_3) con óxido de circonio (ZrO_2), ambos en polvo, se prensan en frío a la forma requerida, y se sinterizan. Este inserto de cerámico blanco ha tenido éxito para maquinar materiales de alta resistencia a la tensión (con hasta 42 Rockwell C de dureza) a velocidades de hasta 2000 pie/min (609 m/min). Sin embargo, las aplicaciones más comunes de los insertos de cerámico son en el maquinado general del acero, donde no hay cortes pesados e interrumpidos, y pueden utilizarse ángulos de ataque negativos. Este tipo de buril tiene la mayor resistencia de dureza al rojo que cualquier material para herramienta de corte, y da un excelente acabado superficial. Con las herramientas de cerámico no se requiere ningún enfriante (o refrigerante), ya que la mayor parte del calor pasa a la viruta y no a la pieza de trabajo. Los insertos de cerámico deben utilizarse con portaherramientas que tengan rompeviruta fijo o ajustable.

La herramienta cortante hecha de cerámico de uso más común, es el *inserto indizable* (Figura 32-5), que se fija en un soporte mecánico. Tales insertos están disponibles en muchos estilos, como triangular, cuadrado, rectangular y redondo. Estos insertos son "indizables" porque cuando una arista de corte pierde el filo, puede obtenerse un borde afilado indizando (haciendo girar) el inserto en el soporte.

Las *herramientas de cerámico cementado* (Figura 32-6) son las más económicas, especialmente si la forma de la herramienta debe alterarse a partir de una forma estándar. El inserto cerámico está unido a un vástago de acero usando pegamento epoxy. Este método de sostener los insertos de cerámico elimina casi por completo las deformaciones provocadas al sujetar insertos en soportes mecánicos.

FIGURA 32-6 Las puntas de cerámico pueden cementarse al vástago de la herramienta de corte.

Aplicaciones de las herramientas de cerámico

Estas herramientas fueron diseñadas para complementar, más que reemplazar, a las herramientas de carburo. Son extremadamente valiosas en aplicaciones específicas, y deben ser seleccionadas y utilizadas cuidadosamente. Las herramientas de cerámico pueden emplearse para sustituir herramientas de carburo que se desgastan rápidamente durante el uso, pero nunca deben reemplazar herramientas de carburo que se están rompiendo.

Los materiales cerámicos tienen éxito en:

1. Operaciones de torneado con una sola punta, horadado y refrentado, de alta velocidad y con acción de corte continua
2. Operaciones de acabado en materiales ferrosos y no ferrosos

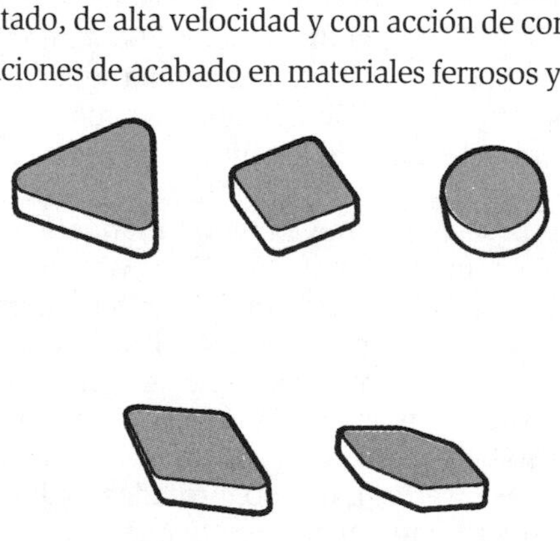

FIGURA 32-5 Los insertos de cerámico indizables están disponibles en una variedad de tamaños.

3. Cortes ligeros e interrumpidos de acabado en acero o hierro fundido cortes pesados e interrumpidos sólo en hierro colado si existe una rigidez adecuada en la máquina y la herramienta
4. Maquinado de piezas de fundición cuando otras herramientas se rompen debido a la acción abrasiva de la arena, las inclusiones o las escamas duras
5. Corte de aceros duros con una dureza de hasta Rockwell C 66, que anteriormente sólo podían maquinarse con esmeril
6. Cualquier operación en la que el tamaño y acabado de la pieza debe ser controlado, y en la cual el uso de las herramientas anteriores no haya sido satisfactorio.

Factores que afectan el uso de los cortadores hechos de cerámico

Como resultado de un extenso programa de investigación y pruebas, se han descubierto varios factores que afectan considerablemente la función de las herramientas de cerámico. Deben considerarse los siguientes factores para que se obtengan resultados óptimos de las herramientas de corte citadas:

1. Cuando se utilizan tales cortadores son esenciales máquinas-herramienta precisas y rígidas. Las máquinas con cojinetes holgados, husillos imprecisos, embragues deslizantes, o cualquier otro desequilibrio, producción astillado en las herramientas de cerámico y la falla prematura.
2. La máquina-herramienta debe tener amplia potencia y ser capaz de mantener las altas velocidades necesarias para los cerámicos.

3. La rigidez del montaje de la herramienta y del portaherramienta tiene tanta importancia como la rigidez de la máquina. Debe utilizarse una placa intermedia entre la mordaza del portaherramienta y el inserto de cerámico para distribuir la presión del sujetador.
4. El voladizo del portaherramienta debe mantenerse al mínimo: no más de 1 1/2 veces el espesor del vástago.
5. Los insertos con ángulo de ataque negativo dan los mejores resultados, debido a que se aplica menos fuerza directamente sobre la punta de cerámico.
6. Grandes radio de nariz y ángulo lateral de arista cortante en el inserto de cerámico, reducen la tendencia de éste a la astilladura.
7. Los líquidos de corte generalmente no son necesarios, porque los cerámicos se conservan fríos durante la operación de maquinado. Si se requiere de un líquido tal, debe utilizarse un flujo continuo y copioso, a fin de evitar el impacto térmico sobre la herramienta.
8. Conforme aumenta la velocidad de corte o la dureza de la pieza de trabajo, debe verificarse la relación entre la alimentación y la profundidad de corte. Siempre haga un corte más profundo con alimentación reducida, en vez de un corte somero con alimentación grande. La mayoría de las herramientas de cerámico puede hacer cortes tan profundos como de la mitad del ancho de la superficie de corte del inserto.
9. Los portaherramientas con rompevirutas fijos o ajustables, son los mejores para uso de insertos de cerámico. Ajústelos para que produzcan una viruta rizada con forma de "6" o de "9".

Ventajas y desventajas de las herramientas de cerámico

Ventajas

Las herramientas de tal clase, cuando se montan apropiadamente en soportes adecuados y se utilizan máquinas precisas y rígidas, ofrecen las siguientes ventajas:

1. El tiempo de maquinado se reduce debido a las mayores velocidades de corte posibles. Son comunes velocidades 50% a 200% mayores que las utilizadas con herramientas de carburo.
2. Resultan altas tasas de eliminación de material y aumentos de productividad, ya que se pueden usar grandes profundidades de corte a altas velocidades superficiales.
3. Una herramienta de cerámico utilizada en las condiciones adecuadas dura de 3 a 10 veces más que una herramienta de carburo simple, y tendrá una vida útil más larga que las herramientas de carburo recubiertas.
4. Las herramientas de cerámico mantienen su resistencia y dureza a altas temperaturas de maquinado [más de 2000°F (1093°C)].
5. Es posible un control más preciso del tamaño de la pieza de trabajo, debido a la mayor resistencia al desgaste de las herramientas cerámicas.
6. Los cortadores de cerámico soportan la abrasión de la arena y de las inclusiones que se encuentran en las piezas fundidas.
7. Se produce un mejor acabado superficial del que es posible con otras clases de herramientas de corte.
8. Los materiales tratados térmicamente con dureza de hasta Rockwell–C 66, pueden maquinarse con facilidad.

Desventajas

Aunque las herramientas de corte cerámicas tienen muchas ventajas, poseen las siguientes limitaciones:

1. Son frágiles y por lo tanto tienden a astillarse fácilmente.
2. Son satisfactorias para cortes interrumpidos sólo en condiciones ideales.
3. El costo inicial de los cerámicos es mayor que el de los carburos.
4. Requieren de una máquina más rígida que la necesaria para otras herramientas de corte.
5. Para que los cerámicos corten eficientemente son necesarias potencia y velocidad de corte considerablemente mayores.

Configuración de una herramienta cerámica

Tal configuración depende de cinco factores principales:

1. El material a maquinar
2. La operación realizada
3. El estado de la máquina
4. La rigidez del montaje del trabajo
5. La rigidez del dispositivo portaherramienta

Aunque la geometría final del cortador de cerámico depende de estos factores específicos, deben mencionarse también algunas consideraciones generales.

Ángulos de ataque

Ya que las herramientas cerámicas son frágiles, se prefieren por lo general ángulos de ataque negativos. Un ángulo de esta clase permite que el impacto de la fuerza de corte se absorba hacia atrás de la punta, protegiendo así la arista cortante. Para maquinar materiales férreos y no férreos se utilizan ángulos de ese tipo con valor de 2° a 30°. Los ángulos de ataque positivos se usan para maquinar no metales, como el caucho, el granito y el carbón (Tabla 32-2).

Claro lateral

Es deseable un ángulo de espacio libre lateral para las herramientas de corte de cerámico. Dicho ángulo no debe ser demasiado amplio, de lo contrario la arista cortante se debilitará y tenderá a astillarse.

Claro frontal

El ángulo de espacio libre frontal debe ser sólo lo suficientemente amplio para evitar que la herramienta roce contra la pieza de trabajo. Si este ángulo es demasiado grande, la herramienta cerámica tenderá a astillarse.

TABLA 32-2 Ángulos de ataque y de alivio recomendados para herramientas de cerámico*

Material de la pieza de trabajo	Ángulos de ataque (grados)	Ángulos de alivio (grados)
Aceros al carbono y de aleación: recocidos y termo tratados	Neg. 2 a 7	2 a 7
Hierro colado: Duro (o enfriado) Gris (o dúctil)	0 a Neg. 7	2 a 7
No férreo: Duros o suaves	0 a Neg. 7	2 a 7
No metálicos: Madera, papel, cerámicos verdes, fibra, asbesto, caucho (o hule), carbón, grafito	0 a 10	6 a 18

*Para torneado ininterrumpido con la punta de la herramienta sobre la línea central de la pieza. (Cortesía de The Carborundum Company.)

Ángulo en el extremo de la arista cortante

Este ángulo controla la resistencia de la herramienta, y el área de contacto entre la pieza de trabajo y el extremo de la herramienta de corte. Si se diseña correctamente, eliminará las crestas que quedan de las líneas de alimentación (Figura 32-7), y mejorará el acabado superficial.

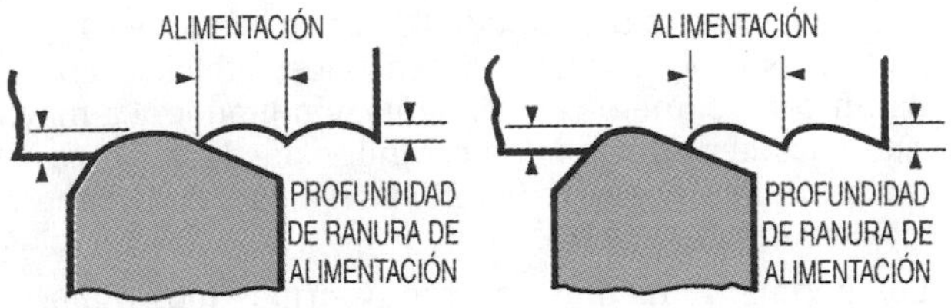

FIGURA 32-7 Relación entre el radio de nariz y el ángulo del extremo de la arista cortante con el acabado superficial producido.

Radio de nariz

El radio de nariz (Figura 32-7) tiene dos importantes funciones: fortalecer la parte más débil de la pieza y mejorar el acabado superficial del trabajo. Debe ser tan grande como sea posible, sin que produzca vibraciones.

Chaflán en la arista cortante

Se recomienda un pequeño radio de chaflán en la arista cortante de las herramientas cerámicas, especialmente para cortes profundos y materiales duros. Esto fortalece y protege al borde cortante. Se recomienda un radio de chaflán de .002 pulg a .008 pulg (0.05 mm a 0.02 mm) para el maquinado de acero. Para cortes de desbastado profundo y materiales duros, un radio de .030 pulg a .060 pulg (0.76 mm a 1.52 mm) da resultados satisfactorios.

Velocidades de corte

Cuando se utilizan cerámicos en el maquinado, se debe aplicar la mayor posible velocidad de corte, tomando en consideración las limitaciones de la máquina-herramienta, que logre una duración de herramienta razonable. Se genera menos calor cuando se maquina con cerámicos que con cualquiera otra clase de cortador, porque hay un menor coeficiente de fricción entre viruta, pieza de trabajo y superficie de la herramienta. Ya que la mayor parte del calor generado escapa con la viruta, la velocidad de corte puede ser 2 a 10 veces mayor que con otros cortadores. La Tabla 32-3 presenta las velocidades recomendadas para varios materiales en condiciones ideales. Si se llegan a necesitar velocidades menores para adecuarse a diversas condiciones de la máquina o la preparación, las herramientas de corte de cerámico seguirán funcionando bien.

Problemas de herramientas cerámicas

Los cortadores de material cerámico eliminan el metal más rápido que la mayoría de las herramientas de corte, y por lo tanto deben elegirse con cuidado para el tipo de material y para la operación. Algunos puntos a considerar cuando se seleccionan herramientas cerámicas son:

1. El cortador debe tener el tamaño suficiente para el trabajo. No puede ser muy grande, pero fácilmente puede llegar a ser demasiado pequeño.
2. (La configuración de la herramienta) debe ser la correcta para el tipo de operación y material. Una herramienta diseñada para un trabajo no necesariamente es la adecuada para otro.

Algunos de los problemas más comunes de las herramientas de corte cerámicas, y sus causas probables aparecen en la Tabla 32-4, pág. 242.

Afilado de herramientas de cerámico

No se recomienda esmerilar las herramientas hechas de este material; sin embargo, con el cuidado correcto, pueden reafilarse con éxito. Se recomiendan ruedas cementadas por resinoides e impregnadas de diamante, para el afilado de herramientas cerámicas. Debe utilizarse una rueda de grano

TABLA 32-3 Velocidades de corte recomendadas para herramientas cortantes hechas de cerámico

Material de la pieza de trabajo	Estado o tipo del material	Corte de desbaste		Corte de acabado		Configuración de herramienta recomendada (tipo de ángulo de ataque)	Enfriante recomendado
		Profundidad > .062 pulg Alimentación .015–.030 pulg	Profundidad > 1.6 mm Alimentación 0.4–0.75 mm	Profundidad < .062 pulg Alimentación .010 pulg	Profundidad < 1.6 mm Alimentación 0.25 mm		
Aceros al carbono y para herramienta	Revenido	300–1500	90–455	600–2000	185–610	Neg.	Ninguno
	Termotratado	300–1000	90–305	500–1200	150–365	Neg.	
	Escamoso	300–800	90–245			Neg. borde afilado	
Aceros de aleación	Revenido	300–800	90–245	400–1400	120–425	Neg.	Ninguno
	Termotratado	300–800	90–245	300–1000	90–305	Neg. borde afilado	
	Escamoso	300–600	90–185			Neg. borde afilado	
Acero de alta velocidad	Revenido	100–800	30–245	100–1000	30–305	Neg.	Ninguno
	Termotratado	100–600	30–185	100–600	30–385	Neg. borde afilado	
	Escamoso	100–600	30–185			Neg. borde afilado	
Acero inoxidable	Serie 300	300–1000	90–305	400–1200	120–365	Pos. y neg.	Aceite a base de azufre
	Serie 400	300–1000	90–305	400–1200	120–365	Neg.	
Hierro colado	Hierro gris	200–800	60–245	200–2000	60–610	Pos. y neg.	Ninguno
	Perlítico	200–800	60–245	200–2000	60–610	Neg.	
	Dúctil	200–600	60–185	200–1400	60–427	Neg.	
	Enfriado	100–600	30–185	200–1400	60–427	Neg. borde afilado	
Cobre y aleaciones	Pur	400–800	120–245	600–1400	185–425	Pos. y neg.	Enfriante en neblina
	Latón	400–800	120–245	600–1200	185–365	Pos. y neg.	Enfriante en neblina
	Bronce	150–800	45–245	150–1000	45–305	Pos. y neg.	Enfriante en neblina
Aleaciones de aluminio*		400–2000	120–610	600–3000	185–915	Pos.	Ninguno
Aleaciones de magnesio		800–10,000	245–3050	800–10,000	245–3050	Pos.	Ninguno
No metálicos	Cerámicos verdes	300–600	90–185	500–1000	150–305	Pos.	Ninguno
	Caucho (goma)	300–1000	90–305	400–1200	120–365	Pos.	Ninguno
	Carbón	400–1000	120–305	600–2000	185–610	Pos.	Ninguno
Plásticos		300–1000	90–305	400–1200	120–365	Pos.	Ninguno

*Las varillas de corte con base de alúmina tienen tendencia a desarrollar una arista cortante engrosada en ciertas aleaciones de aluminio.

grueso para el desbaste, y una rueda de por lo menos 220 granos, para el acabado. Ya que las herramientas de cerámico son extremadamente sensibles a las muescas, deben alisarse todas las superficies lo mejor posible, para evitar muescas o líneas de esmerilado en la arista cortante. Este borde debe pulirse después del afilado, para evitar la acción de cuña que ocurriría si se introdujera material en esas muescas.

HERRAMIENTAS DE CORTE HECHAS DE CERMET

Como resultado de la investigación continua dirigida a mejorar la resistencia de los cortadores hechos de cerámico, ,0alrededor de 1960 se desarrollaron las herramientas de cermet. Los cortadores de cermet son buriles fabricados con diversas combinaciones cerámicas y metálicas.

Tipos de herramientas de cermet

Existen dos clases de útiles cortantes de cermet: los compuestos de materiales con base de carburo de titanio (TiC), y los que contienen materiales con base de nitruro de titanio (TiN).

Los *cermets de carburo de titanio* (TiC) tienen un cementante de níquel y molibdeno, y se producen mediante prensado en frío y sinterización al vacío. Se aplican extensamente para el acabado de hierros colados y aceros que requieren altas velocidades de corte y alimentaciones de ligeras a moderadas.

Recientemente se ha agregado nitruro de titanio al carburo de titanio para producir cermets combinados de carburo de titanio-nitruro de titanio (TiC-TiN). Dependiendo de la aplicación se pueden agregar otros materiales, como carburo de molibdeno, carburo de vanadio, carburo de circonio, y otros.

TABLA 32-4 Problemas de las herramientas cerámicas y posibles causas de aquéllos

Problema	Causas posibles
Vibración	1. La herramienta no esta centrada 2. Alivio en el extremo y/o claro, insuficientes 3. Excesivo ángulo de ataque 4. Demasiado volado, o herramienta muy pequeña 5. Radio de nariz demasiado grande 6. Alimentación muy alta 7. Falta de rigidez en la herramienta o en la máquina 8. Potencia insuficiente o embrague que resbala
Astillamiento	1. Falta de rigidez 2. Arista de corte con aserramientos o demasiado fina 3. El rompevirutas es demasiado estrecho o profundo 4. Vibración 5. Escamado o inclusiones en la pieza de trabajo 6. Afilado impropio 7. Gran espacio libre en extremo 8. Portaherramienta defectuoso
Craterización	1. El rompeviruta se halla demasiado cerca de la arista 2. Radio de nariz excesivo 3. Ángulo lateral de la arista cortante, demasiado grande
Acabado con desgarres	1. Falta de rigidez 2. Herramienta sin filo (o roma) 3. Velocidad demasiado baja 4. Rompeviruta muy angosto o profundo 5. Afilado incorrecto
Desgaste	1. Velocidad muy alta o alimentación muy baja 2. Radio de nariz demasiado grande 3. Afilado impropio
Grietas o roturas	1. Las superficies del inserto no son planas 2. El inserto no está firmemente asentado 3. Detener la pieza de trabajo mientras la herramienta está acoplada 4. Aristas de corte desgastadas o astilladas 5. Alimentación muy alta 6. Enfriante incorrectamente aplicado 7. Ángulo de ataque o alivio de extremo, demasiado grandes 8. Demasiado volado o herramienta muy pequeña 9. Falta de rigidez en el montaje de la herramienta 10. Velocidad demasiado baja 11. Exceso de variación en el corte para el tamaño de la herramienta 12. Vibración 13. Grietas de esmerilado

Debido a su alta productividad, los cermets se consideran un reemplazo efectivo en costo para los buriles de carburo y de cerámico, recubiertos y sin recubrir (Figura 32-8). Sin embargo, los cermets no se recomiendan para uso con materiales férreos templados o endurecidos (a más de 45 Rockwell C) o con metales no férreos.

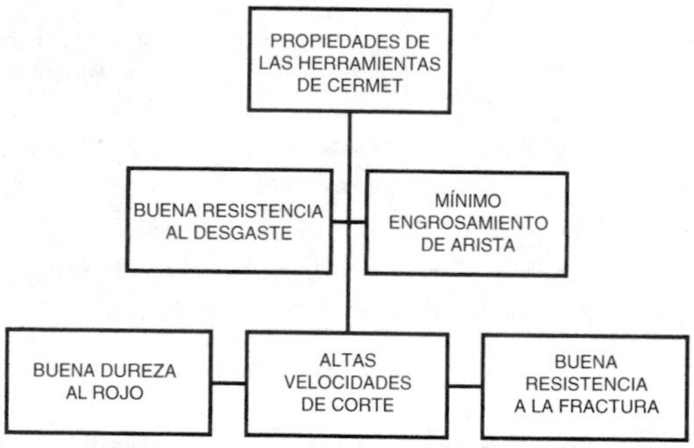

FIGURA 32-8 Las características de las herramientas de cermet las hacen efectivas en costo. (Cortesía de Kelmar Associates.)

Características de las herramientas de cermet

Las principales características de los cortadores hechos con cermet son:

- Tienen una gran resistencia al desgaste y son para velocidades de corte mayores que las que permiten las herramientas de carburo.
- El engrosamiento de la arista y la formación de cráteres son mínimos, lo que aumenta la duración de la herramienta.
- Tienen cualidades de dureza al rojo mayores que las de los cortadores de carburo, pero menores que las de los buriles cerámicos.
- Tienen una menor conducción térmica que las herramientas de carburo, porque la mayor parte del calor se va con la viruta, y pueden por lo tanto operar a mayores velocidades de corte.
- La resistencia a la fractura es mayor que la de las herramientas cerámicas, pero menor que la de los cortadores de carburo.

Ventajas de las herramientas de cermet

Los cortadores elaborados con cermet tienen las siguientes ventajas:

1. El acabado superficial es mejor que el producido con los carburos, en las mismas condiciones, lo que suele eliminar necesidad del rectificado de acabado.
2. La alta resistencia al desgaste permite tolerancias justas por períodos extensos, asegurando la precisión del tamaño en más grandes lotes de piezas.
3. Las velocidades de corte pueden ser más altas que con los cortadores de carburo, para una misma duración de la herramienta.
4. Cuando se opera a la misma velocidad que los buriles de carburo, la vida de la herramienta de cermet es más larga.
5. El costo por inserto es menor que en el caso de los de carburo recubierto, e igual al de los insertos de carburo simples.

Uso de las herramientas de cermet

Los cermets de carburo de titanio son los más duros, y se utilizan para llenar la brecha entre los resistentes insertos de carburo de tungsteno, y las duras y frágiles herramientas de

TABLA 32-5 Condiciones de corte recomendadas para herramientas cortantes de cermet

Material	Dureza (Brinell)	Velocidad de corte	Alimentación	Profundidad de corte
Hierros colados	100–250	200–1200 pie/min (60–366 m/min)	.002–.016 pulg (0.05–0.4 mm)	.187–.250 pulg (4.74–6.35 mm)
Acero al carbono	100–250	160–1200 pie/min (48–366 m/min)	.002–.016 pulg (0.05–0.4 mm)	.200–.300 pulg (5.08–7.62 mm)
Aceros, de aleación e inoxidable	250–400	150–1000 pie/min (46–305 m/min)	.002–0.016 pulg (0.05–0.4 mm)	.187–.300 pulg (4.74–7.62 mm)

cerámico. Se emplean principalmente para maquinar aceros y función o hierro colado, donde se puedan utilizar altas velocidades y alimentaciones moderadas (Tabla 32-5).

Los insertos de nitruro de titanio y carburo de titanio se utilizan para maquinado de semiacabado y de acabado de aceros y hierros colados más duros (menos de 45 Rockwell C), como acero de aleación, acero inoxidable, placa para blindaje y piezas de metalurgia de polvos.

PREGUNTAS DE REPASO

Herramientas de corte de diamante

1. Mencione dos tipos de diamantes utilizados en la industria.
2. Enuncie cuatro de las ventajas principales de las herramientas de corte de diamante.
3. Explique en dónde pueden aplicarse con éxito tales herramientas cortantes.

Velocidades de corte y alimentaciones

4. ¿Qué velocidad, alimentación y profundidad de corte debe utilizarse con las herramientas de diamante? Explique por qué.
5. ¿Por qué la herramienta de diamante debe ser tan rígida y la máquina tan libre de vibraciones, como sea posible en ambos casos?
6. Exprese cinco precauciones importantes a observar cuando se utilicen herramientas de diamante.

Fabricación de herramientas cerámicas

7. Explique brevemente cómo se fabrican las herramientas de corte de óxido cementado.
8. ¿Cuál es la diferencia entre las herramientas cortantes hechas de cerámicos y de cermet?

Aplicaciones de las herramientas cerámicas

9. Mencione cuatro aplicaciones importantes de las herramientas de cerámico.
10. Enuncie cuatro factores principales que afectan el funcionamiento de las herramientas de cerámico.

Ventajas y desventajas de las herramientas cerámicas

11. Mencione cinco ventajas de los cortadores hechos de cerámico.
12. ¿Cuáles son las desventajas de utilizar herramientas de corte cerámicas?

Configuración de las herramientas cerámicas

13. Diga cinco factores que determinan la estructura geométrica de las herramientas de cerámico.
14. Explique a profundidad el ángulo de ataque de las herramientas cerámicas.
15. Defina el *borde de arista cortante* y mencione su propósito.

Velocidades de corte

16. Explique por qué se pueden utilizar altas velocidades de corte con las herramientas cerámicas.
17. ¿Cuáles dos puntos deben tenerse en mente cuando se eligen herramientas de cerámico?
18. Mencione los factores que pueden causar los siguientes problemas:
    a. Astillamiento
    b. Vibración
    c. Desgaste

Esmerilado de las herramientas cerámicas

19. Explique cómo deben afilarse las herramientas de material cerámico.
20. ¿Cuál es el propósito del pulido?

Herramientas de corte de cermet

21. ¿Qué es un buril de cermet?
22. Mencione los dos tipos básicos de cermets.
23. ¿Qué es un buril de TiC-TiN?
24. Mencione cuatro características de una herramienta de corte hecha de cermet.
25. Diga cuatro ventajas de las herramientas de corte de cermet.
26. Exprese las condiciones bajo las cuales se pueden utilizar buriles de carburo de titanio.
27. ¿Cuáles son las aplicaciones de los cortadores hechos de TiC-TiN?

UNIDAD

33

Herramientas de corte hechas de material policristalino

OBJETIVOS

Al terminar el estudio de esta unidad, se podrá:

1 Explicar la manufactura y las propiedades de las herramientas de material policristalino
2 Elegir el tipo y tamaño apropiados de herramientas de corte policristalinas
3 Ajustar una herramienta y la máquina para cortar con herramientas de esta clase

La industria metalmecánica (o metalofabril) tiene una historia relativamente corta en el desarrollo de herramientas de corte a gran escala, y comenzó en 1860 cuando Henry Bessemer inventó el método comercial para fabricar acero. Antes de eso, las cuchillas de acero se producían y forjaban con procesos manuales que se mantenían en secreto, y trascendían mediante una tradición, de padre a hijo. Al final del siglo XIX las herramientas cortantes de acero al carbono fueron reemplazadas gradualmente por herramientas hechas de acero de alta velocidad. Aunque tuvieron éxito y aún se utilizan ahora, los cortadores de acero de alta velocidad perdieron a su vez terreno ante las herramientas de corte de carburo cementado y recubierto, más productivas, en la mayor parte de las operaciones de corte de producción, y en muchas de las de taller de herramientas.

Alrededor de 1954 nació una nueva tecnología de las herramientas de corte, cuando la General Electric Company produjo el diamante sintético. Más adelante, se fusiona una capa policristalina compuesta de miles de pequeñas partículas abrasivas de diamante o de nitruro de boro cúbico, a un substrato de carburo cementado (base), para producir una herramienta con un filo cortante superior y más resistente al desgaste. Debido a su excelente resistencia a la abrasión, pronto se volvió una herramienta de corte altamente efectiva, que rompió todas las marcas de producción en el maquinado de materiales abrasivos no metálicos y no férreos.

FABRICACIÓN DE HERRAMIENTAS DE CORTE POLICRISTALINAS

Existen dos tipos de cortadores hechos de material policristalino: los de nitruro de boro cúbico policristalino, y los de diamante policristalino. Cada tipo de material es usado para maquinar cierta clase de materiales. La fabricación de las preformas de herramientas implica básicamente el mismo proceso para ambas clases de útiles.

La manufactura de herramientas de corte policristalinas (Figura 33-1) fue un paso importante en la producción de nuevas herramientas superabrasivas más eficientes. Se fusiona una capa de diamante o de nitruro de boro cúbico policristalinos -aproximadamente de .020 pulg (0.5 mm) de espesor— con un substrato o base de carburo cementado, mediante un proceso a alta temperatura [de 3090°F a 3275°F (1700°C a 1800°C)] y alta presión [de aproximadamente un millón de libras por pulgada cuadrada (psi) (6895000 kPa)]. El substrato está compuesto de diminutos granos de carburo de tungsteno unidos firmemente con un aglutinante de cobalto metálico. En condiciones de alta temperatura y alta presión, el cobalto se licua, fluye hacia arriba y envuelve las partículas abrasivas de diamante o de nitruro de boro cúbico, sirviendo como catalizador que promueve el intercrecimiento (fusionado de partículas abrasivas). Este proceso forma lo que se conoce como *masa policristalina*.

HERRAMIENTAS DE NITRURO DE BORO CÚBICO POLICRISTALINO (PCBN)

La estructura policristalina del nitruro de boro cúbico (CBN, de cubic boron nitride) se caracteriza por tener propiedades uniformes no direccionales, que resisten el astillado y el agrietamiento, y dan dureza y resistencia a la abrasión uniformes, en todas direcciones. Por lo tanto, era inevitable que se efectuaran experimentos para ver si tales cualidades podrían incorporarse en la fabricación de preformas e insertos para herramientas de corte, mediante torneado y fresado. Estos experimentos tuvieron éxito, haciendo posible la aplicación de herramientas de corte superabrasivas, en operaciones de maquinado que anteriormente eran difíciles, si no es que imposibles, de llevar a cabo mediante métodos convencionales. Las preformas e insertos de nitruro de boro cúbico policristalino (PCBN) (Figura 33-2), pueden operar a mayores velocidades de corte, hacer cortes más profundos, y maquinar aceros templados y aleaciones de alta temperatura (Rockwell C 35 y más duros) como el Iconel, Rene, Waspaloy, Stellite y Colmonoy.

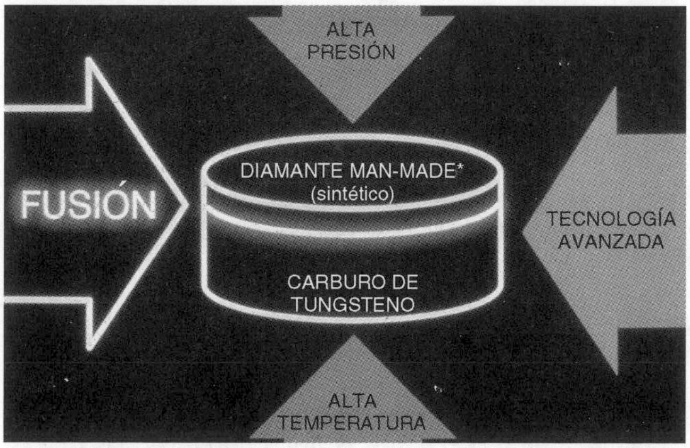

FIGURA 33-1 Las bases de herramientas policristalinas consisten en una capa de diamante abrasivo o nitruro de boro cúbico policristalinos unida por fusión a una base de carburo cementado. (Cortesía de GE Superabrasives.)

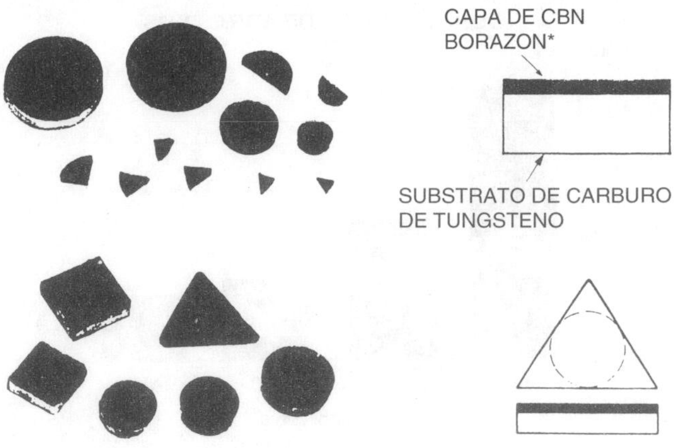

FIGURA 33-2 Tipos y tamaños de las preformas para insertos de herramientas de PCBN disponibles. (Cortesía de GE Superabrasives.)

Propiedades del PCBN

El nitruro de boro cúbico es un material sintético que no se encuentra en la naturaleza. Las herramientas de corte de PCBN contienen las cuatro propiedades principales que una herramienta de corte debe tener, para cortar materiales extremadamente duros o abrasivos con altas velocidades de eliminación de metal: dureza, resistencia a la abrasión, resistencia a la compresión, y conductividad térmica (Figura 33-3).

Dureza

La Figura 33-4 indica la dureza Knoop de los abrasivos comunes. El nitruro de boro cúbico, que sigue al diamante en

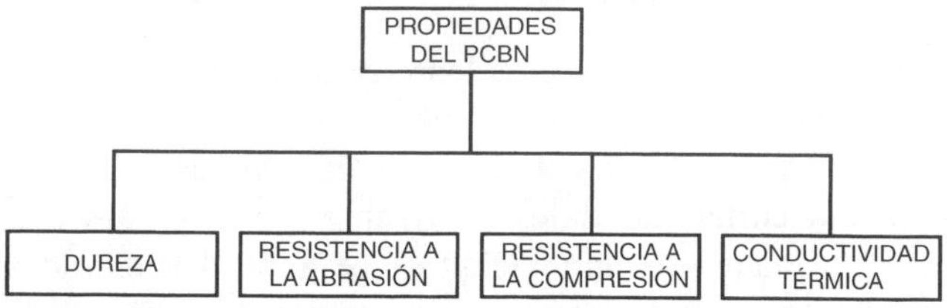

FIGURA 33-3 Propiedades principales de las herramientas de corte de nitruro de boro cúbico policristalino. (Cortesía de Kelmar Associates.)

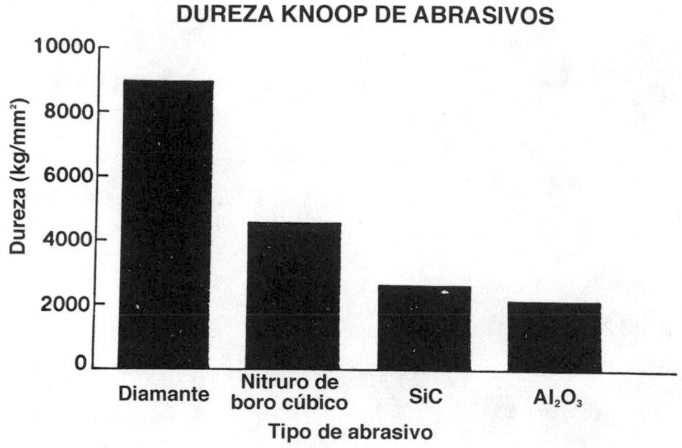

FIGURA 33-4 Comparaciones de dureza de diversos materiales abrasivos. (Cortesía de GE Superabrasives.)

dureza, es aproximadamente el doble de duro que el carburo de silicio y el óxido de aluminio. Las herramientas de PCBN tienen una buena resistencia al impacto, alta resistencia y alta dureza en todas direcciones, debido a la orientación al azar de los diminutos cristales de CBN.

Resistencia a la abrasión

La Figura 33-5 muestra la resistencia a la abrasión del CBN en relación con abrasivos convencionales y con el diamante. Comparadas con las herramientas de corte comunes, las de PCBN mantienen sus bordes de corte afiladas por mucho más tiempo, incrementando así la productividad y produciendo a la vez piezas dimensionalmente precisas.

Resistencia a la compresión

La *resistencia a la compresión* se define como el esfuerzo compresivo máximo que soporta el material antes de fracturarse o romperse. La alta resistencia a la compresión de los cristales de CBN dan a las herramientas en cuestión excelentes cualidades de soporte de las fuerzas originadas durante altas velocidades de eliminación de metal, y al impacto debido a cortes severos interrumpidos.

Conductividad térmica

Debido a que tienen una excelente conductividad térmica, las herramientas de corte PCBN permiten una mayor disipación o transferencia de calor, especialmente cuando se les utiliza para cortar materiales duros, abrasivos y tenaces, con altas velocidades de eliminación de material. Las elevadas temperaturas de corte creadas en la intercara herramienta de corte-pieza de trabajo debilitarían los materiales comunes para herramientas cortantes.

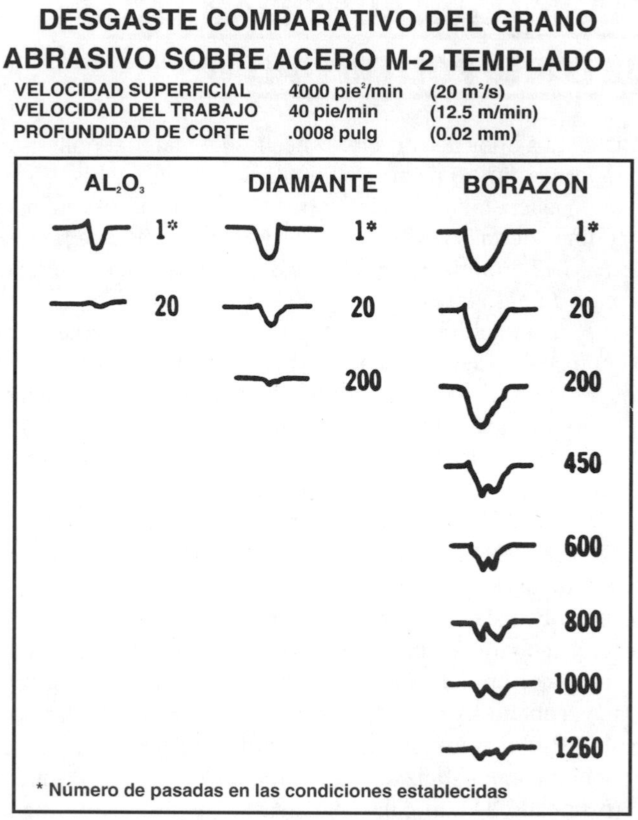

FIGURA 33-5 La resistencia comparativa a la abrasión o al desgaste del CBN (Borazon) en relación con otros abrasivos. (Cortesía de GE Superabrasives.)

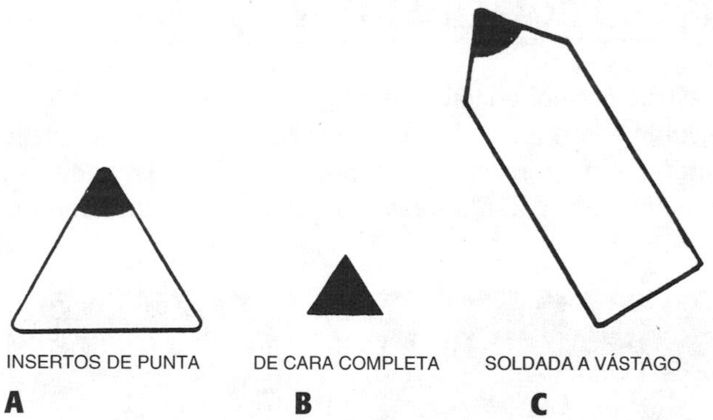

FIGURA 33-6 Tipos comunes de herramientas de corte de nitruro de boro cúbico policristalino (PCBN): (A) insertos de punta; (B) insertos de cara completa; (C) soldada a vástago. (Cortesía de GE Superabrasives.)

Tipos de herramientas PCBN

Están disponibles herramientas terminadas y listas para usarse, por parte de proveedores de útiles cortantes, las que se ubican en tres categorías: insertos de punta, insertos de cara completa, y herramientas soldadas a vástago (Figura 33-6):

- Los *insertos de punta* (Figura 33-6A) están disponibles en la mayoría de las formas de insertos de carburo, y por lo general son los más económicos. Estos insertos se fabrican maquinando una cavidad en el carburo, y soldando el inserto de PCBN en su sitio. Tienen la misma vida de desgaste por borde cortante que un inserto PCBN, pero sólo poseen un borde de corte. Cuando el borde pierde el filo, puede reafilarse, y tener la misma duración que una herramienta nueva.

- Los *insertos de cara completa* (Figura 33-6B) consisten en una capa de PCBN unida a un substrato de carburo cementado. Tales insertos están disponibles en formas triangulares cuadradas y redondas. Por lo general son muy efectivos en costo, porque el fabricante puede reducir su tamaño una y otra vez, obteniendo nuevos bordes de corte.
- Las *herramientas soldadas a vástago* (Figura 33-6C) pueden obtenerse en la mayoría de las formas comunes de herramienta. Se fabrican maquinando una cavidad en el estilo adecuado de vástago de herramienta, y soldando una preforma de PCBN en el sitio. Se pueden pedir especialmente al fabricante para adecuarse a la mayoría de las aplicaciones de maquinado.

Tipos de cortes en metal

Las herramientas cortantes de nitruro de boro cúbico policristalino (PCBN) se utilizan en tornos y centros de torneado para maquinar superficies redondas, así como en fresadoras y centros de maquinado para trabajar superficies planas. Dichas herramientas se han utilizado con éxito en operaciones normales de torneado, refrentado, torneado interior, ranurado, perfilado y fresado.

Los cuatro tipos generales de metales que se adaptan mejor al uso de herramientas de PCBN, y han demostrado ser "costo-efectivos" son:

1. *Metales férreos templados*, con una dureza mayor que 45 Rockwell C, incluyendo:
   - Aceros con temple, como 4340, 8620, M-2 y T-15
   - Hierros fundidos, como el hierro enfriado, Ni-Hard, etc.
2. *Metales férreos abrasivos*, como los hierros fundidos que van de 180 a 240 en dureza Brinell, incluyendo:
   - Hierro fundido gris de matriz perlítica, Ni-Resist, etc.
3. *Aleaciones resistentes al calor*, que con mucha frecuencia son aleaciones ferrosas con alto contenido de cobalto, utilizadas para trabajar superficies endurecidas a la flama.
4. *Superaleaciones*, como las aleaciones al alto níquel que se usan en la industria aerospacial para piezas de motores de reacción.

Las mejores aplicaciones de las herramientas cortantes de PCBN son en materiales que hacen que los bordes de corte de las herramientas de carburo cementado y cerámicos, se rompan con demasiada rapidez.

Ventajas de las herramientas de corte PCBN

Las herramientas de corte PCBN ofrecen a la industria metalmecánica, más ventaja que compensan su mayor costo inicial (Figura 33-7). Estas herramientas elevan mucho la eficiencia, reducen el desperdicio, y aumentan la calidad del producto. Debido a la fuerte y dura microestructura de los útiles hechos de PCBN, duran más sus bordes cortantes. También eliminan eficientemente material según velocidades elevadas, que harían que las herramientas de corte comunes se rompieran rápidamente.

Altas velocidades de eliminación de material

En vista de que las herramientas de corte de PCBN son tan duras y resisten también a la abrasión, son posibles velocidades de corte en la gama de 250 a 900 pie/min (78 a 274 m/min) y velocidades de avance de .010 a .020 pulg (0.25 a 0.5 mm). Tales tasas dan como resultado índices más altos de eliminación de material (hasta tres veces los de las herramientas de carburo) con un menor desgaste de la herramienta.

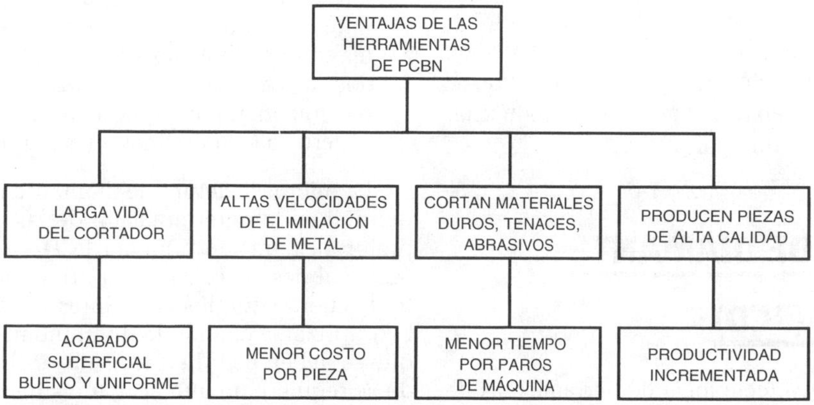

FIGURA 33-7 Principales ventajas de las herramientas de corte de nitruro de boro cúbico policristalino. (Cortesía de Kelmar Associates.)

Corte de materiales duros y tenaces

Las herramientas de PCBN son capaces de maquinar eficientemente todos los materiales férreos con dureza Rockwell C de 45, o mayor. También se utilizan para maquinar aleaciones a base de cobalto y níquel de alta temperatura, con una dureza de 35 o mayor.

Productos de alta calidad

Debido a que los bordes cortantes de las herramientas del tipo PCBN se desgastan muy lentamente, producen piezas de alta calidad con mayor rapidez y a menor costo por pieza, que las herramientas convencionales. La necesidad de inspeccionar las piezas producidas se reduce mucho, igual que el ajuste de la máquina-herramienta para compensar el desgaste o mantenimiento del útil de corte.

Acabado superficial uniforme

Es posible lograr acabados superficiales dentro del intervalo de 20 μpulg a 30 μpulg en operaciones de desbastado con herramientas de corte PCBN. En operaciones de acabado, son posibles terminados superficiales del orden de 0 a 9 micropulgadas.

Menor costo por pieza

Las herramientas cortantes de nitruro de boro policristalino permanecen afiladas, y cortan eficientemente durante largas corridas de producción. Esto resulta en acabados superficiales consistentemente más lisos, mejor control de la forma y tamaño de la pieza, y menos cambios de la herramienta de corte.

Menor tiempo ocioso de máquinas

Ya que las herramientas de corte PCBN permanecen afiladas mucho más tiempo que las herramientas de carburo o cerámicas, se requiere menos tiempo para intercambiar, cambiar o reacondicionar la herramienta cortante.

Mayor productividad

Todas las ventajas que ofrecen las herramientas de corte PCBN, como velocidades y avances aumentados, mayor duración del cortador, mayores corridas de producción, calidad de piezas constante, y los ahorros en costos de mano de obra, se combinan para aumentar la capacidad general de producción y reducir el costo de manufactura por pieza.

HERRAMIENTAS DE DIAMANTE POLICRISTALINO (PCD)

En 1954 apareció una nueva tecnología de herramientas de corte, cuando la General Electric produjo el diamante sintético manufacturado. Más adelante, se fusionó una capa de diamante policristalino (PCD), de aproximadamente .020 pulg (0.4 mm) de espesor, a un substrato de carburo cementado (base), para producir una herramienta con un borde cortante de superior resistencia al desgaste. Debido a su excelente resistencia a la abrasión, pronto se convirtió en un cortador altamente eficiente, que aumentó la producción en el maquinado de materiales no metálicos y no férreos.

Aunque las herramientas PCD y PCBN tienen muchas propiedades similares, cada una tiene sus aplicaciones específicas. La diferencia principal es que las de diamante no son adecuadas para el maquinado de aceros y otros materiales férreos. Dado que los diamantes están compuestos exclusivamente de carbono, y el acero es un metal "afín al carbono", se ha descubierto que a altas velocidades de corte, con las que se produce mucho calor, el acero desarrolla afinidad por el carbono. En efecto, las moléculas de carbono son atraídas hacia el acero, lo que hace que el filo del cortador hecho de diamante se rompa con rapidez.

Tipos y tamaños de herramientas PCD

El PCD aglutinado con catalizador, que es la variedad de uso más amplio, está disponible en tres series de microestructuras para diversas aplicaciones de maquinado. La diferencia básica entre las tres series es el tamaño de las partículas de diamante empleadas para fabricar la preforma policristalina. Los fabricantes utilizan diferentes nombres comerciales para identificar cada serie, pero aquí se designarán como gruesas, semifinas y finas.

- Las *preformas base PCD gruesas* (Figura 33-8A) se fabrican con cristales diamantinos gruesos, y están diseñadas para cortar una gran variedad de materiales abrasivos no férreos y no metálicos. Se recomiendan ampliamente para el maquinado de aleaciones de aluminio forjado, especialmente aquellas que contienen más de 16% de silicio. Las herramientas PCD de grados más gruesos son generalmente más duraderas que las otras clases
- Las *preformas base PCD semifinas* (Figura 33-8B) se componen de cristales finos y medio-finos, con una mayor distribución de tamaño que las preformas PCD gruesas. Estas herramientas se utilizan para maquinar materiales no férreos y no metálicos altamente abrasivos, donde son aceptables bordes cortantes pequeños
- Las *preformas base PCD finas* (Figura 33-8C) se fabrican a partir de cristales de diamante de tipo fino, de tamaño más o menos uniforme. La estructura de grano fino permite la producción de herramientas con bordes cortantes extremadamente afilados, y altos acabados en los lados de ataque y de flanco. Estas herramientas se recomiendan para aplicaciones que requieran acabados superficiales muy finos, con bordes cortantes grandes.

La microestructura de diamante tiene una función primordial en la determinación de las características de una preforma para herramienta PCD, sus aplicaciones, resistencia al desgaste, y la vida útil de la herramienta de corte. Recuerde que los cortadores PCD de cristal grueso deben utilizarse cuando la durabilidad es un factor, en tanto que se deben usar herramientas PCD de cristal fino, cuando se requiere un alto acabado superficial. Las herramientas de corte PCD y PCBN están generalmente disponibles como insertos de punta y de cara completa, y herramientas soldadas a vástago (Figura 33-6).

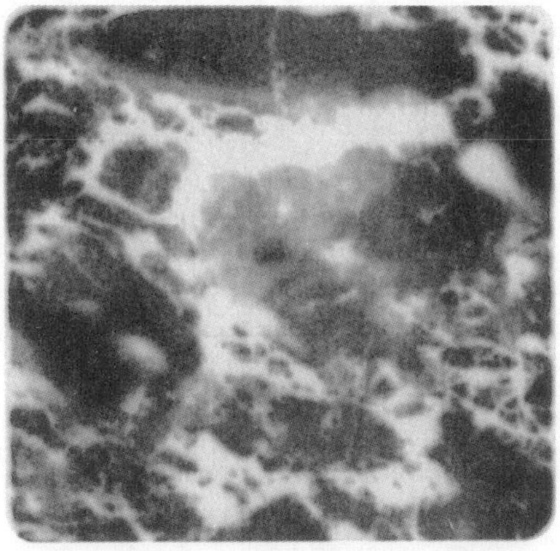

A

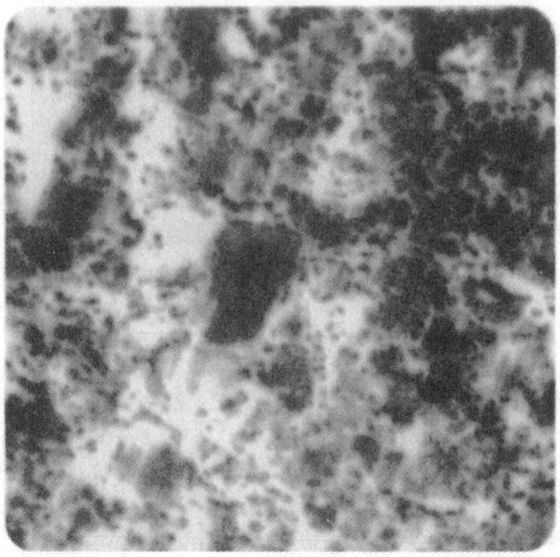

B

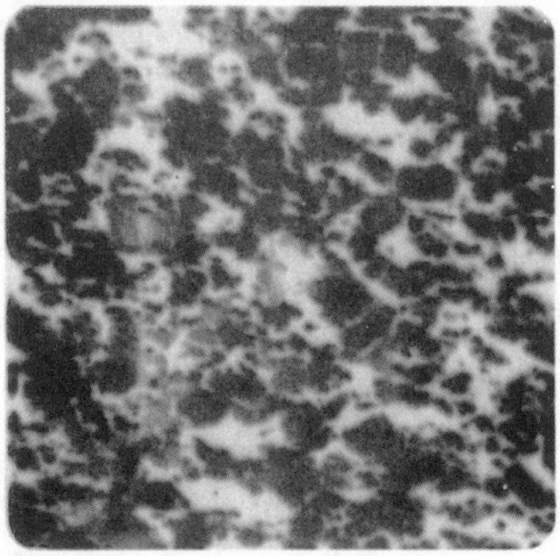

C

FIGURA 33-8 Se aprecia aquí la diferencia en el tamaño de las partículas de diamante en las tres series de preformas de herramientas PCD; (A) cristales gruesos; (B) cristales semifinos; (C) cristales finos. (Cortesía de GE Superabrasives.)

Propiedades de las herramientas PCD

Las herramientas de corte de diamante policristalino, que consisten en una capa de diamante fusionada a un substrato de carburo de tungsteno cementado, tienen propiedades que las convierten en herramientas superabrasivas. Los materiales compuestos que se encuentran en el *substrato de carburo de tungsteno cementado* (base) proporcionan las propiedades mecánicas. Esto se debe a su conductividad térmica relativamente alta, y a su relativamente bajo coeficiente de dilatación térmica. El substrato también proporciona un excelente soporte mecánico para la capa de diamante policristalino, y da tenacidad a la herramienta PCD terminada.

Las propiedades principales de la *capa de diamante* en las herramientas PCD son dureza, resistencia a la abrasión, resistencia a la compresión y conductividad térmica. El diamante, el material más duro conocido, da aproximadamente 7000 en la escala Knoop de dureza. La dureza y resistencia a la abrasión de la capa de diamante policristalino se deben a su estructura interior. A diferencia de la organización del diamante natural de un solo cristal, la del cristal PCD es uniforme en todas direcciones. No hay planos duros o suaves, o de unión débil que pudieran provocar agrietamiento severo. Tampoco se requiere una orientación especial para optimizar el corte durante las operaciones de maquinado.

La *resistencia a la compresión* de la capa de diamante es la mayor entre todas las herramientas de corte. Se debe a su estructura densa, que permite a las herramientas de corte PCD soportar las fuerzas creadas por altas velocidades de eliminación de metal y el impacto de cortes interrumpidos. La *conductividad térmica* de la capa de PCD, la mayor de entre todas las herramientas cortantes, es casi 60% mayor que la del nitruro de boro cúbico policristalino. Esta alta termoconductividad permite una mayor disipación o transferencia del calor creado en la intercara viruta-herramienta, especialmente cuando se cortan materiales duros y abrasivos con altas velocidades de eliminación de metal.

Ventajas de las herramientas PCD

Las ventajas que estos útiles de corte ofrecen a la industria, compensan con creces su mayor costo inicial. Utilizados principalmente para maquinar materiales no férreos y no metálicos, las herramientas PCD incrementan en gran medida la eficiencia, reducen el desperdicio, y aumentan la calidad del producto. Algunas de las ventajas principales de las herramientas de corte de diamante policristalino son:

1. Larga vida útil de la herramienta
2. Corte de materiales tenaces y abrasivos
3. Piezas de alta calidad
4. Acabados superficiales finos
5. Menor tiempo ocioso de máquina
6. Productividad incrementada

TABLA 33-1 Aplicaciones de las herramientas de corte PCD

Metales no férreos	Materiales no metálicos	Compuestos
Aleaciones de aluminio	Alúmina, con flameo	Asbesto
Aleaciones de babbitt	Bakelita	Epoxy con fibra de vidrio
Aleaciones de latón	Berilios	Grafitos reforzados
Aleaciones de bronce	Cerámicos	Nylon reforzado
Aleaciones de cobre	Epoxy	Fenólicos reforzados
Aleaciones de plomo	Vidrio	PVC reforzado
Aleaciones de manganeso	Grafito	Sílice reforzado
Plata, platino	Macor	Teflón reforzado
Carburos de tungsteno	Caucho (hule), duro	Madera, manufacturada
Aleaciones de zinc	Diversos plásticos	

Tipos de corte de material

Las herramientas de corte de diamante policristalino se utilizan para maquinar materiales no férreos o no metálicos, principalmente cuando la pieza de trabajo es abrasiva. Estos materiales por lo general se consideran difíciles de maquinar debido a sus características abrasivas.

El mayor grupo de metales no férreos está formado por materiales que son típicamente suaves, pero tienen partículas duras dispersas, como el silicio suspendido en el aluminio al silicio, o las fibras de vidrio en plástico. Estas partículas duras y abrasivas son las que destruyen el borde cortante de las herramientas comunes. El diamante es más duro que la partícula abrasiva y tiende a cortar las partículas duras en vez de apartarlas de su camino o desafilar el borde cortante. En aplicaciones similares de maquinado de abrasivos, las preformas para herramienta PCD suelen alcanzar una duración al desgaste 100 veces superior a la de las herramientas de carburo cementado.

Una nueva categoría en constante crecimiento de materiales no metálicos son los cerámicos y los compuestos. Estos materiales son duros y abrasivos, y dependen de la dureza del diamante para abatir su carácter abrasivo. Las herramientas de PCD pueden cortar limpiamente las duras inclusiones abrasivas en estos materiales, sin desafilar con rapidez el borde cortante.

Los materiales que se maquinan con más éxito con herramientas PCD quedan en cinco categorías generales: aleaciones de silicio-aluminio, aleaciones de cobre, carburo de tungsteno, compuestos avanzados, cerámicos, y los compuestos de madera. La Tabla 33-1 ilustra los materiales más comunes que se pueden maquinar con efectividad en costo usando herramientas PCD.

HERRAMIENTAS CON RECUBRIMIENTO DE DIAMANTE

La industria ha utilizado las herramientas de corte de diamante durante muchos años, para maquinar materiales no férreos y rectificar materiales ultraduros. El diamante es muy adecuado para estas aplicaciones, debido a sus propiedades de dureza sin igual, extrema resistencia al desgaste, bajo coeficiente de fricción, y alta conductividad térmica.

A principio del decenio de 1980, se desarrolló un nuevo proceso de recubrimiento por depositación por vapor químico (CVD, de *chemical vapor deposition*), a fin de producir un recubrimiento de diamante de unos pocas micras de espesor sobre una variedad de productos, incluyendo herramientas de corte, para prolongar su vida útil. El proceso CVD consiste en descomponer el gas hidrógeno en hidrógeno elemental, mediante un elemento calorífico o una corriente de plasma. El hidrógeno elemental se disuelve en gas hidrocarbónico, como el metano, a temperaturas alrededor de 1330°C. Cuando la mezcla entra en contacto con el metal más frío (770°C a 900°C) a recubrir, el carbono se precipita (condensa) a la forma cristalina pura, y recubre el metal con una película de diamante. En los primeros experimentos para recubrir herramientas de carburo y de alta velocidad, se presentaron problemas al adherir la capa de diamante al material de la herramienta de corte. El proceso tenía una baja velocidad de depositación de diamante, de 1 a 5 micras (o micrometros) por hora.

El proceso QQC

El proceso QQC, desarrollado por Pravin Mistry a mediados de la década de 1990, representó un adelanto importante en la aplicación de recubrimientos de diamante a una variedad de materiales, al eliminar los problemas de adhesión, ajuste a diversos substratos, espesor del recubrimiento, y costo. Puede aplicar con rapidez y a un costo relativamente bajo, un recubrimiento superior sobre una amplia variedad de materiales y formas, lo que mediante el proceso CVD era difícil (o imposible) de lograr.

El proceso QQC crea una película de diamante mediante el uso de energía láser y dióxido carbónico como fuente de carbono.

- Se dirige energía láser al substrato (material base a recubrir) para movilizar, vaporizar y reaccionar con el elemento primario (como el carbono) a fin de cambiar la estructura cristalina del substrato.
- Se crea una zona de conversión bajo la superficie del substrato, que metalúrgicamente cambia respecto a la composición del substrato subyacente, a una composición del recubrimiento de diamante que está siendo formado en la superficie.
- Esto resulta en una unión por difusión del recubrimiento de diamante con el substrato.

Principales ventajas del proceso QQC

- Una mejor adhesión y menores esfuerzos forman una unión metalúrgica entre el diamante y el substrato
- El proceso de recubrimiento de diamante puede realizarse a la atmósfera y no requiere de vacío
- Las partes a recubrir no requieren tratamiento o calentamiento previos
- Sólo el dióxido carbónico es la fuente primaria o secundaria de carbono: el nitrógeno actúa como escudo
- Las tasas de depositación de diamante son de más de 1 micran por segundo, en comparación con 1 a 5 micras por hora con el proceso de depositación por vapor químico (CVD)
- El proceso puede utilizarse para una amplia variedad de materiales, como acero inoxidable, acero de alta velocidad, hierro, plástico, vidrio, cobre, aluminio, titanio y silicio.

La vida útil de una herramienta de corte con recubrimiento de diamante, puede ser hasta 60 veces mayor que la de una de carburo de tungsteno, y 240 veces mayor que la de una de acero de alta velocidad para el maquinado de materiales duros, abrasivos no férreos y no metálicos.

FIGURA 33-9 El proceso QQC utiliza una combinación de cuatro láseres para producir la reacción del diamante. (Cortesía de QQC, Inc.)

PREGUNTAS DE REPASO

Fabricación de herramientas policristalinas

1. Describa una herramienta de corte policristalina.
2. ¿Cómo se fabrican las herramientas de corte policristalinas?

Herramientas PCBN

3. ¿Qué ventajas ofrecen a la industria las herramientas de corte PCBN?

Propiedades del PCBN

4. Mencione las cuatro propiedades que poseen las herramientas cortantes PCBN.
5. ¿Por qué es la resistencia a la abrasión importante en las herramientas de PCBN?

Tipos de corte de metal

6. Mencione los cuatro tipos generales de metales en los cuales las herramientas cortantes de PCBN, han demostrado ser efectivas en costo.

Ventajas de las herramientas PCBN

7. ¿Por qué los bordes cortantes de las herramientas de PCBN duran más y eliminan material a tasas más velocidades que las herramientas de corte comunes?
8. Mencione cuatro ventajas importantes de las herramientas de PCBN.
9. Explique por qué es posible incrementar la productividad usando herramientas de PCBN.

Herramientas de diamante policristalino PCD

10. Explique el término *afín al carbono* y cómo afecta a las herramientas de corte PCD.

Tipos y tamaños de herramientas PCD

11. ¿Qué tipo de forma base de PCD se recomienda para maquinar materiales no férreos y no metálicos altamente abrasivos?
12. Mencione los tres tipos de herramientas de corte PCD.

Propiedades de las herramientas PCD

13. Cite las cuatro propiedades principales de la capa de diamante de las herramientas PCD.
14. ¿Cuál es la importancia de la alta resistencia a la compresión de la capa diamántica en las herramientas PCD?

Ventajas de las herramientas PCD

15. Mencione cuatro ventajas importantes de las herramientas cortantes de PCD.

Tipos de materiales a cortar

16. ¿Cuáles son las tres categorías generales de materiales que pueden maquinarse exitosamente con herramientas PCD?

UNIDAD

34

Líquidos de corte–Tipos y aplicaciones

OBJETIVOS

Al terminar el estudio de esta unidad, se podrá:

1 Mencionar la importancia y funciones de los líquidos para corte
2 Identificar tres clases de ellos, y mencionar el propósito de cada uno
3 Aplicar eficientemente los fluidos de corte para una variedad de operaciones de maquinados

Los líquidos de corte son esenciales en las operaciones de cortado de metales para reducir el calor y la fricción provocados por la deformación plástica del metal, y la viruta que se desliza por la intercara viruta-herramienta. Tales acciones hacen que el metal se adhiera al filo cortante de la herramienta, originando esto que la herramienta se rompa; el resultado es un acabado deficiente (o "pobre") y un trabajo de poca precisión.

El uso de los líquidos de corte no es nuevo; algunos se han utilizado durante cientos de años. Hace siglos, se descubrió que el agua evitaba que la piedra de esmeril se vitrificara y producía un mejor acabado superficial en la pieza, aunque hacía que la pieza rectificada se oxidara. Hace aproximadamente 100 años, los mecánicos descubrieron que el aplicar sebo en las piezas antes de maquinarlas ayudaba a producir piezas más precisas y tersas. El sebo, precursor de otras sustancias para el corte, lubricaba pero no enfriaba. Los aceites de manteca, desarrollados más adelante, lubricaban bien y tenían ciertas propiedades de enfriamiento, pero se volvían rancios con rapidez. A principios del siglo XX se agregó jabón al agua para mejorar el corte, evitar la oxidación y proporcionar cierta lubricación.

El desarrollo de los aceites solubles, en 1936, fue una gran mejora sobre los aceites para el corte utilizados anteriormente. Estas emulsiones blancas lechosas combinaban la alta capacidad de enfriamiento del agua con la lubricidad del aceite de petróleo. Aunque eran económicas, no controlaban la herrumbre y tendían a volverse rancias.

Los líquidos de corte de origen químico aparecieron alrededor de 1944. Con un contenido de aceite relativamente bajo, dependían de agentes químicos para la lubricación y reducción del roce. Las emulsiones químicas se mezclan fácilmente con el agua y reducen, al mismo tiempo que eliminan, el calor producido durante el maquinado. Los líquidos de origen químico tienen cada vez mayor uso porque aportan una buena resistencia al óxido, no se enrancian con rapidez, y tienen buenas cualidades de enfriamiento y lubricación.

Los fluidos en cuestión enfrían y lubrican la herramienta y la pieza de trabajo. Su uso puede aportar las siguientes ventajas económicas:

1 *Reducción de los costos de herramienta*. Los líquidos para corte reducen el desgaste del útil cortante. Las herramientas duran más, y se pierde menos tiempo dándoles nueva forma y reajustándolas.
2 *Mayor velocidad de producción*. Debido a que los líquidos de corte ayudan a reducir el calor y la fricción, pueden aplicarse velocidades de corte más altas para operaciones de maquinado.
3 *Reducción en los costos de mano de obra*. Ya que cuando se utilizan dichos líquidos las herramientas de corte duran más y requieren menos afilado, hay menos paros de máquina, reduciéndose el costo por pieza.
4 *Reducción de costos de energía*. Como la fricción se aminora con un líquido para corte, se requiere menos potencia para operaciones de maquinado, y es posible un ahorro correspondiente en el costo de la energía.

CALOR GENERADO DURANTE EL MAQUINADO

El calor que se genera en la intercara viruta-herramienta debe ser transmitido a uno de tres objetos: la pieza de trabajo, la herramienta de corte, o la viruta (Figura 34-1). Si la *pieza de trabajo* recibe demasiado calor, su tamaño cambia y se genera automáticamente una conicidad conforme la pieza de trabajo se expande con el calor. Un gran calor también provocará un daño térmico a la superficie de la pieza citada. Si la *herramienta de corte* recibe demasiado calor, el bode (filo) cortante se romperá rápidamente, reduciendo así la vida útil de aquélla. La herramienta de corte ideal es la que puede transferir el calor rápidamente, de la zona de corte hacia algún tipo de sistema de enfriamiento.

Idealmente, la mayor parte del calor se disipa en las *virutas*, que actúan como un absorbente de calor desechable. Esta transferencia de calor se manifiesta por el cambio en el color de la viruta conforme el calentamiento hace que las virutas se oxiden. Si no se elimina material suficiente para que la viruta tenga la masa necesaria, como sucede cuando se utilizan avances y profundidades de corte ligeras, la viruta pequeña no puede absorber mucho calor. Entonces éste es forzado a pasar a la pieza de trabajo y a la herramienta de corte.

Los líquidos de corte ayudan en las operaciones de maquinado retirando o disipando el calor creado en la intercara viruta-herramienta. La Figura 34-1 muestra cómo se disipa el efecto calorífico durante una operación de maquinado típica. El uso apropiado de alguna clase de líquido de corte o sistema enfriador puede disipar al menos el 50% del calor creado durante el maquinado.

CARACTERÍSTICAS DE UN BUEN LÍQUIDO DE CORTE

Para que tal sustancia funcione eficientemente, debe poseer las siguientes características deseables:

1. *Buena capacidad de enfriamiento*—para reducir la temperatura de corte, aumentar la vida de la herramienta y la producción, y mejorar la precisión dimensional.

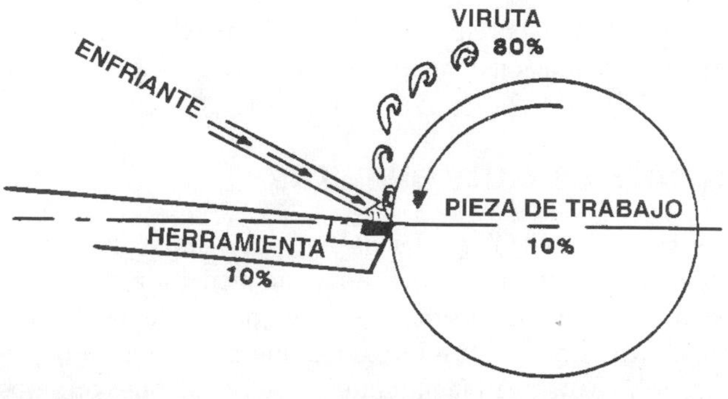

FIGURA 34-1 La mayor parte del calor generado durante una operación ideal de maquinado es disipada en la viruta. (Cortesía de GE Superabrasives.)

2. *Buenas cualidades de lubricación*—para evitar que el metal se adhiera al borde cortante y forme un filo acumulado, lo que origina un acabado superficial deficiente y una menor duración de la herramienta.
3. *Resistencia a la oxidación*—para evitar manchas, herrumbre o corrosión en la pieza de trabajo o en la máquina.
4. *Estabilidad (larga vida)*—para mantenerse bien tanto en almacenamiento como en uso.
5. *Resistencia a que se haga rancio*—que no se haga rancio fácilmente.
6. *Carencia de toxicidad*—para que no provoque irritación en la piel del operario.
7. *Transparencia*—para permitir al operario ver el trabajo claramente durante el maquinado.
8. *Viscosidad relativamente baja*—que permita que las virutas y la suciedad se asienten rápidamente.
9. *No inflamabilidad*—para evitar que se queme rápidamente, y preferiblemente debe ser incombustible. Además, no debe humear demasiado, no formar depósitos gomosos que puedan provocar que las partes corredizas de la máquina se pongan pegajosas, o atascar (tapar) el sistema de circulación.

TIPOS DE LÍQUIDOS DE CORTE

La necesidad de una sustancia tal que posea tantas características deseables como sea posible, ha dado como resultado el desarrollo de muchas clases de ellas. Los líquidos de corte de uso más común son las soluciones de base acuosa (con agua) o aceites para el corte. Los líquidos para tal acción corte se dividen en tres categorías: aceites de corte, aceites emulsificables, y líquidos para corte de origen químico (sintéticos).

Aceites de corte

Los aceites para corte se clasifican como activos o inertes. Estos términos se refieren a la actividad o capacidad química del aceite para reaccionar con la superficie del metal a temperaturas elevadas a fin de protegerlo y mejorar la acción de corte.

Aceites de corte activos

Estos aceites pueden definirse como aquellos que oscurecerán una tira de cobre inmersa en ellos durante 3 h a una temperatura de 212°F (100°C). Se utilizan generalmente cuando se maquina acero y pueden ser oscuros o transparentes. Los primeros usualmente contienen más azufre que los de tipo transparente, y se consideran mejores para los trabajos pesados.

Los aceites de corte activos se dividen en tres categorías generales:

1. Los *aceites minerales sulfurados*, que contienen de 0.5% a 0.8% de azufre, generalmente son de color claro y transparente, y tienen buenas propiedades de enfriamiento, lubricación y antisoldadura. Son útiles para el corte de aceros de bajo carbono y de metales tenaces y

dúctiles. Esos aceites manchan el cobre y a sus aleaciones y, por lo tanto, no se recomiendan para su empleo con dichos metales.

2. Los *aceites minerales sulfoclorados* contienen por arriba de 3% de azufre y 1% de cloro. Estos aceites evitan que se formen filos acumulados excesivos, y prolongan la duración de la herramienta de corte. Los aceites de esta clase son más efectivos que los aceites sulfurados, para cortar aceros tenaces de bajo carbono y de aleación cromo-níquel. Son extremadamente valiosos para formar roscado en acero suave.
3. Las *mezclas de aceite grasosos sulfocloradas* contienen más azufre que las otras clases, y son líquidos de corte eficientes para el maquinado pesado.

Aceites de corte inertes

Los aceites para cortar de tipo inerte se pueden definir como aquellos que no oscurecerán una tira de cobre inmersa en ellos durante 3 h a 212°F (100°C). El azufre que contienen los aceites activos es el natural del aceite y no tiene un valor químico en la función del líquido de corte durante el maquinado. Tales sustancias se denominan *inertes* o *inactivas* porque el azufre está tan firmemente unido al aceite, que se libera muy poco para reaccionar con la superficie de trabajo durante la acción de corte.

Los aceites de corte inactivos o inertes se dividen en cuatro categorías generales:

1. Los *aceites minerales simples*, que debido a su baja viscosidad, tienen factores de humidificación y penetración más rápidos. Se utilizan para el maquinado de metales no férreos, como aluminio, latón y magnesio, donde las propiedades de lubricación y enfriamiento no son esenciales. Estos aceites minerales se recomiendan también para su uso en el corte de metales aplomados (de maquinado libre), así como para el barrenado y roscado de metales blancos.
2. Los *aceites grasos*, como el aceite de manteca y de granos, utilizados ampliamente hace tiempo, tienen hoy aplicaciones limitadas como líquidos de corte. Se emplean generalmente para operaciones de corte severas en metales tenaces y no férreos, a los que un aceite sulfurado puede provocar decoloración.
3. Las mezclas de *aceites grasos y minerales* son combinaciones de éstas últimas sustancias, que resultan en mejores cualidades de humidificación y penetración, que con los aceites minerales simples. Tales cualidades originan mejores acabados superficiales en metales tanto ferrosos como en no férreos.
4. Las *mezclas sulfuradas de aceites graso-minerales* se fabrican combinando azufre con aceites grasos, y después se les mezcla con ciertos aceites minerales. Los aceites de este tipo tienen excelentes propiedades antisoldadura y de lubricación, cuando las presiones de corte son altas y la vibración de la herramienta es excesiva. La mayoría de las mezclas sulfuradas de aceites graso-minerales pueden utilizarse cuando se cortan metales no férreos para producir mejores acabados superficiales de alta calidad. También pueden aplicarse en máquinas cuando se han de trabajar metales férreos y no férreos al mismo tiempo.

Aceites emulsificables (solubles)

Un líquido de corte efectivo debe poseer una alta conductividad térmica; ni los aceites minerales ni los grasos son efectivos como refrigerantes. El agua es el mejor medio enfriante conocido; sin embargo, utilizada como líquido de corte, el agua sola provocaría oxidación y tendría poco valor como lubricante. Mediante la adición al agua de cierto porcentaje de aceite soluble, es posible agregar resistencia contra la herrumbre y cualidades de lubricación a las excelentes capacidades de enfriamiento del agua.

Los aceites emulsificables, o solubles, son aceites minerales que contienen un material parecido al jabón (emulsificante) que los hace solubles al agua, y hace que se adhieran a la pieza de trabajo durante el maquinado. Estos emulsificadores dividen el aceite en partículas diminutas y las mantienen separadas en el agua durante largo tiempo. Los aceites emulsificables, o solubles, vienen en forma de concentrados. Se añaden de *1 a 5 partes* de concentrado a *100 partes* de agua. Se emplean mezclas pobres para operaciones ligeras de maquinado, cuando el enfriamiento es esencial. Las mezclas más densas son utilizadas cuando la lubricación y prevención de la herrumbre son esenciales.

Los aceites solubles, debido a sus buenas cualidades de enfriamiento y lubricación, sirven cuando el maquinado se realiza a altas velocidades de corte, a reducidas presiones de corte, y cuando se genera un calor considerable.

Tres clases de aceites emulsificables o solubles son fabricadas para su uso bajo diversas condiciones de maquinado:

1. Los *aceites minerales emulsificables* son aceites minerales a los que se han añadido varios compuestos para hacer el aceite soluble al agua. Estos aceites tienen un costo bajo, poseen buenas cualidades de enfriamiento y lubricación, y se utilizan ampliamente en aplicaciones generales de corte.
2. Los *aceites emulsificables supergrasos* son aceites minerales emulsificables a los que se ha agregado cierta cantidad de aceite graso. Estas mezclas tienen mejores cualidades de lubricación y, por lo tanto, se utilizan para operaciones de maquinado más severas. A menudo estos aceites solubles sirven cuando se maquina aluminio.
3. Los *aceites emulsificables para presión extrema* contienen azufre, cloro y fósforo, así como aceites grasos, para proporcionar las cualidades de lubricación adicionales que se requieren para operaciones de maquinado pesadas. Los aceites de presión extrema usualmente se mezclan con agua a una concentración de *1 parte* de aceite por *20 partes* de agua.

Líquidos de corte químicos

Estas sustancias con frecuencia llamadas *líquidos de corte sintéticos*, han tenido una aceptación generalizada desde que aparecieron por primera vez alrededor de 1945. Son emulsiones estables y preformadas que contienen muy poco aceite y se mezclan fácilmente con el agua. Tales líquidos de corte dependen de agentes químicos para la lubricación y reducción del rozamiento. Algunas clases de líquidos de corte químicos contienen lubricantes para *presión extrema* (EP, de *extreme-pressure*), que reaccionan con el metal recién maquinado bajo el calor y presión del corte para formar un lubricante sólido. Los líquidos que contienen lubricantes EP reducen tanto el *calor de la fricción* entre viruta y cara de la herramienta, como el *calor producido por la deformación plástica* del metal.

Los agentes químicos que se encuentran en la mayoría de los líquidos sintéticos incluyen:

1. *Aminas* y *nitritos* para la prevención de la herrumbre.
2. *Nitratos* para la estabilización de los nitritos.
3. *Fosfatos* y *boratos* para ablandar el agua.
4. *Jabones y agentes humidificantes* para la lubricación.
5. *Compuestos de fósforo, cloro y azufre* para la lubricación química.
6. *Glicoles* para que actúen como agentes mezcladores.
7. *Germicidas* para controlar el desarrollo de bacterias.

Como resultado de los agentes químicos agregados a las cualidades de enfriamiento del agua, los líquidos sintéticos proporcionan las siguientes ventajas:

1. Buen control de la herrumbre
2. Resistencia a la rancidez durante largos períodos de tiempo
3. Reducción de la cantidad de calor generada durante el corte
4. Excelentes cualidades de enfriamiento
5. Una mayor durabilidad que los aceites de corte o solubles
6. No inflamables, no emiten humos
7. No tóxicos
8. Se separan fácilmente de la pieza de trabajo y de las virutas, lo que los hace elementos de trabajo limpios
9. El polvo y las virutas finas se asientan rápidamente, de manera que no se recirculan por el sistema de enfriamiento.
10. No taponan el sistema de enfriamiento de la máquina, debido a la acción detergente del fluido.

Se fabrican tres clases de líquidos de corte químicos:

1. Los *líquidos de solución verdadera* contienen principalmente inhibidores de herrumbre y proporcionan una rápida eliminación del calor en operaciones de rectificado. Generalmente son soluciones incoloras (a veces se añade un tinte para colorear el agua), y se mezclan a razón de *1 parte de* solución con *20 a 250* partes de agua, dependiendo de la aplicación. Algunos líquidos de solución verdadera tienen tendencia a formar depósitos cristalinos duros cuando se evapora el agua. Estos depósitos pueden interferir con la operación de mandriles (chucks), correderas y partes móviles.
2. Los *líquidos con agente humidificador* contienen sustancias que mejoran la acción humidificante del agua, dando una disipación del calor más uniforme y acción antiherrumbre. También contienen lubricantes suaves, ablandadores de agua, y agentes antiespuma. Los líquidos de corte químicos de tipo humidificador son versátiles; tienen excelentes cualidades de lubricación y proporcionan una rápida disipación del calor. Pueden utilizarse cuando el maquinado se realiza con herramientas de corte hechas de acero de alta velocidad o de carburo.
3. Los *líquidos con agente humidificador y lubricantes EP* son similares a los del tipo anterior, pero tienen aditivos de cloro, azufre o fósforo para dar efectos de lubricación EP o de frontera. Se utilizan para trabajos de maquinado severo con herramientas hechas de acero de alta velocidad o bien de carburo.

PRECAUCIÓN: Aunque los líquidos de corte **químicos han tenido una gran aceptación y uso en muchas clases de operaciones de corte de metal, deben observarse ciertas precauciones en cuanto a su uso. Estos líquidos se utilizan generalmente con metales férreos; sin embargo, con ellos muchas aleaciones de aluminio pueden maquinarse con ellos exitosamente. La mayor parte de los líquidos de corte químicos no se recomiendan para su uso con aleaciones de magnesio, zinc, cadmio o plomo. Ciertas clases de pintura (generalmente de baja calidad) son afectadas por algunos líquidos químicos, lo que puede dañar la apariencia de la máquina y permitir que la pintura se mezcle y tape el sistema de refrigeración. Antes de cambiar a cualquier clase de líquido de corte, es buena idea entrar en comunicación con los proveedores en busca del líquido de corte correcto para la operación de maquinado y el metal que se está cortando.**

FUNCIONES DE UN LÍQUIDO DE CORTE

Las funciones primordiales de un líquido para el corte son enfriar y lubricar. Además, los líquidos adecuados prolongan la vida de la herramienta de corte, resisten la rancidez o ranciedad, y controlan la herrumbre.

Enfriamiento

Las pruebas de laboratorio han demostrado que el calor producido durante el maquinado tiene una influencia importante sobre el desgaste de una herramienta de corte. Es importante para la duración de la herramienta abatir su temperatura durante la operación. Incluso una pequeña reducción en la temperatura aumentará en gran medida la vida útil de una herramienta. Por ejemplo, si su temperatura se reduce tan sólo en 50°F (28°C), de 950°F a 900°F (510°C a 482°C), la duración de la herramienta de corte aumentará cinco veces, de 19.5 a 99 minutos.

Hay dos fuentes del calor generado durante una acción de corte:

1. La deformación plástica del metal, que ocurre inmediatamente al frente de la herramienta de corte, es responsable de aproximadamente dos tercios a tres cuartas partes del calor generado.
2. La fricción resultante de la viruta que se desliza a lo largo de la cara de la herramienta de corte también produce calor.

Como se mencionó anteriormente, el agua es el agente más efectivo para absorber el calor generado durante el trabajo. Ya que el agua por sí sola provoca herrumbre, se agregan aceites solubles o químicos que evitan la oxidación y proporcionan otras cualidades esenciales para convertirla en un buen líquido de corte.

Debe aplicarse un suministro abundante de líquido al área de maquinado, a una presión muy baja. Esto asegurará que el área de maquinado esté bien cubierta y que habrá poca salpicadura. El flujo de la sustancia líquida de corte ayudará a arrastrar las virutas del área de maquinado.

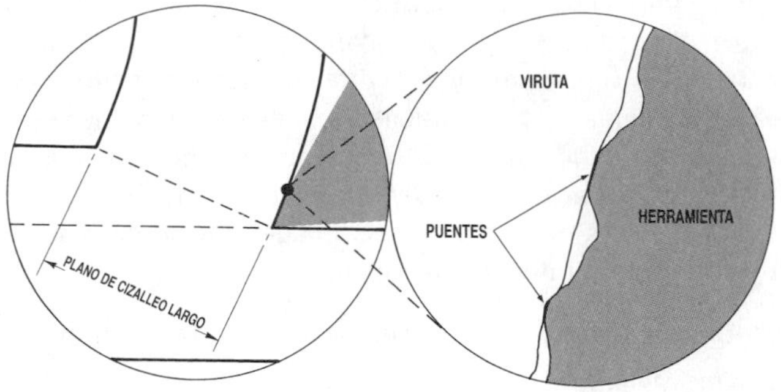

FIGURA 34-3 Un plano de cortadura largo resulta en un gran calor en la zona de corte. (Cortesía de Cincinnati Milacron, Inc.)

Lubricación

La función lubricante de un líquido de corte es tan importante como su función de enfriamiento. Se genera calor por la deformación plástica del metal y por la fricción entre la viruta y la cara cortante de la herramienta. La deformación plástica del metal ocurre a lo largo del plano de corte (Figura 34-2). Cualquier procedimiento para reducir la longitud del plano de cizalleo- resultará en una reducción de la cantidad de calor generado.

El único método conocido para reducir la longitud del citado plano para cualquier forma de herramienta de corte y material de trabajo dados, es reduciendo la fricción entre la viruta y la cara de la herramienta. La Figura 34-3 muestra una viruta deslizándose por la cara de la herramienta de corte. La ilustración ampliada muestra las irregularidades en la cara de la herramienta que crean áreas de fricción, y tienden a provocar que se forme un filo acumulado. Obsérvese también que debido a esta fricción hay un plano de corte largo y uno pequeño. La mayor parte del calor se crea en el borde cortante cuando hay un ángulo de corte pequeño y un plano de corte largo.

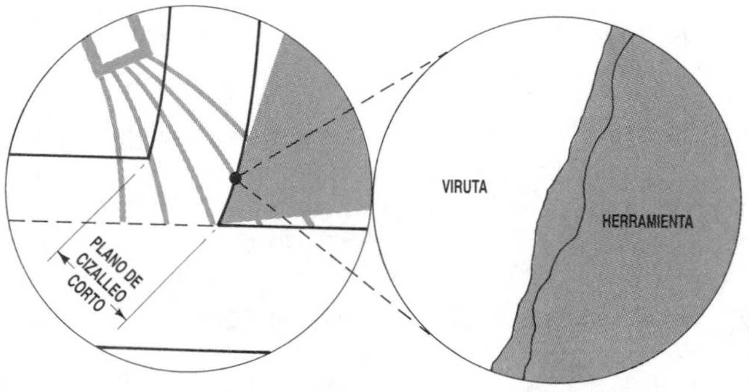

FIGURA 34-4 El líquido de corte reduce la fricción y produce un plano de cizalleo más corto. (Cortesía de Cincinnati Milacron, Inc.)

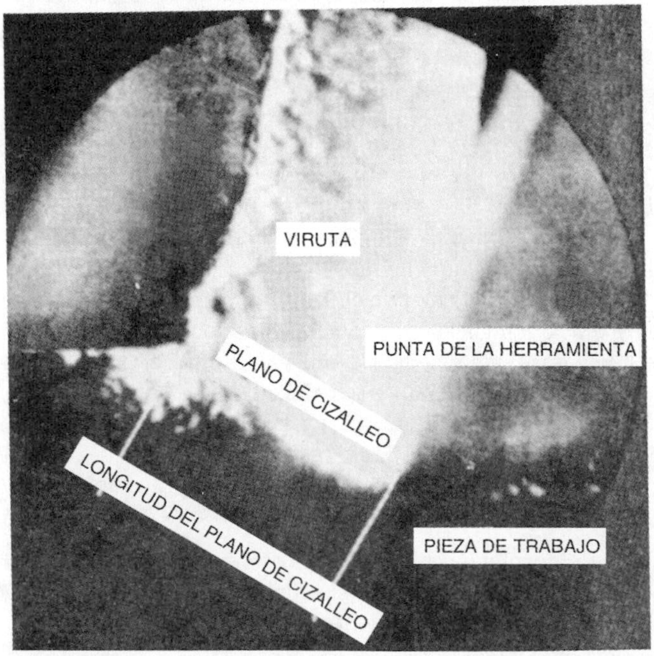

FIGURA 34-2 Durante el proceso de corte, el metal se deforma a lo largo del plano de corte, produciendo calor. (Cortesía de Cincinnati Milacron, Inc.)

La Figura 34-4 ilustra la misma profundidad de corte que en la Figura 34-3, pero muestra el uso del líquido de corte para reducir el rozamiento en la intercara viruta-herramienta. Tan pronto como se reduce la fricción, el plano de cizalleo se vuelve más corto, y el área donde ocurre la deformación plástica resulta correspondientemente más pequeña. Por lo tanto, mediante la reducción del roce en la intercara mencionada, pueden reducirse ambas fuentes de calor (la deformación plástica y la fricción en la intercara viruta-herramienta).

La duración efectiva de una herramienta de corte puede alargarse considerablemente si se reduce la fricción y el calor resultantes. Cuando se maquina acero, la temperatura y la presión en la intercara viruta-herramienta pueden alcanzar 1000°F (538°C) y 200 000 lb/pulg^2 (1 379 000 kPa), respectivamente. En tales condiciones, algunos aceites y otros líquidos tienden a vaporizarse o a salirse de (escaparse) entre la viruta y la herramienta. Los lubricantes para presión extrema (EP) reducen la cantidad de rozamiento productora de calor. Los productos químicos EP de los líquidos sintéticos se combinan químicamente con el metal cortado de la viruta para formar compuestos sólidos. Estos compuestos o lubricantes sólidos, pueden soportar altas presiones y elevadas temperaturas, y permiten que la viruta, aun bajo estas condiciones, se deslice fácilmente por la cara de la herramienta.

Duración de la herramienta de corte

El calor y la fricción son las causas principales de fracturas de la herramienta. Al reducir la cantidad de calor y la fricción creadas durante una operación de maquinado, se puede aumentar en mucho la vida de una herramienta de corte. Las pruebas de laboratorio han demostrado que si la temperatura en la intercara viruta-herramienta se reduce tan poco como en 50°F (28°C), la vida del cortador aumenta cinco veces. Como resultado, cuando se utilizan líquidos de corte, pueden emplearse mayores velocidades y avances, con un incremento de la producción y una reducción en el costo por pieza.

Durante el corte tienden a soldarse partículas de metal a la cara de la herramienta, provocando que se forme un filo acumulado (Figura 34-5). Si el filo acumulado se incrementa y se aplana a lo largo de la cara de la herramienta, el ángulo de ataque efectiva de la herramienta, se reduce, y se requiere de más potencia para cortar el metal. El filo acumulado continúa rompiéndose y volviéndose a formar; el resultado es un acabado superficial deficiente, un desgaste de flanco excesivo, y la formación de cráter en la cara de la herramienta. Casi toda la aspereza en una superficie maquinada es ocasionada por diminutos fragmentos de metal que el filo acumulado ha dejado atrás.

El uso de un líquido de corte efectivo afecta la acción de una herramienta de corte como sigue:

1. Disminuye el calor creado por la deformación plástica del metal, aumentando por lo tanto la vida útil de la herramienta de corte.
2. Se reduce la fricción en la intercara viruta-herramienta, disminuyendo por consecuencia el calor resultante.
3. Se requiere de menos potencia para el maquinado debido a la fricción reducida.
4. Evita que se forme el filo acumulado, lo que resulta en una mayor duración de la herramienta.
5. El acabado superficial de la pieza de trabajo mejora en gran medida.

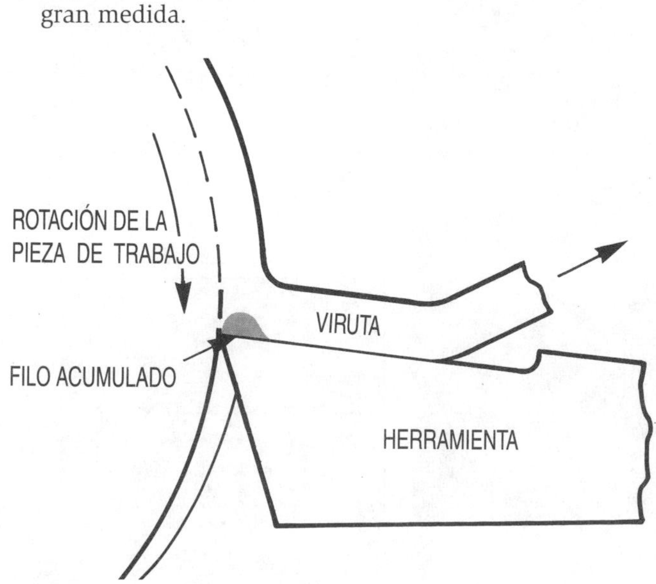

FIGURA 34-5 El filo acumulado se forma cuando se sueldan por presión fragmentos de viruta a la cara de la herramienta de corte.

Control de la herrumbre

Los líquidos de corte utilizados en las máquinas-herramienta deben evitar que se forme oxidación; de lo contrario, las partes de la máquina y las piezas de trabajo serán dañadas. El aceite de corte evita que la herrumbre se forme, pero no enfría con tanta eficiencia como el agua. Este líquido es el mejor y más económico enfriante, pero hace que la piezas de oxiden, a menos que se le agreguen inhibidores de herrumbre.

La herrumbre es hierro oxidado-hierro que ha reaccionado químicamente con el oxígeno y minerales dentro del agua. El agua sola en una pieza de acero o hierro actúa como medio para que el proceso electroquímico comience, provocando corrosión o herrumbre.

Los líquidos de corte químicos contienen inhibidores de herrumbre, que evitan el proceso electroquímico de la oxidación. Algunas clases de líquidos de corte forman una *película polar* sobre los metales, lo que evita la herrumbre. Dicha película (Figura 34-6) consiste en moléculas largas, delgadas, de electrocarga negativa, que son atraídas y se unen firmemente al metal. Esta película invisible, con sólo moléculas de espesor, es suficiente para evitar la acción electroquímica de la herrumbre. Otras clases de líquidos de corte contienen inhibidores de la oxidación que forman una cubierta aislante conocida como *película de pasivación* sobre la superficie del metal. Tales inhibidores se combinan químicamente con el metal y forman una cubierta no porosa protectora que evita la herrumbre.

Control de la rancidez o ranciedad

Cuando el aceite de manteca era el único líquido de corte utilizado, después de unos cuantos días comenzaba a descomponerse y a despedir un hedor intenso. Esta rancidez es provocada por bacterias y otros organismos microscópicos, que crecen y se multiplican casi en cualquier lugar, y eventualmente provocan que se generen malos olores. Hoy en día, cualquier líquido de corte que tenga un olor ofensivo se denomina como que esta *rancio.*

La mayoría de los líquidos de corte contienen bactericidas que controlan el desarrollo de bacterias, y hacen a los líquidos más resistentes a la ranciedad. El bactericida, que es agregado al líquido por el fabricante, debe ser lo suficientemente fuerte para controlar el crecimiento de las bacterias, pero lo suficientemente suave para no dañar la piel del operario.

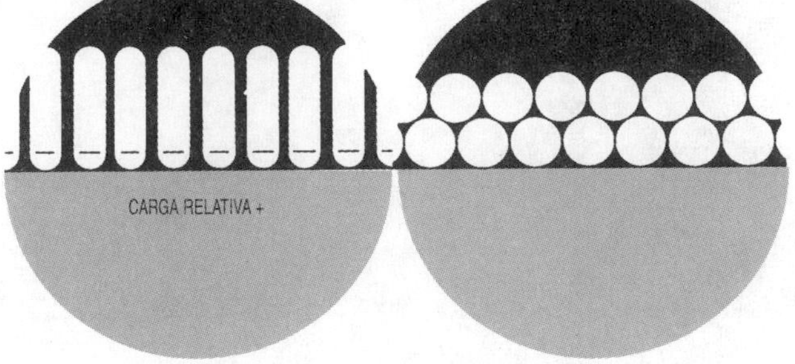

FIGURA 34-6 Las películas polar y de pasivación sobre las superficies de metal evitan la herrumbre. (Cortesía de Cincinnati Milacron, Inc.)

APLICACIÓN DE LOS LÍQUIDOS DE CORTE

La vida de las herramientas de corte y las operaciones de maquinado están muy influenciadas por la manera en que se aplica el líquido de corte. Debe suministrarse como una corriente copiosa a baja presión, de modo que la pieza de trabajo y la herramienta de corte estén bien cubiertos. La regla empírica es que el diámetro interior de la tobera que sumunistra debe ser igual a aproximadamente tres cuartos del ancho de la herramienta de corte. El líquido debe dirigirse al área donde se forma la viruta, para reducir y controlar el calor creado durante la acción de corte y para prolongar la vida de la herramienta.

Otro medio utilizado para enfriar la intercara viruta-herramienta en varias operaciones de maquinado, es el aire refrigerado. El *sistema de aire refrigerado* (Figura 34-7A) es un sistema de enfriamiento efectivo, poco costoso, y fácilmente disponible donde es necesario o preferible el maquinado en seco. Utiliza aire comprimido que entra a una cámara de generación de vórtice (Figura 34-7B), donde es enfriado a unos 100°F (38°C) abajo de la temperatura del aire comprimido entrante. El aire frío tan abajo como de hasta -40°F (-40°C) puede dirigirse a enfriar la intercara viruta-herramienta y dispersar las virutas.

Operaciones de torneado

En tornos y para torneados interiores (mandrinadoras) de tipo horizontal, el líquido de corte debe aplicarse a aquella porción de la herramienta que produce la viruta. Para operaciones generales de torneado y careado, el líquido de corte debe suministrarse directamente sobre la herramienta, cerca de la zona de formación de viruta (Figura 34-8). En operaciones severas de torneado y refrentado, el líquido de corte debe suministrarse por dos toberas, una directamente por encima y otra directamente por debajo de la herramienta cortante (Figura 34-9). En la Tabla 34-1 se indican los líquidos de corte recomendados para diversos materiales.

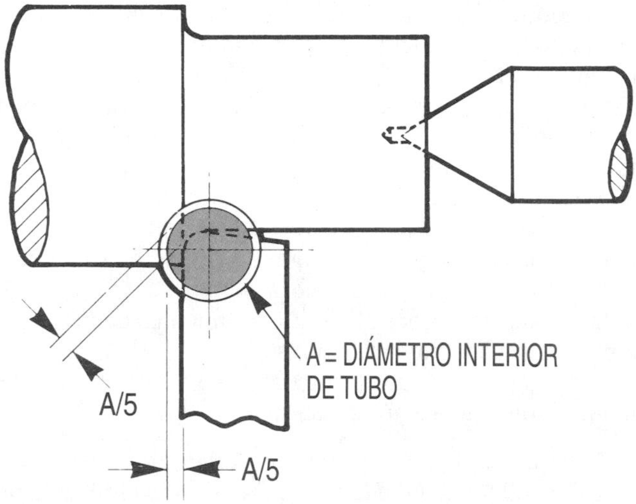

FIGURA 34-8 Líquido de corte suministrado por una tobera para operaciones generales de refrentado y torneado. (Cortesía de Cincinnati Milacron, Inc.)

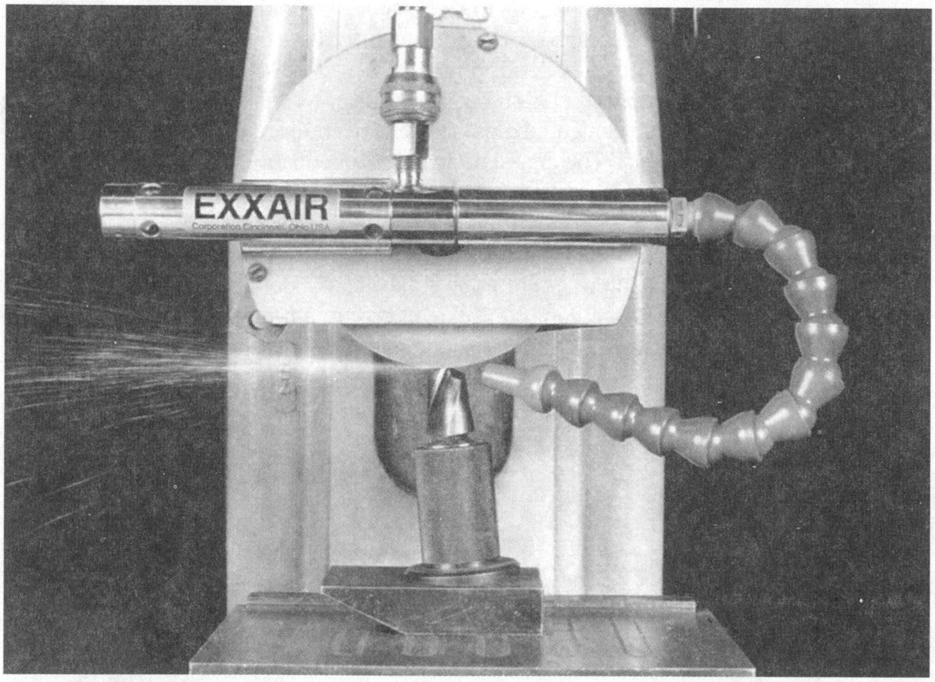

A

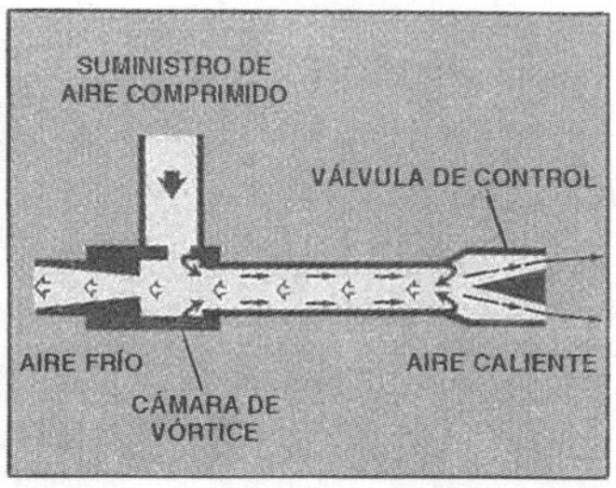

B

FIGURA 34-7 (A) Sistema de aire refrigerado que se utiliza con propósitos de enfriamiento durante el rectificado de superficie; (B) el tubo de vórtice convierte el aire comprimido en aire refrigerado. (Cortesía de Exxair Corp.)

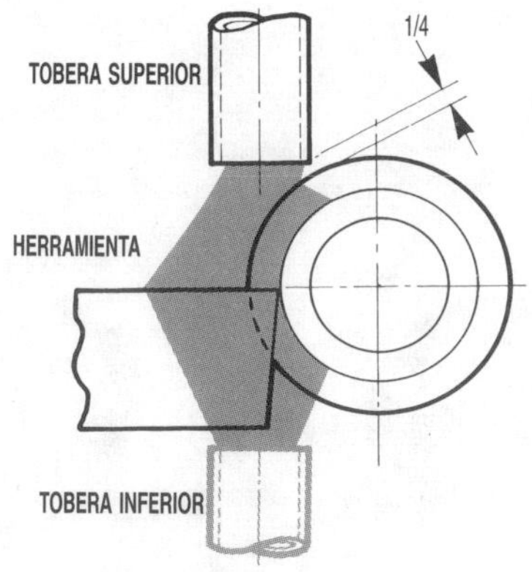

FIGURA 34-9 Se utilizan las toberas superior e inferior para suministrar el líquido de corte en operaciones de torneado severos. (Cortesía de Cincinnati Milacron.)

Taladrado y rimado

El método más efectivo para aplicar fluidos de corte para estas operaciones es utilizando brocas con "alimentación de aceite" y rimas de vástago hueco. Las herramientas de este tipo transmiten el líquido de corte directamente a los bordes cortantes, y al mismo tiempo van arrastrando las virutas de la horadación (Figura 34-10). Cuando se utilizan brocas y rimas comunes, debe aplicarse un abundante suministro de líquido a los filos cortantes.

Fresado

En el *fresado de superficie (fresado horizontal)*, el líquido de corte debe dirigirse a ambos lados del cortador mediante toberas con forma de abanico con una abertura de aproximadamente tres cuartos el ancho del cortador (Figura 34-11).

TABLA 34-1 Líquidos de corte recomendados para diversos materiales*

Material	Taladrado	Rimado	Roscado	Torneado	Fresado
Aluminio	Aceite soluble Queroseno Queroseno y aceite de grasa	Aceite soluble Queroseno Aceite mineral	Aceite soluble Queroseno y aceite de grasa	Aceite soluble	Aceite soluble Aceite de grasa Aceite mineral En seco
Latón	En seco Aceite soluble Queroseno y aceite de grasa	En seco Aceite soluble	Aceite soluble Aceite de grasa	Aceite soluble	En seco Aceite soluble
Bronce	En seco Aceite soluble Aceite de grasa	En seco Aceite soluble Aceite de grasa	Aceite soluble Aceite de grasa	Aceite soluble	En seco Aceite soluble Aceite de grasa
Hierro fundido	En seco En chorro de aire Aceite soluble	En seco Aceite soluble Aceite de grasa mineral	En seco Aceite sulfurado Aceite de grasa mineral	En seco Aceite soluble	En seco Aceite soluble
Cobre	En seco Aceite soluble Aceite de grasa mineral Queroseno	Aceite soluble Aceite de grasa	Aceite soluble Aceite de grasa	Aceite soluble	En seco Aceite soluble
Hierro maleable	En seco Agua de sosa	En seco Agua de sosa	Aceite de grasa Agua de sosa	Aceite soluble	En seco Agua de sosa
Metal monel	Aceite soluble Aceite de grasa	Aceite soluble Aceite de grasa	Aceite de grasa	Aceite soluble	Aceite soluble
Aceros aleados	Aceite soluble Aceite sulfurado Aceite de grasa mineral	Aceite soluble Aceite sulfurado Aceite de grasa mineral	Aceite sulfurado Aceite de grasa	Aceite soluble	Aceite soluble Aceite de grasa mineral
Acero, para maquinaria	Aceite soluble Aceite sulfurado Aceite de grasa mineral	Aceite soluble Aceite de grasa mineral	Aceite soluble Aceite de grasa mineral	Aceite soluble	Aceite soluble Aceite de grasa mineral
Acero, para herramientas	Aceite soluble Aceite sulfurado Aceite de grasa mineral	Aceite soluble Aceite sulfurado Aceite de grasa	Aceite sulfurado Aceite de grasa	Aceite soluble	Aceite soluble Aceite de grasa

*Los líquidos de corte químicos pueden utilizarse con éxito en la mayoría de las operaciones de corte arriba citadas. Estos concentrados se diluyen en agua en proporciones que van de 1 parte de líquido por 15 o tan altos como 100 partes de agua, dependiendo del metal que se corta y el tipo de operación de maquinado. Cuando se utilicen líquidos de corte químicos, síganse las recomendaciones de uso y mezcla del fabricante. (Cortesía de Cincinnati Milacron, Incorporated.)

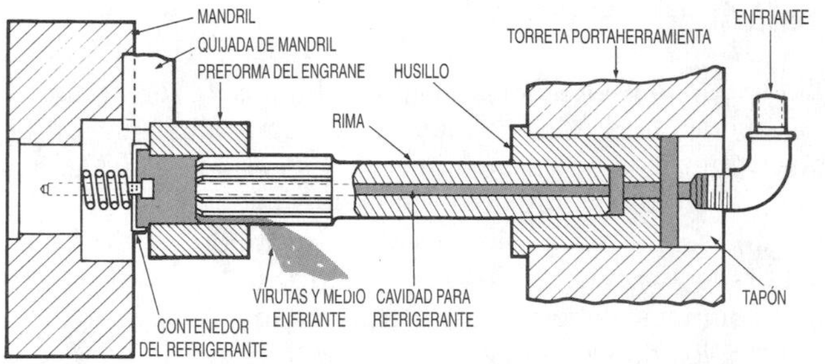

FIGURA 34-10 El líquido de corte suele suministrarse a través de una perforación en el centro de la rima. (Cortesía de Cincinnati Milacron.)

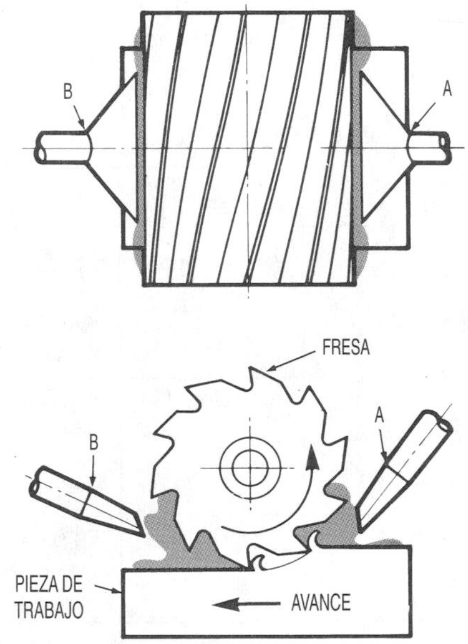

FIGURA 34-11 Durante el fresado de superficie (horizontal) el líquido de corte se suministra desde ambos lados del cortador. (Cortesía de Cincinnati Milacron, Inc.)

FIGURA 34-12 El líquido de corte se aplica mediante un distribuidor de tipo anular durante una operación de fresado de cara (vertical). (Cortesía de Cincinnati Milacron, Inc.)

FIGURA 34-13 El líquido de corte se aplica a la zona de contacto durante un rectificado cilíndrico. (Cortesía de Cincinnati Milacron, Inc.)

En el caso de *fresado de cara*, se recomienda un distribuidor de tipo anillo, para bañar el cortador por completo. Mantenga cada diente de éste inmerso en el líquido de corte para aumentar la duración de la fresa casi en 100%.

Rectificado

El líquido de corte es muy importante en las operaciones de rectificado; enfría el trabajo y mantiene la rueda de esmeril limpia. El líquido debe aplicarse en grandes cantidades y a una presión muy baja.

1. *Rectificado de superficie*—Se pueden utilizar tres métodos para aplicar líquido de corte en las operaciones de rectificado de superficie:

   a. El *método de inundación* es uno de los más comúnmente utilizados. Se aplica un flujo constante de líquido de corte a través de una tobera. Debido a la acción de mesa reciprocante, la mayoría de las operaciones de rectificado de superficie pueden mejorarse mucho si el líquido se suministra con dos toberas, como se ve en la Figura 34-11.

   b. En el método llamado *a través de la rueda*, el enfriante se hace pasar por una brida de rueda especial y la fuerza centrífuga lo lanza hacia la periferia de la rueda y hacia el área de contacto.

   c. El *sistema de rociado* es uno de los medios de enfriamiento más efectivos. Utiliza el principio del atomizador, donde aire comprimido, que pasa a través de una conexión en T, rocia una pequeña cantidad de enfriante de un depósito y la descarga en la intercara viruta-herramienta. El enfriamiento ocurre como resultado de la acción del aire comprimido y la evaporación del vapor de rocío. El aire comprimido también dispersa las virutas de acero del área de la herramienta de corte, lo que permite que el operador de la máquina vea con claridad la operación.

2. *Rectificado cilíndrico*—Para las operaciones de rectificado cilíndrico, es importante que toda el área de contacto entre rueda y pieza de trabajo esté inundada con un flujo constante de líquido de corte limpio y frío. Debe utilizarse un aspersor en forma de abanico (Figura 34-13), un poco mayor que la rueda, para dirigir el líquido de corte.
3. *Rectificado interior*—Durante el rectificado interior, el líquido de corte debe arrastrar las virutas y las partículas abrasivas de la rueda fuera de la horadación que se está rectificando. Como las prácticas de rectificado interno requieren que se utilice una rueda de esmeril tan grande como sea posible, a veces es difícil introducir el suficiente líquido de corte en la horadación. Debe aplicarse tanto líquido como sea posible durante las operaciones de rectificado interno.

PREGUNTAS DE REPASO

1. ¿Cuál es la función del líquido de corte moderno?
2. Describa brevemente el desarrollo de los líquidos de corte.
3. Explique las causas de producción del calor y la fricción durante el proceso de maquinado.
4. Mencione cuatro ventajas económicas de aplicar los líquidos de corte correctos.

Características de un buen líquido de corte

5. Mencione seis características *importantes* que debe poseer un buen líquido de corte.

Clases de líquidos de corte

6. Exprese las tres categorías en las que se dividen los líquidos de corte.
7. Describa los aceites de corte activos e inactivos (o inertes).
8. Mencione qué tipo de aceite de corte debe utilizarse para:
   a. Metales tenaces y dúctiles
   b. Maquinado pesado
   c. Metales no férreos
   d. Roscado de metal blanco
9. Describa la composición de un aceite emulsificable y exprese sus ventajas.
10. Mencione el propósito de:
    a. El aceite mineral emulsificable
    b. El aceite emulsificable EP
11. Analice y enuncie seis ventajas importantes de los líquidos de corte químicos.
12. Indique el propósito de:
    a. Los líquidos de solución verdadera
    b. Los tipos de agente humidificador con lubricantes EP

Funciones del líquido de corte

13. Mencione cinco funciones de los líquidos de corte.
14. Analice la importancia de la lubricación y enfriamiento en lo que se refiere a los líquidos en cuestión.
15. Explique cómo el líquido de corte puede modificar la longitud del plano de cizalleo o cortadura en el material.
16. ¿Con qué propósitos se utilizan los lubricantes EP?
17. ¿Qué ocurre en la cara de la herramienta cortante durante el corte?
18. ¿Cuál es la causa principal de la aspereza superficial?
19. ¿Cómo afecta la aplicación de un líquido de corte a la herramienta cortante?
20. ¿Por qué es importante el control de la herrumbre?
21. Describa una *película polar* y una *película pasivificante*.
22. Defina lo que es *ranciedad* (o *rancidez*) y mencione el propósito de los bactericidas.

Aplicación de los líquidos de corte

23. ¿Cuál es la recomendación general en la aplicación de fluidos de corte?
24. ¿Cómo debe aplicarse el líquido de corte en las operaciones de torneado?
25. Mencione dos métodos para aplicar líquido de corte para taladrar o rimar.
26. Explique cómo debe aplicarse el citado líquido en:
    a. Fresado de superficie
    b. Fresado de cara
    c. Rectificado cilíndrico
27. Describa tres métodos para aplicar líquido de corte en operaciones de rectificado de superficie.
28. Por qué a veces es difícil aplicar el líquido de corte durante operaciones de rectificado interno?

DoALL
WARNING

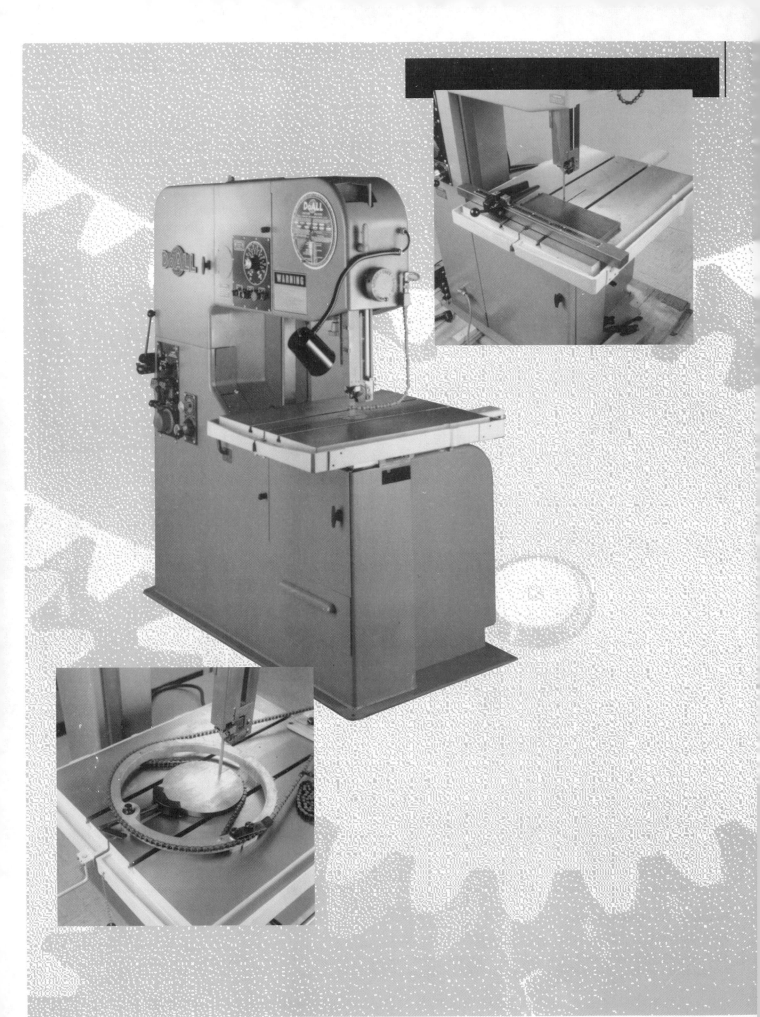

SECCIÓN

9

SIERRAS PARA CORTAR METALES

Los descubrimientos arqueológicos muestran que el desarrollo de la primera sierra primitiva, siguió de cerca al origen del hacha y el cuchillo de piedra. El borde afilado de la piedra plana era con forma dentada, y tal herramienta cortaba arrancando partículas del objeto que se cortara. Hubo una gran mejora en la calidad de las sierras después de la aparición de los metales férreos, el cobre y el bronce. Con los aceros y los métodos de templado (o endurecimiento) actuales, hay muchas clases de hojas dentadas disponibles para las seguetas manuales y las sierras mecánicas.

UNIDAD

35

Tipos de sierras para metal

OBJETIVOS

Al terminar ul estudio de esta unidad, podrá:

1 Nombrar cinco tipos de máquinas de corte y mencionar las ventajas de cada una
2 Seleccionar la hoja adecuada a utilizar para el corte de diversas secciones transversales
3 Instalar una banda de sierra en una sierra sin fin horizontal
4 Utilizar una sierra cinta para cortar piezas de trabajo a una longitud precisa

Las sierras para cortar metales están disponibles en una gran variedad de modelos para adecuarse a diversas operaciones de corte y diferentes materiales.

MÉTODOS PARA CORTAR EL MATERIAL

Cinco de los métodos más comunes para cortar los metales son los que utilizan: *segueta, sierra sin fin, con corte abrasivo, el aserrado en frío*, y *el aserrado por fricción*. A continuación se da una breve descripción de cada medio y sus ventajas.

La *segueta mecánica*, que es un aserrador de tipo oscilante, por lo general está montada permanentemente en el piso. El arco de la sierra y la hoja se mueven de atrás hacia adelante, aplicándose automáticamente presión sólo en el movimiento delantero. La segueta mecánica tiene únicamente un uso limitado en el taller de maquinado, ya que la hoja sólo corta en el movimiento hacia adelante, lo que resulta en una considerable acción desperdiciada.

La *sierra sin fin horizontal* (Figura 35-1) tiene una hoja flexible "sin fin" (o de "un sentido") similar a una banda, que corta continuamente en una dirección. La delgada hoja continua se mueve sobre la periferia de dos ruedas de polea y pasa a través de soportes guías giratorios en los que se apoya la hoja y la mantienen en el curso correcto. Las sierras sin fin horizontales están disponibles en una amplia variedad de clases y tamaños, y son cada vez más utilizadas debido a su alta producción y versatilidad.

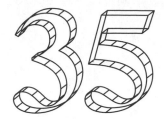

La *sierra de corte abrasiva* (Figura 35-2) corta el material por medio de una delgada rueda abrasiva que gira a alta velocidad. Este tipo de sierra es especialmente adecuado para el corte de la mayoría de los metales, y materiales como vidrio y cerámicos. Puede cortar materiales respetando tolerancias estrechas, y los metales endurecidos no tienen que recocerse para ser cortados. El corte abrasivo puede realizar-

FIGURA 35-1 Una sierra sin fin horizontal corta continuamente en una dirección. (Cortesía de Clausing Industrial, Inc.)

FIGURA 35-2 Una sierra de corte abrasiva cortará metales endurecidos vidrio y cerámicos. (Cortesía de Everett Industries, Incorporated.)

FIGURA 35-3 Se utiliza una sierra circular de uso en frío para cortar metales blandos o no endurecidos. (Cortesía de Everett Industries, Incorporated.)

se en condiciones en seco o con un líquido de corte adecuado. El uso del fluido de corte mantiene a la pieza de trabajo y la sierra más fríos, y produce un mejor acabado superficial.

La *sierra de corte circular en frío* (Figura 35-3) emplea una hoja redonda similar a la que se utiliza en una sierra de mesa para corte de madera. La hoja de la sierra por lo general está fabricada de acero al cromo-vanadio, pero en algunas aplicaciones se utilizan hojas de dientes de carburo. Las sierras circulares en frío producen cortes muy precisos, y son especialmente adecuadas para el corte de aluminio, latón, cobre, acero para maquinaria, y acero inoxidable.

El a*serrado de fricción* es un proceso de quemado en el cual una banda de sierra, con o sin dientes, es pasada a altas velocidades [10 000 a 25 000 pie/min (3048 a 7620 m/min)] para quemar o derretir el metal por el frote. El aserrado de fricción no puede utilizarse en metales sólidos debido a la cantidad de calor que se genera; sin embargo, es excelente para cortar partes estructurales o en panal, de acero para maquinaria o inoxidable.

PARTES DE LA SIERRA SIN FIN HORIZONTAL

La sierra sin fin horizontal (Figura 35-4) es la máquina más popular para cortar piezas de trabajo. Las partes operativas principales de esta sierra son las siguientes:

- El *marco,* acoplado al motor en un extremo tiene dos ruedas de polea montadas sobre las cuales pasa la hoja continua
- Las *poleas en escalón* en el extremo del motor se utilizan para variar la velocidad de la hoja continua para adecuarse al tipo de metal cortado
- Los *soportes con rodajas de guía* proveen rigidez a una sección de la hoja y pueden ajustarse para acomodarse a diversos anchos de material. Estos soportes deben ajustarse para librar apenas el ancho de la pieza de trabajo que se está cortando.

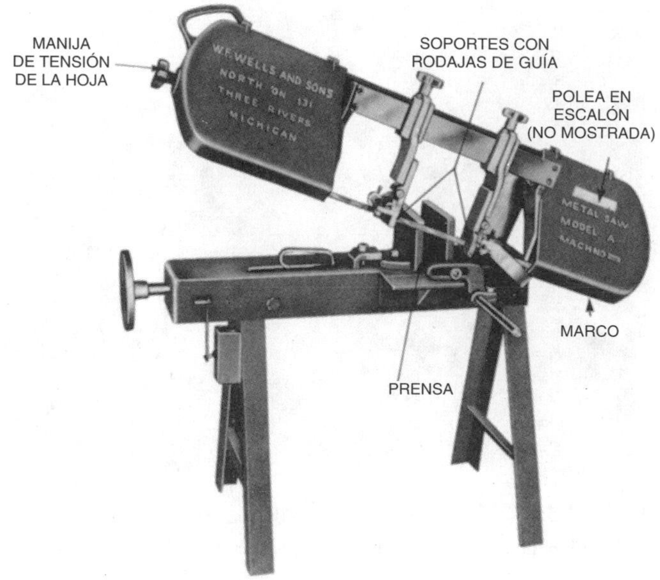

FIGURA 35-4 Partes principales de una sierra sin fin horizontal. (Cortesía de Wellsaw, Inc.)

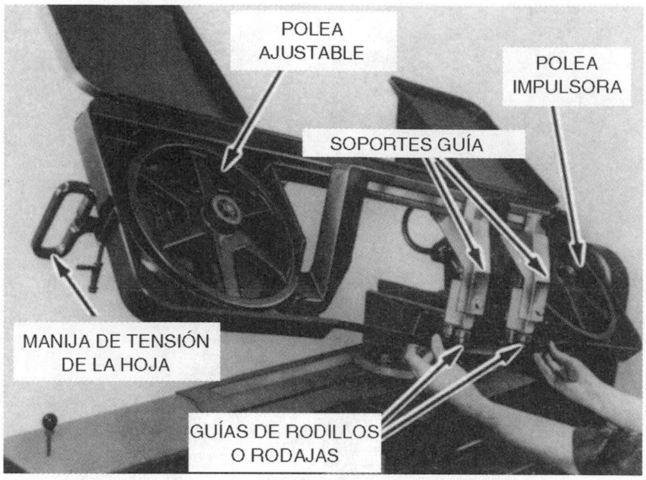

FIGURA 35-5 Instalación de una hoja nueva en una sierra sin fin horizontal. (Cortesía de Kelmar Associates.)

- La *manija de tensión de la hoja* se utiliza para ajustar la tensión de la hoja de la sierra, la cual debe ajustarse para evitar que salga de su recorrido o se tuerza
- La *prensa*, montada en la mesa, puede ajustarse para sostener diversos tamaños de piezas de trabajo. También es posible girarla para hacer cortes angulares en el extremo de una pieza de material.

HOJAS DE SIERRA

Los aceros de alta velocidad al tungsteno y al molibdeno se utilizan comúnmente en la fabricación de hojas de sierra, y para las seguetas mecánicas, por lo general se les endurece en su totalidad. Las hojas flexibles que se utilizan en las sierras sin fin tienen sólo los dientes endurecidos.

Las hojas de sierra se fabrican con varios grados de corte, desde un paso de 4 al 14. Cuando se corten secciones grandes, utilice una hoja burda o de paso 4, que proporciona el mayor despeje de virutas y ayuda a aumentar la penetración de los dientes. Para cortar acero de herramientas y materiales delgados, se recomienda una hoja de paso 14. Es recomendable una hoja de paso 10 para el aserrado de uso general. Las *hojas de sierra métricas* vienen disponibles en tamaños similares, pero se especifican en dientes por cada 25 mm, en vez de "en dientes por pulgada". Por lo tanto, el paso de una hoja que tiene 10 dientes en 25 mm sería de 10÷25 mm, o sea 0.4 mm. Seleccione siempre una hoja de sierra tan burda como sea posible, pero asegúrese que en todo momento *dos dientes* de la hoja estarán en contacto con la pieza. Si hay menos de dos dientes en contacto con el trabajo, éste puede quedar atrapado en el espacio entre diente (garganta), lo que provocará que los dientes de la hoja se deformen o rompan.

Instalación de una hoja

Cuando reemplace una hoja, asegúrese siempre que los dientes estén apuntando en la dirección del movimiento de la sierra o hacia el extremo del motor de la máquina. La tensión de la hoja debe ajustarse para evitar que la misma se tuerza o se desvíe durante un corte. Si es necesario sustituir la hoja antes de terminar la acción cortante, gire la pieza de trabajo media vuelta en la prensa. Esto evitará que la nueva hoja se atasque o se rompa en el corte hecho por la hoja descartada.

Para instalar una hoja de sierra, siga el siguiente procedimiento:

1. Afloje la manija de tensión de la hoja (Figura 35-5).
2. Mueva la polea ajustable hacia adelante ligeramente.
3. Monte la nueva sierra cinta sobre las dos poleas.

Nota: *Asegúrese de que los dientes de la sierra estén apuntando hacia el extremo de motor de la máquina.*

4. Coloque la hoja de la sierra entre las rodajas de los soportes guía (Figura 35-5).
5. Ajuste la manija de tensión de la hoja sólo lo suficiente para sostener la hoja sobre las poleas.
6. Arranque y detenga rápidamente la máquina para hacer que la hoja de la sierra dé una vuelta o dos. Esto asentará (pondrá "en pista") la cinta sobre la polea.
7. Ajuste la manija de tensión de la hoja tan apretadamente como sea posible *con una mano.*

ASERRADO

Para un aserrado de lo más eficiente, es importante que se seleccione el tipo correcto de sierra sin fin y el paso correcto, y sea operada a la velocidad adecuada para el material a cortar. Utilice hojas de dientes más finos cuando haya que cortar secciones transversales delgadas y materiales extraduros. Las hojas de dientes más burdos deben utilizarse para secciones transversales de gran grosor, y material relativamente suave y correoso. La velocidad de la hoja debe adecuarse a la clase y grosor de material a cortar. Una velocidad de la hoja demasiado alta, o una presión de avance excesivo desafilará rápidamente los dientes de la sierra, y provocará un corte defectuoso.

Para cortar piezas de trabajo a una cierta longitud, utilice el procedimiento siguiente:

1. Revise la quijada maciza de la prensa con una escuadra para asegurarse que está a escuadra con respecto a la hoja de la sierra.
2. Coloque el material en la prensa, sosteniendo las piezas largas con un soporte de piso (Figura 35-6).
3. Baje la hoja de la sierra hasta que libre apenas la pieza de trabajo. Manténgala en esta posición acoplando la palanca de trinquete o cerrando la válvula hidráulica.
4. Ajuste los soportes con rodajas guía hasta que *libren apenas* ambos lados del material a cortar (Figura 35-5).
5. Sostenga una regla de acero contra el borde de la hoja dentada, y mueva el material hasta que se obtenga la longitud correcta.
6. Siempre deje $^{1}/_{6}$ pulg (1.5 mm) por cada pulgada (25 mm) de ancho más de lo requerido, a fin de compensar cualquier *desvío de aserrado* (corte ligeramente angular provocado por puntos duros en el acero o por una hoja desafilada).
7. Apriete la prensa y vuelva a verificar la longitud desde la hoja hasta el extremo del material, para asegurarse que la pieza de trabajo no se ha movido.
8. Suba ligeramente el marco de la sierra, suelte la palanca de trinquete o abra la válvula hidráulica, y después active la máquina.
9. Baje la hoja lentamente hasta que toque apenas la pieza de trabajo.
10. Cuando el corte esté terminado, la máquina se desactivará automáticamente.

Indicaciones para aserrar

1. Nunca intente montar, medir o retirar la pieza de trabajo a menos que la sierra esté detenida.
2. Proteja los materiales largos en ambos extremos, para que nadie pueda hacer contacto con ellos.
3. Utilice líquido de corte siempre que sea posible a fin de prolongar la duración de la hoja de la sierra.
4. Cuando se asierren piezas delgadas, sostenga el material de plano sobre la prensa para evitar el desperfecto de los dientes de la sierra. El material delgado también puede colocarse entre dos pedazos de madera o materiales suaves cuando se le corte.
5. Tenga cuidado cuando aplique fuerza extra al marco de la sierra, porque esto generalmente hace que la pieza de trabajo quede cortado en descuadre.
6. Cuando se requieren varias piezas de la misma longitud, ajuste el calibrador de tope que viene con la mayoría de las sierras (Figura 35-7).
7. Cuando sostenga piezas cortas en la prensa, asegúrese de colocar una pieza también corta y del mismo espesor, en el extremo opuesto de la prensa. Esa pieza evitará que la prensa se tuerza cuando sea apretada (Figura 35-8).

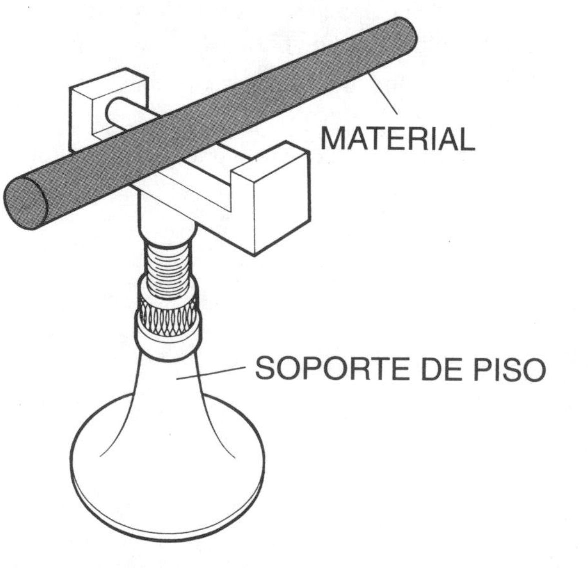

FIGURA 35-6 Se utiliza un soporte de piso para apoyar piezas largas mientras se las corta. (Cortesía de Kelmar Associates.)

FIGURA 35-7 Se utiliza una regla de tope cuando se deben cortar muchas piezas de una misma longitud.

FIGURA 35-8 Debe emplearse un bloque espaciador para sujetar bien piezas de trabajo cortas en una prensa. (Cortesía de Kelmar Associates.)

PREGUNTAS DE REPASO

Métodos para cortar material

1. Mencione y describa la acción de corte en cinco métodos para cortar material.

Partes de la sierra cinta horizontal

2. ¿Cuál es el propósito de los soportes con rodajas guía?
3. ¿Qué tanto se debe apretar la manija de tensión de la hoja?

Hojas de sierra

4. ¿Con qué material se fabrican las hojas de sierra horizontal?
5. Mencione el paso de hoja recomendado para:
   a. Secciones largas
   b. Secciones delgadas
   c. Aserrado de tipo general
6. ¿Por qué deben estar dos dientes de una hoja de sierra en contacto con el trabajo en todo momento?
7. ¿En qué dirección deben apuntar los dientes de una sierra horizontal?
8. ¿Cómo debe ajustarse una pieza de trabajo para un corte de aserrado parcial con una hoja de sierra nueva?

Aserrado

9. ¿Qué puede suceder si se utiliza una velocidad de corte demasiado alta?
10. ¿Cómo se puede verificar la cuadratura o escuadrado de una prensa?
11. ¿Cómo deben ajustarse los soportes con rodajas guía para cortar piezas de trabajo?
12. Explique cómo debe sostenerse material delgado en la prensa de la sierra.
13. ¿Qué precaución debe tomarse al sostener piezas cortas en la prensa?

UNIDAD

36

Partes y accesorios de la sierra cinta vertical para contornos

OBJETIVOS

Al terminar el estudio de esta unidad, se podrá:

1. Nombrar las partes operativas principales de una sierra cinta vertical para contornos y enunciar el propósito de cada una
2. Seleccionar la forma de los dientes y la fijación apropiada para una determinada aplicación de corte
3. Calcular la longitud de la sierra para una máquina de dos poleas

La sierra cinta vertical es la última de las máquinas-herramienta que se ha desarrollado. Desde su invención a principios de los años 30, ha sido ampliamente aceptada por la industria como un medio rápido y económico para cortar metal y otros materiales.

Las sierras cinta difieren de las seguetas mecánicas en que tienen una acción de corte continua sobre la pieza de trabajo, en tanto que con la segueta sólo se corta en el movimiento hacia adelante y con un tramo limitado de la hoja.

La sierra cinta para contornos (sierra cinta vertical) tiene varias características que no se encuentran en otras máquinas para cortar metales. Estas ventajas se ilustran en la Figura 36-1.

PARTES DE LA SIERRA CINTA VERTICAL PARA CONTORNEAR

La construcción de la máquina vertical para contornos de cinta, difiere de la de la mayoría de las otras máquinas porque la sierra cinta generalmente se fabrica de acero en vez de hierro fundido. La sierra cinta vertical consiste en tres partes básicas: la *base*, la *columna* y el *cabezal* (Figura 36-2).

Base

La base de la sierra cinta vertical para contornos sostiene la columna y aloja el conjunto de la transmisión mecánica, que imparte el movimiento a la hoja de la sierra:

- La *polea inferior*, que soporta e impulsa la cinta de la sierra, tiene la propulsión de una polea de velocidad variable que puede adaptarse a varias velocidades mediante la *manivela de mano para la velocidad variable*.
- La *mesa* está sujeta a la base por medio de un *muñón* (Figura 36-3. Puede inclinarse 10° a la izquierda y 45° a la derecha para realizar cortes en ángulo al girar la *manivela de mano para la inclinación de la mesa*.
- La *guía inferior de la cinta* está sujeta al muñón, y sostiene la hoja para evitar que se tuerza.
- En la mesa están montados una placa de *corredera lateral desmontable* y una *placa central*.

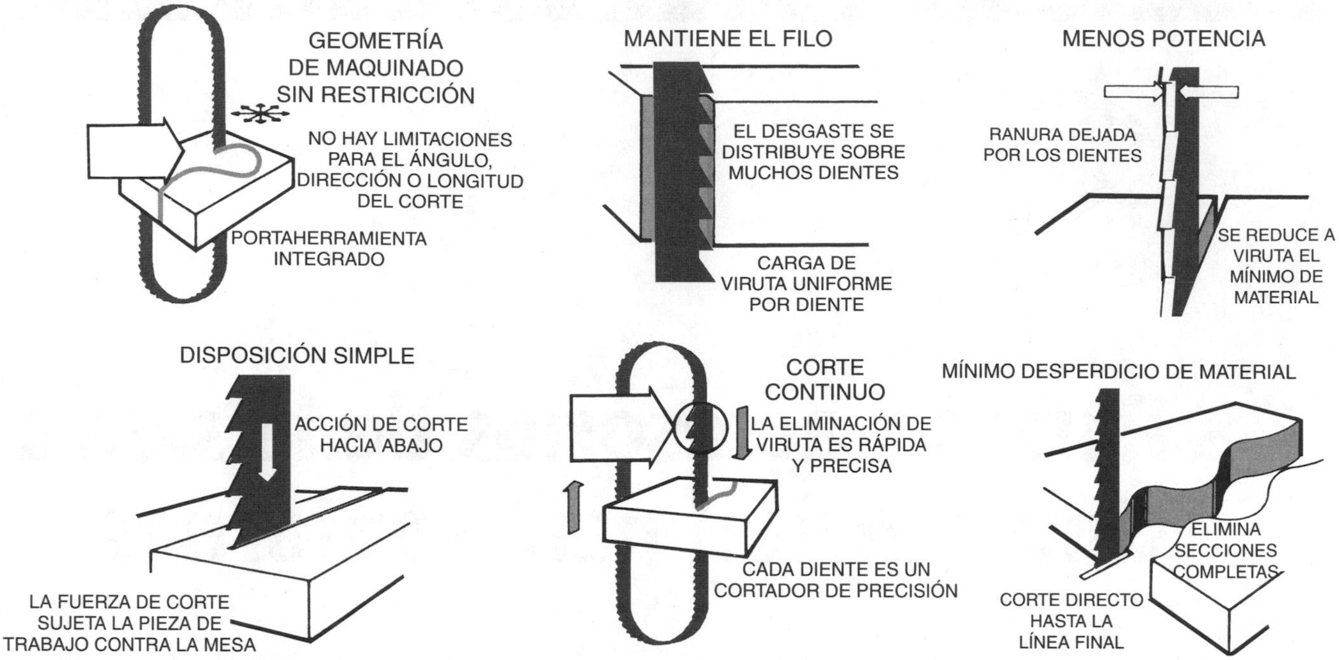

FIGURA 36-1 Ventajas de una sierra cinta vertical. (Cortesía de DoAll Company.)

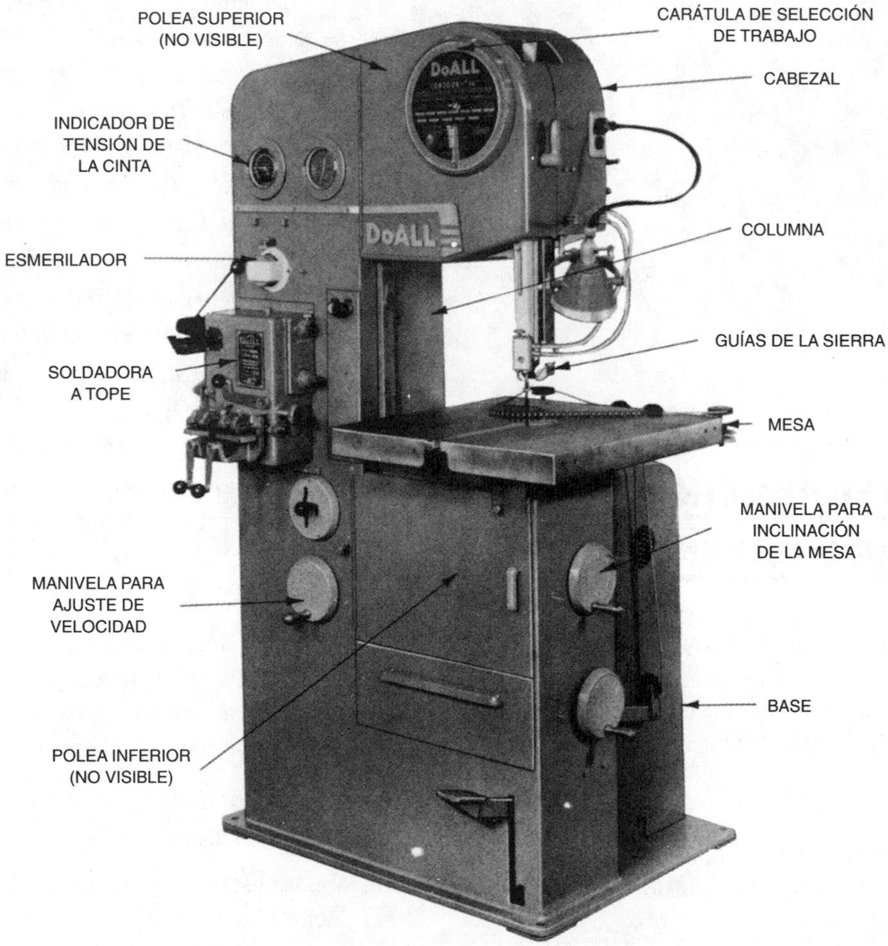

FIGURA 36-2 Una sierra cinta vertical para contornear es un medio económico para cortar metales a las formas deseadas. (Cortesía de DoAll Company.)

FIGURA 36-3 Sierra cinta vertical para contornos de tres poleas, sin la mesa. (Cortesía de DoAll Company.)

Columna

La columna sostiene al *cabezal, guarda de hoja izquierda, unidad de soldadura* y *manivela para velocidad variable.*

- La *manivela para velocidad variable* se utiliza para regular la velocidad de la hoja de la sierra cinta.
- El *indicador de tensión de la hoja* y el *indicador de velocidad* se localizan en la columna.
- La *unidad de soldadura* sirve para soldar, recocer y esmerilar la hoja de la sierra.

Cabezal

Las partes que se encuentran en el cabezal de una sierra se utilizan generalmente para guiar o apoyar la cinta de la sierra.

- La *polea superior* sostiene la cinta de sierra, que se ajusta mediante los controles de tensión y dirección.
- La *guía superior de la sierra,* sujeta al poste guía de la sierra, sostiene y dirige la hoja de la sierra para evitar que se tuerza. Puede ajustarse verticalmente para diversos tamaños de las piezas de trabajo.
- La *guarda de la sierra* y la *boquilla de aire* para mantener el área de corte libre de viruta, también están ubicadas en el cabezal.

Las máquinas de sierra cinta vertical pueden ser de dos clases. La máquina utilizada en muchos talleres de herramientas tiene dos poleas para la cinta; las sierras de mayor capacidad tienen tres poleas para la cinta (Figura 36-3). En las sierras de mayor capacidad, ambas poleas superiores pueden inclinarse para dirigir la cinta apropiadamente. Cuando la hoja en esta clase de máquinas se hace demasiado corta, no es necesario desecharla. Puede acortarse para que ajuste entre las poleas superior e interior (Figura 36-3). La capacidad de la máquina queda reducida, pero tal ajuste permite un uso económico de la hoja de la sierra.

APLICACIONES DE LA SIERRA CINTA VERTICAL

Se pueden realizar muchas operaciones más rápida y fácilmente con la sierra cinta vertical para contornos, que con cualquiera otra máquina. Además de ahorrar tiempo, también se ahorra material, porque pueden eliminarse grandes secciones de una pieza de trabajo completas, en vez de reducirlas a viruta, como en las máquinas comunes. Algunas de las operaciones usuales de la sierra cinta aparecen en la Figura 36-4A a F.

- *Recorte* (Fig. 36-4A). Se pueden eliminar secciones de metal en una sola pieza, en vez de en virutas.
- *Ranurado* (Fig. 36-4B). Esta operación puede llevarse a cabo rápidamente y con precisión, sin necesidad de dispositivos costosos.
- *Formado tridimensional* (Fig. 36-4C). Se pueden cortar formas complicadas; sólo hay que seguir las líneas del trazo.
- *Contorneado* (Fig. 36-4D). Pueden cortarse fácilmente contornos internos o externos. Las secciones internas generalmente se retiran en una sola pieza, como se muestra.
- *Partición* (Fig. 36-4E). Esta operación se puede realizar rápidamente, con un mínimo desperdicio de material.
- *Corte en ángulo* (Fig. 36-4F). La pieza de trabajo puede sujetarse en cualquier ángulo y avanzar a la sierra. La mesa puede inclinarse en el caso de ángulos en combinación.

REFRIGERANTES

Algunas máquinas, en particular los modelos de avance automático, tienen un sistema de enfriamiento que hace circular y descargar el material enfriador contra las caras de la hoja y la pieza de trabajo.

En las máquinas de mesa fija donde se requiere enfriamiento, se utiliza generalmente un sistema de rociado. Tal sistema emplea aire para atomizar el refrigerante y dirigirlo hacia las caras de la hoja y la pieza de trabajo. Este método es eficiente y se recomienda para el maquinado a alta velocidad de metales no ferrosos, como las aleaciones de aluminio y magnesio. Las aleaciones tenaces y difíciles de maquinar también pueden cortarse exitosamente con el sistema refrigerante de rocío.

El lubricante de tipo grasoso y refrigerantes pueden aplicarse directamente a la hoja para ayudar al corte en máquinas que no tengan sistema de enfriamiento.

AVANCE AUTOMÁTICO

Algunas de las máquinas de corte por cinta vertical de uso más pesado están equipadas con mesas de avance automático. La pieza de trabajo y la mesa avanzan hacia la hoja cortante por medio de un sistema hidráulico.

En las máquinas de mesa fija, el avance automático se lleva a cabo por medio de un dispositivo que utiliza la gra-

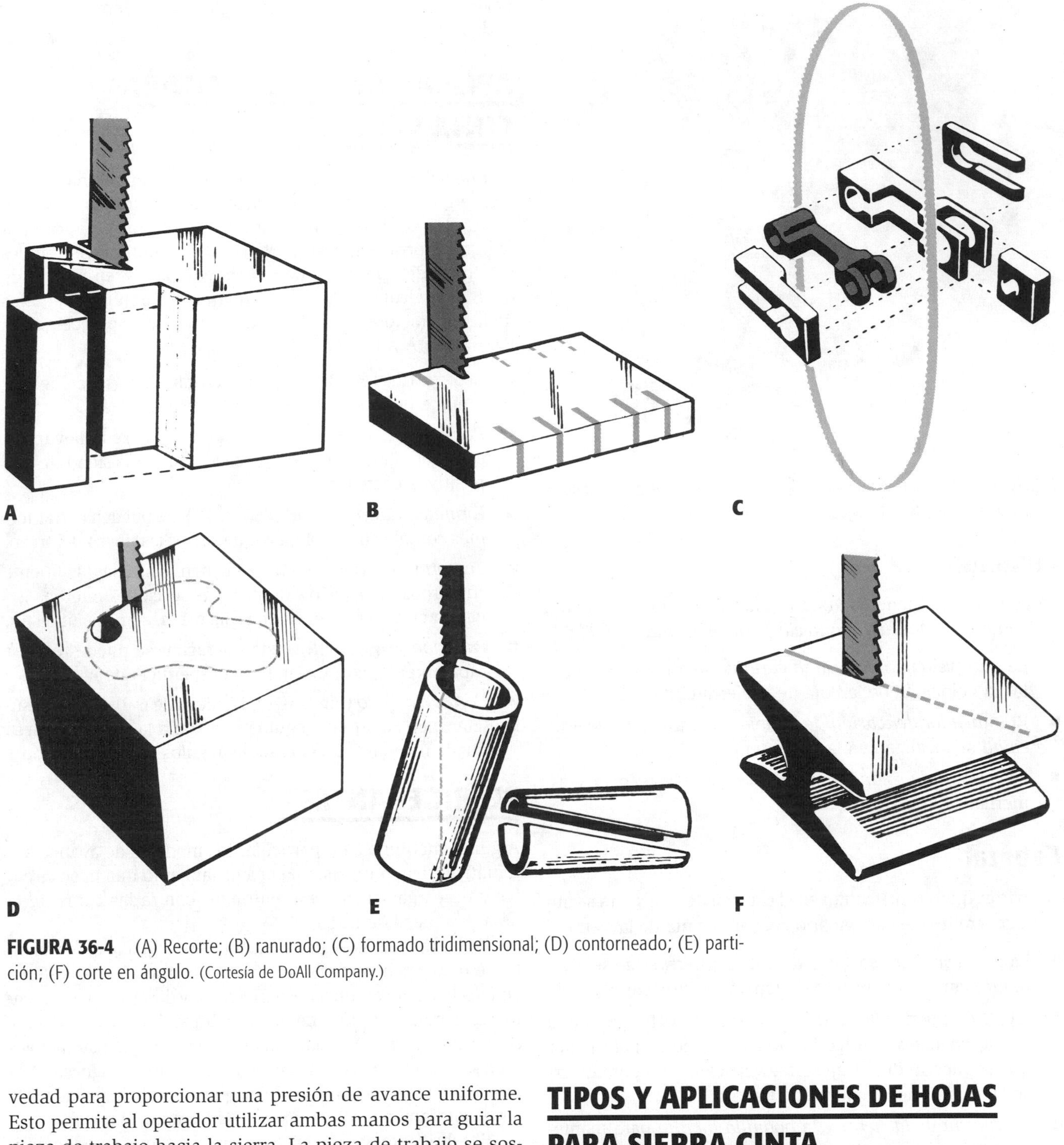

FIGURA 36-4 (A) Recorte; (B) ranurado; (C) formado tridimensional; (D) contorneado; (E) partición; (F) corte en ángulo. (Cortesía de DoAll Company.)

vedad para proporcionar una presión de avance uniforme. Esto permite al operador utilizar ambas manos para guiar la pieza de trabajo hacia la sierra. La pieza de trabajo se sostiene contra una mordaza y es empujada hacia la hoja por medio de cables, poleas y pesas.

La fuerza que se aplica a la hoja puede variarse hasta aproximadamente un valor de 80 lb (356 N). Para aserrado normal, se debe utilizar una fuerza de avance de aproximadamente 30 lb a 40 lb (133 N a 178 N).

Para el aserrado en línea recta se puede utilizar una mayor fuerza de avance que para cortar contornos. A fin de determinar el avance a utilizar en cualquier trabajo u operación particular, consulte la carátula de selección de operación en la sierra cinta.

TIPOS Y APLICACIONES DE HOJAS PARA SIERRA CINTA

Comúnmente se utilizan tres clases de hojas en el corte con cinta: las de aceros al carbono, las de acero de alta velocidad, y las que tienen dientes de carburo de tungsteno. Para obtener el mejor resultado de cualquier sierra cinta, es necesario seleccionar la hoja apropiada para la operación. Debe tomarse en consideración la clase de material de la hoja de sierra y la forma, paso y ancho de los dientes, así como el calibre necesario para el material que se va a cortar.

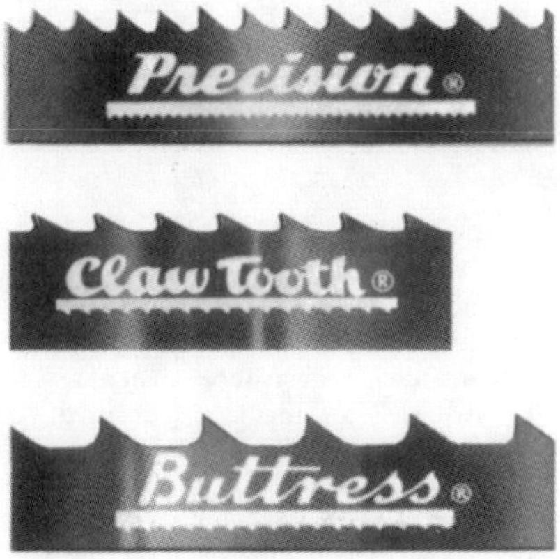

FIGURA 36-5 Formas de dientes de las hojas de sierra cinta. (Cortesía de DoAll Company.)

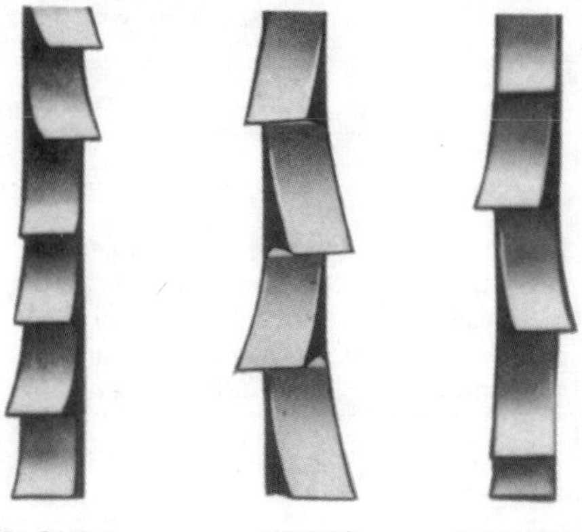

FIGURA 36-6 Tipos de acometidas comunes: (A) en onda; (B) recto; (C) inclinado (Cortesía de DoAll Company.)

Formas de los dientes

Las hojas de acero al carbono y de alta velocidad están disponibles con tres clases de formas de diente (Figura 36-5). El *diente de precisión* o *regular* es el de uso más generalizado. Tiene un ángulo de ataque de 0° y un ángulo de salida posterior de aproximadamente 30°. Se utiliza cuando es necesario un acabado fino y un corte preciso.

El *diente de garra* o de *gancho* tiene un ángulo de ataque positivo en la cara de corte, y salida posterior ligeramente menor que la hoja. Corta más rápido y dura más que el diente trapezoide, pero no producirá un acabado tan liso.

El *diente trapezoide o de garganta ancha* es similar al diente de precisión; sin embargo, los dientes de precisión o trapezoide están más espaciados entre sí para dar mayor salida a la viruta. Los ángulos de diente son iguales a los del diente de precisión. Las hojas de diente trapezoide o de garganta ancha se utilizan con ventaja en piezas de trabajo de sección gruesa y para realizar cortes profundos en materiales blandos.

Paso

Cada una de las formas de diente para hoja de sierra está disponible con diversos *pasos-* o números de dientes por longitud de referencia estándar. El paso de hoja de sierra *en pulgadas* correspondiente al número de dientes por pulgada; y el paso *métrico* es el número de dientes en 25 mm.

El espesor del material a cortar determina el paso de la hoja a utilizar. Cuando se cortan materiales gruesos, se utilizan hojas de paso grande; los materiales delgados requieren de una hoja de paso fino. Al seleccionar el paso adecuado, recuerde que por lo menos dos dientes de la hoja de la sierra deben estar en todo momento en contacto con el material que se está cortando.

Acometida

La acometida de una hoja es la distancia que los dientes están torcidos a cada lado del centro para producir salida o para la parte posterior de la cinta u hoja.

Los tres tipos de acometida comunes son (Figura 36-6):

- La *acometida de onda* que tiene un grupo de dientes desviado hacia la derecha y el siguiente desviado hacia la izquierda, un patrón que produce una apariencia similar a ondas. Las hojas de acometida de onda se utilizan generalmente cuando la sección transversal de la pieza de trabajo cambia, como en secciones de acero estructural o en tuberías.
- La *acometida recta* tiene un diente desviado hacia la derecha y el siguiente a la izquierda. Se utiliza para cortes ligeros de fundiciones no ferrosas, lámina de metal delgada, tuberías y bakelita
- La *acometida inclinada* que tiene un diente desviado a la derecha, el siguiente desviado a la izquierda, y el tercero recto. Esta configuración es la más común y se utiliza en la mayor parte de las aplicaciones de sierra.

Ancho

Cuando se realicen cortes rectos y precisos, elíjase una hoja ancha. Las hojas estrechas se utilizan para cortar radios pequeños. Por lo general todas las sierras cinta tienen diagramas de radios que muestran el ancho correcto de hoja a utilizar en el aserrado vertical de contornos. Cuando seleccione una hoja para corte de contornos, elija la hoja más ancha que pueda cortar el radio más pequeño de la pieza de trabajo.

Calibre

El *calibre* es el espesor de la hoja de la sierra y ha sido estandarizado de acuerdo con el ancho de la hoja. Las hojas de hasta $^1/_2$ pulg (13 mm) de ancho tienen un espesor de .025 pulg (0.64 mm); las de $^5/_8$ pulg (16 mm) y de $^3/_4$ pulg (19 mm) tienen un espesor de .032 pulg (0.81 mm), y las de 1 pulg (25 mm), tienen un espesor de .035 pulg (0.89 mm). Ya que las hojas gruesas son más fuertes que las delgadas, para cortar materiales tenaces deberá utilizarse la hoja más gruesa posible.

TABLA 36-1 Cuadro de condiciones de trabajo con sierras cinta

	Pruebe uno o más de los siguientes								
Para Incremento	Mayor Velocidad (más dientes por minuto)	Menor Velocidad (menos dientes por minuto)	Paso fino (más dientes y gargantas más pequeñas	Paso burdo (menos dientes y gargantas más grandes)	Menor avance (reducir carga de viruta)	Mayor alimentación (aumentar carga de viruta)	Velocidad de avance media	Dientes de gancho (ángulo de ataque positivo)	Dientes regulares y de estribación [ángulo de ataque nulo (0°)]
Velocidad de corte	✓			✓		✓		✓	
Duración de la hoja		✓	✓				✓	✓	
Acabado	✓		✓		✓				✓
Precisión	✓				✓				

REQUERIMIENTOS DE OPERACIÓN

El operador de la sierra cinta debe estar familiarizado con los diferentes tipos de hojas y ser capaz de seleccionar aquélla que realizará el trabajo, con el acabado y precisión especificados, al menor costo. La Tabla 36-1 da una guía para un corte eficiente.

LONGITUD DE LA HOJA

Las cintas para sierra de corte de metales por lo general se empacan en rollos de aproximadamente 100 a 150 pies (30 a 45 m) de largo. La longitud necesaria para cada máquina se corta del rollo y después se sueldan entre sí los dos extremos libres para formar una cinta continua.

A fin de calcular la longitud necesaria para una sierra cinta de dos poleas, tome el doble de la distancia entre centros (DC) de cada polea y súmelo a la circunferencia de una polea (CP). El resultado es la longitud total de la cinta de la sierra (Figura 36-7).

EJEMPLO

Calcular la longitud de una hoja de sierra para una sierra cinta que tiene:

a. Dos poleas de 24 pulg de diámetro y una distancia de centro a centro de 48 pulg.

b. Dos poleas de 600 mm de diámetro y una distancia de centro a centro de 1200 mm.

Solución

a. Longitud de la hoja = 2(DC) + CP
= 2(48) + (24 × 3.1416)
= 96 + 75.4
= 171.4 pulg

b. Longitud de la hoja = 2(DC) + CP
= 2(1200) + (600 × 3.1416)
= 2400 + 1885
= 4285 mm

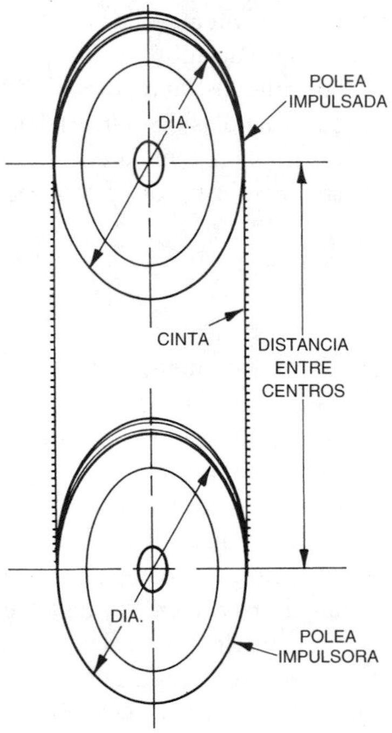

FIGURA 36-7 Dimensiones necesarias para calcular la longitud de una hoja de sierra.

PREGUNTAS DE REPASO

1. Enliste seis ventajas de la sierra cinta vertical para contornear.

Partes de la cinta

2. ¿Cómo se ajusta la velocidad de la hoja en una cinta vertical para contornos?
3. ¿Qué es lo que soporta y guía la cinta para evitar que se tuerza?

Tipos de sierras

4. ¿Para qué se utilizan los siguientes tipos de hojas de sierra?
   a. De precisión
   b. De gancho
   c. Trapezoide
5. ¿Qué regla general se aplica al seleccionar el paso de una hoja de sierra?
6. Describa las siguientes acometidas de hoja.
   a. Inclinada b. De onda c. Recta

Requerimientos de operación

7. ¿Cómo pueden aumentarse los siguientes factores de corte?
   a. Vida de la herramienta
   b. Precisión

Longitud de la hoja

8. Calcule la longitud de cinta de la sierra necesaria para las siguientes sierras cinta verticales para contornos:
   a. Dos poleas de 30 pulg de diámetro, con una distancia entre centros de 50 pulg.
   b. Dos poleas de 750 mm de diámetro, con una distancia entre centros de 1250 mm.

UNIDAD

37

Operaciones con sierra cinta vertical (o para contornos)

OBJETIVOS

Al terminar el estudio de esta unidad, se podrá:

1 Ajustar la máquina y cortar secciones (o porciones) exteriores hasta $^{1}/_{32}$ de pulg (0.8 mm) respecto a las líneas de trazo

2 Aserrar secciones interiores hasta $^{1}/_{32}$ de pulg (0.8 mm) con respecto a las líneas de trazo

3 Ajustar una sierra cinta vertical para contornos para limar hasta una línea de trazo

4 Conocer el propósito de herramientas de corte especiales utilizadas en las sierras cintas verticales

La sierra cinta vertical para contornos proporciona al mecánico la capacidad de cortar rápidamente material cercano a la forma necesaria, eliminando al mismo tiempo porciones grandes que pueden utilizarse en otros trabajos. La versatilidad de una sierra cinta vertical puede aumentarse mediante varios aditamentos y herramientas de corte. Con una sierra cinta, utilizando los aditamentos y herramientas de corte adecuados, son posibles operaciones como aserrado, limado, pulido, esmerilado y aserrado por fricción y de alta velocidad.

ASERRADO DE SECCIONES EXTERIORES

Con la configuración y aditamentos de máquina adecuados, se puede realizar una gran variedad de operaciones con sierra cinta vertical para contornos. La operación más común es aserrar secciones o porciones exteriores. Para llevar a cabo la operación rápidamente y con precisión, el operador debe ser capaz de seleccionar, soldar y montar la sierra correcta para el tipo y tamaño de material de trabajo.

Cómo montar la banda de sierra

1. Seleccione y monte los insertos de la sierra apropiados en las guías de la sierra superior e inferior utilizando el calibre apropiado para el espesor de la hoja que se utiliza (Figura 37-1). Deje un espacio de .001 a .002 pulg (0.02 mm a 0.05 mm) para asegurar que la hoja no se trabe.
2. Baje la rueda superior de la sierra que lleva la cinta para asegurar que la hoja se deslizará bien sobre la rueda cuando esté instalada.
3. Monte la cinta sobre las ruedas superior e inferior con los dientes apuntando hacia la mesa.
4. Ajuste la rueda superior hasta que en el medidor de tensión de la banda se registre algo de tensión.
5. Ponga la palanca de engranaje en posición neutral y gire a mano la rueda superior de la sierra cinta para asegurar que la banda de la sierra gire sobre el centro de la corona.

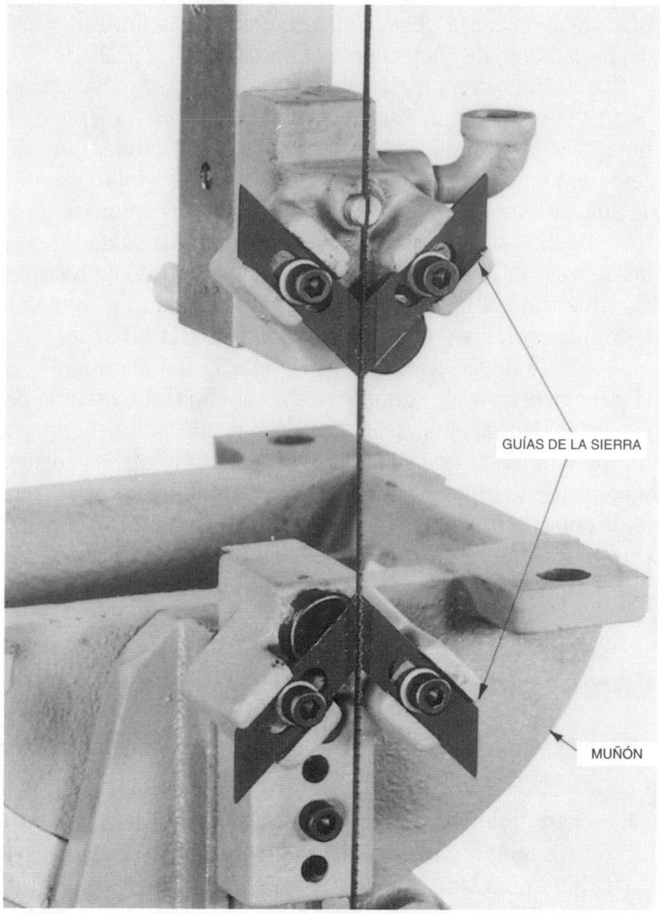

FIGURA 37-1 Guías de sierra superior e inferior de una sierra cinta vertical con la mesa retirada. Observe el soporte, o muñón, de la mesa. (Cortesía de DoAll Company.)

Si la sierra no queda alineada apropiadamente, deberá inclinarse la rueda superior hasta que la banda o cinta vaya por el centro de la corona. Cuando la hoja está correctamente alineada, debe pasar cerca pero sin entrar en contacto con los cojinetes de respaldo cuando la sierra no está cortando.

6. Vuelva a acoplar la palanca de engranaje y cierre las puertas de las cubiertas de las poleas superior e inferior.
7. Vuelva a colocar la placa de cubierta en la mesa.
8. Baje la guía de sierra superior tanto como sea posible hacia la pieza de trabajo, para asegurar un corte recto y preciso.
9. Encienda la máquina y ajuste la banda de la sierra a la tensión adecuada. Esta aparece en el medidor de tensión y en el gráfico de la banda.

Cómo cortar una sección externa

1. Estudie el plano y verifique la precisión del trazo sobre la pieza de trabajo.
2. Revise el selector de operación (Figura 37-2) y determine la hoja adecuada para la operación. Tome en consideración el material, su espesor, el tipo de corte requerido (recto o curvo) y el acabado deseado.

FIGURA 37-2 La carátula de selección de operación indica la velocidad de aserrado correcta para el material que se va a cortar . (Cortesía de DoAll Company.)

Nota: Cuando haga cortes curvos, utilice una hoja tan ancha como sea posible.

3. Monte la hoja de la sierra y las guías apropiadas en la máquina.
4. Coloque la pieza de trabajo sobre la mesa y baje la guía superior de la sierra hasta que libre apenas la pieza de trabajo por $^{1}/_{4}$ de pulg (6 mm). Sujete la guía en su lugar.

Nota: Es buena práctica hacer un agujero en todos los lugares donde se deba hacer un giro pronunciado a fin de permitir que la pieza de trabajo pueda girarse fácilmente.

5. Encienda la máquina y asegúrese de que la cinta esté alineada correctamente.
6. Consulte la carátula de selección de operación y ajuste a la velocidad apropiada.
7. Coloque el material contra una mordaza de sujeción de la pieza de trabajo o contra un bloque de madera (Figura 37-3).
8. Acerque cuidadosamente la pieza hacia la hoja en movimiento y comience el corte.

Nota: Cuando a la pieza de trabajo se le vaya a dar un acabado en otra operación de maquinado, el corte debe realizarse aproximadamente a $^{1}/_{32}$ de pulg (0.8 mm) alejada de la línea de trazo.

9. Avance cuidadosamente la pieza de trabajo hacia la sierra. *No utilice demasiada fuerza. Mantenga los dedos lejos de la hoja en movimiento.*
10. Corte según las líneas de trazo.

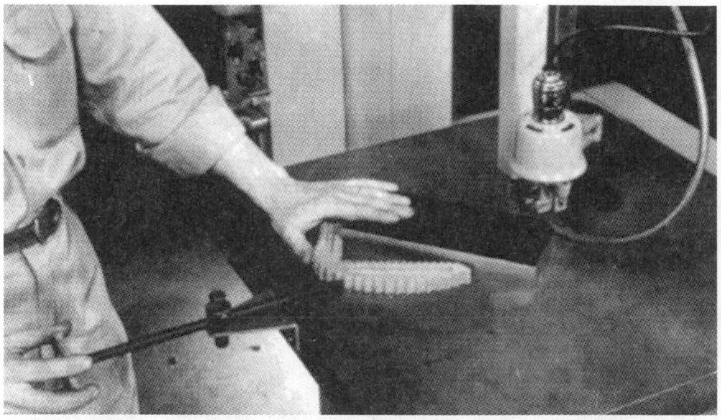

FIGURA 37-3 La mordaza de sujeción de la pieza de trabajo se utiliza para avanzar la pieza hacia la sierra. (Cortesía de DoAll Company.)

PRECISIÓN Y ACABADO

Igual que con cualquier otra máquina, la precisión y el acabado producidos con una sierra cinta vertical dependen de la capacidad del operador para ajustar y operar la máquina adecuadamente. La Tabla 37-1 indica algunos de los problemas de aserrado que se encuentran más comúnmente y sus posibles causas.

CÓMO ASERRAR SECCIONES INTERNAS

La sierra cinta vertical está bien equipada para eliminar secciones internas de una pieza de trabajo. Debe hacerse un barreno inicial a través de la sección a eliminar, para permitir que se inserte y suelde la hoja de la sierra. Es también buena práctica taladrar en todos los lugares donde deba hacerse un giro pronunciado, a fin de permitir que la pieza pueda ser girada fácilmente. El corte de la sierra debe realizarse cerca de la línea de trazo, dejando material suficiente para la operación de acabado.

La soldadora a tope (Figura 37-4) agrega mucha versatilidad a la sierra cinta. Permite la soldadura conveniente de la hoja para la eliminación de secciones (o porciones) interiores. Las hojas se pueden cortar de material en rollo y soldarse sus extremos para formar una banda continua; las hojas rotas pueden soldarse y volverse a utilizar. Las soldadoras en las sierras sin fin verticales son del tipo eléctrico de resistencia, que funden los extremos de la hoja cuando se aplica la corriente correcta y resiste adecuadamente la hoja.

Además de saber cómo seleccionar la hoja correcta para el trabajo, el operador también debe ser capaz de soldar la hoja. Las soldaduras mal hechas pueden provocar que la hoja se rompa y requiera que se le vuelva a soldar, lo que es costoso y consume tiempo. A menos que la soldadura sea tan resistente como la hoja misma, no se tendrá una buena unión. Los extremos a unir a tope de la hoja, no deben superponerse en ancho, ladeado, o paso de los dientes.

Cómo soldar la hoja de una sierra cinta

1. Revisando la gráfica de la máquina, seleccione la hoja apropiada para el trabajo.
2. Determine la longitud de la hoja requerida.

   La longitud de hoja de una máquina de dos poleas se determina sumando el doble de la distancia de centro a centro entre poleas más la circunferencia de una polea. Si la polea superior está totalmente extendida, reste 1 pulg (25 mm) para permitir que la hoja se estire.
3. Coloque la hoja en la cizalla, y córtela a la longitud necesaria.

   Asegúrese que la hoja se mantiene recta y contra la barra de escuadrar del cortador.

TABLA 37-1 Problemas de aserrado y posibles causas

	Posible causa											
Problema	Demasiado avance	Insuficiente avance	Hoja alineada incorrectamente	Tensión inadecuada en la hoja	Guías de sierra demasiado separadas	Velocidad de la sierra incorrecta	Paso demasiado burdo	Paso demasiado fino	Tipo de hoja incorrecto	Hoja mellada por un lado	Hoja mellada por ambos lados	Máquina demasiado ligera
La hoja se desvía	X		X	X	X					X		
La hoja no corta		X		X	X	X		X	X		X	
La hoja pierde filo rapidamente	X					X			X			
Acabado deficiente	X			X	X	X	X		X	X	X	X
Ondeados diagonales inapropiados	X		X	X	X	X						X
Rotura de los dientes de la sierra	X						X		X			
Atascamiento de los dientes de la sierra						X		X	X			

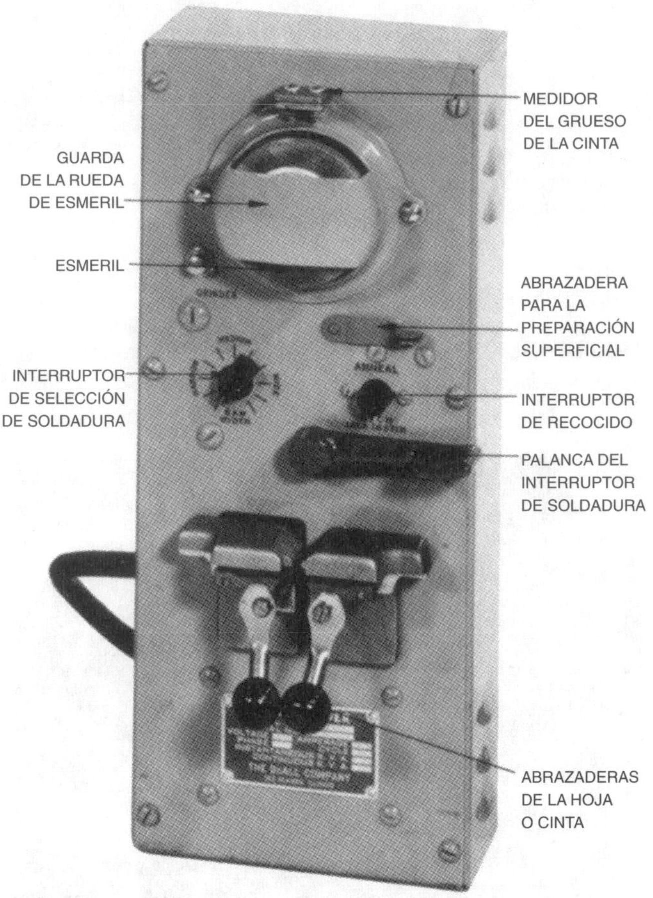

FIGURA 37-4 Partes de una soldadora a tope. (Cortesía de DoAll Company.)

4. Si los extremos de la hoja son rectos pero no están a escuadra, sosténgalos firmemente estando los dientes al contrario, como se muestra en la Figura 37-5, y esmerile simultáneamente ambos extremos.

   Si después del esmerilado dichos extremos no quedan a escuadra, no importará. Cuando los extremos de la hoja se junten para la soldadura, se unirán perfectamente entre sí.

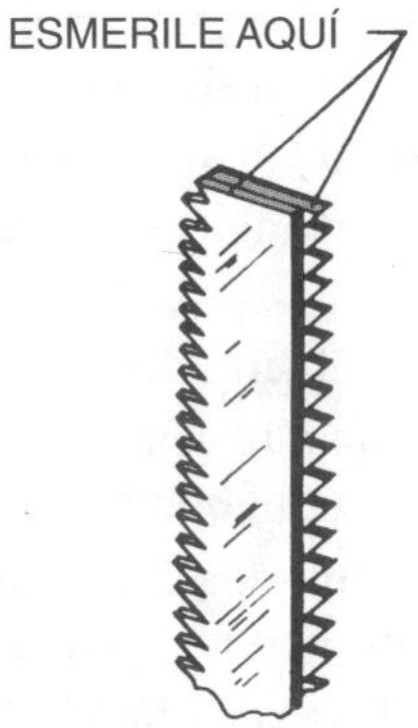

FIGURA 37-5 Método para esmerilar los extremos de la hoja antes de soldarlos. (Cortesía de DoAll Company.)

5. Para obtener el espaciamiento de dientes apropiado después de haber soldado la hoja, antes de la soldadura esmerile algunos dientes en los extremos de la hoja hasta la profundidad de la garganta.

   Esto es necesario, ya que las operaciones de soldar en una soldadora DoAll consumen aproximadamente $^1/_4$ de pulg (6 mm) de longitud de hoja. Otros tipos de soldadoras pueden consumir longitudes varias de hoja durante la soldadura. La cantidad de dientes que se esmerilen dependerá del paso de la cinta. La Figura 37-6 muestra la cantidad a esmerilar de cada tipo de hoja, desde un paso del 4 hasta el 10.
6. Limpie las mordazas de la soldadora y coloque los insertos para el tamaño y paso de la hoja.
7. Ajuste la presión de la mordaza girando la manija del selector para la anchura de la hoja que se va a soldar.

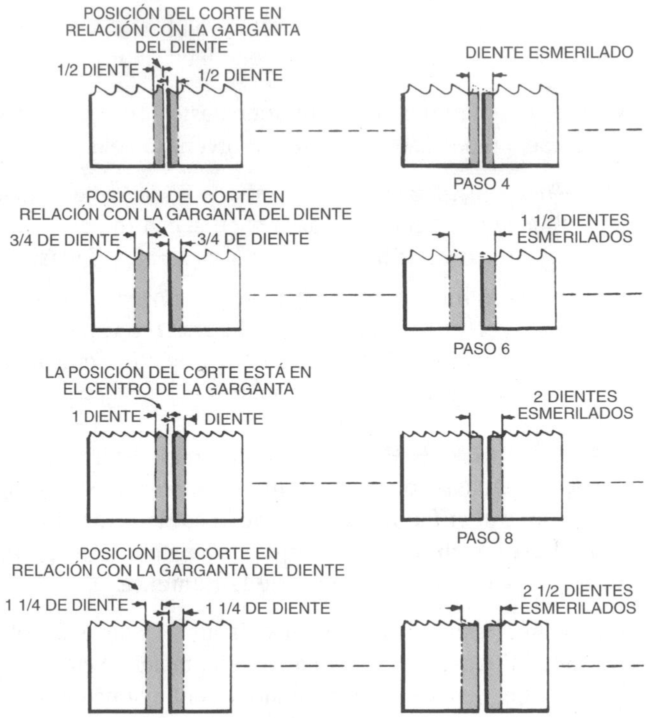

FIGURA 37-6 Cantidades a esmerilar en diversas hojas para lograr el espaciamiento de dientes adecuado. (Cortesía de DoAll Company.)

8. Sujete la hoja como se muestra en la Figura 37-7. Asegúrese de que está contra la superficie de alineación en la parte posterior de las mordazas, y centrada entre las dos.

   Si los extremos de las hojas no coinciden a todo su ancho, deben retirarse y volverse a esmerilar.
9. Oprima el interruptor o la palanca de soldar, y sosténgala hasta que se haya enfriado la soldadura.

Esté de pie a un lado y utilice gafas de seguridad para evitar lesiones por las chispas de la soldadura.

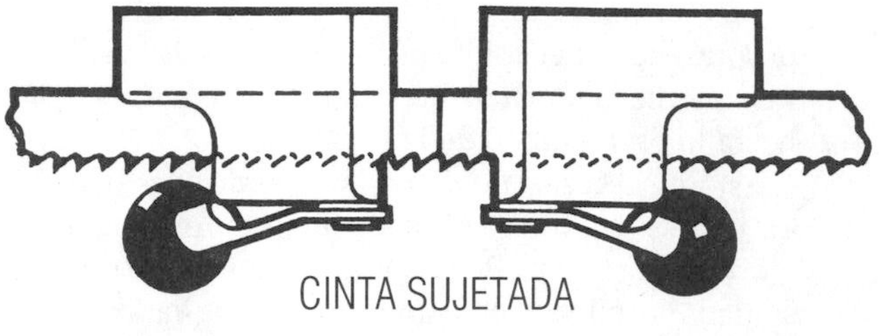

FIGURA 37-7 Cinta sujetada apropiadamente para la soldadura.

FIGURA 37-8 Se utiliza un calibrador de espesor para verificar el espesor de la cinta en el punto de soldadura. (Cortesía de DoAll Company.)

10. Libere la mordaza móvil y después suelte la palanca de soldadura.
11. Retire la hoja y verifique los siguientes puntos en la soldadura:
   a. El material soldado debe ser uniforme por ambos lados.
   b. El espaciamiento de los dientes debe ser uniforme.
   c. La soldadura debe estar en el centro de la garganta.
   d. La parte posterior de la hoja debe estar recta.

Nota: Si la hoja no cumple con todos estos requisitos, debe romperse, prepararse de nuevo, y volverse a soldar.

12. Mueva la palanca de selección a la posición de recocido y fije la hoja, con la soldadura en el centro de las quijadas y los dientes hacia atrás, sin tocar las quijadas.
13. Ponga el interruptor selector en la posición adecuada para recocer la hoja. Oprima el botón interruptor de recocido, y apriételo intermitentemente hasta que la banda adquiera un color rojo opaco.

Precaución: No permita que la hoja se caliente demasiado en este momento, porque se endurecerá al aire al enfriarse. Conforme la soldadura comienza a enfriarse, oprima el interruptor de recocido ocasionalmente para que la hoja se enfríe lentamente.

14. Retire la hoja y esmerile la soldadura. Esmerile la soldadura al mismo espesor que la hoja, teniendo cuidado de no esmerilar los dientes. Verifique continuamente el espesor de la hoja con el calibrador de espesor que hay en la soldadora. Cuando está adecuadamente esmerilada, debe caber justamente por el medidor de espesor (Figura 37-8).
15. Después de que la hoja ha sido esmerilada al espesor apropiado, se recomienda recocerla a un color azul.

Cómo aserrar secciones interiores

1. Taladre haciendo un barreno ligeramente mayor que el ancho de la hoja de la sierra cerca del borde de la sección que se va a cortar.

Nota: Es buena práctica taladrar en los puntos donde se debe hacer un giro abrupto, para permitir que la pieza de trabajo pueda girar fácilmente.

2. Corte la hoja de la sierra e introdúzcala a través de uno de los agujeros realizados en la pieza de trabajo (Figura 37-9).

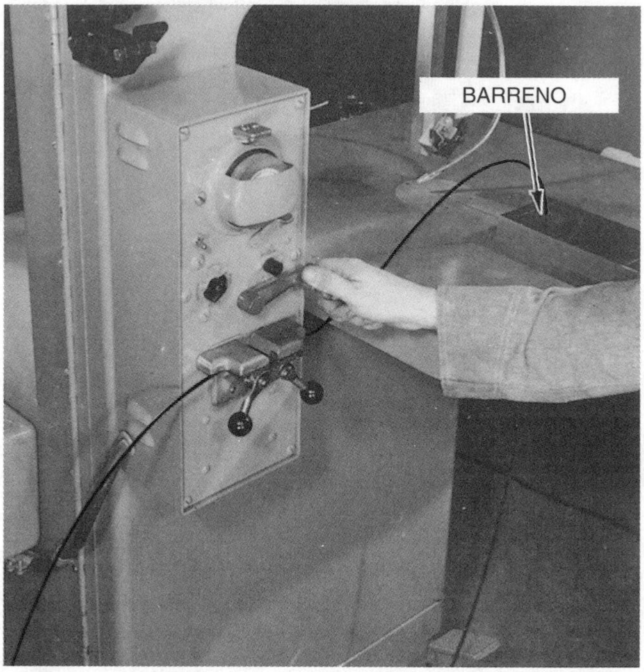

FIGURA 37-9 Cómo soldar una cinta para aserrar secciones (o porciones) interiores. (Cortesía de DoAll Company.)

3. Suelde la hoja y después esmerile el cordón de soldadura para que quepa en el calibrador de espesor de la sierra.
4. Aplique recocido a la sección soldada para eliminar fragilidad y evitar que la sierra se rompa.
5. Monte la banda de la sierra sobre las poleas superior e inferior, y aplique la tensión apropiada para el tamaño de la hoja.
6. Inserte la placa cubierta de la mesa.
7. Ajuste la máquina a la velocidad adecuada para el tipo y espesor del material que ha de ser cortado.
8. Corte la sección interior, manteniéndose dentro de $^1/_{32}$ de pulg (0.8 mm) con respecto a la línea de trazo.
9. Retire de las poleas la cinta de la sierra.
10. Corte con la cizalla la hoja en el punto de soldadura.
11. Quite la pieza de trabajo y la hoja.

FIGURA 37-10 La sección interior puede utilizarse para hacer un punzón de matriz. (Cortesía de DoAll Company.)

Matrices de corte y punzonar

Es posible utilizar esta técnica de corte interior para hacer matrices de corte y de punzonar, de corta duración. Mediante este proceso, la sección interior se convierte en el punzón, en tanto que el material exterior forma la matriz (Figura 37-10). Cuando se realicen trabajos de este tipo, debe inclinarse la mesa para dar el ángulo de salida adecuado a la matriz.

ASERRADO POR FRICCIÓN

El aserrado por fricción (Figura 37-11) es el medio más rápido para aserrar metales ferrosos de hasta 1 pulg (25 mm) de espesor. En este proceso, el metal es alimentado a una sierra cinta que se mueve a alta velocidad [hasta de 15000 pie/min (4572 m/min)]. El tremendo calor generado por la fricción hace que el metal que está inmediatamente al frente de los dientes de la sierra, entre a estado plástico, y los dientes eliminan con facilidad el metal ablandado. Ya que la conductividad térmica del acero es muy baja, la profundidad a la cual se ablanda el metal es de sólo .002 pulg (0.5 mm), aproximadamente.

La temperatura de la hoja de la sierra se mantiene bastante baja, ya que cada diente sólo está en contacto momentáneo con el metal, y tiene tiempo para enfriarse conforme hace el recorrido por sobre las ruedas guía, antes de entrar en contacto con el metal de nuevo. Este método de aserrado deja una pequeña rebaba, que se elimina fácilmente de la pieza de trabajo.

El aserrado por fricción se utiliza en aleaciones ferrosas endurecidas, placa para blindajes, y piezas que tienen paredes o secciones delgadas, que se dañarían al utilizar otros métodos de corte. El aserrado por fricción es especialmente adecuado para aleaciones de acero inoxidable, que son difíciles de cortar debido a que se endurecen por deformación rápidamente. No es adecuado para cortar la mayoría de los hierros fundidos, porque el grano se rompe antes que el metal se ablande. El aluminio y el latón no pueden cortarse mediante el aserrado por fricción, pues la alta conductividad térmica del metal no deja que el calor se concentre justo al frente de la hoja. Estos metales también se derriten casi inmediatamente después de ablandarse, y se sueldan a la hoja, atascando los dientes. La mayoría de los termoplásticos reaccionan de la misma manera que los metales no ferrosos.

FIGURA 37-11 El aserrado por fricción utiliza una alta velocidad en la hoja de la sierra. (Cortesía de DoAll Company.)

Las máquinas de aserrado por fricción se parecen a las máquinas de cinta vertical estándares, pero tienen una construcción más reforzada en marco, cojinetes, ejes y guías, para soportar las vibraciones provocadas por las altas velocidades necesarias. La banda de la sierra está cubierta casi en su totalidad para proteger al operador de la lluvia de chispas que provoca el aserrado por fricción.

Las bandas de aserrado por fricción se fabrican de aceros aleados estándar, pero son más gruesas que las hojas comunes, para tener una mayor resistencia. Se pueden obtener en anchos de $^1/_2$, $^3/_4$ y 1 pulg (13, 19 y 25 mm) y con un paso de dientes de 10 y 14, con dientes regulares solamente.

Los dientes de una hoja de sierra estándar utilizados a la alta velocidad necesaria para el aserrado por fricción, perderían el filo muy rápidamente; por lo tanto, los de las sierras de fricción no están afilados. Puesto que los dientes sin filo producen más fricción que los afilados, son más eficientes para el aserrado por fricción.

El procedimiento para ajustar una aserradora por fricción, es básicamente el mismo que para el aserrado usual.

ASERRADO DE ALTA VELOCIDAD

El aserrado de alta velocidad se realiza a velocidades que van de 2000 a 6000 pie/min (609 a 1827 m/min). Es tan sólo un procedimiento de aserrado estándar realizado a velocidades mayores que las estándares, en metales no ferrosos como aluminio, latón, bronce, magnesio y zinc, y otros materiales como madera, plástico y caucho (o hule).

Se aplican las mismas configuraciones de máquina y procedimientos que para el aserrado común. En el aserrado de alta velocidad, las virutas deben retirarse rápidamente. En consecuencia, las cintas de estribación o con dientes de garra son las más eficientes para esta operación.

LIMADO POR CINTA O BANDA

Cuando se requiere un mejor acabado que el producido mediante el aserrado convencional, en los bordes de una pieza de trabajo, aquél se puede producir por medio de un *limado por cinta*.

La lima de cinta consiste en una banda de acero a la que se han remachado una serie de segmentos de lima cortos y superpuestos (Figura 37-12). Los extremos de la tira se fijan entre sí para formar una cinta o lazo continuo. Las limas de banda pueden obtenerse en secciones transversales planas, ovaladas y de media caña; en cortes bastardos y medios; y en anchos de $^{1}/_{4}$, $^{3}/_{8}$ y $^{1}/_{2}$ pulg (6, 9.5 y 13 mm). Para limado por banda se utilizan guías de lima especiales y una placa de cubierta adaptada a limas.

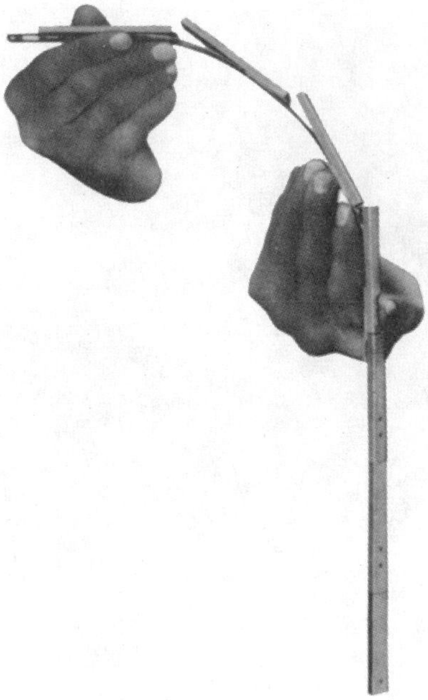

FIGURA 37-12 Segmentos de una lima de banda o cinta.

Ajuste para el limado por banda

1. Elija la lima de cinta apropiada para el trabajo consultando la carátula de selección de operación. Debe tenerse en consideración el material que se va a limar y la forma, tamaño y corte de la lima.
2. Ponga la palanca del engranaje en posición neutral.
3. Retire las guías de sierra y la placa de cubierta.
4. Monte la guía y soporte posterior apropiados para la lima.
5. Fije los extremos de la hoja de cinta entre sí.
6. Monte la lima de banda, con los dientes apuntando en la dirección adecuada, sobre las ruedas guía de la sierra (Figura 37-13).

Nota: En algunos modelos de máquina, o cuando se limen secciones interiores, puede ser necesario montar primero la banda de lima y después unir los extremos.

7. Tensione ligeramente la banda.
8. Verifique la alineación de la banda o cinta.
9. Baje el poste guía superior al espesor de la pieza de trabajo adecuado. La distancia no debe exceder de 2 pulg (50 mm) en una banda de lima de $^{1}/_{4}$ de pulg (6 mm), y de 4 pulg (100 mm) en una banda de $^{3}/_{8}$ o $^{1}/_{2}$ pulg (9.5 o 13 mm).
10. Monte la placa de cubierta de mesa apropiada.

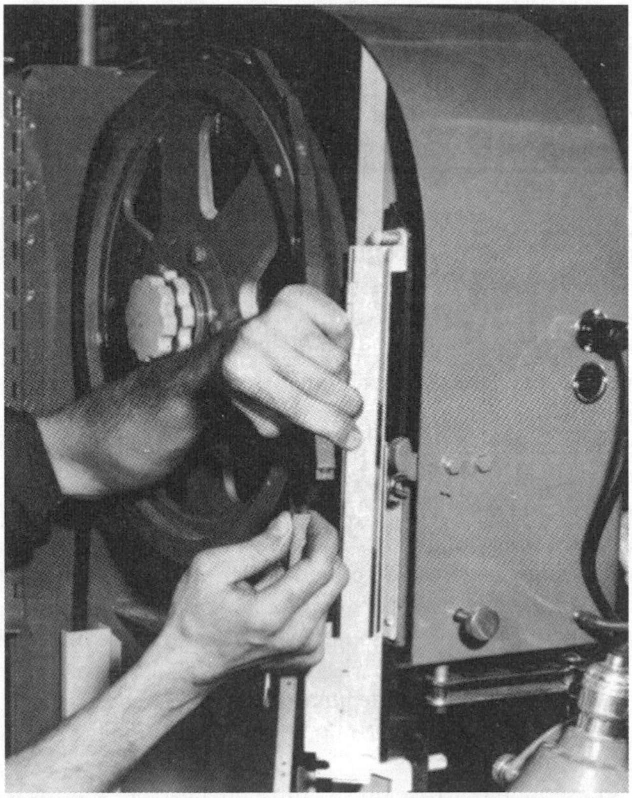

FIGURA 37-13 Montando una banda de lima en una sierra cinta vertical para contornos. (Cortesía de DoAll Company.)

11. Ponga la palanca del engranaje en el engrane bajo y encienda la máquina.
12. Ajuste la banda de lima a la tensión apropiada.
13. Ajuste la máquina a la velocidad adecuada para el material que se ha de limar.

Para limar con una sierra cinta vertical para contornos

1. Consulte el selector de operación (Figura 37-2) y ajuste la máquina a la velocidad adecuada. Las mejores velocidades de limado están entre 50 y 100 pie/min (15 y 30 m/min).
2. Aplique una presión ligera a la pieza de trabajo con la lima de banda. No sólo resulta esto en un mejor acabado, sino que evita que los dientes se atasquen.
3. Siga moviendo la pieza de trabajo hacia atrás y hacia adelante contra la lima para evitar dejar surcos en la pieza de trabajo.
4. Utilice una carda de lima para mantener la hoja limpia. Las limas sucias provocan un limado disparejo y rayaduras en la pieza de trabajo.

Asegúrese de detener la máquina antes de intentar limpiar la lima.

HERRAMIENTAS DE BANDA ADICIONALES

Aunque la cinta de sierra y la lima de banda son las herramientas de uso más común, existen otras que hacen a esta máquina particularmente versátil.

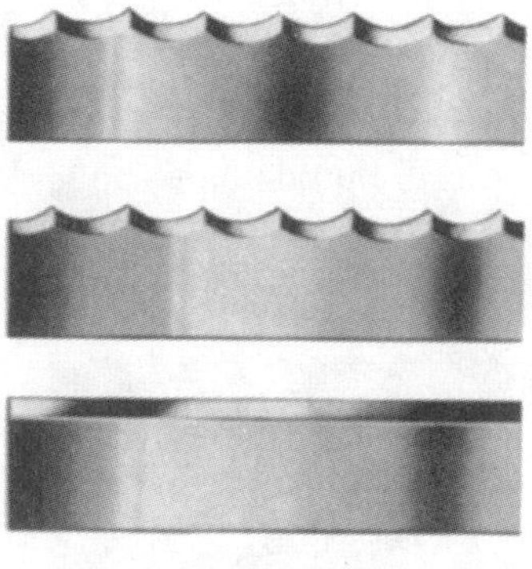

Borde de cuchillo

FIGURA 37-14 Hojas con filo de cuchillo. (Cortesía de DoAll Co.)

- Las *hojas de borde de cuchillo* (Figura 37-14) están disponibles con bordes de cuchillo, de onda y de concha, y se utilizan para cortar materiales suaves y fibrosos, como tela, cartón, corcho y goma. Las hojas de borde de concha son particularmente adecuadas para cortar aluminio corrugado delgado. Deben utilizarse guías de rodillo especiales para las hojas con borde de cuchillo.
- Las *hojas de borde en espiral* (Figura 37-15) son redondas y tienen un borde cortante helicoidal continuo en su circunferencia. Esta construcción proporciona un borde cortante de 360° que permite el maquinado de contornos y patrones intrincados (Figura 37-15) sin tener que girar la pieza de trabajo. Las hojas de borde en espiral necesitan guías especiales.

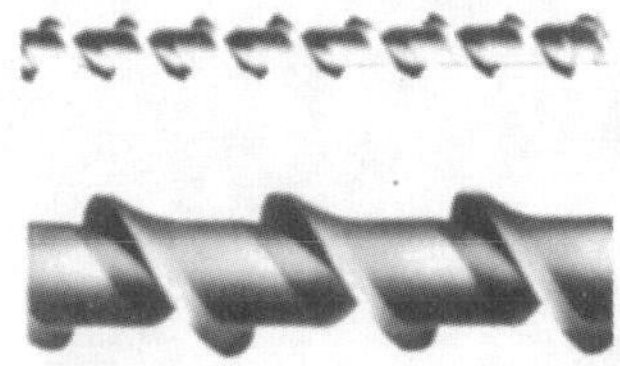

FIGURA 37-15 Hojas de borde en espiral. (Cortesía de DoAll Company.)

Las hojas de borde en espiral se fabrican en dos tipos: la hoja grado resorte, que sirve para plásticos y madera, y la hoja totalmente dura, que se utiliza en metales ligeros. Estas hojas se fabrican en diámetros de .020, .040, .050 y .074 pulg (0.5, 1, 1.3 y 1.99 mm). Se utilizan guías especiales (Figura 37-16) para la máquina con esta hoja. Cuando se sueldan hojas en espiral, se utilizan hojas de cobre para proteger los bordes cortantes de las mordanas de la soldadora.

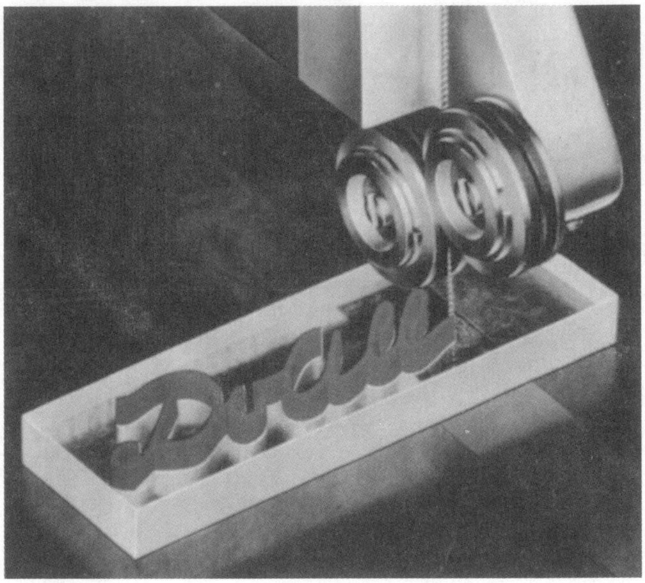

FIGURA 37-16 Se pueden cortar formas intrincadas con las hojas de borde en espiral. Obsérvense las guías especiales. (Cortesía de DoAll Company.)

Las *bandas de esmerilado en línea* (Figura 37-17) tienen un abrasivo (ya sea óxido de aluminio o carburo de silicio) unido al borde delgado de la cinta de acero. Estas bandas se utilizan para cortar aceros aleados endurecidos, y otros materiales, como ladrillo, mármol y vidrio, que no podrían ser cortados mediante un aserrado normal.

Este tipo de maquinado requiere de alta velocidad —de 3000 a 5000 pie/min (914 a 1524 m/min)— y el uso de refrigerantes, debido al calor que se genera. Se utiliza una varilla de rectificado de diamante para rectificar las bandas de esmerilado en línea.

Las *hojas de borde de diamante* (Figura 37-18) se emplean para cortar materiales superduros de la era espacial, así como cerámicos, vidrio, silicio y granito. Este tipo de hoja tiene par-

FIGURA 37-17 Las bandas de esmerilado en línea se utilizan para cortar metales templados o endurecidos. (Cortesía de DoAll Company.)

FIGURA 37-19 Corte de un intercambiador de calor mediante maquinado por electrobanda. (Cortesía de DoAll Company.)

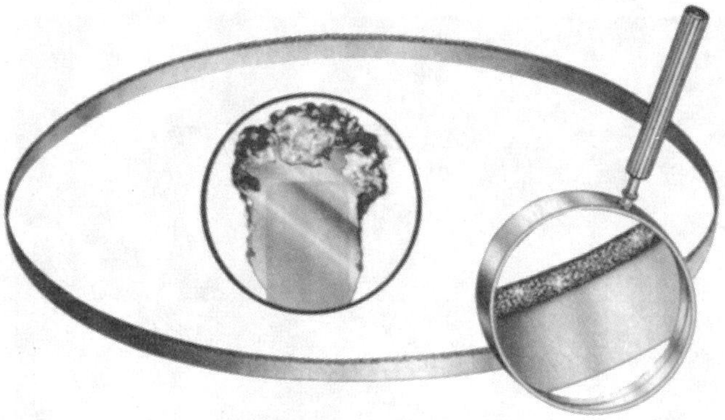

FIGURA 37-18 Las cintas con borde de diamante se usan para cortar materiales superduros. (Cortesía DoAll Company.)

tículas de diamante fundidas a los bordes de los dientes de la banda. Estas hojas operan a aproximadamente a 3000 pie/min (914 m/min), y generalmente requieren de un refrigerante para una operación más eficiente. Aunque las bandas con borde diamantino son muy caras, durarán más que 200 hojas de acero cuando se corte tubería de cemento-asbesto.

Las *cintas para pulido* se utilizan para eliminar rebabas y dar un buen acabado a superficies que han sido aserradas o limadas. También pueden servir para afilar brocas de carburo. Una cinta o banda de pulido es una tira continua de 1 pulg (25 mm) de ancho de tela abrasiva, fabricada a una longitud específica para ajustarse a la máquina. Están disponibles en varios tamaños de grano, con abrasivos tanto de óxido de aluminio como de carburo de silicio.

La cinta para pulido se monta de la misma manera que la banda de sierra. La guía especial para pulir utiliza el mismo soporte posterior que las bandas de limado. Se emplea una placa central especial para pulido por banda para el uso de tal cinta. La mayoría de las bandas de pulido están marcadas con una flecha en el reverso para indicar la dirección del movimiento.

El *maquinado por electrobanda* (Figura 37-19) es el último desarrollo en la operación con cinta, y se utiliza para trabajo en materiales como tubería de pared delgada, acero inoxidable, aluminio y panales de titanio.

Mediante este proceso, se alimenta a la hoja de la sierra un bajo voltaje y una corriente de alto amperaje. La pieza de trabajo se conecta al polo opuesto del circuito. Cuando el trabajo se acerca a la banda en rápido movimiento [6000 pie/min (1827 m/min)], una chispa eléctrica continua pasa del borde de cuchillo de la hoja a la pieza de trabajo. Este arco eléctrico actúa sobre el material y lo desintegra. La hoja no toca a la pieza de trabajo. Se inunda de refrigerante el área de corte para evitar daños al material debidos al calor que se genera. En este tipo de operaciones de maquinado debe utilizarse avance mecánico.

FIGURA 37-20 Se utiliza una mordaza para sujeción de la pieza de trabajo hacia la hoja de una sierra. (Cortesía de DoAll Company.)

ADITAMENTOS DE LA SIERRA CINTA

Pueden obtenerse varios aditamentos estándares para aumentar el aprovechamiento de tal máquina aserradora. Algunos de los más comunes son:

- La *mordaza de sujeción de la pieza de trabajo* (Figura 37-20) es un dispositivo que el operador utiliza para sostener y guiar la pieza de trabajo hacia la sierra. Debido a que usualmente está conectada a un avance mecánico del tipo por gravedad, el operario sólo dirige el trabajo con la mordaza de sujeción de la pieza de trabajo, y no tiene que aplicar ninguna fuerza de avance
- El *aditamento para corte de discos* (Figura 37-21) permite el corte de círculos precisos, desde aproximadamente 2.5 hasta 30 pulg (64 a 760 mm) de diámetro.
- El *aditamento para recorte angular o a inglete* se utiliza para soportar la pieza de trabajo cuando se realizan cortes cuadrados o en ángulo.
- El *tope para corte longitudinal* proporciona el medio para cortar porciones largas de material de barra plana o placa, en secciones paralelas angostas.

Cuando se requieren dispositivos de sujeción de piezas de trabajo especiales, por lo general se fabrican en el taller para adecuarse al uso específico. Estos dispositivos, llamados *soportes*, por lo general se sujetan a la mesa de la máquina.

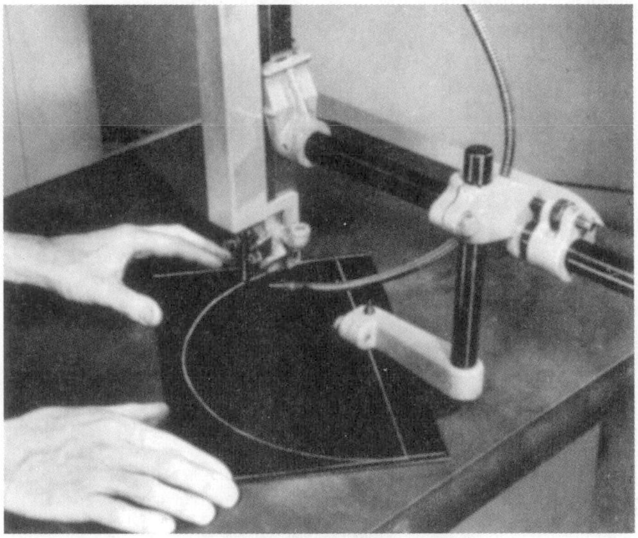

FIGURA 37-21 El aditamento para corte de discos se utiliza para cortar formas circulares. (Cortesía de DoAll Company.)

PREGUNTAS DE REPASO

1. Mencione cinco operaciones que pueden realizarse con una sierra cinta vertical para contornos.

Aserrado de secciones exteriores

2. Describa cómo hacer que la cinta se alinee apropiadamente.
3. ¿Por qué la guía de sierra superior debe quedar cerca de la parte superior de la pieza de trabajo?
4. ¿Qué factores deben considerarse cuando se selecciona una cinta para el corte vertical de contornos?
5. ¿Cómo debe avanzar la pieza de trabajo a una sierra en movimiento?

Precisión y acabado

6. ¿Cómo pueden resolverse los siguientes problemas en el uso de una sierra cinta?
   a. Desviaduras de la hoja
   b. Acabado deficiente

Aserrado de secciones internas

7. ¿Cómo se calcula la longitud de la cinta cuando la polea superior está colocada a la distancia máxima?
8. Haga un esquema para mostrar cómo se posicionan los extremos de la sierra cinta para esmerilar antes de soldarlos.
9. Para obtener el paso de dientes correcto, cuántos dientes deben esmerilarse de cada extremo en una hoja de paso 10? ¿Y en una hoja de paso 14?
10. ¿Cuáles son las características de una buena soldadura en una hoja de sierra cinta?
11. Enuncie los pasos principales necesarios para eliminar una porción interior en la pieza de trabajo.

Aserrado por fricción y de alta velocidad

12. Describa el principio del aserrado por fricción.
13. ¿Por qué es particularmente adecuado el aserrado por fricción para cortar acero inoxidable?
14. ¿Cómo difiere el aserrado de alta velocidad del aserrado por fricción?

Limado por banda

15. Liste los pasos principales necesarios para ajustar la máquina para el limado por banda.
16. ¿Cuál es la velocidad de limado recomendada?
17. ¿Cómo puede mantenerse limpia la lima de banda?

Herramientas de banda adicionales

18. Mencione cinco materiales que pueden cortarse satisfactoriamente por medio de bandas con borde de cuchillo.
19. Mencione dos tipos de bandas de borde en espiral, y exprese dos usos de cada uno.
20. Describa una banda de esmerilado en línea y enuncie su propósito.
21. Mencione cinco materiales que pueden ser cortados con una banda de borde de diamante.
22. Describa el principio del maquinado por electrobanda.

Aditamentos de la sierra cinta

23. Describa y mencione el propósito de:
   a. Una mordaza de sujeción de la pieza de trabajo
   b. Un aditamento de corte de discos
   c. Un aditamento para ingletes

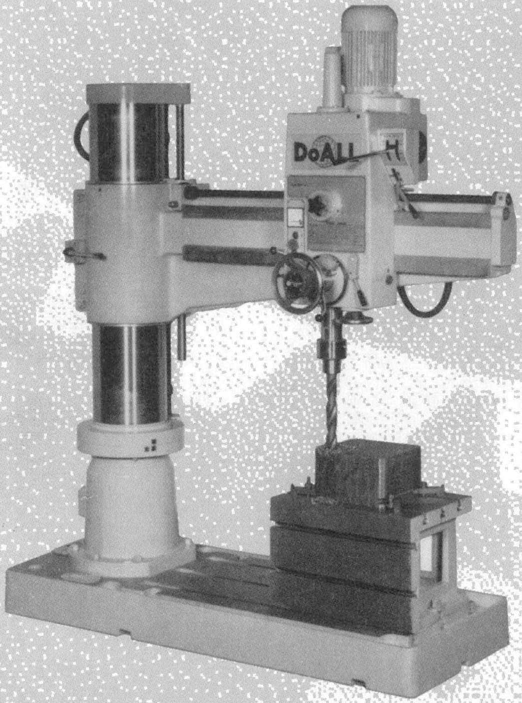
DoALL

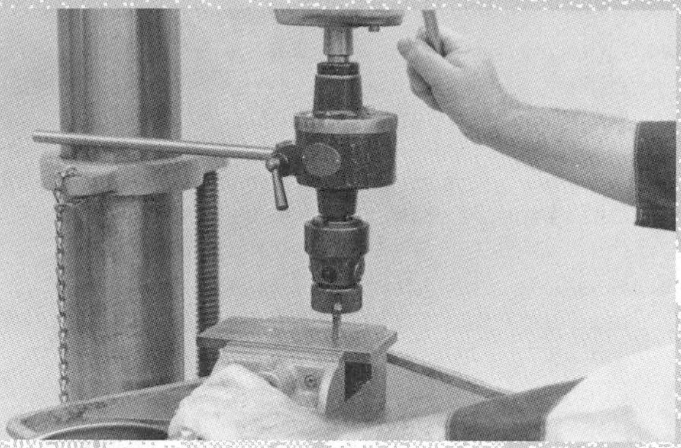

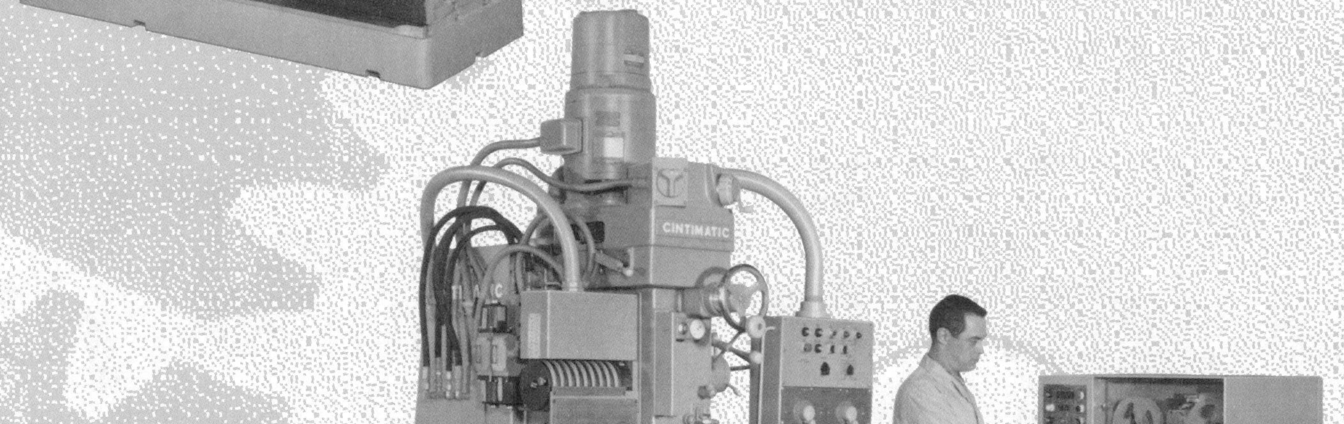
CINTIMATIC

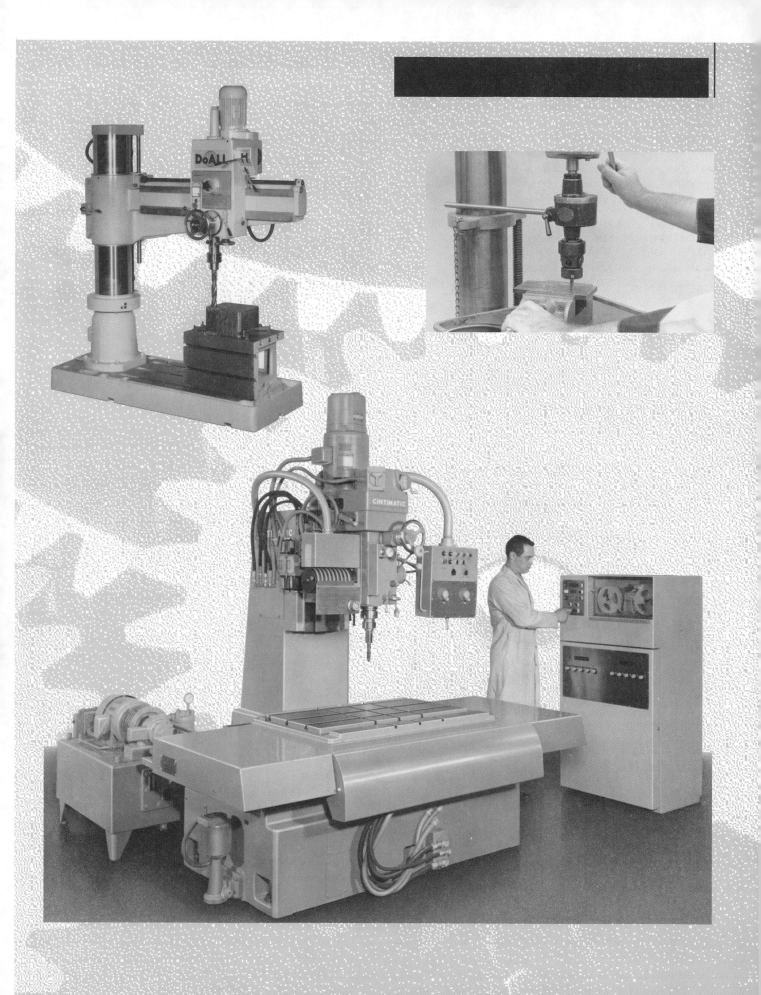

SECCIÓN

10

TALADROS

Probablemente uno de los primeros dispositivos mecánicos desarrollados en la prehistoria fue un taladro para hacer perforaciones en diversos metales. Se enrollaba una cuerda de arco alrededor de una flecha y después se serraba rápidamente hacia atrás y adelante. Este proceso no sólo producía fuego, sino que también hacía una perforación en la madera. El principio de una herramienta giratoria haciendo una perforación en diversos metales es el principio sobre el cual operan todos los taladros. A partir de este principio básico evolucionó el taladro prensa —una de las máquinas más comunes y útiles en la industria para producir, formar y terminar perforaciones. Los taladros modernos se fabrican según varios tipos y tamaños, que van desde los taladros de avance sensible, a mano a las sofisticadas máquinas de producción controlada por computadora de la era tecnológica.

UNIDAD

38

Taladros prensa

OBJETIVOS

Al terminar el estudio de esta unidad, se podrá:

1. Identificar seis operaciones estándar que pueden realizarse con un taladro prensa
2. Identificar cuatro tipos de taladros prensa y sus propósitos
3. Establecer el propósito de las partes principales de un taladro vertical y uno radial

La *máquina perforadora* o *taladros prensa* son esenciales en cualquier taller metal-mecánico. Básicamente, un taladro consta de un eje (que hace girar la broca y puede avanzar hacia la pieza de trabajo, ya sea automática o manualmente) y una mesa de trabajo (que sostiene rígidamente la pieza de trabajo en posición cuando se hace la perforación). Un taladro se utiliza principalmente para hacer perforaciones en metales; sin embargo, también pueden llevarse a cabo operaciones como roscado, rimado, contrataladrado, abocardado, mandrinado y refrentado.

OPERACIONES ESTÁNDAR

Los taladros pueden utilizarse para realizar una variedad de operaciones, además de taladrar una perforación redonda. Se analizarán brevemente algunas de las operaciones más comunes, herramientas de corte, y disposiciones de trabajo.

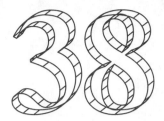

- El *taladrado* (Figura 38-1A) puede definirse como la operación de producir una perforación cuando se elimina metal de una masa sólida utilizando una herramienta de corte llamada *broca espiral* o *helicoidal*
- El *avellanado* (Figura 38-1B) es la operación de producir un ensanchamiento en forma de huso o cono en el extremo de una perforación
- El *rimado* (Figura 38-1C) es la operación de dimensionar y producir una perforación redonda y lisa a partir de una perforación taladrada o mandrinada previamente, utilizando una herramienta de corte con varios bordes de corte
- El *mandrinado* o *torneado interior* (Figura 38-1D) es la operación de emparejar y ensanchar una perforación por medio de una herramienta de corte de un solo filo, generalmente sostenida por una barra de mandrinado
- El *careado para tuercas* o *refrentado* (Figura 38-1E) es la operación de alisar y escuadrar la superficie alrededor de una perforación para proporcionar asentamiento para un tornillo de cabeza o una tuerca. Por lo general se coloca una barra de mandrinado con una sección piloto en el extremo, que ajuste a la perforación existente, mediante una herramienta cortante de doble filo. El piloto de la barra provee la rigidez para la herramienta de corte y mantiene la concentricidad con la perforación. Para la operación de refrentado, la pieza de trabajo que se está maquinando debe sujetarse firmemente y ajustarse la máquina a aproximadamente un cuarto de la velocidad de taladrado
- El *roscado* (Figura 38-1F) es la operación de cortar roscas internas en una perforación, con una herramienta de corte llamada machuelo. Se utilizan machuelos especiales de máquina o pistola, junto con aditamentos de roscado, cuando esta operación se realiza mecánicamente con una máquina

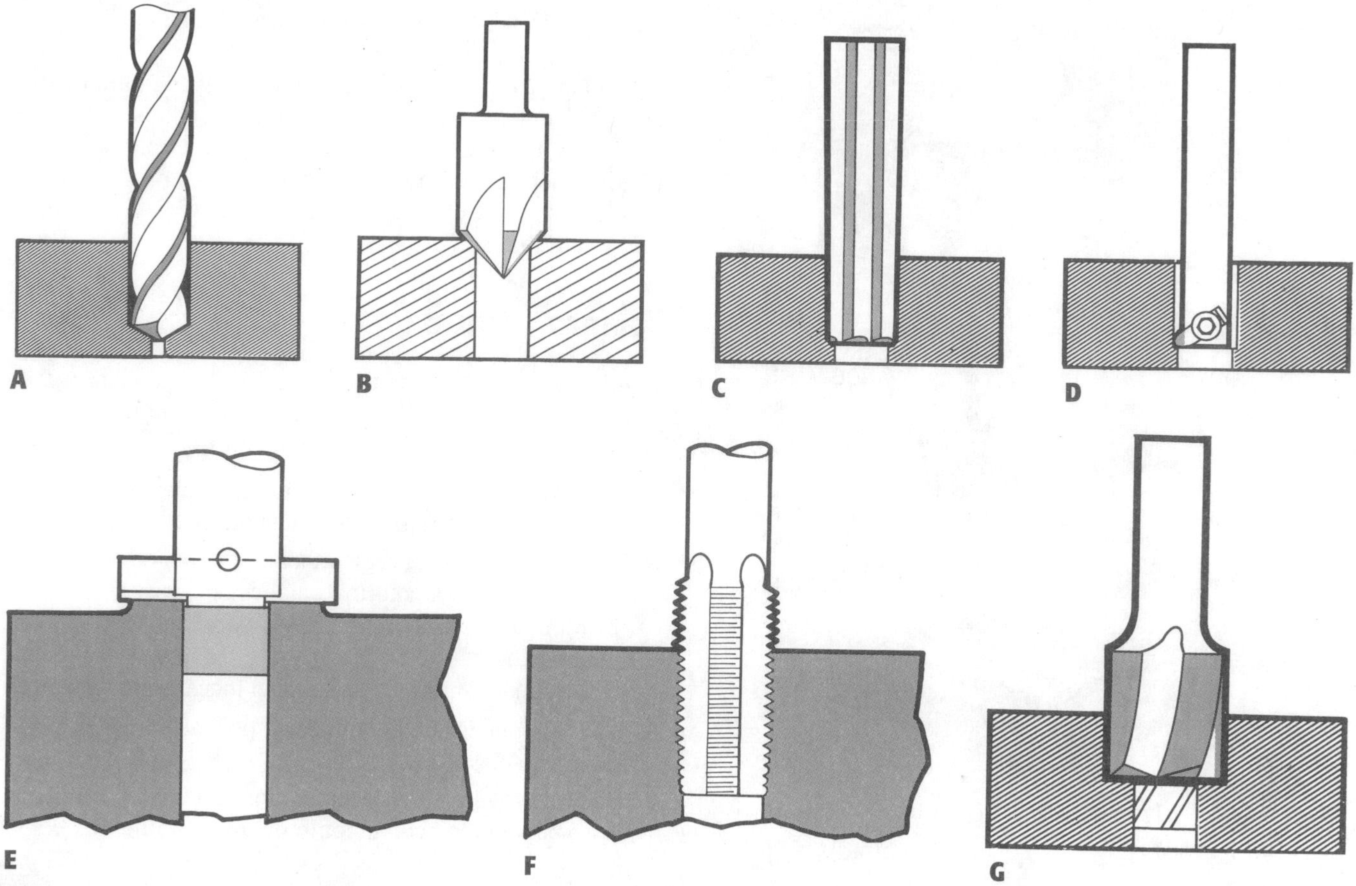

FIGURA 38-1 (A) El taladrado produce una perforación recta; (B) el avellanado produce una perforación en forma de cono; (C) el rimado se utiliza para terminar la perforación; (D) el mandrinado es utilizado para definir y ensanchar una perforación; (E) el refrentado produce una superficie en escuadra; (F) el roscado produce roscas internas; (G) el contrataladrado o caja produce una perforación con hombros rectos. (Cortesía de Kelmar Associates.)

- El *contrataladrado o caja* (Figura 38-1G) es la operación de agrandar la parte superior de una perforación taladrada previamente hasta una profundidad particular, para producir una caja con hombro cuadrado para la cabeza de un perno o de un tornillo.

TIPOS PRINCIPALES DE TALADROS

Hay una gran variedad de taladros disponible, desde el taladro sensible simple, hasta máquinas de alta complejidad, automáticas y de control numérico. El tamaño de un taladro puede designarse de diferentes formas, según las diferentes empresas. Algunas toman el tamaño como la distancia desde el centro del husillo hasta la columna de la máquina. Otros especifican el tamaño según el diámetro de la pieza circular más grande que puede taladrarse en el centro.

Taladros sensibles

El tipo más simple de taladro es el taladro simple (Figura 38-2). Este tipo de máquina tiene sólo un mecanismo de avance manual, lo que permite al operador "sentir" cómo está cortando la broca y controlar la presión de avance hacia abajo de acuerdo con la sensación. Los taladros sensibles son por lo general máquinas ligeras, de alta velocidad y se fabrican en modelos de banco y de piso.

Partes del taladro sensible

Aunque los taladros se fabrican en una gran variedad de tipos y tamaños, todos los taladros contienen ciertas partes básicas. Las partes principales de los modelos de banco y de piso son la *base*, la *columna*, la *mesa*, y el *cabezal del taladro* (Figura 38-2). El modelo de piso es más grande y tiene una columna más larga que el tipo de banco.

Base

La base, por lo general fabricada de hierro fundido, provee estabilidad a la máquina y también un montaje rígido para la columna. La base, por lo general viene con perforaciones, de manera que pueda fijarse a una mesa o banco. Las ranuras o costillas de la base permiten que se fije un dispositivo de sujeción de la pieza de trabajo a la base rápidamente.

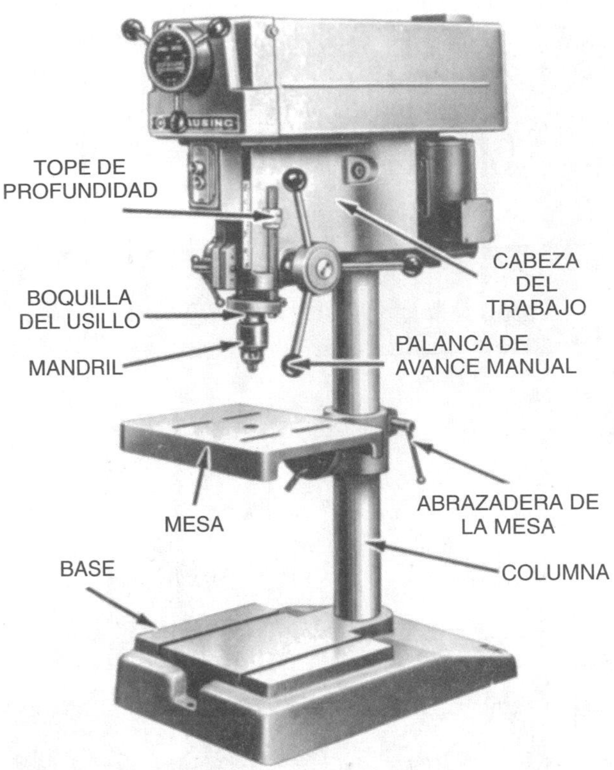

FIGURA 38-2 Taladro sensible de tipo de banco. (Cortesía de Clausing Industrial, Inc.)

Columna

La columna es un poste cilíndrico de precisión, que se ajusta a la base. La mesa, que está fija a la columna, puede ajustarse en cualquier punto entre la base y el cabezal. El cabezal del taladro está montado cerca de la parte superior de la columna.

Mesa

La mesa, ya sea de forma redonda o rectangular, se utiliza para apoyar la pieza que se va a maquinar. Su superficie está a 90° de la columna, puede elevarse, bajarse y girarse alrededor de ésta. En algunos modelos, es posible inclinar la mesa en cualquier dirección para hacer perforaciones en ángulo. En la mayoría de las mesas hay ranuras para permitir que se fijen directamente guías, sujeciones, o piezas de trabajo grandes.

Cabezal del taladro

El cabezal, que está montado cerca de la parte superior de la columna, contiene el mecanismo necesario para girar la herramienta de corte, y moverla hacia la pieza de trabajo. El *husillo*, que es un eje redondo que sostiene y dirige la herramienta de corte, está dentro de la *boquilla del husillo*. Ésta no gira, sino que se desliza hacia arriba y hacia abajo dentro del cabezal, para dar el avance hacia abajo de la herramienta de corte. El extremo del husillo puede tener una perforación cónica para sostener herramientas de espiga cónica, o puede estar roscada o cónica para sujetar un *mandril de broquero* (Figura 38-2).

La *palanca de avance manual* es utilizada para controlar el movimiento vertical de la boquilla del husillo y la herramienta de corte. Un *tope de profundidad*, montado en la boquilla del husillo, puede ajustarse para controlar la profundidad a la que entra la herramienta de corte dentro de la pieza de trabajo.

Taladro vertical

El *taladro vertical* estándar (Figura 38-3) es similar al taladro de tipo sensible, excepto que es más grande y pesado. Las diferencias básicas son las siguientes:

1. Está equipado con una caja de engranajes para proveer de una mayor variedad de velocidades.
2. El husillo puede moverse mediante tres métodos:
   a. Manualmente, con una palanca
   b. Manualmente, con una rueda para la mayoría de los modelos
   c. Automáticamente, mediante el mecanismo de avance
3. La mesa puede subirse o bajarse por medio de un mecanismo de elevación.
4. Algunos modelos están equipados con un depósito en la base para el almacenamiento del refrigerante.

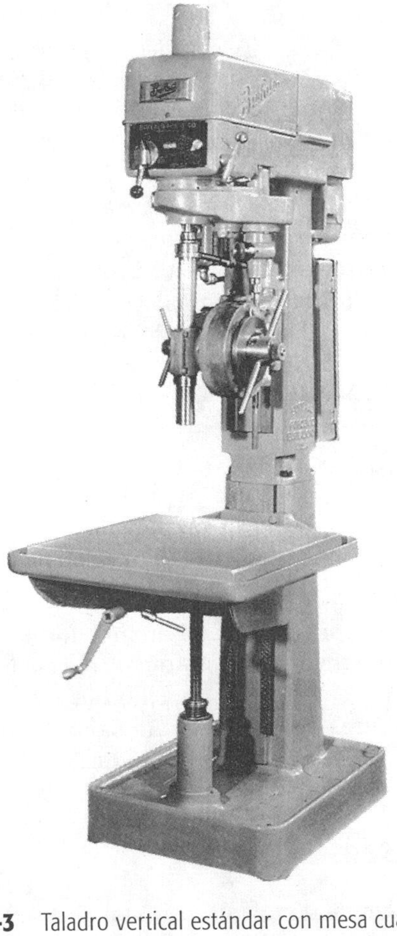

FIGURA 38-3 Taladro vertical estándar con mesa cuadrada, o de tipo de producción.

Para el trabajo de producción de alta velocidad, puede montarse cierta cantidad de husillos sobre el mismo cabezal. El *cabezal multihusillos* (Figura 38-4) puede incorporar 20 o más husillos en un solo cabezal, manejados por el husillo principal de la máquina perforadora. Varios cabezales, equipados con aditamentos multihusillos, pueden combinarse y controlarse automáticamente para taladrar hasta 100 perforaciones en una sola operación. Este tipo de taladrado automático se utiliza, por ejemplo, en la industria automotriz en el taladrado de los monoblocks.

FIGURA 38-4 Cabezal de taladro multihusillos.

Taladro radial

El *taladro radial* (Figura 38-5), a veces conocido como el taladro de brazo radial, se ha desarrollado principalmente para el manejo de piezas de trabajo más grandes de lo que es posible con las máquinas verticales. Las ventajas de esta máquina sobre el taladro vertical son:

1. Pueden maquinarse piezas más grandes y pesadas.
2. El cabezal del taladro puede subirse o bajarse fácilmente, para acomodarse a diferentes alturas en la pieza de trabajo.

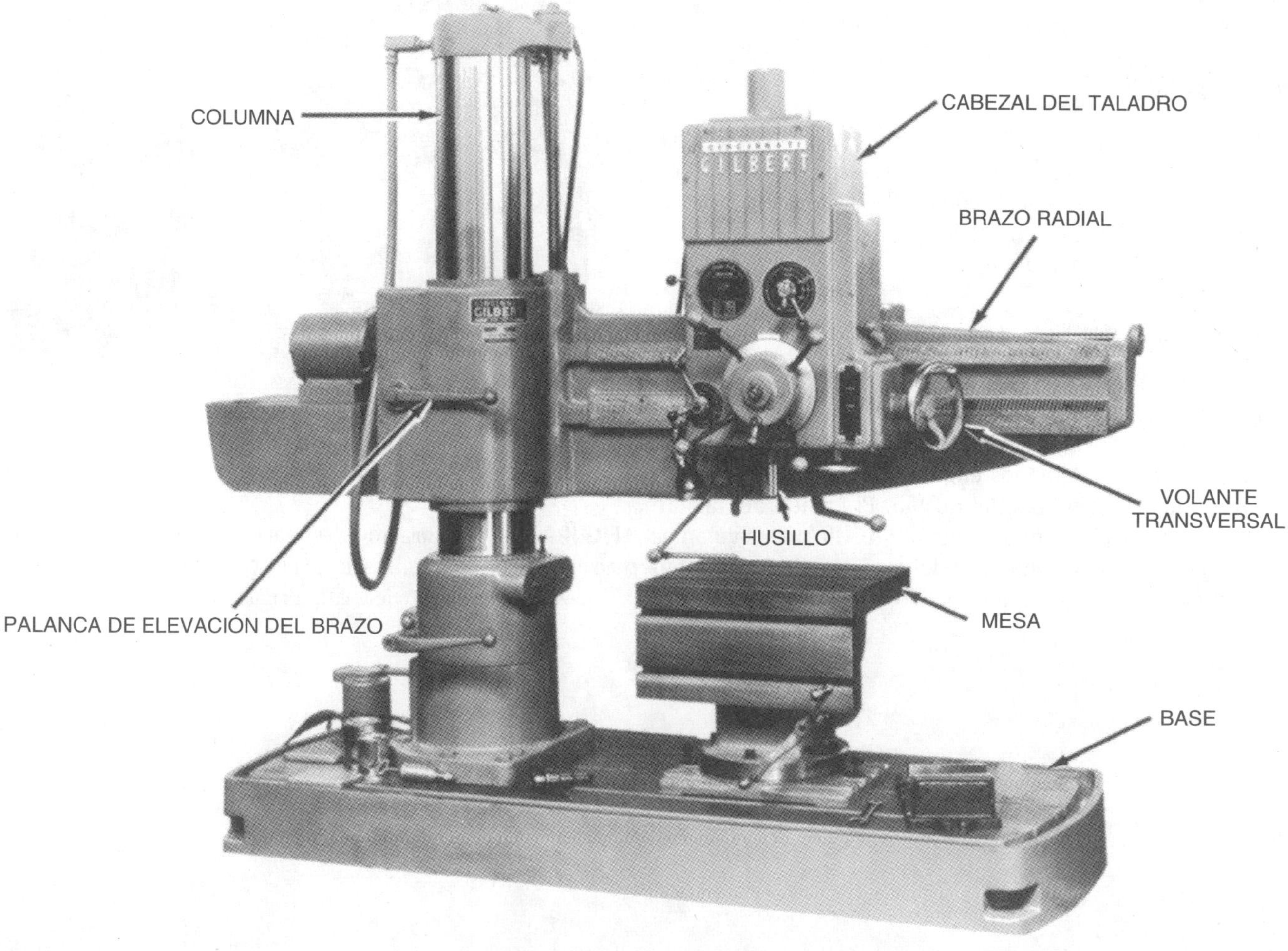

FIGURA 38-5 Un taladro radial permite que se taladren piezas grandes. (Cortesía Cincinnati Gilbert.)

3. El cabezal del taladro puede moverse rápidamente a cualquier posición deseada, mientras la pieza de trabajo permanece sujeta en una posición; esta característica permite una mayor producción.
4. La máquina tiene mayor potencia; por lo que pueden utilizarse herramientas de corte más grandes.
5. En modelos universales, el cabezal puede girar, de forma que se puedan taladrar perforaciones en ángulo.

Partes del taladro radial

Base

La base está fabricada de hierro fundido pesado con refuerzos, de tipo de caja, o de acero soldado. La base, o pedestal, se utiliza para fijar la máquina al piso y también para proporcionar un depósito para el refrigerante. Las piezas de trabajo grandes pueden sujetarse directamente a la base para operaciones de tipo taladro prensa. Por conveniencia, en el taladrado de piezas más pequeñas se puede fijar una *mesa* a la base.

Columna

La columna es un miembro cilíndrico vertical ajustado a la base, que soporta el brazo radial en ángulo recto.

Brazo radial

El brazo está acoplado a la columna y puede subirse y bajarse por medio de un *tornillo de elevación mecánico*. El brazo también puede girarse alrededor de la columna y puede fijarse en cualquier posición deseada. También soporta el motor y el cabezal del taladro.

Cabezal del taladro

El cabezal del taladro está montado sobre el brazo y puede moverse a lo largo del brazo por medio del *volante manual transversal*. El cabezal puede fijarse en cualquier posición a lo largo del brazo. Aloja los engranes de cambio y controla las velocidades y avances del husillo. El husillo del taladro puede subir o bajar manualmente por medio de los volantes de avance. Cuando los volantes del avance del eje se juntan entre sí, se da un avance automático al husillo del taladro.

Taladro de control numérico

Esta máquina (Figura 38-6) es un avance importante para la perforación. Los movimientos del husillo y de la mesa se controlan automáticamente mediante un conjunto de instrucciones que se han programado en la computadora. Ésta pasa la información del programa a la unidad de control de la máquina para posicionar la mesa (y la pieza de trabajo) y elegir la herramienta de corte adecuada para llevar a cabo la operación necesaria.

Ya que la velocidad y avance de la herramienta de corte se han ajustado automáticamente, la máquina arranca y la broca o la herramienta de corte entran en la pieza de trabajo. Cuando se ha cortado a la profundidad correcta, las herramientas de corte se retraen y pueden llevarse a cabo otras operaciones, como roscado o escariado. Cuando el ciclo de trabajo ha terminado, se coloca otra pieza de trabajo bajo el husillo y el ciclo se repite automáticamente, con tal precisión que las posiciones de las perforaciones en todas las piezas de trabajo serán exactas dentro de ±.001 pulg (0.02 mm).

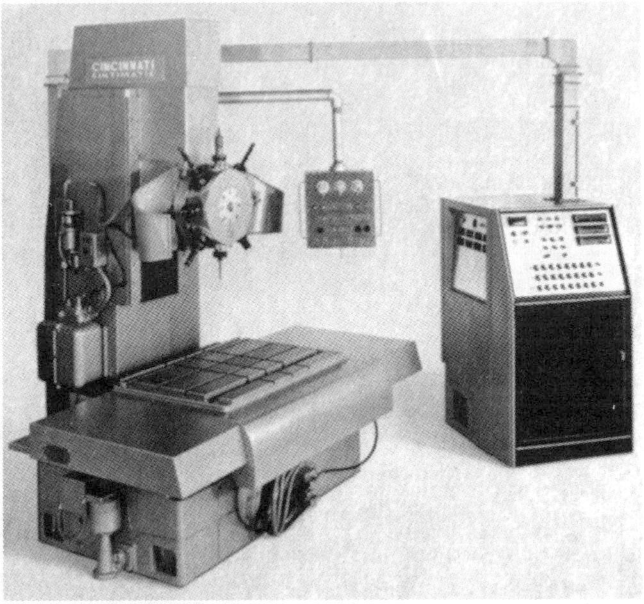

FIGURA 38-6 Un taladro de control numérico realiza ciclos de taladrado automáticos por medio de una cinta perforada o un programa de computadora. (Cortesía de Cincinnati Milacron, Inc.)

PREGUNTAS DE REPASO

Operaciones estándar

1. Defina *taladrado, mandrinado* y *escariado.*
2. ¿Cuál es la diferencia entre el refrentado y el contrataladro?

Tipos de taladrado

3. Mencione dos métodos por medio de los cuales se puede determinar el tamaño del taladro.
4. Haga una comparación entre el taladro sensible y el taladro vertical.
5. Describa y mencione el propósito de las siguientes partes en el taladro sensible.
   a. Base **b.** Columna **c.** Cabezal del taladro **d.** Mesa **e.** Tope de profundidad
6. ¿Cuáles son las ventajas de un taladro radial?
7. Compare la construcción de un taladro radial con la de el taladro vertical estándar.
8. Describa brevemente el principio de un taladro de control numérico.

UNIDAD

39

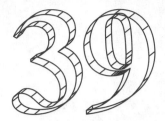

Accesorios de un taladro

OBJETIVOS

Al terminar el estudio de esta unidad, se podrá:

1 Identificar y utilizar tres clases de dispositivos de sujeción de brocas

2 Identificar y utilizar dispositivos de sujeción de piezas de trabajo para taladrado

3 Ajustar y fijar apropiadamente la pieza de trabajo para el taladrado

La versatilidad de éste aumenta, en gran medida, por los diversos accesorios disponibles. Los accesorios de taladro se dividen en dos categorías:

1. *Dispositivos de sujeción de las herramientas,* que se utilizan para sostener o dirigir la herramienta de corte.
2. *Dispositivos de sujeción de la pieza de trabajo,* que se utilizan para fijar o sostener la pieza de trabajo.

DISPOSITIVOS DE SUJECIÓN DE LAS HERRAMIENTAS

El husillo del taladro proporciona el medio para sostener y dirigir la herramienta de corte. Puede tener una perforación cónica para dar espacio a herramientas cónicas, o su extremo puede ser cónico, o estar roscado para montar un mandril para taladro. Aunque existe una variedad de dispositivos y accesorios de sujeción de herramientas, las que se encuentran comúnmente en el taller de maquinado son los mandriles para brocas, los conos para brocas y las boquillas para brocas.

Mandriles para brocas

Los mandriles para brocas son los dispositivos que se utilizan comúnmente en el taladro para sostener herramientas de corte de vástago recto. La mayoría de los mandriles para brocas tienen tres quijadas que se mueven simultáneamente cuando gira el casquillo exterior, o en algunas clases de mandriles cuando se eleva el collarín exterior. Las tres quijadas sostienen firmemente el vástago recto de la herramienta de corte y hacen que se mueva con precisión. Existen dos clases comunes de mandriles para brocas: con llave y sin llave.

Mandriles

Las brocas de vástago recto se sostienen en un mandril para brocas. Este mandril puede montarse sobre el husillo del taladro por medio de un cono (Figura 39-1A) o de una rosca (Figura 39-1B). Los mandriles que se utilizan en los taladros más grandes, por lo general se sostienen sobre el husillo por medio de un cono de auto-sujeción.

Existen varias clases de mandriles para brocas, y todos ellos mantendrán su precisión por muchos años si se les da el uso apropiado:

- Los *mandriles de tipo llave* (Figura 39-2) son los más comunes. Tienen tres quijadas que entran o salen si-

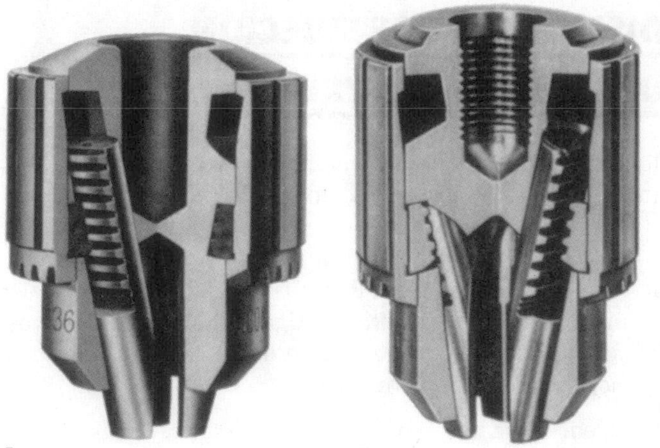

A B

FIGURA 39-1 Métodos para montar mandriles para brocas: (A) montado con cono (Cortesía The Cleveland Twist Drill Company); (B) montado con rosca. (Cortesía de Jacobs ® Chuck Manufacturing Company.)

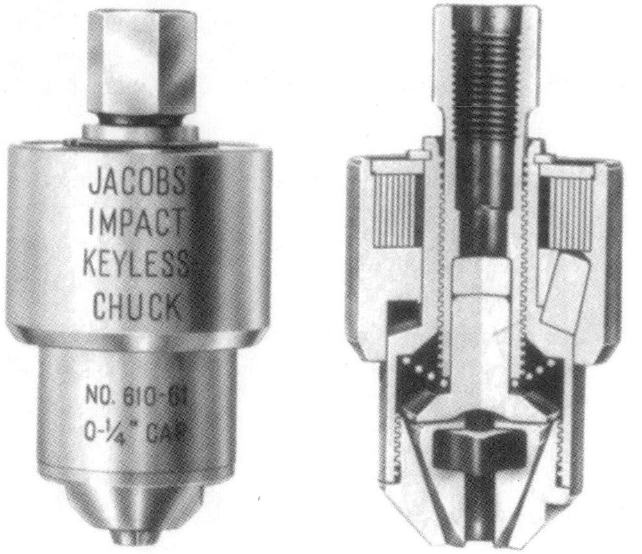

FIGURA 39-4 Mandril sin llave de impacto Jacobs. (Cortesía de Jacobs ® Chuck Manufacturing Company.)

FIGURA 39-2 Mandril de brocas de tipo con llave.

FIGURA 39-3 Mandril de brocas sin llave.

multáneamente cuando se gira el casquillo exterior. Las brocas se coloca en el mandril y se gira el casquillo exterior manualmente hasta que las quijadas hayan ajustado sobre el vástago de la brocas. El casquillo se aprieta entonces con la llave, sosteniendo así las brocas con firmeza y precisión.

- Los *mandriles para brocas sin llave* se utilizan más en el trabajo de producción, ya que el mandril puede aflojarse o apretarse manualmente, sin llave.
- El *mandril sin llave de precisión* (Figura 39-3) está diseñado para sostener brocas más pequeñas con precisión. La broca se cambia dando vuelta al cono externo acanalado.
- El *mandril sin llave de impacto Jacobs* (Figura 39-4) sostendrá brocas pequeñas o grandes (dentro del rango del mandril) con firmeza y precisión por medio de collarines de Rubber-Flex. La brocas se sujeta o libera rápida y fácilmente por medio de un dispositivo de impacto integrado en el mandril.

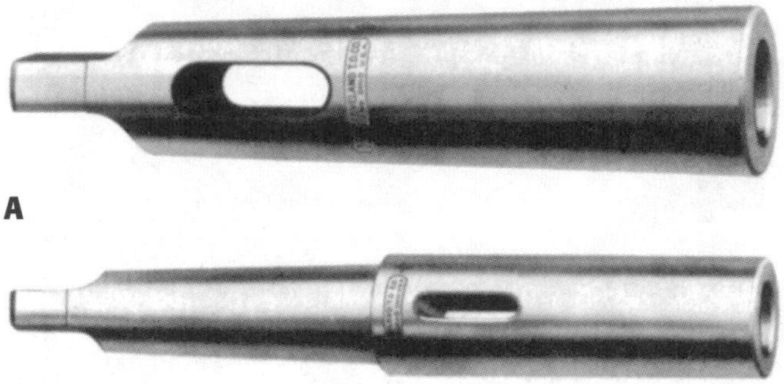

B

FIGURA 39-5 (A) Conos para brocas; (B) boquilla para brocas. (Cortesía The Cleveland Twist Drill Company.)

Conos y boquillas para brocas

El tamaño de la perforación cónica en el husillo del taladro por lo general está en proporción con el tamaño de la máquina: entre más grande es la máquina, mayor es la perforación del husillo. El tamaño del vástago cónico de las herramientas de corte también se fabrica en proporción al tamaño de la herramienta. Los conos para *brocas* (Figura 39-5A) se utilizan para adaptar el vástago de la herramienta de corte al husillo de la máquina si el cono de la herramienta de corte es más pequeño que la perforación cónica en el husillo.

Se utilizan *boquillas para brocas* (Figura 39-5B) cuando la perforación en el husillo del taladro es demasiado pequeño para el vástago cónico de las brocas. Se monta primero la broca en la boquilla y después éste se inserta en el husillo del taladro. Las boquillas para brocas también pueden utilizarse como boquillas de extensión para obtener una longitud adicional.

Se utiliza una herramienta plana en forma de cuña, llamada *cuña para brocas,* para retirar las brocas o accesorios con vástago en forma de cono del husillo del taladro. Siempre que utilice una cuña para brocas (Figura 39-6), coloque el borde redondo hacia arriba, de modo que el borde se apoye contra la ranura redonda del husillo. Se utiliza un martillo para golpear la cuña para brocas y aflojar el vástago de brocas cónicas en el husillo. Debe utilizarse una tabla o pieza de masonita para proteger la mesa, en caso de que la broca se caiga cuando se está retirando.

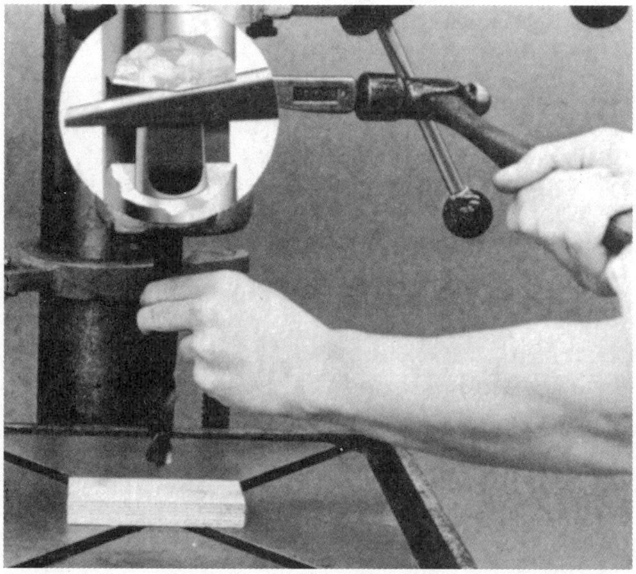

FIGURA 39-6 Método para retirar una broca con vástago en forma de cono utilizando una cuña para brocas. Observe la tabla que previene el daño a la mesa si se cae la broca. (Cortesía de Kelmar Associates.)

DISPOSITIVOS DE SUJECIÓN DE LA PIEZA DE TRABAJO

Todas las piezas de trabajo deben sujetarse con seguridad antes de llevar a cabo operaciones de corte con taladros. Si la pieza de trabajo se mueve o se flexiona durante el taladrado, la broca por lo general se rompe. Pueden ocurrir serios accidentes cuando la pieza de trabajo se afloja y gira durante una operación de taladrado. Algunos de los dispositivos de sujeción de la pieza de trabajo más comunes utilizados con los taladros son los que siguen:

- Puede utilizarse una *prensa para taladro* (Figura 39-7) para sostener piezas redondas, rectangulares, cuadradas y de forma irregular en cualquier operación que se puede llevar a cabo en el taladro. Es buena práctica sujetar o atornillar la prensa a la mesa del taladrado cuando se hacen perforaciones de más de 3/8 de pulgada (9.5 mm) de diámetro, o poner un tope a la mesa para evitar que la prensa gire durante la operación.
- La *prensa angular* (Figura 39-8) tiene un ajuste angular en la base, para permitir al operador hacer perforaciones en ángulo sin inclinar la mesa del taladro.
- La *prensa para contornos* (Figura 39-9) tiene mordazas móviles especiales que consisten en varios segmentos superpuestos de movimiento libre, que se ajustan automáticamente a la forma de pieza de trabajo de forma irregular cuando se aprieta la prensa. Estas prensas son valiosas cuando la operación debe llevarse a cabo en muchas piezas de trabajo similares de forma irregular.
- Los *bloques en V* (Figura 39-10A), fabricados de hierro fundido o acero endurecido, se utilizan generalmente en pares para apoyar piezas redondas en el taladrado. Puede utilizarse una tira en forma de U para sujetar la pieza de trabajo al bloque en V, o puede sostenerse la pieza de trabajo con un perno en forma de T y una abrazadera de cinta (Figura 39-10B).
- Los *bloques escalonados* (Figura 39-11) se utilizan para dar apoyo a la parte exterior de las abrazaderas de cinta cuando se sujeta el trabajo para operaciones del taladro. Se fabrican en varios tamaños y peldaños para acomodarse a diferentes alturas del trabajo.

FIGURA 39-7 Debe fijarse a la mesa una prensa para taladro cuando se hacen perforaciones más grandes. (Cortesía de Rockwell Tool Division.)

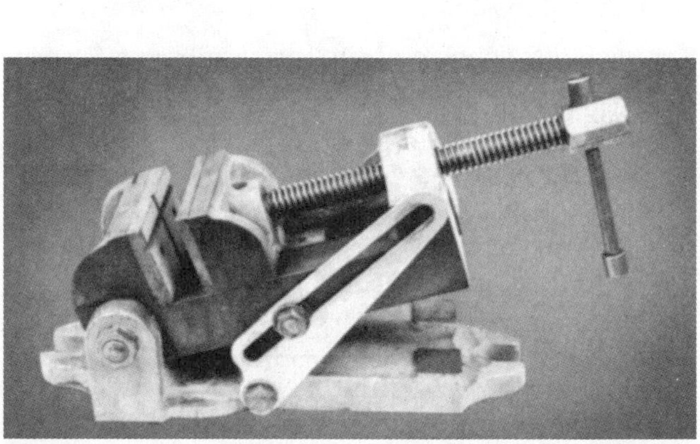

FIGURA 39-8 Una prensa de ángulos permite que se hagan perforaciones en ángulo en la pieza de trabajo.

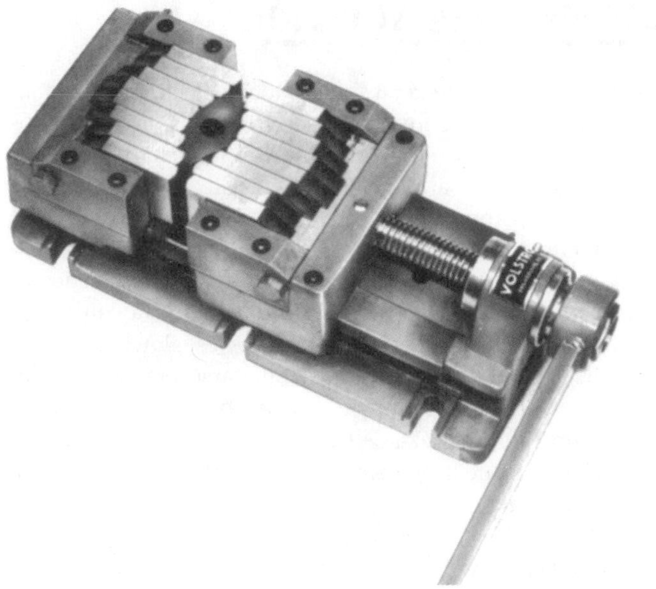

FIGURA 39-9 La prensa para contornos se ajusta automáticamente a la forma de la pieza de trabajo. (Cortesía de Volstro Manufacturing Company.)

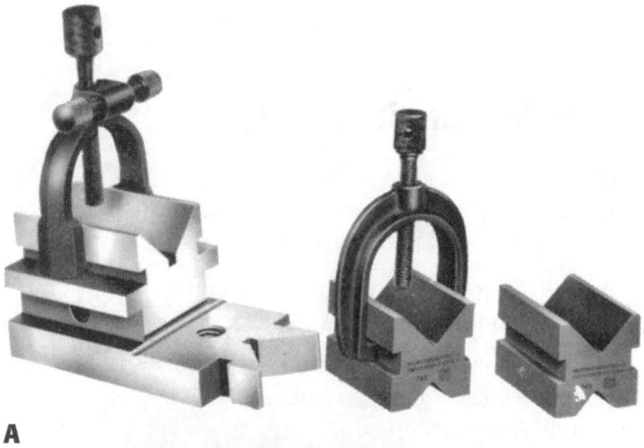

A

B

FIGURA 39-10 (A) Se utilizan bloques en V para sostener piezas de trabajo redondas para el taladrado; (B) una pieza de trabajo sujeta con bloques en V. (Cortesía The L.S. Starrett Company.)

FIGURA 39-11 Los bloques escalonados apoyan el extremo de la mordaza utilizada para sostener la pieza de trabajo. (Cortesía de Northwestern Tools, Inc.)

A

B

FIGURA 39-12 (A) Pueden fijarse piezas de trabajo a una placa de ángulos para el taladrado; (B) pieza de trabajo sujeta a una placa de ángulos, soportada por un gato de tornillo. (Cortesía de Kelmar Associates.)

- La *placa angular* (Figura 39-12A) es una pieza de hierro fundido o de acero endurecido en forma de L, maquinado para formar un ángulo de 90° preciso. Se fabrica en una variedad de tamaños y tiene ranuras o perforaciones (con juego y roscados) que proporcionan los medios para sujetar la pieza de trabajo para el taladrado (Figura 39-12B).
- Las *plantillas de taladrado* (Figura 39-13 de la página 298) se utilizan en la producción para taladrar perforaciones en una gran cantidad de partes idénticas. Eliminan la necesidad de trazar la posición de una perforación, evitan las perforaciones mal colocadas, y permiten que las perforaciones se realicen rápidamente y con precisión.
- Las *abrazaderas o correas* (Figura 39-14 de la página 298), utilizadas para sujetar la pieza de trabajo a la mesa de taladrado o a una placa de ángulos para el taladrado, se fabrican en varios tamaños. Por lo general están soportadas en el extremo con un bloque escalonado y atornilladas a la mesa mediante un perno de T que cabe en la ranura T de la mesa. Es buena práctica colocar el perno en T de la abrazadera o correa tan cerca de la pieza de trabajo como sea posible, de tal manera que se distribuya la presión en la pieza de trabajo. Modificaciones a estas abrazaderas son las de *dedo doble* y de *cuello de ganso*.

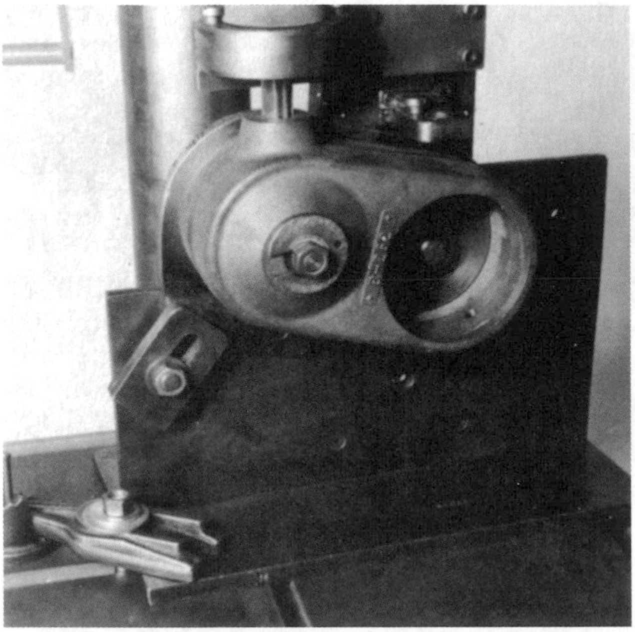

FIGURA 39-13 Con una plantilla para taladro se taladran con rapidez y precisión partes idénticas.

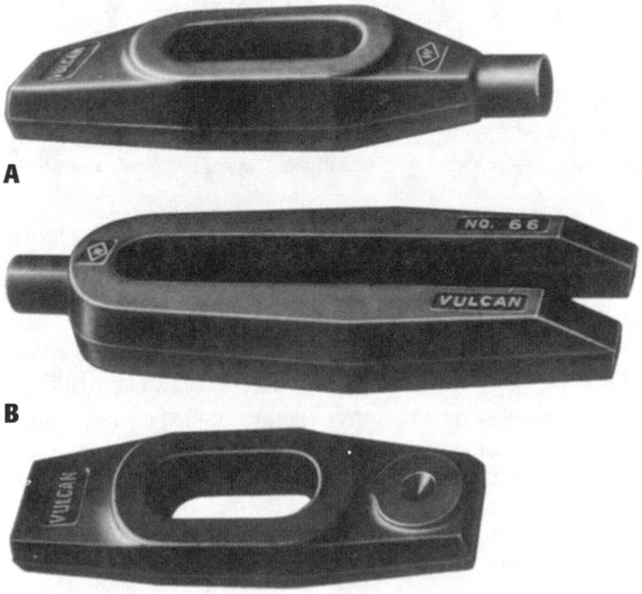

A

B

C

FIGURA 39-14 Tipos de abrazaderas utilizadas para sostener las piezas de trabajo en un taladro: (A) abrazadera de dedo; (B) abrazadera en forma de U; (C) abrazadera recta. (Cortesía de J. W. Williams & Company.)

ESFUERZOS DE SUJECIÓN

Siempre que se sujete la pieza de trabajo a la mesa para cualquier operación de maquinado, se generan esfuerzos. Es importante que los esfuerzos de sujeción no sean lo suficientemente grandes para hacer que la pieza de trabajo se mueva o se distorsione.

Cuando se vaya a sostener la pieza de trabajo para taladrado, escariado o cualquier operación de maquinado, es importante que la pieza de trabajo quede sujeta con firmeza. Las abrazaderas, pernos y bloques escalonados deben colocarse adecuadamente y deben sujetarse a la pieza de trabajo con fuerza suficiente para evitar movimiento, pero no tanta fuerza que la pieza de trabajo se aplaste o distorsione. Es importante que las presiones de sujeción se apliquen a la pieza de trabajo, no al empaque o bloque de escalones.

La Figura 39-15A ilustra el procedimiento de sujeción correcto, aplicando la presión principal a la pieza de trabajo.

Nota: El bloque escalonado es ligeramente más alto que la pieza de trabajo y el perno está cerca de la pieza de trabajo.

La Figura 39-15B muestra una pieza de trabajo sujeta de forma incorrecta. El perno está cerca del bloque de peldaños, que es ligeramente más bajo que la pieza de trabajo. Con este tipo de configuraciones la principal presión de sujeción es aplicada al bloque escalonado, no a la pieza.

Sugerencias para la sujeción

Las siguientes sugerencias se hacen para sujetar la pieza de trabajo de forma que se obtenga una buena presión de sujeción, evitando distorsión de la pieza de trabajo:

1. Coloque siempre el perno tan cerca como sea posible a la pieza de trabajo (Figura 39-16).
2. Haga que el empaque o el bloque de escalones sean ligeramente más altos que la superficie de la pieza de trabajo que se está sujetando.
3. Inserte un pedazo de papel entre la mesa de la máquina y la pieza de trabajo, para evitar que la pieza de trabajo se mueva durante el proceso de maquinado.
4. Coloque una zapata de metal entre la abrazadera y la pieza de trabajo para distribuir la fuerza de sujeción en un área más grande.
5. Para evitar daños a la mesa de la máquina utilice, bajo piezas de fundición rugosas, una sub-base o recubrimiento.
6. Las piezas que no descansan planas sobre la mesa de la máquina deben acuñarse para evitar que la pieza de trabajo se balancee, previniendo así la distorsión cuando la pieza de trabajo esté sujeta.

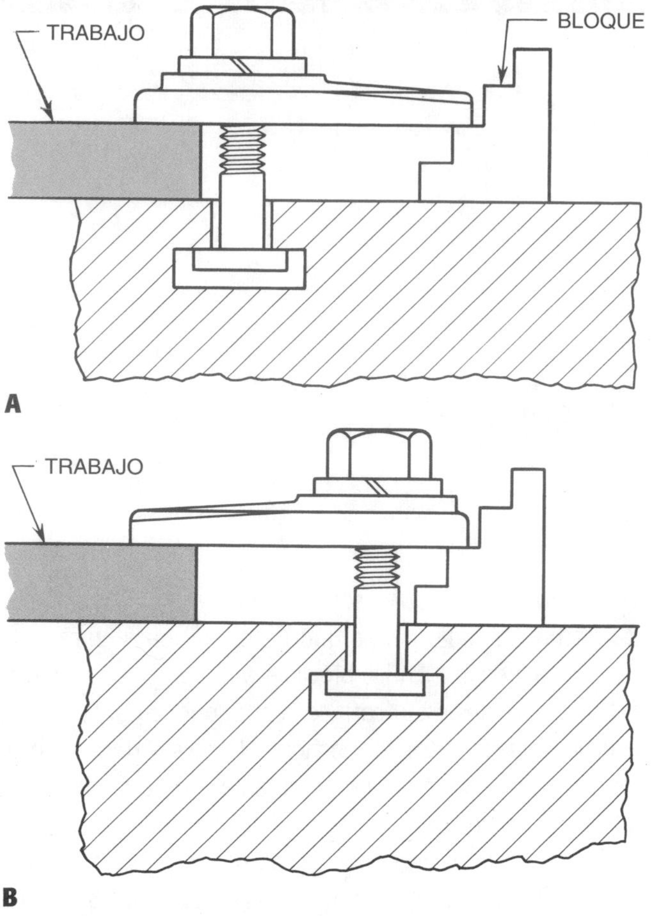

FIGURA 39-15 (A) La pieza de trabajo está correctamente sujeta cuando el perno está cerca de la pieza de trabajo; (B) la pieza de trabajo está incorrectamente sujeta, porque la presión de sujeción está sobre el bloque escalonado. (Cortesía de Kelmar Associates.)

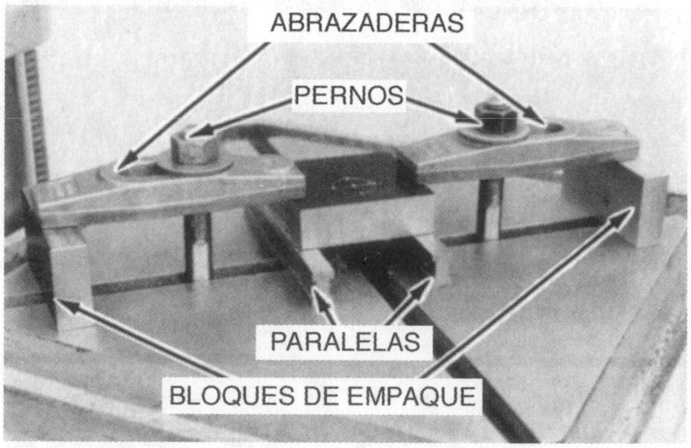

FIGURA 39-16 Los pernos y los bloques de empaque colocados correctamente para una máxima presión de sujeción. (Cortesía de Kelmar Associates.)

PREGUNTAS DE REPASO

Dispositivos de sujeción de herramienta

1. ¿Cuál es el propósito de un mandril para brocas?
2. ¿Cuántos mandriles pueden fijarse al husillo en:
   a. Los taladros pequeños b. Los taladros grandes
3. Mencione tres tipos de mandril para brocas
4. Mencione el propósito de:
   a. Un cono para broca b. Una boquilla para broca
5. ¿Cómo se retira una broca con vástago en forma de cono del husillo del taladro?

Dispositivos de sujeción de la pieza de trabajo

6. Mencione tres clases de prensas para taladro y el propósito de cada una.
7. Diga el propósito de:
   a. Los bloques en V b. Los bloques escalonados
8. Describa una placa angular y diga su propósito.
9. ¿Cuál es la ventaja de la plantilla para taladro?

Esfuerzos de sujeción

10. ¿Por qué es importante que se sujete correctamente la pieza de trabajo en cualquier operación de maquinado?
11. Explique el procedimiento para sujetar una pieza de trabajo correctamente.
12. Liste cuatro sugerencias de sujeción importantes.

UNIDAD

40

Brocas helicoidales

OBJETIVOS

Al terminar el estudio de esta unidad, se podrá:

1 Identificar las partes de una broca helicoidal

2 Identificar cuatro sistemas de tamaños de brocas y saber dónde se aplica cada uno

3 Esmerilar los ángulos y salidas correctos en una broca helicoidal

Las *brocas helicoidales* son herramientas de corte por el extremo, utilizadas para producir perforaciones en casi toda clase de materiales. En las brocas estándar, dos ranuras o canales helicoidales están cortados en todo lo largo y alrededor del cuerpo de la broca. Proporcionan bordes cortantes y espacio para que las virutas escapen durante el proceso de taladrado. Ya que las brocas están entre las herramientas de corte más eficientes, es necesario conocer las partes principales, saber cómo afilar los bordes cortantes, y cómo calcular las velocidades y avances correctos para taladrar diversos materiales, para dar a la broca el uso más eficiente y prolongar su vida.

PARTES DE LA BROCA HELICOIDAL

Hoy en día se fabrican con acero de alta velocidad la mayoría de las brocas helicoidales utilizadas en el taller de trabajo de maquinado. Las brocas de acero de alta velocidad han reemplazado a las brocas de acero al carbono porque pueden operarse al doble de la velocidad de corte y los bordes cortantes duran más. Las brocas de acero de alta velocidad vienen siempre estampadas con las letras "H.S." o "H.S.S." (por sus siglas en inglés) Desde la introducción de las *brocas con punta de carburo,* las velocidades para el taladrado de producción han aumentado hasta un 300% sobre las brocas de acero de alta velocidad. Las brocas de carburo han hecho posible taladrar ciertos materiales que no serían posibles con los aceros de alta velocidad.

Una broca (Figura 40-1) puede dividirse en tres partes principales: *vástago, cuerpo* y *punta.*

Vástago

Por lo general, las brocas de hasta 1/2 pulg o 13 mm de diámetro tienen vástagos rectos, en tanto que aquellas con diámetro mayor, usualmente tienen vástagos cónicos. Las *brocas de vástago recto* (Figura 40-2A) se sujetan en un mandril de broca; las *brocas de vástago cónico* (Figura 40-2B) se meten en el cono interno que viene en el husillo del taladro. El extremo de las brocas de vástago cónico tiene una espiga, para evitar que la broca se deslice cuando está cortando y permitir que la broca pueda retirarse del husillo o del dado sin dañar el vástago.

Cuerpo

El *cuerpo* es la porción de la broca entre el vástago y la punta. Consiste en una cantidad de partes importantes para la eficiencia de la acción de corte.

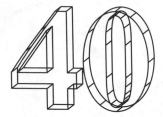

1. Los *canales* son dos o más ranuras helicoidales cortadas alrededor del cuerpo de la broca. Forman los bordes cortantes, admiten el fluido de corte, y permiten que las virutas salgan de la perforación.
2. El *margen* es la sección estrecha y elevada del cuerpo de la broca. Está inmediatamente al lado de los canales y se

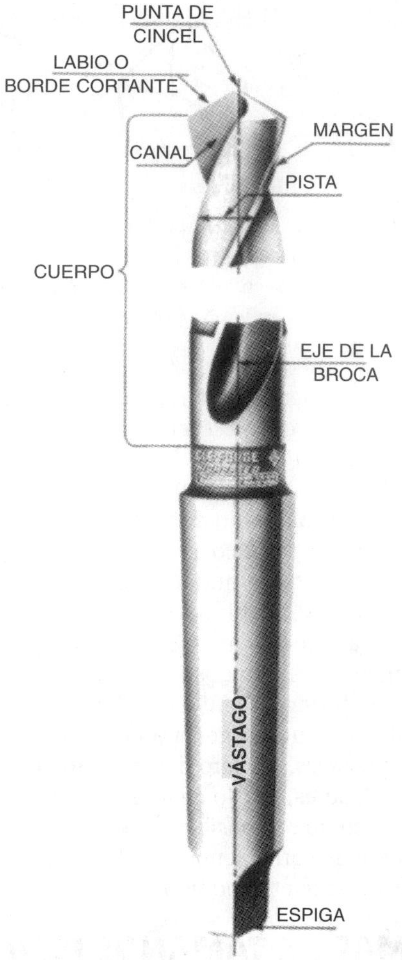

FIGURA 40-1 Partes principales de la broca helicoidal. (Cortesía The Cleveland Twist Drill Company.)

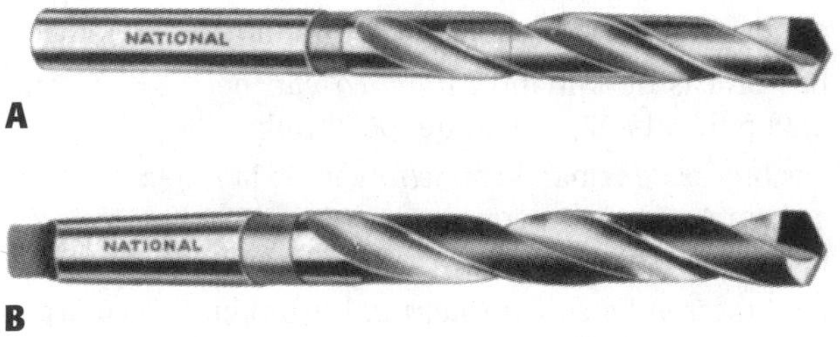

FIGURA 40-2 Tipos de vástago de broca: (A) recto; (B) cónico. (Cortesía National Twist Drill & Tool Company.)

extiende a todo lo largo de éstos. Su propósito es determinar el tamaño completo del cuerpo de la broca y de los bordes cortantes.

3. El *claro del cuerpo* es la porción rebajada del cuerpo entre el margen y los canales. Es más pequeño a fin de reducir la fricción entre la broca y la perforación durante la operación de taladrado.
4. El *alma* (Figura 40-3) es la partición delgada en el centro de la broca que se extiende a todo lo largo de los canales. Esta parte forma la punta de cincel de la broca (Figura 40-4). El alma aumenta gradualmente en espesor hacia el vástago para darle resistencia a la broca.

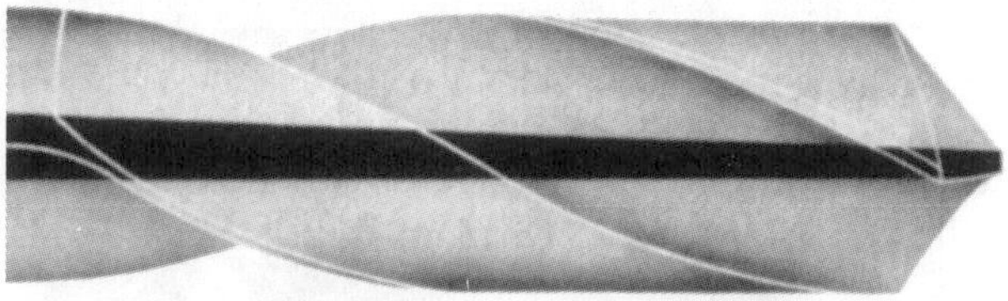

FIGURA 40-3 El alma es la columna de metal cónico que separa los canales. (Cortesía The Cleveland Twist Drill Company.)

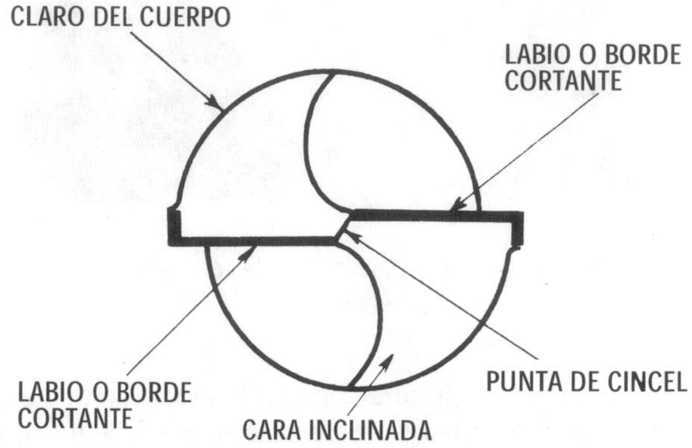

FIGURA 40-4 Punta de una broca helicoidal.

Punta

La *punta*de una broca helicoidal (Figura 40-4) consta de una punta de cincel, los labios (o bordes), el claro de salida del labio y las caras inclinadas. La *punta de cincel* es la porción en forma de cincel en la punta de la broca. Los *labios* (bordes cortantes) están formados por la intersección de los canales. Los labios deben tener una longitud igual y el mismo ángulo, de manera que la broca se mueva con facilidad y no haga una perforación mayor que el tamaño de la broca.

El *claro del labio* es la porción de alivio en la punta de la broca que se extiende desde los labios cortantes hasta las *caras inclinadas* (Figura 40-5). El claro o ángulo de salida del labio promedio es de 8° a 12°, dependiendo de la dureza o qué tan blando es el material a taladrar.

CARACTERÍSTICAS DE LA PUNTA DE LA BROCA

Se requiere de una gran variedad de puntas de broca para un taladrado eficiente de la enorme variedad de materiales utilizados en la industria. Los factores más importantes que determinan el tamaño de la perforación taladrada son las características de la punta de la broca.

Una broca por lo general se considera una herramienta de desbaste capaz de eliminar metal rápidamente. No se es-

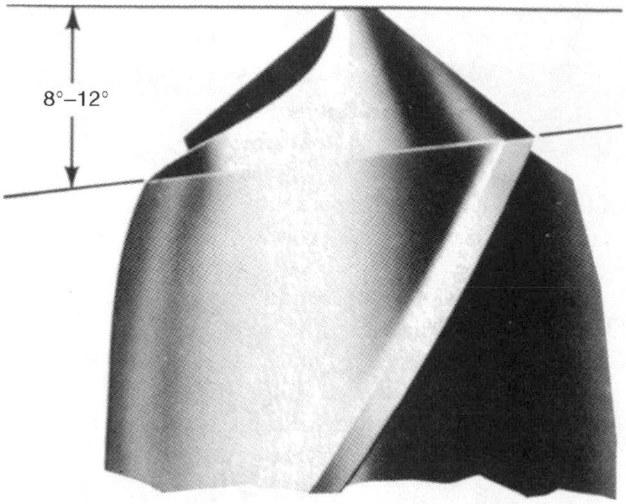

FIGURA 40-5 El ángulo del claro del borde cortante debe ser de 8° a 12°. (Cortesía de Cleveland Twist Drill Co.)

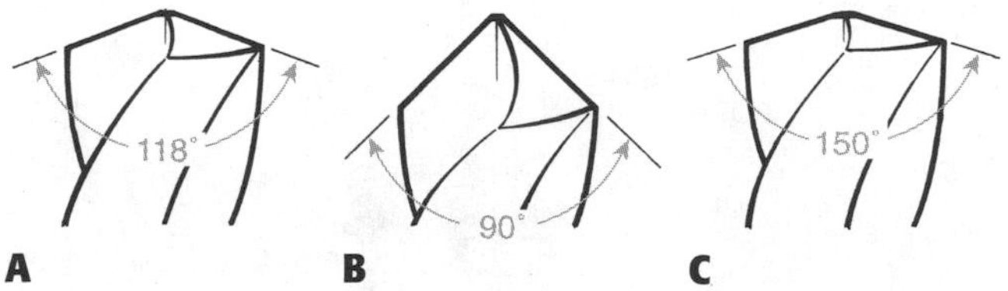

FIGURA 40-6 (A) Un ángulo de punta de broca de 118° es apropiado para la mayor parte del trabajo general; (B) un ángulo de punta de broca de 60° a 90° se utiliza para materiales blandos; (C) un ángulo de punta de broca de 135° a 150° es mejor para los materiales duros. (Cortesía de Kelmar Associates.)

pera que termine una perforación con la precisión que permite una rima. Sin embargo, a menudo se puede lograr que una broca corte con más precisión y eficiencia afilando apropiadamente la punta de la broca. El uso de diversos ángulos de punta y claros del labio, en combinación con el adelgazamiento del alma de la broca, permitirán:

1. Controlar el tamaño, calidad y rectitud de la perforación taladrada
2. Controlar el tamaño, forma y formación de la viruta
3. Controlar el flujo de las virutas por los canales
4. Aumentar la resistencia de los bordes cortantes de la broca
5. Reducir la velocidad de desgaste en los bordes cortantes
6. Reducir la cantidad de presión de taladrado necesaria
7. Controlar la cantidad de rebabas producidas durante el taladrado
8. Reducir la cantidad de calor generado
9. Permitir el uso de diversas velocidades y avances para un taladrado más eficiente

Ángulos y claros de la punta de la broca

Los ángulos y claros de las puntas de brocas varían para adecuarse a la amplia variedad de materiales que deben taladrarse. Comúnmente se utilizan tres puntas de broca generales para taladrar diversos materiales; sin embargo, pueden existir variaciones de éstas para adecuarse a varias condiciones de taladrado.

La *punta convencional* (118°) que aparece en la Figura 40-6A es la punta de broca utilizada con mayor frecuencia, y da resultados satisfactorios en la mayor parte del taladrado de uso general. Para mejores resultados, el ángulo de la punta de 118° debe afilarse con un ángulo de claro del labio de 8° a 12°. Un ángulo de labio demasiado grande debilita el borde cortante y provoca que la broca se despostille y rompa con facilidad. Un ángulo de labio muy pequeño requiere de una gran presión de taladrado; esta presión hace que los labios cortantes se desgasten rápidamente, debido al excesivo calor generado y también pone a la broca y al equipo bajo un esfuerzo innecesario.

La *punta de ángulo grande (60° a 90°)*, que aparece en la Figura 40-6B se utiliza comúnmente en brocas de hélice reducida para el taladrado de materiales no ferrosos, hierros fundidos blandos, plásticos, fibras y madera. El claro del labio en las brocas de punta de ángulo grande generalmente es de 12° a 15°. En las brocas estándar, se puede afilar un plano en la cara de los labios para evitar que la broca se entierre en materiales blandos.

La *punta de ángulo plano (135° a 150°)*, que aparece en la Figura 40-6C se utiliza generalmente para taladrar materiales duros y tenaces. El claro del labio en las brocas de punta de ángulo plano es, por lo general de sólo 6° a 8°, para dar tanto apoyo como sea posible a los bordes cortantes. El borde cortante más corto tiende a reducir la fricción y el calor generados durante el taladrado.

SISTEMAS DE TAMAÑOS DE BROCA

Los tamaños de broca se designan según cuatro sistemas: fraccionario, numérico, con letra y en milimétrico (métrico).

- Las brocas de tamaño *fraccionario* van de 1/64 a 4 pulg, variando en pasos de 1/64 de pulg de un tamaño al siguiente.
- Las brocas de tamaño *numérico* van del #1, que mide .228 pulg, al #97, que mide .0059 pulg.
- Las brocas de tamaño con *letra* van de la A a la Z. La broca letra A es la más pequeña del juego (.234 pulg) y la Z es la más grande (.413 pulg).
- Las brocas *milimétricas (métricas)* se producen en una gran variedad de tamaños. Las brocas métricas miniatura van de 0.04 a 0.09 mm, en pasos de 0.01 mm. Las brocas métricas estándar de vástago o zanco recto están disponibles en tamaños de 0.5 a 20 mm. Las brocas métricas de vástago o zanco cónico se fabrican en tamaños desde 8 hasta 80 mm.

Los tamaños de las brocas pueden verificarse utilizando un calibrador de broca (Figura 40-7). Estos calibradores están disponibles en tamaños fraccionario, de letra, numérico y milimétrico. El tamaño de una broca también puede verificarse midiendo la broca, *sobre los bordes o margen*, con un micrómetro (Figura 40-8).

TIPOS DE BROCAS

Se fabrica una variedad de estilos de broca helicoidal para adecuarse a operaciones de taladrado, clases y tamaños de

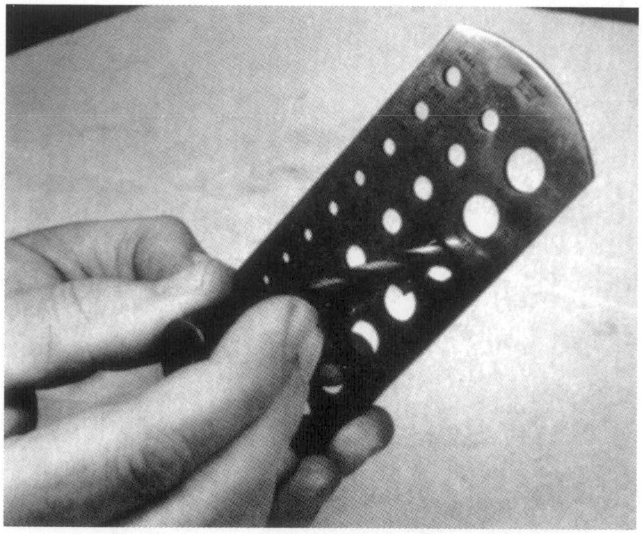

FIGURA 40-7 Cómo verificar el tamaño de una broca utilizando un calibrador de brocas. (Cortesía de Kelmar Associates.)

FIGURA 40-8 Cómo verificar el tamaño de una broca helicoidal utilizando un micrómetro. (Cortesía de Kelmar Associates.)

materiales específicos, altas velocidades de producción, y aplicaciones especiales. El diseño de las brocas puede variar en número y ancho de los canales, el tamaño del ángulo de la hélice o inclinación de los canales, o la forma de las pistas o margen. Además, los canales pueden ser rectos o helicoidales, y la hélice puede ir hacia la derecha o hacia la izquierda. En este texto sólo se cubren las brocas de uso común. Para brocas de propósito especial, consulte el catálogo del fabricante.

Las brocas helicoidales se fabrican de acero al carbono para herramientas, acero de alta velocidad y carburos cementados. Las *brocas de acero al carbono* por lo general se utilizan en talleres no profesionales y no se recomiendan para el trabajo del taller de maquinado, ya que los bordes cortantes tienden a desgastarse rápidamente. Las *brocas de acero de alta velocidad* se utilizan comúnmente en el trabajo del taller de maquinado, ya que pueden operarse al doble de la velocidad que las brocas de acero al carbono y los bordes cortantes pueden soportar mucho más calor y desgaste. Las *brocas de carburo cementado,* que pueden operarse a velocidades mucho mayores (hasta tres veces más rápido) que las brocas de acero de alta velocidad, se utilizan para taladrar materiales duros. Las brocas de carburo cementado han tenido un amplio uso en la industria porque pueden operarse a altas velocidades, los bordes cortantes no se desgastan con rapidez, y son capaces de soportar mayores temperaturas.

La broca que se utiliza con más frecuencia es la *broca de uso general,* que tiene dos canales helicoidales (Figura 40-2). Esta broca está diseñada para desempeñarse bien con una amplia variedad de materiales, equipos y condiciones de trabajo. La broca de uso general puede fabricarse para adecuarse a condiciones y materiales diferentes, variando el ángulo de la punta y las velocidades y avances utilizados. Las brocas de vástago (o zanco) recto por lo general se conocen como *brocas de zanco recto para obreros de aplicación general.*

La *broca de baja hélice* se desarrolló principalmente para taladrar latón y materiales delgados. Este tipo de broca se utiliza para taladrar perforaciones de poca profundidad en algunas aleaciones de aluminio y magnesio. Debido a su diseño, la broca de hélice baja puede eliminar el gran volumen de virutas que se forma en velocidades altas de penetración cuando se le utiliza en máquinas como tornos de torreta y máquinas de tornillo.

Las *brocas de alta hélice* (Figura 40-9) están diseñadas para taladrar perforaciones profundas en aluminio, cobre y materiales de matriz, y otros metales donde las virutas tengan la tendencia a atascarse en la perforación. El ángulo de hélice alto (35°-45°) y los canales más amplios de estas brocas ayudan a despejar las virutas de la perforación.

Una *broca de núcleo* (Figura 40-10), diseñada con tres o cuatro canales, se utiliza principalmente para agrandar perforaciones de corazones, taladrados, o punzonados. Esta broca tiene ventajas sobre las brocas de dos canales en productividad y acabado. En algunos casos, una broca de núcleo puede utilizarse en lugar de una rima para acabar una perforación. Las brocas de núcleo se producen en tamaños de ¼ a 3 pulg (6 a 76 mm) de diámetro.

Las *brocas con perforación para aceite* (Figura 40-11) tienen una o dos perforaciones de aceite que van desde el vástago hasta la punta de corte, a través de los cuales se puede forzar aire comprimido, aceite o fluido de corte cuando se están taladrando perforaciones profundas. Estas brocas se utilizan generalmente en tornos de torreta y máquinas de tornillo. El fluido de corte que fluye a través de las perforaciones de aceite enfría los bordes cortantes de la broca y lava las virutas de la perforación.

FIGURA 40-9 Broca de hélice alta. (Cortesía The Cleveland Twist Drill Company.)

FIGURA 40-10 Broca de núcleo. (Cortesía The Cleveland Twist Drill Company.)

FIGURA 40-11 Broca de perforación para aceite.

FIGURA 40-12 Broca de ranura recta.

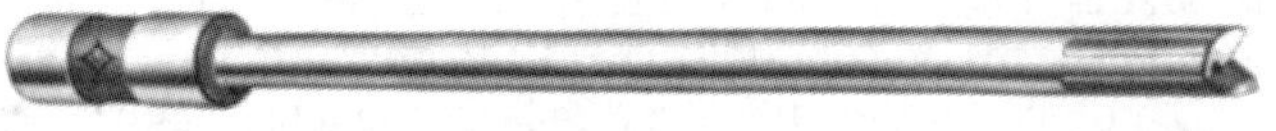

FIGURA 40-13 Broca de perforación profunda, o de pistola. (Cortesía The Cleveland Twist Drill Company.)

Las *brocas de ranura recta* (Figura 40-12) se recomiendan para operaciones de taladrado en materiales blandos como latón, bronce, cobre y diversas clases de plástico. La ranura recta evita que la broca se atore (entierre) en el material durante el corte.

Si no hay una broca de ranura recta disponible, se puede modificar una broca convencional, esmerilando un pequeño plano de aproximadamente 1⁄16 de pulg (1.5 mm) de ancho en la cara de ambos bordes cortantes de la broca.

Nota: El plano debe esmerilarse en paralelo con el eje de la broca.

Las *brocas de perforación profunda o de pistola* (Figura 40-13) se utilizan para producir perforaciones de aproximadamente 3⁄8 a 3 a 3 pulg (9.5 a 76 mm) de diámetro y con una profundidad de hasta 20 pies (6 m). La broca de pistola más común consiste de una varilla redonda y tubular, en el extremo de la cual está sujeto un inserto de broca plano, de dos canales. El fluido de corte es forzado a través del centro de la varilla para lavar las virutas de la perforación. Cuando el inserto de broca pierde el filo, puede reemplazarse rápidamente aflojando un tornillo que lo sujeta al vástago tubular.

Las *brocas planas* son similares a las brocas de pistola en que el labio cortante es una hoja plana con dos labios cortantes. Las brocas planas por lo general se sujetan a un soporte (Figura 40-14) y se reemplazan o afilan con facilidad. Estas brocas están disponibles en una gran gama de tamaños, desde microbrocas muy pequeñas hasta barrenas de 12 pulg de diámetro. Algunas de las brocas planas más pequeñas tienen insertos de carburo reemplazables.

Una broca más bien única es la *broca para acero duro* (Figura 40-15), que se utiliza para taladrar acero endurecido. Estas brocas se fabrican de una aleación resistente al calor. Cuando la broca se pone en contacto con la pieza de trabajo, la punta acanalada de forma triangular ablanda el metal por fricción y después elimina el metal ablandado al frente de ella, en forma de virutas.

Las *brocas en escalón* (o de pasos)(Figura 40-16) se utilizan para taladrar y abocardar o para taladrar y contrataladrar diferentes tamaños de perforaciones en una sola operación. La broca puede estar afilada con dos o más diámetros. Cada tamaño o paso puede separarse mediante un hombro cuadrado o angular, dependiendo del uso de la perforación.

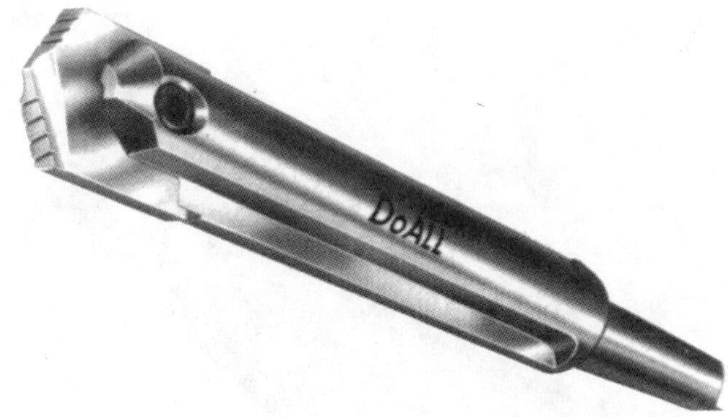

FIGURA 40-14 Broca plana. (Cortesía de DoAll Company.)

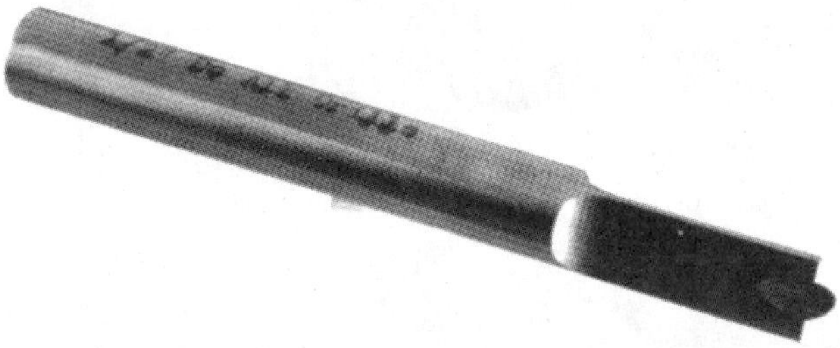

FIGURA 40-15 Broca para acero duro. (Cortesía de DoAll Company.)

FIGURA 40-16 Broca en escalón. (Cortesía de National Twist Drill & Tool Company.)

Por ejemplo, las perforaciones que se van a machuelar deben tener un pequeño bisel para facilitar el inicio de la operación, proteger la rosca y dejar la perforación machueleada libre de rebabas producidas por el machuelo.

Un *cortador de perforaciones tipo sierra* (Figura 40-17) es un cortador cilíndrico con una broca helicoidal en el centro para proporcionar una guía para los dientes cortantes del cortador de perforaciones. Este tipo de cortador se fabrica con varios diámetros y se utiliza generalmente para hacer perforaciones en materiales delgados. Resulta especialmente valioso al taladrar perforaciones en tubo y en lámina metálicos, ya que se producen pocas rebabas y el cortador no tiene la tendencia a atorarse cuando está atravesando (Figura 40-17).

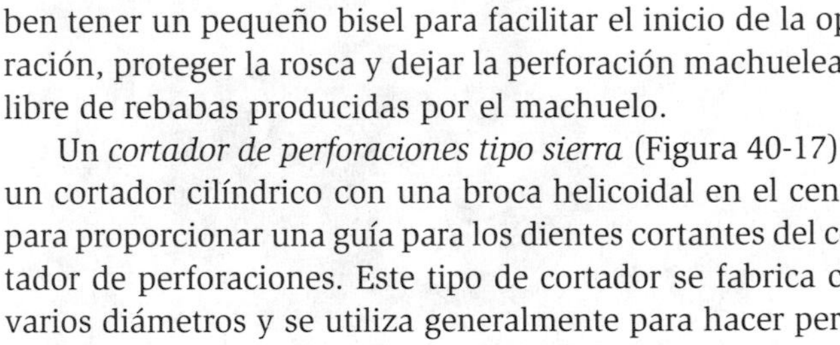

FIGURA 40-17 Cortador de perforaciones tipo sierra. (Cortesía de L.S. Starrett Company.)

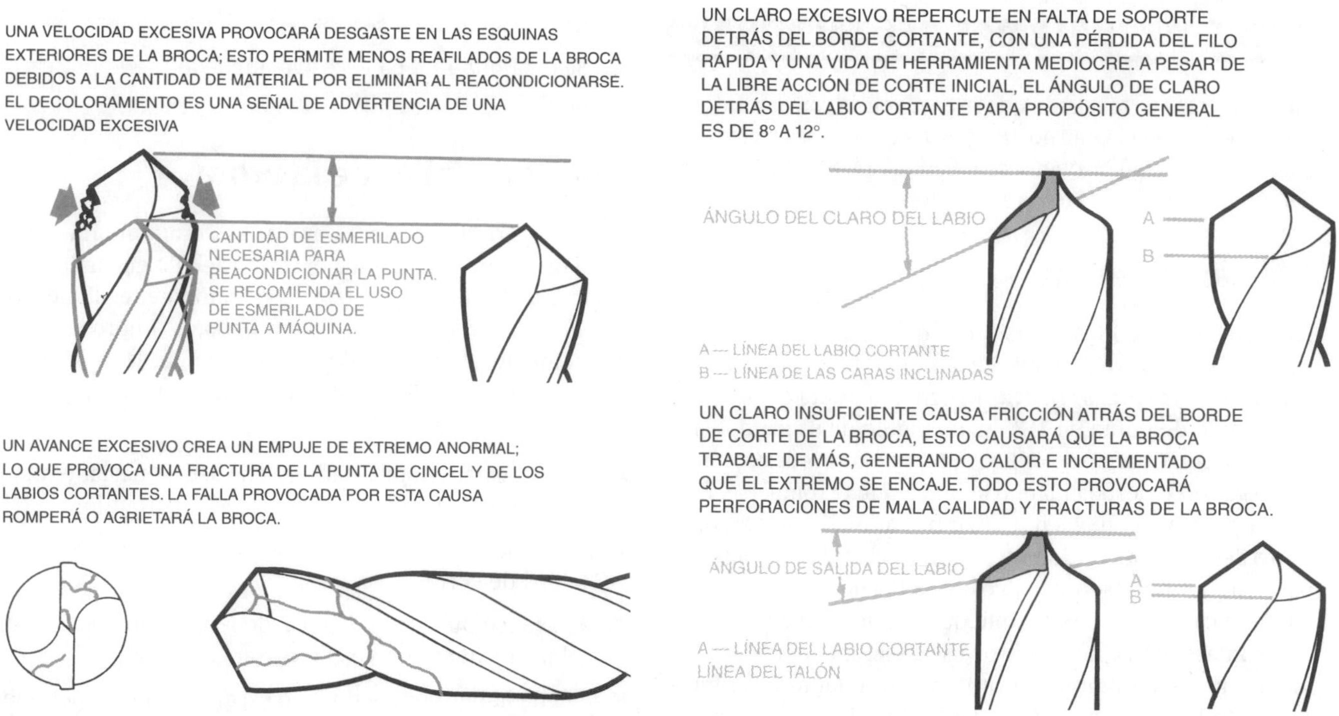
UNA VELOCIDAD EXCESIVA PROVOCARÁ DESGASTE EN LAS ESQUINAS EXTERIORES DE LA BROCA; ESTO PERMITE MENOS REAFILADOS DE LA BROCA DEBIDOS A LA CANTIDAD DE MATERIAL POR ELIMINAR AL REACONDICIONARSE. EL DECOLORAMIENTO ES UNA SEÑAL DE ADVERTENCIA DE UNA VELOCIDAD EXCESIVA
CANTIDAD DE ESMERILADO NECESARIA PARA REACONDICIONAR LA PUNTA. SE RECOMIENDA EL USO DE ESMERILADO DE PUNTA A MÁQUINA.
UN AVANCE EXCESIVO CREA UN EMPUJE DE EXTREMO ANORMAL; LO QUE PROVOCA UNA FRACTURA DE LA PUNTA DE CINCEL Y DE LOS LABIOS CORTANTES. LA FALLA PROVOCADA POR ESTA CAUSA ROMPERÁ O AGRIETARÁ LA BROCA.
UN CLARO EXCESIVO REPERCUTE EN FALTA DE SOPORTE DETRÁS DEL BORDE CORTANTE, CON UNA PÉRDIDA DEL FILO RÁPIDA Y UNA VIDA DE HERRAMIENTA MEDIOCRE. A PESAR DE LA LIBRE ACCIÓN DE CORTE INICIAL, EL ÁNGULO DE CLARO DETRÁS DEL LABIO CORTANTE PARA PROPÓSITO GENERAL ES DE 8° A 12°.
ÁNGULO DEL CLARO DEL LABIO
A
B
A — LÍNEA DEL LABIO CORTANTE
B — LÍNEA DE LAS CARAS INCLINADAS
UN CLARO INSUFICIENTE CAUSA FRICCIÓN ATRÁS DEL BORDE DE CORTE DE LA BROCA, ESTO CAUSARÁ QUE LA BROCA TRABAJE DE MÁS, GENERANDO CALOR E INCREMENTADO QUE EL EXTREMO SE ENCAJE. TODO ESTO PROVOCARÁ PERFORACIONES DE MALA CALIDAD Y FRACTURAS DE LA BROCA.
ÁNGULO DE SALIDA DEL LABIO
A
B
A — LÍNEA DEL LABIO CORTANTE
LÍNEA DEL TALÓN

FIGURA 40-18A Datos sobre brocas y taladrados. (Cortesía de Greenfield Industries, Inc).

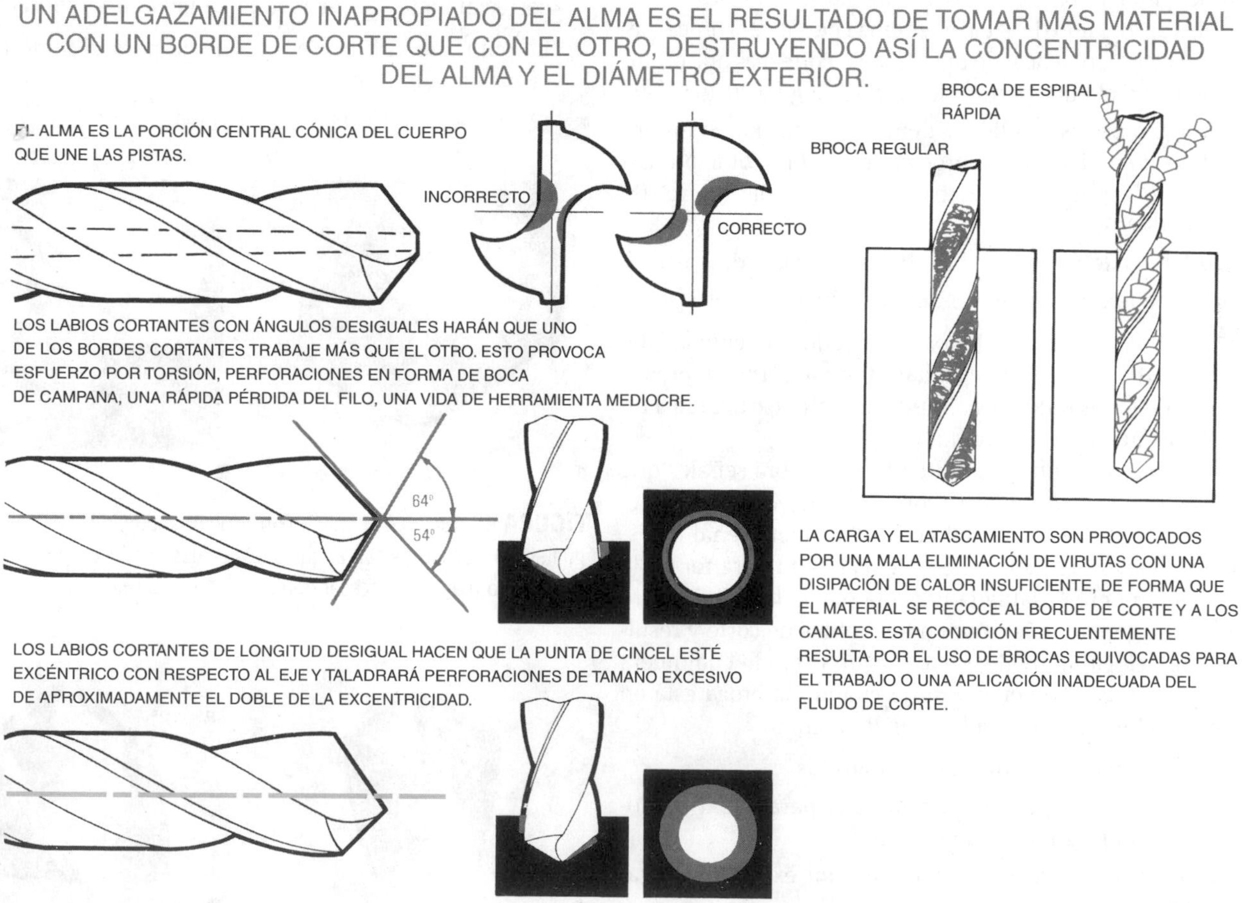
UN ADELGAZAMIENTO INAPROPIADO DEL ALMA ES EL RESULTADO DE TOMAR MÁS MATERIAL CON UN BORDE DE CORTE QUE CON EL OTRO, DESTRUYENDO ASÍ LA CONCENTRICIDAD DEL ALMA Y EL DIÁMETRO EXTERIOR.
EL ALMA ES LA PORCIÓN CENTRAL CÓNICA DEL CUERPO QUE UNE LAS PISTAS.
INCORRECTO
CORRECTO
BROCA DE ESPIRAL RÁPIDA
BROCA REGULAR
LOS LABIOS CORTANTES CON ÁNGULOS DESIGUALES HARÁN QUE UNO DE LOS BORDES CORTANTES TRABAJE MÁS QUE EL OTRO. ESTO PROVOCA ESFUERZO POR TORSIÓN, PERFORACIONES EN FORMA DE BOCA DE CAMPANA, UNA RÁPIDA PÉRDIDA DEL FILO, UNA VIDA DE HERRAMIENTA MEDIOCRE.
64°
54°
LA CARGA Y EL ATASCAMIENTO SON PROVOCADOS POR UNA MALA ELIMINACIÓN DE VIRUTAS CON UNA DISIPACIÓN DE CALOR INSUFICIENTE, DE FORMA QUE EL MATERIAL SE RECOCE AL BORDE DE CORTE Y A LOS CANALES. ESTA CONDICIÓN FRECUENTEMENTE RESULTA POR EL USO DE BROCAS EQUIVOCADAS PARA EL TRABAJO O UNA APLICACIÓN INADECUADA DEL FLUIDO DE CORTE.
LOS LABIOS CORTANTES DE LONGITUD DESIGUAL HACEN QUE LA PUNTA DE CINCEL ESTÉ EXCÉNTRICO CON RESPECTO AL EJE Y TALADRARÁ PERFORACIONES DE TAMAÑO EXCESIVO DE APROXIMADAMENTE EL DOBLE DE LA EXCENTRICIDAD.

FIGURA 40-18B Datos sobre brocas y taladrados. (Cortesía de Greenfield Industries, Inc.)

DATOS Y PROBLEMAS DEL TALADRADO

Los problemas de taladrado que se encuentran con más frecuencia aparecen en la Figura 40-18A y B. Estudie estos diversos problemas para asegurar que la cantidad de fracturas, re-afilado y tiempo muerto de las brocas se mantenga en un mínimo.

Afilado de brocas

La eficiencia de corte de una broca queda determinar por las características y condiciones de la punta de la broca. La mayor parte de las brocas nuevas tienen una punta de uso general (ángulo de punta de 118° y un ángulo de salida del labio de 8° a 12°). Cuando se utiliza la broca, los bordes cortantes se desgastan o despostillan, o la broca puede romperse. Éstas por lo general se vuelven a afilar a mano. Sin embargo, los esmeriles para punta de brocas pequeñas y los aditamentos para afilar brocas son poco costosos, fáciles de conseguir, y dan una calidad más constante que el afilado manual.

Para asegurar que una broca se desempeñará adecuadamente, antes de montar la broca en el taladro examine la punta de la broca cuidadosamente. Una broca afilada adecuadamente debe tener las siguientes características:

- La longitud de los dos labios de corte debe ser la misma. Los labios de longitud desigual forzarán la punta de la broca fuera del centro, provocando que un labio corte más que el otro y produciendo una perforación mayor (Figura 40-19A)
- El ángulo de los dos labios debe ser el mismo. Si los ángulos no son iguales, la broca hará una perforación mayor, ya que uno de los labios cortará más que el otro (Figura 40-19B)
- Los labios deben estar libres de asperezas o desgaste
- No debe haber señales de desgaste en el margen.

Si la broca no cumple todos estos requerimientos, debe volverse a afilar. Si no se hace, dará un mal servicio, producirá perforaciones imprecisas, y puede romperse debido a un excesivo esfuerzo de taladrado.

Cuando se esté utilizando una broca, habrá señales que indicarán que la broca no está cortando correctamente y debe volver a afilarse. Si no se hace a la primera señal de estar desafilada, se requerirá de potencia extra para forzar la broca ligeramente desafilada hacia la pieza de trabajo. Esto hace que se genere más calor en los bordes de corte y resulta en una velocidad de desgaste mayor. Cuando cualquiera de las siguientes condiciones surja cuando la broca está en uso, ésta debe ser examinada y vuelta a afilar:

- Cambio del color y forma de las virutas
- Se requiere más presión de taladrado para forzar la broca hacia la pieza de trabajo
- La broca se vuelve azul debido al calor excesivo generado durante el taladrado
- La parte superior de la perforación no es redonda
- Hay un acabado pobre en la perforación
- La broca vibra cuando hace contacto con el metal
- La broca chirría y se atora en la perforación
- Se deja una rebaba excesiva alrededor de la perforación taladrada.

Causas de fallas de la broca

No debe permitirse que las brocas se desafilan tanto que no puedan cortar. Una pérdida excesiva del filo en cualquier herramienta de corte de metales generalmente resulta en velocidades de producción pobres, trabajos imprecisos, y el acortamiento de la vida de la herramienta. Una pérdida de filo prematura en una broca puede ser provocada por cualquiera de estos factores:

- La velocidad de taladrado puede ser demasiado alta para la dureza del material que se está cortando.
- El avance puede ser demasiado rápido y sobrecargar los labios de corte.
- El avance puede ser demasiado lento y provocar que los labios rasquen, en vez de cortar.
- Puede haber puntos duros o escamas en la superficie de la pieza de trabajo.
- La pieza de trabajo o la broca pueden no estar soportados correctamente, lo que resulta en flexiones y vibraciones.
- La punta de la broca es incorrecta para el material que se está taladrando.
- El acabado de los labios es pobre.

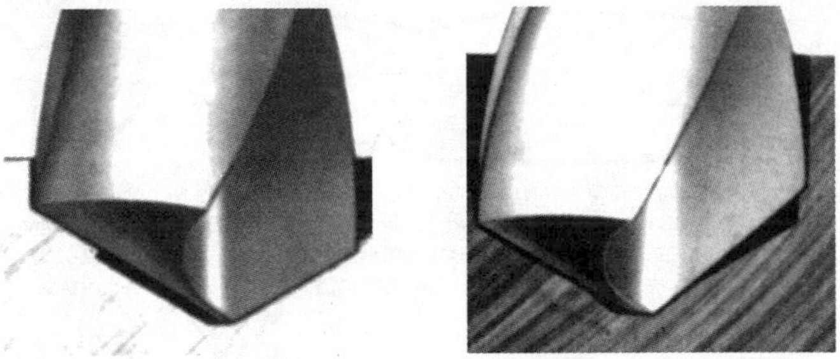

A B

FIGURA 40-19 (A) Punta incorrecta con labios de longitudes desiguales; (B) los labios con ángulos desiguales producen perforaciones de tamaño mayor al necesario. (Cortesía The Cleveland Twist Drill Company.)

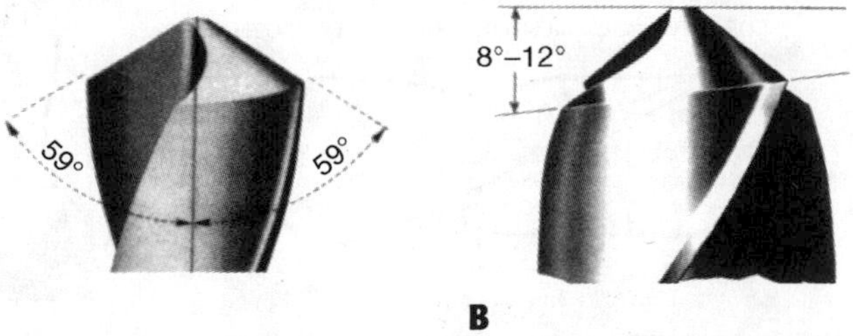

A B

FIGURA 40-20 (A) El ángulo de la punta para una broca de uso general es de 118°; (B) el claro del labio es de 8-12°. (Cortesía The Cleveland Twist Drill Company.)

Para afilar una broca

Una broca de propósito general tiene un ángulo de la punta incluido de 118° y un claro del labio de 8 a 12° (Figura 40-20A y B). Siga los siguientes pasos para afilar una broca:

1. Asegúrese de utilizar lentes de seguridad apropiadas.
2. Verifique la rueda del esmeril y rectifíquela, si es necesario, para asentar y/o aplanar la cara de la rueda.
3. Ajuste el descanso del esmeril de manera que esté dentro de 1/16 de pulg (1.5 mm) de la cara de la rueda.
4. Examine la punta de la broca y los bordes en busca de desgaste. Si hay desgaste en los bordes, será necesario esmerilar la punta de la broca hacia el vástago, hasta que se haya quitado todo el desgaste en los bordes.
5. Sostenga la broca cerca de la punta con una mano, y con la otra sostenga el vástago de la broca ligeramente mas abajo de la punta (Figura 40-21).
6. Mueva la broca de manera que esté a aproximadamente 59° de la cara de la rueda de esmeril (Figura 40-22).

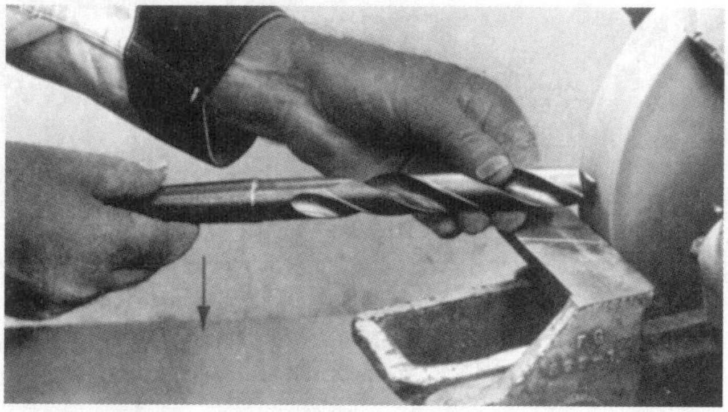

FIGURA 40-21 Para dar el claro del labio, baje el vástago de la broca antes de esmerilar. (Cortesía de Kelmar Associates.)

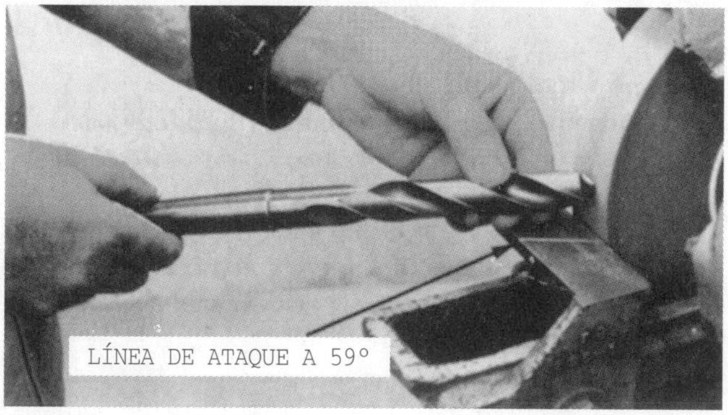

FIGURA 40-22 Sostenga la broca a 59° de la cara de la rueda de esmeril. (Cortesía de Kelmar Associates.)

Nota: Una línea marcada en el descanso de herramienta a 59° de la cara de la rueda ayudará a sostener la broca en el ángulo correcto.

7. Sostenga el labio o borde cortante de la broca paralelo al descanso de herramienta del esmeril.
8. Ponga el labio de la broca contra la rueda de esmerilado y baje lentamente el vástago de la broca.

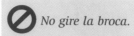

No gire la broca.

9. Retire la broca de la rueda sin mover la posición del cuerpo o las manos, gire la broca media vuelta, y esmerile el otro labio cortante.
10. Verifique el ángulo de la punta de broca y la longitud de los labios con un calibrador de punta de broca (Figura 40-23).
11. Repita los pasos 6 a 10 hasta que los labios cortantes estén afilados y las pistas libres de marcas de desgaste.

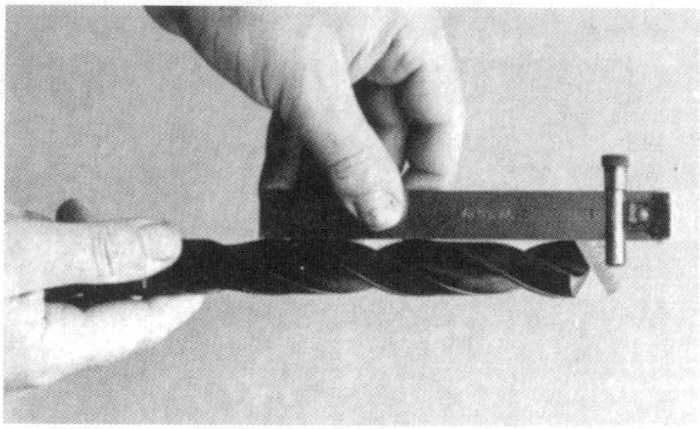

FIGURA 40-23 Verifique el ángulo de la punta de broca con un calibrador de puntas de broca. (Cortesía de Kelmar Associates.)

Adelgazamiento del alma

La mayoría de las brocas se fabrican con almas que aumentan gradualmente en espesor hacia el vástago para proporcionar resistencia a la broca. Conforme la broca se hace más corta, el alma se hace más gruesa (Figura 40-24 de la página 308) y se requiere de más presión para cortar. Este aumento en la presión resulta en más calor, lo que acorta la vida de la broca. Para reducir la cantidad de presión de taladrado y el calor resultante, por lo general se adelgaza el alma de la broca. Las almas pueden adelgazarse con un esmeril de adelgazamiento de alma especial, con un esmeril de herramientas y cortadores, o a mano libre con un esmeril convencional. Es importante, cuando se adelgace una alma, esmerilar iguales cantidades en cada borde; de lo contrario, la punta de broca estará fuera de centro (Figura 40-19A).

FIGURA 40-24 Observe la diferencia en el espesor del alma entre las secciones transversales de la broca cerca de la punta (izquierda) y el vástago (derecha). (Courtesy The Cleveland Twist Drill Company.)

PREGUNTAS DE REPASO

Brocas helicoidales

1. Menciona tres materiales utilizados para fabricar brocas y mencione la ventaja de dos de ellos.
2. Defina el *cuerpo,* el *alma,* y la *punta* en una broca helicoidal.
3. Mencione el propósito o propósitos de cada una de las siguientes partes:
   a. Espiga
   b. Ranuras
   c. Borde
   d. Claro del cuerpo

Características de la punta de broca

4. ¿Por qué se utilizan diferentes puntos y claros de broca para las operaciones de taladrado?
5. Describa y mencione el propósito de las siguientes puntas de broca:
   a. Convenciona
   b. De ángulo grande
   c. De ángulo plano
6. ¿Por qué es necesario adelgazar el alma de una broca?

Tamaños de broca

7. Mencione cuatro sistemas de tamaños de broca y diga el rango de cada uno.
8. Mencione el propósito de
   a. La broca de hélice alta
   b. La broca de núcleo
   c. La broca con perforación para aceite
   d. La broca de ranura recta
   e. La broca de pistola
   f. La broca para acero duro

Datos y problemas de taladrado

9. ¿Qué problemas resultan generalmente del uso de una velocidad y avances excesivas?
10. Analice el claro del labio excesivo y el claro del labio insuficiente.
11. Cuál es el efecto de:
    a. Las brocas con ángulos desiguales en los labios de corte
    b. Las brocas con labios de corte de longitud desigual

Afilado de brocas

12. ¿Cuáles son las características de una broca afilada correctamente?
13. Liste los pasos principales para afilar una broca de propósito general.

UNIDAD

41

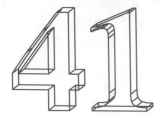

Velocidades y avances de corte

OBJETIVOS

Al terminar el estudiante de esta unidad, se podrá:

1. Calcular las revoluciones por minuto (r/min, o rpm) para brocas en pulgadas y sistema métrico
2. Seleccionar el avance a utilizar para diversas operaciones
3. Calcular las revoluciones por minuto para operaciones de rimado

Los factores más importantes que el operador debe tomar en cuenta al seleccionar las velocidades y avances adecuados son el diámetro y el material de la herramienta de corte y el tipo de material que se va a cortar. Estos factores determinarán las velocidades y avances que se deben utilizar y por lo tanto que afectarán el tiempo que tome efectuar la operación. Se desperdiciará tiempo de producción si se ajusta la velocidad y/o el avance demasiado bajos; las herramientas de corte demostrarán un desgaste prematuro si la velocidad y/o el avance son demasiado altos. La velocidad y el avance ideales para cualquier pieza de trabajo es la combinación con la que se logra la mejor velocidad de producción y mejor vida de herramienta.

VELOCIDAD DE CORTE

Por lo general, la velocidad de una broca helicoidal Por lo general, se denomina como *velocidad de corte, velocidad superficial,* o *velocidad periférica.* Es la distancia que recorrerá un punto de la circunferencia de la broca en un minuto.

Se utiliza una amplia variedad y tamaños de brocas para cortar diversos metales; igualmente se requiere de un amplio de velocidades para que la broca corte de manera eficiente. En cada operación, existe el problema de seleccionar la velocidad a la cuál girará la broca que dará como resultado las mejores velocidades de producción y la menor cantidad de tiempo ocioso debido al re-afilado de la broca. En la Tabla 41-1 aparecen las velocidades de corte recomendadas para el taladrado de diversas clases de materiales. La velocidad de taladrado más económica depende de muchas variables, como:

1. El tipo o dureza del material
2. El diámetro y material de la broca
3. La profundidad de la perforación
4. Tipo y estado del taladro
5. La eficiencia del fluido de corte empleado
6. La precisión y calidad de la perforación requerida
7. La rigidez del sistema de sujeción de la pieza de trabajo

Aunque todos estos factores son importantes en la selección de velocidades de taladrado económicas, los más importantes son el tipo de material de trabajo y el diámetro de la broca.

Cuando se hace referencia a la velocidad a la cual debe girar la broca, se implica, a menos que se especifique otra cosa, una velocidad de corte del material en *pies superficiales por minuto* (pie/min) o en *metros por minuto* (m/min). La cantidad de revoluciones de la broca necesarias para lo-

TABLA 41-1 Velocidades para brocas de acero de alta velocidad*

		Acero fundido		Acero para herramienta		Hierro fundido		Acero para máquina		Latón y aluminio	
Tamaño de la broca		Velocidades de corte en pies por minuto o metros por minuto									
Pulg	mm	40 Pie/min	12 m/min	60 Pie/min	18 m/min	80 Pie/min	24 m/min	100 Pie/min	30 m/min	200 Pie/min	60 m/min
1/16	2	2445	1910	3665	2865	4890	3820	6110	4775	12 225	9550
1/8	3	1220	1275	1835	1910	2445	2545	3055	3185	6110	6365
3/16	4	815	955	1220	1430	1630	1910	2035	2385	4075	4775
1/4	5	610	765	915	1145	1220	1530	1530	1910	3055	3820
5/16	6	490	635	735	955	980	1275	1220	1590	2445	3180
3/8	7	405	545	610	820	815	1090	1020	1365	2035	2730
7/16	8	350	475	525	715	700	955	875	1195	1745	2390
1/2	9	305	425	460	635	610	850	765	1060	1530	2120
5/8	10	245	350	365	520	490	695	610	870	1220	1735
3/4	15	205	255	305	380	405	510	510	635	1020	1275
7/8	20	175	190	260	285	350	380	435	475	875	955
1	25	155	150	230	230	305	305	380	380	765	765

*No hay una relación directa entre los tamaños de broca en pulgadas y sistema métrico.

grar la velocidad de corte correcta para el material que se está maquinando se llama *revoluciones por minuto* (r/min). Una broca pequeña, operando a las mismas r/min que una broca más grande, recorrerá menos pies por minuto; naturalmente, a r/min superiores cortará con mayor eficiencia.

Revoluciones por minuto

Para determinar el número correcto de r/min del husillo del taladro para un tamaño de broca en particular, deberán conocerse los siguientes datos:

1. El tipo de material a taladrar
2. La velocidad de corte recomendada para el material
3. El tipo de material con que está fabricada la broca

Fórmula (pulgadas)

$$\text{r/min} = \frac{\text{CS (pie por minuto)} \times 12}{\pi D \text{ (circunferencia de la broca en pulgadas)}}$$

en donde CS = velocidad de corte recomendada en *pies por minuto* para el material que se va a taladrar.

D = diámetro de la broca que se va a utilizar.

Nota: El CS variará, dependiendo del material con el que está fabricada la broca.

Debido a que no todas las máquinas pueden ajustarse a la velocidad calculada exacta, se divide π (3.1416) entre doce para llegar a una fórmula simplificada, que es lo suficientemente precisa para la mayoría de las operaciones de taladrado.

$$\text{r/min} = \frac{\text{CS} \times 4}{\text{D}}$$

EJEMPLO

Calcule las r/min necesarias para taladrar una perforación de ½-pulg en hierro fundido (CS 80) con una broca de acero de alta velocidad.

$$\text{r/min} = \frac{CS \times 4}{\text{D}} = \frac{80 \times 4}{1/2} = \frac{320}{1/2} = 640$$

Fórmula (sistema métrico)

$$\text{r/min} = \frac{\text{CS (m)}}{\pi D \text{ (mm)}}$$

Es necesario convertir los metros del numerador a milímetros, de forma que ambas partes de la ecuación estén en las mismas unidades. Para lograr esto, multiplique el CS en metros por minuto por 1000, para convertirlo a milímetros por minuto.

$$r/min = \frac{CS \times 1000}{\pi D}$$

No todas las máquinas tienen un motor de velocidad variable, y por lo tanto, no pueden ajustarse a la velocidad calculada exacta. Al dividir π (3.1416) entre 1000, se deriva una fórmula simplificada lo suficientemente precisa para la mayoría de las operaciones de taladrado.

$$r/min = \frac{CS \times 320}{D}$$

EJEMPLO

Calcule las r/min necesarias para taladrar una perforación de 15 mm en acero para herramienta (CS 18), utilizando una broca de acero de alta velocidad.

$$\begin{aligned} r/min &= \frac{CS \times 320}{D} \\ &= \frac{18 \times 320}{15} \\ &= \frac{5760}{15} \\ &= 384 \end{aligned}$$

AVANCE

El avance es la distancia que la broca avanza hacia la pieza de trabajo en cada revolución. Los avances de taladrado pueden expresarse en decimales, fracciones de pulgada, o milímetros. Puesto que la velocidad de avance es un factor decisivo en la velocidad de producción y en la vida de la broca, debe elegirse con cuidado en cada operación. La velocidad de avance por lo general se determina por:

1. El diámetro de la broca
2. El material de la pieza de trabajo
3. El estado de la máquina de taladrado

Una regla general práctica es que la velocidad de avance aumente conforme aumenta el tamaño de la broca. Por ejemplo, una broca de ¼-de pulg (6mm) tendrá un avance de sólo .002 a .004 pulg (0.05 a 0.1 mm), en tanto que una broca de 1 pulg (25 mm) tendrá un avance de .010 a .025 pulg (0.25 a 0.63 mm) por revolución. Un avance demasiado grande puede astillar los labios cortantes o romper la broca. Un avance demasiado pequeño provoca vibración o ruidos de raspado, lo que mella muy rápido los labios cortantes de la broca.

Los avances de broca en la lista de la Tabla 41-2 se recomiendan para trabajos de propósito general. Cuando se taladre acero aleado o duro, utilice un avance algo más lento. Los metales más blandos, como el aluminio, latón o hierro fundido, pueden generalmente taladrarse con un avance mayor. Siempre que las virutas de acero que salgan de la perforación se vuelvan azules, detenga la máquina y examine la broca. Las virutas azules indican que hay demasiado calor en el labio cortante. Este calor es provocado, ya sea por un labio cortante desafilado, o una velocidad demasiado alta.

FLUIDOS DE CORTE

Al taladrar piezas de trabajo con las velocidades y avances de corte recomendados se genera una cantidad considerable de calor en la punta de la broca. Este calor debe disiparse tan rápidamente como sea posible; de lo contrario, hará que la broca pierda el filo rápidamente.

El propósito de un *fluido de corte* es proporcionar tanto enfriamiento como lubricación. Para que un líquido sea de la mayor eficiencia para disipar calor, debe ser capaz de absorber el calor muy rápido, tener una buena resistencia a la evaporación y tener una alta conductividad térmica. Desafortunadamente, el aceite tiene cualidades deficientes como refrigerante. El agua es el mejor refrigerante; sin embargo, rara vez se le utiliza sola, porque provoca herrumbre y no tiene valor como lubricante. Básicamente un buen fluido de corte deberá:

1. Enfriar la pieza de trabajo y la herramienta
2. Reducir la fricción
3. Mejorar la acción de corte
4. Proteger la pieza de trabajo contra la herrumbre
5. Proveer propiedades de antisoldadura
6. Lavar las virutas

Vea la Unidad 34, Tabla 34-1, para fluidos de corte recomendados para diversos metales.

TABLA 41-2 Avances de taladrado

Tamaño de la broca		Avance por revolución	
pulg	mm	pulg	mm
⅛ y menores	3 y menores	.001 a .002	0.02 a 0.05
⅛ a ¼	3 a 6	.002 a .004	0.05 a 0.1
¼ a ½	6 a 13	.004 a .007	0.1 a 0.18
½ a 1	13 a 25	.007 a .015	0.18 a 0.38
1 a 1½	25 a 38	.015 a .025	0.38 a 0.63

PREGUNTAS DE REPASO

Velocidades de taladrado

1. ¿Por qué es importante que una broca sea operada a la velocidad correcta?
2. Explique la diferencia entre velocidad de corte y r/min.
3. ¿Qué factores determinan la velocidad de taladrado más económica?
4. Calcule las r/min necesarias para taladrar las siguientes perforaciones, utilizando una broca de alta velocidad:
   a. Una perforación de $\frac{3}{8}$-de pulg de diámetro en acero para herramienta
   b. Una perforación de 1 pulg de diámetro en aluminio
   c. Una perforación de 9 mm en acero fundido
   d. Una perforación de 20 mm en hierro fundido

Fluidos de corte

5. ¿Cuál es el propósito de un fluido de corte?
6. Mencione cuatro cualidades importantes que debe tener un fluido de corte.

UNIDAD

42

Taladrando perforaciones

OBJETIVOS

Al terminar el estudiante de esta unidad, se podrá:

1 Medir el tamaño de brocas en pulgadas y sistema métricos

2 Hacer las perforaciones centradas del tamaño correcto en piezas de trabajo

3 Efectuar perforaciones grandes y pequeñas en una ubicación precisa

Los hombres primitivos utilizaban una flecha envuelta en una cuerda de arco para hacer perforaciones en huesos y madera (Figura 42-1). Aunque la técnica para hacer perforaciones es muy diferente hoy en día, el principio sigue siendo el mismo – oprimir una herramienta de corte rotatoria contra la pieza de trabajo. Algunos de los factores importantes en el taladrado es la sujeción firme de la pieza de trabajo, observar las precauciones de seguridad y utilizar las velocidades y avances correctas. La presión que se aplica a la palanca de avance y la apariencia de las virutas son buenos indicadores de cuán efectivamente se está realizando la operación de taladrado.

SEGURIDAD EN EL TALADRO

Antes de comenzar cualquier operación con el taladro, observe algunas precauciones de seguridad básicas. Estas precauciones no sólo asegurarán su seguridad, sino que también evitarán daños a la máquina, la herramienta de corte y la pieza de trabajo:

1. *No opere ninguna máquina antes de comprender su mecanismo y saber cómo detenerla rápidamente. Esto puede evitar lesiones serias.*
2. Utilice siempre gafas de seguridad aprobadas para proteger sus ojos.
3. Nunca intente sujetar la pieza de trabajo a mano; debe utilizarse un tope o abrazadera de mesa para evitar que la pieza de trabajo gire (Figura 42-2).

FIGURA 42-1 La gente primitiva utilizaba un arco para producir agujeros.

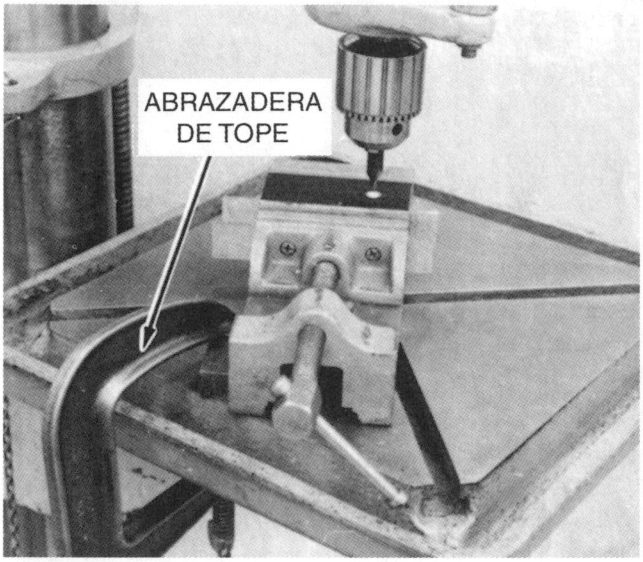

FIGURA 42-2 Debe sujetarse una abrazadera o un tope de mesa en el costado izquierdo de la mesa. (Cortesía de Kelmar Associates.)

4. Nunca ajuste las velocidades o mueva la pieza de trabajo a menos que la máquina esté detenida.
5. Mantenga su cabeza a larga distancia de las partes giratorias del taladro para evitar que su cabello quede atrapado.
6. Conforme la broca comienza a entrar en la pieza de trabajo, reduzca la presión del taladro y permita que la broca entre gradualmente.
7. Siempre elimine las rebabas de una perforación taladrada con una lima o con una herramienta especial.
8. *Nunca* deje la llave del mandril en el mandril del taladro.
9. *Nunca* intente sujetar la pieza de trabajo que se haya atorado en la broca. *Detenga primero la máquina.*
10. Mantenga siempre el piso alrededor del taladro limpio y libre de herramientas, virutas y aceite (Figura 42-3). Pueden provocar accidentes serios.

SUGERENCIAS PARA TALADRAR

Las siguientes sugerencias deben ayudar a evitar muchos problemas que podrían afectar la precisión de la perforación y la eficiencia de la operación de taladrado.

1. Trate las herramientas de corte con cuidado; pueden dañarse por el uso, manejo y almacenamiento descuidados.
2. Examine siempre las condiciones de la punta de la broca antes del uso, y si es necesario, vuelva a afilarla. *No utilice herramientas desafiladas.*
3. Asegúrese que el ángulo de la punta de la broca es correcto para el tipo de material que se va a taladrar.
4. Ajuste las revoluciones por minuto (r/min) correctas para el tamaño de la broca y el material de la pieza de trabajo. Una velocidad demasiado alta hará perder el filo de la broca rápidamente, y una velocidad demasiado baja provoca que las brocas pequeñas se rompan.

FIGURA 42-3 Una limpieza inadecuada puede provocar accidentes. (Cortesía de Kelmar Associates.)

5. Ajuste la pieza de trabajo de manera que la broca no corte la mesa, las paralelas o la prensa del taladro conforme atraviesa la pieza de trabajo.
6. La pieza de trabajo siempre debe sujetarse con firmeza para la operación de taladrado. En perforaciones de diámetro pequeño, una abrazadera o tope sujeto al costado izquierdo de la mesa evitará que la pieza de trabajo gire (Figura 42-2).
7. El extremo de la pieza de trabajo más lejano a la perforación debe colocarse en el costado izquierdo de la mesa de forma que, si el trabajo se atora, no gire hacia el operador.
8. Limpie siempre la espiga de broca cónica, el como y el husillo de la máquina antes de insertar la broca.
9. Use la longitud de broca más corta posible y/o sosténgala corta en el mandril para impedir roturas.
10. Es buena costumbre comenzar cada perforación con una broca para centrar. La punta pequeña de la broca para centrar podrá seguir la marca de un punzón para centrar con precisión; la perforación central taladrada dará la guía para la perforación posterior.
11. Las piezas de trabajo delgadas, como laminas de metal, deben sujetarse a un bloque de madera dura para el taladrado. Esto evita que la pieza trabajo quede atrapada y también estabiliza la punta de la broca cuando atraviesa la pieza de trabajo.
12. Las virutas de cada canal deben tener la misma forma; si la viruta se vuelve azul durante el taladrado, verifique las condiciones de la punta de la broca y la velocidad del taladro.
13. Un rechinido en la broca, por lo general indica una broca desafilada. Detenga la máquina y examine las condiciones de la punta de la broca; vuelva a afilar la broca si es necesario.
14. Cuando durante una operación de taladrado se ve obligado a aplicar una presión mayor, generalmente la razón es una broca desafilada o una viruta atrapada en la perforación entre la broca y la pieza de trabajo; corrija esta situación antes de continuar.

A

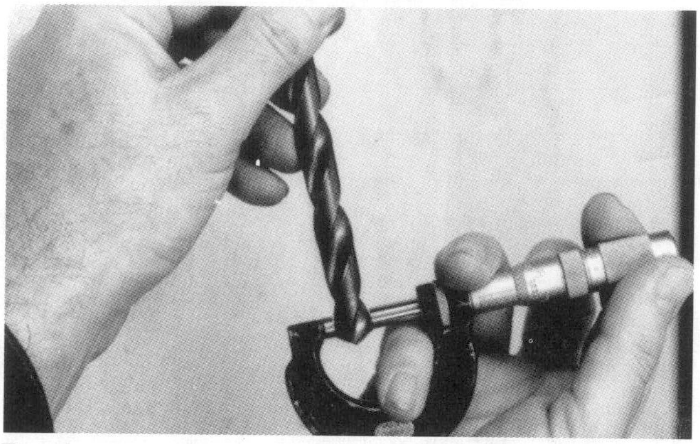

B

FIGURA 42-4 (A) Cómo verificar el tamaño de una broca utilizando un calibre para brocas; (B) cómo verificar el tamaño de una broca helicoidal utilizando un micrómetro. (Cortesía de Kelmar Associates.)

A

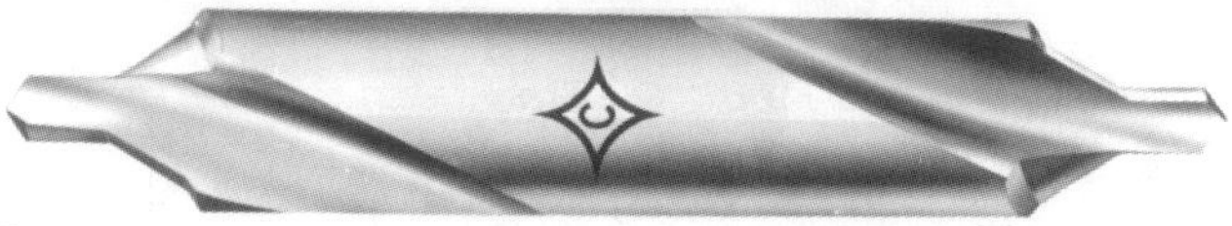

B

FIGURA 42-5 Dos clases de brocas para centro: (A) tipo normal; (B) tipo de campana. (Cortesía de Cleveland Twist Drill Company.)

Cómo medir el tamaño de una broca

Para producir una perforación de un tamaño específico, debe utilizar una broca del tamaño correcto para hacer la perforación. Es buena práctica verificar siempre el tamaño de la broca antes de utilizarla para efectuar una perforación. Puede verificarse el tamaño de las brocas con un calibre para brocas (Figura 42-4A) o con un micrómetro (Figura 42-4B). Aunque el tamaño viene estampado en el banco de la broca en la mayoría, el micrómetro aún es una forma más precisa para medir el tamaño exacto de una broca. Cuando verifique el tamaño de una broca con un micrómetro, siempre asegúrese de tomar la medida en el borde de la broca.

PERFORACIONES PARA CENTRO DE TORNO

Las piezas que van a maquinarse entre centros en un torno deben tener una perforación en cada extremo, de forma que la pieza de trabajo pueda sostenerse entre los centros del torno. Para esta operación, se utiliza una *combinación de broca y avellanado* (Figura 42-5), conocida más comúnmente como *broca para centrar*.

Para asegurar una superficie de soporte adecuada para la pieza de trabajo sobre los centros del torno, las perforaciones para centro deben hacerse con el tamaño y profundidad correctos (Figura 42-6A).

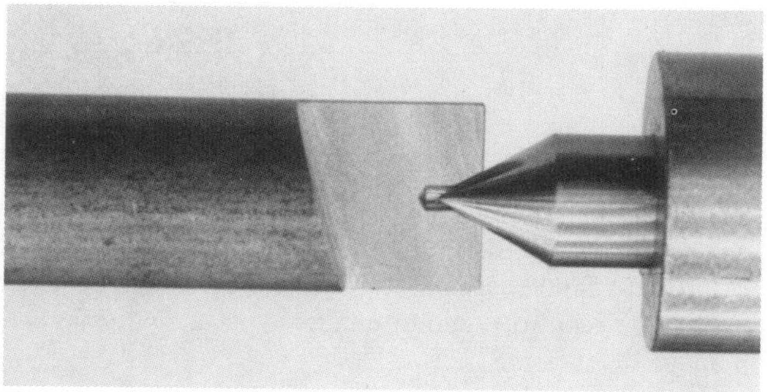

A

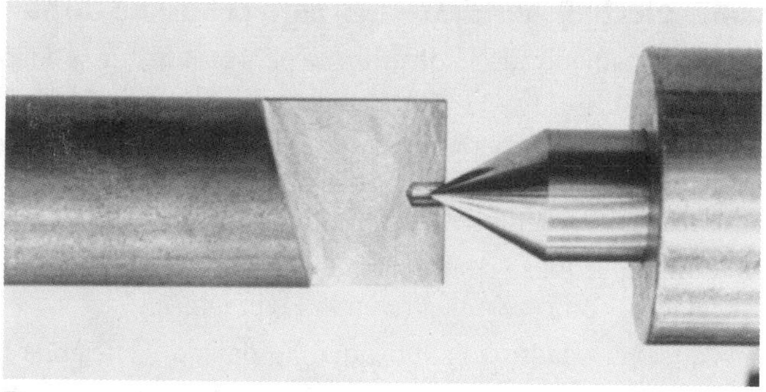

B

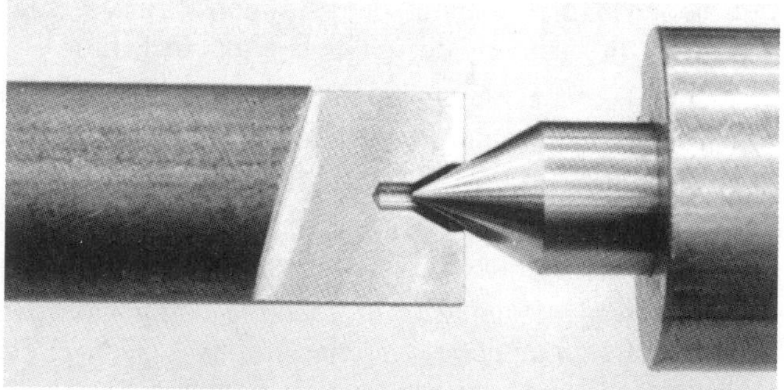

C

FIGURA 42-6 (A) Perforación para centro hecha a la profundidad correcta; (B) perforación para centro de profundidad insuficiente; (C) perforación para centro demasiado profunda. (Cortesía de Kelmar Associates.)

Una perforación para centro de profundidad insuficiente aparece en la Figura 42-6B. Esto proporciona un apoyo insuficiente para la pieza de trabajo y puede provocar daños tanto al centro del torno como la pieza de trabajo.

TABLA 42-1 Tamaños de broca para centrar

Tamaño		Diámetro de la pieza de trabajo		Diámetro del avellanado	Diámetro de la punta de la broca	Tamaño del cuerpo
Tipo normal	Tipo de campana	pulg	mm	pulg	pulg	pulg
1	11	3/16–5/16	3–8	3/32	3/64	1/8
2	12	3/8–1/2	9.5–12.5	9/64	5/64	3/16
3	13	5/8–3/4	15–20	3/16	7/64	1/4
4	14	1–1 1/2	25–40	15/64	1/8	5/16
5	15	2–3	50–75	21/64	3/16	7/16
6	16	3–4	75–100	3/8	7/32	1/2
7	17	4–5	100–125	15/32	1/4	5/8
8	18	6 y más	150 y más	9/16	5/16	3/4

La Figura 42-6C muestra una perforación para centro que se hizo con demasiada profundidad. La conicidad del centro del torno no puede hacer contacto con la conicidad de la perforación para centro; como resultado, la pieza de trabajo tiene un apoyo insuficiente.

Cómo efectuar perforaciones para centro de torno

1. Elija el tamaño adecuado de broca para centrar que se adapte al diámetro de la pieza de trabajo (vea la Tabla 42-1).
2. Sujete la broca para centrar en el mandril para brocas, haciendo que se extienda más allá del mandril por sólo aproximadamente ½ pulg (13 mm).
3. Coloque la pieza de trabajo a taladrar sobre la prensa del taladro, como se muestra en la Figura 42-7.
4. Ajuste el taladro a la velocidad apropiada y encienda la máquina.
5. Coloque la marca del punzón para centrar en la pieza de trabajo directamente debajo de la punta de la broca.
6. Avance con cuidado la broca hacia la marca del punzón para centrar en la pieza de trabajo, aproximadamente 1/16 de pulg (1.5 mm).
7. Suba la broca, aplique unas cuantas gotas de fluido de corte y siga taladrando.
8. Retire frecuentemente la broca de la perforación para aplicar fluido de corte, eliminar virutas y medir el diámetro de la parte superior de la perforación de centro.
9. Siga taladrando hasta que la parte superior de la perforación sea del tamaño correcto.

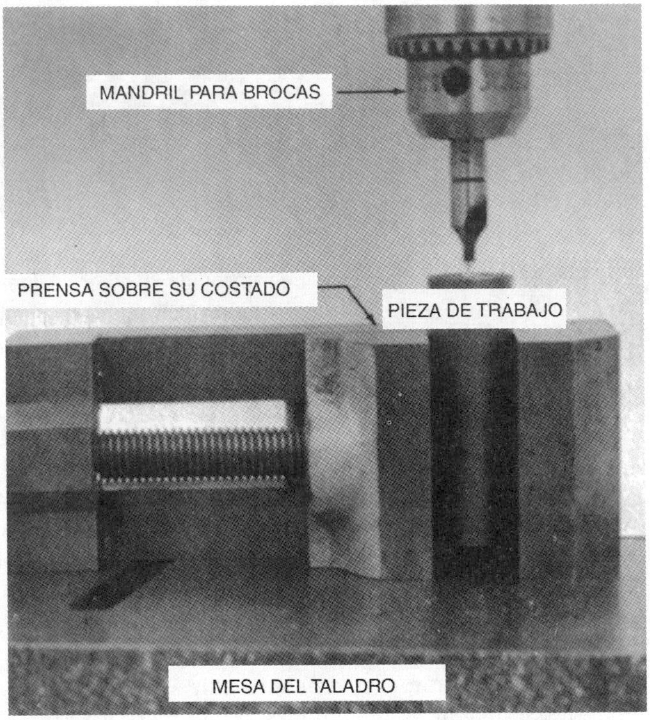

FIGURA 42-7 Pieza de trabajo preparada para el taladrado de perforaciones de centrar. (Cortesía de Kelmar Associates.)

CÓMO CENTRAR LA POSICIÓN DE UNA PERFORACIÓN CON UNA BROCA PARA CENTRAR

La punta de cincel en el extremo del alma en la mayoría de las brocas es generalmente más ancho que la marca del punzón para centrar sobre la pieza de trabajo, y por lo tanto, es difícil comenzar la perforación en la ubicación exacta. Para evitar que la broca se desvíe del centro, se considera una buena práctica hacer el taladro primero de todas las marcas de punzón con la broca para centrar. La pequeña punta de la broca seguirá con precisión la marca del punzón para centrar y servirá de guía para la broca más grande que se va a utilizar.

1. Monte una broca para centrar pequeña sobre el mandril de broca.
2. Monte la pieza de trabajo en la prensa o colóquela sobre la mesa del taladro. *No fije la pieza de trabajo o la prensa.*

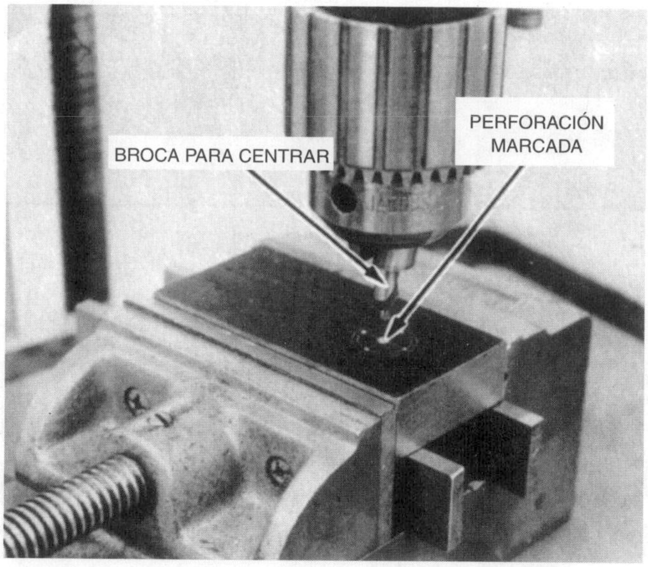

FIGURA 42-8 Cómo marcar la posición de una perforación con una broca para centrar. (Cortesía de Kelmar Associates.)

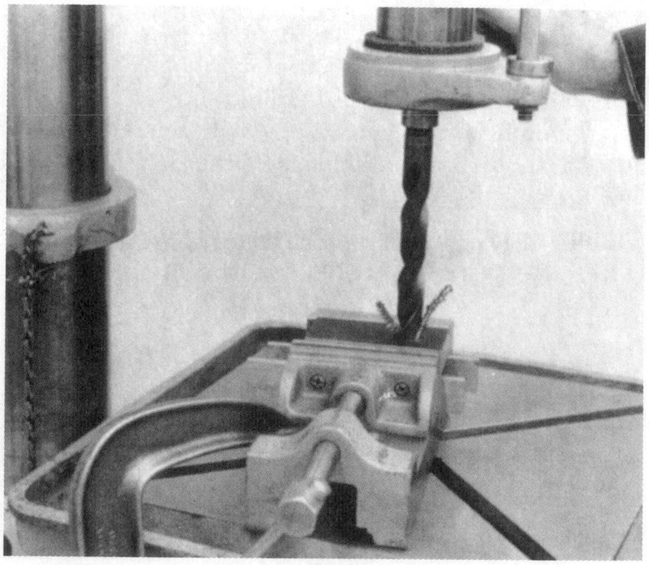

FIGURA 42-9 Apriete la abrazadera de la mesa mientras la broca está girando dentro de la pieza de trabajo. (Cortesía de Kelmar Associates.)

3. Ajuste la velocidad del taladro en aproximadamente 1500 r/min.
4. Acerque la punta de la broca a la marca del punzón para centrar y permita que la pieza de trabajo se centre sola con la punta de la broca.
5. Siga taladrando hasta que aproximadamente una tercera parte de la sección cónica de la broca para centrar haya entrado en la pieza de trabajo (Figura 42-8).
6. Marque todas las perforaciones que se van a taladrar.

CÓMO TALADRAR UNA PIEZA DE TRABAJO SUJETA EN UNA PRENSA

El método más común para sujetar piezas de trabajo pequeñas es por medio de una prensa, que puede sujetarse manualmente contra un tope de mesa o fijarse a la mesa. Cuando se taladren perforaciones con un diámetro mayor a ½ pulg (13 mm), la prensa debe fijarse a la mesa.

1. Marque la posición de la perforación con una broca para centrar.
2. Monte la broca del tamaño correcto en el mandril para brocas.
3. Ajuste el taladro a la velocidad correcta para el tamaño de la broca y el tipo de material que se va a taladrar.
4. Sujete una abrazadera o tope sobre el costado izquierdo de la mesa (Figura 42-2).
5. Monte la pieza de trabajo sobre paralelas en una prensa para taladro y apriételo firmemente.
6. Con la prensa contra el tope de mesa, coloque la perforación marcada bajo el centro de la broca.
7. Arranque el husillo del taladro y comience a taladrar la perforación.
   a. Para perforaciones de hasta ½ pulg (13 mm) de diámetro, sostenga la prensa contra la mesa *o* el tope con la mano (Figura 42-2).
   b. Para perforaciones de más de ½ pulg (13 mm) de diámetro:
      - Sujete ligeramente la prensa a la mesa por medio de una abrazadera
      - Taladre hasta que toda la punta de la broca esté dentro de la pieza.
      - Con la broca girando, mantenga la punta de la broca dentro de la pieza de trabajo y apriete firmemente la abrazadera que sujeta la prensa (Figura 42-9).
8. Suba la broca ocasionalmente y aplique fluido de corte durante la operación de taladrado.
9. Disminuya la presión de taladrado cuando la broca comience a atravesar la pieza de trabajo.

CÓMO TALADRAR SIGUIENDO UN TRAZO PRECISO

Si se debe taladrar una perforación en una posición exacta, la posición de la perforación debe estar trazada con precisión, como se muestra en la Figura 42-10A. Durante la operación de taladrado, puede ser necesario mover la punta de la broca de forma que esté concéntrica con el trazo (Figura 42-10B).

1. Limpie y pinte la superficie de trabajo con tinte de trazo.
2. Ubique la posición de la perforación a partir de *dos bordes maquinados* de la pieza de trabajo y trace las líneas, como se muestra en la Figura 42-10A.
3. Golpee ligeramente con un punzón de marcar el lugar donde las dos líneas cruzan.
4. Verifique la precisión de la marca del punzón con un lente de aumento y corrija, si fuera necesario.

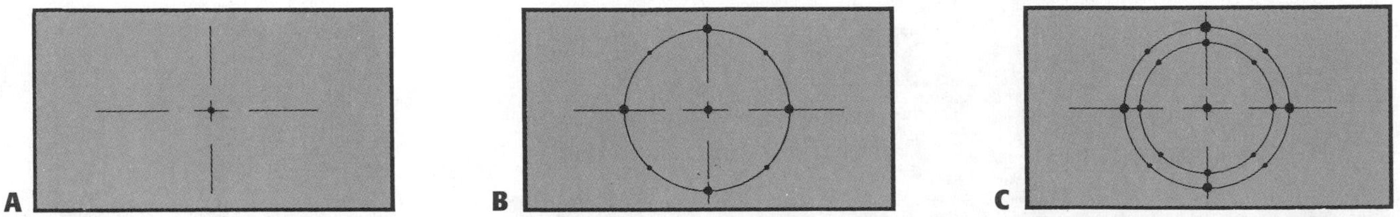

FIGURA 42-10 Trazo de una perforación a taladrar.

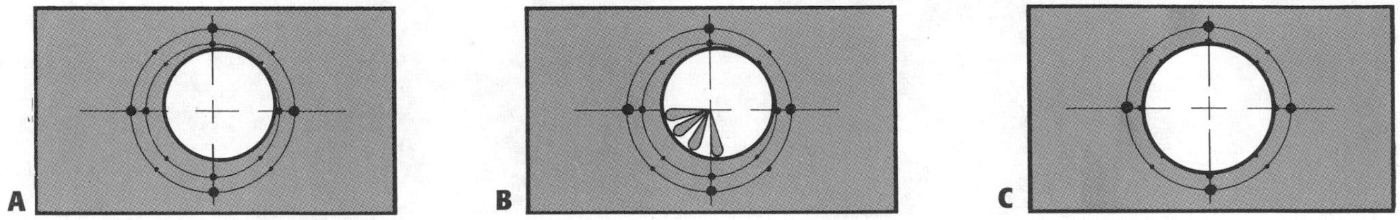

FIGURA 42-11 Cómo dibujar el punto de la broca en el trazado. (Cortesía de Kelmar Associates.)

5. Con un compás de puntas, marque un círculo para indicar el diámetro de la perforación requerida (Figura 42-10B).
6. Trace un círculo de prueba $\frac{1}{16}$ de pulg (1.5 mm) menor que el tamaño real de la perforación.
7. Marque con punzón cuatro marcas testigo en círculos de hasta $\frac{3}{4}$ de pulg (19 mm) de diámetro, y ocho marcas testigo en círculos más grandes (Figura 42-10C).
8. Profundice el centro de la posición de la perforación con un punzón para centros, a fin de tener más profundidad para guiar a la broca.
9. Centre la broca a la pieza de trabajo *justo más allá de la profundidad de la punta de la broca.*
10. Monte la broca del tamaño apropiado en la máquina y taladre una perforación de profundidad igual a la mitad o dos tercios del diámetro de la broca.
11. Examine la cavidad hecha por la broca; debe estar concéntrica con el círculo de prueba interior (Figura 42-11B).
12. Si la marca está fuera de centro, corte ranuras en V poco profundas con un punzón de punto de diamante en el lado hacia el cual debe moverse la broca (Figura 42-11B).
13. Comience el taladrado en la perforación marcada y ranurada. La broca será atraída en dirección a las ranuras.
14. Siga cortando ranuras en la perforación marcada hasta que la punta de la broca sea atraído al centro de los círculos marcados, como se muestra en la Figura 42-11C.

Nota: *La punta de la broca debe ser atraída hacia el centro del círculo marcado, antes que la broca haya cortado o marcado usando todo el diámetro de la broca.*

15. Continúe taladrando la perforación hasta la profundidad deseada.

CÓMO HACER PERFORACIONES GRANDES

Conforme aumenta el tamaño de las brocas, también aumenta el grosor del alma a fin de darle a la broca resistencia adicional. Entre más gruesa es el alma, más gruesa será la punta o filo de cincel de la broca. Conforme la punta de cincel se hace mayor, hay una menor acción de corte y se debe aplicar una presión mayor para la operación de taladrado. Un alma gruesa no va a seguir con precisión la marca del punzón para centros y la perforación puede no taladrarse en la ubicación correcta. Generalmente se utilizan dos métodos para compensar la mala acción de corte de un alma gruesa en brocas grandes.

1. Se adelgaza el alma.
2. Se taladra un perforación guía, o piloto.

El procedimiento usual para hacer perforaciones grandes es taladrar primero una perforación piloto, o guía (Figura 42-12), de un diámetro ligeramente mayor al espesor del alma. *Debe tenerse cuidado en hacer la perforación piloto correctamente centrada.* La perforación piloto se continúa entonces con una broca más grande. Este método puede utilizarse también para hacer perforaciones de tamaño promedio cuando el taladro es pequeño y no tiene la suficiente potencia para impulsar la broca a través del metal sólido.

Nunca taladre una perforación piloto más grande de lo necesario; de lo contrario, la broca más grande puede:

1. Provocar vibraciones
2. Hacer una perforación no redonda
3. Estropear la parte superior (boca) de la perforación

Se recomienda el siguiente procedimiento de taladrado:

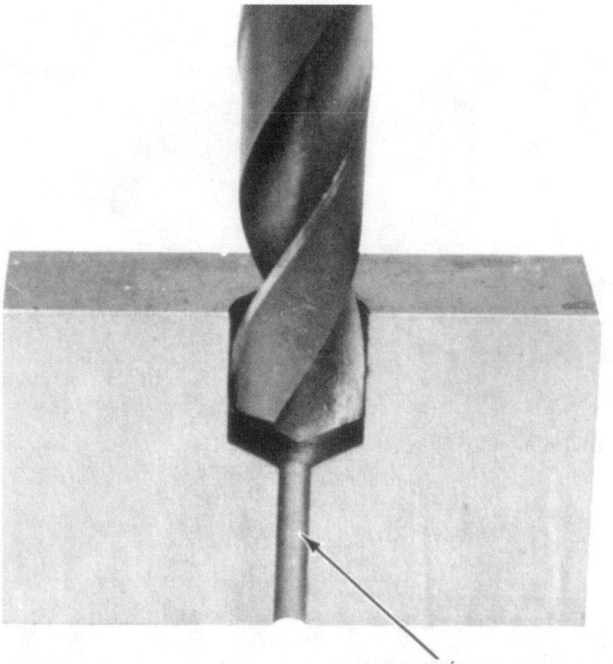

FIGURA 42-12 Taladrar una perforación piloto, o guía, ayuda a la broca más grande a cortar fácilmente y con precisión. (Cortesía de Kelmar Associates.)

1. Revise el plano y seleccione la broca apropiada para la perforación requerida.
2. Mida el espesor del alma en la punta. Seleccione una broca piloto con un diámetro ligeramente mayor al espesor del alma (Figura 42-13).
3. Monte la pieza de trabajo en la mesa.
4. Ajuste la altura y posición de la mesa de forma que el mandril para brocas se pueda quitar y colocar la broca más grande sobre el husillo sin tener que bajar la mesa después de haber hecho la perforación piloto. Fije la mesa firmemente en esta posición.
5. Coloque una broca para centrar en el mandril para broca, ajuste la velocidad del husillo apropiada, y haga con precisión una perforación central.

Nota: La broca para centrar debe utilizarse primero, ya que es corta, rígida y más adecuada para seguir la marca del punzón para centros.

6. Utilizando la broca piloto del tamaño adecuado y la velocidad del husillo correcta, haga la perforación piloto a la profundidad requerida (Figura 42-12). La pieza de trabajo puede sujetarse ligeramente en este momento.
7. Apague la máquina, dejando la broca piloto dentro de la perforación.
8. Sujete la pieza de trabajo firmemente a la mesa.
9. Suba el husillo del taladro y retire la broca y el mandril para broca.

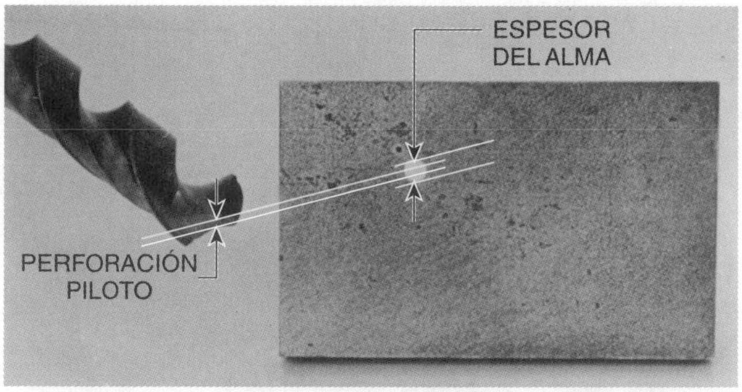

FIGURA 42-13 El tamaño de la broca piloto debe ser ligeramente mayor al espesor del alma de la broca. (Cortesía de Kelmar Associates.)

10. Limpie el vástago cónico de la broca y la perforación del husillo del taladro. Con un paño elimine cualquier rebaba en el vástago de la broca.
11. Monte la broca grande en el husillo.
12. Ajuste la velocidad del husillo apropiada y haga avanzar la broca hacia la perforación, hasta la profundidad requerida. Si utiliza avance manual, la presión de alimentación debe aflojarse cuando la broca atraviese la pieza de trabajo.

CÓMO PERFORAR PIEZAS DE TRABAJO REDONDAS CON UN BLOQUE EN V

Los bloques en V pueden utilizarse para sostener piezas de trabajo redondas para taladrar. La pieza de trabajo redonda se asienta en una ranura en V maquinada con precisión. Los diámetros pequeños pueden sujetarse en su lugar con una abrazadera en forma de U, y los diámetros más grandes se sujetan con abrazaderas de tira.

1. Seleccione un bloque en V que se adecue al tamaño de la pieza redonda que se va a taladrar. Si la pieza es larga, utilice un par de bloques en V.
2. Monte la pieza en el bloque en V y después gírela hasta que la marca del punzón para centros esté en el centro de la pieza de trabajo. Con regla y escuadra, verifique que la distancia desde ambos lados es la misma (Figura 42-14).
3. Apriete firmemente la abrazadera en U sobre la pieza de trabajo sobre el bloque en V o sostenga la pieza de trabajo y el bloque en V sobre una prensa, como se muestra en la Figura 42-15.
4. Marque la posición de la perforación con una broca para centrar.
5. Monte una broca del tamaño apropiado y ajuste la máquina a la velocidad correcta.
6. Haga la perforación, asegurándose que la broca no toca el bloque en V o la prensa cuando atraviese la pieza de trabajo.

FIGURA 42-14 Se utiliza una escuadra y una regla para alinear la marca del punzón para centros en una pieza de trabajo redonda. (Cortesía de Kelmar Associates.)

FIGURA 42-15 Gire la pieza de trabajo hasta que la línea en el extremo de la pieza esté alineada con la hoja de la escuadra. (Cortesía de Kelmar Associates.)

PREGUNTAS DE REPASO

Seguridad

1. Seleccione tres de las precauciones de seguridad más importantes y explique por qué deben observarse.

Sugerencias de taladrado

2. Explique los resultados que pueden esperarse de:
   a. Una velocidad de broca demasiado alta
   b. Una velocidad de broca demasiado baja
3. ¿Por qué es una buena práctica iniciar cada perforación con una broca para centrar?

Perforaciones para centros de torno

4. Mencione tres razones por las cuales frecuentemente se debe sacar de la pieza de trabajo la broca para centrar.
5. Explique por qué no deben hacerse las perforaciones de centro:
   a. A poca profundidad suficiente
   b. A demasiada profundidad

Cómo centrar una perforación

6. ¿Cuál es el propósito de centrar una perforación antes de taladrar?
7. ¿A qué profundidad debe centrarse cada perforación?

Cómo perforar pieza de trabajo en una prensa de mecánico

8. ¿Cuál es el propósito de colocar una abrazadera o tope de mesa en el lado izquierdo de la mesa del taladro?
9. ¿Cuándo debe reducirse la presión de taladrado?

Cómo taladrar siguiendo un trazo preciso

10. Liste el procedimiento para marcar la perforación antes de taladrar según el trazo.
11. ¿A qué profundidad debe hacerse la perforación antes de examinar la marca provocada por la punta de la broca?
12. Explique cómo puede hacer que la punta de una broca vaya hacia el trazo de diseño.

Taladrado de perforaciones grandes

13. Haga una lista de tres desventajas de un alma gruesa que tienen las brocas grandes.
14. ¿Qué son las perforaciones piloto y por qué son necesarias?
15. ¿Por qué no deben hacerse perforaciones piloto de un tamaño mayor al necesario?
16. ¿A qué altura debe ajustarse la mesa del taladro cuando se hacen perforaciones grandes?

UNIDAD

43

Rimado

OBJETIVOS

Al terminar esta unidad, se podrá:

1 Identificar y enunciar el propósito de las rimas manuales y mecánicas
2 Explicar las ventajas de las rimas de punta de carburo
3 Calcular el espacio permisible de rimado en cada rima
4 Rimar una perforación manualmente en un taladro
5 Escariar mecánicamente una perforación

Cada componente en un producto debe fabricarse según estándares estrictos, para que ese producto funcione apropiadamente. Dado que por medio del taladro es imposible producir perforaciones que sean redondas, lisas y del tamaño exacto, la operación de rimado es muy importante. Las rimas se utilizan para agrandar y acabar una perforación que se ha formado previamente con un taladro o en un mandrinado. La velocidad, avances y tolerancias del rimado son tres factores principales que afectarán la precisión y acabado de la perforación y la vida de la rima.

RIMAS

Una rima es una herramienta de corte giratoria con varios bordes cortantes rectos o helicoidales a lo largo del cuerpo. Algunas rimas se operan a mano (rimas manuales), en tanto que otros pueden utilizarse con potencia en cualquier máquina herramienta (rimas mecánicas).

Partes de una rima

Las rimas consisten, generalmente, de tres partes principales: vástago (o zanco), *cuerpo* y *ángulo de chaflán* (Figura 43-1).

El *vástago o zanco,* que puede ser recto o cónico, se utiliza para dirigir la rima. El banco de las rimas mecánicas puede ser redondo o cónico, en tanto que las rimas manuales tienen un cuadrado en el extremo para ajustarse a una llave.

El *cuerpo* de una rima contiene varias ranuras rectas o helicoidales, o canales y pistas (la porción entre canales o ranuras). Un borde (la parte superior de cada diente) va desde el *ángulo el chaflán* hasta el extremo del canal o ranura. El *ángulo del claro del cuerpo* es un alivio detrás del borde, que reduce la fricción cuando la rima está cortando. El *ángulo de ataque* es el ángulo formado por la cara del diente cuando se traza una línea desde un punto en el borde marginal frontal a través del centro de la rima (Figura 43-1). Si no hay ningún ángulo en la cara del diente, se dice que la rima tiene *pista radial.*

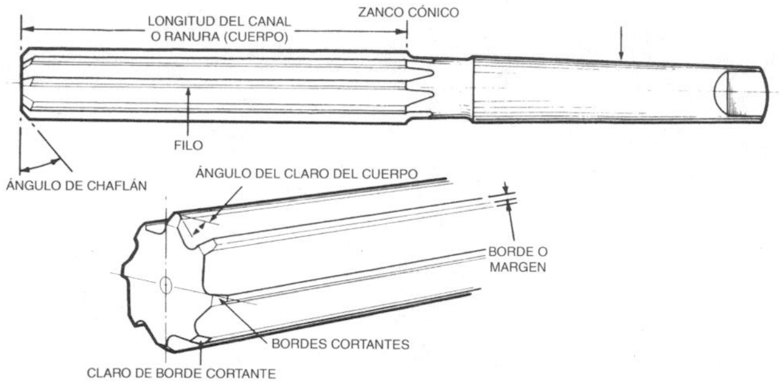

FIGURA 43-1 Partes principales de una rima.

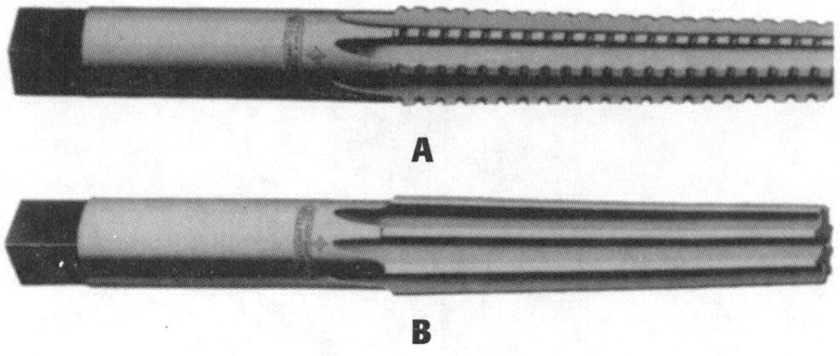

FIGURA 43-3 Rimas manuales cónicas: (A) de desbaste; (B) de acabado. (Cortesía de The Cleveland Twist Drill Co.)

El *ángulo de chaflán* es la parte de la rima que en realidad corta. Está afilado en el extremo de cada diente y hay un claro detrás de cada borde cortante achaflanado. En las rimas de rosa, el ángulo del chaflán está esmerilado sólo en el extremo y la acción de corte ocurre en este punto. En las rimas ranuradas, cada diente tiene una salida de alivio y la mayoría del corte es realizado por los dientes de la rima.

Tipos de rimas

Las rimas están disponibles en una variedad de diseños y tamaños; sin embargo, todos entran en dos clasificaciones generales: rimas *manuales* y *mecánicas.*

Rimas Manuales

Las rimas manuales (Figura 43-2) son herramientas de acabado que se utilizan cuando una perforación debe terminarse con un alto grado de precisión y acabado. Las perforaciones que se riman manualmente deben perforarse dentro de .003 a .005 pulg (0.07 a 0.12 mm) del tamaño final. *Nunca* intente eliminar más de .005 pulg (0.12 mm) con una rima manual.

Un cuadrado en el extremo de la vástago permite que se utilice una llave para hacer girar a la rima dentro de la perforación. Los dientes en el extremo del la rima son ligeramente cónicos en una distancia igual al diámetro de la rima, de manera que pueda entrar a la perforación que se va a rimar.

Nunca debe utilizarse una rima manual bajo potencia mecánica y nunca debe girarse al revés. Cuando utilice una rima manual, manténgalo alineado y recto con respecto a la perforación. La punta fija de un torno o el centro de muñón en un taladro ayudarán a mantener la rima alineada durante la operación del rimado manual.

Las rimas *manuales cónicas* ((Figura 43-3), tanto de desbaste como de acabado, están disponibles en todos los tamaños de cono estándar. Ya que las virutas no salen con facilidad, frecuentemente debe retirarse la rima de la perforación y limpiar las ranuras.

Rimas mecánicas

Las rimas mecánicas pueden utilizarse en cualquier máquina herramienta, tanto para desbastar como para dar acabado a una perforación. También se les llama rimas *de mandril* debido al método que se utiliza para sujetarlas durante la operación de rimado. Las rimas mecánicas están disponibles en una gran variedad de tipos y estilos. Sólo se analizarán algunos de los tipos más comunes.

Las rimas *de rosa* (Figura 43-4A) pueden adquirirse con bancos ya sea rectas o cónicas y con canales o ranuras rectas o helicoidales. Los dientes del extremo tienen un chaflán de 45° que se reduce para producir el borde cortante. Las pistas son casi tan anchas como los canales o ranuras y no están reducidas. Las rimas de rosa cortan sólo en el ángulo de extremo y pueden utilizarse para eliminar material muy rápido y hacer la perforación de un tamaño bastante cercano al tamaño requerido. Las rimas de rosa se fabrican usualmente .003 a .005 pulg (0.07 a 0.12 mm) por debajo del tamaño normal.

Las *rimas ranuradas* (Figura 43-3B) tienen más dientes que las rimas de rosa en un diámetro similar. Las pistas tienen salidas de alivio en toda su longitud, y por lo tanto las rimas

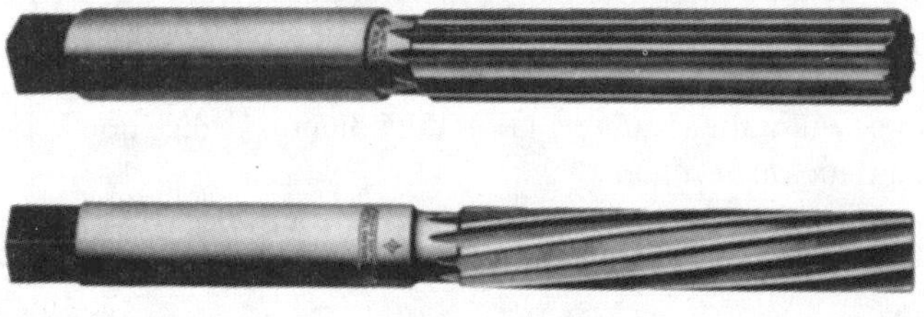

FIGURA 43-2 Rimas manuales de canales o ranuras rectas y helicoidales. (Cortesía de The Cleveland Twist Drill Co.)

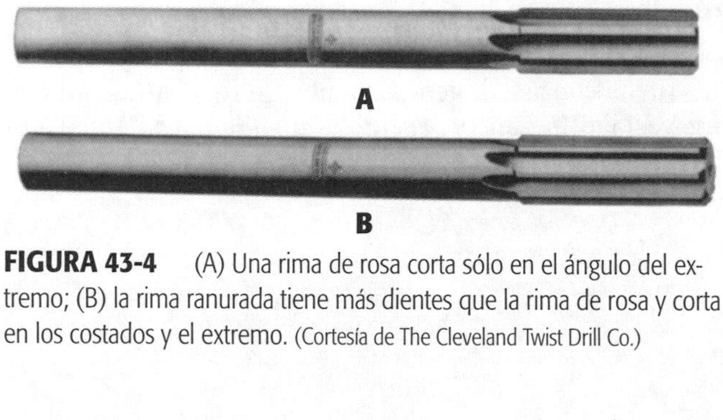

FIGURA 43-4 (A) Una rima de rosa corta sólo en el ángulo del extremo; (B) la rima ranurada tiene más dientes que la rima de rosa y corta en los costados y el extremo. (Cortesía de The Cleveland Twist Drill Co.)

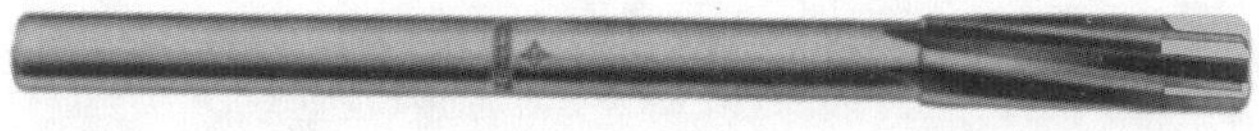

FIGURA 43-5 Rimas de punta de carburo. (Cortesía de The Cleveland Twist Drill Co.)

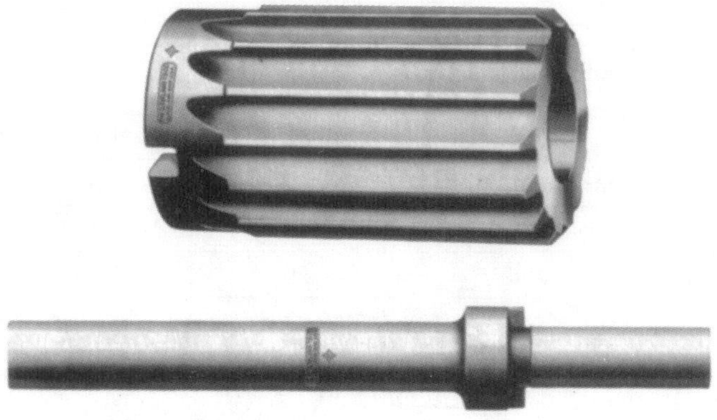

FIGURA 43-6 Las rimas de concha son económicos para rimar perforaciones grandes. (Cortesía de The Cleveland Twist Drill Co.)

ranuradas cortan a lo largo de los costados, así como con el chaflán del extremo. Estas rimas se consideran herramientas de acabado y se utilizan para dejar la perforación al tamaño.

Las rimas *de punta de carburo* (Figura 43-5) se desarrollaron para satisfacer la demanda cada vez mayor de altas velocidades de producción. Son similares a las rimas de rosa o ranuradas, excepto en que se han soldado puntas de carburo a los bordes cortantes. Debido a la dureza de las puntas de carburo, estas rimas resisten la abrasión y mantienen bordes cortantes afilados aún a altas temperaturas. Las rimas de punta de carburo duran más que las rimas de acero de alta velocidad, en especial para piezas fundidas es un problema la presencia de escoria o arena. Dado que las rimas de punta de carburo pueden utilizarse a velocidades mayores y seguir manteniendo su tamaño, tienen un uso extenso en corridas de producción grandes.

Las rimas *de concha* (Figura 43-6) son cabezales rimadores montados sobre un eje impulsor. El vástago de este eje puede ser recto o cónico, dependiendo del tamaño y tipo de rima de concha que se utilice. Dos ranuras en el extremo de esta rima se ajustan a lengüetas sobre el eje impulsor. A veces, un tornillo de fijación en el extremo del eje sostiene a la rima de concha en su lugar. Las ventajas de las rimas de concha son:

1. Son económicos para las perforaciones más grandes.
2. Se pueden intercambiar cabezas de varios tamaños en un solo eje.
3. Cuando se desgasta una rima, puede desecharse, y se puede utilizar el eje impulsor con otras rimas.

Las rimas *ajustables* (Figura 43-7) tienen hojas insertas, que pueden ajustarse aproximadamente a.015pulg(0.38 mm) por encima o debajo del tamaño nominal de la rima. El cuerpo roscado tiene una serie de ranuras cónicas a lo largo, en

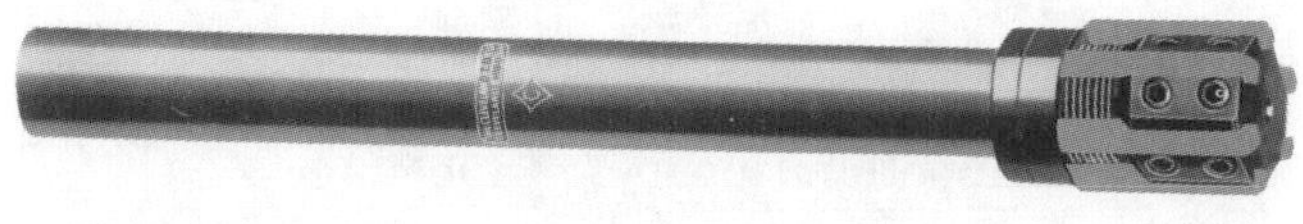

FIGURA 43-7 La rima ajustable con hojas insertas. (Cortesía de The Cleveland Twist Drill Co.)

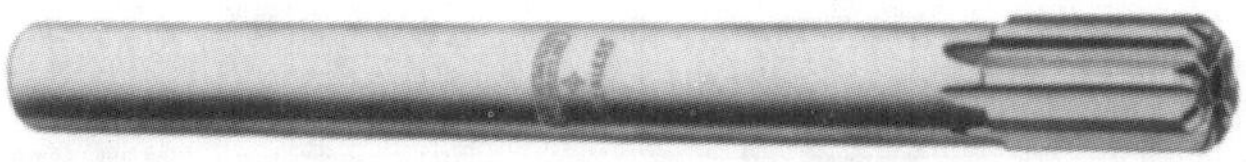

FIGURA 43-8 La rima de expansión puede expandirse ligeramente. (Cortesía de The Cleveland Twist Drill Co.)

las cuales se ajustan las hojas. Se pueden utilizar las tuercas de ajuste en ambos extremos para aumentar o reducir el diámetro de la rima. Las rimas ajustables manuales o mecánicas pueden afilarse muy rápido y están disponibles con insertos ya sea de acero de alta velocidad o de carburo.

Las rimas *de expansión* (Figura 43-8) son similares a las rimas ajustables; sin embargo, la cantidad que pueden expandirse es limitada. El cuerpo de ésta rima está ranurado, y se le ajusta un perno cónico roscado en el extremo. Al girar el perno. Una rima de 1 pulg (25 mm) puede expandirse hasta .005 pulg (0.12 mm). Las rimas de expansión no están diseñadas para hacer más grandes las rimas, sino para dar una vida más larga a rimas de acabado.

Las *rimas de emergencia,* brocas cuyas esquinas (en el borde y en la pista) han sido redondeadas y limadas ligeramente, pueden utilizarse con resultados bastante buenos si no hay una rima del tamaño particular disponible. Primero, taladre la perforación a un tamaño tan cercano como sea posible al necesario. Después, ponga la broca de rimado a una velocidad bastante alta y avance lentamente hacia la perforación.

Cuidados de las rimas

La precisión y acabado superficial de una perforación, así como la vida de la rima, dependen en gran medida del cuidado que reciba la rima. Recuerde que la rima es una herramienta de acabado y debe manejarse con cuidado.

1. Nunca gire una rima al revés; arruinará los bordes cortantes.
2. Almacene siempre las rimas en contenedores separados para evitar que los bordes cortantes se raspen o dañen. Los tubos de plástico o cartón son excelentes contenedores para rimas.
3. Nunca ruede o tire rimas sobre superficies de metal, como superficies de bancos, máquinas y placas.
4. Cuando no se utilice, la rima, debe aceitarse, especial los bordes cortantes, para evitar la herrumbre.
5. Debe utilizar un rueda de esmeril fina, de corte libre, para volver a afilar las rimas. Las rebabas en los bordes cortantes destruyen por completo a la rima; un borde cortante basto produce una perforación basta y la rima pierde filo rápidamente.

TABLA 43-1 Tolerancias de material recomendadas para rimar

Tamaño de la perforación		Tolerancia	
Pulg	mm	Pulg	mm
1/4	6.35	.010	0.25
1/2	12.7	.015	0.38
3/4	19.05	.018	0.45
1	25.4	.020	0.5
1 1/4	31.75	.022	0.55
1 1/2	38.1	.025	0.63
2	50.8	.030	0.76
3	76.2	.045	1.14

TABLA 43-2 Velocidades de rimado recomendadas para las rimas de acero de alta velocidad

Material	Velocidad	
	Pies/min	m/min
Aluminio	130–200	39–60
Latón	130–180	39–55
Bronce	50–100	15–30
Hierro fundido	50–80	15–24
Acero para máquinas	50–70	15–21
Aceros aleados	30–40	9–12
Acero inoxidable	40–50	12–15
Magnesio	170–270	52–82

TOLERANCIAS PARA RIMAR

La cantidad de material que se deja en la perforación para la operación de rimado depende de cierta cantidad de factores. Si la perforación ha sido punzonada, taladrada o madrinada burdamente, requiere de más metal para el rimado que una perforación que ya ha sido rimada con una rima de desbaste. El tipo de operación de maquinado anterior al rimado debe tomarse también en consideración, así como el material que se va a rimar.

Las reglas generales para la cantidad de material que se debe dejar en una perforación para el rimado mecánico son:

1. Para perforaciones de hasta 1/2 pulg de diámetro, deje 1/64 de pulg para el rimado.
2. En perforaciones de más de 1/2 pulg de diámetro, deje 1/32 de pulg para el rimado.

Nota: Nunca deje más de .005 pulg en una perforación para rimas manuales de hasta 1/2 pulg de diámetro. En perforaciones más grandes, debe dejarse una tolerancia proporcional para que sea posible hacer un buen acabado.

Para rimas de tamaño en sistema métrico, deje 0.1 mm para perforaciones de hasta 12 mm de diámetro. Para perforaciones de más de 12 mm, deje de 0.2 a 0.78 mm para el rimado. Vea la Tabla 43-1 para las tolerancias recomendadas en perforaciones de tamaño diverso.

VELOCIDADES Y AVANCES DE RIMADO

Velocidades

La selección de la velocidad más eficiente para el rimado mecánico depende de los siguientes factores:

1. El tipo de material que se va a rimar
2. La rigidez de la configuración
3. La tolerancia y acabado requeridos en la perforación.

En general, las velocidades de rimado deben ir de una mitad a dos tercios de la velocidad que se utiliza para taladrar el mismo material.

Las velocidades de rimado más altas pueden utilizarse cuando la sujeción es rígida; las velocidades menores deben utilizarse cuando la sujeción no lo es tanto. Una perforación que requiere tolerancias estrictas y un acabado fino debe rimarse a velocidades menores. El uso de refrigerantes mejora el acabado superficial y permite que se utilicen velocidades mayores.

Las rimas no trabajan bien cuando hay vibración; la velocidad elegida debe ser siempre lo suficientemente baja para eliminar la vibración.

La Tabla 43-2 da las velocidades de rimado recomendadas para rimas de acero de alta velocidad. Las rimas de carburo pueden operarse a velocidades mayores.

Avances

Por lo general el avance utilizado para el rimado es de dos a tres veces mayor que la que se utiliza para taladrar. La velocidad de avance variará según el material que se va a rimar; sin embargo, debe ser de aproximadamente .001 a .004 pulg (0.02 a 0.1 mm) por canal o ranura por revolución. En general los avances demasiado bajos dan como resultado vidriado, un desgaste excesivo de la rima, y a veces vibraciones. Un avance demasiado alto tiende a reducir la precisión de la perforación, y a menudo resulta en un mal acabado superficial. Generalmente, los avances deben ser lo más altos posibles, que aún así produzcan la precisión y acabado requeridos en la perforación.

Una excepción en estas velocidades de avance es cuando se están rimando perforaciones cónicas. Dado que las rimas cónicas cortan a lo largo de toda su longitud, es necesaria una avance lento. La rima debe retirarse ocasionalmente y limpiarse los canales o ranuras.

SUGERENCIAS PARA RIMAR

1. Examine la rima y elimine todas las rebabas de los bordes cortantes con un pulidor, de manera que se puedan producir buenos acabados superficiales.
2. Debe utilizarse fluido de corte en la operación de rimado para mejorar el acabado de la perforación y prolongar la vida de la rima.
3. Las rimas de canales o ranuras helicoidales deben utilizarse siempre que se rimen perforaciones largas o con chaveteros o ranuras de aceite.
4. Las rimas de canales o ranuras rectos se utilizan generalmente cuando se requiere de muchísima precisión.
5. Para obtener precisión en la perforación y un buen acabado superficial, utilice primero una rima de desbaste y después una rima de acabado. Puede utilizarse una rima vieja, un poco por debajo del tamaño nominal, como rima de desbaste.
6. *Nunca, bajo ninguna circunstancia,* gire una rima al revés.
7. *Nunca* intente comenzar a rimar sobre una superficie irregular; la rima se dirigirá hacia el punto de menor resistencia y no producirá una perforación recta y redonda.
8. Si hay vibración, detenga la máquina, reduzca la velocidad, y aumente el avance. Para corregir las marcas de la vibración, puede ser necesario volver a comenzar el rimado, moviendo lentamente a mano la banda del taladro.
9. Para evitar la vibración, elija una rima con corte incremental (dientes de espaciado desigual).
10. Cuando esté rimando manualmente en un taladro, utilice siempre un centro de muñón en el husillo del taladro para mantener la rima alineada.

FIGURA 43-9 Una pieza de trabajo sujeta correctamente sobre la mesa de trabajo. (Cortesía de Kelmar Associates.)

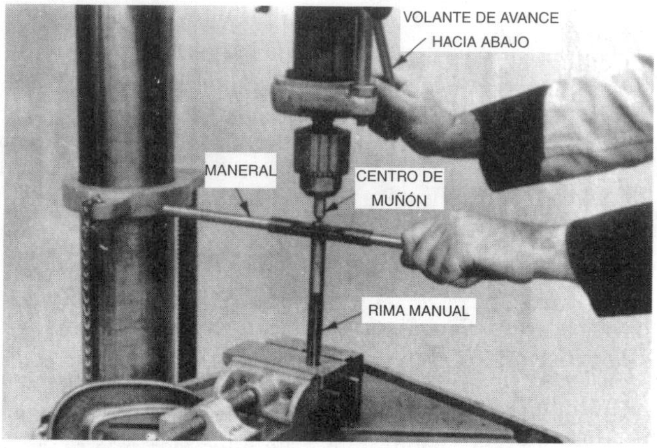

FIGURA 43-10 Se utiliza un centro de muñón para mantener la rima alineada. (Cortesía de Kelmar Associates.)

CÓMO RIMAR UNA PERFORACIÓN RECTA

Se utilizan dos tipos de rimas en el trabajo de un taller de maquinado: las rimas manuales y las mecánicas. Las rimas manuales tienen un cuadrado en el extremo y se utilizan para eliminar no más de .005 pulg (0.12 mm) de una perforación. Las rimas mecánicas pueden tener vástagos rectos que se sostienen y dirigen mediante un mandril de broca, o vástagos cónicos que se ajustan directamente al husillo del taladro. En general se utilizan para eliminar de 1⁄64 de pulg (0.4 mm) a 1⁄32 de pulg (0.8 mm) de metal de una perforación, dependiendo del diámetro de la perforación.

Rimado manual de una perforación recta

1. Monte la pieza de trabajo sobre paralelas en una prensa y sujétela con firmeza a la mesa (Figura 43-9).
2. Haga la perforación al tamaño correcto, dejando una tolerancia para que se pueda utilizar la rima manual.

Nota: La tolerancia de rimado no debe ser mayor a .005 pulg (0.12 mm) en una rima de 1 pulg (25 mm) de diámetro.

3. No mueva la posición de la pieza sobre la mesa; retire la broca y monte un centro de muñón sobre el mandril de broca (Figura 43-10).
4. Inserte el extremo de la rima en la perforación taladrada.
5. Sujete un maneral de machuelos sobre la rima.
6. Acople el centro de muñón a la perforación central en el extremo de la rima.
7. Con el volante de avance, aplique una presión ligera mientras gira a mano la rima en dirección de las manecillas del reloj.
8. Aplique fluido de corte y escarie la perforación.
9. Cuando retire la rima, gírela en dirección de las manecillas del reloj, nunca en contra.

Cómo rimar mecánicamente una perforación recta

Una perforación que debe terminarse en el tamaño correcto debe rimarse de inmediato al terminar la perforación mientras ésta está todavía alineada con el husillo del tala-

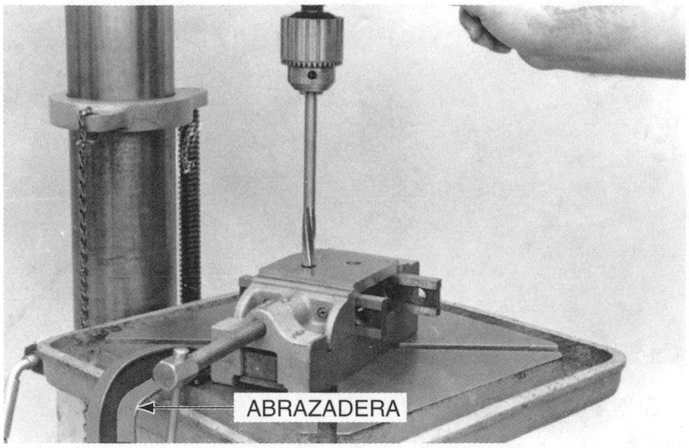
ABRAZADERA

FIGURA 43-11 Cómo rimar una perforación en el taladro.
(Cortesía de Kelmar Associates.)

dro. Esto asegurará que la rima siga la misma posición que la broca.

1. Monte la pieza de trabajo sobre paralelas en una prensa y sujétela con firmeza sobre la mesa.
2. Elija la broca del tamaño adecuado para dejar la tolerancia de rimado necesaria, y taladre la perforación.

Nota: *No mueva la pieza de trabajo o la mesa del taladro en este momento.*

3. Monte la rima adecuada en el taladro.
4. Ajuste la velocidad del husillo adecuada a la rima y al material de trabajo.
5. Encienda el taladro y baje con cuidado el husillo hasta que el chaflán de la rima comience a cortar (Figura 43-11).
6. Aplique fluido de corte y avance la rima aplicando la presión suficiente para mantener la rima cortando.
7. Retire la rima de la perforación elevando el volante de avance.
8. Apague la máquina y elimine las rebabas del borde de la perforación.

CÓMO RIMAR UNA PERFORACIÓN CÓNICA

Cuando rime una perforación cónica en una pieza de trabajo, taladre en escalones la perforación antes de rimar. Las brocas recomendadas pueden determinarse a partir de la Figura 43-12.

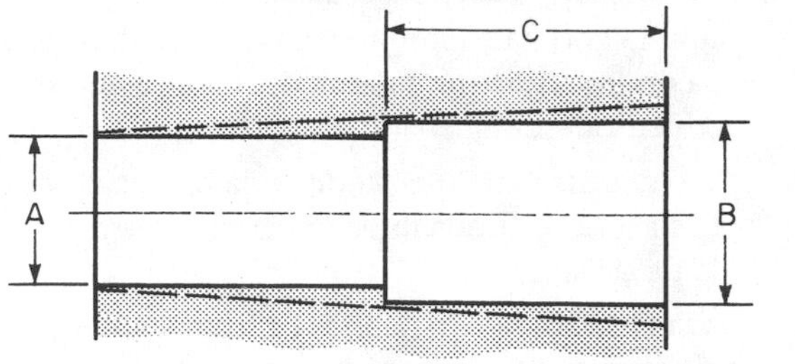
C
A
B
A. (TAMAÑO DE LA BROCA PEQUEÑA) DEBE SER DE MENOR DIÁMETRO DE LA PERFORACIÓN CÓNICA MENOS 1/64 DE PULG.
B. (TAMAÑO DE LA BROCA GRANDE) DEBE SER DEL TAMAÑO DEL DIÁMETRO MEDIO DE LA PERFORACIÓN CÓNICA MENOS 1/64 DE PULG.
C. (PROFUNDIDAD DE LA PERFORACIÓN GRANDE) UNA MITAD DE LA LONGITUD DEL CONO MENOS 1/16 DE PULG.

FIGURA 43-12 Tamaños de broca para perforaciones cónica.
(Cortesía de Kelmar Associates.)

1. Monte la pieza de trabajo sobre paralelas en una prensa o sobre la mesa del taladro y sujétela con firmeza.
2. Centre el centro de la perforación debajo del punto de la broca.
3. Taladre una perforación $1/64$ pulg (0.4 mm) menor que el menor diámetro requerido (A) en la perforación cónica (Figura 43-12).
4. Consiga una broca $1/64$ de pulg (0.4 mm) menor que el tamaño de la perforación terminada medida en el punto del diámetro *B* (a la mitad de la longitud de la sección cónica).
5. Taladre la perforación $1/16$ de pulg (1.5 mm) más pequeña que la dimensión en C (Figura 43-12).
6. Monte una rima de desbaste cónica en el husillo del taladro.
7. Ajuste la velocidad del husillo a aproximadamente una mitad de la velocidad utilizada para rimar una perforación recta.
8. Realice el rimado de desbaste de la perforación aproximadamente a.005 pulg (0.12 mm) por debajo del tamaño necesario aplicando fluido de corte.
9. Monte la rima de acabado, aplique fluido de corte, y haya el rimado de acabado de la perforación al tamaño correcto.

PREGUNTAS DE REPASO

Rimas

1. ¿Cuál es el propósito de una rima?
2. Defina las siguientes partes de la rima:
   a. Cuerpo
   b. Ángulo de chaflán
   c. Ángulo del claro del cuerpo
   d. Pista radial
3. ¿Cómo puede distinguirse una rima manual, y con qué propósito se le utiliza?
4. Haga la comparación entre una rima de rosa y una rima ranurada.
5. Mencione las ventajas de las rimas de punta de carburo.
6. Describa brevemente los siguientes tipos de rimas y mencione su propósito:
   a. De concha
   b. Ajustable

Cuidados de las rimas

7. Mencione tres puntos importantes que deben observarse en el cuidado de las rimas.

Tolerancias del rimado

8. ¿Cuál es la regla general para la cantidad de material que se deja en la perforación en la rima mecánica?
9. ¿Cuánto material debe dejarse en las siguientes perforaciones para el rimado mecánico?
   a. $1\frac{1}{4}$ pulg
   b. 19.05 mm

Sugerencias de rimado

10. Mencione siete de las sugerencias de rimado más importantes.

Cómo rimar perforaciones rectas y cónicas

11. ¿Cuánto material debe dejarse en la perforación para el rimado a mano?
12. ¿Cómo puede mantenerse la rima alineada cuando se rima a mano en un taladro?
13. ¿Por qué no debe moverse la pieza de trabajo o la mesa del taladro antes de rimar una perforación?
14. Dibuje un esquema claro del procedimiento para taladrado de preparación del rimado de una perforación cónica.

UNIDAD

44

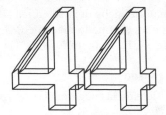

Operaciones en el taladro

OBJETIVOS

Al terminar el estudio de esta unidad, se podra:

1 Contrataladrar y avellanar una perforación
2 Elegir y utilizar el machuelo correcto para roscar una perforación con el taladro
3 Utilizar tres métodos para transferir posiciones de perforaciones

El taladro es una máquina herramienta versátil y se puede utilizar para llevar a cabo una variedad de operaciones, además del taladrado de perforaciones. La variedad de herramientas de corte y de acabado disponibles permiten operaciones como roscado, contrataladrado, avellanado y careado.

CONTRATALADRADO

El contrataladrado es la operación de agrandar el extremo de una perforación. Generalmente se contrataladra una perforación a una profundidad ligeramente mayor que la cabeza del perno, tornillo o pasador que va a acomodar.

Los *contrataladros* (Figura 44-1) vienen en una variedad de estilos, y cada uno trae un piloto en el extremo para mantener la herramienta alineada con la perforación que se está contrataladrando. Algunos contrataladros vienen disponibles con pilotos intercambiables, que se ajustan a una variedad de tamaños de perforaciones.

Cómo contrataladrar una perforación

1. Coloque y sujete firmemente la pieza.
2. Haga una perforación del tamaño adecuado en la pieza de trabajo, que se adecue al cuerpo del perno o tornillo.
3. Monte el contrataladro del tamaño correcto en el taladro (figura 44-2).
4. Ajuste la velocidad del taladro a aproximadamente un cuarto de la que se utiliza para el taladrado.
5. Acerque el contra taladro a la pieza y observe que el piloto gira libremente dentro de la perforación.
6. Arranque la máquina, aplique fluido de corte y contrataladre a la profundidad requerida.

AVELLANADO

El avellanado es el proceso de agrandar el extremo superior de una perforación en forma de cono, para dar cabida a las cabezas de forma cónica de los sujetadores, de forma que la cabeza se funda o quede por debajo de la superficie de la pieza. Estas herramientas de corte, llamadas *avellanadores* (Figura 44-3), están disponibles con varios ángulos inclusos, como 60°, 82°, 90°, 100°, 110°, Y 120°.

FIGURA 44-1 Juego de contrataladros. (Cortesía de Kelmar Associates.)

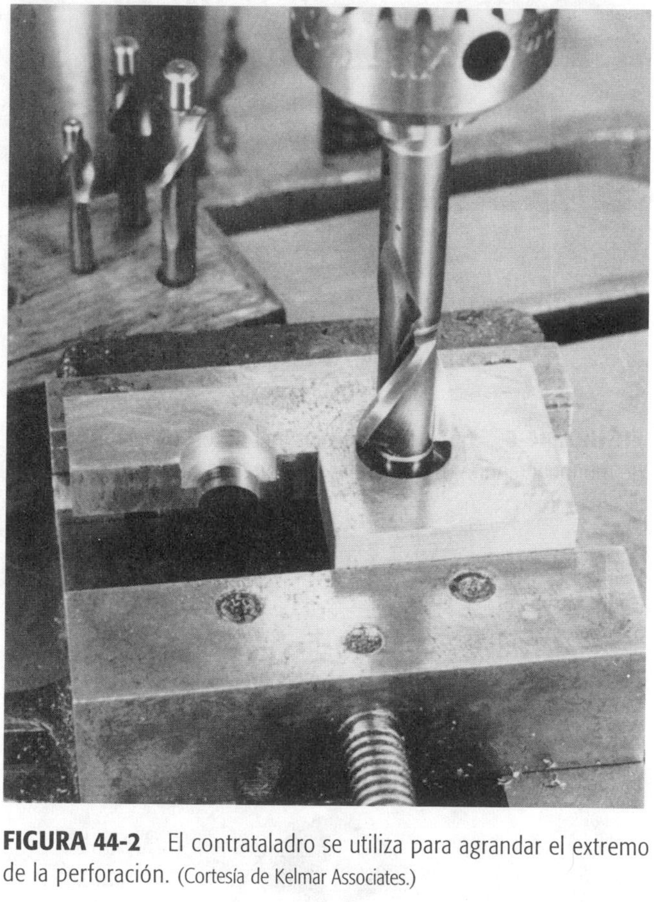

FIGURA 44-2 El contrataladro se utiliza para agrandar el extremo de la perforación. (Cortesía de Kelmar Associates.)

FIGURA 44-3 El avellanado produce una perforación cónica para dar cabida a un tornillo de máquinaria de cabeza plana. (Cortesía de Kelmar Associates.)

FIGURA 44-4 Avellane hasta que la parte superior de la perforación sea ligeramente mayor que el diámetro de la cabeza del tornillo. (Cortesía de Kelmar Associates.)

Se utiliza un avellanador de 82° para agrandar la parte superior de una perforación de modo que de cabida a un tornillo de máquina de cabeza plana (Figura 44-4). La perforación se avellana hasta que la cabeza del tornillo de máquina se funde o quede ligeramente por debajo de la parte superior de la superficie de la pieza (Figura 44-4). Todas las perforaciones que se vayan a roscar deben avellanarse a un poco más que el diámetro del machuelo, para proteger el comienzo de la rosca.

La velocidad recomendada para el avellanado es de aproximadamente un cuarto de la velocidad de taladrado.

Cómo avellanar una perforación para un tornillo de máquina

1. Monte un avellanador de 82° en el mandril para brocas.
2. Ajuste la velocidad del husillo a aproximadamente la mitad de la velocidad que se utilizó en el taladrado.
3. Coloque la pieza sobre la mesa del taladro.
4. Con el husillo detenido, baje el avellanador hacia la perforación. Sujete la pieza, si es necesario. Si se utiliza un avellanador del tipo con piloto, el piloto debe deslizarse justamente dentro de la perforación taladrada. El piloto centrará la herramienta de corte con la pieza de trabajo.
5. Suba ligeramente el avellanador, arranque la máquina, y avance el avellanador manualmente hasta que se alcance la profundidad necesaria. El diámetro puede verificarse colocando un tornillo invertido en la perforación avellanada (Figura 44-4).
6. Si se deben avellanar varias perforaciones, ajuste el tope de profundidad, de manera que todas las perforaciones tengan la misma profundidad. El medidor debe ajustarse cuando el husillo esté detenido y el avellanador dentro de la perforación.
7. Avellane todas las perforaciones a la profundidad que marca el medidor.

ROSCADO

El roscado en un taladro puede realizarse ya sea a mano o mecánicamente mediante el uso de un aditamento para roscado. La ventaja de utilizar un taladro para roscar una perforación es que el machuelo puede introducirse recto y mantenerlo de esa manera a todo lo largo de la perforación.

El roscado mecánico involucra el uso de un aditamento para roscar montado sobre el husillo del taladro. La operación de roscado debe realizarse inmediatamente después de la operación de taladrado, para obtener la mejor precisión y evitar duplicar la puesta a punto. Esta secuencia es especialmente importante cuando se rosca a mano.

Los machuelos que se utilizan más para roscar perforaciones en un taladro son los machuelos manuales y los machuelos mecánicos. Los machuelos manuales (Figura 44-5) están disponibles en juegos que contienen machuelos cónicos, paralelos y de fondo. Cuando utilice machuelos manuales en un taladro, es importante que el machuelo sea guiado sosteniéndolo con un mandril para brocas o apoyándolo en un centro de muñón y girándolo a mano.

Los machuelos mecánicos están diseñados para soportar el par de torsión necesaria para roscar la perforación y despejar muy rápido las virutas de la perforación. Los machuelos mecánicos más comunes son los machuelos de pistola, de muñón y ranura y de ranura en espiral (Figura 44-6).

El *machuelo sin ranuras* (Figura 44-7) es en realidad una herramienta de formado, que se utiliza para producir roscas internas en materiales dúctiles, como el cobre, latón, aluminio y aceros con plomo.

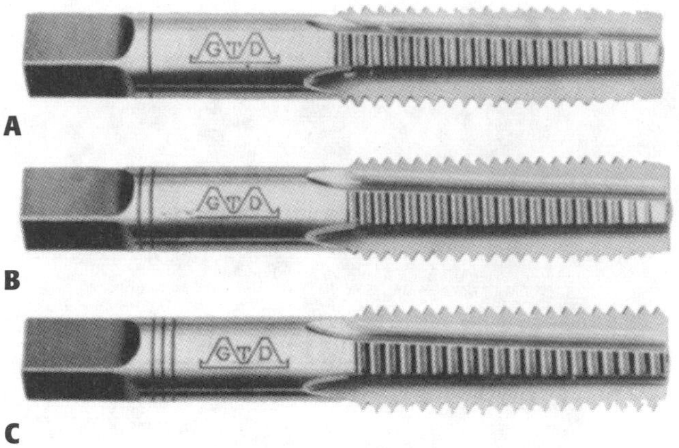

FIGURA 44-5 Juego de machuelos manuales: (A) cónico; (B) paralelo; (C) de fondo. (Cortesía de Greenfield Industries, Inc.)

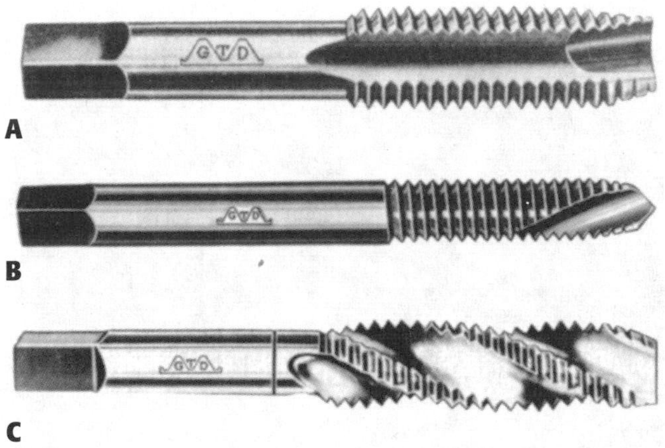

FIGURA 44-6 Tipos de machuelos mecánicos: (A) de pistola; (B) de muñón y ranura; (C) de ranura en espiral. (Cortesía de Greenfield Industries, Inc.)

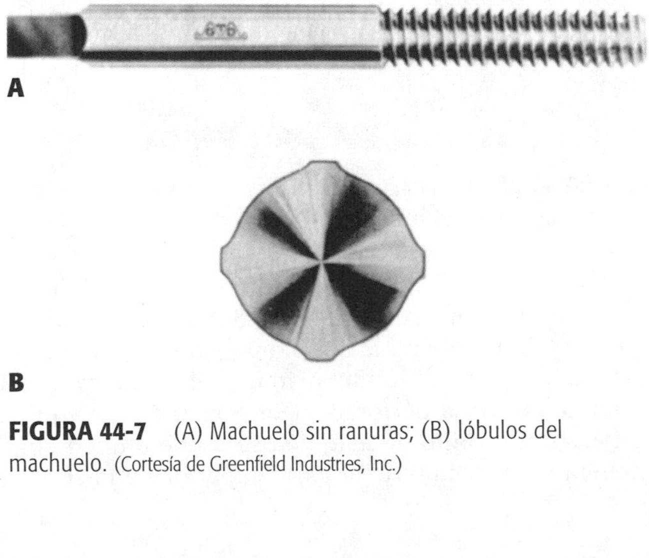

FIGURA 44-7 (A) Machuelo sin ranuras; (B) lóbulos del machuelo. (Cortesía de Greenfield Industries, Inc.)

Cómo roscar una perforación a mano en un taladro

1. Monte la pieza de trabajo sobre paralelas con la marca del punzón de centro sobre la pieza alineada con el husillo, y sujete la pieza de trabajo firmemente a la mesa del taladro.
2. Ajuste la altura de la mesa del taladro de forma que la broca pueda retirarse después de haber taladrado la perforación, sin mover mesa o la pieza de trabajo.
3. Taladre el centro de la posición de la perforación.
4. Taladre la perforación al *tamaño de broca para el machuelo* correcto que se va a utilizar.

Nota: No deben *moverse* ni la pieza de trabajo ni la mesa después del taladrado.

5. Monte un centro de muñón sobre el mandril para brocas (Figura 44-8),

   O BIEN

   Retire el mandril para brocas y monte un centro especial en el husillo del taladro.
6. Sujete el maneral de machuelo adecuado al extremo del machuelo.
7. Coloque el machuelo en la perforación taladrada, y baje el husillo del taladro hasta que el centro se ajuste a la perforación central en el vástago del machuelo.
8. Gire el maneral de machuelo en dirección de las manecillas del reloj para meter el machuelo en la perforación, y al mismo tiempo mantenga el centro en contacto ligero con el machuelo.
9. Continúe roscando la perforación de la manera usual; mantenga el machuelo alineado aplicando presión ligera en el volante de avance del taladro.

Puede montarse un *aditamento para roscado* (Figura 44-9) al husillo de un taladro para girar el machuelo mecánicamente. Tiene un embrague de fricción integrado que gira el machuelo en dirección de las manecillas del reloj cuando el husillo del taladro se avanza hacia abajo. Si existe una presión excesiva contra el machuelo debido a que está atorado o atascado en la perforación, el embrague se soltará antes que el machuelo se rompa. El aditamento de machuelo tiene un mecanismo de reversa, que acopla cuando se eleva el husillo del taladro, para sacar el machuelo de la perforación.

Los machuelos de máquina o pistola de dos o tres ranuras se utilizan para roscar bajo potencia, debido a su capacidad de desalojar las virutas. La velocidad de roscado para la mayoría de los materiales va de 60 a 100 r/min.

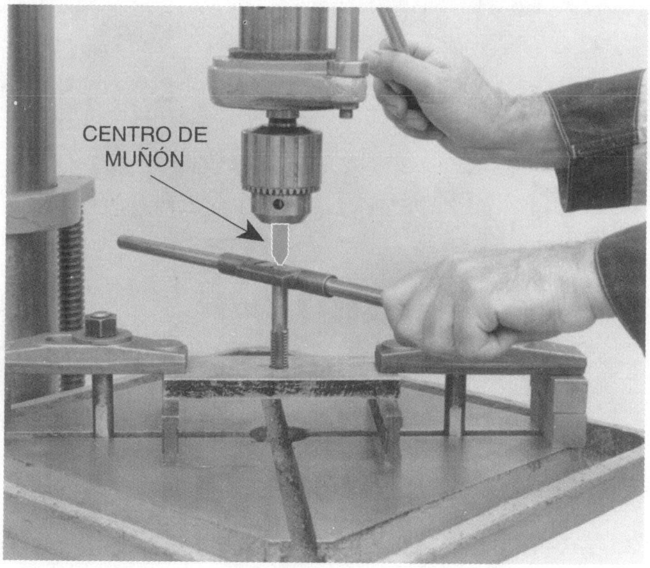

FIGURA 44-8 Cómo guiar un machuelo hacia la pieza utilizando un centro de muñón sostenido en el mandril para brocas. (Cortesía de Kelmar Associates.)

FIGURE 44-9 Aditamento para roscado sostenido en un taladro. (Cortesía de Kelmar Associates.)

CÓMO TRANSFERIR LA POSICIÓN DE PERFORACIONES

Durante la construcción de matrices, guías, dispositivos y piezas de maquinaria, a menudo es necesario transferir la posición de perforaciones con precisión de una pieza a otra. Tres de los métodos comunes para transferir la posición de perforaciones son:

1. Marcado con una broca
2. Uso de punzones de transferencia
3. Uso de tornillos de transferencia

Sin importar qué método utilice, las perforaciones de la pieza existente se utilizan como maestras o guías para transferir la posición de las perforaciones a otra pieza.

Cómo marcar con una broca

1. Elimine las rebabas de las superficies en contacto de las dos piezas.

FIGURA 44-10 Cómo transferir la posición de perforaciones marcando con una broca. (Cortesía de Kelmar Associates.)

2. Alinee ambas piezas con precisión y sujételas juntas.
3. Monte una broca, del mismo diámetro que la perforación que se va a transferir, en el husillo del taladro.
4. Meta la broca en la perforación de la pieza guía y taladre en la marca de la segunda pieza (Figura 44-10).

Nota: Nunca taladre para marcar a mayor profundidad que el diámetro de la broca.

5. Marque con la broca todas las perforaciones que hay que transferir.
6. Retire la pieza original.
7. Taladre las perforaciones marcadas al diámetro requerido.

Para utilizar punzones de transferencia

1. Elimine las rebabas de las superficies en contacto de las dos piezas.
2. Alinee las dos piezas con precisión y sujételas juntas.
3. Asegure un punzón de transferencia (Figura 44-11) del mismo diámetro que la perforación que se va a transferir.
4. Coloque el punzón en la perforación y golpéelo *ligeramente* con un martillo para marcar la posición de la perforación.
5. Utilice el punzón de transferencia del tamaño correcto en todas las perforaciones que hay que transferir.
6. Retire la pieza original.
7. Utilice un compás de secas o divisor para trazar círculos de prueba en las perforaciones que se van a taladrar.
8. Con un punzón para centros, haga más profundas las marcas existentes del punzón de transferencia.
9. Utilice el método descrito en "Cómo taladrar según diseño" (Unidad 42) para efectuar perforaciones en posición precisa.

Para utilizar tornillos de transferencia

A menudo es necesario transferir la posición de perforaciones roscadas. Esto puede realizarse fácilmente mediante

FIGURA 44-11 Cómo transferir la posición de perforaciones utilizando un punzón de transferencia. (Cortesía de Kelmar Associates.)

FIGURA 44-12 Los tornillos de transferencia se utilizan para transferir la posición de perforaciones roscadas. (Cortesía de Kelmar Associates.)

el uso de tornillos de transferencia (Figura 44-12), que han sido endurecidos y afilados en punta. Se esmerilan dos planos en el punto para permitir que los tornillos se rosquen en la perforación con una llave pequeña o con un par de pinzas de punta de aguja.

1. Elimine todas las rebabas de las superficies en contacto.
2. Rosque tornillos de transferencia en las perforaciones que hay que transferir, permitiendo que los puntos se extiendan más allá de la superficie del trabajo por aproximadamente 1/32 de pulg (0.8 mm).
3. Alinee ambas piezas con precisión y después golpee rápidamente una pieza con el martillo.
4. Retire la pieza original y haga más profundas las marcas que dejaron los tornillos de transferencia con un punzón de centro.
5. Taladre todas las perforaciones al tamaño necesario.

PLANTILLAS DE TALADRADO

Se utiliza una plantilla de taladrado siempre que es necesario taladrar perforaciones en una posición exacta en muchas piezas idénticas. Las plantillas de taladrado se utilizan para ahorrar tiempo de trazo, evitar perforaciones mal colocadas, y producir perforaciones precisa y económicamente. Las ventajas de utilizar una plantilla de taladrado son las siguientes:

1. Ya que no es necesario trazar la posición de las perforaciones, se elimina el tiempo de trazo.
2. Cada pieza se alinea rápidamente y con precisión.
3. La pieza se sostiene en posición mediante un mecanismo de sujeción.
4. Los bujes que tiene la plantilla de taladrado sirven de guía al taladro.
5. La posición de las perforaciones en cada pieza será exactamente la misma; por lo tanto, las piezas producidas serán intercambiables.
6. Se puede utilizar mano de obra sin capacitación.

Una plantilla de taladrado (Figura 44-13) se utiliza de forma que la pieza que se va a taladrar se pueda sujetar a ella y taladrarse inmediatamente. Los bujes endurecidos de la plantilla de taladrado, utilizados para guiar y mantener la broca en posición, están localizados en la plantilla de taladrado en todos los lugares donde se debe hacer una perforación. Cuando se deben taladrar dos o más tamaños diferentes de perforaciones en la misma pieza, es preferible disponer de un taladro múltiple o multihusillo. Se monta una broca de diferente tamaño en cada husillo, y el taladrado pasa de un husillo al siguiente para cada perforación.

FIGURE 44-13 Una plantilla de taladrado coloca cualquier cantidad de piezas idénticas de manera que se puedan taladrar perforaciones en una ubicación precisa. (Cortesía de The Cleveland Twist Drill Co.)

PREGUNTAS DE REPASO

Contrataladrado y avellanado

1. Mencione los procedimientos para contrataladrar una perforación.
2. ¿Por qué se deben avellanar las perforaciones que se van a roscar?

Roscado

3. ¿Cuál es la ventaja de roscar a mano una perforación sobre el taladro?
4. Describa el procedimiento para roscar a mano una perforación sobre un taladro.
5. Explique cómo opera un aditamento para machuelear.

Transferencia de posición de perforaciones

6. Mencione tres métodos para transferir la posición de perforaciones de una pieza a otra.
7. Explique el procedimiento para centrar con una broca.
8. ¿Qué son los punzones de transferencia y cómo se utilizan?
9. Describa los tornillos de transferencia y explique cómo se utilizan.

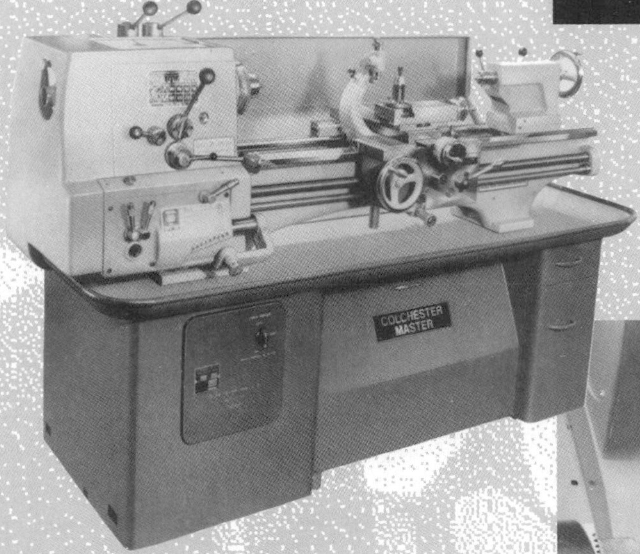
COLCHESTER
MASTER

SECCIÓN

11

EL TORNO

Históricamente, el torno es el precursor de todas las máquinas herramienta. La primera aplicación del principio del torno probablemente fue en la rueda del alfarero. La máquina hacía girar una masa de arcilla y permitía que se le diera una forma cilíndrica.

El torno moderno opera a partir del mismo principio básico. La pieza de trabajo se sostiene y se gira sobre su eje mientras la herramienta de corte avanza sobre las líneas del corte deseado (Figura 1 de la página 336). El torno es una de las máquinas herramienta más versátiles utilizadas en la industria. Con los aditamentos adecuados, el torno puede utilizarse para operaciones de torneado, hacer conos, formado, cortar tornillos, refrentado, taladrado, mandrinado, rechazado, esmerilado y pulido. Las operaciones de corte se realizan con una herramienta de corte que avanza ya sea paralelamente o en un ángulo recto respecto al eje de la pieza de trabajo. La herramienta de corte también puede avanzar con un ángulo relativo al eje de la pieza de trabajo, para maquinar conos y ángulos.

La producción moderna ha provocado el desarrollo de muchos tipos especiales de tornos, como el mecánico de engranaje, revólver automático de un husillo sencillo y múltiple, pantógrafo, y de control numérico, y ahora los centros de torneado controlados por computadora.

El *torno mecánico de engranaje* (Figura 2 de la página 336), que básicamente no es un torno de producción, se encuentra en talleres no profesionales, talleres escolares y cuartos de herramientas.

Cuando se requieren muchas piezas duplicadas, se puede utilizar el *torno revólver* (Figura 3 de la página 336). Este torno está equipado con un poste para herramientas con costados múltiples, llamado torreta, al cual se pueden montar varias herramientas de corte diferentes. Se emplean diferentes herramientas de corte en una secuencia dada para llevar a cabo una serie de operaciones en cada pieza. Esta misma secuencia puede repetirse en muchas piezas, sin necesidad de cambiar o reajustar las herramientas de corte.

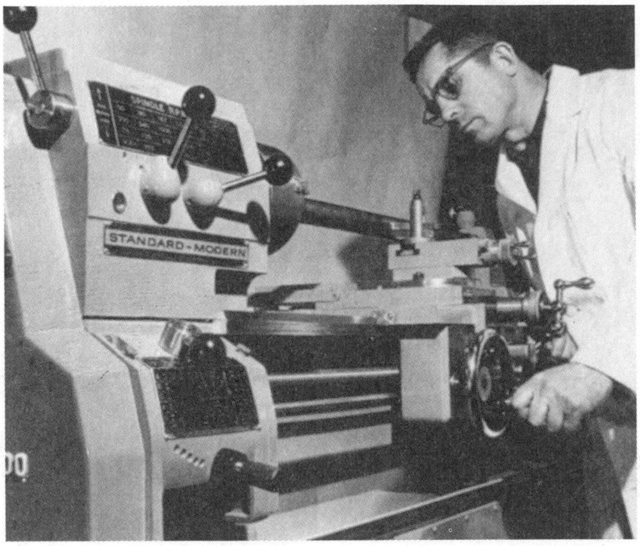

FIGURA 1 El propósito principal del torno es maquinar piezas de trabajo redondas. (Cortesía de Standard-Modern Tool Company.)

FIGURA 2 El torno mecánico de engranaje es el torno que se encuentra comúnmente en el taller de maquinado. (Cortesía de South Bend Lathe Corp.)

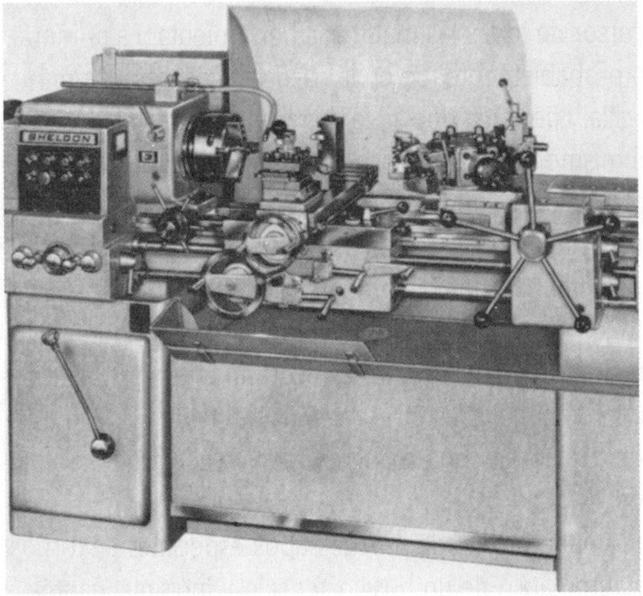

FIGURA 3 Se utiliza un torno revólver para producir piezas en masa. (Cortesía de Sheldon Machine Tool Co.)

FIGURA 4 Torno automático de husillo sencillo.

Cuando se requieren cientos o miles de piezas pequeñas idénticas, pueden producirse en *tornos automáticos de husillo sencillo o múltiple* (Figura 4). En estas máquinas pueden llevarse a cabo seis u ocho operaciones diferentes en muchas piezas al mismo tiempo. Una vez ajustada, la máquina producirá las piezas por el tiempo que sea necesario.

Los *tornos pantógrafos* (Figura 5) se utilizan cuando se requieren unas pocas piezas duplicadas. Un avance transversal operado hidráulicamente (con herramienta de corte) es controlado mediante un palpador que se apoya contra una plantilla redonda o plana. Están disponibles aditamentos de pantógrafo para convertir la mayoría de los tornos mecánicos de engranaje en tornos pantógrafos.

FIGURA 5 Aditamento pantógrafo hidráulico montado en un torno. (Cortesía de Cincinnati Milacron, Inc.)

A

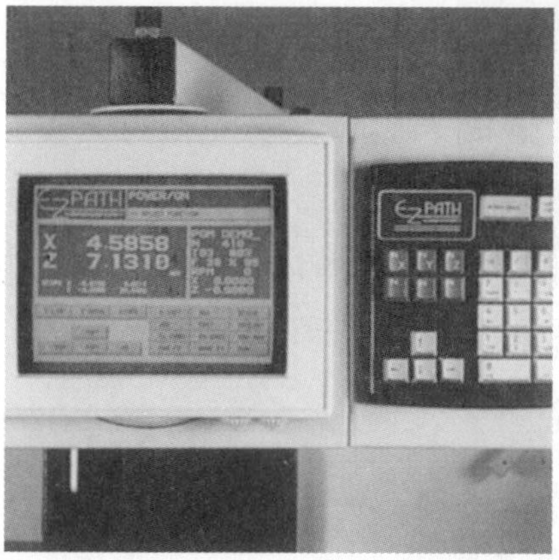

"LECTURA DIGITAL" INTELIGENTE

B

VOLANTES ELECTRÓNICOS DUALES

C

TORRETA MANUAL DE 8 ESTACIONES

D

FIGURA 6 El torno EZ Path® con control en dos ejes puede operarse manual o automáticamente. (Cortesía de Bridgeport Machines, Inc.)

Una característica innovadora en los tornos es el desarrollo del torno convencional/programable, Figura 6A. Este torno puede operarse como torno estándar o como torno programable, para que repita automáticamente operaciones de maquinado o para que maquine piezas enteras. Está equipado con un control en 2 ejes de 32 bits que permite un cambio rápido del modo manual al programable. El "DRO, por Direct Readout" (lectura digital) inteligente de la Figura 6B, muestra la posición exacta de la herramienta de corte y las dimensiones de la pieza de trabajo con los ejes X y Z en pulgadas o milímetros.

El banco de memoria del control programable puede recordar los pasos de una operación realizada manualmente. Si es necesario, esta información puede editarse si se requiere algún cambio en los pasos o en la información del programa.

FIGURE 7 Torno de control numérico. (Cortesía de Cincinnati Milacron, Inc.)

FIGURE 8 Torno equipado con sistema de lectura digital. (Cortesía de Sheffield Measurement Div.)

Los tornos de control numérico computarizados y los centros de torneado (Figura 6) han tenido un amplio uso en los últimos años. En estas máquinas, los movimientos de la herramienta de corte se controlan mediante un programa controlado por computadora para llevar a cabo una secuencia de operaciones automáticamente sobre la pieza de trabajo, una vez que la máquina ha sido ajustada.

Un dispositivo útil y popular que puede agregarse a un torno mecánico de engranaje (o a cualquier otra máquina) es el *sistema de lectura digital.* Los tornos mecánicos de engranaje equipados con estos dispositivos (Figura 7) pueden producir piezas duplicadas dentro de .001 pulg (0.02 mm) o menos en diámetros y longitudes de la pieza.

Sólo el torno mecánico de engranaje, el básico de todos los tornos, será analizado con detalle en las siguientes unidades.

UNIDAD 45

Partes del torno mecánico de engranaje

OBJETIVOS

Al terminar el estudio de esta unidad, se podrá:

1. Identificar y mencionar los propósitos de las partes operativas principales del torno
2. Ajustar el torno para que opere a cualquier velocidad deseada
3. Ajustar el avance adecuado para el corte requerido

Muchas de las piezas que se tornean, excepto en los talleres de producción, serán efectuadas en un torno mecánico de engranaje. Este torno es una máquina precisa y versátil, en la cual se pueden llevar a cabo muchas operaciones como torneado, conicidades, formado, roscado, careado, taladrado, mandrinado (torneado interno), esmerilado y pulido. Tres tornos mecánicos de engranaje comunes son el torno de herramentista, el de servicio pesado, y el de bancada dividida.

TAMAÑO Y CAPACIDAD DEL TORNO

El tamaño del torno está definido por el *mayor diámetro de la pieza de trabajo* que puede girar sobre las guías del torno y generalmente por la *distancia máxima entre centros* (Figura 45-1 de la página 340). Algunos fabricantes determinan el tamaño del torno según el mayor diámetro de la pieza de trabajo que puede ponerse sobre las guías del torno y la longitud total de la bancada.

Los tornos se fabrican en un amplio rango de tamaños, siendo los más comunes los de volteo de 9 a 30 pulg, con una capacidad de 16 pulg a 12 pies entre centros. Un torno típico puede tener un volteo de 36 pulg, una bancada de 6 pies, y una capacidad de tornear piezas de 36 pulg de longitud entre centros (Figura 45-1 de la página 340).

El torno en sistema métrico promedio utilizado en talleres escolares puede tener un volteo de 230 a 330 mm y una longitud de bancada de 500 a 3000 mm.

PARTES DEL TORNO

Las partes principales del torno son la bancada (y guías), el cabezal, la caja de engranes de cambio rápido, el carro soporte, y el contrapunto.

Bancada

La *bancada* es una pieza fundida pesada y robusta, hecha para soportar las partes de trabajo del torno. En su sección superior están las guías maquinadas que guían y alinean las partes principales del torno.

Cabezal

El *cabezal* (Figura 45-3) está fijado sobre el lado izquierdo de la bancada. El *husillo del cabezal,* un eje cilíndrico y hueco soportado por cojinetes, proporciona el impulso a través de los engranes desde el motor a los dispositivos de sujeción de la pieza de trabajo. Puede ajustarse un centro vivo, un plato o un mandril (chucr) al extremo del husillo, para sujetar y dirigir la pieza de trabajo. El centro vivo tiene una punta de 60° que proporciona el apoyo para que el trabajo gire entre centros.

Los husillos del cabezal pueden ser propulsados ya sea por una banda con polea escalonada, o por engranes de transmisión en el cabezal (Figura 45-3). Los tornos con propulsión por polea escalonada se conocen generalmente como tornos de banda; el torno propulsado por engranes se conoce como torno de cabezal de engranes. Algunos tornos para servicio ligero y medio están equipados con propulsión de velocidad variable. En este tipo de propulsión, la velocidad puede cambiarse mientras el husillo del cabezal está girando. Sin embargo, cuando el torno cambia en el intervalo de alta a baja velocidad o viceversa, el husillo del torno debe detenerse antes que se haga el cambio de velocidad. La *palanca de avance en reversa,* montada sobre el cabezal, invierte la rotación de la varilla de avance y tornillo guía.

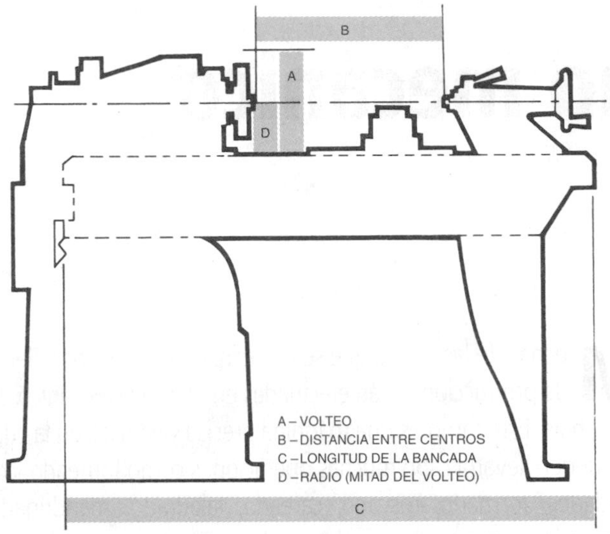

FIGURA 45-1 El tamaño del torno está indicado por el diámetro de volteo y la longitud de la bancada. (Cortesía de South Bend Lathe Corp.)

FIGURE 45-3 Cabezal de propulsión por engranes.

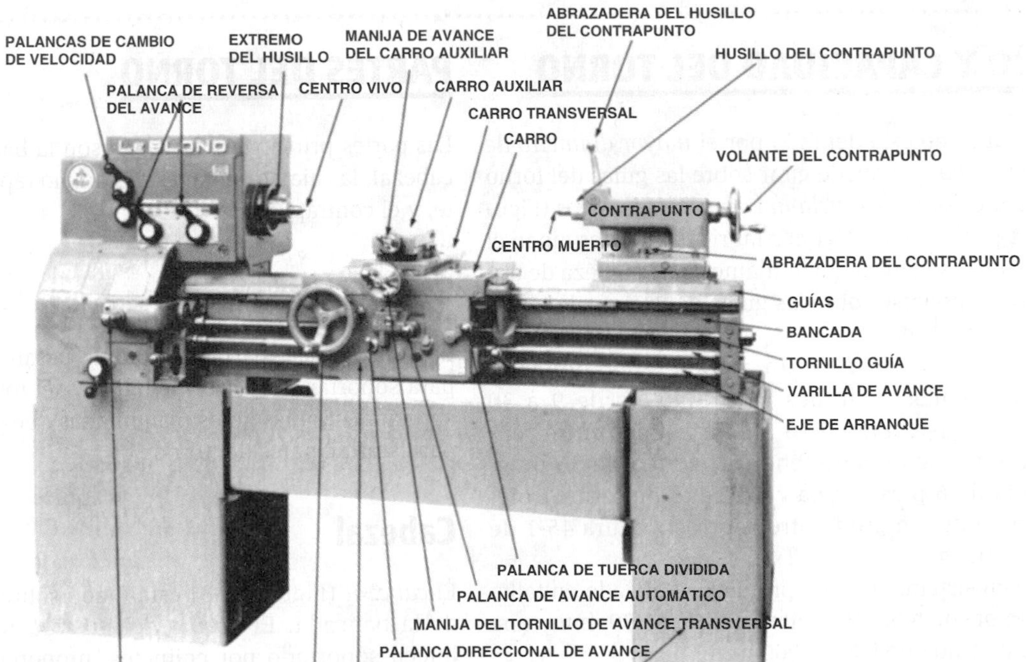

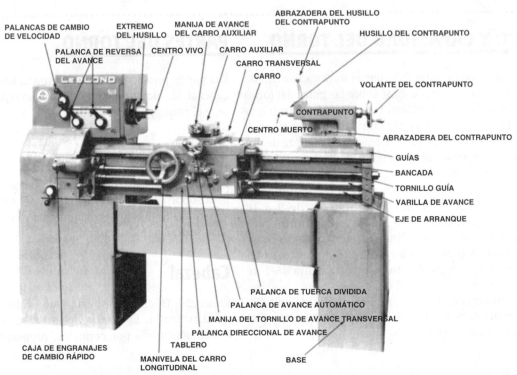

FIGURA 45-2 Las partes de un torno mecánico de engranaje. (Cortesía de The LeBlond-Makino Machine Tool Co.)

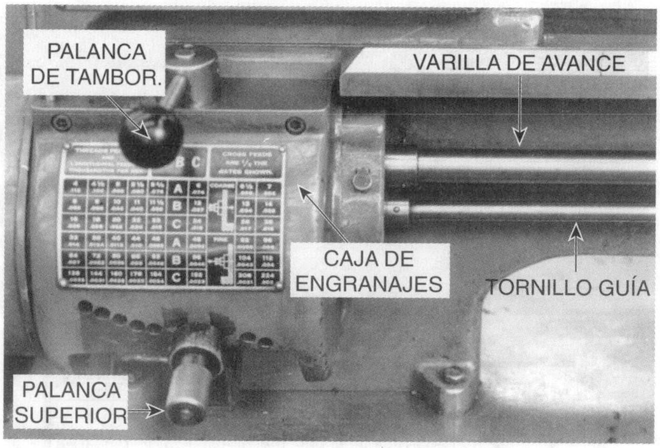

A

B

FIGURE 45-4 (A) Caja de engranajes de cambio rápido; (B) sección transversal de una caja de engranajes de cambio rápido. (Cortesía de Kelmar Associates.)

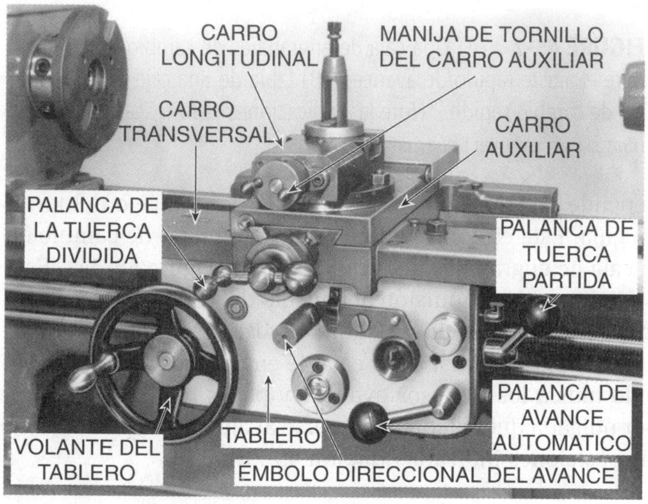

FIGURE 45-5 Partes principales del carro longitudinal de un torno mecánico de engranaje. (Cortesía de Kelmar Associates.)

Caja de engranajes de cambio rápido

La *caja de engranajes de cambio rápido* (Figura 45-4), que contiene una cantidad de engranes de diferente tamaño, da a la *varilla de avance* y al *tornillo guía* varias velocidades para operaciones de torneado y de corte de roscas. La varilla de avance avanza al carro longitudinal para operaciones de torneado cuando se acopla la *palanca de avance automático*. El tornillo guía avanza el carro longitudinal en operaciones de corte de roscas cuando se acopla la *palanca de tuerca partida.*

Carro longitudinal

El *carro longitudinal* (Figura 45-5) —que consta de tres partes principales: montura, carro transversal y tablero — se utilizan para mover la herramienta de corte a lo largo de la bancada del torno. La montura *o soporte,* una pieza fundida en forma de H, montada en la parte superior de las guías del torno, proporciona el medio para montar el carro transversal y el tablero.

El *carro transversal,* montado sobre la montura, hace un movimiento transversal manual o automático para la herramienta de corte. El *carro auxiliar,* colocado en la parte superior del carro transversal, se utiliza para soportar la herramienta de corte. Puede girarse en cualquier ángulo para operaciones de torneado cónicas y se mueve manualmente. Tanto el carro transversal como el carro auxiliar tienen collares graduados que aseguran ajustes precisos de la herramienta de corte en milésimas de pulgada o centésimas de milímetro. El tablero, sujeto a la montura, aloja los engranes y el mecanismo necesario para mover el carro longitudinal o el carro transversal automáticamente. Una palanca de fijación dentro del tablero evita que se acoplen las palancas de tuerca dividida y la de avance automático al mismo tiempo.

El volante *del tablero* puede girarse manualmente para mover el carro longitudinal a lo largo de la bancada del torno. Esta rueda está conectada a un engranaje que acopla una cremallera sujeta a la bancada del torno.

La *palanca de avance automático* acopla un embrague que da avance automático al carro longitudinal. La *palanca de cambio de avance* puede ajustarse para avance longitudinal o transversal. Cuando está en posición neutral, la palanca de cambio de avance permite que se acople la palanca de tuerca dividida para el corte de roscas. En operaciones de corte de roscas, el carro longitudinal se mueve automáticamente cuando se acopla la palanca de tuerca dividida. Esto provoca que las roscas de la tuerca partida se acoplen a las roscas del tornillo guía giratorio y muevan el carro longitudinal a una velocidad predeterminada.

Contrapunto

El *contrapunto* (Figura 45-6) —que consiste del contrapunto superior e inferior fundidos — puede ajustarse para torneado cónico o paralelo mediante dos tornillos en su base. El contrapunto puede fijarse en cualquier posición a lo largo de la bancada del torno mediante la *abrazadera del contrapunto.* El *hu-*

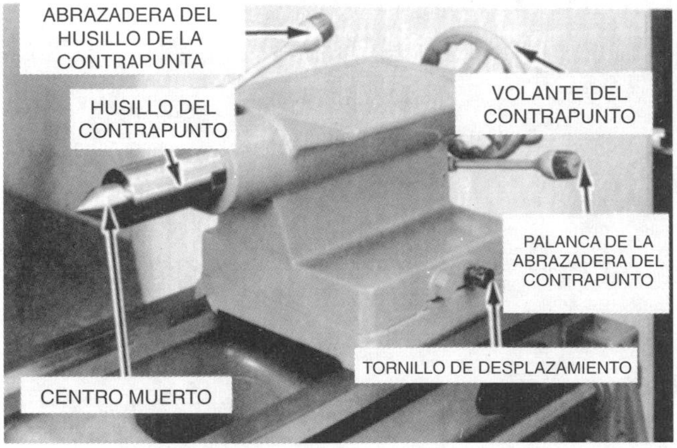

FIGURE 45-6 Ensamble del contrapunto. (Cortesía de Cincinnati Milacron, Inc.)

sillo del contrapunto tiene un cono interno para recibir al *centro muerto,* que proporciona el apoyo en el extremo del lado derecho de la pieza de trabajo. Otras herramientas de vástago o zanco cónico estándar, como rimas y brocas, pueden sostenerse sobre el husillo del contrapunto. Se utiliza una *abrazadera de husillo* para sujetar el husillo del contrapunto en una posición fija. El volante *del contrapunto* mueve al husillo de éste dentro o fuera del contrapunto fundido. También puede utilizarse para dar avance manual en operaciones de taladrado y rimado.

CÓMO AJUSTAR LAS VELOCIDADES DEL TORNO

Los tornos mecánicos de engranaje están diseñados para operar a varias velocidades de husillo para el maquinado de diferentes materiales. Estas velocidades se miden en revoluciones por minuto (r/min) y se cambian mediante las poleas escalonadas o las palancas de engranajes.

En un *torno de propulsión por banda,* las diversas velocidades se obtienen mediante el cambio de la banda plana y la propulsión de engranajes posteriores.

En un *torno de cabezal de engranajes* (Figura 45-3), las velocidades se cambian moviendo las palancas de velocidad en las posiciones apropiadas, de acuerdo con la gráfica de revoluciones por minuto sujeta al cabezal. Cuando cambie la posición de las palancas, coloque una mano en el plato o el mandril, y gire el husillo del torno lentamente a mano. Esto permitirá que las palancas acoplen los dientes de los engranajes, sin dañarlos.

Nunca cambie las velocidades cuando el torno está en funcionamiento. En los tornos equipados con *propulsión de velocidad variable,* las velocidades se cambian girando un indicador o palanca *mientras la máquina está trabajando.*

AJUSTE DE AVANCES

El avance de un torno mecánico de engranaje, o la distancia que recorrerá el carro longitudinal en una vuelta del husillo, depende de la velocidad de la varilla de avance o del tornillo guía. Ésta es controlada por los engranajes de cambio en la caja de engranajes de cambio rápido (Figura 45-7A). Esta caja obtiene la propulsión del husillo del cabezal a través del tren de engranajes final (Figura 45-4B). Una gráfica, montada en la parte frontal de la caja de engranajes de cambio rápido indica los diversos avances y pasos métricos o roscas por pulgada que pueden obtenerse al ajustar las palancas en las posiciones indicadas (Figura 45-7B).

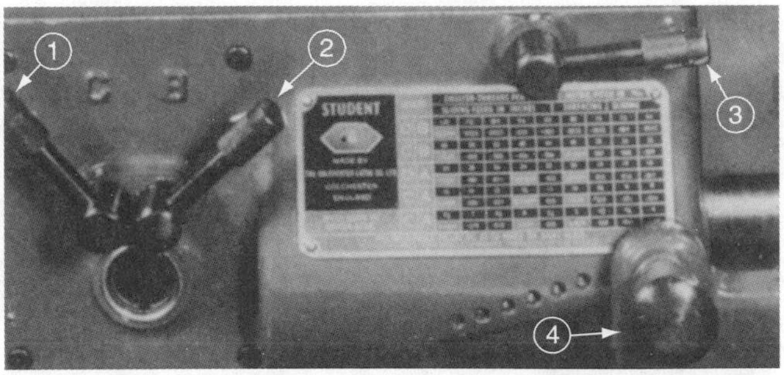

A

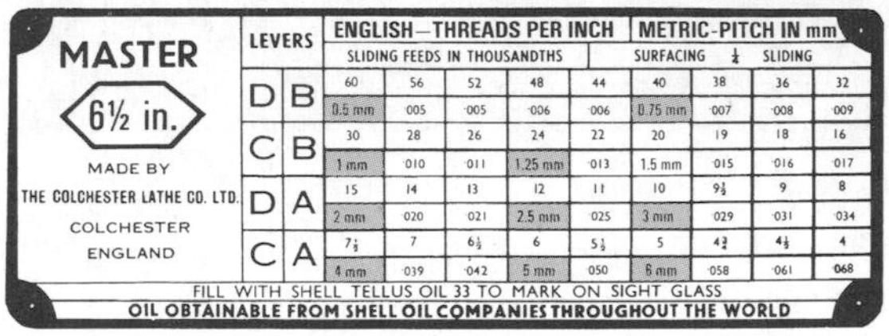

LEVERS		ENGLISH—THREADS PER INCH / SLIDING FEEDS IN THOUSANDTHS					METRIC-PITCH IN mm / SURFACING ½ SLIDING			
D	B	60	56	52	48	44	40	38	36	32
		0.5 mm	·005	·005	·006	·006	0.75 mm	·007	·008	·009
C	B	30	28	26	24	22	20	19	18	16
		1 mm	·010	·011	1.25 mm	·013	1.5 mm	·015	·016	·017
D	A	15	14	13	12	11	10	9½	9	8
		2 mm	·020	·021	2.5 mm	·025	3 mm	·029	·031	·034
C	A	7½	7	6½	6	5½	5	4¾	4½	4
		4 mm	·039	·042	5 mm	·050	6 mm	·058	·061	·068

FILL WITH SHELL TELLUS OIL 33 TO MARK ON SIGHT GLASS
OIL OBTAINABLE FROM SHELL OIL COMPANIES THROUGHOUT THE WORLD

B

FIGURE 45-7 (A) Una caja de engranajes de cambio rápido permite el ajuste rápido de avances; (B) tabla de una caja de engranajes de cambio rápido. *Note las indicaciones para roscas métricas (Cortesía de Colchester Lathe Company.)

Para ajustar el avance del tablero (propulsión del carro longitudinal)

1. Seleccione el avance deseado en la gráfica.
2. Mueva la palanca tambor #4 (Figura 45-7A) a la perforación directamente por debajo del avance deseado.
3. Siga la hilera en la que se encuentra el avance seleccionado hacia la izquierda, y ajuste las *palancas de cambio de avance* (#1 y #2) en las letras indicadas.
4. Ajuste la palanca #3 para desacoplar el tornillo guía.

Nota: Antes de arrancar el torno, girando el husillo del cabezal con la mano, asegúrese que todas las palancas están bien acopladas y vea que la varilla de avance gire.

PERNOS ROMPIBLES Y EMBRAGUES DESLIZANTES

Para evitar daños al mecanismo de avance por una sobrecarga o un par de torsión repentinos, algunos tornos están

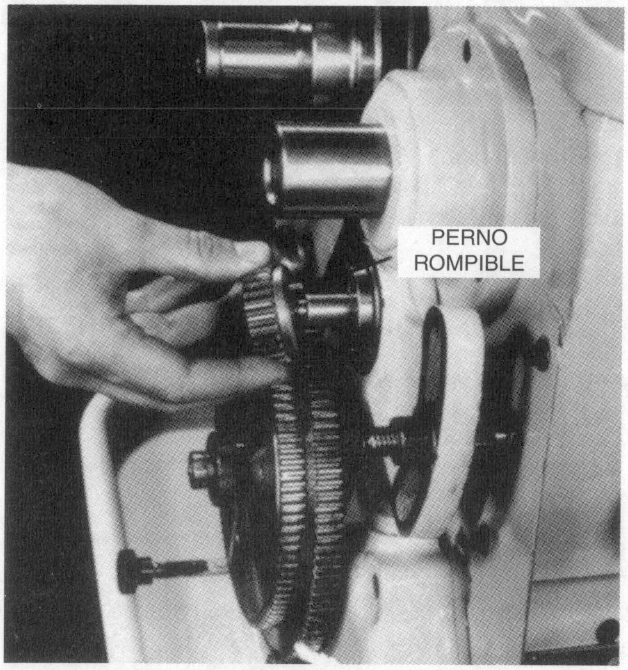

A

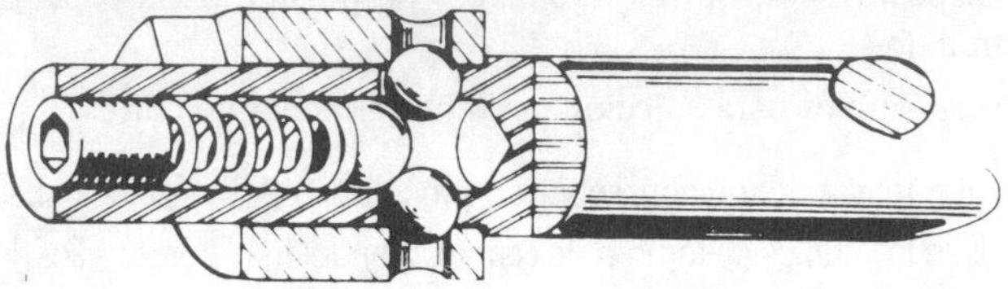

B

FIGURE 45-8 (A) Un perno rompible en el tren de engranaje final evita daño a los engranes en caso de sobrecarga; (B) el embrague de resorte de bola se deslizará cuando se aplique demasiado esfuerzo a la varilla de avance. (Cortesía de Colchester Lathe Company.)

equipados con ya sea *pernos rompibles* o *embragues deslizantes* (Figura 45-8A). Los pernos rompibles, usualmente hechos de latón, pueden localizarse en la varilla de avance, tornillo guía, y tren de engranajes finales. Los embragues deslizantes de resorte se encuentran solamente en la varilla de avance. Cuando el mecanismo de avance se sobrecarga, el perno rompible se romperá, o bien el embrague deslizante resbalará, haciendo que el avance automático se detenga. Esto evita daños a los engranajes o ejes del mecanismo de avance.

PREGUNTAS DE REPASO

1. Liste las operaciones que pueden llevarse a cabo con un torno.
2. ¿Cómo se determina el tamaño de un torno?

Partes del torno mecánico de engranaje

3. Mencione las cuatro unidades *principales* del torno.
4. Mencione el propósito de lo siguiente:
   a. Husillo del cabezal
   b. Tornillo guía y varilla de avance
   c. Engranajes de cambio rápido
   d. Palanca de tuerca partida
   e. Palanca de cambio de avance
   f. Avance transversal
   g. Carro auxiliar

Ajuste de velocidades y avances

5. Liste tres clases de propulsiones de torno.
6. Explique cómo se cambian las velocidades en un torno de cabezal de engranajes.
7. Liste los pasos para ajustar un avance de .010 pulg (0.25 mm).
8. Explique el propósito de:
   a. Un perno rompible
   b. El embrague deslizante

UNIDAD

46

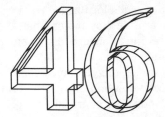

Accesorios para torno

OBJETIVOS

Al terminar el estudio de esta unidad, se podrá:

1 Identificar y mencionar el propósito de los accesorios comunes de sujeción y propulsión de la pieza de trabajo

2 Identificar y mencionar el propósito de los accesorios de sujeción de las herramientas de corte

3 Identificar y mencionar el propósito de las herramientas modulares y de cambio rápido

Hay muchos accesorios de torno disponibles para aumentar la versatilidad del torno y la variedad de la pieza de trabajo que se pueden maquinar. Los accesorios de torno pueden dividirse en dos categorías:

1. Dispositivos de sujeción, apoyo y propulsión de la pieza de trabajo
2. Dispositivos para sujeción de la herramienta de corte

Los dispositivos de sujeción, soporte y propulsión de la pieza de trabajo incluyen los puntos de torno o de centrar, mandriles, platos, husillos, lunetas fijas y lunetas móviles, perros, y placas de propulsión. Los dispositivos de sujeción de herramientas de corte incluyen diversas clases de portaherramientas rectos y angulares, portaherramientas para roscado, barras mandrinado o torneado interior, postes de herramientas de tipo torreta, y ensambles de poste de herramientas de cambio rápido.

DISPOSITIVOS PARA SUJECIÓN DE LA PIEZA DE TRABAJO

Puntos del torno o de centrar

La mayoría de las operaciones de torno pueden llevarse a cabo entre puntos del torno. Las piezas de trabajo que se van a tornear entre centros deben tener una perforación central taladrada en cada extremo (usualmente a 60°) para dar una superficie de apoyo, que permite a la pieza girar sobre los puntos. Éstos solamente soportan la pieza en tanto que se realizan las operaciones de corte. Un perro de torno (perro de arrastre), que se sujeta a una placa de propulsión, impulsa a la pieza (Figura 46-1).

Se utiliza una variedad de puntos de torno para atender a diversas operaciones o piezas de trabajo. Probablemente los puntos más comunes utilizados en los talleres escolares son los puntos sólidos de 60° con vástago cónico Morse (Figura 46-2). Éstas están fabricadas generalmente de acero de alta velocidad

FIGURA 46-1 Las piezas de trabajo que se montan entre centros se impulsan generalmente mediante un perro de torno (perro de arrastre).

FIGURA 46-2 Variedad de puntas de torno de 60°. (Cortesía de DoAll Company.)

o acero para máquina de buen grado con insertos o puntos de carburo. Debe tenerse cuidado al utilizar estos puntos, ajustándolos y lubricándolos ocasionalmente conforme la pieza de trabajo se calienta y expande. Si no se toma esta precaución, pueden dañarse tanto el punto como la pieza. El daño a la pieza consistirá en pérdida de concentricidad, que evitará que se realicen operaciones posteriores utilizando las perforaciones centrales. El punto de torno también debe re esmerilarse para eliminar la sección dañada antes de poder utilizarla.

Los puntos *del contrapunto giratorios* (Figura 46-3), llamados a veces *puntos vivos(o puntos embalados),* han reemplazado casi en su totalidad a los puntos fijos sólidos en la mayoría de las operaciones de maquinado. Se utilizan comúnmente para soportar piezas sujetas sobre un mandril o cuando se están maquinando piezas entre puntos. Este tipo de punto por lo general contiene cojinetes antifricción, que permiten que el punto gire junto con la pieza de trabajo. No se requiere de lubricación entre el punto y la pieza de trabajo, y la tensión del punto no queda afectado por la expansión de la pieza durante la acción de corte. Hay una variedad de puntos disponible para acomodarse a diferentes clases y tamaños de piezas de trabajo, dar la salida a las herramientas de corte, y para propósitos especiales (Figura 46-3).

Un *punto ajustable microset* (Figura 46-4) se ajusta al eje del contrapunto y proporciona el medio para alinear los puntos o centros del torno, o para producir conos ligeros en piezas maquinadas entre centros. Un excéntrico o a veces una corredera de cola de milano, permite que se ajuste este tipo de punto, en una cantidad limitada, a cada lado del punto. Los puntos del torno o de centrar se alinean rápida y fácilmente utilizando este tipo de punto.

El punto *de autopropulsión* (Figura 46-5), que se monta en el husillo del cabezal, se utiliza cuando en una operación se está maquinando a todo lo largo de la pieza y no se puede utilizar un mandril o perro de torno para impulsar a la pieza. Las ranuras esmeriladas alrededor de la circunferencia del punto de la punta de torno dan la propulsión a la pieza de trabajo. La pieza (usualmente de un material blando, como el aluminio) es empujada hacia la punta impulsora; se utiliza un punto fijo gi-

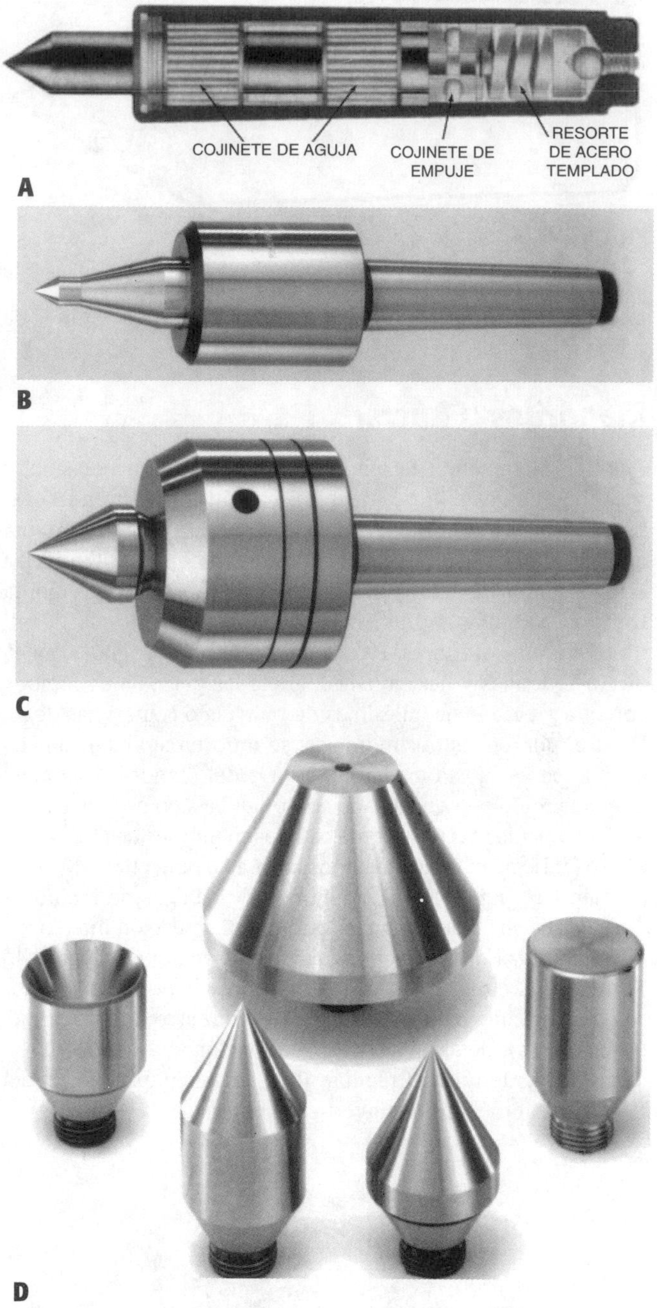

FIGURA 46-3 Tipos de puntos de contrapunto giratorios, utilizados para soportar piezas entre centros de torno: (A) punto fijo giratorio; (B) punto de punta larga; (C) punto de punta intercambiable; (D) tipos de puntos intercambiables. (Cortesía de Royal Products.)

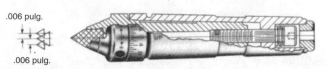

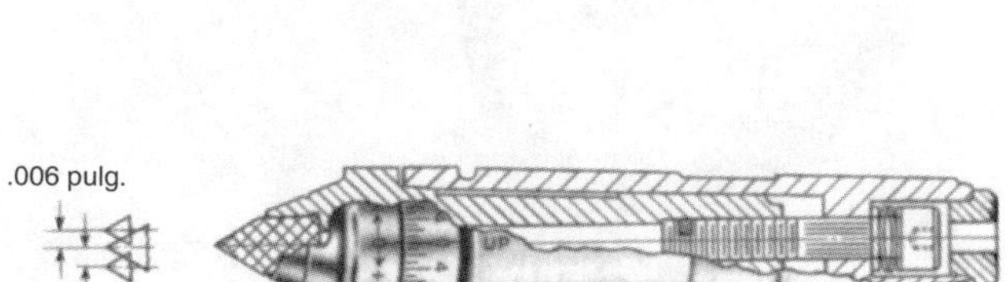

FIGURA 46-4 Punto fijo ajustable microset.

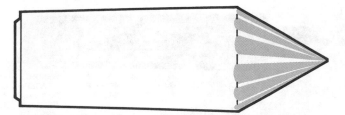

FIGURA 46-5 Punto vivo de autopropulsión.

ratorio para soportar la pieza y sujetarla contra las ranuras del punto impulsor.

Mandriles (Chucrs)

Debido a su tamaño y forma, algunas piezas no pueden sujetarse y maquinarse entre centros. Los mandriles de torno tienen un uso extenso para sujetar piezas en operaciones de maquinado. Los mandriles de uso más común son el mandril universal de tres mordazas, el mandril independiente de cuatro mordazas, y la boquillas de mordazas convergentes.

El *mandril universal de tres mordazas* (Figura 46-6) sujeta piezas redondas y hexagonales. Sujeta las piezas muy rápido y con una precisión de milésimas de pulgada o centésimas de milímetro, porque las tres mordazas se mueven simultáneamente cuando se les ajusta mediante la llave del mandril. Este movimiento simultáneo es causado con una placa en espiral a la que están acopladas las tres mordazas. Los mandriles de tres mordazas se fabrican en varios tamaños, de 4 a 16 pulg (100 a 400 mm) de diámetro. En general, vienen con dos juegos de mordazas, uno para la sujeción externa y otro para la sujeción interna.

El *mandril de cuatro mordazas independientes* (Figura 46-7) tiene cuatro mordazas, cada una de las cuales puede ajustarse de forma independiente mediante una llave de mandril. Se utilizan para sujetar piezas de trabajo redondas, cuadradas, hexagonales y de forma irregular. Para sujetar piezas por el diámetro interior es posible invertir las mordazas.

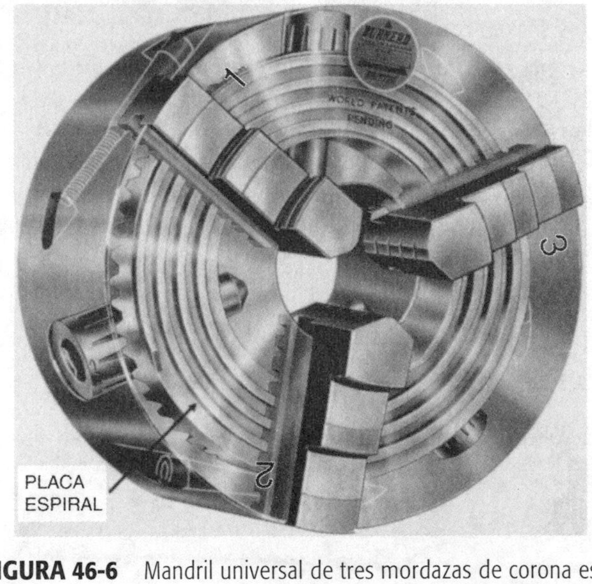

FIGURA 46-6 Mandril universal de tres mordazas de corona espiral engranada.

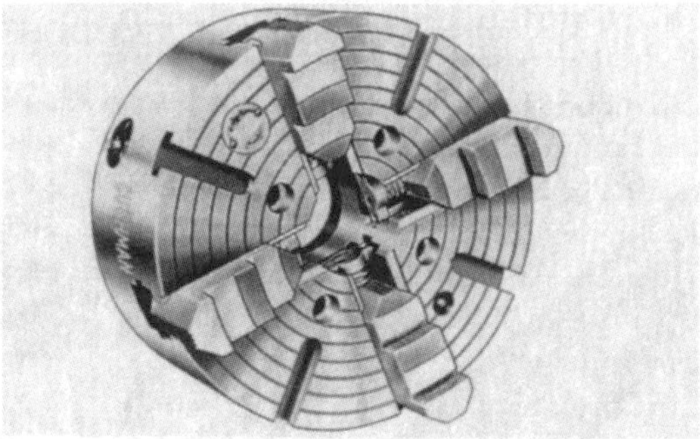

FIGURA 46-7 Mandril independiente de cuatro mordazas.

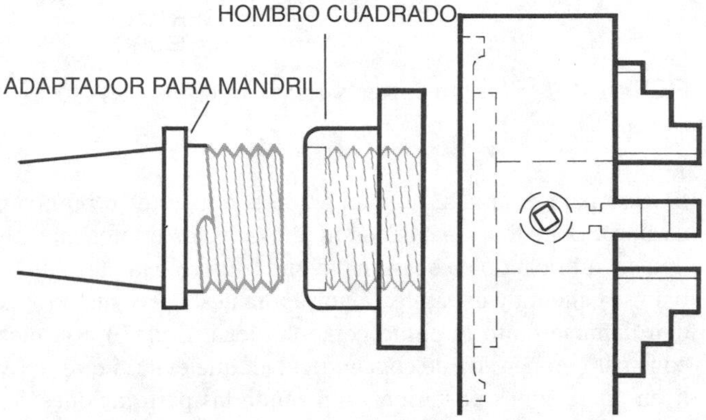

FIGURA 46-8 Nariz de husillo roscado. (Cortesía de Kelmar Associates.)

Los mandriles universales e independientes pueden ajustarse a los tres tipos de husillo de cabezal. La Figura 46-8 muestra una nariz de husillo roscado; la Figura 46-9, una nariz de husillo cónica; y la Figura 46-10, una nariz de husillo con seguro de leva. La de tipo roscado se atornilla en dirección de las manecillas del reloj; el tipo de cono se sostiene mediante una tuerca de fijación que ajusta sobre el mandril. El tipo de seguro de leva se sostiene apretado los seguros de leva utilizando una llave en T. En los tipos de cono y de seguro de leva, el mandril se alinea mediante la conicidad de la nariz del husillo.

La *boquilla* (Figura 46-11) es el mandril más preciso y se utiliza para trabajos de alta precisión. Hay boquillas de resorte disponibles para sujetar piezas de trabajo redondas, cuadradas o hexagonales. Cada boquilla tiene un rango de solamente unas pocas milésimas de pulgada o centésimas de milímetro por encima o por debajo del tamaño estampado en el mismo.

Se ajusta un adaptador especial al cono del husillo del cabezal, y se inserta una barra hueca en el extremo opuesto del husillo. Cuando gira el volante (y la barra), introduce la boquilla al adaptador cónico, provocando que la boquilla apriete alrededor de la pieza. Este tipo de mandril también se llama *boquilla de resorte.* Otra forma de la boquilla de resorte utiliza una llave de boquilla para apretar la boquilla sobre la pieza. Esta clase se monta sobre la nariz del husillo, de la misma manera que los mandriles estándar y puede sujetar piezas más grandes que el otro tipo.

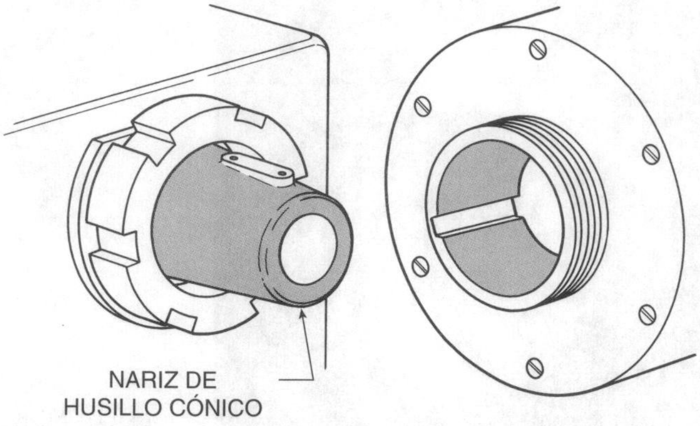

FIGURA 46-9 Nariz de husillo estándar americano. (Cortesía de Kelmar Associates.)

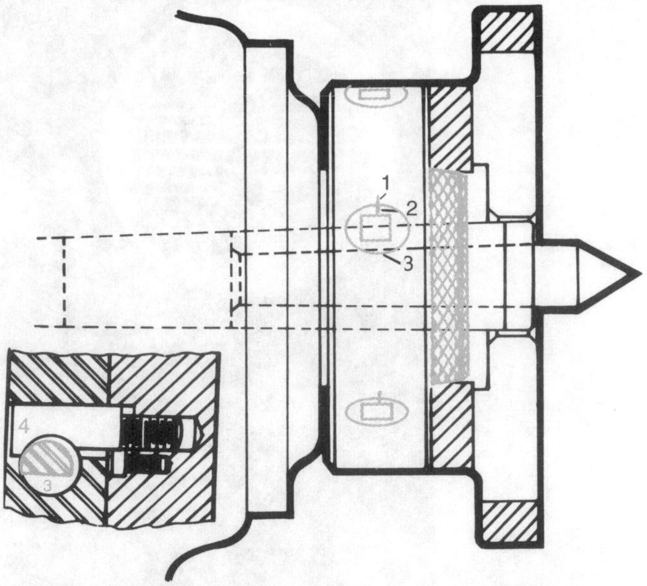

FIGURA 46-10 Partes de una nariz de husillo con seguro de leva: (1) líneas de registro en la nariz del eje; (2) líneas de registro en el seguro de leva; (3) seguro de leva; (4) perno ajustable al seguro de leva en el mandril o plato.

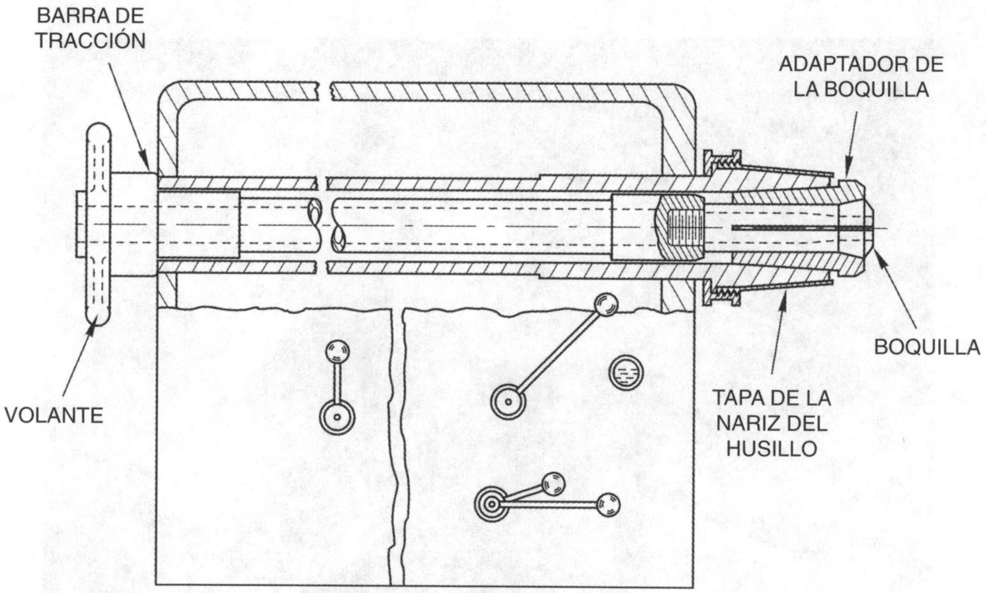

FIGURA 46-11 Vista transversal de un cabezal, mostrando la construcción de un ensamble de boquilla retráctil. (Cortesía de Kelmar Associates.)

La *boquilla Jacobs* (Figura 46-12) tiene un rango más amplio que la boquilla de resorte. En vez de una barra de tracción, utiliza una rueda de ajuste al impacto para cerrar la boquilla sobre la pieza. Un juego de 11 boquillas Rubber-Flex, cada uno con un intervalo de ajuste de casi 1/8 de pulg (3 mm), hace posible sujetar una amplia posibilidad de diámetros de piezas de trabajo. Cuando la rueda se gira en dirección de las manecillas del reloj, la boquilla rubber-flex es forzado a un cono, haciendo que apriete sobre la pieza. Cuando la rueda se gira en contra de las manecillas del reloj, la boquilla se abre y libera la pieza.

Los *mandriles magnéticos* (Figura 46-13) se utilizan para sujetar piezas de hierro o acero que son demasiado delgadas o que pueden dañarse si se sujetan en un mandril tradicional. Estos mandriles se ajustan a un adaptador montado sobre el hu-

FIGURA 46-12 La boquilla Jacobs tiene un rango más amplio que otras boquillas. (Cortesía de The Jacobs Manufacturing Company.)

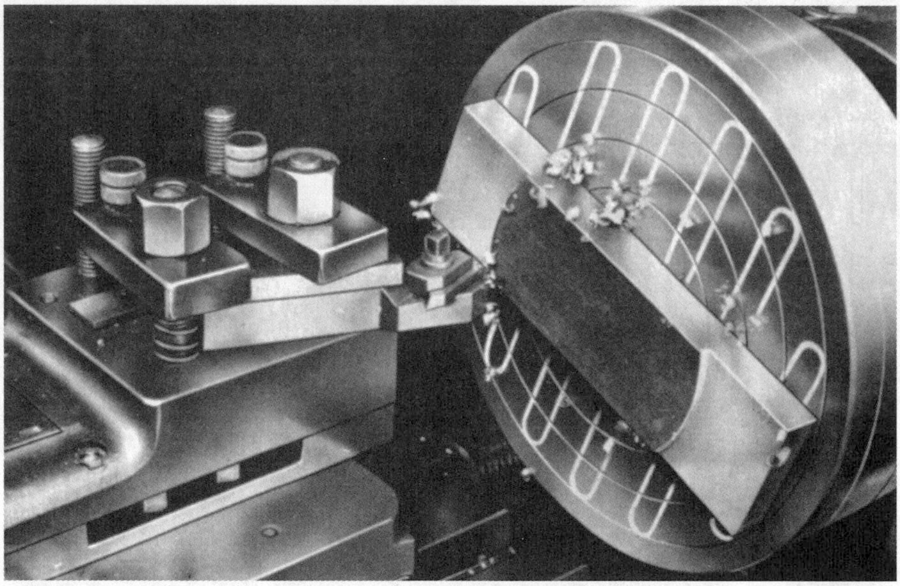

FIGURA 46-13 Las piezas pueden sujetarse con un mandril magnético para operaciones de torno.

sillo del cabezal. Las piezas se sostienen ligeramente, con propósitos de alineación, girando la llave del mandril aproximadamente un cuarto de vuelta. Ya que la pieza ha sido alineada, se gira el mandril a posición completa para sujetar la pieza con firmeza. Este tipo de mandril se utiliza sólo para cortes ligeros y para aplicaciones de esmerilado especiales.

Las *platos* se utilizan para sujetar piezas que son demasiado largas o de forma tal que no pueden sujetarse en un mandril o entre centros. Las platos generalmente están equipadas con varias ranuras, que permiten el uso de pernos para sujetar la pieza o placa en ángulo (Figura 46-14) de forma que el eje de la pieza de trabajo pueda alinearse con las puntas del tor-

FIGURA 46-14 Se utiliza una placa de ángulos montada al plato para sujetar una pieza de trabajo para el maquinado. (Cortesía de Colchester Lathe & Tool Co.)

FIGURA 46-16 Puede utilizarse una luneta móvil montada sobre el carro longitudinal para soportar piezas de trabajo largas y flexibles durante el maquinado.

FIGURA 46-15 A menudo se utiliza una luneta fija para soportar una pieza larga o flexible durante el maquinado.

no. Cuando se montan piezas fuera de centro, debe sujetarse un contrapeso (Figura 46-14) al plato, para evitar el desbalance y las vibraciones resultantes cuando el torno esté en funcionamiento.

Una *luneta fija* (Figura 46-15) se utiliza para soportar piezas largas sujetas en mandril o entre centros del torno. Se coloca y se alinea con las guías del torno y puede quedar en cualquier punto de la bancada del torno, siempre y cuando deje libre el recorrido del carro longitudinal. Las tres mordazas, de puntas de plástico, bronce o rodillos, pueden ajustarse para soportar cualquier diámetro de pieza dentro de la capacidad de la luneta. Durante operaciones de maquinado llevadas a cabo en o cerca del extremo de la pieza, la luneta soporta el extremo de la pieza sujeto en el mandril cuando la pieza no puede apoyarse en el punto del contrapunto. La luneta fija también soporta el centro de piezas largas para evitar que se flexionen cuando se maquina la pieza entre puntos.

Una *luneta móvil* (Figura 46-16), puesta sobre la montura, viaja junto con el carro longitudinal para evitar que la pieza salte hacia arriba y fuera del alcance de la herramienta de corte. Es usual que la herramienta de corte esté colocada justo al frente de la luneta móvil para dar una superficie de apoyo lisa a las dos mordazas del mismo.

FIGURA 46-17 Husillo simple. (Cortesía de Ash Precision Equipment Inc.)

Un *husillo* sostiene una pieza de trabajo de maquinado interno entre centros, de forma que las operaciones de maquinado posteriores sean concéntricas con respecto a la perforación. Existen varias clases de husillos, siendo los más comunes el *husillo simple* (Figura 46-17), el *husillo expandible,* el *husillo múltiple, y el husillo de vástago.*

Perros de torno (Perros de arrastre)

Cuando se maquinan piezas entre centros, por lo general se impulsan mediante un perro de torno. Este tiene una abertura para alojar la pieza, y un tornillo de ajuste para sujetar al perro la

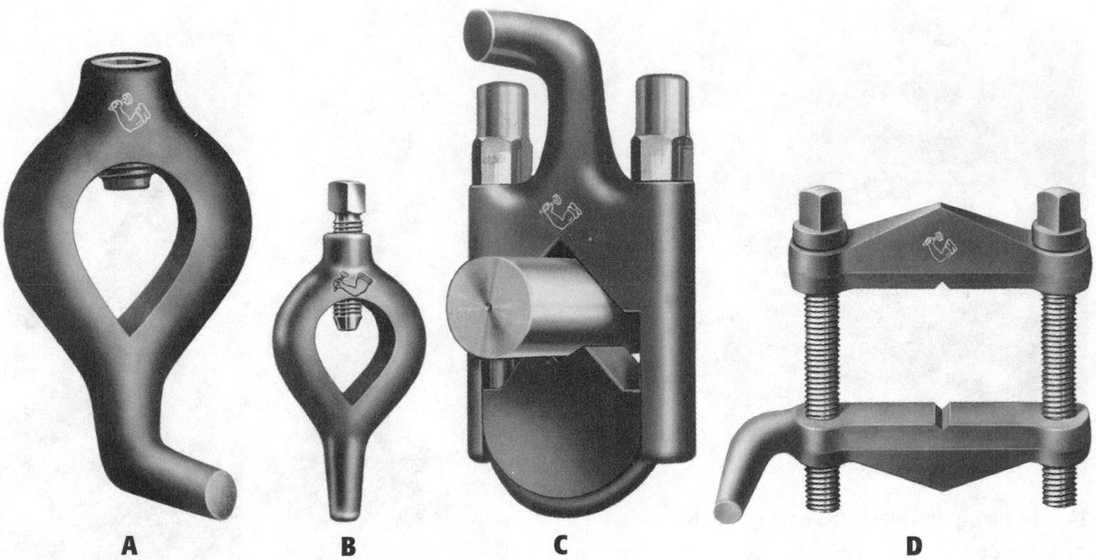

FIGURA 46-18 Clases comunes de perros de torno: (A) estándar de cola doblada; (B) cola recta; (C) abrazadera de seguridad; (D) tipo abrazadera. (Cortesía de Armstrong Brothers Tool Co.)

pieza. La cola del perro se ajusta en una ranura sobre un plato de propulsión y le da la propulsión a la pieza. Los perros de torno se fabrican en una variedad de tamaños y tipos para adecuarse a diversas piezas de trabajo.

El *perro de torno estándar de cola doblada* (Figura 46-18A) es el perro que se utiliza comúnmente para piezas de trabajo redondas. Estos perros están disponibles con tornillos de ajuste de cabeza cuadrada o tornillos de ajuste sin cabeza, que son más seguros, ya que la cabeza no sobresale.

El *perro de cola recta* (Figura 46-18B) impulsa mediante un perno en el plato de propulsión. Ya que es un perro más balanceado que el perro de cola doblada, se utiliza en torneado de precisión, donde la fuerza centrífuga de un perro de cola doblada puede provocar imprecisiones en la pieza.

El *perro de torno de abrazadera de seguridad* (Figura 46-18C) puede utilizarse para sujetar una diversidad de piezas, ya que tiene un amplio rango de ajuste. Es particularmente útil en piezas terminadas, donde el tornillo de ajuste de un perro de torno estándar podría dañar el acabado.

El *perro de torno tipo abrazadera* (Figura 46-18D) tiene un rango más amplio que las otras clases y puede utilizarse en piezas de trabajo redondas, cuadradas, rectangulares y de forma irregular.

DISPOSITIVOS DE SUJECIÓN DE LA HERRAMIENTA DE CORTE

La mayoría de las herramientas que se utilizan en operaciones de torno en los talleres escolares son cuadradas y generalmente se sostienen en un portaherramientas estándar (Figura 46-19). Éstos se fabrican en diversos estilos y tamaños para adecuarse a diferentes operaciones de maquinado. Los portaherramientas para operaciones de torno están disponibles en tres estilos: acodados a mano izquierda, acodados a mano derecha y rectos.

Cada uno de éstos tiene una perforación cuadrada para acomodar a la herramienta cuadrada(buril), que se sujeta en su lugar mediante un tornillo de ajuste. La perforación en el portaherramienta está en un ángulo de aproximadamente 15 a 20° con respecto a la base del mismo (Figura 46-19C). Cuando la herramienta de corte se fija sobre el centro, este ángulo da el ángulo de ataque posterior adecuado en relación con la pieza de trabajo.

El *portaherramientas acodado a la izquierda* desplazado a la derecha (Figura 46-19A) está diseñado para maquinar piezas cerca del mandril o plato de sujeción y para cortar de derecha a izquierda. Este tipo de portaherramientas se designa mediante la letra L para indicar la dirección del corte.

El *portaherramientas acodado a la derecha* desplazado a la izquierda (Figura 46-19B) está diseñado para maquinar piezas cerca del contrapunto, para cortar de izquierda a derecha, y para operaciones de refrentado. Este tipo de portaherramientas se designa mediante la letra R.

El *portaherramientas recto* (Figura 46-19C) es un tipo de propósito general. Puede utilizarse para hacer cortes en cualquier dirección, y para operaciones de maquinado en general. Este tipo de portaherramienta se designa con la letra S.

El *portaherramientas de carburo* (Figura 49-16D) tiene una perforación cuadrada paralela a la base del portaherramientas para dar lugar a herramientas de punta de carburo. Cuando se utilicen éstas herramientas, sujete la herramienta de manera que haya muy poca o ningún ángulo de ataque posterior(Figura 46-19D). Los portaherramientas de este tipo están designados con la letra C. Los métodos correctos para utilizar éste y otros tipos de portaherramientas de carburo se explican a fondo en la Unidad 31.

Los portaherramientas para insertos de carburo intercambiable se muestran en la Figura 46-20. El inserto de la Figura 46-20A se sostiene en el portaherramientas mediante la acción de una leva. El inserto de la Figura 46-20B se sostiene mediante una abrazadera. Estos tipos de portaherramientas están disponibles para su uso con postes de herramientas convencionales, de tipo torreta y de servicio pesado.

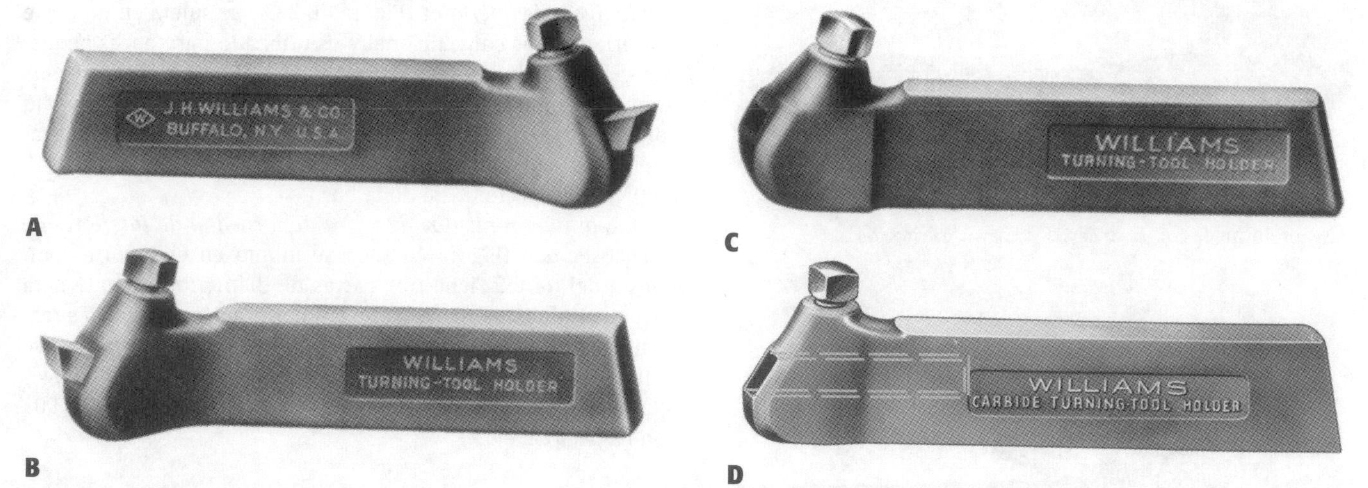

FIGURA 46-19 Portaherramientas comunes de torno: (A) desplazado a mano izquierda; (B) desplazado a mano derecha; (C) recto; (D) de carburo. (Cortesía de J. H. Williams and Company.)

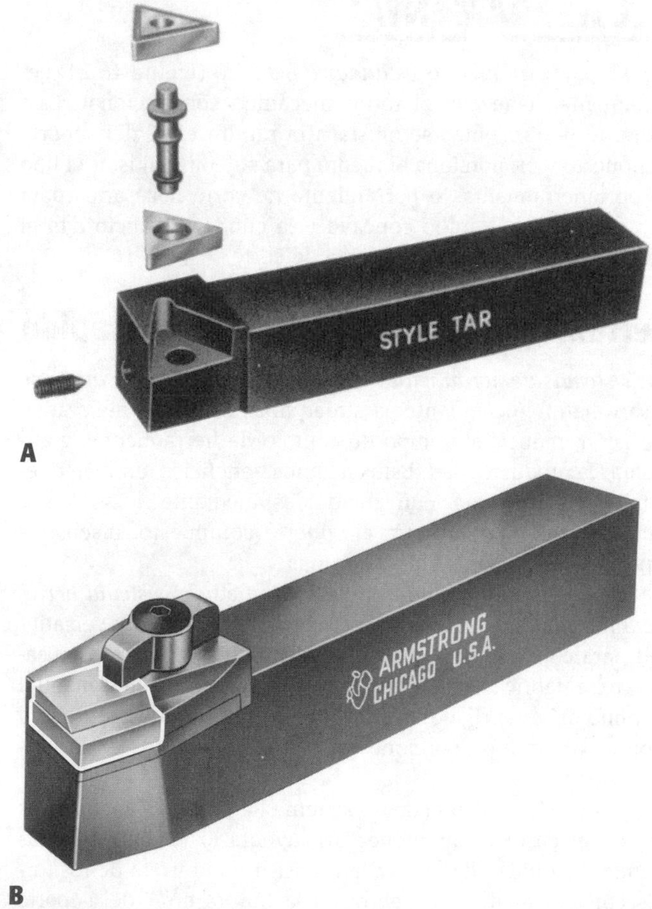

FIGURA 46-20 (A) Los insertos de carburo se sostienen firmemente en un portaherramientas por medio de la acción de una leva; (B) los insertos de carburo se sostienen firmemente mediante una abrazadera. (Cortesía de Armstrong Brothers Tool Co.)

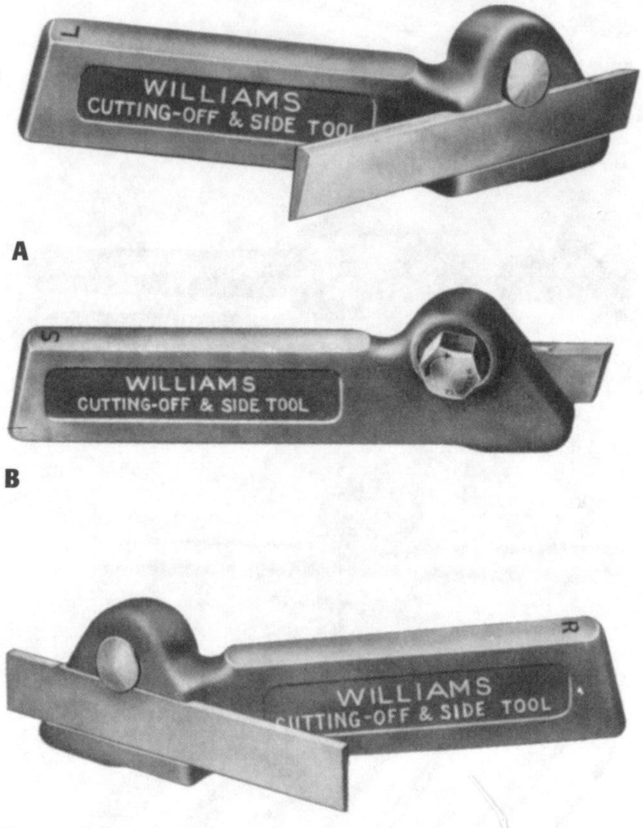

FIGURA 46-21 Tipos de portacuchillas de tronzado de sólidos: (A) mano izquierda; (B) recto; (C) mano derecha. (Cortesía de J. H. Williams and Company.)

Las *herramientas de tronzado* o *cuchillas* se utilizan cuando la pieza debe ser ranurada o dividida. La cuchilla de corte, larga y delgada, se fija con firmeza en el portaherramientas mediante ya sea un perno de fijación o una tuerca de fijación. Se muestran tres tipos de portacuchillas para tronzar en la Figura 46-21A a C.

Un *portaherramientas para roscar* (Figura 46-22) está diseñado para sujetar una herramienta de corte de roscas especial. Aunque la mayoría de los mecánicos afilan sus propias herramientas de corte de rosca, esta herramienta es conveniente debido a que tiene afilado un ángulo preciso de 60°. Este ángulo se mantiene a todo lo largo de la vida de la herramienta, ya que

FIGURA 46-22 Portaherramientas y herramienta de corte de roscas preformadas. (Cortesía de J. H. Williams and Company.)

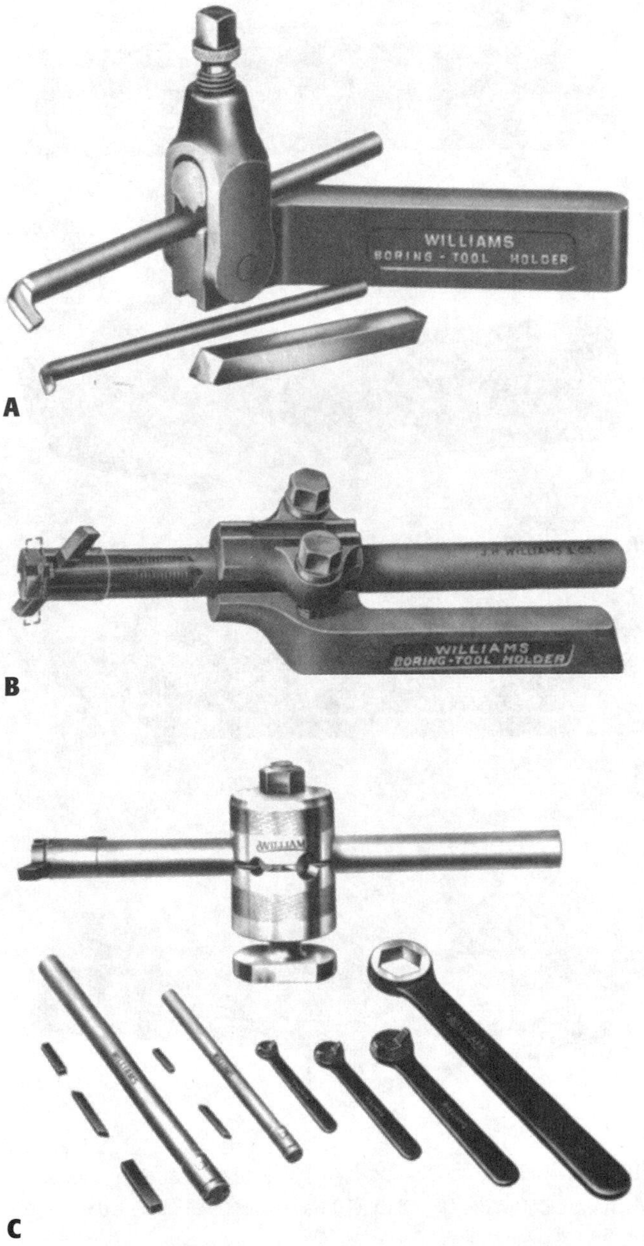

FIGURA 46-23 (A) portaherramientas de tornado de interiores ligero; (B) portaherramientas de torneado de interiores medio; (C) herramienta de torneado d interiores de servicio pesado. (Cortesía de J. H. Williams and Company.)

sólo la parte superior de la superficie de corte se afila cuando se vuelve a desafilar.

Los portaherramientas de torneado de interiores o mandrinado se fabrican en varios estilos. Un *portaherramientas de torneado ligero de interiores* (Figura 46-23A) se sujeta en un poste de herramientas convencional y es utilizado para hacer pequeños diámetros interiores y cortes ligeros. El *portaherramientas torneado medio de interiores* (Figura 46-23B) es adecuado para cortes más pesados, y también se sujeta a un poste de herramientas estándar. La herramienta de corte puede sujetarse a 45 o 90° con respecto al eje de la barra.

El *portaherramientas de barra de torneado de interiores de servicio pesado* (Figura 46-23C) se monta en el soporte compuesto del torno. Tiene tres barras de diámetro diferente para adecuarse al diámetro interior de la perforación que se va a realizar. Con esta clase de barra de torneado de interiores, utilice la barra más grande posible para obtener la rigidez máxima y evitar vibración. La herramienta puede sujetarse a 45° o 90° con respecto al eje.

SISTEMA DE SOPORTE COMPUESTO DEL HERRAMENTAL

El *poste de herramientas estándar o redondo* (Figura 46-24) generalmente viene con el torno mecánico convencional. Este poste de herramientas se ajusta a la ranura en T del soporte compuesto y proporciona el medio para sujetar y ajustar el tipo de portaherramientas o herramienta de corte necesarios para una operación. El anillo cóncavo y la cuña o balancín dan el ajuste de altura de la herramienta de corte.

Herramental modular o de cambio rápido

Los *sistemas de herramental modulares o de cambio rápido* se desarrollaron inicialmente para máquinas CNC para mejorar su precisión, reducir el tiempo de cambio de herramientas y aumentar la productividad. Estos mismos beneficios también pueden lograrse en tornos convencionales, mediante el uso de sistemas de herramental para el soporte compuesto, diseñados específicamente para estas máquinas.

El *herramental modular,* a veces llamado el *sistema herramental completo,* puede proporcionar la flexibilidad y versatilidad para construir una serie de herramientas de corte necesarias para fabricar cualquier pieza. Un sistema herramental modular debe ser rígido, preciso y tener capacidades de cambio rápido para que proporcione verdaderos aumentos en la productividad.

La función principal de un sistema herramental modular es reducir el costo de mantener un inventario de herramientas grande. La unidad de abrazadera básica o la torreta de los tornos convencionales, que entra en la ranura en T del soporte compuesto, puede sujetar una variedad de módulos de herramienta de corte. Cualquier combinación de herramientas de corte (tornear, ranurar, roscar, moletear, tronzar, taladrar, torneado interior, etcétera) puede montarse en la torreta de cola de milano rápidamente y con precisión. Pueden montarse herramientas específicamente para adecuarse a las características de la pieza de trabajo que se va a maquinar. Esto permite al operador cambiar herramientas muy rápido y con precisión simplemente soltando el mecanismo de fijación de cambio rápido, reemplazando la unidad de corte, y fijando la nueva herramienta en su lugar.

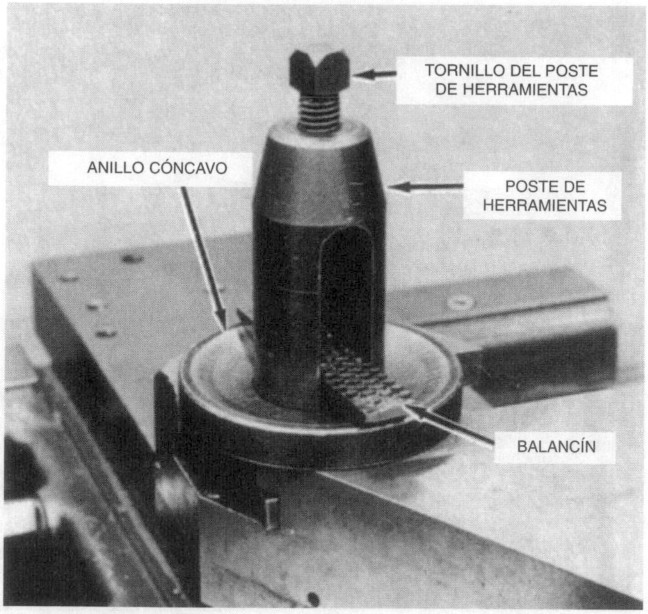

FIGURA 46-24 Poste de herramientas estándar. (Cortesía de Kelmar Associates.)

Algunos de los sistemas de herramental de cambio rápido más comunes disponibles para los tornos mecánicos convencionales son:

1. El *poste de cambio super rápido* (Figura 46-25A) proporciona un método rápido, preciso y confiable de cambiar y ajustar varios portaherramientas para diferentes operaciones. Su sistema de fijación tiene dos seguros deslizantes que se bloquean contra el portaherramientas cuando se pone la palanca en la posición de sujeción (Figura 46-25B). Esta construcción proporciona una fijación rígida y positiva, sin ningún juego.

   Se pueden montar diversos tipos de herramientas de corte y preajustar los portaherramientas de cola de milano para maquinar una pieza específica. La herramienta de corte, que se sostiene en el portaherramientas por medio de tornillos de ajuste, por lo general se afila y preajusta (en el portaherramientas) en el cuarto de herramientas. Cuando una herramienta se ha desafilado, la unidad puede reemplazarse rápidamente con otra unidad afilada y preajustada. Este procedimiento asegura la precisión del tamaño, ya que cada herramienta preajustada estará exactamente en la misma posición que la herramienta de corte anterior. Cada unidad puede ajustarse verticalmente en el poste de herramientas mediante una tuerca de ajuste moleteada, y después fijada en posición mediante una abrazadera.
2. *Poste intercambiable Quadra*™ (Figura 46-26A) que permite se monten cuatro herramientas al mismo tiempo en la torreta. Cada herramienta se fija independientemente, lo que proporciona la flexibilidad para utilizar de una a cuatro herramientas simultáneas. Este sistema intercambiable único para la torreta permite que se le ajuste en 24 posiciones, cada 15°, para el intervalo más amplio de operaciones de maquinado (Figura 46-26B). En menos de un segundo es posible intercambia de una herramienta de corte a otra, con una repetibilidad de millonésimas de pulgada.

™Marca registrada de Dorian Tool International.

A

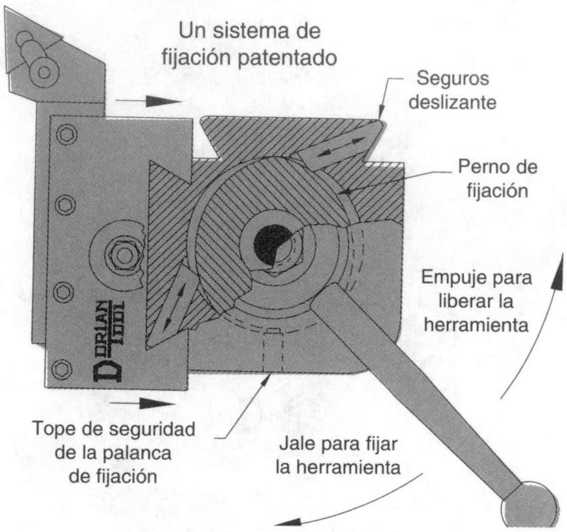

B

FIGURA 46-25 (A) El poste de herramientas de cambio rápido es un método rápido, preciso y confiable para cambiar herramientas; (B) el mecanismo de fijación activa dos seguros deslizantes que maximizan las fuerzas de fijación para asegurar la rigidez. (Cortesía de Dorian Tool International)

3. *La Torreta intercambiable super-seis* (Figura 46-27 de la página 354) está diseñado para simplificar y aumentar la productividad de maquinado en tornos de engranajes cuando los trabajos de multioperación requieren el uso de más de una herramienta. La torreta intercambiable giratoria puede ajustarse hasta con seis herramientas para operaciones de maquinado interiores y exteriores. Esta unidad permite ajustes de altura para cada herramienta, y los cambios de herramienta pueden realizarse en menos de un segundo.
4. La *torreta intercambiable vertical (VIT)* (Figura 46-28 de la página 354) está diseñado para dar la mayor precisión, el cambio de herramienta más rápido, y la mayor rigidez para cualquier sistema de herramientas disponible para tornos mecánicos. Opera según el mismo concepto que las torretas intercambiables de los tornos CNC y puede sujetar hasta seis u ocho herramientas para diversas operaciones de maquinado. Su desempeño es el que más se acerca al de los tornos CNC en cuanto a velocidad, precisión y rigidez.

A

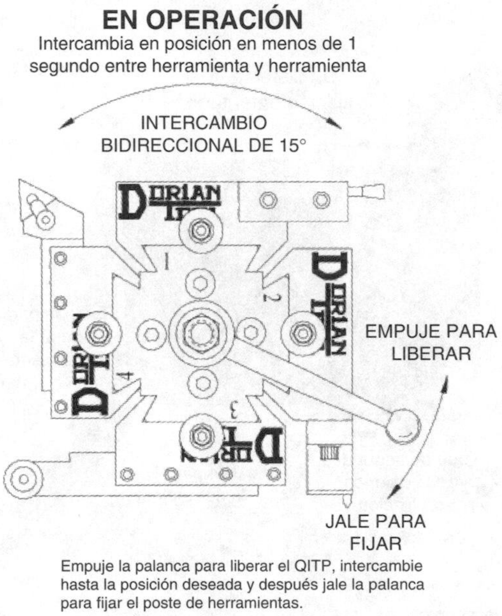

EN OPERACIÓN
Intercambia en posición en menos de 1 segundo entre herramienta y herramienta
INTERCAMBIO BIDIRECCIONAL DE 15°
EMPUJE PARA LIBERAR
JALE PARA FIJAR
Empuje la palanca para liberar el QITP, intercambie hasta la posición deseada y después jale la palanca para fijar el poste de herramientas.

B

FIGURA 46-26 (A) El poste de herramientas intercambiable Quadra puede sujetar hasta cuatro herramientas al mismo tiempo; (B) el poste de herramientas intercambiable Quadra puede fijarse hasta en 24 posiciones, a cada 15°. (Cortesía de Dorian Tool International.)

FIGURA 46-27 La torreta intercambiable super-seis puede aumentar la productividad de maquinado de un torno cuando se hacen operaciones de maquinado multioperación.

FIGURA 46-28 La torreta intercambiable vertical puede dar un desempeño cercano al CNC en un torno mecánico. (Cortesía de Dorian Tool International.)

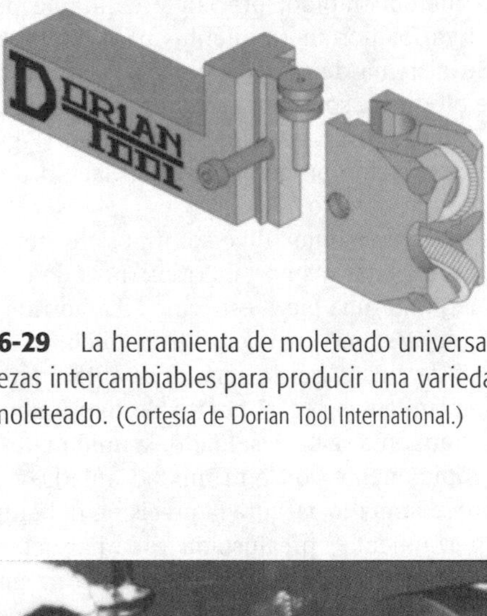

FIGURA 46-29 La herramienta de moleteado universal puede utilizar cabezas intercambiables para producir una variedad de patrones de moleteado. (Cortesía de Dorian Tool International.)

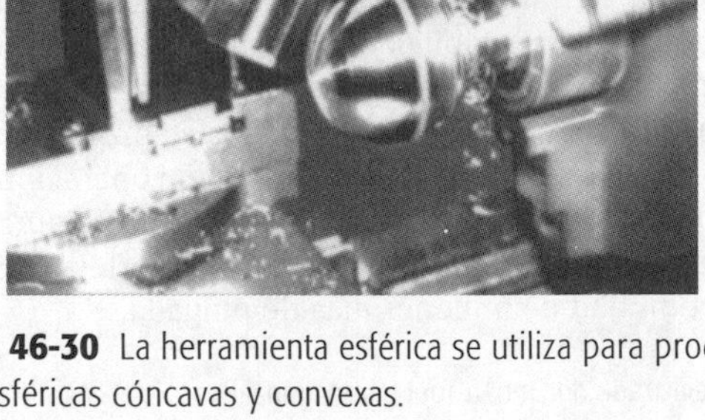

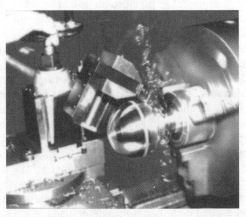

FIGURA 46-30 La herramienta esférica se utiliza para producir formas esféricas cóncavas y convexas.

Otros sistemas de herramental desarrollados para los tornos mecánicos son la *herramienta de moleteado universal* (Figura 46-29) y la *herramienta esférica* (Figura 46-30), diseñada para operaciones de maquinado esférico. Ambas herramientas serán descritas con detalle en la Unidad 53.

Nota: Los postes de herramientas de tipo torreta y de cambio rápido han reemplazado los postes de herramientas estándar o redondos en la mayoría de los talleres industriales y en algunos talleres escolares, donde se utilizan herramientas de carburo. Estos portaherramientas son más adecuados para su uso con carburos. Sin embargo, muchos programas de capacitación y talleres no profesionales aún utilizan herramientas de acero de alta velocidad y portaherramientas estándar. Los autores decidieron continuar con el uso de los postes de herramientas estándar, ya que cuando se utiliza este tipo de poste de herramientas debe darse mayor atención a la puesta a punto.

PREGUNTAS DE REPASO

Dispositivos de sujeción del trabajo

1. Mencione tres clases de puntos de torno y explique el propósito de cada una.
2. ¿Qué precauciones deben tomarse cuando se tornean piezas apoyadas entre puntos sólidas?
3. Describa y explique el propósito de lo siguiente:
   a. Mandril universal de tres mordazas
   b. Mandril de cuatro mordazas independientes
   c. Boquilla
   d. Mandril magnético
4. ¿Qué ventaja tiene una boquilla Jacobs sobre una boquilla de resorte?
5. Explique el propósito de:
   a. Una luneta fija b. Una luneta móvil
6. Mencione tres tipos de perros de torno
7. ¿Cuál es la desventaja del tornillo de ajuste de cabeza cuadrada en el perro de torno?
8. ¿Cuál es la ventaja del perro de torno de cola recta?

Dispositivos de sujeción de las herramientas de corte

9. Describa tres clases de portaherramientas estándar y mencione el propósito de cada una.
10. ¿En qué difiere el portaherramientas de carburo del portaherramientas estándar?
11. Mencione dos métodos mediante los cuales se sostienen insertos de carburo intercambiable en un portaherramientas.
12. ¿Qué procedimiento debe seguirse cuando se utilice un juego de barras de torneado interior para servicio pesado?
13. Nombre y mencione el propósito de cuatro clases de postes de herramientas.

UNIDAD

47

Velocidad, avance y profundidad de corte

OBJETIVOS

Al terminar el estudio de esta unidad, se podrá:

1. Calcular la velocidad a la cual debe girar la pieza de trabajo
2. Determinar el avance apropiado para cortes de desbastado y acabado
3. Estimar el tiempo necesario para maquinar una pieza en un torno

Para operar un torno de forma eficiente, el mecánico debe considerar la importancia de las velocidades y avances de corte. Puede perderse mucho tiempo si el torno no es ajustado a la velocidad de husillo adecuada y si no se elige la velocidad de avance apropiada.

VELOCIDAD DE CORTE

La *velocidad de corte* (CS) de la pieza de trabajo en un torno puede definirse como la velocidad a la cual un punto en la circunferencia de la pieza pasa frente a la herramienta de corte. Por ejemplo, si la pieza tiene una CS de 90 pie/min, la velocidad del husillo debe ajustarse de forma que 90 pie de la circunferencia de la pieza pasen por la herramienta de corte en 1 minuto. La velocidad de corte se expresa siempre en pie por minuto (pie/min) o en metros por minuto (m/min). No confunda la CS de un metal con las vueltas que dará la pieza de trabajo en 1 minuto (r/min).

La industria demanda que las operaciones de maquinado se realicen tan rápido como sea posible; por lo tanto, debe utilizarse la CS correcta para cada tipo de material. Si la CS es demasiado elevada, el filo de la herramienta de corte se romperá rápidamente, resultando en tiempo perdido para reacondicionar la herramienta. Con una CS demasiado reducida, se perderá tiempo en la operación de maquinado, lo que resultará en velocidades de producción bajas. Con base en investigaciones y pruebas realizadas por fabricantes de acero y herramientas de corte, se recomiendan las CS para herramientas de acero de alta velocidad listadas en la Tabla 47-1 para obtener velocidades eficientes de remoción de metal. Estas velocidades pueden variarse ligeramente para adecuarse a factores cómo el estado de la máquina, el tipo del material de trabajo, y arena o puntos duros en el metal. Las CS para herramientas de corte de carburo cementado y cerámicas puede encontrarse en las Unidades 31 y 32, Tablas 31-5 y 32-3.

Para calcular la velocidad del husillo del torno en revoluciones por minuto (r/min), deben conocerse el CS del metal y el diámetro de la pieza. Puede ajustarse una velocidad del husillo adecuada dividiendo la CS (en pulg

TABLA 47-1 Velocidades de corte en torno en pie y metro por minuto, utilizando una herramienta de acero de alta velocidad

Material	Torneado y torneado de interiores				Roscado	
	Corte de desbaste		Corte de acabado			
	Pie/min	m/min	Pie/min	m/min	Pie/min	m/min
Acero para máquinaria	90	27	100	30	35	11
Acero para herramienta	70	21	90	27	30	9
Hierro fundido	60	18	80	24	25	8
Bronce	90	27	100	30	25	8
Aluminio	200	61	300	93	60	18

por minuto) entre la circunferencia de la pieza (en pulg). El cálculo para determinar la velocidad del husillo (r/min) es como sigue.

Cálculos en pulgadas

Fórmula: $$\text{r/min} = \frac{CS \times 12}{\pi D}$$

donde CS = velocidad de corte
D = diámetro de la pieza que se va a tornear

Sin embargo, ya que la mayoría de los tornos sólo tienen una cantidad limitada de velocidades preestablecidas, por lo general se utiliza una fórmula más simple:

$$\text{r/min} = \frac{CS \times 4}{D}$$

Por lo que, para calcular las r/min necesarias para tornear en desbaste una pieza de acero para máquinaria de 2 pulg de diámetro (CS 90):

$$\text{r/min} = \frac{CS \times 4}{D}$$
$$= \frac{90 \times 4}{2}$$
$$= 180$$

Nota: Las velocidades y avances recomendados para las herramientas de corte de carburo se encuentran en la Unidad 31. En estas herramientas se utilizará la misma fórmula para calcular las velocidades del husillo.

Cálculos en sistema métrico

Fórmula: $$\text{r/min} = \frac{CS \times 320}{D}$$

EJEMPLO

Calcule las r/min necesarias para tornear una pieza de acero para máquinaria (CS 40 m/min) de 45 mm de diámetro.

$$\text{r/min} = \frac{CS \times 320}{D}$$
$$= \frac{40 \times 320}{45}$$
$$= \frac{12800}{45}$$
$$= 284$$

TABLA 47-2 Avances para diversos materiales (utilizando una herramienta de corte de acero de alta velocidad)

Material	Cortes de desbaste		Cortes de acabado	
	Pulg	mm	Pulg	mm
Acero para máq.	.010–.020	0.25–0.5	.003–.010	0.07–0.25
Acero para herram.	.010–.020	0.25–0.5	.003–.010	0.07–0.25
Hierro fundido	.015–.025	0.4–0.65	.005–.012	0.13–0.3
Bronce	.015–.025	0.4–0.65	.003–.010	0.07–0.25
Aluminio	.015–.030	0.4–0.75	.005–.010	0.13–0.25

AVANCE DEL TORNO

El *avance* de un torno puede definirse como la distancia que la herramienta de corte avanza a lo largo de la pieza por cada revolución del husillo. Por ejemplo, si el torno está ajustado con un avance de .015 pulg (0.4 mm), la herramienta de corte se moverá a lo largo de la pieza .015 pulg (0.4 mm) por cada vuelta completa que de la pieza. El avance de un torno mecánico depende de la velocidad del tornillo principal o varilla de avance. La velocidad queda controlada por los cambios de engranes en la *caja de engranaje de cambio rápido* (Figura 45-4A).

Siempre que sea posible, sólo deben hacerse dos cortes para lograr que el diámetro llegue al tamaño correcto: un corte de desbaste y un corte de acabado. Dado que el propósito del corte de desbaste es eliminar el material de exceso rápidamente y el acabado superficial no importa demasiado, debe utilizarse un avance burdo. El corte de acabado se utiliza para lograr el diámetro a tamaño y producir un buen acabado superficial, por lo que debe utilizarse un avance ligero.

Para maquinado de propósito general, se recomienda un avance de .010 a .015 pulg (0.25 a 0.4 mm) para el desbaste y un avance de .003 a .005 pulg (0.07 a 0.012 mm) para el acabado. La Tabla 47-2 muestra los avances recomendados para cortar diversos materiales cuando se utilizan herramientas de corte de acero de alta velocidad.

PROFUNDIDAD DE CORTE

La *profundidad de corte* puede definirse como la profundidad de la viruta que la herramienta de corte saca y es la mitad de la cantidad total eliminada de la pieza de trabajo en

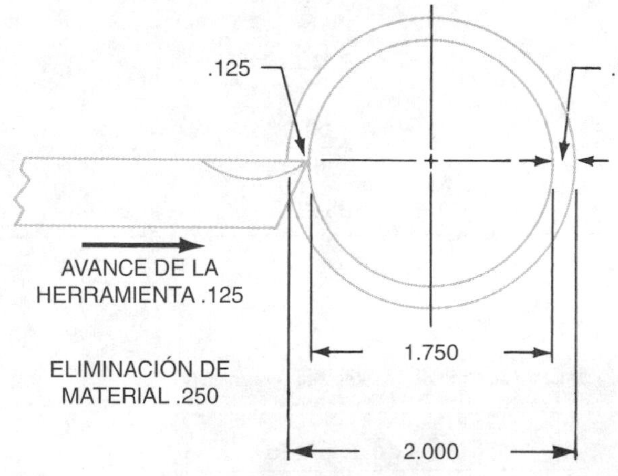

FIGURA 47-1 Profundidad de corte en un torno.

un corte. La Figura 47-1 muestra una profundidad de corte de 1/8-de pulg realizándose sobre una pieza de 2 pulg. Observe que el diámetro ha sido reducido 1/4 de pulg a 1 3/4 pulg. Cuando maquine una pieza, si es posible haga solamente un corte de desbaste y otro de acabado. Si debe eliminarse mucho material, el corte de desbaste debe ser tan profundo como sea posible para reducir el diámetro a dentro de .030 a .040 pulg (0.76 a 1 mm) del tamaño requerido. La profundidad de un corte de desbaste en un torno dependerá de los siguientes factores:

- El estado de la máquina
- El tipo y forma de la herramienta de corte utilizada
- La rigidez de pieza de trabajo, máquina y herramienta de corte
- La velocidad de avance

La profundidad de un corte de acabado en un torno dependerá del tipo de la pieza de trabajo y del acabado requerido. En cualquier caso, no debe ser menor que .005 pulg (0.13 mm).

ANILLOS GRADUADOS MICROMÉTRICOS

Cuando el diámetro de una pieza de trabajo debe tornearse a un tamaño preciso, deben utilizarse *anillos graduados micrométricos*. Los anillos graduados micrométricos son boquillas o bujes que se montan en el carro auxiliar y en los tornillos de avance transversal (Figura 47-2). Ayudan al operador del torno a ajustar la herramienta de corte con precisión, para eliminar la cantidad necesaria de material de la pieza de trabajo. Los anillos en los tornos que utilizan sistema de medición en pulgadas usualmente están graduados en milésimas de pulgada (.001). Los anillos micrométricos en tornos con sistema métrico de medición están, por lo general, graduados en pasos de dos centésimas de milímetro (0.02 mm). La circunferencia de los anillos de los tor-

FIGURA 47-2 Los anillos micrométricos en las manivelas del carro auxiliar y del carro transversal permiten que se maquine la pieza de trabajo a un tamaño preciso. El tornillo de sujeción, A, se utiliza para asegurar el anillo en una posición. (Cortesía de South Bend Lathe Corp.)

nillos de avance transversal y carro auxiliar de los tornos que utilizan medición en pulgadas, por lo general están divididos entre 100 a 125 divisiones iguales, cada una con un valor de .001 pulgadas. Por lo tanto, si el tornillo de avance transversal se gira *en dirección de las manecillas del reloj* 10 graduaciones, la herramienta de corte se moverá .010 pulg en dirección a la pieza. Debido a que la pieza de trabajo en el torno gira una profundidad de corte de .010 pulg, será realizada en toda la circunferencia de la pieza, reduciendo por lo tanto el diámetro .020 pulg (2 × .010 pulg; vea la Figura 47-3). Sin embargo, en algunos tornos las graduaciones son de tal forma que cuando el anillo graduado se mueve 10 divisiones, la herramienta de corte se moverá solamente .005 pulg y el diámetro se reducirá en .010 pulg, o una cantidad igual a la lectura en el anillo.

Nota: Algunas máquinas industriales pueden tener anillos con 250 o incluso 500 graduaciones, lo cual posibilita un avance mucho más fino.

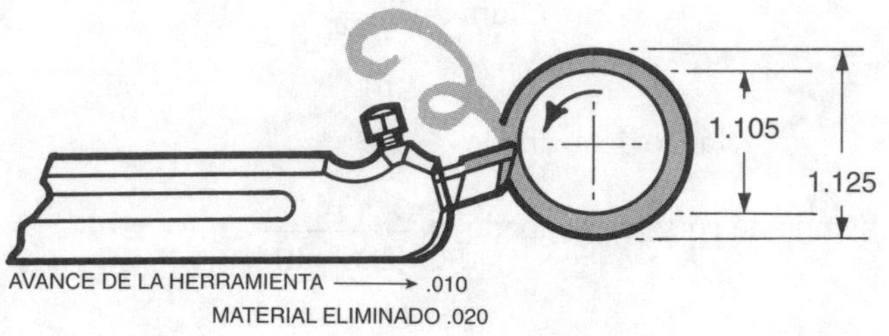

FIGURA 47-3 En las máquinas donde la pieza de trabajo gira, la herramienta de corte debe ajustarse sólo para la mitad de la cantidad que se ha de eliminar en el diámetro. (Cortesía de Kelmar Associates.)

Las máquinas herramienta equipadas con anillos graduados se dividen generalmente en dos clases:

1. Las *máquinas en las cuales la pieza de trabajo gira.* Éstas incluyen tornos, tornos fresadores verticales, y rectíficadoras cilíndricas.
2. Las *máquinas en las cuales la pieza de trabajo no gira.* Éstas incluyen las máquinas fresadoras y las rectíficadoras de superficie.

Cuando la *circunferencia la pieza de trabajo* se corta en máquinas la pieza gira, recuerde que dado que el material se elimina en toda la circunferencia, la herramienta de corte sólo debe moverse la mitad de la cantidad de material que se va a eliminar.

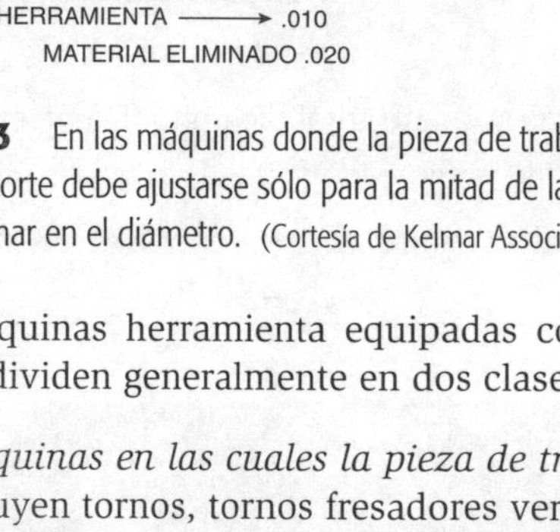

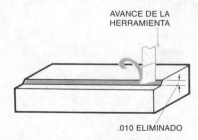

FIGURA 47-4 En las máquinas donde la pieza de trabajo no gira, la herramienta de corte debe ajustarse a la cantidad de material que se va a eliminar. (Cortesía de Kelmar Associates.)

En las máquinas en las que la pieza de trabajo no gira, el material eliminado de una pieza es igual a la cantidad ajustada en el anillo graduado, porque el maquinado toma lugar sólo en una superficie. Por lo tanto, si se ajusta una profundidad de corte de .010 pulg, se eliminarán .010 pulg de la pieza (Figura 47-4).

Sugerencias para el uso del anillo graduado

1. Si el anillo graduado tiene un tornillo de fijación, asegúrese que el anillo esté fijo antes de ajustar una profundidad de corte (Figura 47-2).
2. Todas las profundidades de corte deben realizarse avanzando la herramienta de corte *hacia la pieza de trabajo.*
3. Si el anillo graduado se gira más allá del ajuste deseado, debe girarse hacia atrás media vuelta y después girarlo al ajuste apropiado, para eliminar el juego (entre tornillo de avance y tuerca).
4. Nunca sujete el anillo graduado cuando ajuste una profundidad de corte. Los anillos graduados con dispositivos de fricción pueden moverse fácilmente si se sostienen cuando se está ajustando una profundidad de corte.
5. El anillo graduado en el *carro auxiliar* puede utilizarse para ajustar con precisión la profundidad de corte para las operaciones siguientes:
   - El *torneado de escalones*. Cuando debe espaciarse con precisión una serie de escalones a lo largo de una pieza de trabajo, el carro auxiliar debe ajustarse a 90° sobre el avance transversal. Con el carro longitudinal fijo en posición, el anillo graduado del carro auxiliar puede utilizarse para espaciar los escalones con una precisión de .001 pulg (0.02 mm en anillos de sistemas métrico)
   - *Careado*. Los anillos graduados también pueden utilizarse para carear una pieza de trabajo a una longitud. Cuando el carro auxiliar se gira a 30°, la cantidad eliminada de la longitud de la pieza de trabajo durante el careado será de la mitad de la cantidad del avance sobre el anillo graduado

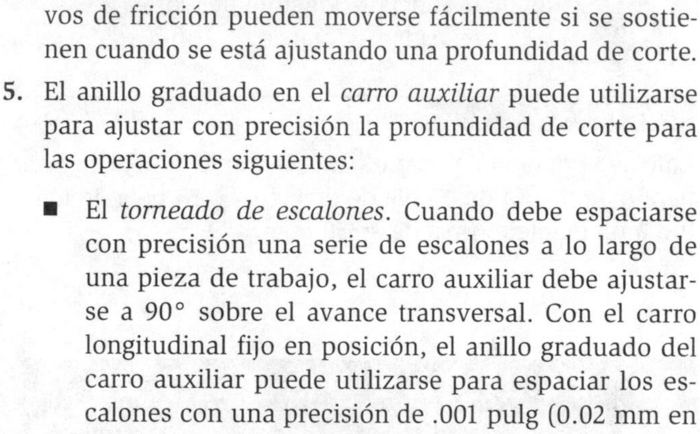

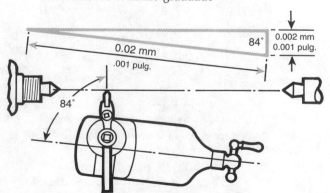

FIGURA 47-5 El carro auxiliar se ajusta a 84° 16' para hacer ajustes finos.

- *Maquinado de diámetros precisos.* Cuando deben maquinarse o rectificarse diámetros precisos en un torno, el carro auxiliar debe ajustarse a 84° 16' respecto al carro transversal. En carro auxiliar calibrado en pulg, un movimiento de .001 pulg resultará en un movimiento de avance de .0001 pulg en la herramienta (Figura 47-5). De manera similar, en los tornos métricos, un movimiento de 0.02 mm en el carro auxiliar resultará en un movimiento de avance de 0.002 mm en la herramienta de corte.

CÁLCULO DEL TIEMPO DE MAQUINADO

Un mecánico debe ser capaz de estimar el tiempo necesario para maquinar una pieza de trabajo. Deben tomarse en consideración factores como la velocidad del husillo, el avance y la profundidad de corte.

Puede aplicarse la siguiente fórmula para calcular el tiempo necesario para maquinar una pieza de trabajo:

$$\text{Tiempo} = \frac{\text{distancia}}{\text{velocidad}}$$

$$\text{donde distancia} = \text{longitud del corte}$$

$$\text{velocidad} = \text{avance} \times \text{r/min}$$

EJEMPLO

Calcule el tiempo necesario para maquinar un eje de acero para máquinaria de 2 pulg de diámetro y 16 pulg de longitud a un diámetro final de 1.850 pulg.

Solución

Corte de desbaste—vea la Tabla 47-1:

$$\text{r/min} = \frac{CS \times 4}{D} = \frac{90 \times 4}{2} = 180$$

Avance de desbaste—vea la Tabla 47-2:

$$\text{Avance} = .020$$

$$\text{Tiempo de corte de desbaste} = \frac{\text{longitud de corte}}{\text{avance} \times \text{r/min}} = \frac{16}{.020 \times 180} = 4.4 \text{ minutos}$$

Corte de acabado:

$$\text{r/min} = \frac{100 \times 4}{1.850} = 216$$

$$\text{Avance de acabado} = .003$$

$$\text{tiempo de corte de acabado} = \frac{16}{.003 \times 216} = 24.7 \text{ min}$$

Tiempo de maquinado total: Tiempo de corte de desbaste + tiempo de corte de acabado:

$$\text{Tiempo total} = 4.4 + 24.7 = 29.1 \text{ min}$$

PREGUNTAS DE REPASO

Velocidades y avances de corte

1. Defina CS y explique cómo se expresa.
2. ¿Por qué es importante la CS apropiada?
3. ¿A cuántas r/min debe girar el torno para tornear en desbaste una pieza de hierro fundido de 101 mm de diámetro, cuando se utiliza una cuchilla de acero de alta velocidad?
4. Calcule las r/min para tornear una pieza de acero para máquinaria de $3\frac{3}{4}$-pulg de diámetro, utilizando una herramienta de acero de alta velocidad.
5. Defina avance del torno.

Profundidad de corte

6. Defina profundidad de corte.
7. ¿Qué tan profundo debe ser un corte de desbaste?
8. ¿Qué factores determinan la profundidad de un corte de desbaste?
9. Una pieza de trabajo de $2\frac{1}{2}$-pulg de diámetro debe maquinarse a 2.375 pulg de diámetro final. ¿Cuál será la profundidad de:
   a. Corte de desbaste? b. Corte de acabado?

Anillos micrométricos graduados

10. Nombre y explique las diferencias entre dos clases de máquinas equipadas con anillos graduados.
11. ¿Qué precauciones deben tomarse cuando se ajuste la profundidad de corte?
12. ¿Cuál es el valor de una graduación en un anillo graduado métrico?
13. ¿Qué tamaño tendrá una pieza de trabajo de 75 mm de diámetro después de hacer un corte de 6.25 mm de profundidad en la pieza?

Tiempo de maquinado

14. Calcule el tiempo necesario para maquinar una pieza de acero para herramientas de $3\frac{1}{8}$-pulg de diámetro de 14 pulg de largo a un diámetro de 3.000 pulg.

UNIDAD

48

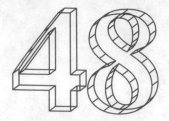

Seguridad en el torno

OBJETIVOS

Al terminar el estudio de esta unidad, se podrá:

1 Mencionar la importancia de los estándares de seguridad en el taller

2 Hacer una lista de las precauciones de seguridad necesarias para operar un torno

3 Señalar cualquier infracción de seguridad cometida por otros trabajadores

Un buen trabajador estará consciente de los requerimientos de seguridad en cualquier área del taller, e intentará siempre observar las reglas de seguridad. La omisión de éstas puede resultar en lesiones serias, con la consecuente pérdida de tiempo y de productividad para la empresa.

PRECAUCIONES DE SEGURIDAD

El torno, como la mayor parte de las demás máquinas herramienta, puede representar riesgos si no se le opera correctamente. Un buen operador de torno es un operador seguro, que está al tanto de la importancia de mantener la máquina y el área circundante limpia y ordenada. Los accidentes con cualquier máquina no suceden así como así; por lo general son provocados por descuidos y usualmente pueden evitarse. Para minimizar las posibilidades de accidentes cuando se opera un torno, deben observarse las siguientes precauciones de seguridad:

1. Siempre utilice gafas de seguridad aprobadas. Durante la operación del torno, las virutas vuelan y es importante proteger sus ojos.
2. Súbase las mangas, quítese la corbata y sujete la ropa suelta. Las mangas cortas son preferibles, porque la ropa suelta puede quedar atrapada por los perros de torno, mandriles y partes que giran del torno. Usted puede ser jalado hacia la máquina y lesionarse seriamente.
3. Nunca utilice anillos o reloj (Figura 48-1 de la página 362).
   a. Los anillos o relojes pueden quedar atrapados en la pieza giratoria o en las partes del torno y provocar serias lesiones.
   b. Un objeto metálico que cayera sobre la mano doblaría o rompería el anillo, provocando gran dolor y sufrimiento hasta que pudiera retirarse el anillo.
4. No opere el torno hasta que comprenda a fondo sus controles.
   a. Puede resultar muy peligroso ignorar lo que puede suceder cuando se activen palancas o interruptores.
   b. Asegúrese que puede detener la máquina rápidamente en caso que suceda algo inesperado.
5. Nunca opere una máquina si las guardas de seguridad no están colocadas o no están correctamente cerradas.
   a. Las guardas de seguridad han sido instaladas por el fabricante para cubrir engranes, bandas o ejes giratorios.
   b. Si no se vuelven a colocar las guardas, la ropa suelta o la mano pueden quedar atrapados en las partes giratorias.

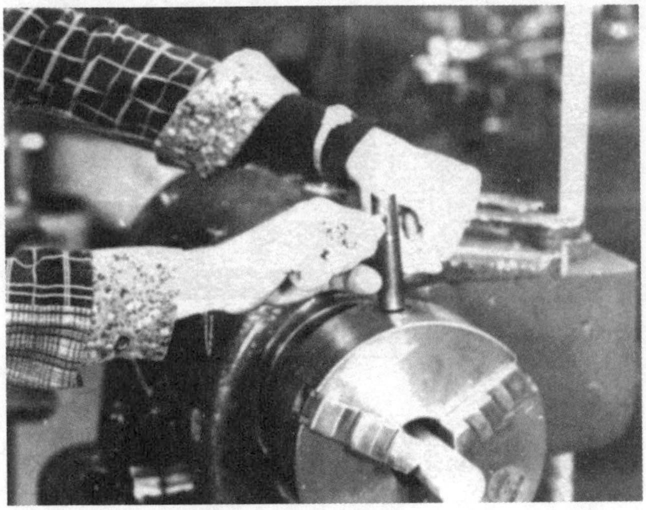

FIGURA 48-1 Puede ser peligroso utilizar anillos y relojes en el taller de maquinado. (Cortesía de Kelmar Associates).

FIGURA 48-2 Nunca deje la llave del mandril dentro de éste. (Cortesía de Kelmar Associates).

6. Detenga el torno antes de medir la pieza de trabajo o antes de limpiar, aceitar o ajustar la máquina. La medición de piezas en movimiento puede ser como resultado herramientas rotas o lesiones personales.
7. No utilice un trapo para limpiar la pieza de trabajo o la máquina cuando el torno esté operando. El trapo puede quedar atrapado y ser jalado hacia adentro, junto con su mano.
8. Nunca intente detener el mandril de un torno o el plato impulsor con la mano. Esta puede lastimarse o sus dedos romperse, si quedan atrapados en las ranuras y extensiones del plato o el mandril.
9. Asegure que el mandril o el plato estén montados firmemente antes de arrancar el torno.
   a. Si el torno arranca con un accesorio del husillo flojo, la rotación aflojará el accesorio y provocará que salga volando del torno.
   b. Un accesorio pesado, con la velocidad creada por el husillo giratorio, puede volverse en un misil peligroso.
10. Retire siempre la llave del mandril después de usarla (Figura 48-2). *¡Nunca la deje en el mandril en ningún momento!* Si el torno arranca con la llave de mandril dentro de éste, podría ocurrir lo siguiente:
    a. La llave podría salir volando y lastimar a alguien.
    b. La llave podría atascarse contra la bancada del torno, dañando la llave, la bancada del torno, el mandril y el husillo del torno.
11. Mueva el carro longitudinal hasta la posición más lejana del corte y gire el husillo del torno una vuelta completa a mano antes de arrancarlo.
    a. Esto asegurará que todas las partes están libres y sin atascarse.
    b. También evitará un accidente y daños al torno.

FIGURA 48-3 El buen aseo puede evitar accidentes por tropezones y resbalones. (Cortesía de Kelmar Associates).

FIGURA 48-4 Siempre retire las virutas con un cepillo o gancho, nunca con la mano. (Cortesía de Kelmar Associates).

12. Mantenga el piso alrededor de la máquina libre de grasa, aceite, herramientas y piezas de trabajo (Figura 48-3).
    a. El aceite y la grasa pueden provocar caídas, que pueden resultar en lesiones dolorosas.
    b. Los objetos sobre el piso son riesgos que pueden provocar accidentes por tropezones.

13. Evite los juegos bruscos en todo momento, en especial cuando opere cualquier máquina herramienta. Los juegos bruscos pueden resultar en caídas o empujones hacia el eje o pieza de trabajo girando.
14. Siempre elimine las virutas con un cepillo, nunca con la mano o con tela (Figura 48-4). Las virutas de acero son filosas y pueden provocar cortadas si se manejan con las manos o con un trapo que tenga virutas incrustadas.
15. Siempre que esté puliendo, limando, limpiando o haciendo ajustes a la pieza de trabajo o a la máquina, retire la herramienta filosa del portaherramientas para evitar cortadas serias a sus brazos o manos.

PREGUNTAS DE REPASO

1. Mencione tres posible resultados de no observar las reglas de seguridad en un taller.
2. ¿Cuál es, por lo general, la causa más importante de un accidente?
3. ¿Por qué son importantes las siguientes precauciones cuando se opera un torno?
   a. Uso de gafas de seguridad
   b. No utilizar ropa suelta
   c. No utilizar relojes y anillos
   d. Retirar la llave del mandril
   e. Mantener la máquina y el área de piso alrededor de ésta limpios
   f. Detener el torno para medir la pieza o para limpiar la máquina
4. ¿Por qué no deben limpiarse las virutas del torno con un trapo?

UNIDAD

49

Cómo montar, retirar y alinear los puntos del torno

OBJETIVOS

Al terminar el estudio de esta unidad, se podrá:

1. Montar y/o retirar correctamente los puntos del torno
2. Alinear los puntos del torno mediante el método visual, de corte de prueba, y con el indicador de carátula

Cualquier pieza que se maquine entre centros del torno, por lo general se tornea en alguna porción de su longitud, después se invierte, y se da acabado al otro extremo. Es importante, cuando se maquinen piezas entre centros, que el punto vivo gire completamente en el centro. Si el punto vivo no está derecho, los dos diámetros que se torneen no serán concéntricos cuando la pieza de trabajo se invierta para maquinar el extremo opuesto, y puede que la pieza necesite ser desechada.

PARA MONTAR LOS PUNTOS DEL TORNO

1. Elimine cualquier rebaba del husillo, puntos o boquilla del husillo del torno (Figura 49-1).
2. Limpie a conciencia los conos de los puntos del torno en los husillos de cabezal y en el contrapunto.

   Nota: Jamás intente limpiar el cono del husillo de cabezal mientras el torno está operando.
3. Inserte parcialmente el punto ya limpio en el husillo del torno.
4. Con un movimiento rápido, fuerce el punto dentro del husillo. Cuando monte un punto en el contrapunto, siga el mismo procedimiento.

Ya que el punto se ha montado en el husillo del cabezal, debe verificarse su rectitud. Arranque el torno y observe si el punto gira correctamente. Siempre que se requiera precisión, verifique la corrección de el punto con el indicador de carátula (Figura 49-3). Si el punto no gira correctamente y ha sido montado de manera correcta, debe rectificarse con esmeril mientras está montado en el husillo del torno.

PARA RETIRAR LOS PUNTOS DEL TORNO

El punto vivo puede retirarse utilizando una *barra de golpe*, que se empuja por medio del husillo del cabezal (Figura 49-4). Es necesario un pequeño golpe para retirar el punto.

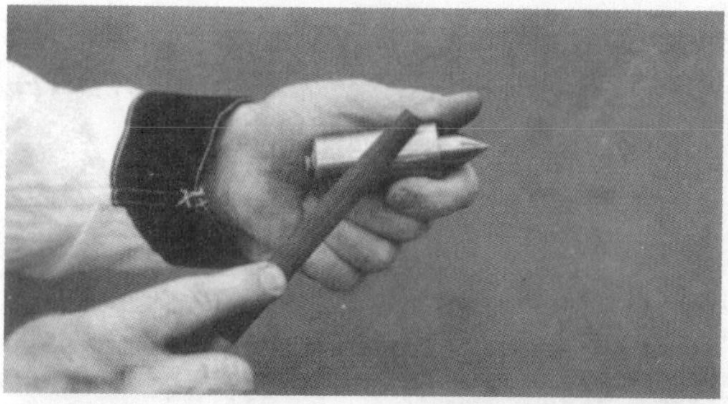

FIGURA 49-1 Elimine las rebabas del cono del punto antes de insertarlo en el torno. (Cortesía de Kelmar Associates.)

FIGURA 49-2 Limpie el husillo del cabezal antes de insertar el punto. (Cortesía de Kelmar Associates.)

FIGURA 49-3 Cómo utilizar un indicador de carátula para verificar la corrección del punto vivo. (Cortesía de Kelmar Associates.)

FIGURA 49-4 Cómo retirar el punto vivo con una barra de golpe. (Cortesía de Kelmar Associates.)

FIGURA 49-5 Cuando retire el punto del torno, sosténgalo con un trapo, para evitar lesiones en las manos. (Cortesía de Kelmar Associates.)

Cuando retire el punto vivo con una barra de golpe, coloque un trapo sobre el punto y sosténgalo con una mano, para evitar un accidente o daño al punto.

El *punto fijo* puede retirarse girando el volante de mano del contrapunto para hacer que el husillo se vuelva a introducir en el contrapunto. El extremo del tornillo entrará en contacto con el extremo del punto fijo, obligándolo a salir del husillo.

ALINEACIÓN DE LAS PUNTAS DEL TORNO

Para producir un diámetro paralelo al maquinar piezas entre centros, los puntos del torno deben estar alineados; esto es, los dos puntos del torno deben estar en línea entre sí y exactamente coincidiendo con la línea central del torno. Si los puntos no están alineados, la pieza de trabajo que se maquine resultará cónico.

Se utilizan tres métodos comunes para alinear los puntos del torno:

1. Alineando las líneas centrales en la parte posterior del contrapunto entre sí (Figura 49-6). Ésta es solamente una verificación visual, y por lo tanto no es demasiado precisa.
2. El método de corte de prueba (Figura 49-7), donde se hace un corte pequeño en cada extremo de la pieza de trabajo y se miden los diámetros con un micrómetro.
3. Utilizando una barra de pruebas paralela y un indicador de carátula (Figura 49-8). Este es el método más rápido y preciso para alinear los puntos del torno.

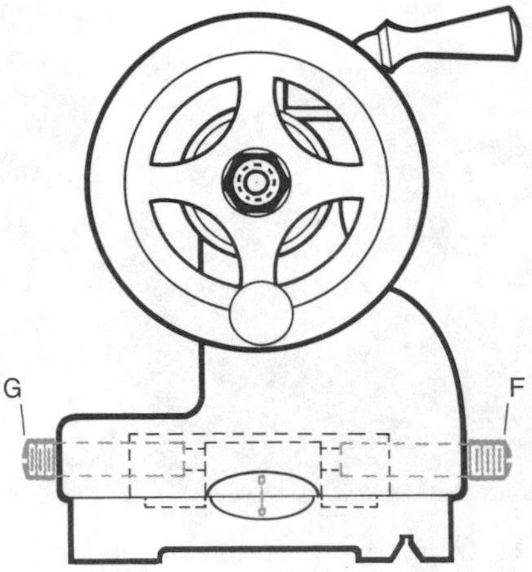

FIGURA 49-6 Las líneas de la contrapunta deben estar alineadas para producir un diámetro paralelo. (Cortesía South Bend Lathe Corp.)

Para alinear los puntos mediante ajuste del contrapunto

1. Afloje la tuerca o palanca de la abrazadera del contrapunto.
2. Afloje uno de los tornillos de ajuste, G o F (Figura 49-6), dependiendo de la dirección en que debe moverse el contrapunto. Apriete el otro tornillo de ajuste hasta que la línea en la mitad superior del contrapunto coincida exactamente con la línea en la mitad inferior.
3. Apriete el tornillo de ajuste que aflojó para fijar ambas mitades del contrapunto en su lugar.
4. Asegúrese que las líneas del contrapunto siguen alineadas; ajuste si es necesario.
5. Fije la tuerca o palanca de la abrazadera del contrapunto.

Para alinear los puntos mediante el método de corte de prueba

1. Haga un corte ligero [de aproximadamente .005 pulg (0.12 mm)] para alinear el diámetro de la Sección A en el extremo del contrapunto con una longitud de ¼ de pulg (6 mm).
2. Detenga el avance y anote la lectura en el anillo graduado de la manivela del carro transversal.
3. Aleje la herramienta de corte de la pieza con la manivela del carro transversal.
4. Acerque la herramienta de corte al extremo del cabezal.
5. Regrese la herramienta de corte a la misma posición en el anillo graduado que en la Sección A.
6. Corte una longitud de ½ pulg (13 mm) en la Sección B y después detenga el torno.
7. Mida ambos diámetros con un micrómetro (Figura 49-7).

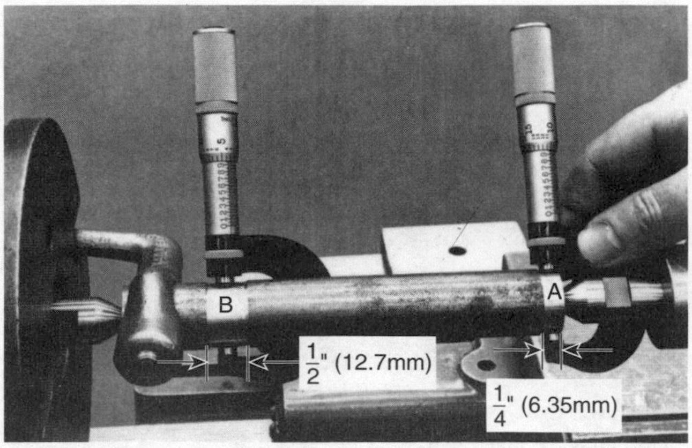

FIGURA 49-7 Se utiliza un corte de prueba a cada extremo de la pieza de trabajo para verificar la alineación de los puntos del torno. (Cortesía de Kelmar Associates.)

8. Si los diámetros no son del mismo tamaño, ajuste el contrapunto ya sea hacia o lejos de la herramienta de corte una distancia igual a la mitad de la diferencia entre las dos lecturas.
9. Haga otro corte ligero en A y B con el mismo ajuste del anillo graduado del carro transversal. Mida estos diámetros y ajuste el contrapunto, si es necesario.

Para alinear puntos utilizando un indicador de carátula y una barra de prueba

1. Limpie el torno y los puntos del torno y monte la barra de prueba.
2. Ajuste la barra de prueba con firmeza entre centros y apriete el seguro del husillo del contrapunto.
3. Monte un indicador de carátula en el poste de herramientas o en el carro longitudinal del torno. Asegúre-

FIGURA 49-8 La alineación del contrapunto puede verificarse con precisión utilizando una barra de prueba paralela y un indicador de carátula. (Cortesía de Kelmar Associates.)

se que el émbolo indicador sea paralelo con respecto a la bancada del torno y que el punto de contacto esté ajustado en el centro.

4. Ajuste el carro transversal de forma que el indicador registre aproximadamente .025 pulg (0.65 mm) en el extremo del contrapunto, y ajuste el indicador a 0.
5. Mueva el carro longitudinal a mano, de forma que el indicador registre el diámetro en el extremo del contrapunto (Figura 49-8) y observe la lectura del indicador.
6. Si las dos lecturas del indicador son diferentes, ajuste el contrapunto con los tornillos de ajuste, hasta que el indicador registre la misma lectura en ambos extremos.
7. Apriete el tornillo de ajuste que había aflojado.
8. Apriete la tuerca del seguro del contrapunto.
9. Ajuste el husillo del contrapunto hasta que la barra de pruebas quede apretada entre los centros del torno.
10. Vuelva a verificar las lecturas del indicador en ambos extremos y ajuste el contrapunto si es necesario.

PREGUNTAS DE REPASO

1. Describa brevemente el procedimiento correcto para montar un punto del torno.
2. ¿Cómo puede verificarse la corrección del punto vivo después que ha sido montado sobre el husillo?
3. ¿Qué precauciones deben observarse al retirar el punto vivo?
4. Describa brevemente cómo alinear los puntos del torno mediante el método de corte de prueba.
5. ¿Por qué debe estar la barra de pruebas apretada entre los puntos cuando se alinean puntos con un indicador de carátula?

UNIDAD

50

Cómo afilar herramientas de corte del torno

OBJETIVOS

Al terminar el estudio de esta unidad, se podrá:

1 Explicar la importancia de los diversos ángulos de ataque y claros de las herramientas de corte

2 Afilar una herramienta de corte de propósito general a partir de una pieza en bruto

3 Volver a afilar una herramienta de corte desafilada

Debido a la cantidad de operaciones de torneado que pueden realizarse en un torno, se utiliza una gran cantidad de herramientas de corte. Para que éstas se desempeñen con eficiencia, deben tener ciertos ángulos y claros para el material que se está cortando (vea la Tabla 29-2). Todas las herramientas de torno cortan si tienen claros frontales y laterales. La adición de las inclinaciones lateral y superior permite a las virutas escapar rápidamente del borde cortante, haciendo que la herramienta corte mejor. Todas las herramientas de corte de torno deben tener ciertos ángulos y claros sin importar su forma; por lo tanto, sólo se explicará con detalle el afilado de la herramienta corte de propósito general (Figura 50-1).

PARA AFILAR UNA HERRAMIENTA DE PROPÓSITO GENERAL

1. Rectifique la cara de la rueda del esmeril.
2. Sujete con firmeza la herramienta, apoyando las manos en el descanso del esmeril (Figura 50-2).
3. Sostenga la herramienta en el ángulo apropiado para afilar el ángulo del borde cortante. Al mismo tiempo, incline la parte inferior de la herramienta hacia la rueda y esmerile el ángulo de salida lateral o ángulo de claro de 10° sobre el borde cortante.

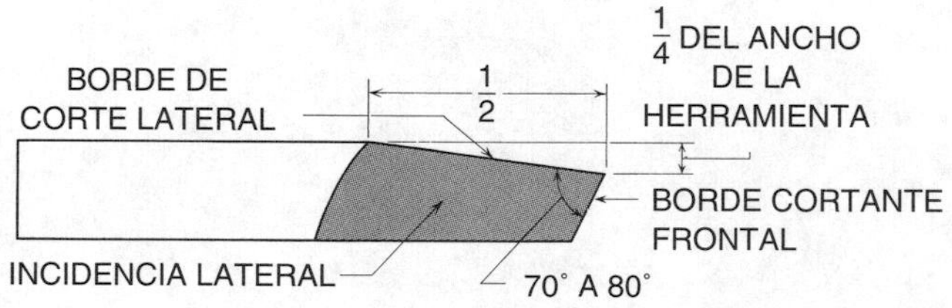

FIGURA 50-1 La forma y dimensiones de una herramienta de torno de propósito general. (Cortesía de Kelmar Associates.)

Nota: El borde cortante debe ser de aproximadamente 1/2 pulg (13 mm) de longitud y debe extenderse por aproximadamente un cuarto del ancho de la herramienta (Figura 50-2).

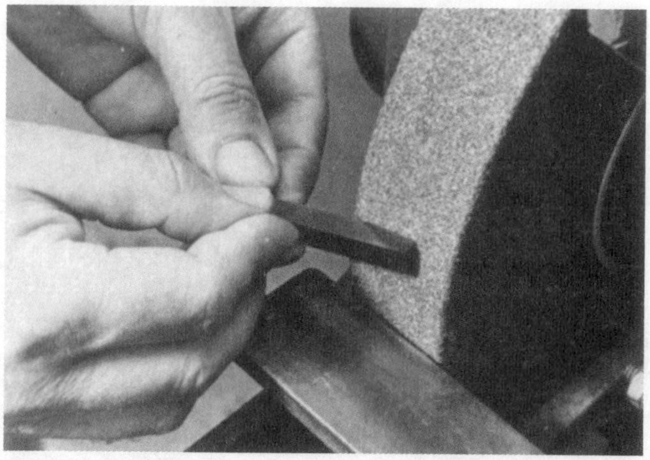

A

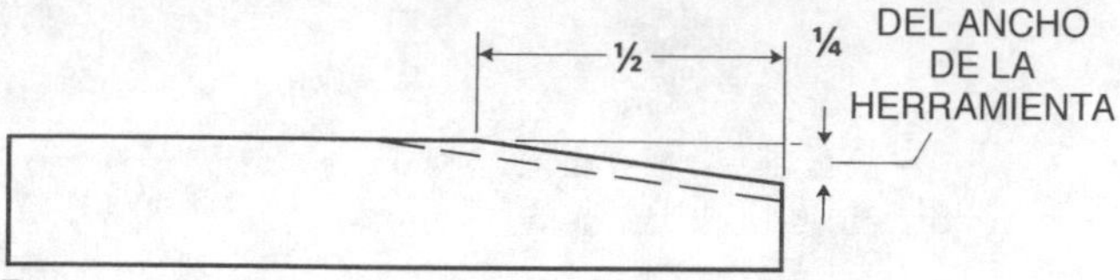

B

FIGURA 50-2 Esmerilado del borde cortante lateral y los ángulos de alivio lateral de una herramienta. (Cortesía de Kelmar Associates.)

4. Mientras esté esmerilando, mueva la herramienta hacia adelante y atrás por medio de la cara de la rueda. Esto acelera el esmerilado y evita ranuras en la rueda.
5. La herramienta debe enfriarse con frecuencia durante la operación de esmerilado.

NUNCA SOBRECALIENTE UNA HERRAMIENTA

Nota: *Nunca* sumerja en agua fría las herramientas de estelita o de carburo cementado, y *nunca* esmerile carburos con una rueda de óxido de aluminio.

6. Esmerile el borde cortante frontal de manera que forme un ángulo de poco menos de 90° con respecto al borde cortante lateral (Figura 50-3). Sostenga la herramienta de forma que el ángulo del borde cortante frontal y el ángulo de alivio de 15° se corten al mismo tiempo.
7. Utilizando un calibrador de afilado de herramientas, verifique el valor del ángulo de alivio frontal, mientras la herramienta está sobre el portaherramientas (Figura 50-4).

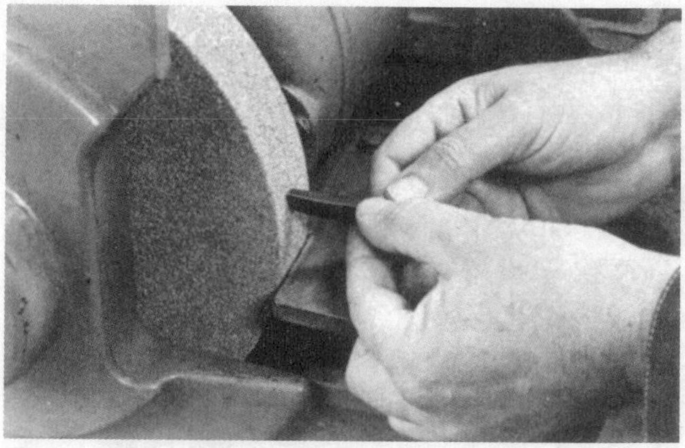

A

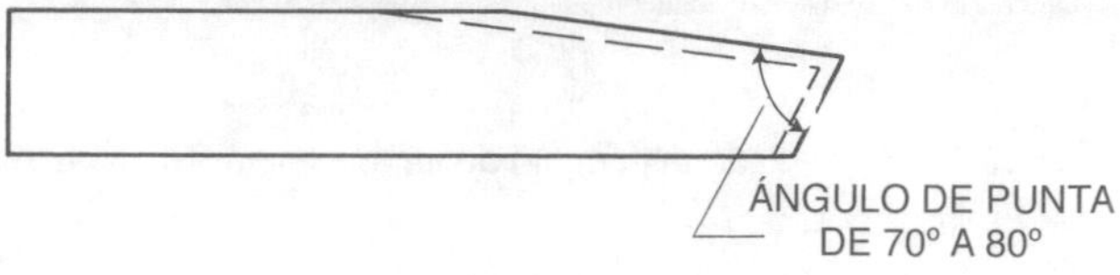

B

FIGURA 50-3 Esmerilado del ángulo de alivio frontal en la herramienta de un torno. (Cortesía de Kelmar Associates.)

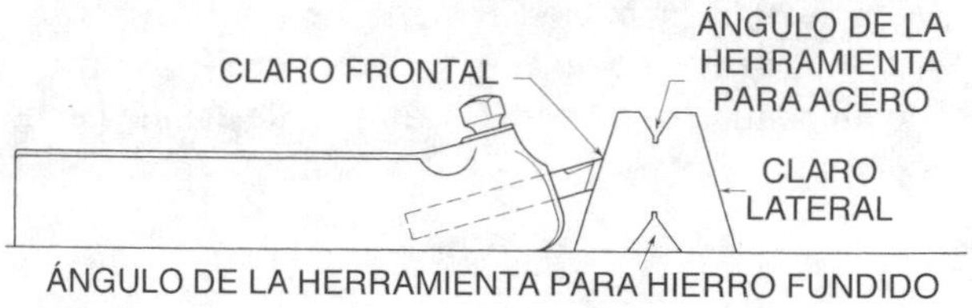

FIGURA 50-4 Cómo verificar el ángulo de alivio frontal de una herramienta mientras está en el portaherramientas. (Cortesía de South Bend Lathe Corp.)

8. Sostenga la parte superior de la herramienta en aproximadamente 45° con respecto al eje de la rueda y esmerile el ángulo de ataque lateral en aproximadamente 14° (Figura 50-5 de la página 370).

Nota: Cuando esmerile el ángulo de ataque lateral, *asegúrese que la parte superior del borde cortante no se afile por debajo de la parte superior de la herramienta.* Si se esmerila un peldaño en la parte superior de la herramienta, se forma una trampa para las virutas, lo que reduce en gran medida la eficiencia de la herramienta para corte.

9. Esmerile un radio ligero en la punta de la herramienta de corte, *asegurándose de mantener los mismos ángulos frontales y de claro lateral.*
10. Con una piedra de asentar, afile el borde cortante de la herramienta ligeramente. Esto alargará la vida de la herramienta y le permitirá producir un mejor acabado superficial.

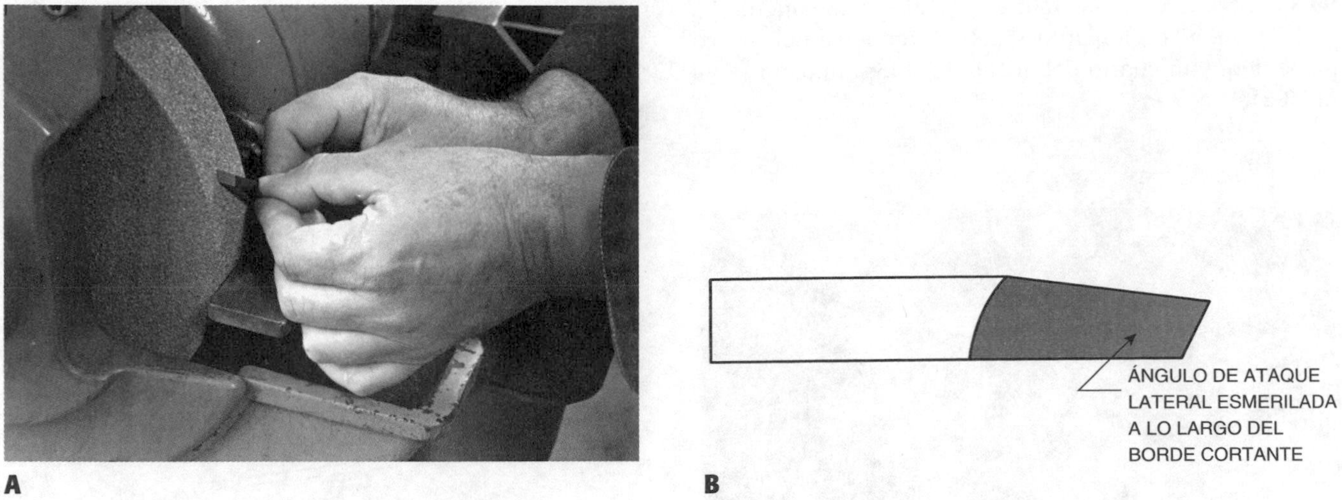

FIGURA 50-5 Esmerilado del ángulo de ataque lateral en una herramienta de torno.
(Cortesía de Kelmar Associates.)

PREGUNTAS DE REPASO

1. ¿Cuáles son los dos requerimientos que deben cumplirse para permitir que una herramienta de torno corte?
2. ¿Por qué no debe afilarse la parte superior del borde cortante por debajo de la parte superior de la herramienta cuando se esmerila el ángulo de ataque lateral?
3. ¿Cómo debe acondicionarse la punta de la herramienta?
4. Explique brevemente el procedimiento para esmerilar una herramienta de propósito general.

UNIDAD

51

Careado entre centros

OBJETIVOS

Al terminar el estudio de esta unidad, se podrá:

1 Ajustar una pieza de trabajo para maquinarla entre centros

2 Ajustar una pieza de trabajo para carear los extremos

3 Carear una pieza de trabajo a una longitud exacta

Las piezas que se montan entre centros puede maquinarse, retirarse o ajustarse para maquinado adicional y seguir manteniendo el mismo grado de precisión. El careado en el torno es una de las operaciones de maquinado más importantes en un taller de maquinado. Es muy importante que se configuren correctamente la herramienta de corte y la pieza de trabajo, o resultará en daño a la máquina, la pieza de trabajo y a los centros del torno.

CÓMO AJUSTAR UNA HERRAMIENTA DE CORTE PARA EL MAQUINADO

1. Mueva el poste del portaherramientas hacia el *lado izquierdo* de la ranura en T del carro auxiliar.
2. Monte un portaherramientas en el poste de forma que el tornillo de ajuste del portaherramienta esté aproximadamente a 1 pulg (25 mm) más allá del poste (Figura 51-1).
3. Inserte la herramienta de corte adecuada en el portaherramientas, haciendo que la herramienta sobresalga $^1/_2$ pulg (13 mm) más allá del portaherramientas, pero nunca más del doble de su espesor.
4. Apriete el tornillo de sujeción del portaherramientas sólo con la presión de dos dedos en la llave para sostener la herramienta en el portaherramientas.

Nota: Si el tornillo de sujeción en el portaherramientas se aprieta demasiado, romperá la herramienta, que es muy dura y frágil.

FIGURA 51-1 Ajuste de un portaherramientas y herramienta para una operación de maquinado. (Cortesía de Kelmar Associates.)

5. Ajuste la herramienta de corte al centro. Verifíquela, en relación con el punto de centros del torno (Figura 51-1).
6. Apriete el poste portaherramientas con firmeza para evitar que se mueva durante el corte.

PARA MONTAR PIEZAS ENTRE CENTROS

Utilizando un contrapunto giratorio

1. Verifique el punto vivo, sosteniendo un pedazo de gis cerca de éste mientras gira. Si éste no está exactamente centrado, el gis sólo marcará en la porción alta.
2. Si aparece esta marca de gis, retire el punto vivo del cabezal y limpie los conos del centro y de los husillos del cabezal.
3. Reemplace el centro y verifique para corrección.
4. Ajuste el husillo del contrapunto hasta que se salga aproximadamente de $2^1/_2$ a 3 pulg (63 a 75 mm) más allá del contrapunto.
5. Monte un punto giratorio en el husillo del contrapunto (Figura 51-2).

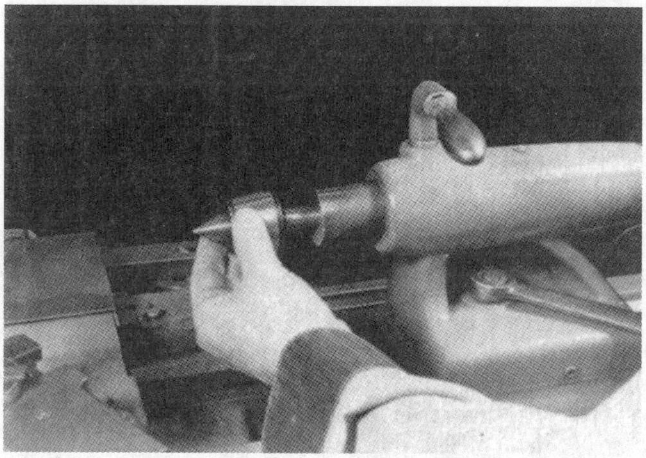

FIGURA 51-2 Limpie los conos tanto internos como externos antes de montar el punto sobre el husillo del contrapunto. (Cortesía de Kelmar Associates.)

6. Afloje la tuerca o palanca de sujeción del contrapunto.
7. Coloque un perro de torno en el extremo de la pieza con la cola apuntando hacia la izquierda.
8. Coloque el extremo de la pieza con el perro de torno en el punto vivo y deslice el contrapunto hacia el cabezal hasta que el punto muerto soporte el otro extremo de la pieza de trabajo.
9. Apriete la tuerca o palanca de sujeción del contrapunto.
10. Ajuste la cola del perro en la ranura del plato del torno y apriete el tornillo del perro.

FIGURA 51-3 Cuando el contrapunto esté en la posición correcta, apriete la tuerca de fijación. (Cortesía de Kelmar Associates.)

11. Apriete la manivela del contrapunto utilizando sólo *presión de pulgar e índice* para sujetar la pieza de trabajo entre los centros.
12. Apriete el seguro del husillo del contrapunto.
13. Mueva el carro longitudinal a la posición más alejada (el extremo a mano izquierda) del corte y gire el husillo del torno a mano, para asegurarse que el perro no golpea el carro auxiliar.

Utilizando un centro muerto

1. Siga los pasos 1 a 4 del método del punto giratorio
2. Monte el punto muerto en el husillo del contrapunto y después verifique la alineación de los puntos.
3. Coloque el perro en el extremo de la pieza y lubrique la perforación del punto muerto (Figura 51-4).
4. Monte la pieza de trabajo entre centros y apriete la tuerca o palanca de la fijación del contrapunto (Figura 51-3).
5. Ajuste la cola del perro en el plato del torno y apriete el tornillo de ajuste.

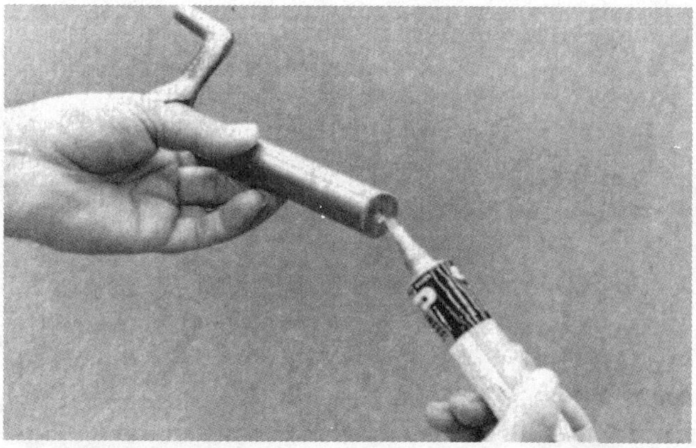

FIGURA 51-4 Aplicación de lubricante a una perforación central que quedará soportada por el punto muerto en el contrapunto. (Cortesía de Kelmar Associates.)

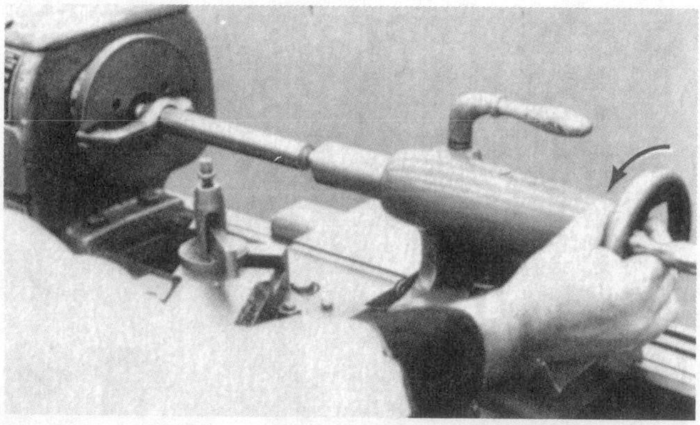

FIGURA 51-5 Gire al revés la manivela del contrapunto hasta que la cola del perro caiga en la ranura. (Cortesía de Kelmar Associates.)

FIGURA 51-6 La tensión de los centros es correcta cuando la cola del perro caiga por su propio peso y no exista juego entre extremos de la pieza y puntos. (Cortesía de Kelmar Associates.)

6. Gire el plato del torno hasta que la ranura esté en posición horizontal.
7. Sostenga la cola del perro hacia *arriba* en la ranura y apriete la manivela del contrapunto.
8. Gire la manivela al revés hasta que la cola del perro *empiece a caer* y apriete el seguro del husillo del contrapunto (Figura 51-5).
9. Verifique la tensión de la pieza entre centros. La cola del perro debe caer por su propio peso, y no debe haber juego entre puntos y extremos. (Figura 51-6).

CAREADO ENTRE CENTROS

Las piezas de trabajo que deben maquinarse por lo general se cortan un poco más largas que lo necesario y después se carean en los extremos a la longitud correcta. El careado es la operación de maquinar los extremos de una pieza de trabajo en ángulo recto con respecto a su propio eje. Para producir una superficie plana y a escuadra, cuando el material se está careando entre centros, las puntas del torno deben estar alineadas. Las piezas frecuentemente se sostienen en un mandril, luego se carean a la longitud, y se taladran en el centro en una sola puesta a punto. Esta operación se explica en la Unidad 57.

Los propósitos del careado son:

1. Proporcionar una superficie recta y plana, a escuadra con respecto al eje de la pieza.
2. Proporcionar una superficie precisa a partir de la cuales toman medidas.
3. Cortar la pieza de trabajo a la longitud requerida.

FIGURA 51-7 Sostenga el portaherramientas de cerca y coloque la herramientas al centro. (Cortesía de Kelmar Associates.)

Para Carear piezas entre centros

1. Mueva el poste portaherramientas hacia el *costado izquierdo* del carro auxiliar, y ajuste la herramienta de carear de lado derecho a la altura del punto central del torno (Figura 51-7).
2. Limpie el torno y los centros de trabajo y monte la pieza de trabajo entre centros.

Nota: Utilice un medio punto en el contrapunto si está uno disponible (Figura 51-8).

3. Ajuste la herramienta de careado apuntando hacia la izquierda, como se muestra en la Figura 51-8.

Nota: La punta de la herramienta debe estar lo más cerca posible a la pieza y debe dejarse un espacio a lo largo del costado.

4. Ajuste el torno a la velocidad correcta para el diámetro y el tipo de material que se va a cortar.
5. Arranque el torno y acerque la herramienta al centro de la pieza tan cerca como sea posible.

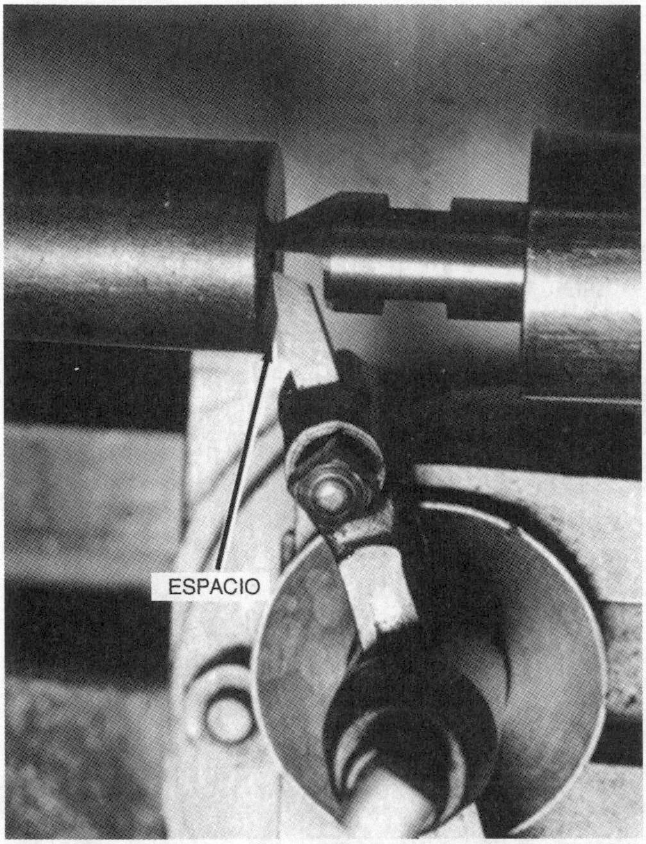

FIGURA 51-8 Un medio punto permite que se caree la superficie completa. (Cortesía de Kelmar Associates.)

FIGURA 51-9 Fije el carro longitudinal para producir una superficie plana. (Cortesía de Kelmar Associates.)

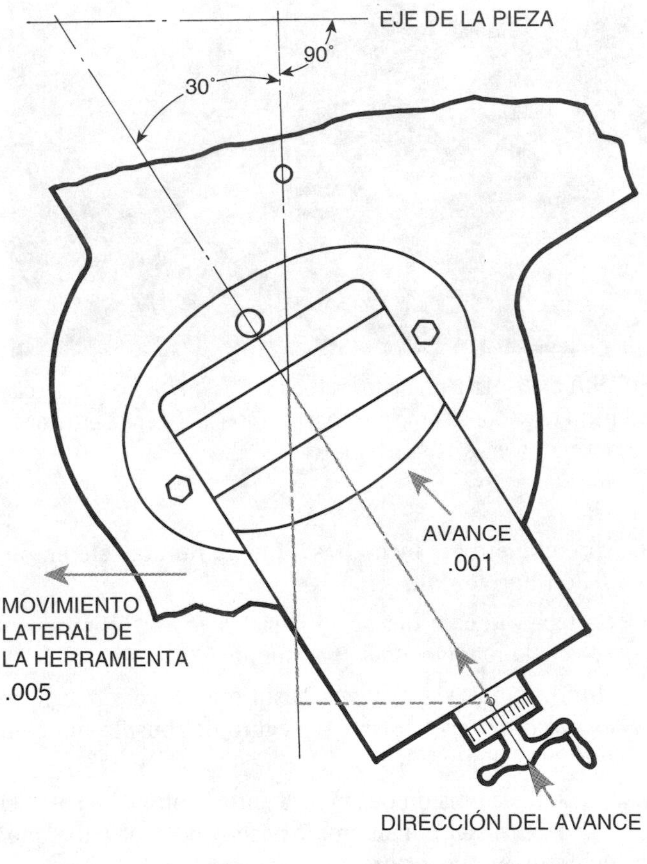

FIGURA 51-10 El carro auxiliar puede ajustarse a 30° para un careado del extremo preciso. (Cortesía de Kelmar Associates.)

6. Mueva el carro longitudinal hacia la izquierda utilizando la manivela del tablero, hasta que se comience un pequeño corte.
7. Avance la herramienta de corte girando la manivela del carro transversal y corte desde el centro hacia afuera. Si se utiliza el avance automático del carro transversal para la herramienta de corte, debe asegurarse el carro longitudinal en posición (Figura 51-9).
8. Repita los pasos 5, 6 y 7 hasta que la pieza esté cortada a la longitud correcta. (Antes de carear, marque la longitud correcta con marcas de punzón y después caree hasta que las marcas hayan sido cortadas a la mitad).

Nota: En el careado, los cortes de acabado deben comenzar en el centro de la pieza de trabajo y avanzar hacia el exterior.

Cómo carear la pieza de trabajo a la longitud precisa

Cuando se deben maquinar piezas a una longitud precisa, pueden utilizarse los anillos micrométricos graduados en el carro auxiliar. Cuando se esté careando, puede ajustarse el carro auxiliar a 30° (con respecto al avance transversal). El movimiento lateral de la herramienta de corte siempre será de la mitad de la cantidad del avance del carro auxiliar. Por ejemplo, si el carro auxiliar avanza .010 pulg (0.25 mm), el movimiento lateral de la herramienta, o la cantidad de material eliminado del extremo de la pieza de trabajo, será de .005 pulg (0.12 mm) (Figura 51-10).

PREGUNTAS DE REPASO

Cómo montar una pieza de trabajo entre centros

1. Explique el procedimiento para ajustar la herramienta de corte para el torneado.
2. Liste los pasos principales para montar piezas entre centros.

Careado entre centros

3. Mencione tres propósitos para carear una pieza de trabajo.
4. Explique cómo se ajusta una herramientas de careado.

UNIDAD

52

Maquinado entre puntas

OBJETIVOS

Al terminar el estudio de esta unidad, se podrá:

1 Ajustar la herramienta de corte para operaciones de torneado

2 Tornear diámetros paralelos con una precisión dimensional de ±.002 pulg (0.05 mm)

3 Producir un buen acabado superficial mediante limado y pulido

4 Maquinar hombros o escalones cuadrados, achaflanados y biselados con una precisión de hasta $^1/_{64}$ de pulg (0.3 mm)

En los talleres escolares o programas de capacitación, donde la duración de cada sesión es fija, la mayoría de los trabajos que se maquinan en el torno se montan entre centros. El cabezal y el contrapunto están alineados, la pieza de trabajo puede maquinarse, retirarse del torno al final del período de trabajo, y volverse a colocar para maquinado adicional, con la seguridad que cualquier diámetro que se maquine será correcto (concéntrico) con los demás. En los programas de capacitación, a menudo es necesario retirar y reemplazar piezas en un torno muchos antes de terminarlas; por lo tanto, el maquinado entre centros ahorra mucho tiempo valioso al poner a punto las piezas con precisión, comparado con otros métodos de sujeción de las piezas de trabajo. Las operaciones más comunes que se llevan a cabo en piezas montadas entre centros son careado, torneado de desbaste y de acabado, torneado de hombros, limado y pulido.

CÓMO AJUSTAR LA HERRAMIENTA DE CORTE

Cuando se maquina entre centros, es muy importante que se ajuste correctamente la pieza de trabajo y la herramienta de corte; de lo contrario, se puede arruinar la pieza o pueden dañarse los puntos del torno. El descuido al ajustar la pieza de trabajo adecuadamente también puede dar como resultado que la pieza de trabajo sea lanzada del torno, provocando lesiones al operador.

1. Mueva el poste para herramientas al *lado izquierdo* de la ranura en T del carro auxiliar.
2. Monte un portaherramientas en el poste de forma que el tornillo de ajuste del portaherramientas sobresalga aproximadamente 1 pulg (25 mm) más allá del poste (Figura 52-1).

Cuando haga cortes profundos, ajuste el portaherramientas en ángulo recto respecto a la pieza de trabajo (Figura 52-2A). Si el portaherramientas llegara a moverse bajo la presión del corte, la herramienta de corte se deslizará lejos de la pieza de trabajo, haciendo el diámetro más grande.

Si el portaherramientas se ajusta y se mueva bajo la presión del corte, la cuchilla gira hacia la pieza de trabajo, haciendo que el diámetro se corte en un tamaño menor al necesario. Para cortes ligeros de acabado se puede ajustar el portaherramientas como en la Figura 52-2B.

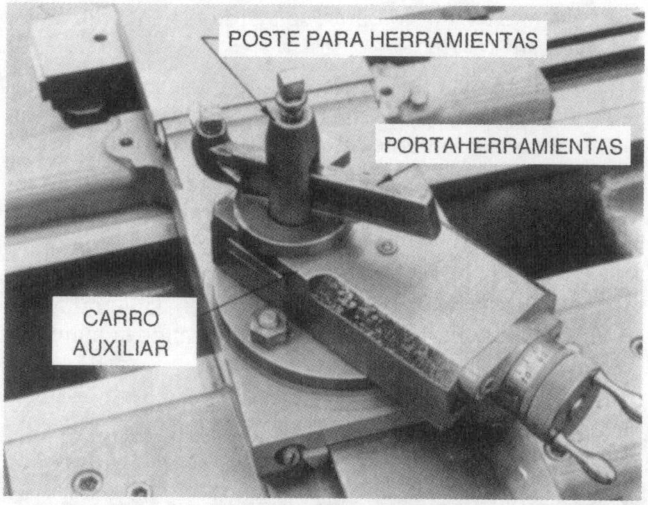

FIGURA 52-1 Fije el portaherramientas cerca del poste para herramientas. (Cortesía de Kelmar Associates.)

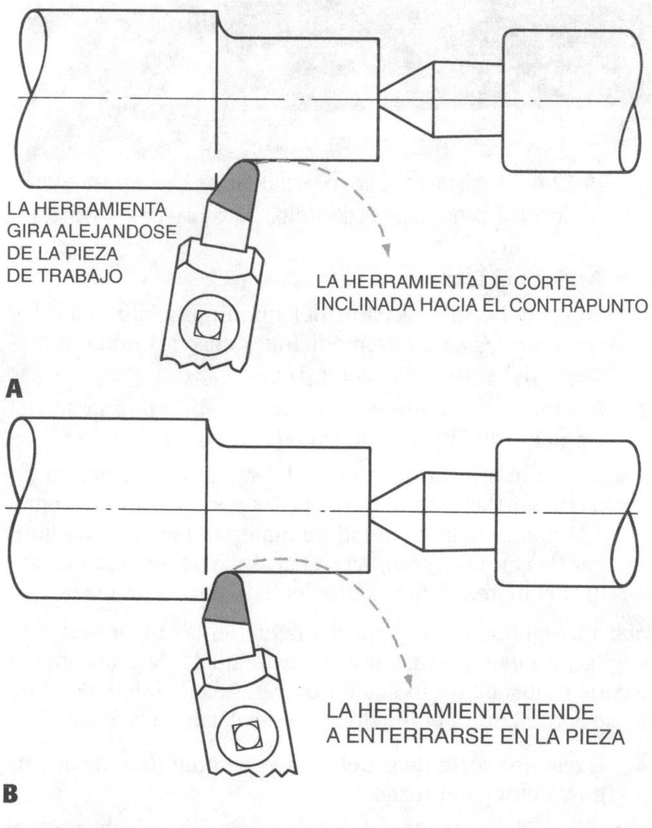

FIGURA 52-2 (A) Portaherramientas ajustado para evitar que la herramienta se entierre en la pieza de trabajo; (B) portaherramientas ajustado incorrectamente para hacer un corte profundo. (Cortesía de Kelmar Associates.)

3. Inserte la herramienta de corte adecuada en el portaherramientas, haciendo que la herramienta sobresalga ½ pulg (13 mm) del portaherramientas, y nunca más del doble de su espesor.
4. Ajuste la punta de la herramienta de corte al centro. Verifíquelo contra el punto del torno (Figura 52-3).
5. Apriete el poste *firmemente* para evitar que se mueva durante el corte.

FIGURA 52-3 Ajuste la punta de la herramienta nivelada con el punto. (Cortesía de Kelmar Associates.)

CÓMO MONTAR PIEZAS ENTRE CENTROS

Dado que el procedimiento para montar piezas entre centros del torno para maquinado es el mismo que para el careado, no se repetirá la explicación de esta operación. Vea la Unidad 51 para el procedimiento correcto para montar la pieza de trabajo entre centros.

TORNEADO PARALELO

Por lo general, la pieza de trabajo se maquina en el torno por dos razones: para cortarlo al tamaño y para producir un diámetro preciso. Una pieza de trabajo que debe cortarse al tamaño y tener un mismo diámetro a lo largo de toda la pieza involucra la operación de torneado paralelo. Muchos factores determinan la cantidad de material que puede eliminarse con el torno en una sola vez. Siempre que sea posible, el diámetro debe cortarse a su tamaño en dos pasadas: un corte de desbaste y un corte de acabado (Figura 52-4).

Nota: Para eliminar metal de una pieza cilíndrica de forma que tenga el mismo diámetro en ambos extremos, *los puntos del torno deben estar alineadas.* (Vea la Unidad 49 para los métodos para alinear los puntos).

Antes de hacer, ya sea el corte de desbaste o el de acabado, la herramienta de corte debe ajustarse con precisión para la profundidad de corte deseada.

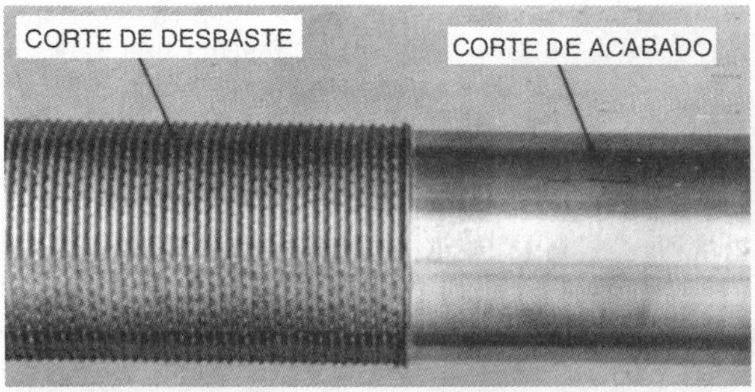

FIGURA 52-4 Corte de desbaste y corte de acabado. (Cortesía de Kelmar Associates.)

Cómo ajustar una profundidad de corte precisa

A fin de maquinar cualquier diámetro en un torno a un tamaño preciso, es importante que se haga un corte de prueba en el diámetro que se va a tornear, antes de ajustar *cualquier profundidad de corte* en el anillo micrométrico graduado de avance transversal. Los propósitos del corte de prueba son:

- Producir un diámetro torneado con precisión, que pueda medirse con un micrómetro
- Ajustar la punta de la herramienta de corte al diámetro
- Ajustar el anillo micrométrico de avance transversal al diámetro

Sólo después de hacer el corte de prueba es posible ajustar una profundidad de corte precisa.

Para hacer un corte de prueba

1. Ajuste la pieza y la herramienta de corte como para torneado.
2. Ajuste las velocidades y avances correctos para el material que se va a cortar.
3. Arranque el torno y coloque la herramienta sobre la pieza de trabajo en aproximadamente 1/8 de pulg (3 mm) del extremo.
4. Gire la manivela del carro auxiliar en *dirección de las manecillas del reloj* un cuarto de vuelta para eliminar cualquier juego.
5. Avance la herramienta hacia la pieza de trabajo girando la manivela del carro transversal en dirección de las manecillas del reloj, hasta que aparezca un anillo poco profundo en toda la circunferencia de la pieza (Figura 52-5).

FIGURA 52-5 El primer paso para ajustar una profundidad de corte precisa es maquinar un anillo poco profundo alrededor de la circunferencia de la pieza. (Cortesía de Kelmar Associates.)

6. *NO* MUEVA EL AJUSTE DE LA MANIVELA DEL AVANCE TRANSVERSAL. Si se mueve, se destruyen dos de los tres propósitos del corte de prueba; la herramienta de corte y el anillo micrométrico de avance del carro transversal ya no estarán ajustados al diámetro. Por lo tanto, se pierde el punto de inicio para ajustar un corte preciso.
7. Gire la manivela del carro longitud hasta que la herramienta quede libre del extremo de la pieza de trabajo en aproximadamente 1/16 de pulg (1.5 mm).
8. Gire la manivela de avance del carro transversal en dirección de las manecillas del reloj aproximadamente .010 pulg (0.25 mm) y haga un corte de prueba de 1/4 de pulg (6 mm) a lo largo de la pieza (Figura 52-6).
9. Desacople el avance automático y libere la herramienta más allá del extremo de la pieza utilizando la manivela del carro longitudinal.

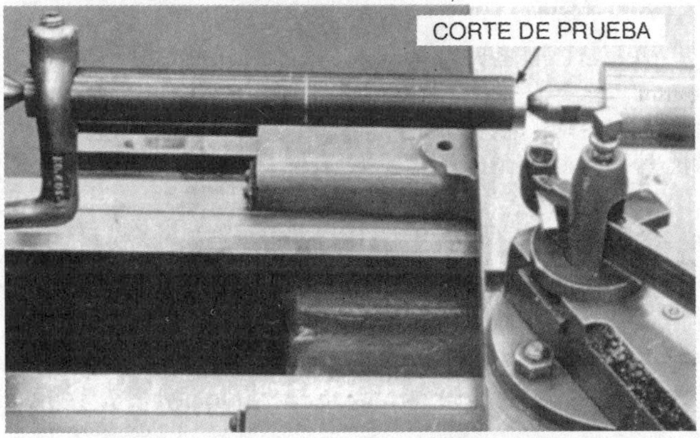

FIGURA 52-6 Haga un corte ligero de prueba, de aproximadamente 1/4 de pulg de longitud, para limpiar el diámetro. (Cortesía de Kelmar Associates.)

10. Detenga el torno.
11. Compruebe la precisión del micrómetro limpiando y cerrando las caras de medición y después mida el diámetro del corte de prueba. (Figura 52-7).
12. Calcule cuánto material todavía debe eliminarse del diámetro de la pieza de trabajo.
13. Gire la manivela de avance del carro transversal en dirección de las manecillas del reloj por una cantidad igual a la mitad de la cantidad de material que se va a eliminar (la cantidad completa, si el anillo del micrómetro indica el material eliminado del diámetro de la pieza).

Nota: En algunos casos, especialmente en las máquinas más antiguas, un método más preciso para ajustar la profundidad de corte es instala un indicador de carátula de intervalo largo que se apoye contra el movimiento del carro transversal.

14. Haga otro corte de prueba de 1/4 de pulg (6 mm) de largo y detenga el torno.

Nota: Si el diámetro es demasiado pequeño, observe el ajuste del anillo graduado, y gire la manivela de avance del carro transversal *en contra de las manecillas del reloj* media vuelta, y después en dirección de las manecillas del reloj hasta el ajuste deseado.

15. Con la manivela del carro longitudinal saque la herramienta más allá del extremo de la pieza de trabajo.
16. Mida el diámetro y, si es necesario, vuelva a ajustar la manivela de avance del carro transversal hasta que el diámetro sea el correcto.
17. Maquine el diámetro en toda la longitud.

TORNEADO DE DESBASTE

El torneado de desbaste elimina tanto metal como sea posible en el período de tiempo más corto. La precisión y el acabado superficial no son importantes en esta operación; por lo tanto, se recomienda un avance de .020 a .030 pulg (0.5 a 0.76 mm). Por lo general la pieza de trabajo, se desbasta hasta llegar a 1/32 de pulg (0.8 mm) del tamaño de acabado, cuando se elimina hasta 1/2 pulg (13 mm) del diámetro; hasta llegar a 1/16 de pulg (1.6 mm) cuando se elimina más de 1/2 pulg.

Siga este procedimiento:

1. Ajuste el torno a la velocidad correcta para el tipo y tamaño del material que se va a cortar(tabla 47-1).
2. Ajuste la caja de engranes de cambio rápido para a un avance de .010 a .030 pulg (0.25 a 0.76 mm), dependiendo de la profundidad de corte y el estado de la máquina.
3. Mueva el portaherramientas hacia el lado izquierdo del carro auxiliar, y ajuste al centro la altura de la herramienta.
4. Apriete el poste *firmemente* para evitar que el portaherramientas se mueva durante la operación de maquinado.
5. Haga un corte ligero de prueba en el extremo derecho de la pieza con una longitud de 1/4 de pulg (6 mm) (Figura 52-6).
6. Mida la pieza de trabajo y ajuste la herramienta para la profundidad de corte correcta.
7. Corte a lo largo por 1/4 de pulg (6 mm), detenga el torno y verifique el tamaño del diámetro. El diámetro debe estar aproximadamente 1/32 de pulg (0.8 mm) por encima del tamaño de acabado (Figura 52-7).
8. Reajuste la profundidad de corte, si es necesario.

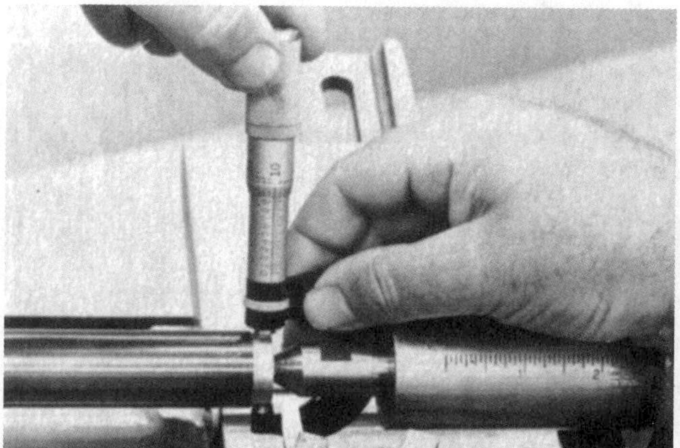

FIGURA 52-7 Con la herramienta de corte fuera de la pieza de trabajo, mida el diámetro. (Cortesía de Kelmar Associates.)

TORNEADO DE ACABADO

El torneado de acabado, que sigue al torneado de desbaste, produce una superficie lisa y corta en la pieza de trabajo al tamaño preciso. Factores como el estado de la herramienta de trabajo, la rigidez de la máquina y de la pieza trabajo, y las velocidades y avances del torno afectan el tipo de acabado superficial producido.

Siga este procedimiento:

1. Asegúrese que el borde de corte de la herramienta está libre de golpes, rebabas, etcétera. Es buena práctica afilar el borde cortante antes de hacer el corte de acabado.
2. Ajuste la herramienta al centro; verifíquela contra el punto del torno.
3. Ajuste el torno a la velocidad y avance recomendados. El avance que se utilice dependerá del acabado superficial requerido.
4. Haga un corte de prueba ligero de 1/4 de pulg (6 mm) de longitud al extremo derecho de la pieza de trabajo para
   a. Producir un diámetro correcto
   b. Ajustar la herramienta de corte al diámetro
   c. Ajustar el anillo graduado al diámetro
5. Detenga el torno y mida el diámetro
6. Ajuste la profundidad de corte a la mitad del material que se va a eliminar.
7. Corte una longitud de 1/4 de pulg (6 mm), detenga el torno, y verifique el diámetro.
8. Reajuste la profundidad de corte, si es necesario, y haga el torneado de acabado del diámetro.

Nota: Para producir el diámetro más correcto posible, tornee de acabado la pieza de trabajo al tamaño requerido. Si es necesario acabar el diámetro mediante limado o pulido, *nunca* deje más de .002 a .003 pulg (0.05 a 0.07 mm) para esta operación.

CÓMO LIMAR EN EL TORNO

La pieza de trabajo debe limarse en el torno sólo para eliminar una pequeña cantidad de material, rebabas o para redondear esquinas afiladas. La pieza de trabajo siempre debe tornearse dentro de .002 a .003 pulg (0.05 a 0.07 mm) del tamaño, si se lima la superficie. Cuando se eliminan cantidades mayores, la pieza de trabajo debe maquinarse, ya que un limado excesivo producirá piezas que no son redondas ni paralelas. El National Safety Council de E.V. recomienda limar con la mano izquierda, de forma que brazos y manos queden fuera del mandril o plato del torno giratorios. Siempre retire la herramienta del portaherramientas antes de limar, a menos que la operación de maquinado no lo permita. En este caso, mueva el carro longitudinal de forma que la herramienta esté tan lejos como sea posible del área que se está limando.

Nota: Antes de intentar limar o pulir en un torno, cubra la bancada del torno con hojas de papel, para evitar que las limaduras se metan en las guías y provoquen desgaste excesivo y daño al torno (Figura 52-8). La tela no es adecuada para este propósito, porque tiende a quedar atrapada en las piezas en rotación o en el torno.

Para limar en un torno

1. Ajuste la velocidad del husillo en aproximadamente el doble de la utilizada en el torneado.
2. Monte la pieza de trabajo entre centros, lubrique y ajuste con cuidado el punto fijo en la pieza. Utilice un punto giratorio, si lo hay disponible.
3. Mueva el carro longitudinal tan lejos hacia la derecha como sea posible y retire el poste.
4. Desacople el tornillo principal y la varilla de avance.
5. Seleccione una lima plana o una *lima de torno de ángulo grande* de 10 o 12 pulg (250 o 300 mm).

Nota: Asegúrese que el mango de la lima esté fijado de forma adecuada a la espiga de la lima.

6. Arranque el torno.
7. Sujete el mango de la lima con la mano izquierda y soporte la punta de la lima con los dedos de la mano derecha (Figura 52-8).
8. Aplique una ligera presión y empuje la lima hacia delante en toda su longitud. Afloje la presión en el movimiento de regreso.
9. Mueva la lima en aproximadamente la mitad del ancho de la misma en cada pasada y continúe limando, utilizando de 30 a 40 pasadas por minuto, hasta que la superficie esté terminada.
10. Cuando lime en un torno, tome las siguientes precauciones:
    a. Enrolle sus mangas por encima de los codos; las mangas cortas son preferibles.
    b. Quítese el reloj y los anillos.
    c. Nunca utilice una lima sin un mango ajustado adecuadamente.
    d. Nunca aplique demasiada presión a la lima. La presión excesiva produce que se pierda la redondez y hace que los dientes de la lima se atasquen y dañen la superficie de la pieza de trabajo.
    e. Limpie la lima frecuentemente con una carda para limas. Frote un poco de tiza sobre los dientes de la lima para evitar que se atasquen y facilitar la limpieza.

CÓMO PULIR EN EL TORNO

Después de que la superficie de la pieza fue limada, el acabado puede mejorarse puliéndola con una tela abrasiva. Proceda como sigue:

1. Seleccione el tipo y grado correctos de tela abrasiva para el acabado deseado. Utilice una pieza de aproximadamente 6 a 8 pulg (150 a 200 mm) de longitud y 1 pulg (25 mm) de ancho. Para metales ferrosos, utilice telas abrasivas de óxido de aluminio. Para metales no ferrosos debe utilizarse tela abrasiva de carburo de silicio.
2. Ajuste el torno para funcionar a alta velocidad.
3. Desacople la varilla de avance y el tornillo principal.
4. Retire el poste y el portaherramientas.
5. Lubrique y ajuste el punto fijo. Utilice un punto fijo giratorio si lo hay disponible.
6. Enrolle sus mangas por encima de los codos y sujete cualquier ropa suelta.
7. Arranque el torno.
8. Sostenga la tela abrasiva sobre la pieza (Figura 52-9).
9. Con la mano derecha, oprima con firmeza la tela sobre la pieza de trabajo mientras sostiene *fuertemente* el otro extremo de la tela abrasiva con la mano izquierda. (*Precaución*: No deje que el extremo corto de la tela abrasiva se enrolle alrededor de la pieza de trabajo).
10. Mueva la tela lentamente hacia adelante y atrás a lo largo de la pieza de trabajo.

Nota: Para acabados normales, debe utilizarse tela abrasiva de malla del 80 al 100. Para mejores acabados, utilice una tela abrasiva de grano más fino.

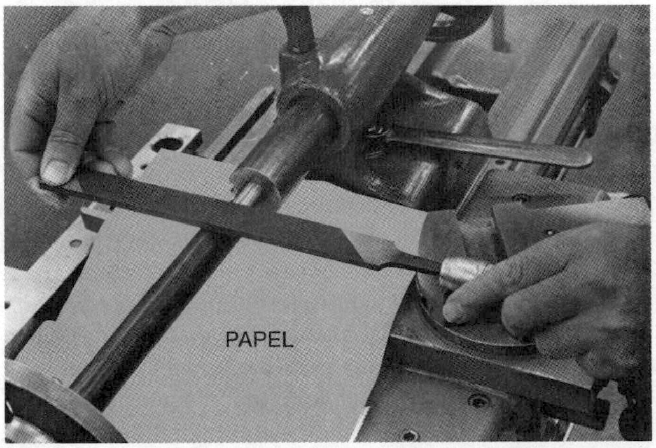

FIGURA 52-8 Siempre sostenga el mango de la lima con la mano izquierda para evitar lesiones. (Cortesía de Kelmar Associates.)

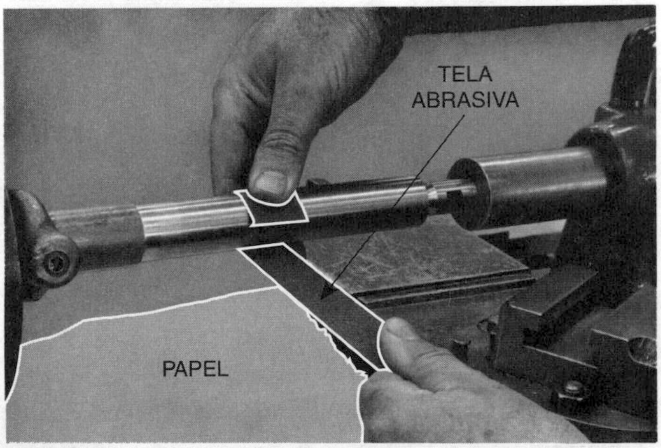

FIGURA 52-9 Puede producirse un alto acabado superficial con tela abrasiva. (Cortesía de Kelmar Associates.)

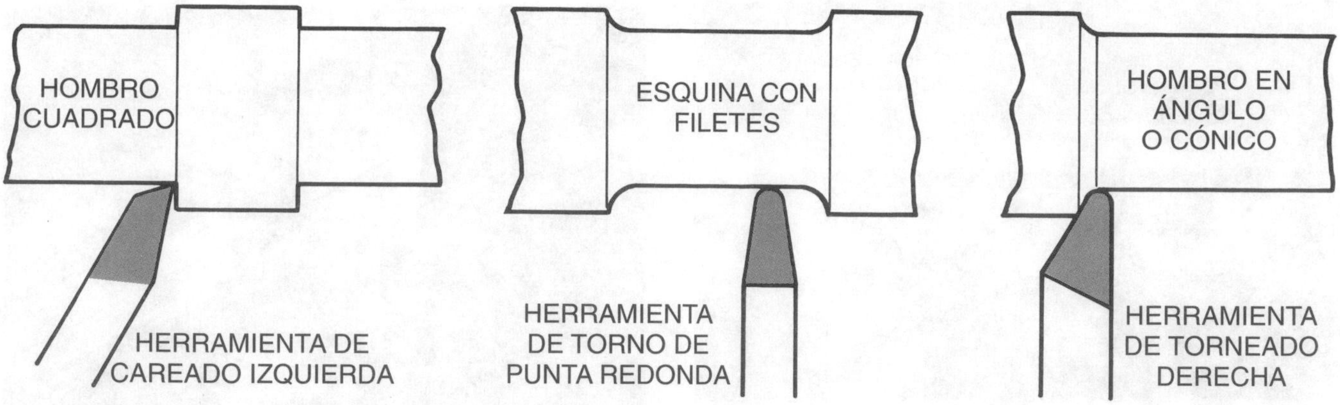

FIGURA 52-10 Tipos de hombros. (Cortesía de Kelmar Associates.)

TORNEADO DE HOMBROS (ESCALONES)

Cuando se tornea más de un diámetro en una pieza de trabajo, el cambio en diámetros, o escalón, se conoce como *hombro*. En la Figura 52-10 se ilustran tres tipos comunes de hombros.

Para tornear un hombro cuadrado

1. Con la pieza de trabajo montado en el torno, trace, desde el extremo acabado de la pieza de trabajo, la posición del hombro. En el caso de los hombros achaflanados-(con filetes), deje una longitud suficiente para permitir que se forme el radio correcto en el hombro acabado.
2. Coloque la punta de la herramienta en esta marca y corte una *pequeña* ranura en la circunferencia para delinear la longitud.
3. Con una herramienta de torneado, desbaste y acabe la pieza hasta un $\frac{1}{16}$ de pulg (1.5 mm) de la longitud requerida (Figura 52-11).
4. Coloque y ajuste una herramienta de careado, marque el diámetro pequeño del trabajo con gis, y suba la herramienta de corte hasta que apenas elimine la marca del gis (Figura 52-12).
5. Observe la lectura en el anillo graduado de avance del carro transversal.
6. Caree (en escuadra) el hombro, cortando hasta la línea *utilizando avance manual.*
7. Para cortes sucesivos, regrese la manivela de avance del carro transversal a la misma graduación fijada en el anillo

FIGURA 52-11 Torneé el diámetro pequeño hasta un $\frac{1}{16}$ de pulg de la longitud terminada. (Cortesía de Kelmar Associates.)

FIGURA 52-12 Observe la lectura en el anillo graduado cuando la herramienta apenas toque el diámetro pequeño. (Cortesía de Kelmar Associates.)

Para maquinar un hombro achaflanado

Los chaflanes se utilizan en el hombro para compensar o superar lo abrupto de una esquina y aumentar la resistencia de la pieza en este punto. Si se necesita una esquina achaflanada, se utiliza una cuchilla del mismo radio para acabar el hombro. Siga este procedimiento:

1. Trace la longitud del hombro con una marca de punzón o corte una ranura ligera (Figura 52-13).
2. Torneé de desbaste y acaba el diámetro pequeño a la longitud correcta *menos el radio que se va a cortar.* Por ejemplo, una longitud de 3 pulg (75 mm) con un radio de $\frac{1}{8}$ de pulg (3 mm) debe tornearse en una longitud de $2\frac{7}{8}$ de pulg (73 mm).
3. Monte la herramienta del radio adecuado y ajústela con el centro.
4. Ajuste el torno a la mitad de la velocidad de torneado.

FIGURA 52-13 La longitud del hombro está indicada con una marca de punzón. (Cortesía de Kelmar Associates.)

5. Cubra el diámetro pequeño cerca del hombro con tiza o tinta de trazar.
6. Arranque el torno y avance la herramienta de corte hasta que marque ligeramente el diámetro pequeño cerca del hombro (Figura 52-14).
7. Avance lateral y lentamente la herramienta de corte con la manivela del carro longitudinal hasta que el hombro esté cortado a la longitud correcta.

FIGURA 52-14 Ajuste del radio de la herramienta al diámetro pequeño. (Cortesía de Kelmar Associates.)

Para maquinar un hombro biselado (angular)

Los hombros biselados o en ángulo se utilizan para eliminar esquinas o bordes afilados, hacer las piezas más fáciles de manejar y mejorar la apariencia de la pieza. A veces se utilizan para aumentar la resistencia de una pieza al eliminar la esquina afilada de un hombro cuadrado. Los hombros se biselan en ángulos que van de 30° a 60°; sin embargo, el más común es el bisel a 45°. Siga este procedimiento:

1. Torneé el diámetro grande al tamaño.
2. Trace la posición del hombro a lo largo de la pieza de trabajo.

FIGURA 52-15 Uso del transportador para ajustar el borde cortante lateral de la herramienta a un ángulo. (Cortesía de Kelmar Associates.)

3. Desbaste y acabe el diámetro pequeño al tamaño.
4. Monte una herramienta de corte lateral en el portaherramientas y ajústela al centro.
5. Utilice un transportador para ajustar el borde cortante lateral de la herramienta al ángulo deseado. (Figura 52-15).
6. Aplique gis o tinta de trazar al diámetro pequeño, tan cerca como sea posible a la posición del hombro.
7. Ajuste el husillo del torno en aproximadamente la mitad de la velocidad de torneado.
8. Acerque la punta de la herramienta hasta que apenas elimine el gis o la tinta de trazar.
9. Gire la manivela del carro longitudinal a mano, para avanzar la herramienta de corte al hombro. (Figura 52-16).
10. Aplique fluido de corte para ayudar a la acción de corte y producir un buen acabado superficial.

FIGURA 52-16 Maquinado de un hombro biselado utilizando el costado de una herramienta de corte. (Cortesía de Kelmar Associates.)

11. Maquine el hombro biselado hasta el tamaño requerido.

Si el tamaño del hombro es grande y hay vibraciones durante el corte usando el costado de la herramienta, puede ser necesario cortar el hombro biselado utilizando el carro auxiliar (Figura 52-17). Si es así, siga este procedimiento:

1. Ajuste el carro auxiliar al ángulo deseado.
2. Ajuste la herramienta de forma que sólo la punta realice el corte.
3. Maquine el bisel avanzando manualmente el carro auxiliar.

FIGURA 52-17 El carro auxiliar en un angulo para cortar un hombro biselado grande. (Cortesía de Kelmar Associates.)

PREGUNTAS DE REPASO

Ajuste de una herramienta de corte

1. ¿Cómo deben ajustarse el portaherramientas y la herramienta de corte para el maquinado entre centros?
2. ¿Qué puede suceder si el portaherramientas se ajustara a la izquierda y se moviera bajo la presión del corte?

Torneado paralelo

3. ¿Qué precaución debe observarse antes de comenzar una operación de torneado paralelo?
4. Explique el procedimiento para ajustar una profundidad de corte precisa.
5. Mencione el propósito del torneado de desbaste y de acabado.
6. ¿Cuántos cortes deben hacerse para tornear un diámetro al tamaño?
7. ¿Cuál es el propósito de un corte ligero de prueba en el extremo derecho de la pieza?

Limado y pulido

8. ¿Cuánto material debe dejarse en el diámetro para limar al tamaño?
9. ¿Cómo debe sujetarse la lima para limar en un torno?
10. Liste dos de las cosas más importantes a recordar cuando se lima en un torno.
11. Liste los pasos principales para pulir un diámetro en el torno.

Torneado de hombros

12. ¿Qué tipo de herramienta de corte debe utilizarse para maquinar un hombro cuadrado?
13. ¿Qué tan cerca de la longitud de acabado debe cortarse un diámetro con hombro achaflanado?
14. Mencione dos métodos para cortar hombros en ángulo en un torno.

UNIDAD

53

Moleteado, ranurado, y torneado de formas

OBJETIVOS

Al terminar el estudiante de esta unidad, se podrá:

1 Configurar y utilizar herramientas de moleteado para producir patrones en forma de diamante o rectos sobre cilindros

2 Cortar ranuras cuadradas, redondas y en forma de V en piezas entre centros o en un mandril

3 Maquinar formas convexas o cóncavas en cilindros a mano libre

Operaciones como el moleteado, ranurado y torneado de formas alteran ya sea la geometría o el acabado de una pieza de trabajo redonda. Estas operaciones normalmente se llevan a cabo en piezas montadas en un mandril; sin embargo, también pueden realizarse en piezas montadas entre centros del torno, si se siguen ciertas precauciones. El moleteado se utiliza para mejorar el acabado superficial de la pieza y proporcionar una superficie para sujeción de las manos en los cilindros. El ranurado se utiliza para proporcionar una salida en el extremo de una rosca o un asiento para seguro de resorte o anillo en O. El torneado de formas produce formas cóncavas o convexa en superficies internas o externas de la pieza.

MOLETEADO

El *moleteado* es el proceso de imprimir un patrón en forma de diamante o de líneas rectas en la superficie de la pieza para mejorar su apariencia o proporcionar una mejor superficie de sujeción. El moleteado recto a menudo se utiliza para incrementar el diámetro de la pieza cuando se requiere de un ajuste por interferencia.

Están disponibles rodillos con patrón de diamante y recto en tres estilos: fino, medio y basto (Figura 53-1).

La herramienta de moleteado (Figura 53-2A) es un portaherramientas de tipo de poste, sobre el cual se monta un par de rodillos de acero endurecido. Estos rodillos pueden obtenerse con patrones de diamante y de línea recta, y en espaciamientos basto, medio y fino. Algunas herramientas de moleteado se fabrican con los rodillos de los tres distintos espaciamientos en un solo portaherramientas (Figura 53-2B).

El *sistema universal de moleteado* (Figura 53-3) consiste de una vástago en forma de cola de milano y hasta siete cabezas de moleteado intercambiables, que pueden producir un amplio intervalo de patrones de moleteado. Este sistema de herramental combina en una sola herramienta versatilidad, rigidez, facilidad de manejo y simplicidad.

Para moletear en un torno

1. Monte la pieza entre centros y marque el largo que se desea moletear.

   Si la pieza de trabajo se sostiene en un mandril para moleteado, el extremo derecho de la pieza de trabajo debe apoyarse en un contrapunto giratorio.

2. Ajuste el torno para operar a *una cuarta parte* de la velocidad requerida para el torneado.

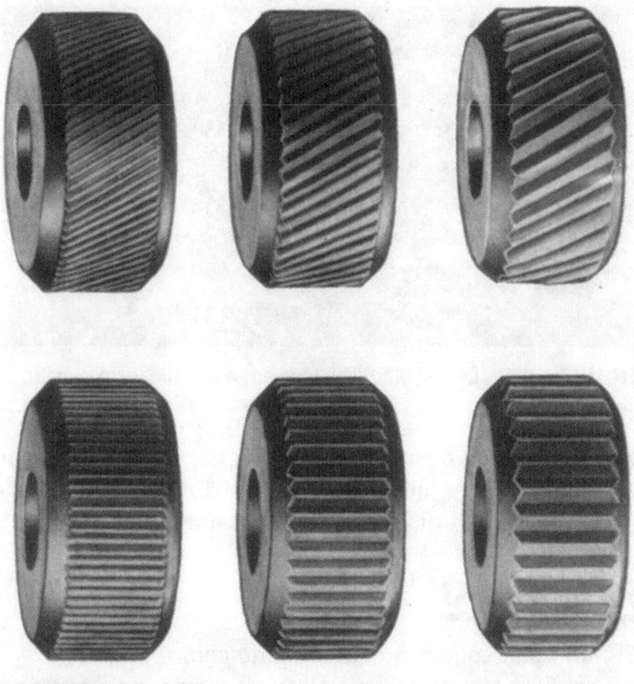

FIGURA 53-1 Rodillos de moleteado de patrón de diamante y de línea recta fino, medio y basto. (Cortesía de J.H. Williams and Company.)

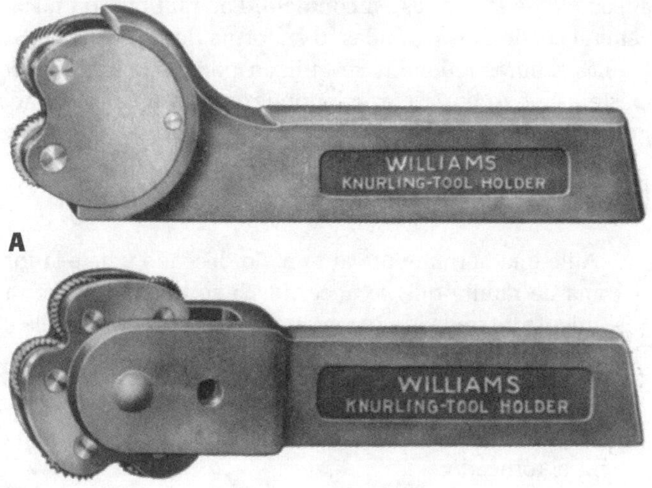

FIGURA 53-2 (A) Herramienta de moleteado con un juego de rodillos en una cabeza autocentrable; (B) herramienta de moleteado con tres juegos de rodillos en cabeza giratoria. (Cortesía de J.H. Williams and Company.)

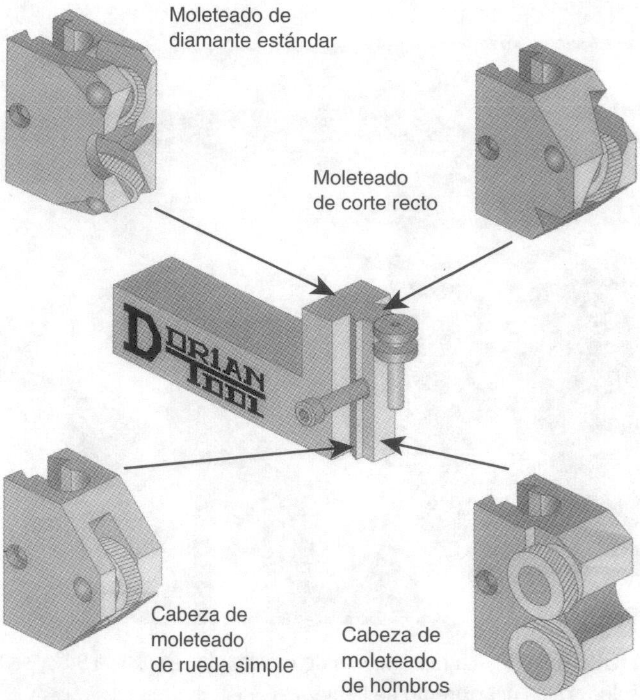

FIGURA 53-3 El sistema universal de moleteado permite que se monten cabezas intercambiables en el vástago para diferentes patrones de moleteado. (Cortesía de Dorian Tool International.)

FIGURA 53-4 Ajuste la herramienta de moleteado al centro. (Cortesía de Kelmar Associates.)

3. Ajuste el avance del carro longitudinal entre *.015 y .030 pulg* (0.38 mm a 0.76 mm).
4. Coloque el centro de la cabeza flotante de la herramienta de moleteado al mismo nivel con el punto muerto (Figura 53-4).
5. Ajuste la herramienta de moleteado en ángulo recto con la pieza de trabajo y apriételа firmemente en esta posición (Figura 53-5).
6. Arranque la máquina y toque ligeramente con los rodillos la pieza de trabajo para asegurarse que están correctamente orientados (Figura 53-6). Ajuste si es necesario.
7. Mueva la herramienta de moleteado al extremo de la pieza de forma que sólo la mitad de la cara del rodillo se apoye contra la pieza. Si el moleteado no se va a extender hasta el extremo de la pieza, ajuste la herramienta de moleteado al límite correcto de la sección que se va a moletear.
8. Empuje la herramienta de moleteado hacia la pieza aproximadamente a.025 pulg (0.63 mm) y arranque el torno.

O BIEN

Arranque el torno y después fuerce la herramienta de moleteado contra la pieza hasta que el patrón de diamante forme puntas.

FIGURA 53-5 La herramienta de moleteado se ajusta a 90° y se coloca cerca del extremo de la pieza. (Cortesía de Kelmar Associates.)

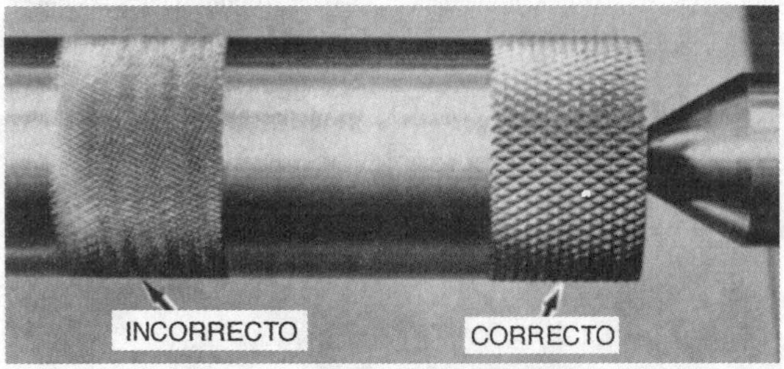

FIGURA 53-6 Patrones de moleteado correctos e incorrectos. (Cortesía de Kelmar Associates.)

9. Detenga el torno y examine el patrón, si es necesario, vuelva a ajustar la herramienta de moleteado.
   a. Si el patrón es incorrecto (Figura 53-6), por lo general es debido a que la herramienta de moleteado no está ajustada al centro del torno.
   b. Si la herramienta de moleteado está en el centro y el patrón es incorrecto, por lo común se debe a rodillos de moleteado desgastados. En este caso, será necesario ajustar la herramienta de moleteado ligeramente fuera de escuadra, de forma que las esquinas de los rodillos de moleteado sean las que comiencen el patrón.
10. Una vez que el patrón sea correcto, acople el avance automático del carro soporte y aplique fluido de corte a los rodillos de moleteado.
11. Moletee a la longitud y profundidad deseadas.

Nota: *No desacople el avance hasta que se haya moleteado todo el largo; de lo contrario, se formarán anillos sobre el patrón moleteado* (Figura 53-7).

FIGURA 53-7 Desacoplar el avance automático dañará el patrón de moleteado. (Cortesía de Kelmar Associates.)

12. Si el patrón de moleteado no ha llegado a formar puntas una vez moleteada toda la longitud, invierta el avance del torno y haga otra pasada por el trabajo.

RANURADO

El *ranurado,* conocido comúnmente como *rebajado, caja* o *entayadura,* a menudo se realiza en el extremo de una rosca para permitir el recorrido completo de la tuerca hasta un hombro, o al borde de un hombro para asegurar el ajuste adecuado de las partes en contacto. Las ranuras son por lo general cuadradas, redondas, o en forma de V (Figura 53-8).

Las ranuras redondas se utilizan por lo común cuando existe esfuerzo en la pieza y donde una esquina cuadrada provocaría la fractura del metal en ese punto.

Para cortar una ranura

1. Afile una herramienta al tamaño deseado y dele la forma de ranura que se necesita. Si se utiliza una herramienta de trenzado para cortar la ranura, nunca afile el ancho de la herramienta.
2. Trace la posición de la ranura.
3. Ajuste el torno a la mitad de la velocidad necesaria para el torneado.
4. Monte la pieza de trabajo en el torno.
5. Ajuste la herramienta a la altura del centro (Figura 53-9).
6. Posicione la herramienta sobre la pieza donde se ha de cortar la ranura.
7. Arranque el torno y avance la herramienta de corte hacia la pieza de trabajo, utilizando la manivela de avance del carro transversal, hasta que la herramienta marque ligeramente la pieza.
8. Sostenga la manivela de avance del carro transversal en la posición y después ajuste a ceros el anillo graduado (Figura 53-10).
9. Calcule cuánto debe girarse el tornillo de avance del carro transversal para cortar la ranura a la profundidad requerida.
10. Avance lentamente la herramienta hacia la pieza utilizando la manivela de avance del carro transversal.

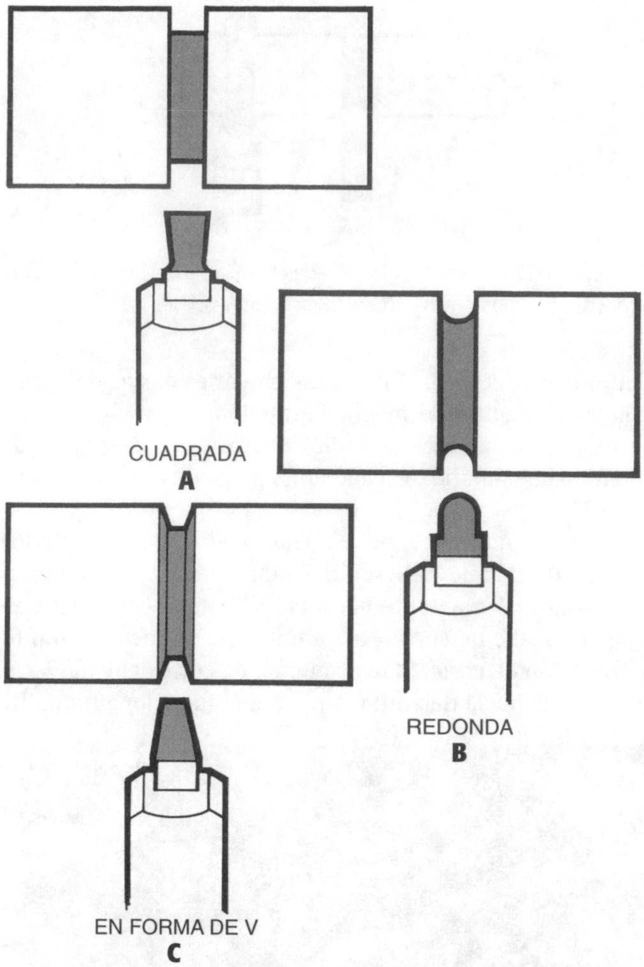

FIGURA 53-8 Tres tipos comunes de ranuras. (Cortesía de Kelmar Associates.)

FIGURA 53-9 Herramienta de ranurado ajustada al centro. (Cortesía de Kelmar Associates.)

11. Aplique fluido de corte a la herramienta de corte. Para asegurar que la herramienta de corte no se atore en la ranura, mueva el carro longitudinal lentamente a la izquierda y derecha mientras ranura. Si se llegan a producir vibraciones, reduzca la velocidad del husillo del torno.

FIGURA 53-10 El anillo graduado debe ajustarse a ceros cuando la herramienta apenas toca el diámetro de la pieza de trabajo. (Cortesía de Kelmar Associates.)

12. Detenga el torno y verifique la profundidad de la ranura con compás de punta seca o calibradores verniers de borde de cuchillo.

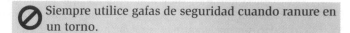

Siempre utilice gafas de seguridad cuando ranure en un torno.

TORNEADO DE FORMAS EN EL TORNO

A menudo es necesario hacer formas o contornos irregulares en una pieza de trabajo. El torneado de forma puede realizarse en un torno mediante cuatro métodos.

1. A manos libres
2. Con una herramienta de torneado de forma
3. Con una herramienta esférica
4. Con un aditamento de copiador hidráulico o pantógrafo

Cómo tornear una forma o un radio a manos libres

El torneado de formas a manos libres probablemente representa el mayor problema para el operador de torno principiante. Se requiere de la coordinación de las dos manos y la práctica es importante para dominar esta habilidad.

Para tornear un radio de ½ pulg o 13 mm en el extremo de una pieza

1. Monte la pieza de trabajo en un mandril y caree el extremo.
2. Con la pieza de trabajo girando, marque una línea de ½ pulg (o 13 mm) a partir del extremo utilizando un lápiz (Figura 53-11).
3. Monte una herramienta de nariz redonda para tornear en el centro.
4. Encienda el torno y ajuste la herramienta hasta que toque el diámetro aproximadamente a ¼ de pulg (6 mm) del extremo.
5. Coloque una mano en la manivela de avance del carro transversal y la otra sobre el volante del carro longitudinal.

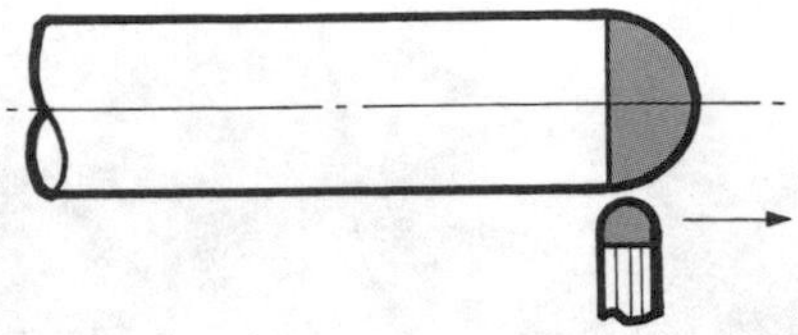

FIGURA 53-11 Torneado de un radio de ½ pulg (13 mm) en el extremo de una pieza de trabajo. (Cortesía de Kelmar Associates.)

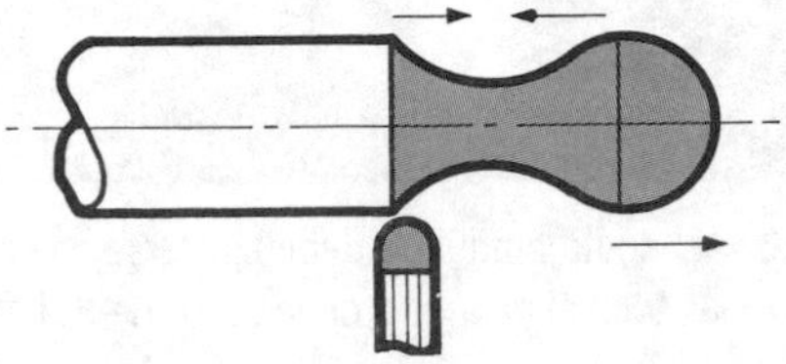

FIGURA 53-12 Torneado de radios cóncavos y convexos en una pieza de trabajo. (Cortesía de Kelmar Associates.)

6. Gire el *volante* del carro longitudinal (*no* la palanca) para avanzar la herramienta lentamente hacia el extremo de la pieza; al mismo tiempo, gire la manivela de avance del carro transversal para mover la herramienta hacia la pieza de trabajo.

Nota: Requerirá práctica coordinar el movimiento del carro longitudinal en relación con el carro transversal. En los primeros ¼ de pulg (6 mm), la manivela del carro transversal debe moverse más aprisa que el carro longitudinal.

7. Retroceda la herramienta y mueva el carro longitudinal hacia la izquierda.
8. Haga cortes sucesivos como en el paso 6, hasta que la herramienta comience a cortar cerca de la línea de ½ pulg (13 mm).
9. Verifique el radio con un calibrador de radios de ½ pulg (13 mm).
10. Si el radio no es correcto, puede tener que volver a cortarse. A menudo es posible acabar el radio a la forma requerida, limándolo.

Nota: Siga el mismo procedimiento que en el paso 6 cuando corte radios internos (Figura 53-12). Siempre comience en el diámetro más grande, avanzando a lo largo y hacia dentro, hasta que se obtengan los radios y diámetros correctos.

Herramientas de torneado de formas

Los radios y contornos más pequeños se forman de manera conveniente en la pieza de trabajo mediante una herramienta de corte de formas. La herramienta del torno se afila al radio deseado y se utiliza para formar el contorno sobre la pieza. Las herramientas también pueden afilarse para producir un radio cóncavo (Figura 53-13A).

Este método para formar radios y contornos elimina la necesidad de verificar con un calibrador o plantilla una vez afilada la herramienta a la forma deseada. También se pueden formar contornos duplicados en varias piezas de trabajo cuando se utiliza la misma herramienta.

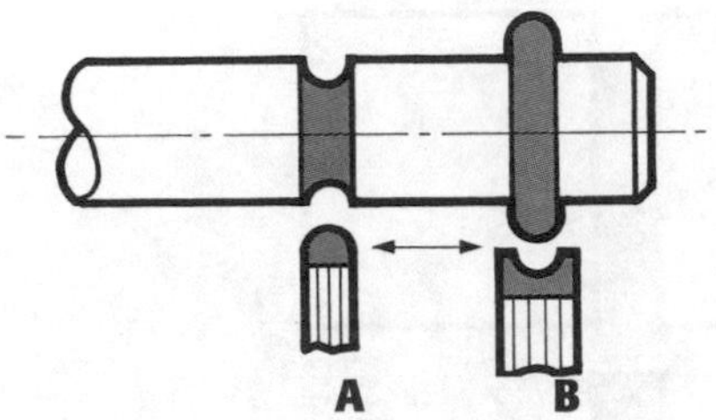

FIGURA 53-13 Herramientas afiladas para cortar (A) un radio cóncavo; (B) un radio convexo. (Cortesía de Kelmar Associates.)

Cuando se produce un radio convexo, es necesario dejar un anillo del tamaño deseado en la pieza de trabajo (Figura 53-13B).

Para producir un buen acabado mediante este método, la pieza de trabajo debe girar lentamente. La herramienta debe avanzar lentamente hacia la pieza de trabajo mientras se aplica aceite de corte. Para eliminar la vibración durante la operación de corte, la herramienta de corte debe moverse ligeramente hacia delante y atrás (de manera longitudinal).

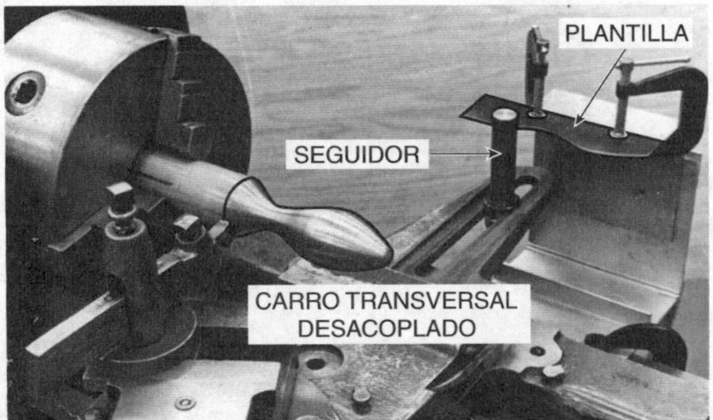

FIGURA 53-14 Un seguidor sobre el carro transversal sigue la plantilla para producir una forma especial. (Cortesía de Kelmar Associates.)

Torneado de formas utilizando una plantilla y un seguidor

Cuando sólo se requieren unas cuantas piezas de forma especial, pueden producirse con precisión utilizando una plantilla y un seguidor, sujetos al carro transversal del torno. La precisión de la plantilla, que debe fabricarse, determina la precisión de la forma producida. Siga este procedimiento:

1. Haga una plantilla precisa a la forma deseada.
2. Monte la plantilla en un brazo sujeto a la parte posterior del torno (Figura 53-14).
3. Posicione la plantilla de manera longitudinal en relación con la pieza de trabajo.
4. Monte una herramienta de corte de nariz redonda en el poste de herramientas.

FIGURA 53-15 El carro transversal debe desconectarse para que pueda seguir la plantilla. (Cortesía de Kelmar Associates.)

5. Sujete un seguidor, cuya cara debe ser de la misma forma de la punta de la herramienta de corte, sobre el carro transversal del torno.
6. Corte de desbaste de la forma en la pieza de trabajo a mano, manteniendo el seguidor cerca de la plantilla, operando de forma manual el carro longitudinal y los controles del carro transversal. Mientras hace los cortes de desbaste, mantenga más o menos constante la distancia entre seguidor y plantilla. Para el corte de desbaste final, el seguidor debe mantenerse en todo momento dentro de aproximadamente 1/32 de pulg (0.8 mm) de la plantilla.
7. Desacople el tornillo del carro transversal que loune con el carro transversal (Figura 53-15).
8. Aplique una ligera presión manual sobre el carro transversal para mantener el seguidor en contacto con la plantilla.
9. Acople el carro de alimentación automático y tome un corte terminado de la pieza de trabajo, mientras mantiene el seguidor en contacto con la plantilla.

Herramienta esférica

La *herramienta esférica* (Figura 53-16) puede producir una bola esférica o una cavidad esférica perfecta con una precisión de .0001 pulg (0.002 mm). La herramienta consiste de una torreta de cola de milano que sostiene la herramienta de corte y un mecanismo de dirección que puede ser alimentado a mano o mecánicamente. El microtornillo de carátula indica la profundidad de corte y el diámetro de la esfera. La herramienta esférica es fácil de ajustar y proporciona un método rápido y preciso para producir formas esféricas (Figura 53-16A). Cuando el portaherramientas interno se instala en la torreta de cola de milano, se pueden cortar con precisión formas cóncavas (Figura 53-16B).

Aditamento de copiador hidráulico

Cuando se requieren muchas piezas duplicadas con varios radios o contornos que pueden resultar difíciles de producir, pueden fabricarse con fácilidad en un torno copiador hidráulico o en un torno equipado con un aditamento copiador hidráulico o pantógrafo (Figura 53-17).

Los tornos con copiador hidráulico o pantógrafo incorporan el medio para mover el carro transversal mediante presión controlada de aceite provista mediante una bomba hidráulica. Una plantilla plana con el contorno deseado de la pieza terminada, se monta en un aditamento en el torno. El control automático del avance de herramienta y la duplicación de la pieza se logra mediante un palpador que se apoya contra la superficie de la plantilla. Conforme el carro longitudinal avanza, el palpador sigue el contorno de la plantilla. El brazo del palpador actúa como una válvula de control, regulando el flujo de aceite hacia el cilindro incorporado a la base del avance de herramienta. Un pistón conectado al avance de la herramienta se mueve hacia dentro o hacia fuera mediante el flujo de aceite del cilindro. Este movimiento provoca que el avance de la herramienta (y la herramienta) se mueva hacia adentro o hacia afuera conforme el carro longitudinal avanza, duplicando en la pieza el perfil de la plantilla.

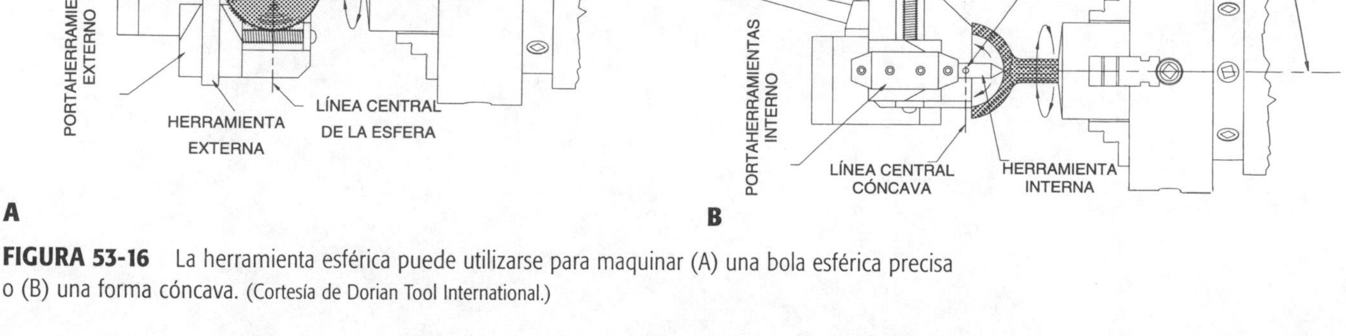

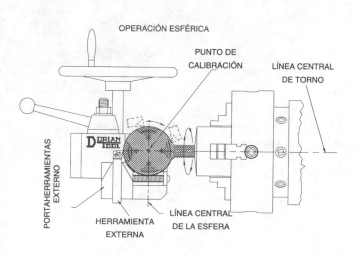

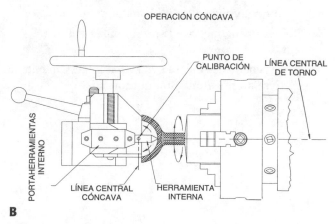

FIGURA 53-16 La herramienta esférica puede utilizarse para maquinar (A) una bola esférica precisa o (B) una forma cóncava. (Cortesía de Dorian Tool International.)

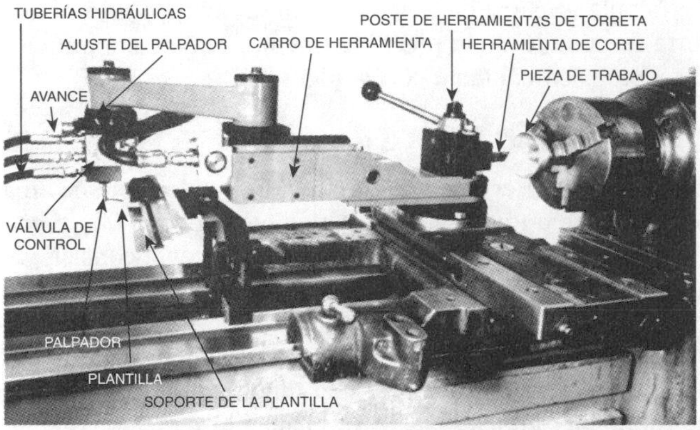

FIGURA 53-17 Aditamento copiador hidráulico o pantógrafo utilizado para maquinar formas intrincadas. (Cortesía de Retor Developments Ltd.)

Ventajas del aditamento copiador

- Pueden producirse fácilmente formas intrincadas, difíciles de producir mediante otros medios
- Se pueden producir varias formas, conos y hombros en un solo corte
- Se pueden producir piezas duplicadas fácilmente y con precisión
- La precisión y acabado de la pieza no dependen de la habilidad del operador.

Sugerencias para el uso de un aditamento calcador

1. La punta de la herramienta y el palpador deben tener la misma forma y radio.
2. El radio de la herramienta debe ser menor que el radio más pequeño de la plantilla.
3. El palpador debe ajustarse al punto de la plantilla que de el diámetro más pequeño del trabajo.
4. La línea central de la plantilla debe ser paralela a las guías del torno.
5. La forma de la plantilla debe ser lisa.
6. No debe incorporarse un ángulo mayor a 30°, o el radio equivalente, a la forma de la plantilla.
7. Las piezas duplicadas producidas entre centros deben ser de la misma longitud y tener las perforaciones de centro taladradas a la misma profundidad.
8. Las piezas duplicadas sostenidas en mandril deben proyectarse a la misma distancia más allá de las mordazas del mandril.
9. El ángulo de la punta de la herramienta incluso debe ser menor al ángulo más pequeño de la plantilla.

PREGUNTAS DE REPASO

Moleteado

1. Defina el proceso de moleteado
2. Explique cómo configurar la herramienta de moleteado.
3. ¿Por qué es importante no desacoplar el avance durante la operación de moleteado?

Ranurado

4. ¿Con qué propósito se utilizan las ranuras?
5. ¿Cómo puede medirse la profundidad del corte durante el ranurado?
6. ¿Qué debe hacerse para evitar que la herramienta de corte se atore en una ranura profunda?

Torneado de formas

7. Mencione cuatro métodos mediante los cuales se puede realizar el torneado de formas en un torno.
8. Describa brevemente el procedimiento para tornear un radio de ½ pulg (13 mm) en el extremo de una pieza.
9. ¿Qué es una plantilla?
10. ¿Qué clases de plantillas pueden utilizarse con un torno copiador?
11. Liste tres ventajas de un torno copiador o de un aditamento copiador.
12. Liste seis puntos a observar cuando se utiliza un torno copiador.

UNIDAD

54

Conos y torneado de conos

OBJETIVOS

Al terminar el estudio de esta unidad, se podrá:

1 Identificar y mencionar el propósito de los conos de auto-sujeción y auto-liberación

2 Tornear conos cortos y de gran pendiente utilizando el carro auxiliar

3 Calcular y tornear conos en piezas sostenidas entre centros descentrando el contrapunto

4 Calcular y maquinar conos con un aditamento para conos

Un *cono* puede definirse como el cambio uniforme en el diámetro de una pieza de trabajo medido a lo largo del eje longitudinal. Los conos en el sistema de pulgadas (sistema ingles) se expresan en conicidad por pie, conicidad por pulgada, o en grados. Los conos en sistema métrico se expresan como la relación de 1 mm por unidad de longitud; por ejemplo, un cono de 1:20 tiene un cambio de 1 mm en el diámetro por cada 20 mm de longitud. El cono proporciona un método rápido y preciso para alinear piezas de máquina y es un método sencillo para sujetar herramientas como brocas helicoidales, puntos del torno y rimas.

Los conos de máquina (los que se utilizan en máquinas y herramientas) se clasifican ahora por la American Standards Association como *conos de auto-sujeción* y conos de gran pendiente o *conos de auto-liberación.*

CONOS DE AUTO-SUJECIÓN

Los conos de auto-sujeción, cuando asientan correctamente, permanecen en su posición debido a la acción de cuña del pequeño ángulo del cono. Las formas más comunes de conos de auto-sujeción son el Morse, el Brown y Sharpe, y el cono de máquina de $\frac{3}{4}$ de pulg por pie. Vea la Tabla 54-1.

Los vástagos de los conos de auto-sujeción de tamaño más pequeño vienen con una espiga para ayudar a empujar la herramienta de corte. Los de tamaños más grandes utilizan una espiga de empuje con el vástago sujeto mediante una cuña, o una cuña impulsora con el vástago sujeto mediante un perno saliente.

CONOS DE GRAN PENDIENTE

Los conos de gran pendiente (de auto-liberación) tienen un cono de $3\frac{1}{2}$ pulg por pie (tpf, por sus siglas en ingles). Éstos antes se conocían como conos estándar de máquina fresadora. Se utilizan principalmente para alinear ejes y accesorios de máquinas fresadoras. Un cono de gran pendiente tiene una cuña impulsora y utiliza un perno saliente para sujetarlo con firmeza contra el husillo de la máquina fresadora.

TABLA 54-1 Dimensiones básicas de los conos de auto-sujeción

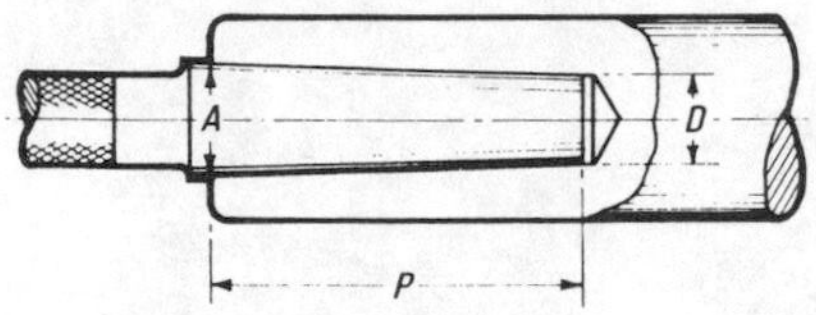

Número del cono	Conicidad por pie	Diámetro en la línea de calibración (*A*)	Diámetro en el extremo pequeño (*D*)	Longitud (*P*)	Origen de la serie
1	.502	.2392	.200	15/16	Serie de conos Brown y Sharpe
2	.502	.2997	.250	1 3/16	
3	.502	.3752	.3125	1 1/2	
0*	.624	.3561	.252	2	Serie de conos Morse
1	.5986	.475	.369	2 1/8	
2	.5994	.700	.572	2 9/16	
3	.6023	.938	.778	3 3/16	
4	.6233	1.231	1.020	4 1/16	
4 1/2	.624	1.500	1.266	4 1/2	
5	.6315	1.748	1.475	5 3/16	
6	.6256	2.494	2.116	7 1/4	
7	.624	3.270	2.750	10	
200	.750	2.000	1.703	4 3/4	Serie de *tpf* de 3/4 pulg
250	.750	2.500	2.156	5 1/2	
300	.750	3.000	2.609	6 1/4	
350	.750	3.500	3.063	7	
400	.750	4.000	3.516	7 3/4	
450	.750	4.500	3.969	8 1/2	
500	.750	5.000	4.422	9 1/4	
600	.750	6.000	5.328	10 3/4	
800	.750	8.000	7.141	13 3/4	
1000	.750	10.000	8.953	16 3/4	
1200	.750	12.000	10.766	19 3/4	

*El cono #0 no forma parte de la serie de conos de auto-sujeción. ha sido agregado para completar la serie de conos Morse.

CONOS ESTÁNDAR

Aunque muchos de los conos mencionados en la Tabla 54-1 se han tomado de las series de conos Morse y de Brown y Sharpe, aquellos que no aparecen en esta tabla se clasifican como conos de máquinas no estándar.

El *cono Morse*, que tiene aproximadamente un *tpf* de 5/8 pulg, se utiliza en la mayoría de los zancos de las brocas, rimas y puntos de torno. Los conos Morse están disponibles en ocho tamaños que van del #0 al #7.

El *cono Brown y Sharpe*, disponible en tamaños del #4 al #12, tiene aproximadamente un *tpf* de .502 pulg, excepto el #10, que tiene un cono de .516 pulg/pie. Este cono de auto-sujeción es utilizado en máquinas Brown y Sharpe y en zancos impulsores.

El *cono Jarno*, de *tpf* de .600 pulg, se utilizaba en algunos husillos de torno y taladro en tamaños del #2 al #20. El número del cono indica el diámetro grande en octavos de pulgada y el diámetro pequeño en décimas de pulgada. La longitud del cono está indicada por el número del cono dividido entre dos.

Los pernos *cónicos estándar* se utilizan para posicionar y sostener piezas entre sí con un *tpf* de ¼ de pulg. El tamaño estándar de estos pernos va de #6/0 a #10.

CONOS PARA LA NARIZ DEL HUSILLO DEL TORNO

Se utilizan dos clases de conos para la nariz de los husillos del torno. El *Tipo D-1* tiene una corta sección cónica (*tpf* de 3 pulg) y es utilizada en husillos seguro de leva (Figura 54-1). La nariz del husillo del torno *Typo L* tiene un cono de 3½ pulg/pie y tiene un cono considerablemente más largo que el Tipo D-1. El mandril o plato del torno se sostienen mediante un anillo de fijación roscado que se ajusta en el husillo detrás de la nariz del cono. En esta clase de cono se emplea una cuña impulsora(Figura 54-2).

FIGURA 54-1 Conicidad de la nariz del husillo del torno, Tipo D-1. (Cortesía de Kelmar Associates.)

FIGURA 54-2 Conicidad de la nariz del husillo del torno, Tipo L. (Cortesía de Kelmar Associates.)

CÁLCULOS DE CONICIDAD

Para maquinar un cono, en particular mediante el método de desplazamiento del contrapunto, a menudo es necesario hacer cálculos para asegurar un resultado preciso. Ya que los conos a menudo se expresan en *conicidad por pie, conicidad por pulgada* o en *grados,* puede ser necesario calcular cualquiera de estas dimensiones.

Para calcular el *tpf*

Para calcular el *tpf*, es necesario conocer el diámetro grande, el diámetro pequeño y la longitud del cono (1). El *tpf* puede calcularse aplicando la siguiente fórmula:

$$tpf = \frac{(D - d)}{\text{avance de la hélice (mm)}} \times 12$$

Para calcular el *tpf* de la pieza en la Figura 54-3:

$$tpf = \frac{(1\tfrac{1}{4} - 1)}{3} \times 12$$

$$= \frac{1}{4} \times \frac{1}{3} \times 12$$

$$= 1$$

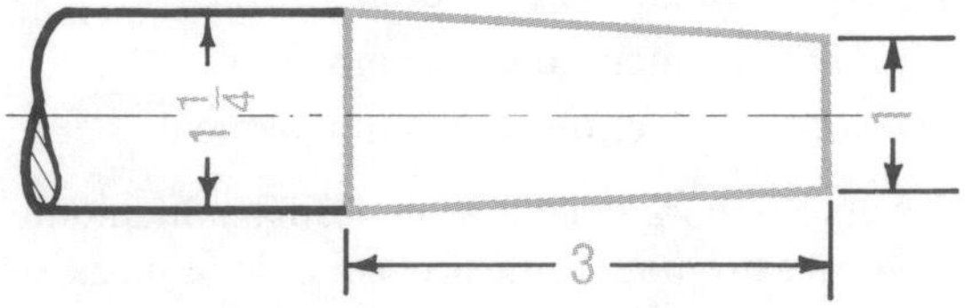

FIGURA 54-3 Parte principal de un cono en pulgadas. (Cortesía de Kelmar Associates.)

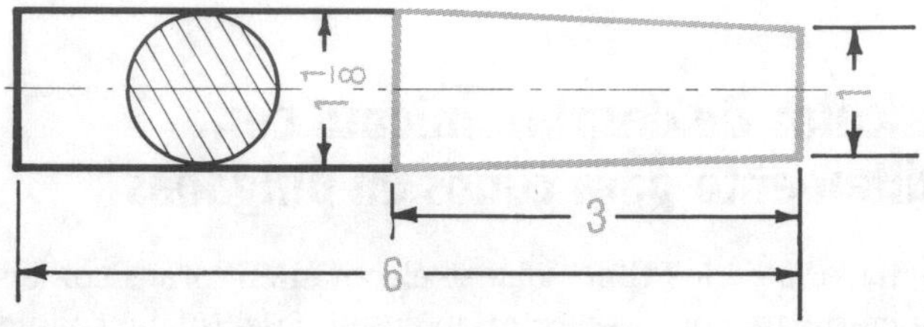

FIGURA 54-4 Dimensiones de una pieza de trabajo con un cono. (Cortesía de Kelmar Associates.)

Para calcular el desplazamiento del contrapunto

Cuando se calcula el desplazamiento del contrapunto, deben conocerse el tpf y la longitud total de la pieza (L) (Figura 54-4):

$$\text{Desplazamiento del contrapunto} = \frac{tpf \times \text{longitud de la pieza}}{24}$$

$$tpf = \frac{(1\tfrac{1}{8} - 1)}{3} \times 12$$

$$= \frac{1}{8} \times \frac{1}{3} \times 12$$

$$= \tfrac{1}{2}\ \text{pulg}$$

$$\text{Desplazamiento del contrapunto} = \frac{\tfrac{1}{2} \times 6}{24}$$

$$= \frac{1}{2} \times \frac{1}{24} \times 6$$

$$= \tfrac{1}{8}\ \text{pulg}$$

Puede utilizarse una fórmula simplificada para calcular el desplazamiento del contrapunto, si se conoce la conicidad por pulgada:

$$\text{Conicidad por pulg} = \frac{\text{conicidad por pie}}{12}$$

$$\text{Desplazamiento del contrapunto} = \frac{\text{conicidad por pulg} \times OL}{2}$$

en donde OL = longitud total de la pieza

En los casos donde no es necesario encontrar el *tpf*, se puede utilizar la siguiente fórmula simplificada para calcular el desplazamiento del contrapunto.

$$\text{Desplazamiento del contrapunto} = \frac{\text{OL}}{\text{TL}} \times \frac{(D-d)}{2}$$

en donde OL = longitud total de la pieza

TL = longitud de la sección cónica

D = diámetro del extremo grande

d = diámetro del extremo pequeño.

Por ejemplo, para encontrar el desplazamiento del contrapunto necesario para tornear el cono de la pieza de la Figura 54-4:

$$\text{Desplazamiento del contrapunto} = \frac{6}{3} \times \frac{1}{8} \times \frac{1}{2}$$

$$= 1/8 \text{ pulg}$$

Cálculos de desplazamiento con aditamento para conos en pulgadas

La mayoría de los conos que se elaboran en tornos con aditamento para conos se expresan en *tpf*. Si el *tpf* del cono de la pieza de trabajo no se conoce, puede calcularse utilizando la siguiente fórmula:

$$tpf = \frac{(D-d) \times 12}{\text{TL}}$$

EJEMPLO

Calcule el *tpf* de un cono con las siguientes dimensiones: diámetro grande (D), 1 3/8 pulg; diámetro pequeño (d), 15/16 pulg; longitud de la sección cónica (TL), 7 pulg

$$tpf = \frac{(1\,3/8 - 15/16) \times 12}{7}$$

$$= \frac{7/16 \times 12}{7}$$

$$= 3/4 \text{ pulg}$$

Conos métricos

Los conos en sistema métrico se expresan como una relación de 1 mm por unidad de longitud. En la Figura 54-5, la pieza se hará cónica 1 mm en una distancia de 20 mm. Esta conicidad se expresa entonces como una relación de 1:20 y se indica en el plano como "cono = 1:20".

Ya que la pieza se hace cónica 1 mm en 20 mm de longitud, el diámetro en el punto de 20 mm a partir del diámetro pequeño (d) será 1 mm mayor ($d + 1$).

Algunos conos métricos comunes son:

Husillo de máquina fresadora	1:3.429
Zanco de cono Morse	1:20 (aprox.)
Pernos cónicos y roscas de tubería	1:50

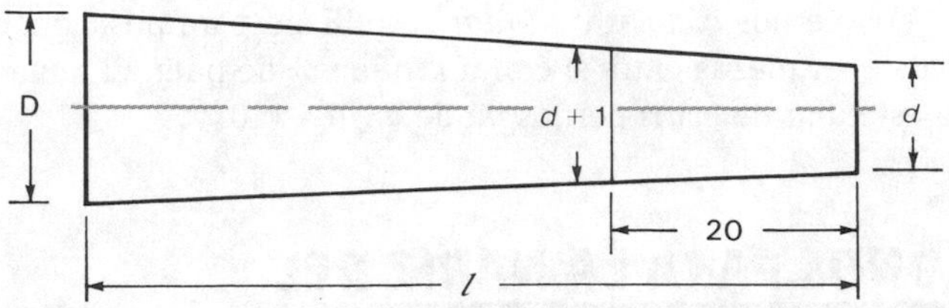

FIGURA 54-5 Características de un cono métrico. (Cortesía de Kelmar Associates.)

Cálculos de cono en sistema métrico

Si el diámetro pequeño (d), la longitud unitaria del cono (k), y la longitud total del cono (l) son conocidos, puede calcularse el diámetro mayor (D).

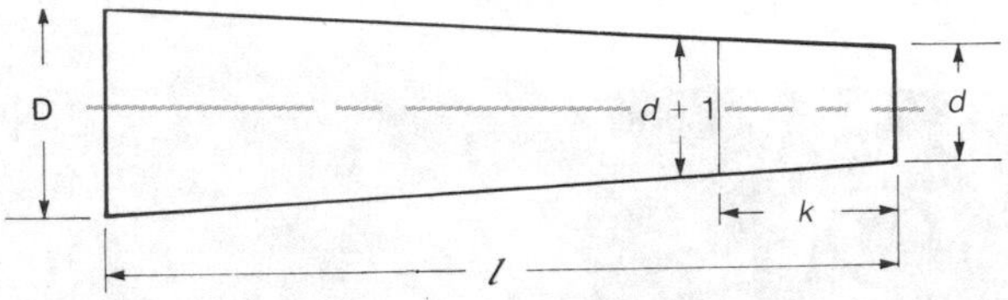

FIGURA 54-6 Dimensiones de un cono en sistema métrico. (Cortesía de Kelmar Associates.)

En la Figura 54-6, el diámetro mayor (D) será igual al diámetro pequeño más la conicidad. La conicidad por unidad de longitud (k) es de ($d + 1$) − (d), o 1 mm. Por lo tanto, la conicidad por milímetro de longitud unitaria = $1/k$.

La *conicidad total* es la conicidad por milímetro ($1/k$) multiplicada por la longitud total del cono (l):

$$\text{Conicidad total} = \frac{1}{K} \times l \text{ o } \frac{l}{k}$$

$$D = d + \text{cantidad de conicidad total}$$

$$= d + \frac{l}{k}$$

EJEMPLO

Calcule el diámetro mayor D para un cono de 1:30, que tiene un diámetro menor de 10 mm y una longitud de 60 mm.

Solución

Puesto que el cono es de 1:30, $k = 30$.

$$D = d + \frac{l}{k}$$

$$= 10 + \frac{60}{30}$$

$$= 10 + 2$$

$$= 12 \text{ mm}$$

Cálculos de desplazamiento sistema métrico del contrapunto

Si el cono se va a tornear descentrando el contrapunto, el desplazamiento O se calcula como sigue (vea la Figura 54-7):

$$\text{Desplazamiento} = \frac{D-d}{2 \times l} \times L$$

en donde D = diámetro mayor
d = diámetro menor
l = longitud del cono
L = longitud de la pieza

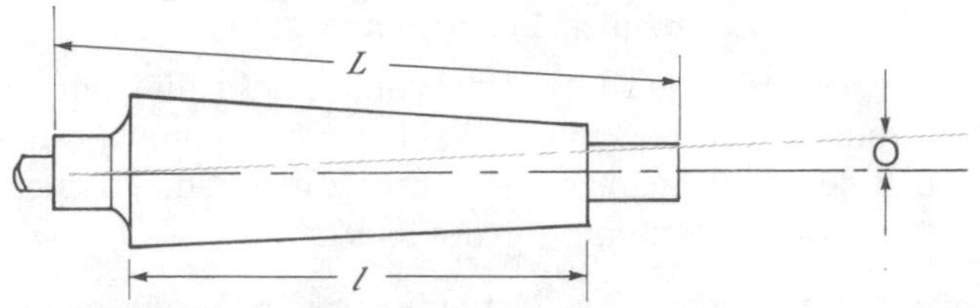

FIGURA 54-7 Torneado de cono sistema métrico mediante el método de desplazamiento del contrapunto. (Cortesía de Kelmar Associates.)

EJEMPLO

Calcule el desplazamiento del contrapunto requerido para tornear un cono de 1:30 × 60 mm de longitud en una pieza de trabajo de 300 mm de longitud. El diámetro menor de la sección cónica es de 20 mm.

Solución

$$\begin{aligned} D &= d + \frac{l}{k} \\ &= 20 + \frac{60}{30} \\ &= 20 + 2 \\ &= 22 \text{ mm} \end{aligned}$$

$$\text{Desplazamiento del contrapunto} = \frac{D-d}{2 \times l} \times L$$

$$\begin{aligned} &= \frac{22 - 20}{2 \times 60} \times 300 \\ &= \frac{2}{120} \times 300 \\ &= 5 \text{ mm} \end{aligned}$$

Cálculos para el desplazamiento del aditamento para conos en sistema métrico

Cuando se utiliza el aditamento para conos para tornear una conicidad, la cantidad que se descentra la barra guía puede determinarse como sigue:

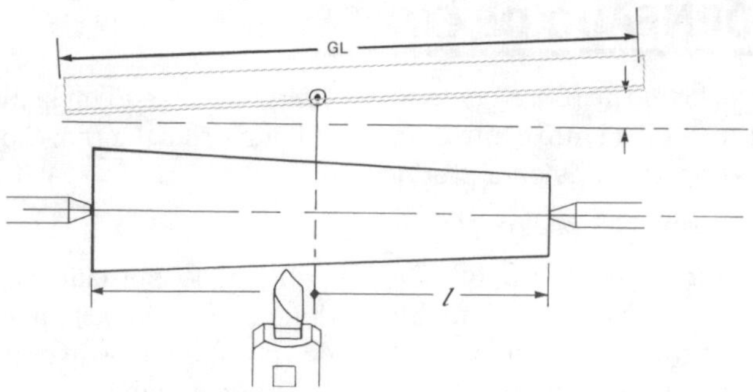

FIGURA 54-8 Torneado de un cono sistema métrico mediante el método de aditamento para conos. (Cortesía de Kelmar Associates.)

1. Si el ángulo del cono está dado en el plano, ajuste la barra de guía a la mitad del ángulo (Figura 54-8).
2. Si el ángulo del cono no está dado en el plano, utilice la fórmula siguiente para encontrar el desplazamiento de la barra guía.

$$\text{Desplazamiento de la barra guía} = \frac{D-d}{2} \times \frac{\text{GL}}{l}$$

en donde D = diámetro mayor
d = diámetro menor
l = longitud del cono
GL = longitud de la barra guía del aditamiento para cono

EJEMPLO

Calcule la cantidad de desplazamiento de una barra guía de 500 mm de longitud para tornear un cono de 1:50 × 250 mm de longitud en una pieza de trabajo. El diámetro menor del cono es de 25 mm.

Solución

$$\begin{aligned} D &= d + \frac{l}{k} \\ &= 25 + \frac{250}{50} \\ &= 30 \text{ mm} \end{aligned}$$

$$\text{Desplazamiento de la barra guía} = \frac{D-d}{2} \times \frac{\text{GL}}{l}$$

$$\begin{aligned} &= \frac{30 - 25}{2} \times \frac{500}{250} \\ &= \frac{5}{2} \times 2 \\ &= 5 \text{ mm} \end{aligned}$$

TORNEADO DE CONOS

El *torneado de conos* en un torno puede realizarse con la pieza sostenida entre centros o sobre el mandril del torno. Existen tres métodos para producir conos:

1. Desplazando el contrapunto.
2. Por medio de un aditamento para conos, ajustado a los *tpf* adecuados o al ángulo de cono adecuado de la pieza de trabajo; en conos en pulgadas por medio de un aditamento para conos ajustado a los *tpf* o al ángulo de cono de la pieza de trabajo; o en los conos en sistema métrico calculando el desplazamiento de la barra de guía.
3. Ajustando el carro auxiliar al ángulo del cono.

El método utilizado para maquinar cualquier cono depende de la longitud de la pieza, la longitud del cono, el ángulo del cono, y la cantidad de piezas que se van a maquinar.

Método de desplazamiento del contrapunto

En general el método de desplazamiento del contrapunto se utiliza para tornear un cono cuando no hay un aditamento para conos disponible. Implica mover el centro del contrapunto fuera de línea en relación con el centro del cabezal. Sin embargo, la distancia a la que se puede desplazar el contrapunto es limitada. Este método no permitirá que se tor-

FIGURA 54-9 Medición de la distancia de desplazamiento con una regla. (Cortesía de Kelmar Associates.)

FIGURA 54-10 Desplazamiento del contrapunto utilizando un indicador de carátula. (Cortesía de Kelmar Associates.)

neen conos de gran pendiente o conos estándar en el extremo de piezas de trabajo largas.

Métodos para desplazar el contrapunto

El contrapunto puede desplazarse mediante tres métodos:

1. Utilizando las graduaciones del extremo del contrapunto (método visual).
2. Por medio del anillo graduado y un calibre de láminas.
3. Por medio de un indicador de carátula.

Para desplazar el contrapunto mediante el método visual

1. Afloje la rosca de fijación del contrapunto.
2. Desplace la parte superior del contrapunto aflojando un tornillo de ajuste y apretando el otro hasta que la cantidad necesaria aparezca en la escala graduada en el extremo del contrapunto (Figura 54-9).

Nota: Antes de maquinar la pieza, asegúrese que ambos tornillos de ajuste estén apretados, para evitar cualquier movimiento lateral del contrapunto.

Para desplazar el contrapunto con precisión

Se puede desplazar con precisión el contrapunto utilizando un indicador de carátula (Figura 54-10).

1. Ajuste el husillo del contrapunto a la distancia a la que se utilizará en la configuración de maquinado y fije la abrazadera del husillo del contrapunto.
2. Monte un indicador de carátula en el poste de herramientas con el émbolo en posición horizontal y centrado.
3. Utilizando la manivela de avance del carro transversal, mueva el indicador de manera que registre aproximadamente .020 pulg (0.5 mm) en la pieza, y ajuste el indicador y los anillos graduados del avance del carro transversal a 0.
4. Afloje la tuerca de fijación del contrapunto.
5. Con los tornillos de ajuste del contrapunto, muévala hasta que el desplazamiento necesario aparezca en el indicador de carátula.
6. Apriete el tornillo de ajuste del contrapunto que fue aflojado, asegurándose que la lectura del indicador no cambie.
7. Apriete la tuerca de fijación del contrapunto.

El contrapunto también puede desplazarse con bastante precisión utilizando un calibre de espesores o de láminas entre el poste de herramientas y el husillo del contrapunto, en combinación con el anillo graduado del avance del carro transversal (Figura 54-11).

Para tornear un cono mediante el método de desplazamiento del contrapunto

1. Afloje la tuerca de fijación del contrapunto.
2. Desplace el contrapunto la distancia necesaria.
3. Ajuste la herramienta de corte como para torneado en paralelo.

FIGURA 54-11 Cómo desplazar el contrapunto utilizando el anillo graduado del avance del carro transversal y un calibre de espesores. (Cortesía de Kelmar Associates.)

Nota: La herramienta de corte debe estar centrada.

4. Comenzando en el diámetro menor, haga cortes sucesivos hasta que el cono tenga un tamaño .050 a .060 pulg (1.27 a 1.52 mm) mayor al necesario.
5. Verifique la precisión del cono utilizando un calibrador de anillo para conos, si es necesario (vea Calibrador de anillo para conos, Unidad 14).
6. Tornee de acabado el cono hasta el tamaño y ajuste necesarios.

Torneado de conos utilizando el aditamento para conos

El uso de un aditamento para conos para el torneado de conos proporciona varias ventajas:

1. Los puntos del torno permanecen alineados, evitando la distorsión de los puntos sobre la pieza de trabajo.
2. La configuración es simple y permite el cambio de torneado de conos a paralelo sin perder tiempo alineando centros.
3. La longitud de la pieza de trabajo no importa, ya que pueden tornearse conos duplicados en piezas de cualquier longitud.
4. Los conos pueden producirse en piezas sostenidas entre centros, en un mandril, o en una boquilla.
5. Pueden producirse conos internos mediante este método.
6. Los aditamentos de cono en sistema métrico están graduados en milímetros y grados, mientras que los aditamentos en pulgada están graduados en grados y pulgadas de *tpf*. Esto elimina la necesidad de cálculos y ajustes complicados.
7. Se puede producir un mayor intervalo de conos.

Existen dos clases de aditamentos para conos:

1. El aditamento para conos simple (Figura 54-12).
2. El aditamento para conos telescópico (Figura 54-13).

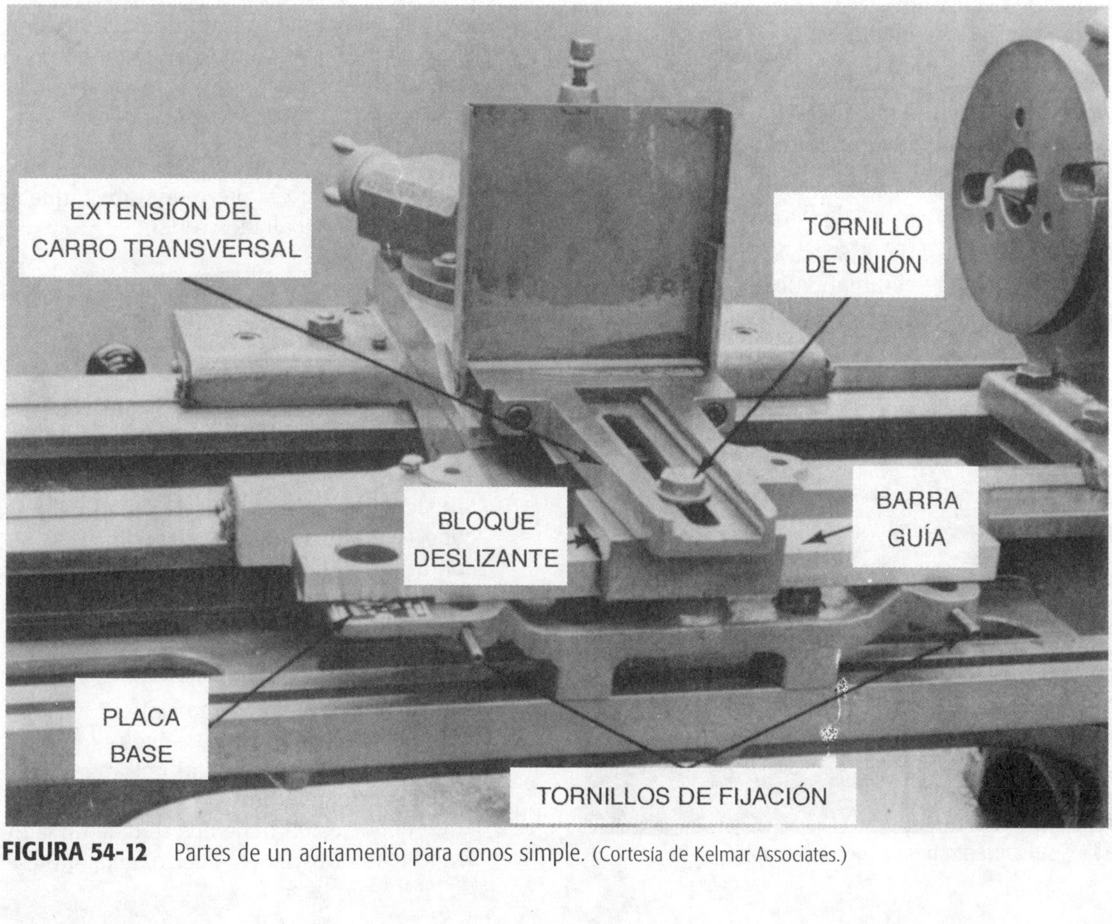

FIGURA 54-12 Partes de un aditamento para conos simple. (Cortesía de Kelmar Associates.)

Cuando utilice el *aditamento para conos simple*, retire el tornillo de sujeción que sostiene el carro transversal con la tuerca de tornillo del carro transversal. El tornillo de sujeción se utiliza entonces para conectar el bloque deslizante al carro del aditamento para conos. Con el aditamento para conos simple, la profundidad de corte se logra utilizando la manivela de avance del carro auxiliar.

Cuando se utiliza un *aditamento para conos telescópico*, no se desacopla el tornillo del carro transversal, y la profundidad de corte se puede ajustar mediante la manivela del carro transversal.

Para cortar un cono utilizando un aditamento de cono telescópico

1. Limpie y aceite la barra de guía B (Figura 54-13).
2. Afloje los tornillos de fijación D^1 y D^2 y desplace el extremo de la barra de guía la cantidad necesaria o, en aditamentos de pulgada, ajuste la barra a la conicidad necesaria en grados o en *tpf*.
3. Apriete los tornillos de fijación.
4. Con el carro auxiliar ajustado a 90°, ajuste la herramienta de corte al centro.
5. Coloque la pieza de trabajo en el torno y marque la longitud del cono.
6. Apriete el tornillo de conexión G sobre el bloque deslizante E.

Nota: Si se utiliza un aditamento de cono simple, retire el tornillo de sujeción en el carro transversal y utilícelo para conectar el bloque deslizante con la corredera de conexión. El carro auxiliar también debe ajustarse en ángulo recto con respecto a la bancada del torno.

7. Mueva el carro longitudinal hasta que el centro del aditamento esté opuesto a la longitud que en la que se va a formar la conicidad.
8. Fije la ménsula de ancla A a la bancada del torno.
9. Haga un corte de 1/16 pulg (1.5 mm) de longitud, detenga el torno y verifique el tamaño del extremo del cono.
10. Ajuste la profundidad del corte de desbaste de .050 a .060 pulg (1.27 a 1.52 mm) más grande de lo necesario y maquine el cono.

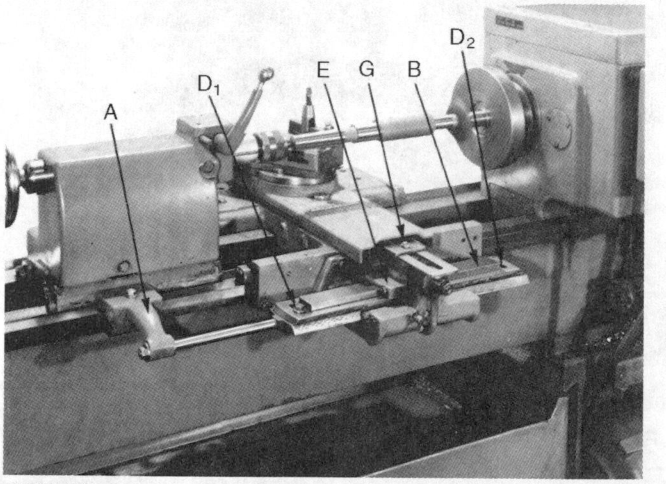

FIGURA 54-13 Aditamento para conos telescópico.

Nota: Comience el avance en aproximadamente ½ pulg (13 mm) antes del comienzo del corte para eliminar todo juego en el aditamento para conos.

11. Vuelva a ajustar el aditamento para conos si es necesario, haga un corte ligero y vuelva a verificar el ajuste del cono.
12. Tornee de acabado y ajuste el cono con un calibrador.

Cuando deben producirse conos estándar en una pieza de trabajo, puede montarse un calibrador de conos entre centros y ajustarse el aditamento para conos a este ángulo utilizando un indicador de carátula montado en el centro sobre el poste de herramientas.

Cuando se tornea un *cono interno*, se sigue el mismo procedimiento, excepto porque la barra de guía se ajusta al costado de la línea central opuesta a la que se utiliza cuando se tornea un cono externo.

Cuando se deben tornear conos externos e internos que coincidan, es recomendable maquinar primero el cono interno con un calibrador de conicidad interna. Después se ajusta el cono externo al interno.

Torneado de conos utilizando el carro auxiliar

Para producir conos cortos o de gran pendiente medidos en grados, se utiliza el método del carro auxiliar. La herramienta debe ser avanzada a mano, utilizando la manivela de avance del carro auxiliar. Siga este procedimiento.

1. Verifique en el plano la conicidad necesaria en grados. Sin embargo, si el ángulo en el plano no viene en grados, calcule el ajuste del carro auxiliar como sigue:

$$\tan \frac{1}{2} \text{ ángulo} = \frac{tpf}{24} \text{ o } \frac{tpi}{2}$$

Por ejemplo, para la pieza de trabajo que aparece en la Figura 54-3, los cálculos serían:

$$tpf = \frac{1}{4} \times \frac{12}{3}$$
$$= 1\text{pulg}$$

$$\text{Tangente del ángulo} = \frac{1}{24}$$

$$= 0.04166$$

Si calcula encontrará que la mitad del ángulo de este cono (y el ajuste del carro auxiliar) es de 2°23'. Para confirmar, utilice la fórmula simplificada para calcular el ángulo del cono y el ajuste del carro auxiliar. Tangente del ángulo = *tpf* × 2°33'.

2. Afloje los tornillos de fijación del descanso compuesto.
3. Gire el carro auxiliar como sigue:
   a. En donde se dan ángulos incluidos en el plano, gire el carro auxiliar a la mitad del ángulo (Figura 53-14, parte superior).
   b. En donde se dan ángulos sólo de un lado (Figura 54-14, parte inferior), gire el carro auxiliar a ese ángulo.

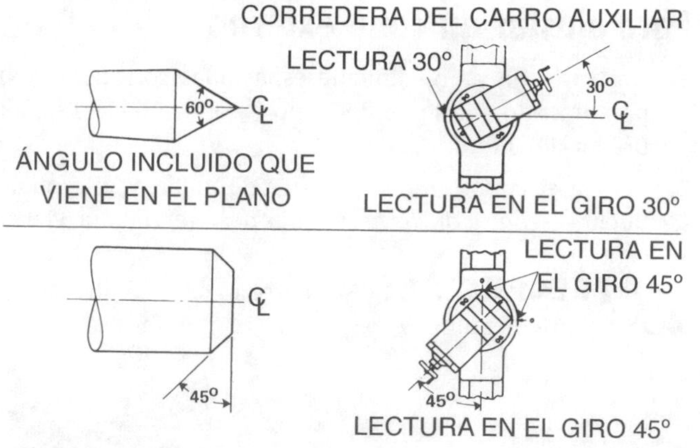

FIGURA 54-14 Dirección a la que hay que girar el carro auxiliar para tornear diversos ángulos. (Cortesía de Kelmar Associates.)

4. Apriete los tornillos de fijación del carro auxiliar utilizando sólo la presión de dos dedos sobre la llave para evitar dañar las roscas del tornillo de fijación.
5. Ajuste la herramienta de corte al centro con el portaherramientas a un ángulo recto con respecto al cono que se va a cortar.
6. Apriete firmemente el poste de herramientas.
7. Retroceda la parte superior del carro auxiliar de forma que exista un recorrido suficiente para maquinar toda la longitud del cono.
8. Mueva el carro longitudinal para colocar la herramienta de corte cerca del inicio del torno y después fije el carro longitudinal.
9. Tornee de desbaste el cono avanzando la herramienta de corte, utilice la *manivela de avance del carro auxiliar* (Figura 54-15).
10. Verifique la precisión del cono y si es necesario reajuste la configuración del carro auxiliar.
11. Tornee de acabado y verifique el tamaño y ajuste del torno.

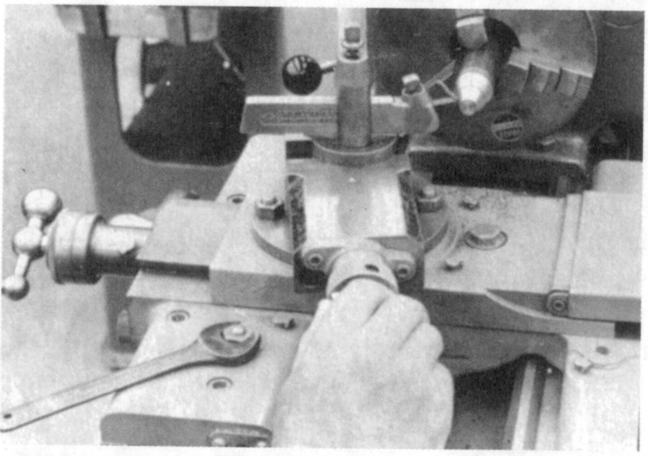

FIGURA 54-15 Cómo tornear un cono corto utilizando el carro auxiliar. (Cortesía de Kelmar Associates.)

CÓMO VERIFICAR EL CONO

Los conos en pulgadas pueden verificarse marcando dos líneas separadas exactamente 1 pulg entre sí en el cono y midiendo cuidadosamente el cono en estos puntos con un micrómetro (Figura 54-16). La diferencia en las lecturas indicará el *tpi* de la pieza de trabajo. Los conos pueden verificarse con más precisión utilizando una barra de senos (vea la Unidad 13).

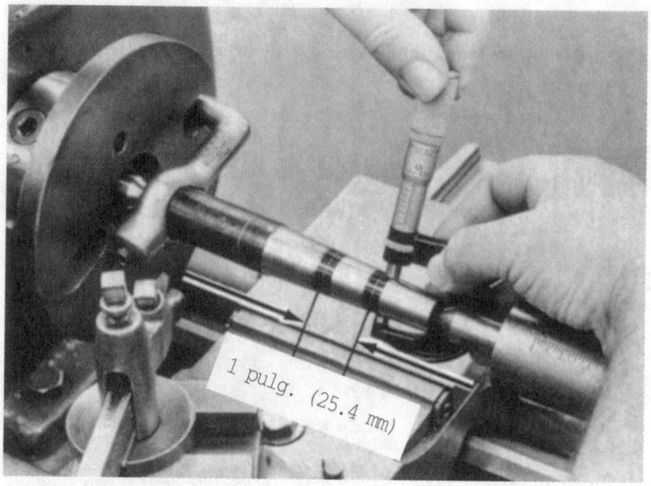

FIGURA 54-16 Cómo verificar la precisión de un cono con el micrómetro. (Cortesía de Kelmar Associates.)

Para obtener un cono más preciso, se utiliza un calibrador de anillo para conos para verificar los conos externos. Se utiliza un calibrador de conicidad interna para verificar conos internos (vea la Unidad 14).

El *micrómetro de conos* (Figura 54-17) mide los conos rápida y precisamente mientras la pieza de trabajo todavía está en la máquina. Este instrumento incluye una yunque ajustable y una barra de senos de 1 pulgada montada en el marco, que se ajusta mediante un anillo de micrómetro. La lectura del micrómetro indica los *tpi*, que pueden convertirse fácilmente a *tpf* o en ángulos. El yunque puede ajustarse para dar cabida a un amplio intervalo de tamaños de pieza.

Los micrómetros de cono están disponibles en diversos modelos para medir conos internos y vástagos (Figura 54-18), y en los modelos de banco con dos indicadores para verificar rápidamente la precisión de las piezas cónicas.

Las ventajas de los micrómetros de cono son:

- La precisión del cono puede verificarse mientras la pieza de trabajo aún está en la máquina
- Proporcionan un método rápido y preciso para verificar conos
- Son fáciles de utilizar
- La necesidad de equipo de calibración costoso queda eliminada
- Pueden utilizarse para medir conos externos, internos, y ensambles machiembra.

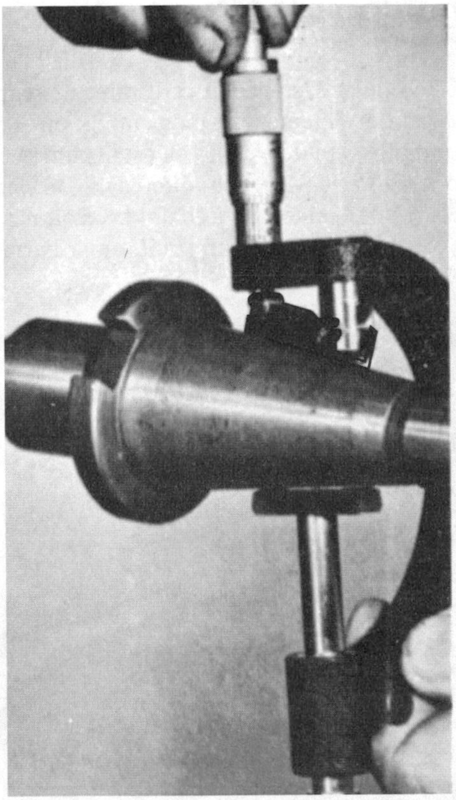

FIGURA 54-17 Cómo utilizar un micrómetro de conos para verificar un cono externo. (Cortesía de Taper Micrometer Corporation.)

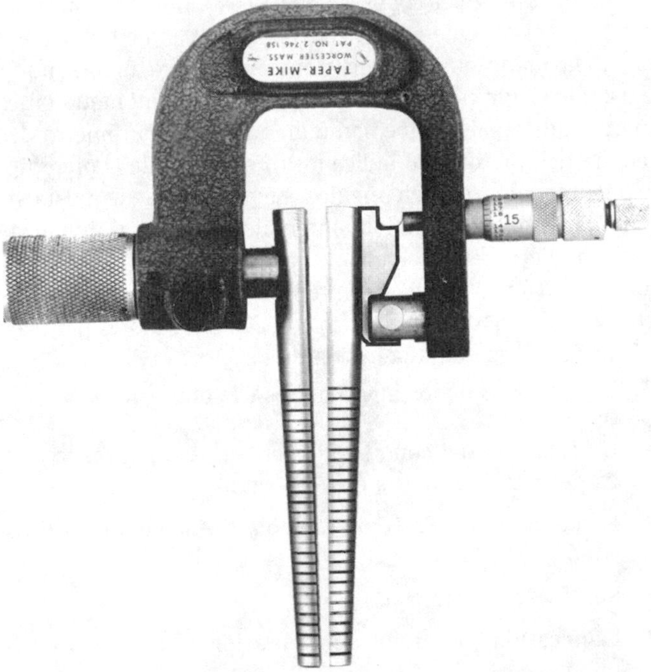

FIGURA 54-18 Micrómetro de conos para medir conos internos. (Cortesía de Taper Micrometer Corporation.)

Para ajustar un cono externo

1. Haga tres líneas igualmente espaciadas con tiza o azul para trazado a lo largo del cono (vea la Unidad 14, calibrador de anillo para conos).
2. Inserte el cono en el calibrador de anillo y gire media vuelta *en contra de las manecillas del reloj* (Figura 54-19).

PRECAUCIÓN: *No* fuerce el cono dentro del calibre de anillo.

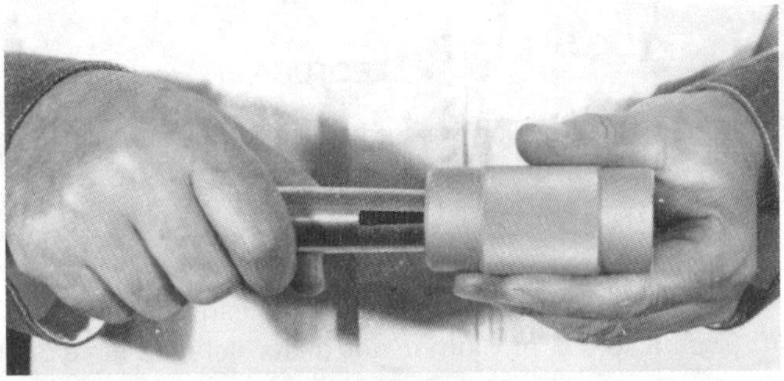

FIGURA 54-19 Cómo verificar la precisión de un cono utilizando líneas de tiza. (Cortesía de Kelmar Associates.)

3. Retire la pieza de trabajo y examine las marcas de tiza. Si la tiza se ha extendido a lo largo de la longitud entera del cono, éste es correcto. Si las líneas de tiza se extendieron sólo en un extremo, debe ajustarse la configuración del cono.
4. Haga un ajuste ligero al aditamento para conos y, haciendo cortes de prueba, maquine el cono hasta que el ajuste sea el correcto.

Para verificar un cono en sistema métrico

1. Revise en el plano el cono que se requiere.
2. Limpie la sección cónica de la pieza y aplique tinta para trazado.
3. Trace dos líneas en el cono que tengan una distancia entre sí igual al segundo número de la relación de cono. Por ejemplo, si el cono es de 1:20, las líneas estarán a 20 mm entre sí.

Nota: Si la pieza es lo suficientemente larga, trace las líneas al doble o triple de la longitud de la sección cónica y aumente la diferencia en diámetros en la cantidad apropiada. Por ejemplo, en un cono de 1:20, las líneas pueden trazarse a 60 mm entre sí o a tres veces la unidad de longitud del cono. Por lo tanto, la diferencia en diámetros sería de 3 × 1, o 3 mm, lo que da una verificación más precisa del cono.

4. Mida los diámetros cuidadosamente con un micrómetro en sistema métrico en ambas líneas. La diferencia entre estos dos diámetros debe ser de 1 mm por cada unidad de longitud.
5. Si es necesario, ajuste la configuración del aditamento para conos para corregir el cono.

PREGUNTAS DE REPASO

Conos

1. Defina un *cono*.
2. Explique la diferencia entre los conos de auto-sujeción y los de gran pendiente.
3. Mencione los *tpf* de los siguientes conos:
   a. Morse
   b. Brown y Sharpe
   c. Jarno
   d. Perno de cono estándar
4. Describa la nariz de husillo tipo D-1 y tipo L, y mencione en dónde se aplica cada una.

Cálculos de cono

5. Calcule los *tpf* y el desplazamiento del contrapunto de las siguientes piezas:
   a. D = 1.625 pulg, d = 1.425 pulg, TL = 3 pulg, OL = 10 pulg
   b. D = $\frac{7}{8}$ pulg, d = $\frac{7}{16}$ pulg, TL = 6 pulg, OL = 9 pulg
6. Calcule el desplazamiento el contrapunto de las siguientes piezas utilizando la fórmula de desplazamiento del contrapunto simplificada:
   a. D = $\frac{3}{4}$ pulg, d = $\frac{17}{32}$ pulg, TL = 6 pulg, OL = 18 pulg
   b. D = $\frac{7}{8}$ pulg, d = $\frac{25}{32}$ pulg, TL = $3\frac{1}{2}$ pulg, OL = $10\frac{1}{2}$ pulg
7. Explique lo que significa un cono en sistema métrico de 1:50.
8. Calcule el diámetro mayor de un cono de 1:50 que tiene un diámetro menor de 15 mm y una longitud de 75 mm.
9. Calcule el desplazamiento del contrapunto requerida para tornear un cono de 1:40 × 100 mm de longitud en una pieza de trabajo de 450 mm de longitud. El diámetro menor es de 25 mm.

Torneado de conos

10. Mencione tres métodos para desplazar el contrapunto para el torneado de conos.
11. Liste las ventajas del aditamento para conos.
12. Liste los pasos principales necesarios para cortar un cono externo utilizando el aditamento para conos.
13. Describa un micrómetro de conos y mencione sus ventajas.
14. Explique en forma de puntos cómo ajustar un cono externo.
15. Calcule la cantidad de desplazamiento en una barra guía de 480 mm de largo para tornear un cono de 1:40 × 320 mm de longitud en una pieza de trabajo. El diámetro menor del cono es de 37.5 mm.
16. ¿A qué ángulo debe ajustarse el carro auxiliar para maquinar una pieza de trabajo con un diámetro mayor de $1\frac{1}{4}$ pulg, un diámetro menor de $\frac{3}{4}$ pulg y longitud de cono de 1 pulg?

UNIDAD

55

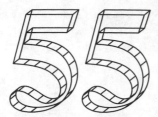

Roscas y corte de roscas

OBJETIVOS

Al terminar el estudio de esta unidad, se podrá:

1 Reconocer y mencionar los propósitos de seis formas de roscas comunes
2 Configurar el torno para cortar roscas externas Unified en pulgadas
3 Configurar un torno de pulgadas para cortar roscas en sistema métricos
4 Configurar el torno para cortar roscas internas
5 Configurar el torno para cortar roscas Acme externas

Se han utilizado roscas por cientos de años para sujetar piezas entre sí, para hacer ajustes a herramientas e instrumentos y para transmitir potencia y movimiento. Una rosca es básicamente un plano inclinado o cuña que va en espiral alrededor de un perno o tuerca. Las roscas han evolucionado a partir de los primeros tornillos, que se limaban a mano, hasta los tornillos de bolas de alta precisión que se utilizan en las máquinas herramienta de precisión actuales. Aunque el propósito de una rosca es básicamente el mismo que cuando los primeros romanos la desarrollaron, el arte de producir roscas ha mejorado continuamente. Hoy en día, las roscas se producen masivamente por medio de machuelos, dados, laminación de roscas, fresado de roscas, y rectificado, según estándares estrictos de precisión y control de calidad. El corte de roscas es una habilidad que todo mecánico debe poseer, porque aún es necesario cortar roscas en el torno, en especial si se necesita un tamaño o forma de rosca especial.

ROSCAS

Una *rosca* puede definirse como una cresta helicoidal de sección uniforme que se forma en el interior o exterior de un cilindro o cono. Las roscas se utilizan para varios propósitos:

1. Para sujetar dispositivos como tornillos, pernos, espárragos y roscas.
2. Para proporcionar una medición precisa, como en un micrómetro.
3. Para transmitir movimiento. El tornillo principal roscado en el torno hace que el carro longitudinal se mueva cuando está cortando roscas.
4. Para aumentar la fuerza. Pueden levantarse piezas pesadas con un gato de tornillo.

Terminología de las roscas

Para comprender y calcular las partes y tamaños de las roscas, deben conocerse las siguientes definiciones relacionadas con las roscas de tornillo (Figura 55-1):

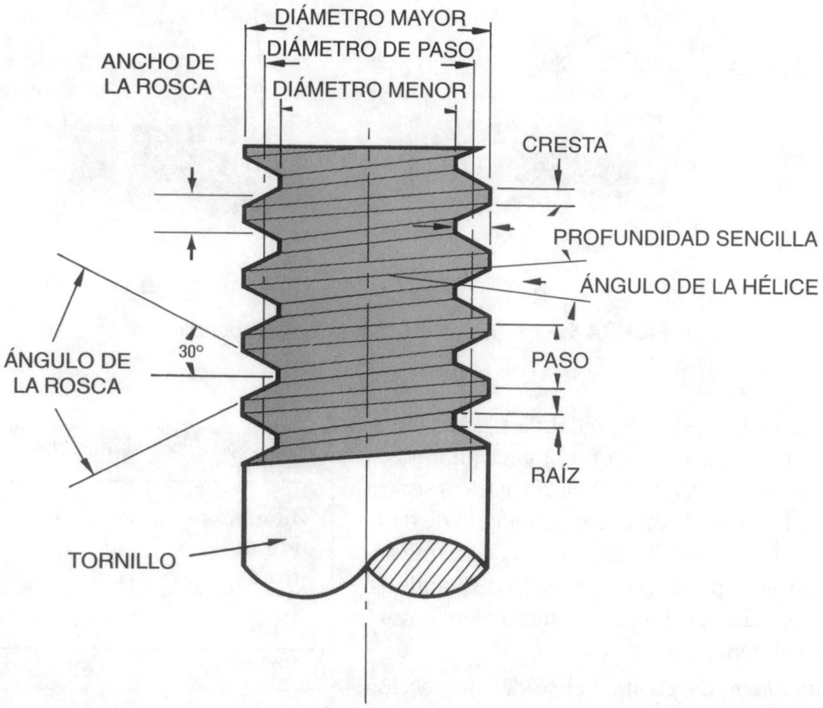

FIGURA 55-1 Partes de la rosca de un tornillo. (Cortesía de Kelmar Associates.)

- Una *rosca de tornillo* es una cresta helicoidal de sección uniforme que se forma en el interior o exterior de un cilindro o cono
- Una *rosca externa* se corta en una superficie o conos externos, como en un tornillo de presión o en un tornillo para madera
- Una *rosca interna* se produce en el interior de un cilindro o cono, como la rosca en el interior de una tuerca
- El *diámetro mayor* es el diámetro más grande de una rosca externa o interna
- El *diámetro menor* es el diámetro más pequeño de una rosca externa o interna. Antes esto era conocido como el diámetro de raíz
- El *diámetro de paso* es el diámetro de un cilindro imaginario que pasa a través de la rosca en el punto donde el ancho de la ranura y de la rosca son iguales. El diámetro de paso es igual al diámetro mayor menos una profundidad sencilla de la rosca. Las tolerancias y holguras de las roscas están en la línea del diámetro de paso. El diámetro de paso también se utiliza para determinar el diámetro exterior para roscas laminadas. El diámetro del material inicial siempre es igual al diámetro de paso de la rosca que se va a laminar. El roscado por laminación es una operación de desplazamiento y el de metal desplazado es forzado hacia arriba para formar la rosca por encima de la línea de paso.

Nota: El diámetro de paso no es utilizado como base para determinar las dimensiones de rosca en sitema métrico de International Organization for Standardization (ISO).

- El *número de roscas por pulgada* es la cantidad de crestas o raíces por pulgada de sección roscada. Este término no se aplica a roscas en sistema métrico
- El *paso* es la distancia desde un punto en un hilo de la rosca hasta el punto correspondiente en el siguiente hilo, medido paralelo al eje. El paso se expresa en milímetros en roscas de sitema métrico
- El *avance* es la distancia que una rosca avanza axialmente en una revolución. En una rosca de un solo filete, el avance y el paso son iguales
- La *raíz* es la superficie del fondo, que une los costados de dos filetes adyacentes. La raíz de una rosca externa está en el diámetro menor. La raíz de una rosca interna está en el diámetro mayor
- La *cresta* es la superficie superior que une los dos flancos de una rosca. La cresta de una rosca externa está en el diámetro mayor, en tanto que la cresta de una rosca interna está en el diámetro menor
- El *flanco* (costado) es la superficie de la rosca que conecta la cresta con la raíz
- La *profundidad de rosca* es la distancia ente la cresta y la raíz, medida en forma perpendicular al eje
- El *ángulo de rosca* es el ángulo incluido entre los flancos de la rosca, medido según el plano del eje
- El *ángulo de hélice* (ángulo de avance) es el ángulo que hace la rosca con un plano perpendicular al eje de la rosca

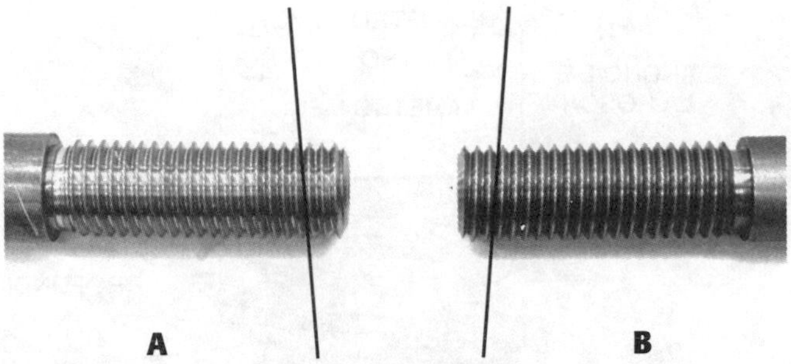

FIGURA 55-2 (A) Roscas derechas; (B) roscas izquierdas.

- Una *rosca derecha* es la cresta helicoidal de sección transversal uniforme en la cual se rosca una tuerca girando en dirección a las manecillas del reloj. Cuando la rosca se sostiene en posición horizontal con el eje apuntando de derecha a izquierda, la rosca derecha tendrá una pendiente hacia *abajo* y hacia la derecha (Figura 55-2A). Cuando se corta una rosca derecha en el torno, la herramienta avanza de derecha a izquierda
- Una *rosca izquierda* es la cresta helicoidal de sección transversal uniforme en la cual se rosca una tuerca en dirección opuesta a las manecillas del reloj.
  Cuando la rosca se sostiene en posición horizontal, con el eje apuntando de derecha a izquierda, la rosca tendrá una pendiente hacia *abajo* y a la izquierda (Figura 55-2B). Cuando se corta una rosca izquierda en el torno, la herramienta avanza de izquierda a derecha.

Formas de rosca

A lo largo de las últimas décadas, uno de los problemas más grandes de la industria ha sido la falta de un estándar de roscas internacional, en el cual el estándar de rosca que se utilice en cualquier país pudiera intercambiarse con el de otro. En abril de 1975, ISO llegó a un acuerdo sobre un perfil de estándar de rosca en sitema métrico, especificando los tamaños y pasos para las diversas roscas en el nuevo Estándar de Roscas Métricas de ISO. La nueva serie tiene solamente 25 tamaños de rosca, cuyos diámetros van de 1.6 a 100 mm. Se ha alentado a los países de todo el mundo a adoptar la serie ISO (ver la Tabla 55-1).

Estas roscas métricas se identifican mediante la serie M, el diámetro nominal y el paso. Por ejemplo, una rosca métrica con un diámetro exterior de 5 mm y un paso de 0.8 mm se identificaría como sigue: M 5 × 0.8.

La serie ISO no sólo simplificará el diseño de roscas sino que generalmente producirá roscas más resistentes en un diámetro y paso particulares y reducirá el enorme inventario de sujetadores que la industria requiere actualmente.

La *rosca métrica ISO* (Figura 55-3) tiene un ángulo incluido de 60° y una cresta igual a 0.125 veces el paso, similar a la rosca National Form. La diferencia principal, sin embargo, estriba en la profundidad de rosca (D), que es de 0.6134 veces el paso. Debido a estas dimensiones, el plano en la raíz de la rosca (FR) es más amplio que la cresta (FC). La raíz de la rosca métrica ISO es de una cuarta parte del paso (0.250P).

TABLA 55-1 Combinaciones de paso y diámetro métricos ISO

Diámetro nominal (mm)	Paso de paso (mm)	Diámetro nominal (mm)	Paso de paso (mm)
1.6	.35	20	2.5
2	.4	24	3
2.5	.45	30	3.5
3	.5	36	4
3.5	.6	42	4.5
4	.7	48	5
5	.8	56	5.5
6.3	1	64	6
8	1.25	72	6
10	1.5	80	6
12	1.75	90	6
14	2	100	6
16	2		

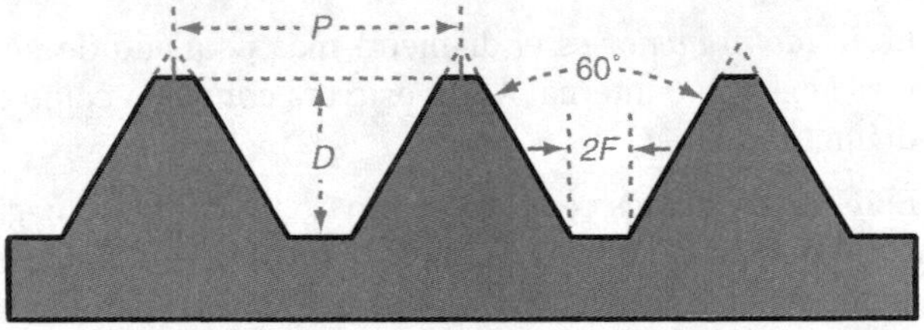

FIGURA 55-3 Rosca métrica ISO.

$$D \text{ (externo)} = 0.54127 \times P$$

$$FC = 0.125 \times P$$

$$FR = 0.250 \times P$$

Las formas de rosca de uso más común en Estados Unidos en este momento son:

La *rosca American National Standard* (Figura 55-4), que se divide en cuatro series principales, todas con la misma

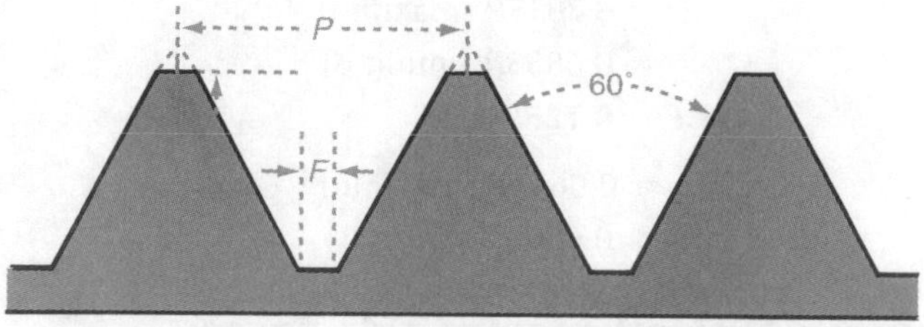

FIGURA 55-4 Rosca American National Standard.

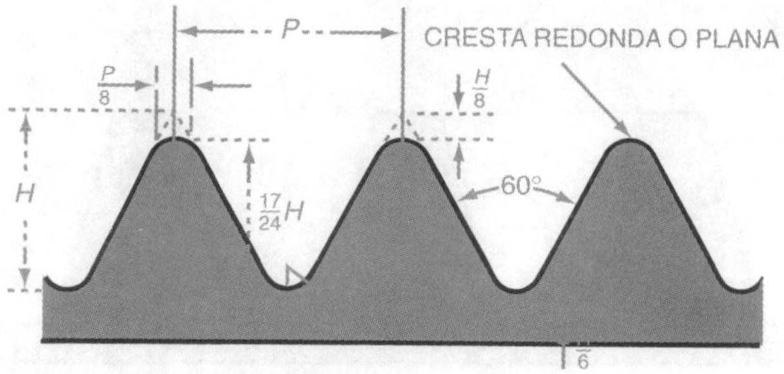

FIGURA 55-6 Rosca Unified.

forma y proporciones: National Coarse (NC), National Fine (NF), National Special (NS) y National Pipe (NPT). Esta rosca tiene un ángulo de 60° con la raíz y la cresta truncados a una octava parte del paso. Esta rosca se utiliza en la fabricación, construcción y ensamble de máquinas, y para componentes donde es deseable un ensamble fácil.

La fórmula para calcular la profundidad de una rosca de 100% es .866/N. Sin embargo, ya que esta rosca sería muy difícil de cortar (especialmente en interiores), la siguiente fórmula, que da aproximadamente el 75% de rosca, es un estándar general en la industria:

$$D = .61343 \text{ X } P \quad \text{o} \quad \frac{.61343}{N}$$

$$F = .125 \text{ X } P \quad \text{o} \quad \frac{.125}{N}$$

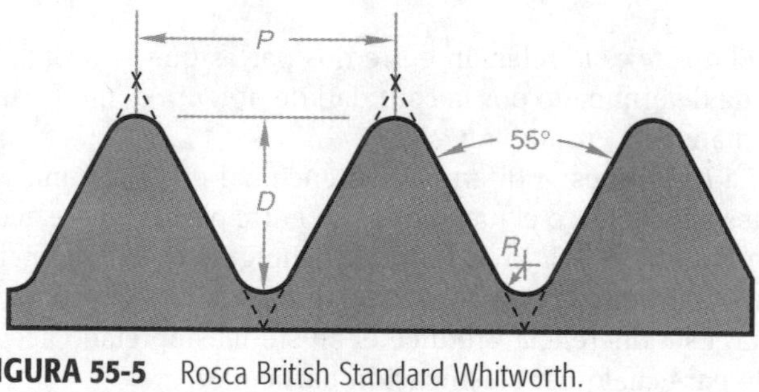

FIGURA 55-5 Rosca British Standard Whitworth.

La *rosca British Standard Whitworth* (BSW) (Figura 55-5) tiene una forma en V de 55° con crestas y raíces redondeadas. La aplicación de esta rosca es la misma que para rosca de forma American Standard:

$$D = .6403 \text{ X } P \quad \text{o} \quad \frac{.6403}{N}$$

$$R = .1373 \text{ X } P \quad \text{o} \quad \frac{.1373}{N}$$

La *rosca Unified* (Figura 55-6) fue desarrollada por Estados Unidos, Inglaterra y Canadá, a fin de que el equipo producido por estos países tuviera un sistema de roscas estandarizado. Hasta que se desarrolló esta rosca, muchos problemas eran provocados por la imposibilidad de intercambiar partes roscadas que se utilizaban en estos países. La rosca Unified es una combinación de roscas de forma British Standard Whitworth y American Standard. Esta rosca tiene un ángulo de 60° con raíz redondeada, y la cresta puede ser redonda o plana.

$$D \text{ (rosca externa)} = .6134 \times P \quad \text{o} \quad \frac{.6134}{N}$$

$$D \text{ (rosca interna)} = .5413 \times P \quad \text{o} \quad \frac{.5413}{N}$$

$$D \text{ (rosca externa)} = .125 \times P \quad \text{o} \quad \frac{.125}{N}$$

$$D \text{ (rosca interna)} = .250 \times P \quad \text{o} \quad \frac{.250}{N}$$

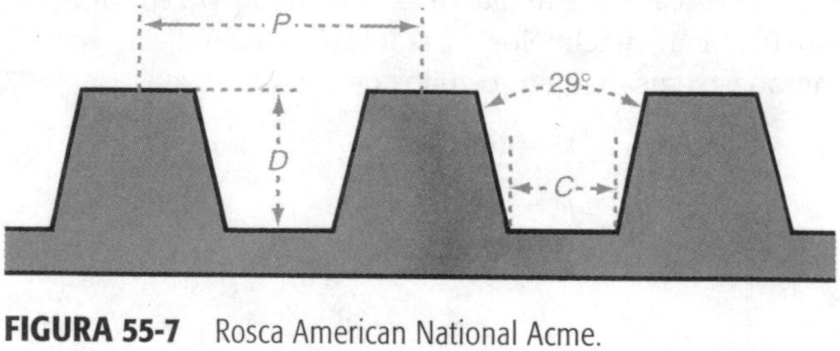

FIGURA 55-7 Rosca American National Acme.

La *rosca American National Acme* (Figura 55-7) está reemplazando a la rosca cuadrada en muchas aplicaciones. Tiene un ángulo de 29° y se utiliza en tornillos de avance, gatos y prensas.

$$D = \text{mínimo } .500\ P$$
$$= \text{máximo } .500\ P + .010$$
$$F = .3707P$$
$$C = .3707P - .0052$$

(para la profundidad máxima)

La *rosca de tornillo sin fin Brown and Sharpe* (Figura 55-8) tiene un ángulo incluido de 29°, al igual que la rosca Acme; sin embargo, la profundidad es mayor y el ancho de la cresta y de la raíz son diferentes. Esta rosca se utiliza para

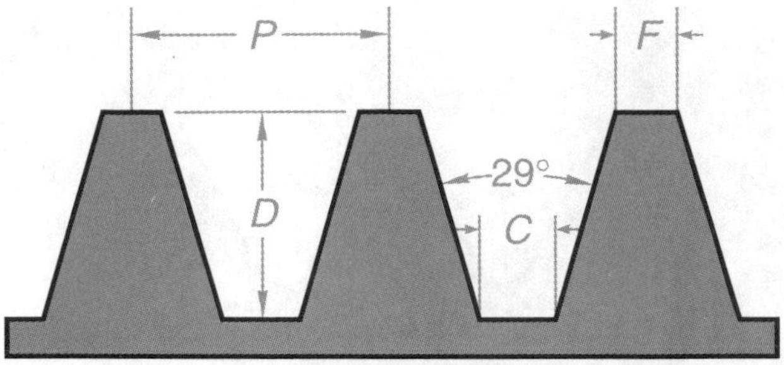

FIGURA 55-8 Rosca de tornillo sin fin Brown and Sharpe

acoplar engranes con tornillo sin fin y transmitir movimiento entre dos ejes en ángulo recto entre sí, pero no en un mismo plano. La característica de auto-bloqueo lo hace adaptable a tornos y mecanismos de dirección.

$$D = .6866P$$
$$F = .335P$$
$$C = .310P$$

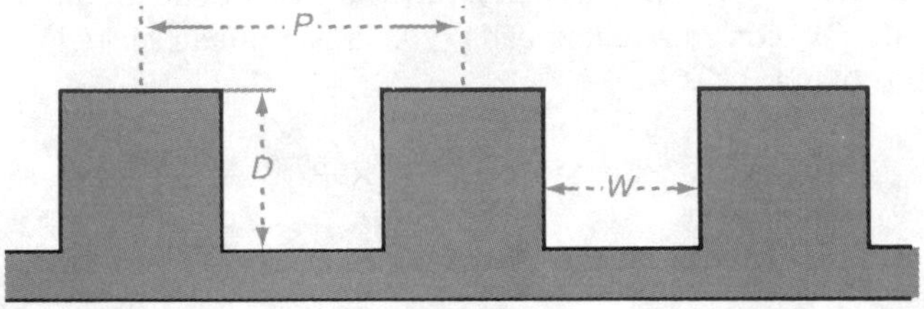

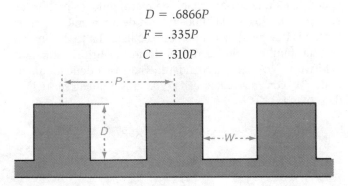

FIGURA 55-9 Rosca cuadrada

La rosca cuadrada (Figura 55-9) está siendo reemplazada por la rosca Acme debido a la dificultad para cortarla, en particular con machuelos y dados. En general, las roscas cuadradas se usaban en tornillos de prensa y gatos.

$$D = .500P$$
$$F = .500P$$
$$C = .500P + .002$$

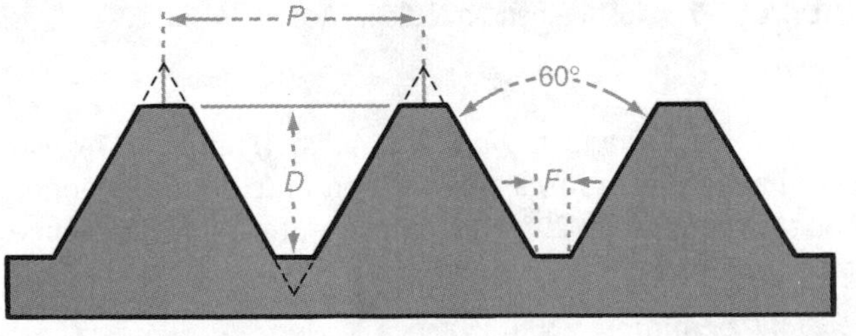

FIGURA 55-10 Rosca métrica internacional.

La *rosca métrica internacional* (Figura 55-10) es una rosca estandarizada que se utiliza en Europa. Esta rosca tiene un ángulo incluido de 60° con cresta y raíz truncadas a un octavo de la profundidad. Aunque esta rosca tiene una enorme aplicación en toda Europa, su uso en Estados Unidos se ha limitado principalmente en bujías y a la fabricación de instrumentos.

$$D = 0.7035P \text{ (máximo)}$$
$$= 0.6855P \text{ (mínimo)}$$
$$F = 0.125P$$
$$R = 0.0633P \text{ (máximo)}$$
$$0.054P \text{ (mínimo)}$$

Ajustes y clasificaciones de rosca

Se utiliza cierta terminología al referirse a clasificaciones y ajustes de rosca. Para comprender cualquier sistema de roscas adecuadamente, debe comprenderse la terminología relacionada con el ajuste de la rosca.

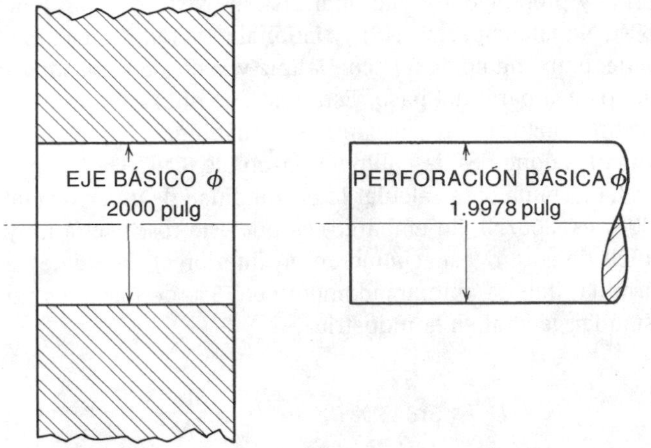

FIGURA 55-11 La holgura (diferencia intencional) entre el eje y la perforación es de .0022 pulg.

El *ajuste* es la relación entre dos partes que se acoplan. Queda determinado por la cantidad de holgura o interferencia cuando se ensamblan.

La *holgura* es la diferencia intencional en el tamaño de partes ajustables, o el juego mínimo entre piezas que se acoplan (Figura 55-11). En las roscas, la holgura es la diferencia permisible entre la mayor rosca externa y la menor rosca interna. Esta diferencia produce el ajuste más apretado aceptable para cualquier clasificación particular.

La holgura para un ajuste Clase 2A y 2B de 1 pulg—8 UNC (Unified National Coarse) es de:

Diámetro mínimo de paso de la rosca interna (2B):	= .9188 pulg
Diámetro máximo de paso de la rosca externa (2A):	= .9168 pulg
Holgura o diferencia intencional:	= .002 pulg

La *tolerancia* es la diferencia permitida en el tamaño de la pieza. La tolerancia puede expresarse como más, menos o ambos. La tolerancia total es la suma de las tolerancias de más y menos. Por ejemplo, si el tamaño es de 1.000 ± .002 (variación bilateral), la tolerancia total es de .004. En los sistemas Unified y National, la tolerancia es de más en roscas externas y de menos en roscas internas. Por lo tanto, cuando la rosca varía del tamaño básico o nominal, se asegura un ajuste más suelto en vez de más apriete.

La tolerancia para una rosca Clase 2A de 1 pulg—8 UNC es de:

Diámetro máximo de paso de la rosca externa (2A):	= .9168 pulg
Diámetro mínimo de paso de la rosca interna (2A):	= .9100 pulg
Tolerancia o variación permitida:	= .0068 pulg

Los *límites* son las dimensiones máxima y mínima de una pieza. Los límites de una rosca Clase 2A de 1 pulg—8 UNC son:

Diámetro de paso máximo de la rosca externa (2A):	= .9168 pulg
Diámetro de paso menor de la rosca interna (2A):	= .9100 pulg

El diámetro de paso de esta rosca debe estar entre .9168 pulg (límite superior) y .9100 pulg (límite inferior).

El *tamaño nominal* es la designación que se utiliza para identificar el tamaño de la pieza. Por ejemplo, en la designación de 1 pulg— 8 UNC, el número 1 indica una rosca de 1 pulg de diámetro.

El *tamaño real* es el tamaño medido de la rosca o pieza. El tamaño básico es a partir del cual se establecen las tolerancias. Aunque el diámetro mayor básico de una rosca Clase 2A 1 pulg— 8 UNC es de 1.000 pulg, el tamaño real puede variar de .998 pulg a .983 pulg.

Clasificación de los ajustes de rosca

Con el amplio uso de las roscas, se volvió necesario establecer ciertos límites y tolerancias para identificar de forma adecuada los tipos de ajuste.

Tolerancias y holguras métricas ISO

El sistema de tolerancias de roscas métricas ISO para tornillo proporciona las holguras y tolerancias definidas mediante grados, posiciones y clases de tolerancia.

Los *grados de tolerancia* se especifican numéricamente. Por ejemplo, una tolerancia media, utilizada en una rosca de uso general, se indica mediante el número 6. Cualquier número por debajo de 6 indica una tolerancia menor y cualquier número por encima de 6 indica una tolerancia mayor. La tolerancia para la rosca en la línea de paso y para el diámetro mayor pueden aparecer en el plano.

Se utilizan símbolos para indicar la *holgura*. En roscas externas:

e indica una gran holgura

g indica una pequeña holgura

h indica que no hay holgura

En roscas internas:

G indica una pequeña holgura

H indica que no hay holgura

EJEMPLO

Una rosca métrica externa puede estar marcada como sigue:

Métrico	Tamaño nominal		Paso	Tolerancia del diámetro de paso	Tolerancia del diámetro exterior
↓	↓		↓	↓	↓
M	6	×	0.75 –	5*g*	6*g*

El ajuste de rosca entre piezas acopladas está indicado por la designación de la rosca interna, seguido por la tolerancia de la rosca externa:

$$M\ 20 \times 2 - 6H/5g\ 6g$$

El ajuste de las roscas Unified se ha dividido en tres categorías y el Screw Thread Committee ha definido las aplicaciones de cada una. Las roscas externas están clasificadas como 1A, 2A, y 3A, y las internas como 1B, 2B y 3B.

Las *clases 1A y 1B* incluyen roscas para piezas que deben ensamblarse en facilidad. Tienen el ajuste más relajado, sin posibilidad alguna de interferencia entre las roscas externa e interna en juego cuando las roscas están sucias o dañadas.

Las *clases 2A y 2B* se utilizan en la mayoría de los sujetadores comerciales. Estas roscas dan un ajuste mediano o libre y permiten apriete mecánico con un mínimo de desgaste y cambio de tamaño.

Las *Clases 3A y 3B* se utilizan cuando se necesita un ajuste y avance más precisos. No se da ninguna holgura, y las tolerancias son de 75% del ajuste del tipo 2A y 2B.

Mediante la clasificación de las tolerancias de las roscas, el costo de las piezas roscadas se reduce, ya que los fabricantes pueden utilizar la combinación de roscas en acoplamiento que se adecue a sus necesidades. Con el sistema anterior de identificación de clases de tolerancias (clases 1, 2, 3 y 4), se pensaba, por ejemplo, que una rosca interna clase 3 debía utilizarse con una rosca externa clase 3.

En referencia con el sistema Unified, debe observarse que la "clase" se refiere a la tolerancia o a la tolerancia y holgura; no se refiere al ajuste. El ajuste entre piezas acopladas queda determinado por la combinación elegida que se utiliza para una aplicación específica. Por ejemplo, si se requiere un ajuste mas cerrado de lo normal, se puede utilizar una tuerca clase 3B con un perno clase 2A. Las dimensiones básicas, tolerancias y holguras de estas roscas pueden consultarse en cualquier manual de mecánico.

Cálculos de roscas

Para cortar en un torno una rosca correcta, primero es necesario hacer cálculos para que la rosca tenga las dimensiones adecuadas. Las siguientes fórmulas le serán útiles al calcular las dimensiones de la rosca. Los símbolos utilizados en estas fórmulas son:

D = profundidad sencilla de la rosca

P = paso

EJEMPLO

Calcule el paso, profundidad, diámetro menor y ancho del plano de una rosca ¾—10 UNC.

$$P = \frac{1}{tpi}$$
$$= \frac{1}{10}$$

$$D = .61343 \times P$$
$$= .61343 \times \frac{1}{10}$$
$$= 0.061 \text{ pulg}$$

$$\text{Diámetro menor} = \text{diámetro mayor} -(D + D)$$
$$= .750 - (.061 + .061)$$
$$= 0.628 \text{ pulg}$$

$$\text{Ancho del plano} = \frac{P}{8}$$
$$= \frac{1}{8} \times \frac{1}{10}$$
$$= 0.0125 \text{ pulg}$$

EJEMPLO

¿Cuál es el paso, profundidad, diámetro menor, ancho de cresta y ancho de raíz de una rosca M 6.3 × 1?

$$P = 1 \text{ mm}$$
$$D = 0.54127 \times 1$$
$$= 0.54 \text{ mm}$$
$$\text{Diámetro menor} = \text{diámetro mayor} -(D + D)$$
$$= 6.3 - (0.54 + 0.54)$$
$$= 5.22 \text{ mm}$$
$$\text{Diámetro de cresta} = 0.125 \text{ X } P$$
$$= 0.125 \times 1$$
$$= 0.125 \text{ mm}$$
$$\text{Ancho de raíz} = 0.25 \text{ X } P$$
$$= 0.25 \times 1$$
$$= 0.25 \text{ mm}$$

Cómo configurar la caja de engranes de cambio rápido para roscado

La caja de engranes de cambio rápido proporciona el medio para configurar rápidamente el torno para el paso deseado de rosca en número de hilos por pulgada en tornos de sistema de pulgadas y en milímetros en tornos métricos. Esta unidad contiene cierta cantidad de engranes de diferentes tamaños, que varían la relación entre las revoluciones del husillo del cabezal y la velocidad del recorrido del carro longitudinal cuando se cortan roscas.

Siga este procedimiento:

1. Verifique en el plano el paso de rosca necesario.
2. Con base en la gráfica de la caja de engranes de cambio rápido, encuentre el *número entero* que represente el paso en hilos por pulgada o en milímetros.
3. Con el torno detenido, acople la palanca de nivel de revoluciones en la perforación que esté alineada con el paso (tpi o milímetros) (Figura 55-12).

FIGURA 55-12 El mecanismo de engranes de cambio rápido se utiliza para configurar la cantidad de hilos por pulgada a cortar.

4. Ajuste la *palanca superior* en la posición apropiada, como se indica en la gráfica.
5. Acople el *engrane deslizante* adentro o afuera, como sea necesario.

Nota: Algunos tornos tienen dos palancas en la caja de engranes, que ocupan el lugar de la palanca superior y el engrane deslizante, y éstas deben ajustarse como se indique en la gráfica.

6. Gire el husillo del torno con la mano para asegurar que el tornillo principal gira.
7. Vuelva a verificar la configuración de las palancas para evitar errores.

INDICADOR DE AVANCE DE ROSCA

Para cortar una rosca en el torno, el husillo del torno y el tornillo principal deben estar en la misma posición relativa en cada corte sucesivo. La mayoría de los tornos tienen un indicador de avance de rosca, ya sea integrado o sujeto al carro longitudinal para este propósito. El indicador de avance indica cuándo debe acoplarse la tuerca dividida con el tornillo principal, para que la herramienta de corte siga la ranura que se cortó antes.

El indicador de avance de rosca está conectado a un engrane sin fin, que se acopla con la rosca del tornillo principal (Figura 55-13). El indicador está graduado en ocho divisiones, cuatro numeradas y cuatro sin numerar, y gira conforme lo hace el tornillo principal. La Figura 55-14 mues-

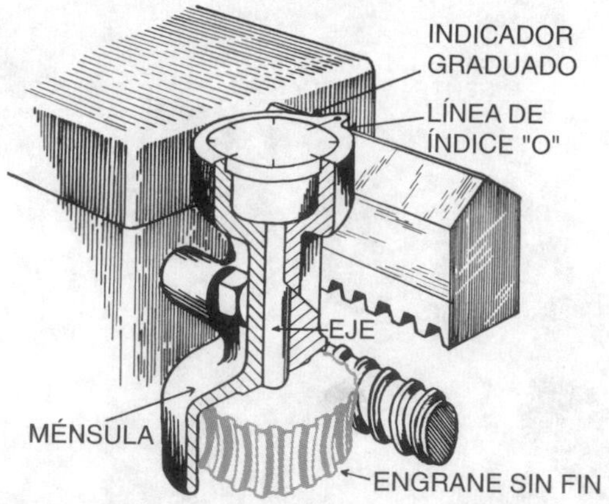

FIGURA 55-13 Mecanismo indicador de avance de rosca.

tra el momento en que debe acoplarse la palanca de tuerca dividida para cortar diversas roscas por pulgada (*tpi*).

- Las roscas pares utilizan cualquier división
- Las roscas nones deben quedarse ya sea en líneas numeradas o sin numerar: no se pueden utilizar ambas.

CORTE DE ROSCAS

El corte de roscas en el torno es un proceso que produce una cresta helicoidal de sección uniforme sobre una pieza de trabajo. Se lleva a cabo realizando cortes sucesivos con una herramienta de roscado, con la misma forma que la rosca requerida. Las piezas que se van a roscar pueden sostenerse entre centros o en un mandril. Si la pieza se sostiene en un mandril, debe tornearse al tamaño y roscarse, antes de retirar la pieza.

Cómo configurar el torno para roscar (rosca de 60°)

1. Ajuste la velocidad del torno en aproximadamente un cuarto de la velocidad utilizada para tornear.
2. Ajuste la caja de engranes de cambio rápido para el paso adecuado en hilos por pulgada o en milímetros.
3. Acople el tornillo principal.
4. Fije una herramienta de roscado de 60° y verifique el ángulo utilizando un calibrador para centrar roscas.
5. Ajuste el carro auxiliar a 29° a la derecha (fig.55-15); ajústelo a la izquierda para roscas izquierdas.

Nota: Con el carro auxiliar a 29°, ocurre una ligera acción de rasurado en el borde siguiente de la rosca (en el lado derecho) cada vez que se alimenta la herramienta de rosca con la manivela del carro auxiliar.

6. Ajuste la herramienta de corte a la altura del punto central del torno.
7. Monte la pieza entre centros. Asegúrese que el perro del torno esté apretado sobre la pieza. Si la pieza está montada en el mandril, debe sostenerse con firmeza.

ROSCAS POR PULGADA QUE SE VAN A CORTAR	CUÁNDO ACOPLAR LA TUERCA DIVIDIDA	LECTURA DEL INDICADOR
NÚMERO PAR DE HILOS	ACOPLE EN CUALQUIER GRADUACIÓN DEL INDICADOR 1 1½ 2 2½ 3 3½ 4 4½	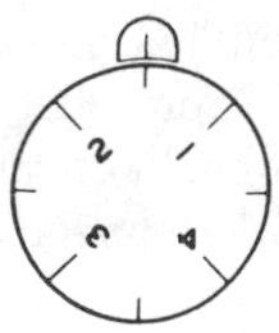
NÚMERO IMPAR DE HILOS	ACOPLE EN CUALQUIER DIVISIÓN PRINCIPAL 1 2 3 4	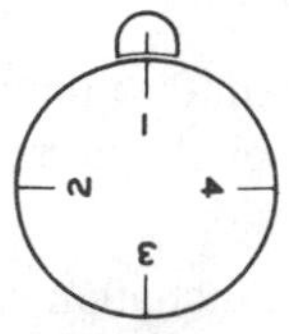
NÚMERO FRACCIONARIO DE HILOS	MEDIOS HILOS, POR EJEMPLO 1-1 1/2, SE ACOPLAN EN UNA DIVISIÓN PRINCIPAL 1 & 3 O 2 & 4, LOS DEMÁS HILOS FRACCIONARIOS SE ACOPLAN EN UNA DIVISIÓN CADA VEZ	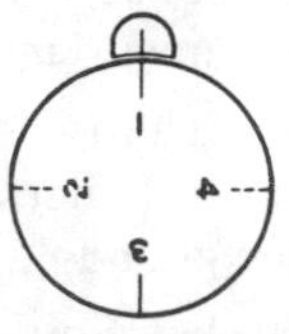
HILOS QUE SON MÚLTIPLOS DE LA CANTIDAD DE HILOS POR PULGADA DEL TORNILLO PRINCIPAL	ACOPLAR E CUALQUIER MOMENTO EN QUE LA TUERCA DIVIDIDA SE ACOPLE	EL USO DEL INDICADOR ES INNECESARIO

FIGURA 55-14 Reglas para el acoplamiento de la tuerca dividida para el corte de roscas.

FIGURA 55-15 El carro auxiliar se ajusta a 29° para el corte de roscas. (Cortesía de Kelmar Associates.)

8. Ajuste la herramienta en ángulo recto respecto a la pieza, utilizando un calibrador para centrar roscas (Figura 55-16).

Nota: Nunca atasque la herramienta en el calibrador para centrar rosca. Esto puede evitarse al alinear sólo el borde cortante (del lado guía) de la herramienta con el calibrador. Un pedazo de papel sobre el carro transversal debajo del calibrador y la herramienta facilita la verificación de la alineación de la herramienta.

9. Arregle los controles del tablero para permitir que la palanca de la tuerca dividida se acople.

Operación de corte de roscas

El corte de roscas es una de las operaciones más interesantes que se realizan en el torno. Involucra la manipulación de las partes del torno, la coordinación de las manos y una estricta atención a la operación. Antes de proceder a cortar una rosca por primera vez en cualquier torno, haga varios pases de prueba, sin cortar, para observar el desempeño de la máquina.

Cómo cortar una rosca de 60°

1. Verifique el tamaño del diámetro mayor de la pieza. Es buena costumbre hacer el diámetro .002 pulg (0.05 mm) por debajo del tamaño.
2. Arranque el torno y haga un chaflan en el extremo de la pieza de trabajo con un costado de la herramienta de roscado justo por debajo del diámetro menor de la rosca.
3. Marque la longitud que se va a roscar cortando una ranura ligera en este punto con la herramienta de corte, en tanto que el torno sigue girando.
4. Mueva el carro longitudinal hasta que el punto de la herramienta de roscado esté cerca del extremo derecho de la pieza.
5. Gire la *manivela del carro transversal* hasta que la herramienta de roscado esté cerca del diámetro, pero deténgase cuando la manivela esté en la posición de las 3 en el reloj.

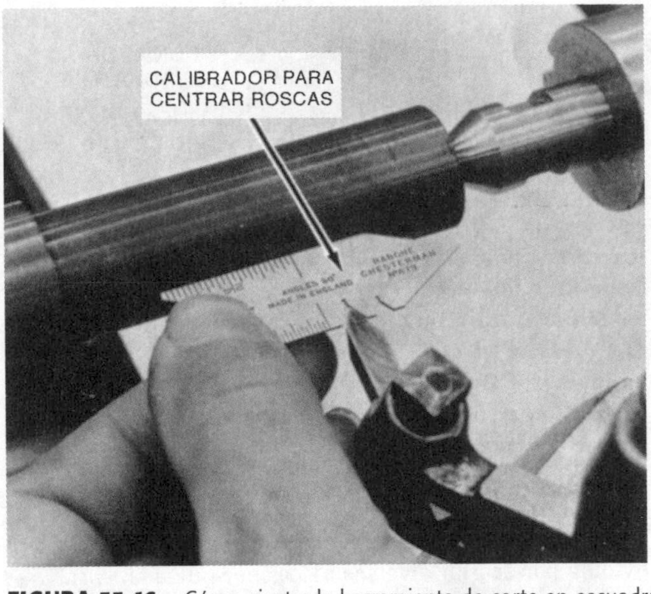

FIGURA 55-16 Cómo ajustar la herramienta de corte en escuadra con el calibrador para centrar roscas. (Cortesía de Kelmar Associates.)

FIGURA 55-17 La manivela del tornillo del carro transversal se ajusta en la posición de las 3 en el reloj para el corte de roscas. (Cortesía de Kelmar Associates.)

6. Sostenga la manivela del carro transversal en esta posición y ajuste el collar graduado a ceros (0).
7. Gire la manivela del carro auxiliar hasta que la herramienta de roscado *marque ligeramente la pieza.*
8. Mueva el carro longitudinal hacia la derecha hasta que la herramienta se salga del extremo de la pieza.
9. Avance el carro auxiliar en *dirección de las manecillas del reloj* aproximadamente .003 pulg (0.08 mm).
10. Acople la palanca de tuerca dividida en la línea correcta del indicador de avance de la rosca (Figura 55-14) y haga un corte de prueba en la longitud que se va a roscar.
11. Al final del corte, gire la manivela del carro transversal *en contra de las manecillas del reloj* para alejar la herramienta de la pieza y después desacople la palanca de la tuerca dividida.

FIGURA 55-18 Verifique el número de roscas por pulgada utilizando un calibrador de paso de tornillos. (Cortesía de Kelmar Associates.)

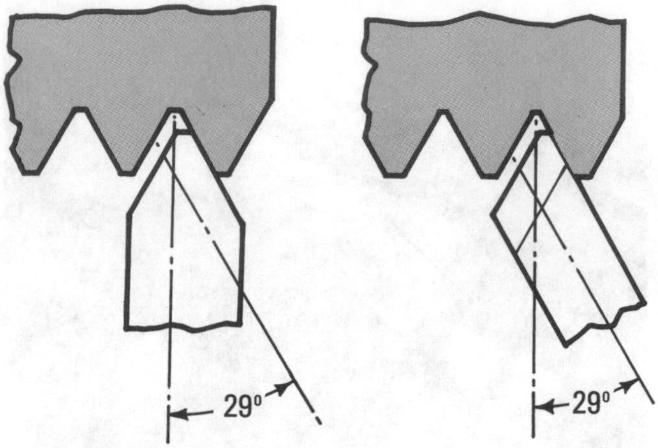

FIGURA 55-19 Cuando la herramienta se avanza a 29°, la mayor parte del corte es realizado por el borde guía de la herramienta. (Cortesía de Kelmar Associates.)

12. Detenga el torno y verifique la cantidad de *tpi* con un calibrador de paso de roscas, una regla, o un calibrador de centrar (Figura 55-18). Si el paso (en tpi o milímetros) producido por el corte de prueba no es correcto, verifique el ajuste de la caja de engranes de cambio rápido.
13. Después de cada corte, gire el volante del carro longitudinal para poner la herramienta en el comienzo de la rosca y regrese la manivela del carro transversal a cero (0).
14. *Ajuste la profundidad de todos los cortes de rosca con la manivela del carro auxiliar* (Figura 55-19). Para roscas National Form, utilice la Tabla 55-2; para roscas métricas ISO, vea la Tabla 55-3.
15. Aplique fluido de corte y haga cortes sucesivos hasta que la parte superior (cresta) y la parte inferior (raíz) de la rosca tengan el mismo ancho.
16. Elimine las rebabas de la parte superior de la rosca con una lima.
17. Verifique la rosca con una tuerca patrón y haga más cortes, si es necesario, hasta que la tuerca ajuste a la rosca libremente, sin juego axial (Figura 55-20 de la página 412).

Existen seis formas de verificar roscas, dependiendo de la precisión que se requiera.

1. Con una tuerca o tornillo patrón
2. Con un micrómetro para roscas
3. Con tres alambres
4. Con un rodillo para roscas o calibrador de resorte
5. Con un anillo para roscas o calibrador de interiores
6. Con un comparador óptico

TABLA 55-2 Ajustes de profundidad para cortar roscas de 60° National Form*

	Ajuste del carro auxiliar		
TPI	0°	30°	29°
24	.027	.031	.0308
20	.0325	.0375	.037
18	.036	.0417	.041
16	.0405	.0468	.046
14	.0465	.0537	.0525
13	.050	.0577	.057
11	.059	.068	.0674
10	.065	.075	.074
9	.072	.083	.082
8	.081	.0935	.092
7	.093	.1074	.106
6	.108	.1247	.1235
4	.1625	.1876	.1858

Cuando utilice esta tabla para cortar roscas National Form, el ancho correcto del plano (.125*P*) debe afilarse en la herramienta; de lo contrario, la rosca no tendrá el ancho correcto.

Cómo volver a ajustar la herramienta de roscado

La herramienta de corte debe reajustarse siempre que sea necesario retirar piezas parcialmente roscadas del torno y terminarlas más tarde, si la herramienta de corte es retirada para volverla a afilar, o si la pieza resbala en el perro del torno. Siga este procedimiento:

1. Ajuste el torno y la pieza para corte de rosca.
2. Arranque el torno, y con la herramienta lejos de la pieza, acople la palanca de la tuerca dividida en la línea correcta.
3. Permita que el carro longitudinal se mueva hasta que la herramienta esté enfrente de cualquier porción de la rosca sin terminar (Figura 55-21).
4. Pase el torno, deje la palanca de la tuerca dividida acoplada.
5. Avance la herramienta en la ranura de rosca utilizando sólo las manivelas del carro auxiliar y del carro transversal, hasta que el borde derecho de la herramienta toque la parte posterior de la rosca (Figura 55-22 de la página 412).

TABLA 55-3 Ajuste de profundidad para cortar roscas métricas ISO de 60°

Paso (mm)	Ajuste del carro auxiliar (mm)		
	0°	30°	29°
0.35	0.19	0.21	0.21
0.4	0.21	0.25	0.24
0.45	0.24	0.28	0.27
0.5	0.27	0.31	0.31
0.6	0.32	0.37	0.37
0.7	0.37	0.43	0.43
0.8	0.43	0.5	0.49
1	0.54	0.62	0.62
1.25	0.67	0.78	0.77
1.5	0.81	0.93	0.93
1.75	0.94	1.09	1.08
2	1.08	1.25	1.24
2.5	1.35	1.56	1.55
3	1.62	1.87	1.85
3.5	1.89	2.19	2.16
4	2.16	2.5	2.47
4.5	2.44	2.81	2.78
5	2.71	3.13	3.09
5.5	2.98	3.44	3.4
6	3.25	3.75	3.71

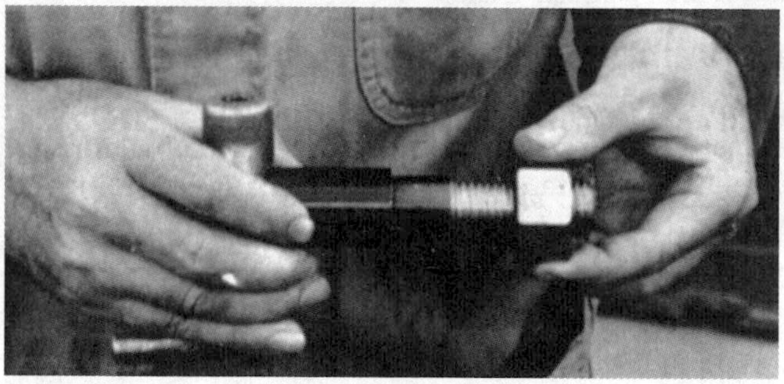

FIGURA 55-20 Cómo verificar una rosca con una tuerca patrón. (Cortesía de Kelmar Associates.)

Nota: No deje que el borde cortante de la herramienta haga contacto con la rosca en este momento.

6. Ajuste el anillo graduado del carro transversal a cero (0).
7. Haga retroceder la herramienta de roscado utilizando la manivela del carro transversal, desacople la palanca de la tuerca dividida, y mueva el carro longitudinal hasta que la herramienta se salga del comienzo de la rosca.

FIGURA 55-21 Con la palanca de tuerca dividida acoplada, detenga la máquina cuando la herramienta de roscado esté sobre la rosca. (Cortesía de Kelmar Associates.)

FIGURA 55-22 Cómo reajustar la herramienta de roscado en una ranura parcialmente cortada, utilizando sólo las manivelas del carro transversal y del carro auxiliar. (Cortesía de Kelmar Associates.)

8. Ajuste la manivela del carro transversal de vuelta a cero (0) y haga un corte de prueba sin ajustar el carro auxiliar.
9. Ajuste la profundidad de corte utilizando la manivela del carro auxiliar y termine la rosca a la profundidad requerida.

Cómo convertir un torno de diseño de pulgadas a roscado métrico

Se pueden cortar roscas métricas con un torno de engranes de cambio rápido estándar, con un par de engranes de cambio de 50 y 127 dientes, respectivamente. En vista de que el tornillo principal tiene dimensiones en pulgadas y está diseñado para cortar hilos por pulgada, es necesario convertir el paso en milímetros a centímetros y después en hilos por pulgada. Para hacer esto, primero es necesario comprender la relación entre pulgadas y centímetros:

$$1 \text{ pulg} = 2.54 \text{ cm}$$

Por lo tanto, la relación de pulgadas a centímetros es de 1:2.54, o de 1/2.54.

Para cortar una rosca métrica en un torno de pulgadas, es necesario instalar ciertos engranes en el tren de engranes, que producirán una relación de 1/2.54. Estos engranes son:

$$\frac{1}{2.54} \times \frac{50}{50} = \frac{50 \text{ dientes}}{127 \text{ dientes}}$$

Para cortar roscas métricas, deben colocarse dos engranes de 50 y 127 dientes en el tren de engranajes del torno. El engrane de 50 dientes se utiliza como engrane del husillo o impulsor, y el de 127 dientes se coloca en el tornillo principal.

Cómo cortar una rosca métrica de 2 mm en un torno de caja de engranes de cambio rápido estándar

1. Monte el engrane de 127 dientes en el tornillo principal.
2. Monte el engrane de 50 dientes en el husillo.
3. Convierta el paso de 2 mm a hilos por centímetro:

$$10 \text{ mm} = 1 \text{ cm}$$

$$P = \frac{10}{2} = 5 \text{ hilos/cm}$$

4. Ajuste la caja de engranes de cambio rápido en 5 *tpi*. Por medio de los engranes de 50 y 127 dientes, el torno cortará ahora 5 hilos/cm, o con un paso de 2 mm.
5. Ajuste el torno para corte de roscas. Vea la sección *Para configurar el torno para roscar (rosca de 60°)* en la página 409.
6. Haga un corte de prueba ligero. Al final del corte, haga retroceder la herramienta de corte, pero *no desacople la tuerca dividida.*
7. Invierta la rotación del husillo hasta que la herramienta de corte apenas libre el comienzo de la sección roscada.
8. Verifique la rosca con un calibrador de paso de tornillo métrico.
9. Corte la rosca a la profundidad requerida (Tabla 55-3).

Nota: Nunca desacople la tuerca dividida hasta que la rosca haya sido cortada a su profundidad.

Cómo cortar una rosca izquierda (60°)

Se utiliza la rosca izquierda para reemplazar una rosca derecha en ciertas aplicaciones donde la tuerca puede aflojarse debido a la rotación de un eje. El procedimiento para cortar roscas izquierdas es básicamente el mismo que para las roscas derechas, con algunas excepciones:

1. Ajuste la velocidad del torno y la caja de engranes de cambio rápido para el paso de la rosca que se va a cortar.
2. Acople la palanca de dirección de avance, de forma que el tornillo principal se mueva en dirección *opuesta* a la que se mueve en una rosca derecha.

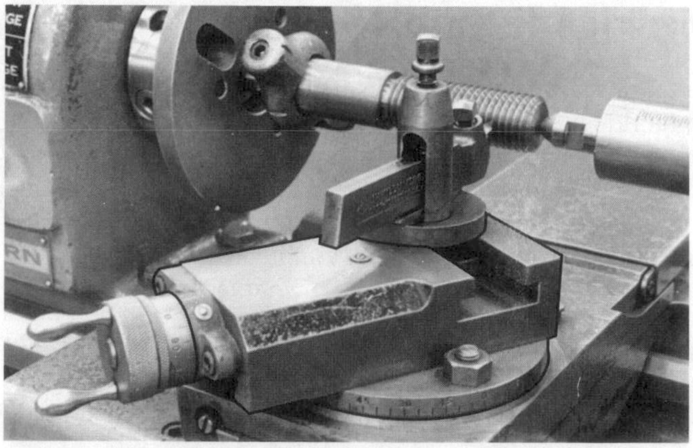

FIGURA 55-23 Ajuste el carro auxiliar 29° a la izquierda para roscas izquierdas. (Cortesía de Kelmar Associates.)

3. Ajuste el carro auxiliar a 29° a la *IZQUIERDA* (Figura 55-23).
4. Ajuste la herramienta de roscado izquierda y póngalo en escuadra con la pieza.
5. Corte una ranura en el extremo izquierdo de la sección que se va a roscar. Esto dará a la herramienta de corte un punto de inicio.
6. Proceda a cortar la rosca con las mismas dimensiones que en una rosca derecha.

Cómo cortar una rosca en una sección cónica

Cuando en el extremo de una pieza de trabajo se necesita una rosca cónica, como la rosca de un tubo, puede utilizarse ya sea el aditamento para conos o descentrarse el contrapunto para cortar el cono. Se utiliza la misma configuración que la utilizada para el corte de roscas normal. Al ajustar la herramienta de roscado, es de la mayor importancia que se le ajuste a 90° con respecto al eje de la pieza y no en escuadra con la superficie cónica (Figura 55-24).

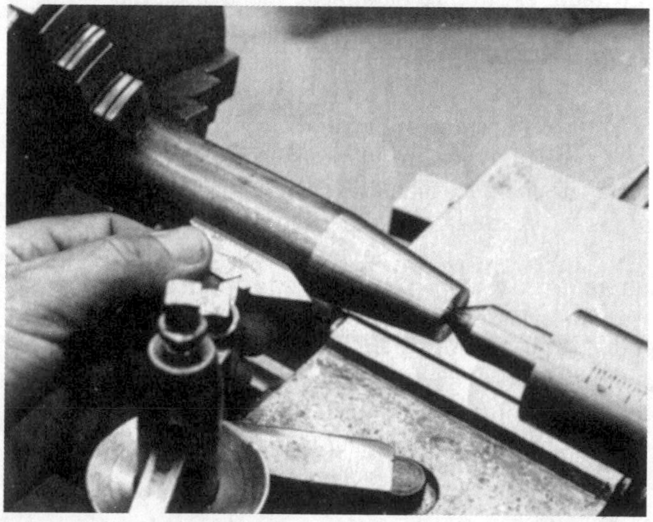

FIGURA 55-24 La herramienta debe ajustarse en escuadra con el eje de la pieza de trabajo al cortar la rosca sobre una sección cónica. (Cortesía de Kelmar Associates.)

Medición de roscas

La fabricación intercambiable demanda que todas las piezas se fabriquen según ciertos estándares de forma que, en el momento de ensamblar, se ajusten al componente correspondiente de forma correcta. Este ajuste es en especial importante en componentes roscados, y por lo tanto la medición e inspección de las roscas también.

Las roscas pueden medirse mediante una variedad de métodos; siendo los más comunes:

1. Un calibrador de anillo para roscas
2. Un calibrador de tapón para roscas
3. Un calibrador de resorte para roscas
4. Un micrómetro para roscas de tornillo
5. Un micrómetro comparador de roscas
6. Un comparador óptico
7. El método de los tres alambres

La descripción y uso del calibrador de anillo, del calibrador de tapón, del calibrador de resorte, del micrómetro para rosca de tornillo, del micrómetro comparador de roscas y del comparador óptico para la verificación de roscas se describen a fondo en la Sección 5.

Método de los tres alambres para medir roscas

El método de tres alambres para medir roscas está recomendado por el Bureau of Standards y la National Screw Thread Commission. Está reconocido como uno de los mejores métodos para verificar el diámetro de paso, porque los resultados se ven menos afectados por el error que puede presentarse en el ángulo de rosca incluido. En roscas que requieren una precisión de .001 pulg o 0.02 mm, puede utilizarse un micrómetro para medir la distancia sobre los alambres. En roscas que requieran una precisión mayor debe utilizarse un comparador electrónico para medir dicha distancia.

Se colocan tres alambres de diámetro igual en la rosca; dos en un lado y uno en el otro (Figura 55-25). Los alambres que se utilicen deben estar endurecidos y pulidos, con una precisión tres veces mayor a la rosca que se va a verificar. Puede utilizarse un micrómetro estándar para medir la distancia sobre los alambres (M). Los diferentes tamaños y pasos de las roscas requieren de diferentes tamaños de alambres. Para la máxima precisión, debe utilizarse el *alambre de mejor tamaño,* aquel que hará contacto con la rosca en el diámetro de paso (en la mitad de los costados en pendiente). Si se utiliza el diámetro de mejor tamaño, el diámetro de paso de la rosca puede calcularse restando de la medición sobre los alambres la constante del alambre (que se encuentra en cualquier manual).

Cómo calcular la medición sobre los alambres

La medición de los alambres para roscas American National (60°) puede calcularse aplicando la siguiente fórmula:

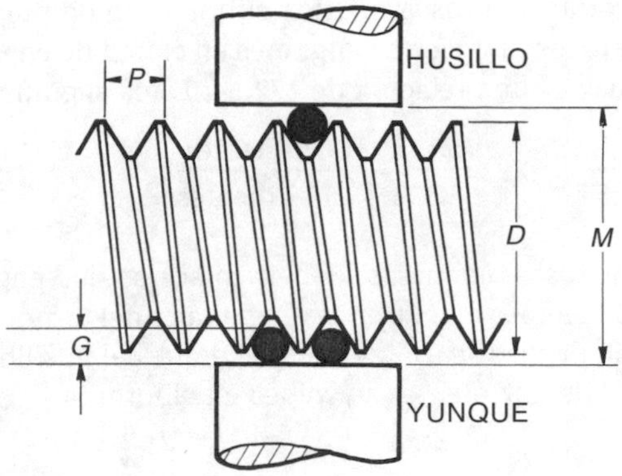

FIGURA 55-25 El método de tres alambres para medir roscas de 60°. (Cortesía de Kelmar Associates.)

$$M = D + 3G - \frac{1.5155}{N}$$

en donde M = medición sobre los alambres
D = diámetro mayor de la rosca
G = diámetro del alambre utilizado
N = número de *tpi*

Para calcular G pueden utilizarse cualquiera de las siguientes fórmulas:

$$\text{Alambre de tamaño grande} = \frac{1.010}{N} \quad \text{o} \quad 1.010\,P$$

$$\text{Alambre de mejor tamaño} = \frac{.57735}{N} \quad \text{o} \quad .57735\,P$$

$$\text{Alambre de tamaño grande} = \frac{.505}{N} \quad \text{o} \quad .505\,P$$

Para una medición de roscas más precisa, debe utilizarse el alambre de mejor tamaño (.57735*P*), ya que éste hará contacto con la rosca sobre el diámetro de paso.

EJEMPLO

Encuentre M (medición sobre los alambres) para una rosca de ¾—10 NC.

1. Calcule G (tamaño del alambre):

$$G = \frac{57735}{10} = .0577$$

2. Calcule M (medición sobre los alambres):

$$M = D + 3G - \frac{1.5155}{N}$$
$$= .750 + (3 \times .0577) - \frac{1.5155}{10}$$
$$= .750 + .1731 - .1516$$
$$= .9231 - .1516$$
$$= .7715$$

Roscas múltiples

Las *roscas múltiples* se utilizan cuando es necesario obtener un aumento en el avance y no puede cortarse una rosca profunda y gruesa. Las roscas múltiples pueden ser dobles, triples o cuádruples, dependiendo de la cantidad de inicios en la periferia de la pieza de trabajo (Figura 55-26).

El *paso* de la rosca siempre es la distancia desde un punto en una rosca hasta el punto correspondiente en la siguiente rosca. El *avance* es la distancia que la tuerca avanza longitudinalmente en una revolución completa. En una rosca de un solo inicio, el paso y el avance son iguales. En una rosca de doble inicio, el avance será el doble del paso. En roscas de triple inicio, el avance será tres veces el paso.

Las roscas de inicios múltiples no son tan profundas como las roscas de un solo inicio, y por lo tanto tienen una apariencia más agradable. Por ejemplo, una rosca de doble inicio que tenga la misma guía que la rosca de un solo inicio se le cortaría solamente a la mitad de la profundidad.

Las roscas múltiples se pueden cortar en un torno mediante:

1. El uso de un plato de torno con ranuras precisas.
2. Desacoplar el engrane intermedio del tren final de engranes y girar el husillo la cantidad deseada.
3. Usar el indicador de avance de rosca (sólo en roscas de doble inicio, con avance de número impar).

Cómo cortar una rosca doble de 8 *tpi*

1. Ajuste el torno y la herramienta de corte como para cortar una rosca de un solo inicio.
2. Ajuste la caja de engranes de cambio rápido a 4 *tpi*. (El avance de esta rosca es de ¼ de pulg).
3. Corte la primera rosca a la mitad de la profundidad necesaria para 4 *tpi*.
4. Deje la manivela de avance transversal ajustada a la profundidad de la rosca y *anote la lectura en el anillo graduado del carro auxiliar.*
5. Retire la herramienta de roscar de la pieza, usando la manivela del carro auxiliar.
6. Haga girar la pieza exactamente media vuelta usando cualesquiera de los métodos siguientes:
   a. (1) Retire la pieza del torno sin desprender el perro de sujeción.
   (2) Vuelva a colocar la pieza en el torno poniendo la cola del perro en la ranura exactamente opuesta a la que se utilizó en la primera rosca.

Nota: Deberá utilizarse un plato de torno ranurado con precisión para aprovechar este procedimiento de intercambio. Para este fin se puede usar un plato intercambio especial.

O BIEN

   b. (1) Haga girar el torno a mano hasta que un diente del engrane del husillo quede exactamente entre dos dientes del engrane intermedio.
   (2) Utilice una tiza para marcar el diente del engrane de husillo y el espacio del engrane intermedio.
   (3) Desacople el engrane intermedio del engrane de husillo.
   (4) Cuente el número de dientes requerido para una media revolución del husillo, a partir del diente adyacente al diente marcado en el engrane del husillo, Por ejemplo, si el engrane de husillo tiene 24 dientes, cuente 12 dientes y marque el último con tiza.
   (5) Haga girar el husillo del torno a mano media vuelta para que el diente marcado quede en línea con la marca de tiza sobre el engrane intermedio.
   (6) Vuelva a acoplar el engrane intermedio.
7. Vuelva a ajustar la manivela del carro transversal a la misma posición utilizada cuando cortó la primera rosca.
8. Corte la segunda rosca, avanzando la manivela del carro auxiliar hasta que el anillo graduado tenga la misma lectura que en la primera rosca.

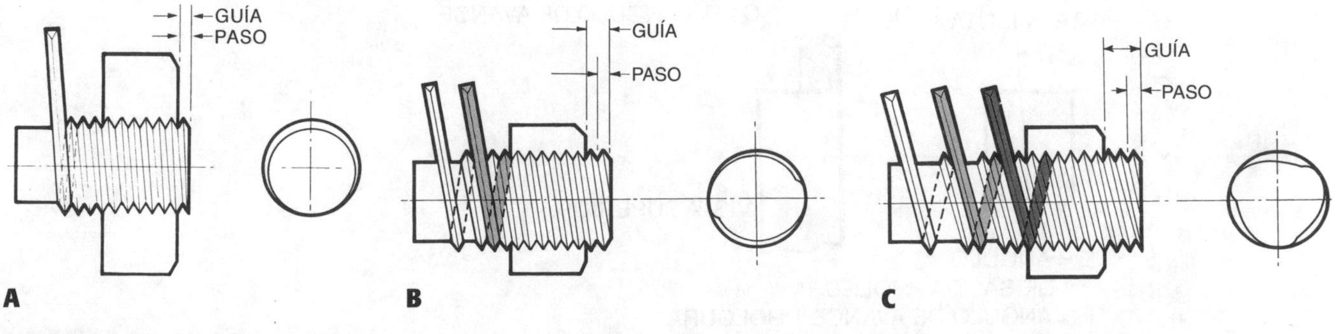

FIGURA 55-26 La relación entre el paso y el avance en roscas de un solo inicio y de inicio múltiple: (A) una sola rosca; (B) rosca doble; (C) rosca triple. (Cortesía de Kelmar Associates.)

FIGURA 55-27 Para cortar una rosca de doble rosca, marque el engrane del husillo y el engrane intermedio, antes de intercambiar la pieza de trabajo exactamente media vuelta (Cortesía de Kelmar Associates.)

El método del indicador de avance de rosca para cortar roscas múltiples

Las roscas de doble inicio con avance de número impar (por ejemplo, 1/5, 1/7, etcétera) pueden cortarse utilizando el indicador de avance de rosca.

1. Haga un corte en la rosca y acople la tuerca dividida en una línea *numerada* en el indicador de avance.
2. Sin cambiar la profundidad de corte, haga otro corte en una línea *sin numerar* del indicador de avance. La segunda rosca quedará exactamente a la mitad de la primera rosca.
3. Siga cortando la rosca hasta la profundidad, haciendo dos pasadas (una en línea numerada, la otra en línea sin numerar) para cada ajuste de profundidad de corte.

Roscas cuadradas

Las *roscas cuadradas* se usaban a menudo en tornillos de prensa, gatos y otros dispositivos, donde se requería de una transmisión de potencia máxima. Debido a la dificultad para cortar esta rosca con machuelos y dados, se está reemplazando por la rosca Acme. Las roscas cuadradas pueden cortarse fácilmente en el torno si se tiene cuidado.

La forma de una herramienta de roscado cuadrado

La herramienta de roscado cuadrado se ve como una herramienta de corte corta. Se diferencia de ésta en que ambos costados de la herramienta de roscado cuadrado deben afilarse en ángulo para adecuarse al de la hélice de la rosca (Figura 55-28).

El ángulo de la hélice de una rosca, y por lo tanto el ángulo de la herramienta de roscado cuadrado, depende de dos factores:

1. El ángulo de la hélice cambia en cada *avance diferente* en un diámetro particular. Entre mayor sea el avance de la rosca, mayor será el ángulo de la hélice.
2. El ángulo de la hélice cambia en cada *diámetro diferente* de rosca en un avance en particular. Entre mayor sea el diámetro, menor será el ángulo de la hélice.

El ángulo de la hélice, ya sea del costado de avance o de salida de la rosca cuadrada, puede representarse mediante un triángulo rectángulo (Figura 55-28). El cateto opuesto es igual al avance de la rosca, y el cateto adyacente es igual a

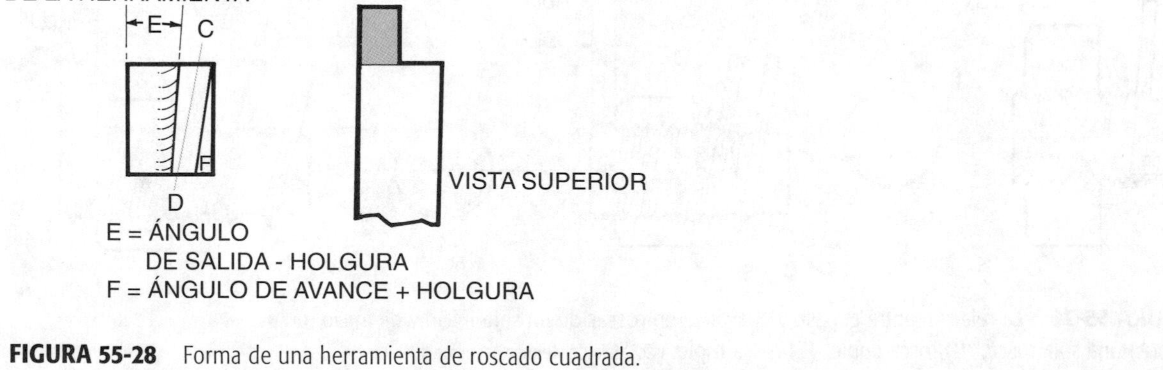

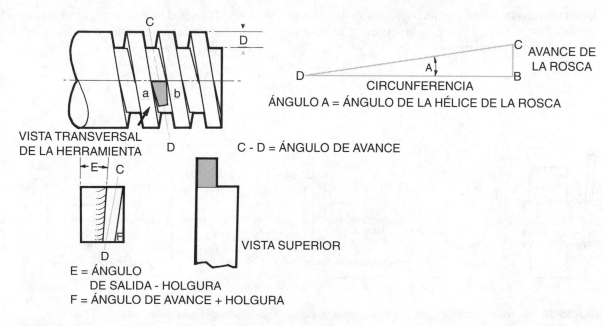

FIGURA 55-28 Forma de una herramienta de roscado cuadrada.

la circunferencia del diámetro mayor o menor de la rosca. El ángulo entre hipotenusa y cateto adyacente representa el ángulo de la hélice de la rosca.

Cómo calcular los ángulos de la hélice de los costados de avance y de salida de una rosca cuadrada

$$\text{Tan del ángulo de avance} = \frac{\text{avance de la rosca}}{\text{circunferencia del diám. menor}}$$

$$\text{Tan del ángulo de salida} = \frac{\text{avance de la rosca}}{\text{circunferencia del diám. mayor}}$$

Holgura

Si se afilara la cuchilla a los mismos ángulos de la hélice que los costados de avance y de salida de la rosca, no tendría holgura y los costados frotarían. Para evitar que esto ocurra, se le debe dar aproximadamente 1° de holgura en cada lado, haciéndola más delgada en la parte inferior (Figura 55-29). Para el costado de avance de la herramienta, *agregue* 1° al ángulo de la hélice calculado. En el lado de salida, reste 1° al ángulo calculado.

EJEMPLO

Encuentre los ángulos de avance y de salida de una herramienta de roscado para cortar una rosca cuadrada de $1\frac{1}{4}$ pulg.

Solución

$$
\begin{aligned}
\text{Avance} &= .250 \text{ pulg} \\
\text{Profundidad sencilla} &= \frac{.500}{4} \\
&= .125 \text{ pulg} \\
\text{Doble profundidad} &= 2 \text{ X } .125 \\
&= .250 \text{ pulg} \\
\text{Diámetro menor} &= 1.250 - .250 \\
&= 1.000 \text{ pulg} \\
\text{Tan del áng. de avance} &= \frac{\text{avance}}{\text{circunfer. del diám. menor}} \\
&= \frac{.250}{1.000 \text{ X } \pi} \\
&= \frac{.250}{3.1416} \\
&= .0795 \text{ pulg} \\
\therefore \text{ el ángulo de la rosca} &= 4°33'
\end{aligned}
$$

$$
\begin{aligned}
\text{El ángulo de la cuchilla} &= 4°33' \text{ más } 1° \text{ de holgura} \\
&= 5°33' \\
\text{Tan del áng. de salida} &= \frac{\text{avance}}{\text{circunfer. del diám. mayor}} \\
&= \frac{.250}{1.250\pi} \\
&= \frac{.250}{3.927} \\
&= .0636 \text{ pulg} \\
\therefore \text{ el ángulo de la rosca} &= 3°38' \\
\text{El áng. de la cuchilla} &= 3°38' \text{ menos } 1° \text{ de holgura} \\
&= 2°38'
\end{aligned}
$$

Cómo cortar una rosca cuadrada

1. Afile una herramienta de roscado a los ángulos de avance y de salida adecuados. El ancho de la herramienta debe ser aproximadamente .002 pulg (0.05 mm) mayor que la ranura de la rosca. Esto permitirá que el tornillo terminado ajuste fácilmente con la tuerca. Dependiendo del tamaño de la rosca, puede ser buena idea afilar dos herramientas; una herramienta de desbaste .015 pulg (0.38 mm) por debajo del tamaño, y una herramienta de acabado .002 pulg (0.05 mm) por encima del tamaño.
2. Alinee los centros del torno y monte la pieza.
3. Ajuste la caja de engranes de cambio rápido a la cantidad necesaria de *tpi*.

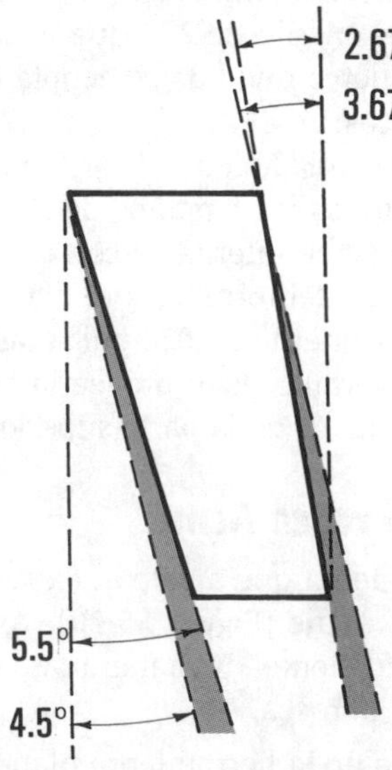

FIGURA 55-29 Ángulos de la hélice de la rosca y ángulos de holgura necesarios en una herramienta de roscado cuadrado.

4. Ajuste el carro auxiliar a 30° a la derecha, lo que proporcionará el movimiento lateral, si surge la necesidad de volver a ajustar la herramienta de corte.
5. Ajuste la herramienta cuadrada de corte con la pieza de trabajo y en el centro.
6. Corte el extremo derecho de la pieza al diámetro menor en aproximadamente $1/16$ de pulg (1.58 mm) de longitud. Esto indicará cuando la rosca esté cortada a la profundidad completa.
7. Si la pieza lo permite, corte un receso en el extremo de la rosca en el diámetro menor. Esto dará a la herramienta de corte el espacio para "salirse" al final de la rosca.
8. Calcule la profundidad sencilla de la rosca como sigue:

$$\frac{.500}{N}$$

9. Arranque el torno y toque apenas la pieza con la herramienta.
10. Ajuste el anillo graduado del carro transversal en ceros (0).
11. Ajuste una profundidad de corte de .003 pulg (0.08 mm) con el *tornillo del carro transversal* y haga un corte de prueba.
12. Revise la rosca con un calibrador de paso para roscas.
13. Aplique fluido de corte y corte la rosca a la profundidad, moviendo el *carro transversal* de .002 a .010 pulg (0.05 a 0.25 mm) en cada corte. La profundidad de corte dependerá del tamaño de la rosca y de la naturaleza de la pieza de trabajo.

Nota: Dado que los costados de la rosca son cuadrados, todos los cortes deben realizarse utilizando el *tornillo del carro transversal.*

Rosca Acme

La *rosca Acme* está reemplazando gradualmente a la rosca cuadrada, porque es más resistente y más fácil de producir con machuelos y dados. Se utiliza ampliamente en tornillos principales porque el ángulo de 29° que forman sus costados permite que la tuerca dividida se acople fácilmente durante el corte de roscas.

La rosca Acme trae una holgura de .010 pulg para la cresta y para la raíz en todos los tamaños de rosca. La perforación para una rosca Acme interna se corta .020 pulg mayor que el diámetro menor del tornillo, y el diámetro mayor de un machuelo de rosca interna es .020 pulg mas grande que el diámetro mayor del tornillo. Esto provee la holgura de .010 pulg entre tornillo y tuerca en la parte superior inferior.

Cómo cortar una rosca Acme

1. Afile una herramienta que ajuste al extremo de un calibrador de roscas Acme (Figura 55-30). Asegure dejar la holgura lateral suficiente, de manera que la herramienta no roce al cortar la rosca.
2. Esmerile la punta de la herramienta plana, hasta que se ajuste a las ranuras del calibrador que indica la cantidad de roscas por pulgada a cortar.

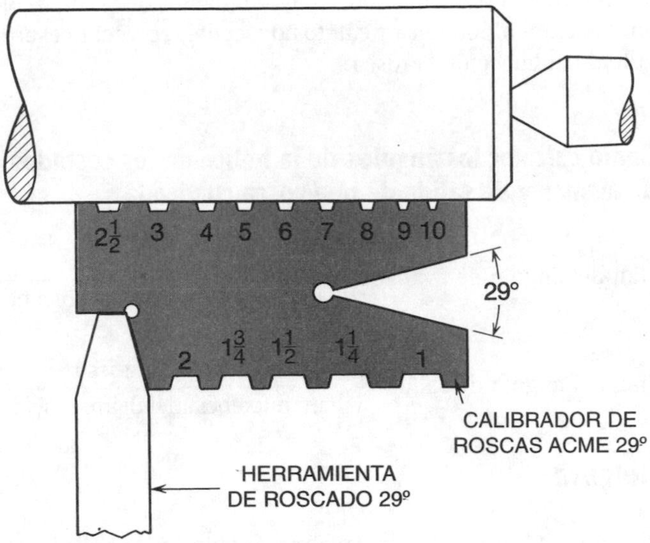

FIGURA 55-30 La herramienta se pone en escuadra con la pieza de trabajo mediante un calibrador de roscas Acme. (Cortesía de Kelmar Associates.)

Nota: Si no hay calibrador disponible, el ancho de la punta de la cuchilla puede calcularse como sigue:

$$\text{Ancho de punta} = \frac{.3707}{N} .0052 \text{ pulg}$$

3. Ajuste la caja de engranes de cambio rápido al número necesario de hilos por pulgada.
4. Ajuste el carro auxiliar 14½° a la derecha (la mitad del ángulo de rosca incluido).
5. Ajuste la herramienta de roscado Acme al centro y póngalo en escuadra con la pieza, utilizando el calibrador que aparece en la Figura 55-30.
6. Corte al diámetro menor una sección de $1/16$ de pulgada en el extremo derecho de la pieza. Esto indicará cuándo la rosca está a la profundidad completa.
7. Corte la rosca a la profundidad adecuada avanzando la herramienta de corte con el carro auxiliar.

Cómo medir roscas Acme

Para la mayoría de los propósitos el *método de un alambre* para medir roscas Acme es lo suficientemente preciso. Un solo alambre o perno, del diámetro correcto, se coloca en la ranura de la rosca (Figura 55-31) y se mide con un micrómetro. La rosca es del tamaño correcto cuando la lectura del micrómetro en el alambre es la misma que el diámetro mayor de la rosca y el *alambre está apretado en la rosca.*

Nota: Es importante que se eliminen las rebabas de la circunferencia antes de utilizar el método de un alambre.

El diámetro del alambre a utilizar puede calcularse como sigue:

$$\text{Diámetro del alambre} = .4872 \times \text{paso}$$

Por ejemplo, si se van a cortar 6 hilos por pulgada, el diámetro del alambre debe ser de:

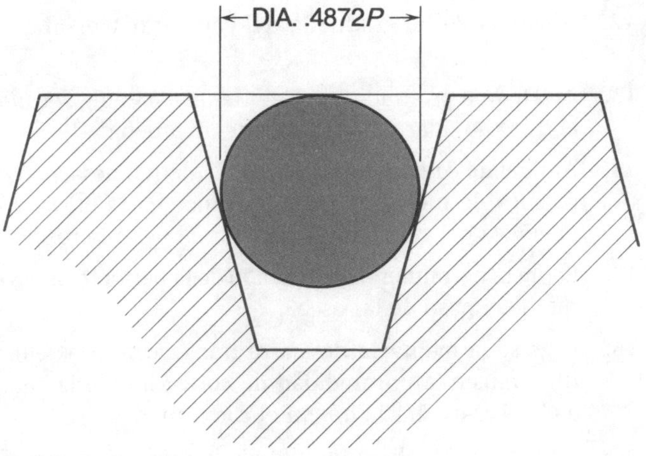

FIGURA 55-31 Cómo utilizar un alambre para medir la exactitud de una rosca Acme. (Cortesía de Kelmar Associates.)

$$\text{Tamaño del alambre} = .4872 \times \frac{1}{6}$$

$$= .081 \text{ pulg}$$

Roscas internas

La mayoría de las roscas internas se cortan con machuelos; sin embargo, a veces no hay un machuelo del tamaño específico disponible, y la rosca debe cortarse en el torno. El roscado interno, o el corte de roscas en una perforación, es una operación que se lleva a cabo en piezas sostenidas en un mandril o boquilla, o montado sobre un plato. La herramienta de roscado es similar a la herramienta de torneado interior(mandrinado), excepto que la forma está afilada siguiendo la forma de la rosca que se va a cortar.

Cómo cortar una rosca interna de 1⅜ de pulg – 6 NC

1. Calcule el tamaño de la broca para machuelo de la rosca.

$$\text{Tamaño de la broca para machuelo} = \text{diámetro mayor} - \frac{1}{N}$$

$$= 1.375 - \frac{1}{6}$$

$$= 1.375 - .166$$

$$= 1.209 \text{ pulg}$$

2. Monte la pieza a roscar en un mandril o boquilla, o en un plato.
3. Haga una perforación de aproximadamente 1⁄16 pulg menor que el tamaño de broca para machuelo en la pieza de trabajo. Para esta rosca, sería de 1.209 - .062 = 1.147, o una perforación de 1 5⁄32 pulg.
4. Monte una herramienta de torneado de interiores en el torno y haga la perforación al tamaño de la broca para machuelo (1.209 pulg). La barra de torneado interior debe ser tan grande como posible y de sujeción corta. La operación de torneado interior efectúa la perforación al tamaño y la hace recta.
5. Rebaje el comienzo de la perforación al diámetro mayor de la rosca (1.375 pulg) en una longitud de 1⁄16 de pulg. Durante la operación de corte de roscas, esto indicará cuándo la rosca esté cortada a la profundidad.
6. Si la rosca no pasa de un lado a otro de la pieza de trabajo, debe cortarse un rebaje al diámetro mayor en el extremo de la rosca (Figura 55-32). Este rebaje debe ser lo suficientemente amplio para permitir a la herramienta de roscado "salirse" y dar tiempo para desacoplar la palanca de tuerca dividida.
7. Ajuste el carro auxiliar a 29° a la izquierda (Figura 55-32), a la derecha en roscas a mano izquierda.
8. Monte la herramienta de roscado en la barra de torneado de interiores y ajústela al centro.
9. Ponga en escuadra la herramienta de roscado con un calibrador de centrar para roscas (Figura 55-33).
10. Ponga una marca en la barra de torneado interno, mida a partir de la herramienta de rosca para indicar la longitud de la perforación a roscar. Esto indicará cuándo debe desacoplarse la palanca de rosca partida.
11. Arranque el torno y gire la manivela de avance transversal hacia *afuera*, hasta que la herramienta de rosca toque apenas la circunferencia interna.

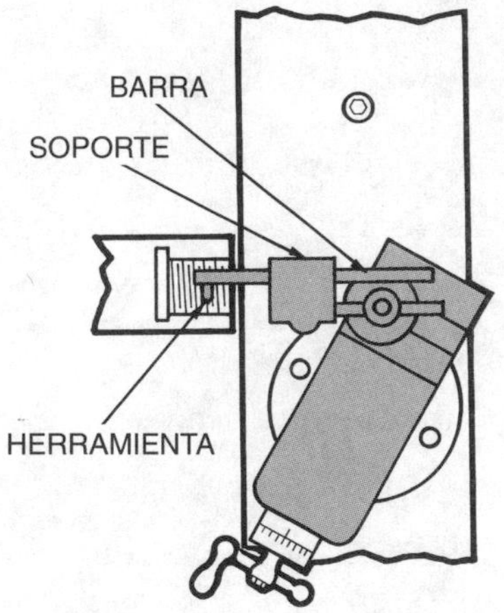

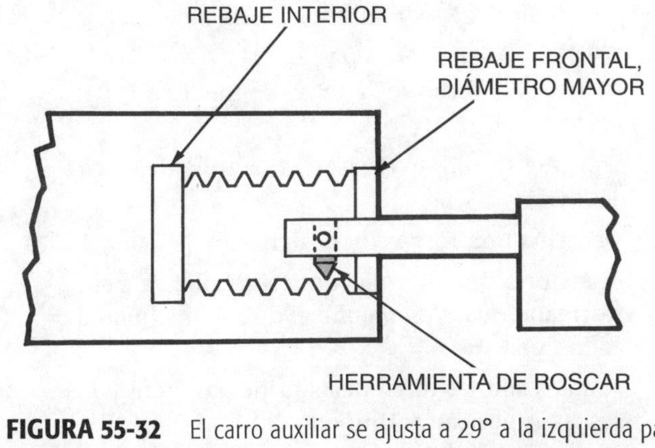

FIGURA 55-32 El carro auxiliar se ajusta a 29° a la izquierda para cortar roscas internas derechas. (Cortesía de Kelmar Associates.)

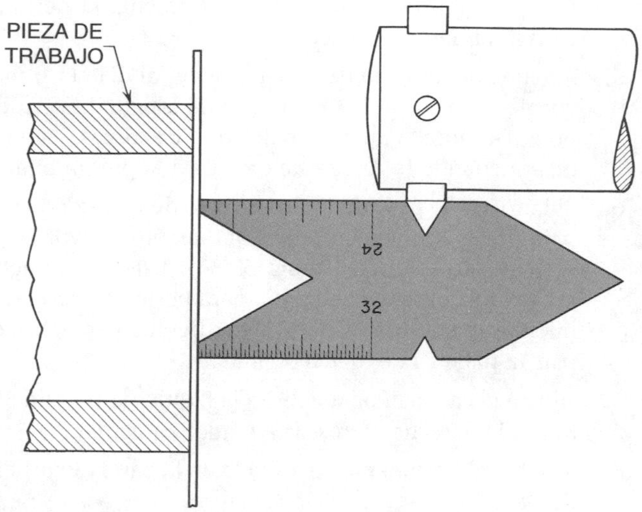

FIGURA 55-33 Cómo utilizar un calibrador de centrar para roscas para poner en escuadra la herramienta de roscado con la pieza de trabajo. (Cortesía de Kelmar Associates.)

12. Ajuste el anillo graduado del carro transversal a cero (0).
13. Ajuste una profundidad de corte de .003 pulg *sacando* el carro auxiliar y haga un corte de prueba.
14. Al final de *cada* corte en la rosca interna, desacople la palanca de tuerca dividida y avance hacia *adentro* la manivela del carro transversal para liberar la rosca.
15. Retire la herramienta de roscado de la perforación y verifique el paso de la rosca.
16. Regrese la manivela del carro transversal de vuelta a (0) y ajuste la profundidad de corte girando la cantidad necesaria hacia *afuera* el carro auxiliar.
17. Corte la rosca a la profundidad; verifique el ajuste con un tornillo o un calibrador de rosca interna.

Nota: Los últimos cortes no deben tener una profundidad mayor a .001 pulg cada uno, para eliminar la flexión de la barra de perforación..

PREGUNTAS DE REPASO

Roscas

1. Defina *rosca.*
2. Liste cuatro propósitos de la roscas.

Terminología de las roscas

3. Defina *diámetro de paso, paso, guía, raíz* y *cresta.*
4. Mencione cómo se indica el paso para:
   a. Roscas UNC b. Roscas métricas
5. ¿Por qué el diámetro del material de partida en una rosca laminada es igual al diámetro de paso?
6. ¿Cómo puede distinguirse una rosca derecha de una rosca izquierda?

Ajustes y clasificaciones de rosca

7. Defina *Defina ajuste, holgura, tolerancia* y *límites.*
8. ¿Cómo se clasifican las roscas UNC externas?
9. Mencione y describa tres clasificaciones de ajustes UNC.
10. ¿Cómo se indican los ajustes de rosca en las roscas ISO?
11. ¿Por qué se adoptó el sistema métrico de roscas de ISO?
12. Describa una rosca con designación M 56 × 5.5.
13. Mencione cinco formas de rosca utilizadas en Norteamérica y mencione el ángulo incluido de cada una.
14. ¿Cuáles son las diferencias principales entre las roscas American y Unified?

Cálculos de roscas

15. Para una rosca M 20 × 2.5, calcule:
    a. Paso b. Profundidad c. Diámetro menor
    d. Ancho de la cresta e. Ancho de la raíz
16. Haga un esquema de una rosca UNC y muestre las dimensiones de las partes.
17. ¿En qué difiere una rosca sin fin Brown and Sharpe de una rosca Acme?
18. Para una rosca de 1 pulg — 8 UNC, calcule:
    a. Diámetro menor
    b. Ancho de la punta de la herramienta
    c. Cantidad que se avanza el carro auxiliar
19. ¿Cuál es el propósito de la caja de engranes de cambio rápido?
20. Describa un indicador de avance de rosca y mencione su propósito.
21. El tornillo principal de un torno tiene 6 tpi; ¿a qué punto o puntos en el indicador de avance de rosca puede acoplarse la palanca de la tuerca dividida para cortar las roscas siguientes: 8, 9, 11½, 12?

Corte de roscas

22. Liste los pasos principales necesarios para ajustar el torno para cortar una rosca de 60°.
23. Liste los pasos principales necesarios para cortar una rosca de 60°.

24. Ha sido necesario retirar del torno una pieza de trabajo parcialmente roscada para terminarla más tarde. Describa cómo volver a ajustar la herramienta de corte para "continuar" con la rosca.

Roscas métricas

25. a. ¿Cuáles son los dos engranes de cambio necesarios para cortar una rosca métrica en un torno estándar?
    b. ¿Dónde se montan estos dos engranes?
26. Describa cómo se ajusta el torno (con caja de engranes de cambio rápido) para cortar una rosca de 2.5 mm.
27. ¿Qué precauciones deben tomarse al cortar una rosca métrica?

Medición de roscas

28. Haga un esquema para mostrar cómo se mide una rosca con el método de tres alambres.
29. Calcule el mejor tamaño de alambre y la medición sobre los alambres en las siguientes roscas:
    a. $\frac{1}{4}$ pulg—20 NC
    b. $\frac{5}{8}$ pulg—11 NC
    c. $1\frac{1}{4}$ pulg—7 NC

Roscas múltiples

30. ¿Cuál es el propósito de la rosca múltiple?
31. Si el paso de una rosca múltiple es de $\frac{1}{8}$ pulg, ¿cuál será el avance para una rosca de doble inicio, y cuál para una de triple inicio?
32. Liste tres métodos mediante los cuales se pueden cortar roscas múltiples.

Roscas cuadradas

33. Mencione dos factores que afectan el ángulo de hélice de una rosca.
34. Calcule los ángulos de avance y de salida de una herramienta para roscado cuadrado necesarios para cortar una rosca cuadrada de $1\frac{1}{2}$ pulg—6.
35. Liste los pasos principales requeridos para cortar una rosca cuadrada.

Roscas Acme

36. Si el ancho de la raíz de una rosca Acme es de $.3707P$ en la profundidad mínima, ¿por qué se afila la herramienta de roscado Acme a $.3707P - .0052$?
37. Describa cómo se puede medir una rosca Acme.

Roscas internas

38. Liste los pasos necesarios para cortar una rosca de $1\frac{1}{4}$ pulg—7 UNC de 2 pulg de profundidad en un bloque de acero de $\times$ 3 pulg $\times$ 3 pulg. Muestre todos los cálculos necesarios.

UNIDAD

56

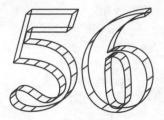

Lunetas fijas, móviles y árboles

OBJETIVOS

Al terminar el estudio de esta unidad, se podrá:

1. Colocar y utilizar una luneta fija para maquinar un eje largo
2. Colocar y utilizar una luneta móvil al maquinar un eje largo
3. Montar y maquinar piezas en un árbol
4. Trazar y maquinar un excéntrico sobre la pieza sujeto entre centros

Existen varios accesorios que hacen posible maquinar diferentes longitudes y formas de piezas en un torno. Las lunetas fijas y móviles se utilizan para soportar piezas largas y esbeltas y evitar que se flexionen durante una operación de maquinado, ya sea entre centros de torno o en un mandril. Las lunetas se sujetan a la bancada del torno y generalmente se colocan aproximadamente a la mitad de la pieza. Las lunetas móviles se sujetan al carro longitudinal del torno y se colocan inmediatamente a la derecha de la herramienta de corte. Como se mantiene constante la relación entre el aditamento y la herramienta de corte, la pieza de trabajo queda soportada a lo largo de todo el corte.

Generalmente, los mandriles o árboles se ajustan a la perforación de una pieza delgada, como engranes, bridas y poleas, y permiten que se maquine el diámetro exterior de la pieza colocada entre centros o sujeta en un mandril.

LUNETA FIJA

Una *luneta fija* (Fig. 56-1) es utilizada para soportar piezas de trabajo largas y esbeltas e impedir que éste se flexione al ser maquinado entre centros. También puede utilizarse una luneta fija cuando es necesario llevar a cabo una operación de maquinado en el extremo de una pieza sujeta por un mandril. La luneta fija se sujeta en la bancada del torno y sus tres quijadas se ajustan a la superficie de la pieza de trabajo para proporcionar un apoyo de soporte. Las quijadas de la luneta fija están por lo general fabricadas de un material blando, como fibra o latón, a fin de evitar daño la superficie de la pieza. Otras lunetas fijas tienen rodillos sujetos a las quijadas para dar un buen apoyo a la pieza.

Cómo montar una luneta fija

1. Monte a la pieza entre centros

   O BIEN

   Coloque y centre la pieza en un mandril

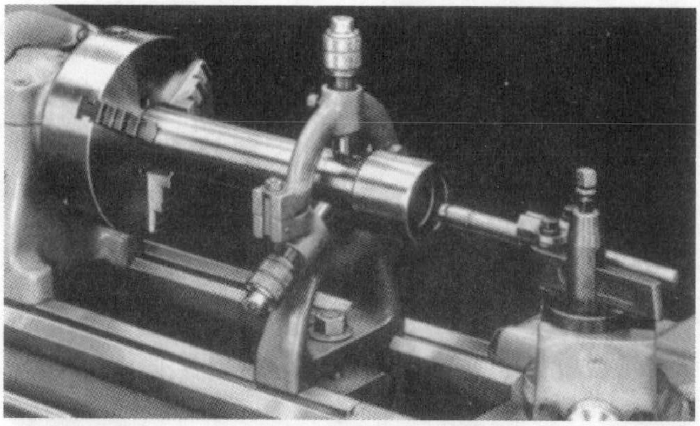

FIGURA 56-1 Uso de una luneta fija para soportar el extremo de una pieza de trabajo larga sujeta en un mandril. (Cortesía de South Bend Lathe Corp.)

2. a. Si la circunferencia de la pieza no es redonda, tornee un punto correcto en ella (ligeramente más ancha que el ancho de las quijadas de la luneta) en el punto en que la luneta fija está soportando la pieza. Una pieza larga colocada en un mandril, primero deberá soportarse usando el contrapunto. Si el diámetro es áspero, tornee una sección para la luneta y otro cerca del mandril al mismo diámetro.
   b. Si resulta imposible tornear un diámetro final (en razón de la forma de la pieza), monte y ajuste un *manguito de refuerzo* (Fig. 56-2) sobre la pieza.
3. Mueva el carro longitudinal al extremo del contrapunto del torno.
4. Coloque la luneta fija sobre la bancada del torno en la posición deseada. Si el diámetro de la pieza está torneado y está sujeto en un mandril, deslice la luneta cerca del mandril.
5. Ajuste las dos quijadas inferiores al diámetro de la pieza, usando una hoja de papel para incluir una holgura entre las quijadas y la pieza.

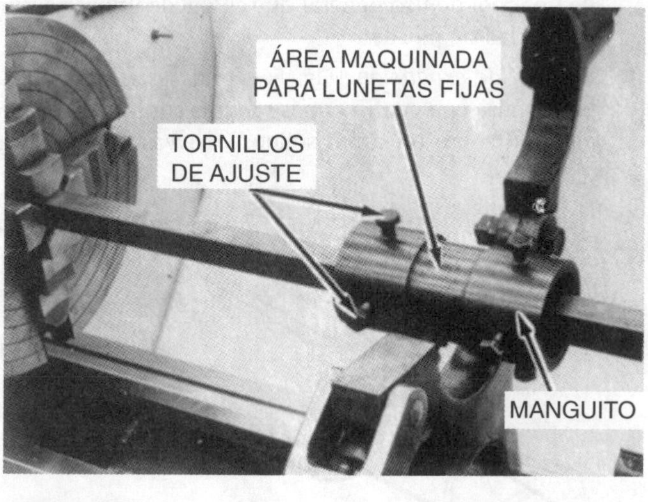

FIGURA 56-2 El manguito puede ajustarse para conseguir una superficie de rodamiento correcta para la luneta fija, incluso si se está maquinando una pieza cuadrada. (Cortesía de Kelmar Associates.)

6. Deslice la luneta fija a la posición deseada y fíjela.
7. Cierre la porción superior de la luneta y ajuste la quijada superior, usando una hoja de papel.
8. Aplique un lubricante adecuado en la circunferencia de la pieza en las quijadas de la luneta.
9. Arranque el torno y ajuste con cuidado cada quijada hasta que apenas toque la circunferencia.

Nota: El lubricante se esparcirá justo cuando cada quijada entra en contacto con la pieza.

10. Apriete el tornillo de cierre de cada quijada y entonces aplique un lubricante adecuado.
11. Antes de maquinar, haga una lectura en la parte superior con el indicador de carátula y frontal de la circunferencia torneada en el mandril y en la luneta fija para verificar la alineación. Si la lectura del indicador varía, ajuste la luneta hasta que quede bien.

FIGURA 56-3 Una herramienta de corte de 60° ajustada para volver a cortar un centro dañado. (Cortesía de Kelmar Associates.)

Cómo corregir una perforación de centro dañada

1. Monte la pieza en un mandril y ajuste su giro y una luneta fija, si fuera necesario.
2. Afile una herramienta de corte a 60° (Fig. 56-3) y móntela en el centro en el portaherramientas.
3. Encienda el torno y acerque gradualmente la herramienta dentro de la perforación dañada.
4. Vuelva a hacer la perforación de centrado hasta eliminar la porción dañada.
5. Retire la pieza, móntela entre centros, y tornee la circunferencia según se requiera.

LUNETA MÓVIL

Una *luneta móvil,* montada sobre el carro longitudinal, se moverá junto con éste para evitar que la pieza se flexione alejándose de la herramienta de corte. La luneta móvil, colocada inmediatamente detrás de la herramienta, se puede

FIGURA 56-4 Una luneta móvil utilizada para soportar una pieza larga y esbelta entre centros durante el corte de roscas.

utilizar para soportar piezas largas en operaciones sucesivas, como por ejemplo el corte de roscas (Fig. 56-4).

Cómo instalar una luneta móvil

1. Monte la pieza entre centros.
2. Sujete la luneta móvil al carro longitudinal del torno.
3. Coloque la herramienta de corte en el portaherramientas de manera que quede justo a la izquierda de las quijadas de la luneta móvil.
4. Tornee el diámetro de la pieza a lo largo de aproximadamente $1\frac{1}{2}$ pulg. (38 mm) al tamaño deseado.
5. Ajuste ambas quijadas de la luneta móvil hasta que entren ligeramente en contacto con la circunferencia torneada.
6. Apriete el tornillo de fijación de cada quijada.
7. Lubrique la pieza y las quijadas de la luneta móvil para impedir marcar la circunferencia terminada.
8. Si se requieren cortes sucesivos para reducir el diámetro de la pieza, vuelva a ajustar las quijadas de la luneta móvil como se indicó en los pasos 4 a 7.

ÁRBOLES

Un *árbol* (Fig. 56-5) es una herramienta de precisión que, cuando se coloca a presión en la perforación de una pieza, proporciona centros para una operación de maquinado. Son especialmente útiles para piezas de poco espesor, como bridas, poleas y engranes, donde la circunferencia externa debe ser perfectamente concéntrica con el diámetro interno y resulte difícil sujetar la pieza en un mandril.

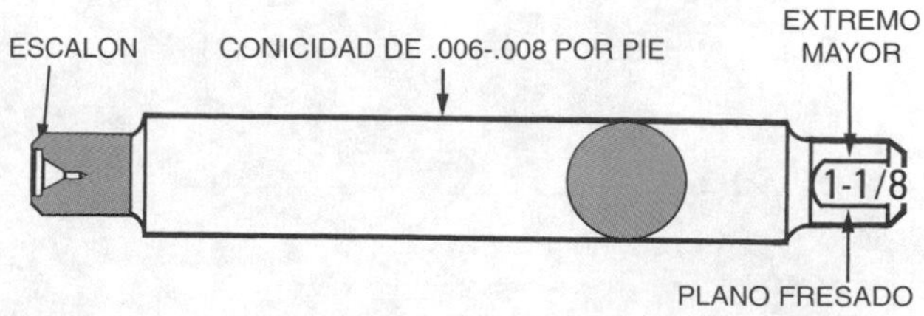

FIGURA 56-5 Un árbol sólido estándar (Cortesía de Kelmar Associates.)

Características de un árbol estándar.

1. Los árboles están por lo general endurecidos y rectificados, con una conicidad de .006 a .008 pulg/pie (0.5 a 0.66 mm/m).
2. El tamaño nominal está cerca de la parte media y el extremo menor tiene por lo común .001 pulg. (0.02 mm) menos; normalmente el extremo mayor tiene .004 pulg. (0.1 mm) por encima del tamaño nominal.
3. Ambos extremos se tornean con una diámetro menor que el cuerpo y se les maquina una superficie plana, de tal manera que el perro del torno no dañe la precisión del árbol.
4. El tamaño del árbol aparece estampado en el extremo mayor.
5. Las perforaciones centrales, que están ligeramente escalonadas, son lo suficientemente grandes para proporcionar una buena superficie de rodamiento y resistir el esfuerzo causado al maquinar una pieza.

Tipos de árboles

Se utilizan muchos tipos de árboles para diversos tipos de piezas de trabajo y operaciones de maquinado. Algunos de los tipos de árboles más comunes son:

- El *árbol sólido* (Fig. 56-5) está disponible para la mayor parte de los tamaños de perforaciones estándar. Se trata de un árbol de uso general que se puede utilizar en una diversidad de piezas
- El *árbol de expansión* (Fig. 56-6) que está formado por una camisa con cuatro o más ranuras cortadas a lo largo, ajustado sobre un árbol sólido. Una vástago cónico se

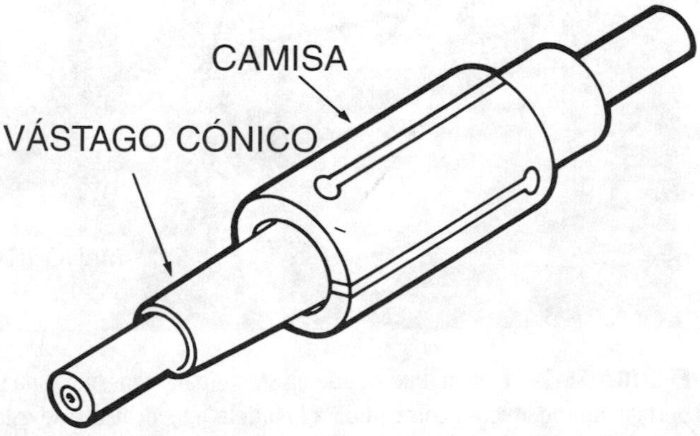

FIGURA 56-6 Un árbol de expansión (Cortesía de Kelmar Associates.)

ajusta en la camisa para expandirla y sujete la pieza que no tenga una perforación de un tamaño estándar. Otra forma de un árbol de expansión tiene un buje ranurado acoplado sobre un vástago cónico. Con éste se pueden utilizar varios tamaños de bujes, incrementando así su amplitud de uso

- El *árbol múltiple* (Fig. 56-7) se utiliza para sujetar varias piezas idénticas para una operación de maquinado. El cuerpo del árbol es paralelo (sin conicidad) y tiene un hombro o brida en uno de sus extremos. El otro extremo está roscado para aceptar una tuerca de cierre
- El *árbol roscado* (Fig. 56-8) se utiliza para sujetar piezas de trabajo con una perforación roscada. Un rebaje en el hombro asegura que la pieza se asentará en escuadra y no quedará inclinado sobre los hilos de la rosca
- El *árbol de vástago cónico* (Fig. 56-9) puede colocarse en la sujeción cónica del husillo del cabezal. La porción sobresaliente se puede maquinar en cualquier forma deseada para adecuarse a la pieza de trabajo. Este tipo de árbol se utiliza con frecuencia para pequeñas piezas o para aquellas que tengan perforaciones ciegas.

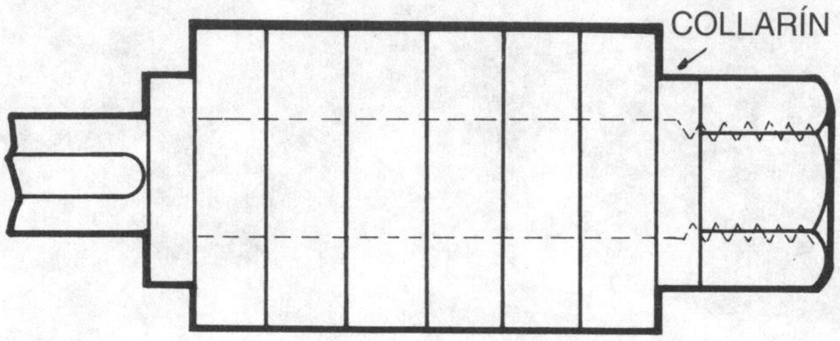

FIGURA 56-7 Un árbol múltiple. (Cortesía de Kelmar Associates.)

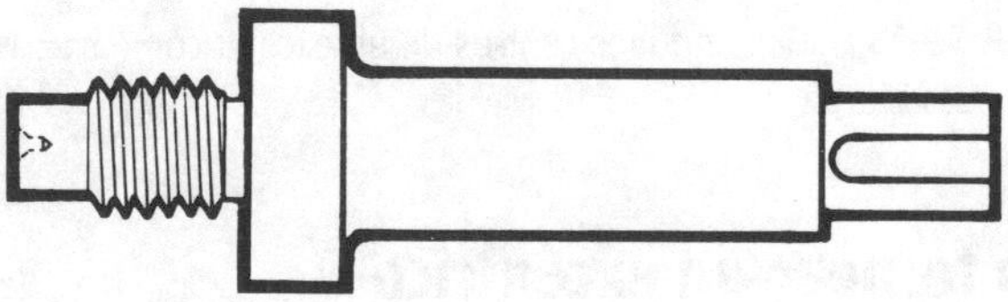

FIGURA 56-8 Un árbol roscado. (Cortesía de Kelmar Associates.)

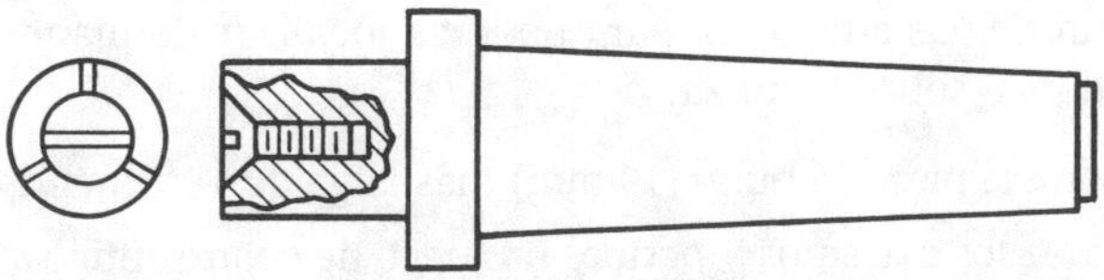

FIGURA 56-9 Un árbol de vástago cónico. (Cortesía de Kelmar Associates.)

Cómo montar una pieza en un árbol sencillo

1. Localice un árbol que ajuste a la perforación de la pieza.
2. Limpie cuidadosamente el árbol y aplique una delgada película de aceite en su circunferencia.
3. Limpie y elimine cualquier rebaba en la perforación de la pieza.
4. Introduzca manualmente el extremo menor del árbol (el grande es el que tiene el tamaño estampado) dentro de la perforación.
5. Coloque la pieza en una prensa vertical con una superficie maquinada hacia bajo, de manera que la perforación quede en ángulo recto con la superficie de la mesa.
6. Presione el árbol firmemente dentro de la pieza.

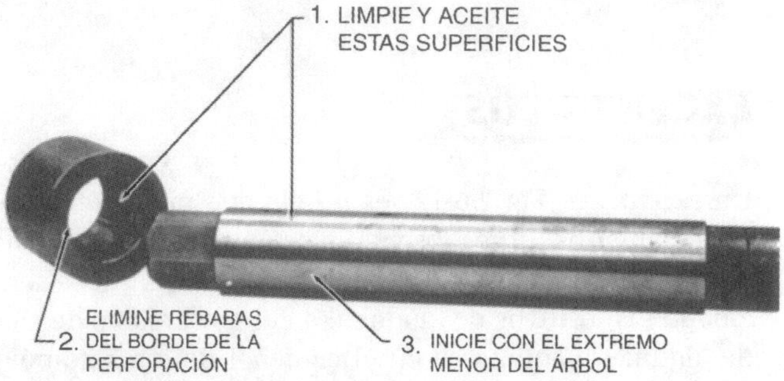

FIGURA 56-10 Preparación del árbol y la pieza antes de montar. (Cortesía de Kelmar Associates.)

FIGURA 56-11 Uso de una prensa vertical para forzar un árbol dentro de una pieza. (Cortesía de Kelmar Associates.)

Cómo tornear piezas en un árbol

La pieza colocada a presión en un árbol está sujeta en su posición por fricción; por lo tanto, las operaciones de corte deben dirigirse hacia el extremo mayor del árbol. Con ello se tiende a conservar a la pieza apretada sobre el árbol.

Siga este procedimiento:

1. Sujete el perro del torno en el *extremo mayor* del árbol (donde está estampado el tamaño).
2. Limpie las puntas del torno y los centros y entonces monte la pieza.

3. Si debe carearse todo el extremo de la pieza, es buena práctica utilizar una tira de papel entre la punta de la herramienta y el árbol para ajustar la herramienta. Esto impedirá marcar o rayar la superficie del árbol.
4. Cuando se esté torneando el diámetro externo de la pieza, siempre corte hacia el extremo mayor del árbol.
5. En piezas de gran diámetro, es aconsejable efectuar cortes ligeros a fin de evitar que la pieza resbale sobre el árbol o que vibre.

EXCÉNTRICOS

Un *excéntrico* (Fig. 56-12) es un eje que puede tener dos o más diámetros torneados paralelos entre si pero no concéntricos con el eje normal de la pieza. Los excéntricos se utilizan en dispositivos de bloqueo, en el mecanismo de avance de algunas máquinas y en el cigüeñal de los automóviles, donde resulta necesario *convertir un movimiento rotativo en un movimiento reciprocante,* o viceversa.

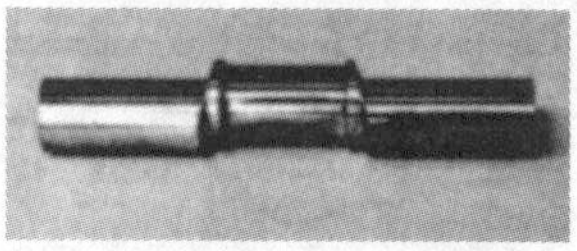

FIGURA 56-12 Los ejes de uno excéntrico son paralelos pero no alineados (Cortesía de Kelmar Associates.)

La excentricidad, o *tiro,* de un excéntrico es la distancia que un juego de perforaciones centrales ha sido desplazado del eje normal de la pieza. Si las perforaciones centrales fueron desplazadas ¼ pulg. del eje del trabajo, el tiro sería de ¼ pulg. (6 mm), y el recorrido total del excéntrico será de ½ pulg. (12 mm).

Existen tres tipos de excéntricos, que por lo general se cortan en un torno de las maneras siguientes:

1. Cuando el tiro permite que todos los centros queden localizados en los extremos de la pieza de trabajo.
2. Cuando el tiro es demasiado pequeño para permitir que todos los centros se localicen en la pieza de una manera simultánea.
3. Cuando el tiro es tan grande que todos los centros no pueden localizarse en la pieza.

Cómo tornear un excéntrico de tiro .375 pulg. o 10 mm

1. Coloque la pieza en un mandril y caréela a su longitud. Si posteriormente serán eliminadas las perforaciones de centros, deje la pieza con una longitud de ¾ pulg. (19 mm) mayor.
2. Coloque la pieza en un bloque en V sobre un mármol y aplique tinta de trazar en ambos extremos de la pieza.
3. Coloque un calibrador de altura vernier en la parte superior de la pieza y anote la lectura.
4. Reste la mitad del diámetro de la pieza de la lectura y ajuste el calibrador a esta dimensión.
5. Trace una línea central en ambos extremos de la pieza.
6. Gire 90° la pieza y trace otra línea central en ambos extremos con el mismo ajuste del calibrador (Fig. 56-13).
7. Baje o suba el ajuste del calibrador de altura .375 pulg. (10 mm) y trace las líneas para los centros desplazados en ambos extremos.
8. Cuidadosamente marque con un punzón de centrar los cuatro centros marcados y perfore los centros en cada extremo.
9. Monte la pieza en un torno y tornee el diámetro utilizando los centros.
10. Coloque la pieza en los centros desplazados y tornee el excéntrico (sección central) al diámetro requerido.

FIGURA 56-13 Marcando los centros de un excéntrico. (Cortesía de Kelmar Associates.)

Cómo tornear un excéntrico con un tiro pequeño

Este procedimiento deberá ser utilizado cuando los centros quedan demasiado cerca para poderse localizar de manera simultánea sobre la pieza:

1. Corte la pieza ¾ pulg. (19 mm) más larga de lo requerido.
2. Caree los extremos y perfore un juego de centros utilizando el torno.
3. Monte la pieza entre centros y tornee el diámetro mayor a su tamaño.
4. Caree o corte los extremos para eliminar las perforaciones de centros.
5. Trace y perfore un nuevo juego de centros, desplazándolos de la posición central para tener el tiro necesario.
6. Tornee el diámetro excéntrico a su tamaño.

Cómo tornear un excéntrico con un tiro grande

1. Coloque la pieza en los centros normales y tornee ambos extremos a su tamaño.
2. Consiga o fabrique un juego de bloques de apoyo como se puede observar en la Fig. 56-14. La perforación en el bloque de soporte debe ajustarse con precisión a los extremos torneados de la pieza. En cada bloque se utiliza un tornillo prisionero para sujetar firmemente los bloques de soporte en la pieza. El número de centros requeridos se deben trazar y perforar en los bloques de soporte (Fig. 56-14).
3. Alinee ambos bloques de soporte paralelos a la pieza y fíjelos en posición.
4. Coloque contrapesos al trono para evitar una vibración indebida.
5. Tornee los diversos diámetros según se requieran.

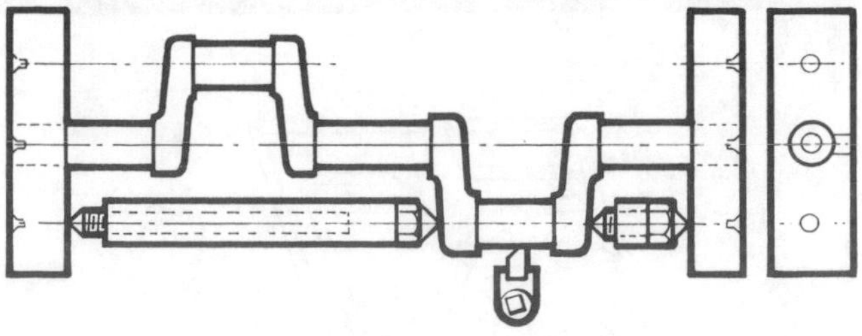

FIGURA 56-14 Arreglo requerido para tornear un excéntrico de tiro grande. (Cortesía de Kelmar Associates.)

PREGUNTAS DE REPASO

Lunetas móviles y fijas

1. Enuncie el propósito de una luneta móvil.
2. Explique cómo ajustar una luneta fija para tornear un eje largo sujeto entre centros.
3. Describa un manguito de soporte y diga cuándo se utiliza.
4. Explique cómo se puede corregir una perforación central dañada.

Árboles

5. Enuncie el propósito de un árbol.
6. Dibuje un árbol estándar de 1 pulg. (25 mm) e incluya todas las especificaciones.
7. Nombre y describa cuatro tipos de árboles y enuncie sus usos.
8. Liste las precauciones que se deben tomar al utilizar un árbol (incluyendo montaje y torneado).

Excéntricos

9. Defina un *excéntrico* y enuncie su propósito.
10. Explique la diferencia entre tiro y recorrido total de un excéntrico.
11. Se requiere un cigüeñal de 6 pulg. (150 mm) de largo con superficies de rodamientos de longitud igual para producir un recorrido de $1\frac{1}{2}$ pulg. (38 mm) en un pistón. El tamaño de la superficie de rodamiento (eje terminado) es de 1 pulg. (25 mm).
    a. Describa cómo trazar este excéntrico.
    b. ¿Qué tamaño de material se requerirá si deben preverse $\frac{1}{8}$ pulg. (3 mm) para "limpieza"? Este cálculo es fácil ayudándose con un esquema.
12. ¿Qué precauciones se deben tomar al tornear un excéntrico con un tiro grande?

UNIDAD

57

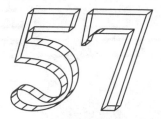

Maquinado utilizando un mandril

OBJETIVOS

Al terminar el estudio de esta unidad, se podrá:

1 Montar y maquinar piezas en un mandril de tres mordazas

2 Montar y maquinar piezas en un mandril de cuatro mordazas

3 Carear, ranurar y cortar piezas sujetas en un mandril

Los accesorios que se montan en el husillo como son mandriles, centros y platos impulsores y discos, se ajustan y son impulsados por el husillo del cabezal. Los accesorios para husillo más versátiles y de uso más común son los mandriles para torno. Las mordazas de un mandril son ajustables y por lo tanto, las piezas que con cualquier otro método resultarían difíciles de sujetar, pueden fijarse con firmeza. Los mandriles de tres mordazas cuyas quijadas se mueven de manera simultánea, generalmente se utilizar para sujetar diámetro terminados. Los mandriles de cuatro mordazas, cuyas quijadas se mueven de manera independiente, por lo común se utilizan para sujetar piezas de forma asimétrica y cuando se requiere de una potencia y precisión de sujeción mayor.

Todas las operaciones de maquinado que se llevan a cabo en piezas entre centros, como torneado, moleteado y roscado, se pueden efectuar en piezas sujetas en un mandril. La mayoría de la piezas maquinadas en mandril son por lo general bastante cortas; sin embargo, si es necesario maquinar en un mandril piezas más largas de tres veces su diámetro, el extremo de la pieza deberá ser soportado para impedir que se flexione o que sea lanzado fuera del torno.

MONTAJE Y DESMONTAJE DE MANDRILES DE TORNO

El procedimiento correcto para montar y desmontar mandriles, debe ser seguido cuidadosamente para evitar daño al husillo del torno y/o al mandril y para conservar la precisión del torno. En tornos convencionales se encuentran tres tipos de extremos o narices de husillo en los cuales se pueden montar mandriles. Se trata de la nariz de husillo roscada, la nariz de husillo cónica y la nariz de husillo de seguro de leva. A continuación se dan los procedimientos para montar un mandril en cada uno de estos tipos de extremos de husillo.

Cómo montar un mandril

1. Coloque el torno a la velocidad más baja. *DESCONECTE EL INTERRUPTOR ELÉCTRICO.*
2. Retire el plato impulsor y el punto vivo.
3. Limpie todas las superficies del extremo del husillo y las partes correspondientes de acoplamiento del mandril.

Nota: Las virutas de acero o la suciedad destruirán la precisión del extremo del husillo y la conicidad correspondiente en el mandril.

4. Coloque un bloque de apoyo sobre la bancada del torno frente al husillo y coloque el mandril sobre el bloque (Figura 57-1).

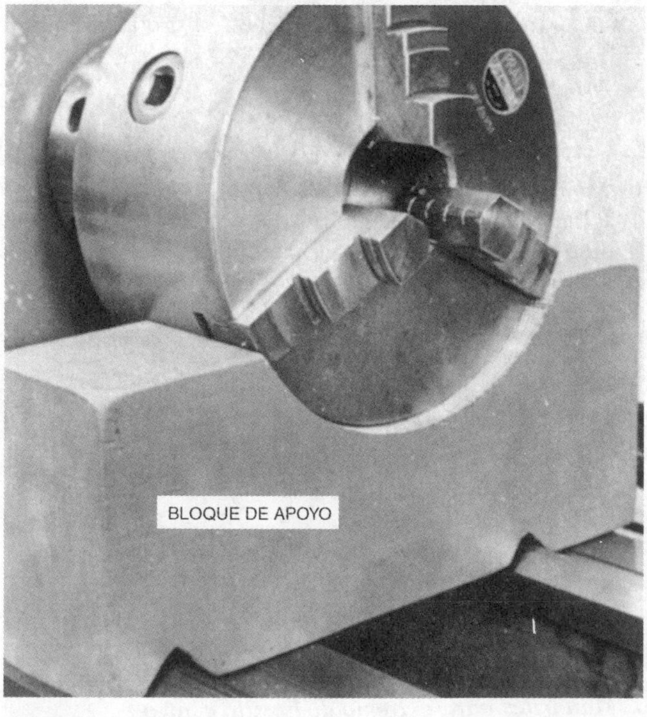

FIGURA 57-1 Un bloque de apoyo ajustado correctamente hace más fácil y seguro el montaje y desmontaje de los mandriles. (Cortesía de Kelmar Associates.)

5. Deslice el bloque cerca del extremo del husillo del torno y monte el mandril.

   a. ***Mandriles para extremo de husillo roscado***
   Haga girar el husillo del torno *manualmente* en dirección contraria a las manecillas del reloj y acerque el mandril al husillo. *NUNCA ENCIENDA LA MÁQUINA.*
   Si el mandril y el husillo están correctamente alineados, el mandril se enroscará con facilidad en el husillo del torno.
   Cuando la placa adaptadora del mandril quede a 1/16 pulg (1.5 mm) del hombro del husillo, dele al mandril un rápido giro para asentarlo contra el hombro del husillo.
   No apriete un mandril contra el hombro demasiado porque puede dañar las roscas y hacer que el mandril sea difícil de desmontar.

FIGURA 57-2 Alinee el cuñero en el mandril con la cuña del husillo. (Cortesía de Kelmar Associates.)

   b. ***Mandriles para extremo de husillo cónico***
   Haga girar el husillo del torno manualmente hasta que la cuña del extremo del husillo se alinee con el cuñero en la perforación cónica del mandril (Figura 57-2).
   Deslice el mandril sobre el husillo del torno.
   Gire el anillo de cierre en una dirección contra las manecillas del reloj hasta que quede apretado con la mano.
   Apriete firmemente el anillo de cierre utilizando una llave, golpeándola bruscamente hacia abajo (Figura 57-3).

   c. ***Mandriles para extremo de husillo con seguro de leva***
   Alinee la marca de registro de cada seguro de leva con la marca de registro en el extremo del husillo del torno.
   Haga girar manualmente el husillo del torno hasta que las perforaciones en el husillo se alineen con los pernos de seguro de leva del mandril (Figura 57-4 de la página 430).
   (3) Deslice el mandril sobre el husillo.
   (4) Apriete cada seguro de leva en dirección *de las manecillas del reloj* (Figura 57-5 de la página 430).

FIGURA 57-3 Golpee bruscamente la llave para apretar el anillo de cierre. (Cortesía de Kelmar Associates.)

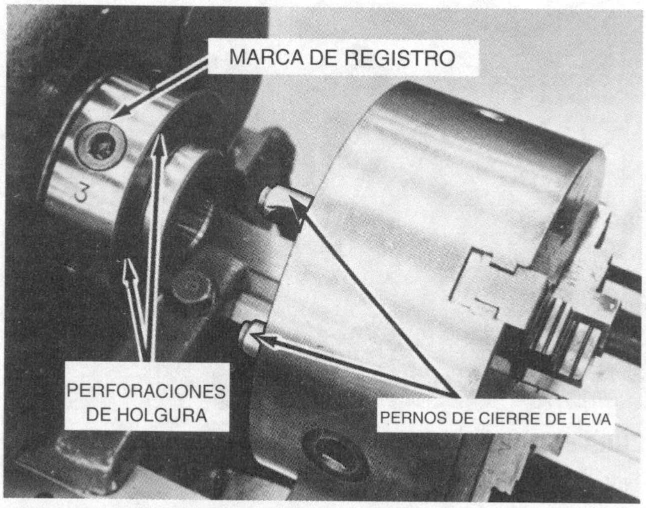

FIGURA 57-4 Cómo montar un mandril en el extremo del husillo de seguro de leva. (Cortesía de Kelmar Associates.)

FIGURA 57-5 Apriete los seguros de leva en dirección de las manecillas del reloj. (Cortesía de Kelmar Associates.)

Cómo desmontar un mandril

Los procedimientos que siguen para desmontar un mandril de torno, también son aplicables a otros accesorios que se montan en el husillo como son los platos impulsores y los discos.

1. Ponga el torno a su velocidad más baja. *DETENGA EL MOTOR.*
2. Coloque un bloque de soporte bajo el mandril (Figura 57-1).
3. Desmonte el mandril usando los métodos siguientes:
   a. ***Mandriles para extremo de husillo roscado***
      (1) Haga girar el mandril hasta que una perforación para llave quede en la posición superior.
      (2) Inserte la llave del mandril en la perforación y tire *con firmeza* hacia la parte frontal del torno.

      O BIEN

      (1) Coloque un bloque o un trozo de madera corto bajo la mordaza del mandril como se puede ver en la Fig. 57-6.

FIGURA 57-6 Se puede utilizar un bloque de madera dura para desmontar un mandril del extremo del husillo roscado. (Cortesía de South Bend Lathe Corp.)

      (2) Haga girar el husillo del torno manualmente en dirección *de las manecillas del reloj* hasta que el mandril se haya aflojado sobre el husillo.
      (3) Desmonte el mandril del husillo y guárdelo donde no pueda ser dañado.
   b. ***Mandriles para extremo de husillo cónico***
      (1) Obtenga la llave en C adecuada.
      (2) Colóquela sobre el anillo de cierre del husillo con el maneral en una posición vertical.

FIGURA 57-7 Uso de una llave en C para aflojar el anillo de cierre que sujeta el mandril en un husillo de extremo cónico. (Cortesía de Kelmar Associates.)

(3) Coloque una mano en la curva de la llave para impedir que se deslice fuera del anillo de cierre (Figura 57-7).

(4) Con la palma de la otra mano golpee secamente el maneral de la llave en dirección de las manecillas del reloj.

(5) Sujete el mandril con una mano y con la otra desmonte el anillo de cierre del mandril.

Nota: El anillo de cierre puede dar unas cuantas vueltas y luego apretarse. Pudiera ser necesario utilizar la llave en C para aflojar el contacto de los conos entre el mandril y el extremo del husillo.

(6) Retire el mandril del husillo y almacénelo con las mordazas hacia arriba.

c. ***Mandriles de extremo de husillo con seguro de leva***

(1) Con la llave del mandril, gire cada uno de los seguros de leva en dirección contra las manecillas del reloj hasta que su marca de registro coincida con la correspondientes sobre el husillo del torno (Figura 57-8).

(2) Coloque una mano sobre la cara del mandril y con la palma de la otra mano, golpee secamente la parte superior del mandril. Esto es necesario para romper el contacto cónico entre el mandril y el husillo del torno (Figura 57-9).

Nota: Algunas veces pudiera ser necesario o deseable utilizar un mazo de extremos blandos para esta operación.

4. Deslice el mandril liberándolo del husillo y colóquelo cuidadosamente en un compartimento de almacenaje.

FIGURA 57-8 Afloje cada seguro de leva hasta que las marcas de registro tanto en el seguro como en el husillo coincidan. (Cortesía de Kelmar Associates.)

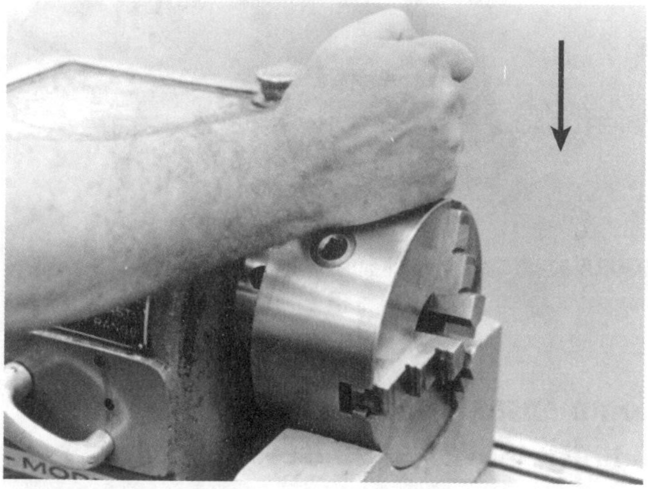

FIGURA 57-9 Golpee secamente la parte superior del mandril con su mano para romper el contacto de los conos. (Cortesía de Kelmar Associates.)

CÓMO MONTAR LA PIEZA EN UN MANDRIL

Para que las piezas queden sujetas firmemente para operaciones de maquinado en un mandril de tres o de cuatro mordazas, deben seguirse ciertos pasos. Dado que la construcción y la finalidad de los mandriles de tres y de cuatro mordazas difieren, el método para montar la pieza en cada uno de estos mandriles también es diferente en varios puntos.

Cómo montar la pieza en un mandril de tres mordazas

1. Limpie las mordazas del mandril y las superficies de la pieza.
2. Utilice la llave de mandril de tamaño correcto y abra las mordazas un poco más que el diámetro de la pieza.
3. Coloque la pieza en el mandril, permitiendo que se extienda no más de tres veces el diámetro más allá de las mordazas.
4. Apriete las mordazas del mandril utilizando la llave en la mano izquierda al mismo tiempo que hace girar lentamente la pieza de trabajo con la mano derecha.
5. Apriete firmemente las mordazas *utilizando sólo la llave del mandril.*

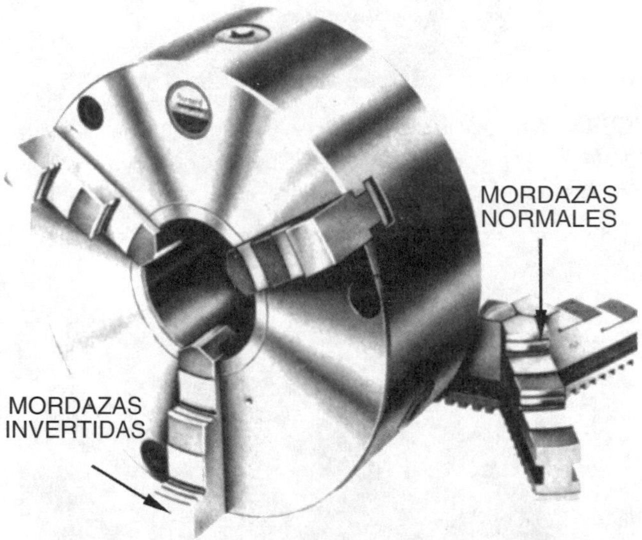

FIGURA 57-10 Un mandril universal de tres mordazas con mordazas reversibles.

Cómo ensamblar las mordazas en un mandril universal de tres mordazas

Los mandriles de tres mordazas se suministran con dos juegos de mordazas: un juego para agarre exterior y otro para agarre interior (Figura 57-10). Las mordazas suministradas con cada mandril están marcadas con el mismo número de serie y no deberán *jamás utilizarse con otro mandril.* Cuando es necesario cambiar las mordazas, debe seguirse la secuencia correcta; de lo contrario la pieza que se sujete entre las mordazas no estará concéntrico.

1. Limpie completamente las mordazas y las correderas de las mordazas en el mandril.
2. Haga girar la llave del mandril en sentido de las manecillas del reloj hasta que empieza a aparecer la rosca de caracol en el borde trasero de la corredera 1.
3. Inserte la mordaza 1 (en la ranura 1) y oprima con la mano mientras hace girar la llave del mandril en el sentido de las manecillas del reloj utilizando la otra mano (Figura 57-11).
4. Una vez que la rosca de caracol se ha acoplado en la mordaza, continúe girando la llave de mandril en el sentido de las manecillas del reloj hasta que el inicio del caracol esté cerca del borde trasero de la ranura 2.
5. Inserte la segunda mordaza y repita los pasos 3 y 4 (Figura 57-12).
6. Inserte la tercera mordaza de la misma forma (Figura 57-13).

Algunos mandriles están equipados con un juego de mordaza superiores que están sujetas por tornillos Allen. Para invertir estas mordazas, es necesario quitar los tornillos, limpiar las partes en contacto, y volver a limpiar las mordazas en la dirección inversa. Los tornillos deben apretarse de manera uniforme y firmemente a fin de no distorsionar las mordazas.

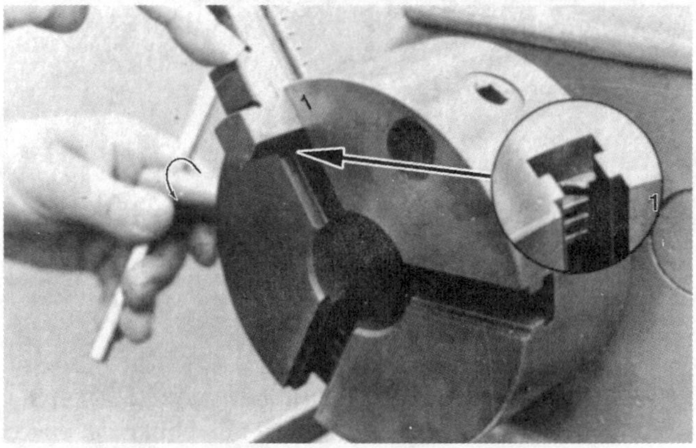

FIGURA 57-11 Inserción de la primera mordaza al principio de la placa de caracol. (Cortesía de Kelmar Associates.)

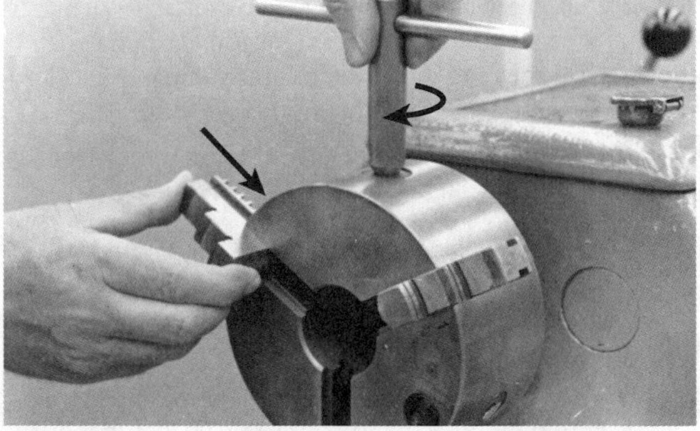

FIGURA 57-12 Caracol girado para insertar la segunda mordaza. (Cortesía de Kelmar Associates.)

FIGURA 57-13 Inserción de la tercera mordaza en un mandril de tres mordazas. (Cortesía de Kelmar Associates.)

Cómo montar una pieza en un mandril de cuatro mordazas

La pieza que debe estar perfectamente concéntrica debe montarse en un mandril de cuatro mordazas porque cada una de ellas se puede ajustar de manera independiente. Las mordazas del mandril, que son reversibles pueden sujetar con firmeza piezas redondas, cuadradas o de forma irregular. La pieza puede ser ajustada para que quede concéntrica o fuera de centro.

1. Mida el diámetro de la pieza que se va a colocar en el mandril.
2. Con una llave de mandril ajuste las mordazas a aproximadamente el tamaño utilizando las marcas en anillo sobre el plato del mandril (Figura 57-14).
3. Coloque la pieza en el mandril y apriete las mordazas contra la superficie del mismo.
4. Ajuste la pieza utilizando cualquiera de los métodos siguientes:

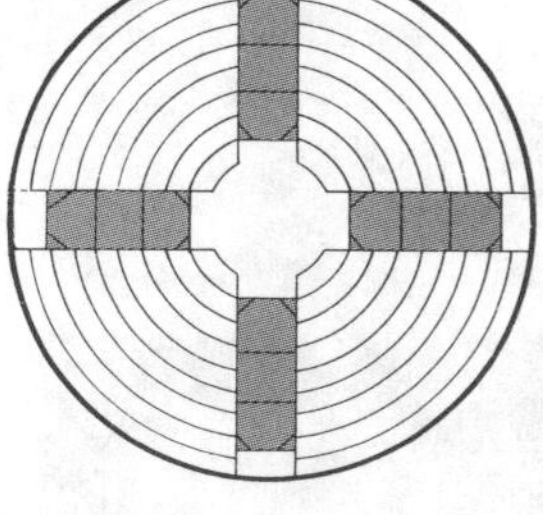

FIGURA 57-14 Las líneas de un mandril de cuatro mordazas pueden ser utilizadas como guía para centrar la pieza. (Cortesía de Kelmar Associates.)

a. ***Método de la tiza***

(1) Encienda el torno y, con un pedazo de tiza, marque ligeramente el punto alto en la circunferencia de la pieza (Figura 57-15).

(2) Detenga el torno y observe la marca de tiza. Si es una línea uniforme delgada alrededor de la pieza, la pieza está concéntrica.

FIGURA 57-15 Uso de tiza para indicar el punto alto de una pieza. (Cortesía de Kelmar Associates.)

(3) Si sólo hay una marca, afloje la mordaza *opuesta* a la marca de tiza y apriete la mordaza *cerca de* la marca de tiza.

(4) Repita esta operación hasta que las marcas de tiza sean una línea ligera alrededor de la pieza o se estén presentando dos marcas en lugares opuestos entre sí.

b. ***Método del calibrador de superficie***

(1) Coloque un *calibrador de superficies* sobre la bancada del torno y ajuste la punta del estilo de forma que quede cerca de la superficie de trabajo. (Figura 57-16).

(2) Haga girar el torno manualmente para encontrar el punto bajo sobre la pieza.

(3) Afloje la mordaza *más cercana* al punto bajo y apriete la mordaza *opuesta* al punto bajo para mover la pieza hacia el centro.

(4) Repita los pasos 2 y 3 hasta que la pieza quede concéntrica.

Cómo ajustar la concentricidad de una pieza en un mandril de cuatro mordazas utilizando un indicador de carátula

Deberá utilizarse un indicador de carátula siempre que deba alinearse un diámetro maquinado dentro de pocas milésimas de pulgada o de centésimas de milímetro.

1. Monte la pieza y céntrelo aproximadamente, utilizando el método de la tiza o el de calibrador de superficies.
2. Monte un indicador, con un rango de por lo menos .100 pulg. (2.5 mm), en el poste portaherramientas del torno (Figura 57-17).
3. Ponga el vástago del indicador en una *posición horizontal* con el punto de contacto ajustado a la altura central.

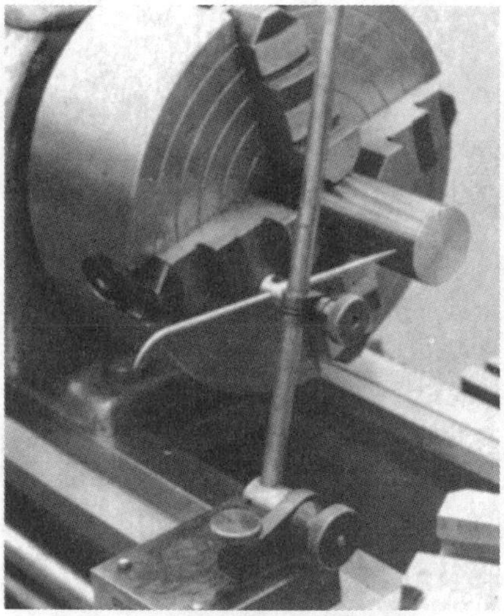

FIGURA 57-16 Uso de un calibrador de superficies para centrar una pieza de trabajo en un mandril de cuatro mordazas. (Cortesía Kelmar Associates.)

FIGURA 57-17 Cómo centrar una pieza en un mandril utilizando un indicador de carátula. (Cortesía de Kelmar Associates.)

4. Acerque la punta del indicador contra el diámetro de la pieza de forma que registre aproximadamente .020 pulg (0.5 mm) y haga girar el torno *manualmente.*
5. Anote las lecturas máxima y mínima del indicador de carátula.
6. Afloje ligeramente la mordaza del mandril en la lectura más baja y apriete la mordaza de la lectura más alta hasta que la pieza se haya movido la mitad de la diferencia entre ambas lecturas del indicador.
7. Continúe ajustando *estas dos mordazas opuestas solamente* hasta que el indicador registre la misma lectura en ambas.

Nota: Pase por alto las lecturas de indicador sobre la pieza entre estas dos mordazas.

8. Ajuste el otro par de mordazas opuestas de la misma manera hasta que el indicador registre lo mismo en cualquier punto de la circunferencia de la pieza.
9. Apriete uniformemente todas las mordazas para sujetar firmemente la pieza.
10. Haga girar manualmente el husillo del torno y vuelva a verificar las lecturas del indicador.

Cómo carear la pieza sujeta en un mandril

El propósito de carear una pieza en un mandril es el mismo que el careado entre centros: obtener una superficie plana, correcta y cortar la pieza a su longitud.

1. Ajuste la concentricidad de la pieza en un mandril utilizando el método de la tiza o el del indicador de carátula. (Esto no es necesario si se utiliza un mandril universal de tres mordazas).
2. Asegúrese de tener proyectada fuera de las mordazas del mandril una cantidad igual a un diámetro de la pieza.
3. Gire el carro auxiliar a 90° (ángulo recto) en relación con el carro transversal cuando esté careando una serie de hombros (Figura 57-18).

   O BIEN

   Gire el carro auxiliar 30° a la derecha si solamente se va a carear una superficie de la pieza (Figura 57-19).
4. Ajuste la herramienta de carear a la altura del punto muerto y apunte ligeramente hacia la izquierda.
5. Bloquee el carro longitudinal en su posición (Figura 57-18).

FIGURA 57-18 Carro auxiliar ajustado a 90° para carear longitudes exactas. (Cortesía de Kelmar Associates.)

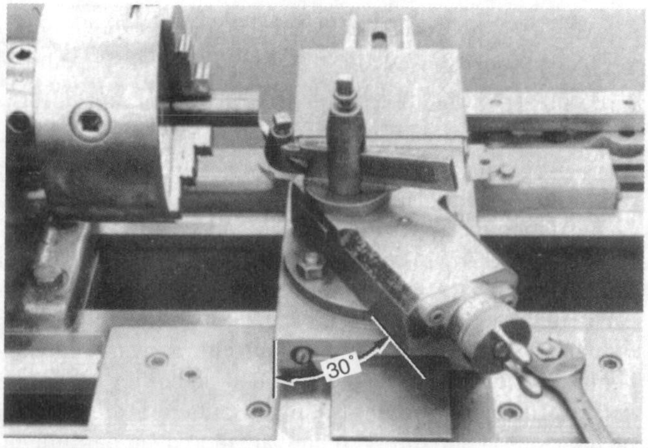

FIGURA 57-19 Avance el carro auxiliar dos veces la cantidad que se va a eliminar al carear la superficie. (Cortesía de Kelmar Associates.)

6. Ajuste la profundidad de corte utilizando el anillo graduado en el tornillo del carro auxiliar:
   a. Dos veces la cantidad que se va a eliminar en caso de que el carro auxiliar esté a 30°.
   b. Lo mismo que se va a eliminar si el carro auxiliar está ajustado a 90° en relación con el carro transversal.
7. Caree la pieza a la longitud deseada.

CÓMO DESBASTAR Y ACABAR EN EL TORNO CON LA PIEZA EN UN MANDRIL

Pese a que muchas piezas son torneadas entre centros en torno en los talleres de las escuelas y en los programas de capacitación dada la facilidad de volver a colocar la pieza con precisión, la mayor parte de las piezas maquinadas en la industria se sujetan en un mandril. Dado que la mayor parte de las piezas que se sujetan en un mandril son relativamente cortas, en muchos casos no es necesario soportar el extremo de la pieza; está suficientemente sujeto por el mandril del torno. Las piezas que se extienden más de tres veces su diámetro deben ser soportadas para evitar que el trabajo se flexione durante la operación de maquinado. Los métodos más comunes para soportar el extremo de piezas de trabajo largas son utilizando un punto giratorio en el contrapunto o una luneta fija.

Las operaciones de torneado de desbaste y de acabado en un mandril son las mismas que las correspondientes entre centros (vea la Unidad 52) y no se detallarán aquí. Siempre que sea posible, un diámetro debe ser maquinado a su tamaño en dos cortes: uno de desbaste y otro de acabado.

Torneado de desbaste y de acabado

1. Monte la pieza con firmeza en un mandril, con no más de tres veces el diámetro extendiéndose más allá de las mordazas del mismo.

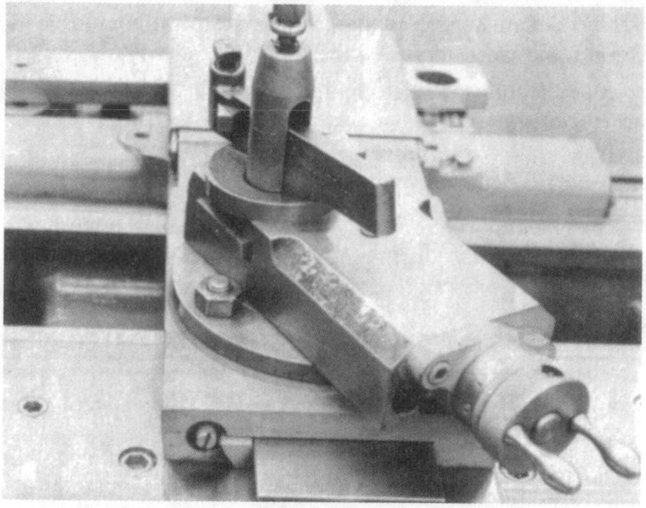

FIGURA 57-20 El poste portaherramienta ajustado a la izquierda del carro auxiliar y el portaherramienta sujeto en corto. (Cortesía de Kelmar Associates.)

2. Mueva el poste portaherramienta a la izquierda del carro auxiliar y sujete en corto el portaherramienta (Figura 57-20).
3. Fije la herramienta de uso general en el portaherramienta y ajuste el punto al centro.
4. Apriete firmemente el tornillo del poste portaherramienta.
5. Ajuste el torno a la velocidad correcta y avance para torneado de desbaste.
6. Haga un corte ligero de prueba en el extremo de la pieza y mida el diámetro.
7. Ajuste el anillo graduado del carro transversal a la mitad de la cantidad de metal a eliminar.
8. Tornee de desbaste el diámetro a la longitud correcta.

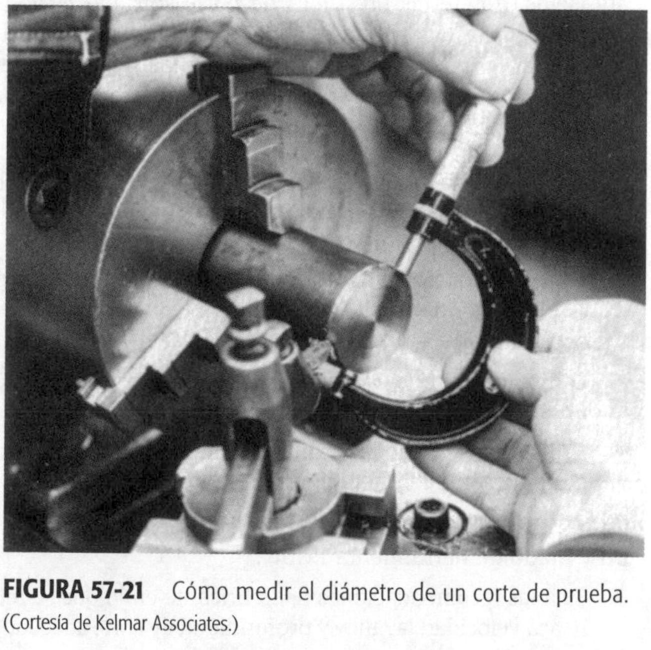

FIGURA 57-21 Cómo medir el diámetro de un corte de prueba. (Cortesía de Kelmar Associates.)

9. Ajuste la velocidad y avance del torno para torneado de acabado.
10. Efectúe un corte ligero de prueba en el extremo de la pieza.
11. Ajuste el anillo graduado a la mitad de la cantidad de metal que se va a eliminar.
12. Efectúe otro corte de prueba, mida el diámetro, y si está correcto, tornee de acabado este diámetro.

CÓMO TORNEAR ACERO ENDURECIDO CON HERRAMIENTAS PCBN

Las herramientas de corte de nitruro de boro cúbico policristalino (PCBN) se han utilizado ampliamente en las industrias automotriz y aeroespacial para el maquinado de piezas duras y abrasivas. También están encontrando uso en talleres de maquinado general, de matriceros y herramentistas con el mismo propósito, y para maquinar metales que son difíciles de trabajar. Sus características de dureza superior, resistencia al desgaste, resistencia a la compresión y conductividad térmica los hacen la selección ideal, donde herramientas convencionales como los carburos, fallan o no son de buena relación costo-efectividad. Las herramientas PCBN son costo-efectivas para maquinar metales a partir de 45 HRc y más duros, como son aceros endurecidos para herramientas y otras aleaciones, hierros fundidos abrasivos, y aleaciones tenaces para alta temperatura. Pueden eliminar material a elevadas, velocidades de remoción con una larga vida de la herramienta, incluso en el caso de cortes interrumpidos.

Guías para el torneado PCBN

En una operación de torneado, cualquier herramienta de corte trabajará mejor en una máquina en buen estado, siempre que la herramienta se use correctamente. Cómo las herramientas PCBN se utilizan para cortar materiales duros y abrasivos, donde las presiones de corte son más elevadas, deben seguirse ciertas condiciones relacionadas con la herramienta, la instalación de la misma y los procedimientos de operación para asegurar las condiciones ideales de corte y una operación con mayor costo efectividad:

1. Las máquinas deben tener buenos cojinetes, guías justas y suficiente potencia para proporcionar una velocidad superficial constante.
2. Debe seleccionarse la herramienta de corte adecuada para el tipo de material y operación de maquinado que se está cortando.

- Utilice herramientas de ángulo de ataque negativo con un ángulo grande de salida, siempre que sea posible
- Utilice un radio de la nariz de la herramienta tan grande como permite la operación de maquinado.

Nota: Siga las recomendaciones del fabricante para cada tipo y grado de herramienta PCBN.

3. Siga las recomendaciones del fabricante en lo que se refiere a la velocidad, avance y profundidad de corte adecuadas.
4. Monte las herramientas de corte al centro y mantenga la parte no apoyada de la herramienta tan corta como sea posible para evitar ruido y vibración.
5. Utilice fluido de corte siempre que se pueda.

El programa de software *Interactive Superabrasive Machining Advisor* suministrado por GE Superabrasives, se utilizó en la siguiente operación de maquinado para seleccionar la herramienta PCBN y las condiciones de maquinado. Para utilizar este software con efectividad, una persona debe conocer la dureza del material, los caballos de fuerza de la máquina, la velocidad máxima del husillo, el avance máximo del carro longitudinal, la profundidad de corte y el terminado superficial. El programa de computadora efectúa recomendaciones en lo que se refiere al grado de la herramienta, la preparación del borde de la misma, su geometría, velocidad, avance y tipo de refrigerante. Si este programa de software no está disponible, asegúrese de seguir las recomendaciones del fabricante de la herramienta.

Torneado de la pieza

Las especificaciones para la pieza, herramienta de corte y condiciones de maquinado son como sigue:

1. *Material de la pieza*—acero de herramienta endurecido 55-60 HRc de una pulgada de diámetro.
2. *Máquina*un torno convencional con una impulsión de 5 HP (caballos de fuerza) en el husillo.
3. *Herramienta*—inserto con punta BZN* 8100, CNMA 433.
4. *Condiciones de maquinado*—
   - Profundidad de corte .010 pulg. (0.25 mm)
   - Velocidad de avance .004 pulg. (0.1 mm)
   - Velocidad de corte 400 pies/min (120 m/min)

Procedimiento

1. Ajuste el husillo de la máquina a la velocidad correcta. Verifique su precisión utilizando un tacómetro portátil si está disponible.
2. Ajuste el torno para el avance recomendado por revolución.
3. Fije el inserto PCBN en el portaherramienta correcto.
4. Sujete el portaherramienta en el poste portaherramienta y ajuste la herramienta al centro.
5. Utilice una cuña de plástico de 0.010 pulg (0.25 mm) y ajuste la punta de la herramienta al diámetro exterior de la pieza. La cuña de plástico evitará que se astille o se rompa la punta de la herramienta.
6. Haga girar la manivela del carro longitudinal en el sentido de *las manecillas del reloj* de tal manera que la herramienta libre el extremo de la pieza.
7. Haga girar la manivela del carro transversal en el sentido de las manecillas del reloj el espesor de la cuña más la profundidad de corte deseada.
8. Acople el avance automático para maquinar el diámetro hacia el cabezal del torno (Figura 57-22).

*Marca registrada de GE Superabrasives

FIGURA 57-22 Torneado de una pieza de acero de herramienta endurecido utilizando una herramienta de corte PCBN en un torno convencional. (Cortesía de G.E. Superabrasives.)

9. Al final del corte, gire la manivela del carro transversal en sentido contrario a *las manecillas del reloj* para retirar la herramienta y evitar astillar el borde de corte.
10. Regrese a la posición inicial del corte, vuelva a ajustar la profundidad de corte y efectúe recorridos adicionales hasta que la pieza esté maquinada a su tamaño.

CORTE LA PIEZA EN UN MANDRIL

Las herramientas de corte, a menudo llamadas herramientas de tronzar, se utilizan para cortar piezas que se proyectan de un mandril, para ranurar y para rebajar. La herramienta de corte con cuchilla insertada es la que más se usa y se presenta con tres soportes (Figura 57-23).

Procedimiento

1. Monte la pieza en el mandril tan cerca de las mordazas como sea posible.
2. Instale la herramienta de corte en el lado izquierdo del carro auxiliar, con el borde cortante ajustado al centro (Figura 57-24).
3. Coloque el portaherramientas tan cerca del poste portaherramienta como sea posible a fin de evitar ruido y vibración.
4. Extienda la cuchilla de corte hacia afuera del portaherramientas la mitad del diámetro de la pieza a cortar, más $^1/_8$ pulg. (3 mm) de holgura.
5. Ajuste el torno en aproximadamente la mitad de la velocidad de torneado.
6. Mueva la herramienta de corte a su posición (Figura 57-25).
7. Encienda el torno y avance la herramienta de corte dentro de la pieza manualmente, manteniendo un avance uniforme durante la operación. Corte el latón y el hierro fundido en seco, pero para el acero utilice fluido de corte.
8. Cuando se esté ranurando o tronzado con una profundidad mayor de $^1/_4$ pulg. (6 mm), es buena práctica mover ligeramente la herramienta de lado. Esto se puede conseguir moviendo hacia adelante y hacia atrás la manivela del carro longitudinal unas cuantas milésimas de pulgada, es decir unas cuantas centésimas de un milímetro, durante la operación de corte. Este movimiento lateral hace que se corte una ranura un poco más ancha y evita que se trabe la herramienta.

FIGURA 57-23 Cuchillas de corte o cuchillas de trenzado insertadas: (A) Desplazada a la izquierda; (B) Recta; (C) Desplazada a la derecha. (Cortesía de J.H. Williams & Company.)

9. Antes de completar el corte elimine las rebabas de cada lado de la ranura utilizando una lima.

Nota: A fin de evitar ruido, mantenga la herramienta cortando y aplique constantemente fluido de corte durante la operación. Avance lentamente cuando la pieza esté prácticamente cortada.

FIGURA 57-24 La punta de la cuchilla de corte ajustada al centro. (Cortesía de Kelmar Associates.)

FIGURA 57-25 Colocación de la cuchilla de corte en la posición correcta. (Cortesía de Kelmar Associates.)

PREGUNTAS DE REPASO

Montaje y desmontaje de mandriles

1. ¿Qué precauciones de seguridad deberán observarse antes de intentar montar o desmontar mandriles?
2. ¿Por qué es necesario que la conicidad en el extremo del husillo del torno y la correspondiente en el mandril sean completamente limpiadas antes de montar?
3. Explique el procedimiento para montar un mandril en el extremo de husillo cónico.
4. Explique el procedimiento para desmontar un mandril el extremo de husillo con seguro de leva.

Cómo montar la pieza en un mandril

5. ¿Cuánto de la pieza puede extenderse más allá de las mordazas de un mandril antes de que deba ser soportado?
6. Liste de manera breve el procedimiento para ensamblar las mordazas de un mandril universal de tres mordazas.
7. ¿Por qué se utilizas mandriles de cuatro mordazas? Explique.
8. Explique cómo montar concéntricamente en un mandril de cuatro mordazas con una precisión de menos de .001 pulg (.02 mm).

Careado en un mandril

9. ¿Cómo debe ajustarse la herramienta de corte para carear?
10. ¿Cuándo debe girarse el anillo graduado del carro auxiliar para carear:
    a. .050 pulg. con el carro auxiliar colocado a 90° en relación con el carro transversal?
    b. .025 pulg. cuando el carro auxiliar está ajustado a 30°?

Torneado de desbaste y acabado

11. ¿Cómo deben ajustarse el portaherramienta y la herramienta de corte para maquinar piezas en un mandril?
12. ¿Cuál es el propósito de un corte ligero de prueba en el extremo de la pieza?

Corte

13. ¿Cuánto se debe extender la cuchilla más allá de su soporte para cortar?
14. ¿Qué procedimiento deberá utilizarse para cortar ranuras más profundas que $\frac{1}{4}$ pulg. (6 mm)?

UNIDAD

58

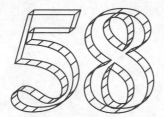

Taladrado, torneado interior, rimado y machueleado

OBJETIVOS

Al terminar el estudio de esta unidad, se podrá:

1. Taladrar perforaciones de pequeño y gran diámetro en un torno
2. Rimar perforaciones con un diámetro preciso con un buen terminado superficial
3. Torneado de interiores de una perforación hasta con una precisión de .001 pulg. (0.002 mm)
4. Utilizar un machuelo para producir una rosca interna concéntrica con el diámetro exterior

Las operaciones internas como es el taladrado, torneado de interiores rimado y machueleado se pueden llevar a cabo sobre piezas sujetas en un mandril. Las herramienta de torneado de interiores se montan en el poste portaherramientas, en tanto que las brocas, rimas o escariadores y los machuelos se pueden sujetar, ya sea en un mandril de taladro montado en el husillo del contrapunto o directamente sobre el husillo del contrapunto. Dado que la pieza montada en un mandril por lo general se maquina concéntricamente, por lo general se hace con el diámetro exterior de la pieza.

CÓMO MARCAR Y TALADRAR UNA PIEZA EN UN MANDRIL

El marcado asegura que una broca se iniciará en el centro de la pieza. Se utiliza una herramienta de marcar para hacer una perforación poco profunda, en forma de V, en el centro de la pieza, misma que sirve de guía para la broca. La mayor parte de los casos se puede marcar una perforación rápida y razonablemente precisa al utilizar una broca central (Figura 58-1). Cuando sea necesario marcar con extrema precisión, deberá utilizarse una herramienta de marcar.

FIGURA 58-1 Uso de una broca de centros para marcar una perforación. (Cortesía de Kelmar Associates.)

Procedimiento

1. Monte la pieza concéntricamente en un mandril.
2. Ajuste el torno a la velocidad adecuada para el tipo de material que se va a perforar.
3. Verifique el contrapunto y asegúrese que esté alineado.
4. Marque la perforación con una broca de centros o con una herramienta de marcar.
5. Monte la broca en el husillo del contrapunto, en un mandril o en un portabrocas (Figura 58-2 a 58-4).

Nota:

a. Cuando una broca de vástago cónico se monta directamente sobre el husillo del contrapunto, debe utilizarse un perro para evitar que la broca gire y raye la superficie cónica del husillo del contrapunto (Figura 58-2).

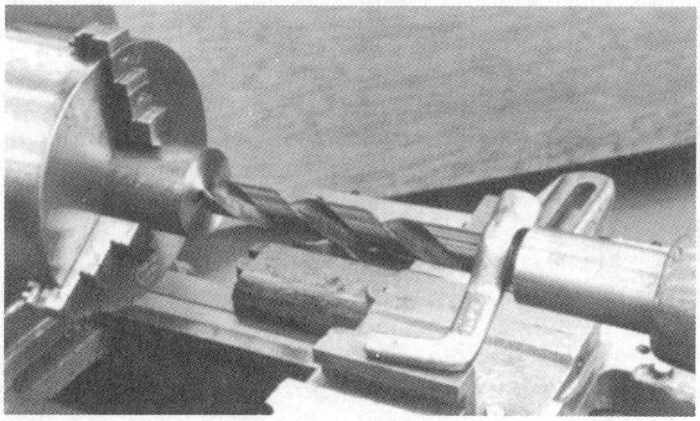

FIGURA 58-2 Un perro de torno impide que gire una broca de vástago cónico en el husillo. (Cortesía de Kelmar Associates.)

b. El extremo de la broca puede estar soportado con el extremo de un portaherramientas de tal manera que la broca esté centrada (Figura 58-3).

c. A menudo las brocas de vástago cónico se montan en un portabrocas. La punta de la broca se coloca en la perforación, en tanto que el extremo del portabrocas queda soportado por el punto muerto. La manivela del portabroca descansa en el portaherramientas contra el poste portaherramientas para impedir que gire la broca y que se desvíe en la pieza (Figura 58-4).

6. Encienda el torno y perfore a la profundidad deseada, aplique con frecuencia fluido de corte.
7. Para medir la profundidad de la perforación, utilice las graduaciones en el husillo del contrapunto, o mida con una regla de acero (Figura 58-5).
8. Saque frecuentemente la broca para retirar las virutas y medir la profundidad de la perforación.

Precaución: Reduzca siempre la fuerza del avance conforme la broca corta a través de la pieza.

FIGURA 58-3 Soportando el extremo de una broca se evitará que oscile al iniciar una perforación. (Cortesía de Kelmar Associates.)

FIGURA 58-4 Taladrado de una perforación con una broca montada en un portabroca y soportada en un punto muerto. (Cortesía de Kelmar Associates.)

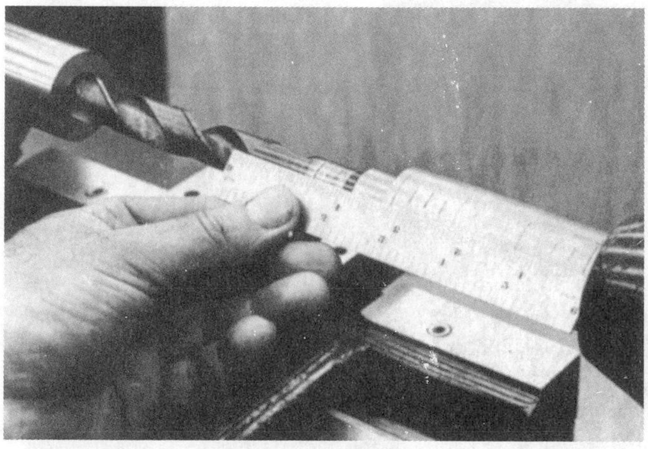

FIGURA 58-5 Medición de la profundidad de una perforación utilizando una regla. (Cortesía de Kelmar Associates.)

TORNEADO INTERIOR (MANDRINADO)

El *torneado de interiores* es la operación de agrandar y rectificar una perforación taladrada o colada utilizando una herramienta de corte de una sola punta. Se pueden producir perforaciones de diámetro especial, para los cuales no hay brocas disponibles.

Los diámetros interiores se pueden efectuar en un torno; sin embargo, estas perforaciones generalmente no se consideran precisas, aún cuando la broca se haya iniciado en línea recta. Durante el proceso de taladrado, la broca puede desafilarse o puede encontrarse con un zona dura o con un poro en el metal, lo que causará que la broca se desvíe o se salga de centro. Si esta perforación se rima, la rima o escariador seguirá la perforación taladrada y, como resultado, la perforación no será en línea recta. Por lo tanto, si es importante que una perforación rimada esté recta y correcta, la perforación debe primero taladrarse, después tornearse internamente y a continuación rimarse.

Cómo tornear el interior de una pieza en un mandril

1. Monte la pieza en un mandril; caree, marque y taladre la perforación aproximadamente 1/16 pulg. (1.5 mm) menor de diámetro.
2. Seleccione una barra de torneado tan grande como sea posible que se extienda más allá de la sujeción, solamente lo suficiente para librar la profundidad de la perforación a tornear.
3. Monte la barra de interiores en el poste portaherramienta del lado izquierdo del carro auxiliar.
4. Ajuste la herramienta de torneado al centro (Figura 58-6).
5. Ajuste el torno a la velocidad apropiada y seleccione un avance medio.
6. Encienda el torno y lleve la herramienta de barrenado hasta que entre el contacto con el diámetro interno de la perforación.

FIGURA 58-6 La barra de torneado de interiores debe sujetarse corta y la herramienta ajustarse al centro para maquinar diámetros interiores. (Cortesía de R. K. LeBlond-Makino Machine Tool Company.)

7. Efectúe un corte de prueba ligero [de aproximadamente .005 pulg. (0.12 mm) o hasta producir un diámetro concéntrico] de 1/4 pulg (6 mm) de largo en el extremo derecho de la pieza.
8. Detenga el torno y mida el diámetro de la cavidad con un calibrador telescópico o con un micrómetro de interiores.
9. Determine la cantidad de material a eliminarse de la cavidad.

Nota: Deje aproximadamente .010 a .020 pulg. (0.25 a 0.5 mm) para un corte de acabado.

10. Ajuste la profundidad de corte a la mitad de la cantidad de material a desprender.
11. Encienda el torno y efectúe el corte de desbaste.

Nota: Si durante el maquinado se presenta ruido o vibración, reduzca la velocidad del torno y aumente el avance hasta que se elimine.

12. Detenga el torno y saque la herramienta de torneado de interiores de la cavidad sin mover la manivela del carro transversal.
13. Ajuste la profundidad del corte de acabado y tornee el diámetro interior a su tamaño. Para un buen acabado superficial se recomienda un avance fino.

RIMADO

El *rimado* se puede llevar a cabo en un torno para obtener con rapidez una perforación a un tamaño preciso y para producir un buen acabado superficial. El rimado se puede llevar a cabo después de haber taladrado o torneado una cavidad. Si se requiere una perforación precisa y exacta, debe tornearse interiormente antes de la operación de rimado.

Cómo escariar o rimar una pieza en un torno

1. Monte la pieza en un mandril; caree, marque y perfore la cavidad al tamaño.

   Para perforaciones menores de 1/2 pulg (13 mm) de diámetro, haga la perforación 1/64 pulg. (0.4 mm) más pequeña; para perforaciones mayores de 1/2 pulg. (13 mm) haga la perforación 1/32 pulg. (0.8 mm) más pequeña. Si las perforaciones deben ser exactas, deben barrenarse .010 pulg. (0.25 mm) más pequeñas.

2. Monte la rima en un mandril para broca o en un broquero (Figura 58-7).

   Al rimar perforaciones de 5/8 pulg. (16 mm) de diámetro y mayores, sujete un perro de torno cerca del vástago de la rima y soporte la cola sobre el carro auxiliar para evitar que la rima gire.

3. Ajuste el torno aproximadamente a la mitad de la velocidad de taladrado.
4. Lleve la rima cerca de la perforación y bloquee el contrapunto en esa posición.
5. Encienda el torno, aplique fluido de corte a la rima y aváncela muy lento dentro de la perforación taladrada o torneada utilizando la manivela del contrapunto.

FIGURA 58-7 Organización para rimar en un torno. (Cortesía de Kelmar Associates.)

FIGURA 58-8 Uso de un machuelo para cortar roscas internas. (Cortesía de Kelmar Associates.)

6. De vez en cuando retire la rima de la perforación para limpiar virutas de las estrías y para aplicar fluido de corte.
7. Una vez rimada la perforación, detenga el torno y retire la rima de la perforación.

⚠ **Precaución:** *Nunca haga girar hacia atrás el husillo del torno o la rima. Esto dañará la rima.*

8. Limpie la rima y almacénela cuidadosamente para evitar que se astille o se dañe.

MACHUELEADO

El *machueleado* es un método en el torno para producir una rosca interna. El machueleado se alinea al colocar el punto muerto del torno en el extremo del vástago del machuelo para guiarlo mientras éste es girado utilizando un maneral de machuelear. Se puede utilizar un machuelo estándar; sin embargo, se prefiere un machuelo recto porque las virutas son retiradas por delante de éste Cuando machuelee una perforación en un torno, bloquee el husillo y haga girar el machuelo manualmente (Figura 58-8).

Cómo machuelear una perforación en un torno

1. Monte la pieza en el mandril; caree y perfore el centro.
2. Seleccione la broca de machuelo adecuada para el machuelo que se va a utilizar.
3. Ajuste el torno a la velocidad adecuada.
4. Efectúe el taladro con la broca de machuelo a la profundidad requerida. Utilice fluido de corte si se requiere.
5. Achaflane el borde de la perforación ligeramente más que el diámetro del machuelo.
6. Detenga el torno y bloquee el husillo, o ponga el torno a su velocidad más baja.
7. Coloque un machuelo cónico en la perforación y soporte el vástago con la punta del contrapunto.
8. Con un maneral adecuado, haga girar el machuelo, conserve el punto muerto apretado sobre el vástago del machuelo y gire la manivela del contrapunto.
9. Aplique fluido de corte mientras machuelea la perforación (Figura 58-8).
10. Regrese con frecuencia el machuelo para romper las virutas.
11. Retire el machuelo cónico y termine el machueleado de la perforación utilizando un machuelo de fondo.

RECTIFICADO EN UN TORNO

Se puede llevar a cabo rectificado cilíndrico e interno en un torno si no se tiene disponible una máquina rectificadora adecuada. La rectificadora de poste portaherramienta, montada en un torno puede ser utilizada para el rectificado cilíndrico y cónico, así como una rectificadora en ángulo de los puntos del torno. Un aditamento de rectificado interno para la rectificadora de poste permite el rectificado de perforaciones rectas o cónicas. El rectificado deberá llevarse a cabo sobre el torno sólo cuando no haya ninguna otra máquina disponible, o cuando el costo de llevar a cabo una pequeña operación de rectificado sobre una pieza no justifique el ajuste de una máquina rectificadora normal. Dado que la pieza debe girar en dirección opuesta a la piedra de esmeril, el torno debe estar equipado con un interruptor de reversa.

Cómo rectificar un punto de torno

1. Retire el mandril o el plato impulsor del husillo del torno.
2. Monte el punto de torno que se va a rectificar sobre el husillo del cabezal.
3. Escoja una velocidad de husillo reducida.
4. Mueva el carro auxiliar a 30° (Figura 58-9) en relación con la línea central del torno.

5. Proteja las guías del torno con tela o lona y coloque una charola de agua por debajo del centro del torno.
6. Instale la rectificadora de poste de herramientas y ajuste el centro del husillo de la rectificadora con el centro del torno.
7. Coloque la piedra de esmeril apropiada; balancéela y rectifíquela.
8. Encienda el torno haciendo que el husillo gire en reversa.
9. Encienda la rectificadora y ajuste la piedra hasta que salgan ligeras chispas de la punta giratoria.
10. Fije el carro longitudinal en esta posición.
11. Avance el esmeril hacia adentro .001 pulg. (0.02 mm) usando la manivela del avance transversal.
12. Mueva el esmeril a lo largo de la cara del punto utilizando el avance del carro auxiliar.
13. Verifique el ángulo del punto utilizando un calibrador de centros, y ajuste el carro auxiliar si es necesario.
14. Rectifique de acabado el punto.

Nota: Si se desea un acabado fino, pula el punto con una tela abrasiva a alta velocidad del husillo.

FIGURA 58-9 Carro auxiliar colocado a 30° para rectificar un punto del torno. (Cortesía de Kelmar Associates.)

UN RESUMEN DE OPERACIONES EN EL TORNO

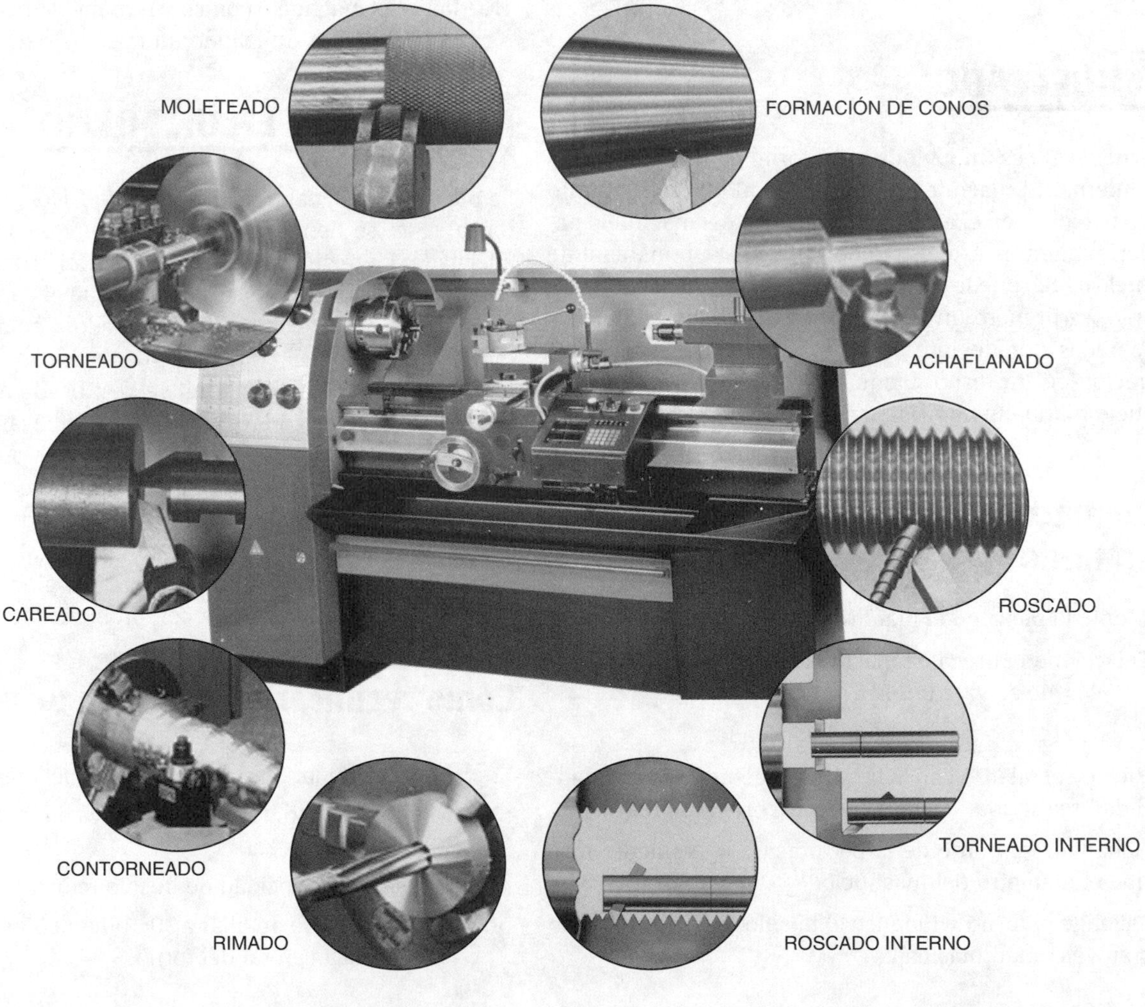

PREGUNTAS DE REPASO

Taladrado

1. ¿Por qué es importante marcar antes de taladrar una perforación?
2. Nombre tres métodos de sujeción de varios tamaños de brocas en un contrapunto.
3. ¿Cómo se puede medir la profundidad de una perforación?

Torneado interior

4. Defina el proceso de torneado interior.
5. ¿Por qué se debe tornear una perforación antes de rimar?
6. ¿Cómo se debe ajustar la barra y la herramienta de torneado interno para tornear cavidades?
7. Explique brevemente cómo tornear una perforación a 1.750 pulg. (44 mm).

Rimado

8. ¿Cuál es el propósito de rimar en un torno?
9. ¿Cuánto material se debe dejar en una perforación para rimar una perforación de:?
   a. $\frac{7}{16}$ pulg. **b.** 1 pulg.
10. ¿Por qué no se debe jamás girar una rima hacia atrás?

Machueleado

11. ¿Cómo se inicia y se guía el machuelo para que la rosca esté concéntrica con la perforación torneada?

CINCINNATI

SECCIÓN

12

MÁQUINAS FRESADORAS

Las máquinas fresadoras son máquinas herramienta que se utilizan para producir con precisión una o más superficies maquinadas sobre una pieza, *la pieza de trabajo;* esto se efectúa mediante uno o más cortadores de fresado giratorios que tienen bordes cortantes sencillos o múltiples. La pieza de trabajo se sujeta firmemente sobre la *mesa de trabajo* de la máquina o en un dispositivo de sujeción a su vez sujeto sobre la mesa. Es entonces puesta en contacto con un cortador giratorio.

La máquina fresadora horizontal es una máquina herramienta versátil que puede manejar una diversidad de operaciones normalmente realizadas por otras máquinas. Se utilizan no solamente para el fresado de superficies planas o de forma irregular, sino también para el corte de engranes y roscas, y para operaciones de torneado interno (mandrinado), escariado y ranurado. Su versatilidad la convierte en una de las máquinas herramienta más importantes utilizadas en operaciones de taller de maquinado. La *máquina fresadora vertical*, que se encuentra en la mayoría de los talleres, tiene un uso más amplio que la máquina fresadora horizontal. Es una máquina fácil de poner a punto y de operar. Muchos programas de capacitación enseñan esta máquina en primer término, como una introducción al fresado.

UNIDAD

59

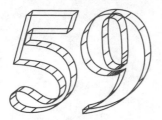

Máquinas fresadoras y sus accesorios

OBJETIVOS

Al terminar el estudio de esta unidad, se podrá:

1 Reconocer y explicar la finalidad de cuatro máquinas fresadoras

2 Conocer los propósitos de los componentes operacionales principales de una máquina fresadora horizontal y de una vertical

3 Reconocer y enunciar los propósitos de los accesorios y aditamentos de cuatro máquinas fresadoras

La industria necesita una amplia variedad de máquinas fresadoras para llenar las necesidades de operación de las muchas piezas que deben ser maquinadas. Para que las máquinas fresadoras sean más versátiles, están disponibles una gran diversidad de accesorios y aditamentos con la finalidad de que cada máquina pueda llevar a cabo más operaciones sobre cada pieza de trabajo.

MÁQUINAS FRESADORAS HORIZONTALES

Para llenar muchos de los diversos requerimientos de las industrias, se fabrican máquinas fresadoras en una amplia variedad de tipos y de tamaños. Se clasifican bajo los encabezados siguientes:

1. *Tipo manufactura,* en el cual la altura del cortador está controlado por el movimiento vertical del cabezal.
2. *Tipo especial,* diseñada para operaciones específicas de fresado.
3. *Tipo rodilla y columna,* en la cual la relación entre la altura del cortador y la pieza queda controlado por el movimiento vertical de la mesa.

MÁQUINAS FRESADORAS DE TIPO MANUFACTURA

Las máquinas fresadoras de tipo manufactura se utilizan principalmente para producir piezas idénticas en gran cantidad. Este tipo de máquina puede ser semiautomática o totalmente automática y es de una construcción sencilla pero robusta. Dispositivos fijados en la mesa sujetan la pieza de trabajo para una diversidad de operaciones de fresado, dependiendo del tipo de cortador y de los dispositivos especiales de husillo utilizados. Algunas de las características distintivas de las máquinas de tipo manufactura son el *ciclo automático* de acercamiento del cortador y de la pieza, el *movimiento rápido* durante el periodo de no corte del ciclo, y el *paro automático del husillo.* Una vez puesta a punto esta máquina, el operador sólo necesita cargar y descargar la máquina e iniciar el ciclo automático controlado por levas y por *topes de disparo.* preestablecidos. Dos de las máquinas fresadoras comunes de tipo manufactura son el *tipo manufactura simple* (Figura 59-1) y el *pequeño tipo columna y rodilla automática simple* (Figura 59-2).

FIGURA 59-1 Una máquina fresadora tipo manufactura simple. (Cortesía de Cincinnati Milacron, Inc.)

FIGURA 59-2 Una pequeña máquina fresadora tipo columna y rodilla automática simple. (Cortesía de Cincinnati Milacron, Inc.)

MÁQUINAS FRESADORAS DE TIPO ESPECIAL

Las máquinas fresadoras de tipo especial están diseñadas para operaciones de fresado específicas y se utilizan sólo para un tipo de trabajo en particular. Pueden ser completamente automáticas y se utilizan para fines de producción cuando se deben maquinar cientos o miles de piezas similares.

Centros de maquinado

Un tipo especial de máquina de amplio uso en el mundo industrial es el centro de maquinado horizontal de control numérico por computadora (Figura 59-3). Esta máquina es capaz de manejar una amplia diversidad de trabajo como es fresado recto y de contorno, taladrado, rimado, machueleado y torneado interno –todo ello en una puesta a punto. Debido a la construcción robusta, controles confiables y tornillos de bola sin juego, es capaz de trabajar a elevadas velocidades de producción y, al mismo tiempo, mantener un elevado grado de precisión. Esta máquina y su contribución a la manufactura se analizarán con mayor detalle en la Unidad 77.

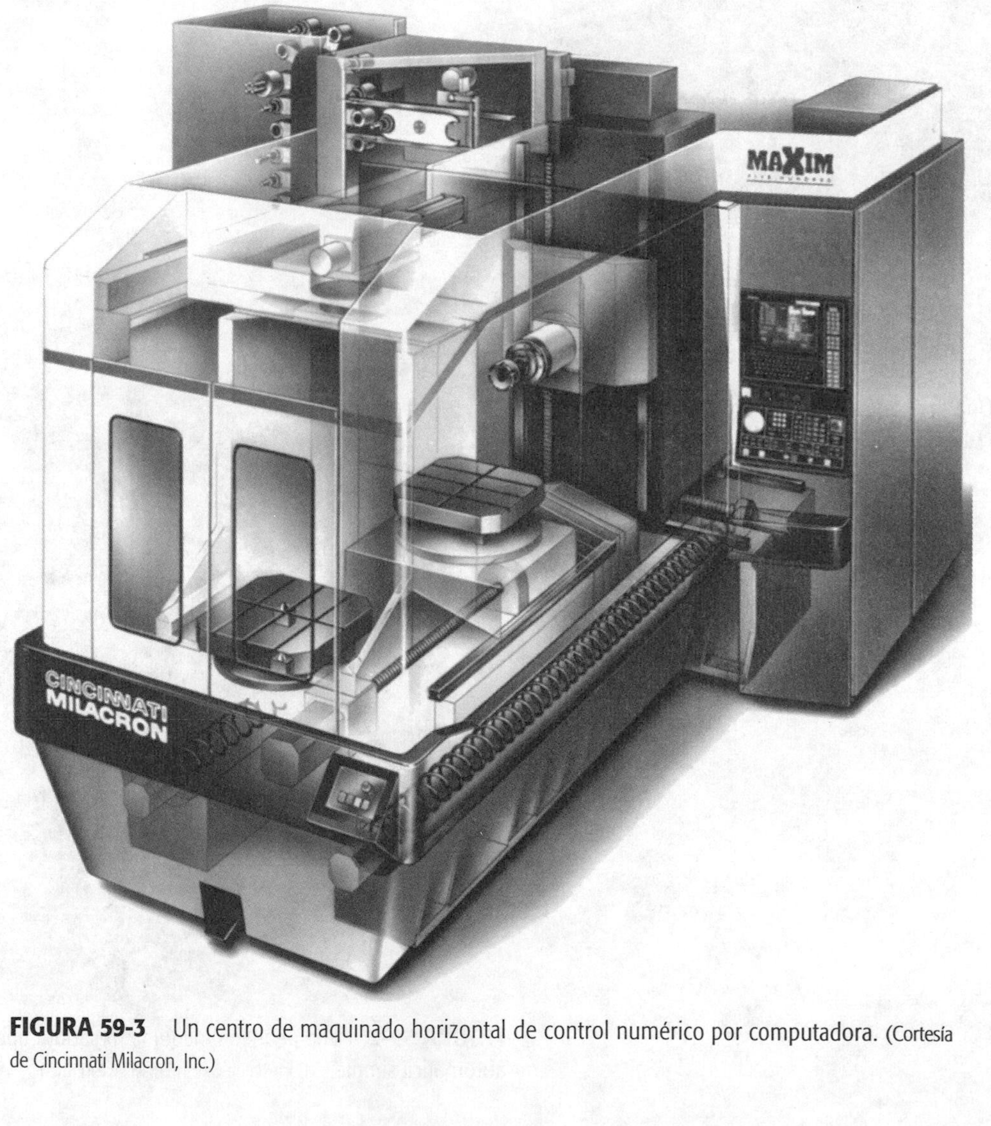

FIGURA 59-3 Un centro de maquinado horizontal de control numérico por computadora. (Cortesía de Cincinnati Milacron, Inc.)

MÁQUINAS FRESADORAS TIPO COLUMNA Y RODILLA

Las máquinas de esta clase entran en tres categorías:

1. Máquinas fresadoras horizontales simples.
2. Máquinas fresadoras horizontales universales.
3. Máquinas fresadoras verticales.

Máquinas fresadoras horizontales universales

Esta máquina es esencial para el trabajo de taller de maquinado avanzado. La diferencia entre esta máquina y la fresadora horizontal simple se tratará en esta unidad.

La Figura 59-4 muestra los componentes de una fresadora horizontal universal. La única diferencia entre esta fresadora y la máquina horizontal simple es la adición de un bastidor *de mesa giratoria* entre la mesa y la silla. Este bastidor permite que la mesa gire 45° en cualquier dirección en un plano horizontal para operaciones como el fresado de ranuras helicoidales en brocas, fresas y engranes.

COMPONENTES DE LA MÁQUINA FRESADORA

- La *base* da rigidez y soporte a la máquina y también actúa como depósito para los fluidos de corte
- La *cara de la columna* es una sección maquinada de precisión y rayado utilizado para soportar y guiar la rodilla cuando ésta se mueve verticalmente
- La *rodilla* está sujeta a la cara de la columna y puede moverse verticalmente sobre la cara de la columna, ya sea manual o automáticamente. Aloja el mecanismo de avance (Figura 59-4)
- La *silla* está colocada en la parte superior de la rodilla y se puede mover hacia adentro o hacia fuera manualmente mediante la manivela de avance transversal o automá-

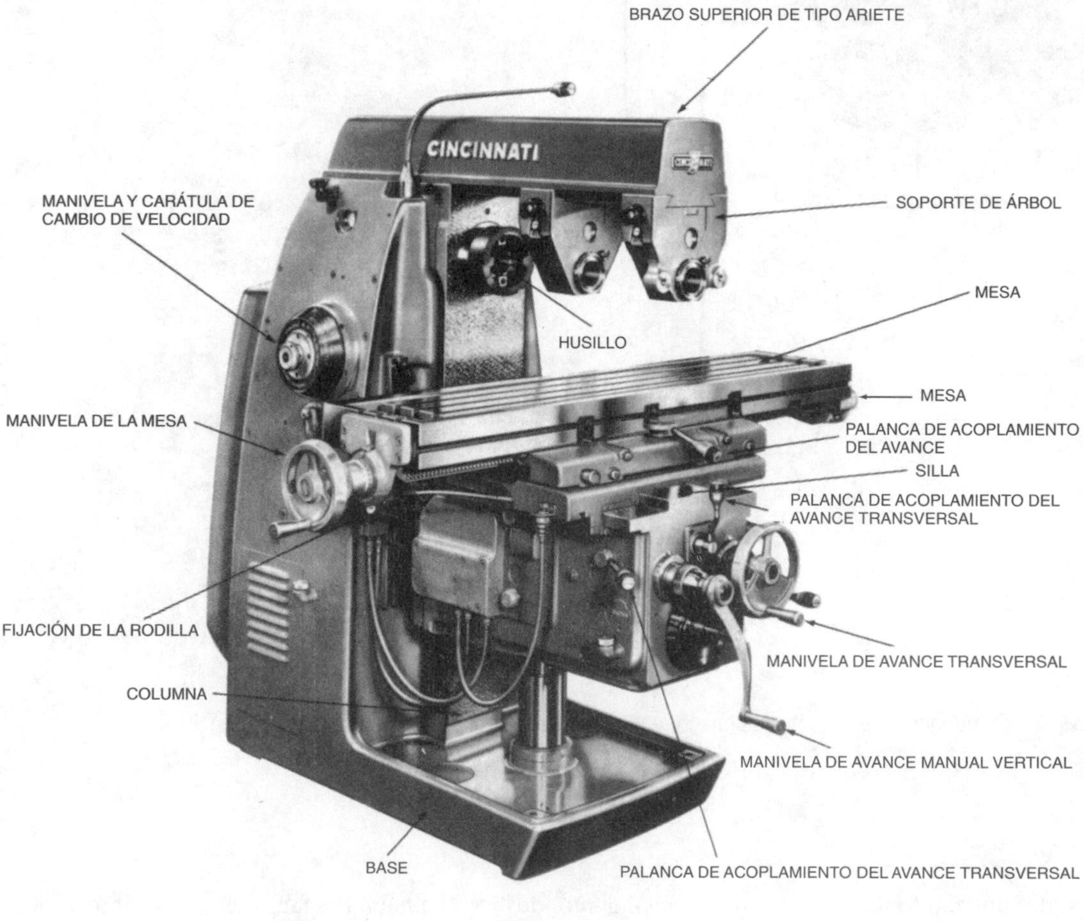

FIGURA 59-4 Máquina fresadora horizontal universal. (Cortesía de Cincinnati Milacron, Inc.)

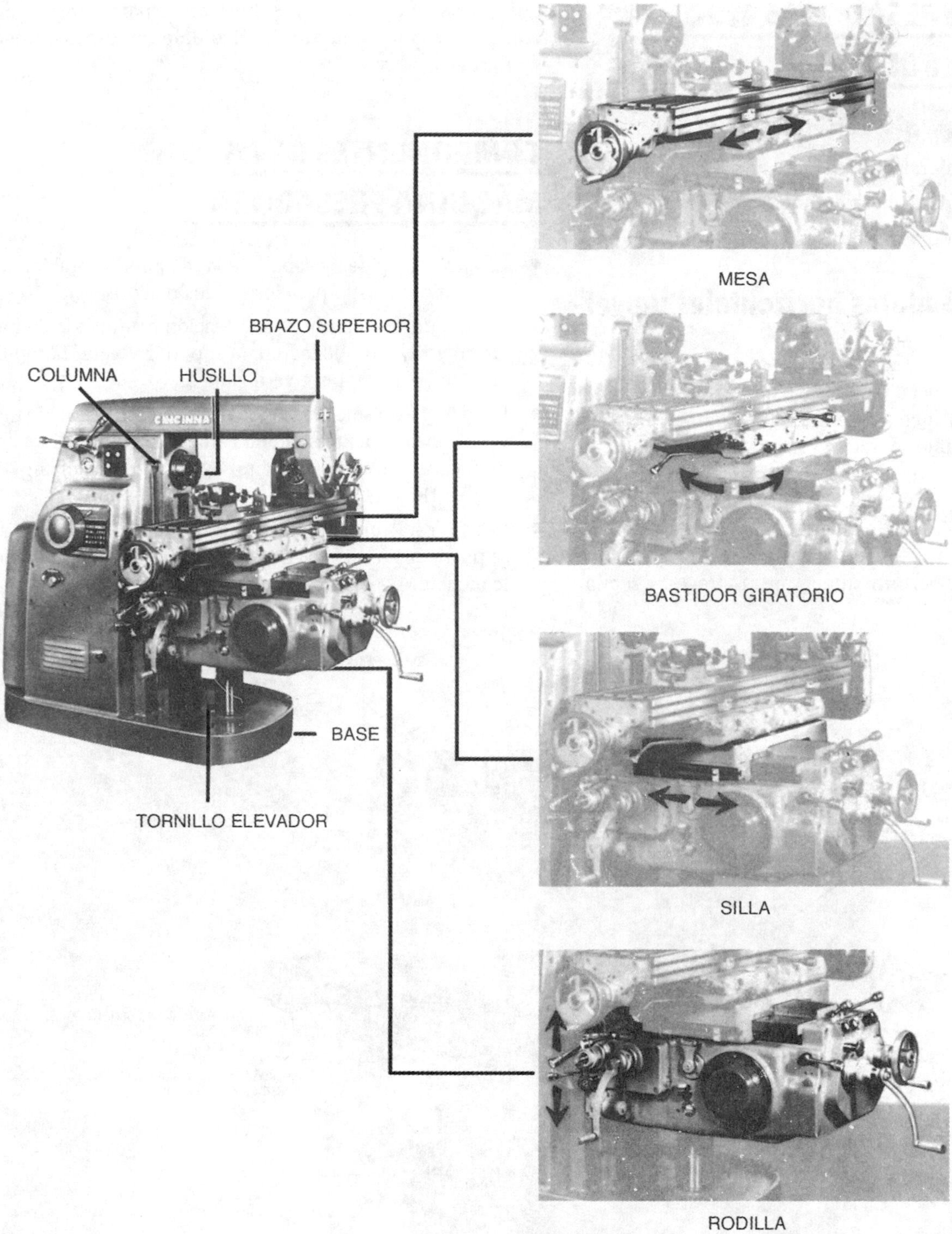

FIGURA 59-5 Componentes principales de una máquina fresadora. (Cortesía de Cincinnati Milacron, Inc.)

ticamente utilizando la palanca de acoplamiento de avance transversal

- El *bastisor de mesa giratorio* sujeta a la silla en una máquina fresadora universal, permite que la mesa sea girada 45° a ambos lados de la línea central
- La *mesa* descansa en guías sobre la silla y se mueve longitudinalmente en un plano horizontal. Soporta la prensa y la pieza (Figura 59-5)
- La *manivela de avance transversal* se utiliza para mover la mesa, alejándola o acercándola a la columna

- La *manivela de la mesa* se utiliza para mover la mesa horizontalmente hacia la izquierda y la derecha frente a la columna
- La *carátula de avance* se utiliza para controlar los avances de la mesa
- El *husillo* proporciona la propulsión para árboles, cortadores y aditamentos utilizados en una máquina fresadora
- El *brazo superior* proporciona la alineación correcta y el apoyo para el árbol y diversos aditamentos. Se puede ajustar y bloquear en varias posiciones, dependiendo de la longitud del árbol y de la posición de la herramienta de corte
- El *soporte de árbol* está colocado sobre el brazo superior y se puede fijar en cualquier posición sobre éste. Su propósito es alinear y soportar varios árboles y aditamentos
- El *tornillo elevador* se controla manualmente o con un avance automático. Proporciona un movimiento hacia arriba o hacia abajo a la rodilla y a la mesa
- La *carátula de velocidad del husillo* se ajusta mediante una manivela que se gira para controlar la velocidad del husillo . En algunas máquinas fresadoras, los cambios de la velocidad del husillo se efectúan mediante dos palancas. Al hacer los cambios de velocidad, verifique siempre si el cambio puede hacerse con la máquina en operación o debe ésta ser detenida.

Eliminador de juego

Una característica de la mayor parte de las máquinas fresadoras es la adición de un *eliminador de juego*. Este dispositivo, cuando está acoplado, elimina el juego entre la tuerca y el tornillo de avance de la mesa, y permite la operación de fresado *de subida*. La Fig. 59-6 muestra un esquema del eliminador de juego de Cincinnati Milacron.

El eliminador de juego funciona como sigue. Dos tuercas independientes están montadas sobre el tornillo de avance. Éstas se acoplan con un engrane corona común, que a su vez está acoplado con una cremallera. El movimiento axial de la cremallera está controlado por una perilla de acoplamiento del eliminador de juego frente a la silla. Al girar la perilla hacia adentro, las tuercas están obligadas a moverse a lo largo del tornillo de avance en direcciones opuestas, eliminando todo juego. La disposición de tuercas, engrane y cremallera, aparece en la Fig. 59-6.

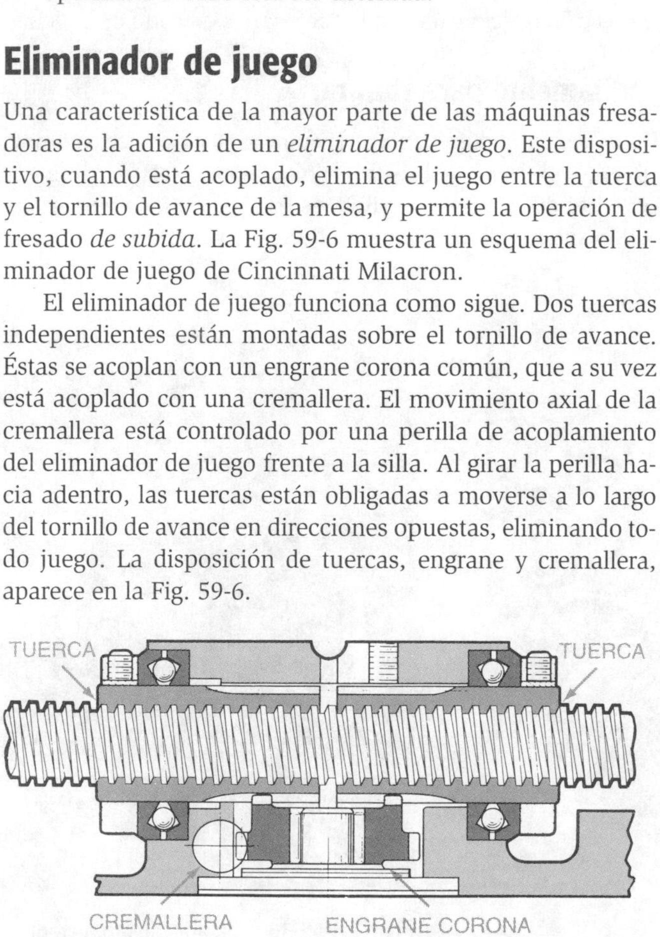

FIGURA 59-6 Sección transversal de un eliminador de juego Cincinnati Milacron. (Cortesía de Cincinnati Milacron, Inc.)

ACCESORIOS DE LA MÁQUINA FRESADORA

Están disponibles una amplia variedad de accesorios para la máquina fresadora, que incrementan de manera importante su versatilidad y productividad. Estos accesorios se pueden clasificar como *fijadores* o como *aditamentos.*

Fijadores

Un fijador (Figura 59-7) es un dispositivo de sujeción de la pieza colocado en la mesa de una máquina o a un accesorio de la misma, como por ejemplo una mesa giratoria. Está diseñado para sujetar piezas de trabajo que es difícil fijar en una prensa o que se utilizan en trabajos de producción donde se maquinan grandes cantidades. El fijador debe estar diseñado para que las piezas idénticas, cuando estén sujetas en el mismo, queden posicionadas exactas y con firmeza. Los fijadores pueden construirse para sujetar una o varias piezas a la vez y debe permitir el cambio rápido de las mismas. Las piezas pueden posicionarse mediante topes, como pernos, tiras o tornillos prisioneros, y estar sujetas en su sitio mediante abrazaderas, palancas de seguro de leva o tornillos de fijación. Para producir piezas uniformes, limpie las virutas y otros desechos de un fijador antes de montar una nueva pieza de trabajo.

Aditamentos

Los aditamentos de las máquinas fresadoras se pueden dividir en tres clases.

1. Aquellos diseñados para sujetar aditamentos especiales; se sujetan al husillo y a la columna de la máquina. Son aditamentos *verticales, de alta velocidad, universales, de fresado de cremalleras* y de *ranurado*. Estos aditamentos están diseñados para incrementar la versatilidad de la máquina.

FIGURA 59-7 Fresado de una pieza sujeta a un fijador. (Cortesía de Cincinnati Milacron, Inc.)

2. *Árboles, boquillas y adaptadores,* diseñados para sujetar cortadores o fresas estándar.
3. Aquellos diseñados para sujetar a la pieza de trabajo como por ejemplo una *prensa, mesa giratoria* y un *cabezal intercambiador o divisor.*

Aditamento de fresado vertical

El *aditamento de fresado vertical* (Figura 59-8), que puede ser montado en la cara de la columna o en el brazo superior, permite que una máquina fresadora universal o simple pueda ser utilizada como una máquina fresadora vertical. Se pueden maquinar superficies en ángulo haciendo girar al cabezal, paralelos a la cara de la columna, a cualquier ángulo hasta 45° en ambos lados de la posición vertical. En algunos modelos el cabezal puede ser girado hasta 90° a cada lado. Los aditamentos verticales permiten que la máquina fresadora horizontal se utilice para operaciones como el fresado de cara, el fresado de extremo, el taladrado, el torneado interno y el fresado de ranuras en T.

FIGURA 59-8 Un aditamento de fresado vertical. (Cortesía de Cincinnati Milacron, Inc.)

Una modificación del aditamento del fresado vertical es el *aditamento de fresado universal,* que puede ser girado en dos planos, paralelo a la columna y en ángulos rectos a la misma, para cortar en ángulos compuestos. Los dispositivos vertical y universal también se fabrican en modelos de *alta velocidad,* lo que permite el uso eficiente de fresas y cortadores pequeños y de tamaño medio para operaciones como el ajuste de matrices y el asiento de cuñas.

Aditamento para fresado de cremalleras

El *aditamento de fresado de cremalleras* (Figura 59-9A) y el *aditamento de intercambio de cremalleras* (Figura 59-9B) se utilizan para fresar cremalleras de engranes más largos (engranes planos) de lo que puede cortar la máquina fresadora horizontal estándar. Estos aditamentos se analizarán posteriormente en la sección relacionada con los accesorios de corte de engranes.

Aditamento para ranurar

El *aditamento para ranurar* (Figura 59-10) convierte el movimiento giratorio del husillo en movimiento reciprocante para el corte de cuñeros, ranuras, estrías, plantillas y superficies de forma irregular. La longitud de la carrera está controlada

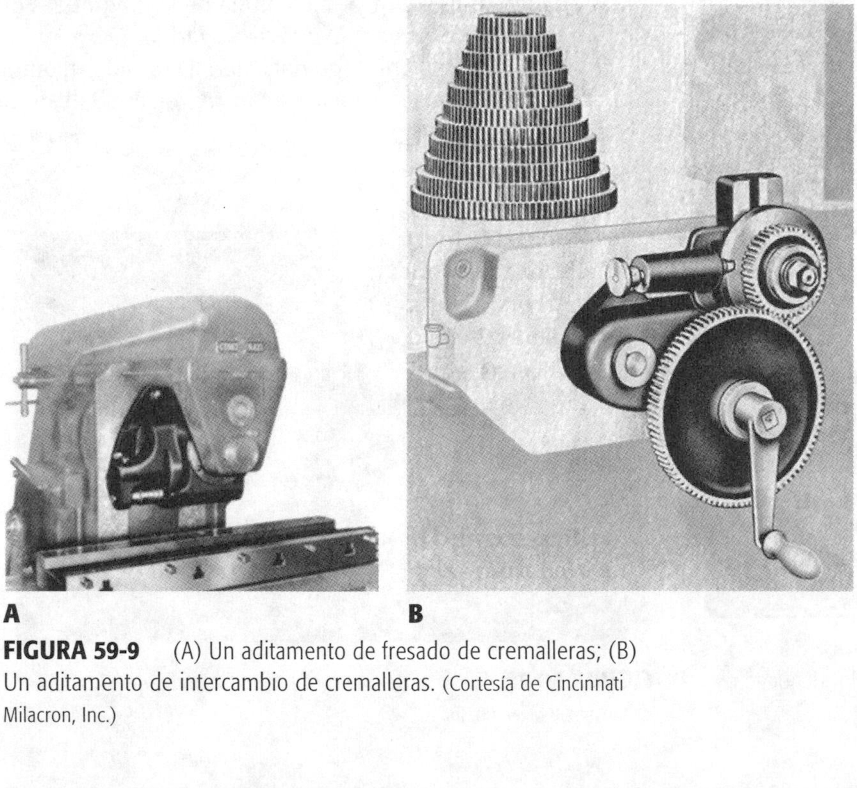

A **B**

FIGURA 59-9 (A) Un aditamento de fresado de cremalleras; (B) Un aditamento de intercambio de cremalleras. (Cortesía de Cincinnati Milacron, Inc.)

FIGURA 59-10 Un aditamento de ranurar. (Cortesía de Cincinnati Milacron, Inc.)

por una manivela ajustable. La corredera de la herramienta puede ser girada en cualquier ángulo en un plano paralelo a la cara de la columna, haciendo que el aditamento de ranurar resulte especialmente valioso en trabajo sobre matrices.

Árboles, boquillas y adaptadores

Los árboles, que se utilizan para montar el cortador de fresado, se insertan y se sujetan en el husillo principal mediante un perno o un adaptador especial de cambio rápido (Figura 59-11).

Los *árboles para fresa de extremo hueco* se adaptan al husillo principal o al husillo del aditamento vertical. Estos dispositivos permiten el fresado de caras vertical y horizontalmente.

Las *boquillas adaptadoras* se utilizan para montar brocas u otras herramientas de vástago cónico en el husillo principal de la máquina, o en el husillo del aditamento vertical.

Un *adaptador de cambio rápido* montado sobre el husillo, permite operaciones como taladrado, torneado interno y fresado sin cambiar la puesta a punto de la pieza de trabajo.

FIGURA 59-11 Árboles, boquillas y adaptadores.

Prensas

Las prensas para las máquinas fresadoras son los dispositivos de sujeción del trabajo de más amplia utilización para el fresado. Se fabrican en tres estilos.

La *prensa sencilla* (Figura 59-12A) puede ser atornillada a la mesa, de tal manera que sus mordazas quedan paralelas o en ángulo recto con el eje del husillo. La prensa se posiciona con rapidez y precisión utilizando cuñas en la parte inferior de la base que se acoplan en las ranuras en T de la mesa.

La *prensa de base giratoria* (Figura 59-12B) es similar a la sencilla, excepto que tiene una base giratoria que permite que la prensa gire 360° en un plano horizontal.

La *prensa universal* (Figura 59-12C) puede girar 360° en un plano horizontal y puede inclinarse de 0 a 90° en un plano vertical. Es utilizada principalmente por herramentistas, matriceros y fabricantes de moldes, ya que permite la colocación de ángulos compuestos para el fresado.

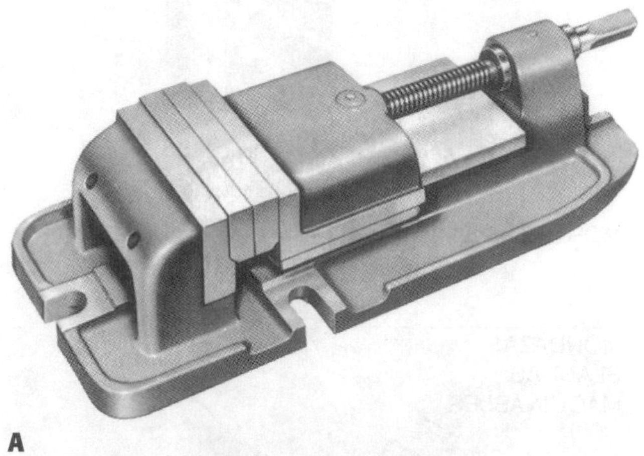

A

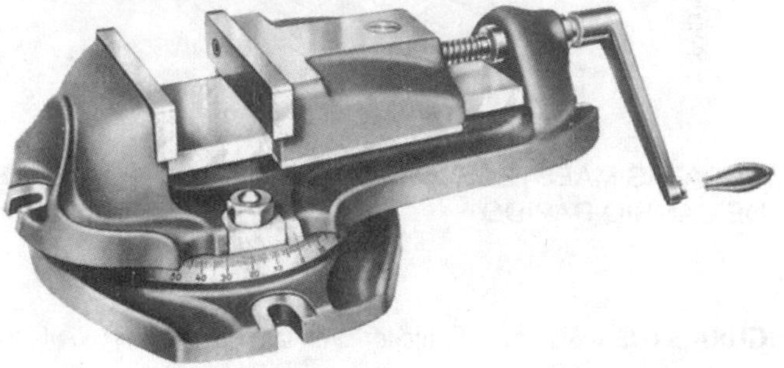

B

C

FIGURA 59-12 (A)Una prensa sencilla. (Cortesía de Cincinnati Milacron, Inc.); (B)Una prensa de base giratoria; (C)Una prensa universal.

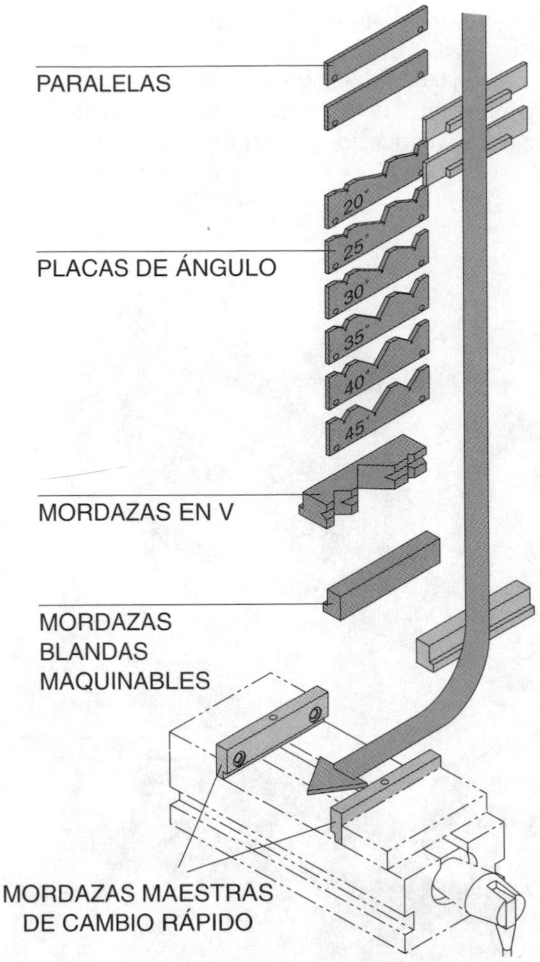

A

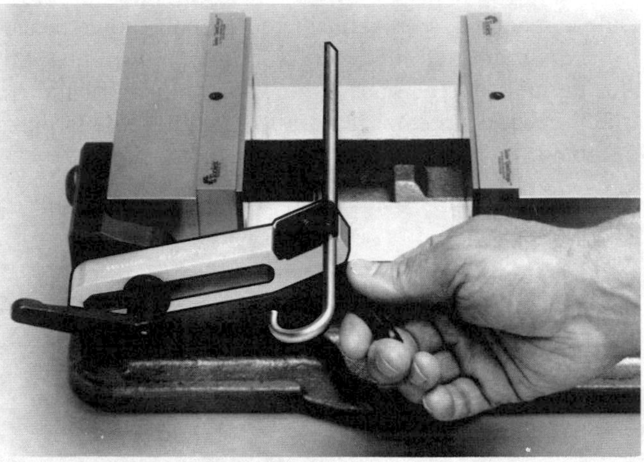

B

FIGURA 59-13 Sistemas de fijadores de la prensa sencilla: (A)Quijadas de la prensa; (B)Tope de la prensa. (Cortesía de Toolex Systems, Inc.)

Sistemas de FIJADORES

Para uso en el taller de maquinado y en el cuarto de herramientas en el maquinado manual, se pueden incorporar en una prensa sencilla, sistemas de cambio rápido, autobloqueables (Figura 59-13A). Se puede mantener la precisión y realizar importantes reducciones en el tiempo de puesta a punto. Un tope de fácil ajuste (Figura 59-13B) se puede fijar a cualquiera de los lados de la prensa para ajustes básicos y el posicionamiento repetido de las piezas.

Cabezal intercambiador o divisor

El *cabezal intercambiador o divisor* es un accesorio muy útil que permite cortar cabezas de perno, dientes de engrane, matracas y así sucesivamente. Cuando se acopla con el tornillo principal de la máquina fresadora, hará girar la pieza según se requiera para cortar engranes helicoidales y estrías en brocas, rimas y otras herramientas. El cabezal divisor se analizará a fondo en la Unidad 64.

PREGUNTAS DE REPASO

Máquina fresadora horizontal

1. Nombre seis operaciones que se pueden llevar a cabo en una máquina fresadora.

Máquina fresadora tipo manufactura

2. Liste cuatro características de una máquina fresadora de tipo manufactura.

Máquina fresadora de columna y rodilla

3. ¿Cuál es la diferencia entre una máquina fresadora horizontal simple y una máquina fresadora horizontal universal?
4. ¿Cuál es el propósito del eliminador de juego?

Accesorios y aditamentos de la máquina fresadora

5. ¿Cuál es el propósito de un fijador?
6. Liste tres aditamentos de máquina fresadora y dé ejemplos de cada uno de ellos.
7. Describa el propósito de los dispositivos siguientes:
   a. Aditamento de fresado vertical
   b. Aditamento de fresado para cremalleras
   c. Aditamento para ranurar.
8. Nombre tres métodos para sujetar los cortadores en una máquina fresadora.
9. ¿Cuáles son las características de:
   a. Prensa sencilla?
   b. Prensa de base giratoria?
   c. Prensa universal?

UNIDAD

60

Fresas

OBJETIVOS

Al terminar de estudiar esta unidad, se podrá:

1 Identificar y enunciar los propósitos de seis fresas estándar

2 Identificar y enunciar los propósitos de cuatro fresas especiales

3 Utilizar fresas de acero de alta velocidad y de carburo para las aplicaciones apropiadas

Si se han de lograr los mejores resultados con la máquina fresadora, se debe practicar una selección uso, y cuidados adecuados de las fresas. El operador o el aprendiz deben ser capaces no sólo de determinar la velocidad adecuada del husillo para cualquier cortador, sino también deberá constantemente vigilar cómo se desempeña la máquina fresadora con diferentes fresas y holguras.

Las fresas se fabrican en muchos tipos y tamaños. Solamente se analizarán las fresas de uso más común.

MATERIALES DE LAS FRESAS

En el proceso de fresado, igual que en la mayor parte de las operaciones de corte de metales, la herramienta de corte debe poseer ciertas propiedades para funcionar satisfactoriamente. Los cortadores deben ser más duros que el metal que se está maquinando y lo suficientemente resistentes para soportar las presiones desarrolladas durante la operación de corte. Tienen que ser además tenaces para resistir el choque que resulta del contacto del diente con las piezas. Para mantener filos apropiados, deben ser capaces de resistir el calor y la abrasión del proceso de corte.

Hoy día la mayor parte de las fresas se fabrican de acero de alta velocidad o de carburo de tungsteno. Fresas para usos especiales fabricadas en la planta para una tarea específica pueden ser fabricadas de cero simple al carbono.

El acero de alta velocidad, que consiste de hierro con diversas cantidades de carbono, tungsteno, cromo, molibdeno y vanadio, se utiliza para la mayor parte de las fresas sólidas, ya que posee todas las cualidades requeridas para un cortador de fresado. En este acero el carbono es el agente endurecedor, en tanto que el tungsteno y el molibdeno permiten que el acero conserve su dureza hasta la temperatura al rojo. El vanadio incrementa la resistencia a la tracción, y el cromo aumenta la tenacidad y la resistencia al desgaste.

Cuando se desea una velocidad más elevada de producción y se maquinan metales más duros, los carburos cementados reemplazan a las fresas de acero de alta velocidad. Los cortadores de carburo cementado (Figura 60-1A), aunque más costosos, pueden ser operados de tres a diez veces más rápidos que los cortadores de acero de alta velocidad. Los puntos de carburo cementado se pueden soldar a un cuerpo de acero o se pueden utilizar insertos sujetos mediante dispositivos de bloqueo o de apriete (Figura 60-1B).

Cuando se deban utilizar cortadores de carburo cementado, debe tenerse cuidado de seleccionar el tipo apropiado de carburo para la pieza. Se utiliza el carburo de tungsteno puro para maquinar el hierro fundido, la mayor parte de las aleacio-

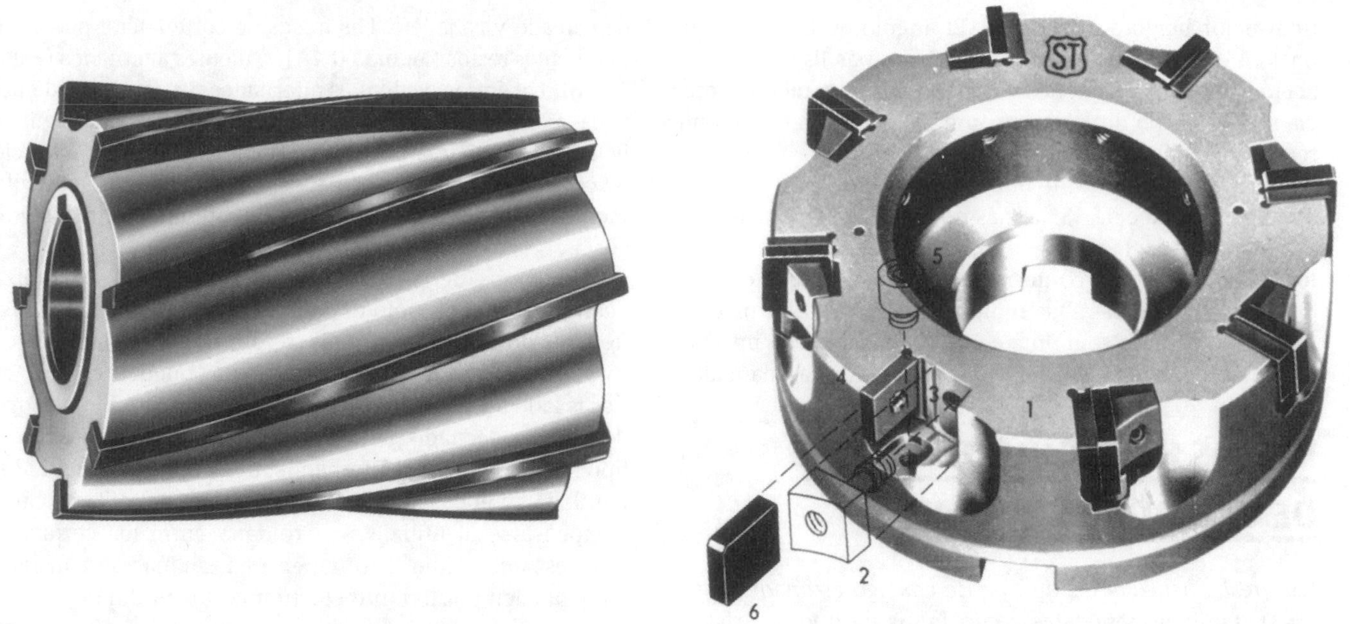

A B

FIGURA 60-1 (A)Una fresa de carburo cementada; (B)Insertos de carburo cementado se sujetan en su sitio utilizando un dispositivo de sujeción.

nes no ferrosas y los plásticos. El carburo de tántalo se utiliza para maquinar aceros al bajo y medio carbono, y el carburo de tungsteno-titanio se utiliza para los aceros al alto carbono.

Aunque los carburos cementados tienen muchas ventajas como herramientas de corte, varias desventajas limitan su amplia utilización:

1. Los cortadores de carburo cementado son más costosos en su adquisición, mantenimiento y afilado.
2. El uso eficiente de estos cortadores requiere que las máquinas sean rígidas y tengan una mayor potencia y velocidad de lo que se requiere para fresas de alta velocidad.
3. Los cortadores de carburo cementado son frágiles; los filos se rompen con facilidad si se utilizan mal.
4. Se requieren esmeriles especiales con ruedas de carburo de silicio y de diamante para afilar correctamente las fresas de carburo.

FRESAS SIMPLES

Probablemente la fresa de más amplio uso es la fresa simple, que es un cilindro fabricado de acero de alta velocidad con dientes formados en su periferia; se utiliza para producir una *superficie plana*. Estos cortadores pueden ser de varios tipos como se puede ver en la Figura 60-2.

Las *fresas simples de servicio ligero* (Figura 60-2A), que tienen menos de 3/4 pulg (19 mm) de ancho, por lo general tendrán dientes rectos; aquellas mayores de 3/4 pulg (19 mm) de ancho tendrán un ángulo de hélice de aproximadamente 25° (Figura 60-2B). Este tipo de fresa se utiliza sólo para operaciones de fresado ligeras, ya que tiene demasiados dientes para permitir una holgura a la viruta requerida para cortes más pesados.

Las *fresas simples de servicio pesado* (Figura 60-2C) tienen menos dientes que el tipo de servicio ligero, lo que da

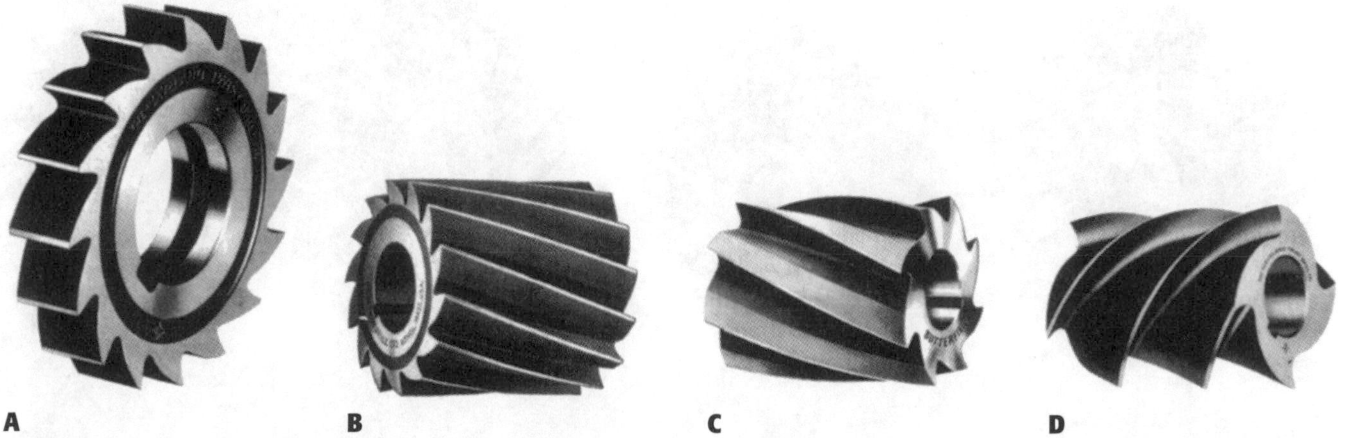

A B C D

FIGURA 60-2 Fresas simples: (A)Servicio ligero; (B)Servicio ligero helicoidal; (C)Servicio pesado; (D)Alta hélice.

una mejor holgura a la viruta. El ángulo de la hélice varía hasta 45°. Éste produce una superficie más lisa debido a la acción de corte y a menos ruido. Se requiere menos potencia con este tipo de fresa que con los cortadores de dientes rectos y de ángulos pequeños de hélice.

Las *fresas simples de alta hélice* (Figura 60-2D), tienen ángulos de hélice de 45° a más de 60°. Son particularmente adecuadas para el fresado de superficies anchas e intermitentes, en el fresado de contorno y de perfil. Aunque este tipo de fresa por lo general se monta en el árbol de la máquina fresadora, a veces se monta sobre un vástago con un piloto en su extremidad y se utiliza para fresar ranuras alargadas.

FRESAS HELICOIDALES DE TIPO DE VÁSTAGO ESTÁNDAR

Las *fresas helicoidales de tipo de vástago estándar* (Figura 60-3), también conocidas como *fresas de tipo de árbol*, se utilizan para fresar formas en metal sólido; por ejemplo, se utilizan al fabricar yugos u horquillas. Las fresas de tipo de vástago también se utilizan para eliminar secciones internas en sólidos. Estos cortadores se insertan a través de una perforación previamente efectuada y se soportan en el extremo exterior con soportes de árbol de tipo A. Para sujetar estas fresas se utilizan adaptadores de husillo especiales.

FRESAS DE CORTE LATERAL

Las *fresas de corte lateral* (Figura 60-4), son fresas cilíndricas comparativamente angostas con filos en cada lado, así como en la periferia. Se utilizan para cortar ranuras y operaciones de careado y caballete. Las fresas de corte lateral pueden tener dientes rectos (Figura 60-4A), o dientes alternados (Figura 60-4B). Las fresas de dientes alternados tienen alternadamente cada diente a la derecha y a la izquierda, con un ángulo de hélice opuesto en la periferia. Estas fresas tienen una acción de corte libre a altas velocidades y avances. Están particularmente diseñadas para el fresado de ranuras profundas y angostas.

Las *fresas de medio lado* (Figura 60-4C), se utilizan cuando se requiere sólo un lado del cortador, como en el refrentado de un extremo. Estas fresas también se fabrican con caras acopladas de tal manera que se pueden colocar dos fresas lado a lado para el fresado de ranuras. El tipo acoplado es más adecuado para el corte de ranuras que la fresa de tipo sólido de dientes alternados, puesto que la cantidad esmerilada en el costado de la fresa durante el afilado, puede compensarse al utilizar una roldana entre los cortadores. Las fresas de medio lado tienen una inclinación considerable y pueden por lo tanto efectuar cortes profundos.

FIGURA 60-3 Fresa helicoidal de tipo de vástago estándar (Cortesía de The Union Butterfield, Corp.)

FRESAS DE REFRENTAR

Las *fresas de refrentar* (Figura 60-5), por lo general tienen más de 6 pulg (150 mm) de diámetro y están provistas de *dientes insertos* sujetos en su sitio con un dispositivo de cuña. Los dientes pueden ser de acero de alta velocidad, de acero de herramienta fundido, o pueden tener puntas con filos cortantes de carburo sinterizado; la mayor parte de la acción de corte ocurre en estos puntos y en la periferia de la fresa. El frente de los dientes elimina una pequeña cantidad de material que ha dejado la elasticidad de la pieza o de la fresa. A fin de impedir la generación de ruido, solamente una pequeña porción de la cara del diente cerca de la periferia está en contacto con la pieza; el resto es eliminado con el esmeril con una holgura adecuada (8° a 10°).

Este tipo de fresa se utiliza con frecuencia como una fresa de combinación, ya que efectúa el corte de desbaste y acabado en una sola pasada. Las herramientas de desbaste y acabado se montan en un mismo cuerpo, con un número

A B C

FIGURA 60-4 Fresas de corte lateral: (A) Simple (Cortesía de Cleveland Twist Drill Co.); (B)Dientes alternados (Cortesía de Cleveland Twist Drill Co.); (C)De medio lado (Cortesía de The Union Butterfield Corp.)

FIGURA 60-5 Una fresa de refrentar. (Cortesía de The Union Butterfield Corp.)

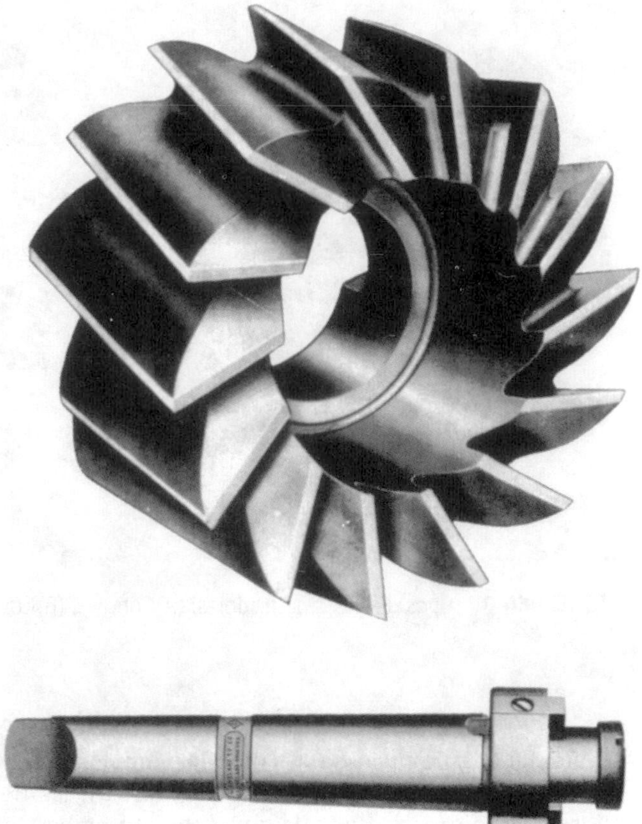

FIGURA 60-6 Fresa frontal hueca y adaptador. (Cortesía de Cleveland Twist Drill Co.)

limitado de filos de acabado ajustadas a un diámetro inferior y extendiéndose un poco más allá del frente que los filos de desbaste. Las herramientas de acabado presentan una superficie de cara de corte ligeramente más ancha, lo que crea un mejor terminado superficial

Las fresas de refrentar inferiores a 6 pulg (150 mm) se conocen como *fresas frontales huecas* (Figura 60-6). Son fresas sólidas de dientes múltiples con dientes en la cara y en la periferia. Normalmente se sujetan en un árbol corto, que puede ser roscado o utilizar una cuña en el vástago para impulsar la fresa. Las fresas frontales huecas son más económicas que las fresas sólidas de extremo porque son más económicas de reemplazar cuando se rompen o se desgastan.

FRESAS ANGULARES

Las *fresas angulares* tienen dientes que no son ni paralelos ni perpendiculares al eje de corte. Se utilizan para el fresado de superficies en ángulo, como ranuras, dientes de sierra, chaflanes y dientes de rima. Se pueden dividir en dos grupos:

1. *Fresas de ángulo sencillo* (Figura 60-7A), que tienen dientes en la superficie en ángulo y pueden o no tener dientes en el lado plano. El ángulo incluido entre la cara plana y la cara cónica, identifica a las fresas, como por ejemplo una fresa angular de 45° o de 60°.
2. *Fresas de doble ángulo* (Figura 60-7B) tienen dos superficies angulares que se cruzan con dientes cortantes en ambas superficies. Cuando estas fresas tienen ángulos iguales a ambos lados de una línea en ángulo recto con el eje (simétrico), se identifican por el tama-

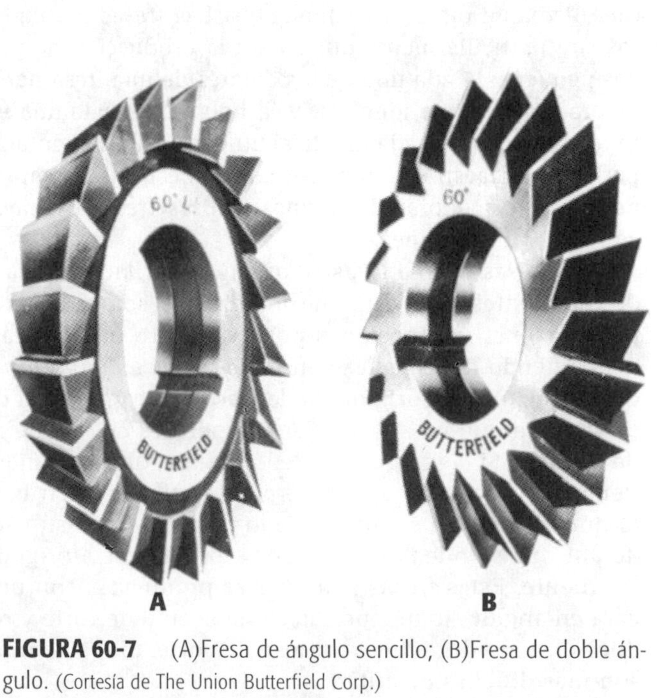

FIGURA 60-7 (A)Fresa de ángulo sencillo; (B)Fresa de doble ángulo. (Cortesía de The Union Butterfield Corp.)

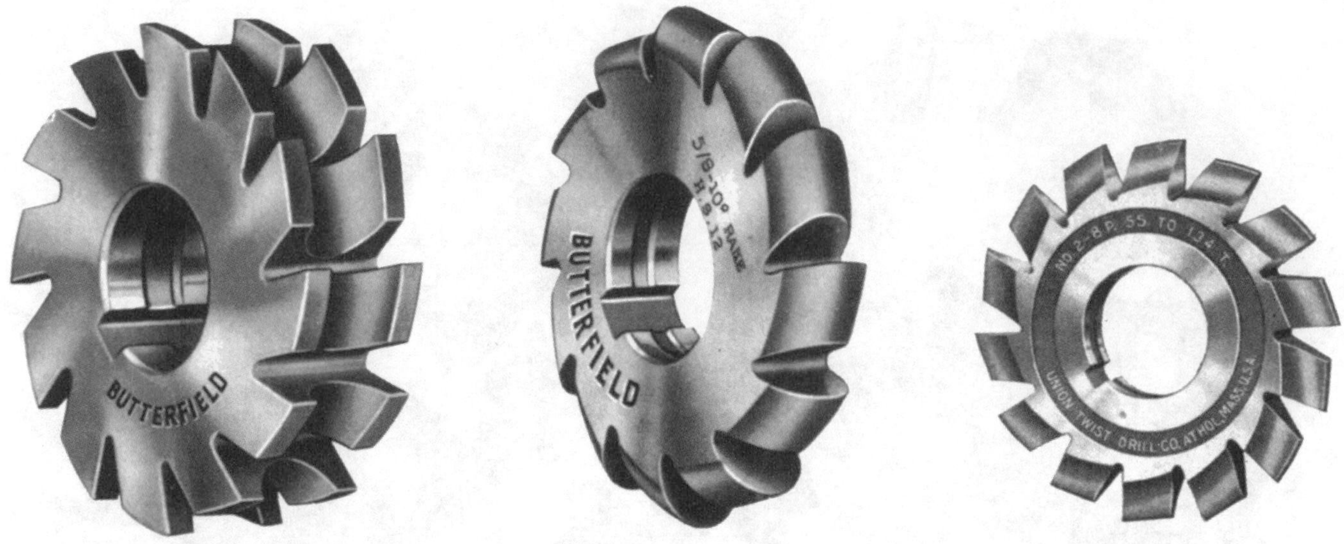

A B C

FIGURA 60-8 Tipos de fresas perfiladoras; (A)Cóncava; (B)Convexa; (C)Diente de engrane. (Cortesía de The Union Butterfield Corp.)

ño del ángulo incluido. Cuando los ángulos formados con esta línea no son iguales (asimétrico), las fresas se identifican al especificar el ángulo a ambos lados del plano o línea, como una fresa de doble ángulo de 12° a 48°.

FRESAS PERFILADORAS

Las *fresas perfiladoras* (Figura 60-8), incorporan la forma exacta de la pieza a producir, para permitir una duplicación exacta y más económica de piezas de forma irregular que mediante otros procedimientos. Las fresas perfiladoras son particularmente útiles para la producción de piezas pequeñas. Cada uno de los dientes de una fresa perfiladora es de forma idéntica, y la holgura se maquina en todo el espesor de cada diente al utilizar la herramienta de perfilado o maestra en una máquina de desbaste. Ejemplos de fresas formadoras de perfiles son las fresas cóncava, convexa y de engranes.

Las fresas perfiladoras se afilan esmerilando la cara de los dientes. Las caras de los dientes son radiales y pueden tener inclinaciones positivas, cero o negativas, dependiendo de la aplicación de la fresa. *Es importante* que la inclinación original de la fresa sea conservada de tal manera que no se cambien los perfiles del diente ni de la pieza. Si la inclinación de la cara del diente se mantiene con exactitud, la fresa se puede volver a afilar hasta que los dientes son demasiado delgados para su uso; de ahí que se pueda conservar la forma exacta original del diente. Estas fresas son a veces producidas con una cara en ángulo, lo que produce una acción de corte y reduce el ruido durante el proceso de corte. Sin embargo, son más difíciles de afilar.

SIERRAS PARA METAL

Las *sierras para cortar metal* (Figura 60-9), son básicamente fresas simples delgadas con los costados con relieve o "en forma de plato" para impedir el roce o la trabazón en uso. Las sierras de cortar se fabrican en anchos desde $\frac{1}{32}$ a $\frac{3}{16}$ pulg (0.8 a 5 mm). Debido a su sección transversal tan delgada, deben ser operados aproximadamente de una cuarta a una octava parte del avance por diente que se utiliza para otras fresas. Para metales no ferrosos se puede incrementar su velocidad. A menos que se utilice una brida impulsora especial, *no* es aconsejable poner cuña a la sierra con el árbol de la fresa. La tuerca del árbol deberá ser apretada tanto como sea posible *solamente con la mano*. Puesto que las sierras de cortar se rompen con tanta facilidad, algunos operadores encuentran deseable fresar "de subida" al cortar (vea la Unidad 63). Sin embargo, para superar el juego entre el tornillo principal y la tuerca, deberá acoplarse un eliminador de juego.

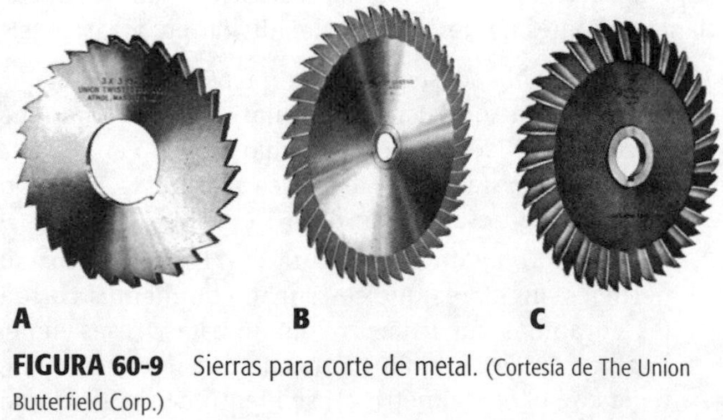

A B C

FIGURA 60-9 Sierras para corte de metal. (Cortesía de The Union Butterfield Corp.)

FRESAS FRONTALES

Las *fresas frontales* tienen dientes tanto en su extremo como en su periferia y se ajustan al husillo mediante un adaptador adecuado. Son de dos tipos: la *fresa frontal sólida* en la cual el vástago y el cortador forma un solo cuerpo, y la *fresa hueca,* misma que como se dijo antes tiene un vástago por separado.

Las fresas frontales sólidas, por lo general más pequeñas que las fresas huecas, pueden tener ranuras rectas o helicoidales. Se fabrican con vástagos rectos o cónicos y dos o más ranuras. El tipo de dos ranuras (Figura 60-10A) tiene ranuras que se encuentran con él en el extremo cortante formando dos filos en la parte inferior. Estos labios cortantes son de longitud diferente, uno extendiéndose más allá del eje central del cortador, lo que elimina el centro y permite que la fresa frontal de dos ranuras (dos gavilanes) sea utilizada en una máquina fresadora para taladrar (fresado de cavidad) una perforación para iniciar una ranura que no se extiende hasta el borde del metal. Cuando se corta una ranura con una fresa frontal de dos gavilanes, la profundidad del corte no debe exceder la mitad del diámetro de la fresa. Cuando se utiliza una fresa de cuatro gavilanes (Figura 60-10B) para el corte de ranuras, se inicia normalmente en el borde del metal.

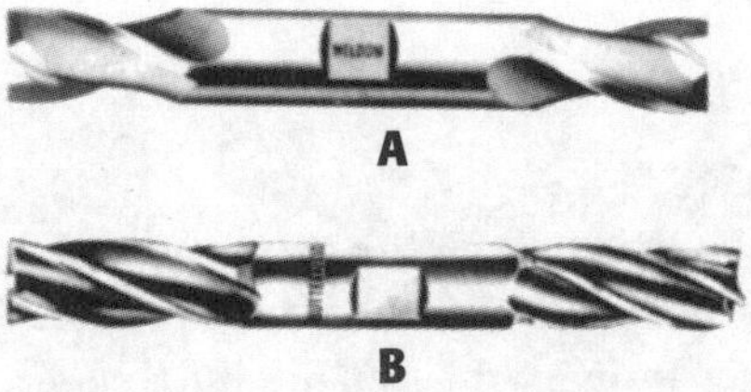

A

B

FIGURA 60-10 (A)Una fresa frontal de dos gavilanes. (B)Una fresa frontal de cuatro gavilanes.

CORTADOR DE RANURAS EN T

El *cortador de ranuras en T* (Figura 60-11A) es utilizando para cortar una ranura horizontal ancha en la parte inferior de una ranura en T una vez que la ranura vertical angosta se haya maquinado con una fresa frontal o con una fresa de corte lateral. Consta de un pequeño cortador lateral con dientes a ambos lados y un vástago integrado para su montaje, similar a una fresa frontal.

CORTADOR DE COLA DE MILANO

El *cortador de cola de milano* (Figura 60-11B) es similar a una fresa en ángulo sencilla con un vástago integrado. Algunas fresas de corte de milano se manufacturan con una rosca interna y se montan en un vástago roscado especial. Se utilizan para formar los costados de una cola de milano después que la lengüeta o la ranura hayan sido cortados con otra fresa adecuada, por lo general una fresa de corte lateral. Las fresas de cola de milano se pueden obtener con ángulos de 45°, 50°, 55° o 60°.

FRESA DE CUÑERO WOODRUFF

La *fresa de cuñero Woodruff* (Figura 60-11C) es similar en diseño a las fresas simples y de corte lateral. Se fabrican tamaños más pequeños hasta aproximadamente 2 pulg (50 mm) de diámetro con un vástago sólido y dientes rectos; tamaños mayores se montan en un árbol y tienen dientes alternados en ambos lados de la periferia. Se utilizan para fresar asientos de cuña semicilíndricos en los ejes.

Las fresas Woodruff se identifican con un sistema de números. Los dos dígitos del lado derecho dan el diámetro nominal en octavos de una pulgada, en tanto que los dígitos que los preceden dan el ancho de la fresa en treintadosavos de una pulgada. Por ejemplo, una fresa #406 tendría las siguientes dimensiones:

Diámetro	06 × 1/8 = 3/4 pulg.
Ancho	4 × 1/32 = 1/8 pulg.

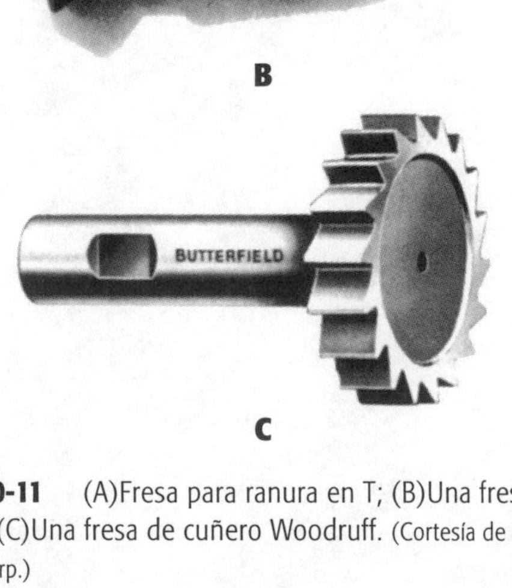

A

B

C

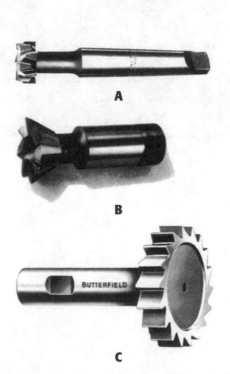

FIGURA 60-11 (A)Fresa para ranura en T; (B)Una fresa de cola de milano; (C)Una fresa de cuñero Woodruff. (Cortesía de The Union Butterfield Corp.)

FRESAS PERFILADORAS SIMPLES

La *fresa perfiladora simple* (Figura 60-12), es una herramienta de corte de una sola punta con el extremo cortante afilado a la forma deseada. Se monta en una adaptador especial o en un árbol. En vista que todo el corte se efectúa con una herramienta, debe usan un avance fino. Las fresas perfiladas simples se utilizan en trabajo experimental y cuando no se justifica el elevado costo de una fresa de forma especial.

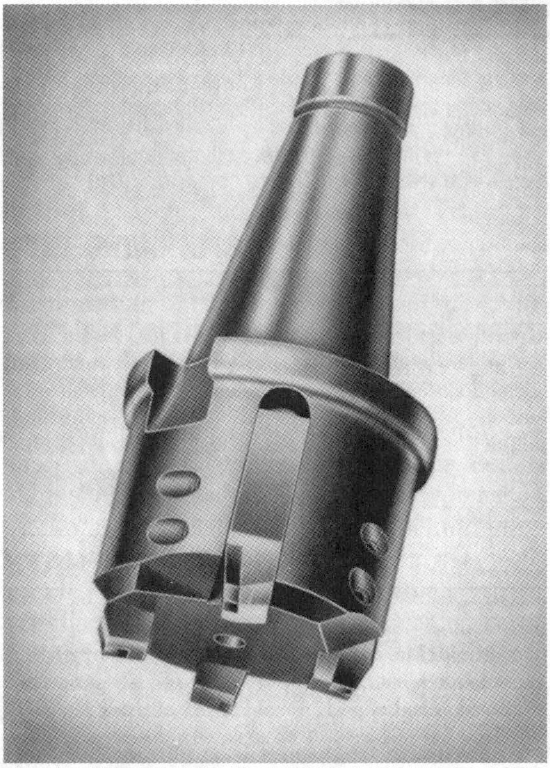

FIGURA 60-12 Fresa perfilada simple.

PREGUNTAS DE REPASO

1. Nombre dos materiales utilizados para fabricar fresas.
2. Nombre cinco elementos que pueden ser agregados al hierro o al acero para producir acero de alta velocidad, y diga cuál es la finalidad de cada aditivo.
3. Analice las ventajas y desventajas de las herramientas de carburo cementado.
4. Describa tres tipos de fresas simples y explique su uso.
5. Describa tres tipos de fresas de corte lateral y diga cuando se utiliza cada una.
6. Liste dos formas en las cuales difieren las fresas perfiladoras de las fresas simples.
7. ¿Qué ventaja tiene una fresa frontal de dos gavilanes?

UNIDAD

61

Velocidad de corte, avance y profundidad de corte

OBJETIVOS

Al terminar el estudio de esta unidad, se podrá:

1 Seleccionar las velocidades de corte y calcular las revoluciones por minuto para varias fresas y materiales

2 Seleccionar y calcular los avances apropiados para diversas fresas y materiales

3 Seguir el procedimiento correcto para efectuar cortes de desbaste y de terminado

Los factores de mayor importancia que afectan la eficiencia de la operación de fresado, son la velocidad de corte, el avance y la profundidad de corte. Si se opera la fresa demasiado lento se desperdiciará tiempo valioso en tanto que una velocidad excesiva resultará en pérdida de tiempo al reemplazar y volver a afilar las fresas. En algún punto entre estos dos extremos, está la *velocidad de corte* eficiente para el material que se está maquinando.

La velocidad a la cual avanza la pieza a la fresa giratoria es importante. Si avanza demasiado lento, se desperdiciará el tiempo y puede ocurrir ruido en la fresa, lo que acorta la vida de la misma. Si se avanza demasiado rápido, los dientes de la fresa se pueden romper. Se desperdiciará mucho tiempo si se efectúan varios cortes poco profundos en vez de un corte profundo o de desbaste. Por lo tanto, la *velocidad*, el *avance* y la *profundidad de corte* son tres factores importantes en cualquier operación de fresado.

VELOCIDAD DE CORTE

Uno de los factores de mayor importancia que afectan la eficiencia de una operación de fresado es la velocidad de la fresa. La velocidad de corte de un metal se puede definir como *la velocidad, en pies superficiales por minuto* (sf/min) (pie/min)*o los metros por minuto* (m/min) *a la cual el metal se puede maquinar con eficiencia.* Cuando la pieza se maquina en un torno, debe ser torneado a un número específico de revoluciones por minuto (r/min), *dependiendo de su diámetro,* para lograr la velocidad de corte apropiada. Cuando se trabaja una pieza en una fresadora, la *fresa* debe girar a un número específico de r/min, *dependiendo de su diámetro,* para lograr la velocidad de corte apropiada.

TABLA 61-1 Velocidades de corte de la máquina fresadora

Material	Fresa de acero de alta velocidad		Fresa de carburo	
	Pie/min	m/min	Pie/min	m/min
Acero aleado	40–70	12–20	150–250	45–75
Aluminio	500–1000	150–300	1000–2000	300–600
Bronce	65–120	20–35	200–400	60–120
Hierro fundido	50–80	15–25	125–200	40–60
Acero de maquinado libre	100–150	30–45	400–600	120–180
Acero para máquinaria	70–100	21–30	150–250	45–75
Acero inoxidable	30–80	10–25	100–300	30–90
Acero para herramienta	60–70	18–20	125–200	40–60

En vista que los distintos tipos de metales varían en su dureza, estructura y maquinabilidad, deben utilizarse diferentes velocidades de corte para cada tipo de metal y para varios materiales de la fresa. Deben considerarse varios factores al determinar las r/min a las cuales maquinar un metal. Las de mayor importancia son:

- El tipo de material del trabajo
- El material de la fresa
- El diámetro de la fresa
- El acabado superficial que se requiere
- La profundidad de corte seleccionada
- La rigidez de la máquina y el montaje de la pieza

Las velocidades de corte para los metales más comunes se muestran en la Tabla 61-1.

Cálculos en pulgadas

Para obtener un uso óptimo de una fresa, debe determinarse la velocidad adecuada a la cual la fresa debe girar. Cuando se corta acero para maquinaria, una fresa de acero de alta velocidad tendría que lograr una velocidad superficial de aproximadamente 90 pie/min (27 m/min). Dado que el diámetro de la fresa afecta a esta velocidad, es necesario tomar en consideración dicho diámetro en el cálculo. El ejemplo que sigue ilustra la forma en que se desarrolla la fórmula.

EJEMPLO

Calcule la velocidad requerida para hacer girar una fresa de 3 pulg de diámetro de acero de alta velocidad para cortar acero para maquinaria (90 pie/min).

Solución

1. Determine la circunferencia de la fresa, es decir la distancia que recorrería un punto sobre la fresa en una revolución. La circunferencia de la fresa es igual a 3 × 3.1416.
2. Para determinar la velocidad apropiada de la fresa, es decir las *r/min*, es necesario solamente dividir la velocidad de corte (CS por sus siglas en inglés) entre la circunferencia de la fresa.

$$r/min = \frac{CS\ (ft)}{\text{circunferencia (pulg)}}$$

$$= \frac{90}{3 \times 3.1416}$$

Puesto que el numerador está en pies y el denominador en pulgadas, el numerador debe ser transformado en pulgadas. Por lo tanto,

$$r/min = \frac{12 \times CS}{3 \times 3.1416}$$

Dado que por lo común es imposible ajustar una máquina a las r/min exactas, es permisible considerar que 12 dividido entre 3.1416 es aproximadamente 4. La fórmula se convierte ahora en:

$$r/min = \frac{4 \times CS}{D}$$

Utilizando esta fórmula y la Tabla 61-1, usted puede calcular la velocidad apropiada de la fresa o del husillo para cualquier material y diámetro de fresa.

EJEMPLO

¿A qué velocidad debe girar una fresa de carburo de 2 pulg de diámetro para fresar una pieza de hierro fundido (CS 150)?

Solución

$$r/min = \frac{4 \times 150}{2}$$

$$= 300$$

Cálculos métricos

A continuación damos las r/min a las cuales debe ajustarse una máquina fresadora cuando se utilizan mediciones métricas:

$$r/min = \frac{CS(m) \times 1000}{p \times D\ (mm)}$$

$$= \frac{CS \times 1000}{3.1416 \times D}$$

En vista de que solamente una pocas máquinas están equipadas con impulsión de velocidad variable, lo que permitiría el ajuste a la velocidad exacta calculada, se puede utilizar una fórmula simplificada para calcular r/min. El π (3.1416) en el último renglón de la fórmula divide a 1000 del renglón superior aproximadamente 320 veces. Esto da como resultado una fórmula simplificada que es lo suficientemente aproximada para la mayor parte de las operaciones de fresado:

$$r/min = \frac{CS\ (m) \times 320}{D\ (mm)}$$

EJEMPLO

Calcule las r/min requeridas para una fresa de acero de alta velocidad de 75mm de diámetro al cortar acero para maquinaria (CS 30 m/min).

Solución

$$r/min = \frac{30 \times 320}{75}$$

$$= \frac{9600}{75}$$

$$= 128$$

Aunque estas fórmulas son útiles en el cálculo de la velocidad de la fresa (husillo), debe recordarse que son solamente aproximadas y que la velocidad pudiera tener que ser alterada en razón de la dureza del metal y/o del estado de la máquina. Los mejores resultados se obtendrán si se siguen las siguientes reglas:

1. Para una vida más larga de la fresa, utilice la CS más baja del rango recomendado.
2. Investigue la dureza del material que se va a maquinar.
3. Al iniciar un trabajo nuevo, utilice el rango bajo de la CS e incremente gradualmente hacia el rango alto si las condiciones lo permiten.
4. Si se requiere un acabado fino, reduzca el avance en vez de incrementar la velocidad de la fresa.
5. El uso de refrigerante, correctamente aplicado, producirá por lo general un mejor acabado y alargará la vida de la fresa. El refrigerante absorbe calor, actúa como lubricante y arrastra las virutas.

AVANCE DE LA FRESA Y PROFUNDIDAD DE CORTE

Los otros dos factores que afectan la eficiencia de un operación de fresado son el *avance de la fresa,* es decir la velocidad a la cual se avanza la pieza hacia la fresa, y la *profundidad de corte* que se efectúa en cada pasada.

Avance

El *avance de la máquina fresadora* puede definirse como la distancia en pulgadas (o milímetros) por minuto, que se mueve la pieza hacia la fresa. En la mayor parte de las máquinas fresadoras, el avance está controlado en pulgadas (milímetros) por minuto y es independiente de la velocidad del husillo. Esta disposición permite avances más rápidos para fresas grandes que giran despacio.

El *avance* es la velocidad a la cual se mueve la pieza hacia la fresa giratoria, y se mide ya sea en pulgadas por minuto o milímetros por minuto. El *avance en el fresado* se determina multiplicando el tamaño de la viruta (viruta/diente) deseado, el número de dientes en la fresa, y las r/min de la fresa.

La *viruta o avance por diente* (CPT o FPT) es la cantidad de material que debe ser eliminado por cada uno de los dientes de la fresa conforme ésta gira y avanza dentro de la pieza. Vea las Tablas 61-2 y 61-3 respecto al CPT recomendado para algunos de los metales más comunes.

La velocidad de avance utilizada en una máquina fresadora depende de una diversidad de factores, como

1. La profundidad y ancho del corte
2. El diseño o tipo de fresa
3. Lo afilado de la fresa
4. El material de la pieza de trabajo
5. La resistencia y uniformidad de la pieza de trabajo
6. El tipo de acabado y precisión requeridos
7. La potencia y rigidez de la máquina, del dispositivo de sujeción y del arreglo de sujeción de la herramienta.

Conforme avanza la pieza hacia la fresa, cada diente sucesivo avanza dentro de la pieza una cantidad igual, produciendo virutas de igual espesor. Este espesor de las virutas, es decir el *avance por diente,* junto con el número de dientes de la fresa, forman la base para determinar la velocidad de avance. La velocidad ideal de avance puede determinarse como sigue:

Avance = Número de dientes de la fresa × avance/diente × r/min de la fresa.

Cálculos en pulgadas

La fórmula utilizada para determinar el avance de la pieza en pulgadas por minuto es:

$$\text{Avance (pulg/min)} = N \times \text{CPT} \times \text{r/min}$$

N = Número de dientes en la fresa.

CPT = viruta por diente para una fresa y metal en particular, según se da en las Tablas 61-2 y 61-3.

r/min = revoluciones por minuto de la fresa

Nota: Los avances calculados serían posibles sólo bajo condiciones ideales. Bajo condiciones de operación promedio, y *especialmente en talleres de escuela*, el avance de la fresadora debe ajustarse a aproximadamente una tercera parte o la mitad de la cifra calculada. El avance podrá después incrementarse gradualmente según la capacidad de la máquina y el acabado deseado.

EJEMPLO

Determine el avance en pulg/min utilizando una fresa de 12 dientes helicoidal de 3.5 pulg de diámetro para cortar acero para maquinaria (CS 80).

Solución

Primero, calcule las r/min adecuadas para la fresa:

$$\text{r/min} = \frac{4 \times CS}{D} = 4 \times \frac{80}{3.5} = 91$$

$$\text{Avance (pulg/min)} = N \times CPT \times \text{r/min} = 12 \times .010 \times 91 = 10.9 \text{ o } 11 = 10.9 \text{ pulg/min}$$

Cálculos métricos

La fórmula que se utiliza para determinar el avance de la pieza en milímetros por minuto, es la misma que la fórmula utilizada para determinar el avance en pulgadas por minuto, excepto que las pulgadas por minuto son reemplazadas por milímetros por minuto.

TABLA 61-2 Avance por diente recomendado (fresas de alta velocidad)

	Fresas de careado o refrentar		Fresas helicoidales		Fresas de ranurado y de corte lateral		Fresas frontales		Cortadores de formado de relieve		Sierras circulares	
Material	pulg	mm	pulg	mm	pulg	mm	pulg	mm	pulg	mm	pulg	mm
Acero aleado	.006	0.15	.005	0.12	.004	0.1	.003	0.07	.002	0.05	.002	0.05
Aluminio	.022	0.55	.018	0.45	.013	0.33	.011	0.28	.007	0.18	.005	0.13
Latón y bronce (medio)	.014	0.35	.011	0.28	.008	0.2	.007	0.18	.004	0.1	.003	0.08
Hierro fundido (medio)	.013	0.33	.010	0.25	.007	0.18	.007	0.18	.004	0.1	.003	0.08
Acero de maquinado libre	.012	0.3	.010	0.25	.007	0.17	.006	0.15	.004	0.1	.003	0.07
Acero para máquinaria	.012	0.3	.010	0.25	.007	0.18	.006	0.15	.004	0.1	.003	0.08
Acero inoxidable	.006	0.15	.005	0.13	.004	0.1	.003	0.08	.002	0.05	.002	0.05
Acero para herramienta (medio)	.010	0.25	.008	0.2	.006	0.15	.005	0.13	.003	0.08	.003	0.08

TABLA 61-3 Avance recomendado por diente (cortadores con punta de carburo cementado)

	Fresas de refrentar		Fresas helicoidales		Fresas de ranurar y de corte lateral		Fresas frontales		Cortadores de formado de relieves		Sierras circulares	
Material	pulg	mm	pulg	mm	pulg	mm	pulg	mm	pulg	mm	pulg	mm
Aluminio	.020	0.5	.016	0.40	.012	0.3	.010	0.25	.006	0.15	.005	0.13
Latón y bronce (medio)	.012	0.3	.010	0.25	.007	0.18	.006	0.15	.004	0.1	.003	0.08
Hierro fundido (medio)	.016	0.4	.013	0.33	.010	0.25	.008	0.2	.005	0.13	.004	0.1
Acero para maquinaria	.016	0.4	.013	0.33	.009	0.23	.008	0.2	.005	0.13	.004	0.1
Acero para herramienta (medio)	.014	0.35	.011	0.28	.008	0.2	.007	0.18	.004	0.1	.004	0.1
Acero inoxidable	.010	0.25	.008	0.2	.006	0.15	.005	0.13	.003	0.08	.003	0.08

EJEMPLO

Calcule el avance en milímetros para una fresa helicoidal de carburo de seis dientes de 75 mm de diámetro, al maquinar una pieza de hierro fundido (CS 60).

Solución

Primero, calcule las r/min de la fresa:

$$\text{r/min} = \frac{\text{CS} \times 320}{\text{D}} = \frac{60 \times 320}{75} = \frac{19\ 200}{75} = 256$$

$$\text{Avance (mm/min)} = N \times \text{CPT} \times \text{r/min} = 6 \times 0.25 \times 256 = 384 = 384 \text{ mm/min}$$

Las Tablas 61-2 y 61-3 dan los avances sugeridos por diente para diversos tipos de fresas para cortes de desbaste bajo condiciones promedio. Para cortes de acabado, el avance por diente debe reducirse a la mitad o incluso a la tercera parte de los valores mostrados.

Dirección de avance

Una consideración final relativa al avance, es la dirección en la cual se avanza la pieza hacia la fresa. El método de uso más común, es avanzar la pieza contra la dirección de rotación de la fresa (*fresado convencional* o *ascendente*) (Figura 61-1). Sin embargo, si la máquina está equipada con un eliminador de juego, ciertos tipos de piezas se fresan mejor mediante *fresado descendente* (Figura 61-2).

El fresado descendente, que puede incrementar la vida de la fresa hasta 50%, es efectiva para la mayor parte de las aplicaciones de fresado. Para saber si se está utilizando fresado descendente o convencional, observe la relación entre la rotación de la fresa y la dirección del avance de la mesa de la máquina/pieza. Se estará usando fresado descendente cuando fresa y pieza van en la misma dirección (Figura 61-2). El fresado convencional es cuando la fresa y la pieza van en direcciones opuestas.

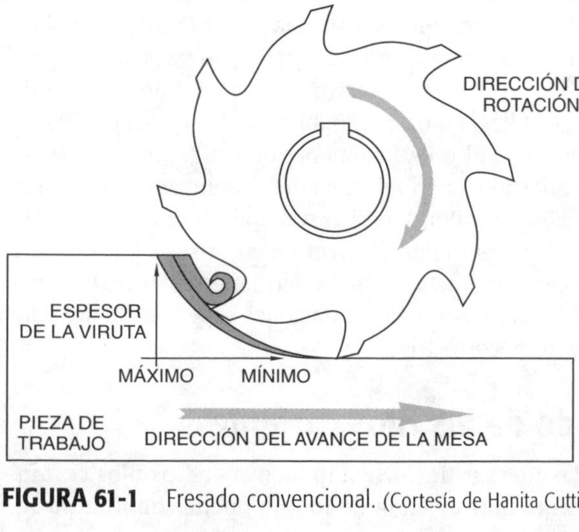

FIGURA 61-1 Fresado convencional. (Cortesía de Hanita Cutting Tools.)

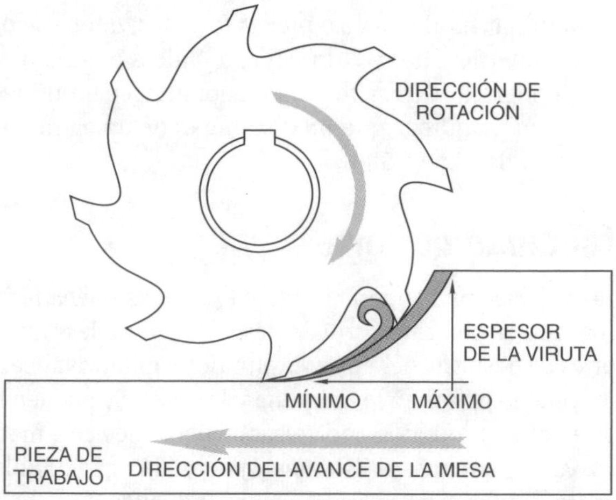

FIGURA 61-2 Fresado descendente. (Cortesía de Hanita Cutting Tools.)

Ventajas del fresado descendente

- *Mayor vida de la herramienta*—En vista que las virutas se acumulan por detrás o hacia la izquierda de la fresa, la vida de la herramienta se puede incrementar hasta un 50%
- *Son requeridos Dispositivos de sujeción menos costosos*—El fresado descendente empuja la pieza de trabajo hacia abajo en lugar de intentar levantarla como ocurre en el fresado convencional; se requieren por lo tanto dispositivos de sujeción más simples
- *Mejores acabados superficiales*—Es menos probable que las virutas sean arrastradas hacia la pieza por los dientes de la fresa, lo que evita daño a la superficie de la pieza
- *Menos rupturas de bordes*—Dado que el espesor de las virutas tiende a hacerse menor conforme se acercan al borde de la pieza, existen menos posibilidades de ruptura, especialmente en materiales frágiles
- *Eliminación más fácil de las virutas*—Los dientes de la fresa obligan a las virutas a caer detrás de la fresa facilitando la eliminación de las virutas
- *Menos necesidades de potencia*—Puesto que se puede usar una fresa con un ángulo de inclinación más elevado, aproximadamente se requiere de 20% menos de energía para eliminar la misma cantidad de metal.

Desventajas del fresado descendente

- *Este método no se puede utilizar, a menos que la máquina tenga un eliminador de juego* y las cuñas de la mesa hayan sido apretadas.
- No se puede utilizar para maquinar fundiciones o acero laminado en caliente, ya que las escamas exteriores duras dañarán la fresa.

Al maquinar fundiciones o piezas forjadas, donde se presenta una superficie dura o abrasiva, debido a escoria o arena, se recomienda el fresado convencional. Deberá utilizarse siempre en máquinas que no dispongan de un eliminador de juego (vea la Figura 59-6).

Profundidad de corte

Cuando se desee una superficie lisa y exacta, es buena práctica de fresado efectuar un corte de desbaste y otro de acabado. Los cortes de desbaste deben ser profundos, con un avance tan grande como lo permitan la máquina y la pieza. Se pueden hacer cortes más profundos con fresas helicoidales con menos dientes, ya que son más resistentes y tienen una mayor holgura para las virutas que las fresas con más dientes.

Los cortes de acabado deben ser ligeros, con un avance más fino de lo utilizado para los cortes de desbaste. La profundidad del corte debe ser por lo menos de 1/64 pulg (0.4 mm). No son aconsejables cortes más ligeros y avances extremadamente finos, ya que la viruta que saque cada diente será delgada y la fresa rozará a menudo sobre la superficie de la pieza, en vez de entrar en él, desafilando por lo tanto la herramienta. Cuando se requiere un terminado fino, deberá reducirse el avance más bien que acelerar la fresa; se desafilan más fresas debido a elevadas velocidades que por razón de elevados avances.

Nota: A fin de evitar daño a la superficie terminada (marcas de descanso), *jamás* detenga el avance cuando la fresa esté girando sobre la pieza. Por la misma razón, detenga la fresa antes de regresar la pieza a la posición inicial a la terminación del corte.

FALLAS DE LAS FRESAS

El problema que enfrentan todos los usuarios es obtener la máxima eficiencia en el uso de las fresas. La solución de este problema está en la constante información de los factores que contribuyen a la falla o mal desempeño de las herramientas, más que el estilo o tipo de cortador o fresa que se utilice.

Calor excesivo

El calor excesivo (Figura 61-3) es una de las causas principales de la falla total del filo de corte o de la reducción en la vida de la herramienta. El calor, que está presente en todas las operaciones de fresado, está causado por los filos frotando sobre la pieza de trabajo, o por las virutas resbalando a lo largo de las caras de los dientes cuando están siendo separadas de la pieza que se está fresando. Cuando este calor se hace excesivo, se afecta la dureza de los filos cortantes, resultando en una menor resistencia al desgaste y un subsecuente rápido desafilado.

El problema del calor es uno de los ciclos siempre en expansión. Conforme se incrementan las pistas de desgaste de la herramienta, se elevan las temperaturas debido a la mayor fricción. Conforme los filos cortantes se desafilan, se requiere de más fuerza para separar las virutas, incrementándose la presión de deslizamiento sobre las virutas en las caras de los dientes, resultando en más calor. Al aumentar el calor, el refrigerante que se utiliza para reducir la temperatura, se hace menos eficiente, las temperaturas se elevan más, se afectan aún más la dureza y resistencia de los filos cortantes y se repite el ciclo. El calor no se puede eliminar en su totalidad, pero se puede minimizar, utilizando herramientas correctamente diseñadas y afiladas, operando a velocidades y avances recomendados para el material de la pieza de trabajo, y aplicando con eficiencia un refrigerante adecuado.

FIGURA 61-3 Un calor excesivo reduce la vida de la fresa. (Cortesía de The Weldon Tool Company.)

Abrasión

La abrasión (Figura 61-4), es una acción de desgaste causada por la metalurgia de la pieza de trabajo. Desafila los filos cortantes y causa "pistas de desgaste" alrededor de la periferia de una fresa. Conforme el desafilado se incrementa y las pistas de desgaste se hacen más grandes, la fricción aumenta y se requiere de una fuerza mayor para mantener la fresa trabajando. La rápida elevación en fricción, calor y fuerzas rotativas resultado de la naturaleza abrasiva del material de la pieza de trabajo, puede llegar a un punto donde la fresa deja de funcionar con efectividad o es totalmente destruida. Puesto que el calor y la abrasión están relacionados, las sugerencias para la minimización del calor, también son aplicables a la abrasión. Dado que algunos materiales son mucho más abrasivos que otros, para una buena vida de la herramienta, es de extrema importancia seguir las recomendaciones específicamente para la CS y avances correctos.

Astillado de los filos cortantes

Cuando las fuerzas de corte imponen sobre los filos cortantes una carga más elevada de lo que puede soportar su re-

FIGURA 61-4 La abrasión desafila los filos cortantes. (Cortesía de The Weldon Tool Company.)

sistencia, ocurren pequeñas fracturas y pequeñas áreas de los filos se desmoronan o se astillan (Figura 61-5). El material que queda sin cortar debido a estas porciones desmoronadas impone una carga de corte todavía más elevada en el siguiente diente de la fresa, agravando el problema. Esta situación es progresiva, y una vez iniciada conducirá a la falla total de la fresa, puesto que los filos están astillados son filos romos que incrementan la fricción, el calor y los requerimientos de caballos de fuerza.

Las causas principales de astillamiento y fractura de los filos cortantes son:

- Avance excesivo por diente (FPT)
- Diseño defectuoso de la fresa
- Fragilidad en la fresa frontal debido a un tratamiento térmico inadecuado
- Operación en reversa de las fresas

FIGURA 61-5 Una carga demasiado pesada en un filo cortante hará que éste se astille. (Cortesía de The Weldon Tool Company.)

- Ruidos debidos a un estado no rígido en sistema de sujeción, pieza de trabajo o máquina
- Un lavado ineficiente de las virutas, lo que permite que las virutas se vuelvan a cortar o se compriman entre las superficies de la pieza y los filos cortantes
- Ruptura del filo acumulado

Obstrucción

Algunos materiales de la pieza de trabajo tienen una composición "gomosa" que hacen que las virutas sean largas como cordeles y compresibles (Figura 61-6). Las virutas de otros materiales pueden tener una tendencia a soldarse en frío o a adherirse a los filos cortantes y/o las caras de los dientes. Durante el fresado de estos materiales, a menudo las virutas obstruyen o llenan el área de las ranuras, resultando en la ruptura de la fresa. Esta situación se puede minimizar reduciendo la profundidad o el ancho del corte; reduciendo el FPT; utilizando herramientas con menos dientes, creando más espacio para las virutas; y aplicando un refrigerante con mayor efectividad bajo presión que lubrique la cara del diente y que esté dirigido de manera que lave el área de las ranuras, manteniéndola libre de virutas. A veces para conseguir lo anterior pudiera ser necesario utilizar dos toberas de refrigerante.

FIGURA 61-6 La obstrucción reduce el espacio para las virutas y puede causar que se rompa una fresa. (Cortesía de The Weldon Tool Company.)

Filos acumulados

Se presentan filos acumulados (Figura 61-7) cuando partículas del material que se está maquinando se sueldan en frío, adhieren o de alguna forma se acumulan a las caras de los dientes adyacentes a los filos cortantes. Este proceso continuará hasta que la "acumulación" por sí misma funciona como el filo cortante. Cuando esto ocurre se requiere más potencia y usualmente se produce un acabado superficial

FIGURA 61-7 Los filos acumulados dan como resultado una mala acción de corte. (Cortesía de The Weldon Tool Company.)

FIGURA 61-8 El endurecimiento por trabajo de la pieza de trabajo puede causar la falla de la fresa. (Cortesía de The Weldon Tool Company.)

inadecuado en la pieza. Periódicamente el material acumulado se desprende de la cara del diente y se adherirá a la viruta o a la pieza. Este desprendimiento intermitente se lleva consigo una porción del filo cortante, causando una destrucción total de la herramienta con todos sus problemas relacionados. Esta situación es bastante común en una herramienta como una fresa porque conforme cada diente ataca en el corte de una manera intermitente se incrementa la posibilidad de desprendimiento de material acumulado y de astillado del filo.

El problema del filo acumulado a menudo puede disminuir, reduciendo el avance y/o la profundidad de corte. La solución más efectiva para el problema sin embargo se encuentra por lo general en la aplicación con fuerza de un buen fluido de corte que llegue al área donde se está formando la viruta. Los resultados óptimos se obtienen cuando el refrigerante recubre los filos cortantes con una capa delgada de fluido o de óxido formando un colchón entre la viruta y la herramienta, a fin de evitar la formación del filo acumulado.

Endurecimiento por trabajo de la pieza

El endurecimiento por trabajo de la pieza (Figura.61-8) puede causar la falla de la fresa. Este fenómeno conocido a veces como endurecimiento por deformación, trabajo en frío o vidriado, es el resultado de los filos cortantes que están deformando o comprimiendo la superficie de la pieza, causando un cambio en la estructura del material de la pieza de trabajo que incrementa su dureza. Por lo común, este incremento en la dureza queda evidenciado por una superficie lisa, muy vidriada que resiste la acción humidificadora de los refrigerantes y que ofrece una extrema resistencia a la penetración de los filos. Afortunadamente no todos los materiales están sujetos al endurecimiento por trabajo, pero este estado puede ocurrir durante el maquinado de la mayoría de las superaleaciones de alta temperatura y alta resistencia, en todos los aceros austenísticos, y en muchos de los aceros para herramienta de alta aleación.

Puesto que básicamente se trata de la acción de frotar de los filos cortantes lo que causa el endurecimiento por trabajo de la superficie de estos materiales, es de extrema importancia utilizar herramientas afiladas que operen a avances potentes generosos para minimizar el contacto de rozamiento entre la herramienta y la pieza. Es importante el uso de una CS adecuada, y se recomienda el fresado descendente, con una generosa aplicación de aceite de corte activado. Evite el uso de fresas sin filo y de cortes ligeros de terminado, y no permita nunca que una herramienta descanse o gire en contacto con la pieza sin avance.

Las máquinas y los dispositivos de sujeción de la pieza, deben ser masivos y rígidos, y la parte en voladizo de la herramienta tan corta como sea posible para mantener la deflexión durante el corte a un valor mínimo. En caso que la superficie que se vaya a fresar ya esté vidriada o endurecida por trabajo debido a alguna operación de corte previa, es muy benéfico romper el vidriado puliendo o utilizando un abrasivo a vapor sobre la superficie con una tela abrasiva gruesa. Esto reducirá lo resbaloso de la superficie y facilitará que los filos cortantes de la herramienta corten. También, la eliminación del vidriado superficial permitirá una mejor acción de humidificación del refrigerante, lo que es muy útil para prolongar la vida de la herramienta.

Craterización

La craterización (Figura.61-9) es causada por las virutas deslizándose sobre la cara del diente en la parte adyacente al filo cortante. Esta es el área de elevado calor y abrasión extrema debido a las altas presiones de la viruta. El deslizamiento y enrollamiento de las virutas erosiona un pequeño hueco o ranura en la cara del diente. Una vez que esta craterización se inicia, se puede empeorar progresivamente hasta que causa la falla total de la herramienta. Este problema se puede minimizar aplicando eficientemente un refrigerante que proporcione una película de fluido de alta presión o una película de óxido químico sobre la herramienta para evitar el contacto metal a metal entre viruta y cara del diente. También resultan benéficos los tratamientos superficiales en las herramientas correctamente aplicados que imparten una dureza superficial resistente a la elevada abrasión a las caras de los dientes.

FIGURA 61-9 El uso de fluido de corte puede reducir la craterización. (Cortesía de The Weldon Tool Company.)

PREGUNTAS DE REPASO

1. Nombre tres factores que afecten la eficiencia de una operación de fresado.

Velocidad de corte

2. Liste seis factores que deben tomarse en consideración al seleccionar las r/min adecuadas para fresar.
3. ¿A qué velocidad máxima deberá girar una fresa de carburo cementado de $3^1/_2$ pulg para maquinar hierro fundido?
4. ¿A qué r/min deberá girar una fresa de acero de alta velocidad de 115 mm para maquinar una pieza de acero para herramienta?
5. ¿Qué reglas deben seguirse para obtener los mejores resultados al usar las fresas?

Avance

6. Nombre tres factores que determinan el avance de fresado.
7. Defina *virutas por diente.*
8. Calcule el avance (pulg/min) para una fresa de careado de carburo cementado de 3 pulg de diámetro y 8 dientes para cortar hierro fundido.
9. Calcule el avance (m/min) para una fresa helicoidal de acero de alta velocidad de 90 mm de diámetro y 12 dientes, para maquinar aluminio.
10. Liste 6 ventajas del fresado descendente.

Profundidad de corte

11. ¿A qué se considera un corte de desbaste adecuado?
12. ¿Por qué no es deseable un corte ligero como corte de acabado?

Falla de las fresas

13. Liste siete causas principales de fallas de las fresas y explique cómo se pueden minimizar cada una de ellas.

UNIDAD

62

Puesta a punto de las fresadoras

OBJETIVOS

Al terminar el estudio de esta unidad, se podrá:

1 Montar y desmontar un árbol de fresadora
2 Montar y desmontar una fresa
3 Alinear la mesa y la prensa de la fresadora

Antes de efectuar cualquier operación en una fresadora, es importante que la máquina esté correctamente puesta a punto. Una puesta a punto correcta de la máquina prolongará su vida y la de sus accesorios, y producirá un trabajo de precisión. El operador debe siempre seguir los procedimientos de seguridad a fin de evitar lesiones, y evitar dañar las máquinas y echar a perder la pieza de trabajo.

SEGURIDAD EN LA FRESADORA

La fresadora, como cualquier otra máquina, exige la total atención del operador y una completa comprensión de los riesgos asociados con su operación. Deben tomarse la siguientes precauciones durante la operación de una fresadora:

1. Asegúrese que tanto la pieza como la fresa están montadas firmemente antes de iniciar un corte.
2. Utilice siempre lentes de seguridad.
3. Al montar o desmontar fresas, sujételas siempre con un trapo para evitar cortarse.
4. Al poner a punto una pieza, mueva la mesa alejándola todo lo que pueda de la fresa para evitar cortarse las manos.
5. Asegúrese que la fresa y otras partes de la máquina no interfieren con la pieza (Figura 62-1).
6. *Nunca* intente montar, medir o ajustar piezas antes que la fresa se haya detenido *completamente.*
7. *En todo momento* mantenga sus manos, cepillos y trapos lejos de la fresa giratoria.
8. Al usar fresas, no utilice un corte o avance demasiado grande. Esto puede causar que la fresa se rompa y sus pedazos pueden volar y causar lesiones serias.
9. Utilice siempre un *cepillo,* no un trapo, para retirar las virutas después de que la fresa se haya detenido.
10. Nunca extienda la mano alrededor o cerca de una fresa girando; mantenga las manos alejadas por lo menos 12 pulg (300 mm) de una fresa en rotación.
11. Mantenga el piso alrededor de la máquina libre de virutas, aceite y fluido de corte (Figura 62-2).

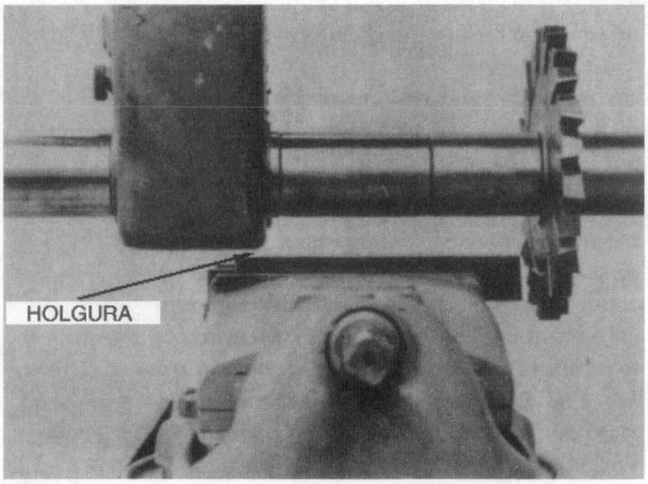

FIGURA 62-1 Antes de efectuar un corte, asegúrese que el árbol y el soporte del árbol no interfieran con la pieza. (Cortesía de Kelmar Associates.)

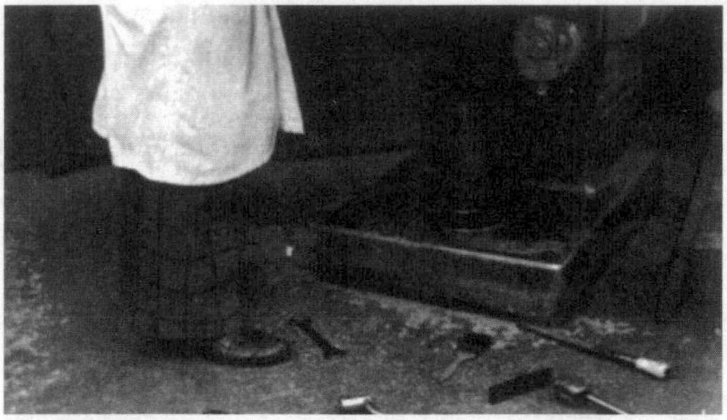

FIGURA 62-2 Una inadecuada limpieza puede causar accidentes por tropiezos y resbalones (Cortesía de Kelmar Associates.)

PUESTAS A PUNTO DE FRESADORAS

Para prolongar la vida de una máquina fresadora y de sus accesorios y producir piezas de precisión, deberán ejecutarse las siguientes acciones al poner a punto una máquina fresadora:

1. Antes de montar cualquier accesorio o aditamento, compruebe que tanto en la superficie de la máquina como el accesorio estén libres de suciedad y de virutas.
2. No coloque las herramientas, fresas o componentes sobre la mesa de la fresadora. Colóquelas en una placa de masonite, madera o sobre una banca puesta para este fin, con el objeto de evitar dañar la mesa o las superficies maquinadas (Figura 62-3).
3. Al montar las fresas asegúrese de usar cuñas en todas excepto las sierras de cortar.
4. Compruebe que los espaciadores y los bujes del árbol están limpios y libres de rebabas.

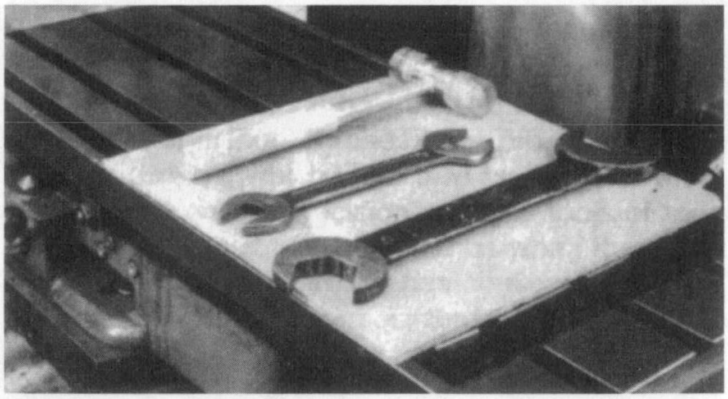

FIGURA 62-3 Coloque las herramientas sobre una pieza de masonite o de triplay para proteger la mesa de la máquina. (Cortesía de Kelmar Associates.)

5. Al apretar la tuerca del árbol, asegúrese de apretarlo sólo con la fuerza de la mano y una llave.

   *NO USE **NUNCA** UN MARTILLO SOBRE LA TUERCA O EL DISPOSITIVO DE SUJECIÓN DE CUALQUIER MÁQUINA.*

   El uso de un martillo y una llave para apretar las tuercas barrerá las roscas y torcerá o doblará el accesorio o la pieza.
6. Cuando se monta una pieza en una prensa, apriételа firmemente a mano y golpéela para llevarla a su sitio utilizando un martillo de plomo o de material blando.

SUGERENCIAS PARA EL FRESADO

Las siguientes sugerencias deben de ayudar a evitar muchos problemas que podrían afectar la precisión y la eficiencia de un operación de fresado:

1. Trate las fresas con cuidado; se pueden dañar con el uso, manejo o almacenamiento descuidados.
2. Examine siempre antes del uso el estado de los filos de la fresa; de ser necesario reemplace las fresas.

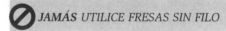

   JAMÁS UTILICE FRESAS SIN FILO
3. Utilice las velocidades y avances correctos según el tamaño de la fresa y el tipo de material que se va a cortar.

   Una velocidad excesiva destruye rápidamente el filo de una fresa; una velocidad demasiado reducida reduce la productividad y pudiera romper los dientes de la fresa.
4. Para una máxima vida de la fresa, utilice velocidades de corte más bajas e incremente la velocidad de avance tanto como sea posible.
5. Monte las fresas frontales tan corto como sea posible para impedir que se rompan.
6. Coloque los soportes de los árboles tan cerca de las fresas como sea posible para una máxima rigidez.

7. Frese en descenso siempre que pueda, ya que permite el uso de velocidades más elevadas y en general mejora el acabado superficial.

Nota: La máquina deberá estar equipada con un eliminador de juego para el fresado en descenso.

8. Dirija siempre la fuerza de corte hacia la parte sólida de la máquina, prensa o sujeción.
9. Asegúrese que la fresa está girando en la dirección correcta para la acción de corte de los dientes.
10. Utilice fresas de dientes gruesos para los cortes de desbaste; tienen una mejor holgura para las virutas.
11. Detenga la máquina siempre que observe cambio de color en las virutas; esto generalmente indica una mala acción de corte. Examine la fresa.
12. Utilice un buen suministro de fluido de corte para todas las operaciones de fresa. El fluido de corte prolonga la vida de la fresa y en general produce una pieza de mayor precisión.

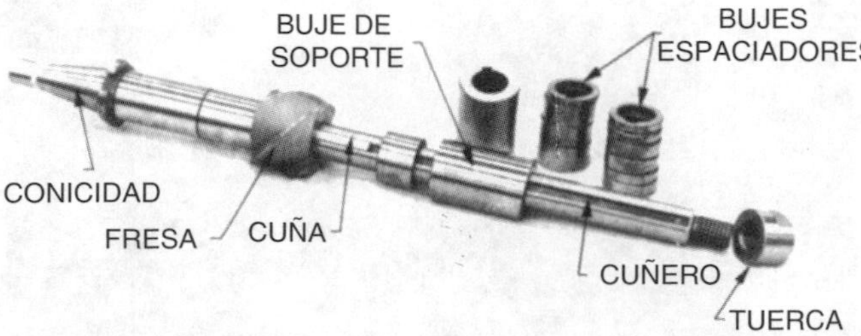

FIGURA 62-4 El árbol de la fresadora sujeta e impulsa la fresa. (Cortesía de Kelmar Associates.)

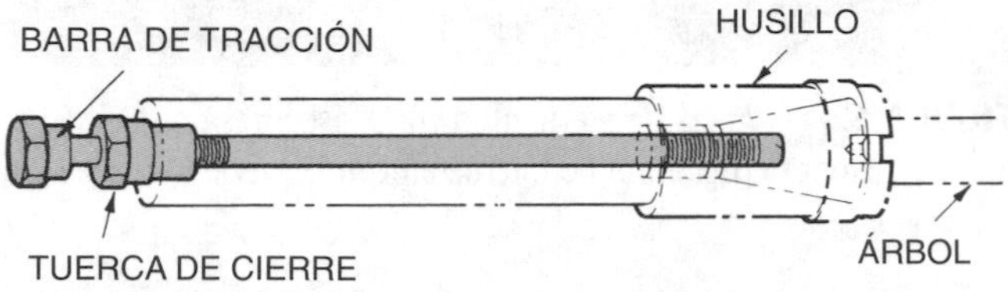

FIGURA 62-5 La barra de tracción sujeta la fresadora firmemente en el husillo. (Cortesía de Kelmar Associates.)

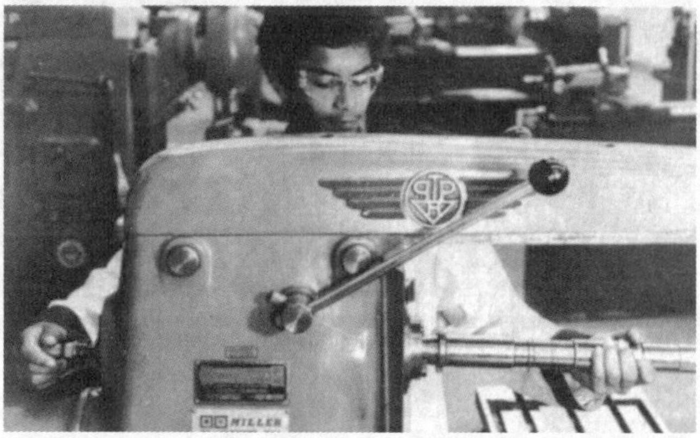
FIGURA 62-6 Desmontaje de un árbol de fresadora. (Cortesía de Kelmar Associates.)

MONTAJE Y DESMONTAJE DE UN ÁRBOL DE FRESADORA

El árbol de la fresadora es utilizado para sujetar la fresa durante la operación de la máquina. Al montar o desmontar un árbol, siga el procedimiento correcto, a fin de conservar la precisión de la máquina. Un árbol montado inadecuadamente puede dañar las superficies cónicas del mismo o del husillo de la máquina, hacer que el árbol se flexione o que la fresa se descentre.

El ensamble del árbol

La fresa es impulsada por una cuña que se ajusta en el cuñero del árbol y de la fresa (Figura 62-4). Esto impide que la fresa gire sobre el árbol. Espaciadores y bujes de apoyo sujetan la fresa en posición sobre el árbol una vez apretada la tuerca. El extremo cónico del árbol es sujetado firmemente en el husillo de la máquina mediante una barra de tracción (Figura 62-5). El extremo exterior del ensamble del árbol está soportado por un buje de apoyo y el soporte del árbol.

Cómo montar un árbol

1. Limpie la perforación cónica del husillo y la conicidad del árbol utilizando un trapo limpio.
2. Asegúrese que no hay astillas, virutas o rebabas en la conicidad que pudieran impedir que el árbol quedara concéntrico.
3. Verifique el buje de soporte y elimine cualquier rebaba utilizando una piedra de asentar.
4. Coloque el extremo cónico del árbol en el husillo y alinee las salientes impulsoras del husillo con las ranuras en el árbol.
5. Coloque la mano derecha sobre la barra de tracción (Figura 62-6) e introduzca el extremo con rosca en el árbol aproximadamente 1 pulg (25 mm)
6. Apriete firmemente la tuerca de cierre de la barra de tracción contra la parte trasera del husillo (Figura 62-7).

Cómo desmontar un árbol

1. Desmonte la fresa.
2. Afloje la tuerca de cierre de la barra de tracción aproximadamente dos vueltas.

FIGURA 62-7 Fijación del árbol sobre el husillo utilizando una barra de tracción. (Cortesía de Kelmar Associates.)

3. Con un martillo blando, golpee secamente el extremo de la barra de tracción hasta que se libere la conicidad del árbol (Figura 62-8).
4. Con una mano sujete el árbol; con la otra destornille la barra de tracción del árbol (Figura 62-6).
5. Retire cuidadosamente el árbol del husillo cónico, a fin de evitar daño a las conicidades del husillo o del árbol.
6. Deje la barra de tracción en el husillo para uso futuro.
7. Almacene el árbol en una estantería adecuada para evitar que se dañe o se flexione (Figura 62-9).

FIGURA 62-8 Desmontaje del árbol del husillo. (Cortesía de Kelmar Associates.)

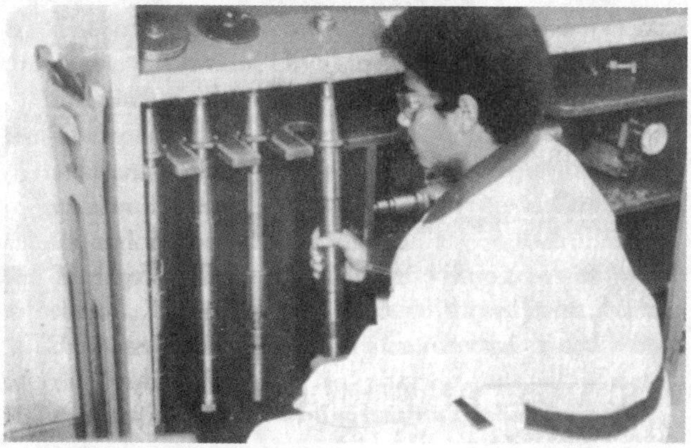

FIGURA 62-9 Almacenamiento del árbol en una estantería adecuada. (Cortesía de Kelmar Associates.)

MONTAJE Y DESMONTAJE DE FRESAS

Las fresas deben ser reemplazadas con frecuencia para llevar a cabo varias operaciones, por lo que es importante que se sigan ciertas secuencias, a fin de impedir que se dañe la fresa, la máquina o el árbol.

Cómo montar una fresa

1. Retire la tuerca y el anillo del árbol, y colóquelo sobre una pieza de masonite (Figura 62-3).
2. Limpie todas las superficies del anillo espaciador eliminando virutas y rebabas.
3. Ponga la máquina a la velocidad de husillo más baja.
4. Verifique la dirección de la rotación del árbol, encendiendo y deteniendo el husillo de la máquina.
5. Deslice los anillos espaciadores sobre el árbol a la posición deseada para el cortador (Figura 62-10).
6. Coloque una cuña en el cuñero del árbol en la posición donde se va a localizar la fresa.
7. Sujete la fresa con un trapo y móntela sobre el árbol. Asegúrese que los dientes de la misma apuntan en la dirección de la rotación del árbol (Figura 62-10).
8. Deslice el soporte del árbol a su lugar y asegúrese de que está sobre un buje de soporte del árbol.
9. Coloque espaciadores adicionales, dejando espacio para la tuerca del árbol. *APRIETE LA TUERCA MANUALMENTE.*
10. Fije el soporte del árbol en su posición (Figura 62-11).
11. Apriete la tuerca del árbol firmemente con una llave, utilizando sólo presión de la mano.
12. Lubrique el buje de apoyo en el soporte del árbol.
13. Asegúrese que el árbol y el soporte del árbol no interfieren con la pieza (Figura 62-1).

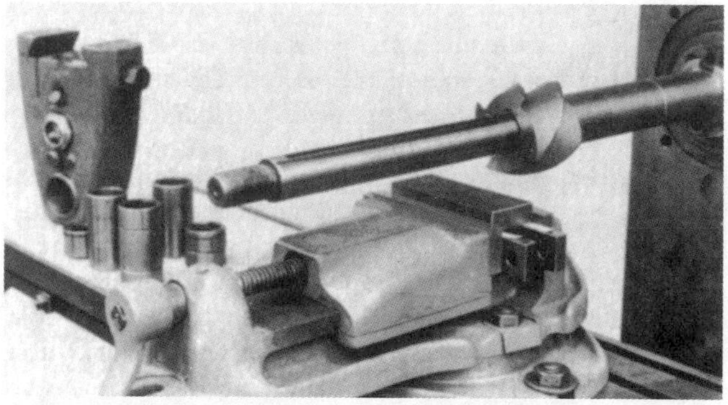

FIGURA 62-10 Utilice anillos espaciadores para poner la fresa en posición. (Cortesía de Kelmar Associates.)

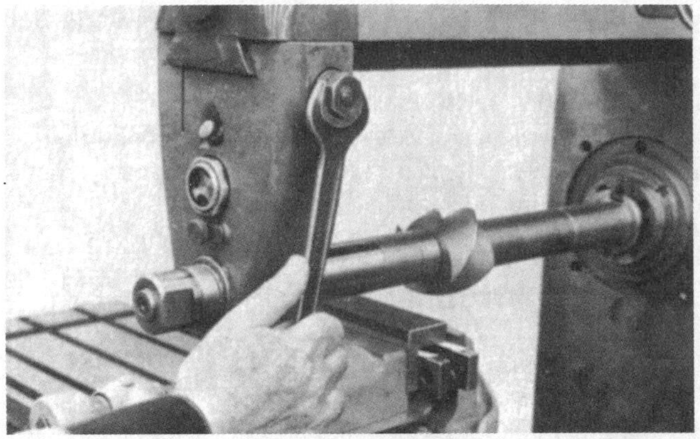

FIGURA 62-11 Apriete el soporte del árbol. (Cortesía de Kelmar Associates.)

Cómo desmontar una fresa

1. Asegúrese que el soporte del árbol está en su sitio y que está soportando el árbol sobre un buje de apoyo antes de usar una llave en la tuerca del árbol. Esta precaución evitará doblar el árbol.
2. Limpie todas las virutas del árbol y de la fresa.
3. Ponga la máquina a la velocidad más baja del husillo.
4. Afloje la tuerca del árbol con una llave correctamente escogida.

Nota: La mayor parte de las roscas de un árbol son izquierdas; por lo que afloje en dirección a las manecillas del reloj.

5. Afloje el soporte del árbol y desmóntelo del brazo superior.
6. Retire la tuerca, los espaciadores y la fresa. Colóquelos sobre una madera (Figura 62-12) y no sobre la superficie de la mesa.
7. Limpie las superficies del espaciador y de la tuerca y vuélvalas a colocar sobre el árbol. *Para esto no utilice una llave para apretar la tuerca del árbol.*
8. Almacene la fresa en un lugar adecuado, a fin de evitar que se dañen los filos.

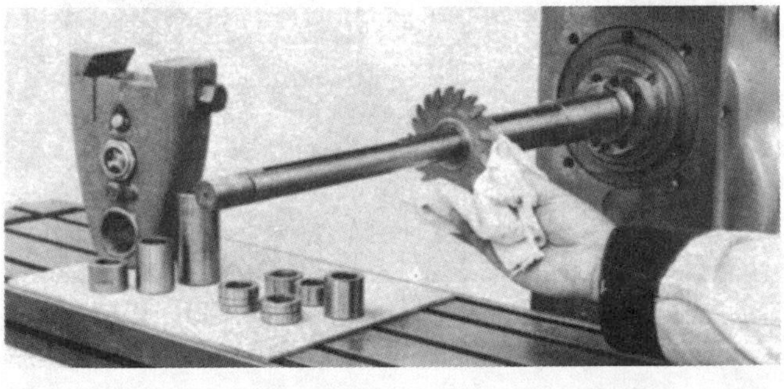

FIGURA 62-12 Al cambiar una fresa proteja la mesa de la fresadora con un trozo de masonite. (Cortesía de Kelmar Associates.)

ALINEACIÓN DE LA MESA EN UNA MÁQUINA FRESADORA UNIVERSAL

Si la pieza debe maquinarse con precisión en relación con un trazo o tiene cortes a escuadra o paralelos a una superficie, siempre resulta buena práctica alinear la mesa de una máquina fresadora universal antes de alinear la prensa o el elemento de sujeción.

Nota: Si se va a fresar un cuñero largo en una flecha, es de máxima importancia alinear la mesa. De no estar adecuadamente alineada, el cuñero no será fresado paralelo al eje de la flecha.

Paso	Procedimiento
1	Limpie la mesa y la cara de la columna completamente.
2	Monte un indicador de carátula *sobre la mesa* utilizando una base magnética o cualquier dispositivo de montaje adecuado (Figura 62-13).
3	Mueva la mesa hacia la columna, hasta que el indicador de carátula indique aproximadamente una cuarta parte de una revolución.
4	Ajuste el bisel indicador a cero (0), haciendo girar la carátula.
5	Utilizando la manivela de avance de la mesa, mueva la mesa a lo ancho de la columna.
6	Observe las lecturas en el indicador de carátula y compárelas con la lectura de cero (0) en el otro extremo de la columna.
7	Si existe algún movimiento en la aguja del indicador, afloje las tuercas del seguro en la *carcaza giratoria de la mesa.*
8	Ajuste la mesa en la mitad de la diferencia del movimiento de la aguja y fije la carcaza de la mesa.

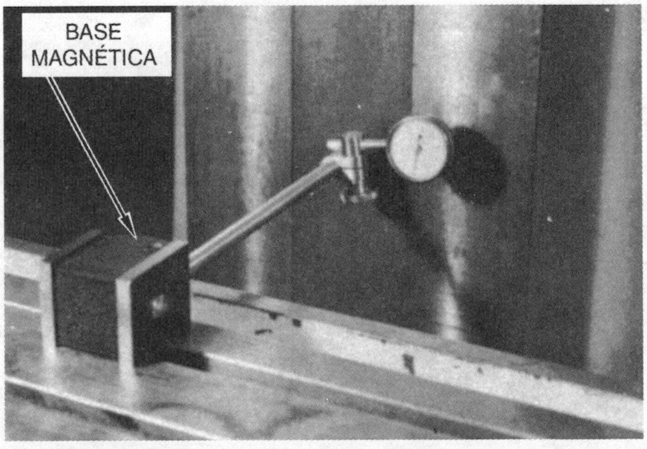

FIGURA 62-13 Alineación de una mesa de máquina fresadora universal. (Courtesy Kelmar Associates.)

9 Vuelva a *verificar* la alineación de la mesa y ajuste, de ser necesario, hasta que no exista ningún movimiento en el indicador conforme la mesa se mueve a lo largo de la columna.

Nota: *Indique siempre de la mesa a la cara de la columna,* y nunca de la columna a la mesa.

ALINEACIÓN DE LA PRENSA DE LA FRESADORA

Siempre que la pieza de trabajo requiera de precisión, es necesario alinear el dispositivo que la sujeta. Este dispositivo puede ser una prensa, una placa en escuadra, o un aditamento especial. Puesto que la mayor parte de las piezas se sujetan utilizando una prensa, se delineará el método para alinear este accesorio.

FIGURA 62-14 Indicador de carátula montado sobre el árbol para fines de alineación. (Cortesía de Kelmar Associates.)

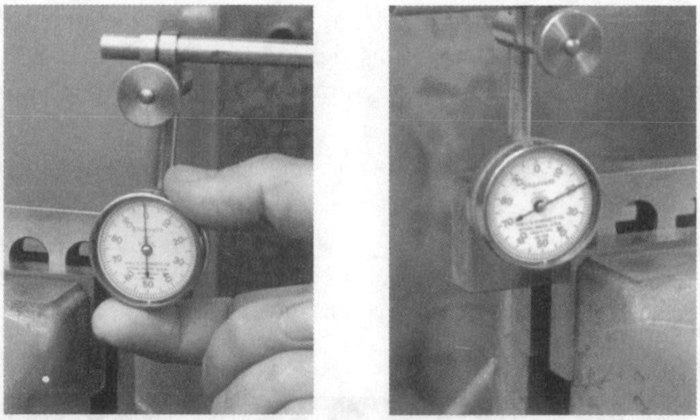

A B

FIGURA 62-15 Alineación de precisión de una prensa paralela al recorrido de la mesa. (Cortesía de Kelmar Associates.)

Cómo alinear la prensa paralela al recorrido de la mesa

1. Limpie la superficie de la mesa y la base de la prensa.
2. Monte y fije la prensa sobre la mesa.
3. Haga girar la prensa hasta que la quijada fija esté aproximadamente paralela con las ranuras de la mesa.
4. Monte un indicador sobre el árbol o sobre la fresa. (Figura 62-14).
5. Asegúrese que la quijada fija está limpia y libre de rebabas.
6. Ajuste la mesa hasta que el indicador registre aproximadamente un cuarto de revolución contra una paralela sujeta entre las quijadas de la prensa.
7. Ajuste el bisel a cero (0). Vea la Figura 62-15A.

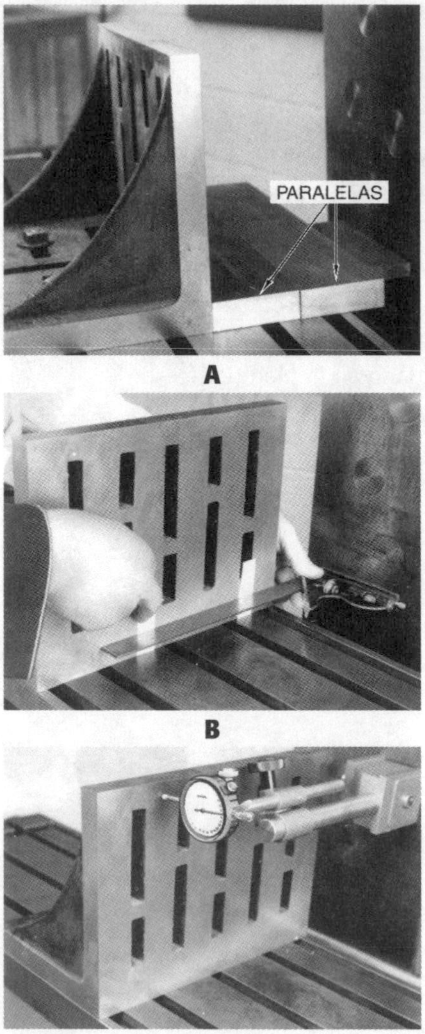

A

B

C

FIGURA 62-16 Alineación de una placa a escuadra paralela a la columna; (B) y (C) alineación de una placa a escuadra en ángulo recto con la columna. (Cortesía de Kelmar Associates.)

8. Mueva la mesa a lo largo de la longitud de la paralela y observe las lecturas del indicador (Figura 62-15B). Compárelas con la lectura de cero (0) en el otro extremo de las paralelas.
9. Afloje las tuercas de la parte superior giratoria de la prensa.
10. Ajuste la prensa a la mitad de la diferencia de lecturas del indicador golpeando con la mano o con un martillo *blando* en la dirección apropiada.

Nota: *Nunca golpee la prensa para que se mueva contra el émbolo indicador.* Esto dañara al indicador.

11. *Verifique* la alineación de la prensa y ajuste, si es necesario, hasta que no exista movimiento en el indicador conforme se mueva a lo largo de la paralela.

Métodos para alinear una placa a escuadra son mostrados en la Figura 62-16.

PREGUNTAS DE REPASO

1. ¿Por qué es importante una puesta a punto correcta de la máquina?

Seguridad

2. ¿Qué puede ocurrir si se hace un corte excesivamente profundo o se utiliza un avance demasiado rápido?
3. ¿Qué tan lejos se deben mantener las manos de una fresa girando?

Montaje y desmontaje de árboles

4. ¿Cuál es el propósito de un árbol?
5. ¿De qué manera se sujeta un árbol firmemente sobre el husillo de la máquina?
6. ¿Cómo se sujeta el extremo externo del árbol?
7. ¿Cómo debe el árbol almacenarse cuando no esté instalado en la máquina?
8. ¿En qué dirección deben apuntar los dientes de la fresa al montarse sobre un árbol?
9. ¿Por qué debe estar instalado el soporte antes de intentar desmontar la fresa del árbol?

Alineación de la mesa y de la prensa

10. ¿Por qué tiene tanta importancia la alineación de la mesa en la mayor parte de las operaciones de fresado?
11. ¿Por qué debe montarse un indicador de carátula sobre la mesa y no sobre la columna o sobre el árbol al alinear una mesa universal?
12. Mediante esquemas adecuados, muestre la forma en que la prensa puede ser alineada.
    a. Paralela a la línea de recorrido longitudinal de la mesa.
    b. En ángulo recto con la columna de la máquina fresadora.

UNIDAD

63

Operaciones de fresado

OBJETIVOS

Al terminar el estudio de esta unidad, se podrá:

1 Poner a punto una fresa a la profundidad adecuada

2 Fresar una superficie plana en una pieza de trabajo

3 Llevar a cabo operaciones como carear, cantear, fresado lateral y fresado múltiple

La máquina fresadora es una de las máquinas herramientas más versátiles que se encuentran en la industria. La amplia diversidad de operaciones que se pueden llevar a cabo dependen del tipo de máquina utilizada, de la fresa utilizada y de los aditamentos y accesorios disponibles para la máquina. Los dos tipos básicos de fresado son:

1. *Fresado plano*, donde la superficie que se corta es paralela a la periferia de la fresa. Estas superficies pueden ser planas o perfiladas (Figura 63-1).
2. *Fresado de refrentar*, donde la superficie cortada está en ángulo recto con el eje de la fresa (Figura 63-2).

FIGURA 63-1 Fresado de la superficie de una pieza de trabajo fija sobre un dispositivo de sujeción. (Cortesía de Cincinnati Milacron, Inc.)

FIGURA 63-2 Fresado de refrentar en una máquina fresadora de tipo producción. (Cortesía de Cincinnati Milacron, Inc.)

CÓMO PONER A PUNTO LA FRESA EN RELACIÓN CON LA SUPERFICIE DE TRABAJO

Antes de definir una profundidad de corte, el operador debe verificar que la pieza y la fresa están correctamente montados y que la fresa está girando en la dirección adecuada.

Cómo ajustar la fresa a la superficie de trabajo

1. Eleve la pieza hasta ¼ de pulg (6 milímetros) y directamente por debajo de la fresa.
2. Sujete una pieza larga de papel delgado sobre la superficie de trabajo (Figura 63-3).

Nota: *Haga que el papel tenga la suficiente longitud para impedir que los dedos entren en contacto con la fresa en rotación.*

3. Inicie la rotación de la fresa.
4. Con la mano izquierda en la manivela del tornillo elevador, mueva la pieza hacia arriba lentamente hasta que la fresa tome el papel.
5. Pare el husillo.
6. Mueva la mesa de la máquina de manera que la fresa apenas libre el extremo de la pieza de trabajo (Figura 63-4).
7. Eleve la rodilla .002 pulg (0.05 milímetros) relativo al espesor del papel.
8. Ajuste el anillo graduado en la manivela del tornillo elevador a cero (0). No mueva la manivela del tornillo elevador.
9. Mueva la pieza lejos de la fresa y eleve la mesa a la profundidad deseada de corte.

Nota: *Si la rodilla de la máquina se mueve hacia arriba más allá de la cantidad deseada, haga girar la manivela hacia atrás media vuelta y entonces regrese a la línea requerida. Esto absorberá el juego del movimiento de la rosca.*

FIGURA 63-3 Cómo ajustar la fresa a la pieza de trabajo. (Cortesía de Kelmar Associates.)

FIGURA 63-4 Asegúrese que la fresa libra el extremo de la pieza de trabajo antes de fijar la profundidad de corte. (Cortesía de Kelmar Associates.)

Este método también se puede utilizar cuando el borde de un cortador es ajustado al costado de una pieza de trabajo. En este caso, el papel debe ser colocado entre el costado de la fresa y el costado de la pieza de trabajo.

CÓMO FRESAR UNA SUPERFICIE PLANA

Una de las operaciones más comunes que se llevan a cabo en una fresadora es el maquinado de una superficie plana. Las superficies planas generalmente se maquinan en una pieza de trabajo utilizando una fresa helicoidal. La pieza puede sujetarse en una prensa o fijarse con abrazaderas a la mesa. Siga ese procedimiento:

1. Retire todas las rebabas de todos los bordes de la pieza utilizando una lima plana (Figura 63-5).
2. Limpie la prensa y la pieza de trabajo.

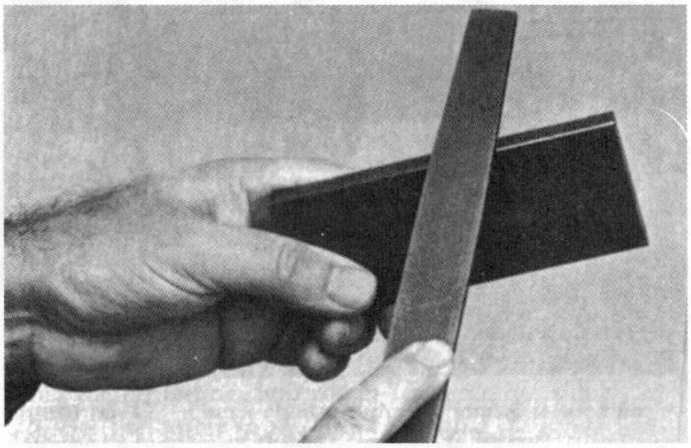

FIGURA 63-5 Elimine todas las rebabas antes de ajustar una pieza de trabajo en una prensa. (Cortesía de Kelmar Associates.)

3. Alinee la prensa con la cara de la columna de la máquina fresadora utilizando un indicador de carátula.
4. Coloque la pieza en la prensa utilizando paralelas y tiras de papel bajo cada una de las esquinas para asegurarse que la pieza está asentada sobre las paralelas.
5. Apriete la prensa firmemente a mano.

NO UTILICE UN MARTILLO PARA APRETAR LA LLAVE DE LA PRENSA.

6. Golpee la pieza *ligeramente* en las cuatro esquinas con un martillo blando, hasta que las tiras de papel queden apretadas entre la pieza y las paralelas (Figura 63-6).
7. Seleccione una fresa helicoidal más ancha que la pieza que se va a maquinar.
8. Monte la fresa sobre el árbol para un fresado convencional (Figura 63-7).
9. Ajuste la velocidad correcta para el tamaño de la fresa y el tipo de material.

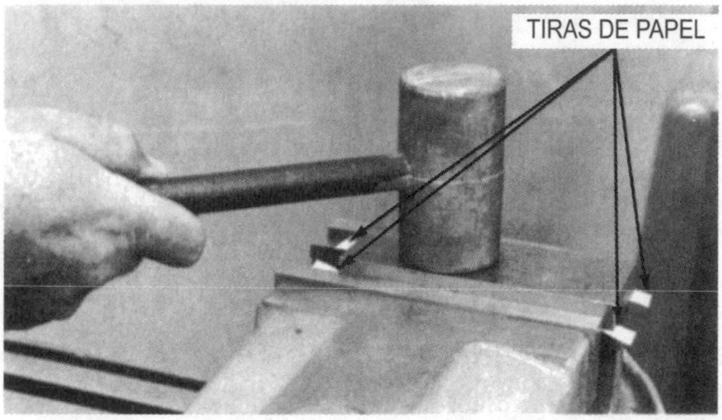

FIGURA 63-6 Golpee la pieza de trabajo hacia abajo con un martillo blando hasta que los papeles queden apretados. (Cortesía de Kelmar Associates.)

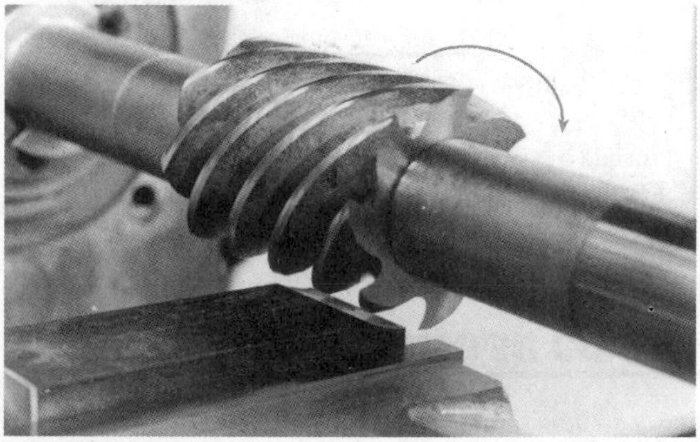

FIGURA 63-7 La mayoría de las piezas en bruto se maquinan utilizando fresado convencional. (Cortesía de Kelmar Associates.)

10. Ajuste el avance a aproximadamente .003 a .005 de pulg (0.08 a 0.13 milímetros) virutas por diente (CPT).
11. Encienda la fresa y eleve la pieza, utilizando un pedazo de papel entre la fresa y la pieza (Figura 63-3).
12. Detenga el husillo cuando la fresa justo empiece a cortar el papel.
13. Eleve la rodilla de la maquina .002 pulg (0.05 milímetros) por el espesor del papel.
14. Ajuste el anillo graduado de la manivela del tornillo elevador a cero (0) (Figura 63-8).
15. Mueva la pieza sacándola de la fresa y ajuste la profundidad de corte utilizando el anillo graduado.
16. Para corte de desbaste, utilice una profundidad que no sea inferior a 1/8 de pulg (3 milímetros) y para cortes de acabado de .010 a .025 de pulg (0.25 a 0.63 milímetros).
17. Ajuste los topes de la mesa a la longitud de corte.
18. Acople el avance y corte el lado 1.

FIGURA 63-8 Después de ajustar la fresa a la pieza de trabajo, coloque el anillo graduado en cero.

19. Ponga a punto y corte los costados restantes, según se requiera.

Nota: Vea la Unidad 69 para procedimientos de puesta a punto, si deben maquinarse los cuatro costados de un bloque.

FRESADO DE REFRENTAR

El fresado de refrentar es el proceso de producir una superficie vertical plana en ángulo recto con el eje de la fresa (Figura 63-9). Las fresas que se utilizan para el fresado de refrentar son fresas generalmente de dientes con insertos o fresas frontales huecas. Las *fresas de refrentar* se fabrican en tamaños de 6 pulg (150 milímetros) de diámetro y mayores; las fresas inferiores a 6 pulg (150 milímetros) de diámetro por lo general se conocen como *fresas frontales huecas*.

1. Cuando refrente una superficie grande, utilice una fresa de dientes con insertos y móntela sobre el husillo de la máquina.

FIGURA 63-9 El refrentado produce superficies planas y verticales.

2. Cuando se estén fresando superficies menores, la fresa de refrentar debe ser de aproximadamente 1 pulg (25 milímetros) más grande que el ancho de la pieza de trabajo.
3. Ajuste las velocidades y avances para el tipo de fresa y el material que se está cortando.
4. Coloque la pieza en la fresadora, asegurándose que las abrazaderas de sujeción de la pieza no interfieren con la acción de fresado.
5. Utilice fluido de corte si el material de la fresa o el de la pieza lo permite.
6. Efectúe un corte de desbaste tan grande como sea posible para acercar la superficie hasta 1/32 a un 1/16 de pulg (0.8 a 1.5 milímetros) del tamaño terminado.
7. Ajuste la profundidad del corte de terminado y maquine la superficie a la dimensión.
8. Después de completar la operación, limpie y almacene la fresa, así como el equipo de sujeción, en los lugares apropiados.

FRESADO LATERAL

A menudo se utiliza el fresado lateral para maquinar una superficie vertical en los costados o en los extremos de una pieza de trabajo (Figura 63-10).

Siga este procedimiento:

1. Ajuste la pieza en una prensa y sobre paralelas.

Nota: Asegúrese que la línea de trazo sobre la superficie a cortar se extiende aproximadamente 1/2 pulg (13 milímetros) más allá del borde de la prensa y de las paralelas, a fin de evitar que la fresa, la prensa o las paralelas sean dañadas.

2. Apriete la prensa firmemente a mano.

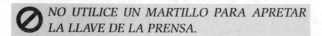

NO UTILICE UN MARTILLO PARA APRETAR LA LLAVE DE LA PRENSA.

3. Golpee la pieza ligeramente en las cuatro esquinas utilizando un martillo blando, hasta que los papeles estén apretados entre la pieza y las paralelas.

FIGURA 63-10 Fresado lateral de una superficie vertical. (Cortesía de Kelmar Associates.)

4. Monte una fresa lateral tan cerca del cojinete del husillo como sea posible para tener máxima rigidez al fresar.
5. Ajuste la velocidad y avance adecuados para la fresa que se está utilizando.
6. Encienda la máquina y mueva la mesa hasta que la esquina superior de la pieza apenas toca la fresa en rotación. Asegúrese que la fresa está girando en la dirección correcta.
7. Ajuste el anillo graduado de avance transversal a cero (0).
8. Con la manivela de la mesa, mueva la pieza lejos de la fresa.
9. Fije la profundidad de corte requerida, utilizando la manivela de avance transversal.
10. Bloquee la silla para impedir movimiento durante el corte.
11. Efectúe el corte en toda la superficie.

Cómo centrar una fresa para fresar una ranura

1. Localice la fresa tan cerca del centro de la pieza como sea posible.
2. Utilizando una escuadra y una regla de acero (Figura 63-11) o un bloque patrón, ajuste la pieza al centro, utilizando la carátula del tornillo de avance transversal.
3. Bloquee la silla para impedir movimiento durante el corte.
4. Mueva la pieza lejos de la fresa y fije la profundidad del corte.
5. Proceda a hacer el corte de la ranura, utilizando los mismos métodos que se indicaron para el fresado de una superficie plana.

FRESADO DE DISCOS ACOPLADOS

El *fresado de discos acoplados* (Figura 63-12) involucra el uso de dos fresas de corte lateral para maquinar los lados opuestos de una pieza de trabajo paralela a un corte. Las fresas están separadas sobre el árbol por un espaciador o espaciado-

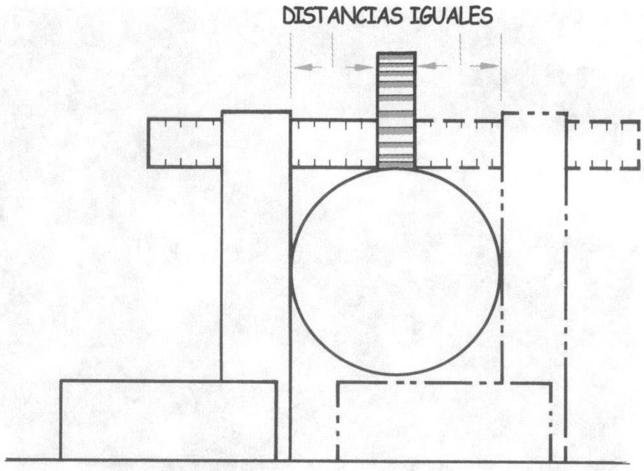

FIGURA 63-11 Centrado de la fresa sobre una flecha redonda. (Cortesía de Kelmar Associates.)

FIGURA 63-12 Fresado de discos acoplados. (Cortesía de Cincinnati Milacron, Inc.)

res a la longitud requerida, de manera que la distancia entre las caras internas de las fresas sea igual al tamaño deseado. Se puede utilizar un espaciador de árbol micrométrico ajustable, para variar la distancia entre ambas fresas, y también para compensar el desgaste o afilado de las fresas de corte lateral. Las aplicaciones del fresado de discos acoplados es el fresado de cabezas cuadradas o hexagonales en pernos.

Los puntos siguientes deben ser observados al efectuar el fresado de discos acoplados:

1. Seleccione dos fresas laterales afiladas, preferiblemente con dientes alternos, del tamaño adecuado.
2. Monte las fresas, con espaciadores de árbol adecuados, tan cerca de la columna como la pieza lo permita.
3. Monte el soporte del árbol tan cerca de las fresas como sea posible, a fin de obtener rigidez para fresas y árbol.
4. Centre las fresas sobre la pieza de trabajo en la ubicación adecuada.
5. Apriete el bloqueo de la silla, para impedir cualquier movimiento durante el corte.
6. Ajuste la fresa a la superficie de trabajo.
7. Mueva la mesa de manera que la fresa quede lejos del extremo de la pieza de trabajo.
8. Ajuste la profundidad de corte requerida y apriete la abrazadera de la rodilla.
9. Ajuste velocidades y avances correctos para el tamaño de la fresa y el tipo de material del trabajo; compruebe la rotación de la fresa.
10. Utilice un buen suministro de fluido de corte y complete la operación de cortado de discos acoplados en un solo corte.

FRESADO MÚLTIPLE

El *fresado múltiple* (Figura 63-13) es un método de fresado rápido utilizado mucho en trabajos de producción. Se lleva a cabo utilizando dos o más fresas sobre un árbol, para producir la forma deseada. Las fresas pueden ser una combinación de fresas sencillas y de corte lateral. Si se utiliza más de una fresa helicoidal, deberá utilizarse una de hélice derecha y otra de hélice izquierda, para compensar el empuje creado por ese tipo de fresa y minimizar posible vibración. Si se utilizan varias fresas y las ranuras tienen que ser del mismo tamaño, es importante que el diámetro y ancho de cada fresa sea el mismo.

Deben observarse los puntos siguientes, a fin de evitar problemas durante una operación de fresado múltiple:

1. Seleccione fresas que estén tan cerca como sea posible a un mismo tamaño y número de dientes. Esto permitirá que se utilicen velocidades y avances máximos.

FIGURA 63-13 Fresado múltiple. (Cortesía de Cincinnati Milacron, Inc.)

2. Monte las fresas correctas sobre el árbol, tan cerca de la columna de la máquina como sea posible.
3. Sujete el soporte del árbol tan cerca de las fresas como lo permita la pieza.
4. Ajuste la velocidad del husillo, adecuándola a la fresa del diámetro más grande.
5. Asegúrese que la pieza esté firmemente sujeta y que los dispositivos de sujeción de la pieza no entrarán en contacto con las fresas.
6. Utilice un buen flujo de fluido de corte para ayudar la acción de cortar y producir un buen acabado superficial.

SERRADO Y RANURADO

Las sierras para ranurar metal se pueden utilizar para fresar ranuras angostas y cortar las piezas (Figura 63-14). Las sierras de ranurar sencillas, debido a su sección transversal delgada, son herramientas de corte bastante frágiles. Si no se utilizan con cuidado, se romperán con facilidad.

Para obtener la vida máxima de una sierra de ranurar, tome las siguientes precauciones:

1. Nunca acuñe una sierra de ranurar sobre el árbol, a menos que esté montada en un anillo de montaje de brida especial. Si la sierra de ranurar está acuñada y se traba en la pieza, girará y cortará a través de la cuña, haciendo difícil desmontar la sierra rota.

Nota: La tuerca del árbol debe ser atornillada tan fuerte como sea posible a *mano únicamente.*

2. Al seleccionar una sierra de ranurar, escoja una con el diámetro más pequeño, que permita una holgura adecuada entre los anillos o soportes del árbol y los pernos de sujeción, el dispositivo de sujeción o la pieza de trabajo.
3. Monte la sierra cerca de la cara de la columna y coloque el soporte exterior del árbol tan cerca como sea posible de la sierra.

FIGURA 63-14 Serrado y ranurado. (Cortesía de Kelmar Associates.)

4. Utilice siempre una fresa o cortador afilado.
5. Asegúrese que las cuñas de la mesa están levantadas, para eliminar cualquier juego entre mesa y silla.
6. Opere las sierras a aproximadamente de una cuarta parte a una octava parte del avance por diente utilizado para fresas de corte lateral.
7. Cuando sierre o ranure estrías razonablemente largas o profundas, es aconsejable fresar en descenso, para impedir que la fresa se force lateralmente y se rompa. La mesa debe ser avanzada cuidadosamente a mano, y el eliminador de juego debe estar acoplado.

PREGUNTAS DE REPASO

Ajuste de la fresa al trabajo

1. ¿Por qué debe utilizarse una pieza larga y delgada de papel para ajustar una fresa en la superficie de la pieza?
2. ¿Qué debe hacerse cuando la rodilla se mueve más allá de la cantidad deseada?

Fresado en la superficie plana

3. Liste los pasos requeridos para ajustar la pieza en una prensa para su fresado.
4. Explique la forma en que la fresa debe ponerse a punto, en relación con la superficie de trabajo.

Fresado de refrentar

5. Describa el proceso de fresado de refrentar.
6. ¿Qué tan grande debe ser la fresa de refrentar, en relación con el ancho de la pieza?

Fresado de corte lateral

7. ¿Por qué se utiliza a menudo la operación de fresado de corte lateral?
8. ¿Cómo debe ajustarse la pieza en una prensa para fresado lateral?
9. ¿Por qué debe bloquearse la silla de la mesa antes de maquinar?
10. Explique la forma en que se pueda alinear una fresa con el centro de una pieza de trabajo redonda.

Fresado de discos acoplados y fresado múltiple

11. ¿Cuál es la diferencia entre el fresado de discos acoplados y el fresado múltiple?
12. ¿Por qué debe el soporte del árbol montarse tan cerca de las fresas como sea posible?

Serrado y ranurado

13. Liste cinco de las precauciones más importantes para aserrar o ranurar.

UNIDAD

64

El cabezal divisor

OBJETIVOS

Al terminar el estudio de esta unidad, se podrá:

1. Calcular y fresar planos mediante indización simple y directa
2. Calcular la indización necesaria con un divisor de gama amplia
3. Calcular la indización necesaria para indización angular y diferencial

El *cabezal divisor* es uno de los aditamentos de mayor importancia de la fresadora. Se utiliza para dividir la circunferencia de una pieza de trabajo en divisiones igualmente espaciadas cuando se frezan engranes, ranuras, cuadrados y hexágonos. También se puede utilizar para girar la pieza de trabajo una relación predeterminada con el avance de la mesa, para producir levas y ranuras helicoidales en engranes, taladros, rimas y otras piezas.

PARTES DEL CABEZAL DIVISOR

El conjunto del cabezal divisor universal consiste del *cabezal* mismo con *platos perforados*, los *engranes de cambio* del cabezal y el *cuadrante, el mandril universal*, el *contrapunto* y el *descanso intermedio* (Figura 64-1). Un *bloque giratorio* montado en la *base* permite que el cabezal pueda inclinarse desde 5° por debajo de la posición horizontal, hasta 10° más allá de la posición vertical. El lado de la base y el bloque están graduados para indicar el ángulo de ajuste. Montado en el bloque giratorio está un *husillo*, que tiene una *rueda dentada de tornillo sin fin de 40* dientes, que se acopla con un tornillo sin fin (Figura 64-2). El tornillo sin fin, a ángulo recto con el husillo, está conectado con la *manivela indicadora*, cuyo perno se acopla en el plato perforado(Figura 64-3). Un *plato perforado directo* está fijo frente al husillo.

Se puede insertar una punta de 60° en la parte delantera del husillo, y en el extremo del husillo se puede roscar un *mandril universal*.

El *cabezal móvil* se utiliza en conjunción con el cabezal para soportar piezas sujetas entre centros o el extremo de la pieza sujeta en un mandril. La punta del contrapunto puede ajustarse longitudinalmente para varias longitudes de la pieza y puede ser elevado o bajado del centro. También se puede inclinar fuera de paralelismo con la base, cuando se efectúan cortes en piezas cónicas.

El *descanso intermedio ajustable* evita que las piezas largas y esbeltas, sujetas entre centros, se flexionen.

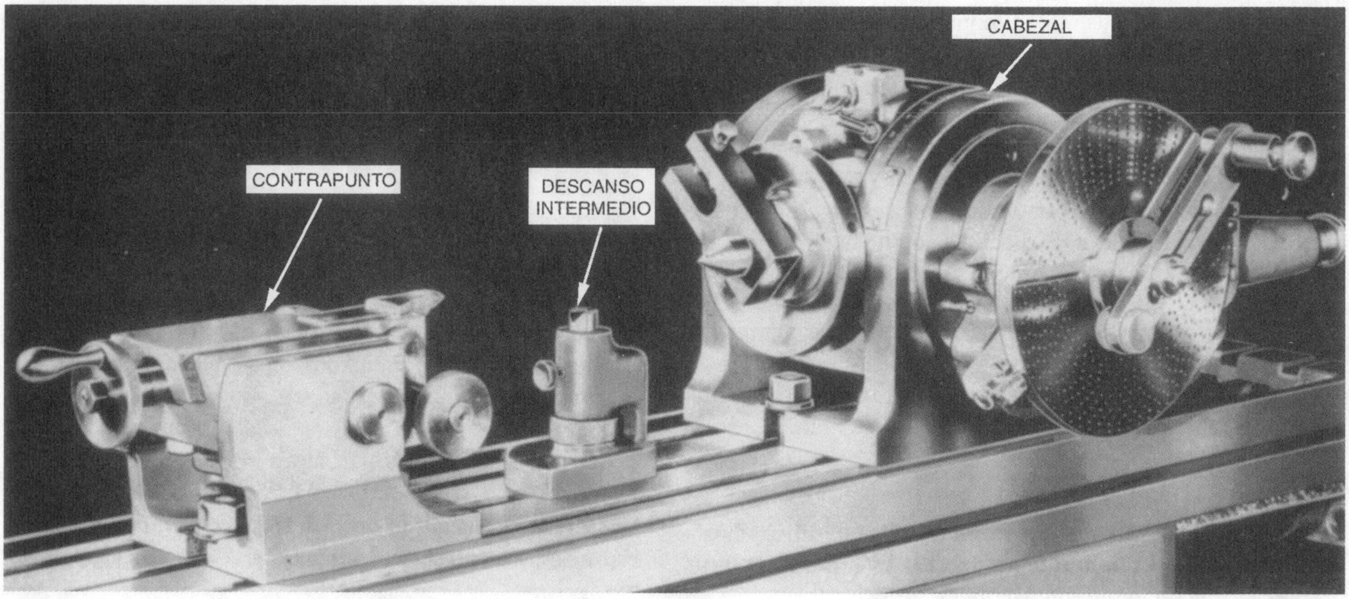

FIGURA 64-1 Un cabezal divisor universal. (Cortesía de Cincinnati Milacron, Inc.)

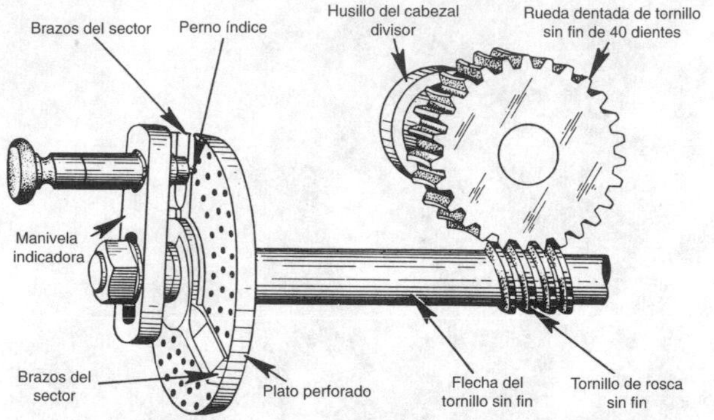

FIGURA 64-2 Sección a través de un cabezal divisor, mostrando la rueda dentada de tornillo sin fin y la flecha del tornillo sin fin.

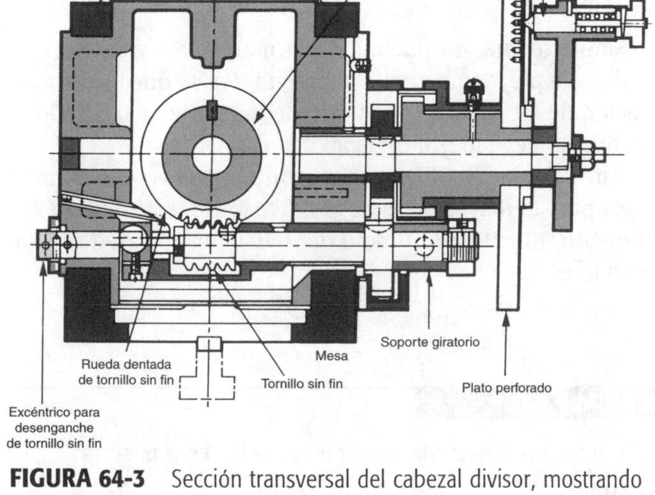

FIGURA 64-3 Sección transversal del cabezal divisor, mostrando el husillo y el plato perforado.

MÉTODOS DE INDIZACIÓN

El propósito principal del cabezal divisor es dividir la circunferencia de la pieza de trabajo con precisión en cualquier número de divisiones. Esto se puede llevar a cabo utilizando los métodos de indización siguientes: directo, simple, angular y diferencial.

Indización directa

La *indización directa* es la forma más simple de indización. Se lleva a cabo desacoplando la flecha de tornillo sin fin de la rueda dentada de tornillo sin fin, mediante un dispositivo excéntrico en el cabezal divisor. Algunos cabezales divisores directos no tienen una rueda dentada de tornillo sin fin, y un tornillo sin fin, sino que giran sobre cojinetes. Los platos perforados contienen orificios o ranuras, que están numerados, y un cierre de lengüeta con resorte se utiliza para acoplarse en el orificio adecuado. Se utiliza la indización directa para la indización rápida de la pieza de trabajo al cortar estrías, hexágonos, cuadrados y otras formas.

TABLA 64-1 Divisiones de indización directa

círculos en el plato perforado	
24	2 3 4 _ 6 8 _ __ 12 __ __ 24 __ __
30	2 3 _ 5 6 _ _ 10 __ 15 __ __ 30 __
36	2 3 4 _ 6 _ 9 __ 12 __ 18 __ __ 36

La pieza se gira la cantidad requerida y se sujeta en su sitio con un perno que se acopla en una perforación o en una ranura en la placa de indización directa, montada en el extremo del husillo del cabezal divisor. El plato perforado directo por lo general contiene tres juegos de círculos de perforaciones o ranuras: 24, 30, y 36. El número de divisiones que es posible indicar es limitado a números que sean factores de 24, 30 y 36. Las divisiones comunes que se pueden obtener mediante indización directa aparecen listadas en la tabla 64-1.

EJEMPLO

¿Qué indización directa es necesaria para frezar ocho ranuras o estrías en una pieza en bruto para una rima?

Solución

Puesto que el círculo de 24 perforaciones es el único divisible entre ocho (el número requerido de divisiones), en este caso es el único círculo que se puede utilizar.

$$\text{Indización} = \frac{24}{8} = \frac{\text{perforaciones en un círculo}}{\text{de 24 perforaciones}}$$

Jamás cuente una perforación o ranura en la cual esté acoplado el perno índice.

Cómo fresar un cuadrado mediante indización directa

1. Desacople el tornillo sin fin y el eje del tornillo sin fin haciendo girar la palanca de desacoplamiento del eje del tornillo sin fin, si el cabezal divisor así viene equipado.
2. Ajuste el perno tras el plato perforado en el círculo de 24 perforaciones o ranuras (Figura 64-4).
3. Monte la pieza de trabajo en el mandril del cabezal divisor o entre centros.
4. Ajuste la altura de la fresa y corte el primer lado.
5. Quite el perno utilizando la palanca del mismo perno (Figura 64-5).
6. Haga girar media vuelta (12 perforaciones o ranuras) la placa sujeta al husillo del cabezal divisor y acople el perno.
7. Haga el segundo corte.
8. Mida la pieza sobre las caras y ajuste la altura de la pieza, si así se requiere.
9. Corte los lados restantes indizando cada seis perforaciones hasta que todas las superficies hayan sido cortadas.

Indización simple

En la *indización simple*, la pieza se coloca mediante la manivela, plato perforado y brazos de sector. El tornillo sin fin sujeto a la manivela debe estar acoplado con la rueda del tornillo sin fin, en el husillo del cabezal divisor. Dado que hay 40 dientes en la rueda del tornillo sin fin, una vuelta completa de la manivela indizadora hará que el husillo y la pieza giren un cuarentavo de vuelta.

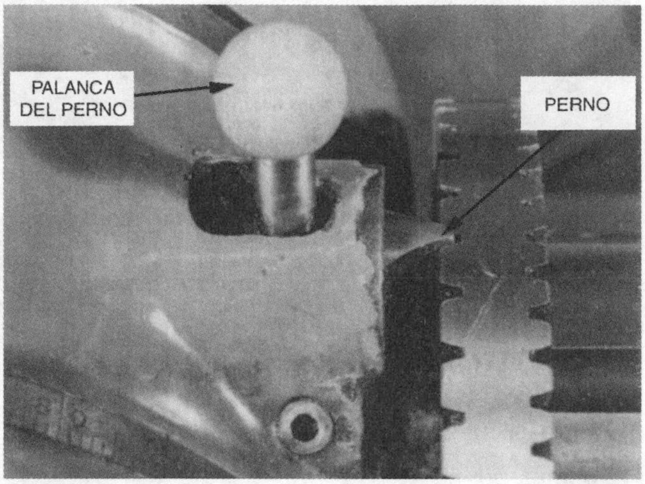

FIGURA 64-4 Ajuste la palanca del perno para colocarla en el círculo del agujero o ranura apropiado. (Cortesía de Kelmar Associates.)

FIGURA 64-5 El perno y el plato perforado o ranurado directo se utilizan para indizar un número limitado de divisiones. (Cortesía de Kelmar Associates.)

Similarmente, 40 vueltas de la manivela harán girar el husillo y la pieza una vuelta completa. Por lo que existe una relación de 40:1 entre las vueltas de la manivela indizadora y el husillo del cabezal divisor.

Para calcular la indización o el número de vueltas de manivela para la mayor parte de las divisiones, sólo es necesario dividir 40 entre el número de divisiones (N) que se van a cortar, es decir

$$\text{Indización} = \frac{40}{N}$$

EJEMPLO

La indización requerida para cortar ocho estrías sería:

$$\frac{40}{8} = 5 \text{ Vueltas completas de la manivela indicadora}$$

Si, sin embargo, fuera necesario cortar siete estrías, la indización sería de

$$\frac{40}{8} = 5\tfrac{5}{7} \text{ vueltas}$$

Cinco vueltas completas se hacen fácilmente; sin embargo, los cinco séptimos de una vuelta involucra el uso de la placa perforada y de los brazos de sector.

Plato perforado y brazos de sector

El *plato perforado* es un plato circular provisto de una serie de perforaciones igualmente espaciadas, en el cual se acopla el perno de la manivela indicadora. Los *brazos del sector* se ajustan frente a este plato, y pueden colocarse en cualquier porción de una vuelta completa.

TABLA 64-2 Círculos de las perforaciones del plato perforado

Calibre B&S	
Placa 1	15-16-17-18-19-20
Placa 2	21-23-27-29-31-33
Placa 3	37-39-41-43-47-49
Plato estándar Cincinnati	
Un lado	24-25-28-30-34-37-38-39-41-42-43
El otro lado	46-47-49-51-53-54-57-58-59-62-66

Para obtener cinco séptimas partes de una vuelta, escoja cualquier círculo de perforaciones (Tabla 64-2) que sea divisible entre el denominador 7, como 21, y entonces tome cinco séptimos de 21 = 15 perforaciones de un círculo de 21 perforaciones. Por lo tanto, la indización para siete estrías sería de $40/7 = 5\,5/7$ de vuelta, es decir 5 vueltas completas, más 15 perforaciones del círculo de 21 perforaciones. Cuando se requiera indicar con una precisión extrema, escoja el círculo que tenga el máximo de perforaciones.

El procedimiento para cortar siete estrías sería como sigue:

1. Monte el plato perforado apropiado en el cabezal divisor.
2. Afloje la tuerca de la manivela indicadora y coloque el perno indicador en una perforación en el círculo de 21 agujeros.
3. Apriete la tuerca de la manivela del índice y asegúrese que el perno indicador entra en su perforación con facilidad.
4. Afloje el prisionero del brazo de sector.
5. Coloque el borde angosto del brazo izquierdo contra el perno indicador.
6. Cuente 15 perforaciones del círculo de 21. *No incluya la perforación en la cual está acoplado el perno de la manivela indicadora.*
7. Mueva el brazo derecho del sector ligeramente más allá de la quinceava perforación y apriete el prisionero del brazo del sector.
8. Alinee la fresa con la pieza de trabajo.
9. Encienda la máquina y ajuste la fresa colocándola en la parte superior de la pieza, utilizando el detector de papel adecuado (Figura 64-6).
10. Mueva la mesa de manera que la fresa libre el extremo de la pieza.

FIGURA 64-6 Ajuste de la fresa sobre la superficie superior de la pieza de trabajo utilizando un papel. (Cortesía de Kelmar Associates.)

11. Apriete el seguro de fricción del cabezal divisor, antes de efectuar cada uno de los cortes, y afloje el seguro al indicar los espacios.
12. Establezca la profundidad de corte y efectúe el primer corte.
13. Una vez cortada la primera ranura, regrese la mesa a la posición original de inicio.
14. Retire el perno indicador y haga girar la manivela en el sentido de las manecillas de reloj cinco vueltas completas, más las 15 perforaciones indicadas por el brazo derecho del sector. Libere el perno indicador entre la perforaciones catorce y quince, y golpéelo ligeramente hasta que caiga en la perforación quince.
15. Haga girar el brazo de sector que esté *más lejos del perno* en el sentido de las manecillas del reloj, hasta que quede contra el perno indicador.

Nota: Es importante que se sujete y se haga girar el brazo que esté *más lejos del perno* Si se sujetara y se hiciera girar el brazo más cercano al perno, el espaciamiento entre ambos brazos del sector se incrementaría cuando el otro brazo golpea al perno. Esto podría resultar en un error de indización que no sería notado sino hasta haber terminado el trabajo.

16. Fije el cabezal divisor; entonces continúe el maquinado y el indizado de las estrías restantes. Siempre que el perno de la manivela se mueva más allá de la perforación requerida, elimine el juego entre el tornillo sin fin y la rueda del tornillo sin fin, haciendo girar la manivela en sentido contrario a las manecillas del reloj aproximadamente media vuelta, y después cuidadosamente en el sentido de las manecillas del reloj, hasta que el perno entre en la perforación adecuada.

Indización angular

Cuando en vez de un número de divisiones se da la distancia angular entre las mismas, puede utilizarse la preparación para una indización simple; sin embargo, cambia el método de calcular la indización.

Una vuelta completa de la manivela indicadora hace girar a la pieza un cuarentavo de vuelta, es decir, un cuarentavo de 360°, que es lo mismo a 9°.

Cuando la dimensión angular se da en *grados,* la indización se calcula como sigue:

$$\text{Indización en grados} = \frac{\text{No. de grados requeridos}}{9}$$

EJEMPLO

Calcule la indización para 45°.

$$\text{Indización} = \frac{45}{9}$$

$$= 5 \text{ vueltas completas}$$

EJEMPLO

Calcule la indización para 60°.

$$\text{Indización} = \frac{60}{9}$$

$$= 6\tfrac{2}{3}$$

$$= 6 \text{ vueltas completas, más 12 perforaciones de un círculo de 18}$$

Si las dimensiones están dadas en *grados* y en *minutos,* será necesario convertir los grados a minutos (número de grados × 60') y sumar esta cifra a los minutos requeridos. La indización en minutos se calcula como sigue:

$$\text{Indización en minutos} = \frac{\text{minutos requeridos}}{540}$$

EJEMPLO

Calcule la indización necesaria para 24'.

$$\text{Indización} = \frac{24}{540}$$

$$= \frac{4}{90}$$

$$= \frac{1}{22.5}$$

La indización para 24' sería de 1 perforación en el círculo de 22.5 perforaciones. Como el círculo de 23 perforaciones es el círculo de perforaciones más cercano, la indización sería de una perforación en el círculo de 23 perforaciones. Dado que en este caso hay un ligero error (aproximadamente de medio minuto) en la indización, si se requiere de extrema precisión es aconsejable utilizar este método únicamente para unas cuantas divisiones.

EJEMPLO

Calcule la indización para 24o30'. Primero, convierta 24° 30' a minutos:

$$(24 \times 60 \text{ minutos}) = 1440'$$

$$\text{Sume 30 minutos} = \underline{\ \ 30'}$$

$$\text{Total} = 1470'$$

$$\text{Indización} = \frac{1470}{540}$$

$$= 2\tfrac{13}{18} \text{ vueltas}$$

= 2 vueltas completas más 13 perforaciones en un círculo de 18

Al indizar para grados y medios grados (30') utilice el círculo de 18 perforaciones (Brown and Sharpe).

½° (30') = 1 perforación en el círculo de 18 perforaciones

1° = 2 perforaciones en el círculo de 18 perforaciones

Al indizar para un ⅓° (20') y ⅔° (40'), deberá utilizarse el círculo de 27 perforaciones (Brown and Sharpe).

⅓° (20') = 1 perforación en el círculo de 27 perforaciones

⅔° (40') = perforaciones del círculo de 27 perforaciones

Al indizar para minutos utilizando el cabezal divisor Cincinnati, observe que un espacio del círculo de 54 perforaciones hará girar la pieza 10' ($\frac{1}{54}$ × 540).

Indización diferencial

Cuando resulta imposible calcular la indización requerida utilizando el método simple de indización, esto es, cuando la fracción 40/N no se puede reducir a un factor de alguno de los círculos de perforaciones disponibles, es necesario utilizar *indización diferencial.*

Con este método de indización, el plato perforado debe ser girado ya sea hacia adelante o hacia atrás una fracción de vuelta, al mismo tiempo que la manivela indicadora es girada para alcanzar el espaciamiento o indización adecuados.

En la indización diferencial, igual que la indización simple, la manivela indicadora hace girar el husillo del cabezal divisor. El husillo hace girar el plato perforado, una vez que se ha desacoplado el perno, mediante engranes de cambio conectando el husillo del cabezal divisor y el eje del tornillo sin fin (Figura 64-7). La rotación de la placa puede ser en la misma dirección (positiva) o en dirección opuesta (negativa) de la manivela indicadora. Este cambio de rotación es efectuado por un engrane o engranes locos en el tren de engranajes.

Cuando es necesario calcular en la indización para un número requerido de divisiones mediante el método diferencial, se escoge un número cercano a las divisiones requeridas que se pueden indizar mediante indización simple.

Para ilustrar el principio de la indización diferencial, suponga que la manivela de indización tiene que ser girada una novena parte de una vuelta, y sólo está disponible un círculo de 8 perforaciones.

Si la manivela se mueve una novena parte de una vuelta, el perno indicador entrará en contacto con la placa en un punto antes de la primera perforación del círculo de 8 perforaciones. La posición exacta de este punto será la diferencia entre un octavo y un noveno de revolución de la manivela. Esto sería igual a

$$1/8 - 1/9 = \frac{9-8}{72} = 1/72$$

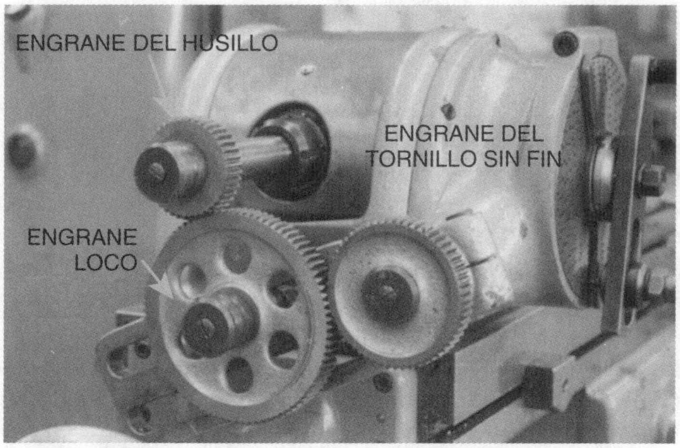

FIGURA 64-7 Cabezal engranado para indización diferencial. (Cortesía de Kelmar Associates.)

de una vuelta menos de un octavo de vuelta, es decir un setenta y doseavo de una vuelta, antes de la primera perforación. Dado que no existe una perforación en este punto donde acoplar el perno, es necesario hacer que el plato gire hacia atrás mediante engranes de cambio, un setenta y doseavo de vuelta, de manera que el perno entre en una perforación. En este punto, la manivela indicadora quedará bloqueada exactamente a un noveno de una vuelta.

El método de calcular los cambios de engranes (Figura 64-7) requeridos para girar la placa la cantidad correcta es como sigue:

$$\text{Relación de engranes de cambio} = (A - N) \times \frac{40}{A}$$

$$= \frac{\text{engrane impulsor (husillo)}}{\text{engrane impulsado (tornillo sin fin)}}$$

A = número aproximado de divisiones

N = número requerido de divisiones

Cuando el número aproximado de divisiones es más grande que el número requerido, la fracción resultante es de adición y el plato perforado debe moverse en la misma dirección que la manivela (con las manecillas del reloj). Esta *rotación positiva* se lleva a cabo utilizando un engrane loco. Sin embargo, si el número aproximado es inferior al número requerido, la fracción resultante es menor y el plato perforado debe moverse en dirección contra las manecillas del reloj. Esta *rotación negativa* requiere el uso de dos engranes locos. El numerador de la fracción representa el engrane o engranes impulsor(es) (husillo) y el denominador representa el engrane o engranes impulsado(s) (tornillo sin fin). El engranaje puede ser simple o compuesto, y la rotación es como sigue:

- *Engrane simple*—Un engrane loco para una rotación positiva del plato perforado, y dos engranes locos para una rotación negativa del plato perforado.
- *Engranes compuestos*—Un engrane loco para una rotación negativa del plato perforado y dos engranes locos para una rotación positiva del plato perforado.

EJEMPLO

Calcule la indización y los cambios de engranes requeridos para 57 divisiones.

Los engranes de cambio suministrados con el cabezal divisor son como sigue: 24, 24, 28, 32, 40, 44, 48, 56, 64, 72, 86, 100.

Los círculos de perforaciones de los platos perforados disponibles son como sigue:

Plato 1: 15, 16, 17, 18, 19, 20

Plato 2: 21, 23, 27, 29, 31, 33

Plato 3: 37, 39, 41, 43, 47, 49

Solución

1. Indización $= \frac{40}{N} = \frac{40}{57}$

   Dado que no existe un círculo de 57 perforaciones y es imposible reducir esta fracción para adecuarla a cualquier círculo de perforaciones, es necesario seleccionar un número aproximado cercano a 57, para el cual se pueda calcular el indizado simple.
2. Hagamos que el número aproximado de divisiones sea igual a 56.
3. Indización para 56 perforaciones $= \frac{40}{56} = \frac{5}{7}$

   es decir 15 perforaciones de un círculo de 21 perforaciones.
4. Relación de engranes $= (A - N) \times \frac{40}{A}$

$$= (56 - 57) \times \frac{40}{56}$$

$$= -1 \times \frac{40}{56}$$

$$= -\frac{5}{7}$$

$$\text{Engranes de cambio} = -\frac{5}{7} \times \frac{8}{8}$$

$$= -\frac{40 \text{ (engranes del husillo)}}{56 \text{ (engranes del tornillo sin fin)}}$$

Por lo tanto, para indizar 57 divisiones, se monta un engrane de 40 dientes sobre el husillo del cabezal divisor, y un engrane de 56 dientes se monta sobre el eje del tornillo sin fin. Dado que la fracción es una cantidad negativa, y se va a utilizar engranaje simple, la rotación de la placa indicadora es negativa, es decir contra las manecillas del reloj, y deben utilizarse dos engranes locos. Después de instalar los engranes apropiados, deberá seguirse el procedimiento de indización simple para 56 divisiones.

EL CABEZAL DIVISOR DE GAMA AMPLIA

Aunque la indización simple diferencial es satisfactoria para la mayor parte de los problemas de indización, pudieran haber ciertas divisiones que no se pueden indicar por cualquiera de estos métodos. Cincinnati Milacron, Inc., fabrica un *divisor de gama amplia,* que puede ser aplicado a un cabezal divisor universal Cincinnati. Con este aditamento, es posible obtener de 2 hasta 400 000 divisiones.

El divisor de gama amplia consiste en un plato perforado grande A (Figura 64-8); brazos de sector; y la manivela B, que se acopla al plato A. Este plato grande contiene 11 círculos de perforaciones de cada lado. Frente al plato perforado grande se monta un pequeño plato perforado C que contiene un círculo de 54 perforaciones y uno de 100 perforaciones. La manivela D opera a través de una reducción de engranes, con una relación de 100 a 1. Estas relaciones están montadas en la carcaza G. La relación entre el tornillo sin fin (y la manivela B), y el husillo del cabezal divisor es de 40:1.

FIGURA 64-8 Un cabezal divisor de gama amplia. (Cortesía de Cincinnati Milacron, Inc.)

Indización para divisiones

La relación de una manivela indicadora grande al cabezal divisor es de 40:1, como la indización simple. La relación de la manivela indicadora pequeña, que impulsa a la manivela grande mediante un engranaje planetario, es de 100:1. Por lo tanto, *una vuelta de la pequeña manivela* impulsa el husillo del cabezal divisor $\frac{1}{100}$ de $\frac{1}{40}$, es decir $\frac{1}{4000}$ de vuelta. Una perforación sobre el círculo de 100 perforaciones en el pequeño plato perforado $C = \frac{1}{100} \times \frac{1}{4000}$, es decir $\frac{1}{400,000}$ de una vuelta. Por lo tanto, la fórmula para indizar divisiones con un divisor de gama amplia es $400000/N$, y se aplica como sigue:

Número de vueltas de la manivela indicadora grande	Número de perforaciones en el círculo de 100 perforaciones del plato grande	Número de perforaciones en el círculo de 100 perforaciones del plato pequeño
4 0	0 0	0 0

$$\frac{40|00|00}{N}$$

$$\text{Para 1250 divisiones: } \frac{400000}{1250}$$

Perforaciones requeridas del círculo de 100 perforaciones del plato grande	Perforaciones requeridas en el círculo de 100 perforaciones del plato pequeño
3	2 0

$$\frac{40|00|00}{1250} = 3|20$$

Puesto que la relación de la manivela indicadora grande es de 40:1, cualquier número divisible entre 40 (las dos cifras a la izquierda de la línea vertical corta), representa las vueltas completas de la manivela indizadora grande. Si se utiliza un círculo de 100 perforaciones con la manivela grande, *una perforación* de este círculo producirá $\frac{1}{100}$ de $\frac{1}{40}$, es decir $\frac{1}{4000}$ de una vuelta. Por lo tanto, cualquier número divisible entre 4 000 (las dos cifras a la izquierda de la línea vertical larga), se indicarán en el círculo de 100 perforaciones del plato grande. Los números a la derecha de la línea vertical larga se indican en el círculo de 100 perforaciones del plato pequeño. Por lo que, para las 1 250 divisiones, la indización sería de tres perforaciones en el círculo de 100 perforaciones de la placa grande, más 20 perforaciones en el círculo de 100 divisiones del plato pequeño.

Indización angular utilizando un divisor de gama amplia

El divisor de gama amplia está especialmente adecuado para una indización angular precisa. La indización en grados, minutos y segundos se lleva a cabo fácilmente, sin los cálculos complicados necesarios para los cabezales divisores estándar.

Para la indización angular, tanto las manivelas indicadoras grande y pequeña se colocan en el círculo de 54 perforaciones de cada plato. Cada espacio del círculo de 54 perforaciones del plato grande hará que el husillo del cabezal divisor gire 10 minutos. Cada espacio del círculo de 54 perforaciones del plato pequeño, hará que la pieza gire 6 segundos. Por lo tanto, para ángulos de indización con un divisor de gama amplia, las fórmulas siguientes son las utilizadas:

$$\text{Grados} = \frac{N}{9} \text{ (Indizada en el plato grande)}$$

$$\text{Minutos} = \frac{N}{10} \text{ (Indizada en el plato grande)}$$

$$\text{Segundos} = \frac{N}{10} \text{ (Indizada en el plato pequeño)}$$

EJEMPLO

Índice para un ángulo de 17°36'18".

Solución

1. $\text{Grados} = \frac{17}{9}$

$= 1\frac{8}{9}$ vueltas

O BIEN

una vuelta más 48 perforaciones del círculo de 54 perforaciones del plato perforado grande.

2. $\text{Minutos} = \frac{36}{10}$

= 3 perforaciones del círculo de 54 perforaciones del plato perforado grande, dejando un resto de 6 minutos.

3. Convierta los seis minutos a segundos ($6 \times 60 = 360$ segundos) y súmelo a los 18 segundos que todavía se requieren.

4. $\text{Segundos} = \frac{378}{6}$

= 63 perforaciones de un círculo de 54 perforaciones del plato pequeño placa

O BIEN

una vuelta y 9 perforaciones del círculo de 54 perforaciones.

Por lo tanto, para indizar para 17°36´18 segundos se requeriría una vuelta y 51 perforaciones (48 + 3) del círculo de 54 perforaciones del plato grande, más una vuelta y 9 perforaciones, del círculo de 54 perforaciones del plato pequeño.

GRADUACIONES LINEALES

La operación de producir espacios precisos en una pieza de material plano, es decir una *graduación lineal,* se lleva a cabo fácilmente en la fresadora horizontal (Figura 64-9).

En este proceso, la pieza puede ser fijada a la mesa o sujeto en una prensa, dependiendo de la forma y el tamaño de la pieza. Debe tenerse cuidado de alinear la pieza de trabajo paralela al recorrido de la mesa.

Para producir un movimiento longitudinal *preciso* de la mesa, el husillo del cabezal divisor se engrana al tornillo principal de avance de la máquina fresadora (Figura 64-10).

Si el husillo del cabezal divisor y el tornillo principal de avance estuvieran conectados con engranes con un número igual de dientes, y la manivela indicadora girara una revolución, el husillo y el tornillo principal de avance en una máquina fresadora en pulgadas girarían una cuarentava parte de una revolución. Esta rotación del tornillo principal de

FIGURA 64-9 Graduación lineal. (Cortesía de Kelmar Associates.)

FIGURA 64-10 Engranajes requeridos para la graduación lineal. (Cortesía de Kelmar Associates.)

avance (con cuatro hilos por pulgada [*tpi*]) haría que la mesa se moviera $\frac{1}{40} \times \frac{1}{4}$ (una vuelta del tornillo principal de avance) = $\frac{1}{160}$ = .00625 de pulgada (0.15 mm). Por lo que cinco vueltas de la manivela indicadora moverían la mesa 5 × .00625, es decir $\frac{1}{32}$ pulg (0.78 mm).

La fórmula para calcular la indización para graduaciones lineales en milésimas de pulgada es

$$\frac{N}{.00625}$$

Aplicando la fórmula se pueden obtener movimientos muy pequeños de la mesa, como de .001 pulg:

$$\frac{.001}{.00625} = \frac{1}{6\frac{1}{4}} \text{ vueltas}$$

($\frac{4}{25}$ vueltas), o 4 perforaciones de un círculo de 25 perforaciones.

Si el tornillo principal de avance de una máquina fresadora métrica tuviera un paso de 5 mm, una vuelta de la manivela indicadora movería la mesa un cuarentavo de 5 mm, es decir 0.125 mm. Por lo que se requerirían de cuatro vueltas completas de la manivela indicadora para mover la mesa 0.5 mm.

La fórmula para calcular la indización de graduaciones lineales en milímetros es

$$\frac{N}{0.125}$$

Para un pequeño movimiento de la mesa, como 0.025 mm, aplique la fórmula:

$$\frac{0.025}{0.125} = \frac{1}{5}$$ vueltas, es decir 5 perforaciones de un círculo de 25 perforaciones

Otros movimientos adecuados de la mesa se pueden obtener utilizando el círculo de perforaciones y/o los diferentes engranes de cambio apropiados.

La punta de la herramienta utilizada para graduar es generalmente afilada en forma de V, aunque también se pueden desear otras formas especiales. La herramienta se monta verticalmente sobre un eje adecuado de suficiente longitud para extender la herramienta por encima de la pieza de trabajo (Figura 64-9).

La uniformidad de la longitud de las líneas se controla mediante el movimiento *preciso* de la manivela de avance transversal, o mediante topes montados adecuadamente en las guías de la rodilla.

Cuando efectúe graduaciones, coloque el punto de inicio sobre la pieza de trabajo bajo la punta de la herramienta vertical *estacionaria*. Para librarlo de la herramienta la pieza se mueve con la manivela de avance transversal y se fija la profundidad adecuada mediante la manivela de avance vertical. La mesa entonces se fija en su sitio. Para mantener un ancho uniforme de las líneas, la pieza debe conservarse absolutamente plana y la altura de la mesa nunca debe ser ajustada.

PREGUNTAS DE REPASO

Cabezal divisor

1. Nombre cuatro partes del conjunto de cabezal divisor.
2. Nombre cuatro métodos de indización que se pueden llevar a cabo utilizando el cabezal divisor.
3. ¿Para qué fin se utiliza la indización directa?

Indización simple

4. Explique cómo se determina la relación de 40:1 en un cabezal divisor estándar.
5. Calcule la indización simple, utilizando un cabezal divisor de Brown and Sharpe, para las divisiones siguientes: 37, 41, 22, 34, and 120.
6. ¿Qué procedimiento debe seguirse a fin de ajustar los brazos de sector para doce perforaciones, en un círculo de 8 perforaciones?

Indización angular

7. Explique el principio de la indización angular.
8. Calcule la indización, utilizando un cabezal divisor Cincinnati, para los ángulos siguientes: 21°, 37°, 21°30' y 37°40'.

Indización diferencial

9. ¿Para qué fin se utiliza la indización diferencial?
10. ¿Qué es lo que quiere decir rotación positiva y rotación negativa del plato perforado?
11. Utilizando un cabezal divisor de Brown and Sharpe, calcule la indización y los engranes de cambio para las divisiones siguientes: 53, 59, 101 y 175. Se suministra un conjunto estándar de engranes de cambio, con los siguientes dientes: 24, 24, 28, 32, 40, 44, 48, 56, 64, 72, 86, 100.

Cabezal divisor de gama amplia

12. ¿En qué difiere el cabezal divisor de gama amplia de un cabezal divisor estándar?
13. ¿Qué dos relaciones se encuentran en un cabezal divisor de gama amplia?
14. Calcule la indización para (a) 1000 y (b) 1200 divisiones, utilizando un cabezal divisor de gama amplia.
15. Calcule la indización angular para los siguientes, utilizando un cabezal divisor de gama amplia: 20°45 minutos, 25°15 minutos 32 segundos.

Graduación lineal

16. ¿De qué manera se colocan los engranes del cabezal divisor y de la máquina fresadora para la graduación lineal?
17. ¿Qué indización sería requerida para mover la mesa .003 pulg, cuando se utilizan engranes iguales en el cabezal divisor y en el tornillo principal de avance?

UNIDAD

65

Engranes

OBJETIVOS

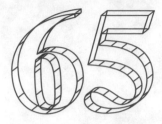

Al terminar el estudio de esta unidad, se podrá:

1 Identificar y decir cuál es el propósito de los seis tipos de engranes utilizados en la industria

2 Aplicar diversas fórmulas para calcular las dimensiones de los dientes de los engranes

Cuando se requiere transmitir un movimiento giratorio de un eje a otro, pueden utilizarse varios métodos, como bandas, poleas y engranes. Si los ejes son paralelos entre sí y están separados a una distancia suficiente, se puede utilizar una banda plana y poleas grandes para impulsar el segundo eje, cuya velocidad puede ser controlada por el tamaño de las poleas.

Cuando los ejes están cerca entre sí, como en el caso de un taladro, puede utilizarse una banda en V, que tiende a reducir el deslizamiento excesivo de una banda plana. Aquí, la velocidad del eje impulsado puede controlarse mediante poleas en escalón o de velocidad variable. Cuando los ejes están cerca uno del otro y paralelos, se puede transmitir algo de potencia mediante dos rodillos en contacto, con un rodillo montado en cada uno de los ejes. El problema principal aquí es el deslizamiento, no siendo posible mantener la velocidad deseada del eje impulsado.

Los métodos que se delinean en esta unidad son medios mediante los cuales se puede transmitir potencia de un eje a otro, pero la velocidad del eje impulsado pudiera no ser precisa en todos los casos, debido a deslizamiento entre los miembros impulsor e impulsado (bandas, poleas o rodillos). A fin de eliminar el deslizamiento y producir una impulsión positiva, se utilizan los engranes.

ENGRANES Y ENGRANAJES

Los *engranes* se utilizan para transmitir potencia positivamente de un eje a otro, mediante dientes que se van acoplando de manera sucesiva (en dos engranes). Se utilizan en lugar de las transmisiones por banda y de otras formas de transmisión por fricción, cuando debe mantenerse una relación exacta de velocidad y de transmisión de potencia. Los engranes también pueden ser utilizados para incrementar o reducir la velocidad del eje impulsado, reduciendo o incrementando así el par de torsión del miembro impulsado.

Los ejes en una transmisión o tren de engranes son por lo general paralelos. Pueden, sin embargo, mediante engranes adecuadamente diseñados, ser impulsados en cualquier ángulo.

TIPOS DE ENGRANES

Los *engranes rectos* (Figura 65-1) se utilizan generalmente para transmitir potencia entre dos ejes paralelos. Los dientes de estos engranes son rectos y paralelos a los ejes a los cuales están fijos. Cuando dos engranes de tamaño diferente están acoplados, el más grande se conoce como *engrane,* en tanto que el más pequeño se conoce como *piñón.* Los engranes rectos se utilizan donde se requiere impulsión a velocidad lenta a moderada.

Los *engranes internos* (Figura 65-2) se utilizan donde los ejes son paralelos y los centros deben estar más cerca entre sí de lo que podría lograrse utilizando engranes rectos o helicoidales. Esta disposición proporciona una impulsión más resistente, ya que existe un área mayor de contacto que con la impulsión por engrane convencional. También proporciona reducciones de velocidad con un requerimiento mínimo de espacio. Los engranes internos se utilizan en tractores de servicio pesado donde se requiere un gran par de torsión.

Los *engranes helicoidales* (Figura 65-3) pueden utilizarse para conectar ejes paralelos o ejes en ángulo. Debido a la acción progresiva, más bien que intermitente, de los dientes, los engranes helicoidales operan más suave y silenciosamente que los engranes rectos. En vista de que en todo mo-

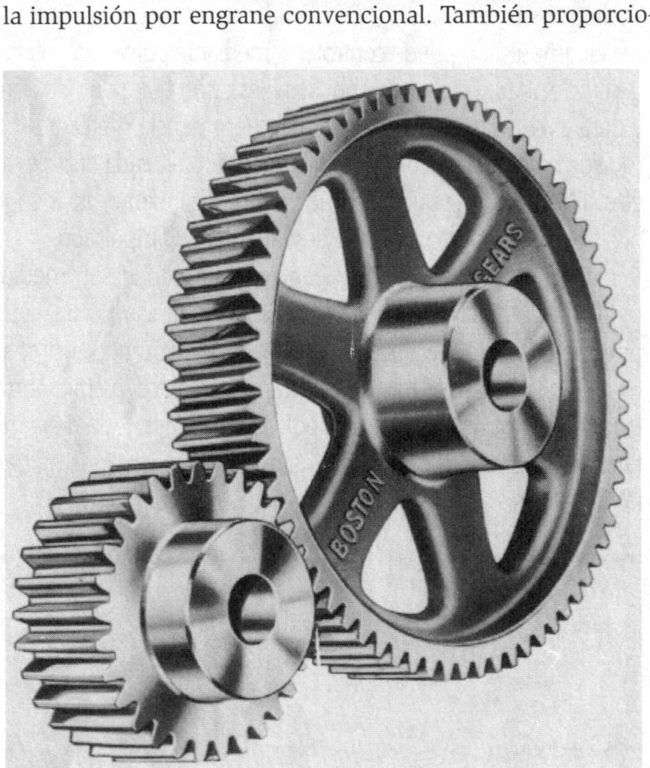

FIGURA 65-1 Un engrane y un piñón rectos se utilizan para velocidades más bajas.

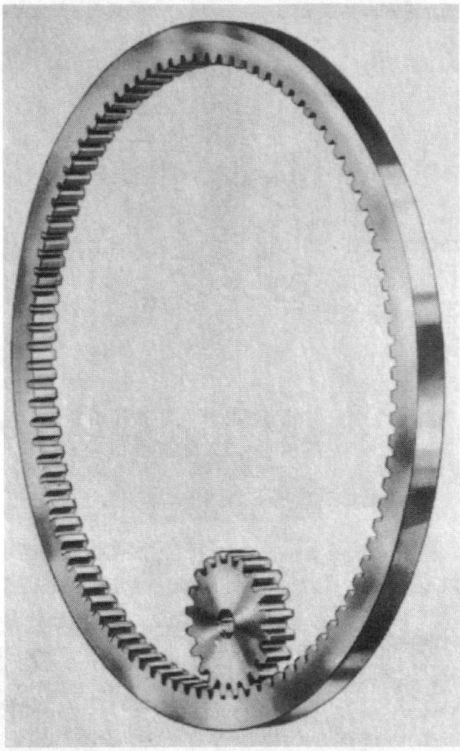

FIGURA 65-2 Los engranes internos proporcionan reducciones de velocidad con un requerimiento mínimo de espacio.

A **B**

FIGURA 65-3 Engranes helicoidales (A) para transmisiones paralelas entre sí; (B) para transmisiones en ángulo recto.

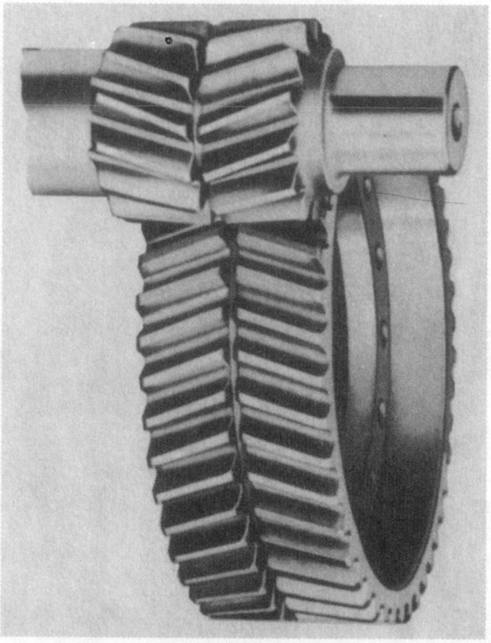

FIGURA 65-4 Engranes Herringbone que eliminan el empuje axial sobre los ejes.

mento hay más de un diente en acoplamiento, los engranes helicoidales son más resistentes que engranes rectos de un mismo tamaño y paso. Sin embargo, para superar el empuje axial producido por estos engranes al girar, se requiere a menudo en los ejes de rodamientos especiales (rodamientos de empuje).

En la mayor parte de las instalaciones donde es necesario eliminar el empuje axial, se utilizan *engranes Herringbone* (espina de pescado)(Figura 65-4). Este tipo de engrane se parece a dos engranes helicoidales colocados uno al lado del otro, una mitad de hélice izquierda y la otra de hélice derecha. Estos engranes tienen una acción suave y continua, y eliminan la necesidad de rodamientos de empuje.

Cuando dos ejes están localizadas en ángulo, con sus líneas axiales cruzándose a 90°, la potencia se transmite generalmente utilizando *engranes cónicos* (Figura 65-5A). Cuando los ejes están en ángulo recto y los engranes son del mismo tamaño, se conocen como *engranes a inglete* (Figura 65-5B). Sin embargo, no es necesario que los ejes estén en ángulo recto para transmitir potencia. Si la dirección de los ejes se cruza en cualquier otro ángulo distinto a 90°, los engranes se conocen como *engranes cónicos en ángulo* (Figura 65-5C). Los engranes cónicos tienen dientes rectos, muy similares a los engranes rectos. Los engranes cónicos modificados con dientes helicoidales se conocen como *engranes hipoides* (Figura 65-5D). Los ejes de estos engranes, aunque estén en ángulo recto, no están en un mismo plano, y por lo tanto, no se cruzan. Los engranes hipoides se utilizan en las transmisiones automotrices.

Cuando los ejes están en ángulo recto y se requiere una considerable reducción de velocidad, se pueden utilizar *engranes de tornillo sin fin* y *rueda dentada* (Figura 65-6). El tornillo sin fin, que se acopla con la rueda dentada, puede tener una rosca de uno o de múltiples inicios. Un tornillo sin fin con una rosca de doble inicio puede hacer girar a la rueda dentada del tornillo sin fin dos veces más rápido que un tornillo sin fin con una rosca de una sola entrada y del mismo paso.

Cuando es necesario convertir un movimiento giratorio en movimiento lineal, se puede utilizar una *cremallera* y *piñón* (Figura 65-7). La cremallera, que es realmente un engrane recto o plano, puede tener dientes rectos para acoplarse con un engrane recto, o dientes en ángulo, para acoplarse con un engrane helicoidal.

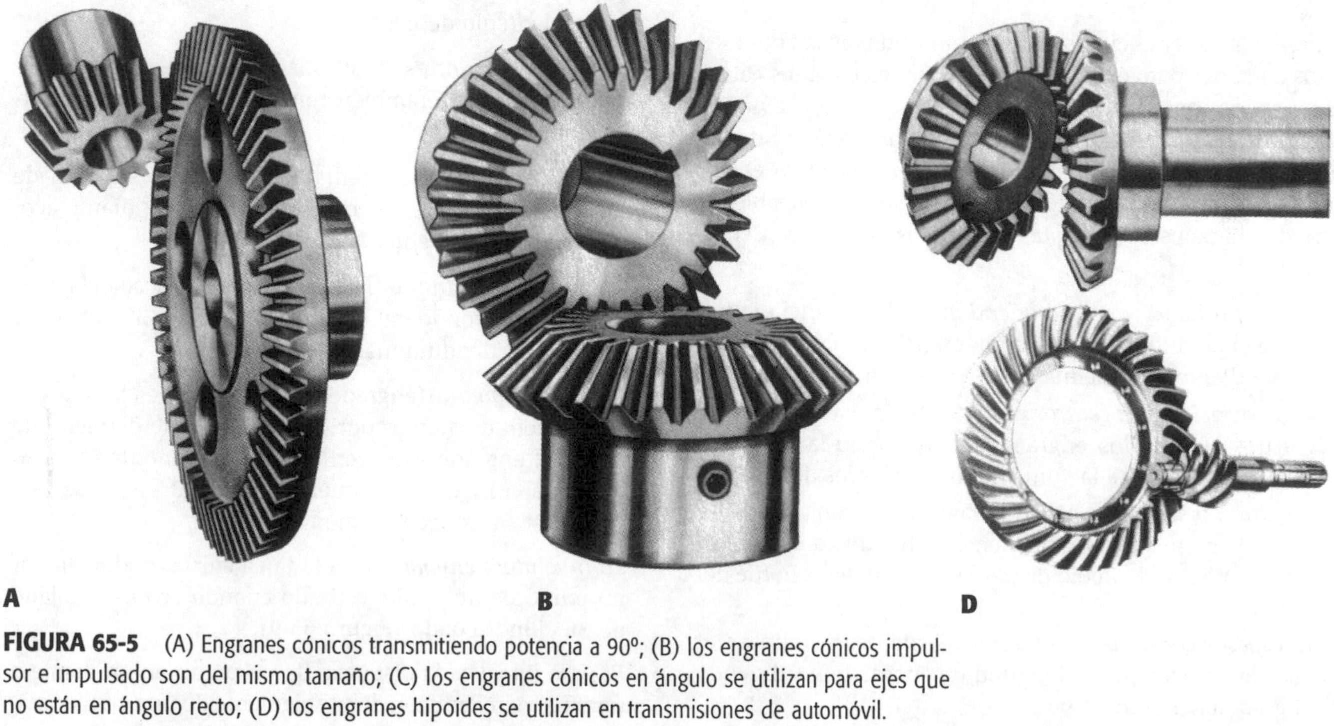

A B D

FIGURA 65-5 (A) Engranes cónicos transmitiendo potencia a 90°; (B) los engranes cónicos impulsor e impulsado son del mismo tamaño; (C) los engranes cónicos en ángulo se utilizan para ejes que no están en ángulo recto; (D) los engranes hipoides se utilizan en transmisiones de automóvil.

FIGURA 65-6 Para reducción de velocidad se utiliza un engrane tornillo sin fin y una rueda dentada

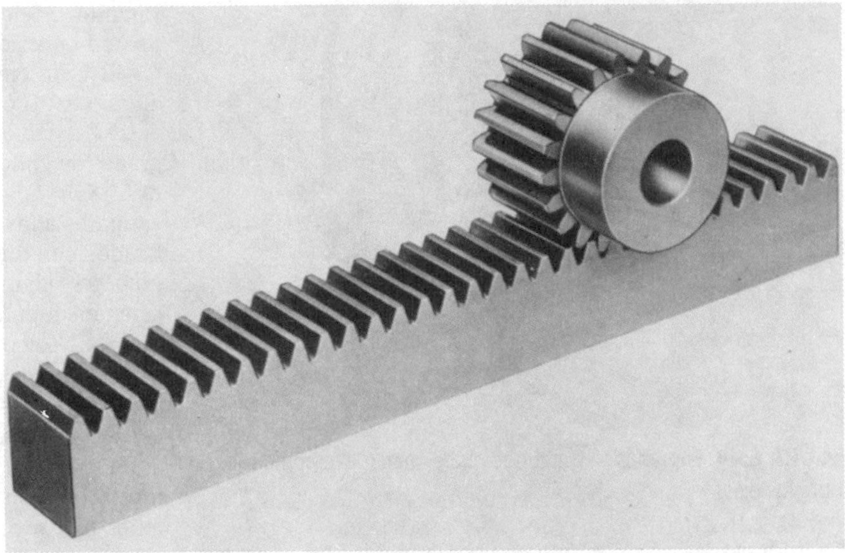

FIGURA 65-7 Un piñón y cremallera convierten un movimiento giratorio en movimiento lineal.

TERMINOLOGÍA DE LOS ENGRANES

Es deseable un conocimiento de los términos más comunes de los engranes para comprenderlos y para efectuar los cálculos necesarios para cortar un engrane (Figura 65-8). La mayor parte de estos términos son aplicables a cualesquiera de los engranes en pulgadas o métricos, aunque puede diferir el método de calcular las dimensiones. Estos métodos, aplicables al corte de engranes en pulgadas y métricos, se explican en la unidad 66.

- *La altura de la cabeza o adéndum* es la distancia radial entre el círculo de paso y el diámetro exterior, o la altura del diente por encima del círculo de paso.
- *La distancia entre centros* es la distancia más corta entre los dos ejes de los engranes acoplados, o la distancia igual a la mitad de la suma de los diámetros de paso.
- *La altura o adéndum cordal* es la distancia radial, medida desde la parte superior del diente a un punto donde el espesor cordal y el círculo de paso se cruzan en el borde del diente.
- *El espesor cordal* es el espesor del diente, medido en el círculo de paso por la longitud de cuerda que subtiende el arco del círculo de paso.
- *El paso circular* es la distancia de un punto en un diente al punto correspondiente en el diente siguiente, medido sobre el círculo de paso.
- *El espesor circular* es el espesor del diente, medido sobre el círculo de paso; también conocido como *espesor de arco.*
- *El claro* es la distancia radial entre la parte superior de un diente y la parte inferior del espacio del diente acoplado correspondiente.
- *La raíz o dedéndum* es la distancia radial desde el círculo de paso al fondo del espacio del diente. El dedéndum es igual al adéndum más el claro.
- *El paso diametral* (engranes en pulgadas) es la relación del número de dientes por cada pulgada de diámetro de paso del engrane. Por ejemplo, un engrane de un paso diametral 10 y de un diámetro de paso 3 pulgadas tendría 10×3, es decir 30 dientes.
- *La involuta o envolvente* es la línea curva producida por un punto de un cordel estirado cuando es desenrollado de un cilindro dado (Figura 65-9).
- *El paso lineal* es la distancia de un punto en un diente a un punto similar en el diente siguiente de una cremallera.

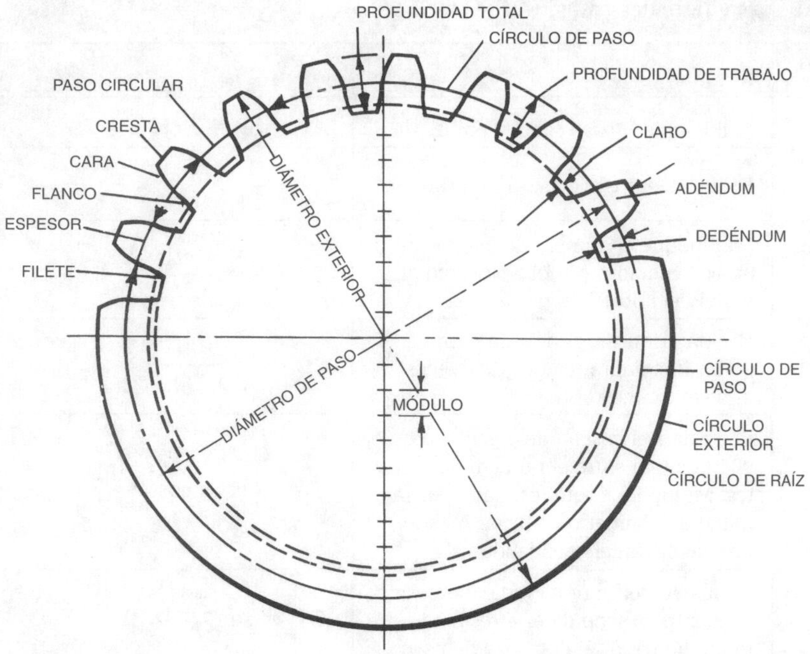

FIGURA 65-8 Las partes de un engrane.

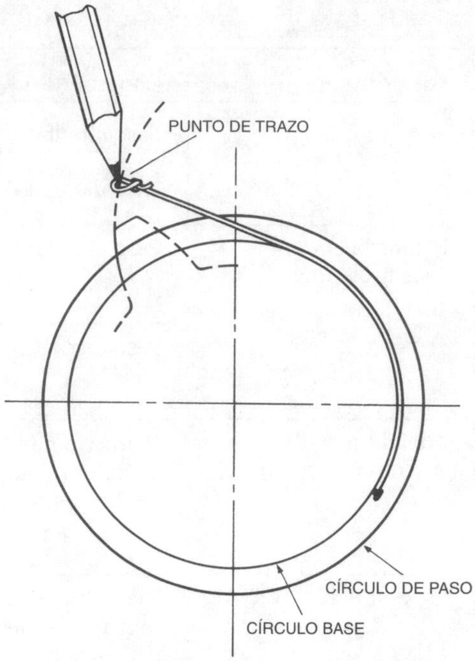

FIGURA 65-9 Generación de una involuta.

- *Módulo* (engranes métricos) es el diámetro de paso de un engrane dividido por el número de dientes. Se trata de una dimensión real, a diferencia del paso diametral, que es una relación del número de dientes al diámetro de paso.
- *El diámetro exterior* es el diámetro general del engrane, que es el círculo de paso más dos adéndums.
- *Círculo de paso* es un círculo que tiene el radio de la mitad del diámetro de paso con su centro en el eje del engrane.
- *Circunferencia de paso* es la circunferencia del círculo de paso.
- *Diámetro de paso* es el diámetro del círculo de paso que es igual al diámetro exterior menos dos adéndums.
- *Ángulo de presión* es el ángulo formado por una línea a través del punto de contacto de dos dientes en contacto o acoplados y tangente a los *dos círculos de base* y a una línea a ángulos rectos con la línea central de los engranes.
- *Círculo de raíz* es el círculo formado por los fondos de los espacios de los dientes.
- *Diámetro de raíz* es el diámetro del círculo de raíz.
- *Espesor del diente* es el espesor del diente medido en el círculo de paso.
- *Profundidad total* es la profundidad completa del diente o la distancia igual al adéndum más el dedéndum.
- *Profundidad de trabajo* es la distancia que se extiende el diente de un engrane dentro del espacio de un diente del engrane acoplado, que es igual a dos adéndums.

TABLA 65-1 Reglas y fórmulas para engranes rectos*

Para obtener	Conociendo	Regla	Fórmula
Adéndum (*A*)	Paso circular	Multiplique el paso circular por 0.3183.	$A = CP \times 0.3183$
	Paso diametral	Divida 1 entre el paso diametral.	$A = \frac{1}{DP}$
Distancia entre centros (CD)	Paso circular	Multiplique el número de dientes de ambos engranes por el paso circular, y divida el producto por 6.2832.	$CD = \frac{(N + n) \times CP}{6.2832}$
	Paso diametral	Divida el número total de dientes de ambos engranes por dos veces el paso diametral.	$CD = \frac{(N + n)}{2 \times DP}$
Adéndum cordal (corregido)(CA)	Diámetro de paso, adéndum y número de dientes	Reste de 1 el coseno del resultado de 90° dividido entre el número de dientes. Multiplique este resultado por la mitad del diámetro de paso. A este producto, súmele el adéndum.	$CA = \left[\left(1 - \cos\frac{90}{N}\right)\frac{PD}{2}\right] + A$
Espesor cordal (CT)	Diámetro de paso y número de dientes	Divida 90 por el número de dientes; encuentre el seno de este resultado y multiplique por el diámetro de paso.	$CT = \operatorname{sen}\frac{90}{N} \times PD$
Paso circular (CP)	Distancia de centro a centro	Multiplique la distancia de centro a centro por 6.2832,y divida el producto entre el número total de dientes de ambos engranes.	$CP = \frac{CP \times 6.2832}{N + n}$
	Paso diametral	Divida 3.1416 entre el paso diametral.	$CD = \frac{3.1416}{DP}$
	Diámetro de paso y número de dientes	Multiplique el diámetro de paso por 3.1416 y divida por el número de dientes.	$CP = \frac{PD \times 3.1416}{N}$
Claro (CL)	Paso circular	Divida el paso circular entre 20.	$CL = \frac{CP}{20}$
	Paso diametral	Divida .157 entre el paso diametral.	$CP = \frac{.157}{DP}$
Dedéndum (*D*)	Paso circular	Multiplique el paso circular por .3683.	$D = CP \times .3683$
	Paso diametral	Divida 1.157 entre el paso diametral.	$D = \frac{1.157}{DP}$
Paso diametral (DP)	Paso circular	Divida 3.1416 entre el paso circular.	$DP = \frac{3.1416}{CP}$
	Número de dientes y diámetro exterior	Sume 2 al número de dientes y divida la suma entre el diámetro exterior.	$DP = \frac{N + 2}{OD}$
	Número de dientes y diámetro de paso	Divida el número de dientes entre el diámetro de paso.	$DP = \frac{N}{PD}$

*Existen tres formas de diente de engrane de uso común, que tienen ángulos de presión de 14½°, 20° y 25°. Las formas de dientes de 20° y de 25° están ahora reemplazando la de 14½° porque la base de diente es más ancha y más resistente. Para la fórmula relacionada con la forma de dientes de 20° y de 25° vea los manuales *Machinery's* o *American Machinist's*.

(Continuación)

TABLA 65-1 (Continuación)

Para obtener	Conociendo	Regla	Fórmula
Número de dientes (N)	Diámetro exterior y paso diametral	Multiplique el diámetro exterior por el paso diametral y reste 2.	$N = \mathrm{OD} \times \mathrm{DP} - 2$
	Diámetro de paso y paso circular	Multiplique el diámetro de paso por 3.1416 y divida entre el paso circular.	$N = \dfrac{\mathrm{PD} \times 3.1416}{\mathrm{CP}}$
	Diámetro de paso y paso diametral	Multiplique el diámetro de paso por el paso diametral.	$N = \mathrm{PD} \times \mathrm{DP}$
Diámetro exterior (OD)	Número de dientes y paso circular	Agregue 2 al número de dientes y multiplique la suma por el paso circular. Divida este producto entre 3.1416.	$\mathrm{OD} = \dfrac{(N + 2) \times \mathrm{CP}}{3.1416}$
	Número de dientes y paso diametral	Sume dos al número de dientes y divida la suma entre el paso diametral.	$\mathrm{OD} = \dfrac{N + 2}{\mathrm{DP}}$
	Diámetro de paso y paso diametral	Al diámetro de paso súmele 2 y divida entre el paso diametral.	$\mathrm{OD} = \mathrm{PD} + \dfrac{2}{\mathrm{DP}}$
Diámetro de paso (PD)	Número de dientes y paso circular	Multiplique el número de dientes por el paso circular y divida entre 3.1416.	$\mathrm{PD} = \dfrac{N \times \mathrm{CP}}{3.1416}$
	Número de dientes y paso diametral	Divida el número de dientes entre el paso diametral.	$\mathrm{PD} = \dfrac{N}{\mathrm{DP}}$
	Diámetro exterior y número de dientes	Multiplique el número de dientes por el diámetro exterior y divida el producto por el número de dientes más 2.	$\mathrm{PD} = \dfrac{N \times \mathrm{OD}}{N + 2}$
Espesor del diente (T)	Paso circular	Divida el paso circular entre 2.	$T = \dfrac{\mathrm{CP}}{2}$
	Paso circular	Multiplique el paso circular por .5.	$T = \mathrm{CP} \times .5$
	Paso diametral	Divida 1.5708 entre el paso diametral.	$T = \dfrac{1.5708}{\mathrm{DP}}$
Profundidad total (WD)	Paso circular	Multiplique el paso circular por .6866.	$\mathrm{WD} = \mathrm{CP} \times .6866$
	Paso diametral	Divida 2.157 entre el paso diametral.	$\mathrm{WD} = \dfrac{2.157}{\mathrm{DP}}$

PREGUNTAS DE REPASO

1. Liste seis tipos de engranes, y diga dónde se puede utilizar cada uno de ellos.
2. Defina los siguientes términos de engranes, y enuncie la fórmula utilizada para su determinación. Siempre que sea aplicable, utilice las fórmulas que involucran al paso diametral, y *no* al paso circular.
   a. Diámetro de paso
   b. Paso diametral
   c. Adéndum
   d. Dedéndum
   e. Claro
   f. Diámetro exterior
   g. Número de dientes
3. Calcule el diámetro de paso, el diámetro exterior y la profundidad total del diente para los engranes que siguen.
   a. 8 DP con 36 dientes
   b. 12 DP con 81 dientes
   c. 16 DP con 100 dientes
   d. 6 DP con 23 dientes
   e. 4 DP con 54 dientes

UNIDAD

66

Corte de engranes

OBJETIVOS

Al terminar el estudio de esta está unidad, se podrá:

1. Seleccionar la fresa apropiada para cortar cualquier engrane
2. Calcular las dimensiones de los dientes de un engrane, para engranes en pulgadas
3. Calcular las dimensiones de los dientes de un engrane, para engranes métricos
4. Poner a punto y cortar un engrane recto

La mayor parte de los engranes que se cortan en una fresadora generalmente se utilizan para reparar o reemplazar un engrane que se ha roto o se ha perdido y que ya no se tiene en inventario. La industria generalmente produce en masa los engranes en máquinas especiales diseñadas para este fin. Los tipos más comunes de *máquinas generadoras de engranes* son las *máquinas formadoras de engranes* y las *máquinas generadoras de engranes.* Es generalmente más económico adquirir engranes de una empresa que se especializa en la manufactura de engranes, a menos que sea importante que la máquina esté otra vez en operación pronto. Es bastante posible que se le pida a un mecánico que corte un engrane, a fin de reparar rápidamente la máquina, y volverla a poner en producción.

FRESAS PARA ENGRANES DE INVOLUTA

Las fresas para engrane son un ejemplo de fresas perfiladoras. Este tipo de fresa es afilada en la cara y asegura una duplicación exacta de la forma del diente, independientemente de cómo se ha afilado la cara del diente.

Las fresas para engranes están disponibles en muchos tamaños, que van desde un peso diametral de 1 hasta 48 (DP). Las fresas para dientes más pequeños a 48 DP están disponibles como fresas especiales. En la Figura 66-1 se muestran los tamaños comparativos de los dientes que van desde 4 hasta 16 DP.

Cuando se cortan los dientes en cualquier engrane, se debe seleccionar una fresa que cumpla tanto con el DP como con el número de dientes (N). El espacio entre dientes para un piñón pequeño no puede tener la misma forma que el espacio del diente para un engrane acoplado grande. Los dientes de los engranes más pequeños deben ser más "curvos" para impedir que se traben los dientes del engrane acoplado. Por lo tanto, se fabrican conjuntos de fresas para engranes en una serie de formas ligeramente diferentes, para permitir el corte en un engrane de cualquier número deseado de dientes, con la seguridad de que los dientes se acoplarán correctamente con los del otro engrane que tenga el *mismo* DP.

Estas fresas se fabrican generalmente en juegos de 8 y se numeran del 1 al 8 (Figura 66-2). Note el cambio gradual en la forma desde la fresa número 1, que tiene costados prácticamente rectos, a los costados mucho más curvos de la fresa número 8. Como se puede observar en la tabla 66-1 de la página 505, la fresa número 1 se utiliza para cortar cualquier número de dientes en un engrane desde 135 dientes hasta una cremallera, en tanto que la fresa número 8 sólo cortará 12 y 13 dientes. Debe hacerse notar que para que se acoplen los engranes, deben tener el mismo DP; el número de la fresa permite únicamente un acoplamiento más preciso de los dientes.

FIGURA 66-1 Tamaños comparativos de los dientes de engrane: 4 a 16 DP.

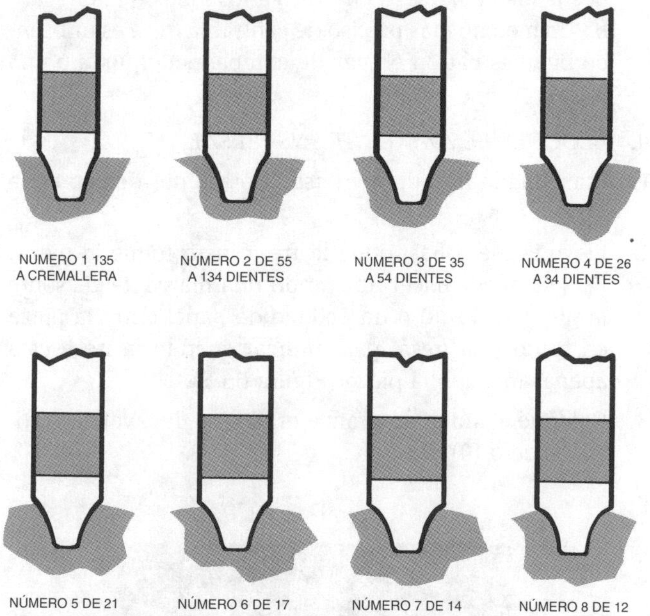

FIGURA 66-2 Perfiles de involuta para un juego de fresas para engrane.

Algunos fabricantes de fresas para engrane han aumentado el juego de 8 fresas con siete fresas adicionales en medios tamaños, haciendo un total de 15 fresas por juego, numeradas 1, 1½, 2, 2½, etc. En la serie de medias, una fresa del número 1½ se utilizaría para cortar de 80 a 134 dientes, pero una fresa de 7½ cortaría sólo 13 dientes (Tabla 66-1).

EJEMPLO

Un engrane y piñón de 10 DP acoplados tienen 100 dientes y 24 dientes respectivamente. ¿Qué fresas se utilizarían para cortar estos engranes?

TABLA 66-1 Fresas para engranes involutos

Número de fresa	Rango
1	135 dientes a cremallera
1½	80 a 134 dientes
2	55 a 134 dientes
2½	42 a 54 dientes
3	35 a 54 dientes
3½	30 a 34 dientes
4	26 a 34 dientes
4½	23 a 25 dientes
5	21 a 25 dientes
5½	19 y 20 dientes
6	17 a 20 dientes
6½	15 y 16 dientes
7	14 a 16 dientes
7½	13 dientes
8	12 y 13 dientes

Selección de fresa

Puesto que los engranes están acoplados, ambos deben ser cortados con una fresa de 10-DP.

Deberá utilizarse una fresa número 2 para cortar los dientes del engrane, ya que corta de 55 a 134 dientes.

Se utilizaría una fresa número 5 para cortar el piñón, ya que ésta corta de 21 a 25 dientes.

Cómo cortar un engrane recto

El procedimiento para maquinar un engrane recto aparece en el ejemplo siguiente.

EJEMPLO

Se requiere de un engrane de 52 dientes con un 8 DP.

Procedimiento

1. Calcule todos los datos necesarios del engrane (Tabla 65-1).

   a. Diámetro exterior $= \dfrac{N + 2}{DP}$

   $= \dfrac{54}{8}$

   $= 6.750$ pulg

b. Profunfidad total del diente $= \dfrac{2.157}{DP}$

$= \dfrac{2.157}{8}$

$= .2697$ pulg

c. Número de la fresa = 3(35 a 54 dientes)

d. Indización (usando plato estándar Cincinnati)

$= \dfrac{40}{N}$

$= \dfrac{40}{52}$

$= \dfrac{10}{13} \times \dfrac{3}{3} = 30$ perforaciones en un círculo de 39 perforaciones

2. Tornee la pieza en bruto del engrane al diámetro exterior adecuado (6.750 pulg)
3. Sujete firmemente la pieza en bruto del engrane en el mandril.

Nota: Si la pieza en bruto fue torneada en un árbol, asegúrese que está apretada, porque el calor generado por el torneado pudiera haberla dilatada ligeramente.

4. Monte el cabezal divisor y el contrapunto y verifique la alineación de los centros de indización (Figura 66-3).
5. Ajuste el cabezal divisor, de manera que el perno indicador entre en una perforación en el círculo de 39 perforaciones y los brazos de sector estén colocados a 30 perforaciones.

Nota: No cuente la perforación en la cual está colocado el perno.

6. Monte el árbol (y pieza de trabajo) con el extremo grande hacia el cabezal divisor, entre los centros de indización.

Nota:

a. La punta del contrapunto debe ajustarse firmemente sobre el árbol y bloquearse en posición.

b. El perro debe ser apretado adecuadamente sobre el árbol y la cola del perro no debe atorarse en la ranura.

c. La cola del perro debe entonces bloquearse en la horquilla impulsora del cabezal divisor mediante los prisioneros. Esto asegurará que no habrá juego entre cabezal divisor y árbol.

d. El perro debe estar lo suficientemente lejos de la pieza en bruto para asegurar que la fresa no golpeará al perro al ser cortado el engrane.

7. Mueva la mesa cerca de la columna y mantenga todo el arreglo tan rígido como sea posible.
8. Monte una fresa 8 DP número 3 sobre el árbol de la máquina fresadora en el centro aproximado del engrane. Asegúrese que la fresa gira en dirección al cabezal divisor.
9. Centre la pieza en bruto con la fresa siguiendo cualquiera de los métodos siguientes:

   a. Coloque una escuadra contra el diámetro exterior del engrane (Figura 66-4). Con un par de compases de puntas para interiores o una regla, verifique la distancia entre la escuadra y el costado de la fresa. Ajuste la mesa hasta que sean iguales las distancias desde ambos lados de la pieza en bruto a los lados de la fresa.

   b. Un método más preciso de centrar la fresa es utilizando bloques patrón en vez de compases de punta o una regla.

10. *BLOQUEE EL AVANCE TRANSVERSAL.*
11. Encienda la fresadora y pase la pieza por debajo de la misma fresa.
12. Eleve la mesa hasta que la fresa justo toque la pieza. Esto se puede hacer utilizando una marca de gis sobre la pieza en bruto o un pedazo de papel entre la pieza en bruto y la fresa, para indicar cuando la fresa está apenas tocando la pieza (Figura 66-5).
13. Coloque el anillo de avance graduado del avance vertical en cero (0).

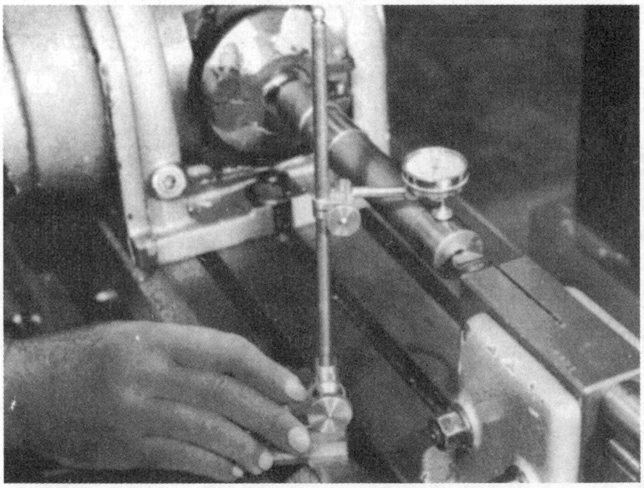

FIGURA 66-3 Cómo verificar la alineación de los centros de índice con un indicador de carátula. (Cortesía de Kelmar Associates.)

FIGURA 66-4 Cómo centrar una fresa para engranes y la pieza de trabajo. (Cortesía de Kelmar Associates.)

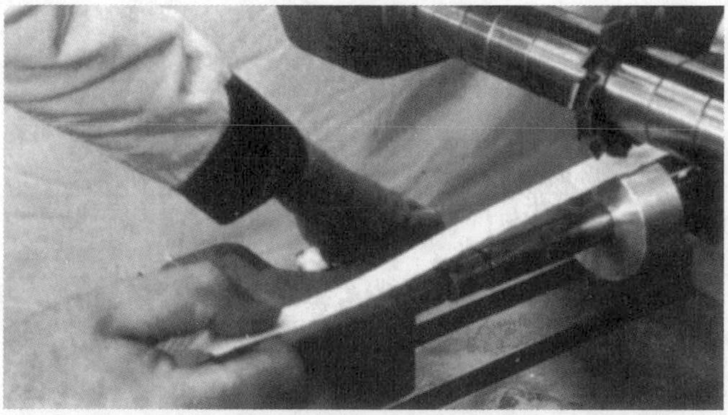

FIGURA 66-5 Cómo ajustar una fresa para engranes al diámetro de la pieza de trabajo. (Cortesía de Kelmar Associates.)

14. Mediante la manivela de avance longitudinal mueva la pieza, librándolo de la fresa, y eleve la mesa aproximadamente dos terceras partes de la profundidad del diente (.180 pulg); entonces bloquee la *abrazadera de rodilla.*

Nota: A veces se utiliza una fresa de desbastar especial para desbastar los dientes.

15. Haga una pequeña muesca de todos los dientes del engrane en el extremo de la pieza, para verificar la indización correcta (Figura 66-6).
16. Desbaste el primer diente y ajuste el perro de disparo del avance automático, después que la fresa haya salido de la pieza.
17. Regrese la mesa a la posición de inicio.

Nota: Libre el extremo de la pieza con la fresa.

18. Corte los dientes restantes, y regrese la mesa a la posición inicial.
19. Afloje la abrazadera de rodilla, eleve la mesa a la profundidad total de .270 pulg, y *bloquee la abrazadera de rodilla.*

Nota: Es aconsejable retirar la manivela del eje elevadora de rodilla, a fin que no sea movida accidentalmente y cambie el ajuste.

FIGURA 66-6 Haciendo muescas en todos los dientes de los engranes se eliminan errores. (Cortesía de Kelmar Associates.)

20. Haga el corte de acabado en todos los dientes.

Nota: Una vez que cada uno de los dientes haya sido cortado, la fresa debe ser detenida, antes que la mesa sea regresada, para impedir marcar el acabado de los dientes del engrane.

ENGRANES MÉTRICOS Y CORTE DE ENGRANES

Los países que han estado utilizando sistema métrico de medición por lo general utilizan el sistema de *módulos* para los engranes. El *módulo* (*M*) de un engrane es igual al diámetro de paso (PD), dividido entre el número de dientes (*N*), es decir $M = PD/N$, en tanto que el paso diametral de un engrane es la relación de *N* con el diámetro de paso, es decir, PD, o $PD = N/PD$. El paso diametral (DP) de un engrane es la relación del número de dientes por pulgada de diámetro, en tanto que *M es una dimensión real.* La mayor parte de los términos que utilizan los engranes de paso diametral se conservan igual para los engranes de módulo; sin embargo, ha cambiado el método de calcular las dimensiones en algunos casos. La tabla 66-3 da las reglas y fórmulas necesarias para los engranes métricos rectos.

TABLA 66-2 Fresas de engranes de módulos métricos

Tamaño del módulo (mm)		Números de la fresa: Fresa número	Para cortar
0.5	3.5		
0.75	3.75	1	12 a 13 dientes
1	4	2	14 a 16 dientes
1.25	4.5	3	17 a 20 dientes
1.5	5	4	21 a 25 dientes
1.75	5.5	5	26 a 34 dientes
2	6	6	35 a 54 dientes
2.25	6.5	7	55 a 134 dientes
2.5	7	8	135 dientes a cremallera
2.75	8		
3	9		
3.25	10		

Fresas para engrane de módulo métrico

Las fresas para engranes métricos más comunes existen en módulos que van desde 0.5 a 10 milímetros (Tabla 66-2). Sin embargo, están disponibles fresas para engranes de módulos métricos en tamaños superiores a 75 milímetros. Cualquier tamaño de módulo métrico está disponible en un conjunto de 8 fresas, numeradas del número 1 al número 8. El rango de cada fresa es la inversa de una fresa DP. Por ejemplo, una fresa de módulo métrico número 1 cortará de 12 a 13 dientes; una fresa DP número 8 cortará de 135 dientes a cremallera. La tabla 66-2 muestra las fresas disponibles y el rango de cada una de las fresas del juego.

TABLA 66-3 Reglas y fórmulas para engranes rectos de módulo métrico

Para obtener	Conociendo	Regla	Fórmula
Adéndum (*A*)	Módulo normal	Adéndum es igual a módulo.	$A = M$
Distancia de centro a centro (CD)	Diámetros de paso	Divida la suma de los diámetros de paso entre 2.	$CD = \frac{PD_1 + PD_2}{2}$
Paso circular (CP)	Módulo	Multiplique el módulo por π.	$CP = M \times 3.1416$
	Diámetro de paso y número de dientes	Multiplique el diámetro de paso por π y divida entre el número de dientes.	$CP = \frac{PD \times 3.1416}{N}$
	Diámetro exterior y número de dientes	Multiplique el diámetro exterior por π y divida entre el número de dientes entre 2.	$CP = \frac{OD \times 3.1416}{N - 2}$
Espesor cordal (CT)	Módulo y diámetro exterior	Divida 90° entre el número de dientes. Encuentre el seno de este ángulo y multiplique por el diámetro de paso.	$CT = PD \times \text{sen} \frac{90°}{N}$
	Módulo	Múltiple el módulo por p y divida entre 2.	$CT = \frac{M \times 3.1416}{2}$
	Paso circular	Divida el paso circular entre 2.	$CT = \frac{CP}{2}$
Holgura (CL)	Módulo	Multiplique el módulo por 0.166 mm.	$CL = M \times 0.166$
Dedéndum (*D*)	Módulo	Multiplique el módulo por 1.166 mm.	$D = M \times 1.166$
Módulo	Diámetro de paso y número de dientes	Divida el diámetro de paso entre el número de dientes.	$M = \frac{PD}{N}$
	Paso circular	Divida el paso circular entre π.	$M = \frac{CP}{3.1416}$
	Diámetro exterior y número de dientes	Divida el diámetro exterior entre el número de dientes más 2.	$M = \frac{OD}{N + 2}$
Número de dientes (*N*)	Diámetro de paso y módulo	Divida el diámetro de paso entre el módulo.	$N = \frac{PD}{M}$
	Diámetro de paso y paso circular	Multiplique el diámetro de paso por π y divida el producto por el paso circular.	$N = \frac{PD \times 3.1416}{CP}$
Diámetro exterior (OD)	Número de dientes y módulo	Sume 2 al número de dientes y multiplique la suma por el módulo.	$OD = (N + 2) \times M$
	Diámetro de paso y módulo	Sume 2 módulos al diámetro de paso.	$OD = PD + 2M$
Diámetro de paso (PD)	Módulo y número de dientes	Multiplique el módulo por el número de dientes.	$PD = M \times N$
	Diámetro exterior y módulo	Reste 2 módulos del diámetro exterior.	$PD = OD - 2M$
	Número de dientes y diámetro exterior	Multiplique el número de dientes por el diámetro exterior y divida el producto por el número de dientes más 2.	$PD = \frac{N \times OD}{N + 2}$
Profundidad total (WD)	Módulo	Multiplique el módulo por 2.166 mm.	$WD = M \times 2.166$

EJEMPLO

Un engrane recto tiene un PD de 60 mm y 20 dientes. Calcule:

1. Módulo
2. Paso circular
3. Adéndum
4. Diámetro exterior
5. Dedéndum
6. Profundidad total
7. Número de fresa

Solución

1. $M = \frac{PD}{N}$

$= \frac{60}{20}$

$= 3 \text{ mm}$

2. $CP = M \times \pi$

$= 3 \times 3.1416$

$= 9.425 \text{ mm}$

3. $A = M$

$= 3 \text{ mm}$

4. $OD = (N + 2) \times M$

$= 22 \times 3$

$= 66 \text{ mm}$

5. $D = M \times 1.166$

$= 3 \times 1.166$

$= 3.498 \text{ mm}$

6. $WD = M \times 2.166$

$= 3 \times 2.166$

$= 6.498 \text{ mm}$

7. Número de fresa (vea la tabla 66-2) = 3

EJEMPLO

Dos engranes idénticos acoplados tienen un CD de 120 milímetros. Cada engrane tiene 24 dientes. Calcule:

1. Diámetro de paso
2. Módulo
3. Diámetro exterior
4. Profundidad total
5. Paso circular
6. Espesor cordal

Solución

1. $PD = \frac{2 \times CD}{2}$ (engranes iguales)

$= \frac{2 \times 120}{2}$

$= \frac{240}{2}$

$= 120 \text{ mm}$

2. $M = \frac{PD}{N}$

$= \frac{120}{24}$

$= 5$

3. $OD = (N + 2) \times M$

$= 26 \times 5$

$= 130 \text{ mm}$

4. $WD = M \times 2.166$

$= 5 \times 2.166$

$= 10.83 \text{ mm}$

5. $CP = M \times \pi$

$= 5 \times 3.1416$

$= 15.708 \text{ mm}$

6. $CT = \frac{M \times \pi}{2}$

$= \frac{5 \times 3.1416}{2}$

$= 7.85 \text{ mm}$

MEDICIÓN DE LOS DIENTES DE LOS ENGRANES

Para asegurar que los dientes de los engranes son de las dimensiones apropiadas, deben ser medidos utilizando un calibrador vernier para dientes de engrane. El calibrador debe ajustarse al adéndum corregido, una dimensión que se puede encontrar en la mayoría de los manuales.

El tamaño de los engranes también debe ser verificado con precisión, midiendo sobre alambres o sobre alambres de un diámetro específico colocados en dos espacios de dientes diametralmente opuestos del engrane (Figura 66-7A). Para engranes que tienen un número impar de dientes, los alambres se colocan tan cerca de lados opuestos como sea posible (Figura 66-7B). La medida que se toma sobre estos alambres se verifica contra tablas que se encuentran en la mayoría de los manuales. Estas tablas indican la medición sobre los alambres para cualquier engrane que tenga un número dado de dientes y un ángulo específico de presión. Dado que estas tablas son demasiado extensas para imprimirlas en este libro, se le pide al lector que las consulte en cualquier manual.

A fin de medir con precisión los engranes en pulgadas, debe conocerse el paso diametral y el número de dientes del engrane. A fin de medir los engranes métricos, debe conocerse el módulo.

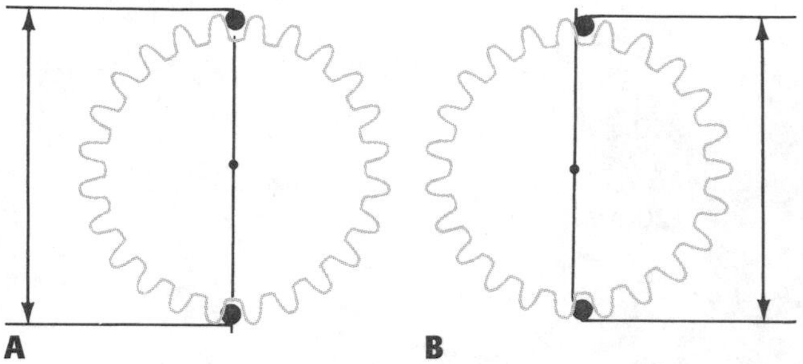

FIGURA 66-7 Alambres o pernos utilizadas para verificar con precisión el tamaño de los engranes.

El tamaño del alambre o de los pernos a utilizarse se determina como sigue:

1. Para engranes rectos externos en pulgadas el alambre o el tamaño del perno es igual a 1.728 dividido entre el paso diametral del engrane.
2. Para engranes rectos internos en pulgadas, el tamaño del alambre es igual a 1.44 dividido entre el paso diametral del engrane.
3. Los engranes de módulo métrico se miden utilizando un tamaño de alambre igual a 1.728 multiplicado por el módulo del engrane. La medición sobre alambres debe ser igual al valor que se muestra en las tablas de los manuales, multiplicado por el módulo.

EJEMPLO (PULGADAS)

Determine el tamaño de alambre y la medición sobre alambres para un engrane externo de 10DP con 28 dientes, y un ángulo de presión de 14.50°.

$$\text{Tamaño del alambre} = \frac{1.728}{10}$$

$$= .1728 \text{ pulg}$$

Haciendo referencia a las tablas de los manuales, el tamaño sobre los alambres para un engrane con 28 dientes y un ángulo de presión de 14.50° debe ser de 30.4374 pulg, dividido entre el paso diametral. Por lo tanto, la medición sobre alambres deberá ser:

$$\frac{30.4374}{10} = 3.0437 \text{ pulg}$$

Si la medición es mayor que ese tamaño, el diámetro de paso es demasiado grande y la profundidad de corte deberá incrementarse. Si es inferior a este tamaño determinado, el engrane es de tamaño inferior a lo que debe ser. Los engranes que tienen un número impar de dientes se calculan de manera similar, utilizando las tablas apropiadas para dichos engranes.

PREGUNTAS DE REPASO

1. ¿Qué número de fresa debe utilizarse para cortar los siguientes engranes?
   a. 8 DP—36 dientes
   b. 12 DP—81 dientes
   c. 16 DP—100 dientes
   d. 6 DP—23 dientes
2. Describa dos métodos de centrar el engrane en bruto con la fresa para maquinar un engrane recto.
3. ¿Qué precauciones deben observarse al montar el engrane en bruto entre el cabezal divisor y los puntos?
4. ¿Cuál es el propósito de hacer muescas antes de cortar los dientes del engrane?
5. Compare los términos *módulo* y *paso diametral.*
6. ¿De qué manera difiere el sistema de numeración métrico por módulo para las fresas para engrane de los sistemas de paso diametral?
7. Para un engrane recto de 40 dientes, 240 milímetros de diámetro de paso, calcule:
   a. Módulo
   b. Paso circular
   c. Diámetro exterior
   d. Adéndum
   e. Dedéndum
   f. Profundidad total
   g. Número de fresa

Medición del diente del engrane

8. Diga dos métodos para medir los dientes de los engranes
9. Cómo se determina el tamaño del alambre para:
   a. Engranes externos?
   b. Engranes internos?

UNIDAD

67

Fresado helicoidal

OBJETIVOS

Al terminar el estudio de está unidad, se podrá:

1 Calcular el avance y el ángulo de la hélice de un engrane helicoidal

2 Ajustar una máquina fresadora para maquinar una hélice

3 Efectuar los cálculos y la puesta a punto para el fresado de un engrane helicoidal

El proceso de fresar ranuras helicoidales, como son las ranuras de un taladro, los dientes de engranes helicoidales, o la rosca helicoidal en un eje, se conoce como *fresado helicoidal.* Se lleva a cabo sobre la máquina fresadora universal al engranar el cabezal divisor a través del eje del tornillo sin fin con el tornillo de avance.

TÉRMINOS HELICOIDALES

El término *espiral* se utiliza a menudo de manera incorrecta en lugar de hélice.

- Una *hélice* es una línea o trayectoria teórica generada sobre una superficie *cilíndrica* por una herramienta de corte que avanza longitudinalmente a una velocidad uniforme, en tanto que el cilindro también gira a una velocidad uniforme (Figura 67-1 de la página 512). Las ranuras de una broca o la rosca de un perno son ejemplos de hélices.
- Una *espiral* es la trayectoria generada por un punto que se mueve a una velocidad de avance fija a lo largo de una superficie de un *cono o plano giratorio* (Figura 67-2 de la página 512). La rosca de un tornillo de madera y la rosca para tubería son ejemplos de espirales cónicas. Los resortes para reloj y la rosca en caracol de un mandril universal para torno son ejemplos de espirales planas.

A fin de cortar ya sea una hélice en pulgadas o métrica, deben conocerse dos datos cualesquiera de los siguientes,

1. *El avance de la hélice,* que es la distancia longitudinal que avanza axialmente la hélice, en una revolución completa de la pieza.
2. *El ángulo de la hélice,* que se forma en la intersección de la hélice con el eje de la pieza de trabajo.
3. *El diámetro (y circunferencia) de la pieza de trabajo.*

Al comparar dos hélices diferentes, se observará que mientras mayor sea el ángulo con la línea central, más corto será el avance. Sin embargo, si el diámetro se incrementa, pero el ángulo de la hélice se conserva igual, más grande será el avance. Por lo que es evidente que el avance de una hélice varía con:

1. El diámetro de la pieza
2. El ángulo de la hélice

La relación entre el diámetro (y la circunferencia), el ángulo de la hélice y el avance aparecen en la Figura 67-3 de la página 512. Note que si la superficie del cilindro se pudiera desenrollar, para producir una superficie plana, la hélice formaría la hipotenusa de un triángulo rectángulo, formando la circunferencia el lado opuesto, y el avance el lado o cateto adyacente.

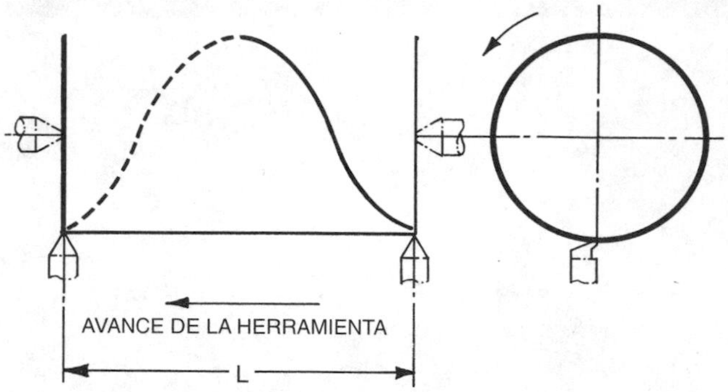

FIGURA 67-1 Una hélice será generada si la pieza es girada conforme la herramienta se mueve con uniformidad a lo largo.

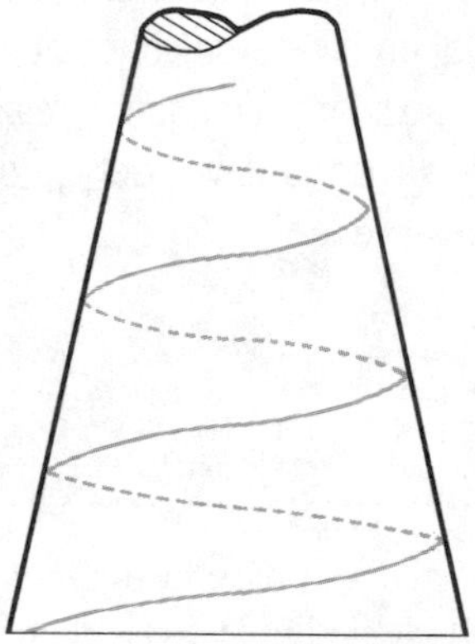

FIGURA 67-2 Un espiral se produce en una superficie cónica.

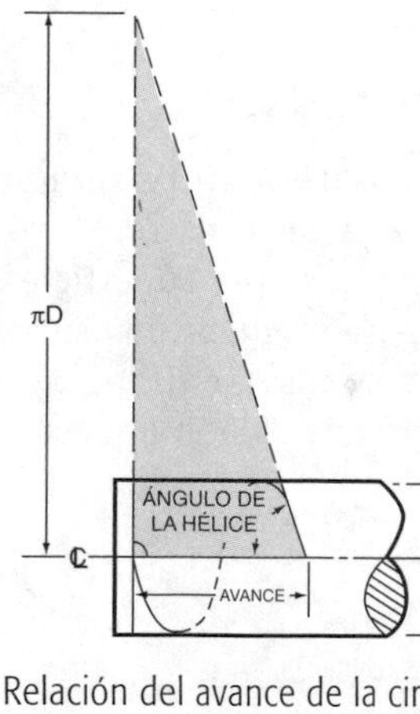

FIGURA 67-3 Relación del avance de la circunferencia al ángulo de la hélice.

CÓMO CORTAR UNA HÉLICE

Para cortar una hélice en un cilindro, son necesarios los pasos siguientes:

1. Haga girar la mesa en la dirección apropiada al ángulo de la hélice, para asegurar que será producida una ranura con el mismo contorno que la fresa.
2. La pieza debe girar una vuelta al mismo tiempo que la mesa recorre longitudinalmente la distancia igual al avance. Esto se consigue instalando los apropiados engranes de cambio entre el tornillo sin fin del cabezal divisor y el tornillo de avance de la fresadora.

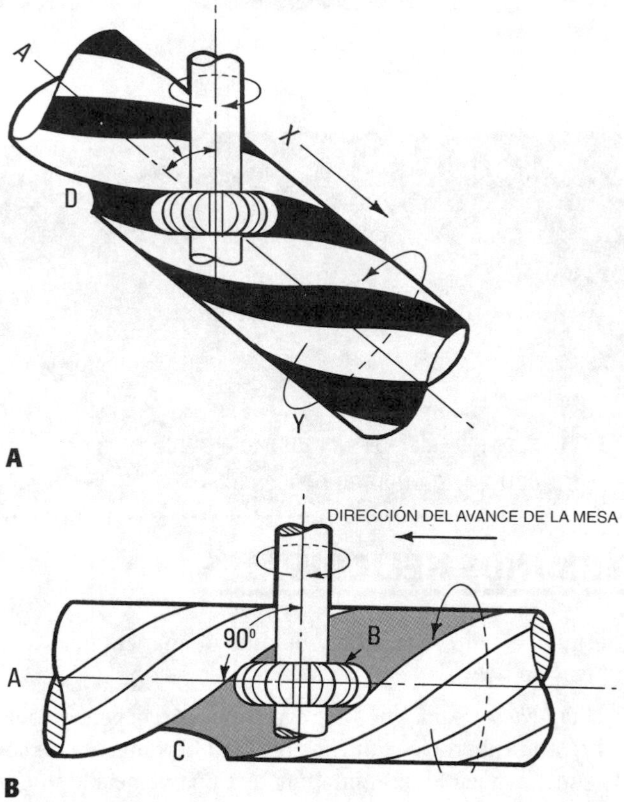

FIGURA 67-4 (A) Cuando la mesa es girada en el ángulo de la hélice, se generará el perfil exacto de la fresa; (B) un ángulo incorrecto producirá un perfil incorrecto.

DETERMINACIÓN DEL ÁNGULODE LA HÉLICE

Para asegurar que se produce una ranura del mismo contorno que la fresa, la mesa debe ser girada al ángulo de la hélice (Figura 67-4A). La importancia de lo anterior aparece en la figura 67-4B.

Note que cuando la mesa no es girada (Figura 67-4B) se generará una hélice que tiene el avance apropiado, pero un contorno incorrecto. Haciendo referencia a la figura 67-3, se puede observar fácilmente que el ángulo se puede calcular como sigue:

$$\text{Tangente del ángulo de la hélice} = \frac{\text{circunferencia de la pieza}}{\text{avance de la hélice}}$$

$$= \frac{3.1416 \times \text{diámetro}}{\text{avance de la hélice}}$$

EJEMPLO (PULGADAS)

¿A qué ángulo debe girarse la mesa de la fresadora para cortar una hélice que tiene un avance de 10.882 pulg en una pieza de trabajo de 2 pulg de diámetro?

$$\text{Tangente del ángulo de la hélice} = \frac{3.1416 \times D}{\text{avance de la hélice}}$$

$$= \frac{3.1416 \times 2}{10.882}$$

$$= \frac{6.2832}{10.882}$$

$$= .57739$$

$$\text{Ángulo de la hélice} = 30°$$

Una vez calculado el ángulo de la hélice, es necesario determinar la *dirección* en la cual se debe girar la mesa para producir la rosca de hélice correcta (esto es, giro derecho o giro izquierdo).

EJEMPLO (MÉTRICO)

¿A qué ángulo debe ser girada una mesa de la fresadora para cortar una hélice que tenga un avance de 450 mm, en una pieza de trabajo de 40 mm de diámetro?

$$\text{Tangente del ángulo de la hélice} = \frac{3.1416 \times D(\text{mm})}{\text{avance de la hélice (mm)}}$$

$$= \frac{3.1416 \times 40}{450}$$

$$= 0.2792$$

$$\text{Ángulo de la hélice} = 15°36'$$

DETERMINACIÓN DE LA DIRECCIÓN A LA QUE SE DEBE GIRAR LA MESA

A fin de determinar el giro de una hélice, sujete el cilindro en el cual se va a cortar la hélice en un plano horizontal, con su eje en dirección de derecha a izquierda.

Si la hélice se inclina hacia *abajo* y hacia la derecha, se trata de una hélice derecha (Figura 67-5). Una hélice izquierda se inclina hacia *abajo* y hacia la izquierda. Cuando debe cortarse una *hélice izquierda,* la mesa de la fresadora debe girarse en dirección al sentido de las manecillas del reloj (operador frente a la máquina). Una hélice derecha puede producirse de manera similar moviendo el extremo derecho de la mesa hacia la columna o moviendo la mesa en dirección al sentido contrario a las manecillas del reloj.

FIGURA 67-5 Las ranuras de una fresa helicoidal derecha se inclinan hacia abajo y hacia la derecha. (Cortesía de Kelmar Associates.)

CÁLCULOS DE LOS ENGRANES DE CAMBIO PARA PRODUCIR EL AVANCE REQUERIDO

Para cortar una hélice, es necesario que la pieza se mueva longitudinalmente y gire al mismo tiempo. El avance es la cantidad que la pieza (y la mesa) recorren longitudinalmente conforme la pieza gira una revolución completa. La rotación de la pieza se efectúa engranando el tornillo sin fin del cabezal divisor con el tornillo de avance de la máquina (Figura 67-6).

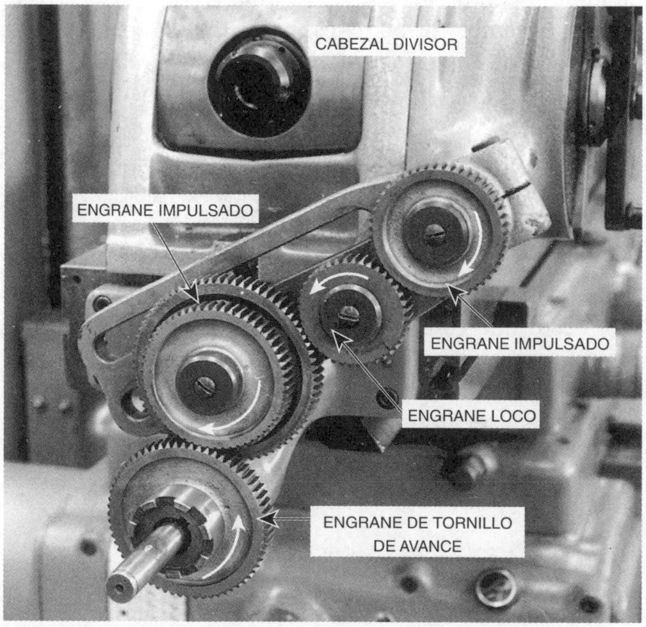

FIGURA 67-6 El tornillo sin fin y el tornillo de avance están conectados para fresado helicoidal. (Cortesía de Kelmar Associates.)

Cálculos en pulgadas

Para cortar una hélice en una fresadora en pulgadas, es necesario primero comprender cómo se calculan los engranes de cambio requeridos para cualquier avance deseado. Suponga que el tornillo sin fin del cabezal divisor está engranado al tornillo de avance de la mesa con engranes iguales (por ejemplo, ambos engranes de 24 dientes). La relación del cabezal divisor es de 40:1, y un tornillo de avance estándar de una fresadora tiene cuatro roscas por pulgada (*tpi*). El tornillo de avance conforme gira una vuelta, haría girar el husillo del cabezal divisor un cuarentavo de una revolución. A fin de que el husillo del cabezal divisor gire una vuelta, sería necesario que el tornillo de avance girara 40 veces. Por lo que la mesa recorrería 40 x $\frac{1}{4}$ pulg, es decir, 10 pulg, en tanto que la pieza gira una vuelta. Por lo tanto, el avance de una fresadora se dice que es de 10 pulg, cuando el tornillo de avance (4 *tpi*) está conectado al cabezal divisor (relación de 40:1) con engranes iguales.

En el cálculo de los engranes de cambio requeridos para cortar cualquier avance, puede utilizarse la fórmula siguiente:

$$\frac{\text{Avance de la hélice}}{\text{Avance de la máquina (10 pulg)}} = \frac{\text{Producto de los engranes impulsados}}{\text{Producto de los engranes impulsados}}$$

La relación de engranes requerida para producir cualquier avance en una fresadora con un tornillo de avance de 4 *tpi* es igual siempre a una fracción, que tiene el avance de la hélice como numerador, y 10 como denominador.

Nota: La fórmula anterior se puede invertir, si así se prefiere.

$$\frac{\text{Avance de la máquina}}{\text{Avance de la hélice}} = \frac{\text{Producto de los engranes impulsados}}{\text{Producto de los engranes impulsados}}$$

EJEMPLO

Calcule los engranes de cambio requeridos para producir una hélice con un avance de 25 pulg en una pieza. Los engranes de cambio disponibles tienen los siguientes dientes: 24, 24, 28,32, 36, 40, 44, 48, 56, 64, 72, 86, 100.

Solución

$$\text{Relación de engranes} = \frac{\text{Avance de la hélice (engranes impulsados)}}{\text{Avance de la máquina (engranes impulsores)}}$$

$$= \frac{25}{10}$$

Puesto que con los cabezales divisores estándar no se suministran engranes de 10 y de 25 dientes, es necesario multiplicar la relación de 25 a 10 por cualquier número que sirva para los engranes de cambio disponibles.

$$\text{Relación de engranes} = \frac{25}{10} \times \frac{4}{4}$$

$$= \frac{100 \text{ (engrane impulsado)}}{40 \text{ (engrane impulsor)}}$$

Dado que están disponibles tanto engranes de 100 como de 40 dientes, es posible utilizar un engranaje simple.

EJEMPLO

Calcule los engranes de cambio requeridos para producir una hélice con un avance de 27 pulg. Los engranes de cambio disponibles son los mismos del ejemplo anterior.

Solución

$$\text{Relación de engranes} = \frac{\text{Avance de la hélice (engranes impulsados)}}{\text{Avance de la máquina (engranes impulsores)}}$$

$$= \frac{27}{10}$$

Puesto que en el juego no hay engranes que sean múltiplos tanto de 27 como de 10, es imposible utilizar un engranaje simple. Por lo tanto, debe utilizarse un engranaje compuesto, y se hace necesario factorizar la fracción $\frac{27}{10}$, como sigue:

$$\text{Relación de engranes} = \frac{27}{10}$$

$$= \frac{3}{2} \times \frac{9 \text{ (impulsados)}}{5 \text{ (impulsores)}}$$

Ahora es necesario multiplicar tanto el numerador como el denominador de cada fracción por el mismo número, para hacer que la relación entre en el rango de engranes disponibles.

Nota: Ello no cambia el valor de la fracción.

$$\frac{3 \times 16}{2 \times 16} = \frac{48}{32}$$

$$\frac{9 \times 8}{5 \times 8} = \frac{72}{40}$$

$$\text{La relación de engranes} = \frac{48 \times 72 \text{ (engranes impulsados)}}{32 \times 40 \text{ (engranes impulsores)}}$$

∴ los engranes impulsados son 48 y 72 y los engranes impulsores son 32 y 40. Los engranes se colocarían en el tren de engranes de la siguiente manera (Figura 67-6):

Engrane sobre el tornillo sin fin	72	(impulsado)
Primer engrane sobre el muñón	32	(impulsor)
Segundo engrane sobre el muñón	48	(impulsado)
Engrane sobre el tornillo de avance	40	(impulsor)

El orden anterior no es absolutamente necesario; los dos engranes impulsados pueden intercambiarse y/o los dos engranes impulsores pueden intercambiarse, *siempre y cuando un engrane impulsor no sea intercambiado por un engrane impulsado.*

Cálculos métricos

El paso del tornillo de avance de una fresadora métrica se da en milímetros. La mayor parte de los tornillos de avance de las fresadoras tienen un paso de 5 milímetros, y el cabezal divisor tiene una relación de 40:1. Conforme el tornillo de avance gira una vuelta, haría girar al husillo del cabezal divisor un cuarentavo de una revolución. A fin de que el husillo del cabezal divisor (y de la pieza) giren una vuelta completa, el tornillo de avance debe efectuar 40 revoluciones completas. Por lo tanto, el avance de la máquina sería de 40 veces el paso del tornillo de avance.

Para cálculos métricos, los engranes de cambio requeridos se calculan como sigue:

$$\frac{\text{Avance de la hélice (mm)}}{\text{Avance de la máquina (mm)}} = \frac{\text{producto de los engranes impulsados}}{\text{producto de los engranes impulsores}}$$

Los engranes normales de cambio en un juego son de 24, 24, 28, 32, 36, 40, 44, 48, 56, 64, 72, 86, 100.

EJEMPLO

Calcule los engranes de cambio requeridos para cortar una hélice que tiene un avance de 500 mm en una pieza, usando un juego estándar de engranes. El tornillo de avance de la fresadora tiene un paso de 5 mm.

Solución

$$\frac{\text{Engranes impulsados}}{\text{Engranes impulsores}} = \frac{\text{avance de la hélice}}{\text{paso del tornillo de avance} \times 40}$$

$$= \frac{500}{5 \times 40}$$

$$= \frac{500}{200}$$

$$= \frac{5}{2} \times \frac{20}{20}$$

$$= \frac{100}{40}$$

Engrane impulsado = 100
Engrane impulsor = 40

DIRECCIÓN DE LA ROTACIÓN DEL HUSILLO

FLa Figura 67-6 ilustra la disposición requerida en la mayor parte de las máquinas para cortar una hélice izquierda. Observe que el engrane del tornillo de avance y el tornillo sin fin giran en la misma dirección. Para cortar una hélice derecha, el husillo debe girar en la dirección opuesta, y por lo tanto, debe insertarse otro engrane loco, como en la Figura 67-7. En este caso, el engrane loco no actúa ni como engrane impulsado ni como engrane impulsor, y no se toma en consideración en el cálculo del tren de engranes. Actúa simplemente como un medio de cambiar la dirección de rotación del husillo del cabezal divisor. También debe notarse que la dirección de la rotación del husillo para un engrane simple sería la opuesta a la correspondiente a un engrane compuesto.

CORTE DE HÉLICES DE AVANCES CORTOS

Cuando es necesario cortar avances menores a los que se muestran en la mayor parte de los manuales de maquinaria, es aconsejable desacoplar el tornillo sin fin del cabezal divisor y su rueda dentada, y conectar directamente los engranes de cambio del tornillo de avance de la mesa al husillo del cabezal divisor, más

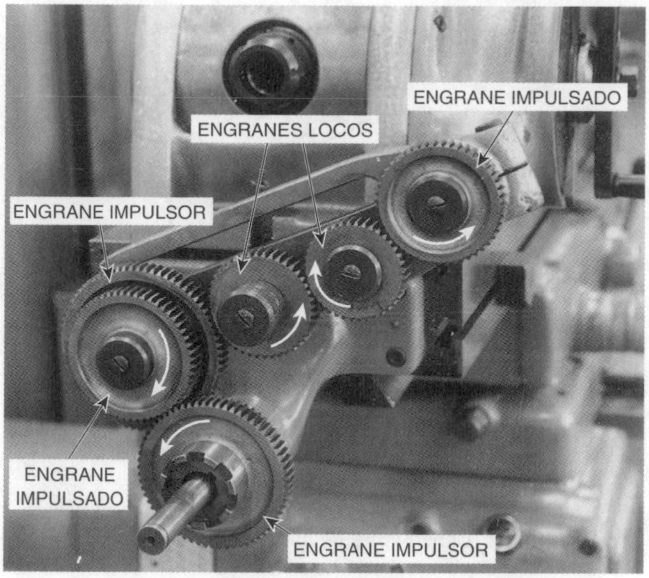

FIGURA 67-7 Un segundo engrane loco invierte la dirección de giro. (Cortesía de Kelmar Associates.)

bien que al tornillo sin fin. Este método permite maquinar avances a un cuarentavo de los avances mostrados en las tablas de los manuales. Por lo que si al conectar el tornillo sin fin y el tornillo de avance la máquina está engranada para cortar un avance de 4.000 pulg, este mismo engranaje produciría un avance de $\frac{1}{40} \times 4.000$ pulg, es decir de .100 pulg, al ser engranado o acoplado directamente al husillo del cabezal divisor.

EJEMPLO

Se requiere cortar una fresa helicoidal simple con las siguientes especificaciones:

Diámetro: 4 pulg
Número de dientes: 9
Hélice: derecha
Ángulo de la hélice: 25°
Ángulo de inclinación: 10° de ángulo radial positivo
Ángulo de la ranura: 55°
Profundidad de la ranura: ½ pulg
Longitud: 4 pulg
Material: acero para herramienta

Procedimiento

1. Tornee la pieza en bruto hasta el tamaño indicado (Figura 67-8 de la página 516).
2. Aplique azul para trazar en el extremo de la pieza en bruto y haga el trazo, como en la Figura 67-9 (en la página 516).
3. Trace una línea en la periferia para indicar la dirección de la *hélice derecha* (Figura 67-10).
4. Presione la pieza en bruto firmemente sobre el árbol. Si se utiliza un árbol roscado, asegúrese de apretar la tuerca firmemente.

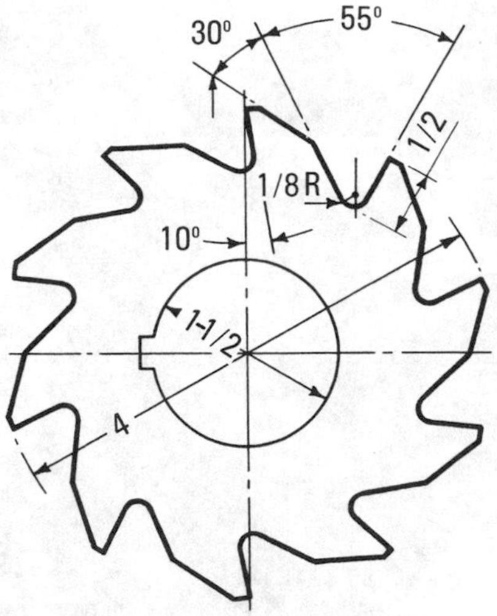

FIGURA 67-8 Dimensiones de una fresa helicoidal.

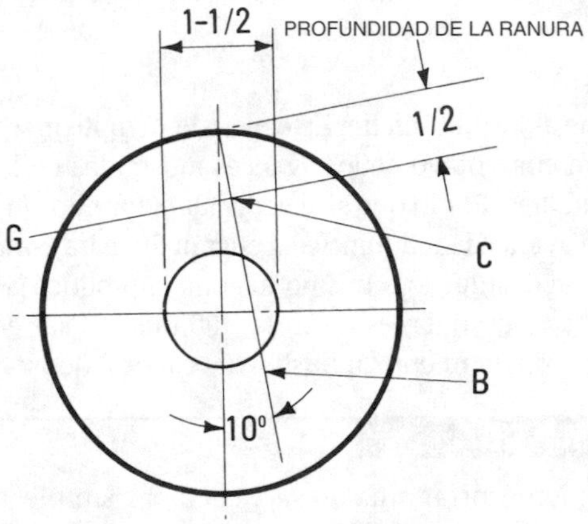

FIGURA 67-9 Localización del primer diente sobre la fresa. (Cortesía de Cincinnati Milacron, Inc.)

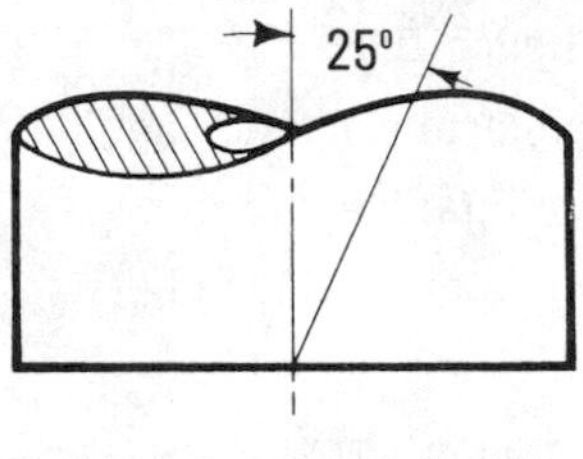

FIGURA 67-10 Establecimiento de la dirección de la ranura. (Cortesía de Cincinnati Milacron, Inc.)

5. Monte el cabezal divisor y el contrapunto.
6. Calcule el intercambio para nueve divisiones.

$$\text{Intercambio} = \frac{40}{9}$$

$$= 4\tfrac{4}{9}$$

= 4 vueltas + 8 perforaciones en un círculo de 18 perforaciones

7. Coloque los brazos divisores a 8 perforaciones en el círculo de 18 perforaciones.

Nota: No cuente la perforación en la cual está colocado el perno.

8. Desacople el dispositivo de fijación del plato perforado.
9. Calcule el avance de la hélice.

$$\text{Avance} = \frac{3.1416 \times D}{\text{la tangente del ángulo de la hélice}}$$

$= 3.1416 \times D$ por la cotangente del ángulo de la

(puesto que $\frac{1}{\tan} = \cot$)

$$= 3.1416 \times 4 \times 2.1445$$

$$= 26.949 \text{ pulg}$$

10. Consulte cualquier manual para los engranes de cambio para cortar el avance más cercano posible a 26.949 pulg. Obviamente esto es 27.
11. Si no tiene un manual disponible, se pueden calcular los engranes de cambio para el avance más cercano, que es 27 pulg.
12. Los engranes de cambio requeridos para un avance de 27 pulg se calculan como sigue:

$$\frac{\text{Avance requerido}}{\text{Avance de la máquina}} = \frac{27}{10}$$

$$= \frac{9}{5} \times \frac{3}{2}$$

$$\frac{9 \times 8}{5 \times 8} = \frac{72}{40} \qquad \frac{3 \times 16}{2 \times 16} = \frac{48}{32}$$

$$\text{Engranes de cambio} = \frac{72 \times 48 \text{ (engranes impulsados)}}{40 \times 32 \text{ (engranes impulsores)}}$$

13. Monte los engranes de cambio, dejando un pequeño claro entre dientes acoplados.
14. Monte la pieza entre centros, con el extremo grande del árbol contra el cabezal divisor.
15. Haga girar la mesa 25º en el sentido contrario a las manecillas del reloj.
16. Ajuste el avance transversal hasta que la mesa esté a una pulg aproximadamente de la cara de la columna. Esto es para asegurarse que la mesa libra la columna cuando se está maquinando la fresa.
17. Haga girar la mesa de regreso a cero (0).
18. Monte una fresa de doble ángulo de 55º, de manera que gire hacia el cabezal divisor, y céntrela aproximadamente sobre el trazo de la ranura.
19. Haga girar la pieza en bruto hasta que el trazo de la ranura quede alineada con el borde de la fresa. Esto se puede verificar utilizando una regla o barra recta (Figura 67-11).
20. Mueva la pieza en bruto, utilizando el avance transversal durante una distancia *m* (Figura 67-11) o hasta que el punto *C* (Figura 67-9) esté en línea con la línea central de la fresa.
21. Estando la pieza fuera de la fresa, fije la profundidad en .500 de pulg.

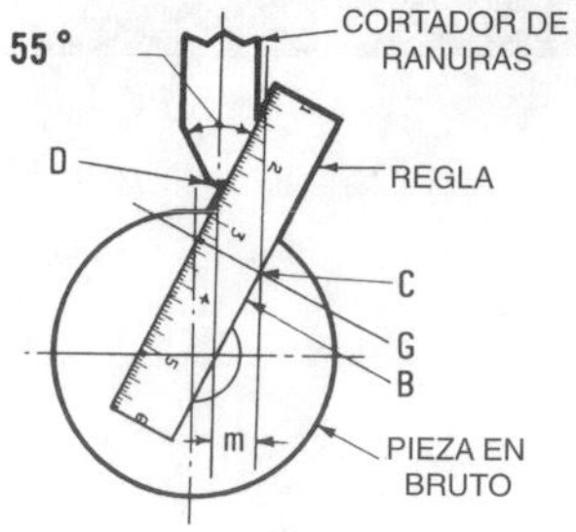

FIGURA 67-11 Cómo alinear la pieza a fresar con el cortador. (Cortesía de Cincinnati Milacron, Inc.)

22. Haga girar la mesa 25° (en sentido contrario a las manecillas del reloj), y fije firmemente (extremo derecho hacia la columna).
23. Corte con cuidado el primer espacio de diente, verificando la precisión de la localización, así como la profundidad.
24. Gire y corte las ranuras restantes.
25. Quite la fresa de ranurar y monte una fresa helicoidal simple.
26. Haga girar la pieza (utilizando la manivela giratoria) hasta que una línea a 30° con el lado de la ranura quede paralela a la mesa (Figura 67-9). Esto se puede verificar utilizando un calibrador de superficie. La pieza en bruto, sin embargo, se puede girar intercambiándola una cantidad igual a

$$90 - \left(30 + \frac{55}{2}\right) = 90 - 57.5$$
$$= 32.5° \ (32°30')$$

Girando para 32°30´

$$32° \times 60' = 1920'$$
$$30' = 30'$$
$$32°30' = 1950'$$
$$= \frac{1950}{540}$$
$$= \frac{3330}{540}$$
$$= 3^{11}/_{18}$$

= 3 vueltas + 11 perforaciones del círculo de 18 perforaciones

27. Ajuste la pieza de trabajo bajo la fresa.
28. Con la fresa girando, eleve la mesa hasta que el ancho de la pista sobre la pieza de trabajo tenga aproximadamente $^{1}/_{32}$ de pulg de ancho.
29. Corte el claro secundario (30°) en todos los dientes de la pieza de trabajo.

PREGUNTAS DE REPASO

Fresado helicoidal

1. Defina:
   a. Hélice c. Avance
   b. Espiral d. Ángulo de la hélice
2. Haga un esbozo para ilustrar la relación entre avance, circunferencia y ángulo de la hélice.
3. Liste dos factores que afectan el avance de una hélice.
4. ¿A qué ángulo debe girarse la mesa para cortar las hélices siguientes?
   a. Avance 10.290 pulg, diámetro de la pieza $3^{1}/_{4}$ pulg
   b. Avance 12.000 pulg, diámetro de la pieza $2^{3}/_{4}$ pulg
   c. Avance = 600 mm, diámetro de la pieza = 100 mm
   d. Avance = 232 mm, diámetro de la pieza = 25 mm
5. ¿De qué manera se puede reconocer una hélice derecha y una hélice izquierda, y en qué dirección debe ser girada la mesa para cada una de ellas?
6. a. Calcule los engranes de cambio para cortar los avances siguientes:
   (1) 6.000 pulg
   (2) 7.500 pulg
   (3) 9.600 pulg
   b. El tornillo de avance de una fresadora tiene un paso de 5 mm. Los engranes de cambio disponibles son de 24, 24, 28, 32, 36, 40, 44, 48, 56, 64, 72, 86, 100. Calcule los engranes de cambio requeridos para avances de 800 mm y de 560 mm.
7. Se requiere fabricar una fresa helicoidal con las especificaciones siguientes.
   Diámetro: 3.475 pulg
   Hélice: izquierda
   Ángulo de inclinación: 5° positivo
   Profundidad de la ranura: 0.5 pulg
   Material: para herramienta
   Número de dientes: 7
   Ángulo de la hélice: 20°
   Ángulo de la estría: 55°
   Longitud: 3 pulg

   Calcule:
   a. Giro
   b. Avance
   c. Engranes de cambio requeridos para cortar este avance

UNIDAD

68

Fresado, de levas, cremalleras, tornillos sin fin y embragues

OBJETIVOS

Al terminar el estudio de esta unidad, se podrá:

1. Calcular y cortar una leva de movimiento uniforme
2. Poner a punto la máquina y cortar una cremallera
3. Comprender cómo se corta un tornillo sin fin
4. Ajustar la máquina y cortar un embrague

La diversidad de dispositivos disponibles hacen de la fresadora una máquina herramienta versátil. Además de las operaciones estándar que por lo general se llevan a cabo en una fresadora, con los ajustes y aditamentos adecuados es posible cortar levas, cremalleras, tornillos sin fin y embragues. Aunque quizás no se le pida a un mecánico que las ejecute con frecuencia, resulta prudente estar familiarizado con estas operaciones, de manera que usted pueda cortar la forma requerida.

LEVAS Y FRESADO DE LEVAS

Una *leva* es un dispositivo generalmente aplicado a una máquina para cambiar un movimiento giratorio en un movimiento lineal o reciprocante, y para transmitir este movimiento a otras partes de la máquina a través de un seguidor. El árbol de levas de un motor de automóvil incorpora varias levas, que controlan la apertura y cierre de las válvulas de admisión y de escape. Muchas operaciones de máquina, especialmente de máquinas automáticas, están controladas por levas, que transmiten el movimiento deseado a la herramienta de corte a través de un seguidor, y algún tipo de varilla de empuje.

Las levas también se utilizan para transformar un movimiento lineal en un movimiento reciprocante del seguidor. Las levas de este tipo se conocen como levas de placa o de *barra*, y se conocen también como *plantillas*.

Las plantillas se utilizan con frecuencia en máquinas fresadoras y tornos de tipo pantógrafo donde deben producirse partes según el perfil de la plantilla.

Las levas también se pueden utilizar como dispositivos de cierre. Se encuentran muchas aplicaciones de las levas en el diseño de dispositivos y aditamentos, así como en abrazaderas de cierre rápido.

Levas utilizadas para impartir movimiento

Las levas utilizadas para impartir movimientos generalmente se encuentran en máquinas y pueden ser de dos tipos: la *positiva* y la *no positiva*.

Las levas de tipo positivo, como la cilíndrica y la de placa ranurada (Figura 68-1) controlan en todo momento al seguidor; esto es, el seguidor se mantiene acoplado en la ra-

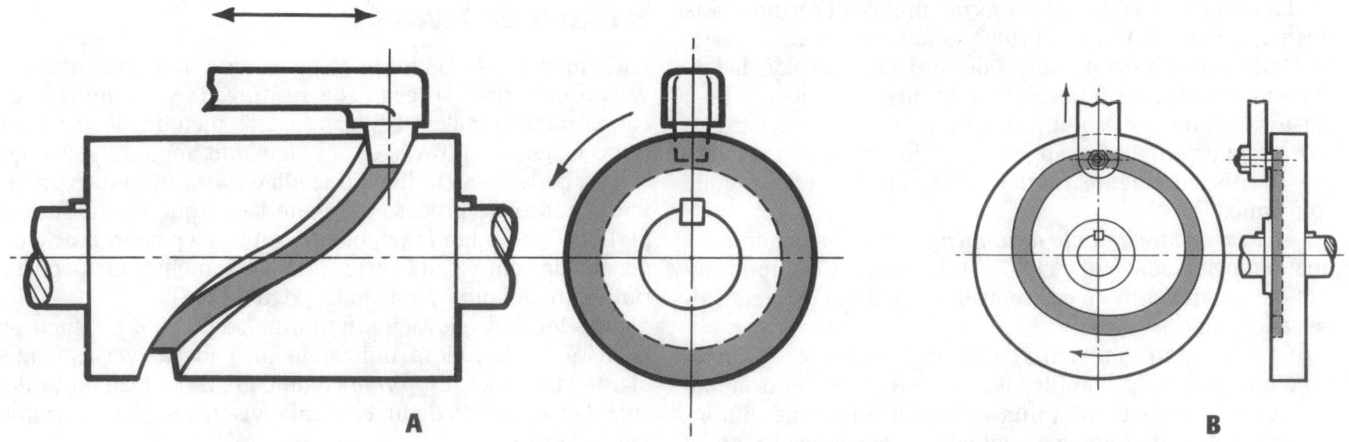

FIGURA 68-1 (A) Leva cilíndrica o de tambor con seguidor de rodillo cónico; (B) leva de placa ranurada, con seguidor de rodillo.

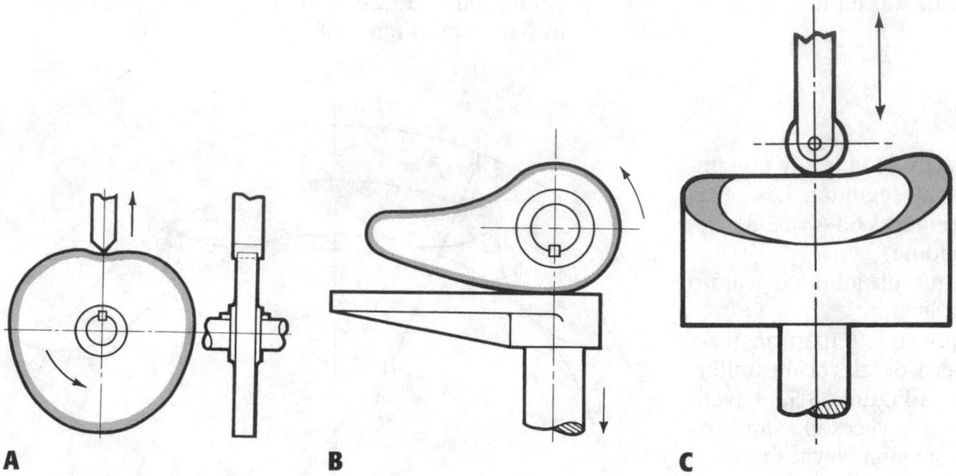

FIGURA 68-2 (A) Leva de placa con un seguidor de cuchilla; (B) leva de dedo y barredor; (C) leva de corona.

nura en la cara de la periferia de la leva, y no se utiliza ningún otro medio para mantener este acoplamiento.

Ejemplos de levas de *tipo no positivo* son las de placa, dedo y barredor, y de corona (Figura 68-2). En los tipos no positivos, la leva empuja el seguidor en una dirección dada y depende de alguna fuerza externa, como la gravedad o resortes, para mantener al seguidor apoyado contra la superficie de la leva.

Los seguidores pueden ser de varios tipos:

- El de *tipo de rodillos* (Figura 68-3A) es el que tiene la menor fricción de arrastre, y requiere poca o ninguna lubricación.
- El *tipo de rodillos cónico* (Figura 68-3B) se utiliza con levas de placa ranurada o cilíndricas.
- El *tipo plano* o *de émbolo* (Figuras 68-3C) se utiliza para transmitir grandes fuerzas y requiere de lubricación.
- El *tipo de cuchilla* o *puntiagudo* (Figura 68-3D) se utiliza en levas más complejas, porque permite seguir con mayor facilidad contornos muy precisos que al utilizar una leva de rodillos.

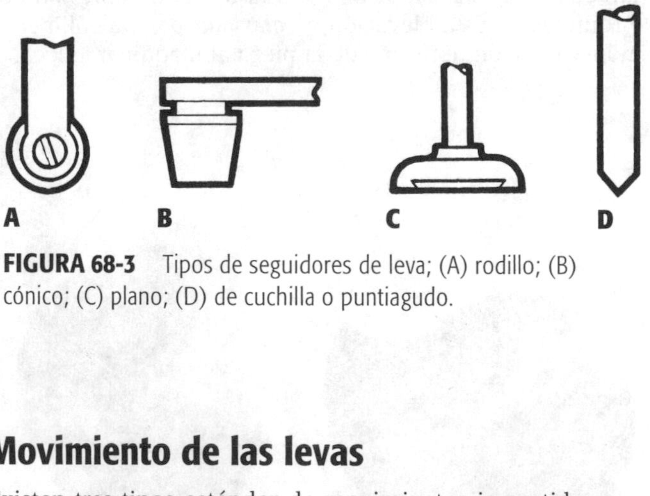

FIGURA 68-3 Tipos de seguidores de leva; (A) rodillo; (B) cónico; (C) plano; (D) de cuchilla o puntiagudo.

Movimiento de las levas

Existen tres tipos estándar de movimientos impartidos por las levas a los seguidores y a las partes de las máquinas:

1. Movimiento uniforme
2. Movimiento armónico
3. Movimiento uniformemente acelerado y desacelerado

La *leva de movimiento uniforme* mueve al seguidor a la misma velocidad desde el principio hasta el fin de la carrera. Dado que el movimiento va de cero a plena velocidad de manera instantánea y termina de la misma forma abrupta, existe un choque claro al principio y al final de la carrera. Las máquinas que utilizan este tipo de leva deben ser rígidas y suficientemente fuertes para soportar este choque constante.

La *leva de movimiento armónico* proporciona un inicio y una detención suave al ciclo. Se utiliza cuando la uniformidad del movimiento no es esencial, y donde se requieren altas velocidades.

La *leva uniformemente acelerada y desacelerada* al principio mueve al seguidor lentamente, y posteriormente se acelera o desacelera a una velocidad uniforme. Entonces gradualmente reduce su velocidad, permitiendo que el seguidor llegue a un alto lentamente, antes que se invierta el movimiento. Este tipo se considera como el más suave de los tres movimientos y es utilizado en máquinas de alta velocidad.

Términos de la leva radial

Un *lóbulo* es una parte que se proyecta de la leva y que imparte un movimiento reciprocante al seguidor. Las levas pueden tener uno o varios lóbulos (Figuras 68-4 y 68-5), dependiendo de la aplicación a la máquina.

La *elevación* es la distancia en que un lóbulo elevará o bajará al seguidor, al dar vuelta a la leva.

El *avance* es el recorrido total que se le impartiría al seguidor en una revolución de una leva de elevación uniforme, con un solo lóbulo en 360°. En la Figura 68-5, el avance para una leva de doble lóbulo es dos veces el avance de una leva de un lóbulo sencillo de la misma elevación. Es el avance de la leva y no la elevación la que controla la selección de los engranes en el fresado de las levas.

La elevación uniforme es la elevación generada en una leva que se mueve hacia adentro a una velocidad uniforme alrededor de la leva, asumiendo la forma de un espiral de Arquímedes. Esta elevación es causada por una alimentación y rotación uniforme de la pieza al maquinar la leva.

FIGURA 68-4 Leva de elevación uniforme, de un lóbulo sencillo.

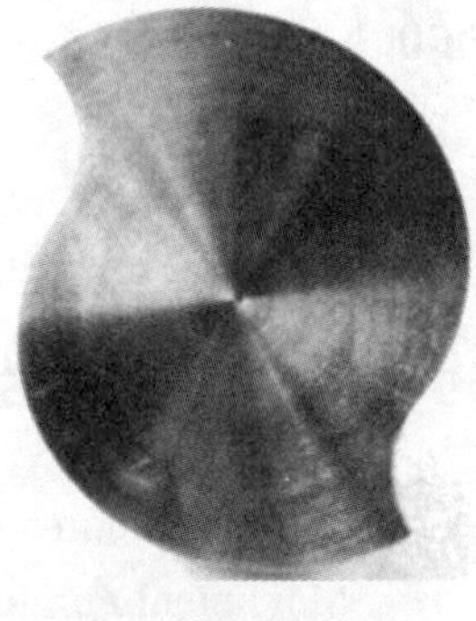

FIGURA 68-5 Leva de elevación uniforme, de doble lóbulo.

Fresado de levas

En la mayoría de las levas de placa, que no tienen una elevación uniforme, la leva debe ser trazada y maquinada en cortes incrementales. Utilizando este método, la pieza en bruto es girada a través de un elemento angular, y se efectúa un corte hasta la línea trazada o hasta un punto predeterminado. Este proceso se repite hasta que se produce el perfil de la leva tan exactamente como sea posible. Las crestas dejadas entre cada corte sucesivo son eliminadas posteriormente limando y puliendo (Figura 68-6).

Las levas de elevación uniforme se pueden producir en la máquina fresadora utilizando un cabezal vertical, mediante la *rotación uniforme* combinada de la leva en bruto, sujeta en el husillo de un cabezal divisor, y el *avance uniforme* de la mesa.

Cuando se maquina una leva utilizando este método, la pieza y el cabezal vertical por lo general se hacen girar a un ángulo, de manera que el eje de la pieza y el eje de la fresa sean paralelos (Figura 68-7).

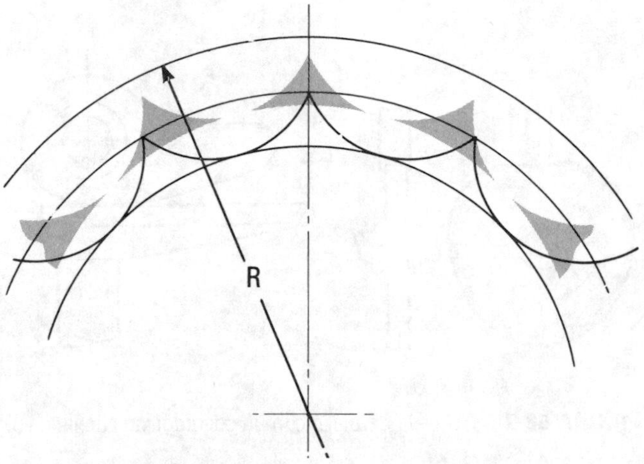

FIGURA 68-6 Crestas dejadas por cortes incrementales.

FIGURA 68-7 Puesta a punto de máquina para el fresado de leva utilizando un dispositivo de fresado de avance corto. (Cortesía de Cincinnati Milacron.)

Si se mantiene la pieza y el dispositivo de fresado vertical en posición vertical, solamente podrá ser cortada una leva que tenga el mismo avance para el cual está engranada la máquina. Cuando se inclina la pieza y el dispositivo de fresado vertical, se puede producir cualquier avance que se desee, siempre y cuando el avance deseado sea *menor* que el avance para el que está engranada la máquina. En otras palabras, el avance requerido a ser cortado en la leva debe ser siempre inferior al avance hacia adelante de la mesa durante una revolución de la pieza.

El principio involucrado en el giro del cabezal es como sigue: Si una máquina fresadora se pone a punto para cortar una leva y tiene engranes iguales en el cabezal divisor y en el tornillo de avance, con la pieza y el dispositivo vertical en posición vertical (Figura 68-8), la mesa avanzaría 10 pulg al girar la pieza una vuelta. Se generaría una espiral de Arquímedes, y la leva tendría un avance de 10 pulg, que también es una elevación de 10 pulg en 360°.

Haga girar tanto la pieza como la fresa, de manera que sean paralelos a la mesa, y leyendo cero (Figura 68-9). Si se hace un corte, la pieza se moverá a lo largo de la longitud de la fresa frontal (en este caso tendría que ser de 10 pulg) y se generaría un círculo sin avance.

De estos dos ejemplos, se puede observar que es posible fresar cualquier avance entre cero (0) y el que corresponde al engranaje de la máquina, si se inclinan la fresa y la pieza en cualquier ángulo dado entre cero y 90°. Si no se utilizara este método, sería necesario tener una combinación diferente de engranes de cambio para cada avance a cortar. Esto sería imposible, dado el gran número de engranes de cambio y el tiempo requerido para cambiar engranes para cada avance diferente.

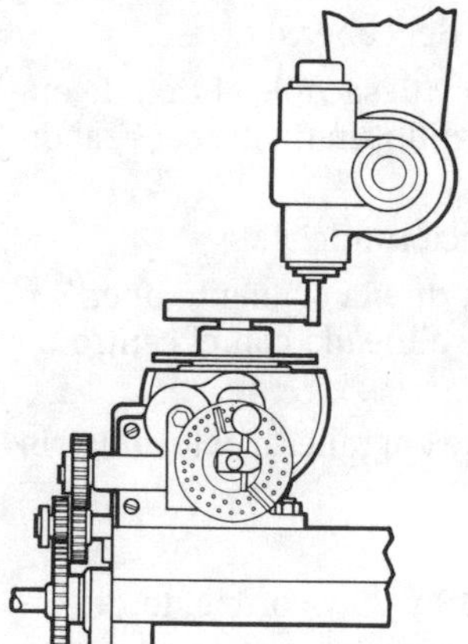

FIGURA 68-8 Cabezal vertical y pieza de trabajo arregladas a 90°

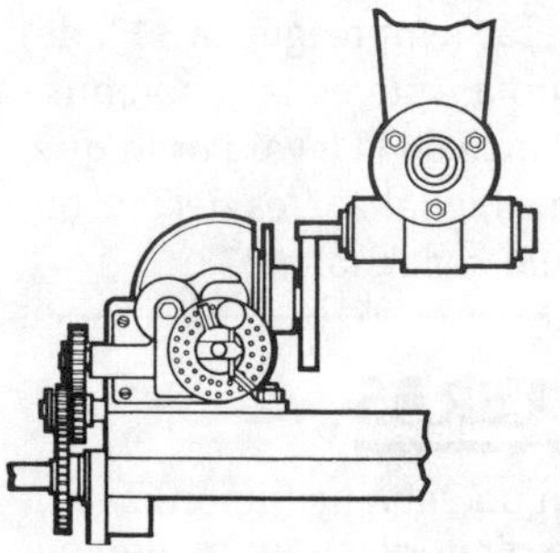

FIGURA 68-9 Aditamento vertical y pieza de trabajo en cero.

Cálculos requeridos

Del dibujo determine el *avance* del lóbulo o lóbulos de la leva; esto es, determine la elevación de cada lóbulo, si se continuara toda la circunferencia de la leva.

Si en el dibujo el espacio ocupado por el lóbulo está indicado en grados, el avance se calcularía como sigue:

$$\text{Avance} = \frac{\text{elevación del lóbulo en pulg} \times 360}{\text{número de grados de la circunferencia ocupada por el lóbulo}}$$

Sin embargo, si la circunferencia se divide en 100 partes iguales, será necesario calcular el avance como sigue:

$$\text{Avance} = \frac{\text{elevación del lóbulo en pulg} \times 100}{\text{porcentaje de la circunferencia ocupada por el lóbulo}}$$

EJEMPLO

Se debe cortar una leva de elevación uniforme con una elevación de .375 pulg en 360°. Calcule el avance requerido, la inclinación de la pieza y el avance vertical.

Solución

$$\text{Avance de la leva} = .375 \text{ pulg}$$

La máquina y el cabezal divisor deben entonces engranarse a .375 pulg. Esto es imposible, ya que el avance más corto que se puede cortar con engranes de cambio normales en una máquina fresadora es generalmente de .670 pulg.

Nota: Cualquier manual contiene estas tablas de fresado.

Para cortar un avance de .375 pulg será necesario engranar la máquina a algo más de .375 pulg en este caso, será. 670 pulg Consultando un manual, se observará que los engranes requeridos para un avance de .670 pulg son 24, 86, 24, 100. También será necesario girar la pieza y el cabezal vertical a un ángulo definido. La Figura 68-10 ilustra la forma en que esto se calcula.

En el diagrama,

L = avance al cual está engranada la máquina

H = avance de la leva

i = ángulo de inclinación del husillo del cabezal divisor en grados

$$\text{sen } i = \frac{H}{L}$$

Por lo tanto,

$$\text{Seno del ángulo de inclinación} = \frac{\text{avance de la leva}}{\text{avance al cual está engranada la máquina}}$$

$$\text{Seno del ángulo} = \frac{.375}{.670}$$

$$= .5597$$

$$\text{Ángulo} = 34°2'$$

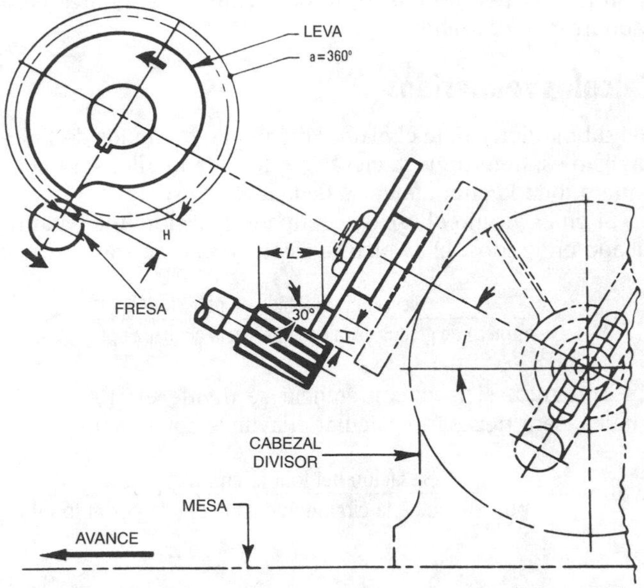

FIGURA 68-10 Relación entre el avance de la leva y el avance de la mesa. (Cortesía de Cincinnati Milacron, Inc.)

La Figura 68-10 ilustra que cuando la pieza recorre la distancia *L* (.670), girará una vuelta y alcanzará un punto en la fresa .375 más elevado que el punto de inicio. Esto producirá una elevación y un avance de .375 pulg en la leva.

EJEMPLO

Especifique los pasos requeridos para cortar una leva de elevación uniforme con tres lóbulos, cada lóbulo ocupando 120° y cada uno con una elevación de .150 pulg

Procedimiento

1. Avance de la leva $= \dfrac{150 \times 360}{120}$

$= .450$ pulg

2. El avance más pequeño sobre .450 pulg, para el cual se puede engranar la máquina es de .670 pulg (manual).
3. Engranes de cambio requeridos para producir un avance de .670 pulg

$$\text{Relación de engranes} = \frac{24}{86} \times \frac{24\ \text{(impulsado)}}{100\ \text{(impulsores)}}$$

4. Monte el cabezal divisor, y conecte el eje del tornillo sin fin y el tornillo de avance con los engranes arriba citados. *Desacople el dispositivo de bloqueo del plato perforado.*
5. Efectúe tres marcas a 120° una de la otra sobre la periferia de la leva.
6. Monte la pieza en el mandril del cabezal divisor.
7. Monte una fresa frontal de longitud suficiente en el aditamento vertical.
8. Calcule el desplazamiento de la pieza y el cabezal vertical:

$$\text{Seno del ángulo} = \frac{.450}{.670}$$

$$= .67164$$

$$\therefore \text{ ángulo} = 42^\circ\ 12'$$

9. Gire el cabezal divisor a 42°12’
10. Gire el aditamento de fresa vertical a 90°-42°12´ = 47°48´
11. Centralice la pieza y la fresa.
12. Haga girar la pieza con la manivela, hasta que una de las marcas efectuadas sobre la pieza de la leva en bruto esté exactamente en el punto muerto inferior.
13. Ajuste la mesa hasta que la fresa esté tocando el lado inferior de la pieza, y el centro de la fresa está en línea con la marca.

Nota: Si la fresa está por debajo del trabajo, la disposición resultará más rígida y habrá menos posibilidades que las virutas oculten las líneas de trazo.

14. Ajuste el anillo de avance vertical a cero (0).
15. Encienda la máquina.
16. Utilizando la manivela del cabezal divisor, haga girar la pieza un tercio de vuelta, o hasta que la segunda línea marcada quede en línea con el extremo delantero de la fresa.

Nota: Si la máquina está engranada para un avance de más de 2 ½ pulg, se puede utilizar el avance automático. Si está engranada para un avance de menos de 2 ½ pulg, debe utilizarse un aditamento de avance corto, o alimentarse la mesa manualmente con la manivela del cabezal divisor.

17. Baje ligeramente la mesa y desacople el tren de engranes, o desacople el tornillo sin fin del cabezal divisor.
18. Regrese la mesa a la posición inicial.
19. Haga girar la pieza hasta que la siguiente línea sobre la circunferencia esté alineada con el centro de la fresa.
20. Vuelva a acoplar el tren de engranes o el tornillo sin fin del cabezal divisor.
21. Corte el segundo lóbulo.
22. Repita los pasos 17, 18, 19 y 20 y corte el tercer lóbulo.

Nota: Cuando se calcula el desplazamiento del paso 8, con frecuencia el avance de la máquina se ajusta al número *entero* más cercano a dos veces el avance de la leva. Cuando el avance de la máquina es exactamente dos veces el avance de la leva, el desplazamiento será siempre igual a 30°, debido a que el avance de la máquina, que es la hipotenusa (Figura 68-10), es dos veces el avance de la leva. Por lo que, el seno del ángulo de inclinación es igual a ½ es decir .500, lo que entonces hace que el ángulo sea igual a 30°.

FRESADO DE CREMALLERAS

Una *cremallera,* en conjunción con un engrane (piñón) se utiliza para convertir un movimiento giratorio en un movimiento longitudinal. Las cremalleras se encuentran en tornos, taladros, y muchas otras máquinas en un taller. Una cremallera se puede considerar como un engrane recto, que ha sido enderezado, de manera que todos los dientes están en un solo plano. La circunferencia del círculo de paso de este engrane se convierte ahora en una línea recta, que apenas tocaría el círculo de paso del engrane que se acopla con la cremallera. Por lo que la línea de paso de una cremallera es la distancia de un adéndum (1/DP) por debajo de la parte superior del diente.

El paso de una cremallera se mide en paso lineal (circular) que se obtiene al dividir 3.1416 entre el paso diametral; esto es:

$$\text{Paso de la cremallera} = \frac{3.1416}{\text{DP}}$$

El método utilizado para cortar una cremallera dependerá en general de la longitud de la misma. Si la cremallera es razonablemente corta [10 pulg (250 milímetros)] o menos, se puede sujetar en la prensa de la máquina fresadora en una posición paralela al árbol de la fresa. En cremalleras cortas, los dientes pueden cortarse moviendo con precisión el avance transversal de la máquina una cantidad igual al paso circular del engrane y entonces moviendo la mesa longitudinalmente para cortar cada uno de los dientes. Si la cremallera es más larga que el recorrido transversal de la mesa de la fresadora, debe ser colocada longitudinalmente sobre la mesa, y por lo general sujeta con un aditamento especial.

La fresa se sujeta en un *aditamento de fresado de cremalleras* (Figura 68-11). Cuando se cortan dientes rectos, la fresadora se sujeta a 90° en relación con la posición utilizada al cortar un engrane recto.

Es posible montar fresas de ranurar o de fresado lateral en el aditamento de fresado de cremalleras para operaciones de fresado que pueden manejarse con mayor facilidad utilizando el avance transversal de la máquina.

Aditamento de indización de cremalleras

Cuando se corta una cremallera utilizando un aditamento de fresado de cremalleras, a menudo la mesa se mueve (indiza) para cada diente mediante el aditamento de indización de cremallera (Figura 68-11). Éste está formado por un plato perforado con dos muescas diametralmente opuestas, y un perno de fijación. Dos engranes de cambio seleccionados de un juego de 14 se montan según se puede observar en la Figura 68-11. Diferentes combinaciones de engranes de cambio permiten que la mesa pueda ser movida con precisión en incrementos correspondientes al paso lineal (circular) de la cremallera, efectuando ya sea una media vuelta o una vuelta completa de la placa. Para indizaciones que requieran de una sola vuelta únicamente, se tiene previsto el poder cerrar una de las ranuras, evitando así cualquier error de indización.

FIGURA 68-11 Corte de los dientes de una cremallera helicoidal utilizando los aditamentos de fresado e indización de cremalleras. (Cortesía de Cincinnati Milacron, Inc.)

Este aditamento permite la indización de todos lo pasos diametrales desde 4 hasta 32, así como todos los pasos circulares desde 1/8 pulg hasta 3/4 pulg, variando en dieciseisavos. También se pueden producir los siguientes movimientos de la mesa: 1/7, 1/6, 1/5, 2/7, 1/3, y 2/5 pulg.

TORNILLOS SIN FIN Y RUEDAS DENTADAS PARA TORNILLOS SIN FIN

Los *tornillos* sin fin y las *ruedas dentadas para tornillos sin fin* se utilizan cuando se requiere una gran reducción de relación entre el eje impulsor e impulsado. Un tornillo sin fin es un cilindro, en el cual se ha cortado una rosca de tipo Acme de un solo, o de múltiples inicios. El ángulo de esta rosca va de 14.5° a 30° de ángulo de presión. Conforme se incrementa el ángulo de avance del tornillo sin fin, más grande deberá ser el ángulo de presión del lado de la rosca. Los dientes de un engrane sin fin se maquinan en una ranura periférica, que tiene un radio igual a la mitad del diámetro de la raíz del sin fin. La relación de impulsión entre un ensamble de engranes de tornillos sin fin y rueda dentada depende del número de dientes de la rueda dentada y de si el tornillo sin fin tiene una rosca de uno o de doble inicio. Por lo que si una rueda dentada tiene 50 dientes, la relación sería de 50:1, siempre y cuando el tornillo sin fin tenga una rosca de un solo inicio. Si tuviera una rosca de doble inicio, la relación sería de 50:2, es decir 25:1.

Cómo fresar un tornillo sin fin

Los tornillos sin fin a menudo se cortan en una máquina fresadora utilizando un aditamento de fresado de cremalleras y una fresa para rosca (Figura 68-12). La disposición de la fresa es similar a la que se usa para fresado de cremalleras. La pieza se sujeta entre centros del índice y es girado mediante engranes adecuados entre el eje del tornillo sin fin y el tornillo de avance de la fresadora. Esto es similar a la disposición utilizada para el fresado helicoidal. Cuando se está fresando un tornillo sin fin se utiliza un aditamento de avance corto (inferior a una pulg) porque la rosca por lo general tiene un avance corto. Si no está disponible un dispositivo de avance corto, la pieza puede ser girada y la mesa movida longitudinalmente mediante la manivela de indización del cabezal divisor.

Procedimiento

1. Calcule todas las dimensiones de la rosca, esto es, avance, paso, profundidad y ángulo de la rosca.

Nota: El ángulo de la rosca se calcula utilizando el diámetro del paso.

FIGURA 68-12 Puesta a punto de la máquina fresadora para el maquinado de un tornillo sin fin. (Cortesía de Cincinnati Milacron, Inc.)

2. Monte la pieza en bruto para el tornillo sin fin entre centros del cabezal divisor, localizados en el extremo de la mesa de la máquina fresadora.
3. Determine los engranes apropiados para el avance, y móntelos de manera que conecten el eje del tornillo sin fin y el tornillo de avance.
4. Desacople el dispositivo de bloqueo del plato perforado.
5. Monte la fresa para rosca apropiada en el aditamento de fresado de cremalleras.
6. Haga girar el aditamento de fresado de cremalleras al ángulo de hélice requerido de la rosca del tornillo sin fin y la dirección apropiada para el avance del mismo.
7. Centre la pieza bajo la fresa.
8. Eleve la pieza hasta la fresa.
9. Mueva la pieza lejos de la fresa, y eleve la mesa a la profundidad de rosca requerida.
10. Corte la rosca utilizando el avance automático o haciendo girar manualmente la manivela indizadora para avanzar la mesa.

EMBRAGUES

Los embragues de impulsión positiva se utilizan de manera extensa para impulsar o desconectar engranes o ejes en cajas de engranajes de maquinaria. Los cabezales de la mayor parte de los tornos utilizan embragues, maquinados en las mazas de los engranes, para acoplar o desacoplarlos, a fin de proporcionar diferentes velocidades del husillo. La impulsión positiva de ese tipo de embrague se produce mediante dientes entrelazados o proyecciones entrelazadas en las partes impulsadas e impulsoras y no se basan en impulsión por fricción, como en el caso de embragues de tipo de fricción.

En la Figura 68-13 se muestran tres formas de embragues de impulsión positiva. El *embrague de dientes rectos* (Figura 68-13A) permite la rotación en cualquiera de las direcciones. Este tipo es más difícil de acoplar, ya que los dientes y ranuras deben estar en perfecta alineación, antes que éste posibilite el acoplamiento.

El *embrague de dientes inclinados* (Figura 68-13B) proporciona una manera más sencilla de acoplar y desacoplar los miembros impulsor e impulsado, debido a un ángulo de 8° o 9° maquinado en las caras de los dientes. Dado que este tipo de embrague tiene tendencia a desacoplarse con mayor rapidez, debe proporcionársele una forma positiva de bloquear el acoplamiento. Los embragues de este tipo permiten que los ejes operen en cualquiera de las direcciones sin juego.

El *embrague en diente de sierra* (Figura 68-13C) permite la impulsión sólo en una dirección, pero se acopla con mayor facilidad que los otros dos tipos de embrague. Generalmente el ángulo de los dientes de este tipo es de 60°.

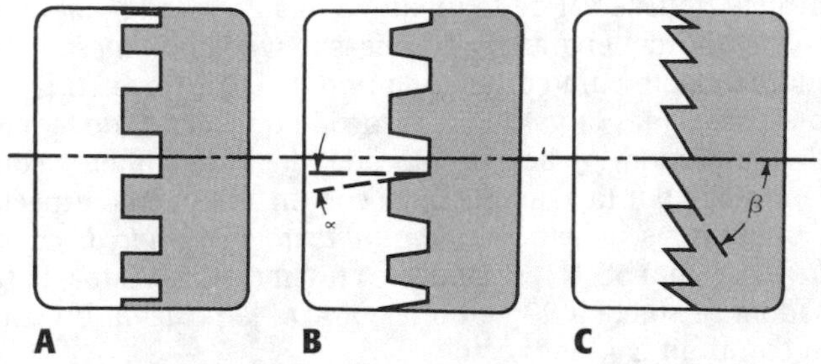

FIGURA 68-13 Tipos de dientes de engrane: (A) dientes rectos; (B) diente inclinado; (C) diente de sierra.

Cómo maquinar un embrague de dientes rectos con tres dientes

Nota: Este método se aplica a todos los embragues con un número impar de dientes.

1. Monte el cabezal divisor en la mesa de la fresadora.
2. Monte un mandril de tres mordazas en el cabezal divisor.
3. Monte la pieza de trabajo sobre el mandril.

Nota: El husillo y el mandril del cabezal divisor pueden quedar posicionados vertical u horizontalmente. Para esta operación se supone que están en posición vertical.

4. Coloque los brazos divisores para la indización apropiada, esto es, $^{40}/_{3} = 13^{1}/_{3}$ de vueltas, o 13 vueltas y 13 perforaciones de un círculo de 39 perforaciones.
5. Monte una fresa de corte lateral sobre el eje de la máquina fresadora. La fresa no debe ser más ancha que la parte más angosta o más interna de la ranura.
6. Ajuste la velocidad apropiada del husillo y avance de la mesa.

7. Encienda la fresa y ajuste la pieza hasta que el borde más cercano al frente de la máquina *apenas* toque el lado interno de la fresa (Figura 68-14). Ajuste el anillo graduado de avance transversal a cero (0).
8. Mueva la mesa longitudinalmente hasta que la pieza libre la fresa.
9. Mueva la mesa lateralmente a la mitad del diámetro la pieza, más aproximadamente .001 de pulg (0.02 milímetros) como holgura. Bloquee la silla en esta posición.
10. Ajuste la profundidad de corte, y bloquee las abrazaderas de la rodilla.
11. Efectúe un corte en todo lo ancho de la pieza de trabajo, como se observa en la Figura 68-15.

FIGURA 68-14 Ajuste de la pieza a la fresa. (Cortesía de Kelmar Associates.)

FIGURA 68-15 Corte del primer diente. (Cortesía de Kelmar Associates.)

FIGURA 68-16 Corte del segundo diente. (Cortesía de Kelmar Associates.)

FIGURA 68-17 Corte del tercer diente. (Cortesía de Kelmar Associates.)

12. Regrese la mesa a la posición inicial.
13. Indice para el siguiente diente, y efectúe el segundo corte como se muestra en la Figura 68-16.
14. Regrese la mesa a la posición inicial.
15. Indice el siguiente diente.
16. Efectúe el tercer corte según se muestra en la Figura 68-17.

Cómo maquinar un embrague de dientes rectos con cuatro dientes.

Al maquinar un embrague de dientes rectos o inclinados con un número par de dientes, es necesario maquinar cada lado de cada diente primero, y después maquinar el segundo lado de cada uno de ellos. Este procedimiento obviamente requiere más tiempo; por lo tanto, los embragues deben diseñarse con un número impar de dientes para reducir el tiempo de maquinado y la posibilidad de error.

Procedimiento

1. Monte la pieza como en el ejemplo anterior y coloque la indización adecuada.
2. Encienda la fresa y ajuste la pieza hasta que el borde más cercano a la parte delantera de la máquina apenas toque el borde interno de la fresa (Figura 68-14).
3. Con la pieza lejos de la fresa, mueva la silla a la mitad del diámetro de la pieza más el espesor de la fresa menos .001 pulg (0.02 mm) como holgura.
4. Ajuste la pieza hasta que el centro quede por encima de la perforación central del embrague. A fin de minimizar la vibración es aconsejable cortar del centro hacia el exterior del embrague.
5. Ajuste la profundidad y bloquee la abrazadera de la rodilla.
6. Efectúe el primer corte.

Nota: Cuando se corta un número par de dientes de embrague, es absolutamente necesario que el corte se efectúe sólo a través de una pared.

7. Indice y corte los demás dientes de un lado. (Indización = 10 vueltas por cada diente).
8. Gire la pieza un octavo de una vuelta (5 vueltas de la manivela de indización).
9. Toque el lado opuesto de la pieza del otro lado de la fresa, esto es, del lado exterior de la fresa, con el borde interno de la pieza.
10. Repita las operaciones 3, 4, 5, 6 y 7 hasta que se hayan cortado todos los dientes. Si en los espacios entre los dientes queda alguna pieza de metal en forma de círculo, deberá ser eliminada haciendo un corte adicional a través del centro del espacio.

PREGUNTAS DE REPASO

Levas y fresado de levas

1. Defina una *leva*.
2. Nombre cuatro tipos de levas.
3. Nombre cuatro tipos de seguidores y diga cómo se utiliza cada uno de ellos.
4. Liste tres movimientos de leva, y describa el tipo de movimiento impartido al seguidor en una revolución de la leva.
5. En una leva de un solo lóbulo y en una leva de doble lóbulo, ¿cuál es la relación del avance con la elevación?
6. Calcule:
   a. Avance de una leva.
   b. Los engranes de cambio requeridos para producir el avance.
   c. El ángulo al cual se debe hacer girar el cabezal divisor.
   d. El ángulo en el cual se debe hacer girar el cabezal vertical para cada uno de los siguientes ejemplos de una elevación uniforme:
      (1) Una leva de un solo lóbulo con una elevación de .125 pulg en 360°.
      (2) Una leva de dos lóbulos, cada uno de los lóbulos con una elevación de .187 pulg en 180°.
      (3) Una leva de tres lóbulos, cada lóbulo con una elevación de .200 pulg en 120°.

Fresado de cremalleras

7. Defina cremallera y diga cuál es su finalidad.
8. Un engrane de 10 DP está acoplado con una cremallera. El engrane tiene 42 dientes. La cremallera tiene 1 pulg de grueso de la parte superior del diente hasta la parte inferior de la cremallera. Calcule la distancia del centro del engrane a la parte inferior de la cremallera.
9. Calcule el paso lineal de una cremallera de paso 5, de paso 8 y de paso 14.

Tornillo sin fin y ruedas dentadas para tornillos sin fin

10. Defina tornillo sin fin y rueda dentada para tornillo sin fin y describa su uso.
11. Brevemente describa cómo se corta un tornillo sin fin en una fresadora.

Embragues

12. Liste tres tipos de embragues, y enuncie la aplicación de cada uno de ellos.
13. ¿Por qué se prefieren los embragues con un número impar de dientes a aquellos con un número par de dientes?
14. Después de haber tocado la superficie externa de una pieza en bruto para embrague de 3 pulg de diámetro (o de diámetro de 76 mm) a una fresadora lateral de ½ pulg de ancho (o 13 milímetros de ancho), cuánto debe alejarse la mesa cuando se deba cortar:
    a. Un embrague con 5 dientes.
    b. Un embrague con 6 dientes.

UNIDAD

69

La fresadora vertical–Construcción y operación

OBJETIVOS

Al terminar el estudio de esta unidad, se podrá:

1 Nombrar y decir los propósitos de las principales partes operativas
2 Alinear el cabezal vertical y la prensa con una precisión de ± .001 de pulg (0.02 mm)
3 Fresar superficies planas y en ángulo
4 Fresar un bloque cuadrado y paralelo
5 Fresar cuñeros en un eje

Gran parte las operaciones de una máquina fresadora se hacen mejor con un aditamento de fresado vertical. El tiempo involucrado en la puesta a punto de un aditamento vertical impide que la máquina fresadora se utilice para otras operaciones de fresado de manera simultánea; por lo tanto, en la industria se ha hecho popular la máquina fresadora vertical. Esta máquina ofrece una versatilidad no encontrada en ninguna otra máquina. Algunas de las operaciones que se pueden efectuar con comodidad en estas máquinas son el refrentado, el fresado de extremo, el cortado de cuñeros, el cortado de ranuras cola de milano, el cortado de ranuras en T y circulares, el cortado de engranes, el taladradо, el mandrinado y el mandrinado con aditamento. Debido a la construcción de la máquina (husillo vertical) muchas de las operaciones de refrentado se pueden llevar a cabo utilizando una fresa de un filo, lo que reduce el costo de las fresas de manera considerable. También, puesto que gran parte de los cortadores son mucho más pequeños que para una fresadora horizontal, para una máquina fresadora vertical el costo de las fresas para el mismo trabajo es por lo general mucho menor.

TIPOS DE MÁQUINAS FRESADORAS VERTICALES

La *máquina fresadora vertical del tipo ariete* (Figura 69-1) se encuentra de manera más común en la industria dada su simplicidad y fácil puesta a punto. Tiene todas las características de construcción de una máquina fresadora horizontal sencilla, excepto que el husillo de la fresa se monta en posición vertical. El cabezal del husillo puede ser girado, lo que permite el maquinado de superficies en ángulo.

La *máquina fresadora vertical es EZ-TRAK DX* de control de dos ejes* (Figura 69-2) es un paso entre la máquina fresadora estándar y el centro de maquinado CNC, puede ser operada manual o automáticamente para llevar a cabo operaciones, o incluso maquinar toda la pieza. El control basado en PC permite que un operador almacene miles de operaciones individuales en su memoria sin ningún conocimiento de programación CNC. El control puede ser enseñado para que produzca cualquier parte, recorriendo manualmente todos los movimientos, como el movimiento de la mesa a una posición y oprimiendo el botón **ENTER** al final de cada movimiento, para almacenar en la memoria la posición de la máquina. Esta máquina de control de dos ejes es capaz de maquinar ángulos y radios sin una mesa giratoria, el fresado rutinario de arcos, ranuras, bolsas, y la perforación de círculos de pernos, en una fracción del tiempo que se tomaría en hacerlo manualmente.

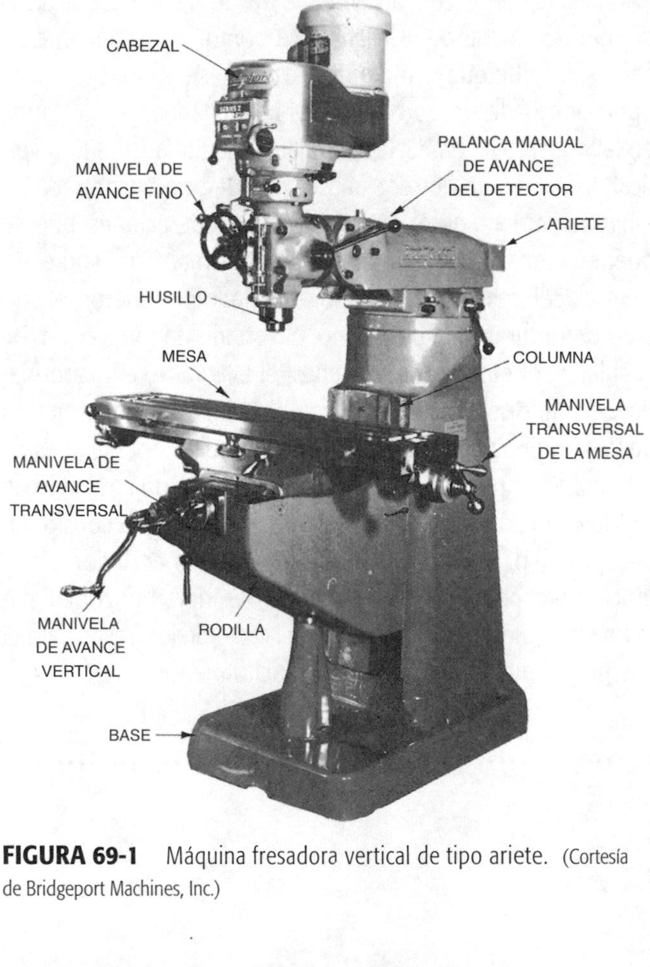

FIGURA 69-1 Máquina fresadora vertical de tipo ariete. (Cortesía de Bridgeport Machines, Inc.)

PARTES DE LA FRESADORA VERTICAL DE TIPO ARIETE

La *base* está fabricada de hierro fundido reforzado. Puede contener un depósito de refrigerante.

La *columna* a menudo ha sido fundida de manera integral con la base. La cara maquinada de la columna, proporciona las guías para el movimiento vertical de la rodilla. La parte superior de la columna está maquinada para recibir una *torreta,* sobre la cual se monta el brazo superior.

El *brazo superior* es redondo, o del tipo de ariete, según se puede ver en la Figura 69-1. Puede ajustarse hacia y alejarse de la columna para incrementar la capacidad de la máquina.

El *cabezal* está sujeto en el extremo del ariete. Se ha previsto la posibilidad de girar la cabeza en un plano. En máquinas de tipo universal, el cabezal se puede girar en dos planos. En la parte superior del cabezal está el *motor,* que proporciona la impulsión al *husillo,* por lo general mediante bandas en V. Los cambios de velocidad del husillo se efectúan mediante una polea de velocidad variable y una manivela o mediante cambios de banda y un engrane reductor. El husillo puede avanzar mediante una palanca manual o una manivela, o mediante un avance automático de potencia. La mayor parte de las máquinas están equipadas con un tope de aguja micrométrico para taladro de precisión y barrenado en profundidad.

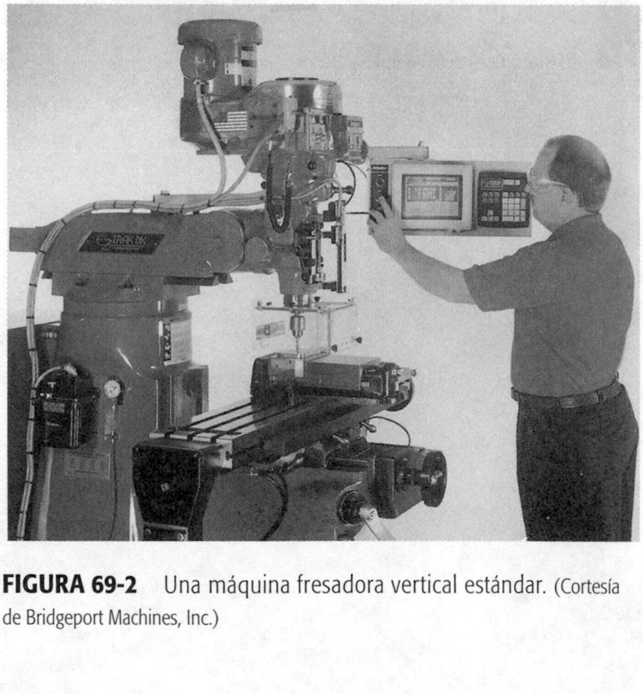

FIGURA 69-2 Una máquina fresadora vertical estándar. (Cortesía de Bridgeport Machines, Inc.)

La *rodilla* se mueve hacia arriba y hacia abajo sobre la cara de la columna y soporta la silla y la mesa. La rodilla de este tipo de máquina *no* contiene los engranes para el avance automático, como en el caso de la máquina fresadora horizontal y de la máquina fresadora vertical estándar. El avance automático de la mayor parte de estas máquinas no es una característica estándar. Es un dispositivo externo y controla los avances longitudinales y transversal de la mesa. La mayor parte de los cortes en la máquina de fresa universal se efectúa mediante cortadores frontales; por lo tanto, no es necesario hacer girar la mesa incluso cuando se corta una hélice. Como resultado, las máquinas fresadoras verticales están equipadas sólo con mesas simples.

ALINEACIÓN DEL CABEZAL VERTICAL

La correcta alineación del cabezal es de la máxima importancia al maquinar perforaciones o al refrentar. Si el cabezal no está a un ángulo de 90° con la mesa, las perforaciones no estarán a escuadra con la superficie de la pieza cuando la herramienta de corte es avanzada manualmente o automáticamente. En lo que se refiere al refrentado, la superficie maquinada queda en escalón si el cabezal no está a escuadra con la mesa. Aunque todas las cabezas están graduadas en grados y algunos tienen dispositivos Vernier utilizados para ajustar el cabezal, es aconsejable verificar la alineación del husillo como sigue.

Procedimiento

1. Monte un indicador de carátula, con un botón de contacto grande, en una varilla adecuada, doblada a 90° y sujeta en el husillo (Figura 69-3).
2. Posicione el indicador sobre el eje Y de la mesa.

Nota: Si está disponible un placa rectificada plana, colóquela sobre la mesa limpia y posicione el indicador cerca del borde exterior.

3. Baje cuidadosamente el husillo hasta que el botón indicador toque la mesa y el indicador de carátula registra no más de un cuarto de revolución; ajuste entonces el bisel a cero (0) (Figura 69-4). Asegure el husillo en su lugar.
4. Haga girar con cuidado el husillo de la fresa vertical 180° a mano hasta que el botón se apoya en el lado opuesto de la mesa (Figura 69-5) compare las lecturas.
5. Si hay alguna diferencia, afloje las tuercas de fijación del montaje giratorio y ajuste el cabezal hasta que el indicador registre aproximadamente una mitad de la diferencia entre ambas lecturas. Apriete las tuercas de seguridad.
6. Vuelva a verificar la precisión de alineación; probablemente sea necesario volver a ajustar el cabezal porque su punto de pivote no está en el centro de husillo de la máquina en el eje Y.
7. Gire el husillo de la fresa vertical 90° (eje X) y establezca el indicador de carátula como en el paso 3.
8. Haga girar el husillo de la máquina 180° y verifique la lectura del otro extremo de la mesa.
9. Y si las dos lecturas no coinciden, repita el paso 5 hasta que las lecturas sean iguales.

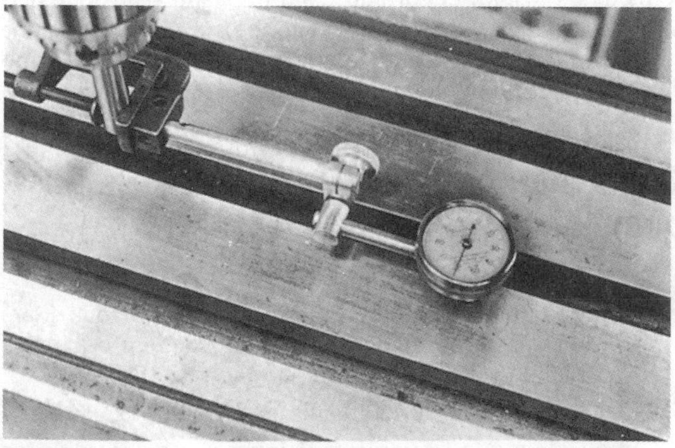

FIGURA 69-3 Un ensamble de indicador sujeto a una varilla en un mandril. (Cortesía de Kelmar Associates.)

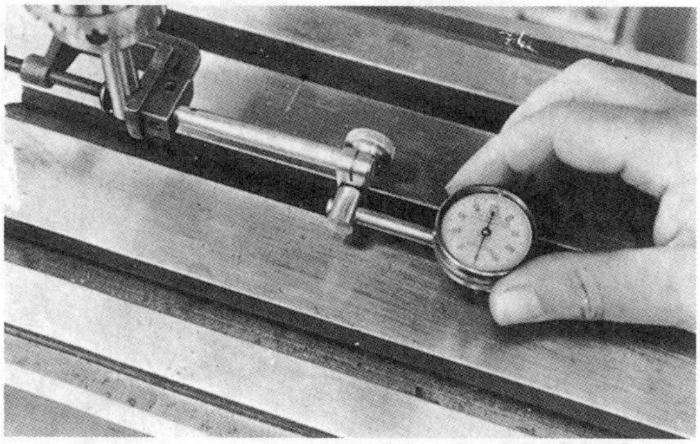

FIGURA 69-4 Cómo ajustar el indicador a cero en el lado derecho de la mesa. (Cortesía de Kelmar Associates.)

FIGURA 69-5 Husillo girado 180°. (Cortesía de Kelmar Associates.)

10. Apriete las tuercas de fijación del montaje giratorio.
11. Vuelva a verificar las lecturas y ajuste si es necesario.

Nota: Cuando se toman las lecturas, es importante que el botón del indicador no se trabe en las ranuras en T de la mesa. Para evitar lo anterior, es aconsejable trabajar desde la lectura alta primero y después girar a la lectura baja. Debe resultar aparente que mientras más larga sea la varilla, más preciso será el ajuste.

ALINEACIÓN DE LA PRENSA

Cuando la prensa está alineada en una máquina fresadora vertical, el indicador de carátula puede sujetarse al husillo o al cabezal mediante un medio conveniente, como es una prensa o abrazaderas (Figura 69-6) o una base magnética. Debe seguirse el mismo método de alineación que se dio en la unidad 62 para alinear la prensa de una máquina fresadora horizontal.

FIGURA 69-6 Ensamble del indicador para verificar la alineación de la prensa.

MONTAJE Y DESMONTAJE DE LAS FRESAS

En un husillo de fresa vertical se pueden insertar una diversidad de herramientas de corte y de accesorios (como fresas frontales, fresas huecas, fresas para ranuras en T, cortadores o fresas de vástago, mandriles de taladro, cabezales y herramientas de mandrinado, etcétera.) para permitir que esta máquina lleve a cabo una amplia gama de operaciones. Las fresas frontales, las herramientas de corte y los accesorios generalmente se sujetan en el husillo de la máquina mediante una *boquilla de resorte* o una *boquilla sólida o adaptador.*

La *boquilla de resorte* (Figura 69-7A) es apretada contra el husillo por una barra de tensión que se cierra sobre el zanco de la fresa y lo impulsa por fricción entre boquilla y fresa. En las fresas de gran diámetro es importante apretar la barra firmemente para impedir que la fresa se mueva hacia arriba o hacia abajo durante el corte.

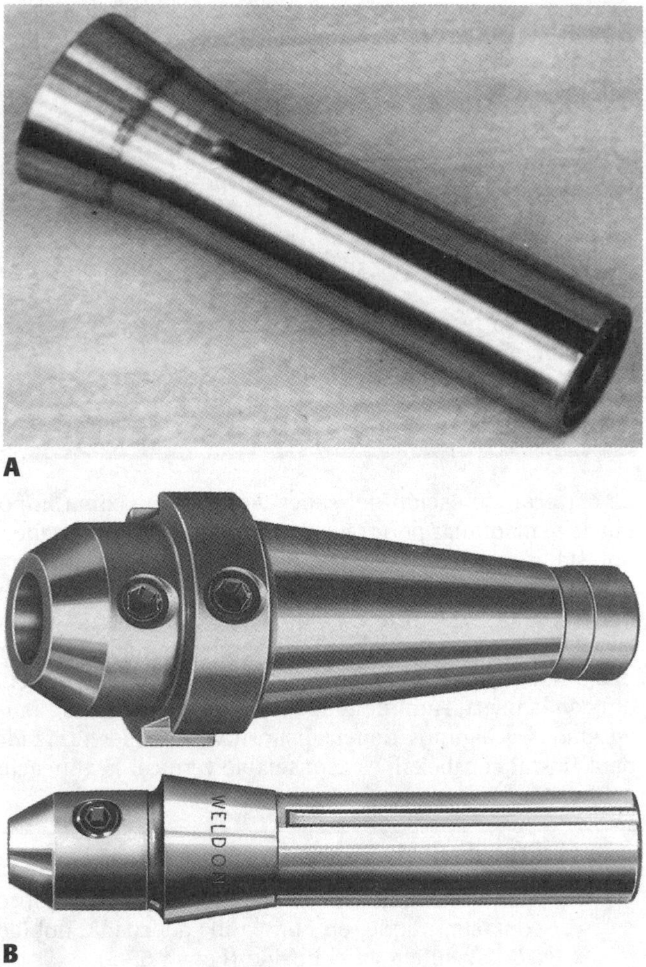

FIGURA 69-7 Tipos de boquillas para máquina fresadora vertical: (A) de resorte (Cortesía de Kelmar Associates.); (B) sólida. (Cortesía de The Weldon Tool Company).

Las *boquillas sólidas* (Figura 69-7B), sujetas al husillo de la máquina mediante una barra de tracción, son más rígidas que las boquillas de resorte y fijan las herramientas de corte firmemente. Pueden ser impulsadas por una cuña en el husillo y un cuñero en la boquilla, o por dos cuñas impulsoras en el husillo. El cortador es impulsado y no se le permite girar gracias a uno o dos prisioneros en la boquilla que se apoyan contra las caras de el zanco del cortador e impiden cualquier movimiento axial.

Cómo montar una fresa en una boquilla de resorte

1. Desconecte la energía eléctrica de la máquina.
2. Coloque la fresa, boquilla y llave adecuadas sobre una pieza de madera prensada, madera o plástico blando sobre la mesa de la máquina (Figura 69-8).
3. Limpie el cono del husillo de la máquina.
4. Coloque la barra de tracción en la perforación en la parte superior del husillo.
5. Limpie el cono y el cuñero de la boquilla.

FIGURA 69-8 La boquilla de resorte se sujeta en el husillo de la fresa vertical utilizando una barra de tracción. (Cortesía de Kelmar Associates.)

6. Inserte la boquilla en la parte inferior del husillo, presione hacia arriba y hágala girar hasta que el cuñero se alinee con la cuña del husillo.
7. Sujete la boquilla con una mano y con la otra rosque la barra de tracción haciéndola girar en el sentido de las manecillas del reloj en la boquilla por aproximadamente cuatro vueltas.
8. Sujete la herramienta de corte con un trapo e insértela en la boquilla en toda la longitud del zanco.
9. Apriete la barra de tracción en la boquilla (en el sentido de las manecillas del reloj) a mano.
10. Sujete la palanca del freno del husillo y apriete la barra de tracción tan fuertemente como sea posible con una llave, utilizando sólo presión de la mano (Figura 69-9).

Cómo desmontar una fresa de una boquilla

La operación para desmontar herramientas de corte, es similar a su montaje, pero en orden inverso:

1. Desconecte la energía eléctrica de la máquina.
2. Coloque una pieza de masonite, madera o plástico blando sobre la mesa de la máquina para colocar las herramientas necesarias.
3. Tire de la palanca de freno del husillo para bloquearlo y utilizando una llave, afloje la barra de tracción (en sentido contrario a las manecillas del reloj).
4. Afloje la barra de tracción manualmente solamente unas tres vueltas completas.

Nota: No destornille la barra de tracción de la boquilla.

5. Sujete la fresa con un trapo.
6. Con un martillo blando golpee secamente la cabeza de la barra de tracción para romper el contacto cónico entre boquilla y husillo.
7. Retire la fresa de la boquilla.

FIGURA 69-9 Apriete la barra de tracción en el sentido de las manecillas del reloj para fijar la boquilla y la fresa sobre el husillo. (Cortesía de Kelmar Associates.)

8. Limpie la fresa y vuélvala a colocar en su lugar de almacenamiento apropiado donde no pueda ser dañada por otras herramientas.

Cómo montar una fresa en una boquilla sólida

1. Desconecte la energía eléctrica de la máquina.
2. Coloque la fresa, la boquilla y las herramientas necesarias sobre un trozo de masonite, madera o plástico blando sobre la mesa de la máquina.
3. Haga deslizar la barra de tracción a través de la perforación superior del husillo.
4. Limpie el cono del husillo y el cono de la boquilla.
5. Alinee el cuñero o las ranuras de la boquilla con el cuñero o las cuñas de impulsión en el husillo, e inserte la boquilla en el husillo.
6. Sujete la boquilla hacia arriba en el husillo y rosque la barra de tracción en el sentido de las manecillas del reloj utilizando la otra mano.
7. Tire de la palanca del freno y apriete la barra de tracción tanto como sea posible utilizando una llave y presión manual únicamente.
8. Inserte el contador verical en la boquilla hasta que las caras se alineen con los prisioneros de la boquilla.
9. Apriete firmemente los prisioneros utilizando presión manual únicamente.

Cómo maquinar una superficie plana

1. Limpie la prensa y monte la pieza firmemente sobre la misma, sobre paralelas de ser necesario (Figura 69-10 de la Pág. 532).
2. Verifique que el cabezal vertical esté a escuadra con la mesa.
3. De ser posible, seleccione una fresa que apenas sobresalgan los bordes del trabajo. Con esto sólo se

FIGURA 69-10 Golpee la pieza hacia abajo con una martillo blando hasta que todos los papeles queden apretados. (Cortesía de Kelmar Associates.)

requerirá un corte para maquinar la superficie. Si la superficie a maquinar es razonablemente angosta, deberá utilizarse una fresa frontal ligeramente mayor en diámetro que el ancho de la pieza.

Nota: No es aconsejable utilizar un cortador frontal que sea demasiado ancho, ya que la cabeza puede salirse de alineación si se traba la herramienta.

4. Fije la velocidad apropiada del husillo para el tamaño y el tipo de fresa, así como el material que se está maquinando; verifique la rotación de la fresa.
5. Apriete las abrazaderas.
6. Encienda la máquina, y ajuste la mesa hasta que el extremo de la pieza quede por debajo del borde de la fresa.
7. Eleve la mesa hasta que la superficie de la pieza apenas toque la fresa. Mueva la pieza lejos de la fresa.
8. Eleve la mesa aproximadamente 1⁄32 pulg (0.8 mm) y efectúe un corte de prueba de un largo de aproximadamente 1⁄4 pulg (6 mm).
9. Mueva la pieza lejos de la fresa, *detenga la fresa,* y mida la pieza (Figura 69-11).
10. Eleve la mesa la cantidad deseada y bloquee la abrazadera de la rodilla.
11. Frese la superficie a su tamaño utilizando el avance automático, si es que la máquina lo tiene.

CÓMO MAQUINAR UN BLOQUE A ESCUADRA Y PARALELO

Para maquinar los cuatro costados de una pieza de forma que sus lados queden a escuadra y paralelos, es importante que cada lado se maquine en un orden definido. Es importante que la pieza, la prensa y las paralelas se limpien de suciedad y de rebabas, ya que pueden ser causa de un trabajo impreciso.

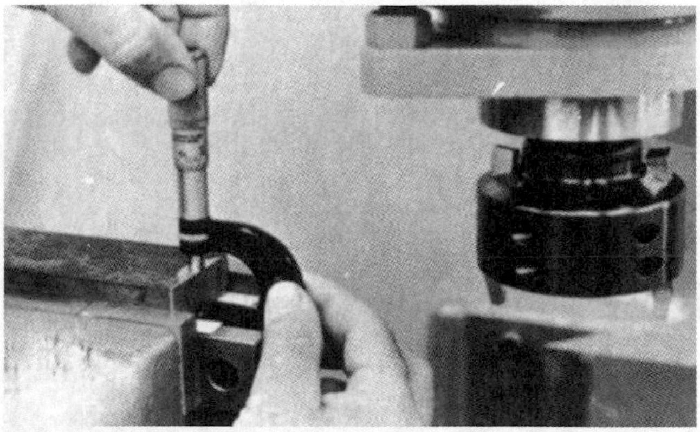

FIGURA 69-11 Medición de una pieza de un corte ligero de prueba. (Cortesía de Kelmar Associates.)

Maquinado del lado 1

1. Limpie bien la prensa y quite todas las rebabas de la pieza de trabajo.
2. Coloque la pieza sobre paralelas en el centro de la prensa con la cara más grande (cara 1) hacia arriba (Fig. 69-12).
3. Coloque pequeños pedazos de papel bajo cada una de las esquinas entre las paralelas y la pieza.
4. Apriete firmemente la prensa.
5. Con un martillo blando, golpee la pieza hacia abajo hasta que todos los papeles queden apretados.
6. Monte una fresa simple en el husillo de la fresadora.
7. Ajuste la velocidad de la máquina apropiada para el tamaño de la fresa y el material a maquinar.
8. Encienda la máquina y eleve la mesa hasta que la fresa apenas toque cerca del lado derecho de la cara 1.

FIGURA 69-12 El lado 1, o la cara con la superficie más grande, debe estar hacia arriba. (Cortesía de Kelmar Associates.)

9. Retire la pieza lejos de la fresa.
10. Eleve la mesa aproximadamente .030 pulg (0.76 mm) y maquine el lado 1 usando una velocidad de avance uniforme.
11. Retire la pieza de la prensa y quite todas las rebabas de los bordes usando una lima.

Maquinado del lado 2

12. Limpie la prensa, la pieza y las paralelas cuidadosamente.
13. Coloque la pieza sobre paralelas, si es necesario, con el lado 1 contra la quijada fija y el lado 2 hacia arriba (Figura 69-13).
14. Coloque pequeños pedazos de papel bajo cada esquina entre las paralelas y la pieza.
15. Coloque una barra redonda entre el lado 4 y la mordaza móvil.

Nota: La barra redonda debe quedar en el *centro* de la cantidad de material sujeto entre las quijadas de la prensa.

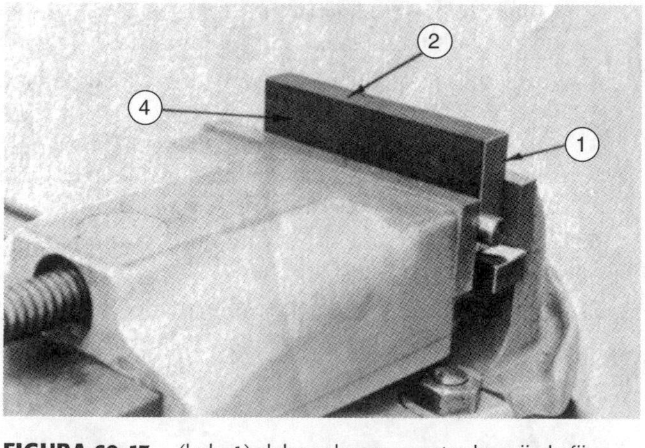

FIGURA 69-13 (lado 1) debe colocarse contra la quijada fija limpia para maquinar el lado 2. (Cortesía de Kelmar Associates.)

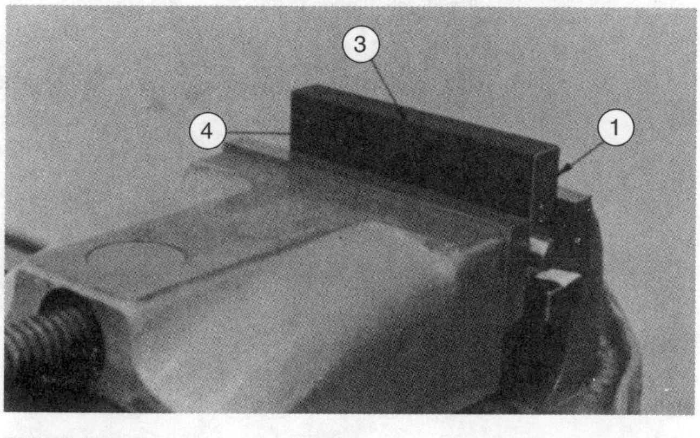

FIGURA 69-14 Coloque el lado 1 contra la quijada fija y el lado 2 hacia abajo para maquinar el lado 3. (Cortesía de Kelmar Associates.)

16. Apriete firmemente la prensa y golpee la pieza hasta que los papeles queden apretados.
17. Siga los pasos 8 a 11 y maquine el lado 2.

Maquinado del lado 3

18. Limpie la prensa, la pieza y las paralelas cuidadosamente.
19. Coloque el lado 1 contra la quijada fija de la prensa, con el lado 2 apoyado sobre las paralelas, si fuera necesario.
20. Empuje la paralela hacia la izquierda de forma que el borde derecho de la pieza se extienda aproximadamente $1/4$ pulg (6 mm) más allá de la paralela.
21. Coloque pedazos cortos de papel bajo cada extremo o esquina entre las paralelas y la pieza.
22. Coloque una barra redonda entre el lado 4 y la mordaza móvil, asegurándose que la barra redonda está en el centro de la parte de la pieza sujeta *dentro de la prensa.*
23. Apriete firmemente la prensa y golpee la pieza hacia abajo hasta que los papeles queden apretados.
24. Encienda la máquina y eleve la mesa hasta que la fresa apenas toque cerca del extremo derecho del lado 3.
25. Mueva la pieza lejos de la fresa y eleve la mesa aproximadamente .010 pulg (0.25 mm).
26. Efectúe un corte de prueba de aproximadamente $1/4$ pulg (6 mm)de largo, detenga la máquina y mida el ancho de la pieza (Figura 69-15).
27. Eleve la mesa la cantidad requerida y maquine el lado 3 al ancho correcto.
28. Retire la pieza y lime todas las rebabas.

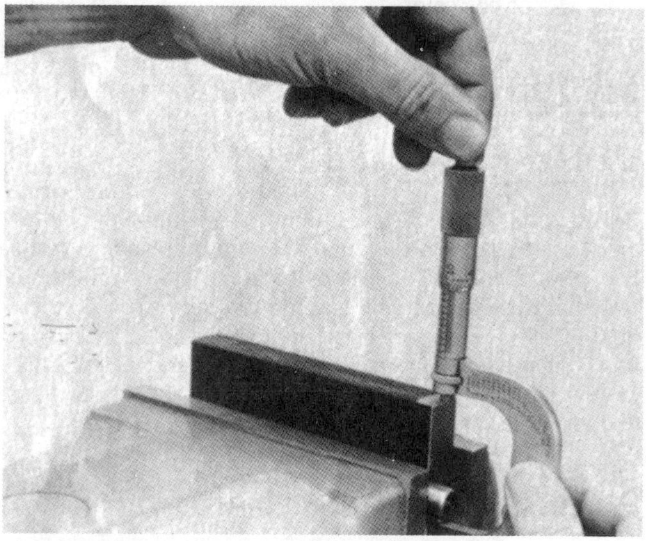

FIGURA 69-15 Medición del corte trasero del lado 3. (Cortesía de Kelmar Associates.)

FIGURA 69-16 La pieza está colocada correctamente para maquinar el lado 4. Note los papeles entre las paralelas y la pieza de trabajo. (Cortesía de Kelmar Associates.)

Maquinado del lado 4

29. Limpie la prensa, la pieza y las paralelas cuidadosamente.
30. Coloque el lado 1 hacia abajo sobre las paralelas con el lado 4 hacia arriba y apriete firmemente la prensa (Figura 69-16).

Nota: Con tres superficies terminadas no es necesaria la barra redonda para maquinar el lado 4.

31. Coloque pedazos de papel cortos bajo cada esquina entre las paralelas y la pieza (Figura 69-16).
32. Apriete firmemente la prensa.
33. Golpee la pieza hacia abajo hasta que todos los papeles estén apretados.
34. Siga los pasos 24 a 27 y maquine el lado 4 al espesor correcto.

MAQUINADO A ESCUADRA DE LOS EXTREMOS

Se utilizan dos métodos comunes para poner a escuadra los extremos de las piezas de trabajo en una fresadora vertical. Las piezas cortas generalmente se sujetan verticalmente y se maquinan con una fresa frontal o una fresa simple (Figura 69-17). Las piezas largas generalmente se colocan planas en la prensa, con un extremo extendiéndose más allá de la misma. La superficie del extremo se corta a escuadra con el cuerpo de una fresa frontal.

Procedimiento para trabajo corto

1. Coloque la pieza en el centro de la prensa con uno de los extremos hacia arriba y apriete la prensa ligeramente.

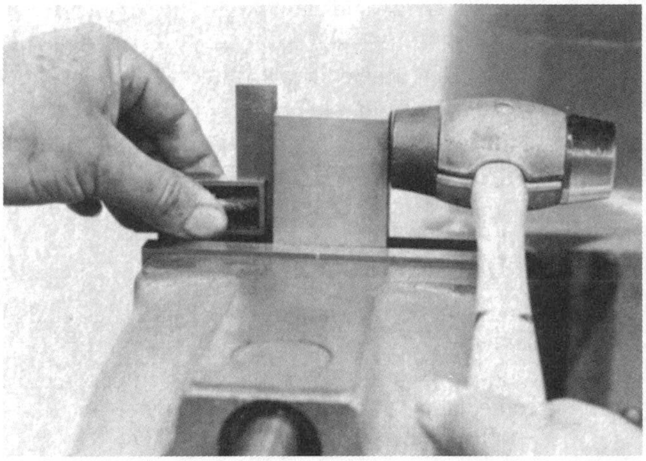

FIGURA 69-17 Cómo colocar el borde de la pieza a escuadra para maquinar sus extremos. (Cortesía de Kelmar Associates.)

2. Sujete una escuadra firmemente sobre la parte superior de las mordazas de la prensa y haga que la hoja quede en contacto ligero con el costado de la pieza.
3. Golpee el trabajo hasta que su borde quede alineado con la hoja de la escuadra (Figura 69-17).
4. Apriete firmemente la prensa y vuelva a verificar la escuadra del costado.
5. Efectúe un corte de aproximadamente .030 pulg (0.76 mm) de profundidad y maquine el extremo a escuadra (Figura 69-18).
6. Quite las rebabas del extremo de la superficie maquinada.
7. Limpie la prensa y coloque el extremo maquinado sobre papeles en la parte inferior de la prensa.

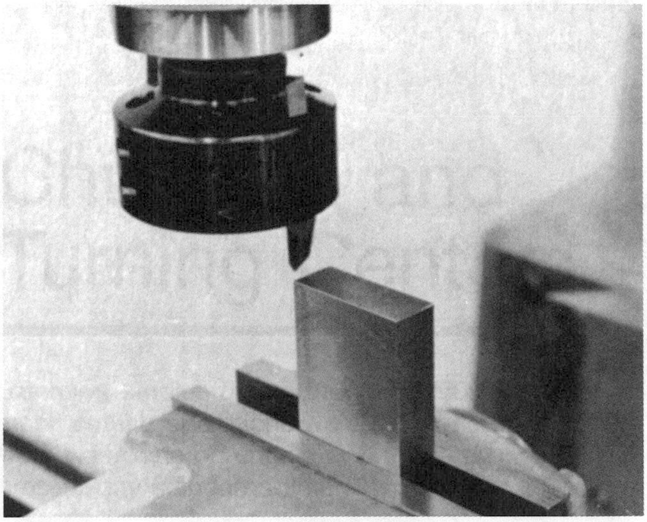

FIGURA 69-18 Un extremo maquinado a escuadra en relación al costado de la pieza. (Cortesía de Kelmar Associates.)

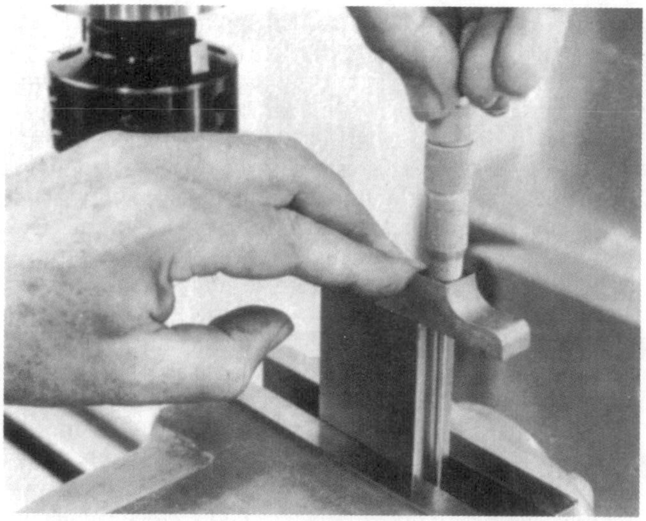

FIGURA 69-19 Cómo medir la longitud de la pieza con un micrómetro de profundidad. (Cortesía de Kelmar Associates.)

8. Apriete la prensa firmemente y golpee la pieza hacia abajo hasta que los papeles queden apretados.
9. Efectúe un corte de prueba en el extremo hasta que la superficie se limpie.
10. Mida la longitud de la pieza de trabajo con un micrómetro de profundidad (Figura 69-19).
11. Eleve la mesa la cantidad requerida y maquine la pieza a su longitud correcta.

Cómo maquinar una superficie en ángulo

1. Trace la superficie en ángulo.
2. Limpie la prensa.
3. Alinee la prensa en la dirección del avance. *Esto es de máxima importancia.*
4. Monte la pieza sobre paralelas en la prensa.
5. Haga girar el cabezal vertical el ángulo requerido (Figura 69-20).
6. Apriete las abrazaderas del husillo.
7. Encienda la máquina y eleve la mesa hasta que la fresa toque la pieza. Eleve cuidadosamente la mesa hasta que el corte tenga la profundidad deseada.
8. Efectúe un corte de prueba de aproximadamente ½ pulg (13 mm).
9. Verifique el ángulo utilizando un transportador.
10. Si el ángulo es correcto, continúe el corte.

Nota: Siempre resulta aconsejable alimentar la pieza hacia la rotación de la fresa, en vez de con la rotación de la misma, que pudiera atraer la pieza hacia la fresa causando daño a la pieza, a la fresa o a ambos.

11. Maquine a la profundidad deseada, efectuado varios cortes de ser necesario.

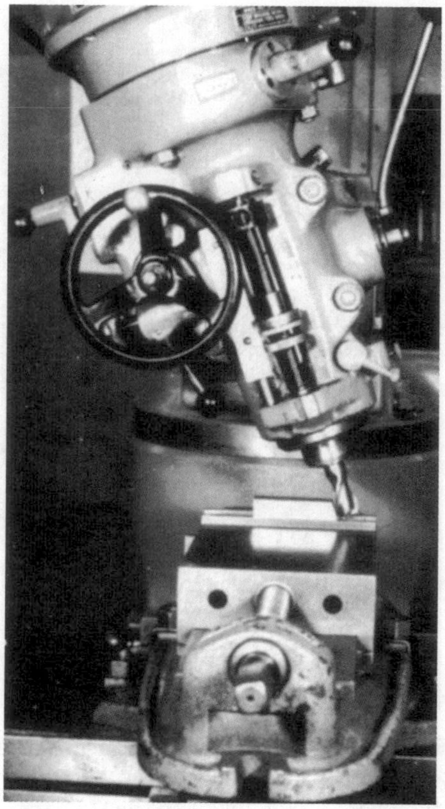

FIGURA 69-20 Cabeza girada para maquinar en ángulo. (Cortesía de Kelmar Associates.)

Método alterno

A veces los ángulos pueden ser fresados dejando el cabezal en posición vertical y colocando la pieza en ángulo en la prensa (Figura 69-21 de la Pág. 536). Esto dependerá de la forma y del tamaño de la pieza de trabajo.

Procedimiento

1 Verifique que el cabezal vertical esté a escuadra con la mesa.

2 Limpie la prensa.

3 Bloquee las abrazaderas del hisillo.

4 Coloque la pieza de trabajo en la prensa con la línea de trazo paralela a la parte superior de las mordazas de la prensa y aproximadamente ¼ pulg (6 mm) por encima de ellas.

5 Ajuste la pieza bajo la fresa de tal manera que el corte se inicie del lado angosto de la inclinación y que avance hacia el metal más grueso.

6 Efectúe cortes sucesivos de aproximadamente .125 a .150 pulg(3 a 4 mm), o hasta que el corte quede aproximadamente a 1⁄32 pulg (0.8 mm) por encima de la línea de trazo.

7 Verifique y vea si el corte y la línea de trazo son paralelos.

8 Eleve la mesa hasta que la fresa apenas toque la línea de trazo.

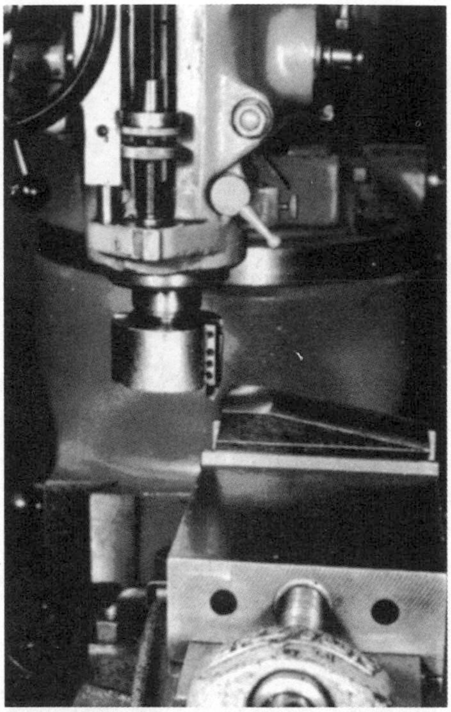

FIGURA 69-21 Maquinado en ángulo ajustando la pieza de trabajo.

9. Bloquee la rodilla en este ajuste.
10. Efectúe el corte de acabado.

FRESADO DE ACERO ENDURECIDO CON HERRAMIENTAS PCBN

Las pastillas e insertos de nitruro de boro cúbico policristalino (PCBN) se utilizan ampliamente en el maquinado general y en el trabajo de herramientas y matrices, y en las industrias automotriz y aerospacial, debido a su consistente precisión de la pieza, características de bajas temperaturas de corte y elevada productividad. Las herramientas PCBN se pueden utilizar en metales abrasivos y difíciles de cortar, como aceros aleados y el acero para herramienta endurecido por encima de 45 Rc. En muchos casos se pueden endurecer y tornear al tamaño aceros para punzones de troqueles, eliminando la distorsión por tratamiento térmico y la necesidad de operaciones de rectificado.

Antes de utilizar una herramienta de corte PCBN o cualquier otro tipo de superabrasivo, es importante considerar los siguientes factores para asegurar un maquinado superabrasivo de éxito:

- Seleccione una fresadora que esté en buen estado de operación
- Infórmese sobre las capacidades de la máquina
- Seleccione el portaherramienta, grado de herramienta apropiado y siga los procedimientos de preparación de las herramientas
- Calcule la velocidad, avance y profundidad de corte apropiados
- Siga la secuencia recomendada de puesta a punto y de maquinado.

Preparación para fresado PCBN

El programa de software *Interactive Superabrasive Machining Advisor* suministrado por GE Superabrasives se utilizó para la selección de la herramienta PCBN y las condiciones de maquinado. A fin de utilizar este software con efectividad, la persona debe conocer la dureza del material, la potencia de la máquina, la velocidad máxima del husillo, el avance máximo de la mesa, la profundidad de corte y el acabado superficial que se requieren. El software de computadora da recomendaciones para la aplicación, como por ejemplo el grado de la herramienta, la preparación del filo de la misma, la geometría de la misma, la velocidad superficial y las r.p.m., el avance por diente y en pulg/min y el tipo de refrigerante.

Maquinado de la pieza

Para este ejercicio se utilizó una pieza de acero aleado endurecido a 53-55 Rc. La máquina fue una fresadora vertical estándar con un husillo de 2 Hp. Se utilizó una fresa de refrentar de 2.0 pulg (50 mm) de diámetro con un zanco R-8, conteniendo un solo inserto PCBN con una geometría de CNMA 433. El inserto tenía un achaflanado en el filo de 15° x .008 pulg (0.2 mm) con un pulido de .001 pulg (0.025 mm).

Nota: *Las preparaciones del filo solamente deberán ser realizadas por herramentistas totalmente calificados o por el fabricante de la herramienta.*

El grado del inserto fue un BZN“ 6000 utilizado sin refrigerante. Se utilizó una profundidad de corte de 0.020 pulg (0.05 mm) a 500 pie/min (150 m/min) y a una velocidad de avance de .006 pulg (0.15 mm).

Puesta a punto de la máquina

1. Ajuste el husillo de la máquina a las r.p.m. recomendadas. Verifique la velocidad con un tacómetro portátil para asegurarse que es correcta.
2. Ajuste el avance de la mesa al valor recomendado en pulg/min.
3. Sujete un inserto PCBN en el portaherramienta adecuado. Si el portaherramienta tiene receptáculos adicionales, utilice insertos de carburo sin filo para llenarlos y proporcionar balanceo a la fresa.

Nota: Las puntas deben ser afiladas una cantidad mayor que la profundidad de corte, a fin de que éstas no corten.

4. Sujete la fresa en el husillo de la máquina y bloquee el manguito en la posición ARRIBA para asegurar rigidez.
5. Apriete todos los seguros de la mesa excepto el eje de maquinado de la misma.
6. Utilice una laina de plástico de 0.010 pulg (0.25 mm) para ajustar la herramienta a la parte superior de la superficie de la pieza. La laina de plástico evitará que se astille el filo cortante del inserto.
7. Mueva la mesa de tal manera que la fresa libre a la pieza, y eleve la rodilla el espesor de la laina más la profundidad deseada de corte.

®Marca registrada de GE Superabrasives.

FIGURA 69-22 Fresado de acero endurecido con una fresa perfiladora simple PCBN. (Cortesía de GE Superabrasives.)

8. Avance la mesa en la dirección que se muestra en la Figura 69-22 y maquine la superficie plana.
9. *No* atraviese de regreso a través de la pieza hasta que se haya bajado la rodilla o la mesa se haya alejado de la pieza para evitar astillar la herramienta.
10. Vuelva a colocar y efectúe pasadas adicionales según se requiera hasta que la pieza se haya maquinado a su tamaño.

PRODUCCIÓN Y ACABADO

PERFORACIONES

Algunas de las operaciones más comunes que se pueden llevar a cabo con precisión en una fresadora vertical son el taladrado, escariado, mandrinado y machueleado. La amplia diversidad de herramientas que pueden ser colocadas y movidas por el husillo permiten que éstas y otros tipos de operaciones se puedan ejecutar. No solamente se puede sujetar la pieza firmemente, pero la ubicación de perforaciones, ranuras, etcétera puede ser determinada con precisión utilizando los anillos micrométricos de los tornillos de avance de la mesa. Las perforaciones se pueden efectuar a 90° en relación con la superficie de la pieza o en cualquier ángulo en el cual pueda girarse el cabezal.

Cómo efectuar perforaciones a 90° a la superficie del trabajo

Nota: Antes de seguir adelante con esta operación, asegúrese que el cabezal vertical está alineado a 90° con la mesa.

1. Monte la pieza en una prensa, o sujétela a la mesa. La pieza debe estar soportada sobre paralelas de manera que éstas no interfieran con el taladro.
2. Monte un mandril para taladro en el husillo.
3. Monte una aguja centradora en el mandril de taladro.
4. Ajuste la mesa hasta que la marca de punzonado central de la perforación a efectuarse está en línea con la punta de la aguja centradora.

O BIEN

Localice el centro del husillo de la máquina en dos bordes adyacentes de la pieza y mueva la mesa a la ubicación de la perforación utilizando los anillos micrométricos del tornillo de avance de la mesa.

5. Apriete las abrazaderas de la mesa y de la silla.
6. Detenga la máquina y quite la aguja centradora.
7. Monte una broca de centros en el mandril, dejándola afuera solamente ½ pulg para evitar que se rompa.
8. Ajuste la velocidad del husillo a aproximadamente 1000 r.p.m. y avance la broca utilizando la palanca manual del manguito hasta que aproximadamente la mitad de la porción angular entre en la pieza (Figura 69-23).
9. Monte la broca del tamaño requerido en el mandril.
10. Ajuste el tope de profundidad de tal manera que la broca apenas salga por la parte inferior de la pieza, a fin de evitar taladrar la mesa de la máquina.
11. Ajuste la máquina a la velocidad y avance apropiados si es que se van a utilizar los avances automáticos para la perforación.
12. Aplique fluido de corte y utilice la palanca manual del manguito, o el avance automático para efectuar la perforación (Figura 69-24).

FIGURA 69-23 Perforación de centro de la ubicación del taladro.

FIGURA 69-24 Uso de la palanca de avance manual del taladro para efectuar una perforación en una fresadora vertical. (Cortesía de Kelmar Associates.)

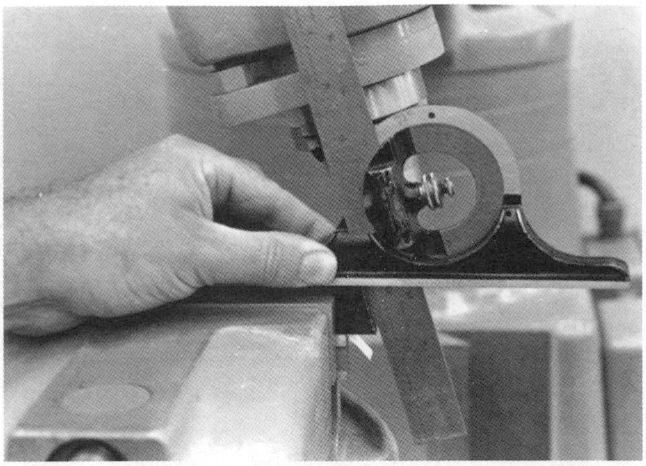

FIGURA 69-25 Verificación del ángulo para la perforación. (Cortesía de Kelmar Associates.)

Cómo efectuar perforaciones en ángulo

Las perforaciones en ángulo se pueden hacer en una fresadora vertical haciendo girar el cabezal al ángulo requerido y avanzando el taladro sobre la pieza de trabajo utilizando la palanca de avance manual del husillo.

1. Monte la pieza en una prensa o sujétela a la mesa de la máquina.
2. Afloje las tuercas de cierre y haga girar el cabezal de la fresadora al ángulo requerido de la perforación a efectuar.
3. Verifique el ángulo del cabezal utilizando las graduaciones sobre la carcaza, o utilizando un transportador simple o Vernier (Figura 69-25).
4. Apriete las tuercas de cierre y vuelva a verificar la precisión del ajuste.
5. Monte un mandril para broca sobre el husillo.
6. Monte una aguja centradora en el mandril.
7. Localice el centro del husillo tan cerca como sea posible a donde se va a efectuar la perforación.
8. Baje la mesa de forma que se tenga suficiente espacio entre el husillo en la posición ARRIBA y la parte superior de la pieza para montar la broca más larga requerida para la operación de perforado.
9. Bloquee la rodilla de la máquina en esta posición y *no la mueva;* de lo contrario se perderá la localización de la perforación.
10. Ajuste la mesa hasta que la marca de punzonado de la perforación a efectuar quede en línea con la punta de la aguja centradora en rotación.

    O BIEN

    Localice el centro del husillo de la máquina en dos bordes adyacentes de la pieza y mueva la mesa a la localización de la perforación utilizando los anillos micrométricos del tornillo del avance de la mesa.
11. Apriete las abrazaderas de la mesa y de la silla.
12. Detenga la máquina, eleve el husillo a la posición más alta utilizando la palanca de avance manual del husillo, y retire la aguja centradora.
13. Inserte una broca de centrar grande o una herramienta de marcar en el mandril.
14. Ajuste la velocidad del husillo en función del tamaño de la herramienta de marcar que se va a utilizar.
15. Marque la ubicación de cada perforación de manera que la parte superior de la perforación marcada sea ligeramente mayor que el tamaño de la perforación a efectuar.
    - Esto es necesario de manera que el borde del taladro no sea desviado al perforar en ángulo
    - Para evitar cualquier desvío posible, utilice una fresa frontal (del tamaño del diámetro de la broca) para abrir una caja en la parte superior de cada perforación hasta que alcance su diámetro total.
16. Cuando se debe perforar más de un taladro en ángulo, es aconsejable registrar el avance transversal y las posiciones del anillo micrométrico de la mesa para cada perforación.
    - Esto facilitará el poder volver a la ubicación de cada perforación posteriormente.
17. Detenga la máquina y quite la herramienta de marcar.
18. Inserte la broca del tamaño correcto en el mandril.
19. Ajuste la velocidad y avance para cada una de las perforaciones a efectuar.
20. Efectúe la perforación de cada taladro a la profundidad requerida.
21. Elimine todas las rebabas de los bordes de las perforaciones utilizando una lima y un raspador.

Cómo rimar en una fresadora vertical

El propósito del rimado es hacer que una perforación taladrada o mandrinada llegue a su tamaño y forma, y producir un buen terminado superficial en la perforación. Tres factores que pueden afectar la precisión de una perforación rimada son la velocidad, el avance y la holgura del rimado. Aproximadamente se deja 1/64 pulg (0.4 mm) para el rimado de perforaciones de hasta ½ pulg (12.7 mm) de diámetro; 1/32 pulg (0.8 mm) es recomendado para perforaciones mayores a ½ pulg (12.7 mm) de diámetro. La velocidad de rimado es por lo general aproximadamente la mitad de la velocidad de taladrado.

Las rimas por lo común se sujetan en un mandril o adaptador de taladrado. Se utilizan dos tipos de rimas—el de rosa o estriado, y el de precisión- se utilizan para hacer llegar a su tamaño con rapidez a la perforación. La ubicación de la pieza no debe ser movida después de la perforación a fin de mantener el husillo en línea para la operación de rimado.

1. Monte la rima en el husillo o en el mandril.
2. Ajuste la velocidad de avance para rimar (aproximadamente una cuarta parte de la velocidad de taladrado). Una velocidad demasiado elevada desafilará la rima con rapidez.
3. Aplique fluido de corte conforme se hace avanzar la rima de manera uniforme en la perforación utilizando la palanca de avance manual (Figura 69-26).
4. Detenga el husillo de la máquina.
5. Retire la rima de la perforación. (No haga girar la rima hacia atrás; de hacerlo, se dañarán los filos cortantes).

FIGURA 69-26 Las perforaciones deben ser rimadas después del taladrado pero *antes* de cambiar la localización de la mesa. (Cortesía de Kelmar Associates.)

Cómo mandrinar en una fresadora vertical

El mandrinado es la operación de agrandar y rectificar una perforación taladrada o fundida con una herramienta de corte de una sola punta. Muchas perforaciones se mandrinan en una fresadora para ajustarlas a su tamaño y localización. El mandril de mandrinado desplazado es especialmente útil porque permite efectuar ajustes precisos para la remoción de material de una perforación (Figura 69-27).

1. Alinee el cabezal vertical a escuadra (90°) con la mesa.
2. Ajuste y alinee la pieza paralela con el movimiento de la mesa.
3. Alinee el centro del husillo de la fresadora con el punto de referencia o con los bordes de la pieza.
4. Ajuste las carátulas graduadas micrométricas del avance transversal y de la mesa a cero.
5. Calcule la localización en coordenadas de la perforación que se va a mandrinar.
6. Mueva la mesa de forma que el centro del husillo se alinee con la localización requerida de la perforación.
7. Bloquee todas las abrazaderas de la mesa para mantener la mesa en esa posición.

Nota: Es importante que no se cambie la localización de la mesa hasta que no se hayan completado las operaciones de taladrado y mandrinado.

8. Marque la localización de la perforación utilizando una broca para centros o una herramienta de marcar.
9. Perfore taladros menores que ½ pulg (12.7 mm) de diámetro a 1/64 pulg (0.39 mm) del tamaño terminado. Perfore taladros mayores de ½ pulg (12.7 mm) de diámetro a 1/32 pulg (0.8 mm) del tamaño.

FIGURA 69-27 El mandril de mandrinado desplazado en cola de milano permite que se ajuste la herramienta de corte con precisión al mandrinar una perforación.

FIGURA 69-28 Mandrinado de una perforación con un mandril de mandrinado desplazado para producir una perforación exactamente redonda. (Cortesía de Moore Tool Co.)

10. Monte el mandril de mandrinado utilizando la barra o herramienta de barrenado más grande posible.
11. Haga mandrinado de desbaste a la perforación dentro de .005 a .007 pulg (0.12 a 0.17 mm) del tamaño final.
12. Termine el mandrinado de la perforación al tamaño requerido (Figura 69-28).

Cómo machuelear una perforación en una fresadora vertical

El machueleado en la fresadora vertical se puede ejecutar manualmente o utilizando un aditamento de machuelear. La ventaja de machuelear una perforación en una fresadora vertical es que el machuelo se puede iniciar a escuadra y mantenerse así en toda la longitud de la perforación que se está roscando.

1. Monte la pieza en una prensa, o sujétela a la mesa de la máquina. Si se utilizan paralelas para poner a punto la pieza, asegúrese de que libran la perforación que se va a machuelear.
2. Monte una broca de centrar en el mandril y ajuste la mesa de la máquina hasta que la marca de punzonado en la pieza se alinee con la punta de la broca de centrar.

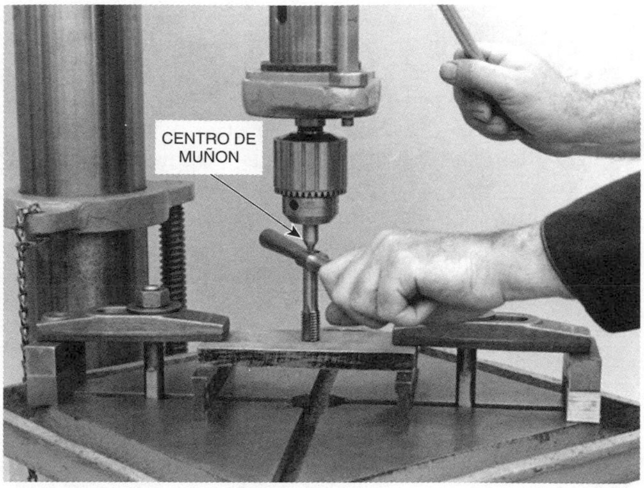

FIGURA 69-29 Se utiliza un centro de muñón para mantener a escuadra el machuelo durante la operación de machueleado.(Cortesía de Cincinnati Milacron, Inc.)

3. Con una broca de centrar marque cada perforación a efectuar ligeramente más grande que el diámetro del machuelo.
4. Perfore el taladro al tamaño correcto de la broca de machuelear para el tamaño de machuelo que se va a utilizar.

Nota: No debe moverse la pieza o la mesa después de efectuar la perforación; de lo contrario se desajustará la alineación y el machuelo no entrará a escuadra.

5. Monte un centro de muñón en el mandril (Figura 69-29).
6. Sujete un maneral de machuelear sobre el machuelo del tamaño correcto y colóquelo en la perforación.
7. Baje el husillo utilizando la palanca de avance manual del husillo, hasta que la punta del centro de muñón se ajusta en la perforación del centro del extremo del banco del machuelo.
8. Haga girar el maneral de machuelear en el sentido de las agujas del reloj para iniciar el machuelo en la perforación. Al mismo tiempo mantenga el centro de muñón en ligero contacto con el machuelo aplicando presión sobre la palanca de avance manual.
9. Siga machueleando la perforación manteniendo al mismo tiempo alineado el machuelo al aplicar una ligera presión sobre la palanca del avance manual.

Se puede montar un aditamento de machuelear en el husillo de la fresadora vertical para mover mecánicamente el machuelo. Se utilizan machuelos paralelos de tres ranuras para machuelear mecánicamente, debido a su capacidad para extraer virutas. La velocidad para machuelear mecánicamente en general va de 60 a 100 r.p.m.

FRESADO DE RANURAS Y CUÑEROS

Las ranuras y los cuñeros con uno o dos extremos ciegos, pueden fresarse en los ejes con mayor facilidad si se utiliza una fresadora vertical, utilizando una fresa frontal de dos o tres gavilanes, que si se utilizara una fresadora horizontal y una fresa de corte lateral.

Procedimiento

1 Trace la posición del cuñero sobre el eje, y marque líneas de referencia en el extremo de la misma (Figura 69-30).

2 Asegure la pieza de trabajo en una prensa sobre una paralela. Si el eje es largo, puede estar sujeto directamente a la mesa colocándolo en una de las ranuras de la mesa o sobre bloques en V.

3 Utilizando las líneas de trazo en la extremidad del eje, coloque el eje de tal manera que el trazo del cuñero quede en la posición correcta en la parte superior de la misma.

4 Monte una fresa frontal de dos o de tres gavilanes, de un diámetro igual al ancho del cuñero en el husillo de la fresadora.

Nota: Si el cuñero tiene dos extremos ciegos, debe utilizarse una fresa frontal de dos o de tres gavilanes, ya que puede ser utilizada como taladro para iniciar la ranura. Si la ranura se va a efectuar en una extremidad del eje (sólo un extremo ciego), puede utilizarse una fresa frontal de cuatro gavilanes, aunque la fresa de dos o tres gavilanes se deshace con mayor facilidad de las virutas.

5 Centre la pieza de trabajo tocando con cuidado la fresa en un lado del eje (Figura 69-31). También se puede hacer colocando un pedazo de papel delgado entre el eje y la fresa.

Nota: Se puede hacer que se adhiera el papel a los ejes o a las superficies de trabajo humedeciéndolo con refrigerante o con aceite antes de aplicarlo a la superficie. Esto elimina la necesidad de sujetar el papel entre la fresa y la pieza, consiguiéndose así una operación más segura.

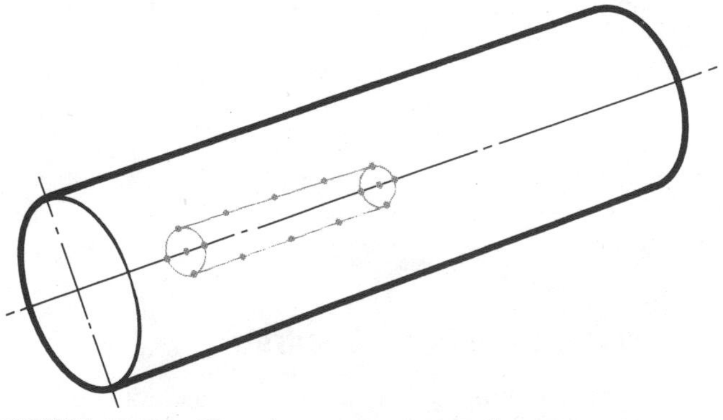

FIGURA 69-30 Trazo de un cuñero en un eje. (Cortesía de Kelmar Associates.)

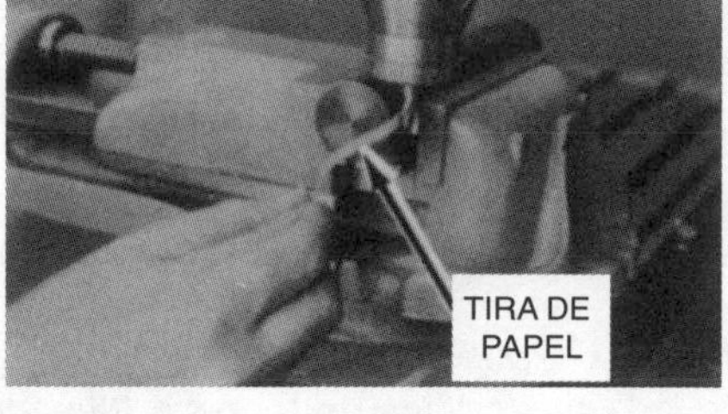

FIGURA 69-31 Ajuste de la fresa en el costado de la pieza de trabajo. (Cortesía de Kelmar Associates.)

6 Baje la mesa hasta que la fresa libre la pieza.

7 Mueva la mesa una cantidad igual a la mitad del diámetro del eje más la mitad del diámetro de la fresa más el espesor del papel (Figura 69-32). Por ejemplo, si se requiere una ranura de 1/4 pulg (6 mm) en un eje de 2 pulg (50 mm)y el espesor del papel utilizado es de .002 pulg (0.05 mm), la mesa sería movida 1.000 + .125 + .002 = 1.127 pulg (25 + 3 + 0.05 = 28.05 mm).

8 Si el cuñero que se está cortando tiene dos extremos ciegos, ajuste la pieza hasta que el extremo del cuñero quede alineado con el borde de la fresa.

9 Avance la fresa hacia abajo (o la mesa hacia arriba) hasta que la fresa apenas corte a todo su diámetro. Si el cuñero tiene solamente un extremo ciego, la pieza se ajusta de tal manera que este corte se efectúe en el extremo de la pieza. La pieza deberá ahora ser retirada de la fresa.

10 Ajuste la profundidad del corte a una mitad del espesor de la cuña, y maquine el cuñero a la longitud correcta (Figura 69-33)

FIGURA 69-32 Fresa centrada en el trazo. (Cortesía de Kelmar Associates.)

FIGURA 69-33 Cuñero fresado a su profundidad y longitud. (Cortesía de Kelmar Associates.)

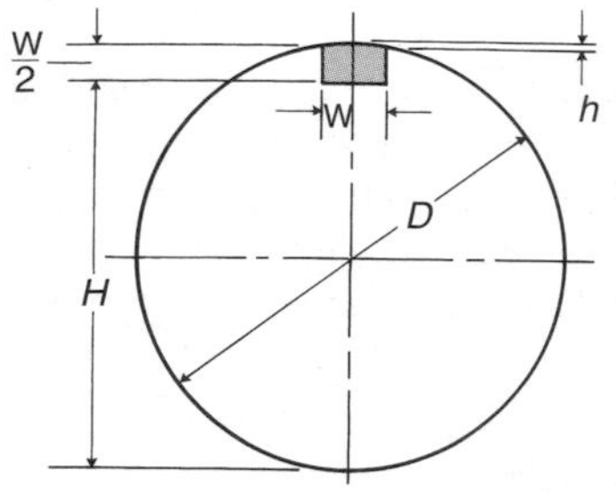

FIGURA 69-34 Cálculos del cuñero.

Cuñas Woodruff

Las *cuñas Woodruff* se utilizan al acuñar ejes y partes acopladas (Figura 69-35A). Los cuñeros Woodruff se pueden cortar con mayor rapidez que los cuñeros rectos. Y la cuña no debe requerir de ningún ajuste una vez cortado el cuñero. Estas cuñas son de forma semicircular y se pueden adquirir en tamaños estándar, identificadas mediante números E. Se pueden fabricar fácilmente de material de barra redonda de diámetro requerido.

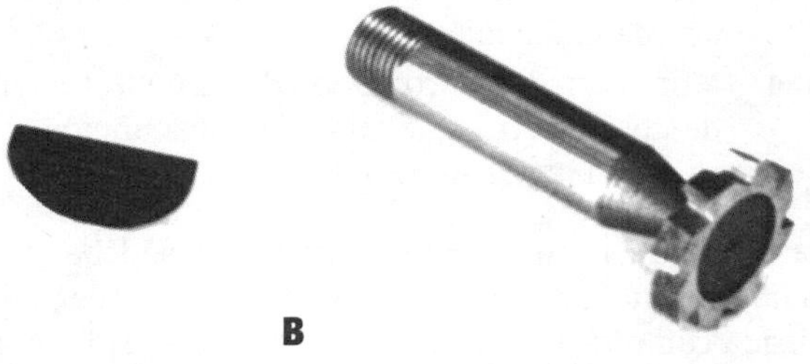

A **B**

FIGURA 69-35 Cuña Woodruff y fresa para el cuñero. (Cortesía de Kelmar Associates.)

Cálculo de la profundidad de los cuñeros

Si el cuñero está en el extremo del eje, se verifica la profundidad correcta del mismo midiendo diametralmente desde el fondo del cuñero hasta el lado opuesto del eje. Esta distancia se puede calcular como sigue (Figura 69-34):

$$H = D - \left(\frac{W}{2} + h\right)$$

$$h = .5(D - \sqrt{D^2 - W^2})$$

M = *distancia desde la parte inferior del cuñero al lado opuesto del eje.*

D = diámetro del eje.

W = ancho del cuñero.

h = altura del segmento por encima del ancho del cuñero.

EJEMPLO

Calcule la medida M si el eje tiene 2 pulg de diámetro y se va a utilizar una cuña de .500 pulg

$$\begin{aligned} h &= 0.5(D - \sqrt{D^2 - W^2}) \\ &= 0.5(2 - \sqrt{4 - .250}) \\ &= 0.5(50 - \sqrt{3.750}) \\ &= 0.5(2 - 1.9365) \\ &= 0.5(.0635) \\ &= .0318 \text{ pulg} \end{aligned}$$

$$\begin{aligned} H &= D - \left(\frac{W}{2} + h\right) \\ &= 2 - \left(\frac{.500}{2} + .0318\right) \\ &= 2 - (.250 + .0318) \\ &= 2 - .2818 \\ &= 1.7182 \end{aligned}$$

Las *fresas para cuñeros Woodruff* (Figura 69-35B) tienen diámetros de zanco de ½ pulg para fresas de hasta 1½ pulg de diámetro. El zanco está rebajado cerca de la fresa para permitir que ésta llegue a la profundidad adecuada. Los costados de la fresa están ligeramente inclinados hacia el centro para tener holgura durante el fresado. Las fresas de más de 2 pulg de diámetro están montadas sobre un árbol.

El tamaño de la fresa está estampado sobre el zanco. Los dos últimos dígitos del número indican el diámetro nominal en octavos de una pulgada. El dígito o dígitos que anteceden a los últimos dos dígitos indican el ancho nominal de la fresa en treinta y dos/avos de una pulgada. Por lo que una fresa marcada 608 tendría 8 × ⅛, es decir 1 pulg de diámetro y 6 × 1/32, es decir 3/16 pulg de ancho. La cuña tendría una sección transversal semicircular para ajustarse a la ranura con exactitud.

Cómo cortar un cuñero Woodruff

1. Alinee el husillo de la máquina fresadora vertical a 90° con la mesa.
2. Trace la posición del cuñero.
3. Coloque el eje en la prensa de la máquina fresadora o sobre bloques en V. Asegúrese que el eje está a nivel (paralelo a la mesa).
4. Monte la fresa del tamaño apropiado en el husillo.
5. Encienda la fresa, y toque la parte inferior de la fresa con la parte superior de la pieza de trabajo. Ajuste el anillo de avance graduado vertical a cero (0) y verifique la rotación de la fresa.
6. Mueva la pieza lejos de la fresa. Eleve la mesa la mitad del diámetro de la pieza más la mitad del espesor de la fresa. Bloquee la rodilla en este ajuste.

7. Coloque el centro de la ranura con el centro de la fresa. Fije la mesa en esta posición.
8. Toque la fresa en movimiento con la pieza. Utilice una tira de papel entre la fresa y la pieza si así lo desea. Ajuste el anillo del tornillo de avance transversal en cero (0).
9. Corte el cuñero a la profundidad apropiada.

Nota: Las proporciones del cuñero se pueden encontrar en cualquier manual.

PREGUNTAS DE REPASO

1. ¿Por qué la industria ha aceptado con tanto entusiasmo la fresadora vertical?
2. Diga seis operaciones que se pueden llevar a cabo en una fresadora vertical.
3. Describa:
   a. Una fresadora vertical estándar.
   b. Una fresadora vertical del tipo de ariete.
4. Diga cuál es la generalidad de los componentes siguientes:
   a. Columna
   b. Brazo superior
   c. Cabezal
   d. Rodilla

Alineación del cabezal vertical y de la prensa

5. ¿Por qué es necesario alinear el cabezal vertical a escuadra con la mesa?
6. Describa brevemente cómo se puede alinear el cabezal vertical con la superficie de la mesa.
7. ¿Por qué es importante que la prensa esté alineada con el recorrido de la mesa?
8. Describa un método de alinear la prensa paralela al recorrido de la mesa.

Maquinado de una superficie plana

9. ¿Qué precauciones deben tomarse antes de maquinar una superficie plana?
10. ¿Qué tipo de fresa debe utilizarse para maquinar una superficie grande?
11. ¿Cómo se puede maquinar el borde de una superficie plana a escuadra con una superficie plana terminada?

Maquinado de un bloque a escuadra y paralelo

12. ¿Cómo debe ajustarse la pieza en una prensa para maquinar el lado 1?
13. ¿Cómo debe ajustarse la pieza en una prensa para maquinar el lado 2?
14. Dibuje un esquema del ajuste de la pieza requerido para maquinar el lado 3 y el lado 4.

Maquinado de superficies en ángulo

15. Describa brevemente dos métodos de maquinar superficies en ángulo.

Producción y terminado de perforaciones

16. ¿Qué precauciones deben tomarse antes de taladrar perforaciones en una fresadora vertical?
17. ¿Cuál es la profundidad a la cual se debe perforar un taladro de marcar?
18. ¿De qué manera se puede verificar el ajuste del cabezal vertical al perforar taladros en ángulo?
19. ¿Cuánto material debe dejarse para el rimado?
    a. Perforaciones de hasta ½ pulg (12.7 mm) de diámetro.
    b. Perforaciones de más de ½ pulg (12.7 mm) de diámetro.
20. Liste tres puntos importantes a observar al preparar una máquina para el mandrinado.
21. ¿Cómo se puede mantener alineado un machuelo al machuelear en una fresadora vertical?

Corte de ranuras y de cuñeros

22. ¿Qué tipo de fresas deben utilizarse para cortar ranuras y cuñeros con uno o dos extremos ciegos?
23. ¿Cómo se puede sujetar la pieza redonda para maquinar ranuras y cuñeros?
24. Explique un método de alinear la fresa frontal con el centro del eje.
25. ¿De qué manera se puede medir la profundidad de un cuñero?
26. Calcule la medida para un cuñero de ½ pulg de ancho desde la parte inferior de una flecha de 2 pulg de diámetro hasta la parte inferior del cuñero (cuña de ½ × ½).

UNIDAD

70

Operaciones especiales de fresado

OBJETIVOS

Al terminar el estudio de esta unidad, se podrá:

1. Poner a punto y utilizar la mesa giratoria para fresar una ranura circular
2. Poner a punto y fresar colas de milano internas y externas
3. Barrenar en serie perforaciones en una fresadora vertical

La versatilidad de la fresadora vertical se incrementa adicionalmente al usar fresas de forma especial y accesorios para la máquina. Operaciones como el fresado de ranuras en T y colas de milano son posibles gracias a que se fabrican fresas especiales para cada finalidad. El accesorio de mesa giratoria permite el fresado de radios y de ranuras circulares. Un cabezal de mandrinado montado en el husillo de la máquina y varillas de medición sobre la mesa permiten que la fresadora vertical sea utilizada para el barrenado preciso en serie de perforaciones.

LA MESA GIRATORIA

La *mesa giratoria* o *aditamento de fresado circular* (Figura 70-1) puede ser usado en máquinas fresadoras verticales universales simples y en ranuradoras. Puede proporcionar un movimiento giratorio a la pieza, en adición al movimiento longitudinal y vertical provista por la máquina. Con este aditamento, es posible fresar radios, ranuras circulares y secciones circulares que no son posibles usando otros medios. Con este accesorio se pueden ejecutar con facilidad el taladrado y mandrinado de perforaciones definidas mediante mediciones angulares, así como otras operaciones de intercambio. También es adecuado para su uso con el aditamento de ranurar en una fresadora.

Las mesas giratorias pueden ser de dos tipos: las que tienen avance manual y las de avance mecánico. La construcción es básicamente la misma, siendo la única diferencia el mecanismo de avance automático.

Construcción de la mesa giratoria

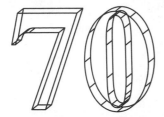

La unidad de mesa giratoria tiene una *base,* misma que está atornillada a la mesa de la fresadora. Ajustada sobre la base está la *mesa giratoria,* en cuya parte inferior está montada una *rueda dentada de tornillo sin fin* (Figura 70-1). Un *eje de tornillo sin fin* montado en la base está acoplado y con él se impulsa la rueda dentada. El tornillo sin fin puede ser desacoplado con rapidez cuando se requiere una rápida rotación de la mesa, como cuando se está poniendo a punto una pieza concéntrica con la mesa. En el otro *extremo* es del tornillo sin fin está montada una manivela. El borde inferior de la mesa está graduado en medios grados. En la mayoría de las unidades de mesa giratoria, existe una *escala vernier* so-

FIGURA 70-1 Una mesa giratoria de avance manual.

FIGURA 70-2 Una mesa giratoria con aditamento de intercambio. (Cortesía de Cincinnati Milacron, Inc.)

bre el anillo de la manivela, lo que permite el ajuste hasta dos minutos de un grado. La mesa posee ranuras en T en su superficie superior para poder fijar la pieza.

Una perforación en el centro de la mesa permite el uso de vástagos de prueba para un fácil centrado de la mesa en relación con el husillo de la máquina. Se puede centrar la pieza con la mesa mediante vástagos o árboles de prueba.

Algunas mesas giratorias tienen un *iaditamento indizador* en lugar de la manivela (Figura 70-2). Este aditamento a menudo se suministra como accesorios de la mesa giratoria estándar. No sólo tiene el mismo uso que la manivela, sino que también permite el giro de la pieza con precisión de un cabezal divisor. La relación del tornillo sin fin y rueda dentada de las mesas giratorias no es necesariamente de 40:1, como es el caso en la mayor parte de los cabezales divisores. La relación puede ser de 72:1, 80:1, 90:1, 120:1 o cualquier otra relación. Las relaciones más grandes usualmente se encuentran en las mesas más grandes. El método de cálculo del intercambio es el mismo que para el cabezal divisor, excepto que se usa el número de dientes de la rueda dentada del tornillo sin fin en vez de 40, como se hace en los cálculos de cabezal divisor.

EJEMPLO

Calcule el giro para cinco perforaciones equidistantes en una placa circular usando una mesa giratoria con una relación de 80:1.

$$\text{Intercambio} = \frac{\text{número de dientes en la rueda dentada}}{\text{número de divisiones requeridas}}$$

$$= \frac{80}{5}$$

$$= 16 \text{ vueltas}$$

El taladrado de perforaciones precisas equidistantes en círculos y segmentos (como dientes de embrague y dientes en engranes cuyo tamaño es demasiado grande para sujetarlos entre centros del divisor) es una de las aplicaciones de este tipo de mesa giratoria. Puede suministrarse con un mecanismo de avance automático.

FIGURA 70-3 Una mesa giratoria con avance automático. (Cortesía de Cincinnati Milacron, Inc.)

El tercer tipo de mesa giratoria tiene prevista la rotación mecánica de la mesa (Figura 70-3). En este caso, el eje de engrane sin fin está conectado al tornillo de avance de la fresadora mediante un eje especial y un tren terminal de engranes. La velocidad de rotación está controlada por el mecanismo de avance de la fresadora. Cuando es operada mecánicamente, la rotación de la mesa puede ser controlada por el operador mediante una palanca de avance conectada a la unidad o mediante perros de disparo localizados en la periferia de la mesa. La operación de la mesa puede ser controlada por la manivela o por el avance automático según sea necesario.

Este tipo de aditamento está particularmente adaptado para trabajo de producción y operaciones de fresado continuas cuando se necesitan grandes cantidades de piezas idénticas de tamaño pequeño. En esta operación, las piezas se montan en la mesa en dispositivos adecuados, y el avance giratorio mueve a las piezas colocándolas bajo la fresa. Una vez que la pieza ha pasado por debajo de la fresa, la pieza terminada es retirada y reemplazada por una sin terminar.

Cómo centrar la mesa giratoria en relación con el husillo de la fresadora vertical

1. Ponga el cabezal vertical a escuadra con la mesa de la máquina.
2. Monte la mesa giratoria en la fresadora.
3. Coloque un vástago de prueba en la perforación central de la mesa giratoria.

4. Monte un indicador con una pierna de saltamontes en el husillo de la máquina.
5. Colocando el indicador de manera que apenas libre la parte superior del vástago de prueba, haga girar el husillo de máquina manualmente y alinee aproximadamente el vástago con el husillo.
6. Ponga el indicador en contacto con el diámetro del vástago, y gire el husillo manualmente.
7. Ajuste la mesa de la máquina utilizando las manivelas de avance longitudinal y transversal hasta que el indicador de carátula no registre ningún movimiento.
8. Bloquee la mesa y la silla de la máquina, y vuelva a verificar la alineación.
9. Vuelva a ajustar si fuera necesario.

Cómo centrar una pieza usando la mesa giratoria

Con frecuencia resulta necesario llevar a cabo una operación con la mesa giratoria sobre varias piezas idénticas, cada una de ellas con una perforación maquinada en el centro. Para alinear cada pieza con rapidez, se puede fabricar una espiga especial que ajuste en la perforación central de la pieza y en la perforación de la mesa giratoria. Una vez alineado el husillo de la máquina con la mesa giratoria, cada pieza adicional puede alinearse rápida y precisamente colocándola sobre la espiga.

Si se trata sólo de unas pocas piezas, que no justifiquen la fabricación de una espiga especial, o si la pieza no tiene una perforación en su centro, se puede usar el método siguiente para centrar la pieza sobre la mesa giratoria:

1. Alinee la mesa giratoria con el husillo del cabezal vertical.
2. Sujete ligeramente la pieza de trabajo a la mesa giratoria el centro aproximado.

Nota: *No* mueva las manivelas de los avances transversal o longitudinal.

3. Desacople el mecanismo del tornillo sin fin de la mesa giratoria.
4. Monte un indicador en el husillo de la máquina o en la mesa de la fresadora, dependiendo de la pieza.
5. Ponga el indicador en contacto con la superficie a indicarse, y haga girar manualmente la mesa giratoria.
6. Utilizando una barra de metal blando, golpee la pieza (lejos del movimiento del indicador) hasta que el indicador no registre ningún movimiento en una revolución completa de la mesa giratoria.
7. Sujete firmemente la pieza, y vuelva a verificar la precisión de la puesta a punto.

Nota: Si debe alinearse una marca de punzón de centrar, se montará un palpador en lugar del indicador en el husillo de la máquina fresadora y la marca de punzón se colocará por debajo de la punta del palpador.

FRESADO DE RADIOS

Cuando es necesario fresar los extremos de una pieza con un cierto radio o maquinar ranuras circulares con un radio definido, debe observarse una determinada secuencia. La Figura 70-4 ilustra una puesta a punto típica.

Procedimiento

1 Alinee el husillo de la fresadora vertical a 90° con la mesa.

2 Monte un aditamento de fresado circular (mesa giratoria) sobre la mesa de la fresadora.

3 Centre la mesa giratoria con el husillo de la máquina, usando un vástago de prueba en la mesa y un indicador de carátula en el husillo.

4 Ajuste las carátulas de avance longitudinal y transversal a cero (0).

5 Monte la pieza sobre la mesa giratoria, alineando el centro de los cortes radiales con el centro de la mesa. Para este fin se puede usar un árbol especial. Otro método es alineando el centro del corte radial usando un palpador montado sobre el husillo de la máquina.

6 Mueva el avance transversal o el longitudinal (el que resulte más conveniente) una cantidad igual al radio requerido.

FIGURA 70-4 Fresado de una ranura circular en una pieza. (Cortesía de Kelmar Associates.)

7 *Bloquee tanto la mesa como la silla,* y retire las manivelas si es posible.

8 Monte la fresa frontal adecuada.

9 Gire la pieza, utilizando el maneral de avance de la mesa giratoria hasta el punto de inicio del corte.

10 Ajuste la profundidad del corte y maquine la ranura al tamaño indicado en el plano, utilizando avance manual o mecánico.

Fresado de una ranura en T

Las ranuras en T se maquinan en la parte superior de las mesas de la fresadora y en los accesorios para aceptar pernos para la sujeción de las piezas. Se maquinan en dos operaciones.

Procedimiento

1 Consulte un manual para tener las dimensiones de la ranura en T.

2 Trace la posición de la ranura en T.

3 Ponga a escuadra el husillo de la fresadora vertical con la mesa de la máquina.

4 Monte la pieza en la fresadora. Si se va a sujetar la pieza en una prensa, la mordaza de esta última deberá alinearse con el recorrido de la mesa. Si se va a sujetar directamente a la mesa, la posición de la ranura deberá alinearse con el recorrido de la mesa.

5 Monte una fresa frontal con una diámetro ligeramente superior al diámetro del cuerpo del perno. El tamaño de la fresa a utilizarse aparece en las tablas de ranuras en T.

6 Maquine la ranura central a la profundidad apropiada de la ranura en T, utilizando la fresa frontal.

7 Desmonte la fresa frontal y monte la fresa para ranura en T apropiada.

8 Ajuste la profundidad de la fresa para ranura en T a la parte inferior de la ranura.

9 Maquine la porción inferior de la ranura.

Fresado de colas de milano

Las colas de milano se utilizan para permitir un movimiento reciprocante entre dos elementos de una máquina. Están formadas por una parte interna y una externa y están ajustadas mediante una chaveta. Las colas de milano se pueden maquinar en una fresadora vertical o en una horizontal equipada con un aditamento de fresado vertical. Una fresa para cola de milano es un cortador especial de tipo frontal de un solo ángulo afilado al ángulo de la cola de milano requerida.

Cómo fresar una cola de milano interna

1. Consulte un manual para el método de medir una cola de milano.
2. Verifique las medidas de la pieza de trabajo en la que se va a cortar la cola de milano. Elimine todas las rebabas.
3. Trace la posición de la cola de milano.
4. Monte la pieza en una prensa y fíjela en una mesa giratoria, o bien si la pieza es larga, atorníllela directamente a la mesa de la máquina.
5. Asegúrese con un indicador que el costado de la pieza o el trazo de la cola de milano es paralelo a la línea de movimiento de la mesa.
6. Monte una fresa frontal de un diámetro inferior a la sección central de la cola de milano (Figura 70-5A).
7. Arranque la fresa frontal y toque el costado de la pieza, después de verificar la rotación de la misma.
8. Ajuste la carátula del avance transversal en cero (0).
9. Mueva la pieza hasta que la fresa frontal esté en el centro de la cola de milano. En este caso será la distancia del costado de la pieza al centro de la cola de milano más la mitad del diámetro de la fresa (más el espesor del papel, si se utilizó).
10. Bloquee la silla en esta posición, y ajuste la carátula del avance transversal en cero (0).
11. Toque el borde de la fresa con la parte superior de la pieza.
12. Mueva la pieza lejos de la fresa, y ajuste la profundidad de corte. Bloquee la rodilla en esta posición. La profundidad de esta ranura deberá ser de .030 a .050 pulg (0.76 a 1.27 mm) más profunda que la parte inferior de la cola de milano, a fin de impedir arrastre y dejar una holgura para la suciedad y las virutas entre las partes de la cola de milano en acoplamiento.
13. Frese el canal al ancho de la fresa (Fig. 70-5A).
14. Mueva la pieza una cantidad igual a la mitad de la diferencia entre el tamaño de la ranura maquinada y el tamaño de la cola de milano en su parte superior. *Verifique que no exista juego.*
15. Efectúe el corte determinado a lo largo de uno de los costados de la pieza.
16. Verifique el ancho de la ranura.
17. Mueva la pieza al ancho terminado de la parte superior de la cola de milano. *Verifique que no exista juego.*

A

B

FIGURA 70-5 Fresado de una cola de milano: (A)Desbaste de la sección central; (B)Maquinado de ambos lados de la cola de milano. (Cortesía de Kelmar Associates.)

18. Corte el segundo costado y verifique el ancho de la ranura.
19. Regrese la silla a cero (0).
20. Monte una fresa para cola de milano.
21. Ajuste la profundidad de un corte de desbaste. Este debe ser aproximadamente .005 a .010 pulg (0.12 a 0.25 mm) menos que la profundidad de terminado.
22. Calcule el ancho de la cola de milano en su parte inferior.
23. Mueva la pieza .010 pulg (0.25 mm) menos que el tamaño de terminado de ese costado. Esto dejará suficiente material para el corte de acabado. Anote las lecturas de la carátula del avance transversal.
24. Desbaste el ángulo del primer costado.
25. Mueva la pieza al otro costado la misma distancia de la línea central, y desbaste el otro costado.
26. Ajuste la fresa a la profundidad adecuada.
27. Maquine la superficie inferior (a ambos lados) de la cola de milano hasta la profundidad de terminado.
28. Utilizando dos varillas, mida el tamaño de la cola de milano.
29. Mueva la mesa la mitad de la diferencia entre el desbaste de la cola de milano y el tamaño de terminado. *Verifique que no exista juego.*
30. Efectúe el corte de acabado de un costado.
31. Mueva la mesa la cantidad necesaria y termine el otro costado (Figura 70-5B).
32. Verifique el tamaño terminado de la cola de milano.

Nota: Si la pieza se monta en el centro de una mesa giratoria, es posible hacer girar la pieza media vuelta (180°) después del paso 18 y efectuar los mismos cortes a cada lado del bloque para cada paso sucesivo.

Cómo fresar una cola de milano externa

1. Centre la fresa sobre la posición de la cola de milano.
2. Elimine tanto material como sea posible de cada uno de los costados de la cola de milano externa; esto es, corte al tamaño más grande de la cola de milano. En esta operación será necesario anotar las lecturas desde la línea central y eliminar el juego hacia cada lado.
3. Monte una fresa para cola de milano y céntrela sobre la pieza de trabajo.
4. Mueva la pieza la mitad del ancho de la cola de milano más la mitad del diámetro de la fresa. Deje .010 pulg (0.25 mm) para el corte de terminado.
5. Efectúe este corte de desbaste.
6. Mueva la pieza una cantidad igual hacia el otro lado de la línea central, eliminando el juego.
7. Corte de desbaste en segundo costado.
8. Ajuste la pieza y efectúe el corte de terminado en un costado.
9. Mida la cola de milano utilizando dos varillas.
10. Ajuste para el corte de acabado sobre el segundo costado y efectúelo.
11. Mida el ancho de la cola de milano terminada.

Nota: Si la pieza está montada en el centro de una mesa giratoria, puede ser girada una media vuelta y efectuar los mismos cortes de cada lado.

TALADRADO DE PLANTILLAS EN UNA MÁQUINA FRESADORA VERTICAL

Si no está disponible una taladradora de plantillas, la máquina fresadora vertical puede utilizarse para el taladrado de plantillas. Cuando se utiliza la máquina fresadora vertical para la localización precisa de perforaciones, es aplicable la misma puesta a punto, localización y métodos de maquinado que se utilizan en una taladradora de plantillas. En cada caso, se utiliza el sistema coordenado de localización de perforaciones. En vista que este tema es tratado ampliamente en la Unidad 72, se aconseja al lector consulte esta unidad antes de efectuar taladrado de plantillas en una máquina fresadora vertical.

En vista que la máquina fresadora vertical no tiene la misma precisión del tornillo de avance que tiene la taladradora de plantillas, debe utilizar algún sistema de medición externo para asegurar la precisión del ajuste de la mesa. Para este fin se pueden utilizar varillas de medición e indicadores de carátula, una escala vernier o dispositivos ópticos de medición como por ejemplo las cajas de lectura digital.

Las *varillas de medición de precisión en pulg* (Figura 70-6), por lo general se suministran en juegos de 11 varillas, incluyendo dos cabezales micrométricos capaces de medir de 4 a 5 pulg con una precisión de .0001 pulg. Estos cabezales micrométricos (Figura 70-6B) normalmente tienen un anillo identificador de color rojo en uno de ellos y un anillo de color negro en el otro. Uno es utilizado en ajustes longitudinales y el otro en ajustes transversales. Las varillas sólidas están fabricadas de acero para herramientas endurecidas y rectificadas y tienen varios anillos concéntricos (Figura 70-6C). Las nueve varillas de un juego estándar incluyen dos de

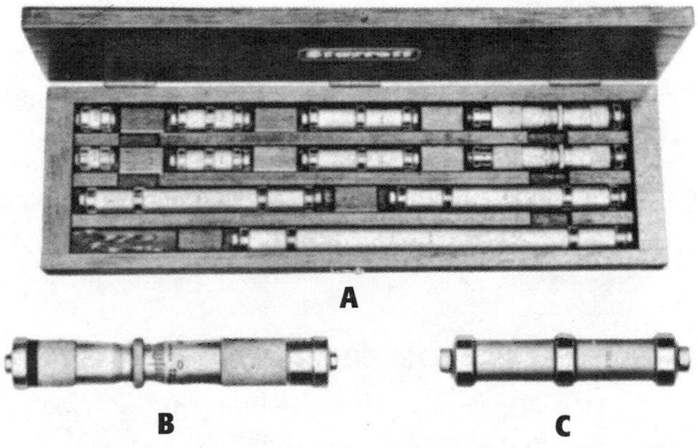

FIGURA 70-6 Varillas de medición de precisión: (A)Un juego de varillas de medición; (B)Un cabezal micrométrico; (C)Una varilla de medición de 3 pulg (Cortesía de L. S. Starrett Co.)

cada en longitudes de 1, 2 y 6 pulg y una varillas de 12 pulg. Otras varillas están disponibles en longitudes de 4, 5, 7, 8, 10 y 15 pulg. Los extremos de las varillas (y los extremos de los cabezales micrométricos) están endurecidos, rectificados y pulidos de precisión, proporcionando una precisión extrema.

Las varillas están sujetas en canales en V, uno montado sobre la mesa de la máquina fresadora y el otro sobre la silla (Figura 70-7). Una varilla de tope se monta a un extremo del canal, en tanto que en el otro extremo se coloca un indicador de carátula de gama amplia con graduaciones en .0001 pulg.

Un juego de *varillas de medición de precisión métricas* está formado por dos cabezales micrométricos, capaces de medir con una precisión de hasta 0.002 mm, y varias varillas de medición sólidas.

Un juego estándar de varillas de medición está formado de dos varillas de cada una de las siguientes longitudes: 25, 50, 75, 150 y 300 mm. Existen otras varillas disponibles en longitudes de 100, 125, 175, 200, 250 y 375 mm.

Se coloca con precisión la mesa en relación con las coordenadas X y Y agregando (o restando) longitudes especificadas o acumulaciones de diversas combinaciones de varillas y micrómetros.

Cómo colocar la mesa de la máquina fresadora utilizando varillas de medición

1. Coloque el husillo en el borde de la pieza. Vea la Unidad 72 en relación con los métodos de localizar un borde.
2. Limpie el canal y los extremos de las varillas de tope y de las varillas indicadoras.
3. Verifique la operación libre del indicador.
4. Coloque el número requerido de varillas, incluyendo el cabezal micrométrico en el canal para llenar el espacio entre la varilla de tope y la varilla indicadora.
5. Ajuste el micrómetro hasta que se haya extendido lo suficiente para hacer que la aguja de indicador se mueva media vuelta.
6. Bloquee la mesa.
7. Ajuste el bisel del indicador a cero (0).
8. Incremente la acumulación de varillas y micrómetro en la longitud de la medición entre el costado de la pieza y la localización de la perforación.
9. Mueva la mesa más de esta distancia requerida.
10. Inserte las varillas y el cabezal micrométrico.
11. Mueva la mesa de regreso hasta que la aguja se mueva media vuelta y registre cero (0).
12. Bloquee la mesa.
13. Vuelva a verificar y ajuste si fuera necesario.

FIGURA 70-7 Uso de varillas de medición para posicionar la mesa con precisión. (Cortesía de L. S. Starrett Co.)

Cajas de lectura digital

Los dispositivos de medición electrónicamente controlados, montados de manera apropiada sobre la mesa y la silla, indican el recorrido de la mesa con una precisión de .0005 ó .0001 pulg (0.012 ó 0.002 mm). Una carátula de lectura digital (Figura 70-8), se parece a un velocímetro del tablero de un automóvil e indica la distancia recorrida a través de una serie de números visibles tras un frente de vidrio en la carátula. Este dispositivo permite un ajuste rápido y preciso de la mesa de la máquina en dos direcciones: horizontal y transversal, es decir en los ejes X y Y.

Escala Vernier

La máquina fresadora puede estar equipada con escalas en la mesa y en la silla, con agujas adecuadamente montadas sobre la misma. Las escalas por lo general están graduadas en incrementos de décimos de 1 pulg, es decir 2 mm. Un dispositivo vernier está montado adyacente a los anillos de los

FIGURA 70-8 Una carátula de lectura digital. (Cortesía de Sheffield Measurement Div.)

tornillos de avance, lo que permite lecturas en .0001 pulg o 0.002 mm.

Nota: Los ajustes de esta máquina deben efectuarse sólo en una dirección, a fin de eliminar el juego.

Las máquinas fresadoras verticales se pueden utilizar para el posicionamiento de perforaciones sin necesidad de utilizar ninguno de los equipos antes mencionados; este método no es, sin embargo, demasiado preciso.

La mesa se coloca mediante los anillos graduados de avance. Este método puede utilizarse si la exactitud de la localización no debe ser inferior a .002 pulg o sea 0.05 mm. Otra vez, a fin de eliminar cualquier juego, todos los ajustes deberán efectuarse en una sola dirección.

ADITAMENTOS DE LA MÁQUINA FRESADORA VERTICAL

La versatilidad de la máquina fresadora vertical se puede incrementar aún más mediante el uso de ciertos aditamentos.

El *aditamento para fresado de cremalleras* permite el maquinado de cremalleras y brochas en la fresadora vertical. El husillo de este aditamento se sujeta en el husillo de la máquina y al mismo tiempo la carcaza se fija en el husillo. Opera con base en el mismo principio que el aditamento de fresado de cremalleras de la máquina fresadora horizontal.

El *aditamento para ranurar* (Figura 70-9) se fija por lo general en el extremo trasero del brazo superior, que puede girarse 180° para permitir el uso de este aditamento. En la mayor parte de las máquinas fresadoras verticales el dispositivo de ranurar opera independientemente de la propulsión de la máquina. Transmite un movimiento reciprocante a una fresa de una sola punta gracias a una excéntrica movida por un motor. Este aditamento puede ser utilizado para el corte de cuñeros y para ranurar pequeños troqueles de corte.

Labrado de matrices y dados

Una aplicación importante de la máquina fresadora vertical es la de *labrado de matrices y dados*. Las matrices y dados que se usan en forja y fundición tienen impresiones y cavidades que labran usando esta técnica. La operación de maquinar una cavidad en un troquel usando una fresadora vertical por lo general se hace mediante control manual de la máquina, utilizando varias fresas de tipo frontal. Usualmente este trabajo es seguido por considerable trabajo de ajuste a lima, rascado y pulido para producir las superficies finamente terminadas, adecuadamente curvas y contorneadas requeridas en la matriz.

Formas y patrones complicados efectuados sobre moldes y dados se hacen más conveniente y precisamente en una máquina fresadora vertical equipada con control de pantógrafo o por computadora. Además del cabezal normal de corte, la máquina está equipada con un cabezal de pantógrafo. En la manufactura de moldes y matrices cada vez se está utilizando más el maquinado por electrodescarga o electroerosión. Formas y contornos intrincados difíciles o imposibles de realizar en máquinas convencionales se pueden reproducir rápida y fácilmente incluso en metales súper tenaces, de la era espacial.

En una máquina controlada por pantógrafo (Figura 70-10), la forma de una plantilla o patrón es transferida a la pieza mediante una unidad pantógrafo hidráulica accionada por un estilo o palpador del pantógrafo. Este último está en contacto con la plantilla o patrón y mueve a la fresa hacia arriba o hacia abajo en función del recorrido vertical o lateral del palpador.

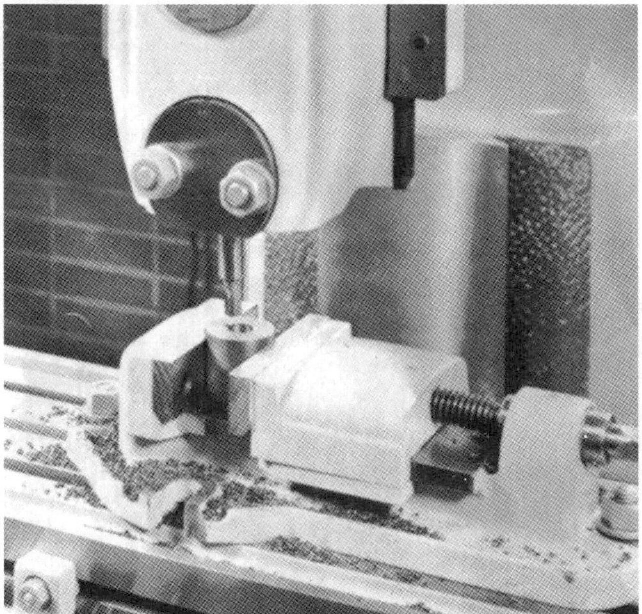

FIGURA 70-9 Corte de un cuñero interno usando un aditamento para ranurar. (Cortesía de Cincinnati Milacron, Inc.)

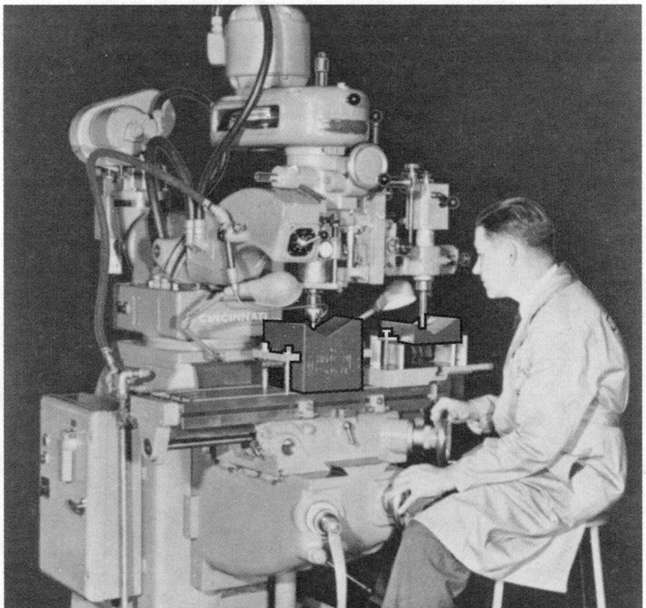

FIGURA 70-10 Una fresadora vertical controlada por pantógrafo. (Cortesía de Cincinnati Milacron, Inc.)

Puesto que tanto la pieza como el patrón están sujetos a la mesa, ambos se desplazan a la misma velocidad. Conforme el patrón se mueve bajo el palpador, la pieza de trabajo adquiere una forma idéntica a la del patrón. Algunas máquinas pueden estar equipadas con brazos o dispositivos multiplicadores, y el patrón puede ser considerablemente más grande que la pieza terminada. Si se hace un patrón 10 veces mayor, los brazos de la máquina se ajustan a una relación de 10:1 y entonces se fresa la pieza. Un error de .010 pulg (0.025 mm) en el patrón sólo resultaría en un error de .001 pulg (0.025 mm) en la pieza.

Sólo es necesaria una ligera presión del palpador, en contacto con la plantilla o patrón, para desviar el brazo del pantógrafo y accionar la válvula de control, que a su vez controla el movimiento del cabezal fresador.

PREGUNTAS DE REPASO

Mesa giratoria

1. ¿Por qué se usan las mesas giratorias?
2. Describa brevemente la construcción de una mesa giratoria.
3. ¿Cuál es el propósito de la perforación en el centro de una mesa giratoria?
4. ¿Qué relaciones se encuentran comúnmente en las mesas giratorias?
5. Describa brevemente cómo se puede centrar una mesa giratoria en relación con el husillo de la fresadora vertical.
6. Explique cómo se pueden alinear rápidamente sobre la mesa giratoria varias piezas idénticas si tienen una perforación al centro.

Fresado de radios y de ranuras en T

7. Explique cómo puede cortarse un radio grande usando una mesa giratoria.
8. ¿Para qué sirven las ranuras en T?
9. Liste las dos operaciones necesarias para fresar una ranura en T.

Fresado de colas de milano

10. ¿Para qué sirve una cola de milano?
11. ¿Cuál es el procedimiento para maquinar la sección central de una cola de milano interna?
12. Explique cómo se fresa el primer costado en ángulo de una cola de milano.
13. ¿Cómo puede medirse con precisión el tamaño de una cola de milano interna?

Taladrado de plantillas en una máquina fresadora vertical

14. Nombre y describa tres tipos de sistemas de medición utilizados en fresadoras verticales para el taladrado de plantillas.
15. Nombre tres métodos de localizar un borde.
16. ¿De qué manera se puede desplazar una mesa exactamente 2.6836 pulg (68.163 mm) de una localización a otra usando varillas de medición?

Aditamentos de la máquina fresadora vertical

17. ¿Para qué sirven los aditamentos de fresado de cremalleras y de ranurado?
18. ¿De qué forma se puede usar una fresadora vertical para varias operaciones de labrado de cavidades en matrices:
    a. manualmente? b. automáticamente?
19. Explique el propósito de los brazos o dispositivos multiplicadores en el labrado de cavidades en matrices.

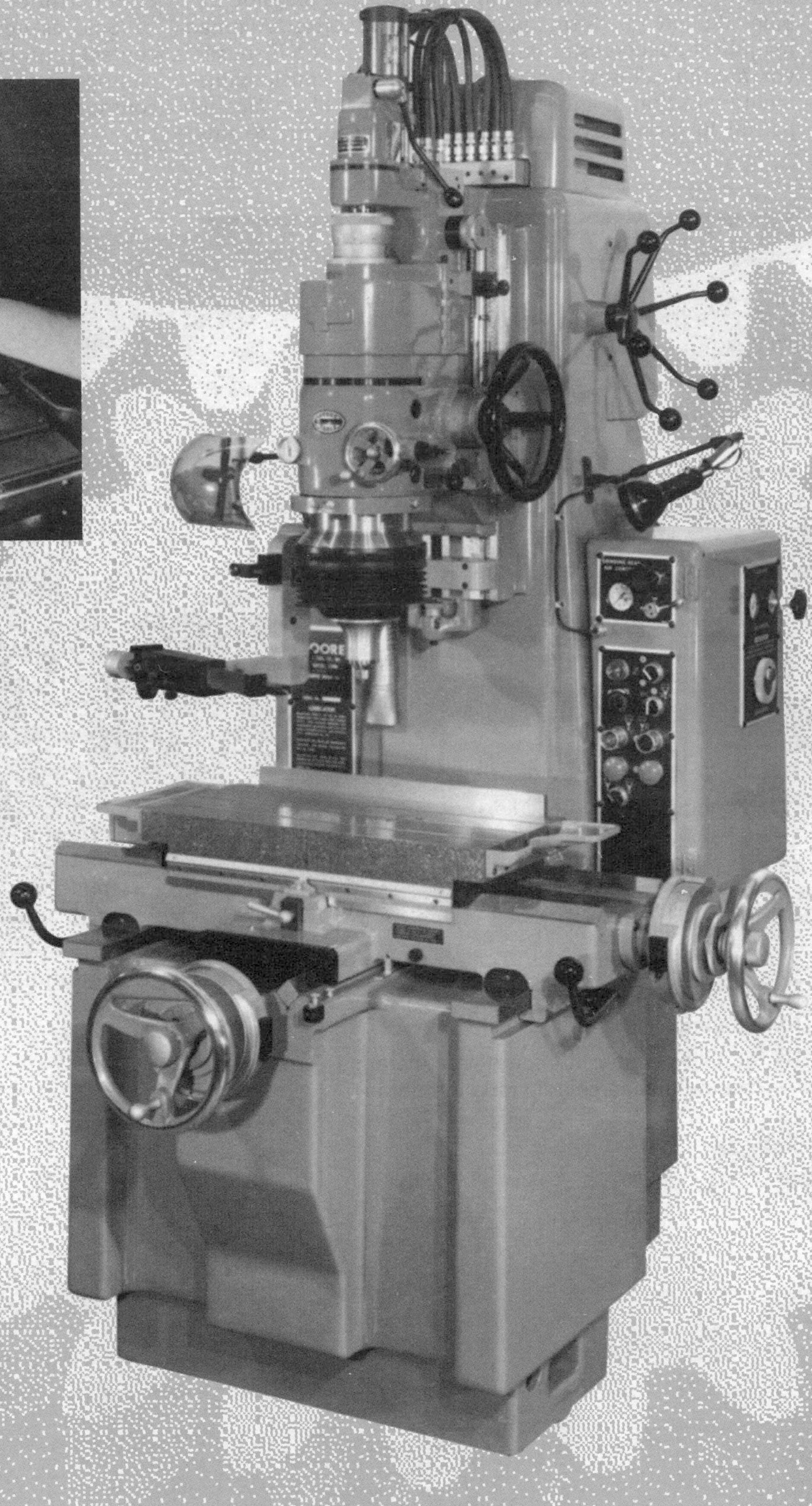

SECCIÓN

13

LA TALADRADORA Y LA RECTIFICADORA DE PLANTILLAS

La taladradora de plantillas fue desarrollada principalmente para resolver el perpetuo problema que tenía el herramentista para localizar y efectuar perforaciones con precisión. La taladradora de plantillas es de especial utilidad en la fabricación de plantillas y dispositivos donde deba existir una relación dimensional precisa entre los localizadores que alinean la pieza de trabajo y las perforaciones de los bujes usados para proporcionar una precisa localización de las perforaciones. Es una máquina herramienta valiosa para la manufactura de troqueles simples, compuestos, progresivos y de laminación, mismos que requieren de gran precisión entre una diversidad de localizaciones de partes.

Son obviamente "naturales" para una taladradora de plantillas las perforaciones en la base del punzón y en la placa del troquel, las perforaciones piloto, y las perforaciones de los bujes que alinean la placa desmoldeadora. Este tipo de perforaciones se pueden efectuar rápida y precisamente. Intercambiando las herramientas en el husillo de la taladradora de plantillas, es fácil llevar a cabo operaciones como taladrado, mandrinado, rimado y contrataladrado.

La rectificadora de plantillas fue desarrollada debido a la necesidad de localizar perforaciones con precisión en material que se ha sido endurecido. Mucho trabajo ejecutado en los talleres de herramientas debe ser endurecido a fin que la pieza no se desgaste demasiado aprisa y para que proporcione años de servicio. Durante el proceso de endurecimiento, el material tiene tendencia a deformarse y distorsionarse; por lo tanto, las perforaciones deben ser rectificadas de precisión para volver a localizarlas con exactitud.

UNIDAD

71

Taladradora de plantillas

OBJETIVOS

Al terminar el estudio de esta unidad, se podrá:

1 Identificar y enunciar los propósitos de las principales partes operativas de una taladradora de plantillas

2 Usar varios accesorios y dispositivos de sujeción de la pieza para poner a punto y efectuar perforaciones

Una taladradora de plantillas (Figura 71-1) aunque es similar a una fresadora vertical, es mucho más precisa y de construcción más cercana al piso, de modo que el trabajador pueda operar mientras esté sentado. Los tornillos de avance de precisión, controlan los moimientos de la mesa, son capaces de avanzar en divisiones finas incrementales infinitas y permiten simultáneamente medir y posicionar dentro de una precisión de 0.0001 pulg (0.002mm) sobre la longitud de la mesa. La máquina no sólo desbasta por cortes gruesos necesarios para propósitos de desbastar si no también es sensible para cortes de acabado más precisos.

COMPONENTES DE UNA TALADRADORA DE PLANTILLAS

- Una *propulsión por poleas de paso variable* operada al oprimir un botón del *panel de control eléctrico* para darle al husillo un rango de velocidades desde 60 hasta 2250 revoluciones por minuto (r.p.m).
- La *carcaza del husillo* puede subirse o bajarse para aceptar varios tamaños de piezas si primero se afloja la *abrazadera de la carcaza del husillo* y luego se hace girar la *manivela de posicionamiento vertical de la carcaza del husillo.*
- La *palanca del freno* es operada manualmente para detener la rotación del husillo. Es de especial utilidad al desmontar o montar varias herramientas sobre el husillo.
- El *maneral de avance rápido* permite que se eleve o se baje el husillo rápidamente a mano.
- El *embrague de fricción* puede ser usado para acoplar o desacoplar el avance manual del husillo.
- La *carátula graduada de avance hacia abajo* lee la distancia del recorrido vertical del husillo, mediante un vernier, en milésimas de una pulgada o en centésimas de un milímetro en carátulas métricas.
- El *tope ajustable de profundidad de perforaciones* puede ser ajustado para permitir que se mueva el husillo hasta una profundidad predeterminada para el taladrado o barrenado de una perforación.
- El *husillo* gira en el interior de la camisa y suministra el movimiento para las herramientas de corte. Un cono interno en el husillo permite el rápido intercambio de una diversidad de herramientas.
- Las *escalas de referencia* (longitudinal y transversal) sirven de punto de referencia para mover a su posición la mesa. Determinan la posición del punto de inicio o de referencia del trabajo.

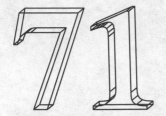

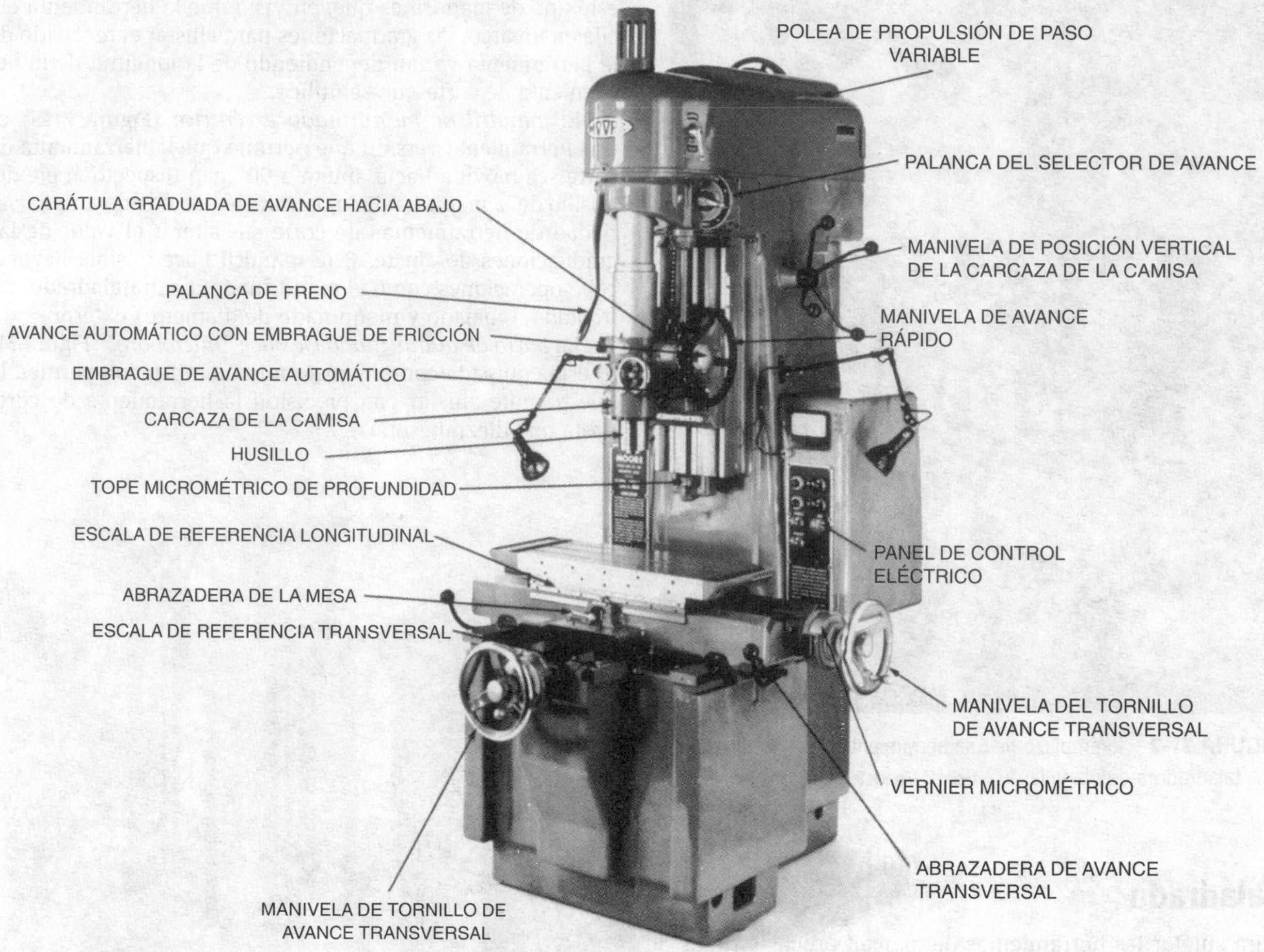

FIGURA 71-1 Una taladradora de plantillas de precisión Moore #3. (Cortesía de Moore Tool Company, Inc.)

- Las *carátulas graduadas,* con verniers micrométricos en las *manivelas de los tornillos de avance longitudinal* y *transversal,* permiten posicionar la mesa rápida y precisamente hasta .0001 pulg es decir 0.002 mm para carátulas métricas.

Cómo insertar vástagos en el husillo

El trabajo en el taller de herramientas, con una diversidad de tamaños de perforaciones, requiere del frecuente cambio de herramientas (Figura 71-2 de la página 556). La perforación cónica en el husillo permite que esto se lleve a cabo rápida y precisamente si se toman ciertas precauciones.

1. El vástago cónico de la herramienta que se va a insertar y la perforación en el husillo deben estar *perfectamente limpias;* de lo contrario, los conos se dañarán y se perderá precisión.
2. Proteja los vástagos cónicos del sudor de los dedos, especialmente si el vástago se va a quedar en la máquina durante un cierto tiempo. Esto puede causar que tanto el vástago como el husillo se oxiden.
3. Evite insertar vástagos apretando demasiado, especialmente si el husillo está más caliente que el vástago que se inserta. Cuando esta última se caliente, se expandirá y se puede trabar en el husillo.
4. Al desmontar o volver a montar herramientas en el husillo, aplique el freno firmemente con la mano izquierda. La llave debe sostenerse con cuidado a fin de evitar que resbale de la mano y dañe la mesa de la máquina.

ACCESORIOS Y HERRAMIENTAS PEQUEÑAS

Una amplia variedad de accesorios le permiten a una taladradora de plantillas llenar tres requisitos básicos: *precisión, versatilidad* y *productividad.* En esta unidad sólo nos ocuparemos de accesorios relacionados con taladrado, mandrinado y rimado.

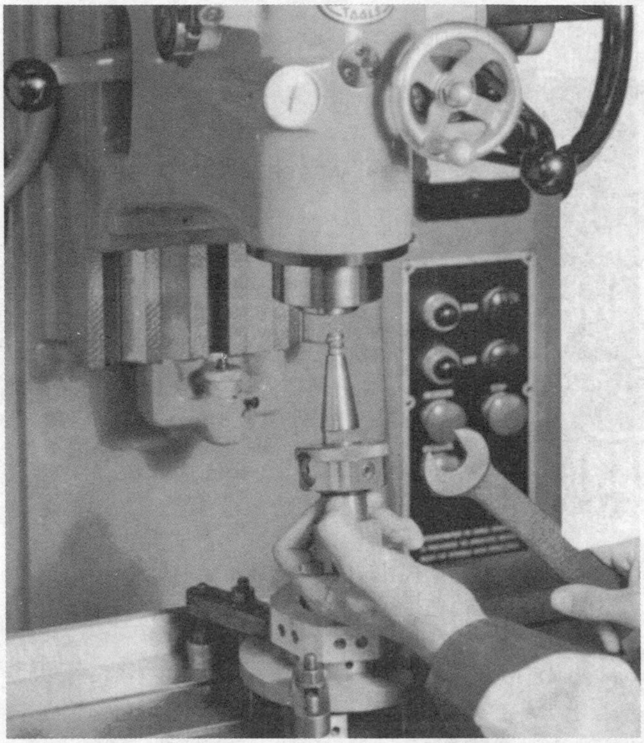

FIGURA 71-2 Reemplazo de una herramienta en el husillo de una taladradora de plantillas. (Cortesía de Moore Tool Company, Inc.)

Taladrado

Para sujetar las herramientas de marcar, brocas y rimas de tamaño pequeño de zanco recto se utilizan mandriles de cuñero y sin cuñero. Se usan boquillas especiales para sujetar herramientas de marcar, brocas y rimas mayores de zanco recto. Un tornillo prisionero aprieta contra una superficie plana en el zanco, consiguiendo un agarre positivo, que evita torcer y rayar el zanco de la herramienta.

Mandrinado

El mandrinado con una sola punta, el método más exacto para obtener precisión en la localización en el taladrado de plantillas, hace necesario tener una diversidad de herramientas de mandrinado. Las herramientas más comunes de mandrinado son una barra sólida de mandrinado, un mandril de mandrinado de bloque giratorio, un mandril de mandrinado excéntrico y una barra de mandrinado DeVlieg "microbore".

La barra de mandrinado o de interiores *sólida* (Figura 71-3) tiene un tornillo de ajuste que, al ajustarlo, avanza la cuchilla en un corto rango. Las barras de mandrinado sólidas son rígidas, lo que las hace especialmente útiles en el mandrinado de perforaciones profundas; varias barras de mandrinado sólidas se pueden dejar ajustadas a un tamaño específico para repetición del mandrinado.

El *mandril de mandrinado de bloque giratorio* (Figura 71-4) proporciona un rango más grande de ajuste que otros tipos, en proporción a su diámetro y una mejor visibilidad para el operador durante el mandrinado. Una desventaja de este tipo de mandril es que, en vista que la herramienta oscila en un arco, las graduaciones para ajustar el recorrido de la herramienta varían dependiendo de la longitud de la herramienta de corte que se utilice.

El *mandril de mandrinado excéntrico* (Figura 71-5) es una herramienta versátil que permite que la herramienta de corte sea movida hacia afuera a 90° con respecto al eje del husillo de la máquina. Esto permite el uso de una amplia variedad de herramientas de corte sin alterar el valor de las graduaciones de ajuste. Este mandril hace posible llevar a cabo operaciones como el mandrinado, contrataladrado, refrentado, rebajado y maquinado de diámetros externos.

La *barra de mandrinado DeVlieg "microbore"* (Figura 71-6) está equipada con un ajuste micrométrico con vernier, lo que permite ajustar con precisión la herramienta de corte hasta una diezmilésima.

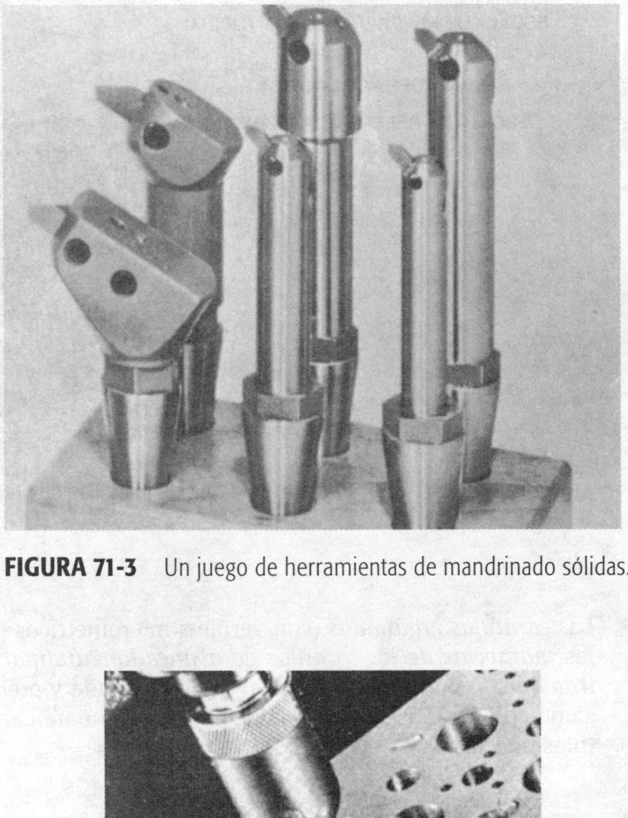

FIGURA 71-3 Un juego de herramientas de mandrinado sólidas.

FIGURA 71-4 Un mandril de mandrinado de bloque giratorio. (Cortesía de Moore Tool Company, Inc.).

Herramientas de mandrinado de una sola punta

Dado que el mandrinado con una sola punta es el método más preciso para generar una localización exacta de una perforación, para esta operación hay disponible una amplia variedad de herramienta de corte. Las cuchillas que se

FIGURA 71-5 Un robusto y versátil mandril de mandrinado diseñado para cortes profundos.

FIGURA 71-7 Herramientas de mandrinado de una sola punta. (Cortesía de Moore Tool Company, Inc.)

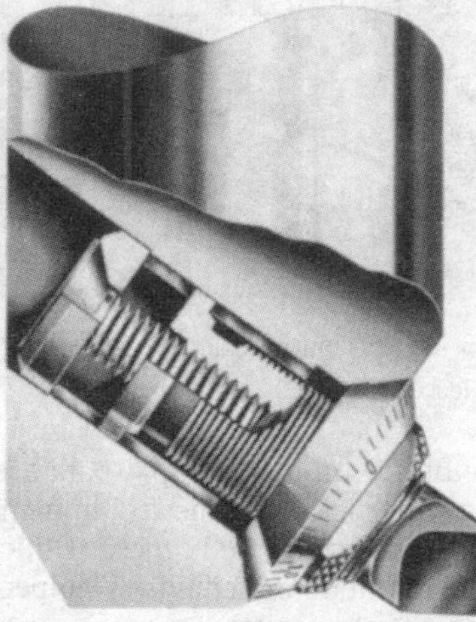

FIGURA 71-6 Una barra de mandrinado DeVlieg "microbore".(Cortesía de DeVlieg Machine Company)

muestran en la Figura 71-7 se utilizan por lo general para perforaciones pequeñas; sin embargo, con los aditamentos necesarios para el mandril, se pueden mandrinar perforaciones más grandes. Estas cuchillas están disponibles en acero de alta velocidad y también con puntas de carburo soldadas o cementadas.

Boquillas y mandriles

Están disponibles todo un surtido de boquillas y de mandriles (Figura 71-8) para que el husillo de la taladradora de plantillas sujete herramientas de marcar, brocas y rimas de precisión de zanco recto.

Rimas

Se utilizan dos tipos de rimas: el de rosa, es decir de ranuras y el de corte de precisión, en el taladrado de plantillas, con la finalidad de terminar una perforación a su tamaño con rapidez. La *rima de rosa o de ranuras,* se utiliza una vez hecha una perforación y proporciona un método preciso de calibrar una perforación. Si se utiliza con cuidado y se usa para eliminar sólo .001 a .003 de pulg (0.02 a 0.07 mm), estas rimas mantienen tamaños de perforaciones razonablemente precisos.

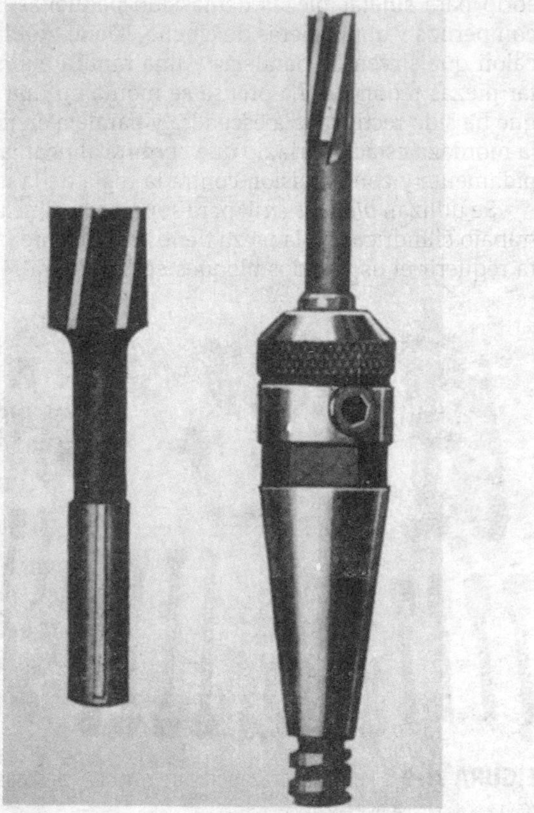

FIGURA 71-8 Una boquilla endurecida y rectificada sujetando una rima de precisión.(Cortesía de Moore Tool Company, Inc.)

Las *rimas de precisión, con zancos cortos y robustos* (Figura 71-8) proporcionan el método más rápido de localizar y calibrar perforaciones hasta con una precisión de ± .0005 pulg (0.01 mm). La rima de precisión sujeta rígidamente y girando concéntrica con el husillo actúa como una herramienta de mandrinado y una rima, localizando y calibrando la perforación simultáneamente. Las rimas de precisión eliminan el uso de herramientas de mandrinado si la precisión de la perforación y la localización no requiere de una tolerancia menor a ± .0005 pulg (0.01 mm).

DISPOSITIVOS DE SUJECIÓN DE PIEZAS

Para el taladrado de plantillas se requiere una amplia variedad de dispositivos para sujetar las piezas. Arreglos de Bloques paralelos, juegos de paralelas en ángulo de hierro, juegos de paralelas en forma de cajas y paralelas de extensión ayudan a fijar y alinear una variedad de formas de piezas. A fin de evitar maquinar la superficie de la mesa, la mayor parte de las piezas sujetas en una taladradora de plantillas se monta sobre paralelas o algún otro dispositivo adecuado. Los *pernos y abrazaderas de cincho* (Figura 71-9) proporcionan un método eficiente y conveniente para sujetar la mayor parte de los tipos de piezas. Los descansos de estas abrazaderas están fabricadas de latón para evitar marcar la mesa y se acoplarán a cualquier altura desde aproximadamente ⅜ hasta 9 pulg (9.5 a 225 mm).

La *prensa de precisión* (Figura 71-10) es un valioso accesorio para sujetar piezas demasiado pequeñas para fijarse con pernos y abrazaderas de cincho. Tiene mordazas en escalón que sirven de paralelas y una ranura en V para sujetar piezas redondas. La prensa se monta en una placa base que ha sido rectificada a escuadra y paralela en relación con la mordaza estacionaria, lo que permite alinear la prensa rápidamente y con precisión contra la regla de la máquina.

Se utilizan *bloques en V* para soportar y alinear piezas de trabajo cilíndricas. Si la pieza tiene la suficiente longitud para requerir el uso de dos bloques en V (Figura 71-11) es importante que se utilice un juego en par para asegurar el paralelismo con la superficie de la mesa. También la pieza debe alinearse con el recorrido de la mesa. Utilice un indicador a lo largo del diámetro del cilindro y golpee los bloques en V para corregir cualquier error.

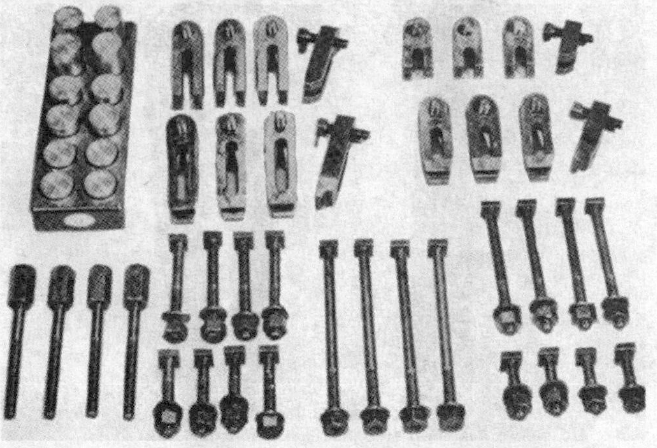

FIGURA 71-9 Pernos, abrazaderas de cincho y descansos. (Cortesía de Moore Tool Company, Inc.)

FIGURA 71-10 Una prensa de precisión. (Cortesía de Moore Tool Company, Inc.)

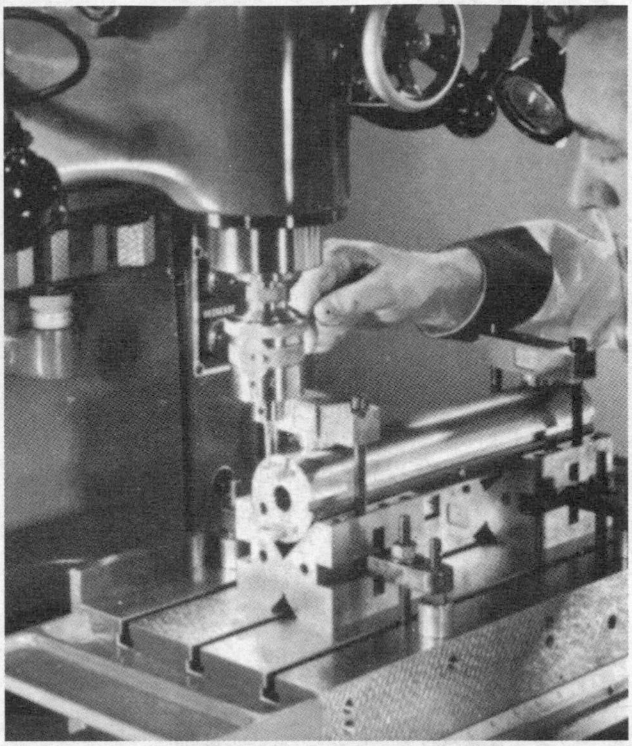

FIGURA 71-11 Pieza cilíndrica colocada sobre bloques en V. (Cortesía de Moore Tool Company, Inc.)

La *placa microsenos* (Figura 71-12), basada en el principio de la barra de senos, se utiliza para sujetar piezas para el maquinado de perforaciones en ángulo. Se puede ajustar a cualquier ángulo desde 0° hasta 90° mediante el uso del adecuado arreglo de bloques patrón. Se utiliza una varilla de sujeción para evitar que la placa microsenos se mueva durante operaciones de maquinado. La superficie de la placa de senos es lo suficientemente grande para permitir el montaje de la mesa giratoria (Figura 71-13) para trabajos que requieran puestas a punto y espaciamientos angulares compuestos.

La *mesa giratoria* (Figura 71-12) puede ser montada sobre la mesa de la máquina y así usarse para espaciar perforaciones con precisión en un círculo. La mesa está graduada con exactitud alrededor de su circunferencia en divisiones de medio grado y, mediante un vernier en la carátula de la manivela, se pueden efectuar ajustes con una precisión de hasta ± 12" de un grado o menos.Cuando se requieren perforaciones a 90° en relación con el eje de la pieza, se puede utilizar la *mesa giratoria de precisión Moore,* construida de forma que pueda ser montada en posición vertical sobre la mesa de la taladradora de plantillas. Un buje pulido en el centro de la mesa puede utilizarse para alinear centralmente las piezas de trabajo. En algunas mesas giratorias, se puede desmontar la manivela y reemplazar con un aditamento de plato perforado. Esto es especialmente útil cuando se requiera un gran número de perforaciones o graduaciones, ya que elimina errores resultantes del cálculo de los ángulos.

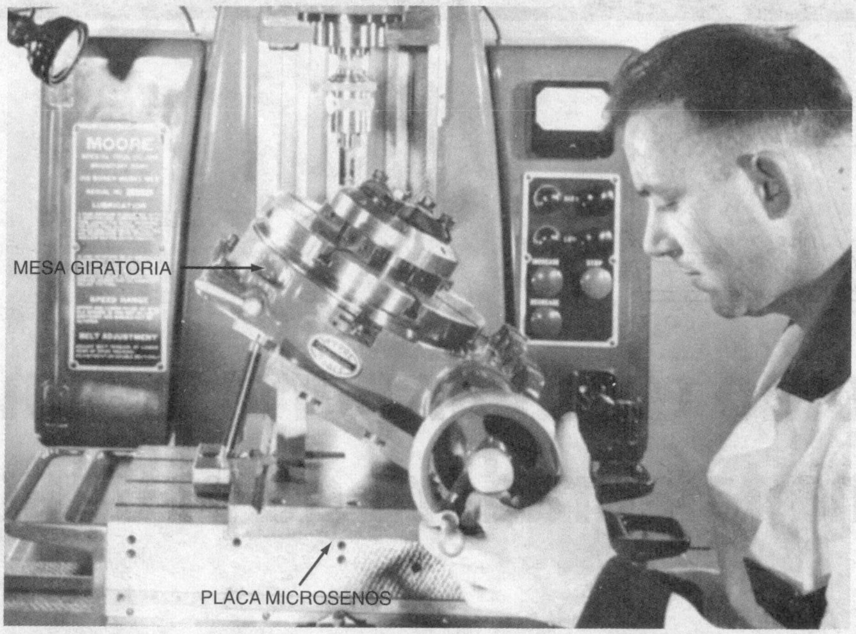

FIGURA 71-12 Combinando la placa microsine y la mesa giratoria para puestas a punto de ángulos compuestos y espaciamientos intercambiados. (Cortesía de Moore Tool Company, Inc.)

PREGUNTAS DE REPASO

Taladradora de plantillas

1. ¿Con qué finalidad fueron desarrolladas las taladradoras de plantillas?
2. ¿Para qué tipo de trabajos son especialmente valiosas?
3. Diga cuáles son las operaciones que se pueden llevar a cabo en una taladradora de plantillas.
4. Explique la diferencia entre una taladradora de plantillas y una máquina fresadora vertical.

Componentes de la taladradora de plantillas

5. Diga el propósito de cada uno de los siguientes: carcaza de la camisa, manivela posicionadora vertical, palanca de freno, manivela de avance rápido, tope ajustable para la profundidad de perforaciones y husillo.
6. ¿Para qué sirven las escalas de referencia en el taladrado de plantillas?
7. Explique por qué los ajustes longitudinales y transversales pueden hacerse rápida y precisamente hasta .0001 pulg (0.002 mm).
8. Liste tres precauciones que se deben observar al insertar zancos en el husillo de la máquina.

Accesorios y herramientas pequeñas

9. Nombre cuatro herramientas de mandrinado comunes y explique las ventajas de cada una de ellas.
10. Nombre dos tipos de rimas utilizadas en taladradora de plantillas y explique las ventajas de cada una de ellas.

Dispositivos de sujeción de piezas

11. Explique por qué una prensa de precisión es un accesorio muy valioso de la taladradora de plantillas.
12. ¿Cómo se debe poner a punto y alinear una pieza larga y cilíndrica?
13. Diga cuál es el propósito de:
    a. Una placa microsenos
    b. Una mesa giratoria
14. Explique cómo se puede incrementar la versatilidad de la mesa giratoria.

UNIDAD

72

Cómo efectuar perforaciones con una taladradora de plantillas

OBJETIVOS

Al terminar el estudio de esta unidad, se podrá:

1. Poner a punto y alinear piezas de trabajo para efectuar perforaciones con una taladradora de plantillas
2. Calcular las ubicaciones de las perforaciones utilizando el sistema de coordenadas
3. Efectuar e inspeccionar las perforaciones

Desde el principio de la era de las máquinas, ha sido un problema del herramentista la localización precisa de las perforaciones. Antes del desarrollo de máquinas precisas de localización y de medición, el herramentista se enfrentaba con un método tedioso y costoso, aunque razonablemente preciso de localizar las perforaciones. La *taladradora de plantillas,* que se desarrolló por vez primera en 1917, proporciona ahora al herramentista un medio de localización para perforaciones rápidas y exactas hasta con una precisión de .000090 pulg en más de 18 pulg de longitud (0.002 mm en más de 450 mm de longitud). Se utiliza para mandrinado de acabado de perforaciones en materiales blandos o para desbastar perforaciones en piezas que posteriormente serán endurecidas y rectificadas.

PUESTA A PUNTO DEL TRABAJO

Se utilizan en el taladrado de plantillas varios métodos de poner a punto el trabajo. Los más comunes son:

1. Poner la pieza paralela a la mesa de la máquina y alinear un borde de la pieza con el movimiento de traslación de la mesa.
2. Montar la pieza en una placa de senos para maquinado en ángulo.
3. Montar la pieza en una mesa giratoria para el espaciamiento angular de perforaciones en un círculo.

El tipo más común de pieza de trabajo es plana y rectangular y es una de las más fáciles de montar. El requisito básico para este tipo de piezas es que tenga *dos bordes rectificados exactamente en ángulo recto el uno con el otro.* Esto ayuda de manera importante la alineación de la pieza y también proporciona una superficie precisa para la alineación del centro del husillo en relación con un borde.

La pieza por lo común se coloca sobre paralelas para evitar cortar la mesa y se sujeta mediante pernos y abrazaderas. Es importante que las paralelas de soporte queden por debajo de las abrazaderas para evitar deformar la pieza, como en la Figura 72-1.

El borde de la pieza se puede alinear con el movimiento de la mesa al colocar uno de los bordes rectificados contra la regla de la máquina. En caso de que sea deseable que la pieza quede más cerca del centro de la mesa, se pueden utilizar bloques paralelos o bloques patrón entre la regla y la pieza (Figura 72-2). Para asegurar una alineación correcta es buena práctica verificar la posición de la pieza utilizando un indicador de carátula.

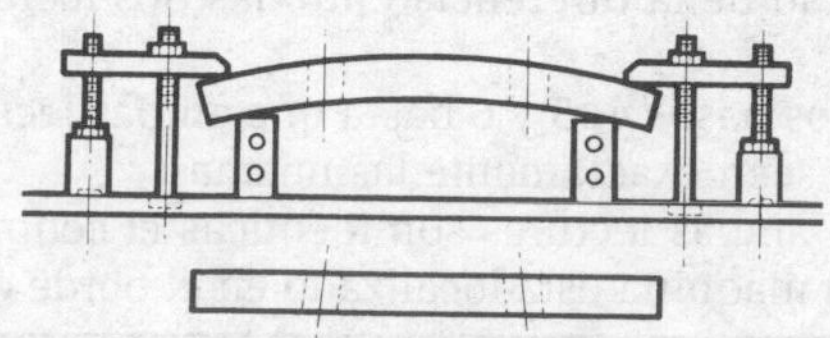

FIGURA 72-1 La deformación causada por una sujeción inadecuada dará como resultado perforaciones maquinadas fuera de escuadra. (Cortesía de Moore Tool Company, Inc.)

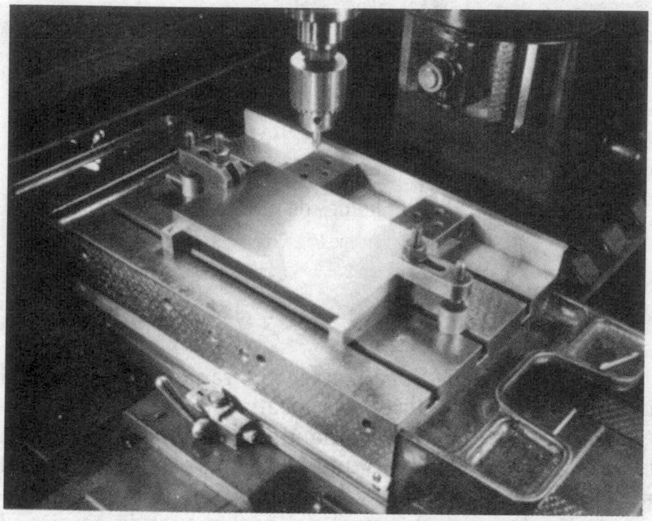

FIGURA 72-2 Bloques de montaje separando la pieza de trabajo de la regla, paralelamente al recorrido de la mesa. (Cortesía de Moore Tool Company, Inc.)

Cómo alinear el borde de la pieza utilizando un indicador

En piezas que no permitan el uso de una regla, se puede lograr la alineación fijando un indicador sobre el husillo de la máquina (Figura 72-3).

Procedimiento

1 Sujete sin gran apriete la pieza a la mesa.

2 Sujete el vástago del indicador en una boquilla o mandril de taladro en el husillo de la máquina.

3 Lleve el indicador contra el borde rectificado de la pieza y haga que registre aproximadamente .020 pulg (0.5 mm).

4 Haga girar ligeramente el husillo de la máquina en cada dirección y deténgase cuando el indicador registre la lectura más alta. Esto establece una relación de 90° entre la punta del indicador y el borde de la pieza.

5 Ajuste la carátula del indicador a cero (0).

6 Haga girar la manivela de la mesa de la taladradora para mover el borde de la pieza de trabajo sobre la punta del indicador. De esta manera, el indicador mostrará el error existente en la alineación de la pieza.

FIGURA 72-3 Alineación del borde de la pieza paralela al recorrido de la mesa utilizando un indicador. (Cortesía de Moore Tool Company, Inc.)

7 Golpee suavemente la pieza hasta que el indicador ya no muestre ningún movimiento al pasar la pieza frente a él.

Nota: Para evitar daño al indicador, la pieza *deberá ser golpeada alejándola del indicador* y no hacia el indicador.

8 Cuando ya no se observe movimiento en el indicador, apriete las tuercas de sujeción y *vuelva a verificar la alineación* mediante el indicador.

MÉTODOS DE LOCALIZACIÓN DE UN BORDE

Una vez paralela la pieza con el recorrido de la mesa, es necesario alinear el centro del husillo de la taladradora de plantillas con alguna referencia o punto de partida. Los puntos de referencia varían mucho pudiendo ser una perforación, un perno, una protuberancia, una línea trazada, una ranura, un contorno o un borde. Los dos puntos de referencia de uso más común son la perforación o un borde.

Juego

Cuando se selecciona un punto de referencia, y se han ajustado las carátulas de la mesa o se ha posicionado la misma, *el movimiento deberá ser siempre efectuado en la dirección de las flechas sobre las carátulas* (Figura 72-9 de la página 564) a fin de eliminar errores como resultado del *juego.* Si la carátula del avance transversal o del avance longitudinal han sido girados más allá del ajuste requerido, es necesario regresar la carátula aproximadamente un cuarto de vuelta más allá del ajuste, a fin de eliminar el juego, y después volverlo a ajustar girándolo en la dirección correcta. Cuando es necesario mover la mesa hacia atrás (en la dirección opuesta a las flechas de la carátula), haga girar la carátula más allá del ajuste necesario por lo menos un cuarto de vuelta y después haga el ajuste final en la dirección de las flechas.

Cómo localizar un borde utilizando un localizador de bordes

El *localizador de bordes* (Figura 72-4) es un valioso accesorio para la localización de un borde. Está construido de tal manera que la superficie del localizador que se coloca contra el borde de la pieza está exactamente en el centro de la ranura utilizada para fines de indicación.

Procedimiento

1 Sujete el localizador de bordes firmemente contra la pieza. En algunas piezas, puede ser posible sujetar el localizador a la pieza con el auxilio de una prensa.
2 Ajuste el soporte del indicador de tal manera que la punta apenas toque un borde de la ranura.
3 Lleve el indicador a que entre en contacto con un lado de la ranura, registrando aproximadamente .010 a .020 pulg (0.25 a 0.5 mm).
4 Asegúrese que el indicador esté en ángulo recto con el borde *girando ligeramente* el husillo de la taladradora hacia atrás y hacia adelante. Deténgase cuando el indicador registre su lectura más alta y *ajuste la carátula del indicador a cero (0).*
5 Gire el husillo de la máquina una media vuelta, deteniéndose cuando el indicador registre su lectura más elevada en el otro borde (Figura 72-4).
6 Gire la manivela de la mesa en la dirección de la flecha una mitad de la diferencia entre las dos lecturas del indicador.
7 Repita los pasos 4, 5 y 6 hasta que ambas lecturas de indicador sean exactamente las mismas.
8 Cuando ambas lecturas son idénticas el centro del husillo de la máquina está localizado en el borde de la pieza.

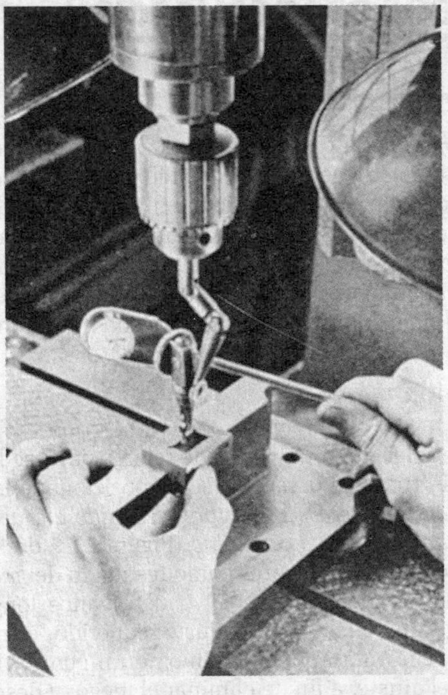

FIGURA 72-4 Localización del borde con un localizador de bordes y un indicador. El espejo ayuda a leer el indicador cuando éste está girado lejos del operador. (Cortesía de Moore Tool Company, Inc.)

FIGURA 72-5 Un localizador de bordes de resorte. (Cortesía de Brown & Sharpe Mfg. Co.)

La pieza puede localizarse con rapidez hasta .0005 pulg (0.01 mm) mediante un localizador con resorte (Figura 72-5) montado en un mandril para taladro o en una boquilla. Este dispositivo que tiene una cabeza móvil del mismo diámetro que el vástago, se mueve aproximadamente $\frac{1}{32}$ de pulg (0.8 mm) del centro cuando se gira el localizador. Conforme el localizador es acercado contra el borde de la pieza de trabajo la excentricidad de la cabeza se reduce. Cuando la cabeza del localizador queda concéntrica con el cuerpo, el borde de la pieza de trabajo estará a medio diámetro de la cabeza alejado de la línea central del husillo.

Cómo localizar un borde sin localizador

Si no se tiene un localizador disponible, sigue siendo posible localizar un borde lo bastante preciso utilizando el método que se ilustra en la Figura 72-6.

Procedimiento

1 Monte el indicador en el husillo de la máquina.
2 Ajuste el soporte del indicador de manera que la punta del indicador quede lo más cerca posible al centro del husillo de la máquina.
3 Ponga el indicador en contacto con el borde de la pieza haciendo que registre aproximadamente .010 a .020 pulg (0.25 a 0.5 mm).
4 Asegúrese que el indicador está en ángulo recto con el borde *haciendo girar ligeramente* el husillo de la taladradora hacia atrás y hacia adelante. Deténgase cuando el indicador registre su lectura más baja y *ajuste la carátula del indicador a cero (0).*

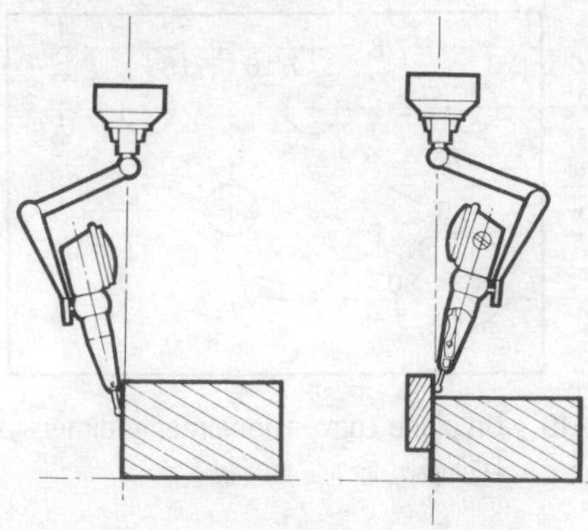

FIGURA 72-6 Localización de un borde sin localizador. El indicador se coloca contra la pieza de trabajo, se eleva, se gira 180° y se coloca contra un bloque patrón sujeto contra el borde. (Cortesía de Moore Tool Company, Inc.)

5 Eleve el husillo de la máquina para librar la parte superior de la pieza y haga girar el husillo 180° (media vuelta).

6 Coloque un bloque patrón contra el borde de la pieza (Figura 72-6) y haga girar el husillo de la máquina ligeramente hacia atrás y hacia adelante. Deténgase cuando el indicador registre su lectura más baja.

7 Haga girar la manivela de la mesa en la dirección de la flecha la mitad de la diferencia entre las dos lecturas de indicador.

8 Repita los pasos 4, 5, 6 y 7 hasta que ambas lecturas de indicador son exactamente las misma.

Cómo localizar con un localizador de líneas

Un método que no es muy preciso, pero que a veces se utiliza para localizar un borde o una línea trazada es efectuar la localización con un *localizador de líneas o palpador.*

Procedimiento

1 Monte el palpador (Figura 72-7) en un mandril de taladro sujeto en el husillo de la máquina.

2 Encienda la máquina y haga que el palpador gire concéntricamente colocando un dedo en contacto con la punta del palpador.

3 Mueva la mesa de manera que la punta del palpador queda tan cerca como sea posible a la línea o borde de referencia.

4 Utilice una lupa para efectuar los ajustes finales con tanta precisión como sea posible.

Localización con un microscopio

Algunas veces el punto de referencia sobre la pieza no se adecua a los métodos de localización mediante indicador o

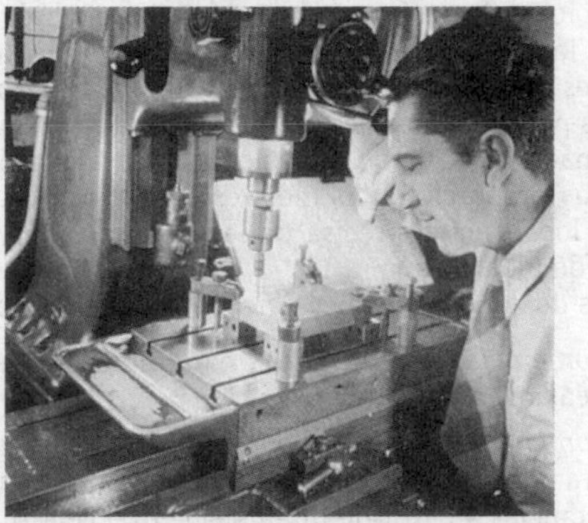

FIGURA 72-7 Localización de un borde utilizando un localizador de líneas. (Cortesía de Moore Tool Company, Inc.)

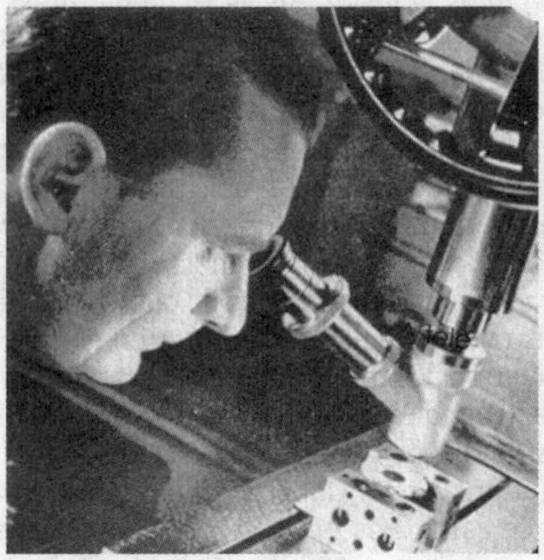

FIGURA 72-8 El microscopio Moore de localización permite localizaciones ópticas en las ocasiones en que los medios convencionales no son prácticos. (Cortesía de Moore Tool Company, Inc.)

localizador de líneas. Cuando se usan perforaciones pequeñas o parciales, contornos irregulares, ranuras y marcas de punzón como puntos de referencia, se utiliza un *microscopio localizador* (Figura 72-8). El microscopio tiene un aumento de 40X, lo suficientemente grande para poder ver .0001 pulg (0.002 mm). La referencia de la retícula del microscopio consiste de varios círculos concéntricos y de dos pares de líneas centrales cruzadas para la localización de un amplia variedad de puntos de referencia.

EL SISTEMA DE LOCALIZACIÓN POR COORDENADAS

El *sistema de localización por coordenadas* es el método más eficiente para establecer la localización de las perforaciones en operaciones de taladrado de plantillas. Este sistema elimina los métodos tediosos y a menudo inexactos de localización de perforaciones, como por ejemplo botoneo y trazo. También permite la mejor secuencia de operaciones como es marcado, taladrado y madrinado de desbaste de todas las perforaciones de una pieza antes de la operación de madrinado de acabado. El sistema de localización de coordenadas proporciona las mejores condiciones para mantener la localización precisa de las perforaciones en el taladrado de plantillas.

Los dos tipos generales de coordenadas utilizadas son:

1. *Coordenadas rectangulares,* para dimensiones dadas en líneas rectas.
2. *Coordenadas polares,* que se utilizan en mesas giratorias para perforaciones en círculos y que muestran ángulos y distancias a partir de una línea cero o centro.

Coordenadas rectangulares

El sistema de coordenadas rectangulares consiste en establecer la relación de la pieza que se va a taladrar con un par de ordenadas cruzadas, es decir o *líneas de cero.* En la taladradora de plantillas Moore, las líneas de cero están en la esquina superior izquierda de la mesa. Estas ordenadas cruzadas, conocidas a veces como los ejes *X* e *Y* representan las lecturas cero (0) en ambas escalas de referencia transversal y longitudinal de la taladradora. La Figura 72-9 muestra la relación de las escalas de referencia y las carátulas del tornillo de avance con dimensiones de coordenadas. (La mayor parte de las taladradoras de plantillas en el mercado son capaces de lecturas tanto en pulgadas como en milímetros).

Una vez sujeta la pieza en la mesa y el husillo alineado con *ambos bordes* de la pieza, las escalas de referencia (longitudinal y transversal) deberán ajustarse a la línea de pulgada más cercana. Por ejemplo, si la escala de referencia transversal se pone en 4000 pulg, y la escala de referencia

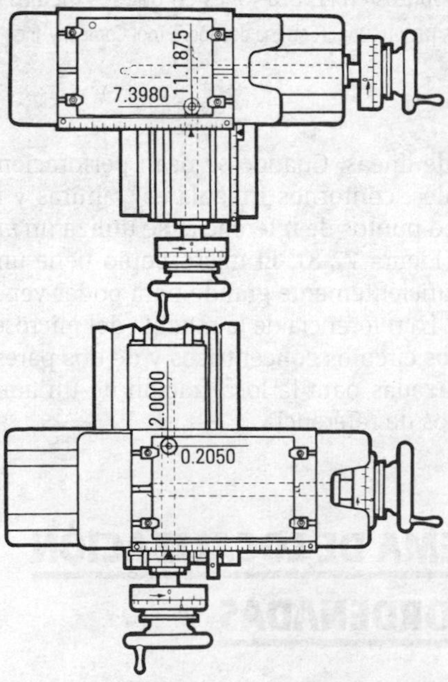

FIGURA 72-9 La relación de las escalas de referencia y de las carátulas con las dimensiones de coordenadas. (Cortesía de Moore Tool Company, Inc.)

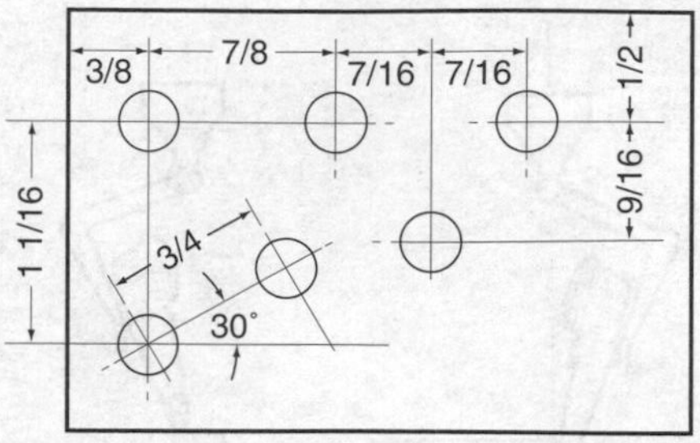

FIGURA 72-10 Un plano convencionalmente dimensionado. (Cortesía de Moore Tool Company, Inc.)

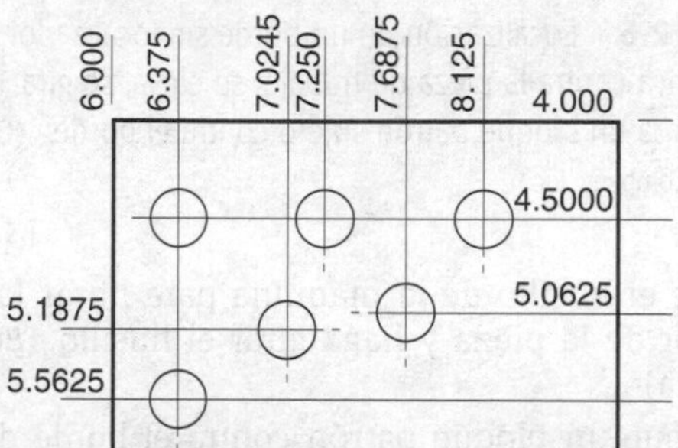

FIGURA 72-11 El mismo plano con coordenadas rectangulares. (Cortesía de Moore Tool Company, Inc.)

longitudinal se ajusta en 6000 pulg, las cifras 4000 pulg y 6000 pulg se escriben de forma inmediata sobre el borde correspondiente del plano en la relación correcta con el movimiento de la mesa.

La Figura 72-10 muestra un plano convencionalmente dimensionado, en el cual algunas de las dimensiones están referidas a un borde, y otras son de perforación a perforación. La Figura 72-11 muestra el mismo plano con dimensiones en coordenadas rectangulares. Las 4000 pulg sobre la esquina superior derecha y las 6000 pulg de la esquina superior izquierda corresponden a los ajustes de las escalas de referencia transversal y longitudinal. Todas las dimensiones se añaden a estos dos puntos y están marcados correspondientemente en el diagrama (Figura 72-11). Por ejemplo, las tres perforaciones de la parte superior están todas a .500 pulg del borde, que ahora se convierte en 4500 pulg del punto de referencia de la escala. La distancia entre las tres perforaciones y la perforación inmediatamente por debajo es de .5625 pulg, que ahora se convierte en 50625 pulg (4000 + .500 + .5625) desde el punto de referencia.

Coordenadas polares

El sistema de coordenadas polares es el sistema de dimensionamiento convencional utilizado para indicar en un círculo la localización de perforaciones que están todas a la misma distancia de un centro común. Estas dimensiones pueden darse ya sea como ángulos entre perforaciones, o mediante el número de perforaciones equidistantes requeridas en el círculo. Para convertir el número de perforaciones equidistantes a un valor angular entre perforaciones, divida 360° entre dicha cifra. Debe tenerse mucho cuidado en estos cálculos a fin de evitar un error, especialmente si 360° no es divisible entre dicho número.

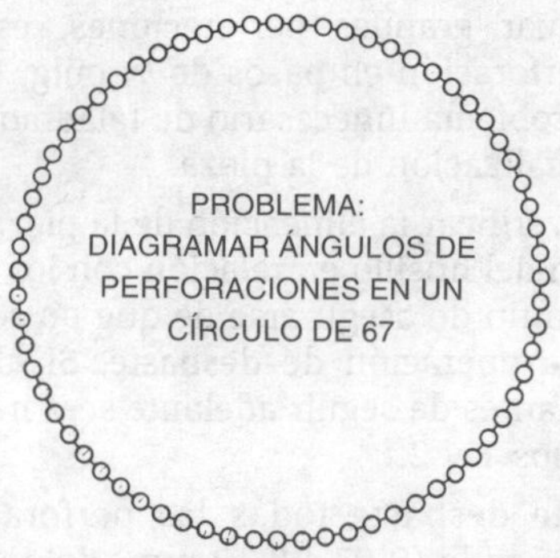

360° ÷ 67 = 5 GRADOS 22 MINUTOS 23-19/67 SEGUNDOS

INICIE EN CERO, AÑADA Y TABULE COMO SIRVE

PERFORACIÓN NO.	GRADOS	MINUTOS	SEGUNDOS
0	0		
1	5	22	23-19/67
AÑADIR	5	22	23-19/67
2	10	44	46-38/67
AÑADIR	5	22	23-19/67
3	16	7	9-57/67
AÑADIR	5	22	23-19/67
4	21	29	33-9/67
AÑADIR	5	22	23-19/67
5	26	51	56-28/67
AÑADIR	5	22	23-19/67
6	32	14	19-47/67
	etc.	etc.	etc.

FIGURA 72-12 Pasos necesarios para el cálculo de ángulos entre perforaciones en un círculo. A fin de evitar un error acumulativo, cada pequeña fracción de un ángulo debe añadirse en cada ocasión. (Cortesía de W.J. y J.D. Woodworth.)

Una vez calculadas las coordenadas polares, se prestan a ser usadas directamente con la mesa giratoria. Si se requieren muchas perforaciones, cuyo número no es un divisor exacto de 360°,debe tenerse gran cuidado en la rotación de la mesa giratoria puesto que un pequeño error entre cada perforación puede resultar en un error acumulado considerable. El ejemplo de la Figura 72-12 muestra los problemas que se encuentran en el cálculo del espaciamiento angular cuando el número no es un divisor exacto de 360°.

Las tablas Woodworth (vea el Apéndice) fueron desarrolladas por W. J. Woodworth y J. D. Woodworth para eliminar los problemas y las faltas de precisión que se encuentran en el uso de las coordenadas polares. Las tablas establecen coordenadas rectangulares para cada perforación partiendo de una línea tangente en la parte superior y a la izquierda, permitiendo la exacta ubicación de las perforaciones sin necesidad de usar una mesa giratoria. Un conjunto completo de tablas coordenadas para más de 100 perforaciones puede ser encontrado en el libro *Holes, Contours and Surfaces,* publicado por Moore Tool Company, de Bridgeport, Connecticut.

Cómo calcular coordenadas rectangulares utilizando las tablas Woodworth

1. Determine las coordenadas de la línea *A* (tangente izquierda) y de la línea *B* (tangente superior). Estas dos coordenadas se tomarían de las escalas de referencia de la mesa de la taladradora de plantillas.

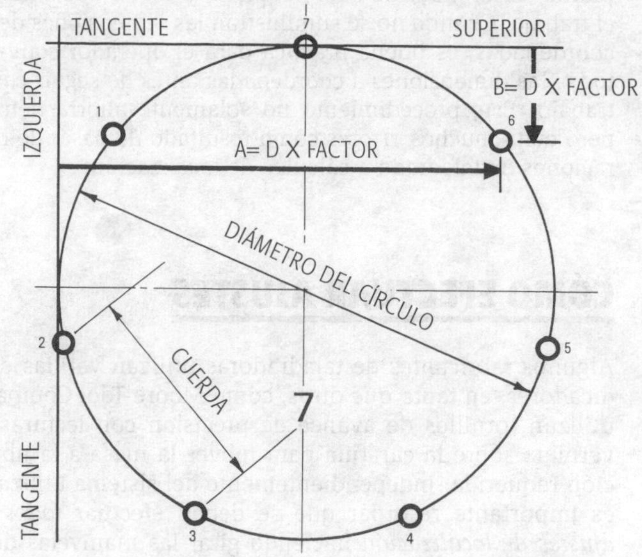

→	FACTOR POR A		↓ FACTOR POR B		ÁNGULO DE PERFORACIÓN		
					GRADOS	MINUTOS	SEG.
1	.109084	1	.188255	1	51	25	42-6/7
2	.012536	2	.611261	2	102	51	25-5/7
3	.283058	3	.950484	3	154	17	8-4/7
4	.716942	4	.950484	4	205	42	51-3/7
5	.987464	5	.611261	5	257	8	34-2/7
6	.890916	6	.188255	6	308	34	17-1/7
7	.500000	7	.000000	7	360	0	0

FIGURA 72-13 Factores de coordenadas rectangulares y ángulos para siete perforaciones uniformemente espaciadas. (Cortesía de W. J. Y J. D. Woodworth.)

2. Multiplique el factor *A* por el diámetro del círculo para conseguir la localización de cada perforación a partir de la línea tangente izquierda (Figura 72-13).
3. Sume el resultado del cálculo a la coordenada de la línea *A*.
4. Multiplique el factor *B* por el diámetro del círculo para conseguir la localización de cada perforación a partir de la línea tangente superior (Figura 72-13).
5. Sume el resultado del cálculo a la coordenada de la línea *B*.

Precálculo de coordenadas

A fin de ahorrar tiempo del operador y conseguir el máximo de producción de una taladradora de plantillas, muchas empresas están suministrando planos en los cuales las dimensiones ya están dadas en coordenadas. De esta manera, una vez sujeta la pieza a la mesa, el operador sólo necesita ajustar las escalas de referencia para que correspondan con el punto inicial indicado sobre el plano y seguir adelante con el trabajo. Cuando no se suministran las dimensiones de las coordenadas, es buena práctica para el operador convertir todas las dimensiones a coordenadas antes de seguir con el trabajo. Este procedimiento no solamente ahorra tiempo, pero evita muchos errores como resultado de pasar de operaciones de taladrado a cálculos de localización.

CÓMO EFECTUAR AJUSTES

Algunos fabricantes de taladradoras utilizan varillas e indicadores, en tanto que otros, como Moore Tool Company, utilizan tornillos de avance de precisión con lecturas en verniers sobre la carátula para mover la mesa a la ubicación requerida. Independientemente del sistema utilizado, es importante recordar que se deben efectuar *todos los ajustes de localización* haciendo girar las manivelas de la mesa *en una sola dirección* a fin de evitar errores resultado del juego. En las taladradoras de plantillas de Moore, esta dirección está indicada por una flecha en las carátulas transversal y longitudinal. Siempre que es necesario mover la mesa en la dirección opuesta, ésta deberá ser movida más allá del ajuste en aproximadamente un cuarto de vuelta y después llevada al ajuste deseado con la manivela girando en la dirección de las flechas. Este procedimiento eliminará el error resultante debido al juego.

PROCEDIMIENTO DE TALADRADO

Debido a la amplia variedad de trabajos posibles en el taladrado, no es aplicable siempre un procedimiento estándar. Sin embargo, siempre que sea posible deberá seguirse la secuencia siguiente:

1. Coloque y alinee con cuidado la pieza paralela a la dirección de movimiento de la mesa.
2. Alinee el centro del husillo de la máquina con el punto de referencia de la pieza. Ajuste las escalas de referencia de la máquina a la línea de medición principal más cercana.
3. Calcule la localización de coordenadas de todas las perforaciones y márquelas en el plano de la pieza.
4. Marque ligeramente la ubicación de todas las perforaciones utilizando una broca de centros o una herramienta de marcar.
5. Vuelva a marcar todas las perforaciones a una profundidad que proporcione una buena guía para las operaciones futuras de taladrado. Esta operación es una forma de volver a verificar la operación inicial de marcado para asegurar que no se han cometido errores en la lectura de la escala o carátulas.
6. Efectúe los taladros de más de ½ pulg (13 mm) de diámetro hasta 1/32 pulg (0.8 mm) del tamaño terminado. Para perforaciones menores de ½ pulg (13 mm) de diámetro, perfore hasta 1/64 pulg (0.4 mm) del tamaño final.

Nota: Al efectuar grandes perforaciones, es aconsejable agrandar la perforación en pasos de ¼ pulg, (6 mm), a fin de evitar un problema innecesario de taladrado, que pudiera mover la localización de la pieza.

7. Vuelva a verificar la alineación de la pieza, así como la alineación del husillo en relación con los puntos de referencia, a fin de asegurarse de que no se han movido durante la operación de desbaste. Si algún error es evidente, antes de seguir adelante será necesario repetir los pasos 1 y 2.
8. Taladre de desbaste todas las perforaciones hasta .003 a .005 pulg (0.07 a 0.12 mm) del tamaño que se requiere. El trabajo que requiera de una gran precisión debe permitirse que vuelva a la *temperatura ambiente* antes de la operación del madrinado final.
9. Madrinado de acabado todas las perforaciones al tamaño requerido.
10. Monte un indicador en el husillo de la máquina e inspeccione la precisión del taladrado antes de retirar la pieza de la máquina.

Nota: Si la precisión del trabajo no necesita de tolerancias más estrictas que ± .0005 pulg (0.01 mm) puede utilizarse una rima de precisión para terminar la perforación, procedimiento que elimina los pasos 8 y 9.

MEDICIÓN E INSPECCIÓN DE LAS PERFORACIONES

Medición del tamaño de la perforación

Hay disponible una amplia variedad de instrumentos para la medición del tamaño de las perforaciones con diversas exactitudes.

Los *calibres telescópicos y para pequeñas perforaciones* se utilizan de la misma manera que los compases de puntas de interiores. Sin embargo, en vista de que son más rígidos, es posible una mayor precisión en la medición. La Figura 72-14 muestra un calibrador telescópico utilizado para medir el diámetro de una perforación.

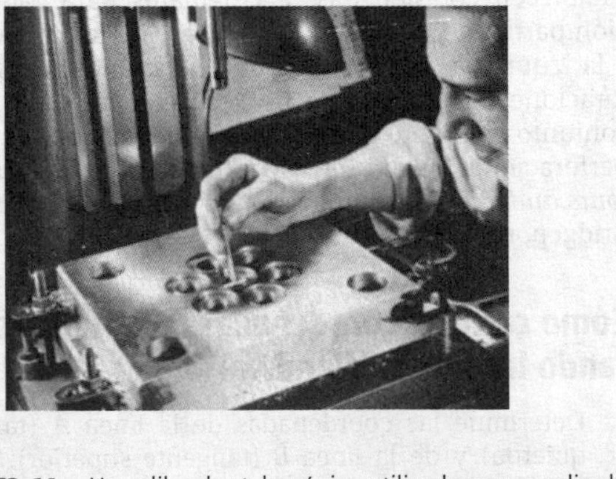

FIGURA 72-14 Un calibrador telescópico utilizado para medir el tamaño de perforaciones. (Cortesía de Moore Tool Company, Inc.)

Un *calibrador de émbolo* (Figura 72-15) es más preciso para verificar el diámetro de una perforación que el compás de puntas o los calibradores telescópicos. Tiene una limitación seria en el sentido de que sólo es útil para verificar una perforación cuyo tamaño es exactamente el correspondiente al calibrador. Dado que un calibrador de émbolo no indica el tamaño de la perforación en unidades de medición, es imposible determinar cuánto material debe todavía eliminarse de la perforación.

Los *calibradores planos cónicos* (Figura 72-16) proporcionan una manera rápida de verificar el tamaño de las perforaciones, especialmente durante la operación de taladrado de desbaste. El juego más común está formado de 36 calibradores, lo que permite la medición de perforaciones de .095 a 1.005 pulg (2.4 a 25 mm). Cada calibrador plano tiene una longitud de 1 1½ pulg (38 mm) marcado en graduaciones de .001 pulg (0.025 mm) y tiene un rango de .030 pulg (0.76 mm). Dado que estos calibradores son cónicos, no pueden determinar si una perforación tiene la boca acampanada o cónica y no pueden medir con una precisión de una diezmilésima.

Los *calibradores vernier* y varios tipos de *micrómetros de interior* son instrumentos capaces de medir con precisión el tamaño de las perforaciones hasta milésimas de una pulgada, es decir centésimas de un milímetro. Se trata de instrumentos de lectura directa, y por lo tanto no es necesario transferir sus ajustes a otro instrumento.

FIGURA 72-15 Un calibrador de émbolo es un medio preciso de verificar el tamaño final de una perforación. (Cortesía de Moore Tool Company, Inc.)

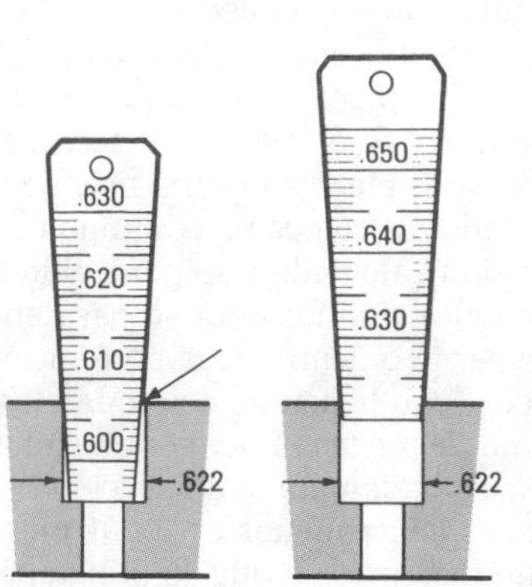

FIGURA 72-16 El tamaño de la perforación se lee directamente del calibrador plano cónico en el punto de contacto con los bordes de la perforación. (Cortesía de Moore Tool Company, Inc.)

FIGURA 72-17 El calibrador indicador interno proporciona mediciones extremadamente precisas. (Cortesía de Moore Tool Company, Inc.)

El *calibrador indicador interno* (o *calibrador de perforación de carátula*) (Figura 72-17) es un instrumento extremadamente preciso capaz de medir tamaños de perforación hasta de .0001 pulg (0.002 mm). Este calibrador se ajusta para un tamaño en particular comparándolo con un calibrador de anillo estándar o un micrómetro, y entonces se hace girar la carátula indicadora hasta que la aguja queda en cero. El calibrador se inserta entonces en la perforación y el tamaño de ésta última se compara con el ajuste del indicador. Es muy fácil verificar errores con este tipo de instrumentos como conicidad, boca acampanada y excentricidad.

Cómo inspeccionar la localización de una perforación

Una vez taladrada la pieza es importante verificar la precisión de la localización de las perforaciones. Pueden emplearse muchos métodos de inspeccionar la localización; el método seleccionado depende de la precisión requerida.

Es buena práctica utilizar el *taladrador* de plantillas para inspeccionar la precisión de la localización de las perforaciones antes de desmontar la pieza de la máquina. Este es uno de los métodos de inspección más precisos y convenientes, ya que la pieza ya está montada sobre la máquina. En el husillo de la máquina se monta un indicador (Figura 72-18 de la Pág. 568) y el punto de referencia original se mide. De este punto de referencia, la mesa es movida a las diferentes ubicaciones de las perforaciones, que se verifican en su precisión, haciendo que el indicador se introduzca en la perforación y haciendo girar al husillo de la máquina. La precisión de la localización de las perforaciones se determina observando cuánto varía la aguja del indicador. Un microscopio localizador, montado en el husillo de la taladradora, es especialmente valioso en la inspección de localizaciones dadas a partir de puntos de referencia, como por ejemplo, perforaciones pequeñas o parciales, contornos o ranuras.

Las ventajas de utilizar la taladradora para la inspección de la localización de las perforaciones son:

1. La pieza ya está montada, ahorrando tiempo y eliminando errores que podrían ocurrir al volver a montarla.
2. Las mismas dimensiones de coordenadas utilizadas para el taladrado se utilizan para la inspección.
3. El sistema de medición de la máquina es tan preciso como la mayor parte de los estándares de medición.
4. El indicador montado en el husillo de la máquina puede ser utilizado para verificar la localización, la excentricidad, la boca acampanada o la conicidad de una perforación.
5. La pieza perforada con base en coordenadas polares puede ser inspeccionado utilizando coordenadas rectangulares; así se comprobará la precisión de los cálculos y ajustes de la mesa giratoria.

FIGURA 72-18 Indicador montado en un husillo para fines de inspección. (Cortesía de Moore Tool Company, Inc.)

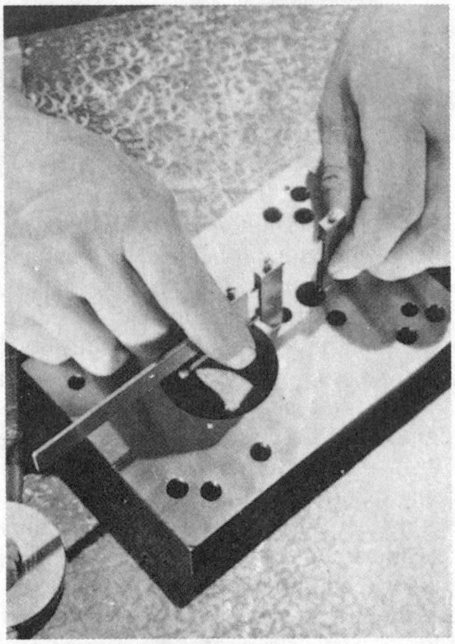

FIGURA 72-19 Medición de la distancia entre dos perforaciones con un calibrador vernier. (Cortesía de Moore Tool Company, Inc.)

Los *calibradores vernier* (Figura 72-19) proporcionan un método rápido pero no muy preciso para medir la distancia entre dos perforaciones. La precisión en el uso de los calibradores vernier está sujeta a:

1. Tensión inadecuada sobre el instrumento.
2. Errores de lectura del calibrador.
3. Errores en alineación angular que no son fácilmente detectables.

Se puede utilizar un *micrómetro exterior* para medir la distancia entre pernos muy ajustados que han sido insertados en las perforaciones. La precisión de este método está sujeta a:

1. Perforaciones no a escuadra entre sí.
2. Holguras entre el perno y la perforación.
3. Rebabas o suciedad en la perforación o sobre el perno.

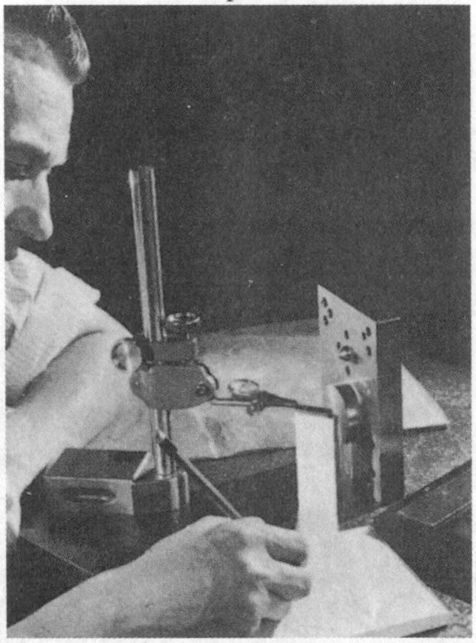

FIGURA 72-20 Medición de la distancia desde el borde de la pieza a un perno ajustado en una perforación. (Cortesía de Moore Tool Company, Inc.)

Un procedimiento razonablemente preciso para inspeccionar la localización de las perforaciones es mediante *bloques patrón y un indicador de carátula* (Figura 72-20). La pieza se fija en una placa a escuadra con el borde terminado descansando sobre el mármol y se calcula la distancia desde el borde de la pieza a la superficie de la perforación o al perno insertado. Se coloca un conjunto de bloques patrón para la dimensión calculada y se pone el indicador de carátula en los bloques. El indicador se pasa entonces sobre la superficie del perno o dentro de la perforación, comparando esta localización con la acumulación de bloques patrón.

La *máquina de medición* por coordenadas (CMM), especialmente desarrollada para la inspección de la localización de perforaciones hasta menos de .0001 pulg (0.02 mm), es el instrumento más preciso que se utiliza para fines de inspección. La máquina de medición Moore (Figura 72-21), incorpora los mismos principios básicos utilizados en las taladradoras de plantillas para el establecimiento preciso de la localización de las perforaciones.

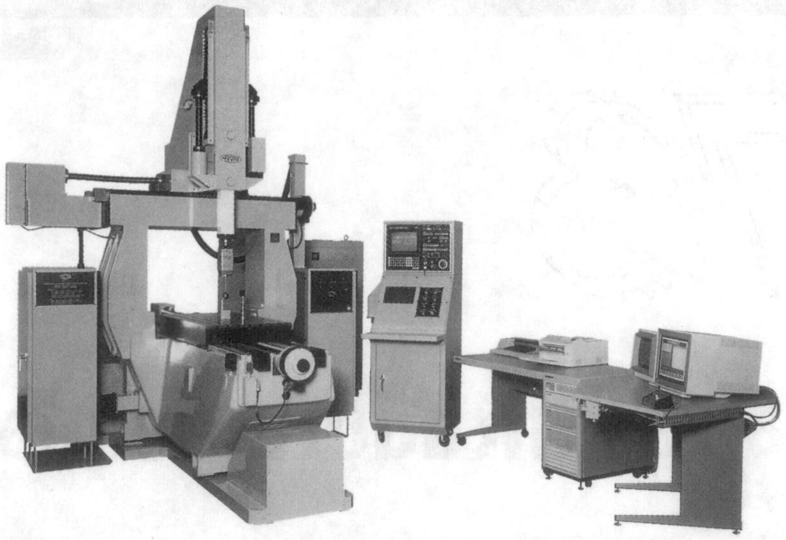

FIGURA 72-21 La máquina de medición de coordenadas. (Cortesía de Moore Tool Company, Inc.)

PREGUNTAS DE REPASO

Puesta a punto del trabajo

1. Nombre tres métodos para poner a punto una pieza en una taladradora de plantillas.
2. ¿Qué requisitos son necesarios para una pieza rectangular antes de colocarla en la máquina? Explique por qué estos requisitos son necesarios.
3. ¿Qué precauciones deben tomarse al sujetar la pieza?
4. Describa brevemente dos métodos de alinear el borde de la pieza de trabajo paralelo al recorrido de la mesa.
5. ¿Por qué debe golpearse la pieza siempre alejándola de un indicador y no hacia él?

Métodos de localización de un borde

6. ¿Qué debe hacerse para eliminar errores resultado del juego?
7. ¿Si la carátula se gira más allá del ajuste requerido, cómo se elimina el juego?
8. Nombre cuatro métodos para seleccionar un borde o punto de referencia.
9. Describa un microscopio localizador y diga con qué finalidad se utiliza.

El sistema coordenado de localización

10. Defina y diga los objetivos de los dos tipos de coordenadas.
11. Explique el principio del sistema de localización por coordenadas y cómo se utiliza en el taladrado de plantillas.
12. ¿Para qué sirven las escalas de referencia en el sistema coordenado de localización?

Cómo efectuar ajustes

13. ¿Por qué todos los ajustes de localización deben efectuarse en una misma dirección?
14. ¿Qué es lo que se debe hacer cuando es necesario mover la mesa en dirección opuesta a la dirección usada para los ajustes de localización?

Procedimiento de taladrado

15. ¿Por qué es aconsejable calcular todas las dimensiones de las coordenadas antes de seguir con el taladrado?
16. ¿Cuál es la finalidad de volver a marcar todas las perforaciones después de la operación inicial de marcado?
17. ¿Qué precauciones se deben tomar después de la operación de taladrado para asegurar localizaciones precisas de las perforaciones?
18. ¿Cuándo resulta aconsejable utilizar rimas de precisión?

Medición e inspección de perforaciones

19. Liste cuatro instrumentos utilizados para medir el tamaño de las perforaciones.
20. Describa un instrumento de precisión que puede medir el tamaño de las perforaciones con exactitud.
21. Enuncie las ventajas en el uso del calibrador indicador interno para la verificación de las perforaciones.
22. Liste las ventajas de usar la taladradora de plantillas para fines de inspección.

UNIDAD

73

La rectificadora de plantillas

OBJETIVOS

Al terminar el estudio de esta unidad, se podrá:

1 Seleccionar las ruedas y métodos de rectificación requeridos para la rectificación de perforaciones

2 Poner a punto la pieza y rectificar con precisión una perforación recta hasta una tolerancia de ±.0002 pulg (0.005 mm)

La necesidad de localizaciones precisas de perforaciones en material endurecido llevó al desarrollo en 1940 de la rectificadora de plantillas. Aunque desarrollada originalmente para posicionar y rectificar con precisión perforaciones rectas o cónicas, a lo largo del tiempo, se han encontrado muchos otros usos para la rectificadora de plantillas. El uso de mayor importancia ha sido la rectificación de formas de contornos, que pueden incluir una combinación de radios, tangentes y planos. (Figura 73-1).

Las ventajas de la rectificación de plantillas son:

1. Las perforaciones que se han distorsionado durante el proceso de endurecimiento se pueden rectificar con precisión a su tamaño y posición correctas.
2. Las perforaciones y los contornos que requieren de conicidad o de una salida pueden ser rectificadas. Piezas que embonan como punzones y troqueles se pueden acabar a su tamaño, eliminando la tediosa tarea de ajuste manual.
3. Dado que son posibles mejores terminados superficiales y ajustes más precisos, la vida de servicio de la pieza se prolonga de manera importante.
4. Muchas piezas que requieren de contornos se pueden fabricar de una forma sólida, más bien que en secciones como antes era necesario.

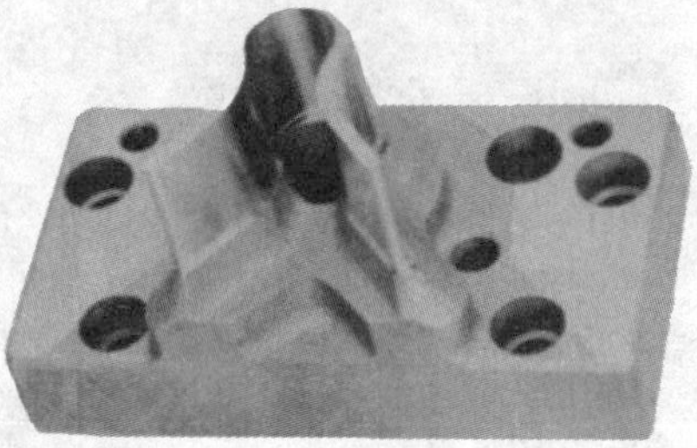

FIGURA 73-1 Un punzón con brida representa un ejemplo ideal de rectificación de plantillas. (Cortesía de Moore Tool Company, Inc.)

COMPONENTES DE LA RECTIFICADORA DE PLANTILLAS

La *rectificadora de plantillas* (Figura 73-2) es similar a una taladradora de plantillas. Ambas tienen tornillos de avance, rectificados con precisión capaces de posicionar la mesa dentro de una precisión de .0001 pulg (0.002 mm) a lo largo de toda su longitud. Ambas son máquinas de husillo vertical y se basan en el mismo principio de corte del mandrinado con una sola punta. La diferencia principal entre estas dos máquinas se encuentra en los husillos.

La rectificadora de plantillas está equipada con un husillo de rectificación de turbina neumática de alta velocidad para la sujeción e impulsión de las ruedas abrasivas. La construcción del husillo permite rectificado excéntrico (Figura 73-3), así como la rectificación de perforaciones cónicas (Figura 73-4).

FIGURA 73-2 Una rectificadora de plantillas Moore No 3. (Cortesía de Moore Tool Company, Inc.)

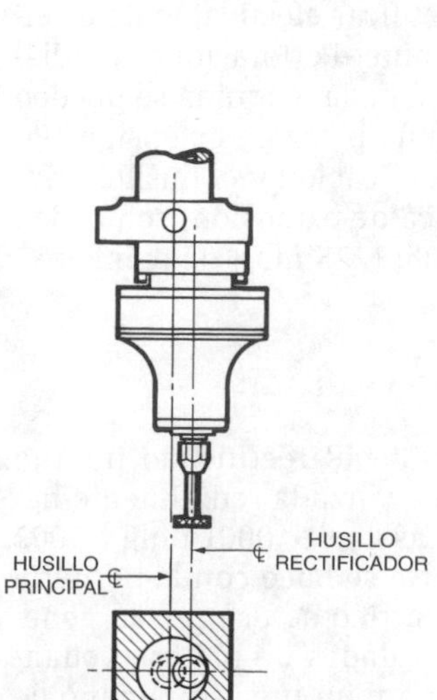

FIGURA 73-3 El husillo de rectificación se puede descentrar en relación con el husillo principal. La vista inferior muestra la trayectoria planetaria de rotación.

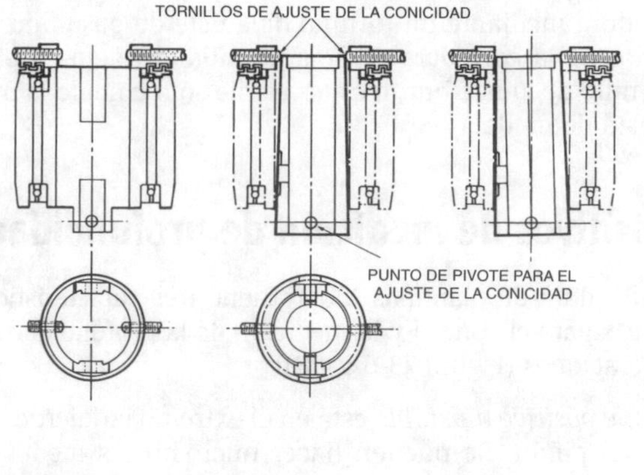

FIGURA 73-4 Ensamble del husillo principal. (Cortesía de Moore Tool Company, Inc.)

EXCENTRICIDAD DEL CABEZAL RECTIFICADOR

Una corredera horizontal en cola de milano conecta el cabezal rectificador al husillo principal de la rectificadora de plantillas. El cabezal rectificador puede desplazarse excéntricamente del centro del husillo principal para rectificar perforaciones de diversos tamaños. La excentricidad (desplazamiento) del cabezal rectificador puede controlarse *con precisión* mediante la *carátula de excentricidad* internamente roscada, montada sobre un yugo no giratorio en la parte superior del husillo de la rectificadora de plantillas (Figura 73-5). La carátula está graduada en pasos de .0001 pulg (0.002 mm) permitiendo un control preciso del tamaño de la perforación durante el rectificado.

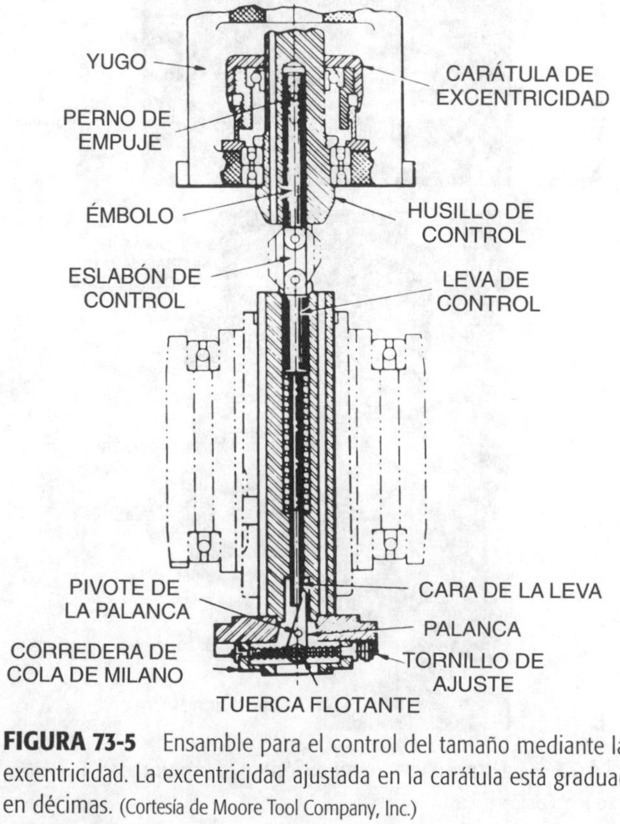

FIGURA 73-5 Ensamble para el control del tamaño mediante la excentricidad. La excentricidad ajustada en la carátula está graduada en décimas. (Cortesía de Moore Tool Company, Inc.)

Se consigue un ajuste burdo de la posición de la rueda rectificadora mediante un tornillo de ajuste de paso fino en el interior de la corredera de cola de milano (Figura 73-5). Este tornillo de ajuste burdo es accesible sólo cuando la máquina está detenida.

Dispositivos de medición de profundidad

La rectificadora de plantillas Moore tiene tres características específicas para el control y la medición de la profundidad de las perforaciones (Figura 73-6A y B):

1. El *tope positivo ajustable* está en el extremo izquierdo del eje del piñón. Se pueden hacer microajustes mediante un tornillo de límite.
2. La *carátula graduada* en la manivela de avance hacia abajo indica el recorrido del buje. Se puede poner en cero (0) en cualquier posición y leer la profundidad del recorrido en pasos de .001 pulg (0.02 mm).

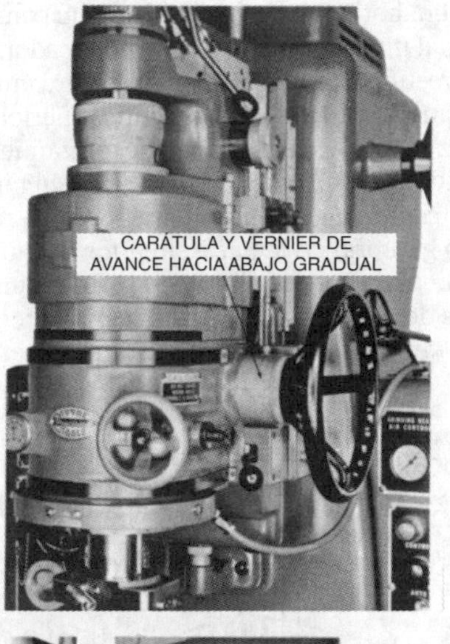

A

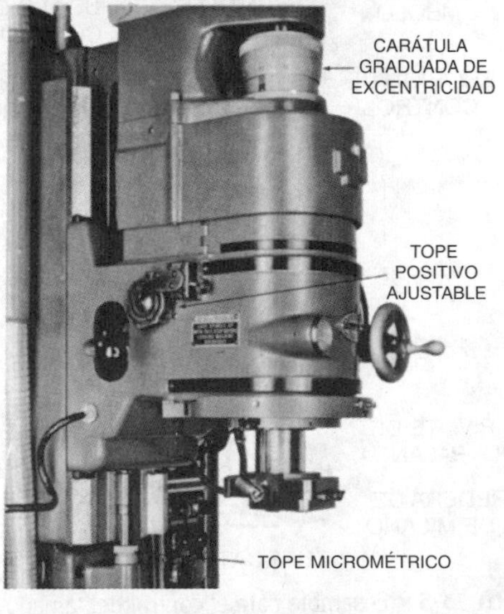

B

FIGURA 73-6 Dispositivos de medición de la profundidad. (Cortesía de Moore Tool Company, Inc.)

3. El *tope micrométrico* (Figura 73-6), sujeto a la columna de la rectificadora, controla la profundidad de la perforación.

Brazo reacondicionador de diamante

Las rectificadoras de plantillas deben reacondicionar las ruedas de esmeril sin tocar la puesta a punto y la localización del husillo de rectificación. El brazo reacondicionador de diamante (Figura 73-7) puede rápidamente girarse a la posición aproximada de la rueda rectificadora y bloqueado en la posición. El acercamiento final a la rueda rectificadora se efectúa mediante un tornillo moleteado de ajuste fino, que avanza el diamante por el brazo reacondicionador.

FIGURA 73-7 Reacondicionamiento de una rueda con un brazo reacondicionador de diamante.

MÉTODOS DE RECTIFICACIÓN

La eliminación de material de una perforación utilizando una rueda convencional rectificadora se efectúa siguiendo dos métodos: excéntricamente y rectificado en profundidad. Cada método tiene sus ventajas, y a veces ambos se pueden usar eficazmente para rectificar una misma perforación. Las perforaciones pequeñas, de menos de ¼ pulg (6 mm) de diámetro, se pueden rectificar efectivamente usando mandriles cargados de diamante. Perforaciones de diámetro mayor que el rango normal de la máquina se pueden rectificar con eficacia si se usa una placa de extensión (Figura 73-8) entre el husillo de rectificación y el husillo principal. Mediante el uso de la placa de extensión, se pueden rectificar barrenos de hasta 9 pulg (225 mm) de diámetro.

Rectificado excéntrico

El *rectificado excéntrico* es similar al rectificado interno donde la rueda rectificadora es avanzada radialmente hacia la pieza con pasadas tan finas como .0001 pulg (0.002 mm) cada vez. La acción de corte se hace con la periferia de la rueda. El rectificado excéntrico se usa por lo general para eliminar pequeñas cantidades de material cuando se requiere un terminado fino y un preciso tamaño de la perforación.

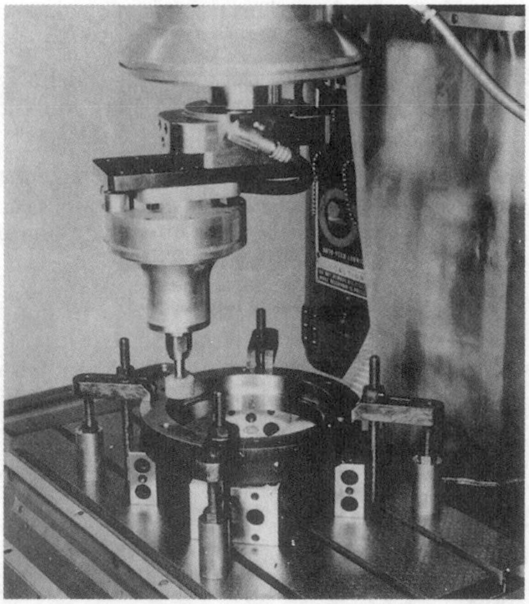

FIGURA 73-8 Rectificado de una perforación de gran tamaño utilizando una placa de extensión. (Cortesía de Moore Tool Company, Inc.)

Rectificado en profundidad

El *rectificado en profundidad* con una rueda rectificadora se puede comparar con la acción de corte de una herramienta de mandrinado. La rueda rectificadora se avanza radialmente al diámetro deseado y después hacia dentro de la pieza (Figura 73-9). El corte se efectúa con la esquina inferior de la rueda únicamente. Es un método rápido de eliminar material en exceso, y si la rueda está adecuadamente acondicionada, produce terminados satisfactorios para algunas piezas. La fuerte acción de corte que resulta de la pequeña área de contacto de la rueda mantiene a la pieza más fría que con el rectificado excéntrico.

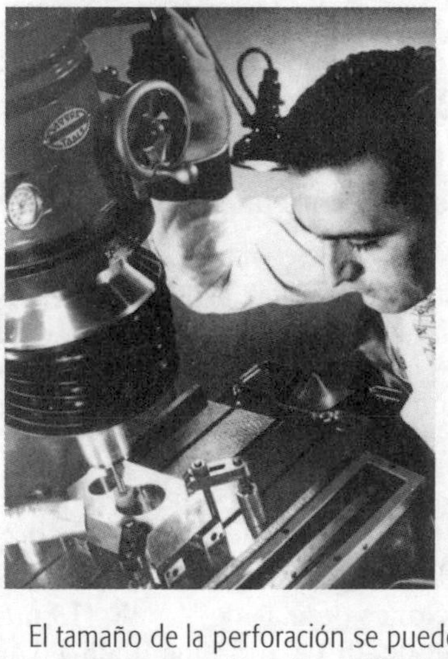

FIGURA 73-9 El tamaño de la perforación se puede incrementar en 1⁄16 de pulg (1.6 mm) en un corte utilizando rectificado en profundidad.

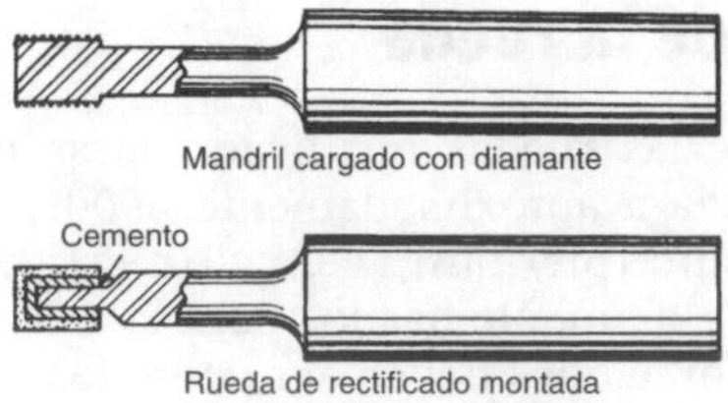

FIGURA 73-10 La resistencia y rigidez de un mandril cargado de diamante excede a los de una rueda rectificadora montada. (Cortesía de Moore Tool Company, Inc.)

Los *mandriles cargados de diamante* (Figura 73-10) se utilizan en substitución de las ruedas de rectificado convencionales para rectificar perforaciones de menos de 1⁄4 de pulg (6 mm) de diámetro. Estos mandriles deben estar hechos de acero laminado en frío, torneados al tamaño y forma correctas, en relación con la perforación a rectificar. El extremo rectificador del mandril se introduce en polvo de diamante y es golpeado bruscamente con un pequeño martillo endurecido para incrustar el polvo de diamante en la superficie del mandril.

Las ventajas de esta herramienta sobre una rueda rectificadora convencional son:

1. Los mandriles tienen una máxima rigidez y resistencia.
2. Los mandriles se pueden fabricar al diámetro y longitud ideal para cada perforación.
3. La velocidad requerida para un rectificado eficiente es de aproximadamente una cuarta parte de la correspondiente a una rueda de rectificado.
4. El costo por perforación es inferior debido a la mayor eficiencia.

RUEDAS RECTIFICADORAS

Selección

Es necesaria la selección de la rueda adecuada para un rendimiento de rectificado satisfactorio. En vista que muchos factores específicos influyen sobre la selección de la rueda rectificadora a utilizar, serán de utilidad unos cuantos principios generales:

1. El zanco o el mandril de ruedas montadas debe ser tan corto como sea posible par asegurar rigidez.
2. Siempre que sea posible, el diámetro de la rueda rectificadora debe ser aproximadamente las tres cuartas partes del diámetro de la perforación a rectificar.
3. Granos abrasivos ampliamente espaciados en el medio aglutinante incrementan el poder penetrante de la rueda.
4. Cuando se rectifican materiales blandos de baja resistencia a la tracción, debe utilizarse un grano abrasivo duro con un aglutinante razonablemente resistente o duro.
5. Para el rectificado de aceros endurecidos de alta aleación, se recomienda un grano abrasivo duro en un aglutinante blando o débil.

Velocidad de la rueda

La mayoría de las ruedas rectificadoras se operan con mayor eficiencia a aproximadamente 6000 pies superficiales por minuto (pie/min) (1828 m/min). Los mandriles cargados de diamante usados para la rectificación de pequeñas perforaciones deben ser operados a aproximadamente 1500 pie/min (457 m/min). La velocidad del husillo se puede variar para los diferentes tipos y diámetros de ruedas utilizadas; están disponibles tres cabezales rectificadores para la rectificadora de plantillas Moore. Con estos cabezales, es posible un rango de 12000 a 60000 revoluciones por minuto (r/min). La velocidad de cada cabezal puede modificarse dentro de su rango ajustando el regulador de presión que controla su suministro de aire.

Reacondicionamiento de ruedas

Para que una rueda rectificadora se desempeñe con eficiencia, debe estar acondicionada apropiadamente y ser concéntrica. Una rueda inadecuadamente acondicionada tendrá tendencia a producir las siguientes situaciones:

1. Un mal terminado superficial en la perforación.
2. Quemaduras superficiales.
3. Perforaciones no circulares.
4. Perforaciones cónicas o de boca acampanada.
5. Errores de localización.

El cuidado en el Reacondicionamiento de una rueda rectificadora puede evitar muchas de estas situaciones no deseables. Para desarrollar las mejores características de corte de la rueda, utilice las siguientes técnicas recomendadas para el Reacondicionamiento de una rueda rectificadora en una rectificadora de plantillas:

1. Mientras la rueda está girando a una velocidad reducida, reacondicione las caras superior e inferior utilizando una barra abrasiva sujeta con la mano.
2. Acondicione la periferia de la rueda con un diamante *afilado* (Figura 73-11).

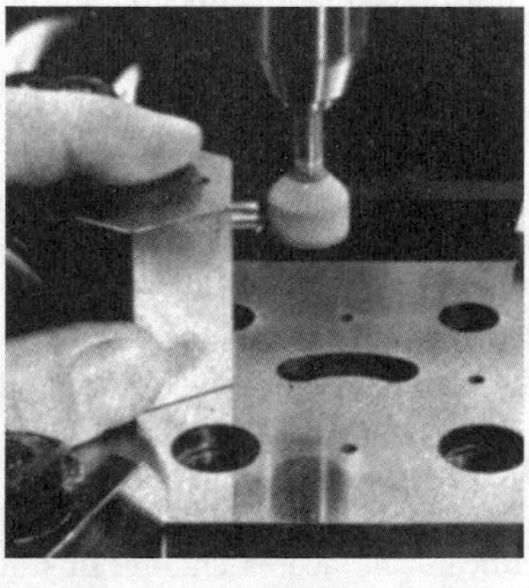

FIGURA 73-11 El reacondicionador de diamante sujeto con la mano, es conveniente y efectivo.

3. Repita los pasos 1 y 2 con la rueda a la velocidad correcta de operación.
4. Rebaje la porción superior del diámetro (Figura 73-12) para que solamente quede ¼ pulg (6 mm) aproximadamente de la cara de corte.
5. La cara inferior de la rueda debe hacerse ligeramente cóncava utilizando una barra abrasiva para poder rectificar hasta un escalón en la parte inferior de una perforación.

En el *rectificado excéntrico,* sólo deberá reacondicionarse el diámetro de la rueda cuando se requiera. Cuando se esté *rectificando en profundidad,* reacondicione la cara inferior de la rueda utilizando una barra abrasiva.

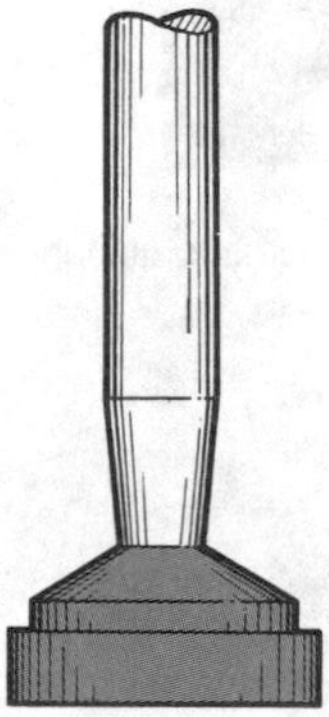

FIGURA 73-12 Se reduce el ancho de la cara de la rueda a fin de evitar una presión lateral excesiva durante el rectificado. (Cortesía de Moore Tool Company, Inc.)

HOLGURAS DE RECTIFICADO

Muchos factores determinan la cantidad de material que se debe dejar en una perforación para la operación de rectificado de plantillas. Algunos de los factores más comunes son:

1. El tipo de acabado superficial de la perforación.
2. El tamaño de la perforación.
3. El material de la pieza.
4. Distorsiones que ocurren durante el proceso de endurecimiento.

Es difícil establecer reglas específicas respecto a la cantidad de material que debe dejarse para el rectificado debido a los muchos factores variables involucrados. Sin embargo, las reglas generales que se aplicarían en la mayor parte de los casos son:

1. Las perforaciones de hasta ½ pulg (13 mm) de diámetro deben ser de .005 a .008 de pulg (0.12 a 0.2 mm) menor en diámetro para la operación de rectificado.
2. Las perforaciones de más de ½ pulg (13 mm) de diámetro deben ser de .010 a .015 pulg (0.25 a 0.4 mm) de menor diámetro para la operación de rectificado.

PUESTA A PUNTO DE LA PIEZA

Al poner a punto la pieza para el rectificado de precisión, tenga cuidado en evitar la distorsión de la pieza o de la mesa de la máquina debido a presiones de sujeción. Recuerde los siguientes puntos mientras efectúa el montaje de la pieza:

1. Cuando se utilizan pernos o abrazaderas, mantenga los pernos tan cerca como sea posible a la pieza.
2. Las abrazaderas deben colocarse exactamente sobre las paralelas que soportan a la pieza. Puede ocurrir distorsión de la pieza si una abrazadera es apretada sobre una parte de la pieza no soportada por paralelas.
3. Los pernos *no* deben apretarse más de lo requerido para sujetar a la pieza. Hay menos presión ejercida durante el rectificado que durante el taladrado.
4. No sujete a la pieza con demasiada presión en las mordazas de la prensa de precisión, ya que esto puede torcer la mordaza estacionaria, dislocando el borde alineado de la pieza.
5. Coloque a la pieza sobre paralelas lo suficientemente alto para permitir que se pueda medir la parte inferior de la perforación que se va a rectificar.

Cómo localizar la pieza de trabajo

Para localizar con precisión una pieza en la rectificadora de plantillas se utilizan los mismos métodos que en la taladradora de plantillas; se usan por ejemplo la regla, el localizador de bordes y el indicador. La distorsión creada en la pieza por el proceso de tratamiento térmico puede requerir de cierta cantidad de "acomodo" durante el proceso de colocación, para asegurarse que todas las perforaciones se "limpiarán". La pieza puede montarse paralela al movimiento de la mesa mediante tres métodos:

1. Indicando con carátula un borde de la pieza
2. Colocar a la pieza contra la regla de la mesa; después verificar la alineación con un indicador de carátula.
3. En una pieza con tratamiento térmico, indicando con carátula dos o más perforaciones y colocar a la pieza para que sirva para la localización promedio de un grupo de perforaciones.

SECUENCIA DE RECTIFICADO

Cuando en una pieza una serie de perforaciones deben de estar precisamente relacionadas entre sí, debe tomarse en consideración la secuencia de las operaciones de rectificado. Se sugiere la siguiente secuencia, cuando se requiere un cierto número de perforaciones diferentes, por ejemplo, rectas, cónicas o ciegas, o perforaciones con escalón:

1. Primero rectifique de desbaste todas las perforaciones. Cuando se requiere un elevado grado de precisión, deje que la pieza se enfríe a la temperatura ambiente antes de proseguir al rectificado de acabado.
2. Efectúe el rectificado de acabado de todas las perforaciones que puedan rectificarse con el mismo cabezal rectificador. Esto evita el continuo intercambio de cabezales.
3. Aquellas perforaciones cuya relación con las demás tienen mayor importancia deben rectificarse en un periodo continuo de tiempo.
4. Rectifique perforaciones con escalón o con hombros sólo una vez, a fin de evitar tener que efectuar ajustes precisos de profundidad dos veces.

Cómo rectificar una perforación cónica

El husillo de la rectificadora puede ajustarse para rectificar conos en ambas direcciones aflojando un tornillo de ajuste y apretando el otro. Para la mayor parte de la rectificación de perforaciones cónicas, es suficientemente preciso ajustar

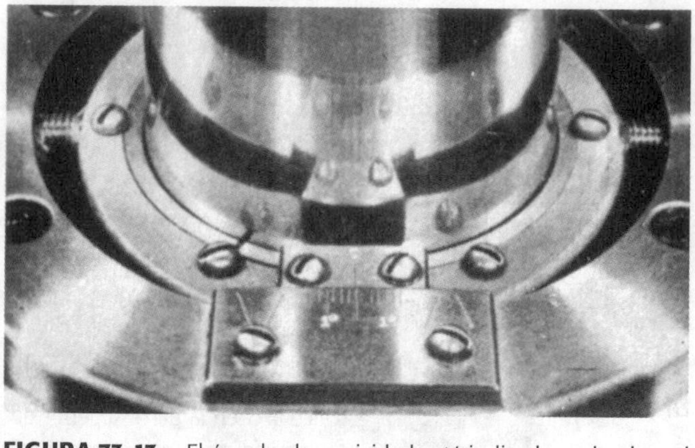

FIGURA 73-13 El ángulo de conicidad está indicado en la placa de ajuste de conicidad. (Cortesía de Moore Tool Company, Inc.)

el husillo de la rectificadora a los grados indicados en la placa de ajuste de conicidad (Figura 73-13).

Cuando se requiera de un ajuste angular *extremadamente preciso,* se sugieren los pasos siguientes:

1. Convertir la conicidad en milésimas de conicidad por pulgada (o centésimas de milímetro por cada 25 mm de longitud) usando cálculos matemáticos.
2. Montar un indicador de carátula sobre el husillo de la máquina.
3. Coloque una placa en ángulo o una escuadra patrón sobre la mesa de la máquina.
4. Mueva el indicador 1 pulg (o 25 mm) de movimiento vertical según se lee en la carátula de avance hacia abajo.
5. Apriete los tornillos de ajuste hasta obtener la conicidad deseada.

Nota: Si los tornillos de ajuste están demasiado apretados, bloquearán el movimiento vertical del husillo; si están demasiado flojos, la máquina puede rectificar en oval.

Invirtiendo este procedimiento, se puede volver a ajustar el husillo de la máquina para el rectificado de perforaciones rectas.

La mayor parte de las perforaciones cónicas también tienen una sección recta, y la conicidad se rectifica hasta una cierta distancia de la parte superior. Algunas veces resulta difícil ver exactamente dónde se inicia la conicidad debido al pulido de la perforación y el avance gradual de la mayor parte de los conos. Generalmente se utilizan dos métodos para que se vea dónde empieza la sección cónica:

1. Aplique utilizando un limpiapipas tinta de trazar en la porción superior de la perforación. El tinte será eliminado durante la operación de rectificado, permitiendo la medición de la longitud de la perforación recta.
2. En perforaciones demasiado pequeñas o difíciles de ver y medir, se recomienda que la conicidad se rectifique hasta la dimensión *X* de la Figura 73-14. Esto significa el uso de la fórmula de la Figura 73-14 para calcular el tamaño de la perforación en *X*. Una vez rectificada la perforación correctamente al tamaño, se rectifica la perforación recta al diámetro apropiado. Con ello se producirá automáticamente la longitud apropiada de la perforación recta *A*.

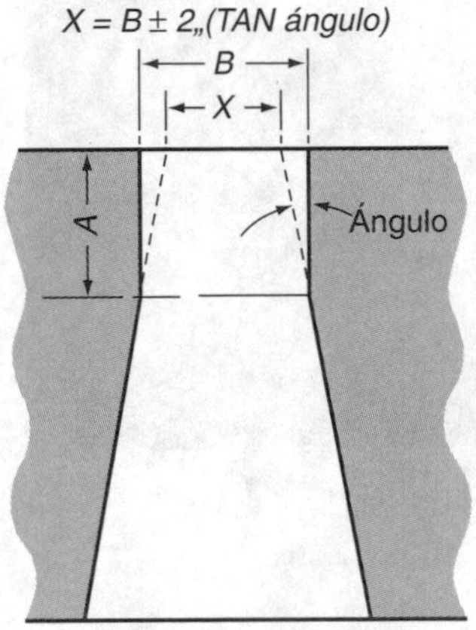

FIGURA 73-14 Fórmula para calcular *X* en la parte superior de una perforación cónica para producir la longitud deseada de la sección *A*. (Cortesía de Moore Tool Company, Inc.)

Cómo rectificar perforaciones con hombro o escalón

Muchas veces no solamente es necesario rectificar el diámetro de una perforación, sino que también es necesario rectificar el fondo de perforaciones ciegas o con hombros. El rectificado de perforaciones con hombro presenta unos cuantos problemas que no se hacen presentes en rectificado recto o cónico, y se ofrecen las sugerencias siguientes:

1. Seleccione la rueda de rectificado del tamaño correcto para el tamaño de la perforación (Figura 73-15).
2. Usando una barra abrasiva, deje la parte inferior de la rueda ligeramente cóncava.
3. Ajuste el tope de profundidad de manera que la rueda apenas toque el fondo o el hombro de la perforación.
4. Rectifique de desbaste los costados y el hombro de la perforación simultáneamente. Esto evita dejar un ligero escalón cerca del fondo de la perforación.
5. Reacondicione la rueda y proceda a rectificar de acabado la perforación.

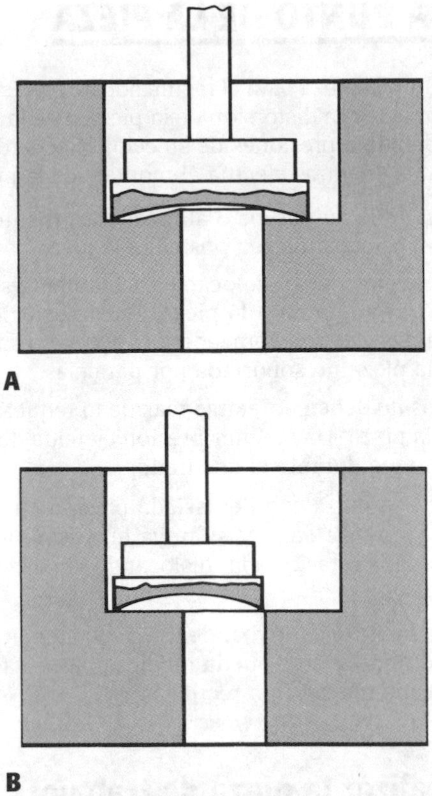

FIGURA 73-15 (A) La rueda rectificadora es demasiado grande y no puede rectificar una superficie plana; (B) la rueda es lo suficientemente pequeña para librar el lado opuesto de la perforación.

RECTIFICADO DE PLANTILLAS USANDO RUEDAS DE NITRURO DE BORO CÚBICO

Las ruedas y pernos de nitruro de boro cúbico (CBN) son ampliamente utilizadas debido a que son dos veces más duras que las ruedas de óxido de aluminio, resisten la fractura, duran mucho más y requieren de menos cambios de ruedas. Las ruedas CBN se desempeñan mejor al rectificar de precisión aceros para herramientas y troqueles, aceros al carbono y aleados endurecidos hasta 50 HRc y más; hierro fundido duros y abrasivos; y superaleaciones con una dureza de 35 HRc y más. Las ventajas de las ruedas y pernos CBN sobre las ruedas de óxido de aluminio se muestran en la Figura 73-16. Proporcionan el máximo rendimiento en máquinas con buenos cojinetes en el husillo y velocidades y avances constantes.

Guías de selección de ruedas

Las ruedas y pernos CBN están disponibles en una diversidad de tipos y tamaños para operaciones de rectificado de plantillas. Es muy importante para un rectificado exitoso

FIGURA 73-16 Ventajas del rectificado de plantillas con ruedas y espigas CBN.

usando ruedas CBN la adecuada selección de la rueda que se adecue al material de la pieza y al tipo de operación de rectificado. Los factores más importantes a considerar al seleccionar ruedas CBN son el tipo de abrasivo, el aglutinante de la rueda y el tamaño del grano.

1. *Tipo de abrasivo* –Puesto que existe una amplia variedad de abrasivos CBN disponibles para fines de rectificado de plantillas, seleccione uno que se adecue mejor al material a rectificar.
2. *Tipos de aglutinantes* –Las ruedas de rectificación CBN están disponibles con aglutinante en resina, vitrificadas, metal y electrodepositadas.
   - Las *ruedas con aglutinante de resina y vitrificadas* contienen cristales distribuidos uniformemente en la matriz de la rueda. Estas ruedas ofrecen una elevada velocidad de eliminación de material, una larga vida y un acabado superficial muy fino
   - Las ruedas con *aglutinante de metal* son de amplia utilización ya que ofrecen una larga vida de la rueda y una excelente retención de la forma
   - Las *ruedas electrodepositadas* tienen una sola capa de abrasivo CBN depositada a un núcleo o vástago de acero. Estas ruedas tienen varias ventajas como bajo costo, elevada velocidad de eliminación de material, corte libre y rectificado a baja temperatura.
3. *Tamaño del grano*– El tamaño del grano abrasivo determina la velocidad de eliminación de material y el tipo de terminado superficial producido.
   - *Seleccione el tamaño de grano más grande* que produzca el terminado superficial requerido; puesto que en general resulta en las mejores velocidades de eliminación de material y en la vida más larga de la rueda
   - *Seleccione un tamaño de grano abrasivo más fino* para producir buenos terminados superficiales y reducir el calor del rectificado.

Montaje y acondicionamiento de las ruedas

Un correcto procedimiento de montaje y acondicionamiento (concentricidad y acondicionamiento) es importante para el mejor rendimiento de las ruedas y pernos de rectificado de plantillas CBN. Ambos factores afectan la vida de las ruedas, la velocidad a la cual se elimina material y la calidad de la pieza de trabajo.

Montaje

- Instale la rueda tan cerca como sea posible a la sujeción a fin de evitar que se cuelgue, que puede dar como resultado ruido, vibración y deflexión del husillo.
- Use un indicador de carátula en el zanco de la rueda y gire el husillo lenta y manualmente para verificar que no existe excentricidad del husillo; no debe exceder de .001 pulg (0.02 mm).

Alineado

Las ruedas de rectificado de plantillas con aglutinante de resina, vitrificada y de metal deben verificarse en su alineado. *No ajuste nunca la alineación de ruedas electrodepositadas.* Use siempre puntas impregnadas de diamante de tamaño de grano del 150 para alinear las ruedas de rectificado de plantillas. *No use nunca un diamante de una sola punta.*

- Monte una punta de alineado impregnada de diamante en un soporte robusto
- Posicione la punta de diamante cerca de la rueda CBN (Figura. 73-17)
- Utilice pequeños incrementos de corte hacia adentro de .0005 pulg (0.01 mm) o menos
- Avance verticalmente (hacia arriba y hacia abajo) la longitud completa de la rueda frente a la punta de diamante a una velocidad de 30 a 40 pulg/min (0.75 a 1 m/min)
- Siga con el alineado hasta que la ruede quede correctamente.

Acondicionamiento o rectificado

La operación de alinear vitrifica las ruedas CBN y deja los cristales abrasivos y el aglutinante en un mismo plano. La

FIGURA 73-17 Al alinear una rueda CBN, la rueda debe pasar a una tasa estable, por un diamante impregnado con soporte rígido. (Cortesía de GE Superabrasives).

rueda no puede rectificar en este estado porque no existe espacio para viruta (garganta) al lado del grano abrasivo para que se introduzca la viruta. La operación de acondicionamiento elimina parte del aglutinante de la rueda y expone los bordes filosos del cristal CBN.

- Utilice una barra de acondicionar de óxido de aluminio de dureza media de grano del 220
- Remoje la barra de acondicionar en aceite soluble en agua a fin de crear un lodo mientras se afila
- Encienda la rueda y fuerce la barra de acondicionado hacia dentro horizontalmente en la profundidad de la sección abrasiva CBN (Figura 73-18). *No use NUNCA un movimiento hacia arriba y hacia abajo para acondicionado*
- Retire la barra y muévala hacia arriba una distancia igual a la longitud de la rueda
- Vuelva a forzar la barra de acondicionar en la profundidad de la sección abrasiva de la rueda
- Siga con este procedimiento hasta que se tenga la sensación que en la rueda parece que atrae la barra sin esfuerzo hacia adentro.

Conforme se expone el material aglutinante, los afilados cristales consumirán la barra de acondicionamiento rápidamente. No sobreacondicione ya que puede eliminar demasiado aglutinante y resultar en la pérdida de valiosos cristales abrasivos.

FIGURA 73-18 Las ruedas CBN con aglutinante de resina, vitrificada y metal deben acondicionarse con una barra de acondicionar de óxido de aluminio después de alinear. (Cortesía de GE Superabrasives)

Guía de rectificación

La precisión y la eficiencia de cualquier operación de rectificado de plantillas y la calidad del terminado superficial dependen de variables como la velocidad de la rueda, la velocidad recíproca y planetaria, el método de rectificación y el modo de rectificación.

1. *Para resultados óptimos, rectifique en húmedo.*
2. *Utilice las velocidades, excentricidades y velocidades recíprocas y planetarias de la rueda apropiadas.*

Nunca utilice una rueda a velocidades superiores a las recomendadas por el fabricante

- La *excentricidad* depende de las r.p.m del husillo, del diámetro de la rueda y del material de la pieza de trabajo
- Las *velocidades recíprocas y planetarias* deben ser razonablemente rápidas a una velocidad ligera y continua de excentricidad

3. *Utilice el modo de rectificación apropiado adaptada a la operación requerida.*

- *El rectificado de perforaciones o excéntricos* (Figura 73-19A), el método más común de rectificar perforaciones, elimina material debido a una excentricidad de la rueda mientras rectifica
- El *rectificado de pasada* (Figura 73-19B) elimina material moviendo a la pieza frente a una rueda giratoria que se mantiene en una posición estacionaria
- El *rectificado por tramos* (Figura 73-19C) elimina material cada vez que la rueda giratoria se mueve hacia abajo y hacia arriba, mientras la pieza avanza frente a ella en incrementos controlados o preestablecidos
- El *rectificado de hombro o de fondo* (Figura 73-19D) se lleva a cabo con una rueda cuya superficie inferior ha sido rebajada a fin de poder rectificar esquinas agudas.

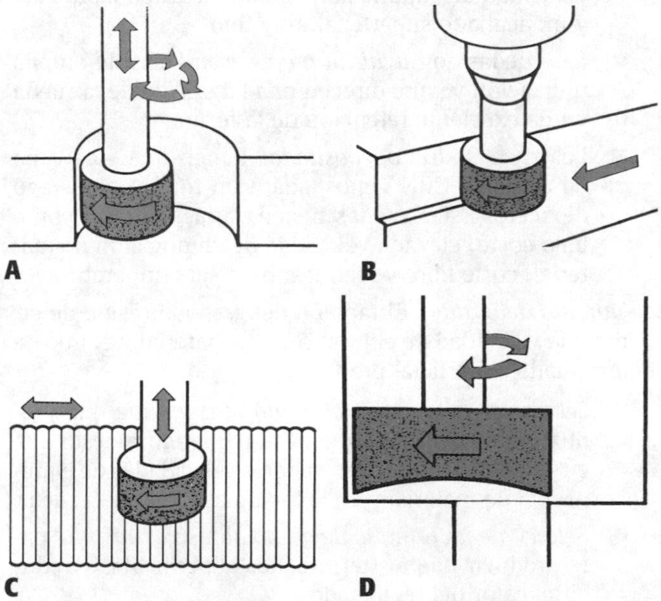

FIGURA 73-19 (A) Rectificado de perforaciones o excéntrico es el método más común de rectificar perforaciones; (B) el modo de rectificado de pasada generalmente se utiliza para rectificar formas; la pieza es pasada frente a la rueda giratoria, que está estacionaria; (C) en el rectificado por tramos, la rectificación reciprocante hacia arriba y hacia abajo, la pieza avanza ligeramente al final de cada ciclo; (D) la parte inferior de la rueda debe estar rebajada al rectificar fondos u hombros (Cortesía de GE Superabrasives.)

Resumen

Las ruedas y zancos CBN de rectificado de plantillas son dos veces más duras y más resistentes a la abrasión que las ruedas de óxido de aluminio. Las ruedas CBN cuestan más; sin embargo, resultan efectivas en su costo debido a su más larga vida, tiempo más corto de rectificado, menos mantenimiento de la rueda, acción fría de corte y mejor calidad de las piezas. Eliminan material de 30 a 50% más rápido que las ruedas de óxido de aluminio, resultando en una más elevada productividad.

Sugerencias de rectificación de plantillas

1. Calcule primero todas las coordenadas de las localizaciones de las perforaciones.
2. Sujete la pieza justo lo suficiente para mantenerla en su sitio. Una sujeción demasiado apretada puede causar distorsión.
3. Seleccione una rueda de rectificado que tenga tres cuartas partes del diámetro de la perforación que se va a rectificar.
4. Para rectificado de desbaste se debe seleccionar una rueda con grano ampliamente espaciado.
5. Rebaje el diámetro de la rueda de forma que sólo quede $\frac{1}{4}$ pulg (6 mm) de la cara de corte.
6. No use nunca una rueda vidriada para rectificar.
7. Rectifique de desbaste todas las perforaciones utilizando rectificado en profundidad.
8. Deje enfriar la pieza antes de rectificar de acabado.
9. Rectifique de acabado las perforaciones con una rueda recién acondicionada mediante rectificado excéntrico.

PREGUNTAS DE REPASO

1. ¿Por qué fue desarrollada la rectificadora de plantillas?
2. Diga cuáles son las ventajas del rectificado de plantillas.

Componentes de la rectificadora de plantillas

3. ¿Cómo está construida la rectificadora de plantillas para la rectificación de perforaciones cónicas?
4. Explique cómo posicionar la rueda rectificadora al diámetro de la perforación.
5. ¿Cuáles son los tres métodos que pueden utilizarse para controlar y medir la profundidad de una perforación?
6. Nombre dos métodos de acondicionar una rueda en una rectificadora de plantillas.

Métodos de rectificación

7. Compare la rectificación excéntrica y la de profundidad.
8. ¿Qué tan grande puede ser la perforación que se puede rectificar en una rectificadora de plantillas?
9. Diga cuáles son las ventajas de los mandriles cargados de diamante en comparación con las ruedas de rectificado para el rectificado de perforaciones pequeñas.

Ruedas de rectificado

10. Liste cuatro principios generales que deben seguirse al seleccionar una rueda de rectificado.
11. ¿A qué velocidad deben operarse las siguientes:
    a. ¿Ruedas de rectificado?
    b. ¿Mandriles cargados de diamante?
12. ¿Qué condiciones no deseables causará una rueda mal afilada?
13. Explique el procedimiento para el afilado de una rueda de rectificado.

Tolerancias de rectificado

14. Nombre los factores que determinan la cantidad de material que se debe dejar en una perforación para el rectificado.
15. Diga cuál es la tolerancia aplicable en la mayor parte de los casos a las perforaciones:
    a. Menores de $\frac{1}{2}$ pulg (13 mm)
    b. Mayores de $\frac{1}{2}$ pulg (13 mm)

Puesta a punto de la pieza

16. Explique cómo deben colocarse pernos y abrazaderas al colocar la pieza.
17. ¿Por qué es importante que los pernos no se aprieten demasiado?
18. Nombre tres métodos usados para colocar la pieza paralela al recorrido de la mesa.

Secuencia de rectificado

19. Liste la secuencia sugerida al rectificar una variedad de perforaciones.
20. Explique cómo puede el cabezal rectificador colocarse en un ángulo preciso.
21. Calcule la dimensión X para una perforación de $\frac{3}{16}$ pulg de diámetro con una sección recta de .200 pulg El ángulo incluido de la perforación cónica es de 2° (vea la Figura 73-14).
22. Explique el procedimiento para rectificar perforaciones con hombro.

CINCINNATI MILACRON
CINCRON
CELL CONTROLLER
CINCINNATI MILACRON

SECCIÓN

14

MAQUINADO DE LA ERA DE LAS COMPUTADORAS

Ninguna otra invención desde la revolución industrial ha tenido un impacto semejante en la sociedad que la computadora. Hoy día las computadoras pueden guiar y dirigir naves espaciales a la luna y al espacio exterior y hacer que regresen con seguridad a la tierra. Dirigen llamadas de larga distancia, programan y controlan la operación de trenes y aviones, predicen el clima, y producen informes instantáneos de su saldo bancario. En las cadenas de tiendas, la caja (conectada a una computadora central) totaliza las facturas, contabiliza las ventas y actualiza el inventario en cada operación. Esas son sólo unas pocas de las aplicaciones de la computadora en nuestra sociedad.

Durante las últimas dos décadas, se aplicaron computadoras simples al programa y control de las operaciones de las máquinas. Estos dispositivos han ido mejorando poco a poco de manera continua hasta que hoy día son unidades altamente complejas capaces de controlar completamente la programación, mantenimiento, solución de problemas y la operación de una sola máquina, de un grupo de máquinas, y pronto incluso de una planta manufacturera entera.

UNIDAD

74

La computadora

OBJETIVOS

Al terminar el estudio de esta unidad, se podrá:

1. Describir en general el desarrollo a través de las épocas de las computadoras
2. Explicar brevemente el efecto de las computadoras en la vida cotidiana

Desde el momento que los pueblos primitivos se dieron cuenta del concepto de lo que significa cantidad, las personas han utilizado algún procedimiento o mecanismo para contar y llevar a cabo cálculos. Los pueblos primitivos usaban los dedos de las manos y pies, así como piedras para contar (Figura 74-1). Aproximadamente en el año 4000 A.C., el ábaco, realmente la primera computadora, fue desarrollado en el Oriente. Usa el principio de cuentas móviles sobre varios alambres para efectuar los cálculos (Figura 74-2). El ábaco es muy preciso cuando se utiliza correctamente. Todavía hoy se le encuentra en los negocios orientales más pequeños y antiguos.

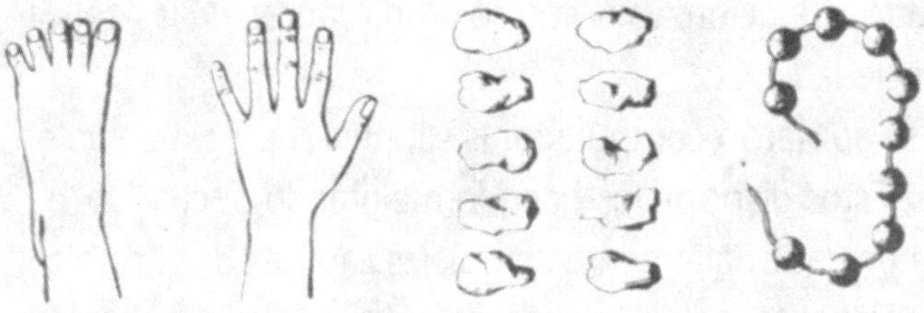

FIGURA 74-1 Medios primitivos de contar.

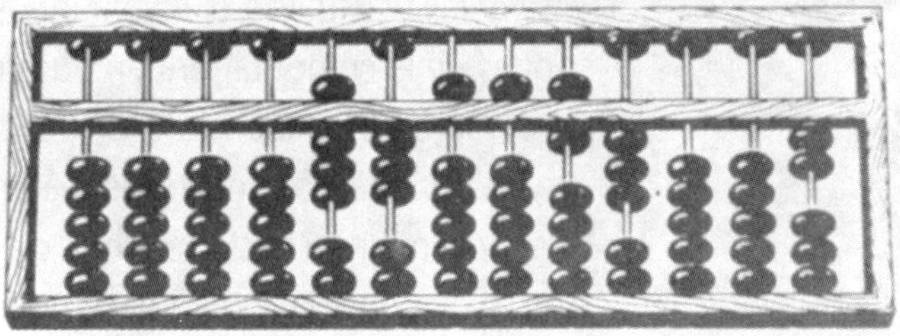

FIGURA 74-2 El ábaco fue la primera computadora verdadera.

HISTORIA DE LA COMPUTADORA

En 1642 fue construida la primera calculadora mecánica, por un francés de nombre Blaise Pascal. Estaba constituida por ocho ruedas o carátulas, cada una con los números 0 al 9, y cada rueda representaba las unidades, decenas, centenas, miles, etcétera. Podía, sin embargo, solamente sumar o restar. La multiplicación o la división se efectuaban mediante sumas o restas repetidas.

En 1671 un matemático alemán le agregó la capacidad de multiplicación y división. Sin embargo, esta máquina avanzada sólo podía llevar a cabo problemas aritméticos.

Charles Babbage, un matemático inglés del siglo XIX, produjo una máquina conocida como el mecanismo diferencial que podía calcular rápida y con precisión largas listas de varias funciones, incluyendo logaritmos.

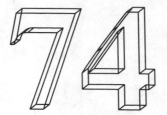

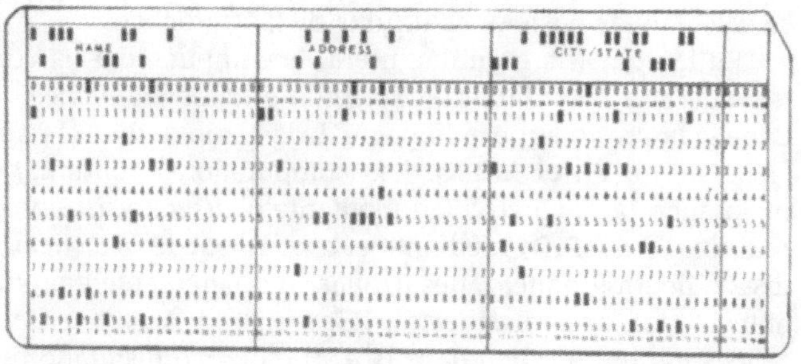

FIGURA 74-3 Las tarjetas perforadas fueron nuestro primer método de procesamiento de datos.

En 1804, un mecánico francés, J. M. Jacquard, introdujo un sistema de tarjetas perforadas para dirigir las operaciones de un telar. En los Estados Unidos, Herman Hollerith introdujo el uso de tarjetas perforadas para registrar información personal, como edad, sexo, raza y estado civil, para el censo norteamericano de 1890 (Figura 74-3). La información fue codificada en tarjetas y leída y tabulada por sensores eléctricos. Este uso de las tarjetas perforadas llevó al desarrollo de las primeras máquinas de oficina para la tabulación de datos.

En los años 30, un alemán de nombre Konrad Zuse construyó una computadora que, entre otras cosas fue utilizada para calcular diseños de ala para la industria aérea alemana.

Un matemático de nombre George Stibitz produjo un dispositivo similar en 1939 para Bell Telephone Laboratories en los Estados Unidos. Esta máquina era capaz de efectuar cálculos sobre líneas telefónicas; así nació la primera máquina de procesamiento remoto de datos.

Durante la Segunda Guerra Mundial, los ingleses construyeron una computadora llamada Colossus I, que ayudó a descifrar los códigos alemanes.

Las primeras computadoras digitales utilizaban interruptores o relevadores electromecánicos de encendido o apagado. La primera gran computadora, la Mark I, ensamblada en Harvard University por IBM, podía multiplicar dos cifras de 23 dígitos en aproximadamente cinco segundos –una hazaña verdaderamente lenta en comparación con las máquinas actuales.

En 1946, se produjo la primera computadora digital electrónica del mundo, la *ENIAC* (computadora automática electrónica de integración numérica). Contenía más de 19000 tubos de vacío, pesaba más de 30 toneladas y ocupaba más de 15000 pies cuadrados de espacio. Se trataba de una computadora mucho más rápida –capaz de sumar dos cifras en $\frac{1}{5000}$ de un segundo. Una máquina de ese tamaño tenía muchos problemas de operación, particularmente con los tubos que se quemaban y el alambrado de los circuitos.

En 1947, fue producido el primer transistor por Bell Laboratories. Estos se utilizaron como interruptores para controlar el flujo de electrones. Eran mucho más pequeños que los tubos de vacío, tenían menos fallas, emitía menos calor y su costo era más económico. Se ensamblaron entonces computadoras utilizando transistores, pero seguía existiendo el problema de un complejo alambrado a mano. Este problema llevó al desarrollo del circuito impreso.

A fines de los años cincuenta, Kilby de Texas Instruments y Noyce de Fairchild descubrieron que se podían grabar en una pequeña pieza de silicio (aproximadamente $\frac{1}{4} \times \frac{1}{4} \times \frac{1}{32}$ pulg de espesor) cualquier cantidad de transistores junto con sus interconexiones. Estos chips, conocidos como *circuitos integrados* (IC), contenían secciones completas de la computadora, como un circuito lógico o un registro de memoria. Estos chips se han mejorado aún más, y hoy se amontonan miles de transistores y circuitos en este pequeño chip de silicio (Figura 74-4). El único problema con este chip avanzado, es que los circuitos están fijados de una manera rígida y los chips solamente pueden hacer las tareas para las que fueron diseñados.

FIGURA 74-4 En un pequeño chip de silicio se pueden almacenar miles de bits de información. (Cortesía de Rockwell International.)

En 1971 Intel Corporation produjo el microprocesador –un chip que contenía la totalidad de la *unidad de procesamiento central* (CPU) de una computadora individual. Este único chip podía ser programado para llevar a cabo cualquier cantidad de tareas, desde dirigir una nave espacial a operar un reloj o controlar las nuevas computadoras personales.

EL PAPEL DE LA COMPUTADORA

Aunque las computadoras actuales nos maravillan (particularmente a la vieja generación), se han convertido en parte de la vida cotidiana. En los años por venir, se convertirán en una influencia todavía mayor.

Nos admira que hoy algunas computadoras pueden ejecutar un millón de cálculos por segundo debido a los miles de transistores y circuitos amontonados en los pequeños chips (IC). Los científicos de la computación pueden prever el día cuando mil millones de transistores e interruptores electrónicos (con las conexiones necesarias), puedan amontonarse en un solo chip. Un solo chip tendrá una memoria lo suficientemePnte grande para almacenar el texto de 200 novelas largas. Avances de este tipo reducirán el tamaño de las computadoras de una manera considerable.

En el año 1990 se introdujo el prototipo de una computadora pensante que incorporaba *inteligencia artificial* (AI). El producto comercial apareció aproximadamente 5 años después. Esta máquina es capaz de reconocer la voz y el lenguaje escrito y de traducir y escribir documentos automáticamente. Una vez dada una orden verbal, la computadora actúa, a menos de que no comprenda la orden. En ese momento la computadora hace preguntas hasta que es capaz de establecer su propio juicio y actuar. También aprende recordando y estudiando sus errores.

Las computadoras se utilizan en los centros médicos más grandes para catalogar todas las enfermedades conocidas con sus síntomas y tratamientos. Este conocimiento es superior al que cualquier doctor puede recordar. Los doctores ahora pueden conectar su propia computadora a la computadora central y obtener un diagnóstico inmediato y preciso del problema del paciente, ahorrando así muchas horas e incluso días para esperar los resultados de pruebas de rutina.

Debido a la computadora, los niños aprenderán más a una edad más temprana y como es de esperarse las generaciones futuras tendrán un conocimiento más amplio y más profundo que el de las generaciones pasadas. Se dijo que en el pasado se duplicaban los conocimientos cada 25 años. Ahora con la computadora la cantidad de conocimientos se dice que se duplica cada 3 años. Con este mayor acerbo de conocimientos, la raza humana explorará y desarrollará nuevas ciencias y áreas desconocidas para nosotros (de una manera similar a la forma en que la computadora afectó a las personas de mayor edad de esta era).

En otras áreas la computadora se ha utilizado y se seguirá utilizando para predecir el clima; para guiar y dirigir aeroplanos, naves espaciales, misiles y artillería militar; y para monitorear entornos industriales.

En la vida cotidiana todo el mundo está afectado y seguirá afectado por la computadora. Las computadoras de las tiendas departamentales enlistan y totalizan sus compras y al mismo tiempo mantienen actualizado el inventario y aconsejan a la empresa sobre los hábitos de compra de las personas. Por lo tanto la computadora permite que la empresa compre con mayor conocimiento. Las computadoras de las empresas de crédito saben cuánto debe cada adulto, a quién y la forma en que la deuda se está cancelando. Las computadoras en las escuelas registran los cursos, calificaciones y otra información de los estudiantes. Se mantienen registros hospitalarios y médicos sobre quien quiera que haya sido admitido en un hospital.

Las oficinas policiacas tienen acceso a una computadora nacional que puede producir registros policiacos de cualquier delincuente conocido. La oficina de censos y los departamentos fiscales de cualquier país tienen información de todos sus ciudadanos en computadora.

En la oficina las computadoras han liberado a los contadores del aburrimiento de trabajos repetitivos como por ejemplo el procesamiento de las nóminas. Muchos oficinistas trabajan en su casa utilizando una computadora de la empresa. Con ello se elimina la necesidad de viajar distancias largas para llegar al trabajo así como la necesidad de servicios de cuidado de los niños, requeridas por muchas familias que trabajan.

En los sistemas de control de la defensa aérea, se alimentan en la computadora la posición y el curso de todas las aeronaves provenientes de la red de estaciones de radar, junto con su velocidad y dirección. La información se almacena y se calculan las posiciones futuras de las aeronaves.

En la industria manufacturera, la computadora ha contribuido a la manufactura eficiente de todos los bienes. Se tiene la impresión que el impacto de la computadora será incluso mayor en el futuro. Las computadoras continuarán mejorando la productividad mediante *el diseño asistido por computadora* (CAD) mediante el cual se puede investigar el diseño de un producto, desarrollar completamente y probar antes de iniciar la producción (Figura 74-5). *La manufactura asistida por computadora* (CAM) da como resultado menos desperdicio y más confiabilidad al usar el control por computadora de la secuencia de maquinado y las velocidades y avances de corte.

Los robots, que son controlados por computadora son utilizados por la industria de una manera creciente. Los robots se pueden programar para pintar automóviles, soldar, alimentar forjas, cargar y descargar maquinaria, ensamblar motores eléctricos y llevar a cabo tareas peligrosas y aburridas actualmente ejecutadas por los seres humanos.

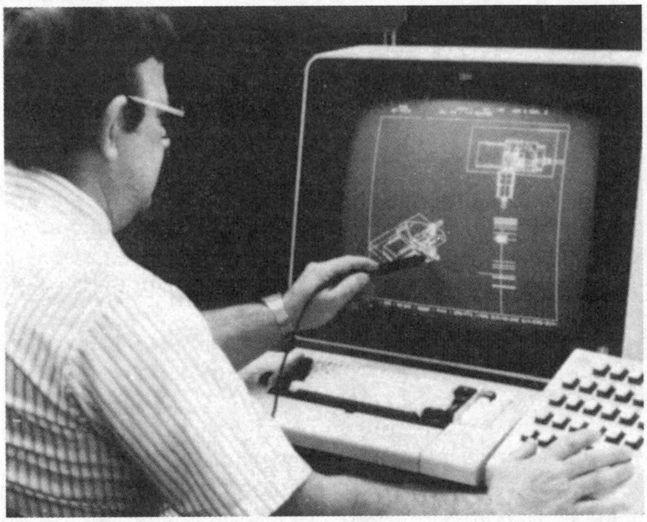

FIGURA 74-5 Los sistemas CAD son valiosos para los ingenieros que investigan y diseñan productos.

PREGUNTAS DE REPASO

1. Nombre tres métodos de contar utilizados por los pueblos primitivos.
2. ¿Cuál fue la primera computadora desarrollada?
3. ¿Para qué fines se utilizaron las tarjetas perforadas en Estados Unidos?
4. ¿Cuántos transistores y circuitos se pueden encontrar en un chip de silicio?
5. ¿Cómo se utilizan las computadoras en los centros médicos?
6. ¿Cómo afectan las computadoras la industria manufacturera?

UNIDAD

75

Control numérico por computadora

OBJETIVOS

Al terminar el estudio de esta unidad, se podrá:

1 Identificar los tipos de sistemas y controles usados en el control numérico por computadora

2 Listar los pasos requeridos para producir una pieza mediante el control numérico por computadora

3 Analizar las ventajas y desventajas del control numérico por computadora

El *control numérico* (NC) puede definirse como un método de controlar con precisión la operación de una máquina mediante una serie de instrucciones codificadas, formadas por números, letras del alfabeto, símbolos que la *unidad de control de la máquina* (MCU) (MCU)puede comprender. Estas instrucciones se convierten en pulsos eléctricos de corriente, que los motores y controles de la máquina siguen para llevar a cabo las operaciones de maquinado sobre una pieza de trabajo. Los números, letras y símbolos son instrucciones codificadas que se refieren a distancias, posiciones, funciones o movimientos específicos que la máquina herramienta puede comprender al maquinar la pieza. Los dispositivos de medición y de registro incorporados en las máquinas herramienta de control numérico por computadora aseguran que la pieza que se está manufacturando será exacta. Las máquinas de *control numérico por computadora* (CNC) minimizan el error humano.

TEORIA DEL CONTROL NUMÉRICO POR COMPUTADORA (CNC)

El *control numérico por computadora* (CNC) y la computadora han aportado cambios significativos a la industria metalmecánica. Nuevas máquinas herramienta, en combinación con CNC, le permiten a la industria producir de manera consistente componentes y piezas con precisiones imposibles de imaginar hace sólo unos cuantos años. Si el programa CNC ha sido apropiadamente preparado, y la máquina ha sido puesta a punto correctamente, se puede producir la misma pieza con el mismo grado de precisión cualquier cantidad de veces. Los comandos de operación que controlan la máquina herramienta son ejecutados automáticamente con una velocidad, eficiencia precisión y capacidad de repetición asombrosas.

EL PAPEL DE UNA COMPUTADORA EN CNC

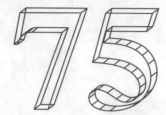

La computadora tiene también muchos usos en el proceso general de manufactura. Se utiliza para el diseño de las piezas mediante el diseño asistido por computadora

(CAD), en las pruebas, inspección, control de calidad, planeación, control de inventarios, recolección de datos, programación del trabajo, almacenamiento y en muchas otras funciones de la manufactura. La computadora ha causado profundos efectos en las técnicas de manufactura, mismos que seguirá teniendo en el futuro. Las computadoras llenan tres papeles importantes en el control numérico por computadora (CNC):

1. Prácticamente todas las unidades de control de la máquina (MCU) incluyen o incorporan una computadora en su operación. Estas unidades generalmente se llaman *control numérico por computadora* (CNC).
2. La mayor parte de la programación de piezas para las máquinas herramienta CNC se lleva a cabo con asistencia de computadoras fuera de línea.
3. Un número cada vez mayor de máquinas herramienta está controlado o supervisado por computadoras que pueden estar situadas en un cuarto de control separado o incluso en otra planta. Esto se conoce más comúnmente como *control numérico directo* (CND).

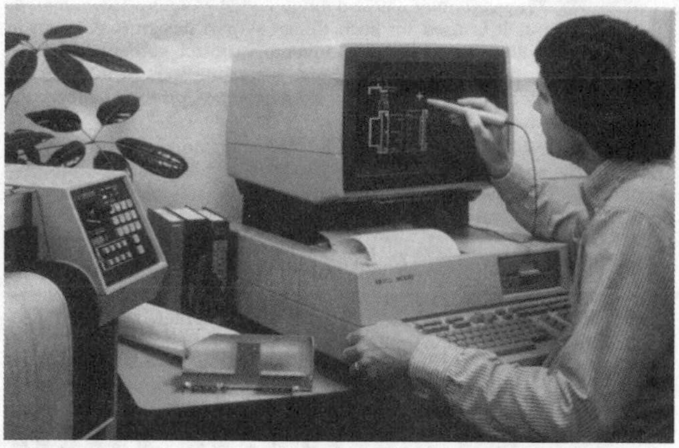

FIGURA 75-2 La computadora mainframe, que puede efectuar muchas tareas de manera simultanea, es más grande y tiene mayor capacidad que las demás computadoras. (Cortesía de Hewlett-Packard Company.)

FIGURA 75-3 La minicomputadora es por lo general una computadora dedicada y lleva a cabo tareas específicas. (Cortesía de Hewlett-Packard Company.)

TIPOS DE COMPUTADORAS

La mayoría de las computadoras se clasifica en dos tipos básicos, analógicas o digitales. La *computadora analógica* se usa principalmente en la investigación científica y en resolución de problemas. En la mayor parte de los casos las computadoras analógicas han sido reemplazadas por computadoras digitales. La mayoría de las computadoras que se utilizan en la industria, los negocios y en el hogar son del tipo electrónico digital. La *computadora digital* acepta una entrada de información digital en forma numérica, procesa la información de acuerdo con instrucciones almacenadas previamente o con instrucciones nuevas, y desarrolla datos de salida (Figura 75-1).

En general existen tres categorías de computadoras y de sistemas de cómputo: el mainframe, la minicomputadora y la microcomputadora.

- La *computadora mainframe* (Figura 75-2), que puede ser utilizada para ejecutar más de una tarea simultáneamente, es grande y de gran capacidad. Se trata por lo común de la computadora principal de una empresa, que lleva a cabo procesamiento de datos de tipo general como programación de componentes CNC, nóminas, contabilidad de costos, inventarios y muchas otras aplicaciones.
- La *minicomputadora* (Figura 75-3) es por lo general de menor tamaño y capacidad que la mainframe. Este tipo de computadora es por lo común un tipo "dedicado", lo que quiere decir que desempeña tareas específicas
- La *microcomputadora* (Figura 75-4) por lo general tiene un chip (un microprocesador) que contiene por lo menos las funciones aritméticas lógicas y control--lógicas de la unidad central de procesamiento (CPU). El microprocesador está generalmente diseñado para aplicaciones simples y debe venir acompañado de otros dispositivos electrónicos, en un circuito impreso, si se requiere para aplicaciones más complejas.

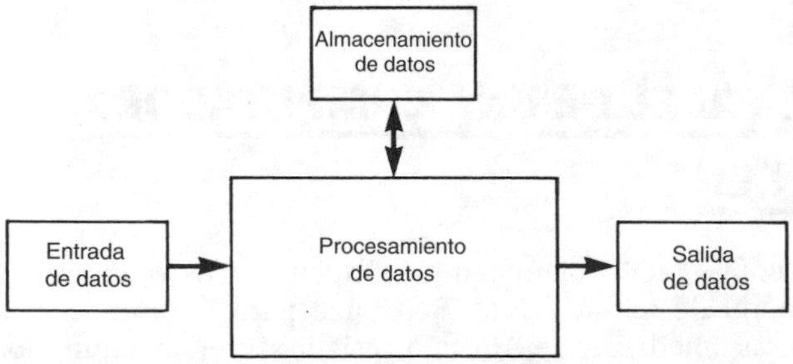

FIGURA 75-1 La función principal de la computadora es aceptar, procesar y entregar datos.

FIGURA 75-4 La microcomputadora generalmente contiene sólo un chip y está diseñada para una aplicación sencilla. (Cortesía de Hewlett-Packard Company.)

FUNCIONES DE LAS COMPUTADORAS

La función de una computadora es recibir instrucciones codificadas (datos de entrada) en forma numérica, procesar dicha información y producir datos de salida que hagan que una máquina herramienta funcione. Se están utilizando muchos métodos para introducir información en una computadora, como es cinta perforada o punzonada, cinta magnética, disquetes y sensores especialmente diseñados (Figura 75-5). El método de uso más común para la introducción de datos es directamente a través de la computadora.

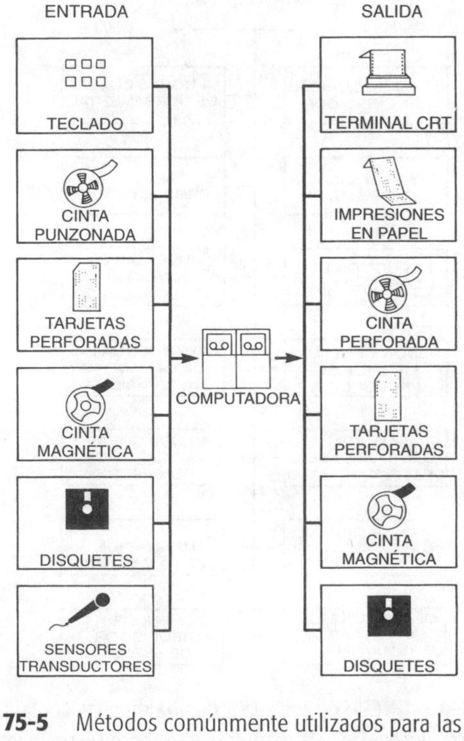

FIGURA 75-5 Métodos comúnmente utilizados para las entradas y las salidas de una computadora. (Modern Machine Shop.)

RENDIMIENTO CNC

CNC ha tenido grandes progresos desde que se introdujo por primera vez la NC a mediados de los años 50 como un medio de guiar de manera automática los movimientos de las máquinas herramienta, sin ayuda humana. Las primeras máquinas eran capaces sólo de un posicionamiento de punto a punto (movimientos en línea recta), eran máquinas muy costosas y requerían de técnicos muy preparados y de matemáticos para producir los programas en cinta. No solamente han mejorado de manera dramática las máquinas herramienta y sus controles, sino que el costo se ha venido continuamente reduciendo. Las máquinas CNC ahora están dentro del alcance financiero de los pequeños talleres de manufactura y de las instituciones educativas. Su aceptación mundial ha sido el resultado de su precisión, confiabilidad, capacidad de repetición y productividad (Figura 75-6).

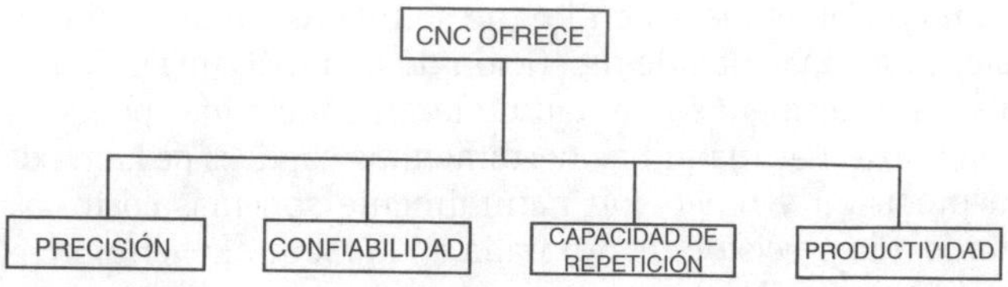

FIGURA 75-6 CNC le ofrece a la industria muchas ventajas (Cortesía de Kelmar Associates.)

Precisión

Las máquinas herramienta CNC no hubieran sido aceptadas por la industria de no ser capaces de efectuar maquinados con tolerancias muy estrechas. Cuando se estaba desarrollando CNC, la industria estaba buscando una manera de mejorar las velocidades de producción y lograr una mayor precisión en sus productos. Un mecánico diestro es capaz de trabajar con tolerancias estrechas, como por ejemplo $\pm$.001pulg (0.025 mm), o incluso menos en la mayor parte de las máquinas herramienta. Le ha tomado al mecánico muchos años de experiencia para adquirir esa destreza, pero esta persona no puede ser capaz de trabajar con esta precisión todo el tiempo. Algún error humano significará que alguna pieza producida tendrá que enviarse a desperdicio.

Las máquinas herramienta modernas CNC son capaces consistentemente de producir piezas que tienen una precisión con tolerancias de hasta .0001 a .0002 pulg (0.0025 a 0.005 mm). Las máquinas herramienta están mejor fabricadas y los sistemas de control electrónicos aseguran que se producirán las piezas con las tolerancias permitidas por los planos de ingeniería.

Confiabilidad

El rendimiento de las máquinas herramienta CNC y de sus sistemas de control tenía que ser por lo menos tan confiable como los mecánicos herramentistas y matriceros para que la industria aceptara este concepto de maquinado. En vista que los consumidores en todo el mundo estaban demandando productos mejores y más confiables, había una gran necesidad de equipo que pudiera maquinar a estrechas tolerancias y que se pudiera contar en su capacidad de repetir lo anterior una y otra vez. Las mejorías en las correderas, cojinetes, tornillos de bolas y mesas de las máquinas, todas ellas ayudaron a que las máquinas fueran más robustas y más precisas. Se desarrollaron nuevas herramientas de corte y sus soportes que correspondían a la precisión de la máquina herramienta y que hacían posible la producción de manera consistente de piezas precisas.

Capacidad de repetición

La capacidad de repetición y la confiabilidad son muy difíciles de separar porque muchas de las mismas variables afectan a ambas. La capacidad de repetición de una máquina herramienta involucra la comparación de cada una de las piezas producida en dicha máquina para ver cómo se comparan con otras piezas en lo que se refiere a tamaño y precisión. La capacidad de repetición de una máquina CNC debe ser por lo menos la mitad de la tolerancia más pequeña de la pieza. Las máquinas herramientas capaces de la máxima precisión y repetición naturalmente son más costosas, debido a la precisión incorporada en la máquina herramienta y/o al control del sistema.

Productividad

Ha sido la meta de la industria producir productos mejores a precios competitivos o menores para alcanzar una porción más grande del mercado. Para hacer frente a la competencia del extranjero, los fabricantes deben producir productos de una calidad más alta, y al mismo tiempo mejorando el rendimiento sobre el capital invertido y reduciendo los costos de manufactura y de mano de obra. Estos factores son suficientes para justificar el uso de CNC y para automatizar las Plantas. Proporcionan la oportunidad de producir bienes de mejor calidad más rápido y a un costo menor.

La unidad de control de la máquina CNC moderna tiene varias características que no se encontraban en las unidades de control de circuitos físicos anteriores a 1970 (Figura 75-7).

FIGURA 75-7 Las unidades de control de las máquinas CNC contienen muchas características no presentes en controles anteriores. (Cortesía de Kelmar Associates.)

VENTAJAS DEL CNC

CNC ha crecido con una velocidad cada vez más rápida y su uso seguirá creciendo dadas las muchas ventajas que le ofrece a la industria. Algunas de las ventajas de mayor importancia de CNC aparecen ilustradas en la Figura 75-8.

1. *Mayor seguridad del operador*—CNC los sistemas CNC se operan por lo general desde una consola ubicada lejos del área de maquinado, misma que en la mayor parte de las máquinas está cerrada. Por lo tanto, el operador está menos expuesto a partes en movimiento o a la herramienta de corte.
2. *Mayor eficiencia del operador*—una máquina CNC no requiere tanta atención como una máquina convencional, permitiendo que el operador lleve a cabo otras tareas mientras la máquina está funcionando.
3. *Reducción de desperdicio*—en vista del alto grado de precisión de los sistemas CNC, el desperdicio ha sido drásticamente abatido.
4. *Tiempos de entrega más cortos para la producción*—por lo general la preparación y puesta a punto de programas para máquinas controladas numéricamente por computadora es breve. Muchos de los dispositivos y plantillas antes necesarios ya no se requieren.
5. *Reducción del error humano*—el programa CNC reduce o elimina la necesidad de que un operador efectúe cortes de prueba, tome medidas de prueba, efectúe movimientos de posicionamiento o cambie de herramental.
6. *Elevado grado de precisión*—CNC se asegura que todas las piezas producidas serán precisas y de una calidad uniforme.

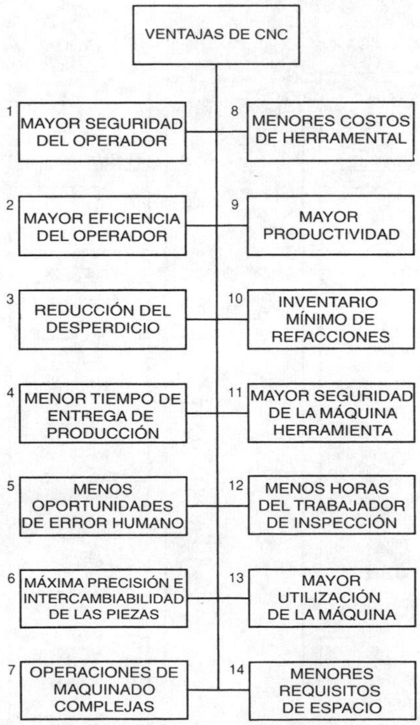

FIGURA 75-8 CNC le ofrece a la industria muchas ventajas que incrementa la productividad y la manufactura de productos de calidad.

7. *Operaciones complejas de maquinado*—se pueden efectuar operaciones complejas con rapidez y precisión utilizando CNC y equipo electrónico de medición.
8. *Menores costos de herramental*—las máquinas CNC utilizan generalmente dispositivos simples de sujeción, lo que reduce el costo del herramental hasta en un 70%. Herramientas de torneado y de fresado estándar eliminan la necesidad de herramientas de perfiles especiales.
9. *Increased productivity*—en vista que el sistema CNC controla todas las funciones de la máquina, las piezas se producen con mayor rapidez y con menos tiempo de puesta a punto y de entrega.
10. *Menor inventario de piezas*—ya no es necesario un gran inventario de refacciones dado que se pueden fabricar piezas adicionales con la misma precisión al utilizar de nuevo el mismo programa.
11. *Mayor seguridad de la máquina herramienta*—virtualmente se elimina el daño a las máquinas herramienta debido a errores del operador en vista de la menor intervención de éste último.
12. *Necesidad de una menor inspección*—debido a que las máquinas CNC producen piezas de calidad uniforme, se requiere de menos tiempo de inspección.
13. *Mayor uso de la máquina*—los ritmos de producción pueden incrementarse hasta en un 80% porque se requiere de menos tiempo para la puesta a punto y para los ajustes del operador.
14. *Menores requerimientos de espacio*—un sistema CNC requiere de menos plantillas y dispositivos y por lo tanto de menos espacio de almacenamiento.

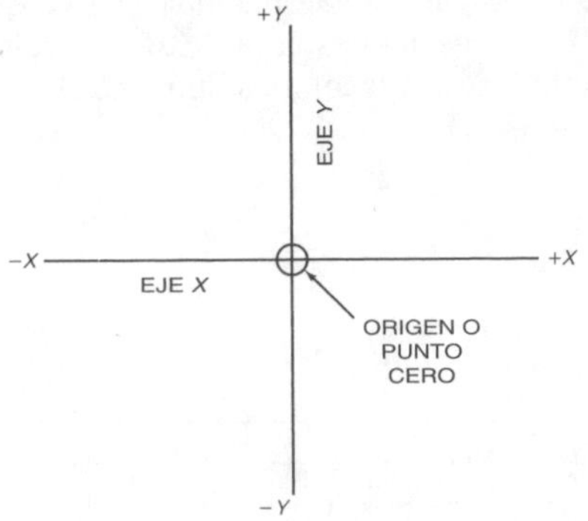

FIGURA 75-9 El punto cero se establece donde las líneas que se cruzan forman ángulos rectos. (Cortesía de Allen Bradley.)

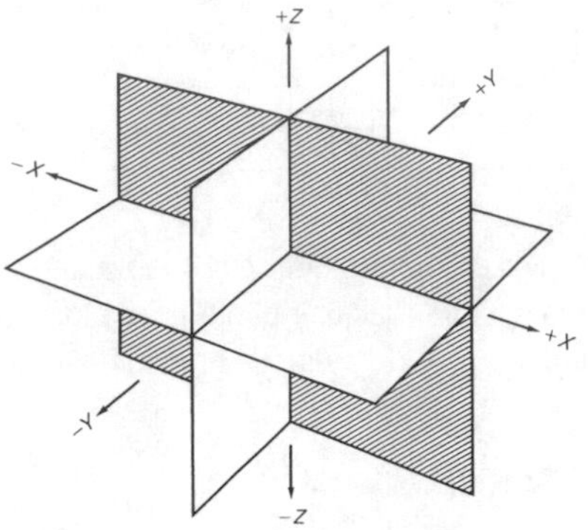

FIGURA 75-10 Los planos coordenados tridimensionales (ejes) que se utilizan en CNC. (Cortesía de Allen Bradley).

COORDENADAS CARTESIANAS

Prácticamente todo lo que se puede producir en una máquina herramienta convencional se puede fabricar en una máquina herramienta de control numérico, con sus muchas ventajas. Los movimientos de la máquina herramienta que se utilizan para la producción de un producto son de dos tipos básicos: *punto a punto* (movimientos rectilíneos) y *trayectoria continua* (movimientos de contorneado).

El sistema de coordenadas cartesiano o rectangular permite que cualquier punto específico de un trabajo sea descrito en términos matemáticos en relación con cualquier otro punto a lo largo de tres ejes perpendiculares. Esto se adecua perfectamente a las máquinas herramienta ya que su construcción por lo general se basa en tres ejes de movimiento (*X, Y, Z*) más un eje de rotación. En una máquina fresadora vertical, el eje *X* está en el movimiento horizontal (a la derecha o a la izquierda) de la mesa, el eje *Y* en el movimiento transversal de la mesa (hacia o alejándose de la columna) y el eje *Z* es el movimiento vertical de la rodilla o del husillo. Los sistemas CNC se apoyan en el uso de coordenadas rectangulares porque el programador puede localizar con precisión cada punto de un trabajo.

Cuando están localizados los puntos de una pieza, se utilizan dos líneas rectas que se cruzan, una vertical y la otra horizontal. Estas líneas deben estar a 90° entre sí, y el punto donde se cruzan se llama *el origen,* o el *punto cero* (Figura 75-9).

Los planos coordenados en tres dimensiones se muestran en la Figura 75-10.

- Los planos *X* e *Y* (ejes) son horizontales y representan los movimientos horizontales de la mesa de la máquina
- El plano o eje *Z* representa el movimiento vertical de la herramienta
- Los signos más (+) y menos (−) indican la dirección de movimiento desde el punto cero (origen) a lo largo del eje
- Los cuatro cuadrantes que se forman cuando se cruzan los ejes *X y Y* están numerados en dirección contraria a las manecillas del reloj (Figura 75-11).

1. Todas las posiciones localizadas en el cuadrante 1 son de *X* positiva (+*X*) y *Y* positiva (+*Y*).
2. En el segundo cuadrante todas las posiciones tienen *X* negativa (−*X*) y *Y* positiva (+*Y*).
3. En el tercer cuadrante todas las posiciones tienen *X negativa* (−*X*) y *Y* negativa (−*Y*).
4. En el cuarto cuadrante todas las posiciones son *X positiva* (+*X*) y *Y* negativa (−*Y*).

En la Figura 75-11, el punto *A* está dos unidades a la derecha del eje *Y* y dos unidades por encima del eje *X*. Suponga que cada unidad es igual a 1 pulg. La localización del punto *A* es *X* + 2.000 y *Y* + 2.000. Para el punto *B*,la localización es *X* + 1.000 y *Y* − 2.000. En programación CNC, no es necesario indicar los valores más (+) ya que se suponen. Sin embargo, es menester indicar los valores menos (−) Por ejemplo las localizaciones de tanto *A* como *B* se indican como sigue:

A	*X*2.000	*Y*2.000
B	*X*1.000	*Y*−2.000

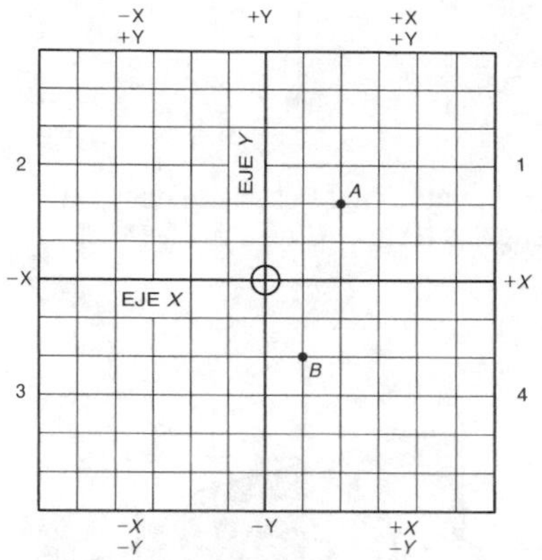

FIGURA 75-11 Los cuadrantes que se forman cuando se cruzan los ejes *X* y *Y* permiten que cualquier punto pueda localizarse con precisión a partir del cero *X-Y* o punto de origen.

Guías de acción

En vista que CNC depende de forma tan importante en el sistema de coordenadas rectangulares, es fundamental seguir ciertas reglas. De esta manera todos los involucrados en la manufactura de una pieza —el ingeniero, el dibujante, el programador y el operador de la máquina— comprenderán de manera exacta lo que se requiere.

1. Utilice de ser posible puntos de referencia sobre la pieza misma. Esto facilita la verificación de la precisión posterior de la pieza por parte del personal de control de calidad.
2. Utilice coordenadas cartesianas—especificando planos *X, Y,* y *Z* para definir todas las superficies de la pieza.
3. Establezca planos de referencia a lo largo de superficies de la pieza que sean paralelas a los ejes de la máquina.
4. Establezca las tolerancias permisibles en la etapa de diseño.
5. Describa la pieza de manera que sea fácil de determinar y de programar la trayectoria de la herramienta de corte.
6. Dimensione la pieza de manera que resulte fácil reconocer su forma sin cálculos ni estimaciones.

Ejes de la máquina

Toda máquina CNC tiene ejes controlables deslizantes y giratorios. A fin de controlar estos ejes, se utilizan letras (llamadas direcciones) para identificar cada dirección de movimiento de la mesa o del husillo. En combinación con un número para formar una palabra, establece la distancia que se mueve el eje. Estas palabras son necesarias para que el programador pase la información respecto a la tarea a las personas responsables de la puesta a punto y de la operación de la máquina CNC. Los constructores de máquinas herramienta siguen estándares establecidos por la Electronics Industries Association (EIA), misma que asigna el sistema de codificación para los ejes de máquinas CNC. Los ejes principales son *X, Y,* y *Z,* que se aplican a la mayor parte de las máquinas herramienta con algunas excepciones. La norma EIA dice que el movimiento del eje horizontal más largo, que es paralelo a la mesa de trabajo es el eje X. *X*. El movimiento a lo largo del husillo de la máquina es el eje *Z* y se le asigna al eje *Y* Y al movimiento perpendicular (en ángulo recto) tanto a los ejes *X* y *Z*.

Además de los ejes principales, existen ejes secundarios paralelos a los ejes *X, Y,* y *Z* Las direcciones (letras) *A, B,* y *C* se refieren a ejes de movimiento rotativo alrededor de los ejes principales. *I, J,* y *K son letras también utilizadas para ejes rotativos en algunas máquinas cuando se utiliza interpolación circular para la programación de círculos o arcos parciales, en tanto que en otras máquinas, una letra R* representa radio de un círculo. Algunos centros de mandriles y de torneado también utilizan las letras *U* y *W* para movimientos increméntales paralelos a los ejes principales *X* y *Z*.

Máquinas que utilizan CNC

CNC se utiliza en todo tipo de máquinas herramienta, desde la más simple a la más compleja. Las máquinas herramienta más comunes, el centro de torneado y el centro de maquinado (máquina fresadora) están explicadas en este libro.

1. Los *centros de torneado* (Fig. 75-12) (Fig. 75-12) fueron desarrollados a mediados de los años 60 después de que estudios demostraron que aproximadamente el 40% de las operaciones de corte de metales se llevaba a cabo en tornos. Estas máquinas de control numérico por computadora son capaces de una mayor precisión y de un ritmo más elevado de producción de lo que es posible en un torno convencional. El centro básico de torneado opera sobre dos ejes:
   - El eje *X* controla el movimiento transversal de la torre portaherramientas
   - El eje *Z* controla el movimiento longitudinal (hacia o alejándose del cabezal) de la torre portaherramientas

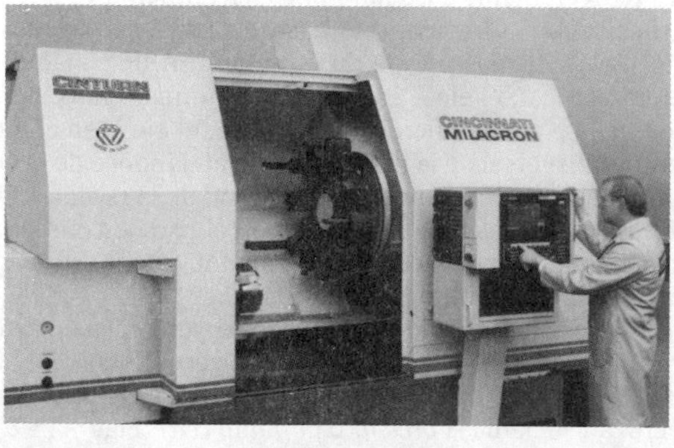

FIGURA 75-12 El centro de torneado puede producir partes redondas rápido y con precisión. (Cortesía de Cincinnati Milacron, Inc.)

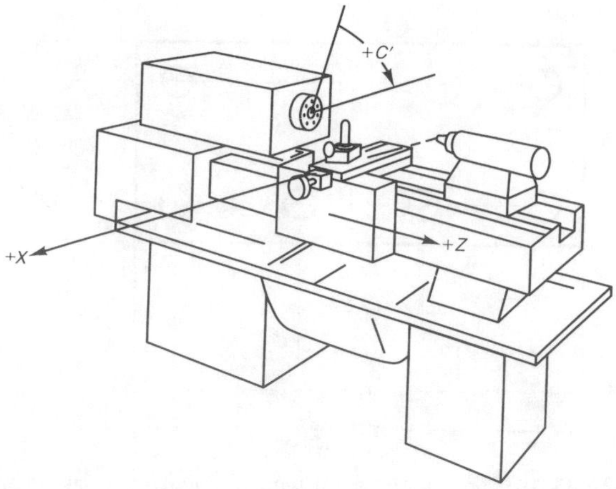

FIGURA 75-13 La herramienta de corte del torno se mueve únicamente a lo largo de los ejes X y Z.

2. El *torno convencional* (Figura 75-13) ha sido siempre una forma muy eficiente de producir piezas redondas. La mayor parte de los tornos operan sobre dos ejes:

- El eje *X* controla el movimiento transversal (hacia dentro o hacia afuera) de la herramienta de corte.
- El eje *Z* El eje Z controla el recorrido del carro longitudinal hacia o alejándose del cabezal.

3. Los *centros de maquinado* (Figura 75-14), desarrollados en los años 60 permiten que se lleven a cabo más operaciones sobre una pieza en una sola puesta a punto en vez de pasar la pieza de una a otra máquina para varias operaciones. Estas máquinas incrementan de manera importante la productividad porque el tiempo que antes se utilizaba para mover la pieza de una máquina a otra ha sido eliminado. Los dos tipos principales de centros de maquinado son los modelos de *husillo horizontal* y de *husillo vertical.* El centro de maquinado vertical opera sobre tres ejes:

FIGURA 75-14 Los centros de maquinado pueden efectuar una amplia variedad de operaciones de maquinado. (Cortesía de Cincinnati Milacron, Inc.)

- El eje *X* controla el movimiento hacia la izquierda o hacia la derecha de la mesa
- El eje *Y* controla el movimiento de la mesa hacia o alejándose de la columna
- El eje *Z* controla el movimiento vertical (hacia arriba o hacia abajo) del husillo o de la rodilla.

4. La *máquina fresadora* (Figura 75-15) puede llevar a cabo operaciones, como por ejemplo fresado, contorneado, corte de engranes, perforado, mandrinado y rimado. La máquina fresadora opera en tres ejes:

- El eje *X* controla el movimiento hacia la izquierda o hacia la derecha de la mesa
- El eje *Y* controla el movimiento de la mesa hacia o alejándose de la columna
- El eje *Z* controla el movimiento vertical (hacia arriba o hacia abajo) del husillo o del codo.

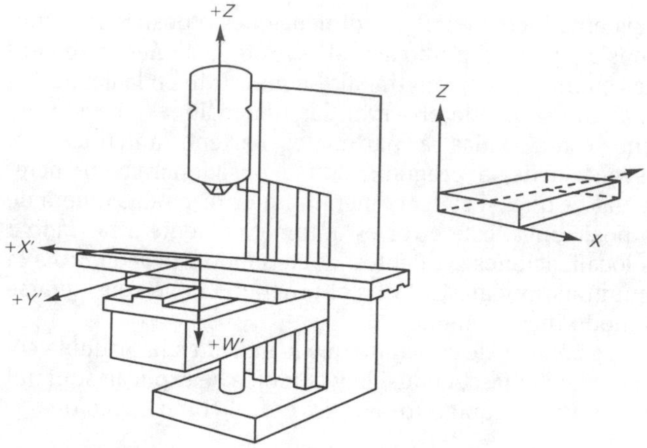

FIGURA 75-15 Los movimientos principales de una máquina fresadora ocurren a lo largo de los ejes *X, Y,* y *Z.*

SISTEMAS DE PROGRAMACIÓN

Para CNC se utilizan dos tipos de modos de programación, el sistema incremental y el sistema absoluto (Figura 75-16). Ambos sistemas encuentran aplicación en la programación CNC, y ningún sistema es el más adecuando en toda ocasión. La mayor parte de los controles de las máquinas herramienta son capaces de manejar la programación tanto incremental como absoluta mediante la modificación del código entre los comandos G90 (absoluto) y G91 (incremental).

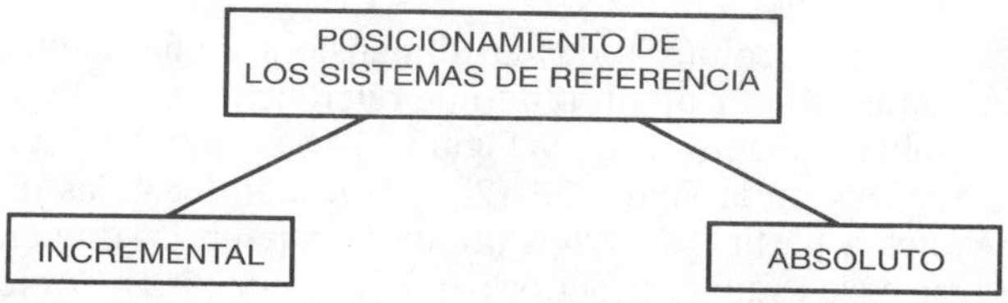

FIGURA 75-16 La programación CNC utiliza dos sistemas, el absoluto y el incremental.

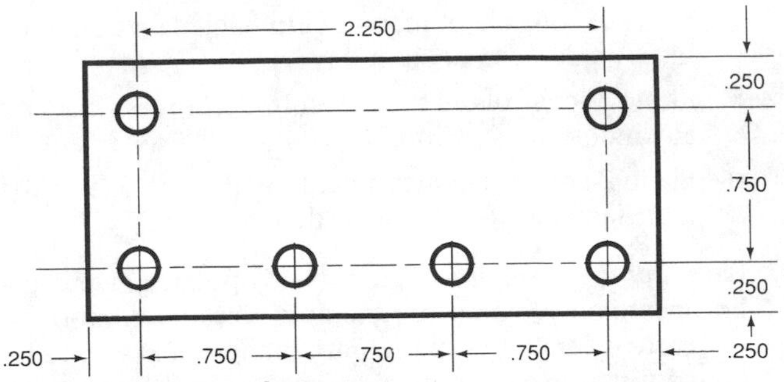

FIGURA 75-17 Modo del sistema incremental mostrando las dimensiones de la pieza de trabajo. (Cortesía de Kelmar Associates.)

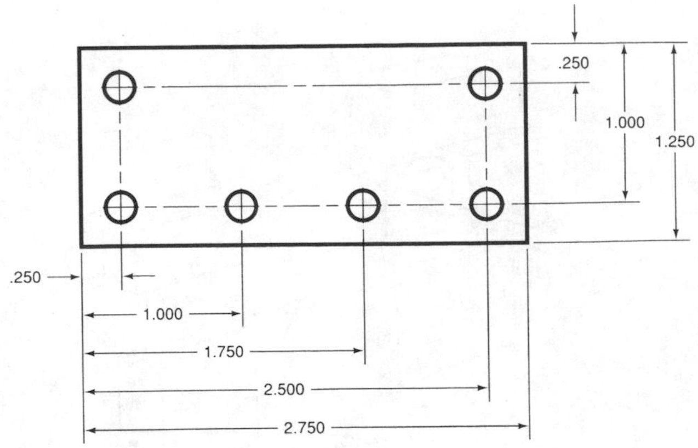

FIGURA 75-18 En el modo del sistema absoluto, todas las dimensiones se dan a partir del mismo punto de referencia. (Cortesía de Kelmar Associates.)

Sistema incremental

El sistema incremental, las dimensiones o posiciones están dadas a partir del punto actual. Las dimensiones increméntales en un plano de un trabajo se muestran en la Figura 75-17. Como se puede observar, las dimensiones de cada barreno están dadas a partir del barreno anterior. Una desventaja de la programación o posicionamiento incremental es que, si se ha cometido un error en cualquiera de las posiciones, este error es automáticamente arrastrado a las localizaciones siguientes. El comando G91 le indica a la computadora y al MCU que el programa debe considerarse en modo incremental.

Los códigos de comando que le indican a la máquina cómo mover la mesa, el husillo y la rodilla se explican aquí utilizando una máquina fresadora vertical como ejemplo:

- Un comando "más *X*" (+*X*) hace que se localice la herramienta de corte a la derecha del último punto
- Un comando "menos *X*" (−*X*) hace que se localice la herramienta de corte a la izquierda del último punto
- Un comando "más *Y*" (+*Y*) hace que se localice la herramienta de corte hacia la columna
- Un comando "menos *Y*" (−*Y*) hace que se localice la herramienta de corte alejándose de la columna
- Un comando "más *Z*" (+*Z*) hace que la herramienta de corte o el husillo se mueva hacia o se aleje de la pieza de trabajo
- Un comando "menos *Z*" (−*Z*) hace que la herramienta de corte se mueva hacia abajo o hacia dentro de la pieza de trabajo.

Sistema absoluto

En el sistema absoluto, todas las dimensiones o posiciones están dados a partir de un punto de referencia sobre el trabajo o sobre la máquina. En la Figura 75-18 se utilizó la misma pieza que en la Figura 75-17, pero se dan todas las dimensiones a partir del cero o punto de referencia que en este caso es la esquina superior izquierda de la pieza. Por lo tanto en el sistema absoluto de dimensionar o de programar, un error en cualquier dimensión sigue siendo un error, pero éste no es arrastrado a ninguna otra localización.

En la programación absoluta, el comando G90 indica a la computadora y al MCU que el programa estará en el modo absoluto.

- Un comando "más *X*" (+*X*) hace que la herramienta de corte se localice a la derecha del cero o punto de origen
- Un comando "menos *X*" (−*X*) hace que la herramienta de corte se localice a la izquierda del cero o punto de origen
- Un comando "más *Y* " (+*Y*) hace que la herramienta de corte quede localizada hacia la columna (por encima del cero o punto de origen)
- Un comando "menos *Y*" (−*Y*) hace que la herramienta de corte se localice lejos de la columna (por debajo del cero o punto de origen)
- Un comando "más *Z* " (+*Z*) hace que la herramienta de corte quede por encima del programa Z0 (por lo general la superficie superior de la pieza)
- Un comando "menos *Z*" (−*Z*) hace que la herramienta de corte se mueva por debajo del programa Z0.

SISTEMAS DE POSICIONAMIENTO CNC

La programación CNC se clasifica en dos categorías diferentes, punto por punto y trayectoria continua (Figura 75-19), que pueden ser manejadas por la mayor parte de las unidades de control. Es necesario tener conocimiento de ambos métodos de programación para comprender qué aplicación tiene cada una de ellas en CNC.

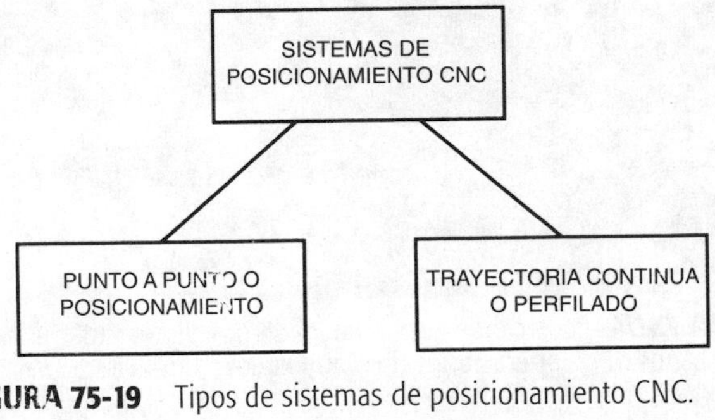

FIGURA 75-19 Tipos de sistemas de posicionamiento CNC.

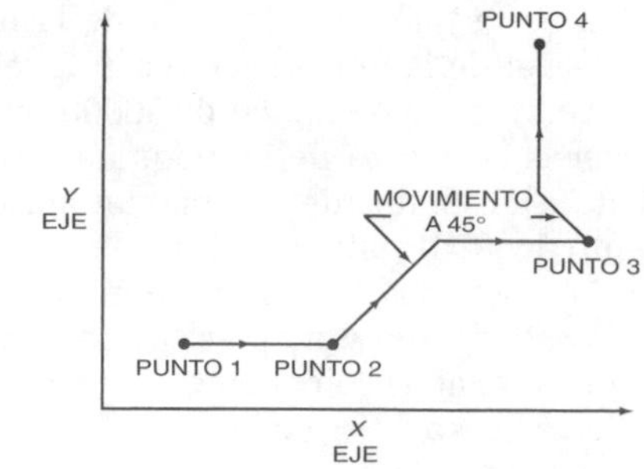

FIGURA 75-20 La trayectoria seguida por el posicionamiento punto a punto entre varios puntos programados.

Posicionamiento punto a punto

El posicionamiento punto a punto está formado por cualquier cantidad de puntos programados unidos entre sí por líneas rectas. Este método se utiliza para localizar con precisión el husillo, o la pieza montada sobre la mesa de la máquina, en una o más localizaciones específicas a fin de llevar a cabo operaciones como taladrado, rimado, mandrinado, machueleado y punzonado (Figura 75-20). El posicionamiento de punto a punto (G00, posicionamiento rápido), es el proceso de posicionar de una posición de coordenadas (*X-Y*) o localización a otra, en la ejecución de la operación de maquinado, es el retiro de la herramienta del trabajo y el paso a la siguiente localización hasta que todas las operaciones han sido terminadas en todas las localizaciones programadas.

Los taladros, o máquinas de punto a punto, son idealmente adecuadas para el posicionamiento de la máquina herramienta (digamos un taladrado) a una localización o punto exacto, la ejecución de la operación de maquinado (taladrar una perforación) y después pasando a la siguiente localización (donde se podría taladrar otra perforación). Siempre que esté identificado cada punto o localización de perforación dentro del programa, esta operación puede ser repetida tantas veces como se requiera.

El maquinado de punto a punto, se mueve de un punto al siguiente tan aprisa como sea posible (*rapido*) siempre que la *herramienta de corte esté por arriba de la superficie de trabajo. El recorrido rápido* se utiliza para posicionar con rapidez la herramienta de trabajo o la pieza entre cada punto de localización antes de que se inicie la acción de corte. La velocidad de recorrido rápido es por lo común entre 200 y 800 pulg/min (5 y 20 m/min). Ambos ejes (*X* y *Y*) se mueven simultáneamente y a la misma velocidad durante los traslados rápidos. Esto da como resultado un movimiento a lo largo de una línea a 45° hasta que se llega a un eje y entonces hay un movimiento en línea recta hasta el otro eje.

Trayectoria continua (perfilado)

El *maquinado en trayectoria continua* o *perfilada* involucra trabajo producido en un torno o en una fresadora donde la herramienta de corte está por lo general en contacto con la pieza conforme se traslada de un punto programado al siguiente. El posicionamiento de trayectoria continua es la capacidad de controlar los movimientos de dos o más ejes de la máquina de manera simultánea, a fin de mantener una relación constante entre el cortador y la pieza. La información en el programa CNC debe posicionar con precisión la herramienta de corte desde un punto al siguiente y seguir una trayectoria precisa predefinida a la velocidad de avance programada a fin de producir la forma o perfil requerido (Figura 75-21).

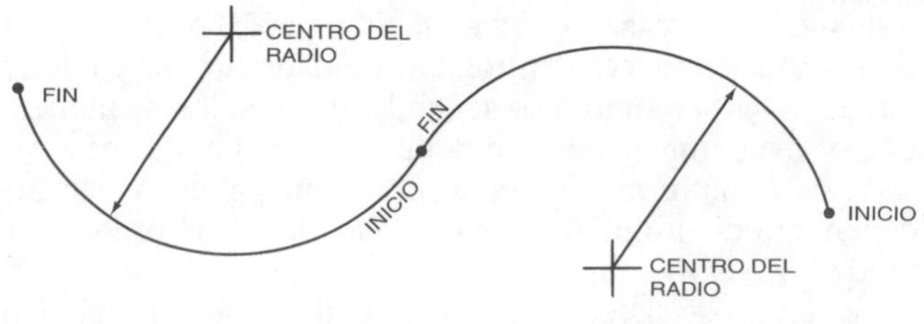

FIGURA 75-21 Se pueden generar formas complejas en varios ejes utilizando interpolación circular. (Cortesía de Kelmar Associates.)

SISTEMAS DE CONTROL

Los dos sistemas principales de control utilizados para las máquinas de control numérico por computadora son el de lazo abierto y el de lazo cerrado. La mayor parte de las máquinas herramienta manufacturadas contienen un sistema de lazo cerrado porque es muy preciso y como resultado se puede producir un trabajo de mejor calidad en la máquina. Sin embargo, aun es posible encontrar sistemas de lazo abierto en algunas máquinas NC antiguas; es por lo tanto necesaria una explicación de este sistema.

Sistema de lazo abierto

En el sistema de lazo abierto (Figura 75-22), los datos de entrada son alimentados en la unidad de control de la máquina (MCU). Esta información decodificada, en forma de programa, es puesto en orden hasta que el operador inicia el ciclo de maquinado de la máquina CNC. Los comandos del programa son convertidos de manera automática en pulsos

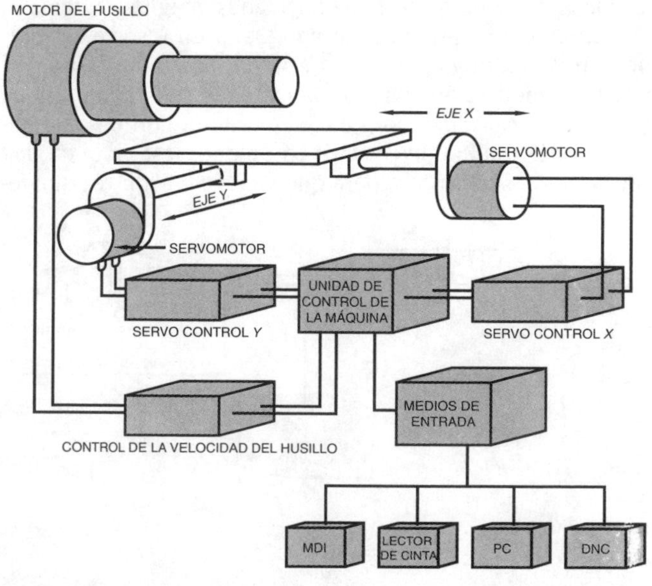

FIGURA 75-22 Un sistema de control numérico por computadora de lazo abierto no tiene manera de verificar la precisión de un movimiento. (Cortesía de Kelmar Associates.)

o señales eléctricas que son enviados al MCU para energizar las unidades de servo control. Las unidades de servo control dirigen a los servomotores según la información suministrada por los datos de entrada del programa. La distancia que cada servomotor moverá el tornillo principal de la máquina dependerá del número de pulsos eléctricos que reciba de la unidad de servo control.

Este tipo de sistema es razonablemente sencillo; sin embargo, dado que no hay forma de verificar para determinar si el servo ha llevado a cabo su función correctamente, por lo general no es utilizado donde se requiera de una precisión superior a .001 pulg (0.02 mm). El sistema de lazo abierto puede ser comparado al personal de un cañón, que ha efectuado todos los cálculos necesarios para alcanzar un objetivo distante, pero que carece de observador para confirmar la precisión del disparo.

Sistema de ciclo cerrado

El sistema de ciclo cerrado (Figura 75-23), puede compararse con el mismo personal del cañón, que ahora tiene un observador para confirmar la precisión del disparo. El observador transmite la información relativa a la precisión del disparo al personal del cañón, quien a su vez realiza los ajustes necesarios para alcanzar el objetivo.

El sistema de lazo cerrado es similar al sistema de lazo abierto, con la excepción que se ha agregado una unidad de retroalimentación al circuito eléctrico (Figura 75-23). Esta unidad de retroalimentación, en forma de un resolvedor giratorio o codificador, puede estar montado en la parte trasera del eje del servomotor o en el extremo opuesto del tornillo principal. Se utiliza para un control absoluto de la posición y/o para retroalimentación de la velocidad. Otro tipo de sistema de retroalimentación, un *codificador lineal,* consiste de una escala montada en una parte estacionaria de la máquina, como la rodilla de la máquina fresadora. El codificador lineal utiliza una cabeza o corredera lectora montada en la parte móvil de la máquina, como la mesa de la máquina. Ambas partes están conectadas magnéticamente u ópticamente, operando de forma igual a un resolvedor giratorio. Independientemente del sistema utilizado, la unidad de retroalimentación compara la cantidad que la mesa de la máquina ha sido movida por el servomotor con la señal enviada por la unidad de control. La unidad de control da instrucciones al servomotor para que efectúe los ajustes que resulten necesarios hasta que tanto la señal de la unidad de control como la señal de la unidad servo son iguales. En el sistema de lazo cerrado, se requieren de 10000 pulsos eléctricos para mover la corredera de la máquina 1 pulg (25.4 mm). Por lo tanto, en este tipo de sistema, un pulso originará un movimiento de .0001 pulg (0.002 mm) de la corredera de la máquina. Los sistemas de control numérico por computadora de lazo cerrado son muy precisos porque se registra la precisión de la señal de comando y existe una compensación automática en caso de error.

MEDIOS DE ENTRADA

Conforme evolucionaba el control numérico por computadora, los medios de entrada usados para cargar datos en la computadora de la máquina también evolucionaban. El medio principal durante muchos años fue la cinta perforada de 1 pulg de ancho con 8 pistas. Otros tipos de medios de entrada, como la cinta magnética, las tarjetas perforadas, los discos magnéticos y la introducción manual de datos (MDI), también se utilizan en menor grado. La Figura 75-24 ilustra los diferentes medios de entrada. La cinta perforada está siendo rápidamente reemplazada por otros métodos.

Las máquinas CNC modernas utilizan un teclado de computadora con formato de acuerdo con la norma del *American Standard Code for Information Interchange* (ASCII) para introducir información sobre programas directamente a la unidad de control de la máquina. Para una operación correcta, el uso del teclado requería algún tipo de software de comunicación y una conexión compatible entre el teclado de la computadora y la unidad de control de la máquina. El control numérico directo (DNC), que utiliza una microcomputadora junto con software de comunicación, está convirtiéndose en el método de entrada preferido. Con DNC, los datos del programa pueden ser enviados a la CNC para el maquinado de piezas. Para la introducción manual de datos se necesita un teclado *alfanumérico* en el panel de control del operador. Si se hace edición al programa, esta nueva información también puede ser enviada de regreso a través del enlace DNC para que sea almacenado para uso futuro.

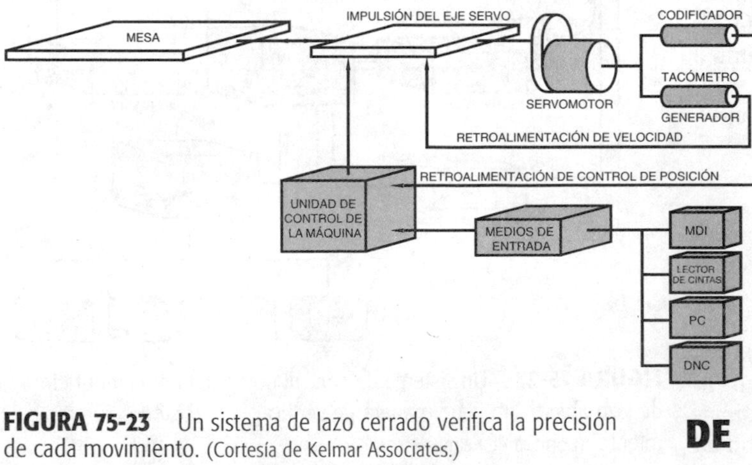

FIGURA 75-23 Un sistema de lazo cerrado verifica la precisión de cada movimiento. (Cortesía de Kelmar Associates.)

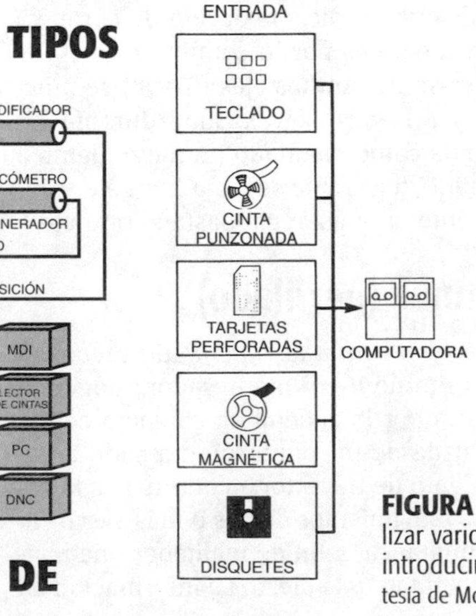

FIGURA 75-24 Se pueden utilizar varios tipos de medios para introducir datos en el MCU. (Cortesía de Modern Machine Shop.)

CONTROL POR COMPUTADORA

Existen dos tipos de unidades de control utilizados en la industria para el trabajo de control numérico. El *control CNC,* que evolucionó a partir de las primeras aplicaciones *DNC a principios de los años 70, se utiliza generalmente para controlar máquinas individuales.* El *control DNC* se utiliza por lo general donde están involucradas seis o más máquinas CNC en un programa completo de manufactura, por ejemplo en un sistema de manufactura flexible.

Control numérico por computadora

Existen cuatro partes o elementos principales en un sistema de control numérico por computadora:

1. Una computadora de uso general, que recolecta y almacena la información programada.
2. Una unidad de control, que se comunica y dirige el flujo de información entre la computadora y la unidad de control de la máquina.
3. La lógica de la máquina, que recibe información y que la pasa a la unidad de control de la máquina.
4. La unidad de control de la máquina, que contiene las unidades servo, los controles de velocidad y de avance y las operaciones de la máquina como los movimientos del husillo y de la mesa y el cambiador automático de herramientas (ATC).

El sistema CNC (Figura 75-25), construido con base en una poderosa minicomputadora, contiene una gran capacidad de memoria y tiene muchas características de ayuda en la programación. Estas podrían incluir operaciones como edición de programas sobre la máquina, puesta a punto, operación y mantenimiento de la máquina. Muchas de estas características son juegos de instrucciones de máquina y de control, almacenados en la memoria que pueden ser extraídos para su uso en el programa de la pieza o por el operador de la máquina.

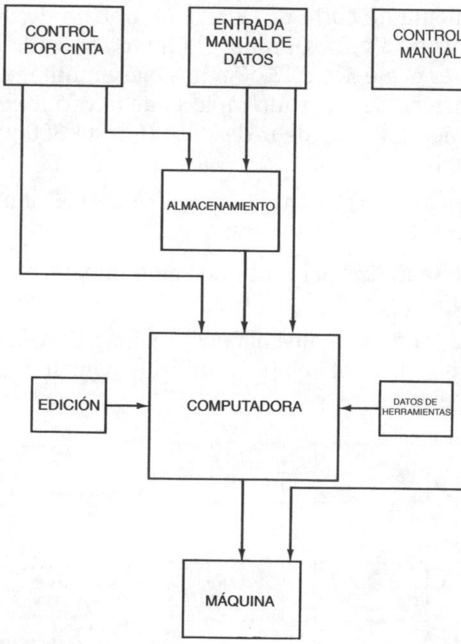

FIGURA 75-25 Los componentes de un sistema CNC de control de máquina.

Algunos sistemas CNC todavía utilizan lectores de cinta para leer el programa de la pieza que ha sido preparado en una oficina de una unidad fuera de línea y entregado a la máquina en forma de una cinta perforada. En este sistema, la cinta se lee una vez y el programa de la pieza se almacena en la memoria para un maquinado repetitivo. CNC no requiere volver a leer la cinta para cada pieza, como era el caso en NC. Conforme evolucionaron las máquinas CNC, se incorporaron minicomputadoras y posteriormente microcomputadoras en sus controles y la cinta perforada fue eliminada. Esto le permite al operador de la máquina la introducción manual del programa requerido para producir la pieza de la máquina CNC. El programa queda almacenado en la memoria de la computadora para la producción de piezas adicionales. La ventaja principal de este sistema es su capacidad de operar en un modo *vivo,* o *conversacional, con comunicación directa entre la máquina y la computadora. Esta característica le permite al programador efectuar cambios en el programa sobre la máquina, o incluso desarrollar un programa sobre la máquina, y la entrada a la computadora es traducida de inmediato en movimientos de la máquina. Por lo tanto los cambios al programa se pueden observar inmediatamente y efectuar las revisiones si es necesario. Esta idea del control de la máquina, permite que los programas sean probados, corregidos y revisados en una fracción del tiempo requerido por los sistemas de cinta.*

Ventajas de la programación CNC

- Más flexible porque se pueden efectuar cambios al programa en vez de preparar una nueva cinta, como lo requerían los controles convencionales
- Puede diagnosticar los programas en una pantalla de despliegue gráfico, misma que muestra las funciones de la máquina y del control antes de producir la pieza. Otras máquinas utilizan el *modo de ejecución* en vacío, que usualmente pasan por alto el movimiento del eje Z y la rotación del husillo
- Puede ser integrado con sistemas DNC en sistemas complejos de manufactura mediante el uso de un lazo de comunicación
- Incrementa la productividad debido a la facilidad de programación
- Efectúa correcciones sobre la primera pieza posible, lo que reduce los costos de todo el lote al utilizar desplazamientos y compensación de radios del cortador
- Resulta práctico e incluso redituable la producción de lotes pequeños.

Control numérico directo

En un sistema DNC (Figura 75-26), varias máquinas equipadas con CNC están controladas a partir de una computadora Mainframe. Esto puede manejar la programación del trabajo y puede descargar un programa completo en la memoria de la máquina cuando se requieren nuevas piezas. En vista que la mayor parte de las máquinas CNC están equipadas con su propia minicomputadora o microcomputadora,

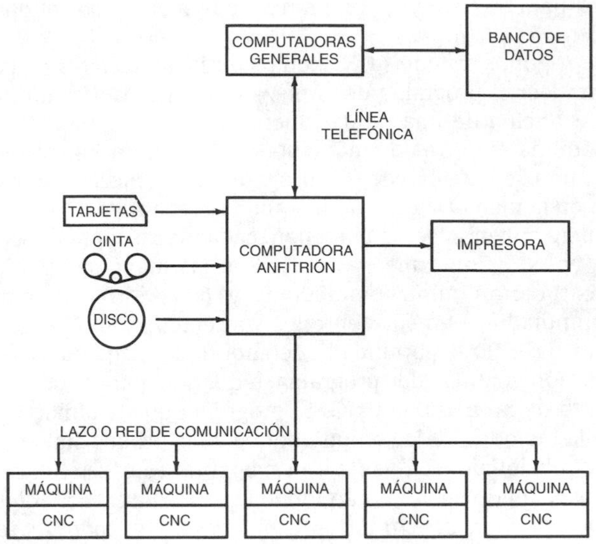

FIGURA 75-26 Principales componentes de un sistema DNC.

es posible operar cada máquina de manera individual mediante CNC en el caso que la computadora Mainframe fallara. En una instalación de manufactura más reducida, se puede utilizar una microcomputadora para fines DNC.

Ventajas de DNC

- El lector de cinta de la máquina es pasado por alto o eliminado
- Una única computadora puede controlar simultáneamente muchas máquinas herramienta
- Se ahorra tiempo al eliminar errores de programa o su revisión. El programador puede efectuar revisiones o correcciones en un teclado de tipo máquina de escribir directamente en la máquina herramienta
- La programación es más rápida, más sencilla y más flexible
- La computadora puede registrar cualquier dato de producción, maquinado o tiempo que se requiera
- La unidad de control principal se puede tener en un cuarto de procesamiento limpio lejos del ambiente sucio del taller
- Cuando tres o más máquinas están controladas por DNC, el costo inicial es inferior al NC convencional
- Los costos de operación son inferiores que con NC.

FORMATO DE PROGRAMACIÓN

El tipo más común de formato de programación utilizado para los sistemas de programación CNC, es el *formato de dirección de palabra.* Este formato contiene un gran número de *códigos* diferentes para transferir información de programa a los servos, relevadores, microinterruptores, etcétera de la máquina a fin de ejecutar los movimientos necesarios para la fabricación de una pieza. Estos códigos, que cumplen con estándares establecidos, se reúnen en una secuencia lógica conocida como *un bloque de información.* Cada bloque solamente debe contener la información suficiente para llevar a cabo un paso de una operación de maquinado.

Formato de dirección de palabra

Los programas para las piezas deben ponerse en un formato que pueda comprender la unidad de control de la máquina. El formato utilizado en un sistema CNC está determinado por el fabricante de la máquina herramienta y se basa en la unidad de control de la máquina. Comúnmente se utiliza un formato de bloques variables que usa palabras (letras). Cada palabra de instrucción está formada por un carácter de dirección, como S, X, Y, T, F o M. Este carácter alfabético antecede datos numéricos utilizados para identificar una función específica de un grupo de palabras, o para dar un valor de distancia, velocidad de avance o velocidad.

Códigos

Los códigos más comunes utilizados para la programación CNC son los códigos *G*-(comandos preparatorios) y los códigos *M*-(funciones misceláneas) (Figura 75-27). Los códigos *F, S, D, H, P,* y *T* se utilizan para representar funciones tales como avance, velocidad, excentricidad diametral del cortador, compensación de la longitud de la herramienta, llamada de subrutina, número de la herramienta, etcétera. Los códigos *A* (ángulo) y R (radio) se utilizan para localizar puntos sobre arcos y círculos que involucran ángulos y radios.

Los códigos *G*-, llamados a veces *códigos de ciclo,* se refieren a alguna acción que ocurre en los ejes *X, Y,* y/o *Z* de una máquina herramienta. Estos códigos están agrupados en categorías, como el grupo número 01, que contiene los códigos G00, G01, G02 y G03. Estos códigos causan algún movimiento de la mesa o del cabezal de la máquina.

- Un código G00 se utiliza para posicionar con rapidez la herramienta de corte o la pieza de trabajo de un punto de la misma a otro. Durante el rápido recorrido, se puede mover el eje *X* o el *Y* o ambos ejes simultáneamente. La velocidad de recorrido rápido puede variar de máquina a máquina y puede ir desde 200 hasta 800 pulg/min (5 a 20 m/min)
- Los códigos G01, G02 y G03 mueven los ejes a una velocidad controlada de avance.
  1. G01 se utiliza para interpolación lineal (movimiento en línea recta).
  2. G02 (con las manecillas del reloj) y G03 (contra las manecillas del reloj) se utilizan para interpolación circular (arcos y círculos).

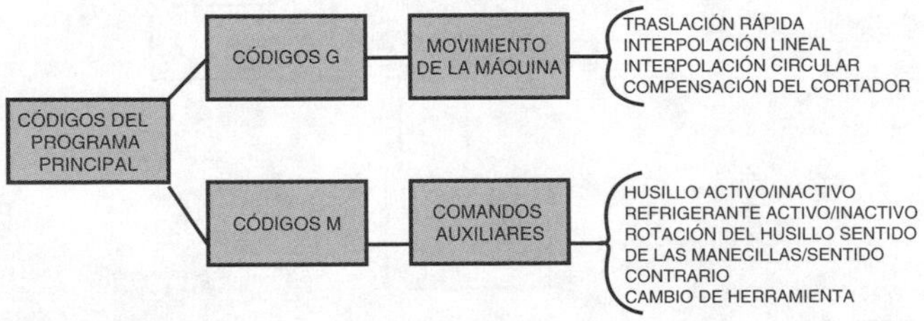

FIGURA 75-27 Tipos de códigos utilizados en programación CNC. (Cortesía de Kelmar Associates.)

Algunos códigos *G* se clasifican como modales o no modales. Los *códigos modales* se mantienen en efecto en el programa hasta que son modificados por otro código del mismo grupo. Los *códigos no modales* se mantienen en efecto sólo durante una operación y deben ser programados de nuevo siempre que se requieran. En el grupo 01, por ejemplo, solamente uno de los cuatro códigos de este grupo se puede utilizar en cualquier momento. Si un programa se inicia con un G00 y se escribe un G01 después, el G00 queda cancelado del programa hasta que se le vuelve a escribir. Si se introduce en el programa un código G02 o G03, el G01 quedará cancelado y así sucesivamente. La Figura 75-28 muestra muchos de los códigos *G* que cumplen con los estándares EIA.

Los códigos *M* se utilizan para activar o desactivar diferentes funciones que controlan ciertas operaciones de la máquina herramienta. Los códigos *M* por lo general no se agrupan por categorías, aunque varios códigos pueden controlar el mismo tipo de operación para ciertos componentes de la máquina. Por ejemplo, tres códigos, M03, M04 y M05, todos controlan alguna función del husillo de la máquina herramienta:

- M03 hace girar el husillo de la máquina en sentido de las manecillas del reloj
- M04 hace girar el husillo de la máquina en el sentido contrario a las manecillas del reloj
- M05 desactiva el husillo.

Los tres códigos se consideran modales porque se conservan válidos hasta que se introduce otro código que los reemplacen.

Grupo	*Código G*	*Función*
01	G00	Posicionamiento rápido
01	G01	Interpolación lineal
01	G02	Interpolación circular en el sentido de las manecillas del reloj
01	G03	Interpolación circular en el sentido contrario a las manecillas del reloj
00	G04	Descanso
00	G10	Ajuste de excentricidad
02	G17	Selección plano *XY*
02	G18	Selección plano *ZX*
02	G19	Selección plano *YZ*
06	G20	Entrada en pulgadas (pulg)
06	G21	Entrada métrica (mm)
00	G27	Verificación de regreso a punto de referencia
00	G28	Regreso a punto de referencia
00	G29	Regreso del punto de referencia
07	G40	Cancelación de compensación del cortador
07	G41	Compensación cortador izquierda
07	G42	Compensación cortador derecha
08	G43	Compensación de longitud de herramienta en dirección positiva (+)
08	G44	Compensación de longitud de herramienta en dirección negativa (-)
08	G49	Cancelación de compensación de longitud de herramienta
09	G80	Cancelación de ciclo enlatado
09	G81	Ciclo de taladro, perforación de marcado
09	G82	Ciclo de taladro, contrataladrado
09	G83	Ciclo de taladrado peck
09	G84	Ciclo de machueleado
09	G85	Ciclo de barrenado #1
09	G86	Ciclo de barrenado #2
09	G87	Ciclo de barrenadoe #3
09	G88	Ciclo de barrenado #4
09	G89	Ciclo de barrenado #5
03	G90	Programación absoluta
03	G91	Programación incremental
00	G92	Ajuste del punto cero del programa
05	G94	Avance por minuto

FIGURA 75-28 Códigos preparatorios EIA de uso común, de acuerdo con la norma EIA-274-D.

La Figura 75-29 muestra algunos de los códigos M más comunes utilizados en máquinas herramienta CNC.

En un centro de torneado, la función de algunos de los códigos G y M pueden ser diferentes de las funciones correspondientes a un centro de maquinado. Otros códigos no listados para centros de maquinado son de uso exclusivo de los centros de torneado. Vea en la Unidad 76 las tablas correctas de códigos G y M para centros de torneado. Varios códigos G y M no están asignados y pueden ser utilizados por los fabricantes de CNC para funciones especiales de sus máquinas.

Código	*Función*
M00	Paro de programa
M01	Paro opcional
M02	Fin de programa
M03	Arranque del husillo (hacia adelante en el sentido de las manecillas del reloj
M04	Arranque del husillo (en reversa contra el sentido de las manecillas del reloj
M05	Paro del husillo
M06	Cambio de herramienta
M07	Niebla de refrigerante activada
M08	Chorro de refrigerante activado
M09	Refrigerante desactivado
M19	Orientación del husillo
M30	Fin de la cinta (regreso a principio de la memoria)
M48	Liberación de cancelación
M49	Cancelación
M98	Transferencia a subprograma
M99	Transferencia a programa principal (Fin de subprograma)

FIGURA 75-29 Los códigos M de la EIA más comunes que sirven para controlar funciones misceláneas de máquina.

Bloque de información

Cada bloque de información debe contener únicamente suficiente información para ejecutar un paso de una operación de maquinado. En el ejemplo de fresado (Figura 75-30), la herramienta se mueve primero del punto A al punto B. Este bloque se debe escribir como G01 F8.0 X3.0; el movimiento de *posición absoluta* (G90) será de X.500 a X3.000, a una velocidad de avance de 8.0 pulg/min. El siguiente movimiento es del punto B al punto C, que debe escribirse como Y-1.250, para moverse de Y0 a Y-1.250. Estos dos bloques no pueden ser combinados de la forma G01 F8.0 X2.5 Y-1.25; la unidad de control de la máquina debe ser informada que debe efectuar cada movimiento por separado creando un bloque para cada movimiento.

INTERPOLACIÓN

La *interpolación*, es decir la generación de puntos de datos entre posiciones de coordenadas dadas de los ejes, es necesaria para cualquier tipo de programación. Dentro de la unidad de control de la máquina, un dispositivo conocido como un *interpolador* hace que los impulsores se muevan simultáneamente desde el principio del comando hasta su terminación. En las aplicaciones de programación CNC se utilizan con mayor frecuencia la interpolación lineal y la interpolación circular (Figura 75-31).

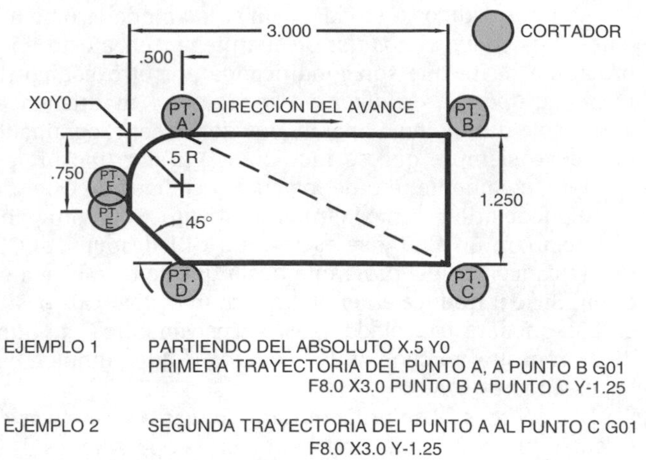

FIGURA 75-30 Una pieza de muestra para ilustrar procedimientos de programación. (Cortesía de Kelmar Associates.)

- La interpolación lineal se utiliza para el maquinado en línea recta entre dos puntos
- La interpolación circular se utiliza para círculos y arcos
- La interpolación helicoidal, utilizada para roscas y formas helicoidales, está disponible en muchas máquinas CNC
- Se utiliza la interpolación parabólica y cúbica en industrias que manufacturan piezas de formas complejas como son componentes aeroespaciales. Y moldes para carrocerías de automóviles.

La interpolación se lleva siempre a cabo bajo velocidades de avance programadas.

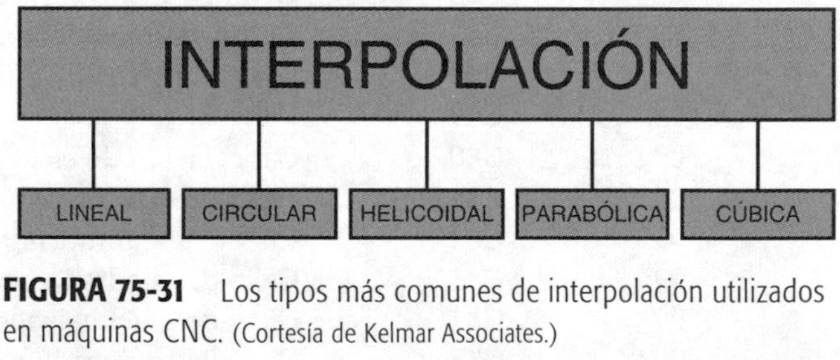

FIGURA 75-31 Los tipos más comunes de interpolación utilizados en máquinas CNC. (Cortesía de Kelmar Associates.)

Interpolación lineal

La *interpolación lineal* consiste en cualquier número de puntos programados unidos entre sí mediante *líneas rectas.* Estas incluyen líneas horizontales, verticales o en ángulo donde los puntos pueden estar o cercanos o alejados. En la Figura 75-30, se incluyen las líneas de los puntos A a B, B a C, C a D, D a E (o desde A hasta C) si es que hubiera sido necesario efectuar un corte en ángulo.

Interpolación circular

La *interpolación circular* facilita el proceso de programar arcos y círculos. En algunos sistemas CNC solamente se pueden programar a la vez un cuarto de círculo o un cuadrante (90°). Sin embargo, unidades de control de máquinas recientes tienen capacidad de un círculo completo dentro del mismo comando, lo que ayuda a reducir la longitud del programa. También mejora la calidad de la pieza porque existe una transición suave en todo el círculo completo, sin interrupciones o descansos entre cuadrantes.

La Figura 75-32 muestra la información básica requerida para programar un círculo. Esto debe incluir la posición del centro del círculo, el inicio y el final del arco que se va a cortar, la dirección del corte y la velocidad de avance para la herramienta. Un ejemplo de un arco y el bloque de información requerido para programarlo aparece en la Figura 75-33. Observe que se pueden utilizar varios métodos para escribir el bloque para el arco:

- Un método utiliza el comando I y J para identificar las coordenadas del centro del arco
- Un método más simple utiliza el comando R (radio del arco), mismo que el MCU utiliza para calcular el centro del arco.

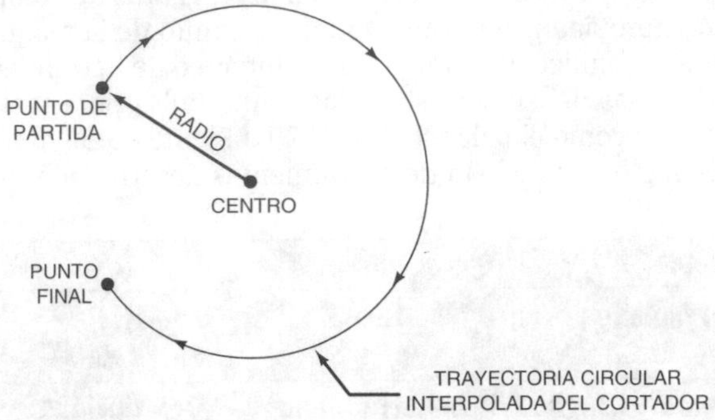

FIGURA 75-32 La posición del centro, el radio, el punto de partida y el punto de terminación del círculo, así como la dirección del corte son datos requeridos para la interpolación circular. (Cortesía de Kelmar Associates.)

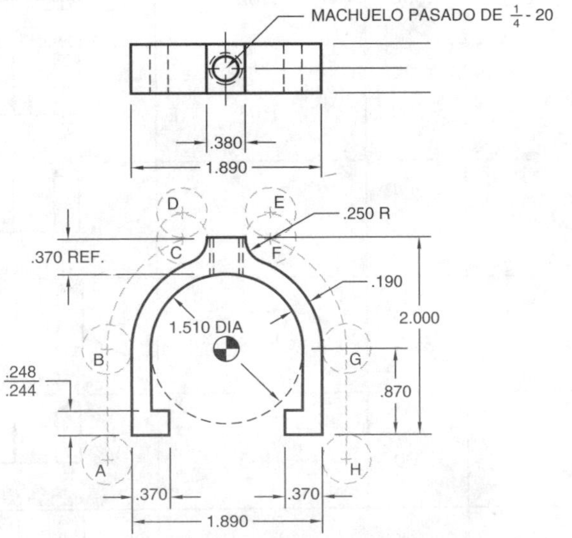

NOTA: X0 Y0 EN EL CENTRO DE LA PERFORACIÓN; LA TRAYECTORIA DE LA PIEZA ES EL BORDE DE LA MISMA CUANDO SE UTILIZA COMPENSACIÓN DEL RADIO DEL CORTADOR

EJEMPLO 1 –PUNTO B A PUNTO C
G2 X–.190 Y.9257 I.945 J0 F5.0
O
G2 X–.190 Y.9257 R.945 F5.0

EJEMPLO 2 –PUNTO F A PUNTO G
G2 X.945 Y0 I–.190 J.9257 F5.0
O
G2 X.945 Y0 R.945 F5.0

FIGURA 75-33 Se puede generar cualquier forma sobre dos ejes mediante la interpolación circular. (Cortesía de Kelmar Associates.)

PLANEACIÓN DEL PROGRAMA

La planeación del programa es una parte muy importante del maquinado CNC. Debe recolectarse, analizarse y calcularse información de importancia antes de escribir el programa. El programador debe además considerar las capacidades de la máquina consultando el manual de programación y de operación que lista capacidad, requerimientos de herramental, formato de programación, etc. Estas consideraciones de programación se analizarán en las secciones siguientes.

Procedimientos de maquinado

Para convertirse en un buen programador CNC, la persona debe tener buenos antecedentes fundamentales en procedimientos y procesos de maquinado convencional. El programador CNC debe tomar en consideración todas las variables requeridas para la manufactura convencional de las piezas. Resultará ventajoso el referirse al plano de la pieza y encontrar las respuestas a las preguntas siguientes para la programación de éxito de una pieza:

1. ¿Cuáles son las velocidades y avances de cortes apropiados para el tipo de material que se está maquinando?
2. ¿Cómo se sujetará la pieza en una prensa simple o en un dispositivo especial? ¿Interferirán las abrazaderas con el movimiento de los ejes?
3. ¿Están disponibles las herramientas y sujetadores requeridos?
4. ¿Se necesitará de un refrigerante especial, o es adecuado el tipo y concentración actual?
5. ¿Cuál es la dirección de avance de la mesa? Recuerde que es preferible el fresado ascendente y que esto no es un problema, ya que la mayor parte de las máquinas CNC tienen tornillos de bolas (Figura 75-34).
6. ¿Con qué rapidez se puede mover la herramienta a su posición: traslación rápida o a la velocidad de avance?
7. ¿Qué hará la herramienta cuando llegue a su posición, por ejemplo taladrar una perforación, fresar una cavidad, etcétera?
8. ¿Donde estará localizado el cero u origen de la pieza, sobre la misma o sobre la máquina?

Es bueno recordar que el procedimiento para maquinar una pieza, se haga mediante maquinado convencional o CNC, es básicamente el mismo. En el maquinado convencional, un operador diestro mueve manualmente las correderas

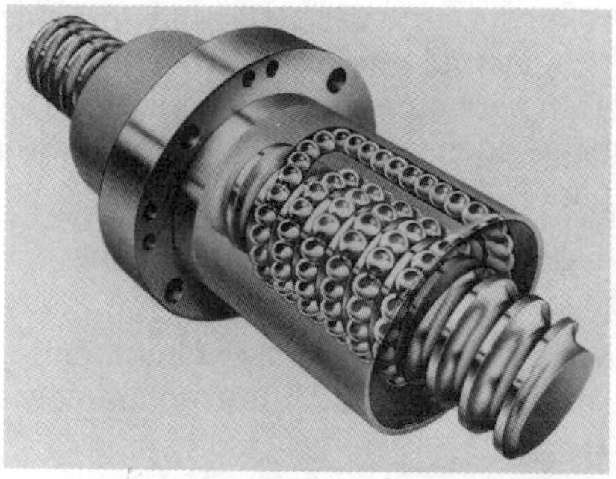

FIGURA 75-34 En las máquinas CNC se utilizan tornillos de bolas y eliminadores de juego para eliminar el juego axial entre el tornillo y la tuerca. (Cortesía de Cincinnati Milacron, Inc.)

de la máquina, en tanto que en maquinado CNC, las correderas de la máquina se mueven de manera automática a partir de la información suministrada por el programa CNC.

Lista de herramientas

El programador deberá preparar una lista de todas las herramientas necesarias para el proceso de maquinado. Para cada herramienta deberán calcularse las velocidades y avances correctos con base en el tipo de material de la herramienta, del tipo de material que se va a cortar, de la profundidad de corte, etcétera. Algunos sistemas de máquina CNC requieren preestablecer la longitud de la herramienta para fines de compensación. De ser lo anterior necesario, puede necesitarse un calibrador especial, y todas las longitudes deberán ser registradas para su introducción en los registros de compensación apropiados durante la puesta a punto de la máquina. Cuando se utilice un cambiador automático de herramientas (ATC), éstas deben ser asignadas a una bolsa para tanto la secuencia como el balance del ATC. La Figura 75-35 muestra un ejemplo de una lista de herramientas desarrollada.

Pieza No. CNB 140-1		Material Acero Inoxidable		Operación		N/C
Nombre de la pieza Nariz superior (Maq)		Programa No. 01160	Programado por: M.C.	Fecha 10/19/97		Hoja 1 de 3
Secuencia de herramienta #	**Descripción de herramienta**	**Diámetro de la herramienta: Valor**	**Diámetro de la herramienta: "D"**	**Longitud de la herramienta: Valor**	**Longitud de la herramienta: "H"**	**Descripción de la operación**
01	Fresa frontal H.S.S. de canal largo de 5/16 Diam. (.312)			4.250	H01	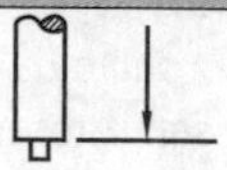 Ajustar hasta el final
02	Rima H.S.S. de 21/64 Diam. (.328)			5.000	H02	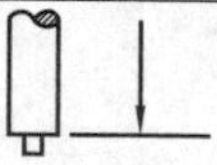 Ajustar hasta el final
03	Barreno C H.S.S. de 29/64 Diam. (.453)			5.000	H03	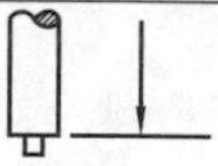 Ajustar hasta el final
04	Fresa frontal H.S.S. de 7/8 Diam. (.875)			4.500	H04	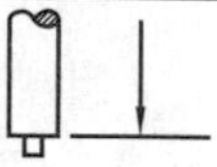 Ajustar hasta el final
05	Fresa frontal H.S.S. de 1/2 Diam. (.500)			4.250	H05	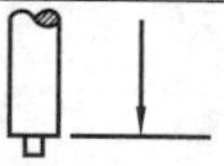 Ajustar hasta el final
06	Broca de marcar H.S.S. de 1/4 Diam. (.250)			5.000	H06	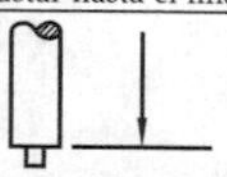 Ajustar hasta la punta
07	Broca H.S.S. de 3/16 Dia. (.187) de 6 pulg de largo			6.500	H07	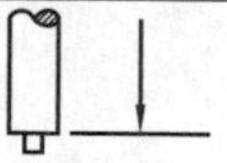 Ajustar hasta el extremo
08	Broca H.S.S. del #7 Diam. (.201)			4.250	H08	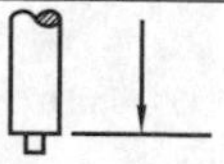 Ajustar hasta la punta

FIGURA 75-35 La lista de herramientas debe incluir toda la información respecto a cada herramienta, como número de la misma, velocidades, avances, compensación, etcétera. (Cortesía de Duo-Fast Corporation.)

Programa

Antes de escribir un programa para una pieza que se va a cortar en una máquina herramienta CNC, el plano del trabajo debe estudiarse cuidadosamente. A fin de determinar la secuencia de las operaciones, el programador debe decidir qué superficies de la pieza deben maquinarse, las operaciones especiales que se requieren, y las tolerancias dimensionales de la pieza. También es la responsabilidad del programador ver que la máquina herramienta recibe la información adecuada para cortar la pieza en la forma y tamaño apropiados. Usando lenguaje alfanumérico (letras y números), el programador debe registrar en una forma preparada (*programa*) todas las instrucciones que debe recibir la máquina herramienta para completar el trabajo. El programa debe contener todos los movimientos, herramientas de corte, velocidades, avances y cualquier otra información necesaria para maquinar la pieza (Figura 75-36). Esta información deberá incluirse en un formato uniforme tan claro como sea posible para darle al operador de la máquina CNC una clara comprensión de lo que se requiere. La Figura 75-37 muestra el tipo de información que el programador debe incluir, o suministrar con el programa.

FIGURA 75-37 Puntos principales que deben tomarse en consideración al preparar un programa.

1. *Esbozo de la pieza*
   - Debe prepararse un esbozo preliminar de la pieza. Aunque con mayor frecuencia se utiliza el posicionamiento absoluto, el programador deberá proporcionar la localización de cada eje desde el cero o punto de referencia, ya sea en dimensiones incrementales o absolutas, dependiendo del sistema de posicionamiento a usar en el trabajo.

No. de pieza: CNB-140-1 | Rev.: P | Nota | Fecha: 10-20-97 | Página: 115

Número de programa: O (;) 1160 | (Nota) Fin del código de bloque (;) es CR en EIA o LF en ISO | Programador: M.C.

/	N	G	X	Y	Z	A/B/C	R/I	J	K	B	P	Q	L	H/D	F/S	T	M	;
	%																	
	Ō11	60	(CNB-	140-1)														
	N10		G0 G17	G20 G40	G49 G64		G80	G90	G54									
		G43	X.407	Y-7.094	Z5.									H1	S1000		M3	
	G81	G98			Z-.1		R.3								F3.		M8	
	N20															T2	M6	
		G43	X.407	Y-7.094	Z5.									H2	S1000		M3	
	G81	G98			Z-.1		R.3								F3.		M8	
	N30															T3	M6	
		G43	X1.5	Y-6.	Z5.									H3	S450			
	G82	G98			Z3.26		R3.9				P0700				F2.			
	G0	G80		Y-5.														
					Z3.25													
		G1		Y-7.														
	G0				Z5.													
			X6.141	Y-5.2														
					Z2.072													
	G1			Y-2.8														
		G0			Z5.													
				Y-5.2														
					Z2.062													
		G1		Y-2.8														
		G0	X7.16	Y-6.														
					Z.473													

FIGURA 75-36 El programa debe contener toda la información necesaria para maquinar una pieza a su tamaño y forma.

2. *Punto cero (o de referencia)*
   - Debe fijarse un punto cero (o de referencia) sobre la pieza o sobre la máquina herramienta.
   - Las máquinas que no están equipadas con cambiador automático de herramientas requieren la selección de una posición de cambio de herramienta, con suficiente espacio para cambiar herramientas de corte, cargar y descargar piezas
3. *Dispositivo de sujeción*
   - Debe seleccionarse el dispositivo o aditamento más adecuado para sujetar la pieza firmemente y que no intervenga con las operaciones de maquinado.
   - El aditamento no debe tener ninguno de sus componentes mucho más altos que la pieza que se está maquinando.
   - Las instrucciones de ajuste para el aditamento deben incluirse en el manuscrito.
4. *Secuencia de operaciones*
   - Es esencial el conocimiento de los procedimientos básicos de maquinado para listar correctamente la secuencia de operaciones.
   - Seleccione las operaciones que deben efectuarse primero y la secuencia de los movimientos de la máquina (eventos) que maquinarán la pieza en el tiempo más corto posible.
5. *Dimensiones de los ejes*
   - Deben listarse todos los datos para cada uno de los movimientos de la mesa o de la herramienta de corte.
   - Los datos deben incluir la localización de los ejes para toda superficie a maquinar, o para toda perforación a taladrar, machuelear, rimar, etcétera.
6. *Lista e identificación de las herramientas*
   - Deben indicarse en las notas o comentarios del programa las herramientas requeridas
   - El número de identificación de la herramienta deberá dar el orden en el cual cada herramienta se va a utilizar, el diámetro y la longitud de la herramienta y el número de la herramienta y de la compensación.
7. *Velocidades y avances*
   - Debe incluirse en el programa la velocidad en revoluciones por minuto (r/min) de cada herramienta de corte
   - Debe listarse para cada herramienta la velocidad de avance en pulgadas por minuto o en metros por minuto (pulg/min o m/min), que logre la mejor vida de la herramienta de corte manteniendo al mismo tiempo eficiente velocidad de maquinado.
8. *Instrucciones al operador*
   - Deben incluirse en las notas o comentarios del programa las instrucciones especiales al operador.
   - Éstas deberán incluir información como especificaciones respecto a la selección de las herramientas de corte, carga o descarga de la pieza, el cambio de las herramientas de corte si no se trata de una función CNC, etcétera.

PREGUNTAS DE REPASO

1. ¿Qué tipo de instrucciones codificadas se utilizan en trabajo de control numérico?

Tipos de computadoras

2. Nombre dos tipos básicos de computadoras e indique dónde generalmente se utiliza cada una de ellas.
3. ¿Cuáles son las tres funciones importantes de una computadora?
4. ¿Para qué fines se utilizan las siguientes computadoras?
   a. Mainframe
   b. Minicomputadora
   c. Microcomputadora

Rendimiento CNC

5. Nombre cuatro razones por las cuales las máquinas CNC han sido ampliamente aceptadas en todo el mundo.
6. Compare la precisión de un mecánico con la de una máquina herramienta CNC.

Ventajas de CNC

7. Liste siete de las más importantes ventajas de CNC en lo que se refiere a precisión de las piezas y productividad.

Sistemas de coordenadas cartesianas

8. ¿Por qué es el sistema de coordenadas de tanta importancia para la industria de las máquinas herramienta?
9. De los valores de las coordenadas *X* y *Y* para los cuatro cuadrantes, empezando en la izquierda superior y avanzando en el sentido de las manecillas del reloj.
10. De la localización en coordenadas de cada punto del diagrama.

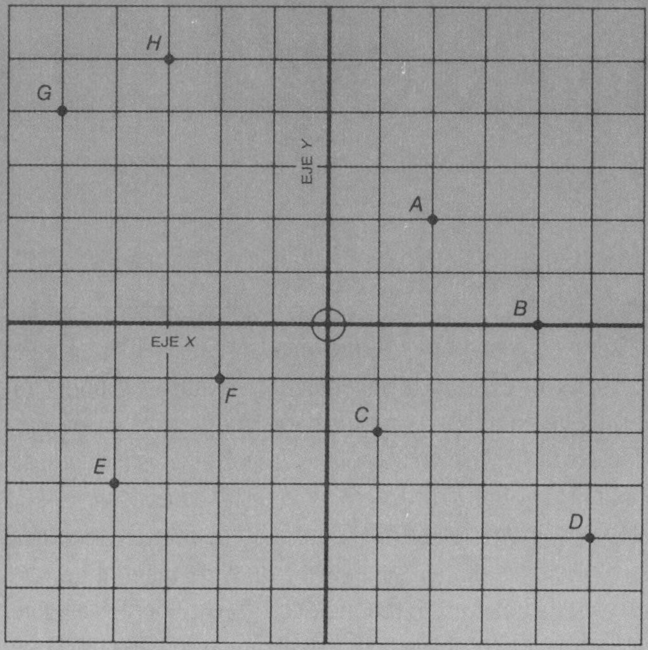

Máquinas que utilizan CNC

11. Nombre los dos ejes de un torno (centro de mandriles) y diga qué controla cada uno de ellos.
12. Nombre los tres ejes de una máquina fresadora vertical (centro de maquinado) y diga lo que controla cada uno de ellos.

Modos de programación

13. ¿Cómo se dan las dimensiones o posiciones increméntales?
14. ¿Qué código puede comprender la unidad de control de la máquina para posicionamiento incremental?
15. ¿Cómo se dan las dimensiones o posiciones absolutas?
16. ¿Qué código puede comprender la unidad de control de la máquina para el posicionamiento absoluto?

Sistemas de posicionamiento CNC

17. ¿Cuándo se utiliza el posicionamiento de punto a punto?
18. Nombre tres operaciones comunes que pudieran utilizar posicionamiento de punto a punto.
19. ¿Para qué tipo de trabajo se utiliza el posicionamiento de trayectoria continua?

Sistemas de control

20. Compare el sistema de lazo abierto con el sistema de lazo cerrado.
21. ¿Cuántos pulsos eléctricos se necesitan para mover una corredera de máquina una pulg (25.4 mm)?

Tipos de control por computadora

22. Nombre cuatro componentes principales de un sistema CNC.
23. Explique el modo vivo o conversacional.
24. Nombre las tres ventajas principales de un sistema DNC.

Sistemas de programación

25. Nombre los dos códigos más comunes para la programación CNC.
26. ¿Qué código se utiliza para?
    a. Interpolación lineal
    b. Interpolación circular
27. ¿Qué código misceláneo deberá utilizarse para?
    a. Hacer girar el husillo en el sentido de las manecillas del reloj
    b. Detener el husillo
28. 1. ¿Cuánta información debe contener cada bloque de programa?

Interpolación

29. ¿Para qué fines se utilizan las siguientes interpolaciones?. Dé ejemplos de cada una de ellas.
    a. Lineal
    b. Circular
    c. Helicoidal
30. ¿Qué información se requiere para programar un círculo?
31. Nombre dos métodos para programar arcos y círculos.

Planeación de programas

32. Liste y explique brevemente los ocho tipos de información que deben ser incluidos en un programa.

UNIDAD

76

Centro de torneado CNC

OBJETIVOS

Al terminar el estudio de esta unidad, se podrá:

1. Indicar la finalidad y funciones de los centros de mandriles, de torneado y de torneado/fresado
2. Identificar las aplicaciones del control numérico por computadora (CNC) para los centros de torneado
3. Nombrar las operaciones de maquinado que se pueden ejecutar simultáneamente

A mediados de los años 60 se hicieron amplios estudios que demostraron que aproximadamente el 40% de todas las operaciones de corte de metales se llevaban a cabo en tornos. Hasta entonces, la mayor parte del trabajo se llevaba a cabo en tornos convencionales o revólver, mismos que no eran muy eficientes de acuerdo a los estándares actuales. Una intensa investigación llevó al desarrollo de centros de torneado controlados numéricamente y tornos de mandril que podían producir piezas en redondo con prácticamente cualquier perfil (forma) automática y eficientemente (Figura 76-1). En años recientes, éstos han sido actualizados a unidades más poderosas controladas por computadora capaces de mayor precisión y de ritmos más elevados de producción que sus predecesores.

FIGURA 76-1 Los centros de torneado y de mandril son versátiles y muy productivos. (Cortesía de Cincinnati Milacron, Inc.)

TIPOS DE CENTROS DE TORNEADO

Los tres tipos principales de centros de torneado son:

1. El centro de mandriles CNC (Figura 76-2), que sujeta una pieza individual en algún tipo de mandril de mordazas. Algunas máquinas también tienen husillos duales (Figura 76-3), lo que permite el maquinado en un solo ciclo en ambos extremos de una pieza.
2. El centro universal de torneado CNC puede utilizar un sistema continuo de alimentación de barra para maquinar y cortar piezas de la barra, o utilizar un contrapunto para soportar piezas largas. Algunas máquinas están también equipadas con torretas portaherramienta duales (Figura 76-4).
3. Una adición más reciente a la industria es la combinación de centro de torneado/fresado, que utiliza una combinación de herramientas de torno (Figura 76-5). Las herramientas típicas del centro de maquinado incluyen brocas, y machuelos para efectuar operaciones que anteriormente requerían otra puesta a punto en un distinto centro de maquinado.

Centro de mandriles CNC

Los centros de mandriles (Figura 76-2), diseñados para maquinar la mayor parte del trabajo sujeto en un mandril, están disponibles en una diversidad de tamaños de mandriles desde 8 a 36 pulg de diámetro. Se fabrican muchos tipos de centros de mandriles y todos ellos llevan a cabo funciones similares; por lo tanto, solamente se tratará en esta unidad un centro de mandriles de cuatro ejes.

El centro de mandriles de cuatro ejes tiene dos torretas portaherramienta, cada una sobre correderas independientes, que pueden maquinar la pieza de manera simultánea. Mientras la torreta superior de siete herramientas está maquinando el diámetro interior, la torreta inferior (que también tiene

FIGURA 76-2 Un centro de mandriles sujeta la pieza en algún tipo de mandril o dispositivo. (Cortesía de Cincinnati Milacron, Inc.)

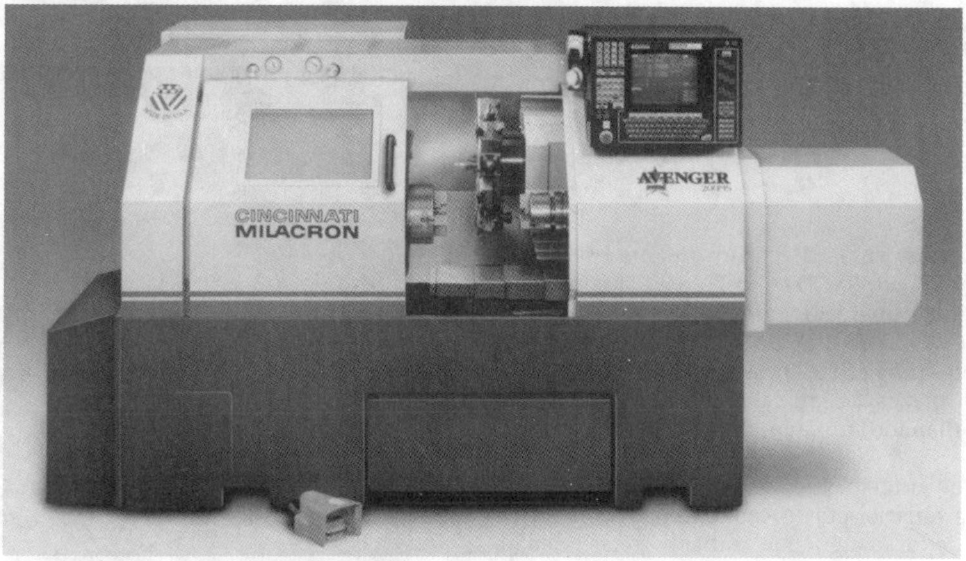

FIGURA 76-3 Un centro de mandriles de husillo dual permite maquinar ambos extremos de una pieza. (Cortesía de Cincinnati Milacron, Inc.)

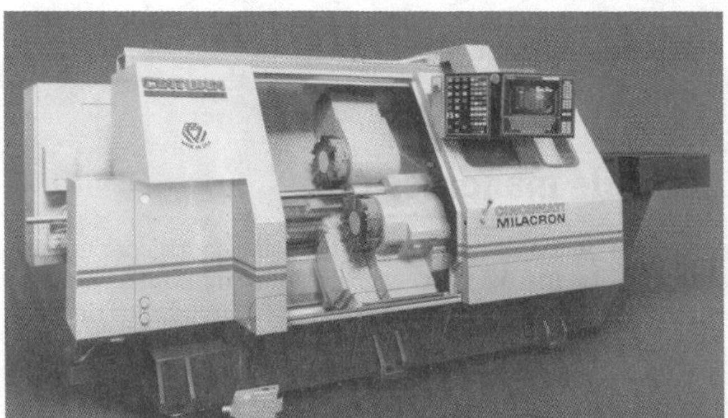

FIGURA 76-4 Dobles torretas portaherramientas incrementan el número de herramientas disponibles y pueden cortar con dos herramientas simultáneamente. (Cortesía de Cincinnati Milacron, Inc.)

FIGURA 76-5 Los centros combinados de torneado y fresado permiten efectuar operaciones de taladrado y de fresado en un centro de torneado. (Cortesía de Cincinnati Milacron, Inc.)

siete diferentes herramientas de corte) pudiera estar maquinando el diámetro exterior (Figura 76-6). Si la pieza requiere principalmente de operaciones internas, se pueden utilizar ambas torretas para maquinar el interior de la pieza simultáneamente (Figura 76-7). Este tipo de operaciones es adecuado para piezas de gran diámetro que requieren mandrinado, achaflanado, roscado, radios internos o ranuras de retención.

Para piezas que principalmente requieren operaciones externas, la torreta superior puede estar equipada con herramientas de torno de tal manera que ambas torretas puedan ser utilizadas para maquinar el diámetro exterior. La Figura 76-8 muestra el maquinado simultáneo de un diámetro y de un chaflán.

FIGURA 76-6 Las operaciones de torneado y mandrinado se pueden efectuar de manera simultánea. (Cortesía de Cincinnati Milacron, Inc.)

FIGURA 76-7 Uso de ambas torretas en operaciones internas. (Cortesía de Cincinnati Milacron, Inc.)

FIGURA 76-8 Uso de ambas torretas para torneado externo. (Cortesía de Cincinnati Milacron, Inc.)

Cuando deben maquinarse piezas largas, el extremo derecho del eje debe soportarse en un punto del contrapunto montado en la torreta superior en tanto que la torreta inferior lleva a cabo las operaciones de maquinado externo (Figura 76-9). Otras operaciones que se pueden ejecutar de manera simultánea son torneado y refrentado (Figura 76-10) y roscado interno (Figura 76-11).

Otros centros de mandriles son principalmente modelos de dos ejes. Pueden tener una sola torreta en la que se montan tanto herramientas de diámetro interno como de diámetro externo, o pueden tener dos torretas (generalmente en la misma corredera). En este último caso una torreta está normalmente diseñada para herramientas exteriores y la otra para herramientas de diámetro interior. Cualquiera que sea la disposición, el control de dos ejes impulsará únicamente una torreta a la vez.

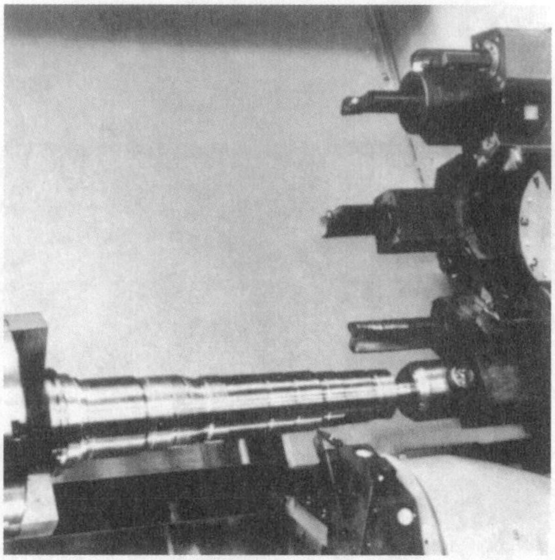

FIGURA 76-9 Una flecha larga soportada por un punta montada en la torreta superior. (Cortesía de Cincinnati Milacron, Inc.)

FIGURA 76-10 Operaciones simultáneas de torneado y refrentado utilizando ambas torretas. (Cortesía de Cincinnati Milacron, Inc.)

FIGURA 76-11 Corte simultáneo de roscas internas y externas. (Cortesía de Cincinnati Milacron, Inc.)

Construcción

Los componentes operativos principales de todos los centros de torneado son básicamente los mismos. Consisten en los componentes del bastidor, y de aquellos que le dan al bastidor sus capacidades CNC (Figura 76-12). En razón de las elevadas velocidades del husillo (hasta 5000 r/min.) y de las elevadas necesidades de potencia (hasta de 75 HP), las máquinas de este tipo deben ser robustas para absorber las grandes fuerzas de corte. La bancada y el bastidor de la máquina puede ser una pesada fundición de hierro de una sola pieza. Los cuatro componentes del bastidor (Figura 76-13) se muestran por separado y como un ensamble de máquina. Otro tipo de construcción es el compuesto de polímero que es fundido alrededor de insertos premaquinados (Figura 76-14A), conteniendo tubos, acoplamientos y sujetadores y roscas para su uso durante el ensamble de la máquina. La Figura 76-14B muestra una base fundida de polímero. A fin de permitir una eliminación más fácil de las virutas y del refrigerante, y para una fácil carga y descarga de las piezas de trabajo, la bancada está inclinada 40° del plano vertical.

Impulsores servos de corriente directa proporcionan un posicionamiento preciso y el traslado de las herramientas de corte. Los servo motores posicionan las corredera trans-

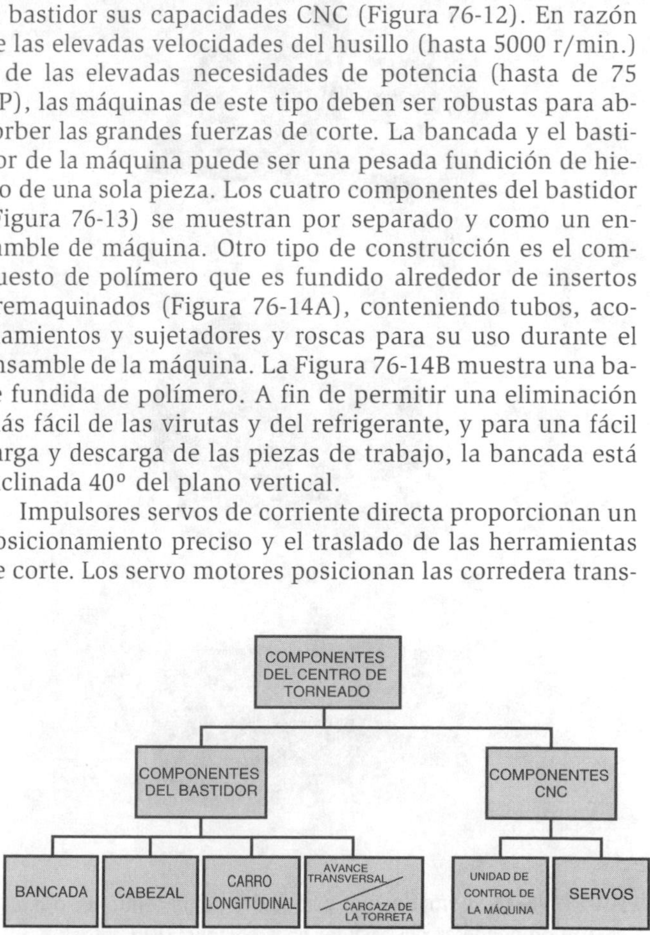

FIGURA 76-12 Componentes de un centro de torneado divididos en dos categorías. (Cortesía de Kelmar Associates.)

A

B

C

D

E

FIGURA 76-13 Componentes principales de un centro de torneado: (A) Componentes del bastidor ensamblados; (B) Cabezal; (C) Carro longitudinal (D) Corredera transversal/carcaza de la torreta; (E) Bancada. (Cortesía de Cincinnati Milacron, Inc.)

A

B

FIGURA 76-14 (A) Inserto premaquinado fundido en una base de polímero; (B) Base de la máquina herramienta de compuestos de polímero. (Cortesía de Hardinge Brothers, Inc.)

versales de la torreta mediante tornillos de bolas precargados de alta precición (Figura 76-15 de la Pág. 609) que aseguran una capacidad de repetición del posicionamiento de la corredera hasta de ± 000060 pulg. en el eje X y de ± .0001 en el eje Z. las correderas de la torreta operan a velocidades de .100 hasta 400 pulg./min (2.54 a 10,160 mm/min) utilizando velocidades programadas de avance, y hasta 944 pulg./min (24000 mm/min) en traslado rápido.

Herramental

Tanto la torreta superior como la inferior pueden aceptar siete tipos diferentes de herramientas. Los portaherramientas para maquinar diámetros exteriores están localizados en la torreta inferior y están preajustados. Solamente requieren el cambio del inserto de carburo cuando debe reemplazarse la herramienta. Las herramientas para maquinar el diámetro interno están montadas en un bloque con cola de milano y preajustados fuera de la máquina mediante un calibrador de ajuste de herramienta (Figura 76-

16). El ensamble de herramienta de bloque con cola de milano se monta entonces sobre la torreta superior, asegurando así un posicionamiento siempre adecuado de la herramienta. Algunas máquinas están equipadas con una sonda de ajuste automático de la herramienta (Figura 76-17) para preajustar las herramientas. Cada herramienta es girada a la posición de maquinado, se retoca la punta de la herramienta y cada ajuste de herramienta se registra en la unidad de control para su uso durante el ciclo de maquinado. Con esto se asegura que se registra la longitud de cada herramienta de forma que se maquinan las piezas al tamaño requerido.

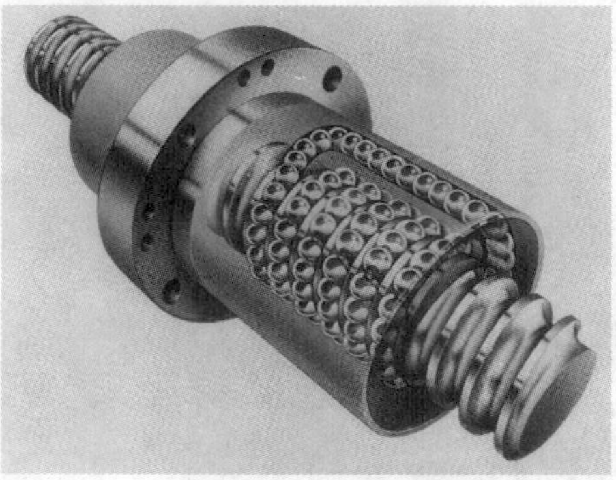

FIGURA 76-15 Un tornillo de bolas de precisión asegura movimientos precisos de las correderas. (Cortesía de Cincinnati Milacron, Inc.)

FIGURA 76-16 Calibre para preajustar las herramientas de corte para los centros de torneado.

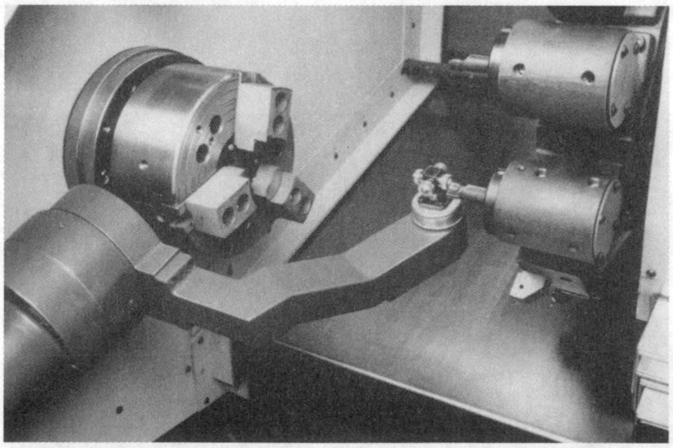

FIGURA 76-17 Un ajustador de la herramienta calcula el valor de la compensación de la herramienta, mismo que se registra automáticamente en la unidad de control de la máquina. (Cortesía de Cincinnati Milacron, Inc.)

Control numérico por computadora

El control que se muestra en la Figura 76-18 es el "cerebro" del centro de mandriles y por lo general está montado sobre la máquina (Figura 76-19). Tiene un microprocesador de 32 bits, una pantalla de video de tubo de rayos catódicos (CRT), una unidad de entrada de programas como un disquete, almacenamiento de programas de piezas, edición de programas de piezas, administración de datos de herramienta y despliegue de diagnóstico de mantenimiento.

El microprocesador controla los cálculos lógicos, el control del mecanismo y el control de entradas y salidas. El CRT proporciona una pantalla visual de las posiciones de las correderas, el estado de operación del husillo, los números de secuencia, las funciones preparatorias, las condiciones de falla del sistema (diagnóstico), las instrucciones al operador y los datos del teclado.

FIGURA 76-18 Un panel de control de un centro de mandriles contiene la computadora, la pantalla de video y la unidad de control de la máquina. (Cortesía de Cincinnati Milacron, Inc.)

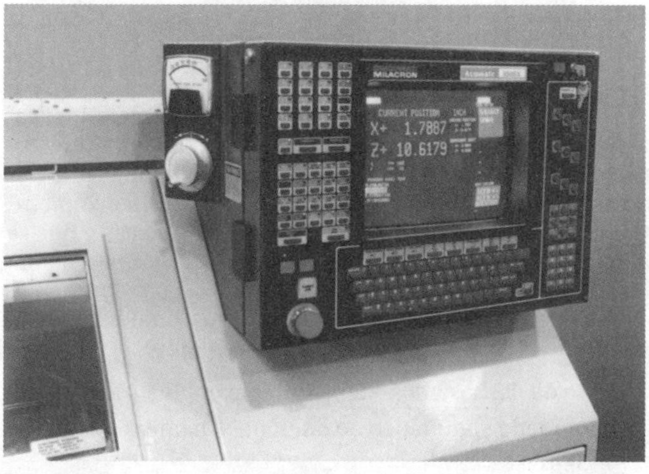

FIGURA 76-19 El panel de control está sujeto directamente sobre la máquina herramienta. (Cortesía de Cincinnati Milacron, Inc.)

La entrada por teclado se utiliza para comunicarse con el sistema CNC, para introducir datos de puesta a punta y del herramental para nuevos programas, o para corregir datos del herramental. El teclado también puede ser utilizado para efectuar comprobaciones de diagnóstico sobre los sistemas. En el CRT aparece información como es presión del aceite, estado del husillo, etcétera

El almacenamiento de programa de piezas con un disco duro de 20 megabytes (MB) puede almacenar datos equivalentes a 75000 pie (22865 m.) de cinta de programa de piezas. La característica de edición de programa de piezas permite cambiar en cualquier momento el programa. Otras características incluyen un monitoreo constante de velocidad superficial, que verifica el diámetro de la pieza y controla correspondientemente la velocidad del husillo.

Centro de torneado CNC

Los centros de torneado de control numérico por computadora (Figura 76-20), aunque son similares a los centros de mandriles están principalmente diseñados para maquinar piezas de trabajo del tipo ejes soportados por un mandril y un punto del contrapunto para trabajo pesado.

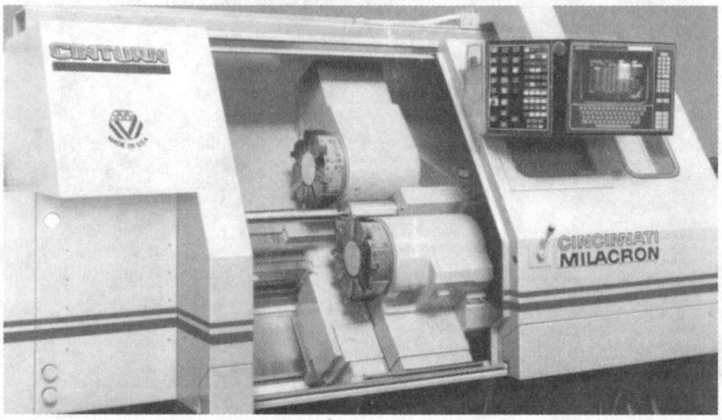

FIGURA 76-20 El centro de torneado CNC está diseñado para máxima productividad de piezas de trabajo tipo ejes. (Cortesía de Cincinnati Milacron, Inc.)

FIGURA 76-21 Utilización de ambas torretas para maquinar un eje a diferentes diámetros. (Cortesía de Cincinnati Milacron, Inc.)

En vista que la torreta inferior está diseñada para herramientas de trabajo interno, las piezas pueden estar sujetas en el mandril y maquinadas en su interior y en su exterior simultáneamente (Figura 76-22). Cuando el centro de torneado está equipado con una *luneta fija* (Figura 76-23),se pueden ejecutar operaciones como refrentado y roscado en un extremo del eje. Al tornear ejes largos y esbeltos, se puede utilizar una *luneta móvil* (Figura 76-24) para un soporte adicional.

En máquinas de cuatro ejes, dos torretas opuestas, cada una de ellas capaz de sujetar siete herramientas diferentes están montadas en correderas independientes, una por encima y la otra por debajo de la línea central de la pieza. Dado que las torretas equilibran las fuerzas de corte que se le aplican a la pieza, se pueden efectuar cortes extremadamente profundos en una pieza de trabajo cuando está soportado por el contrapunto. Las torretas duales también pueden llevar a cabo otras operaciones como:

- Corte de desbastado y de terminado en una sola pasada.
- Maquinado simultáneo de diferentes diámetros sobre un eje (Figura 76-21).
- Torneado de terminado y roscado simultáneos.
- Corte simultáneo de dos secciones diferentes de un eje.

FIGURA 76-22 Maquinado simultáneo de los diámetros interior y exterior de una pieza. (Cortesía de Cincinnati Milacron, Inc.)

FIGURA 76-23 Una luneta fija proporciona el apoyo cuando las operaciones no permiten el uso de un contrapunto para soporte en el extremo. (Cortesía de Cincinnati Milacron, Inc.)

FIGURA 76-24 Dos lunetas móviles utilizadas para soportar un eje largo y esbelto. (Cortesía de Cincinnati Milacron, Inc.)

Un *mecanismo de alimentación de barras* (Figura 76-25) permite el maquinado de ejes y piezas a partir de barras que sean más pequeñas que el diámetro de la perforación central del husillo. Algunas máquinas están equipadas con un extractor de barra (Figura 76-26) montado en la torreta. Las correderas de la máquina se mueven en posición y los dedos toman la barra, entonces la corredera del eje *Z* se mueve a su posición para la longitud correcta. El mandril se cierra, el extractor suelta la pieza y la torreta se mueve a una posición segura para el intercambio de las herramientas. Cuando se maquinan ejes individuales precortados, un *alimentador de piezas de producción* (Figura 76-27) puede terminar un cambio de piezas en siete segundos.

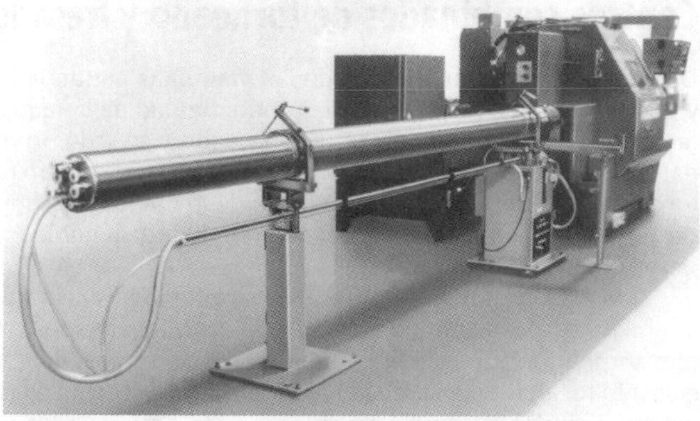

FIGURA 76-25 Un aditamento de alimentación de barras permite la manufactura a partir de la barra de numerosas piezas. (Cortesía de Cincinnati Milacron, Inc.)

FIGURA 76-26 Extractor de barras avanzando la barra en bruto desde la torreta de herramientas. (Cortesía de Royal Products)

FIGURA 76-27 Los alimentadores de piezas pueden mejorar la productividad al efectuar cambios de piezas en siete segundos.(Cortesía de Cincinnati Milacron, Inc.)

Centros combinados de torneado y fresado

Debido a la constante mejoría de las máquinas herramienta y la necesidad de incrementar la productividad de la manufactura, se desarrolló el centro de torneado y fresado. En el pasado, una vez terminadas las operaciones en un centro de torneado, era necesario sacar la pieza de la máquina y esperar a que un centro de maquinado estuviera disponible para terminar la pieza.

El centro de torneado y fresado permite la ejecución de operaciones de taladrado, fresado y machuelado sobre la pieza mientras aún está en la máquina. Esto es posible gracias a la torreta especial de herramientas que contiene espacios que tienen su propia impulsión para *herramientas vivas.* La Figura 76-28 muestra una fresa vertical de inserto de carburo sujeta en este espacio especial para herramienta, que puede girar como el husillo de un centro de maquinado. Si un eje requiere que se corten planos paralelos, se puede programar la torreta de herramientas para que se mueva a la posición correcta. El husillo de la máquina, que impulsa a la pieza para operaciones de torneado, es bloqueado en la posición adecuada donde se necesita la superficie plana. Mientras gira la fresa vertical, la corredera del eje *X* se mueve a la profundidad correcta, y entonces la corredera del eje *Z* avanza la herramienta durante la distancia correcta. Una vez maquinada la primera superficie plana, el eje *X* retrae la herramienta sacándola de la pieza. El husillo gira 180° y se repite el proceso para cortar la superficie plana del lado opuesto. La herramienta entonces regresa a la posición de intercambio de las herramientas.

Las operaciones como taladrado y machueleado (Figura 76-29) se pueden ejecutar sobre la pieza si la máquina tiene un husillo de *perfilado,* que se pueda girar a posiciones exactas alrededor de la circunferencia de la pieza.

FIGURA 76-28 Espacios para herramientas vivas proporcionan rotación para herramientas de perforación y de fresado en un centro de torneado. (Cortesía de Hardinge Brothers, Inc.)

FIGURA 76-29 Ahora se puede efectuar una perforación en un centro de torneado sobre la circunferencia de una pieza, eliminando la necesidad de una puesta a punto secundaria. (Cortesía de Hardinge Brothers, Inc.)

CONSIDERACIONES DE PROGRAMACIÓN

Uno de los requisitos principales de un buen programador debe ser la capacidad de analizar el plano de la pieza y decidir sobre la secuencia de las operaciones de maquinado. Es buena costumbre desarrollar el hábito de identificar los puntos de inicio y de terminación, para tanto las operaciones de desbastado como de terminado, si así se requiere.

Precaución: *Asegúrese* que el formato de programación se adecua a su equipo antes de maquinar las piezas.

Sistemas de herramientas y herramientas de corte

Los sistemas de herramientas para los centros de torneado CNC pueden variar según las especificaciones individuales de los fabricantes. Es importante recordar que el éxito de cualquier operación de torneado depende de la precisión del sistema de herramientas y de las herramientas de corte que se están utilizando. Un sistema típico de herramientas (Figura 76-30) consiste de portaherramientas, sujetadores de barras de mandrinado, sujetadores para refrentado y torneado y receptáculos para brocas.

Insertos

Los insertos de las herramientas de corte están fabricados de muchos tipos de materiales. Los centros modernos de torneado son de construcción rígida y tienen disponibles las velocidades, avances y potencias necesarios para usar todo tipo de herramientas de corte, incluso los superabrasivos.

Existe una gran variedad de materiales de herramientas de corte para adecuarse a cualquier material de la pieza u

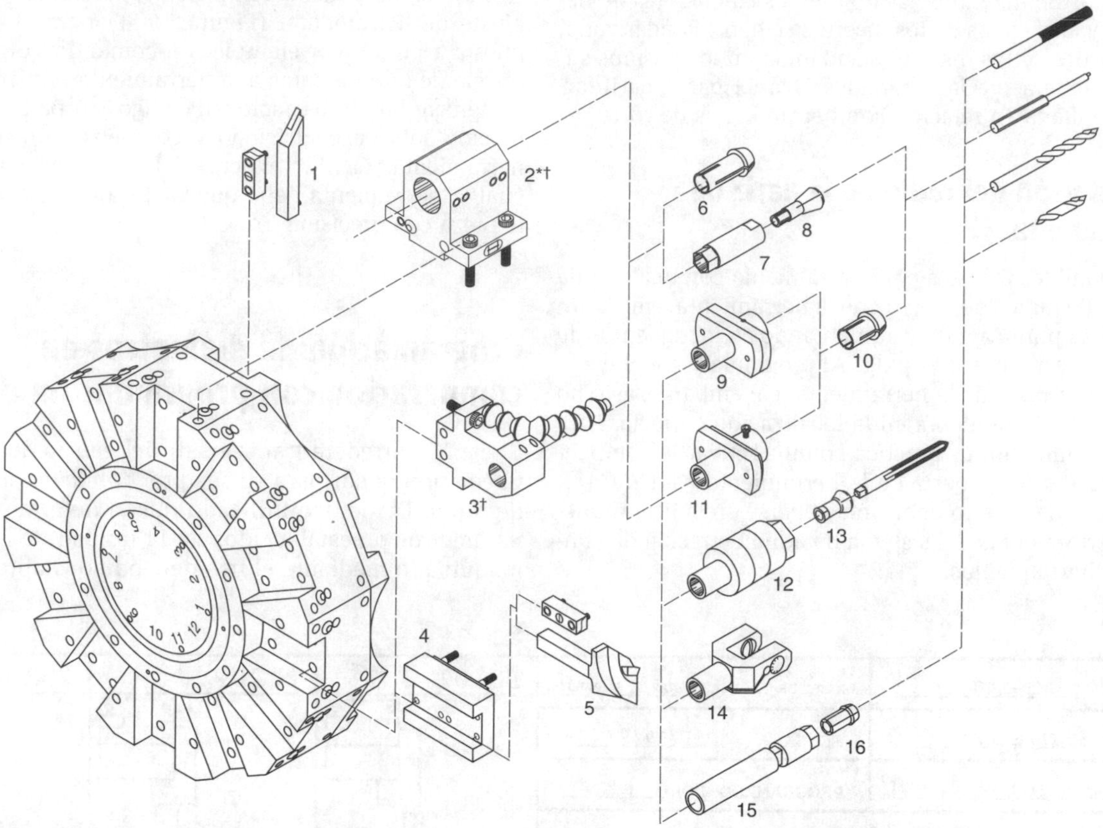

Número del elemento	Número de la herramienta	Descripción
1	—	Herramientas de corte con inserto de zanco cuadrado de ¾ de pulg
	—	Herramientas de perfilado con insertos de 35° y 55° de zanco cuadrado de ¾ pulg
2	SG-46	Sujetador de herramientas de torneado de doble zanco redondo (¾ pulg de diámetro interior)
	SG-47M	Sujetador de herramientas de torneado de doble zanco redondo (25 mm de diámetro interior)
3	SG-38	Sujetador de herramienta de zanco redondo (¾ pulg de diámetro interior)
	SG-39M	Sujetador de herramienta de zanco redondo (25 mm de diámetro interior)
4	SG-CE	Sujetador de herramienta de tronzado de zanco cuadrado (¾ pulg)
	SG-CM	Sujetador de herramienta de tronzado de zanco cuadrado (20 mm)
5	G23	Herramienta de corte de inserto Hardinge-Belcar.
6	HDB-6	Bujes de precisión (¾ pulg diámetro exterior)
7	T-17¾	Sujetador de tipo boquilla (zanco de ¾ pulg)
8	1C	Boquillas 1C
9	T-19¾	Sujetador para rima flotante (zanco ¾ pulg)
10	HDB-2	Bujes de precisión (½ diámetro exterior)
11	00D¾	Sujetador ajustable (zanco ¾ pulg)
12	TT-¾	Sujetador de machuelos TT de liberación (zanco de ¾ pulg)
13	—	Boquillas para machuelo TT
14	T-8¾	Herramienta de moleteado "de presión"
15	DAH-235	Sujetador de herramienta de extensión de boquilla de doble ángulo (zanco de ¾ pulg)
16	—	Boquillas de doble ángulo de la serie 200

FIGURA 76-30 Un sistema típico de herramientas para centros de mandriles y de torneado. (Cortesía de Hardinge Brothers, Inc.)

operación de maquinado. Pueden incluirse carburos, carburos recubiertos, cerámica, cermet, nitruro de boro cúbico y herramientas de diamante. Dado que los sujetadores de herramienta y las formas de los insertos se han estandarizado, la mayor parte de los insertos se adaptan en los mismos sujetadores. Refiérase a las Unidades 31 a 33 para una información detallada en relación con herramientas de corte.

Compensación del radio de la nariz de la herramienta

Están disponibles insertos para herramienta con una amplia diversidad de radios de la nariz de la herramienta, empezando desde una punta aguda y aumentando en incrementos de $\frac{1}{64}$ pulg desde $\frac{1}{64}$ hasta $\frac{1}{8}$ pulg. Al programar se incluye la *punta aguda teórica* de la herramienta; sin embargo, esto no posicionará la herramienta en la localización correcta. Para cortes de terminado, es práctica común activar la compensación de radio de la nariz de la herramienta (G41 o G42). El radio de cada inserto debe almacenarse en la lista numerada de herramientas del sistema de administración de control de las herramientas.

Compensación de la herramienta

El programador debe también proporcionar una hoja de ajuste de herramental (Figura 76-31) para el operador de puesta a punto. Por ejemplo, un comando T01 cambiará la torreta de herramientas a la herramienta número 1. Se puede agregar otra información al código T01 para indicar información sobre excentricidad y compensación respecto a la herramienta. El MCU calculará la posición correcta en la cual la herramienta debe quedar localizada para maquinar la pieza con precisión.

Programación de diámetros en comparación con programación de radios

El eje *X* (corredera transversal) del centro de torneado se puede programar para ya sea *programación de diámetro* o *de radio.* El método utilizado queda determinado por los parámetros preestablecidos en la unidad de control de la máquina, o mediante el uso del código G apropiado. Para

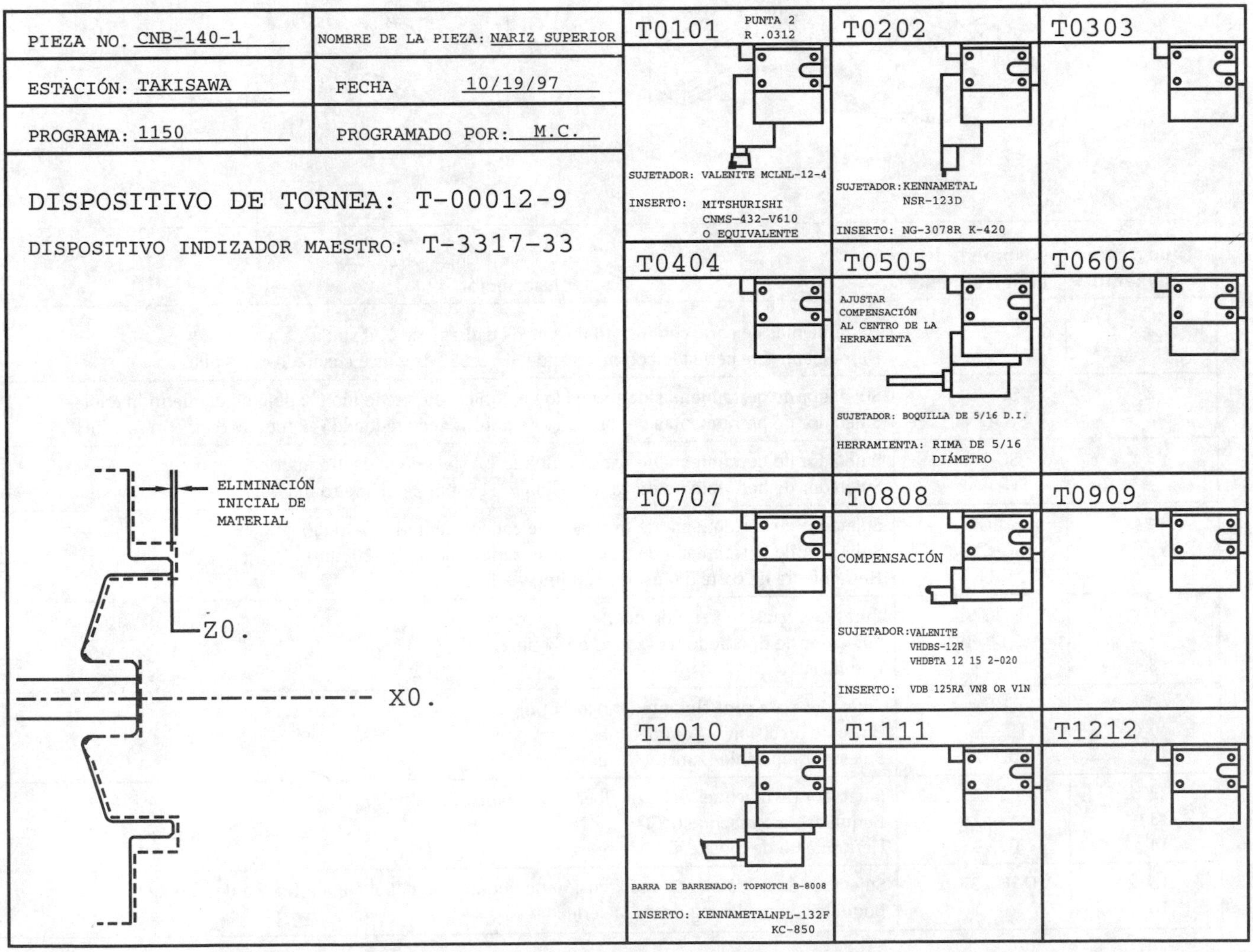

FIGURA 76-31 Hoja de ajuste de herramental para el registro de información especial sobre cada una de las herramientas utilizadas en un trabajo.

la programación de diámetros, el plano de la pieza (Figura 76-32A) se dibuja completo, con ambos lados de la línea central con dimensiones de diámetro completas. Para la programación de radios, el plano de la pieza (Figura 76-32B) se dibuja sobre solamente un lado de las dimensiones de la línea central, el radio de la pieza.

La mayor parte de las unidades de control de máquina están preestablecidas automáticamente para programación de diámetros. Si es necesaria o deseable la programación de radios, debe insertarse un código correcto al inicio del programa para informar al MCU que se utilizará programación de radios. Puesto que pueden variar ligeramente los códigos de programación según cada fabricante, asegúrese de consultar el manual de programación de la máquina para utilizar el código correcto.

Establecimiento del cero de la pieza

Queda a la elección del programador la colocación del cero de la pieza en la localización más conveniente. La ubicación del eje *X* se selecciona usualmente en la línea central de la pieza, en tanto que el eje *Z* puede quedar ya sea del lado derecho (*contrapunto*) o del lado izquierdo (*mandril*) de la pieza (Figura 76-33). Si el cero de la pieza se localiza en el extremo derecho (el método más común), todos los movimientos *Z* en la pieza tendrán un número negativo (−*Z*) Cuando se utiliza el extremo izquierdo de la pieza, todos los movimientos *Z* en la pieza tendrán un número positivo (*Z*) En vista que los números positivos no requieren del uso del signo de más (+), existen menos oportunidades de error al escribir un programa.

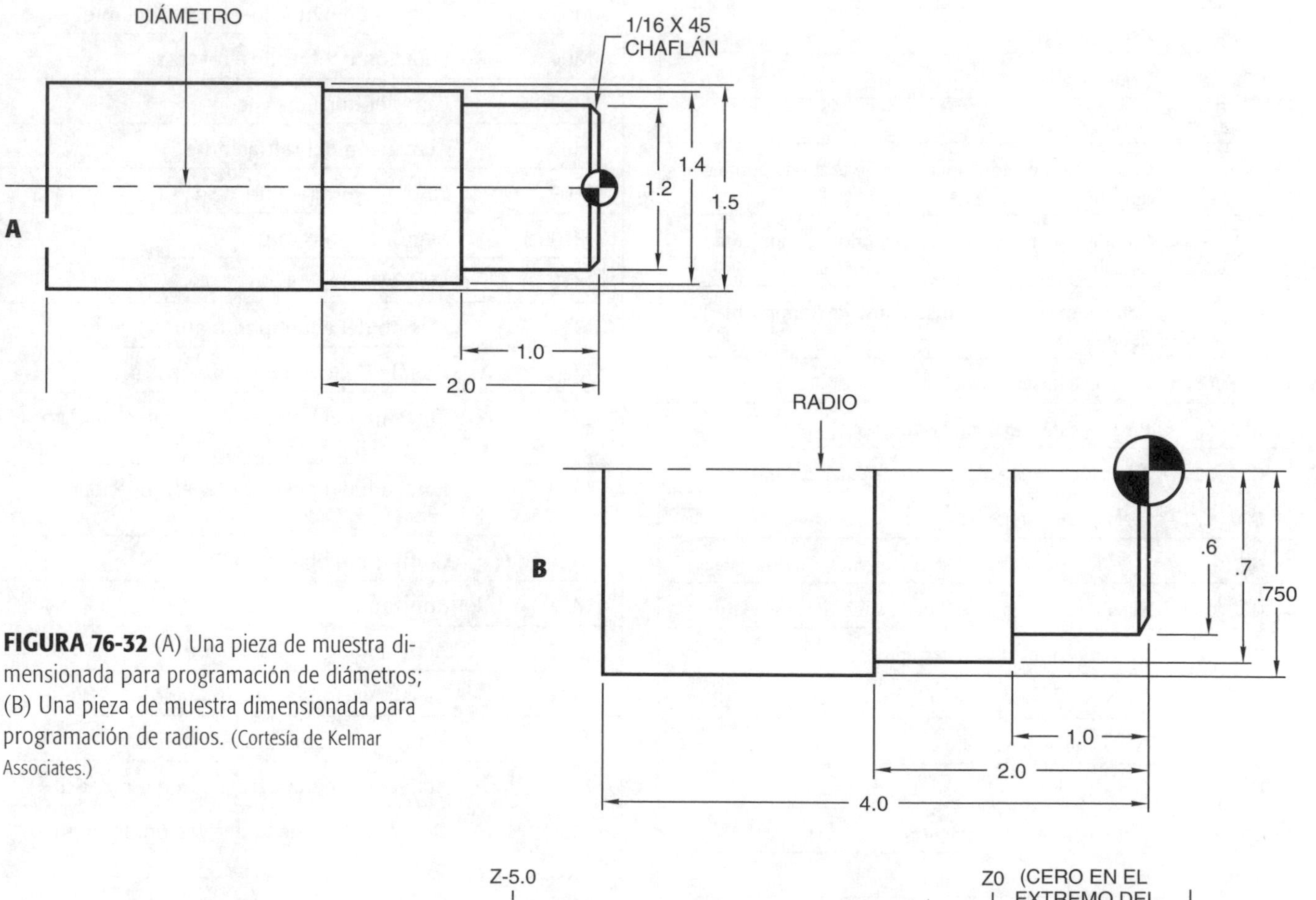

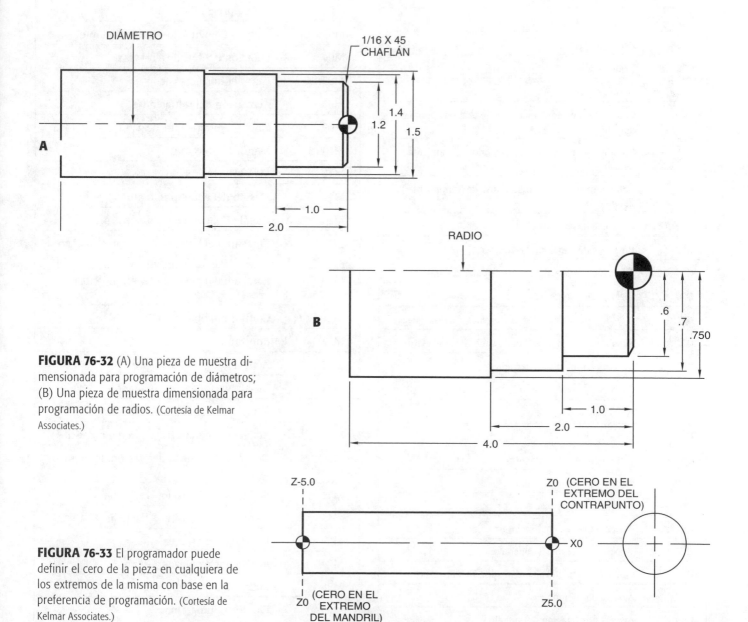

FIGURA 76-32 (A) Una pieza de muestra dimensionada para programación de diámetros; (B) Una pieza de muestra dimensionada para programación de radios. (Cortesía de Kelmar Associates.)

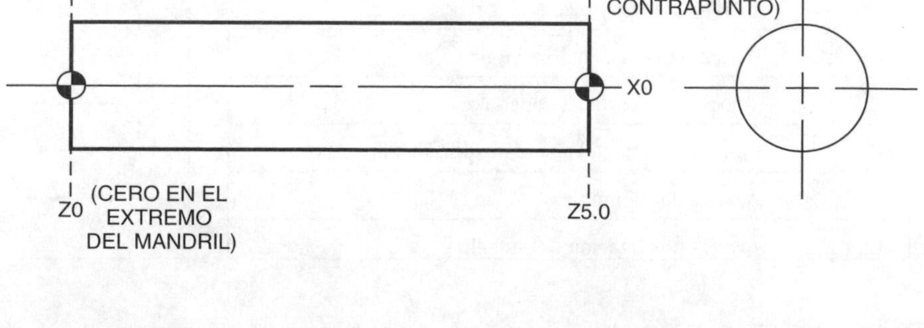

FIGURA 76-33 El programador puede definir el cero de la pieza en cualquiera de los extremos de la misma con base en la preferencia de programación. (Cortesía de Kelmar Associates.)

Códigos

En un centro de torneado la función de algunos códigos G y M pueden ser diferentes de la función correspondiente en un centro de maquinado, según se vio en la Unidad 75. La Tabla 76-2 muestra muchos de los códigos G comunes de centros de torneado que siguen las normas EIA, y la Tabla 76-3 muestra los códigos M comunes.

TABLA 76-2 Códigos preparatorios comunes para centros de torneado.

Código	Función
G00	Posicionamiento rápido
G01	Interpolación lineal
G02	Interpolación circular en sentido contrario a las manecillas del reloj
G03	Interpolación circular en el sentido de las manecillas del reloj
G04	Descanso
G20	Entrada de datos en pulgadas
G21	Entrada de datos métricos
G24	Programación de radios
G27	Verificación de regreso a cero
G28	Regreso a cero
G29	Regreso desde cero
G32	Corte de rosca
G40	Cancelación de compensación de radio de punta de herramienta
G41	Compensación de radio de punta de herramienta derecha
G42	Compensación de radio de punta de herramienta izquierda
G50	Preajuste de coordenadas absolutas
G52	Preajuste de coordenadas locales
G54–G59	Selección de sistema de coordenadas del trabajo
G70	Ciclo de terminado
G71	Ciclo de corte desbaste diámetro exterior diámetro interior
G72	Ciclo de corte de desbaste de superficie del extremo
G73	Ciclo de corte en lazo cerrado
G74	Ciclo de corte de superficie del extremo
G75	Ciclo de corte de diámetro exterior y diámetro interior
G76	Ciclo de corte de rosca
G84	Ciclo de torneado enlatado
G90	Posicionamiento absoluto
G91	Ciclo de corte de rosca
G92	Posicionamiento incremental
G96	Velocidad superficial constante
G97	Cancelación de la velocidad superficial constante
G98	Avance por tiempo
G99	Avance por rotación del husillo

TABLA 76-3 Funciones misceláneas comunes para los centros de torneado.

Código	Función
M00	Paro de programa
M01	Paro opcional
M02	Fin de programa
M03	Rotación del husillo—hacia adelante
M04	Rotación del husillo—reversa
M05	Paro del husillo
M08	Activación del refrigerante
M09	Paro del refrigerante
M10	Mandril—sujeción
M11	Mandril—liberación
M12	Husillo del contrapunto afuera
M13	Husillo del contrapunto adentro
M17	Rotación del poste portaherramientas normal
M18	Rotación del poste portaherramientas reversa
M21	Contrapunta hacia adelante
M22	Contrapunta hacia atrás
M23	Activación de achaflanado
M24	Desactivación de achaflanado
M30	Fin de programa y reembobinado
M31	Activación de la derivación del mandril
M32	Desactivación de la derivación del mandril
M41	Velocidad del husillo—rango bajo
M42	Velocidad del husillo—rango alto
M73	Recogedor de piezas afuera
M74	Recogedor de piezas adentro
M98	Llamada a subprograma
M99	Fin de subprograma

PROCEDIMIENTOS DE PROGRAMACIÓN

Existen muchos fabricantes de máquinas herramienta de torneado CNC en todo el mundo y las unidades de control CNC pueden variar de un fabricante a otro. Por lo tanto resultaría imposible dar un ejemplo de un procedimiento de programación que se adecuara a todas las máquinas de torneado CNC. En vista de que la programación puede variar ligeramente de una máquina a otra, es importante seguir el manual de programación suministrado con cada máquina. En este libro los autores se han concentrado en dos clases de máquinas CNC: el modelo didáctico de banco y los centros de torneado estándar de uso más común en escuelas y talleres mecánicos. Esto cubrirá los procedimientos básicos estándar de programación que, con sólo ligeras modificaciones serán aplicables a prácticamente cualquier unidad de control de máquina.

Máquinas didácticas de banco

Las máquinas didácticas de banco están bien adecuadas para efectos de enseñanza porque ni el instructor ni el estudiante pueden resultar intimidados por su tamaño o complejidad (Figura 76-34A). Son muy fáciles de programar y llevan a cabo operaciones de torneado similares a las máquinas más grandes, excepto con piezas más pequeñas y cortes menos profundos. Son relativamente económicas y son ideales para la enseñanza de los procedimientos básicos de programación.

La mayor parte de los códigos G y M son aplicables tanto a las máquinas de torneado CNC didácticas de banco y a los centros de torneado de tamaño estándar, con unas pocas variantes. La herramienta de corte en las máquinas didácticas CNC de banco está por lo general en la parte frontal de la pieza, en tanto que en las máquinas de tamaño estándar, la herramienta de corte está en la parte trasera de la misma. Como se puede observar en la Figura 76-34B, para cortar un radio en el sentido contrario a las agujas del reloj en una máquina estándar, se requiere un comando G3, la norma EIA. Dado que la herramienta de corte en las máquinas de banco está en la parte delantera de la pieza, el corte del mismo radio requiere un comando de programa G02.

Programación simple

La pieza que se muestra en la Figura 76-35A (desbaste) y en la Figura 76-35B (acabado) se utilizará para presentar la programación simple en pasos fáciles de comprender. Cada paso de programación se explicará en detalle de manera que el

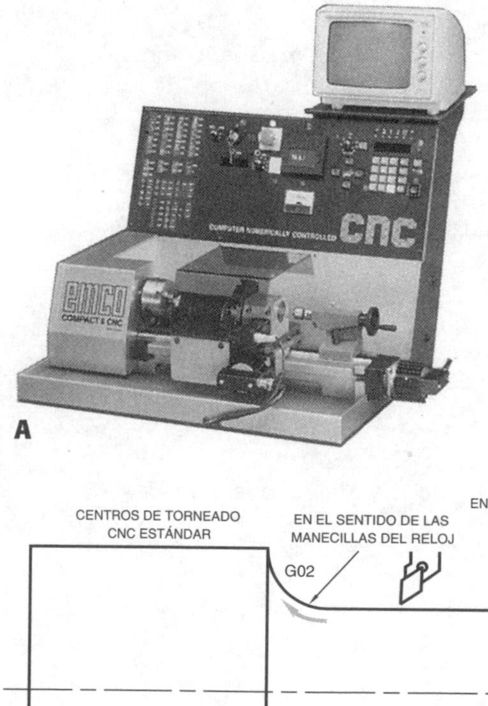

A

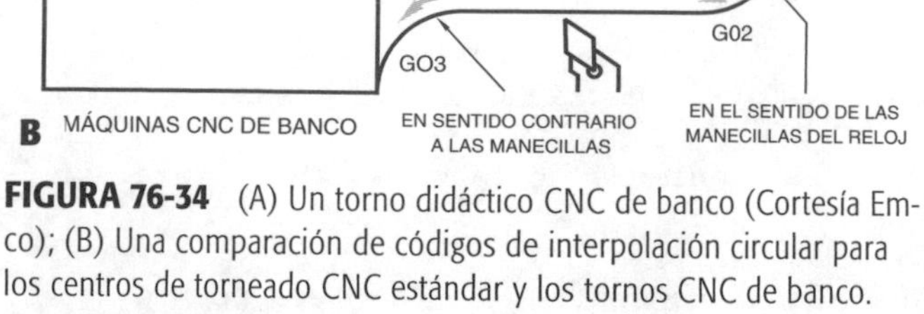

B MÁQUINAS CNC DE BANCO

FIGURA 76-34 (A) Un torno didáctico CNC de banco (Cortesía Emco); (B) Una comparación de códigos de interpolación circular para los centros de torneado CNC estándar y los tornos CNC de banco. (Cortesía de Kelmar Associates.)

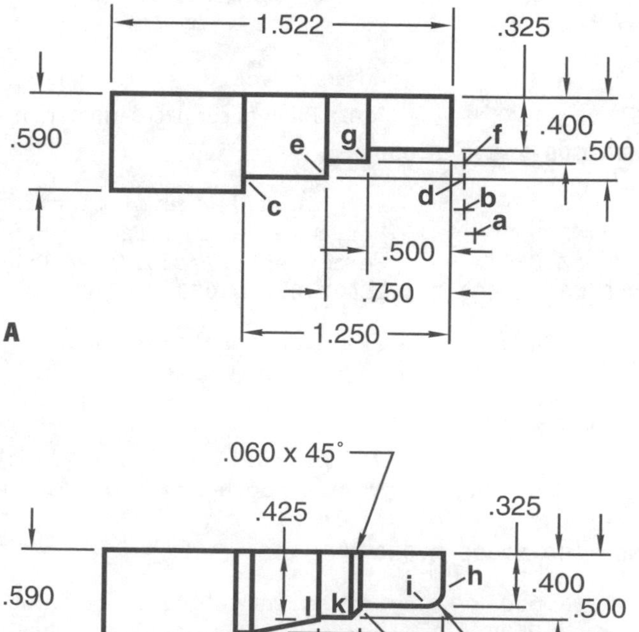

A

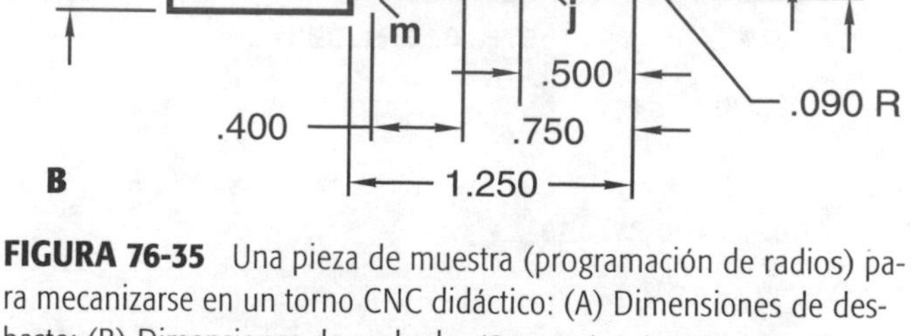

B

FIGURA 76-35 Una pieza de muestra (programación de radios) para mecanizarse en un torno CNC didáctico: (A) Dimensiones de desbaste; (B) Dimensiones de acabado. (Cortesía de Kelmar Associates.)

lector tenga una clara comprensión de cada código, movimiento de eje, etcétera y lo que ocurre como resultado de cada paso de programación.

Notas del programa

1. Programe en modo absoluto (G90)
2. Toda la programación se inicia en el *punto cero* o *de referencia* (cero *X-Z*) en la línea central y en la cara del lado derecho de la pieza.
3. Para todas las operaciones se utilizará una herramienta de carburo.
4. Utilice programación de radio, con el poste portaherramienta en el lado del operador de la línea central de la pieza.
5. Se establecerá una posición en la esquina delantera derecha de la máquina para proporcionar una localización segura para cambios de pieza y de herramental.
6. El material es aluminio. La velocidad de corte 600 pie-/min, velocidad de avance .010 pulg.

Secuencia de programación

```
%      Código de paro de reembobinado/verificación de paridad.
N10 G24

    G24        Programación de radios.
N20 G92 X.690 Z.1

    G92        Compensación del punto de referencia.
    X.690      Herramienta localizada .100 pulg fuera del diámetro de terminado exte-
               rior/.690 pulg De la línea central de la pieza (X0) (punto a).
    Z.1        Herramienta localizada .100 pulg a la derecha de la cara de la pieza (Z0).
N30 M03

    M03        Husillo activo en el sentido de las manecillas del reloj.
```

Nota: Pudiera ser necesario para máquinas de banco activar y ajustar la velocidad manualmente.

```
N40 G00 X.590 Z.050

    G00        Velocidad de translación rápida.
    X.590      Herramienta localizada .590 pulg de la línea central de la pieza (punto b).
    Z.050      Herramienta localizada .050 pulg de la cara de la pieza.
N50 G84 X.500 Z-1.250 F.010 H.050

    G84        Ciclo de torneado fijo.
    X.500      La herramienta se mueve un total de .090 pulg hacia X0 en dos pasadas (punto
               c).
    Z-1.250    La herramienta se mueve 1.250 a la izquierda de la cara de la pieza.
    F.010      Velocidad de avance .010 pulg.
    H.050      Avance hacia adentro incremental (a lo largo del eje X) por cada pasada del
               ciclo fijo.
N60 G00 X.500 Z.050

    X.500      Herramienta localizada .500 pulg de la línea central de la pieza (punto d).
    Z.050      Herramienta localizada .050 pulg a la derecha de la cara de la pieza.
N70 G84 X.400 Z-.750 F.010 H.050

    X.400      La herramienta se mueve un total de .100 pulg hacia X0 en dos pasadas (punto
               e).
    Z-.750     La herramienta se mueve .750 pulg a la izquierda de la cara de la pieza.
N80 G00 X.400 Z.050

    X.400      Herramienta localizada .400 pulg de la línea central de la pieza (punto f).
    Z.050      Herramienta localizada .050 pulg a la derecha de la cara de la pieza.
```

```
N90 G84 X.325 Z-.500 F.010

    X.325      La herramienta se mueve .075 pulg hacia X0 en dos pasadas.
    Z-.500     La herramienta se mueve .500 pulg a la izquierda de la cara de la pieza
               (punto g).
```

Torneado de acabado

```
N100 G00 Z.050     Herramienta localiza .050 pulg a la derecha de la cara de la pieza (punto f).

N110 G00 X.235 Z0  Herramienta localizada en la posición inicial del radio (punto h).

N120 G02 X.325 Z-.090 F.010

                   La herramienta se mueve en el sentido de las manecillas del reloj hasta el
                   final del radio (punto i) y se posiciona .325 de la línea central y .090 pulg
                   a la izquierda de la cara de la pieza.

N130 G00 X.340 Z-.500

                   Herramienta localizada en el inicio de chaflán de 45° (punto j).
N140 G01 X.400 Z-.560 F.010

    G01            Interpolación lineal (movimiento en línea recta).
    X.400          La herramienta se mueve .400 pulg de la línea central (punto k).
    Z-.560         La herramienta se mueve .560 pulg hacia la izquierda de la cara de la pieza.
N150 G00 X.425 Z-.750

                   Herramienta localizada en el inicio de la sección cónica (punto l).
N160 G01 X.500 Z-1.150 F.010

                   La herramienta se mueve al extremo de la sección cónica (punto m).
N170 G00 X.690 Z.100

                   Herramienta localizada en la posición de inicio original (punto a).
N180 M30

    M30            Fin del código de programa.
%                  Reembobinar/detener código.
```

Centro de torneado de tamaño estándar

La pieza ilustrada en la Figura 76-36 de la Pág. 620 se utiliza para presentar maquinado adicional y el uso de programación de diámetros en pasos fáciles de comprender. En aras de la claridad se proporcionará una explicación idéntica a la que se dio en el primer ejemplo.

Notas del programa

1. Programe en modo absoluto (G90).
2. Toda la programación se inicia en el *punto cero o de referencia* (*XZ*) en la línea central y en la cara del lado derecho de la pieza.
3. Se utilizarán dos herramientas de carburo, un CNMG-434 (desbaste) y un DNGA-432 (acabado).
4. Utilice programación de diámetros.
5. Las posiciones de cambio de herramientas están en la esquina superior derecha.
6. Material acero para máquina AISI 1018:
   a. torneado de desbaste (400 CS), avance .020 pulg
   b. torneado de acabado (800 CS), avance .004 pulg

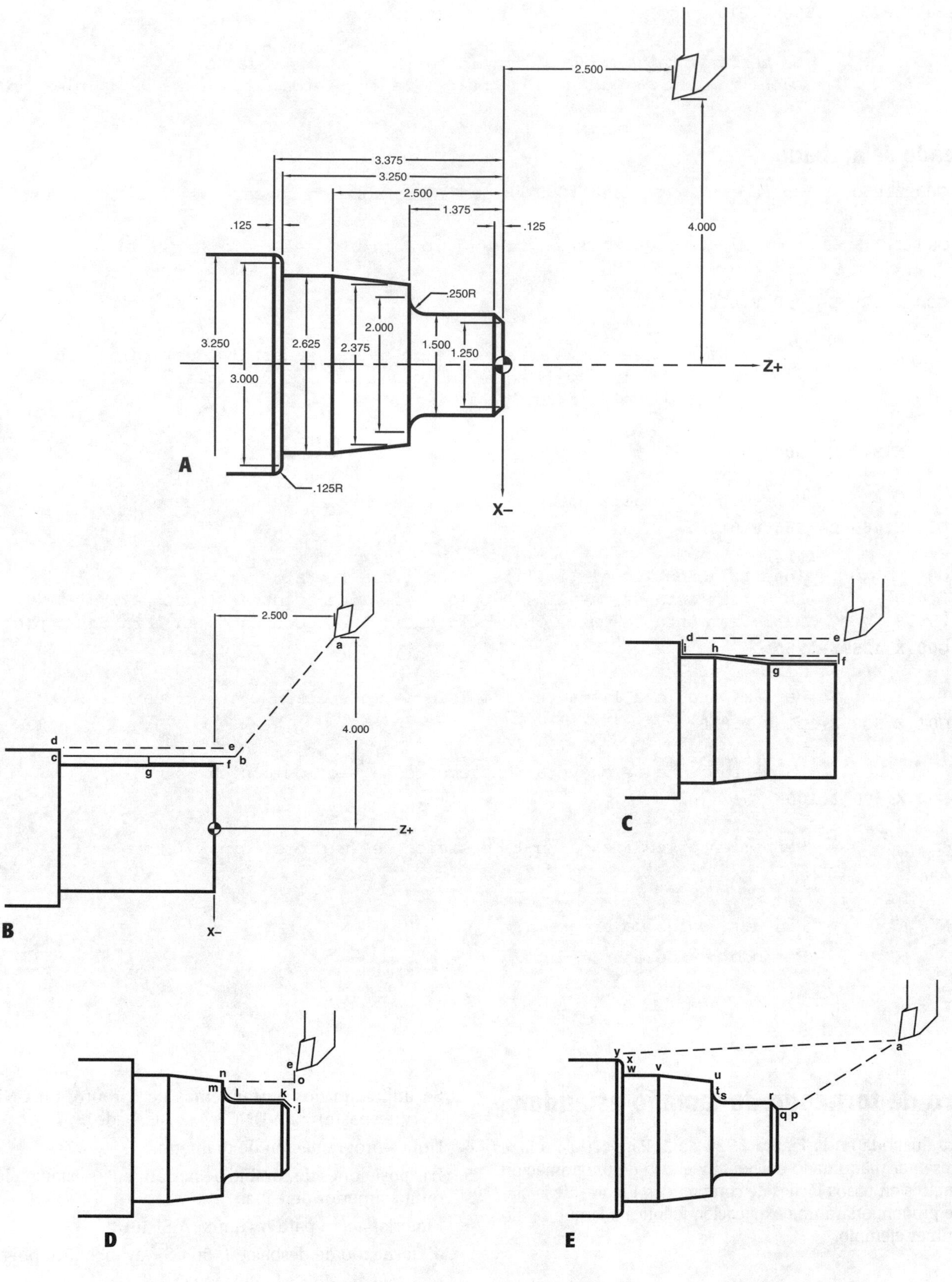

FIGURA 76–36 (A) Una pieza de muestra (programación de diámetros) a maquinarse en un centro de mandriles CNC de tamaño estándar; (B) El diámetro de 2.625 ha sido desbastado; (C) Se hace el desbaste de la conicidad; (D) El diámetro de 1.500 ha sido desbastado; (E) Corte determinado de toda la pieza.

Secuencia de programación

Precaución: Antes de maquinar piezas, *asegúrese* que el formato de programación es el adecuado para su equipo.

```
%    Código de paro de reembobinado/verificación de paridad.
N10 G20;                     Datos de entrada en pulgadas.
N20 G50 X-2.0 Z2.5 S1500 M42

        G50                  Coordenadas absolutas preestablecidas -el
                             punto de referencia para el punto de
                             inicio de cada herramienta de corte
        S1500                Velocidad máxima del husillo 1500 r/min.
        M42                  Rango de alta velocidad (husillo).
N30 G00 T0101 M06

        T0101                Activar número de compensación 01.
        M06                  Cambiar torreta a la herramienta 01.

N40 G96 S400 M03

        G96                  Velocidad superficial constante.
        S400                 Velocidad 400 pie/min.
        M03                  Rotación del husillo en el sentido de las maneci-
                             llas del reloj.
N50 G00 X2.85 Z.1 M08

        G00                  Movimiento rápido del punto a al punto b. Figura
                             76-36B.
        M08                  Refrigerante activado.
N60 G01 Z-3.24 F.020

        G01                  Movimiento lineal punto b al punto c.
        F.020                Velocidad de avance .020 pulg
N70 X3.3                     Movimiento lineal del punto c al punto d.

N80 G00 Z.1                  Movimiento rápido del punto d al punto e.

N90 X2.395                   Movimiento rápido del punto e al punto f. Figura
76-36C

N100 G01 Z-1.365             Movimiento lineal del punto f al punto g.

N110 X2.645 Z-2.49           Movimiento lineal del punto g al punto h
                             (conicidad).

N120 Z-3.420                 Movimiento lineal del punto h al punto i.

N130 X3.3                    Movimiento lineal del punto i al punto d.

N140 G00 Z.1                 Movimiento rápido del punto d al punto e.

N150 X1.26                   Movimiento rápido punto e a punto j. Figura 76-36D.

N160 G01 X1.52 Z-.125        Movimiento lineal del punto j al punto k.

N170 Z-1.115                 Movimiento lineal del punto k al punto l.
```

N180 G02 X1.77 Z-1.365 R.25	
G02	Interpolación circular en el sentido de las manecillas del reloj de l a m.
R.25	Radio .25
N190 G01 X2.02	Movimiento lineal del punto m al punto n.
N200 G00 Z.1	Movimiento rápido del punto n al punto o.
N210 G00 X4.0 Z2.5 M05	Movimiento rápido punto o al punto a.
M05	Paro del husillo.
N220 T0100	
T0100	Activar número de compensación 00 (compensación de herramienta cancelada 00).

Corte de acabado

N230 G50 X4.0 Z2.5 S2000 M42	
G50	Coordenadas absolutas preestablecidas para herramienta de corte.
S2000	Velocidad máxima del husillo 2000 r/min.
M42	Rango de velocidad alto (husillo).
N240 T0202 M06	
T0202	Activar compensación número 02.
M06	Cambiar la torreta de herramientas a la herramienta 02.
N250 G96 S800 M03	
G86	Velocidad superficial constante.
S800	Velocidad 800 pie/min.
M03	Rotación del husillo en el sentido de las manecillas del reloj
N260 G00 X1.25 Z.2	Movimiento rápido al inicio del corte de acabado de **A** al punto **p**. Figura 76-36E,
N270 G01 G42 Z0F.004	
G42	Active compensación de radio de la nariz durante el movimiento lineal del punto p al punto q.
F.004	Velocidad de avance .004 pulg.
N280 X1.5 Z-.125	Movimiento lineal del punto q al punto r (chaflán).
N290 Z-1.125	Movimiento lineal del punto r al punto s.
N300 G02 X2.0 Z-1.375 R.25	
G02	Interpolación circular en el sentido de las manecillas del reloj punto s al punto t.
R.25	Radio .250 pulg.
N310 G01 X2.375	Movimiento lineal del punto t al punto u.
N320 X2.625 Z-2.5	Movimiento lineal del punto u al punto v. (Conicidad).
N330 Z-3.25	Movimiento lineal del punto v al punto w.
N340 X3.0	Movimiento lineal del punto w al punto x.

```
N350 G03 X3.25 Z-3.375 R.125 M09

                          Movimiento lineal del punto x al punto Y (radio).
        M09               Refrigerante desactivado.

N360 G00 G40 X4.0 Z2.5 M05

                          Cancelación de la compensación del radio de la nariz de la
                          herramienta durante el movimiento rápido del punto y al punto a.
        M05               Detención del husillo.
N370 T0200

        T0200             Activar compensación de la herramienta 00 (00 cancela la
                          compensación de la herramienta 02).
N380 M30

%                         Código de detención de reembobinado.
```

PUESTA A PUNTO DEL CENTRO DE TORNEADO

Antes de poner a punto el centro de torneado, es necesario para el operador que se familiarice con el panel de control y los procedimientos de operación. Esto incluye el uso de diferentes modos, y cómo utilizar los menús para pasar con seguridad de un modo al siguiente. El operador debe comprender cómo establecer la localización de la pieza del trabajo en relación con el cero de la máquina, ajustar las compensaciones de las longitudes de la herramienta y hacer una corrida de prueba del programa.

Cuando se conecta la energía a la máquina, es necesario activar los servos y poner en cero/alinear todos los ejes de manera que el control sepa la localización de la posición de arranque de la máquina. Este procedimiento se puede ejecutar sobre cada eje de manera individual, o de estar así equipadas, algunas máquinas utilizan un comando automático de referencia al arrancar. Si el programa no está almacenado en memoria, debe cargarse utilizando los medios de entrada disponibles. Con base en el programa o en una hoja de herramental por separado, el operador debe preparar las herramientas y usar el método de sujeción de la pieza listado por el programador. Esto podría incluir un mandril, un dispositivo de boquilla, un punto de contrapunto o un dispositivo de sujeción especial.

Corrida de prueba del programa

Una pieza no debe ser nunca maquinada sin antes hacer una corrida de prueba del programa. Algunos controles están equipados con un despliegue gráfico que le permite al operador recorrer los pasos del programa en la pantalla de control sin tener que cortar la pieza. Dado que no están involucrados ningún movimiento de corredera, cambio de torreta o uso de herramental, ésta es una manera segura de verificar la precisión del programa.

Si la máquina no está equipada con gráficos, otro método es ejecutar el programa sin la pieza en la máquina. Utilice el modo de pasos/bloques individuales y velocidad de avance cancelada para reducir la velocidad programada. Mantenga siempre un dedo en el botón de detención y manténgase informado de la localización del paro de emergencia en caso de existencia de un error en el programa. Siempre haga una doble comprobación de interferencias cuando se gire la torreta de herramientas y asegúrese que todas las compensaciones introducidas en el control coinciden correctamente con su número de herramienta. Una vez seguro el operador que el programa y la puesta a punto son correctas, la pieza se puede maquinar.

PREGUNTAS DE REPASO

1. ¿Por qué se desarrollaron los centros de mandriles y torneado?

Tipos de centros de torneado

2. ¿Qué tipo de pieza es normalmente maquinada en un centro de mandriles?
3. ¿Qué tipo de pieza es normalmente maquinada en un centro de torneado?
4. ¿Qué capacidad única de maquinado tiene el centro de torneado/fresado y cómo es posible?

Componentes principales de operación

5. Nombre las dos categorías de los componentes principales de operación del centro del torneado y los componentes de cada categoría.
6. ¿De qué tipo de material puede estar construida la bancada de un centro de torneado?
7. ¿Cuál es la finalidad de la bancada inclinada en un centro de mandriles o de torneado?
8. Diga cuál es el propósito de los siguientes componentes CNC:
   a. Microcomputadora
   b. CRT
   c. Teclado

Capacidades del centro de torneado

9. ¿Por qué se pueden efectuar cortes extremadamente profundos en un centro de torneado con torretas duales?
10. Nombre otras tres ventajas de un centro de torreta equipado con torretas duales.

Accesorios del centro de torneado

11. Nombre dos métodos de medir las herramientas antes de su uso en un centro de torneado.
12. Nombre dos accesorios utilizados para avanzar la barra en bruto en un centro de torneado.

Consideraciones de programación

13. ¿Qué materiales diferentes de herramientas de corte se pueden utilizar en el centro de torneado?
14. ¿Cuál es la diferencia entre programación de diámetros y programación de radios?
15. ¿Dónde se establece normalmente Z0 en una pieza de un centro de torneado?

Procedimientos de programación

16. ¿Cuáles son algunos de los elementos a tomar en consideración antes de programar una pieza para el programa sencillo de la máquina de banco?
17. Nombre los códigos G listados para el programa sencillo y diga cuál es la función que cada uno de ellos ejecuta.
18. Nombre los códigos M listados para el programa sencillo y diga cuál es la función que cada uno de ellos ejecuta.

Puesta a punto del centro de torneado

19. ¿Por qué debe familiarizarse el operador del centro de torneado con el panel de control y los procedimientos de operación?
20. ¿Qué tipos de dispositivos se pueden utilizar para sujetar una pieza en un centro de torneado?
21. ¿Cuál es el método más seguro utilizado para determinar si un programa es correcto de forma que no ocurran accidentes?
22. Describa un método alterno utilizado para verificar la precisión de un programa.

UNIDAD

77

Centros de maquinado CNC

OBJETIVOS

Al terminar el estudio de esta unidad, se podrá:

1. Describir el desarrollo del centro de maquinado
2. Identificar los tipos y la construcción de los centros de maquinado
3. Explicar la operación del centro de maquinado
4. Comprender un programa básico CNC para un centro de maquinado

Durante los años 60, encuestas industriales mostraron que los componentes de máquina pequeños que requerían de varias operaciones necesitaban un largo tiempo para completarse. La razón era que la pieza tenía que ser enviada a varias máquinas antes de su terminación, y a menudo tenía que esperar una semana o más en cada máquina antes de ser procesada. En algunos casos, piezas que requerían muchas operaciones diferentes tardaban en el taller hasta 20 semanas antes de su terminación. Otro hecho extraordinario era que durante toda su estadía en el taller, la pieza sólo estaba en la máquina el 5% del tiempo, y cuando estaba en la máquina sólo el 30% del tiempo se usaba en máquina. Por lo tanto, una pieza se maquinaba durante sólo el 30% del 5%, es decir el 1.5% de su tiempo de estancia en el taller. En contraste piezas más grandes como las fundiciones de máquina, ocupaban mucho menos tiempo porque el maquinado por lo general se efectuaba en una sola máquina.

También durante los años 60 existía mucha "intervención del operador" durante el proceso de maquinado. El operador tenía que vigilar el desempeño de la herramienta de corte y cambiar las velocidades y avances del husillo para adecuarlos a la operación y a la máquina. El operador frecuentemente cambiaba de cortadores, ya que estos se desafilaban y siempre estaban ajustando las profundidades de los cortes de desbaste y de terminado. Todos estos problemas fueron identificados por los fabricantes de las máquinas herramientas, y a fines de los 60 y principios de los 70, empezaron a diseñar máquinas que pudieran ejecutar varias operaciones y probablemente llevar a cabo aproximadamente el 90% del maquinado sobre una sola máquina. Uno de los resultados de esta investigación fue *el centro de maquinado,* y posteriormente la versión aún más elaborada conocida como el centro de procesado. Las máquinas pueden ejecutar muy eficientemente las operaciones de taladrado, fresado, mandrinado, machueleado y perfilado de precisión.

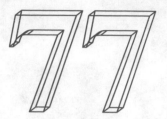

TIPOS DE CENTROS DE MAQUINADO

Hay tres tipos principales de centros de maquinado: las máquinas *horizontal, vertical* y *universal.* Están disponibles en muchos tipos y tamaños, que pueden quedar determinados por los factores que siguen:

- El tamaño y peso de la pieza más grande que se puede maquinar
- El recorrido máximo de los tres ejes primarios (*X, Y, Z*).
- Las velocidades y avances máximos disponibles
- La potencia del husillo
- El número de herramientas que puede sujetar el cambiador automático de herramientas (ATC).

Centro de maquinado horizontal

Hay dos tipos principales de centros de maquinado de husillo horizontal:

1. El tipo de *columna viajera* (Figura 77-1) está equipado con una o por lo general dos mesas en la cual se monta la pieza. Con este tipo, la columna y el cortador se mueven hacia la pieza, y mientras se está maquinando la pieza en una mesa, el operador está cambiando la pieza en la otra mesa.

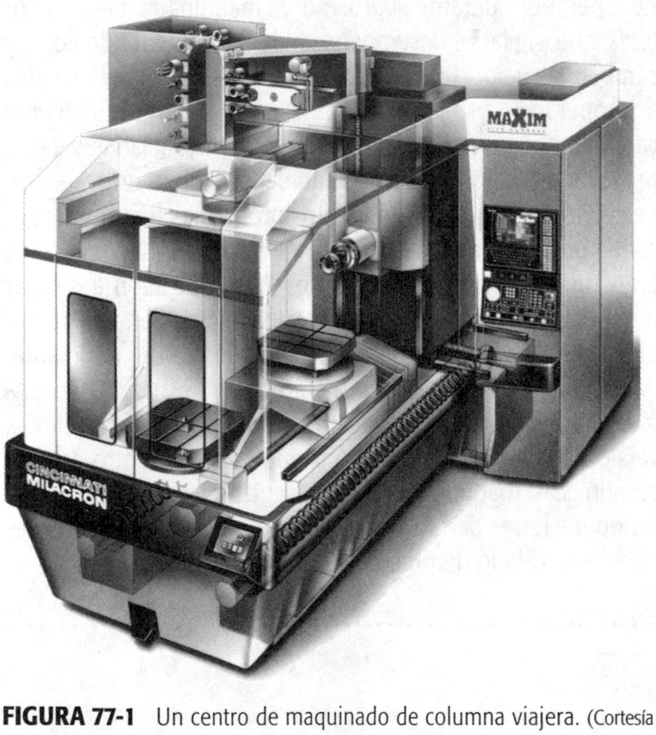

FIGURA 77-1 Un centro de maquinado de columna viajera. (Cortesía de Cincinnati Milacron, Inc.)

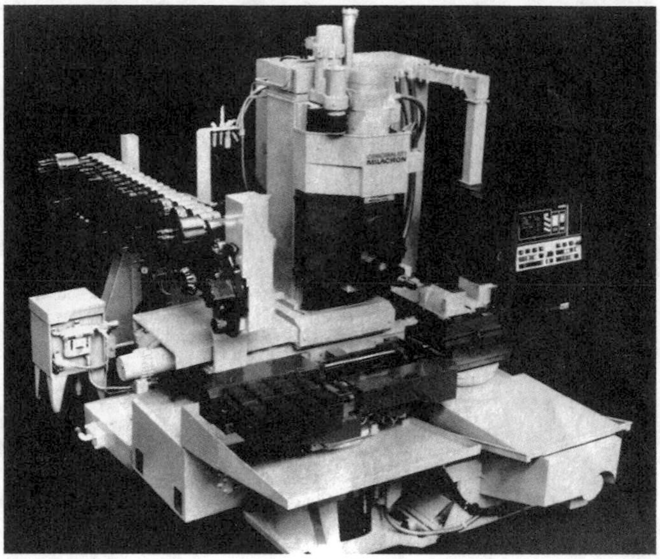

FIGURA 77-2 Un centro de maquinado de columna fija. (Cortesía de Cincinnati Milacron, Inc.)

2. El tipo de *columna fija* (Figura 77-2) está equipado con una mesa de transferencia de paletas. Las paletas son una mesa desmontable en la cual se fija la pieza de trabajo. En este tipo, una vez maquinada la pieza (Figura 77-3A), la paleta y la pieza se mueven fuera del receptor hacia la mesa de transferencia. Esta última se gira entonces, poniendo en posición una nueva paleta y la paleta con la pieza terminada en posición para descargarla.

   En la Figura 77-3B, la nueva paleta es transferida y sujeta al receptor, en tanto que en la Figura 77-3C la paleta y pieza están colocadas en la posición programada de maquinado. El ciclo de cambio y transferencia de paletas hacia el receptor solamente toma 20 seg. Si la paleta está equipada con capacidad de rotación, la paleta puede ser girada en incrementos de 90°. Esto permite el maquinado de múltiples superficies sobre la pieza y elimina la necesidad de puestas a punto y separadas para cada una de las superficies de piezas en forma de cubo.

Centro de maquinado vertical

El centro vertical de maquinado (Figura 77-4) es una construcción en forma de silla de montar con bancadas deslizantes que utiliza un cabezal vertical deslizante en vez del movimiento del husillo. La construcción típica aparece en la Figura 77-5. El centro vertical de maquinado es utilizado generalmente para maquinar piezas planas sujetas en una prensa o en un dispositivo sencillo, y su versatilidad puede ser incrementada mediante la adición de accesorios rotativos (Figura 77-6). La unidad de control de la máquina debe estar equipada con una capacidad de cuatro ejes para utilizar accesorios rotativos.

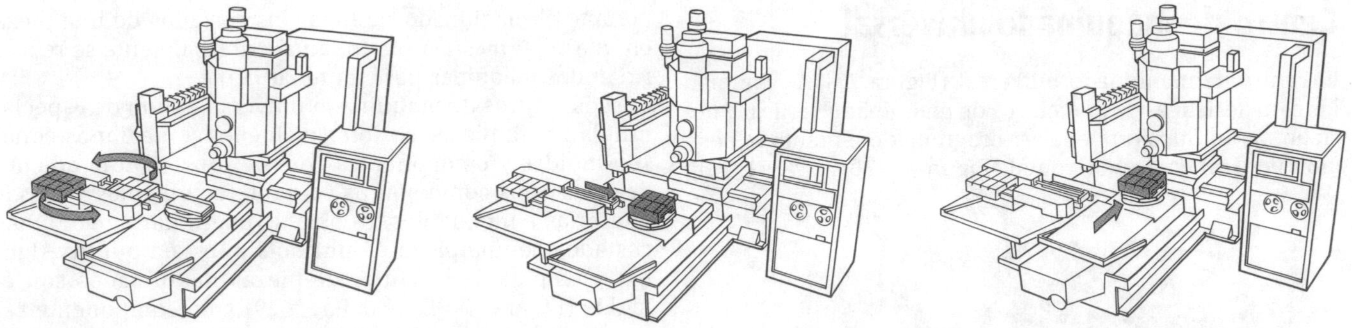

A B C

FIGURA 77-3 (A) Una nueva paleta lista para cargar mientras la otra paleta está lista para descarga; (B) La paleta siendo transferida al receptor; (C) La paleta moviéndose a la posición de maquinado. (Cortesía de Cincinnati Milacron, Inc.)

FIGURA 77-4 Un centro vertical de maquinado CNC con un tambor de almacenamiento de cambio de herramienta. (Cortesía de Bridgeport Machines, Inc.)

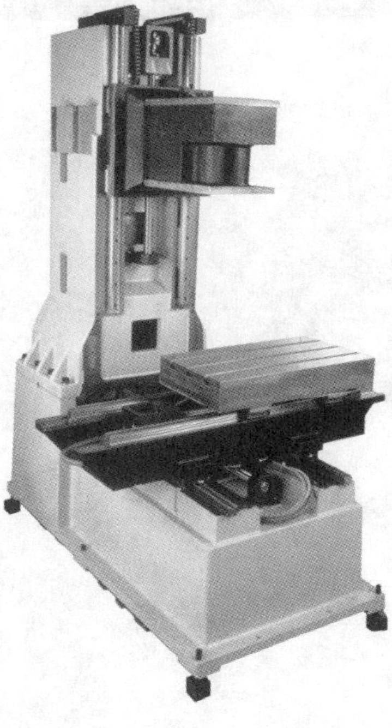

FIGURA 77-5 Construcción típica de un centro vertical de maquinado. (Cortesía de Haas Automation, Inc.)

FIGURA 77-6 Un accesorio giratorio típico. (Cortesía de Haas Automation, Inc.)

Centro de maquinado universal

El centro de maquinado universal (Figura 77-7A) combina las características de los centros de maquinado vertical y horizontal. Su husillo puede ser programado en tanto la posición vertical como horizontal (Figura 77-7B y 77-7C). Esto permite el maquinado de todos los costados de una pieza en una sola puesta a punto, donde normalmente se requerirían dos máquinas para terminar la pieza.

A

Los centros de maquinado universales son de especial utilidad para piezas en lotes pequeños y medianos como son moldes y componentes complicados. Con la adición de accesorios como son paletas intercambiables y mesas giratorias e inclinables, es posible maquinar cinco o más costados de una pieza en una sola puesta a punto. Algunos ejemplos de los tipos de piezas maquinados son el molde (Figura 77-7D de la Pág. 629) y un componente aeroespacial (Figura 77-7E de la Pág. 629).

Las ventajas de los centros universales de maquinado son:

- Elimina el manejo y el tiempo de espera entre máquinas.
- Reduce el número de dispositivos y puestas a punto requeridos.
- Tiempo más reducido de programación.
- Mejor calidad del producto.
- Menos inventario de producto en proceso (WIP).
- Una entrega más rápida del producto a los clientes.
- Menores costos de manufactura.

B

C

FIGURA 77–7 (A) Un centro de maquinado universal combina.las características de tanto un centro de maquinado horizontal y un centro de maquinado vertical; posiciones del husillo del centro de maquinado universal: (B) Vertical; (C) Horizontal.
(Cortesía de Deckel Maho, Inc.)

D

E

FIGURA 77-7 (continuación) Ejemplos de trabajos ejecutados sobre centros de maquinado universales; (D) Molde; (E) Componente aeroespacial. (Cortesía de Deckel Maho, Inc.)

Principales componentes operativos

Las partes operativas principales de tanto los centros de maquinado horizontal y vertical (Figura 77-8A de la Pág. 630) son básicamente los mismos. La posición del husillo de maquinado determina si se clasifican como vertical u horizontal. Los componentes principales de la máquina (Figura 77-8B) son los componentes del bastidor y aquellos que le dan al bastidor sus capacidades CNC. Los componentes del bastidor son muy similares a los de la máquina herramienta convencional y consisten de la bancada, la silla, la columna, la mesa y el husillo. Las partes principales que hacen del centro de maquinado una máquina herramienta CNC son la unidad de control de la máquina (MCU), el sistema servo y el cambiador automático de herramientas (ATC).

ACCESORIOS DEL CENTRO DE MAQUINADO

Existen varios accesorios disponibles para la máquina básica que pueden incrementar su eficiencia y que resultan en una mejoría de la productividad de manufactura. Estos accesorios pueden ser de dos tipos—aquellos que mejoran la eficiencia o la operación de la máquina herramienta, y aquellos que involucran la sujeción o el maquinado de la pieza.

Control adaptativo

Cuando se escribe un programa CNC, es necesario incluir las velocidades y avances de cada herramienta utilizada para manufacturar la pieza. Durante el proceso real de corte, el operador tiene la opción de pasar por alto las velocidades y avances programados, de ser necesario, cuando el cortador se desafila a fin de evitar la ruptura de la herramienta, cuando un exceso de material sobre las piezas fundidas cambia la profundidad de corte o cuando varía la dureza de la pieza. Sin embargo, esto debe ser efectuado por un operador experimentado.

Una característica que se está haciendo muy popular es el *maquinado por control de par de torsión* que calcula el par de torsión en el maquinado a partir de mediciones en el motor impulsor del husillo (Figura 77-9 de la Pág. 630). Esta característica incrementa la productividad al evitar o detectar daño a la herramienta de corte. El par de torsión se mide cuando la máquina está girando pero no está cortando, y este valor se almacena en la memoria de la computadora.

Conforme empieza la operación de maquinado, el valor almacenado se resta de la lectura de par de torsión en el motor. Con esto obtenemos el par de torsión neto de corte que se compara con el par de torsión o con los límites programados almacenados en la computadora. Si el par de torsión de corte neto se eleva por encima de los límites de par de torsión programado, la computadora reducirá la velocidad de avance, activará el refrigerante o incluso detendrá el ciclo. La velocidad de avance se reducirá siempre que la potencia exceda la capacidad nominal del motor del valor del código programado.

El despliegue de sistema de tres luces amarillas, avisa al operador del estado de operación de la máquina. Una luz amarilla del lado izquierdo indica que la unidad de control de par de torsión está en operación. La luz amarilla de en

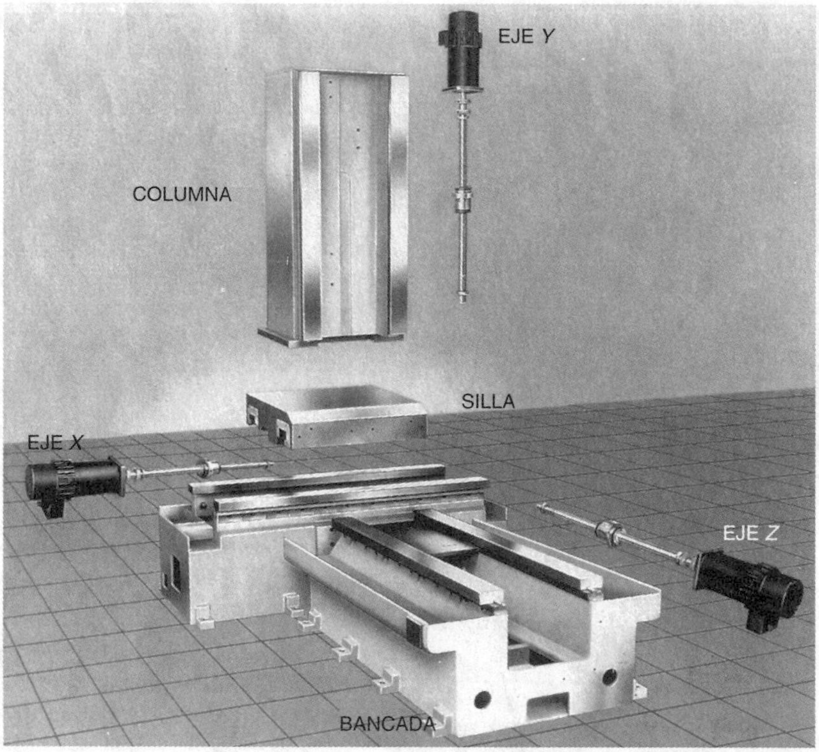

A

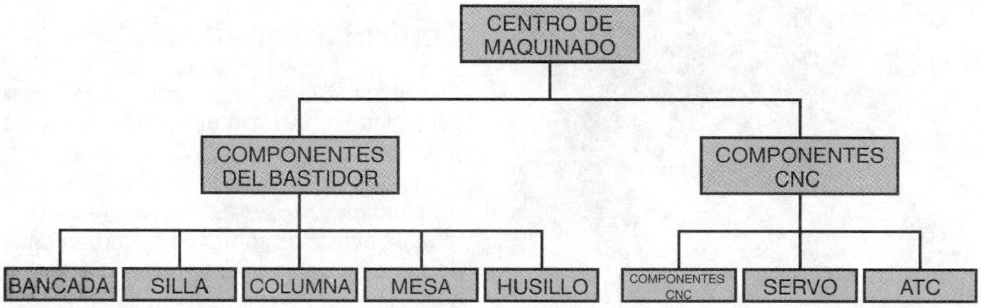

B

FIGURA 77-8 (A) Componentes principales de un centro de maquinado CNC; (Cortesía de Cincinnati Milacron, Inc.) (B) Componentes primarios de un centro de maquinado.

medio indica que los límites de potencia se están excediendo. La luz del lado derecho se enciende cuando la velocidad de avance se reduce por debajo del 60% de la velocidad programada. El medidor (Figura 77-9) indica el par de torsión de corte (o las velocidades de avance de operación) como un porciento de la velocidad de avance programada.

Conforme la herramienta pierde su filo, el par de torsión se incrementa y los controles de la máquina reducirán la velocidad de avance y determinarán cuál es el problema. Podría ser un exceso de material sobre la pieza, o que la herramienta se ha desafilado o roto. Si la herramienta no tiene filo, la máquina terminará la operación, y una nueva herramienta de respaldo del mismo tamaño se seleccionará de la cadena de almacenamiento cuando deba volverse a ejecutar la operación. Si el par de torsión es demasiado elevado, la máquina detendrá la operación sobre la pieza de trabajo y programará la siguiente pieza en posición para su maquinado.

FIGURA 77–9 El control del par de torsión eleva o reduce la velocidad de avance, dependiendo de la profundidad de corte en cualquier momento durante el ciclo de corte. (Cortesía de Cincinnati Milacron, Inc.)

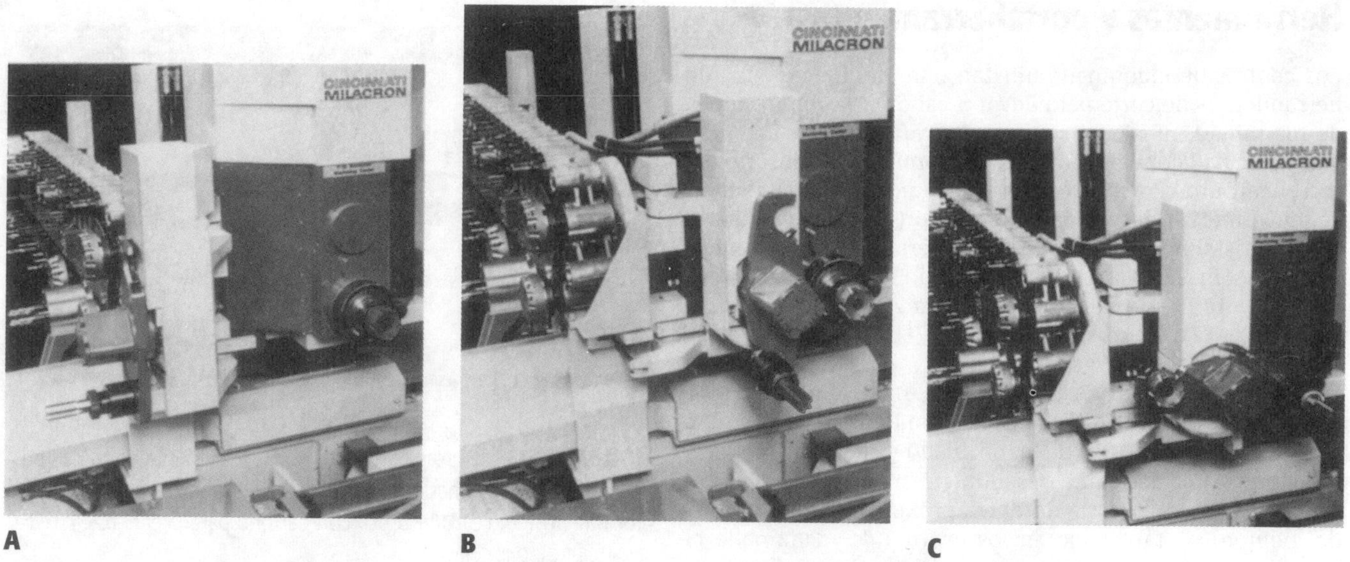

FIGURA 77-10 (A) La herramienta de corte requerida está siendo retirada de la cadena de almacenamiento; (B) La unidad de cambio de herramientas gira 90° para cambiar herramientas en el husillo; (C) La herramienta de corte vieja ha sido retirada y reemplazada con la herramienta que se requiere para la siguiente operación. (Cortesía de Cincinnati Milacron, Inc.)

Cambiadores automáticos de herramientas

Muchos centros de maquinado utilizados en la manufactura están equipados para el cambio automático controlado numéricamente de las herramientas, lo que es mucho más rápido y más confiable que el cambio manual de las mismas. Los cambiadores automáticos de tipo horizontal de gran capacidad contienen hasta 200 herramientas, dependiendo del tipo de máquina. Las herramientas están sujetas en una cadena de almacenamiento (matriz). Cada herramienta se identifica ya sea por el número de la herramienta o por el número del espacio de almacenamiento, y esta información está almacenada en la memoria de la computadora. Mientras se está haciendo una operación en la pieza de trabajo, la herramienta requerida para la siguiente operación es trasladada a la posición de toma (Figura 77-10A), donde el brazo de cambio de herramienta la recoge y la sujeta.

Inmediatamente después de completar el ciclo de maquinado, la unidad del cambio de herramientas gira 90° a la posición de cambio de herramientas (Figura 77-10B). El brazo de cambio de herramientas entonces gira 90° y retira la herramienta de corte del husillo. Gira después 90° e inserta la nueva herramienta de corte en el husillo, después de lo cual devuelve la herramienta de corte anterior a su posición en el cargador de herramientas (Figura 77-10C). Toda esta operación se efectúa en aproximadamente 11 segundos o menos.

El cambiador de herramientas de menor capacidad vertical de tipo de disco (Figura 77-11) puede contener de 12 a 24 herramientas. Generalmente la siguiente herramienta no se selecciona hasta que la herramienta presente haya sido devuelta a su espacio asignado a la terminación de su operación de maquinado. El carro de herramientas está montado en una mesa de transferencia que desliza el carro hasta al lado del husillo de la herramienta. Se alinea el espacio de la herramienta para la herramienta que está en el husillo, y el husillo orienta el sujetador de la herramienta (posiciona la cuña y brida del sujetador) y la cerradura de la herramienta se libera.

Entonces el cambiador gira al número de herramienta solicitado. Girará en la dirección más corta si el cambiador de herramientas es bidireccional (selección al azar). Se energiza la cerradura de la herramienta y el carro se desliza hacia fuera de manera que se pueda continuar con el maquinado. A pesar del hecho que la siguiente herramienta no se alista hasta que la herramienta anterior termina con su operación, los tiempos de cambio de herramental van de 2.5 a 6 segundos.

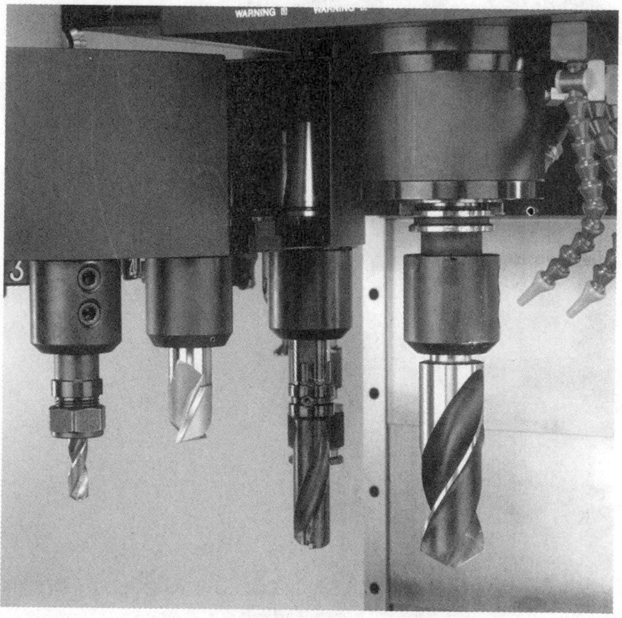

FIGURA 77-11 Un cambiador automático de herramienta totalmente eléctrico y compacto. (Cortesía de Haas Automation, Inc.)

Herramientas y portaherramientas

Los centros de maquinado utilizan una amplia variedad de herramientas de corte para llevar a cabo varias operaciones de maquinado. Estas pueden ser herramientas de acero de alta velocidad convencionales, o herramientas de inserto como el carburo cementado, el carburo recubierto, la cerámica, el cermet, el nitruro de boro cúbico (CBN), o el diamante policristalino. Algunas de las herramientas comunes utilizadas en los centros de maquinado son las fresas frontales (Figura 77-12), las brocas (Figura 77-13), los machuelos (Figura 77-14), las rimas (Figura 77-15) y las herramientas de mandrinado (Figura 77-16).

Los estudios han mostrado que en un ciclo promedio de máquina, el tiempo de los centros de maquinado se dividen en 20% de fresado, 10% de mandrinado y 70% de hacer perforaciones. En máquinas fresadoras convencionales, la herramienta de corte, corta durante aproximadamente el 20% del tiempo, en tanto que en los centros de maquinado el tiempo de corte puede elevarse hasta el 75%. El resultado final es que existe un mayor consumo de herramientas disponibles debido a una menor vida de la herramienta causada por un mayor uso de la misma.

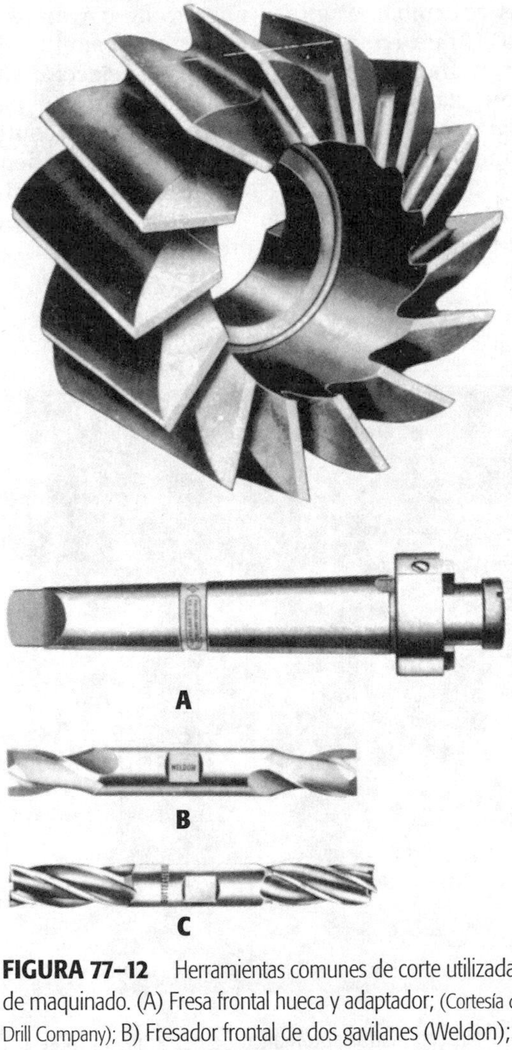

FIGURA 77–12 Herramientas comunes de corte utilizadas en los centros de maquinado. (A) Fresa frontal hueca y adaptador; (Cortesía de Cleveland Twist Drill Company); B) Fresador frontal de dos gavilanes (Weldon); (C) Fresador frontal de cuatro gavilanes (Cortesía de The Union Butterfield Corp.)

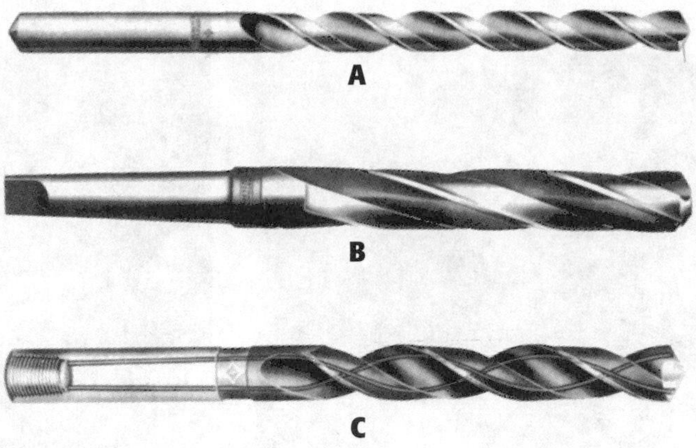

FIGURA 77–13 Brocas con zanco son ampliamente utilizadas en los centros de maquinado: (A) Una broca de gran hélice; (B) Una broca de núcleo; (C) Una broca con barreno para aceite. (Cortesía de Cleveland Twist Drill Company).

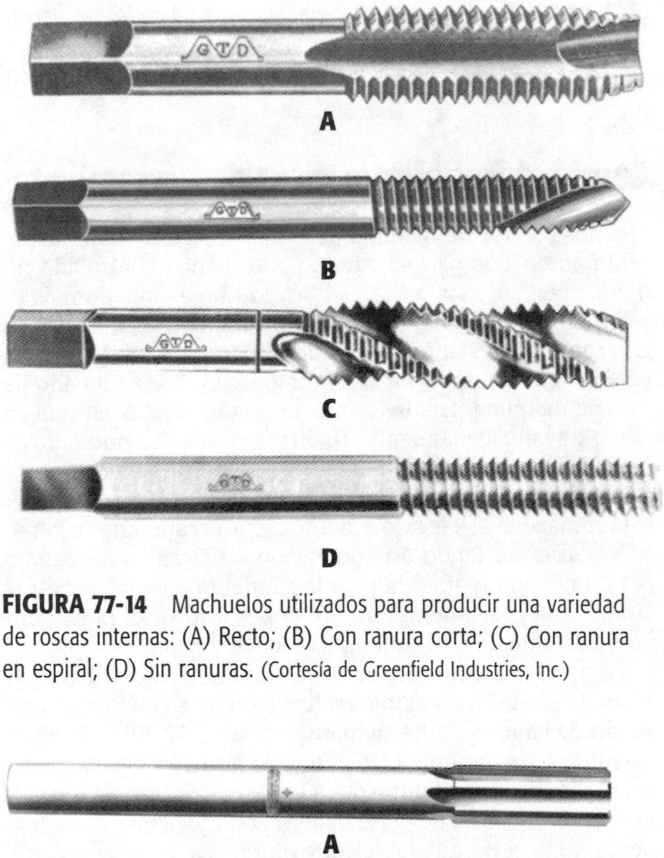

FIGURA 77-14 Machuelos utilizados para producir una variedad de roscas internas: (A) Recto; (B) Con ranura corta; (C) Con ranura en espiral; (D) Sin ranuras. (Cortesía de Greenfield Industries, Inc.)

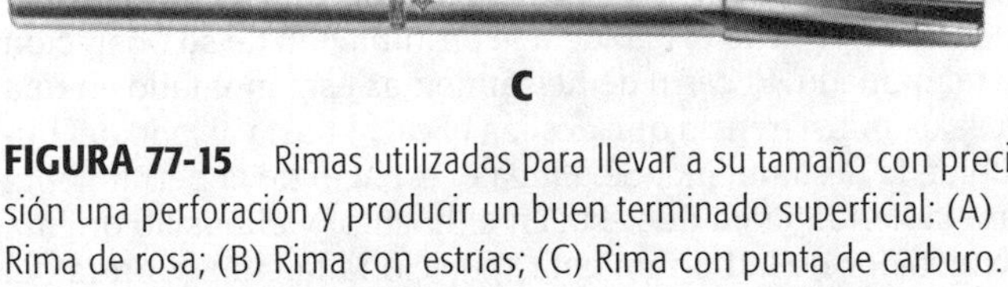

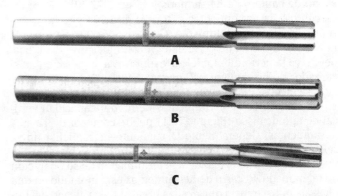

FIGURA 77-15 Rimas utilizadas para llevar a su tamaño con precisión una perforación y producir un buen terminado superficial: (A) Rima de rosa; (B) Rima con estrías; (C) Rima con punta de carburo. (Cortesía de Cleveland Twist Drill Company)

FIGURA 77-16 Herramientas de mandrinado de una sola punta utilizadas para agrandar una perforación y ajustar su posición. (Cortesía de Criterion Machine Works.)

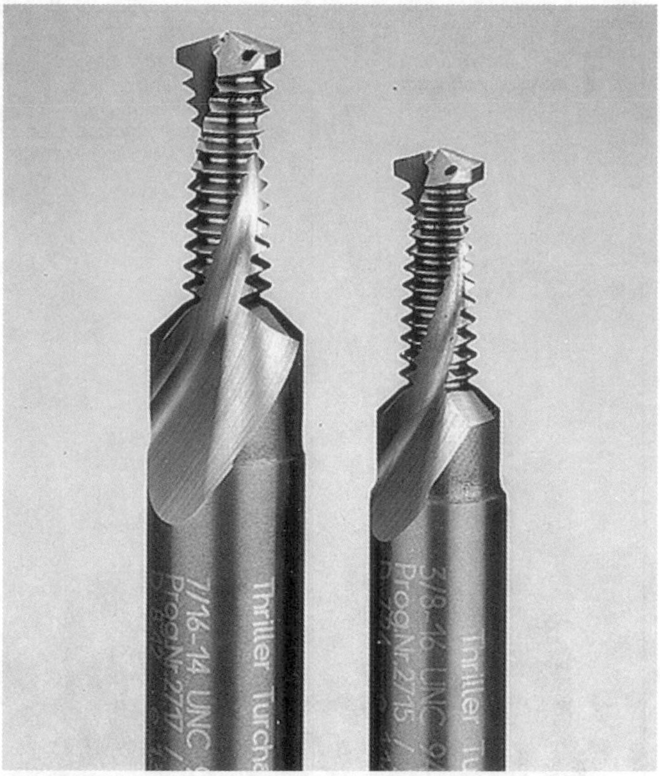

FIGURA 77-17 Una herramienta de combinación es una broca de taladrado, una fresa de achaflanado y roscado, todo ello en una herramienta. (Cortesía de Thriller, Inc.)

Herramientas de combinación

A fin de mejorar la productividad mediante la aplicación de la ingeniería creativa, se han desarrollado y puesto en uso herramientas de combinación. Si un centro de maquinado tiene capacidad de interpolación helicoidal, una herramienta puede llevar a cabo operaciones de taladrado, achaflanado y roscado en un ciclo operativo. La Figura 77-17 muestra una herramienta de combinación de broca y machuelo de carburo sólido con una punta de broca en su extremidad, un chaflán localizado a la longitud correcta para la aplicación seleccionada, y una fresa de machuelear de diámetro ligeramente menor que la porción de broca. La Figura 77-18 (en la Pág. 634) ilustra la secuencia de operaciones para esta herramienta de combinación el Thriller®.

1. La punta de broca puede producir una perforación de lado a lado o una perforación ciega no mayor que dos veces el diámetro de la herramienta Figura 77-18(1).
2. Se corta el chaflán, Figura 77-18(2) y se retrae la herramienta aproximadamente 2.5 pasos de rosca a partir del fondo de la perforación.
3. La herramienta es avanzada radialmente a la pared de la perforación para toda la profundidad de la rosca durante media vuelta (180°), al mismo tiempo que se mueve la mitad del paso de rosca en el eje –Z.
4. A continuación, se forma la rosca mediante un ciclo de interpolación helicoidal durante una vuelta completa (360°), al mismo tiempo que se mueve un paso de rosca en el eje –Z, Figura 77-18(3).
5. La herramienta es sacada radialmente de la pared hacia el centro de la perforación durante media vuelta (180°), al mismo tiempo que se mueve la mitad del paso de rosca en el eje –Z.
6. Al terminarse el ciclo se retrae la herramienta de la perforación, Figura 77-18(4).

Esta herramienta de combinación taladro/machuelo puede ser utilizada en aluminio, hierro fundido y en materiales que producen virutas de fácil ruptura. El uso de una herramienta de combinación libera el espacio del cambiador de herramientas para otras herramientas y elimina varios cambios de herramienta por operación.

®Thriller, Inc.

Portaherramientas

A fin de que la amplia diversidad de herramientas de corte puedan ser insertadas en el husillo de la máquina con rapidez y con precisión, todas las herramientas deben tener portaherramientas con la misma conicidad en el vástago para ajustarse al husillo de la máquina. El portaherramientas más común con una brida en V y un vástago cónico de auto-liberación, es el utilizado en los centros de maquinado CNC (Figuras 77-19A). Solamente uno de los tamaños disponibles (que van desde el número 30 al 60) puede ser utilizado en una máquina. El tamaño utilizado queda determinado por la capacidad de la máquina y la potencia diseñada. La

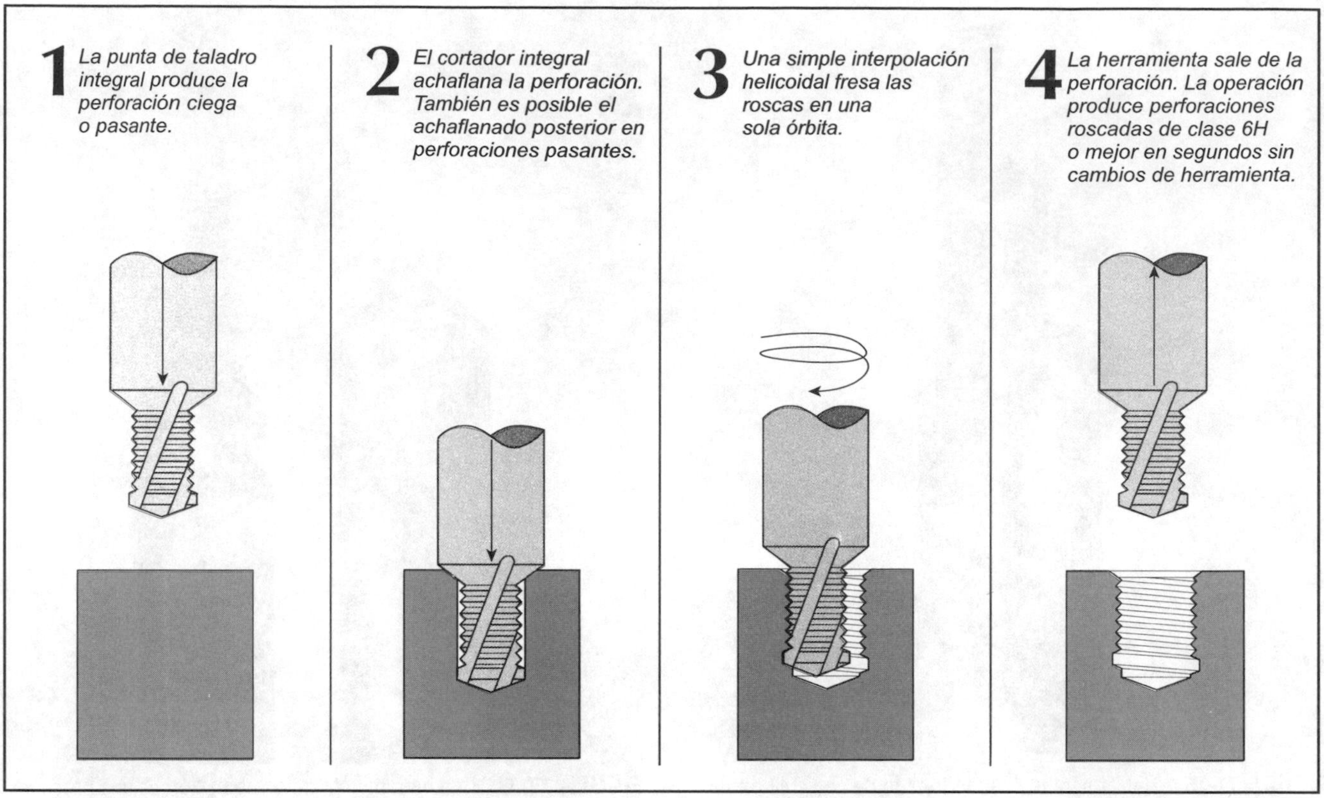

1 La punta de taladro integral produce la perforación ciega o pasante.
2 El cortador integral achaflana la perforación. También es posible el achaflanado posterior en perforaciones pasantes.
3 Una simple interpolación helicoidal fresa las roscas en una sola órbita.
4 La herramienta sale de la perforación. La operación produce perforaciones roscadas de clase 6H o mejor en segundos sin cambios de herramienta.

FIGURA 77-18 Secuencia de operaciones que utiliza una herramienta de combinación para producir una perforación roscada. (Cortesía Thriller, Inc.)

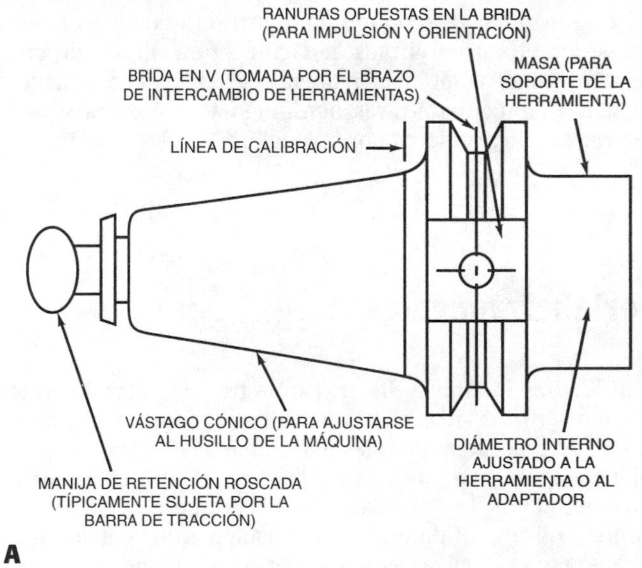

FIGURA 77-19 Los portaherramientas CNC son herramientas de precisión diseñadas para estar localizadas con exactitud en el husillo de una máquina mediante un sistema automático de cambio de herramientas. (Cortesía de Hertel Carbide Ltd.)

porción del receptáculo interno es instalada en el husillo por el fabricante de la máquina herramienta. El portaherramienta tiene una brida en V para que el brazo cambiador de herramientas lo tome, un vástago o una perforación roscada o algún otro dispositivo para que una barra de tracción o cualquier otro mecanismo de sujeción lleve el portaherramientas contra el husillo (Figura 77-19B).

Al prepararse para una secuencia de maquinado, se utiliza el dibujo de ensamble de herramienta para seleccionar todas las herramientas de corte requeridas para maquinar la pieza. Cada herramienta de corte se ensambla entonces fuera de línea en un portaherramientas adecuado y se preajusta a la longitud correcta. Una vez ensambladas y preajustadas las herramientas, se cargan en las localizaciones específicas en el magazine de almacenamiento de herramientas de la máquina, de donde son automáticamente seleccionadas según se requieran en el programa de la pieza.

Dispositivos de sujeción del trabajo

Muchos tipos de dispositivos de sujeción de las piezas de trabajo utilizados con las máquinas herramientas convencionales también pueden ser usados con los centros de maquinado. Sin embargo, debido a la necesidad de cambios rápidos entre piezas, ciertos dispositivos son mejores elecciones que otros para ciertas aplicaciones.

- Se utiliza una *abrazadera en escalón estándar* para sujetar piezas planas y grandes, pero la localización y el apriete adecuados ocupan mucho tiempo. Una abrazadera de liberación rápida (Figura 77-20) pudiera resultar preferible, especialmente cuando las abrazaderas tienen que ser temporalmente movidas durante un comando de detención del programa (M00), a fin de maquinar un borde.
- Las *prensas de precisión de estilo sencillo* (Figura 77-21A), sujetas directamente a las ranuras de la mesa, hacen que sea preciso y sencillo el posicionamiento y la fijación. Cuando deben maquinarse múltiples piezas idénticas y sujetarse en prensas por separado, puede ser utilizado un juego coordinado de prensas calificadas (maquinadas de manera idéntica para colocar la mordaza fija en la misma coordenada del eje Y). Σ También se utilizan las prensas calificadas cuando una pieza larga requiere soporte en ambas extremidades a fin de mantener paralelismo. Estas prensas pueden ser accionadas neumática o hidráulicamente para una presión uniforme de sujeción y un control fácil por palanca o pedal de pie durante el cambio de piezas.

Cuando se requiere de más de una prensa, especialmente para sujeción de piezas pequeñas, se pueden agrupar tantas como 10 prensas juntas (Figura 77-21B). Cuando se utilizan prensas agrupadas en doble estación se pueden sujetar hasta 20 piezas para una operación de maquinado.

- Los *sistemas de mordazas para prensa* (Figura 77-22A) pueden añadir versatilidad e incrementar la flexibilidad de una prensa de precisión para la sujeción de piezas. Pueden ser utilizadas tanto en una sola estación (Figura 77-22B), o en una doble estación (Figura 77-22C). Se puede ahorrar un tiempo valioso de puesta a punto y de producción gracias al rápido y preciso cambio. Se coloca un juego de mordazas patrón en la prensa y se acoplan los siguientes elementos en posición según se requieran: paralelas, topes de trabajo modulares, placas en ángulo, mordazas en V y mordazas blandas maquinables.
- Una *placa de mesa* es una placa de aluminio plana atornillada directamente a la mesa de la máquina. En la placa se han maquinado estratégicamente perforaciones para pernos y perforaciones roscadas para permitir la sujeción de prensas o abrazaderas en muchas posiciones flexibles distintas a los límites impuestos por las ranuras en T de la mesa.
- Los *dispositivos CNC* (Figura 77-23) se utilizan para localizar con precisión muchas piezas similares y sujetar-

FIGURA 77-20 Un sistema de abrazaderas de liberación rápida. (Cortesía de Royal Products.)

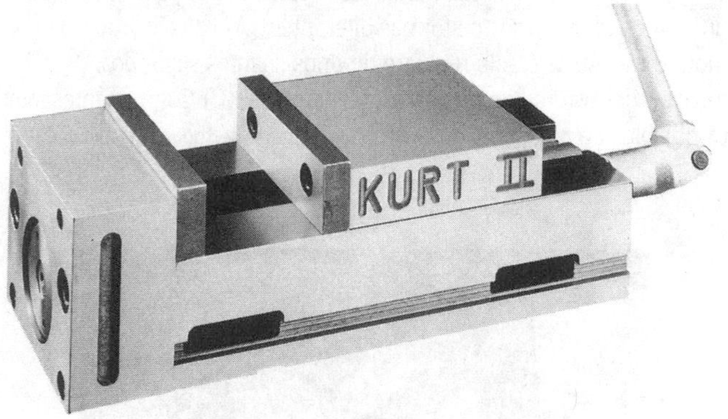

A

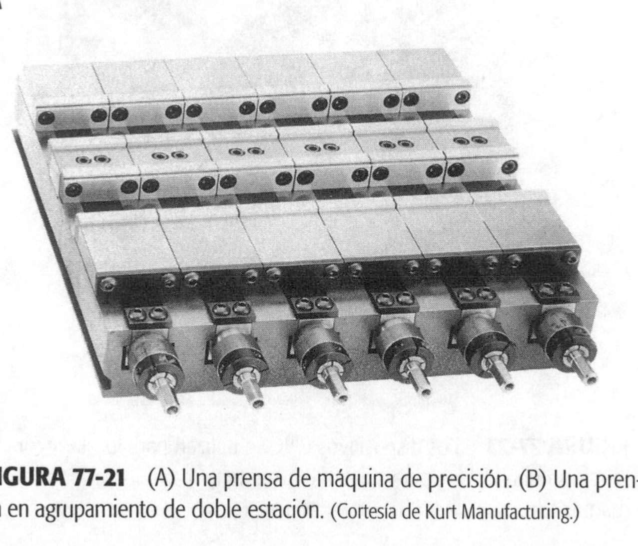

B

FIGURA 77-21 (A) Una prensa de máquina de precisión. (B) Una prensa en agrupamiento de doble estación. (Cortesía de Kurt Manufacturing.)

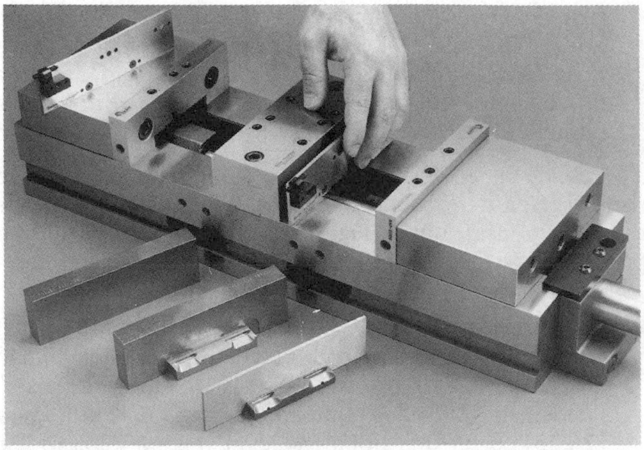

A

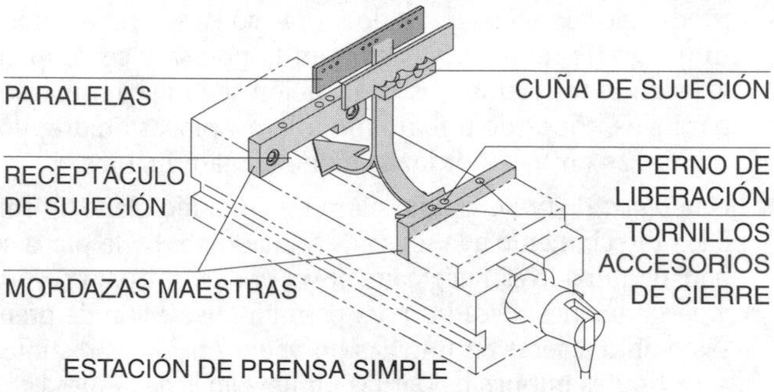

B

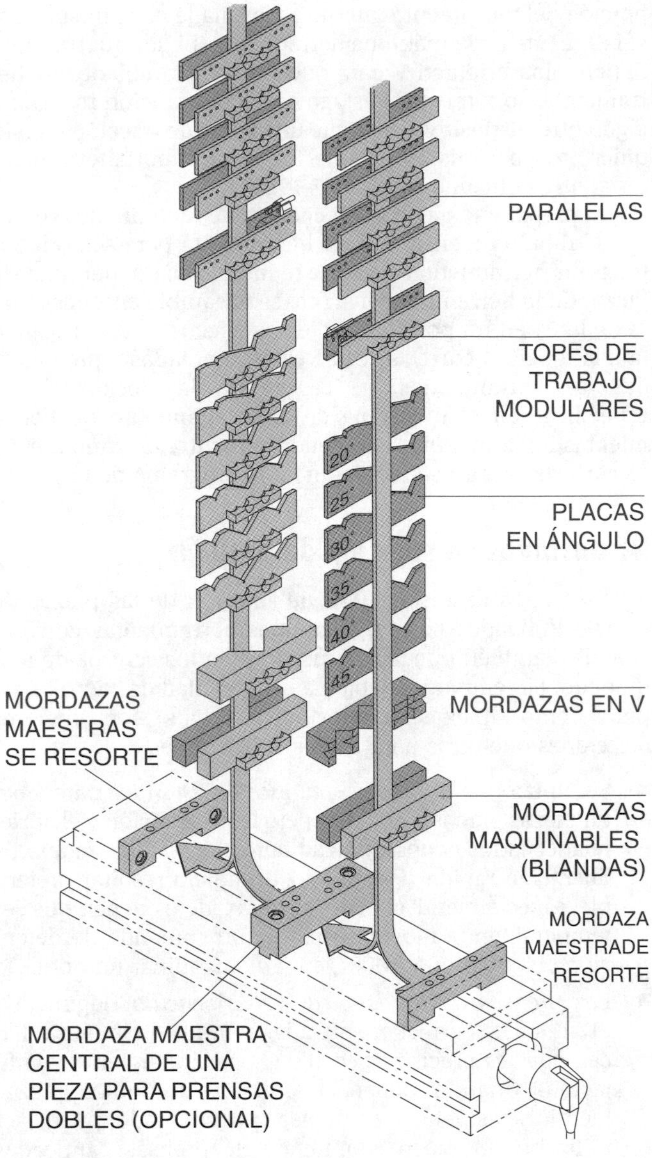

C

FIGURA 77-22 Un sistema de dispositivos de mordazas para prensa permiten que la prensa sea modificada rápidamente para adecuarse a una variedad de piezas de formas diferentes: (A) La colocación de una mordaza en su sitio sólo requiere de unos cuantos segundos; (B) Construcción del sistema de mordazas de la prensa; (C) Componentes intercambiables de mordazas de la prensa. (Cortesía de Toolex Systems, Inc.)

FIGURA 77-23 Los dispositivos CNC se utilizan para localizar con precisión una pieza y para sujetarla firmemente para operaciones de maquinado. (Cortesía de Cincinnati Milacron, Inc.)

las con firmeza para una operación de maquinado. Los diseños del dispositivo deben conservarse tan simples como sea posible para efectuar cambios de piezas tan aprisa y con tanta precisión como se pueda.

PROCEDIMIENTOS DE PROGRAMACIÓN

Hay muchos fabricantes de máquinas herramienta CNC en todo el mundo, y sus unidades de control de máquina CNC pudieran ser diferentes de un fabricante a otro. Resultaría por lo tanto, imposible dar un ejemplo de procedimiento de programación que se adecuara a todas las máquinas CNC. Puesto que la programación puede variar ligeramente de máquina a máquina, es importante seguir el manual de programación suministrado con cada máquina. En este libro, los autores se han concentrado en dos clases de máquinas CNC: el modelo didáctico de mesa y las máquinas herramienta de uso común en escuelas y talleres. Esto cubrirá los procedimientos básicos estándar de programación adecuados para casi todas las unidades de control de máquina, con ligeras modificaciones.

Precaución: *Asegúrese* que el formato de programación corresponde a su equipo antes de proceder a maquinar piezas.

Máquinas didácticas de mesa

Las máquinas didácticas de mesa o de banco (Figura 77-24) son ideales para fines didácticos porque el instructor y los estudiantes las encuentran fáciles de operar. Es muy sencillo programarlas, y llevan a cabo operaciones de maquinado similares a máquinas más grandes pero sobre piezas más pequeñas y en cortes menos profundos. Son relativamente económicas e ideales para la enseñanza de los procedimientos básicos de programación.

FIGURA 77-24 Las máquinas didácticas CNC de mesa están bien adecuadas para fines de enseñanza y aprendizaje. (Cortesía de Emco Maier Corp.)

Programación simple

La pieza que se muestra en la Figura 77-25 se utilizará para la introducción de la *programación simple* en pasos fáciles de comprender. Cada paso de programación se explicará en detalle de forma que el lector tenga un claro entendimiento de cada código, movimiento de eje, etcétera, y lo que pasa como resultado de cada paso programado.

Notas de programación

1. Programar en modo absoluto
2. Toda la programación se inicia en el *punto cero o de referencia* (cero *X-Y*) en el borde inferior izquierdo de la pieza.
3. Use una fresa frontal de 2 gavilanes (de $\frac{1}{4}$ pulg de diámetro) para todas las operaciones, incluyendo los dos barrenos.
4. Programe en el sentido contrario a las manecillas del reloj (puntos A-B-C-D-A-C).
5. Retorne al cero *X-Y*.
6. 1. Material aluminio (CS 500 pie/min).

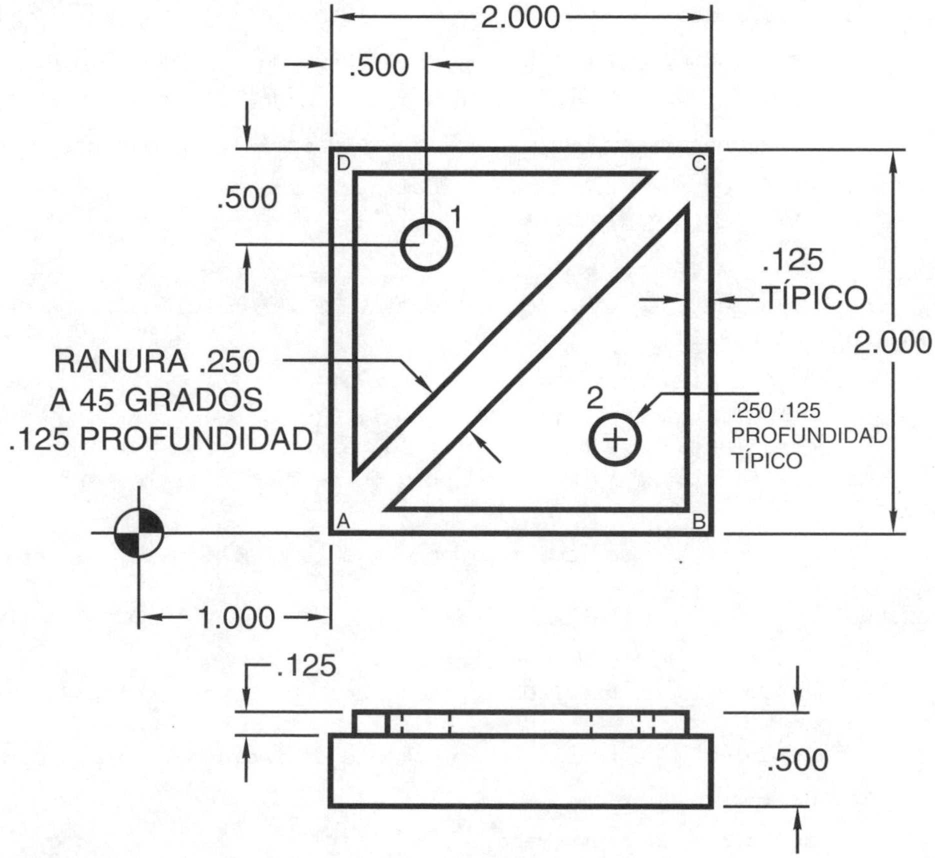

FIGURA 77-25 Una pieza simple de programación CNC.

Secuencia de programación

```
%     Código de detención de rebobinado/verificación de paridad
N10 G20 G90
    G20           Entrada de datos en pulgadas.
    G90           Modo absoluto de programación.
N20 T01 M06
    T01           Herramienta No.1 (Fresa frontal de 2 gavilanes de .250 pulg de diámetro).
    M06           Comando de cambio de herramienta.
N30 G00 X-1.0 Y0 Z1.0 S8000 M03
    G00           Velocidad de traslación rápida
    X-1.0         Herramienta localizada 1.000 pulg a la izquierda del punto A.
    Y0            Centro de la herramienta está en el borde inferior de la pieza.
    Z1.0          El extremo del cortador está 1.000 pulg por encima de la superficie de trabajo.
    S8000         Velocidad del husillo ajustada a 8000 r/min (generalmente
                  puesta a mano en máquinas didácticas).
    M03           Husillo activado en el sentido de las manecillas del reloj.
N40 G43 H1 Z.100
    G43           Compensación por longitud de Herramienta No. 1.
    Z.100         Herramienta se traslada rápidamente a .100 pulg sobre la superficie de la pie-
                  za en el eje Z.
N50 G01 Z-.125 F10.0
    G01           Interpolación lineal (movimiento en línea recta).
    Z-.125        La herramienta avanza hasta .125 pulg por debajo de la superficie de la pieza.
    F10.0         Velocidad de avance ajustada a 10 pulg/min.
N60 X2.000 F10.0
    X2.000        La herramienta se mueve 2 pulg a lo largo del eje X hasta el punto B.
N70 Y2.0          La herramienta se mueve 2 pulg a lo largo del eje Y hasta el punto C.
N80 X0            La herramienta se mueve 2 pulg a lo largo del eje X hasta el punto D.
N90 Y0            La herramienta se mueve 2 pulg a lo largo del eje Y hasta el punto A.
N100 X2.0 Y2.0    La herramienta se mueve diagonalmente desde el punto A hasta el punto C.
N110 G00 Z.100    La herramienta se traslada rápidamente hacia arriba .100 pulg por encima de la
                  superficie de la pieza.
N120 X.500 Y1.500
                  La herramienta se traslada rápidamente a la posición del barreno No. 1.
N130 G89 Z-.125 F10.0 P1.0 R.100
    G89           Ciclo fijo de mandrinado.
    Z-.125        La herramienta avanza .125 pulg en la pieza.
    P1.0          La herramienta hace una pausa en la parte inferior del barreno.
    R.100         La herramienta se retrae .100 pulg por encima de la superficie de la pieza.
N140 X1.5 Y.500
    X y Y       La herramienta se traslada rápidamente a la posición del barreno No 2 y el ciclo
                G89 se repite.
N150 G80 G00 Z1.000
    G80           Se cancela el ciclo de mandrinado.
    Z1.000        La herramienta se traslada rápidamente 1 pulg por encima de la superficie de
                  la pieza.
N160 X-1.000 Y0   La herramienta se traslada rápidamente de regreso a la posición base X-Y .
N170 M05          El husillo se detiene.
N180 M30          Fin del código del programa.
%                 Código de rembobinar/detener.
```

PUESTA A PUNTO DE CENTRO DE MAQUINADO

Antes de poner a punto el centro de maquinado, necesita el operador familiarizarse con el panel de control y con los procedimientos de operación. Ello incluye el uso de diferentes modos y cómo utilizar los menús para pasar con seguridad de un modo a otro. El operador debe comprender cómo establecer la localización del trabajo en el cero de la máquina, establecer las compensaciones por longitud de la herramienta, y efectuar una corrida de prueba del programa.

Cuando el operador activa la energía a la máquina, es necesario poner en cero todos los ejes de forma que el control sepa la localización de la posición base de la máquina. Esto se puede hacer en cada uno de los ejes de manera individual, o las máquinas pueden usar una energización automática si así están equipadas. Si el programa no está almacenado en la memoria, debe ser cargado mediante el medio de entrada disponible. Con base en el manuscrito o en la hoja de herramientas por separado, el operador debe preparar las herramientas y el método de sujeción de la pieza listado por el programador.

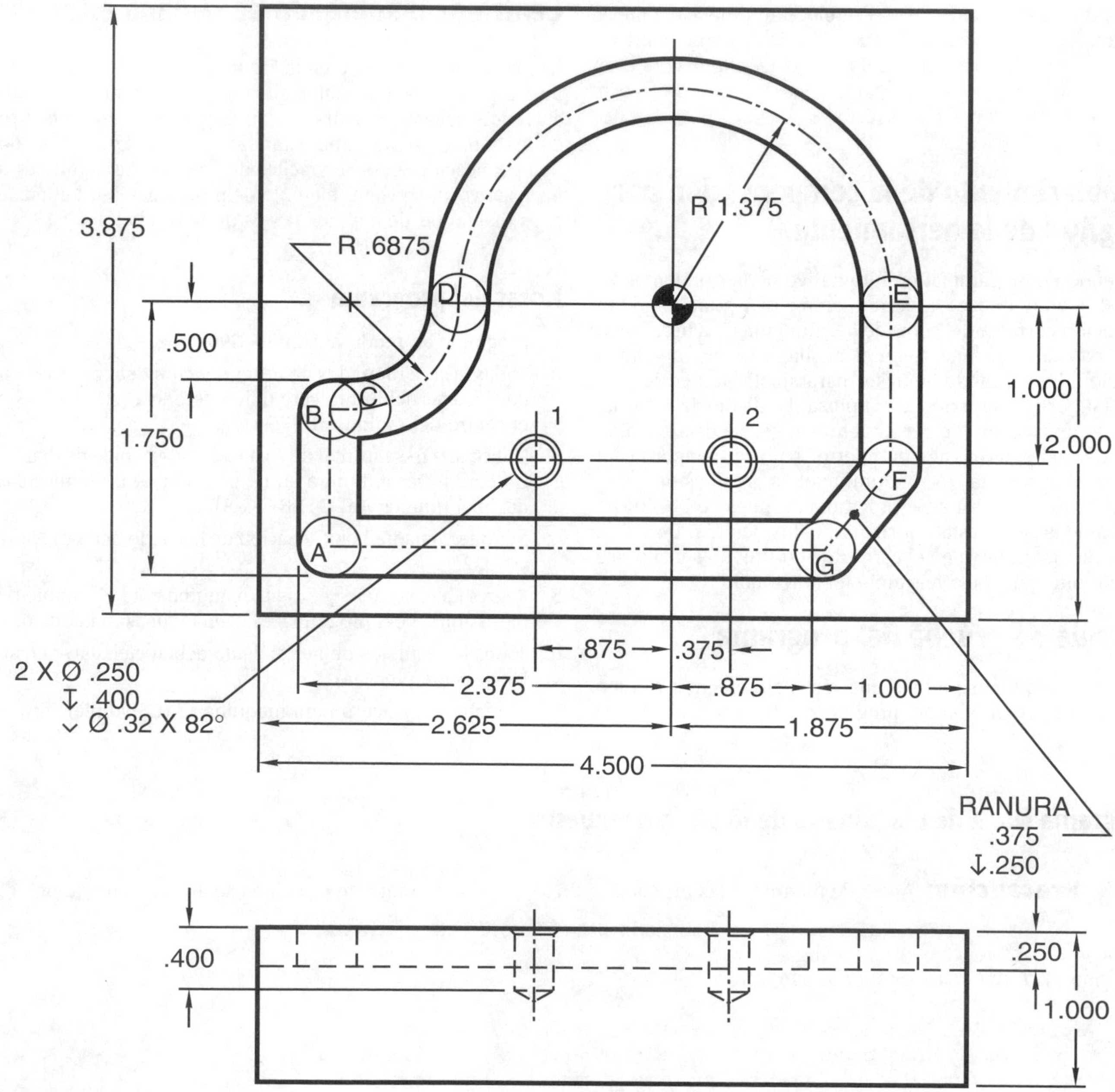

FIGURA 77-26 Una pieza de muestra de centro de maquinado a ser utilizada para la programación de piezas. (Cortesía de Kelmar Associates.)

Establecimiento del cero de la pieza

Cada pieza tiene un cero de pieza establecido, que no es el mismo que el cero de la máquina. Usando el modo de pasos y un detector de aristas o indicador de carátula, localice la posición del cero de la pieza en los ejes *X* y *Y*. La distancia recorrida desde la posición base de la máquina es la *distancia de desplazamiento de la pieza (desplazamiento de corrimiento de posición)* y debe registrarse en la página de coordenadas de control del trabajo reservada para esta información. Se registran las distancias recorridas para los ejes *X* y *Y* en tanto que el eje *Z* se deja en cero (0) si las herramientas no están preajustadas. Para herramientas preajustadas, utilice el método sugerido en el manual de la máquina o del programador. En general, cuando una máquina tiene sistemas coordenados de trabajos múltiples, se identifican con los códigos G54 a G59. Este sistema se preestablece automáticamente en el código G54 al encender la máquina. Si se requiere un sistema de coordenadas del trabajo diferente, ello deberá estar indicado al principio del programa y los desplazamientos introducidos bajo el código correcto.

Establecimiento de la compensación por longitud de la herramienta

Partiendo de un cambiador automático de herramientas vacío, el operador carga la herramienta No. 1 girando a la localización correcta del carro de herramientas. La herramienta se coloca directamente en el husillo y se bloquea en su posición. Use el modo de pasos para ajustar la herramienta a Z0 (superficie superior) de la pieza. La distancia recorrida es la compensación de herramienta en Z y se lista en la página de compensaciones de control bajo la compensación para la herramienta No. 1. Durante el uso real, es necesario un comando G43 H01 en el programa después de T1 M06 para compensar por esta información almacenada. De allí, la herramienta se carga en el carro de herramientas y el proceso se repite para cada herramienta adicional.

Corrida de prueba del programa

No debe maquinarse nunca una pieza sin efectuar primero una corrida de prueba del programa. Algunos controles están equipados con un despliegue gráfico, que le permiten al operador recorrer los pasos del programa sin necesidad de cortar la pieza. Puesto que no se involucra ningún movimiento de la mesa ni de la herramienta, éste es un procedimiento sin riesgo y seguro de verificar un programa.

Si la máquina no está equipada con gráficos, otro método es efectuar una corrida en vacío del programa sin colocar la pieza en la máquina. Use el modo de pasos/bloque por bloque y cancelación de la velocidad de avance para reducir la programada. El operador debe mantener un dedo sobre el botón de detener y saber cuál es la localización del paro de emergencia en caso de error en el programa. Después de asegurarse que el programa es correcto, la pieza puede maquinarse.

Centro de maquinado de tamaño estándar

La pieza que se muestra en la Figura 77-26 de la pág. 639 se utiliza para presentar ciclos adicionales de maquinado, incluyendo ciclos de perforación circular y fijos, en un centro de maquinado de tamaño estándar. Como aclaración se da una explicación en pasos fáciles de comprender similares a los usados en el primer ejemplo de programación. Refiérase a los diagramas de códigos G y M de la Unidad 75.

Notas del programa

1. Programe en modo absoluto (G90).
2. Todas las coordenadas de programación deben ser tomadas a partir del punto cero o de referencia (cero *X-Y*) en el centro del radio de 1.375 pulg.
3. Utilice una fresa frontal de 2 gavilanes de 3/8 pulg de diámetro para fresar la ranura en la dirección de las manecillas del reloj (puntos A-B-C-D-E-F-G-A).
4. Marque y taladre la localización de las perforaciones No. 1 y No. 2.
5. Regresa al cero *X, Y,* y *Z* de la máquina para el cambio de pieza al final del programa (G28 en algunas máquinas).
6. Todos los cambios de herramienta deben efectuarse en su localización presente.
7. El material es acero para maquinaria (CS 90 pie/min).

Programa No. 2 de maquinado de la pieza de muestra

⚠ **Precaución:** Antes de maquinar las piezas *asegúrese* que este formato de programa se ajusta a su equipo.

```
%          Código de detención de rebobinado/verificación de paridad
04500;     Número del programa
N10 G00 G17 G20 G40 G49 G80 G90 G54

     Arranque de línea de seguridad, el MCU volverá por omisión
     a ciertos códigos preestablecidos. Sin embargo, si la máquina ha estado
     operando y se va a utilizar un programa nuevo, es una buena
     práctica de seguridad escribir los códigos apropiados en esta línea
     de información.
     G00       Posicionamiento rápido
```

G17 Selección de los planos X e Y que determinan los ejes utilizados para la interpolación circular o para la compensación del cortador.
G40 Cancelación de la compensación del radio del cortador.
G49 Cancelación de la compensación de la longitud de la herramienta.
G80 Cancelación del ciclo enlatado.
G90 Programación absoluta.

N20 T01 M06

T01 Herramienta número 1 ((fresa frontal de dos gavilanes de .375 pulg de diámetro).
M06 Comando de cambio de herramienta.

N30 X-2.1875 Y-1.5625 S720 M03

X-2.1875 Herramienta localizada sobre el punto **A** en el eje *X*
Y-1.5625 Herramienta localizada sobre el punto **A** en el eje *Y*
S720 Velocidad del husillo ajustada a 720 r/min de manera automática.
M03 Husillo activado en el sentido de las manecillas del reloj.

N40 G43 H1 Z2.0 M08

G43 Herramienta número 1 compensación de la longitud de la herramienta de corte (TL0).
H1 Aplicar valor de almacenamiento a TL0.
Z2.0 Traslado rápido de la herramienta a 2 pulg por encima de la superficie de la pieza en el eje *Z*
M08 Activar el refrigerante.

N50 G01 Z.1 F50.0

G01 Interpolación lineal (movimiento en línea recta).
Z.1 La herramienta avanza a .100 por encima de la superficie de la pieza en el eje *Z*
F50.0 La herramienta es avanzada a 50 pulg/min, ya que la velocidad de traslado rápido de 500 pulg/min resultaría demasiado rápida para el operador.

N60 Z-.25 F2.5 La herramienta avanza a .250 pulg por debajo de la superficie de la pieza en el eje *Z.*

N70 Y-.6875 F5.0 La herramienta se mueve a lo largo del eje Y hasta el punto **B**

N80 X-2.0625 La herramienta se mueve a lo largo del eje *X* hasta el punto **C**

N90 G03 X-1.375 Y0 R.6875 F5.0

G03 La herramienta se mueve en sentido contrario a las manecillas del reloj hasta el punto **D**
X-1.375 Punto final para el arco en el eje *X.*
Y0 Punto final para el arco en el eje *Y.*
R.6875 Radio del arco, valor incremental.

N100 G02 X1.375 Y0 R1.375 F5.0

G02 La herramienta se mueve en el sentido de las manecillas del reloj hasta el punto **E**
X1.375 Punto final del arco en el eje *X.*
Y0 Punto final del arco en el ejemplo *Y.*
R1.375 Radio del arco valor incremental

N110 G01 Y-1.0777 La herramienta se mueve a lo largo del eje Y hasta el punto **F**
N120 X.9527 Y-1.5625 La herramienta se mueve diagonalmente del punto **F** al punto **G**
N130 X-2.1875 La herramienta se mueve a lo largo del eje *X* hasta el punto **A**
N140 Z.100 La herramienta se mueve .100 por arriba de la superficie del trabajo.
N150 G00 Z2.0 Traslado rápido de la herramienta 2 pulg por encima de la superficie del trabajo.
N160 T02 M06 Herramienta número 2 (broca de marcar de .500 de diámetro).
N170 G43 H02 X-.875 Y-1.000 Z2.0 Posicionamiento sobre la perforación **No. 1**
N180 S1600 M03 Giro del husillo en el sentido de las manecillas del reloj a 1600 r/min.
N190 G01 Z.1 F50 M08 La herramienta se mueve .100 por encima de la pieza a 50 pulg/min.

N200 G81 Z-.1875 F6.4 R.1

G81 Ciclo fijo de taladrado.
Z-.1875 La herramienta avanza .1875 pulg dentro de la pieza.
F6.4 Velocidad de avance 6.4 pulg/min.
R.1 La herramienta se retrae .100 pulg por encima de la superficie del trabajo.

N210 X.375	La herramienta se mueve a la posición de la perforación **No. 2** y el ciclo G81 se repite.
N220 G80 G00 Z2.0	
G80	Cancelación del ciclo de taladrado.
G00 Z2.0	La herramienta se traslada rápidamente 2 pulg por encima de la pieza.
N230 T03 M06	Herramienta No 3 (broca de .250 de diámetro).
N240 G43 H03 Z2.0	Posicionamiento por encima de la perforación **No. 2**
N250 S1600 M03	Giro del husillo en el sentido de las manecillas del reloj a 1600 r/min.
N260 G00 Z.1 F50 M08	La herramienta se mueve .100 sobre la pieza a 50 pulg/min.
N270 G83 Z-.475 Q.200 F6.4 R.1	
G83	Ciclo fijo de taladrado
Z-.475	Avanzar un total de .475 pulg en la pieza de trabajo.
Q.200	Avance en incrementos de penetración de.200 pulg
F6.4	Tasa de avance de 6.4 pulg/min.
R.1	La herramienta se retrae a .100 pulg por encima de la pieza.
N280 X-.875	La herramienta se mueve a la posición de la perforación **No.** 1 y se repite el ciclo G83
N290 G80 G00 Z2.0	
G80	Cancelación del ciclo de taladrado.
G00 Z2.0	Traslado rápido de la herramienta a 2.000 pulg por encima de la pieza.
N300 G28	Regresar a las posiciones base de la máquina *X*, *Y* y *Z*.
N310 M30	Fin del programa.
%	Rebobinado/código de detención.

PREGUNTAS DE REPASO

1. ¿Qué factores llevaron al desarrollo del centro de maquinado?

Tipos de centros de maquinado

2. Nombre dos tipos de centros de maquinado de husillo horizontal y brevemente diga el principio de cada uno de ellos.
3. ¿De qué manera el centro de maquinado vertical proporciona el movimiento del eje *Z*?

Principales componentes operativos

4. Nombre dos categorías de partes del centro de maquinado.

Accesorios del centro de maquinado

5. Brevemente describa cómo funciona un dispositivo de control de par.
6. ¿Para qué fin se utilizan los cambiadores automáticos de herramientas?
7. Liste cinco herramientas de uso común en los centros de maquinado.
8. ¿Cuál es el portaherramientas más común utilizado en un centro de maquinado?
9. ¿Cómo se monta la herramienta en el husillo de la máquina?

Dispositivos de sujeción del trabajo

10. ¿Cuál es la ventaja de una abrazadera de liberación rápida sobre una abrazadera estándar en escalón?
11. ¿Para qué aplicación se utilizaría un juego de prensas calificadas?
12. Describa una placa de mesa y diga cuál es su propósito.

Procedimientos de programa

13. Diga dos ventajas principales de las máquinas CNC didácticas de banco.
14. Nombre y liste la función de cada código G que se encuentra en el programa de muestra de la máquina didáctica.
15. Nombre y liste la función de cada código M del programa de la pregunta #14.

Puesta a punto del centro de maquinado

16. Nombre tres factores importantes que debe comprender un operador a fin de poner a punto un centro de maquinado.
17. ¿Qué es lo que quiere decir *distancia de compensación del trabajo*?
18. ¿Cuál es el método más seguro para saber si un programa está correcto a fin de que no ocurra un accidente?

UNIDAD

78

Diseño asistido por computadora

OBJETIVOS

Al terminar el estudio de esta unidad, podrá:

1. Explicar el principio y finalidad de CAD
2. Nombrar y conocer las finalidades de cada una de las partes principales de un sistema CAD
3. 1 Listar seis ventajas de CAD

El advenimiento de las computadoras representó una bendición para el ingeniero de diseño, ya que simplificó los largos y tediosos cálculos que con frecuencia eran necesarios para un proyecto. Con el paso del tiempo, se llegó a la conclusión que el uso de la computadora podía extenderse aun más en el área de diseño, y en los años sesenta se introdujo un nuevo sistema llamado *diseño asistido por computadora* (CAD) El diseño asistido por computadora le permite al diseñador o ingeniero producir planos de ingeniería terminados partiendo de simples esbozos o partiendo de modelos, y modificar los planos si parecen no ser funcionales. Partiendo de vistas ortográficas de tres planos, es posible transformar planos en una vista tridimensional y, con software de computadora apropiado, mostrar el desempeño anticipado de la pieza. Esto ha demostrado ser extremadamente valioso para diseñadores, ingenieros y dibujantes. Este nuevo sistema ha facilitado los procesos de diseño y dibujo y su utilización se está incrementando a una tasa estimada de 40% al año.

COMPONENTES CAD

El diseño asistido por computadora es un sistema parecido a la televisión, que produce una imagen partiendo de señales electrónicas provenientes de la computadora. La mayor parte de los sistemas en plantas grandes utilizan dos niveles de computadoras. Las computadoras más pequeñas de escritorio, cada una con su propio *tubo de rayos catódicos* (CRT), están conectadas a una mainframe más grande, o computadora anfitrión. Agregando a este sistema un teclado, un lápiz luminoso, o una tablilla electrónica y una graficadora, el operador puede darle indicaciones a la computadora para que produzca cualquier dibujo o vista requerida (Figura 78-1).

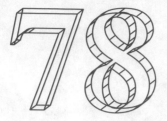

La computadora de escritorio es utilizada por el operador para insertar todos los datos requeridos para la tarea. En vista que el banco de memoria de la computadora de escritorio es mucho menor que el de la computadora anfi-

FIGURA 78-1 Un sistema completo de diseño asistido por computadora (CAD) (Cortesía de Bausch & Lomb.)

trión, sólo estarán almacenados en su banco de memoria los datos de uso común requeridos por el operador. La información adicional más compleja, así como la información sobre la pieza final, quedará almacenada en la memoria de la computadora mayor anfitrión. La computadora de escritorio puede solicitar a la anfitrión que lleve a cabo tareas que están más allá de las capacidades de la computadora más pequeña. En cualquier momento el operador puede, a través de la computadora de escritorio, recuperar información almacenada en la computadora anfitrión.

DISEÑO DE LA PIEZA

El operador puede iniciar a partir de un esbozo a lápiz y, usando el lápiz luminoso o una tablilla electrónica, producir un dibujo a escala correcta de la pieza en la pantalla y también registrarlo en la memoria. La computadora calculará las coordenadas de los extremos de la línea, los puntos de intersección, así como los arcos, círculos, radios, etcétera requeridos, produciendo una vista de la pieza en evolución en el CRT conforme se va añadiendo cada característica. Básicamente el operador proporciona las entradas y la computadora efectúa los cálculos.

Si en ese momento se requiere de cambios en el diseño, el diseñador los efectúa en pantalla usando el lápiz luminoso, y estos cambios automáticamente se hacen en la memoria de la computadora. En la mayor parte de los sistemas, las pantallas CRT pueden desplegar múltiples vistas ortográficas de un diseño (frontal, superior y lateral) en combinación con una vista tridimensional isométrica. Estas vistas con frecuencia aparecen desplegadas simultáneamente en una pantalla dividida, y cualquier cambio en el diseño que se haga en una vista es automáticamente incorporada a las demás vistas. El diseñador puede crear y cambiar piezas en el CRT con un lápiz luminoso, con un cursor electromecánico o con una tablilla electrónica (Figura 78-2). Debe hacerse notar que el operador puede girar cualquiera de los dibujos a cualquier posición deseada de forma que él o ella pueda estudiarla con mayor facilidad o compararla con otro componente.

La mayor parte de los sistemas tienen un teclado de tipo máquina de escribir para la introducción de texto y de comandos en la computadora. Algunos sistemas también proporcionan una lista o menú de comandos estándar con funciones de dibujo para especificar el tamaño y localización de líneas, arcos, textos, asciurados, símbolos estándar de dibujo, y otros elementos (Figura 78-3). Estos menús están diseñados para incrementar la velocidad a la cual se pueden introducir los datos de dibujo. Cualquier función deseada incluida en el menú se introduce con la presión de un único botón. Los menús pueden también aparecer desplegados en pantalla o en una tablilla de datos y se pueden seleccionar elementos de los mismos utilizando el lápiz electrónico o luminoso.

FIGURA 78-2 Uso de una tablilla electrónica para efectuar cambios de diseño en una pieza ilustrada en el CRT. (Cortesía de Bausch & Lomb.)

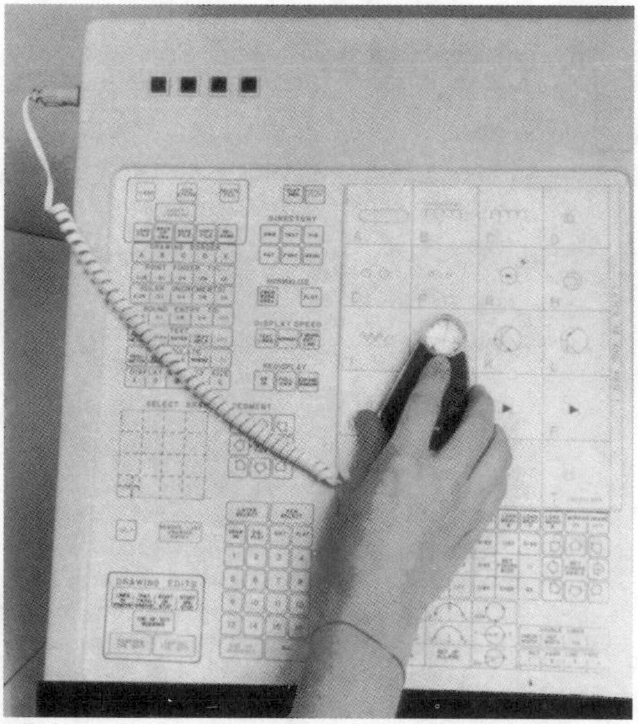

FIGURA 78-3 En el menú están incluidas funciones estándar de dibujo, mismas que se pueden agregar a un dibujo con sólo pulsar un botón. (Cortesía de Bausch & Lomb.)

DATOS DE DISEÑO Y PRUEBAS

La información almacenada en la memoria de la computadora proporciona una base de datos a partir de la cual la computadora puede extraer y procesar datos para necesidades futuras. Por ejemplo, la computadora u otras computadoras enlazadas con la misma, pueden calcular el volumen, masa, centro de gravedad y otras características de la pieza que se va a producir. También puede efectuar análisis de esfuerzos, proporcionar conversiones de pulgadas a métricas de las cifras, generar una lista de material, e incluso producir un programa de control numérico por computadora (CNC), así como las instrucciones para el maquinado de la pieza.

Una vez terminado el diseño, un ingeniero (o diseñador) puede hacer preguntas a la computadora en relación con el desempeño previsto de la pieza. Por ejemplo, el ingeniero que diseña una torre que debe soportar un peso de 220 000 libras (100 000 kilos o 100 toneladas) puede comprobar en la computadora si la estructura soportará este peso. La computadora dirá si soportará dicho peso o si se romperá y en qué punto. Si la información desplegada muestra que la estructura no soportará este peso, el diseñador simplemente efectuará las modificaciones requeridas en pantalla (utilizando el lápiz luminoso) y después volverá a hacer las mismas preguntas a la computadora. Este proceso se repetirá hasta recibir una respuesta afirmativa de la computadora.

Una vez introducidos en el sistema los detalles de un dibujo, el operador, ingeniero o diseñador pueden efectuar cambios con facilidad y rapidez en cualquier área del dibujo sin tener que volver a dibujar el original. Con este equipo, la precisión del dibujo mejora mucho, lo que permite una verificación rápida de componentes críticos en lo que se refiere a holguras y tolerancias estando todavía el "producto" en la etapa de dibujo.

PRUEBA DEL FUNCIONAMIENTO DE COMPONENTES

El operador también puede electrónicamente ensamblar piezas al superponer el dibujo de un componente sobre otro y acercándose a las áreas críticas para verificar la holgura, interferencia, etcétera de manera visual. Utilizando CAD, los ingenieros pueden efectuar análisis de rendimiento de la pieza. Aquí, pueden probar la pieza en lo que se refiere a esfuerzos y deformaciones y determinar si resistirá durante el uso. En este momento, es posible alterar la estructura y reforzar cualquier área débil. Por ejemplo, se puede engrosar la pieza en un punto o agregar un radio más grande donde se unen dos superficies. Cualquier cambio también se registrará en la memoria de la computadora. En este punto también es posible estimar el costo de la pieza terminada, ejecutar un análisis de peso e incluso preparar un programa CNC para el proceso de maquinado –todo ello mientras la pieza está todavía en la etapa de dibujo.

Una vez que el operador ha examinado el dibujo con cuidado en la pantalla y ha quedado satisfecho con el resultado, los datos pueden entonces ser enviados a la *graficadora* para producir el dibujo terminado. La graficadora contiene el papel de dibujo y producirá dibujos permanentes en tinta o en bolígrafo. Algunos sistemas ofrecen una fotograficadora, que proyecta un rayo de luz muy preciso en papel fotosensible para producir un dibujo con líneas muy claras de elevado contraste.

VENTAJAS DEL CAD

Veamos otro ejemplo del valor que tiene el CAD. Imagine que un ingeniero de diseño de aeronaves está estudiando la imagen del fuselaje de una aeronave en un CRT. Al pulsar un botón él o ella pueden desplegar el tren de aterrizaje. Conforme el ingeniero estudia los componentes, pudiera notarse alguna interferencia entre el tren de aterrizaje extendido y el fuselaje. El ingeniero entonces oprimirá una tecla en el teclado y, utilizando el lápiz luminoso, alterará la forma del fuselaje permitiendo que el tren de aterrizaje opere con libertad. Mediante el uso apropiado del equipo CAD, es posible corregir un error en menos de un minuto que de otra forma utilizando los procedimientos estándares anteriores hubiera tomado meses resolver, como por ejemplo la elaboración de un prototipo o de un modelo del aeroplano.

A continuación aparece una lista de las ventajas de CAD:

- Mayor productividad del personal de dibujo.
- Menor tiempo de producción en dibujo.
- Mejor procedimiento de modificaciones del dibujo.
- Mayor precisión en el dibujo y en el diseño.
- Mayor detalle en los planos.
- Apariencia superior del dibujo.
- Mayor estandarización de las piezas
- Mejores procedimientos de ensamble en fábrica.
- Menos desperdicio

PREGUNTAS DE REPASO

1. ¿Qué es CAD?
2. Nombre los componentes principales de un sistema CAD.
3. Explique brevemente cómo puede utilizarse CAD para diseñar una pieza.
4. Defina menú y diga cuál es su finalidad.
5. ¿Qué datos de diseño y de prueba se pueden obtener de un sistema CAD?
6. ¿Por qué es tan importante CAD para el diseño de un producto nuevo?

UNIDAD

79

Robótica

OBJETIVOS

Al terminar el estudio de esta unidad, se podrá:

1. Indicar cuál es la finalidad del robot industrial en la manufactura
2. Describir la construcción y operación de un robot industrial
3. Explicar las aplicaciones y beneficios de los robots en la manufactura

A lo largo de las últimas tres décadas, la industria se ha dado cuenta que, para ser competitiva en los mercados mundiales, tenía que aumentar la productividad y reducir los costos de manufactura. En vista de que la fuente de trabajadores experimentados estaba en disminución y era difícil encontrar personas que ejecutasen tareas consideradas monótonas, físicamente difíciles o desagradables ecológicamente, la industria se ha encontrado ante la necesidad de automatizar muchos procesos de manufactura. El desarrollo de la computadora ha hecho posible que la industria produzca máquinas herramienta y robots confiables, que están realizando procesos de manufactura más productivos y confiables, mejorando por lo tanto la posición competitiva de quienes los usan en el mercado mundial.

Durante los últimos 25 años, la industria poco a poco ha introducido los robots en varios aspectos de la manufactura. Ante la necesidad de ser competitivos en los mercados mundiales, se están desarrollando nuevos sistemas de control, computadoras más confiables y económicas, y más y mejores robots en el mundo industrial. Los robots industriales de la actualidad son robustos, incansables y muy precisos. Están contribuyendo a hacer que el trabajo monótono del ser humano sea cosa del pasado en cientos de fábricas de todo el mundo, y al mismo tiempo están mejorando la productividad y reduciendo los costos de manufactura. La palabra robot es una derivación de una palabra checoslovaca *robota,* que significa "trabajo". La palabra *robot,* ha sido utilizada durante muchos años en ciencia ficción para significar un "ser mecánico". Los robots industriales de hoy día todavía tienen que recorrer un largo trecho antes de que sean capaces de desempeñarse como el robot de la ciencia ficción, pero son capaces de llevar a cabo tareas que son monótonas, físicamente difíciles o que presentan riesgos de salud o de seguridad para trabajadores humanos.

EL ROBOT INDUSTRIAL

El robot industrial (Figura 79-1) es básicamente un dispositivo de un solo brazo que puede manipular piezas y herramientas, o llevar a cabo procesos como soldadura de arco o corte con chorro de agua a través de una secuencia de operaciones o movimientos según haya sido programado por la computadora. Estas operaciones o secuencias pueden o no ser repetitivas, porque el robot, a través de la computadora, tiene la capacidad de tomar decisiones lógicas. El robot puede ser aplicado a muchas operaciones diferentes en la industria y es capaz de ser retirado de una operación y con facilidad se le puede "enseñar" a ejecutar otra. Esta capacidad se basa en el concepto de *automatización flexible,* donde la máquina es capaz de ejecutar económicamente muchas operaciones distintas, con un mínimo de ingeniería especial o de corrección de errores. Esto difiere del sistema "duro" o dedicado, que está diseñado para ejecutar sólo una operación o tarea.

REQUERIMIENTOS DE LOS ROBOTS INDUSTRIALES

Para que alcance un robot industrial su mayor efectividad, debe llenar tres criterios: ser flexible para muchas aplicaciones, ser confiable y ser fácil de enseñar.

Flexibilidad en aplicaciones

El robot industrial ideal debe ser capaz de llevar a cabo muchas operaciones diferentes. Existen dos clases generales de aplicaciones donde los robots tienen un uso extenso: aplicaciones de manejo y de procesador.

FIGURA 79-1 Uso de los robots IRB 6000 y IRB 3000 para el manejo y eliminación de rebabas de las carcazas de la caja de transmisión y del convertidor de par. (Cortesía de ABB Robotics, Inc.)

Para el manejo de aplicaciones, los robots deben estar equipados con algún tipo de dispositivo, como por ejemplo unas tenazas provistas de dedos o copas de succión por vacío que se utilizan para tomar o mover el material. Pueden usarse para cargar o descargar máquinas herramienta, prensas de forja, máquinas de moldeo por inyección e incluso para sistemas de inspeccionar o medir. Estas aplicaciones también incluyen el manejo de materiales (moverlos de una estación a otra), la recuperación de piezas de áreas de almacenamiento o sistemas de banda transportadora, empaque, y paletizado (colocación de piezas sobre una paleta para su transporte a otras estaciones).

En las aplicaciones de procesamiento, los robots ejecutan operaciones como soldadura de puntos, soldadura de costura, pintura a pistola o rociada, metalización, limpieza, corte con chorro de agua, o cualquier otra operación donde el robot puede operar una herramienta para llevar a cabo un proceso de manufactura.

Confiabilidad

El robot industrial debe ser muy confiable puesto que debe trabajar en conjunción con maquinaria muy sensible, que se quedaría ociosa si fallara el robot. El robot no solamente debe ser confiable sino que también debe tener la capacidad de diagnosticar un problema con rapidez cuando esto ocurre, y de ser posible tomar acción correctiva.

Facilidad de enseñanza

Un robot industrial es capacitado por ejemplo por un operador, que debe programarlo o enseñarle a través de la secuencia de pasos o de operaciones necesarias para cada aplicación específica. Esta rutina programada de enseñanza, es necesaria para enseñarle al robot a tomar decisiones lógicas con base en la información generada mediante la comunicación de dos vías con su entorno de trabajo.

Los robots que son fáciles de enseñar requieren que el operador sepa cómo programarlos, pero este último no necesita saber cómo funciona su sistema de control. Simplemente el operador necesita saber dos cosas: lo que el robot tiene que hacer para llevar a cabo una operación y lo que tiene que hacer el trabajador para enseñarle al robot.

Diseño del robot industrial

Un sistema simple de robot incluye un brazo robótico que está equipado con unas tenazas (o alguna otra forma de accionador terminal) y el control del robot. Es dirigido de manera automática a través de una cierta secuencia de movimientos mediante las instrucciones del programa de la computadora. En ciertos puntos de la secuencia el sistema indica que ocurra cierta función, por ejemplo "cerrar las tenazas" o "iniciar el ciclo de la máquina herramienta".

El IRB 2000, fabricado por ABB Robotics, es un sistema de robot industrial movido por energía eléctrica, servo operado y controlado por computadora, diseñado para una flexibilidad máxima. El brazo tiene seis ejes de movimiento: barrido del

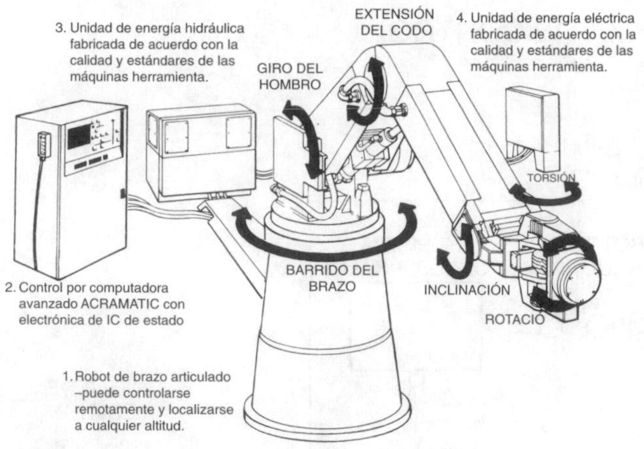

FIGURA 79-2 El brazo robótico tiene 6 ejes giratorios de movimiento. (Cortesía de Cincinnati Milacron, Inc.)

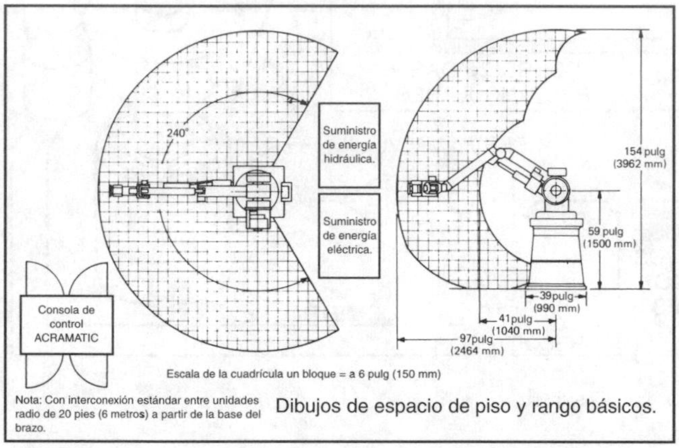

FIGURA 79-3 El brazo robótico está diseñado para operar en un rango muy amplio. (Cortesía de Cincinnati Milacron, Inc.)

brazo, articulación del hombro y extensión del codo, además de la inclinación, torsión y giro de la muñeca (Figura 79-2). Este brazo proporciona un sistema mecánico que contiene engranes y un número mínimo de partes giratorias. Con esto se consigue un sistema muy confiable, que crea muy pocos problemas de mantenimiento.

En razón al diseño de construcción, el brazo IRB 6000 puede alcanzar verticalmente hacia arriba de 105 a 116 pulg (2.6 a 2.9 m) y extenderse horizontalmente hacia fuera de 94 a 118 pulg (2.4 a 3 m) (Figura 79-3). También puede operar a través de una rotación de 360° de la base. Los brazos del robot tienen un rango en tamaño y capacidad de carga útil y pueden cargar de 11 a 330 libras (5 a 150 k). Esta capacidad de carga útil se mide a 10 pulg (250 mm) de la placa frontal, y la capacidad de repetición varía de ± .004 a ± .020 pulg (± 0.1 a 0.5 mm).

El sistema de control

El propósito de un sistema de robot industrial es dirigir el robot a través de sus movimientos y secuencias de operaciones y proporcionar los medios para que el operador enseñe

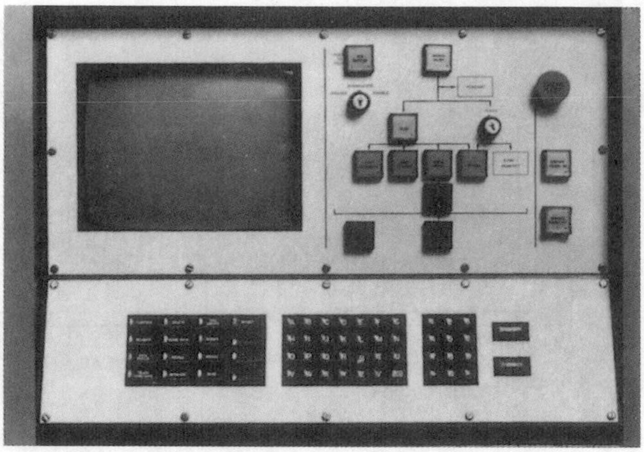

FIGURA 79-4 La unidad de control del robot consiste de una computadora, de una pantalla de vídeo y de un panel de control. (Cortesía de Cincinnati Milacron, Inc.)

al robot los movimientos y las secuencias requeridas para llevar a cabo varias operaciones.

La unidad de control utilizada para los robots, se basa en una minicomputadora, ya que es muy flexible y permite que el operador le enseñe al robot. La unidad de control del robot (Figura 79-4) está formada por una minicomputadora, un CRT y un teclado, un panel de control, electrónica de servocontrol de los ejes, un panel de pruebas de servo, un control de enseñanza colgante y terminales para la comunicación con otro equipo (Figura 79-5).

A fin de operar con eficacia, el sistema de control del robot, debe tener las características siguientes:

1. Cuando está operando un robot, debe moverse de una posición a la siguiente en una línea recta, moviéndose proporcionalmente todos los seis ejes de forma que todos se inicien y terminen al mismo tiempo.
2. La unidad de control debe ser capaz de comunicarse con el brazo robótico. Debe dirigir el brazo robótico para que inicie y termine ciclos, tome decisiones lógicas en su siguiente movimiento y que verifique que se ha terminado una operación.
3. El robot debe ser capaz de diagnosticar problemas conforme se presentan a fin de reducir tiempos muertos y minimizar pérdidas de producción.
4. Durante el modo de aprendizaje, el operador debe ser capaz de guiar el punto central de la herramienta (TCP) a lo largo de un sistema de coordenadas rectilíneas (*XYZ*) o incluso de un sistema cilíndrico (Figura 79-6).
5. El operador o programador deben ser capaces de editar un programa previamente enseñado simplemente agregando o suprimiendo puntos, si así es necesario. (Por lo tanto, deben existir canales de comunicación entre el operador y el control).

Modos robóticos de operación

El robot ABB tiene tres modos de operación: manual, enseñanza y automático. El modo deseado se selecciona en la consola de control.

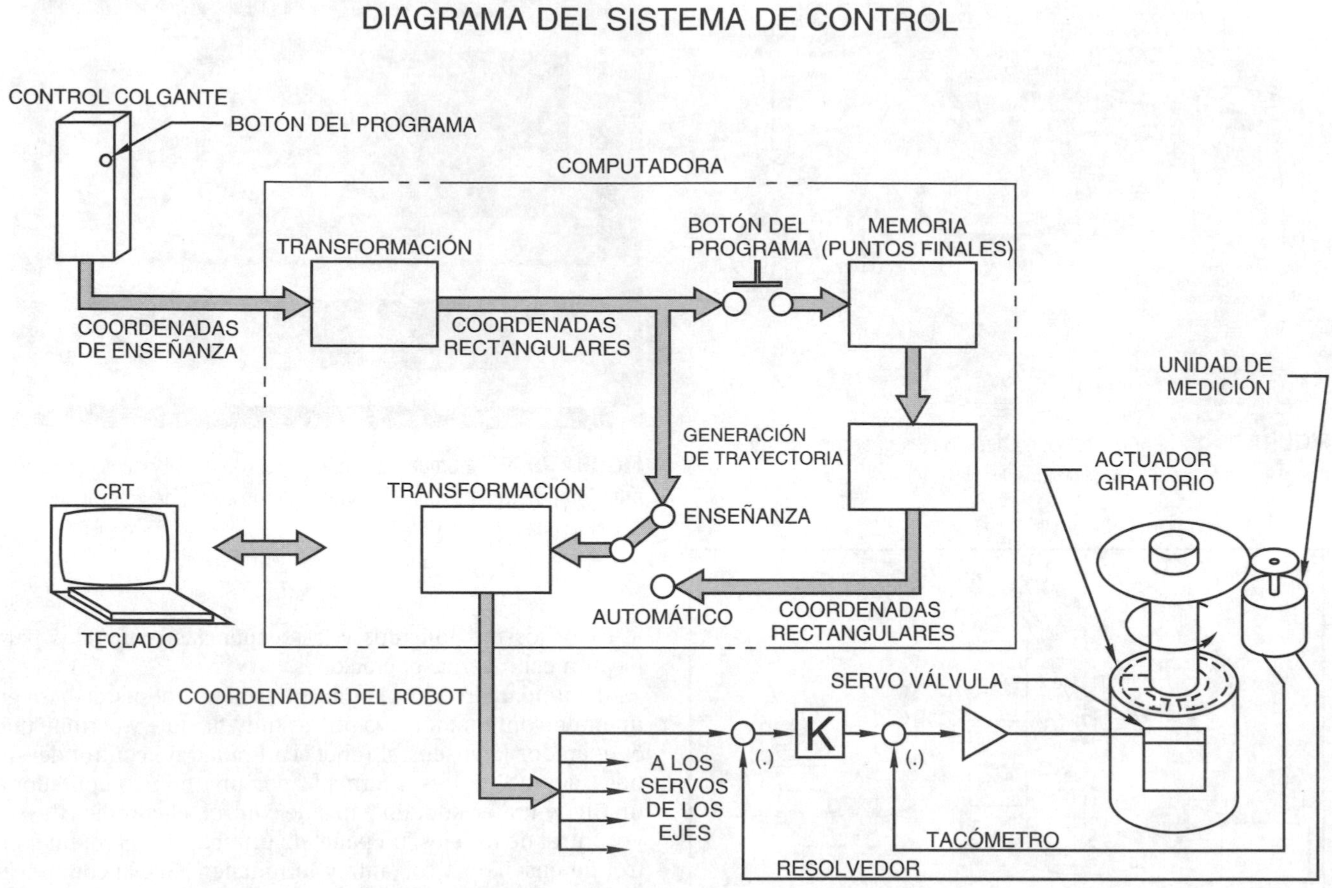

FIGURA 79-5 Papel de la computadora en el sistema de control. (Cortesía de Cincinnati Milacron, Inc.)

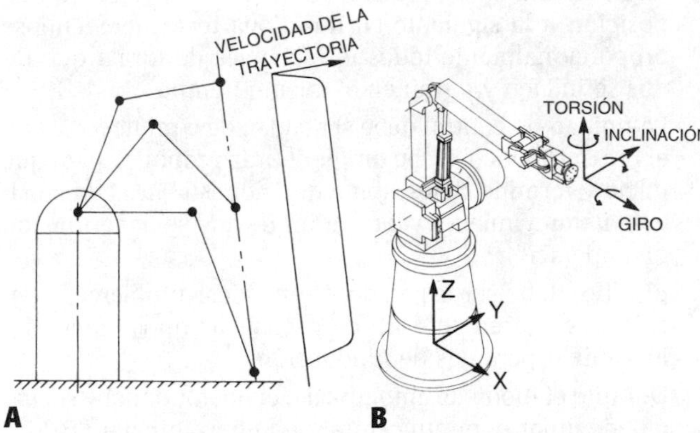

FIGURA 79-6 Los conceptos operativos clave de un robot: (A) Trayectoria controlada –línea recta; (B) Coordenadas rectangulares y angulares. (Cortesía de Cincinnati Milacron, Inc.)

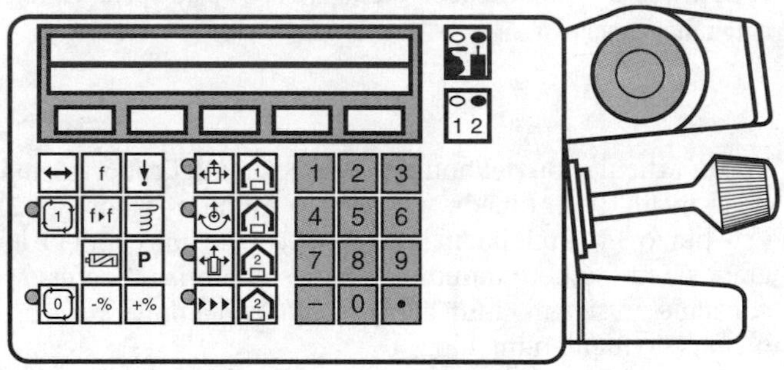

FIGURA 79-7 La unidad de programación permite que se le enseñe fácilmente al robot. (Cortesía de ABB Robotics, Inc.)

1. En el ***modo manual*** (articulaciones), el operador puede mover cada uno de los ejes del brazo de manera independiente de los demás utilizando el control colgante de enseñanza (Figura 79-7). Antes de que el operador pueda programar al robot mediante el modo de enseñanza o entrar en el modo automático, el brazo debe alinearse al inicio. Una pantalla en la consola de control así como flechas en el brazo robótico pueden ser utilizadas para esta alineación.

2. En el ***modo de enseñanza,*** el operador puede enseñarle al brazo robótico para que efectúe una cierta tarea u operación. Se le puede ordenar a los ejes del brazo robótico para que se muevan de una manera coordinada. El movimiento coordinado puede producir una trayectoria "de línea recta" o movimiento de articulación donde los ejes se coordinan en el "tiempo" sin tomar en consideración el TCP. Las opciones del sistema de coordenadas disponibles son cilíndricas, rectangulares y manuales (Figura 79-8) y la forma en que ocurre la coordinación es una función del sistema de coordenadas de enseñanza elegida.

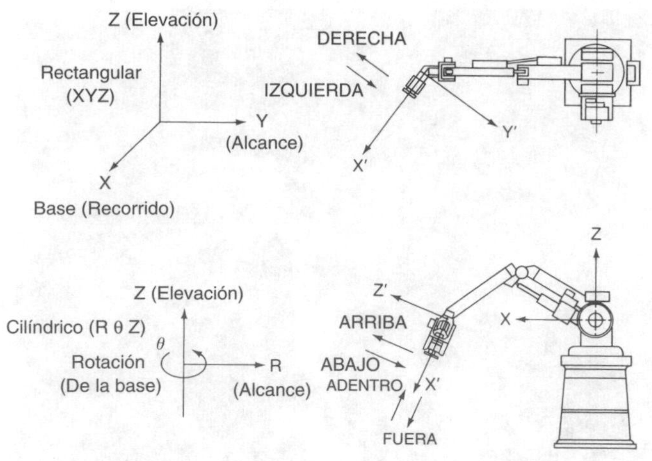

FIGURA 79-8 Los sistemas de coordenadas de enseñanza. (Cortesía de Cincinnati Milacron, Inc.)

El movimiento dentro de un sistema dado de coordenadas está controlado por la barra de control de tres ejes existente en el colgante. Para el sistema rectangular, la barra de control hará que el TCP se mueva hacia la izquierda o hacia la derecha; otros dos botones hacen que el TCP se mueva hacia la izquierda o hacia la derecha y hacia arriba y hacia abajo. Los botones del colgante de enseñanza facilitan la operación de "enseñar al robot" a que ejecute tareas específicas utilizando el sistema de coordenadas del robot o de la pieza.

3. En el ***modo automático,*** el robot ejecuta su ciclo aprendido de manera continua hasta que se activan las señales de "paro de fin de ciclo" o de "interrupción" en la consola de la computadora. El botón de interrupción o de pausa hace que el brazo robótico se detenga de inmediato. Siempre que algo haya fallado en el sistema o que el operador enseñe una instrucción no aceptable, aparecerá una señal de error en la pantalla de la consola de control.

APLICACIONES INDUSTRIALES PARA LOS ROBOTS

Como se mencionó con anterioridad, el robot industrial está encontrando muchas aplicaciones donde las tareas son monótonas, físicamente difíciles o ecológicamente desagradables para el ser humano. En razón de la flexibilidad del brazo robótico y de la facilidad de enseñanza para la ejecución de nuevas tareas, el robot está continuamente encontrando nuevas aplicaciones industriales. Las aplicaciones robóticas más comunes son:

1. *Carga y descarga de máquinas herramienta*—Los robots están encontrando una amplia utilización en la carga y descarga de máquinas herramienta, prensas de forja y máquinas de moldeo por inyección (Figura 79-9). No es raro encontrar un robot cargando y descargando dos o más máquinas simultáneamente.

2. *Soldadura*—Los robots industriales controlados por computadora pueden hacer soldadura de puntos de carrocerías de automóvil conforme éstos últimos se están moviendo en una banda transportadora. Capacidades únicas de rastreo le permiten al robot ubicar las soldaduras sin detener la línea. La soldadura de costura es otra aplicación donde los robots están encontrando una

FIGURA 79-9 Robot utilizado para cargar y descargar máquinas herramienta. (Cortesía de Cincinnati Milacron, Inc.)

FIGURA 79-10 Un robot IRB 2000 de montaje invertido lleva a cabo una aplicación de soldadura de arco. (Cortesía de ABB Robotics, Inc.)

amplia utilización (Figura 79-10). El LaserTrack de ABB Robotics, un dispositivo de rastreo de costuras vigila la trayectoria de soldadura "a través del arco" y ajusta la posición del robot para compensar en función de variaciones del punto de inicio o trayectoria de la costura, a fin de producir consistentemente soldaduras precisas.

3. *Mover piezas pesadas*—Se utilizan los robots para mover piezas pesadas de una estación de entrada, a través de varias estaciones de maquinado y de medición, hacia una banda transportadora de salida. También pueden traer materiales de áreas de almacenamiento, empacar y paletizar, inspeccionar, clasificar y ensamblar (Figura 79-11).
4. *Pintura*—La pintura de las carrocerías de automóvil es un ejemplo de una tarea que resultaría ecológicamente desagradable para un ser humano. Al robot se le puede "enseñar" (programar) para que siga el contorno de una pieza de la carrocería de un automóvil y aplique una capa uniforme de manera consistente de pintura a dicha superficie.
5. *Ensamble*—Los trabajos de ensamble como es el amarre de un arnés de alambrado alrededor de una serie de clavijas es un ejemplo de una tarea que es muy monótona para el ser humano. El brazo robótico está armado con un carrete de alambre y un mecanismo de alimentación y después se le enseña a avanzar alrededor de las clavijas y ranuras estrechamente espaciadas para producir un arnés.
6. *Operaciones de maquinado*—Algunas operaciones de maquinado repetitivas son ideales para el robot industrial controlado por computadora. Los ejemplos de operaciones de maquinado incluyen el desbarbado, el corte con chorro de agua, y el perfilado de piezas de plástico y de metal (Figura 79-12).

FIGURA 79-11 Una línea de ensamble de cabezas de cilíndro está equipada con seis robots para el manejo de materiales, para operaciones de "orientación" y aplicaciones de inspección. (Cortesía de ABB Robotics, Inc.)

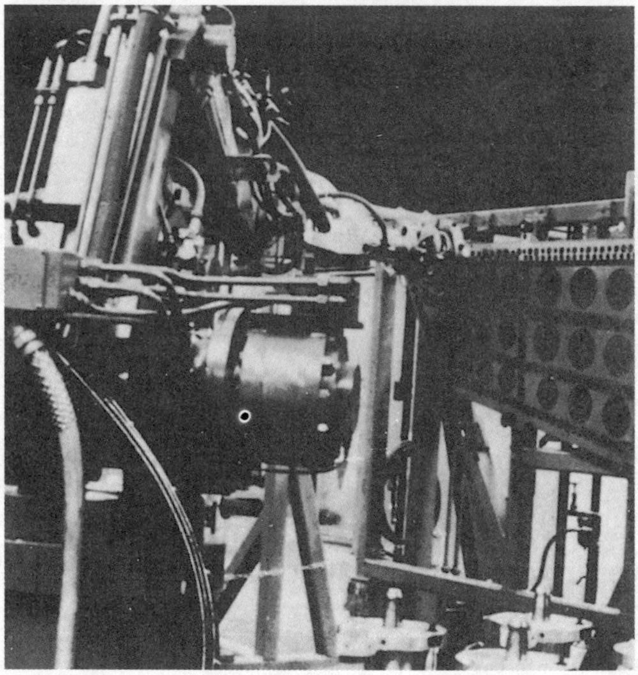

FIGURA 79-12 Robot ejecutando una operación de barrenado en piezas de aeroplano. (Cortesía de ABB Robotics, Inc.)

BENEFICIOS DE LOS ROBOTS INDUSTRIALES CONTROLADOS POR COMPUTADORA

El robot industrial controlado por computadora ofrece muchas ventajas y características que lo convierten en una herramienta de manufactura industrial muy importante:

1. El *algoritmo de trayectoria controlada,* hecho una realidad por la computadora, controla la posición, orientación, velocidad y aceleración de la trayectoria del TCP en todo momento.
2. Al robot se le puede enseñar con facilidad porque puede ser movido en distintos sistemas de coordenadas utilizando el colgante de enseñanza. La pantalla en la consola proporciona comunicación entre el maestro y el control.
3. La computadora puede almacenar software de sistema y se le pueden enseñar datos en su memoria. Esto permite una fácil edición del programa enseñado en cualquier momento, especialmente cuando se presentan cambios en la aplicación.
4. Es posible expandir con facilidad la memoria de la computadora para permitir la inclusión de más puntos enseñados o funciones adicionales.
5. El robot puede ser puesto en interfaz con otro equipo y puede recibir e interpretar señales de varios dispositivos sensores. También puede proporcionar datos valiosos a una computadora de un nivel superior sobre las condiciones, cantidades y problemas de la manufactura.
6. El sistema puede fácilmente modificarse para adecuarse a los cambios de la producción. La computadora del robot se puede enlazar con una computadora supervisora, que puede descargar nuevos programas al robot conforme cambian las necesidades de la producción y de la manufactura.

7. La computadora monitorea al robot y al equipo que sirve y en la pantalla de la consola aparecen mensajes de diagnóstico para indicar varias situaciones de error. De ser necesario la computadora puede indicarle al robot que detenga la operación.

SEGURIDAD DE LOS ROBOTS

Los robots como cualquier otra pieza de maquinaria deben ser tratados con respeto a fin de evitar accidentes. Aunque los robots están haciendose cargo de las tareas riesgosas, sigue siendo buena práctica instalar y usar sistemas perimetrales de guardas y de seguridad.

1. El área de trabajo del robot debe quedar encerrada por algún tipo de barrera, a fin de impedir que entren las personas mientras el robot está trabajando. Las puertas de entrada si es que existe alguna, deben tener controles que detengan de manera automática al robot si alguien entra.
2. Botones de paro de emergencia que detienen toda acción del robot y desconectan la energía deben de estar fácilmente accesibles fuera del rango de trabajo de dicho robot.
3. Los robots deben ser programados, servidos y operados sólo por trabajadores adiestrados que comprenden totalmente y pueden prever la acción del mismo.
4. Debe tenerse cuidado durante el ciclo de programación si es que es necesaria la presencia de personal dentro del área de trabajo del robot.
5. El trabajo ejecutado por un robot no debe presentar un riesgo a la salud o a la seguridad de los seres humanos de áreas vecinas.
6. Los cables hidráulicos y eléctricos deben localizarse de forma que no puedan ser dañados por la operación del robot o por algún equipo relacionado.

El robot industrial controlado por computadora de seis ejes, ha encontrado una variedad de usos en la industria. Conforme se desarrollan robots más complicados, es razonablemente posible que estos robots desempeñen un papel cada vez más importante en la manufactura. Han ocurrido desarrollos en sistemas auditivos, sistemas de visión y sensores que permiten que un robot vea, oiga y sienta.

PREGUNTAS DE REPASO

1. ¿Por qué fueron desarrollados los robots?
2. Defina un *robot industrial.*
3. Dé tres criterios de un robot industrial.
4. Diga cuáles son los seis ejes de rotación de movimiento de un brazo robótico.
5. Liste los componentes de una unidad de control de robot.
6. ¿Cuáles son los tres modos que se pueden emplear para operar robots?
7. Liste seis aplicaciones de los robots industriales.
8. Nombre tres precauciones de seguridad importantes que deben ser observadas con los robots.

UNIDAD

80

Sistemas de manufactura

OBJETIVOS

Al terminar el estudio de esta unidad, podrá:

1 Decir cuál es la finalidad y la función de un sistema de manufactura flexible

2 Decir cuál es la finalidad y la función de un sistema de manufactura dedicado

Un sistema de manufactura puede ser definido como un conjunto de dos o más unidades de manufactura, interconectadas con maquinaria de manejo de materiales, bajo la supervisión de una o más computadoras supervisoras (ejecutivas) dedicadas.

Existen dos tipos de sistemas de manufactura: el sistema aleatorio (o flexible) y el sistema dedicado.

El *sistema aleatorio* consiste de máquinas herramienta estándar de control numérico por computadora (CNC) enlazadas entre sí mediante dispositivos apropiados de manejo y un control total del sistema. Este sistema está diseñado para el maquinado a bajo volumen en orden aleatorio de piezas de cualquier tamaño o forma. Este tipo de sistema es bastante flexible y permitirá cambios en la producción de las mismas simplemente mediante la reprogramación.

El *sistema dedicado* consiste de máquinas especializadas y/o algunas máquinas estándar CNC vinculadas entre sí mediante dispositivos de manejo menos flexibles y un control completo del sistema que puede ser una computadora o un controlador programable. En vista de que las máquinas especializadas son sólo capaces de ejecutar una cierta operación y no pueden ser modificadas y/o debido a que los dispositivos de manejo requieren que las operaciones se ejecuten en una secuencia fija, se dice que la máquina (y el sistema) son dedicados. Dado que algunas de las máquinas están especializadas y no prevén frecuentes cambios de herramental, y dado que el sistema de manejo carece de adaptabilidad, el sistema dedicado requiere de corridas de producción de volúmenes medios.

SISTEMAS DE MANUFACTURA FLEXIBLE

El sistema de manufactura totalmente flexible (FMS) es en efecto un *sistema aleatorio* porque está formado por módulos de máquinas CNC estándar enlazadas entre sí mediante un dispositivo flexible de manejo de piezas y un control por computadora del sistema total.

El sistema de manufactura flexible que aparece en la Figura 80-1 consiste de dos centros de torneado servido por un robot de localización central y una banda transportadora adecuada. Dos o más máquinas CNC similares agrupadas para manejar piezas de tamaño y forma similar y controladas por una computadora central, usualmente se conocen como una *celda.* Cuando se utiliza un robot, su computadora sirve como supervisor del sistema y está vinculada a cada una de las unidades de control por computadora de las máquinas.

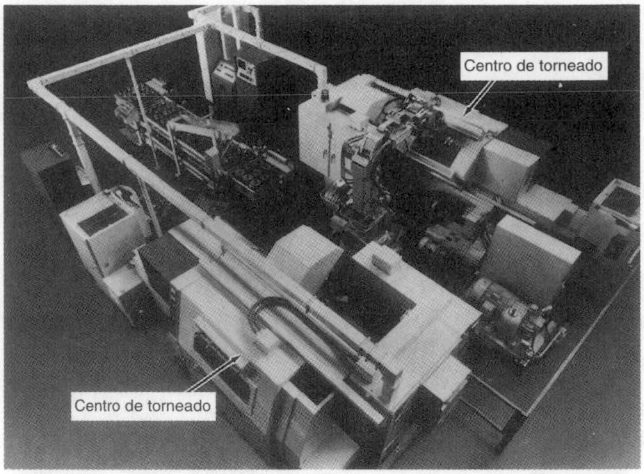

FIGURA 80-1 Un sistema de manufactura flexible con dos centros de torneado, un robot y un sistema de banda transportadora. (Cortesía de Cincinnati Milacron, Inc.)

Operación

La pieza en bruto es retirada de la banda transportadora por el robot programado y montada en el torno. El correcto posicionamiento es asegurado por la *sonda,* que verifica las superficies y que posteriormente medirá los diámetros exteriores e interiores en proceso y dará instrucciones a la computadora para efectuar los ajustes apropiados a la herramienta.

Conforme avanza el proceso de maquinado, las herramientas de corte se van desafilando. Un *monitor del tiempo del ciclo de la herramienta* incorporado en la computadora lleva control del uso de la herramienta y pedirá una herramienta de respaldo cuando se termine la vida esperada de la misma. Una vez terminado el ciclo de maquinado en particular, la herramienta de corte desafilada es automáticamente reemplazada por una con filo de la matriz de la cadena de herramienta. La herramienta vieja es automáticamente reemplazada en el estante de herramientas.

A fin de asegurar un maquinado continuo con los menos problemas posibles, un *monitor de maquinado* mide de manera constante el par de torsión del husillo de la máquina. Esta característica detectará herramientas desafiladas o rotas y otros funcionamientos defectuosos del torno. En caso de que ocurra un problema, el monitor retraerá la herramienta y detendrá la máquina.

Una vez terminada la pieza, el robot la retirará del torno y la colocará en el dispositivo de almacenamiento o en una banda transportadora de salida. Como paso intermedio, después de haber maquinado la pieza, pudiera ser presentada al robot para que éste la verifique utilizando un *control de medición postproceso.* Aquí el tamaño final de la pieza es verificado por láser en su exactitud de tamaño. En caso de que se detectara alguna dimensión fuera de tolerancia, el control de medición enviará señales de retroalimentación a través de la computadora a la máquina misma que automáticamente ajustará la herramienta a la posición correcta.

Los sistemas de manufactura flexible (Figura 80-2) pueden contener una diversidad de máquinas herramienta controladas por computadora, sistemas de manejo y recuperación de materiales y otro equipo necesario a fin de producir económicamente piezas. Los principales beneficios de un sistema FMS son:

1. Hasta un 75% de reducción de inventario de *producto en proceso* (WIP).

FIGURA 80-2 Un sistema de manufactura flexible puede consistir de muchas celdas de manufactura enlazadas entre sí. (Cortesía de Cincinnati Milacron, Inc.)

2. Hasta un 90% de mejor utilización de máquinas.
3. Incrementos en la productividad de hasta un 150%.
4. Costos reducidos de manufactura.
5. Mayor precisión y calidad de las piezas.

Celdas de manufactura

La celda de manufactura (Figura 80-3 de la Pag. 656) está formada de un número de máquinas de control numérico por computadora, por lo general de dos a cinco, agrupadas para manufacturar una familia de piezas. El tipo de máquinas que se encuentra en una celda de manufactura puede variar dependiendo del tipo de operación de maquinado que se requiera sobre la pieza.

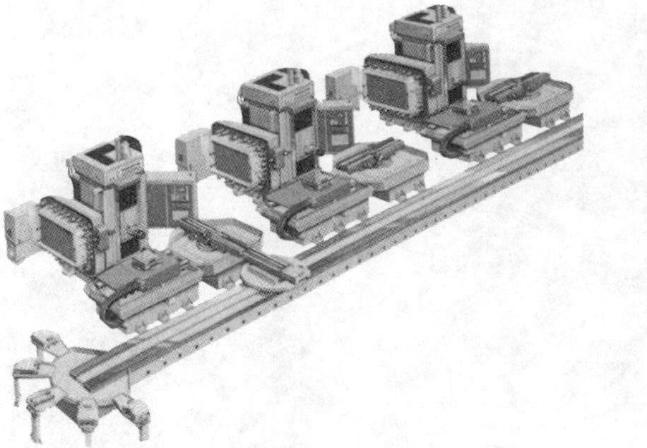

A

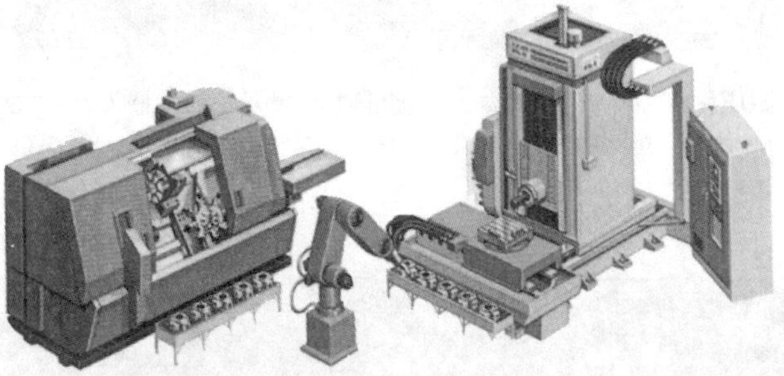

B

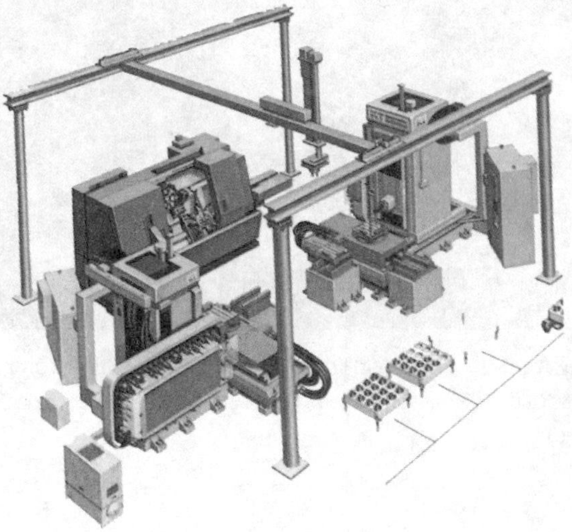

C

FIGURA 80-3 (A) La celda paletizada es por lo general utilizada para la producción de piezas de alta diversificación y bajo volumen; (B) La celda robot o automatizada es un proceso automatizado de producción de alto volumen; (C) La celda FMS puede contener diferentes tipos de celdas enlazadas por dispositivos de manejo de materiales. (Cortesía de Giddings & Lewis)

Existen tres tipos de celdas de manufactura:

1. La *celda paletizada* (Figura 80-3A) contiene un sistema de manejo de materiales para mover las paletas que contienen las piezas de una a otra máquina. Este tipo de celda generalmente se utiliza para una producción de alta diversificación y bajo volumen.
2. La *celda robot* o *automatizada* (Figura 80-3B) enlaza la máquina con robótica o con un sistema especializado de manejo de materiales. Esta celda se utiliza para producción de altos volúmenes de piezas pequeñas bien definidas de diseño similar.
3. La *celda FMS* 1. (Figura 80-3C) es un grupo diferente de máquinas dentro de un sistema FMS. Esta celda tiene un flujo automático de materia prima hacia la celda, el maquinado completo de la pieza en la celda, y el retiro de la pieza terminada. Dentro de un sistema FMS pueden existir muchas celdas enlazadas entre sí mediante dispositivos de manejo de materiales.

Las piezas generalmente están sujetas en algún tipo de aditamento, como el aditamento de lápida que se muestra en la Figura 80-4A.

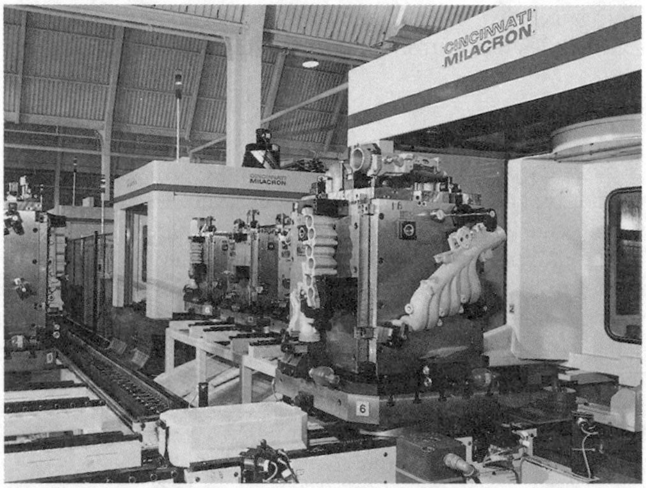

A

B

FIGURA 80-4 Piezas maquinadas en una celda de manufactura montadas en algún tipo de aditamento de sujeción; (B) El controlador de la celda dirige todas las funciones de una celda de manufactura. (Cortesía de Cincinnati Milacron, Inc.)

El aditamento se monta en una paleta que pueda girarse de tal manera que se puedan maquinar todos los costados de la pieza. La paleta que contiene la pieza es encaminada de máquina a máquina por el controlador de la celda (Figura 80-4B) hasta que la misma haya quedado totalmente maquinada.

SISTEMAS DE MANUFACTURA DEDICADOS

Un sistema dedicado con frecuencia incluye máquinas diseñadas para ejecutar sólo operaciones especializadas en una pieza, máquinas herramienta estándar CNC adicionales todas ellas enlazadas con equipo apropiado de manejo de piezas. El sistema total está controlado por una computadora. Los sistemas dedicados están diseñados para producción de "volúmenes medios" de una pieza o de una familia limitada de piezas (restringida en lo que se refiere a forma y tamaño).

El sistema que se ilustra en la Figura 80-5A está compuesto de tres máquinas (estaciones), que sólo son capaces de ejecutar operaciones especializadas (dedicadas). Las piezas pesando cada una 2000 libras, están montadas en paletas y son movidas automáticamente de una estación a la siguiente para las diversas operaciones requeridas.

Otro tipo de sistema dedicado aparece en la Figura 80-5B. Aquí, centros de maquinado estándar se han combinado con máquinas especiales (dedicadas) para el lavado y la inspección de las piezas. Las piezas son trasladadas de estación a estación en tarimas. Este sistema está totalmente automatizado y produce e inspecciona varias piezas similares o no similares. Conforme cada pieza es movida a su posición para el maquinado, la sonda y la computadora seleccionarán el programa de maquinado adecuado para la pieza. Las estaciones de lavado y de medición de este sistema son dedicados.

Las máquinas que están agrupadas para formar sistemas dedicados tendrán características y controles similares a los que se esbozaron en los sistemas flexibles. Sin embargo, el trabajo se mueve de una estación a otra en una secuencia fija. Las paletas tienen tendencia a ser menos universales que los dispositivos de manejo de materiales en los sistemas flexibles o de pedido aleatorio, y el software del sistema es menos complejo.

MANUFACTURA DE ALTA VELOCIDAD

La manufactura de alta velocidad fue desarrollada para ayudar a los fabricantes a responder a las demandas rápidamente variables de los mercados con cambios de los diseños de los productos o con productos totalmente nuevos en la mitad del tiempo que antes se necesitaba. Los fabricantes de máquinas herramienta fueron los primeros en utilizar impulsión de ejes motores lineales, cojinetes de husillo fluidos, retroalimentación láser, adaptabilidad de herramientas de alta precisión, materiales estructurales avanzados, dinámica de la maquinaria y otras tecnologías. Por primera vez la productividad, calidad y confiabilidad de las máquinas dedicadas especiales resulta disponible con la flexibilidad de los centros de maquinado.

En el corazón de la manufactura de alta velocidad es el nuevo sistema de impulsión axial de los motores lineales de alta potencia que eliminan la necesidad de tornillos de bolas y de otras piezas mecánicas para mover los ejes de

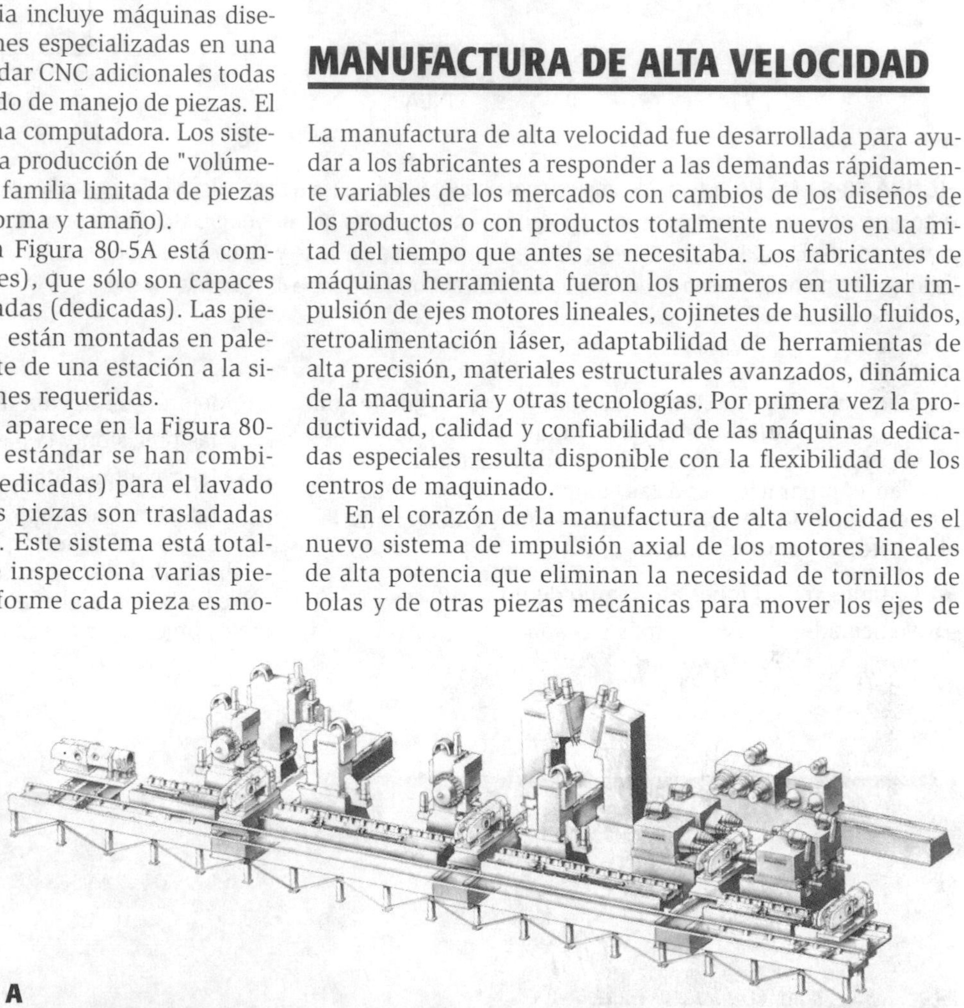

A

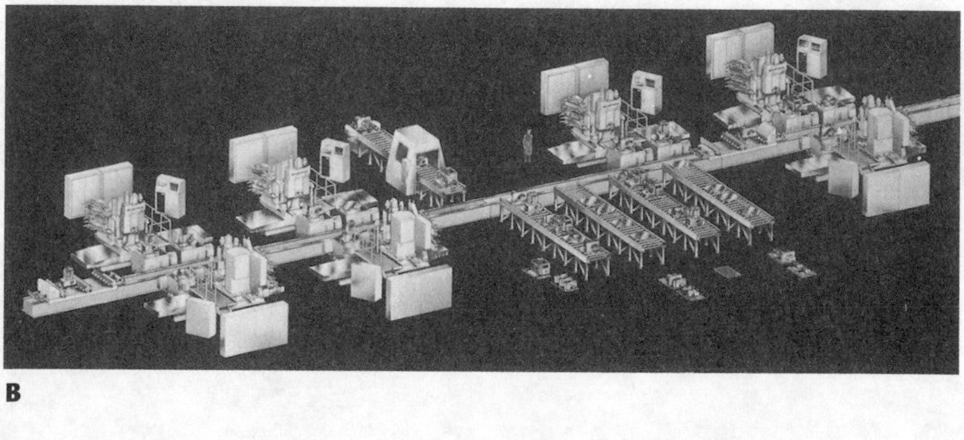

B

FIGURA 80-5 (A) Los sistemas de manufactura dedicada ejecutan sólo operaciones especializadas; (B) Un sistema de manufactura dedicado que combina máquinas flexibles y estándares. (Cortesía de Cincinnati Milacron, Inc.)

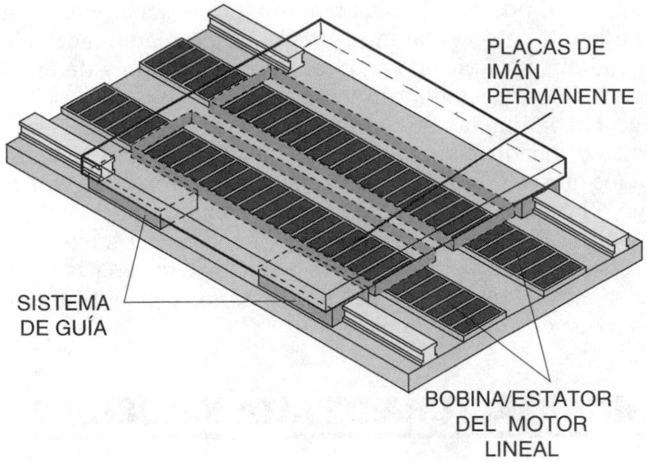

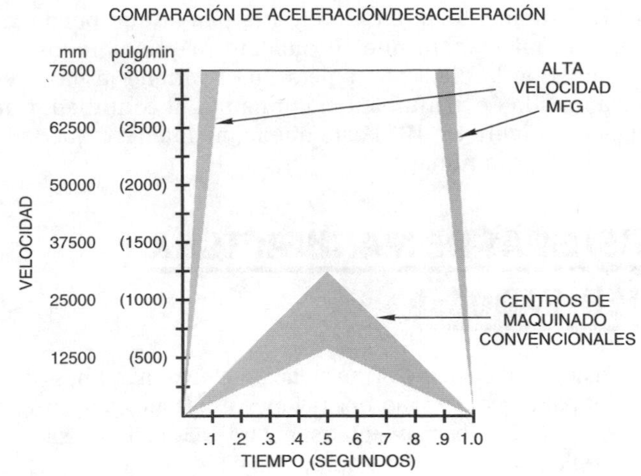

FIGURA 80-6 (A) Un sistema de impulsión de motor lineal de eje directo elimina el juego axial y la holgura en los movimientos de los ejes dando como resultado una mayor precisión en el posicionamiento; (B) El módulo de alta velocidad reduce el tiempo de corte y de no corte a una fracción de lo que es normal en centros de maquinado convencionales (Cortesía de Ingersoll Milling Machine, Co.)

las máquinas (Figura 80-6A). La sola fuerza magnética impulsa directamente los ejes de la máquina, incrementando 10 veces más las velocidades de aceleración/desaceleración en comparación con las máquinas convencionales y las velocidades de tres a cuatro veces más altas (Figura 80-6B). Esto da como resultado:

- Grandes reducciones en tiempo de no corte.
- Velocidades de avance más elevadas.
- Mejorías en la vida de la herramienta.
- Más precisión y capacidad de repetición.
- Mejor confiabilidad.

El sistema de motor lineal de eje directo reduce la fricción en el tren impulsor, elimina el juego axial, la holgura y la elasticidad. Esto da como resultado movimientos de una extremadamente elevada precisión que contribuyen a una mejor precisión en el maquinado.

PREGUNTAS DE REPASO

1. Defina un *sistema de manufactura.*
2. ¿Cuál es la diferencia entre un sistema aleatorio y uno dedicado?

Sistemas de manufactura flexible

3. Describa la composición de un sistema de manufactura flexible.
4. Explique la función de los componentes siguientes:
   a. Robot
   b. Sonda
   c. Monitor del ciclo de la herramienta
   d. Monitor de maquinado

Sistemas de manufactura dedicados

5. ¿En qué difiere el sistema dedicado del sistema de manufactura flexible?
6. Explique lo que ocurre conforme una pieza es movida a su posición para maquinado.

UNIDAD

81

Fábricas del futuro

OBJETIVOS

Al terminar el estudio de esta unidad, podrá:

1. Tener un panorama general de la fábrica del mañana
2. Comprender el impacto de la computadora en nuestra sociedad en general y en la manufactura en particular

Uno de los grandes problemas de la manufactura es la de la "fabricación de lotes" donde se producen pequeñas cantidades de cientos de piezas diferentes. Por lo menos tres cuartas partes de toda la producción industrial cae dentro de esta categoría. Grandes cantidades de un producto pueden ser producidos con máxima eficiencia en una línea de transferencia (producción) o mediante una serie de máquinas dedicadas. Estos procesos, sin embargo no son adecuados para la manufactura de un pequeño lote de una pieza. Este problema junto con el bajo porcentaje de tiempo que se usan las máquinas (con frecuencia durante solamente un turno) y la falta de personal adiestrado para el segundo y tercer turno, ha llevado a los fabricantes a buscar métodos de producción más eficientes.

VISIÓN DEL FUTURO

En los últimos años la industria ha procurado superar problemas de producción. Las computadoras, clave de la nueva tecnología han sido aplicadas para la automatización del equipo para incrementar el uso de las máquinas, reducir la complejidad de la producción por lotes y mejorar la productividad.

A fin de lograr una eficiencia óptima en la manufactura, las máquinas herramienta deben ser usadas durante 8 760 horas por año. Los planeadores están ahora buscando maneras de alcanzar este objetivo y a continuación se dan algunos de los procedimientos para implementar lo anterior.

La fábrica del futuro será operada a plena producción, con muy pocas personas presentes para producir una gran diversidad de piezas diferentes en lotes pequeños (Figura 81-1). Muchos objetos que ahora se fabrican de metal probablemente se harán de materiales sintéticos y utilizando procesos diferentes.

Las máquinas serán agrupadas en pequeños conjuntos o *celdas* con *manejo automático* de todos los materiales de entrada y entre las diferentes celdas. Las máquinas estarán *controladas por computadora*, que mejorará de manera importante la precisión y la uniformidad de la producción. La memoria de la computadora permite la repetición de una serie de operaciones complicadas con el simple hecho de oprimir un botón. Estos programas se pueden al-

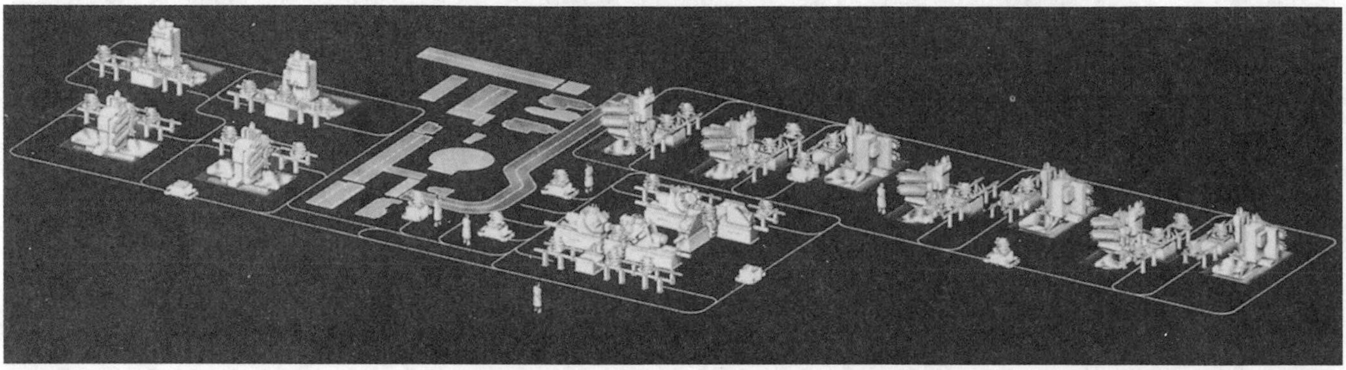

FIGURA 81-1 Una perspectiva del diseñador de la fábrica del futuro. (Cortesía de Cincinnati Milacron, Inc.)

macenar en la computadora para uso futuro. En todas las máquinas será común el *cambio automático de herramental* (Figura 81-2). Con estas mejoras será posible eliminar al operador y emplear la persona como monitor o supervisor para controlar toda la producción de la celda. Será necesario que el operador entre en la celda sólo en caso de una ruptura. Con la adición de dispositivos sensores, que darán señales de alarma de fallas inminentes de la máquina, la celda será capaz de ejecutar de manera continua operaciones sobre lotes sin intervención humana.

A fin de satisfacer las necesidades de producción, se establecerán varias celdas cada una conectada con las demás. Estas a su vez estarán conectadas con áreas de la Planta como es almacenamiento de materiales, transporte y comunicación de datos con las computadoras ejecutiva o principal o central. Estas varias celdas estarán controladas por una persona en la sala ejecutiva de computadoras.

SISTEMAS COMPLETOS DE MANUFACTURA

A fin de hacer completo el sistema, todas las funciones del proceso de manufactura, esto es, el *diseño* la *planeación*, el *control de inventarios*, la *programación* y el *control de piso del taller*, deben tener la capacidad de comunicarse entre sí de manera automática. De esta manera todos compartirán la base de datos común y toda la demás información actual. Cada uno de los sistemas de celdas puede llevar a cabo cualquier acción independiente que necesite, con base en esta información compartida. La computadora mainline o central informa al personal y llama la atención sobre problemas que pudieran requerir atención.

En la Figura 81-3 aparece un panorama general de la fábrica del futuro. Existen tres fases generales de la manufactura: el diseño, la planeación y la producción.

Diseño

El *proceso de diseño* quedará mejorado por el diseño asistido por computadora (CAD), cuyos objetivos principales son el dibujo y el diseño. El ingeniero de diseño puede efectuar o modificar planos utilizando el tubo de rayos catódicos (CRT) y el lápiz luminoso (Figura 81-4). Se pueden agregar gráficos a color para facilitar la comprensión de las formas tridimensionales y para reducir la posibilidad de errores de diseño. CAD puede efectuar un análisis relacionado con la función del producto final.

FIGURA 81-2 Visión del diseñador de la fábrica del futuro. (Cortesía de Cincinnati Milacron, Inc.)

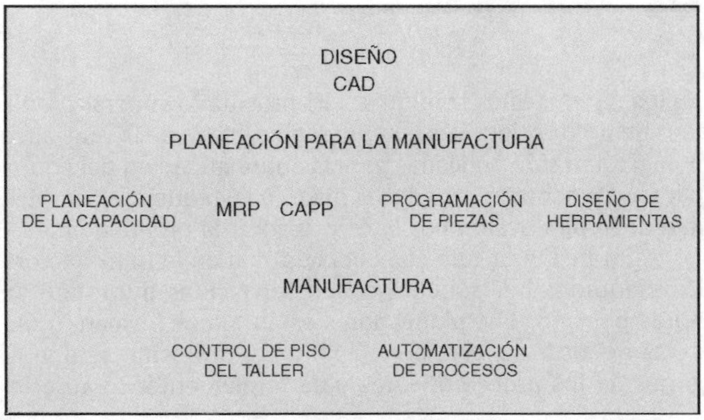

FIGURA 81-3 Diagrama descendente de la fábrica integrada por computadora. (Cortesía de Cincinnati Milacron, Inc.)

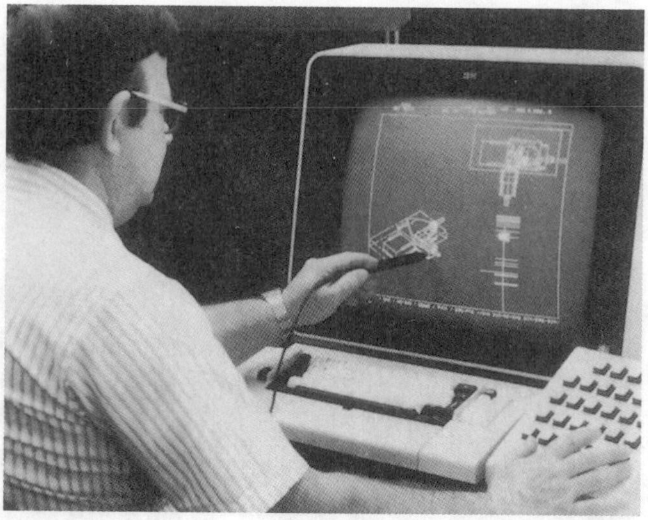

FIGURA 81-4 Uso de un lápiz luminoso para modificar el diseño de una pieza en un sistema CAD. (Cortesía de Cincinnati Milacron, Inc.)

Planeación

Todas las operaciones relacionadas con la planeación de la producción estarán computarizadas. La Capacidad de *Planeación de recursos* (CRP) determinará los requerimientos de equipo y de mano de obra. Mediante el uso de la animación, las piezas pueden ser movidas de una celda a otra (en el CRT) para detectar cualquier problema y definir la utilización de las máquinas.

Producción

Con la finalidad de incrementar aun más la productividad, se empleará la *tecnología de grupo,* en la cual las piezas se clasifican y codifican con base en similitudes en diseño y procesamiento. Se empleará la planeación de procesos asistidos por computadora. Aquí, con entradas de CAD y de la base de datos, junto con el uso de GT, la computadora será capaz de determinar la secuencia de las operaciones, así como los estándares de tiempo y las estimaciones de costos.

La *programación de piezas asistida por computadora* tomará los datos de otras fuentes y producirá instrucciones para la programación individual de las máquinas. Estos programas se almacenarán en una memoria general y quedarán disponibles siempre que se requiera por las computadoras del piso del taller. Durante el proceso de planeación final, se pueden simular movimientos de herramientas de corte mediante modelado sólido en la computadora. Los movimientos quedan registrados en la computadora, misma que calcula la descripción numérica de la trayectoria.

DISEÑO DE HERRAMIENTAS

Con el uso de CAD, que puede comparar el diseño propuesto con el diseño de la pieza para ver si es funcional, mejorará el diseño de herramental especial y de moldes. En el piso del taller, todas las operaciones, como la programación, administración y vigilancia de máquinas y de herramientas estarán totalmente controladas por computadora.

Para la operación de las máquinas sin la intervención de operadores, es esencial el uso de *dispositivos sensores* enlazados a la computadora. La *sonda* (Figura 81-5),se utilizará con mucha frecuencia para localizar, realinear e inspeccionar las piezas. No hay duda alguna que en el futuro cercano se desarrollarán sensores avanzados, que le darán a cada herramienta el sentido del tacto para la colocación de la pieza. El daño a la máquina y a las herramientas será controlado mediante dispositivos de *control de par de torsión* montados en cada motor impulsor. Estos dispositivos avisarán a la computadora cuando detecten un par de torsión de corte o un desgaste de la herramienta excesivos. En caso que se presenten otros problemas de la máquina, un *sistema de diagnóstico* en la computadora de la máquina le avisarán a las computadoras ejecutivas y centrales sobre el particular y éstas tomarán la acción apropiada.

Otra área controlada por la computadora será la de los sistemas de *manejo de materiales.* Los *robots programables,* controlados por computadora, jugarán un papel muy importante

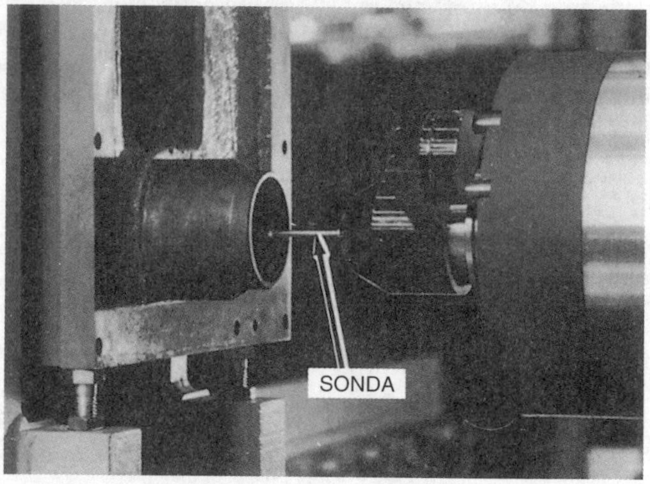

FIGURA 81-5 La sonda se utiliza con frecuencia para localizar, realinear e inspeccionar piezas. (Cortesía de Cincinnati Milacron, Inc.)

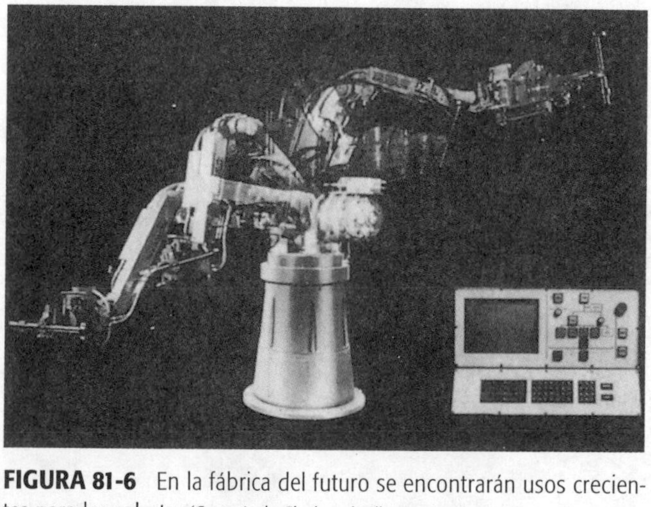

FIGURA 81-6 En la fábrica del futuro se encontrarán usos crecientes para los robots. (Cortesía de Cincinnati Milacron, Inc.)

en la fábrica del futuro. Se usarán robots para efectuar tareas peligrosas y tediosas que ahora son hechas por personas. También podrán ser utilizados para cargar y descargar máquinas y para llevar a cabo otras tareas que una automatización fija no puede realizar.

Los *dispositivos de manejo de materiales,* como por ejemplo los carritos guiados por cable (Figura 81-7), los carruseles y las bandas transportadoras, estarán computarizadas e integradas en todo el sistema para suministrar materiales y herramientas a las máquinas y para retirar los productos terminados.

La *inspección y el control de calidad* puede computarizarse. Se puede mantener una constante retroalimentación con el resto del sistema y con rapidez se detectará cualquier tendencia que se esté desarrollando en tamaño de las piezas o en otras características. Se efectuarán ajustes apropiados por computadora a la máquina que produjo la pieza.

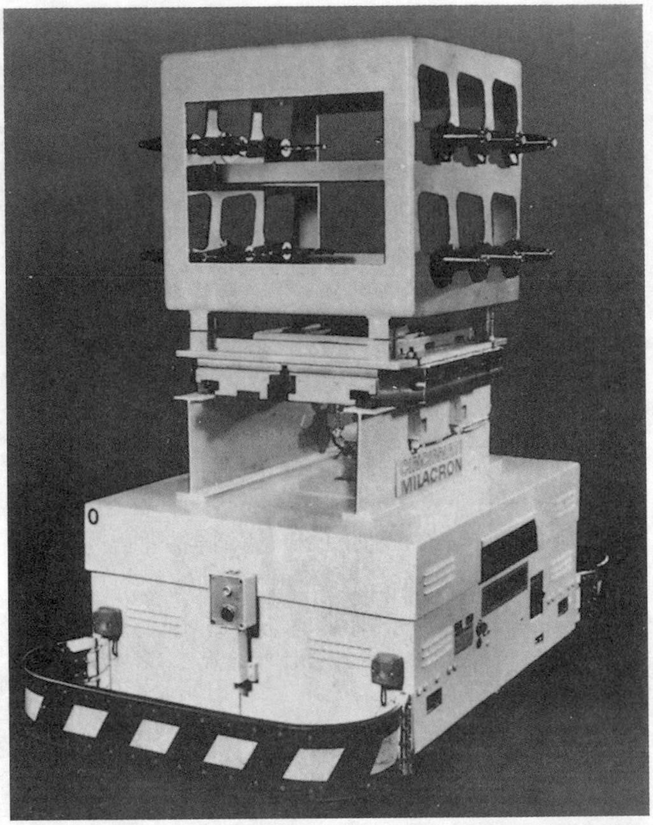

FIGURA 81-7 Carritos controlados por computadora, guiados por cable, transportarán herramientas y materiales en la fábrica del futuro. (Cortesía de Cincinnati Milacron, Inc.)

CONCLUSIÓN

Cada uno de estos elementos de automatización de fábricas está en uso en algunas fábricas actuales, pero no en una base total en ninguna de ellas. Cuando se obtenga una integración total, las fábricas podrán operar 8760 h por año virtualmente sin supervisión.

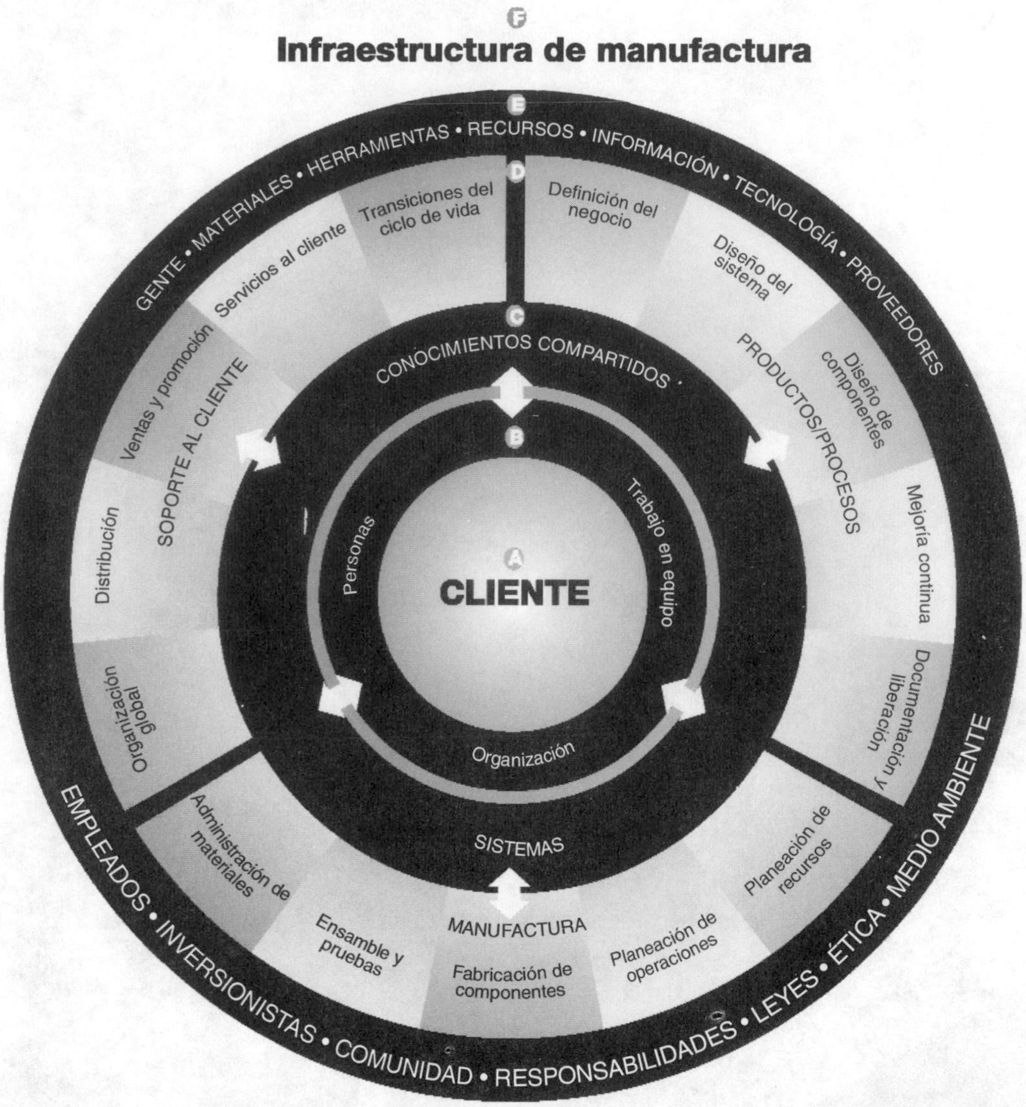

La nueva rueda de la empresa manufacturera, desarrollada por la Computer and Automated Systems Association de la Society of Manufacturing Engineers, describe seis elementos fundamentales para un diseño y manufactura de éxito en la era de la información: (A) el papel central del cliente y de sus necesidades en evolución; (B) el papel del trabajo en equipo dentro de las organizaciones; (C) el impacto revolucionario de compartir conocimientos y sistemas para dar apoyo a personas y procesos; (D) los procesos clave, desde la definición del producto a manufactura y servicio al cliente; (E) recursos del negocio (entradas) y responsabilidades (salidas); (F) la infraestructura de manufactura (Cortesía de The Society of Manufacturing Engineers.)

PREGUNTAS DE REPASO

1. ¿Por qué es de tanta importancia la computadora en la fábrica del futuro?
2. ¿Cómo será operada la fábrica del futuro?
3. Defina *celda.*
4. ¿Qué funciones deben poder comunicarse entre sí a fin de que un sistema de manufactura esté completo?
5. Diga cuál es la finalidad de:
   a. Planeación de recursos de capacidad
   b. Programación de piezas asistida por computadora
   c. La sonda
   d. El sistema de diagnóstico
   e. Los carritos guiados por cable

CINCINNATI

SECCIÓN

15

RECTIFICADO

Los primeros seres humanos utilizaban piedras abrasivas para afilar herramientas y producir una superficie lisa. Con el paso del tiempo, la manufactura de abrasivos y herramientas de rectificado se ha desarrollado gradualmente para producir abrasivos más resistentes y mejores. El uso de abrasivos en la industria moderna ha contribuido en gran parte a nuestros métodos de producción en masa. Gracias a los abrasivos y las máquinas rectificadoras modernas, es posible producir piezas y productos con tolerancias estrechas y con un alto pulimento superficial como lo requiere la industria y el ramo de las máquinas herramienta.

A fin de poder funcionar correctamente, un abrasivo debe reunir ciertas características:

1. Debe ser más duro que el material que se está rectificando.
2. Debe ser suficientemente resistente para resistir las presiones de rectificado.
3. Debe ser resistente al calor a fin de que no pierda su filo a las temperaturas de rectificado.
4. Debe ser friable (capaz de fracturarse) a fin de que cuando las aristas de corte se desafilen, se rompan presentando nuevas superficies filosas al material que se está rectificando.

UNIDAD

82

Tipos de abrasivos

OBJETIVOS

Al terminar el estudio de esta unidad, se podrá:

1 Describir la manufactura de abrasivos de óxido de aluminio y de carburo de silicio
2 Seleccionar la rueda de esmerilado adecuada para cada tipo de material de la pieza
3 Analizar las aplicaciones de las ruedas de esmeril y productos abrasivos

Los abrasivos se pueden dividir en dos clases: naturales y manufacturados.

Los *abrasivos naturales,* como la piedra arenisca, granate, pedernal, esmeril, cuarzo y corindón, se utilizaron extensamente antes de la primera parte del siglo XX. Sin embargo, han sido prácticamente reemplazados en su totalidad por abrasivos manufacturados, con sus ventajas inherentes. Uno de los mejores abrasivos naturales es el diamante pero, debido al elevado costo de los diamantes industriales (bortz), su uso en el pasado estaba limitado principalmente al esmerilado de carburos cementados y el vidrio y al corte del concreto, mármol, piedra caliza y granito. Sin embargo, en vista de la introducción de diamantes sintéticos o manufacturados, los diamantes industriales naturales serán más económicos en costo y serán utilizados en muchas más aplicaciones de esmerilado.

Los *abrasivos manufacturados* se usan de manera extensa en vista del tamaño, forma y pureza de su grano que pueden ser controlados estrechamente. Esta uniformidad de tamaño y forma del grano, que garantiza que cada grano hará su parte del trabajo, no es posible con abrasivos naturales. Existen varios abrasivos manufacturados: óxido de aluminio, silicio, carburo, carburo de boro, nitruro de boro cúbico y diamante manufacturado.

ÓXIDO DE ALUMINIO

El *óxido de aluminio* es probablemente el abrasivo de mayor importancia, ya que aproximadamente el 75% de las ruedas de esmeril manufacturadas están hechas de este material. Se usa generalmente en materiales de elevada resistencia a la tensión, incluyendo todos los metales ferrosos, a excepción del hierro fundido.

El óxido de aluminio se manufactura con varios grados de pureza para diferentes aplicaciones; la dureza y fragilidad se incrementan conforme aumenta la pureza. El óxido de aluminio normal (Al_2O_3) tiene una pureza de aproximadamente 94.5% y es un tenaz abrasivo, capaz de resistir abuso. Tiene un color grisáceo y es utilizado para el esmerilado de materiales resistentes y tenaces, como el acero, el hierro maleable y forjado y los bronces tenaces.

El óxido de aluminio con una pureza de aproximadamente 97.5% es más frágil y no es tan tenaz como el óxido de aluminio normal. Este abrasivo gris es utilizado en la manufactura de ruedas de esmeril para el rectificado sin centros, cilíndrico o interno del acero y del hierro fundido.

La forma más pura de óxido de aluminio para ruedas de esmeril es un material blanco que produce una filosa arista cortante al fracturarse. Se utiliza para rectificar los aceros más duros y estelite y para el rectificado de matrices y calibres.

Manufactura del óxido de aluminio

El mineral de bauxita, de donde se fabrica el óxido de aluminio, es extraído mediante el método de mina a cielo abierto en Arkansas y en Guayana, Suriname y en la Guayana Francesa. El mineral de bauxita es por lo general calcinado (reducido a polvo) en un gran horno, donde se elimina la mayor parte del agua. La bauxita calcinada es entonces cargada en un recipiente cilíndrico, de placa de acero sin recubrimiento interno de aproximadamente 5 pie (1.5 m) de diámetro por 5 pie (1.5 m) de profundidad (Figura 82-1). Este horno está abierto en su parte superior y tiene un recubrimiento de ladrillos de carbón en su parte inferior. Dos o tres electrodos de carbón o de grafito se proyectan sobre la parte superior abierta del horno. Durante la operación, la parte exterior del horno es refrigerada mediante un rociado circunferencial de agua. El horno es llenado hasta la mitad con una mezcla de bauxita, cerniduras de coque, y virutas de hierro en la proporción correcta. El coque es utilizado para reducir las impurezas en el mineral a sus metales, que se combinan con el hierro y se hunden al fondo del horno. Los electrodos son bajados entonces a la superficie superior de la carga, se coloca una carga de arranque de cerniduras de coque entre electrodos y se aplica la corriente. El coque se calienta rápidamente hasta la incandescencia y se inicia la fusión de la bauxita. Después que se ha fundido una pequeña cantidad de bauxita, se convierte en conductora y lleva corriente. Una vez iniciada la fusión de la bauxita, se agrega más bauxita y cerniduras de coque, continuando el proceso hasta que el recipiente está lleno. Durante toda la operación, la altura de los electrodos es ajustada de manera automática a fin de mantener una potencia constante de entrada. Cuando el horno se ha llenado, se corta la corriente eléctrica y se deja que el horno se enfríe durante aproximadamente 12 horas. El lingote fundido es retirado del recipiente y dejado enfriar durante alrededor de una semana. El lingote es fracturado y alimentado a las trituradoras; después el material es lavado, cernido y clasificado por tamaño. Ahora existe un óxido de aluminio más resistente a través de abrasivos sinterizados o de algún gel abrasivo plantado (SG).

FIGURA 82-1 El óxido de aluminio se produce en un horno de tipo de horno de arco. (Cortesía de The Carborundum Company.)

CARBURO DE SILICIO

El *carburo de silicio* es adecuado para esmerilar materiales que tienen una baja resistencia a la tensión (aluminio, latón y bronce) y alta densidad, como los carburos cementados, la piedra y la cerámica. También es utilizado para el hierro fundido y para la mayor parte de los materiales no ferrosos y no metálicos. Es más duro y más tenaz que el óxido de aluminio. El carburo de silicio puede variar en color desde verde hasta negro. El carburo de silicio verde se usa principalmente para el esmerilado de carburos cementados y otros materiales duros. El carburo de silicio negro se utiliza para esmerilar hierro fundido y metales blandos no ferrosos como el aluminio, el latón y el cobre. También resulta adecuado para esmerilar cerámicas.

Manufactura del carburo de silicio

Se calienta una mezcla de arena de sílice y un coque de alta pureza en un horno eléctrico de resistencias (Figura 82-2 de la pág. 668). Se le añade viruta de madera para producir porosidad en el producto terminado y permitir la salida de un gran volumen de gas que se forma durante la operación. Se agrega cloruro de sodio (sal) para ayudar a eliminar algunas de las impurezas.

El horno es un rectángulo forrado de ladrillos de aproximadamente 50 pie (15 m) de largo, 8 pie (2.5 m) de ancho y 8 pie (2.5 m) de altura. Está abierto en su parte superior. De cada extremo del horno sobresalen uno o más electrodos. La mezcla de arena, coque y viruta es cargada en el horno hasta la altura de los electrodos. Se coloca un núcleo granulado de coque alrededor de los electrodos a todo lo largo del horno. El núcleo se cubre con más mezcla

FIGURA 82-2 El carburo de silicio se produce en un horno de tipo de resistencia eléctrica. (Cortesía de The Carborundum Company.)

de arena, coque y viruta y se amontona hasta la parte superior del horno. Se aplica entonces la corriente al horno y se regula estrictamente el voltaje para mantener la potencia de entrada deseada. El tiempo que requiere esta operación es de aproximadamente 36 h.

Después que el horno se ha enfriado durante aproximadamente 12 h, se retiran los muros laterales de ladrillo y la mezcla no fundida cae al piso; el lingote de carburo de silicio puede entonces enfriarse más rápidamente. Después de enfriarse durante varios días, se fractura el lingote y se retira el carburo de silicio. Debe tenerse cuidado de retirar el carburo de silicio puro ya que la capa externa no se ha fundido apropiadamente y no es utilizable. El núcleo interno que rodea a los electrodos tampoco es usable ya que sólo estaba formada por coque grafitado.

El carburo de silicio resultante es entonces triturado, tratado con ácido y con álcalis para eliminar cualquier impureza remanente, tamizado y clasificado según tamaño.

ÓXIDO DE CIRCONIO-ALUMINIO

Una de las adiciones más recientes a la familia de abrasivos es el *óxido de circonio-aluminio.* Este material, que contiene aproximadamente un 40% de circonio, se fabrica fundiendo óxido de circonio y óxido de aluminio a temperaturas extremadamente elevadas [3450°F (1900°C)]. Este es el primer *abrasivo aleado* jamás producido. Se utiliza para esmerilado de desbaste y de acabado de servicio pesado en laminadoras de acero, desbarbadora en fundiciones y en plantas de fabricaciones metálicas para el esmerilado rápido de desbastado y acabado de soldaduras. El rendimiento del abrasivo de circonio-aluminio es superior al del óxido de aluminio estándar para operaciones de esmerilado basto y desbarbado en vista de que la acción de los dos tipos de granos es bastante diferente.

Durante cualquier proceso de esmerilado, se genera gran cantidad de calor por fricción, lo que destruye el material orgánico de unión de la rueda o del disco recubierto (hule, barniz, o Fenólico) y permite que la rueda se "auto rectifique". Las ruedas abrasivas estándar de óxido de aluminio penetrarán, al principio, la superficie de la pieza de trabajo y eliminarán metal efectivamente. Pronto los granos de abrasivo se desafilan, la rueda perderá su fuerza de penetración y se quedará sobre la superficie del trabajo. El calor por fricción se irá acumulando, lo que ablanda el material orgánico de unión, y todo el grano se pierde después de aproximadamente sólo el 25 a 30% de su vida.

Con el nuevo abrasivo de circonio-aluminio, la acción del grano es muy distinta. La acción de corte se inicia de la misma forma, pero cuando el grano de abrasivo se empieza a desafilar, ocurre una microfractura justo por debajo de la superficie del grano abrasivo. Al desprenderse las pequeñas partículas, se generan nuevos puntos de corte filosos mientras el grano se mantiene sujeto en el material de unión. Conforme se eliminan las pequeñas partículas rotas de abrasivo, se llevan consigo gran parte del calor generado por la acción del esmeril. Debido a la acción de corte más fría de este abrasivo, se producen nuevas aristas de corte muchas veces, antes que el grano sea finalmente expulsado, y sólo después que alrededor del 75 al 80% del grano abrasivo haya sido utilizado. Las ruedas y discos fabricados de circonio-aluminio durarán, dependiendo de la aplicación, de dos a cinco veces más que las ruedas estándar de óxido de aluminio.

El circonio-aluminio ofrece varias ventajas sobre los abrasivos estándar para el esmerilado de servicio pesado:

- Una más elevada resistencia del grano
- Una más elevada resistencia al impacto
- Una vida más larga del grano
- Mantiene su forma y capacidad de corte a presiones y temperaturas elevadas
- Una más elevada producción por rueda o disco
- Menos tiempo de operador para el cambio de ruedas o discos

CARBURO DE BORO

Otro de los nuevos abrasivos es el *carburo de boro.* Es más duro que el carburo de silicio y junto con el diamante es el material más duro manufacturado. El carburo de boro no es adecuado para uso en ruedas de esmeril y es solamente utilizado como abrasivo suelto como un sustituto relativamente económico del polvo de diamante. En vista de su extrema dureza, se utiliza en la manufactura de calibres de precisión y toberas de chorro de arena. Los rodillos de rectificado por aplastamiento fabricados de carburo de boro han demostrado ser superiores a la de los rodillos de carburo de tungsteno para el rectificado de las ruedas de esmeril en las rectificadoras multiforma. El carburo de boro ha sido también ampliamente aceptado como un abrasivo utilizado en aplicaciones de maquinado ultrasónico.

Manufactura del carburo de boro

El carburo de boro se produce con la mezcla de ácido bórico deshidratado con coque de alta calidad. La mezcla se calienta en un cilindro de acero horizontal completamente cerrado excepto por una apertura en cada extremo para introducir un electrodo de grafito y perforaciones de ventilación para permitir el escape de los gases que se forman. La parte exterior del horno es rociada con agua a fin de evitar que se funda la carcaza. Durante el proceso de calentamiento, debe excluirse el aire del horno. Esto se efectúa humedeciendo la mezcla con queroseno, que se volatilizará y expulsará el aire del horno al calentarse. Se le aplica una elevada corriente a bajo voltaje durante aproximadamente 24 horas después de la cual se enfría el horno. El producto resultante, carburo de boro es un material duro, negro y lustroso.

Nitruro de boro cúbico

Uno de los desarrollos más recientes en el campo de los abrasivos ha sido la introducción del nitruro de boro cúbico. Este abrasivo sintético tiene propiedades de dureza entre el carburo de silicio y el diamante. El cristal conocido como Borazón® CBN (nitruro de boro cúbico) fue desarrollado por la General Electric Company en 1969. Este material es capaz de esmerilar acero de alta velocidad con facilidad y precisión y en muchas aplicaciones es superior al diamante.

El nitruro de boro cúbico es aproximadamente dos veces más duro que el óxido de aluminio y es capaz de soportar temperaturas de esmerilado de hasta 2500°F (1371°C) antes de descomponerse. El CBN corta en frío y es resistente químicamente a todas las sales inorgánicas y a todos los compuestos orgánicos. En vista de la dureza extrema de este material, las ruedas de esmeril fabricadas de CBN son capaces de mantener tolerancias muy estrechas. Estas ruedas requieren muy poco rectificado y son capaces de eliminar una cantidad constante de material sobre toda la cara de una gran superficie de una pieza sin tener que efectuar compensaciones por desgaste de la rueda. Debido a la acción de corte en frío de la rueda CBN, no existe daño superficial de consideración a la superficie de la pieza.

Manufactura

El nitruro de boro cúbico se sintetiza en forma cristalina a partir del nitruro de boro hexagonal ("grafito blanco") con la ayuda de un catalizador, calor y presión (Figura 82-3A). La combinación de un calor extremo [2725°F (1496°C)] y de una presión tremenda (47 540 000 lb/pul^2) sobre el nitruro de boro hexagonal y el catalizador produce una estructura cristalina resistente, dura y en bloques con aristas agudas conocido como CBN (Figura 82-3B).

Hay dos tipos de CBN:

- *Borazón CBN* es un abrasivo sin recubrir que se puede utilizar en mandriles recubiertos y en ruedas de esmeril cementadas con metal. Este tipo de rueda se utiliza en esmerilado de tipo general y para el esmerilado interno en acero endurecido.
- El *Borazón tipo II CBN* está formado de granos recubiertos de níquel de nitruro de boro cúbico en material de unión de resina para esmerilado de tipo general en seco y en húmedo para esmerilado de acero endurecido. Los usos de estas ruedas van desde el rectificado de los troqueles de corte al afilado de fresas frontales de acero de alta velocidad.

®GE Superabrasives

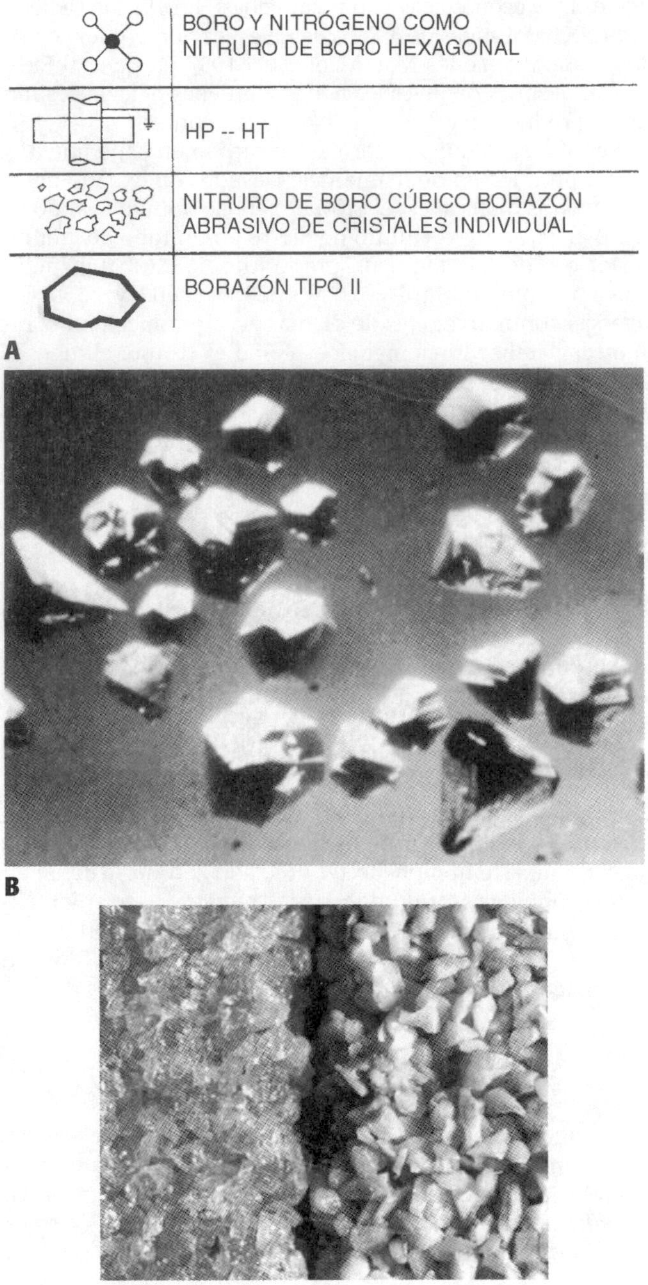

FIGURA 82-3 (A) Fabricación del Borazón (nitruro de boro cúbico); (B) Cristales de nitruro de boro cúbico. (Cortesía de GE Superabrasives); (C) Las partículas de granos abrasivos SG (izquierda) son más uniformes en forma y tamaño que las del grano de óxido de aluminio (derecha). (Cortesía de Norton, Company).

DIAMANTES MANUFACTURADOS

El diamante que es la substancia más dura conocida, fue utilizado principalmente en trabajos del taller de maquinado para rectificar y limpiar ruedas de esmeril. En vista del elevado costo de los diamantes naturales, la industria empezó a buscar fuentes más económicas y más confiables. En 1954 la General Electric Co., después de 4 años de investigación produjo en su laboratorio diamantes Man-Made™ En 1957 La General Electric Co. después de investigaciones y pruebas adicionales inician la producción comercial de estos diamantes.

Se utilizaron muchas formas de carbón en experimentos para la producción de diamantes. Después de experimentar con muchos materiales, el primer éxito se obtuvo cuando se sujetó el carbón y el sulfuro de hierro en un tubo de granito con discos de tantalio a un presión de 66 536 750 lb/pulg^2 y a temperaturas entre 2 550 y 4 260°F (1 400 y 2 350°C). Diversas configuraciones de diamante se producen utilizando otros catalizadores metálicos como el cromo, el manganeso, el tantalio, el cobalto, el níquel o el platino en lugar del hierro. Las temperaturas utilizadas deben ser lo suficientemente elevadas para fundir el metal saturado con carbón e iniciar el crecimiento de diamantes.

Tipos de diamantes

Dado que se pueden variar la temperatura, presión y catalizador solvente, es posible producir diamantes de varios tamaños, formas y estructura cristalina más adecuados para una necesidad específica.

Diamante tipo RVG

El tipo RVG de diamante manufacturado es un cristal alargado, friable con bordes ásperos (Figura 82-4A). Las letras RVG indican que este tipo puede ser utilizado con un material de unión resinoide o vitrificado y es utilizado para esmerilar materiales ultraduros como el carburo de tungsteno, carburo de silicio y aleaciones de la era espacial. El diamante RVG puede ser utilizado para rectificado húmedo o seco.

Diamante tipo MBG-II

El MBG tipo II, un cristal tenaz y en forma de bloques, no es tan frágil como el tipo RVG y se utiliza en ruedas de esmerilado de metal (MBG) (Figura 82-4B). Se utiliza para esmerilar carburos cementados, zafiros, y cerámicos, así como en el rectificado electrolítico.

Diamante tipo MBS

El tipo MBS es un cristal en bloques extremadamente tenaz con una superficie lisa y regular que no es muy friable (Figura 82-4C). Se utiliza en sierras aglutinadas con metal (MBS) para cortar concreto, mármol, azulejo, granito, piedra y materiales de la construcción.

Los diamantes pueden estar recubiertos de níquel o de cobre para proporcionar una mejor superficie de sujeción en la matriz y para prolongar la vida de la rueda.

ÓXIDO DE ALUMINIO CERÁMICO

En 1988 Norton Company introdujo un nuevo producto abrasivo, el óxido de aluminio cerámico, conocido como abrasivo SG. Este nuevo material excede de manera importante el rendimiento de las ruedas convencionales de óxido de aluminio en el esmerilado de las aleaciones resistentes y otros metales duros ferrosos y no ferrosos.

Los granos de óxido de aluminio se fabrican a partir de óxido de aluminio fundido, mismo que posteriormente es triturado al tamaño de partícula deseado. Esto produce un grano que tiene muy pocas partículas cristalinas. Con este tipo de grano hasta una quinta parte de la superficie de esmerilado del grano se puede perder; cuando una partícula cristalina se desprende después va a desafilarse.

Por otra parte, el abrasivo SG de Norton está fabricado con un proceso sin fundir. Miles de partículas de tamaño submicrométrico se sinterizan para conseguir un solo grano abrasivo de un tamaño y forma más uniforme, con muchísimas más aristas cortantes que se conservan filosas conforme se fracturan (Figura 82-3C). Esta característica de auto afilado combate el calor de la fricción causado por el desafilado de los granos de óxido de aluminio estándar.

El abrasivo SG de Norton es más duro que el óxido de aluminio y del circonio—aluminio, pero no tan duro o tan duradero como el nitruro de boro cúbico u otros productos superabrasivos, que a menudo requieren de máquinas especiales para su uso. Las ruedas hechas de abrasivo SG están bien adaptadas para el rectificado CNC en razón a su característi-

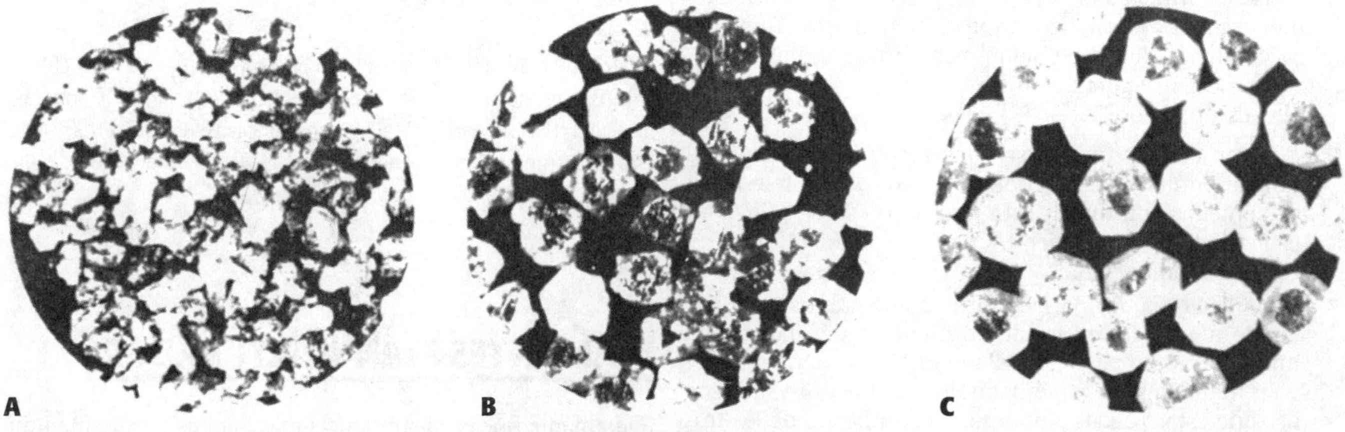
A B C

FIGURA 82-4 (A) Diamante tipo RVG utilizado para esmerilar materiales ultraduros; (B) El tipo MBG-II es un cristal de diamante tenaz utilizado en ruedas de esmeril metalizadas; (C) El tipo MBS es un cristal grande y tenaz utilizado en sierras aglutinadas con metal. (Cortesía de GE Superabrasives.)

ca de esmerilado frío y su resistencia a cargarse y desgastarse. Esta combinación resulta en menos cambios de rueda, menos rectificado y limpieza de las mismas, una más elevada productividad y por lo tanto menores costos de mano de obra.

Al seleccionar la rueda SG adecuada para el trabajo, recuerde que un grano desafilado crea un acabado superficial más pulido. Puesto que los granos SG duran afilados mucho más tiempo, deberá seleccionarse un tamaño de grano más fino que si se usaran las ruedas de óxido de aluminio.

Abrasivos SG y CBN

La combinación de las tecnologías de los abrasivos CBN y SG se utilizan para producir la rueda de esmeril abrasiva CVSG vitrificada. Esta rueda proporciona la mayor parte de las elevadas velocidades de eliminación de material y el bajo desgaste de rueda del CBN, sin embargo puede ser rectificada utilizando herramientas de diamante de una sola punta. Las ruedas CVSG se pueden utilizar para materiales difíciles de esmerilar desde 20 a 70 Rc y materiales de níquel exótico y de titanio duro rociado a la flama. Cortan con libertad permitiendo mayores profundidades de corte y velocidades de avance, reducen el quemado y bajan los costos de rectificación.

Ventaja de los abrasivos SG sobre los abrasivos convencionales

- Duran de 5 a 10 veces más que las ruedas convencionales.
- Las velocidades de eliminación de metal se duplican.
- Se reduce el daño por calor a la superficie de piezas muy delgadas.
- Se reduce el tiempo del ciclo de rectificado.
- Se reduce el tiempo de rectificado de la rueda hasta en un 80%.

PRODUCTOS ABRASIVOS

Una vez producido el abrasivo, es formado en productos como las ruedas de esmeril, los abrasivos recubiertos, los polvos de pulir y de asentar y las barras abrasivas, todas las cuales se utilizan de manera extensa en los talleres de maquinado.

RUEDAS DE ESMERIL

Las ruedas de esmeril, los productos más importantes fabricados a partir de los abrasivos están hechos de material abrasivo sujeto entre sí mediante un medio o cemento adecuado. Las funciones básicas de las ruedas de esmeril en un taller mecánico son:

1. Generación de superficies cilíndricas, planas y curvas.
2. Eliminación de material.
3. Producción de superficie muy pulidas.
4. Operaciones de corte.
5. Producción de aristas y puntas muy filosas.

Para que funcionen adecuadamente, las ruedas de esmeril deben ser duras y tenaces, y la superficie de la rueda debe ser capaz de irse desmoronando gradualmente para exponer nuevas aristas de corte filosas al material que se está esmerilando.

Los componentes materiales de una rueda de esmeril son el *grano abrasivo* y el *aglomerante;* existen sin embargo otras características físicas como es el grado y la estructura que deben tomarse en consideración en la manufactura y selección de las ruedas de esmeril.

Grano abrasivo

El abrasivo utilizado en la mayor parte de las ruedas de esmeril es *óxido de aluminio,* o bien *carburo de silicio.* La función del abrasivo es eliminar material de la superficie de la pieza que se está esmerilando. Cada grano abrasivo en la superficie de trabajo de la rueda de esmeril actúa como una herramienta de corte por separado y elimina una pequeña viruta de metal al pasar sobre la superficie de la pieza. Conforme el grano se desafila, se fractura presentando al material una nueva arista de corte filosa. La acción de fractura reduce el calor de la fricción que se causaría si el grano perdiera el filo, produciendo así una acción de corte relativamente fría. Como resultado de los cientos de miles de granos individuales todos ellos trabajando en la superficie de una rueda de esmeril, se puede producir una superficie lisa en la pieza de trabajo.

Un factor importante a considerar en la manufactura y selección de la rueda de esmeril es el *tamaño del grano.* Después que el lingote abrasivo se ha extraído del horno eléctrico, es triturado y los granos abrasivos se limpian y se clasifican haciéndolos pasar a través de mallas que contienen un cierto número de aperturas por pulgada. Un tamaño de grano No. 8 pasaría a través de una malla que tiene 8 perforaciones por pulgada lineal y tendría aproximadamente una dimensión de ⅛ pulg El tamaño del grano abrasivo es una operación más bien importante, ya que los granos de menor tamaño de una rueda no efectuarán su parte del trabajo, en tanto que los granos de tamaño más grande rayarán la superficie del trabajo.

Los tamaños comerciales de grano se clasifican como sigue:

Muy grueso	Grueso	Medio
6	14	30
8	16	36
10	20	46
12	24	54
		60

Fino	Muy fino	Extra fino
70	150	280
80	180	320
90	220	400
100	240	500
120		600

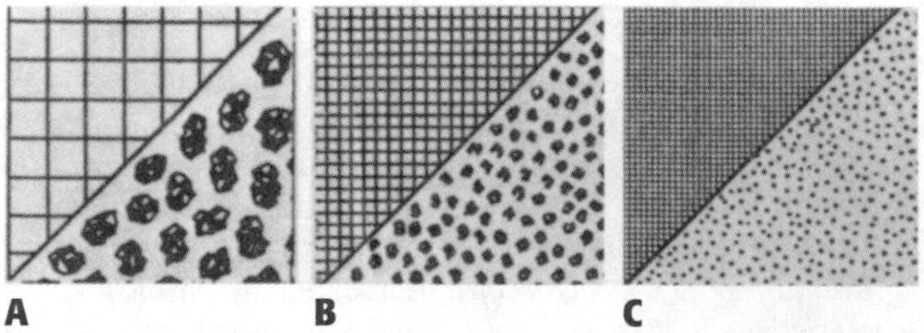

FIGURA 82-5 Tamaños relativos de granos abrasivos: (A) Grano 8: (B) Grano 24; (C) Grano 60.

Los tamaños relativos de grano se muestran en la Fig. 82-5. Las aplicaciones generales para los diversos tamaños de grano son:

- De 8 a 54 para operaciones bastas de esmerilado.
- 54 a 400 para procesos de esmerilado de precisión.
- 320 a 2000 para procesos de ultraprecisión para producir terminados de 2 a 4 μ (micrones) o más finos.

Los factores que afectan a la selección de los tamaños de grano son:

1. *El tipo de acabado que se desea.* Los granos gruesos son más adecuados para una eliminación rápida de metal. Los granos finos se utilizan para producir acabados lisos y precisos.
2. *El tipo de material que se está esmerilando.* Generalmente los granos gruesos se utilizan sobre materiales blandos, en tanto que los granos finos se utilizan en materiales duros.
3. *La cantidad de material a eliminar.* Cuando debe eliminarse una gran cantidad de material y el terminado superficial no es de importancia, se utilizaría una rueda de grano grueso. Para rectificado de acabado, se recomienda una rueda de grano fino.
4. *El área de contacto entre la rueda y la pieza de trabajo.* Si el área de contacto es ancha, generalmente se utiliza una rueda de grano grueso. Se utilizan las ruedas de grano fino cuando el área de contacto entre la rueda y la pieza es pequeña.

Tipos de aglomerantes

La función del aglomerante es sujetar los granos abrasivos entre sí en forma de rueda. Existen seis tipos comunes de aglomerante que se utilizan en la manufactura de las ruedas de esmeril: vitrificado, resinoide, hule, barniz, silicato y metal.

Aglomerante vitrificado

Se utiliza el aglomerante vitrificado en la mayor parte de las ruedas de esmeril. Está fabricado a partir de arcilla o del feldespato, que se funde a elevadas temperaturas y al enfriarse, forma un aglomerante vitrificado alrededor de cada grano. Los aglomerantes vitrificados son fuertes pero se desmoronan con facilidad sobre la superficie de la rueda para exponer nuevos granos durante la operación de esmerilado. Este aglomerante está particularmente adecuado a ruedas utilizadas en la rápida eliminación de metal. Las ruedas vitrificadas no se ven afectadas por el agua, el aceite o los ácidos y pueden ser utilizadas en todo tipo de operaciones de rectificado. Las ruedas vitrificadas deben ser utilizadas entre 6300 y 6500 pie/min (1920 y 1980 m/min).

Aglomerante resinoide

Las resinas sintéticas se utilizan como agentes aglomerantes en las ruedas resinoides. La mayoría de las ruedas resinoides operan generalmente a 9500 pie/min (2895 m/min); Sin embargo, la tendencia moderna es hacia mayor potencia y velocidades más rápidas para una eliminación más rápida del material. Se fabrican ruedas resinoides especiales para operar a velocidad de 12500 hasta 22500 pie/min (3810 a 6858 m/min) para ciertas aplicaciones. Estas ruedas son de corte frío y eliminan con rapidez el material. Se utilizan para operaciones de corte, desbarbado y esmerilado de desbaste, así como para esmerilado de rodillos.

Aglomerante de hule

Las ruedas aglomeradas con hule producen terminados muy finos como las que se requieren en las pistas de los cojinetes de bolas. Debido a la resistencia y flexibilidad de este tipo de rueda, es utilizada en ruedas de corte delgadas. Las ruedas aglomeradas de hule también se utilizan como ruedas de regulación en rectificadoras sin centros.

Aglomerante de barniz

Las ruedas aglomeradas de barniz se utilizan para producir terminados muy finos en piezas como es cuchillería, árboles de levas y rodillos para fábrica de papel. No son adecuadas para esmerilados de desbaste o pesados.

Aglomerante de silicato

Las ruedas aglomeradas de silicato no se utilizan tan ampliamente en la industria. El aglomerante de silicato se utiliza principalmente en ruedas grandes y en ruedas pequeñas donde es necesario mantener a un mínimo la generación de calor. El aglomerante (silicato de sosa) libera los granos abrasivos con mayor rapidez que el aglomerante vitrificado.

Aglomerante metálico

Los aglomerantes metálicos (generalmente no ferrosos) son utilizados en ruedas de diamante y para operaciones de rectificado electrolítico donde la corriente debe pasar a través de la rueda.

Grado

El grado de una rueda de esmeril puede definirse como el grado de resistencia con el cual el aglomerante sujeta las partículas abrasivas en el aglomerante. Si la adherencia es muy fuerte (Figura 82-6C), esto es, si retienen los granos abrasivos en la rueda durante la operación de esmerilado, se dice que la rueda tiene un grado duro. Si los granos son liberados rápidamente durante la operación de esmerilado, la rueda se clasifica como de un grado blando (Figura 82-6A).

Es importante la selección del grado adecuado de rueda. Las ruedas que son demasiado duras no liberan con facilidad los granos; en consecuencia los granos se desafilan y no cortan con eficacia. Esto se conoce como vitrificación. Las ruedas que son demasiado blandas liberan los granos con demasiada rapidez y la rueda se desgasta aprisa.

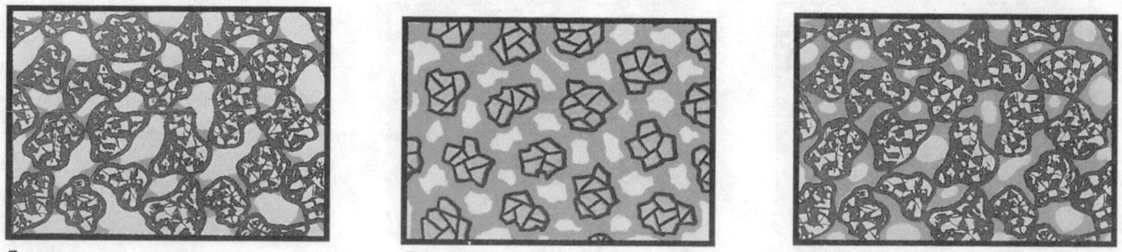

FIGURA 82-6 Grados de ruedas de esmeril: (A) Sujeción de aglomerante débil; (B) Sujeción de aglomerante medio; (C) Sujeción de aglomerante fuerte. (Cortesía de Carborundum).

Una de las características más difíciles de determinar en la selección de una rueda de esmeril para cada trabajo es su grado. Generalmente se utiliza el sistema de prueba y error para decidir qué grado funciona mejor. En la Tabla 82-1 se listan las características de las ruedas que son demasiado duras o demasiado blandas como una guía para ayudar a seleccionar el grado de rueda.

Merece la pena el recordar que todos los granos abrasivos son duros y que la dureza de una rueda se refiere al grado (la resistencia del aglomerante) y no a la dureza del grano. Los símbolos de los grados de rueda se indican alfabéticamente, yendo de A (lo más blando) a la Z (lo más duro). El grado seleccionado para un trabajo en particular, depende de los factores siguientes:

1. *Una rueda dura.* Es utilizada por lo general sobre material blando y los grados blandos se utilizan sobre materiales duros.
2. *Área de contacto.* Las ruedas blandas se utilizan cuando el área de contacto entre la rueda y la pieza es grande. Las áreas de contacto pequeñas requieren de ruedas más duras.
3. *Estado de la máquina.* Si la máquina es rígida, se recomienda un grado más blando de rueda. Las máquinas para servicio ligero o las máquinas con cojinetes del husillo con mucha holgura requieren de ruedas más duras.
4. *La velocidad de la rueda y de la pieza.* Mientras más elevada sea la velocidad de la rueda en relación con la pieza

TABLA 82-1 Fallas de los grados de rueda

Características de las ruedas duras	Características de las ruedas blandas
Vidriado: El grano se desgasta plano y no puede ser expulsado de la sujeción del aglomerante.	*Se rompe con demasiada rapidez:* La rueda es demasiado blanda para la operación de esmerilado.
Carga: El material que se está esmerilando se deposita sobre la cara de la rueda.	*Acabado superficial empeora:* El grano se fractura de la rueda con demasiada frapidez –antes de que la superficie pueda quedar lisa.
Quemado: Los granos abrasivos planos frotan a la pieza, causando marcas de quemadura que podrían dar como resultado grietas de esmerilado.	*Corta con libertad:* La rueda no se vitrifica y por lo tanto la acción de corte es buena.
Chilla: Las ruedas duras emiten un sonido de alta frecuencia conocido como *chillido.*	*Deja de emitir chispas:* La rueda de corte libre deja de emitir chispas debido a la baja presión de corte y la reducida distorsión de la máquina.
No corta con libertad: La acción de corte es lenta, las presiones de la rueda al trabajo son elevadas, y la rueda no dejará de emitir chispas.	*Vibración:* El patrón de vibración es por lo general amplio y el acabado superficial pobre.
Trabajo impreciso: Las elevadas presiones de corte y el calor distorsionan a la pieza.	*Dificultad de mantener el tamaño:* Debido a la pérdida rápida de granos es difícil mantener el tamaño de la pieza.
Vibración: A menudo se producen en la pieza marcas de vibración finamente espaciadas.	*Ralladuras "colas de pescado": Los granos* al desprenderse de la rueda, ruedan entre la rueda y la pieza, causando ralladuras superficiales.

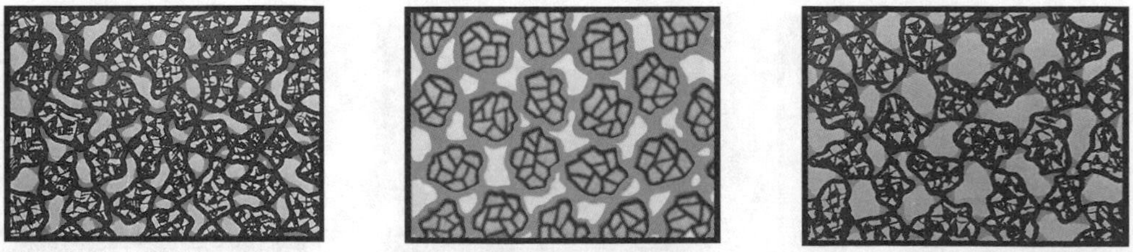

A B C

FIGURA 82-7 Estructura de la rueda de esmeril: (A) Densa; (B) Media; (C) Abierta. (Cortesía de Carborundum, Co.)

de trabajo más blanda debe ser la rueda. Las ruedas que giran lentamente se desgastan más aprisa; por lo tanto a velocidades bajas debe utilizarse una rueda más dura.

5. *Velocidad de avance.* Las velocidades más grandes de avance requieren el uso de ruedas más duras, ya que la presión sobre la rueda de esmeril es más elevada que en avances más lentos.
6. *Características del operador.* Un operador que elimina material con rapidez requiere de una rueda más dura que otro que elimina material más lentamente. Esto es particularmente evidente en el rectificado manual y donde estén involucrados programas de destajo.

Estructura

La estructura de una rueda de esmeril es la relación de espacio del grano y de los huecos del material aglomerante que los separan. En resumen, se trata de la *densidad* de la rueda.

Si el espaciamiento entre granos es reducido, la estructura es densa (Figura 82-7A). Si el espaciamiento es relativamente grande, la estructura es abierta (Figura 82-7B).

La selección de la estructura de una rueda depende del tipo de trabajo requerido. Las ruedas de estructura abierta (Figura 82-8) proporcionan mayor holgura para las virutas que las de estructura densa, y eliminan material con mayor rapidez que las ruedas densas.

TABLA 82-2 Factores a tomarse en consideración en la selección de una rueda de esmeril

	Consideraciones de la rueda				
Factores de esmerilado	Tipo de abrasivo	Tamaño de grano	Aglomerante	Grado	Estructura
Material a esmerilar (resistencia a la tensión alta o baja; duro o blando)	X	X		X	X
Tipo de operación (cilíndrica, sin centros, superficie, de corte, desbarbado, etcétera)			X		
Características de la máquina (robusta o ligera; de cojines cojinetes flojos o apretados)				X	
Velocidad de la rueda (lenta o rápida).			X	X	
Velocidad de avance (lenta o rápida)				X	
Área de contacto (grande o pequeña)		X		X	X
Características del operador				X	
Cantidad de material a eliminar (corte ligero o corte profundo)			X	X	X
Acabado requerido		X	X		X
Uso de refrigerante (esmerilado húmedo o en seco)			X	X	X

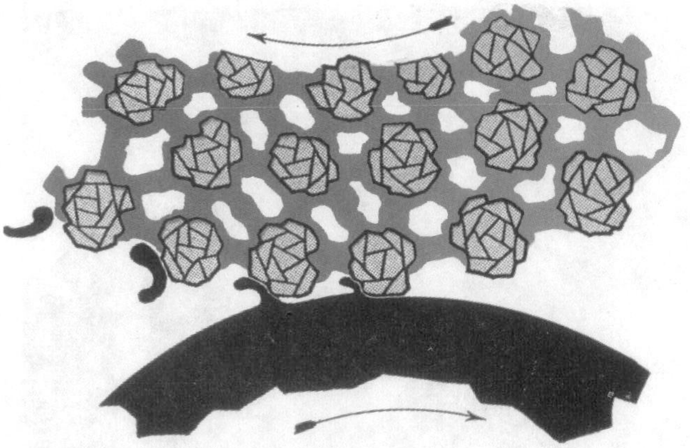

FIGURA 82-8 Una rueda de estructura abierta proporciona una mayor holgura para las virutas. (Cortesía de The Carborundum Company.)

La estructura de las ruedas de esmeril está indicada por números que van desde 1 (densa) hasta 15 (abierta). La selección de la estructura adecuada de la rueda se ve afectada por los factores siguientes:

1. *El tipo de material que se está esmerilando.* Los materiales blandos requerirán de una mayor holgura para las virutas; por lo que deberá utilizarse una rueda abierta.
2. *Área de contacto.* Mientras mayor sea el área de contacto, más abierta deberá ser la estructura para proporcionar una mejor holgura para la viruta.
3. *Acabado requerido.* Las ruedas densas dan un acabado mejor y más preciso.
4. *Método de enfriamiento.* Las ruedas de estructura abierta proporcionan un mejor suministro de refrigerante para máquinas que usan sistemas de enfriamiento "a través de la rueda".

En resumen, la Tabla 82-2 servirá de guía para los factores que deben tomarse en consideración al seleccionar una rueda de esmeril.

FIGURA 82-9 Mezcla de grano abrasivo y del aglomerante. (Cortesía de The Carborundum Company.)

FIGURA 82-10 Moldeo de ruedas de esmeril utilizando una prensa hidráulica. (Cortesía de Cincinnati Milacron, Inc.)

Manufactura de las ruedas de esmeril

La mayor parte de las ruedas de esmeril usadas en la operación de los talleres mecánicos están hechas con aglomerantes vitrificados; por lo tanto, sólo se verá la manufactura de este tipo de ruedas. Las operaciones principales en la manufactura de ruedas de esmeril vitrificadas es como sigue.

Mezclado

Se pesan cuidadosamente las proporciones correctas de grano y de aglomerante y después se mezclan en una máquina mezcladora rotativa de potencia (Figura 82-9). Se agrega un cierto porcentaje de agua a fin de humedecer la mezcla.

Moldeo

La cantidad correcta de esta mezcla se coloca en un molde de acero de la forma de rueda deseada y se comprime en una prensa hidráulica (Figura 82-10) para formar una rueda ligeramente mayor que el tamaño terminado. La presión utilizada varía según el tamaño de la rueda y de la estructura requerida.

Recortado

Aunque la mayoría de las ruedas se moldean a su tamaño y forma finales, algunas máquinas requieren formas de rueda o rebajes especiales. Éstas se forman o se recortan a su tamaño en estado crudo o sin quemar en una máquina de recortar, que se parece a un torno de alfarero.

Quemado

Las ruedas "verdes o crudas" se apilan cuidadosamente en carritos y se mueven lentamente a lo largo de un horno de 250 a 300 pies (76 a 90 m) de longitud. La temperatura del horno se mantiene a aproximadamente a 2300°F (1260°C).

Esta operación, que tarda cerca de cinco días, y hace que el aglomerante se funda y forme una matriz vidriada alrededor de cada grano; el producto es un rueda dura.

Rectificado

Las ruedas curadas se montan en un torno especial y se tornean al tamaño y forma requeridos utilizando cortadores cónicos de acero endurecido, o ruedas de esmeril especiales.

Embujado

Al barreno del árbol en una rueda de esmeril se adapta un buje de plomo o de plástico para que corresponda a un tamaño específico de husillo. Los bordes del buje son después recortados al espesor de la rueda.

Balanceo

A fin de eliminar vibraciones que pueden ocurrir al girar la rueda, cada rueda se balancea. En general se efectúan pequeñas perforaciones, poco profundas del lado "ligero" de la rueda, mismas que se rellenan con plomo para obtener un buen balance.

Prueba de velocidad

Las ruedas se hacen girar en un contenedor especial, reforzado y dan vueltas a velocidades por lo menos 50% por encima de las velocidades normales de operación. Esto asegura que la rueda no se romperá bajo condiciones y velocidades de operación normales.

Formas estándar de ruedas de esmeril

El United States Department of Commerce, junto con el Grinding Wheels Manufacturers y el Grinding Machine Manufacturers, ha establecido nueve formas estándar de ruedas de esmeril. Los tamaños de cada una de las formas ha quedado también estandarizados. Cada una de estas nueve formas se identifica mediante un número, como se observa en la Tabla 82-3.

Ruedas de esmeril montadas

Las ruedas de esmeril montadas (Figura 82-11) están impulsadas por un vástago de acero montado en la rueda. Se producen en una diversidad de formas para uso en esmeriles de sobreponer, esmeriles internos, esmeriles portátiles, esmeriles de poste de herramientas y ejes flexibles. Se fabrican tanto en los tipos de óxido de aluminio como de carburo de silicio.

Marcas de las ruedas de esmeril

Para identificar las ruedas de esmeril los fabricantes utilizan el diagrama estándar del sistema de designación (Figura 82-12). Esta información se encuentra en el registro de todas las ruedas de esmeril de tamaño pequeño y mediano. En las ruedas grandes está pintado con una plantilla en el costado.

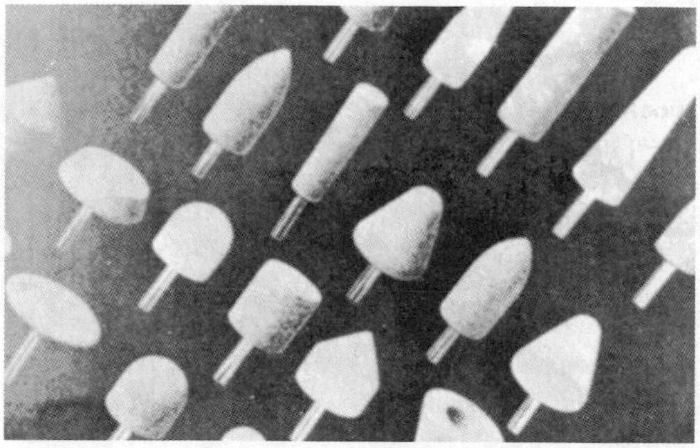

FIGURA 82-11 Un surtido de ruedas de esmeril montadas. (Cortesía de The Carborundum Company.)

Todos los fabricantes de ruedas de esmeril siguen las seis posiciones que se muestran en la secuencia estándar. El prefijo que aparece es un símbolo del fabricante y no siempre es utilizado por todos los productores de ruedas de esmeril.

Nota: Este sistema de designación se usa sólo para ruedas de óxido de aluminio y carburo de silicio; no para ruedas de diamante.

SELECCIÓN DE UNA RUEDA PARA UN TRABAJO ESPECÍFICO

De la información antes expuesta, el mecánico deberá ser capaz de seleccionar la rueda adecuada para la tarea requerida.

EJEMPLO

Se requiere esmerilar de desbaste superficial una pieza de acero SAE 1045 usando una rueda recta. Se utilizará refrigerante.

- *Tipo de abrasivo*—dado que se va a esmerilar acero, deberá utilizarse *óxido de aluminio.*
- *Tamaño de grano*—En vista de que no se trata de obtener un acabado superficial fino, se puede usar un grano medio: alrededor de *grano 46.*
- *Grado*—Deberá seleccionarse una rueda de *grado mediano,* que se fracture razonablemente bien. Use grado *J.*
- *Estructura*—Dado que este acero es de dureza media, la rueda deberá ser de densidad media: aproximadamente *7.*
- *Tipo de aglomerante*—Puesto que la operación es de esmerilado superficial estándar y se va a usar refrigerante, deberá escogerse un aglomerante *vitrificado.*

Una vez considerados todos los factores, deberá seleccionarse una rueda A46-J7-V para esmerilar de desbaste el acero SAE 1045.

Nota: Estas especificaciones no incluyen el prefijo o los registros del fabricante.

TABLA 82-3 Formas y aplicaciones comunes de ruedas de esmeril

Forma	Nombre	Aplicaciones
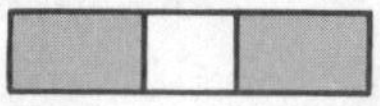	Recta (Tipo 1)	Operaciones de rectificado cilíndrico, sin centros, interno, de corte, superficial y manual.
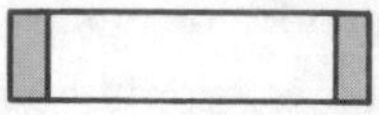	Cilindro (Tipo 2)	Rectificado superficial en rectificadoras de husillo horizontal y vertical.
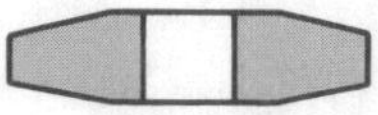	Cónica (ambos lados) (Tipo 4)	Operaciones de desbarbado. Los lados cónicos reducen la posibilidad de ruptura de la rueda.
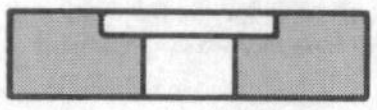	Rebajada (un lado) (Tipo 5)	Rectificadoras cilíndricas, sin centros, internas y de superficie. El rebajo genera la holgura para la brida de montaje.
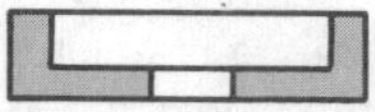	Copa recta (Tipo 6)	Esmeril de corte y de herramientas y rectificado de superficie en máquinas de husillo vertical y horizontal.
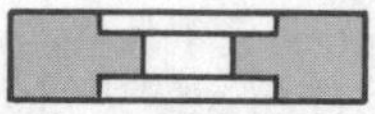	Rebajada (ambos lados) (Tipo 7)	Rectificadoras cilíndricas, sin centros y de superficie. Los recesos generan la holgura para las bridas de montaje.
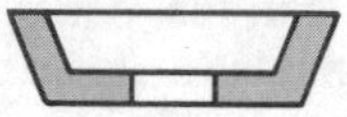	Copa cónica (Tipo 11)	Esmeril de corte y de herramientas. Usado principalmente para el afilado de fresas de corte y rimas.
	Plato (Tipo 12)	Esmeril de corte y de herramientas. Su fino borde permite usarlo en ranuras angostas.
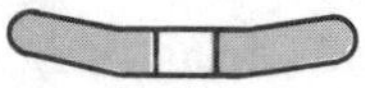	Plato (Tipo 13)	Dientes de fresa, para dientes de sierra, para cortes sesgados.

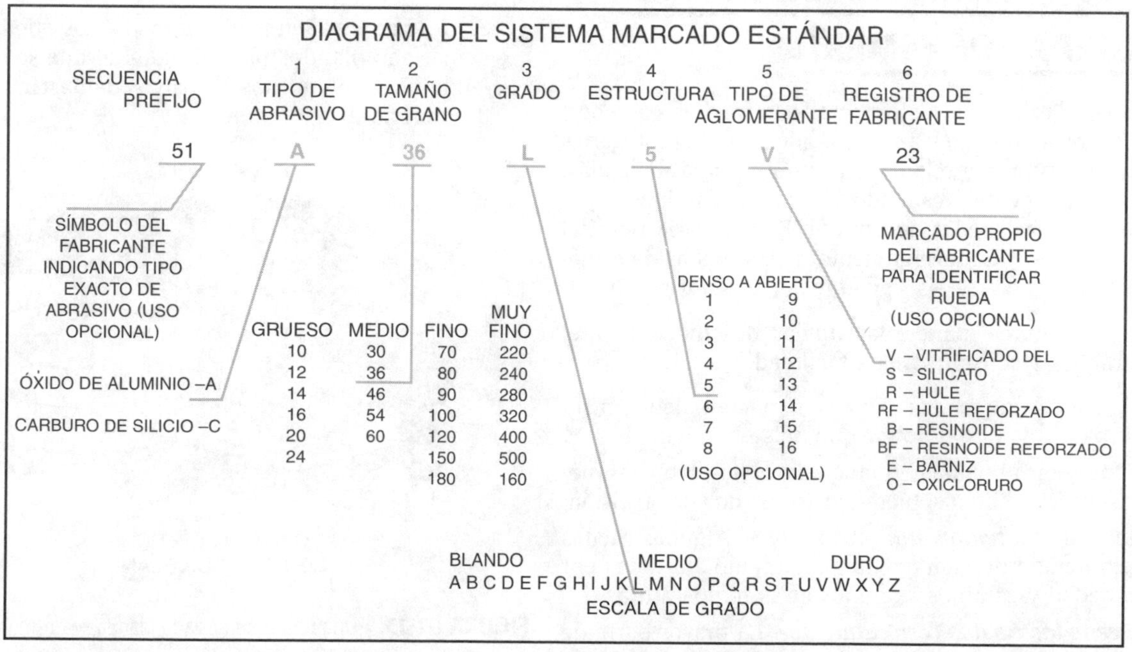

FIGURA 82-12 Diagrama de sistema de marcado de ruedas de esmeril rectas. (Cortesía Grinding Wheel Institute.)

EJEMPLO

Se requiere esmerilar de acabado un cortador de fresadora de acero de alta velocidad en el esmeril para cortadores y herramientas.

- *Tipo de abrasivo*—Puesto que el cortador es de acero, deberá utilizarse una rueda de *óxido de aluminio.*
- *Tamaño del grano*—Puesto que el cortador debe alcanzar un pulido fino, debe utilizarse un grano de mediano a fino. Aproximadamente *60 granos* se recomienda para este tipo de operación.
- *Grado*—Es importante que se utilice una rueda de corte frío a fin de evitar que se queme el filo de corte del cortador. Una rueda que se desmorone razonablemente bien, permitirá un esmerilado frío. Utilice un grado medio blando como el *J.*
- *Estructura*—-A fin de producir un corte liso, deberá utilizarse una rueda de mediana a densa. Para esta aplicación utilice una del *No. 6.*
- *Tipo de aglomerante*—BDado que la mayor parte de los esmeriles para cortadores y herramientas están diseñados para velocidades estándar, deberá utilizarse un aglomerante *vitrificado.* Cuando la velocidad es demasiado elevada para el tamaño de la rueda, deberá utilizarse un aglomerante *resinoide.*

La rueda seleccionada para este trabajo (sin tomar en consideración el prefijo y los registros del fabricante), debería ser una A60-J6-V.

Nota: Si el cortador está roto o si debe eliminarse una cantidad considerable de metal para volverlo a afilar, es aconsejable primero esmerilar de desbastado utilizando una rueda de 46 granos.

MANEJO Y ALMACENAMIENTO DE LAS RUEDAS DE ESMERIL

Puesto que todas las ruedas de esmeril son frágiles, es importante un correcto manejo y almacenamiento para protegerlas contra golpes, rupturas o la generación de grietas delgadas. Este cuidado dará como resultado la vida más productiva para cada una de las ruedas de esmeril. Es necesario pues, el adecuado manejo y almacenamiento de las ruedas de esmeril y deberán observarse las siguientes precauciones:

1. *Manejo*— Nunca maneje las ruedas descuidadamente; son frágiles y se rompen con facilidad.
   - Las ruedas golpeadas o que se han caído deberán ser probadas para asegurarse que no se han dañado.
   - Nunca deje ninguna herramienta u objeto sobre las ruedas; trátelas como si fueran instrumentos de precisión.
2. *Séquelas a una temperatura razonable*—Algunas ruedas de aglomerado pueden quedar seriamente afectadas por la humedad y cambios extremos en la temperatura.
3. *Almacene las ruedas correctamente*—La mayor parte de las ruedas rectas o cónicas se almacenan mejor en el borde de estanterías individuales.
   - Las ruedas delgadas de aglomerante orgánico deben ser colocadas en una superficie plana horizontal para evitar que se tuerzan.
   - Las ruedas grandes en forma de taza o cilíndricas deben ser almacenadas en los costados planos, colocando material de empaque entre cada rueda.
   - Las ruedas pequeñas de copa o internas deben colocarse por separado en cajas, recipientes o cajones.
   - Las ruedas que se almacenen sobre su borde no deberán rodar.

FALLAS DEL GRADO DE LAS RUEDAS

El grado de una rueda de esmeril es probablemente la especificación de mayor importancia y más difícil de seleccionar para que se adecue al material de la pieza y a la operación de esmerilado. Mientras no se haya comprobado el grado de una rueda bajo condiciones de esmerilado, es prudente iniciar con una rueda de grado medio como la *J.* Después de observar su desempeño, ajuste el grado hasta que se alcancen las mejores condiciones de esmerilado. Las siguientes características de ruedas que son demasiado blandas o demasiado duras, pueden ayudar a seleccionar la rueda de mejor grado para cada situación de esmerilado.

Características de las ruedas blandas

Un grado de rueda demasiado blando (ligas de aglomerado débiles), se romperá rápidamente, producirá un terminado superficial pobre y tendrá dificultad en respetar el tamaño de la pieza (Figura 82-13). Las siguientes características pueden indicar que una rueda es demasiado blanda para el material que se está esmerilando:

1. *Se desmorona demasiado aprisa*—Las ruedas que son demasiado blandas para el material que se está esmerilando liberarán granos abrasivos demasiado aprisa y se desmoronarán rápidamente.

FIGURA 82-13 Una rueda demasiado blanda se desmoronará demasiado aprisa y causará malos acabados superficiales. (Cortesía de Cincinnati Milacron, Inc.)

2. *Pobre acabado superficial*—En vista de que los granos abrasivos se liberan con tanta rapidez, la rueda no tiene oportunidad de alisar la superficie de la pieza y producir un buen acabado.
3. *Corta libremente*—Puesto que la rueda blanda no tiene mucha oportunidad de vitrificarse, hay pocas posibilidades de retardar la acción de corte.
4. *Desaparece la chispa rápidamente*—La liberación rápida de los granos abrasivos hacen que las chispas desaparezcan debido a la baja presión de corte y a la baja distorsión de la máquina.
5. *Dificultad de mantener el tamaño*—Una rueda que pierde sus granos demasiado aprisa dificulta el mantenimiento de la precisión de la pieza de trabajo. Mientras más grueso sea el tamaño del grano, más rápida será la pérdida en diámetro de la rueda.
6. *Ralladuras (colas de pescado)*—Los granos abrasivos que se liberan de la rueda, rodarán entre la rueda y la superficie del trabajo para producir ralladuras que son más profundas que la superficie esmerilada. Esta condición también puede ser causada al usar un refrigerante sucio para la operación de esmerilado.

Características de las ruedas duras

Un grado de rueda demasiado dura (fuertes ligas en el aglomerante) sujetarán los granos abrasivos demasiado firmemente y no los liberará cuando los granos pierdan su filo. Una rueda de grado duro tiende a vitrificarse y a cargarse, no corta con libertad y causa un excesivo calor de esmerilado (Figura 82-14). Las siguientes características pueden indicar que una rueda es demasiado dura para el material que se está esmerilando:

1. *La rueda se vitrifica rápidamente*—Los granos abrasivos se desgastan y se aplanan porque no son liberados por las fuertes ligas del aglomerante. Esto causa una situación de vitrificado que incrementa la presión de esmerilado y que crea calor excesivo.
2. *Carga*—Debido a que los granos abrasivos desafilados no se liberan de la rueda, el material esmerilado tiene tendencia a llenar los huecos (espacios) entre los granos abrasivos.
3. *Superficie del trabajo quemada*—Debido a los granos abrasivos desafilados, la vitrificación y la carga, la rueda tiende a frotar en vez de cortar, y la temperatura aumentada de esmerilado puede causar daño térmico a la pieza.

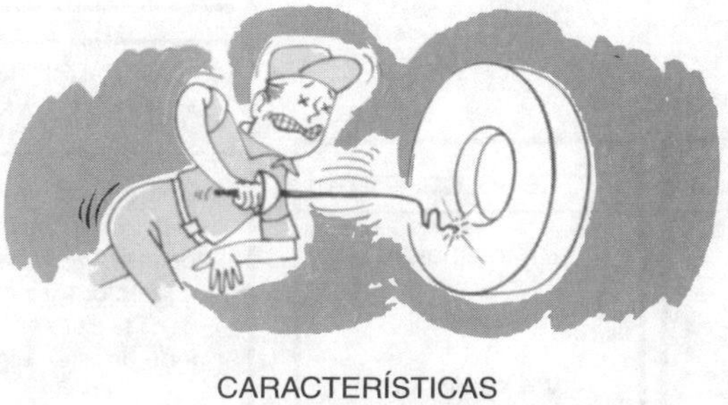

FIGURA 82-14 Una rueda demasiado dura no cortará con libertad y puede producir suficiente calor para dañar térmicamente a la pieza. (Cortesía de Cincinnati Milacron, Inc.)

4. *Chillido*—Las ruedas de grado duro a veces generan un sonido agudo conocido como "chillido" diferente al sonido normal de una rueda de corte libre.
5. *No corta con libertad*—Los granos abrasivos desafilados no pueden cortar tan libremente como los granos afilados, lo que incrementa la presión de esmerilado y reduce la velocidad de eliminación de material.
6. *Dimensiones incorrectas de la pieza*—Las ruedas duras crean elevadas presiones de esmerilado y calor excesivo, lo que distorsiona la pieza.
7. *El acabado superficial se hace progresivamente mejor*—Conforme el grano abrasivo se hace más liso (se vitrifica) el acabado superficial tenderá a mejorar debido a la acción de bruñido (frotación) de la superficie de la rueda. Este efecto de bruñido puede crear excesivo calor, que puede causar daño térmico a la pieza.
8. *No detiene la chispa*—Una rueda dura seguirá cortando, incluso después de que el avance del esmeril se ha detenido, debido a la distorsión de la máquina y a las elevadas presiones de corte.
9. *Microgrietas térmicas*—Estas pueden ser causadas por ruedas de grado duro que contengan granos abrasivos finos. "Las grietas de esmerilado" causadas por el calor excesivo generado pueden dañar la microestructura de la pieza hasta una profundidad de .002 pulg (0.05 mm).

INSPECCIÓN DE LAS RUEDAS

Una vez recibidas las ruedas deben ser inspeccionadas para ver que no hayan sido dañadas en tránsito. Como una seguridad adicional de que las ruedas no hayan sido dañadas, deben ser suspendidas y golpeadas ligeramente con el mango de un destornillador para ruedas pequeñas (Figura 82-15), o con un mazo de madera para ruedas más grandes. Si las rue-

FIGURA 82-15 Prueba de una rueda de esmeril en busca de grietas. (Cortesía de Kelmar Associates.)

das vitrificadas o de silicato están en buen estado, emitirán un sonido claro y metálico. Las ruedas de aglomerante orgánico emitirán un sonido más amortiguado y las ruedas rotas no producen ningún sonido. Las ruedas deben estar secas y libres de virutas antes de ser probadas; de lo contrario el sonido se amortiguará.

RUEDAS DE DIAMANTE

Las ruedas de diamante se utilizan para esmerilar carburos cementados y materiales vítreos duros, como el vidrio y la cerámica. Las ruedas de diamante se manufacturan en una diversidad de formas como por ejemplo ruedas rectas, en taza, en plato y delgadas de corte.

Las ruedas de 1/2 pulg (13 mm) de diámetro o menos tienen partículas de diamante en toda la rueda. Las ruedas mayores de 1/2 pulg (13 mm) se fabrican con una superficie de diamante en la cara esmeriladora solamente. Para este efecto, los diamantes se fabrican en tamaños de grano que van desde el 100 al 400. Las proporciones de mezcla de diamante y de aglomerante varían dependiendo de la aplicación. Esta concentración de diamantes se identifica con las letras A, B o C. La concentración C contiene cuatro veces el número de diamantes de una concentración A. Esta mezcla se aplica como un recubrimiento sobre la cara esmeriladora de la rueda en espesores que van desde 1/32 a 1/4 de pulg

Aglomerantes

Existen tres tipos de aglomerantes disponibles para las ruedas de diamante: resinoide, metálico y vitrificado.

Las *ruedas de aglomerante resinoide* dan una velocidad máxima de corte y requieren muy poco rectificado. Estas ruedas se mantienen afiladas durante un largo tiempo y son adecuadas para el esmerilado de carburos.

Un desarrollo reciente en la manufactura de ruedas de diamante con aglomerante resinoide ha sido el recubrimiento de partículas de diamante con electrodepósito de níquel. Este proceso se lleva a cabo antes de que los diamantes sean mezclados con la resina. De esta manera se reduce la tendencia de los diamantes a romperse y resulta en ruedas de esmerilado más frío y de más larga duración.

Los *aglomerantes metálicos,* generalmente no ferrosos están particularmente adecuados para el esmerilado manual y operaciones de corte. Este tipo de rueda conserva su forma extremadamente bien y no se desgasta en trabajo radial o en pequeñas áreas de contacto.

Las *ruedas de aglomerado vitrificado* eliminan material con rapidez pero requieren una limpieza frecuente con una barra abrasiva de carburo de boro para evitar que la rueda se cargue. Estas ruedas son particularmente adecuadas para esmerilado manual y superficial de carburos cementados.

Identificación de las ruedas de diamante

El método utilizado para identificar las ruedas de diamante es diferente del que se usa para las demás ruedas de esmeril (Figura 82-16).

RUEDAS DE NITRURO DE BORO CÚBICO

Las ruedas de esmeril de nitruro de boro cúbico (CBN) se reconocen ahora como herramientas de corte superiores para el esmerilado de metales difíciles de maquinar. De su utilización inicial en talleres de herramientas y en aplicaciones de esmerilado de cortadores, las ruedas CBN están realmente haciéndose presentes en operaciones de esmerilado de

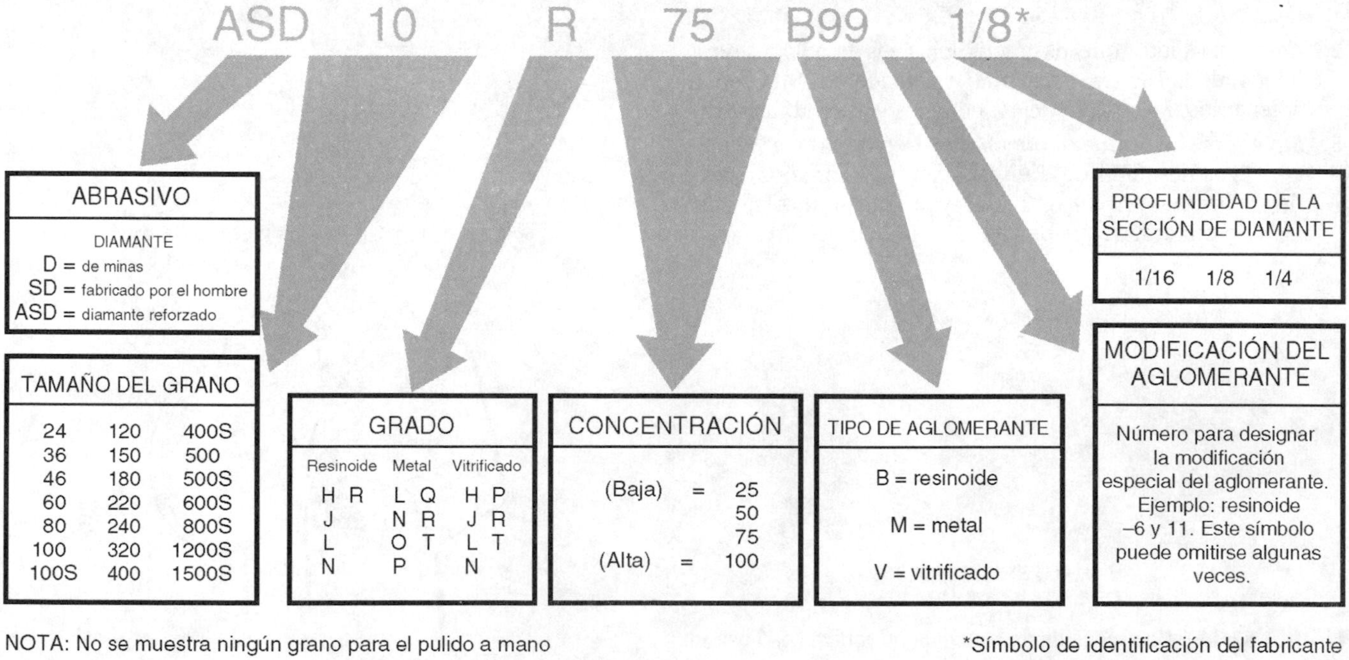

NOTA: No se muestra ningún grano para el pulido a mano

*Símbolo de identificación del fabricante

FIGURA 82-16 Diagrama del sistema de marcado de las ruedas de esmeril de diamante. (Cortesía de Norton Co.)

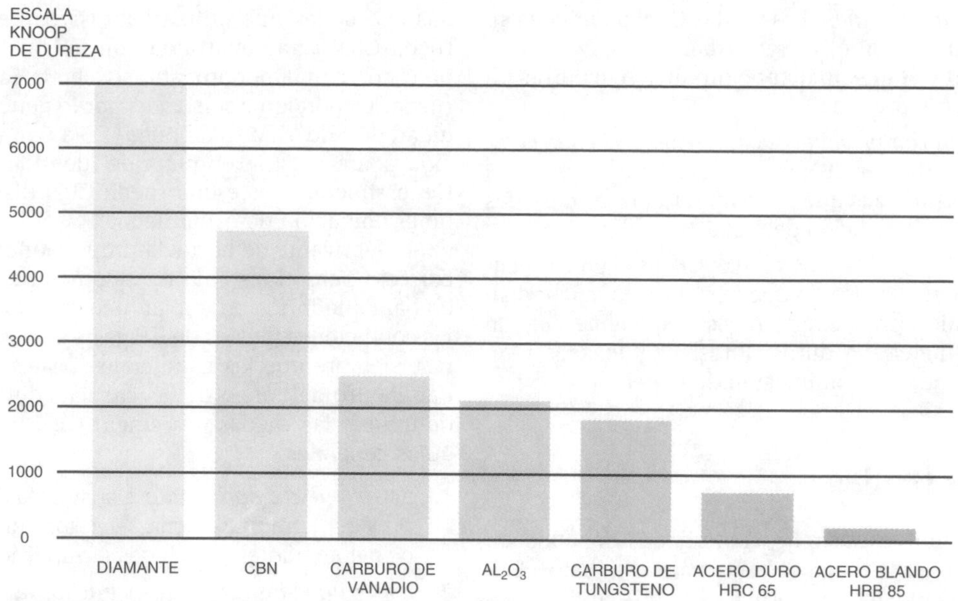

FIGURA 82-17 Dureza de varios metales y abrasivos. (Cortesía de Norton Co.)

producción, donde la alternativa había sido utilizar abrasivos convencionales menos costosos que se desgastan a velocidades mucho más rápidas. Las aplicaciones para las ruedas CBN van desde el reesmerilado elemental de las herramientas de corte de alta velocidad al esmerilado de ultra alta velocidad de componentes de acero endurecido en las industrias automotrices.

Las ruedas de esmeril CBN tienen más de dos veces la dureza de los abrasivos convencionales para el esmerilado de metales ferrosos difíciles de esmerilar (Figura 82-17). En un abrasivo la dureza no tiene significación si el abrasivo es demasiado frágil para soportar la presiones de maquinado y el calor del esmerilado de producción. El cristal abrasivo CBN tiene la tenacidad paralela a su dureza, por lo que sus aristas cortantes se mantienen afiladas durante más tiempo con velocidades de desgaste más lentas que las de los abrasivos convencionales.

En materiales difíciles de esmerilar las ruedas de esmeril convencionales se desafilan rápidamente y, como resultado generan gran cantidad de calor por fricción. Conforme

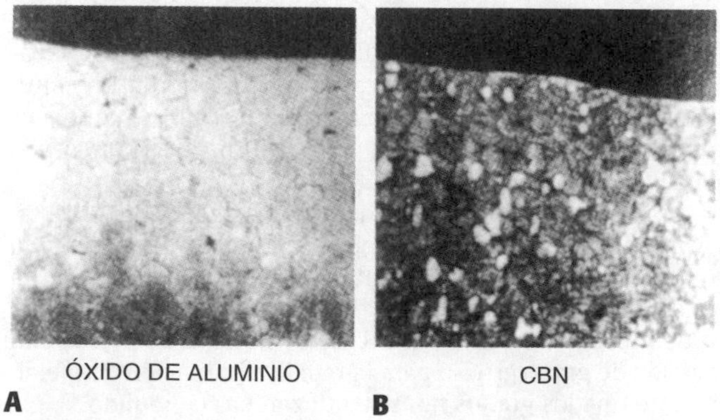

FIGURA 82-18 (A) Esmerilado con una rueda de óxido de aluminio, mostrando daño metalúrgico, en tanto que (B) esmerilado con una rueda de nitruro de boro cúbico (CBN) que no muestra daño. (Cortesía de GE Superabrasives.)

se desafilan los granos abrasivos, la velocidad de eliminación de material se reduce y es difícil mantener la precisión y la geometría de la pieza. La capacidad de corte prolongada de las ruedas CBN así como la elevada conductividad térmica ayudan a evitar la acumulación no controlada de calor y por lo tanto reducen las posibilidades de vitrificación de la rueda y daños metalúrgicos a la pieza (Figura 82-18). El abrasivo CBN es también estable térmica y químicamente a temperaturas por encima de 1832°F (1000°C), esto es, muy por arriba de las temperaturas alcanzadas normalmente en el esmerilado. Esto significa un reducido desgaste de la rueda de esmeril, con una más fácil producción de la geometría y precisión de la pieza de trabajo.

Propiedades de las ruedas de nitruro de boro cúbico (CBN)

El nitruro de boro cúbico es un material que no se encuentra en la naturaleza. Las ruedas de esmeril CBN contienen las cuatro propiedades principales necesarias para esmerilar materiales extremadamente duros o abrasivos con velocidades elevadas de eliminación de metal: dureza, resistencia a la abrasión, resistencia a la compresión y conductividad térmica (Figura 82-19).

1. *Dureza*—El nitruro de boro cúbico que sigue al diamante en dureza, es aproximadamente dos veces más duro que el carburo de silicio y que el óxido de aluminio.

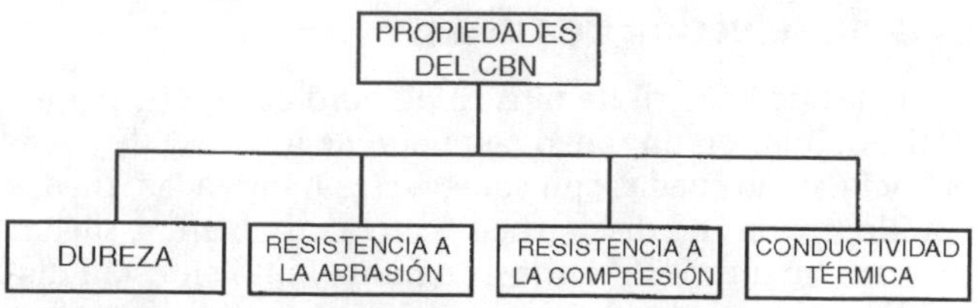

FIGURA 82-19 Las propiedades de las ruedas de esmeril CBN. (Cortesía de Kelmar Associates.)

2. *Resistencia a la abrasión*—Las ruedas CBN mantienen su filo mucho más tiempo, incrementando por lo tanto la productividad y al mismo tiempo produciendo piezas dimensionalmente precisas.
3. *Resistencia a la compresión*—La alta resistencia a la compresión de los cristales CBN les dan excelentes cualidades para resistir las fuerzas que se crean durante las elevadas velocidades de eliminación de metal.
4. *Conductividad térmica*—Las ruedas CBN tienen excelente conductividad térmica, lo que permite una mayor disipación del calor (transferencia), especialmente cuando se esmerilan materiales duros, abrasivos y tenaces a velocidades elevadas de eliminación de material.

Selección de ruedas

Cualquier operación exitosa de esmerilado, depende en gran parte de escoger la rueda correcta para el trabajo. El tipo de rueda seleccionada y la forma en que se utilice afectará la velocidad de eliminación de metal (MRR) y la vida de la rueda de esmeril. La selección de una rueda de esmeril CBN puede resultar una tarea muy compleja, y siempre es prudente seguir las sugerencias del fabricante para cada tipo de rueda.

La selección de ruedas CBN generalmente resulta afectada por:

- Tipo de operación de esmerilado.
- Condiciones de esmerilado.
- Requerimientos de terminado superficial.
- Forma y tamaño de la pieza.
- Tipo de material de la pieza.

Los cuatro tipos de ruedas CBN (resina vitrificada, metal y electrodepositada) son altamente efectivos; sin embargo, están diseñadas para aplicaciones específicas y deben ser seleccionadas en consecuencia. No existe ningún tipo de rueda CBN adecuada para todas las operaciones de esmerilado. Por lo tanto para el mejor desempeño de esmerilado, las características del abrasivo de la rueda deben coincidir con las necesidades del trabajo de esmerilado específico. Las características abrasivas como concentración, tamaño y tenacidad deben considerarse en la selección de una rueda, ya que afectan las velocidades de eliminación de metal, la vida de la rueda y el acabado superficial de cualquier operación de esmerilado. Sin embargo, el fabricante de la rueda comprende el tipo de abrasivo CBN disponible y proporcionará el más adecuado para la tarea.

Guías de selección de ruedas

Las ruedas de esmeril de nitruro de boro cúbico (CBN) están disponibles en un rango completo de formas y de tamaños, incluyendo ruedas con caras rectas o formadas, ruedas en anillo, ruedas en disco, ruedas en tazas abiertas, ruedas montadas, mandriles y barras de pulir. También están disponibles ruedas individualmente diseñadas para adecuarse a sistemas específicos de maquinado superabrasivo u operaciones específicas de esmerilado. Como en el caso de todas las ruedas que utilizan abrasivos de elevado costo, la rueda CBN está construida con un núcleo preformado de precisión con la porción abrasiva en la cara de trabajo de la rueda. La porción abrasiva es por lo general de una profundidad de sólo 1/16 a 1/4 de pulg (1.5 a 6 mm), y esta información aparece en la etiqueta de identificación de la rueda. Generalmente existe una rueda CBN disponible para cualquier operación de esmerilado.

El fabricante de la rueda proporcionará el abrasivo CBN correcto para el sistema de aglomerante seleccionado. Sin embargo, la forma en que la rueda se utiliza, determinará si las condiciones ideales de desgaste se pueden lograr. Asegúrese siempre que las condiciones reales de operación quedan dentro del rango de las capacidades de la rueda. A fin de utilizar las ruedas de esmeril CBN con éxito, siga estas guías generales:

1. *Seleccione el aglomerante.* Consulte la Figura 82-20 y la Tabla 82-4 para una buena selección inicial en la selección de aglomerantes para todas las aplicaciones principales.
2. *Especifique los diámetros y anchos normales de la rueda.* Cuando se reemplaza una rueda de óxido de aluminio por una rueda CBN, ésta última debe tener el mismo diámetro y ancho que la rueda que reemplaza.
3. *Escoja el tamaño más grande de abrasivo que produzca el acabado deseado.* Para cualquier conjunto de operaciones de esmerilado, una rueda CBN con un abrasivo grueso (de malla grande) tendrá una vida más larga que una rueda que contenga una abrasivo fino (de malla pequeña). Sin embargo, la rueda con abrasivo fino producirá mejores acabados superficiales a velocidades de avance inferiores.
4. *Escoja las ruedas con la concentración óptima de abrasivos.* Aunque las ruedas de baja concentración generalmente pueden servir, no siempre son las más eficientes en su costo. Seleccione siempre la concentración más elevada que la potencia de la máquina esmeriladora pueda mover efectivamente.

ABRASIVOS CON RESPALDO

Los abrasivos con respaldo (Figura 82-21 de la Pag. 684) están formados por un respaldo flexible (tela o papel) al cual se le han adherido granos abrasivos. El granate, el pedernal y el esmeril (abrasivos naturales) están siendo reemplazados por óxido de aluminio y carburo de silicio en la manufactura de abrasivos con respaldo. Esto se debe a la mayor tenacidad y al tamaño y forma más uniforme de grano de los abrasivos manufacturados.

Los abrasivos con respaldo tienen dos finalidades en el taller mecánico: esmerilado de metales y pulido. El esmerilado de metales se puede efectuar sobre una banda o un esmeril de disco y, hasta hace unos cuantos años era un método rápido no de precisión de eliminar metal. Se utilizan abrasivos con respaldo de grano grueso para la rápida eliminación de metal, en tanto que los granos finos se utilizan para el pulido.

El esmeril, un abrasivo natural de color negro, se utiliza para fabricar abrasivos recubiertos, como la tela y el papel de esmeril. Puesto que los granos no son tan agudos como los abrasivos artificiales, el esmeril se utiliza generalmente para el pulido manual de los metales.

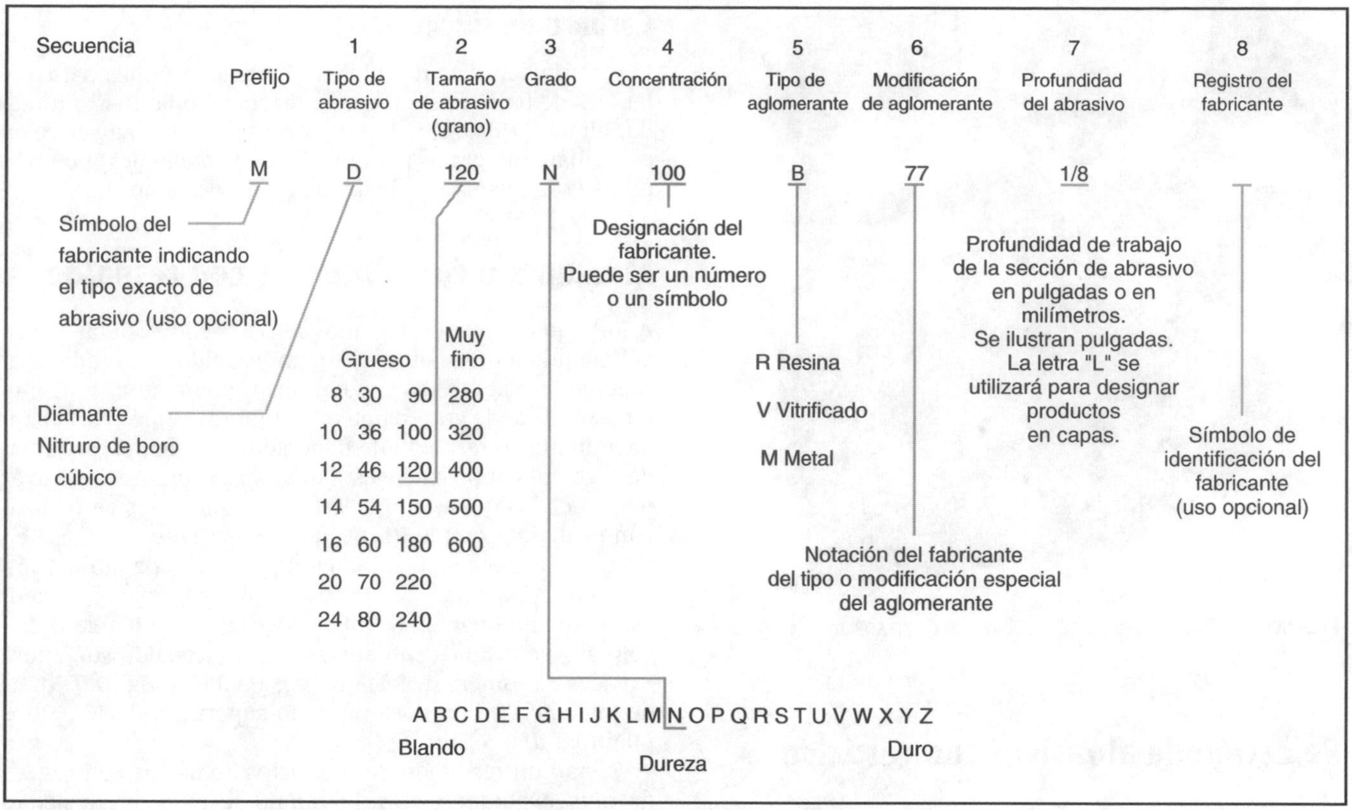

FIGURA 82-20 El sistema de codificación ANSI para ruedas de esmeril CBN y de diamante.

TABLA 82-4 Rendimiento y especificaciones de esmerilado de los sistemas de aglomerante CBN.

Elemento	Tipo de aglomerante de la rueda			
	Resina	Metal	Vítreo depositado	Electro
Profundidad de la corona	.079 pulg (2 mm) o más	.079 pulg (2 mm) o más	.079 pulg (2 mm) o más	Una capa abrasiva
Vida de la rueda	Limitada	Larga	Larga	Limitada
Relación de esmerilado	Media	Alta	Media/alta	(no aplicable)
Acción de corte	Excelente	Buena	Buena a excelente	Buena a excelente
Velocidad de eliminación de material	Alta	Limitada	Media a alta	Alta
Conservación de la forma	Buena	Excelente	Excelente	Excelente
Precauciones para su uso	Ninguna	Se recomiendan máquinas rígidas	Mínima resistencia a daños	Ninguna
Esmerilado	Húmedo o seco	Húmedo	Húmedo	Húmedo de preferencia se puede usar en seco

FIGURA 82-21 Una variedad de abrasivos con respaldo. (Cortesía de Norton Co.)

Selección de abrasivos con respaldo

Óxido de aluminio

El óxido de aluminio de apariencia grisácea se utiliza para materiales de elevada resistencia a la tensión, como aceros, aceros aleados, aceros al alto carbono, y bronces duros. El óxido de aluminio se caracteriza por la larga duración de sus aristas cortantes.

Para *operaciones manuales*, se utilizan de 60 a 80 granos para corte rápido (desbastado), en tanto que se recomienda de 120 a 180 granos para operaciones de acabado.

Para *operaciones en máquina*, tales como esmerilado de banda o de disco, se utiliza de 36 a 60 granos para desbastar, en tanto que se recomienda de 80 a 120 granos para operaciones de acabado.

Carburo de silicio

El carburo de silicio de color azul negro, se utiliza para materiales de baja resistencia a la tensión, como hierro fundido, aluminio, latón, cobre, vidrio y plásticos. La selección del tamaño de grano para operaciones manuales y de máquina es la misma que la del óxido de aluminio.

Maquinado con abrasivos con respaldo

A lo largo de los últimos años se ha hecho popular el uso del maquinado con abrasivos con respaldo en la industria. Con mejores abrasivos y materiales aglomerantes, una mejor estructura de grano, una más uniforme unión de la banda y un nuevo respaldo de banda de poliéster, el maquinado en banda abrasiva se está utilizando con mucho mayor frecuencia. Algunos tipos de trabajo que antes se realizaban mediante fresado, torneado y esmerilado con rueda en los talleres mecánicos, fundiciones, plantas de fabricación de acero y acerarías, se ejecutan ahora con mayor eficiencia mediante operaciones de esmerilado por banda o disco. Las operaciones con abrasivos con respaldo son ahora capaces de esmerilar hasta menos de .001 pulg (0.03 mm) de tolerancia y con un terminado superficial de 10 a 20 μ pulg (0.3 to 0.5 μm).

Como un resultado de productos abrasivos con respaldo muy mejorados, en este campo se están produciendo máquinas más pesadas y mejores que requieren de mayor potencia. Las máquinas básicas se han automatizado más incluyendo ahora cargadores automáticos, alimentadores y descargadores. Se ha aplicado el maquinado por banda con mucho éxito a la idea del esmerilado sin centros, donde se utiliza ampliamente para el rectificado de barras y tubos en plantas de acero y metal mecánicas. En muchos aserraderos, el maquinado abrasivo en banda se utiliza ahora para acabar la madera a su tamaño, operación que anteriormente se llevaba a cabo mediante el cepillado.

PREGUNTAS DE REPASO

1. ¿Qué características debe tener un abrasivo para que funcione correctamente?

Tipos de abrasivos

2. Nombre cuatro abrasivos naturales.
3. ¿Qué es el diamante negro y para qué se utiliza?
4. Nombre tres abrasivos manufacturados y diga por qué en la actualidad son de amplia utilización.
5. ¿Por qué se utilizan los abrasivos de óxido de aluminio y de carburo de silicio?
6. Describa la manufactura del óxido de aluminio.
7. Describa la manufactura del carburo de silicio.
8. Liste tres usos del abrasivo de circonio-aluminio.
9. Describa la acción de corte del abrasivo circonio-aluminio
10. Liste cuatro ventajas de las ruedas abrasivas de circonio-aluminio.
11. ¿En qué manera difiere la manufactura del carburo de boro de los otros abrasivos manufacturados?
12. Liste los usos del carburo de boro.
13. Liste las cinco ventajas de las ruedas de esmeril de nitruro de boro cúbico.
14. Nombre dos tipos de Borazon ™ (nitruro de boro cúbico) y diga dónde se utiliza cada uno de ellos.
15. Liste tres tipos de diamantes manufacturados y diga dónde se usa cada uno de ellos.
16. a. Nombre dos materiales utilizados para recubrir los diamantes.
    b. ¿Cuál es el propósito de recubrir los diamantes?

Ruedas de esmeril

17. ¿Cuáles son las funciones básicas de una rueda de esmeril?
18. Describa la función de cada grano abrasivo.
19. ¿Cómo se determina el tamaño del grano y por qué es importante?
20. ¿Qué factores afectan la selección del tamaño apropiado del grano?
21. ¿Cuál es la función de un aglomerante y de qué manera afecta el grado de una rueda de esmeril?
22. Nombre seis tipos de aglomerante y diga cuál es el objetivo de cada uno de ellos en la manufactura de ruedas de esmeril.
23. ¿Por qué es importante la selección del grado de la rueda en la operación de esmerilado?
24. ¿Qué factores deben tomarse en consideración al seleccionar el grado de la rueda para un trabajo en particular?
25. Defina la *estructura* de una rueda de esmeril y diga cómo se indica.
26. ¿Qué factores afectan la selección de la estructura apropiada de una rueda?

Manufactura de las ruedas de esmeril

27. Describa brevemente la manufactura de una rueda de esmeril vitrificada.

Formas estándar de ruedas de esmeril

28. Describa las siguientes ruedas de esmeril y diga para qué sirven: tipos 1, 5, 6, 11.
29. ¿Con qué finalidad se utilizan las ruedas de esmeril montadas?

Marcas de las ruedas de esmeril

30. Explique el significado de las siguientes marcas de las ruedas de esmeril: A80-G-8-V.
31. ¿Qué rueda debe seleccionarse para esmerilar?
    a. Acero para maquinaria
    b. Carburo cementado
    c. Hierro fundido

Inspección de las ruedas

32. Explique por qué es importante inspeccionar una rueda de esmeril antes de montarla en un esmeril.
33. ¿De qué manera deben inspeccionarse las ruedas de esmeril?

Ruedas de diamante

34. ¿Para qué finalidad se utilizan las ruedas de diamante?
35. Explique *concentración de diamante* de una rueda de esmeril.
36. Nombre tres tipos de aglomerante que se utilice en las ruedas de diamante y explique el propósito de cada uno de ellos.
37. Defina las siguientes marcas de ruedas de diamante: D 120-N 100-B $\frac{1}{8}$.

Abrasivos con respaldo

38. Nombre tres abrasivos comunes utilizados en la manufactura de abrasivos con respaldo y diga cuál es su finalidad.
39. ¿Qué tamaño de grano se recomienda para?:
    a. Operaciones manuales
    b. Operaciones en máquina

UNIDAD

83

Rectificadores superficiales y accesorios

OBJETIVOS

Al terminar el estudio de esta unidad, se podrá:

1. Mencionar cuatro métodos de rectificado de superficies y enunciar las ventajas de cada uno
2. Rectificar y afilar una rueda de rectificado
3. Elegir la rueda de rectificado adecuada para cada tipo de material

El rectificado es una parte importante en el ramo de las máquinas herramienta. El mejoramiento en la construcción de las máquinas de rectificado ha permitido la producción de piezas a tolerancias muy finas, con acabados superficiales y precisión mejoradas. Debido a la precisión dimensional que se obtiene en el rectificado, la manufactura intercambiable se ha convertido en lugar común en muchas de las industrias.

El rectificado también ha eliminado en muchas instancias la necesidad del maquinado convencional. Con el desarrollo de nuevos abrasivos y mejores máquinas, el desbaste a menudo es terminado en una operación de rectificado, eliminando así la necesidad de otros procesos de maquinado. El papel de las máquinas rectificadoras ha cambiado a través de los años; al principio se utilizaban sobre piezas endurecidas y para rectificar piezas endurecidas que se habían deformado en el tratamiento térmico. Hoy en día, el rectificado se aplica extensivamente a la producción de piezas sin endurecer, en donde se requiere una alta precisión y acabado superficial. En muchos casos, las máquinas rectificadoras modernas permiten la fabricación de piezas complejas más rápida y precisamente que los demás métodos de maquinado.

EL PROCESO DE RECTIFICADO

En el proceso de rectificado, la pieza se pone en contacto con una rueda de rectificado girando. Cada uno de los pequeños granos abrasivos en la periferia de la rueda actúa como una herramienta de corte individual, y elimina una viruta de metal (Figura 83-1). Conforme los granos abrasivos pierden el filo, la presión y el calor creados entre la rueda y la pieza hacen que la cara desafilada se desprenda, dejando nuevos bordes de corte afilados.

Sin importar el método de rectificado que se utilice, ya sea cilíndrico, sin centros, o el rectificado de superficies, el

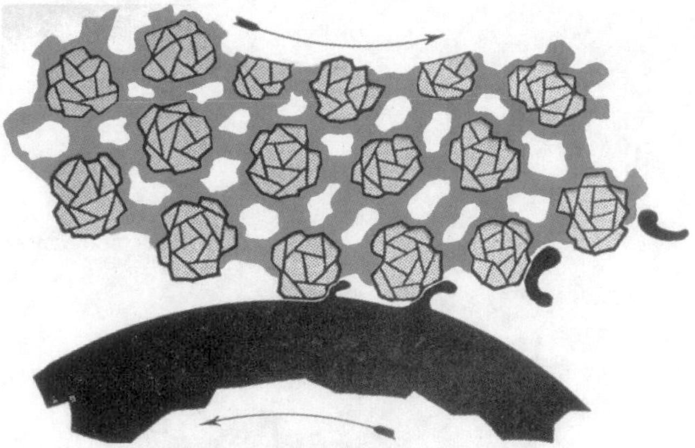

FIGURA 83-1 Acción de corte de los granos abrasivos. (Cortesía The Carborundum Company.)

proceso de rectificado es el mismo, y ciertas reglas generales se aplicarán en todos los casos:

1. Utilice una rueda de carburo de silicio en materiales de baja resistencia a la tensión, y una rueda de óxido de aluminio para materiales de alta resistencia a la tensión.
2. Utilice una rueda dura en materiales blandos y una rueda blanda en materiales duros.
3. Si la rueda es demasiado dura, aumente la velocidad de la pieza y reduzca la velocidad de la rueda, para que tenga la acción de una rueda más blanda.
4. Si la rueda parece demasiado blanda o se desgasta rápidamente, reduzca la velocidad de la pieza o aumente la velocidad de la rueda, pero sin exceder la velocidad recomendada.
5. Una rueda vitrificada afectará el acabado, la precisión, y la velocidad de eliminación de metal. Las causas principales para que una rueda se vidrie son:
   a. La velocidad de la rueda es demasiado alta.
   b. La velocidad de la pieza es demasiado baja.
   c. La rueda es demasiado dura.
   d. El grano es muy pequeño.
   e. La estructura es demasiado densa, lo que hace que la rueda se cargue.
6. Si la rueda se desgasta con demasiada rapidez, la razón puede ser cualquiera de las siguientes:
   a. La rueda es demasiado blanda.
   b. La velocidad de la rueda es demasiado baja.
   c. La velocidad de la pieza es demasiado alta.
   d. La velocidad de avance es demasiado alta.
   e. La cara de la rueda es demasiado estrecha.
   f. La superficie de la pieza está interrumpida por perforaciones o ranuras.

RECTIFICADO DE SUPERFICIES

El *rectificado de superficies* es un término técnico que se refiere a la producción de superficies planas, con contorno o irregulares, en una pieza que es pasada contra la rueda de esmeril giratoria.

Tipos de rectificadoras de superficies

Existen cuatro tipos distintos de máquinas de rectificado de superficies (Figura 83-2), todos los cuales proporcionan un medio para sostener el metal y ponerlo en contacto con la rueda de rectificado.

La *rectificadora de husillo horizontal con mesa reciprocante* (Figura 83-2A) es probablemente el tipo de rectificadora de superficie de uso más común en el taller de herramientas. La pieza es reciprocada (movida atrás y adelante) bajo la rueda de rectificado, la cual se avanza hacia abajo para proporcionar la profundidad de corte deseada. El avance se obtiene al final de cada pasada, mediante un movimiento transversal de la mesa.

La *rectificadora de husillo horizontal con mesa giratoria* (Figura 83-2B) se encuentra a menudo en cuartos de herramientas para rectificar piezas circulares planas. El patrón de superficie que produce la hace particularmente adecuada para esmerilar piezas que deben girar unas en contacto con otras. La pieza se sostiene en el mandril magnético sobre la mesa giratoria y es pasado por debajo de la rueda de rectificado. Este tipo de máquina permite un rectificado más rápido de piezas circulares, ya que la rueda siempre está en contacto con la pieza.

La *rectificadora de husillo vertical con mesa giratoria* (Figura 83-2C) produce una superficie acabada al esmerilar con la cara de la rueda en vez de con la periferia, como sucede en las máquinas de husillo horizontal. El patrón de superficie aparece como una serie de arcos intersectantes. Las rectificadoras de husillo vertical tienen una velocidad de eliminación de metal más alta que las máquinas de husillo de tipo horizontal. Probablemente es el medio más eficiente y preciso para rectificar en la producción de superficies planas.

La *rectificadora de husillo vertical con mesa reciprocante* (Figura 83-2D) rectifica con la cara de la rueda, mientras la pieza se mueve hacia atrás y adelante bajo la misma. Debido al husillo vertical y a la mayor área de contacto entre rueda y pieza, esta máquina es capaz de realizar cortes pesados. Con las máquinas más grandes de este tipo se puede eliminar material de hasta ½ pulg (13 mm) de espesor en una pasada. En la mayoría de estas rectificadoras se tiene la previsión de inclinar la cabeza de la rueda unos cuantos grados a partir de la vertical. Esto permite una presión mayor en donde el borde de la rueda hace contacto con la pieza y resulta en una más rápida eliminación de metal. Cuando el cabezal está vertical y el rectificado se realiza en la cara de la rueda, el patrón de superficie que se produce es una serie de arcos intersectantes uniformes. Si la rueda de cabeza está inclinada, produce un patrón semicircular.

La rectificadora de superficie de husillo horizontal con mesa reciprocante

La rectificadora de superficie de husillo horizontal con mesa reciprocante es la de uso más común y será analizada en detalle. Las máquinas de este tipo pueden operarse ya sea manual o hidráulicamente (Figura 83-3A de la página 688).

La rectificadora EZ-SURF® Figura 83-3B, puede cambiarse con facilidad de rectificadora de superficie manual, a semi-automática, a completamente automática, para adecuarse a la operación de rectificado. En el modo **"TEACH"** usted

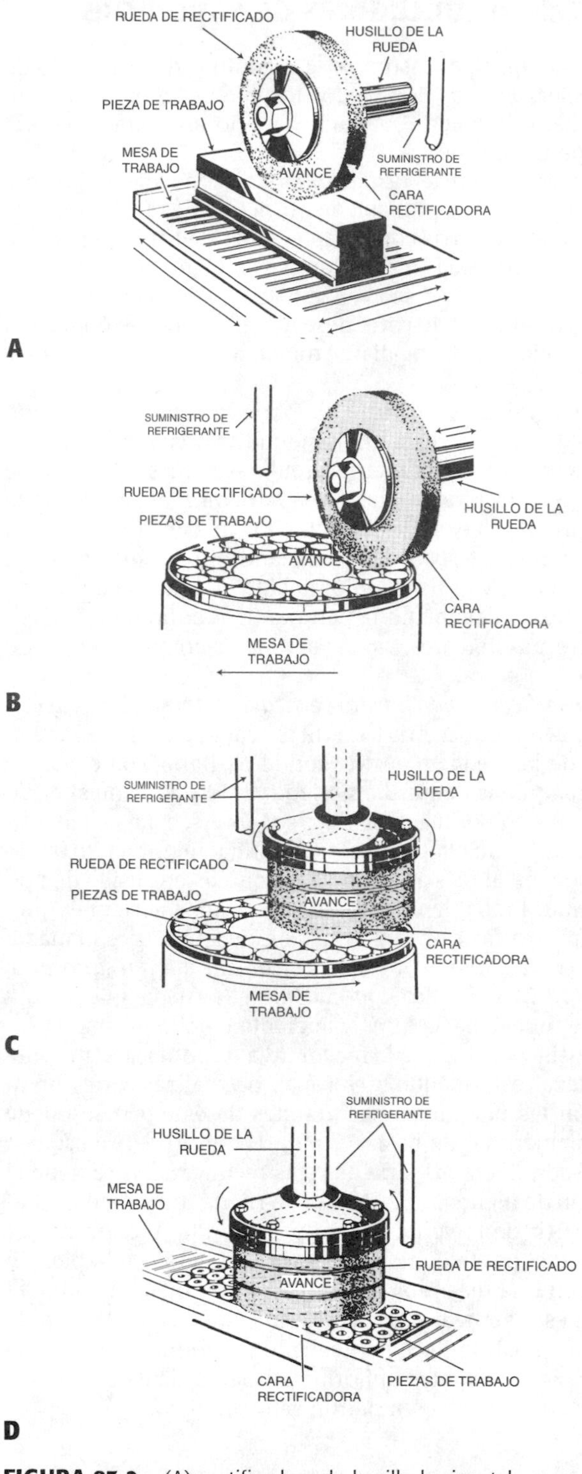

FIGURA 83-2 (A) rectificadora de husillo horizontal con mesa reciprocante; (B) rectificadora de husillo horizontal con mesa rotatoria; (C) rectificadora de husillo vertical con mesa rotatoria; (D) rectificadora de husillo vertical con mesa reciprocante. (Cortesía The Carborundum Company.)

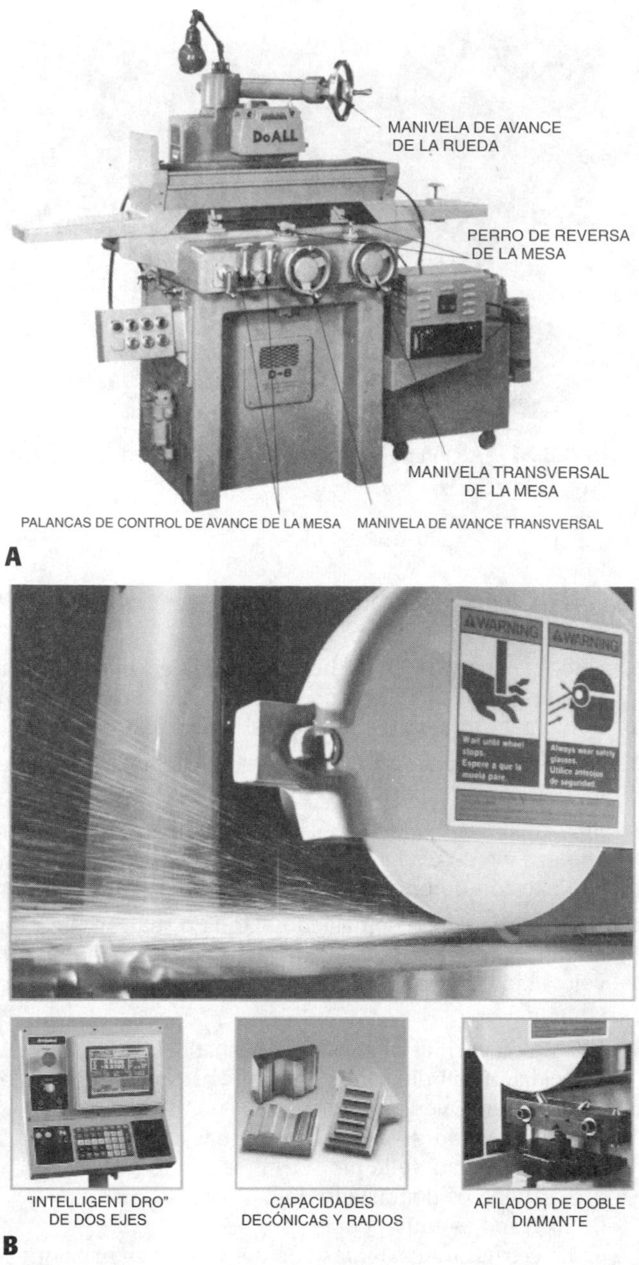

FIGURA 83-3 (A) Rectificadora hidráulica de superficies. (Cortesía The DoAll Co.); (B) La rectificadora EZ-Surf® puede utilizarse como rectificadora de superficies convencional o completamente automática. (Cortesía de Bridgeport Machines, Inc.)

puede enseñar y programar hasta 100 puntos en las coordenadas *X* y *Z* para operaciones de rectificado automáticas repetitivas. El **"Intelligent DRO"** ayuda a aumentar la productividad, a mejorar la precisión y a simplificar operaciones de rectificado. La biblioteca de ruedas permite al operador crear formas de rueda, tales como cónicas y radios, con un afilador sencillo o de doble diamante.

Partes de la rectificadora hidráulica de superficies

La *base* por lo general está construida de pesado hierro fundido. Usualmente contiene el depósito y la bomba hidráulica que se utilizan para operar la mesa y los avances automáticos. La parte superior de la base tiene guías maquinadas con precisión para recibir la silla.

La *silla* puede moverse hacia dentro o hacia fuera sobre las guías, manualmente o mediante avance automático.

La *mesa* está montada en la parte superior de la silla. Las guías de la mesa están en ángulo recto con respecto a las de la base. Así, la mesa oscila a través de las guías superiores en la silla, en tanto que la silla (y la mesa) se mueven adentro y afuera sobre las guías de la base.

La *columna,* montada en la parte posterior del marco, contiene las guías de la *carcaza del husillo* y el *cabezal.* La manivela de avance de la rueda proporciona el medio para mover el cabezal verticalmente para ajustar la profundidad de corte.

La acción reciprocante de la mesa puede controlarse manualmente mediante la *manivela transversal de la mesa,* o mediante la *palanca de la válvula de control hidráulica.*

La dirección de la mesa se invierte cuando una de las *bridas de tope* montadas en el costado de la mesa golpea la *palanca de reversa transversal de la mesa.*

La mesa puede avanzarse hacia o en dirección contraria a la columna por medio de la *manivela de avance transversal* o automáticamente mediante el *control de avance transversal de potencia.* Esta operación mueve a la pieza lateralmente debajo de la rueda.

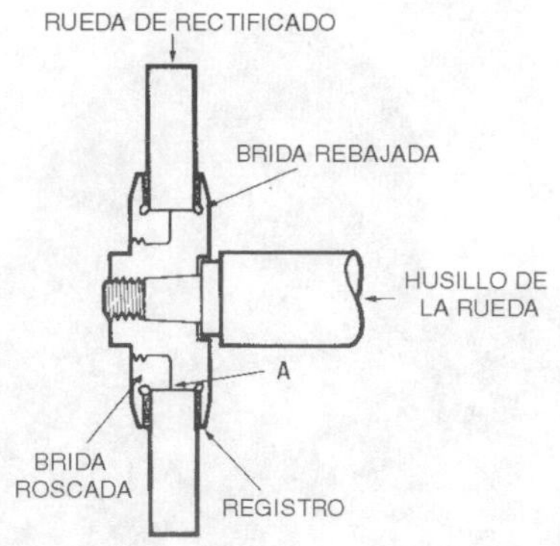

FIGURA 83-4 Rueda de rectificado instalada correctamente sobre el husillo de la rectificadora.

CUIDADOS DE LA RUEDA DE ESMERIL

A fin de asegurar los mejores resultados en cualquier operación de rectificado de superficies, debe darse el cuidado adecuado a la rueda de rectificado. Siga las siguientes indicaciones:

1. Cuando no se estén utilizando, todas las ruedas de rectificado deben almacenarse apropiadamente.
2. Las ruedas deben probarse en busca de grietas antes de utilizarse.
3. Seleccione el tipo de rueda adecuado para el trabajo.
4. Las ruedas de rectificado deben montarse correctamente y operarse a la velocidad recomendada.

Cómo montar una rueda de rectificado

Ya que se ha seleccionado la rueda correcta para el trabajo, la instalación correcta de la rueda de rectificado asegura el mejor desempeño en la operación.

Procedimiento

1 Pruebe la rueda para ver si no está agrietada mediante el sonido al golpearla con el mango de un destornillador o un martillo.

2 Limpie el adaptador de la rueda de rectificado.

3 Monte el adaptador a través de la rueda y apriete la brida roscada (Figura 83-4).

a. Asegúrese que el registro esté en cada lado de la rueda antes del montaje. Debe utilizarse un registro perforado para el refrigerante a través de la rueda. A veces, en algunas esmeriladoras, se utiliza una arandela de hule en lugar del registro.

b. La rueda debe tener un buen ajuste con el adaptador o el husillo. Si es demasiado apretado o demasiado flojo, no debe instalarse la rueda.

c. Para cumplir con el Wheel Manufacturer's Safety Code, el diámetro de las bridas no debe ser inferior a un tercio del diámetro de la rueda.

4 Apriete las bridas del adaptador de rueda sólo lo suficiente para sostener la rueda firmemente. Si se aprieta demasiado, el adaptador puede dañar las bridas o romper la rueda.

Cómo balancear una rueda de rectificado

El balanceo adecuado de la rueda de rectificado ya montada es muy importante, ya que un balanceo incorrecto afectará en gran medida el acabado superficial y la precisión de la pieza. El desbalanceo excesivo provoca vibración, lo que dañará los cojinetes del husillo.

Existen dos métodos para balancear las ruedas:

1. El *balanceo estático*—En algunas rectificadoras, la rueda se balancea fuera de la máquina, mediante el uso de un bastidor de balanceo y un portaherramienta. Deben colocarse correctamente los contrapesos en la brida de la rueda, a fin de balancear la rueda de esmeril.
2. El *balanceo dinámico*—La mayoría de las máquinas rectificadoras nuevas están equipadas con dispositivos de balanceo de cojinetes de bola, que balancean automáticamente la rueda en cuestión de segundos mientras gira en la rectificadora.

Ya que la rueda se ha montado en el adaptador, debe balancearse, si el adaptador está diseñado para el balanceo.

Cómo balancear la rueda de rectificado

1. Monte la rueda y el adaptador en la rectificadora de superficies y rectifique la rueda con un afilador de diamante.
2. Retire el ensamble de la rueda y monte un portaherramienta de balanceo cónico especial en la perforación del adaptador.
3. Coloque la rueda y el portaherramienta en un bastidor de balanceo (Figura 83-5) que ya ha sido nivelado.

FIGURA 83-5 Bastidor de balanceo para rueda de rectificado. (Cortesía The DoAll Co.)

4. Permita que la rueda gire hasta que se detenga. Esto indicará que el lado pesado estará en la parte inferior. Marque este punto con tiza.
5. Gire la rueda y deténgala en tres posiciones: un cuarto, media, y tres cuartos de vuelta, para verificar el balanceo. Si la rueda se mueve desde cualquiera de estas posiciones, no está balanceada.
6. Afloje los prisioneros en los contrapesos de la rueda, en el receso ranurado de la zapata, y mueva los contrapesos en dirección opuesta a la marca de tiza (Figura 83-6).
7. Verifique la rueda en las cuatro posiciones mencionadas en los pasos 4 y 5.

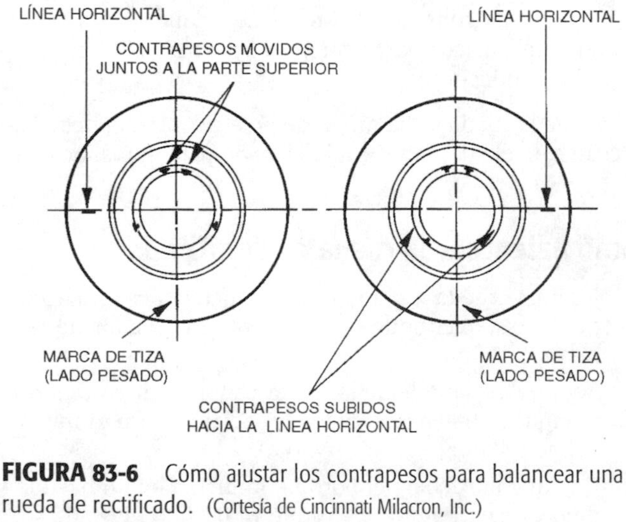

FIGURA 83-6 Cómo ajustar los contrapesos para balancear una rueda de rectificado. (Cortesía de Cincinnati Milacron, Inc.)

8. Mueva los contrapesos alrededor de la ranura en distancias iguales a cada lado de la línea central y verifique el balanceo de nuevo.
9. Continúe moviendo los pesos alejándose del lado pesado hasta que la rueda permanezca estacionaria en cualquier posición.
10. Apriete los contrapesos en su lugar.

Seguridad de rectificado

Todas las máquinas y herramientas de corte son seguras cuando se utilizan apropiada y cuidadosamente; sin embargo, la rueda de rectificado tiene un potencial muy peligroso, especialmente debido a que la mayoría de las ruedas están operando a una velocidad periférica de 6500 pie/min (73.9 millas por hora). Utilizar una rueda que ha sido dañada anteriormente, o utilizarla inapropiadamente, puede ser la causa de un accidente serio.

Las siguientes precauciones generales deben observarse al utilizar cualquier tipo de rueda de rectificado

1. *Utilice la rueda correcta.*—Si una rueda está diseñada para rectificar en su periferia, *no rectifique sobre el costado.* Si la rueda está diseñada para rectificar sobre el costado, *no rectifique en su periferia.*
2. *Pruebe la rueda.*—Pruebe de sonido la rueda antes de montarla, golpeándola con el extremo de un destornillador o martillo de madera (Figura 83-7). Las ruedas vitrificadas producirán un claro sonido de campana, en tanto que las ruedas resinoides deben inspeccionarse con la vista.
3. *Registros.*—Utilice siempre los registros de montaje que vienen con la rueda, para asegurar una presión uniforme en las bridas en el costado de la rueda y alrededor de la perforación del eje.
4. *Ajuste de los pernos de la brida.*—Las tuercas de sujeción en las ruedas montadas en el eje deben apretarse sólo lo suficiente para evitar que la rueda resbale. En ruedas grandes, apriete los pernos de la brida a 15 pie-lb con un torquímetro (Figura 83-8). Una presión de apriete excesiva puede deformar la brida y el collarín, y probablemente romper la rueda.
5. *Bridas.*—Asegúrese que las bridas son planas y están libres de rebabas y ralladuras.
6. *Perforaciones del eje.*—La rueda debe entrar libremente, pero no floja, sobre el eje del husillo. Si está demasiado apretada o demasiado floja, no altere el tamaño de la perforación; reemplace la rueda con otra nueva.

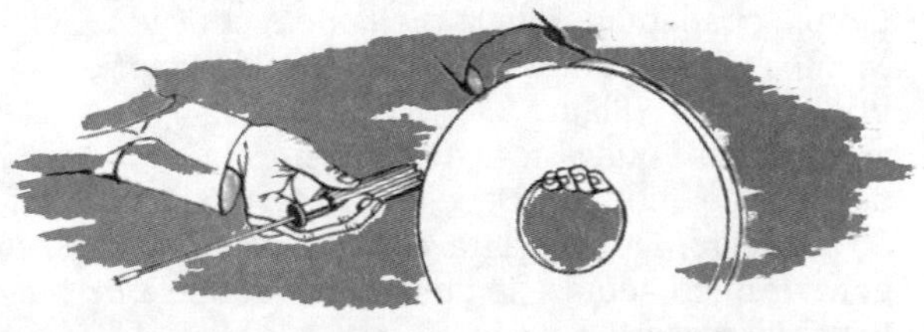

FIGURA 83-7 Antes de montar y utilizar cualquier rueda de rectificado, asegúrese de probar su solidez mediante su sonido. (Cortesía de Cincinnati Milacron, Inc.)

FIGURA 83-8 Apriete las bridas de las ruedas grandes en secuencia alternada a 15 pie-lb. (Cortesía de Cincinnati Milacron, Inc.)

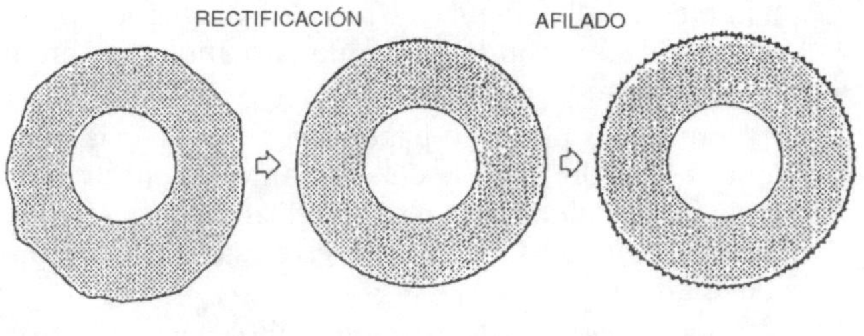

FIGURA 83-10 La rectificación hace a la rueda redonda y concéntrica con respecto al eje; el afilado afila la rueda. (Cortesía de Kelmar Associates.)

7. *Velocidad máxima.*—No exceda la velocidad máxima o de seguridad marcada en la rueda o en el registro. El uso de velocidades mayores o menores puede resultar en un accidente serio.
8. *Guardas de la rueda.*—Siempre utilice la guarda de rueda suministrado con cada rectificadora. Una guarda de rueda apropiada debe cubrir aproximadamente la mitad de la rueda de esmeril.
9. *Al encender la rueda.*—Párese a un lado siempre que se encienda la rueda; una rueda defectuosa o rota se romperá cuando alcance la velocidad máxima de operación (aproximadamente en un minuto).
10. *Lentes de seguridad.*—Siempre utilice lentes de seguridad cuando rectifique, para proteger sus ojos de las finas partículas abrasivas y virutas (Figura 84-9).

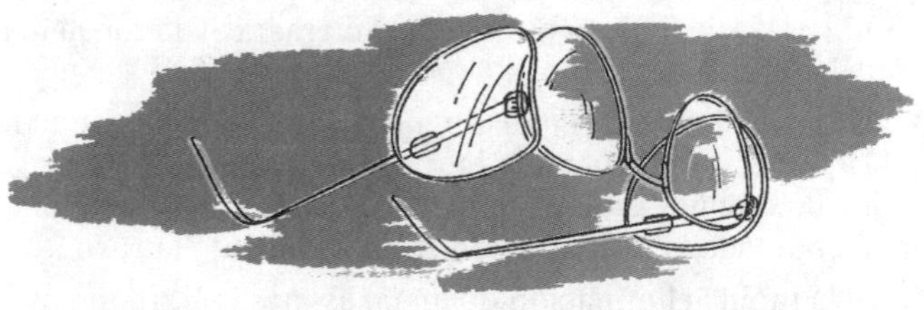

FIGURA 83-9 Siempre utilice lentes de seguridad en el taller de maquinado, especialmente cuando rectifique. (Cortesía de Cincinnati Milacron, Inc.)

Cómo rectificar y afilar una rueda de rectificado

Después de montar la rueda de rectificado, es necesario rectificar la rueda para asegurar que esté concéntrica con respecto al husillo.

El *rectificado* es el proceso de hacer que la rueda esté redonda y concéntrica con respecto al eje del husillo y de producir la forma o contorno requeridos en la rueda (Figura 83-10). Este procedimiento involucra el rectificado o desgaste de una porción de la sección abrasiva de la rueda de rectificado a fin de producir el contorno o forma deseados.

El *afilado* o asentado de la rueda es la operación de eliminar los granos sin filo y las partículas de metal. Esta operación expone filosos bordes cortantes de los granos abrasivos para hacer que la rueda corte mejor (Figura 83-10). Una rueda sin filo, vidriada, o cargada debe afilarse por las siguientes razones:

1. Para reducir el calor generado entre las superficies de trabajo y la rueda de rectificado.
2. Para reducir la deformación sobre la rueda de trabajo y la máquina.
3. Para mejorar el acabado superficial y la precisión de la pieza.
4. Para aumentar la velocidad de eliminación de metal.

Un diamante industrial, montado sobre un soporte adecuado en el mandril magnético, se utiliza generalmente para rectificar y afilar la rueda de esmeril (Figura 83-11).

Para rectificar y afilar una rueda de esmeril

1. Verifique el desgaste del diamante y, si es necesario, gírelo en el soporte para exponer un borde cortante afilado a la rueda.

Nota: La mayoría de los diamantes se montan en el soporte en un ángulo de 5° a 15° a partir de la posición vertical, para evitar la posibilidad de vibraciones y que el diamante se entierre en la rueda. También permite que el diamante se desgaste en ángulo, de forma que se pueda obtener un borde cortante afilado tan sólo girando el diamante sobre el soporte.

FIGURA 83-11 Afilador de diamante utilizado para rectificar y afilar una rueda de esmeril. (Cortesía de Kelmar Associates.)

2. Limpie completamente el mandril magnético con un trapo y frótelo con la palma de la mano para eliminar toda la tierra y suciedad.
3. Coloque una pieza de papel, ligeramente más grande que la base del soporte del diamante, en el extremo izquierdo del mandril magnético. Esto evitará los rasguños en el mandril cuando se esté retirando el soporte del diamante.
4. Coloque el soporte de diamante sobre el papel, cubriendo tantos insertos magnéticos como sea posible, y energice el mandril. El diamante deberá estar apuntando en la misma dirección que la rotación de la rueda de rectificado (Figura 83-12).

Nota: El afilador de diamante debe montarse en la parte izquierda del mandril, para evitar que el polvo volando que se crea durante la operación de afilado, golpee y dañe la superficie del mandril magnético.

5. Eleve la rueda por sobre la altura del diamante.
6. Mueva la mesa longitudinalmente de forma que el diamante esté desplazado aproximadamente ½ pulgada (13 mm) a la izquierda de la línea central de la rueda.
7. Ajuste la mesa lateralmente de manera que el diamante quede colocado bajo el punto alto de la cara de la rueda (Figura 83-13). Esto es importante, ya que las ruedas de esmeril se desgastarán más rápidamente en los bordes de la rueda, dejando el centro de la cara más alto que los bordes.
8. Ponga a girar la rueda y baje cuidadosamente la rueda hasta que el punto alto toque el diamante.
9. Mueva la mesa lateralmente, utilizando la manivela de avance transversal, para avanzar el diamante a través de la cara de la rueda.
10. Baje en cada pasada la rueda de esmeril aproximadamente .001 a .002 pulg (0.02 a 0.05 mm), y afile en desbaste la cara de la rueda hasta que quede plana y haya sido afilada en toda la circunferencia.
11. Baje la rueda .0005 pulg (0.01 mm) y haga varias pasadas sobre la cara de la rueda. La velocidad de avance transversal variará con la estructura de la rueda. Una regla empírica es utilizar un avance transversal rápido en ruedas bastas y un avance transversal lento pero regular en granos finos, de poco espaciamiento.

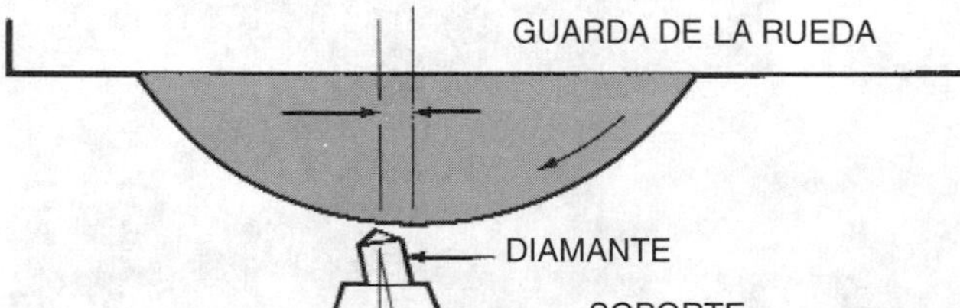

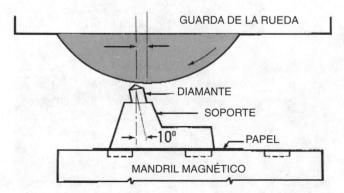

FIGURA 83-12 Posición correcta del afilador de diamante en relación con la rueda de rectificado. (Cortesía de Kelmar Associates.)

FIGURA 83-13 Cómo posicionar el diamante bajo el punto alto de la rueda. (Cortesía de Kelmar Associates.)

Los siguientes puntos adicionales pueden resultar útiles al rectificar o afilar una rueda de rectificado:

1. Para minimizar el desgaste del diamante, afile de desbaste la rueda de rectificado con una barra abrasiva.
2. Si se va a utilizar refrigerante durante la operación de rectificado, es recomendable utilizar refrigerante al rectificar la rueda. Esto protegerá el diamante y la rueda del calor excesivo.
3. Una rueda cargada se distingue por una decoloración en la periferia de la cara de la rueda de esmeril. Al afilar la rueda, elimine suficiente material para retirar completamente toda la decoloración sobre la cara de la rueda.
4. Si la rápida eliminación de metal es más importante que el acabado de la superficie, no afile la rueda para acabado. Una vez que la rueda haya sido afilada en burdo, algunos operadores harán un paso final de .001 a .002 pulg (0.02 a 0.05 mm) a una alta velocidad de avance. La superficie burda producida en esta operación eliminará el metal más rápidamente que una rueda afilada para acabado.

DISPOSITIVOS DE SUJECIÓN DE LAS PIEZAS

El mandril magnético

En algunas operaciones de rectificado de superficies, las piezas pueden sostenerse en una prensa, en bloques en V, o atornillado directamente a la mesa. Sin embargo, la mayor parte de las piezas ferrosas que se rectifican en una rectificadora de superficies se sostiene en un *mandril magnético,* que se fija a la mesa de la rectificadora.

Los mandriles magnéticos pueden ser de dos tipos: el mandril electromagnético y el mandril magnético permanente.

El *mandril electromagnético* utiliza electroimanes para proporcionar la potencia de soporte. Tiene las siguientes ventajas.

- La potencia de sujeción del mandril puede variarse para ajustarse al área de contacto y al espesor de la pieza.
- Un interruptor especial neutraliza el magnetismo residual en el mandril, lo que permite que la pieza se retire con facilidad.

El *mandril magnético permanente* proporciona un medio conveniente de sujetar la mayoría de las piezas de trabajo para rectificar. La potencia de sujeción se logra a través de imanes permanentes. El principio de operación es el mismo tanto para el mandril electromagnético como para el mandril magnético permanente.

Construcción del mandril magnético permanente

Vea la Figura 83-14. La *placa de base* proporciona una base para el mandril y el medio para fijarlo a la mesa de la rectificadora.

La *rejilla* o *paquete magnético* aloja los *imanes* y las *barras de rejilla de conducción.* Se mueve longitudinalmente mediante una manivela cuando el mandril es conectado o desconectado.

La *carcaza* aloja al ensamble de rejilla y permite su movimiento longitudinal. También proporciona una reserva de aceite para la lubricación de las partes móviles.

La *placa superior* contiene *insertos* o *piezas polares,* que están separadas magnéticamente de la placa de alrededor por medio de un metal blanco. Esta separación proporciona los polos necesarios para conducir las líneas de flujo magnéticas.

Cuando la pieza es colocada sobre la cara del mandril (la placa superior) y la manivela se mueve a la posición conectado (Figura 83-15A), las barras de rejilla de conducción y los insertos en la placa superior están en línea. Esto permite que el flujo magnético pase a través de la pieza, sujetándola contra la placa superior.

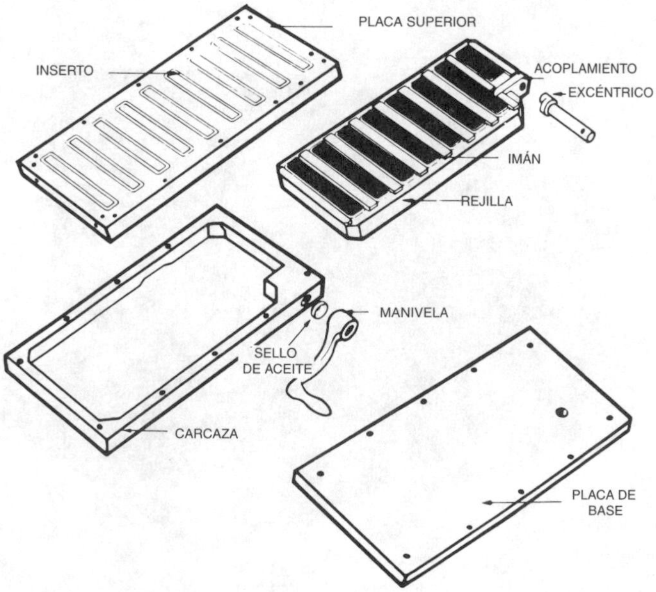

FIGURA 83-14 Construcción de un mandril magnético permanente. (Cortesía de James Neill & Co.)

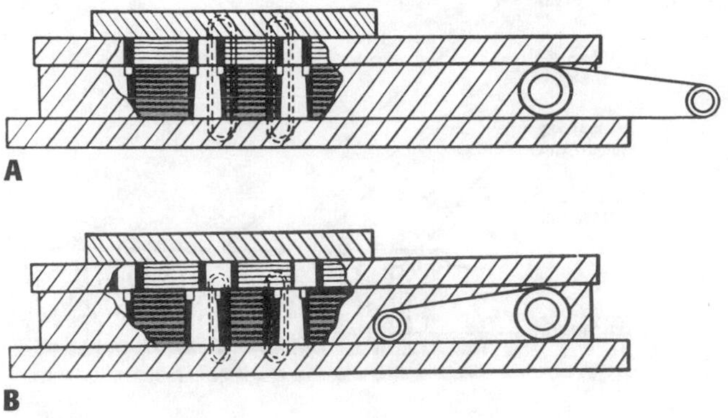

FIGURA 83-15 (A) Mandril magnético en la posición conectado; (B) mandril magnético en la posición desconectado. (Cortesía de James Neill & Co.)

Cuando la manivela se rota 180° a la posición desconectado (Figura 83-15B), el ensamble de rejilla mueve las barras de rejilla de conducción y los insertos fuera de línea. En esta posición, las líneas de flujo magnético entran a la placa superior y a los insertos, pero no a la pieza.

Accesorios del mandril magnético

Con frecuencia no es posible sujetar todas las piezas de trabajo en el mandril. El tamaño, forma y tipo de la pieza dictarán cómo debe sostenerse la pieza para el esmerilado de superficies. La potencia de sujeción de un mandril magnético depende del tamaño de la pieza, del área de contacto, y del espesor de la pieza. Una pieza con alto acabado se sostendrá mejor que una pieza mal maquinada.

Las piezas de trabajo muy delgadas no se sostendrán con demasiada seguridad sobre la cara de un mandril magnético porque hay muy pocas líneas de fuerza magnética entrando a la pieza (Figura 83-16A).

Para sujetar firmemente piezas delgadas [de menos de $\frac{1}{4}$ de pulg (6 mm)] se utiliza una *placa adaptadora* (Figura 83-16B). Las capas alternas de acero y latón de la placa convierten el espaciado amplio de polos del mandril a un espaciado más cercano con trayectorias de flujo más abundantes pero más débiles. Este método es particularmente adecuado para piezas pequeñas y delgadas y reduce la posibilidad de distorsión cuando se esmerilan piezas delgadas.

Los *bloques de mandril magnético* (Figura 83-17) proporcionan un medio para extender las trayectorias de flujo para sostener piezas de trabajo que no pueden sujetarse seguramente sobre la cara del mandril. Los bloques en V pueden utilizarse para sostener material redondo o cuadrado para esmerilado *ligero.*

Nota: Coloque los bloques de mandril de manera que la mayor cantidad posible de líneas de flujo magnético pasen a través de la pieza. También deben colocarse de manera que las laminaciones estén en línea con los polos o insertos interiores.

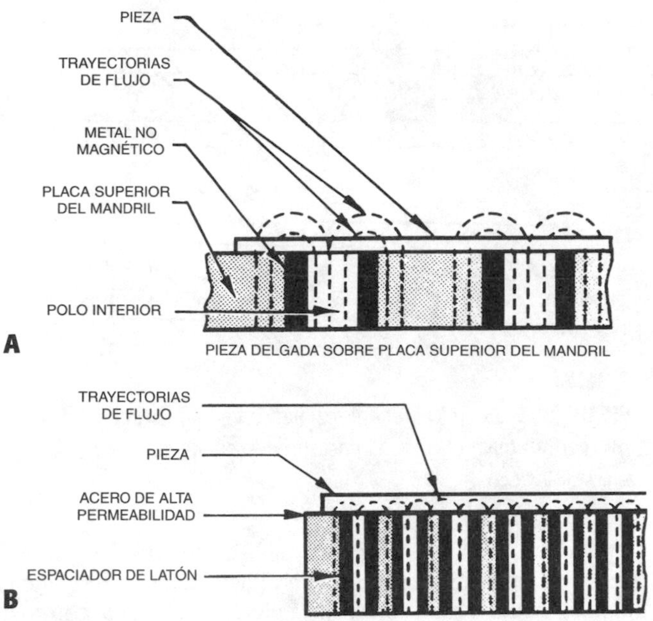

FIGURA 83-16 (A) Las piezas delgadas sujetadas sobre la placa superior del mandril magnético atraen menos líneas magnéticas de fuerza; (B) pieza delgada sujetada sobre una placa adaptadora. (Cortesía de James Neill & Co.)

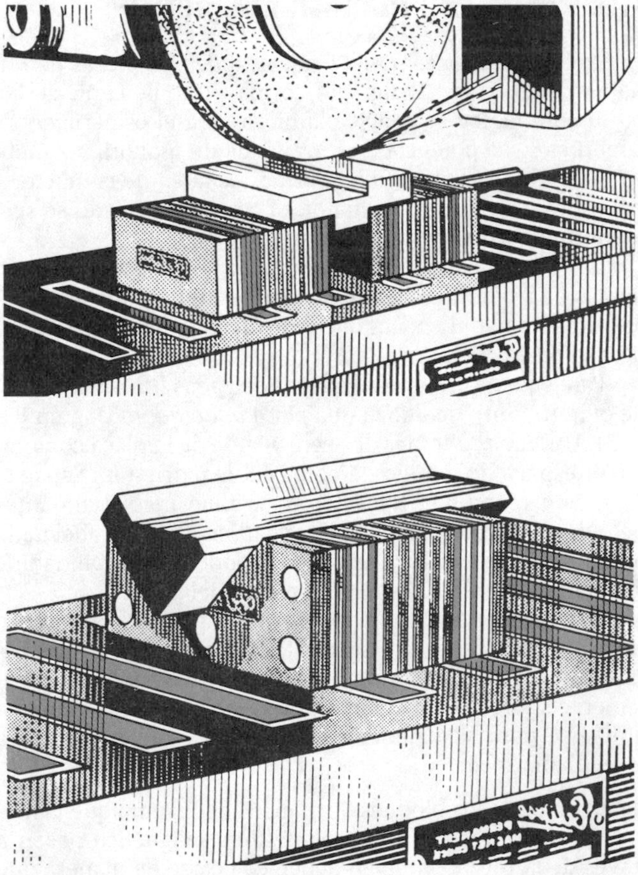

FIGURA 83-17 Aplicaciones de los bloques de mandril magnético. (Cortesía de James Neill & Co.)

Si se observan los siguientes puntos, los bloques de mandril magnético durarán más:

1. Limpie profundamente antes y después del uso.
2. Almacene en una caja de madera cubierta.
3. Verifique frecuentemente la precisión y la ausencia de rebabas.
4. Si es necesario el rectificar para restaurar la precisión, haga cortes ligeros con una rueda afilada. Utilice refrigerante cuando rectifique para evitar que los bloques del mandril magnético se calienten (ni siquiera ligeramente).

Mandril de senos. Cuando se requiere rectificar un ángulo sobre una pieza, la pieza puede ajustarse con una barra de senos y fijarse a una placa de ángulos. A menudo se utiliza un *mandril de senos* (Figura 83-18), que es una forma de la placa de senos magnética, para sostener la pieza. La configuración para los ángulos es la misma que en la barra de senos. Hay disponibles mandriles de senos compuestos, que tienen dos placas con bisagras en ángulos rectos entre sí, para rectificar ángulos compuestos.

las *abrazaderas magna-prensa* (Figura 83-19) pueden utilizarse cuando la pieza no tiene una gran área de contacto sobre el mandril, o cuando la pieza no es magnética. Estas abrazaderas de acción magnética consisten de barras en forma de peine sujetas a una barra sólida mediante una pieza de resorte de acero. Cuando se sostiene la pieza con estas abrazaderas, la barra sólida de una abrazadera se coloca contra la placa de respaldo del mandril magnético. La pieza se coloca en la superficie del mandril entre los bordes con dientes de dos abrazaderas, como se muestra. Los bordes dentados de las barras en contacto con la pieza deben estar por encima de la cara del mandril magnético. Cuando el mandril se energiza, las mandíbulas de las abrazaderas descienden hacia la cara del mandril, fijando a la pieza en ese lugar.

La *cinta de doble cara* se utiliza con frecuencia para sujetar piezas delgadas, no magnéticas, sobre el mandril para rectificado. La cinta, que tiene dos lados adhesivos, se colo-

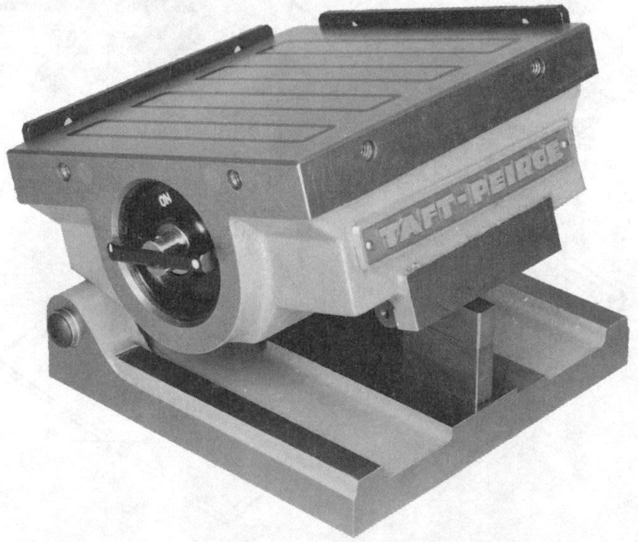

FIGURA 83-18 Mandril de senos compuesto. (Cortesía The Taft-Peirce Manufacturing Company.)

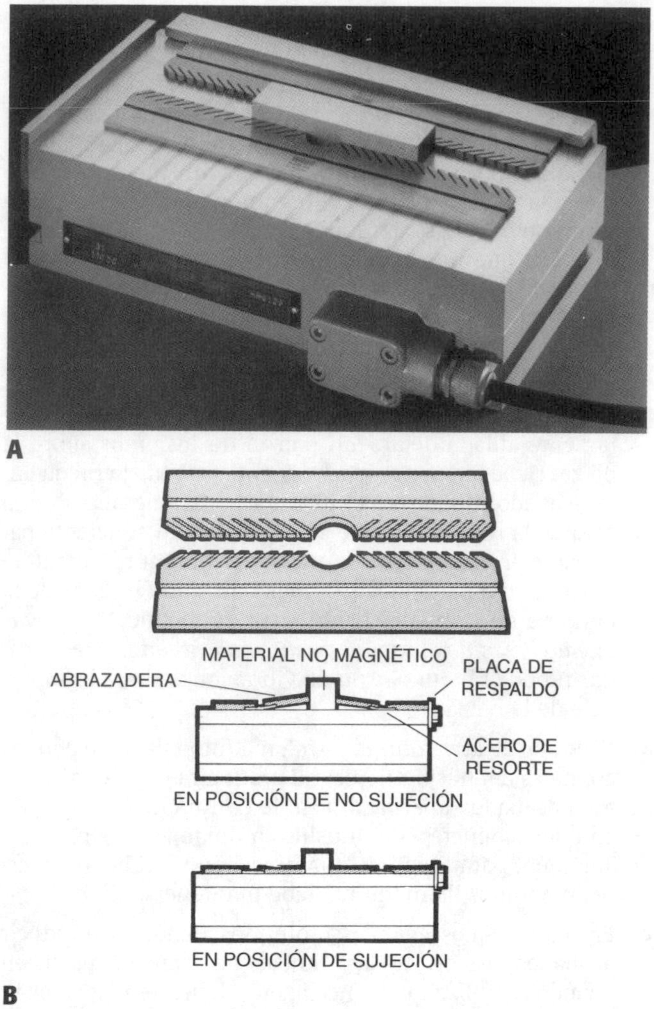

FIGURA 83-19 A) Pieza no magnética sostenida para rectificado con abrazaderas magna-prensa (Cortesía de Magna Lock Corporation); (B) abrazaderas magna-prensa utilizadas para sostener una pieza en el mandril magnético. (Cortesía de Brown & Sharpe Mfg. Co.)

ca entre el mandril y la pieza, haciendo que la pieza quede sostenida con la firmeza suficiente para un rectificado ligero.

Los *aditamentos especiales* se utilizan periódicamente para sujetar materiales no magnéticos y piezas de forma irregular, particularmente cuando se deben esmerilar una gran cantidad de piezas.

FLUIDOS DE RECTIFICADO

Aunque en muchos casos la pieza se rectifica en seco, la mayoría de las máquinas tienen la provisión para aplicar fluidos de rectificado o refrigerantes. Los fluidos de rectificado sirven a cuatro propósitos:

1. La *reducción del calor de rectificado,* que afecta la precisión y acabado superficial de la pieza, así como el desgaste de la rueda.
2. La *lubricación* de la superficie entre la pieza y la rueda de esmeril, lo que resulta en un mejor acabado superficial.
3. La *eliminación del swarf* (pequeñas virutas de metal y granos abrasivos) del área de corte.
4. El *control del polvo de rectificado,* el cual puede representar un riesgo para la salud.

Tipos de fluidos de rectificado

1. Los de *aceite soluble y agua,* cuando se mezclan, forman una solución lechosa, que tiene excelentes cualidades de enfriamiento, lubricación y resistencia a la oxidación. Esta solución se aplica generalmente inundando la superficie de trabajo.
2. Los *fluidos de rectificado químicos solubles y agua,* cuando se mezclan, forman un fluido de rectificado que se puede utilizar con sistemas de enfriamiento por inundación o de "a través de la rueda". El fluido de rectificado químico contiene inhibidores de oxidación y bactericidas para minimizar los olores y la irritación de la piel.
3. Los *fluidos de rectificado de puro aceite,* que se aplican generalmente mediante el sistema de inundación, se utilizan cuando se requiere un alto acabado, precisión, y larga vida en la rueda. Estos fluidos tienen mejores cualidades de lubricación que los fluidos solubles al agua, pero no tienen una capacidad de disipación de calor alta.

Métodos para aplicar los refrigerantes

El *sistema de inundación* (Figura 83-20) es probablemente la forma más común de aplicar el refrigerante. Mediante este método, el refrigerante se dirige hacia la pieza mediante una boquilla y es recirculado a través del sistema que contiene un depósito, una bomba, un filtro, y una válvula de control.

El *enfriamiento a través de la rueda* proporciona un método conveniente y eficiente para aplicar refrigerante al área que se está esmerilando. El fluido se bombea a través de un tubo y se descarga en una ranura en forma de cola de milano en la brida de la rueda (Figura 83-21). Las perforaciones

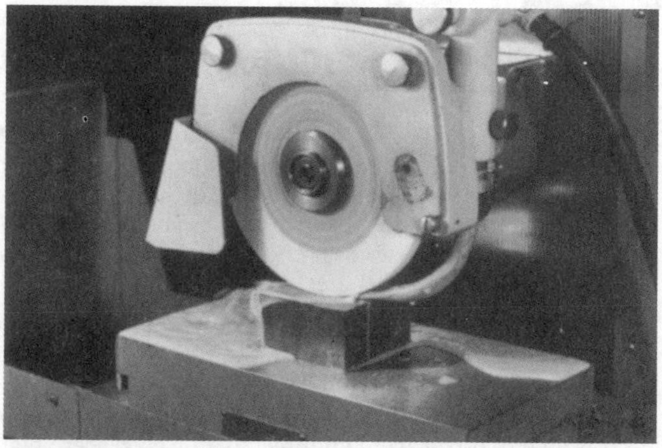

FIGURA 83-20 Muchas operaciones de rectificado utilizan el sistema de inundación para mantener la pieza fría. (Cortesía de DoAll Company.)

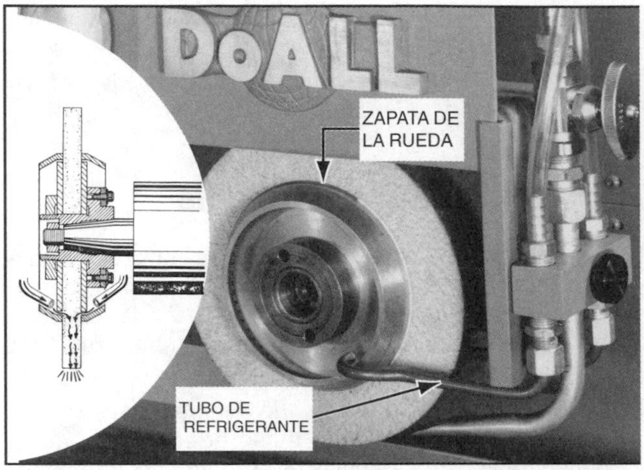

FIGURA 83-21 El sistema a través de la rueda aplica el refrigerante al punto de contacto de rectificado. (Cortesía de DoAll Company.)

en la brida y las perforaciones correspondientes en la arandela de hule permiten que el fluido se descargue dentro de la porosa rueda de esmeril. La fuerza centrífuga, creada por la rotación a alta velocidad de la rueda, fuerza el fluido a través de la rueda hacia el área de contacto entre rueda y pieza. Algunas máquinas tienen un depósito de refrigerante sobre la guarda de la rueda de esmeril que alimenta por gravedad el refrigerante hacia la ranura de la brida de la rueda.

El *sistema de enfriamiento por rocío,* que provee de refrigerante en forma de rocío, utiliza el principio del atomizador. Pasa aire a través de una tubería que contiene una conexión en T, que lleva al depósito de refrigerante. La velocidad del aire conforme pasa por la conexión en T atrae una pequeña cantidad de refrigerante del depósito y lo descarga a través de una pequeña boquilla en forma de vapor. La boquilla está dirigida hacia el punto de contacto entre la pieza y la rueda. El aire y el vapor, al evaporarse, generan la acción de enfriamiento. La fuerza del aire también dispersa las virutas de metal.

ACABADO SUPERFICIAL

El acabado producido por una rectificadora de superficies es importante, y deben considerarse los factores que lo producen. Algunas piezas que se rectifican no requieren un acabado superficial fino, y no se debe desperdiciar tiempo produciendo acabados finos, si no se necesitan.

Los siguientes factores afectan el acabado superficial:

- *El material que se está rectificando.*—Los materiales blandos, como el latón y el aluminio, no permitirán un acabado tan fino como los materiales ferrosos, más duros. Puede producirse un acabado mucho mejor en piezas de trabajo de acero endurecido, que en el acero blando o en hierro fundido.
- *La cantidad de material que se está eliminando.*—Si se tiene que eliminar una gran cantidad de material, debe utilizarse una rueda de grano grueso y estructura abierta. Ésta no producirá un acabado tan fino como una rueda densa de grano fino.
- *La selección de la rueda de esmeril.*—Una rueda que contenga granos abrasivos frágiles (que se fracturen con facilidad) probablemente producirá un mejor acabado que una rueda fabricada con granos fuertes. Una rueda de grano fino y estructura densa produce una superficie más lisa que una rueda abierta de grano grueso. Una rueda de rectificado demasiado blanda soltará los granos abrasivos con demasiada facilidad, haciendo que rueden entre rueda y pieza, causando profundas escoriaciones en la pieza (Figura 83-22).
- *Afilado de la rueda de rectificado.*—Una rueda incorrectamente afilada dejará un patrón de rasguños sobre la pieza. Debe tenerse cuidado, cuando se afile la rueda para acabado, de mover el diamante lentamente sobre la cara de la rueda. Siempre afile la rueda lo suficiente para exponer nuevos granos abrasivos y asegurar que todo el vidriado o partículas extrañas han sido retiradas de la periferia de la rueda. Las ruedas de rectificado nuevas *que no han sido apropiadamente balanceadas y rectificadas* producirán un patrón de vibraciones sobre la superficie de la pieza.
- *El estado de la máquina.*—Una máquina ligera, o con los cojinetes del husillo flojos, no producirá la precisión y el gran acabado superficial posible en una máquina rígida con los cojinetes del husillo propiamente ajustados. También, para asegurar una precisión y acabado superficial óptimos, la máquina debe mantenerse limpia.
- *El avance.*—Los avances profundos tienden a producir acabados bastos. Si las "líneas de avance" persisten cuando se utiliza un avance ligero, deben redondearse ligeramente los bordes de la rueda con una barra abrasiva.

FIGURA 83-22 El acabado superficial pobre puede ser provocado por una rueda tapada o por utilizar la rueda de esmeril equivocada. (Cortesía de Kelmar Associates.)

PREGUNTAS DE REPASO

Máquinas y procesos de rectificado

1. Haga un análisis de cómo el rectificado ha contribuido a la manufactura intercambiable.
2. ¿Cómo ha cambiado el papel del rectificado a través de los años?
3. Describa la acción que toma lugar durante la operación de rectificado.
4. Haga una lista de cinco reglas importantes que se aplican a cualquier operación de rectificado.

Rectificado de superficies

5. Defina *rectificado de superficies.*
6. Mencione cuatro tipos diferentes de rectificadoras de superficies y describa brevemente el principio de cada una.

Partes de la rectificadora de superficie hidráulica

7. Mencione cinco de las partes *principales* de la rectificadora hidráulica de superficies.
8. Mencione y describa los propósitos de cinco de los controles que se encuentran en la rectificadora hidráulica de superficies.

Cuidado de la rueda de rectificado

9. Liste cuatro puntos a observar en el cuidado de la rueda de rectificado.

Para montar una rueda de rectificado

10. Liste los pasos necesarios para montar una rueda de rectificado.

Para balancear una rueda de rectificado

11. ¿Por qué es esencial el balanceo correcto de la rueda de rectificado?
12. Describa brevemente el procedimiento para balancear una rueda de rectificado.

Para rectificar y afilar una rueda de esmeril

13. Defina *rectificado* y *afilado.*
14. ¿Por qué la mayoría de los afiladores de diamante se montan en un ángulo de 10° a 15° con respecto a la base?
15. Explique cómo se debe dar afilado para acabado a una rueda de rectificado para:
    a. Rectificado en basto
    b. Rectificado de acabado

Dispositivos de sujeción de la pieza

16. Liste las ventajas y desventajas del mandril electromagnético.
17. Describa la construcción y operación de un mandril magnético permanente.

Accesorios del mandril magnético

18. ¿Cómo se sujetan las piezas de trabajo delgadas para el rectificado de superficies? ¿Por qué es esto necesario?
19. ¿Qué precauciones deben observarse al utilizar bloques de mandril magnético?
20. Describa y mencione el propósito de las abrazaderas magna-prensa.

Fluidos de rectificado

21. Mencione cuatro propósitos de los fluidos de rectificado.
22. Mencione y describa tres métodos para aplicar el refrigerante.

Acabado superficial

23. Liste cinco factores cualesquiera que afecten el acabado superficial en la pieza que se está rectificando. ¿Cómo afectan estos factores el acabado superficial?

UNIDAD

84

Operaciones de rectificado de superficies

OBJETIVOS

Al terminar el estudio de esta unidad, se podrá:

1 Poner a punto diversas piezas de trabajo para rectificado
2 Observar las reglas de seguridad para operar la rectificadora
3 Rectificar superficies planas, verticales y en ángulo

La rectificadora de superficies se utiliza principalmente para rectificar superficies planas sobre piezas de trabajo endurecidas o sin endurecer. Ya que la pieza puede sostenerse mediante diversos métodos y puede darse forma a la cara de la rueda mediante el afilado, es posible llevar a cabo operaciones tales como rectificado de perfil, angular, y vertical. El rectificado de superficies lleva a la pieza a tolerancias estrechas y produce un alto acabado superficial.

Los buenos resultados del rectificado de superficies dependen de varios factores, como el montaje apropiado de la pieza y la selección de la rueda apropiada para el trabajo. El conocimiento de los controles y de los hábitos de seguridad del rectificado es de la mayor importancia antes de que alguien intente utilizar una rectificadora de superficies.

CÓMO MONTAR LA PIEZA PARA RECTIFICADO

El tamaño, forma y tipo de la pieza determinarán el método mediante el cual debe sujetarse la pieza para el rectificado de superficies.

Piezas planas o placas

1. Elimine todas las rebabas de la superficie de la pieza.
2. Limpie la superficie del mandril con un trapo limpio y después frote con la palma de la mano la superficie para eliminar la suciedad.
3. Coloque un pedazo de papel ligeramente más grande que la pieza en el centro de la cara del mandril magnético.
4. Coloque la pieza sobre el papel, y asegúrese de abarcar tantos insertos magnéticos como sea posible.
5. Si la pieza está torcida y se mece sobre la cara del mandril, acuñe la pieza donde sea necesario para evitar el movimiento. Esto evitará la distorsión cuando la pieza sea retirada del mandril magnético.
6. Mueva la manivela a la posición ON.
7. Revise la pieza para ver que esté sujetada firmemente, tratando de retirarla.

Piezas de trabajo delgadas

Las piezas de trabajo delgadas tienden a torcerse debido al calor creado durante la operación de rectificado. Para minimizar la cantidad de calor generado, es recomendable montar la pieza a un ángulo de aproximadamente 15° a 30° con respecto al costado del mandril (Figura 84-1). Esto reducirá el tiempo que la rueda estará en contacto con la pieza, lo que a su vez reducirá la cantidad de calor generada por pasada. Si hay un adaptador disponible, debe utilizarse, y debe montarse la pieza en ángulo.

FIGURA 84-1 Una pieza pequeña y delgada debe ponerse en ángulo sobre la placa adaptadora, para minimizar la distorsión provocada por el calor del rectificado. (Cortesía de Kelmar Associates.)

Piezas de trabajo cortas

Las piezas que no abarquen tres polos magnéticos generalmente no se sostendrán con la firmeza suficiente para el rectificado. Es recomendable abarcar tantos polos como sea posible y poner paralelas o piezas de acero alrededor de la pieza para evitar que se mueva durante la operación de rectificado (Figura 84-2). Las paralelas o piezas de acero deben ser ligeramente más delgadas que la pieza, para proporcionar apoyo máximo.

FIGURA 84-2 Los bloques de acero o paralelas se colocan alrededor de una pieza, para evitar que se mueva durante el rectificado. (Cortesía de Kelmar Associates.)

SEGURIDAD EN EL USO DE LA RECTIFICADORA

Cuando se opere cualquier clase de rectificadora, es importante que se observen ciertas precauciones de seguridad básicas, sancionadas por el uso. Generalmente, las prácticas más seguras de rectificado son también las más eficientes.

1. Antes de montar la rueda de rectificado, haga una prueba de sonido de la rueda para comprobar que no tenga defectos.
2. Asegúrese que rueda de rectificado esté montada correctamente sobre el husillo.
3. Observe que la guarda de la rueda cubra por lo menos la mitad de la rueda.
4. Asegúrese, intentando retirar la pieza, que el mandril magnético esté activado.
5. Antes de encender la rectificadora asegúrese que la rueda de rectificado libre la pieza.
6. Asegúrese que la rectificadora esté operando a la velocidad correcta para la rueda que se esté utilizando.
7. Cuando encienda la rectificadora, colóquese siempre a un costado de la rueda, y asegúrese que nadie esté en línea con la rueda de rectificado, por si se rompiera al arrancar.
8. Nunca intente limpiar el mandril magnético o montar y retirar la pieza sino hasta que la rueda se haya detenido completamente.
9. *Siempre* utilice gafas de seguridad cuando esté rectificando.

OPERACIONES DE RECTIFICADO

La operación que se lleva a cabo más comúnmente con una rectificadora de superficies es el rectificado de superficies planas (horizontales). Sin importar el tipo de operación de rectificado, es importante que se monte la rueda correcta y que la pieza esté sostenida firmemente.

Para rectificarar una superficie plana (horizontal)

1. Elimine todas las rebabas y la suciedad de la pieza y de la cara del mandril magnético.
2. Monte la pieza sobre el mandril, colocando un pedazo de papel entre el mandril y la pieza.

Nota: El papel se utiliza para que la pieza se pueda levantar fácilmente del mandril magnético, en vez de deslizarlo. Al deslizarlo, se atrapan los granos abrasivos entre la pieza y la cara del mandril, lo que rayará y dañará al mandril.

3. Verifique que la pieza esté sujeta firmemente.
4. Ajuste los perros de reversa de la mesa de manera que el centro de la rueda de rectificado libre los dos extremos de la pieza en aproximadamente 1 pulg (25 mm).
5. Ajuste el avance transversal para el tipo de operación de rectificado — para cortes de desbaste, .030 a .050 pulg (0.76 a 1.27 mm); para cortes de acabado, de .005 a .020 pulg (0.12 a 0.5 mm).
6. Ponga la pieza manualmente bajo la rueda de esmeril, *haciendo que aproximadamente ⅛ pulg (3 mm) del borde de la rueda esté sobre la pieza* (Figura 84-3).
7. Encienda la rectificadora y baje el cabezal hasta que la rueda apenas haga chispas sobre la pieza.
8. La rueda puede haberse colocado sobre un punto bajo en la pieza. Es una buena práctica, por lo tanto, siempre subir la rueda aproximadamente .005 pulg (0.12 mm).

Nota: Siempre que sea posible, debe utilizarse fluido de corte para ayudar a la acción de rectificado y mantener la pieza fría.

9. Encienda la mesa para que haga el recorrido automático y para revisar los puntos altos coloque todo el ancho de la pieza bajo la rueda.
10. Baje la rueda en cada corte hasta que la superficie esté terminada — en cortes de desbaste, .001 a .003 pulg (0.02 a 0.07 mm); para cortes de acabado, .0005 a .001 pulg (0.01 a 0.02 mm).

Nota: Si el acabado superficial de la pieza no es satisfactorio, refiérase a la Tabla 84-1 en busca de una posible causa y de los remedios sugeridos.

11. Libere el imán y retire la pieza, levantando un borde, para romper la atracción magnética. Esto evitará rayaduras en la superficie del mandril.

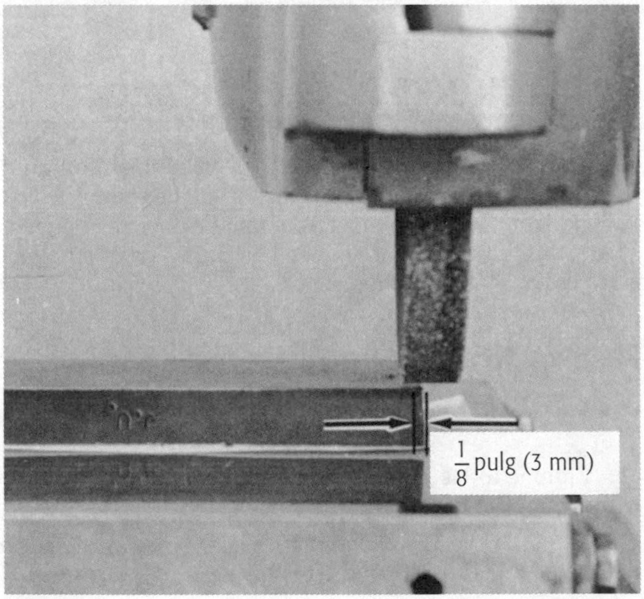

FIGURA 84-3 El borde de la rueda debe superponerse sobre la pieza en aproximadamente de pulg (3 mm). ⅛ pulg (3 mm). (Cortesía de Kelmar Associates.)

Para rectificar los bordes de una pieza

Gran parte de la pieza que se maquina en una rectificadora de superficies debe tener los bordes rectificados en ángulo recto y paralelos, de forma que éstos puedan utilizarse para un trazo posterior o para operaciones de maquinado.

La pieza que debe rectificarse en toda la superficie debe maquinarse a aproximadamente .010 pulg (0.25 mm) sobre el tamaño de acabado en cada superficie. Las superficies grandes y planas por lo general se rectifican primero, lo que después permite que se les utilice como superficies de referencia en configuraciones posteriores.

Cuando se deben rectificar los cuatro bordes de la pieza, sujete la pieza en una placa de ángulos, de forma que dos costados adyacentes puedan rectificarse en ángulo recto, sin tener que mover la pieza.

Cómo configurar la pieza

1. Limpie y elimine todas las rebabas de la pieza, la placa de ángulos, y el mandril magnético.
2. Coloque un pedazo de papel ligeramente mayor que la placa de ángulos sobre el mandril magnético.
3. Coloque un extremo de la placa de ángulos sobre el papel (Figura 84-4).
4. Coloque una superficie rectificada plana de la pieza contra la placa de ángulos, de forma que la parte superior y un borde de la pieza se proyecten aproximadamente ½ pulg (13 mm) más allá de los bordes de la placa de ángulos (Figura 84-4).

Nota: Asegúrese de que el borde de la pieza no se proyecte más allá de la base de la placa de ángulos. Si la pieza es más pequeña que la placa de ángulos, deben utilizarse unas paralelas adecuadas para poner la superficie superior más allá del extremo de la placa de ángulos.

5. Sostenga la pieza firmemente contra la placa de ángulos y active el mandril magnético.
6. Sujete la pieza a la placa de ángulos y ponga las abrazaderas, de forma que no interfieran con la operación de rectificado.

Nota: Coloque un pedazo de metal blando entre la abrazadera y la pieza, para evitar daños a la superficie terminada.

7. Desconecte el mandril magnético y coloque con cuidado la base de la placa de ángulos sobre el mandril magnético (Figura 84-5).
8. Sujete cuidadosamente dos abrazaderas más en el extremo de la pieza, para sostener la pieza con seguridad.

Cómo rectificar los bordes de una pieza en ángulo recto y paralelos

Ya que la pieza ha sido correctamente instalada sobre el mandril magnético, debe utilizarse el siguiente procedimiento para rectificar los cuatro bordes de la pieza:

1. Suba el cabezal de la rueda de forma que esté aproximadamente a ½ pulg (13 mm) por encima de la parte superior de la pieza.

TABLA 84-1 Problemas, causas y remedios del rectificado de superficies

Problema de rectificado	Causa	Posible remedio
Quemadas o decoloraciones	La rueda es demasiado dura.	Utilice una rueda más blanda, de corte libre. Reduzca la velocidad de la rueda. Aumente la velocidad de la pieza. Afile la rueda en basto. Haga cortes más ligeros y rectifique la rueda con frecuencia. Utilice refrigerante dirigido hacia el punto de contacto entre rueda y la pieza.
Superficie de trabajo bruñida (la pieza está muy pulida en parches irregulares)	La rueda está vitrificada.	Afile la rueda Utilice una rueda de grano más grueso. Utilice una rueda más blanda. Utilice una rueda de estructura más abierta.
Vibraciones o patrones de ondas	La rueda está fuera de balance. La rueda no es redonda. El cojinete del husillo está demasiado flojo. La rueda es demasiado dura. La rueda está vitrificada.	Vuelva a balancear. Rectifique y afile. Ajuste o reemplace los cojinetes. Utilice una rueda más blanda, un grano más grueso, o una estructura más abierta. Aumente la velocidad de la mesa. Vuelva a afilar la rueda.
Rayaduras sobre la superficie de la pieza	La rueda de rectificado es muy blanda. (Los granos abrasivos se desprenden demasiado rápidamente y se atoran entre la rueda y la superficie de la pieza). La rueda es demasiado burda. Las partículas sueltas de viruta caen en la pieza desde la guarda de rueda. Refrigerante sucio que lleva partículas de suciedad a la superficie de la pieza. Líneas de avance.	Utilice una rueda más dura. Utilice una rueda de grano más fino. Limpie la guarda de la rueda de rectificado cuando cambie la rueda. Limpie el tanque del refrigerante y reemplace el refrigerante. Redondee ligeramente los bordes de la rueda.

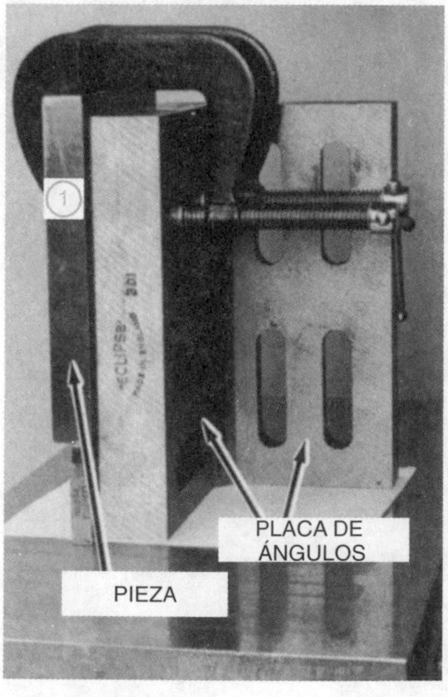

FIGURA 84-4 La pieza puede sujetarse a una placa de ángulos para rectificar los bordes en ángulo recto. (Cortesía de Kelmar Associates.)

2. Ajuste los perros de reversa de la mesa de forma que cada extremo de la pieza libre la rueda de rectificado en aproximadamente 1 pulg (25 mm).
3. Con la pieza debajo del centro de la rueda, gire la manivela de avance transversal hasta *que aproximadamente* $\frac{1}{8}$ *de pulg (3 mm) del borde de la rueda se superponga al borde de la pieza* (Figura 84-3).
4. Encienda la rueda de rectificado y baje el cabezal de rueda hasta que la rueda apenas saque chispas sobre la pieza.

FIGURA 84-5 Pieza instalada para rectificar el primer borde. (Cortesía de Kelmar Associates.)

5. Haga que la pieza libre la rueda con la manivela de avance transversal.
6. En caso que la rueda se haya asentado sobre un punto bajo en la pieza, suba la rueda aproximadamente .005 a .010 pulg (0.12 a 0.25 mm).
7. Verifique en busca de puntos altos avanzando la mesa manualmente, de forma que toda la longitud y ancho del trabajo pasen bajo la rueda. Eleve la rueda, si es necesario.
8. Acople la palanca de reversa de la mesa y rectifique la superficie hasta que se eliminen todas las marcas. La profundidad de corte deberá ser de .001 a .003 pulg (0.02 a 0.07 mm) para cortes de desbaste y de .0005 a .001 pulg (0.01 a 0.02 mm) para cortes de acabado.
9. Detenga la máquina y retire las abrazaderas del lado derecho de la pieza.
10. Desactive el mandril magnético y retire la placa de ángulos y la pieza como si fueran una sola pieza. Tenga cuidado de no alterar la configuración de la pieza.
11. Limpie el mandril y la placa de ángulos.
12. Coloque la placa de ángulos (con la pieza sujeta) sobre su extremo, con la superficie a rectificar en la parte superior (Figura 84-6).
13. Sujete dos abrazaderas en el lado derecho de la pieza y la placa de ángulos.
14. Retire las abrazaderas originales de la parte superior de la configuración.
15. Repita los pasos 1 a 8 para rectificar el segundo borde.
16. Retire el ensamble del mandril y retire la pieza de la placa de ángulos.

FIGURA 84-6 La placa de ángulos y el arreglo de la pieza para rectificar el segundo borde de la pieza a 90° del primer borde. (Cortesía de Kelmar Associates.)

Cómo rectificar el tercer y cuarto bordes

Cuando ya se han rectificado dos bordes adyacentes, entonces se utilizan como superficies de referencia para rectificar los otros dos costados en ángulo recto y paralelos.

1. Limpie la pieza, la placa de ángulos, y el mandril magnético profundamente, y elimine todas las rebabas.

FIGURA 84-7 Una pieza con suficiente superficie de apoyo puede colocarse sobre el mandril para acabar los bordes restantes. (Cortesía de Kelmar Associates.)

FIGURA 84-8 Se puede necesitar una placa de ángulos para acabar el tercer y cuarto bordes. (Cortesía de Kelmar Associates.)

2. Coloque un pedazo limpio de papel sobre el mandril magnético.
3. Coloque un borde rectificado de la pieza sobre el papel.
   a. Si la pieza tiene por lo menos 1 pulg (25 mm) de espesor y es lo suficientemente larga para abarcar tres polos magnéticos del mandril, y no tiene más de 2 pulg (50 mm) de altura, no se necesita una placa de ángulos (Figura 84-7).
   b. Si la pieza tiene menos de 1 pulg (25 mm) de espesor y no abarca tres polos magnéticos, debe sujetarse a una placa de ángulos (Figura 84-8).

      (1) Coloque un borde rectificado sobre el papel y coloque una placa de ángulos de una altura no mayor a la pieza contra la misma.

Nota: Puede necesitarse unas paralelas adecuadas para elevar el borde de la pieza por encima del borde de la placa de ángulos.

      (2) Active el mandril y sujete cuidadosamente la pieza a la placa de ángulos.

4. Rectifique el tercer borde al tamaño deseado.
5. Repita las operaciones 1 a 3 y rectifique el cuarto borde.

CÓMO RECTIFICAR UNA SUPERFICIE PLANA CON UNA RUEDA CBN

Las ruedas de rectificado de nitruro de boro cúbico (CBN) pueden rectificar aceros para herramienta y matriz endurecidos con más eficiencia que las ruedas de óxido de aluminio. Las ruedas CBN aumentan la productividad, mejoran la calidad del trabajo, y reducen los costos de rectificado. El desgaste de una rueda CBN es lento y uniforme, y la vida de la rueda es larga. El bajo desgaste de la rueda facilita el control del tamaño de la pieza, y no hay necesidad de ajustar la rectificadora para compensar por el desgaste de la rueda. Tampoco es necesario afilar frecuentemente la rueda para mantener la rectitud o el perfil.

Las ruedas de rectificado CBN rectifican en frío y casi no existe el peligro de quemar la pieza. Debido a la ausencia del daño térmico, las herramientas rectificadas con ruedas CBN se mantienen afiladas mucho más tiempo.

Cómo acondicionar las ruedas CBN

Para obtener el mejor desempeño de las ruedas de rectificado CBN, es muy importante que sean acondicionadas (rectificadas y afiladas) apropiadamente. *Si esto no se realiza correctamente, las ruedas CBN no cortarán.*

El *rectificado* es la operación para hacer una rueda de rectificado redonda y concéntrica con respecto al eje del husillo. El rectificado usualmente deja la superficie de rectificado de la rueda lisa, con muy pocos o ningún cristal abrasivo por encima de la superficie de la rueda para eliminar las virutas (Figura 84-9A). *Una rueda en estas condiciones no cortará* y quemará la pieza.

El *afilado* es la operación de eliminar una cantidad del material de unión de la superficie de una rueda rectificada para exponer los cristales abrasivos y permitir que la rueda corte (Figura 84-9B).

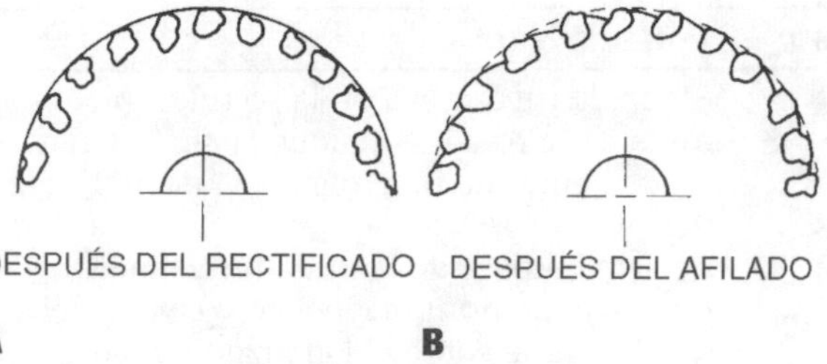

FIGURA 84-9 (A) Después del rectificado, la cara de la rueda es lisa; (B) después del afilado, los granos abrasivos quedan expuestos. (Cortesía de Norton Co.)

Una rueda apropiadamente rectificada y afilada:

- Producirá piezas de trabajo precisas y un buen acabado superficial.
- Utilizará un mínimo de potencia para rectificar.
- Producirá piezas sin quemaduras, daños superficiales, o marcas de vibración.
- Aumentará las velocidades de eliminación de material y reducirá los costos de rectificado.

Cómo rectificar una rueda CBN

Los dispositivos de rectificado más comunes en las industrias pequeñas y los talleres escolares son las puntas impregnadas de diamante y los rectificadores controlados por freno. Estos dispositivos no deben utilizarse en ruedas de rectificado de más de 8 ó 10 pulg (200 a 250 mm) de diámetro. Las ruedas CBN de aglomerado de resina con concentración 100 son las ruedas usadas más comúnmente para el rectificado de materiales ferrosos endurecidos y la mayoría de las herramientas de corte. El siguiente ejemplo utilizará una rueda de diamante impregnado para rectificar una rueda CBN de aglomerado de resina.

FIGURA 84-10 Para la operación de rectificado la punta de diamante se coloca a aproximadamente ½ pulg (13 mm) a la izquierda del centro de la rueda. (Cortesía de GE Superabrasives.)

Paso	Procedimiento
1	Monte la rueda CBN en la rectificadora, afloje la rosca de la brida, e indique la circunferencia de la rueda dentro de una tolerancia de .001 pulg (0.02 mm) o menos.
2	Apriete la rosca de la brida firmemente.
3	Limpie el mandril magnético y coloque el soporte del diamante sobre el lado izquierdo del mandril, cubriendo tantos insertos magnéticos como sea posible; energice el mandril.
4	Ajuste la mesa de la rectificadora para colocar la punta de diamante aproximadamente ½ pulg (13 mm) a la izquierda de la línea central de la rueda (Figura 84-10); fije la mesa en esta posición.
5	Baje el cabezal de la rueda manualmente hasta que apenas toque un pedazo de papel sostenido entre la rueda y el diamante.
6	Gire la manivela de avance transversal de la rectificadora de forma que el diamante libre el borde de la rueda.
7	Recubra ligeramente la superficie de la rueda que se va a rectificar con un marcador de cera.
8	Encienda el husillo de la rectificadora y alimente el cabezal de rueda hacia abajo en incrementos de .0004 pulg (0.01 mm) hasta que se haga contacto con el diamante.
9	Dirija el refrigerante de rectificado hacia la interfaz rueda - diamante (Figura 84-10 de la pág. 703).
10	Avance el diamante sobre la cara de la rueda a una velocidad de 3 a 12 pulg/min (75 a 300 mm-/min). Asegúrese que el diamante libra la rueda en cada pasada.
11	Continúe con pasadas de rectificado de .0004 pulg (0.01 mm) hasta que el rayón haya desaparecido de toda la circunferencia de la rueda. *No rectifique de más — se desperdicia el costoso abrasivo.*

Cómo afilar una rueda CBN

Después de la operación de rectificado, la superficie de la rueda es lisa, sin granos abrasivos sobresaliendo; esta rueda no puede cortar. Debe eliminarse (rebajarse) cierta cantidad de aglomerante de la rueda, para exponer los cristales abrasivos, de forma que puedan cortar el material de trabajo. El método más simple, menos costoso y más popular para afilar ruedas de rectificado CBN es con una barra o bloque de afilar de óxido de aluminio.

FIGURA 84-11 Barra de afilado de óxido de aluminio sostenida en una prensa para afilar una rueda CBN. (Cortesía de GE Superabrasives.)

Paso	Procedimiento
1	Seleccione una barra de afilar de óxido de aluminio de 200 granos, grado C.
2	Sostenga la barra en una prensa, de manera que la mitad de su espesor quede por encima de las quijadas de la prensa.
3	Monte la prensa en el mandril magnético, de forma que el bloque de afilado esté paralelo al recorrido de la mesa (Figura 84-11).
4	Baje la rueda estacionaria hasta que apenas toque la parte superior de la barra de afilado.
5	Utilice la manivela de avance transversal para poner el borde de la barra de afilado al parejo con el borde de la rueda.
6	Mueva la mesa de manera que la rueda apenas libre el extremo derecho de la barra de afilado.
7	Encienda el husillo de la rectificadora y el refrigerante; alimente la rueda hacia abajo aproximadamente .020 pulg (0.50 mm).
8	Utilizando una velocidad de avance lenta pero estable (de 5 a 10 pie/min o de 1.5 a 3 m/min), haga una pasada longitudinal a lo largo de la barra de afilado.
9	Al final de cada pasada, gire la mesa un poco menos que el ancho de la rueda de rectificado.
10	Repita este procedimiento hasta que todo el ancho de la barra de afilado esté rectificada.
11	Avance la rueda hacia abajo, una vez que toda la superficie de la barra de afilado se haya rectificado.
12	Cuando parezca que la rueda de rectificado está cortando libremente la barra de afilado, deténgase y examine la cara de la rueda. Si la superficie se siente áspera, la operación de afilado está terminada. Si todavía se siente lisa, continúe el afilado.

Nota: Esta operación también puede llevarse a cabo sosteniendo la barra de afilado en la mano, pero esto no debe intentarse por estudiantes o personas sin experiencia.

Cómo rectificar una superficie plana

La operación más común en una rectificadora de superficies es la de rectificar superficies planas. La Figura 84-12 muestra un pedazo de acero para matriz (AISI M-4) Rc-62 que debe volver a rectificarse. Este trabajo se utilizará para mostrar los procedimientos que deben seguirse para poner a punto la rueda de la máquina y rectificar superficies planas. El rectificado de más costo-eficiente ocurre en una máquina en buenas condiciones.

Paso	Procedimiento
1	Seleccione una rueda CBN de aglomerado de resina de concentración 100.
2	Monte la rueda CBN seguramente sobre el husillo de la rectificadora; *no utilice secantes de rueda.*

FIGURA 84-12 Pieza de acero endurecido para matriz rectificada con una rueda CBN. (Cortesía de GE Superabrasives.)

3 Rectifique y afile la rueda para asegurar que la rueda CBN se desempeñe apropiadamente. *Si esta operación se lleva a cabo incorrectamente, la rueda CBN no cortará.*

Cómo montar la pieza

4 Elimine las rebabas del mandril magnético y la pieza, y limpie completamente la superficie del mandril.

5 Coloque un pedazo de papel liso entre la pieza y el mandril magnético; energice el mandril magnético.

Ajuste de las velocidades y avances

6 Ajuste los perros de reversa de la mesa de manera que el centro de la rueda de rectificado libre cada extremo de la pieza que se va a rectificar en aproximadamente 1 pulg (25 mm).

7 Ajuste el avance transversal de la mesa:

a. Para rectificado de desbaste — de un cuarto a la mitad del ancho de la rueda.

b. Para rectificado de acabado — incrementos de avance transversal más pequeños.

8 Ajuste la velocidad de avance de la mesa de 50 a 100 pie/min (de 15 a 30 m/min).

9 Ajuste la velocidad del husillo según el tamaño y tipo de la rueda CBN utilizada.

Cómo ajustar la rueda a la superficie de trabajo

10 Ajuste la rueda a la parte superior de la superficie de trabajo de la manera tradicional.

11 Gire la pieza bajo la rueda giratoria para localizar el punto alto de la superficie de trabajo.

12 Mueva la mesa de manera que la rueda libre el borde de la superficie de trabajo que se va a rectificar.

Refrigerante

13 Utilice los fluidos de rectificado apropiados para la rueda y la pieza.

14 Detenga el husillo de la rectificadora y ajuste la boquilla del refrigerante de manera que esté aproximadamente ¼ de pulg (6 mm) por encima de la superficie de trabajo y tan cerca de la cara de la rueda como sea posible.

15 Coloque un bloque de relleno, ligeramente más bajo que la superficie de trabajo, sobre el extremo derecho de forma que toda la superficie reciba refrigerante en todo momento (Figura 84-13).

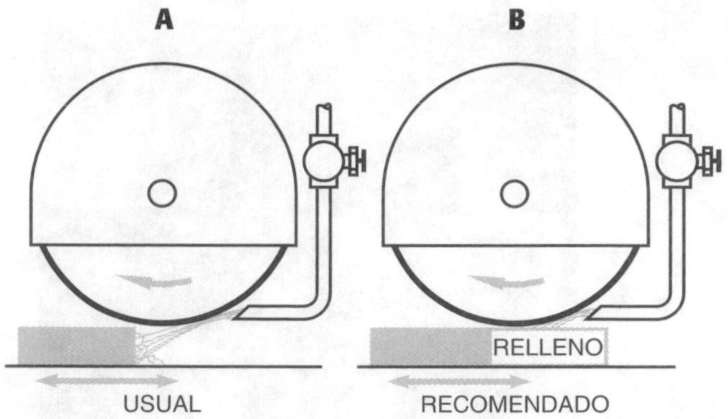

FIGURA 84-13 Un bloque de relleno asegura que el refrigerante esté presente al comienzo de cada pasada de la mesa. (Cortesía de GE Superabrasives).

Rectificado de la superficie

16 Encienda el husillo de la rectificadora y baje el cabezal de la rueda .001 pulg (0.02 mm) para el primer corte.

17 Encienda el flujo de refrigerante, asegurándose que se dirige una buena cantidad al punto de contacto entre la rueda y la pieza.

18 Encienda el movimiento reciprocante de la mesa y acople el avance transversal para hacer una pasada de desbaste sobre la superficie de trabajo.

19 Asegúrese que el borde de la rueda de rectificado libra el costado de la pieza después de cada pasada.

20 Haga tantas pasadas con una profundidad de corte de .001 pulg (0.02 mm), a fin de rectificar la superficie.

21 Ajuste la profundidad de corte del cabezal de rueda a .0005 pulg (0.01 mm) en la pasada final para mejorar el acabado superficial.

Para rectificar una superficie vertical

Aunque la mayor parte del rectifcado que se lleva a cabo en una rectificadora de superficies es el rectificado de superficies horizontales planas, a menudo es necesario rectificar una superficie vertical (Figura 84-14). Debe tenerse extremo cuidado en la puesta a punto de la pieza cuando se va a rectificar una superficie vertical. Antes de rectificar una superficie vertical, es necesario aliviar la esquina de la pieza (Figura 84-15) para asegurar que libre el borde de la rueda.

Paso	Procedimiento
1	Monte la rueda de rectificado adecuada; rectifique, afile y balancee como sea necesario.
2	Afile el costado de la rueda para darle una ligera holgura (Figura 84-16 de la página 706).
3	Limpie la superficie del mandril magnético y monte la pieza.
4	Con la ayuda de un indicador, alinee el borde de la pieza en paralelo con el recorrido de la mesa. *O BIEN* Coloque la pieza contra la barra de tope del mandril magnético que se ha alineado. Si la pieza no

FIGURA 84-14 Configuración para el rectificado vertical (Cortesía de Kelmar Associates.)

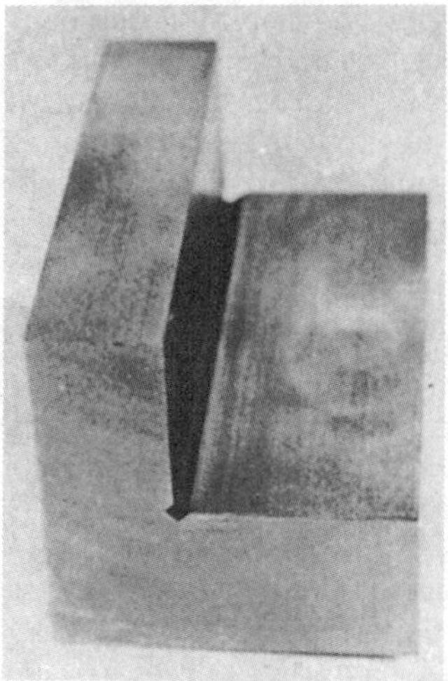

FIGURA 84-15 Se alivia la esquina de la pieza para darle salida y evitar que la esquina de la rueda se rompa. (Cortesía de Kelmar Associates.)

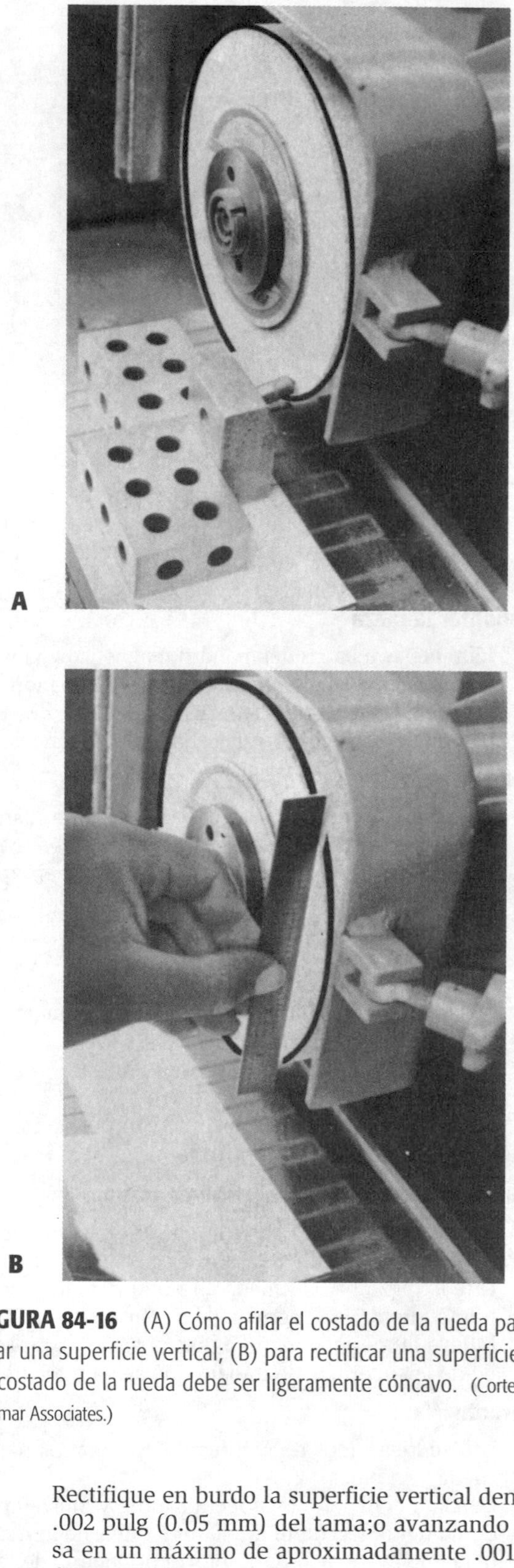

puede asentarse sobre la barra de tope, pueden utilizarse paralelas para colocar la pieza sobre el mandril magnético (Figura 84-14).

5 Encienda el mandril magnético y pruebe para ver que la pieza esté sostenida firmemente.

6 Ajuste los perros de reversa, permitiendo el suficiente recorrido de la mesa para darle holgura a la rueda al final de cada pasada.

7 Ponga el costado de la rueda cerca de la superficie vertical que se va a rectificar.

8 Baje la rueda a .002 a .005 pulg (0.05 a 0.12 mm) de la superficie plana u horizontal que ya ha sido rectificada de acabado.

9 Encienda el recorrido de la mesa *lento* y avance la rueda lateralmente hasta que apenas saque chispas de la superficie vertical.

FIGURA 84-16 (A) Cómo afilar el costado de la rueda para rectificar una superficie vertical; (B) para rectificar una superficie vertical el costado de la rueda debe ser ligeramente cóncavo. (Cortesía de Kelmar Associates.)

10 Rectifique en burdo la superficie vertical dentro de .002 pulg (0.05 mm) del tama;o avanzando la mesa en un máximo de aproximadamente .001 pulg (0.02 mm) por pasada.

11 Vuelva a afilar el costado de la rueda si es necesario.

12 Rectifique de acabado la superficie vertical avanzando la mesa en un máximo de aproximadamente .0005 pulg (0.01 mm) por pasada.

Para rectificar una superficie en ángulo

Cuando es necesario rectificar una superficie en ángulo, la pieza puede sostenerse en ángulo mediante una regla de senos y una placa de ángulos (Figura 84-17), un mandril de senos (Figura 84-18), o una prensa de ángulos ajustable (Figura 84-19). Cuando se sostiene la pieza mediante cualquiera de estos métodos, se rectifica con una rueda afilada en plano.

También se pueden rectificar superficies en ángulo sosteniendo la pieza en plano y afilando la rueda de rectificado en el ángulo necesario con un afilador de senos (Figura 84-20).

Cuando no hay un afilador de senos disponible, puede sujetarse a una placa de ángulos una paralela puesta en el ángulo deseado mediante una regla de senos. Esta configuración se coloca entonces sobre el mandril magnético, debajo de la rueda de esmeril (Figura 84-21).

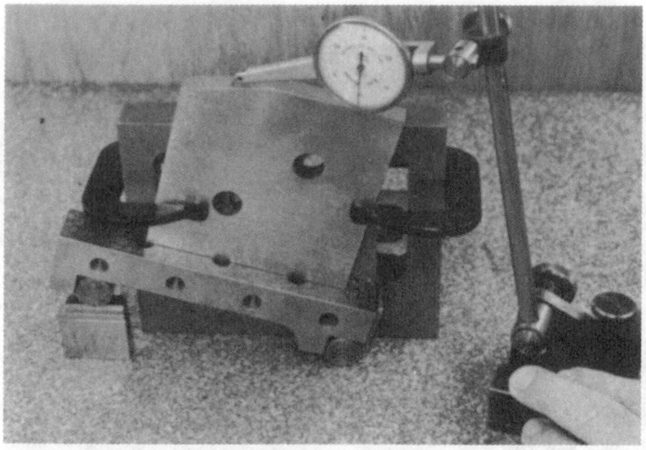

FIGURA 84-17 La pieza puede ajustarse con una regla de senos para rectificar un ángulo preciso. (Cortesía de Kelmar Associates.)

FIGURA 84-18 Rectificado de un ángulo preciso utilizando un mandril de senos. (Cortesía de DoAll Company.)

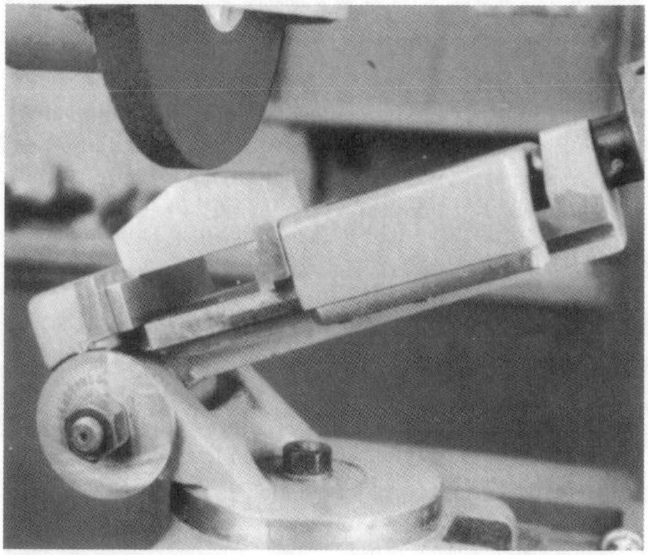

FIGURA 84-19 Pieza sostenida para el rectificado en una prensa de ángulos ajustable. (Cortesía de Kelmar Associates.)

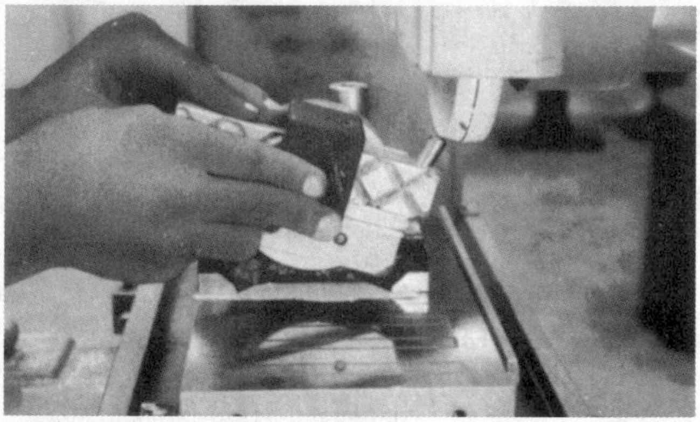

FIGURA 84-20 Cómo rectifica la rueda en ángulo utilizando un afilador de senos. (Cortesía de Kelmar Associates.)

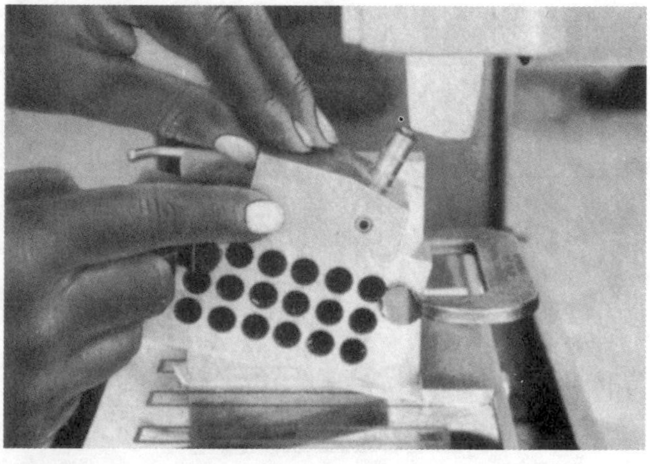

FIGURA 84-21 Cómo afilar una rueda utilizando una paralela puesta en ángulo. (Cortesía de Kelmar Associates.)

RECTIFICADO DE PERFILES

El *rectificado de perfiles* se refiere a la producción de superficies curvas y en ángulo producidas por medio de una rueda afilada especialmente. Se afila en la rueda de rectificado el perfil o contorno inverso al requerido en la pieza (Figura 84-22). Se pueden producir contornos y radios sobre la rueda de rectificado por medio de un afilador de rueda de radio (Figura 84-23A).

Cómo afilar un radio convexo en una rueda de rectificado

1. Monte el afilador de radios (Figura 84-23A) en ángulo recto sobre el mandril magnético limpio.
2. Ajuste los dos topes del afilador de radios de forma que sólo pueda girar un cuarto de vuelta. Los dos topes deben estar a 90° entre sí.
3. Sujete la barra de ajuste de altura de diamante en el afilador de radios. La superficie inferior de la barra de ajuste de altura es el centro del afilador de radios.
4. Coloque un rreglo apilado de bloques patrón utilizando bloques de desgaste en cada lado, igual al radio requerido en la rueda de rectificado, entre la barra de ajuste de altura y el punto de diamante.
5. Suba el diamante hasta que apenas toque los bloques patrón (Figura 84-23B) y después fíjelo en esta posición.

Nota: Cuando se afila un *radio cóncavo*, el punto de diamante debe colocarse *por encima* del centro del afilador de radios, en una distancia igual al radio que se desea.

6. Mueva la mesa longitudinalmente hasta que el diamante esté bajo el centro de la rueda de rectificado (Figura 84-23A).
7. Fije la mesa para evitar cualquier movimiento longitudinal.
8. Gire el brazo del afilador de radios un cuarto de vuelta de forma que el diamante esté en posición horizontal.

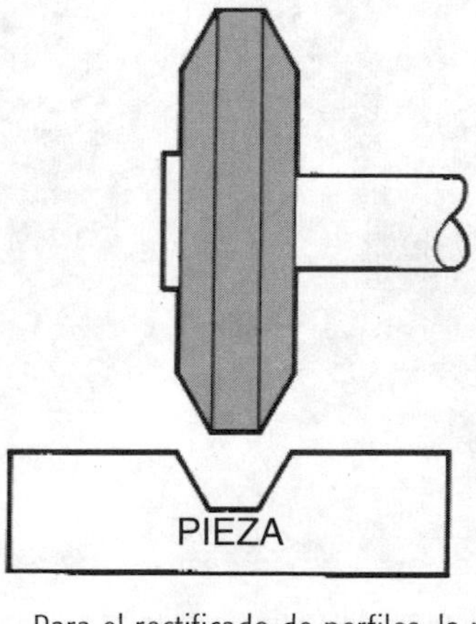

FIGURA 84-22 Para el rectificado de perfiles, la rueda se afila con el perfil inverso al requerido. (Cortesía de Kelmar Associates.)

A

B

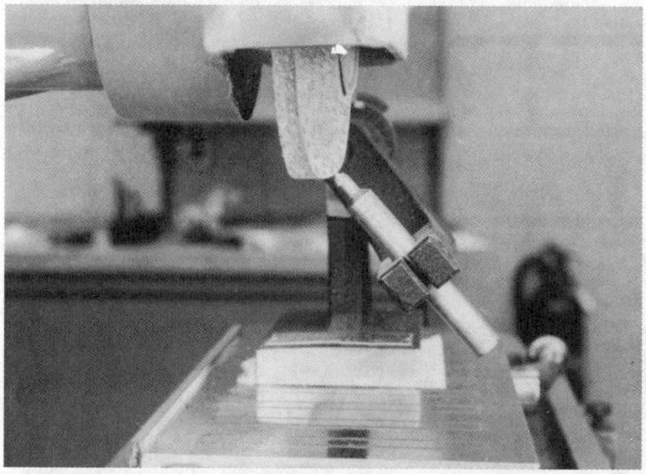

C

FIGURA 84-23 (A) Afilador de rueda de radios montado sobre el mandril magnético; (B) se utilizan bloques patrón para poner el diamante a la altura correcta para afilar el radio sobre la rueda de rectificado. (Cortesía de Kelmar Associates.)

9. Encienda el husillo de la máquina y, utilizando la manivela de avance transversal, acerque el diamante hasta que apenas toque el costado de la rueda de rectificado.
10. Fije la corredera transversal de la mesa en esta posición.
11. Detenga la rectificadora y suba la rueda hasta que libre el diamante.
12. Encienda la rectificadora y, mientras gira lentamente el diamante de atrás hacia adelante a través del arco de 90°, baje la rueda hasta que apenas toque el diamante.
13. Avance hacia abajo la rueda aproximadamente .002 a .003 pulg (0.05 a 0.07 mm) en cada rotación del afilador.
14. Siga afilando el radio hasta que la periferia de la rueda apenas toque el diamante cuando esté en posición vertical. Esto indicará que el radio está completamente formado (Figura 84-23C).
15. Detenga la rectificadora, eleve la rueda, y retire el afilador de radios.

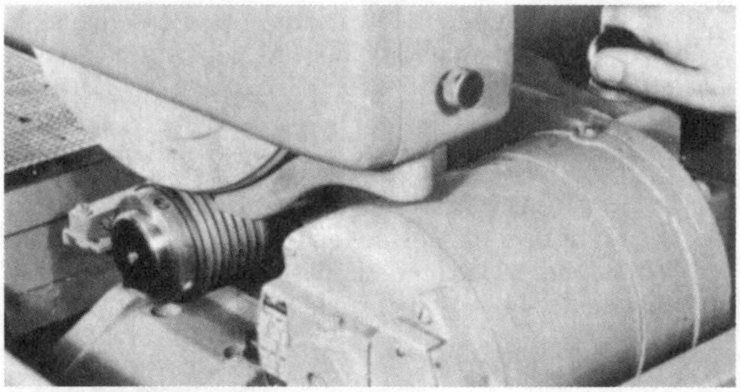

FIGURA 84-24 Cómo rectificar por trituración de una rueda para rectificar aserrados, con un rodillo montado en la máquina. (Cortesía de DoAll Company.)

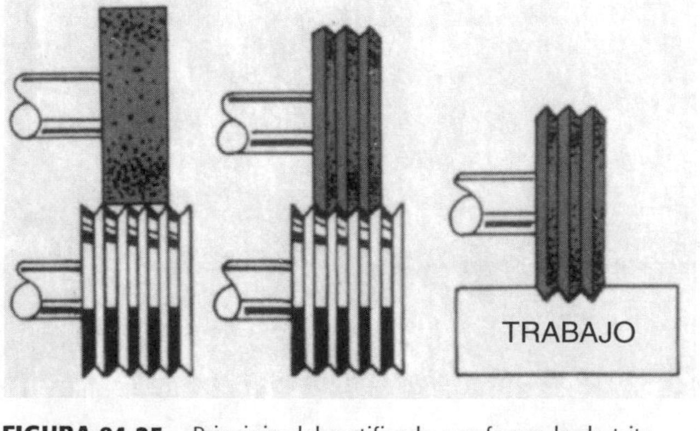

FIGURA 84-25 Principio del rectificado por formado de trituración.

Formas especiales

Cuando deben rectificarse perfiles complejos en grandes corridas de producción, a menudo se puede formar la rueda por trituración. Un rodillo de acero para herramientas o de carburo, con el perfil o contorno deseados en la pieza terminada, se fuerza hacia la rueda de rectificado en lenta rotación [de 200 a 300 pie/min (60 a 90 m/min)] (Figura 84-24). La rueda de rectificado toma el perfil inverso del rodillo de trituración. La rueda se utiliza entonces para rectificar el perfil o contorno en la pieza (Figura 84-25). Las ruedas de rectificado pueden perfilarse por trituración a tolerancias tan justas como ±.002 pulg (0.05 mm), y a radios tan pequeños como .005 pulg (0.12 mm), dependiendo del tamaño de grano y estructura de la rueda. Conforme se utiliza la rueda, se irá desgastando fuera de tolerancia y el perfil deberá ser afilado, utilizando el rodillo de trituración. Cuando el rodillo de trituración se desgasta, como resultado de muchos afilados, debe reesmerilarse a las tolerancias originales.

Algunas rectificadoras de superficies no están diseñadas para que se le dé perfilado por trituración a la rueda. No se recomienda realizar un afilado de perfilado por trituración en ninguna máquina equipada con un husillo de cojinetes de bolas, ya que se somete a los cojinetes a una carga considerable durante el afilado por trituración y pueden resultar dañados. Las máquinas equipadas con cojinetes de rodillos han demostrado ser bastante satisfactorias para operaciones de afilado por trituración.

OPERACIONES DE CORTE

La rectificadora de superficies puede utilizarse para cortar materiales endurecidos utilizando delgadas ruedas de corte. La pieza puede fijarse sobre un dispositivo o prensa y colocado debajo de la rueda (Figura 84-26). En piezas de trabajo delgadas y cortas, el cabezal de rueda puede avanzarse directamente hacia abajo para cortar la pieza. Si deben cortarse piezas más largas, la pieza se monta apropiadamente y la mesa se reciproca como en el rectificado normal, mientras se avanza la rueda hacia abajo. Las ruedas de diamante pueden montarse también para operaciones de corte sobre carburos.

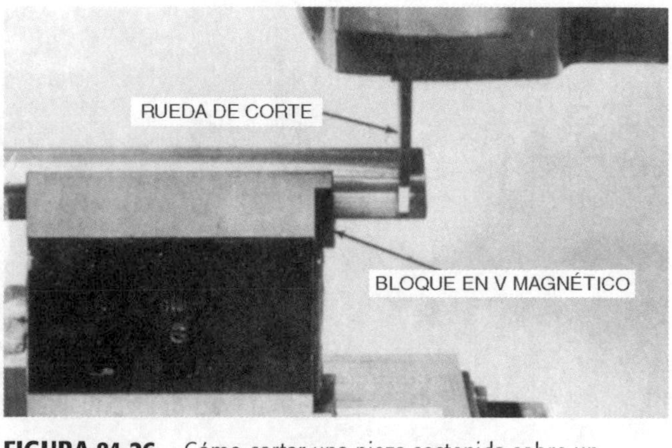

FIGURA 84-26 Cómo cortar una pieza sostenida sobre un bloque en V magnético en la rectificadora de superficies. (Cortesía de Kelmar Associates.)

PREGUNTAS DE REPASO

Cómo montar la pieza para rectificado

1. Describa brevemente el procedimiento para montar las siguientes piezas para rectificado:
   a. Piezas planas b. Piezas cortas

Seguridad de la rectificadora

2. ¿Cómo debe verificarse la rueda en busca de defectos?
3. ¿Por qué es necesario ver que no haya nadie en línea con la rueda de rectificado antes de encender la rectificadora?
4. Liste cinco reglas de seguridad de la rectificadora que usted considere son las más importantes, y explique la razón por la que seleccionó cada una.

Para rectificar una superficie plana

5. Explique cómo debe ajustarse la rueda de rectificado a la superficie de la pieza.
6. ¿Cómo debe retirarse la pieza del mandril magnético?

Para rectificar los bordes de una pieza

7. ¿Por qué a menudo se rectifican los bordes de las piezas de trabajo en ángulo recto y paralelos?
8. ¿Cuánta tolerancia debe dejarse en la superficie al rectificar?
9. ¿Qué precauciones deben observarse cuando se monta una pieza sobre una placa de ángulos para el rectificado de dos costados adyacentes?
10. Ya que se ha rectificado el primer costado de una pieza, ¿cómo se coloca la pieza para rectificar el segundo costado en ángulo recto con respecto al primero?

Para rectificar una superficie vertical

11. Describa brevemente el procedimiento para rectificar una superficie vertical.
12. Cuando se rectifica una superficie vertical, ¿por qué es necesario primero dejar una holgura en la esquina entre las dos superficies adyacentes?
13. ¿Cómo se afila la rueda de rectificado cuando se rectifica una superficie vertical? ¿Por qué es esto necesario?

Para rectificar una superficie en ángulo

14. ¿Mediante qué métodos puede sujetar la pieza para rectificado en ángulo cuando se está utilizando una rueda afilada en plano?
15. Mencione dos métodos para afilar la rueda en ángulo.

Rectificado de formas

16. Mencione dos métodos para afilar contornos y radios en las ruedas de rectificado.
17. Describa el principio del afilado por trituración.
18. ¿En qué clases de rectificadoras de superficies debe llevarse a cabo el afilado de perfiles por trituración?

Problemas, causas y remedios del rectificado de superficies

19. Liste tres causas y tres remedios para cada uno de los siguientes problemas de rectificado:
   a. Vibraciones o patrón de ondas
   b. Rayaduras sobre la superficie de la pieza

UNIDAD

85

Rectificadoras cilíndricas

OBJETIVOS

Al terminar el estudio de esta unidad, se podrá:

1 Colocar y rectificar piezas en una rectificadora cilíndrica
2 Hacer rectificado interno en una rectificadora cilíndrica universal
3 Identificar y mencionar los principios de tres métodos de rectificado sin centros

La periferia de una pieza puede rectificarse con precisión al tamaño y con un alto acabado superficial en una rectificadora *cilíndrica.* Existen dos tipos de máquinas adecuadas para el rectificado cilíndrico: la de *tipo entre centros* y la de *tipo sin centros,*–cada una con sus propias aplicaciones especiales.

RECTIFICADORAS CILÍNDRICAS DE TIPO ENTRE CENTROS

La pieza a la cual se debe dar acabado en una rectificadora cilíndrica por lo general se sostiene entre centros, pero también puede sostenerse en un mandril. Existen dos tipos de rectificadora cilíndrica (de tipo entre centros), la *simple* y la universal. La rectificadora de tipo simple es una máquina de tipo de manufactura. La esmeriladora cilíndrica universal (Figura 85-1 de la página 712) es más versátil, ya que tanto el cabezal de la rueda como el cabezal pueden girarse.

Partes de la rectificadora cilíndrica universal

La *base* es de construcción en hierro fundido pesado, para dar rigidez. La parte superior de la base está maquinada para formar las guías para la mesa.

El *cabezal de la rueda* está montado sobre una corredera transversal en la parte posterior de la máquina. Las guías sobre las que está montada están en ángulo recto con respecto a las guías de la mesa, lo que permite que el cabezal de la rueda avance hacia la mesa y hacia la pieza, ya sea automática o manualmente. En las máquinas universales, el cabezal de la rueda puede girar para permitir el rectificado de conos abruptos mediante el rectificado en profundidad.

La *mesa,* montada sobre las guías, es impulsada hacia adelante y atrás mediante medios hidráulicos o mecánicos. La inversión del movimiento de la mesa está controlado por los *perros de disparo.* La mesa está compuesta por la *mesa inferior,* que descansa sobre las guías, y la *mesa superior,* que puede girarse para rectificar conos y con propósitos de alineación. El *cabezal* y el *contrapunto,* que se utilizan para sostener piezas que se sostienen entre centros, van montados sobre la mesa.

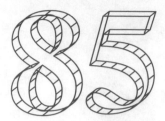

La unidad del *cabezal* está montada sobre el extremo izquierdo de la mesa y contiene un motor para hacer girar la pieza. En el cabezal se monta un punto fijo sobre el husillo del cabezal. Cuando se monta la pieza entre centros, gira entre *dos puntos fijos* por medio de un perro y un plato impulsor, que está sujeto al husillo y gira junto con el husillo del

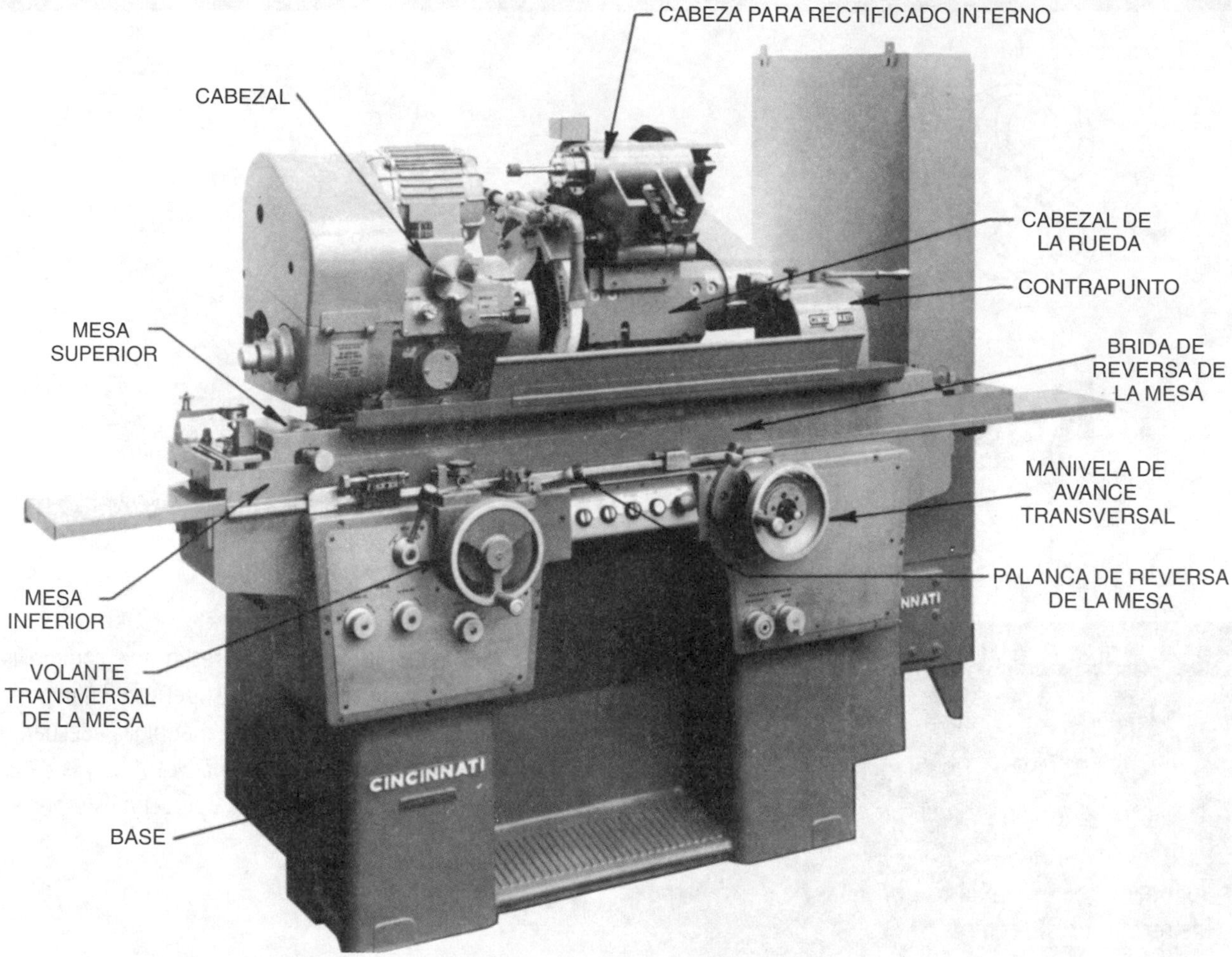

FIGURA 85-1 Partes de la rectificadora cilíndrica universal. (Cortesía de Cincinnati Milacron, Inc.)

cabezal. El propósito del punto fijo en el cabezal es salvar todas las imprecisiones del husillo (holgura, rebabas, etcétera), que puedan transferirse a la pieza. El rectificado de la pieza entre dos puntos fijos da como resultado diámetros más rectos, concéntricos con la línea central de la pieza. También puede sostenerse la pieza en un mandril que se monta en la nariz del husillo del cabezal.

El *contrapunto* soporta el extremo derecho de la pieza y es ajustable a lo largo de la longitud de la mesa. El punto fijo, sobre el cual se monta la pieza, está cargado con resorte para proporcionar la tensión del punto adecuado a la pieza.

El *soporte posterior* o *soporte fijo* proporciona el apoyo para piezas largas y esbeltas y evita que se flexionen. El movimiento hacia afuera y hacia abajo de la pieza se evita por medio de soportes ajustables por delante y por debajo de la pieza de trabajo. Puede colocarse en cualquier punto a lo largo de la mesa.

El *soporte fijo central,* que se parece a la luneta de un torno, puede montarse en cualquier punto sobre la mesa. Se utiliza para soportar el extremo derecho de la pieza cuando el rectificado externo está confinado al extremo de la pieza de trabajo. Las piezas largas, en donde se ha de llevar a cabo rectificado interno, también se apoyan en su extremo en el soporte central.

En la mayor parte de las máquinas puede montarse un *aditamento de rectificado interno* en el cabezal de la rueda, para rectificado interno. Generalmente es propulsado por un motor por separado.

Puede fijarse un *afilador de rueda de diamante* a la mesa para afilar la rueda de rectificado conforme se requiera. En algunas rectificadoras, los afiladores de diamante pueden estar montados permanentemente sobre el contrapunto.

El *sistema de enfriamiento* está integrado en todas las rectificadoras cilíndricas para proporcionar control de polvo, control de temperatura, y un mejor acabado superficial en la pieza.

PREPARACIÓN DE LA MÁQUINA PARA RECTIFICADO

Cómo montar la rueda

En el rectificado cilíndrico deben observarse todas las precauciones observadas en las rectificadoras de superficies, como el balanceo de la rueda y los procedimientos de montaje.

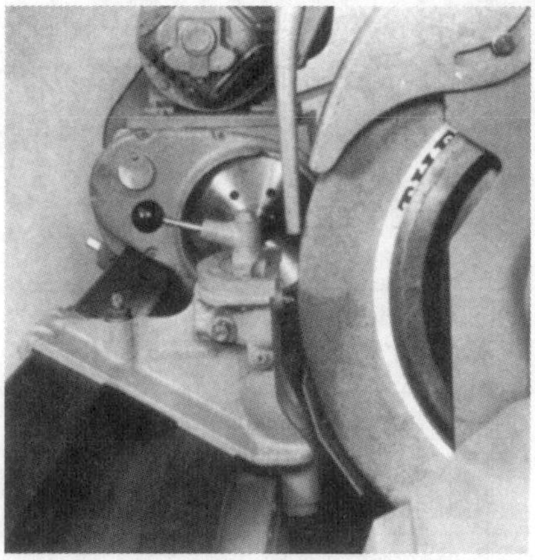

FIGURA 85-2 Cómo afilar una rueda de rectificado en una rectificadora cilíndrica. (Cortesía de Cincinnati Milacron, Inc.)

Para rectificar y afilar la rueda

1. Encienda la rueda de rectificado para permitir que se calienten los cojinetes del husillo.
2. Monte el diamante adecuado en el soporte y fíjelo a la mesa. El diamante deberá montarse en un ángulo de 10° a 15° con respecto a la cara de la rueda y debe sostenerse sobre o ligeramente por debajo de la línea central de la rueda (Figura 85-2).
3. Ajuste la rueda hasta que el diamante apenas toque el punto alto de la rueda, que usualmente es el centro de la cara de rueda.
4. Haga funcionar el sistema refrigerante, si se va a utilizar en la operación de rectificado.
5. Avance la rueda hacia el diamante aproximadamente .001 pulg (0.02 mm) por pasada, y muévalo atrás y adelante a través de la cara de la rueda a una velocidad media, hasta que se haya afilado la cara de rueda completa.
6. Afile de acabado la rueda utilizando un avance de .0005 pulg (0.01 mm) y un avance transversal lento. Cuando se requiera de un acabado muy fino, el diamante debe moverse transversalmente con lentitud a través de la cara de la rueda en unas cuantas pasadas sin ningún avance adicional.

Para rectificar paralelamente un diámetro exterior

El rectificado de un diámetro paralelo es la operación que se realiza más comúnmente en una rectificadora cilíndrica. Si aparece cualquier característica indeseable en la pieza durante el rectificado, refiérase a la Tabla 85-1 (de la página 714 y 715) en busca de la posible causa y los remedios sugeridos.

1. Lubrique la máquina como se requiera.
2. Conecte la rueda de rectificado para calentar los cojinetes del husillo. Esto asegurará la mayor precisión durante el rectificado.
3. Rectifique y afile la rueda de la rectificadora si se requiere, y después desconecte el husillo.
4. Limpie los puntos de la máquina y las perforaciones centrales de la pieza. Si los puntos de la rectificadora están dañados, deben volverse a rectificar. En piezas de acero endurecido, las perforaciones centrales deben estar pulidas o asentadas para asegurar mayor precisión.
5. Alinee los puntos del cabezal y el contrapunto con una barra de pruebas y un indicador.
6. Lubrique las perforaciones centrales con un lubricante adecuado.
7. Ajuste el cabezal y el contrapunto para la longitud de la pieza adecuada, de forma que el centro de la pieza esté sobre el centro de la mesa.
8. Monte la pieza entre los puntos con el perro flojo sobre el extremo izquierdo de la pieza.
9. Apriete el perro sobre el extremo de la pieza y acople el perno del plato propulsor sobre la horquilla del perro.
10. Ajuste los perros de la mesa de manera que la rueda sobrepase cada extremo de la pieza en aproximadamente un tercio del ancho de la cara de la rueda. Si el rectificado se debe realizar hasta un hombro, debe ajustarse cuidadosamente la corredera transversal de la mesa de forma que el movimiento se invierta justo antes que la rueda llegue al hombro.
11. Ajuste la rectificadora a la velocidad adecuada para la rueda que se está utilizando. Algunas máquinas tienen un medio para aumentar la velocidad de la rueda conforme ésta se hace más pequeña. Si esto no se hace, la rueda actuará como si fuera más blanda y se desgastará rápidamente.
12. Ajuste la velocidad de la pieza para el diámetro y el tipo de material que se va a rectificar. La velocidad correcta de la pieza es muy importante. Una velocidad baja provoca calentamiento y distorsión de la pieza. Las velocidades altas provocarán que la rueda actúe como si fuera más blanda y se desmorone rápidamente.
13. Ajuste el husillo del cabezal para que haga girar la pieza en dirección opuesta a la de la rueda de esmeril. Al rectificar, las chispas deben estar dirigidas hacia abajo hacia la mesa.
14. Si la máquina está así equipada, ajuste el avance automático para cada inversión del movimiento de la mesa. También ajuste el tiempo de descanso o de "ocio", que permitirá que la rueda se limpie en cada extremo de la pasada.
15. Seleccione y ajuste la velocidad transversal deseada de la mesa. Ésta debe ser tal que la mesa se mueva de una mitad a dos tercios del ancho de la rueda por revolución de la pieza de trabajo. El rectificado de acabado se realiza a una velocidad transversal menor de la mesa.
16. Encienda la mesa y suba la rueda hasta la pieza de trabajo hasta que apenas saque chispas.
17. Acople la palanca de embrague de avance de la rueda y rectifique hasta que la pieza esté limpia.
18. Revise la pieza en busca de conicidad y ajuste si es necesario.
19. Determine la cantidad de material que se va a eliminar y ajuste el índice de avance para esta cantidad. El avance de la rueda se detendrá automáticamente cuando la pieza tenga el diámetro adecuado.
20. Detenga la máquina con la rueda fuera de la pieza y mida el tamaño de la pieza. Si es necesario, haga la corrección en el ajuste de índice y rectifique la pieza al tamaño.

TABLA 85-1 Fallas, causas y remedios en el rectificado cilíndrico

Falla	Causa	Posible remedio
Acabado de "poste de barbero"	Trabajo flojo entre centros.	Ajustar la tensión central.
	Los centros tienen un ajuste pobre sobre el husillo.	Utilizar centros que ajusten correctamente.
Trabajo quemado, superficies agrietadas	La rueda de rectificado no ha sido rectificada.	Rectifique y afile la rueda.
	La rueda de rectificado es demasiado dura.	Utilice una rueda más blanda.
	La estructura de la rueda de rectificado es demasiado densa.	Utilice una rueda más abierta.
	El aglomerado no es el adecuado.	Consulte el manual del fabricante.
	La rueda de rectificado va demasiado rápido.	Ajuste la velocidad.
	La pieza gira demasiado despacio.	Aumente la velocidad.
	El corte es demasiado profundo.	Reduzca la profundidad de corte.
	El refrigerante es insuficiente.	Aumente la provisión de refrigerante.
	El refrigerante es de la clase incorrecta.	Intente con otra clase.
	El afilador de diamante está obtuso.	Gire el diamante sobre el soporte.
Marcas de vibración	Corte demasiado profundo.	Intente un corte más ligero.
	La rueda de rectificado es demasiado dura.	Utilice una rueda más blanda.
		Aumente la velocidad de la pieza.
		Reduzca la velocidad de la rueda.
	La pieza es demasiado flexible.	Utilice un soporte fijo.
	Vibraciones en la máquina.	Localice las vibraciones y corríjalas.
	Las vibraciones externas se transfieren a la máquina.	Aísle la máquina para evitar vibraciones.
Líneas del rectificado por diamante	El avance de afilado es muy alto.	Reduzca la velocidad de avance.
	El diamante está demasiado afilado.	Utilice una punta de tipo de racimo.
Líneas de avance	La estructura de la rueda es equivocada	Cambie para adecuarse.
	La velocidad transversal es incorrecta cuando se da el rectificado de acabado.	Cambie la velocidad de la pieza y la velocidad de la rueda.
	El refrigerante no está dirigido correctamente.	Ajuste la boquilla.
	El soporte fijo no está ajustado correctamente.	Verifique y ajuste.
Acción de corte intermitente	La pieza está demasiado apretada entre centros.	Ajuste la tensión del punto.
	La pieza está demasiado caliente.	Utilice refrigerante.
	La pieza está fuera de balance.	Corrija el balance como se requiera.
Pieza no redonda	Las perforaciones del centro de la pieza . están dañadas o sucias	Pula y asiente los puntos.
	La pieza está floja entre centros.	Ajuste la tensión del punto.
	Los puntos de la máquina están flojos.	Limpie y vuelva a ajustar.
	Los puntos de la máquina están desgastados.	Vuelva a rectificar los puntos.
	Hay chavetas sueltas en la mesa.	Ajuste las chavetas.

TABLA 85-1 Fallas, causas y remedios en el rectificado cilíndrico (continuación)

Falla	Causa	Posible remedio
Acabado rugoso	La rueda es demasiado áspera.	Utilice una rueda más fina.
	La rueda es demasiado dura.	Utilice una rueda más blanda.
	El diamante está demasiado afilado.	Utilice un filo de tipo de racimo.
	La rueda se afiló en basto.	Afile de acabado la rueda.
	El movimiento transversal de la mesa es demasiado rápido.	Baje el avance hasta que sea adecuado.
	La velocidad de la pieza es demasiado rápida.	Baje la velocidad hasta que sea la adecuada.
	La pieza resortea.	Utilice un soporte fijo.
Marcas de onda (largas)	La rueda está fuera de balance.	Afile y balancee la rueda.
	El refrigerante se ha dirigido contra una rueda estacionaria.	Desactive completamente el refrigerante antes de detener la rueda.
Marcas de onda (cortas)	Vibraciones causadas por bandas que no hacen juego.	Reemplace bandas en juego. Verifique el balanceo del motor y de las poleas.

Para rectificar una pieza cónica

La pieza cónica, sostenida entre centros, se rectifica de la misma manera que la pieza paralela, excepto que se gira la mesa a la mitad del ángulo incluido en el cono. Debe verificarse la precisión del cono después de haber limpiado la pieza de trabajo y ajustarse la mesa si es necesario.

Los conos cortos y de gran pendiente pueden rectificarse como piezas sujetas en un mandril o entre centros, girando el cabezal de la rueda al ángulo deseado y rectificando la superficie cónica con la cara inclinada de la rueda.

Rectificado a profundidad

Cuando debe rectificarse una superficie corta cónica o paralela en una pieza de trabajo, puede esmerilarse a profundidad avanzando la rueda hacia la pieza en rotación, permaneciendo la mesa estacionaria. La rueda de rectificado puede avanzarse automáticamente, conforme al ajuste en el índice de avance. Dejándola entonces estática por el tiempo adecuado para permitir la "desaparición de chispas" y se retrae automáticamente. En el caso de la pieza cónica, el cabezal de la rueda debe girarse a la mitad del ángulo a realizar. La longitud de la superficie rectificada no debe ser mayor al ancho de la cara de la rueda de rectificado.

RECTIFICADORAS INTERNAS

El rectificado interno puede definirse como el acabado preciso de perforaciones en una pieza de trabajo mediante una rueda de rectificado. Aunque las rectificadoras internas se diseñaron originalmente para piezas endurecidas, ahora se utilizan ampliamente para acabar perforaciones al tamaño y precisión deseado sobre materiales blandos.

El rectificado interno de producción se lleva a cabo con rectificadoras internas diseñadas exclusivamente para este tipo de operaciones. La rueda es avanzada hacia la pieza automáticamente hasta que la perforación alcanza el diámetro requerido. Cuando la perforación se acaba al tamaño, la rueda se retira de la perforación y se afila automáticamente, antes de que se rectifique la siguiente perforación.

El rectificado interno puede realizarse también en la rectificadora cilíndrica universal, con la rectificadora cortadora y de herramientas, y en el torno. Dado que estas máquinas no están diseñadas expresamente para el rectificado interno, no son tan eficientes como la rectificadora interna estándar. En la mayoría de las operaciones de rectificado interno, la pieza gira sobre un mandril montado en el husillo del cabezal. También puede montarse la pieza en un plato de sujeción, mandriles de collar, o aparatos especiales. Cuando la pieza es demasiado larga para girar, se pueden rectificar diámetros internos utilizando una rectificadora planetaria. En esta operación, la rueda de rectificado se guía en un movimiento circular alrededor del eje de la perforación y es avanzada hasta el diámetro requerido. La pieza o la cabeza rectificadora se avanza en forma paralela al eje de la rueda para producir una superficie lisa y uniforme.

Rectificado interno en una rectificadora cilíndrica universal

Aunque la rectificadora cilíndrica universal no está diseñada especialmente para hacer rectificado interno, se le utiliza extensamente en los talleres de herramientas con este propósito. En la mayoría de las rectificadoras cilíndricas universales, el aditamento de rectificado interno está montado sobre la columna del cabezal de la rueda y se gira fácilmente hacia su sitio cuando se necesita. Una ventaja de esta máquina es que con frecuencia se pueden acabar los diámetros

TABLA 85-2 Problemas, causas y remedios del rectificado interno

Problema	Causa	Remedio
Perforación en forma de campana	La pasada es demasiado larga y la rueda sobrepasa demasiado la perforación.	Reduzca la superposición de la rueda en cada extremo de la perforación.
	Las líneas centrales de la pieza de trabajo y del eje de la rueda están a diferente altura.	Alinee los centros antes de instalar la pieza.
Quemaduras o decoloraciones en la pieza	La rueda es demasiado dura.	Utilice una rueda más blanda.
		Aumente la velocidad de la pieza.
		Reduzca la velocidad de la rueda.
		Utilice una rueda más angosta.
		Afile en basto la rueda.
	El refrigerante es insuficiente	Aumente la provisión de refrigerante y diríjala al punto de contacto del rectifcado.
Marcas de vibración	Los cojinetes del eje están gastados.	Ajuste si es posible, o reemplace.
	Las bandas se resbalan.	Ajuste la tensión.
	Las bandas están defectuosas.	Reemplace el juego completo de bandas.
	La rueda está fuera de balance.	Balancee la rueda.
	La rueda no está recta.	Rectifique y afile.
	La rueda es demasiado dura.	Utilice una rueda más blanda.
	La velocidad de la pieza es incorrecta.	Ajuste.
Líneas o espirales de avance	El afilado es incorrecto.	Afile cuidadosamente la rueda, utilizando un diamante afilado.
	La rueda es demasiado dura	Utilice una rueda más blanda.
	Los bordes de la rueda son demasiado afilados.	Redondee ligeramente los bordes con una barra abrasiva.
	El avance es demasiado grueso.	Reduzca el avance en los pases finales.
	El cabezal de la rueda está inclinado o girado.	Alinee el cabezal de la rueda y el eje.
Perforación no redonda	La pieza se deforma durante el montado en el mandril o dispositivo de soporte.	Tenga extremo cuidado cuando monta la pieza.
	La pieza se sobrecalienta durante el rectificado en basto.	Reduzca la profundidad de corte y el avance. Si el trabajo se ha montado en un plato de sujeción, afloje las abrazaderas ligeramente y vuélvalas a apretar al parejo.
Rasguños sobre la superficie rectificada	La rueda es demasiado blanda y los granos abrasivos quedan atrapados entre la superficie la pieza y la rueda.	Utilice una rueda más fina. Perforación cónica
	La rueda está incorrectamente afilada.	El cabezal de la rueda está en un ángulo ligero.
	El refrigerante sucio deposita partículas entre la rueda y la pieza.	La rueda es demasiado blanda para mantener el tamaño.
	El cabezal de la rueda está en un ángulo ligero.	El avance es demasiado rápido.
Perforación cónica	La rueda es demasiado blanda para mantener el tamaño.	Alinee el cabezal de la rueda.
	Afile cuidadosamente la rueda.	Utilice una rueda más dura.
	El avance es demasiado rápido.	Reduzca el avance.

TABLA 85-2 Problemas, causas y remedios del rectificado interno (continuación)

Problema	Causa	Remedio
Rueda vidriada	La rueda es demasiado dura.	Utilice una rueda más blanda.
		Aumente la velocidad de la pieza.
	La rueda es demasiado densa.	Utilice una rueda más abierta.
	El afilado es incorrecto.	Utilice un diamante afilado para afilar en basto.
Rueda cargada	La rueda es demasiado dura.	Utilice una rueda más blanda.
		Aumente la velocidad de la pieza.
		Aumente el avance transversal.
	La rueda es demasiado fina.	Utilice un grano más grueso.
	Refrigerante sucio.	Limpie el sistema de enfriamiento y reemplace el refrigerante.
	El diamante de rectificado está obtuso.	Utilice un diamante afilado y afile de basto la rueda.

exterior e interior de una pieza de trabajo en una sola instalación. Aun cuando el grado de la rueda utilizada para el rectificado interno dependerá del tipo de trabajo y de la rigidez de la máquina, las ruedas que se utilizan para el rectificado interno son por lo general más blandas que las utilizadas para el rectificado externo, por las siguientes razones:

1. Hay una mayor área de contacto entre rueda y pieza durante la operación de rectificado interno.
2. Una rueda blanda requiere menos presión para cortar que una rueda dura; por lo tanto, la presión y el resorte del eje se reducen.

Cómo rectificar un diámetro interno paralelo en una rectificadora cilíndrica universal

Si ocurre cualquier problema durante el rectificado interno, refiérase a la Tabla 85-2 para la posible causa y las soluciones sugeridas.

1. Monte la pieza de trabajo en un mandril universal, un mandril de collar o un plato de sujeción. Debe tenerse cuidado para no deformar las piezas delgadas.
2. Gire el aditamento de rectificado interno en su lugar y monte el eje apropiado en el husillo. Para una rigidez máxima, el eje debe ser tan grande como sea posible, con el sobrepaso mínimo.
3. Monte la rueda que rectifique adecuada, tan grande como sea posible para el trabajo.
4. Ajuste la altura del eje hasta que su centro esté en línea con el eje central de la perforación sobre la pieza de trabajo.
5. Rectifique y afile la rueda de esmeril.
6. Ajuste la velocidad de rueda de 5000 a 6500 pie/min (1520 a 1980 m/min).
7. Ajuste la velocidad de la pieza de 150 a 200 pie/min (45 a 60 m/min).
8. Ajuste las bridas de la mesa de manera que *solamente* una tercera parte del ancho de la rueda sobrepase los extremo de la pieza al final de cada pasada. En las perforaciones ciegas, la brida debe ajustarse para invertir la mesa justo cuando la rueda libra el corte en la parte inferior de la perforación.

Nota: A fin de evitar las perforaciones en forma de campana, la rueda *nunca* debe sobrepasar el extremo de la pieza por más de la mitad del ancho de la rueda.

9. Encienda la pieza y la rueda de rectificado.
10. Toque la rueda de rectificado con el diámetro de la perforación.
11. Encienda el refrigerante.
12. Rectifique hasta que la perforación apenas se limpie, avanzando la rueda por no más de .002 pulg (o 0.05 mm) por inversión de la mesa.
13. Verifique el tamaño de la perforación y ajuste el avance automático (si la máquina está así equipada) para desacoplarse cuando la pieza esté desbastada dentro de .001 pulg (0.02 mm) del tamaño.
14. Vuelva a ajustar el avance automático a .0002 pulg (0.005 mm) por inversión de la mesa.
15. Rectifique de acabado a la pieza y deje que la rueda eche chispas.
16. Mueva la mesa longitudinalmente y retire la rueda y el eje de la pieza de trabajo.
17. Verifique el tamaño de la perforación y rectifique de acabado si es necesario.

Para rectificar una perforación cónica

Deben seguirse los mismos procedimientos y precauciones para el rectificado de perforaciones cónicas que en el rectificado de perforaciones paralelas. Sin embargo, el cabezal debe ajustarse a la mitad del ángulo correspondiente del cono. Es *muy* importante que las líneas centrales de la rueda de rectificado y la perforación se ajusten a la misma altura, a fin de producir el cono correcto.

RECTIFICADO SIN CENTROS

Pueden producirse piezas cilíndricas, cónicas y multidiámetro en una rectificadora sin centros (Figura 85-3). Como el nombre lo indica, la pieza no se apoya entre centros, sino en una hoja de soporte de la pieza, una rueda reguladora, y una rueda de rectificado (Figura 85-4).

En una rectificadora sin centros, la pieza se apoya en la hoja de soporte de la pieza, que está equipada con guías adecuadas para el tipo de pieza de trabajo. La rotación de la rueda de rectificado fuerza a la pieza de trabajo contra la hoja de soporte de la pieza y contra la rueda reguladora, en tanto que la rueda reguladora controla la velocidad de la pieza y el movimiento de avance longitudinal. Para dar un avance longitudinal a la pieza, se ajusta la rueda reguladora a un ángulo ligero. La velocidad de avance puede variarse modificando el ángulo y velocidad de la rueda reguladora. Las ruedas reguladora y de rectificado giran en la misma dirección, y las alturas de centro de estas ruedas son finas. Ya que los centros son fijos, el diámetro de la pieza de trabajo está controlado mediante la distancia entre ruedas y la altura de la hoja de soporte de la pieza.

Entre más alta se coloca la pieza de trabajo sobre las líneas centrales de las ruedas, más rápido se rectificará cilíndricamente. Sin embargo, hay un límite para la altura a la que puede colocarse, ya que la pieza eventualmente se levantará periódicamente de la hoja de soporte de la pieza. Hay una excepción para colocar la pieza sobre el centro: cuando se eliminan pequeños dobleces en piezas largas, de pequeño diámetro. En este caso, el centro de la pieza de trabajo se coloca por debajo de la línea central de las ruedas y la velocidad de movimiento transversal es alta. Esta operación elimina el latigueo y las vibraciones que pudieran resultar de piezas dobladas y se utiliza principalmente para enderezar la pieza de trabajo. Ya que la pieza se ha enderezado, se rectifica de manera normal, por sobre los centros.

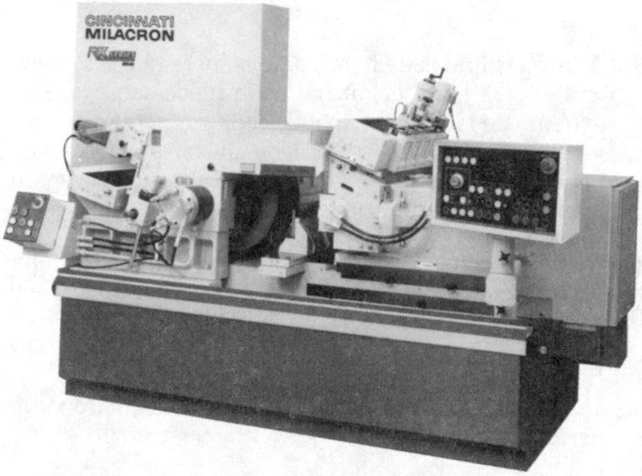

FIGURA 85-3 Rectificadora sin centros de sujeción gemela de serie RK 350-20. (Cortesía de Cincinnati Milacron, Inc.)

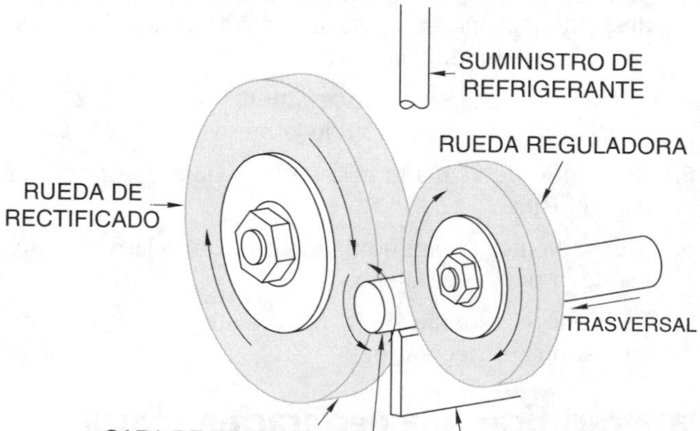

FIGURA 85-4 Principio de la rectificadora sin puntas. (Cortesía de Carborundum Co.)

MÉTODOS PARA EL RECTIFICADO SIN CENTROS

Existen tres métodos para el rectificado sin centros: con avance a través, con avance interior, y con avance de extremo.

Rectificado sin centros con avance a través

El *rectificado sin centros con avance a través* (Figura 85-5) consiste en avanzar la pieza entre las ruedas de rectificado y reguladora. La superficie cilíndrica se rectifica conforme la pieza es avanzada mediante la rueda reguladora por la rueda de rectificado. La velocidad a la cual la pieza se avanza contra la rueda de rectificado se controla mediante la velocidad y el ángulo de la rueda reguladora.

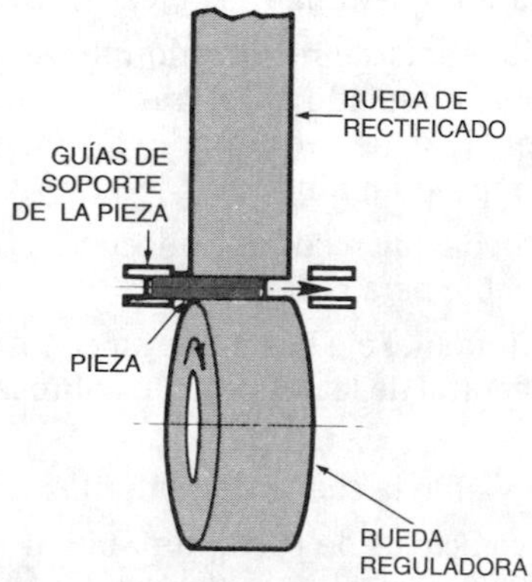

FIGURA 85-5 Principio del rectificado sin centros de avance a través. (Cortesía de Cincinnati Milacron, Inc.)

Rectificado sin centros de avance interior

El *rectificado sin centros con avance interior*, una variante del rectificado en profundidad, se utiliza cuando la pieza que se está rectificando tiene un hombro o cabeza (Figura 85-6). Pueden acabarse simultáneamente varios diámetros de la pieza de trabajo mediante el rectificado de avance interior. Con este método se pueden rectificar eficientemente perfiles cónicos, esféricos y con otras formas irregulares.

Con el rectificado de avance interior, la hoja de soporte de la pieza y la rueda reguladora se sujetan en una posición fija en relación una con otra. La pieza se coloca sobre el soporte, contra la rueda reguladora, y se avanza hacia la rueda de rectificado moviendo la palanca de avance interior en un arco de 90°. Cuando la palanca está en el extremo opuesto del recorrido, se ha alcanzado el tamaño predeterminado y la pieza tiene el tamaño deseado. Cuando la palanca se invierte, la rueda reguladora y el soporte de la pieza retroceden y la pieza se saca ya sea manual o automáticamente.

Si la pieza que se va a rectificar es más larga que las ruedas, un extremo se apoya sobre el soporte de la pieza y el otro sobre rodillos montados en la máquina.

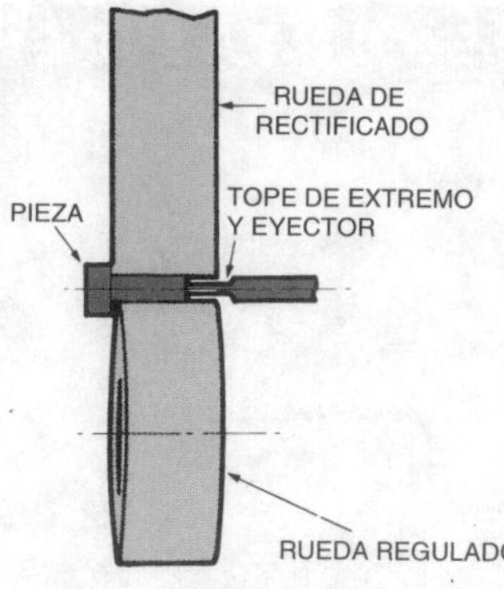

FIGURA 85-6 Principio del rectificado sin centros de avance interior. (Cortesía de Cincinnati Milacron, Inc.)

Rectificado sin centros de avance de extremo

El *método de avance de extremo* (Figura 85-7) se utiliza principalmente para rectificar piezas cónicas. La rueda de rectificado, la rueda rectificadora, y el soporte de la pieza permanecen en posiciones fijas. La pieza es avanzada entonces desde el frente, manual o mecánicamente, hasta un tope fijo. Cuando la máquina está preparada para el rectificado de avance de extremo, la rueda de rectificado y la rueda reguladora con frecuencia se afilan al cono requerido. En algunos casos, cuando sólo se requieren unas cuantas piezas, puede afilarse solamente la rueda reguladora.

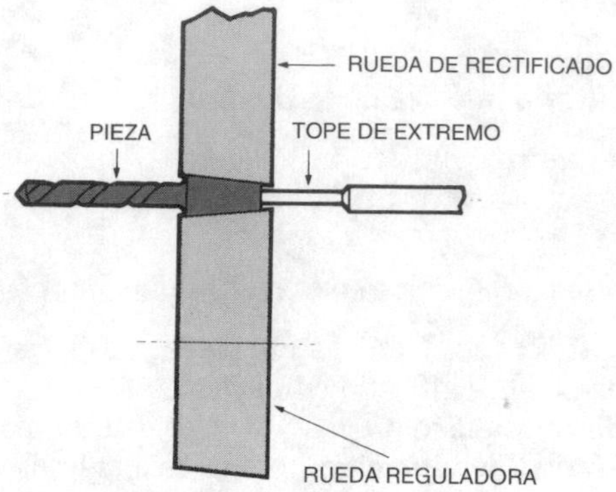

FIGURA 85-7 Principio del rectificado sin centros de avance de extremos. (Cortesía de Cincinnati Milacron, Inc.)

Ventajas del rectificado sin centros

- No hay límite de longitud para las piezas que se están rectificando.
- No hay empuje axial sobre la pieza de trabajo, lo que permite que se rectifiquen largas piezas que se deformarían con otros métodos.
- Para los propósitos de rectificado, se requiere menos material en la pieza de trabajo que si la pieza se sostiene entre centros. Esto se debe al hecho que la pieza "flota" en la rectificadora sin puntas. La pieza que se sostiene entre centros puede perder la concentricidad y requerir de más material para rectificarse.
- Ya que hay menos material a eliminar, hay menos desgaste en la rueda y se requiere de menos tiempo de rectificado.

PREGUNTAS DE REPASO

Rectificadoras cilíndricas

1. Mencione dos tipos de rectificadoras cilíndricas.
2. Liste las partes principales de la rectificadora cilíndrica y enuncie el propósito de cada una.
3. ¿Qué precauciones deben observarse al rectificar y afilar la rueda de rectificado de una rectificadora cilíndrica?

Para rectificar en paralelo el diámetro exterior

4. Liste seis precauciones que deben observarse para asegurar la mayor precisión durante el rectificado en paralelo del diámetro exterior de una pieza de trabajo.

Para rectificar una pieza de trabajo cónica

5. Liste tres maneras en las cuales se pueden rectificar conos con una rectificadora cilíndrica universal.

Fallas, causas y remedios en el rectificado cilíndrico

6. Liste tres causas y tres soluciones para las siguientes fallas en el rectificado cilíndrico:
   a. Pieza quemada
   b. Marcas de vibración
   c. Líneas de avance
   d. Pieza no redonda
   e. Acabado basto
   f. Marcas de ondas

Rectificado interno

7. Describa el rectificado interno y mencione cuatro máquinas en las cuales se puede llevar a cabo.

Rectificado interno con una rectificadora cilíndrica universal

8. ¿Por qué generalmente se utilizan ruedas de rectificado más blandas para el rectificado interno que las utilizadas para el rectificado externo?
9. ¿Qué precauciones deben tomarse cuando se instala y rectifica una perforación paralela en la pieza de trabajo?

Para rectificar una perforación cónica

10. ¿A qué altura debe ajustarse la rueda de rectificado para rectificar un cono? ¿Por qué es esto necesario?

Problemas, causas y soluciones del rectificado interno

11. Liste cuatro problemas importantes que se encuentran en el rectificado interno. Mencione por lo menos dos causas y dos soluciones para cada uno de estos problemas.

Rectificado sin centros

12. Describa el principio del rectificado sin centros. Ilustre por medio de un esquema adecuado.
13. ¿Cómo se sostiene la pieza durante el rectificado sin centros para hacerlo cilíndrico tan rápidamente como sea posible?

Métodos del rectificado sin centros

14. Mencione tres métodos de rectificado sin centros e ilustre cada uno de éstos mediante un esquema adecuadamente detallado.
15. Mencione cuatro ventajas del rectificado sin centros.

UNIDAD

86

La cortadora y rectificadora de herramientas universal

OBJETIVOS

Al terminar el estudio de esta unidad, se podrá:

1. Identificar y mencionar el propósito de las partes principales de una cortadora y rectificadora de herramientas
2. Rectificar ángulos de salida en cortadores de dientes helicoidales y escalonados
3. Rectificar un cortador con un perfil
4. Configurar la rectificadora para rectificado cilíndrico e interno

La cortadora y rectificadora de herramientas universal está diseñada principalmente para el afilado de herramientas de corte, como fresas, rimas y machuelos . Su característica de universal, junto con diversos aditamentos, permiten que se lleven a cabo una variedad de otras operaciones de rectificado. Otras operaciones que pueden llevarse a cabo son el rectificado, interno, cilíndrico, cónico y de superficies; el afilado de herramientas de un solo filo; y operaciones de corte. La mayoría de estas últimas operaciones requieren de aditamentos o accesorios adicionales.

PARTES DE LA CORTADORA Y RECTIFICADORA DE HERRAMIENTAS UNIVERSAL

Observe la cortadora y rectificadora de herramientas universal que aparece en la Figura 86-1. La *base* tiene forma de caja y está fabricada de pesado hierro fundido, lo que proporciona rigidez. La parte superior de la base está maquinada para producir las *guías* (que por lo general son endurecidas) para la silla.

El *cabezal de la rueda* está montado en una columna en la parte posterior de la base. Puede subirse o bajarse mediante las manivelas del cabezal de la rueda, colocadas en ambos costados de la base. El cabezal de la rueda puede girarse alrededor de 360°. El eje del cabezal de la rueda está montado sobre cojinetes antifricción y es cónico y roscado en los dos extremos, para recibir boquillas para rueda de rectificado. La velocidad del eje puede variarse mediante poleas escalonadas para adecuarse al tamaño de la rueda que se está utilizando.

La *silla* está montada sobre las guías de la base y se mueve hacia adentro y afuera mediante las manivelas de avance transversal colocadas en la parte frontal y posterior de la máquina. La parte superior de la silla tiene guías maquinadas y endurecidas en ángulo recto con respecto a las guías en la parte superior de la base.

La *mesa* se compone de dos unidades, la mesa *superior* e *inferior*. La mesa inferior, montada sobre las guías superiores de la mesa, descansa y se mueve sobre cojinetes antifricción. La mesa superior está sujeta a la mesa inferior y puede girar para rectificar conos. La unidad de la mesa (superior

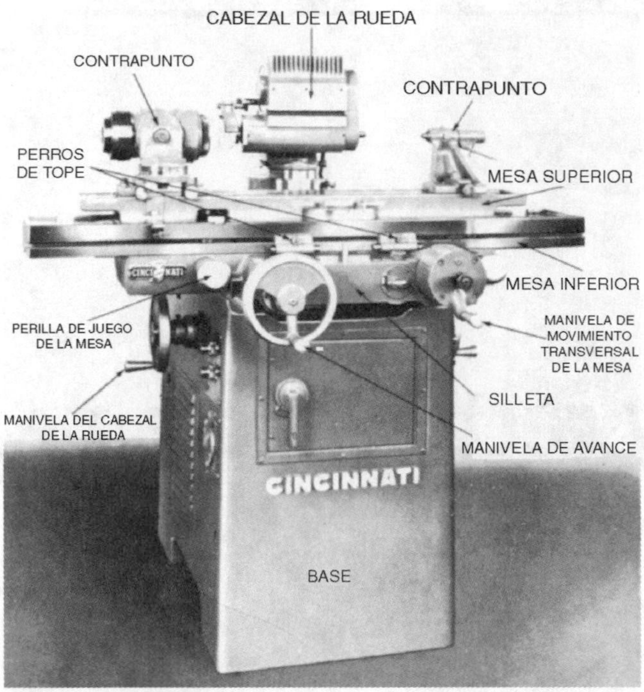

FIGURA 86-1 Cortadora y rectificadora de herramientas universal. (Cortesía de Cincinnati Milacron, Inc.)

e inferior) puede moverse longitudinalmente mediante tres *perillas de movimiento transversal de la mesa,* uno en la parte frontal de la máquina y dos en la parte posterior. La mesa también puede moverse lentamente por medio de la *manivela de movimiento lento de la mesa.* La mesa puede fijarse en un lugar lateral o longitudinalmente, mediante tornillos de fijación.

Los *perros de tope* montados en una ranura en T en la parte frontal de la mesa, controlan la longitud del movimiento de la mesa. Cada perro tiene un perno de tope positiva en un costado y un émbolo de resorte en el otro. Son reversibles, para proporcionar un tope positivo o acolchonado a la mesa, conforme se desee.

ACCESORIOS Y ADITAMENTOS

Los *contrapuntos izquierdo*-y *derecho* se montan sobre la ranura en T de la mesa superior y soportan la pieza en ciertas operaciones de rectificado. Pueden colocarse en cualquier punto a lo largo de la mesa.

El *cabezal de trabajo universal* (Figura 86-1) o cabezal se monta sobre el lado izquierdo de la mesa y se utiliza para soportar fresas frontales y refrentadores para el rectificado. También puede equiparse con una polea y motor (cabezal motorizado; vea la Figura 86-19), y utilizarse para rectificado cilíndrico. Puede montarse en un mandril en el cabezal para sujetar la pieza para rectificado interno y cilíndrico, así como para operaciones de corte (vea la Figura 86-20).

El *calibrador para centrar* (vea la Figura 86-13) se utiliza para alinear rápidamente el punto del contrapunto con el punto del husillo del cabezal de la rueda. También se utiliza para alinear los dientes del cortador con el centro en algunos arreglos para rectificado.

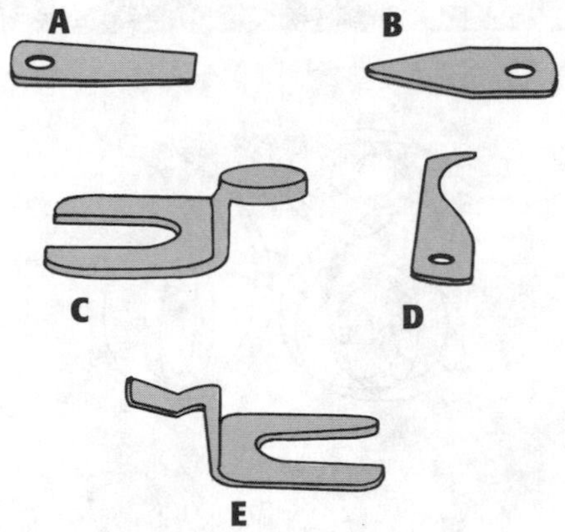

FIGURA 86-2 Diversas formas de hojas de soporte para los dientes. (A) Hojas de soporte de dientes simples; (B) hojas de soporte de dientes redondeados; (C) hojas de soporte de dientes acodados; (D) hojas de soporte de dientes de gancho o en forma de L; (E) hojas de soporte de dientes en V invertidos. (Cortesía de Kelmar Associates.)

El *soporte de dientes ajustable* sostiene los dientes del cortador y puede sujetarse al cabezal de trabajo o a la mesa, dependiendo del tipo de cortador que se está afilando. Otra forma del soporte de dientes es el *tipo universal de micrómetro de oscilar,* que tiene un ajuste de micrómetro para pequeños movimientos verticales del descanso de los dientes.

Las *hojas de soporte para dientes simples* (Figura 86-2A) se utilizan para rectificar fresas de dientes rectos.

Las *hojas de soporte para dientes redondeados* (Figura 86-2B) se utilizan para afilar fresas frontales huecas, pequeñas fresas frontales, machuelos y rimas.

Las *hojas de soporte para dientes acodados* (Figura 86-2C) son de tipo universal, adecuadas para la mayor parte de las aplicaciones, como las fresas de paso grueso helicoidales y las grandes fresas frontales con filas de insertos.

Las *hojas de soporte para dientes de gancho o en forma de L* (Figura 86-2D) se utilizan para afilar sierras ranuradoras, fresas simples de dientes rectos con dientes de poco espaciamiento, y fresas frontales.

Las *hojas de soporte para dientes de V invertida* (Figura 86-2E) se utilizan para rectificar el perfil de los cortadores de dientes escalonados.

Los *mandriles y árboles para el rectificado de cortadores* (Figura 83-3A,B) se utilizan cuando se rectifican cortadores de fresado, de manera que se sostengan de la misma manera que como se sostienen para el fresado. Por ejemplo, las fresas frontales huecas deben afilarse en el mismo árbol que el que se utiliza en el fresado.

Las *fresas simples y las fresas de refrentado laterales,* que se sostienen en el árbol estándar de la máquina fresadora, deben sostenerse en un mandril de rectificado (Figura 86-3A) o en un árbol de rectificado de cortadores (Figura 86-3B).

Debe utilizarse un *mandril de rectificado,* no un mandril de torno, para sujetar al cortador. Esto es necesario, porque el mandril de torno sujetará al cortador sólo por un extremo. La longitud recta del mandril de rectificado es un ajuste perfecto para el cortador, y el extremo, ligeramente cónico, sujetarán el cortador en forma segura durante el rectificado.

Cuando se haga una cantidad considerable de rectificado de cortadores, es útil un árbol de rectificado de cortadores.

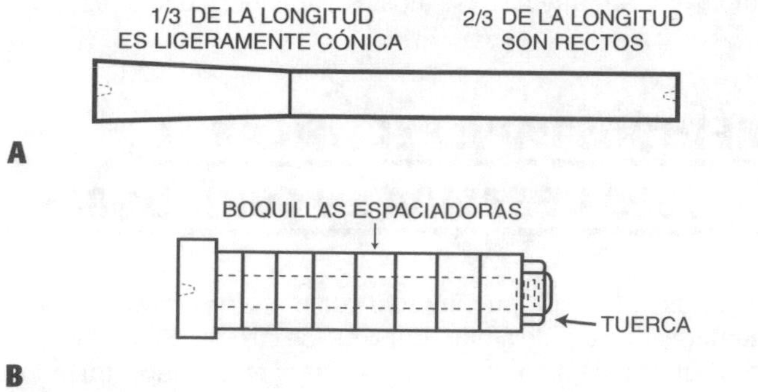

FIGURA 86-3 (A) Mandril de rectificado de cortadores; (B) árbol de rectificado de cortadores. (Cortesía de Kelmar Associates.)

NOMENCLATURA DE LOS CORTADORES DE FRESADO

Para rectificar los cortadores correctamente, deben comprenderse las partes del cortador y sus funciones. Las partes del cortador de fresado aparecen en la Figura 86-4. A continuación una breve descripción de las diferentes partes:

- El ángulo de salida *primario* es el claro que se rectifica en la pista adyacente a la cara del diente. Es el ángulo que se forma entre la pendiente de la pista y una línea tangente a la periferia. El ángulo de salida primario evita que la pista detrás del borde cortante frote contra la pieza. La cantidad del ángulo de salida primario en el cortador variará dependiendo del material que se va a cortar.
- El ángulo de salida *secundario* se rectifica por detrás del ángulo de salida primario y da un claro adicional al cortador detrás de la cara del diente. Cuando se rectifican los ángulos de salida en una fresa, siempre rectifique el ángulo de salida primario primero. El ángulo de salida secundario se utiliza entonces para controlar el ancho de la pista.
- El *filo cortante* se forma en la intersección de la cara del diente con la pista. Este ángulo, formado por la cara del diente y el ángulo de salida primario, se llama el *ángulo de agudeza.*

En los cortadores de fresado laterales, los filos cortantes pueden estar en uno o los dos lados, así como en la periferia. Cuando los dientes son rectos, el filo cortante actúa todo el ancho del diente en el mismo momento. Esto crea una acumulación gradual de presión, conforme el diente corta la pieza, y se da un súbito alivio de esta presión, cuando el diente atraviesa el material, provocando vibraciones. Este tipo de cortador produce un acabado pobre y no retiene su borde cortante afilado por un tiempo tan largo como el cortador helicoidal.

Cuando los dientes son helicoidales, la longitud del borde cortante en contacto con la pieza varía según el ángulo de la hélice. La cantidad de dientes en contacto con la pieza variará según el tamaño de la superficie maquinada, la cantidad de dientes en el cortador, el diámetro del cortador, y el ángulo de hélice. Los cortadores helicoidales producen una acción de tijera sobre el material que se está cortando, lo que reduce las vibraciones.

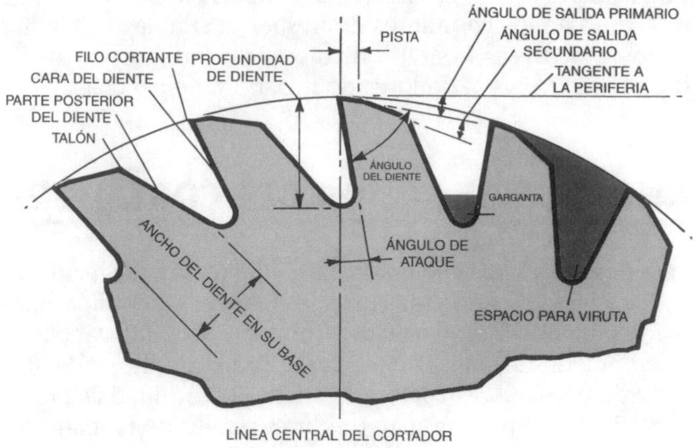

FIGURA 86-4 Nomenclatura del cortador de fresa.

El *ángulo de hélice,* a menudo llamado el *ángulo de corte,* es el ángulo formado mediante el ángulo de los dientes y la línea central del cortador. Puede medirse con un transportador o tiñendo de azul el borde de los dientes del cortador y rodando el mismo contra una regla sobre una hoja de papel (Figura 86-5). Las marcas que dejan los dientes pueden medirse fácilmente en relación con el eje del cortador, para determinar el ángulo de hélice.

La *pista* es la superficie estrecha detrás del filo cortante, en el ángulo de salida primario producido cuando se rectifica el ángulo de salida secundario en el cortador. El ancho de la pista varía desde aproximadamente 1/64 de pulg (0.4 mm) en cortadores pequeños hasta aproximadamente 1/16 de pulgada (1.5 mm) en cortadores más grandes. En las fresas de refrentado, la pista se denomina más correctamente el *borde frontal.*

El *ángulo de diente* es el ángulo incluso entre la cara del diente y la pista, creado al rectificar el ángulo de salida primario. Este ángulo debe ser tan grande como sea posible para proporcionar una resistencia máxima al borde cortante y una mejor disipación del calor que se genera durante el proceso de corte.

FIGURA 86-5 Un método para medir el ángulo de hélice de un cortador de fresadora (Cortesía Kelmar Associates.)

La *cara del diente* es la superficie sobre la cual el metal que se corta forma la viruta. Esta superficie puede ser plana, como en los cortadores de fresadora simples de dientes rectos y las fresas frontales de dientes insertados, o curveados, como en los cortadores de fresadora helicoidales.

ÁNGULOS DE SALIDA DEL CORTADOR

Para desempeñarse eficientemente, una fresa debe rectificarse con el ángulo de salida correcto. El ángulo de salida apropiado para una fresa puede determinarse solamente mediante el método de "cortar y probar". El ángulo de salida será influido por factores como el acabado, la cantidad de piezas por afilado, el tipo de material, y el estado de la máquina. Un ángulo de salida primario excesivo producirá vibración, haciendo que el cortador pierda el filo rápidamente.

Una regla general que sigue un gran fabricante de máquinas herramientas para el rectificado de ángulos de salida en los cortadores de acero de alta velocidad es 5° de ángulo de salida primario, más 5° adicionales para el ángulo de salida secundario. Así, el ángulo de salida primario es de 5o y el ángulo de salida secundario es de 10° para cortar acero para máquina. Los cortadores de carburo que se utilizan en acero para máquina se rectifican con 4° de ángulo de salida primario, más 4° adicionales, en un total de 8° para el ángulo de salida secundario.

La Tabla 86-1 da las reglas empíricas para rectificar ángulos de salida en cortadores para fresadora de acero de alta velocidad. La Tabla 86-2 contiene los ángulos para los cortadores de carburo. Debe recordarse que éstas son solamente guías. Si el cortador no se desempeña satisfactoriamente con estos ángulos, tendrán que hacerse ajustes para adecuarse al trabajo.

MÉTODOS PARA RECTIFICAR EL ÁNGULO DE SALIDA EN CORTADORES

El ángulo de salida puede rectificarse en los cortadores mediante rectificado de alivio, hueco, o de círculo. El tipo de cortador que se va a rectificar determinará el método utilizado.

Rectificado de alivio

El rectificado de alivio (Figura 86-6) produce una superficie plana sobre la pista. En este método se utiliza una rueda de copa abocinada de 4 pulg (100 mm), y se le rebaja ligeramente para permitir que los cortadores largos libren el lado opuesto de la rueda. Cuando se rectifica de alivio, el descanso para los dientes puede ponerse entre el centro y la parte superior de la rueda, pero nunca por debajo del centro. Entre más alto se coloca el descanso para los dientes, menor será la salida entre el cortador y el borde opuesto de la rueda. Cuando se rectifica de alivio, el descanso para los dientes puede estar sujeto a la mesa o al cabezal, dependiendo del tipo de cortador que se esté rectificando. Para cortadores de dientes rectos, puede montarse sobre la mesa, pero para dientes helicoidales debe montarse sobre el cabezal.

TABLA 86-1 Ángulos de salida para cortadores de acero de alta velocidad

Material a maquinar	Ángulo de salida primaria	Ángulo de salida secundaria
Aceros de alto carbono y aleaciones	3–5°	6–10°
Acero para máquinas	3–5°	6–10°
Hierro fundido	4–7°	7–12°
Bronce medio y duro	4–7°	7–12°
Latón y bronce blando	10–12°	13–17°
Aluminio, magnesio y plásticos	10–12°	13–17°

TABLA 86-2 Ángulos de salida primarias para cortadores de carburo cementado

Tipo de cortador	Periferia			Bisel			Cara		
	Acero	Hierro fundido	Aluminio	Acero	Hierro fundido	Aluminio	Acero	Hierro fundido	Aluminio
Cara o costado	4–5°	7°	10°	4–5°	7°	10°	3–4°	5°	10°
Ranurado	5–6°	7°	10°	5–6°	7°	10°	3°	5°	10°
Aserrado	5–6°	7°	10°	5–6°	7°	10°	3°	5°	10°

FIGURA 86-6 Configuración para el rectificado de alivio utilizando una rueda abocinada. (Cortesía de Kelmar Associates.)

Rectificado hueco

La pista producida mediante el rectificado hueco (Figura 86-7) es cóncava. Lo deseable es una rueda de plato de 6 pulg (150 mm) de diámetro o una rueda de corte de 6 pulg de diámetro. La rueda de corte por lo general produce un mejor acabado y se rompe más lentamente debido a la unión resinoide. Ya que todas las ruedas de esmeril se rompen durante el uso, es mejor rectificar diagonalmente dientes opuestos en rotación y hacer cortes ligeros. En el rectificado hueco, los centros de la rueda y del cortador deben alinearse. Entonces, se obtiene la holgura subiendo o bajando la rueda, dependiendo del método utilizado para poner el cortador.

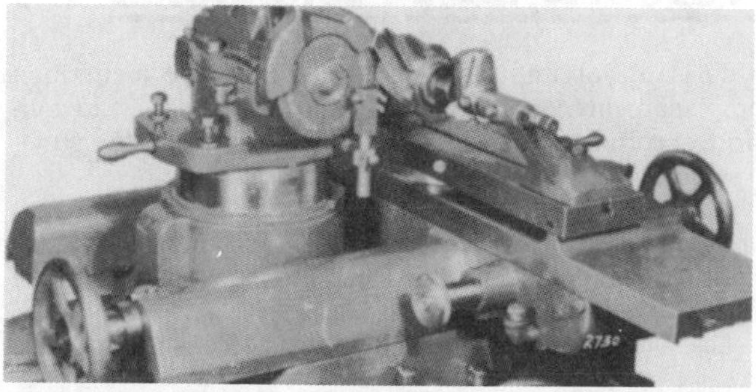

FIGURA 86-7 Para el rectificado hueco, se utiliza la periferia de la rueda. (Cortesía de Cincinnati Milacron, Inc.)

Rectificado de círculo

El rectificado de círculo (Figura 86-8) proporciona sólo una salida diminuta y se utiliza principalmente para rimas. La rima se monta entre centros y se gira *al revés*, de manera que el talón del diente contacte la rueda primero. Conforme el diente gira contra la rueda de rectificado, la presión de la rueda provoca que el cortador rebote ligeramente conforme cada corte toma lugar. Así, se produce un ángulo de salida muy pequeña entre el borde cortante y el talón del diente. La rueda de rectificado debe ponerse en centro para el rectificado de círculo. El ángulo de salida secundario debe obtenerse mediante rectificado de alivio o rectificado hueco. El rectificado de círculo se utiliza también para obtener concentricidad en las fresadoras antes del rectificado de alivio o hueco.

FIGURA 86-8 La pieza de trabajo se gira contra la rueda de rectificado para el rectificado de círculo. (Cortesía de Cincinnati Milacron, Inc.)

MÉTODOS PARA VERIFICAR LOS ÁNGULOS DE SALIDA EN LOS CORTADORES

Existen tres métodos para verificar los ángulos de salida del diente en una fresadora:

1. Por indicador de carátula
2. Mediante el calibrador de ángulos de salida de cortadores Brown and Sharpe
3. Mediante el calibrador de ángulos de salida de cortadores Starrett

Cómo verificar el ángulo de salida del cortador con un indicador de carátula

Cuando se utiliza un indicador de carátula, el ángulo de salida se determina mediante el movimiento de la aguja del in-

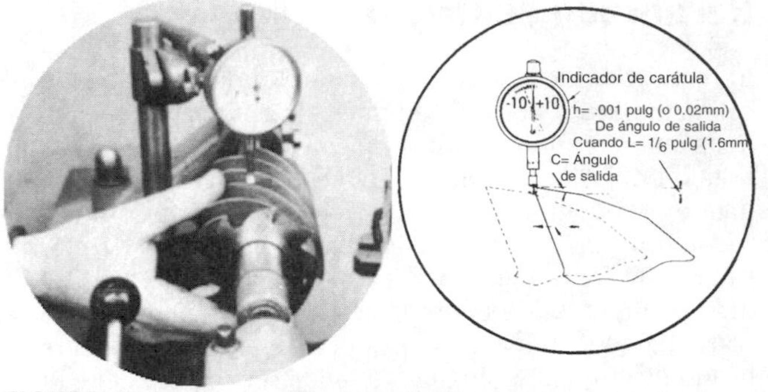

FIGURA 86-9 Cómo medir el ángulo de salida con un indicador de carátula. (Cortesía de Kelmar Associates.)

dicador desde el frente hacia atrás en la pista del cortador (Figura 86-9). La regla básica utilizada para determinar la holgura mediante este método es como sigue.

Para una pista de 1/16 de pulg (o 1.5 mm) de ancho, 1° de ángulo de salida es equivalente a .001 pulg (0.025 mm) en el indicador de carátula. Por lo tanto, 4° de ángulo de salida en una pista de 1/16-de pulgada (1.5 mm) registraría .004 pulg (o 0.1 mm) en el indicador de carátula. El diámetro del cortador no afecta la medición.

Cómo verificar el ángulo de salida del cortador con un calibrador de ángulos de salida Brown and Sharpe

Cuando se utiliza un calibrador de ángulos de salida Brown and Sharpe (Figura 86-10), las superficies interiores de los brazos endurecidos (que están a 90°) se colocan sobre dos dientes del cortador. El cortador se gira lo suficiente para poner la cara del diente en contacto con el ángulo rectificado en el extremo de la hoja central endurecida. El ángulo de salida del diente debe corresponder con el ángulo marcado en el extremo de la hoja. Vienen dos hojas medidoras con cada calibrador y en cada extremo traen estampados los diámetros de los cortadores para los que están diseñados. Este calibrador de ángulos de salida de cortadores mide todos los cortadores desde ½ a 8 pulg (13 a 200 mm) de diámetro, excepto aquellos con menos de ocho dientes.

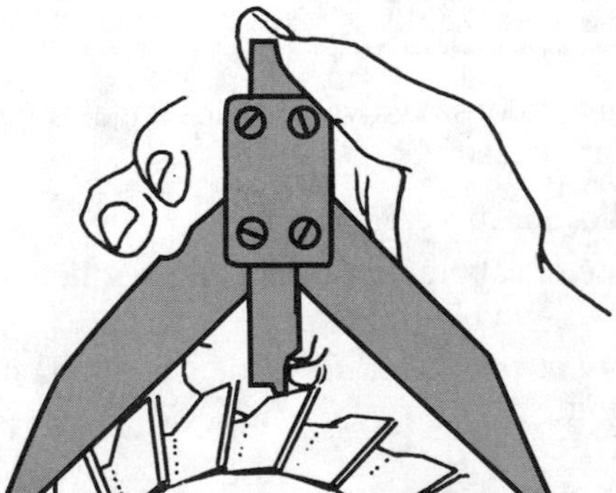

FIGURA 86-10 Cómo verificar el ángulo de salida con un calibrador de ángulos de salida de cortadores Brown and Sharpe. (Cortesía de Kelmar Associates.)

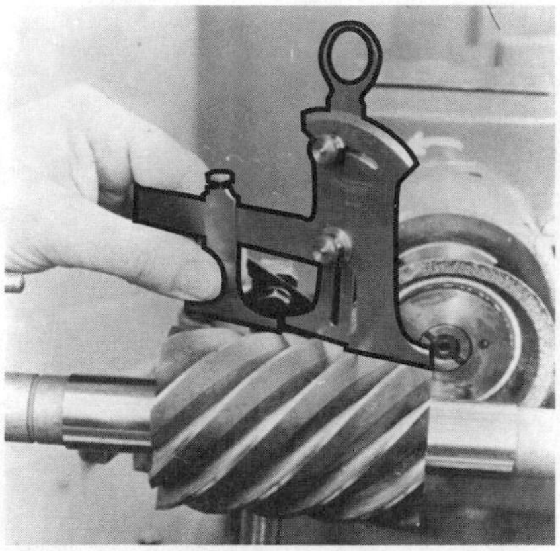

FIGURA 86-11 Cómo verificar el ángulo de salida con un calibrador de ángulos de salida de cortadores Starrett. (Cortesía de Kelmar Associates.)

Cómo verificar los ángulos de salida de cortadores con un calibrador de ángulos de salida de cortadores Starret

El calibrador Starrett (Figura 86-11) puede utilizarse para verificar el ángulo de salida en toda clase de cortadores de pulgada, desde 2 a 30 pulg (50 a 750 mm) de diámetro, y de pequeños cortadores y fresas frontales de ½ a 2 pulg (13 a 50 mm), dado que los dientes están espaciados uniformemente. Este calibrador consiste de un marco graduado de 0° a 30°, un pie fijo, y una barra. Un pie ajustable se desliza por toda la extensión de la barra. Una hoja, que puede ajustarse angular y verticalmente, se utiliza para verificar el ángulo de la pista de un diente. Cuando se está utilizando, los pies se colocan en dos dientes alternos del cortador, con el calibrador en ángulo recto con respecto a la cara del diente. La hoja ajustable se baja entonces hacia la parte superior del diente de en medio y se ajusta hasta que el ángulo corresponde al ángulo de la pista que se está verificando. El ángulo de la pista se indica en el transportador de la parte superior del marco.

OPERACIONES Y CONFIGURACIONES DE RECTIFICADO DE CORTADORES

Es de la mayor importancia que las fresas se rectifiquen apropiadamente y corregir los ángulos de salida. De lo contrario, el cortador no se desempeñará eficientemente y su vida se verá reducida considerablemente.

A fin de mantener una acción de corte eficiente, preservar la vida del cortador, y reducir los costos de reafilado, es importante afilar los cortadores cuando muestren señales de desgaste.

Las señales más comunes de desgaste del cortador son:

- El acabado superficial en la pieza de trabajo es de baja calidad.
- Hay ruido y humo inusuales durante el corte.

- Aparece una rebaba grande en el borde de la pieza de trabajo.
- Cambia la precisión del corte.
- Las virutas que se producen se vuelven azules.
- La pista de desgaste en los dientes se vuelve visible.

Los cortadores deben afilarse cuando la pista de desgaste sea de .006 pulg (0.15 mm) para cortadores de hasta ½ pulg (12.7 mm) de diámetro, y .010 pulg (0.255 mm) para cortadores de más de ½ pulg (12.7 mm) de diámetro. Utilizar un cortador más allá de este punto dañará el cortador, produciendo piezas imprecisas, y requerirá de más potencia para eliminar material.

Cómo rectificar un cortador de fresadora simple helicoidal

ángulo de salida primario

1. Monte una barra de prueba rectificada en paralelo entre centros del contrapunto y verifique la alineación con un indicador. Esto asegurará que el recorrido de la mesa sea paralelo al filo de rectificado de la rueda.
2. Retire la barra de prueba.
3. Monte una rueda de copa abocinada de 4 pulg (100 mm) (A 60-L 5-V BE) en el eje de la rueda de rectificado de forma que la rueda gire en dirección opuesta a las manecillas del reloj.
4. Ajuste la máquina de manera que la rueda gire a la velocidad adecuada.
5. Rectifique la cara de la rueda y afile el borde cortante de manera que no tenga más de $\frac{1}{16}$ de pulg (1.5 mm) de ancho.
6. Gire el cabezal de la rueda a 89°, de manera que la rueda toque el cortador solamente con el costado izquierdo de la rueda.
7. Utilizando un calibrador de centrado, ajuste el eje de cabezal a la altura de los centros del contrapunto (Figura 86-12). Fije el eje del cabezal.
8. Monte el cortador en un mandril y colóquelo temporalmente entre centros del contrapunto sobre la mesa de la máquina.

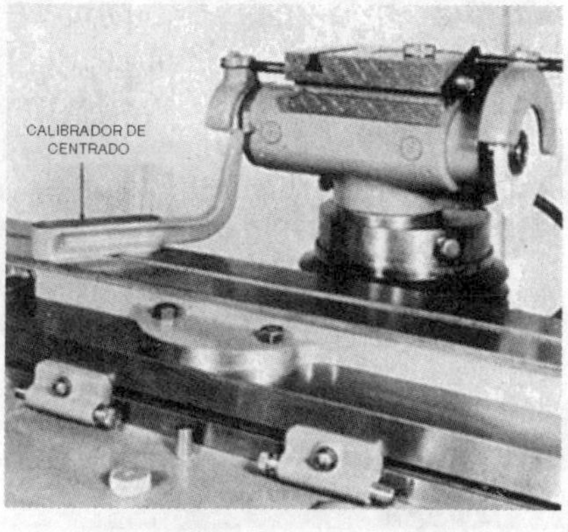

FIGURA 86-12 Cómo arreglar el husillo del cabezal a la altura del centro con un calibrador de centrado. (Cortesía de Cincinnati Milacron, Inc.)

9. Ponga el soporte de dientes, sobre el cual se ha montado una hoja de soporte de dientes acodada (Figura 86-2C), sobre la carcaza del cabezal. Ajuste la parte superior del soporte de dientes a aproximadamente la altura central.
10. Mueva la mesa hasta que el cortador esté cerca del soporte de dientes.
11. Ajuste el soporte de dientes entre dos dientes al ángulo de hélice aproximado de los dientes del cortador.
12. Marque con tiza o azul la parte superior de la hoja de soporte de dientes.
13. Mueva el cortador sobre la hoja de soporte de dientes y gírelo hasta que el diente descanse sobre la hoja.
14. Mientras sostiene la cara del diente contra el soporte, mueva la mesa hacia atrás y adelante para marcar el punto en donde el diente se apoya sobre la hoja de soporte de dientes.
15. Retire el mandril y el cortador de entre los centros.
16. Utilizando el calibrador centrador, ajuste el soporte de dientes de forma que el *centro* del punto de apoyo marcado en el soporte de dientes esté a la altura central y también en el centro de la superficie de rectificado de la rueda (Figura 86-13). La hoja de soporte de los dientes debe estar tan cerca de la rueda como sea posible, sin tocarla.

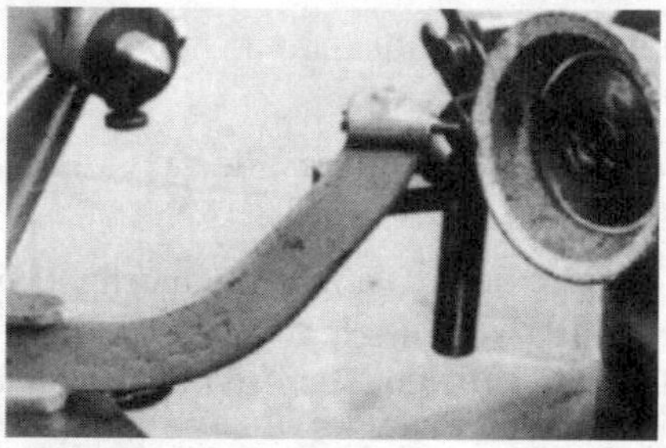

FIGURA 86-13 Cómo centrar el punto de apoyo en el soporte de los dientes. (Cortesía de Kelmar Associates.)

Nota: En este momento, el centro del eje de rectificado, los centros de contrapunto, y los puntos de apoyo en las hojas de soporte de los dientes están en línea.

17. Coloque un perro en el extremo del mandril de rectificado y monte la pieza entre centros del contrapunto.
18. Ajuste un diente del cortador a la superficie de la hoja de soporte de los dientes.
19. Ajuste a cero (0) la carátula de ajuste del ángulo de salida del cortador (Figura 86-14 de la página 728) y fíjelo. Ajuste el perro al perno del calibrador de ángulo de salida del cortador.
20. Ajuste a cero (0) el collar graduado del cabezal.
21. Afloje el seguro del cabezal de la rueda y el de la carátula de ajuste del ángulo de salida del cortador.
22. Sosteniendo el diente del cortador sobre la hoja de soporte de diente, *baje* cuidadosamente el cabezal hasta que el ángulo de salida requerido aparezca en la carátula del ángulo de salida del cortador. Vea la Tabla 86-3 para el ajuste del cabezal para el ángulo requerido.

FIGURA 86-14 La carátula de ángulo de salida del cortador indica la cantidad de ángulo de salida rectificada en el cortador. (Cortesía de Kelmar Associates.)

Cuando se utiliza una rueda de copa abocinada, la distancia que hay que bajar el cabezal puede también calcularse mediante cualquiera de los siguientes métodos:

a. Distancia = .0087 × ángulo de salida × diámetro del cortador
b. Distancia = seno del ángulo de holgura × diámetro del cortador ÷ 2

Si el cortador se está rectificando de hueco, la distancia que hay que bajar el cabezal es:

Distancia = .0087 × ángulo de salida × diámetro de la rueda.

23. Retire el perro del extremo del mandril y libere la mesa.
24. Ajuste los topes de mesa de manera que la rueda libre al cortador lo suficiente en cada extremo para permitir el giro al siguiente diente.
25. Conecte la rueda de rectificado.
26. Avance cuidadosamente el cortador, hasta que apenas toque la rueda.
27. Parado en la parte posterior de la máquina, gire la perilla de movimiento de la mesa con la mano izquierda. Al mismo tiempo, con la mano derecha, sostenga el portaherramientas con la firmeza suficiente para mantener el diente del cortador sobre el soporte de dientes (Figura 86-6).
28. Rectifique un diente en su longitud completa y regrese a la posición de inicio, teniendo cuidado *en todo momento* de mantener el diente apretado contra el soporte de dientes.
29. Recorra la mesa hasta que el cortador quede separado del soporte de dientes y gírelo hasta que el diente diagonalmente opuesto esté alineado con la hoja de soporte de dientes.
30. Rectifique este diente sin cambiar la configuración de avance.
31. Verifique en busca de conicidad, midiendo ambos extremos del cortador con un micrómetro.
32. Elimine toda la conicidad, si es necesario, aflojando las roscas de sujeción en la mesa superior y ajustando la mesa.
33. Rectifique los dientes restantes.
34. Rectifique de acabado todos los dientes, utilizando una profundidad de corte de .0005 pulg (0.01 mm).
35. Si la pista es de más de 1⁄16 de pulg (1.5 mm) en los cortadores más grandes, rectifique el ángulo de salida secundario.

Cómo rectificar el ángulo de salida secundario en un cortador de fresadora helicoidal simple

1. Vuelva a poner el perro en el mandril, como en el paso 17 para el rectificado del ángulo de salida primario.
2. Afloje el tornillo de la carátula del ángulo de salida.
3. Sostenga el diente del cortador contra el soporte de dientes y baje el cabezal hasta que el ángulo de salida secundario requerido aparezca en la carátula de ajuste del ángulo de salida.
4. Fije el indicador, retire el perro, y proceda a rectificar el ángulo de salida secundario de la misma manera que el ángulo de salida primario.
5. Rectifique el ángulo de salida secundario hasta que la pista tenga el ancho requerido.

Cómo rectificar un cortador de dientes escalonados

Para rectificar el ángulo de salida primario en la periferia de un cortador de dientes escalonados (Figura 86-15), siga este procedimiento:

1. Realice los pasos 1 a 7 para el rectificado del ángulo de salida primario en un centro de fresado helicoidal simple.
2. Monte una hoja de soporte de dientes de cortador de dientes escalonados (Figura 86-2E) en el soporte y monte la unidad en el cabezal.
3. Coloque el punto alto de la V invertida *exactamente* en el centro del ancho de la cara cortante de la rueda de rectificado y a la altura central.
4. Coloque el calibrador centrador en la mesa y ajuste la altura del cabezal hasta que el punto más alto de la hoja de soporte de los dientes esté a la altura central.

FIGURA 86-15 Configuración para rectificar el ángulo de salida en un cortador de dientes escalonados. (Cortesía de Kelmar Associates.)

TABLA 86-3 Ajustes verticales del cabezal para ángulos de salida de cortadores*

Diámetro del cortador (pulgadas)	Ángulo de salida y distancia							
	4°		5°		6°		7°	
	pulg	mm	pulg	mm	pulg	mm	pulg	mm
½	.017	0.45	.022	0.55	.026	0.65	.031	0.8
¾	.026	0.65	.033	0.85	.040	1	.046	1.15
1	.035	0.9	.044	1.1	.053	1.35	.061	1.55
1 ¼	.044	1.1	.055	1.4	.066	1.65	.077	1.95
1 ½	.053	1.35	.066	1.65	.079	2	.092	2.35
1 ¾	.061	1.55	.076	1.95	.092	2.35	.108	2.75
2	.070	1.75	.087	2.2	.105	2.65	.123	3.1
2 ½	.087	2.2	.109	2.75	.131	3.3	.153	3.9
2 ¾	.097	2.45	.120	3.05	.144	3.65	.168	4.25
3	.105	2.65	.131	3.3	.158	4	.184	4.65
3 ½	.122	3.1	.153	3.9	.184	4.65	.215	5.45
4	.140	3.55	.195	4.95	.210	5.35	.245	6.2
4 ½	.157	4	.197	5	.237	6	.276	7
5	.175	4.45	.219	5.55	.263	6.7	.307	7.8
5 ½	.192	4.85	.241	6.1	.289	7.35	.338	8.6
6	.210	5.35	.262	6.65	.315	8	.368	9.35
6 ½	.226	5.75	.283	7.2	.339	8.6	.396	10.05
7	.244	6.2	.305	7.45	.365	9.25	.426	10.8
7 ½	.261	6.6	.326	8.3	.392	9.95	.457	11.6
8	.278	7.05	.348	8.85	.418	10.6	.487	12.35
8 ½	.296	7.5	.370	9.4	.444	11.25	.519	13.2
9	.313	7.95	.392	9.95	.470	11.95	.548	13.9
9 ½	.331	8.4	.413	10.5	.496	12.6	.579	14.7
10	.348	8.85	.435	11.05	.522	13.25	.609	15.45
11	.383	9.7	.479	12.15	.574	14.55	.670	17
12	.418	10.6	.522	13.25	.626	15.9	.731	18.55
13	.452	11.5	.566	14.35	.679	17.25	.792	20.1
14	.487	12.35	.609	15.45	.731	18.55	.853	21.65
15	.522	13.25	.653	16.6	.783	19.9	.914	23.2
16	.557	14.15	.696	17.65	.835	21.2	.974	24.75

*Los ajustes en cabezal en pulgadas y métricos son equivalentes aproximados.

5. Monte el cortador entre centros con el perro flojo sobre el mandril y ajuste la mesa hasta que uno de los dientes del cortador descanse sobre la hoja. Fije la mesa en posición.
6. Ajuste la carátula del ángulo de salida del cortador (Figura 86-14) en cero (0) y apriete el perro sobre el mandril.
7. Afloje el seguro de la carátula de ángulo de salida del cortador y asegure el cabezal.
8. Sosteniendo ligeramente el diente del cortador sobre la hoja de soporte de los dientes, baje el cabezal hasta el ángulo de salida requerido aparezca en la carátula de ajuste del ángulo de salida.
9. Retire el perro de ajuste del ángulo de salida y libere la mesa.
10. Ajuste los perros de tope de forma que la rueda libre ambos costados del cortador lo suficiente para permitir el giro al siguiente diente.
11. Encienda la rueda de rectificado.
12. Ajuste la silla hasta que el cortador apenas toque la rueda de rectificado.
13. Rectificado un diente y retire el cortador del soporte de dientes.
14. Gire al siguiente diente, que está inclinado en dirección opuesta, hacia el soporte de dientes y rectifíquelo en la pasada de regreso.
15. Después de rectificar dos dientes, verifíquelos con un indicador de carátula para ver que tengan la misma altura. Si no es así, ajuste la hoja ligeramente hacia el lado alto y rectifique los siguientes dos dientes. Repita el proceso hasta que los dientes estén dentro de .0003 pulg (0.007 mm).

FIGURA 86-16 Se utiliza un soporte de dientes de tipo intermitente para rectificar el ángulo de salida en los costados de los dientes. (Cortesía de Kelmar Associates.)

Ángulo de salida secundaria

Dado que es necesario dar un ángulo de salida necesario a las virutas cuando se fresan ranuras profundas, se recomienda un ángulo de salida secundario de 20° a 25° en cortadores de dientes escalonados. También se sugiere que se rectifique el ángulo de salida secundaria suficiente para reducir el ancho de la pista a aproximadamente 1⁄32 de pulg (0.8 mm). Esto permitirá el rectificado del ángulo de salida primario por lo menos una vez, sin necesidad de rectificar el ángulo de salida secundario.

Cómo rectificar al ángulo de salida secundario en un cortador de dientes escalonados

1. Retire el soporte de dientes del cabezal y móntelo en la mesa entre los contrapuntos. Debe utilizarse un soporte de dientes de tipo intermitente, con micrómetro y una hoja recta (Figura 86-16) para permitir que gire el cortador.
2. Coloque el calibrador centrador en la mesa y ponga el *centro* de un diente a la altura central. Marque este diente con tinte de diseño o con tiza.
3. Coloque el perro sobre el perno de la carátula de ajuste del ángulo de salida y apriételo sobre el mandril.
4. Gire el cortador a la magnitud del ángulo de salida deseado, utilizando la carátula de ajuste del ángulo de salida.
5. Ajuste el soporte de dientes debajo, o a un lado del diente marcado.
6. Gire la mesa lo suficiente a la derecha o a la izquierda (dependiendo del ángulo de hélice del diente que se está rectificado) para rectificar una pista recta.
7. Rectifique el ángulo de salida secundario en este diente hasta que la pista tenga 1⁄32 pulg (0.8 mm) de ancho.
8. Rectifique todos los dientes restantes con la misma pendiente o hélice.
9. Gire la mesa en dirección opuesta y siga los pasos 6, 7 y 8 para ajustar y rectificar los dientes restantes.

Ángulo de salida lateral

El costado de los dientes de todo cortador de fresadora no debe rectificarse a menos que sea absolutamente necesario, dado que esto reduce el ancho del cortador. Si deben rectificarse los dientes, siga este procedimiento:

1. Monte el cortador en un portaherramientas de muñón en el cabezal (Figura 86-16).
2. Monte una rueda de copa abocinada.
3. Incline el cabezal al ángulo de salida primario deseado. Éste es generalmente de 2° a 4°. El ángulo de salida secundario es de aproximadamente 12°.
4. Coloque el calibrador centrador en el cabezal y ajuste un diente del cortador hasta que esté en el centro y al nivel. Fije el husillo del cabezal de la pieza.
5. Monte el soporte de dientes en el cabezal de la pieza utilizando un soporte de tipo intermitente y una hoja simple.
6. Suba o baje el cabezal, de manera que la rueda de rectificado sólo haga contacto con el diente que descansa sobre la mesa.

7. Rectifique el ángulo de salida primario de todos los dientes.
8. Incline el cabezal de la pieza al ángulo requerido para el ángulo de salida secundario y rectifique todos los dientes.

Cómo rectificar un cortador de forma

A diferencia de otros tipos de cortadores de fresadora, los cortadores de forma se rectifican en la cara de los dientes, en vez de en la periferia; de lo contrario, la forma del cortador será alterada cuando se le afile.

Cuando se rectifiquen cortadores de forma por primera vez, rectifique la parte posterior de los dientes, antes de rectificar la cara de corte, para asegurar que todos lo dientes tengan el mismo espesor. Esto es necesario debido a que la uña de localización del aditamento de rectificado se apoya contra *la parte posterior del diente* cuando se está rectificando el cortador.

Paso	**Procedimiento**
1	Gire el cabezal de manera que el eje esté a 90° con respecto al recorrido de la mesa.
2	Monte una rueda de plato y la guarda de rueda apropiada.
3	Monte un aditamento de cortadores de engranes en la mesa, a la izquierda de la rueda de rectificado.
4	Coloque el cortador de engranes en el husillo del aditamento, de manera que se pueda rectificar la parte posterior de cada diente.

Nota: Esta operación sólo es necesaria cuando se está afilando el cortador por primera vez.

5	Coloque el calibrador centrador en el cabezal de la rueda y ajústela hasta que el centro de la cara del diente esté en centro.
6	Mueva la mesa hacia adentro, hasta que el borde posterior de un diente esté cerca de la rueda de rectificado. Al mismo tiempo, gire el cortador hasta que la parte posterior del diente esté en paralelo con la cara de la rueda (Figura 86-18).

FIGURA 86-17 Configuración de la rectificadora para afilar un cortador de forma perfilada. (Cortesía de Cincinnati Milacron, Inc.)

FIGURA 86-18 La parte posterior del diente se pone en paralelo con la rueda y se sostiene en su lugar por medio de la uña. (Cortesía de Cincinnati Milacron, Inc.)

7	Acople el borde de la uña a la cara del diente y fije la uña en el lugar (Figura 86-18).
8	Rectifique la parte posterior de este diente.
9	Mueva la mesa hacia la izquierda de manera que el cortador libre la rueda de rectificado.
10	Gire el cortador de manera que la uña se apoye contra el siguiente diente. Sostenga la cara del diente contra la uña cuando rectifique.
11	Rectifique la parte posterior de todos los dientes.
12	Invierta el cortador en el husillo y ajuste la uña contra la parte posterior del diente, ya que la cara del diente se ha puesto en contacto y apoyo contra el calibrador centrador sujeto al aditamento. Retire el calibrador centrador del camino.
13	Ajuste la silla para poner la cara de un diente en línea con la rueda de rectificado. A partir de este punto, ajuste la silla solamente para compensar el desgaste de la rueda.
14	Afloje un tornillo y apriete el otro para rotar el cortador contra la rueda de rectificado.
15	Esmerile un diente, mueva la mesa, y gire al siguiente diente.
16	Rectifique todas las caras de los dientes.

Rectificado cilíndrico

Con la ayuda de un cabezal de trabajo motorizado, la rectificadora de cortadores y herramientas puede utilizarse para rectificado cilíndrico y en profundidad. La pieza puede rectificarse entre centros o sostenerse en un mandril, dependiendo del tipo de trabajo.

Cómo rectificar una pieza paralela entre centros

1. Monte el cabezal de trabajo motorizado en el extremo izquierdo de la mesa (Figura 86-19 de la página 732).
2. Asegúrese que los centros de la máquina y la pieza estén en buenas condiciones.

FIGURA 86-19 Configuración para el rectificado cilíndrico en una rectificadora de cortadores y herramientas.

3. Utilizando el calibrador centrador sobre el cabezal, ajuste el cabezal a la altura del punto del contrapunto.
4. Monte una rueda de rectificado recta de 6 pulg (150 mm) sobre el eje del cabezal, de manera que la rueda gire hacia abajo en la parte frontal de la rueda. Esto desviará las chispas hacia abajo.
5. Monte una barra de pruebas paralela, endurecida y rectificada entre los centros.
6. Utilizando un indicador de carátula, alinee los puntos en altura y después alinee el costado de la barra en paralelo con el recorrido de la mesa. Retire la barra y el indicador.
7. Monte la pieza entre centros.
8. Ajuste los perros de tope de manera que la rueda sobrepase la pieza por un tercio del ancho de la cara de la rueda en cada extremo.
9. Encienda la rueda de esmeril y el cabezal de trabajo. La pieza de trabajo deberá girar en la dirección opuesta a la de la rueda de rectificado.
10. Suba la pieza girando hasta que apenas toque la rueda de esmeril.
11. Mueva la mesa despacio y limpie el lugar de trabajo. La velocidad del movimiento debe ser tal que la pieza recorra cerca de un cuarto del ancho de la rueda por cada revolución de la pieza.
12. Mida cada extremo de la pieza de trabajo verificando tamaño y conicidad. Si existe conicidad, ajuste como sea necesario.
13. Ya que la pieza esté paralela, ponga el collar graduado de avance transversal en cero (0).
14. Avance la pieza hacia la rueda de rectificado aproximadamente .001 pulg (0.02 mm) por pasada hasta que la pieza esté dentro de .001 pulg (0.02 mm) del tamaño de acabado. Haga cortes de .0002 pulg (0.005 mm) para el acabado.
15. Avance la pieza hasta que el collar graduado indique que es del tamaño adecuado.

Nota: Ya que la pieza se expande durante el rectificado, nunca debe medirse para el tamaño exacto mientras esté caliente.

16. Mueva la mesa varias veces de lado a lado para permitir que la rueda termine las chispas.

Se sigue el mismo procedimiento para el rectificado de conos, excepto que la mesa debe girarse a la mitad del ángulo del cono. Una vez que la pieza haya sido limpiado, debe verificarse cuidadosamente el tamaño y precisión del cono, y deben hacerse los ajustes necesarios. En el rectificado de conos, es de la mayor importancia que la altura central de la rueda y de la pieza de trabajo estén en línea.

Rectificado interno

Puede llevarse a cabo rectificado interno ligero en la rectificadora de cortadores y herramientas, montando el aditamento de rectificado interno en el cabezal de la rueda. La pieza de trabajo se sostiene en un mandril montado en el cabezal de la pieza motorizada (Figura 86-20).

1. Monte una barra de prueba en el eje del cabezal de la pieza y alinéela vertical y horizontalmente. Cuando se rectifique una perforación cónica, el cono del cabezal de la pieza debe alinearse verticalmente y después girarse a la mitad del ángulo incluso en el cono.
2. Monte el aditamento de rectificado interno sobre el cabezal de la pieza.
3. Centre el eje de la rueda de rectificado utilizando el calibrador centrador.
4. Monte la rueda de rectificado apropiada en el eje.
5. Monte un mandril sobre el cabezal de la pieza motorizado.
6. Monte la pieza sobre el mandril. Debe tenerse cuidado de no deformar la pieza al sujetarla con demasiada fuerza.
7. Ajuste la rotación del cabezal de la pieza en la dirección opuesta a la del eje de rectificado.
8. Encienda la rueda de rectificado y la pieza de trabajo.
9. Acerque con cuidado la rueda a la perforación en la pieza de trabajo.
10. Ajuste el recorrido de la mesa de manera que solamente un tercio de la rueda sobrepase la perforación a cada extremo.
11. Limpie el interior de la perforación y verifique el tamaño, el paralelismo, y que no tenga forma de campana. Corrija si es necesario.

FIGURA 86-20 Configuración para el rectificado interno en una rectificadora de cortadores y herramientas. (Cortesía de Cincinnati Milacron, Inc.)

12. Ajuste el collar graduado de avance transversal a cero (0) y determine la cantidad de material a eliminar.
13. Avance la rueda de rectificado aproximadamente .0005 pulg (0.01 mm) por pasada.
14. Cuando la pieza se acerque al tamaño de acabado, deje que la rueda saque chispas, para mejorar el acabado y eliminar el resorteo del eje.
15. Rectifique de acabado al tamaño la perforación.

PREGUNTAS DE REPASO

Partes de la cortadora y rectificadora de herramientas universal

1. Mencione cuatro partes principales de la cortadora y rectificadora de herramientas universal.
2. ¿Cuántos controles hay para cada una de las siguientes partes de la cortadora y rectificadora de herramientas universal?
   a. Cabezal b. Soporte c. Mesa
3. Nombre cinco accesorios que se utilizan con la cortadora y rectificadora de herramientas universal y diga el propósito de cada uno.
4. Nombre cinco tipos de hojas de descanso de diente e indique el propósito de cada uno.

Mandriles y portaherramientas para el rectificado de cortadores

5. Haga un esquema adecuado del mandril de rectificado de cortadores y del portaherramientas de rectificado de cortadores.
6. ¿En qué difiere el mandril de rectificado de cortadores del mandril de torno?

Nomenclatura de los cortadores de fresadora

7. Haga un esquema adecuado de por lo menos dos dientes de un cortador de fresadora e indique las siguientes partes:
   a. Ángulo de salida primario
   b. Ángulo de salida secundario
   c. Ángulo de corte
   d. Pista
   e. Ángulo del diente
   f. Cara del diente
8. ¿Qué factores influyen sobre el ángulo de salida del cortador?

Métodos para rectificar el ángulo de salida en los cortadores de fresadora

9. Nombre y describa brevemente tres métodos para rectificar el ángulo de salida en herramientas de corte.

Cómo verificar el ángulo de salida del cortador con un indicador de carátula

10. Describa el principio mediante el cual se verifica el ángulo de salida del cortador utilizando un indicador de carátula.
11. Mencione otros dos métodos para verificar los ángulos de salida en los cortadores.

Operaciones y configuraciones del rectificado de cortadores

12. Describa cómo se pone en centro el borde del diente de un cortador de fresadora.
13. Describa cómo se ajusta el ángulo de salida correcto del cortador en la máquina utilizando la carátula de ajuste del ángulo de salida.
14. Explique dos métodos para determinar cuánto hay que bajar el cabezal de la rueda para dar el ángulo de salida adecuado al cortador.
15. ¿Qué tanto debe bajarse el cabezal de la rueda para rectificar el ángulo de salida correcto en los siguientes cortadores?
   a. Un ángulo de salida de 5° en un cortador de 3 pulg de diámetro, utilizando una rueda recta de 6 pulg
   b. Un ángulo de 5° en un cortador de 75 mm de diámetro, con una rueda de copa abocinada
16. Liste cuatro precauciones a observar al rectificar un cortador de fresadora helicoidal.
17. ¿En dónde se monta el descanso de dientes al rectificar...
   a. Dientes helicoidales? b. Dientes rectos

Para rectificar un cortador de dientes escalonados

18. ¿En qué difiere el rectificado de un cortador de fresadora de dientes escalonados al rectificado de un cortador de fresadora simple helicoidal?

Para rectificar un cortador de forma

19. ¿Sobre qué superficie se rectifican los cortadores de forma cuando se les afila? Explique por qué.
20. ¿Por qué es recomendable rectificar la parte posterior de los dientes en un cortador de engranes nuevo?
21. ¿Qué tipo de rueda de rectificado se utiliza para afilar cortadores de engranes?

Rectificado cilíndrico

22. Liste los pasos requeridos para configurar la rectificadora de cortadores y herramientas para el rectificado cilíndrico.
23. ¿Cómo deben ajustarse los perros de tope en el rectificado cilíndrico?
24. ¿Con qué velocidad debe moverse transversalmente la mesa al rectificar cilíndricamente en la rectificadora de cortadores y herramientas?
25. ¿Qué precauciones deben tomarse al configurar la máquina para el rectificado de conos?

Rectificado interno

26. ¿Qué precauciones deben tomarse al configurar la pieza para el rectificado interno?
27. Liste los pasos para rectificar el diámetro interior de un buje, utilizando la rectificadora de cortadores y herramientas.

[redacted]

Culver service, New York
Esta antigua imagen muestra un maestro artesano y sus aprendices fabricando tazas y teteras de peltre. En el fondo, un aprendiz está cerniendo el peltre en polvo para eliminar impurezas. Otro aprendiz hace girar la máquina que mueve la taza sobre la que está trabajando el maestro. Los dos aprendices de la izquierda están soldando pitones a las teteras.

SECCIÓN

16

METALURGIA

La comprensión de las propiedades y los tratamientos térmicos de los metales se ha vuelto en las últimas dos décadas cada vez más importante para los mecánicos. El estudio de las propiedades de los metales y el desarrollo de nuevas aleaciones ha facilitado reducciones en la masa y aumentado la resistencia de máquinas, automóviles, aeronaves, y muchos de los productos de la era actual.

Los metales de uso más común hoy en día son los metales ferrosos, o aquellos que contienen hierro. La composición y las propiedades de los materiales ferrosos pueden variarse durante la fabricación mediante la adición de diversos elementos de aleación, para impartir al material las cualidades deseadas. El hierro fundido, el acero para maquinaria, el acero al alto carbono, los aceros aleados, y el acero de alta velocidad son todos metales ferrosos, cada uno con propiedades diferentes.

UNIDAD

87

Fabricación y propiedades del acero

OBJETIVOS

Al terminar el estudio de esta unidad, se podrá:

1 Identificar seis propiedades de los metales

2 Explicar los procesos mediante los cuales se fabrican el hierro y el acero

3 Comprender cómo se produce el acero en mini acererías

4 Describir los efectos de los elementos aleantes sobre el acero

Los metales como el hierro, el aluminio y el cobre están entre los elementos que se encuentran más comúnmente en la naturaleza. El hierro, que se encuentra en casi todo el mundo, se consideraba en los tiempos antiguos un metal raro y precioso. A través de las eras, el hierro se transformó en acero, y hoy en día es uno de nuestros metales más versátiles. Casi todos los productos que se fabrican hoy en día contienen algo de acero o fueron fabricados por herramientas hechas de acero. El acero puede hacerse lo suficientemente duro para cortar vidrio, tan plegable como el acero de un clip de papel, tan flexible como el acero de los resortes, o lo suficientemente fuerte para resistir enormes esfuerzos. Los metales pueden formarse de diferentes maneras: mediante la fundición, forja, laminado y doblado, estirado y formado, cortado, y unido. Para comprender mejor este versátil metal, es deseable un conocimiento de sus propiedades y fabricación.

PROPIEDADES FÍSICAS DE LOS METALES

La metalurgia física es la ciencia que se ocupa de las propiedades físicas y mecánicas de los metales. Las propiedades de los metales y aleaciones son afectados por tres variables:

1. Las *propiedades químicas;*—aquellas que el metal adquiere mediante la adición de diversos elementos químicos.
2. Las *propiedades físicas;*—aquellas que no son afectadas mediante fuerzas externas como el color, la densidad, la conductividad, o la temperatura de fusión.
3. Las *propiedades mecánicas;* —aquellas que son afectadas por fuerzas exteriores, como el laminado, formado, estirado, doblado, soldadura y maquinado.

Para comprender mejor el uso de los diversos metales, es necesario familiarizarse con los siguientes términos:

- La *fragilidad* (Figura 87-1A) es la propiedad del metal que no permite una distorsión permanente antes de romperse. El hierro fundido es un metal frágil; se romperá en vez de doblarse por golpe o impacto.
- La *ductilidad* (Figura 87-1B) es la capacidad del metal de deformarse permanentemente sin romperse. Los metales como el cobre y el acero para maquinaria, que se pueden estirar en alambre, son materiales dúctiles.
- La *elasticidad* (Figura 87-1C) es la capacidad del metal de regresar a su forma original después de que haya desaparecido cualquier fuerza que actuara sobre él. Los resortes apropiadamente tratados térmicamente son buenos ejemplos de materiales elásticos.
- La *dureza* (Figura 87-1D) puede definirse como la resistencia a la penetración por fuerza o a la deformación plástica.
- La *maleabilidad* (Figura 87-1E) es la propiedad del metal que permite que se le martille o lamine a otros tamaños y formas.
- La *resistencia a la tracción* (Figura 87-1F) es la cantidad máxima de tracción que el material soportará antes de romperse. Se expresa como la cantidad de libras por pulgada cuadrada (en los medidores de pulgadas) o en kilogramos por centímetro cuadrado (en medidores métricos) de tracción requerida para romper una barra que tenga una sección transversal de una pulgada cuadrada o de un centímetro cuadrado.
- La *tenacidad* es la propiedad del metal para soportar golpes o el impacto. La tenacidad es lo opuesto a la fragilidad.

FABRICACIÓN DE METALES FERROSOS

Hierro de primera fusión (Arrabio)

La producción del hierro de primera fusión en el alto horno (Figura 87-3) es el primer paso en la fabricación de hierro fundido o acero.

Materias primas

El *mineral de hierro* es la materia principal utilizada para fabricar hierro y acero. Las más importantes fuentes de mineral de hierro en Norteamérica son Steep Rock, el distrito de Ungava cerca de la frontera Quebec-Labrador, y la sierra Mesabi, localizada en el lado oeste del Lago Superior. Los minerales de hierro más importantes son:

- La *hematita* contiene aproximadamente 70% de hierro y varía en color, desde el negro hasta el rojo ladrillo.

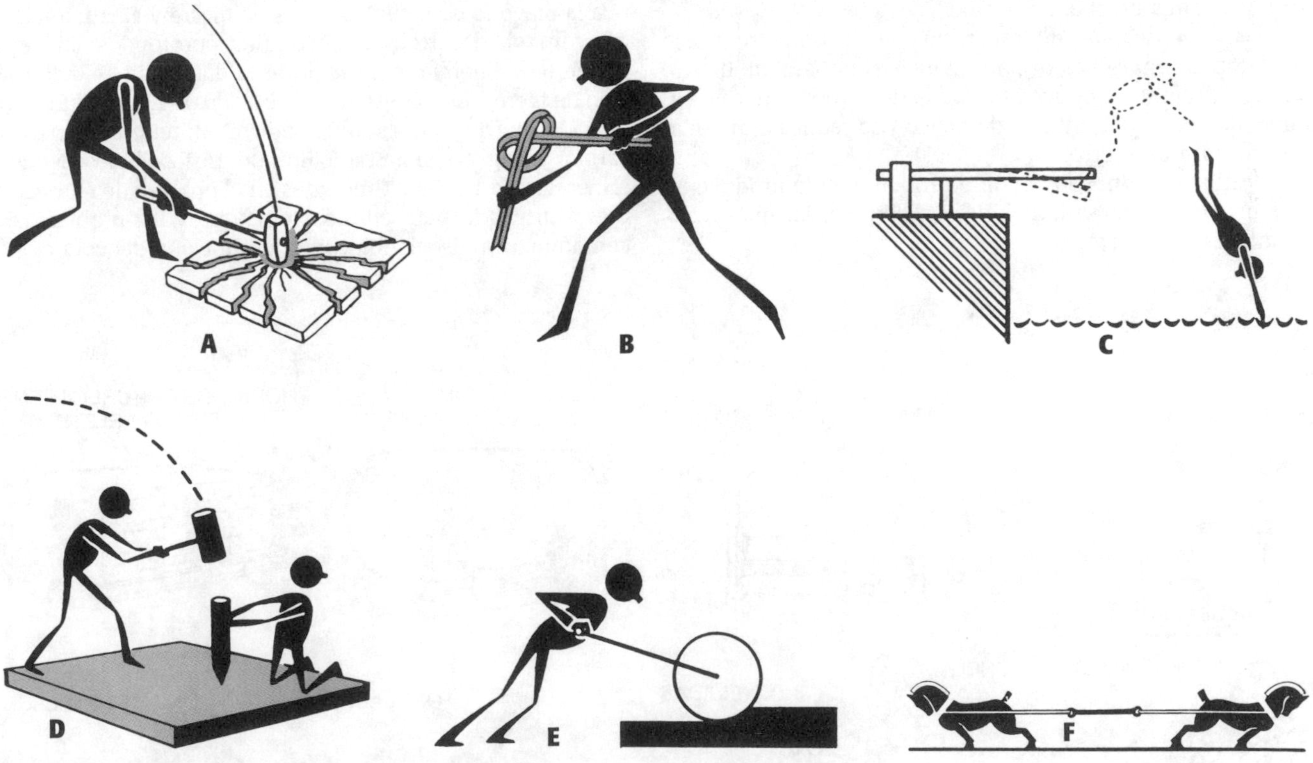

FIGURA 87-1 (A) Los metales frágiles no se doblarán, sino que se romperán fácilmente; (B) los metales dúctiles se deforman fácilmente; (C) los metales elásticos regresan a su forma original cuando se elimina la carga; (D) los metales duros resisten la penetración; (E) los metales maleables se pueden formar fácilmente o con forma; (F) la resistencia a la tracción es la fuerza que el metal resistirá a un jalón directo. (Cortesía de Praxair, Inc.)

- La *limonita,* un mineral pardusco semejante a la hematita, contiene agua. Cuando se ha eliminado el agua mediante el tostado, el mineral se parece a la hematita.
- La *magnetita,* un rico mineral negro, contiene un porcentaje de hierro más alto que cualquier otro mineral, pero no se le encuentra en grandes cantidades.
- La *taconita,* un mineral de grado bajo que contiene de 25 a 30% de hierro, debe recibir un tratamiento especial antes de ser adecuada para su reducción en hierro.

Proceso de Peletizado

Los minerales de hierro de grado bajo no son económicos para utilizarlos en el alto horno y, como resultado, pasan por un proceso de peletizado, en donde se elimina la mayor parte de la roca y se da al mineral una mayor concentración de hierro. Algunas empresas acereras hoy en día peletizan la mayoría de los minerales en la mina para reducir los costos de transporte y los problemas de contaminación y disposición de desechos en las fábricas de acero.

El mineral bruto se aplasta hasta convertirse en polvo y se pasa por separadores magnéticos, en donde el contenido de hierro se aumenta a aproximadamente 65% (Figura 87-2A). Este material de alto grado se mezcla con arcilla y se forman pelets de aproximadamente ½ a ¾ de pulg (13 a 19 mm) de diámetro en el peletizador. Los pelets en esta etapa se cubren con polvo de carbón y se sintetizan (hornean) a 2354°F (1290°C) (Figura 87-2B). Los pelets resultantes, duros y altamente concentrados, permanecerán intactos durante el transporte y la carga en el alto horno.

El *carbón,* después de transformarse en coque, se utiliza para proporcionar el calor para reducir el mineral de hierro. El coque ardiente produce monóxido de carbono, lo que elimina el oxígeno del mineral de hierro y lo reduce a una masa esponjosa de hierro.

Se utiliza *piedra caliza* como fúndente en la producción del hierro de primera fundición, para eliminar las impurezas del mineral de hierro.

Fabricación del hierro de primera fusión (arrabio)

En el alto horno (Figura 87-3), se alimentan el mineral de hierro, el coque y la piedra caliza en la parte superior del horno por medio de cucharas de carga. Se alimenta aire caliente, a 1000°F (537°C) desde la parte inferior del horno, a través de las tuberías y a las toberas. Ya que se ha encendido el coque, el aire caliente hace que arda vigorosamente. El monóxido de carbono, producido por el coque ardiente, se combina con el oxígeno en el mineral de hierro, reduciéndolo a una masa esponjosa de hierro. El hierro escurre gradualmente de la carga y se recoge en la parte inferior del horno. Durante este proceso, la piedra caliza descompuesta actúa como fundente y se une con las impurezas (silicio y azufre) en el mineral de hierro para formar la escoria, que también escurre a la parte inferior del horno. Dado que la escoria es más ligera, flota sobre el hierro fundido. Cada 6 horas, se vacía el horno. La escoria sale primero y después se vacía el hierro fundido en cazos. El hierro puede procesarse posteriormente a *lingotes,* que se utilizan en las fundiciones para fabricar piezas fundidas.

La fabricación del hierro de primera fusión es un proceso continuo, y los altos hornos sólo se apagan para reparaciones o reenladrillado.

FABRICACIÓN DIRECTA DE HIERRO

En 1989, el American Iron and Steel Institute, que representa a la mayoría de los fabricantes de hierro y acero, inició un programa de desarrollo a cinco años, con fondos del Departamento de Energía, para mejorar la eficiencia de la fabricación de hierro. El proceso de *fabricación directa del hierro* (reducción directa) se basa en fundir el mineral de hierro con carbón y oxígeno en un baño líquido. Utiliza una variedad de minerales, carbones y fundentes en el proceso de fabricación y está diseñado para eliminar el coque y los problemas de contaminación asociados con la producción del coque.

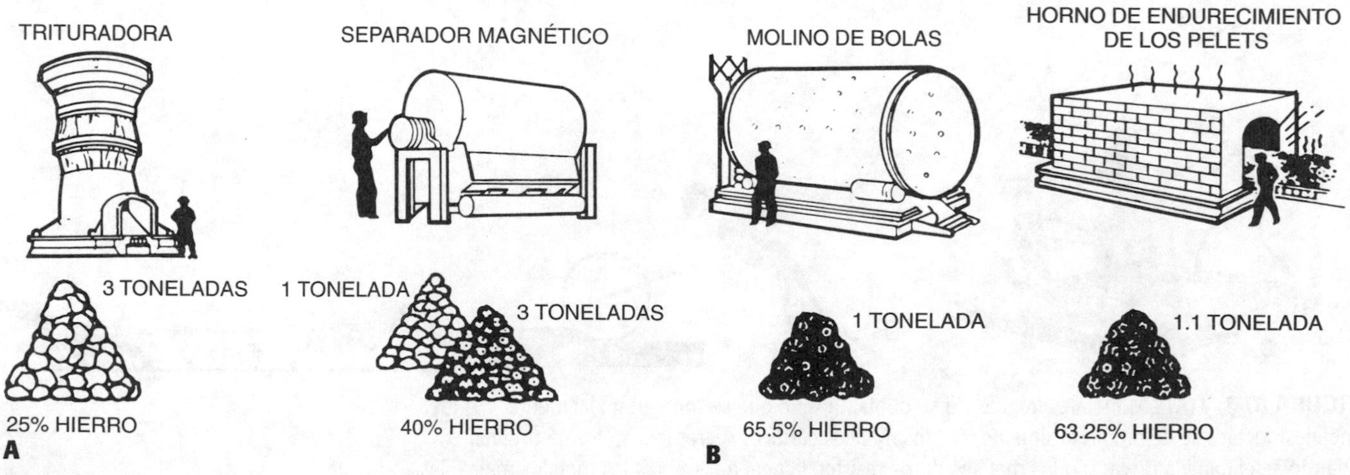

FIGURA 87-2 (A) El primer paso del peletizado separa el mineral de hierro de la roca; (B) los pelets de mineral de hierro se endurecen en el horno. (Cortesía de American Iron and Steel Institute.)

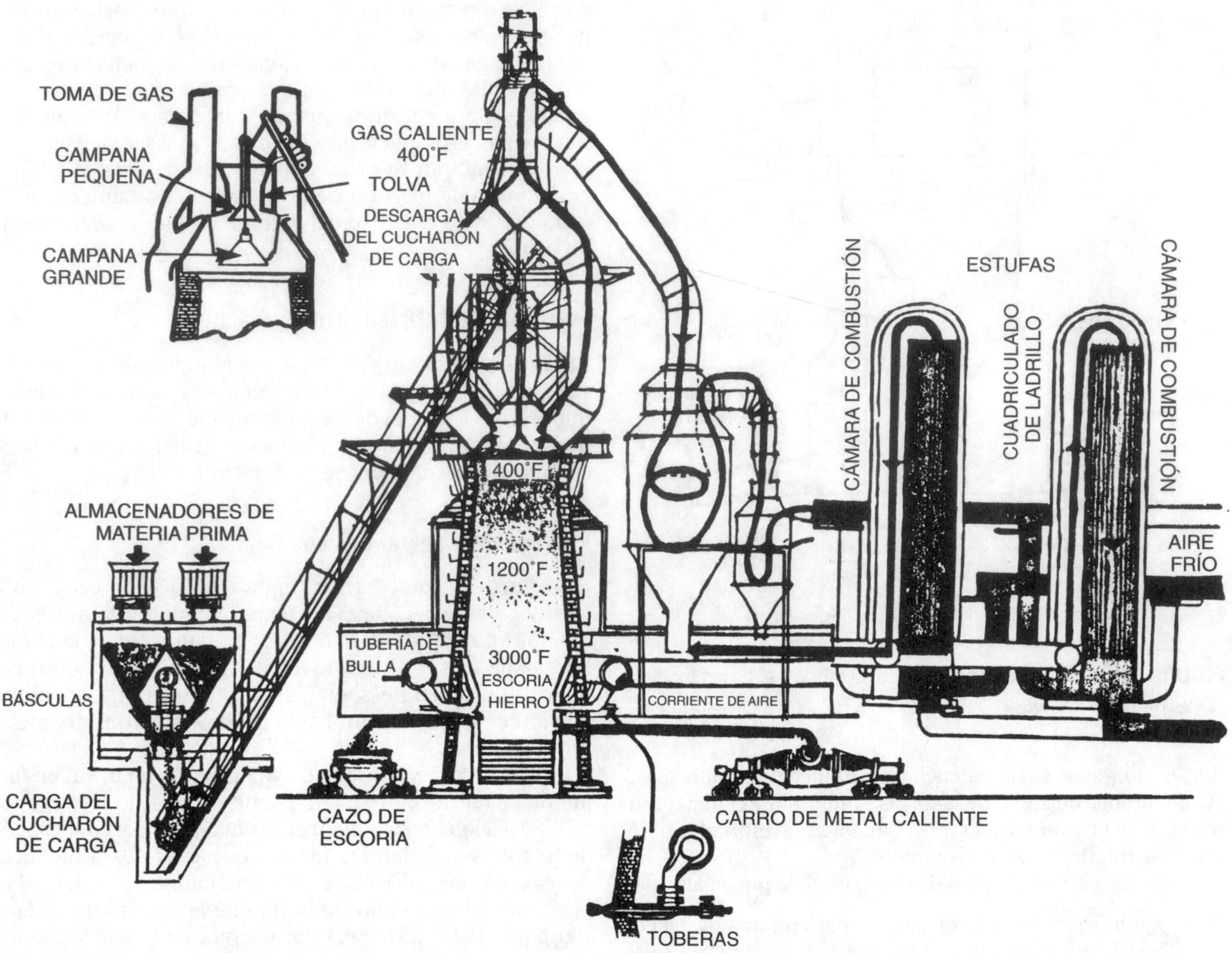

FIGURA 87-3 Un alto horno produce hierro de primera fusión. (Cortesía de American Iron and Steel Institute.)

A partir de los informes disponibles, este proceso, llamado *fundición en baño,* tiene el potencial para desarrollar un proceso continuo, amigable al ambiente con requerimientos de energía menores y costos más bajos. El proceso de fundición en baño utilizará 27% menos energía y tendrá costos de operación $10.00 por tonelada menores que los hornos de coque y altos hornos que pueden llegar a sustituir. El proceso de fabricación directa de hierro recupera el calor de alta temperatura de la post-combustión del gas de salida del proceso y lo vuelve a utilizar en el proceso de fundición. Este proceso de fundición, completamente cerrado, está diseñado para hacer a la industria del acero más competitiva al reducir sus costos de capital y de operación.

Fabricación del hierro fundido

La mayor parte del hierro de primera fusión fabricado en un alto horno se utiliza para fabricar acero. Sin embargo, una cantidad considerable se utiliza para fabricar productos de hierro fundido. El hierro fundido se fabrica en un cubilote, que parece una enorme estufa de chimenea.

Se alimentan capas de coque, hierro de primera fusión sólido, y chatarra de hierro a la parte superior del cubilote. Ya que se ha cargado el horno, se enciende el combustible y el aire se fuerza cerca del fondo para ayudar a la combustión. Conforme el hierro se derrite, se asienta en el fondo del

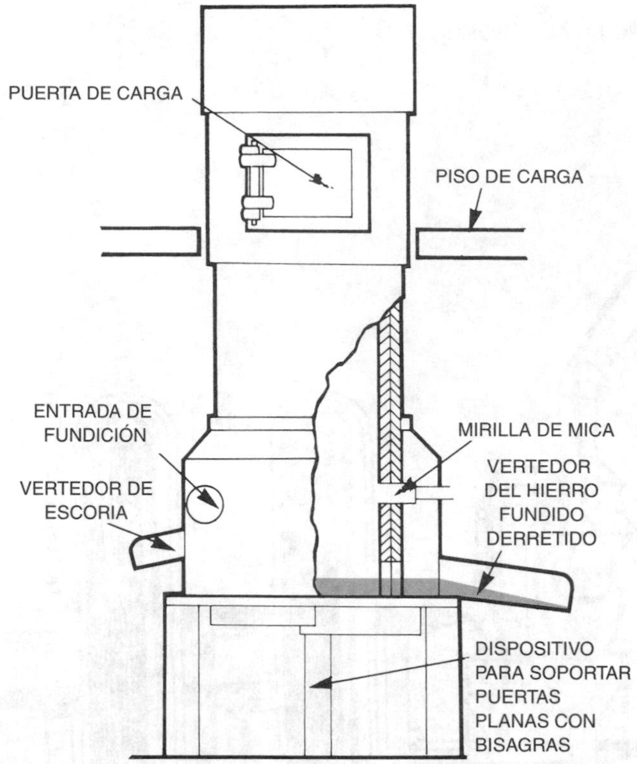

FIGURA 87-4 Se utiliza un cubilote para fabricar el hierro fundido. (Cortesía de Kelmar Associates.)

horno, donde se vacía en cucharas. El hierro fundido se vacía en moldes de arena de la forma requerida, y el metal asume la forma del molde. Ya que el metal se ha enfriado, se retiran las fundiciones de los moldes.

Las clases de fundiciones de hierro fundido principales son:

- Las *fundiciones de hierro gris,* hechas con una mezcla de hierro de primera fusión y chatarra de acero, son las de uso más común. Se transforman en una gran variedad de productos, incluyendo tinas de baño, lavabos, partes de automóvil, de locomotoras y de maquinaria.
- Las *fundiciones de hierro blanco* se fabrican vaciando el metal fundido en moldes de metal, de manera que la superficie se enfríe rápidamente. La superficie de estas fundiciones se vuelve muy dura, y las fundiciones se utilizan para rodillos de trituración u otros productos que requieran una superficie dura y resistente al desgaste.
- Las *fundiciones aleados* contienen ciertas cantidades de aleaciones tales como cromo, molibdeno, y níquel. Las fundiciones de este tipo se utilizan extensamente en la industria del automóvil.
- Las *fundiciones maleables* se fabrican a partir de un grado especial de hierro de primera fusión y chatarra de fundición. Ya que estas fundiciones se han solidificado, se recocen en hornos especiales. Esto hace al hierro maleable y resistente al impacto.

Fabricación del acero

Desde finales de los años sesenta, los métodos para fabricar acero han experimentado cambios tremendos. El horno de hogar abierto y el convertidor Bessemer han sido eliminados y reemplazados por los hornos de arco eléctrico de corriente directa, más eficiente, y los hornos básicos de oxígeno. Las nuevas plantas de fabricación de acero han sido reducidas en tamaño a operaciones más pequeñas y eficientes, llamadas *mini acererías,* que producen acero más rápidamente y a un costo menor. Se han desarrollado muchos nuevos procesos de fabricación de hierro y acero, y hay muchos en etapas de desarrollo, como el programa de fabricación directa de hierro basado en carbón, la fabricación directa del acero, y el uso del carburo de hierro como fuente de hierro.

Proceso de fabricación

Antes de poder convertir en acero el hierro de primera fusión fundido en acero, deben quemarse la mayoría de las impurezas. Esto puede llevarse a cabo con dos clases de hornos, el proceso de horno básico de oxígeno o el horno de arco eléctrico de corriente directa o alterna.

Proceso de oxígeno básico

El horno de oxígeno básico (Figura 87-5) se parece al convertidor Bessemer, pero no tiene la cámara de aire y las toberas en el fondo para admitir aire a través de la carga. En vez de forzar aire a través del material derretido, como en el proceso Bessemer, se dirige una corriente a alta presión de oxígeno puro hacia la parte superior del metal fundido.

El horno se inclina y se carga primero con metal en forma de chatarra (aproximadamente el 30% de la carga total). Se vacía el hierro de primera fusión al horno, después de lo cual se añaden los fundentes necesarios. Una lanza de oxígeno con una camisa de enfriamiento por agua se baja entonces hacia el horno hasta que la punta está de 60 a 100 pulg (152 a 254 mm) por encima de la superficie del metal fundido, dependiendo de las cualidades de soplado del hierro y el tipo de chatarra que se está utilizando. El oxígeno se enciende y fluye a una velocidad de 5000 a 6000 pie^3/min (141 a 169 m^3/min) a una presión de 140 a 160 pie (965 a 1103 kPa).

La introducción del oxígeno provoca que la temperatura del acero fundido (carga) se eleve, y en ese momento se puede añadir cal y fluorespato para que ayuden a separar las impurezas en forma de escoria. Un desarrollo reciente en este proceso es el *Equilibrio de Burbujas de la Lanza* (LBE). Con este proceso, se introducen gases inertes, como argón y nitrógeno, mediante lanzas a través del fondo del horno. Estos gases burbujean a través del metal fundido, aumentando el contacto entre el metal y la escoria, y la velocidad en el mezclado. Esto resulta en un aumento del rendimiento y una reducción de los elementos de aleación, como el aluminio y silicio, que se utilizan para reducir el contenido de oxígeno y carbono en el acero.

La fuerza del oxígeno inicia una acción de lavado a alta temperatura, que quema las impurezas. Ya que se han quemado todas las impurezas, habrá un decremento considerable en la flama y un cambio definido en el sonido. El oxígeno entonces se apaga y se retira la lanza.

En este momento se inclina el horno (Figura 87-5) y el acero fundido fluye hacia un cazo o se lleva directamente a

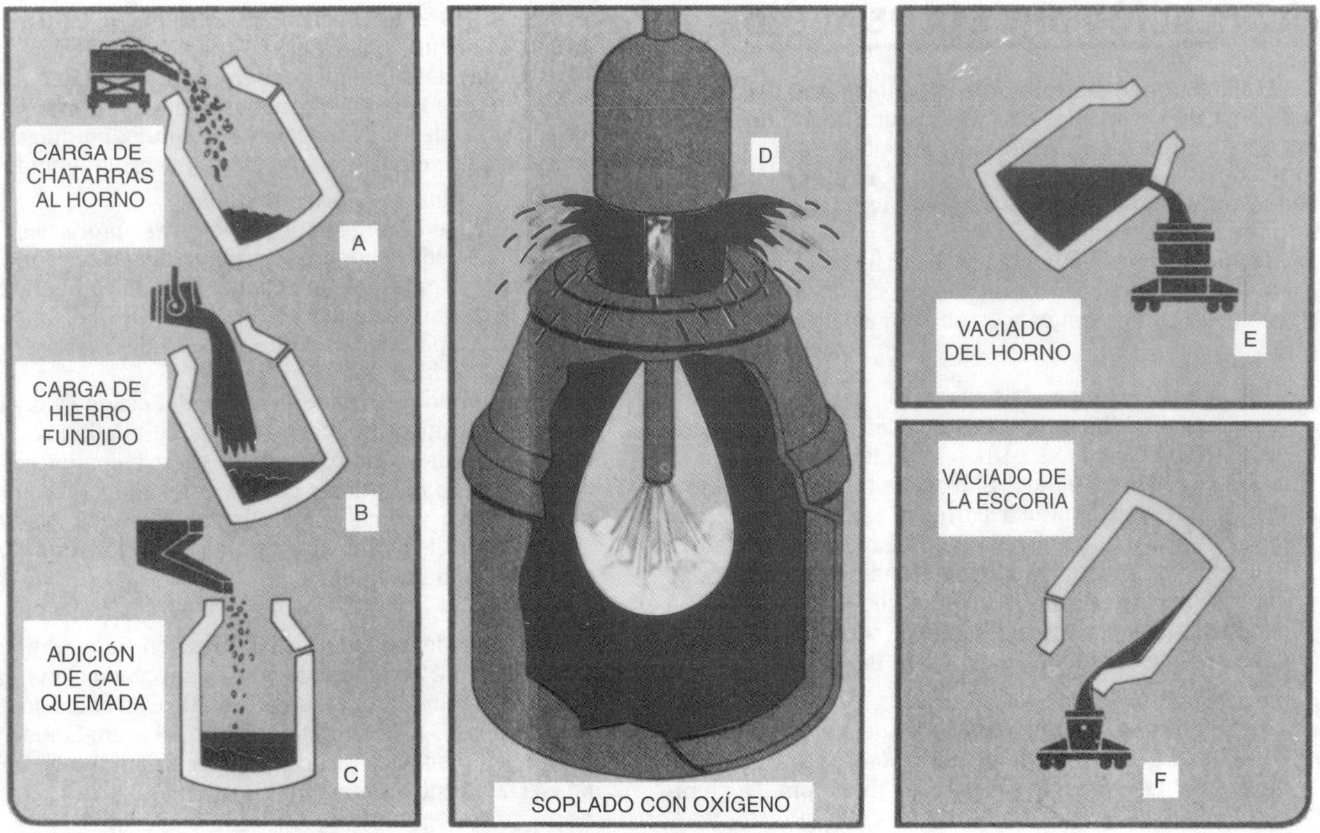

FIGURA 87-5 El proceso de oxígeno básico. (Cortesía de Inland Steel Corporation.)

la máquina de fundiciones. Se añaden las aleaciones requeridas, después de lo cual el metal derretido se vacía en lingotes o se forma en placas. El proceso de refinado toma solamente 50 minutos y pueden fabricarse aproximadamente 300 toneladas (272 t) de acero por hora.

Horno eléctrico

El horno eléctrico (Figura 87-6) se utiliza principalmente para fabricar aceros de aleación y de herramientas finos. El calor, la cantidad de oxígeno, y las condiciones atmosféricas pueden regularse a voluntad en el horno eléctrico; este horno se utiliza por lo tanto para fabricar aceros que no se pueden producir fácilmente con cualquier otro método.

Se carga en el horno, chatarra de acero cuidadosamente seleccionada, que contenga cantidades menores de los elementos de aleación que requiere el acero terminado. Los tres electrodos de carbono se bajan hasta que salta un arco desde éstos hacia la chatarra. El calor generado por los arcos eléctricos funde gradualmente toda la chatarra de acero. Entonces se añaden los materiales de aleación, como cromo, níquel y tungsteno para fabricar el tipo de aleación de acero requerida. Dependiendo del tamaño del horno, toma de 4 a 12 horas generar el calor para el acero. Cuando el metal está listo para vaciarse, el horno se inclina hacia delante y el acero fluye hacia un gran caldero. Desde el caldero, el acero se vacía en lingotes.

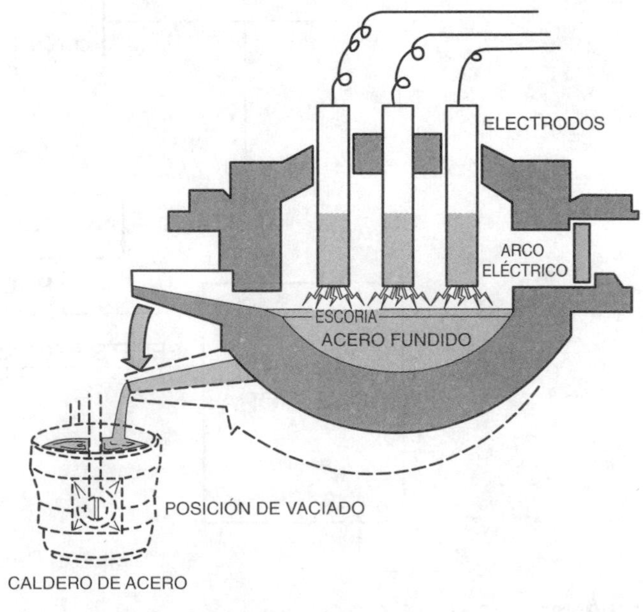

FIGURA 87-6 Diagrama del horno eléctrico.

FABRICACIÓN DIRECTA DE ACERO

En 1989, el American Iron and Steel Institute iniciaron un programa de desarrollo, con fondos del Departamento de Energía, para mejorar la eficiencia de la fabricación del acero y reducir los costos de manufactura. El proceso fue diseñado para eliminar el proceso de producción de coque y fabricar el acero directamente a partir del mineral de hierro, y puede que finalmente reemplace el alto horno. La Figura 87-7 muestra el proceso de *fabricación directa de hierro,* que incluye cuatro componentes o etapas principales:

1. *Fundición*
   La *fundición en baño* es el corazón del proceso de manufactura. Se alimentan por gravedad oxígeno, mineral de hierro prerreducido, carbón y fúndente en un baño de escoria de hierro fundido. El oxígeno quema parcialmente el carbón para producir parte del calor necesario para llevar a cabo el proceso. El óxido de hierro se funde con la escoria y es reducido a hierro fundido por el carbono del carbón. El resto de la energía necesaria viene de la combustión parcial del monóxido de carbono que se produce durante la reducción del óxido de hierro.
2. *Prerreducción*
   Este proceso se utiliza para precalentar y prerreducir el mineral de hierro que es alimentado a la fundidora, utilizando los gases de salida de la fundidora. La eliminación del 30% del oxígeno en los pelets de mineral de hierro los reduce a *wustita.* Las capacidades en reducción del gas de salida mantienen la reducción del mineral de hierro a wustita en un gran rango de composiciones de gases de salida y velocidad de flujo, produciendo una alimentación de material estable hacia la fundidora.
3. *Limpieza y manejo del gas de salida*
   El gas caliente, cargado de polvo que se produce en la fundidora se enfría con una corriente de gas recirculada y después se pasa por un separador de ciclón para eliminar la mayor parte del polvo. El polvo, que consiste en su mayor parte de carbono y óxido de hierro, se recicla hacia la fundidora.
   El gas limpio y enfriado que sale del ciclón se divide en dos corrientes. Una pasa a través de una limpiadora de agua, que la enfría para que se mezcle con los gases calientes de la fundidora. La otra corriente va hacia un horno de tiro vertical para calentar y reducir parcialmente los pelets de mineral de hierro antes de que sean cargados en la fundidora.
4. *Refinado*
   El proceso de refinado (desulfurización y decarburización) producirá acero líquido, que es adecuado para tratamiento metalúrgico en cazo (adición de elementos químicos deseables). A partir de este punto, el acero líquido se procesa en productos de acero mediante fundición continua, el laminado, etcétera.

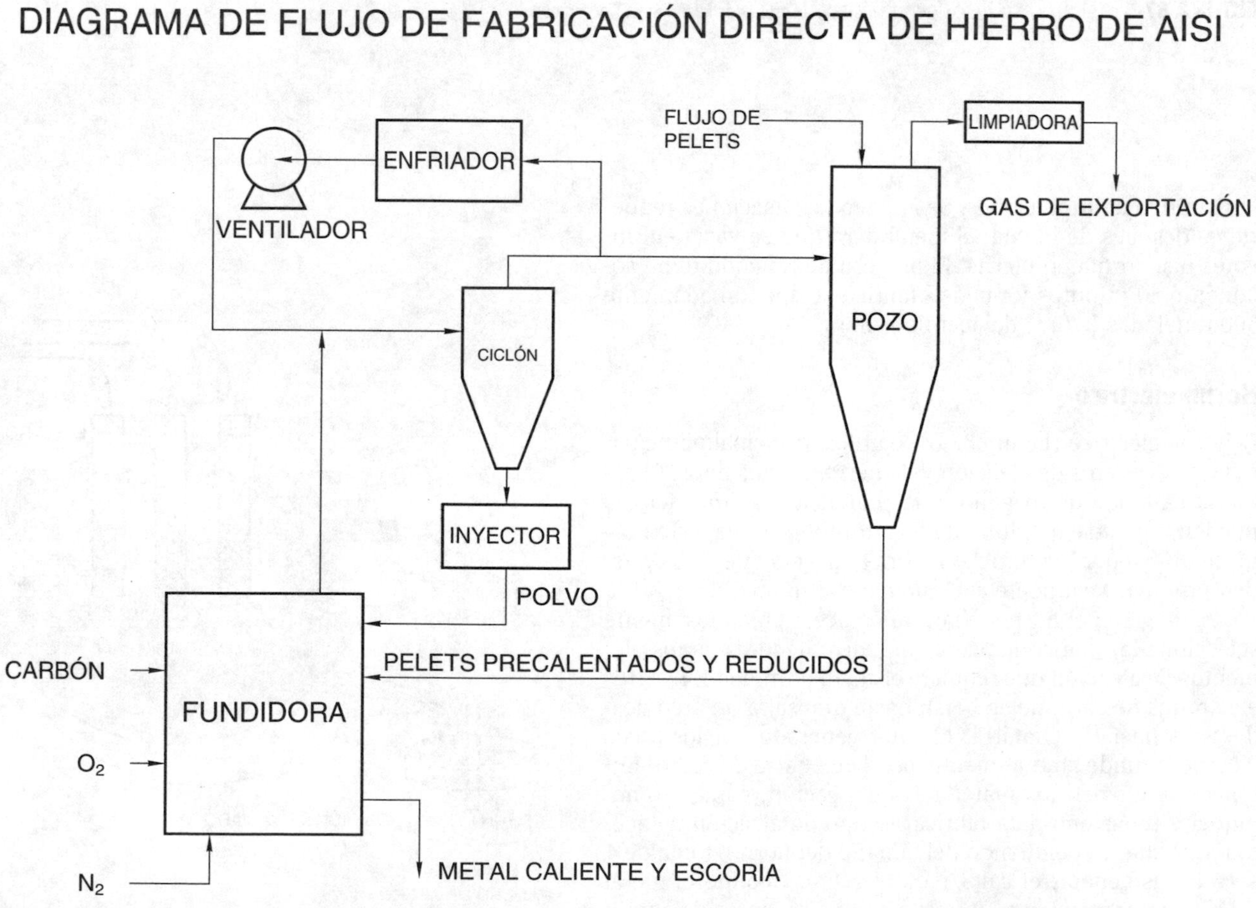

FIGURA 87-7 Diagrama de flujo de fabricación directa de hierro de AISI. (Cortesía de American Iron and Steel Institute.)

El sistema de fabricación directa de acero está completamente confinado para la etapa de refinado, de manera que está casi completamente libre de contaminación. La única liberación a la atmósfera viene de la combustión del gas de salida del horno de tiro vertical para capturar su valor residual como combustible. Este gas combustı ble ha sido reducido a menos de 40 partes/millón (ppm) de sulfuro de hidrógeno. Este proceso es muy eficiente, ya que la única energía que se pierde es la diferencia en energía calorífica desde la salida de gas de la fundidora y el gas de proceso del horno del tiro, más frío.

Procesado del acero

Ya que se ha refinado apropiadamente el acero en cualquiera de los hornos, se vacía en ollas, en donde pueden agregarse elementos de aleación y desoxidantes. El acero fundido entonces puede vaciarse en *lingotes,* que pueden pesar hasta 20 toneladas (18 t) o puede formarse directamente en planchones mediante el *proceso de colada continua* (Figura 87-8).

El acero se vacía en lingoteras y se le permite solidificarse. Las lingoteras se retiran o *recalentamiento* y los lingotes calientes se colocan en pozos de recalentamiento a 2 200°F (1 240°C) por hasta 1.5 horas para que tengan una temperatura uniforme en todos lados. Los lingotes se envían entonces a los molinos de laminación, donde se laminan y reducen en secciones transversales para formar lupias, tochos, o planchones.

Las *lupias* son generalmente rectangulares o cuadradas y son mayores a 36 pulg^2 en sección transversal. Se utilizan para fabricar acero estructural y rieles.

Los *tochos* pueden ser rectangulares o cuadrados, pero son menores a 36 pulg^2 en su sección transversal. Se utilizan para fabricar varilla, barra y tubería de acero.

Las *planchones* por lo general son más delgadas y más anchas que los tochos. Se utilizan para fabricar acero en placa, hojas y tiras.

Colada continua

La Colada continua (Figura 87-8) es el método más moderno y eficiente para convertir el acero fundido en formas semiacabadas como planchones, lupias y tochos. Este proceso elimina el vaciado, desmoldeo, recalentamiento y laminado de lingotes. También produce un acero de mayor calidad, reduce el consumo de energía, y ha incrementado la productividad general en más de 13%.

La colada continua se está convirtiendo rápidamente en el método principal para producir planchones y tochos de

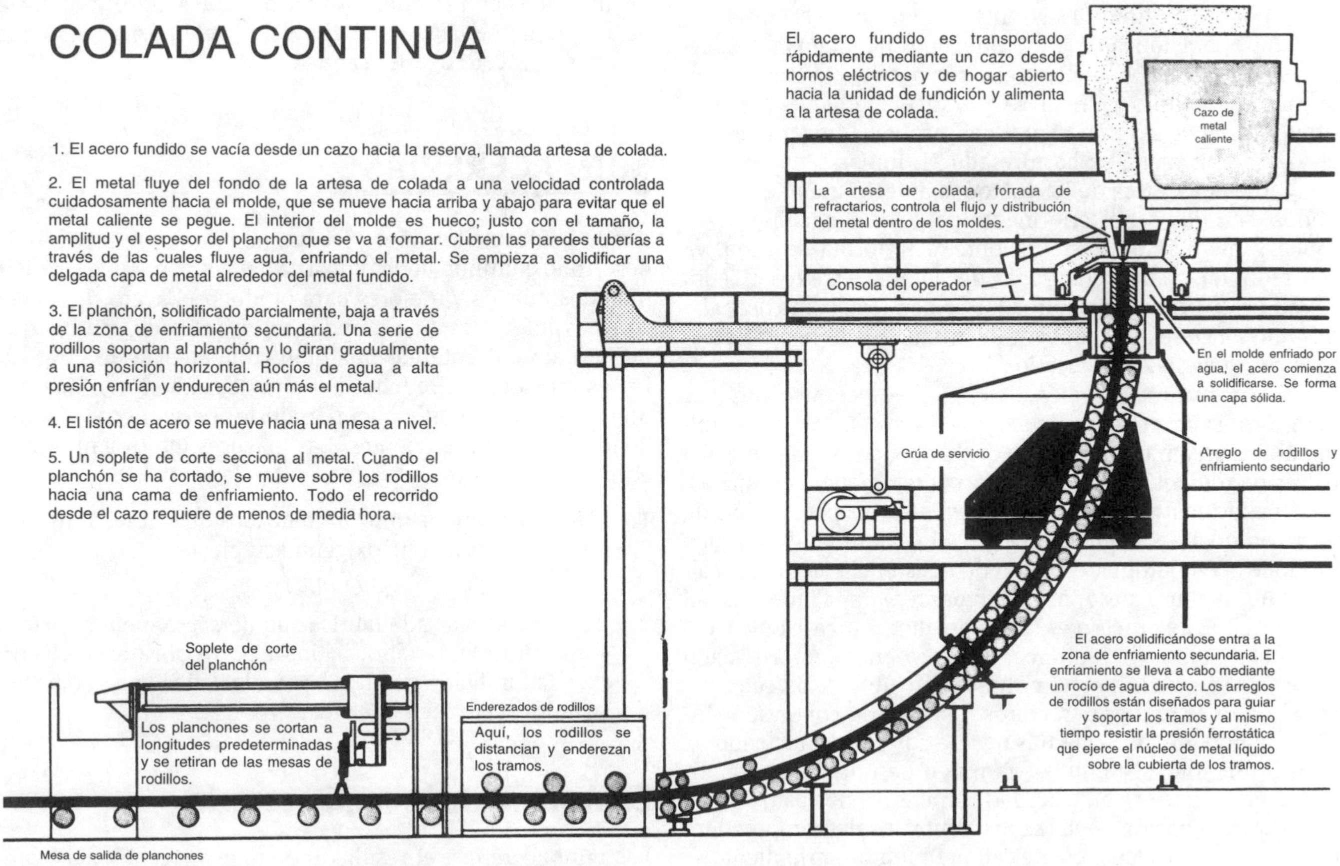

FIGURA 87-8 Proceso de colada continua para fabricar lupias o planchones de acero. (Cortesía de American Iron and Steel Institute.)

acero. Esto, combinado con la producción mucho más rápida de acero fundido mediante el proceso de oxígeno básico, ha mejorado en mucho la eficiencia de la producción de acero. Aproximadamente el 95% del acero producido en Estados Unidos, Europa y Japón se fabrica hoy en día mediante el método de colada continua.

Se lleva el acero fundido desde el horno en un cazo hacia la parte superior de la colada continua y se vacía en la artesa de colada. La *artesa de colada* proporciona el medio para que se alimente una cantidad uniforme de metal fundido a la máquina de fundición. También actúa como depósito, permitiendo que se retire el cazo vacío y que se vacíe el cazo lleno sin interrumpir el flujo de metal fundido hacia la colada continua. El acero se revuelve continuamente mediante una lanza de nitrógeno o por medio de dispositivos electromagnéticos.

El acero fundido cae en un flujo controlado desde la artesa de colada hacia la sección de moldes. Agua de enfriamiento solidifica rápidamente el exterior del metal para formar una capa sólida, que se vuelve más gruesa conforme el perfil de acero desciende a través del sistema de enfriamiento. Cuando el perfil alcanza el fondo de la máquina, es completamente sólido. El acero solidificado se mueve en una curva suave mediante rodillos de doblado, hasta que alcanza la posición vertical. El perfil entonces se corta mediante un soplete de corte móvil a la longitud requerida. En algunas máquinas de colada continua, el acero solidificado se corta cuando está en posición vertical. El planchón o tocho se gira entonces a la posición horizontal y se retira.

Las coladas continuas son capaces de producir secciones hasta por 15 pie/min (4 m/min). Este proceso está diseñado para operaciones de gran tonelaje o pequeños lotes, según se requiera. Cuando se requieren pequeños lotes, el acero fundido por lo general se produce mediante métodos diferentes al de acero básico o en hornos de hogar abierto.

Ya que el metal se ha formado en lupias o planchones mediante cualquiera de los métodos anteriormente mencionados, se lamina posteriormente para formar tochos y entonces, mientras aún está caliente, a la forma deseada, ya sea redonda, plana, cuadrada, hexagonal, etcétera (Figura 87-9). Estos productos laminados se conocen como *acero laminado en caliente* y se identifican fácilmente por las escamas azul-negras en el exterior.

El acero laminado en caliente puede procesarse aún más para formar *acero laminado en frío* o *estirado en frío*, eliminando las escamas en un baño de ácido y pasando el metal a través de rodillos o dados de la forma y tamaño requeridos.

Uno de los procesos más nuevos en la producción de acero en hojas es la *L*ínea de *R*ecocido *C*ontinuo (CAL), que produce acero laminado en frío de resistencia alta y ultra alta sin aumentar el peso, principalmente para la industria del automóvil. Este proceso es capaz de alterar la resistencia del acero sin cambiar la química. El acero en hojas producido mediante este método está virtualmente libre de defectos como el daño de bordes o fracturas. El recocido continuo reduce el tiempo, de los 5 a 6 días necesarios para el recocido de lotes a tan sólo 10 minutos. También permite que se fabrique acero superior con cantidades menores de costosos elementos de aleación. Avanzados controles de computadora permiten que la secuencia de calentamiento-enfriamiento se "asegure" en la estructura de grano al nivel de resistencia deseado. Puede producir acero en hojas con un límite elástico de hasta 220000 lb/pulg^2.

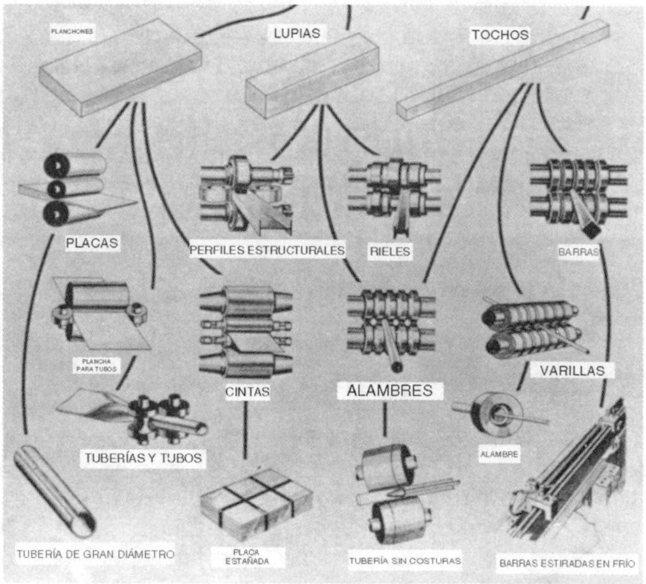

FIGURA 87-9 Diversas formas de acero producidas mediante el laminado. (Cortesía de American Iron and Steel Institute.)

Procesado al vacío de acero fundido

El acero que se utiliza en proyectos del espacio y en proyectos nucleares con frecuencia se procesa y solidifica al vacío para eliminar el oxígeno, el nitrógeno y el hidrógeno, lo que produce un acero de alta calidad.

MINI ACERERÍAS

Desde finales de los años sesenta, ha habido un proceso de desarrollo continuo en la industria del acero para desarrollar métodos nuevos y mejores para producir el acero. Las siderúrgicas integrales (los grandes fabricantes de acero), que han estado enfrentando una gran competencia de otras fábricas integradas alrededor del mundo, han estado buscando la mejor tecnología para permitirles permanecer con utilidad y servir a sus clientes. Las mayores interrogantes que enfrentan son:

1. ¿Deben continuar utilizando hornos de coque, altos hornos, y los hornos de oxígeno actuales?

O BIEN

2. ¿Deben cambiar a la fabricación de acero menos costosa y más flexible, la fabricación de acero por horno eléctrico, y la fundición de planchones delgados que han hecho las mini acererías tan exitosas?

El proceso de la mini acerería

Las mini acererías, el resultado de nuevas tecnologías, proporcionaron un método flexible y menos costoso para producir acero. A continuación, un breve resumen de los pasos que involucra la fabricación de acero en mini acererías.

- *Materias primas.*—La mayor parte del acero que se fabrica en mini acererías se hace de chatarra de acero seleccionado. Sin embargo, debido a la incertidumbre del aprovisionamiento y a las variaciones en costo, muchos fabricantes de acero están utilizando hierro de primera fusión, hierro briqueteado al caliente, hierro de reducción directa, y carburo de hierro para complementar la chatarra. Esto ha asegurado a los fabricantes de acero una provisión estable de materia prima a precios fijos.
- *Hornos.*—La mayoría de los hornos utilizados en mini acererías son hornos de arco eléctrico de corriente directa. Son hornos de 22 pies de diámetro de vaciados por el fondo, que utilizan 24 electrodos y tienen techos y paredes laterales enfriadas por agua. Estos hornos (de capacidad de 50 a 200 toneladas), que por lo general son más pequeños que los hornos que utilizan las siderúrgicas integrales y requieren de menor inversión de capital, proporcionan más flexibilidad y producen menos contaminación. Los principales acereros consideran que los hornos eléctricos continuarán produciendo más acero, en tanto que los altos hornos y los de oxígeno básico producirán cada vez menos.
- *El proceso de fundición.*—La carga, que consiste de chatarra de hierro y suplementos de hierro, se coloca en el horno de arco eléctrico de corriente directa (Figura 87-10). Se lleva a una temperatura de aproximadamente 2800° a 2900°F (1538° a 1593°C) y se mantiene ahí por alrededor de una hora.

  El metal fundido se traslada desde el horno hacia una (o dos) *estaciones metalúrgicas de cazo* con una unidad eliminadora de gases al vacío de tipo de tapa (Figura 87-11). La unidad eliminadora de gases al vacío se utiliza solamente cuando se requiere de acero con muy poco carbono y/o nitrógeno. Las estaciones metalúrgicas de cazo se utilizan para remover, eliminar impurezas, agregar aleaciones, y controlar la temperatura.
- *Torre de fundición.*—Desde la estación del cazo, el metal se lleva a la torre de fundición, en donde se alimenta hacia la artesa de colada continua (Figura 87-12). El acero fluye desde la artesa de colada hacia la boquilla mediante una varilla de tope de control automático. Cuando el planchón sale de la sección de contención, su temperatura es de aproximadamente 1800°F (980°C) y se mueve a alrededor de 13 pie/minuto (4 m/min).

FIGURA 87-10 La mayoría de las mini acererías utilizan hornos eléctricos de corriente directa para fabricar el acero. (Cortesía de Nucor Corporation.)

FIGURA 87-11 La unidad eliminadora de gases al vacío de la estación metalúrgica de cazo se utiliza cuando se requiere acero con bajo carbono y/o nitrógeno. (Cortesía de Nucor Corporation.)

FIGURA 87-12 El metal se lleva desde la estación de cazo hacia la torre de fundición, en donde se alimenta a la artesa de colada continua. (Cortesía de Nucor Corporation.)

- *Horno de recalentamiento.*—Conforme los planchones entran al horno de recalentamiento, se cortan a longitudes de 138 a 150 pies (42 a 46 m) (Figura 87-13 de la página 746). El horno de recalentamiento puede contener hasta tres planchones al mismo tiempo, y cuando salen, se aceleran a la velocidad de entrada al molino de 66 pie/min (20 m/min). Después de abandonar el horno de recalentamiento, los planchones pasan a un rocío de agua para eliminar la escama.
- *Molino de acabado.*—El molino de acabado de cuatro etapas reduce el grosor del planchón de 2 a .100 pulg (50 a 2.5 mm) (Figura 87-14 de la página 746). Después de dejar la cuarta etapa, el tramo pasa por una sección de enfriamiento, en donde se enfría desde arriba a abajo mediante rocío de agua. El tramo, que está a una temperatura de 986° a 1290°F (530° a 700°C), se lamina en rollos de 76 pulg (1930 mm) de diámetro.

FIGURA 87-13 El horno de recalentamiento se utiliza para mantener los planchones de acero a la temperatura adecuada para la operación de laminado. (Cortesía de Nucor Corporation.)

FIGURA 87-14 En los molinos de acabado, el planchón pasa por diversos rodillos, en donde se reduce a aproximadamente 5% del espesor original. (Cortesía de Nucor Corporation.)

COMPOSICIÓN QUÍMICA DEL ACERO

Aunque el hierro y el carbono son los elementos principales en el acero, pueden estar presentes otros elementos en cantidades variables. Algunos están presentes porque son difíciles de eliminar, y otros se agregan para impartir ciertas cualidades al acero. Los elementos que se encuentran en el acero al carbono simple son carbono, manganeso, fósforo, silicio y azufre.

El *carbono* es el elemento que tiene la mayor influencia en las propiedades del acero, ya que es el agente de endurecimiento. La dureza, el potencial de endurecimiento, la resistencia a la tracción y al desgaste aumentarán conforme se aumenta el porcentaje de carbono hasta alrededor de 0.83%. A partir de que este punto se ha alcanzado, el carbono adicional no afecta apreciablemente la dureza del acero, pero aumenta la resistencia al desgaste y el potencial de endurecimiento.

El *manganeso*, cuando se le agrega en pequeñas cantidades (0.30 a 0.60%) durante la fabricación del acero, actúa como desoxidante o purificador. El manganeso ayuda a eliminar el oxígeno que, si se queda, haría el acero débil y frágil. El manganeso también se combina con el azufre, que en la mayoría de los casos se considera un elemento no deseable en el acero. La adición del manganeso aumenta la resistencia, tenacidad, potencial de endurecimiento, y resistencia al impacto del acero. También reducirá ligeramente la temperatura crítica y aumentará la ductilidad.

Cuando se añade manganeso en cantidades por encima del 0.60%, se considera un elemento de aleación e impartirá ciertas cualidades al acero. Cuando se agrega de 1.5 a 2% de manganeso al acero al alto carbono, producirá un acero de endurecimiento profundo que no se deformará, que deberá templarse en aceite. Los aceros duros, resistentes al desgaste, adecuados para uso en cucharas de palas mecánicas, trituradoras de roca, y esmeriles, se producen cuando se añade hasta 15% de manganeso al acero al alto carbono.

El *fósforo* por lo general se considera un elemento no deseable en el acero al carbono cuando está presente en cantidades mayores al 0.6%, ya que hará que el acero falle por vibraciones o impactos. Esta condición se conoce como *fragilidad al frío*. Pequeñas cantidades de fósforo (aproximadamente 0.3%) tienden a eliminar las porosidades y reducir las contracciones (rechupes) del acero. El fósforo y el azufre pueden agregarse a acero al bajo carbono (acero para maquinaria) para mejorar la maquinabilidad.

El *silicio*, presente en la mayoría de los aceros en cantidades que van de 0.10 a 0.30%, actúa como desoxidante y hace el acero sólido cuando se funde o trabaja en caliente. El silicio, cuando se añade en cantidades mayores (0.60 a 2%) se considera un elemento de aleación. Nunca se utiliza solo o solamente con el carbono; usualmente se añade algún otro elemento de endurecimiento profundo, como el manganeso, molibdeno o cromo junto con el silicio. Cuando se añade como elemento de aleación, el silicio aumenta la resistencia a la tracción, la tenacidad, y la dureza a la penetración del acero.

El *azufre* generalmente considerado una impureza en el acero, hace que el acero se agriete durante el conformado (en laminación o en forja) a altas temperaturas. Esta condición se conoce como *fragilidad en caliente*. El azufre puede agregarse a propósito al acero de bajo carbono en cantidades que van de 0.07 a 0.30% para aumentar la maquinabilidad. El acero sulfurado, de corte libre, se conoce como *material de tornillo* y se utiliza en máquinas tornilladoras automáticas.

CLASIFICACIÓN DEL ACERO

El acero puede clasificarse en dos grupos: aceros al carbono simples y aceros aleados.

Aceros al carbono simples

Los *aceros al carbono simples* pueden clasificarse como aquellos que contienen solamente carbono, sin ningún otro elemento de aleación importante. Se dividen en tres categorías: acero al bajo carbono, acero al medio carbono, y acero al alto carbono.

Los *acero al bajo carbono* contiene de 0.02 a 0.30% de carbono en peso. Debido al bajo contenido de carbono, este tipo de acero no puede endurecerse, pero puede endurecerse superficialmente. El acero para maquinaria y el *acero laminado en frío,* que contienen de 0.08 a 0.30% carbono, son los aceros al bajo carbono más comunes. Estos aceros se utilizan comúnmente en talleres de maquinado para la fabricación de piezas que no tienen que ser endurecidas. Artículos como pernos, tuercas, roldanas, laminas de acero, y ejes que se fabrican de acero al bajo carbono.

El *acero al medio carbono* contiene de 0.30 a 0.60% carbono, y se utiliza cuando se requiere una mayor resistencia a la tracción. Debido a su mayor contenido de carbono, este acero puede endurecerse, lo que lo hace ideal para las forjas de acero. Las herramientas como llaves, martillos y destornilladores son forjados a partir de acero al medio carbono y se tratan térmicamente posteriormente.

El *acero al alto carbono,* conocido también como *acero para herramienta,* contiene más de 0.60% de carbono y puede tener tanto como 1.7%. Este tipo de acero se utiliza en herramientas de corte, punzones, machuelos, matrices, brocas y rimas. Está disponible como material laminado en caliente o en material plano y barras circulares esmeriladas.

Aceros aleados

A menudo se necesitan ciertos aceros con características especiales, que el acero al carbono común no posee. Entonces es necesario elegir un *acero de aleación.*

El acero aleado puede definirse como el acero que contiene otros elementos, además del carbono, que producen las cualidades necesarias en el acero. La adición de los elementos de aleación puede impartir una o más de las siguientes propiedades al acero:

1. Aumento en la resistencia a la tracción
2. Aumento de la dureza
3. Aumento de la tenacidad
4. Alteración de la temperatura crítica del acero
5. Incremento de la resistencia al desgaste por abrasión
6. Dureza al rojo
7. Resistencia a la corrosión

Aceros de alta resistencia-baja aleación

Un desarrollo reciente de la industria acerera son los aceros de alta resistencia y baja aleación (HSLA). Estos aceros, que tienen un contenido de carbono máximo de 0.28% y pequeñas cantidades de vanadio, niobio, cobre y otros elementos de aleación, ofrecen muchas ventajas sobre los aceros normales de construcción de bajo carbono. Algunas de estas ventajas son:

- Una mayor resistencia a la de los aceros al medio carbono.
- Son menos costosos que otros aceros de aleación.
- Las propiedades de resistencia están "integradas" al acero, y no necesitan un tratamiento térmico posterior.
- Las barras de las secciones transversales más pequeñas pueden realizar el trabajo de las barras mayores de acero al carbono normal.
- Límites de dureza, tenacidad (resistencia al impacto) y falla por fatiga más altos que las barras de acero al carbono.
- Pueden utilizarse sin pintar, ya que desarrollan una cubierta de óxido protectora al ser expuestos a la atmósfera.

Efectos de los elementos de aleación

Pueden agregarse al acero elementos como el cromo, cobalto, manganeso, molibdeno, níquel, fósforo, silicio, azufre, tungsteno y vanadio para darle un amplio rango de propiedades deseables. Las propiedades que estos elementos imparten al acero aparecen en la Tabla 87-1 (de la página 748).

TABLA 87-1 Efecto de los elementos de aleación en el acero

	Elemento											
Efecto	**Carbono**	**Cromo**	**Cobalto**	**Plomo**	**Manganeso**	**Molibdeno**	**Níquel**	**Fósforo**	**Silicio**	**Azufre**	**Tungsteno**	**Vanadio**
Aumenta la resistencia a la tracción	X	X			X	X	X					
Aumenta la dureza	X	X										
Aumenta la resistencia al desgaste	X	X			X		X				X	
Aumenta el potencial de endurecimiento	X	X			X	X	X					X
Aumenta la ductilidad					X							
Aumenta el límite elástico		X				X						
Aumenta la resistencia a la oxidación		X					X					
Aumenta la resistencia a la abrasión		X			X							
Aumenta la tenacidad		X				X	X					X
Aumenta la resistencia al impacto		X					X					X
Aumenta la resistencia a la fatiga												X
Reduce la ductilidad	X	X										
Reduce la tenacidad			X									
Eleva la temperatura crítica		X	X								X	
Reduce la temperatura crítica					X		X					
Provoca fragilidad en caliente										X		
Provoca fragilidad en frío								X				
Imparte dureza en caliente			X			X					X	
Imparte una estructura de granos finos					X							X
Reduce la deformación					X		X					
Actúa como desoxidante					X				X			
Actúa como desulfurizante					X							
Imparte propiedades de endurecimiento al aceite		X			X	X	X					
Imparte propiedades de endurecimiento al aire					X	X						
Elimina las sopladoras								X				
Crea solidez a la fundición									X			
Facilita la laminación y la forja					X				X			
Mejora la maquinabilidad				X						X		

PREGUNTAS DE REPASO

1. ¿Qué efecto ha tenido el estudio de los metales sobre la vida moderna?

Propiedades físicas de los metales

2. Compare la dureza, la fragilidad y la tenacidad.

Fabricación del hierro de primera fusión

3. Describa brevemente la fabricación del hierro de primera fusión.
4. ¿Cuáles son las ventajas del proceso de fabricación directa de hierro?

Fabricación del hierro fundido

5. Explique cómo se fabrica el hierro fundido.
6. Nombre cuatro tipos de hierro fundido y mencione un propósito de cada uno.
7. ¿Cuáles son las diferencias principales entre los procesos Bessemer y de oxígeno básico?
8. Describa brevemente el proceso de oxígeno básico.

Fabricación directa del acero

9. Mencione cuatro ventajas del proceso de fabricación directa del acero.
10. Liste los cuatro pasos del proceso de fabricación directa del acero.
11. ¿Qué es la colada continua, y cuáles son sus ventajas?

Mini acererías

12. Mencione y describa brevemente los seis pasos en la fabricación del acero en las mini acererías.

Composición química del acero

13. ¿Qué efecto tiene el carbono en exceso al 0.83% sobre el acero?
14. ¿Cuál es el propósito de añadir pequeñas cantidades de manganeso al acero?
15. ¿Qué efecto tendrá la adición de mayores cantidades de manganeso (de 1.5 a 2.0%) sobre el acero?
16. ¿Por qué el fósforo se considera un elemento no deseable en el acero?
17. Mencione cómo afectará al acero la adición de silicio:
    a. En pequeñas cantidades b. En grandes cantidades
18. ¿Por qué se considera el azufre un elemento no deseable en el acero?

Clasificación del acero

19. Mencione el contenido de carbono y dos usos del:
    a. Acero al bajo carbono
    b. Acero al alto carbono
20. Liste seis propiedades que los elementos de aleación pueden impartir al acero.

UNIDAD

88

Tratamiento térmico del acero

OBJETIVOS

Al terminar el estudio de esta unidad, se podrá:

1 Seleccionar el grado adecuado de acero para herramienta para una pieza de trabajo

2 Endurecer y revenir una pieza de trabajo de acero al carbono

3 Cementar una pieza de acero para máquina

A fin de que un componente de acero funcione apropiada mente, con frecuencia es necesario tratarlo térmicamente. El tratamiento térmico es el proceso de calentar y enfriar un metal en su estado sólido a fin de obtener los cambios deseados en las propiedades físicas. Una de las propiedades mecánicas más importantes del acero es su capacidad para ser endurecido para resistir el desgaste y la abrasión o ablandarse para mejorar la ductilidad y la maquinabilidad. El acero también puede tratarse térmicamente para eliminar tensiones internas, reducir el tamaño del grano, o aumentar su tenacidad. Durante la fabricación, se agregan ciertos elementos al acero para producir resultados especiales cuando se le de al metal el tratamiento térmico apropiado.

EQUIPO DE TRATAMIENTO TÉRMICO

El tratamiento térmico del metal se lleva a cabo en hornos especialmente controlados, que pueden utilizar gas, petróleo, o electricidad para dar calor. Estos hornos también deben estar equipados con ciertos dispositivos de seguridad, así como dispositivos de control y de indicación para mantener la temperatura requerida para el trabajo. Todas las instalaciones de hornos deben estar equipados con una capucha para humos y un ventilador de salida para remover todos los humos resultantes de la operación del tratamiento térmico, o en el caso de una instalación de gas, para el escape de los humos del gas.

En la mayoría de las instalaciones de gas, el ventilador de escape, cuando está funcionando, activará el interruptor de aire en el ducto de escape. El interruptor de aire, a su vez, activa una válvula solenoide, que permite que se abra la válvula de gas principal. Si el ventilador de escape llega a fallar por cualquier razón, el interruptor de aire fallará también y la alimentación principal de gas se cerrará.

La temperatura del horno se controla mediante un termopar y un pirómetro indicador (Figura 88-1). Ya que se ha encendido el horno, se ajusta la temperatura deseada en el

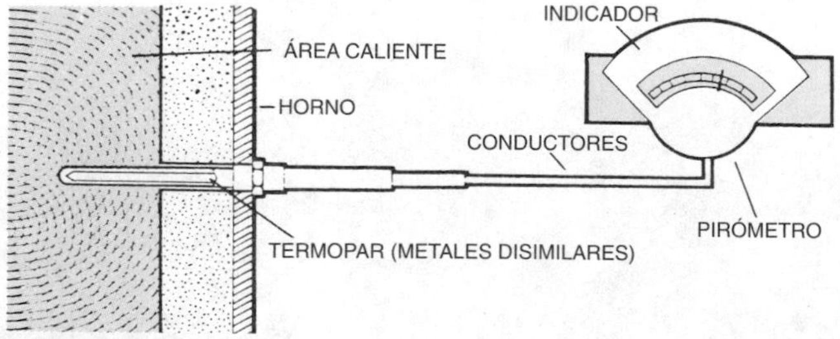

FIGURA 88-1 Se utiliza un termopar y un pirómetro para indicar y controlar la temperatura del horno de tratamiento térmico. (Cortesía de Kelmar Associates.)

pirómetro indicador. El pirómetro está conectado por un lado a un termopar, y por el otro a una válvula solenoide, que controla el flujo de gas hacia el horno.

El termopar está fabricado de dos alambres de metales disimilares retorcidos juntos y soldados en el extremo. El termopar generalmente se monta en la parte posterior del horno dentro de un tubo refractario para evitar daño y oxidación de los alambres del termopar.

Conforme se eleva la temperatura en el horno, el termopar se calienta, y debido a la diferencia de composición de los alambres, se produce una pequeña corriente eléctrica. Esta corriente se transmite al pirómetro en la pared y hace que la aguja del pirómetro indique la temperatura del horno. Cuando la temperatura del horno alcanza la cantidad ajustada en el pirómetro, se activa la válvula solenoide conectada al suministro de gas y el flujo de gas hacia el horno se cierra. Cuando la temperatura del horno desciende por debajo de la temperatura indicada en el pirómetro, se abre la válvula solenoide, permitiendo el flujo total del gas.

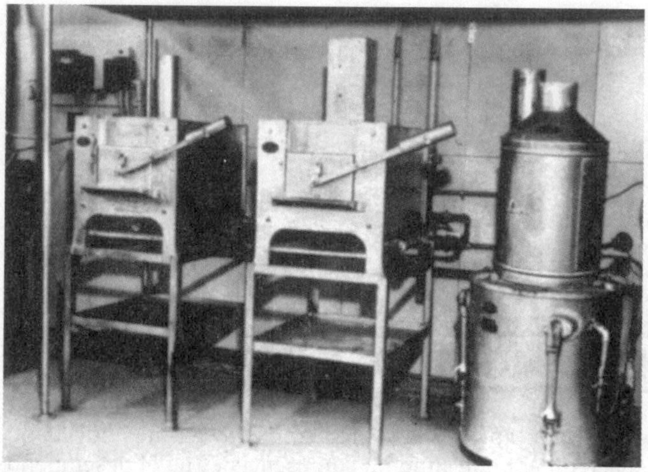

A. BAJA TEMPERATURA B. ALTA TEMPERATURA C. DE TIPO CRISOL

FIGURA 88-2 Tipos de hornos de tratamiento térmico. (Cortesía de Kelmar Associates.)

Tipos de hornos

Para la mayoría de las operaciones de tratamiento térmico, es recomendable tener un *horno de baja temperatura,* capaz de elevar temperaturas de hasta 1300°F (704°C), un *horno de alta temperatura,* capaz de elevar temperaturas de hasta 2500°F (1371°C), y un *horno de crisol* (Figura 88-2). El horno de crisol puede utilizarse para endurecer y revenir por inmersión la parte que se va a tratar térmicamente en el medio de tratamiento térmico fundido, que puede ser sal o plomo. Se utilizan mezclas ricas en carbono para operaciones de cementado. Una ventaja de este tipo de horno es que las piezas, cuando se calientan, no entran en contacto con el aire. Esto elimina la posibilidad de óxido y escamas. La temperatura en el horno de crisol se controla mediante el mismo método utilizado en los hornos de alta temperatura y baja temperatura.

TÉRMINOS DEL TRATAMIENTO TÉRMICO

El acero al carbono simple está compuesto de capas alternas de hierro y carburo de hierro. En este estado sin endurecer, se le conoce como perlita (Figura 88-3A). Antes de entrar en la teoría del tratamiento térmico, es recomendable estudiar y comprender ciertos términos relacionados con este tema.

- *Tratamiento térmico.*—El calentamiento y enfriamiento subsecuente de metales para producir las propiedades mecánicas deseadas.
- *Punto de transformación de fase*—(decalescencia). La temperatura a la cual el acero al carbono, cuando se le caliente, se transforma de perlita a austenita; esto sucede generalmente a aproximadamente 1330°F (721°C) en el acero con 0.83% de carbono.

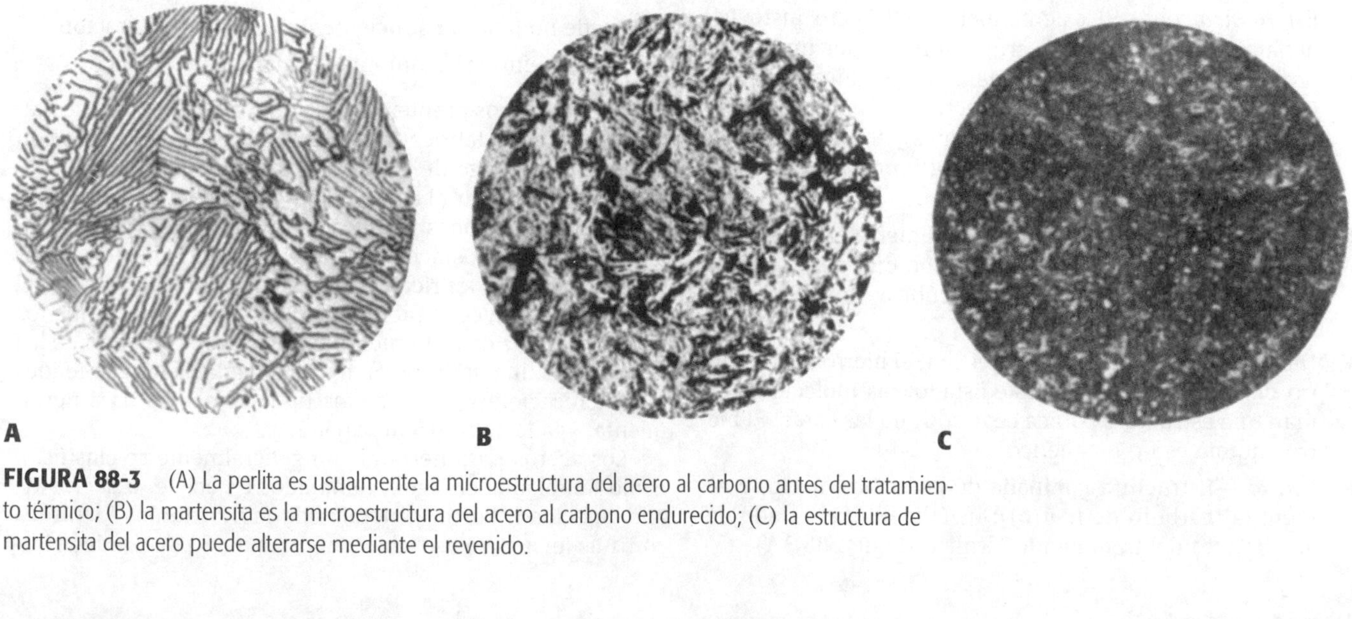

A B C

FIGURA 88-3 (A) La perlita es usualmente la microestructura del acero al carbono antes del tratamiento térmico; (B) la martensita es la microestructura del acero al carbono endurecido; (C) la estructura de martensita del acero puede alterarse mediante el revenido.

- *Punto de transformación de fase*—(recalescencia). La temperatura a la cual el acero al carbono, al enfriarse lentamente, se transforma de austenita en perlita.
- *Temperatura crítica inferior.*—La temperatura más baja a la cual el acero puede templarse a fin de endurecerlo. Esta temperatura coincide con el punto de decalescencia.
- *Punto de temperatura crítica superior.*—La temperatura más alta a la cual el acero puede templarse para obtener la dureza máxima y la estructura de grano más fina.
- *Rango crítico.*—El rango de temperatura limitado por las temperaturas críticas superior e inferior.
- *Endurecimiento.*—El calentamiento del acero por encima de su temperatura crítica inferior y templado en el medio apropiado (agua, aceite o aire) para producir martensita (Figura 88-3B).
- *Revenido (estirado).*—Recalentamiento del acero templado a la temperatura deseada, por debajo de la temperatura crítica inferior, seguida por cualquier velocidad de enfriamiento deseada. El revenido elimina la fragilidad y hace más tenaz el acero. El acero en este estado se llama martensita revenida (Figura 88-3C).
- *Recocido* (completo).—El calentamiento del metal justo por encima de su punto crítico superior por el período deseado de tiempo, seguido por enfriamiento lento en el horno, cal, o arena. El recocido reblandecerá el metal, aliviará los esfuerzos y deformaciones internas, y mejorará la maquinabilidad.
- *Recocido de proceso.*—El calentamiento del acero justo por debajo de la temperatura crítica inferior, seguido por cualquier método de enfriamiento adecuado. Este proceso se utiliza comúnmente en metales que se han endurecido por deformación. El recocido de proceso ablandará el acero lo suficiente para trabajo en frío adicional.
- *Normalizado.*—El calentamiento del acero justo por encima de su temperatura crítica superior y el enfriamiento en el aire tranquilo. El normalizado se lleva a cabo para mejorar la estructura del grano y eliminar los esfuerzos y deformaciones. En general, devuelve al metal a su estado normal.
- *Esferoidización.*—El calentamiento del acero justo por debajo de la temperatura crítica inferior por un tiempo prolongado, seguido por enfriamiento en aire tranquilo. Este proceso produce una estructura de grano de partículas de forma globular (esferoides) de cementita, en vez de la estructura normal en forma de aguja, lo que mejora la maquinabilidad del metal.
- *Hierro alfa.*—El estado en el cual el hierro existe por debajo de la temperatura crítica inferior. En este estado, los átomos forman una estructura cúbica centrada en el cuerpo.
- *Hierro gamma.*—El estado en el cual el hierro existe dentro del rango crítico. En este estado, las moléculas forman una estructura cúbica centrados en las caras. El hierro gamma es no magnético.
- *Perlita.*—Estructura laminada de la ferrita [hierro, y cementita (carburo de hierro)]; usualmente, el estado del acero antes del tratamiento térmico (Figura 88-3A).
- *Cementita.*—Un carburo de hierro (Fe_3C), que es el endurecedor del acero.
- *Austenita.*—Solución sólida del carbono en hierro, que existe entre las temperaturas críticas inferior y superior.
- *Martensita.*—Estructura del acero completamente endurecido, que se obtiene cuando se templa la austenita. La martensita se caracteriza por su patrón en forma de agujas (Figura 88-3B).
- *Martensita revenida.*—La estructura que se obtiene después de haber revenido la martensita (Figura 88-3C). La martensita revenida se conocía anteriormente como *troosita* y *sorbita*.
- *Acero eutectoide.*—El acero que contiene sólo el carbono suficiente para disolverse completamente en el hierro cuando el acero se calienta a su rango crítico. El acero eutectoide contiene de 0.80 a 0.85% de carbono. Este acero puede compararse con una solución saturada de sal en agua.
- *Acero hipereutectoide.*—El acero que contiene más carbono del que se disolverá completamente en el hierro cuando se caliente el acero al rango crítico. Esta puede asemejarse a una solución sobresaturada.
- *Acero hipoeutectoide.*—El acero que contiene menos carbono del que puede disolverse en el hierro cuando el acero se calienta al rango crítico. Aquí, hay un exceso de hierro. Esto es similar a una solución no saturada.

SELECCIÓN DEL ACERO PARA HERRAMIENTA

La selección apropiada y el tratamiento térmico adecuado del acero para herramienta son esenciales en el desempeño eficiente de la pieza que se está fabricando. Los problemas que pueden surgir en la selección y tratamiento térmico del acero para herramienta incluyen:

1. Puede no ser lo suficientemente tenaz o resistente para el trabajo.
2. Puede no ofrecer la suficiente resistencia a la abrasión.
3. Puede no tener la suficiente dureza a la penetración.
4. Puede deformarse durante el tratamiento térmico.

Debido a estos problemas, los fabricantes de acero se han visto obligados a fabricar muchos tipos de aceros de aleación para cubrir el rango de la mayoría de las aplicaciones.

Para seleccionar el acero para herramienta adecuado para las especificaciones y aplicaciones de la pieza, vea la Tabla 88-1. Ya que los aceros para herramienta pueden variar un poco según el fabricante, puede resultar útil consultar el manual que provee el fabricante del acero, que describe los procedimientos de tratamiento térmico para cada uno de los aceros. Para una descripción más detallada de las cualidades y especificaciones de todos los tipos de aceros para herramienta, vea la Tabla 18 del apéndice.

Los aceros para herramienta generalmente se clasifican como templados en agua, templados en aceite, o aceros de alta velocidad. Por lo general cada fabricante los identifica con una marca registrada, como Alpha 8, Keewatin, Nut-

TABLA 88-1 Guía de selección del acero para herramienta*

Grupo	Tipo	Medio de templado	Resistencia al desgaste	Tenacidad	Resistencia a la torsión	Profundidad de endurecimiento	Dureza al rojo	Maquinabilidad (MRR)
Alta velocidad	M	O, A, S	Muy alta	Bajo	A, S: Baja O: Media	Profunda	La mayor	45–60
	T	O, A, S	Muy alta	Bajo	A, S: Baja O: Media	Profunda	La mayor	40–55
Trabajo al caliente Base de Cr	H	A, O	Regular	Bueno	O: Regular A: Buena	Profunda	Buena	75
Base de W	W	A, O	Regular a buena	Bueno	O: Regular	Profunda	Muy buena	50–60
Base de Mo	M	O, A, S	Alta	Medio	A, S: Baja O: Media	Profunda	Buena	50–60
Trabajo en frío	D	A, O	La mejor	Pobre	A: La mejor O: La menor	Profunda	Buena	40–50
	A	A	Buena	Regular	La mejor	Profunda	Regular	85
	O	O	Buena	Regular	Muy buena	Media	Pobre	90
Resistente al impacto	S	O, W	Regular	La mejor	O: Regular W: Pobre	Media	Regular	85
Acero de molde	P	A, O, W	Baja a alta	Alto	Muy bajo	Superflua	Baja	75–100
Carbono-tungsteno de propósito especial	F	B, W	Baja a muy alta	Bajo a alto	Alta	Superflua	Baja	75
Endurecimiento al agua	W	B, W	Regular a buena	Bueno	Pobre	Superflua	Pobre	100

*A = aire; B = salmuera; O = aceite; S = sal fundida; W = agua; MRR = velocidad de eliminación de material

herm, o Nipigon; que son algunas de las marcas registradas de los productos de Atlas Steel Company.0

Acero para herramienta templado en agua

Los *aceros para herramienta templados en agua* generalmente contienen de 0.50 a 1.3% de carbono, junto con pequeñas cantidades (aproximadamente de 0.20%) de silicio y manganeso. La adición del silicio facilita el forjado y laminado del material, en tanto que el manganeso ayuda a hacer el acero más sólido cuando se vacía primero en el lingote. La adición posterior de silicio (por encima del 0.20%) reducirá el tamaño del grano y aumentará la tenacidad del acero templado en agua.

La mayoría de los aceros templado en agua alcanzan la dureza máxima en una profundidad de aproximadamente ⅛ de pulg (3 mm); el núcleo interior permanece más blando pero aún así tenaz. A menudo se agrega cromo o molibdeno para aumentar la templabilidad (penetración de la dureza), la tenacidad y la resistencia al desgaste de los aceros templados en agua. Los aceros templados en agua se calientan a alrededor de 1450° a 1500°F (787° a 815°C) durante el proceso de endurecimiento. Estos aceros se utilizan cuando se requiere una capa exterior densa y de grano fino, con un núcleo interior tenaz. Las aplicaciones típicas son brocas, machuelos, rimas, punzones, boquillas de sujeción, y pernos.

Los problemas relacionados con los aceros templados en agua son los de distorsión y agrietamiento cuando se templa el material. Si se llegan a presentar estos problemas, sería recomendable elegir un acero templable en aceite.

Aceros templables en aceite

Un *acero templable en aceite* típico contiene aproximadamente 0.90% de carbono, 1.6% de manganeso, y 0.25% silicio. La adición del manganeso en cantidades de 1.5% o más aumenta la templabilidad (penetración de la dureza) del acero hasta alrededor de 1 pulg (25 mm) en cada superficie. Durante el templado de aceros con un mayor contenido de manganeso, el endurecimiento es tan rápido que debe utilizarse un medio de templado menos severo (aceite). El uso del aceite como medio de templado retarda la velocidad de enfriamiento y reduce los esfuerzos y deformaciones del acero, que provocan deformaciones y grietas. Pueden agregarse cromo y níquel en diferentes cantidades al acero templable en aceite para aumentar la dureza y la resistencia al desgaste. Para estos últimos aceros de aleación se requieren mayores temperaturas de endurecimiento, de 1500° a 1550°F (815° a 843°C).

Algunas veces, debido a la compleja forma de la pieza, puede no ser posible eliminar la distorsión o el agrietamiento durante el templado, y será necesario seleccionar acero de templado al aire para esa pieza particular. Las aplicaciones típicas para los aceros templados al aceite son los troqueles de corte, de formado y de punzonado, herramientas de precisión, brochas y calibres.

Aceros de templado al aire

Debido a la velocidad de enfriamiento más lenta de los *aceros templados al aire,* los esfuerzos y deformaciones que provocan las grietas y distorsiones se mantienen al mínimo. Los aceros templados al aire también se utilizan en piezas que tienen secciones transversales grandes, en donde la dureza completa en toda la pieza no podría obtenerse con aceros templados al agua o al aceite.

Un acero templado al aire típico contendrá aproximadamente 1.00% carbono, 0.70% manganeso, 0.20% silicio, 5.00% cromo, 1.00% molibdeno, y 0.20% vanadio. Los aceros templados al aire requieren temperaturas de endurecimiento mayores; de 1600° a 1775°F (871° a 968°C).

Las aplicaciones típicas de estos aceros son los grandes troqueles de corte, formado, recorte y acuñado; rodillos; punzones largos; herramientas de precisión; y calibres.

Aceros de alta velocidad

Los *aceros de alta velocidad* se utilizan en la fabricación de herramientas de corte como brocas, rimas, machuelos, fresas, y cuchillas para torno. El análisis de un acero de alta velocidad típico podría ser el siguiente: 0.72% carbono, 0.25% manganeso, 0.20% silicio, 4% cromo, 18% tungsteno, y 1% vanadio. Las herramientas fabricadas con acero de alta velocidad retendrán la dureza y los bordes cortantes aún operando a temperaturas al rojo.

Durante el tratamiento térmico, los aceros de alta velocidad deben precalentarse lentamente a 1500° a 1600°F (815° a 871°C) en una atmósfera neutra, y después transferirse a otro horno y calentarse rápidamente a 2300° a 2400°F (1260° a 1315°C). Por lo general se templan en aceite, pero las secciones pequeñas y complejas pueden enfriarse al aire.

CLASIFICACIÓN DEL ACERO

A fin de asegurar que la composición de los diversos tipos de aceros se mantiene constante y que cierto tipo de acero cumplirá las especificaciones requeridas, la Society of Automotive Engineers (SAE) y el American Iron and Steel Institute (AISI) han diseñado métodos similares para identificar diferentes tipos de acero, y ambos métodos se utilizan ampliamente.

Los sistemas de clasificación SAE-AISI

Los sistemas diseñados por SAE y AISI son similares en su mayor parte. Ambos utilizan una serie de cuatro o cinco números para designar el tipo de acero.

El primer dígito en esta serie indica el elemento de aleación predominante. Los últimos dos dígitos (o a veces tres en ciertas aleaciones resistentes al calor o a la corrosión) indican el contenido promedio de carbono en puntos (centésimas del 1%, o 0.01%) (Figura 88-4).

La diferencia principal entre los dos sistemas es que el sistema AISI identifica el proceso de fabricación de acero utilizado mediante los siguientes prefijos:

A—acero aleado de horno de hogar abierto básico

B—acero al carbono de horno Bessemer ácido

C—acero al carbono de horno de hogar abierto básico

D—acero al carbono de horno de hogar abierto ácido

E—acero de horno eléctrico

En las gráficas de clasificación, los diversos tipos de aceros se indican mediante el primer número de la serie, como sigue:

1. Carbono
2. Níquel
3. Níquel-cromo
4. Molibdeno
5. Cromo
6. Cromo-vanadio
8. Triple aleación
9. Manganeso-silicio

La Tabla 88-2 indica la clasificación SAE de los diversos aceros y aleaciones. El número 7 no aparece en la tabla. Anteriormente representaba el acero al tungsteno, que ya no aparece en esta tabla, ya que ahora se le considera un acero especial.

EJEMPLOS DE IDENTIFICACIÓN DE ACERO

Determine los tipos de acero indicados en los siguientes números: 1015, A23640, 4170.

1015—el 1 indica acero al carbono simple.
—el 0 indica que no hay elementos de aleación importantes.
—el 15 indica que hay un contenido de carbono entre 0.01 y 0.20%.

Nota: Este acero naturalmente contiene pequeñas cantidades de manganeso, fósforo y azufre.

A2360—la A indica un acero de aleación fabricado mediante el proceso de horno de hogar abierto básico.
—el 23 indica que el acero contiene 3.5% de níquel (vea la Tabla 88-2).
—el 60 indica un 0.60% de contenido de carbono.

4170—el 41 indica un acero de cromo-molibdeno.
—el 70 indica 0.70% de contenido de carbono.

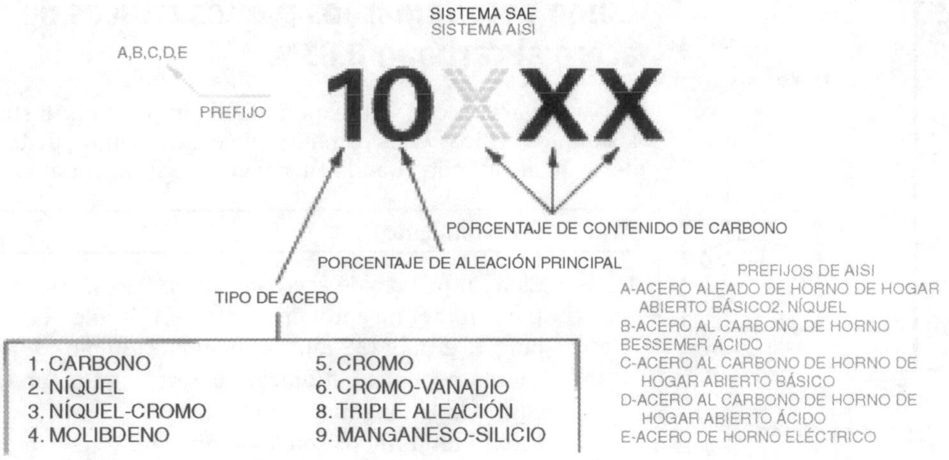

FIGURA 88-4 Los sistemas de clasificación de SAE y de AISI.

TABLA 88-2 Clasificación SAE de aceros

Aceros de carbono	1xxx
Carbono simple	10xx
De corte libre (material de tornillo resulfurizado)	11xx
corte libre al Manganeso	X13xx
Alto manganeso	T13XX
Aceros de níquel	2xxx
0.50% níquel	20xx
1.50% níquel	21xx
3.50% níquel	23xx
5.00% níquel	25xx
Aceros de níquel-cromo	3xxx
1.25% níquel, 0.60% cromo	31xx
1.75% níquel, 1.00% cromo	32xx
3.50% níquel, 1.50% cromo	33xx
3.00% níquel, 0.80% cromo	34xx
Aceros resistentes al calor y a la corrosión	30xxx
Aceros al molibdeno	4xxx
Cromo-molibdeno	41xx
Cromo-níquel-molibdeno	43xx
Níquel-molibdeno	46xx and 48xx
Aceros al cromo	5xxx
Bajo en cromo	51xx
Cromo medio	52xxx
Aceros al cromo-vanadio	6xxx
Aceros de triple aleación (níquel, cromo, molibdeno)	8xxx
Aceros al manganeso-silicio	9xxx

TRATAMIENTO TÉRMICO DEL ACERO AL CARBONO

El desempeño apropiados de las piezas de acero depende no solamente de la selección correcta del acero, sino también del procedimiento adecuado del tratamiento térmico y de la comprensión de la teoría que la sustenta. Cuando se calienta el acero de temperatura ambiente a la temperatura crítica superior y después se templa, suceden varios cambios en el acero. Éstos se pueden comprender más fácilmente si los cambios se consideran los cambios que ocurren al agua, desde el estado de congelamiento hasta el vapor.

Con referencia a la Figura 88-5, se observa que el agua existe como sólido por debajo de 32°F (0°C). Si se calienta el hielo, la temperatura permanecerá a 32°F (0.°C) hasta que el hielo se derrita completamente. Si el agua se calienta más, se convertirá en vapor a 212°F (100°C). De nuevo, el agua permanece a esta temperatura por un corto tiempo, antes de convertirse en vapor. También debe observarse que si el proceso se invierte y se enfría el vapor, formará agua a 212°F (100°C) y hielo a 32°F (0°C). Los puntos donde el agua se transforma a otro estado se conocen como los *puntos críticos* del agua.

El acero, al igual que el agua, tiene puntos críticos que, cuando se determinan, llevan al tratamiento térmico exitoso del metal.

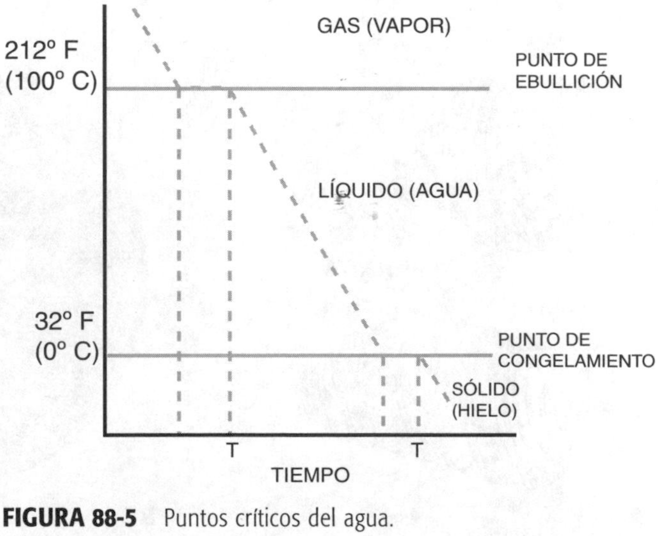

FIGURA 88-5 Puntos críticos del agua.

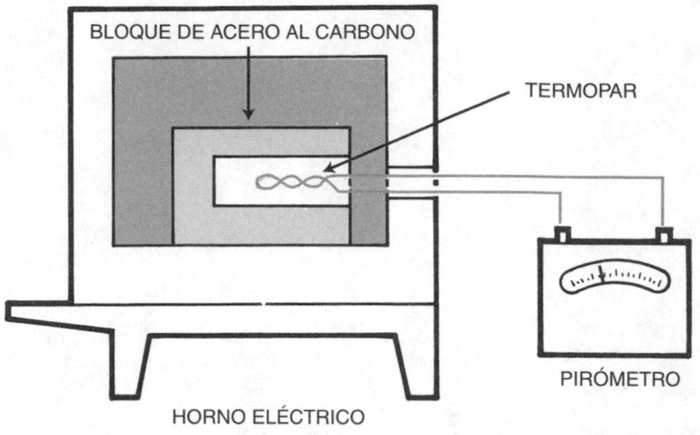

FIGURA 88-6 Arreglo para determinar los puntos críticos del acero. (Cortesía de Kelmar Associates.)

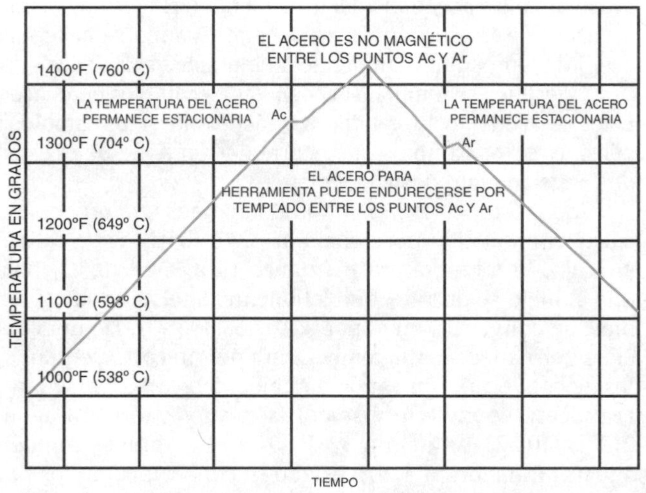

FIGURA 88-7 Gráfica que ilustra los puntos críticos del acero.

Cómo determinar los puntos críticos de acero al carbono 0.83%

Puede llevarse a cabo un experimento simple para ilustrar los puntos críticos y los cambios que ocurren en un pedazo de acero al carbono cuando se calienta y enfría lentamente.

Paso	Procedimiento
1	Elija un pedazo de acero al carbono de 0.83% (eutectoide) de aproximadamente $1\frac{1}{2}$ pulg × $1\frac{1}{2}$ pulg × 2 pulg (38 mm × 38 mm × 50 mm) y haga una pequeña perforación por un extremo en casi toda la longitud.
2	Inserte un termopar en la perforación y selle la perforación con arcilla.
3	Coloque el bloque en un horno y conecte el termopar con un voltímetro (Figura 88-6).
4	Encienda el horno y ajuste a la temperatura a aproximadamente 1425°F (773°C) en el pirómetro.
5	Tome las lecturas de la aguja del voltímetro a intervalos regulares (Figura 88-7).
6	Cuando el horno alcance 1425°F (773°C), apáguelo y deje que se enfríe.
7	Continúe tomando las lecturas hasta que la temperatura del horno baje a aproximadamente 1000°F (538°C).

Observaciones y conclusiones

El acero a temperatura ambiente está formado de capas laminadas de ferrita (hierro) y cementita (carburo de hierro). Esta estructura se llama perlita (Figura 88-8). Conforme el acero se calienta desde la temperatura ambiente, la curva de tiempo/temperatura sube uniformemente hasta que se alcanza una temperatura de alrededor de 1333°F (722°C). En este punto, Ac (Figura 88-7), la temperatura del acero desciende ligeramente, aunque la temperatura del horno se esté elevando.

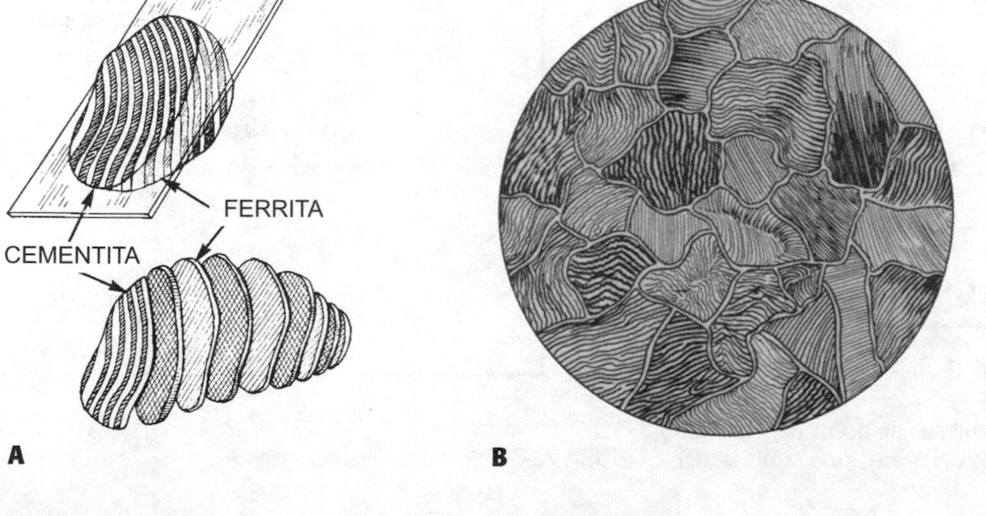

A B

FIGURA 88-8 (A) Un grano de perlita está compuesto de capas alternas de hierro (ferrita) y carburo de hierro (cementita); (B) una microfotografía de acero de alta velocidad, que muestra los granos de perlita rodeados por carburo de hierro (líneas blancas). (Cortesía de Praxair, Inc.)

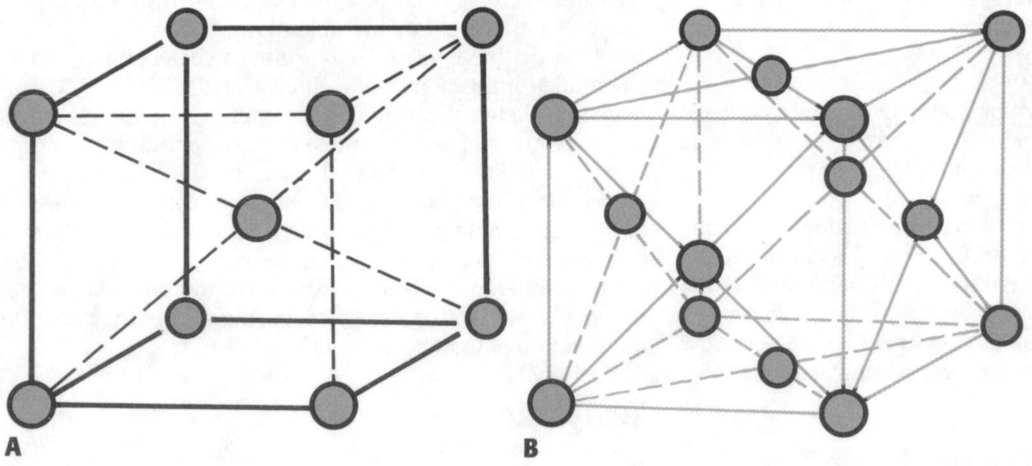

FIGURA 88-9 (A) Arreglo de los átomos en una estructura cúbica a cuerpo centrado; (B) Arreglo de los átomos en una estructura cúbica a caras centrado.

El punto Ac indica el *punto de decalescencia.* Aquí es donde ocurren varios cambios en el acero:

1. Si se observara el acero dentro del horno en este momento, se observaría que desaparecen las sombras oscuras en el acero.
2. El acero sería no magnético si se le probara con un imán.
3. Estos cambios fueron causados por un cambio en la estructura atómica del acero. Los átomos se reorganizan de estructuras cúbicas a cuerpo centrado (Figura 88-9A) a cúbicas centradas en las caras (Figura 88-9B). Cuando los átomos se reorganizan, la energía (calor) requerida para este cambio se toma del metal; de ahí que se registre un ligero descenso en la temperatura de la pieza de trabajo en el punto de decalescencia. Las capas de carburo de hierro se disuelven completamente en el hierro para formar una solución sólida llamada *austenita.* Por lo tanto, el punto de decalescencia indica el punto de transformación de *perlita* en *austenita,* o de estructuras cúbicas a cuerpo centrado a cúbicas a caras centradas.
4. También es en este punto que el acero, si se templa en agua, mostraría también las primeras señales de endurecimiento.
5. Si se pudiera examinar el acero con un microscopio, se observaría que la estructura de grano comenzaría a ser más pequeña. Conforme la curva progresa hacia arriba más allá de Ac, el tamaño de grano se volvería cada vez más pequeño, hasta que se alcanzar la temperatura crítica superior [1425°F (773°C)].

Conforme el acero se enfriara, la curva continuaría bajando uniformemente y el tamaño de grano sería gradualmente más grande hasta que se alcanzara el punto Ar, a aproximadamente 1300°F (704°C). Éste es el *punto de recalescencia* y aquí la aguja del voltímetro mostraría una elevación ligera en la temperatura, aunque el horno se esté enfriando. Este proceso es obviamente el inverso al fenómeno que ocurre en el punto de decalescencia; la austenita vuelve a ser perlita, los átomos se vuelven a organizar en estructuras cúbicas a cuerpo centrado, y el acero vuelve a ser magnético.

A continuación otro experimento, que muestra los puntos de decalescencia y recalescencia.

Punto de decalescencia

1. Ponga un imán en un ladrillo refractario.
2. Seleccione un pedazo redondo de acero al carbono de ½ a ⅝ de pulg (13 a 15 mm) con 0.90 a 1.00% de carbono y colóquelo sobre el imán (Figura 88-10).
3. Coloque una lata con agua fría bajo los extremos del imán.
4. Caliente la pieza sostenida al imán usando una pequeña flama.

Nota: No permita que la llama entre en contacto con el imán.

5. Cuando la temperatura alcance su punto crítico, el acero caerá al agua y se endurecerá.

Punto de recalescencia

1. Retire la lata de agua de abajo del imán.
2. Coloque una placa plana bajo la pieza sostenida en el imán.
3. Caliente el acero hasta que caiga del imán hacia la placa.

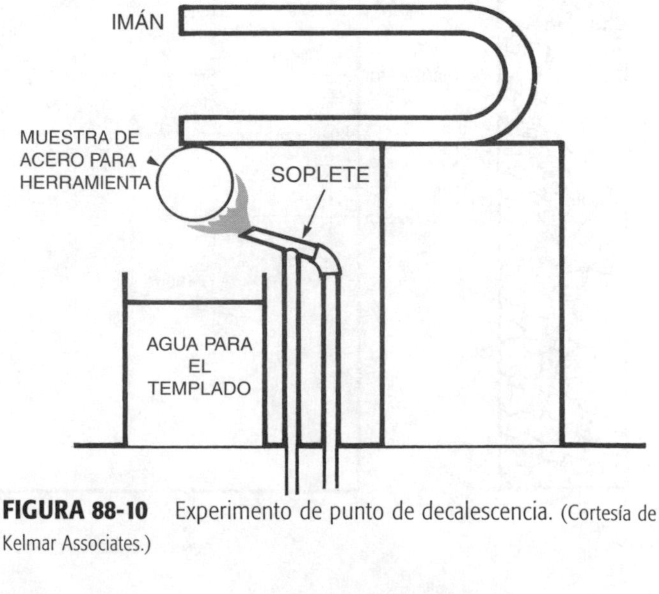

FIGURA 88-10 Experimento de punto de decalescencia. (Cortesía de Kelmar Associates.)

4. Cuando el acero se enfríe, será atraído por el imán.

Resumen

Cuando el acero pierde su valor magnético (punto de decalescencia), cae al agua y el cambio en el acero se atrapa o se detiene. El acero entonces se endurece, porque no tiene tiempo de revertirse a la otra fase.

Por el contrario, cuando el acero no se sumerge sino que se le da tiempo de enfriarse gradualmente desde el punto de decalescencia, recupera su valor magnético cuando se enfría ligeramente (punto de recalescencia). El acero no cambia de magnético a no magnético; sólo adquiere características temporales de ser atraído o *no* ser atraído hacia el imán.

Endurecimiento de acero al carbono de 0.83%

Una vez que se ha determinado la temperatura crítica del acero, puede determinarse la temperatura de templado adecuada, que es de aproximadamente 50°F (27°C) por encima de la temperatura crítica superior. No todos los aceros tienen la misma temperatura crítica; la Figura 88-11 indica que la temperatura crítica del acero baja conforme el contenido de carbono aumenta hasta el 0.83%, después de lo cual ya no cambia. Como resultado, los aceros que contienen más de 0.83% carbono (hipereutectoides) necesitan calentarse sólo un poco por encima de la temperatura crítica inferior, Ac1 (Figura 88-11) para obtener la dureza máxima. Esto hace posible utilizar una temperatura de endurecimiento menor en los aceros hipereutectoides, reduciendo así las posibilidades de deformación. El aumento en el contenido de carbono más allá del 0.83% no aumentará la dureza del acero; sin embargo, sí aumenta la resistencia al desgaste del acero considerablemente.

A fin de que el acero se endurezca correctamente, debe calentarse uniformemente a alrededor de 50°F (27°C) por encima de la temperatura crítica superior y mantenerse a esta temperatura el tiempo suficiente para permitir que el carbono suficiente se disuelva y forme una solución sólida, que permita la dureza máxima. En este punto, el acero tendrá el menor tamaño de grano posible y, cuando se temple, producirá la dureza máxima.

La temperatura crítica de un acero también está afectada por los elementos de aleación, como el manganeso, níquel, cromo, cobalto y tungsteno.

Templado

Cuando se ha calentado completa y apropiadamente el acero, se le templa en salmuera, agua, o aceite (dependiendo del tipo de acero) para enfriarlo rápidamente. Durante esta operación, la austenita se transforma en *martensita,* un metal duro y frágil. Ya que el acero se enfría rápidamente, se evita que la austenita pase por el punto de recalescencia (Ar), como en el caso del enfriamiento lento, y el pequeño tamaño de grano de la austenita se conserva en la martensita (Figura 88-12).

La velocidad de enfriamiento afecta la dureza de acero. Si se templa en aceite un acero de templado en agua, se enfría más lentamente y no alcanza la dureza máxima. Por otro lado, si se enfría demasiado rápidamente un acero de templado al aceite templándolo en agua, puede agrietarse. Las grietas pueden ocurrir también cuando el medio de templado está demasiado frío.

El método de templado afecta en gran medida los esfuerzos y deformaciones dentro del metal, que provocan deformaciones y grietas. Por esta razón, las piezas largas y planas deben sostenerse verticalmente encima del medio de templa-

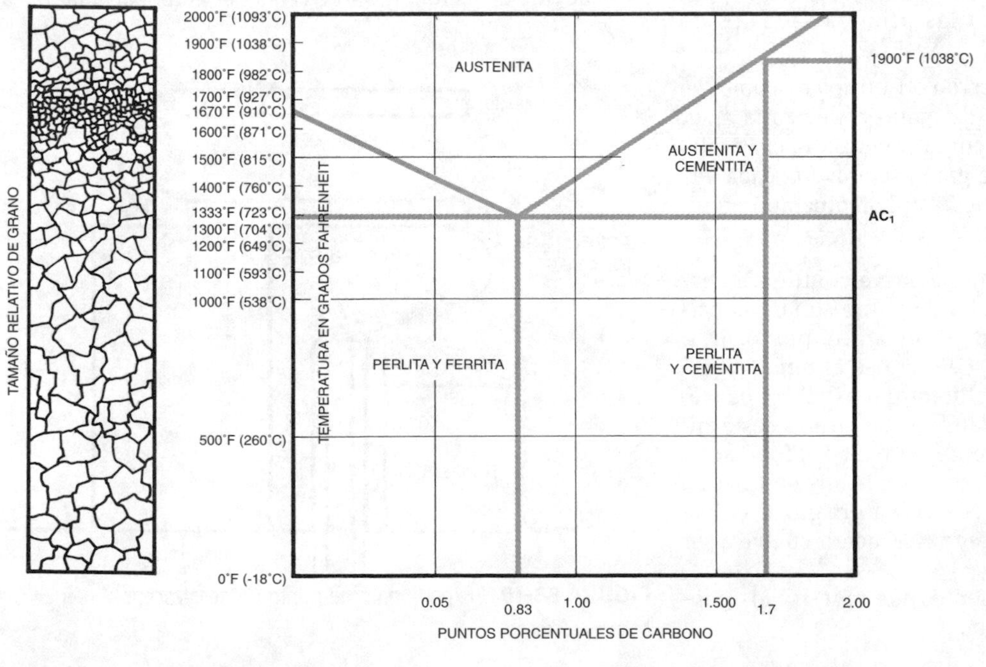

FIGURA 88-11 Diagrama de carburo de hierro que ilustra la relación entre el contenido de carbono del acero y las temperaturas críticas.

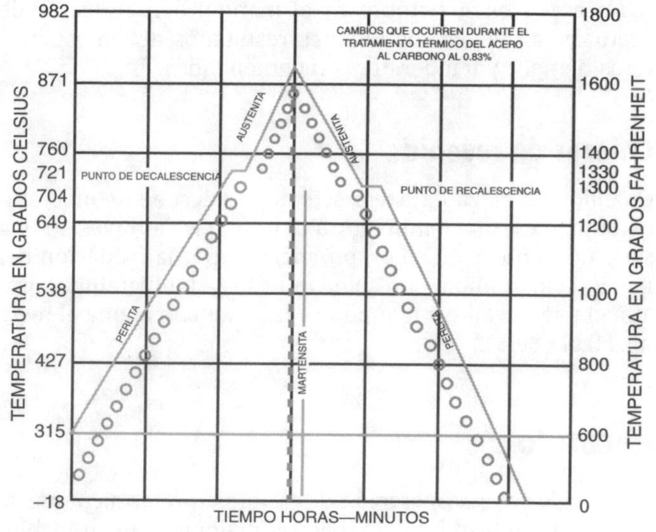

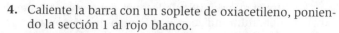

FIGURA 88-12 El acero al carbono, cuando se templa a la temperatura crítica superior, mantiene el tamaño de grano menor. (Cortesía de Kelmar Associates.)

do y meterse directamente en el líquido. Después de la inmersión, debe moverse la pieza en un movimiento en forma de 8. Esto mantiene el líquido a una temperatura uniforme y evita que se formen bolsas de aire en el acero, que afectaría la uniformidad de la dureza.

Experimento de Metcalf

Este sencillo experimento demuestra el efecto que diversos niveles de temperatura tienen en la estructura del grano, dureza y resistencia del acero para herramienta.

1. Seleccione una pieza de SAE 1090 (acero para herramienta) de aproximadamente ½ pulg (13 mm) de diámetro y 4 pulg (100 mm) de largo.
2. Con una herramienta afilada y puntiaguda, haga ranuras poco profundas a aproximadamente ½ pulg (13 mm) entre sí.
3. Numere cada sección (Figura 88-13).

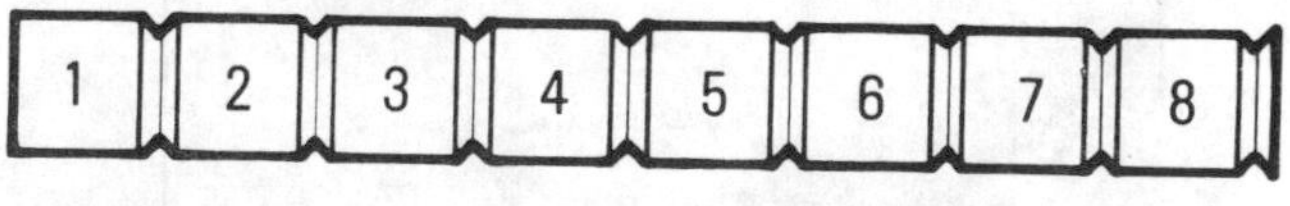

FIGURA 88-13 Pieza de prueba para el experimento de Metcalf. (Cortesía de Kelmar Associates.)

4. Caliente la barra con un soplete de oxiacetileno, poniendo la sección 1 al rojo blanco.
5. Mantenga la sección 1 en calor al blanco, y caliente las secciones 4 y 5 a un rojo cereza. *No* caliente las secciones 6 a 8.
6. Temple en agua o salmuera fría.
7. Pruebe la dureza de cada sección con el borde de una lima.
8. Separe las secciones y examine la estructura de grano con un microscopio.

Resultados

Las secciones 1 y 2 se han sobrecalentado, se rompen fácilmente y la estructura de grano es muy gruesa (Figura 88-14A).

La sección 3 requiere de más fuerza para romperse y la estructura de grano es algo más fina. Las secciones 4 y 5 tienen mayor resistencia al impacto. Estas secciones tienen la estructura de grano más fina (Figura 88-14B).

Las secciones 6 a 8, en donde no se calentó lo suficiente el metal, requieren de la mayor fuerza para romperse, y se doblan. Observe que la estructura de grano se vuelve más gruesa hacia la sección 8 (Figura 88-14C). Esta sección es la estructura original del acero sin calentar (perlita).

Revenido

El *revenido* es el proceso de calentar un acero al carbono o aleación endurecido por debajo de su temperatura crítica inferior y enfriarlo templándolo en líquido o aire. Esta operación elimina muchos de los esfuerzos y deformaciones que aparecen cuando se endurece el metal. El revenido imparte tenacidad al metal pero reduce la dureza y la resistencia a la tracción. El proceso de revenido modifica la estructura de la martensita, alterándola a *martensita revenida*, que es algo más blanda y tenaz que la martensita.

La temperatura de revenido y recalentado no es la misma para cada tipo de acero, y es afectada por varios factores:

1. La tenacidad requerida para la pieza
2. La dureza requerida en la pieza
3. El contenido de carbono del acero
4. Los elementos de aleación presentes en el acero

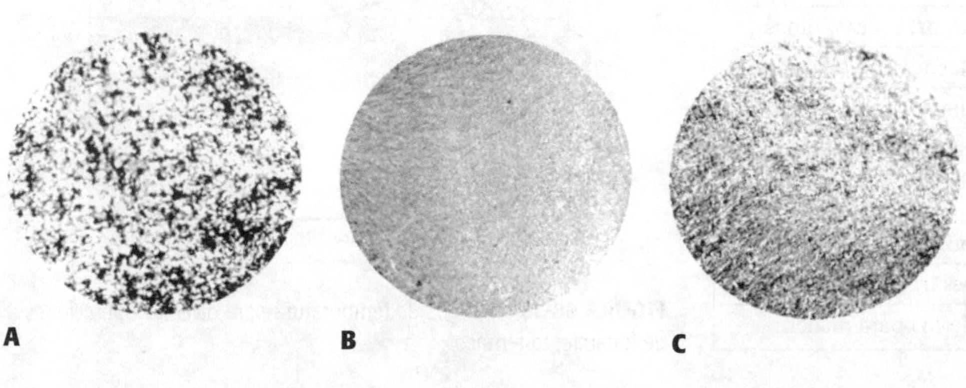

A **B** **C**

FIGURA 88-14 (A) Acero para herramienta sobrecalentado; (B) acero para herramienta calentado a la temperatura correcta; (C) acero para herramienta subcalentado. (Cortesía de Kelmar Associates.)

La dureza que se obtiene después del revenido depende de la temperatura utilizada y el tiempo que la pieza de trabajo se mantiene a esta temperatura. Generalmente, la dureza se reduce y la tenacidad aumenta conforme aumenta la temperatura (Figura 88-15).

Conforme el tiempo de revenido aumenta en una pieza específica, la dureza del metal se reduce. Por otro lado, si el tiempo de revenido es demasiado corto, los esfuerzos y deformaciones que aparecen en el endurecimiento no se eliminan totalmente y el metal será frágil. El tamaño de sección transversal de la pieza de trabajo afecta el tiempo de revenido. El tiempo de revenido y las temperaturas para los diversos aceros vienen siempre en el manual del fabricante de acero; para obtener los mejores resultados deben seguirse estos tiempos y temperaturas recomendados.

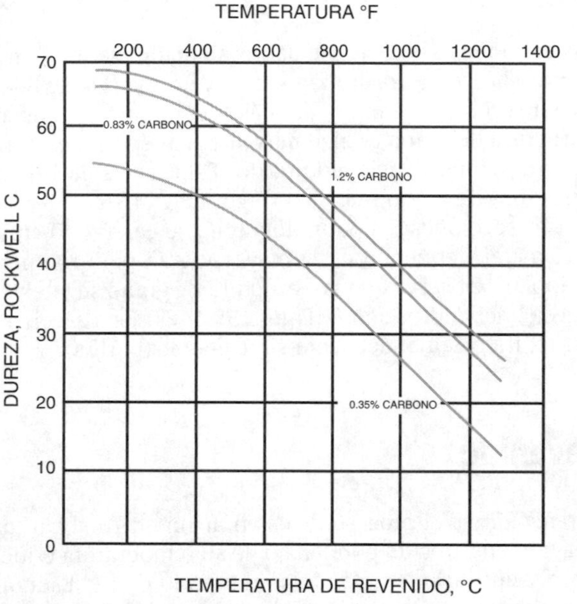

FIGURA 88-15 Conforme aumenta la temperatura de revenido, la dureza se reduce.

TABLA 88-3 Colores de revenido y temperaturas aproximadas para el acero al carbono			
	Temperatura		
Color	**°F**	**°C**	**Uso**
Amarillo pálido	430	220	Herramientas de torno, etcétera
Pajizo pálido	445	230	Fresas, brocas, rimas
Pajizo oscuro	475	245	Machuelos y matrices
Café	490	255	Tijeras, hojas de corte
Café-morado	510	265	Hachas y cinceles de madera
Morado	525	275	Cinceles en frío, punzones de centrar
Azul brillante	565	295	Desarmadores, llaves
Azul oscuro	600	315	Sierras para madera

Colores de revenido

Cuando una pieza de acero se calienta desde la temperatura ambiente a una temperatura al rojo, pasa a través de una serie de cambios de color, provocados por la oxidación del metal. Estos cambios de color indican la temperatura aproximada del metal y a menudo se utilizan como guía al revenir (Tabla 88-3).

Recocido

El *recocido* es una operación de tratamiento térmico que se utiliza para reblandecer al metal y mejorar la maquinabilidad. El recocido también alivia los esfuerzos y deformaciones internas provocadas por operaciones previas, como la forja o el rolado.

Paso	**Procedimiento**
1	Ajuste el pirómetro a aproximadamente 30°F (16°C) por encima de la temperatura crítica superior y encienda el horno (Figura 88-16).
2	Coloque la pieza en el horno. Ya que se ha alcanzado la temperatura deseada, déjela 1 hora por cada pulgada (25 mm) de grosor en la pieza de trabajo.
3	Apague el horno y permita que la pieza se enfríe lentamente en el horno, o retire la pieza del horno y empáquela inmediatamente en cal o cenizas y déjela cubierta por varias horas, dependiendo del tamaño, hasta que esté fría.

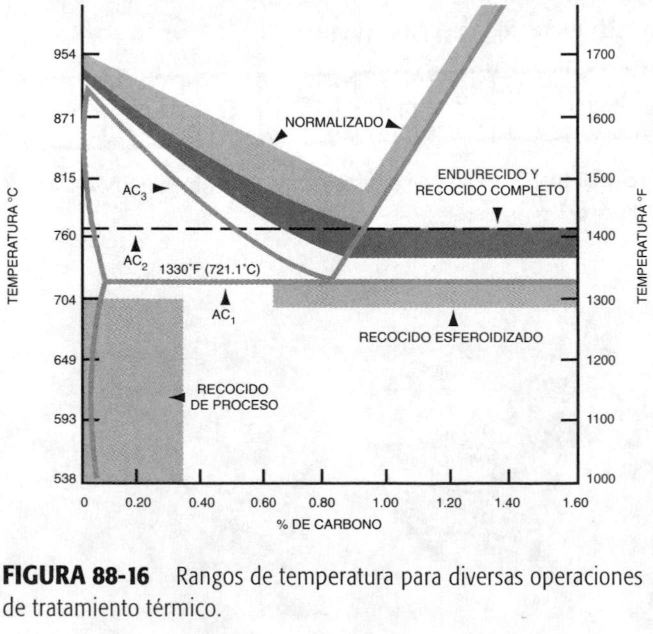

FIGURA 88-16 Rangos de temperatura para diversas operaciones de tratamiento térmico.

Normalizado

El *normalizado* se lleva a cabo en el metal para eliminar los esfuerzos y deformaciones internas y mejorar la maquinabilidad.

Paso	Procedimiento
1	Ajuste el pirómetro aproximadamente 30°F (16°C) por encima de la temperatura crítica superior del metal y encienda el horno (Figura 88-16).
2	Coloque la parte en el horno. Después que se haya alcanzado la temperatura deseada, permita que la pieza de trabajo se quede por 1 hora por pulgada (25 mm) de espesor.
3	Retire la pieza del horno y permita que se enfríe lentamente en aire quieto. Las piezas de trabajo delgadas pueden enfriarse demasiado rápidamente y pueden endurecerse si se normalizan al aire. Puede ser necesario empacarlas en cal para retardar la velocidad de enfriamiento.

Esferoidizado

El *esferoidizado* es el proceso de calentar el metal por un período amplio justo por debajo de la temperatura crítica inferior. Este proceso produce una estructura de grano especial, en donde las partículas de cementita se vuelven de forma esférica. El esferoidizado se realiza generalmente en acero al alto carbono para mejorar la maquinabilidad.

Paso	Procedimiento
1	Ajuste el pirómetro aproximadamente a 30°F (16°C) por debajo de la temperatura crítica inferior del metal y encienda el horno (Figura 88-16).
2	Coloque la pieza en el horno y permita que se quede por varias horas a esta temperatura.
3	Apague el horno y deje que la pieza se enfríe lentamente hasta aproximadamente 1000°F (538°C).
4	Retire la pieza del horno y enfríela al aire.

MÉTODOS DE ENDURECIMIENTO SUPERFICIAL

Cuando se requieren piezas endurecidas, pueden fabricarse de acero al carbono y tratarse térmicamente según las especificaciones. Con frecuencia estas piezas pueden fabricarse más económicamente a partir de acero para maquinaria y después endurecerse superficialmente. Este proceso produce una dura cubierta exterior con un núcleo interior blando, lo que muchas veces es preferible a piezas completamente duras, hechas de acero al carbono. El cementado puede llevarse a cabo mediante varios métodos, como el proceso de carburizado, de carbonitrurizado, y nitrurizado.

Carburizado

El *Carburizado* es el proceso en el cual el acero de bajo carbono, al calentarse con algún material carbonoso, absorbe el carbono en la superficie exterior. La profundidad de penetración depende del tiempo, la temperatura y el material de carburizado que se utilice. El carburizado puede llevarse a cabo mediante tres métodos: carburizado de empaque, carburizado líquido, y carburizado gaseoso.

El *Carburizado de empaque* se utiliza generalmente cuando se requiere una profundidad de penetración de .060 pulg (1.5 mm) o más. Las partes que se van a carburizar se empacan con un material carbonoso, como carbón activado, en una caja de acero sellada.

Paso	Procedimiento
1	Coloque una capa de 1 a 1½-pulg (25 a 38 mm) de material carbonoso en el fondo de un caja de acero que quepa en el horno.
2	Coloque las piezas que se van a carburizar en la caja, dejando un espacio de 1½ pulg (38 mm) aproximadamente entre piezas.
3	Empaque el carburizador alrededor de las piezas y cúbralas con aproximadamente 1½ pulg (38 mm) de material.
4	Golpee los costados de la caja para asentar el material y empacarlo alrededor de las piezas de trabajo. Esto extraerá la mayor parte del aire.
5	Coloque una cubierta de metal sobre la caja y selle la unión con arcilla de fundición.
6	Coloque la caja en el horno y suba la temperatura a aproximadamente 1700°F (926°C).
7	Deje la caja en el horno el tiempo suficiente para dar la penetración suficiente. La velocidad de penetración generalmente es de alrededor de .007 a .008 pulg/hora (0.17 a 0.2 mm/h); sin embargo, ésta se va reduciendo conforme la profundidad de penetración aumenta. El tiempo (y temperatura) correcto para cualquier profundidad de penetración por lo general viene en el manual que da el fabricante del material de carburización (Figura 88-17).

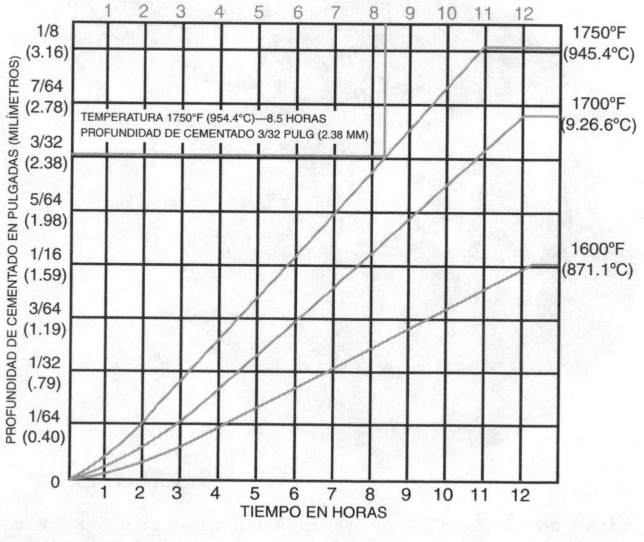

FIGURA 88-17 Relación entre temperatura, tiempo y profundidad de cementado.

8 Apague el horno y deje la caja en el horno hasta que se enfríe. Esto puede tomar de 12 a 16 horas.
9 Retire la caja del horno y saque las piezas de la caja, y límpielas.

Nota: Las superficies de las piezas de trabajo se han transformado ahora en una capa delgada de acero al carbono, que es blando debido al lento enfriamiento de las piezas dentro del material de carburizado.

10 Caliente las piezas a la temperatura crítica apropiada en un horno y témplelas en aceite o agua, dependiendo de la forma de las piezas y de la dureza requerida. Las piezas ahora están rodeadas con una dura capa de acero al carbono y tienen un núcleo interior blando (Figura 88-18).

El *carburizado líquido* se utiliza generalmente para producir una delgada capa de acero al carbono en el exterior de piezas de acero de bajo carbono. Las piezas usualmente no se maquinan después de la carburización líquida.

Paso	Procedimiento
1	Coloque el material de carburización en un horno de crisol. Caliente hasta que esté fundido y alcance la temperatura adecuada.
2	Precaliente las piezas que se van a carburizar a aproximadamente 800°F (426°C) en un horno de recalentado de baja temperatura. Esto eliminará la posibilidad de una explosión debida al agua o aceite en la pieza cuando las piezas se sumerjan en el líquido derretido.
3	Suspenda las piezas en el carburizador líquido y déjelas ahí por el tiempo necesario para darles la penetración necesaria. La profundidad de penetración (dependiendo de la temperatura del líquido) puede ser de .015 a .020 pulg (0.38 a 0.5 mm) en la primera hora y aproximadamente .010 pulg (0.25 mm) en cada hora sucesiva.
4	Utilice unas pinzas secas para retirar las piezas; temple las piezas inmediatamente en agua.

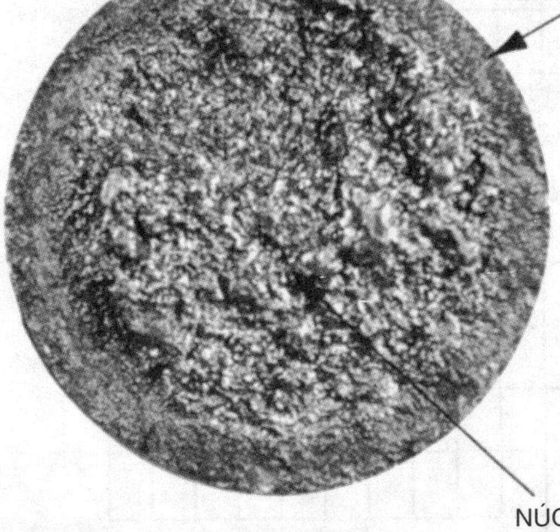

FIGURA 88-18 Sección transversal de la fractura de una pieza de acero para maquinaria cementada, que muestra la cubierta exterior endurecida. (Cortesía de Kelmar Associates.)

Precaución: Debido a que algunos carburizadores líquidos pueden contener cianuro, debe tenerse extremo cuidado cuando se utilizan estos materiales.

- No permita que *ninguna humedad* entre en contacto con el carburizador líquido. Tal contacto provocará una explosión.
- Caliente las mordazas de las pinzas antes de utilizarlas para eliminar cualquier humedad o aceite.
- Evite inhalar los vapores; son tóxicos.
- Utilice ropas de protección (guantes y escudos faciales y de brazos) cuando retire y temple las piezas.

El *carburizado gaseoso,* al igual que el carburizado de empaque, se utiliza en piezas donde se requiere más de 0.060 pulg (1.5 mm) de profundidad de cementado y donde es necesario rectificar las piezas después del carburizado. Este método se realiza generalmente en empresas de tratamiento térmico especializadas, ya que requiere hornos especiales.

Las piezas se colocan en un tambor sellado, en el cual se introduce y se hace circular gas natural o propano. Las piezas de trabajo se calientan a una temperatura de carburización dentro de la atmósfera de gas. El exterior del tambor se calienta en una fuente de gasolina o aceite. En este proceso, el carbono del gas es absorbido por la pieza de trabajo.

Las piezas permanecen dentro del tambor por el tiempo requerido para dar la penetración deseada. Se obtienen profundidades de .020 a .030 pulg (0.5 a 0.75 mm) en aproximadamente 4 horas, a una temperatura de 1700°F (926°C). Las piezas pueden retirarse entonces y templarse o permitir que se enfríen, después de lo cual se recalientan a la temperatura crítica y después se templan.

Proceso de carbonitrurizado

El *carbonitrurizado* es el proceso donde se absorbe carbono y nitrógeno en la superficie de la pieza de trabajo de acero cuando se le calienta a la temperatura crítica para producir una cubierta exterior dura y poco profunda. El carbonitrurizado puede realizarse por métodos líquidos o gaseosos.

El *cianurizado* (carbonitrurizado líquido) es un proceso que utiliza un baño de sales compuesto de sales de cianuro-carbonato-cloruro con diferentes cantidades de cianuro, dependiendo de la aplicación. El cianurizado líquido por lo general se lleva a cabo en un horno de tipo crisol, y ya que los vapores de cianuro son venenosos, debe tenerse extremo cuidado al utilizar este método.

Las piezas se suspenden en un baño de cianuro líquido, que debe estar a una temperatura por encima del punto crítico inferior del acero que se está utilizando. La profundidad de penetración es de aproximadamente .005 a .010 pulg (0.12 a 0.25 mm) en 1 hora a 1550°F (843°C). Puede obtenerse una profundidad de aproximadamente .015 pulg (0.38 mm) en dos horas a la misma temperatura. Las piezas entonces pueden templarse en agua o aceite, dependiendo del acero que se está utilizando. Ya que las piezas se han endurecido, deben lavarse completamente para eliminar toda traza de las sales de cianuro.

El *carbonitrurizado* (cianurizado gaseoso) se lleva a cabo en un horno especial, similar al horno de carburizado por gas. Las piezas de trabajo se ponen en el tambor interno del horno. Se introduce y se circula dentro de esta cámara una mezcla de amoníaco y gas de carburización, y se calienta externamente a una temperatura de 1350° a 1700°F (732° a 926°C). Durante este proceso, la pieza de trabajo absorbe carbono del gas de carburización y nitrógeno del amoníaco.

Las piezas se retiran del horno y se templan en aceite, lo que imparte a las piezas la dureza máxima y una distorsión mínima. La profundidad de cementado producido por este método es relativamente poco profunda. Se obtienen profundidades de aproximadamente .030 pulg (0.76 mm) en 4 a 5 horas en temperaturas de 1700°F (926°C).

Proceso de nitrurizado

El *nitrurizado* se utiliza en ciertos aceros aleados para proporcionar la dureza máxima. La mayoría de los aceros aleados de carbono pueden endurecerse a sólo 62 Rockwell C, aproximadamente, con los medios convencionales, en tanto que pueden obtenerse lecturas de 70 Rockwell C con ciertos aceros aleados al vanadio y cromo utilizando el proceso de nitrurizado. El nitrurizado puede llevarse a cabo en un horno de atmósfera protegida o en un baño de sales.

En el *nitrurizado por gas* las piezas que se van a cementar se colocan en un tambor al vacío, que se calienta externamente a una temperatura de 900° a 1150°F (482° a 621°C). Se circula gas de amoníaco dentro de la cámara. El amoníaco, a esta temperatura, se descompone en nitrógeno e hidrógeno. El nitrógeno penetra la superficie exterior de la pieza de trabajo y se combina con los elementos de aleación para formar nitruros duros. El nitrurizado por gas es un proceso lento, que requiere aproximadamente 48 horas para obtener una profundidad de endurecimineto superficial de .020 pulg (0.5 mm). Debido a las bajas temperaturas de operación que se utilizan en este proceso, y ya que no se necesita templar la pieza, hay muy poca o ninguna distorsión. Este método para aumentar la dureza se utiliza en piezas que se han templado y rectificado. No se requiere de un acabado posterior en estas piezas.

El *nitrurizado de baño de sales* se lleva a cabo en un baño que contiene sales nitrurizadas. La pieza endurecida se suspende sobre la sal nitrurizada fundida, que se mantiene a una temperatura de 900° a 1100°F (482° a 593°C), dependiendo de la aplicación. Las piezas como los machuelos, brocas y rimas de alta velocidad se nitrurizan para aumentar la dureza superficial, lo que mejora la durabilidad.

ENDURECIMIENTO SUPERFICIAL DE ACEROS AL MEDIO CARBONO

Cuando áreas selectas de la pieza se deben endurecer superficialmente para aumentar la resistencia al desgaste y mantener un núcleo interior blando, la pieza debe tener un contenido de carbono medio o alto. Puede endurecerse superficialmente a la flama o por endurecimiento de inducción, dependiendo del tamaño de la pieza y su aplicación. En ambos procesos, el acero debe contener carbono, dado que no se agrega carbono adicional, como en otros métodos de endurecimiento superficial.

Endurecimiento por inducción

En el *endurecimiento por inducción,* la pieza se rodea por un alambre por el cual se pasa una corriente eléctrica de alta frecuencia. La corriente calienta la superficie del acero por encima de la temperatura crítica en pocos segundos. Se utiliza un rocío automático de agua, aceite o aire comprimido para templar y endurecer la pieza, que se sostiene en la misma posición que para el calentado. Ya que solamente se calienta la superficie del metal, la dureza se localiza en la superficie. La profundidad de dureza está determinada por la frecuencia de la corriente y la duración del ciclo de calentamiento.

Las frecuencias de corriente van de 1 kHz a 2 MHz. Las frecuencias mayores producen profundidades de endurecimiento poco profundas. Las frecuencias menores producen profundidades de endurecimiento de hasta ¼ de pulg (6 mm).

El endurecimiento por inducción puede utilizarse para el endurecimiento selectivo de dientes de engranes, ejes ranurados, cigüeñales, árboles de levas, y bielas.

Endurecimiento por flama

El *endurecimiento por flama* se utiliza ampliamente para endurecer las guías en tornos y otras máquinas herramienta, así como dientes de engranes, ejes ranurados, cigüeñales, etcétera.

La superficie del metal se calienta muy rápidamente por encima de su temperatura crítica y se endurece rápidamente mediante un rocío de templado. Las superficies grandes, como las guías de torno, se calientan con un soplete de oxiacetileno especial, que se mueve automáticamente por la superficie, seguido del rocío de templado. Las piezas más pequeñas se colocan debajo de la flama, y se templan por rocío automáticamente.

Las piezas endurecidas por flama deben revenirse inmediatamente para eliminar las tensiones creadas durante el proceso de endurecimiento. Las superficies grandes se revienen mediante un soplete especial de revenido a baja temperatura, que sigue a la boquilla de templado conforme se mueve a lo largo de la pieza. La profundidad del endurecimiento por flama varía de 1/16 a ¼ de pulg (1.5 a 6 mm), dependiendo de la velocidad a la que se pone la superficie a temperatura crítica.

PREGUNTAS DE REPASO

Equipo de tratamiento térmico

1. Describa un termopar y explique cómo funciona.
2. Haga un diagrama de una instalación de horno que muestre el horno, el termopar y el pirómetro.
3. Explique el propósito de:
   a. El pirómetro
   b. La válvula solenoide
   c. El interruptor de aire

Términos del tratamiento térmico

4. ¿Cuál es la diferencia entre el punto de decalescencia y el punto de recalescencia en una pieza de acero?
5. ¿A qué punto, en relación con las temperaturas críticas inferior y superior, se llevan a cabo las siguientes operaciones de tratamiento térmico?
   a. Endurecimiento
   b. Revenido
   c. Recocido
   d. Normalizado
   e. Esferoidizado
6. ¿Cuál es la diferencia entre un acero hipereutéctico y uno hipoeutéctico?

Acero para herramienta templado en agua

7. Mencione dos problemas que se presentan generalmente en el acero templado en agua.

Acero para herramienta templado en aceite

8. ¿Por qué se utiliza el aceite con ventaja como medio de templado?

Aceros templados al aire

9. ¿Cuál es la ventaja de los aceros templados al aire?
10. ¿Qué elementos darán una cualidad de dureza al rojo a una broca de acero de alta velocidad?
11. Explique la diferencia en los procedimientos de endurecimiento para el acero al carbono simple y el acero de alta velocidad.

Sistemas de clasificación SAE-AISI

12. ¿En qué difiere el sistema de AISI del sistema de SAE para identificar aceros?
13. ¿Cuál es la composición de los aceros siguientes?
    a. 2340 b. 1020 c. E4340

Tratamiento térmico del acero al carbono

14. Explique cómo se determinan los puntos críticos del agua.
15. Liste cinco cambios que toman lugar en el acero cuando se calienta a y por encima del punto de decalescencia a partir de la temperatura ambiente.
16. Describa los cambios que toman lugar en una pieza de acero cuando se enfría al punto de recalescencia desde la temperatura crítica superior.

Endurecimiento de acero al carbono al 0.83%

17. ¿Cuál es la ventaja al utilizar acero hipereutectoide?
18. ¿A qué temperatura debe calentarse el acero antes de templarlo a fin de producir los mejores resultados?

Templado

19. Mencione dos medios de templado y enuncie el propósito de cada uno.
20. Describa el método apropiado para templar piezas de trabajo largas y delgadas.

Revenido

21. ¿Cuál es el propósito de revenir un pedazo de acero?
22. ¿Qué factores afectarán la temperatura a la cual se reviene una pieza de acero?
23. Explique lo que sucederá al acero si el tiempo de revenido es:
    a. Demasiado largo b. Demasiado corto

Recocido, normalizado y esferoidizado

24. ¿Cuál es la diferencia entre el recocido, normalizado y esferoidizado?

Carburizado

25. Describa brevemente cómo se lleva a cabo el carburizado de empaque.
26. ¿Qué precauciones deben tomarse cuando se utiliza el proceso de carburizado líquido?
27. Describa el proceso de carburizado por gas.

Proceso de carbonitrurizado

28. Explique la diferencia entre los procesos de carburizado y carbonitrurizado.

Endurecimiento superficial de aceros al carbono

29. ¿Qué tipo de acero debe utilizarse para los procesos de endurecimiento por flama y endurecimiento por inducción?

Endurecimiento por inducción

30. Describa brevemente el principio del endurecimiento por inducción.

Endurecimiento por flama

31. ¿Por qué es deseable revenir las piezas inmediatamente después del endurecimiento por flama?
32. ¿Cómo puede esto llevarse a cabo en superficies grandes?

UNIDAD

89

Pruebas de metales y de metales no ferrosos

OBJETIVOS

Al terminar el estudio de esta unidad, se podrá:

1 Explicar tres métodos de ensayos de dureza
2 Llevar a cabo un ensayo de dureza Rockwell C en una pieza de trabajo
3 Llevar a cabo pruebas de resistencia a la tracción y de impacto en una pieza de trabajo
4 Describir varios metales no ferrosos utilizados en la industria

Después del tratamiento térmico, pueden llevarse a cabo ciertas pruebas para determinar las propiedades del metal. Estas pruebas se dividen en dos categorías.

1. Las *pruebas no destructivas,* en donde la prueba puede llevarse a cabo sin dañar la muestra
2. Las *pruebas destructivas,* en donde se rompe una muestra del material para determinar las cualidades del metal

Los metales no ferrosos encuentran una variedad de aplicaciones en el ramo de las máquinas. Ya que los metales no ferrosos contienen muy poco o nada de hierro, se utilizan como cojinetes para evitar que dos piezas de metal similares entren en contacto entre sí, en donde el óxido y la corrosión son un factor, y donde el peso del producto es importante.

ENSAYO DE DUREZA

El ensayo de dureza es la forma más común de las pruebas no destructivas y se utilizan para determinar la dureza del metal. La dureza del acero puede definirse como su capacidad para resistir el desgaste y la deformación. El término *dureza* aplicado al metal es relativo, e indica algunas de sus propiedades. Por ejemplo, si se endurece un pedazo de acero, la resistencia a la tracción aumenta, pero se reduce la ductilidad. Si la dureza del metal es conocida, pueden predecirse con precisión las propiedades y el desempeño del metal.

Se utilizan dos clases de máquinas de prueba para medir la dureza del metal:

1. Las pruebas que miden la profundidad de penetración, llevadas a cabo por un penetrador bajo carga conocida. Los probadores Rockwell, Brinell y Vickers son ejemplos de este tipo.

2. Aquellas que miden la altura de rebote de una masa pequeña precipitada desde una altura conocida. El escleroscopio se basa en este principio.

Probador de dureza Rockwell

El probador de dureza Rockwell (Figura 89-1) indica el valor de dureza según la profundidad a la que llega el penetrador en el metal bajo una presión conocida. Se utiliza un penetrador cónico de diamante de 120° para probar materiales duros. En los materiales blandos se utiliza como penetrador una bola de acero de 1/16- o 1/8-de pulg (1.5 o 3 mm) (Figura 89-2).

La dureza Rockwell se define mediante varias letras y números. Las escalas se indican con las letras A, B, C y D. La escala C, que es la escala exterior de la carátula, se utiliza en combinación con el penetrador de diamante de 120° y una carga mayor de 330 lb (150 kg) para probar metales endurecidos. La escala B, o la escala roja interior, se lee cuando se utiliza el penetrador de bola de 1/16-de pulg (1.5 mm) junto con la carga de 220 lb (100 kg) para probar metales blandos. Las demás letras, A y D, son escalas especiales y no se utilizan con tanta frecuencia como las escalas B y C. Las escalas de dureza superficial Rockwell se utilizan para probar la dureza de materiales delgados y piezas endurecidas superficialmente.

Cómo realizar una ensayo de dureza Rockwell C

Aunque los diversos probadores de tipo Rockwell pueden diferir ligeramente en su construcción, operan bajo el mismo principio.

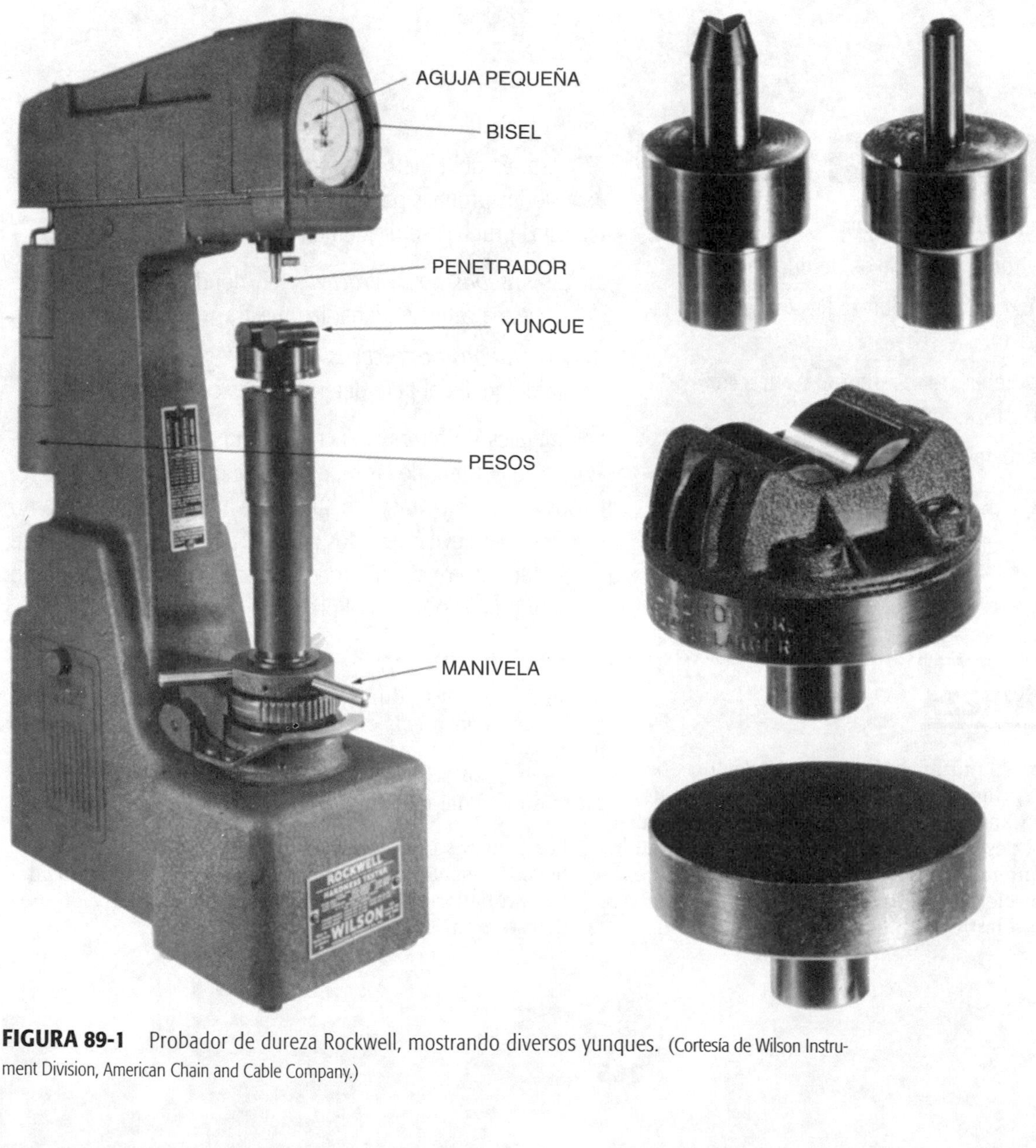

FIGURA 89-1 Probador de dureza Rockwell, mostrando diversos yunques. (Cortesía de Wilson Instrument Division, American Chain and Cable Company.)

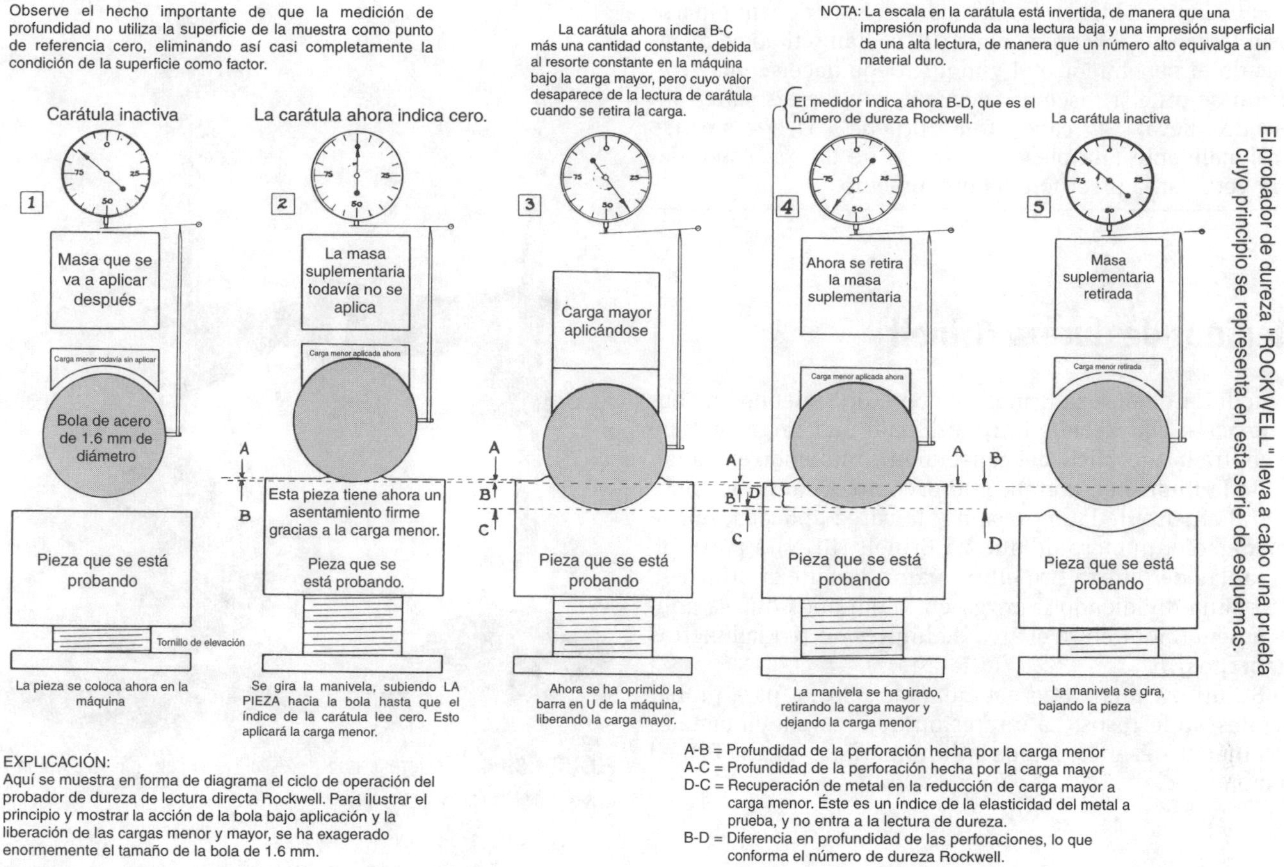

Observe el hecho importante de que la medición de profundidad no utiliza la superficie de la muestra como punto de referencia cero, eliminando así casi completamente la condición de la superficie como factor.
La carátula ahora indica B-C más una cantidad constante, debida al resorte constante en la máquina bajo la carga mayor, pero cuyo valor desaparece de la lectura de carátula cuando se retira la carga.
NOTA: La escala en la carátula está invertida, de manera que una impresión profunda da una lectura baja y una impresión superficial da una alta lectura, de manera que un número alto equivalga a un material duro.
El medidor indica ahora B-D, que es el número de dureza Rockwell.
Carátula inactiva
La carátula ahora indica cero.
La carátula inactiva
El probador de dureza "ROCKWELL" lleva a cabo una prueba cuyo principio se representa en esta serie de esquemas.
1
2
3
4
5
Masa que se va a aplicar después
La masa suplementaria todavía no se aplica
Carga mayor aplicándose
Ahora se retira la masa suplementaria
Masa suplementaria retirada
Carga menor todavía sin aplicar
Carga menor aplicada ahora
Carga menor aplicada ahora
Carga menor retirada
Bola de acero de 1.6 mm de diámetro
Esta pieza tiene ahora un asentamiento firme gracias a la carga menor.
Pieza que se está probando
Pieza que se está probando.
Pieza que se está probando
Pieza que se está probando
Pieza que se está probando
Tornillo de elevación
A
B
C
D
La pieza se coloca ahora en la máquina
Se gira la manivela, subiendo LA PIEZA hacia la bola hasta que el índice de la carátula lee cero. Esto aplicará la carga menor.
Ahora se ha oprimido la barra en U de la máquina, liberando la carga mayor.
La manivela se ha girado, retirando la carga mayor y dejando la carga menor
La manivela se gira, bajando la pieza
EXPLICACIÓN:
Aquí se muestra en forma de diagrama el ciclo de operación del probador de dureza de lectura directa Rockwell. Para ilustrar el principio y mostrar la acción de la bola bajo aplicación y la liberación de las cargas menor y mayor, se ha exagerado enormemente el tamaño de la bola de 1.6 mm.
A-B = Profundidad de la perforación hecha por la carga menor
A-C = Profundidad de la perforación hecha por la carga mayor
D-C = Recuperación de metal en la reducción de carga mayor a carga menor. Éste es un índice de la elasticidad del metal a prueba, y no entra a la lectura de dureza.
B-D = Diferencia en profundidad de las perforaciones, lo que conforma el número de dureza Rockwell.

FIGURA 89-2 Principios de operación del probador de dureza Rockwell, tipo de bola de acero.

Paso	Procedimiento
1	Seleccione el penetrador adecuado para el material que se va a probar. Utilice un diamante de 120° para materiales endurecidos. Utilice una bola de acero de 1/16-pulg (1.5 mm) para acero blando, hierro fundido, y metales no ferrosos.
2	Monte el yunque adecuado para la forma de la pieza que se va a probar.
3	Retire las escamas o el óxido de la superficie sobre la cual se va a realizar la prueba. Por lo general, un área de aproximadamente ½ pulg (13 mm) de diámetro es suficiente.
4	Coloque la pieza de trabajo sobre el yunque y aplique la carga menor (10 kg) girando la manivela hasta que la aguja pequeña esté en línea con el punto rojo de la carátula.
5	Ajuste el bisel (carátula exterior) a cero (0).
6	Aplique la carga mayor (150 kg).
7	Después que se detenga la manecilla larga, retire la carga mayor.
8	Cuando la manecilla deje de moverse hacia atrás, observe la lectura de dureza en la escala C (negra). Esta lectura indica la diferencia en penetración del diamante entre las cargas menor y mayor (Figura 89-3) e indica la dureza Rockwell (Rc) del material.
9	Libere la carga menor y retire la muestra.

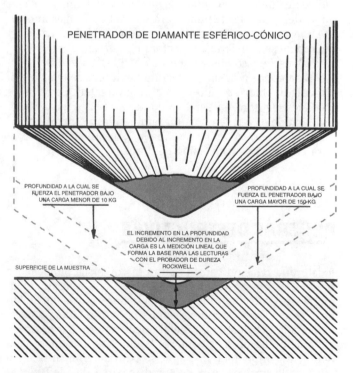

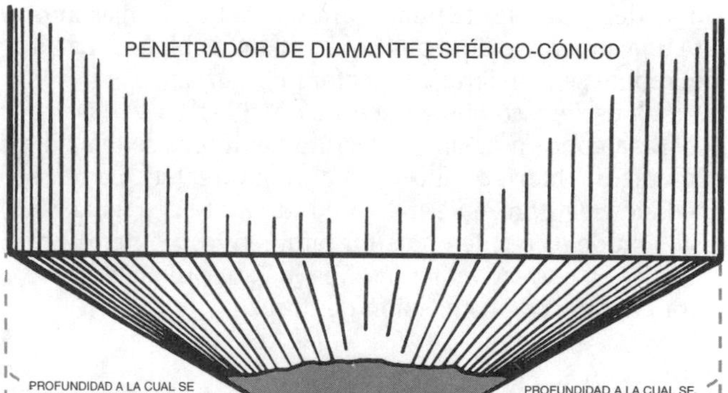

FIGURA 89-3 Principio de operación del probador de dureza Rockwell, del tipo de cono de diamante.

Nota: A fin de obtener resultados precisos, deben tomarse dos o tres lecturas y promediarse. Si se han retirado o reemplazado el penetrador o el yunque, debe hacerse una "ejecución de prueba" asentar adecuadamente estas partes antes de llevar a cabo una prueba. Debe medirse ocasionalmente una pieza de ensayo de dureza conocida, para verificar la precisión del instrumento.

Medidor de dureza Brinell

El medidor de dureza Brinell se opera oprimiendo una bola de acero endurecida de 10 mm bajo una carga de 3000 kg contra la superficie del espécimen y midiendo el diámetro de la impresión con un microscopio. Cuando se conoce el diámetro de la impresión y la carga aplicada, puede obtenerse el número de dureza Brinell (BHN) a partir de las tablas de dureza Brinell. El valor de dureza Brinell se determina dividiendo la carga en kilogramos que se aplicó al penetrador entre el área de impresión (en milímetros cuadrados).

Se utiliza una carga estándar de 500 kg para probar metales no ferrosos. La impresión que resulta en metales más blandos es más grande y el número de dureza Brinell es menor.

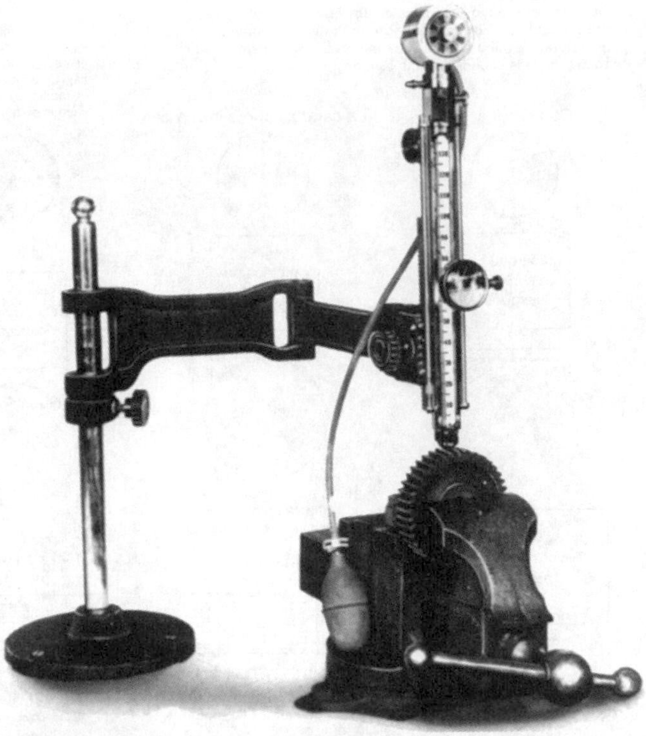

FIGURA 89-4 Escleroscopio de escala vertical. (Cortesía The Shore Instrument and Manufacturing Company.)

Medidor de dureza de escleroscopio

El medidor de dureza de escleroscopio opera bajo el principio de que un pequeño martillo de punta de diamante, cuando se deja caer desde una altura fija, rebotará más alto sobre una superficie dura que sobre una más blanda. La altura del rebote se convierte a la lectura de dureza.

Los escleroscopios vienen disponibles en varios modelos. En algunos modelos, la lectura de dureza se toma directamente del barril o tubo vertical (Figura 89-4). En otros, la medición de dureza se marca en la carátula (Figura 89-5). Estos modelos pueden mostrar también los números Brinell o Rockwell correspondientes. Vea la Tabla 16 en el apéndice para la gráfica de conversión de dureza.

FIGURA 89-5 Escleroscopio de lectura de carátula. (Cortesía de Shore Instrument and Manufacturing Company.)

PRUEBAS DESTRUCTIVAS

Existe una relación cercana entre las diversas propiedades de un metal; por ejemplo, la resistencia a la tracción de un metal aumenta conforme aumenta la dureza, y la ductilidad decrece conforme la dureza aumenta. Por lo tanto, la resistencia a la tracción de un metal puede determinarse con razonable precisión si se conocen la dureza y la composición del metal. Un método más preciso para determinar la resistencia a la tracción, o la cantidad máxima de jale (fuerza) que el material puede soportar antes de romperse, se determina con la máquina de prueba a la tracción (Figura 89-6).

FIGURA 89-6 Máquina de prueba a la tracción.

Una muestra del metal se jala o estira en una máquina hasta que se fractura. Esta prueba indica no sólo la resistencia a la tracción sino el límite elástico también, el punto límite de fluencia, el porcentaje de reducción de área, y el porcentaje de elongación del material.

Prueba de tracción (Equipo de pulgadas)

La resistencia a la tracción de un material se expresa en términos de libras por pulgada cuadrada y se calcula como sigue:

Resistencia a la tracción

Se requieren máquinas capaces de cargas de tracción extremadamente altas para probar una muestra de acero con un área de sección transversal de 1 $pulg^2$. Por esta razón, la mayoría de las muestras se reducen a un área definida de sección transversal, que se puede utilizar convenientemente al calcular la resistencia a la tracción. Por ejemplo, la mayoría de las muestras se maquinan a .505 pulg de diámetro (Figura 89-7), que es 0.2 $pulg^2$. Las máquinas de pruebas de tracción más pequeñas utilizan una muestra que se ha maquinado a .251 pulg de diámetro (Figura 89-8), que es un área de $\frac{1}{20}$ $pulg^2$.

Para una carga de 10 000 lb en una muestra de .505 pulg de diámetro (0.2 $pulg^2$), la resistencia a la tracción es:

$$\text{Resistencia a la tracción} = \frac{10\,000}{0.2}$$

$$= 50\,000 \text{ lb/pulg}^2$$

Para una carga de 3 000 lb utilizando una muestra de .251 pulg de diámetro $\frac{1}{20}$ $pulg^2$),la resistencia a la tracción es de:

$$\text{Resistencia a la tracción} = \frac{3000}{1/20}$$

$$= 60\,000 \text{ lb/pulg}^2$$

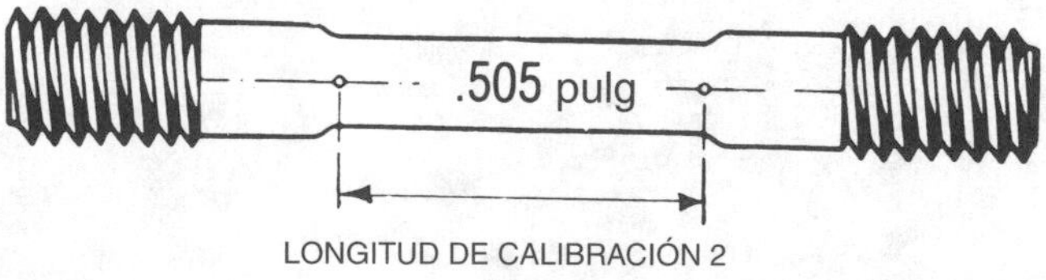

FIGURA 89-7 Muestra de prueba de .505 pulg de diámetro.

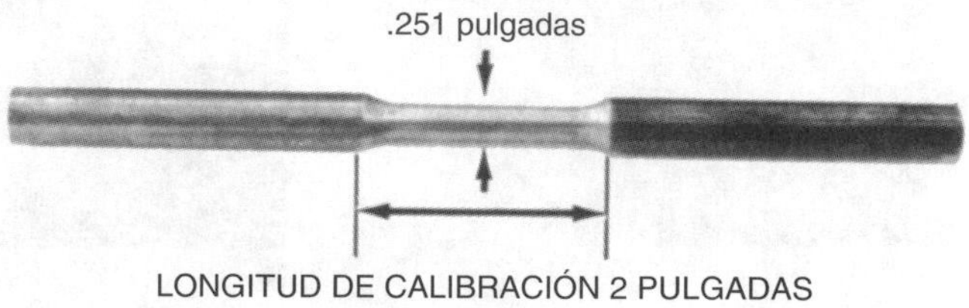

FIGURA 89-8 Muestra de prueba de .251 pulg de diámetro. (Cortesía de Kelmar Associates.)

Cómo determinar la resistencia a la tracción del acero

1. En el torno, maquine una muestra del acero que se va a probar a las dimensiones que aparecen en la Figura 89-8, y póngale dos marcas de punzón de centrado exactamente a 2 pulg entre sí.
2. Monte la muestra en la máquina (Figura 89-9A), y asegúrese que las mordazas sujetan la muestra adecuadamente, moviendo el interruptor del motor hasta que la aguja negra apenas comience a moverse. Si es necesario, elimine toda tensión invirtiendo el motor.
3. Gire la manecilla roja hacia atrás hasta que se apoye contra la manecilla negra en la carátula.
4. Ponga un par de divisores en las marcas de punzón de centrado en la muestra (2 pulg).
5. Encienda la máquina y aplique la carga a la muestra.
6. Observe y registre las lecturas en las que hay cambios en el movimiento uniforme de la aguja.

Nota: En este momento, es posible determinar el límite elástico del metal, o la tracción máxima que puede desarrollarse sin provocar una deformación permanente. Esto se lleva a cabo verificando la distancia entre las marcas de punzón con los divisores preajustados. Deben aplicarse cargas increméntales a la muestra y retirarse varias veces. Ya que se ha eliminado cada carga, verifique que la distancia entre las marcas de punzón sigan a 2 pulg entre sí. Cuando esta distancia aumente, aún ligeramente, se ha alcanzado el límite elástico del metal. También puede utilizarse un *extensómetro* para indicar el límite elástico.

7. Continúe ejerciendo tensión sobre la muestra hasta que "se estire" (Figura 89-9B) y finalmente se rompa (Figura 89-9C). A partir de este procedimiento, pueden determinarse varias propiedades en el metal (Figura 89-10).
8. Retire las piezas de muestra, ponga los extremos rotos juntos, y sujételos en esta posición.
9. Mida la distancia entre las marcas del punzón de centro para determinar la cantidad de elongación.
10. Mida el diámetro de la muestra en el punto de ruptura para determinar la reducción en diámetro.

Observaciones

Observe la Figura 89-10.

1. La aguja continúa moviéndose uniformemente hasta que aparecieron aproximadamente 3600 lb en la escala, después de la cual disminuyó ligeramente la velocidad. El punto en el cual comenzó a perder velocidad indica el *límite proporcional*. Es aquí en el que el metal alcanzó su

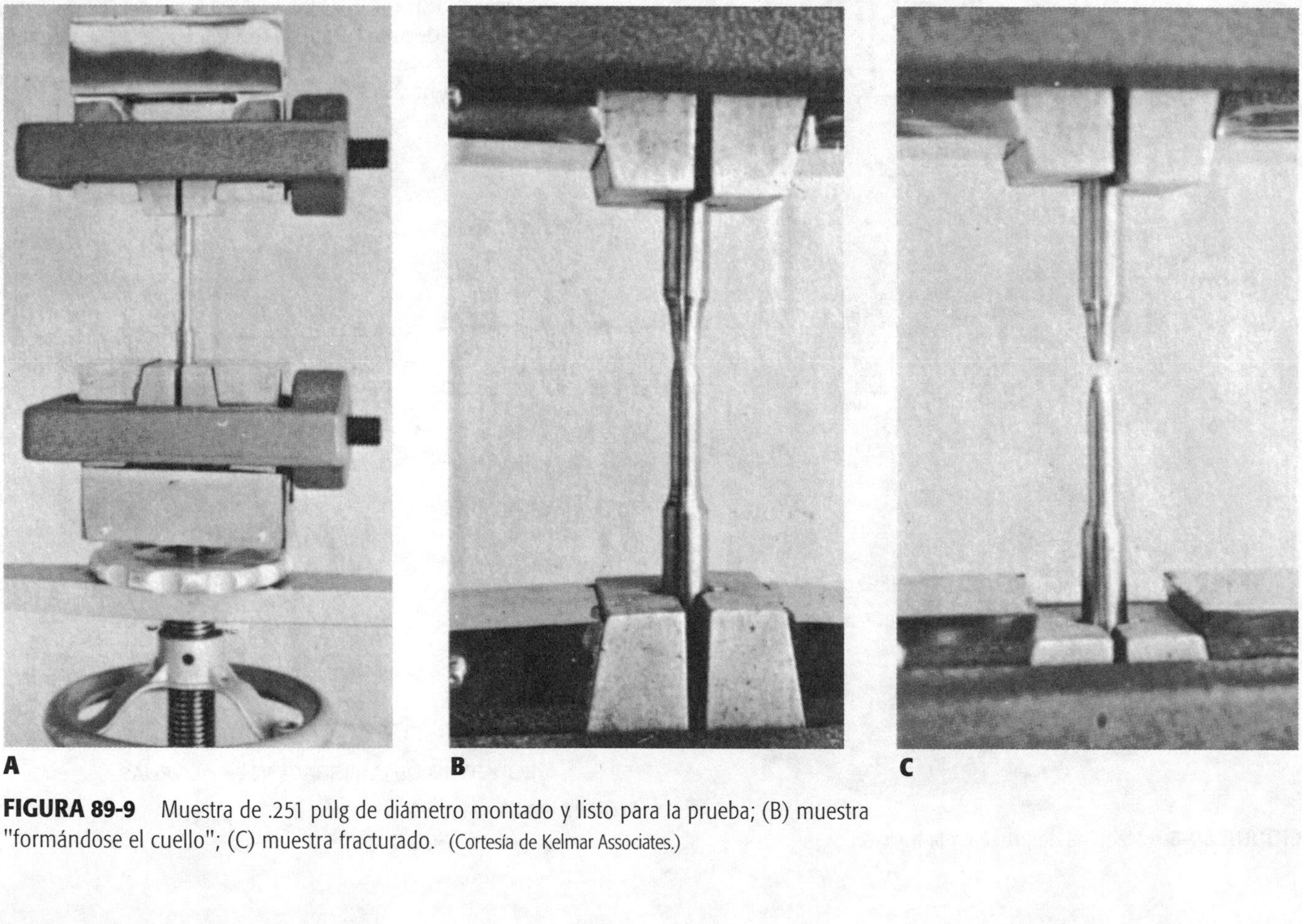

A B C

FIGURA 89-9 Muestra de .251 pulg de diámetro montado y listo para la prueba; (B) muestra "formándose el cuello"; (C) muestra fracturado. (Cortesía de Kelmar Associates.)

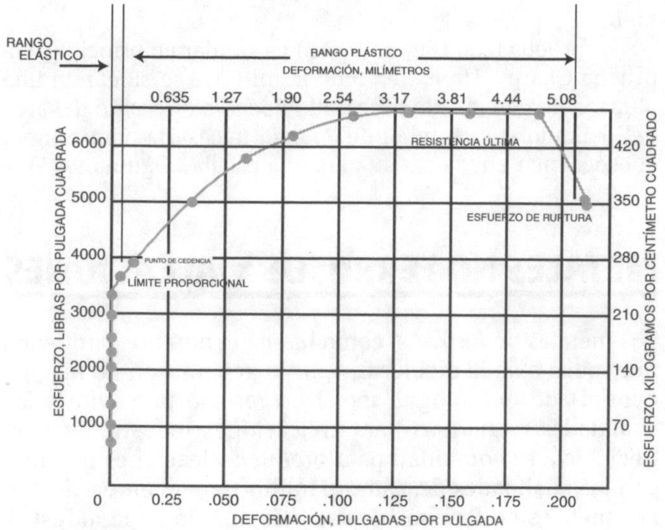

FIGURA 89-10 Gráfica de esfuerzo-deformación.

límite elástico y ya no regresó a su tamaño o forma originales. En este punto, la fuerza y el esfuerzo ya no fueron proporcionales y la curva cambió.

El *punto límite de fluencia* se alcanzó justo después del límite proporcional y aquí el metal comenzó a estirarse o a ceder; el estiramiento aumentó sin un aumento en la tensión correspondiente.

2. La aguja continuó subiendo lentamente hasta alrededor de 6300 lb, y ahí se quedó quieta.
3. Después de un corto espacio de tiempo, el metal comenzó a mostrar una reducción en el diámetro (constricción o cuello), momento en el cual la aguja comenzó a decaer rápidamente. El recorrido más alto de la aguja indica la *resistencia última* o la *resistencia a la tracción* del metal. Este fue el jalón máximo al cual se puede someter el metal antes de romperse.
4. La aguja continuó retrocediendo (dejando la manecilla roja estacionaria) y repentinamente el metal se rompió en el punto donde se había formado el cuello. El punto en el cual se rompe se conoce como el *esfuerzo de ruptura.*
5. La posición de la manecilla roja está en 6300 lb. Esto indica la carga necesaria para romper un área transversal de $\frac{1}{20}$ pulg^2. La resistencia última del metal o la resistencia a la tracción es de $6300 \times 20 = 126000$ lb.
6. Cuando se colocan juntas las piezas de nuevo, se sujetan y se miden, la distancia entre las marcas de punzón fue de aproximadamente 2.185 pulg. Esta es la elongación, de aproximadamente 9%.
7. Cuando se midió el diámetro del metal en el punto de fractura, resultó ser de .170 pulg. Esto indica una reducción en área de .080 pulg, o de aproximadamente 32%.

Prueba de tracción (equipo métrico)

Los probadores de tracción métricos están graduados en kilogramos por centímetro cuadrado y el área de sección transversal de la muestra se calcula en centímetros cuadrados o en milímetros cuadrados. Los extensómetros métricos están graduados en milímetros.

Los cálculos que involucra determinar la resistencia a la tracción, porcentaje de elongación, y la reducción de área son los mismos que para los cálculos con pulgadas.

Aunque no es una unidad del SI de presión aceptada, la mayoría de las máquinas de prueba a tracción métricas disponibles y en uso en el momento de esta publicación están graduadas en kilogramos por centímetro cuadrado (kg/cm^2). Para la conversión a pascales, utilice la fórmula kg/cm^2 = 980.6 Pa.

EJEMPLO

Una pieza de muestra tiene 1.3 cm de diámetro. El jalón último ejercido sobre ésta en la prueba de tracción fue de 4650 kg. ¿Cuál es la resistencia a la tracción de este metal?

$$\text{Resistencia a la tracción} = \frac{\text{peso, kg}}{\text{área, cm}^3}$$

$$= \frac{4650}{1.3}$$

$$= 3577 \text{ kg/cm}^2$$

Porcentajes de elongación

Si las marcas de punzón estaban a 50 mm entre sí al comienzo de la prueba y a 54 mm después de romperse la muestra, ¿cuál fue el porcentaje de elongación?

$$\%\text{ de elongación} = \frac{\text{cantidad de elongación}}{\text{longitud ordinal}} \text{ X } 100$$

$$= \frac{4}{100} \text{ X } 100$$

$$= 8\%$$

Porcentaje de reducción de área

El diámetro original era de 1.3 cm y después de la ruptura, el diámetro fue de 0.95 cm. ¿Cuál fue el porcentaje de reducción de área?

$$\text{Cantidad de reducción} = 1.3 - 0.95$$

$$= 0.35 \text{ cm}$$

$$= \frac{0.35}{1.3} \text{X } 100$$

$$= 27\%$$

Pruebas de impacto

La tenacidad del metal, o su capacidad de soportar un golpe o impacto súbito, puede medirse mediante la *prueba de impacto Charpy* o la prueba *Izod*. En ambas pruebas, se utiliza un espécimen de 10 mm^2; puede estar muescado o ranurado, dependiendo de la prueba que se efectúe.

Ambas pruebas utilizan un péndulo oscilante de masa fija que se alza a una altura estándar, dependiendo del tipo de espécimen. El péndulo se suelta, y al oscilar en arco, golpea el espécimen, que está dentro de su trayectoria.

En la prueba Charpy (Figura 89-11), el espécimen se monta en un dispositivo y se sostiene por ambos extremos. La V o muesca se coloca en el costado opuesto a la dirección del arco del péndulo. Cuando el péndulo se suelta, el borde de cuchillo golpea la muestra en el centro, reduciendo el recorrido del péndulo. La diferencia en altura en el péndulo al comienzo y al final del golpe aparece en el medidor, e indica la cantidad de energía utilizada para fracturar el espécimen.

La prueba Izod (Figura 89-12) es similar en principio a la prueba Charpy. Un extremo de la muestra se sujeta en una abrazadera con el lado muescado hacia la dirección del arco del péndulo. La cantidad de energía necesaria para romper el espécimen queda registrada en la escala (Figura 89-13).

METALES NO FERROSOS Y ALEACIONES

Los metales no ferrosos, como indica el nombre, contienen muy poco o nada de hierro y por lo general son no magnéticos. Dado que ningún metal no ferroso puro ofrece las cualidades requeridas para aplicaciones industriales, con frecuencia se combinan para producir aleaciones que tengan las cualidades deseadas para un trabajo en particular. Los metales no ferrosos de uso más amplio en la industria son el aluminio, el cobre, el plomo, el magnesio, el níquel, el estaño y el zinc.

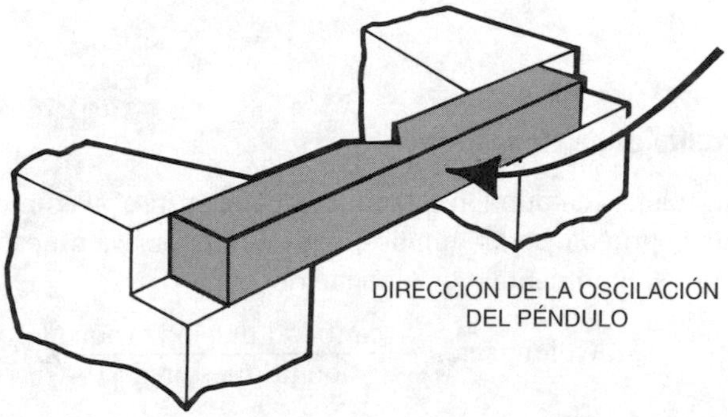

FIGURA 89-11 Principio de la prueba de impacto Charpy. (Cortesía de Kelmar Associates.)

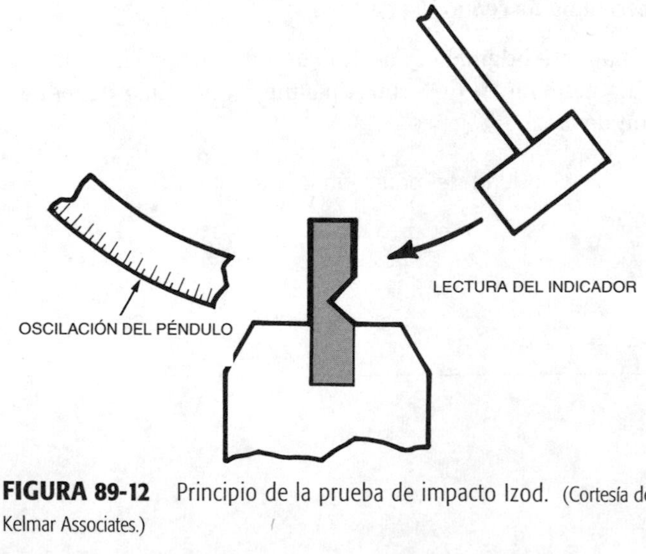

FIGURA 89-12 Principio de la prueba de impacto Izod. (Cortesía de Kelmar Associates.)

FIGURA 89-13 Máquina de prueba de impacto. (Cortesía de Ametek Testing Equipment.)

Aluminio

El *aluminio* es un metal ligero, blanco y blando, que se obtiene del mineral de bauxita. Es resistente a la corrosión atmosférica y es un buen conductor de la electricidad y del calor. Es maleable y dúctil y puede maquinarse, forjarse, laminarse y extruirse con facilidad. Tiene un punto de fusión bajo de 1220°F (660°C) y puede colarse fácilmente. Se utiliza extensamente en vehículos de transporte de todas clases, en la industria de la construcción, en líneas de transmisión, utensilios de cocina, y en computadoras.

El aluminio generalmente no se utiliza en su estado puro, ya que es demasiado blando y suave. Se le alea con otros metales para formar fuertes aleaciones que se utilizan extensamente en la industria.

Aleaciones de base de aluminio

El *duraluminio,* una aleación de 95% aluminio, 4% cobre, 0.05% manganeso y 0.05% magnesio, es ampliamente utilizado en las industrias de aeronaves y transportes. Es una aleación que envejece naturalmente; esto es, se endurece conforme pasa el tiempo. Debido a esta particularidad, el duraluminio debe mantenerse a temperaturas bajo cero hasta estar listo para el uso. Cuando alcanza la temperatura ambiente, el proceso de endurecimiento comienza.

Otras aleaciones contienen diversas cantidades de cobre, magnesio y manganeso.

Las *aleaciones de aluminio-manganeso* tienen buena formabilidad, buena resistencia a la corrosión, y buena soldabilidad. Estas aleaciones se utilizan en utensilios, tanques de gasolina y petróleo, fundiciones complejas y tuberías.

Las *aleaciones de aluminio-silicio* se forjan y funden fácilmente. Se utilizan para pistones de automóvil forjados, fundiciones complejas, y acoplamientos marinos.

Las *aleaciones de aluminio-magnesio* tienen buena resistencia a la corrosión y una resistencia moderada. Se utilizan para extrusiones arquitectónicas y tuberías de gasolina y aceite automovilísticas.

Las *aleaciones aluminio-silicio-magnesio* tienen una excelente resistencia a la corrosión, son tratables térmicamente, y se trabajan y funden fácilmente. Se utilizan en botes pequeños, muebles, rieles de puente, y aplicaciones de arquitectura.

Las *aleaciones aluminio-zinc* contienen zinc, magnesio, y cobre, con cantidades menores de manganeso y cromo. Tienen alta resistencia a la tracción, buena resistencia a la corrosión, y pueden tratarse térmicamente. Se utilizan para partes estructurales de aeronaves, cuando se requiere de una gran resistencia.

Cobre

El *cobre* es un metal pesado, blando, de color rojizo, que se refina a partir del mineral de cobre (sulfuro de cobre). Tiene una alta conductividad eléctrica y térmica, una buena resistencia a la corrosión y buena resistencia, se suelda con o sin material de aporte fácilmente. Es muy dúctil y se forma fácilmente en alambres y tubos. Ya que el cobre se endurece al trabajo fácilmente, debe calentarse a aproximadamente 1200°F (648°C) y enfriarse en agua para recocerlo.

Debido a que es blando, el cobre no se maquina bien. Las largas virutas producidas en el taladrado y machueleado tienden a atorar los canales de las herramientas de corte y deben despejarse frecuentemente. Las operaciones de aserrado y fresado requieren de cortadores con una buena salida de virutas. Debe utilizarse refrigerante para minimizar el calor y ayudar a la acción de corte.

Aleaciones de base de cobre

El *latón,* una aleación de cobre y zinc, tiene buena resistencia a la corrosión y se le conforma, maquina y funde fácilmente. Existen varios tipos de latón. Los latones *alfa,* que contienen hasta 36% de zinc, son adecuados para el trabajo en frío. Los latones *alfa + beta,* que contienen de 54 a 62% cobre, se utilizan en el trabajo al caliente de esta aleación. Se agregan pequeñas cantidades de estaño o antimonio a los latones alfa para minimizar el deterioro que el agua de sal tiene sobre esta aleación. Las aleaciones de bronce se utilizan para acoplamientos de tubería de agua y gasolina, tuberías, tanques, núcleos de radiador, y remaches.

El *bronce* originalmente era una aleación de cobre y estaño; ahora se ha extendido para incluir todas las aleaciones de base de cobre, excepto las aleaciones de cobre-zinc, que contienen hasta 12% del elemento de aleación principal.

El *bronce al fósforo* contiene 90% de cobre, 10% de estaño, y una cantidad muy pequeña de fósforo, que actúa como endurecedor. Este metal tiene una alta resistencia, tenacidad, y resistencia a la corrosión y se utiliza para roldanas de seguridad, chavetas, resortes y discos de embrague.

El *bronce al silicio* (una aleación de cobre- silicio) contiene menos de 5% de silicio y es la más resistente de las aleaciones de cobre que se pueden endurecer por deformación. Tiene las propiedades mecánicas del acero de maquinaria y la resistencia a la corrosión del cobre. Se utiliza en tanques, recipientes a presión, y líneas hidráulicas a presión.

El *bronce al aluminio* (aleación de cobre-aluminio) contiene entre 4 y 11% de aluminio. Se añaden otros elementos, como hierro, níquel, manganeso y silicio a los bronces al aluminio. El hierro (hasta 5%) aumenta la resistencia y refina el grano. El níquel, cuando se le agrega (hasta 5%), tiene efectos similares al hierro. El silicio (hasta 2%) mejora la maquinabilidad. El manganeso mejora la solidez en las fundiciones.

Los bronces al aluminio tienen buena resistencia a la corrosión y resistencia y se utilizan en tubos condensadores, recipientes a presión, tuercas y pernos.

El *bronce al berilio* (cobre y berilio), que contiene hasta 2% de berilio, se forma fácilmente cuando está recocido. Tiene una alta resistencia a la tracción y resistencia a la fatiga cuando está endurecido. El bronce de berilio se utiliza en instrumentos quirúrgicos, pernos, tuercas y tornillos.

Plomo

El *plomo* es un metal blando y pesado, que tiene un brillante color plateado cuando se acaba de cortar y que se vuelve gris rápidamente cuando se le expone al aire. Tiene un bajo punto de fusión, baja resistencia, baja conductividad eléctrica, y una alta resistencia a la corrosión. Se utiliza extensamente en las industrias químicas y de plomería. El plomo también se agrega a bronces, latones y aceros de maquinaria para mejorar su maquinabilidad.

Aleaciones de plomo

El *antimonio* y el *estaño* son los elementos de aleación más comunes del plomo. El antimonio, cuando se agrega al plomo (hasta 14%), aumenta la resistencia y la dureza. Esta aleación se utiliza para placas de batería y forrado de cables.

La aleación más común de plomo-estaño es la soldadura, que puede estar compuesta de 40% de estaño y 60% de plomo, o 50% de cada uno. A veces se agrega antimonio como endurecedor.

Las aleaciones de *plomo-estaño-antimonio* se han utilizado como metales para tipos en la industria de la imprenta.

Magnesio

El *magnesio* es un elemento de poco peso que, cuando se alea, produce un metal ligero y resistente utilizado extensamente en las industrias de aeronaves y misiles. Las placas de magnesio se utilizan para evitar la corrosión por agua salada en acoplamientos subacuáticos en los cascos de los barcos. Las varillas de magnesio, cuando se insertan en tanques galvanizados de agua domésticos, prolongarán la vida del tanque. Otros usos para este metal son en los bulbos de flash fotográficos y en las bombas térmicas.

Níquel

El *níquel*, un metal blancuzco, se distingue por su resistencia a la corrosión y a la oxidación. Se utiliza extensamente en electrodepositado, pero su aplicación más importante es en la fabricación de aceros inoxidables y aceros aleados.

Aleaciones de níquel

Las *aleaciones de base níquel-cromo-hierro* (que contienen aproximadamente 60% níquel, 16% cromo, 24% hierro) se utilizan ampliamente para elementos de calentamiento eléctrico de tostadores, percoladores, y calentadores de agua.

El *metal monel*, que contiene aproximadamente 60% níquel, 38% cobre, y pequeñas cantidades de manganeso o aluminio, es un metal tenaz y dúctil con buenas cualidades de maquinado. Es resistente a la corrosión, no magnético, y se utiliza en asientos de válvula, bombas marinas químicas, y en partes de aeronaves no magnéticas.

El *hasteloy*, que contiene aproximadamente 87% níquel, 10% de silicio, y 3% de cobre, se utiliza ampliamente en la industria química debido a sus cualidades anticorrosivas.

El *inconel*, una aleación resistente y tenaz con aproximadamente 76% de níquel, 16% cromo y 8% hierro se utiliza en equipo de procesamiento de comida, pasteurizadores de leche, múltiples de escape para aeronaves, y en hornos y equipos de tratamientos térmicos.

Estaño

El *estaño* puro tiene una apariencia plateada-blanca, buena resistencia a la corrosión, y se funde a aproximadamente 450°F (232°C). Se utiliza como recubrimiento en otros metales, tales como el hierro, para formar la hojalata.

Aleaciones de estaño

Como se mencionó, el estaño forma soldadura cuando se le alea con el plomo.

El *babbit* es una aleación que contiene estaño, plomo y cobre.

El *pewter*, otra aleación de base de estaño, está compuesto de 92% de estaño y 8% de antimonio y cobre.

Zinc

El *zinc* es un metal grueso, cristalino y frágil que se utiliza principalmente para aleaciones de fundición en matrices y como recubrimiento para la hojas de acero, cadenas, alambre, tornillos y tubería. Las aleaciones de zinc, que contienen aproximadamente 90 a 95% zinc, 5% de aluminio y pequeñas cantidades de cobre y magnesio, se utilizan ampliamente en el campo de fundición en matrices para producir piezas automovilísticas, construir herrajes, cerrojos y juguetes.

Metales antifricción

Los metales antifricción pueden dividirse en dos grupos: los bronces con plomo y el babbit.

Bronces con plomo

La composición de los cojinetes de bronce varía de acuerdo con el uso. Los cojinetes que se utilizan para soportar pesadas cargas contienen alrededor de 80% cobre, 10% estaño, y 10% plomo. Para cargas más ligeras y velocidades mayores, el contenido de plomo aumenta. Un cojinete típico de esta clase puede contener 70% de cobre, 5% estaño, y 25% plomo.

Babbit

Los materiales antifricción de babbit pueden dividirse en dos grupos: de base de plomo y de base de estaño.

El *babbit de base de plomo* puede contener 75% plomo, 10% estaño, y 15% antimonio, dependiendo de la aplicación. Algunas veces se agrega una pequeña cantidad de arsénico para permitir que el cojinete cargue cargas más pesadas. Las aplicaciones de los cojinetes de babbit de base de plomo están en varillas de conexión automotrices, cojinetes principales y de cigüeñales, y cojinetes de motores diesel.

El *babbit de base de estaño* puede contener hasta 90% de estaño con adiciones de cobre y antimonio, o 65% estaño, 15% antimonio, 2% cobre y 18% plomo. Dado que el estaño ha escaseado mucho, los metales babbits de base de estaño se utilizan en aplicaciones de antifricción de alto grado, tales como las turbinas de vapor.

PREGUNTAS DE REPASO

Ensayo de metales

1. Explique la diferencia entre las pruebas destructivas y no destructivas.
2. ¿Qué información puede determinarse en los ensayos de dureza?

Probador de dureza Rockwell

3. Mencione dos escalas que aparecen en un probador de dureza Rockwell y mencione el penetrador que se utiliza en cada caso.
4. Describa brevemente cómo se lleva a cabo un ensayo de dureza Rockwell C.

Probador de dureza Brinell

5. Compare los principios del probador de dureza Brinell y el probador de dureza Rockwell.

Escleroscopio

6. Describa el principio del escleroscopio.

Pruebas destructivas

7. ¿Qué efecto tiene el endurecimiento sobre la resistencia a la tracción y la ductilidad de un metal?
8. Explique el principio de las pruebas de tracción.
9. ¿Qué otras propiedades pueden determinarse en una prueba a la tracción?
10. ¿De qué manera se calcula la resistencia a la tracción de un metal?
11. Explique el procedimiento para llevar a cabo una prueba de tracción.
12. ¿De qué manera se puede determinar el límite elástico de un metal?
13. Defina: *límite proporcional, punto de cedencia, resistencia última,* y *esfuerzo de ruptura.*
14. Describa el principio de las pruebas de impacto.

Metales no ferrosos y aleaciones

15. Defina *metal no ferroso*
16. Mencione cuatro metales no ferrosos utilizados comúnmente como metales base en aleaciones.
17. Mencione cuatro aleaciones base aluminio y mencione una aplicación de cada una.
18. Nombre dos tipos de latones y mencione la composición de cada uno.
19. ¿Cuál es la diferencia entre las aleaciones de latón y de bronce?
20. ¿Por qué se agrega plomo al acero?
21. ¿Dónde se utilizan ampliamente las aleaciones de magnesio?
22. Mencione tres aleaciones de base de níquel y nombre dos aplicaciones de cada una.
23. Nombre dos aleaciones base estaño.
24. ¿Con qué propósito se utilizan ampliamente las aleaciones de zinc?
25. ¿Cuáles son los tres metales que se utilizan en aleaciones antifricción?
26. ¿Cuál es la diferencia básica entre el bronce y el babbit?
27. Explique el uso de:
    a. El babbit de base de plomo
    b. El babbit de base de estaño

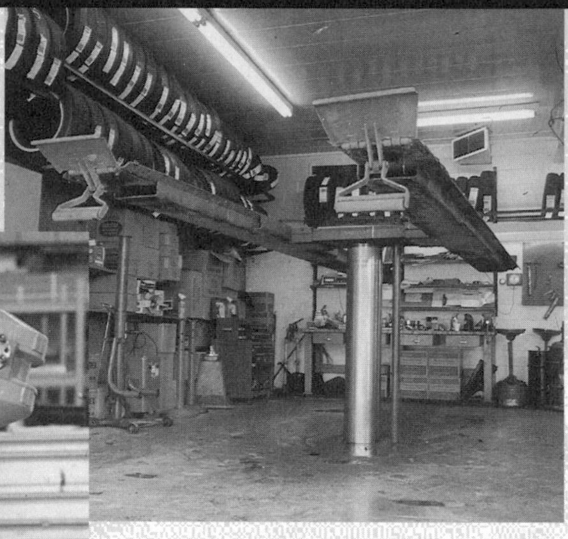

RIMROCK
ASEA BROWN BOVERI
RIMROCK

SECCIÓN

17

HIDRÁULICA

Un sistema hidráulico es un método para transmitir fuerza o movimiento al aplicar presión en un líquido confinado. Puede utilizarse para sustituir la vinculación líquida entre partes móviles en acoplamientos mecánicos, como ejes, engranes, y bielas. La ciencia de la hidráulica se remonta a miles de años atrás, cuando los diques, esclusas y molinos de agua se utilizaron por primera vez para controlar el flujo de agua para el uso doméstico y con propósitos de irrigación.

La potencia hidráulica se utiliza en casi todas las fases de la industria. Las máquinas herramientas, automóviles, aeroplanos, gatos, misiles, y embarcaciones son sólo algunas de las áreas en donde se aplica la hidráulica. Debido a su extrema versatilidad, los sistemas hidráulicos son adaptables a casi cualquier tipo de máquina herramienta para proporcionar avances y propulsión.

Ningún otro medio combina el mismo grado de precisión, positividad, y flexibilidad de control, junto con la capacidad de transmitir un máximo de movimiento en un volumen y masa mínimos. El aceite es el fluido que se utiliza con más frecuencia en los sistemas hidráulicos, porque posee todas estas características. El aceite también lubrica y da propiedades anticorrosión a las partes mecánicas del sistema.

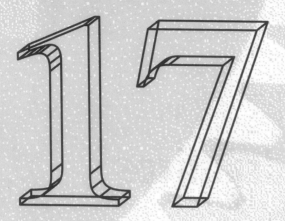

UNIDAD

90

Circuitos hidráulicos y componentes

OBJETIVOS

Al terminar el estudio esta unidad, se podrá:

1 Enunciar la ley de Pascal y el principio hidráulico

2 Identificar y mencionar los propósitos de las partes principales de un sistema hidráulico

3 Explicar la aplicación de los sistemas de volumen constante y de volumen variable conforme se aplica a las máquinas

La amplia aceptación de las aplicaciones hidráulicas en la industria de las máquinas herramienta se debe a las siguientes características de los fluidos:

1. Un fluido es uno de los medios más versátiles para transmitir potencia y modificar el movimiento.
2. Un fluido es infinitamente flexible y sin embargo tan rígido como el acero, debido a su incomprensibilidad.
3. Un fluido se ajusta fácilmente a los cambios en el diámetro y a la forma.
4. Un fluido puede dividirse para llevar a cabo trabajos en diferentes áreas simultáneamente. El sistema de freno hidráulico en el automóvil es un ejemplo de esta característica.

EL PRINCIPIO HIDRÁULICO

El extensivo uso de la hidráulica se debe al hecho que los líquidos poseen dos propiedades que los hacen especialmente útiles en la transmisión de potencia. Los líquidos no pueden ser comprimidos y tienen la capacidad de multiplicar la fuerza. En el siglo XVII, el científico francés Pascal estudió las propiedades físicas de los líquidos y formuló la ley básica de la hidráulica. La ley de Pascal estipula que la *presión en cualquier punto dado en un líquido estático es la misma en todas direcciones, y la presión ejercida en un líquido confinado se transmite sin disminuir en todas direcciones y actúa con igual fuerza en áreas iguales* (Figura 90-1)

Los dos tipos de sistemas hidráulicos son el *hidrostático* y el *hidrodinámico.* En la Figura 90-2 aparece una comparación básica de estos dos principios.

Principio hidrostático

La mayoría de los sistemas industriales funcionan bajo el principio hidrostático, que puede comprenderse fácilmente observando la Figura 90-1. Suponga que un pistón con un

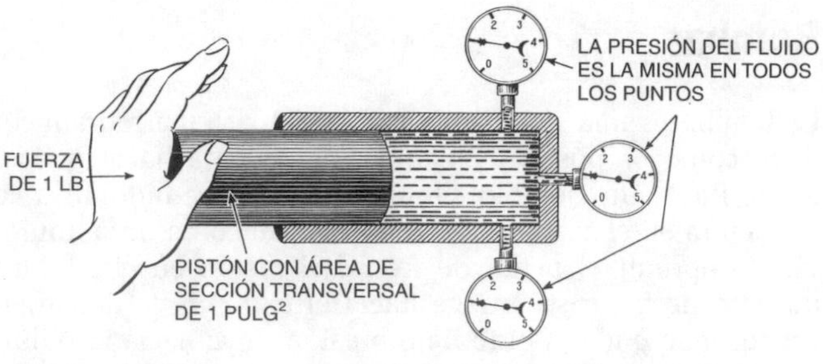

FIGURA 90-1 Ilustración de la ley de Pascal. (Cortesía de Sun Oil Co.)

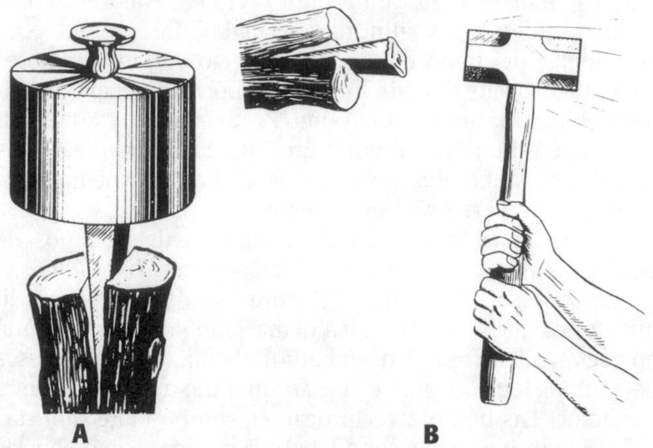

FIGURA 90-2 (A) El principio estático: una masa pesada aplica presión constante para partir un tronco; (B) el principio dinámico: la fuerza de un martillo se utiliza sobre la cuña para partir el tronco. (Cortesía Sun Oil Co.)

área de sección transversal de 1 pulgada cuadrada (pulg^2) se ajusta apretadamente con un cilindro lleno de líquido. Si se aplica una fuerza de 1 lb a este pistón, se crea una presión de 1 (lb/pulg^2) y esta presión se transmite a todos los puntos dentro del cilindro. Si no hubiera variaciones en la presión dentro del cilindro debidas a la gravedad, pérdidas de fricción, etcétera, un medidor instalado en cualquier punto dentro del cilindro registraría una presión de 1 (lb/pulg^2) (Figura 90-1).

El principio hidrostático se utiliza con frecuencia para aumentar la fuerza de la presión. Esto puede comprenderse mejor al conectar la combinación de pistón-cilindro de la Figura 90-1 a una combinación de pistón-cilindro que tenga un área de sección transversal de 10 pulg^2 en el pistón (Figura 90-3). Al aplicar una fuerza de 1 lb sobre el pistón pequeño, esta fuerza de 1 lb se transmite al pistón de 10 pulg^2 de área, creando una fuerza total de 10 lb (Figura 90-3). Este aumento en la fuerza se obtiene a expensas de la distancia recorrida. Por ejemplo, sería necesario mover el pistón pequeño 10 pulgadas para mover el pistón pequeño 1 pulgada. Al aplicar presión al pistón grande, es posible reducir la fuerza total y aumentar la distancia que se mueve el pistón pequeño.

Casi todos los sistemas hidráulicos industriales basados en el principio hidrostático tienen bombas que aplican presión constante al fluido. Al utilizar diversos dispositivos para controlar la presión, velocidad y dirección del flujo, se pueden diseñar máquinas enormemente flexibles y versátiles.

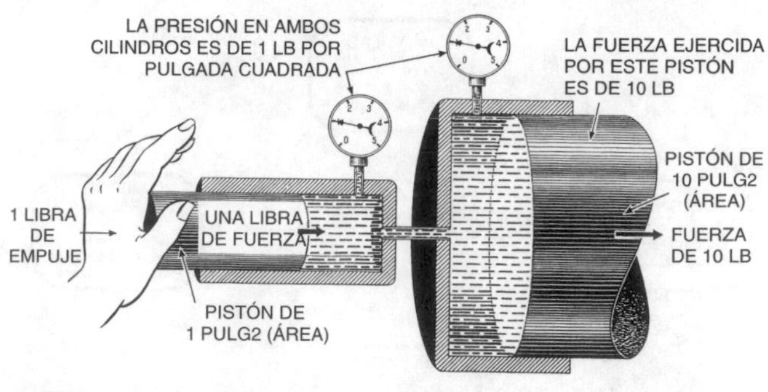

FIGURA 90-3 El principio hidrostático se utiliza para aumentar la fuerza o presión. (Cortesía de Sun Oil Co.)

Principio hidrodinámico

La fuerza dinámica utiliza la *energía cinética* almacenada en un cuerpo en movimiento para llevar a cabo el trabajo. Puede partirse un tronco *dinámicamente* golpeando la cuña con un martillo (Figura 90-2). La cantidad de trabajo realizado depende de la velocidad y masa del martillo. Al aumentar cualquiera de ellas, o ambas, aumentará la cantidad de fuerza ejercida.

El fluido hidráulico puede utilizarse dinámicamente al dirigir una corriente de fluido contra una rueda de paletas (Figura 90-4). A través del impacto, gran parte de la energía cinética del fluido en movimiento se transmite a la rueda de paletas. Los acoplamientos hidráulicos y los convertidores de torsión funcionan con el principio hidrodinámico.

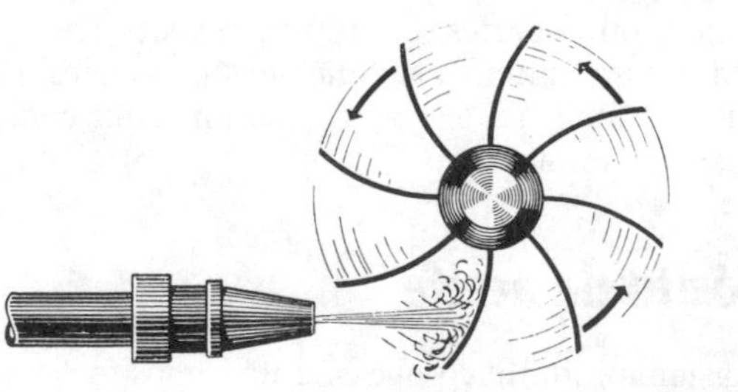

FIGURA 90-4 Se utiliza fuerza hidrodinámica para girar la rueda de paletas. (Cortesía de Sun Oil Co.)

CIRCUITO HIDRÁULICO FUNDAMENTAL

Todos los sistemas hidráulicos son básicamente sencillos y tienen seis elementos esenciales (Figura 90-5 de la página 780):

1. Un depósito para el suministro de aceite.
2. Una bomba para mover el aceite bajo presión.
3. Una o más válvulas de control para regular el flujo.
4. Un pistón y cilindro (motor hidráulico) para convertir la potencia hidráulica en potencia mecánica.
5. Tuberías para conectar las diversas partes.
6. Fluido hidráulico, que es la "sangre vital" del sistema.

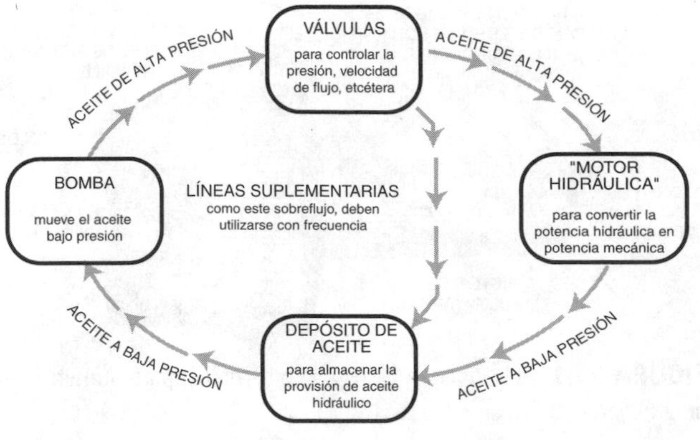

FIGURA 90-5 Circuito hidráulico fundamental. (Cortesía de Sun Oil Co.)

No existe ningún sistema que sea completamente hidráulico. En ciertos puntos en cualquier circuito hidráulico, se deben utilizar dispositivos mecánicos para controlar el fluido. Un sistema hidráulico es una reunión de elementos mecánicos unidos entre sí por *varillas de acoplamiento de fluido* y en muchos casos, por *palancas de fluido.*

COMPONENTES DEL SISTEMA HIDRÁULICO

Deben utilizarse ciertas partes básicas en cualquier sistema hidráulico; otras partes se utilizan a veces para refinar el sistema o para enfrentar condiciones especiales. Cada parte básica se analizará en detalle, para mostrar cómo funciona un sistema hidráulico.

Depósito de aceite

Todo sistema hidráulico necesita un depósito para almacenar el aceite que el sistema utiliza. Se utiliza generalmente un recipiente separado (Figura 90-6) en sistemas hidráulicos grandes. En máquinas más pequeñas, el depósito de aceite puede incorporarse en la base de la máquina. Los depósitos integrados por lo general son compactos, pero son de difícil acceso y difíciles de limpiar.

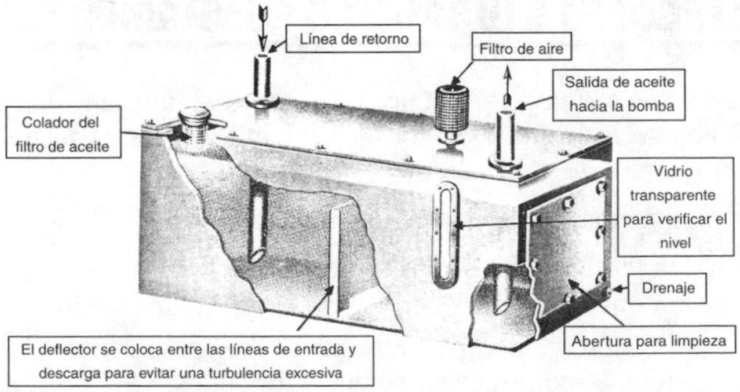

FIGURA 90-6 Estructura de un depósito de aceite hidráulico. (Cortesía de Sun Oil Co.)

Bombas

La bomba es una parte importante del sistema hidráulico; tiene como propósito transmitir fuerza para hacer que el aceite fluya. Un ejemplo simple de la bomba hidráulica se encuentra en el sistema de freno hidráulico en un automóvil. Al oprimir el pedal de freno, el pistón en el cilindro maestro de freno se mueve hacia el extremo de descarga, provocando que el fluido bajo presión fluya hacia los cilindros de las cuatro ruedas. La fuerza que se aplica a un extremo se transmite desde un punto (el pedal de freno) hasta cuatro puntos (los cilindros de rueda). Tan pronto como las zapatas del freno entran en contacto con los tambores de freno, el aceite deja de fluir. El propósito principal del cilindro maestro, que es una bomba muy simple, es transmitir la fuerza hidráulicamente. En sistemas hidráulicos más complejos, la bomba debe proporcionar un medio para transmitir la fuerza y el movimiento.

A continuación se describen algunos de los tipos de bombas más comunes utilizados en sistemas hidráulicos.

Las *bombas reciprocantes* (Figura 90-7) tienen un uso limitado, ya que el aceite pulsa demasiado para permitir una operación silenciosa. Sin embargo, al utilizar varias clases de multipistón, se puede lograr un flujo razonablemente constante. Las bombas reciprocantes son bastante robustas y funcionan bien bajo condiciones adversas, como son las temperaturas bajas.

Las *bombas de engranes* (Figura 90-8) tienen un diseño simple. Debido a su flujo casi no pulsante, son adecuadas para aplicaciones que requieren de una operación estable. Las bombas de engranes simples tienen engranes rectos; sin embargo, para operaciones más constantes y silenciosas, algunos modelos tienen engranes helicoidales o doble helicoidales.

Las *bombas de engrane interno* (Figura 90-9) son básicamente iguales a las bombas de engranes, excepto porque tienen un engranaje interno. Por lo general no son tan eficientes como las bombas de engranes y pierden rápidamente la eficiencia conforme se desgastan las partes en contacto.

Las *bombas de tornillo* (Figura 90-10) generalmente se utilizan para transferir aceite de un punto a otro. Se utilizan raramente para proporcionar potencia hidráulica. Las bombas de tornillo son simples, robustas, y capaces de operar a altas velocidades.

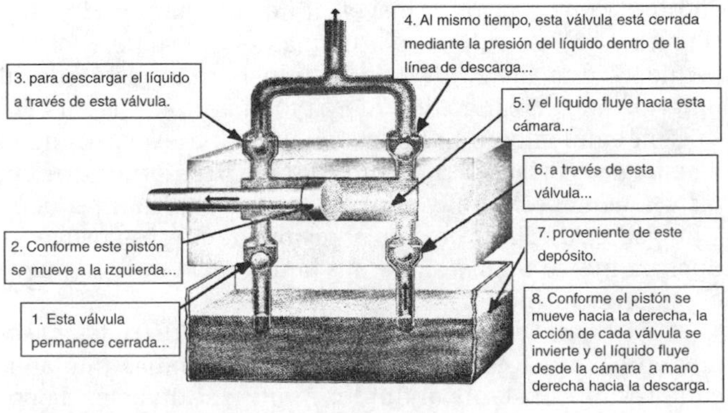

FIGURA 90-7 Principio de la bomba hidráulica reciprocante. (Cortesía de Sun Oil Co.)

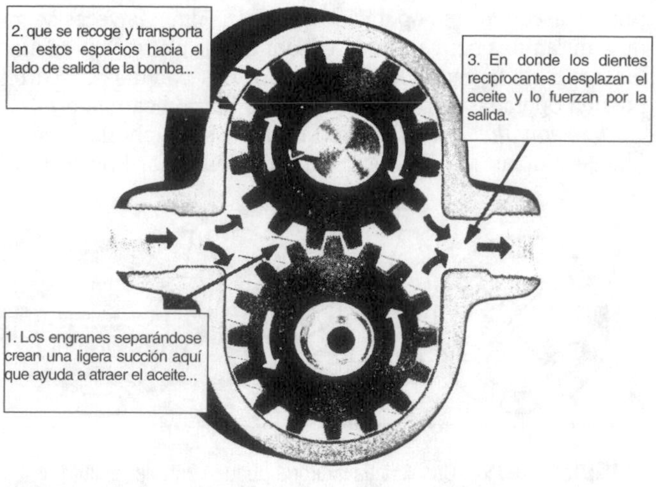

FIGURA 90-8 Principio de la bomba de engranes. (Cortesía de Sun Oil Co.)

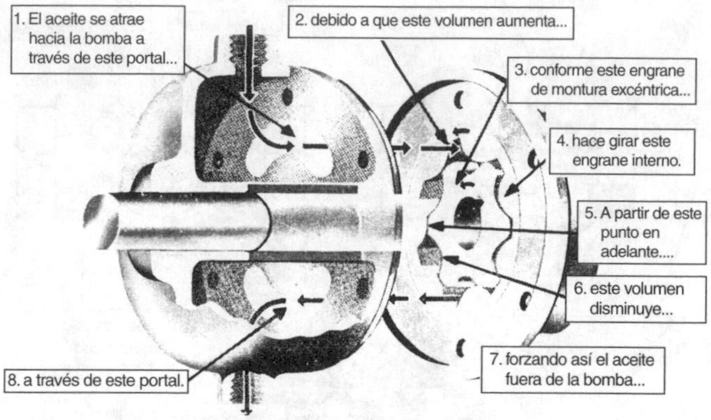

FIGURA 90-9 Principio de la bomba de engrane interno. (Cortesía de Sun Oil Co.)

Las *bombas de paletas* (Figura 90-11) se utilizan ampliamente para proporcionar potencia hidráulica ya que producen un flujo razonablemente estable. El desgaste de las piezas no afecta demasiado la eficiencia de estas bombas, ya que las paletas siempre pueden mantener un contacto cercano con el anillo sobre el cual girar.

Las *bombas de pistón radial* (Figura 90-12) son compactas, robustas, y se utilizan en aplicaciones que requieran una fuente de potencia hidráulica flexible. A través del uso de mecanismos de alternancia de anillos, la salida de las bombas de pistón radial puede variarse entre volumen cero y volumen completo.

Las *bombas centrífugas* (Figura 90-13 de la página 782) producen un flujo no pulsante y se utilizan para mover grandes cantidades de aceite. Esta bomba no se puede sobrecargar porque el aceite de la bomba comienza a girar junto con el rotor tan pronto como la presión de salida se vuelve demasiado grande. La presión de salida es difícil de controlar; por lo tanto, las bombas de salida no se utilizan generalmente para proporcionar potencia hidráulica.

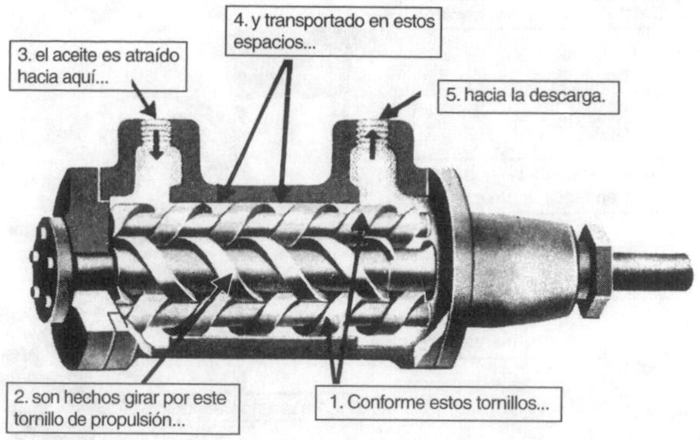

FIGURA 90-10 Principio de la bomba de tornillo. (Cortesía de Sun Oil Co.)

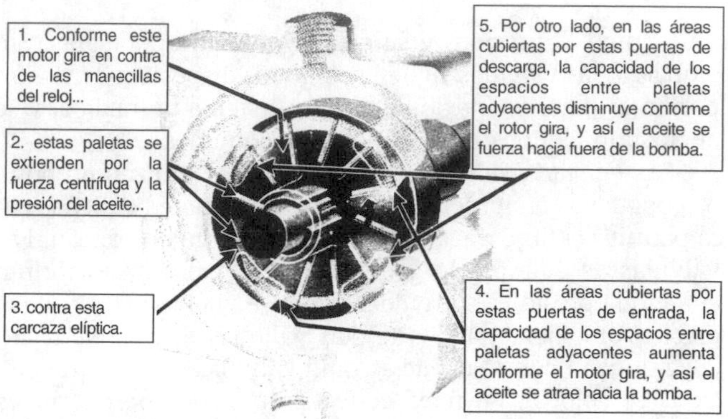

FIGURA 90-11 Principio de la bomba de paletas. (Cortesía de Sun Oil Co.)

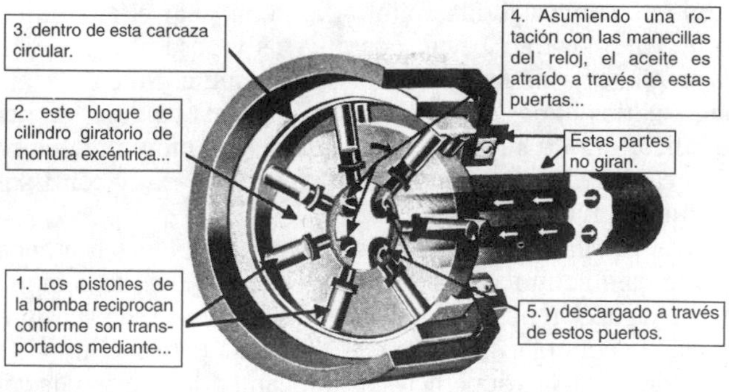

FIGURA 90-12 Principio de la bomba de pistón radial. (Cortesía de Sun Oil Co.)

Válvulas

Una vez que la bomba comienza a mover el aceite bajo presión, usualmente se necesitan válvulas para *controlar la presión, dirigir* y *controlar el flujo de aceite.* Las válvulas hasta hace muy poco fueron el único método para controlar el flujo y la presión. Durante los últimos años se han desarrollado exitosamente bombas que tienen el medio de variar tanto el

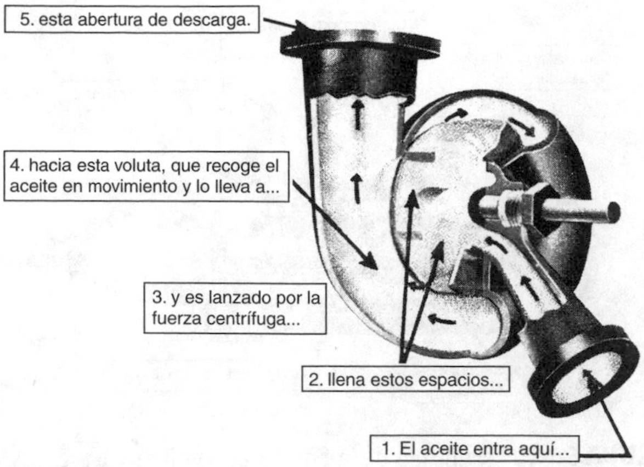

FIGURA 90-13 Principio de la bomba centrífuga. (Cortesía de Sun Oil Co.)

flujo como la presión, y se están volviendo populares. Sin embargo, las válvulas siguen siendo los dispositivos más importantes para dar flexibilidad a un sistema hidráulico, y se analizarán algunos de los tipos más comunes.

Las *válvulas de bola* (Figura 90-14) se utilizan en bombas pequeñas reciprocantes en líneas de aceite pequeñas para permitir el flujo de aceite solamente en una dirección. Las válvulas de bola por lo general son de resorte y se abrirán cuando la presión dentro de sistema se vuelva mayor que la presión que ejerce el resorte. Las válvulas de bola de resorte se utilizan con frecuencia como válvulas de alivio de presión. Se colocan en línea conectando la bomba hidráulica con el depósito de aceite para evitar una acumulación de presión excesiva en el sistema.

Las *válvulas giratorias* (Figura 90-15) se utilizan para controlar la dirección del flujo de aceite. Se utilizan generalmente como válvulas piloto para controlar el movimiento de válvulas de carrete. Los puertos y pasajes extra en la parte giratoria de la válvula permiten que el flujo de aceite hacia varias líneas se controle con una sola válvula. En una rectificadora de superficie hidráulica, los movimientos reciprocantes y de avance transversal de la mesa se controlan por una válvula giratoria.

Las *válvulas de carrete* (Figura 90-16) se utilizan ampliamente para controlar la dirección del flujo de aceite debido a su rápida acción positiva. Las válvulas de carrete son versátiles y pueden controlar flujo a través de varias partes de un sistema hidráulico. Las superficies reciprocantes de este tipo de válvula deben maquinarse y ajustarse con precisión para evitar las fugas y asegurar una operación eficiente. Algunas veces se maquinan ranuras para aceite alrededor de los pistones para mantener el carrete centrado y lubricado. Las válvulas de carrete pueden operarse mecánica, eléctrica o hidráulicamente.

Las *válvulas de grifo* (Figura 90-17) son válvulas simples que se utilizan para sangrar cilindros, eliminar bolsas de ai-

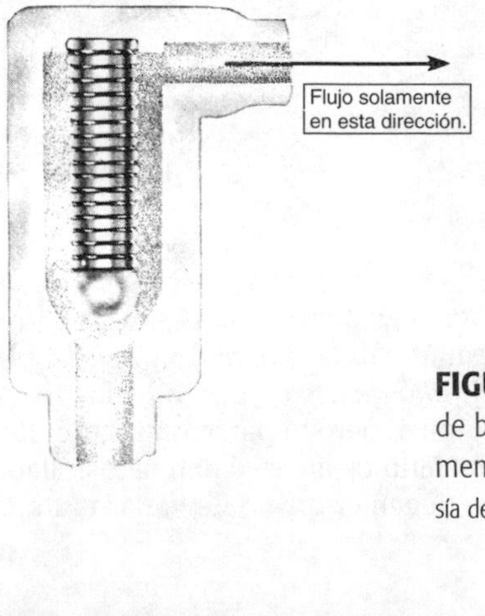

FIGURA 90-14 Una válvula de bola permite el flujo solamente en una dirección. (Cortesía de Sun Oil Co.)

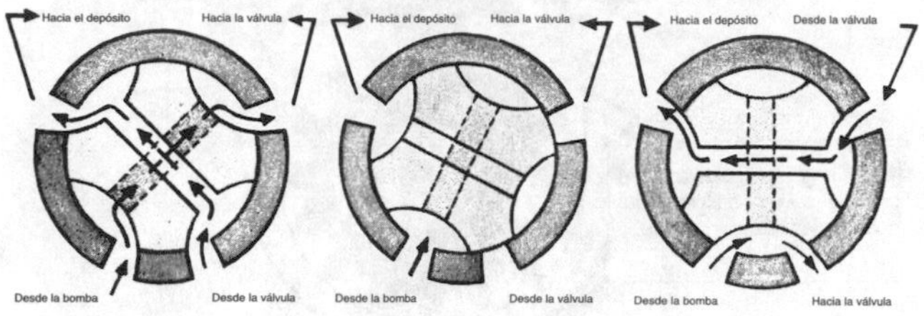

FIGURA 90-15 Una válvula giratoria puede controlar el flujo de aceite hacia la válvula de carrete o hacia el cilindro. (Cortesía de Sun Oil Co.)

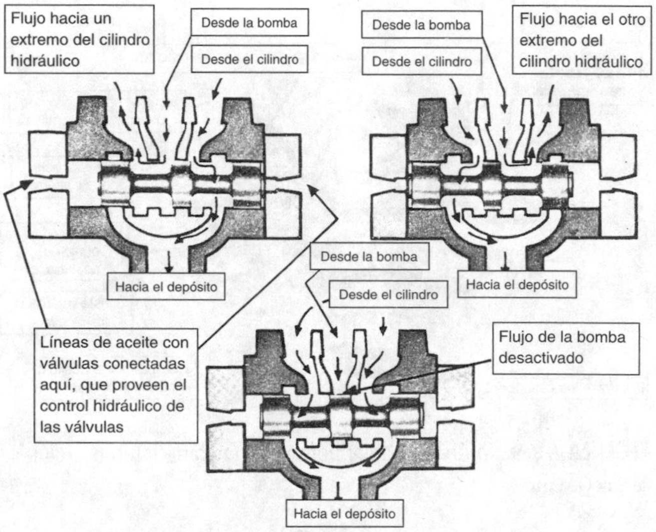

FIGURA 90-16 La válvula de carrete controla el flujo de aceite hacia y desde el cilindro. (Cortesía de Sun Oil Co.)

FIGURA 90-17 Válvula de grifo. (Cortesía de Sun Oil Co.)

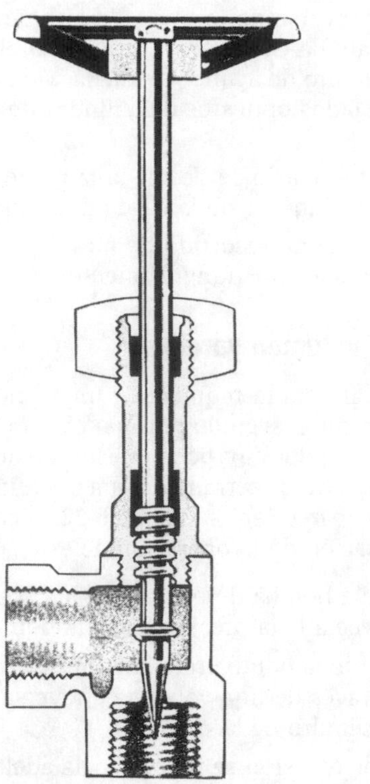

FIGURA 90-18 Válvula de aguja. (Cortesía de Sun Oil Co.)

re, y controlar la operación de los medidores de presión. Se construyen generalmente en tamaños pequeños y se utilizan en sistemas de presión moderada.

Las *válvulas de aguja* (Figura 90-18) proveen el medio para regular con precisión el flujo de aceite. Se operan manualmente y pueden utilizarse en cualquier posición, desde completamente abierta a completamente cerrada. Su diseño previene contra un cambio abrupto en el flujo de aceite; por lo tanto, se utilizan a menudo en líneas que conectan dispositivos sensibles que pudieran resultar dañados por un cambio repentino en la presión.

Motor hidráulico

Un motor hidráulico, por lo general una combinación sencilla de pistón y cilindro, convierte el flujo de aceite en movimiento hidráulico. Los motores hidráulicos por sí mismos sólo pueden producir dos tipos de movimiento: en línea recta (tipo de pistón y cilindro) y giratorio (convertidor de torsión). Cuando son necesarios movimientos más complejos, deben utilizarse elementos mecánicos en conjunción con el motor hidráulico.

El *motor de pistón* (Figura 90-19) es el motor hidráulico que se utiliza más comúnmente. Su diseño es simple y puede fabricarse para resistir cualquier presión. Cuando el aceite fluye hacia el cilindro desde el lado derecho, el pistón se mueve a la izquierda una distancia dada en un tiempo dado. Cuando el flujo de aceite se invierte, sin ninguna varilla de pistón para asumir algo del volumen del cilindro, debe fluir más aceite hacia el cilindro para mover el pistón a la misma distancia. Este tipo de motor de pistón, conocido comúnmente como el *motor de pistón diferencial* (Figura 90-19), con frecuencia se utiliza en máquinas que requieren de un golpe de trabajo poderoso y un golpe de retorno veloz, pero menos potente.

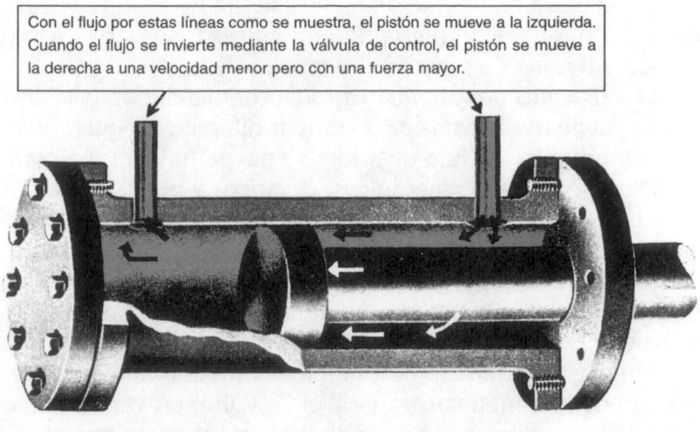
Con el flujo por estas líneas como se muestra, el pistón se mueve a la izquierda. Cuando el flujo se invierte mediante la válvula de control, el pistón se mueve a la derecha a una velocidad menor pero con una fuerza mayor.

FIGURA 90-19 Motor hidráulico de pistón simple. (Cortesía de Sun Oil Co.)

EL SISTEMA HIDRÁULICO

Un sistema hidráulico se produce cuando los diversos componentes, como el depósito, la bomba, la válvula y el motor se combinan y unen entre sí con la tubería, tubos y acoplamientos necesarios. El sistema hidráulico que aparece en la Figura 90-20 es bastante simple; sin embargo, cuando es necesario variar la velocidad, los movimientos, etcétera, en una secuencia fija o variable, aumenta la complejidad del sistema. Aún el sistema más complejo contiene los componentes básicos que se encuentran en un sistema simple. Generalmente se utilizan dos tipos de sistemas hidráulicos, el de volumen constante y el de volumen variable.

Los *sistemas de volumen constante* contienen bombas que tienen una salida fija. La bomba opera cada vez que la

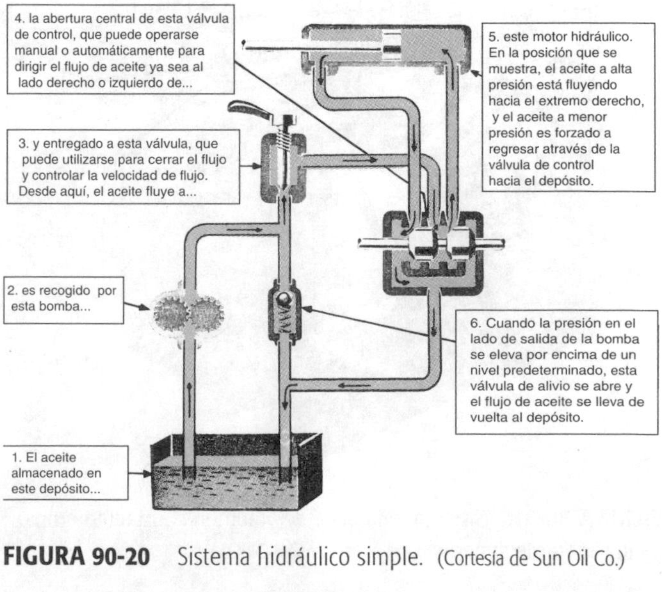
4. la abertura central de esta válvula de control, que puede operarse manual o automáticamente para dirigir el flujo de aceite ya sea al lado derecho o izquierdo de...
5. este motor hidráulico. En la posición que se muestra, el aceite a alta presión está fluyendo hacia el extremo derecho, y el aceite a menor presión es forzado a regresar através de la válvula de control hacia el depósito.
3. y entregado a esta válvula, que puede utilizarse para cerrar el flujo y controlar la velocidad de flujo. Desde aquí, el aceite fluye a...
2. es recogido por esta bomba...
6. Cuando la presión en el lado de salida de la bomba se eleva por encima de un nivel predeterminado, esta válvula de alivio se abre y el flujo de aceite se lleva de vuelta al depósito.
1. El aceite almacenado en este depósito...

FIGURA 90-20 Sistema hidráulico simple. (Cortesía de Sun Oil Co.)

máquina entra en operación. Si el sistema no requiere de todo el flujo de aceite que la bomba entrega, se deriva a través de válvulas de regreso al depósito de aceite.

Los *sistemas de volumen variable* contienen bombas cuya salida puede modificarse para cumplir diferentes requerimientos. para regular el flujo de aceite se puede utilizar una combinación de controles mecánicos, eléctricos y neumáticos. Los sistemas de volumen variable por lo general no requieren de cierta derivación y válvulas de control de flujo, que son necesarias en un sistema de volumen constante. Los sistemas de volumen variable tienen un amplio uso cuando la potencia y velocidad de salida pueden variar en un amplio rango.

Muchas máquinas herramienta utilizan ambos sistemas, el de volumen constante y el de volumen variable. Cada sistema puede utilizarse individualmente para operar diferentes partes de la máquina, o pueden combinarse para controlar alternadamente ciertas porciones del ciclo de operación. Ejemplos de unos cuantos sistemas hidráulicos encontrados en las máquinas herramienta son el sistema de volumen constante y el sistema de volumen variable.

Sistema de volumen constante

El sistema hidráulico de volumen constante de una rectificadora de superficie (Figura 90-21) opera como sigue:

1. Una bomba de engranes de volumen o descarga constante entrega una presión de aceite moderada a través de diversas válvulas al cilindro de operación principal.
2. El aceite actúa sobre el pistón para reciprocar la mesa de trabajo.
3. La presión de aceite excesiva se libera a través de una válvula de alivio de resorte y regresa al depósito.
4. En cada reversa de la mesa de trabajo, activan las levas la válvula de reversa, dirigiendo el aceite a través de un cilindro de avance de rueda, y después alternadamente a lados opuestos del cilindro de operación principal.
5. El cilindro de avance de rueda también activa el mecanismo de trinquete de la rueda de avance.
6. La velocidad de recorrido de mesa se controla ajustando la válvula de estrangulamiento.

Sistema de volumen variable

La máquina fresadora requiere de un avance lento durante la carrera de corte, seguido por una carrera de retorno rápido que requiere de muy poca presión de aceite. El sistema hidráulico de avance cerrado de una máquina fresadora con tres bombas aparece en la Figura 90-22. A continuación una breve explicación de la operación de este sistema:

1. La sencilla bomba de engranes saca aceite del depósito y la provee a baja presión hacia la bomba reforzadora.
2. El aceite de la bomba reforzadora, ahora a alta presión, viaja a través de una válvula de reversa hacia un extremo del cilindro de la pieza.
3. Conforme el pistón se mueve hacia adelante, la mesa de la máquina, sujeta al pistón, se mueve también a una velocidad lenta y estable.
4. Una bomba contadora de descarga variable, conectada a ambos extremos del cilindro, saca una cantidad específica de aceite desde *adelante* del movimiento del pistón.

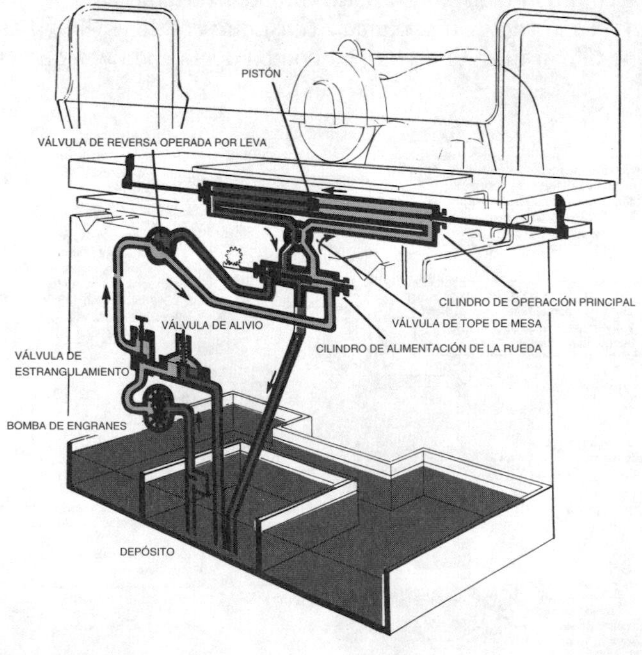

FIGURA 90-21 Sistema hidráulico de volumen constante de una rectificadora de superficie. (Cortesía de Sun Oil Co.)

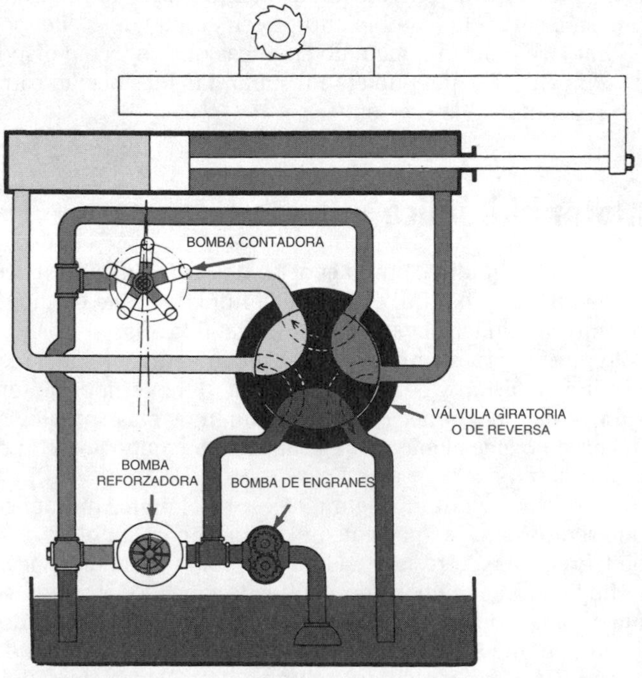

FIGURA 90-22 Sistema de volumen variable para una máquina fresadora de tipo de fábrica (cortesía de Sun Oil Co.)

5. La bomba contadora retira y regula el avance del pistón, lo que determina la velocidad del movimiento de la mesa.
6. Cuando se activa la válvula de reversa, los puertos de reversa y de succión de la bomba contadora se interconectan.
7. La bomba reforzadora descarga entonces aceite hacia el depósito y la bomba de engranes proporciona aceite de baja presión al cilindro para el rápido golpe de retorno.

ACOPLAMIENTOS HIDRÁULICOS Y CONVERTIDORES DE TORSIÓN

En el pasado, se han dado grandes pasos para perfeccionar dos dispositivos *hidrodinámicos:* el acoplamiento hidráulico y el convertidor de torsión hidráulico. Los acoplamientos hidráulicos y los convertidores de torsión hidráulicos no son nuevos, pero apenas se han incorporado al uso general debido a los refinamientos en ambos.

Un *acoplamiento hidráulico,* llamado a veces *embrague fluido* (Figura 90-23), se utiliza para unir hidráulicamente dos mecanismos. Puede unirse hidráulicamente un motor en el extremo de entrada de potencia con otro mecanismo en el extremo de salida, sin el uso de conectores mecánicos. Un acoplamiento hidráulico transmite el par de torsión (torcimiento)que se le aplica muy fielmente, y al mismo tiempo protege los mecanismos contra daños por vibraciones o cargas de impacto.

Un *convertidor de torsión hidráulico,* llamado a veces *caja de engranes hidráulica* (Figura 90-24), es al mismo tiempo un embrague y una fuente de transmisión. Proporciona el medio para acoplar dos elementos mecánicos y también puede variar la relación de la torsión de entrada con la torsión de salida. Los convertidores de torsión hidráulicos proporcionan un flujo de potencia estable, junto con una alta torsión a baja velocidad, baja torsión a alta velocidad, o cualquier combinación de las dos dentro de las capacidades del equipo.

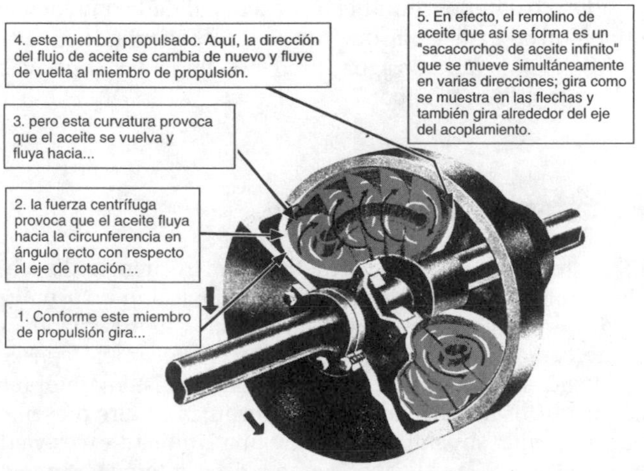

4. este miembro propulsado. Aquí, la dirección del flujo de aceite se cambia de nuevo y fluye de vuelta al miembro de propulsión.
5. En efecto, el remolino de aceite que así se forma es un "sacacorchos de aceite infinito" que se mueve simultáneamente en varias direcciones; gira como se muestra en las flechas y también gira alrededor del eje del acoplamiento.
3. pero esta curvatura provoca que el aceite se vuelva y fluya hacia...
2. la fuerza centrífuga provoca que el aceite fluya hacia la circunferencia en ángulo recto con respecto al eje de rotación...
1. Conforme este miembro de propulsión gira...

FIGURA 90-23 Principio del acoplamiento hidráulico. (Cortesía de Sun Oil Co.)

REQUERIMIENTOS DEL ACEITE HIDRÁULICO

Un sistema hidráulico contiene un ensamble de válvulas, levas, cilindros de operación, etcétera, todos los cuales tienen tolerancias de ajuste apretadas. Para obtener la máxima eficiencia del sistema y proteger las complejas partes móviles, es importante que se elija el aceite adecuado para su uso en sistemas hidráulicos. Un aceite hidráulico debe llevar a cabo dos funciones importantes:

1. Debe transmitir eficientemente la potencia.
2. Debe proporcionar la lubricación adecuada.

Para que un aceite hidráulico lleve a cabo satisfactoriamente estas dos importantes funciones, debe poseer las siguientes características:

1. Una *viscosidad adecuada,* para asegurar un flujo correcto de aceite en todo momento y minimizar las fugas.
2. *Resistencia de película y lubricidad,* para proporcionar la lubricación adecuada entre las partes reciprocantes de ajuste prieto.
3. *Resistencia a la oxidación,* para evitar que las complejas partes móviles se dañen por oxidación del aceite (formación de sedimento).
4. *Resistencia a la emulsificación,* para separar rápidamente toda el agua que llegara a entrar al sistema.
5. *Resistencia a la corrosión y la oxidación,* para evitar daños a las partes reciprocantes.
6. *Resistencia al espumado,* para que se libre rápidamente del aire absorbido al sistema hidráulico.

Viscosidad

La *viscosidad* es una de las cualidades más importantes que debe poseer un aceite hidráulico. La viscosidad debe considerarse como una medida de la resistencia del aceite al flujo. Los aceites de baja viscosidad fluyen libremente; los aceites de alta viscosidad fluyen lentamente. La viscosidad del aceite cambia según la temperatura; las temperaturas bajas provocan que el aceite fluya lentamente, en tanto que el calor provoca que el aceite fluya libremente.

La viscosidad del aceite tiene un efecto directo sobre la transmisión eficiente de potencia y la lubricación directa de

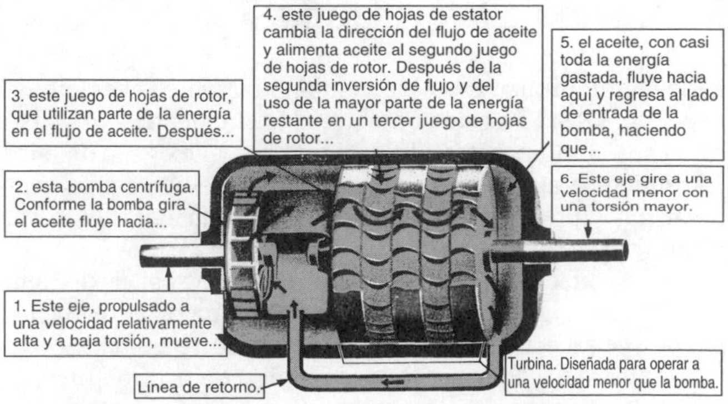

4. este juego de hojas de estator cambia la dirección del flujo de aceite y alimenta aceite al segundo juego de hojas de rotor. Después de la segunda inversión de flujo y del uso de la mayor parte de la energía restante en un tercer juego de hojas de rotor...

5. el aceite, con casi toda la energía gastada, fluye hacia aquí y regresa al lado de entrada de la bomba, haciendo que...

FIGURA 90-24 Principio del convertidor de torsión hidráulico. (Cortesía de Sun Oil Co.)

las partes de un sistema hidráulico. Si el aceite hidráulico no tiene la viscosidad correcta, no puede desempeñarse satisfactoriamente. La viscosidad del aceite afecta la operación de un sistema hidráulico en las siguientes formas:

1. Si el aceite es demasiado ligero (de baja viscosidad), los resultados generalmente son:
   a. Fugas excesivas
   b. Menor eficiencia en la bomba
   c. Desgaste excesivo de las partes
   d. Pérdida de la presión del aceite
   e. Falta de control hidráulico positivo
   f. Menor eficiencia en general

2. Si un aceite es demasiado pesado (de alta viscosidad), los resultados generalmente son:
   a. Una caída mayor de presión
   b. Mayores temperaturas en el aceite
   c. Una operación lenta
   d. Menor eficiencia mecánica
   e. Mayor consumo de potencia

Resistencia de película y lubricidad

Cuando se desgastan partes de la bomba hidráulica, cilindro, y válvulas de control, puede tener como resultado la pérdida de presión, fugas, y un control menos preciso. Una cualidad importante en un aceite hidráulico debe ser su capacidad de minimizar el desgaste con las condiciones de *película fina* o *lubricación de límite* que existe entre las partes deslizantes de ajuste estrecho. Un aceite adecuado mantiene fuertes películas que resisten ser aplastadas o desplazadas.

Tanto los aceites ligeros (de baja viscosidad) como los pesados (de alta viscosidad) tienen cualidades de antidesgaste o de resistencia de película. Los aceites de alta viscosidad poseen estas cualidades en mayor medida que los aceites de baja viscosidad. Los aceites pesados, debido a su mayor resistencia a las fugas, tienden a resistir el desplazamiento de superficies lubricadas mejor que los aceites ligeros. Por lo tanto, debe utilizarse un aceite con una viscosidad tan alta como sea posible, que cumpla todos los demás requerimientos, para minimizar el desgaste.

Resistencia a la oxidación

El aceite hidráulico entra en contacto con aire caliente en el depósito. Debido a este contacto, el aceite tiende a oxidarse, esto es, a combinarse químicamente con el oxígeno del aire. La tendencia al óxido aumenta en gran medida a altas temperaturas y presiones de operación, y por la agitación o salpicadura excesiva del aceite.

Una oxidación ligera no es dañina, pero si el aceite tiene una resistencia baja a este cambio químico, la oxidación puede ser excesiva. Si esto ocurre, se crean cantidades considerables de oxidación tanto soluble como insoluble y el aceite aumenta gradualmente en viscosidad.

Los productos de oxidación insolubles pueden depositarse en forma de goma y sedimentarse en los pasajes de aceite, partes de la bomba, y partes de válvula, en donde restringirán el flujo del aceite. Esto puede disminuir la velocidad del movimiento de las paletas de la bomba y las válvulas de carrete y de pistón, provocando que las válvulas tengan fugas.

Resistencia a la emulsificación

Sin importar las precauciones que se tomen, alguna cantidad de agua entra a los sistemas hidráulicos a través de fugas y de la condensación de la humedad atmosférica. La mayor parte de la condensación ocurre sobre el aceite en el depósito conforme la máquina se enfría en períodos de inactividad. Cualquier cantidad considerable de agua en el sistema hidráulico propiciará la oxidación y reducirá el valor lubricante del aceite. Esto provocará eventualmente fugas, acción errática en la bomba, y un fallo del sistema.

Cuando el porcentaje de agua en el sistema es alto, es muy importante utilizar un aceite hidráulico que tenga la capacidad de separarse rápida y completamente del agua. Los aceites que tienen una resistencia a la oxidación excepcionalmente alta retienen una buena capacidad de separación del agua por largo tiempo.

Resistencia a la corrosión y a la oxidación

El agua y el oxígeno pueden provocar la oxidación de las partes de metal ferroso en el sistema hidráulico. El aire siempre está presente, el oxígeno está disponible, y usualmente hay algo de agua presente; estas condiciones propician la oxidación. El peligro de oxidación es mayor cuando la máquina está inactiva y las superficies que usualmente están cubiertas de aceite están desprotegidas.

La oxidación provoca el deterioro superficial de las partes metálicas, y eventualmente partículas de óxido pueden acarrearse dentro del sistema hidráulico. Esto contribuye a la formación de depósitos sedimentales que pueden provocar abrasiones severas e interferir con la operación de cilindros, válvulas y bombas.

Como protección para la oxidación, es importante que el sistema hidráulico se mantenga tan libre de agua como sea posible. Los fluidos hidráulicos de alta calidad contienen un inhibidor de oxidación, que forma una película que resiste el desplazamiento por agua, protegiendo así las superficies del contacto con el agua.

Resistencia al espumado

El aceite de un sistema hidráulico con frecuencia disuelve cierta cantidad de aire, que provoca una acción de espumado (burbujeo). El aire puede entrar al sistema cuando el aceite cae desde una altura considerable hacia el depósito, por fugas, o por succión de la bomba. Un sistema hidráulico puede absorber la cantidad de burbujas de aire presentes normalmente; sin embargo, si hay una cantidad excesiva de aire presente y las burbujas permanecen a temperaturas de operación, el bombeado será ruidoso e irregular, y la acción de los motores y controles será errática.

El espumado puede controlarse tomando las siguientes precauciones:

1. Utilice un aceite hidráulico de calidad premium que tenga buena resistencia al espumado.
2. El aceite que regresa al sistema no debe caer desde una gran altura hacia el depósito.
3. Las válvulas de ventilación deben instalarse en puntos altos del sistema hidráulico.
4. El depósito debe diseñarse apropiadamente para permitir que el aire se libere solo fácilmente hacia la superficie del aceite.

Ventajas de los sistemas hidráulicos

El desarrollo de aceites hidráulicos adecuados y las tolerancias de precisión que los fabricantes mantienen han llevado a un amplio uso de la hidráulica en la fabricación de máquinas herramienta. La razón para este uso generalizado es que la potencia hidráulica ofrece muchas ventajas, incluyendo las siguientes:

- Las levas, engranes, palancas, etcétera, pueden muchas veces reemplazarse por bombas, válvulas, líneas y motores hidráulicos más simples.
- Las velocidades y avances pueden variarse infinitamente.
- Se obtiene fácilmente una acción de corte lisa y estable, con una cantidad mínima de vibraciones.
- Se proporciona un movimiento uniforme y positivo con todas las cargas.
- La velocidad de presión de aceite o flujo se controla mediante válvulas.
- Las válvulas de alivio evitan sobrecargas que podrían causar serios daños.
- Los costos de potencia y las pérdidas por fricción se reducen al mínimo.
- Todas las partes móviles del sistema se lubrican constantemente con el aceite hidráulico.
- El sistema hidráulico es relativamente silencioso.
- Se amortiguan los cambios rápidos al final de cada golpe reciprocante, como en la rectificadora de superficie.
- Los elementos componentes se pueden colocar a corta distancia entre sí porque la potencia se transmite a través de tuberías.
- Las operaciones complejas son casi completamente automáticas.

PREGUNTAS DE REPASO

1. Defina *hidráulica.*
2. Liste cuatro razones por las cuales las aplicaciones hidráulicas han encontrado una amplia aceptación en la industria de las máquinas herramienta.

El principio hidráulico

3. Nombre dos propiedades importantes de los líquidos.
4. Enuncie e ilustre la ley de Pascal.
5. Compare los principios de la hidrostática y la hidrodinámica. Deben utilizarse dibujos para complementar la respuesta.
6. ¿Qué componentes hidráulicos operan en el principio hidrodinámico?

Componentes del sistema hidráulico

7. Describa brevemente la operación de:
   a. Las bombas de engranes
   b. Las bombas de paletas
   c. Las bombas de pistón radial
8. Explique el propósito de las siguientes partes:
   a. Válvulas de bola
   b. Válvulas rotatorias
   c. Válvulas de carrete
   d. Válvulas de aguja
9. Explique cómo opera un motor hidráulico simple.

El sistema hidráulico

10. Compare el sistema hidráulico de volumen constante y el volumen variable.

Acoplamientos hidráulicos y convertidores de torsión

11. Mencione el propósito de un acoplamiento hidráulico y explique brevemente su operación.
12. Mencione el propósito del convertidor de torsión hidráulico y explique cómo funciona.

Requerimientos del aceite hidráulico

13. Liste seis características que el aceite hidráulico debe poseer para desempeñarse satisfactoriamente.
14. Analice la importancia de la viscosidad.
15. ¿Qué sucedería si se utilizara un aceite demasiado ligero o demasiado pesado en un sistema hidráulico?
16. ¿Qué efecto tiene la oxidación en un sistema hidráulico?
17. ¿Qué efecto tiene el agua en un sistema hidráulico?
18. Analice los efectos de la oxidación y explique cómo puede controlarse.
19. ¿Qué efecto tiene el espumado en un sistema hidráulico?

WORTHINGTON STEEL · MALVERN
NICKEL PLATING

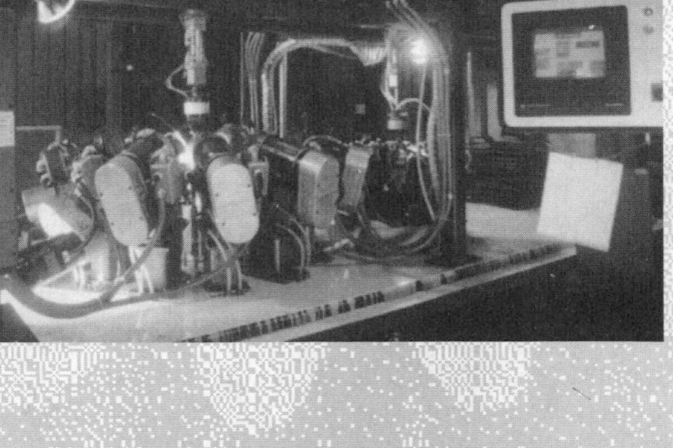

SECCIÓN

18

PROCESOS ESPECIALES

Con la introducción en los años recientes de mecanismos únicos y materiales exóticos, ha sido necesario desarrollar nuevos métodos para maquinar los metales eficientemente. Las piezas fabricadas de carburo cementado o metales difíciles de maquinar se formaban antes mediante el costoso proceso de rectificado con rueda de diamante. El *maquinado electroquímico,* el *maquinado de descarga eléctrica,* y el *rectificado electrolítico* son tres métodos. Los tres eliminan metal mediante alguna forma de descarga eléctrica.

La producción de otras piezas difíciles de maquinar ha sido posible gracias al formado de alta energía, utilizando el proceso explosivo o bien el electromagnético. Otro proceso de no maquinado, ampliamente utilizado es el de la metalurgia de polvos, en donde las piezas se fabrican de metales en polvo comprimidos y tratados térmicamente. Las piezas de metalurgia de polvos están comparadas mecánicamente con las piezas maquinadas y usualmente son más baratas en producción.

En años recientes, el láser ha demostrado ser invaluable en muchas aplicaciones científicas, industriales y médicas. Se utiliza ampliamente para abrir perforaciones en cualquier material, así como para aplicaciones especiales en soldadura que no son posibles mediante otros métodos. Con el rayo láser, son posibles mediciones extremadamente justas, así como una alineación precisa de las partes de máquina.

UNIDAD

91

Maquinado electroquímico y rectificado electrolítico

OBJETIVOS

Al terminar el estudio de esta unidad, se podrá:

1. 1. Describir el principio y los propósitos del ECM y el rectificado electrolítico
2. Identificar los diversos componentes y sus funciones dentro de cada uno de estos sistemas

El maquinado electrolítico, comúnmente conocido como ECM, difiere de las técnicas de corte de metal convencionales en que se utiliza energía eléctrica y química como herramientas de corte. Este proceso maquina el metal fácilmente, sin importar la dureza de la pieza, y se caracteriza por su operación "sin virutas". Una herramienta no giratoria con la forma de la cavidad requerida es la *herramienta de corte;* por lo tanto, se pueden cortar fácilmente en una pieza de trabajo formas cuadradas o difíciles de maquinar. El desgaste en la herramienta de corte es apenas notorio, ya que la herramienta *nunca* entra en contacto con la pieza. El maquinado electroquímico es particularmente adecuado para producir perforaciones redondas completas, perforaciones cuadradas completas, perforaciones ciegas redondas o cuadradas, cavidades simples con lados rectos y paralelos, y operaciones de cepillado. El maquinado electroquímico resulta especialmente valioso cuando se maquinan metales con una dureza de 42 Rockwell C (400 BHN) o más. Las esquinas afiladas, las secciones de fondo planas, o los radios rectos son difíciles de mantener, debido a que hay un ligero corte de exceso durante el proceso. Una ventaja importante del ECM es que las superficies y bordes de las piezas de trabajo no se deforman y quedan libres de rebabas.

Aunque el *rectificado electrolítico* se basa en el mismo principio que el ECM, sus aplicaciones son diferentes, porque se utiliza una rueda de rectificado en vez de un electrodo.

MAQUINADO ELECTROQUÍMICO

El proceso

Durante años, el metal en solución se ha transferido de un metal a otro por medio de baños de electrodepósito. Dado que el *maquinado electroquímico* (ECM) evolucionó a partir de este proceso, puede resultar útil examinar el proceso de electrodepósito (Figura 91-1):

1. Dos barras de metales diferentes se sumergen en una solución de electrolitos.
2. Una barra se sujeta a una terminal negativa de una batería, en tanto que la otra se sujeta a la terminal positiva.
3. Cuando el circuito se cierra, pasa corriente directa a través del electrolito entre las dos barras de metal.
4. La reacción química transfiere metal de una barra a la otra.

El maquinado electroquímico difiere del proceso de electrodepósito en que la reacción electroquímica *disuelve el metal de una pieza de trabajo* en la solución de electrolito. Se pasa una corriente directa a través de la solución de electrolito entre la herramienta electrodo (con la forma de la cavidad deseada), que es el negativo, y la pieza de trabajo, que es el positivo. Esto provoca que se elimine el metal al frente de la herramienta electrodo conforme avanza la herramienta hacia la pieza. La reacción química provocada por la corriente directa en el electrolito disuelve el metal de la pieza de trabajo (Figura 91-2).

El *electrodo* del ECM no es una simple barra de metal, sino una herramienta de precisión aislada, que se ha fabricado según una forma y tamaño específicos y exactos. El electrodo (herramienta) y la pieza de trabajo, aunque se colocan a .002 a .003 pulg (0.05 a 0.07 mm) entre sí, nunca hacen contacto entre sí. La *solución de electrolito* es una corriente controlada, de flujo rápido, que transporta la corriente. La *corriente directa* que se utiliza puede a veces ser tan alta como 10000 A/pulg^2 (1550 A/cm^2) de material de trabajo. Todos estos factores afectan la operación del proceso de maquinado electroquímico, y se analizarán en mayor detalle.

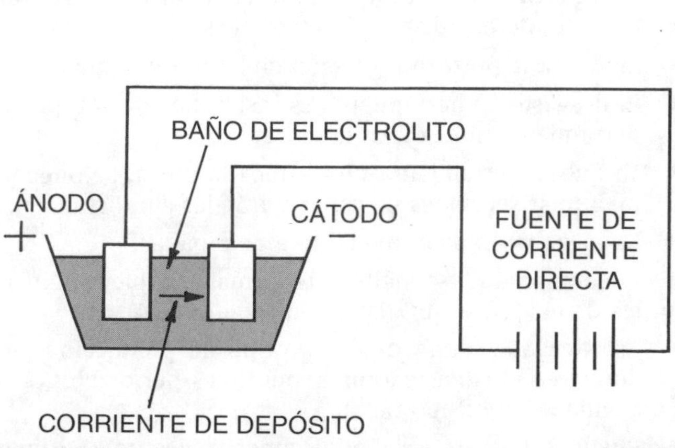

FIGURA 91-1 Principio del proceso de electrodepósito.

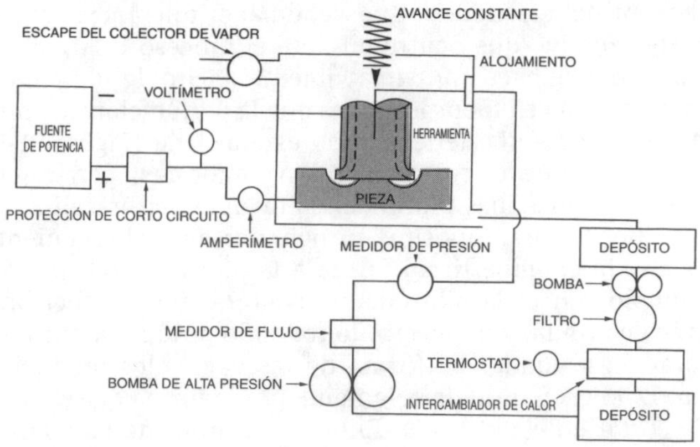

FIGURA 91-2 Diagrama esquemático de un sistema de maquinado electroquímico típico.

El electrolito

El electrolito es una solución de agua a la que se han agregado sal, ácido mineral, potasa cáustica, o sosa cáustica para aumentar la conductividad eléctrica. Un suministro pobre de la solución de electrolito resultará en dos desventajas:

- Las velocidades de eliminación de metal serán bajas.
- El calor excesivo destruirá la efectividad de la solución.

La energía eléctrica que comienza la reacción química en la solución de electrolitos resulta en la formación de gas entre la herramienta y la pieza de trabajo y disuelve metal de la pieza de trabajo. El gas escapa a la atmósfera, en tanto que el metal disuelto es acarreado por la solución. Ya que hay una resistencia al flujo de corriente y que ocurren reacciones químicas, se genera calor en el área de maquinado. El electrolito entra al área de maquinado en grandes cantidades para disipar el calor y enjuagar el metal disuelto. Filtros dentro del sistema de ECM retiran al metal disuelto del electrolito y aseguran un flujo fresco de solución al área de maquinado.

El electrolito entra al área de maquinado *a través* de la herramienta electrodo; por lo tanto, la cantidad de flujo está afectada por la longitud, diámetro y forma del electrodo. Lo deseable es un flujo tan copioso como sea posible, y han habido aplicaciones que utilizan hasta 200 gal/min (757 l/min) a presiones de hasta 300 lb/pulg^2 (2068 kPa).

El electrodo

La herramienta *electrodo*, que es siempre la *terminal negativa* del circuito eléctrico, es una herramienta aislada, fabricada al tamaño y forma de la cavidad deseada. La solución de electrolito se alimenta al área de maquinado mediante una perforación en el centro del electrodo. Dado que es necesario que el electrolito fluya completamente alrededor del electrodo y que debe haber tolerancia para el corte excesivo que ocurre durante el proceso ECM, la herramienta se hace aproximadamente .005 pulg (0.12 mm) más pequeña en todos los lados que la perforación que produce. La periferia del electrodo está aislada (Figura 91-3) para evitar que los costados corten conforme la herramienta se introduce más profundamente en la perforación.

Uno de los propósitos principales de la herramienta electrodo es impartir su forma a la pieza de trabajo. Por ejemplo, un electrodo cuadrado producirá una perforación cuadrada, y un electrodo redondo producirá una perforación redonda. La forma de las cavidades producida por ECM está limitada solamente por la forma que se puede cortar en el electrodo. El material utilizado para fabricar la herramienta electrodo debe poseer las siguientes características:

1. Debe ser maquinable.
2. Debe ser rígido.
3. Debe ser un buen conductor de electricidad.
4. Debe ser capaz de resistir la corrosión.

El cobre, latón y el acero inoxidable por lo general han demostrado ser buenos materiales para electrodos para ECM.

El *cobre,* un excelente conductor de electricidad, no se recomienda para fabricar electrodos para secciones de pared delgada o perforaciones profundas. Debido a su blandura y tendencia a doblarse, es difícil maquinarlo en secciones largas o delgadas.

El *latón,* si bien no es tan buen conductor de electricidad como el cobre, puede utilizarse como material de electrodo con buenos resultados. La mayor resistencia del acero, su facilidad para maquinarlo, y su costo más bajo lo hacen un material ideal para la mayoría de los electrodos.

El *acero inoxidable* se utiliza cuando es necesario un gran volumen de flujo y altas presiones en el electrolito. Es más fuerte que los otros dos materiales, pero su alto costo inicial y las dificultades de maquinado limitan su utilización como material para electrodos.

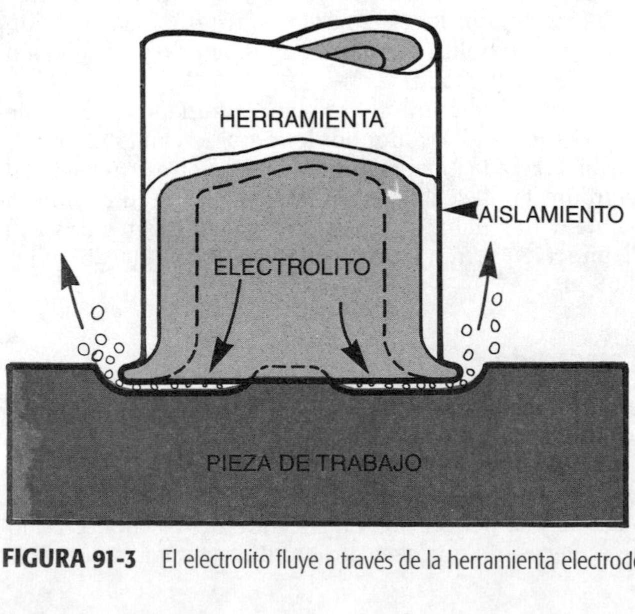

FIGURA 91-3 El electrolito fluye a través de la herramienta electrodo.

Eliminación de metal

En el proceso electroquímico, la distancia entre el electrodo y el trabajo (el claro de maquinado) (Figura 91-3) es importante. A fin de promover una transmisión eléctrica eficiente, la herramienta y la pieza deben estar tan cerca como sea posible entre sí, sin entrar nunca en contacto. En la mayoría de las condiciones, este claro irá de .001 a .003 pulg (0.02 a 0.07 mm). Debido a los altos niveles de corriente que se utilizan, ocurrirán serios daños a la herramienta electrodo y a la pieza si hay algún contacto físico entre ellos.

La velocidad de eliminación de metal es directamente proporcional a la corriente que pasa entre la herramienta y la pieza de trabajo. Se han utilizado densidades de corriente en un rango de máximo 1000 A/pulg^2 (6452 A/cm^2) a máximo 10 000 A/pulg^2 (64 520 A/cm^2) en aplicaciones ECM. El uso de altas corrientes resultará en una alta velocidad de eliminación de metal, en tanto que una corriente baja resultará en una velocidad baja de eliminación de metal.

La cantidad de corte excesivo (la diferencia entre el tamaño de la herramienta y el de la perforación producida) depende de las condiciones de corte y puede variar de .008 a .012 pulg (0.2 a 0.3 mm). Una vez que se conoce la cantidad de sobrecorte de una herramienta particular, pueden repetirse tamaños de perforaciones con una redondez de por lo menos .0015 a .0005 pulg (0.03 a 0.01 mm).

La velocidad de penetración varía según el tipo de operación que se lleva a cabo, el tipo de material de trabajo, la sección transversal del electrodo, y la densidad de corriente utilizada. Las velocidades de penetración de ECM pueden variar de .250 a .430 pulg (6.35 a 10.92 mm).

Ventajas del ECM

El maquinado electroquímico es uno de los procesos de corte de metales que ha contribuido al maquinado de los metales de la era espacial. Algunas de sus características y ventajas son:

- Pueden maquinarse metales con cualquier dureza.
- Compite con las operaciones de taladrado y algunas operaciones de fresado de perforación completa, especialmente si la pieza tiene más de 42 Rockwell C de dureza.
- No se crea calor durante el proceso de maquinado; por lo tanto, no hay distorsión en la pieza.
- Maquina la pieza sin rotación de la herramienta.
- El desgaste de herramienta es insignificante, ya que la herramienta nunca toca la pieza.
- Ya que la herramienta nunca toca la pieza, se pueden maquinar secciones delgadas y frágiles sin distorsión.
- La pieza de trabajo queda libre de rebabas.
- Pueden producirse fácilmente formas complejas, difíciles de maquinar sin distorsión (Figura 91-4).
- Es adecuado para trabajos de tipo de producción, en donde se pueden maquinar múltiples perforaciones o cavidades al mismo tiempo.
- Pueden obtenerse acabados superficiales de 25 μpulg (0.63 μm).

FIGURA 91-4 Aplicaciones del maquinado electroquímico.

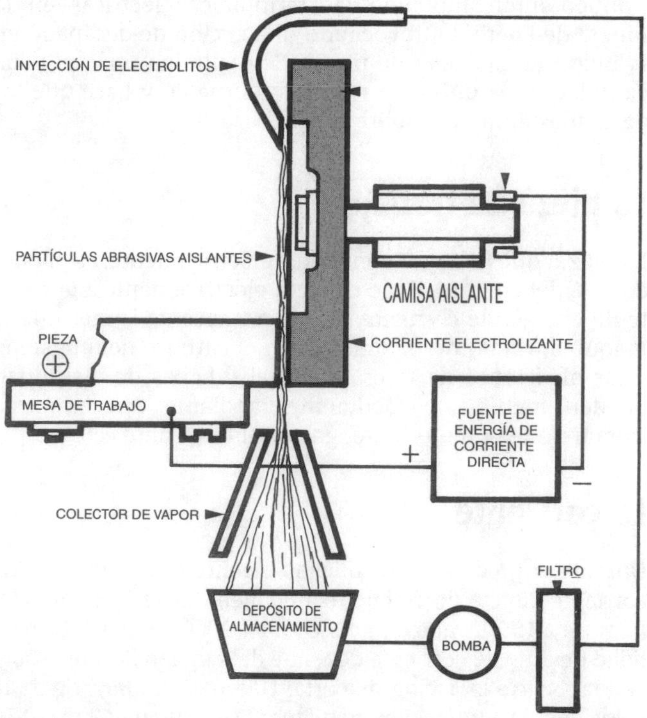

FIGURA 91-5 Principio del rectificado electrolítico. (Cortesía de Cincinnati Milacron, Inc.)

RECTIFICADO ELECTROLÍTICO

El *rectificado electrolítico* ha dado un gran impulso al maquinado de productos de metal delgados y frágiles, y para las aleaciones templadas y difíciles de maquinar de la era espacial. En el rectificado electrolítico, el metal se elimina de la superficie de la pieza mediante una combinación de acción electrolítica y la acción de una rueda de rectificado de abrasivo unido a metal (Figura 91-5). Aproximadamente el 90% del metal que se elimina de la superficie de la pieza es resultado de esta acción de decapado electroquímico, en tanto que el 10% es "eliminado" por la rueda de rectificado. El proceso de rectificado electrolítico es muy similar al proceso utilizado en ECM.

El proceso

Tanto la rueda de rectificado unido a metal como la pieza de trabajo, eléctricamente conductora, se conectan a una fuente de energía de *corriente directa* y quedan separadas por las protuberancias abrasivas de la rueda. Se inyecta una solución de rectificado electrolítico (electrolito) al claro entre rueda y pieza, completando el circuito eléctrico y produciendo la acción de decapado necesario, que descompone el material de trabajo. Este material descompuesto es eliminado por la acción rotatoria de la rueda de rectificado y se enjuaga con la solución. En el rectificado electrolítico, la rueda nunca entra realmente en contacto con el material de la pieza.

La rueda de rectificado

Para el proceso de rectificado electrolítico se utilizan ruedas de rectificado unido a metal, eléctricamente conductoras y abrasivas. Las ruedas de latón, bronce y cobre que pueden revestirse con diversas formas son las comunes en el rectificado electrolítico. La rueda de rectificado es el cátodo (−) del circuito eléctrico. El eje de la rueda está conectado a una fuente de energía de *corriente directa* a través de una serie de cepillos de contacto y está aislado del resto de la máquina mediante una camisa aislante (Figura 91-5). Las ruedas de diamante de unión de metal se recomiendan para el rectificado de carburos de tungsteno. Se utilizan ruedas de óxido de aluminio unido a metal para el rectificado de todos los demás materiales conductores de electricidad.

El abrasivo de la rueda lleva a cabo una importante función en el proceso de rectificado electrolítico. Las partículas abrasivas, que sobresalen aproximadamente .0005 a .001 pulg (0.01 a 0.02 mm) de la rueda de unión de metal, actúan como espaciadores no conductores, manteniendo el claro necesario entre rueda y pieza de trabajo. También proporcionan cientos de pequeñas bolsas llenas con solución de electrolito, que completan el circuito eléctrico. La precisión del claro de trabajo (la distancia entre la unión de metal de la rueda y la pieza de trabajo) queda determinada por la cantidad de estas partículas abrasivas que sobresalen de la rueda (cátodo).

Rectificado

Es importante que la rueda de rectificado esté correcta dentro de .0005 pulg (0.01 mm) para mantener la precisión de rectificado y también para proporcionar el pasaje máximo posible para la solución de electrolitos para lograr la máxima eliminación de material. Las ruedas de óxido unido a metal pueden rectificarse con un diamante de una sola punta con un aditamento comercial de rectificación. Las ruedas de diamante deben rectificarse mediante el uso de un indicador de carátula. Después de cada operación de rectificado, debe invertirse el proceso de maquinado electrolítico intercambiando las terminales eléctricas en la fuente de energía, provocando una acción de decapado en la unión de la rueda de metal. Esto elimina una pequeña cantidad de la unión de metal de la rueda, y hace que las partículas abrasivas sobresalgan.

La pieza de trabajo

La pieza, que debe ser conductor eléctricamente, es el ánodo (+)del circuito. Se le conecta eléctricamente a la fuente de energía de *corriente directa* a través de la mesa de la máquina. Cualquier material, aún el carburo de tungsteno y las aleaciones de la era especial difíciles de maquinar, pueden rectificarse fácilmente mediante este proceso, siempre que el material tenga conductividad eléctrica.

La corriente

Durante el proceso de rectificado electrolítico se utiliza una corriente directa de voltaje relativamente bajo (aproximadamente 4 a 16 V) y alto amperaje (300 a 1000 A o más). La cantidad de flujo de corriente depende del tamaño del área sobre la cual ocurre la acción de corte. Una regla empírica para la velocidad de eliminación de material es .010 pulg^3/min (0.16 cm^3/min) por cada 100 A de corriente de rectificado electrolítico. Cada material de trabajo tiene un punto de saturación que limita la corriente que puede aceptar. Los fabricantes de máquinas rectificadoras electrolíticas por lo general dan tablas junto con las máquinas, que muestran las velocidades de eliminación de material para diversos materiales.

El electrolito

El electrolito, por lo general consistente en una solución salina, sirve para dos funciones importantes:

1. Actúa como conductor de corriente entre la pieza y la rueda.
2. Se combina químicamente con el material de trabajo descompuesto.

Conforme la corriente fluye desde la pieza de trabajo (polo positivo) a través de la solución electrolítica, hacia la rueda de rectificado (polo negativo), los bolsillos de solución actúan como celdas electroquímicas, que descomponen la superficie de la pieza. La corriente se combina con el electrolito para formar una blanda película de óxido sobre la superficie de trabajo, que no permitirá que la corriente fluya. La acción de enjuague de la rueda de rectificado giratoria elimina estos óxidos, permitiendo que la corriente fluya de nuevo. La velocidad de esta descomposición es directamente proporcional a la cantidad de corriente que fluye de la pieza hacia la rueda.

Conforme la solución se contamina con las partículas de metal, es evacuada a un depósito de almacenamiento, y después pasa a través de filtros para eliminar estas partículas. Es necesaria una solución recién filtrada para un rectificado electrolítico eficiente. Un suministro no uniforme de electrolito resultará en un desgaste excesivo de la rueda, en tanto que un suministro débil disminuye las velocidades de eliminación de metal.

Las superficies de la máquina que están en contacto con el electrolito deben electrodepositarse en cromo para soportar la acción corrosiva de la solución electrolítica.

Acabado superficial

El acabado superficial obtenido en el rectificado electrolítico va de 8 a 20 μpulg (0.2 a 0.5 μm) cuando se esmerilan aceros y varias aleaciones. Como regla, entre mayor sea la aleación, mejor será el acabado superficial que se obtiene. Cuando se rectifica de superficie o transversalmente el carburo de tungsteno, puede esperarse un acabado superficial de 10 a 12 μpulg (0.25 a 0.3 μm). Generalmente se obtiene un acabado superficial de 8 a 10 μpulg (0.2 a 0.25 μm) en el rectificado de profundidad de carburos. Estos acabados superficiales pueden obtenerse con velocidades de eliminación de material máximas, sin necesitar un corte de acabado.

Métodos de rectificado electrolítico

Los métodos de rectificado, como el cilíndrico, de forma, de profundidad, superficial y transversal, se prestan al rectificado electrolítico (Figura 91-6). Con todos los tipos de métodos de rectificado, debe mantenerse en mente un hecho importante: el área de contacto pieza rueda a lo largo de la trayectoria de corte de la rueda nunca debe ser mayor a ¾ de pulg (19 mm) bajo condiciones normales. Si es necesario exceder esta dimensión de ¾ de pulg (19 mm), debe utilizarse una velocidad de alimentación mucho más lenta, o el electrolito debe alimentarse al área de rectificado mediante métodos auxiliares.

Rectificado cilíndrico

Todas las ventajas del rectificado electrolítico son aplicables al rectificado cilíndrico, excepto las altas velocidades de eli-

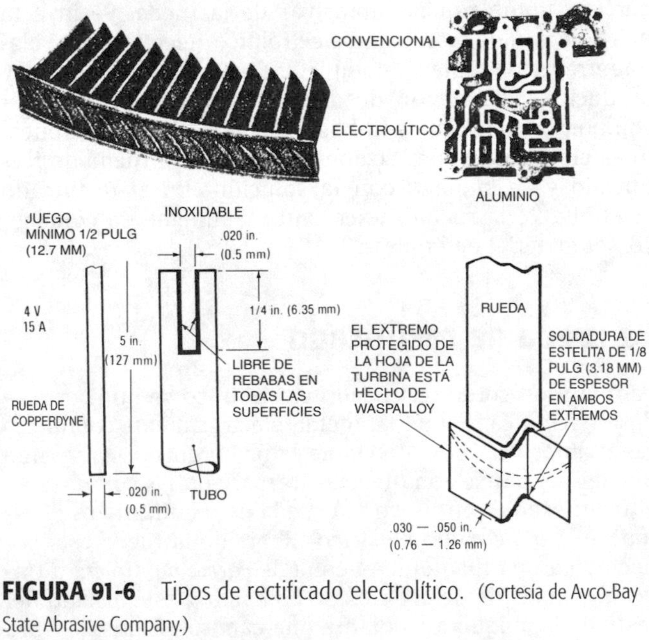

FIGURA 91-6 Tipos de rectificado electrolítico. (Cortesía de Avco-Bay State Abrasive Company.)

minación de material. La razón para la menor velocidad de eliminación de material es que el área de contacto entre pieza y rueda es pequeña, permitiendo que fluya muy poca corriente. Se recomienda utilizar el rectificado de inclinación para desbastar la pieza hasta unas pocas milésimas del tamaño y después, acabar la pieza en rectificado transversal.

Rectificado de forma

Usualmente se utilizan ruedas de óxido de aluminio con unión de metal para las operaciones de rectificado de forma. Se forman fácilmente a la forma deseada mediante un aditamento de rectificado de diamante convencional. Las ruedas de formado de diamante para el rectificado de carburos resultan costosas al cambiar de forma a forma y son difíciles de rectificar. Por lo tanto, generalmente se utilizan ruedas abrasivas de unión de metal para el rectificado de producción de carburos.

Rectificado de profundidad

Cuando el área es rectificada de profundidad, no hay movimiento transversal de la rueda, y la rueda avanza directamente hacia la superficie. Puede utilizarse ya sea la cara o el costado de la rueda para el rectificado de profundidad. Pueden rectificarse eficientemente herramientas de un solo punto, cortadores de fresado de frente, cortadores rectos de fresado lateral, y otras superficies de un solo plano dentro del rango de tamaños de rueda mediante este método. Deben utilizarse avances finos manuales al rectificar piezas individuales; se recomienda el avance automático para el rectificado de producción.

Rectificado de superficie

Debido a que para cada diámetro de rueda el área de contacto en el rectificado de superficie varía según la profundidad de corte, se recomienda la profundidad total de corte por pasada para los máximos resultados. Procure utilizar la rueda más grande posible, dependiendo de la capacidad de la máquina. La velocidad transversal no depende del ancho de la rueda, siempre que haya la suficiente corriente disponible. Cuando sea posible, es recomendable el uso de avances de potencia automáticas, ya que una velocidad de avance demasiado baja resulta en un sobrecorte excesivo y un avance demasiado rápido resulta en un excesivo desgaste de la rueda. En ningún momento el contacto entre la pieza y la rueda debe exceder ¾ de pulgada (19 mm). Los fabricantes de máquinas herramienta generalmente dan gráficas de velocidad de avance junto con sus máquinas. Las gráficas muestran la corriente de rectificado, el tamaño de rueda, la profundidad de corte, y el área de contacto.

Rectificado transversal

La mayoría de las operaciones de afilado de cortadores son llevadas a cabo con una rueda de tipo de copa o abocinada. Los cortadores de fresadora laterales helicoidales y otros que resultan imprácticos para el rectificado de profundidad se afilan mediante este método.

El rectificado de bordes con ruedas de copa es impráctico, ya que el contacto pieza rueda es pequeño y no permite que fluya la corriente suficiente. Para eficiencia en el rectificado transversal la rueda se inclina ligeramente, o se rectifica a un ángulo de 1° a 2° en la superficie de la rueda para aumentar el área de contacto pieza rueda. Las velocidades de avance transversal dependen del ángulo de inclinación, la amplitud de la cara de la rueda, y la cantidad de corriente disponible.

Ventajas del rectificado electrolítico

El rectificado electrolítico ofrece muchas ventajas sobre los métodos convencionales de maquinado para eliminación de metal:

- Ahorra costos de rueda, especialmente en las ruedas de diamante unido a metal, ya que sólo 10% del metal se elimina por acción abrasiva.
- Hay una alta relación de eliminación de material en relación con el desgaste de la rueda.
- Son posibles mayores velocidades de producción, debido a las corridas más largas entre rectificaciones de la rueda.
- No se genera calor durante la operación de rectificado; por lo tanto, no hay quemaduras ni distorsiones en la pieza.
- El proceso es libre de rebabas, eliminando así las operaciones de eliminación de rebabas.
- Pueden rectificarse piezas de trabajo delgadas y frágiles sin distorsión, ya que la rueda nunca toca la pieza.
- Pueden rectificarse rápida y fácilmente el carburo de tungsteno y las aleaciones supertempladas.
- Se pueden cortar materiales exóticos, como el circonio y el berilio, sin importar su dureza, fragilidad o sensibilidad térmica.
- Pueden rectificarse metales disimilares, siempre que sean eléctricamente conductivos.
- Pueden reesmerilarse cortadores en una pasada, eliminando la necesidad de cortes de acabado.
- No se crean tensiones en el material de trabajo.
- No ocurre endurecimiento por trabajo durante este proceso.

Desventajas y limitaciones

Habiendo tantas ventajas en el rectificado cilíndrico, también hay algunas desventajas o limitaciones:

- Sólo puede rectificarse piezas eléctricamente conductoras.
- Las ruedas de rectificado, especialmente las ruedas de rectificado de diamante de unión de metal, son más costosas que las ruedas normales
- Las esquinas interiores no pueden rectificarse a más de .010 a .015 pulg (0.25 a 0.4 mm), debido al sobrecorte que ocurre durante la acción electroquímica
- La precisión sólo es posible dentro de .0005 pulg (0.01 mm).
- La solución electrolítica es corrosiva; por lo tanto las partes de la maquinaria que entran en contacto con el electrolito deben estar cromadas.
- El contacto de la rueda no debe ser mayor a ¾ de pulgada (19 mm).

Conclusión

Hoy en día, este método de maquinado eléctrico simplifica los métodos de producción y proporciona ahorros tanto en el tiempo de maquinado como en los costos de ruedas de rectificado. Conforme se desarrollan nuevas clases de ruedas de unión de metal, fuentes de energía y electrolitos, este proceso de rectificado encontrará muchas más aplicaciones.

PREGUNTAS DE REPASO

Maquinado electroquímico

1. ¿En qué difiere el ECM de las técnicas de maquinado convencionales?
2. Describa brevemente el proceso del ECM.
3. Mencione cuatro electrolitos adecuados.
4. Explique a fondo el propósito de la solución de electrolito.
5. Explique qué parte juega el electrolito en el proceso de ECM.
6. ¿Cuáles son las características de una buena herramienta electrodo?
7. Mencione tres materiales de electrodo adecuados para el ECM y mencione la ventaja de cada uno.
8. Defina los siguientes términos:
   a. Brecha de maquinado
   b. Sobrecorte
   c. Velocidad de penetración.
9. Mencione siete ventajas principales del maquinado electroquímico.

Rectificado electrolítico

10. Describa brevemente el proceso de rectificado electrolítico.
11. Describa el tipo y función de la rueda de rectificado electrolítica.
12. ¿Qué propósito sirve el abrasivo de la rueda en el rectificado electrolítico?
13. Analice la importancia y operación de rectificar una rueda de esmeril.
14. ¿Qué función tiene la pieza de trabajo en el circuito de rectificado electrolítico?
15. ¿Qué tipo de corriente se utiliza en este proceso?
16. Mencione dos funciones de la solución de electrolito.
17. Explique qué sucede al electrolito cuando fluye la corriente.
18. ¿Qué acabados superficiales pueden obtenerse mediante el rectificado electrolítico?
19. Explique el rectificado de inclinación y de superficie.
20. Mencione ocho ventajas del proceso de rectificado electrolítico.
21. Liste cuatro desventajas del rectificado electrolítico.

UNIDAD

92

Maquinado por descarga eléctrica

OBJETIVOS

Al terminar el estudio de esta unidad, se podrá:

1 Explicar el principio del maquinado por descarga eléctrica.

2 Mencionar y explicar los propósitos de los componentes principales de una máquina por descarga eléctrica.

3 Mencionar las ventajas y aplicaciones del proceso por descarga eléctrica.

El *maquinado por descarga eléctrica,* conocido comúnmente como EDM, es un proceso que se utiliza para eliminar metal a través de la acción de una descarga eléctrica de corta duración y alta densidad de corriente entre la herramienta o alambre y la pieza de trabajo (Figura 92-1A). Este principio de eliminación de metal mediante chispa eléctrica se ha conocido durante ya algún tiempo. En 1889, Paschen explicó el fenómeno y descubrió la fórmula que predeciría la capacidad de arco en diversos materiales. El proceso EDM puede compararse con una versión en miniatura de un rayo golpeando una superficie, creando un calor localizado intenso, y derritiendo la superficie de la pieza.

USO DEL EDM

El maquinado por descarga eléctrica con dados para cavidades profundas o alambre ha demostrado ser valioso al maquinar materiales supertenaces eléctricamente conductores, como las nuevas aleaciones de la era espacial. Estos metales hubieran sido difíciles de maquinar mediante métodos convencionales. El EDM ha hecho relativamente sencillo maquinar formas complejas que serían imposibles de producir con herramientas de corte convencionales. Este proceso continuamente está encontrando nuevas aplicaciones en la industria del corte de metales. Se le utiliza extensamente en la industria de los plásticos para producir cavidades de casi cualquier forma en los moldes de acero.

PRINCIPIO DEL EDM

El maquinado por descarga eléctrica es una técnica controlada de eliminación de metal, en donde se utiliza una chispa eléctrica para cortar (erosionar) la pieza de trabajo, que asume la forma opuesta a la de la herramienta de corte o electrodo (Figura 92-1B). La *herramienta de corte (electrodo)* se fabrica de un material eléctricamente conductor, usualmente carbón. El electrodo de matrices profundas, fabricado en la forma de la cavidad requerida, y la pieza de trabajo se sumergen en un *fluido dieléctrico* (un aceite de lubricación ligero). El fluido dieléctrico debe ser no conductor (o conductor pobre) de la electricidad. Un *servomecanismo* mantiene un claro de aproximadamente .0005 a .001

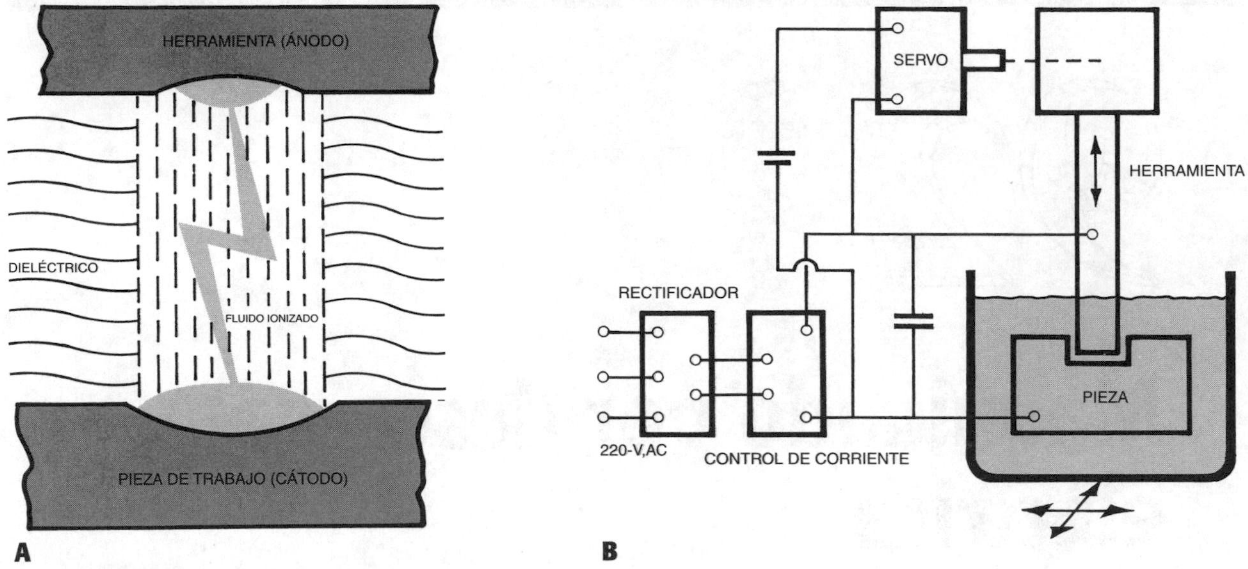

FIGURA 92-1 (A) Una chispa controlada elimina el metal durante el maquinado por descarga eléctrica (EDM); (B) elementos básicos de un sistema por descarga eléctrica.

pulg (0.01 a 0.02 mm) entre el electrodo y la pieza, evitando que entren en contacto entre sí. Se pasa por el electrodo una *corriente directa* de bajo voltaje y alto amperaje a una frecuencia de aproximadamente 20 000 hertz (Hz). Estos impulsos de energía eléctrica vaporizan el aceite en este punto. Esto permite que la chispa salte el claro entre el electrodo y la pieza de trabajo a través del fluido dieléctrico (Figura 92-2). Se crea un intenso calor en el área localizada del impacto de la chispa; el metal se derrite y se expulsa una pequeña partícula de metal fundido de la superficie de la pieza de trabajo. El fluido dieléctrico, que está constantemente circulando, se lleva las partículas erosionadas de metal durante el ciclo de apagado del pulso y también ayuda a disipar el calor que crea la chispa. Este proceso continúa a una velocidad de más de 20 000 ciclos por segundo.

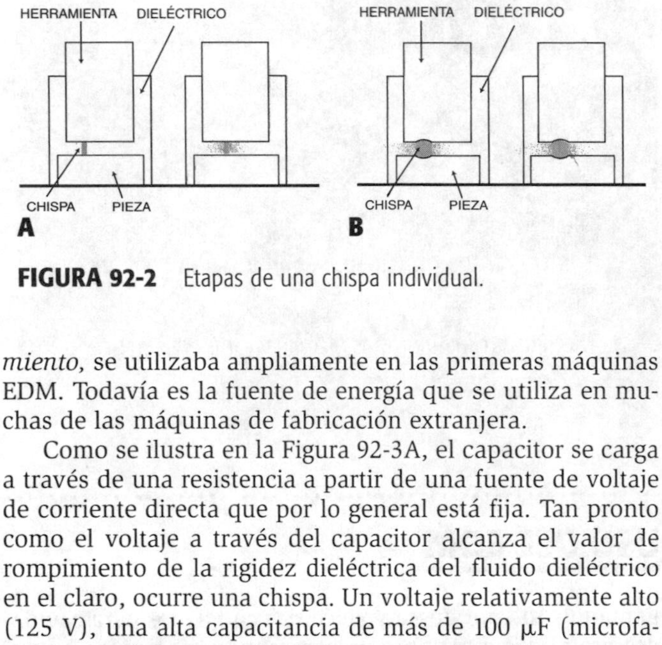

FIGURA 92-2 Etapas de una chispa individual.

TIPOS DE CIRCUITOS EDM

Se han utilizado varios tipos de fuentes de energía por descarga eléctrica para el EDM. Aunque hay muchas diferencias entre ellos, cada tipo es utilizado con el mismo propósito básico, esto es, una eliminación de metal precisa y económica mediante la erosión por chispa.

Las fuentes de energía más comunes son:

1. La fuente de energía por resistencia–capacitancia
2. La fuente de energía de tipo de pulso

La *fuente de energía por resistencia–capacitancia,* también conocida como la *fuente de energía de tipo de relajamiento,* se utilizaba ampliamente en las primeras máquinas EDM. Todavía es la fuente de energía que se utiliza en muchas de las máquinas de fabricación extranjera.

Como se ilustra en la Figura 92-3A, el capacitor se carga a través de una resistencia a partir de una fuente de voltaje de corriente directa que por lo general está fija. Tan pronto como el voltaje a través del capacitor alcanza el valor de rompimiento de la rigidez dieléctrica del fluido dieléctrico en el claro, ocurre una chispa. Un voltaje relativamente alto (125 V), una alta capacitancia de más de 100 μF (microfarads) para los cortes de desbaste, una baja frecuencia de chispa, y un alto amperaje son las características de la fuente de energía por resistencia–capacitancia.

En los circuitos por resistencia–capacitancia, un aumento en las velocidades de eliminación de metal depende más del aumento del amperaje o capacitancia que del aumento de la cantidad de descargas por segundo. Una combinación de baja frecuencia, alto voltaje, alta capacitancia, y alto amperaje resulta en:

1. Un acabado superficial más bien basto.
2. Un gran sobrecorte alrededor del electrodo (herramienta).
3. Que se eliminen partículas de metal más grandes y que se requiera más espacio para lavar las mismas.

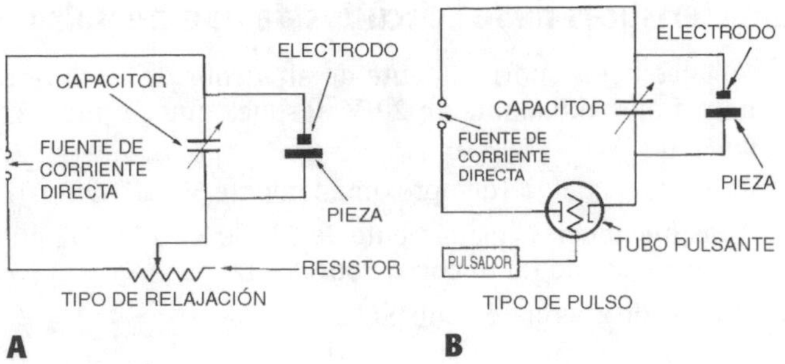

FIGURA 92-3 Circuitos de fuente de energía para el sistema por descarga eléctrica.

Las ventajas de la fuente de energía por resistencia–capacitancia son:

- El circuito es simple y confiable.
- Funciona bien a bajos amperajes, especialmente con las corrientes de miliamperes requeridas para perforaciones de menos de .005 pulg (0.12 mm) de diámetro.

La *fuente de energía de tipo de pulso* es utilizada casi exclusivamente por los fabricantes norteamericanos. Es similar el tipo de resistencia-capacitancia; se utilizan tubos al vacío o dispositivos de estado sólido para lograr un efecto de cambio de pulsos extremadamente rápido (Figura 92-3B). La amplitud de pulso e intervalos también pueden controlarse con precisión mediante dispositivos conmutadores. El cambio es extremadamente rápido y las descargas por segundo en frecuencias bajas son 10 o más veces mayores que aquellas de las fuentes de energía por resistencia-capacitancia. Los resultados de más descargas por segundo se ilustran en la Figura 92-4. Con más descargas por segundo, y utilizando la misma corriente (10 A), está claro que se producen cráteres más pequeños, produciendo un acabado superficial más fino manteniendo al mismo tiempo la misma velocidad de eliminación de metal.

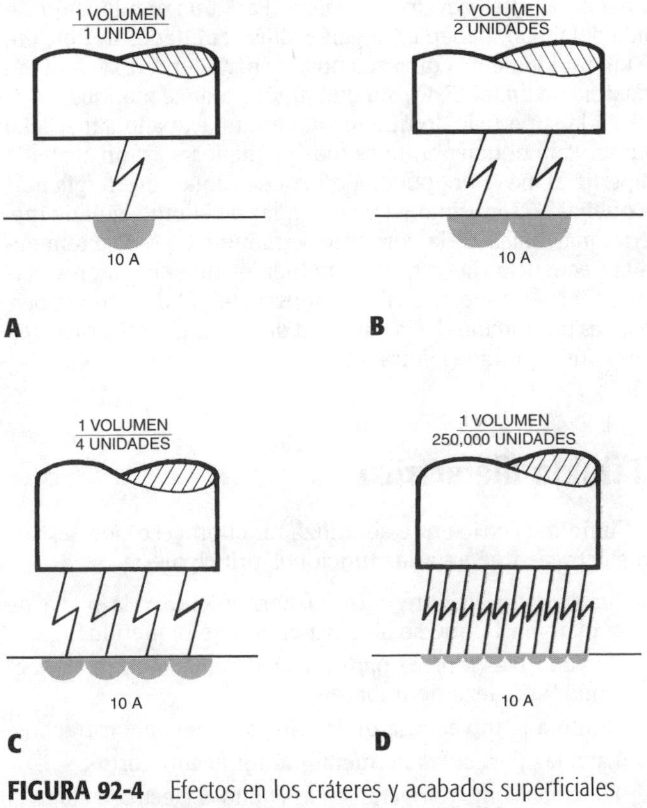

FIGURA 92-4 Efectos en los cráteres y acabados superficiales utilizando diversas frecuencias en la descarga de chispa.

Los circuitos de fuente de energía de tipo de pulso por lo general se operan a bajos voltajes (70 a 80 V), alta frecuencia (chispas dentro del rango de 260 000 Hz), baja capacitancia (50 μF o menos), y bajos niveles de energía de la chispa.

Las principales ventajas del circuito de tipo de pulso son:

- Es extremadamente versátil y puede controlarse con precisión para cortes de desbaste y de acabado.
- Se produce un mejor acabado superficial y se elimina menos metal por chispa, ya que hay muchas chispas por unidad de tiempo.
- Hay un sobrecorte menor alrededor del electrodo (herramienta).

EL ELECTRODO

El *electrodo* en el EDM de cavidad profunda está hecho siguiendo la forma de la cavidad deseada. Al igual que en el maquinado convencional, algunos materiales ofrecen mejores cualidades de corte y desgaste que otros. Los materiales de electrodo deben, por lo tanto, poseer las siguientes características:

1. Ser buenos conductores de la electricidad y el calor.
2. Maquinarse fácilmente a la forma a un costo razonable.
3. Producir una eliminación de metal eficiente de la pieza de trabajo.
4. Resistir la deformación durante el proceso de erosión.
5. Demostrar bajas velocidades de desgaste del electrodo (herramienta).

Muchos experimentos han llevado a encontrar materiales buenos y económicos para la fabricación de electrodos EDM. Los materiales de electrodo más comunes son el grafito, el cobre, el grafito cobrizado, el tungsteno cobre, el latón, y el acero. Ninguno de estos materiales de electrodo tienen aplicaciones de propósito general; cada operación de maquinado determina la selección del material del electrodo. El *latón amarillo* se ha utilizado principalmente como material de electrodo para circuitos de tipo de pulso debido a su buena maquinabilidad, conductividad eléctrica, y bajo costo relativo. El *cobre* produce mejores resultados en los circuitos por resistencia–capacitancia, donde se emplean voltajes mayores.

El carbón de alta densidad y alta pureza, o *grafito,* es un material de electrodo relativamente nuevo, que está alcanzando una amplia aceptación. Está disponible comercialmente en diversas formas y tamaños, es relativamente económico, puede maquinarse fácilmente, y hace electrodos excelentes. Su velocidad de desgaste de herramienta es mucho menor y su alta velocidad de eliminación de metales es de casi el doble que cualquier otro material de electrodos. El desarrollo de electrodos de grafito superiores ha aumentado el uso de electrodos de grafito, debido a su bajo costo y facilidad de fabricación.

EL PROCESO EDM

El uso del EDM está aumentando, conforme se encuentran más y más aplicaciones para este proceso. Conforme se hacen disponibles nuevos e importantes avances tecnológicos en equipo y técnicas de aplicación, más industrias están adoptando el proceso. Es necesario, por lo tanto, analizar los diversos aspectos del EDM con mayor detalle.

El servomecanismo

Es importante que no haya ningún contacto físico entre el electrodo (herramienta) y la pieza de trabajo; de lo contrario, ocurrirán arcos, provocando daños tanto al electrodo como la pieza de trabajo. Las máquinas por descarga eléctrica está equipadas con un mecanismo de servo control que mantiene automáticamente un claro constante de aproximadamente .0005 a .001 pulg (0.01 a 0.02 mm) entre el electrodo y la pieza de trabajo. El mecanismo también hace avanzar la herramienta hacia la pieza de trabajo conforme progresa la operación, y percibe y corrige cualquier condición en corto circuito, retrayendo y regresando rápidamente la herramienta. Un control preciso del claro es esencial para una operación de maquinado exitosa. Si el claro es demasiado grande, no ocurre ionización del fluido dieléctrico y el maquinado no puede llevarse a cabo. Si el claro es demasiado pequeño, la herramienta y la pieza de trabajo pueden soldarse entre sí.

El control preciso del claro se logra mediante un circuito en la fuente de energía, que compara el voltaje promedio del claro con un voltaje de referencia preseleccionado. La diferencia entre los dos voltajes es la señal de entrada, que indica al servomecanismo a qué distancia y velocidad avance la herramienta y cuándo retirarla de la pieza de trabajo.

Cuando las virutas en el claro de chispas reducen el voltaje por debajo del nivel crítico, el servomecanismo hace que la herramienta se retire hasta que las virutas son retiradas por el fluido dieléctrico. El servo sistema no debe ser muy sensible a voltajes de "corta vida" provocados por las chispas al ser retiradas; de lo contrario, la herramienta se estaría retrayendo constantemente, afectando así seriamente las velocidades de maquinado.

Pueden utilizarse mecanismos de avance de servo control para controlar el movimiento vertical del electrodo (herramienta) para cavidades profundas. También puede aplicarse a la mesa de la máquina para trabajos que requieran un movimiento horizontal del electrodo (herramienta).

Corriente de corte (amperaje)

La fuente de energía EDM proporciona la energía eléctrica de corriente directa para las descargas eléctricas que ocurren entre la herramienta y la pieza de trabajo. Ya que la fuente de energía de tipo de pulso es la de uso más común en Norteamérica, sólo se mencionarán las características de este tipo de fuente.

Características de los circuitos de tipo de pulso

1. Voltajes bajos (normalmente de alrededor de 70 V, que baja a aproximadamente 20 V después que se inicia la chispa)
2. Capacitancia baja (de aproximadamente 50 μF menos)
3. Altas frecuencias (usualmente de 20 000 a 30 000 Hz pero puede ser de tanto como 260 000 Hz)
4. Niveles de energía de chispa bajos

El proceso de descarga

Al aplicar la energía eléctrica suficiente entre el electrodo (cátodo) y la pieza de trabajo (ánodo), el fluido dieléctrico se transforma en gas, permitiendo que una gran descarga de corriente fluya a través de la trayectoria ionizada y golpee la pieza de trabajo. La energía de esta descarga vaporiza y descompone el fluido dieléctrico que rodea la columna de conducción eléctrica. Conforme continúa la conducción, el diámetro de la columna de descarga aumenta y la corriente aumenta. El calor entre el electrodo y la superficie de trabajo provoca que se forme un pequeño charco de metal fundido sobre la superficie de la pieza. Cuando se detiene la corriente, por lo general sólo por unos microsegundos, las partículas de metal derretido se solidifican y son retiradas por el fluido dieléctrico.

Estas descargas eléctricas ocurren a una frecuencia de 20 000 a 30 000 Hz entre el electrodo y la pieza de trabajo. Cada descarga elimina una pequeñísima cantidad de metal. Dado que el voltaje durante la descarga es constante, la cantidad de metal eliminado será proporcional a la cantidad de carga entre el electrodo y la pieza. Para una eliminación rápida del metal, deben entregarse altas cantidades de corriente tan rápidamente como sea posible para derretir la cantidad máxima de metal. Esto, sin embargo, produce grandes cráteres en la superficie, lo que resulta en un acabado superficial burdo. Para obtener cráteres más pequeños y así un acabado superficial más fino, pueden utilizarse cargas de energía más pequeñas. Esto resulta en velocidades de eliminación de material más bajas. Si la corriente se mantiene pero se aumenta la frecuencia (hertz), esto también resulta en cráteres más pequeños y un mejor acabado superficial. El acabado superficial es proporcional a la cantidad de descargas eléctricas (ciclos) por segundo (Figura 92-4).

El fluido dieléctrico

El fluido dieléctrico que se utiliza en el proceso por descarga eléctrica sirve a varias funciones principales:

1. Sirve como aislante entre la herramienta y la pieza de trabajo hasta que se alcanza el voltaje requerido
2. Se vaporiza (ioniza) para iniciar la chispa entre el electrodo y la pieza de trabajo
3. Confina la trayectoria de la chispa a un canal estrecho
4. Lava las partículas de metal para prevenir cortos
5. Funciona como refrigerante para tanto el electrodo como la pieza de trabajo

Tipos de dieléctrico

Se han utilizado muchas clases de fluidos como dieléctrico, con diferentes resultados en velocidades de eliminación de metales. Deben ser capaces de ionizar (vaporizar) y deionizarse rápidamente y tener una baja viscosidad, que permita que se le bombee a través del estrecho claro de maquinado. Los fluidos de EDM más comúnmente utilizados, que han demostrado ser dieléctricos satisfactorios, han sido diversos productos de petróleo, como aceites de lubricación ligeros, aceites para transformador, aceites con base de silicio, y queroseno. Todos estos se desempeñan razonablemente bien, especialmente con electrodos de grafito, y tienen un costo razonable.

La selección del dieléctrico es importante en el proceso EDM, ya que afecta la velocidad de eliminación de metal y el desgaste del electrodo. La industria está buscando continuamente nuevos y mejores fluidos dieléctricos para este proceso. En investigaciones se ha utilizado un fluido que consiste de glicol trietileno, agua y éter monoetílico, con resultados superiores, especialmente con electrodos metálicos. Es bastante posible que muchos fluidos dieléctricos nuevos se desarrollarán para mejorar el proceso EDM.

Métodos para circular los dieléctricos

El fluido dieléctrico debe circularse bajo una presión constante, para que lave eficientemente las partículas de metal y ayude al proceso de maquinado. La presión que se utiliza generalmente comienza en 5 lb/pulg^2 (34 kPa) y se aumenta hasta que se logra el corte óptimo. Demasiado fluido dieléctrico eliminará las virutas antes de poder ayudar a la acción de corte, y causará así velocidades de maquinado más bajas. Una presión demasiado baja no eliminará las virutas con rapidez suficiente y por lo tanto causará corto circuitos.

Por lo general se utilizan cuatro métodos para circular el fluido dieléctrico. Todos deben utiliza filtros finos en el sistema para eliminar las partículas de metal de forma que no vuelvan a circular.

Hacia abajo, a través del electrodo

Se taladra una perforación (o perforaciones) a través del electrodo, y se fuerza el fluido dieléctrico a través del electrodo y entre éste y la pieza de trabajo (Figura 92-5A). Así se enjuagan rápidamente las partículas de metal del área de maquinado. En las cavidades queda un pequeño pedazo de metal o núcleo, que debe rectificarse después de terminar la operación de maquinado.

Hacia arriba, a través de la pieza de trabajo

Otro método común es hacer que el fluido circule hacia arriba a través de la pieza de trabajo (Figura 92-5B). Este tipo de enjuague se limita a aplicaciones de corte de perforaciones completas y a cavidades con perforaciones para pernos de núcleo o eyectores.

Flujo de vacío

Se crea una presión negativa (vacío) en el claro, lo que provoca que el dieléctrico fluya a través del espacio normal de .001 pulg (0.02) entre el electrodo y la pieza de trabajo (Figura 92-5C). El flujo puede ya sea subir a través de una perforación en el electrodo o hacia abajo a través de una perforación en la pieza de trabajo. El flujo de vacío tiene varias ventajas sobre los demás métodos; mejora la eficiencia de maquinado, reduce los humos y vapores, y ayuda a reducir o eliminar la conicidad de la pieza de trabajo.

Vibración

Se utiliza una acción de bombeo y succión para hacer que el dieléctrico disperse las virutas del claro de la chispa (Figura 92-5D). El método de vibración es especialmente valioso en perforaciones muy pequeñas, perforaciones profundas, o en cavidades ciegas, donde resultaría impráctico utilizar otros métodos.

Velocidades de eliminación de metal

Las velocidades de eliminación de metal para el EDM son algo más bajas que en los métodos de maquinado convencionales.

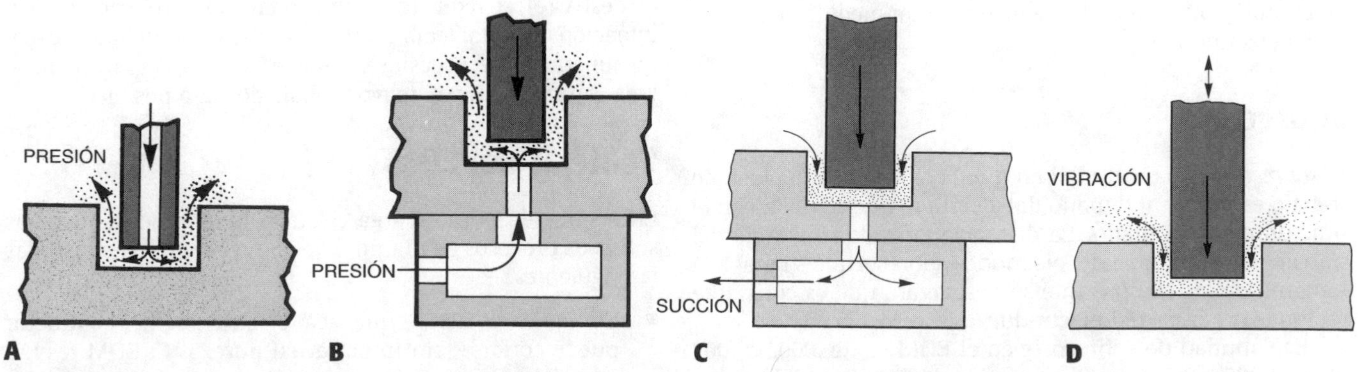

FIGURA 92-5 (A) Circulación del fluido dieléctrico a través del electrodo; (B) circulación del fluido dieléctrico a través de la pieza de trabajo; (C) circulación del fluido dieléctrico a través de la pieza de trabajo mediante succión; (D) circulación del fluido dieléctrico por vibraciones.

La velocidad de eliminación de metal depende de los siguientes factores:

1. Cantidad de corriente en cada descarga
2. Frecuencia de la descarga
3. Material del electrodo
4. Material de la pieza de trabajo
5. Condiciones del enjuague dieléctrico

La velocidad de eliminación de metal normal es de aproximadamente 1 pulg^3 (16 cm^3) de material de trabajo por hora o por cada 20 A de corriente de maquinado. Sin embargo, son posibles velocidades de eliminación de metales de hasta 15 pulg^3/h (245 cm^3/h) en cortes de desbaste con fuentes de energía especiales.

Desgaste del electrodo (herramienta)

Durante el proceso de descarga, el electrodo (herramienta), así como la pieza de trabajo, está sujeto al desgaste o erosión. Como resultado, es difícil mantener tolerancias justas y la pieza pierde gradualmente su forma durante la operación de maquinado. A veces es necesario utilizar hasta cinco electrodos para producir una cavidad con la forma y tolerancia necesarios. Para operaciones de perforación completa, se utilizan electrodos escalonados para producir cortes de desbaste y acabado en una sola pasada.

Afortunadamente, la velocidad a la que se desgasta la herramienta es considerablemente menor que la de la pieza de trabajo. Una *relación promedio de desgaste* de la pieza de trabajo con respecto al electrodo es de 3:1 en herramientas metálicas, como el cobre, latón, aleaciones de zinc, etcétera. Con electrodos de grafito, esta relación de desgaste puede mejorarse enormemente a 10:1.

Todavía queda mucha investigación y desarrollo por realizar para reducir la relación de desgaste del electrodo. El *maquinado de polaridad inversa,* un desarrollo relativamente nuevo, promete ser un descubrimiento mayor para reducir el desgaste del electrodo. Con este método, el metal fundido de la pieza de trabajo se deposita en un electrodo de grafito tan pronto como se desgasta el electrodo. Así, el mínimo desgaste del electrodo es reemplazado continuamente por un depósito del material de trabajo. El maquinado de polaridad inversa funciona mejor con frecuencias de descarga de chispa baja y a alto amperaje. Mejora las velocidades de eliminación de metal y reduce en gran medida el desgaste del electrodo.

Sobrecorte

El *sobrecorte* es la cantidad en que la cavidad en la pieza de trabajo es mayor al tamaño del electrodo que se utiliza en el proceso de maquinado. La distancia entre la superficie del trabajo y la superficie del electrodo (sobrecorte) es igual a la longitud de las chispas que se descargan, que es constante en todas las áreas del electrodo.

La cantidad de sobrecorte en el EDM va de .0002 a .007 pulg (0.005 a 0.001 mm) y depende de la cantidad de voltaje del claro. Como se ilustra en la Figura 92-6, la distancia de sobrecorte aumenta conforme aumenta el voltaje del claro. Por lo tanto, la cantidad de sobrecorte puede controlarse con bastante precisión. La cantidad de sobrecorte por lo general se varía para adecuarse a la velocidad de eliminación de material y el acabado superficial requerido, que a su vez determina el tamaño de las virutas eliminadas.

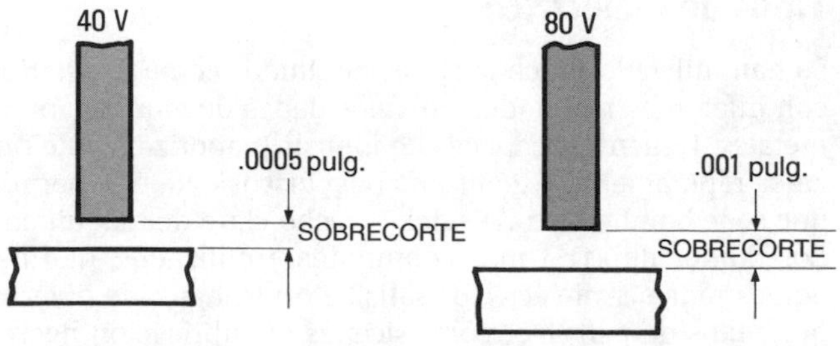

FIGURA 92-6 Ejemplo del sobrecorte producido por diferentes voltajes en el EDM.

La mayor parte de los fabricantes de máquinas EDM tienen gráficas de sobrecorte para mostrar la cantidad de espacio producido con diferentes corrientes. Las gráficas hacen posible determinar con precisión el tamaño de electrodo requerido para maquinar una abertura dentro de .0001 pulg (0.02 mm).

El tamaño de las virutas eliminadas es un factor importante al ajustar la cantidad de sobrecorte porque:

1. Las virutas en el espacio entre el electrodo y la pieza sirven como conductores para las descargas eléctricas.
2. Las virutas grandes producidas por mayores amperajes requieren de un claro mayor para permitir que se les retire eficientemente.

Por lo tanto, el sobrecorte depende del voltaje del claro y del tamaño de viruta, que varía según el amperaje que se utiliza.

Acabado superficial

En los últimos años, se han hecho grandes avances con respecto a los acabados superficiales que se pueden producir. Con velocidades de eliminación de metal bajas, son posibles acabados superficiales de 2 a 4 μm) Con velocidades de eliminación de metal altas [de tanto como 15 pulg^3/h (245 cm^3/h)], se producen acabados superficiales de 1000 μpulg (24 μm).

El tipo de acabado requerido determina el número de amperes que se pueden utilizar y la capacitancia, frecuencia y ajuste de voltaje. Para una rápida eliminación de metal (cortes de desbaste), se requiere un alto voltaje de claro. Para una eliminación de metal lenta (corte de acabado) y un buen acabado superficial, se necesita un amperaje bajo, alta frecuencia, baja capacitancia, y el mayor voltaje de claro posible.

Ventajas del EDM

El maquinado por descarga eléctrica tiene muchas ventajas sobre los procesos de maquinado convencionales, entre ellas las siguientes:

- Cualquier material que sea eléctricamente conductor puede cortarse, sin importar su dureza. El EDM resulta especialmente valioso para carburos cementados y las nuevas aleaciones de la era espacial supertenaces que son extremadamente difíciles de cortar mediante métodos convencionales.

- Se puede maquinar piezas en estado endurecido, superando así la deformación provocada por el proceso de endurecimiento.
- Pueden retirarse fácilmente machuelos o brocas rotas de las piezas de trabajo
- No crea tensiones en el material de trabajo, ya que la herramienta (electrodo) nunca entra en contacto con la pieza
- El proceso es libre de rebabas
- Pueden maquinarse secciones delgadas y frágiles sin deformarlas
- Por lo general se eliminan operaciones de acabado secundarias en muchos tipos de piezas
- El proceso es automático, ya que el servomecanismo hace avanzar el electrodo hacia la pieza conforme se elimina el material
- Una persona puede operar varias máquinas EDM al mismo tiempo
- Se cortan de un sólido formas complejas, imposibles de producir mediante métodos convencionales, con relativa facilidad (Figura 92-7A y B)

A

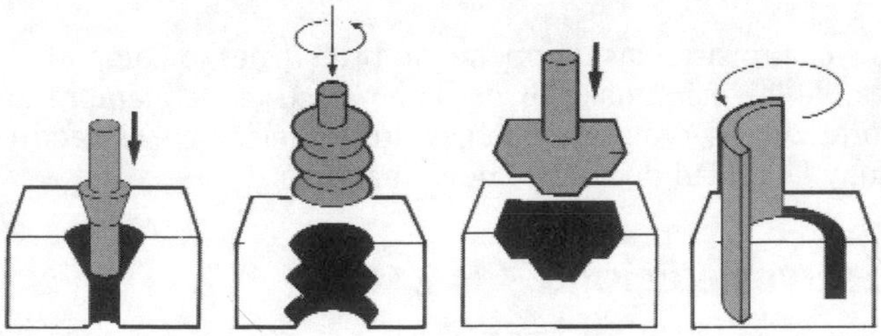
B

FIGURA 92-7 (A) Ejemplos de piezas producidos mediante EDM; (B) movimiento de herramienta requerido para producir cavidades de diversas formas.

- Pueden producirse mejores matrices y moldes a un costo menor.
- Puede utilizarse un punzón matriz como electrodo para reproducir su forma en una placa de matriz correspondiente, completa con el claro adecuado.

Limitaciones del EDM

El maquinado por descarga eléctrica ha encontrado muchas aplicaciones en el ramo de las máquinas herramienta. Sin embargo, tiene algunas limitaciones:

- Las velocidades de eliminación de metal son bajas
- El material que se va a maquinar debe ser eléctricamente conductor
- Las cavidades producidas están ligeramente cónicas pero pueden controlarse en la mayor parte de las aplicaciones a algo tan pequeño como .0001 pulgada (0.002 mm) por cada ¼ de pulg (6 mm)
- El rápido desgaste del electrodo puede resultar costoso en algunas clases de equipo EDM
- Los electrodos de menos de .003 pulg (0.07 mm) de diámetro resultan imprácticos
- La superficie de trabajo se daña a una profundidad de .0002 pulg (0.005 mm), pero se le elimina fácilmente
- Hay un ligero endurecimiento superficial. Esto, sin embargo, puede clasificarse como ventaja en algunos casos.

LA MÁQUINA EDM DE ALAMBRE DE CORTE

El maquinado por descarga eléctrica ha avanzado rápidamente con la adición del control numérico por computadora (CNC). Hoy en día el EDM se utiliza en una amplia variedad de aplicaciones de trabajo de metal de precisión, que

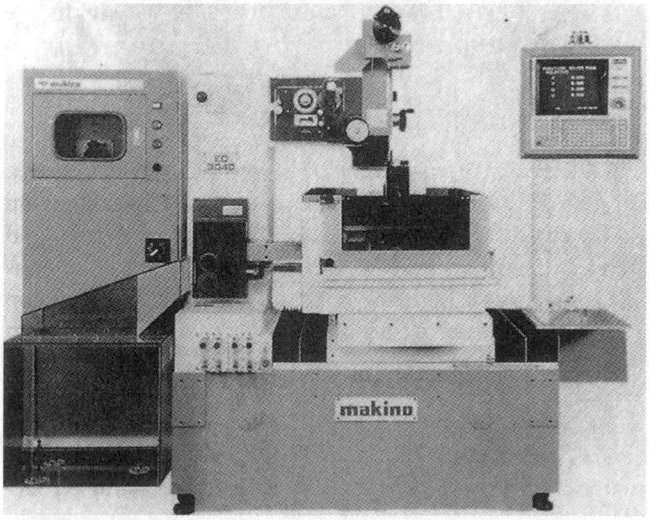

FIGURA 92-8 La máquina por descarga eléctrica de alambre de corte se utiliza para maquinar formas complejas. (Cortesía The R.K. LeBlond Machine Tool Co.)

tan sólo hace unos pocos años habrían sido casi imposibles. Las tolerancias de corte, las velocidades de corte, y la calidad del acabado superficial se han mejorado notablemente.

Otra aplicación del maquinado por descarga eléctrica es la máquina EDM de alambre de corte (Figura 92-8 de la página 803). A diferencia de otras aplicaciones de EDM que utilizan un electrodo con la forma y tamaño de la cavidad o perforación requerida, esta máquina por lo general utiliza un delgado alambre de latón o cobre como electrodo, haciendo posible cortar casi cualquier forma y contorno a partir de materiales en forma de placa plana.

El EDM de alambre de corte puede hacer cosas que las tecnologías más antiguas no pueden hacer tan bien, tan rápidamente, con tan bajo costo, y tan precisamente. Ahora pueden programarse y producirse la mayoría de las piezas como sólidos, en vez de en secciones y después ensamblarlos en unidad, como era necesario anteriormente. El EDM de alambre de corte es capaz de producir formas complejas como conos, volutas interiores, parábolas, elipses, etcétera (Figura 92-9). Este proceso ahora se utiliza comúnmente para maquinar el carburo de tungsteno, los materiales difíciles de maquinar, el diamante policristalino, el nitruro de boro cúbico policristalino, y el molibdeno puro.

FIGURA 92-10 La pieza de trabajo se mueve a lo largo de los ejes XY mediante control numérico para cortar la forma deseada. (Cortesía The R.K. Leblond Machine Tool Co.)

FIGURA 92-9 Se pueden cortar fácilmente conos, volutas interiores, parábolas, elipses y muchas otras formas con las máquinas por descarga eléctrica de alambre de corte. (Cortesía The R.K. LeBlond Machine Tool Co.)

El proceso

La máquina de EDM de alambre de corte utiliza CNC para mover la pieza de trabajo a lo largo de los ejes *X*- y *Y*- (hacia atrás, adelante, y lateralmente) en un plano horizontal hacia un electrodo de alambre que se mueve verticalmente (Figura 92-10). El electrodo de alambre no hace contacto con la pieza de trabajo sino que opera en una corriente de fluido dieléctrico (usualmente agua deionizada), que se dirige al área de chispa entre la pieza y el electrodo. Cuando la máquina está operando, el fluido dieléctrico en el área de chispa se descompone, formando un gas que permite que la chispa salte entre la pieza de trabajo y el electrodo. El material erosionado que produce la chispa se lava después con el fluido dieléctrico.

El movimiento del alambre se controla continuamente en incrementos mínimos de .00001 pulg (0.0002 mm) en posiciones de dos a cinco ejes. Junto con los ejes *XY*-la cabeza puede inclinarse hasta 30° (ejes *UV*) para cortar secciones cónicas y puede subirse o bajarse (eje *Z*-) para adecuarse a diversos espesores en la pieza de trabajo. Puede cortarse con mucha precisión cualquier contorno, dentro del tamaño de la máquina. Durante la acción de corte, se mantiene un claro de arco de .001 a .002 pulg (0.02 a 0.05 mm) entre la pieza de trabajo y el electrodo de alambre.

Sistemas de operación

Los cuatro sistemas de operación principales, o componentes, de las máquinas por descarga eléctrica de alambre de corte son el servomecanismo, el fluido dieléctrico, el electrodo, y la unidad de control de la máquina.

El servomecanismo

El servomecanismo del EDM controla los niveles de corriente de corte, la velocidad de avance de los motores propulsores, y la velocidad de recorrido del alambre. El servomecanismo mantiene automáticamente un claro constante de aproximadamente .001 a .002 pulg (0.02 a 0.05 mm) entre el alambre y la pieza de trabajo. Es importante que no haya ningún contacto físico entre el alambre (electrodo) y la pieza de trabajo; de lo contrario, ocurrirá un arco que podría dañar la pieza y romper el alambre. El servomecanismo también hace avanzar la pieza de trabajo hacia el alambre conforme la operación progresa, y baja la velocidad o acelera los motores de propulsión como se requiera, para mantener el claro de arco apropiado. Es esencial un control preciso del claro para una operación de maquinado exitosa. Si el claro es demasiado grande, el fluido dieléctrico entre el alambre (electrodo) y la pieza de trabajo no se descompondrá en gas, y la descarga no se podrá conducir entre el alambre y la pieza de trabajo, y por lo tanto el maquinado no se podrá llevar a cabo. Si el claro es demasiado pequeño, el alambre tocará la pieza de trabajo, haciendo que el alambre haga corto circuito y se rompa.

El fluido dieléctrico

Uno de los factores más importantes para una operación EDM exitosa es la eliminación de las partículas (virutas) del claro de trabajo. Al enjuagar estas partículas del claro con el fluido dieléctrico se producirán buenas condiciones de corte, en tanto que un enjuague pobre causará corte errático y condiciones de maquinado pobres.

El fluido dieléctrico en el proceso de EDM de alambre de corte por lo general es agua deionizada. Ésta es agua de la llave que se circula a través de una resina de intercambio de iones. El agua deionizada provee un buen aislante, en tanto que el agua sin tratamiento es conductora y no es adecuada para el proceso por descarga eléctrica. La cantidad de deionización del agua determina su resistencia. En la mayoría de las operaciones, entre menor sea la resistencia, mayor será la velocidad de corte. Sin embargo, la resistencia del fluido dieléctrico debe ser mucho mayor cuando se cortan carburos y grafitos de alta densidad.

El fluido dieléctrico que se utiliza en el proceso de EDM de alambre de corte sirve a varias funciones:

1. Ayuda a iniciar la chispa entre el alambre (electrodo) y la pieza de trabajo.
2. Sirve como aislante entre el alambre y la pieza de trabajo.
3. Lava las partículas de alambre desintegrado y de la pieza de trabajo para evitar cortos.
4. Actúa como refrigerante tanto para el alambre como para la pieza de trabajo.

El fluido dieléctrico debe circularse bajo una presión constante para que lave las partículas y ayude al proceso de maquinado.

El electrodo

El electrodo en el EDM de alambre de corte puede ser un carrete de alambre de latón, cobre, tungsteno, molibdeno o zinc, con .002 a .012 pulg (0.05 a 0.3 mm) de diámetro y de 2 a 100 lb (0.90 a 45-36 kg) de peso. El electrodo viaja continuamente desde el carrete de provisión hasta el carrete de almacenamiento, de manera que siempre hay alambre nuevo en el área de chispa. Con este tipo de electrodo, el desgaste en el alambre no afecta la precisión del corte, ya que se está alimentando constantemente alambre nuevo a la pieza de trabajo a velocidades desde una fracción de pulgada hasta varias pulgadas por minuto. Tanto el desgaste del electrodo como la velocidad de eliminación de metal de la pieza de trabajo dependen de factores como la conductividad eléctrica y térmica del material, su punto de fusión, y la duración e intensidad de los pulsos eléctricos. Al igual que en el maquinado convencional, algunos materiales tienen mejores cualidades de corte y desgaste que otros; por lo tanto, los materiales de electrodo deben tener las siguientes características:

1. Ser buenos conductores de la electricidad.
2. Tener un alto punto de fusión.
3. Tener una alta resistencia a la tensión.
4. Tener una buena conductividad térmica.
5. Producir una eliminación de metal eficiente de la pieza de trabajo.

La unidad de control de máquina

La unidad de control para la EDM de alambre de corte puede separarse en tres paneles de operador individuales:

- El panel de control para fijar las condiciones de corte (servomecanismo).
- El panel de control para la configuración de la máquina y los datos requeridos para producir la pieza (control numérico).
- El panel de control para la entrada de datos manual (MDI) y un tubo de despliegue de rayo de cátodos (Figura 92-11).

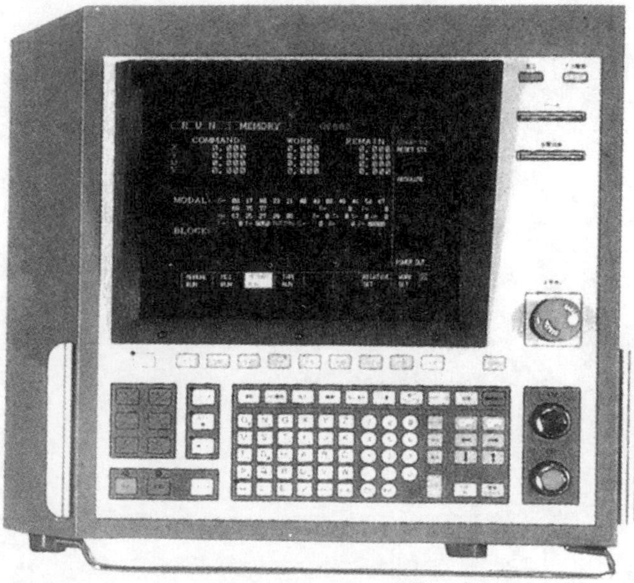

FIGURA 92-11 El panel de control se utiliza para fijar las condiciones de corte de la máquina por descarga eléctrica de alambre de corte. (Cortesía The R.K. LeBlond Machine Tool Co.)

Aunque algunas de las máquinas por descarga eléctrica de alambre de corte más recientes eliminan algunos de estos controles y los incorporan como parte del ciclo de corte automático de la máquina, el conocimiento de lo que se está controlando durante el ciclo de corte debe dar al operador una mejor comprensión general de la máquina de alambre de corte y el proceso de corte.

CONCLUSIÓN

Desde que se puso en uso práctico al EDM, sus aplicaciones se han ido expandiendo, en virtud de su capacidad de llevar a cabo económicamente trabajos que son extremamente difíciles o imposibles de realizar mediante métodos de maquinado convencionales. La investigación y el desarrollo continúan para mejorar las velocidades de desgaste de herramienta, para aumentar las velocidades de eliminación de metal sin que sufra el acabado superficial, y para mejorar las fuentes de energía y los componentes de la máquina herramienta. Un conocimiento más amplio de este proceso y sus posibilidades llevarán a aumentar la importancia del EDM en el futuro.

PREGUNTAS DE REPASO

1. Describa brevemente el principio del EDM.
2. Explique la operación y ventajas de la fuente de energía del tipo de pulso.
3. Liste las características de un buen material de electrodo.
4. Explique por qué el grafito está ganando una amplia aceptación como material de electrodo.
5. ¿Cuál es el propósito del servomecanismo y cómo funciona?
6. Explique brevemente qué ocurre durante el proceso de descarga.
7. ¿Para qué propósito sirve el fluido dieléctrico?
8. Haga un análisis de los cuatro métodos para circular los fluidos dieléctricos y explique las ventajas de cada método.
9. ¿Qué factores afectan la velocidad de eliminación de metal?
10. Explique el principio del maquinado de polaridad inversa.
11. Defina *sobrecorte* y explique cómo puede controlarse.
12. ¿Qué acabados superficiales son posibles con el EDM y cómo es que se logran?
13. Liste seis ventajas principales del proceso de EDM.
14. Liste cuatro limitaciones del EDM.

UNIDAD

93

Procesos de formado

OBJETIVOS

Al terminar el estudio de esta unidad, se podrá:

1 Describir los procesos de formado explosivo y electromagnético

2 Explicar cómo puede utilizarse el proceso de metalurgia de polvos para producir piezas sin maquinado

El formado de piezas grandes de metal se ha vuelto importante como resultado del programa de misiles y aeroespacial. Pueden formarse fácilmente piezas pequeñas con prensas convencionales; sin embargo, estas prensas no tienen la capacidad o la fuerza necesarias para formar materiales con mayor resistencia elástica o piezas grandes de material común. En el programa aeroespacial se necesitaron piezas formadas tan grandes como 10 pie (3.04 m) de diámetro. Producir estas piezas en prensas convencionales hubiera sido impráctico económicamente hablando, debido al costo y el tamaño de la prensa necesario.

El formado de *alta velocidad de energía* (explosivo) ha recibido una atención considerable en los últimos años, debido a su capacidad para aplicar grandes cantidades de presión [tanto como 100 000 lb/pulg^2 (689 MPa) o mayores] mediante explosiones controladas para conformar el metal a la forma. En este tipo de formado de metal, sólo se requiere la parte de la cavidad de la matriz, y la fuerza que crea la explosión controlada reemplaza el punzón de matriz. Aunque existen muchas variaciones del formado explosivo, sólo se analizarán brevemente los métodos de explosivo químico, de descarga de chispa eléctrica, y electromagnético, para dar al lector un discernimiento de los principios involucrados.

Uno de los procesos de formado más ampliamente utilizados es el de la metalurgia de polvos. La *metalurgia de polvos* es el proceso de producción de piezas de metal al:

1. Mezclar metales y aleaciones en polvo
2. Comprimir el polvo en una matriz con la forma de la pieza que se va a producir
3. Someter la pieza formada a temperaturas elevadas (sinterizado), lo que provoca que las partículas se "suelden" entre sí y formen una pieza sólida

El proceso de fabricar objetos útiles mediante el formado de polvos no es nuevo. Los antiguos egipcios practicaban una variación de la metalurgia de polvos, y desde entonces la experimentación ha continuado perfeccionando el proceso. Desde la Primera Guerra Mundial, la investigación y el desarrollo han llevado a un progreso considerable. Hoy en día, la metalurgia de polvos se utiliza para producir levas, engranes, cojinetes auto-lubricantes, filamentos de luz, palancas, herramientas de carburo cementado, filtros de automóviles, etcétera, que se producían anteriormente mediante métodos de maquinado convencionales.

BRICATORS

FORMADO EXPLOSIVO

Los explosivos químicos han demostrado ser una fuente de energía compacta y poco costosa. Sólo se requiere una pequeña cantidad de explosivos para crear una enorme fuerza para formar el metal. Por ejemplo, 2 oz (57 g) de explosivos en un depósito de agua con un diámetro de 5 pies (1.5 m) puede producir la misma fuerza que una prensa hidráulica de 1000 toneladas (907 t). Si se utilizaran 5 lb (2268 g) de explosivos, la fuerza resultante excedería por mucho la capacidad de cualquier prensa existente.

El proceso

1. La pieza de trabajo (en bruto) que se va a formar se sujeta en la parte superior de la cavidad de matriz mediante una abrazadera de anillo (Figura 93-1).
2. El explosivo se monta sobre el material a una distancia predeterminada de su superficie.
3. El ensamble entero se introduce en un depósito de agua.
4. Se crea un vacío en la matriz (el espacio entre la pieza de trabajo y la cavidad de matriz) (Figura 93-1).
5. Se activa la carga explosiva.
6. La onda de impacto que se crea provoca que el metal se deforme según la forma de la cavidad de matriz.

La detonación del explosivo bajo el agua crea una onda de impacto que golpea la pieza de trabajo, forzando al metal en contacto con la matriz. Las presiones ejercidas sobre la pieza son altas; sin embargo, la intensidad y duración de la presión pueden controlarse de manera que sólo se ejerza un poco más de la energía necesaria. Si se ejerce demasiada presión, puede provocar que la pieza de trabajo se rompa.

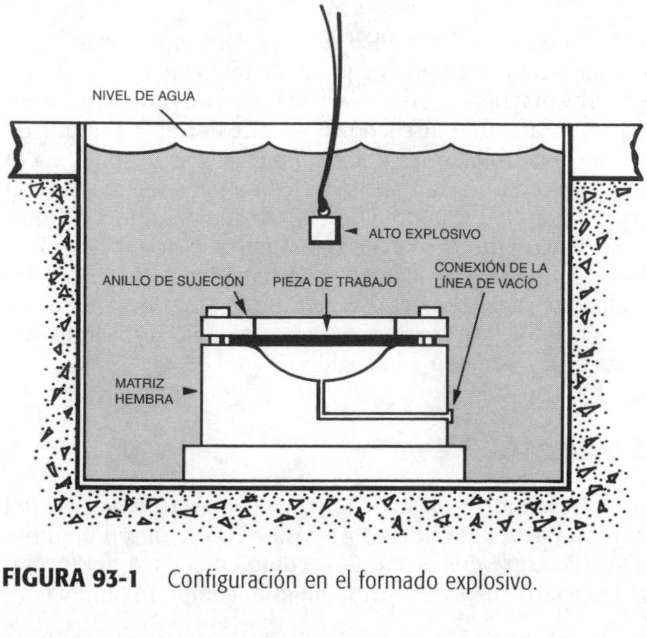

FIGURA 93-1 Configuración en el formado explosivo.

Ventajas

El uso de explosivos para formar secciones de metal grandes ofrece muchas ventajas:

- Ya que solamente se necesita la mitad de la matriz, el costo de la fabricación de matrices se reduce.
- El costo del equipo necesario es relativamente bajo.
- Pueden formarse piezas difíciles o imposibles de formar mediante medios mecánicos.
- Se crea un acabado superficial mejor del que es posible con los juegos de matrices convencionales.
- Es posible una mejor precisión de formado, porque hay muy poco o ningún rebote en la pieza de trabajo.
- Se eliminan las operaciones de recocido necesarias para el formado profundo en los medios convencionales.

Limitaciones y desventajas

Deben tomarse en consideración ciertas limitaciones o desventajas al utilizar explosivos para formar metales:

- Debe entrenarse a los empleados en el uso seguro de los explosivos.
- Las primas de seguros por lo general son mayores debido al uso de explosivos.
- El formado debe realizarse en un área remota, lo que aumenta los costos de transporte y manejo.
- No pueden utilizarse temperaturas elevadas, que podrían ayudar a formar la pieza de trabajo, debido a los efectos de enfriamiento del agua.

Conclusión

El uso de explosivos ha dado a la industria un método relativamente poco costoso para formar piezas de metal grandes. Este proceso debe tomarse en consideración en piezas difíciles o imposibles de formar mediante medios convencionales o si los costos resultan más bajos.

FORMADO POR DESCARGA DE CHISPA ELÉCTRICA

Se han utilizado con éxito ondas de impacto, comparables con aquellas producidas por los explosivos, creadas por una descarga eléctrica subacuática de alto voltaje para formar metal. La cantidad de energía eléctrica requerida para el formado de piezas de trabajo depende de los siguientes factores:

1. El diámetro y profundidad de la cavidad de matriz.
2. La distancia desde la chispa a la superficie del agua.
3. Amplitud del espacio de chispa.
4. Espesor de la pieza de trabajo.

El formado por descarga de chispa eléctrica (electrochispa) no puede ni está diseñado para competir con las prensas comunes en el formado de piezas simples. Por lo general se utiliza para formar piezas que serían difíciles o imposibles de fabricar mediante métodos convencionales. Con el formado por electrochispa, son posibles operaciones como punzonado, perforado, grabado, acampanado, recortado, y formado de partes tubulares, ya sea por expansión o por contracción.

El proceso

1. La pieza que se va a formar se sujeta firmemente a la parte superior de la matriz por medio de una abrazadera en anillo (Figura 93-2).
2. La matriz se sumerge entonces en agua.
3. Se crea un vacío en la cavidad de matriz.
4. Los electrodos se colocan a una distancia predeterminada por encima de la pieza de trabajo (Figura 93-2).
5. Se libera la energía almacenada dentro del capacitor de alto voltaje entre los electrodos sumergidos.
6. La descarga de chispa entre los electrodos provoca una onda de impacto, haciendo que la pieza de trabajo se moldee a la forma de la cavidad de matriz.

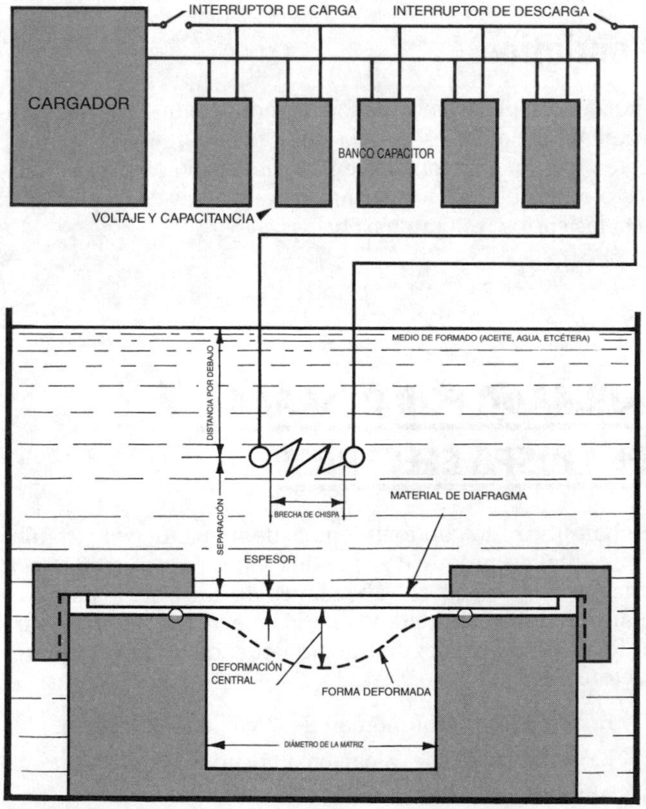

FIGURA 93-2 Principio de formado de electrochispa.

La liberación de tanta energía entre los electrodos sumergidos calienta y vaporiza un estrecho canal de agua, expandiéndolo rápidamente y creando una onda de impacto. Cuando esta onda de impacto alcanza la pieza de trabajo, hay un desequilibrio de fuerzas en la pieza de trabajo, provocado por la baja presión en la cavidad de matriz, resultado del vacío, y la alta presión de la onda de impacto. Debido a este desequilibrio de fuerzas, la pieza es obligada a deformarse en la dirección de la presión bajo y asume la forma de la cavidad de matriz.

Con frecuencia la trayectoria de la chispa es controlada conectando el espacio entre los dos electrodos con un alambre fino. Durante la descarga, la chispa está confinada a una trayectoria específica; sin embargo, el alambre se vaporiza y debe reemplazarse con cada pieza que se forma.

Conclusión

La mayoría de las ventajas y desventajas listadas en el formado explosivo aplican también al formado de electrochispa. Las diferencias entre los dos procesos son:

1. El costo del equipo necesario para iniciar la descarga es considerablemente mayor que el del formado explosivo.
2. El formado de electrochispa es un proceso mucho más seguro y no tiene que realizarse en un área remota.
3. Son posibles mayores velocidades de producción que con el formado explosivo.
4. La trayectoria de la descarga puede controlarse con más precisión en el formado de electrochispa.
5. La cantidad de descarga está limitada a la capacidad del banco de potencia eléctrica.

FORMADO ELECTROMAGNÉTICO

El formado electromagnético es uno de los métodos más novedosos para el formado de metal de alta energía. El campo de fuerza magnética, creado al pasar una alta corriente a través de un alambre alrededor o en el exterior o interior de una pieza de trabajo, es utilizado para llevar las piezas a la forma deseada. Se han obtenido los mejores resultados con este método de formado de metal de alta energía al formar piezas hechas de cobre y aluminio, que son buenos conductores eléctricos. El formado electromagnético se utiliza principalmente para contraer o expandir formas tubulares. También puede utilizarse en operaciones de grabado, punzonado, formado y encogido (Figura 93-3).

El proceso

En el formado electromagnético, la energía eléctrica del banco capacitor (Figura 93-4) pasa a través de un alambre en vez de entre dos electrodos, como en el caso del formado de electrochispa. Se forma un gran campo magnético al-

FIGURA 93-3 Ejemplos de formado electromagnético.

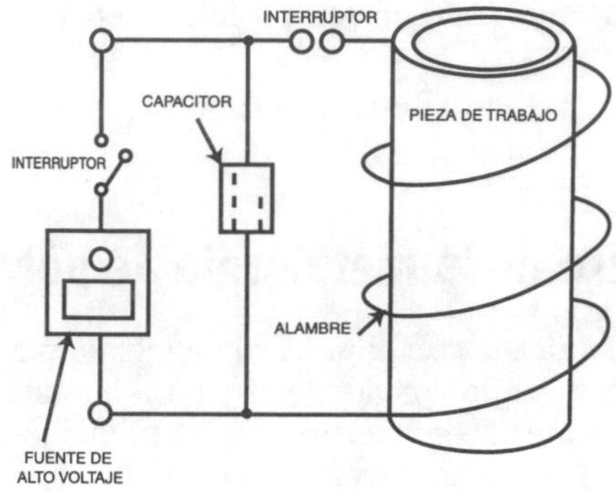

FIGURA 93-4 Principio del formado electromagnético.

rededor del alambre, induciendo voltaje en la pieza de trabajo. La alta corriente resultante acumula su propio campo magnético. Estos dos campos magnéticos de fuerza tienen dirección opuesta y se rechazan entre sí, provocando la deformación de la pieza de trabajo. Si el alambre se coloca en el interior de una pieza tubular, la fuerza magnética provocará que la pieza de trabajo se abulte y asuma la forma de la cavidad de matriz. Las piezas de trabajo pueden encogerse dentro de mandriles formados colocando el alambre alrededor del exterior de la pieza que se va a formar (Figura 93-4). Pueden utilizarse alambres de formado de campo para concentrar el campo de fuerza magnético cuando se forman piezas irregulares.

Se han llevado a cabo experimentos utilizando variaciones de energía eléctrica. Los mejores resultados en el formado electromagnético se han obtenido con un banco capacitor de bajo voltaje y alta capacitancia. La cantidad de deformación de la pieza aumenta en relación con la energía eléctrica almacenada que se libera. La deformación de la pieza de trabajo decrece cuando la distancia entre el alambre y el trabajo aumenta. Las piezas hechas de materiales de conducción pobre o inexistente pueden formarse colocando una envoltura conductora alrededor o en el interior de las piezas que se van a formar. La envoltura actúa como lo haría un material con buena conducción eléctrica y hace que la pieza de trabajo asuma la forma de la cavidad de matriz o el mandril formado.

Factores del formado electromagnético

Aunque el formado electromagnético es un método relativamente nuevo para formar metales, ha demostrado ser insustituible en muchas operaciones que eran difíciles o imposibles de realizar mediante otros métodos. Deben tomarse en consideración los siguientes factores, ya que afectan la eficiencia del proceso de formado electromagnético:

1. La cantidad de energía eléctrica empleada debe ser suficiente para formar completamente la pieza.
2. El alambre debe estar diseñado de manera que sea más resistente que la pieza que se va a formar; de lo contrario, la fuerza electromagnética puede deformar el alambre en vez de la pieza de trabajo.
3. El tamaño del alambre y la cantidad de vueltas en el rollo son muy importantes, ya que determinan la fuerza del campo electromagnético que se puede crear. El alambre debe colocarse a una distancia específica de la pieza que se va a formar.
4. La conductividad eléctrica del material de trabajo es un factor importante en este proceso.
5. El espesor del material de trabajo determina la posición del alambre y la cantidad de energía eléctrica necesaria.

Ventajas

En el formado electromagnético, el tamaño de la pieza que se puede formar está controlado por la cantidad de potencia eléctrica que se puede dirigir al alambre de formado. Sin embargo, tiene ciertas ventajas sobre otros métodos de formado de alta energía:

- La cantidad de energía eléctrica puede controlarse con precisión
- Se aplica una cantidad de fuerza igual a todas las área de la pieza
- No se aplica fuerza a menos que la pieza esté dentro del campo magnético
- La pieza puede precalentarse, ya que no se requiere agua ni líquido en el proceso de formado
- No hay partes móviles en el equipo de formado
- La operación puede automatizarse
- El formado puede llevarse a cabo en un vacío o en una atmósfera inerte
- Proporciona un método de bajo costo para ensamblar en donde deben formarse bandas de metal alrededor de otras piezas.

Conclusión

El formado electromagnético, aunque es un proceso relativamente nuevo, se ha utilizado en una gran variedad de aplicaciones industriales, que van desde el programa aeroespacial al ensamble de componentes electrónicos. Conforme se tengan disponibles equipos de pulso de mayor capacidad, este método de formado de metal deberá asumir más importancia en los procesos de manufactura.

METALURGIA DE POLVOS

La metalurgia de polvos es una desviación radical de los procesos de maquinado convencionales (Figura 93-5). En los métodos de maquinado convencionales, se selecciona un pedazo de acero o una barra de material más grande que la pieza acabada y se maquina a la forma requerida. El material que se corta en el proceso de maquinado está en forma de virutas de acero, que se consideran *pérdidas por desechos* (Figura 93-6). En la metalurgia de polvos, se mezclan entre sí los polvos correctos y se forman a la forma requerida dentro de una matriz. Ya que no se requiere maquinado y sólo se utiliza la cantidad de polvo necesaria para cada parte, la pérdida por desechos es mínima.

FIGURA 93-5 Ejemplos de piezas producidas mediante metalurgia de polvos. (Cortesía The Powder Metallurgy Parts Manufacturer's Association.)

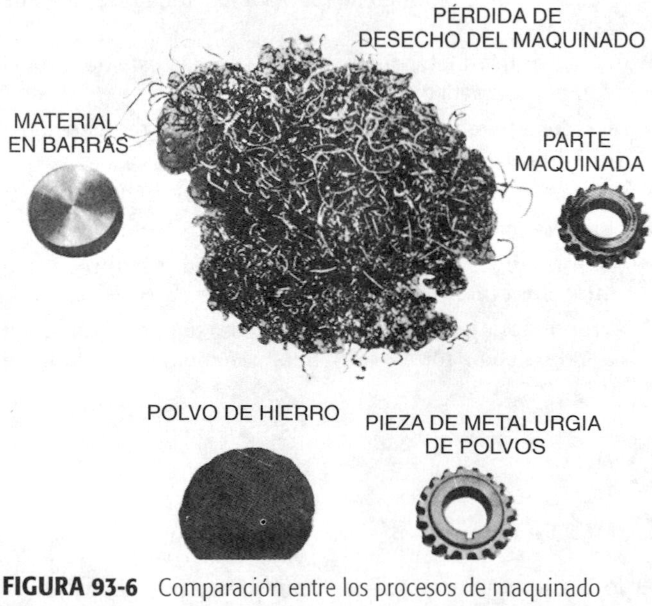

FIGURA 93-6 Comparación entre los procesos de maquinado convencional y de metalurgia de polvo. (Cortesía The Powder Metallurgy Parts Manufacturer's Association.)

Las características únicas del proceso de metalurgia de polvos son:

1. No involucra el manejo de metales fundidos.
2. Raramente se necesitan operaciones de maquinado o acabado.
3. Permite una rápida producción en masa de formas de acero o de otros metales de alto punto de fusión.
4. Pueden producirse fácilmente partes de berilio, molibdeno y tungsteno, lo que sería impráctico o poco económico utilizando otros métodos.
5. Permite combinaciones de metales y no metales, así como aleaciones, que no son posibles mediante otros métodos.
6. Permite un control preciso de la densidad o porosidad de la pieza acabada.

El proceso de la metalurgia de polvos

Una pieza fabricada con el proceso de metalurgia de polvos comienza con los polvos de metal y pasa por cuatro etapas principales, antes de convertirse en un producto terminado (Figura 93-7). Éstas incluyen los polvos brutos, mezclado, compactado y sinterizado.

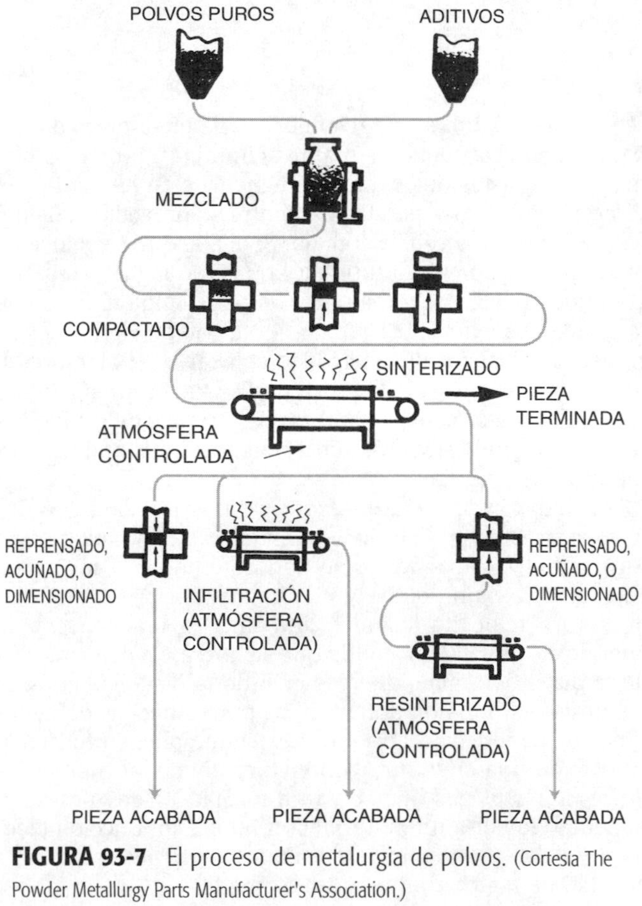

FIGURA 93-7 El proceso de metalurgia de polvos. (Cortesía The Powder Metallurgy Parts Manufacturer's Association.)

Material prima de polvos

Casi cualquier tipo de metal puede producirse en forma de polvo; sin embargo, sólo unos cuantos tienen las características y propiedades deseables, necesarias para la producción económica. Las dos clases principales son los polvos de base de hierro y cobre, y se prestan bien al proceso de metalurgia de polvos. Los polvos de aluminio, níquel, plata y tungsteno no se utilizan ampliamente; sin embargo, tienen algunas aplicaciones importantes.

Algunos de los métodos más comunes para fabricar polvos son:

1. La *atomización* o rocío de metal es el medio de producir polvos a partir de metales de bajo punto de fusión, como el aluminio, el plomo, el estaño y el zinc. Este proceso produce partículas de polvo de forma irregular.
2. La *deposición electrolítica* es el método más común para producir polvos de cobre, hierro, plata y tantalio.
3. La *granulación* se utiliza para convertir ciertos metales en polvo. El metal se revuelve rápidamente mientras se enfría. Este proceso depende de la formación de óxidos en las partículas de metal durante el movimiento.
4. El *maquinado* produce polvos gruesos y se utiliza principalmente para producir polvos de magnesio.
5. El *molino* involucra el uso de diversas clases de trituradoras, rodillos o prensas para romper el metal en partículas.
6. La *reducción* se utiliza para transformar óxidos de metal en forma de polvo mediante el contacto con gas en temperaturas por debajo de su punto de fusión. Los polvos de cobalto, hierro, molibdeno, níquel y tungsteno se producen mediante el proceso de reducción.
7. El *pulverizado* es la operación de pasar material fundido a través de un orificio o cedazo y hacer que las partículas caigan en agua. La mayoría de los metales pueden pulverizarse mediante este método; sin embargo, por lo general las partículas son grandes.

Mezclado

Debe seleccionarse cuidadosamente el polvo para un producto específico, para asegurar una producción económica y de manera que la pieza acabada tenga las características requeridas. En la selección debe considerarse la siguiente información sobre el polvo:

1. Forma de la partícula de polvo
2. Tamaño de la partícula
3. Su capacidad para fluir libremente
4. Capacidad de compresión (su capacidad para mantener la forma)
5. Su capacidad de sinterizado (su capacidad para fundirse o unirse)

Una vez que se han seleccionado los polvos correctos, se determina cuidadosamente la masa de cada uno dentro de la proporción requerida para el componente terminado, y se agrega un lubricante de matriz, como grafito en polvo, estearato de zinc, o ácido esteárico. El propósito de este lubricante es ayudar al flujo de polvo dentro de la matriz, evitar el escoriado de las paredes de la matriz, y permitir una fácil eyección de la pieza comprimida. Esta composición se mezcla cuidadosamente (Figura 93-8) para asegurar una distribución de grano homogénea en el producto terminado.

Compactado (briqueteado)

La mezcla de polvos se alimenta entonces a una matriz de precisión que tiene la forma y tamaño del producto acabado. La matriz por lo general consiste de una concha de matriz, un punzón superior, y un punzón inferior (Figura 93-8). Estas matrices por lo general se montan en prensas hidráulicas o mecánicas, en donde se utilizan presiones desde 3000 lb/pulg^2 (20 MPa) hasta tanto como 200000 lb-/pulg^2 (1379 MPa) para comprimir el polvo. Las partículas de polvo blandos pueden oprimirse o atorarse entre sí rápidamente y por lo tanto no requieren de una presión tan elevada como las partículas más duras. La densidad y dureza del producto acabado aumenta junto con la cantidad de presión utilizada para compactar o briquetear el polvo. Sin embargo, en cada caso hay una presión óptima, por encima de la cual no se puede obtener un incremento perceptible de las cualidades y propiedades.

Sinterizado

Después del compactado, la "pieza verde" debe calentarse lo suficiente para ejercer una cohesión permanente de las partículas de metal en sólido. Esta operación de calentamiento se conoce como *sinterizado*. Las piezas se pasan a través de hornos de atmósfera protectora controlada, que se mantienen a una temperatura aproximadamente un tercio por debajo del punto de fusión del polvo principal. La atmósfera cuidadosamente controlada y la temperatura durante la operación de sinterizado permiten la unión de las partículas y la recristalización por las interfaces de las partículas. La mayor parte del sinterizado se lleva a cabo en una atmósfera de hidrógeno, produciendo piezas sin escamas o decoloraciones.

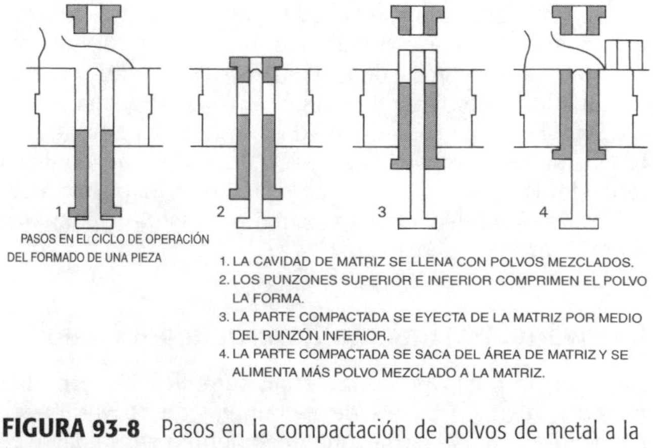

1
2
3
4
PASOS EN EL CICLO DE OPERACIÓN DEL FORMADO DE UNA PIEZA
1. LA CAVIDAD DE MATRIZ SE LLENA CON POLVOS MEZCLADOS.
2. LOS PUNZONES SUPERIOR E INFERIOR COMPRIMEN EL POLVO LA FORMA.
3. LA PARTE COMPACTADA SE EYECTA DE LA MATRIZ POR MEDIO DEL PUNZÓN INFERIOR.
4. LA PARTE COMPACTADA SE SACA DEL ÁREA DE MATRIZ Y SE ALIMENTA MÁS POLVO MEZCLADO A LA MATRIZ.

FIGURA 93-8 Pasos en la compactación de polvos de metal a la forma. (Cortesía The Powder Metallurgy Parts Manufacturer's Association.)

La temperatura dentro de los hornos varía de 1600° a 2700°F (871° a 1482°C), dependiendo del tipo de polvo que se esté sinterizando. El tiempo necesario para sintetizar una pieza varía, dependiendo de su forma y tamaño; normalmente, sin embargo, es de 15 a 45 minutos.

El propósito de la operación de sinterizado es unir las partículas de polvo entre sí para que forme una pieza fuerte y homogénea que tenga las características físicas deseadas.

Operaciones de acabado

Después del sinterizado, la mayoría de las piezas están listas para su uso. Sin embargo, algunas piezas que requieren tolerancias muy estrechas u otras cualidades pueden requerir algunas operaciones adicionales, como dimensionado y reprensado, impregnación, infiltración, chapeado, tratamiento térmico, y maquinado.

Dimensionado y reprensado

Las piezas que requieren tolerancias cercanas o una densidad incremental deben *dimensionarse* o *reprensarse.* Esto involucra poner la pieza en una matriz similar a la utilizada durante el compactado, y volverla a comprimir. Esta operación mejora el acabado superficial y la precisión dimensional, aumenta la densidad, y añade nueva fuerza a la pieza.

Impregnación

El proceso de llenar los poros de una pieza sinterizada con un lubricante o un material no metálico se llama *impregnación*. Los cojinetes de oilita son un buen ejemplo de una parte impregnada con aceite para superar la necesidad de lubricación y mantenimiento constantes. Las piezas pueden impregnarse mediante un proceso de vacío o sumergiendo las piezas en aceite por varias horas.

Infiltración

La *infiltración* es el proceso de llenar los poros de una pieza con un metal o aleación que tenga un punto de fusión más bajo que la pieza sinterizada. El propósito de esta operación es aumentar la densidad, resistencia, dureza, resistencia al impacto y ductilidad de la pieza fabricada.

Se coloca una capa del material que se va a infiltrar sobre las piezas compactadas y se pasan por un horno de sinterizado. Debido a su punto de fusión más bajo, el material infiltrado se funde y penetra los poros de la parte compactada mediante acción capilar.

Chapeado, tratamiento térmico, maquinado

Dependiendo del tipo de material, su aplicación y requerimientos, algunas piezas de metalurgia de polvos pueden chapearse, tratarse térmicamente, maquinarse, soldarse con latón o soldadura normal.

Ventajas de la metalurgia de polvos

El uso de la metalurgia de polvos está aumentando rápidamente, al fabricarse muchas piezas mejor y más económicamente que con los métodos de manufactura anteriores. Algunas de las ventajas del proceso de metalurgia de polvos son:

- Pueden obtenerse tolerancias dimensionales cercanas de ±.001 pulg (0.02 mm) y acabados lisos sin operaciones secundarias complejas.
- Se pueden producir piezas complejas o de forma inusual, que serían imprácticas de obtener mediante cualquier otro método (Figura 93-9).
- Es capaz de producir cojinetes porosos y herramientas de carburo cementado.
- Los poros de la pieza pueden infiltrarse con otros metales.
- Pueden producirse piezas con una gran resistencia al desgaste.
- La porosidad del producto puede controlarse cuidadosamente.
- Pueden producirse productos a partir de metales extremadamente puros.
- Hay muy poco desperdicio durante el proceso.
- La operación puede automatizarse y se puede utilizar mano de obra sin capacitación, manteniendo bajos los costos.
- Las propiedades físicas del producto pueden controlarse con mucha precisión.
- Las piezas duplicadas son precisas y sin diferencias.
- Los polvos hechos de aleaciones difíciles de maquinar pueden formarse en piezas que serían difíciles de producir mediante procesos de maquinado.

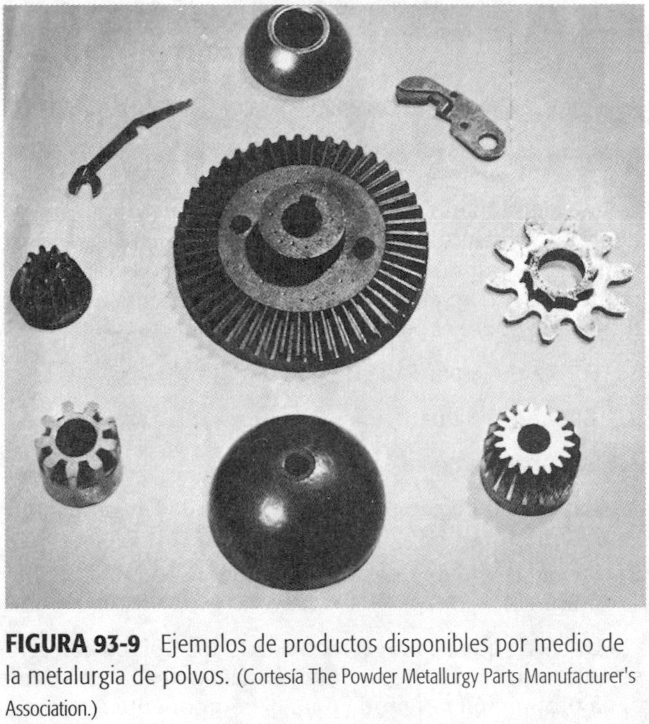

FIGURA 93-9 Ejemplos de productos disponibles por medio de la metalurgia de polvos. (Cortesía The Powder Metallurgy Parts Manufacturer's Association.)

Desventajas de la metalurgia de polvos

Aunque existen muchas ventajas en el proceso de metalurgia de polvos, también hay ciertas desventajas o limitaciones:

- Los polvos de metal son bastante costosos y deben almacenarse cuidadosamente para evitar el deterioro.
- El costo de las prensas y hornos es alto, y por lo tanto no resulta práctico para trabajos de corrida corta.
- El tamaño de la pieza que se puede producir está controlado por la capacidad de la prensa disponible y la relación de compresión de los polvos.
- Las partes que requieren esquinas abruptas o cambios abruptos del espesor son muy difíciles de producir.
- Las partes que requieren roscas, ranuras o cortes internos son imposibles de producir.
- Algunos de los polvos de temperatura de fusión baja pueden provocar dificultades durante el proceso de sinterizado.

Reglas del diseño de piezas de metalurgia de polvos

1. La forma de la pieza debe permitir que ésta se eyecte de la matriz. Las siguientes características no pueden moldearse y deben maquinarse posteriormente: cortes, ranuras, roscas internas, machuelado de diamante, perforaciones en ángulo recto, y conicidad inversos.
2. Evite diseños de piezas que requieran que el polvo fluya en paredes delgadas, lengüetas estrechas, o esquinas abruptas. Las piezas con estas características pueden producirse solamente con extremada dificultad y deben evitarse siempre que sea posible.
3. La matriz debe diseñarse para que proporcione la resistencia máxima a todos los componentes.
4. La longitud de la pieza no debe ser mayor a 2½ veces el diámetro.
5. La pieza debe diseñarse con tan pocos peldaños o diámetros como sea posible.

PREGUNTAS DE REPASO

Formado de alta energía

1. Explique por qué el formado de metales con alta energía se ha vuelto cada vez más importante.
2. Mencione tres métodos de formado explosivo.
3. Explique brevemente lo que ocurre cuando se detona un explosivo químico bajo el agua.
4. Mencione cuatro ventajas del formado explosivo.
5. ¿Cuáles son las desventajas o limitaciones para utilizar explosivos para el formado de metales?

Formado por descarga de chispa eléctrica

6. ¿En qué difiere el formado de descarga de chispa eléctrica del formado explosivo?
7. Describa brevemente el proceso del formado de electrochispa.
8. Explique lo que ocurre cuando se libera alta energía entre los dos electrodos sumergidos.
9. ¿Por qué es necesario crear un vacío dentro de la cavidad de matriz en el formado explosivo o de electrochispa?

Formado electromagnético

10. ¿Con qué principio opera el formado electromagnético?
11. Liste cuatro factores importantes que deben tomarse en consideración en el formado electromagnético.
12. Mencione cinco ventajas del formado electromagnético.

Metalurgia de polvos

13. Liste los cuatro pasos del proceso de metalurgia de polvos.
14. Mencione seis productos que se producen con metalurgia de polvos.
15. Haga una comparación entre los métodos de maquinado convencionales y la metalurgia de polvos, y liste cuatro características únicas de este proceso.
16. Mencione y describa brevemente cuatro métodos para producir polvos de metales.
17. Describa el proceso de mezclado y enuncie la importancia que tiene en el producto terminado.
18. Describa la operación de compactado en relación con el tipo de matriz que se utiliza, las presiones que se requieren, y las cualidades que se obtienen.
19. Describa completamente y enuncie los propósitos del sinterizado.
20. Defina y enuncie el propósito de:
    a. Dimensionado y reprensado
    b. Impregnación
    c. Infiltración
21. Liste seis ventajas importantes de la metalurgia de polvos.
22. Enuncie cuatro desventajas o limitaciones de la metalurgia de polvos.

UNIDAD

94

El láser

OBJETIVOS

Al terminar el estudio de esta unidad, se podrá:

1 Identificar y describir brevemente la operación de cuatro clases de láser

2 Mencionar las aplicaciones y ventajas de los láser industriales

3 Describir el propósito y la operación del interferómetro

Desde que se construyó el primer láser operacional en 1960, la tecnología láser ha avanzado a pasos agigantados y es uno de los desarrollos más versátiles a nuestra disposición. La palabra *láser es la abreviación de Luz amplificada mediante emisión de radiación estimulada.* Los láser pueden utilizarse para cortar perforaciones en cualquier material, incluyendo diamante, o para llevar a cabo cirugías microscópicas en los ojos y muchas otras partes del cuerpo humano. Los láser pueden utilizarse también para guiar misiles y satélites, para activar fusión termonuclear, y para medir distancias desde milicrones (millonésimas de metro) a cientos de miles de millas con extrema precisión, por ejemplo, los científicos que utilizan láser pueden determinar la distancia desde la tierra a la luna en cualquier momento dado, con una precisión de alrededor de 1 pie.

El rayo láser es un rayo muy estrecho e intenso de luz monocromática que puede controlarse en un amplio rango de temperaturas, que van de la que se percibiría como ligeramente tibia a una o varias veces más caliente que la superficie del sol en el punto de foco. Algunos láser pueden producir instantáneamente temperaturas de 75 000°F (41 650°C).

CLASES DE LÁSER

Existen varias clases de láser y cada uno tiene un uso particular, dependiendo del trabajo requerido. La mayoría de los láser pueden clasificarse como sólidos, gaseosos, líquidos o semiconductores. Ya que los láser sólidos, gaseosos y líquidos se basan en el mismo principio, sólo se analizarán estas clases. Las partes principales de un láser (Figura 94-1) son básicamente las mismas en todos los tipos de láser. Incluyen una *fuente de energía,* un medio de láser (en un contenedor adecuado), y un par de *espejos de alineación precisa.* Uno de los espejos tiene una superficie completamente reflejante, en tanto que el otro es sólo parcialmente reflejante (aproximadamente 96%).

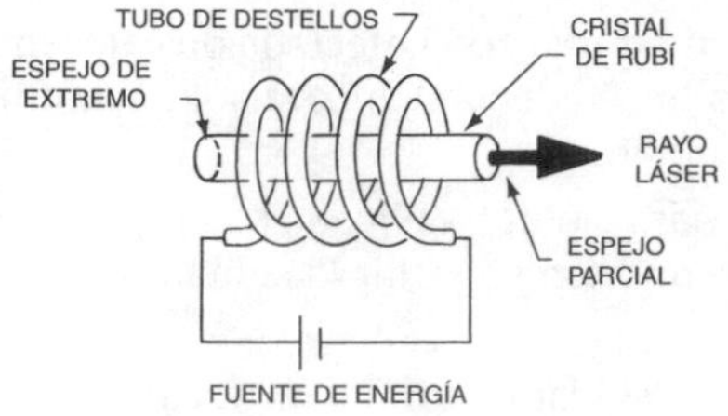

FIGURA 94-1 El láser de rubí sólido se utiliza en cirugía, taladrado, medición, y la soldadura de punto.

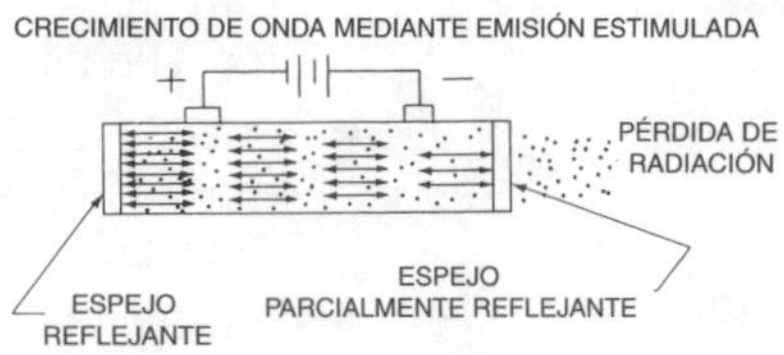

FIGURA 94-2 Las ondas de luz que viajan por el eje de la varilla crecen mediante la emisión estimulada de fotones.

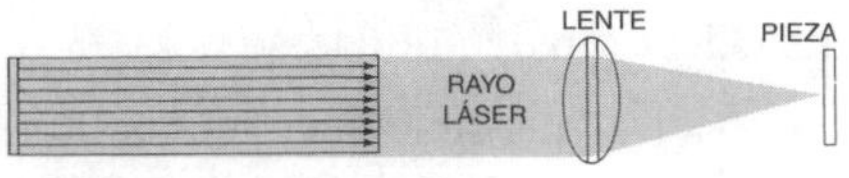

FIGURA 94-3 Las ondas de luz paralelas pasan a través del espejo parcialmente reflejante y la lente.

Láser sólidos

La carga de la fuente de energía de los *láser sólidos* enciende el gran tubo de destello de manera similar a los destellos electrónicos fotográficos. El tubo de destellos emite un estallido de luz, enviando o "bombeando" energía al medio de láser, que podría ser una varilla de rubí. Esto excita los átomos de cromo en la varilla de rubí a un alto nivel de energía. Conforme estos átomos vuelven a su estado inicial, emiten calor y haces de energía de luz llamados *fotones*. Los fotones producidos golpearán otros átomos, provocando que se produzcan otros fotones de longitudes de onda idénticas (Figura 94-2). Estos fotones se reflejan de aquí hacia allá (oscilando) por la varilla sobre la superficie cuadrada y reflejante en cada extremo de la varilla. En consecuencia, la cantidad de fotones aumenta y produce más energía, hasta que una parte de ésta pasa a través del espejo parcialmente reflejante, produciendo un rayo láser, que pasa entonces a través de una lente hacia el punto de foco en la pieza (Figura 94-3).

Los láser sólidos han demostrado ser muy útiles en los campos de la cirugía, fusión atómica, taladrado de matrices de diamante, mediciones, y soldadura de punto.

Láser gaseosos

Probablemente, el *láser gaseoso* más conocido es el *láser de helio-neón* (HeNe). El gas (mezcla de 10 partes de helio y 1 parte de neón) está confinado en una unidad de vidrio sellada con extremos angulados para reducir la pérdida por reflexión. Conforme el circuito de energía de pulso se cierra, ocurre una descarga de electrones dentro del tubo, excitando los átomos de helio a mayores niveles de energía. Estos átomos chocan con los átomos de neón, subiéndolos al mismo nivel. Cuando los átomos de neón vuelven a un nivel más bajo, emiten calor y fotones rojos de luz láser. La acción continúa multiplicándose y los átomos oscilan de un lado a otro dentro del tubo, hasta que parte de la luz escapa a través del espejo parcial en forma de un rayo láser rojo (Figura 94-4). Los láser HeNe son pequeños, relativamente poco costosos, y relativamente seguros. En consecuencia, se les utiliza en laboratorios y escuelas para experimentos de láser.

Otra forma del láser gaseoso es el *láser de bióxido de carbono* (CO_2) que utiliza CO_2 dentro de un tubo sellado. Este dispositivo es capaz de una salida mucho más elevada y es más eficiente que el láser HeNe. Si el gas CO_2 es bombeado a través de la cavidad o tubo de láser y enfriado en un intercambiador de calor, puede operar continuamente a una potencia muy alta. Las unidades grandes de este tipo son capaces de vaporizar *cualquier* material. Los láser CO_2 se utilizan para cortar materiales orgánicos, como goma y cuero, eliminando así la necesidad de prensas punzonadoras. También se utilizan para la producción de barrenos, perforaciones, soldaduras, y corte de metal asistido por oxígeno.

Láser líquidos

Los *láser líquidos* emplean un tinte orgánico en solvente como medio de láser (Figura 94-5). El líquido es circulado, el tubo de destellos bombea las moléculas de tinte a altos niveles de energía, y se producen fotones. El proceso continúa mientras los espejos externos ajustables crean una retroalimentación, y los átomos oscilan dentro del tubo hasta que parte de la luz pasa a través del espejo parcial como rayos. Los láser líquidos son particularmente adecuados para el análisis químico debido al prisma de sintonización que puede girarse y que a su vez produce una variedad de colores diferentes y las longitudes de onda correspondientes.

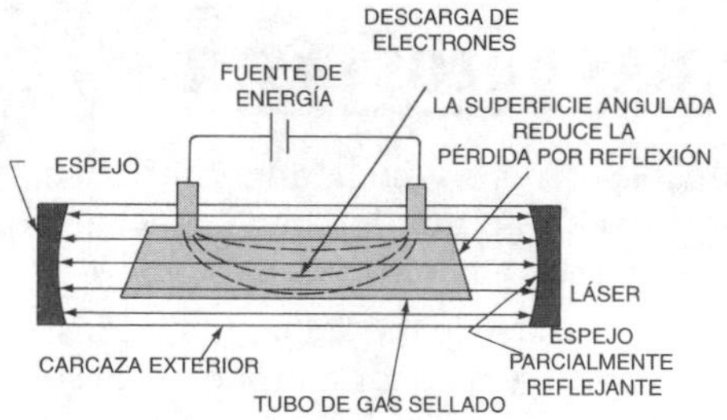

FIGURA 94-4 Láser de gas de tubo sellado.

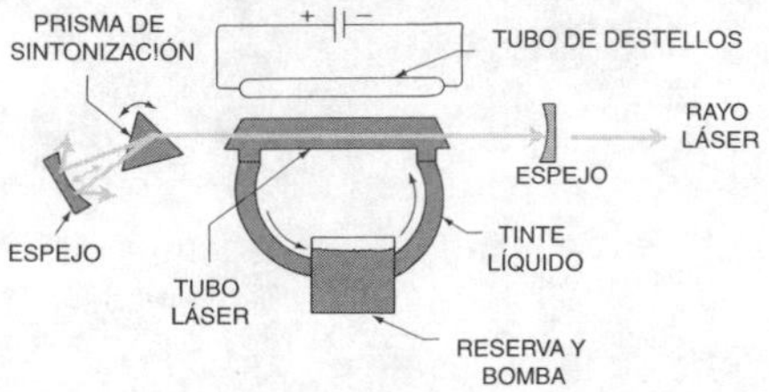

FIGURA 94-5 Los láser líquidos encuentran amplia utilización en los laboratorios químicos.

APLICACIONES INDUSTRIALES DE LOS LÁSER

Los láser pueden utilizarse para:

1. Cortar perforaciones en cualquier sustancia conocida. Los láser de rubí se utilizan para producir perforaciones precisas en diamante para matrices de trefilado de alambre.
2. Producir perforaciones en papel, plástico, goma, etcétera, en donde con métodos convencionales se produce un acabado pobre. Los láser CO_2 se utilizan para perforar tuberías de plástico, chupetes de biberones, y las puntas de rocío de latas de aerosol.
3. Cortar ranuras superfluas y grabar instrumentos de medición y partes de acero.
4. Cortar metal. Un rayo láser no deja rebabas ni bordes desgarrados, como la sierra.
5. Cortar cristal duro de cuarzo. Un rayo láser cortará 100 veces más rápido que una rueda de diamante.
6. Eliminar secciones muy estrechas de metal no deseado y circuitos impresos.
7. Hacer soldaduras que serían difíciles mediante otros medios, como soldar los engranes del mecanismo sincronizante de la transmisión de un automóvil.
8. Maquinar piezas microscópicas.
9. Tratamientos térmicos, como el endurecimiento de la superficie de engranes o cilindros. El intenso calor requerido para estas operaciones se genera casi instantáneamente. El rayo puede dirigirse para endurecer áreas específicas y no se requiere de pulido posterior.
10. Mediciones con un grado de precisión muy alto: dentro de .000006 pulg por pie de longitud (Figura 94-6). (Vea la Unidad 17 para el principio del interferómetro de láser).

VENTAJAS DE LOS LÁSER

- Son capaces de producir una zona afectada de calor muy estrecha, lo que los hace adecuados para soldar junto a un sello de vidrio-metal.
- Pueden utilizarse para soldar delicados componentes electrónicos que no podrían soportar la soldadura de resistencia.

- Son capaces de producir una zona afectada de calor muy estrecha, lo que los hace adecuados para soldar junto a un sello de vidrio-metal.
- Pueden utilizarse para soldar delicados componentes electrónicos que no podrían soportar la soldadura de resistencia.

- Pueden utilizarse para soldar dentro de un vacío.
- Son capaces de producir perforaciones en cualquier material conocido.
- Son capaces de producir perforaciones extremadamente pequeñas y precisas.
- No hay necesidad de sujetar la pieza de trabajo en posición, ya que no hay ninguna torsión involucrada en el proceso, como en el taladrado convencional.
- Son ideales para las operaciones de soldadura de puntos.
- Pueden soldar metales disimilares fácilmente.
- Son particularmente adecuados para taladrar papel, plásticos, goma, etcétera, en donde utilizando métodos convencionales se obtiene un acabado pobre.
- Son útiles para cortar ranuras superfluas y grabar letras y números en acero e instrumentos de medición.

FIGURA 94-6 Un láser siendo utilizado para verificar la alineación de partes de la máquina. (Cortesía de Cincinnati Milacron, Inc.)

PREGUNTAS DE REPASO

Clases de láser

1. Mencione cuatro clases de láser.
2. Mencione las partes principales de cualquier láser.
3. Describa la operación de un láser sólido.
4. ¿En dónde se utilizan los láser de gas HeNe? ¿Por qué?
5. Mencione cuatro usos de un láser CO_2.
6. ¿Con qué propósito se utilizan generalmente los láser líquidos?

Aplicaciones industriales

7. Mencione tres aplicaciones industriales mayores del láser.

Ventajas de los láser

8. Liste seis de las ventajas más importantes de los láser.

SECCIÓN

19

GLOSARIO

APÉNDICES

ÍNDICE

GLOSARIO

A

abocardo Herramienta utilizada para recesar cónicamente una perforación para la cabeza de un tornillo o remache.

abrasivo El material utilizado para fabricar ruedas de esmeril o tela abrasiva; puede ser ya sea natural o artificial. Los abrasivos naturales son el esmeril y el corindón. Los abrasivos artificiales son el carburo de silicio y el óxido de aluminio.

acabado Maquinado de la superficie al tamaño con un avance fino producido en el torno, máquina fresadora, o esmeriladora.

acabado superficial Grado de variación de la rugosidad superficial a partir de un plano de referencia o nominal, medido por lo general en micropulgadas y micrómetros.

aceites de corte activos Estos aceites contienen azufre que no está muy mezclado con el aceite. Este azufre se libera durante la operación de maquinado y reacciona con la superficie de trabajo.

aceites de corte inactivos Estos aceites contienen azufre que está firmemente unido al aceite. Por lo tanto, durante el maquinado se libera una cantidad de azufre demasiado pequeña para que reaccione con la superficie de la pieza.

aceites de presión extrema Aditivos de fluidos de corte (cloro, azufre, o compuestos de fósforo) que reaccionan con el material de trabajo para reducir los bordes acumulados y son buenos para el maquinado a alta velocidad.

acero de alta velocidad Un acero duro, hecho de carbono, manganeso, silicio, cromo, tungsteno y vanadio, utilizado en la fabricación de herramientas de corte.

acodamiento de la longitud de la herramienta Un valor que se aporta manualmente para compensar las diferentes longitudes de cada una de las herramientas de corte que se utilizan. Esto permite que el operador programe todas las herramientas como si fueran de la misma longitud.

acoplamiento El acoplamiento de dientes o engranes de una estrella y cadena.

adaptador Herramienta que proporciona el medio para ajustar el zanco de una herramienta de corte o un portaherramienta al eje de una máquina.

aglutinante El medio o pegamento que mantiene los granos abrasivos juntos en forma de una rueda.

ajuste de la barra-guía [OFFSET] Distancia a la cual la barra guía de un aditamento de conos se ajusta en alineación paralela para cortar un cono en un eje redondo.

ajuste La variación entre dos partes reciprocantes con respecto a la cantidad de holgura o interferencia presentes.

aleación Mezcla de dos o más metales fundidos juntos. Como regla, cuando se funden dos o más metales para formar una aleación, la sustancia que se forma es un nuevo metal.

alimentación transversal Alimentación transversal; en el torno, por lo general opera en ángulo recto respecto al eje de la pieza.

alineación Precisión, uniformidad o coincidencia lineal de los centros de un torno; una línea recta de ajuste entre dos o más puntos. Alinear el torno significa el ajuste del contrapunto en línea con el eje del cabezal para producir piezas paralelas.

alta resistencia a la tracción Se refiere a materiales que pueden soportar una pesada carga antes de romperse o fracturarse.

aluminio Metal blanco plateado muy ligero, utilizado independientemente o en aleaciones con cobre y otros metales.

ángulo de alivio del filo La cantidad en grados que el talón de la broca está por debajo de el filo o borde cortante. Permite que el filo de la broca penetre el material.

ángulo de ataque El ángulo que da el filo al borde cortante de la herramienta.

ángulo de corte Ángulo o plano del área de material en donde ocurre la deformación plástica conforme se va produciendo la viruta.

ángulo de salida de cuerpo La porción de corte bajo de la circunferencia de la broca, que se extiende desde la parte posterior del margen hasta el comienzo de la ranura.

aprendiz Persona que está obligada por un acuerdo a aprender un oficio o negocio bajo la guía de un artesano experimentado.

árbol Husillos o ejes cortos sobre los cuales se puede montar un objeto. Los husillos o apoyos para los cortadores de máquina fresadora se llaman árboles.

austenita Solución sólida de carbono en hierro que existe entre las temperaturas críticas inferior y superior.

avance Distancia que avanza la rosca sobre su eje en una revolución completa.

avance Movimiento longitudinal de la herramienta en pulgadas por minuto o milésimas de pulgada por revolución. Los avances métricos se expresan en milímetros por minuto o centésimas de milímetro por revolución.

B

baja resistencia a la tracción Se refiere a materiales que no pueden soportar una carga pesada antes de fracturarse o romperse.

bauxita Hidróxido de aluminio terrestre de color blanco a rojo. Se utiliza principalmente en la preparación de aluminio y alúmina, y para recubrir los hornos que están expuestos a temperaturas intensas.

bisel Borde o esquina de corte achaflanado.

bloques calibradores Los bloques calibradores, fabricados de acero curado endurecido y rectificado, carburo, o cerámico, son el estándar de medición física aceptado en todo el mundo. Un juego de bloques calibradores de 83 piezas puede hacer hasta 120000 mediciones diferentes en incrementos de .0001 pulg.

borde acumulado Pequeñas partículas de metal que se forman sobre el filo de la herramienta de corte como resultado de la alta temperatura, la alta presión, y la alta resistencia a la fricción durante el maquinado.

borde de cincel El extremo de una broca, que se forma en el alma en donde se juntan los dos filos cortantes, que no tiene una gran acción de corte.

broca de centrado Broca corta, utilizada para centrar la pieza de manera que se pueda apoyar entre centros de torno. Las brocas de centros por lo general se fabrican en combinación con un abocardo, que permite doble operación con una sola herramienta.

brocha Herramienta multidientes endurecida de formado que se utiliza para producir una forma similar en el interior o exterior de una superficie.

buje Manga o recubrimiento de un cojinete. Algunos bujes pueden ajustarse para compensar el desgaste.

C

cabezal central Herramienta utilizada para encontrar el centro de un círculo o arco de círculo. Se utiliza frecuentemente para encontrar el centro en una pieza cilíndrica de metal.

cabezal divisor Aditamento de máquina fresadora que se utiliza para dividir la circunferencia de una pieza de trabajo en divisiones de igual espaciamiento para fresado de engranes, ranuras o estriados, etcétera.

caja de engranes de cambio rápido Unidad que se encuentra en la mayoría de los tornos de motor, que puede variar la velocidad de la varilla de avance y del tornillo guía. Esto puede llevarse a cabo moviendo palancas para cambiar la relación de engranes y la velocidad.

calibrador de alturas Instrumentos de precisión que se utilizan en los cuartos de herramientas y de inspección para trazar y medir distancias verticales con una precisión de .001 pulg o 0.02 mm.

calibrador de anillo de cono Calibre maestro interno de conos que se utiliza para verificar la precisión de los conos externos.

calibrador de anillo para roscas Calibrador maestro utilizado para verificar la precisión de una rosca interna.

calibrador de carátula Estos instrumentos generalmente tienen un indicador de carátula montado sobre la quijada móvil y dan lecturas directas en pulgadas o milímetros.

calibrador de centros Calibrador utilizado para alinear una herramienta de un filo para roscar, para el corte de roscas en un torno.

calibrador de superficie Calibrador de mecánico que consiste de una base pesada y un marcador para delinear en el trazo para maquinado.

calibrador de vernier Instrumento de medición de precisión con una escala de vernier montada sobre la quijada móvil. Se utiliza para tomar mediciones precisas internas y externas en milésimas de pulgada o centésimas de milímetro.

calibrador Herramienta utilizada para verificar las dimensiones de una pieza. Un calibrador de superficie también se puede utilizar para el trazo de maquinado.

carátula de seguimiento de rosca Carátula giratoria que está conectada a un engrane que hace acoplamiento con el tornillo guía. Esta carátula indica cuándo hay que acoplar la palanca de rosca partida para hacer cortes sucesivos durante el corte de roscas.

carbono Elemento dentro del acero que permite que se le endurezca.

carburización Proceso de aumentar el contenido de carbono en el acero de bajo carbono calentando el metal a por debajo del punto de fusión mientras está en contacto con un material carbonáceo.

carburo cementado Carburo de metal muy duro, cementado junto con un poco de cobalto como aglutinante, para formar un filo cortante casi tan duro como el diamante.

carburo de silicio Material abrasivo hecho de arena de silicio, coque de alta pureza, aserrín, y sal; se utiliza para esmerilar materiales no ferrosos.

CBN (Nitruro de Boro Cúbico) Abrasivo super-duro y super resistente al desgaste que se utiliza para maquinar o rectificar metales ferrosos duros, abrasivos y difíciles de cortar.

celda de manufactura Grupo de máquinas combinadas para llevar a cabo todas las operaciones de manufactura de una pieza antes de que ésta deje la celda.

centro de maquinado Máquina fresadora controlada numéricamente por computadora.

centro de torneado Torno controlado numéricamente por computadora.

cermet Material de herramientas de corte que consiste de partículas cerámicas unidas con metal. Los cermets, que son más resistentes al impacto que los cerámicos, se utilizan en el maquinado de alta velocidad.

chavetero Ranura rectangular que se corta a lo largo de un eje o cubo al cual ha de ajustarse una parte de metal para proporcionar una propulsión positiva entre el eje y el cubo.

código de modo Código que permanece en efecto en el programa hasta que es reemplazado o modificado por otro código con el mismo grupo de números.

collarín de micrómetro graduado Los collarines que se encuentran en los tornillos de avance transversal y del carro transversal que pueden graduarse en pulgadas o milímetros para hacer configuraciones exactas con la herramienta de corte.

collarín graduado (reducción de diámetro) Collarín de micrómetro graduado, en donde la cantidad de material eliminado del diámetro es la misma que la ajustada en el collarín.

collarín graduado (reducción de radio) Collarín de micrómetro graduado en donde la cantidad de material eliminada del diámetro es el doble que el ajuste en el collarín.

compensación de radio herramienta-nariz Se utiliza para compensar las diferencias en los radios de herramienta-nariz para evitar desviaciones de la superficie de trabajo programada en cortes circulares y angulares.

concentricidad Condición en la cual todos los diámetros del eje tienen un centro o eje común.

conductividad térmica Características del material que definen su capacidad de transmitir calor.

cono Aumento o decremento uniforme en el diámetro de una pieza de trabajo, medido a lo largo de la longitud. Los conos de auto-soporte se sostienen en su posición mediante la acción de cuña del cono; los conos de auto-liberación se sostienen con una barra de atracción.

contrataladro Herramienta que se utiliza para agrandar una perforación en parte de su longitud.

control adaptativo También conocido como control de torsión que mide las fuerzas de corte. Cuando las fuerzas de corte exceden el valor almacenado para cada operación, el control puede reducir la velocidad de avance, activar el refrigerante, o detener la operación.

control de calidad Término que se refiere a un programa formal de monitoreo de la calidad del producto al aplicar métodos de control de proceso estadísticos.

control estadístico de proceso (SPC) Método de aseguramiento de la calidad que utiliza los datos de rendimiento para identificar errores en el producto y en el proceso que llevan a la producción de bienes con fallas. El análisis correcto de estos datos debe llevar a la corrección de estos errores para producir solamente bienes aceptables.

control numérico (NC) Cualquier equipo controlado que permita al operador programar los movimientos a través de una serie de instrucciones en código que consisten de números, letras, símbolos, etcétera.

control numérico directo (DNC) Cierta cantidad de máquinas CNC dentro de un proceso de manufactura controladas por una computadora maestra.

control numérico por computadora (CNC) Microprocesador de máquina herramienta que permite la creación o modificación de las piezas. El control de programación numérica activa los servos y propulsores de eje de la máquina, y controla la operación de maquinado.

coordenadas polares Sistema que se utiliza para dimensionar ángulos y radios para reducir la necesidad de convertir las dimensiones polares en coordenadas cartesianas.

corindón Abrasivo natural utilizado para sustituir el esmeril.

corrida de prueba Procedimiento de ejecutar un programa de computadora un bloque a la vez sin cortar metal, para verificar la precisión del programa.

corte de inclinación Operación en la cual la herramienta de corte se alimenta verticalmente hacia la pieza de trabajo.

corte de prueba Corte corto hecho sobre la pieza de trabajo en un torno para verificar la precisión del ajuste de profundidad de corte.

cremallera Tira recta de metal que tiene dientes para acoplarse con los de una rueda de engrane, como en la cremallera y piñón.

cuarto de inspección Habitación de control climático y de humedad, fijo en 68°F (20°C), que se utiliza para verificar la precisión de las piezas fabricadas o de las herramientas de medición.

D

dedal de fricción Mecanismo de control integrado al dedal del micrómetro, que asegura una presión de contacto uniforme en cada medición.

deflexión de herramienta La cantidad que la herramienta de corte se flexiona bajo la presión de un corte.

deformación plástica Cambio permanente en las dimensiones o forma que ocurre en un cuerpo de metal como resultado de esfuerzos de tracción, cortante o compresión excesivos.

descuadre Cantidad por la que la hoja de sierra saldrá de escuadra conforme corta a través del material. Las hojas desafiladas tendrán más descuadre que las hojas afiladas.

desviaciones superficiales Cualquier desviación de la superficie nominal en forma de ondulados, rugosidad, fallas, trama y perfiles.

diamante (fabricado) Desarrollado en 1954 por General Electric Co. Una forma de carbono y un catalizador se someten a altas presiones y temperaturas para formar el diamante.

diamante manufacturado Diamante que se fabrica al someter al carbono, junto con otros materiales como sulfuro de hierro, cromo, níquel, etcétera, a altas temperaturas y altas presiones.

diámetro interior Diámetro interior de un tubo, cilindro o perforación.

diámetro mayor El diámetro más grande de una rosca externa o interna. El diámetro menor o de raíz es el diámetro más pequeño en una rosca externa o interna.

diámetro menor El diámetro más pequeño de una rosca interna o externa; conocido anteriormente como el diámetro de raíz.

diseño asistido por computadora (CAD) El uso de computadoras y software especial durante las diversas etapas en el diseño de un producto o componente.

dispositivo Arreglo especial diseñado y construido para sujetar una pieza de trabajo particular en operaciones de maquinado.

dispositivo Dispositivo que sujeta y coloca la pieza de trabajo y guía las herramientas que operan sobre la misma.

divisor directo Aditamento del cabezal divisor, que utiliza una placa indicadora ranurada o taladrada para dividir la circunferencia de la pieza de trabajo en divisiones de igual espaciamiento.

ductilidad Capacidad de un metal para ser deformado permanentemente sin romperse.

dureza Resistencia del metal a la penetración por una fuerza o a la deformación plástica.

E

eliminador de juego Dispositivo que se utiliza en las fresadoras para eliminar el juego entre la rosca y el tornillo de guía de la mesa; permite las operaciones de fresado de ascenso.

emulsificadores Cualquier líquido que se mezcle con agua para formar un fluido de corte que mejore la maquinabilidad, prolongue la vida de la herramienta, y enfríe la herramienta de corte y la pieza de trabajo.

enclavado Condición en la cual las partículas de metal se pegan o casi se sueldan en los espacios entre los dientes de la lima. Esto evita que la lima corte apropiadamente y causa rasguños en la superficie de trabajo.

endurecimiento por trabajo Resultado de la acción de deformación de los bordes cortantes o de comprimir la superficie de un material, provocando un cambio de la estructura que aumenta la dureza.

endurecimiento Proceso de calentar y enfriar metales para producir las propiedades mecánicas deseadas.

endurecimiento superficial Proceso mediante el cual se forma una delgada y dura película sobre la superficie del acero de bajo carbono.

escala de pulgadas con vernier Esta escala se utiliza principalmente en calibradores vernier en donde 24 o 49 divisiones de barra ocupan el mismo espacio que 25 o 50 divisiones de vernier; sólo una línea de la escala de vernier coincidirá con una línea de la barra en cualquier configuración dada.

escala de vernier métrica Utilizada principalmente en calibradores vernier, en donde 49 divisiones de barra y 50 divisiones del vernier ocupan el mismo espacio, de manera que sólo una línea del vernier coincidirá con una línea de la barra en cualquier ajuste dado.

escamas Superficie fina sobre fundiciones o metal laminado provocado por quemadura, oxidación o enfriamiento.

estructura Relación de espacio del grano abrasivo y el material de unión con los vacíos (espacios) que los separan.

excéntrico Eje que puede tener dos o más diámetros torneados paralelos entre sí, pero no concéntricos en relación con el eje normal de la pieza.

F

fabricación directa de acero Procedimiento que elimina el proceso de producción de coque y fabrica el acero directamente a partir del mineral de hierro en un solo paso.

fabricación directa de hierro Este proceso consiste en bañar el mineral de hierro con carbón, fundentes, y oxígeno, dentro de un baño líquido, para eliminar el proceso de coque y su contaminación.

fabricante de herramientas y matrices Artesano experimentado que tiene una capacidad mecánica por encima del promedio, puede operar todas las máquinas herramienta, y tiene un amplio conocimiento de matemáticas de taller, lectura de planos, metalurgia, y planeación de proceso.

falla Irregularidades como rasguños, hoyos, grietas, crestas o vallas, que no siguen un patrón fijo como ondulaciones y aspereza.

filete Superficie cóncava o de radio que une dos caras adyacentes de una pieza para rectificar la unión, como en dos diámetros de un eje.

fluido dialéctico Fluido utilizado en el maquinado EDM para controlar la descarga de arco en el claro de erosión.

fluidos de corte Diversos fluidos que se utilizan en operaciones de maquinado y rectificado para ayudar a la acción de corte al enfriar y lubricar la herramienta de corte y la pieza de trabajo.

forma del diente El contorno, o forma, de los dientes de la sierra; los más comunes son de precisión, de garra, y trapezoidal.

formato de identificación por palabras Letra alfabética que se utiliza en cada bloque de información programada, que identifica el significado de la palabra.

formato de programa Por lo general se refiere a los modos de programación absoluto e incremental. La mayoría de los sistemas CNC son capaces de manejar ambos al mismo tiempo, dado que se utilicen los códigos adecuados.

fragilidad Propiedad del metal que no permite una distorsión permanente del metal antes de romperse.

fresa frontal Cortador de fresadora, usualmente menor en tamaño a 1 pulgada (25 mm) de diámetro, con zanco recto o cónico. La porción cortante tiene forma cilíndrica, de manera que puede cortar tanto con los costados como con el extremo.

fresa perfiladora simple Unidad que sostiene dos o más herramientas de corte reemplazables, utilizada para frezar grandes superficies planas.

fresado convencional Operación de fresado en el cual el fresado de la mesa y la rotación del cortador van en la misma dirección.

fresado de ascenso Operación de fresado en donde el avance de la mesa y la rotación del cortador van en direcciones opuestas.

fresado de disco acoplado Uso de dos cortadores de fresadora laterales para maquinar los costados opuestos de una pieza de trabajo paralelos en un solo corte.

G

grado El grado de resistencia con el cual el aglutinante sostiene las partículas abrasivas en este tipo de organización.

grano Característica de la rueda de rectificado que se utiliza para designar el tamaño nominal del grano abrasivo en la rueda.

grosor Término que se refiere al espacio o espaciamiento entre los dientes de una sierra. Una hoja de paso grueso cortará más rápido que una hoja de paso fino.

H

herramental modular Sistema de herramientas completo que combina la flexibilidad y la versatilidad para construir la serie de herramientas necesarias para producir una pieza. Los sistemas modulares combinan la precisión con capacidades de cambio rápido para aumentar la productividad.

herramientas con zanco cónico Herramientas que generalmente tienen una zanco cónico que se ajusta al husillo de una prensa taladradora o una máquina fresadora.

herramientas de inserto intercambiables Insertos de herramienta cortante, fabricados de carburo cementado, cerámico o superabrasivos, que pueden montarse en un soporte y reemplazarse o intercambiarse rápidamente conforme se requiera.

herramientas de lectura directa Herramientas de medición mecánicas que dan una lectura de medición directa mediante números digitales.

herramientas digitales Tipo de herramientas de medición que pueden descargar la información en computadoras.

herramientas electrónico-digitales Herramientas de medición microelectrónica con lecturas digitales que son fáciles de utilizar y calibrar, y son muy confiables.

herramientas electro-ópticas Estas herramientas utilizan una combinación de ampliación electrónica u óptica para tomar mediciones muy precisas. Las herramientas electrónicas comúnmente se utilizan para medir piezas cuyo maquinado ya se ha terminado, en tanto que las herramientas ópticas pueden medir una pieza mientras se está maquinando.

herramientas recubiertas de carburo Herramientas de carburo cementadas con una delgada cubierta de nitruro de titanio, carburo de titanio, u óxido cerámico, para mejorar la resistencia al desgaste y aumentar la vida.

hidráulica Uso de agua, aceite u otro tipo de fluido, bajo presión, para convertir una fuerza pequeña en una fuerza mayor para operar dispositivos mecánicos.

hoja continua Estas hojas, que hacen un corte continuo en una dirección, se utilizan porque son lo suficientemente flexibles para doblarse alrededor de las poleas de la banda sin fin de contorno.

holgura En relación con el ajuste de partes de maquinaria, la holgura significa la diferencia en dimensiones predeterminada a fin de asegurar los tipos de ajustes. Es la interferencia máxima o mínima intencionalmente permitida entre las piezas que embonan.

I

impulsor de velocidad variable Mecanismo de velocidad del eje que permite que se aumenten o reduzcan las velocidades mientras el eje está girando.

indicador de carátula Instrumento de medición por comparación que se utiliza para comparar tamaños y mediciones contra un estándar conocido; se utiliza comúnmente para verificar la alineación de máquinas herramientas, arreglos y piezas de trabajo.

indizado simple Utiliza un engrane sinfín de 40 dientes sobre el eje de la cabeza divisora, que está conectada a un engrane sinfín de manivela de una sola rosca de índice para dividir las piezas de trabajo en cualquier cantidad de vueltas o fracciones de vuelta.

ingeniero Persona que se ha graduado de un colegio o universidad con licenciatura en alguna área de la ingeniería, como la mecánica, electricidad, electrónica, metalurgia, aeroespacial, etcétera.

interfaz viruta-herramienta El área en donde la herramienta de corte hace contacto con la pieza de trabajo y se produce la viruta.

interpolación circular Modo de control de contorno que permite que se produzcan arcos o círculos de hasta 360° utilizando sólo un bloque de información programada.

interpolación Función de un control en donde los puntos de datos entre dos posiciones de coordenadas se generan en el orden en que serán utilizadas en el programa.

interpolación lineal Función de control en donde los puntos de datos se generan entre posiciones coordenadas para permitir dos o más ejes de movimiento en una trayectoria recta (lineal).

J

justo a tiempo Sistema en donde los materiales están disponibles en el momento que se les necesita para producción. Su propósito es mejorar la productividad, reducir los costos, reducir los desechos y el retrabajo, superar la escasez de máquinas, reducir el inventario y el trabajo en proceso, y utilizar el espacio de manufactura eficientemente.

L

lanzada Distancia a la que un juego de centros de un excéntrico se han descentrado del eje normal de trabajo.

lapeado Proceso abrasivo que se utiliza para eliminar pequeñísimas cantidades de material de la superficie utilizando polvos abrasivos.

láser Acrónimo de Luz amplificada mediante Emisión Estimulada de Radiación. Algunos usos comunes de los láser son en sistemas de corte, medición y guía.

lectura digital (DRO) Dispositivo de medición, que consiste de espatos lineales y cabezas de lectura ópticas, que mide con precisión los movimientos de la corredera de la máquina y muestra las dimensiones en una pantalla.

leva Dispositivo que convierte la acción rotatoria en movimiento en línea recta o reciprocante; transfiere este movimiento a través de un seguidor a otras partes de una máquina o ensamble.

límites o tolerancia Los límites de precisión, de sobretamaño o bajo tamaño, dentro de los cuales la piezas que se está fabricando debe mantenerse para que sea aceptable.

línea de referencia Borde maquinado a partir del cual comienzan todos los trazos. En la mayoría de los trazos, e utilizan dos bordes maquinados a 90° entre sí como líneas de referencia.

longitudes de onda de luz Método para definir la medición lineal con precisión.

M

machuelo Herramienta de corte precisa y endurecida que se utiliza para producir roscas internas. Los machuelos por lo general vienen en juegos de tres, con machuelos cónico, de perno y de fondo.

maleabilidad Propiedad del metal que permite que se le martille o lamine a otros tamaños y formas.

mandril de broca Dispositivo de sostén, generalmente de tres mordazas, que se utiliza para sostener y dirigir herramientas de corte de zanco recto.

mandril Flecha o eje sobre el cual puede fijarse un objeto para rotación, como el que se utiliza cuando la pieza debe maquinarse en un torno entre centros.

mandril magnético Dispositivo utilizado para sujetar materiales ferrosos (magnéticos) mediante una fuerza de magneto permanente o electromagnético para el maquinado.

mandrinado Operación de hacer o acabar perforaciones circulares en metal; por lo general se lleva a cabo con una herramienta de mandrinado.

manufactura asistida por computadora Uso de las computadoras para controlar todas las fases del maquinado y manufactura.

manufactura integrada por computadora (CIM) Un sistema de computadora controla todas las fases de producción, desde administración, diseño, control de calidad y fabricación, hasta ventas y procesamiento de pedidos.

manufactura intercambiable Sistema que se basa en estándares de medición fijos, en donde las piezas que se fabrican en cualquier parte del mundo pueden ensamblarse y operar adecuadamente como una unidad.

manuscrito Por lo general, una copia de un programa CNC, escrito en forma simbólica, que contiene todos los datos necesarios para que la máquina produzca una pieza.

máquina de medición de coordenadas (CMM) Máquina de inspección capaz de hacer muchas mediciones de extrema precisión en objetos tridimensionales en corto tiempo.

maquinabilidad La facilidad con la cual se maquina o rectifica un metal.

maquinado de alta velocidad Sistema desarrollado para ayudar a los fabricantes a responder rápidamente a los constantes cambios en el mercado. Utilizan propulsores de ejes lineales, cojinetes de eje fluido, retroalimentación láser, herramientas de alta precisión, y otras tecnologías.

maquinado descarga eléctrica (EDM) Proceso que elimina el metal mediante erosión controlada por chispa eléctrica.

máquinas de la nueva generación Esto generalmente se refiere a las máquinas que forman la pieza al tamaño y forma mediante energía eléctrica, química o láser.

máquinas no productoras de virutas Máquinas que forman el metal al tamaño y a la forma mediante acción de compresión, estirado, doblado, extruido o acción de corte. Ejemplos de estas máquinas son la prensa punzonadora, la prensa de formado, la prensa fresadora.

máquinas productoras de virutas Máquinas que producen piezas a la forma al tornear, frezar, esmerilar, o mediante cualquier operación que elimine metal en forma de virutas.

mármol Placa de hierro fundido raspado utilizado para trabajos de trazo. También se utilizan placas de granito.

martensita Estructura similar a agujas del acero completamente endurecido, que se obtiene cuando se templa la austenita.

MCU Unidad de control maestro de CNC que transfiere los datos del programa a la máquina herramienta CNC.

mecánico Trabajador experimentado que puede leer planos técnicos, utilizar instrumentos de medición de precisión, y operar todas las máquinas herramienta en un taller.

medio punto Punto del torno con un plano esmerilado a un costado para permitir que la herramienta de refrentado maquine todo el extremo de la parte montada entre centros.

mesa giratoria Aditamento de la fresadora circular, que permite que se maquinen radios y formas circulares.

metal no ferroso Metales que contienen muy poco o nada de hierro, como el latón, cobre y aluminio.

metales ferrosos Metales que contienen ferrita o hierro.

metalurgia Ciencia de la composición, estructura, manufactura, y propiedades de los metales.

metalurgia de polvos Proceso en donde se mezclan polvos de metal, junto con aglutinantes, se compactan, forman al contorno deseado en una matriz, y después se sinterizan.

microestructura Término que se refiere a las características estructurales, como el tamaño, forma y organización de los cristales presentes en un metal o aleación.

microprocesador El bloque de construcción de todas las computadoras que contiene la lógica aritmética, el registro de instrucciones y la lógica de codificación, y los registros de datos.

mini-fábrica Fábrica de acero pequeña y más eficiente, que produce acero y fundiciones de placa delgada más rápido y a un costo menor que las grandes fábricas de acero integradas.

modo basculante Método que utiliza el operador para pasar por un programa CNC un bloque a la vez para verificar la precisión del programa.

moleteado Operación de imprimir indentaciones en forma de diamante o rectas sobre la pieza para mejorar la apariencia y dar un mejor agarre.

N

nariz de husillo (cierre de leva) Tres seguros de leva coinciden con tres pernos de cierre de leva en el accesorio que sostiene al accesorio firmemente sobre el husillo.

nariz de husillo (cónica) Un cono y una llave de alineación en el husillo coinciden con un cono correspondiente y el cuñero en el accesorio. Un anillo de cerrojo aprieta el accesorio sobre el husillo.

nariz de husillo (roscada) Una rosca a mano derecha en el extremo del husillo permite que se acoplen accesorios de tipo de rosca al cabezal.

nitruro de titanio Cubierta delgada, que se aplica a las herramientas de alta velocidad y de carburo, que mejora la resistencia a desgaste de la herramienta y aumenta la productividad.

normalizado Proceso para eliminar las tensiones y compresiones internas del metal mediante el calentamiento y lento enfriamiento, para mejorar su maquinabilidad.

O

obstruido La condición en la cual los espacios entre los dientes de la lima (entredientes) están llenos de viruta, impidiendo que la lima corte.

ondulado Irregularidades superficiales de espaciamiento amplio en forma de ondulaciones, provocadas por las vibraciones en la máquina o el trabajo.

óxido de aluminio Material abrasivo hecho de bauxita, cribado de coque, y virutas de hierro; se utiliza para rectificar materiales ferrosos.

P

paralelas Barra recta y rectangular de espesor o ancho uniforme, que se utiliza para arreglar piezas en el mismo plano que la superficie fija.

parte cero Punto de referencia elegido por el programador CNC que mejor se adecua a la pieza, operación, o cambio en la posición de la herramienta. Por lo general es una esquina de la pieza o cualquier otro lugar que resulte más conveniente.

paso Distancia desde el centro de una rosca o diente de engrane al punto correspondiente en la siguiente rosca o diente. En las roscas, se mide paralelo en relación con el eje. En los dientes de engrane, se mide con el círculo de espaciamiento.

patrón de franjas moaré Sistema de medición de alta resolución, que consiste de luz pasando a través de líneas oscuras sobre una serie de líneas de igual espaciamiento sobre dos piezas de plástico puestas en ángulo entre sí.

PCBN Acrónimo de *N*itruro de *B*oro *C*úbico; *P*olicristalino; es un cuerpo cristalino de muchos pequeños cristales orientados al azar o parcialmente al azar para formar un material para cortar metales ferrosos duros.

PCD Acrónimo de *D*iamante *P*olicristalino; un material de herramientas de corte, que consiste en una capa de diamante fundida a un sustrato de carburo cementado; se utiliza para cortar materiales no ferrosos duros y abrasivos.

peletizado Proceso en el cual se elimina la roca del mineral de hierro para poner el mineral en una mayor concentración de hierro.

perforación ciega Perforación que no atraviesa la pieza de trabajo.

perforación completa Perforación que atraviesa la pieza de trabajo.

perforación piloto Pequeña perforación taladrada para guiar y permitir el paso libre para el espesor del alma en una broca giratoria.

periferia Línea que circunda una superficie redonda, como la circunferencia de una rueda.

perlita Estructura de metal que contiene una combinación de ferrita (hierro) y carburo de hierro.

piñón El más pequeño de los dos engranes de un acoplamiento; por lo general es el engrane propulsor.

placa de espiral Placa plana, usualmente encontrada dentro de un mandril de tres quijadas o universal, con una forma de tipo engrane cortada en la cara, que hace que las quijadas del mandril se muevan simultáneamente.

plano de ensamble Este tipo de plano se utiliza para mostrar cómo los diversos componentes (piezas) se ajustan dentro del producto en la etapa terminada.

plano detallado Este tipo de plano se utiliza para proporcionar toda la información requerida para fabricar un componente (pieza).

plato perforado Plato circular con una serie de perforaciones circulares de igual espaciamiento, que se utiliza para dividir cabezales para moverse vueltas completas o fracciones de vuelta.

portaherramientas de cambio rápido Estilo de portaherramientas capaz de sujetar rápidamente y con precisión para adaptadores con herramientas preinstaladas sobre un poste de herramientas en forma de cola de milano. Se utiliza cuando se requieren múltiples operaciones de maquinado, y para aumentar la productividad.

portaherramientas de torreta La mayoría de los modelos sostienen cuatro herramientas de corte, sostenidas en sus soportes, que pueden intercambiarse rápidamente y con precisión a la posición de corte.

posición de cambio de herramientas Por lo general la posición de inicio o de cero de la máquina. Sin embargo, el programador puede elegir una posición conveniente que aleje la pieza y permita que se cambien las herramientas.

posición de inicio de la máquina La mayoría de las máquinas herramienta tienen un sistema de coordenadas predeterminado (posición de cero o de inicio). Ésta es una posición fija integrada a la máquina por el fabricante.

posicionamiento de trayectoria continuo También llamado contorneado; situación en la cual se controlan simultáneamente dos o más ejes para mantener una relación de cortador-pieza constante.

posicionamiento punto a punto Sistema de control numérico utilizado para ir rápidamente de un punto programado a otro sin control sobre la trayectoria que se toma.

poste de herramientas (de cambio rápido) Esta unidad consiste en un poste de herramientas de cola de milano en el cual se pueden sujetar rápidamente y con precisión herramientas preajustadas junto con sus adaptadores.

poste de herramientas (intercambio vertical) Torreta giratoria de intercambio que puede contener hasta ocho diferentes tipos de herramientas de corte. Se monta sobre el carro transversal del torno y puede intercambiarse a la siguiente herramienta en menos de un segundo.

poste de herramientas (tipo de torreta) Por lo general sostiene cuatro herramientas de corte diferentes que pueden intercambiarse rápida y precisamente para llevar a cabo diversas operaciones de maquinado.

presión de viruta Fuerza que se ejerce sobre la herramienta de corte al eliminar material durante el maquinado.

procesos de electromaquinado Proceso que vaporiza los materiales conductores mediante aplicaciones controladas de corriente eléctrica pulsada que fluye entre la pieza de trabajo y el electrodo (herramienta) dentro del fluido dialéctico.

productividad Salida resultante cuando los recursos humanos y materiales se utilizan con la mayor eficiencia.

programa de computadora Serie de instrucciones, en el lenguaje que la unidad de control puede comprender, que describe cada paso que la máquina debe tomar para producir una pieza.

programación absoluta Sistema de programación CNC en donde se dan todas las dimensiones de posicionamiento a partir de un dato común o punto cero.

programación de diámetro Formato de programación utilizado en tornos CNC, en donde se utiliza el diámetro de la parte redonda con propósitos de programación.

programación de radios Formato de programación que se utilizan en tornos CNC, en donde el radio de la pieza redonda se utiliza con propósitos de programación.

programación incremental Sistema de programación CNC en el cual cada dimensión se toma de la posición inmediatamente anterior y no de un punto de datos común.

programador de CNC Persona capaz de utilizar instrucciones en código consistentes de letras, números y símbolos para activar servomotores, propulsores de ejes, etcétera, para controlar automáticamente diversas funciones de maquinado.

proyección isométrica Estos planos giran un objeto 45° a la horizontal para poner la esquina frontal frente al espectador y mostrar la parte superior, anterior y lateral en un vista a 30°.

prueba del sonido Método para verificar la rueda de esmeril en busca de grietas o daños, golpeando el costado con un mango de herramienta de madera o plástico. El sonido que una rueda sólida producirá será un campaneo agudo.

pulido Operación de mejorar el acabado superficial de una pieza utilizando una fina tela abrasiva u otro material abrasivo.

punto de referencia cero El punto, dentro o fuera de la pieza, que el programador elige como el más adecuado para propósitos de programación y maquinado.

punto del contrapunto (giratorio) Punto del torno que contiene cojinetes antifricción y gira junto con la pieza de trabajo para reducir la fricción y eliminar la necesidad de ajustar la tensión de centro debida a la expansión por calor.

R

ranurado Operación de producir formas cuadradas, redondas o en forma de V en el extremo de la rosca o el costado de un escalón.

rebaba Borde delgado en la superficie maquinada o esmerilada, dejado por la herramienta de corte.

recalentado Calentamiento del metal a una temperatura uniforme durante cierto tiempo para una penetración total.

recocido Calentamiento del metal justo por encima de su punto crítico superior por un tiempo determinado, seguido por un enfriamiento lento. Este proceso ablanda el metal, alivia las tensiones internas, y mejora la maquinabilidad.

rectificado circular Método para rectificar rimas o herramientas similares, en donde la herramienta se gira al revés de manera que el talón toque primero la herramienta de corte, para producir un pequeño ángulo de salida.

rectificado de ángulo de salida Método para producir una superficie plana sobre la pista de un cortador.

rectificado Operación para hacer la periferia de una pieza o herramienta concéntrica con respecto al eje de rotación.

rectificado Operación para hacer que la rueda de esmeril corte mejor al eliminar los granos obtusos y las partículas de metal de la superficie de la rueda.

rectificado por aplastamiento Método para producir formas complejas en una pieza utilizando una rueda de rectificado revestida con el contorno de la forma requerida.

rectificadora de eje horizontal rectificadora de superficie con el eje en posición horizontal y mesa reciprocante.

refrentado Operación de producir una superficie plana, a 90° con respecto al eje del husillo del torno, en el costado de un escalón o frente.

regla de prueba Regla de diámetro paralela endurecida y rectificada para verificar la alineación de los puntos.

regla de senos Regla de precisión, con dos cilindros exactamente a 5 o 10 pulg entre sí, que se utiliza con bloques calibradores para configurar trabajos a pocos segundos de grado.

resistencia a la abrasión La capacidad de un material para resistir el desgaste.

resistencia a la compresión La presión máxima en compresión que el material soportará antes de fracturarse o romperse.

resistencia a la tracción Resistencia del acero o hierro a un jalón longitudinal.

resistencia al desgaste Capacidad del metal para resistir abrasión y desgaste.

respirador para polvo/rocío Pantalla protectora, fabricada con frecuencia de gasa fina, que se utiliza sobre la boca y nariz para evitar que la persona inhale polvo o vapores.

revenido Recalentamiento del acero endurecido a una temperatura por debajo de su punto crítico, seguido de enfriamiento. Este proceso elimina la fragilidad y templa el acero.

revoluciones por minuto (r/min) Cantidad de vueltas completas que gira una pieza de trabajo o cortador por minuto.

rima Herramienta que se utiliza para agrandar, rectificar y poner a tamaño una perforación que se ha taladrado o perforado.

robot Dispositivo de un solo brazo que puede programarse para mover automáticamente herramientas, piezas y materiales, o llevar a cabo una variedad de tareas.

rosca Borde helicoidal de sección uniforme formada en el interior o exterior de un cilindro o cono. La rosca American National es la común en Estados Unidos; la rosca ISO es la forma métrica de rosca estándar.

rosca múltiple Situación en donde más de una rosca comienza en la periferia de la pieza de trabajo. Estas roscas se utilizan para aumentar la guía de la rosca cuando no es posible cortar una rosca profunda y gruesa.

roscado Operación de producir roscas internas o externas en una pieza de trabajo.

rugosidad Patrones poco espaciados, causados por la herramienta de corte o el avance de la máquina.

S

SAE (sociedad de ingenieros automovilísticos) Estas letras se utilizan para indicar que el artículo o medición está aprobado por la Society of Automotive Engineers).

secuencia de operaciones El orden de los pasos a tomar para maquinar con éxito una pieza o llevar a cabo una operación.

serrado a fricción Operación de banda contorneadora sin fin en donde el metal se elimina por el calor que se acumula con la fricción de una banda de sierra a alta velocidad.

serrados Serie de ranuras producidas en el metal para proporcionar un efecto de agarre o trabado. Las quijadas de las prensas a menudo están serradas.

servomecanismo Mecanismo de control utilizado en las máquinas EDM para alimentar el electrodo hacia la pieza, mantener el claro trabajo/electrodo, y disminuir o aumentar la velocidad de los motores de propulsión según se requiera.

SI (Systéme International) El sistema métrico estandarizado que define 1 metro como 1650763.73 longitudes de onda en un vacío de espectro de luz naranja-roja del átomo de kriptón 86.

sierra circular de corte en frío Esta sierra utiliza una delgada hoja circular, similar a la sierra de mesa para corte de madera, para cortar el material a longitud.

sierra de corte abrasiva Máquina de sierra que utiliza una delgada rueda de esmeril de unión de goma para cortar el material a longitud.

sierra sin fin de contorno Máquina de sierra vertical, que utiliza una banda de sierra sin fin, que puede cortar formas y contornos complejos en una pieza de trabajo.

sierra sin fin horizontal Serradora horizontal que utiliza una banda de sierra sin fin para cortar piezas de trabajo a la longitud.

simulacro Término que se aplica a la prueba de la precisión de un programa CNC al pasar por cada bloque de información sin cortar realmente la pieza.

sistema de coordenadas cartesiano Método utilizado para localizar cualquier punto o posición en relación con un conjunto de ejes en ángulos rectos entre sí.

sistema de lazo abierto Sistema CNC en el cual no hay ningún método para verificar que los servomotores hayan movido con precisión los carros de la máquina a la distancia programada.

sistema de lazo cerrado Sistema CNC en donde la salida del programa, o la distancia que la corredera de la máquina se mueve, se mide y compara a la entrada del programa. El sistema ajusta automáticamente la salida para que sea igual a la entrada.

sistema de manufactura flexible (FMS) Sistema automatizado de manufactura que consiste cierta cantidad de máquinas herramienta cnc, servidas por un sistema de manejo de materiales, bajo el control de una o más computadoras dedicadas. Está diseñado para producir piezas con un mínimo de tiempo de producción de cambio.

sistema de pulgadas El sistema de pulgadas, un estándar de medición utilizado en Estados Unidos y Canadá, utiliza la pulgada como unidad lineal base. Una pulgada puede dividirse en fracciones, como mitades, cuartos u octavos; o en decimales de décimos, centésimos o diezmilésimas.

sistema de retroalimentación Utilizado en los sistemas CNC de lazo cerrado para comparar la señal del programa CNC con el movimiento real de las correderas de la máquina. Si es necesario, el sistema hace los ajustes para hacer que la posición de la mesa sea la misma que la dimensión programada.

sistema métrico Este sistema, a veces llamado Sistema Internacional (SI), utiliza el metro como unidad lineal base. Todos los múltiplos o divisiones del metro están directamente relacionados con el metro en un factor de diez.

sistemas de visión Tecnología AI (Inteligencia Artificial), en combinación con computadoras, software, cámaras de televisión, y censores ópticos, que permite a las máquinas llevar a cabo trabajos normalmente realizados por humanos.

sobrecorte Término común que se utiliza en el maquinado EDM para indicar la cantidad que la cavidad o corte es mayor al electrodo utilizado durante el maquinado.

soldador a tope Unidad que se encuentra en las sierras sin fin de contorno, que une los dos extremos de la hoja para formar una banda de sierra continua y flexible.

superabrasivos Término que se refiere a los abrasivos de diamante manufacturado y de nitruro de boro cúbico que se utilizan para fabricar herramientas de corte y ruedas de rectificado superduras y super resistentes al desgaste.

T

taladro (sensible) Prensa taladradora de tipo de banco que se utiliza para operaciones de taladrado ligeros en piezas pequeñas.

taller de producción Este tipo de taller, que generalmente se asocia con una planta o fábrica grande, fabrica muchas piezas idénticas para un producto o maquinaria.

taller de trabajo Este taller por lo general está equipado con máquinas herramienta estándar y CNC para producir plantillas, arreglos, matrices, moldes o partes especiales según las especificaciones del cliente.

taller general Un taller general, equipado comúnmente con máquinas herramienta convencionales, fabrica piezas para toda clase de herramientas y equipos.

tamaño básico El tamaño de una dimensión, a partir de la cual se derivan los límites de dicha dimensión.

tamaño de escala Código que se utiliza en los planos técnicos o de ingeniería para indicar si la pieza se muestra en tamaño completo, a la mitad del tamaño, a un cuarto del tamaño, a un octavo del tamaño, etcétera.

tamaño de grano Tamaño nominal de las partículas abrasivas dentro de una rueda de rectificado.

tamaño de la broca de machuelo El tamaño de broca que debe utilizarse para dejar la cantidad adecuada de material en una perforación para roscar para producir un 75% de rosca completa.

técnico Persona que trabaja en el nivel entre el ingeniero y el mecánico y está especializado en un área de la tecnología, pero tiene un conocimiento operaciones de una cantidad de tecnologías.

técnico superior Persona que trabaja en el nivel entre el ingeniero y el técnico para realizar estudios de diseño, planeación de producción, experimentos de laboratorio, y estudios de control de calidad y costos.

temperatura crítica Temperatura a la cual ocurren ciertos cambios en la estructura cristalina del acero durante el calentamiento y enfriamiento.

templado Proceso de enfriar rápidamente el acero calentado para atrapar la microestructura en el estado que proporciona las cualidades deseadas.

tenacidad Propiedad del metal para soportar golpes e impactos.

tolerancia Cantidad de interferencia necesaria para dos o más piezas en contacto. La cantidad de variación, por encima o por debajo del tamaño requerido, que se permite en una pieza de trabajo maquinada.

torneado de conos Operación que produce una forma cónica al descentrar el contrapunto, el aditamento de conos, o el carro transversal.

torneado de desbaste Operación que se realiza antes del acabado, para eliminar rápidamente el material de exceso cuando el acabado superficial fino no es importante.

torneado de escalones Operación de producir formas cuadradas, fileteadas o biseladas en un hombro o peldaño de la pieza.

torneado paralelo Operación en donde el diámetro se maquina al tamaño con el mismo diámetro en toda la longitud.

tornillo guía Eje roscado que corre longitudinalmente frente a la bancada del torno.

torno Máquina herramienta utilizada para tornear formas cilíndricas en las piezas de trabajo. Los tornos modernos con frecuencia están equipados con lecturas digitales y control numérico.

traba de diente Descentramiento de los dientes de la sierra con respecto a la banda que da la acción de corte libre; la traba recta, de ondulada e inclinada son los más comunes.

trama Dirección del patrón de superficie predominante, causado por el proceso de maquinado.

transverso rápido Método de colocar la pieza de trabajo y el cortador a la ubicación aproximada rápidamente (150 a 400 pulg/minuto) antes que comience la operación de maquinado.

tratamiento térmico Proceso que combina el calentamiento y enfriamiento controlados de un metal o aleación para modificar su microestructura y producir los resultados deseados.

trazo (de precisión) Un trazo llevado a cabo con herramientas como el vernier y los calibradores de altura de carátula, en donde la precisión del trazo debe ser menor que ¼ de pulg.

trazo (semiprecisión) Trazo realizado con herramientas como la regla, divisor, juego de combinación y calibrador de superficie, en donde la precisión del trazo es aceptable.

trazo Operación de marcar líneas rectas o curvas sobre superficies de metal para indicar la forma de la pieza, o la cantidad de material a eliminar.

U

unidad de control de máquina Sistema de hardware y software que controla la operación de una máquina CNC.

V

velocidad de corte La velocidad, en pies o metros por minuto, a la cual la herramienta de corte pasa a través de la pieza, o viceversa.

velocidad de eliminación de metal Velocidad a la cual se elimina el metal de una pieza sin terminar, expresado en pulgadas cúbicas o centímetros cúbicos por minuto.

velocidad del husillo Cantidad de r/min que hace el husillo (herramienta de corte) de una máquina.

vibración Provocada durante el maquinado por una falta de rigidez en las herramientas de corte o en los cojinetes o piezas de la máquina.

viruta continua con borde acumulado Viruta gruesa continua que se produce por la fricción de las partículas de metal que se han soldado al filo cortante de la herramienta.

viruta continua Listón continuo que se produce cuando el flujo de metal no está muy restringido por un borde acumulado o por la fricción en la interfaz viruta-herramienta.

viruta discontinua Viruta segmentada que se produce cuando se cortan metales frágiles, como hierro fundido y bronce; o puede producirse con metales dúctiles bajo condiciones de corte pobres.

viruta por diente La cantidad que elimina cada diente de un cortador en una revolución conforme avanza a lo largo de la pieza. Esta cantidad está determinada por la velocidad de avance ajustada en la máquina.

vista de sección Vista que muestra el detalle interior de una pieza que es demasiado complicada para mostrarla mediante vistas interiores o líneas ocultas.

vista ortográfica La representación de la vista tridimensional de un objeto (ancho, altura, profundidad) en un solo plano sobre una hoja de papel.

Apéndice de tablas

TABLA 1 Equivalencias de pulgada decimal, fracción de pulgada y milímetros

Pulgada decimal	Fracción de pulgada	Milímetros	Pulgada decimal	Fracción de pulgada	Milímetros
.015625	1/64	0.397	.515625	33/64	13.097
.03125	1/32	0.794	.53125	17/32	13.494
.046875	3/64	1.191	.546875	35/64	13.891
.0625	1/16	1.588	.5625	9/16	14.288
.078125	5/64	1.984	.578125	37/64	14.684
.09375	3/32	2.381	.59375	19/32	15.081
.109375	7/64	2.778	.609375	39/64	15.478
.125	1/8	3.175	.625	5/8	15.875
.140625	9/64	3.572	.640625	41/64	16.272
.15625	5/32	3.969	.65625	21/32	16.669
.171875	11/64	4.366	.671875	43/64	17.066
.1875	3/16	4.762	.6875	11/16	17.462
.203125	13/64	5.159	.703125	45/64	17.859
.21875	7/32	5.556	.71875	23/32	18.256
.234375	15/64	5.953	.734375	47/64	18.653
.25	1/4	6.35	.75	3/4	19.05
.265625	17/64	6.747	.765625	49/64	19.447
.28125	9/32	7.144	.78125	25/32	19.844
.296875	19/64	7.541	.796875	51/64	20.241
.3125	5/16	7.938	.8125	13/16	20.638
.328125	21/64	8.334	.828125	53/64	21.034
.34375	11/32	8.731	.84375	27/32	21.431
.359375	23/64	9.128	.859375	55/64	21.828
.375	3/8	9.525	.875	7/8	22.225
.390625	25/64	9.922	.890625	57/64	22.622
.40625	13/32	10.319	.90625	29/32	23.019
.421875	27/64	10.716	.921875	59/64	23.416
.4375	7/16	11.112	.9375	15/16	23.812
.453125	29/64	11.509	.953125	61/64	24.209
.46875	15/32	11.906	.96875	31/32	24.606
.484375	31/64	12.303	.984375	63/64	25.003
.5	1/2	12.7	1	1	25.4

TABLA 2

Conversión de pulgadas a milímetros						Conversión de milímetros a pulgadas					
Pulgs	Milímetros	Pulgs	Milímetros	Pulgs	Milímetros	Milímetros	Pulgs	Milímetros	Pulgs	Milímetros	Pulgs
.001	0.025	.290	7.37	.660	16.76	0.01	.0004	0.35	.0138	0.68	.0268
.002	0.051	.300	7.62	.670	17.02	0.02	.0008	0.36	.0142	0.69	.0272
.003	0.076	.310	7.87	.680	17.27	0.03	.0012	0.37	.0146	0.7	.0276
.004	0.102	.320	8.13	.690	17.53	0.04	.0016	0.38	.0150	0.71	.0280
.005	0.127	.330	8.38	.700	17.78	0.05	.0020	0.39	.0154	0.72	.0283
.006	0.152	.340	8.64	.710	18.03	0.06	.0024	0.4	.0157	0.73	.0287
.007	0.178	.350	8.89	.720	18.29	0.07	.0028	0.41	.0161	0.74	.0291
.008	0.203	.360	9.14	.730	18.54	0.08	.0031	0.42	.0165	0.75	.0295
.009	0.229	.370	9.4	.740	18.8	0.09	.0035	0.43	.0169	0.76	.0299
.010	0.254	.380	9.65	.750	19.05	0.1	.0039	0.44	.0173	0.77	.0303
.020	0.508	.390	9.91	.760	19.3	0.11	.0043	0.45	.0177	0.78	.0307
.030	0.762	.400	10.16	.770	19.56	0.12	.0047	0.46	.0181	0.79	.0311
.040	1.016	.410	10.41	.780	19.81	0.13	.0051	0.47	.0185	0.8	.0315
.050	1.27	.420	10.67	.790	20.07	0.14	.0055	0.48	.0189	0.81	.0319
.060	1.524	.430	10.92	.800	20.32	0.15	.0059	0.49	.0193	0.82	.0323
.070	1.778	.440	11.18	.810	20.57	0.16	.0063	0.5	.0197	0.83	.0327
.080	2.032	.450	11.43	.820	20.83	0.17	.0067	0.51	.0201	0.84	.0331
.090	2.286	.460	11.68	.830	21.08	0.18	.0071	0.52	.0205	0.85	.0335
.100	2.54	.470	11.94	.840	21.34	0.19	.0075	0.53	.0209	0.86	.0339
.110	2.794	.480	12.19	.850	21.59	0.2	.0079	0.54	.0213	0.87	.0343
.120	3.048	.490	12.45	.860	21.84	0.21	.0083	0.55	.0217	0.88	.0346
.130	3.302	.500	12.7	.870	22.1	0.22	.0087	0.56	.0220	0.89	.0350
.140	3.56	.510	12.95	.880	22.35	0.23	.0091	0.57	.0224	0.9	.0354
.150	3.81	.520	13.21	.890	22.61	0.24	.0094	0.58	.0228	0.91	.0358
.160	4.06	.530	13.46	.900	22.86	0.25	.0098	0.59	.0232	0.92	.0362
.170	4.32	.540	13.72	.910	23.11	0.26	.0102	0.6	.0236	0.93	.0366
.180	4.57	.550	13.97	.920	23.37	0.27	.0106	0.61	.0240	0.94	.0370
.190	4.83	.560	14.22	.930	23.62	0.28	.0110	0.62	.0244	0.95	.0374
.200	5.08	.570	14.48	.940	23.88	0.29	.0114	0.63	.0248	0.96	.0378
.210	5.33	.580	14.73	.950	24.13	0.3	.0118	0.64	.0252	0.97	.0382
.220	5.59	.590	14.99	.960	24.38	0.31	.0122	0.65	.0256	0.98	.0386
.230	5.84	.600	15.24	.970	24.64	0.32	.0126	0.66	.0260	0.99	.0390
.240	6.1	.610	15.49	.980	24.89	0.33	.0130	0.67	.0264	1	.0394
.250	6.35	.620	15.75	.990	25.15	0.34	.0134				
.260	6.6	.630	16.	1	25.4						
.270	6.86	.640	16.26								
.280	7.11	.650	16.51								

Cortesía de Automatic Electric Company

TABLA 3 Tamaños de broca en letras

Letra	Pulg	mm	Letra	Pulg	mm
A	.234	5.9	N	.302	7.7
B	.238	6	O	.316	8
C	.242	6.1	P	.323	8.2
D	.246	6.2	Q	.332	8.4
E	.250	6.4	R	.339	8.6
F	.257	6.5	S	.348	8.8
G	.261	6.6	T	.358	9.1
H	.266	6.7	U	.368	9.3
I	.272	6.9	V	.377	9.5
J	.277	7	W	.386	9.8
K	.281	7.1	X	.397	10.1
L	.290	7.4	Y	.404	10.3
M	.295	7.5	Z	.413	10.5

TABLA 4 Tamaños de brocas calibradas

No.	Pulgs	mm	No.	Pulgs	mm	No.	Pulgs	mm
1	.2280	5.8	34	.1110	2.8	66	.0330	0.84
2	.2210	5.6	35	.1100	2.8	67	.0320	0.81
3	.2130	5.4	36	.1065	2.7	68	.0310	0.79
4	.2090	5.3	37	.1040	2.65	69	.0292	0.74
5	.2055	5.2	38	.1015	2.6	70	.0280	0.71
6	.2040	5.2	39	.0995	2.55	71	.0260	0.66
7	.2010	5.1	40	.0980	2.5	72	.0250	0.64
8	.1990	5.1	41	.0960	2.45	73	.0240	0.61
9	.1960	5	42	.0935	2.4	74	.0225	0.57
10	.1935	4.9	43	.0890	2.25	75	.0210	0.53
11	.1910	4.9	44	.0860	2.2	76	.0200	0.51
12	.1890	4.8	45	.0820	2.1	77	.0180	0.46
13	.1850	4.7	46	.0810	2.05	78	.0160	0.41
14	.1820	4.6	47	.0785	2.	79	.0145	0.37
15	.1800	4.6	48	.0760	1.95	80	.0135	0.34
16	.1770	4.5	49	.0730	1.85	81	.0130	0.33
17	.1730	4.4	50	.0700	1.8	82	.0125	0.32
18	.1695	4.3	51	.0670	1.7	83	.0120	0.31
19	.1660	4.2	52	.0635	1.6	84	.0115	0.29
20	.1610	4.1	53	.0595	1.5	85	.0110	0.28
21	.1590	4.	54	.0550	1.4	86	.0105	0.27
22	.1570	4.	55	.0520	1.3	87	.0100	0.25
23	.1540	3.9	56	.0465	1.2	88	.0095	0.24
24	.1520	3.9	57	.0430	1.1	89	.0091	0.23
25	.1495	3.8	58	.0420	1.05	90	.0087	0.22
26	.1470	3.7	59	.0410	1.05	91	.0083	0.21
27	.1440	3.7	60	.0400	1.	92	.0079	0.2
28	.1405	3.6	61	.0390	0.99	93	.0075	0.19
29	.1360	3.5	62	.0380	0.97	94	.0071	0.18
30	.1285	3.3	63	.0370	0.94	95	.0067	0.17
31	.1200	3.	64	.0360	0.92	96	.0063	0.16
32	.1160	2.95	65	.0350	0.89	97	.0059	0.15
33	.1130	2.85						

TABLA 5 Tamaños de broca para machuelo

Diámetro nominal (mm)	Paso de rosca (mm)	Tamaño de broca para machuelo (mm)	Diámetro nominal (mm)	Paso de rosca (mm)	Tamaño de broca para machuelo (mm)
1.6	0.35	1.2	20	2.5	17.5
2	0.4	1.6	24	3	21
2.5	0.45	2.05	30	3.5	26.5
3	0.5	2.5	36	4	32
3.5	0.6	2.9	42	4.5	37.5
4	0.7	3.3	48	5	43
5	0.8	4.2	56	5.5	50.5
6.3	1	5.3	64	6	58
8	1.25	6.8	72	6	66
10	1.5	8.5	80	6	74
12	1.75	10.2	90	6	84
14	2	12	100	6	94
16	2	14			

TABLA 6 Combinaciones ISO de paso y diámetro métricos

Diámetro nominal (mm)	Paso de rosca (mm)	Diámetro nominal (mm)	Paso de rosca (mm)
1.6	0.35	20	2.5
2	0.4	24	3
2.5	0.45	30	3.5
3	0.5	36	4
3.5	0.6	42	4.5
4	0.7	48	5
5	0.8	56	5.5
6.3	1	64	6
8	1.25	72	6
10	1.5	80	6
12	1.75	90	6
14	2	100	6
16	2		

TABLA 7 Tamaños de broca para machuelo
Forma de rosca American National

NC National Coarse			NF National Fine		
Tamaño de machuelo	Roscas por pulgada	Tamaño de broca para machuelo	Tamaño de machuelo	Roscas por pulgada	Tamaño de broca para machuelo
# 5	40	#38	# 5	44	#37
# 6	32	#36	# 6	40	#33
# 8	32	#29	# 8	36	#29
#10	24	#25	#10	32	#21
#12	24	#16	#12	28	#14
1/4	20	# 7	1/4	28	# 3
5/16	18	F	5/16	24	I
3/8	16	5/16	3/8	24	Q
7/16	14	U	7/16	20	25/64
1/2	13	27/64	1/2	20	29/64
9/16	12	31/64	9/16	18	33/64
5/8	11	17/32	5/8	18	37/64
3/4	10	21/32	3/4	16	11/16
7/8	9	49/64	7/8	14	13/16
1	8	7/8	1	14	15/16
1 1/8	7	63/64	1 1/8	12	1 3/64
1 1/4	7	1 7/64	1 1/4	12	1 11/64
1 3/8	6	1 7/32	1 3/8	12	1 19/64
1 1/2	6	1 11/32	1 1/2	12	1 27/64
1 3/4	5	1 9/16			
2	4 1/2	1 25/32			
NPT National Pipe Thread					
1/8	27	11/32	1	11 1/2	1 5/32
1/4	18	7/16	1 1/4	11 1/2	1 1/2
3/8	18	19/32	1 1/2	11 1/2	1 23/32
1/2	14	23/32	2	11 1/2	2 3/16
3/4	14	15/16	2 1/2	8	2 5/8

El diámetro mayor de machuelo o tornillo de número NC o NF = (N × .013) + .060.
EJEMPLO: El diámetro mayor de un machuelo #5 es igual a (5 × .013) + .060 = .125 de diámetro.

TABLA 8 Medición de rosca por tres alambres (Rosca métrica de 60°)

M = PD + C PD = M − C

M = Medición sobre los alambres
PD = Diámetro de paso
C = Constante

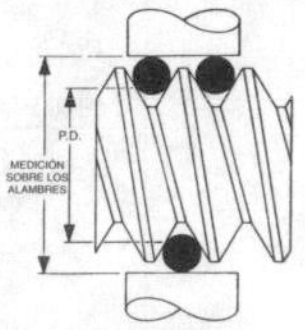

Paso		Mejor tamaño de alambre		Constante	
Pulgadas	mm	Pulgadas	mm	Pulgadas	mm
.00787	0.2	.00455	0.1155	.00682	0.1732
.00886	0.225	.00511	0.1299	.00767	0.1949
.00934	0.25	.00568	0.1443	.00852	0.2165
.01181	0.3	.00682	0.1732	.01023	0.2598
.01378	0.35	.00796	0.2021	.01193	0.3031
.01575	0.4	.00909	0.2309	.01364	0.3464
.01772	0.45	.01023	0.2598	.01534	0.3897
.01969	0.5	.01137	0.2887	.01705	0.433
.02362	0.6	.01364	0.3464	.02046	0.5196
.02756	0.7	.01591	0.4041	.02387	0.6062
.02953	0.75	.01705	0.433	.02557	0.6495
.03150	0.8	.01818	0.4619	.02728	0.6928
.03543	0.9	.02046	0.5196	.03069	0.7794
.03937	1	.02273	0.5774	.03410	0.866
.04921	1.25	.02841	0.7217	.04262	1.0825
.05906	1.5	.03410	0.866	.05114	1.299
.06890	1.75	.03978	1.0104	.05967	1.5155
.07874	2	.04546	1.1547	.06819	1.7321
.09843	2.5	.05683	1.4434	.08524	2.1651
.11811	3	.06819	1.7321	.10229	2.5981
.13780	3.5	.07956	2.0207	.11933	3.0311
.15748	4	.09092	2.3094	.13638	3.4641
.17717	4.5	.10229	2.5981	.15343	3.8971
.19685	5	.11365	2.8868	.17048	4.3301
.21654	5.5	.12502	3.1754	.18753	4.7631
.23622	6	.13638	3.4641	.20457	5.1962
.27559	7	.15911	4.0415	.23867	6.0622
.31496	8	.18184	4.6188	.27276	6.9282
.35433	9	.20457	5.1962	.30686	7.7942
.39370	10	.22730	5.7735	.34095	8.6603

TABLA 9 Fórmulas de uso común

Código

c.p.t = virutas por diente	N = Números por pulgada	T.D.S. = tamaño de broca para machuelo
CS = velocidad de corte	= Número de dientes del cortador	T.L. = longitud del cono
D = diámetro mayor	O.L. = longitud general de la pieza	t/ft. = conicidad por pie
d = diámetro menor	P = Paso	t/mm = conicidad por milímetro
G.L. = longitud de la barra de guía	r/min = revoluciones por minuto	T.O. = descentramiento del contrapunto

Pulgada	Métrico
$\text{T.D.S.} = D - \left(\frac{1}{N}\right)$	$\text{T.D.S.} = D - P$
$\text{r/min} = \frac{\text{CS (ft)} \times 4}{\text{D (in)}}$	$\text{r/min} = \frac{\text{CS (m)} \times 320}{D\,\text{(mm)}}$
$\text{t/ft} = \frac{(D - d) \times 12}{\text{T.L.}}$	$\text{t/mm} = \frac{(D - d)}{\text{T.L.}}$
$\text{T.O.} = \frac{\text{t/ft} \times \text{O.L.}}{24}$	$\text{T.O.} = \frac{\text{t/mm} \times \text{O.L.}}{2}$
Ajuste de la barra guía $= \frac{(D - d) \times 12}{\text{T.L.}}$	Ajuste de la barra guía $= \frac{(D - d)}{2} \times \frac{\text{G.L.}}{\text{T.L.}}$
Avance de fresado (pulgadas/min) = N × c.p.t × r/min	Avance de fresado (mm/min) = N × c.p.t × r/min

Fuente: Machine Tool Operations. Krar et al., p. 391

TABLA 10 Formulario

Para la fórmula correcta, bloquee (cubra) la incógnita; lo que resta es la fórmula. En cada diagrama, la línea horizontal es la línea de división; la línea o líneas verticales son líneas de multiplicación.

Código: A = área
C = circunferencia
CS = velocidad de corte
D = diámetro
W = ancho
L = longitud
R = radio
r/min = revoluciones/minuto
S = pasadas/minuto
b = base
h = altura
m = metros
mm = milímetros

Círculo

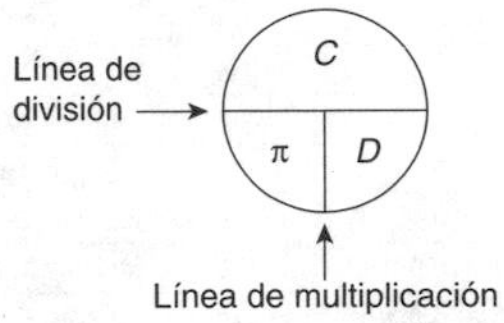

$$C = \pi \times D$$

$$D = \frac{C}{\pi}$$

Fórmulas de cuatro elementos

1. Bloquee la incógnita
2. Mutiplique en cruz diagonalmente los elementos opuestos.
3. Divida entre el elemento restante.

Triángulos

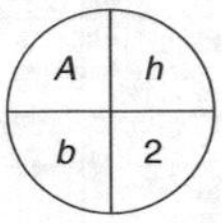

$$A = \frac{b \times h}{2}$$

$$b = \frac{A \times 2}{h}$$

$$h = \frac{A \times 2}{b}$$

Área

Cuadrados y rectángulos

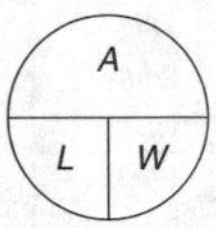

$$A = L \times W$$

$$L = \frac{A}{W}$$

$$W = \frac{A}{L}$$

Círculos

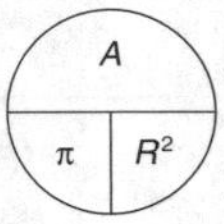

$$A = \pi \times R^2$$

$$R^2 = \frac{A}{\pi}$$

Revoluciones por minuto (r/min)

(Torno, taladro, fresadora, rectificadora)

Pulgada

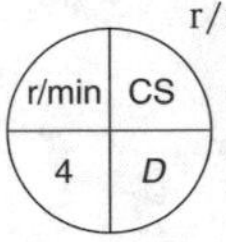

$$\text{r/min} = \frac{\text{CS (ft)} \times 4}{D \text{ (in.)}}$$

$$\text{CS} = \frac{\text{r/min} \times D}{4}$$

$$D = \frac{\text{CS} \times 4}{\text{r/min}}$$

Métrico

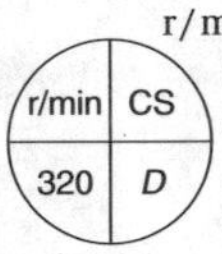

$$\text{r/min} = \frac{\text{CS (m)} \times 320}{D \text{ (mm)}}$$

$$\text{CS} = \frac{\text{r/min} \times D}{320}$$

$$D = \frac{\text{CS} \times 320}{\text{r/min}}$$

Fuente: Machine Tool Operations Krar et al., página 390

TABLA 11 Conos Morse*

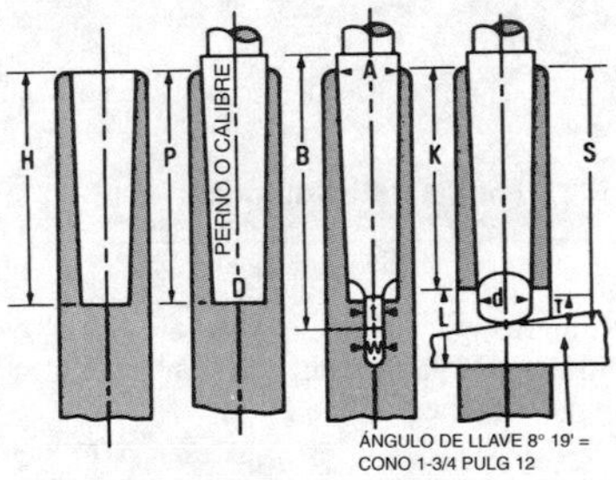

Número de cono	Diámetro del perno en el extremo pequeño	Diámetro al final del cono	Longitud completa del zanco	Profundidad del zanco	Profundidad de la perforación	Profundidad estándar del perno	Espesos de la espiga	Longitud de la espiga	Diámetro de la espiga	Ancho del cuñero	Longitud del cuñero	Extremo del cono al cuñero	Conicidad por pie
	D	**A**	**B**	**S**	**H**	**P**	**t**	**T**	**d**	**w**	**L**	**K**	
0	.252	.356	2-11/32	2-7/32	2-1/32	2	5/32	1/4	.235	.160	9/16	1-15/16	.6246
1	.369	.475	2-9/16	2-7/16	2-3/16	2-1/8	13/64	3/8	.343	.213	3/4	2-1/16	.5986
2	.572	.700	3-1/8	2-15/16	2-5/8	2-9/16	1/4	7/16	17/32	.260	7/8	2-1/2	.5994
3	.778	.938	3-7/8	3-11/16	3-1/4	3-3/16	5/16	9/16	23/32	.322	1-3/16	3-1/16	.6023
4	1.020	1.231	4-7/8	4-5/8	4-1/8	4-1/16	15/32	5/8	31/32	.478	1-1/4	3-7/8	.6232
5	1.475	1.748	6-1/8	5-7/8	5-1/4	5-3/16	5/8	3/4	1-13/32	.635	1-1/2	4-15/16	.6315
6	2.116	2.494	8-9/16	8-1/4	7-3/8	7-1/4	3/4	1-1/8	2	.760	1-3/4	7	.6256
7	2.750	3.270	11-1/4	11-5/8	10-1/8	10	1-1/8	1-3/8	2-5/8	1.135	2-5/8	9-1/2	.6240

*Todas las mediciones están en pulgadas

TABLA 12 Conos estándar de fresadora*

Husillos de máquinas fresadoras	Árbol de máquina fresadora
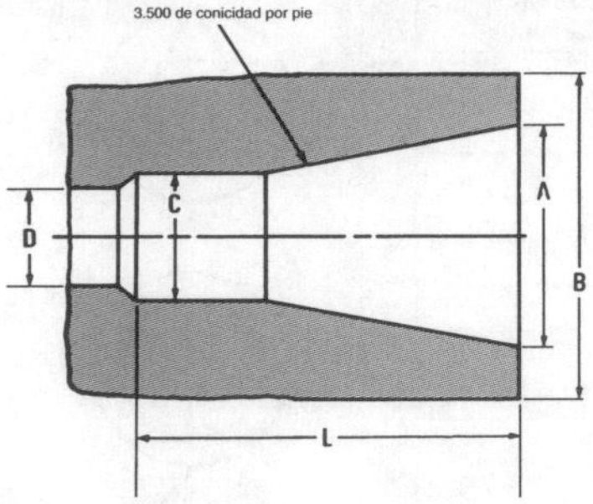	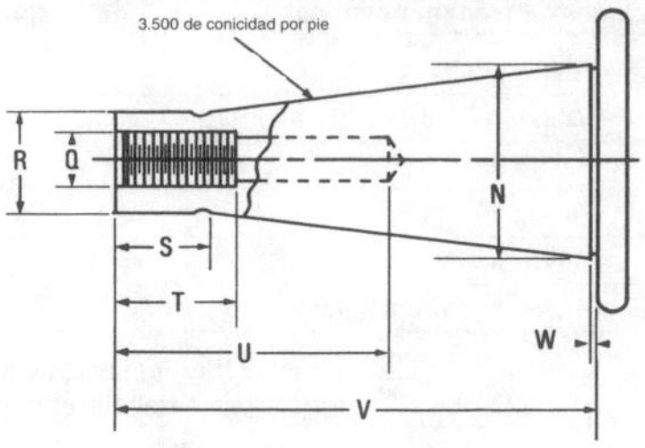

Cono No.	A	B	C	D	L	N	Q	R	S	T	U	V	W
30	1.250	2.7493	.685 .692	21/32	2-7/8	1.250	1/2–13	.673 .675	13/16	1	2	2-3/4	1/16
40	1.750	3.4993	.997 1.005	21/32	3-7/8	1.750	5/8–11	.985 .987	1	1-1/8	2-5/16	3-3/4	1/16
50	2.750	5.0618	1.559 1.568	1-1/16	5-1/2	2.750	1–8	1.547 1.549	1	1-3/4	3-1/2	5-1/8	1/8
60	4.250	8.718	2.371 2.381	1-3/8	8-5/8	4.250	1-1/4–7	2.359 2.361	1-3/4	2-1/4	4-1/4	8-5/16	1/8

*Todas las medidas están en pulgadas

TABLA 13 Conos y ángulos

Conicidad por pie	Ángulo incluso		Con línea central		Conicidad por pulgada	Conicidad por pulgada a partir de la línea central
	Minutos	Grados	Grados	Minutos		
1/8	0	36	0	18	.010416	.005208
3/16	0	54	0	27	.015625	.007812
1/4	1	12	0	36	.020833	.010416
5/16	1	30	0	45	.026042	.013021
3/8	1	47	0	53	.031250	.015625
7/16	2	05	1	02	.036458	.018229
1/2	2	23	1	11	.041667	.020833
9/16	2	42	1	21	.046875	.023438
5/8	3	00	1	30	.052084	.026042
11/16	3	18	1	39	.057292	.028646
3/4	3	35	1	48	.062500	.031250
13/16	3	52	1	56	.067708	.033854
7/8	4	12	2	06	.072917	.036458
15/16	4	28	2	14	.078125	.039063
1	4	45	2	23	.083330	.041667
1 1/4	5	58	2	59	.104166	.052083
1 1/2	7	08	3	34	.125000	.062500
1 3/4	8	20	4	10	.145833	.072917
2	9	32	4	46	.166666	.083333
2 1/2	11	54	5	57	.208333	.104166
3	14	16	7	08	.250000	.125000
3 1/2	16	36	8	18	.291666	.145833
4	18	56	9	28	.333333	.166666
4 1/2	21	14	10	37	.375000	.187500
5	23	32	11	46	.416666	.208333
6	28	04	14	02	.500000	.250000

Cortesía de Morse Twist Drill & Machine Co.

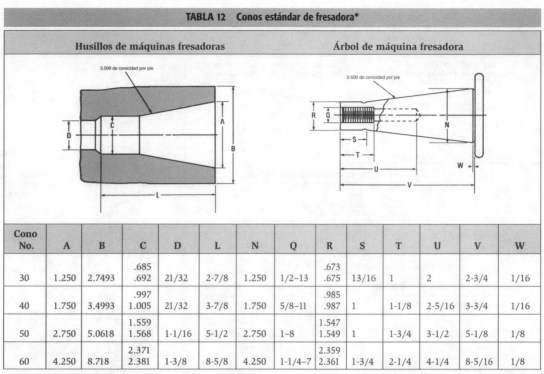

TABLA 14 Holgura para los ajustes*

Diámetro del eje		
Ajustes de ejecución		
Diámetro del eje	**Para ejes con velocidades por debajo de 600 r/min, condiciones de trabajo normales**	**Para ejes con velocidades por encima de 600 r/min; alta presión, condiciones de trabajo severas**
Hasta ½	−.0005 a −.001	−.0005 a −.001
de ½ a 1	−.00075 a −.0015	−.001 a −.002
1 a 2	−.0015 a −.0025	−.002 a −.003
2 a 3½	−.002 a −.003	−.003 a −.004
de 3½ a 6	−.0025 to −.004	−.004 a −.005
Ajustes deslizantes		
Diámetro del eje	**Ejes con engranes, embragues y piezas similares que deban estar libres para deslizarse**	
Hasta ½	−.0005 a −.001	
½ a 1	−.00075 a −.0015	
1 a 2	−.0015 a −.0025	
2 a 3½	−.002 a −.003	
3½ a 6−.0025 a −.004	−.0025 a −.004	
Ajustes de empuje		
Diámetro del eje	**Para servicio ligero, en donde la pieza está con llave sobre el eje y se sujeta por el extremo, sin ajuste**	**Con juego eliminado, la pieza debe ensamblarse rápidamente, puede necesitarse algo de ajuste y selección**
Hasta ½	Estándar a −.00025	Estándar a +.00025
½ a 3½	Estándar a −.0005	Estándar a +.0005
3½ a 6	Estándar a −.00075	Estándar a +.00075
Ajustes para impulsar		
Diámetro del eje	**Para ensamble permanente de piezas colocadas de forma que el impulso no puede realizarse fácilmente**	**Para ensamble permanente y carga pesada, en donde hay amplio espacio para el impulso**
Hasta ½	Estándar a +.00025	+.0005 a +.001
½ a 1	+.00025 a +.0005	+.0005 a +.001
1 a 2	+.0005 a +.00075	+.0005 a +.001
2 a 3½	+.0005 a +.001	+.00075 a +.00125
3½ a 6	+.0005 a +.001	+.001 a +.0015
Ajustes forzados		
Diámetro del eje	**Para ensamble permanente y servicio muy severo; prensa hidráulica utilizada en partes más grandes**	
Hasta ½	+.00075 a +.001	
½ a 1	+.001 a +.002	
1 a 2	+.002 a +.003	
2 a 3½	+.003 a +.004	
3½ a 6	+.004 a +.005	

*Todas las dimensiones expresadas están en pulgadas

TABLA 15 Reglas para encontrar las dimensiones de círculos, cuadrados, etcétera

D es el diámetro del material necesario para tornear la forma deseada
E es la distancia "entre planos", o el diámetro del círculo inscrito
C es la profundidad de corte en el material torneado al diámetro correcto

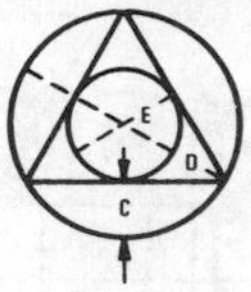

Triángulo

E = lado × .57735
D = lado × 1.1547 = 2E
Lado = D × .866
C = E × .5 = D × .25

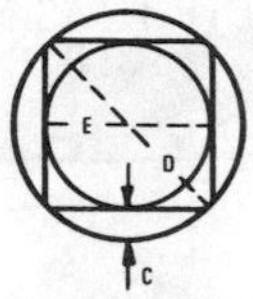

Cuadrado

E = lado = D × .7071
D = lado × 1.4142 = diagonal
Lado = D × .7071
C = D × .14645

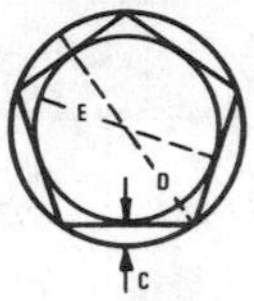

Pentágono

E = lado × 1.3764 = D × .809
D = lado × 1.7013 = E × 1.2361
Lado = D × .5878
C = D × .0955

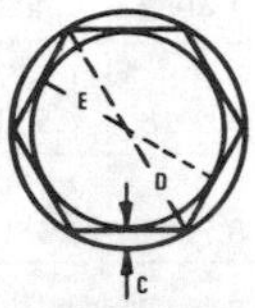

Hexágono

E = lado × 1.7321 = D × .866
D = lado × 2 = E × 1.1547
Lado = D × .5
C = D × .067

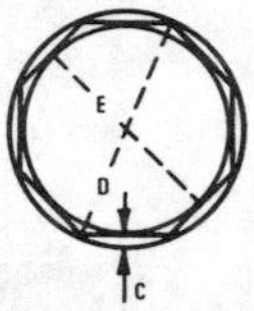

Octágono

E = lado × 2.4142 = D × .9239
D = lado × 2.6131 = E × 1.0824
Lado = D × .3827
C = D × .038

Cortesía de Morse Twist Drill & Machine Co.

TABLA 16 Tabla de conversión de dureza

Bola de 10 mm, 3000 kg	Cono de 120°, 150 kg	Bola de 1/16 de pulg, 100 kg	Modelo C	Mpa	Bola de 10 mm, 3000 kg	Cono de 120°, 150 kg	Bola de 1/16 de pulg, 100 kg	Modelo C	Mpa
Brinell	Rockwell C	Rockwell B	Escleroscopio Shore	Resistencia a la tracción	Brinell	Rockwell C	Rockwell B	Escleroscopio Shore	Resistencia a la tracción
800	72		100		276	30	105	42	938
780	71		99		269	29	104	41	910
760	70		98		261	28	103	40	889
745	68		97	2530	258	27	102	39	876
725	67		96	2460	255	26	102	39	862
712	66		95	2413	249	25	101	38	848
682	65		93	2324	245	24	100	37	820
668	64		91	2248	240	23	99	36	807
652	63		89	2193	237	23	99	35	793
626	62		87	2110	229	22	98	34	779
614	61		85	2062	224	21	97	33	758
601	60		83	2013	217	20	96	33	738
590	59		81	2000	211	19	95	32	717
576	57		79	1937	206	18	94	32	703
552	56		76	1862	203	17	94	31	689
545	55		75	1848	200	16	93	31	676
529	54		74	1786	196	15	92	30	662
514	53	120	72	1751	191	14	92	30	648
502	52	119	70	1703	187	13	91	29	634
495	51	119	69	1682	185	12	91	29	627
477	49	118	67	1606	183	11	90	28	621
461	48	117	66	1565	180	10	89	28	614
451	47	117	65	1538	175	9	88	27	593
444	46	116	64	1510	170	7	87	27	579
427	45	115	62	1441	167	6	87	27	565
415	44	115	60	1407	165	5	86	26	558
401	43	114	58	1351	163	4	85	26	552
388	42	114	57	1317	160	3	84	25	538
375	41	113	55	1269	156	2	83	25	524
370	40	112	54	1255	154	1	82	25	517
362	39	111	53	1234	152		82	24	510
351	38	111	51	1193	150		81	24	510
346	37	110	50	1172	147		80	24	496
341	37	110	49	1158	145		79	23	490
331	36	109	47	1124	143		79	23	483
323	35	109	46	1089	141		78	23	476
311	34	108	46	1055	140		77	22	476
301	33	107	45	1020	135		75	22	462
293	32	106	44	993	130		72	22	448
285	31	105	43	965					

TABLA 17 Soluciones para ángulos rectos

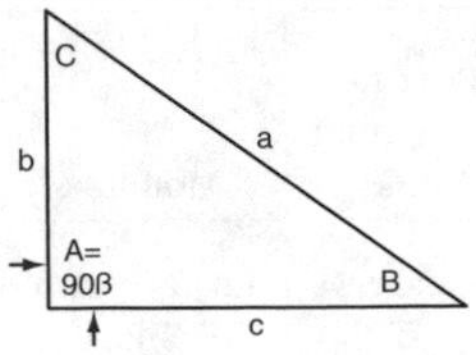	Seno∠ $= \dfrac{\text{cateto opuesto}}{\text{hipotenusa}}$ Coseno∠ $= \dfrac{\text{cateto adyacente}}{\text{hipotenusa}}$ Tangente∠ $= \dfrac{\text{cateto opuesto}}{\text{cateto adyacente}}$	Cosecante∠ $= \dfrac{\text{hipotenusa}}{\text{cateto opuesto}}$ Secante∠ $= \dfrac{\text{hipotenusa}}{\text{cateto adyacente}}$ Cotangente∠ $= \dfrac{\text{cateto adyacente}}{\text{cateto opuesto}}$

Conociendo		Fórmulas a encontrar	
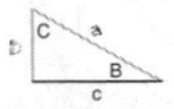	Catetos a y b	$c = \sqrt{a^2 - b^2}$	$\text{senB} = \dfrac{b}{a}$
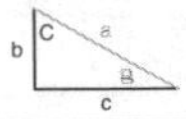	Cateto a y ángulo B	$b = a \times \text{senB}$	$c = a \times \text{cosB}$
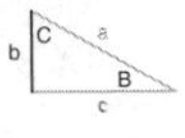	Catetos a y c	$b = \sqrt{a^2 - c^2}$	$\text{senC} = \dfrac{c}{a}$
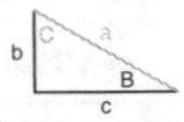	Cateto a y ángulo C	$b = a \times \text{cosC}$	$c = a \times \text{senC}$
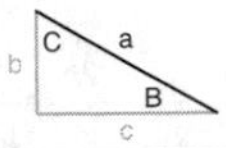	Catetos b y c	$a = \sqrt{b^2 + c^2}$	$\text{tanB} = \dfrac{b}{c}$
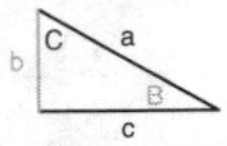	Cateto b y ángulo B	$a = \dfrac{b}{\text{senB}}$	$c = b \times \text{cotB}$
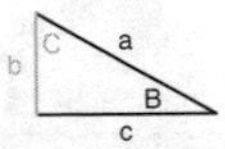	Cateto b y ángulo C	$a = \dfrac{b}{\text{cosC}}$	$c = b \times \text{tanC}$
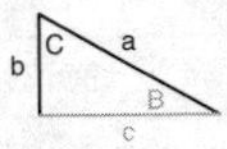	Cateto c y ángulo B	$a = \dfrac{c}{\text{cosB}}$	$b = c \times \text{tanB}$
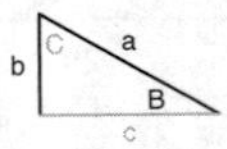	Cateto c y ángulo C	$a = \dfrac{c}{\text{senC}}$	$b = c \times \text{cotC}$

TABLA 18 Tipos de acero para herramientas

Aceros para herramienta de alta velocidad (Molibdeno)	
AISI	Descripción
M1	Utilizado principalmente en brocas helicoidales, rimas, herramientas de roscado.
M2	Se utiliza más ampliamente; (aplicaciones de propósito general, de alta velocidad)
M3-Clase 1	Buena resistencia al desgaste y capacidad de rectificado.
M3-Clase 2	Buena dureza al rojo, tenacidad de borde, y resistencia al desgaste.
M4	Resistencia excepcional a la abrasión, (maquinado de aleaciones abrasivas, fundiciones y forjas de tratamiento térmico.
M6	Tipo de rodamientos al cobalto con buena dureza al rojo, (corte de materiales duros, forjas de tratamiento térmico).
M7	Buena resistencia a la abrasión y capacidad de esmerilado.
M10	Buena tenacidad y resistencia a la abrasión (herramientas de corte pequeñas).
M30	Tipo de rodamientos al cobalto; buen balance en dureza al rojo, resistencia de desgaste, y resistencia de filo.
M33	Excelente dureza al rojo, (maquinado de piezas de acero duras, tratadas térmicamente).
M34	Excelente dureza al rojo, resistencia al desgaste, y resistencia de filo.
M41, M42 M43, M44 M46, M47	Tipos de alto carbono con rodamientos al cobalto; pueden tratarse térmicamente para alcanzar una dureza de 68-70 RC; (maquinado de aceros de alta resistencia, aleaciones de alta temperatura, titanio).

(Continúa)

TABLA 18 Tipos de acero para herramientas (Continuación)

Aceros de herramientas de alta velocidad (Tungsteno)	
AISI	**Descripción**
T1	Acero de alta velocidad de propósito general.
T2	Cortes de acabado a alta velocidad para producir acabados superficiales finos.
T4	Cortes de desbaste en materiales duros a velocidades y avances mayores.
T5	Herramientas de un filo que hace cortes pesados sobre materiales duros y abrasivos.
T6	Alta dureza al rojo, herramientas de torno de servicio pesado.
T8	Alta dureza al rojo, resistencia a la abrasión, y tenacidad; maquinado de materiales abrasivos.
T15	Resistencia máxima al desgaste (herramientas de un solo filo, matrices de corte, formado y de recorte).
Aceros de herramientas de trabajo al calor (Cromo)	
AISI	**Descripción**
H10	Endurecimiento al aire, excelente resistencia al ablandado a alta temperatura, resiste el agrietamiento por calor.
H11	Endurecimiento al aire, resiste las grietas por calor cuando se enfrıa con agua, (herramientas de forja caliente utilizadas a altas temperaturas).
H12	Endurecimiento al aire, resiste el impacto térmico, (forja en caliente y matrices de perforación, herramientas de extrusión).
H13	Buena resistencia al desgaste, tenacidad, y excelente dureza al rojo (moldes de fundición en molde permanente, herramientas de extrusión).
H14	Buena resistencia a la alta temperatura y al calor, (moldes de fundición en matrices de corrida larga, dados de forja de latón, herramientas de extrusión).
H19	Buena dureza al rojo, resiste el impacto y la abrasión a altas temperaturas, (dados de forja, herramientas de extrusión para latón).
Aceros de herramientas de trabajo en caliente (Tungsteno)	
AISI	**Descripción**
H21	Alta dureza al rojo, buena resistencia al desgaste y tenacidad a altas temperaturas.
H22	Alta resistencia a la compresión, dureza al rojo, resistencia al desgaste, (matrices de formado en caliente, punzonado en caliente, dados de forja de latón).
H23	Alta resistencia al agrietamiento por calor, buena resistencia al desgaste, (moldes para latón y bronce, cobre, y herramientas de extrusión para latón)
H24	Muy alta dureza al rojo, tenacidad moderado, (punzones y dados de forja en caliente, rodillos de laminado en caliente).
H25	Acero para trabajo en caliente de propósito general con excelente tenacidad, buena resistencia al ablandado a altas temperaturas.
H26	Muy alta dureza al rojo y resistencia al desgaste, (resortes operando a altas temperaturas).
Aceros de herramientas de trabajo en caliente (Molibdeno)	
AISI	**Descripción**
H41	Acero de alta velocidad de bajo carbono, (aplicaciones de trabajo en caliente que requieren de una tenacidad y resistencia al desgaste superiores).
H42	Similar al H41, con mayor resistencia al calor.
H43	Alta dureza al rojo, excelente resistencia al desgaste, da una vida larga bajo condiciones severas.
Aceros de herramientas de trabajo en frío (Alto carbono, alto cromo)	
AISI	**Descripción**
D2	Endurecimiento al aire, alta dureza, tenacidad, precisión dimensional, (herramientas y matrices para corridas largas).
D3	Endurecimiento en aceite, resistencia al desgaste sobresaliente, capacidad de endurecimiento produnda y estabilidad dimensional, (herramientas y matrices de largas corridas producción).
D4	Excelente resistencia al desgaste, estabilidad dimensional, (dados y piezas endesgaste).
D5	Con cobalto para dureza al rojo y resistencia a raspaduras (aplicaciones de trabajo semi-caliente).
D7	Excelente resistencia al desgaste por abrasión, (moldes de ladrillo, placas de recubrimiento y dados, dados de briqueteado, piezas resistentes al desgaste).

(Continúa)

TABLA 18 Tipos de acero para herramientas (Continuación)

AISI	Descripción
	Aceros de herramientas para trabajo en frío (Endurecimiento en aceite)
AISI	**Descripción**
01	Buena resistencia al desgaste y tenacidad, (acero para herramientas de propósito general).
02	Buena maquinabilidad y resistencia al desgaste, (aplicaciones en dados y matrices).
06	Excelente maquinabilidad, buena resistencia al desgaste, (aplicaciones de estirado, formado, contorneado).
07	Alta dureza, buena tenacidad, mantiene un borde cortante afilado, (machuelos, herramientas de roscado, rimas).
	Aceros de herramientas de trabajo al frío (Aleación media, endurecimiento al aire)
AISI	**Descripción**
A2	Excelente precisión dimensional, (herramental con secciones complejas).
A3	Resistencia al desgaste, tenacidad, estabilidad dimensional, (dados, guías de maquinaria, calibradores, punzones).
A4	Distorsión mínima durante el tratamiento térmico, (matrices, cortadores de ranuras, calibradores, árboles, camisas).
A6	Bajas temperaturas de endurecimiento, distorsión mínima, (calibradores y herramientas con tolerancias estrechas).
A7	Resistencia excepcional a la abrasión, (aplicaciones cerámicas, de fundiciones, de refractarios).
A8	Alta tenacidad, buena resistencia al desgaste (corte pesado, troquelado, formado).
A9	Alta tenacidad, estabilidad dimensional, resistente a las grietas por calor (operaciones de troquelado, punzonado y formado pesados).
A10	Excelente maquinabilidad, distorsión mínima, (dados no uniformes, piezas con secciones transversales variantes).
	Aceros de herramientas resistentes al impacto
AISI	**Descripción**
S1	Buena tenacidad y dureza, (cinceles, herramientas neumáticas, hojas de corte).
S2	Endurecimiento en agua, tenacidad extrema, (herramientas de batería, dados y punzones de servicio pesado).
S5	Alta tenacidad, alta capacidad de endurecimiento, (hojas de corte de servicio pesado).
S7	Endurecimiento en aire, alta resistencia al impacto y resistencia, buena resistencia a la distorsión, (aplicaciones de propósito general).
	Aceros de molde
AISI	**Descripción**
P2	Acero para fresado en frío sobresaliente, (moldeado de inyección o compresión).
P4	Acero para fresado en frío, mayor resistencia al desgaste que el PC, puede maquinarse.
P5	Acero de endurecimiento superficial, de fácil fresado, buena maquinabilidad, alta resistencia.
P6	Acero para moldes de cavidad, cavidades grandes y altas presiones.
P20	Diseñado para matrices de fundición de matrices de zinc, y moldes de plástico.
P21	Acero de alta resistencia, (moldeado de inyección de termoplásticos, bloques de sujeción, moldes de fundición en matriz).
	Aceros de herramientas de propósito especial (Aleación baja)
AISI	**Descripción**
L2	Acero de cromo-vanadio de endurecimiento al agua; potencial de endurecimiento medio.
L3	Acero de cromo-vanadio, alto templabilidad.
L6	Acero de endurecimiento en aceite, buena dureza, tenacidad, resistencia al desgaste, (herramientas, dados, piezas de maquinaria).
	Acero para herramientas de propósito especial (Carbono-tungsteno)
AISI	**Descripción**
F1	Endurecimiento al agua, con tungsteno para mejorar la resistencia al desgaste, (matrices de roscado, aplicaciones de cabeceado).
F2	Endurecimiento al agua, superficie muy dura, núcleo tenaz, (dados de estirado).
	Aceros de herramientas endurecimiento en agua
AISI	**Descripción**
W1	Superficie resistente al desgaste, núcleo tenaz, de fácil maquinado.
W2	Acero de carbono-vanadio semejante al W1 con una tenacidad muy alta.
W5	Endurecimiento al agua con una adición ligera de aleación para una mayor penetración de dureza.

TABLA 19 Constantes de regla de senos (Regla de 5 pulg) (Multiplique las constantes por dos en una regla de senos de 10 pulg)

Min.	0°	1°	2°	3°	4°	5°	6°	7°	8°	9°	10°	11°	12°	13°	14°	15°	16°	17°	18°	19°	Min.
0	.00000	.08725	.17450	.26170	.34880	.43580	.52265	.60935	.69585	.78215	.86825	.95405	1.0395	1.1247	1.2096	1.2941	1.3782	1.4618	1.5451	1.6278	0
2	.00290	.09015	.17740	.26460	.35170	.43870	.52555	.61225	.69875	.78505	.87110	.95690	.0424	.1276	.2124	.2969	.3810	.4646	.5478	.6306	2
4	.00580	.09310	.18030	.26750	.35460	.44155	.52845	.61510	.70165	.78790	.87395	.95975	.0452	.1304	.2152	.2997	.3838	.4674	.5506	.6333	4
6	.00875	.09600	.18320	.27040	.35750	.44445	.53130	.61800	.70450	.79080	.87685	.96260	.0481	.1332	.2181	.3025	.3865	.4702	.5534	.6361	6
8	.01165	.09890	.18615	.27330	.36040	.44735	.53420	.62090	.70740	.79365	.87970	.96545	.0509	.1361	.2209	.3053	.3893	.4730	.5561	.6388	8
10	.01455	.10180	.18905	.27620	.36330	.45025	.53710	.62380	.71025	.79655	.88255	.96830	1.0538	1.1389	1.2237	1.3081	1.3921	1.4757	1.5589	1.6416	10
12	.01745	.10470	.19195	.27910	.36620	.45315	.54000	.62665	.71315	.79940	.88540	.97115	.0566	.1417	.2265	.3109	.3949	.4785	.5616	.6443	12
14	.02035	.10760	.19485	.28200	.36910	.45605	.54290	.62955	.71600	.80230	.88830	.97405	.0594	.1446	.2293	.3137	.3977	.4813	.5644	.6471	14
16	.02325	.11055	.19775	.28490	.37200	.45895	.54580	.63245	.71890	.80515	.89115	.97690	.0623	.1474	.2322	.3165	.4005	.4841	.5672	.6498	16
18	.02620	.11345	.20065	.28780	.37490	.46185	.54865	.63530	.72180	.80800	.89400	.97975	.0651	.1502	.2350	.3193	.4033	.4868	.5699	.6525	18
20	.02910	.11635	.20355	.29070	.37780	.46475	.55155	.63820	.72465	.81090	.89685	.98260	1.0680	1.1531	1.2378	1.3221	1.4061	1.4896	1.5727	1.6553	20
22	.03200	.11925	.20645	.29365	.38070	.46765	.55445	.64110	.72755	.81375	.89975	.98545	.0708	.1559	.2406	.3250	.4089	.4924	.5755	.6580	22
24	.03490	.12215	.20940	.29655	.38360	.47055	.55735	.64400	.73040	.81665	.90260	.98830	.0737	.1587	.2434	.3278	.4117	.4952	.5782	.6608	24
26	.03780	.12505	.21230	.29945	.38650	.47345	.56025	.64685	.73330	.81950	.90545	.99115	.0765	.1615	.2462	.3306	.4145	.4980	.5810	.6635	26
28	.04070	.12800	.21520	.30235	.38940	.47635	.56315	.64975	.73615	.82235	.90830	.99400	.0793	.1644	.2491	.3334	.4173	.5007	.5837	.6663	28
30	.04365	.13090	.21810	.30525	.39230	.47925	.56600	.65265	.73905	.82525	.91120	.99685	1.0822	1.1672	1.2519	1.3362	1.4201	1.5035	1.5865	1.6690	30
32	.04655	.13380	.22100	.30815	.39520	.48210	.56890	.65550	.74190	.82810	.91405	.99970	.0850	.1700	.2547	.3390	.4228	.5063	.5893	.6718	32
34	.04945	.13670	.22390	.31105	.39810	.48500	.57180	.65840	.74480	.83100	.91690	1.0016	.0879	.1729	.2575	.3418	.4256	.5091	.5920	.6745	34
36	.05235	.13960	.22680	.31395	.40100	.48790	.57470	.66130	.74770	.83385	.91975	.0054	.0907	.1757	.2603	.3446	.4284	.5118	.5948	.6772	36
38	.05525	.14250	.22970	.31685	.40390	.49080	.57760	.66415	.75055	.83670	.92260	.0082	.0935	.1785	.2631	.3474	.4312	.5146	.5975	.6800	38
40	.05820	.14540	.23265	.31975	.40680	.49370	.58045	.66705	.75345	.83960	.92545	1.0110	1.0964	1.1813	1.2660	1.3502	1.4340	1.5174	1.6003	1.6827	40
42	.06110	.14835	.23555	.32265	.40970	.49660	.58335	.66995	.75630	.84245	.92835	.0139	.0992	.1842	.2688	.3530	.4368	.5201	.6030	.6855	42
44	.06400	.15125	.23845	.32555	.41260	.49950	.58625	.67280	.75920	.84530	.93120	.0168	.1020	.1870	.2716	.3558	.4396	.5229	.6058	.6882	44
46	.06690	.15415	.24135	.32845	.41550	.50240	.58915	.67570	.76205	.84820	.93405	.0196	.1049	.1898	.2744	.3586	.4423	.5257	.6085	.6909	46
48	.06980	.15705	.24425	.33135	.41840	.50530	.59200	.67860	.76495	.85105	.93690	.0225	.1077	.1926	.2772	.3614	.4451	.5285	.6113	.6937	48
50	.07270	.15995	.24715	.33425	.42130	.50820	.59490	.68145	.76780	.85390	.93975	1.0253	1.1106	1.1955	1.2800	1.3642	1.4479	1.5312	1.6141	1.6964	50
52	.07565	.16285	.25005	.33715	.42420	.51105	.59780	.68435	.77070	.85680	.94260	.0281	.1134	.1983	.2828	.3670	.4507	.5340	.6168	.6991	52
54	.07855	.16580	.25295	.34010	.42710	.51395	.60070	.68720	.77355	.85965	.94550	.0310	.1162	.2011	.2856	.3698	.4535	.5368	.6196	.7019	54
56	.08145	.16870	.25585	.34300	.43000	.51685	.60355	.69010	.77645	.86250	.94835	.0338	.1191	.2039	.2884	.3726	.4563	.5395	.6223	.7046	56
58	.08435	.17160	.25875	.34590	.43290	.51975	.60645	.69300	.77930	.86540	.95120	.0367	.1219	.2068	.2913	.3754	.4591	.5423	.6251	.7073	58
60	.08725	.17450	.26170	.34880	.43580	.52265	.60935	.69585	.78215	.86825	.95405	1.0395	1.1247	1.2096	1.2941	1.3782	1.4618	1.5451	1.6278	1.7101	60

Cortesía de Brown & Sharpe Mfg. Co.

TABLA 19 Constantes de regla de senos (Regla de 5 pulg) (Continuación) (Multiplique las constantes por dos en una regla de senos de 10 pulg)

Min.	20°	21°	22°	23°	24°	25°	26°	27°	28°	29°	30°	31°	32°	33°	34°	35°	36°	37°	38°	39°	Min.
0	1.7101	1.7918	1.8730	1.9536	2.0337	2.1131	2.1918	2.2699	2.3473	2.4240	2.5000	2.5752	2.6496	2.7232	2.7959	2.8679	2.9389	3.0091	3.0783	3.1466	0
2	.7128	.7945	.8757	.9563	.0363	.1157	.1944	.2725	.3499	.4266	.5025	.5777	.6520	.7256	.7984	.8702	.9413	.0114	.0806	.1488	2
4	.7155	.7972	.8784	.9590	.0390	.1183	.1971	.2751	.3525	.4291	.5050	.5802	.6545	.7280	.8008	.8726	.9436	.0137	.0829	.1511	4
6	.7183	.8000	.8811	.9617	.0416	.1210	.1997	.2777	.3550	.4317	.5075	.5826	.6570	.7305	.8032	.8750	.9460	.0160	.0852	.1534	6
8	.7210	.8027	.8838	.9643	.0443	.1236	.2023	.2803	.3576	.4342	.5100	.5851	.6594	.7329	.8056	.8774	.9483	.0183	.0874	.1556	8
10	1.7237	1.8054	1.8865	1.9670	2.0469	2.1262	2.2049	2.2829	2.3602	2.4367	2.5126	2.5876	2.6619	2.7354	2.8080	2.8798	2.9507	3.0207	3.0897	3.1579	10
12	.7265	.8081	.8892	.9697	.0496	.1289	.2075	.2855	.3627	.4393	.5151	.5901	.6644	.7378	.8104	.8821	.9530	.0230	.0920	.1601	12
14	.7292	.8108	.8919	.9724	.0522	.1315	.2101	.2881	.3653	.4418	.5176	.6926	.6668	.7402	.8128	.8845	.9554	.0253	.0943	.1624	14
16	.7319	.8135	.8946	.9750	.0549	.1341	.2127	.2906	.3679	.4444	.5201	.5951	.6693	.7427	.8152	.8869	.9577	.0276	.0966	.1646	16
18	.7347	.8162	.8973	.9777	.0575	.1368	.2153	.2932	.3704	.4469	.5226	.5976	.6717	.7451	.8176	.8893	.9600	.0299	.0989	.1669	18
20	1.7374	1.8189	1.8999	1.9804	2.0602	2.1394	2.2179	2.2958	2.3730	2.4494	2.5251	2.6001	2.6742	2.7475	2.8200	2.8916	2.9624	3.0322	3.1012	3.1691	20
22	.7401	.8217	.9026	.9830	.0628	.1420	.2205	.2984	.3755	.4520	.5276	.6025	.6767	.7499	.8224	.8940	.9647	.0345	.1034	.1714	22
24	.7428	.8244	.9053	.9857	.0655	.1447	.2232	.3010	.3781	.4545	.5301	.6050	.6791	.7524	.8248	.8964	.9671	.0369	.1057	.1736	24
26	.7456	.8271	.9080	.9884	.0681	.1473	.2258	.3036	.3807	.4570	.5327	.6075	.6816	.7548	.8272	.8988	.9694	.0392	.1080	.1759	26
28	.7483	.8298	.9107	.9911	.0708	.1499	.2284	.3061	.3832	.4596	.5352	.6100	.6840	.7572	.8296	.9011	.9718	.0415	.1103	.1781	28
30	1.7510	1.8325	1.9134	1.9937	2.0734	2.1525	2.2310	2.3087	2.3858	2.4621	2.5377	2.6125	2.6865	2.7597	2.8320	2.9035	2.9741	3.0438	3.1125	3.1804	30
32	.7537	.8352	.9161	.9964	.0761	.1552	.2336	.3113	.3883	.4646	.5402	.6149	.6889	.7621	.8344	.9059	.9764	.0461	.1148	.1826	32
34	.7565	.8379	.9188	.9991	.0787	.1578	.2362	.3139	.3909	.4672	.5427	.6174	.6914	.7645	.8368	.9082	.9788	.0484	.1171	.1849	34
36	.7592	.8406	.9215	2.0017	.0814	.1604	.2388	.3165	.3934	.4697	.5452	.6199	.6938	.7669	.8392	.9106	.9811	.0507	.1194	.1871	36
38	.7619	.8433	.9241	.0044	.0840	.1630	.2414	.3190	.3960	.4722	.5477	.6224	.6963	.7694	.8416	.9130	.9834	.0530	.1216	.1893	38
40	1.7646	1.8460	1.9268	2.0070	2.0867	2.1656	2.2440	2.3216	2.3985	2.4747	2.5502	2.6249	2.6987	2.7718	2.8440	2.9153	2.9858	3.0553	3.1239	3.1916	40
42	.7673	.8487	.9295	.0097	.893	.1683	.2466	.3242	.4011	.4773	.5527	.6273	.7012	.7742	.8464	.9177	.9881	.0576	.1262	.1938	42
44	.7701	.8514	.9322	.0124	.0920	.1709	.2492	.3268	.4036	.4798	.5552	.6298	.7036	.7766	.8488	.9200	.9904	.0599	.1285	.1961	44
46	.7728	.8541	.9349	.0150	.0946	.1735	.2518	.3293	.4062	.4823	.5577	.6323	.7061	.7790	.8512	.9224	.9928	.0622	.1307	.1983	46
48	.7755	.8568	.9376	.0177	.0972	.1761	.2544	.3319	.4087	.4848	.5602	.6348	.7085	.7815	.8535	.9248	.9951	.0645	.1330	.2005	48
50	1.7782	1.8595	1.9402	2.0204	2.0999	2.1787	2.2570	2.3345	2.4113	2.4874	2.5627	2.6372	2.7110	2.7839	2.8559	2.9271	2.9974	3.0668	3.1353	3.2028	50
52	.7809	.8622	.9429	.0230	.1025	.1814	.2596	.3371	.4138	.4899	.5652	.6397	.7134	.7863	.8583	.9295	.9997	.0691	.1375	.2050	52
54	.7837	.8649	.9456	.0257	.1052	.1840	.2621	.3396	.4164	.4924	.5677	.6422	.7158	.7887	.8607	.9318	3.0021	.0714	.1398	.2072	54
56	.7864	.8676	.9483	.0283	.1078	.1866	.2647	.3422	.4189	.4949	.5702	.6446	.7183	.7911	.8631	.9342	.0044	.0737	.1421	.2095	56
58	.7891	.8703	.9510	.0310	.1104	.1892	.2673	.3448	.4215	.4975	.5727	.6471	.7207	.7935	.8655	.9365	.0067	.0760	.1443	.2117	58
60	1.7918	1.8730	1.9536	2.0337	2.1131	2.1918	2.2699	2.3473	2.4240	2.5000	2.5752	2.6496	2.7232	2.7959	2.8679	2.9389	3.0091	3.0783	3.1466	3.2139	60

Cortesía de Brown & Sharpe Mfg. Co.

TABLA 19 Constantes de regla de senos (Regla de 5 pulg) (Continuación)
(Multiplique las constantes por dos en una regla de senos de 10 pulg)

Min.	40°	41°	42°	43°	44°	45°	46°	47°	48°	49°	50°	51°	52°	53°	54°	55°	56°	57°	58°	59°	Min.
0	3.2139	3.2803	3.3456	3.4100	3.4733	3.5355	3.5967	3.6567	3.7157	3.7735	3.8302	3.8857	3.9400	3.9932	4.0451	4.0957	4.1452	4.1933	4.2402	4.2858	0
2	.2161	.2825	.3478	.4121	.4754	.5376	.5987	.6587	.7176	.7754	.8321	.8875	.9418	.9949	.0468	.0974	.1468	.1949	.2418	.2873	2
4	.2184	.2847	.3499	.4142	.4774	.5396	.6007	.6607	.7196	.7773	.8339	.8894	.9436	.9967	.0485	.0991	.1484	.1965	.2433	.2888	4
6	.2206	.2869	.3521	.4163	.4795	.5417	.6027	.6627	.7215	.7792	.8358	.8912	.9454	.9984	.0502	.1007	.1500	.1981	.2448	.2903	6
8	.2228	.2890	.3543	.4185	.4816	.5437	.6047	.6647	.7235	.7811	.8377	.8930	.9472	4.0001	.0519	.1024	.1517	.1997	.2464	.2918	8
10	3.2250	3.2912	3.3564	3.4206	3.4837	3.5458	3.6068	3.6666	3.7254	3.7830	3.8395	3.8948	3.9490	4.0019	4.0536	4.1041	4.1533	4.2012	4.2479	4.2933	10
12	.2273	.2934	.3586	.4227	.4858	.5478	.6088	.6686	.7274	.7850	.8414	.8967	.9508	.0036	.0553	.1057	.1549	.2028	.2494	.2948	12
14	.2295	.2956	.3607	.4248	.4879	.5499	.6108	.6706	.7293	.7869	.8433	.8985	.9525	.0054	.0570	.1074	.1565	.2044	.2510	.2963	14
16	.2317	.2978	.3629	.4269	.4900	.5519	.6128	.6726	.7312	.7887	.8451	.9003	.9543	.0071	.0587	.1090	.1581	.2060	.2525	.2978	16
18	.2339	.3000	.3650	.4291	.4921	.5540	.6148	.6745	.7332	.7906	.8470	.9021	.9561	.0089	.0604	.1107	.1597	.2075	.2540	.2992	18
20	3.2361	3.3022	3.3672	3.4312	3.4941	3.5560	3.6168	3.6765	3.7351	3.7925	3.8488	3.9039	3.9579	4.0106	4.0621	4.1124	4.1614	4.2091	4.2556	4.3007	20
22	.2384	.3044	.3693	.4333	.4962	.5581	.6188	.6785	.7370	.7944	.8507	.9058	.9596	.0123	.0638	.1140	.1630	.2107	.2571	.3022	22
24	.2406	.3065	.3715	.4354	.4983	.5601	.6208	.6805	.7390	.7963	.8525	.9076	.9614	.0141	.0655	.1157	.1646	.2122	.2586	.3037	24
26	.2428	.3087	.3736	.4375	.5004	.5621	.6228	.6824	.7409	.7982	.8544	.9094	.9632	.0158	.0672	.1173	.1662	.2138	.2601	.3052	26
28	.2450	.3109	.3758	.4396	.5024	.5642	.6248	.6844	.7428	.8001	.8562	.9112	.9650	.0175	.0689	.1190	.1678	.2154	.2617	.3066	28
30	3.2472	3.3131	3.3779	3.4417	3.5045	3.5662	3.6268	3.6864	3.7448	3.8020	3.8581	3.9130	3.9667	4.0193	4.0706	4.1206	4.1694	4.2169	4.2632	4.3081	30
32	.2494	.3153	.3801	.4439	.5066	.5683	.6288	.6883	.7467	.8039	.8599	.9148	.9685	.0210	.0722	.1223	.1710	.2185	.2647	.3096	32
34	.2516	.3174	.3822	.4460	.5087	.5703	.6308	.6903	.7486	.8058	.8618	.9166	.9703	.0227	.0739	.1239	.1726	.2201	.2662	.3111	34
36	.2538	.3196	.3844	.4481	.5107	.5723	.6328	.6923	.7505	.8077	.8636	.9184	.9720	.0244	.0756	.1255	.1742	.2216	.2677	.3125	36
38	.2561	.3218	.3865	.4502	.5128	.5744	.6348	.6942	.7525	.8096	.8655	.9202	.9738	.0262	.0773	.1272	.1758	.2232	.2692	.3140	38
40	3.2583	3.3240	3.3886	3.4523	3.5149	3.5764	3.6368	3.6962	3.7544	3.8114	3.8673	3.9221	3.9756	4.0279	4.0790	4.1288	4.1774	4.2247	4.2708	4.3155	40
42	.2605	.3261	.3908	.4544	.5169	.5784	.6388	.6981	.7563	.8133	.8692	.9239	.9773	.0296	.0807	.1305	.1790	.2263	.2723	.3170	42
44	.2627	.3283	.3929	.4565	.5190	.5805	.6408	.7001	.7582	.8152	.8710	.9257	.9791	.0313	.0823	.1321	.1806	.2278	.2738	.3184	44
46	.2649	.3305	.3950	.4586	.5211	.5825	.6428	.7020	.7601	.8171	.8729	.9275	.9809	.0331	.0840	.1337	.1822	.2294	.2753	.3199	46
48	.2671	.3326	.3972	.4607	.5231	.5845	.6448	.7040	.7620	.8190	.8747	.9293	.9826	.0348	.0857	.1354	.1838	.2309	.2768	.3213	48
50	3.2693	3.3348	3.3993	3.4628	3.5252	3.5866	3.6468	3.7060	3.7640	3.8208	3.8765	3.9311	3.9844	4.0365	4.0874	4.1370	4.1854	4.2325	4.2783	4.3228	50
52	.2715	.3370	.4014	.4649	.5273	.5886	.6488	.7079	.7659	.8227	.8784	.9329	.9861	.0382	.0891	.1386	.1870	.2340	.2798	.3243	52
54	.2737	.3391	.4036	.4670	.5293	.5906	.6508	.7099	.7678	.8246	.8802	.9347	.9879	.0399	.0907	.1403	.1886	.2356	.2813	.3257	54
56	.2759	.3413	.4057	.4691	.5314	.5926	.6528	.7118	.7697	.8265	.8820	.9364	.9896	.0416	.0924	.1419	.1902	.2371	.2828	.3272	56
58	.2781	.3435	.4078	.4712	.5335	.5947	.6548	.7138	.7716	.8283	.8839	.9382	.9914	.0433	.0941	.1435	.1917	.2387	.2843	.3286	58
60	3.2803	3.3456	3.4100	3.4733	3.5355	3.5967	3.6567	3.7157	3.7735	3.8302	3.8857	3.9400	3.9932	4.0451	4.0957	4.1452	4.1933	4.2402	4.2858	4.3301	60

Cortesía de Brown & Sharpe Mfg. Co.

TABLA 20A Factores y ángulos coordinados en divisiones de 3 perforaciones

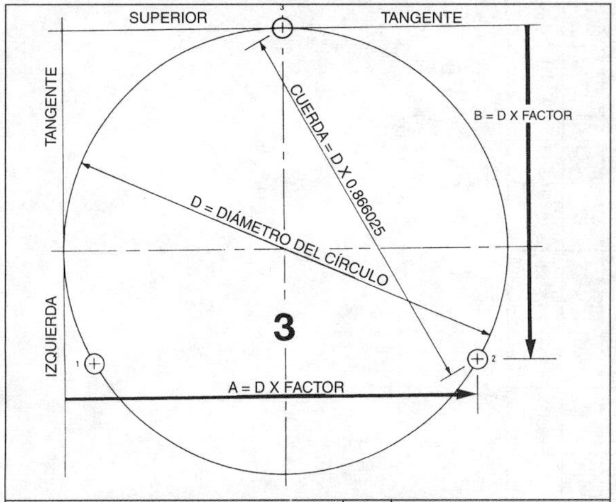

→	Factor para A	Factor para B	↓		Ángulo de la perforación		
					Grad.	Min.	Seg.
1	.066987	1	.750000	1	120	0	0
2	.933013	2	.750000	2	240	0	0
3	.500000	3	.000000	3	360	0	0

Cortesía de W. J. Woodworth y J. D. Woodworth.

TABLA 20B Factores y ángulos coordinados en divisiones de 4 perforaciones

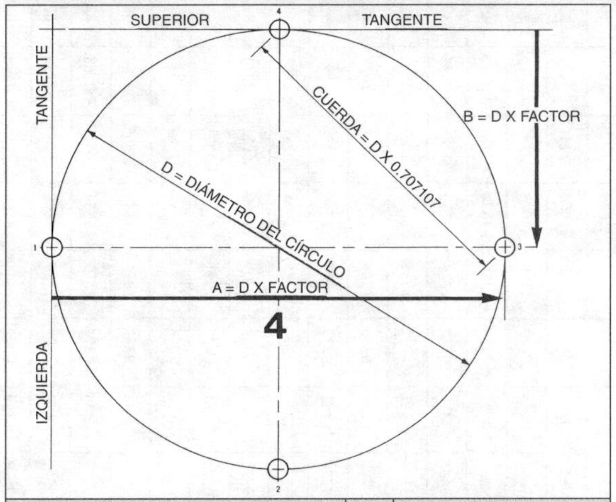

→	Factor para A	Factor para B	↓		Ángulo de la perforación		
					Grad.	Min.	Seg.
1	.000000	1	.500000	1	90	0	0
2	.500000	2	1.000000	2	180	0	0
3	1.000000	3	.500000	3	270	0	0
4	.500000	4	.000000	4	360	0	0

Cortesía de W. J. Woodworth y J. D. Woodworth.

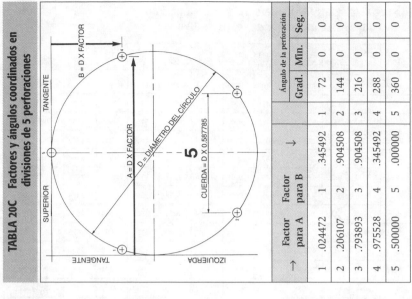

TABLA 20C Factores y ángulos coordinados en divisiones de 5 perforaciones

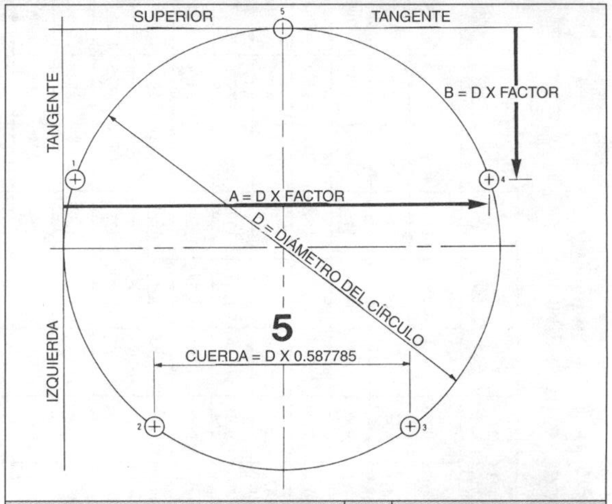

→	Factor para A	Factor para B	↓		Ángulo de la perforación		
					Grad.	Min.	Seg.
1	.024472	1	.345492	1	72	0	0
2	.206107	2	.904508	2	144	0	0
3	.793893	3	.904508	3	216	0	0
4	.975528	4	.345492	4	288	0	0
5	.500000	5	.000000	5	360	0	0

Cortesía de W. J. Woodworth y J. D. Woodworth.

TABLA 20D Factores y ángulos coordinados en divisiones de 6 perforaciones

→	Factor para A	Factor para B	↓		Ángulo de la perforación Grad.	Min.	Seg.
1	.066987	1	.250000	1	60	0	0
2	.066987	2	.750000	2	120	0	0
3	.500000	3	1.000000	3	180	0	0
4	.933013	4	.750000	4	240	0	0
5	.933013	5	.250000	5	300	0	0
6	.500000	6	.000000	6	360	0	0

Cortesía de W. J. Woodworth y J. D. Woodworth.

TABLA 20E Factores y ángulos coordinados en divisiones de 7 perforaciones

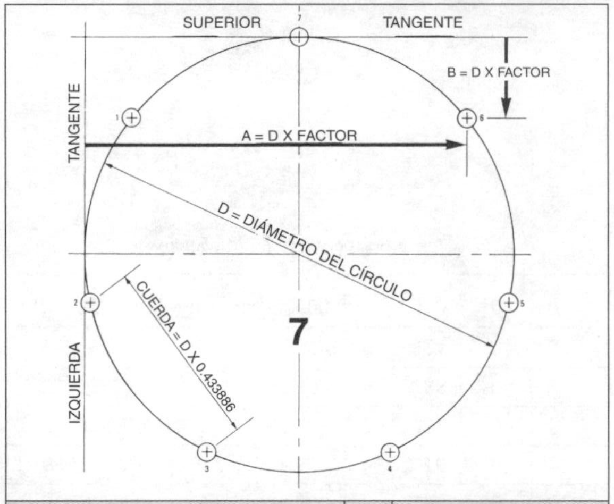

→	Factor para A	Factor para B	↓		Ángulo de la perforación Grad.	Min.	Seg.
1	.109084	1	.188255	1	51	25	$42\frac{6}{7}$
2	.012536	2	.611261	2	102	51	$23\frac{5}{7}$
3	.283058	3	.950484	3	154	17	$8\frac{4}{7}$
4	.716942	4	.950484	4	205	42	$51\frac{3}{7}$
5	.987464	5	.611261	5	257	8	$34\frac{2}{7}$
6	.890916	6	.188255	6	308	34	$17\frac{1}{7}$
7	.500000	7	.000000	7	360	0	0

Cortesía de W. J. Woodworth y J. D. Woodworth.

TABLA 20F Factores y ángulos coordinados en divisiones de 8 perforaciones

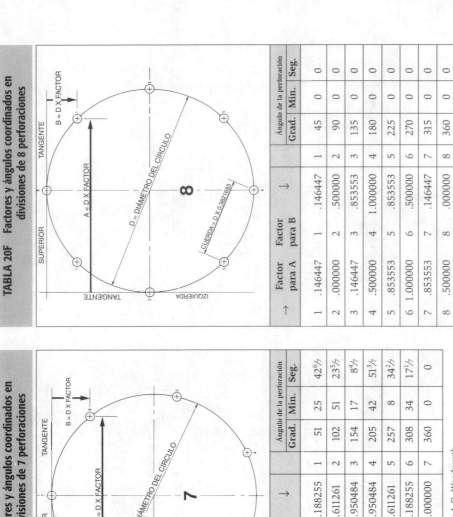

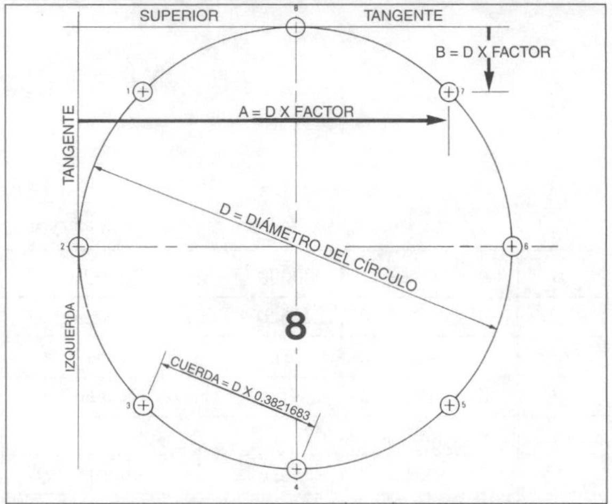

→	Factor para A	Factor para B	↓		Ángulo de la perforación Grad.	Min.	Seg.
1	.146447	1	.146447	1	45	0	0
2	.000000	2	.500000	2	90	0	0
3	.146447	3	.853553	3	135	0	0
4	.500000	4	1.000000	4	180	0	0
5	.853553	5	.853553	5	225	0	0
6	1.000000	6	.500000	6	270	0	0
7	.853553	7	.146447	7	315	0	0
8	.500000	8	.000000	8	360	0	0

Cortesía de W. J. Woodworth y J. D. Woodworth.

TABLA 20G Factores y ángulos coordinados en divisiones de 9 perforaciones

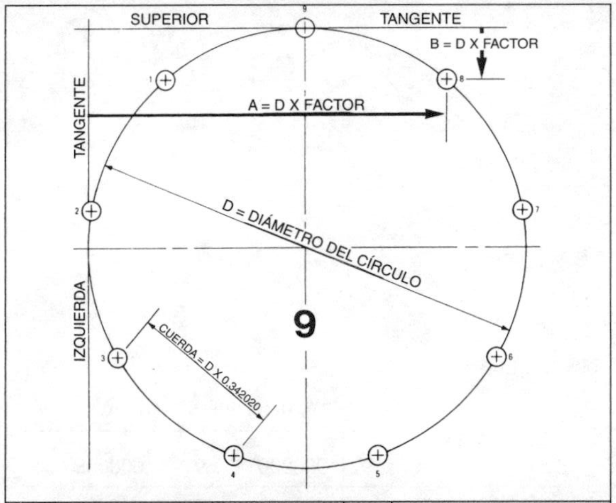

→	Factor para A		Factor para B ↓		Ángulo de la perforación Grad.	Min.	Seg.
1	.178606	1	.116978	1	40	0	0
2	.007596	2	.413176	2	80	0	0
3	.066987	3	.750000	3	120	0	0
4	.328990	4	.969846	4	160	0	0
5	.671010	5	.969846	5	200	0	0
6	.933013	6	.750000	6	240	0	0
7	.992404	7	.413176	7	280	0	0
8	.821394	8	.116978	8	320	0	0
9	.500000	9	.000000	9	360	0	0

Cortesía de W. J. Woodworth y J. D. Woodworth.

TABLE 20H Factores y ángulos coordinados en divisiones de 10 perforaciones

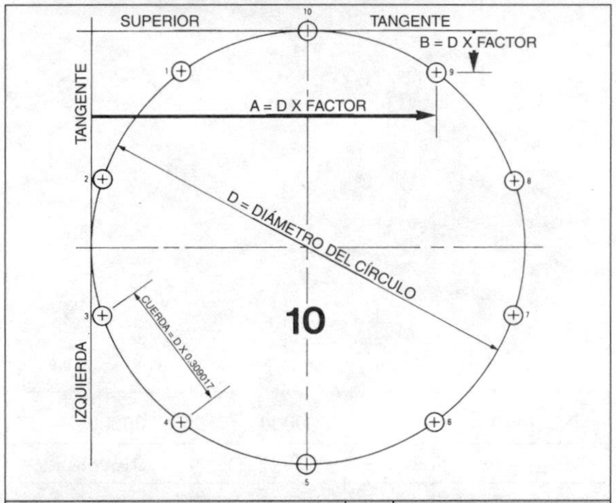

→	Factor para A		Factor para B ↓		Ángulo de la perforación Grad.	Min.	Seg.
1	.206107	1	.095492	1	36	0	0
2	.024472	2	.345492	2	72	0	0
3	.024472	3	.654508	3	108	0	0
4	.206107	4	.904508	4	144	0	0
5	.500000	5	1.000000	5	180	0	0
6	.793893	6	.904508	6	216	0	0
7	.975528	7	.654508	7	252	0	0
8	.975528	8	.345492	8	288	0	0
9	.793893	9	.095492	9	324	0	0
10	.500000	10	.000000	10	360	0	0

Cortesía de W. J. Woodworth y J. D. Woodworth.

TABLE 20I Factores y ángulos coordinados en divisiones de 11 perforaciones

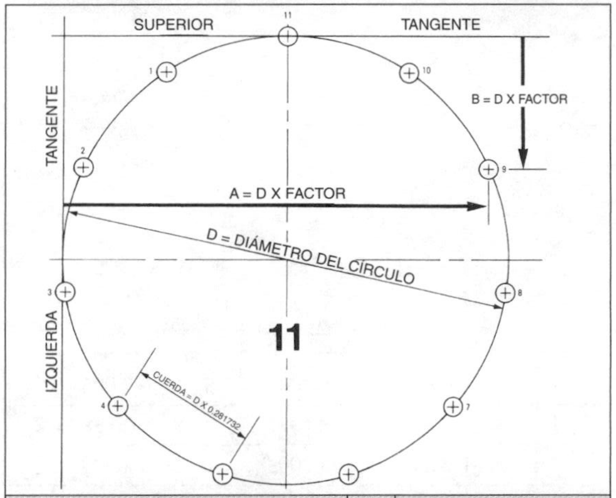

→	Factor para A		Factor para B ↓		Ángulo de la perforación Grad.	Min.	Seg.
1	.229680	1	.079373	1	32	43	$38\frac{2}{11}$
2	.045184	2	.292293	2	65	27	$16\frac{4}{11}$
3	.005089	3	.571157	3	98	10	$54\frac{6}{11}$
4	.122125	4	.827430	4	130	54	$32\frac{8}{11}$
5	.359134	5	.979746	5	163	38	$10\frac{10}{11}$
6	.640866	6	.979746	6	196	21	$49\frac{1}{11}$
7	.877875	7	.827430	7	229	5	$27\frac{3}{11}$
8	.994911	8	.571157	8	261	49	$5\frac{5}{11}$
9	.954816	9	.292293	9	294	32	$43\frac{7}{11}$
10	.770320	10	.079373	10	327	16	$21\frac{9}{11}$
11	.500000	11	.000000	11	360	0	0

Cortesía de W. J. Woodworth y J. D. Woodworth.

TABLA 21 Funciones trigonométricas naturales (Continuación)

	0°						1°						2°						3°						
′	sen	cos	tan	cot	sec	cosec	sen	cos	tan	cot	sec	cosec	sen	cos	tan	cot	sec	cosec	sen	cos	tan	cot	sec	cosec	′
0	.00000	1.0000	.00000	Infinito	1.0000		.01745	.99985	.01745	57.290	1.0001	57.299	.03490	.99939	.03492	28.636	1.0006	28.654	.05234	.99863	.05241	19.081	1.0014	19.107	60
1	.00029	.0000	.00029	3437.7	.0000	3437.7	.01774	.99984	.01775	56.350	.0001	56.359	.03519	.99938	.03521	28.399	.0006	28.417	.05263	.99861	.05270	18.975	.0014	19.002	59
2	.00058	.0000	.00058	1718.9	.0000	1718.9	.01803	.99984	.01804	55.441	.0001	55.450	.03548	.99937	.03550	28.166	.0006	28.184	.05292	.99860	.05299	18.871	.0014	18.897	58
3	.00087	.0000	.00087	1145.9	.0000	1145.9	.01832	.99983	.01833	54.561	.0002	54.570	.03577	.99936	.03579	27.937	.0006	27.955	.05321	.99858	.05328	18.768	.0014	18.794	57
4	.00116	.0000	.00116	859.44	.0000	859.44	.01861	.99983	.01862	53.708	.0002	53.718	.03606	.99935	.03608	27.712	.0006	27.730	.05350	.99857	.05357	18.665	.0014	18.692	56
5	.00145	1.0000	.00145	687.55	.0000	687.55	.01891	.99982	.01891	52.882	.0002	52.891	.03635	.99934	.03638	27.490	.0007	27.508	.05379	.99855	.05387	18.564	.0014	18.591	55
6	.00174	.0000	.00174	572.96	.0000	572.96	.01920	.99981	.01920	52.081	.0002	52.090	.03664	.99933	.03667	27.271	.0007	27.290	.05408	.99854	.05416	18.464	.0015	18.491	54
7	.00204	.0000	.00204	491.11	.0000	491.11	.01949	.99981	.01949	51.303	.0002	51.313	.03693	.99932	.03696	27.056	.0007	27.075	.05437	.99852	.05445	18.365	.0015	18.393	53
8	.00233	.0000	.00233	429.72	.0000	429.72	.01978	.99980	.01978	50.548	.0002	50.558	.03722	.99931	.03725	26.845	.0007	26.864	.05466	.99850	.05474	18.268	.0015	18.295	52
9	.00262	.0000	.00262	381.97	.0000	381.97	.02007	.99980	.02007	49.816	.0002	49.826	.03751	.99930	.03754	26.637	.0007	26.655	.05495	.99849	.05503	18.171	.0015	18.198	51
10	.00291	0.99999	.00291	343.77	.0000	343.77	.02036	.99979	.02036	49.104	.0002	49.114	.03781	.99928	.03783	26.432	.0007	26.450	.05524	.99847	.05532	18.075	.0015	18.103	50
11	.00320	.99999	.00320	312.52	.0000	312.52	.02065	.99979	.02066	48.412	.0002	43.422	.03810	.99927	.03812	26.230	.0007	26.249	.05553	.99846	.05562	17.980	.0015	18.008	49
12	.00349	.99999	.00349	286.48	.0000	286.48	.02094	.99978	.02095	47.739	.0002	47.750	.03839	.99926	.03842	26.031	.0007	26.050	.05582	.99844	.05591	17.886	.0016	17.914	48
13	.00378	.99999	.00378	264.44	.0000	264.44	.02123	.99977	.02124	47.085	.0002	47.096	.03868	.99925	.03871	25.835	.0007	25.854	.05611	.99842	.05620	17.793	.0016	17.821	47
14	.00407	.99999	.00407	245.55	.0000	245.55	.02152	.99977	.02153	46.449	.0002	46.460	.03897	.99924	.03900	25.642	.0008	25.661	.05640	.99841	.05649	17.701	.0016	17.730	46
15	.00436	.99999	.00436	229.18	.0000	229.18	.02181	.99976	.02182	45.829	.0002	45.840	.03926	.99923	.03929	25.452	.0008	25.471	.05669	.99839	.05678	17.610	.0016	17.639	45
16	.00465	.99999	.00465	214.86	.0000	214.86	.02210	.99975	.02211	45.226	.0002	45.237	.03955	.99922	.03958	25.264	.0008	25.284	.05698	.99837	.05707	17.520	.0016	17.549	44
17	.00494	.99999	.00494	202.22	.0000	202.22	.02240	.99975	.02240	44.638	.0002	44.650	.03984	.99921	.03987	25.080	.0008	25.100	.05727	.99836	.05737	17.431	.0016	17.460	43
18	.00524	.99999	.00524	190.98	.0000	190.99	.02269	.99974	.02269	44.066	.0002	44.077	.04013	.99919	.04016	24.898	.0008	24.918	.05756	.99834	.05766	17.343	.0017	17.372	42
19	.00553	.99998	.00553	180.93	.0000	180.93	.02298	.99974	.02298	43.508	.0003	43.520	.04042	.99918	.04045	24.718	.0008	24.739	.05785	.99832	.05795	17.256	.0017	17.285	41
20	.00582	.99998	.00582	171.88	.0000	171.89	.02326	.99973	.02327	42.964	.0003	42.976	.04071	.99917	.04075	24.542	.0008	24.562	.05814	.99831	.05824	17.169	.0017	17.198	40
21	.00611	.99998	.00611	163.70	.0000	163.70	.02356	.99972	.02357	42.433	.0003	42.445	.04100	.99916	.04104	24.367	.0008	24.388	.05843	.99829	.05853	17.084	.0017	17.113	39
22	.00640	.99998	.00640	156.26	.0000	156.26	.02385	.99971	.02386	41.916	.0003	41.928	.04129	.99915	.04133	24.196	.0008	24.216	.05872	.99827	.05883	16.999	.0017	17.028	38
23	.00669	.99998	.00669	149.46	.0000	149.47	.02414	.99971	.02415	41.410	.0003	41.423	.04158	.99913	.04162	24.026	.0009	24.047	.05902	.99826	.05912	16.915	.0017	16.944	37
24	.00698	.99997	.00698	143.24	.0000	143.24	.02443	.99970	.02444	40.917	.0003	40.930	.04187	.99912	.04191	23.859	.0009	23.880	.05931	.99824	.05941	16.832	.0018	16.861	36
25	.00727	.99997	.00727	137.51	.0000	137.51	.02472	.99969	.02473	40.436	.0003	40.448	.04217	.99911	.04220	23.694	.0009	23.716	.05960	.99822	.05970	16.750	.0018	16.779	35
26	.00756	.99997	.00756	132.22	.0000	132.22	.02501	.99969	.02502	39.965	.0003	39.978	.04246	.99910	.04249	23.532	.0009	23.553	.05989	.99820	.05999	16.668	.0018	16.698	34
27	.00785	.99997	.00785	127.32	.0000	127.32	.02530	.99968	.02531	39.506	.0003	39.518	.04275	.99908	.04279	23.372	.0009	23.393	.06018	.99819	.06029	16.587	.0018	16.617	33
28	.00814	.99997	.00814	122.77	.0000	122.78	.02559	.99967	.02560	39.057	.0003	39.069	.04304	.99907	.04308	23.214	.0009	23.235	.06047	.99817	.06058	16.507	.0018	16.538	32
29	.00843	.99996	.00844	118.54	.0000	118.54	.02589	.99966	.02589	38.618	.0003	38.631	.04333	.99906	.04337	23.058	.0009	23.079	.06076	.99815	.06087	16.428	.0018	16.459	31
30	.00873	.99996	.00873	114.59	.0000	114.59	.02618	.99966	.02618	38.188	.0003	38.201	.04362	.99905	.04366	22.904	.0009	22.925	.06105	.99813	.06116	16.350	.0019	16.380	30
31	.00902	.99996	.00902	110.89	.0000	110.90	.02647	.99965	.02648	37.769	.0003	37.782	.04391	.99903	.04395	22.752	.0010	22.774	.06134	.99812	.06145	16.272	.0019	16.303	29
32	.00931	.99996	.00931	107.43	.0000	107.43	.02676	.99964	.02677	37.358	.0003	37.371	.04420	.99902	.04424	22.602	.0010	22.624	.06163	.99810	.06175	16.195	.0019	16.226	28
33	.00960	.99995	.00960	104.17	.0000	104.17	.02705	.99963	.02706	36.956	.0004	36.969	.04449	.99901	.04453	22.454	.0010	22.476	.06192	.99808	.06204	16.119	.0019	16.150	27
34	.00989	.99995	.00989	101.11	.0000	101.11	.02734	.99963	.02735	36.563	.0004	36.576	.04478	.99900	.04483	22.308	.0010	22.330	.06221	.99806	.06233	16.043	.0019	16.075	26
35	.01018	.99995	.01018	98.218	.0000	98.223	.02763	.99962	.02764	36.177	.0004	36.191	.04507	.99898	.04512	22.164	.0010	22.186	.06250	.99804	.06262	15.969	.0019	16.000	25
36	.01047	.99994	.01047	95.489	.0000	95.495	.02792	.99961	.02793	35.800	.0004	35.814	.04536	.99897	.04541	22.022	.0010	22.044	.06279	.99803	.06291	15.894	.0020	15.926	24
37	.01076	.99994	.01076	92.908	.0000	92.914	.02821	.99960	.02822	35.431	.0004	35.445	.04565	.99896	.04570	21.881	.0010	21.904	.06308	.99801	.06321	15.821	.0020	15.853	23
38	.01105	.99994	.01105	90.463	.0001	90.469	.02850	.99959	.02851	35.069	.0004	35.084	.04594	.99894	.04599	21.742	.0010	21.765	.06337	.99799	.06350	15.748	.0020	15.780	22
39	.01134	.99993	.01134	88.143	.0001	88.149	.02879	.99958	.02880	34.715	.0004	34.729	.04623	.99893	.04628	21.606	.0011	21.629	.06366	.99797	.06379	15.676	.0020	15.708	21
40	.01163	.99993	.01164	85.940	.0001	85.946	.02908	.99958	.02910	34.368	.0004	34.382	.04652	.99892	.04657	21.470	.0011	21.494	.06395	.99795	.06408	15.605	.0020	15.637	20
41	.01193	.99993	.01193	83.843	.0001	83.849	.02937	.99957	.02939	34.027	.0004	34.042	.04681	.99890	.04687	21.337	.0011	21.360	.06424	.99793	.06437	15.534	.0021	15.566	19
42	.01222	.99992	.01222	81.847	.0001	81.853	.02967	.99956	.02968	33.693	.0004	33.708	.04711	.99889	.04716	21.205	.0011	21.228	.06453	.99791	.06467	15.464	.0021	15.496	18
43	.01251	.99992	.01251	79.943	.0001	79.950	.02996	.99955	.02997	33.366	.0004	33.381	.04740	.99888	.04745	21.075	.0011	21.098	.06482	.99790	.06496	15.394	.0021	15.427	17
44	.01280	.99992	.01280	78.126	.0001	78.133	.03025	.99954	.03026	33.045	.0004	33.060	.04769	.99886	.04774	20.946	.0011	20.970	.06511	.99788	.06525	15.325	.0021	15.358	16
45	.01309	.99991	.01309	76.390	.0001	76.396	.03054	.99953	.03055	32.730	.0005	32.745	.04798	.99885	.04803	20.819	.0011	20.843	.06540	.99786	.06554	15.257	.0021	15.290	15
46	.01338	.99991	.01338	74.729	.0001	74.736	.03083	.99952	.03084	32.421	.0005	32.437	.04827	.99883	.04832	20.693	.0012	20.717	.06569	.99784	.06583	15.189	.0022	15.222	14
47	.01367	.99991	.01367	73.139	.0001	73.146	.03112	.99951	.03113	32.118	.0005	32.134	.04856	.99882	.04862	20.569	.0012	20.593	.06598	.99782	.06613	15.122	.0022	15.155	13
48	.01396	.99990	.01396	71.615	.0001	71.622	.03141	.99951	.03143	31.820	.0005	31.836	.04885	.99881	.04891	20.446	.0012	20.471	.06627	.99780	.06642	15.056	.0022	15.089	12
49	.01425	.99990	.01425	70.153	.0001	70.160	.03170	.99950	.03172	31.528	.0005	31.544	.04914	.99879	.04920	20.325	.0012	20.350	.06656	.99778	.06671	14.990	.0022	15.023	11
50	.01454	.99989	.01454	68.750	.0001	68.757	.03199	.99949	.03201	31.241	.0005	31.257	.04943	.99878	.04949	20.205	.0012	20.230	.06685	.99776	.06700	14.924	.0022	14.958	10
51	.01483	.99989	.01484	67.402	.0001	67.409	.03228	.99948	.03230	30.960	.0005	30.976	.04972	.99876	.04978	20.087	.0012	20.112	.06714	.99774	.06730	14.860	.0023	14.893	9
52	.01512	.99988	.01513	66.105	.0001	66.113	.03257	.99947	.03259	30.683	.0005	30.699	.05001	.99875	.05007	19.970	.0012	19.995	.06743	.99772	.06759	14.795	.0023	14.829	8
53	.01542	.99988	.01542	64.858	.0001	64.866	.03286	.99946	.03288	30.411	.0005	30.428	.05030	.99873	.05037	19.854	.0013	19.880	.06772	.99770	.06788	14.732	.0023	14.765	7
54	.01571	.99988	.01571	63.657	.0001	63.664	.03315	.99945	.03317	30.145	.0005	30.161	.05059	.99872	.05066	19.740	.0013	19.766	.06801	.99768	.06817	14.668	.0023	14.702	6
55	.01600	.99987	.01600	62.499	.0001	62.507	.03344	.99944	.03346	29.882	.0005	29.899	.05088	.99870	.05095	19.627	.0013	19.653	.06830	.99766	.06846	14.606	.0023	14.640	5
56	.01629	.99987	.01629	61.383	.0001	61.391	.03374	.99943	.03375	29.624	.0006	29.641	.05117	.99869	.05124	19.515	.0013	19.541	.06859	.99764	.06876	14.544	.0024	14.578	4
57	.01658	.99987	.01658	60.306	.0001	60.314	.03403	.99942	.03405	29.371	.0006	29.388	.05146	.99867	.05153	19.405	.0013	19.431	.06888	.99762	.06905	14.482	.0024	14.517	3
58	.01687	.99986	.01687	59.266	.0001	59.274	.03432	.99941	.03434	29.122	.0006	29.139	.05175	.99866	.05182	19.296	.0013	19.322	.06918	.99760	.06934	14.421	.0024	14.456	2
59	.01716	.99985	.01716	58.261	.0001	58.270	.03461	.99940	.03463	28.877	.0006	28.894	.05204	.99864	.05212	19.188	.0013	19.214	.06947	.99758	.06963	14.361	.0024	14.395	1
60	.01745	.99985	.01745	57.290	.0001	57.299	.03490	.99939	.03492	28.636	.0006	28.654	.05234	.99863	.05241	19.081	.0014	19.107	.06976	.99756	06993	14.301	.0024	14.335	0
′	cos	sen	cot	tan	cosec	sec	cos	sen	cot	tan	cosec	sec	cos	sen	cot	tan	cosec	sec	cos	sen	cot	tan	cosec	sec	′
	89°						88°						87°						86°						

Cortesía de Bethlehem Steel Corporation

(Continúa)

TABLA 21 Funciones trigonométricas naturales (Continuación)

	4°						5°						6°						7°						
′	sen	cos	tan	cot	sec	cosec	sen	cos	tan	cot	sec	cosec	sen	cos	tan	cot	sec	cosec	sen	cos	tan	cot	sec	cosec	′
0	.06976	.99756	.06993	14.301	1.0024	14.335	.08715	.99619	.08749	11.430	1.0038	11.474	.10453	.99452	.10510	9.5144	1.0055	9.5668	.12187	.99255	.12278	8.1443	1.0075	8.2055	60
1	.07005	.99754	.07022	14.241	.0025	14.276	.08744	.99617	.08778	11.392	.0038	11.436	.10482	.99449	.10540	.4878	.0055	.5404	.12216	.99251	.12308	.1248	.0075	.1861	59
2	.07034	.99752	.07051	14.182	.0025	14.217	.08773	.99614	.08807	11.354	.0039	11.398	.10511	.99446	.10569	.4614	.0056	.5141	.12245	.99247	.12337	.1053	.0076	.1668	58
3	.07063	.99750	.07080	14.123	.0025	14.159	.08802	.99612	.08837	11.316	.0039	11.360	.10540	.99443	.10599	.4351	.0056	.4880	.12273	.99244	.12367	.0860	.0076	.1476	57
4	.07092	.99748	.07110	14.065	.0025	14.101	.08831	.99609	.08866	11.279	.0039	11.323	.10568	.99440	.10628	.4090	.0056	.4620	.12302	.99240	.12396	.0667	.0076	.1285	56
5	.07121	.99746	.07139	14.008	.0025	14.043	.08860	.99607	.08895	11.242	.0039	11.286	.10597	.99437	.10657	9.3831	.0057	9.4362	.12331	.99237	.12426	8.0476	.0077	8.1094	55
6	.07150	.99744	.07168	13.951	.0026	13.986	.08889	.99604	.08925	11.205	.0040	11.249	.10626	.99434	.10687	.3572	.0057	.4105	.12360	.99233	.12456	.0285	.0077	.0905	54
7	.07179	.99742	.07197	13.894	.0026	13.930	.08918	.99601	.08954	11.168	.0040	11.213	.10655	.99431	.10716	.3315	.0057	.3850	.12389	.99229	.12485	.0095	.0078	.0717	53
8	.07208	.99740	.07226	13.838	.0026	13.874	.08947	.99599	.08983	11.132	.0040	11.176	.10684	.99428	.10746	.3060	.0057	.3596	.12418	.99226	.12515	7.9906	.0078	.0529	52
9	.07237	.99738	.07256	13.782	.0026	13.818	.08976	.99596	.09013	11.095	.0040	11.140	.10713	.99424	.10775	.2806	.0058	.3343	.12447	.99222	.12544	.9717	.0078	.0342	51
10	.07266	.99736	.07285	13.727	.0026	13.763	.09005	.99594	.09042	11.059	.0041	11.104	.10742	.99421	.10805	9.2553	.0058	9.3092	.12476	.99219	.12574	7.9530	.0079	8.0156	50
11	.07295	.99733	.07314	13.672	.0027	13.708	.09034	.99591	.09071	11.024	.0041	11.069	.10771	.99418	.10834	.2302	.0058	.2842	.12504	.99215	.12603	.9344	.0079	7.9971	49
12	.07324	.99731	.07343	13.617	.0027	13.654	.09063	.99588	.09101	10.988	.0041	11.033	.10800	.99415	.10863	.2051	.0059	.2593	.12533	.99211	.12633	.9158	.0079	.9787	48
13	.07353	.99729	.07373	13.563	.0027	13.600	.09092	.99586	.09130	10.953	.0041	10.998	.10829	.99412	.10893	.1803	.0059	.2346	.12562	.99208	.12662	.8973	.0080	.9604	47
14	.07382	.99727	.07402	13.510	.0027	13.547	.09121	.99583	.09159	10.918	.0042	10.963	.10858	.99409	.10922	.1555	.0059	.2100	.12591	.99204	.12692	.8789	.0080	.9421	46
15	.07411	.99725	.07431	13.457	.0027	13.494	.09150	.99580	.09189	10.883	.0042	10.929	.10887	.99406	.10952	9.1309	.0060	9.1855	.12620	.99200	.12722	7.8606	.0080	7.9240	45
16	.07440	.99723	.07460	13.404	.0028	13.441	.09179	.99578	.09218	10.848	.0042	10.894	.10916	.99402	.10981	.1064	.0060	.1612	.12649	.99197	.12751	.8424	.0081	.9059	44
17	.07469	.99721	.07490	13.351	.0028	13.389	.09208	.99575	.09247	10.814	.0043	10.860	.10944	.99399	.11011	.0821	.0060	.1370	.12678	.99193	.12781	.8243	.0081	.8879	43
18	.07498	.99718	.07519	13.299	.0028	13.337	.09237	.99572	.09277	10.780	.0043	10.826	.10973	.99396	.11040	.0579	.0061	.1129	.12706	.99189	.12810	.8062	.0082	.8700	42
19	.07527	.99716	.07548	13.248	.0028	13.286	.09266	.99570	.09306	10.746	.0043	10.792	.11002	.99393	.11069	.0338	.0061	.0890	.12735	.99186	.12840	.7882	.0082	.8522	41
20	.07556	.99714	.07577	13.917	.0029	13.235	.09295	.99567	.09335	10.712	.0043	10.758	.11031	.99390	.11099	9.0098	.0061	9.0651	.12764	.99182	.12869	7.7703	.0082	7.8344	40
21	.07585	.99712	.07607	13.146	.0029	13.184	.09324	.99564	.09365	10.678	.0044	10.725	.11060	.99386	.11128	8.9860	.0062	.0414	.12793	.99178	.12899	.7525	.0083	.8168	39
22	.07614	.99710	.07636	13.096	.0029	13.134	.09353	.99562	.09394	10.645	.0044	10.692	.11089	.99383	.11158	.9623	.0062	.0179	.12822	.99174	.12928	.7348	.0083	.7992	38
23	.07643	.99707	.07665	13.046	.0029	13.084	.09382	.99559	.09423	10.612	.0044	10.659	.11118	.99380	.11187	.9387	.0062	8.9944	.12851	.99171	.12958	.7171	.0084	.7817	37
24	.07672	.99705	.07694	12.996	.0029	13.034	.09411	.99556	.09453	10.579	.0044	10.626	.11147	.99377	.11217	.9152	.0063	.9711	.12879	.99167	.12988	.6996	.0084	.7642	36
25	.07701	.99703	.07724	12.947	.0030	12.985	.09440	.99553	.09482	10.546	.0045	10.593	.11176	.99373	.11246	8.8918	.0063	8.9479	.12908	.99163	.13017	7.6821	.0084	7.7469	35
26	.07730	.99701	.07753	12.898	.0030	12.937	.09469	.99551	.09511	10.514	.0045	10.561	.11205	.99370	.11276	.8686	.0063	.9248	.12937	.99160	.13047	.6646	.0085	.7296	34
27	.07759	.99698	.07782	12.849	.0030	12.888	.09498	.99548	.09541	10.481	.0045	10.529	.11234	.99367	.11305	.8455	.0064	.9018	.12966	.99156	.13076	.6473	.0085	.7124	33
28	.07788	.99696	.07812	12.801	.0030	12.840	.09527	.99545	.09570	10.449	.0946	10.497	.11262	.99364	.11335	.8225	.0064	.8790	.12995	.99152	.13106	.6300	.0085	.6953	32
29	.07817	.99694	.07841	12.754	.0031	12.793	.09556	.99542	.09599	10.417	.0046	10.465	.11291	.99360	.11364	.7996	.0064	.8563	.13024	.99148	.13136	.6129	.0086	.6783	31
30	.07846	.99692	.07870	12.706	.0031	12.745	.09584	.99540	.09629	10.385	.0046	10.433	.11320	.99357	.11393	8.7769	.0065	8.8337	.13053	.99144	.13165	7.5957	.0086	7.6613	30
31	.07875	.99689	.07899	12.659	.0031	12.698	.09613	.99537	.09658	10.354	.0046	10.402	.11349	.99354	.11423	.7542	.0065	.8112	.13081	.99141	.13195	.5787	.0087	.6444	29
32	.07904	.99687	.07929	12.612	.0031	12.652	.09642	.99534	.09688	10.322	.0047	10.371	.11378	.99350	.11452	.7317	.0065	.7888	.13110	.99137	.13224	.5617	.0087	.6276	28
33	.07933	.99685	.07958	12.566	.0032	12.606	.09671	.99531	.09717	10.291	.0047	10.340	.11407	.99347	.11482	.7093	.0066	.7665	.13139	.99133	.13254	.5449	.0087	.6108	27
34	.07962	.99682	.07987	12.520	.0032	12.560	.09700	.99528	.09746	10.260	.0047	10.309	.11436	.99344	.11511	.6870	.0066	.7444	.13168	.99129	.13284	.5280	.0088	.5942	26
35	.07991	.99680	.08016	12.474	.0032	12.514	.09729	.99525	.09776	10.229	.0048	10.278	.11465	.99341	.11541	8.6648	.0066	8.7223	.13197	.99125	.13313	7.5113	.0088	7.5776	25
36	.08020	.99678	.08046	12.429	.0032	12.469	.09758	.99523	.09805	10.199	.0048	10.248	.11494	.99337	.11570	.6427	.0067	.7004	.13226	.99121	.13343	.4946	.0089	.5611	24
37	.08049	.99675	.08075	12.384	.0032	12.424	.09787	.99520	.09834	10.168	.0048	10.217	.11523	.99334	.11600	.6208	.0067	.6786	.13254	.99118	.13372	.4780	.0089	.5446	23
38	.08078	.99673	.08104	12.339	.0033	12.379	.09816	.99517	.09864	10.138	.0048	10.187	.11551	.99330	.11629	.5989	.0067	.6569	.13283	.99114	.13402	.4615	.0089	.5282	22
39	.08107	.99671	.08134	12.295	.0033	12.335	.09845	.99514	.09893	10.108	.0049	10.157	.11580	.99327	.11659	.5772	.0068	.6353	.13312	.99110	.13432	.4451	.0090	.5119	21
40	.08136	.99668	.08163	12.250	.0033	12.291	.09874	.99511	.09922	10.078	.0049	10.127	.11609	.99324	.11688	8.5555	.0068	8.6138	.13341	.99106	.13461	7.4287	.0090	7.4957	20
41	.08165	.99666	.08192	12.207	.0033	12.248	.09903	.99508	.09952	10.048	.0049	10.098	.11638	.99320	.11718	.5340	.0068	.5924	.13370	.99102	.13491	.4124	.0090	.4795	19
42	.08194	.99664	.08221	12.163	.0034	12.204	.09932	.99505	.09981	10.019	.0050	10.068	.11667	.99317	.11747	.5126	.0069	.5711	.13399	.99098	.13520	.3961	.0091	.4634	18
43	.08223	.99661	.08251	12.120	.0034	12.161	.09961	.99503	.10011	9.9893	.0050	10.039	.11696	.99314	.11777	.4913	.0069	.5499	.13427	.99094	.13550	.3800	.0091	.4474	17
44	.08252	.99659	.08280	12.077	.0034	12.118	.09990	.99500	.10040	9.9601	.0050	10.010	.11725	.99310	.11806	.4701	.0069	.5289	.13456	.99090	.13580	.3639	.0092	.4315	16
45	.08281	.99656	.08309	12.035	.0034	12.076	.10019	.99497	.10069	9.9310	.0050	9.9812	.11754	.99307	.11836	8.4489	.0070	8.5079	.13485	.99086	.13609	7.3479	.0092	7.4156	15
46	.08310	.99654	.08339	11.992	.0035	12.034	.10048	.99494	.10099	9.9021	.0051	9.9525	.11783	.99303	.11865	.4279	.0070	.4871	.13514	.99083	.13639	.3319	.0092	.3998	14
47	.08339	.99652	.08368	11.950	.0035	11.992	.10077	.99491	.10128	9.8734	.0051	9.9239	.11811	.99300	.11895	.4070	.0070	.4663	.13543	.99079	.13669	.3160	.0093	.3840	13
48	.08368	.99649	.08397	11.909	.0035	11.950	.10106	.99488	.10158	9.8448	.0051	9.8955	.11840	.99296	.11924	.3862	.0071	.4457	.13571	.99075	.13698	.3002	.0093	.3683	12
49	.08397	.99647	.08426	11.867	.0035	11.909	.10134	.99485	.10187	9.8164	.0052	9.8672	.11869	.99293	.11954	.3655	.0071	.4251	.13600	.99071	.13728	.2844	.0094	.3527	11
50	.08426	.99644	.08456	11.826	.0036	11.868	.10163	.99482	.10216	9.7882	.0052	9.8391	.11898	.99290	.11983	8.3449	.0071	8.4046	.13629	.99067	.13757	7.2687	.0094	7.3372	10
51	.08455	.99642	.08485	11.785	.0036	11.828	.10192	.99479	.10246	9.7601	.0052	9.8112	.11927	.99286	.12013	.3244	.0072	.3843	.13658	.99063	.13787	.2531	.0094	.3217	9
52	.08484	.99639	.08514	11.745	.0036	11.787	.10221	.99476	.10275	9.7322	.0053	9.7834	.11956	.99283	.12042	.3040	.0072	.3640	.13687	.99059	.13817	.2375	.0095	.3063	8
53	.08513	.99637	.08544	11.704	.0036	11.747	.10250	.99473	.10305	9.7044	.0053	9.7558	.11985	.99279	.12072	.2837	.0073	.3439	.13716	.99055	.13846	.2220	.0095	.2909	7
54	.08542	.99634	.08573	11.664	.0037	11.707	.10279	.99470	.10334	9.6768	.0053	9.7283	.12014	.99276	.12101	.2635	.0073	.3238	.13744	.99051	.13876	.2066	.0096	.2757	6
55	.08571	.99632	.08602	11.625	.0037	11.668	.10308	.99467	.10363	9.6493	.0053	9.7010	.12042	.99272	.12131	8.2434	.0073	8.3039	.13773	.99047	.13906	7.1912	.0096	7.2604	5
56	.08600	.99629	.08632	11.585	.0037	11.628	.10337	.99464	.10393	9.6220	.0054	9.6739	.12071	.99269	.12160	.2234	.0074	.2840	.13802	.99043	.13935	.1759	.0097	.2453	4
57	.08629	.99627	.08661	11.546	.0037	11.589	.10366	.99461	.10422	9.5949	.0054	9.6469	.12100	.99265	.12190	.2035	.0074	.2642	.13831	.99039	.13965	.1607	.0097	.2302	3
58	.08658	.99624	.08690	11.507	.0038	11.550	.10395	.99458	.10452	9.5679	.0054	9.6200	.12129	.99262	.12219	.1837	.0074	.2446	.13860	.99035	.13995	.1455	.0097	.2152	2
59	.08687	.99622	.08719	11.468	.0038	11.512	.10424	.99455	.10481	9.5411	.0055	9.5933	.12158	.99258	.12249	.1640	.0075	.2250	.13888	.99031	.14024	.1304	.0098	.2002	1
60	.08715	.99619	.08749	11.430	.0038	11.474	.10453	.99452	.10510	9.5144	.0055	9.5668	.12187	.99255	.12278	8.1443	.0075	8.2055	.13917	.99027	.14054	7.1154	.0098	7.1853	0
′	cos	sen	cot	tan	cosec	sec	cos	sen	cot	tan	cosec	sec	cos	sen	cot	tan	cosec	sec	cos	sen	cot	tan	cosec	sec	′
	85°						84°						83°						82°						

(Continúa)

TABLA 21 Funciones trigonométricas naturales (Continuación)

	8°						9°					
'	sen	cos	tan	cot	sec	cosec	sen	cos	tan	cot	sec	cosec
0	.13917	.99027	.14054	7.1154	1.0098	7.1853	.15643	.98769	.15838	6.3137	1.0215	6.3924
1	.13946	.99023	.14084	.1004	.0099	.1704	.15672	.98764	.15868	.3019	.0125	.3807
2	.13975	.99019	.14113	.0854	.0099	.1557	.15701	.98760	.15898	.2901	.0125	.3690
3	.14004	.99015	.14143	.0706	.0099	.1409	.15730	.98755	.15928	.2783	.0126	.3574
4	.14032	.99010	.14173	.0558	.0100	.1263	.15758	.98750	.15958	.2665	.0126	.3458
5	.14061	.99006	.14202	7.0410	.0100	7.1117	.15787	.98746	.15987	6.2548	.0127	6.3343
6	.14090	.99002	.14232	.0264	.0101	.0972	.15816	.98741	.16017	.2432	.0217	.3228
7	.14119	.98998	.14262	.0117	.0101	.0827	.15844	.98737	.16047	.2316	.0128	.3113
8	.14148	.98994	.14291	6.9972	.0102	.0683	.15873	.98732	.16077	.2200	.0128	.2999
9	.14176	.98990	.14321	.9827	.0102	.0539	.15902	.98727	.16107	.2085	.0129	.2885
10	.14205	.98986	.14351	6.9682	.0102	7.0396	.15931	.98723	.16137	6.1970	.0129	6.2772
11	.14234	.98982	.14380	.9538	.0103	.0254	.15959	.98718	.16167	.1856	.0130	.2659
12	.14263	.98978	.14410	.9395	.0103	.0112	.15988	.98714	.16196	.1742	.0130	.2546
13	.14292	.98973	.14440	.9252	.0104	6.9971	.16017	.98709	.16226	.1628	.0131	.2434
14	.14320	.98969	.14470	.9110	.0104	.9830	.16045	.98704	.16256	.1515	.0131	.2322
15	.14349	.98965	.14499	6.8969	.0104	6.9690	.16074	.98700	.16286	6.1402	.0132	6.2211
16	.14378	.98961	.14529	.8828	.0105	.9550	.16103	.98695	.16316	.1290	.0132	.2100
17	.14407	.98957	.14559	.8687	.0105	.9411	.16132	.98690	.16346	.1178	.0133	.1990
18	.14436	.98952	.14588	.8547	.0106	.9273	.16160	.98685	.16376	.1066	.0133	.1880
19	.14464	.98948	.14618	.8408	.0106	.9135	.16189	.98681	.16405	.0955	.0134	.1770
20	.14493	.98944	.14648	6.8269	.0107	6.8998	.16218	.98676	.16435	6.0844	.0134	6.1661
21	.14522	.98940	.14677	.8131	.0107	.8861	.16246	.98671	.16465	.0734	.0135	.1552
22	.14551	.98936	.14707	.7993	.0107	.8725	.16275	.98667	.16495	.0624	.0135	.1443
23	.14579	.98931	.14737	.7856	.0108	.8589	.16304	.98662	.16525	.0514	.0136	.1335
24	.14608	.98927	.14767	.7720	.0108	.8454	.16333	.98657	.16555	.0405	.0136	.1227
25	.14637	.98923	.14796	6.7584	.0109	6.8320	.16361	.98652	.16585	6.0296	.0136	6.1120
26	.14666	.98919	.14826	.7448	.0109	.8185	.16390	.98648	.16615	.0188	.0137	.1013
27	.14695	.98914	.14856	.7313	.0110	.8052	.16419	.98643	.16644	.0080	.0137	.0906
28	.14723	.98910	.14886	.7179	.0110	.7919	.16447	.98638	.16674	5.9972	.0138	.0800
29	.14752	.98906	.14915	.7045	.0111	.7787	.16476	.98633	.16704	.9865	.0138	.0694
30	.14781	.98901	.14945	6.6911	.0111	6.7655	.16505	.98628	.16734	5.9758	.0139	6.0588
31	.14810	.98897	.14975	.6779	.0111	.7523	.16533	.98624	.16764	.9651	.9139	.0483
32	.14838	.98893	.15004	.6646	.0112	.7392	.16562	.98619	.16794	.9545	.9140	.0379
33	.14867	.98889	.15034	.6514	.0112	.7262	.16591	.98614	.16824	.9439	.0140	.0274
34	.14896	.98884	.15064	.6383	.0113	.7132	.16619	.98609	.16854	.9333	.0141	.0170
35	.14925	.98880	.15094	6.6252	.0113	6.7003	.16648	.98604	.16884	5.9228	.0141	6.0066
36	.14953	.98876	.15123	.6122	.0114	.6874	.16677	.98600	.16914	.9123	.0142	5.9963
37	.14982	.98871	.15153	.5992	.0114	.6745	.16705	.98595	.16944	.9019	.0142	.9860
38	.15011	.98867	.15183	.5863	.0115	.6617	.16734	.98590	.16973	.8915	.0143	.9758
39	.15050	.98862	.15213	.5734	.0115	.6490	.16763	.98585	.17003	.8811	.0143	.9655
40	.15068	.98858	.15243	6.5605	.0115	6.6363	.16791	.98580	.17033	5.8708	.0144	5.9554
41	.15097	.98854	.15272	.5478	.0116	.6237	.16820	.98575	.17063	.8605	.0144	.9452
42	.15126	.98849	.15302	.5350	.0116	.6111	.16849	.98570	.17093	.8502	.0145	.9351
43	.15155	.98845	.15332	.5223	.0117	.5985	.16878	.98565	.17123	.8400	.0145	.9250
44	.15183	.98840	.15362	.5097	.0117	.5860	.16906	.98560	.17153	.8298	.0146	.9150
45	.15212	.98836	.15391	6.4971	.0118	6.5736	.16935	.98556	.17183	5.8196	.0146	5.9049
46	.15241	.98832	.15421	.4845	.0118	.5612	.16964	.98551	.17213	.8095	.0147	.8950
47	.15270	.98827	.15451	.4720	.0119	.5488	.16992	.98546	.17243	.7994	.0147	.8850
48	.15298	.98823	.15481	.4596	.0119	.5365	.17021	.98541	.17273	.7894	.0148	.8751
49	.15328	.98818	.15511	.4472	.0119	.5243	.17050	.98536	.17303	.7794	.0148	.8652
50	.15356	.98814	.15540	6.4348	.0120	6.5121	.17078	.98531	.17333	5.7694	.0149	5.8554
51	.15385	.98809	.15570	.4225	.0120	.4999	.17107	.98526	.17363	.7594	.0150	.8456
52	.15413	.98805	.15600	.4103	.0121	.4878	.17136	.98521	.17393	.7495	.0150	.8358
53	.15442	.98800	.15630	.3980	.0121	.4757	.17164	.98516	.17423	.7396	.0151	.8261
54	.15471	.98796	.15659	.3859	.0122	.4637	.17193	.98511	.17453	.7297	.0151	.8163
55	.15500	.98791	.15689	6.3737	.0122	6.4517	.17221	.98506	.17483	5.7199	.0152	5.8067
56	.15528	.98787	.15719	.3616	.0123	.4398	.17250	.98501	.17513	.7101	.0152	.7970
57	.15557	.98782	.15749	.3496	.0123	.4279	.17279	.98496	.17543	.7004	.0153	.7874
58	.15586	.98778	.15779	.3376	.0124	.4160	.17307	.98491	.17573	.6906	.0153	.7778
59	.15615	.98773	.15809	.3257	.0124	.4042	.17336	.98486	.17603	.6809	.0154	.7683
60	.15643	.98769	.15838	6.3137	.0125	6.3924	.17365	.98481	.17633	5.6713	.0154	5.7588
'	cos	sen	cot	tan	cosec	sec	cos	sen	cot	tan	cosec	sec
	81°						80°					

	10°						11°						
'	sen	cos	tan	cot	sec	cosec	sen	cos	tan	cot	sec	cosec	'
0	.17365	.98481	.17633	5.6713	1.0154	5.7588	.19081	.98163	.19438	5.1445	1.0187	5.2408	60
1	.17393	.98476	.17663	.6616	.0155	.7493	.19109	.98157	.19468	.1366	.0188	.2330	59
2	.17422	.98471	.17693	.6520	.0155	.7398	.19138	.98152	.19498	.1286	.0188	.2252	58
3	.17451	.98465	.17723	.6425	.0156	.7304	.19166	.98146	.19529	.1207	.0189	.2174	57
4	.17479	.98460	.17753	.6329	.0156	.7210	.19195	.98140	.19559	.1128	.0189	.2097	56
5	.17508	.98455	.17783	5.6234	.0157	5.7117	.19224	.98135	.19589	5.1049	.0190	5.2019	55
6	.17537	.98450	.17813	.6140	.0157	.7023	.19252	.98129	.19619	.0970	.0191	.1942	54
7	.17565	.98445	.17843	.6045	.0158	.6930	.19281	.98124	.19649	.0892	.0191	.1865	53
8	.17594	.98440	.17873	.5951	.0158	.6838	.19309	.98118	.19680	.0814	.0192	.1788	52
9	.17622	.98435	.17903	.5857	.0159	.6745	.19338	.98112	.19710	.0736	.0192	.1712	51
10	.17651	.98430	.17933	5.5764	.0159	5.6653	.19366	.98107	.19740	5.0658	.0193	5.1636	50
11	.17680	.98425	.17963	.5670	.0160	.6561	.19395	.98101	.19770	.0581	.0193	.1560	49
12	.17708	.98419	.17993	.5578	.0160	.6470	.19423	.98095	.19800	.0504	.0194	.1484	48
13	.17737	.98414	.18023	.5485	.0161	.6379	.19452	.98090	.19831	.0427	.0195	.1409	47
14	.17766	.98409	.18053	.5393	.0162	.6288	.19480	.98084	.19861	.0350	.0195	.1333	46
15	.17794	.98404	.18083	5.5301	.0162	5.6197	.19509	.98078	.19891	5.0273	.0196	5.1258	45
16	.17823	.98399	.18113	.5209	.0163	.6107	.19537	.98073	.19921	.0197	.0196	.1183	44
17	.17852	.98394	.18143	.5117	.0163	.6017	.19566	.98067	.19952	.0121	.0197	.1109	43
18	.17880	.98388	.18173	.5026	.0164	.5928	.19595	.98061	.19982	.0045	.0198	.1034	42
19	.17909	.98383	.18203	.4936	.0164	.5838	.19623	.98056	.20012	4.9969	.0198	.0960	41
20	.17937	.98378	.18233	5.4845	.0165	5.5749	.19652	.98050	.20042	4.9894	.0199	5.0886	40
21	.17966	.98373	.18263	.4755	.0165	.5660	.19680	.98044	.20073	.9819	.0199	.0812	39
22	.17995	.98368	.18293	.4665	.0166	.5572	.19709	.98039	.20103	.9744	.0200	.0739	38
23	.18023	.98362	.18323	.4575	.0166	.5484	.19737	.98033	.20133	.9669	.0201	.0666	37
24	.18052	.98357	.18353	.4486	.0167	.5396	.19766	.98027	.20163	.9594	.0201	.0593	36
25	.18080	.98352	.18383	5.4396	.0167	5.5308	.19794	.98021	.20194	4.9520	.0202	5.0520	35
26	.18109	.98347	.18413	.4308	.0168	.5221	.19823	.98016	.20224	.9446	.0202	.0447	34
27	.18138	.98341	.18444	.4219	.0169	.5134	.19851	.98010	.20254	.9372	.0203	.0375	33
28	.18166	.98336	.18474	.4131	.0169	.5047	.19880	.98004	.20285	.9298	.0204	.0302	32
29	.18195	.98331	.18504	.4043	.0170	.4960	.19908	.97998	.20315	.9225	.0204	.0230	31
30	.18223	.98325	.18534	5.3955	.0170	5.4874	.19937	.97992	.20345	4.9151	.0205	5.0158	30
31	.18252	.98320	.18564	.3868	.0171	.4788	.19965	.97987	.20375	.9078	.0205	.0087	29
32	.18281	.98315	.18594	.3780	.0171	.4702	.19994	.97981	.20406	.9006	.0206	.0015	28
33	.18309	.98309	.18624	.3694	.0172	.4617	.20022	.97975	.20436	.8933	.0207	4.9944	27
34	.18338	.98304	.18654	.3607	.0172	.4532	.20051	.97969	.20466	.8860	.0207	.9873	26
35	.18366	.98299	.18684	5.3521	.0173	5.4447	.20079	.97963	.20497	4.8788	0208	4.9802	25
36	.18395	.98293	.18714	.3434	.0174	.4362	.20108	.97957	.20527	.8716	.0208	.9732	24
37	.18424	.98288	.18745	.3349	.0174	.4278	.20136	.97952	.20557	.8644	.0209	.9661	23
38	.18452	.98283	.18775	.3263	.0175	.4194	.20165	.97946	.20588	.8573	.0210	.9591	22
39	.18481	.98277	.18805	.3178	.0175	.4110	.20193	.97940	.20618	.8501	.0210	.9521	21
40	.18509	.98272	.18835	5.3093	.0176	5.4026	.20222	.97934	.20648	4.8430	.0211	4.9452	20
41	.18538	.98267	.18865	.3008	.0176	.3943	.20250	.97928	.20679	.8359	.0211	.9382	19
42	.18567	.98261	.18895	.2923	.0177	.3860	.20279	.97922	.20709	.8288	.0212	.9313	18
43	.18595	.98256	.18925	.2839	.0177	.3777	.20307	.97916	.20739	.8217	.0213	.9243	17
44	.18624	.98250	.18955	.2755	.0178	.3695	.20336	.97910	.20770	.8147	.0213	.9175	16
45	.18652	.98245	.18985	5.2671	.0179	5.3612	.20364	.97904	.20800	4.8077	.0214	4.9106	15
46	.18681	.98240	.19016	.2588	.0179	.3530	.20393	.97899	.20830	.8007	.0215	.9037	14
47	.18709	.98234	.19046	.2505	.0180	.3449	.20421	.97893	.20861	.7937	.0215	.8969	13
48	.18738	.98229	.19076	.2422	.0180	.3367	.20450	.97887	.20891	.7867	.0216	.8901	12
49	.18767	.98223	.19106	.2339	.0181	.3286	.20478	.97881	.20921	.7798	.0216	.8833	11
50	.18795	.98218	.19136	5.2257	.0181	5.3205	.20506	.97875	.20952	4.7728	.0217	4.8765	10
51	.18824	.98212	.19166	.2174	.0182	.3124	.20535	.97869	.20982	.7659	.0218	.8967	9
52	.18852	.98207	.19197	.2092	.0182	.3044	.20563	.97863	.21012	.7591	.0218	.8630	8
53	.18881	.98201	.19227	.2011	.0183	.2963	.20592	.97857	.21043	.7522	.0219	.8563	7
54	.18909	.98196	.19257	.1929	.0184	.2883	.20620	.97851	.21073	.7453	.0220	.8496	6
55	.18938	.98190	.19287	5.1848	.0184	5.2803	.20649	.97845	.21104	4.7385	.0220	4.8429	5
56	.18967	.98185	.19817	.1767	.0185	.2724	.20677	.97839	.21134	.7317	.0221	.8362	4
57	.18995	.98179	.19347	.1686	.0185	.2645	.20706	.97833	.21164	.7249	.0221	.8296	3
58	.19024	.98174	.19378	.1606	.0186	.2566	.20734	.97827	.21195	.7181	.0222	.8229	2
59	.19052	.98168	.19408	.1525	.0186	.2487	.20763	.97821	.21225	.7114	.0223	.8163	1
60	.19081	.98163	.19438	5.1445	.0187	5.2408	.20791	.97815	.21256	4.7046	.0223	4.8097	0
'	cos	sen	cot	tan	cosec	sec	cos	sen	cot	tan	cosec	sec	'
	79°						78°						

(Continúa)

TABLA 21 Funciones trigonométricas naturales (Continuación)

′	12°						13°						14°						15°						′
′	sen	cos	tan	cot	sec	cosec	sen	cos	tan	cot	sec	cosec	sen	cos	tan	cot	sec	cosec	sen	cos	tan	cot	sec	cosec	′
0	.20791	.97815	.21256	4.7046	1.0223	4.8097	.22495	.97437	.23087	4.3315	1.0263	4.4454	.24192	.97029	.24933	4.0108	1.0306	4.1336	.25882	.96592	.26795	3.7320	1.0353	3.8637	60
1	.20820	.97809	.21286	.6979	.0224	.8032	.22523	.97430	.23117	.3257	.0264	.4398	.24220	.97022	.24964	.0058	.0307	.1287	.25910	.96585	.26826	.7277	.0353	.8595	59
2	.20848	.97803	.21316	.6912	.0225	.7966	.22552	.97424	.23148	.3200	.0264	.4342	.24249	.97015	.24995	.0009	.0308	.1239	.25938	.96577	.26857	.7234	.0354	.8553	58
3	.20876	.97797	.21347	.6845	.0225	.7901	.22580	.97417	.23179	.3143	.0265	.4287	.24277	.97008	.25025	3.9959	.0308	.1191	.25966	.96570	.26888	.7191	.0355	.8512	57
4	.20905	.97790	.21377	.6778	.0226	.7835	.22608	.97411	.23209	.3086	.0266	.4231	.24305	.97001	.25056	.9910	.0309	.1144	.25994	.96562	.26920	.7147	.0356	.8470	56
5	.20933	.97784	.21408	4.6712	.0226	4.7770	.22637	.97404	.23240	4.3029	.0266	4.4176	.24333	.96994	.25087	3.9861	.0310	4.1096	.26022	.96555	.26951	3.7104	.0357	3.8428	55
6	.20962	.97778	.21438	.6646	.0227	.7706	.22665	.97398	.23270	.2972	.0267	.4121	.24361	.96987	.25118	.9812	.0311	.1048	.26050	.96547	.26982	.7062	.0358	.8387	54
7	.20990	.97772	.21468	.6580	.0228	.7641	.22693	.97391	.23301	.2916	.0268	.4065	.24390	.96980	.25149	.9763	.0311	.1001	.26078	.96540	.27013	.7019	.0358	.8346	53
8	.21019	.97766	.21499	.6514	.0228	.7576	.22722	.97384	.23332	.2859	.0268	.4011	.24418	.96973	.25180	.9714	.0312	.0953	.26107	.96532	.27044	.6976	.0359	.8304	52
9	.21047	.97760	.21529	.6448	.0229	.7512	.22750	.97378	.23363	.2803	.0269	.3956	.24446	.96966	.25211	.9665	.0313	.0906	.26135	.96524	.27076	.6933	.0360	.8263	51
10	.21076	.97754	.21560	4.6382	.0230	4.7448	.22778	.97371	.23393	4.2747	.0270	4.3901	.24474	.96959	.25242	3.9616	.0314	4.0859	.26163	.96517	.27107	3.6891	.0361	3.8222	50
11	.21104	.97748	.21590	.6317	.0230	.7384	.22807	.97364	.23424	.2691	.0271	.3847	.24502	.96952	.25273	.9568	.0314	.0812	.26191	.96509	.27138	.6848	.0362	.8181	49
12	.21132	.97741	.21621	.6252	.0231	.7320	.22835	.97358	.23455	.2635	.0271	.3792	.24531	.96944	.25304	.9520	.0315	.0765	.26219	.96502	.27169	.6806	.0362	.8140	48
13	.21161	.97735	.21651	.6187	.0232	.7257	.22863	.97351	.23485	.2579	.0272	.3738	.24559	.96937	.25335	.9471	.0316	.0718	.26247	.96494	.27201	.6764	.0363	.8100	47
14	.21189	.97729	.21682	.6122	.0232	.7193	.22892	.97344	.23516	.2524	.0273	.3684	.24587	.96930	.25366	.9423	.0317	.0672	.26275	.96486	.27232	.6722	.0364	.8059	46
15	.21218	.97723	.21712	4.6057	.0233	4.7130	.22920	.97338	.23547	4.2468	.0273	4.3630	.24615	.96923	.25397	3.9375	.0317	4.0625	.26303	.96479	.27263	3.6679	.0365	3.8018	45
16	.21246	.97717	.21742	.5993	.0234	.7067	.22948	.97331	.23577	.2413	.0274	.3576	.24643	.96916	.25428	.9327	.0318	.0579	.26331	.96471	.27294	.6637	.0366	.7978	44
17	.21275	.97711	.21773	.5928	.0234	.7004	.22977	.97324	.23608	.2358	.0275	.3522	.24672	.96909	.25459	.9279	.0319	.0532	.26359	.96463	.27326	.6596	.0367	.7937	43
18	.21303	.97704	.21803	.5864	.0235	.6942	.23005	.97318	.23639	.2303	.0276	.3469	.24700	.96901	.25490	.9231	.0320	.0486	.26387	.96456	.27357	.6554	.0367	.7897	42
19	.21331	.97698	.21834	.5800	.0235	.6879	.23033	.97311	.23670	.2248	.0276	.3415	.24728	.96894	.25521	.9184	.0320	.0440	.26415	.96448	.27388	.6512	.0368	.7857	41
20	.21360	.97692	.21864	4.5736	.0236	4.6817	.23061	.97304	.23700	4.2193	.0277	4.3362	.24756	.96887	.25552	3.9136	.0321	4.0394	.26443	.96440	.27419	3.6470	.0369	3.7816	40
21	.21388	.97686	.21895	.5673	.0237	.6754	.23090	.97298	.23731	.2139	.0278	.3309	.24784	.96880	.25583	.9089	.0322	.0348	.26471	.96433	.27451	.6429	.0370	.7776	39
22	.21417	.97680	.21925	.5609	.0237	.6692	.23118	.97291	.23762	.2084	.0278	.3256	.24813	.96873	.25614	.9042	.0323	.0302	.26499	.96425	.27482	.6387	.0371	.7736	38
23	.21445	.97673	.21956	.5546	.0238	.6631	.23146	.97284	.23793	.2030	.0279	.3203	.24841	.96865	.25645	.8994	.0323	.0256	.26527	.96417	.27513	.6346	.0371	.7697	37
24	.21473	.97667	.21986	.5483	.0239	.6569	.23175	.97277	.23823	.1976	.0280	.3150	.24869	.96858	.25676	.8947	.0324	.0211	.26556	.96409	.27544	.6305	.0372	.7657	36
25	.21502	.97661	.22017	4.5420	.0239	4.6507	.23202	.97271	.23854	4.1921	.0280	4.3098	.24897	.96851	.25707	3.8900	.0325	4.0165	.26584	.96402	.27576	3.6263	.0373	3.7617	35
26	.21530	.97655	.22047	.5357	.0240	.6446	.23231	.97264	.23885	.1867	.0281	.3045	.24925	.96844	.25738	.8853	.0326	.0120	.26612	.96394	.27607	.6222	.0374	.7577	34
27	.21559	.97648	.22078	.5294	.0241	.6385	.23260	.97257	.23916	.1814	.0282	.2993	.24953	.96836	.25769	.8807	.0327	.0074	.26640	.96386	.27638	.6181	.0375	.7538	33
28	.21587	.97642	.22108	.5232	.0241	.6324	.23288	.97250	.23946	.1760	.0283	.2941	.24982	.96829	.25800	.8760	.0327	.0029	.26668	.96378	.27670	.6140	.0376	.7498	32
29	.21615	.97636	.22139	.5169	.0242	.6263	.23316	.97244	.23977	.1706	.0283	.2838	.25010	.96822	.25831	.8713	.0328	3.9984	.26696	.96371	.27701	.6100	.0376	.7459	31
30	.21644	.97630	.22169	4.5107	.0243	4.6201	.23344	.97237	.24008	4.1653	.0284	4.2836	.25038	.96815	.25862	3.8667	.0329	3.9939	.26724	.96363	.27732	3.6059	.0377	3.7420	30
31	.21672	.97623	.22200	.5045	.0243	.6142	.23373	.97230	.24039	.1600	.0285	.2785	.25066	.96807	.25893	.8621	.0330	.9894	.26752	.96355	.27764	.6018	.0378	.7380	29
32	.21701	.97617	.22230	.4983	.0244	.6081	.23401	.97223	.24069	.1546	.0285	.2733	.25094	.96800	.25924	.8574	.0330	.9850	.26780	.96347	.27795	.5977	.0379	.7341	28
33	.21729	.97611	.22261	.4921	.0245	.6021	.23429	.97216	.24100	.1493	.0286	.2681	.25122	.96793	.25955	.8528	.0331	.9805	.26808	.96340	.27826	.5937	.0380	.7302	27
34	.21757	.97604	.22291	.4860	.0245	.5961	.23458	.97210	.24131	.1440	.0287	.2630	.25151	.96785	.25986	.8482	.0332	.97[illegible]	.26836	.96332	.27858	.5896	.0381	.7263	26
35	.21786	.97598	.22322	4.4799	.0246	4.5901	.23486	.97203	.24162	4.1388	.0288	4.2579	.25179	.96778	.26017	3.8436	.0333	3.9716	.26864	.96324	.27889	3.5856	.0382	3.7224	25
36	.21814	.97592	.22353	.4737	.0247	.5841	.23514	.97196	.24192	.1335	.0288	.2527	.25207	.96771	.26048	.8390	.0334	.9672	.26892	.96316	.27920	.5816	.0382	.7186	24
37	.21843	.97575	.22383	.4676	.0247	.5782	.23542	.97189	.24223	.1282	.0289	.2476	.25235	.96763	.26079	.8345	.0334	.9627	.26920	.96308	.27952	.5776	.0383	.7147	23
38	.21871	.97579	.22414	.4615	.0248	.5722	.23571	.97182	.24254	.1230	.0290	.2425	.25263	.96756	.26110	.8299	.0335	.9583	.26948	.96301	.27983	.5736	.0384	.7108	22
39	.21899	.97573	.22444	.4555	.0249	.5663	.23599	.97175	.24285	.1178	.0291	.2375	.25291	.96749	.26141	.8254	.0336	.9539	.26976	.96293	.28014	.5696	.0385	.7070	21
40	.21928	.97566	.22475	4.4494	.0249	4.5604	.23627	.97169	.24316	4.1126	.0291	4.2324	.25319	.96741	.26172	3.8208	.0337	3.9495	.27004	.96285	.28046	3.5656	.0386	3.7031	20
41	.21956	.97560	.22505	.4434	.0250	.5545	.23655	.97162	.24346	.1073	.0292	.2273	.25348	.96734	.26203	.8163	.0338	.9451	.27032	.96277	.28077	.5616	.0387	.6993	19
42	.21985	.97553	.22536	.4373	.0251	.5486	.23684	.97155	.24377	.1022	.0293	.2223	.25376	.96727	.26234	.8118	.0338	.9408	.27060	.96269	.28109	.5576	.0387	.6955	18
43	.22013	.97547	.22566	.4313	.0251	.5428	.23712	.97148	.24408	.0970	.0293	.2173	.25404	.96719	.26266	.8073	.0339	.9364	.27088	.96261	.28140	.5536	.0388	.6917	17
44	.22041	.97541	.22597	.4253	.0252	.5369	.23740	.97141	.24439	.0918	.0294	.2122	.25432	.96712	.26297	.8027	.0340	.9320	.27116	.96253	.28171	.5497	.0389	.6878	16
45	.22070	.97534	.22628	4.4194	.0253	4.5311	.23768	.97134	.24470	4.0867	.0295	4.2072	.25460	.96704	.26328	3.7983	.0341	3.9277	.27144	.96245	.28203	3.5457	.0390	3.6840	15
46	.22098	.97528	.22658	.4134	.0253	.5253	.23797	.97127	.24501	.0815	.0296	.2022	.25488	.96697	.26359	.7938	.0341	.9234	.27172	.96238	.28234	.5418	.0391	.6802	14
47	.22126	.97521	.22689	.4074	.0254	.5195	.23825	.97120	.24531	.0764	.0296	.1972	.25516	.96690	.26390	.7893	.0342	.9190	.27200	.96230	.28266	.5378	.0392	.6765	13
48	.22155	.97515	.22719	.4015	.0255	.5137	.23853	.97113	.24562	.0713	.0297	.1923	.25544	.96682	.26421	.7848	.0343	.9147	.27228	.96222	.28297	.5339	.0393	.6727	12
49	.22183	.97508	.22750	.3956	.0255	.5079	.23881	.97106	.24593	.0662	.0298	.1873	.25573	.96675	.26452	.7804	.0344	.9104	.27256	.96214	.28328	.5300	.0393	.6689	11
50	.22211	.97502	.22781	4.3897	.0256	4.5021	.23910	.97099	.24624	4.0611	.0299	4.1824	.25601	.96667	.26483	3.7759	.0345	3.9061	.27284	.96206	.28360	3.5261	.0394	3.6651	10
51	.22240	.97495	.22811	.3838	.0257	.4964	.23938	.97092	.24655	.0560	.0299	.1774	.25629	.96660	.26514	.7715	.0345	.9018	.27312	.96198	.28391	.5222	.0395	.6614	9
52	.22268	.97489	.22842	.3779	.0257	.4907	.23966	.97086	.24686	.0509	.0300	.1725	.25657	.96652	.26546	.7671	.0346	.8976	.27340	.96190	.28423	.5183	.0396	.6576	8
53	.22297	.97483	.22872	.3721	.0258	.4850	.23994	.97079	.24717	.0458	.0301	.1676	.25685	.96645	.26577	.7627	.0347	.8933	.27368	.96182	.28454	.5144	.0397	.6539	7
54	.22325	.97476	.22903	.3662	.0259	.4793	.24023	.97072	.24747	.0408	.0302	.1627	.25713	.96638	.26608	.7583	.0348	.8890	.27396	.96174	.28486	.5105	.0398	.6502	6
55	.22353	.97470	.22934	4.3604	.0260	4.4736	.24051	.97065	.24778	4.0358	.0302	4.1578	.25741	.96630	.26639	3.7539	.0349	3.8848	.27424	.96166	.28517	3.5066	.0399	3.6464	5
56	.22382	.97463	.22964	.3546	.0260	.4679	.24079	.97058	.24809	.0307	.0303	.1529	.25769	.96623	.26670	.7495	.0349	.8805	.27452	.96158	.28549	.5028	.0399	.6427	4
57	.22410	.97457	.22995	.3488	.0261	.4623	.24107	.97051	.24840	.0257	.0304	.1481	.25798	.96615	.26701	.7451	.0350	.8763	.27480	.96150	.28580	.4989	.0400	.6390	3
58	.22438	.97450	.23025	.3430	.0262	.4566	.24136	.97044	.24871	.0207	.0305	.1432	.25826	.96608	.26732	.7407	.0351	.8721	.27508	.96142	.28611	.4951	.0401	.6353	2
59	.22467	.97443	.23056	.3372	.0262	.4510	.24164	.97037	.24902	.0157	.0305	.1384	.25854	.96600	.26764	.7364	.0352	.8679	.27536	.96134	.28643	.4912	.0402	.6316	1
60	.22495	.97437	.23087	4.3315	.0263	4.4454	.24192	.97029	.24933	4.0108	.0306	4.1336	.25882	.96592	.26795	3.7320	.0353	3.8637	.27564	.96126	.28674	3.4874	.0403	3.6279	0
′	cos	sen	cot	tan	cosec	sec	cos	sen	cot	tan	cosec	sec	cos	sen	cot	tan	cosec	sec	cos	sen	cot	tan	cosec	sec	′
	77°						76°						75°						74°						

(Continúa)

TABLA 21 Funciones trigonométricas naturales (Continuación)

	16°						17°						18°						19°						
′	sen	cos	tan	cot	sec	cosec	sen	cos	tan	cot	sec	cosec	sen	cos	tan	cot	sec	cosec	sen	cos	tan	cot	sec	cosec	′
0	.27564	.96126	.28674	3.4874	1.0403	3.6279	.29237	.95630	.30573	3.2708	1.0457	3.4203	.30902	.95106	.32492	3.0777	1.0515	3.2361	.32557	.94552	.34433	2.9042	1.0576	3.0715	60
1	.27592	.96118	.28706	.4836	.0404	.6243	.29265	.95622	.30605	.2674	.0458	.4170	.30929	.95097	.32524	.0746	.0516	.2332	.32584	.94542	.34465	.9015	.0577	.0690	59
2	.27620	.96110	.28737	.4798	.0405	.6206	.29293	.95613	.30637	.2640	.0459	.4138	.30957	.95088	.32556	.0716	.0517	.2303	.32612	.94533	.34498	.8987	.0578	.0664	58
3	.27648	.96102	.28769	.4760	.0406	.6169	.29321	.95605	.30668	.2607	.0460	.4106	.30985	.95079	.32588	.0686	.0518	.2274	.32639	.94523	.34530	.8960	.0579	.0638	57
4	.27675	.96094	.28800	.4722	.0406	.6133	.29348	.95596	.30700	.2573	.0461	.4073	.31012	.95070	.32621	.0655	.0519	.2245	.32667	.94514	.34563	.8933	.0580	.0612	56
5	.27703	.96086	.28832	3.4684	.0407	3.6096	.29376	.95588	.30732	3.2539	.0461	3.4041	.31040	.95061	.32653	3.0625	.0520	3.2216	.32694	.94504	.34595	2.8905	.0581	3.0586	55
6	.27731	.96078	.28863	.4646	.0408	.6060	.29404	.95579	.30764	.2505	.0462	.4009	.31068	.95051	.32685	.0595	.0521	.2188	.32722	.94495	.34628	.8878	.0582	.0561	54
7	.27759	.96070	.28895	.4608	.0409	.6024	.29432	.95571	.30796	.2472	.0463	.3977	.31095	.95042	.32717	.0565	.0522	.2159	.32749	.94485	.34661	.8851	.0584	.0535	53
8	.27787	.96062	.28926	.4570	.0410	.5987	.29460	.95562	.30828	.2438	.0464	.3945	.31123	.95033	.32749	.0535	.0523	.2131	.32777	.94476	.34693	.8824	.0585	.0509	52
9	.27815	.96054	.28958	.4533	.0411	.5951	.29487	.95554	.30859	.2405	.0465	.3913	.31150	.95024	.32782	.0505	.0524	.2102	.32804	.94466	.34726	.8797	.0586	.0484	51
10	.27843	.96045	.28990	3.4495	.0412	3.5915	.29515	.95545	.30891	3.2371	.0466	3.3881	.31178	.95015	.32814	3.0475	.0525	3.2074	.32832	.94457	.34758	2.8770	.0587	3.0458	50
11	.27871	.96037	.29021	.4458	.0413	.5879	.29543	.95536	.30923	.2338	.0467	.3849	.31206	.95006	.32846	.0445	.0526	.2045	.32859	.94447	.34791	.8743	.0588	.0433	49
12	.27899	.96029	.29053	.4420	.0413	.5843	.29571	.95528	.30955	.2305	.0468	.3817	.31233	.94997	.32878	.0415	.0527	.2017	.32887	.94438	.34824	.8716	.0589	.0407	48
13	.27927	.96021	.29084	.4383	.0414	.5807	.29598	.95519	.30987	.2271	.0469	.3785	.31261	.94988	.32910	.0385	.0528	.1989	.32914	.94428	.34856	.8689	.0590	.0382	47
14	.27955	.96013	.29116	.4346	.0415	.5772	.29626	.95511	.31019	.2238	.0470	.3754	.31289	.94979	.32943	.0356	.0529	.1960	.32942	.94418	.34889	.8662	.0591	.0357	46
15	.27983	.96005	.29147	3.4308	.0416	3.5736	.29654	.95502	.31051	3.2205	.0471	3.3722	.31316	.94970	.32975	3.0326	.0530	3.1932	.32969	.94409	.34921	2.8636	.0592	3.0331	45
16	.28011	.95997	.29179	.4271	.0417	.5700	.29682	.95493	.31083	.2172	.0472	.3690	.31344	.94961	.33007	.0296	.0531	.1904	.32996	.94399	.34954	.8609	.0593	.0306	44
17	.28039	.95989	.29210	.4234	.0418	.5665	.29710	.95485	.31115	.2139	.0473	.3659	.31372	.94952	.33039	.0267	.0532	.1876	.33024	.94390	.34987	.8582	.0594	.0281	43
18	.28067	.95980	.29242	.4197	.0419	.5629	.29737	.95476	.31146	.2106	.0474	.3627	.31399	.94942	.33072	.0237	.0533	.1848	.33051	.94380	.35019	.8555	.0595	.0256	42
19	.28094	.95972	.29274	.4160	.0420	.5594	.29765	.95467	.31178	.2073	.0475	.3596	.31427	.94933	.33104	.0208	.0534	.1820	.33079	.94370	.35052	.8529	.0596	.0231	41
20	.28122	.95964	.29305	3.4124	.0420	3.5559	.29793	.95459	.31210	3.2041	.0476	3.3565	.31454	.94924	.33136	3.0178	.0535	3.1792	.33106	.94361	.35085	2.8502	.0598	3.0206	40
21	.28150	.95956	.29337	.4087	.0421	.5523	.29821	.95450	.31242	.2008	.0477	.3534	.31482	.94915	.33169	.0149	.0536	.1764	.33134	.94351	.35117	.8476	.0599	.0181	39
22	.28178	.95948	.29368	.4050	.0422	.5488	.29848	.95441	.31274	.1975	.0478	.3502	.31510	.94906	.33201	.0120	.0537	.1736	.33161	.94341	.35150	.8449	.0600	.0156	38
23	.28206	.95940	.29400	.4014	.0423	.5453	.29876	.95433	.31306	.1942	.0478	.3471	.31537	.94897	.33233	.0090	.0528	.1708	.33189	.94332	.35183	.8423	.0601	.0131	37
24	.28234	.95931	.29432	.3977	.0424	.5418	.29904	.95424	.31338	.1910	.0479	.3440	.31565	.94888	.33265	.0061	.0539	.1681	.33216	.94322	.35215	.8396	.0602	.0106	36
25	.28262	.95923	.29463	3.3941	.0425	3.5383	.29932	.95415	.31370	3.1877	.0480	3.3409	.31592	.94878	.33298	3.0032	.0540	3.1653	.33243	.94313	.35248	2.8370	.0603	3.0081	35
26	.28290	.95915	.29495	.3904	.0426	.5348	.29959	.95407	.31402	.1845	.0481	.3378	.31620	.94869	.33330	.0003	.0541	.1625	.33271	.94303	.35281	.8344	.0604	.0056	34
27	.28318	.95907	.29526	.3868	.0427	.5313	.29987	.95398	.31434	.1813	.0482	.3347	.31648	.94860	.33362	2.9974	.0542	.1598	.33298	.94293	.35314	.8318	.0605	.0031	33
28	.28346	.95898	.29558	.3832	.0428	.5279	.30015	.95389	.31466	.1780	.0483	.3316	.31675	.94851	.33395	.9945	.0543	.1570	.33326	.94283	.35346	.8291	.0606	.0007	32
29	.28374	.95890	.29590	.3795	.0428	.5244	.30043	.95380	.31498	.1748	.0484	.3286	.31703	.94841	.33427	.9916	.0544	.1543	.33353	.94274	.35379	.8265	.0607	2.9982	31
30	.28401	.95882	.29621	3.3759	.0429	3.5209	.30070	.95372	.31530	3.1716	.0485	3.3255	.31730	.94832	.33459	2.9887	.0545	3.1515	.33381	.94264	.35412	2.8239	.0608	2.9957	30
31	.28429	.95874	.29653	.3723	.0430	.5175	.30098	.95363	.31562	.1684	.0486	.3224	.31758	.94823	.33492	.9858	.0546	.1488	.33408	.94254	.35445	.8213	.0609	.9933	29
32	.28457	.95865	.29685	.3687	.0431	.5140	.30126	.95354	.31594	.1652	.0487	.3194	.31786	.94814	.33524	.9829	.0547	.1461	.33435	.94245	.35477	.8187	.0611	.9908	28
33	.28485	.95857	.29716	.3651	.0432	.5106	.30154	.95345	.31626	.1620	.0488	.3163	.31813	.94805	.33557	.9800	.0548	.1433	.33463	.94235	.35510	.8161	.0612	.9884	27
34	.28513	.95849	.29748	.3616	.0433	.5072	.30181	.95337	.31658	.1588	.0489	.3133	.31841	.94795	.33589	.9772	.0549	.1406	.33490	.94225	.35543	.8135	.0613	.9859	26
35	.28541	.95840	.29780	3.3580	.0434	3.5037	.30209	.95328	.31690	3.1556	.0490	3.3102	.31868	.94786	.33621	2.9743	.0550	3.1379	.33518	.94215	.35576	2.8109	.0614	2.9835	25
36	.28569	.95832	.29811	.3544	.0435	.5003	.30237	.95319	.31722	.1524	.0491	.3072	.31896	.94777	.33654	.9714	.0551	.1352	.33545	.94206	.35608	.8083	.0615	.9810	24
37	.28597	.95824	.29843	.3509	.0436	.4969	.30265	.95310	.31754	.1492	.0492	.3042	.31923	.94767	.33686	.9686	.0552	.1325	.33572	.94196	.35641	.8057	.0616	.9786	23
38	.28624	.95816	.29875	.3473	.0437	.4935	.30292	.95301	.31786	.1460	.0493	.3011	.31951	.94758	.33718	.9657	.0553	.1298	.33600	.94186	.35674	.8032	.0617	.9762	22
39	.28652	.95807	.29906	.3438	.0438	.4901	.30320	.95293	.31818	.1429	.0494	.2981	.31978	.94749	.33751	.9629	.0554	.1271	.33627	.94176	.35707	.8006	.0618	.9738	21
40	.28680	.95799	.29938	3.3402	.0438	3.4867	.30348	.95284	.31850	3.1397	.0495	3.2951	.32006	.94740	.33783	2.9600	.0555	3.1244	.33655	.94167	.35739	2.7980	.0619	2.9713	20
41	.28708	.95791	.29970	.3367	.0439	.4833	.30375	.95275	.31882	.1366	.0496	.2921	.32034	.94730	.33816	.9572	.0556	.1217	.33682	.94157	.35772	.7954	.0620	.9689	19
42	.28736	.95782	.30001	.3332	.0440	.4799	.30403	.95266	.31914	.1334	.0497	.2891	.32061	.94721	.33848	.9544	.0557	.1190	.33709	.94147	.35805	.7929	.0622	.9665	18
43	.28764	.95774	.30033	.3296	.0441	.4766	.30431	.95257	.31946	.1303	.0498	.2861	.32089	.94712	.33880	.9515	.0558	.1163	.33737	.94137	.35838	.7903	.0623	.9641	17
44	.28792	.95765	.30065	.3261	.0442	.4732	.30459	.95248	.31978	.1271	.0499	.2831	.32116	.94702	.33913	.9487	.0559	.1137	.33764	.94127	.35871	.7878	.0624	.9617	16
45	.28820	.95757	.30096	3.3226	.0443	3.4698	.30486	.95239	.32010	3.1240	.0500	3.2801	.32144	.94693	.33945	2.9459	.0560	3.1110	.33792	.94118	.35904	2.7852	.0625	2.9593	15
46	.28847	.95749	.30128	.3191	.0444	.4665	.30514	.95231	.32042	.1209	.0501	.2772	.32171	.94684	.33978	.9431	.0561	.1083	.33819	.94108	.35936	.7827	.0626	.9569	14
47	.28875	.95740	.30160	.3156	.0445	.4632	.30542	.95222	.32074	.1177	.0502	.2742	.32199	.94674	.34010	.9403	.0562	.1057	.33846	.94098	.35969	.7801	.0627	.9545	13
48	.28903	.95732	.30192	.3121	.0446	.4598	.30569	.95213	.32106	.1146	.0503	.2712	.32226	.94665	.34043	.9375	.0563	.1030	.33874	.94088	.36002	.7776	.0628	.9521	12
49	.28931	.95723	.30223	.3087	.0447	.4565	.30597	.95204	.32138	.1115	.0504	.2683	.32254	.94655	.34075	.9347	.0565	.1004	.33901	.94078	.36035	.7751	.0629	.9497	11
50	.28959	.95715	.30255	3.3052	.0448	3.4532	.30625	.95195	.32171	3.1084	.0505	3.2653	.32282	.94646	.34108	2.9319	.0566	3.0977	.33928	.94068	.36068	2.7725	.0630	2.9474	10
51	.28987	.95707	.30287	.3017	.0448	.4498	.30653	.95186	.32203	.1053	.0506	.2624	.32309	.94637	.34140	.9291	.0567	.0951	.33956	.94058	.36101	.7700	.0632	.9450	9
52	.29014	.95698	.30319	.2983	.0449	.4465	.30680	.95177	.32235	.1022	.0507	.2594	.32337	.94627	.34173	.9263	.0568	.0925	.33983	.94049	.36134	.7675	.0633	.9426	8
53	.29042	.95690	.30350	.2948	.0450	.4432	.30708	.95168	.32267	.0991	.0508	.2565	.32364	.94618	.34205	.9235	.0569	.0898	.34011	.94039	.36167	.7650	.0634	.9402	7
54	.29070	.95681	.30382	.2914	.0451	.4399	.30736	.95159	.32299	.0960	.0509	.2535	.32392	.94608	.34238	.9208	.0570	.0872	.34038	.94029	.36199	.7625	.0635	.9379	6
55	.29098	.95673	.30414	3.2879	.0452	3.4366	.30763	.95150	.32331	3.0930	.0510	3.2506	.32419	.94599	.34270	2.9180	.0571	3.0846	.34065	.94019	.36232	2.7600	.0636	2.9355	5
56	.29126	.95664	.30446	.2845	.0453	.4334	.30791	.95141	.32363	.0899	.0511	.2477	.32447	.94590	.34303	.9152	.0572	.0820	.34093	.94009	.36265	.7575	.0637	.9332	4
57	.29154	.95656	.30478	.2811	.0454	.4301	.30819	.95132	.32395	.0868	.0512	.2448	.32474	.94580	.34335	.9125	.0573	.0793	.34120	.93999	.36298	.7550	.0638	.9308	3
58	.29181	.95647	.30509	.2777	.0455	.4268	.30846	.95124	.32428	.0838	.0513	.2419	.32502	.94571	.34368	.9097	.0574	.0767	.34147	.93989	.36331	.7525	.0639	.9285	2
59	.29209	.95639	.30541	.2742	.0456	.4236	.30874	.95115	.32460	.0807	.0514	.2390	.32529	.94561	.34400	.9069	.0575	.0741	.34175	.93979	.36364	.7500	.0641	.9261	1
60	.29237	.95630	.30573	3.2708	.0457	3.4203	.30902	.95106	.32492	3.0777	.0515	3.2361	.32557	.94552	.34433	2.9042	.0576	3.0715	.34202	.93969	.36397	2.7475	.0642	2.9238	0
′	cos	sen	cot	tan	cosec	sec	cos	sen	cot	tan	cosec	sec	cos	sen	cot	tan	cosec	sec	cos	sen	cot	tan	cosec	sec	′
	73°						72°						71°						70°						

(Continúa)

TABLA 21 Funciones trigonométricas naturales (Continuación)

′	20° sen	20° cos	20° tan	20° cot	20° sec	20° cosec	21° sen	21° cos	21° tan	21° cot	21° sec	21° cosec	22° sen	22° cos	22° tan	22° cot	22° sec	22° cosec	23° sen	23° cos	23° tan	23° cot	23° sec	23° cosec	′
0	.34202	.93969	.36397	2.7475	1.0642	2.9238	.35837	.93358	.38386	2.6051	1.0711	2.7904	.37461	.92718	.40403	2.4751	1.0785	2.6695	.39073	.92050	.42447	2.3558	1.0864	2.5593	60
1	.34229	.93959	.36430	.7450	.0643	.9215	.35864	.93348	.38420	.6028	.0713	.7883	.37488	.92707	.40436	.4730	.0787	.6675	.39100	.92039	.42482	.3539	.0865	.5575	59
2	.34257	.93949	.36463	.7425	.0644	.9191	.35891	.93337	.38453	.6006	.0714	.7862	.37514	.92696	.40470	.4709	.0788	.6656	.39126	.92028	.42516	.3520	.0866	.5558	58
3	.34284	.93939	.36496	.7400	.0645	.9168	.35918	.93327	.38486	.5983	.0715	.7841	.37541	.92686	.40504	.4689	.0789	.6637	.39153	.92016	.42550	.3501	.0868	.5540	57
4	.34311	.93929	.36529	.7376	.0646	.9145	.35945	.93316	.38520	.5960	.0716	.7820	.37568	.92675	.40538	.4668	.0790	.6618	.39180	.92005	.42585	.3482	.0869	.5523	56
5	.34339	.93919	.36562	2.7351	.0647	2.9122	.35972	.93306	.38553	2.5938	.0717	2.7799	.37595	.92664	.40572	2.4647	.0792	2.6599	.39207	.91993	.42619	2.3463	.0870	2.5506	55
6	.34366	.93909	.36595	.7326	.0648	.9098	.36000	.93295	.38587	.5916	.0719	.7778	.37622	.92653	.40606	.4627	.0793	.6580	.39234	.91982	.42654	.3445	.0872	.5488	54
7	.34393	.93899	.36628	.7302	.0650	.9075	.36027	.93285	.38620	.5893	.0720	.7757	.37649	.92642	.40640	.4606	.0794	.6561	.39260	.91971	.42688	.3426	.0873	.5471	53
8	.34421	.93889	.36661	.7277	.0651	.9052	.36054	.93274	.38654	.5871	.0721	.7736	.37676	.92631	.40673	.4586	.0795	.6542	.39287	.91959	.42722	.3407	.0874	.5453	52
9	.34448	.93879	.36694	.7252	.0652	.9029	.36081	.93264	.38687	.5848	.0722	.7715	.37703	.92620	.40707	.4565	.0797	.6523	.39314	.91948	.42757	.3388	.0876	.5436	51
10	.34475	.93869	.36727	2.7228	.0653	2.9006	.36108	.93253	.38720	2.5826	.0723	2.7694	.37730	.92609	.40741	2.4545	.0798	2.6504	.39341	.91936	.42791	2.3369	.0877	2.5419	50
11	.34502	.93859	.36760	.7204	.0654	.8983	.36135	.93243	.38754	.5804	.0725	.7674	.37757	.92598	.40775	.4525	.0799	.6485	.39367	.91925	.42826	.3350	.0878	.5402	49
12	.34530	.93849	.36793	.7179	.0655	.8960	.36162	.93232	.38787	.5781	.0726	.7653	.37784	.92587	.40809	.4504	.0801	.6466	.39394	.91913	.42860	.3332	.0880	.5384	48
13	.34557	.93839	.36826	.7155	.0656	.8937	.36189	.93222	.38821	.5759	.0727	.7632	.37811	.92576	.40843	.4484	.0802	.6447	.39421	.91902	.42894	.3313	.0881	.5367	47
14	.34584	.93829	.36859	.7130	.0658	.8915	.36217	.93211	.38854	.5737	.0728	.7611	.37838	.92565	.40877	.4463	.0803	.6428	.39448	.91891	.42929	.3294	.0882	.5350	46
15	.34612	.93819	.36892	2.7106	.0659	2.8892	.36244	.93201	.38888	2.5715	.0729	2.7591	.37865	.92554	.40911	2.4443	.0804	2.6410	.39474	.91879	.42963	2.3276	.0884	2.5333	45
16	.34639	.93809	.36925	.7082	.0660	.8869	.36271	.93190	.38921	.5693	.0731	.7570	.37892	.92543	.40945	.4423	.0806	.6391	.39501	.91868	.42998	.3257	.0885	.5316	44
17	.34666	.93799	.36958	.7058	.0661	.8846	.36298	.93180	.38955	.5671	.0732	.7550	.37919	.92532	.40979	.4403	.0807	.6372	.39528	.91856	.43032	.3238	.0886	.5299	43
18	.34693	.93789	.36991	.7033	.0662	.8824	.36325	.93169	.38988	.5649	.0733	.7529	.37946	.92521	.41013	.4382	.0808	.6353	.39554	.91845	.43067	.3220	.0888	.5281	42
19	.34721	.93779	.37024	.7009	.0663	.8801	.36352	.93158	.39022	.5627	.0734	.7509	.37972	.92510	.41047	.4362	.0810	.6335	.39581	.91833	.43101	.3201	.0889	.5264	41
20	.34748	.93769	.37057	2.6985	.0664	2.8778	.36379	.93148	.39055	2.5605	.0736	2.7488	.37999	.92499	.41081	2.4342	.0811	2.6316	.39608	.91822	.43136	2.3183	.0891	2.5247	40
21	.34775	.93758	.37090	.6961	.0666	.8756	.36406	.93137	.39089	.5583	.0737	.7468	.38026	.92488	.41115	.4322	.0812	.6297	.39635	.91810	.43170	.3164	.0892	.5230	39
22	.34803	.93748	.37123	.6937	.0667	.8733	.36433	.93127	.39122	.5561	.0738	.7447	.38053	.92477	.41149	.4302	.0813	.6279	.39661	.91798	.43205	.3145	.0893	.5213	38
23	.34830	.93738	.37156	.6913	.0668	.8711	.36460	.93116	.39156	.5539	.0739	.7427	.38080	.92466	.41183	.4282	.0815	.6260	.39688	.91787	.43239	.3127	.0895	.5196	37
24	.34857	.93728	.37190	.6889	.0669	.8688	.36488	.93105	.39189	.5517	.0740	.7406	.38107	.92455	.41217	.4262	.0816	.6242	.39715	.91775	.43274	.3109	.0896	.5179	36
25	.34884	.93718	.37223	2.6865	.0670	2.8666	.36515	.93095	.39223	2.5495	.0742	2.7386	.38134	.92443	.41251	2.4242	.0817	2.6223	.39741	.91764	.43308	2.3090	.0897	2.5163	35
26	.34912	.93708	.37256	.6841	.0671	.8644	.36542	.93084	.39257	.5473	.0743	.7366	.38161	.92432	.41285	.4222	.0819	.6205	.39768	.91752	.43343	.3072	.0899	.5146	34
27	.34939	.93698	.37289	.6817	.0673	.8621	.36569	.93074	.39290	.5451	.0744	.7346	.38188	.92421	.41319	.4202	.0820	.6186	.39795	.91741	.43377	.3053	.0900	.5129	33
28	.34966	.93687	.37322	.6794	.0674	.8599	.36596	.93063	.39324	.5430	.0745	.7325	.38214	.92410	.41353	.4182	.0821	.6168	.39821	.91729	.43412	.3035	.0902	.5112	32
29	.34993	.93677	.37355	.6770	.0675	.8577	.36623	.93052	.39357	.5408	.0747	.7305	.38241	.92399	.41387	.4162	.0823	.6150	.39848	.91718	.43447	.3017	.0903	.5095	31
30	.35021	.93667	.37388	2.6746	.0676	2.8554	.36650	.93042	.39391	2.5386	.0748	2.7285	.38268	.92388	.41421	2.4142	.0824	2.6131	.39875	.91706	.43481	2.2998	.0904	2.5078	30
31	.35048	.93657	.37422	.6722	.0677	.8532	.36677	.93031	.39425	.5365	.0749	.7265	.38295	.92377	.41455	.4122	.0825	.6113	.39901	.91694	.43516	.2980	.0906	.5062	29
32	.35075	.93647	.37455	.6699	.0678	.8510	.36704	.93020	.39458	.5343	.0750	.7245	.38322	.92366	.41489	.4102	.0826	.6095	.39928	.91683	.43550	.2962	.0907	.5045	28
33	.35102	.93637	.37488	.6675	.0679	.8488	.36731	.93010	.39492	.5322	.0751	.7225	.38349	.92354	.41524	.4083	.0828	.6076	.39955	.91671	.43585	.2944	.0908	.5028	27
34	.35130	.93626	.37521	.6652	.0681	.8466	.36758	.92999	.39525	.5300	.0753	.7205	.38376	.92343	.41558	.4063	.0829	.6058	.39981	.91659	.43620	.2925	.0910	.5011	26
35	.35157	.93616	.37554	2.6628	.0682	2.8444	.36785	.92988	.39559	2.5278	.0754	2.7185	.38403	.92332	.41592	2.4043	.0830	2.6040	.40008	.91648	.43654	2.2907	.0911	2.4995	25
36	.35184	.93606	.37587	.6604	.0683	.8422	.36812	.92978	.39593	.5257	.0755	.7165	.38429	.92321	.41626	.4023	.0832	.6022	.40035	.91636	.43689	.2889	.0913	.4978	24
37	.35211	.93596	.37621	.6581	.0684	.8400	.36839	.92967	.39626	.5236	.0756	.7145	.38456	.92310	.41660	.4004	.0833	.6003	.40061	.91625	.43723	.2871	.0914	.4961	23
38	.35239	.93585	.37654	.6558	.0685	.8378	.36866	.92956	.39660	.5214	.0758	.7125	.38483	.92299	.41694	.3984	.0834	.5985	.40088	.91613	.43758	.2853	.0915	.4945	22
39	.35266	.93575	.37687	.6534	.0686	.8356	.36893	.92945	.39694	.5193	.0759	.7105	.38510	.92287	.41728	.3964	.0836	.5967	.40115	.91601	.43793	.2835	.0917	.4928	21
40	.35293	.93565	.37720	2.6511	.0688	2.8334	.36921	.92935	.39727	2.5171	.0760	2.7085	.38537	.92276	.41762	2.3945	.0837	2.5949	.40141	.91590	.43827	2.2817	.0918	2.4912	20
41	.35320	.93555	.37754	.6487	.0689	.8312	.36948	.92924	.39761	.5150	.0761	.7065	.38564	.92265	.41797	.3925	.0838	.5931	.40168	.91578	.43862	.2799	.0920	.4895	19
42	.35347	.93544	.37787	.6464	.0690	.8290	.36975	.92913	.39795	.5129	.0763	.7045	.38591	.92254	.41831	.3906	.0840	.5913	.40195	.91566	.43897	.2781	.0921	.4879	18
43	.35375	.93534	.37820	.6441	.0691	.8269	.37002	.92902	.39828	.5108	.0764	.7026	.38617	.92242	.41865	.3886	.0841	.5895	.40221	.91554	.43932	.2763	.0922	.4862	17
44	.35402	.93524	.37853	.6418	.0692	.8247	.37029	.92892	.39862	.5086	.0765	.7006	.38644	.92231	.41899	.3867	.0842	.5877	.40248	.91543	.43966	.2745	.0924	.4846	16
45	.35429	.93513	.37887	2.6394	.0694	2.8225	.37056	.92881	.39896	2.5065	.0766	2.6986	.38671	.92220	.41933	2.3847	.0844	2.5958	.40205	.91531	.44001	2.2727	.0925	2.4829	15
46	.35456	.93503	.37920	.6371	.0695	.8204	.37083	.92870	.39930	.5044	.0768	.6967	.38698	.92209	.41968	.3828	.0845	.5841	.40301	.91519	.44036	.2709	.0927	.4813	14
47	.35483	.93493	.37953	.6348	.0696	.8182	.37110	.92859	.39963	.5023	.0769	.6947	.38725	.92197	.42002	.3808	.0846	.5823	.40328	.91508	.44070	.2691	.0928	.4797	13
48	.35511	.93482	.37986	.6325	.0697	.8160	.37137	.92848	.39997	.5002	.0770	.6927	.38751	.92186	.42036	.3789	.0847	.5805	.40354	.91496	.44105	.2673	.0929	.4780	12
49	.35538	.93472	.38020	.6302	.0698	.8139	.37164	.92838	.40031	.4981	.0771	.6908	.38778	.92105	.42070	.3770	.0849	.5787	.40381	.91484	.44140	.2655	.0931	.4764	11
50	.35565	.93462	.38053	2.6279	.0699	2.8117	.37191	.92827	.40065	2.4960	.0773	2.6888	.38805	.92164	.42105	2.3750	.0850	2.5770	.40408	.91472	.44175	2.2637	.0932	2.4748	10
51	.35592	.93451	.38086	.6256	.0701	.8096	.37218	.92816	.40098	.4939	.0774	.6869	.38832	.92152	.42139	.3731	.0851	.5752	.40434	.91461	.44209	.2619	.0934	.4731	9
52	.35619	.93441	.38120	.6233	.0702	.8074	.37245	.92805	.40132	.4918	.0775	.6849	.38859	.92141	.42173	.3712	.0853	.5734	.40461	.91449	.44244	.2602	.0935	.4715	8
53	.35647	.93431	.38153	.6210	.0703	.8053	.37272	.92794	.40166	.4897	.0776	.6830	.38886	.92130	.42207	.3692	.0854	.5716	.40487	.91437	.44279	.2584	.0936	.4699	7
54	.35674	.93420	.38186	.6187	.0704	.8032	.37299	.92784	.40200	.4876	.0778	.6810	.38912	.92118	.42242	.3673	.0855	.5699	.40514	.91425	.44314	.2566	.0938	.4683	6
55	.35701	.93410	.38220	2.6164	.0705	2.8010	.37326	.92773	.40233	2.4855	.0779	2.6791	.38939	.92107	.42276	2.3654	.0857	2.5681	.40541	.91414	.44349	2.2548	.0939	2.4666	5
56	.35728	.93400	.38253	.6142	.0707	.7989	.37353	.92762	.40267	.4834	.0780	.6772	.38966	.92096	.42310	.3635	.0858	.5663	.40567	.91402	.44383	.2531	.0941	.4650	4
57	.35755	.93389	.38286	.6119	.0708	.7968	.37380	.92751	.40301	.4813	.0781	.6752	.38993	.92084	.42344	.3616	.0859	.5646	.40594	.91390	.44418	.2513	.0942	.4634	3
58	.35782	.93379	.38320	.6096	.0709	.7947	.37407	.92740	.40335	.4792	.0783	.6733	.39019	.92073	.42379	.3597	.0861	.5628	.40620	.91378	.44453	.2495	.0943	.4618	2
59	.35810	.93368	.38353	.6073	.0710	.7925	.37434	.92729	.40369	.4772	.0784	.6714	.39046	.92062	.42413	.3577	.0862	.5610	.40647	.91366	.44488	.2478	.0945	.4602	1
60	.35837	.93358	.38386	2.6051	.0711	2.7904	.37461	.92718	.40403	2.4751	.0785	2.6695	.39073	.92050	.42447	2.3558	.0864	2.5593	.40674	.91354	.44523	2.2460	.0946	2.4586	0
′	69° cos	69° sen	69° cot	69° tan	69° cosec	69° sec	68° cos	68° sen	68° cot	68° tan	68° cosec	68° sec	67° cos	67° sen	67° cot	67° tan	67° cosec	67° sec	66° cos	66° sen	66° cot	66° tan	66° cosec	66° sec	′

(Continúa)

TABLA 21 Funciones trigonométricas naturales (Continuación)

	24°						25°						26°						27°						
′	sen	cos	tan	cot	sec	cosec	sen	cos	tan	cot	sec	cosec	sen	cos	tan	cot	sec	cosec	sen	cos	tan	cot	sec	cosec	′
0	.40674	.91354	.44523	2.2460	1.0946	2.4586	.42262	.90631	.46631	2.1445	1.1034	2.3662	.43837	.89879	.48773	2.0503	1.1126	2.2812	.45399	.89101	.50952	1.9626	1.1223	2.2027	60
1	.40700	.91343	.44558	.2443	.0948	.4570	.42288	.90618	.46666	.1429	.1035	.3647	.43863	.89867	.48809	.0488	.1127	.2798	.45425	.89087	.50989	.9612	.1225	.2014	59
2	.40727	.91331	.44593	.2425	.0949	.4554	.42314	.90606	.46702	.1412	.1037	.3632	.43889	.89854	.48845	.0473	.1129	.2784	.45451	.89074	.51026	.9598	.1226	.2002	58
3	.40753	.91319	.44627	.2408	.0951	.4538	.42341	.90594	.46737	.1396	.1038	.3618	.43915	.89841	.48881	.0458	.1131	.2771	.45477	.89061	.51062	.9584	.1228	.1989	57
4	.40780	.91307	.44662	.2390	.0952	.4522	.42367	.90581	.46772	.1380	.1040	.3603	.43942	.89828	.48917	.0443	.1132	.2757	.45503	.89048	.51099	.9570	.1230	.1977	56
5	.40806	.91295	.44697	2.2373	.0953	2.4506	.42394	.90569	.46808	2.1364	.1041	2.3588	.43968	.89815	.48953	2.0427	.1134	2.2744	.45528	.89034	.51136	1.9556	.1231	2.1964	55
6	.40833	.91283	.44732	.2355	.0955	.4490	.42420	.90557	.46843	.1348	.1043	.3574	.43994	.89803	.48989	.0412	.1135	.2730	.45554	.89021	.51172	.9542	.1233	.1952	54
7	.40860	.91271	.44767	.2338	.0956	.4474	.42446	.90544	.46879	.1331	.1044	.3559	.44020	.89790	.49025	.0397	.1137	.2717	.45580	.89008	.51209	.9528	.1235	.1939	53
8	.40886	.91260	.44802	.2320	.0958	.4458	.42473	.90532	.46914	.1315	.1046	.3544	.44046	.89777	.49062	.0382	.1139	.2703	.45606	.88995	.51246	.9514	.1237	.1927	52
9	.40913	.91248	.44837	.2303	.0959	.4442	.42499	.90520	.46950	.1299	.1047	.3530	.44072	.89764	.49098	.0367	.1140	.2690	.45632	.88981	.51283	.9500	.1238	.1914	51
10	.40939	.91236	.44872	2.2286	.0961	2.4426	.42525	.90507	.46985	2.1283	.1049	2.3515	.44098	.89751	.49134	2.0352	.1142	2.2676	.45658	.88968	.51319	1.9486	.1240	2.1902	50
11	.40966	.91224	.44907	.2268	.0962	.4418	.42552	.90495	.47021	.1267	.1050	.3501	.44124	.89739	.49170	.0338	.1143	.2663	.45684	.88955	.51356	.9472	.1242	.1889	49
12	.40992	.91212	.44942	.2251	.0963	.4395	.42578	.90483	.47056	.1251	.1052	.3486	.44150	.89726	.49206	.0323	.1145	.2650	.45710	.88942	.51393	.9458	.1243	.1877	48
13	.41019	.91200	.44977	.2234	.0965	.4379	.42604	.90470	.47092	.1235	.1053	.3472	.44177	.89713	.49242	.0308	.1147	.2636	.45736	.88928	.51430	.9444	.1245	.1865	47
14	.41045	.91188	.45012	.2216	.0966	.4363	.42630	.90458	.47127	.1219	.1055	.3457	.44203	.89700	.49278	.0293	.1148	.2623	.45761	.88915	.51466	.9430	.1247	.1852	46
15	.41072	.91176	.45047	2.2199	.0968	2.4347	.42657	.90445	.47163	2.1203	.1056	2.3443	.44229	.89687	.49314	2.0278	.1150	2.2610	.45787	.88902	.51503	1.9416	.1248	2.1840	45
16	.41098	.91164	.45082	.2182	.0969	.4332	.42683	.90433	.47199	.1187	.1058	.3428	.44255	.89674	.49351	.0263	.1151	.2596	.45813	.88888	.51540	.9402	.1250	.1828	44
17	.41125	.91152	.45117	.2165	.0971	.4316	.42709	.90421	.47234	.1171	.1059	.3414	.44281	.89661	.49387	.0248	.1153	.2583	.45839	.88875	.51577	.9388	.1252	.1815	43
18	.41151	.91140	.45152	.2147	.0972	.4300	.42736	.90408	.47270	.1155	.1061	.3399	.44307	.89649	.49423	.0233	.1155	.2570	.45865	.88862	.51614	.9375	.1253	.1803	42
19	.41178	.91128	.45187	.2130	.0973	.4285	.42762	.90396	.47305	.1139	.1062	.3385	.44333	.89636	.49459	.0219	.1156	.2556	.45891	.88848	.51651	.9361	.1255	.1791	41
20	.41204	.91116	.45222	2.2113	.0975	2.4269	.42788	.90383	.47341	2.1123	.1064	2.3371	.44359	.89623	.49495	2.0204	.1158	2.2543	.45917	.88835	.51687	1.9347	.1257	2.1778	40
21	.41231	.91104	.45257	.2096	.0976	.4254	.42815	.90371	.47376	.1107	.1065	.3356	.44385	.89610	.49532	.0189	.1159	.2530	.45942	.88822	.51724	.9333	.1258	.1766	39
22	.41257	.91092	.45292	.2079	.0978	.4238	.42841	.90358	.47412	.1092	.1067	.3342	.44411	.89597	.49568	.0174	.1161	.2517	.45968	.88808	.51761	.9319	.1260	.1754	38
23	.41284	.91080	.45327	. 2062	.0979	.4222	.42867	.90346	.47448	.1076	.1068	.3328	.44437	.89584	.49604	.0159	.1163	.2503	.45994	.88795	.51798	.9306	.1262	.1742	37
24	.41310	.91068	.45362	.2045	.0981	.4207	.42893	.90333	.47483	.1060	.1070	.3313	.44463	.89571	.49640	.0145	.1164	.2490	.46020	.88781	.51835	.9292	.1264	.1730	36
25	.41337	.91056	.45397	2.2028	.0982	2.4191	42920	.90321	.47519	2.1044	.1072	2.3299	.44489	.89558	.49677	2.0130	.1166	2.2477	.46046	.88768	.51872	1.9278	.1265	2.1717	35
26	.41363	.91044	.45432	.2011	.0984	.4176	.42946	.90308	.47555	.1028	.1073	.3285	.44516	.89545	.49713	.0115	.1167	.2464	.46072	.88755	.51909	.9264	.1267	.1705	34
27	.41390	.91032	.45467	.1994	.0985	.4160	.42972	.90296	.47590	.1013	.1075	.3271	.44542	.89532	.49749	.0101	.1169	.2451	.46097	.88741	.51946	.9251	.1269	.1693	33
28	.41416	.91020	.45502	.1977	.0986	.4145	.42998	.90283	.47626	.0997	.1076	.3256	.44568	.89519	.49785	.0086	.1171	.2438	.46123	.88728	.51983	.9237	.1270	.1681	32
29	.41443	.91008	.45537	.1960	.0988	.4130	.43025	.90271	.47662	.0981	.1078	.3242	.44594	.89506	.49822	.0071	.1172	.2425	.46149	.88714	.52020	.9223	.1272	.1669	31
30	.41469	.90996	.45573	2.1943	.0989	2.4114	.43051	.90258	.47697	2.0965	.1079	2.3228	.44620	.89493	.49858	2.0057	.1174	2.2411	.46175	.88701	.52057	1.9210	.1274	2.1657	30
31	.41496	.90984	.45608	.1926	.0991	.4099	.43077	.90246	.47733	.0950	.1081	.3214	.44646	.89480	.49894	.0042	.1176	.2398	.46201	.88688	.52094	.9196	.1275	.1645	29
32	.41522	.90972	.45643	.1909	.0992	.4083	.43104	.90233	.47769	.0934	.1082	.3200	.44672	.89467	.49931	.0028	.1177	.2385	.46226	.88674	.52131	.9182	.1277	.1633	28
33	.41549	.90960	.45678	.1892	.0994	.4068	.43130	.90221	.47805	.0918	.1084	.3186	.44698	.89454	.49967	.0013	.1179	.2372	.46252	.88661	.52168	.9169	.1279	.1620	27
34	.41575	.90948	.45713	.1875	.0995	.4053	.43156	.90208	.47840	.0903	.1085	.3172	.44724	.89441	.50003	1.9998	.1180	.2359	.46278	.88647	.52205	.9155	.1281	.1608	26
35	.41602	.90936	.45748	2.1859	.0997	2.4037	.43182	.90196	.47876	2.0887	.1087	2.3158	.44750	.89428	.50040	1.9984	.1182	2.2346	.46304	.88634	.52242	1.9142	.1282	2.1596	25
36	.41628	.90924	.45783	.1842	.0998	.4022	.43208	.90183	.47912	.0872	.1088	.3143	.44776	.89415	.50076	.9969	.1184	.2333	.46330	.88620	.52279	.9128	.1284	.1584	24
37	.41654	.90911	.45819	.1825	.1000	.4007	.43235	.90171	.47948	.0856	.1090	.3129	.44802	.89402	.50113	.9955	.1185	.2320	.46355	.88607	.52316	.9115	.1286	.1572	23
38	.41681	.90899	.45854	.1808	.1001	.3992	.43261	.90158	.47983	.0840	.1092	.3115	.44828	.89389	.50149	.9940	.1187	.2307	.46381	.88593	.52353	.9101	.1287	.1560	22
39	.41707	.90887	.45889	.1792	.1003	.3976	.43287	.90145	.48019	.0825	.1093	.3101	.44854	.89376	.50185	.9926	.1189	.2294	.46407	.88580	.52390	.9088	.1289	.1548	21
40	.41734	.90875	.45924	2.1775	.1004	2.3961	.43313	.90133	.48055	2.0809	.1095	2.3087	.44880	.89363	.50222	1.9912	.1190	2.2282	.46433	.88566	.52427	1.9074	.1291	2.1536	20
41	.41760	.90863	.45960	.1758	.1005	.3946	.43340	.90120	.48091	.0794	.1096	.3073	.44906	.89350	.50258	.9897	.1192	.2269	.46458	.88553	.52464	.9061	.1293	.1525	19
42	.41787	.90851	.45995	.1741	.1007	.3931	.43366	.90108	.48127	.0778	.1098	.3059	.44932	.89337	.50295	.9883	.1193	.2256	.46484	.88539	.52501	.9047	.1294	.1513	18
43	.41813	.90839	.46030	.1725	.1008	.3916	.43392	.90095	.48162	.0763	.1099	.3046	.44958	.89324	.50331	.9868	.1195	.2243	.46510	.88526	.52538	.9034	.1296	.1501	17
44	.41839	.90826	.46065	.1708	.1010	.3901	.43418	.90082	.48198	.0747	.1101	.3032	.44984	.89311	.50368	.9854	.1197	.2230	.46536	.88512	.52575	.9020	.1298	.1489	16
45	.41866	.90814	.46101	2.1692	.1011	2.3886	.43444	.90070	.48234	2.0732	.1102	2.3018	.45010	.89298	.50404	1.9840	.1198	2.2217	.46561	.88499	.52612	1.9007	.1299	2.1477	15
46	.41892	.90812	.46136	.1675	.1013	.3871	.43471	.90057	.48270	.0717	.1104	.3004	.45036	.89285	.50441	.9825	.1200	.2204	.46587	.88485	.52650	.8993	.1301	.1465	14
47	.41919	.90790	.46171	.1658	.1014	.3856	.43497	.90044	.48306	.0701	.1106	.2990	.45062	.89272	.50477	.9811	.1202	.2192	.46613	.88472	.52687	.8980	.1303	.1453	13
48	.41945	.90778	.46206	.1642	.1016	.3841	.43523	.90032	.48342	.0686	.1107	.2976	.45088	.89258	.50514	.9797	.1203	.2179	.46639	.88458	.52724	.8967	.1305	.1441	12
49	.41972	.90765	.46242	.1625	.1017	.3826	.43549	.90019	.48378	.0671	.1109	.2962	.45114	.89245	.50550	.9782	.1205	.2166	.46664	.88444	.52761	.8953	.1306	.1430	11
50	.41998	.90753	.46277	2.1609	.1019	2.3811	.43575	.90006	.48414	2.0655	.1110	2.2949	.45140	.89232	.50587	1.9768	.1207	2.2153	.46690	.88431	.52798	1.8940	.1308	2.1418	10
51	.42024	.90741	.46312	.1592	.1020	.3796	.43602	.89994	.48449	.0640	.1112	.2935	.45166	.89219	.50623	.9754	.1208	.2141	.46716	.88417	.52836	.8927	.1310	.1406	9
52	.42051	.90729	.46348	.1576	.1022	.3781	.43628	.89981	.48485	.0625	.1113	.2921	.45191	.89206	.50660	.9739	.1210	.2128	.46741	.88404	.52873	.8913	.1312	.1394	8
53	.42077	.90717	.46383	.1559	.1023	.3766	.43654	.89968	.48521	.0609	.1115	.2907	.45217	.89193	.50696	.9725	.1212	.2115	.46767	.88390	.52910	.8900	.1313	.1382	7
54	.42103	.90704	.46418	.1543	.1025	.3751	.43680	.89956	.48557	.0594	.1116	.2894	.45243	.89180	.50733	.9711	.1213	.2103	.46793	.88376	.52947	.8887	.1315	.1371	6
55	.42130	.90692	.46454	2.1527	.1026	2.3736	.43706	.89943	.48593	2.0579	.1118	2.2880	.45269	.89166	.50769	1.9697	.1215	2.2090	.46819	.88363	.52984	1.8873	.1317	2.1359	5
56	.42156	.90680	.46489	.1510	.1028	.3721	.43732	.89930	.48629	.0564	.1120	.2866	.45295	.89153	.50806	.9683	.1217	.2077	.46844	.88349	.53022	.8860	.1319	.1347	4
57	.42183	.90668	.46524	.1494	.1029	.3706	.43759	.89918	.48665	.0548	.1121	.2853	.45321	.89140	.50843	.9668	.1218	.2065	.46870	.88336	.53059	.8847	.1320	.1335	3
58	.42209	.90655	.46560	.1478	.1031	.3691	.43785	.89905	.48701	.0533	.1123	.2839	.45347	.89127	.50879	.9654	.1220	.2052	.46896	.88322	.53096	.8834	.1322	.1324	2
59	.42235	.90643	.46595	.1461	.1032	.3677	.43811	.89892	.48737	.0518	.1124	.2825	.45373	.89114	.50916	.9640	.1222	.2039	.46921	.88308	.53134	.8820	.1324	.1312	1
60	.42262	.90631	.46631	2.1445	.1034	2.3662	.43837	.89879	.48773	2.0503	.1126	2.2812	.45399	.89101	.50952	1.9626	.1223	2.2027	.46947	.88295	.53171	1.8807	.1326	2.1300	0
′	cos	sen	cot	tan	cosec	sec	cos	sen	cot	tan	cosec	sec	cos	sen	cot	tan	cosec	sec	cos	sen	cot	tan	cosec	sec	′
	65°						64°						63°						62°						

(Continúa)

TABLA 21 Funciones trigonométricas naturales (Continuación)

	28°						29°						30°						31°						
′	sen	cos	tan	cot	sec	cosec	sen	cos	tan	cot	sec	cosec	sen	cos	tan	cot	sec	cosec	sen	cos	tan	cot	sec	cosec	′
0	.46947	.88295	.53171	1.8807	1.1326	2.1300	.48481	.87462	.55431	1.8040	1.1433	2.0627	.50000	.86603	.57735	1.7320	1.1547	2.0000	.51504	.85717	.60086	1.6643	1.1666	1.9416	60
1	.46973	.88281	.53208	.8794	.1327	.1289	.48506	.87448	.55469	.8028	.1435	.0616	.50025	.86588	.57774	.7309	.1549	1.9990	.51529	.85702	.60126	.6632	.1668	.9407	59
2	.46998	.88267	.53245	.8781	.1329	.1277	.48532	.87434	.55507	.8016	.1437	.0605	.50050	.86573	.57813	.7297	.1551	.9980	.51554	.85687	.60165	.6621	.1670	.9397	58
3	.47024	.88254	.53283	.8768	.1331	.1266	.48557	.87420	.55545	.8003	.1439	.0594	.50075	.86559	.57851	.7286	.1553	.9970	.51578	.85672	.60205	.6610	.1672	.9388	57
4	.47050	.88240	.53320	.8754	.1333	.1254	.48583	.87405	.55583	.7991	.1441	.0583	.50101	.86544	.57890	.7274	.1555	.9960	.51603	.85657	.60244	.6599	.1674	.9378	56
5	.47075	.88226	.53358	1.8741	.1334	2.1242	.48608	.87391	.55621	1.7979	.1443	2.0573	.50126	.86530	.57929	1.7262	.1557	1.9950	.51628	.85642	.60284	1.6588	.1676	1.9369	55
6	.47101	.88213	.53395	.8728	.1336	.1231	.48633	.87377	.55659	.7966	.1445	.0562	.50151	.86515	.57968	.7251	.1559	.9940	.51653	.85627	.60324	.6577	.1678	.9360	54
7	.47127	.88199	.53432	.8715	.1338	.1219	.48659	.87363	.55697	.7954	.1446	.0551	.50176	.86500	.58007	.7239	.1561	.9930	.51678	.85612	.60363	.6566	.1681	.9350	53
8	.47152	.88185	.53470	.8702	.1340	.1208	.48684	.87349	.55735	.7942	.1448	.0540	.50201	.86486	.58046	.7228	.1562	.9920	.51703	.85597	.60403	.6555	.1683	.9341	52
9	.47178	.88171	.53507	.8689	.1341	.1196	.48710	.87335	.55774	.7930	.1450	.0530	.50226	.86471	.58085	.7216	.1564	.9910	.51728	.85582	.60443	.6544	.1685	.9332	51
10	.47204	.88158	.53545	1.8676	.1343	2.1185	.48735	.87320	.55812	1.7917	.1452	2.0519	.50252	.86457	.58123	1.7205	.1566	1.9900	.51753	.85566	.60483	1.6534	.1687	1.9322	50
11	.47229	.88144	.53582	.8663	.1345	.1173	.48760	.87306	.55850	.7905	.1454	.0508	.50277	.86442	.58162	.7193	.1568	.9890	.51778	.85551	.60522	.6523	.1689	.9313	49
12	.47255	.88130	.53619	.8650	.1347	.1162	.48786	.87292	.55888	.7893	.1456	.0498	.50302	.86427	.58201	.7182	.1570	.9880	.51803	.85536	.60562	.6512	.1691	.9304	48
13	.47281	.88117	.53657	.8637	.1349	.1150	.48811	.87278	.55926	.7881	.1458	.0487	.50327	.86413	.58240	.7170	.1572	.9870	.51827	.85521	.60602	.6501	.1693	.9295	47
14	.47306	.88103	.53694	.8624	.1350	.1139	.48837	.87264	.55964	.7868	.1459	.0476	.50352	.86398	.58279	.7159	.1574	.9860	.51852	.85506	.60642	.6490	.1695	.9285	46
15	.47332	.88089	.53732	1.8611	.1352	2.1127	.48862	.87250	.56003	1.7856	.1461	2.0466	.50377	.86383	.58318	1.7147	.1576	1.9850	.51877	.85491	.60681	1.6479	.1697	1.9276	45
16	.47357	.88075	.53769	.8598	.1354	.1116	.48887	.87235	.56041	.7844	.1463	.0455	.50402	.86369	.58357	.7136	.1578	.9840	.51902	.85476	.60721	.6469	.1699	.9267	44
17	.47383	.88061	.53807	.8585	.1356	.1104	.48913	.87221	.56079	.7832	.1465	.0444	.50428	.86354	.58396	.7124	.1580	.9830	.51927	.85461	.60761	.6458	.1701	.9258	43
18	.47409	.88048	.53844	.8572	.1357	.1093	.48938	.87207	.56117	.7820	.1467	.0434	.50453	.86339	.58435	.7113	.1582	.9820	.51952	.85446	.60801	.6447	.1703	.9248	42
19	.47434	.88034	.53882	.8559	.1359	.1082	.48964	.87193	.56156	.7808	.1469	.0423	.50478	.86325	.58474	.7101	.1584	.9811	.51977	.85431	.60841	.6436	.1705	.9239	41
20	.47460	.88020	.53919	1.8546	.1361	2.1070	.48989	.87178	.56194	1.7795	.1471	2.0413	.50503	.86310	.58513	1.7090	.1586	1.9801	.52002	.85416	.60881	1.6425	.1707	1.9230	40
21	.47486	.88006	.53957	.8533	.1363	.1059	.49014	.87164	.56232	.7783	.1473	.0402	.50528	.86295	.58552	.7079	.1588	.9791	.52026	.85400	.60920	.6415	.1709	.9221	39
22	.47511	.87992	.53995	.8520	.1365	.1048	.49040	.87150	.56270	.7771	.1474	.0392	.50553	.86281	.58591	.7067	.1590	.9781	.52051	.85385	.60960	.6404	.1712	.9212	38
23	.47537	.87979	.54032	.8507	.1366	.1036	.49065	.87136	.56309	.7759	.1476	.0381	.50578	.86266	.58630	.7056	.1592	.9771	.52076	.85370	.61000	.6393	.1714	.9203	37
24	.47562	.87965	.54070	.8495	.1368	.1025	.49090	.87121	.56347	.7747	.1478	.0370	.50603	.86251	.58670	.7044	.1594	.9761	.52101	.85355	.61040	.6383	.1716	.9193	36
25	.47588	.87951	.54107	1.8482	.1370	2.1014	.49116	.87107	.56385	1.7735	.1480	2.0360	.50628	.86237	.58709	1.7033	.1596	1.9752	.52126	.85340	.61080	1.6372	.1718	1.9184	35
26	.47613	.87937	.54145	.8469	.1372	.1002	.49141	.87093	.56424	.7723	.1482	.0349	.50653	.86222	.58748	.7022	.1598	.9742	.52151	.85325	.61120	.6361	.1720	.9175	34
27	.47639	.87923	.54183	.8456	.1373	.0991	.49166	.87078	.56462	.7711	.1484	.0339	.50679	.86207	.58787	.7010	.1600	.9732	.52175	.85309	.61160	.6350	.1722	.9166	33
28	.47665	.87909	.54220	.8443	.1375	.0980	.49192	.87064	.56500	.7699	.1486	.0329	.50704	.86192	.58826	.6999	.1602	.9722	.52200	.85294	.61200	.6340	.1724	.9157	32
29	.47690	.87895	.54258	.8430	.1377	.0969	.49217	.87050	.56539	.7687	.1488	.0318	.50729	.86178	.58865	.6988	.1604	.9713	.52225	.85279	.61240	.6329	.1726	.9148	31
30	.47716	.87882	.54295	1.8418	.1379	2.0957	.49242	.87035	.56577	1.7675	.1489	2.0308	.50754	.86163	.58904	1.6977	.1606	1.9703	.52250	.85264	.61280	1.6318	.1728	1.9139	30
31	.47741	.87868	.54333	.8405	.1381	.0946	.49268	.87021	.56616	.7663	.1491	.0297	.50779	.86148	.58944	.6965	.1608	.9693	.52275	.85249	.61320	.6308	.1730	.9130	29
32	.47767	.87854	.54371	.8392	.1382	.0935	.49293	.87007	.56654	.7651	.1493	.0287	.50804	.86133	.58983	.6954	.1610	.9683	.52299	.85234	.61360	.6297	.1732	.9121	28
33	.47792	.87840	.54409	.8379	.1384	.0924	.49318	.86992	.56692	.7639	.1495	.0276	.50829	.86118	.59022	.6943	.1612	.9674	.52324	.85218	.61400	.6286	.1734	.9112	27
34	.47818	.87826	.54446	.8367	.1386	.0912	.49343	.86978	.56731	.7627	.1497	.0266	.50854	.86104	.59061	.6931	.1614	.9664	.52349	.85203	.61440	.6276	.1737	.9102	26
35	.47844	.87812	.54484	1.8354	.1388	2.0901	.49369	.86964	.56769	1.7615	.1499	2.0256	.50879	.86089	.59100	1.6920	.1616	1.9654	.52374	.85188	.61480	1.6265	.1739	1.9093	25
36	.47869	.87798	.54522	.8341	.1390	.0890	.49394	.86949	.56808	.7603	.1501	.0245	.50904	.86074	.59140	.6909	.1618	.9645	.52398	.85173	.61520	.6255	.1741	.9084	24
37	.47895	.87784	.54559	.8329	.1391	.0879	.49419	.86935	.56846	.7591	.1503	.0235	.50929	.86059	.59179	.6898	.1620	.9635	.52423	.85157	.61560	.6244	.1743	.9075	23
38	.47920	.87770	.54597	.8316	.1393	.0868	.49445	.86921	.56885	.7579	.1505	.0224	.50954	.86044	.59218	.6887	.1622	.9625	.52448	.85142	.61601	.6233	.1745	.9066	22
39	.47946	.87756	.54635	.8303	.1395	.0857	.49470	.86906	.56923	.7567	.1507	.0214	.50979	.86030	.59258	.6875	.1624	.9616	.52473	.85127	.61641	.6223	.1747	.9057	21
40	.47971	.87742	.54673	1.8291	.1397	2.0846	.49495	.86892	.56962	1.7555	.1508	2.0204	.51004	.86015	.59297	1.6864	.1626	1.9606	.52498	.85112	.61681	1.6212	.1749	1.9048	20
41	.47997	.87728	.54711	.8278	.1399	.0835	.49521	.86877	.57000	.7544	.1510	.0194	.51029	.86000	.59336	.6853	.1628	.9596	.52522	.85096	.61721	.6202	.1751	.9039	19
42	.48022	.87715	.54748	.8265	.1401	.0824	.49546	.86863	.57039	.7532	.1512	.0183	.51054	.85985	.59376	.6842	.1630	.9587	.52547	.85081	.61761	.6191	.1753	.9030	18
43	.48048	.87701	.54786	.8253	.1402	.0812	.49571	.86849	.57077	.7520	.1514	.0173	.51079	.85970	.59415	.6831	.1632	.9577	.52572	.85066	.61801	.6181	.1756	.9021	17
44	.48073	.87687	.54824	.8240	.1404	.0801	.49596	.86834	.57116	.7508	.1516	.0163	.51104	.85955	.59454	.6820	.1634	.9568	.52597	.85050	.61842	.6170	.1758	.9013	16
45	.48099	.87673	.54862	1.8227	.1406	2.0790	.49622	.86820	.57155	1.7496	.1518	2.0152	.51129	.85941	.59494	1.6808	.1636	1.9558	.52621	.85735	.61882	1.6160	.1760	1.9004	15
46	.48124	.87659	.54900	.8215	.1408	.0779	.49647	.86805	.57193	.7484	.1520	.0142	.51154	.85926	.59533	.6797	.1638	.9549	.52646	.85020	.61922	.6149	.1762	.8995	14
47	.48150	.87645	.54937	.8202	.1410	.0768	.49672	.86791	.57232	.7473	.1522	.0132	.51179	.85911	.59572	.6786	.1640	.9539	.52671	.85004	.61962	.6139	.1764	.8986	13
48	.48175	.87631	.54975	.8190	.1411	.0757	.49697	.86776	.57270	.7461	.1524	.0122	.51204	.85896	.59612	.6775	.1642	.9530	.52695	.84989	.62003	.6128	.1766	.8977	12
49	.48201	.87617	.55013	.8177	.1413	.0746	.49723	.86762	.57309	.7449	.1526	.0111	.51229	.85881	.59651	.6764	.1644	.9520	.52720	.84974	.62043	.6118	.1768	.8968	11
50	.48226	.87603	.55051	1.8165	.1415	2.0735	.49748	.86748	.57348	1.7437	.1528	2.0101	.51254	.85866	.59691	1.6753	.1646	1.9510	.52745	.84959	.62083	1.6107	.1770	1.8959	10
51	.48252	.87588	.55089	.8152	.1417	.0725	.49773	.86733	.57386	.7426	.1530	.0091	.51279	.85851	.59730	.6742	.1648	.9501	.52770	.84943	.62123	.6097	.1772	.8950	9
52	.48277	.87574	.55127	.8140	.1419	.0714	.49798	.86719	.57425	.7414	.1531	.0081	.51304	.85836	.59770	.6731	.1650	.9491	.52794	.84928	.62164	.6086	.1775	.8941	8
53	.48303	.87560	.55165	.8127	.1421	.0703	.49823	.86704	.57464	.7402	.1533	.0071	.51329	.85821	.59809	.6720	.1652	.9482	.52819	.84912	.62204	.6076	.1777	.8932	7
54	.48328	.87546	.55203	.8115	.1422	.0692	.49849	.86690	.57502	.7390	.1535	.0061	.51354	.85806	.59849	.6709	.1654	.9473	.52844	.84897	.62244	.6066	.1779	.8924	6
55	.48354	.87532	.55241	1.8102	.1424	2.0681	.49874	.86675	.57541	1.7379	.1537	2.0050	.51379	.85791	.59888	1.6698	.1656	1.9463	.52868	.84882	.62285	1.6055	.1781	1.8915	5
56	.48379	.87518	.55279	.8090	.1426	.0670	.49899	.86661	.57580	.7367	.1539	.0040	.51404	.85777	.59928	.6687	.1658	.9454	.52893	.84866	.62325	.6045	.1783	.8906	4
57	.48405	.87504	.55317	.8078	.1428	.0659	.49924	.86646	.57619	.7355	.1541	.0030	.51429	.85762	.59967	.6676	.1660	.9444	.52918	.84851	.62366	.6034	.1785	.8897	3
58	.48430	.87490	.55355	.8065	.1430	.0648	.49950	.86632	.57657	.7344	.1543	.0020	.51454	.85747	.60007	.6665	.1662	.9435	.52942	.84836	.62406	.6024	.1787	.8888	2
59	.48455	.87476	.55393	.8053	.1432	.0637	.49975	.86617	.57696	.7332	.1545	.0010	.51479	.85732	.60046	.6654	.1664	.9425	.52967	.84820	.62446	.6014	.1790	.8879	1
60	.48481	.87462	.55431	1.8040	.1433	2.0627	.50000	.86603	.57735	1.7320	.1547	2.0000	.51504	.85717	.60086	1.6643	.1666	1.9416	.52992	.84805	.62487	1.6003	.1792	1.8871	0
′	cos	sen	cot	tan	cosec	sec	cos	sen	cot	tan	cosec	sec	cos	sen	cot	tan	cosec	sec	cos	sen	cot	tan	cosec	sec	′
	61°						60°						59°						58°						

(Continúa)

TABLA 21 Funciones trigonométricas naturales (Continuación)

	32°						33°						34°						35°						
′	sen	cos	tan	cot	sec	cosec	sen	cos	tan	cot	sec	cosec	sen	cos	tan	cot	sec	cosec	sen	cos	tan	cot	sec	cosec	′
0	.52992	.84805	.62487	1.6003	1.1792	1.8871	.54464	.83867	.64941	1.5399	1.1924	1.8361	.55919	.82904	.67451	1.4826	1.2062	1.7883	.57358	.81915	.70021	1.4281	1.2208	1.7434	60
1	.53016	.84789	.62527	.5993	.1794	.8862	.54488	.83851	.64982	.5389	.1926	.8352	.55943	.82887	.67493	.4816	.2064	.7875	.57381	.81898	.70064	.4273	.2210	.7427	59
2	.53041	.84774	.62568	.5983	.1796	.8853	.54513	.83835	.65023	.5379	.1928	.8344	.55967	.82871	.67535	.4807	.2067	.7867	.57405	.81882	.70107	.4264	.2213	.7420	58
3	.53066	.84758	.62608	.5972	.1798	.8844	.54537	.83819	.65065	.5369	.1930	.8336	.55992	.82855	.67578	.4798	.2069	.7860	.57429	.81865	.70151	.4255	.2215	.7413	57
4	.53090	.84743	.62649	.5962	.1800	.8836	.54561	.83804	.65106	.5359	.1933	.8328	.56016	.82839	.67620	.4788	.2072	.7852	.57453	.81848	.70194	.4246	.2218	.7405	56
5	.53115	.84728	.62689	1.5952	.1802	1.8827	.54586	.83788	.65148	1.5350	.1935	1.8320	.56040	.82822	.67663	1.4779	.2074	1.7844	.57477	.81832	.70238	1.4237	.2220	1.7398	55
6	.53140	.84712	.62730	.5941	.1805	.8818	.54610	.83772	.65189	.5340	.1937	.8311	.56064	.82806	.67705	.4770	.2076	.7837	.57500	.81815	.70281	.4228	.2223	.7391	54
7	.53164	.84697	.62770	.5931	.1807	.8809	.54634	.83756	.65231	.5330	.1939	.8303	.56088	.82790	.67747	.4761	.2079	.7829	.57524	.81798	.70325	.4220	.2225	.7384	53
8	.53189	.84681	.62811	.5921	.1809	.8801	.54659	.83740	.65272	.5320	.1942	.8295	.56112	.82773	.67790	.4751	.2081	.7821	.57548	.81781	.70368	.4211	.2228	.7377	52
9	.53214	.84666	.62851	.5910	.1811	.8792	.54683	.83724	.65314	.5311	.1944	.8287	.56136	.82757	.67832	.4742	.2083	.7814	.57572	.81765	.70412	.4202	.2230	.7369	51
10	.53238	.84650	.62892	1.5900	.1813	1.8783	.54708	.83708	.65355	1.5301	.1946	1.8279	.56160	.82741	.67875	1.4733	.2086	1.7806	.57596	.81748	.70455	1.4193	.2233	1.7362	50
11	.53263	.84635	.62933	.5890	.1815	.8775	.54732	.83692	.65397	.5291	.1948	.8271	.56184	.82724	.67917	.4724	.2088	.7798	.57619	.81731	.70499	.4185	.2235	.7355	49
12	.53288	.84619	.62973	.5880	.1818	.8766	.54756	.83676	.65438	.5282	.1951	.8263	.56208	.82708	.67960	.4714	.2091	.7791	.57643	.81714	.70542	.4176	.2238	.7348	48
13	.53312	.84604	.63014	.5869	.1820	.8757	.54781	.83660	.65480	.5272	.1953	.8255	.56232	.82692	.68002	.4705	.2093	.7783	.57667	.81698	.70586	.4167	.2240	.7341	47
14	.53337	.84588	.63055	.5859	.1822	.8749	.54805	.83644	.65521	.5262	.1955	.8246	.56256	.82675	.68045	.4696	.2095	.7776	.57691	.81681	.70629	.4158	.2243	.7334	46
15	.53361	.84573	.63095	1.5849	.1824	1.8740	.54829	.83629	.65563	1.5252	.1958	1.8238	.56280	.82659	.68087	1.4687	.2098	1.7768	.57714	.81664	.70673	1.4150	.2245	1.7327	45
16	.53386	.84557	.63136	.5839	.1826	.8731	.54854	.83613	.65604	.5234	.1960	.8230	.56304	.82643	.68130	.4678	.2100	.7760	.57738	.81647	.70717	.4141	.2248	.7319	44
17	.53411	.84542	.63177	.5829	.1828	.8723	.54878	.83597	.65646	.5233	.1962	.8222	.56328	.82626	.68173	.4669	.2103	.7753	.57762	.81630	.70760	.4132	.2250	.7312	43
18	.53435	.84526	.63217	.5818	.1831	.8714	.54902	.83581	.65688	.5223	.1964	.8214	.56353	.82610	.68215	.4659	.2105	.7745	.57786	.81614	.70804	.4123	.2253	.7305	42
19	.53460	.84511	.63258	.5808	.1833	.8706	.54926	.83565	.65729	.5214	.1967	.8206	.56377	.82593	.68258	.4650	.2107	.7738	.57809	.81597	.70848	.4115	.2255	.7298	41
20	.53484	.84495	.63299	1.5798	.1835	1.8697	.54951	.83549	.65771	1.5204	.1969	1.8198	.56401	.82577	.68301	1.4641	.2110	1.7730	.57833	.81580	.70891	1.4106	.2258	1.7291	40
21	.53509	.84479	.63339	.5788	.1837	.8688	.54975	.83533	.65813	.5195	.1971	.8190	.56425	.82561	.68343	.4632	.2112	.7723	.57857	.81563	.70935	.4097	.2260	.7284	39
22	.53533	.84464	.63380	.5778	.1839	.8680	.54999	.83517	.65854	.5185	.1974	.8182	.56449	.82544	.68386	.4623	.2115	.7715	.57881	.81546	.70979	.4089	.2263	.7277	38
23	.53558	.84448	.63421	.5768	.1841	.8671	.55024	.83501	.65896	.5175	.1976	.8174	.56473	.82528	.68429	.4614	.2117	.7708	.57904	.81530	.71022	.4080	.2265	.7270	37
24	.53583	.84433	.63462	.5757	.1844	.8663	.55048	.83485	.65938	.5166	.1978	.8166	.56497	.82511	.68471	.4605	.2119	.7700	.57928	.81513	.71066	.4071	.2268	.7263	36
25	.53607	.84417	.63503	1.5747	.1846	1.8654	.55002	.83469	.65980	1.5156	.1980	1.8158	.56521	.82495	.68514	1.4595	.2122	1.7693	.57952	.81496	.71110	1.4063	.2270	1.7256	35
26	.53632	.84402	.63543	.5737	.1848	.8646	.55090	.83453	.66021	.5147	.1983	.8150	.56545	.82478	.68557	.4586	.2124	.7685	.57975	.81479	.71154	.4054	.2273	.7249	34
27	.53656	.84386	.63584	.5727	.1850	.8637	.55121	.83437	.66063	.5137	.1985	.8142	.56569	.82462	.68600	.4577	.2127	.7678	.57999	.81462	.71198	.4045	.2276	.7242	33
28	.53681	.84370	.63625	.5717	.1852	.8629	.55145	.83421	.66105	.5127	.1987	.8134	.56593	.82445	.68642	.4568	.2129	.7670	.58023	.81445	.71241	.4037	.2278	.7234	32
29	.53705	.84355	.63666	.5707	.1855	.8620	.55169	.83405	.66147	.5118	.1990	.8126	.56617	.82429	.68685	.4559	.2132	.7663	.58047	.81428	.71285	.4028	.2281	.7227	31
30	.53730	.84339	.63707	1.5697	.1857	1.8611	.55194	.83388	.66188	1.5108	.1992	1.8118	.56641	.82413	.68728	1.4550	.2134	1.7655	.58070	.81411	.71329	1.4019	.2283	1.7220	30
31	.53754	.84323	.63748	.5687	.1859	.8603	.55218	.83372	.66230	.5099	.1994	.8110	.56664	.82396	.68771	.4541	.2136	.7648	.58094	.81395	.71373	.4011	.2286	.7213	29
32	.53779	.84308	.63789	.5677	.1861	.8595	.55242	.83356	.66272	.5089	.1997	.8102	.56688	.82380	.68814	.4532	.2139	.7640	.58118	.81378	.71417	.4002	.2288	.7206	28
33	.53803	.84292	.63830	.5667	.1863	.8586	.55266	.83340	.66314	.5080	.1999	.8094	.56712	.82363	.68857	.4523	.2141	.7633	.58141	.81361	.71461	.3994	.2291	.7199	27
34	.53828	.84276	.63871	.5657	.1866	.8578	.55291	.83324	.66356	.5070	.2001	.8086	.56736	.82347	.68899	.4514	.2144	.7625	.58165	.81344	.71505	.3985	.2293	.7192	26
35	.53852	.84261	.63912	1.5646	.1868	1.8569	.55315	.83308	.66398	1.5061	.2004	1.8078	.56760	.82330	.68942	1.4505	.2146	1.7618	.58189	.81327	.71549	1.3976	.2296	1.7185	25
36	.53877	.84245	.63953	.5636	.1870	.8561	.55339	.83292	.66440	.5051	.2006	.8070	.56784	.82314	.68985	.4496	.2149	.7610	.58212	.81310	.71593	.3968	.2298	.7178	24
37	.53901	.84229	.63994	.5626	.1872	.8552	.55363	.83276	.66482	.5042	.2008	.8062	.56808	.82297	.69028	.4487	.2151	.7603	.58236	.81293	.71637	.3959	.2301	.7171	23
38	.53926	.84214	.64035	.5616	.1874	.8544	.55388	.83260	.66524	.5032	.2010	.8054	.56832	.82280	.69071	.4478	.2153	.7596	.58259	.81276	.71681	.3951	.2304	.7164	22
39	.53950	.84198	.64076	.5606	.1877	.8535	.55412	.83244	.66566	.5023	.2013	.8047	.56856	.82264	.69114	.4469	.2156	.7588	.58283	.81259	.71725	.3942	.2306	.7157	21
40	.53975	.84182	.64117	1.5596	.1879	1.8527	.55436	.83228	.66608	1.5013	.2015	1.8039	.56880	.82247	.69157	1.4460	.2158	1.7581	.58307	.81242	.71769	1.3933	.2309	1.7151	20
41	.53999	.84167	.64158	.5586	.1881	.8519	.55460	.83211	.66650	.5004	.2017	.8031	.56904	.82231	.69200	.4451	.2161	.7573	.58330	.81225	.71813	.3925	.2311	.7144	19
42	.54024	.84151	.64199	.5577	.1883	.8510	.55484	.83195	.66692	.4994	.2020	.8023	.56928	.82214	.69243	.4442	.2163	.7566	.58354	.81208	.71857	.3916	.2314	.7137	18
43	.54048	.84135	.64240	.5567	.1886	.8502	.55509	.83179	.66734	.4985	.2022	.8015	.56952	.82198	.69286	.4433	.2166	.7559	.58378	.81191	.71901	.3908	.2316	.7130	17
44	.54073	.84120	.64281	.5557	.1888	.8493	.55533	.83163	.66776	.4975	.2024	.8007	.56976	.82181	.69329	.4424	.2168	.7551	.58401	.81174	.71945	.3899	.2319	.7123	16
45	.54097	.84104	.64322	1.5547	.1890	1.8485	.55557	.83147	.66818	1.4966	.2027	1.7999	.57000	.82165	.69372	1.4415	.2171	1.7544	.58425	.81157	.71990	1.3891	.2322	1.7116	15
46	.54122	.84088	.64363	.5537	.1892	.8477	.55581	.83131	.66860	.4957	.2029	.7992	.57023	.82148	.69415	.4406	.2173	.7537	.58448	.81140	.72034	.3882	.2324	.7109	14
47	.54146	.84072	.64404	.5527	.1894	.8468	.55605	.83115	.66902	.4947	.2031	.7984	.57047	.82131	.69459	.4397	.2175	.7529	.58472	.81123	.72078	.3874	.2327	.7102	13
48	.54171	.84057	.64446	.5517	.1897	.8460	.55629	.83098	.66944	.4938	.2034	.7976	.57071	.82115	.69502	.4388	.2178	.7522	.58496	.81106	.72122	.3865	.2329	.7095	12
49	.54195	.84041	.64487	.5507	.1899	.8452	.55654	.83082	.66986	.4928	.2036	.7968	.57095	.82098	.69545	.4379	.2180	.7514	.58519	.81089	.72166	.3857	.2332	.7088	11
50	.54220	.84025	.64528	1.5497	.1901	1.8443	.55678	.83066	.67028	1.4919	.2039	1.7960	.57119	.82082	.69588	1.4370	.2183	1.7507	.58543	.81072	.72211	1.3848	.2335	1.7081	10
51	.54244	.84009	.64569	.5487	.1903	.8435	.55702	.83050	.67071	.4910	.2041	.7953	.57143	.82065	.69631	.4361	.2185	.7500	.58566	.81055	.72255	.3840	.2337	.7075	9
52	.54268	.83993	.64610	.5477	.1906	.8427	.55726	.83034	.67113	.4900	.2043	.7945	.57167	.82048	.69674	.4352	.2188	.7493	.58590	.81038	.72299	.3831	.2340	.7068	8
53	.54293	.83978	.64652	.5467	.1908	.8418	.55750	.83017	.67155	.4891	.2046	.7937	.57191	.82032	.69718	.4343	.2190	.7485	.58614	.81021	.72344	.3823	.2342	.7061	7
54	.54317	.83962	.64693	.5458	.1910	.8410	.55774	.83001	.67197	.4881	.2048	.7929	.57214	.82015	.69761	.4335	.2193	.7478	.58637	.81004	.72388	.3814	.2345	.7054	6
55	.54342	.83946	.64734	1.5448	.1912	1.8402	.55799	.82985	.67239	1.4872	.2050	1.7921	.57238	.81998	.69804	1.4326	.2195	1.7471	.58661	.80987	.72432	1.3806	.2348	1.7047	5
56	.54366	.83930	.64775	.5438	.1915	.8394	.55823	.82969	.67282	.4863	.2053	.7914	.57262	.81982	.69847	.4317	.2198	.7463	.58684	.80970	.72477	.3797	.2350	.7040	4
57	.54391	.83914	.64817	.5428	.1917	.8385	.55847	.82952	.67324	.4853	.2055	.7906	.57286	.81965	.69891	.4308	.2200	.7456	.58708	.80953	.72521	.3789	.2353	.7033	3
58	.54415	.83899	.64858	.5418	.1919	.8377	.55871	.82936	.67366	.4844	.2057	.7898	.57310	.81948	.69934	.4299	.2203	.7449	.58731	.80936	.72565	.3781	.2355	.7027	2
59	.54439	.83883	.64899	.5408	.1921	.8369	.55895	.82920	.67408	.4835	.2060	.7891	.57334	.81932	.69977	.4290	.2205	.7442	.58755	.80919	.72610	.3772	.2358	.7020	1
60	.54464	.83867	.64941	1.5399	.1922	1.8361	.55919	.82904	.67451	1.4826	.2062	1.7883	.57358	.81915	.70021	1.4281	.2208	1.7434	.58778	.80902	.72654	1.3764	.2361	1.7013	0
′	cos	sen	cot	tan	cosec	sec	cos	sen	cot	tan	cosec	sec	cos	sen	cot	tan	cosec	sec	cos	sen	cot	tan	cosec	sec	′
	57°						56°						55°						54°						

(Continúa)

TABLA 21 Funciones trigonométricas naturales (Continuación)

′	36°						37°						38°						39°						′
′	sen	cos	tan	cot	sec	cosec	sen	cos	tan	cot	sec	cosec	sen	cos	tan	cot	sec	cosec	sen	cos	tan	cot	sec	cosec	′
0	.58778	.80902	.72654	1.3764	1.2361	1.7013	.60181	.79863	.75355	1.3270	1.2521	1.6616	.61566	.78801	.78128	1.2799	1.2690	1.6243	.62932	.77715	.80978	1.2349	1.2867	1.5890	60
1	.58802	.80885	.72699	.3755	.2363	.7006	.60205	.79846	.75401	.3262	.2524	.6610	.61589	.78783	.78175	.2792	.2693	.6237	.62955	.77696	.81026	.2342	.2871	.5884	59
2	.58825	.80867	.72743	.3747	.2366	.6999	.60228	.79828	.75447	.3254	.2527	.6603	.61612	.78765	.78222	.2784	.2696	.6231	.62977	.77678	.81075	.2334	.2874	.5879	58
3	.58849	.80850	.72788	.3738	.2368	.6993	.60251	.79811	.75492	.3246	.2530	.6597	.61635	.78747	.78269	.2776	.2699	.6224	.63000	.77660	.81123	.2327	.2877	.5873	57
4	.58873	.80833	.72832	.3730	.2371	.6986	.60274	.79793	.75538	.3238	.2532	.6591	.61658	.78729	.78316	.2769	.2702	.6218	.63022	.77641	.81171	.2320	.2880	.5867	56
5	.58896	.80816	.72877	1.3722	.2374	1.6979	.60298	.79776	.75584	1.3230	.2535	1.6584	.61681	.78711	.78363	1.2761	.2705	1.6212	.63045	.77623	.81219	1.2312	.2883	1.5862	55
6	.58920	.80799	.72921	.3713	.2376	.6972	.60320	.79758	.75629	.3222	.2538	.6578	.61703	.78693	.78410	.2753	.2707	.6206	.63067	.77605	.81268	.2305	.2886	.5856	54
7	.58943	.80782	.72966	.3705	.2379	.6965	.60344	.79741	.75675	.3214	.2541	.6572	.61726	.78675	.78457	.2746	.2710	.6200	.63090	.77586	.81316	.2297	.2889	.5850	53
8	.58967	.80765	.73010	.3697	.2382	.6959	.60367	.79723	.75721	.3206	.2543	.6565	.61749	.78657	.78504	.2738	.2713	.6194	.63113	.77568	.81364	.2290	.2892	.5854	52
9	.58990	.80747	.73055	.3688	.2384	.6952	.60390	.79706	.75767	.3198	.2546	.6559	.61772	.78640	.78551	.2730	.2716	.6188	.63135	.77549	.81413	.2283	.2895	.5839	51
10	.59014	.80730	.73100	1.3680	.2387	1.6945	.60413	.79688	.75812	1.3190	.2549	1.6552	.61795	.78622	.78598	1.2723	.2719	1.6182	.63158	.77531	.81461	1.2276	.2898	1.5833	50
11	.59037	.80713	.73144	.3672	.2389	.6938	.60437	.79670	.75858	.3182	.2552	.6546	.61818	.78604	.78645	.2715	.2722	.6176	.63180	.77513	.81509	.2268	.2901	.5828	49
12	.59060	.80696	.73189	.3663	.2392	.6932	.60460	.79653	.75904	.3174	.2554	.6540	.61841	.78586	.78692	.2708	.2725	.6170	.63203	.77494	.81558	.2261	.2904	.5822	48
13	.59084	.80679	.73234	.3655	.2395	.6925	.60483	.79635	.75950	.3166	.2557	.6533	.61864	.78568	.78739	.2700	.2728	.6164	.63225	.77476	.81606	.2254	.2907	.5816	47
14	.59107	.80662	.73278	.3647	.2397	.6918	.60506	.79618	.75996	.3159	.2560	.6527	.61886	.78550	.78786	.2692	.2731	.6159	.63248	.77458	.81655	.2247	.2910	.5811	46
15	.59131	.80644	.73323	1.3638	.2400	1.6912	.60529	.79600	.76042	1.3151	.2563	1.6521	.61909	.78532	.78834	1.2685	.2734	1.6153	.63270	.77439	.81703	1.2239	.2913	1.5805	45
16	.59154	.80627	.73368	.3630	.2403	.6905	.60552	.79582	.76088	.3143	.2565	.6514	.61932	.78514	.78881	.2677	.2737	.6147	.63293	.77421	.81752	.2232	.2916	.5799	44
17	.59178	.80610	.73412	.3622	.2405	.6898	.60576	.79565	.76134	.3135	.2568	.6508	.61955	.78496	.78928	.2670	.2739	.6141	.63315	.77402	.81800	.2225	.2919	.5794	43
18	.59201	.80593	.73457	.3613	.2408	.6891	.60599	.79547	.76179	.3127	.2571	.6502	.61978	.78478	.78975	.2662	.2742	.6135	.63338	.77384	.81849	.2218	.2922	.5788	42
19	.59225	.80576	.73502	.3605	.2411	.6885	.60622	.79530	.76225	.3119	.2574	.6496	.62001	.78460	.79022	.2655	.2745	.6129	.63360	.77365	.81898	.2210	.2926	.5783	41
20	.59248	.80558	.73547	1.3597	.2413	1.6878	.60645	.79512	.76271	1.3111	.2577	1.6489	.62023	.78441	.79070	1.2647	.2748	1.6123	.63383	.77347	.81946	1.2203	.2929	1.5777	40
21	.59272	.80541	.73592	.3588	.2416	.6871	.60668	.79494	.76317	.3103	.2579	.6483	.62046	.78423	.79117	.2639	.2751	.6117	.63405	.77329	.81995	.2196	.2932	.5771	39
22	.59295	.80524	.73637	.3580	.2419	.6865	.60691	.79477	.76364	.3095	.2582	.6477	.62069	.78405	.79164	.2632	.2754	.6111	.63428	.77310	.82043	.2189	.2935	.5766	38
23	.59318	.80507	.73681	.3572	.2421	.6858	.60714	.79459	.76410	.3087	.2585	.6470	.62092	.78387	.79212	.2624	.2757	.6105	.63450	.77292	.82092	.2181	.2938	.5760	37
24	.59342	.80489	.73726	.3564	.2424	.6851	.60737	.79441	.76456	.3079	.2588	.6464	.62115	.78369	.79259	.2617	.2760	.6099	.63473	.77273	.82141	.2174	.2941	.5755	36
25	.59365	.80472	.73771	1.3555	.2427	1.6845	.60761	.79424	.76502	1.3071	.2591	1.6458	.62137	.78351	.79306	1.2609	.2763	1.6093	.63495	.77255	.82190	1.2167	.2944	1.5749	35
26	.59389	.80455	.73816	.3547	.2429	.6838	.60784	.79406	.76548	.3064	.2593	.6452	.62160	.78333	.79354	.2602	.2766	.6087	.63518	.77236	.82238	.2160	.2947	.5743	34
27	.59412	.80437	.73861	.3539	.2432	.6831	.60807	.79388	.76594	.3056	.2596	.6445	.62183	.78315	.79401	.2594	.2769	.6081	.63540	.77218	.82287	.2152	.2950	.5738	33
28	.59435	.80420	.73906	.3531	.2435	.6825	.60830	.79371	.76640	.3048	.2599	.6439	.62206	.78297	.79449	.2587	.2772	.6077	.63563	.77199	.82336	.2145	.2953	.5732	32
29	.59459	.80403	.73951	.3522	.2437	.6818	.60853	.79353	.76686	.3040	.2602	.6433	.62229	.78279	.79496	.2579	.2775	.6070	.63585	.77181	.82385	.2138	.2956	.5727	31
30	.59482	.80386	.73996	1.3514	.2440	1.6812	.60876	.79335	.76733	1.3032	.2605	1.6427	.62251	.78261	.79543	1.2572	.2778	1.6064	.63608	.77162	.82434	1.2131	.2960	1.5721	30
31	.59506	.80368	.74041	.3506	.2443	.6805	.60899	.79318	.76779	.3024	.2607	.6420	.62274	.78243	.79591	.2564	.2781	.6058	.63630	.77144	.82482	.2124	.2963	.5716	29
32	.59529	.80351	.74086	.3498	.2445	.6798	.60922	.79300	.76825	.3016	.2610	.6414	.62297	.78224	.79639	.2557	.2784	.6052	.63653	.77125	.82531	.2117	.2966	.5710	28
33	.59552	.80334	.74131	.3489	.2448	.6792	.60945	.79282	.76871	.3009	.2613	.6408	.62320	.78206	.79686	.2549	.2787	.6046	.63675	.77107	.82580	.2109	.2969	.5705	27
34	.59576	.80316	.74176	.3481	.2451	.6785	.60968	.79264	.76918	.3001	.2616	.6402	.62342	.78188	.79734	.2542	.2790	.6040	.63697	.77088	.82629	.2102	.2972	.5699	26
35	.59599	.80299	.74221	1.3473	.2453	1.6779	.60991	.79247	.76964	1.2993	.2619	1.6396	.62365	.78170	.79781	1.2534	.2793	1.6034	.63720	.77070	.82678	1.2095	.2975	1.5694	25
36	.59622	.80282	.74266	.3465	.2456	.6772	.61014	.79229	.77010	.2985	.2622	.6389	.62388	.78152	.79829	.2527	.2795	.6029	.63742	.77051	.82727	.2088	.2978	.5688	24
37	.59646	.80264	.74312	.3457	.2459	.6766	.61037	.79211	.77057	.2977	.2624	.6383	.62411	.78134	.79876	.2519	.2798	.6023	.63765	.77033	.82776	.2081	.2981	.5683	23
38	.59669	.80247	.74357	.3449	.2461	.6759	.61061	.79193	.77103	.2970	.2627	.6377	.62433	.78116	.79924	.2512	.2801	.6017	.63787	.77014	.82825	.2074	.2985	.5677	22
39	.59692	.80230	.74402	.3440	.2464	.6752	.61084	.79176	.77149	.2962	.2630	.6371	.62456	.78097	.79972	.2504	.2804	.6011	.63810	.76996	.82874	.2066	.2988	.5672	21
40	.59716	.80212	.74447	1.3432	.2467	1.6746	.61107	.79158	.77196	1.2954	.2633	1.6365	.62479	.78079	.80020	1.2497	.2807	1.6005	.63832	.76977	.82923	1.2059	.2991	1.5666	20
41	.59739	.80195	.74492	.3424	.2470	.6739	.61130	.79140	.77242	.2946	.2636	.6359	.62501	.78061	.80067	.2489	.2810	.6000	.63854	.76958	.82972	.2052	.2994	.5661	19
42	.59762	.80177	.74538	.3416	.2472	.6733	.61153	.79122	.77289	.2938	.2639	.6352	.62524	.78043	.80115	.2482	.2813	.5994	.63877	.76940	.83022	.2045	.2997	.5655	18
43	.59786	.80160	.74583	.3408	.2475	.6726	.61176	.79104	.77335	.2931	.2641	.6346	.62547	.78025	.80163	.2475	.2816	.5988	.63899	.76921	.83071	.2038	.3000	.5650	17
44	.59809	.80143	.74628	.3400	.2478	.6720	.61199	.79087	.77382	.2923	.2644	.6340	.62570	.78007	.80211	.2467	.2819	.5982	.63921	.76903	.83120	.2031	.3003	.5644	16
45	.59832	.80125	.74673	1.3392	.2480	1.6713	.61222	.79069	.77428	1.2915	.2647	1.6334	.62592	.77988	.80258	1.2460	.2822	1.5976	.63944	.76884	.83169	1.2024	.3006	1.5639	15
46	.59856	.80108	.74019	.3383	.2483	.6707	.61245	.79051	.77475	.2907	.2650	.6328	.62615	.77970	.80306	.2452	.2825	.5971	.63966	.76865	.83218	.2016	.3010	.5633	14
47	.59879	.80090	.74064	.3375	.2486	.6700	.61268	.79033	.77521	.2900	.2653	.6322	.62638	.77952	.80354	.2445	.2828	.5965	.63989	.76847	.83267	.2009	.3013	.5628	13
48	.59902	.80073	.74809	.3367	.2488	.6694	.61290	.79015	.77568	.2892	.2656	.6316	.62660	.77934	.80402	.2437	.2831	.5959	.64011	.76828	.83317	.2002	.3016	.5622	12
49	.59926	.80056	.74855	.3359	.2491	.6687	.61314	.78998	.77614	.2884	.2659	.6309	.62683	.77915	.80450	.2430	.2834	.5953	.64033	.76810	.83366	.1995	.3019	.5617	11
50	.59949	.80038	.74900	1.3351	.2494	1.6681	.61337	.78980	.77661	1.2876	.2661	1.6303	.62706	.77897	.80498	1.2423	.2837	1.5947	.64056	.76791	.83415	1.1988	.3022	1.5611	10
51	.59972	.80021	.74946	.3343	.2497	.6674	.61360	.78962	.77708	.2869	.2664	.6297	.62728	.77879	.80546	.2415	.2840	.5942	.64078	.76772	.83465	.1981	.3025	.5606	9
52	.59995	.80003	.74991	.3335	.2499	.6668	.61383	.78944	.77754	.2861	.2667	.6291	.62751	.77861	.80594	.2408	.2843	.5936	.64100	.76754	.83514	.1974	.3029	.5600	8
53	.60019	.79986	.75037	.3327	.2502	.6661	.61405	.78926	.77801	.2853	.2670	.6285	.62774	.77842	.80642	.2400	.2846	.5930	.64123	.76735	.83563	.1967	.3032	.5595	7
54	.60042	.79968	.75082	.3319	.2505	.6655	.61428	.78908	.77848	.2845	.2673	.6279	.62796	.77824	.80690	.2393	.2849	.5924	.64145	.76716	.83613	.1960	.3035	.5590	6
55	.60065	.79951	.75128	1.3311	.2508	1.6648	.61451	.78890	.77895	1.2838	.2676	1.6273	.62819	.77806	.80738	1.2386	.2852	1.5919	.64160	.76698	.83662	1.1953	.3038	1.5584	5
56	.60088	.79933	.75173	.3303	.2510	.6642	.61474	.78873	.77941	.2830	.2679	.6267	.62841	.77788	.80786	.2378	.2855	.5913	.64189	.76679	.83712	.1946	.3041	.5579	4
57	.60112	.79916	.75219	.3294	.2513	.6636	.61497	.78855	.77988	.2822	.2681	.6261	.62864	.77769	.80834	.2371	.2858	.5907	.64212	.76660	.83761	.1939	.3044	.5573	3
58	.60135	.79898	.75264	.3286	.2516	.6629	.61520	.78837	.78035	.2815	.2684	.6255	.62887	.77751	.80882	.2364	.2861	.5901	.64234	.76642	.83811	.1932	.3048	.5568	2
59	.60158	.79881	.75310	.3278	.2519	.6623	.61543	.78819	.78082	.2807	.2687	.6249	.62909	.77733	.80930	.2356	.2864	.5896	.64256	.76623	.83860	.1924	.3051	.5563	1
60	.60181	.79863	.75355	1.3270	.2521	1.6616	.61566	.78801	.78128	1.2799	.2690	1.6243	62932	.77715	.80978	1.2349	.2867	1.5890	.64279	.76604	.83910	1.1917	.3054	1.5557	0
′	cos	sen	cot	tan	cosec	sec	cos	sen	cot	tan	cosec	sec	cos	sen	cot	tan	cosec	sec	cos	sen	cot	tan	cosec	sec	′
	53°						52°						51°						50°						

(Continúa)

TABLA 21 Funciones trigonométricas naturales (Continuación)

′	40°						41°						42°						43°						′
′	sen	cos	tan	cot	sec	cosec	sen	cos	tan	cot	sec	cosec	sen	cos	tan	cot	sec	cosec	sen	cos	tan	cot	sec	cosec	′
0	.64279	.76604	.83910	1.1917	1.3054	1.5557	.65606	.75471	.86929	1.1504	1.3250	1.5242	.66913	.74314	.90040	1.1106	1.3456	1.4945	.68200	.73135	.93251	1.0724	1.3673	1.4663	60
1	.64301	.76586	.83959	.1910	.3057	.5552	.65628	.75452	.86980	.1497	.3253	.5237	.66935	.74295	.90093	.1100	.3460	.4940	.68221	.73115	.93306	.0717	.3677	.4658	59
2	.64323	.76567	.84009	.1903	.3060	.5546	.65650	.75433	.87031	.1490	.3257	.5232	.66956	.74276	.90146	.1093	.3463	.4935	.68242	.73096	.93360	.0711	.3681	.4654	58
3	.64345	.76548	.84059	.1896	.3064	.5541	.65672	.75414	.87082	.1483	.3260	.5227	.66978	.74256	.90198	.1086	.3467	.4930	.68264	.73076	.93415	.0705	.3684	.4649	57
4	.64368	.76530	.84108	.1889	.3067	.5536	.65694	.75394	.87133	.1477	.3263	.5222	.66999	.74236	.90251	.1080	.3470	.4925	.68285	.73056	.93469	.0699	.3688	.4644	56
5	.64390	.76511	.84158	1.1882	.3070	1.5530	.65716	.75375	.87184	1.1470	.3267	1.5217	.67021	.74217	.90304	1.1074	.3474	1.4921	.68306	.73036	.93524	1.0692	.3692	1.4640	55
6	.64412	.76492	.84208	.1875	.3073	.5525	.65037	.75356	.87235	.1463	.3270	.5212	.67043	.74197	.90357	.1067	.3477	.4916	.68327	.73016	.93578	.0686	.3695	.4635	54
7	.64435	.76473	.84257	.1868	.3076	.5520	.65759	.75337	.87287	.1456	.3274	.5207	.67064	.74178	.90410	.1061	.3481	.4911	.68349	.72996	.93633	.0680	.3699	.4631	53
8	.64457	.76455	.84307	.1861	.3080	.5514	.65781	.75318	.87338	.1450	.3277	.5202	.67086	.74158	.90463	.1054	.3485	.4906	.68370	.72976	.93687	.0674	.3703	.4626	52
9	.64479	.76436	.84357	.1854	.3083	.5509	.65803	.75299	.87389	.1443	.3280	.5197	.67107	.74139	.90515	.1048	.3488	.4901	.68391	.72956	.93742	.0667	.3707	.4622	51
10	.64501	.76417	.84407	1.1847	.3086	1.5503	.65285	.75280	.87441	1.1436	.3284	1.5192	.67129	.74119	.90568	1.1041	.3492	1.4897	.68412	.72937	.93797	1.0661	.3710	1.4617	50
11	.64523	.76398	.84457	.1840	.3089	.5498	.65847	.75261	.87492	.1430	.3287	.5187	.67150	.74100	.90621	.1035	.3495	.4892	.68433	.72917	.93851	.0655	.3714	.4613	49
12	.64546	.76380	.84506	.1833	.3092	.5493	.65869	.75241	.87543	.1423	.3290	.5182	.67172	.74080	.90674	.1028	.3499	.4887	.68455	.72897	.93906	.0649	.3718	.4608	48
13	.64568	.76361	.84556	.1826	.3096	.5487	.65891	.75222	.87595	.1416	.3294	.5177	.67194	.74061	.90727	.1022	.3502	.4882	.68476	.72877	.93961	.0643	.3722	.4604	47
14	.64590	.76342	.84606	.1819	.3099	.5482	.65913	.75203	.87646	.1409	.3297	.5171	.67215	.74041	.90780	.1015	.3506	.4877	.68497	.72857	.94016	.0636	.3725	.4599	46
15	.64612	.76323	.84656	1.1812	.3102	1.5477	.65934	.75184	.87698	1.1403	.3301	1.5166	.67237	.74022	.90834	1.1009	.3509	1.4873	.68518	.72837	.94071	1.0630	.3729	1.4595	45
16	.64635	.76304	.84706	.1805	.3105	.5471	.65956	.75165	.87749	.1396	.3304	.5161	.67258	.74002	.90887	.1003	.3513	.4868	.68539	.72817	.94125	.0624	.3733	.4590	44
17	.64657	.76286	.84056	.1798	.3109	.5466	.65978	.75146	.87801	.1389	.3307	.5156	.67280	.73983	.90940	.0996	.3517	.4863	.68561	.72797	.94180	.0618	.3737	.4586	43
18	.64679	.76267	.84806	.1791	.3112	.5461	.66000	.75126	.87852	.1383	.3311	.5151	.67301	.73963	.90993	.0990	.3520	.4858	.68582	.72777	.94235	.0612	.3740	.4581	42
19	.64701	.76248	.84856	.1785	.3115	.5456	.66022	.75107	.87904	.1376	.3314	.5146	.67323	.73943	.91046	.0983	.3524	.4854	.68603	.72757	.94290	.0605	.3744	.4577	41
20	.64723	.76229	.84906	1.1778	.3118	1.5450	.66044	.75088	.87955	1.1369	.3318	1.5141	.67344	.73924	.91099	1.0977	.3527	1.4849	.68624	.72737	.94345	1.0599	.3748	1.4572	40
21	.64745	.76210	.84956	.1771	.3121	.5445	.66066	.75069	.88007	.1363	.3321	.5136	.67366	.73904	.91153	.0971	.3531	.4844	.68645	.72717	.94400	.0593	.3752	.4568	39
22	.64768	.76191	.85006	.1764	.3125	.5440	.66087	.75049	.88058	.1356	.3324	.5131	.67387	.73885	.91206	.0964	.3534	.4839	.68666	.72697	.94455	.0587	.3756	.4563	38
23	.64790	.76173	.85056	.1757	.3128	.5434	.66109	.75030	.88110	.1349	.3328	.5126	.67409	.73865	.91259	.0958	.3538	.4835	.68688	.72677	.94510	.0581	.3759	.4559	37
24	.64812	.76154	.85107	.1750	.3131	.5429	.66131	.75011	.88162	.1343	.3331	.5121	.67430	.73845	.91312	.0951	.3542	.4830	.68709	.72657	.94565	.0575	.3763	.4554	36
25	.64834	.76135	.85157	1.1743	.3134	1.5424	.66153	.74992	.88213	1.1336	.3335	1.5116	.67452	.73826	.91366	1.0945	.3545	1.4825	.68730	.72637	.94620	1.0568	.3767	1.4550	35
26	.64856	.76116	.85207	.1736	.3138	.5419	.66175	.74973	.88265	.1329	.3338	.5111	.67473	.73806	.91419	.0939	.3549	.4821	.68751	.72617	.94675	.0562	.3771	.4545	34
27	.64878	.76097	.85257	.1729	.3141	.5413	.66197	.74953	.88317	.1323	.3342	.5106	.67495	.73787	.91473	.0932	.3552	.4816	.68772	.72597	.94731	.0556	.3774	.4541	33
28	.64900	.76078	.85307	.1722	.3144	.5408	.66218	.74934	.88369	.1316	.3345	.5101	.67516	.73767	.91526	.0926	.3556	.4811	.68793	.72577	.94786	.0550	.3778	.4536	32
29	.64923	.76059	.85358	.1715	.3148	.5403	.66240	.74915	.88421	.1309	.3348	.5096	.67537	.73747	.91580	.0919	.3560	.4806	.68814	.72557	.94841	.0544	.3782	.4532	31
30	.64945	.76041	.85408	1.1708	.3151	1.5398	.66262	.74895	.88472	1.1303	.3352	1.5092	.67559	.73728	.91633	1.0913	.3563	1.4802	.68835	.72537	.94896	1.0538	.3786	1.4527	30
31	.64967	.76022	.85458	.1702	.3154	.5392	.66284	.74876	.88524	.1296	.3355	.5087	.67580	.73708	.91687	.0907	.3567	.4797	.68856	.72517	.94952	.0532	.3790	.4523	29
32	.64989	.76003	.85509	.1695	.3157	.5387	.66305	.74857	.88576	.1290	.3359	.5082	.67602	.73688	.91740	.0900	.3571	.4792	.68878	.72497	.95007	.0525	.3794	.4518	28
33	.65011	.75984	.85559	.1688	.3161	.5382	.66327	.74838	.88628	.1283	.3362	.5077	.67623	.73669	.91794	.0894	.3574	.4788	.68899	.72477	.95062	.0519	.3797	.4514	27
34	.65033	.75965	.85609	.1681	.3164	.5377	.66349	.74818	.88680	.1276	.3366	.5072	.67645	.73649	.91847	.0888	.3578	.4783	.68920	.72457	.95118	.0513	.3801	.4510	26
35	.65055	.75946	.85660	1.1674	.3167	1.5371	.66371	.74799	.88732	1.1270	.3369	1.5067	.67666	.73629	.91901	1.0881	.3581	1.4778	.68941	.72437	.95173	1.0507	.3805	1.4505	25
36	.65077	.75927	.85710	.1667	.3170	.5366	.66393	.74780	.88784	.1263	.3372	.5062	.67688	.73610	.91955	.0875	.3585	.4774	.68962	.72417	.95229	.0501	.3809	.4501	24
37	.65100	.75908	.85761	.1660	.3174	.5361	.66414	.74760	.88836	.1257	.3376	.5057	.67709	.73590	.92008	.0868	.3589	.4769	.68983	.72397	.95284	.0495	.3813	.4496	23
38	.65121	.75889	.85811	.1653	.3177	.5356	.66436	.74741	.88888	.1250	.3379	.5052	.67730	.73570	.92062	.0862	.3592	.4764	.69004	.72377	.95340	.0489	.3816	.4492	22
39	.65144	.75870	.85862	.1647	.3180	.5351	.66458	.74722	.88940	.1243	.3383	.5047	.67752	.73551	.92116	.0856	.3596	.4760	.69025	.72357	.95395	.0483	.3820	.4487	21
40	.65166	.75851	.85912	1.1640	.3184	1.5345	.66479	.74702	.88992	1.1237	.3386	1.5042	.67773	.73531	.92170	1.0849	.3600	1.4755	.69046	.72337	.95451	1.0476	.3824	1.4483	20
41	.65188	.75832	.85963	.1633	.3187	.5340	.66501	.74683	.89044	.1230	.3390	.5037	.67794	.73511	.92223	.0843	.3603	.4750	.69067	.72317	.95506	.0470	.3828	.4479	19
42	.65210	.75813	.86013	.1626	.3190	.5335	.66523	.74664	.89097	.1224	.3393	.5032	.67816	.73491	.92277	.0837	.3607	.4746	.69088	.72297	.95562	.0464	.3832	.4474	18
43	.65232	.75794	.86064	.1619	.3193	.5330	.66545	.74644	.89149	.1217	.3397	.5027	.67837	.73472	.92331	.0830	.3611	.4741	.69109	.72277	.95618	.0458	.3836	.4470	17
44	.65254	.75775	.86115	.1612	.3197	.5325	.66566	.74625	.89201	.1211	.3400	.5022	.67859	.73452	.92385	.0824	.3614	.4736	.69130	.72256	.95673	.0452	.3839	.4465	16
45	.65276	.75756	.86165	1.1605	.3200	1.5319	.66588	.74606	.89253	1.1204	1.3404	1.5018	.67880	.73432	.92439	1.0818	.3618	1.4732	.69151	.72236	.95729	1.0446	.3843	1.4461	15
46	.65298	.75737	.86216	.1599	.3203	.5314	.66610	.74586	.89306	.1197	.3407	.5013	.67901	.73412	.92493	.0812	.3622	.4727	.69172	.72216	.95785	.0440	.3847	.4457	14
47	.65320	.75718	.86267	.1592	.3207	.5309	.66631	.74567	.89358	.1191	.3411	.5008	.67923	.73393	.92547	.0805	.3625	.4723	.69193	.72196	.95841	.0434	.3851	.4452	13
48	.65342	.75700	.86318	.1585	.3210	.5304	.66653	.74548	.89410	.1184	.3414	.5003	.67944	.73373	.92601	.0799	.3629	.4718	.69214	.72176	.95896	.0428	.3855	.4448	12
49	.65364	.75680	.86368	.1578	.3213	.5299	.66675	.74528	.89463	.1178	.3418	.4998	.67965	.73353	.92655	.0793	.3633	.4713	.69235	.72156	.95952	.0422	.3859	.4443	11
50	.65386	.75661	.86419	1.1571	.3217	1.5294	.66697	.74509	.89515	1.1171	.3421	1.4993	.67987	.73333	.92709	1.0786	.3636	1.4709	.69256	.72136	.96008	1.0416	.3863	1.4439	10
51	.65408	.75642	.86470	.1565	.3220	.5289	.66718	.74489	.89567	.1165	.3425	.4988	.68008	.73314	.92763	.0780	.3640	.4704	.69277	.72115	.96064	.0410	.3867	.4435	9
52	.65430	.75623	.86521	.1558	.3223	.5283	.66740	.74470	.89620	.1158	.3428	.4983	.68029	.73294	.92817	.0774	.3644	.4699	.69298	.72095	.96120	.0404	.3870	.4430	8
53	.65452	.75604	.86572	.1551	.3227	.5278	.66762	.74450	.89672	.1152	.3432	.4979	.68051	.73274	.92871	.0767	.3647	.4695	.69319	.72075	.96176	.0397	.3874	.4426	7
54	.65474	.75585	.86623	.1544	.3230	.5273	.66783	.74431	.89725	.1145	.3435	.4974	.68072	.73254	.92926	.0761	.3651	.4690	.69340	.72055	.96232	.0391	.3878	.4422	6
55	.65496	.75566	.86674	1.1537	.3233	1.5268	.66805	.74412	.89777	1.1139	.3439	1.4969	.68093	.73234	.92980	1.0755	.3655	1.4686	.69361	.72035	.96288	1.0385	.3882	1.4417	5
56	.65518	.75547	.86725	.1531	.3237	.5263	.66826	.74392	.89830	.1132	.3442	.4964	.68115	.73215	.93034	.0749	.3658	.4681	.69382	.72015	.96344	.0379	.3886	.4413	4
57	.65540	.75528	.86775	.1524	.3240	.5258	.66848	.74373	.89882	.1126	.3446	.4959	.68136	.73195	.93088	.0742	.3662	.4676	.69403	.71994	.96400	.0373	.3890	.4408	3
58	.65562	.75509	.86826	.1517	.3243	.5253	.66870	.74353	.89935	.1119	.3449	.4954	.68157	.73175	.93143	.0736	.3666	.4672	.69424	.71974	.96456	.0367	.3894	.4404	2
59	.65584	.75490	.86878	.1510	.3247	.5248	.66891	.74334	.89988	.1113	.3453	.4949	.68178	.73155	.93197	.0730	.3669	.4667	.69445	.71954	.96513	.0361	.3898	.4400	1
60	.65606	.75401	.86929	1.1504	.3250	1.5242	.66913	.74314	.90040	1.1106	.3456	1.4945	.68200	.73135	.93251	1.0724	.3673	1.4663	.69466	.71934	.96569	1.0355	.3902	1.4395	0
′	cos	sen	cot	tan	cosec	sec	cos	sen	cot	tan	cosec	sec	cos	sen	cot	tan	cosec	sec	cos	sen	cot	tan	cosec	sec	′
	49°						48°						47°						46°						

(Continúa)

TABLA 21 Funciones trigonométricas naturales

44°

′	sen	cos	tan	cot	sec	cosec	′
0	.69466	.71934	.96569	1.0355	1.3902	1.4395	60
1	.69487	.71914	.96625	.0349	.3905	.4391	59
2	.69508	.71893	.96681	.0443	.3909	.4387	58
3	.69528	.71873	.96738	.0337	.3913	.4382	57
4	.69549	.71853	.96794	.0331	.3917	.4378	56
5	.69570	.71833	.96850	1.0325	.3921	1.4374	55
6	.69591	.71813	.96907	.0319	.3925	.4370	54
7	.69612	.71792	.96963	.0313	.3929	.4365	53
8	.69633	.71772	.97020	.0307	.3933	.4361	52
9	.69654	.71752	.97076	.0301	.3937	.4357	51
10	.69675	.71732	.97133	1.0295	.3941	1.4352	50
11	.69696	.71711	.97189	.0289	.3945	.4348	49
12	.69716	.71691	.97246	.0283	.3949	.4344	48
13	.69737	.71671	.97302	.0277	.3953	.4339	47
14	.69758	.71650	.97359	.0271	.3957	.4335	46
15	.69779	.71630	.97416	1.0265	.3960	1.4331	45
16	.69800	.71610	.97472	.0259	.3964	.4327	44
17	.69821	.71589	.97529	.0253	.3968	.4322	43
18	.69841	.71569	.97586	.0247	.3972	.4318	42
19	.69862	.71549	.97643	.0241	.3976	.4314	41
20	.69883	.71529	.97700	1.0235	.3980	1.4310	40
21	.69904	.71508	.97756	.0229	.3984	.4305	39
22	.69925	.71488	.97813	.0223	.3988	.4301	38
23	.69945	.71468	.97870	.0218	.3992	.4297	37
24	.69966	.71447	.97927	.0212	.3996	.4292	36
25	.69987	.71427	.97984	1.0206	.4000	1.4288	35
26	.70008	.71406	.98041	.0200	.4004	.4284	34
27	.70029	.71386	.98098	.0194	.4008	.4280	33
28	.70049	.71366	.98155	.0188	.4012	.4276	32
29	.70070	.71345	.98212	.0182	.4016	.4271	31
30	.70091	.71325	.98270	1.0176	.4020	1.4267	30
31	.70112	.71305	.98327	.0170	.4024	.4263	29
32	.70132	.71284	.98384	.0164	.4028	.4259	28
33	.70153	.71264	.98441	.0158	.4032	.4254	27
34	.70174	.71243	.98499	.0152	.4036	.4250	26
35	.70194	.71223	.98556	1.0146	.4040	1.4246	25
36	.70215	.71203	.98613	.0141	.4044	.4242	24
37	.70236	.71182	.98671	.0135	.4048	.4238	23
38	.70257	.71162	.98728	.0129	.4052	.4233	22
39	.70277	.71141	.98786	.0123	.4056	.4229	21
40	.70298	.71121	.98843	1.0117	.4060	1.4225	20
41	.70319	.71100	.98901	.0111	.4065	.4221	19
42	.70339	.71080	.98958	.0105	.4069	.4217	18
43	.70360	.71059	.99016	.0099	.4073	.4212	17
44	.70381	.71039	.99073	.0093	.4077	.4208	16
45	.70401	.71018	.99131	1.0088	.4081	1.4204	15
46	.70422	.70998	.99189	.0082	.4085	.4200	14
47	.70443	.70977	.99246	.0076	.4089	.4196	13
48	.70463	.70957	.99304	.0070	.4093	.4192	12
49	.70484	.70936	.99362	.0064	.4097	.4188	11
50	.70505	.70916	.99420	1.0058	.4101	1.4183	10
51	.70525	.70895	.99478	.0052	.4105	.4179	9
52	.70546	.70875	.99536	.0047	.4109	.4175	8
53	.70566	.70854	.99593	.0041	.4113	.4171	7
54	.70587	.70834	.99651	.0035	.4117	.4167	6
55	.70608	.70813	.99709	1.0029	.4122	1.4163	5
56	.70628	.70793	.99767	.0023	.4126	.4159	4
57	.70649	.70772	.99826	.0017	.4130	.4154	3
58	.70669	.70752	.99884	.0012	.4134	.4150	2
59	.70690	.70731	.99942	.0006	.4138	.4146	1
60	.70711	.70711	1.00000	1.0000	.4142	1.4142	0
′	cos	sen	cot	tan	cosec	sec	′

45°

ÍNDICE

A

B

C

D

E

F

G

H

I

J

L

N

O

P

R

S

T

U

V

W

Z

T52/E5/02

Esta edición se terminó de imprimir en noviembre de 2001. Publicada por ALFAOMEGA GRUPO EDITOR, S.A. de C.V. Apartado Postal 73-267, 03311, México, D.F. La impresión y encuadernación se realizaron en LITOFASESA, S.A. de C.V., Tlatenco No. 35, Col. Sta. Catarina, 02250, México, D.F.